Dr. Stefan von Kéler

Entomologisches Wörterbuch

WISSENSCHAFTLICHE ABHANDLUNGEN

NR. 12/1955

Entomologisches Wörterbuch

mit besonderer Berücksichtigung der morphologischen Terminologie

von

Dr. STEFAN VON KÉLER

Kustos und Leiter der Abteilung für Niedere Insekten
am Zoologischen Museum der Humboldt-Universität zu Berlin

1955

DEUTSCHE AKADEMIE
DER LANDWIRTSCHAFTSWISSENSCHAFTEN ZU BERLIN

AKADEMIE-VERLAG · BERLIN

1955
Herausgegeben von der Deutschen Akademie der Landwirtschaftswissenschaften zu Berlin
Vorgelegt von Prof. Dr. Hans Sachtleben und Prof. Dr. Hans Bischoff
Erschienen im Akademie-Verlag GmbH Berlin W 8, Mohrenstraße 39
Lizenz-Nr. 202 · 100/369 54
Kartengenehmigung des MdI. Nr. 1892 vom 15. 2. 1955
Satz, Druck und Einband: Druckhaus „Maxim Gorki", Altenburg
Bestell- und Verlagsnummer: 2068/55/12
Printed in Germany

Einleitung

Der Wortschatz technischer Ausdrücke, durch den sich Leser entomologischer Werke den Weg zum Verständnis des Inhalts erkämpfen müssen, ist so stark angewachsen, daß sich schon mancher Verfasser genötigt sah, die von ihm im Text gebrauchten *Termini technici* in einem Anhang zu erläutern, um den Lesern die Lektüre zu erleichtern und das Nachblättern von Spezialwerken zu ersparen.

Ein umfassendes Wörterbuch entomologischer Fachausdrücke fehlt in der deutschen Literatur, und auch die fremdsprachlichen Wörterbücher gehen nicht über einige Zeilen erklärenden Textes hinaus, die wohl dem geschulten Entomologen als Gedächtnisstütze dienen können, dem ungeschulten aber wenig verständlich sind. Dieser Umstand allein dürfte schon die Herausgabe des vorliegenden Buches zur Genüge rechtfertigen.

Das vorliegende Wörterbuch enthält nur entomologischen Wortschatz. Ausdrücke allgemein zoologischen oder biologischen Inhalts sind hier nur ausnahmsweise und nur soweit berücksichtigt, als es sich um Begriffe handelt, die vor allem im Pflanzenschutz gegen Insekten zu Grundbegriffen geworden sind.

Der entomologische Wortschatz konnte aber auch nicht restlos aufgenommen werden. Es lag nicht in meinem Plan, ein vollständiges Verzeichnis der Fachausdrücke herauszubringen, sondern ein alphabetisches Nachschlagebuch mit möglichst eingehenden erklärenden Texten. Das zu berücksichtigende Gebiet mußte sowohl sachlich als auch zeitlich begrenzt werden. In sachlicher Hinsicht fiel die Wahl auf die Morphologie, Systematik und angewandte Entomologie, drei Gebiete, die wohl mit Recht als die aktuellsten zu bezeichnen sind. Daß die Morphologie der Insekten den Löwenanteil des vorliegenden Wörterbuches in Anspruch nimmt, liegt an der enormen Differenzierung des Insektenkörpers und nicht weniger an der Tatsache, daß die Morphologie die Arbeitsgrundlage sowohl des Systematikers als auch des angewandten Entomologen darstellt. Wie ich aus meiner langjährigen Erfahrung als Pflanzenarzt und Systematiker weiß, stoßen beide immer wieder auf morphologische Fragen, die bisher vielfach, um langwierige Studien der Fachliteratur zu umgehen, durch Aufstellung unnötiger neuer Fachausdrücke gelöst zu werden pflegen. Es braucht hier nur an die zahllosen Namen erinnert zu werden, welche für die wenigen morphologischen Bestandteile des männlichen Kopulationsapparates, des Flügelgeäders, der Thorakalsklerite oder der Kopfregionen in verschiedenen Insektengruppen aufgestellt worden sind.

Andererseits beschränkte ich die Zahl der aufzunehmenden Fachausdrücke auf diejenigen, welche durch Aufnahme in die neueren und neuesten Standardwerke Allgemeingut geworden sind. Die zahllosen Fachausdrücke der veralteten Literatur und der laufenden Zeitschriftenliteratur hier aufzunehmen, erschien mir nicht zweckmäßig; denn die ersteren gehören zur Geschichte, und die letzteren haben erst die Zeitprobe zu bestehen, ehe sie Allgemeingut werden. Wohl ein jeder deskriptive Entomologe war einmal in der Lage, einen neutralen Terminus für einen Körperteil aufzustellen, dessen Homologie und damit richtige morphologische Benennung nicht ohne langwierige Studien ermittelt werden konnten.

Desgleichen mußte die ursprüngliche Absicht aufgegeben werden, alle taxonomischen Fachausdrücke der Bestimmungswerke aufzunehmen und in ein morphologisches System zu bringen, weil das den Rahmen eines normalen Bandes zu sprengen drohte. Diese Begriffe sind nicht nur in verschiedenen Insektenordnungen, sondern auch bei verschiedenen Autoren ein und derselben Insektengruppe vielfach recht großen Schwankungen unterworfen, und es gehörte schon ein jahrzehntelanges Studium dazu, sie alle auf einen morphologischen Nenner zu bringen.

Ich habe mich stets um klare und das ganze Begriffsgebiet eines jeden Stichwortes umfassende Definitionen bemüht. Bei vielen stark differenzierten Teilen des Insektenkörpers reicht aber eine logische Definition nicht zum Verständnis aus. Eine Maxille z. B. läßt sich wohl kaum anders definieren als „das zweite Paar der Mundwerkzeuge". Damit wäre aber dem Benutzer des Wörterbuches recht wenig gedient. In solchen Fällen, und das sind die meisten morphologischen Termini, habe ich einer logischen Definition eine möglichst kurz, manchmal sogar im telegraphischen Stil abgefaßte Darstellung der verschiedenen Differenzierungsformen des betreffenden Organs folgen lassen.

Das Wort ist kein voll befriedigendes Verständigungsmittel, und so erwies es sich in vielen Fällen als unumgänglich, den erläuternden Text durch Abbildungen zu vervollständigen.

Recht viel Platz habe ich den Muskeln gewidmet. Eine konsequent morphologisch durchgearbeitete Zusammenstellung aller Muskeln der Insekten gibt es bisher nicht, und ich hoffe, mit diesem Kapitel des Wörterbuches (s. Anhang) die Ordnung der Muskelterminologie gefördert und zu weiteren Arbeiten in dieser Richtung angeregt zu haben. Auch hier bin ich mir der Mängel meiner Zusammenstellung bewußt, meine aber, daß eben die durch diese Mängel angeregte Kritik imstande sein wird, das System zu ergänzen und zu verbessern.

Bei mehreren Synonymen ein und desselben Begriffes wird stets mit einem „→" auf dasjenige verwiesen, welches als das H a u p t s t i c h w o r t den erläuternden Text führt. Hinter dem Hauptstichwort stehen sämtliche in diesem Wörterbuch berücksichtigten Synonyme. Nur sehr nahe im alphabetischen System stehende Synonyme, wie z. B. Postalarcallus und Postalarschwiele oder Postcoxalbrücke und Postcoxale, sind, sofern sie keiner besonderen etymologischen Erklärung bedürfen, nicht als eigene Stichworte, sondern nur einmal hinter dem Hauptstichwort angeführt. Dadurch ist so manche Zeile erspart worden.

Im Gegensatz zu nomenklatorischen Synonymen ist der Gebrauch der terminologischen Synonyme frei. Es ist lediglich Sache der Gewohnheit, ob man „Mandibel" oder „Oberkiefer" sagt, beide Termini sind gleichberechtigt. Ich habe in den meisten Fällen die deutsche Form als Hauptstichwort gewählt, obwohl ich selbst in den erläuternden Texten häufig die lateinische Form oder ein anderes Synonym gebrauche, welches hinter dem Hauptstichwort steht. Ich muß ehrlich gestehen, daß ich an die langsam in Vergessenheit geratenden deutschen Termini sanft erinnern möchte, was übrigens im Einklang mit meiner Auffassung des Wörterbuches als einer Gedächtnisstütze steht. Wir können ruhig weiter vom „Labrum" sprechen, dürfen aber nicht ganz vergessen, daß es auch noch eine „Oberlippe" gibt. Andererseits aber wollen wir uns zum Bewußtsein bringen, daß der „Thorax" nicht „Brust" heißen darf.

Sicherlich wäre es günstig, Literaturquellen der Termini sowie Quellenliteratur der einzelnen Fragenkomplexe anzuführen, was ich leider nur in Ausnahmefällen tun konnte.

Die Aufnahme der Gruppennamen von Insekten ist lexikographisch gerechtfertigt und bedarf keiner weiteren Begründung. Es war natürlich nicht möglich, alle Gruppennamen mit ihren Synonymen zu berücksichtigen, denn damit wäre das vorliegende Buch restlos ausgefüllt. Ich habe für die Gruppennamen etwa 10 v.H. der Stichworte bestimmt und damit ihre Zahl auf etwa 1200 Stichworte festgelegt. Die Zahl der gebräuchlichen Familiennamen der Insekten schwankt zwischen etwa 800 (HANDLIRSCH 1938) und fast 1000 (GRASSÉ 1951: 940; BRUES-MELANDER 1954: 932).

Den Gruppennamen habe ich stets den Namen des Autors und das Gründungsjahr beigefügt. Ich weiß aus eigener Erfahrung, daß, wenn man diese Angaben braucht, man sie meistens nicht zur Hand findet, weil sie in den Lehr- und Handbüchern gewöhnlich weggelassen sind. Bei diesen Angaben ist folgendes zu beachten: Steht nur ein Autorname hinter dem Gruppennamen, dann ist es der Begriffs- und Namensautor in einer Person. Folgt dem eingeklammerten ersten ein zweiter Autorname, dann ist der erstere der Begriffsautor, der zweite der Autor des als gültig angenommenen Gruppennamens. Z. B. bedeutet *Polymitarcidae* (BANKS 1900) KLAPALEK 1909, daß BANKS die Gruppe als solche schon im Jahre 1900 begründet, aber mit einem anderen Namen oder einer anderen Kategorie-Endung belegt und daß sie KLAPALEK im Jahre 1909 mit dem heute gültigen Namen versehen hat. In den meisten Fällen habe ich auch die ursprüngliche Form des Gruppennamens in Klammern angeführt, im obigen Beispiel also „*Polymitarcini* Banks".

Man wird mir vielleicht entgegenhalten, daß die systematischen Begriffe außerordentlich labil sind und bei verschiedenen Autoren verschiedenen Umfang haben. Es gibt tatsächlich Insektenordnungen und auch kleinere Gruppen, deren systematisches Gerüst noch auf schwachen Füßen steht. Die meisten Gruppenbegriffe haben sich aber seit der bahnbrechenden Arbeit von ANTON HANDLIRSCH (1908) so weit gefestigt, daß sie heute als allgemein anerkannt bezeichnet werden können. Das gilt vor allem für die meisten Familien, deren Rang und systematische Stellung in etwa 80 v. H. Fällen von keiner Seite ernstlich angezweifelt werden. Der verhältnismäßig kleine Rest (20 v. H. Familien), welcher in dieser oder jener Hinsicht noch schwankt, umfaßt vorwiegend kleine, artenarme Gruppen. Ungeachtet aller Schwankungen und Verschiebungen des taxonomischen Wertes ist derjenige, welcher die Artengruppe zuerst als eine verwandtschaftliche Einheit beliebigen Grades erkannt und benannt hat, deren Begriffsautor. Alle nachträglichen Veränderungen beeinflussen diese Tatsache nicht. Der zweite Autor (Namensautor) ist beweglich und ändert sich mit der jeweiligen Auffassung des nomenklatorischen oder kategorischen Inhalts der Gruppe.

Die oft, besonders von Nichtsystematikern, nicht selten sogar herabschätzend hervorgehobene Labilität der systematischen Begriffe hat ihre guten Gründe. Großsystematiker, d. h. diejenigen, die sich mit den Verwandtschaftsbeziehungen höherer Kategorien befassen, neigen im allgemeinen zur Zusammenziehung, Kleinsystematiker, d. h. Art- und Gattungssystematiker, dagegen mehr zur Aufspaltung der systematischen Kategorien. Das mag als Haarspalterei erscheinen, hat aber im Grunde nichts oder doch nur wenig mit subjektiver Willkür zu tun, sondern hängt mit der wissenschaftlichen Methodik zusammen. Der eine betrachtet die Gesamtheit mehr vom „Vogelfluge" aus, während der andere tief in die Einzelheiten hineindringt. Beide Methoden bringen positive Erfolge. Daß die letztere mehr Namen schafft als die erstere, ist im großen und ganzen nur eine Konsequenz des „Vergrößerungsglases". Das soll natürlich keine Ermunterung für diejenigen Kleinsystematiker sein, welche in der Namengebung den Hauptzweck ihrer Arbeit sehen. Willkür und Subjektivität ist zweierlei.

Wenn man bedenkt, daß wir gegenwärtig vielleicht nicht mehr als etwa $^1/_5$ aller auf der Erde lebenden Insektenarten kennen, und dabei die Tatsache berücksichtigt, daß die Gattungen vom Anfang des 19. Jahrhunderts heute fast alle durch Erweiterung der Artenkenntnis zu Familien oder anderen übergenerischen Gruppen erhoben worden sind, dann kommt man zum Schluß, daß die spaltenden Kleinsystematiker fortschrittlicher, sozusagen vorausschauend arbeiten, während Großsystematiker mehr konservativ sind.

Aus technischen Gründen einer nicht unerheblichen Raumersparnis folge ich in dem vorliegenden Wörterbuch eher den konservativen, zusammenfassenden Großsystematikern, wenn das auch manchmal meinen eigenen systematischen Ansichten widerspricht.

Von den nomenklatorischen Synonymen der Gruppennamen habe ich nur die allerwichtigsten, häufig vorkommenden hier aufgenommen. Die Stellung eines Synonyms als Haupt- oder Nebenstichwort in diesem Wörterbuch entscheidet nicht über seine nomenklatorische Gültigkeit. In dieser Hinsicht sind ausschließlich Spezialwerke und Spezialkataloge bzw. Spezialisten maßgebend.

Über die Charakteristik der systematischen Gruppen muß noch ein Wort gesagt werden. Es ist vor allem zu unterscheiden zwischen morphologisch-anatomischer Charakteristik, wie ich sie für die Ordnungen gegeben habe, und der taxonomischen Charakteristik. Bei den Definitionen der Ordnungen ist zu bedenken, daß nur wenige ihrer Vertreter anatomisch untersucht worden sind. Man darf also die anatomischen Angaben der Ordnungen nur *cum grano salis* hinnehmen und dabei stets das vor Augen halten, was REMANE in seinem vortrefflichen Buche „Über die Grundlagen des natürlichen Systems, der vergleichenden Anatomie und der Phylogenetik" S. 3 (1952) über die Berechtigung der Verallgemeinerung gesagt hat. Die taxonomische Charakteristik der Familien habe ich entweder ganz weggelassen oder ganz kurz gehalten, weil ausführliche Charakteristik der rund 1000 Familien allein für sich ein paar hundert Druckseiten beansprucht hätte.

Die Berücksichtigung der fossilen Gruppen ist nach meiner Ansicht gegenwärtig eine Selbstverständlichkeit. Vor dreißig Jahren hätte ich sie mir erspart. Heute ist ein wissenschaftlich-systematisches Arbeiten ohne Kenntnis der fossilen Insekten undenkbar. Die bildliche Darstellung der fossilen Familienvertreter halte ich für wichtiger als die der rezenten, weil erstere in der Literatur viel seltener anzutreffen sind als letztere, und das Wörterbuch ist ja dazu da, um das Suchen in vielen Spezialwerken zu ersparen. Wenn auch manchmal von einer fossilen Gruppe nicht viel mehr als ein Bruchteil eines Flügels oder ein schemenhafter Abdruck bekannt ist, so halte ich es doch für wichtig, das bekannte Rudiment im Bilde festzuhalten und weiteren Entomologenkreisen zugänglich zu machen. Die Tatsache, daß sich die Paläontologie mit Rudimenten begnügen muß, ist nun einmal nicht abzuwenden. Aus vielen Rudimenten sind schon ganz schöne Rekonstruktionen zahlreicher ausgestorbener Insekten geworden.

Die angewandte Entomologie mußte leider hauptsächlich auf die Namen wichtigster deutscher Schadinsekten beschränkt bleiben. Ich ließ mich dabei von S. SCHMIDTS Gebräuchliche Namen von Schadinsekten in verschiedenen Ländern (Entomol. Beihefte aus Berlin-Dahlem, Bd. 6, 160 S., 1939, und Nachtrag dazu, Nachrichtenblatt dtsch. Pflanzenschutzdienst, Bd. 3, S. 46—47, 1949)[1]) leiten. Seit der Veröffentlichung dieser Liste sind eine Reihe von Namen geändert worden, und Herr Dr. G. SCHMIDT hat mir in verständnisvoller und dankenswerter Weise die Veränderungen aus seinen handschriftlichen Notizen zur Verfügung gestellt, wofür ihm auch an dieser Stelle herzlichst gedankt sei. Es liegt aber nicht im Zweck des Wörterbuches, sämtliche deutschen und lateinischen Synonyma der Schadinsekten anzuführen. Durch die Berücksichtigung der deutschen Schädlingsnamen will ich nur einen Beitrag zu deren Stabilisierung liefern. Daß sich dieses Ziel nie vollkommen erreichen läßt, ist ja jedem Kundigen verständlich. Mit dem Fortschreiten der Erkenntnisse müssen ja auch die Namen Schritt halten. Die wissenschaftlich begründeten Namensänderungen sind aber die wenigsten.

Eine nicht unbedeutende Raumersparnis konnte ich bei Schädlingsnamen dadurch erzielen, daß ich die mit dem gleichlautenden Bestimmungswort beginnenden Namen (Eichenerdfloh, Eichenwickler usw.) unter einem Stichwort (Eichenschädlinge, Kiefernschädlinge usw.) zusammenfaßte.

In der Etymologie der Stichworte habe ich für griechische Stämme die griechische Schreibung beibehalten, um Fehldeutungen einer Transkription zu vermeiden. Für diejenigen Benutzer des Wörterbuches, welche der griechischen Schrift nicht kundig sind, ist das auf S. 38 gebrachte griechische Alphabet mit seiner lateinischen Transkription bestimmt. Wo es nötig erschien, habe ich außer dem griechischen Stamm auch das klassisch-lateinische (lat.) oder das nachklassisch-latinisierte (latin.) Lehnwort angegeben. Bei Substantiven ist das Geschlecht des Stammwortes stets angeführt, weil sich das Geschlecht der deutschen Fremdwörter in den meisten Fällen nach ihm richtet. Auch die wichtigsten Deklinations- und Konjugationsformen der lateinischen Stammwörter sind beigegeben, denn nach ihnen richten sich vielfach Flexionsformen der deutschen Fremdwörter.

Die Rechtschreibung der deutschen Fremdwörter mit **c** und **k** ist häufig mit Schwierigkeiten verbunden. Manche Autoren zoologischer Werke sind diesen Schwierigkeiten einfach aus dem Wege gegangen, indem sie stets **k** schreiben, ganz gleich, ob es sich um lateinische oder griechische Lehnwörter handelt. Es ist zweifel-

[1]) Die Neuauflage: „Deutsche Namen von Schadinsekten", Mitt. aus der Biol. Bundesanstalt für Land- und Forstwirtschaft, Heft 84, 174 S., Berlin 1955, konnte ich nicht mehr berücksichtigen.

los eine praktische Lösung, die sich vielleicht künftig durchsetzen wird, insbesondere, weil ja heute vielfach in den Schulen gelehrt wird, daß die Römer das **c** immer wie **k** und nicht wie **z** aussprachen. Im Augenblick ist aber Duden (1952) maßgebend, der sagt: „Mit **c** schreibt man reine Fremdwörter und Wörter, die auch sonst eine undeutsche Lautbezeichnung bewahrt haben." Für griechische Lehnwörter mit Kappa schreibt Duden **k** vor, macht aber selbst von dieser Regel Ausnahmen. Die Deutsche Zoologische Gesellschaft nahm als Regel die Beibehaltung des **c** in lateinischen und des **k** in griechischen Lehnwörtern[1]). Es gibt aber viele eingebürgerte Ausnahmen, die allen diesen Regeln zuwiderlaufen. So schreibt man z. B. meistens Caenogenese, aber Kaenozoikum und (bei Duden 1939 daneben) Zänozoikum. Üblich, aber regelwidrig ist auch Coen, Coenose, Biocoenose, Coelom usw., deren griechisches Kappa vor e, i, ö in **c** latinisiert worden ist. Nicht weniger variabel ist der Gebrauch von **c** und **z**, z. B. circum und zirkum, cecidogen und zezidogen, glacial und glazial usw. In allen diesen Fällen hilft auch Duden nicht. Der Benutzer des vorliegenden Wörterbuches wolle, wo er ein **c** vorauszusehen pflegt und das Stichwort nicht findet, dasselbe unter **k** oder **z** suchen und umgekehrt.

Ein Fachwörterbuch kann auf zweierlei Art aufgefaßt werden. Die lexikalische[2]) Form bringt möglichst viele Stichworte mit ganz kurzen Definitionen (Beispiel: Torre Bueno 1937), die enzyklopädische[3]) möglichst erschöpfende Erläuterungen einer beschränkten Zahl von Fachausdrücken. Das vorliegende Buch ist ein Kompromiß beider Auffassungen, in dem die Brockhaus-Methode der Verweise (→) ausgiebig angewandt wurde. Auf diese Weise konnten zu lange enzyklopädische Kapitel vermieden werden, und ein Sachregister (wie z. B. im Handwörterbuch der Naturwissenschaften) wurde überflüssig. Sämtliche Stichworte wurden in ein einziges alphabetisches System eingegliedert, und die Verweise sorgen für den sachlichen Zusammenhang des zusammengehörenden Stoffes.

[1]) Spengel, Über die Frage der Rechtschreibung von Tiernamen und zoologischen Fachausdrücken. (Verh. d. Deutsch. Zool. Ges., 1905.)

Über die Aussprache und Betonung lateinischer Tiernamen und Fachausdrücke handeln auch folgende Arbeiten:

Miller, J. W., Scientific names of latin and greek derivation. (Proc. Calif. Acad. San Francisco Ser. 3, Zool., Bd. 1, Nr. 3, 1897.)

Kretschmer, P., Sprachregeln für die Bildung und Betonung zoologischer und botanischer Namen. In 8°, VIII u. 32 S., Berlin, Friedländer 1899.

Anonym, Orthographie zoologisch-anatomischer Fachausdrücke. (Beilage zum 15. Jhrg. d. Verh. d. Dtsch. Zool. Ges., Leipzig, W. Engelmann, 1905.)

Jansen, Rechtschreibung der naturwissenschaftlichen und technischen Fremdwörter. Berlin, Langenscheidt, 1907.

Melander, A. L., The pronunciation of insect names. (Bull. Brookl. Entom. Soc., Bd. 11, S. 93—101, 1916.)

Melander, A. L., Source book of biological terms. (College of the City of New York, Department of Biology, in 8°, 157 S., 1940.)

Steiner, G., Wortelemente der wichtigsten zoologischen Fachausdrücke. In 8°, 13 S., C. F. Müller Verlag, Karlsruhe, 1947.

Krüger, G., Der anatomische Wortschatz. In 8°, 104 S., S. Hirzel Verlag, Leipzig, 1951 (4. Aufl. 1954).

[2]) Gr. ἡ λέξις das Wort, λεξικός ein Wort betreffend, τὸ λεξικόν sc. βιβλίον das Wörterbuch.

[3]) Gr. ἐγκύκλιος rund, ἡ παιδεία die Bildung, ἡ ἐγκύκλιος παιδεία oder ἡ εγκύκλια Grundbildung der Jugend.

Es ist angenehm, am Schluß eines größeren Werkes sich an alle diejenigen mit einem Dank zu wenden, die bei der Abfassung des Werkes geholfen haben.
Seit 40 Jahren Nutznießer der stets unveränderlichen Hilfsbereitschaft des DEUTSCHEN ENTOMOLOGISCHEN INSTITUTS der Deutschen Akademie der Landwirtschaftswissenschaften in Berlin habe ich auch heute meinem lieben Freunde, Prof. Dr. HANS SACHTLEBEN, Direktor des genannten Instituts, und seinen Mitarbeitern, Prof. Dr. W. HENNIG und Prof. Dr. W. TOMASZEWSKI (†), nicht nur für die vielen wertvollen Ratschläge und Literaturauskünfte, sondern vor allem auch für die mühevolle Überprüfung des Manuskriptes vor seiner Drucklegung herzlichst zu danken.
Prof. Dr. H. BISCHOFF, Kustos und Leiter der Hymenopteren-Abteilung am Zoologischen Museum der Humboldt-Universität in Berlin, hat in entgegenkommender Weise nicht nur das Manuskript in seiner rohen Form durchgesehen und mir aus seinem reichen entomologischen Wissen viele wertvolle Ratschläge geschenkt, sondern nahm auch bereitwillig an der Überprüfung des druckfertigen Manuskriptes teil. Es sei ihm an dieser Stelle für die Mitarbeit herzlichst gedankt.
Auch anderen Kollegen aus dem Zoologischen Museum Berlin, vor allem Prof. Dr. M. E. HERING, Kustos und Leiter der Lepidopteren-Abteilung, und Dr. K. DELKESKAMP, Kustos und Leiter der Coleopteren-Abteilung, bin ich für Rat und Auskunft zu Dank verpflichtet.
Besonderen Dank schulde ich der DEUTSCHEN AKADEMIE DER LANDWIRTSCHAFTSWISSENSCHAFTEN zu Berlin für ihre Bereitwilligkeit, den Druck des Werkes zu ermöglichen und das Wörterbuch in ihre „Wissenschaftlichen Abhandlungen“ aufzunehmen. Dem AKADEMIE-VERLAG ist für die sorgfältige technische Ausstattung des Werkes zu danken.

Übersicht der lexikalischen und der Handbuchliteratur

A. Lexikalische Werke

1. Entomologische Wörterbücher

1765 OVERBECK, J. A., Glossarium melitturgicum oder Bienen-Wörterbuch, in welchem die bisher in der Bienenpflege bekannt gewordene und gebräuchliche Kunstwörter und Redensarten nach alphabetischer Ordnung erkläret werden. Nebst einem gedoppelten Anhange und vorgesetztem Schreiben Herrn J. C. Stockhausen. In 8°, 16 u. 152 S., Bremen, G. L. Förster, 1765.

1786 GESENIUS, W., Versuch einer lepidopterologischen Encyclopädie oder Handbuch für angehende Schmetterlingssammler. In 8°, 220 S., Erfurt, Keyser, 1786.

1789 SCHMIEDLEIN, G. B., Insektologische Terminologie, oder Grundbegriff der Insektenlehre durch Beispiele und Beobachtungen nach dem System des Ritters von Linné erläutert. In 8°, 257 u. 8 S., 2 Taf., Leipzig, Crusius (Vogel), 1789.

1795 MOELLER, CH. T., Lexicon entomologicum oder entomologisches Wörterbuch, in welchem alle in diese Wissenschaft einschlagende Begriffe und die in den Linneischen und Fabricischen Schriften vorkommende Terminologie übersetzt, erklärt und mit Beispielen nach beiden Systemen erläutert werden. In 8°, XVI u. 704 S., Erfurt, Keyser, 1795. — Etwa 3000 lat. Stichworte und (S. 657—704) deutsch-lat. Register.

1825 SAY, TH., A glossary to Say's Entomology or explanation of terms used in Entomology. In 8°, 37 S., Philadelphia, Mitchell, 1825.

1826 KIRBY, W., und SPENCE, W., An Introduction to entomology. London, Longmann, 1815—1826. Bd. 3, 1826, S. 348—393: Terms and their definition. (Etwa 250 Namen der Körperteile.) Bd. 4, 1826, S. 257—354: Orismology or explanation of terms. (Etwa 1000 Bezeichnungen der Form, Farbe, Skulptur usw.)
In der deutschen Übersetzung dieses Werkes von Oken (Einführung in die Entomologie- 4 Bde., Stuttgart und Tübingen, Cotta, 1823—1833), Bd. 3, 1827, S. 380—423: Synoptische Tabelle über die Nomenklatur der Teile der äußeren Kerfkruste (S. 380 bis 387) und Erklärung (S. 388—423); Bd. 4, 1833, S. 265—365: Orismologie oder Erklärung der Ausdrücke.
Die russische Übersetzung (Moskau 1863) dürfte diese beiden Kapitel auch enthalten, während sie in der unvollständigen dänischen Übersetzung von van der Hoeven (1828—1829) fehlen.

1830 MACLEAY, W. S., Explanation of the comparative anatomy of the thorax in winged insects, with a review of the present state of the nomenclature of its parts. (Zool. Journal, London, Bd. 5, S. 145 bis 179, 2 Taf., 1830. Ref. in Isis, Bd. 1, S. 98, Taf. Franz. Übers. mit Noten von Audouin, Ann. Soc. Nat., Bd. 25, S. 95—151, 1832.)

1832 HELFER, J. W., Terminologia entomologica. In 8°, 40 S., Dissert., Ticini Regii, 1832.

1843 PERCHERON, A. R., Sur les dénominations à donner aux différentes coupes introduites en entomologie. (Rev. zool., Paris, Bd. 6, S. 73—75, 1843.)

1856 GISTEL, J., Die Mysterien der europäischen Insektenwelt. In 8°, XII u. 532 S. Kempten, Tobias Dannheimer, 1856.

Alphabetisches Verzeichnis der Wirtspflanzen und Wirtstiere sowie der ökologischen und geographischen Fundorte mit Aufzählung der für sie charakteristischen Insektenarten. Etwa 6000 Stichworte. (Außerdem nicht lexikalischer Text.)

1857 HALIDAY, A. H., Explanation of terms used in Dr. Hagens papers. (Entomologists Annual, S. 164 bis 165, Fig., 1857.)

1862 FENGER, W. H., Allgemeine Orismologie der Ameisen. (Archiv für Naturgeschichte, Berlin, Bd. 28, 1, S. 282—352, 3 Taf., 1862.)

1872 MÜLLER, J., Terminologia entomologica. In 12°, VIII u. 308 S., 32 Taf. (1080 Fig.) und 1 Farben-Tafel. Brünn, Verfasser, Druck von C. Winiker, 1860. — Etwa 2500 lat. Stichworte und deutsch-lat. Register (S. 269—303). 2. Aufl. Druck u. Verlag von C. Winiker, Brünn, in 12°, VI u. 308 S., 32 Taf. (1080 Fig.) und 1 Farben-Tafel, 1872.

1879 ANDRÉ, E., Glossaire explicatif latin-française, terminologie française, terminologie allemande, terminologie anglaise. Species des Hyménoptères d'Europe et d'Algerie. Beaune, l'Auteur, Bd. 1, 1879, S. CXLIX—CLXXXVII (Introduction).

1887 MASKELL, W. M., Explanation of terms used in the following pages. (An account of the insects noxious to agriculture and plants in New Zealand. The Scale Insects [Coccidae]. Wellington, 116 S., 23 Taf., S. 1—4.) (59 morphologische Begriffe.)

1897 ACLOQUE, A., Vocabulaire des termes spéciaux à l'entomologie. Faune de France. Paris, J. B. Baillière et Fils, Bd. 2, Insekten, Teil 2, S. 492—512. (Enthält etwa 800 Stichworte.)

1906 SMITH, J. B., An explanation of terms used in entomology. In 8°, 154 S., 4 Taf. (mit 40 Farbmustern), Brooklyn, New York, The Brooklyn Entom. Soc., 1096. (Etwa 4600 Stichworte. Verbesserte Neuauflage vgl. Torre-Bueno 1937.)

1921 KARNY, H. H., Der Insektenkörper und seine Terminologie. In 8°, IV u. 93 S., 45 Abb., Wien, A. Pichler's Witwe & Sohn, 1921. S. 61 bis 92 Erklärung der wichtigsten Fachausdrücke (alphabetisch).

1929 HANDLIRSCH, A., Terminologie des Chitinskelettes bei den Insekten. Insecta, Teil I, in Kükenthal u. Krumbach, Handbuch der Zoologie, Bd. 4, Berlin, de Gruyter, 1926—1930. S. 585—588. (Etwa 200 Stichworte, meist einzeilig erklärt.)

1933 MASATO ISHIDA, The dictionary of terms used in Entomology (english and japanese) with 7 plates and 1 map. In 8°, X u. 294 S., Sapporo, Japan, 1933.

1934 CURRAN C. H., Glossary of therms used in Dipterology. The families and genera of North American Diptera. New York. (Etwa 300 Stichworte.)

1935 SNODGRASS, R. E., Principles of insect morphology. New York u. London, McGraw-Hill, 1935. Am Schluß eines jeden Kapitels: Glossary of terms. (Zusammen etwa 8000 Stichworte mit kurzen Erklärungen.)

1937 TORRE-BUENO, J. R. DE LA, A glossary of entomology. In 8°, IX u. 336 S., 9 Taf., Lancaster, Pennsylvania, Science Press, 1937. (Neuauflage von Smith, Explanation of terms, 1906, mit etwa 8400 Stichworten, 1—2zeilig erklärt.)

1939 JARDINE, N. K., The Dictionary of Entomology, explaining all the scientific terms used. In 8°, 270 S., London 1939 (Die erste, mir allein bekannte Auflage erschien 1913 mit 260 S. und etwa 2500 termini technici. Die zweite Auflage mit 259 S. erschien um das Jahr 1930, beide im Verlage des Verfassers und ohne Erscheinungsjahr.)

1940 HERING, M., Lepidopterologisches Wörterbuch. In 8°, IV u. 123 S., 81 Abb., Stuttgart, A. Körner, 1940. (Etwa 1700 Stichworte.)

1949 GHIDINI, G. M., Glossario di entomologia. In kl. 8°, 260 S., 184 Abb., 12 Taf. La Scuola-Verlag, Brescia. (Etwa 1800 Stichworte.)

2. Zoologische Wörterbücher

1763 CHARLETON, W., Onomasticon zoicon, plerorumque animalium differentias et nomina propria pluribus linguis exponens. Cui accedunt mantissa anatomica et quaedam de variis fossilium generibus. In 4°, 309 u. 50 S., 8 Taf., London, J. Allestry, 1668. — 2. Auflage unt. d. Tit.: Exercitationes de differentiis et nominibus animalium, Fol., 359 S., 17 Taf., Oxoniae, a theatro Scheldoniano, 1677. Andere Ausgabe in 4°, London, 1763.

1790 BORKHAUSEN, M. B., Versuch einer Erklärung der zoologischen Terminologie. Ein Handbuch zum Gebrauch derer, welche die Zoologie studieren wollen. In 8°, 391 S., Frankfurt a. M., Varrentrapp, 1790.

1835 PALMIERI, A., Dizionario portatile su i mezzi piu efficaci, e meno dispendiosi utili a fugare i principali insetti ed animali, che arrecano danni alla agricoltura ed alla domestica economia. In 12°, 370 S., Foligno, Tomassini, 1835.

1843 OERTEL, W., Dictionnaire complet de zoologie et de botanique en langues française, russe et latin. In 8°, 404 S., Petersburg, 1843.

1846 COSTA, O. G., Vocabulario zoologico comprendente la voci volgari con cui in Napoli ed in altre contrade del regno appellansi animali parti di essi con la sinonimia scientifica ed italiana. In 8°, 53 S., Napoli, Fr. Azzolino, 1846.

1880 HYRTL, J., Onomatologia anatomica. Wien. In 8°.

1887 KNAUER, FR., und DALLA-TORRE, Handwörterbuch der Zoologie. In 8°, XIV u. 828 S., 9 Taf., Stuttgart, Ferd. Enke, 1887. (Etwa 20000 Stichworte, davon etwa 16000 Tiernamen.)

1896 GUIMARÃES, G., Vocabulario etymologico de palavras scientificas. (Anuarios da Universidade de Coimbra, Portugal, Jhrg. 1894—1895 und 1895—1896).

1897 MILLER, J. W., Scientific namens of latin and greek derivation. (Proceed. of the Calif. Acad. of Sces., 3. Serie, Zoology, Bd. 1, S. 115 bis 143, 1897.)

1900 JÄGER, C., Handwörterbuch der Zoologie, Anthropologie und Ethnologie. In 8°, 8 Bde., Breslau, E. Trewendt, 1880—1900. (Encyclopädie der Naturwissenschaften, Teil 1.)

1906 TRIEPEL, H., Die anatomischen Namen, ihre Ableitung und Aussprache. In 8°, VII u. 81 S., Wiesbaden, J. F. Bergmann, 1906.

1908 BLANCHARD, R., Glossaire allemand-français des termes d'anatomie et de zoologie. In 8°, 298 S., Paris, Asselin & Houzeau, 1908.

1912 GÜNTHER, H., und STEHLI, G., Wörterbuch der Mikroskopie. In 8°, II u. 96 S., Stuttgart, Franckh'sche Verlagsbuchhandlung, Sonderband des „Mikrokosmos".

1912 ROUX, W., Terminologie der Entwicklungsmechanik der Tiere und Pflanzen. In Verbindung mit C. Correns, A. Fischel, E. Küster herausgegeben. Eine Ergänzung zu den Wörterbüchern der Biologie, Zoologie und Medizin sowie zu Lehr- und Handbüchern der Entwicklungsgeschichte, allgemeinen Biologie und Physiologie. XII u. 465 S., Leipzig, W. Engelmann, 1912.

1913 DE TERRA P., Vademecum anatomicum. Kritisch-etymologisches Wörterbuch der systematischen Anatomie. 647 S., Jena, G. Fischer, 1913.

1919 NIEMANN, G., und HONIGMANN, H. L., Zoologisches Wörterbuch. Sprachliche und sachliche Erklärung der wissenschaftlichen Namen und Fachausdrücke unter Berücksichtigung der Anatomie des Menschen. Gr. 8°, IV u. 221 S., Osterwieck am Harz, Zickfeldt, 1919.

1920 KNOTTNERUS-MEYER, TH., Zoologisches Wörterbuch. 217 S., Leipzig und Berlin, B. G. Teubner, 1920. — (Etwa 1500 Stichworte.)

1922 KORSCHELT, E., Zoologie. Kl. 8°, 229 S., Heidelberg, W. Ehrig, Nr. 27—29 der „Auskunft (Sammlung lexikalisch geordneter Nachschlagebüchlein). Ohne Erscheinungsjahr, laut Verlagsprospekt im J. 1922 erschienen.

1925 HIRSCH-SCHWEIGER, E., Zoologisches Wörterbuch. In 8°, VIII u. 628 S. 477 Abb., Berlin, W. de Gruyter & Co., Veit's Sammlung wissenschaftlicher Wörterbücher.

1927 BROWN, R. W., Material for wordstudy. New Haven, Conn., Van Dyck & Co., 1927.

BRESLAU, E., und ZIEGLER, H. E., Zoologisches Wörterbuch. 3. Auflage, in 8°, VIII und 786 S., 575 Abb., Jena, G. Fischer, 1927. — (Etwa 10000 Stichworte.)

1930 Anonym. Nomina anatomica. Liste von 1930 nebst Erläuterungen entsprechend den Beschlüssen der Nomenklatur-Kommission. In 8°, 138 S., 6 Abb., Jena, G. Fischer, 1930.

1931 JAEGER, E. C., A dictionary of greek and latin combining forms used in zoological names. In 8°, 2. Auflage, 157 S., Springfield, Ill., C. G. Thomas, 1930, und London, Baillière, Tindall & Cox., 1931.

1937 DE BARROS e CUNHA, J. G., Vocabulario de termos gregos do uso frequente em zoologia e anthropologia. In 8°, VIII u. 64 S., hrsg. vom Museu e Laboratorio Zoologico da Universidade de Coimbra, Portugal, 1937. — (Etwa 400 Stichworte.)

1940 ZACHER, FR., Das ABC des Vorratsschutzes gegen Schädlinge im Haushalt in Stadt und Land. In 8°, 32 S., Abb., Berlin 1940. — Etwa 300 Stichworte.

1947 JAEGER, E. C., Source book of biological names and terms. XXVI u. 256 S., 1947.

STEINER, G., Wortelemente der wichtigsten zoologischen Fachausdrücke. In 8°, 13 S., Karlsruhe, C. F. Müller, 1947. — Etwa 700 Stichworte.

1948 ZACHER, FR., Schädlings-Fibel für Haus und Hof. In 8°, 66 S., 58 Abb., Berlin, Deutscher Bauernverlag, 1948. — Etwa 600 Stichworte.

3. Nomenklatorische Wörterbücher

1759 CLERCK, C. A., Nomenclator extemporaneus rerum naturalium, plantarum, insectorum, conchyliorum, secundum systema naturae Linnaei (ed. X) editus. In 8°, 67 S., 1 plag., Holmiae, 1759.

1763 WILCKE, S. G., Caroli de Linné nomina insectorum. In 8°, 4 u. 58 S., Greifswald, 1763.

WILCKE, S. G., Dissertatio exhibens primas entomotheologiae lineas, Linnaei nomina insectorum ad usum auditorum. In 4°, 20 S., Gryphiswaldae, Resp. B. E. Crueger, 1763.

1776 GOEZE, J. A. E., Verzeichnisse der Namen von Insekten und Würmern, welche in dem Roesel, Kleemann und De Geer vorkommen. (Naturforscher, Halle, Stück **7**, S. 117—150, 1775, und Stück **9**, S. 61—78, 81—85, 1776.)

1785 SCHNEIDER, D. H., Nomenclator entomologicus oder systematisches Namenverzeichnis der bis jetzt bekannt gewordenen Insecten. In 8°, 67 S., Stralsund, Struck, 1785. (Auch Dessau, anonym.)

1787 MEIDINGER, F. FRH. VON, Nomenclator. Versuch einer deutschen systematischen Nomenklatur aller in der letzten Ausgabe des Linnéschen Natursystems befindlichen Geschlechter der Thiere. (Als Beilage zu P. L. St. Müller's deutschen Commentar über das Linnéische Natursystem.) In gr. 8°, Wien, Trattner, 1787.

1789 DE VILLERS, C., Nomenclator entomologicus, insectorum systematis naturae genera species Lin., antiquas recentioresque nuperrime detectas, necnon pricipuorum Entomologorum synonymiam ordine alphabetico indicans. (Im 1. Bde. von de Villers' Caroli Linnaei Entomologia, Lugduni, Piestre et Delamolliere, S. 629—764, 1789.)

1795 WEBER, FR., Nomenclator entomologicus secundum Entomologiam Systematicam illustr. Fabricii, adiectis speciebus recens detectis et varietatibus. In 8°, 171 S., Chilonii et Hamburgii, Bohn, 1795. (Gattungsnamen laut → Gutachten 17 gültig.)

1802 ILLIGER, J. C. W., Ist es richtiger, Genus durch Geschlecht oder durch Gattung auszudrücken? Magazin der Insektenkunde, Braunschweig, Bd. 1, S. 95—105, 1802.)

ILLIGER, J. C. W., Über die deutschen Benennungen in der Naturkunde. Magazin der Insektenkunde, Braunschweig, Bd. 1, S. 106 bis 124, 1802.)

ILLIGER, J. C. W., Namen der Insekten-Gattungen, ihr Genitiv, ihr grammatisches Geschlecht, ihr Silbenmaß, ihre Herleitung, zugleich mit den deutschen Benennungen. Magazin der Insektenkunde, Braunschweig, Bd. 1, S. 125 bis 156, 1802. — Vgl. auch Ljungh 1804.)

ILLIGER, J. C. W., Die deutschen Namen der Insektengattungen. Magazin der Insektenkunde, Braunschweig, Bd. 1, S. 156—162, 1802.)

1804 HOFFMANSEGG, J. C. GRAF VON, Alphabetisches Verzeichnis zu J. Hübners Abbildungen der Papilionen mit den beigefügten vorzüglichsten Synonymen. Magazin der Insektenkunde, Braunschweig, Bd. 3, S. 181—206, 1804, und Nachtrag Bd. 5, S. 176—183, 1806.)

LJUNGH, S. I., Etymologiae nominum generum insectorum, quam habet Dr. Illiger emendationes et additamenta. (Archiv f. d. systematische Naturgeschichte, hrsg. von Fr. Weber und H. Mohr, Leipzig, T. O. Weigel, Bd. I, S. 70—80, 1804.)

1806 ILLIGER, J. C. W., Zusätze zu der Terminologie der Insekten. (Magazin der Insektenkunde, Braunschweig, Bd. 5, S. 1—27, 1806.)

1819 SAMOUELLE, G., A nomenclature of british entomology, or a catalogue of above 4000 species of the classes Crustacea, Myriapoda, spiders, mites and insects, intended as labels for cabinets of insects etc. alphabetically arranged. In 8°, 44 S. London, Longman, 1819.

1822 HÜBNER, J., Systematisch alphabetisches Verzeichnis aller bisher bei den Fürbildungen zur Sammlung europäischer Schmetterlinge ausgegebenen Benennungen mit Vormerkung auch Augsburgscher Gattungen. In 8°, 81 S., Augsburg, Selbstverlag, 1822. (Neue Titelausgabe 1828.)

1830 SCHWARZ, CH., Nomenclator über die in den Roeselschen Insekten-Belustigungen und Kleemannschen Beiträgen zur Insekten-Geschichte abgebildeten Insekten und Würmer mit möglichst vollständiger Synonymie. In 4°, 7 Abt., 295 S., Nürnberg, Raspe, Abt. 1 1793, Abt. 2 1810, Abt. 3—7 1830.

1833 HARRIS, TH. M., A dictionary of the natural history of the Bible: or description of all the quadrupeds, birds, fishes, reptiles and insects, trees, plants, flowers, gums and precious stones, mentioned in the sacred scriptures, with additions and correctures by Josiah Conder. In 8°, 346 S., Fig., London, Tegg etc., 1833. (Frühere Auflagen vgl. Horn-Index.)

1835 HERRICH-SCHAEFFER, G. A. W., Nomenclator entomologicus. Verzeichnis der europäischen Insekten, zur Erleichterung des Tauschverkehrs mit Preisen versehen. In 8°, Heft 1 (Lep. u. Hem.) 116 S., Heft 2 (Col., Orth., Dermapt., Hymen.) 40 u. 244 S., 8 Taf., Regensburg, Pustet, 1835. — (Vgl. auch 1845 Garduus.) — Ein Namen- und Preisverzeichnis der Schmett. u. Käfer ist schon 1778 von Gladbach (vgl. Horn-Index) herausgegeben worden).

1842 FEHR, J. G., Alphabetisches Verzeichnis aller in Boisduvals System der europäischen Schmetterlinge vorkommenden Gattungsnamen . . . In 8°, 38 S., Erlangen, Junge, 1842.

1845 GARDUUS, Ergänzungen, Zusätze und Berichtigungen zu Dr. Herrich-Schaefers Nomenclator entomologicus. (Isis, Bd. 1, S. 87 bis 101, 1845.)

1848 AGASSIZ, L., Nomenclator zoologicus, continens nomina systematica generum animalium tam viventium quam fossilium. In 4°, 12 Teile und Index universalis, 393 S., Soloduri, Jent & Gassmann, 1842 bis 1847. — Ausgabe in 8° 1135 S., daselbst 1848.

1849 METZNER, Nomenclator der Roesel'schen europäischen Schmetterlinge. (Stett. Entom. Ztg., Bd. 10, S. 134—141, 1849. — Holländ. Übers. in Herklots, Bouwstoffen voor eene fauna van Nederland, Bd. 1, Teil 2, S. 112—118, 1852.)

1853 HERRICH-SCHAEFFER, G. A. W., Index alphabetico-synonymicus insectorum hemipterorum Heteropterorum. Alphabetisch-synonymisches Verzeichnis der wanzenartigen Insekten. In 8°, 2 u. 210 S., Nürnberg, Lotzbeck, 1853.

1857 SONNENBURG, L., Zoologisch-kritische Bemerkungen zu Aristoteles' Thiergeschichte. In 4°, 27 S., Bonn, Schulprogramm, 1857.

THOMSON, J., Table alphabetique des insectes et animaux analogues connus et désignés par Aristote. (Archiv Ent., Paris, Bd. 1, S. 93 bis 103, 1857.)

1861 SUNDEVALL, C. J., Ett försök att bestämma de af Aristoteles omtalade djurarterna. I: ... Insekter. (Svenska Vet.-Akadem. Handl., n. F., Bd. 4, Hft. 1, 148 S., 1861. Separatausgabe in 4°. Stockholm, Norstedt & Söner, 1862. Deutsche Übersetzung: Die Tierarten des Aristoteles, in 8°, 242 S., Stockholm, Samson & Wallin, 1863.)

1866 LEUNIS, J., Nomenclator zoologicus. Eine etymologische Erklärung der vorzüglichsten Gattungs- und Artnamen, welche in der Naturgeschichte des Thierreichs vorkommen. (Ein Anhang zu den Schulbüchern des Verfassers sowie zu jedem anderen Handbuche der Naturgeschichte des Tierreichs.) In gr. 8°, VIII u. 120 S., Hannover, Hahnsche Buchhandl., 1866.

1873 MARSCHALL, A. DE, Nomenclator zoologicus continens nomina systematica animalium tam viventium quam fossilium. In 8°, VI u. 482 S., Vindobonae, typis Caroli Ueberreuter (M. Salzer), 1873.

1882 SCUDDER, S. H., Nomenclator zoologicus. An alphabetical list of all generic names ... to the close of the year 1879. Teil I. Supplemental list of genera in zoology, ... chiefly supplemental to those catalogued by Agassiz and Marschall, or indexed in the Zoological Record. Teil II. Universal index to genera in zoology. Complete list of generic names employed in zoology and palaeontology to the close of the year 1879, as contained in the nomenclators of Agassiz, Marschall and Scudder, and in the Zoological Record. In 8°, Teil I XIX u. 376 S., Teil II 340 S., Washington, D. C., Government Printing Office, 1882.

1886 EDLINGER, A. VON, Erklärung der Tiernamen aus allen Sprachgebieten. In 8°, VI u. 117 S., Landshut, Ph. Krüllsche Universitäts-Buchhandl., 1886.

LEUNIS, J., Synopsis der drei Naturreiche. I. Teil, Synopsis der Thierkunde (Zoologie). 3. Auflage von H. Ludwig, 2 Bde., Bd. 1 XVI u. 1083 S., 955 Abb., 1883, Bd. 2 XVI u. 1231 S., 1160 Abb., 1886, Hannover, Hahnsche Buchh. — 1. Aufl. 1844, 2. Aufl. 1856 u. 1860 daselbst. (Etymologie vieler wissenschaftlicher Tiernamen in den Fußnoten.)

1887 GLASER, L., Catalogus etymologicus Coleopterorum et Lepidopterorum. Erklärendes und verdeutschendes Namenverzeichnis der Käfer und Schmetterlinge. In 8°, 396 S., Berlin, Friedländer, 1887.

1894 SCHENKLING, S., Nomenclator coleopterologicus. Eine etymologische Erklärung sämtlicher Gattungs- und Artnamen der Käfer des deutschen Faunengebietes. In kl. 8°, 226 S., Frankfurt a. M., H. Bechhold, 1894. (Auch wichtigste diagnostische Merkmalsbezeichnungen sowie gebräuchliche deutsche Käfernamen sind aufgenommen.) — Vgl. auch Schenkling und Schmidt 1922.

1902 WATERHOUSE, CH. O., und SHARP, D., Index zoologicus. An alphabetical list of names of genera and subgenera proposed for use in zoology as recorded in the „Zoological Record" 1880—1900 together with other names not included in the „Nomenclator zoologicus" of S. H. Scudder. In 8°, XII u. 421 S., London, Zoological Society, 1902.

1912 WATERHOUSE, CH. O., und SHARP, D., Index zoologicus No. II. An alphabetical list of names of genera and subgenera proposed for use in zoology as recorded in the „Zoological Record" vols. 38—47 inclusive (1901—1910) and the zoology volumes of the „International Catalogue of Scientific Literature" annual issues 1—10 together with other names not included in previous nomenclators. In 8°, IV u. 324 S., London, Zoological Society, 1912. (Dazu Supplement von FR. POCHE, Zoologische Annalen, Würzburg, Bd. 2, S. 33—46, 1912.)

1917 SCHENKLING, S., Erklärung der wissenschaftlichen Käfernamen aus Reitter's Fauna germanica. In 8°, 80 S., Stuttgart, K. G. Lutz, 1917.

1922 SCHENKLING, S., und SCHMIDT, R., Nomenclator coleopterologicus. Eine etymologische Erklärung sämtlicher Gattungs- und Artnamen der Käfer der deutschen Fauna sowie der angrenzenden Gebiete. 2. Aufl. des Nomenclator von Schenkling 1894, in 8°, IV u. 255 S., Jena, G. Fischer, 1922.

1924 MORSTATT, H., Preliminary check list of „common names" used in applied entomology. (Supplementa Entomologica, Berlin-Dahlem, Deutsches Entomologisches Institut, Nr. 10, 56 S., 1924.) — Enthält über 2000 haupts. engl. u. franz. Namen von Schadinsekten.

1932 KREJCI-GRAF, K., Scientific nomenclature and the preparation of papers. 130 S., Geol. Survey Kwangtung and Kwangsi, spec. pub. 12, Canton, 1. 12. 1932. (Zusammenfassung der ABC-Regeln vgl. bei Richter, 1948.)

SHERBORN, C. D., Index animalium sive index nominum quae ab A. D. 1758 generibus et speciebus animalium imposita sunt. Sectio prima a kalendis januariis 1758 usque ad finem decembris 1800. Sectio secunda a kalendis januariis 1801 usque ad finem decembris 1850. 10 Bde. in 8°, Sectio I: LIX u. 1195 S., Cantabrigiae, e typographio academico, 1902, Sectio II: 8 Bde., CXXXIX u. 7056 S., A-N 1922—1928, O-Z 1929—1932, London, British Museum, Index VII, CXXXIII-CXLVII u. 1098 S., London, British Museum 1932.

1937 Anonym, Common names of insects approved for general use by the American Association of Economic Entomologists. (Jl. of Econ. Entom., Bd. 30, S. 527—560, 1937.) — Enthält etwa 1000 Namen.

1938 NEU, W., Türkische Tiernamen. (Sitzgsber. Ges. naturf. Freunde Berlin, 1938, Nr. 1—3.)

1940 Anonym, Supplementary list of common names of insects approved by the American Association of Economic Entomologists. (Jl. of Econ. Entomol., Menasha, Wis., Bd. 33, S. 708—709, 1940.)

NEAVE, S. A., Nomenclator zoologicus, a list of names of genera and subgenera in zoology from 1758 to the end of 1935. 4 Bde., XI u. 3805 S., London, Zoological Society, 1939—1940, und Supplement-Bd. 5, 308 S., 1936—1945, 1950. — Jede 10 Jahre ein Supplementband in Aussicht gestellt.

SCHMIDT, G., Gebräuchliche Namen von Schadinsekten in verschiedenen Ländern. (Entomologische Beihefte aus Berlin-Dahlem, Bd. 6, 1939, 160 S., Bd. 7, 1940, S. 161 bis 364.) — Enthält rund 1800 deutsche und 5000 fremdsprachliche (engl., franz., ital., span., holländ. und afrikanische) Insektennamen. — Vgl. Fußnote S. 9.

1948 RICHTER, R., Einführung in die zoologische Nomenklatur durch Erläuterung der internationalen Regeln. Zweite, umgearb. Aufl. mit der „Offiziellen Liste zoologischer Gattungsnamen". 252 S. in 8°, Frankfurt a. M., Senckenberg-Buch 15. (Die erste Auflage erschien 1943, 154 S.)

1954 SCHULZE, F. E., KÜKENTHAL, W.,

HEIDER, K., HESSE, E., KUHLGATZ, TH., H. Hedicke St. v. Kéler, Nomenclator animalium generum et subgenerum. In 4°, 5 Bde. 3717 S., im Auftrage der Akad. d. Wiss. bearb., Berlin, 1926—1954.

4. Naturwissenschaftliche Wörterbücher

1567 JUNIUS, H., Nomenclator octilinguis, omnium rerum propria nomina continens. In 8°, Antwerpiae, Plantinus, 1567. (2. Aufl. Genevae, Jac. Soter, in 8°, 1602. Reimpr. in J. Nicot, Trésor de la langue française, fol., Paris et Rouen, 1606.)

1748 JABLONSKI, J. TH., Allgemeines Lexicon der Künste und Wissenschaften etc. In 8°, 2. Aufl. 4 u. 1456 S. u. 48 unpag. S. Index lat. u. franz. Wörter, Königsberg und Leipzig, J. H. Hartung, 1748. — Etwa 19000 Stichworte, nur wenige Insekten betreff., wie Laus, Mücke, Erdfloh, Ungeziefer usw.

1759 CHESNAYE DE BOIS, FR. ALEX. AUB. DE LA (Anonym), Dictionnaire raisonné et universel des animaux ou de règne animal, consistant en ... Insectes usw. Ouvrage composé ... par D. L. C. D. B. In 4°, 4 Bde., 816, 729, 731 u. 640 S. (A—Z), Paris, Cl. J. B. Bauche, 1759 (et 1770).

1762 Anonym, Dictionnaire portatif d'histoire naturelle, contenant l'histoire, la description et les principales propriétés des animaux, des végetaux et des minéraux. In kl. 8°, 2 Bde., Liège, Bassompierre, 1762. (Neudruck Paris, Bauche, 1763.)

1764 BOMARE, J. CH. V. DE, Dictionnaire raisonné universel d'histoire naturelle; contenant l'histoire des animaux, des végetaux et des minéraux, et celle des corps célestes, usw. ... et une table concordante des noms latins etc. In 8°, 5 Bde., Paris, Didot le jeune, 1764. Supplem. in 8°, Paris, Lacombe, 1768. — Weitere Aufl. sowie dänische u. holländ. Übers. vgl. Horn-Index.

1765 CARVALHO, J. M. DE, Diccionario portuguez das plantas, arbustos, matas, arvores, animaes quadrupedes, e reptis, aves, peixes, mariscos, insectos usw. que a Divina Omnipotentia creou no globo terraqueo para utilidade dos vivantes escrito. In 16°, XIV u. 600 S., Lisboa, na officina de Miguel Manescal de Costa, 1765.

1770 BUFFON, G. L. GRAF DE, Manuel de naturaliste, ouvrage utile aux voyageurs et à ceux qui visitent les cabinets d'histoire naturelle et de curiosités. (En ordre alphabetique.) In 8°, XII u. 598 S., Paris, Deprez, 1770.

1771 DIDEROT, DENIS und D'ALEMBERT, JEAN LE ROND, Encyclopédie ou dictionnaire raisonné des sciences, des arts et des métiers. 35 Bde. in fol., Paris und Neufchâtel, 1751—1780. — Insekten von d'Aubenton, Bd. 1—17, 1751—1771

1777 GMELIN, PH. F., und CHRISTMANN, G. F., Onomatologia medica completa, seu Onomatologia historiae naturalis, oder vollständiges Lexicon das alle Benennungen der Kunstwörter der Naturgeschichte nach ihrem ganzen Umfang erkläret und den reichen Schatz der ganzen Natur durch deutliche und richtige Beschreibungen des nützlichen und sonderbaren von allen Thieren, Pflanzen und Mineralien sowohl vor Aerzte als andere Liebhaber in sich faßt zu allgemeinem Gebrauch von einer Gesellschaft naturforschender Aerzte nach den richtigsten Urkunden zusammengetragen. In gr. 8°, 7 Bde. (A—Z), Bd. 1—4 von Gmelin, Bd. 5—7 von Christmann, Ulm, Frankfurt und Leipzig, Gaum (Stettinsche Buchh.), 1758—1777. — Durch Gutachten 123. nomenklatorisch ungültig.

1782 SIGAUD DE LA FOND, J. R., Dictionnaire des merveilles de la nature. In 8°, 2 Bde., Paris, 1781. —

2. Aufl. in 3 Bden., Paris, Delaplace, 1802. Deutsche Übers. von Ch. G. F. Webel, Wunder der Natur usw. Mit vielen Zusätzen vermehrt, 2 Bde. in 8°, (Insekten im 1. Bde.), Leipzig, Heinsius, 1782.

1783 Ronconi, I., Dizionario d'agricoltura. Nueva ed., in 8°, 4 Bde., Venedig 1783.

1785 Martyn, W., A new dictionary of natural history; or compleat universal display of animated nature; with accurate representations of the most curious and beautiful animals, elegantly coloured. In fol., 2 Bde. mit 100 Taf., London, Harrison, 1785.

1788 Vandelli, D., Diccionario dos termos technicos de historia natural, extrahidos das obras de Linneo etc., e a memoria sobre a utilidade dos jardins botanicos. In 4°, 6, 301 u. 36 S., 20 Taf., Coimbra, Ant. Barneoud, 1788.

1792 Hübner, Johann, Natur-, Kunst-, Berg-, Gewerk- und Handels-Lexicon. Herausgeg. von G. H. Zinke. Verbessert und umgearbeitet von J. Jac. Volkmann. In gr. 8°, Leipzig, Gleditsch (Brockhaus), (1776) 1792.

1793 Chomel, N., Dictionnaire oeconomique ... avec plusieurs remèdes pour élèver abeilles, vers à soie etc. 3. Aufl., in 4°, 9 Bde., 1786 bis 1793. (1. Aufl. in 4°, 2 Bde., Leiden und Amsterdam, 1743, 2. Aufl. in 4°, 7 Bde., 1778; frühere Pariser Aufl. siehe Horn-Index S. 1385.)

Martini, Fr. H. W., Allgemeine Geschichte der Natur in alphabetischer Ordnung. In 8°, 11 Bde., Berlin und Stettin, J. Pauli, 1774—1793. — (Mit Herbst, Jablonski u. a., unvollständig, geht nur bis „Coquille".)

1794 Anonym, Dictionnaire abrégé d'histoire naturelle, pour l'instruction de la jeunesse; avec une introduction sur les trois règnes, animal, minéral et végétal, et des notions tirées des meilleurs naturalistes, Buffon, Valmont de Bomare, etc. In 12°, 3 Bde., Paris, Langlois, 1794 (III an).

1795 Duchesne Henri Gabriel, Manuel du naturaliste, ou dictionnaire d'histoire naturelle, contenant l'abrégé de l'histoire des animaux, des végétaux, des minéraux et des principaux météores et phénomènes de la nature. Nouveau édition corrigée et considerablement augmentée. 2 Bde. in 8°, Bruxelles, Lemaire, 1794. Neue Ausgabe Bruxelles et Paris, 1795 (an III).

1796 Nemnich, Ph. A., Catholicon. I. Abth. Naturgeschichte. Allgemeines Polyglotten-Lexicon der Naturgeschichte mit erklärenden Anmerkungen. In 4°, 3 Bde., 2392 S., Hamburg, Verfasser. Bd. 1 (A—F), 1793, Bd. 2 (G—Z) 1795, Bd. 3 (dtsch., engl., portug., franz., ital. Wörterbuch) 1796. — Bd. 1—2 enthalten Tiernamen und termini technici etymol. und sachlich erklärt mit Angaben ihrer Synonyme in den meisten europäischen und vielen asiatischen Sprachen. Bd. 3 ist ein 5sprachiges Wörterbuch der Tiernamen und der Termini technici, mit deren kurzen Erläuterungen.

1797 D. und M. (Duchesne Henri Gabriel und Macquer, P. J.), Manuel du naturaliste. ouvrage utile aux voyageurs et a ceux qui visitent les cabinets d'histoire naturelle et de curiosités; en forme de dictionnaire, pour servir de suite à l'histoire naturelle, par Buffon. In 12°, 2 Bde., Paris, Imp. roy., 1771. 2. Ausgabe: revue, corrigé et considérablement augmentée, 4 Bde., in 8°, mit 8 Taf., Paris, Remont, 1797 (an V).

1800 André Chr. Karl, Deutsches und französisches technologisches und naturhistorisches Handwörterbuch. In 8°, 4 Teile, Halle, Gebauer, 1797—1800.

Illiger, J. C. W., Versuch einer systematisch vollständigen Terminologie des Thier- und Pflanzenreiches. In 8°, 432 S., Helmstädt, Fleckeisen, 1800.

1801 Sokolow, B., Slowar istorji jestestwiennoj: carstwa schywotnych, rastienij i iskopajemych, na latinskim i rassijskim jasikach.

(Wörterbuch der Naturgeschichte: des Tier-, Pflanzen- und Mineralreiches). In 8°, Moskau, 1801.

1802 Anonym, A dictionary of natural history. In 16°, 48 farb. Taf., London, Scatcherd, 1802.

1805 LIPPOLDT, G. H. CH., Neues Natur- und Kunst-Lexicon, enthaltend die wichtigsten und gemeinnützigsten Gegenstände aus der Naturgeschichte, Naturlehre, Chemie und Technologie. Hrsg. von C. Ph. Funke. In gr. 8°, 4 Bde., Weimar, Landes-Industrie-Comptoir, 1801 bis 1805. — Dazu Atlas von A. Hofmann, 1826.

1806 FISCHERSTRÖM, J., Nya oekonomiska dictionarien. In 8°, 1799. — Fortgesetzt von Ol. Swartz, 1806.

GREGORY, G., Dictionary of arts and sciences. In 4° 2 Bde., London, 1806.

1807 JOLYCLERC, NIC., Dictionnaire raisonné et abrégé d'histoire naturelle, par d'anciens professeurs. In 8°, 2 Bde., Paris, Fournier Frères, 1807.

1809 RE F. GRAF, Dizionario ragionato di libri d'agricoltura, veterinaria, e di altri rami d'economia campestre, ad uso degli amatori delle cose agrarie, e della gioventú. In 16°, 4 Bde., Venezia, Vitarelli, Bd. 1—2 1808, Bd. 3—4 1809.

1811 NÖLDECHEN, K. A., Wörterbuch der landwirtschaftlichen Naturgeschichte, mit Hinsicht auf den Betrieb der Wirtschaft etc. In gr. 8°, A—E (nur 1 Bd.) Berlin, Sander, 1811.

1812 SCHMIEDLEIN, G. B., Handwörterbuch der Naturgeschichte über die drei Reiche der Natur. Nach dem Französischen frey bearbeitet. In gr. 8°, 3 Bde., Bd. 1: 8 u. 380 S. (A—Erdgrille), Bd. 2: 380 S. (Erdhase—Quojavoran), Bd. 3: 294 S. (Rabe—Zwitterkäfer), Anhang S. 294—296. Leipzig, Baumgärtner, 1800—1801. Neue Aufl. in 8°, 3 Bde., 1812.

1816 DIETERICH, MICH., Naturhistorisch-ökonomisch-technologisches Handwörterbuch über alle drei Reiche der Natur. In gr. 8°, 2 Bde., Ulm, 1816.

1819 DETERVILLE, Nouveau dictionnaire d'histoire naturelle, appliquée aux arts, à l'agriculture, à l'économie rurale et domestique, à la médecine etc. par une société de naturalistes et d'agriculteurs. In 8°, 24 Bde., Paris, Deterville, 1802—1804. — Insekten von Latreille und Olivier. — 2. Auflage in 8°, 36 Bde., daselbst 1816 bis 1819.

1822 VALLOT, J. N., Dictionnaire critique d'histoire naturelle, contenant l'origine et l'explication de tous les contes étranges, de tous les dessins bizarres, de tous les figures monstrueuses et tous les opinions singulières ou erronées dont on a chargé cette science. In 8°, 2 Bde. mit ca. 200 Abb., Dijon et Paris, Renouard, 1822.

1825 OLIVIER, A. G., u. LATREILLE, P. A., Dictionnaire des Insectes. In 4°, 10 Bde. mit 398 Taf., Paris, Pankouke, 1789—1825. (In Diderot u. d'Alembert, Encyclopädie méthodique, 196 Bde., 1782 bis 1832.)

1826 HOFMANN, ALOIS, Naturhistorischer Atlas zu Funke's neu umgearbeitetem und vervollkommnetem Natur- und Kunstlexicon. Zum Gebrauch der Besitzer desselben und zum Studium der Naturgeschichte überhaupt. In 4°, 3 Bde., Wien, Kaulfuss u. Kramer, Bd. 1: 1 Bog. Text u. 23 col. Kupfertaf., 1825, Bd. 2: 1 Bog. Text u. 23 col. Kupfertaf., 1825, Bd. 3: 1 ½ Bog. Text u. 46 col. Kupfertaf. 1826.

1827 Anonym, Petit dictionnaire classique d'histoire naturelle, ou morceaux choisis sur nos connaisances acquises dans les trois règnes de la nature. Par Bernardin de Saint-Pierre, Buffon, Châteaubriand, Delille, Elien, Lacépède, Linné, Pline, etc., mis en ordre par une société de naturalistes etc. In 12°, 2 Bde., mit col. Taf., Paris, Mongie aîné, 1826—1827.

1830 CUVIER, FRÉD., Dictionnaire des sciences naturelles, dans lequel on traite méthodiquement des différentes êtres de la nature, etc. publié par les professeurs du jardin du roi, et les principales écoles de Paris, et rédigé par Fréd. Cuvier. In 8°, 60 Bde. und 5 Tafelbände (schwarze u. farbige Ausgabe), Strasbourg, Levrault und Paris, Le Normant, 1816 bis 1830. — Insekten von A. M. C. Dumeril. — Dazu 1 Bd. (25 livr.) Biographie, ou recueil de cent portraits des plus célebras naturalistes (pour faire suite à l'ouvrage précédent) dessin. et grav. par Ambros, Tardieu. In 8°, Paris, Levrault, Pitois, Bertrand, 1823—1827. — Supplément Bd. 1 (Abe-Aye), 2 Teile und 20 Tafeln, in 8°, Paris, Levrault, Pitois, Bertrand, 1840.

BREWSTER, D., SIR, Edinburgh cyclopaedia. In 4°, 18 Bde., Edinburg, W. Blackwood & J. Waugh, 1830. — Art. Entomology von Leach.

1831 BORY DE SAINT VINCENT, J. B. M. BARON, DE, Dictionnaire classique d'histoire naturelle, par une société des naturalistes (MM. Audouin, Isid. Bourdon, Brongniart, Edwards, de Férussac, Drapiez, Flourens, Jussieu, Lucas, Richard). Ouvrage dirigé par Bory de Saint Vincent, et dans lequel on a ajouté, pour le portér au niveau des sciences, un grand nombre de mots qui n'avaient pu faire partie de la plupart des dictionnaires antérieurs. In 8°, 17 Bde. und Atlas mit 160 Taf. (schwarze und col. Ausgabe), Paris, Ray & Gravier und Baudouin Frères, 1822—1831. — Entomologische Artikel von Latreille.

1835 LEONI, A., FANTONETTI, G. B., und OMODEI, A., Dizionario dei termini di medicina, chirurgia, veterinaria, farmacia, storia naturale, botanica, fisica, chimica etc., ridotto ad uso degli Italiani. 2. Ausg., 3 Teile in 8°, Milano, presso la Società degli Edit. degli Annali univers. delle scienze e dell'industria, 1835.

1836 HARTIG, G. L., und HARTIG, TH., Forstliches und forst-naturwissenschaftliches Conversationslexicon. In 8°, Berlin, Nauck, 1834. 2. Aufl. in 8°, Stuttgart u. Tübingen, 1836. — Der entomologische Teil ist von Th. Hartig.

LEROUX, P., und REYNAUD, J., Encyclopédie nouvelle. In 8°, Paris, 1836. Entologische Artikel von J. Th. Lacordaire.

1837 Anonym, Wörterbuch der Naturgeschichte, dem gegenwärtigen Stande der Botanik, Mineralogie und Zoologie angemessen. In gr. 8°, 11 Bde. (1—10 in je 2 Hälften), Weimar, Landes-Industrie-Comptoir, 1824—1837. — Geht nur bis „Oceanides", wurde nicht fortgesetzt. Dazu: Atlas zum Wörterbuch der Naturgeschichte, 10 Lief. mit je 10 illum. Taf., gr. 4°, daselbst 1824—1832. Parallele Ausg. mit schwarzen Tafeln.

JOURDAN, A. J. L., Dictionnaire raisonné, étymologique et polyglotte des termes usités dans les sciences naturelles, comprenant l'anatomie, l'histoire naturelle et la physiologie générale; astronomie, la botanique, la chimie, la géographie physique, la géologie, la minéralogie, la physique, la zoologie, la conchyliologie, l'entomologie, l'ornithologie, la mammalogie, etc. In 8°, 2 Bde., Paris, Baillières und London, 1834. — 2. Aufl. in 1 Bde., 655 S., Brüssel 1837.

1838 Anonym, Dictionnaire classique d'histoire naturelle, ou morceaux choisis sur nos connaissances acquises dans les trois règnes de la nature, par Buffon, Lacépède, Elien, Pline, Chateaubriand, Delille etc. In 8°, 2 Bde. mit 20 Taf., Bruxelles, Muquardt, 1838.

1839 GUÉRIN-MÉNEVILLE, E., Dictionnaire pittoresque d'histoire naturelle et des phénomènes de la nature, par une société de naturalistes sous la direction de E. Guérin-Méneville. In 4°, 9 Bde. mit je 80 farb. Taf., Paris, 1833—1839. — Artikel „Insectes" von Percheron im 4. Bde., S. 151—188, 1 Taf. (2. Aufl. vgl. 1845: M. R. S., Nouveau Dict. class.).

TODD, R. B., The cyclopaedia of anatomy and physiology; being a series of dissertations on all the topics connected with human, comparative and morbid anatomy and physiology, so arranged as to form a complete dictionary of terms and copious work of references. In roy. 8°, 2 Bde., London, Longman and Co., 1835 bis 1839. — Articulata von Owen im 1. Bde., 1835.

1840 Anonym, Oesterreichisches naturhistorisches Bilder-Conversations-Lexicon. Ein unentbehrliches Handbuch zur Verbreitung gemeinnütziger Kenntnisse und zur Unterhaltung für alle Stände, in alphabetischer Ordnung aus dem Thier-, Pflanzen- und Mineralreiche. Nach den neuesten und zuverlässigsten Entdeckungen und Erfahrungen in dem Gebiete der drei Naturreiche, von einem Gelehrten-Vereine. In 4°, 6 Bde., mit 180 col. Kupfertaf., Wien, Hirschfeld, und Leipzig, Kummer, 1835 bis 1840.

1842 Meunier, V., Dictionnaire élémentaire d'histoire naturelle etc. Publié sous la direction de Victor Meunier. In 12°, 2 Bde. mit 72 Taf., Paris, rue Magazine 5, 1842.

1843 Anonym, The british cyclopaedia of natural history. In sup. roy. 8°, 3 Bde., London, Wm. S. Orr & Co., 1843.

Carpenter, W. B., The popular cyclopaedia of natural sciences: A series of treatises upon the principal departments of natural science, including animal physiology, zoology, vegetable physiology, botany, &c. with numerous illustrations on wood. Animal physiology. In 8°, London, W. S. Orr & Co., 1843.

Müller, J. A., Medicinisch-chirurgisch-pharmazeutisches und naturhistorisches Handwörterbuch zur Verdeutschung der Fremdwörter und Kunstausdrücke dieser Fächer, mit den nötigen Erläuterungen; nebst deutschem Repertorium und Erklärungen der alten und neuen medicinischen, pharmaceutischen und chemischen Zeichen und Abkürzungen. Zur leichteren Übersicht für Studierende sowie für alle Freunde der Naturwissenschaften. In 16°, Wien, Wallishausser, 1843.

1844 Anonym, Dizionario classico di storia naturale. Prima traduzione italiana. In 8°, 16 Bde. (A—Uov) mit Taf., Venezia, Girolamo Tasso, 1835—1844.

Marenesi, Ercole, Dizionario pittoresco della storia naturale e degli manufatture ad uso della gioventu, compilato sulle opere di F. E. Guérine degli autori più recenti. In 8°, 6 Bde. in 34 Heften mit 2 Taf. je Heft, Milano, Borroni e Scotti, 1839 bis 1844.

d'Orbibny, Ch., und Wegmann, Dictionnaire abrégé d'histoire naturelle présentant le tableau des phénomènes de la nature, donnant la définition et l'histoire des êtres qui composent les trois règnes etc., rédigé par MM. Charles d'Orbigny et de Wegmann. In 8°, 2 Bde. mit Atlas, Paris, rue de Seine 47, 1842—1844. (Ausgabe mit schwarzen und farb. Taf.)

1845 Anonym, Encyclopaedia metropolitana. — Zwei Auflagen à 29 und 40 Bde., 1818—1845. (Entomologische Artikel von J. F. Stephens.) — Vgl. auch Anonym 1848.

M. R. S., Nouveau dictionnaire classique d'histoire naturelle ou répertoire universel, par ordre alphabetique des sciences naturales et physiques; rédigé par une société de naturalistes. (2. Ausgabe des Dictionnaire pittoresque, 1839, revue et corrigée avec soin par M. R. S.). 48 Bde. mit je einem Atlas von je 15 Taf., Bd. 1—17 in 12°, die übrigen in 4°, Paris, Cosson, Royer, 1843—1845.

Drapiez, P. A. J., Dictionnaire classique des sciences naturelles, présentant la définition, l'analyse et l'histoire de tous les êtres qui composent les trois règnes, etc. In 8°, 10 Bde. und Atlas mit 192 schw. und farb. Taf., Bruxelles, Muquardt, 1828—1845.

Schneider, J. H., Real-Lexicon der Naturgeschichte in getreuen Abbildungen und mit ausführlicher Beschreibung derselben von Joseph Honor Schneider, hrsg. von Fr. Ed. Sandtner. (Auch mit dem Umschlag-Titel: Naturhistorisches Bildermuseum. Ein vollständiges Reallexicon etc.) In gr. 8°, 2 Bde., Bd. 1 (11 Hefte) Aal—Barbaree, mit 40 lith. Taf., Bd. 2 (9 Hefte) Barbe—Blattkäfer, mit 36 lith. Taf., Prag, Sandtner, 1843—1845.

1848 Anonym, The Encyclopaedia of natural history: botany, zoology, general physiology, comparative anatomy, mineralogy, cristallography, and geology. Illustrated by 131 plates, by Lowry. In 4°, 808 S., 131 Taf., London, John J. Griffin & Co., 1848. (Neuauflage von Encyclopaedia metropolitana Bd. VI.)

1849 d'Orbigny, Ch., Dictionnaire universel d'histoire naturelle. Ouvrage dirigé par M. Ch. d'Orbigny. In 8°, 13 Bde. und 3 Bde. Atlas mit 288 Taf. (Ausgabe mit schwarzen und col. Taf.). Paris, Renard, Marnet & Co., Langlois & Leclercq und V. Masson, 1841—1849. (Insekten von Blanchard und Lucas.)

1850 Ersch, J. S., und Gruber, J. G., Allgemeine Encyclopädie der Wissenschaften und Künste in alphabetischer Folge von genannten Schriftstellern bearbeitet und herausgegeben von J. S. Ersch und J. G. Gruber, Professoren zu Halle. In 8°, 72 Bde. (unvollendet, geht nur bis „Phyxios"), Leipzig, J. Fr. Gleditsch und F. A. Brockhaus, 1818—1850. (Entomologische Artikel von Frenzel, Germar, Häser, v. Meyer, Ch. E. H., Nitzsch, Wiedemann u. a.)

Heck, J. G., Bilder-Atlas zum Conversations-Lexicon. I. Mathematische und Naturwissenschaften. In quer 4°, 141 Taf. (5 mit Insekten), Leipzig, F. A. Brockhaus, 1850.

Ruschenberger, W. S. W., A lexicon of terms used in natural history, prepared for schools, colleges and families. In 12°, Philadelphia, 1850.

1854 Castells, José, Diccionario de medicina, cirurgia, farmacia, medicina legal, fisica, quimica, botanica, mineralogia, zoologia y veterinaria; sacada de las obras de Nysten, Bricheteau, O. Henry etc. Aumentado con mas de 800 voces, e illustrado con laminas intercaladas en el texto y revisado por José Castells. In 12°, 2 Bde., Paris, Rosa et Bouret, 1854.

Daunassans, A., Nouveau dictionnaire d'agriculture pratique. In 8°, Paris, 1854.

Fock, L. C. E. E., Natuur- en geneeskundig etymologisch Woordenboek, en verklaring van alle uit vreemde talen ontleende, en daarmede zamengestelte woorden, voorkomende in de natuurlijke historie, plantenkunde, natuurkunde, scheikunde, artseneibereidkunde, geneesmiddelleer, ontleedkunde van den mensch, vergelijkende ontleedkunde, physiologie, ziektenkunde, verloskunde, heelkunde, vergiftenleer, geregtelijke geneeskunde, enz. In roy. 8°, Gorinchem, Noorduijn en zoon, 1854.

1855 Morton, Cyclopaedia of agriculture. In 4°, 2 Bde., London, 1855. (Alle entomologischen Artikel von J. Curtis.)

1856 Griffith, J. W., und Henfrey, A., The micrographic dictionary; a guide to the examination and investigation of the structure and nature of microscopic objects. In 8°, XL u. 696 S., 816 Abb. u. 41 teils farb. Taf., London, J. van Voorst, 1856. (Etwa 2500 Stichworte erschöpfend erklärt und mit Bibliographie versehen.) — 2. Auflage mit 812 Abb. u. 45 teils farb. Taf. daselbst 1860.

Dallas, W. S., A natural history of the animal kingdom; being a systematic and popular description of the habits, structure and classification of animals, from the lowest to the highest forms. Arranged according to their organisation. In 8°, VIII u. 817 S., 374 Abb., London, Ch. Griffin &

Co., ohne Erscheinungsjahr, nach Horn-Index: 1856. — S. 779 bis 817 Index mit etymologischen Erklärungen der Gattungsnamen.

1857 GABLER, E., Lateinisch-deutsches Wörterbuch der gesamten Medizin und Naturwissenschaft. In 8°, VIII u. 388 S., Berlin, Peters, 1857.

PIZZETTA, J., Dictionnaire populaire d'histoire naturelle et des phénomènes de la nature. Ouvrage resumant les travaux de Buffon, Linné, Reaumur, ... Arago, Humbold, Flourens etc. In 8°, 719 S., avec figures, Paris, Martinon, 1856—1857.

1858 BAIRD, WILLIAM, Cyclopaedia of the natural sciences with zoological chart of animal life. In 8°, XVI u. 613 S., Fig., London, Griffin, 1858.

BOSSU, ANTONIN, Nouveau dictionnaire d'histoire naturelle et des phénomènes de la nature. Ouvrage enrichi d'un très grand nombre de figures. In 8°, 3 Bde., Paris, Bureau de l'Abeille médicale, 1858.

1859 CORSTIAAN DE JONG, Handwoordenboek der natuurkundige weetenschappen, door Corstiaan de Jong. Met zeer veele vermeerderingen geheel wrij bewerkt naar Fleischhauer's Physikalischen Lexicon. In 8°, 1.—5. Aufl. (Agamatolieth—Diamagnetismus), Haarlem, J. J. Weevering, 1859.

1860 BAIRD, WILLIAM, A dictionary of natural history. In 8°, 625 S., London, Griffin, 1860.

1880 CHENU, JEAN CHARLES, Encyclopédie d'histoire naturelle ou traité complet de cette science d'après les travaux des naturalistes les plus éminents de tous les pays et de tous les époques Buffon, Daubenton, Lacépède, G. Cuvier, Geoffroy Saint Hilaire, Latreille, de Jussieu, Brongniart, etc. Ouvrage résumant les observations des auteurs anciens et comprenant toutes les découvertes modernes jusqu'à nos jours. In 4°, 31 Bde., Paris, Marescq & Co. 1850—1880. — 6 Bde. Insekten und tableau alphabetique des noms vulgaire et scientifique. Näheres über Insekten-Bände vgl. Horn-Index.

1891 WHITNEY, W. D., The century dictionary. An encyclopaedic lexicon of the english language. In fol., 6 Bde. in 24 Teilen, XVIII u. 7046 S., 30 S. Index auct. etc., nicht numer. Abbild., New York, The Century Co., und London, T. Fisher Unwin, 1889—1891. — Bringt eine Anzahl entomologischer Namen und Termini mit sachlichen und etymologischen Erklärungen.

1923 BECHHOLD, J. H., Handlexicon der Naturwissenschaften und Medizin. Bearb. von A. Velde, W. Schauf, G. Pulvermacher, L. Mehler, W. Loewenthal, C. Eckstein, J. Bechhold und G. Arends. In gr. 8°, 1127 S., Frankfurt a. M., H. Bechhold, 1891—1893. 2. bis 3. Aufl. 2 Bde. in gr. 8°, hrsg. unter Mitwirkung von Bierbaum, Brunies, Alois Czepa u. a. von Jakob Heinrich Bechhold, Bd. 1 (A—K) 480 S., Abb., 1913—1915, Bd. 2 (L—Z) III u. 764 S., Abb., 1923, Frankfurt a. M., H. Bechhold. (In Dultz Lagerkatalog Arthropoda 24, 1932, S. 17 mit der Bemerkung: Extraillustriert mit vielen eingeklebten Holzschnitten und schwarzen und farbigen Tafeln, fast ausschließlich aus entomologischen Werken.)

1935 DITTLER, R., u. a., Handwörterbuch der Naturwissenschaften. 2. Auflage, in 4°, 10 Bde., hrsg. von R. Dittler (Physiologie), G. Joos (Physik), E. Korschelt (Zoologie), G. Linck (Mineralogie und Geologie), F. Oltmanns (Botanik) und K. Schaum (Chemie). Jena, G. Fischer, 1931—1935. (1. Aufl. in 10 Bden. daselbst 1913—1915.) Ein Meisterwerk der naturwissenschaftlich-enzyklopädischen Literatur.

1955 REINIG, W. F. (et Coll.), Kosmos-Lexikon der Naturwissenschaften mit besonderer Berücksichtigung der Biologie. Bd. 1, A—K, 8 S. + 1592 Spalten, 2291 Abb., 10 schwarze und 12 Farbtafeln; Bd. 2, L—Z, Sp. 1594—3400, 14 schw. und 12 Farbtaf. Franckschе Verlagsbuchhandlung, Stuttgart, 1955.

B. Hand- und Lehrbücher der Entomologie

1. Allgemeine Entomologie

1893 KOLBE, H. J., Einführung in die Kenntnis der Insekten. In 8°, XII + 709 S. 324 Abb., Berlin, Ferd. Dümmlers, 1889—1893.

1898 PACKARD, ALPHEUS SPRING (the Younger), A textbook of Entomology. In 8°, XVII u. 729 S., 654 Abb., New York, Macmillan Co., 1898.

1904 HENNEGUY, L. F., Les insectes, morphologie, reproduction, embryogenie. In 8°, XX u. 804 S., 622 Abb., 4 farb. Taf., Paris, Masson & Co., 1904.

1920 HEYMONS, RICHARD, Die Vielfüßler, Insekten und Spinnentiere. In Brehms Tierleben, 4. Aufl., XLII u. 716 S., 367 Abb., 20 farb. u. 15 schwarze Taf., 7 Doppel- u. 4 einseitige Taf. nach Fotografien, 1 Karte. Leipzig, Bibliographisches Institut, 1915. Ungeänderter Neudruck 1920.

HOULBERT, C., Les insectes. Anatomie et physiologie générales. Introduction à l'étude de l'entomologie biologique. 2. Aufl. 2 u. 374 S., 207 Abb., Gaston Doin, Paris 1920 (1. Aufl. bei Octave Doin, Paris 1910).

1921 LANG, ARNOLD, Handbuch der Morphologie der wirbellosen Tiere. Bd. 4, Arthropoda. Hexapoda von E. Bugnion und E. A. Göldi, S. 415—634, 119 Abb. Die Gliedmaßen der Arthropoden von C. Börner, S. 649—694, 57 Abb. In 8°, VII u. 748 S., 646 Abb., Jena, G. Fischer, 1921.

SCHÖNICHEN, WALTER, Praktikum der Insektenkunde nach biologisch-ökologischen Gesichtspunkten. 2. Aufl., in 8°, 227 S., 261 Abb., Jena, G. Fischer, 1921.

1923 MAC GILLIVRAY, A. D., External insect anatomy. A guide to the study of insect anatomy and an introduction to systematic entomology. In 8°, VIII u. 388 S., Abb., Urbana Ill., Scarab Co., 1923.

1925 BERLESE, ANTONIO, Gli insetti, loro organizzazione, sviluppo e rapporti coll' uomo. In 4°, 2 Bde., Bd. 1, XII u. 1004 S., 1292 Abb., 10 farb. Taf., Bd. 2, IX u. 992 S., 895 Abb., 7 Taf., Milano, Societa Editrice Libraria, Bd. 1 1909, Bd. 2 1912—1925.

1928 FERRIS, GORDON FLOYD, The principles of systematic entomology. In 8°, 169 S., 11 Abb., Stanford Univ. Public., Univ. Series, Biol. Sces., Bd. 5, Nr. 3, Stanford Univ., California, 1928.

HANDSCHIN, E., Praktische Einführung in die Morphologie der Insekten. In 8°, VIII u. 112 S., 23 Taf., Berlin, Borntraeger, 1928.

1929 COMSTOCK, J. H., und KELLOGG, V. L., The elements of insect anatomy. An outline for the use of students in entomological laboratories. 12. Aufl., 8°, 4 u. 145 S., 11 Abb., Comstock Publ. Co., Ithaca, N. Y., 1929 (1. Aufl. 1895).

SCHRÖDER, CHR., Handbuch der Entomologie. In gr. 8°, 3 Bde., Jena, G. Fischer 1912—1929. — Bd. 1 (Morphologie) von P. Deegener, O. Prochnow, J. Hirschler, Ph. Depdolla und A. Handlirsch, XIV, IV u. 1426 S., 1109 Abb., 1912—1928. Bd. **2** (Biologie) von A. Handlirsch, B. H. Rübsaamen (†), O. Heineck, L. Reh, A. Martini, C. Prochnow, K. Holdhaus u. Chr. Schröder, XII u. 1410 S., 365 Abb., 1 farb. Taf., 1 farb. Karte, 1929. Bd. **3** (Geschichte, Literatur, Technik, Paläontologie, Systematik) von A. Handlirsch, VIII u. 1202 S., 1040 Abb., 1925.

1931 BOGDANOW-KATJKOW, N. N., Kratkij utschebnik teoretitscheskoj i prikladnoj entomologii. (Kurzes Lehrbuch der theoretischen und angewandten Entomologie.) 3. Aufl., Moskau, Sielchosgis, 1931.

CHOLODKOWSKIJ, N. A., Kurs entomologii teoretitscheskoj i prikladnoj. (Lehrkursus der theoretischen und angewandten Entomologie.) 4. Aufl., 3 Bde., Leningrad, GIS, 1927, 1929 und 1931.

KUSNEZOW, N. J., Obschtschaja Entomologia (Allgemeine Entomologie), Teil 2, Fisiologia i toxikologia nassiekomych (Physiologie und Toxikologie der Insekten). 93 S., 35 Abb., Gosud. Isd. Sowh. i Kolch.-koop. Literat., Moskau 1931.

1932 KENNEDY, C. H., Methods for study of the internal anatomy of insects. 103 S. mimeogr., zahlr. Abb., Ohio State Univ., 1932.

1933 WEBER, HERMANN, Lehrbuch der Entomologie. In 8°, XII u. 726 S., 555 Abb., Jena, G. Fischer, 1933. — Unübertroffenes Meisterwerk der Weltliteratur.

1934 FOLSOM, J. W., Entomology with special reference to its ecological aspects. In 8°, 4. Aufl. revid. von R. A. Wardle, IX u. 605 S., 308 Abb., 5 Taf., Philadelphia, Penns., und London, Murray, 1934.

1935 LAMEERE, AUG., Précis de Zoologie. Bruxelles, Inst. Zool. Torley-Rousseau, Bd. 4, 1935 (Allgem. üb. Ins. S. 57—140, Apterygota bis Hemiptera S. 141—468, Abb. 67 bis 480), Bd. 5, 1938, 536 S., 564 Abb. (alle übrigen Insektenordnungen).

POSPIELOW, W. P., u. a., Entomologia. 515 S., Moskau, Sielchosgis, 1935.

SNODGRASS, R. E., Principles of insect morphology. In 8°, IX u. 667 S., 319 Abb., New York und London, McGraw-Hill, 1935.

1936 WARDLE, R. A., General entomology. In 8°, VII u. 311 S., 96 Abb., Philadelphia, Penna., Blakiston's Son & Co., 1936.

1938 COMSTOCK, J. H., COMSTOCK, A. B., und HERRICK, C. W., A manual for the study of insects. 22. Aufl., XIII u. 414 S., Abb., Ithaca. N. Y., Comstock Pub. Co., 1938.

KÜKENTHAL, W., und KRUMBACH, TH., Handbuch der Zoologie. Bd. 4 (in 3 Bden.), Progoneata, Chilopoda, Insecta. (Das ganze Werk in 7 [10] Bänden.) Leipzig und Berlin, de Gruyter, 1926—1938.

Bd. 1, 1926—1930, S. 403—892, Abb. 478—945 (Allgemeines über Insecta, Terminologie des Chitinskelettes, Apterygota, Ephemerida, Odonata, Perlariae, Embiodea, Orthoptera und Blattaeformia, von A. Handlirsch).

Bd. 2, 1933—1936, XIV S. u. S. 893—1728, Abb. 946—1851 (Hymenoptera von A. Handlirsch, Coleoptera u. Strepsiptera von J. Meixner, Megaloptera, Raphidides, Neuroptera, Panorpatae und Trichoptera, von A. Handlirsch und M. Beier).

Bd. 3, 1936—1938, XVI S. u. S. 1729—2756, Abb. 1852—2785 (Lepidoptera von H. Zerny und M. Beier, Diptera von Hendel u. Beier, Suctoria, Hemiptera, Nachträge u. Berichtigungen zu allen Ordnungen von M. Beier), Register.

1940 COMSTOCK, J. H., An introduction to entomology. IX. Aufl. in 8°, XIX u. 1064 S., 1228 Abb., Ithaca, N. Y., Comstock Pub. Co. Inc., 1940.

1941 BODENHEIMER, F. S., Türkiye entomolojisi. Teil I, Einführung, Teil II, Bestimmungstabellen der Familien. Minister. d. Landw., Publ. Nr. 527, 175 S., 24 Abb., 10 Taf. und Nr. 531, 103 S., 33 Taf., Ankara, 1941.

EIDMANN, H., Lehrbuch der Entomologie. In 8°, XII u. 500 S., 366 Abb. Berlin, P. Parey, 1941.

1942 FROST, S. W., General entomology with special reference to ecology. X u. 524 S., 406 Abb., 1 Taf., New York u. London, MacGraw-Hill, 1942.

1947 JEANNEL, R., Nouvel atlas d'entomologie. Nr. 1, Introduction à l'entomologie. In 8°, N. Boubée & Cie., Paris. Fasc. 1. Anatomie générale et classification, 83 S., 56 Abb., 1 col. Umschlagbild, 6 schw. u. 4 col. Taf., Paris 1945; Fasc. 2, Biologie, 105 S., 69 Abb., 6 schw. u. 4 col. Taf., Paris 1946; Fasc. 3, Paleontologie et peuplement de la terre, 101 S., 24 Abb., 13 schw. u. 1 col. Taf. (Karte), Paris 1947.

IMMS, A. D., Insect Natural History. XVIII u. 318 S., 40 Abb., 40 col. u. 32 schwarze Taf. (mit 210 Fotos), 8 Karten, Collius, London, 1947.

1948 COLAS, G., Guide de l'Entomologiste. In 8°, 309 S., 144 Abb., N. Boubée & Cie., Paris, 1948.

1949 CHAUVIN, REMY, Physiologie de l'insecte, les grandes fonctions le comportement ecophysiologie. In gr. 8°, 619 S., 82 Abb., W. Junk, Den Haag, 1949.

IMMS, A. D., Outlines of entomology. 4. Aufl. VIII u. 188 S., 96 Abb., London, Methuen & Co., 1949.

ROSS, H. H., A textbook of entomology. In 8°, IX u. 532 S., 434 Abb., J. Wiley & Sons, New York, Chapman & Hall, London, zweiter Druck, November 1949 (Erstdruck 1948).

1950 EBELING, W., Subtropical Entomology. In 4°, IX u. 747 S., 575 Abb., 20 Karten, 10 Porträts, San Francisco, Californien, 1950.

1951 ESSIG, E. O., College Entomology. 3. Neudruck, 8°, VIII + 900 S., 308 Abb. Mc Millan Co., New York, Januar 1951 (1. Aufl. 1942).

GRANDI, G., Introduzione allo studio dell'entomologia. In gr. 8°, Bd. I XXIV u. 950 S., 780 Abb., Bd. 2 XVIII u. 1332 S., 1198 Abb., Edizioni Agricoli, Bologna, 1951.

GRASSÉ, PIERRE-P. et COLLAB., Traité de Zoologie, Paris, Masson & Cie., Bd. 9, 1117 S., 752 Abb., 3 col. Taf., 1949 (Paläont., Apterygota, Ephem., Odon., Blatt., Mant., Isopt., Zorapt., Perl., Grylloblatt., Phasm. Saltat., Embiodea, Dermapt., Coleoptera), Bd. 10, 1. Teil, 975 S., 905 Abb., 5 col. Taf., 1951 (Neuropt. s. lat., Panorp., Trichopt., Lep., Dipt., Siphonapt., Hymenopt. p. p.), Bd. 10, 2. Teil, S. 976—1940, Abb. 906 bis 1648, 1 col. Taf., 1951 (Hymenopt. cont., Strepsipt., Procopt., Mall., Anopl., Homopt. Heteropt., Thysanopt.). — Bd. 8, Allgem. Entomologie, noch nicht erschienen.

IMMS, A. D., A general textbook of entomology, including anatomy, physiology, development and classification of insects. XII u. 728 S., 642 Abb., London, Methuen & Co., 1951. (1. Aufl. 1925.)

MATHESON, R., Entomology for introductory courses. 2. Aufl., XIV u. 629 S., 500 Abb., Comstock Publ. Co., Ithaca, New York, 1951 (1. Auflage 1944).

— — Laboratory guide in entomology for introductory courses. In 4°, 135 S., 48 Taf., Comstock Publ. Co., Ithaca, New York, 1951 (1. Aufl. in 8°, 1939).

1952 OBENBERGER, J., Entomologia. Bd. 1. Anatomie, Morfologie a Embryologie hmyzu. In gr. 8°, 869 S., 894 Abb., Prag 1952.

SNODGRASS, R. E., A textbook of arthropod anatomy. In 8°, X + 363 S., 88 Abb., 1952.

1953 PETERSON, A., Manual of entomological equipment and methods. 2 Bde. mimeogr., Bd. 1, 21 S., 138 Taf., 12 Tabellen, XIII S. Index, Ann. Arbor, Mich., Edwards Brothers, 1934, Bd. 2, 334 S., 11 Taf., 2 Register, Ohio State Univ., Author, 1937; 7. Aufl. 1953.

ROEDER, K. D., (Editor), Insect physiology. XIV u. 1100 S., 256 Abb., J. Wiley & Sons, New York, Chapman & Hall, London, 1953.

WIGGLESWORTH, V. B., The principles of insect physiology. In 8°, VIII u. 434 S., 316 Abb., London, Methuen, 1934, 5. Auflage 1953, 8°, VIII u. 546 S., 355 Abb.

1954 BRUES, CH. T., MELANDER, A. L. und CARPENTER, F. M., Classification of Insects. Keys to living and extinct Families of Insects, and to the living Families of other terrestrial Arthropods. Bulletin of the Museum of comparative Zoology at Harvard College, Bd. 108, in 8°, VI und 917 S., 1219 Abb., Cambridge, Mass., USA, 1954.

WEBER, HERMANN, Grundriß der Insektenkunde. In 8°, XII u. 258 S., 154 Abb., Jena, G. Fischer, 1938. 3. Aufl. XI u. 428 S., 220 Abb., daselbst 1954.

2. Forst- und landwirtschaftliche Entomologie

1914 TRÄGARDH, IVAR, Sveriges skogsinsekter. VIII u. 279 S., 136 Abb., 16 Taf., Stockholm, Hugo Gebers Verlag, 1914; 2. Aufl., XII u. 508 S., 570 Abb., 1939. (Schädliche Insekten von Schweden.)

1933 GUÉNAUX, G., Entomologie et parasitologie agricole. 5. Aufl., VIII u. 592 S., 427 Abb., Paris, 1933. (1. Aufl. 1917, span. Übers. Barcelona 1943.)

1923 HOLLRUNG, Die Mittel zur Bekämpfung der Pflanzenkrankheiten. Für Studierende und berufstätige Landwirte bearbeitet. 3. Aufl. in 8°, XII u. 406 S., 58 Abb., Berlin, P. Parey, 1923.

KIRCHNER, OSKAR VON, Krankheiten und Beschädigungen unserer landwirtschaftlichen Kulturpflanzen. Eine Anleitung zu ihrer Erkennung und Bekämpfung für Biologen, Landwirte, Gärtner u. a. 3. Aufl. gr. 8°, VII u. 679 S., Stuttgart, E. Ulmer, 1923.

LEFROY, H. MAXWELL, Manuel of entomology, with special reference to economic entomology. In 8°, 557 S., Abb., London, Edw. Arnold & Co. 1923.

UVAROW, B. P., Sielskochasiajstwiennaja entomologia. (Landwirtschaftliche Insektenkunde.) Tyflis, 1923.

WARDLE, R. A., und BUCKLE, PHILIP, The principles of insect control. In 8°, 311 S., Abb., Manchester, Longmans, 1923. — Poln. Übers. von Kéler, XX+258S., 35 Abb., Warschau 1930.

1924 BERLESE, ANTONIO, Entomologia agraria. Manuale su'gli insetti nocivi alle piante coltivate, campestri, orticole ed ai loro prodotti e modo di combatirli. 2. Aufl. 512 S., 420 Abb., Firenze, 1924. (1. Aufl. 483 S., 415 Abb., 1915.)

CECCONI, G., Manuale di entomologia forestale. 680 S., 786 Abb., Padova 1924.

1925 BARBEY, A., Traité d'entomologie forestière. 2. Aufl., XVIII u. 749 S., 498 Abb., 8 col. Taf., Paris, Berger-Levrault, 1925.

1926 EWERT, RICHARD, Die Krankheiten der Obstbäume und Obststräucher. 2. Aufl., in kl. 8°, 145 S., 63 Abb., Berlin, P. Parey, 1926.

PLOTNIKOW, W. P., Nasiekomyje wrediastschyje chasiajstwiennym rastieniam w ssredniej Asii. (Insekten-Schädlinge der Kulturpflanzen in Mittelasien.) Taschkent 1926.

STELLWAAG, E., Neuzeitliche Schädlingsbekämpfung im Obst-und Gemüsebau. 2. Aufl., Wiesbaden, 1926.

ZNAMIENSKIJ, A., V., Nassiekomyja wrediaschtschyja palewodstwu (Schädliche Insekten in der Landwirtschaft). Teil 1, Wreditieli siernowych slakow (Getreideschädlinge). (Trudy Poltawskoj Sielsko-Chas. Opytnoj Stanzii, Nr. 50, 296 S., 118 Abb., 7 Taf., Poltawa 1926.)

1927 HESS, R., und BECK, R., Forstschutz. 5. Aufl., 2. Bde., Bd. 1, Schutz gegen Tiere, von M. Dingler, XX u. 588 S., 400 Abb., Neudamm, J. Neumann, 1927.

NÜSSLIN, O., und RHUMBLER, L., Forstinsektenkunde. 4. Aufl., in 8°, XVI u. 625 S., 482 Abb., 7 Bildnisse deutscher Forstentomologen, Berlin, P. Parey, 1927. (4. Aufl. von Nüsslins Leitfaden der Forstinsektenkunde, 1914.)

TRAPPMANN, W., Schädlingsbekämpfung. Grundlagen und Methoden im Pflanzenschutz. In gr. 8°, VIII u. 440 S., 68 Abb., Leipzig, S. Hirzel, 1927. (Bd. 8 der Serie Chemie und Technik der Gegenwart.) (Neubearbeitung vgl. 1949.)

ZACHER, FR., Die Vorrats-, Speicher- und Materialschädlinge und ihre Bekämpfung. In 8°, XVI u. 366 S., 123 Abb., 8 col. Taf., Berlin, P. Parey, 1927.

1928 KRENKE, N. P., Chirurgja rastienij. (Pflanzen-Chirurgie.) Hrsg. von „Nowaja Dierewnia", 1928.

1929 GRAHAM, S. A., Principles of forest entomology. XIV u. 339 S., 149 Abb., New York u. London, McGraw-Hill Bosck Comp. 1929.

1930 FRIEDERICHS, K., Die Grundlagen und Gesetzmäßigkeiten der land- und forstwirtschaftlichen Zoologie, insbesondere der Entomologie. 2 Bde., Bd. 1, Ökologischer Teil, XI u. 419 S., 127 Abb., Bd. 2, Wirtschaftlicher Teil, VI u. 463 S., 166 Abb., Berlin, P. Parey, 1930. — Russisch von Troitzkij, XV u. 671 S., 194 Abb., Leningrad, 1932.

1931 GUBERT, M., Ossnowy sastschyty rasstienij. (Grundzüge des Pflanzenschutzes.) Leningrad, Sielkolchosgis, 1931.

ROSTRUP, S., und THOMSEN, M., Die tierischen Schädlinge des Ackerbaues. Nach der 4. dänischen Auflage ins Deutsche übertragen von Dr. H. Bremer und Dr. H. Langenbuch. In 8°, XI und 367 S., 236 Abb., Berlin, P. Parey, 1931.

STARK, W. N., Wrednyje liesnyje nassiekomyje. (Schädl. Forstins.) 456 S., 453 Abb., Moskau, Leningrad, Wssessoj. Inst. Sasstsch. Rast., 1931.

1932 ARISTOW, M. T., Wriednyje nassiekomyje plodowawo ssada. (Schädliche Insekten im Obstgarten.) Leningrad, Sielchosgis, 1932.

BALFOUR-BROWNE, A textbook of practical entomology. London, 1932.

LENGERKEN, H. VON, Das Schädlingsbuch für Gärtner, Gartenfreunde, Siedler, Obst- und Gemüsebauer, Baumschulbesitzer, Warmhauszüchter und verwandte Berufe zur Erkennung und Bekämpfung tierischer Schädlinge. In 8°, 194 S., 88 Abb., Berlin, Brehm Verlag, 1932.

1933 WILL, J., u. WOLFF, M., Die wichtigsten Forstinsekten. 3. Aufl., XVI u. 220 S., 203 Abb., Neudamm, 1933.

WOLCOTT, G. N., Economic entomology of the West Indies. XVIII u. 688 S., 111 Abb., San Juan, The Entomological Society of Puerto Rico, 1933.

1934 DELLA BEFFA, GIUSEPPE, Parassiti animali delle piante coltivate o utili. 2 Bde., 917 S., 916 Abb., Milano, Ed. Hoepli, 1931—1934.

SCHTSCHEGOLEW, W. N., SNAMIENSKIJ, A. B., und BEJ-BIENKO, G. JA., Nassiekomyje wriediastsschyje palewym kulturam. (Schädliche Insekten an Kulturpflanzen.) In 8°, 464 S., 181 Abb., 8 farb. Taf., Leningrad, Sielchosgis, 1934. (Neubearbeitung von Znamienskij, 1926).

TROITZKY, N. N., u. SCHTSCHEGOLEW, W. N., Opredielitiel powreschdienij kulturnych rastienii. (Bestimmungstabelle der Beschädigungen an Kulturpflanzen.) In 8°, 528 S., 178 Abb., Gosud. Isdat. Kolch. i Sowch. Literat., Moskau, 1934. (Neubearb. vgl. Schtschegolew et collab., 1952.)

1935 FAES, H., STAEHELIN, M., und BOVEY, P., Les enemies des plantes cultivées. In 8°, 381 S., 242 Abb., 4 Taf., Lausanne, Payot, 1935 (5. Aufl. 1943).

HERRICK, G. W., Insect enemies of shade trees. 427 S., Abb., Ithaca, N. Y., Comstock Pub. Co., 1935.

LUDWIGS, KARL, und SCHMIDT, MARTIN, Die Krankheiten und Schädlinge der Gemüsepflanzen, der Küchenkräuter und wichtigsten Arzneipflanzen. In gr. 8°, 157 S., 45 Abb., 16 Taf., Frankfurt a. O. und Berlin, Verlags-Anstalt Trowitzsch, 1935.

SCHTSCHEGOLEW, W. N., Agrotechnitscheskije metody sastschyty paliewych kultur ot wriednych nassiekomych i baliesnij. 152 S., Leningrad, Ssielchosgis, 1935. (Agrotechnische Methoden des Schutzes landwirtschaftlicher Kulturen gegen Schädlinge und Krankheiten.)

1936 BALACHOVSKY, A., und MESNIL, L., Les insectes nuisibles aux plantes cultivées. Leurs mœurs. Leurs destruction. In gr. 8°, 2 Bde., 1965 S., 1340 Abb. (durchgehend pag.), 8 farb. Taf., Paris, L. Méry, 1936.

BOLDYREW, W. F., Ossnowy sastschyty ssielsskochasiajsstwiennych rasstienij ot wrieditielej i boliesnij. (Grundzüge des Schutzes von Kulturpflanzen gegen Schädlinge und Krankheiten.) 2 Teile, Moskau, Ssielchosgis, 1936.

DOANE, R. W., VAN DYKE, E. C., CHAMBERLIN, W. J., und BURKE, H. E., Forest Insects. A textbook for the use of students in forest schools, colleges and universities and for forest workers. 475 S., 234 Abb., New York und London, Mac Graw-Hill, 1936.

Schmidt, Martin, Schädlinge des Obst- und Weinbaues. Frankfurt a. O. und Berlin, 1936.

Sweetman, H. L., The biological control of insects. XII u. 461 S., 142 Abb., 1936.

1937 Greimer, K., Handbuch des praktischen Desinfektors. 3. Aufl., neubearb. von H. Michel, 203 S., 44 Abb., Dresden und Leipzig, Th. Steinkopff, 1937.

1938 Diehl, F., und Weidner, H., Tierische Schädlinge. 127 tierische Schädlinge in Bildern. Hamburg, Schulz und Thiele, 1938.

Guillaume, A., Les animaux ennemis de nos cultures. Procédé de destruction. 328 S., 124 Abb., Paris, 1938.

Rimskij-Korsakow, M. N., Gusew, W. J., Polubojarimow, J. J., Schiperowitsch, Wa. Ja., Jacentkowsky, A. W., Liesnaja entomologia. 2. Aufl. 8°, 448 S., 169 Abb., 4 col. Taf., Leningrad, Goslestechisdat, 1938. — (1. Aufl. in kl. 8°, 482 S., 159 Abb., 4 col. Taf., 18 S. Literatur, 1935.)

1939 Metcalf, C. L., und Flint, W. P., Destructive and useful insects, their habits and control. 2. Aufl., XVI u. 981 S., 584 Abb., London, Mac Graw-Hill, 1939.

Pape, Heinrich, Die Praxis der Bekämpfung von Krankheiten und Schädlingen der Zierpflanzen. In gr. 8°, 3. Aufl. VIII u. 475 S., 336 Abb., 8 farb. Taf., Berlin, P. Parey, 1939. (1. Aufl. 1932.)

1941 Sorauer, P., und Reh, L., Handbuch der Pflanzenkrankheiten. Berlin, P. Parey. Bd. 4 und 5 Tierische Schädlinge an Nutzpflanzen, Bd. 6 Pflanzenschutz. — Bd. 4, 5. Aufl., 1. Lief. Protozoa und Metazoa, 458 S., 210 Abb., 1949, 2. Lief. Trichoptera und Lepidoptera, 526 S., 154 Abb., 1953, Bd. 5, 5. Aufl., 1. Lief. Diptera und Hymenoptera, 320 S., 89 Abb., 1953, 2. Lief. Coleoptera, 3. Lief. Hemipteroidea, 4. Lief. Vertebrata, in Aussicht gestellt für 1953 und 1954. Bd. 6, 1. Halbband, 1. Lief., 2. Aufl., 464 S., 63 Abb., 1952, 2. Lief. für 1954 in Aussicht gestellt, 2. Halbband 740 S., 82 Abb., 1941.

1942 Escherich, Karl, Die Forstinsekten Mitteleuropas. In 8°, 5 Bde., Berlin, P. Parey. Bd. 1, Allgemeiner Teil, Einführung in den Bau und die Lebensweise der Insekten sowie in die allgemeinen Grundsätze der praktischen Forstentomologie, XII u. 433 S., 248 Abb., 1 Bildnis, 1914; Bd. 2, Spezieller Teil, 1. Abt. Die „Urinsekten" (Anamerentoma und Thysanuroidea), die „Geradflügler" (Orthopteroidea u. Amphibiotica), die „Netzflügler" (Neuropteriodea) und die Käfer (Coleopteroidea), Systematik, Biologie, forstliches Verhalten und Bekämpfung, XII u. 663 S., 335 Abb., 1923. Bd. 3, Spezieller Teil, 2. Abt., Schnabelhafte (Panorpatae), Köcherfliegen (Trichoptera), Schmetterlinge (Lepidoptera), 1. Teil: Allgemeines, Kleinschmetterlinge, Spanner u. Eulen, X u. 825 S., 605 Abb., 14 farb. Taf., 1931. Bd. 4, Schmetterlinge, 2. Teil (nicht erschienen). Bd. 5, Hymenoptera, Diptera und Rhynchota, X u. 746 S., 716 Abb., 3 farb. Taf., 1940—1942 (4 Lieferungen, davon Lief. 3 mit S. 417—576 nicht erschienen).

Fernald, H. T., und Shepard, H. H., Applied Entomology. IX u. 400 S., 383 Abb., McGraw Hill Book Co., New York und London, 1942 (4. Aufl. von Fernald's Applied Entomology, 1921 bzw. 1926).

1943 Silvestri, Filippo, Compendio di entomologia applicata (agraria-forestale-medica-veterinaria), Portici, Selbstverlag, in 8°. — Das ganze Werk soll 4 Bde. umfassen, erschienen ist Bd. 1, 974 S., 878 Abb., 1934—1939, und Bd. 2 (noch nicht abgeschlossen), 512 S., 651 Abb., 1943.

Wille, J. E., Entomologia agricola del Peru. VII u. 468 S., 213 Abb., Lima, Minist. Agric., 1943.

1945 Schneider-Orelli, O., Entomologisches Praktikum. Einführung in die land- und forstwirtschaftliche Insektenkunde. 149 S., 68 Abb.,

Aarau, Sauerländer und Zürich, Ent. Inst. Eidgenöss. techn. Hochschule, 1945.

1947 BOGDANOW-KATJKOW, N. N., Rukawodstwo k praktitscheskim saniatiam pa obschtschoj entomologii. 6. Aufl., in 8°, 356 S., 474 Abb., Moskau u. Leningrad 1947.

1948 KOTTE, WALTER, Krankheiten und Schädlinge im Obstbau. In gr. 8°, 2. Aufl., VIII u. 329 S., 213 Abb., 8 farb. Taf., Berlin, P. Parey, 1948.

1949 SCHTSCHEGOLEW, W. N., et collab., Ssielsskochasiajsstwiennaja entomologia. Wreditieli ssielsskochasiajsstwiennych kultur i miery borby s nimi. (Landwirtschaftliche Entomologie. Schädlinge der landwirtschaftlichen Kulturpflanzen und Methoden ihrer Bekämpfung.) Moskau-Leningrad, 1949.

TRAPPMANN, W., Pflanzenschutz und Vorratsschutz. Bd. 1, Grundlagen der Pflanzenpathologie. 2. völlig neu bearbeitete Auflage der „Schädlingsbekämpfung". XII u. 270 S., 80 Abb., S. Hirzel, Stuttgart, 1949.

1950 MORSTATT, H., Bücher über Pflanzenpathologie und Pflanzenschutz. Eine Bibliographie. (Mitt. aus d. Biol. Zentralanstalt f. Land- und Forstwirtschaft, Berlin-Dahlem, Heft 68, 52 S. [einseitig], Berlin, 1950.)

1952 GRAHAM, S. A., Principles of forest entomology. (2. Aufl., XVI u. 410 S., 165 Abb., London, Mac Graw-Hill, 1939.) 3. Aufl. 1952.

D. ROSICKY und J. WEISER, Boj s hmyzem. Teil I. Moderní insekticidy, jejich složení, zkonsénì a využití. 448 S., 100 Abb., 1951; Teil II. Škůdci lidského zdraví. Medicinální Entomologie. 830 S., 309 Abb., 1952. Přírodovědecké Vydavatelství, ohne Erscheinungsort.

SCHTSCHEGOLEW, W. N., et collab. (Aristoff u. a.), Keys of insect pests according to their damage of cultivated plants (russisch). 3. Aufl., 604 S., 243 Abb., Moskau-Leningrad, 1952.

WILLE, J. E., Entomologia agricola del Peru. Manual para entomólogos, ingenieros agrónomos, agricultores y estudiantes da agricultura. 2. Aufl., VIII u. 544 S., 222 Abb., Minist. de Agric., Lima, Peru, 1952 (1. Aufl. 1943).

1953 BRAUN, H., und RIEHM, E., Krankheiten und Schädlinge der landwirtschaftlichen und gärtnerischen Kulturpflanzen und ihre Bekämpfung. 7. Aufl., 348 S., 290 Abb., P. Parey, Berlin u. Hamburg, 1953.

WEIDNER, H., Bestimmungstabellen der Vorratsschädlinge und des Hausungeziefers Mitteleuropas. 2. Aufl. in 8°, VIII u. 234 S., 272 Abb., Jena, G. Fischer, 1953.

3. Medizinische und veterinärmedizinische Entomologie

1913 PATTON, W. S., und CRAGG, F. W., A textbook of medical entomology. XXII und 769 S., 89 Taf. Christian Literature Society for India, London, Madras u. Kalkutta, 1913.

1915 HERMS, W. B., Medical and veterinary entomology. XII u. 393 S., New York, Mac Millan Co., 1915.

1920 ALCOCK, Entomology for medical officers. In 8°, 2. Aufl. XV u. 380 S., London, Gurney & Jackson, 1920.

1921 PIERCE, W. D., Sanitary entomology. The entomology of diseases, hygiene and sanitation. XXVI, 19 u. 518 S., 88 Abb., 28 Taf., Boston, Mass., Badger, 1921.

1924 SEGUY, E., Les insectes parasites de l'homme et des animaux domestiques. 422 S., 463 Abb., Paris, Lechevalier, 1924.

1925 LEON, N., Entomologia medicala. Bucarest, 1925.

1929 EWING, H. E., A manual of external parasites. In 8°, XIV u. 225 S., 96 Abb., London, Baillière, Tindall & Cox, 1929.

1931 PATTON, W. S., und EVANS, A. M., Insects, ticks, mites and venomous animals of medical and veterinary importance. Part I. Medical. XII u. 786 S., 374 Abb., 1 frontis., 60 Taf., 1 gefaltete Taf.: Classification of Arthropods, in Bildern. H. R. Grubb, Croydon, Gr. Brit., 1929. Part II, Public Health. VIII u. 740 S., 388 Abb., 58 Taf., 1931.

1934 MÖNNIG, H. O., Veterinary helminthology and entomology. 402 S., 264 Abb., London, 1934.

1938 NEUVE-LEMAIRE, M., Traité d'entomologie médicale et vétérinaire. XXVIII u. 1339 S., 597 Abb., Portrait des Verf., Paris, Vigot Frères, 1938.

PINTO, C., Zoo-parasitos de interesse medico e veterinario. Livro para medicos, higienistas, veterinarios e estudantes, contenido as diagnoses das especies patogenicas par o homem e animaes domesticos da região Neo-Tropica, especialmente do Brasil. In 8°, VII und 377 S., Textabb., 112 Taf., Pimenta de Mello & Cia, Rio de Janeiro, 1938.

RILEY, W. A., und JOHANNSEN, C. A., Medical entomology. A revision of the „Handbook of medical entomology" 1915. 2. Aufl., 438 S., 184 Abb., London, MacGraw-Hill, 1938. (1. Aufl. der „Revision", 1932.)

1939 HERMS, W. B., Medical entomology. With special reference to the health and well-being of man and animals. 3. Aufl. XIX u. 582 S., Abb., New York, Macmillan Co., 1939. (1. Aufl. 1915, 4. Aufl. 1950.)

1947 DOGEL, W. A., Kurs abschtschej parasitologji. Leningrad, 1947.

1948 SMART, J. W., Handbook for identification of insects of medical importance. In 4°, revised edition, XI u. 295 S., 178 Abb., 13 Taf. (3 col.), Brit. Museum, London, 1948.

1949 BRUMPT, E., Précis de parasitologie. 6. Aufl., 2 Bde. (durchgehend paginiert), XII und 2138 S., 1305 Abb., 4 Taf. (2 col.), Paris, Masson & Cie., 1949.

1950 MATHESON, R., Medical entomology. 489 S., 211 Abb., 2 Taf., Springfield, Ill., und Baltimore, Maryl., Charles C. Thomas, 1932. (2. Aufl., 612 S., 242 Abb., frontis., 3 Taf., Comstock Publ. Comp., Ithaca, N. Y. 1950.)

MARIANI, M., Compendio di Entomologia Medica. Ed. Agap, Palermo. In 8°, VIII + 202 S., 8 Abb., 28 Taf., 1952.

1952 MARTINI, E., Lehrbuch der medizinischen Entomologie. 3. Aufl., gr. 8°, XVI u. 633 S., 322 Abb., Jena, G. Fischer, 1946; 4. Aufl. 1952, XII u. 694 S., 318 Abb. mit Beiträgen von F. Peus und W. Reichmuth. (1. Aufl. 1923.)

WEYER, F., u. ZUMPT, F., Grundriß der medizinischen Entomologie. VIII u. 127 S., 63 Abb., Leipzig, J. A. Barth, 1942; 3. Aufl. 1952, VI u. 150 S., 66 Abb.

Das folgende Wörterbuch ist nach dem Umbruch erschienen und konnte nicht mehr an der richtigen Stelle (am Schluß des Kapitels A 1) eingeschaltet werden:

1955 SCHTSCHEGOLEW, W. N. u. a., Slowar-sprawotschnik entomologa. (Entomologisches Wörterbuch.) Gosud. Isdat. ssielsskochas. literaturi, Moskau-Leningrad, in 8°, 451 S., illustr., 1955. — Berücksichtigt hauptsächlich angewandte Entomologie.

Alphabetisches Autorenregister zu den Literaturverzeichnissen

Das griechische Alphabet

Aus bestimmten Gründen (s. Einleitung) habe ich in der Etymologie der griechischen Lehnwörter die griechische Schreibung beibehalten. Dem der griechischen Schrift nicht kundigen Benutzer des Wörterbuches möge das hier folgende griechische Alphabet das korrekte Lesen der griechischen Wörter und nötigenfalls deren richtige Transliteration in die lateinische Schrift erleichtern.
Die Transliteration der griechischen Schriftzeichen in die lateinischen ist nicht mit der Latinisierung der griechischen Wörter gleichbedeutend. Im ersteren Fall handelt es sich lediglich um Ersatz der griechischen Schriftzeichen durch entsprechende lateinische, z. B. in κόκκος durch kokkos, in κοῖλον durch koilon usw. Die Latinisierung erfordert weitergehende Änderungen, die dem Geiste der lateinischen Sprache entsprechen, z. B. aus κοκκος oder kokkos wird der lateinische Gattungsname Coccus, aus κοῖλον oder koilon der lateinische Terminus Coelom usw.

Zeichen	Name	Laut	Transliteration und Latinisierung (Lat.)
Α α	ἄλφα	a	= a. Latin.: αι, ᾳ = ae, αυ = au
Β β	βέτα	b	= b
Γ γ	γάμμα	g	= g. Latin.: γγ = ng, γχ = nch, γκ = nk (nc)
Δ δ	δέλτα	d	= d
Ε ε	ἐψιλόν	e	= e. Latin.: ει = i, ευ = eu, ἑ = he
Ζ ζ	ζῆτα	z	= z
Η η	ῆτα	ē	= e. Latin.: Schluß-η = a, ῃ = ei
Θ ϑ	ϑῆτα	th (engl.)	= th
Ι ι	ἰότα	i	= i
Κ κ	κάππα	k	= k, latin. = c (grundsätzlich)
Λ λ	λάμβδα	l	= l
Μ μ	μῦ	m	= m
Ν ν	νῦ	n	= n
Ξ ξ	ξῖ	x	= x
Ο ο	ὄμικρόν	o	= o. Latin. οι = oe, ου ≐ u, Schluß-ον = um, Schluß-ος = us
Π π	πῖ	p	= p
Ρ ρ	ῥῶ	r	= r
Σ σ ς	σίγμα	s	= s
Τ τ	ταῦ	t	= t
Υ υ	ὔψιλόν	u	= y
Φ φ	φῖ	f	= f
Χ χ	χῖ	ch	= ch
Ψ ψ	ψῖ	ps	= ps
Ω ω	ὤμέγα	o	= o, ῳ = oe
῾	spiritus asper = h in Transkr. wie in Latin., z. B. ἑ = he, ῥ = rh		
᾿	spiritus lenis bleibt in der Transkr. und Latin. unberücksichtigt.		

Erklärung der Abkürzungen und Symbole

Abk. = Abkürzung

adj. = adjectivum, Eigenschaftswort

bes. = besonders, besondere

buk. = bukolisch, griechische Hirtensprache, vulgäre Ausdrucksform

bzw. = beziehungsweise

CT = Corpus tentorii (→ Tentorium)

comm. = communis generis

cm = Zentimeter

D = Derivatio, Herkunft (→ Muskeln)

dem. = Deminutiv, Koseform

dor. = dorisch, Ausdruck in der dorischen Mundart des Griechischen

F = Funktion (→ Muskeln)

f. = femininum, weibliches Geschlecht des Hauptwortes

Fam = Familie (im Sinne der systematischen Kategorie)

FamR = Familienreihe (system. Kategorie)

Fl = Flügel, auch in Zusammensetzungen manchmal, wie FlRand, FlSchüppchen usw.

Fld = Flügeldecke

Gatt. = Gattung

gen. = Genitivus, Wes-Fall der Deklination

gr. = griechisch

HFl = Hinterflügel, H- auch in anderen Zusammensetzungen, wie HRand, HEnde usw.

Hlb = Hinterleib

Hsch. = Halsschild

HTA = hintere Tentoriumarme

I = Insertion, Ansatzstelle eines Muskels

Intens. = Intensivum, Verstärkungsform

ion. = ionisch, Ausdruck in der ionischen Mundart des Griechischen

lat. = lateinisch

latin. = latinisiert, klassisch (kl.) oder nachklassisch (nachkl.) latinisiertes Lehnwort, meist aus dem Griechischen

M. = Musculus, bei lateinischen Muskelnamen, Muskel

m. = masculinum, männliches Geschlecht des Hauptwortes

meton. = metonymisch, im übertragenen Sinne

μ = Mikron, $^1/_{1000}$ mm

n. = neutrum, sächliches Geschlecht des Hauptwortes

nachkl. = nachklassisch (s. oben → latin.)

Ordn = Ordnung (system. Kategorie)

pl. = pluralis, Mehrzahl der Flexion von Redeteilen

S im Anlaut von Zusammensetzungen = Seiten-, z. B. SRand, STeile usw.

sg. = singularis, Einzahl der Flexion von Redeteilen

sp. = species, Art, spp. = Arten

subst. = substantivum, Hauptwort

syst. = systematisch, im Sinne einer systematischen Kategorie

U = Ursprung, Fuß eines Muskels (→ Muskeln)

UOrdn = Unterordnung (syst. Kategorie)

VFl = Vorderflügel, V- auch in anderen Zusammensetzungen wie VRand, VEnde, VBeine usw.

vgl. = vergleiche

VTA = vordere Tentoriumarme → Tentorium

♂[1] = Symbol des Männchens (Zeichen des Mars und des Eisens)

♀ = Symbol des Weibchens (Zeichen der Venus und des Kupfers)

☿ = Symbol des Arbeiters bzw. der Arbeiterin bei sozialen Hymenopteren, in alten Werken, z. B. bei Leunis für Zwitter gebraucht. (Zeichen des Merkur und des Quecksilbers.)

☿ = Symbol des Arbeiters bei den Termiten

[1]) Manchmal durch ♁ (Zeichen der Erde) ersetzt.

⚥ = Symbol des Hermaphroditen (Zwitters)

♃ = Symbol des Soldaten bei Termiten und Ameisen (Zeichen des Jupiter)

♀ (mit Punkt) = Symbol der Fundatrix im Generationswechsel der Blattläuse

♀ (mit Querstrich im Kreis) = Symbol der Fundatrigenia im Generationswechsel der Blattläuse

♀ (mit doppeltem Querstrich) = Symbol der Virgo im Generationswechsel der Blattläuse

♀ (mit Querstrich im Kreis und doppeltem Querstrich) = Symbol der Virginogenia im Generationswechsel der Blattläuse

\+ = fossil, ausgestorben, wenn das Kreuz vor einem lateinischen Tiernamen steht, z. B. +*Palaeodictyoptera*. In → Vita-Formeln Zeichen für die Imago, ganz gleich, ob es sich um Männchen, Weibchen oder geschlechtlich reduzierte Imaginalformen handelt.

× = zwischen zwei lateinischen Tiernamen = Bastard

→ = Verweis auf ein anderes Stichwort

~ = Tilde, Auslassungszeichen für das Stichwort in seinem erklärenden Text, stets ohne Rücksicht auf Flexionsformen.

Die häufig gebrauchten Kürzungen systematischer Kategorien-Namen, Familie, Überfamilie, Ordnung, Unterordnung usw. stehen stets ohne Kürzungspunkt: Fam, ÜberfamOrdn, UOrdn usw.

A

Aasfliegenblumen, Blumen mit Aasgeruch, welche insbesondere Aasfliegen anlocken und durch ihr Treiben bestäubt werden. Es sind vor allem *Araceae*, *Stapeliaceae*, *Orchidaceae* und *Aristolochiaceae*. Vgl. auch → Fliegenblumen.

Aasfliegenpilz, *Phallus* (*Ithyphallus*) *impudicus* Lin., ein stellenweise in Laubwäldern häufiger Pilz, dessen weiße, phallusähnliche Fruchtkörper stark nach Aas riechen und eine Sammelstelle von Aasfliegen bilden.

Aasfresser, Zoosaprophaga, Insekten, welche verweste, faulige Substanz tierischer Leichen zur Nahrung haben.

Aaskäfer → *Silphidae*, vgl. auch → Rübenschädlinge.

Ab. oder ab., Abkürzung für → Aberration (aberratio).

Abänderung → Variation.

Abänderungsspielraum → Variationsbreite.

Abart → Varietät.

Abbrennen, in der Schädlingsbekämpfung Mittel, Insekten mit Hilfe offener Flamme zu vernichten. Hierher gehört das Abbrennen der Mücken mit der Lötlampe in Winterquartieren (in feuerfesten Räumen) und das Stoppelbrennen durch angelegten Brand oder mit Hilfe von Flammenwerfern.

Abdasseln, Methode zur Bekämpfung von Dasselmaden durch deren Ausdrücken aus den Dasselbeulen der befallenen Tiere.

Abdomen (lat. abdomen, -inis, pl. -ina, -inum, n., Bauch) → Hinterleib.

abdomen sessile (lat. sessilis -e, seßhaft, von sedo, -ere sitzen) sitzender, d. h. mit breiter Basis am Thorax sitzender → Hinterleib.

abdomen petiolatum (Etym. → petiolus) gestielter → Hinterleib.

Abdominalbeine → Bauchfüße.

Abdominaldrüsen, die im Hinterleib lokalisierten Drüsen, vor allem Hautdrüsen der Insekten. Es sind meistens Duft- und Wachsdrüsen, seltener Giftdrüsen und Knalldrüsen. Bes. Erwähnung verdienen die Cercaldrüsen der *Japygidae*, Pygidialdrüsen und Batelli-Drüsen. Ein Paar ~ unbekannter Funktion tritt am 1. Hlbssegment (Sternum) beim Embryo von *Dytiscus* (vgl. → polypode Segmentierungsphase) auf.

Abdominalfüße → Bauchfüße.

Abdominalrand → Analrand.

Abductoren (lat. abduco -ere abführen) Abzieher, Muskeln, welche die Gliedmaßen vom Körper weg bewegen. Ihre Antagonisten sind die Adductoren.

aberrant (lat. aberrans -tis abweichend, von aberro -are), von einem angenommenen Typus abweichend.

Aberration (lat. aberratio, -onis, pl. -ones, -onum, f., von aberro, -are sich verirren, abweichen), aberratio, Abk. ab., Singularvariation, „Sport", vereinzelt auftretende Variationen (PLATE), mutative (Mutation) Abänderungen des Genotypus von lokalem Charakter innerhalb des Verbreiterungsgebietes der Stammart. Im Gegensatz zu Varietäten (→ Varietas) und → Rassen zeigen die ~ keine Vicarianz. Sie werden neulich vielfach für Ausgangsformen der Rassenbildung angesehen.

Abflug, der Übergang vom Gang zum Flug durch Ausbreitung der Flügel. Bei Käfern, tubuliferen Thysanopteren u. a. ist die Ausbreitung der Flügel vielfach mit Schwierigkeiten verbunden, bei ersteren wegen der schweren Panzer der Fld, bei letzteren wegen der Flügelsperrdorne. Auch bei anderen Insekten, z. B. Aphididen, ist die Ausbreitung der Fl mit großer Anstrengung verbunden und gelingt nicht immer sofort (→ Wärmeregulation).

Die tubuliferen Thysanopteren krümmen den Hinterleib mehrmal nach oben, um die Fl aus den Flügelsperrdornen zu befreien. Die Staphyliniden machen die gleichen Bewegungen, um die Fld aufzumachen und die darunter dreifach zusammengelegten HFl auszubreiten.

abgebrütet sind Weibchen, die ihren ganzen Eiervorrat schon abgelegt haben. Vgl. auch → steril.

abgeleitet, spezialisiert werden Merkmale, Gruppen von Merkmalen oder auch ihre Träger (Arten, UArten) genannt, welche ihren von Vorfahren ererbten, phylogenetisch alten Anteil durch morphologische oder biologische Neuerwerbungen überdecken, so daß es nicht immer leicht ist, an solchen Formen die primitiven Merkmale ausfindig zu machen. Abgeleitet sind z. B. die Mundteile der Bienen im Vergleich mit denjenigen der Blattwespen (Gegens. → primitiv).

abietaria Goeze, *Eupithecia*, Zapfenspanner (*Lep. Geometridae*). Raupe mitunter in Fichtenzapfen schädlich, gewöhnlich in Chermesgallen.

abietella Schiffermüller, *Dioryctria*, Fichtenzapfenzünsler (*Lep. Pyralidae*), Raupe in Fichtenzapfen und in Maitrieben junger Fichten, im letzteren Fall oft sehr schädlich in Fichtenkulturen und Stangenholz.

abietina Walker, *Aphis*, *Liosomaphis*, grüne Fichtenblattlaus (*Hom Aphididae*).

abietina Seitner, *Plemeliella*, Fichtensamengallmücke (*Dipt. Itonididae*).

abietinus Christ, *Lygaeonematus* (= *abietum* Hartig), kleine Fichtenblattwespe *Hym Tenthredinidae*), 4,5—6 mm lange, schwarze Blattwespe. Larve Mai-Juni an Fichtennadeln (*Picea excelsa* u. a. Arten).

abietinus Koch, *Mindarus*, Weißtannentrieblaus (*Hom Aphididae*). 2 bis 3 mm lange gelblichgrüne, im gefl. Zustande am Hlb schwarz gebänderte Blattlaus, saugt an der USeite junger Nadeln von Tannen (*Abies pectinata*, *nordmanniana*, *balsamea*, *sibirica*, *concolor*) und verursacht ihre Verkrümmung.

abietis Linné, *Cephaleia*, Fichtennadelgespinstblattwespe (*Hym Pamphilidae*). Schwarz, Hlb mit Ausnahme der Basis rot. Die graugrüne Raupe im Gespinst gesellig 1—3 jährige Nadeln älterer Fichten abweidend.

abietis Fabricius, *Ernobius*, Fichtenzapfenklopfkäfer (*Col Anobiidae*).

abietis Linné, *Hylobius*, großer brauner Rüsselkäfer (*Col. Curculionidae*). 9 bis 14 mm langer, schwarzbrauner Langrüßler, sehr schädlich an Kiefernkulturen durch platzweises Ausfressen der Rinde an bis 5 jährigen Trieben. Auch an Fichten, wo der Schaden bedeutsamer ist, weil die Fichte schwieriger regeneriert. Larvenfraß an alten Wurzeln der Kiefer und Fichte ohne Bedeutung.

abietis Seitner (*strobilobius* Ratz.), *Megastigmus*, Fichtensamenwespe (*Hym Chalc.*).

abietis Linné, *Sacchiphantes*, gelbliche Fichtenwollaus, g. Tannenrindenlaus (*Hom Aphididae*). Anholozyklisch an *Picea excelsa* und *alba* denen des → *S. viridis* ähnliche Ananasgallen erzeugend. Nicht selten zusammen mit *S. viridis* in Mischgallen.

Abkömmling, Derivat, ein Körperteil oder ein Merkmal als Bildung eines anderen Körperteils, dem er entspringt und von dem er abstammt, wenn auch etwa sekundär losgelöst. So sind z. B. → Afterraife Abkömmlinge des 11. Hlbssegm., sitzen aber häufig auf dem 10. Segm., wenn das 11. geschwunden ist.

aboral (lat. ab weg von, os oris n. Mund) vom Munde weg, der Mundöffnung entgegengesetzt, entfernt liegend. Gegens. → adoral.

abortieren (lat. abortio -ire vorzeitig gebären) fehlgebären, bei Insekten unbefruchtete, taube Eier ablegen.

abortiv (lat. abortivus adj. zu früh geboren), fehlgeschlagen, nicht fertig ausgebildet, → rudimentär, auf einer frühen Entwicklungsstufe stehen geblieben, im allgemeinen unterentwickelt und nicht voll funktionsfähig. Auch fehl- oder vorzeitig geboren.

Abortiveier, ohne Befruchtung abgelegte, taube Eier.

Abschreckmittel der Insekten sind entweder → Schreckanhänge oder → Schreckstoffe. (Vgl. auch → Abwehr.)
In der → Schädlingsbekämpfung Mittel zum Abschrecken von Insekten, wie z. B. Lärm gegen Heuschreckenschwärme, → Kohlkragen gegen die Kohlfliege, stark riechende Öle gegen Mückenstiche. Die ~ gegen Schädlinge werden auch als Repellenten bezeichnet.

Abschreckwaffen → Schreckanhänge.

Abscissa (lat. ~ -ae, pl. -ae -arum, f., recte abscisa, Abschnitt), drei durch anstoßende cu-Queradern bzw. durch die Cu-Zellen markierte Abschnitte des Radius apocriter Hymenopteren. Sie werden, von der → Pterostigma ausgehend, laufend als 1,. 2. und 3. Abscissa bezeichnet. Das Längenverhältnis der drei Abscissen zueinander ergibt bei manchen Gruppen wichtige taxonomische Erkennungsmerkmale. (Taf. XIII Fig. 2.)

Abscissula (lat. dem. von abscissa), im HFl apocriter Hymenopteren der Abschnitt der Radialader vom FlRande bis zum → rücklaufenden Nerv. (Taf. XIII Fig. 2.)

absolut (lat. absolvo, -ere, -vi, -utum, abtrennen, frei machen), an und für sich betrachtet, ohne Rücksicht auf andere Umstände, unabhängig, z. B. absolute Fühlerlänge (in mm) im Gegensatz zu → relativer Fühlerlänge (z. B. in % der Körperlänge ausgedrückt).

Absonderung → Sekretion.

Absorption (lat. absorbeo -ere verschlucken, einschlürfen) → Resorption.

Absterben, Übergang lebenswichtiger Organe in dauernd funktionsunfähigen Zustand, dem der Stillstand aller anderen Körperorgane folgt. Den Abschluß des Absterbeprozesses, der sich u. U. ziemlich lang hinziehen kann, bildet der → Tod. Normalerweise bei Insekten Folge des Alterns, sehr häufig Folge von → Krankheiten oder → Verletzungen. Die Länge der ~ ist für die Beurteilung von Pflanzenschutzmitteln wichtig.

Absterbeordnung, im → Massenwechsel die Zahl der Toten einer Art in einer Zeiteinheit.

Abundanz (lat. abundo, -are, Überfluß haben, abundantia, -ae, f., Überfluß), Häufigkeit einer Art an einem Standort oder in einer Population, z. B. Anzahl einer Art auf einem Baum oder einer nidicolen Art in einem Nest usw. Gleichbedeutend mit → Bevölkerungsdichte.

Die Feststellung der ~ ist ein wichtiger Bestandteil ökologisch-faunistischer Arbeiten. Im Pflanzenschutz ist sie eine der wichtigsten Faktoren der Schädlingsprognose (→ Prognose). Die Feststellung der ~ erfolgt in jedem Einzelfall durch Erhebung statistischer Proben durch Auszählung (→ Probesuchen) oder mit Hilfe anderer geeigneter, statistisch gesicherter Methoden (Streifsack, Klopfschirm, Leimflächen u. dgl.).

Abundismus (lat. abundo -are, Überfluß haben, abundantia, -ae, f., Überfluß), → Melanismus.

Abwehr, Reaktion der Insekten auf → artwidrige Reize der Umwelt durch → Flucht, → Tarnung, → Akinese, → Verstecken oder durch Anwendung von arteigenen → Abschreckmitteln.

Wehrhafte Insekten benutzen zur Abwehr des Feindes ihre Mandibeln, ihren → Giftstachel (aculeate Hymenopteren) oder ihren giftfreien Legebohrer (viele Ichneumoniden).

Abwehrgifte → Schreckstoffe.

Abwerfen von Gliedmaßen → Autotomie.

Abzieher → Abductoren.

Acalyptratae Macquart 1835 (*Holometopa* Brauer 1880), Gruppe der Fliegen (*Diptera*), ausgezeichnet durch das Fehlen oder schwache Entwicklung des → Flügelschüppchens (calyptra), durch die unter dem Stirnrande verborgene, oft undeutliche → Lunula, → holometopen Kopfbau, immer sichtbare → Bauchmembran und oft gefleckte, lebhaft gefärbte Augen.

Acanthidea Fieber → *Saldidae.*

Acanthocephala, Kratzer, Würmer (*Aschelminthes*), welche im Darm der Wirbeltiere, vor allem der Vögel und Säuger parasitieren. Ihre Jugendstadien leben in der Leibeshöhle von Insekten und Krebsen, z. B. → *Echinorhynchus moniliformis* Bremer, *E. hirundinaceus* Pall. usw.

Acanthomeridae Macquart 1838, Fam der brachyceren Fliegen mit etwa 30 rezenten amerikanischen und 2 oligocänen Bernsteinarten. In der neueren Systematik werden die ~ als UFam zu den *Xylophagidae* gestellt.

Acanthopleona (Börner 1920) Handlirsch 1925, Gruppe der Sammelfamilie *Tineida*, echte Motten mit doppelter weiblicher Geschlechtsöffnung (→ *Ditrysia*). Sie besitzen im Gegensatz zu *Tineidae aculeatae* keine Stacheln oder Dörnchen auf der Flügelmembran unter der Beschuppung, und ihre Puppen sind mit Stacheln besetzt und arbeiten sich vor dem Schlüpfen des Schmetterlings aus dem Cocon heraus.

Zu dieser Gruppe gehören u. a. die Fam *Tineidae, Glyphipterygidae, Gracilariidae.*

Acari → Akarinen.

acephale Larven (gr. ἀ un-, -los, ἡ κεφαλή Kopf) sind apode Larven (→ apod) brachycerer Fliegen, denen eine äußere Kopfkapsel vollständig fehlt. Sie sind mit einem → Cephalopharynxskelett versehen.

Acerentomidae Silvestri 1907 (Abb. 1), Fam der → *Protura*. Kleine, selten über 2 mm lange, entotrophe Apterygoten mit 12gliedrigem Hinterleib, ohne Fühler und Augen, mit je einem Paar abdominaler Styli auf dem 1.—3. Segment. Von diesen im Boden unter Laub und Steinen lebenden Urinsekten sind bisher etwa 50 weltweit verbreitete Arten bekannt.

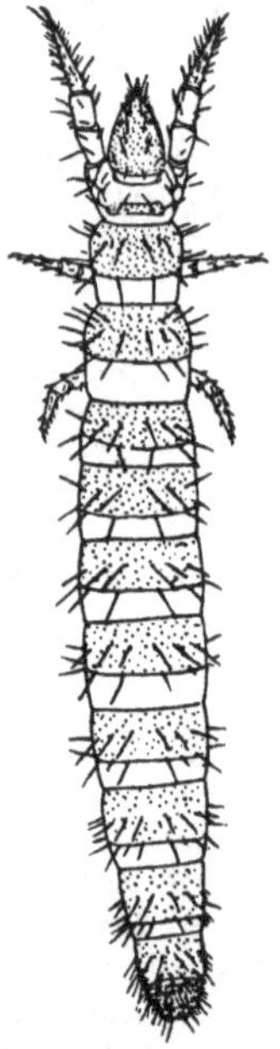

Abb. 1. *Acerentomon doderoi* Silvestri (Acerentomidae). Nach Berlese. Nat. Gr. 1,8 mm.

aceris Linné, *Acronycta*, Ahorneule, Roßkastanieneule (*Lep Noctuidae*).

aceris Signoret, *Phenacoccus*, Schmierlaus, gemeine Rebenschmierlaus (*Hom Coccidae*).

Acetabulum (lat. acetabulum, -i, pl. -a, -orum, n., Essigbehälter, Krug aus Ton, von acetum, -i, Essig) → Gelenkpfanne.

Achetida Leach → *Gryllidae*.

Achreioptera → *Platypsyllidae*.

Achsel, der Winkel zwischen dem Vorderrande des Flügels und dem Thorax.

Achselblatt, Achselblättchen, weiche, abgegrenzte Gelenkhaut im VFl der Schmetterlinge am Grunde des → Costalfeldes, mit taxonomisch wichtigem → Achselkamm auf der USeite. (Vgl. auch → Humeralplatte.)

Achselkamm, Stachelreihen oder Stachelgruppen auf der USeite des → Achselblattes primitiver Schmetterlinge der Fam. *Tischeriidae, Adelidae, Heliozelidae, Cossidae, Glyphipterygidae, Tineidae, Euplocamidae, Aegeriidae, Gracilariidae, Phyllocnistidae, Hyponomeutidae, Gelechiidae, Anthroceridae* und *Cochlidiidae*.

Achsenfaden, ein vom Endknöpfchen des → Scolops ausgehender, den → Scolopophor durchziehender Faden, welcher wahrscheinlich ein Neurofibrillenbündel darstellt. Er löst sich im Körper der Sinneszelle in einzelne Fäden auf, die sich in der ableitenden Nervenfaser wieder vereinigen. Auch im → Endschlauch gewöhnlicher → Sensillen tritt manchmal ein ~ auf, welcher sich vom → Sinneskörper bis zum Körper der Sinneszelle hinzieht und sich in ihrem Plasma verliert. (Taf. XXVII Fig. 4, AF.)

Achsen des Tierkörpers → Richtachsen.

Achsenzylinder, 1. → Nervenfortsatz, 2. zentraler Chitinspindel der → Saugnapfhaare bei *Dytiscus*-Männchen.

Achsenzylinderzelle, eine der → trichogenen Zelle homologe, vergrößerte Epidermiszelle, welche den → Achsenzylinder (2) und die elastischen Rippen der → Saugscheibe im → Saugnapfhaar bei *Dytiscus* bildet (→ Palisadenzellen).

Achterfigur, die von der FlSpitze der Insekten im Fluge beschriebene Linie. Sie wurde zuerst von Pettigrew und Bell 1867 mit Hilfe eines auf die FlSpitze einer festgehaltenen Wespe geleimten und von einem Sonnenstrahlenbündel grell beleuchteten Goldplättchens festgestellt.

acinös (lat. acinus, -i, m., oder acinum, -i, n., auch acina, -ae, f., kleine runde Beere), beerenförmig. Acinöse → Hohldrüsen sind traubenartige, aus mehreren → Drüsenbläschen und einem gemeinsamen Ausführungsgang bestehende Drüsen, z. B. die Speicheldrüse von *Mantis religiosa*.

Acinus (lat. ~, -i, pl. -i, m., kugelrunde Beere) → Drüsenbläschen.

Acraeidae Doubleday 1844, Fam der Schmetterlinge (*Rhopalocera*, nach anderen Autoren UFam der *Nymphalidae*) mit etwa 200 vorwiegend afrikanischen und südamerikanischen Arten.

Acridiidae (Burmeister 1839) Brunner 1900 (*Acrydiidae, Tettigidae, Tetrigidae*) (Abb. 2), Feldheuschrecken, Fam der *Saltatoria*, mit stets kräftig entwickelten hinteren Sprungbeinen, dreigliedrigen Tarsen und kurzen, fadenförmigen oder am Ende geknöpften Fühlern. Werner (1936) teilt diese Fam in die der *Acrydiidae* und *Acrididae* (vgl. Chopard in Grasse).

Abb. 2. *Schistocerca peregrina* Olivier, Weibchen (Acridiidae). Nach Sander aus Handlirsch. Nat. Gr. etwa 8 cm.

Acridioidea Handlirsch 1908 (*Caelifera* Ander 1938), UOrdn. der *Saltatoria*.

Acroceridae (Latreille 1802) (Leach 1819 (*Inflata* Latreille (Abb. 3), Spinnenfliegen, Kugelfliegen, brachycere Fliegen

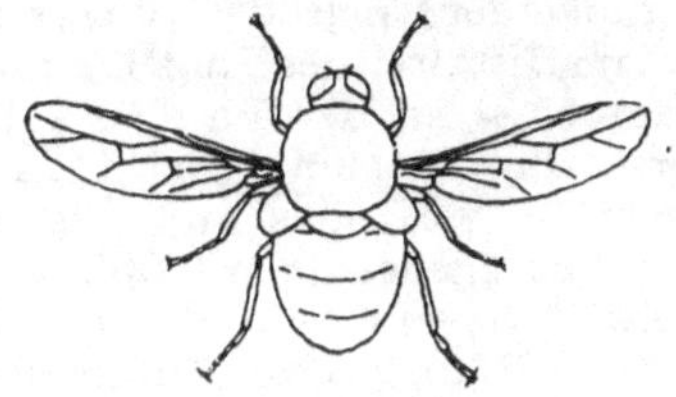

Abb. 3. *Acrocera globus* Panzer (Acroceridae). Nach Handlirsch. Nat. Gr. etwa 4,5 mm.

mit etwa 200 vornehmlich amerikanischen Arten. Ausgezeichnet durch auffallend kleinen Kopf und sehr große → Thorakalschüppchen. Die Fliegen sind Blütenbesucher, ihre sich spannerraupenartig fortbewegenden Larven leben parasitisch in Spinnen oder in Eierkokons der Spinnen.

Acrolepiidae (Wocke 1871) Spuler 1910, Halbmotten, eine mit Glyphipterygiden oft vereinigte Fam der *Tineoidea*, in Deutschland mit wenigen Arten vertretene Miniermotten.

actaeon Brauer, *Hypoedrma*, Rotwildhautbremse, Rotwilddasselfliege (*Dipt Tachinidae*). Larve unter der Haut des Rothirschen → Dasselbeulen erzeugend. Verpuppung in der Erde. Die großen, zottigen, hummelartigen Fliegen haben verkümmerte Mundteile.

Actaletidae (Börner 1902) Handlirsch 1925 (*Actaletinae* Börn.) (Abb. 4), Fam der

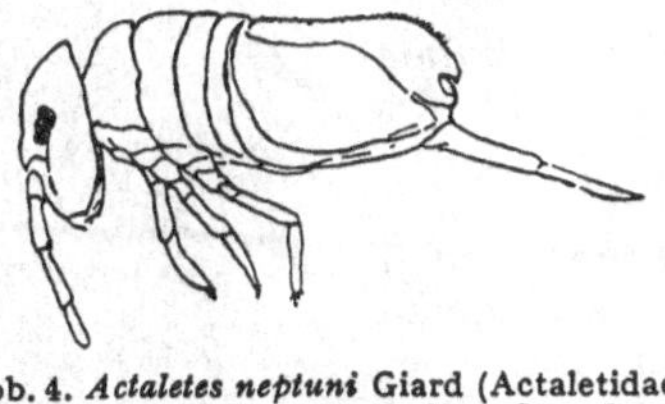

Abb. 4. *Actaletes neptuni* Giard (Actaletidae). Nach Willem aus Handlirsch. Nat. Gr. 1,5 mm.

Collembola mit der einzigen Art *Actaletes neptuni* Giard (Gezeitenzone der belgischen Küste), die von manchen Autoren (Gisin 1953) zu *Isotomidae* gestellt wird, während man sie früher für Vertreter einer selbständigen Ordn hielt.

Aculeata Latreille (1802), 1807 von neueren Systematikern aufgeteilte, heterogene Gruppe, welche die mit einem → Giftstachel versehenen Hymenopteren umfaßte. Hierher gehörten u. a. die Bienen, Wespen und Ameisen.

aculeatus Fabricius, *Haplothrips*, gemeiner Getreideblasenfuß (*Thysanoptera Phloeothripidae*). Ein 1,5 mm langer, glänzend schwarzer, in beiden Geschlechtern geflügelter, in Deutschland an Getreide- und Grasähren schädlicher Blasenfuß. Die Larven sind an ihrer anfangs gelblichen, später zinnoberroten Farbe mit ziemlicher Sicherheit zu erkennen. Die Imagines können von den verwandten Arten nur an Hand mikroskopischer Merkmale (Form der Thorakalborsten, Sinneskegel des 3. Fühlergliedes) sicher unterschieden werden.

Aculeus (lat. -, -i, pl. -i, -orum, m., dem. von acus Spitze, Stachel), 1) aculei sind stachelförmige Elemente der exo- oder epicuticularen → Microsculptur. Sie wurden z. B. in der Taxonomie der Lepidopteren verwertet (→ Achselkamm). 2) ~ ist auch lat. Bezeichnung für den → Giftstachel der Aculeaten Hymenopteren. (Taf. V, Fig. 1, bzw. Taf. XVI, Fig. 3.)

acuminata Linné, *Aelia*, mittlere Getreidespitzwanze (*Het Pentatomidae*). 7—11 mm lange gelbliche Wanze mit drei hellen Längsstreifen über den Kopf, Halsschild und Scutellum. In Europa und Nordafrika an *Avena* und *Festuca* schädlich.

Adaptation der Augen, Fähigkeit der Augen, sich der Lichtintensität anzupassen. In den Augen der Insekten, welche entweder als Hellaugen (→ Appositionsaugen) oder als Dunkelaugen (→ Superpositionsaugen) gebaut sind, ist in der → Pigmentwanderung, innerhalb der die einzelnen → Ommatidien der Superpositionsaugen abgrenzenden → Nebenpigmentzellen, ein Mittel gegeben, die schräg einfallenden Lichtstrahlen entweder zu absorbieren und so das überschüssige Licht auszuschalten (Helleinstellung), oder sie in die benachbarten Ommatidien durch und auf die Sehzellen (→ Retinula) wirken zu lassen (Dunkeleinstellung). Bei retinomotorischer ~ aconer Appositionsaugen schieben sich die Sehzellen zwischen die Kristallzellen hinein, wodurch die Lochblenden und folglich die Lichtstärke des Auges vergrößert werden.

Adductoren (lat. adduco, -ere heranziehen), Anzieher, Muskel, welche die Gliedmaßen zum Körper bewegen bzw. die eines Paares einander nähern. Ihre Antagonisten sind die → Abductoren.

Adelidae auct., Langhornmotten, dunkel metallisch oder hell beschuppte Motten mit auffallend langen, häufig über körperlangen Fühlern. Etwa 200 über die ganze Welt verbreitete Arten.

adelocer (gr. ἄδηλος verborgen, τὸ κέρας Horn, Geweih), cryptocer, mit verborgenen Fühlern. ~ sind z. B. Wasserwanzen (*Notonectidae, Nepidae* u. a.), die meisten Homopteren, die ambyceren Mallophagen usw.

adelognath (gr. ἡ γνάθος Kinnbacke) werden Insekten mit verborgenen, aber nicht → endotrophen, sondern freien Mundteilen genannt, wie z. B. die kurzrüsseligen *Curculionidae*, die auch manchmal taxonomisch als *Curculiones adelognathi* bezeichnet werden. Gegens. → phanerognath.

Adelphogamie (gr. ὁ αδελφόσ Bruder, ὁ γάμοσ Ehe), Geschwisterehe, besondere Form von → Inzucht bei gewissen Ameisen und Termiten. Die ~ tritt obligatorisch bei Arten auf, deren Männchen flügellos sind und das Nest nicht verlassen, wie z. B. bei *Anergates*, manchen *Ponera*-Arten usw.

Adelphophagie → Kannibalismus.

adenal (gr. ἄδην genug, bis zur Sättigung, davon spätgr. ἀδήν Drüse), in Drüsen entstehend, mit Drüsen zusammenhängend.

adenoid (gr. ἀδήν Drüse, ἡ ἰδέα Aussehen, Gewalt), drüsenförmig.

Adephaga Clairville 1806, eine UOrdn der *Coleoptera*, welche die (von neueren Systematikern weitgehend aufgeteilten) Familien der *Carabidae, Haliplidae, Hygrobiidae, Rhysodidae, Dytiscidae* und *Gyrinidae* umfaßt.

Aderanhang, eine bei vielen Tachiniden u. a. Fliegen über das Knie der → Spitzenquerader hinauslaufende Verlängerung der Media (m_2).

Aderidae (Shuckard, 1840) (*Xylophilidae* Shuckard, *Hylophilidae, Euglenidae* auct.), kleine, wenige mm lange Käfer mit kurzer, anliegender, häufig seidenartiger Behaarung ihres anthicidenähnlichen (→ *Anthicidae*) Körpers. Fühler und Beine lang. Jugendstadien nicht bekannt. Die Käfer halten sich im Gebüsch und unter abgefallenem Laub auf. Etwa 650 über die ganze Welt verbreitete Arten.
Fossil sind 9 Arten aus dem baltischen Bernstein beschrieben.

Adernkreuzung, von Comstock u. Needham (1899 und 1903), im Vorderflügel der *Odonata* und *Ephemerida* angenommene Kreuzung des Radialsektors mit den Media-Gabeln m_1 und m_2 im Bereich des → Subnodus, woraus sich eine aberrante Reihenfolge der Längsadern, c, sc, r, m_1, m_2, rs usw. im Distalteil des Flügels ergibt.
Die durch ~ an der Basis des Radialsektors abgegrenzten zwei Abschnitte sind der → Subnodus und die → subnodale Schrägader (vena obliqua). Bei *Odonata Zygoptera* fehlt der basale Abschnitt des Radialsektor (Subnodus), und rs entspringt scheinbar von m_2 (*Lestidae*) bzw. m_{1+2} (*Agrionidae, Calopterygidae* usw.). Von neueren Forschern wird die Annahme einer ~ abgelehnt. (Taf. X, Fig. 3 und 4.)

Adfrontalia (lat. ad neben, bei, frontalis, -e zur Stirn gehörig), schmale Streifen der Kopfkapsel von Schmetterlingsraupen, zwischen den Armen der Vförmigen → Epistomalnaht und den ihnen parallel laufenden Armen der → Stirnnaht. Diese Streifen stellen Reste der durch die Epistoma verdrängten Stirn dar.

Adhäsionsdrüsen (lat. adhaereo, -ere, -sivi ankleben, anhaften) → Haftdrüsen.

Adimeridae Sharp → *Monoedidae*.

+***Adiphlebidae*** Handlirsch 1908 (Abb. 5), +Fam der → *Protoblattoidea* mit 2 mittelobercarbonischen Arten Nordamerikas. Beide gut, aber ohne Kopf und Beine erhaltenen Fossilien haben typisch blattoides schildförmiges Pronotum. Das Fl-Geäder zeigt einen primitiven Typus. Bei einer der Arten zeigt der Hlb deutlich 9 Segmente. Cerci sind nicht zu sehen.

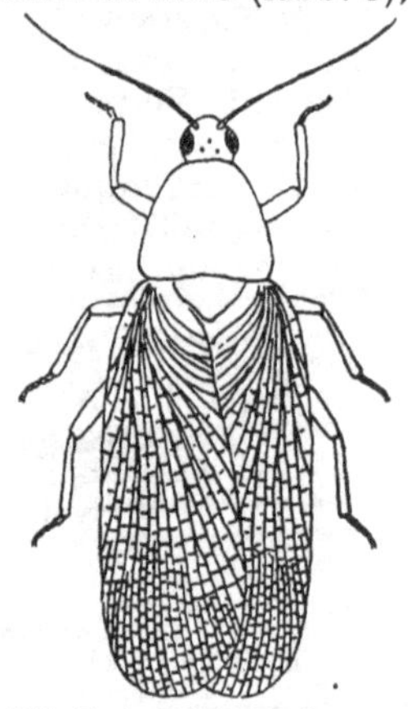

Abb. 5. + *Adiphlebia lacoana* Scudder (+ Adiphlebiidae). Nach Handlirsch. Nat. Gr. etwa 4,6 cm.

adiposus (lat. adiposus fettig von adeps, -ipis, m. und f., Fett), fettreich, vgl. → corpus adiposum.

aditus (spätlat. von adeo, adire, hingehen, hinkommen, herankommen), Zugang, z. B. aditus ad pharyngem, gleichbedeutend mit → Eingang, introitus.

Adoptionssozietät entsteht bei Ameisen, wenn das Weibchen einer Art, z. B.

Formica rufa, nach der Befruchtung kein neues Nest gründet, sondern in ein artfremdes, z. B. eins von *Formica fusca*, eindringt und dort mitsamt ihrer Brut, wenn gerade keine eigene Königin vorhanden ist, adoptiert wird. Es kommt auch zuweilen vor, daß die Arbeiter der adoptierenden Art ihre eigene Königin töten und die adoptierte pflegen, wie z. B. *Tetramorium* mit dem Weibchen einer *Anergates atratulus* im Nest.

adoral (lat. ad bei, zu, gegen, um, os oris n., der Mund) am Munde, in der Nähe oder in der Richtung desMundes. Gegens.→aboral.

adult (lat. adultus erwachsen), erwachsen, geschlechtsreif. Als ~ werden häufig gut ausgefärbte Imagines im Gegensatz zu noch nicht ganz ausgefärbten, frisch aus der Puppenhülle gekrochenen → juvenilen bezeichnet, ohne Rücksicht auf den Zustand der Gonaden.

Adventitia (lat. adventicius von außen kommend, hinzugekommen), die äußere, aus homogenem (*Ephemeridae*) oder faserigem (*Dytiscus*) Bindegewebe aufgebaute, manchmal ganz fehlende (*Diptera*) Schicht der Wand des → Rückengefäßes.

Aedeagus → Aedoeagus.

aedilis Linné, *Acanthocinus*, Zimmerbock (*Col Cerambycidae*), 13—19 mm langer, breiter und flacher, brauner, aschgrau behaarter Bockkäfer mit zwei nackten Querbinden auf den Fld und langen Fühlern, welche bei Männchen bis achtmal so lang sein können wie der Körper. Larve unter der Rinde abgestorbener Kiefernstämme.

Aedoeagus (gr. ἡ αἰδώς oder τὸ αἰδοῖον, -όος und τὰ αἰδοῖα Scham, Scheu, Schamglied, αἰδόιος verschämt), vielfach Aedeagus oder Oedeagus geschrieben, beides etymologisch unrichtig. Der Hauptteil des männlichen → Begattungsgliedes, ein schlauchförmiges, vom → Ductus ejaculatorius durchbohrtes Organ mit der Geschlechtsöffnung an der Spitze. In ihm liegt meistens ein bei Erektion ausstülpbares blasenartiges Organ, der → Präputialsack. Der ~ bildet den distalen Teil des → Phallus, wenn eine → Phallobase ausgebildet ist. (Taf. XVII, Fig. 2, Aed.). (Peytoureau, C.R. Ac. Sc. Paris, 118, S. 542, 1894.)

Aegeriidae Stephens (1828) 1829 (*Sesiidae* Steph.), Glasflügler, Sesien, Fam der *Schmetterlinge* mit etwa 800 über die ganze Welt verbreiteten Arten. Mehrere Arten in Deutschland. Fossil eine Art aus dem baltischen Bernstein und zwei aus dem Unteroligocän von Aix bekannt.

Aegialitidae Leconte 1862 (*Eurystethidae*), Fam der Käfer mit 3 Nordamerikanischen, in der Gezeitenzone von Alaska und Kalifornien lebenden Arten.

aenea DeGeer, *Anomala*, *A. dubia var. aenea* DeG., Julikäfer (der schwarzkeulige) (*Col Scarabaeidae*), polyphag an Erlen, Weiden, Kiefernnadeln, Wein, Ulmen.

aenea Linné, *Melasoma*, erzfarbiger Erlenkäfer (*Col Chrysomelidae*), 6—8 mm langer, stark gewölbter, metallisch grüner oder blauer Käfer, mit der Larve an Erlenblättern fressend.

aeneus Fabricius, *Meligethes*, Rapsglanzkäfer (*Col Nitidulidae*). 2—2,5 mm langer, schwarzer Käfer mit grünem Glanz. Käfer und Larve häufig massenhaft an Knospen und Hochblättern von Raps, Rübsen sowie zur Samengewinnung angebauter Cruciferen. Kann den Schotenansatz stark herabsetzen.

+***Aenigmatodidae*** Handlirsch 1908, +Fam der Insekten (*Palaeodictyoptera*), mit einer mittel-obercarbonischen, nordamerikanischen Art, die nach einem 2 cm langen, fast ganz erhaltenen Fl beschrieben worden ist.

Aeolothripidae Haliday 1836, Fam der *Thysanoptera Terebrantia* mit wenigen, in Deutschland nur etwa 10 Arten. Ausgezeichnet durch nach oben gekrümmten Legebohrer und 9gliedrige Fühler. Fossil sind einige tertiäre Arten der rez. Gatt. *Melanthrips* beschrieben worden.

Aepophilidae (Puton 1877) Lethierry et Severin 1896 (*Aepophilini* Put.), Fam der *Heteroptera Geocorisae*, mit einer in der Gezeitenzone der atlantischen Küste lebenden Art.

aequatus Linné, *Coenorrhinus* (*Rhynchites*), rotflügeliger Apfelstecher, r. Kirschenstecher (*Col Curculionidae*). 3 bis 4 mm langer schwarzer Langrüßler mit roten, längs der FldNaht schwarz gestreiften Fld. An Weißdorn, Eberesche und Obstbäumen schädlich.

Aeschnidae (Leach 1815) Burmeister 1839 (*Aeshnidae* Selys, *Aeschnina* Selys), Teufelsnadeln, Fam der *Odonata Anisoptera*, ausgezeichnet durch die sich meist in einer Linie am Scheitel berührenden Augen und die meist ungekanteten Seiten des Hinterleibs→Triangulum der V- und HFl annähernd gleich.

Über 600 rezente und 12 fossile, kaenozoische Arten. In Deutschland mit 14 Arten in 4 Gattungen, *Aeschna* Fabricius (10), *Brachytron* Evans (1), *Anax* Leach (2) und *Hemianax* Selys (1).

+***Aeschnidiidae*** Handlirsch 1908 (Abb. 6), +Fam der *Odonata Anisoptera*, mit 7 Arten aus dem Malm von Bayern und England sowie aus der unteren Kreide Australiens.

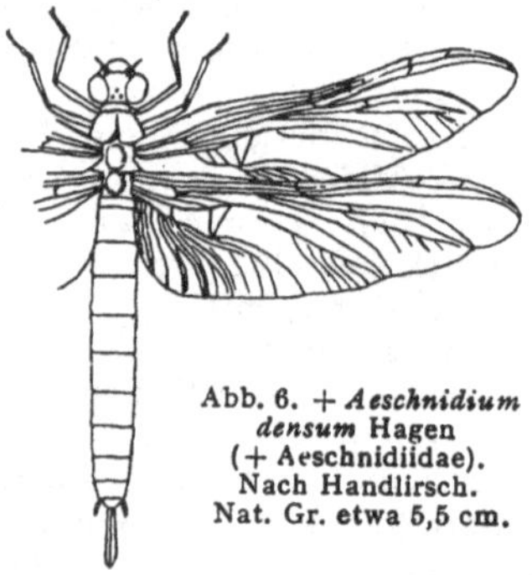

Abb. 6. + *Aeschnidium densum* Hagen (+ Aeschnidiidae). Nach Handlirsch. Nat. Gr. etwa 5,5 cm.

Aesthocyten (gr. ἡ αἴσθησις Empfindung, Sinn, τὸ κύτος Gefäß, Urne) → Sinneszellen.

Aestivales (lat. aestivus sommerlich), parthenogenetische Sommergenerationen (→ Virginogenien) der Blattläuse, insbes. der *Chermesidae*, bei denen sie auf dem Zwischenwirt einen selbständigen Nebenzyklus bilden können.

Aethalionidae (Spinola 1850) (Dohrn 1859), Fam der *Homoptera Cicadina* mit wenigen (56) tropischen, vorwiegend amerikanischen Arten.

aethiopische Region, eine der tiergeographischen Regionen der → Arktogaea. Umfaßt Afrika südlich der Sahara, die benachbarten Inseln Madagaskar, Mauritius, Rodriguez, Reunion und Comoren sowie Südarabien. Als Grenze gegen die mediterrane Subregion der Palaearctis wird annähernd der 20. Breitengrad n. Br. angenommen. Unterteilung meist in drei Subregionen, die südafrikanische nördlich bis zum südlichen Wendekreis, die westafrikanische mit Kongo, Kamerun und dem nördl. Küstengebiet der Guinea-Bucht und die ostafrikanische von Mosambik bis nach Äthopien und Sudan. Die ∼ zeichnet sich durch große Selbständigkeit ihrer Insektenfauna aus. Nach Untersuchungen von Handlirsch (SB. Ak. Wien, 122, 1913) stehen die endemischen Gattungen der ∼ zu den apodemischen wie 1 : 0,76 (vgl. → neotropische Region). (Taf. XXXIII.)

aethiops Fabricius, *Eriocampoides*, schwarze o. verkannte Rosenblattwespe (*Hym Tenthredinidae*).

Aetiologie (gr. ἡ αἰτία Ursache, Grund), die Lehre von den Ursachen der Krankheiten der Tiere und Pflanzen.

Aetioptera → *Embidina*.

+***Aethophlebidae*** Handlirsch 1908, +Fam → *Protoblattoidea* mit einer nach einem mittel-obercarbonischen nordamerikanischen FlFragment beschriebenen Art.

aff., Abk. für lat. affinis, verwandt, zur Andeutung der Verwandtschaft bei nicht mit Sicherheit zu bestimmenden Formen, z. B. *Pseudomenopen* aff. *tridens*.

afferens (lat affero, -ferre, attuli, allatum, zuführen), Bezeichnung für Nerven, welche Reize von der Peripherie nach dem Zentrum leiten.

affinis Paykull, *Psylliodes*, Kartoffelerdfloh (*Col Chrysomelidae*).

After, Afteröffnung, Analöffnung, anus, Mündung des Enddarmes bzw. des Rectums nach außen. Sie liegt stets im → Telson, bei primitiven Insekten von seinen drei → Afterklappen umgeben. Bei Reduktion der Endsegmente des Hlbs wird der den ∼ umgebende Ring auch als Telson angesehen, wenn er dann auch meist keine Afterklappen mehr aufweist. Ein Schließmuskel (→ sphincter ani) sorgt für den Verschluß der dehnbaren Afteröffnung. (Taf. I, VI, XIV, XVI—XIX An, an.)

Afterapparate, Vorrichtungen der → perianalen Gegend der → Terminalia, welche eine Ausstoßung der Exkremente ohne Beschmutzung des Körpers gewähren (→ Analkegel, → Analkrone). Der ∼ besteht z. B. bei Blattläusen aus einer verlängerten dorsalen (→ Cauda) und einer ventralen Lippe. Bei Larven der *Aleurodidae*, bei welchen der After ganz dorsal liegt, sind beide Lippen (→ Operculum und → Lingula) verlängert. Im Gegensatz dazu vgl. → Kotbehälter und → Pygopodien. (Vgl. auch → Afterklappen.)

Afterdrüsen, Analdrüsen, Drüsen, welche auf dem Afterfeld münden (→ Terminaldrüsen, → Pygidialdrüsen).

Afterfeld, Periproct, Peripygium, die Umgebung des Afters, meist das → Telson und → Pygidium umfassend, bei einigen Autoren synonym mit Telson (Snodgrass).

Afterfühler → Afterraife.

Afterfüße → Bauchfüße.

Aftergriffel, ein schmaler Fortsatz an der Spitze des → Analschildes von *Melolontha*, bei *M. melolontha* Linné lang und gerade, bei *M. hippocastani* Fabricius kurz und am Ende verdickt.

Afterklappen, Analklappen, Analzipfel, drei Hautzipfel des → Telson, ein dorsaler → Supraanallappen (Epiproct) und zwei ventrale → Subanalklappen (Paraprocte), zwischen welchen die Afteröffnung liegt. Deutliche ~ finden sich besonders bei primitiven Insekten mit voller Zahl der Hlbssegmente, wie *Protura*, Larven der *Odonata Anisoptera*, *Perlariae*. Bei Schmetterlingsraupen wird als ~ ein bewegliches, mit Dornen besetztes Chitinplättchen unter der Afteröffnung bezeichnet, welches zum Wegschleudern der Kotballen dient. (Taf. XV, Fig. 7,9 und Taf. XVII, Fig. 2.)

Afterläppchen → Flügellappen.

Afterraife, Afterfühler, Analraife, Schwanzborsten, Cerci, ein Paar einfacher oder gegliederter Gliedmaßen des 11. Hlbssegments, welche aus ihrer primären, embryonal ventralen Lage im Lauf der ontogenetischen Entwicklung auf die Rückseite des Segments verlagert werden. Sie stehen normalerweise bei Insekten in der membranösen Verbindungshaut zwischen dem → Epiproct und dem → Paraproct dicht hinter dem HRande des 10. Tergits. Bei *Japygidae*, *Dermaptera*, *Odonata*, *Saltatoria*, *Isoptera* sind sie meist eingliedrig, kurz, bei beiden ersteren und bei Männchen der *Odonata* zangenförmig, bei anderen meist gerade. Bei *Thysanura*, *Ephemerida*, *Plecoptera* und Larven einiger *Dermaptera* sind sie lang, vielgliedrig, bei *Mantodea* und *Blattaria* kurz, mit wenigen Gliedern. Bei Odonatenlarven bilden sie zwei weidenblattartige, reichlich mit Tracheen versorgte Anhänge, welche vielleicht als Tracheenkiemen, nach anderen Ansichten aber eher als Schwimmlappen dienen. Unter Coleopteren und symphyten Hymenopteren treten die ~ nur bei Larven auf, z. B. bei *Col Adephaga*, *Hym Lydidae*. (Taf. VI, Fig. 1, Taf. XV, Fig. 6,7,9, Taf. XVII, Fig. 2, Taf. XVIII, Fig. 6, Taf. XIX, Fig. 3,4,5 und Taf. XXIX.)

Afterraupen, falsche Raupen, Larven der → *Tenthredinidae*. Sie ähneln den Schmetterlingsraupen, haben aber an den Seiten des Kopfes nur je ein → Einzelauge, und am Hinterleib hat nur ein Basalsegment, nämlich das erste, keine → Bauchfüße. (Taf. XX, Fig. 2.)

Afterröhre, ein stiftförmiger, mit eigener Muskulatur versehener, mit dem → Rectum zusammenhängender → Spinnapparat der *Myrmeleon*-Larve, welche mittels dieser Vorrichtung aus dem seidigen Sekret der → Malpighigefäße ihren festen Kokon spinnt.

Afterschild, sklerotisierte Tergalplatte des 10. Hlbssegments der Schmetterlingsraupen. Vgl. auch → Analschild.

Aftersegment → Telson.

Afterwolle, weiche polsterartige Behaarung am Ende des Hlbs bei Weibchen mancher Nachtschmetterlinge, wie Schwammspinner, Goldafter. Mit dieser Wolle bedecken die Weibchen ihre Eigelege. Diese Wolldecke dient wahrscheinlich den überwinternden Eiern des Schwammspinners als Kälteschutz. Dasselbe dürfte auch für den gelbschwänzigen → Goldafter gelten, welcher in einem Teil seines Verbreitungsgebietes im Eistadium überwintert, nicht aber für den braunschwänzigen → Goldafter, dessen Raupen schon im Juli schlüpfen und in den sog. → großen Raupennestern gemeinschaftlich den Winter überdauern.

Agamie, Agamogenese (gr. ἀ un-, ὁ γάμος Hochzeit, ἡ γένεσις Erzeugung), → Parthenogenese, geschlechtliche Fortpflanzung ohne Beteiligung des Männchens.

Agaristidae Herrich-Schäffer 1850, aethiopische, mit Eulen verwandte Schmetterlinge mit etwa 600 Arten.

Agassiz, J. L. R., stellte ein System der Insekten auf, in welchem er die 7 Ordn der Klasse *Insecta* in zwei Gruppen, Mandibulata (*Neuroptera*, *Coleoptera*, *Orthoptera*, *Hymenoptera*) und Haustellata (*Hemiptera*, *Diptera* und *Lepidoptera*) eingeteilt hat. (On the classification of insects from embryological data. Smithson. Contr. to Knowledge, 2, 1851, 28 S. 1 Taf.) (→ BURMEISTER.)

Aglycyderidae Wollaston 1864, Fam. der Käfer (*Rhynchophora*) mit einer artenarmen Gatt. *Aglycyderes* Wollaston auf Kanaren, Neuseeland und Neukaledonien.

agnath (gr. ἀ ohne, ἡ γνάθος Kinnbacken), mit reduzierten, funktionslosen Mundteilen, wie z. B. *Ephemeridae*, *Strepsi-*

pteren-Männchen, manche Schmetterlinge, Dipteren usw.

Agnatha Meinert → *Ephemerida.*

Agrilus Prachtkäfer, Gatt. der *Col Buprestidae.* Larven sog. Ringelwürmer mit vergrößertem Prothorax und schmalen, voneinander durch tiefe Intersegmentalfurchen getrennten gleichbreiten übrigen Segmenten, wodurch sie sich von anderen Buprestidenlarven unterscheiden, bei denen auch Meso- und Metathorax verbreitert sind.

Agrionidae (Leach 1825 pp.) Tillyard 1917 (*Agrionida* Leach), Fam der *Odon Zygoptera* mit etwa 1000 Arten, von denen in Deutschland knapp 20 vertreten sind. Die Fam ist ausgezeichnet durch den im basalen Drittel der Fl gelegenen → Nodus und das kleine → Pterostigma, welches höchstens so lang ist wie eine dahinterliegende Zelle. Die Fl sind wie bei *Lestidae* an der Basis stielartig verengt, ohne → Analfeld. Fossil sind etwa 20 tertiäre Arten aus dem Oligocän und Miocän von Deutschland und Colorado beschrieben worden. Sie stehen in 5 fossilen und 6 rezenten Gattungen.

Agriotypidae Haliday 1838 (Abb. 7), Fam der *Hym Ichneumonoidea* mit nur zwei

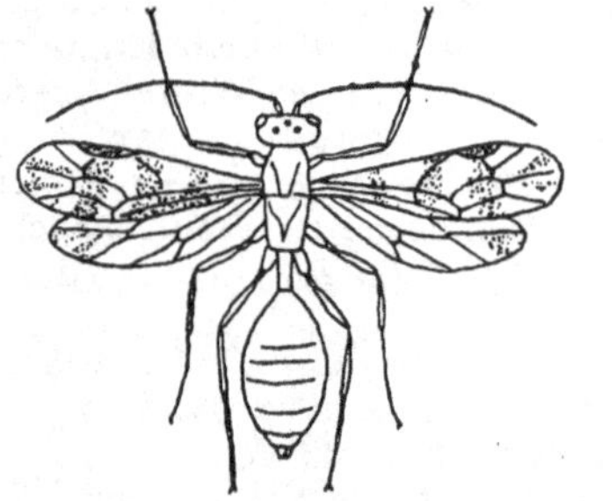

Abb. 7. *Agriotypus armatus* Walker (Agriotypidae). Nach Brauer aus Handlirsch. Nat. Gr. etwa 7 mm.

Arten. Larven parasitisch in Trichopterenlarven. Eine Art, *Agriotypus armatus* Walk., in Europa. Die von seiner Larve parasitierten Trichopteren-Gehäuse werden als „agriotypiert" bezeichnet und sind an dem aus dem HEnde herausragenden dünnen langen Band kenntlich. Die andere Art wurde aus Japan beschrieben.

Agromyzidae (Newman 1834) Williston 1908, Minierfliegen, eine mit etwa 600 Arten in allen Regionen vertretene Fam der brachyceren Fliegen. Kleine oder sehr kleine graue oder braune Fliegen. Larven in Blattminen. Fossil sind mehrere tertiäre Arten beschrieben worden.

Ahornschädlinge. Von den recht vielen, auf verschiedenen Ahorn-Arten lebenden einheimischen Insekten seien nur der Ahornblattroller (*Deporaus tristis*), die Ahorneule (*Acronycta aceris*), die Ahornmotte (*Gracilaria rufipennella*), die Ahornminiermotte (*Nepticula sericopeza*), der Ahornwickler (*Tortrix forskaleana*), die langröhrige Ahornlaus (*Drepanosiphon platanoides*), die Ahornschildlaus (*Physokermes coryli*), die Ahornschmierlaus (*Phenacoccus aceris*) und die Ahornmottenlaus (*Aleurochiton aceris* und zwei weitere Arten) genannt. Die von grellweißen Wachsschuppen dicht bedeckten Larven der letzteren Art treten vielfach zahlreich auf Straßen-Ahornen auf.

Akarinen, Milben, kleine und mikroskopische Spinnentiere, meist → Parasiten oder → Pseudoparasiten an Pflanzen und Tieren.

Akarinose oder Akarose, durch Milben verursachte Erkrankung von Pflanzen oder Tieren.

Akazienschildlaus → *Eulecanium corni* Bouché.

Akinese (gr. ἀ ohne, ἡ κίνησις Bewegung), Bewegungslosigkeit, Immobilisation, Totstellung, Katalepsie, Starrsucht, Schrecklähmung, Eigenschaft vieler Insekten auf → Schreckreize mit allgemeiner → tetanischer oder → tonischer Dauerkontraktion der Bewegungs- bzw. Tonusmuskeln zu reagieren, sich totzustellen.

Die das Erschrecken verursachenden Reize können sehr verschiedenartig sein, entstammen aber stets dem Komplex der artwidrigen und außerhalb der → Erfahrungszone liegenden → Umweltfaktoren. So lösen Erschütterungen der Unterlage und Berührungsreize, die als artwidrig empfunden werden, Erschrecken und ~ aus, während die gleichen mechanischen Reize, von einem Artgenossen oder Windstoß verursacht, entweder unbeachtet bleiben oder nur Aufschrecken und Reaktionsbereitschaft auslösen. Nachttiere erschrecken vielfach auf Lichtreize und Tagtiere auf Schattenreize hin.

Die ~ kann verschiedene Formen annehmen. Am häufigsten zieht das Tier Beine und Fühler krampfhaft an den Körper und läßt sich zu Boden fallen. Dabei werden nicht selten die Gliedmaßen in besondere Gruben, → Fühlerrinne, → Beinrinne, → Schienenrinne, → Tarsenrinne eingelegt. Diese Methode des Verschwindens aus dem Bereich der Gefahr (→ Abwehr) ist besonders unter Käfern sehr verbreitet (*Elateridae, Anobiidae*, viele *Curculionidae* usw.), kommt aber auch bei Schlupfwespen, Cynipiden, Chrysididen, Masariden (*Celonitinae*), Tenthrediniden, Wanzen und Schmetterlingen vor. Viele Schmetterlingsraupen lassen sich unter → Einrollen ihres Körpers zu Boden fallen und verharren im Zustand der ~, bis sie die Gefahr vorüber zu sein wähnen, d. h. bis sie kein geringster Reiz mehr trifft. Meistens wird aber zur Sicherheit noch einige Zeit darüber hinaus gewartet. Die Aktivität wird dann entweder plötzlich, mit einem Ruck oder allmählich prüfend wieder aufgenommen. Das Einrollen üben auch *Chrysisidae* aus, indem sie ihren Hlb nach vorn an die Brust legen und mit dicht angezogenen Extremitäten herabrutschen.

Cetonia, Trichius, Serica, Geotrupes u. a. *Scarabaeidae* strecken in ~ die Beine aus, während andere Käfer, z. B. *Meloë* manche Chrysomeliden u. a. sowie viele Fliegen die Beine zusammenkrampfen, ohne sie dicht an den Leib zu ziehen.

Recht bizarre Gliedmaßen- und Körperstellungen nimmt in ~ der Kopfkäfer, *Broscus cephalotes*, an, indem er jedes Bein in einer anderen Richtung und Stellung ausstreckt.

Manche Raupen strecken erschreckt den Leib pfeilgerade (*Geometridae*, bes. *Boarmiinae*) oder s-förmig geschwungen (*Tenthredinidae*) aus, während andere, wie z. B. die Raupe des Buchenspinners (*Stauropus fagi* Lin.), das V- und HEnde aufrichten und in dieser Stellung verharren. Die Buchenspinnerraupe streckt außerdem ihre enorm langen Thorakalbeine und stäbchenartigen Nachschieber aus, während die → Gabelschwanzraupe ihre nach Art der Schneckententakel retraktilen, grell gefärbten Nachschieber hervorschnellt. Die hier erwähnten Raupen halten sich in der ~ fest an der Unterlage, ohne sich zu Boden fallen zu lassen, verschwinden also nicht aus der Gefahrenzone, und ihre akinetischen Stellungen haben mehr den Zweck, die Gefahr durch Abschrecken abzuwenden.

Vom physiologischen Standpunkte aus unterscheidet man zwei Formen der ~ nämlich die → Thanatose und → Mechanohypnose.

Akkomodation (lat. accommodare, anpassen) Fähigkeit der Augen, sich durch Veränderung der Brennweite der Augenlinse scharf für nah und fern einzustellen. Die Insektenaugen haben diese Fähigkeit nicht. Vgl. → Entfernungsschätzung.

akondyles Gelenk (gr. ἀ un-, -los, ὁ κόνδυλος das Knochengelenk), durch eine → Gelenkmembran hergestellte bewegliche Verbindung zweier einfach anstoßender, miteinander nicht auf Kopf und Pfanne verbundener Teile des Integuments. Unter den akondylen Gelenken lassen sich einige Typen unterscheiden, von welchen die häufigsten sind die → Scharniergelenke, → syndetische Scharniergelenke, → Schlittengelenke und → Kugelgelenke. (Taf. V, Fig. 2.)

akone Augen (gr. ἀ un-, ὁ κῶνος Zapfen) sind Augen, deren → Ommatidien unter der → Corneafacette keinen → Kristallkegel, sondern einen einfachen dioptrischen Apparat besitzen (→ Augen). (Taf. XXVIII, Fig. 2a.)

akral (gr. τὸ ἄκρον die Spitze), an der Spitze, am äußersten Ende eines Organs gelegen. Syn. → apikal.

akrodendrisch (gr. τὸ ἄκρον die Spitze, τὸ δένδρον der Baum) wird der Biotop der Baumwipfel und die ihn betreffenden Beobachtungen genannt. Für ~ Untersuchungen werden in den Baumkronen Kanzeln errichtet, die es dem Forscher ermöglichen, die mikroklimatischen Faktoren dieses auf andere Weise unzugänglichen Biotops zu registrieren und die faunistischen Beobachtungen zu machen. Der ~ Biotop umfaßt den Innenraum der Baumkrone und den die Baumkrone umgebenden Luftmantel. Innerhalb des letzteren scheint der Teil oberhalb der Baumspitze bei bestimmten Wetterlagen besonders reich an Insektenschwärmen zu sein, welche oft große Mengen von Schwalben anlocken. Zu ~ Untersuchungen werden transportable Gondeln (Otis Barton) oder feststehende Lauben in den Baumkronen benutzt.

Akron (gr. τὸ ἄκρον die Spitze, das Oberste), Archicephalon, Prostomium, ein embryonaler, dem → Kopflappen der Anneliden homologer, vorderster Abschnitt des Insektenkörpers. Das ~ tritt bei Insekten auch in den frühesten Embryonalstadien niemals selbständig auf, sondern bildet den vordersten Teil des → Protocephalon. Dem ~ wird ein Ganglienpaar, das → Archicerebrum und ein primäres, frühzeitig rückgebildetes Coelom (Axocoel + Hydrocoel) zugewiesen, während die Zugehörigkeit eines Extremitätenpaares (Clypeolabrum) zum ~ umstritten ist. (Taf. IX, Fig. 2.)

Akrosom (gr. τὸ ἄκρον, die Spitze, τὸ σῶμα Körper) → Spitzenstück.

Akrosternit (gr. τὸ στέρνον die Brust), ein gewöhnlich schmaler Streifen am Vorderrand der definitiven Sternite zwischen der sekundären Intersegmentalmembran (vorn) und der → Antecosta (hinten). Der ~ gehört morphologisch zum vorangehenden Sternit, von dem er durch Bildung der sekundären Intersegmentalmembran abgetrennt und durch Sklerotisierung der dahinterliegenden primären Intersegmentalmembran zu Antecosta mit dem folgenden Sternit verschmolz. Der ~ ist nur an Hinterleibssterniten gut ausgebildet, in den Thorakalsegmenten mit den → Poststerniten zu → Intersterniten vereinigt. (Taf. XXX, Fig. 2.)

Akrostichalborsten (gr. τὸ ἀκρόστιχον Versanfang), eine oder mehrere Längsreihen von Borsten beiderseits und nächst der Mittellinie auf dem Mesonotum vieler Fliegen. Die ~-Reihen gehen meist über die → Quernaht hinweg. (Taf. V, Fig. 6.)

Akrostichalhaare und **Akrostichalhärchen** sind kleine und kleinste Haargebilde zwischen den → Akrostichalborsten.

Akrotergit (gr. τὸ ἄκρον die Spitze, das Oberste, lat. tergum, -i, pl. -a, -orum, n. Rücken von gr. τὸ τέρφος, -εος Haut, bes. die Rückenhaut der Tiere), vorderer antecostaler, primär zum vorangehenden → Notum gehörender Randstreifen der thorakalen und abdominalen Tergite. Im Meso- und Metathorax bildet es das sog. → Postnotum. Vgl. auch → Akrosternit. (Taf. XXX, Fig. 2.)

akrotrem (gr. τὸ τρῆμα Öffnung, Loch) wird Kopfkapsel genannt, deren Hinterhauptsloch durch ventralen Verschluß (→ Kopfverschluß) verengt und nur durch einen dünnen Halsschlauch mit dem Prothorax verbunden ist. Das Hinterhauptsloch der acrotremen Kopfkapsel liegt meist in der Mitte der Hinterhauptswand oder ist mehr dem Scheitel genähert.

akrotroph (gr. ἡ τροφή Ernährung) → telotroph.

akzessorisch (lat. accedo, -ere, -essi, hinzukommen, herantreten), zusätzlich, anhangartig, sekundär in der Zeit oder im Raume oder in beiden zugleich, wie z. B. der sekundäre Kopulationsapparat am 2. HlbSegment bei Odonaten-Männchen.

akzessorische Drüsen → Anhangsdrüsen.

akzessorische Zellen sind Epidermiszellen, welche, in die Leibeshöhle hinein verlängert, die Verbindung zwischen den → Kappenzellen und der Körperdecke herstellen. Sie finden sich z. B. im → Subgenalorgan der *Formica sanguinea* und im → Tympanalorgan der Cicaden.

akzidentell (lat. accidentia, -ae f., der Zufall, adj. accidentialis) zufällig, d. h. nicht gewohnheitsmäßig.

Ala (lat. -, -ae, pl. alae, -arum, f., Flügel) → Flügel, ala anterior-VFl, ala posterior-HFl.

Alatae (lat. alatus, -a, -um geflügelt), geflügelte Formen im Generationszyklus der *Aphididae* (Geschlechtstiere und → Migrans).

Albinismus (lat. albus weiß, portugiesisch albino), angeborener Pigmentmangel sonst dunkel gefärbter Arten. Der ~ ist bei Insekten verhältnismäßig seltener als → Melanismus. Beim echten ~ fehlen nicht nur die Farbstoffe, sondern auch die Farbstoffträger. Vgl. auch → Scheinalbinismus.

Aleppo-Gallen (Aleppo, Stadt in Nordsyrien), die echten Galläpfel, welche zur Tintenbereitung dienten. Sie werden von der Gallwespe *Cynips tinctoria* Htg. (*Cynips gallae tinctoriae* Ol.) an Knospen der Eiche *Quercus infectoria* Ol. in Kleinasien, Balkanhalbinsel (Istrien) und Spanien erzeugt. Die Gallen finden auch in der Türkischrot-Färberei Verwendung. Galle bis 20 mm groß, rundlich, braun, holzig, mit warzenartigen Höckern, reift im Herbst.

Aleurodidae (Newman 1834) Lethierry 1874 (*Aleyrodites* Newm., *Aleyrodidae* Westwood 1840) (Abb. 8), Mottenläuse, Mottenschildläuse, weiße Fliegen, Fam der *Hom Aleurodina*, mit etwa 200 Arten in allen Weltteilen, darunter mehrere Pflanzenschädlinge. Kleine, mit zwei Fl-Paaren versehene, mit weißem mehlartigem Wachsstaub bepuderte Tiere mit schlanken gleichartigen Beinen. VFl mit drei (r, r+m und an) HFl mit nur einer (m) Ader. Nur erstes Larvenstadium frei beweglich, die folgenden sessil. Metamorphose allometabol.

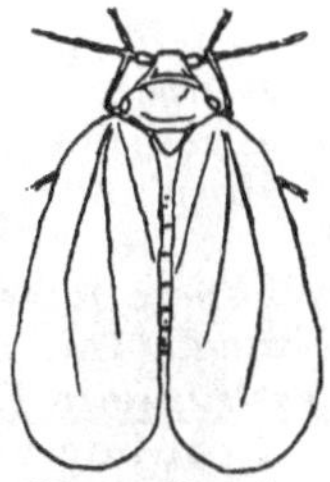

Abb. 8. *Aleurodes proletella* Linné (Aleurodidae). Nach Haupt. Nat. Gr. 1,4 mm.

Algaephaga (lat. alga, -ae f. die Alge, Seetang) hfg. „Algophaga" geschrieben, Algenfresser, z. B. *Corixidae*. Die → Mikrophagen sind auch hfg. Algenfresser.

Alinotum (lat. ala, -ae, f., Flügel, gr. τὸ νῶτον Rücken), das Meso- und Metanotum geflügelter Insekten ohne → Postnotum.

Alitruncus (lat. ala, -ae, f., Flügel, truncus, -us, der Rumpf), → Pterothorax.

Alleculidae (Latreille 1802) Heyden, Reitter u. Weise 1883 (*Cistelinae* Latr.) (Abb. 9), Pflanzenkäfer, 5—10 selten bis 24 mm lange, rotgelbe, braune oder schwarze, hfg dicht anliegend grau behaarte Käfer an Blättern, Blüten und Baumschwämmen nicht selten. Von den etwa 1400 Arten leben in Deutschland an 20. Einige Arten in wärmeren Ländern durch Blütenfraß schädlich (*Omophlus* spp.). Fossil sind über 20 tertiäre und eine quartäre Art beschrieben.

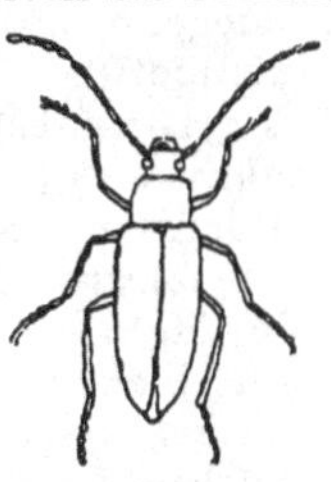

Abb. 9. *Allecula morio* Fabricius (Alleculidae). Nach Reitter aus Handlirsch. Nat. Gr. 7 mm.

alleghanische Subregion, ein von WALLACE (1876) innerhalb der Nordamerikanischen Region unterschiedenes tiergeographisches Gebiet, welches die Gebirgskette der Alleghanen und den Osten der Vereinigten Staaten von Neu-England und Südost-Ontario über New York, Pennsylvania, Michigan, Wisconsin, Minnesota, östl. Nord-Dakota, nordost Süd-Dakota bis Georgia umfaßt. (Taf. XXXIII.)

Allesfresser, Pantophaga, Omnivora, Tiere, die bezüglich ihrer Nahrung derart wenig wählerisch sind, daß sie jede organische Kost, tierisch oder pflanzlich, frisch oder verwest zu sich nehmen. Dieser Definition entsprechende allesfressende Arten sind bei Insekten selten, am häufigsten wohl noch bei den Blattarien und Dermapteren, wie z. B. *Forficula auricularia* Lin. oder *Periplaneta americana* Lin.

Alloiogenesis (gr. ἀλλοῖος anders, ἡ γένεσις Erzeugung) → Heterogonie.

Allometabola (gr. ἄλλος anders, ἡ μεταβολή Umwandlung), ein Modus der → Metamorphose mit einem beweglichen und drei folgenden sessilen Larvenstadien ohne FlAnlagen, welche erst bei der 4. Larve in großen subcuticularen Hohlräumen angelegt werden. Zwischen dem letzten Larvenstadium und der Imago kein ruhendes Stadium. Allometabol sind nur → *Aleurodidae*.

Allometrie (gr. ἄλλος anders, τὸ μέτρον Maß), Proportionsänderung eines Organs oder einer Eigenschaft im Verhältnis zur Körpergröße oder zu anderen Organen.

Allomimese (gr. ἄλλος anders, ἡ μίμησις Nachahmung), Nachahmung (→ Mimese) der toten Natur des Standortes, z. B. der Steinchen, Erdklumpen, Vogelexkrementen usw.

allopatrisch (gr. ἄλλος anders, verschieden, ἡ πάτρα Vaterland, Heimat), auf verschiedenen Wirtsarten oder in verschiedenen geographischen Gebieten lebend. Gegens. → sympatrisch.

allotrop (gr. ἄλλος fremd, falsch, ὁ τρόπος Art und Weise, Benehmen) sind Insekten, welche für die Bestäubung der Blumen von geringem Wert sind, weil sie nicht an Nektargewinnung spezialisiert sind, sondern außer den Blumenstoffen auch andere Nahrung zu sich nehmen. An ihrem plumpen Benehmen auf den Blüten sind sie leicht kenntlich. Hierher gehören die Mehrzahl der blumenbesuchenden Käfer, Heteropteren, Neuropteren, Orthopteren, der sozialen Vespiden, kurzrüsseliger *Chrysididae* und *Sphecidae* sowie eine Anzahl von Fliegenfamilien wie *Nematocera, Stratiomyidae, Tabanidae, Leptidae, Thereviidae, Empididae, Dolichopodidae, Muscidae*. Nur solche, auch als ~ bezeichnete Blumen können diese Insekten als Bestäuber gebrauchen, welche flach liegende, leicht zugängliche Nektarien haben. (Gegens. → eutrop.)

Allotypus (gr. ἄλλος anders, ὁ τύπος das Geformte, Geprägte, Inhalt), ein typisches Exemplar des anderen Geschlechts als der → Holotypus, z. B. ein zu derselben Art beschriebenes Männchen, wenn als Holotypus das Weibchen gewählt worden ist. Vgl. auch → Paratypus.

alni Linné, *Agelastica*, blauer Erlenblattkäfer (*Col Chrysomelidae*), 6—7 mm langer, einfarbig schwarzblauer Käfer. Der Käfer und seine schwarzen Larven skelettieren Erlenblätter.

alni Georg, *Dryocoetes*, Erlenbastkäfer (*Col Ipidae*), 2—2,3 mm langer, brauner, walzenartiger Borkenkäfer mit abgerundetem FldAbsturz, macht unter der Erlenrinde unregelmäßige Muttergänge.

alni Linné, *Psylla*, Erlenblattfloh (*Hom Psyllidae*).

alni Linné, *Rhynchaenus*, Erlenspringrüßler (*Col Curculionidae*), 3 mm langer Langrüßler mit gelbbraunen, in der Mitte eine schwarze gemeinsame Makel tragenden Fld, stellenweise (Holland) an Ulmen durch Blattfraß schädlich.

alopecuri Reuter, *Oligotrophus*, Fuchsschwanzgallmücke (*Dipt Cecidomyidae*), 1,5 mm lange, braune Mücke, deren mennigrote Larven einzeln in den Samenanlagen der Fuchsschwanzähren leben.

altheae v. Hanstein, *Tetranychus*, Bohnen- oder Eibischspinnmilbe (*Acari, Tetranychidae*).

Altlarve, das letzte bewegliche Larvenstadium, insbesondere das zweite Larvenstadium der *Thysanoptera* (vgl. auch → Remetabola).

Alula (lat. alula, -ae, f., dem. von ala Flügel), Squamae, Calyptrae, zwei bei calyptraten Fliegen, z. B. bei der Hausfliege (*Musca domestica*) gut entwickelte Lappen am Hinterrande der Flügelbasis. In der Ruhelage der Flügel sind sie unter dem Flügel übereinander gefaltet und zwar so, daß das distale → Flügelschüppchen über dem proximalen → Thorakalschüppchen liegt.

alvearius Fabricius, *Trichodes*, zottiger Bienenwolf, z. Immenkäfer, ähnlich wie → *Tr. apiarius*, aber Fld am Ende rot.

Alveolarsaum (lat. alveolus, -i, m., kleiner Hohlraum), äußere, streifige Schicht der → Exocuticula.

Alveolen (lat. alveolus, -i, m., kleiner Hohlraum, Vertiefung, Mulde, dem. von alveus, -i), Borstengrübchen, Schuppentasche, napf-, flaschen-, tonnenförmige oder flache, schlüsselförmige Vertiefungen des Integuments, in welchen die Haare, Borsten und Schuppen eingelenkt sind. Innerhalb der ~ übergeht die → Exocuticula in die Wand des Haargebildes, dessen Hohlraum mit der → trichogenen Zelle kommuniziert. Die Öffnung im Boden der ~ wird als → Borstenpore bezeichnet. Die ~ werden im allgemeinen, insbes. in der taxonomischen Morphologie, als → Borstenpunkte bezeichnet. Der häufig wallartig erhobene äußere Rand der ~ bildet den → Basalring. (Taf. V, Fig. 1.)

ambiguella Hübner, *Clysia*, einbindiger Traubenwickler, Heuwurm, Sauerwurm, (*Lep. Tortricidae*), 5 mm langer, 12 mm spannweiter Schmetterling. VFl glänzend strohgelb mit dunkelgrüner, bleigrau eingefaßter MBinde. Raupen rötlichgelb bis fleischfarben. Raupen erster Generation, sog. Heuwürmer, fressen Knospen der Weinrebe aus und bohren manchmal einen Gang im Mark der Triebe aus. Raupe der zweiten Generation, sog. Sauerwurm, frißt das Fleisch und die noch weichen Kerne junger Beeren.

Amblycera (Nitzsch 1818) Kellogg 1898 (Familie B Nitzsch), UOrdn der *Mallophaga* mit etwa 1000 Arten, die vorwiegend auf Vögeln, viel weniger auf Säugetieren (*Marsupialia, Rodentia, Tayassuidae*) verbreitet sind.

Ambrosia (gr. ἡ αμβροσία Götterspeise), Pilzrasen, welche gewisse Borkenkäfer (*Xyloterus, Xyleborus*) in ihren Gängen im Holz sowie Termiten in ihren Bauten als Nahrung für sich selbst (Borkenkäfer) oder für die Brut (Termiten) züchten. Ähnliche Pilzzuchten betreiben auch gewisse Ameisen in ihren Pilzgärten (→ Ectosymbiose). Unter den von Termiten gezüchteten Pilzen ist *Volvaria eurhiza* besonders häufig. Die → Blattschneiderameisen züchten u. a. die in sog. → Kohlrabihäufchen wachsende Pilzart *Rozites gongylophora* Möll. Vgl. auch → Cerago (Bienenbrot).

Ameisen → *Formicidae.*

Ameisenbuntkäfer, gemeiner → *Thanasimus formicarius* Linné.

Ameisenbuntkäfer, kleiner → *Thanasimus rufipes* Brahm.

Ameiseneier, volkstümliche Bezeichnung für die in weißen ovalen Kokons ruhenden Puppen der Ameisen, die öfters als Fischfutter verwendet und für diesen Zweck von Händlern ausgebeutet werden.

Ameisenfreunde → Ameisengäste

Ameisengärten, von tropischen Ameisen in brasilianischen Überschwemmungswäldern in den Baumkronen angelegte Nester. Die Ameisen verwenden dazu bestimmte Pflanzenarten, deren Samen sie zusammentragen.

Ameisengäste, Ameisenfreunde, Myrmecophilen, sind fremdartige Tiere, vor allem Insekten, deren Lebensweise obligat oder fakultativ, dauernd oder vorübergehend mit dem Leben der Ameisen verknüpft ist. Diese Art loser oder enger Vergesellschaftung wird als → Myrmecophilie bezeichnet, was noch nicht besagt, ob sie auf einem freundschaftlichen oder feindlichen Verhältnis beruht.

Ameisenlöwen → *Myrmeleonidae.*

Ameisenpflanzen, Myrmecophyten, werden Pflanzenarten genannt, welche sich an das Zusammenleben (→ Ectosymbiose) mit Ameisen angepaßt haben und von ihnen beschützt werden, wie z. B. *Cecropia adenopus*, die von der Ameise *Azteca instabilis* gegen → Blattschneiderameisen geschützt wird. Dafür bieten die Pflanzen ihren Schutzameisen Nahrung (→ Müllersche Körperchen) und häufig auch Unterkunft. Zu ~ gehören außer der schon erwähnten südamerikanischen *Cecropia* auch manche Akazien, wie *Acacia cornigera* und *sphaerocephala*, welche den Schutzameisen Wohnräume in ihrem Stamm (*Cecropia*) oder in den hohlen Dornen (*Acacia*) bieten. Bei *Myrmecodea* wohnen die Schutzameisen in den Knollen und bei *Tachygalia* im Stengel.

Ameisensäure, acidum formicicum, Formylsäure, CH_2O_2, kommt in der Natur in Giftdrüsen der aculeaten Hymenopteren, besonders Ameisen vor. Auch Brennhaare mancher Raupen (Prozessionsspinner) enthalten ~.

americana Linné, *Periplaneta*, amerikanische Schabe (*Blattariae, Blattidae*), 3—3,5 cm lange, rotbraune, unten hellere Schabe. Fld in beiden Geschlechtern länger als der Hlb. Kosmopolitischer Allesfresser, an jungen Trieben verschiedener Pflanzen in Gewächshäusern und an Champignonkulturen vielfach schädlich.

amerinae Linné, *Pseudoclavellaria*, Weidenknopfhornwespe (*Hym Tenthredinidae*).

amerinae Linné, *Euura* → *E. medullariae* Hartig.

Ametabola (gr. ἀ ohne, ἡ μεταβολή Umwandlung), alte, auf Leach 1817 (Subcl. *Ametabolia* Leach mit Ordn. *Thysanura* und *Anoplura*) zurückgehende, bis an das Ende des vorigen Jahrhunderts für einen Teil der heutigen → Heterometabola gebrauchter Gruppenname mit rein biologischer oder auch taxonomischer Auffassung. Burmeister erweiterte Leachs Begriff der ~ und stellte zu dieser Gruppe alle Insekten außer den Holometabolen, d. h. außer den *Coleoptera, Hymenoptera, Diptera* und *Lepidoptera*. Brauer trennte dann einen Teil der Burmeisterschen ~ als → Hemimetabola ab. Gegenwärtig ist sowohl der konkrete Gruppenbegriff (Ametabolie), als auch der abstrakte Kategorie-Begriff (*Ametabola* Leach) aufgegeben bzw. aufgeteilt (→ Metamorphose).

Ametropodidae (Bengtsson 1913) Ulmer 1920 (*-opidae* Bengts.), Fam der *Ephemerida* mit der einzigen Gatt. *Ametropus* und einziger europäischer Art *A. fragilis* Albda (Holland).

amitinus Eichhoff, *Ips*, achtzähniger Kiefernborkenkäfer (*Col Ipidae*).

Ammenbiene → Arbeitsteilung.

Amnion (gr. τὸ ἀμνίον die Opferschale, mit der das Blut des Opfertieres aufgefangen wurde), die kleinzellige rund um den Keimstreifen aus dem primären → Blastoderm differenzierte, zur Zeit der → Blastokinese mit dem Keimstreifen in den Dotter eintauchende und die → Amnionhöhle auskleidende → Embryonalhülle. Ein ~ fehlt bei vielen höheren Hymenopteren, wo nur die → Serosa zur Bildung kommt, oder er bildet die einzige Embryonalhülle, wenn die Serosa fehlt wie z. B. bei Strepsipteren. (Taf. VIII, Fig. 7 und Taf. IX, Fig. 5.)

Amnionfalten, vom → Blastoderm sich rings um den Keimstreifen erhebende Falte, welche den letzteren überwächst. Die beiderseitigen Falten vereinigen sich in der Mitte über (bzw. unter) dem Embryo und bilden die → Embryonalhüllen. (Taf. VIII, Fig. 7.)

Amnionflüssigkeit, Amnionwasser, eine wässerige Flüssigkeit, welche die → Amnionhöhle erfüllt.

Amnionhöhle, der von der → Amnionflüssigkeit ausgefüllte Hohlraum des im Eidotter tauchenden Amnionsackes immerser Embryonen. Der Sack kann offen (→ Amnioporus) oder zeitweise geschlossen sein. (Taf. VIII, Fig. 7 und Taf. IX, Fig. 3.)

Amnioporus, Mündung der → Amnionhöhle in den Raum zwischen dem →

Chorion und der → Serosa, vorübergehender Zustand während der → Immersion des Embryos und der Bildung der → Embryonalhüllen.

Amöbocyten (gr. ἡ ἀμοιβή Wechsel, Ersatz, το κύτος Höhlung, Urne, Gefäß), Micronucleocyten, sind große, schwach mit Anilinfarben färbbare Blutzellen mit relativ kleinem Kern und bedeutender Fähigkeit des Plasmas zur Pseudopodienbildung. Im Gegensatz zu Leucocyten teilen sie sich amitotisch.

ampelophaga Guérin, *Haltica*, Rebenerdfloh, im Mittelmeergebiet schädlich an Weinrebe (*Col Chrysomelidae Halticinae*).

ampelophaga Bayle, *Procris* (*Ino*), Weinwidderchen, im Mittelmeergebiet und Südrußland an Weinrebe schädlich (*Lep Anthroceridae*).

Ampfereule → *Chamaepora* (*Acronycta*) *rumicis* Lin.

amphiatlantische Arten sind Arten bzw. Unterarten, welche sich beiderseits des Atlantischen Ozeans gegenseitig vertreten (→ vikariierende Arten). Erklärungsversuche dieser atlantischen Disjunktionen gehen entweder auf Annahme nordatlantischer, später eingefallener Kontinentalbrücken zurück oder nehmen eine Besiedlung vom Angarakontinent her an.

amphidrom (gr. ἀμφίδρομος herumlaufend), vagabundierend, überall auftretend.

Amphientomidae Enderlein (1901) 1911, Fam der *Corrodentia* mit an 30 tropischen Arten. Fossil sind 4 Arten aus dem baltischen Bernstein beschrieben worden.

Amphigenesis, (gr. ἀμφί beide, ἡ γένεσις Erzeugung) → Amphigonie.

Amphigonie (gr. ἀμφι beide, ὁ γονεύς Vater, Erzeuger), Amphigenesis, Digenie, zweigeschlechtliche Fortpflanzung, Elternzeugung, Fortpflanzung mit Beteiligung von zwei zwittrigen oder getrenntgeschlechtlichen (→ gonochoristischen) Elternindividuen, deren eines die Eizelle, das andere die Samenzelle (Gameten) bildet, aus deren Vereinigung (→ Befruchtung) die erste Zelle des neuen Organismus (Zygote) wird. Bei den Insekten ist getrenntgeschlechtliche ~ die Regel.

amphinematisch (gr. ἀμφί beiderseits, τὸ νῆμα Garn) werden → Scolops genannt, welche mit der Körperdecke mittels eines faserigen Terminalstrangs oder eines einzelnen Terminalfadens verbunden sind. Gegens. → mononematisch. (Taf. XXVII, Fig. 4b.)

amphipazifische Arten sind Arten bzw. Unterarten, welche beiderseits des Pazifischen Oceans vicariieren. Vgl. auch → amphiatlantische Arten.

Amphipneustia (gr. ἀμφί beiderseits, πνευστιάω schwer atmen, keuchen) sind → hemipneuste Insekten, bei welchen das metathorakale und die ersten 5, 6 oder 7 abdominalen Stigmen geschlossen sind. Hierher gehören wasserlebende und parasitische Larven der Diptera.

Amphiteridae Meyrick 1914, Fam der Schmetterlinge (*Tineoidea*), mit wenigen Arten in Indien, Australien und Südamerika.

Amphitokie (gr. ἀμφί beide, ὁ τόκος Erzeugung, Gebären), parthenogenetische Erzeugung von Nachkommen beiderlei Geschlechts, d. h. Männchen oder Weibchen, je nach Konstitution der Mutter. Gegens. → Arrhenotokie, → Thelytokie.

Amphizoidae (Lacordaire 1854) Leconte 1862 (*Amphizoides* Lac.) (Abb. 10), etwa 10 mm lange Wasserkäfer mit einfachen Fühlern, ungegliederter Galea, undeutlicher Metasternalnaht und einfachen Laufbeinen. Die Käfer schwimmen nicht, sondern laufen unter Wasser. Einzige Gattung *Amphizoa* Lec. mit einer nordamerikanischen und einer tibetanischen Art.

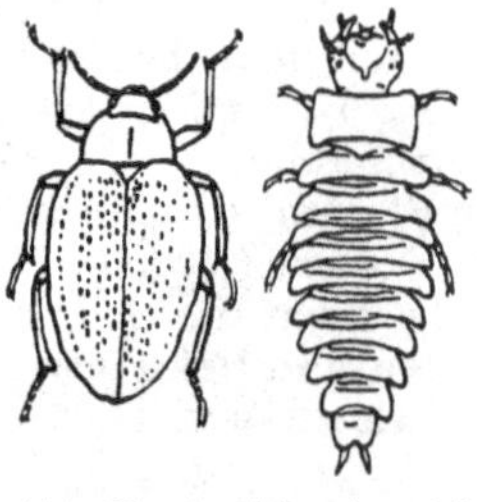

Abb. 10. *Amphizoa lecontei* Mathews (Amphizoidae.) Nach Sharp aus Handlirsch. Nat. Gr. 13 mm.

amplana Hübner, *Laspeyresia* (*Carpocapsa*), Haselnußwickler (*Lep Tortricidae*).

amplexiform (lat. amplexio, -onis, f., Verknüpfung) nennt man die Verbindung der V- und HFl bei Schmetterlingen ohne → Jugum oder → Frenulum, durch bloßes Aneinanderpressen der zusammenstoßenden Ränder. Diesen Typus der → Flügelkoppelung haben die *Rhopalocera*, *Saturniidae* und *Lasiocampidae*.

Ampulla (lat. -, -ae, f., dem. von amphora, Krug, kleine enghalsige Flasche, kolbenförmiges Gefäß mit zwei Henkeln), im männlichen Begattungsapparat der Schmetterlinge ein fingerförmiger Fortsatz auf der Innenseite der → Valve. (Taf. XVIII, Fig. 4 und 5.)

Anabiose (gr. ἀναβιόω wieder aufleben, subst. ἀναβίωσις) Fähigkeit vieler Insekten ungünstige Jahreszeiten im scheintoten Zustande mit stark herabgesetztem Stoffumsatz zu überdauern. Vgl. → Winterschlaf, → Sommerschlaf, → Diapause, → Überliegen. Friedrichs (1930) wies mit Recht darauf hin, daß ~ eigentlich das Wiedererwachen zum aktiven Leben bedeutet, vgl. obige Etymologie.

Anagramm (gr. τὸ ἀνάγραμμα oder ὁ ἀναγραμματισμός Austausch der Buchstaben eines Wortes, woraus sich ein neues Wort ergibt), ein wissenschaftlicher Tiername, welcher durch beliebige Zusammenstellung von Buchstaben oder Silben oder durch Austausch von Buchstaben (Silben) eines anderen wissenschaftlichen Tiernamens entstanden ist. So wurde z. B. *Niptus* Boieldieu aus *Ptinus* Linné gebildet. Aus *Tritoma* Fabr. bildete Westwood den Gattungsnamen *Motrita* und Heller drei weitere neue Gattungsnamen, *Trimota, Tritorma* und *Ortitma*.

Analadern (Etymologie → Analis) sg. Analader, (Vena) analis, Vannaladern, Abk. an oder a, mehrere (1—12) in der Regel ungegabelte Längsadern, welche hinter der → Cubitalader primär voneinander getrennt aus der → Trachea alaris posterior entspringen und das Geäder des → Analfeldes bilden. Im definitiven Fl artikuliert ihre gemeinsame Basis mit dem 3. → Pterale (→ Analgelenkstück). Sie vereinigen sich teilweise, z. B. im HFl der *Perlaria* miteinander, eine Gabelung vortäuschend. Nur bei → *Palaeodictyoptera* und *Megaloptera* (*Corydalis*) kann die erste Analis gegabelt sein. Die hinterste ~, bei Schmetterlingen sogar alle außer der ersten, werden als → Axillarader bezeichnet. Nicht selten verschmelzen die distalen Teile der ersten (= Cu_2 einiger Autoren) und zweiten Analader im Vorderflügel und bilden einen → Nodulus (*Corrodentia*), → eine lanzettförmige Zelle (Hym. *Symphyta*) oder einen → Arculus (*Odonata, Trichoptera*).

Bei symphyten Hymenopteren wird die erste Analader (nach anderen Autoren Cubitus) als → Brachialader, die zweite als → Humeralader bezeichnet.

Bei manchen Fliegen, z. B. *Straitomyidae, Xylophagidae, Syrphidae,* verbindet sich die erste ~ mit der zweiten Cubitalader am (ähnlich wie bei *Corrodentia*) oder vor dem Rande des Fl, im letzteren Fall als eine kurze gemeinsame Ader den FlRand erreichend.

Die bis unlängst bei Blattarien, Perlarien als an_1 bezeichnete, dicht vor der → Analfalte liegende Ader ist als eine selbständige, hinter dem Cubitus von der → Trachea alaris anterior entspringende Ader erkannt worden und wird nunmehr → Postcubitalader genannt. (Taf. X und XI.)

Analbogen, Verbindung der Analadern an ihren Wurzeln.

Analbrücke, bei Agrioniden und Lestiden diejenige Strecke der Analader, welche zwischen dem Ende der mit dem FlRande (im Stiel) verschmolzenen Strecke dieser Ader und der Cubitalquerader liegt. Die ~ ist taxonomisch wichtig. (Taf. X, Fig. 5.)

Analbusch, am Hlbsende von Schmetterlingsmännchen befindliche Haarbüschel, welche zur Kopulation ausgespreizt werden. Sie stehen zwischen dem 7. und 8. Segment, häufig in besonderen Taschen sog. → Haartaschen und nicht selten in Verbindung mit Duftdrüsen.

Analconus → Analkegel.

Analdorn, ein Paar von Dornen auf den Seitenklappen des Telson (→ Subanalklappen) gewisser primitiver Corrodentien, z. B. bei *Nymphopsocus* sowie am Endsegment des Hinterleibs vieler Collembolen.

Analdreieck, triangulum anale, im HFl der anisopteren Odonaten eine dreieckige, mit ihrer Länge nach hinten gerichtete Zelle. Ihre Spitze liegt am Fl-Rande mehr oder weniger weit vor dem → Analwinkel des Fl. Sie ist häufig durch feinere Queradern in 2—3 kleinere Zellen geteilt, fällt aber durch ihre stets kräftigeren Seitenadern auf. Im Gegensatz zum → Flügeldreieck ist sie nur im HFl ausgebildet. (Taf. X, Fig. 3, *Ta.*)

Analdrüsen → Pygidialdrüsen.

Analecke, häufig irrtümlich als → Analwinkel bezeichnet, ist die meist breit abgerundete hintere Ecke des Fl zwischen den Mündungen des letzten Cubitalsektors und der Analis (*Lep, Hym*) oder zwischen dem letzten Mediasektor und dem ersten (*Corr*) oder dem letzten Cubitalsektor bzw. der ersten Analis (*Trich,* manche *Neur* s. lato). Am HFl mit stark entwickeltem → Analfeld liegt die ~ inmitten des Analfeldrandes zwischen dem Analwinkel und dem → Jugalwinkel. (Taf. X—XIII.)

Analfächer → Analfeld.

Analfalte, Plica analis, eine das → Costalfeld vom → Analfelde abgrenzende Längsfalte im HFl vieler Insekten, wie *Blattariae, Dermaptera, Perlariae, Heteroptera, Hom Cicadariae,* manchen *Coleoptera.* Sie mündet am Rande des Fl in einem flachen Einschnitt und liegt stets zwischen der → Postcubitalader und der ersten → Analader. Vielfach auch im VFl deutlich (→ Clavalsutur). (Taf. X, Fig. 2.)

Analfeld, Analfächer, Faltenteil, Vannus der hintere, hinter der → Analfalte liegende Teil der Tragfläche des Flügels, in der Regel nur im HFl der primitiven Insekten, aber auch bei Cicadiden gut entwickelt. Bei ausgesprochenen Segelfliegern (Fallschirmfliegern) ist das ~ stark auf Kosten des mehr oder weniger verdrängten → Costalfeldes entwickelt. Bei sehr guten aktiven Fliegern, wie die Fliegen und Hymenopteren, ist das passive ~ auf Kosten des aktiven Costalfeldes reduziert.

Im sklerotisierten VFl der *Heteroptera* ist das hier → Clavus genannte ~ mit dem Costalfeld (→ Corium) gelenkig verbunden, indem die → Analfalte zu einem → Scharniergelenk entwickelt ist.

Im HFl vieler Heteropteren, Coleopteren und der meisten Dipteren sowie bei Cicaden usw. wird vom Analfelde hinten ein → Axillarfeld abgegrenzt. (Taf. X, Fig. 2.)

Analgelenkstück, Mesopteron, Mesopterale, das 3. Pterale, ist scheinbar ein Derivat der Analadern (→ Pterale). Es liegt frei zwischen dem → Analbogen, dem → Mittelgelenkstück und dem hinteren → Tergalgelenkstück bzw. dem hinteren Gelenkfortsatz des Flügels. Bei Vespiden ist das kugelrunde ~ in eine von der Pleura und dem Scutellum gebildete Gelenkpfanne beweglich eingebettet und vermittelt das Umklappen des hinteren FlTeils. (Taf. X, Fig. 2 und Taf. XXX, Fig. 8.)

Analgelenkstückmuskel (Muskel 112 bzw. 146), ein Pleuralmuskel (*npm* 7), welcher am Analgelenkstück angreift und am Zurücklegen des Fl in die Ruhelage mit dem Pleuralmuskel *npm* 4 mitarbeitet. (Vgl. auch → Axillarmuskel.)

Analgriffel → Aftergriffel.

Analis (lat. analis, das Hintere, nahe am After gelegene) → Analader.

Analkegel, Analconus, kegel- oder kuppelförmig gestaltetes, häufig mehr oder weniger stark dorsalwärts verlagertes, postgenitales Ende des Hinterleibs mit der Afteröffnung an der Spitze (*Cicadina, Psyllina,* gewisse Mallophagen-Männchen usw.). Bei gewissen Mallophagen-Männchen, vor allem den Trichodectiden, bilden die Genital- und Analsegmente, also alle Terminalien, einen → Genito-Analkonus. Vgl. auch → Terminalia.

Analklappen → Afterklappen.

Analqueradern, Queradern, welche die → Anal(längs)adern verbinden. Sie treten seltener als andere Queradern auf und finden sich bei primitiven Schmetterlingen (*Hepiolus, Eriocrania*), Trichopteren, Planipennien, Megalopteren, Perlarien, Ephemeriden, Odonaten und Orthopteren i. w. S. (Taf. X, Fig. 2,4,6 und Taf. XIII, Fig. 5,6,8,9.)

Analraife → Afterraife.

Analrand, Innen- oder Hinterrand des Flügels, auch Abdominalrand genannt, derjenige Rand des Fl, welcher in der Ruhelage dem Körper am nächsten liegt, d. h. der Rand von der Ansatzstelle am Thorax bis zum → Analwinkel. (Taf. X, Fig. 2 und Taf. XXIX.)

Analraum → Axillarfeld.

Analschild, Pygidium, der letzte, bei Käfern der 9., bei Hymenopteren der 7., die → Genitoanalkammer von oben abschließende Tergit des Hinterleibes. Bei *Melolontha* endigt es in einen → Aftergriffel. Vgl. auch → Afterschild.

Analschläuche, sackartige Hautausstülpungen des → Endsegments der *Chironomus*-Larven. Ihre Bedeutung als → Blutkiemen wurde neulich von Fox in Frage gestellt. Er konnte nämlich nachweisen, daß bei diesen Larven eine diffuse Hautatmung besteht, ohne daß dabei die ~ am Gasaustausch größeren Anteil hätten als die übrige Haut. (→ Tubuli.) (Taf. XX, Fig. 10b und 13.)

Analschleife, eine im HFl der *Calopterygidae* und *Odon Anisoptera* durch die Analader gebildete Schleife, welche dadurch entsteht, daß die Analader hinter ihrer Verschmelzungsstrecke mit cu_2 hinter dem Flügeldreieck nach hinten umbiegt und sich entweder im Netz des Analfeldes verliert (*Calopteryx*) oder sich mit einem seiner eigenen Sektoren, gewöhnlich der a_2, verbindet (*Aeschnidae*). (Taf. X, Fig. 3.)

Analwinkel, der winklige Einschnitt des FlRandes zwischen dem → Costal- und dem → Analfeld. Bei Fl mit großem, umlegbarem Analfeld liegt der ~ am Ende der → Analfalte (HFl der *Orthoptera, Perlaria, Hemiptera*), bei Fl mit kleinem, nicht umlegbarem Analfeld liegt er am Ende der ersten Analader (Flügel der *Hymenoptera, Diptera*). Bei Schmetterlingen ist der ~ gar nicht angedeutet. Häufig wird der ~ mit dem → Jugalwinkel verwechselt. Es kommt auch nicht selten vor, daß die → Analecke irrtümlicherweise als ~ bezeichnet wird. Im HFl der *Odonata Anisoptera* wird als ~ die vorspringende Ecke am basalen HRande der HFl bezeichnet, in welcher die Spitze des → Triangulums liegt.

Analzelle, *cellula analis*, Abk. An oder A, die jeweils hinter der → Analader liegende Zelle. Bei *Diptera* die zwischen cu_1 und a_1 liegende Zelle. (Taf. XI, Fig. 2 und Taf. XIII, Fig. 3,9,10.)

Anamerentoma Prell 1912 → *Protura* Silv. 1907. Prell versuchte den neuen Gesichtspunkt der → Anamerie und → Holomerie für die Einteilung der Insekten geltend zu machen.

Anamerie (gr. ἀνά darauf, τὸ μέρος Teil eines Ganzen, Segment) → Anamorphie.

Anamorphie (gr. ἀνά darauf, auf, ἡ μορφή Gestalt), Anamorphose, Anamerie, Auftreten bei juvenalen Stadien der Arthropoden (und Anneliden) einer geringeren Anzahl von Körpersegmenten als die der Geschlechtstiere. Dieses Verhalten zeigen alle niederen Arthropoden, nämlich die Crustaceen und Myriopoden, von Insekten nur die *Protura*. Die ~ bedeutet → Oligomerie der Larven, welche erst allmählich im Lauf der postembryonalen Entwicklung die → Holomerie erreichen. (Vgl. → Anamerentoma.)

Ananasgallen, die von der → Fundatrix-Generation der *Chermesinae* (*Hom Aphididae*) an jungen Fichtentrieben erzeugten ananasähnlichen Gallen. Eine der häufigsten in Deutschland ~ erzeugenden Arten ist → *Sacchiphantes* (*Chermes*) *abietis* Kaltenb. Von mehreren Chermesinen-Arten sind bei uns keine Ananasgallen bekannt weil die Fundatrix fehlt.

Anapleura (gr. ἀνά darauf, obenan, ἡ πλευρά die Körperseite), richtiger Anapleurit (→ Pleurit), der obere Teil der definitiven, bei Apterygoten zweiteiligen → Pleura. Bei Pterygoten nur noch im Prothorax einiger Ordnungen, z. B. bei *Perlaria*, erhalten. (Taf. I, Fig. 2B und Taf. XXIX.)

Anastomose (gr. ἀναστομόω öffnen, mit einer Mündung versehen), Verbindung zweier Teile eines Organs, meist des Nervensystems oder Tracheensystems mit Hilfe von Längs- oder Querbrücken (→ Konektive, → Kommissuren).
Im FlGeäder eine Querader, welche zwei oder mehrere parallel laufende Längsadern verbindet. Bei Schmetterlingen wird als ~ die Querader am Grunde der Radialsektoren 2—3 bezeichnet, welche die → Anhangszelle abgrenzt. Im VFl der *Trichoptera* sind es die Queradern in den Gabeln des Radius und der Media. Im VFl der *Perlaria* eine oder die erste proximale Querader zwischen dem Radius und seinem Sektor. Bei *Corrodentia* die Verbindung zwischen dem Radius und dem Medio-Cubitalstamm, welche entweder durch eine kurze Querader oder durch teilweise Verschmelzung dieser Adern erfolgt. (Taf. X, Fig. 7.)

Anastrephopterie (gr. ἀναστρέφω umwenden, τό πτερόν Flügel), Reversion der Flügelanlagen im 3. oder 4. Nymphenstadium bei *Saltatoria*. Die Anlagen der FVl sind dabei von den mit ihren Außenflächen nach innen gekehrten HFl bedeckt. Die normale Lage der Fl wird erst mit der letzten Häutung wieder hergestellt.

Anatrepsis (gr. ἡ ἀνάτρεψις oder ἡ ἀνατροπή Umsturz, Zerstörung), in der → Blastokinese der Übergang des Embryos von der ventralen auf die dorsale Seite des Eies.

ancestral (altfranz. ancestre, neufranz. ancêtres, lat. antecessor, Vorfahr), primitiv, urtümlich, ursprünglich, von Vorfahren geerbt.

andro- (gr. ὁ ἀνήρ, ἀνδρός der Mann) in Zusammensetzungen, auf das Männchen bezüglich (Gegens. → gynaeko-). Vgl. auch → Arrhenotokie.

androchrom (gr. τὸ χρῶμα Hautfarbe) → homoeochrom.

Androconien → Duftschuppen.

androgen (gr. ἡ γενέα Erzeugung), arrhenotok, männchenerzeugend, Bezeichnung für Eier, welche ohne Befruchtung, also parthenogenetisch, sich nur zu Männchen entwickeln wie z. B. die unbefruchteten Eier der Honigbiene.

Androgynie (gr. ἡ γυνή das Weib), → Hermaphroditismus.

andromorph (gr. ἡ μορφή Gestalt, Form) werden bei Auftreten von zweierlei heteromorphen Weibchenformen diejenigen bezeichnet, welche keinen oder den geringsten Heteromorphismus aufweisen und den Männchen ähnlich sehen.

Androspermien sind männchenbestimmende Spermien, welche meist keinen → X-Chromosom haben. Die Insekten sind hinsichtlich der Geschlechtschromosome meist im männlichen Geschlecht heterogamet (X-O; X-Y etc.).

Anellus (lat. -, -i, m., kleiner Ring, Ringlein, dem. von anus, -i, Fußring, auch After aber nicht annus, -i, das Jahr, daher die häufige Schreibweise annellus irrtümlich), 1) Ringelglied, das dritte Fühlerglied oder das zweite, auf den → Pedicellus folgende Glied der Fühlergeißel, in der Taxonomie manchmal hervorgehoben (*Chalcididae*) als Träger wichtiger Unterscheidungsmerkmale. Vgl. auch → Postanellus. (Taf. XIV, Fig. 8.) 2) Im männlichen Begattungsorgang der Schmetterlinge ein Chitinring um die Basis des → Aedoeagus. Er liegt in der Wand der röhrenförmigen → Phallotheka, aus welcher der Aedeoagus herausragt. Der ~ kann mittels eines medianen Längsstiels mit einer zum Boden der → Genitalkammer gehörenden Basalplatte verbunden sein. In dieser Bedeutung wird der ~ manchmal auch als → Fultura bezeichnet.

Anemotaxis (gr. ὁ ἄνεμος Wind), Fähigkeit der Insekten, auf Luftströmungen durch entsprechende Einstellung des Körpers zu reagieren. Anemotaktische Sinnesorgane → Ballonhaare.

Angel → Angelstück.

Angelgelenk, Angelpunkt, eine aus dem → Gelenkkopf und der → Gelenkpfanne bestehende Verbindung zweier gegeneinander beweglicher Skeletteile. (Gegens. → Scharniergelenk). Syn. → condyles Gelenk.

Angelgelenk, trochantinales, ein an Stelle des geschwundenen ventralen primären Angelpunktes des → Subcoxalgelenks eingetretenes Angelgelenk, dessen Kopf von der Spitze des → Trochantinus und die Pfanne vom Basalrand der → Hüfte gebildet wird. Besonders deutlich bei Perlarien. (Taf. I, Fig. 2C, am *tt*.)

Angelstück, Angel, cardo, das basale, der → Unterhüfte (subcoxa) des thorakalen Beines entsprechende Glied des → Unterkiefers (maxilla). In dem primitiven, orthopteroiden, beißenden UKiefer ist das ~ dicht neben den hinteren → fenestrae tentorii → monocondyl mit dem pleurostomalen Rande der → Postgena verbunden. Sein Basalrand ist an die häutige Wand des → Mundfeldes angewachsen, während sein Apikalrand auf → Scharniergelenk mit dem Basalrande des → Stipes verbunden ist. Eine endoskeletale → Apodeme nahe am Basalgelenk des ~ dient einem musc. promotor cardinis (→ Muskel 15) zum Angriffspunkt und wirkt zugleich als Hebel. In orthopteroiden Mundteilen ist der ~ in der Regel frei, im verlängerten Maxillolabialkomplex der Aculeaten lang stabförmig, bei Mallophagen zur Unkenntlichkeit mit der Kopfkapsel verschmolzen.

In leckend-saugenden Mundteilen ist das ~ bei Trichopteren normal, artikuliert an der Kopfkapsel, oder fehlt ganz. Bei Lepidopteren sind die Cardines oft als kleine, dicht an der Basis der Lippentaster kenntliche Rudimente erhalten.

In stechend-saugenden Mundteilen ist das ~ bei Hemipteren zu einem → Artikulationshebel umgewandelt, welcher einerseits mit der Kopfkapsel neben den hinteren → fenestrae tentorii, andrerseits mit der Basis der maxillaren Stechborste beweglich verbunden ist. Bei Thysanopteren bilden die Cardines denen der Hemiptera homologe Artikulationshebel. Sie sind bei Tubuliferen länger als bei Terebrantien und sitzen bei ersteren an besonderen endoskeletalen Vorsprüngen der Kopfkapsel, bei den letzteren auf dem Rande der Kopfkapsel am Grunde der stipitalen Seitenwand des Mundkegels.

Bei Mecopteren sind die ~ frei, normal, unterseits an der Basis des → Rüssels eingelenkt. Bei Dipteren ist das ~ niemals selbständig, sondern entweder fehlt oder ist mit dem → Stammstück (stipes) verschmolzen. Letzteres ist auch bei Aphanipteren der Fall.

Ein oder zwei Drehermuskel (musc. rotatores), welche vom Dach der Kopfkapsel kommen, inserieren am V- und HRande bzw. richtiger am vorderen und hinteren Seitenrande des ~. Der hintere Dreher fehlt häufig. Mitten auf der Wand des ~ inseriert ein Bündel des zweiteiligen Adductor maxillae, welcher am Tentorium entspringt. Das Muskelbündel, welches z. B. bei Apterygoten selbständig ist, wird als Adductor cardinis bezeichnet. (Taf. XXI, Fig. 2, 9, Taf. XXII, Fig. 2 und Taf. XXIV, Fig. 4.)

angewandte Entomologie, diejenige Arbeitsrichtung der → Entomologie, welche die schädlichen und nützlichen Insekten untersucht sowie Methoden zu ihrer Bekämpfung bzw. zur besseren wirtschaftlichen Nutzung ausarbeitet.
Zur ~ gehören vor allem die landwirtschaftliche, die forstwirtschaftliche, die medizinische und die veterinär-medizinische Entomologie, während die Bienenzucht und die Seidenraupenzucht üblicherweise der Kleintierzucht angegliedert zu werden pflegen.
Die land- und forstwirtschaftliche Entomologie (Forstentomologie) werden vielfach, obwohl es sich um völlig selbständige Arbeitsgebiete handelt, als Schädlingskunde zusammengefaßt, während die medizinische und veterinärmedizinische Entomologie oft als Parasitenkunde bezeichnet bzw. dieser einverleibt werden.

Angriffsstelle → Ansatzstelle.

angustata Hartig, *Euura* → *E. atra* Jur.

angustatus Herbst, *Hylastes*, schmaler Kiefernbastkäfer (*Col Ipidae*).

Anhang, Appendix, ein einem Organ aufsitzendes Zweigorgan, zusätzliche, meist im Verhältnis zum primären Hauptorgan sekundäre Bildung, wie z. B. die vielen, mit besonderen Namen belegten Anhänge des männlichen → Kopulationsapparates. Es gibt auch primäre Anhänge von rudimentärem Charakter wie z. B. der → Stylus als Anhang der Hüfte, → Gonopoden als rudimentäre Gliedmaßen usw.

Anhangsdrüsen, accessorische Drüsen der weiblichen und männlichen Geschlechtsorgane. Bei Männchen sind es ekdodermale (→ Ektadenien) oder mesodermale (→ Mesadenien) Drüsen, welche die Spermaflüssigkeit bzw. Spermakitt, Spermatophorenmasse oder, z. B. bei gewissen Schmetterlingen, sog. → Begattungszeichen ausscheiden. Sie münden entweder kurz vor oder in die Vereinigungsstelle der Vasa deferentia in den Ductus ejaculatorius bzw. in die Vesica seminalis. Sie fehlen bei *Apterygota, Odonata, Perlaria, Mallophaga*, gewissen *Diptera* (*Psychodidae*) und *Coccidae*. Bei Weibchen sind es ektodermale Drüsen, welche entweder in die → Vagina (*Odonata, Diptera*). in die → Genitaltasche (*Lepidoptera*), in den → Genitalraum (*Blattaria*) oder hinter der Geschlechtsöffnung im 9. Sternum (*Hymenoptera, Phasmidae*) nach außen münden. Die vaginalen ~ sind wohl sekundäre Ausstülpungen der Vagina-Wand, während die weiter hinten mündenden ~ als Bildungen der Primärkanälchen der hintersten → Genitaltasche aufzufassen sind. Die weiblichen ~ können paarig, unpaarig symmetrisch oder asymmetrisch sein und haben sehr verschiedene Formen. Am weitesten verbreitet sind die → Kittdrüsen, deren Sekret zur Befestigung der Eier oder Eipakete auf die Unterlage dient. Andere ~ secernieren Substanzen zur Bildung der Eierkokons oder scheiden Schmiere für den Legeapparat aus. Bei aculeaten Hymenopteren kommen sie in Form von Giftdrüsen vor (→ Giftdrüse, → Dufoursche Drüse). Bei viviparen Insekten bildet das Sekret der ~ den Nährstoff der Larven (→ Milchdrüsen der *Pupipara, Glossina*). (Taf. XV, Fig. 1,2,4.)

Anhangszelle, 1. im Schmetterlingsflügel eine dicht an der → Mittelzelle am Grunde von zwei Radialsektoren durch eine Querader oder Anastomose entstandene kleine Zelle, die auch als → Areola bezeichnet wird. (Taf. XIII, Fig. 8, im Vorderflügel.)
2. Im VFl gewisser Hymenopteren, z. B. Sphegiden, eine an der Spitze der Radialzelle durch eine kurze Anhangsader gebildete, meist offene Zelle.

Anheftungshorn, eine Einstülpung des Integuments der Gehörkapsel der Cicadiden. Zwischen ihm und dem → Anheftungsspatel sind die Scolopidien des → Gehörorgans ausgespannt.

Anheftungsspatel, eine spatelförmige Chitinplatte innerhalb der Gehörkapsel der *Cicad dae*. Auf dem ~ sind unter einem spitzen Winkel die Scolopidien befestigt.

anholozyklisch (gr. ἀν un-, ὅλος ganz), aposexuell, werden Arten von Aphiden genannt, deren Generationszyklus durch Ausfall gewisser Formen unvollständig geworden ist, z. B. Arten, bei welchen die → Sexuales und die → Fundatrix-Generation fehlt, wie das bei Chermesinen (→ Ananasgallen) der Fall ist.

Anisogamie (gr. ἀν un-, nicht, ἴσος gleich, γαμέω heiraten), Fortpflanzung durch Anisogameten, d. h. durch ungleichwertige Gameten, wie die Eizelle (Makrogamet) und die Samenzelle (Mikrogamet). Die ~ ist ausnahmslos die Regel bei Insekten.

Anisopidae, *Anisopodidae* emend. auct., → *Rhyphidae.*

Anisoptera Selys 1834, UOrdn der *Odonata*, ausgezeichnet durch das erweiterte Analfeld der HFl, am Scheitel zusammenstoßende oder doch stark genäherte Augen und ein → Flügeldreieck am Grunde der V- und HFl zwischen m_4 und cu. Mund durch die übermäßig vergrößerten Seitenlappen der ULippe geschlossen. Die UOrdn umfaßt eine fossile und 5 rezente Fam: +*Aeschnidiidae, Petaluridae, Aeschnidae, Gomphidae, Cordulegasteridae* und *Libellulidae.* Etwa 1400 Arten sind bisher beschrieben. In Deutschland etwa 50 Arten. Fossil sind seit der oberen Lias etwa 90 Arten bekannt geworden.

anisotrop (gr. ἀν nicht, ἴσος gleich, ὁ τρόπος Stellung), polar differenziert, werden Eier genannt, deren Bildungs- und Nährdotter auf gegenüberliegende Eipole verteilt sind, wobei das Bildungsplasma den → animalen und das Nährplasma den → vegetativen (nutritiven, deutoplasmatischen) Pol bildet. Vgl. auch → Myofibrillen.

Anisozygoptera Handlirsch 1906, UOrdn der *Odonata* mit der einzigen rezenten Fam *Epiophlebiidae* Muttkowski aus Japan. Die ~ sind ausgezeichnet durch gleichartige Vorder- und Hinterflügel und durch das Fehlen des Flügeldreiecks, was sie den *Zygoptera*, sowie durch die am Scheitel bes. bei Männchen stark einander genäherte Augen, was sie den *Anisoptera* nähert. Fossil sind etwa 50 jurassische und tertiäre Arten bekannt geworden, welche von Handlirsch in 7 ausgestorbene Fam eingeteilt worden sind, nämlich +*Archithemidae,* +*Campterophlebiidae,* +*Heterophlebiidae,* +*Tarsophlebiidae,* +*Stenophlebiidae,* +*Isophlebiidae* und +*Sieblosiidae.* Die ~ stellen nach Jeannel (1949) eine reliktäre UOrdn. der *Neodonata* (→ *Odonata*) dar.

Ankerfraß, für *Lymantria monacha* an Buchenblättern charakteristische Fraßfigur, bei der die Mittelrippe und ein Spitzenteil der Blattspreite beiderseits der Mittelrippe verschont bleiben.

Anlockung → Ködermittel.

Annellus → Anellus.

annulatus Fabricius, *Culex,* (*Theobaldia annulata*), geringelte Stechmücke (*Dipt Culicidae*).

annulipes Klug, *Eriocampoides,* kleine Linden- o. Weidenblattwespe (*Hym Tenthredinidae*).

annulipes Hartig, *Hartigiola,* Buchenblattgallmücke (*Dipt Cecidomyidae*), verursacht an Buchenblättern 2—3 mm lange konische oder warzenartige, lang bräunlich behaarte Gallen oberseits, meist längs der Mittelrippe.

Annulus → Anulus.

Anobiidae Schuck 1840 (Abb. 11), Klopfkäfer, Pochkäfer, Nagekäfer, Fam der *Col Teredilia,* kleine 2—6 mm lange, walzenförmige, braune oder schwarze Käfer, welche im Mark der Triebe und im Holz Gänge bohren. Den größten Schaden machen sie an Hausmöbeln, bes. solchen aus Weichholz (Erle als Blindholz in alten Furniermöbeln), die von außen wie mit Schrot beschossen aussehen. Die engerlingartigen, weißen, behaarten Larven mit kurzen Thorakalbeinen werden als Holzwürmer bezeichnet. Sie leben wie die Käfer im Holz. Von den etwa 1200 beschriebenen Arten dieser Fam leben an 80 in Deutschland. Fossil sind etwa 50 tertiäre Arten bekannt, darunter fast 40 aus dem baltischen Bernstein. Fast alle stehen in rezenten Gattungen.

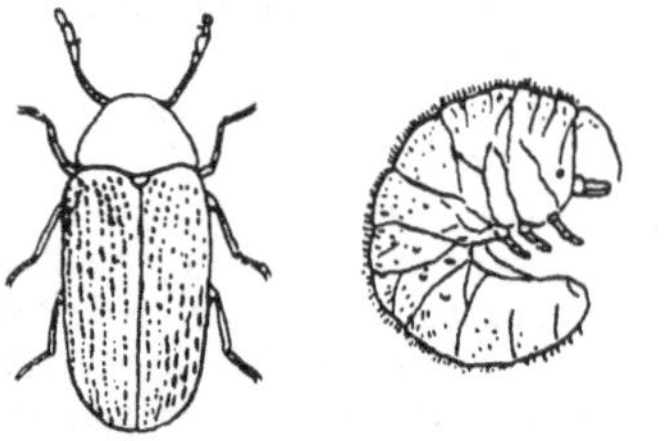

Abb. 11. *Sitodrepa panicea* Linné, Käfer und Larve (Anobiidae). Nach Sharp aus Handlirsch. Nat. Gr. 2—3 mm.

Anopheles Meigen, Malariamücke, Fiebermücke, Gabelmücke, Gatt. der Fam *Culicidae,* nahe verwandt mit der Gatt. *Culex,* Stechmücke, von der sie sich u. a. durch die in beiden Geschlechtern sehr lange Kiefertaster unterscheidet. Verschiedene Arten dieser Gatt. sind Zwischenwirte des Malariaerregers *Plasmodium* (*Protozoa,* Kl. *Sporozoa*), und zwar des *Pl. vivax,* Erregers des Tertianafiebers, des *Pl. falciparum*, Erregers der Tropica und des *Pl. malariae*, Erregers der Quartana. Mehrere Arten auch in Deutschland heimisch.

Anoplura (Leach 1815) Dallas 1857, Läuse, echte Läuse. Kleine, von etwa 1—6 mm lange, völlig flügellose, ektoparasitisch auf Säugetieren lebende, blutsaugende Insekten (Abb. 229).

Kopf prognath, mit reduzierten oder ganz fehlenden Augen, ohne Ocellen. Fühler kurz und dick, in der Regel 5gliedrig, selten 3- oder 4gliedrig. Mundteile stechend-saugend, stark modifiziert, ihre einzelnen Teile mit den typischen Mundteilen der Insekten gegenwärtig nicht einwandfrei homologisierbar. Ein Stechborstenbündel, welches aus einer dorsalen, zweiteiligen Rinne und aus einem ventralen, flachen und hohlen Stachel besteht, ist in eine manchmal bis in den Thorax reichende Scheide eingebettet. Mandibeln rudimentär. Keine Spur von Tastern.

Thoraxsegmente miteinander verschmolzen. Beine kurz bis ziemlich lang, mehr oder weniger stark heteronom, die Vorderbeine gewöhnlich am kürzesten, am wenigsten modifiziert, Mittel- und Hinterbeine entweder den Vorderbeinen ähnlich (*Pediculus*) oder mit verkürzten Schenkeln und einem mehr oder weniger kräftigen Tibio-Tarsal-Krallenkomplex als Klammerorgan. Krallen bei manchen Arten zu mächtigen, gekrümmten Platten umgebildet. An den Tarsen sind häufig die beiden ursprünglichen Glieder noch kenntlich voneinander abgegrenzt.

Hinterleib, welcher dem Metathorax mit breiter Basis aufsitzt, besteht aus fünf (*Phthirus*) bis neun sichtbaren Segmenten. Vom 1. Segment ist das Sternum meistens rudimentär, das Tergum dagegen wenigstens teilweise erhalten. Bei *Phthirus pubis* sind die Segmente 1—5 miteinander zu einem Komplex mit drei Stigmenpaaren verschmolzen. Das 9. Sternit, bei Männchen vergrößert, bildet den Abschluß des Hinterleibs und trägt dorsal den zwischen dem 9. und 10. Sternit liegenden sekundären Gonoporus, d. h. die Mündung der Penistasche. Genitalöffnung des Weibchens ventral, hinter dem 8. Sternum, welches in der Regel ein Paar mehr oder weniger gut erhaltene Gonapophysen trägt.

Darmkanal gut differenziert. Vorderdarm einfach und gerade, mit einem zweiteiligen Pharynx (Vorderpharynx oder Cibarium mit clypeo-pharyngealen Dilatatoren und Hinterpharynx mit kräftigen Ringmuskeln) und geradem Oesophagus. Mitteldarm zweiteilig, sein vorderer Teil breit, sackförmig, vorn zu beiden Seiten des Oesophagus mit je einem Blindsack, sein hinterer Teil allmählich zu einem Schlauch verengt, der sich ohne scharfe Grenze in den Enddarm fortsetzt. Enddarm (Proctodaeum) dünn, vorn, in dem äußerlich nicht differenzierten Pylorus, mit vier Malpighi-Gefäßen. Rectum erweitert, mit sechs Rectalampullen. Ein Paar Kopfspeicheldrüsen münden seitlich in den Vorderteil der Stachelscheide. Eine Stacheldrüse liegt hinten in der Stachelscheide. Zwei Paar Speicheldrüsen, das bohnenförmige vordere und das hufeisenförmige hintere Paar, münden in die Stachelscheide und bilden zusammen einen gemeinsamen, fast die Spitze des Stachelbündels erreichenden Speichelgang (Speichel-Stilett).

Herz kurz, oval, im 6. bis 7. Segment gelegen, mit drei Paar Flügelmuskeln und ebensovielen Paaren Ostien (*Pediculus*) versehen. Die Aorta reicht bis in den Thorax hinein.

Nervensystem stark konzentriert, mit drei, nur durch Einschnürungen voneinander getrennten Ganglienmassen im Thorax. Das cerebrale sympathische System (endokrino-sympathische System) reduziert. Corpora cardiaca bestehen nur aus je drei großen Zellen.

Tracheensystem gut entwickelt, mit zwei seitlichen Längsstämmen, die durch drei thorakale und eine abdominale Queranastomose miteinander verbunden sind. Ein thorakales und 2—6 abdominale Stigmenpaare auf den Segmenten 3—8 (nicht 2—7, wie vielfach irrtümlich angegeben wird) vorhanden.

Geschlechtsorgane. Beiderseits je ein Paar birnförmige, mit den breiten Enden einander berührende und dem Ende des Vas deferens aufsitzende Hoden. Vasa deferentia mit Anhangsdrüsen, münden in ein Paar schlauchförmige Vesiculae seminales, die sich am Ursprung des Ductus ejaculatorius vereinigen. Das männliche Begattungsorgan mit Basalplatte, einem Paar Parameren und einem sackartigen, vielfach mit sekundären Differenzierungen versehenen Mittelstück, dem Aedoeagus. Ovarien paarig, büschelförmig, mit je fünf polytrophen Ovariolen. Eileiter mit je einer Ovarialampulle, in welcher die Infektion der Eier mit symbiontischen Pilzen erfolgt. Oviductus communis (Vagina) mit einem gestielten Receptaculum seminis und mit umfangreichen, lappigen Anhangsdrüsen, welche die Kittsubstanz zum Aufkleben der Eier ausscheiden.

Entwicklung paurometabol mit drei imagoähnlichen Nymphenstadien.

Die etwa 300 bis jetzt bekannten Arten der Läuse leben ausschließlich auf Säugetieren. Nur *Monotremata, Marsupialia, Chiroptera, Edentata, Pholidota, Cetacea, Proboscidea* und *Sirenia* haben keine Läuse. In den übrigen Ordnungen der Säugetiere sind gewöhnlich nur einige Familien mit Läusen versehen, z. B. bei *Carnivora* nur *Canidae, Otariidae, Odobenidae* und *Phocidae*, während Bären, Marder, Hyänen, Katzen usw. keine Läuse besitzen. Bei den *Artiodactyla* sind *Hippopotamidae, Tragulidae* und *Antilocapridae* läusefrei, während Schweine, Kamele, Hirsche, Giraffen und Rinder deren zahlreiche Arten beherbergen. Der Mensch hat drei Arten von Läusen, die Kopf-, die Kleiderlaus und die Schamlaus. Die beiden ersteren werden gegenwärtig meistens als Rassen ein und derselben Art angesehen.

Fossil + *Neohaematopinus relictus* Dubinin von + *Citellus glacialis*, Pleistocän, N. Jakutsk.

Seit Enderlein (1904) teilt man die Läuse in drei Familien, *Haematopinidae, Echinophthiriidae* und *Pediculidae*, ein.

Anoxia Laporte, Johanniskäfer (*Col Scarabaeidae*).

Ansatzstelle, Angriffsstelle, Angriffspunkt, Insertion eines Muskels ist die Anheftung desselben auf dem von ihm bewegten Organ (punktum mobile). Gegens. → Ursprung.

Anstich, anstechen. Insekten stechen entweder mit Hilfe ihrer stechenden (stechend-saugenden) Mundwerkzeuge (potentiell beide Geschlechter) zum Zweck der Ernährung oder mit Hilfe ihres → Legebohrers (Giftstachels, nur Weibchen) zum Zweck der Eiablage, der Lähmung ihrer Beute (→ Brutpflege) oder zur → Abwehr der Feinde.

Antagonist (gr. ἀντί gegen, ἄγω führen, wirken), ein Muskel, der einem anderen Muskel entgegengesetzt arbeitet. Solche Antagonistenpaare sind → Heber und → Senker, → Strecker und → Beuger, → Schließer und → Öffner usw. (→ Muskulatur.)

antarktische Region, in der Tiergeographie die südliche Circumpolarregion mit dem ganzen Kontinent des Südpols einschließlich der Süd-Orkney- und Süd-Shetland-Inseln.

Anteclipeolabrum, ein durch engeren Anschluß des Anteclipeus an das Labrum und breitere Trennungsnaht des ersteren vom Postclipeus entstandener Komplex.

Anteclipeus (lat. ante vor, Vorder-, clipeus, -i, m., auch clypeus oder clupeus, Schild), Anteclypeus, irrt. „Anticlipeus", Clipeolus, bei Odonaten auch → Rhinarium genannt, der vordere, mit dem → Postclipeus beweglich auf → Scharnier der → Kopfschildnaht verbundene, oder mit ihm unbeweglich verschmolzene Teil des → Kopfschildes. Vgl. auch → Anteclipeolabrum. (Taf. XXIV, Fig. 2.)

Antecosta (lat. ante vor, costa, -ae f., Rippe), vordere endoskeletale, marginale oder submarginale, sklerotisierte Leiste der Terga und Sterna, welche als Ansatzstelle für die Längsmuskelbänder dient. Sie stellt die primäre, eingefaltete und sklerotisierte Intersegmentalhaut oder nach einer anderen Ansicht den eingebogenen VRand des Tergums bzw. Sternums dar, wobei die Intersegmentalhaut auch mit in die Tiefe gezogen wird. Im sternalen Teil ist die ~ gewöhnlich weniger deutlich, im tergalen Teil des Thorax hingegen bei Fluginsekten zu mächtigen herabhängenden Wänden, den → Phragmen, ausgebildet. Bei Pterygoten ist sie im sternalen Teil nur noch durch die → Spina markiert. (Vgl. auch → Intersternit.) (Taf. XXX, Fig. 2.)

Antecostalnaht, Sutura antecostalis, die nach der Einfaltung der → Antecosta von außen sichtbar gebliebene vertiefte Linie am VRande der Segmente, die primäre → Intersegmentalnaht. (Taf. XXX, Fig. 2.)

Antedorsum → Praescutum.

antefurcal (lat. ante vor, furca, -ae, f., Gabel), vor der Gabel, Bezeichnung für → Nervulus im VFl der *Ichneumonoidea*, wenn diese Querader den Cubitus vor der → Basalader trifft.

Antehumeralstreif, Antehumeralbinde, ein meist hellfarbiger (bei *Gomphidae* dunkler) dorsoventral auf dem Mesepisternum der *Odonata* längs der meist in einem schmalen schwarzen Streifen liegenden → Schulternaht verlaufender Streifen. Manchmal fehlt der ~, dann liegt die Schulternaht in einer hellen Schulterbinde (z. B. *Pyrrhosoma*).

Antenna (lat. -, -ae, pl. -ae, -arum, f., Segelstange, Rahe) → Fühler.

Antennalader → Antennalgefäß.

Antennalampulle → Kopfampulle.

Antennalgefäß, Antennalader, Antennalvene, eine den Hohlraum der Fühler bei *Blatta* durchziehende Blutader, welche mit der → Kopfampulle als pulsierendem Organ in Verbindung steht. Vgl. auch → *Corrodentia*.

Antennalnaht → Fühlerringnaht.

Antennalorgan, ein Ring von Papillen und meist auch einiger Börstchen am 3. Fühlerglied der *Collembola*. Taxonomisch von großer Bedeutung. Funktion unbekannt.

Antennalsegment, das 2. bzw. 3. zu → Protocephalon gehörige Segment der Insektenembryonen. Es trägt bei Insekten das einzige Antennenpaar. (Taf. IX, Fig. 2.)

Antennalvene → Antennalgefäß.

Antenne, pl. Antennen → Fühler.

Antennendrüse, eine im → Fühlerring der *Blattaria* (*Periplaneta americana*) und einiger *Formicidae* (*Myrmica*) mündende, vielleicht aber auch bei anderen Insekten vorkommende Drüse von unbekannter Funktion.

Antennifer (lat. antenna vgl. oben, fero ferre, tragen) → Fühlerträger.

Antenodalqueradern, im Fl der *Odonata* die zwischen dem FlGelenk und dem → Nodus liegenden, die Costa mit der Subcosta sowie Subcosta mit Radius verbindenden Queradern. (Taf. X, Fig. 3 und 5.)

Anteoninae Kieffer → *Dryinidae*.

Antevaginalplatte, eine paarige, dicht vor der weiblichen Geschlechtsöffnung (Begattungsöffnung) liegende Chitinplatte bei Schmetterlingen, häufig Träger wichtiger Artmerkmale. (→ Sterigma.)

Abb. 12. *Notoxus monoceros* Linné (Anthicidae). Nach Jeannel. Nat. Gr. etwa 4 mm.

Anthicidae (Latreille 1825) Thomson 1859 (*Notoxidae* Stephens 1832), Blumenkäfer (Abb. 12), Fam der heteromeren Käfer mit etwa 2200 rezenten Arten, von denen in Deutschland an 30 leben. Kleine, bei uns 1—5 mm lange, meist fein anliegend behaarte, nicht selten ameisenähnliche, flinke Käfer, die häufig an Blüten und unter faulenden Pflanzenstoffen anzutreffen sind. Einige Arten durch Halsschildhorn ausgezeichnet. Larven unter Pflanzendetritus. Fossil sind etwa 20 tertiäre Arten bekannt.

Anthoboscidae Turner 1912, Fam der *Hymenoptera* mit mehreren Arten in Australien, Afrika, Arabien und Südamerika.

Anthocoridae Fieber 1861, Blumenwanzen (Abb. 13), Fam der Wanzen (*Heteroptera Geocorisae*) mit etwa 400 weltweit verbreiteten Arten. Vorwiegend prädatorische, weichhäutigen Insekten nachstellende kleine Wanzen, die auf Pflanzen und in Blüten, insbesondere in Blattdeformationen und offenen Gallen ihre Jagdgründe haben. In Deutschland etwa 20 Arten.

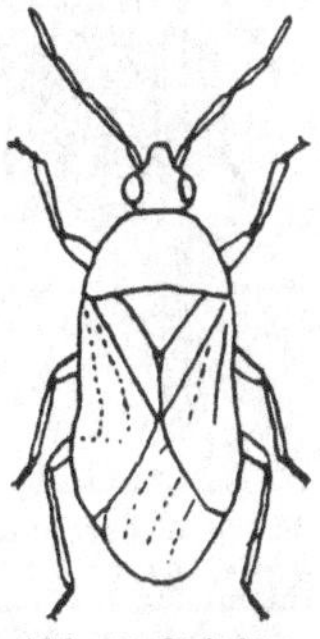

Abb. 13. *Triphleps minuta* Linné (Anthocoridae). Nach Jensen-Haarup aus Handlirsch. Nat. Gr. 2,5 mm.

Anthocyanin (gr. τὸ ἄνθος Blume, ὁ κύανος Ultramarinfarbe), der blaue Farbstoff der Pflanzen, unter Insekten z. B. bei *Cionus olens* und gewissen Blattläusen nachgewiesen.

Anthomyzidae Frey 1921, Fam der Fliegen mit etwa 20 vorwiegend holarktischen Arten. Meist kleine, schlanke Formen, vielfach mit reduzierten, schmalen und kurzen bis ganz flugunfähigen Fl. Im letzteren Fall bewegen sich die Fliegen sprungartig. Larven saprophag oder phytophag zwischen Blättern von *Phragmites*, *Typha*.

Anthonomium (gr. τὸ ἄνθος Blüte, νόμιος zur Weide gehörig, ἡ νομή Weideplatz) → Blütenmine.

anthophil (gr. τὸ ἄνθος Blume, φιλεῖν lieben) werden Insekten genannt, die gern Blumen besuchen und sich von ihren Bestandteilen nähren.

Antophila Latreille 1877 (*Mellifera* Latr. 1817, *Apoidea* Ashmead 1899), Bienen, ehemalige FamReihe der *Hymenoptera Aculeata*, mit der einzigen Fam → *Apidae*.

+***Anthracothremmidae*** Handlirsch 1908 (Abb. 14), Fam der *Protoblattoidea* mit 4 mittel-obercarbonischen Arten aus Nordamerika.

Anthrenen → *Dermestidae*.

Anthribidae (Billberg 1820) Shuck 1840 (Abb. 15), Breitrüßler, Maulkäfer, Fam der *Rüsselkäfer* mit etwa 2000 rezenten Arten, von welchen an 20 in Deutschland leben. Die 2—10 mm langen, plumpen

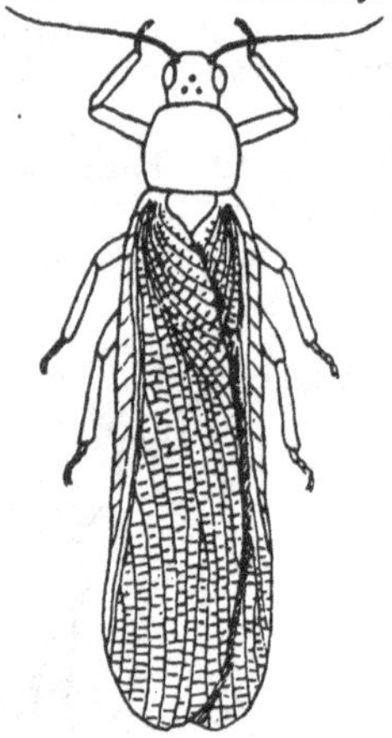

Abb. 14. +*Anthracothremma robusta* Scudder (+Anthracothremmidae). Nach Handlirsch. Nat. Gr. etwa 3,5 cm.

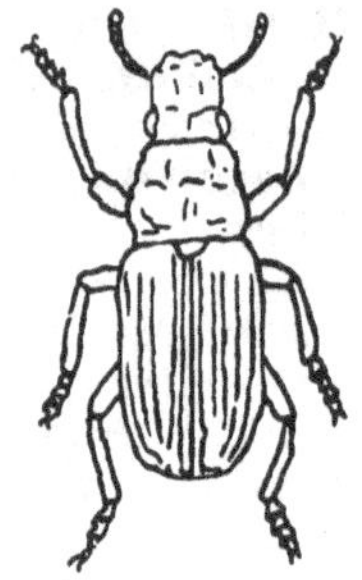

Abb. 15. *Platyrhinus resinosus* Scopoli (Anthribidae). Nach Handlirsch, = *latirostris* Fabricius. Nat. Gr. 9—12 mm.

Käfer mit kurzem und breitem Rüssel und einfachen, schwach am Ende gekeulten Fühlern sind Blütenbesucher. Ihre Larven leben unter Rinden, in Samen oder parasitisch in Cocciden. Fossil sind über 20 tertiäre Arten bekannt.

anthrisci C. Börner, *Dysaphis*, Wulstgallenapfellaus, Apfelfaltenlaus, mehlige (*Hom Aphididae*).

Anthroceridae Westwood 1840 (*Zygaenidae* Leach), Widderchen, Fam der *Lep* mit etwa 800 rezenten Arten. In Deutschland mehrere Arten und Gatt. Fossil 1 unteroligiocäne und eine quartäre Art beschrieben.

Anticlypeus (gr. ἀντί gegen) irrt. für → Anteclipeus.

antillische Subregion der Neotropis, umfaßt die ganze Inselgruppe der großen und kleinen Antillen (Westindien) mit Ausschluß von Trinidad. (Taf. XXXIII.)

Antimeren (gr. ἀντί gegen, τὸ μέρος ein Teil des Ganzen, ein Stück), Gegenstücke, von Haeckel eingeführte Bezeichnung für die beiderseits der Symmetrieebene liegenden, sich spiegelbildlich entsprechenden, paarigen Körperteile. (→ Parameren, Metameren.)

Antiperistaltik, der → peristaltischen Bewegung entgegengesetzte Pulsationswelle des Herzens oder des Oesophagus (→ Erbrechen). Die ~ des Herzens stellte zuerst Malpighi 1669 bei der Raupe des *Bombyx mori* fest.

antiqua Meigen, *Hylemyia*, Zwiebelfliege. 6,5 mm lange, schwärzliche, grau gestreifte Fliege, deren Larve in der Zwiebel Gänge bohrt. Die erste Mine wird im Blatt angelegt, und von da führt der Gang nach unten bis in die Zwiebel hinein. Stellenweise recht schädlich (*Dipt Muscidae*).

Antitegula, Osten-Sackens Bezeichnung für → Flügellappen.

Anulus (lat. -, -i, pl. -i, -orum, m., Ringlein, demin. von anus Fußring, nicht annus, Jahr, darum „annulus" irrtümlich), → Haarringel. Bei Blattarien u. a. → Fühlerring.

Anuridae Absolon → *Hypogastruridae*.

Anus (lat. -, -i, pl. -i, -orum, m., der After, auch Ring, Fußring) → After.

Anzieher → Adductoren.

Aorta, die vordere, schlauchförmige, in der Regel bis in den Kopf hinein reichende (Ausnahme *Protura*, *Anoptura*) Abteilung des → Rückengefäßes. Der Bau der Aortawand ist wenig bekannt, bei *Dytiscus* der Herzwand gleich, wie diese kontraktil, doch scheint das Vorderende der ~ wenigstens bei manchen Formen keine Kontraktilität mehr zu besitzen.

Apatides Billberg → *Bostrychidae*.

apert (lat. apertus offen), offen, in der Taxonomie häufige Bezeichnung von Zellen des FlGeäders, denen eine Querader fehlt, wie z. B. in der Areola vieler Ichneumoniden.

Apertur (lat. apertura, -ae, f.) → Öffnung.

Apex (lat. apex, -icis, pl. -ices, -icum, m., Spitze), Spitze, Ende eines Organs im Gegens. zu seiner → Basis. → Flügelspitze.

Apfelbaumschädlinge. Der Apfelwickler (*Laspeyresia pomonella*), deren Raupe die Wurmstichigkeit der reifen Äpfel verursacht, gehört wohl zu den bekanntesten Schädlingen überhaupt. Die Raupe frißt sich in das Kerngehäuse der noch ganz jungen Früchte ein. Die meisten der befallenen Äpfel fallen noch vor der Vollreife ab (Fallobst).

Der kleine Frostspanner (*Operophthera brumata* Linné), der große Frostspanner (*Erannis defoliaria* Clerck), der Baumweißling (*Aporia crataegi* Linné), der Goldafter (*Euproctis phaeorrhea* Donovan) und der Ringelspinner (*Malacosoma neustria* Linné) gehören unter den Blattfressern des Apfelbaumes zu den gefährlichsten Schädlingen und haben schon öfters totalen Kahlfraß und damit völligen Ausfall der Apfelernte verursacht. Alle sind übrigens polyphag. Der gleichfalls polyphage Schwammspinner (*Lymantria dispar* Linné) erscheint auch manchmal massenhaft in nicht sorglich genug gepflegten Obstgärten. Im Fruchtfleisch der Äpfel miniert die Raupe der Apfelmotte (*Argyresthia conjugella* Zeller).

Von der großen Zahl anderer Apfelblattfresser seien nur noch genannt: die Apfelblattmotte (*Simaethis pariana* Linné), welche die Apfelblätter taschenförmig zusammenspinnt und ihre Oberfläche skelettiert, die Apfelminiermotte (*Lyonetia clerckella* Linné), die Apfelblattrandmotten (*Ornix guttea* Haworth und *O. petiolella* Frey), welche in Apfelblättern minieren, und die Apfelbaumgespinstmotte (*Hyponomeuta malinellus* Zeller), deren gesellig in großen Gespinsten lebende Raupen die Blätter kahlfressen.

Wohl der gefährlichste Schädling des Apfelbaumes ist die Blutlaus (*Eriosoma lanigerum* Hausmann). Die Läuse saugen in großen, mit weißer Wachswolle überzogenen Gesellschaften an der Rinde der Äste und Zweige und verursachen deren Absterben unter Bildung krebsartiger Wucherungen (Blutlauskrebs).

Empfindlichen Schaden durch Saugen an Blättern kann auch der Apfelblattfloh (*Psylla mali* Schmidbersger) verursachen. Zu den wichtigsten Blattläusen des Apfelbaumes gehören die Wulstgallen-Apfellaus (*Dysaphis communis* Mordwilko), die grüne Apfelblattlaus (*Doralis pomi* De Geer), die mehlige Apfelblattlaus (*Sappaphis mali* Ferrari) und die rötliche Apfelblattlaus (*Anuraphis farfarae* Koch).

Verschiedene Arten von Schildläusen, so vor allem die Kommaschildlaus (*Lepidosaphes ulmi* Linné), die San-José-Schildlaus (*Aspidiotus perniciosus* Comstock) und die gemeine Schildlaus (*Lecanium corni* Bouché) treten oft massenhaft auf der Rinde nicht sorglich genug gepflegter Bäume auf.

Zu argen Schädlingen können auch die beiden Apfelwanzen, die braune (*Campylomma verbasci* Meyer-Dür) und die grüne (*Plesiocoris rugicollis* Fallen) werden, die an Blättern, Trieben und Früchten saugen.

Von den Hautflüglern ist die Apfelsägewespe (*Hoplocampa testudinea* Klug) zu nennen, deren Larven meist gesellig die jungen Früchte innen ausfressen. Die beschädigten Früchte kommen überhaupt nicht zur Reife, wie das beim Apfelwickler der Fall ist.

Von den vielen Käfern des Apfelbaumes seien nur der Apfelblütenstecher (*Anthonomus pomorum* Linné) und die Obstbaumsplintkäfer (*Scolytus mali* Bechstein und *Sc. rugulosus* Ratzeburg) als die wichtigsten erwähnt.

Aphaniptera Kirby → *Suctoria*.

Aphelochiridae (Fieber 1861) Douglas u. Sclater 1865 (*Aphelochirae* Fieb.) (Abb. 16), Fam der *HetHydrocorisae* (auch als oft UFam der *Naucoridae*) mit etwa 15 rezenten Arten in allen Weltteilen mit Ausnahme beider Amerikas. In Deutschland nur eine Art (Fig.). Leben unter Wasserpflanzen. VBeine verdickt.

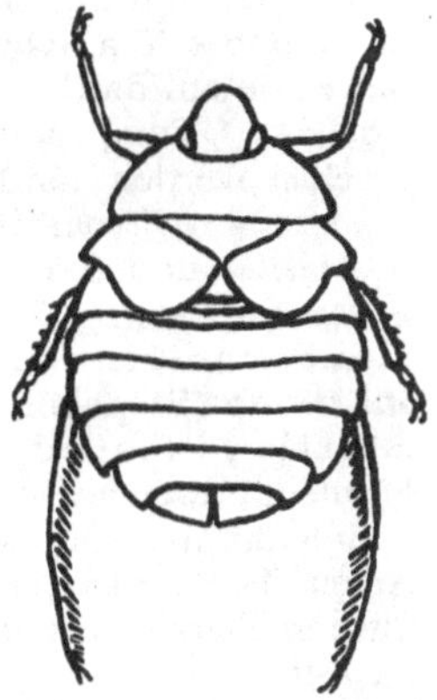

Abb. 16. *Aphelochirus aestivalis* Fabricius (Aphelochiridae). Nach Hedicke aus Brohmer. Nat. Gr. 9—10 mm.

Aphididae (Fallen 1814) Passerini 1862 (*Aphidiae* Fall.) (Abb. 17), Blattläuse,

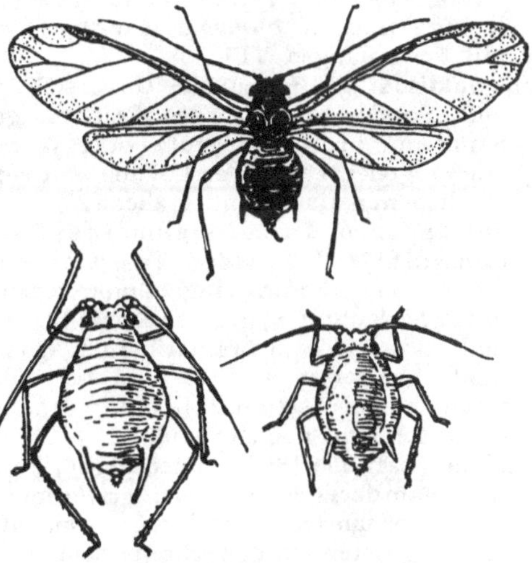

Abb. 17. *Sappaphis malifoliae* Fitch (Aphididae, Nordamerika). Oben Männchen, unten links Virgo, rechts amphigones Weibchen. Nach Baker und Turner aus Beier. Nat. Gr. 2—3 mm.

Homoptera mit etwa 1500 hauptsächlich in gemäßigten Zone auftretenden Arten, darunter viele Pflanzenschädlinge. Kleine, zarte, phytophage, meist freilebende, seltener myrmecophile Tiere mit heteronomen Fl, dünnen, meist homonomen Beinen, meist 2-, selten 1 gliedrigen Tarsen, mit oder ohne 1 Paar → Siphunculi (bei *Adelginae* und *Phylloxerinae* immer fehlend, bei anderen vorhanden oder fehlend) und mit stechend-saugenden Mundteilen. VFl viel größer als die schmalen HFl, mit einem dicken Radio-Medio-Cubitalstamm, der auf die Tragfläche Äste abgibt und am Ende ein dunkles Pterostigma bildet. Von den UFam, die vielfach als Fam angesehen werden, sind die wichtigsten die *Adelginae* (*Chermesinae*), *Phylloxerinae*, *Aphidinae* und *Eriosomatinae*.
Fossil sind etwa 60 Arten seit der Oberjura beschrieben worden.

Aphidiidae (Stephens 1835) Haliday 1838, Blattlauswespen, parasitische apocrite Hymenopteren mit stark reduziertem, brakonidenähnlichem Geäder. Die etwa 200 Arten dieser meist einfarbig schwarzen, kleinen Tiere sind vornehmlich Blattlausparasiten.

aphidivor, sich von Blattläusen ernährend. ~ sind Larven der Dipterenfam. *Syrphidae*, Larven und Käfer der *Coccinellidae* und als Endoparasiten die *Aphidiidae*.

+***Aphlebocoridae*** Handlirsch 1908, fossile Fam der *Heteroptera* mit 2 oberliassischen Arten, *Aphlebocoris nana* Handl. aus Mecklenburg und *A. punctata* Handl., beide mit 5 mm langen VFl.

aphylaktisch (gr. ἡ ἀφυλαξία Unvorsichtigkeit, Sorglosigkeit) werden Trachten genannt, die nicht als Schutz- oder Warntracht gedeutet werden können und vermutlich nur als Schmuck dienen.

apiarius Linné, *Trichodes*, gemeiner Bienenwolf (*Col Cleridae*), g. Immenkäfer. 11—13 mm lang, dunkelbraun, mit scharlachroten, an der Spitze blauen und vorn mit zwei breiten blauen Querbinden gezierten Fld. Larven bei solitären Bienen, seltener bei der Honigbiene der Brut nachstellend.

Apidae (Latreille 1802) Viereck 1916, Bienen, Fam der *Hymenoptera Apocrita*, meist zottig behaarte, mittelgroße aculeate Hymenopteren mit verbreitertem und unten bürstenartig behaartem Metatarsus der HBeine (→ Bürste) und stark verlängerter ULippe, deren vier → Laden zusammen ein Saugrohr zum Schlürfen des Blumennektars bilden. Außer der → Bürste ein Sammelapparat (→ Körbchen) auf den Schienen, Schenkeln (→ Beinsammler) oder auf der Sterniten des Hlbs (→ Bauchsammler). Die Arten der UFam *Apinae* und *Bombinae* leben sozial und haben außer Männchen und Weibchen eine Arbeiterkaste aus geschlechtslosen Weibchen (☿), welche die Brutpflege und den Nestbau besorgen. Die übrigen Apiden leben solitär oder kommensalisch bzw. parasitisch bei anderen Apiden. Es sind etwa 12000 Arten beschrieben, von welchen in Deutschland etwa 600 leben. Fossil sind an 100 tertiäre und quartiäre Arten bekannt, darunter etwa 30 aus dem baltischen Bernstein.

Apikalfleck, ein am Apex des VFl bei Schmetterlingen liegender Farben- oder Zeichnungsfleck.

Apikalrand, am Fl die Randpartie vom Radius bis zur Analis oder Cubitus, → Außenrand.

Apikalschlauch → Endschlauch.

Apikalsporne, Endsporne, Schienenendsporne, Terminalsporne, ein oder mehrere am oder kurz vor dem Ende der Schiene befindliche Chitinsporne (→ Sporn). Sie sind bei Insekten weit verbreitet und haben in vielen Gruppen taxonomischen Wert. Sie stehen am oder vor dem Ende der Schienen (→ Praeapicalsporne, → Subapicalsporne). Vgl. auch → Median sporne. (Taf. I, Fig. 5 und Taf. III, Fig. 2 und 15.)

Apikalzelle, 1. Verson'sche Zelle, eine vergrößerte, wahrscheinlich als Nährzelle fungierende → Urspermiogonie am äußersten Ende des → Germariums.
2. Im Fl der Trichopteren die zwischen den Zinken der Gabeln und zwischen den Gabeln des FlGeäders selbst liegenden Zellen. Sie werden mit römischen Nummern I—X laufend bezeichnet und haben taxonomische Bedeutung. ~ I liegt in der Gabel der Radialsektoren 1—2, ~ X (nur im VFl) zwischen der Cubitus-Gabel und der Analis.

Apioceridae Brauer 1880, Fam der brachyceren Fliegen mit etwa 20 Arten in Amerika, Australien, Südafrika und Borneo.

+***Apithanidae*** Handlirsch (Abb. 18), fossile Fam der +*Protorthoptera* mit einer mitteloberearbonischen Art aus Nordamerika.

apivor, sich von Bienen ernährend. Ausgesprochene Bienenfresser gibt es unter Insekten außer dem → Bienenwolf kaum, denn die Meloiden-Larven nähren sich vorwiegend mit Honig, und die Strepsipteren leben vornehmlich bei Vespiden.

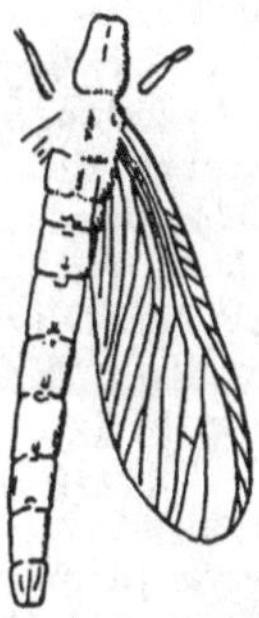

Abb. 18. +*Apithanus jocularis* Handlirsch (+Apithanidae). Mittl. Obercarbon von Nordamerika. Nach Handlirsch Nat. Gr. etwa 4 cm.

Apneustia (gr. ἀ un-, πνευστιάω schwer atmen, keuchen) sind Insektenlarven, welche kein Tracheensystem haben und auf reine → Hautatmung angewiesen sind. Hierher gehören cyclopoide, endoparasitische Larven der *Platygasteridae*, welche ihren Sauerstoffbedarf direkt aus dem Körpersaft ihrer Wirte durch die Haut decken. Auch die meisten *Collembola* sind zeitlebens tracheenlose Hautatmer. Insekten mit geschlossenem Tracheensystem gehören auch hierher.

apneustisch, Insekten mit geschlossenem oder ohne Tracheensystem.

Apocrita (Gerstaecker 1867 pp) (*Clistogastra* Konow 1905 pp), Hymenopteren mit → Propodeum und → Wespentaille. Larven apod, madenförmig oder sekundär modifiziert (z. B. cyclopoide Larven), farblos, parasitisch in oder auf anderen Insekten, seltener endophytophag (Gallenerzeuger usw.) oder in Brutpflege (soziale Hymenopteren).
Enorm reich differenzierte Gruppe der Hymenopteren. Sie wurde früher in → *Terebrantes* und → *Aculeata* eingeteilt, diese Einteilung wird jedoch von neueren Systematikern aufgegeben und durch mehrere Gruppen (*Ichneumonoidea, Chalcidoidea, Cynipoidea, Apoidea, Sphecoidea, Vespoidea, Pompiloidea, Formicoidea, Bethyloidea* ersetzt.

apod (gr. ἄπους fußlos), fußlose Insekten oder Körpersegmente. Die Apodie ist bei Insekten durchgehends ein sekundärer Zustand. Nachweislich waren ursprünglich alle Körpersegmente mit je einem Paar von Extremitäten versehen, und dieser Zustand hat sich bei der → polypoden Segmentierungsphase der Insektenembryonen erhalten. Bei → polypoden Larven sind nur wenige Körpersegmente apod. Völlig apode Larven kommen häufig bei Coleopteren und Hymenopteren vor und sind bei Dipteren die Regel. Auch bei Schmetterlingen sind → Raupen bei Minierern nicht selten (*Eriocrania, Nepticula*). Apode Imagines sind nur die Weibchen der *Stylopidae* (*Strepsiptera*).

Apodem, pl. Apodeme (gr. ἀπό ab, weg, τὸ δέμας Körpergestalt, Körperbau), pleurale endoskeletale Elemente, die durch Einfaltung des Integuments entstanden sind und als Muskelansatzstellen dienen (→ Apophysen).

apodemisch (gr. ἀπό von einem Orte weg, ab, ὁ δῆμος Volk, Gemeinde, Land) werden im Gegensatz zu → endemisch Arten genannt, welche nicht nur in dem betrachteten Gebiet, sondern auch außerhalb desselben vorkommen. (Vgl. → exotisch.)

Apoidea Ashmead → *Anthophila*.

Apophyse, pl. Apophysen (gr. ἡ ἀπόφυσις Auswuchs), sämtliche, auch pleurale (→ Apodem) Einstülpungen des Integuments, welche zu endoskeletalen Elementen geworden sind. Seltener werden auch Ausstülpungen des Integuments als ~ bezeichnet (→ Gonapophysen). Die ~ dienen meist als Muskelansatz, und zwar im Sinne einer vergrößerten Ansatzfläche, wie dies z. B. bei den → Phragmen und bei der → Scheitelleiste der Fall ist. Nicht selten dienen die ~ aber auch allein der Festigung des Integuments. Im letzteren Fall haben sie meist die Form von → Säulen. Sternale ~ werden als → Furca bezeichnet. Antimere Verschmelzung einer Furca-Gabelzinke mit der entsprechenden Apodeme zu einer Pleurosternalapophyse findet im Prothorax der Mallophagen statt. Die ~ sind meist feste Bildungen mit verschmolzenen exocuticularen Schichten und sind auf der Oberfläche des Integuments als mehr oder weniger tiefe → Nähte oder → Fenster kenntlich. Auch endoskeletale Bildungen werden häufig ~ genannt, welche nicht auf Einstülpungen des Integuments zurückgehen, sondern rein endocuticulare Bildungen einzelner ausgewachsener Matrixzellen darstellen. Im letzteren Fall handelt es sich vor allem um typische → Sehnen.

+***Apopnidae*** Handlirsch 1925, foss. Fam der *Heteroptera* mit einer oberliassischen Art, *Apopnus magniclavus* Handlirsch aus Mecklenburg.

aposematische Trachten (gr. ἀποσείομαι von sich abschütteln, abstoßen) → Warntrachten.

aposexuell (gr. ἀπό ab, weg von, lat. sexualis zum Geschlecht gehörend) → anholozyklisch.

Apotom pl. Apotome, (gr. ἡ ἀποτομή das Abschneiden, der Abschnitt), Abschnitt, allgem. Bezeichnung für Teile eines Organs, im bes. die vorderen Streifen der abdominalen Sterna der *Japygidae* (→ Intersternit).

Appendix (lat. appendix, -icis, pl. -ices, -icum, f., Anhängsel, Anhang) → Anhang.

Appositionsaugen (lat. appono, -ere hinzusetzen, beigeben), Hellaugen, Komplexaugen, deren → dioptrischer Apparat von einem vollständigen Pigmentmantel umgeben ist, indem die → Haupt- und Nebenpigmentzellen mit den → Retinapigmentzellen zusammenhängen. Die schräg einfallenden Lichtstrahlen werden nicht in die benachbarten Ommata durchgelassen, sondern im Pigmentmantel absorbiert. Die → Kristallkegel sind ganz von dem inneren Mantel der → Hauptpigmentzellen eingehüllt und können nur die gerade einfallenden Lichtstrahlen empfangen. Die Rhabdome reichen bis zu den Kristallkegeln. Eine → Pigmentwanderung kommt in beschränktem Maße vor, eine gewisse → Adaptation ist somit vielfach möglich. Die vollkommene Abblendung der schräg einfallenden Lichtstrahlen ist für die Lichtstärke der einzelnen → Ommata ungünstig, ergibt aber große Sehschärfe, da die einzelnen Lichtpunkte des Appositionsbildes in ihrer Schärfe durch keine Nebenstrahlen beeinträchtigt werden. Das Gesichtsfeld des ~ entspricht nur der Summe der → Elementarsehfelder, ist also verhältnismäßig klein und direkt proportional der Größe und der Wölbung des ganzen Komplexauges. (Taf. XXVIII, Fig. 2a.)

apricans Herbst, *Apion*, dunkles Kleespitzmäuschen (*Col Curculionidae*). 3,5 mm langer, birnförmiger, schwarzer Langrüßler mit gelber Fühlerbasis, Schenkeln und VSchienen. Larve in Kleeblüten, die sich vorzeitig bräunen.

Aptera Linné 1758, alte, endgültig von Brauer aufgehobene Insektenordnung, welche die flügellosen Insekten ohne Rücksicht auf ihre primäre oder sekundäre FlLosigkeit zusammenfaßte. Von modernen Gruppen enthielten die Linnéischen ~ in der Auffassung der → Decima die *Apterygota*, *Isoptera*, *Corrodentia*, *Mallophaga*, *Anoplura* sowie einige Vertreter der *Arachnoidea*, *Crustacea* und *Myriopoda*.

aptera Bosc, *Biorrhiza* (gegenw. Syn. zu *pallida* Olivier), Eichenschwammgallwespe (*Hym Cynipidae*).

Apterie (gr. ἀ ohne, τό πτερόν Flügel), Flügellosigkeit der Insekten, nach den heute herrschenden Ansichten bei *Apterygota* primärer, bei *Pterygota* sekundärer Zustand. Unter den Pterygoten sind die Ordnungen der *Diploglossata*, *Mallophaga*, *Anoplura* und *Aphaniptera* ausnahmslos und vollständig flügellos. In anderen Ordnungen kann die Flügellosigkeit als konstantes oder variables Merkmal auftreten. Konstant flügellos sind z. B. *Arixeniidae*, *Carausius*, *Bacillus*, *Myrmecophila acervorum*, *Grylloblattidae*, *Cylindrachaetidae*, einige *Zoraptera*-Männchen, Soldaten und Arbeiter der *Isoptera*, einige *Liposcelidae*, mehrere *Thysanoptera*, einige *Heteroptera*, parthenogenetische Weibchen der *Aphididae*, viele *Hymenoptera* (*Mutillidae*, Arbeiter der *Formicidae*, einzelne Arten der *Ichneumonoidea*), Weibchen aller *Strepsiptera* und *Coccidae*, Weibchen der *Psychidae*, *Braula*, *Nycteribiidae*, manche *Hippoboscidae*, *Streblidae*. Nur bei *Coleoptera* ist vollständige Flügellosigkeit selten (*Platypsyllus castoris*). Vielfach ist die konstante ~ ein geschlechtsgebundenes oder durch soziales Leben bedingtes Merkmal. Die Weibchen sind häufig, die Männchen im allgemeinen seltener flügellos (Männchen vieler *Thysanoptera*, einiger *Zoraptera* und die der Lackschildlaus *Tachardia*). Als variables Merkmal tritt die ~ neben → Brachypterie besonders häufig bei Thysanopteren, Saltatorien und Heteropteren auf. Nachträgliches Abwerfen von Flügeln ist von Geschlechtstieren der *Formicidae*, der Termiten, des *Melophagus ovinus* und *Carnus* bekannt.

apterus Linné, *Pyrrhocoris*, Feuerwanze, etwa 1 cm lange, rot und schwarz gezeichnete Wanze, häufig an Lindenstämmen. Vielfach durch Saugen an Früchten schädlich. (*Het. Pyrrhocoridae*.)

Apterygota (Linné 1758) Lang 1888 (*Aptera* Linné p.p., Dana 1864, *Apterygogenea* Brauer 1885), Urinsekten. Kleine bis mittelgroße, 0,25 mm bis 4 cm lange, weichhäutige, schatten- und feuchtelie-

bende Insekten mit einer Reihe primitiver Merkmale, die durch zahlreiche Spezialisierungen überdeckt sein können.
Kopf pantotrem, ortho- oder prognath, nur bei *Collembola* und *Thysanura* mit Komplexaugen, deren Ommen bei *Collembola* und *Lepismatidae* acon sind und nur lose Gruppen bilden, bei *Machilidae* dagegen eucon sind und geschlossen stehen. Fühler, wenn vorhanden, vom Typ der → Gliederantenne, nur bei *Lepismatidae* vom Typ der für alle Pterygoten charakteristischen → Geißelantenne. Mundteile entotroph, nur bei *Thysanura* ectotroph, Mandibeln bei *Lepismatidae* dicondyl, bei anderen monocondyl.
Thorax homo- oder heteronom. Beine meist homonom, seltener (*Protura*) heteronom, mit 1—3gliedrigen Tarsen oder mit einem Tibiotarsus und 1—3 Krallen, bei *Lepismatidae* mit Styli an den Mittel- und Hinterhüften. Flügel immer fehlend, gut entwickelte Paranoten bei *Lepismatidae* vorhanden.
Hinterleib mit 6—12 Segmenten, die ersten neun und das 11. Segment können mit auf Uropoden zurückführbaren Anhängen (Coxalbläschen, Styli, Gonopoden, Cerci, Ventraltubus, Furca, Retinaculum) versehen sein. Gonoporus im 5. (*Collembola*), 8. (*Diplura*), zwischen dem 8. und 9. (*Thysanura*) oder im 11. Segment (*Protura*). Äußere Kopulationsorgane bei Männchen paarig (*Protura*), unpaarig (*Thysanura*) oder fehlend.
Darmkanal von einfachem Bau, Vorder- und Hinterdarm dünn, gerade, Mitteldarm erweitert, Hinterdarm ohne (*Collembola*), mit warzenartigen (*Protura, Diplura*) oder mit langen Malpighi-Gefäßen.
Rückengefäß schlauchförmig, mit 2 bis 13 Paaren Ostien, nach vorn in eine Aorta, nach hinten bei *Thysanura* in eine Arteria caudalis verlängert.
Tracheensystem fehlt bei *Arthropleona* und *Acerentomidae*, bei anderen vorhanden, mit einem cervicalen Stigmenpaar (*Symphyopleona* und *Actaletidae*) oder mit 2—4 thorakalen und 7 oder 8 abdominalen Stigmenpaaren in den Segmenten 1—7, 1—8 oder 2—8, die aber auch ganz fehlen können (*Protura*).
Zentralnervensystem, eine lange Doppelkette mit drei thorakalen und 7—10 abdominalen Ganglienpaaren (*Thysanura* 8 oder 10, *Diplura* 7—8) oder stark, am stärksten bei *Collembola* konzentriert. Das sympathische System mehr oder weniger gut entwickelt. Soweit bekannt, ist das stomatogastrische System stets vorhanden.
Gonaden paarig, einfach, nur bei *Thysanura* und *Diplura* (z. T.) mit kammförmigen Ovariolen bzw. Hodenfollikeln. Ovariolen panoistisch.
Entwicklung epimetabol, imaginipetal, bei *Protura* anamer, bei *Collembola* mit zusätzlichen imaginalen Häutungen.
Fossile Apterygoten → *Collembola*.
Die gegenwärtig meist als UKl der *Insecta* aufgefaßten Apterygoten werden gewöhnlich mit ihren etwa 2000 bisher beschriebenen Arten in vier Ordn, *Collembola, Diplura, Protura* und *Thysanura* eingeteilt. Die drei ersteren Ordn pflegen zu einer UOrdn *Entotropha* zusammengefaßt und den *Ectotropha* (mit der einzigen Ordn *Thysanura*) gegenübergestellt zu werden.

aquatisch (lat. aquatilis im Wasser, aqua, lebend), aquatil (häufige deutsche Form mit beibehaltener lateinischer Adjektivendung) im Wasser lebend. Ausgenommen die streng an terrestrische Lebensweise angepaßten *Mallophaga, Anoplura, Aphaniptera* und *Strepsiptera*, hat fast jede Insektenordnung mehr oder weniger Vertreter, die sich an aquatische Lebensweise angepaßt haben. Die Ordn *Ephemerida, Odonata, Perlaria* und *Trichoptera* durchlaufen ihre ganze Metamorphose im Wasser. Einige Fam der Käfer (*Dytiscidae* usw.) und Heteropteren (z. B. *Notonectidae*) sind auch als Imagines Wasserbewohner.

Aradidae (Spinola 1837, Costa 1852) (*Aradides* Spin.) Rindenwanzen (Abb. 19), Fam der *Het Geocorisae* mit etwa 400 rezenten Arten. Kleine, 3—10 mm lange, flache, unter Rinden, in Rindenritzen und in Baumschwämmen lebende, phytophage (? auch carnivore) Arten. Fossil sind etwa 10 tertiäre Arten bekannt.

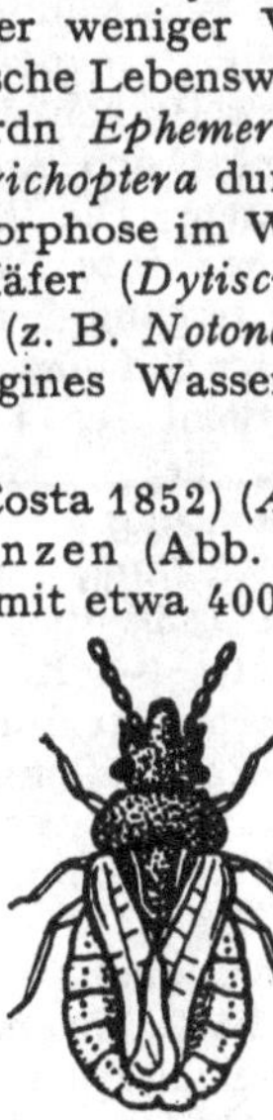

Abb. 19. *Aradus cinnamomeus* Panzer (Aradidae). Nach Hedicke aus Brohmer. Nat. Gr. etwa 5 mm.

araneiformis Schrank, *Barypithes*, Weidenknospenrüßler (*Col Curculionidae*).

arator Linné, *Phytonomus*, Nelkennager (*Col Curculionidae*).

Arbeiterkaste, geschlechtslose Individuen (Arbeiter, Operariae) mit verkümmerten männlichen oder weiblichen Geschlechtsorganen. Sie treten neben Geschlechtstieren bei sozialen Insekten auf und sind vornehmlich mit der Brutpflege und dem Nestbau sowie den Abwehr- und Angriffsarbeiten beschäftigt. Die Arbeiter der sozialen Hymenopteren (*Apidae, Formicidae*) sind geschlechtslose Weibchen, während die Arbeiter (und Soldaten) der Termiten geschlechtslose Individuen beiderlei Geschlechts sein können.

Arbeitsparasitismus, Ausnutzung fremder Arbeit zum eigenen Wohl, ist sowohl bei solitären als auch bei socialen Insekten recht weit verbreitet. Im einfachsten Fall handelt es sich um → Inquilinen, welche die von anderen Insekten errichteten → Bauten oder → Gallen zu ihrem eigenen Schutz beziehen. Damit sind allerdings schon meistens nicht allein die Unterkunftsfrage, sondern zugleich die Ernährungsfrage und vielfach auch die Frage der Brutfürsorge verbunden. Letzteres trifft besonders für viele *Cynipidae* zu, welche selbst keine Gallen erzeugen, sondern ihre Eier in Gallen anderer Cynipiden-Arten ablegen.
Bei Borkenkäfern hat sich die Unterfamilie *Crypturginae* Muttergänge anderer Borkenkäfer zunutze gemacht und erspart sich dadurch die Mühe des Einbohrens. Die Weibchen dieser Käfer beginnen ihre Muttergänge erst tief im Muttergang des Gastgebers anzubohren.
Unter den verschiedensten Formen des ∼ verdient der → Sklavenraub der Ameisen und die → Kuckucksbienen besondere Beachtung.

Arbeitsteilung, funktionelle Spezialisierung von Individuengruppen eines Insektenstaates (→ Kolonie) auf bestimmte Arbeiten. Bei Insekten ist die ∼ in den meisten Fällen mit morphologischer Spezialisierung verbunden, was zur Entstehung von äußerlich unterscheidbaren → Kasten führt. Bei der Honigbiene aber findet auch bei der Arbeiterin eine ∼ nach den Altersstufen, die morphologisch voneinander nicht zu unterscheiden sind. Die ersten 2 Tage nach dem Schlüpfen ist die Arbeiterin eine Putzbiene, die folgenden etwa 10 Tage arbeitet sie als Ammenbiene, dann etwa eine Woche lang als Baubiene, nachher 3—5 Tage als Wachbiene und verbringt den Rest ihres Lebens bis etwa zum 55. Lebenstage als Trachtbiene. In den ersten 4 Altersstufen wird die Arbeiterin auch als Stockbiene bezeichnet.

arboreal (lat. arbor, -is, f. Baum) werden alle bewaldeten Lebensräume genannt. Gegens. → eremisch.

Archaedictyon (gr. ἡ ἀρχή Ursprung, τὸ δίκτυον Netz, Fischernetz), Zwischengeäder, das kleinmaschige Netzwerk, welches in urtümlichen Fl die Zwischenräume zwischen den Längsadern ausfüllt. Unter rezenten Insekten ist es nur noch bei *Odonata, Saltatoria* und in geringerem Maße bei *Planipennia* erhalten, sonst löst es sich in immer weniger Queradern auf. (Taf. X, Fig 3.)

archaisch urtümlich → primitiv.

+***Archaegocimicidae*** Handlirsch 1908 (Abb. 20), +Fam der *Heteroptera* mit 4 oberliassischen Arten aus Mecklenburg, darunter die schön erhaltene Art +*Archegocimex geinitzi* Handl. von etwa 7 mm Körperlänge.

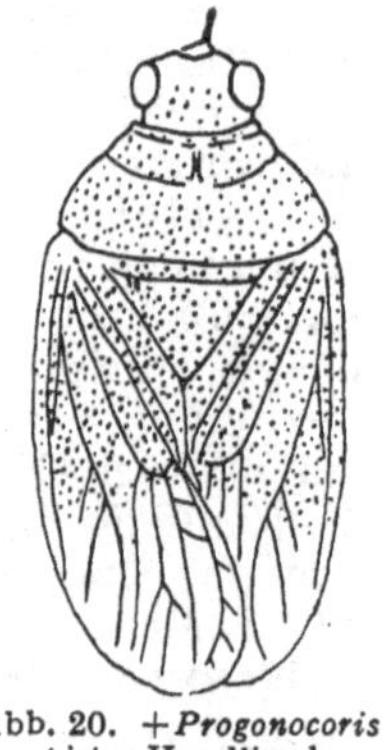

Abb. 20. +*Progonocoris pictus* Handlirsch (+Archaegocimicidae). Nach Handlirsch. Nat. Gr. etwa 5 cm.

Archaeognatha Börner 1904 (*Machiloidea* auct.), UOrdn der *Thysanura*, die von zusammenfassenden Autoren (Handlirsch u. a.) nur im Rang einer Fam anerkannt wird und dann den Namen → *Machilidae* führt. Denis (in Grassé 1949) führt sie als UOrdn mit drei Fam: *Meinertellidae, Praemachilidae* (früher *Teutoniidae*) und *Machilidae*.

Archenteron (gr. ἡ ἀρχή Ursprung, Anfang, τὸ ἔντερον Eingeweide) → Gastrocoel.

Archentomon (gr. ἡ ἀρχή Ursprung, Anfang, το ἔντομον das Insekt), eine hypothetische, dem → Protentomon vorangehende Entwicklungsstufe der Insekten.

Archiblattidae (Kirby 1904) Handlirsch 1930, kleine tropische Fam der Ordn *Blattaria*, gegenw. (Grassé) UFam der *Blattidae*.

Archicephal-Naht, eine von Crampton (Psyche 28, 1921) bei *Machilis* und *Japyx* gefundene Naht, die hinter den Netzaugen liegt und ventralwärts bis an den

Mundrand herunterläuft, wo sie genau zwischen den Wurzeln der Mandibel und Maxille mündet und mit großer Wahrscheinlichkeit die primäre Naht zwischen dem Mandibular- und Maxillarsegment darstellt. Ihre Homologie mit der ähnlich verlaufenden → Occipitalnaht wird bestritten.

Archicephalon (gr. ἡ ἀρχή Ursprung, ἡ κεφαλή Kopf) → Akron.

Archicerebrum (gr. ἡ ἀρχή Ursprung, lat. cerebrum, -i, n., Gehirn), das einzige dorsal über dem Schlund gelegene, vorderste Kopfganglienpaar der Anneliden. Es liegt innerhalb des → Prostomiums und ist größer als die ventralen Ganglienpaare. Bei Insekten ist ein gesondertes ~ nicht nachweisbar. Es ist als das ursprüngliche Ganglienpaar des → Acrons in dem großen, die → Sehlappen tragenden → Protocerebrum enthalten.

+***Archimylacridae*** Handlirsch 1908 (Abb. 21), fossile Fam der *Blattoidea* mit etwa 350 paläozoischen Arten, die im mittleren Obercarbon mit 125, im oberen Obercarbon mit 150 und im Perm mit etwa 80 Arten in Europa und Nordamerika (225 : 125) vertreten war. Nach der Länge der erhaltenen VFl zu schließen, waren es vorwiegend mittelgroße Tiere von 1—3 cm Körperlänge. Bei einzelnen Arten sind die VFl allerdings bis 7 cm lang. Der Prothorax war, wo er erhalten ist, schildförmig verbreitert, breiter als oder so breit wie lang.

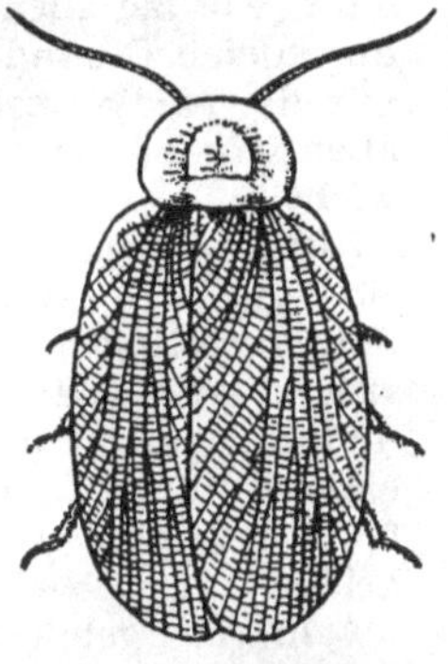

Abb. 21 +*Aphthoroblattina johnsoni* Woodward (+Archimylacridae). Nach Handlirsch. Nat. Gr. etwa 4 cm.

+***Archipsyllidae*** Handlirsch 1908 (Abb. 22), fossile Fam, die früher zu den *Homoptera Psyllina* zählte, gegenwärtig zu *Copeognatha* gestellt wird, mit 2 oberliassischen Arten aus Mecklenburg, der *Archipsylla liasina* Handl. und *A. primitiva* Hand. mit 0,22 und 0,4 cm langen Flügeln sowie mit einer von Martynow beschriebenen jurassischen Art aus Kara-Tau.

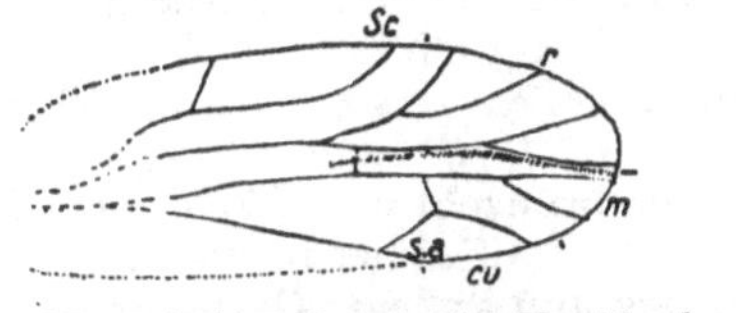

Abb. 22. + *Archipsylla primitiva* Handlirsch (+Archipsyllidae). Nach Handlirsch. Nat. Gr. etwa 4 mm.

+***Archithemidae*** Handlirsch 1925 (*Diastatommidae* Handl. 1908) (Abb. 23), fossile Fam der *Odonata Anisozygoptera* mit 3 liassischen Arten aus England (*Diastatommites liasinus* Strickl. mit 7 cm langem HFl) und Deutschland (*Archithemis brodiei* Geinitz 3 cm langer HFl und *Selenothemis liadis* Handl. 3 cm langer HFl). Wahrscheinlich gehören auch noch 6 weitere fossile Arten zu dieser Fam.

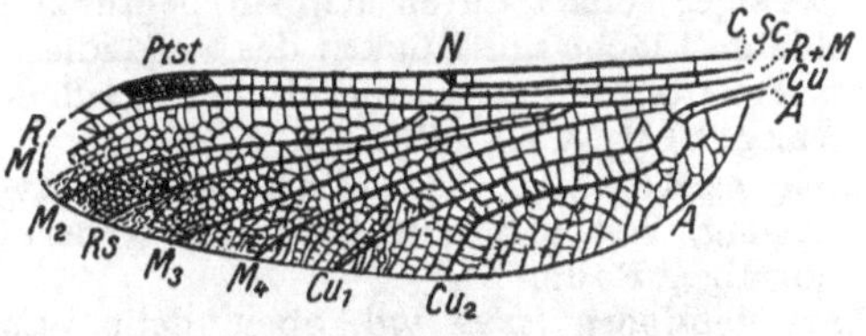

Abb. 23. + *Selenothemis liadis* Handlirsch (+Archithemidae). Nach Handlirsch. Nat. Gr. etwa 2,5 cm.

+***Architipulidae*** Handlirsch 1908, fossile Fam der nematoceren Fliegen mit 33 oberliassischen Arten aus Mecklenburg und Braunschweig, mit einer FlLänge von 0,4—0,9 cm.

+***Archizygoptera*** Handlirsch 1908, fossile Odonata mit *Protomyrmeleon* Geinitz (→ *Protomyrmeleonidae*), *Tillyardagrion* Mart. (Jura) und *Triassagrian* Tillyard (Trias).

Arctiidae (Leach 1815) Kirby 1892, Bärenspinner, Fam der Schmetterlinge (*Macrofrenatae*) mit etwa 5000 rezenten Arten. In Deutschland etwa 26 Gatt. mit mehreren Arten.

Arculus (lat. dem. von arcus, -us, pl. -uus, -uum, m., der Bogen), 1. eine Querader-brücke am Grunde der Odonatenflügel, welche den Radius mit dem Cubitus verbindet und den → Radiocubitalraum im V- und HFl abschließt. Der ~ besteht aus einem kurzen Basalstück der vom gemeinsamen Radiomedialstamm abzweigenden Media und einer kurzen Querader, welche dieses Stück mit dem Cubitus verbindet. Dem ~ entspringen die beiden Gabeläste der Media, m_3 und m_4, bzw. m_{1-3} und m_4. Die Beschaffenheit des ~ und sein Verhältnis zum → Flügeldreieck sind von großer taxonomischer Bedeutung. (Taf. X, Fig. 3.)

2. Im Fl der *Trichoptera* bezeichnet man

als ~ die apicale Vereinigung der Analadern.

Area basalis (lat. area, -eae, f., Fläche, gr. ἡ βάσις Grund, Boden), dicht hinter dem Postscutellum vieler *Ichneumonoidea*, häufig etwas vertieft liegende, mehr oder weniger scharf durch Rippen begrenzte, kleine Fläche am Rücken des → Mediansegments, von taxonomischer Bedeutung. (Taf. XXX, Fig. 6.)

Area cordata (lat. cordatus, adj., herzförmig, von cor, cordis, Herz) → herzförmiger Raum.

Area dentipara (area vgl. oben, dens, -tis m., Zahn, pario peperi partum gebären, bilden), der hinter der → Costula an den Seiten des → Mediansegments bei apocriten Hymenopteren liegende, häufig mit zahnartig vorspringenden HEcken versehene Raum. Taxonomisch wichtig. (Taf. XXX, Fig. 6.)

Area externa (lat. externus der Äußere), der vor der → Costula an den Seiten des → Mediansegments liegende Raum bei vielen apocriten Hymenopteren. Taxonomisch wichtig. (Taf. XXX, Fig. 6.)

Area petiolaris (lat. → petiolus) oder posteromedia, ein Raum in der Mitte des abschüssigen Teiles des → Mediansegments vieler apocriten Hymenopteren. Er liegt hinter der area superomedia und ist an den Seiten mehr oder weniger scharf begrenzt. Seine Beschaffenheit, Form und Skulptur sind für die Taxonomie der Gruppen und Arten von Bedeutung. Sie reicht bis zum HRande des Segments und bildet den oberen Rand der Einlenkungsöffnung des → Petiolus. (Taf. XXX, Fig. 6.)

Area posteromedia (lat. posterus nachfolgend, medius der Mittlere) → Area petiolaris.

Area (supero)media (lat. superus der Obere), ein zwischen der → Area basalis und → petiolaris oben am Übergang des Rückens des Mediansegments zum abschüssigen Teil bei vielen apocriten Hymenopteren liegender, mehr oder weniger scharf begrenzte Raum von taxonomischer Bedeutung. (Taf. XXX, Fig. 6.)

arenicol (lat. arena, -ae, pl. ae, f., Sand, colo, -ere, -ui, pflegen, bebauen, wohnen) auf Sand oder in sandigen Biotopen lebend.

Areola (lat. areola, -ae, f. dem. von area, -ae, f., kleiner Raum). 1. Spiegelzelle, sog. zweite → Cubitalzelle, wenn sie allein da ist oder sich von anderen Cubitalzellen auffallend unterscheidet. Am typischsten tritt sie im VFlügel der *Ichneumonidae* auf, wo sie immer kleiner ist als die (mit der → Discoidalzelle verschmolzene) erste Cubitalzelle, manchmal punktförmig oder fehlt ganz. Sie ist hier häufig offen, wenn eine der sie begrenzenden Radiocubitalqueradern fehlt. (Taf. XIII, Fig. 2.)

2. Bei Schmetterlingen wird häufig die → Anhangszelle als ~ benannt.

3. Im VFl der *Heteroptera* häufige Bezeichnung für die → Membranzellen.

4. Eine große, runde Sensille am 2. Fühlerglied der *Thysanopt. Tubulifera*. (Taf. XIV, Fig. 7.)

Areola postica, im VFl der *Corrodentia* eine durch die am FlHRand mündenden Äste des Cubitus, cu_1 und cu_2 abgegrenzte große Zelle. Sie fehlt, wenn der Ast cu_2 fehlt, wie bei allen *Peripsocinae*, oder ist durch eine Querader oder → Anastomose mit der Media verbunden. Ihre variable, aber artgebundene Form ist taxonomisch wichtig.

Areolatae, 1. eine heute aufgegebene, von Strand 1910 aufgestellte Gruppe von Schmetterlingen, die durch Vorhandensein einer → Anhangszelle (Areola) im VFl ausgezeichnet sind. Sie umfaßte einen Teil der *Lymantriidae*.

2. In der Ordn → *Phasmida* eine aus den beiden Familien der *Phasmidae* und *Phylliidae* gebildete, durch ein dreieckiges Feld am Ende der M- und H-Schienen ausgezeichnete Gruppe.

argentatus Linné, *Phyllobius*, silbriggrüner Laubholzrüßler (*Col Curculionidae*), ein 5—6 mm langer, an Birken, jungen Buchen und Hainbuchen durch Blattfraß schädlicher Kurzrüßler.

aridella Paykull, *Chaetocnema*, Halmerdfloh (*Col Chrysomelidae*), 1,6—2,3 mm langer, bronzebrauner, grünlich metallglänzender Erdfloh mit rötlichbraunen Schenkeln der V- und HBeine. Schienen, Tarsen und Fühlerbasis rotgelb. Larve an Gräsern und Getreide schädlich.

aridophil (lat. aridus trocken, gr. φιλέω liebe) → xerophil.

aridula Gyllenhal, *Chaetocnema*, Halmerdfloh (*Col Chrysomelidae*), 2—2,5 mm langer bronzebrauner Erdfloh. Larve am Grunde des Halmes im Wurzelknoten des Hafers und anderer Getreidearten schädlich.

Arista (lat. arista, -ae, f. die Granne) → Fühlerborste.

Aristoteles von Stagiros, griechischer Naturforscher und Philosoph, geb. 384, gest. 322 v. Chr., schrieb etwa 330 v. Chr. das Werk Historiai peri Zoon (de animalibus historiae libri) mit der Aufstellung des ersten in der Geschichte der Zoologie wissenschaftlichen Systems der Tiere. Die Insekten teilte er in drei Gruppen ein, 1. *Pterota*, geflügelte Insekten, 2. *Pterota simul et aptera*, geflügelte und manchmal ungeflügelte Insekten wie die Ameisen und *Lampyris* und 3. *Aptera*, ein Konglomerat, mit dem auch noch Linné nicht fertig werden konnte.

Arixeniidae Jordan 1909 (Abb. 24), Fam der *Dermaptera*, mit einer Gatt. *Arixenia* Jord. und zwei Arten aus dem malayischen Gebiet. Ektoparasitisch an Fledermäusen. Fossil nicht nachgewiesen.

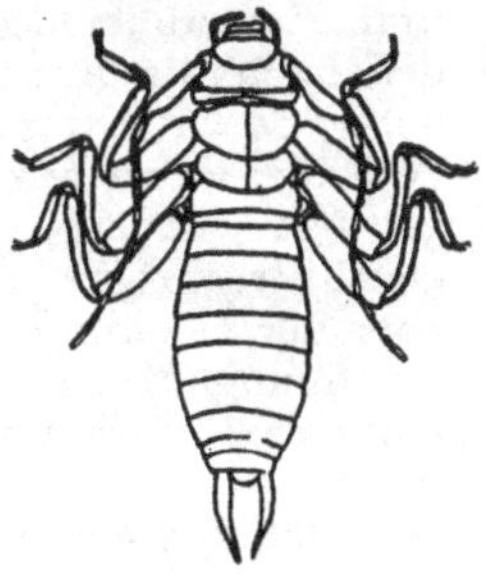

Abb. 24. *Arixenia esau* Jordan (Arixeniidae). Nach Jordan aus Handlirsch. Nat. Gr. etwa 2 cm.

Arkaden, im Tracheensystem mancher Insekten, z. B. bei *Melolontha* auftretende, parallel zu Längsstämmen verlaufende Verbindungen.

arktische Region (gr. ἀρκτικός nördlich), das Nordpolargebiet umfassende tiergeographische Region; annähernd vom 70° nördl. Br. bis zum Nordpol.

Arktogaea (gr. ὁ oder ἡ ἀρκτός der Norden, ἡ γῆ oder γαῖα Erde), eines der drei großen tiergeographischen Faunengebiete der Erde, welche die → paläarktische, → äthiopische, → orientalische, → nearktische, → arktische und → antarktische Region umfaßt. Geographisch schließt die ∼ die ganze nördliche Halbkugel nördlich des 20.—30. Breitengrades sowie ganz Afrika und Madagaskar in sich. (→ Holarktis.) (Taf. XX.)

arktotertiär werden Arten genannt, welche heute in der → Arktogaea verbreitet sind und für Reste einer tertiären, auf der ganzen nördlichen Halbkugel gleichmäßig verbreiteten Fauna gehalten werden.

armata Nicolet, *Hypogastrura* Champignonspringschwanz (*Col Hypogastruridae*). 1,2 mm langer, graublauer bis dunkelvioletter, fleckiger Springschwanz, der häufig unter Blumentöpfen, Rinde und in Pilzen angetroffen wird. Manchmal z. B. an jungen Bohnenpflanzen schädlich.

armillatum Zetterstedt, *Amaurosoma*, Timotheefliege (*Dipt Scaptomyzidae*).

armoraciae Linné, *Phaedon*, Meerrettichblattkäfer (*Col Chrysomelidae*).

armoraciae Koch, *Phyllotreta*, Meerretticherdfloh, großer gelber Erdfloh mit schwarzem Nahtstreifen (*Col Chrysomelidae*).

Arolium (lat. arolium, -ii, pl. ia, -ium, n., von gr. ἀρόω pflügen, λέιος glatt), eine unpaarige, lappenförmige, membranöse oder teilweise sklerotisierte, als Haftlappen dienende Ausstülpung der Praetarsalmembran zwischen und unter den Krallen in Verlängerung des → Unguitractor. Manchmal ist das ∼ längs geteilt, wie z. B. bei Hymenopteren, und kann dann leicht mit → Pulvillen verwechselt werden. (Taf. II, Fig. 4, 5 und Taf. III, Fig. 1.)

Arrhenotokie (gr. ἀρρενόομαι männlich werden, ins Mannesalter gehen, ὁ τόκος Erzeugung, Gebären), parthenogenetische Erzeugung von Nachkommen männlichen Geschlechts. (Gegens. → Amphitokie, → Thelytokie).

Art, Species, Gesamtheit aller Einzelwesen, welche sich dauernd fruchtbar kreuzen, fruchtbare Nachkommen erzeugen und bei gleichen Umweltbedingungen, in gleicher Alters- und Generationsstufe morphologisch im Bereich spezifischer und sämtlicher überspezifischer Merkmale einander gleichen.

Keine der bisherigen Definitionen der Art ist ausreichend und erschöpfend. Auch die obige, sich auf Plate stützende Definition kann nicht vollkommen befriedigen, denn es gibt Formen, die als Arten angesehen werden und doch sich kreuzen und fruchtbare Nachkommen erzeugen, welche durch ihren intermediären Charakter die Kluft zwischen beiden Elternarten überbrücken. Es muß allerdings betont werden, daß die Mehrzahl aller Arten voneinander scharf abgegrenzt sind und keine intermediären Kreuzungsformen (Bastarde) aufweisen.

Die der ∼ nächst untergeordnete systematische Kategorie ist die → Unterart oder geographische Rasse, die nächst übergeordnete Kategorie die → Gattung bzw. Untergattung.

Die Schwierigkeiten einer klaren morphologischen und geographischen Abgrenzung der ~ haben in den letzten Dezennien mehrere Forscher dazu angeregt, sich nach anderen, besser und klarer definierbaren Individuengruppen umzusehen. (→ Rassenkreise, → Sippen.)

Artendichte, Anzahl der Arten eines Biotops auf seine Flächeneinheit berechnet. Die ~ steigt mit der ansteigenden → Heterogenie des Biotops, vor allem derjenigen seiner Pflanzendecke, und sinkt mit der steigenden → Populationsdichte einer oder einiger von den Arten. Die höchsten Werte erreicht die ~ in den feuchtwarmen Biotopen der Tropen, wo auch die Artendichte der Pflanzendecke sehr hoch liegt. Sehr gering ist hingegen die ~ in monospezifischen Biotopen der menschlichen Kulturfelder.

Arthrium (gr. τὸ ἄρθρον Gelenk, Glied), das kleine, versteckte dritte bzw. vierte Tarsenglied der → Trimeren und → Pseudotetrameren Coleopteren. (Abb. 61.)

Arthropleona Börner 1901, UOrdn. der → *Collembola*, von den → *Symphyopleona* unterschieden durch schlanken Körper, voneinander gut geschiedene Hlbssegmente mit Ausnahme des 5. (Genital-) und des 6. (Analsegments), die miteinander verschmelzen können, sowie durch den Mangel des Tracheensystems (mit Ausnahme der *Actaletidae*). Fühler 4—6gliedrig. Zwei Fam, → *Poduridae* und → *Entomobryidae*, welche häufig als Überfamilien (*Poduromorpha* Börner 1913 und *Entomobryomorpha* Börner 1913) aufgefaßt und in mehrere Familien eingeteilt werden.

Arthropoda (Siebold 1845) Handlirsch 1926, Gliederfüßler, ein Stamm des Tierreiches, ausgezeichnet durch cuticulares, segmentiertes Außenskelett, äußere und z. T. erhaltene innere heteronome Metamerie mit segmental aufgelöstem, diskontinuierlichem Muskelsystem, ventraler Bauchganglienkette, dorsalem Rückengefäß und Kiemen oder segmental durch Atemlöcher nach außen mündenden Tracheensystem. Die Gliedmaßen der Kopfsegmente sind ein oder zwei Fühlerpaare und drei Paare von Mundwerkzeugen. Rumpf mit verschiedener Anzahl von Segmenten (bei Chilopoden bis 173), jedes Segment ursprünglich mit je einem Paar zweiästiger oder einästiger Gliedmaßen.

Die ~ werden in vier UStämme, *Crustacea* (*Branchiata*, Kiemenatmer, Krebse und +*Trilobita*), → *Eutracheata* (Röhrenatmer), *Chelicerata* (Spinnentiere und Schwertschwänze) und *Pantopoda* (Asselspinnen) eingeteilt. Die beiden ersteren UStämme werden häufig zu einem UStamm *Antennata* (*Mandibulata*) zusammengefaßt und den anderen, die weder Fühler noch Mandibeln besitzen, gegenübergestellt.

Articulata Cuvier 1812, einer der vier Typen (embranchements), in welche Cuvier die Tierwelt eingeteilt hatte. Die ~ umfaßten außer den heutigen Arthropoden noch die Anneliden. Diese Vereinigung der Arthropoden mit Anneliden (Würmer im weiteren Sinne) ist zwar aufgegeben, und beide stehen heute als gleichberechtigte Stämme im System, aber der Gedanke der gemeinsamen Abstammung beider Typen hat sich aufrechterhalten und spiegelt sich vor allem in der → Onychophorentheorie der Insektenabstammung wider.

Artikel (lat. articulus, -i, pl. -i, -orum, m., Glied) → Glied.

Artikulation (lat. articulatio, -onis, pl. -ones, -onum. f., Gelenk) → Gelenk

Artikulationshebel. Bei Hemipteren vier Chitinspangen, welche die Wurzel der vier → Stechborsten beiderseits mit der Kopfkapsel gelenkig verbinden. Die mandibularen ~ sind auf der Kopfkapsel in der Tiefe der Furche zwischen der → Lamina mandibularis und → L. maxillaris befestigt, die maxillaren sitzen dicht neben den hinteren → fenestrae tentorii im Winkel zwischen der Lamina maxillaris und der Unterlippe. Bei Psylliden fehlt der ~ der mandibularen Stechborsten. Der mandibulare ~ ist sekundär von der Lamina mandibularis abgegliedert, der maxillare hingegen scheint der Cardo zu entsprechen.

arundinis Fabricius, *Hyalopterus* → *H. pruni* Geoffroy.

Ascalaphidae Schneider 1845, schmetterlingshafte Fam der *Planipennia*, mit etwa 300 rezenten, hauptsächlich tropischen Arten. Mit Ameisenlöwen nahe verwandte, häufig bunt gefärbte große Planipennier mit langen, am Ende gekeulten Fühlern. In Deutschland nur

3 Arten. Fossil sind 2 Arten aus oberoligocänen Schichten Frankreichs und der Rheinlande bekannt.

Aschiza Becher 1882, Gruppe cyclorrhapher Fliegen, welche sich durch die fehlende oder undeutliche → Bogennaht auszeichnet (*Phoridae, Syrphidae, Platypezidae, Pipunculidae* u. a.).

Asilidae (Dumeril 1806) Leach 1819 (*Sclerostomae* Dum.) Raubfliegen (Abb. 25), Fam der *brachyceren Fliegen* mit etwa

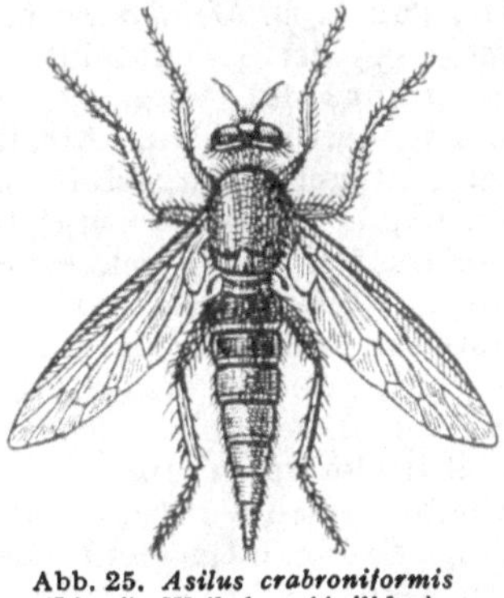

Abb. 25. *Asilus crabroniformis* (Linné), Weibchen (Asilidae). Nach Enderlein. Nat. Gr. 2 cm.

4000 rezenten Arten. Mittelgroße bis große, nackte oder behaarte, schlanke, räuberische Fliegen, die meist im Fluge Insekten fangen und aussaugen. Die acephalen, zylindrischen oder deprimierten Larven leben teils phytophag im modernden Holz und humusreicher Erde oder karnivor von Insekten, insbes. Käferlarven. Die Fliegen lassen ihre Eier entweder lose auf die Erde fallen oder legen sie mittels ihrer Legeröhre in die Erde. Fossil sind 35 tertiäre Arten beschrieben worden.

asparagi Linné, *Crioceris*, bunte s Spargelhähnchen, bunter Spargelkäfer (*Col Chrysomelidae*), in Europa und Nordasien sowie Nordamerika ist sowohl der Käfer als auch seine Larve durch Benagen junger Spargelpflanzen schädlich. Käfer 5,6—6,5 mm lang, blauschwarz, Hsch rot, in der Mitte häufig mit einem schwarzen Fleck. Fld gelb mit einem breiten blauen Nahtstreifen und drei den SRand nicht erreichenden blauen Querbinden.

Aspenblattroller → Pappelblattroller.

Aspenbock → *Saperda populnea* Linné.

Aspidiphoridae (Kiesenwetter 1877), Fam der Käfer (oder UFam der *Sphindidae*) mit wenigen (5) Arten, von welchen in Deutschland 2 selten auf trockenen Baumschwämmen anzutreffen sind. Es sind kleine, 1—2 mm lange, halbkugelige, dunkel gefärbte Tiere.

Asselspinner → *Cochliopodidae*.

assimilis Paykull, *Ceutorrhynchus*, Kohlschotten- oder Rapsrüßler, Rettichgallenrüßler. Dem *C. pleurostigma* sehr ähnlich, aber dichter mit grauen Schuppenhaaren bedeckt, daher mehr grau erscheinend. Larven in Schoten von Cruciferen, wo sie die Samen ausfressen und sich dann im Boden verpuppen. (*Col Curculionidae*.)

Assoziation (lat. associatio, -onis, pl. -ones, f.), 1. zufällige oder accidentielle → Vergesellschaftung, Zusammenschluß mehrerer Exemplare derselben (homotypische ∼) oder verschiedener Arten (heterotypische ∼) durch zufällige Gemeinsamkeit des Nährbodens (→ Tischgesellschaft), des Brutbodens (→ Brutgesellschaft), des Wanderzwecks (→ Wandergesellschaft) oder sonstiger Aktivitäten des Art- und Selbsterhaltungstriebes, wobei aber jedes Einzelwesen auf sich selbst gestellt bleibt und von dem Zusammenschluß nur mittelbaren Nutzen hat. Konkurrenz ist dabei, besonders bei Tisch- und Brutgesellschaften sowie Winterquartieren, eine häufige Erscheinung und läßt die ∼ in diesen Fällen als durch Gemeinsamkeit des Zieles erzwungene und nicht angestrebte Verdichtung der Population (Mischpopulation) erkennen. 2. In der Physiologie heißt ∼ jede im Reflexzentrum erfolgende Verknüpfung eines eingetretenen Reizes mit einer aus der Vergangenheit gemerkten Erfahrung mit einem gleichen Reiz. Als Folge dieser ∼ erscheint die Reaktionshandlung nicht mehr rein reflexiv, automatisch, sondern durch die Erfahrung modifiziert und wird als Assoziationshandlung der reinen Reflexhandlung gegenübergestellt.

assoziative Neurone, Schaltzellen, Verbindungszellen, sind Neurone des Nervenzentrums, welche die von sensiblen Neuronen empfangenen Reize den motorischen Zentren direkt oder auf dem Wege über andere assoziative Neurone zuleiten. (Vgl. → Reflexbogen.)

Asteronomium (gr. ὁ ἀστήρ Stern, νόμιος zur Weide gehörig, ἡ νομή Weideplatz) → Sternmine.

Asthenidae Rondani → *Blepharoceridae*.

Asymmetrie gr. (ἀ un-, ohne, ἡ συμμετρία das richtige Verhältnis, Maß, Ebenmaß), bei Insekten häufige Erscheinung der ungleichen Ausbildung antimerer Körperteile, die sich normalerweise spiegelbildlich gleichen. Die ~ kann als → teratologische Entwicklungsanomalie auftreten oder als normales, konstantes, arteigenes Merkmal vorkommen. Es gibt → Antimeren, die in der Regel asymmetrisch gebaut sind, wie z. B. die Mandibeln kauender Insekten und der *Thysnoptera Tubulifera*, Cerci einiger *Perlaria* und der *Embiodea*-Männchen, deren 10. Segment asymmetrisch gebaut ist, Penis der *Forficulidae*, Vorderkopf gewisser *Mallophaga* (*Dahlemhornia, Bizarrifrons*) und *Erotylidae* (*Callilanguria luzonica* Crotch, *Doubledaya viator* White), Musculus submentopraementalis der *Ochrosidia*-Larve (*Scarabaeidae*) Oberlippe der *Dolerinae* (*Hym. Symph.*) usw. Kleine Asymmetrie ist in FlGeäder normaler Fl eine häufige Erscheinung, während auffällig asymmetrische Ausbildung der antimeren Geäderstellen meist auf einseitige Entwicklungsstörungen zurückzuführen ist. Streng genommen sind die Antimeren wohl niemals absolut symmetrisch, sondern weisen immer kleine, unauffällige Verschiedenheiten auf.

+***Asyncritidea*** Handlirsch (Abb. 26), foss. Fam der +*Protoblattoidea* mit der einzigen Art +*Asyncritus reticulatus* Handl. aus dem oberen Obercarbon Nordamerikas.

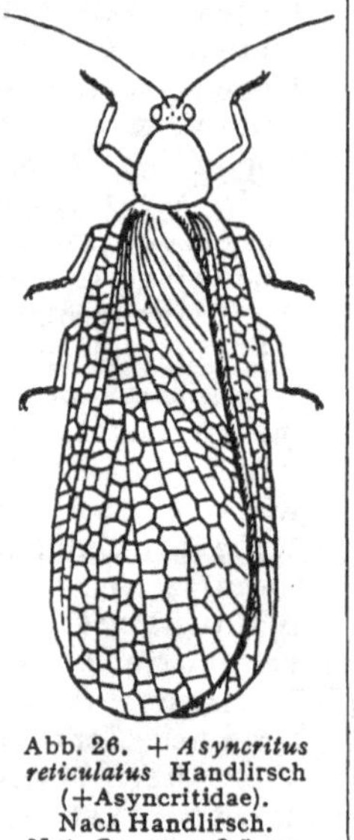

Abb. 26. +*Asyncritus reticulatus* Handlirsch (+Asyncritidae). Nach Handlirsch. Nat. Gr. etwa 3,5 cm.

Atemaufsätze sind dünnwandige oder poröse knopf- bis röhrenförmige Ausstülpungen des → Chorions, welche die Luftzufuhr zum Ei vermitteln sollen. Sie können sehr verschiedene, arteigene Formen annehmen und treten z. B. bei manchen Wasserwanzen (*Nepa*) und vielen Mallophagen häufig auf.

Atembewegungen sind rhythmische Bewegungen des Körpers, vor allem des Hinterleibs, welche durch Erweiterung und Verengerung der Leibeshöhle den Binnendruck verändern. Bei Vergrößerung des letzteren sollen die Tracheen zusammengepreßt werden und ihre Luft ausstoßen (→ Ausatmung). Bei Nachlassen des Binnendrucks werden die Tracheen durch die Elastizität ihres Spiralfadens auf ihren ursprünglichen Querschnitt zurückgebracht und saugen die Außenluft ein (→ Einatmung). Man hat berechnet, daß z. B. *Melolontha* mit einem Atemzuge ⅓ der Tracheenluft erneuert, was allerdings im Vergleich mit dem Menschen, bei dem ein Atemzug nur $^1/_7$ der Lungenluftkapazität erneuert, eine sehr hohe Atemintensität bedeutet. Die ~ werden bei Insekten entweder tergosternal oder frontoanal ausgeführt. Im ersteren Fall, der z. B. bei Käfern vorherrscht, bewegen sich die Terga und Sterna des Hinterleibs gegeneinander, während im letzteren (Biene, Wespe) die Hinterleibssegmente mehr ziehharmonikaartig auseinander- und zusammengezogen werden.

Atemgifte sind Gase (z. B. Äthylenoxyd) oder Dämpfe flüchtiger flüssiger (z. B. Schwefelkohlenstoff) oder fester Stoffe (Naphthalin, Paradichlorbenzol), welche bei der Schädlingsbekämpfung bzw. Entwesung in geschlossenen und abgedichteten Räumen zur Anwendung kommen. Sie müssen vom Schädling eingeatmet werden und wirken tödlich durch sein Tracheensystem.

Im Freien, z. B. in Obstgärten, können ~ (vor allem Blausäure) in Zelten angewandt werden, die um jeden Baum gelegt und unten mit einem Erdwall oder mit Steinen abzudichten sind. Die Berechnung des Rauminhalts erfolgt mit Hilfe eines auf der Zeltplane gezeichneten Maßstabes.

Atemhöhlen, Hohlräume, welche bei wasserlebenden Stigmenatmern zur Aufspeicherung der in längeren Zeitabständen von der Wasseroberfläche geschöpften Atemluft dienen. Bei *Dytiscidae* befindet sich eine große ~ zwischen den Hlbstergiten und den Fld bzw. Fl. Diese Käfer tauchen mit dem Hlbsende auf und schöpfen neue Atemluft durch leichtes Lüften der FldSpitze. Die Hlbsstigmen liegen in diesem Fall an den Seiten des Hlbsrückens in der ~. Ähnliche ~ haben auch viele Imagines der Wasserwanzen,

sie liegen aber bei ihnen meistens im Bereich des Meso-Metathorax und der Hlbsbasis unter den Halbdecken. Die metathorakalen und das 1. abdominale Stigmenpaar münden dann stets in die ~ ein.
Die → Kloake der Sandfloh-Weibchen (*Sarcopsylla penetrans*) stellt auch eine Art ~ vor, denn in ihr liegen auch die letzten Hlbsstigmen.

Atemloch → Luftloch.

Atemöffnung → Luftloch.

Atemröhren sind röhrenförmige Anhänge des Körpers wasserbewohnender Stigmenatmer, welche die Zuleitung der Atemluft zu dem Tracheensystem gestatten, ohne daß das Tier aufzutauchen braucht. Sie treten häufig bei→Pro- und →Metapneustieren auf und werden bei den ersteren als → Prothorakalhörner bezeichnet. Bei Metapneustieren kommen z. B. bei der Larve von *Culex nemorosus* sog. → Atemsiphonen vor. Einfache ~ haben die Larven der *Dytiscidae*, während die im Schlamm lebenden Larven von *Eristalis* (→ Rattenschwanzlarven) lange, teleskopartig einziehbare, unpaarige ~ haben. Bei *Nepidae* und *Belostomatidae* besteht die ~ aus zwei halbröhrenförmigen Verlängerungen des 8. Hinterleibssegments, welche zusammen eine mittels randständiger Borstenreihen verschlossene Röhre bilden, welche am Grunde die Stigma einschließt (*Nepa*, *Ranatra*).
Eigenartige ~ haben Larven vieler endoparasitischer *Tachinidae* in Form eines → Calyx entwickelt. Die Chalcididenlarve *Blastothrix* benutzt zu gleichem Zweck den bei der Eiablage in der Haut des Wirtes verankerten Eistiel. Larven von *Haemonia*, *Donacia* (*Col*) und *Mansonia* (*Culicidae*) haben besondere ~ zum Anbohren von Lufträumen der Wasserpflanzen, denen sie ihre Atemluft entnehmen.

Atemsiphonen, unpaarige, röhrenförmige Verlängerung des 8. Hlbssegments der Culicidenlarven, welche am Grunde des Hohlraumes die Mündung des Stigmen birgt oder von einer an ihrer Spitze mündenden gemeinsamen Verlängerung der Stigmen durchzogen wird.

Atemzentren sind Stellen im zentralen Nervensystem (Bauchganglien), welche die rhythmischen → Atembewegungen regulieren. Man unterscheidet primäre, in den Rumpfganglien gelegene ~, welche die Tätigkeit der Muskulatur des zugehörigen Hlbssegments regeln, und ein sekundäres ~, das dem ersteren übergeordnet ist und auf Änderungen des O_2 bzw. CO_2-Gehaltes des Blutes anspricht.

ater Paykull, *Hylastes*, schwarzer Kiefernbastkäfer (*ColIpidae*). 4—5 mm langer, schwarzer Borkenkäfer, welcher seine → Plätzgänge in Wurzeln und Wurzelstöcken der Kiefer anlegt.

aterrimus Linné, *Agriotes*, Waldhumusschnellkäfer (*Col Elateridae*). 12 bis 13 mm langer, schwarzer, fein behaarter Schnellkäfer, welcher in Eichenschonungen durch Anbeißen junger Maitriebe von Eichen gemeinsam mit einigen anderen Schnellkäferarten Schaden verursacht. Seine Larven, die Drahtwürmer, richten in Baumschulen Schaden durch Abbeißen von Tannensämlingen unter der Erdoberfläche an.

Athericera Latreille → *Cyclorhapha*.

atlas Linné, *Attacus*, Atlasspinner, einer der größten Falter, mit bis 24 cm Fl-Spannung. Grundfarbe ockergelb, Fl mit dunkelbrauner Bindenzeichnung, V- und HFl mit je einem großen, glasklaren Fensterfleck in der Mitte. Heimat Südostasien und Indonesien. Raupe auf Java an verschiedenen Kulturpflanzen, z. B. *Cinchona*, *Mango* u. a. durch Blattfraß schädlich.

Atmung, Respiration, Gesamtheit der mit der Zuführung der Atemluft zu den Körperzellen, mit der Oxydation der Nährstoffe und Abführung des Kohlendioxyds zusammenhängenden Prozesse. Die zellulären Vorgänge der ~ werden als innere oder → Gewebsatmung bezeichnet und beruhen auf chemischen Vorgängen. Die Zuführung der Atemluft zu den Verbrauchsstellen, d. h. zu den Zellen, und Abtransport der Verbrennungsgase (Kohlendioxyd) bildet die äußere Atmung und beruht in der Hauptsache auf mechanischen Vorgängen. Die Zuführung der Luft erfolgt bei Insekten entweder durch die Haut (→ Hautatmung) oder durch besondere → Atmungsorgane. Im ersteren Fall übernimmt das Blut die Rolle des Sauerstofftransportes von der Haut bis zu den Zellen, im letzteren leiten die → Tracheen und → Tracheolen den O_2 bis zu den Zellen, und das Blut beschränkt sich dabei auf eine Hilfsrolle, indem es den durch die Tracheenwand diffundierten Sauerstoff aufnimmt und weiterleitet. Eine Hautatmung kommt sonst häufig neben der Tracheenatmung vor. Die Lüftung der Tracheen erfolgt durch Diffusion zwischen der Außenluft und der Tracheenluft durch die → Luftlöcher oder durch → Atembewegungen. Die → Atmungsintensität ist bei Insekten wie bei allen wechselwarmen Tieren in hohem Maße von der Außenwärme und von der Aktivität des Organismus abhängig. Da das Blut der Insekten keine sauerstoffbindenden Farbstoffe besitzt (→ Hämoglobin), ist seine Rolle beim Sauerstofftransport auf diejenigen Insekten bzw. Entwicklungsstadien beschränkt, welche mit geringer Atmungsintensität auskommen. Bei allen oder fast allen Imagines (ausgenommen Apneustia) ist ein Tracheensystem entwickelt, welches eine hohe Atmungsintensität gewährleistet.

Manche in flüssigen Medien (Wasser, Schlamm, Fäkalien, bei Endoparasiten Körpersaft der Wirtstiere) lebende und doch atmosphärische Luft atmende Insekten haben besondere Vorrichtungen entwickelt, die ihnen das Schöpfen der Luft ermöglichen, ohne daß das Tier selbst aufzutauchen braucht. Unter diesen Vorrichtungen sind → Atemröhren und → Atemsiphonen am meisten verbreitet. Besonderer Erwähnung wert ist der Luftzufuhr-Kanal der Kolbenkäfer, welcher beiderseits des Halsschildes längs der angelegten Fühler entsteht und den Luftmantel der Bauchseite des Käfers mit der Atmosphäre verbindet.

Atmungsintensität, ausgedrückt durch die Menge des in einer Zeiteinheit verbrauchten Sauerstoffs, ist bei Insekten je nach der Aktivität und der Außentemperatur sehr verschieden. Sie scheint bei Imagines der Fluginsekten besonders hohe Werte zu erreichen.

Atmungskapazität, die Menge der mit einem Atemzuge im ganzen Tracheensystems erneuerten Luft, beträgt z. B. für *Melolontha* bei einer Totalkapazität des Tracheensystems von 630 mm³ ⅓ dieser Menge, d. h. 210 mm³. Beim Menschen beträgt die Atmungskapazität eines Atemzuges $^1/_7$ der Totalkapazität der Lungen.

Atmungsorgane der Insekten, welche die äußere → Atmung besorgen, sind das → Tracheensystem und die → Haut.

atomaria Linné, *Haematurga*, Heidekrautspanner (*Lep Geometridae*), in der Ökologie des Kiefernwaldes ein hinsichtlich der Kiefernspanner-Kalamitäten insofern wichtiger Falter, als er wirtschaftlich belangloser Wirt gewisser im Kiefernspinner parasitierender Ichneumoniden ist.

atomarius Linné, *Bruchus*, gemeiner Bohnen- oder Samenkäfer, Saubohnenkäfer (*Col Bruchidae*). 2—3,5 mm lang, ähnlich wie *B. pisorum*, lebt in Wicken und Platterbsen, *Vicia faba, sepium, Lathyrus.*

atra Jurine (*angustata* Hartig), *Euura*, Weidenruten- o. Weidenmarkblattwespe (*Hym Tenthredinidae*).

atra Fabricius, *Phyllotreta*, schwarzer Kohlerdfloh (*Col Chrysomelidae*). 2 bis 2,5 mm langer, schwarzer Erdflohkäfer mit grünlichem Glanz. Basalglieder der Fühler gelbrot. Käfer an Radieschen und Kohl durch Fensterfraß auf Blättern zusammen mit *Ph. nemorum* schädlich. Larve an Wurzeln dieser Pflanze.

Atrium (lat. atrium, -ii, n., Vorhalle), 1. im → Pseudocephalon der → acephalen Fliegenlarven der Raum, in welchem vorn die Mundhaken liegen und in den hinten die → Dorsaltasche und der Pharynx münden. Es kommt durch die Einstülpung des primären Kopfes zustande. (Taf. XX, Fig. 11.)

2. Im Tracheensystem der Vorhof, eine napfförmige Vertiefung des Integuments mit der Mündung der Trachee (→ Stigmenmund) am Grunde. Die meisten → Luftlöcher der Insekten sind mit einem ~ versehen, dessen äußere Öffnung die → Stigmenöffnung ist. Die Wand des ~ ist häufig eigenartig skulptiert und mit Emergenzen versehen, die vielfach büschelförmig sind und zusammen einen → Reusenapparat bilden (→ Stigmenreuse). Liegt die Stigmenreuse tiefer im ~, dann teilt sie es in eine äußere und innere Atriumkammer. Der am Grunde des ~ gelegene Stigmenmund bildet den → Stigmenverschlußapparat oder einen beweglichen Deckel (→ Deckelstigmen). Die Stigmenöffnung kann durch plattenförmige Erweiterungen des Randes bis auf einen schmalen, geraden oder bogenförmigen Schlitz, die → Atriumpforte, verschlossen werden. Eine seitliche Erweiterung des Atriumraumes führt manch-

mal zur Bildung einer → Stigmenkammer. (Taf. XXXI, Fig. 4b und 6.)
3. Vgl. → Peniskammer.

Atropidae Kolbe → *Trogiidae.*

atropos Linné, *Acherontia*, Totenkopf (*Lep Sphingidae*). 11—12 cm spannweiter Schmetterling mit schwarzbraunen, gelblich gewölkten V- und ockergelben, mit zwei schwarzen Querbinden versehenen HFl. Hlb gelb und schwarz geringelt. Am Mesonotum eine gelbliche, einem Totenkopf ähnliche Zeichnung. Die gelbe oder grüne, mit blauen Schrägstrichen an den Seiten und einem S-förmig gekrümmten Horn am 11. Segment versehene Raupe tritt in südlichen Ländern Europas und in Süddeutschland auf Kartoffeln schädlich auf. Der Schmetterling verfliegt sich mitunter bis an die Ostseeküste.

Atta Fabricius, Parasolameisen, Blattschneiderameisen, tropisch amerikanische Gatt. der Ameisen (*Hym Formicidae*). Die Arten dieser Gattung sind gefürchtete Pflanzenschädlinge, welche die Kulturpflanzen verschiedenster Art für den Bau ihrer unterirdischen → Pilzgärten verwenden.

Attaci Linné → *Saturniidae.*

attenuata Koch, *Psylliodes*, Hopfenerdfloh, Hanferdfloh (*Col Chrysomelidae*).

attenuatus Erichson, *Hylastes*, starkpunktierter Kiefernbastkäfer (*Col Ipidae*).

Atychiidae Spuler 1910, Schwärmermotten. Artenarme, vorwiegend mediterrane, in Österreich durch 2 Arten der Gatt. *Atychia* Latreille vertretene Motten.

atypisch (gr. ἀ un-, ὁ τύπος Form, Charakter, Vorbild), von der gewohnten, regelmäßigen Form abweichend.

Auchenorhyncha Dumeril 1806, eine Gegenpruppe der *Sternorhyncha* innerhalb der *Homoptera*, von der sie sich in der Hauptsache durch 3gliedrige Tarsen und den nicht so weit nach hinten verlagerten, vor den Vorderhüften, auf der Unterseite des Kopfes entspringenden Rüssel unterscheiden.
Zu den ~ gehören die → *Cicadina* als die einzige rezente Gruppe. Über die fossilen *Palaeorhyncha* vgl. dort.

auditus (lat. -, -us, pl. -us, -um, m., Gehör, Gehörsinn, von audio. -ire, hören) → Gehör.

Augen, höchstentwickelte Form der → Lichtsinnesorgane der Insekten, → Komplexaugen und → Einzelaugen.

Augendeckel, ein schirmartiger Schuppenbüschel des Basalgliedes der Fühler gewisser Schmetterlinge (z. B. *Nepticula*), welcher das Komplexauge von oben abschirmt.

Augenfalter → *Satyridae.*

Augenfliegen → *Pipunculidae.*

Augenhöhle, der von den Ommatidien eingenommene Raum zwischen der facettierten Oberfläche der Komplexaugen und der → Augenkapsel.

Augenkapsel, der kragenartig in die Augenhöhle eingebogene Rand der Kopfkapsel, von der er häufig außen durch die → Ocularnaht abgegrenzt ist.

Augenlappen, 1. → Sehlappen. 2. Bei Käfern (z. B. *Curculionidae*) werden als ~ seitliche Erweiterungen des Halsschildvorderrandes bezeichnet, welche bis an die Augen reichen oder diese z. T. bedecken.

Augenspinner → *Saturniidae.*

Augenstecher → *Odonata.*

Augenstiel, eigenartige stielförmige Verlängerung der die Komplexaugen umgebenden Teile der Kopfkapsel bei Dipteren (*Diopsidae, Platystomidae*), Hemipteren, Ephemeriden usw. An der Bildung des ~ kann sich der ganze craniale Teil der Kopfkapsel beteiligen, und in diesem Fall können die Fühler und die Seitenocellen auf dieselben rücken. (Textfig. 85.)

Augenwimpern, Cilien, reihig stehende Borsten am oberen Rande der Komplexaugen, z. B. bei Curculioniden, manchen Dipteren. Vgl. auch → Augendeckel.

Aulacidae Shuckard 1841, Fam der *Ichneumonoidea* mit hoch am dorsalen H-Rande des Mediansegments eingelenktem Hlb und geteilter Discocubitalzelle. Die ~ zählen gegenwärtig etwa 150 Arten, von welchen in Deutschland 5 (*Aulacus* und *Pristaulacus*) vorkommen. Ihre Larven leben parasitisch in Larven holzbohrender Käfer und Hymenopteren. Fossil sind nur 2 miocäne Arten aus Colorado bekannt.

aurantiaca Wagner, *Clinodiplosis* → *Cl. mosellana* Géhin.

aurantiaria Esper, *Erannis*, orangegelber Frostspanner (*Lep. Geometridae*).

aurata Linné, *Cetonia*, gemeiner Rosenkäfer, gem. Goldkäfer (*Col Scarabaeidae*).

auratus Linné, *Rhynchites*, goldgrüner Obststecher, g. Fruchtstecher (*Col Curculionidae*).

auribarbis Meigen, *Cephenomyia*, haarige Rotwildrachenbremse (*Dipt Tachinidae Oestrinae*).

auricollis Kiesenwetter, *Agrilus*, kleiner Lindenprachtkäfer (*Col Buprestidae*).

auricularia Linné, *Forficula*, gemeiner Ohrwurm (*Dermapt Forficulidae*). Männchen mit langen zangenartig gebogenen, Weibchen mit kürzeren und mehr parallelen → Cerci am Hlbsende. Vielfach schädlich vor allem an Blumen durch nächtliches Abweiden der Kronenblätter, besonders in Gärten, die ihm reichlich feuchte Tagverstecke bieten.

Ausatmung, Exspiration, Ausstoßen der verbrauchten Luft aus den → Atmungsorganen. Vgl. → Atembewegungen.

Ausführgänge, ductus efferentes, sind die die Produkte eines Organs aus dem Körper abführenden Leitungen, wie Drüsengänge, äußere → Geschlechtswege usw.

Ausgang → Mündung.

Auskriechen, Schlüpfen der Larve aus dem Ei, erfolgt grundsätzlich gleich nachdem alle im Dienste der → Selbsterhaltung stehenden Organe funktionsfähig ausgebildet worden sind. In der Regel bewegt sich aber die Larve einige Zeit innerhalb der Eischale, bis es ihr gelingt bzw. bis es ihr die Umstände (Witterungsfaktoren) erlauben, diese zu sprengen. Die Öffnung der Eischale erfolgt entweder durch Abheben eines präformierten Eideckels (*Mallophaga, Anoplura, Heteroptera*) oder durch Aufreißen des Chorions mit Hilfe von Mandibeln oder eigens dazu entwickelter → Eizähne oder → Eisprenger. In den meisten Fällen wird das ~ den Larven durch Aufkleben der Eier auf die Unterlage durch das eierlegende Weibchen nicht nur erleichtert, sondern überhaupt erst ermöglicht. Aus einem lose liegenden Ei würden die meisten Larven überhaupt nicht auskriechen können.

Ausrufungszeichen → *Euxoa exclamationis* Linné.

Aussaat. Zeit und Dichte der ~ sind u. a. auch im Hinblick auf die Schädlingsgefahr zu bestimmen. Die Saatzeit ist nach Möglichkeit so zu wählen, daß die Pflanzen zur Zeit der Gefährdung durch den Schädling bereits über die größte Befallsgefahr hinausgewachsen sind.
Größere Dichte der Aussaat erlaubt es vielfach, z. B. in Zuckerrübenplantagen, die viel von der Rübenfliege zu leiden haben, den starken Ausfall an beschädigten Pflanzen beim Vereinzeln auszugleichen.

Ausscheidung → Sekretion.

Außenfeld → Eulenzeichnung.

Außenlade, Helm, Galea, Lobus externus maxillae, der mittlere, zwischen dem Taster und der → Innenlade meist gelenkig dem → Stipes aufsitzende Anhang der → Unterkiefer. Bei kauenden Insekten ist er entweder 1—3gliedrig, tasterartig (*Cicindelidae, Carabidae*) oder eingliedrig, polsterartig, pflockartig, warzenartig u. dgl., innen gewöhnlich weicher als außen, an der Spitze meist mikroskopisch fein gedörnelt. An der 3gliedrigen ~ der *Cicindelidae* wird das Basalglied als → Subgalea bezeichnet.
Reichensperger beschrieb (Rev. Suisse de Zool. 31,1924) eine an der Spitze mit einer großen Saugscheibe versehene ~ bei zwei Gattungen südamerikanischer myrmecophiler Histeriden.
An kauend-leckenden Mundteilen ist die ~ entweder normal, klein, wie bei meisten Hymenopteren und Micropterygiden, oder mehr oder weniger stark verlängert, wie bei aculeaten Hymenopteren. Bei Apiden bildet sie den größten, distalen Teil der → Zungenscheide.
An leckend-saugenden Mundteilen ist die ~ entweder klein, dem → Haustellum seitlich anliegend (*Trichoptera*) oder mächtig entwickelt und bildet das Saugrohr bei Schmetterlingen (mit Ausnahme der *Micropterygidae*) und einigen Trichopteren (z. B. *Dipseudopsis africana*).
An stechend-saugenden Mundteilen ist die ~ bei Heteropteren verkümmert. Bei Thysanopteren ist sie mit dem Stipes verschmolzen.
Bei *Mecoptera* ist die ~ sklerotisiert, schmal, leistenartig und beborstet oder am Innenrande mit Sägezähnen versehen. Bei Dipteren bilden die ~ ein Stechborstenpaar (stechend-saugende *Ortorrhapha*), welches etwas verkürzt auch am leckend-saugenden Rüssel, z. B. bei Syrphiden, vorkommen kann, sonst aber gänzlich fehlt bzw. ist ins Innere des Rüssels als ein Paar langer, am Pharynx artikulierender Spangen versenkt.
Bei Flöhen sind die ~ nicht vorhanden. (Taf. XXI, Fig. 2 und Taf. XXIV, Fig. 3, 4, 5a.)

Außenparasiten, Außenschmarotzer, Ectoparasiten sind Insekten, welche äußerlich auf anderen Tieren (→ Epizoen) oder Pflanzen (→ Epiphyten) leben und sich von den Bestandteilen ihres Körpers ernähren, ohne sie zu töten. Man unterscheidet → stationäre ~, welche zeitlebens, vom Ei bis zum Tode auf dem Wirt verbleiben und, wenn überhaupt, dann nur zufällig oder auf kurze Zeit diesen verlassen, und → temporäre ~, welche nur in gewissen Entwicklungszuständen ectoparasitisch leben. Zu den ersteren gehören *Mallophaga, Anoplura, Diploglossata, Arixeniidae, Diptera pupipara, Braula, Platypsyllus castoris,* zu den letzteren ectoparasitische *Hymenoptera* und *Diptera, Aphaniptera* und gewisse *Heteroptera* (*Cimicidae*).

Die ~ der Tiere, auch die der Insekten, begnügen sich in der Regel zeitlebens mit einem Exemplar des Wirtes, weil die Körpersubstanz beider chemisch nahe verwandt und vom ersteren ausgiebiger ausgenutzt werden kann. Die ~ der Pflanzen hingegen benötigen viel mehr von der Pflanzensubstanz zum Aufbau ihres Körpers und suchen meist nach Kahlfraß einer Pflanze ein anderes Exemplar derselben Art auf, um daran weiter zu fressen. Unter den Epizoen sind es eigentlich nur die → Brutparasiten, welche im Laufe ihrer Entwicklung mehrere Exemplare der Wirtsart auffressen. (Vgl. auch → Episiten.)

Außenrand, Apicalrand, am Fl der auch als Marginalrand bezeichnete Rand zwischen der → Flspitze und der → Analecke. An den Fld der Käfer der dem → Vorderrand der häutigen Fl homologe, meist als → Seitenrand bezeichnete Rand von der → Schulterecke bis zur → Nahtecke.

Außenskelett, Exoskelett, die cuticulare, sklerotisierte, chitinige Schicht der → Körperdecke von Insekten, welche den Körper nach außen hin bedeckt, ihm Schutz und Färbung verleihend. Im Gegensatz zu dieser Außenseite der Körperdecke wird ihre innere Fläche samt allen Vorsprüngen als das → Innenskelett bezeichnet. Vgl. auch → Cuticula.

Ausstülpung, jede durch eine nach außen gerichtete Faltung entstandene Anhangsbildung eines Organs, vornehmlich des Integuments. (Gegens. → Einstülpung.)

Austernschildlaus → *Aspidiotus ostreiformis* u. *Epidiaspis betulae.*

australasiae Linné, *Periplaneta,* indische Schabe (*Blattaria Blattidae*). 25 mm lange, schwarzbraune Art mit hellem Randstreifen am Hsch und an der Basis aufgehelltem SRande der Fld. Kosmopolitisch.

australische Region, Notogaea, eine der tiergeographischen Regionen. Sie umfaßt Australien, Neuguinea, Tasmanien, Neuseeland u. a. Nachbarinseln des (australischen Gebietes und wird häufig auf die polynesische Inselwelt (australisch-polynesische Region) ausgedehnt oder auch mit Hinterindien zu einer indo-australisch-polynesischen Region zusammengefaßt. Seit Anfang Tertiär ist die ~ von den benachbarten Kontinenten getrennt, woraus sich der altertümliche Charakter ihrer Fauna erklärt. Üblicherweise wird sie in 4 Subregionen, die → austrotasmanische, → melanesische, → neuseeländische und → polynesische eingeteilt. (Taf. XXXIII.)

Austrocknung des Insektenkörpers setzt auf das Mindestmaß herab die → Epicuticula.

austrotasmanische Subregion der → australischen Region umfaßt Australien mit Ausnahme des nördlichen und nordöstlichen Küstengebietes sowie Tasmanien. (Taf. XXXIII.)

Autoamputation (gr. αὐτός selbst, lat. amputo, -are, abschneiden) → Autotomie.

Autoekie (gr. αὐτός selbst, ὁ οἶκος Wohnraum) → Wirtstreue.

Autökologie (gr. wie oben), Lehre von den Einflüssen der Umwelt auf das Individuum. Vgl. auch → Synökologie.

autographus Ratzeburg, *Dryocoetes,* zottiger Fichtenborkenkäfer, z. Fichtenstockholzborkenkäfer (*Col Ipidae*), unter der Rinde von Fichtenstöcken, seltener von Tannen-, Weimutskiefer- und Lärchenstöcken und auf der USeite von Fangbäumen häufiger Borkenkäfer, mit charakteristischen unregelmäßigen, stellenweise verästelten und sich kreuzenden Larvengängen.

Autohämorrhoe (gr. αὐτός selbst, τὸ αἷμα Blut, ὁ ῥόος und ἡ ῥοή Strömung, Fluß) → Exsudation.

Autolyse (gr. αὐτός selbst, ἡ λύσις Auflösung), Selbstauflösung, Degeneration und Zerfall der larvalen Gewebe zur Zeit der histolytischen Prozesse der Metamorphose. Die ~ vertritt bei manchen Insekten die sonst → phagocytär sich abspielenden histolytischen Prozesse.

Autotomie (gr. αὐτός selbst, ἡ τομή Schnitt, das Schneiden), Autoamputation, Selbstverstümmelung, Abwerfen oder Abbeißen wunder, eingeklemmter oder sonstwie haften gebliebener oder nicht mehr gebrauchter Körperteile. Abwerfen oder Abbeißen der Fl bei Ameisen und Termiten nach dem → Hochzeits- bzw. → Brautflug, Abwerfen von Kiemenanhängen bei Agrionidenlarven, die den Ätherdämpfen ausgesetzt oder am Kiemenblättchen ergriffen wurden, Abwerfen von Beinen bei *Bacillus, Carausius, Tipulidae* und anderen Fliegen, Mantiden, vielen Heteropteren usw., um den Körper freizubekommen, wenn diese Gliedmaßen am klebrigen Substrat oder sonstwie haften geblieben sind. Bei Beinen liegt die Bruchstelle in der Regel im Trochantero-femoralgelenk.

Bei Schmetterlingsraupen wird häufig eine ~ durch Benagen eigener Körperteile beobachtet. Die Männchen und Weibchen der Termiten beißen sich stückweise die Fühler nach dem Brautflug ab.

autumnalis Shaw, *Trombicula* Herbst- oder Erntemilbe, Beiß, Beiße, winzig kleine, blaßrötliche Milbe (*Trombidiidae*), die erwachsen und als Nymphe im Boden lebt, deren rötliche Larve aber im Herbst oft massenhaft auf niedrigen Pflanzen erscheint und sich an vorbeistreifenden Tiere und Menschen anheftet, um Blut zu saugen. Ihre Stiche verursachen beim Menschen mehr oder weniger starke Hautreizung, sog. Pseudoscabies (Trugkrätze).

Hautreizungen können übrigens bei Menschen von einer Reihe anderer Milben verursacht werden, die keine Blutsauger sind (→ Hausmilben).

Auxilia (lat. auxilium, -ii, pl. -ia, -orum, n., Hilfe, Hilfsmittel, „auxiliae" ist die gebräuchliche, aber etymologisch falsche Pluralform), kleine Chitinplatten am Grunde der Krallen, Träger der → Pulvilli.

avellanae Nalepa, *Eriophyes*, Haselnußknospengallmilbe (*Acari Eriophyidae*), verursacht Anschwellung von Blatt- und Blütenknospen auf *Corylus avellana* und anderen Haselarten.

avenae Fabricius, *Sitobium* (*Aphis*), kleine Getreideblattlaus (*Hom Aphididae*).

Axillae (lat. axilla, -ae, pl. -ae, -arum, f., Achselhöhle, dem. von ala nicht von axis), kleine dreieckige Chitinsklerite in den basalen Seitenecken des Mesoscutellums der *Proctotrupidae, Chalcididae* und *Cynipidae*.

Axillarader, (Vena) axillaris, Abk. ax, die letzte, hinterste → Analader, z. B. im V- und HFl der Schmetterlinge, bei welchen sogar zwei ~ unterschieden werden. Auch im VFl der *Saltatoria* und mancher anderer Ordn tritt eine ~ auf. (Taf. XI, Fig. 2 und Taf. XIII, Fig. 10.)

Axillare (lat. sächl. Adjektivform von axillaris, sc. scleritum axillare) → Pterale.

Axillarfeld, Axillarregion, Gelenkfeld, der kleine basale Teil des Fl, in dem die → FlGelenkstücke liegen. Es ist von der Tragfläche des Fl durch die → Basalfalte abgegrenzt, welche die Basalenden der Längsadern von der Costa bis zur Analis-Wurzel verbindet. (Taf. X, Fig. 2.)

Axillaris → Axillarader.

Axillaris-Schlinge → Wurzelschlinge.

Axillarmuskel, Flügelbeugemuskel, ein von der Pleuralleiste entspringender, am 3. Pterale angreifender Muskel, welcher durch Drehung dieses Gelenkstücks den Fl nach hinten in die Ruhelage bringt.

Axillarregion → Axillarfeld .

Axillarsklerite, Axillaria, im weiteren Sinne → Pteralia, im engeren Sinne → Tergal- und → Pleuralgelenkstücke des Flügels.

Axillarzelle, Abk. Ax, eine hinter der → Axillarader gelegene Zelle, häufig in Fl der Lepidopteren und Trichopteren, bei ersteren oft durch distale Verschmelzung der beiden Axillaradern gebildet und dann als → Wurzelschlinge bezeichnet. Bei Schmetterlingen sind oft zwei ~ ausgebildet.

Axon → Nervenfortsatz.

B

baccarum Linné, *Dolycoris*, Beerenwanze (*Het Pentatomidae*). 9—14 mm lange, braune, dicht schwarz punktierte Wanze mit schwarz und weiß geringelten Fühlern und heller Spitze des Scutellums. Sehr polyphag auf allerlei Pflanzen durch Anstechen zarter Teile schädlich. Auchcarnvior.

bacchus Linné, *Rhynchites*, purpurroter Apfelstecher (*Col Curculionidae*).

Bachhafte → *Osmylidae*.

Bacillidae Brunner 1893, Stabheuschrecken, Fam der *Phasmida* mit über 200 tropischen, subtropischen und mediterranen Arten, die sich durch ihren meist stabförmigen, flügellosen Körper auszeichnen. Fossil unbekannt.

Backe, b u c c a, m a l a, der hintere ventrale, den Winkel zwischen der → Occipital- und der → Pleurostomalnaht ausfüllende, bei Fliegen oft aufgeblasene Teil der → Wange. Die ~ geht nach vorn unter den Netzaugen in die eigentliche Wange und hinter den Netzaugen hinauf in die → Schläfen über. (Taf. XXIX, Ge.) Vgl. auch → Bucca.

Backenbarte, b a r b a, die bei manchen Fliegen stark entwickelte Beborstung der Wangen (nicht der Backen).

Backenleisten → Lateralia.

Bacteriidae (Brunner 1893) Handlirsch 1925, S t a b h e u s c h r e c k e n (Abb. 27), Fam der *Phasmida* mit etwa 1500 Arten des warmen Gürtels. Geflügelte oder ungeflügelte, schlanke oder stabförmige Tiere. Einige Arten bei uns in Zimmerzuchten häufig. Fossil unbekannt.

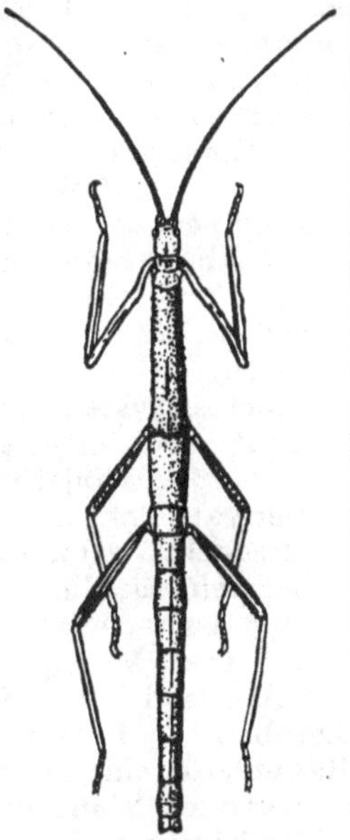

Abb. 27. *Carausius morosus* Brunner (Bacteriidae). Nach Ling Roth aus Imms. Nat. Gr. (ohne Fühler) etwa 8 cm.

Bacteriocyten → Mycetocyten.

Bacteriosen, durch Bacterien verursachte infektiöse Krankheiten der Insekten, z. B. → Faulbrut der Bienen, → Schlaffsucht der Raupen usw.

Bärenraupen → *Arctiidae.*

Bärenspinner → *Arctiidae.*

baeri Prell, *Cecidomyia,* n a d e l k n i c k e n d e K i e f e r n g a l l m ü c k e (*Dipt Cecidomyidae*).

Baëtidae (Leach 1815 pp.) Klapalek 1909 (~ *ida* Leach) (Abb. 28, 29), Fam der *Ephemerida,* ausgezeichnet durch die im ganzen Verlauf deutliche *sc* und ungegabelte *m* der VFl, rudimentäre, schmale, höchstens mit 2 Längsadern versehene (*Baëtis, Centroptilum*) oder ganz fehlende (*Cloëon, Procloëon*) HFl. In Deutschland durch etwa 20 Arten in 4 Gatt. vertreten. Fossil vgl. *Ephemerida.*

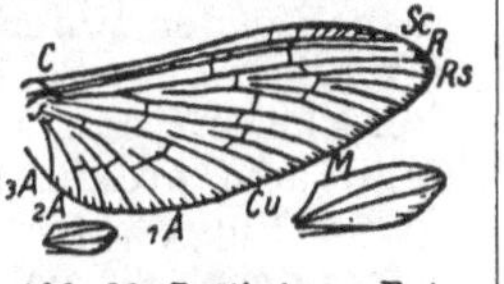

Abb. 28. *Baëtis tenax* Eaton (Baëtidae). Nach Ulmer aus Brohmer. Nat. Gr. des Vorderflügels 5—7 mm. Links unten der Hinterflügel im gleichen Maßstab, rechts unten etwas stärker vergrößert.

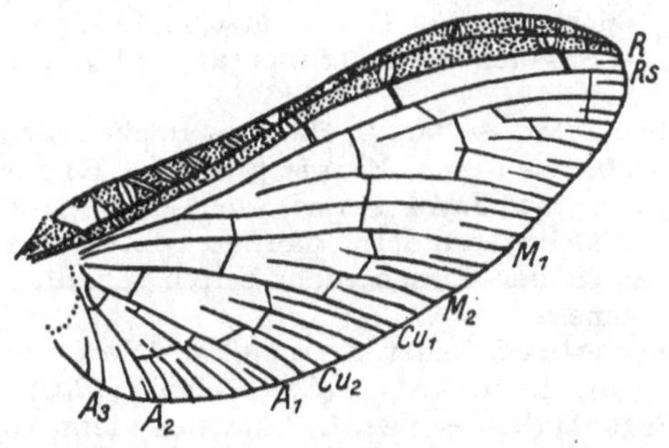

Abb. 29. *Cloëon dipterum* Linné (Baëtidae), Vorderflügel des Weibchens. Nach Ulmer aus Brohmer. Nat. Länge etwa 1 cm.

Baëtiscidae (Banks 1900) Ulmer 1920 (~ *ini* Banks), Fam der *Ephemerida* mit der einzigen nordamerikanischen Gatt. *Baëtisca* Walsh.

bajulus Linné, *Hylotrupes,* H a u s b o c k (*Col Cerambycidae*). 8—20 mm langer brauner Bockkäfer mit zwei glänzenden Höckern auf dem Hsch und pelzartig behaarten HschSeiten.

Balken, t r a b e c u l a, 1. Chitinbalken im feinen Aufbau der → Endocuticula, welche intercellular, vermutlich durch Sekretion längs der Kanten der Bildungszellen der Hypodermis entstanden, übereinanderliegende und sich kreuzende horizontale B a l k e n s c h i c h t e n bilden.

2. Im → Protocerebrum der gemeinsame, medianwärts gebogene Stamm der Stiele der → Pilzkörper. (Taf. XXVII, Fig. 2.)

3. Bei gewissen Mallophagen vor und unterhalb der Fühlerbasis auftretende bewegliche, teilweise sklerotisierte konische Vorsprünge.

Ballonhaare → B l a s e n h a a r e.

Ballonträger, gewisse Arten der Fliegenfamilie *Empididae,* deren Männchen ein ballonartig umsponnenes Beutetier (*Hilara maura*) oder einen leeren Gespinstballon (*H. sartor, Empis poplitea*) im Fluge mittragen, wodurch sie nach einer Deutung im Schwärmflug für die nach Männchen suchenden Weibchen besser kenntlich werden. (Vgl. auch → Hochzeitsgeschenke.)

baltischer Bernstein → Bernstein.

Band, V e r s c h l u ß b a n d, eine elastische, durch eigenen Muskel bewegte, mit sklerotisiertem Rand versehene Lippe im → Stigmenverschlußapparat. (Taf. XXXI, Fig. 4a.)

Barba (lat. ~, -ae, f., Bart) → Backenbarte.

barbarus Linné, *Messor*, gemeine Ernteameise (*Hym Formicidae*), eine in den Mittelmeerländern häufige, durch Auflesen der Samen nicht selten schädliche Ameise.

barbatus Schaller, *Serropalpus*, Weißtannendüsterkäfer (*Col Melandryidae*).

Barbula (lat. ~, -ae, f., Bärtchen, dem. von barba), ein Paar von Haarpinseln neben dem After gewisser Scarabaeidenlarven.

Baris Germar, Mauszahnrüßler (*Col Curculionidae*).

Basalader, Basalnerv, im VFl der *Hym Apocrita* die erste, proximale, schräge Querader zwischen der 2. (Radiomedial-) und der 3. (Cubital-) Längsader. Ihr Auftreffen auf die letztere (sog. Brachialader) bildet die → Gabel. (Taf. XX, Fig. XX.)

Basalapodeme → Phallobasis.

Basalare, pterale basalare (gr. ἡ βάσις Grund, Boden, τὸ πτερόν Flügel, lat. ala, -ae f., Flügel) → Episternalgelenkstück.

Basalarmuskeln, ein bis drei Muskel, welche am → Basalare angreifen und deren einer, der kürzeste, am Episternum, der zweite vor dem Hüftgelenk am Sternum, an der Praecoxa oder am Trochantinus und der dritte am basalen Außenrande der Hüfte vor dem pleuralen Gelenk entspringen. Sie werden auch als Pleuralmuskeln bezeichnet und fungieren als direkte Heber des Fl.

Basaldorn, spina basalis, dornartiger, beim Öffnen des Kokons wirksamer Vorsprung (Kokonbohrer) auf dem ersten (*Saturniidae*) oder zweiten (*Parnassius*) → Pterale der Schmetterlingsflügel.

Basalfalte, plica basalis, eine das → Axillarfeld vom → Costalfelde der Fl abgrenzende, vom Ursprung der Costa zum Ursprung der Analader verlaufende Falte. (Taf. X, Fig. 2.)

Basalfilamente → Ergatoplasmafäden.

Basalfleck des Tasters, Palpenbasalfleck, ein Sinnesfeld an der basalen Innenseite des ersten Gliedes der Labialtaster vieler Schmetterlinge.

Basalgelenk → Rumpfgelenk.

Basalglied, Grundglied, das erste, einlenkende Glied eines gegliederten Organs, am Fühler der → Fühlerschaft, am Bein die → Hüfte, am Hlb das erste sichtbare Segment, besonders wenn es als → Petiolus entwickelt ist.

Basalgrube, scrobis basalis, eine dicht hinter der Einlenkungsstelle des Petiolus am → Mediansegment, auf der Rückenseite des ersteren liegende, mediane, sich nach hinten zum Postpetiolus verflachende Grube, deren Größe, Form, Skulptur und Begrenzung taxonomisch wichtig sind.

Basalknöpfchen → Stiftchensaum der Sehzellen.

Basalkörnchen, winzige Körnchen am Grunde der einzelnen Stäbchen im → Rhabdorium der Mitteldarmepithelzellen.

Basallappen → Flügellappen.

Basalmembran, Grundmembran, membrana basalis, ein dünnes, zartes Häutchen, welches die Innenseite der → Epidermis und ihrer nach innen prolieferierten Abkömmlinge überzieht. Im Komplexauge wird sie als → Membrana fenestrata bezeichnet. Auch das Epithel der Tracheen, wenigstens das ihrer dicken Stämme, ist von einer ~ überzogen, welche im weiteren Verlauf des Tracheensystems schwindet.
Es ist noch nicht endgültig entschieden, ob die ~ ektodermaler Herkunft und ein Derivat der Epidermis ist oder vom Mesoderm gebildet wird. Sie ist zwar meistens hyalin und strukturlos, weist aber vielfach bindegewebigen Charakter auf. (Taf. V, Fig. 1, Taf. VII, Fig. 1 F, 3 A, 5 und Taf. XXVIII, Fig. 1, 2.)

Basalnerv → Basalader.

Basalplatte, eine sklerotisierte Platte in der ventralen Wand der → Phallobasis, mit der häufig, z. B. bei *Panorpatae* und manchen *Lapidoptera*, die → Parameren gelenkig verbunden sind. Eine gut entwickelte ~ haben außer den erwähnten Gruppen die *Mallophaga*, *Trichoptera*, gewisse *Coleoptera* usw. (Taf. XVII, Fig. 3 und 5.)

Basalrand, der dem Grunde zugekehrte und nächstliegende Rand eines Organs. An den Fld der Käfer z. B. ist es der Rand zwischen dem Scutellum und der Schulterecke. Er entspricht der → Basalfalte und dem proximalen Teil des VRandes eines FlugFl. Der vielfach scharfkantig gerandete ~ zieht über dem Gelenkvorsprung der Fld hinweg bis zu dem dem Scutellum anliegenden proximalen Teil des Innenrandes der Fld.

Basalring, 1. der aufgeworfene, mehr oder weniger über die Ebene des Integuments erhobene, glatte oder skulptierte Rand der → Alveole oder des Borstenpunktes. (Vgl. auch → Basalringzelle.) (Taf. V, Fig. 1.) 2. Ein Teil des → Hypopygiums von Fliegen-Männchen.

Basalringzelle, epidermale Bildungszelle des → Basalrings eines Borstengrübchens. (Taf. V, Fig. 1.) (Vgl. auch → trichogene Zelle.)

Basalsklerit, → Hypopharynx, → Suspensorium.

Basalsockel, Humerallobus, eine Warze an der Wurzel des VRandes der HFl frenater Lepidopteren, auf welcher die → Haftborsten (Frenulum) stehen. Manchmal, z. B. bei *Saturniidae*, persistiert der ~ auch dann, wenn die Haftborsten fehlen.

Basalzellen, im VFl der *Trichoptera* zwei am Grunde der drei letzten Analadern durch deren distale Verschmelzung gebildete Zellen.

Basicosta, endoskeletale Leiste der → Basicostalnaht.

Basicostalnaht, Sutura basicostalis, die das → Basicoxale von der übrigen Hüfte trennende Naht. Die ihr entsprechende endoskeletale Leiste ist die → Basicosta bzw. Basi- und → Merocosta. Entsprechend der Teilung der → Basicoxa in die eigentliche Basicoxa und das → Meron wird der hinter dem Pleuralgelenk gelegene Teil der ~ als → Meralnaht bezeichnet. (Taf. I, Fig. 2 D, E, F.)

Basicoxale, Basicoxa, Basicoxit, Coxomarginale, der basale, von der → Basicostalnaht abgegrenzte Randstreifen der Hüfte. Sein hinterer, hinter dem Pleuralgelenk liegender Teil wird als → Meron bezeichnet. (Taf. I, Fig. 2 D, E.)

basilinea Fabricius, *Parastichtis* (*Hadena*), Queckeneule (*Lep Noctuidae*), bräunlichgraue Eule mit dunklerer und hellerer Zeichnung. Raupe braungrau mit drei weißlichen Rückenlinien und schwarzen Punkten, Nacken- und Afterschild schwarzbraun mit je drei weißen Strichen. Raupe durch Ausfressen von Weizenkörnern aus den reifenden Ähren stellenweise schädlich.

Basipodit (gr. ὁ πούς der Fuß), der basale, aus zwei Gliedern, der → Subcoxa und → Coxa bestehende Teil einer gegliederten Arthropoden-Extremität, im Unterschied zum Rest des Beines, welcher als → Telopodit bezeichnet wird. Als ~ wird sonst auch das zweite, der Coxa der Insekten entsprechende Glied eines Crustaceenbeines genannt. (→ Spaltfuß.) (Taf. I, Fig. 1 A.)

Basis (gr. ἡ βάσις Grund, Boden, lat. basis, -eos), Unterlage, Grundlage, Grundfläche, Wurzel der Organe und Körperteile. (Gegens. → Apex.)

Basisternit, der vor der → Sternocosta liegende Teil des Primärsternums. (Taf. I, Fig. 2 B.)

Basitarsus, das erste Tarsenglied aller drei Beinpaare, häufig auch als → Metatarsus bezeichnet, was aber besser zu vermeiden ist. Der ~ zeichnet sich häufig von den nachfolgenden Tarsalgliedern durch seine Größe aus. Der ~ der VBeine ist vielfach mit → Putzscharten oder Grabzinken (→ Grabbeine) versehen. Bei → *Embiidae* ist er stark erweitert und zu einem Spinnapparat umgewandelt. Am ~ der HBeine (Metabasitarsus) der Bienen befindet sich auf der Innenseite die → Bürste.

Batelli-Drüsen, große hypodermale Drüsen der Analgegend von *Cercopidae*, welche die durch Einpumpen der Luft verschäumende Flüssigkeit (sog. Speichel, vgl. → Kuckucksspeichel) ausscheiden.

Bates' Mimikry, Nachahmung einer wehrhaften oder ungenießbaren Art (Modell) durch eine wehrlose, genießbare (Nachahmer). Vgl. auch → Müllersche Mimikry.

batis Linné, *Thyatira*, Himbeereule (*Lep. Cymatophoridae*).

Batumen (lat. batuo oder battuo, stampfen), Querwand aus Lehm, mittels welcher die südamerikanischen Meliponen (*Apidae Meliponinae*) ihre Nisthöhlen in morschen Baumstämmen oben (das obere ~) und unten (das untere ~) abdichten.

Baubiene → Arbeitsteilung.

Bauchbürste, Scopa, eine bei → Bauchsammlern auftretende, halbanliegend nach hinten gerichtete zottige Behaarung einiger Bauchsternite, die eine Bürste zum Sammeln von Pollen bildet.

Bauchfalte, plica ventralis, die an trockenen Exemplaren der *Ichneumonidae* kielförmig zusammengeschrumpfte Sternalhaut des Hlbs. Sie reicht verschieden weit nach vorn auf der USeite des Petiolus oder Postpetiolus und nach hinten bis zum 4. (*Ichneumon*) oder folgenden Segmenten (ein taxonomisch wichtiges Merkmal).

Bauchfüße, Afterfüße, Abdominalfüße oder -beine, pedes spurii. Paarige, stummelförmige, undeutlich oder nicht gegliederte, am Sohlenrande mit gekrümmten, scharfen Dörnchen besetzte Fortbewegungsorgane der Hlb-Sternite von Raupen, → Afterraupen und eruciformen Larven der *Mecoptera*. Nach der Form und Bedornung der Sohle unterscheidet man → Kranzfüße und → Klammerfüße.

Schmetterlingsraupen haben meistens 5 Paare von ~ auf den Segmenten 3, 4, 5, 6 und 9 des Hlbs. Die Raupen der *Geometridae* haben deren nur 2 Paare auf den Segmenten 6 und 9. Manche blattminierende Raupen wie die der *Eriocraniidae*, *Heliozelidae* u. a. haben keine ~, während bei *Micropterygidae* alle 9 Segmente mit je einem Paar von ~ versehen sind. Letzteres ist auch der Fall bei Larven der *Mecoptera*.

Das letzte, auf dem 9. Segment stehende Paar der ~ ist etwas schräg nach hinten gerichtet und wird als → Nachschieber bezeichnet. Larven der *Trichoptera* haben nur dieses Nachschieberpaar.

Afterraupen vieler *Tenthredinoidea* haben je ein Paar von ~ auf den Segmenten 2—9 und heißen in diesem Fall in den Larvenbestimmungstabellen (KONOW) 22füßig (die Thorakalbeine mitgerechnet), wie z. B. die *Lophyrus*-Larven. Andere, wie *Nematus*, *Cladius*, *Hylotoma*, haben am 8. Segment keine ~ und werden als 20füßig bezeichnet. Manche *Hylotoma*-Arten u. a. haben am 7. und 8. Segment keine ~ und sind darum 18füßig. *Pamphilus* hat außer dem Nachschieberpaar keine ~ und ist wie mehrere andere Gattungen nur 8füßig, wie die Larven der *Trichoptera*, was wohl damit im Zusammenhang steht, daß die Pamphilinenlarven in Gespinsten leben.

Die ~ werden als persistierende und sekundär umgebildete, aus der primitiven Subcoxa und Coxa hervorgegangene Beinstummel und nicht etwa als sekundäre Neubildungen aufgefaßt. Die Muskulatur der ~ weicht beträchtlich von der der Brustbeine ab. Bei *Malacosoma americana* sind es 6 Muskelbündel. Drei greifen an einer gemeinsamen Sehne außen an der Sohle an und wirken als ein kräftiger Retractor. Zwei davon entspringen an der Basis der Subcoxa und einer an der Pleuralwand des betreffenden Segments. Die anderen drei Bündel bewegen die Coxa. Davon greifen zwei am inneren Basalrande der Coxa und kommen vom inneren und vom äußeren Basalrande der Subcoxa. Das letzte Bündel entspringt neben dem pleuralen Retractor plantae an der Pleure und greift am vorderen Basalrande der Coxa. Die ersteren beiden arbeiten als Adductoren coxae, der letztere als Promotor coxae. Am ~ der Schmetterlinge sind in der Regel nur die drei undeutlich voneinander geschiedenen, durch Gelenkmembranen verbundenen Glieder, die basale Subcoxa, die ihr folgende Coxa und das den Dornenkranz tragende, als → Fußsohle bezeichnete Endglied vorhanden. (Taf. XX, Fig. 1, 2.) Vgl. auch → Uropoden.

Bauchmark, Ganglienkette, das zentrale Nervensystem, medulla centralis der Insekten stellt ein Strickleiternervensystem vor und besteht ursprünglich aus einem ventral in jedem Segment liegenden Paar von → Ganglien, welche miteinander mittels Längsnervenbändern oder → Konektiven verbunden sind, während die antimeren Ganglien desselben Paares von einem Querband, der → Kommissur, überbrückt werden. Aus den Ganglien, seltener aus Konektiven entspringen die aus motorischen und sensiblen Fortsätzen der → Nervenzellen zusammengesetzten → Nerven des peripheren Nervensystems.

Das ~ entwickelt sich aus zwei ektodermalen Längswülsten des → Keimstreifens, den → Neuralwülsten, welche durch eine → Neuralrinne, die die Mund- und Analöffnung miteinander verbindet, längs getrennt sind. Ursprünglich hat jedes Segment ein Ganglienpaar, von den 11 embryonalen Abdominalganglien bleiben aber höchstens 8 bei der Imago erhalten.

Das ~ gliedert sich in ein → Oberschlundganglion, ein → Unterschlundganglion, die aus je 3 primären Ganglienpaaren entstanden sind, und aus einer Bauchganglienkette. Die ersteren beiden bilden das → Gehirn. Die Ganglien der Bauchganglienkette können miteinander gruppenweise zu größeren Komplexen verschmelzen. Abgesehen von dem cephalen Komplex (Gehirn), welcher bereits im embryonalen Zustande als ein Ganzes erscheint, kann die Konzentration der Bauchganglienkette entweder am Endganglion beginnen und nach vorn fortschreiten, oder sie kann allein oder zugleich das meso- und metathorakale Ganglienpaar betreffen. Selten (z. B. *Mutilla,* Arbeiterbiene) bleibt das Endganglion einfach, während das vorletzte Ganglion aus mehreren primären Paaren zusammengesetzt ist.

Die verschiedenen Konzentrationsgrade des ~ finden sich nicht nur in verschiedenen Insektenordnungen zerstreut, sondern es können auch nahe verwandte Arten, verschiedene Metamorphosestadien ein und derselben Art (Larve und Imago) oder verschiedene Geschlechtsformen ein und derselben Art verschiedene Konzentrationsgrade des ~ aufweisen.

Die geringste Konzentration, welche bei 3 thorakalen und 8 abdominalen Ganglien nur das letzte Ganglion betrifft, findet sich z. B. bei gewissen Thysanuren, vielen Coleopteren, Larven der Tenthrediniden usw.

Die Verschmelzung sämtlicher Abdominalganglien mit dem Metathorakalganglion findet sich bei Collembolen, Corrodentien, Mallophagen, Anopluren, bei *Myrmeleon*-Larve, *Psephenus*-Larve (*Dryopidae*) usw., während z. B. bei Thysanopteren und Strepsipteren alle drei Thorakalganglien frei bleiben, die abdominalen dagegen zu einem einzigen Komplex verschmelzen.

Der höchste Grad der Konzentration des Bauchmarkes, bei welcher alle Ganglien des Thorax und des Hinterleibs zu einer im Thorax gelegenen Ganglienmasse verschmelzen, kommt bei Pteromaliden-Larven, Musciden-Larven, Ephemeriden, vielen Homopteren usw. vor.

Bei gewissen Apterygoten (*Protentomidae*) verschmilzt das Unterschlundganglion mit dem Protorakalganglion.

In der Regel schreitet die Konzentration des ~ während der postembryonalen Entwicklung fort, d. h. die Larven weisen geringere Konzentration als die Imagines. Es kommt aber auch vor, daß die bei der Larve starke Konzentration bei der Imago wieder aufgelöst wird, wie z. B. bei vielen Dipteren, bei *Myrmeleon, Melolontha* usw.

Als ein Beispiel des verschiedenen Konzentrationsgrades des ~ bei ein und derselben Art kann die Honigbiene erwähnt werden, deren Arbeiterinnen 5, Männchen (Drohne) und Weibchen (Königin) dagegen nur 4 Abdominalganglien haben. Bei *Bombus* hat das Männchen 5, das Weibchen und die Arbeiterinnen 6 Abdominalganglien, während bei *Vespa* die Arbeiterin 5 und die Männchen und Weibchen 6 Abdominalganglien haben.

Die Konzentration des Bauchmarks kann sich auch auf die → Konektive erstrecken, deren Schwund z. B. bei *Stratiomyia* (Fliege) zu einem unpaaren Bauchmark geführt hat.

Bei hell gefärbten Tieren markiert manchmal ein dunkel durchscheinender medianer Längsstreifen der Sterna äußerlich die Lage des Bauchmarks, wie dies z. B. bei *Ephemerella* der Fall ist. (Taf. XXVII, Fig. 1.)

Bauchmembran, die weichhäutigen, oder nur mit kleinen Sternalskleriten versehenen Hlbssternite der Fliegen, welche bei *Tachinidae* gewöhnlich unter den herabgebogenen Tergitenrändern verborgen liegen. In der Systematik der Fliegen wichtiges Bestimmungsmerkmal.

Bauchplatte → Sternit.

Bauchsack → Ventraltubus.

Bauchsammler, Gastrilegidae, Bienen der UFam *Megachilinae* (*Megachile, Chalicodoma* u. a.), ausgezeichnet durch eine dichte → Bauchbürste bei Weibchen. Sie sammeln mit Vorliebe an Compositen, indem sie die Hlbssegmente schnell in der Richtung der Längsachse bewegen und den Pollen mit der Bauchbürste abstreifen. Auch *Papilionaceae,* welche entsprechende pollenbiologische Vorrichtungen haben, um den Pollen an die Bauchbürste der Bienen zu hängen, werden von den ~ gern besucht.

Bauchsaugnäpfe (Textfig. 37), unpaarige, warzenartige Vorsprünge der Sternite von Lidmücken-Larven (→ *Blepharoceridae*), die am Ende eingestülpt sind und von eigener Muskulatur betätigt saugnapfartig wirken. Bei der Larve von *Liponeura cinerascens* Loew (*Blepharocera fasciata* Schin.) finden sich 6 Saugnäpfe. Zum besseren Haften sind an submersen Steinen usw. die ~ mit Öldrüsen versehen.

Baumläuse, Blattläuse (*Aphididae*) der UFam *Lachninae.*

Baumweißling → *Aporia crataegi* Linné.

Bauten von Insekten sind die von ihnen errichteten Verstecke, Nester oder Brutbauten.

Die ~ der Insekten können in Naturbauten und Kunstbauten eingeteilt werden. Übergangsformen zwischen den beiden Haupttypen und ihre Kombinationen in ein und demselben Nest kommen häufig vor.

Zu den ersteren gehören ~, welche lediglich Erfolg der mechanischen Arbeit des Insekts sind und keinerlei von ihm selbst produzierten Stoffe wie Drüsensekrete (Speichel, Darmsäfte, Wachs) oder Exkremente enthalten. Hierher gehören z. B. Fraßgänge und Brutgänge vieler Insekten in Rinde, Holz, Stengeln und Blättern (Minen), Bruthöhlen der Sandwespen, der Mistkäfer, Sandtrichter der *Myrmeleon-* und *Vermileo*-Larven, Gänge von *Gryllotalpa vulgaris*, Wohnröhren von *Gryllus*, manche Ameisennester usw.

Kunstbauten entstehen aus dem natürlichen oder vom Insekt verarbeiteten und von ihm mit Hilfe von Sekreten oder Exkreten des eigenen Körpers zusammengekitteten oder zusammengesponnenen Materials. Aus der Fülle dieser Bauten seien nur einige Beispiele herausgegriffen, wie die kunstvoll zusammengerollten Blattüten vieler *Rhynchitinae*, Blattnester vieler Schmetterlingsraupen (z. B. *Simaethis pariana*), Winternester des Baumweißlings und des Goldafters, Wohngespinste vieler Raupen, Afterraupen (*Hyponomeuta, Lyda*), Wohnröhren der *Embiodea* und mancher *Corrodentia*, Köcher der Trichopteren-Larven, Säcke der Sachträgermotten, Wespennester, Bienen- und Hummelwaben, Termitennester, Puppenkokons vieler Schmetterlinge, Käfer, Hymenopteren, Planipennien, Eierpakete des *Hydrophilus*, der *Blattaria, Mantodea* und *Acridioidea* und viele andere.

Becher, Kelch, Calix, 1. die bei *Hymenoptera* häufige Form der → Pilzkörper im Protocerebrum. Beiderseits der Protocerebralbrücke liegen zwei ~, deren jeder einem Stiel (→ Pedunculus) aufsitzt. Die von → Globulimassen ausgefüllten ~ stellen wichtige Assoziationszentren dar. (Taf. XXVII, Fig. 2.)

2. Als calix wird auch ein Chitinbecher bezeichnet, welcher aus der Haut einer → tachinierten Raupe entsteht und in die Leibeshöhle hineinragt. In diesem Becher, der sich trichterförmig zur Haut verjüngt, steckt die Parasitenlarve mit ihrem Hinterende und benutzt den ~ als → Atemröhre. (Vgl. auch → Eikelch.)

Becherzellen des Mitteldarmepithels stellen nach BUCHMANN (Z. Anz. 1929) eine merocrine Sekretionsphase der Epithelzellen des Mitteldarms dar.

bedeckte Puppe → Mumienpuppe.

Bedeguar (fr. bedegar oder bedeguar, Ausspr. bädgar bzw. bedgüar, Rosenschwammgalle), die Galle von *Rhodites rosae* Giraud (*Hym Cynipidae*).

Beerenwanze → *Dolycoris baccarum* Lin.

Begattung, Paarung, Kopulation, Copula, Coitus, Vorgang der Samenübertragung aus den männlichen in die weiblichen Geschlechtswege. Die ~ wird durch die → Geschlechtspartnersuche, → Geschlechtspartnerprüfung und → Werbung vorbereitet und eingeleitet.

Der Vorgang der Samenübertragung kann sich direkt oder indirekt abspielen. Die direkte Übertragung beruht auf dem Einspritzen des Spermas durch den Penis direkt in die → Samenkapsel, wobei die Spitze des in die Vagina eingeführten Penis bis an die Mündung des Ductus receptaculi reicht. Diese Art der ~ findet statt bei *Coleoptera, Homoptera* und *Heteroptera* sowie bei vielen anderen Insekten, welche keine Spermatophoren bilden und keine Begattungstasche haben.

Die indirekte Übertragung kann auf verschiedene Weise erfolgen, nämlich

1. durch Einspritzen des Spermas frei in die Vagina mit (*Drosophila*) oder ohne Penis durch einfaches Aneinanderpressen der Geschlechtsöffnungen (*Perlaria*),
2. durch Einspritzen des Spermas in das → Ribagasche Organ bei *Cimex*,
3. durch Einführung des Spermas in Form von → Spermatophoren in die Begattungstasche (viele *Coleoptera, Lepidoptera*), Vagina (*Locustoidea, Gryllodea*) oder in den → Genitalraum (*Dytiscus*),
4. durch Übertragung des Spermas mittels der Mundteile (*Collembola*, nach einer alten, bisher nicht nachgeprüften Beobachtung),
5. durch Übertragung des Spermas mittels des am 2. und 3. Hlbssegm. befindlichen → Samenübertragungsapparates (*Odonata*).

Die Kopulationsstellungen der beiden Partner der ~ pflegen sehr verschieden zu sein. Man kann sie im allgemeinen in → suprafeminale $\left(\frac{♂}{♀}\right)$, → subfeminale $\left(\frac{♀}{♂}\right)$ und → parafeminale (♂♀)

Stellungen einteilen, die noch durch uni- oder bipolare Richtung der Körperlängsachsen sowie durch gerade oder verkehrte Lage der Dorsoventralachsen kompliziert werden können. In einigen Fällen kommt noch eine Torsion des Begattungsgliedes hinzu. Die Kopulationsstellung bleibt vielfach auch nicht während des ganzen Aktes unverändert.

Die Dauer des Begattungsaktes ist sehr verschieden, sie kann einige Sekunden (Hausfliege) bis zu mehreren Stunden (Apollofalter) lang anhalten.

Die Männchen kopulieren in der Regel mehrmals und meist mit verschiedenen Weibchen, seltener nur einmal (Drohne, deren Penis im Genitalporus der Königin stecken bleibt) oder nur mit einem Weibchen (monogame Borkenkäfer). Die Aleurodiden kopulieren mehrmals ohne sich zu trennen. Die Weibchen der brutpflegenden Pentatomide *Elasmostethus griseus* kopulieren nur einmal, während Weibchen anderer Pentatomidenarten mehrmals begattet werden können. Langlebige Weibchen, deren Eierproduktion sich länger hinzieht, wiederholen gewöhnlich die ~. Eine Ausnahme bildet die Honigbiene, welche nur einmal kopuliert und nach Erschöpfung des Spermavorrates → drohnenbrütig wird.

Nach der ~ trennen sich meistens die Partner ohne weiteres und gehen ihre Wege. Vielfach erfordert es eine längere Zeit, bis sich die Geschlechtsorgane wieder in Ruhestellung zurückgezogen haben. Putzbewegungen und Bewegungen der Flügel weisen häufig darauf hin, daß die ~ eine über die Geschlechtsorgane hinausgehende Erregung des Körpers mit sich bringt. Bei gewissen Insekten, so einigen *Mantidae*, *Carabidae* und *Asilidae*, droht dem Männchen die Gefahr von seinem weiblichen Partner verspeist zu werden.

Doppelte ~ wurde bei *Lasiocampidae* beobachtet. Bei der ersten ~ wird die Samenkapsel in die → Begattungstasche eingeführt, bei der gleich darauf folgenden zweiten wird der Penis in die Vagina eingeführt, vermutlich um das Weibchen zur Eiablage zu reizen.

Nach der erfolgreichen ~ bleiben an der weiblichen Geschlechtsöffnung häufig → Begattungszeichen hängen.

Die ~ und → Besamung liegen zeitlich mehr oder weniger weit auseinander.

Begattungsapparat, → Begattungsglied samt allen → Genitalanhängen.

Begattungsbereitschaft ist der vom Abschluß der ontogenetischen Entwicklung des Einzelwesens zeugende Zustand der Geschlechtsreife des Körpers. Sie hängt offenbar mit einer sekretorischen (endokrinalen) Tätigkeit der reifen Gonaden zusammen, welche den → Geschlechtstrieb auslöst. Die ~ äußert sich bei Insekten-Männchen in der Unruhe, welche sie zum Aufsuchen des Weibchens (→ Geschlechtspartnersuche) treibt. Seltener ist es das Weibchen, welches diese Unruhe zeigt und das Männchen aufsucht. Meistens begeben sich die Weibchen nur auf exponierte Stellen und erwarten in Ruhe das Männchen. So kriechen z. B. die Weibchen von *Margarodes polonicus* aus der Erde heraus und klettern auf ihre Nährpflanze, *Scleranthus perennis*. Es ist sehr wahrscheinlich, daß die ~ der Weibchen mit Sekretion gewisser Lockstoffe verknüpft ist (→ Lockdrüsen).

Begattungsglied, R u t e, P e n i s, P h a l l u s, ein in der Regel am 9. Sternum entspringendes, vom → Ductus ejaculatorius durchzogenes Rohr, welches während der → Begattung in die → Vagina oder → Begattungstasche (*Lep Ditrysia*) eingeführt wird und die Übertragung des Samens vermittelt.

Das ~ ist in der Regel unpaarig, median gelegen. Bei *Dermaptera* und *Ephemerida* münden die → Vasa deferentia getrennt nach außen, ohne sich zu einem Ductus ejaculatorius zu verbinden. In letzteren Fällen ist das ~ paarig, und jedes der antimeren, vom Vas deferens durchzogenen Anhänge wird als Penis im engeren Sinne bezeichnet. Bei *Lepisma* ist das unpaarige ~ an der Spitze gespalten.

Im einfachsten Fall, bei den *Thysanura*, stellt das ~ ein zylindrisches, zweigliedriges Rohr, dessen Basalglied als → P h a l l o b a s i s und das Endglied als → A e d o e a g u s bezeichnet werden. Es ist eine Ausstülpung der Intersegmentalmembran zwischen dem 9. und 10. Hlbssternit. Als Hilfsorgane bei der Begattung treten bei Thysanuren (*Nesomachilis*) ein Paar von Gonopoden des 9. Segments auf, die aus einem Coxopoditen und einem ihm aufsitzenden → Stylus bestehen. Bei *Machilis* steht zwischen den Coxopoditen noch ein Paar gegliederte Gonapophysen des 9. Segments, welche sich dem Penis dicht anschließen. Ein ähnliches, aber kleineres Paar von Gonapophysen steht bei *Machilis* am 8. Sternit.

Bei pterygoten Insekten läßt sich eine Formenreihe des ~ vom einfachsten Aedoeagus zum kompliziertesten Phallus aufstellen. Eine Einstülpung an der Spitze des ursprünglichen Aedoeagus ergibt einen Penis mit ausstülpbarem → Präputialsack (Endophallus). Eine sklerotisierte Ausstülpung des Ductus im Grunde des Präputialsacks leitet zu dem mit Präputialsack und → Pseudovirga ausgestatteten Penis über. Eine aus dem Präputialsack herausragende, stark vergrößerte Pseudovirga ergibt den sekundären Penis (z. B. *Coccinellidae*). An der Spitze der Pseudovirga entsteht bei einigen Coccinelliden (*Coccinella 7punctata*) ein sekundärer Präputialsack. Am Grunde des letzteren kann noch durch Ausstülpung eine sekundäre Pseudovirga, das → Flagellum oder Sipho entstehen, was z. B. bei *Halyzia 18guttata* realisiert ist.

Einen ähnlichen Aufbau aus 3—4 aufeinanderfolgenden Hautduplikaturen weist der Penis des Pentatomiden *Eusthenes* auf mit dem Unterschied, daß hier am Rande jeder Duplikatur mit Ausnahme der apikalen je ein Paar von → Parameren steht.

Die Phallobasis trägt häufig ein Paar von Parameren, die nicht zu verwechseln sind mit den vielfach gleichfalls als Parameren bezeichneten, auf Styli zurückgehenden Gonopoden des 9. Segments. Im letzteren Fall nennt man sie besser → Valven.

Bei pterygoten Insekten ist die den Phallus umgebende Intersegmentalhaut eingestülpt und bildet die → Peniskammer, in die der Penis in Ruhe durch besondere, an der → Basalplatte der Phallobasis angreifende Muskeln eingezogen wird. Das 9., die Peniskammer von unten abschließende Sternum wird zur männlichen → Subgenitalplatte.

Die Entwicklung des Penis und der Valven vollzieht sich aus einem Paar larvaler, ektodermaler Knospen des 9. Segments, den sog. → Primitivzapfen der Genitaltasche. Beide Primitivzapfen teilen sich in einen mittleren und einen äußeren Lappen. Die mittleren Lappen verschmelzen miteinander und bilden den unpaaren Penis, und die äußeren bleiben am Rande des 9. Segments und bilden die Valven. Ob die mittleren Teile der Primitivzapfen den oben erwähnten Gonapophysen des 9. Segments bei Thysanuren homolog sind, läßt sich gegenwärtig noch nicht behaupten.

Die Phallobasis ist im definitiven Penis höherer pterygoter Insekten meist undeutlich, und die Parameren stehen dann auf der Basalplatte, mit der sie entweder gelenkig verbunden, wie z. B. bei vielen Mallophagen, oder verschmolzen sind. An der Phallobasis können außer den Parameren auch dorsale (Epimeren) oder ventrale (Hypomeren) Anhänge vorkommen. In ihrer Wand kann es neben der Basalplatte zur Bildung von sklerotisierten paarigen oder unpaarigen Apodemen kommen, welche den Aedoeagus stützen und Muskelansatzstellen für seine Retractoren liefern. Sie können zuweilen mit der Basalplatte verschmelzen.

Der Aedoeagus kann mehr oder weniger tief in die Phallobasis versinken, indem die letztere eine Tasche, den → Phallocrypt bildet.

Die Erektion des Penis erfolgt zum Teil durch besondere Muskeln und zum Teil durch Blutdruck, welche beide den Penis und die Genitalanhänge in die Kopulationsstellung bringen. Ist der Penis an sich fest, dann genügen die Muskeln allein, um ihn zu erigieren, wie z. B. bei vielen *Homoptera*. Sonst tritt meistens auch der Blutdruck hinzu, welcher zumindest für die Ausstülpung des Präputialsackes erforderlich ist. Manche *Heteroptera* haben besondere → Schwellblasen, welche den Penis erigieren.

Ein ~ fehlt gänzlich bei *Perlaria, Odonata* und *Collembola*. Bei den ersteren erfolgt die Begattung durch Anpressen der Geschlechtsöffnungen beider Partner aneinander und bei Odonaten durch besonderen → Samenüberträger am 2.—3. Hlbssegment. Die *Protura* haben einen paarigen Penis am 11. Segment. Bei allen Pterygoten mit Spermatophorenübertragung ist der ~ mehr oder weniger stark reduziert. (Taf. XV, Fig. 2, 6, 7, 8, Taf. XVII, Fig. 2—6 und Taf. XVIII, Fig. 1—7.)

Begattungstasche, Bursa copulatrix, eine dorsale (z. B. *Coleoptera, Raphidides*) oder ventrale (*Lepidoptera*), sitzende oder gestielte, mit einem Ductus bursae versehene Ausstülpung der Vagina (Bursasack) von nicht drüsigem Charakter.

Manche *Diptera*, z. B. *Drosophila*, haben eine dorsale und eine ventrale Bursa.

Die ~ dient zur Aufnahme des männlichen Begattungsgliedes während der Kopulation oder zur vorläufigen Aufnahme des Spermas oder der Spermatophoren. Bei Lepidopteren mit doppelter Geschlechtsöffnung mündet die ~ einmal durch den Ductus bursae in die Vagina (→ Vestibulum) und außerdem durch die sekundäre Geschlechtsöffnung des 7. Segments direkt nach außen. Bei einem Teil der *Coleoptera* und *Phasmida* mündet die ~ dicht hinter der Genitaltasche bzw. der Vaginamündung.

Die Mündung der ~ in die Vagina wird als → Ostium bursae bezeichnet.

Begattungszeichen, Anhängsel der weiblichen Geschlechtsöffnung, welche von der vollzogenen Begattung zeugen. Bei *Liogryllus* ist es der hinausragende Teil der in der Vagina verankerten Spermatophore selbst. Bei *Parnassius* und einigen tropischen Tagfaltern ist es eine vom Männchen ausgeschiedene Kittmasse, welche während der Begattung dazu dient, die Geschlechtsöffnungen beider Partner miteinander zu verkitten, was wohl mit der außerordentlich langen Dauer des Kopulationsaktes (→ Begattung) zusammenhängt. Bei der Honigbiene (Königin) ist es das leicht abreißende Begattungsglied der Drohne, welches nach erfolgter Begattung in der Geschlechtsöffnung des Weibchens hängen bleibt.

Auch Spuren der Umklammerung, z. B. die vom 5. Segment des Männchens durch die sich daran im Fluge haltenden Weibchen abgestreifte zarte Bereifung bei *Libellula fulva* können hierher gerechnet werden.

Eigenartige ~ stellen die → Sphragis und → Spermatophragma dar.

Beindiaphragmen, elastische Längswände im Lumen der Beine, welche bis an den Schenkel (Larven der *Ephemeridae*), an das Knie (*Hippobosca*) oder bis an das Tibiotarsalgelenk (*Ranatra*-Larve) reichen. Sie werden durch einen zwischen der ~ und dem Beinintegument ausgespannten Muskel betätigt. Durch Anziehen der ~ an die Wand wird das Blut aus dem verengten Raum ausgestoßen und in den verbreiterten eingepumpt, wodurch der → Blutkreislauf wesentlich unterstützt wird.

Bei *Notonecta* tritt an der Stelle der ~ ein richtiges Blutgefäß in den Beinen auf (→ Dorsalampullen).

Beine der Insekten sind Gliedmaßen der terrestrischen oder aquatilen → Fortbewegung. Bei Larven sind es → Thorakal- und Abdominalbeine oder → Bauchfüße, bei Imagines nur Thorakalbeine.

Beinrinne, muldenartige Vertiefungen zum Einlegen der Beine oder deren Teile in Ruhestellung oder in → Akinese. Bei *Staphylinidae* sind es die großen, hängenden VHüften, welche außen die flachen Eindrücke zum Einlegen der VSchenkel haben. Bei *Silphidae* sind diese Eindrücke auf VHüften häufig spiegelblank und scharf gerandet. Auch HHüften haben meist flach eingedrückte ~ für die HSchenkel. Bei *Elateridae*, *Buprestidae*, *Byrrhidae* u. a. haben die langen HHüften hinten eine tiefe Tasche zum Einlegen der HSchenkel. Der äußere Teil dieser Tasche kann sich mehr oder weniger stark plattenartig vergrößern und bildet die → Schenkeldeckel.

V- und MBeine haben meist eine ~, die gemeinsam vom Proëpimerum und Mesoëpisternum gebildet wird. Im proëpimeralen Teil liegt das VBein und im mesoëpimeralen das Mittelbein eingebettet. Im einfachsten Fall stellt sich diese ~ als eine Vertiefung zwischen der Pro- und Mesopleure, die z. B. bei *Buprestidae* fast ganz auf die Mesopleure verschoben ist, während sie bei *Elateridae* nur an Propleuren als scharf umgrenzte, spiegelglatte Mulde ausgebildet ist. Bei langbeinigen Käfern, wie die *Carabidae*, *Cerambycidae*, viele *Bupresidae* u. a. setzen die ~ bis über den hinteren Teil des HschSeitenrandes hinweg, welcher dann eine Ausbuchtung zeigt und dem Hsch die charakteristische herzförmige Form verleiht. Bei vielen *Ichneumonidae* ist die mesoëpisternale ~ besser ausgebildet und scharfkantig umrandet, das sog. → Epicnemium bildend. Für die HBeine haben die Ichneumoniden eine meist wenig ausgeprägte, schräg von der HHüfte zum metathorakalen Stigma verlaufende, flache ~. (→ Schienenrinne, → Tarsenrinne).

Beinsammler, Podilegidae, Bienen, welche den Blütenpollen mittels ihrer HBeine sammeln und zu diesem Zweck mit Sammelbürsten an Schienen (→ Schienenbürste), Schenkeln (→ Schenkelbürste), Trochantern oder Hüften ausgestattet sind. Die → Schienensammler haben außer der Schienenbürste noch ein sog. Körbchen oder → Schienenkörbchen, mit dem die Schienenbürste zusammenhängt.

Beintrachee, der zum Bein verlaufende Tracheenast, welcher vom Stigmenast des Meso- und Metathorax bzw. von der ventralen → Kopftrachee abzweigt und in die Mittel- und HBeine bzw. die V-Beine eindringt. Alle Beine haben je zwei ~. Im Prothorax dringt außer dem Ast der Kopftrachee eine Abzweigung der ventralen prothorakalen Querkommissur in jedes VBein ein. Die erstere bildet die äußere, die letztere die innere ~ des VBeines. Im Meso- und Metathorax sind die medianen, inneren ~ selbständig und gehen direkt vom Längsstamm unweit vor dem metathorakalen bzw. dem ersten abdominalen Stigmenast ab. Die betreffenden äußeren Äste gehen von je einer Tracheenschleife ab, welche durch Verschmelzung eines meso- und metathorakalen bzw. eines metathorakalen und des ersten abdominalen Stigmenastes entsteht. Basal entsenden beide Schleifen (→ Arkaden) noch je ein Paar von → Flügeltracheen in die Flügel ab. (Taf. X, Fig. 1 A, B.)

Beiß oder Beiße → *Trombicula autumnalis.*

Beißmandibel ist die dicondyle, von der primitiven, monocondylen, schabenden (→ Mandibelmechanik) Mandibel abgeleitete Form der Mandibel pterygoter Insekten. Im Gegensatz zu der schabenden Mandibel der meisten *Apterygota* liegt die Arbeitsebene der ~ senkrecht zur Körperlängsachse. Die ~ ist in der Grundform eine dreiseitige Pyramide, deren innere Seitenkante den → Kaurand bildet, während die offene dreieckige Basis mit der Membran des → Mundfeldes verwachsen ist. Der dem Kaurand gegenüberliegende äußere Basalrand ist mit dem pleurostomalen Rande der Kopfkapsel mittels zweier condyler Gelenke beweglich verbunden. Mitten am basalen Außenrande zwischen den beiden Gelenken greift der → Abductor-Muskel und an der inneren Ecke, wo der Kaurand mit den beiden Basalrändern zusammenläuft, der → Adductor-Muskel (→ Oberkiefer) an. Am Kaurande der ~ unterscheidet man die apikalen Zähne oder Incissivi, die medianen Molares und die basalen Postmolares. Je nach der Art der Nahrung wechselt sowohl die Form der ~ als auch die Ausbildung und Bezahnung des Kaurandes. Die typische Jagdmandibel z. B. ist lang sichelförmig (*Cicindela, Carabus,* Larven der *Hemerobiidae, Myrmeleonidae*) und hat einen weiten Arbeitswinkel, während die Mandibeln der Holzbohrer kurz und breit, zangenförmig sind und mit kleinem Arbeitswinkel arbeiten. (Taf. XV, Fig. 2, Taf. XXI, Fig. 1—6 und Taf. XXIX.) (Vgl. auch → Prostheca.)

Bekämpfungsmethoden → Schädlingsbekämpfung.

Belostomidae (Leach 1815) Uhler 1886 (~ *ida* Leach), Riesenwasserwanzen (Abb 30). Fam der *Het Hydrocorisae* mit etwa 100 rezenten, vornehmlich tropischen und subtropischen Arten. Große bis riesengroße Tiere von 4—11 cm Länge, die außer Insekten auch kleineren Wasserwirbeltieren nachstellen. Die Männchen führen Brutpflege aus. Fossil sind 4 tertiäre Arten bekannt.

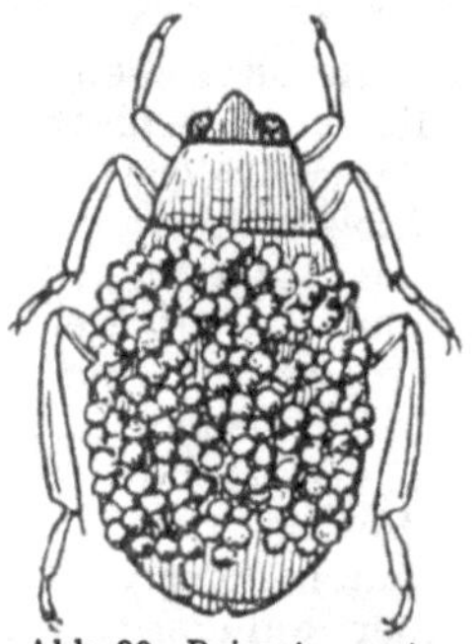

Abb. 30. *Deinostoma sp.* (*Serphus* Stål nec Schrank, Belostomidae), Männchen mit Eigelege auf dem Rücken. Nach Berlese aus Beier. Nat. Gr. 3,5 cm.

Beltsche Körperchen → Müllersche Körperchen.

Benetzbarkeit des Insektenkörpers ist in der Regel gering dank der feinen Schicht von → Cuticulin, welche die → Epicuticula auf ihrer Oberfläche bildet. Durch dichtes samtartiges Haarkleid kann die ~ noch weiter, bis zur → Hygrophobie herabgesetzt werden, indem das Haarkleid eine dünne Luftschicht festhält. Das Haarkleid kann z. B. bei manchen Wasserkäfern durch ein Sekret der → Öldrüsen ersetzt werden.

Beraeidae (Wallengr. 1891) Ulmer 1921 (Abb. 31), Fam der *Trichoptera* mit etwa 10 holarktischen Arten, von denen 5 in

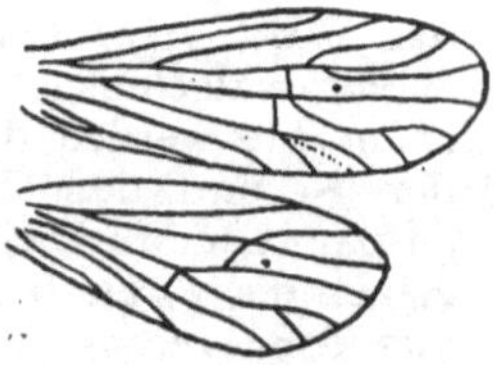

Abb. 31. *Beraea pullata* Curtis (Beraeidae), Flügel eines Weibchens. Nach Ulmer aus Brohmer. Nat. Länge 4—5 mm.

Deutschland heimisch sind. Fossil nicht bekannt.

bergmanniana Linné, *Tortrix*, goldgelber Rosenwickler (*Lep Tortricidae*). Raupen im Gespinst an Triebspitzen der Rosen, vornehmlich Blütenknospen befressend.

Berleses Organ → Ribagasches Organ.

Bernstein, fossiles, häufig eingeschlossene Insekten mitführendes Harz von Nadelbäumen. Das unteroligocäne baltische ~ enthält die Hauptmasse der oligocänen Insekten, während sie im mittelmiocänen sizilianischen ~ viel seltener enthalten sind. Noch seltener sind die Insekteneinschlüsse im nordamerikanischen tertiären Nantucket-Bernstein.
Bernstein-Insekten gehören bereits zum großen Teil rezenten Gattungen an, repräsentieren aber mit wenigen Ausnahmen (z. B. die heute in Amerika lebende Cicindelide Tetracha carolina Lin.) ausgestorbene Arten.

Berührungsgifte → Kontaktgifte.

Berytidae → *Neididae.*

Besamung, Erguß einer kleinen Dosis von Sperma aus dem Receptaculum seminis auf das legereife Ei in der Vagina, beim Vorbeigleiten des Eies an der Mündung des Ductus receptaculi.

bestimmen, determinieren heißt in der praktischen Taxonomie ein unbekanntes Tier durch Untersuchung seiner morphologischen Merkmale an Hand einer Bestimmungstabelle oder, falls eine solche nicht existiert, an Hand der vorliegenden Einzelbeschreibungen von Arten der betreffenden Gruppe (Gattung, Untergattung) danach zu prüfen, ob und unter welchem Namen es bereits beschrieben worden ist.
Der Name ist dabei nur als eine Signatur wichtig, unter der man in der umfangreichen Literatur näheren Aufschluß über alle Einzelheiten, die bisher von dem Tier ermittelt worden sind, finden kann. Eine richtige Bestimmung bewahrt vor überflüssiger Doppelarbeit einer Beschreibung von Beobachtungen, die schon lange bekannt sind, und vor zahlreichen anderen Mißverständnissen, die, insbesondere in der angewandten Entomologie, recht unangenehme Folgen haben können.
Die Bestimmung ist oft eine langwierige und mühselige Arbeit, die vielfach nicht ohne Zuhilfenahme größerer Museumssammlungen des In- und Auslandes bewältigt werden kann. Es ist daher immer ratsam, alle bestimmten Exemplare mit einem Namenzettel zu versehen, auf dem nicht nur der Tiername, sondern auch der Name desjenigen steht, welcher es bestimmt hat. Damit übernimmt der Unterschriebene die Gewähr für die Richtigkeit der Bestimmung bzw. ermöglicht es einem späteren Systematiker, einen Irrtum in der Literatur zu berichtigen.

Bestimmungstabellen sind → dichotomisch, seltener und nur ausnahmsweise → trichotomisch aufgebaute Merkmalstabellen, in welchen man Schritt für Schritt, durch Feststellung des Zutreffens oder Nichtzutreffens eines jeden Merkmals, bis zum Auffinden des Tiernamens vorgeht.
Die Methode der Bestimmung von Tieren mit Hilfe von ~ geht auf Duméril 1806 zurück.

Bestrahlungsverfahren → Röntgenstrahlen.

betae Curtis, *Pegomyia* → *P. hyoscyami* Panz.

Bethylidae Haliday 1840 (Abb. 32), Fam der *Hymenoptera Vespoidea*, mit etwa 700 rezenten, vorwiegend paläarktischen Arten. Vornehmlich Insektenparasiten, teilweise auch Brutpfleger, die ihre Larven mit gelähmten Raupen oder Käferlarven versorgen.

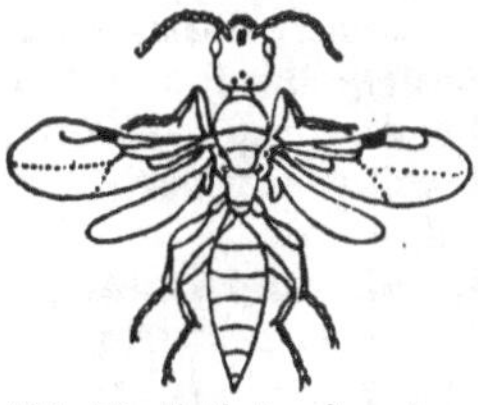

Abb. 32. *Bethylus hamatus* Kieffer (Bethylidae). Nach Kieffer. Nat. Gr. 3 mm.

betulae Linné, *Byctiscus* (*B. betuleti* Fabricius), Reb- oder Rebenstecher, Rebstichler, Zigarrenwickler (*Col Curculionidae*). 6—9 mm langer, ober- und unterseits blau- oder grüngoldener, glänzender Langrüßler. Das Weibchen übt Brutfürsorge aus, indem es eine Triebspitze an Pappel, Espe, im Süden an Weinrebe anbeißt, so daß sie welk herabhängt und dann eines der Blätter mit den darauf abgelegten Eiern in eine schmale Rolle zusammenrollt.

betulae Bärensprung, *Epidiaspis*, rote Austernschildlaus, Obstbaumschildlaus (*Hom Coccidae*), eine an Obstbäumen, vornehmlich Äpfeln und Birnen in Europa und Amerika äußerst schädliche Schildlaus.

betulae Linné, *Deporaus*, schwarzer Birkentrichterwickler (*Col Curculionidae*), 2,5—4 mm langer, schwarze Langrüßler, mit eigenartiger Brutfürsorge, die darauf beruht, daß das eierlegende Weibchen ein Birken-, Buchen-, Hainbuchen-, seltener Erlen- oder Haselblatt am Grunde beiderseits der Mittelrippe S-förmig vom Rande bis zur Mittelrippe durchschneidet und die Blattspreite um das darauf geklebte Ei zu einer trichterförmigen Tüte zusammenrollt (bzw. zusammenrollen hilft).

betulae Linné (= *vitis* Lin.), *Pulvinaria*, Johannisbeerwollaus, wollige Rebenschildlaus (*Hom. Coccidae*).

betuleti Fabricius, *Byctiscus* → *B. betulae*, Linné.

Beuger, Beugemuskeln, Flexoren, musculi flexores, Muskeln, welche gegliederte Extremitäten in ihren Gelenken beugen. Ihre Antagonisten sind die → Strecker.

Beutelgallen, beutelförmige, mit schmaler Öffnung versehene Blattgallen, z. B. die großen, bis 8 cm langen, faltigen Gallen von *Eriosoma lanuginosum* Hartig an *Ulmus campestris* und *montana*.

Beutelgallmilbe → *Eriophyes similis* Nalepa.

Bevölkerung → Population.

Bevölkerungsbewegung → Populationsdynamik

Bevölkerungsdichte → Populationsdichte.

Bevölkerungslehre → Populationslehre.

Bewegungslosigkeit → Akinese.

Bewegungsnerven → motorische Nerven.

Bewegungsorgane, Organe des → Ortswechsels, bei Insekten in der Hauptsache → Beine und → Flügel. Aquatile Insekten bewegen sich vielfach durch Ruderschläge des Schwanzes (Larven der *Odonata Zygoptera*) oder des ganzen Hlbes (Larven der *Culicidae*). Bei Larven der *Odonata Anisoptera* tritt das → Rectum in den Dienst des Ortswechsels, indem sich diese Tiere durch Ausstoßen des Wassers aus dem Rectum fortbewegen. In engen Hohlräumen lebende Larven wie z. B. holzbohrende Larven oder in eingetrockneten Apfelblütenknospen lebende Larven des → Apfelblütenstechers usw. bewegen sich mittels dorsaler, häufig mit feinen Dörnchen raspelartig besetzten → Stemmpolstern. Viele Raupen von → Microlepidopteren lassen sich an einem Gespinstfaden herunterseilen, ihre Spinnwarzen können also zu einem gewissen Grade unter die Bewegungsorgane gestellt werden.

Bibionidae (Billberg 1820) Kirby 1837 (*Hirteaedes* Billb.), Märzfliegen, Haarmücken (Abb. 33), Fam der *Dipt Nema-*

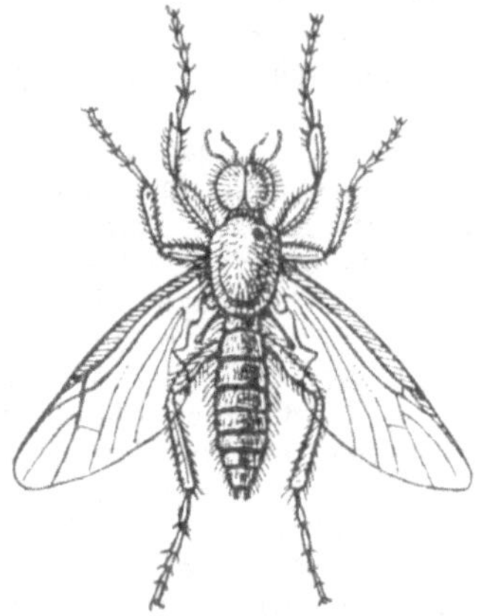

Abb. 33. *Bibio marci* Linné (Bibionidae), Männchen. Nach Enderlein aus Brohmer. Nat. Gr. etwa 8 mm.

tocera mit etwa 400 Arten in allen Faunengebieten, vornehmlich aber in der Holarktis. Schwarze oder schwarz und rot (Weibchen dimorpher Arten) gezeichnete, kleine bis mittelgroße Fliegen, deren → eucephale, → peri- oder → amphipneustische Larven in zerfallenden Pflanzenstoffen und unterirdisch, bes. in humusreicher Erde, von Wurzeln leben, wodurch sie in Gartenanlagen vielfach schädlich werden. Fossil sind über 200 Arten bekannt, die meisten aus dem Eocän und Oligocän, darunter einige wenige aus dem baltischen Bernstein. Die ältesten Funde sind 2 Arten aus dem Oberlias von Mecklenburg.

bicolor Fabricius, *Dermestes*, zweifarbiger Speckkäfer (*Col Dermestidae*).

bicolor Linné, *Sehirus*, schwarzweiße Erdwanze (*Het Pentatomidae*), in Europa schädlich an Wurzeln von Gemüsepflanzen und Trieben von Obstbäumen.

bidens Linné, *Picromerus*, zweizähnige Dornwanze (*Het Pentatomidae*).

bidentatus Herbst, *Pityogenes*, zweizähniger Kiefernborkenkäfer (*Col Ipidae*).

Biene, Honigbiene → *Apis mellifica*.

Bienen → *Apidae*.

Bienenameisen → *Mutillidae*.

Bienenblumen sind → Immenblumen mit tief, aber nicht sehr tief gelegenen Nektarien.

Bienenbrot → Cerago.

Bienenfeinde unter den Insekten sind die

Bienenlaus (*Braula caeca* Nitzsch, *Dipt*) und die drei Bienenwölfe, der europäische (*Philanthus triangulum* Fabricius, *Hym*), der gemeine (*Trichodes apiarius* Linné) und der zottige (*Trichodes alvearius* Fabricius, *Col*).

Bienengäste → Melittophilen.

Biesfliege → *Hypoderma bovis*.

bifasciatum Fabricius, *Rhagium*, Nadelholz-Zangenbock (*Col Cerambycidae*).

bifid (lat. bifidus in zwei Teile gespalten, aus bis, zweimal und findo, -ere, fisi, spalten), zweispaltig, gegabelt.

Bifurcation (lat. bifurcus, fälschlich bifurcatus, zweigabelig, aus bis, zweimal und furca, Gabel) → Gabelung.

biguttatus Fabricius, *Agrilus*, gefleckter Eichen- oder Alteichen-Prachtkäfer (*Col Buprestidae*).

Bildungsdotter, Ooplasma, vitellus formativus, das Zellplasma der Eizelle, welches allein, ohne Beteiligung des → Nahrungsdotters, der → Furchung unterliegt.

Bildungszentrum, ein am hinteren Eipol befindliches, durch Einwanderung einiger Furchungskerne aktiviertes und anschließend durch Aussendung eigener Wirkstoffe an das → Differenzierungszentrum die Bildung des Keimstreifens auslösendes Fleckchen des Eizellplasmas.

binär (lat. binarius zwiefältig, von bini, -ae, -a, je zwei), zweifältig, zwiefältig, auch binarisch oder binar (Duden), aus zwei Einheiten bestehendes Ganzes. Binär ist nicht gleichbedeutend mit → binominal oder → binomial, es umfaßt außer diesen Begriffen auch noch andere Formen der Zweiteiligkeit, nämlich auch diejenigen, bei welchen jeder der beiden Teile an und für sich mehrteilig sein und nicht aus Eigennamen, sondern aus anderen Bezeichnungen (Redeteilen) bestehen kann.

Als „binär" wird meistens das LINNÉische System der Nomenklatur von Tieren und Pflanzen bezeichnet, weil in ihm die Artnamen zweiteilig sind. Binär waren aber die Artnamen auch bei vielen vorlinnéischen Zoologen. Während aber LINNÉs binäres System zugleich binominal ist, waren die vorlinnéischen binären Artnamen vielfach polynominal, indem sie aus mehreren, einen Begriff, die Art, bezeichnenden Adjektiven bestand, z. B. *Apis* (Gattungsname) *hirsuta atra ano fusco* (Artname).

Die moderne, LINNÉische systematische Nomenklatur ist nicht nur binär, sondern auch für die Art binominal. Vgl. auch → uninominal und → trinominal.

Bindegewebe, tela conectiva, das die Organe verbindende und umhüllende mesodermale Gewebe, welches aus einer mehr oder weniger homogenen Grundsubstanz mit darin eingebetteten Bindegewebszellen und elastischen Fasern besteht. Das ~ ist bei Insekten in der Regel schwach entwickelt und kommt nur in Form von → Peritonealhüllen vor. Vgl. auch → Basalmembran.

Bindehaut → Intersegmentalhaut.

Bindevorrichtungen der Flügel → Flügelverschluß.

Binnenkapsel, Hof, eine radiärstreifig differenzierte Schicht des Zellplasmas in Drüsenzellen mit → Sekretkanälchen. (Taf. VII, Fig. 1E, F.)

Binnenparasiten → Endoparasiten.

binomial (lat. binomius oder binominus zweinamig), zweinamig, ist nach der lateinischen Etymologie gleichbedeutend mit → binominal und nicht mit → binär wie STEJNEGER (Smiths. Inst. Coll. 77, 1924) das auslegt. Auch BATHERS Interpretierung (J. Linn. Soc., Zool. 36, 1924) „binomial means having two terms which are not necessarily names" entspricht nicht der etymologisch begründeten Bedeutung dieses Begriffes.

binominal (lat. bis zweimal, nomen, -inis, pl. -ina, n., Name), zweinamig, binomisch, zweiteilig, zweigliedrig (Duden), in der Mathematik eine aus zwei Teilen oder Gliedern bestehende Größe (z. B. binomischer Lehrsatz), in der systematischen Nomenklatur der Tiere und Pflanzen die LINNÉische Methode, Tier- und Pflanzenarten mit zwei Namen, einem Gattungs- und einem Artnamen zu belegen. Dabei ist jeder Teilname für sich → uninominal, z. B. *Menopon gallinae*, *Meligethes aeneus*, *Carabus silvaticus* usw. Nomenklatorisch werden als uninominal auch Namen betrachtet, welche zwar aus mehreren sprachlichen Bestandteilen zusammengesetzt sind, die aber miteinander so verschmelzen, daß sie als ein Name empfunden werden, wie z. B. *quadri-tuberculatus*, *viginti-quatuor-punctata*, *longi-manus*, *macula-alba*, *rufo-villosus*, *quercus-folii*, *sanctae-catharinae* usw., und meist ohne Bindestrich geschrieben werden. Binominal ist nicht gleichbedeutend mit → binär. Vgl. auch → trinominal.

Biocönose (gr. ὁ βίος Leben, κοινός gemeinsam), das Biocön, die Lebensgemeinschaft, von MÖBIUS 1877 aufgestellter Begriff für die Gesamtheit aller Tiere und Pflanzen eines Standortes (Biotops). Eine ~ stellt den belebten Teil des → Holocöns dar.
Die im einzelnen sehr vielseitigen Beziehungen der Insekten einer ~ zu der gegebenen Umwelt lassen sich restlos auf die Sektoren der → Selbsterhaltung und der → Arterhaltung zurückführen.

bioklimatische Regel, von A. D. HOPKINS entdeckte Gesetzmäßigkeit, welche darauf beruht, daß „bei gleichbleibenden sonstigen Faktoren wird der Eintrittstermin eines periodischen Lebensereignisses im gemäßigten Nordamerika mit jedem Breitengrad um 4, mit jedem Längengrad und jeder Erhöhung um 400 Fuß um 5 Tage verschoben. Im Frühling und Vorsommer wird dieser Zeitpunkt in der Richtung nach Norden, Osten und mit zunehmender Höhenlage verzögert, im Spätsommer und Herbst beschleunigt" (HOPKINS, Übersetzung). In orographischen Verhältnissen Europas tritt diese in Amerika vornehmlich durch Studien an Hessenfliege begründete Gesetzmäßigkeit nicht deutlich hervor. (→ Isophaene.)

Biolformeln, zusammengezogen aus „Biologieformeln" → Vitaformeln.

Biologische Bekämpfung von Schädlingen ist die Verwendung von Lebewesen zur aktiven Verminderung oder Vertilgung schädlicher Tiere oder Pflanzen (SACHTLEBEN).
In der bisherigen Praxis der ~ haben die Hauptrolle die Insekten selbst gespielt, nämlich die Schlupfwespen i. w. S. (*Ichneumonoidea, Chalcidoidea*), die Raupenfliegen (*Tachinidae*) und verschiedene räuberische Insekten.
Von anderen Tieren sind z. B. verschiedene Arten von Fischen zur Bekämpfung von Stechmückenlarven mit Erfolg herangezogen worden.
Ein richtig aufgezogener Vogelschutz stellt eine Dauermaßnahme der ~ dar.
Von pflanzlichen Organismen wurden verschiedene Bakterien (z. B. *Coccobacillus acridiorum* d'Herel), insektenparasitische Pilze (vor allem *Entomophthoraceae*) und Viren (Polyederkrankheit) vielfach zur Bekämpfung von Pflanzenschädlingen benützt.
Die ~ ist nur in Fällen eines chronischen Auftretens von Schädlingen rentabel, wie z. B. bei der Bekämpfung der Blutlaus in Europa oder des Schwammspinners in Nordamerika. Bei plötzlichem Auftreten einer Kalamität, z. B. der Forleule oder des Borkenkäfers, eignen sich besser chemische oder mechanische Mittel, die sofort eingesetzt werden können, während die ~ in jedem Fall erst in jahrelanger Forschungsarbeit vorbereitet werden muß.

Bionomie (gr. ὁ βίος Leben, ὁ νόμος Ordnung, Brauch, Gesetz), die Lebensweise.

Bionomieformeln → Vitaformeln.

Biontophaga (gr. φαγεῖν essen), Biophaga, Insekten, welche sich von lebender Substanz lebender Tiere und Pflanzen ernähren. Es werden → Zoo- und → Phytobiontophaga unterschieden. Die ~ sind entweder → Nachsteller (Prädonen) oder → Schmarotzer. Tote Substanz lebender Tiere fressende Insekten werden zu → Hemiparasiten gestellt.

Biosphäre (gr. ὁ βίος Leben, ἡ σφαῖρα Kugel), Lebensraum der Erdkugel, Gesamtheit der Lebewesen der obersten Schicht der Erdkruste und der untersten Schicht der Atmosphäre. Man unterscheidet in der ~ die → Zoosphäre und die Phytosphäre.

Biotop (gr. ὁ βίος Leben, ὁ τόπος Ort, Gegend, Landstrich), Standort, Lebensraum i. e. S., von DAHL 1921 geprägter Begriff für den von einer → Lebensgemeinschaft oder → Biocoenose bewohnten Ort auf oder unter dem Erdboden, in der Atmosphäre oder in der Hydrosphäre.

Biotyp, Biotypus, reiner Typ, reine Linie (JOHANNSEN), sind alle genotypisch gleichen, → isogenen Exemplare einer Population, die durch Selbstbefruchtung oder parthenogenetisch erzeugt wurden. Systematisch ist der ~ als Kategorie nur selten erfaßbar. Genetisch sind es kleine Mutanten, also erbliche Variationen. Aus den ~ einer Art werden durch die Faktoren der Umwelt die → Ökotypen herausselektioniert. Biotypenreichtum einer Art weist auf ihr jugendliches Alter, auf ihre Lebenskraft und Plastizität in Anpassung an neue Biotope, auf ihr Aufblühen.

bipartit (lat. bipartitus in zwei geteilt), zweiteilig.

bipolar (lat. bis, zweimal, zweierlei, gr. ὁ πόλος, lat. polus, -i, m., das Himmelsgewölbe, der Pol an der Erd- und Himmelsachse), mit zwei Enden versehen. Als ~ werden → Nervenzellen (→ Ganglienzellen) genannt, welche zwei Nervenfortsätze, einen sensiblen und einen motorischen, entsenden.

bipunctata Klug, *Ardis* → *A. brunniventris* Htg.

Birkenschädlinge. Unter den recht vielen Insekten der Birke können hier nur die häufigsten genannt werden, zu denen die breitfüßige Birkenblattwespe (*Croesus septentrionalis* Linné), der Birkentrichterwickler (*Deporaus betulae* Linné) und der große Birkensplintkäfer (*Scolytus ratzeburgi* Janson) gehören.

Birnbaumschädlinge. Im allgemeinen hat der Birnbaum weniger unter Schädlingen zu leiden als der Apfelbaum. Von den polyphagen, schon unter dem Stichwort → Apfelbaumschädlinge kurz erwähnten Schmetterlingen fressen die meisten auch gern Birnblätter.

Von anderen Blattfressern des Birnbaumes sind vor allem die gelbe, grüne und schwarze Birnblattwespen (*Neurotoma flaviventris* Retzius, *N. nemoralis* Linné, *Micronematus abbreviatus* Hartig) zu nennen. Die Birnblattrollmücke (*Perrisia pyri* Bouché) lebt als Larve in den eng zusammengerollten Blättern. An Blättern und Knospen saugen der braunfleckige, der große und der gelbe Birnsauger (*Psylla pyri* Linné, *Ps. pyrisuga* Förster und *Ps. pyricola* Förster).

Die ganz jungen Früchte werden von den Larven der Birnensägewespe (*Hoplocampa brevis* Klug) innen ausgefressen, bleiben im Wachstum stehen, werden schwarz und fallen ab.

Ein gefährlicher Schädling ist die Birnenwurzellaus (*Eriosoma lanuginosum* Hartig), die durch ihre Saugtätigkeit an den Wurzeln der Birnbäume besonders in Baumschulen empfindlichen Schaden anrichten kann. Eine andere Blattlaus, die braune Birnblattlaus (*Geoktapia pyraria* Passerini), rollt im Frühjahr die Birnblätter zusammen. Die braune und die grüne Birnentaschenlaus (*Anuraphis subterranea* Walker und *farfarae* Koch) helfen ihr manchmal mächtig im Vernichtungswerk der Blätter, die sie taschenförmig längs der Mittelrippe nach unten falten und zum Absterben bringen. Die mehlige Birnenblattlaus (*Sappaphis piri* Matsumura) lebt in dichten Kolonien in unregelmäßig nach unten zusammengerollten Blättern.

Recht empfindlichen Schaden kann der Birnknospenstecher (*Anthonomus pyri* Kollar) anrichten, welcher die noch geschlossenen Laub- und Blütenknospen des Birnbaumes mit seinem Rüssel anbohrt und mit je einem Ei belegt. Die ausgekrochene Larve frißt die Knospe aus.

Die unter den → Apfelbaumschädlingen kurz erwähnten beiden Borkenkäfer, *Scolypus mali* Bechstein und *Sc. rugulosus* Ratzeburg, legen ihre Gänge oft auch in den Ästen des Birnbaumes an.

bisselliella Hummel, *Tineola*, Kleidermotte (*Lep Tineidae*). 12—14 mm spannweite Motte mit glänzend ockergelben VFl und hellgrauen HFl. Die Weibchen führen ein verstecktes Leben, die im Hause herumfliegenden Kleidermotten sind fast immer Männchen. Raupe in Textilien und Pelzwaren.

biserial (lat. bis, zweimal, zweierlei, series, -ei, pl. -es, -erum, f., Reihenfolge, Reihe), zweireihig, zweizeilig.

bisexual, bisexuell (lat. bis, zweimal, sexus, -xus, pl. -us, -uum, m., Geschlecht) getrennt zweigeschlechtlich, mit zwei getrennten Geschlechtsformen, dem Männchen und dem Weibchen. (→ Fortpflanzung.

Bittacidae (Handlirsch 1906) Enderlein 1910, Mückenhafte (Abb. 34), Fam der *Panorpatae*, schnackenähnliche Tiere mit

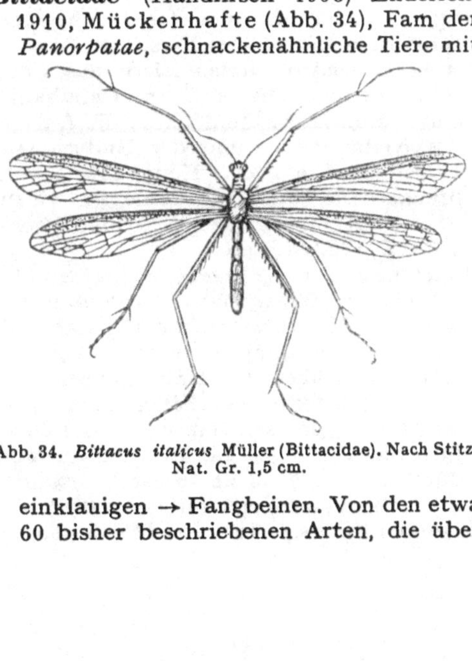

Abb. 34. *Bittacus italicus* Müller (Bittacidae). Nach Stitz. Nat. Gr. 1,5 cm.

einklauigen → Fangbeinen. Von den etwa 60 bisher beschriebenen Arten, die über die ganze Welt zerstreut sind, leben in Deutschland nur zwei, nämlich *Bittacus italicus* Müller und *B. hageni* Brauer. Fossil sind 2 Arten aus dem baltischen Bernstein und 1 Art aus dem Untermiocän von Radoboj bekannt.

bituberculatum Targioni, *Lecanium*, zweihöckerige Schildlaus (*Hom Coccidae*).

Blaberidae (Saussure 1862pp.) Brunner 1865 (*Nuditarsae* Sauss.), Fam der *Blattariae*, große tropisch-amerikanische Tiere, die direkt von den fossilen +*Archimylacridae* abgeleitet werden. Fossil unbekannt.

Bläulinge → *Lycaenidae*.

Blaps spp., Totenkäfer (*Col Tenebrionidae*).

Blasenfüße, Blasenfüßler → *Thysanoptera*.

Blasenhaare, Ballonhaare, Schwebehaare, bei Eiraupen der Schmetterlinge (z. B. bei *Lymantria monacha* Linné) vielfach auftretende, auf Warzen der Dorsalseite stehende Haare, die nahe der Wurzel eine schusterkugelähnliche, mit Flüssigkeit angefüllte Auftreibung haben.

Blasenkäfer → *Meloidae*.

Blasenlaus → *Capitophorus* (*Cryptomyzus*) *ribis*.

Blasenmine, Physonomium, fleckenartig im Blattinnern, zwischen intakt gebliebenen beiderseitigen Blatthäuten ausgefressener Hohlraum.

Blasenträger → *Schizophora*.

Blastoderm (gr. ἡ βλάστη Keim, Sproß, τὸ δέρμα die Haut), Keimhaut, einschichtiges Epithel auf der Oberfläche des gefurchten (Furchung) Eies. Das ~ entsteht in centrolecitalen Eiern aus Furchungskernen, die sich im Keimhautblastem einlagern, und bildet die Anlage des Keimstreifens und der Embryonalhüllen. Bei Eiern ohne Keimhautblastem bringen die Furchungskerne je einen Plasmahof mit. (Taf. VIII, Fig. 5 und Taf. IX, Fig. 1E.)

Blastokinese (gr. ἡ βλάστη Keim, Sproß, ἡ κίνησις Bewegung), Krümmungen, welchen der Insektenembryo während seiner Entwicklung unterliegt. Zeitlich lassen sich aber die Krümmungen des Embryos in manchen Fällen nicht von seinem Längenwachstum und von seinen Lageveränderungen im Ei trennen, wodurch der Vorgang der Blastokinese undeutlich werden kann. (Hirschler 1928.) (→Anatrepsis.) (Taf. IX, Fig. 3 und 5.)

Blattariae Latreille 1810 (*Blattaria* Burmeister 1829), Schaben. Sehr kleine bis sehr große, 2 mm bis 11 cm lange, meist stark abgeflachte Pterygoten, die gewöhnlich mit zwei stets ungleichartigen Flügelpaaren versehen sind. Die Flügel sind in Ruhe flach auf dem Rücken zusammengelegt, die häutigen Hinterflügel unter den lederartigen Vorderflügeln (Deckflügeln) zusammengefaltet.

Kopf flach, abgerundet dreieckig, acrotrem, offen (ohne Gula), ortho- oder hypognath, meist unter dem schildförmigen Pronotum verborgen, mit deutlicher Epicranial- und Pleurostomal-, aber unvollständiger Epistomalnaht. Clypeus deutlich in Ante- und Postclypeus geteilt. Fühler meist von Körperlänge oder etwas länger, mit einem größeren Scapus, kleinen Pedicellus und borstenförmigen, vielgliedrigen Flagellum, sitzen auf der Stirn in Ausbuchtungen der großen Komplexaugen. Zwei, mehr oder weniger gut entwickelte Ocellen vorhanden. Mundteile typisch beißend, mit kräftigen Mandibeln. Kiefertaster stets 5-, Lippentaster stets 3gliedrig.

Thorax heteronom, Prothorax klein, mit großem, schildförmigem Notum (Halsschild). Metathorax bei geflügelten Formen größer als Mesothorax, bei flügellosen beide annähernd gleich groß, mit schwach differenzierten, denen des Hinterleibs ähnlichen Tergiten. Sternite gut differenziert (Sternum, Sternellum, Poststernellum), aber durch die großen, paarweise stark zusammengerückten Hüften verkleinert. Pleuren gut differenziert, mit kleinen Episternen und Epimeren, großen Praecoxen und Trochantinen. Beine homonom, zum Laufen eingerichtet, die vorderen am kürzesten, die hinteren am längsten. Hüften, besonders die des 2. und 3. Beinpaares, sehr groß, einander in der Mittellinie berührend, mit einer longitudinalen Coxalnaht und einem stark entwickelten, aber nicht abgetrennten Meron. Die stets 5gliedrigen Tarsen lang, etwas kürzer oder etwas länger als die stark bedornten Schienen. Praetarsus mit zwei manchmal ungleichen Krallen und einem Empodium dazwischen. Tarsenglieder mit gut entwickelten Euplantulae. Flügeldecken lederartig, aber deutlich geadert, mit einem bogenförmig abgegrenzten Analfeld. Costa marginal, Subcosta sehr kurz, mündet in das erste

Drittel des Vorderrandes. Radius mit zahlreichen Ästen zum Vorderrand. Media und Cubitus gut verzweigt, Postcubitus gegabelt oder einfach, Analis begrenzt bogenförmig das Analfeld und durchzieht dasselbe mit ihren zahlreichen Abzweigungen. Hinterflügel membranös, in Ruhelage unter den Flügeldecken zusammengefaltet, ihr Analfeld kleiner oder so groß wie das Remigium. Bei manchen Formen sind fast alle Längsadern unverzweigt (cavernicole *Blattidae*), oder die Flügel sind durch zahlreiche Queradern gegittert. In Ruhe wird im Hinterflügel entweder nur der Anallappen einmal gefaltet, oder es wird auch die distale Hälfte des Remigiums gefaltet und umgelegt, je nachdem, ob die Flügeldecken lang oder verkürzt sind. Brachyptere und aptere Formen kommen häufig vor.

Hinterleib bei Männchen mit neun, bei Weibchen mit sieben vollständigen, sichtbaren Segmenten. Das erste Segment verkleinert, mit mehr oder weniger stark reduziertem Sternum. Die Subgenitalplatte stellt bei Männchen das neunte, bei Weibchen das siebente (+ 8.) Sternit dar. Die Subgenitalplatte der Männchen trägt ein Paar eingliedrige, manchmal asymmetrische Styli. Das 8. und 9. Tergit sind in beiden Geschlechtern verkleinert, die entsprechenden Sternite sind bei Männchen normal, bei Weibchen im 7. Segment (Genitalkammer und Vestibulum) verborgen. Das 10. Tergit, mit wenigen Ausnahmen frei, bildet in beiden Geschlechtern die Supraanalplatte. Das 10. Sternit ist in der Ventralwand des Analkonus enthalten. Cerci stets vorhanden. Das 11. Segment und das Telson, welche die Spitze des Analkonus bilden, sind in der Regel nicht mehr als selbständige Teile erhalten. Begattungsorgan des Männchens zwischen dem 9. und 10. Sternit, asymmetrisch, mit dorsalen und ventralen Parameren, die meistens einfach, mehr oder weniger membranös sind, oft aber recht bizarr gebildet sein können, und mit einem schlauchförmigen, manchmal körperlangen, am Ende mit einem Haken versehenen, ausstülpbaren Titillator. Legeapparat der Weibchen kurz, in Ruhe ganz im Vestibulum verborgen, besteht aus drei Paaren Gonapophysen des 8. und 9. Sternits.

Darm gut differenziert, Vorderdarm mit einem geräumigen, sackartigen Kropf und einem mit kräftigen Chitinzähnen versehenen Proventriculus. Mitteldarm kurz, röhrenförmig, nicht aufgetrieben, am Vorderende mit acht ziemlich langen, schlauchförmigen Coeca. Hinterdarm in Pylorus, Dünndarm und Rektum differenziert, ziemlich lang und gewunden. Es sind 80—100 Malpighi-Gefäße vorhanden.

Rückengefäß ein langer Schlauch mit drei thorakalen und zehn abdominalen Kammern und ebensovielen Ostienpaaren. Die Aorta mündet in ein kompliziertes System von Sinus und Antennalampullen in der Kopfkapsel.

Tracheensystem gut differenziert und reich verzweigt, mit einem dorsalen und einem ventralen System leiterförmiger Stränge (Anastomosen), welche die seitlichen Längsstämme verbinden. Eine Anzahl besonderer Äste versorgt den Darm. Zwei thorakale und acht abdominale Stigmenpaare sind in den Hinterleibssegmenten 1—8 vorhanden.

Nervensystem mit drei thorakalen und sechs abdominalen Ganglienpaaren. Das sympathische System gut entwickelt.

Ovarien büschel- oder kammförmig, mit acht und mehr panoistischen Ovariolen. Die ziemlich langen Eileiter münden in die Vagina. Ein Paar verästelte, asymmetrische Anhangsdrüsen, welche zwischen dem 8. und 9. Sternit in das Vestibulum münden, scheiden die Substanz der Ootheca aus. Ein Receptaculum seminis (Spermatheca) mündet durch den Ductus receptaculi vorn dorsal in die Vagina. Die Hoden bestehen aus einem Paar kamm-, trauben- oder büschelförmiger, den langen Vasa deferentia aufsitzender Gruppen von Follikeln. Zahlreiche schlauchförmige Anhangsdrüsen münden zusammen mit den traubenförmigen Vesiculae seminales dicht neben den Vasa deferentia in den Ductus ejaculatorius. Eine große unpaarige Drüse mündet außerdem in die linke Paramere.

Entwicklung paurometabol, imaginipetal, mit etwa 13 (bei *Periplaneta*) Häutungen.

Die Blattarien sind feucht- und dunkelliebende Tiere, die sich gern in bodennahen Standorten, unter Laub und Steinen, in Höhlen und Kellern aufhalten. Manche Formen leben an Ufern von Gewässern und finden sich oft zahlreich auf treibendem Holz, während andere (*Corydiidae*) trockene Wüstengebiete vorziehen. Die Blattarien sind häufig omnivor, die meisten ernähren sich aber von pflanzlicher Kost. Einige Arten sind als Pflanzen- und Vorratsschädlinge bekannt.

Die etwa 2500 Arten der *Blattaria* sind weltweit verbreitet, die meisten von ihnen sind aber in den warmen Zonen der Erde heimisch. In Deutschland leben nur etwa 20 Arten. Man unterscheidet gegenwärtig zehn Familien: *Corydiidae, Panesthidae, Panchloridae, Blaberidae, Perisphaeriidae, Oxyhaloidae, Epilampridae, Nyctiboridae, Blattidae* und *Ectobiidae*. Nur die beiden letzteren Fam haben in Deutschland ihre Vertreter.

Eine recht große Anzahl gut erhaltener, fossiler Formen ist seit dem Carbon beschrieben worden (Fam +*Archimylacridae*, +*Spiloblattinidae*, +*Mylacridae*, +*Poroblattinidae*, +*Mesoblattinidae*, +*Diechoblattinidae*). Eine besondere Gruppe bilden die als Ordn aufgefaßten, karbonisch-permischen +*Protoblattoidea*, welche nach Martynow eine gewisse Annäherung an die +*Protorthoptera* zeigen.

Blattflöhe → *Psyllina*, echte ∼ → *Psyllidae*.

blattförmige Fühler, *Antennae lamellatae*, sind z. B. die Fühler der *Lucanidae* und *Scarabaeidae*, deren 3—7 Endglieder eine quergestellte Blätterkeule bilden.

Blattfraß, jede Form des Fraßes der Insekten an Laubblättern. Einige charakteristische Formen des ∼ sind der → Ankerfraß, → Schartenfraß, → Lochfraß, → Skelettierfraß, → Fensterfraß und → Minen(fraß).

Blattgall- oder **Blattfilzmilbe** → *Eriophyes vitis* Nalepa.

Blatthornkäfer → *Lamellicornia*.

Blattidae (Stephens) Handlirsch (Abb. 35) Fam der Ordn *Blattariae*, in Deutschland mit 11 Arten in 5 Gattungen, darunter *Blatta* Linné mit einer Art *B. orientalis* Linné, und *Periplaneta* Burmeister mit zwei Arten, *P. americana* Linné und *australasiae* Fabricius, alle drei kosmopolitisch. Fossil durch einige tertiäre Arten vertreten, die z. T. zur rezenten Gatt. *Periplaneta* gestellt werden konnten.

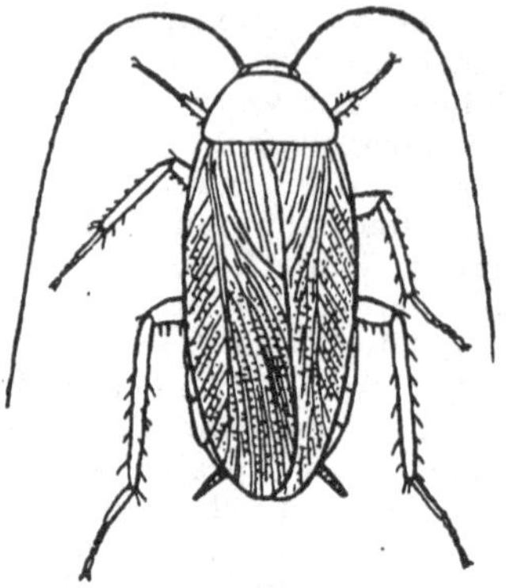

Abb. 35. *Phyllodromia germanica* Linné (Blattidae). Nach Handlirsch. Nat. Gr. etwa 1,2 cm.

Blattkäfer → *Chrysomelidae*.

Blattläuse (i. w. S.) → *Aphididae*.

Blattlauslöwen, Larven der *Chrysopidae, Hemerobiidae* und *Syrphidae*.

Blattminen, Hyponomien, durch Wegfressen des Blattparenchyms zwischen den beiden intakt bleibenden Epidermen bzw. ihren Oberhäuten durch Larven verschiedener *Lepidoptera, Coleoptera, Hymenoptera* und *Diptera* entstandene entfärbte Hohlräume von verschiedener, für die Minentaxonomie ausschlaggebender Form. Die häufigsten Formen der ∼ sind die → Gangminen, → Platzminen, → Fleckminen, → Sternminen, → Blasenminen, → Spiralminen und → Faltenminen. Es können auch kombinierte Minen entstehen wie z. B. → Gangplatzminen, Gangfaltenminen usw. (Vgl. auch → Minen).

Blattnager → *Phytonomus*.

Blattrandkäfer → *Sitona*.

Blattrippenstecher → *Coenorrhinus interpunctatus*.

Blattroll-Rosenblattwespe → *Blennocampa pusilla*.

Blattsauger → *Psyllidae*.

Blattschneiderameisen → *Atta*.

Blattschneiderbienen → *Megachile*.

Blattütenmotten → *Gracilariidae*.

Blattwespen → *Tenthredinidae*.

Blepharoceridae (Rondani 1856) Löw 1869 (*Asthenidae* Rond.), Lidmücken (Abb. 36, 37), kleine Fam der *Nematocera* mit etwa 130 über die ganze Welt zerstreuten Arten. Fliegen tipulidenähnlich. Larven aquatil, leben vom Algenbesatz der Steine, an die sie sich in raschfließenden Gebirgsbächen mittels ihrer → Bauchsaugnäpfe festsaugen. Fossil eine alttertiäre Art aus Colorado bekannt.

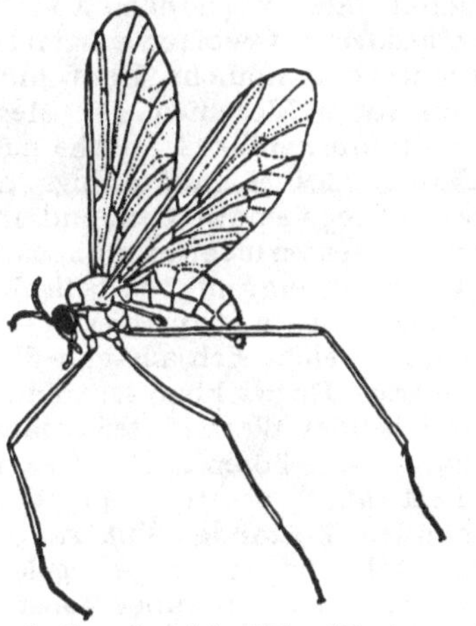

Abb. 36. *Agathon elegantula* Röder (Blepharoceridae). Nach Kellogg aus Lameere. Nat. Gr. 11 mm.

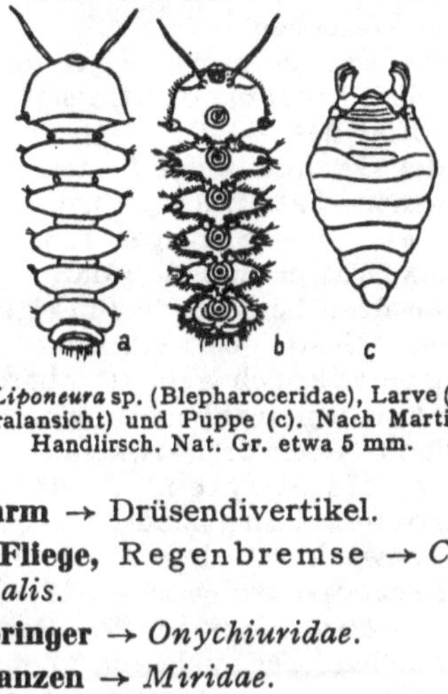

Abb. 37. *Liponeura* sp. (Blepharoceridae), Larve (a Dorsal-, b Ventralansicht) und Puppe (c). Nach Martini aus Handlirsch. Nat. Gr. etwa 5 mm.

Blinddarm → Drüsendivertikel.

blinde Fliege, Regenbremse → *Chrysops pluvialis.*

Blindspringer → *Onychiuridae.*

Blindwanzen → *Miridae.*

Blütenfraß, Insektenfraß an Blütenorganen, Kelch- und Kronenblättern, Staubgefäßen und Stempeln. Kauende Insekten, die auf → spezialisiert sind, sind viel seltener als Blattfresser. Zu solchen Spezialisten gehört z. B. der Apfelblütenstecher, dessen Larve die ganzen Staubgefäße und Stempel der von ihr bewohnten Apfelblüte auffrißt. Unter stechend-saugenden Insekten sind es vor allem die *Thysanoptera,* welche mit Vorliebe Staubbeutel und Staubgefäße ansaugen.

Blütenmine, Anthonomium, ein durch Insekten im Innern von Blütenorganen ausgefressener Hohlraum.

Blütenstetigkeit, bei der Honigbiene beobachtete, im Gegensatz zum → Oligotropismus vorübergehende Beschränkung der Blütenbesuche auf bestimmte Arten. Die ~ ist sinnesphysiologisch bedingt bzw. richtet sich nach den Meldungen der → Spürbienen.

Blumenfliegen, *Anthomyidae.*

Blumenwanzen → *Anthocoridae.*

Blut, sanguis, τὸ αἷμα Körperflüssigkeit der Leibeshöhle, welche durch die pulsierenden Organe, in erster Linie das → Rückengefäß in einen → Kreislauf versetzt wird und stets mit allen lebenden und toten Körperzellen in Berührung bleibt. Die ersteren versorgt das ~ mit Nährstoffen aus dem Mitteldarm und mit Atemluft (→ Atmung, → Hautatmung). Stoffwechselabfälle und Reste toter Gewebe werden durch das ~ abgeschafft. Morphologisch stellt das ~ ein mesenchymatisches Gewebe, dessen zellige Bestandteile (→ Blutzellen, → Fettzellen, → Cerodecyten, → Oenocytoide) sowie andere Formbestandteile, wie Bruchstücke von abgebauten Zellen (→ Histolyse), Fettröpfchen, → Blutstaub, einzellige Parasiten und → Symbionten, in einer flüssigen Interzellularsubstanz (Blutplasma) flottieren.

Das Blut tritt aus dem Körper der Insekten in der Regel nur bei Verwundungen aus. Einige Arten haben aber als besondere Eigenschaft das → Reflexbluten entwickelt. Das aus den Wunden heraustretende Blut gerinnt. Die → Blutgerinnung bleibt auch bei Reflexbluten nicht ganz aus.

Der Anteil des Blutes in der gesamten Körpermasse schwankt in recht weiten Grenzen und beträgt z. B. bei *Periplaneta* 20% des Körpergewichtes.

Blutfaserstoff, Fibrin, ein bei Zusammentreffen des Blutes mit der atmosphärischen Luft durch → Thrombin aus dem Blutplasma ausgefällter, faseriger Stoff, welcher die → Blutgerinnung bedingt.

Blutgerinnung, Coagulation, Festwerden des Blutes an der Luft. Bei Insekten erfolgt die ~ durch Zusammenwirken von Gelatine, welche an den Wundrändern haften bleibt, von den agglutinierenden → Leucocyten, den mit ihren Pseudopodien ein Netz bildenden → Amoebocyten und dem durch das → Thrombin ausgefällten → Blutfaserstoff. Die → Chromogene des Blutes werden dabei zu → Melanin oxydiert, was dem geronnenen Blute der Insekten schwarze Farbe verleiht.

Blutkiemen, ausgestülpte, bluterfüllte Stellen des Integuments, welche in Form von → Analschläuchen oder → Tubuli am HEnde des Körpers bei *Chironomus*-Larven und in ähnlicher Form bei Larven der Käfergattung *Hygrobia* (*Col Hygrobiidae*), auftreten. Es wurde neuerdings in Frage gestellt, ob diese Bildungen auch wirklich im Zusammenhang mit der Atmung stehen. Unstrittig scheint die → Schwanzblase der Larve von *Apanteles glomeratus* der Atmung zu dienen. Ähnliche Einrichtungen haben auch andere Braconiden-Larven, sowie gewisse Ichneumoniden- und Chalcididen-Larven. Auch die an Wasserpflanzen lebende Raupe von *Acentropus* (*Pyralididae*) atmet durch ~.

Blutkörperchen → Blutzellen.

Blutkreislauf, Umlauf des Blutes innerhalb der Leibeshöhle der Insekten. Der ~ ist bei Insekten immer wenigstens zum Teil, selten ganz (*Coccidae,* → Rückengefäß) offen. In der Regel ist ein Rückengefäß vorhanden, welches das Blut hinten aus der Leibeshöhle durch die → Ostiolen ansaugt und nach vorn pumpt, um es durch die → Aorta in die Leibeshöhle auszustoßen. Außer dem Rückengefäß als Hauptorgan des ~ kommen bei Insekten noch akzessorische pulsierende Organe vor, nämlich → Kopfampulle, → Dorsalampullen und → Beindiaphragmen. Auch das → Pericardial- und → Perineuralseptum unterstützen den ~ durch ihre wellenartige Bewegung. Die zusätzlichen Organe des ~ werden auch als Nebenherzen bezeichnet.

Blutlaus → *Eriosoma* (*Schizoneura*) *lanigerum.*

Blutlaus-Zehrwespe → *Aphelinus mali.*

Blutplasma, Hämolymphe, die flüssige Grundsubstanz des → Blutes. Das ~ ist eine wässerige Flüssigkeit, die in gelöster und kolloidaler Form eine Reihe von anorganischen (Fe, Cu, Na, Ca, K, Mg in Verbindungen mit Cl, Ph, S, N und C) und organischen Substanzen (Eiweiße und ihre Spaltungsprodukte, Fermente, Chromogene und Pigmente, Harnsäurederivate, Hämoglobin, Thrombin, Excrete, spezifische Substanzen wie Kantharidin, Hormone) enthält. Mineralsalze befinden sich im Blute lebender Insekten vorwiegend in gelöster Form mit Ausnahme weniger Kristalle von Calciumcarbonat. Erst nach dem Tode werden Mineralsalze ausgiebiger ausgefällt.

Blutregen, volkstümliche Bezeichnung für die blutroten Meconien (→ Meconium) des → Baumweißlings, welche nach dem Schlüpfen des Schmetterlings aus der Puppe abgegeben werden und im Falle einer Massenvermehrung dieses Schädlings den Untergrund rot beflecken.

Blutsauger, Haematophaga, → Ektoparasiten, welche sich ausschließlich oder in gewissen Entwicklungszuständen vom Blute lebender Warmblüter ernähren. Zu obligaten ~ gehören z. B. Läuse und die → Bettwanze, während Flöhe nur im imaginalen Zustande Blut saugen. Gewisse Mallophagen saugen gelegentlich Blut, ernähren sich aber sonst in der Regel von Epidermisschuppen und Federn oder Haaren. Bei Stechmücken sind nur die Weibchen ~.

Blutserum (lat. serum, -i, pl. -a, -orum, n., die Molke), Serum, der flüssige Hauptbestandteil des → Blutplasmas, welcher nach der Gerinnung des Blutes über dem geronnenen Satz flüssig bleibt. Es ist eine klare, eiweißhaltige, zum größten Teil aus Wasser und den darin gelösten Mineralsalzen bestehende Flüssigkeit.

Blutstaub, feinste, bei stärkster Vergrößerung gerade noch wahrnehmbare, feste, im Blut suspendierte, in Brownschen Bewegungen zitternde Partikeln.

Blutzellen, Hämocyten, Leucocyten, Blutkörperchen, sind farblose, seltener schwach gefärbte Zellen mit oder ohne Pseudopodien, von 6—27 μ Durchmesser, deren Kern in der Regel von einer hellen perinuclearen Zone umgeben ist. Man unterscheidet vielfach verschiedene Typen von ~, wie → Leucocyten, → Phagocyten, → Amoebocyten usw., die aber nichts anderes zu sein scheinen als Funktionsstadien oder zyklische Entwicklungsstadien einer Ausgangsform. (→ Blut.)

Bockkäfer, Böcke → *Cerambycidae.*

Bodenbrennen → Abbrennen, → Stoppelbrennen.

Bodendesinfektion, Maßnahmen zur Vertilgung der im Boden lebenden oder sich dort zeitweise aufhaltenden schädlichen Insekten. Die ~ erfolgt durch Anwendung der Hitze (→ Bodenbrennen) oder mit Hilfe von chemischen Präparaten, mit denen der Boden begossen oder injiziert wird (z. B. Schwefelkohlenstoff gegen Drahtwürmer, Engerlinge usw.).

Bodenläuse (Karny) → *Zoraptera*.

Börner, C., teilte 1904 die Apterygoten in 3 Ordn ein, die Pterygoten in 5 Sectionen, Amphibiotica (Ordn *Odonata* und *Ephemerida*), Diplomerata (Ordn *Dermaptera, Plecoptera, Isoptera* und *Orthoptera*), Acercaria (mit USect. *Haplognatha*, Ordn *Corrodentia* einschl. *Mallophaga*, USect. *Condylognatha*, Ordn *Thysanoptera* und *Rhynchota* und USect. *Lipognatha*, Ordn *Siphunculata*), Cercophora (Ordn *Panorpatae, Diptera, Suctoria* und *Hymenoptera*) und Proctanura (Ordn *Neuroptera, Trichoptera, Lepidoptera, Coleoptera* und *Strepsiptera*). 1944 *Apterygota* in zwei Oberordnungen Ectognatha (Ordn *Thysanura* und *Zygentoma*), Entognatha (Ordn *Diplura, Protura, Collembola*), *Pterygota* in zwei Oberordnungen, Archipterygota (Ordn *Ephemeroptera*) und Merapterygota (Hauptgruppe *Homognatha* mit den Ordn *Odonata, Plecoptera, Orthoptera, Copeognatha, Mallophaga, Thysanoptera, Rhynchota, Anoplura* und HGr. *Heterognatha* mit *Coleoptera, Hymenoptera, Mecoptera, Diptera, Aphaniptera, Neuroptera, Trichoptera* und *Lepidoptera*).

Bogen, arcus, eine durch Verschmelzung zweier → Apophysen mit ihren freien Enden entstandener endoskeletaler Chitinbogen, wie er z. B. im Prothorax der Mallophagen realisiert ist.

Bogennaht, 1. Stirnspalte, Ptilinalnaht, Sutura ptilini, eine im geschlossenen Zustande halbkreisförmige oder hufeisenförmige Querspalte, welche bei allen *Cyclorrhapha* auf der Stirne oberhalb der Fühlerwurzel liegt und die Mündung der → Kopfblase darstellt. Sie wird vielfach unten, d. h. nach der Fühlerbasis zu, von der → Mondschwiele begleitet. (Taf. V, Fig. 5 Sf.)
2. Manchmal auch für → Jugalfalte gebraucht.

Bohnenblattlaus, schwarze → *Aphis fabae*.

Bohnenkäfer, gemeiner → *Bruchus atomarius*.

Bohrer, Bohrinsekten, Insekten, welche im Holz (Holzbohrer) oder anderen harten Pflanzenteilen (Stengelbohrer, Nußbohrer, Borkenfresser) Gänge zwecks Ernährung oder Brutfürsorge bohren. Das adaptive Hauptmerkmal dieser Insekten sind kurze, muskulöse, mit scharfem Kaurand versehene Mandibeln, kurze kräftige Beine und kurze Fühler. Bei Cerambyciden, Rüsselkäfern und vielen Schmetterlingen sind die Larven ~, während die Imagines Blütenbesucher sind. Bei Borkenkäfern und Anobiiden sind Larven und Imagines ~. Die beiden letzteren sind im imaginalen Zustande außer den typischen Bohrmandibeln noch mit Scharrbeinen versehen, mittels welcher sie das → Bohrmehl aus den Gängen hinausscharren. Vgl. auch → Legebohrer.

Bohrgang, zur Ernährung oder zur Ernährung und Brutfürsorge ausgefressener, meist gangartiger, tief in den Pflanzenkörper eindringender Hohlraum.

Bohrmehl, Fraßmehl, die aus ausgenagten Partikeln des vom Insekt durchbohrten Pflanzenteils, meist des Holzes, bestehende, mit Exkrementen vermengte Masse. Sie wird entweder hinter der bohrenden Larve im Bohrgang gelassen und verstopft den Gang, wie z. B. in den Larvengängen der Borkenkäfer, oder wird nach außen befördert, wie z. B. in den Muttergängen der Borkenkäfer, in Larvengängen von *Saperda populnea* Linné, in Gängen der *Anobiidae* usw.

Bombardierkäfer, mit → Knalldrüsen versehene Arten der Gatt. *Brachynus* (*Col Carabidae*). In Deutschland einige Arten, darunter die häufigsten *Brachynus crepitans* Linné und *B. explodens* Duftschmidt.

Bombycidae Hampson 1892, Seidenspinner, Fam der Schmetterlinge mit etwa 300 vorwiegend orientalischen Arten. Der Seidenspinner, *Bombyx mori* Linné, ist durch Zucht weiter verbreitet.

Bombyliidae (Latreille 1802) Leach 1819, Hummelfliegen, Wollschweber (Abb. 38), Fam der *Dipt Brachycera* mit etwa 2000 Arten in allen Gebieten. Es sind meist zottig behaarte, selten nackte, mittelgroße bis große, seltener kleine (1 mm) Fliegen von bienen- oder hummelartigem Habitus. Die Fliegen sind Blumenbesucher und saugen gern Blumennektar, ihre eigenartigen, verschieden gebauten Larven leben als Jäger, Parasiten, Hyperparasiten oder Inquilinen in Nestern sozialer Hymenopteren, selten (*Anthracinae*) in Noctuidenraupen und in Eikapseln von Heuschrecken. Die häufig *Triungulinus*-artigen Junglarven ersten Stadiums suchen ihre Wirte aktiv auf.

Abb. 38. *Bombylius discolor* Mik (Bombyliidae). Nach Enderlein. Nat. Gr. 20—23 mm (mit Rüssel).

Borboridae (Macquart 1835) Frey 1921 (*Sphaeroceridae* Macq., *Cypselidae* Hendel 1922), Dungfliegen, artenreiche, an 200 Arten umfassende Fam der Fliegen, deren Larven meist saprophag leben. Fossil etwa 70 tertiäre Arten bekannt (cf. HANDLIRSCH in SCHRÖDER 1929).

boreal (lat. borealis, nördlich, von boreas, -eae, m., gr. ὁ βορέας der Norden, Nordwind), zum nordpolaren Gebiet gehörend oder dieses Gebiet bewohnend. Meist allgemein, ohne scharfe Begrenzung gebraucht (→ arktische Region).

borealis Tullgren, *Pemphigus*, Pappeltrieb-Gallenlaus (*Hom Aphididae*).

boreata Hübner, *Operophthera*, Buchenfrostspanner (*Lep Geometridae*).

Boreidae (McLeay 1821) Stephens 1835 (*Raphioptera* McLeay), Winterhafte (Abb. 39), Fam der *Panorpatae* mit 6 europäischen und 4 nordamerikanischen Arten. In Deutschland 2 Arten, *Boreus hiemalis* Linné und *B. westwoodi* Hagen. Fossil nicht bekannt.

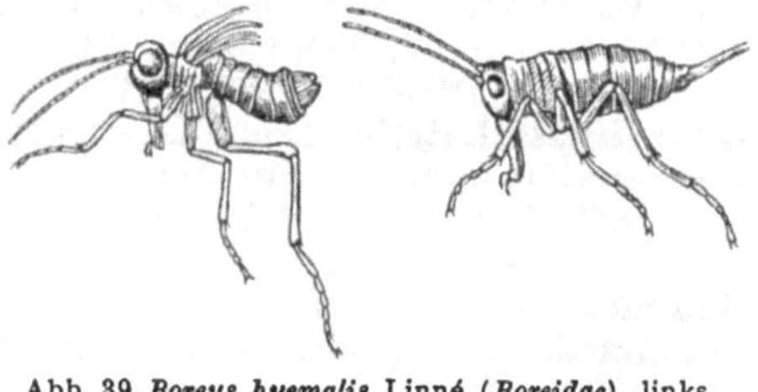

Abb. 39 *Boreus hyemalis* Linné (*Boreidae*), links Männchen, rechts Weibchen. Nach Stitz. Nat. Gr. des Männchens 2,3 mm, die des Weibchens 3,5 mm.

boreo-alpin wird diejenige diskontinuierliche Form der geographischen Verbreitung bezeichnet, bei welcher eine Art im hohen Norden und in höchsten Gebirgslagen niedrigerer Breitengrade auftritt, im Zwischengebiet dagegen vollständig fehlt.

Borkenfresser, Phloeophaga, Insekten, vor allem Käfer (z.B. manche *Anobiidae*, welche in der Baumrinde Gänge bohren und sich von ihrer Substanz ernähren. Von ~ sind die → Rindenfresser zu unterscheiden.

Borkenkäfer → *Ipidae*.

Borkenkäferwölfe → Ameisenbuntkäfer.

Borste, saeta ein dickwandiges starres, beweglich eingelenktes, → echtes Haar. Die ~ sind entweder auf der Fläche des Integuments, oder auf Warzen, stets in einer als → Alveole bezeichneten Grube des Integuments eingelenkt. Die gelenkige Verbindung mit dem Integument wird in der Regel durch eine häutige ringförmige → Borstengelenkmembran hergestellt, die aber auch mehr oder weniger stark sklerotisiert sein kann, wodurch die ~ unbeweglich wird. Gelenkig mit dem Integument verbundene ~ sind meistenteils → Sinnesborsten, während ~ mit mechanischen Funktionen in der Regel unbeweglich sind, wie z. B. die ~ am Rande des → Körbchens bei der Honigbiene, Haftborsten an den Tarsensohlen usw. Eine scharfe Unterscheidung von Borsten und Haaren ist vielfach nicht möglich. (Taf. V, Fig. 1,5 und 7.)

borstenförmig heißen Fühler, welche aus gleichartigen Gliedern zusammengesetzt sind und zur Spitze allmählich dünner werden. (Gegens. → fadenförmig.)

Borstengelenkmembran, ringförmig zwischen dem Rand der → Borstenpore und dem Basalrand der Borste ausgespannter membranöser Streifen der → Exocuticula. (Taf. V, Fig. 1.)

Borstengrübchen, Borstengrube → Alveola.

Borstenkamm, Trichoctenidium, eine regelmäßige Reihe dicht nebeneinander stehender Borsten. Borstenkämme treten an verschiedenen Körperstellen auf, z. B. bei gewissen Mallophagen häufig auf den Hinterleibssterniten, bei Männchen von *Hylemyia trichodactyla* Rondani an den Schienen und Tarsen. Vgl. auch → Ctenidium.

Borstenkanälchen, meist senkrecht, vielfach aber auch schräg die Dicke der Cuticula durchsetzende Kanälchen, welche dem rezeptorischen Nervenfortsatz den Zugang zur → Sinnesborste ermöglichen.

Die ~ sind in der Regel dünner, als das → Borstengrübchen groß ist, und münden in der Mitte oder etwas excentrisch in den Boden der letzteren. Sie sind nicht selten auch äußerlich an den durchsichtigen Stellen der Cuticula wahrnehmbar und können dann im Zeichnungsmuster mitspielen (aufgeworfene Ränder des Halsschildes und der Flügeldecken bzw. Halbdecken bei gewissen Saltatorien, Blattarien, Coleopteren, Heteropteren usw.). Bei sehr dicker Cuticula können 2—3 ~ in einen gemeinsamen Kanal münden, was besonders am Vorderkopfe gewisser Mallophagen häufiger der Fall ist. (Taf. V, Fig. 1.)

Borstenpore, Trichoporus, Öffnung am Grunde einer Borste, an der Grenze zwischen Exo- und Endocuticula, welche den Übergang zwischen dem Hohlraum der Borste und dem des Borstenkanälchens vermittelt. Sie liegt gewöhnlich am Grunde der → Alveole. (Taf. V, Fig. 1, Bp.)

Borstenpunkt, Borstengrübchen → Alveole.

Borstenschwänze → *Thysanura.*

Bostrychidae (Billberg 1820) Zoufal 1894 (*Apatides* Billb.) Bohrkäfer (Abb. 40), kleine bis 1,5 cm lange, walzige, holzbohrende Käfer mit ziemlich langen Fühlern, deren drei Endglieder eine gestreckte, lose Keule bilden. Von den etwa 350 beschriebenen Arten leben 16 in Deutschland. Larven engerlingartig, mit gut entwickelten Thorakalbeinen, leben wie die Käfer holzbohrend, meist im abgestorbenen Holz, daher in der Regel sekundär, technisch schädlich, seltener primär, wie z. B. der schwarze Kaffeebohrer der Tropen. Fossil an 20 tertiäre Arten, meist aus dem baltischen Bernstein beschrieben, außerdem zwei kopale (subfossil), die meisten aus den rezenten Gattungen *Apate* Fabricius und *Bostrychus* Geoffroy.

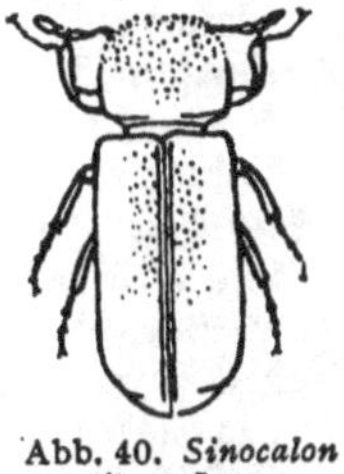

Abb. 40. *Sinocalon vestitum* Lesne (Bostrychidae). Nach Lesne aus Handlirsch. Nat. Gr. etwa 7 mm.

Bothriotriche, sg. Bothriothrix (gr. ὁ βόϑρος Grube, dem. τὸ βοϑρίον Grübchen, ἡ ϑρίξ, τριχός Haar), Grübchenhaare, lange, in becherförmigen Vertiefungen des Integuments eingepflanzte, glatte, bewimperte, spitze oder keulenförmige Haare der Collembolen. (→ Trichobothrium.)

botrana Schiffermüller, *Polychrosis,* bekreuzter Traubenwickler, (*Lep Tortricidae*). 5—6 mm langer, 12—13 mm spannweiter Schmetterling. VFl olivbraun mit breiter, weißlicher, innen bleigrau gesäumter Schrägbinde vor und mit einem stark geschwungenen, bleigrauen, weißlich gesäumten Querstreifen hinter der Mitte. HFl hellgrau. Die schmutziggrünen Raupen der ersten Generation leben wie die der *Clysia ambiguella* als → Heuwürmer in den Gescheinen (Blüten des Weinstockes), die der zweiten und dritten Generation als → Sauerwürmer in den Beeren der Weinrebe. Heimat Südeuropa, in Deutschland Anfang dieses Jahrhunderts über Wiesbaden nach den Rheingauen eingeschleppt.

bovinus Linné, *Tabanus,* Rinderbremse (*Dipt Tabanidae*).

bovis DeGeer, *Hypoderma,* große Rinderdasselfliege, Biesfliege (*Dipt Tachinidae, Hypoderminae*).

brachelytr (gr. βραχύς kurz, τὸ ἔλυϑρον Hülle, Futteral), mit verkürzten Fld versehen, wie z. B. *Staphylinidae.*

Brachfliege → Getreideblumenfliege.

Brachialader, Brachium, im VFl der *Hymenoptera* die 4. Längsader, welche nach älteren Autoren dem Cubitus (Cubitalader) entspricht. Auch bei *Heteroptera* wird der Cubitus im VFl (Halbdecken) als ~ bezeichnet. (Taf. XIII, Fig. 2.)

Brachycera Brauer 1880, Fliegen mit fast immer heteronom gegliederten, kurzen Fühlern, die aus 2 größeren Basalgliedern und einer höchstens 8gliedrigen Geißel bestehen. Larven meist acephal mit Mundhaken. Puppen meist frei, wenn in der letzten Larvenhaut, dann diese durch einen T-förmigen Spalt vorn am Rücken verlassend. Die ~ werden in zwei Gruppen, *Orthorhapha* und *Cyclorhapha,* eingeteilt.

Brachymera Thomson 1859, ehemaliger Gruppenname der Käfer, mit welchem die Zusammenfassung der Familien *Dermestidae, Byrrhidae* und *Nosodendridae* bezeichnet zu sein pflegte.

brachyntera Schwaegrichen *Thecodiplosis,* Kiefernnadelgallmücke, Kiefernnadelscheidengallmücke (*Dipt Cecidomyidae*), die Larve verursacht zwiebelartige Anschwellungen am Grunde der Kiefernnadelpaare.

Brachypterie (gr. βραχύς kurz, τὸ πτερόν Flügel) Kurzflügeligkeit, kommt sowohl bei Fld und Halbdecken als auch in Flugflügeln vor. Im Gegensatz zu → Apterie tritt ~ niemals als exclusives Merkmal einer Insektenordnung auf. Es gibt aber ausnahmslos brachyptere Familien, wie z. B. die *Staphylinidae*, bei denen allerdings gewöhnlich nur die Vorderflügel (Decken) brachypter sind. Sonst kommt ~ neben Apterie oder → Macropterie nicht selten bei ein und derselben Art vor. Brachyptere Formen sind besonders bei Thysanopteren, Heteropteren und Saltatorien häufig. Bei Thysanopteren und einigen Perlarien sind vornehmlich ♂ brachypter, während sonst die ♀ mehr zu ~ neigen. Vgl. auch → Micropterie.

Brackwasser, schwach salziges Meerwasser an der Mündung von Flüssen. Es gibt verhältnismäßig wenige Wasserinsekten, die sich an das ~ angepaßt haben.

Braconidae (Burmeister 1829) Kirby 1837, Brackwespen (Abb. 41), Fam der *Hym*

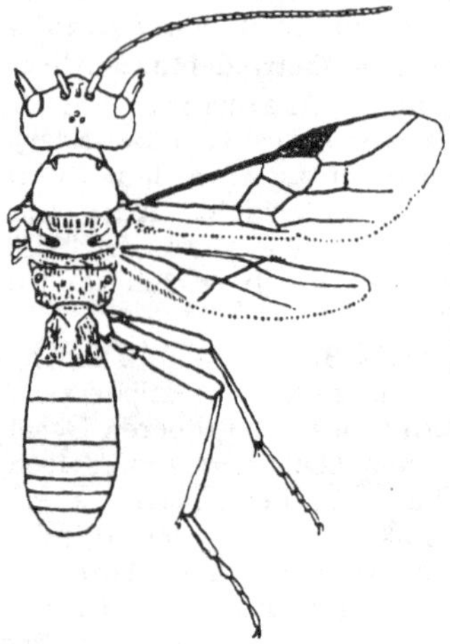

Abb. 41. *Alysia manducator* Panzer (Braconidae-Alysiinae). Nach Lameere. Nat. Gr. 3,5—6,5 mm.

Ichneumonoidea mit etwa 5000 Arten in allen Gebieten. Eine sehr heteromorphe Gruppe mit fast ausnahmslos getrennten Zellen Cu_1 und D_1 in VFl. Zweite Discoidalzelle stets offen. Larven parasitisch, vorzugsweise in Schmetterlingsraupen sowie Larven von Dipteren und Coleopteren. Fossil sind an 40 tertiäre Arten bekannt.

Bracteae (lat. bractea oder bratten -eae, f., ein dünnes Blatt), bei gewisse *Coccidae*, seitliche Fortsätze an den basalen Hlbssegmenten.

Brahmaeidae Hampson 1892, Fam der Schmetterlinge (*Bombyciformes*) mit etwa 20 asiatischen und afrikanischen Arten.

Branchiopneustia (gr. τὸ βράγχια Fischkieme, πνευστιάω schwer atmen, keuchen) sind → Apneustier mit geschlossenem Tracheensystem, welche entweder durch reich mit Tracheolen versorgte Teile des Integuments oder durch dessen Ausstülpungen, sog. → Tracheenkiemen atmen. Hierher gehören Larven der *Ephemerida, Odonata, Perlaria*, der meisten *Trichoptera*, einiger *Neuroptera* (*Sialis, Sisyra*), einiger *Lepidoptera* (*Nymphula, Acentropus*) und *Coleoptera* (*Gyrinidae, Haliplidae, Hygrobiidae, Hydrophilidae*). Diffuse → Hauttracheenatmung haben Larven und Puppen vieler *Trichoptera* sowie gewisse endoparasitische Larven der *Hymenoptera*.

brasilianische Subregion, eines der tiergeographischen Gebiete der → Neotropis, welches nördliches Südamerika mit Ausschluß der Kordilleren umfaßt. (Taf. XXXIII.)

brassicae Walker, *Aleurodes*, Kohlmottenschildlaus (*Hom Aleurodidae*).

brassicae Linné, *Barathra*, Kohleule (*Lep Noctuidae*). Raupen im Herbst an Kohl, Tabak usw. durch Blattfraß schädlich.

brassicae Linné, *Brevicoryne*, Kohlblattlaus (*Hom Aphididae*), gelbgrüne, mit weißer Wachsausscheidung bepuderte, mit kurzen dunklen Siphonen versehene Blattlaus. Sie lebt ohne Wirtswechsel an Kohl, Radieschen, Senf und anderen Cruciferen. Manchmal recht schädlich.

brassicae Bouché, *Hylemyia*, gemeine Kohlfliege, Kohlmade (*Dipt Muscidae*), 6 mm lange aschgraue Fliege. Larve acephal, mit schräg abgestutztem HEnde, welches mit zahlreichen Hautzapfen versehen ist. Sie lebt an Wurzeln junger Kohlpflanzen, die sie dicht unter der Erdoberfläche benagt, wodurch an dieser Stelle die Wurzel wie eingeschnürt aussieht und häufig durchgetrennt wird.

brassicae Winnertz, *Perrisia*, Kohlgallmücke, Kohlschotenmücke (*Dipt Cecidomyidae*), Larve anfangs weißlich, später gelblich in Schoten von Raps und Kohl, saugt an Samen und an der Wand der Schoten, deren Verkrüppelung verursachend.

brassicae Linné, *Pieris*, großer Kohlweißling (*Lep Pieridae*), Männchen mit schwarzen Spitzen der VFl, Weibchen außerdem mit zwei runden schwarzen Punkten nahe der Mitte. Raupe vornehmlich an Kopfkohl, aber auch an anderen Kohlarten.

Brauer, F. M., Schöpfer der → Campodea-Theorie und (1885) des ersten modernen Systems der Insekten, welches einen endgültigen Bruch mit den alten zahlreichen Wendungen der FABRICIschen u. a. Auffassungen bedeutete und die Grundlage aller späteren Systeme bildete. Er teilte die Insekten in → *Apterygogenea* und → *Pterygogenea* ein. Die Ordnungen der *Pterygogenea* sind in einigen zusammenhängenden Ordnungsgruppen vereinigt, welche später HANDLIRSCH zu ÜOrdnungen ausgebaut hatte.

Braulidae (Gerstäcker 1863) Bezzi 1905 (*Braulina* Gerst.), Bienenläuse (Abb. 42),

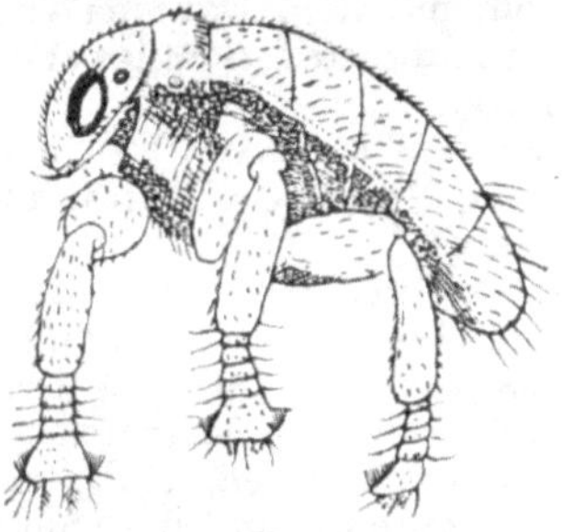

Abb. 42. *Braula caeca* Nitzsch (Braulidae). Nach Hendel aus Lameere. Nat. Gr. 1,5 mm.

Fam der *Dipt Brachycera*, kleine lausähnliche, völlig flügellose Fliegen. Larven → kommensal in Bienenwaben, Imagines → phoresisch auf Bienen.

Brautflug, Ausflug der frisch geschlüpften Männchen und Weibchen von Termiten aus dem alten Nest. Der ~ ähnelt sehr einem → Hochzeitsflug, von dem er sich aber dadurch unterscheidet, daß die ausfliegenden Geschlechtstiere der Termiten noch unreife Gonaden haben und erst einige Zeit nach der Landung und dem Abwerfen der Fl die Geschlechtsreife erlangen und zur Kopulation treten. Die Paare suchen sich aber gleich nach der Landung auf und leben einige Zeit als Brautpaare, ohne Geschlechtsverkehr, nebeneinander.

Brautgeschenke → Hochzeitsgeschenke.

Breitrüßler → *Anthribidae*.

Breitbauchwanze → *Eurygaster maura*.

Bremsen, Fliegen der Fam *Tabanidae*. Weibchen sind lästige Blutsauger und plagen besonders stark Pferde und Vieh, seltener den Menschen (vor allem *Haematopota* und *Chrysops*). Männchen nehmen Pflanzensäfte zu sich.

Brenner → *Anthonomus pomorum*.

Brennhaare, Gifthaare, Toxophore, brüchige, gewöhnlich mit Widerhaken am Ende versehene und mit → Giftdrüsen zusammenhängende Haare vieler Raupen, seltener Falter.

Am meisten bekannt ist die Nesselwirkung (Raupen-Urticaria) der Haare unserer Prozessionsraupen (*Thaumetopoea*). Ähnliche Wirkung haben aber auch Haare anderer Raupen, wie z. B. die der *Lasiocampidae*. Die kurzen, dunkelblauen Haare des Kiefernspinners (*Dendrolimus pini*) werden beim Kokonspinnen abgeworfen und so eingesponnen, daß sie unregelmäßige Bürstenpolster im Kokongewebe bilden. Bei vielem Arbeiten mit den Kokons des Kiefernspinners ist es ratsam, Gummihandschuhe zu benutzen, um das durch diese Haare verursachte unangenehme Hautbrennen zu verhüten. Bei Schmetterlingen treten ~ viel seltener auf. Die Nesselwirkung der Schmetterlingshaare (Papillonitis) ist z. B. von unserem Goldafter (*Nygmia phaeorrea*), von *Euproctis flava* (Japan), *Hylesia*-Arten (Guajana) und von Arten der Fam *Megalopygidae* bekannt. Besonders gefährlich sind die Haare der letzteren (MARTINI). (Taf. VII, Fig. 4A.)

Brenthidae (Billberg 1820) Gerstäcker 1863, Langkäfer (Abb. 43), Fam der *Col Rhynchophora* mit etwa 1300 Arten im Tropengürtel der Erde, hauptsächlich aber im indomalayischen und neotropischen Gebiet heimisch. Ihre brachypoden Larven sind zumeist Holzbohrer. Fossil sind nur 4 kopale Arten bekannt.

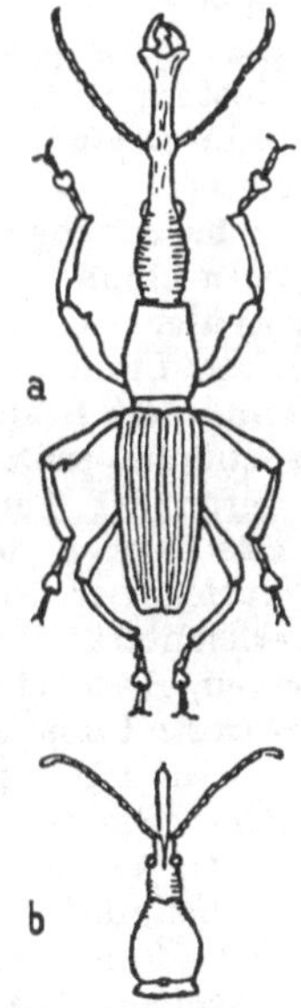

Abb. 43. *Eutrachelus temmincki* Latreille (Brenthidae), a) Männchen, b) Kopf und Prothorax des Weibchens. Nach Handlirsch. Nat. Gr. (Männchen) etwa 7 cm.

brevicollis ssp. ***quercetorum*** Foudras, *Haltica*, Eichenerdfloh (*H. erucae* Olivier), Käfer und Larve durch Benagen der Knospen und Skelettierfraß an Blättern von Eichen, Obstbäumen usw. vielfach lästig. (*Col Chrysomelidae*.)

brevipennis Mulsant, *Leptidea*, kleines Fliegen- oder Weidenböckchen (*Col Cerambycidae*).

brevis Klug, *Hoplocampa*, Birnensägewespe (*Hym Tenthredinidae*).

+***Breyeriidae*** Handlirsch 1908, ausgestorbene Fam der Ordn +*Palaeodictyoptera* mit 3 carbonischen Arten. Stattliche Tiere mit 6—9 cm langen Fl.

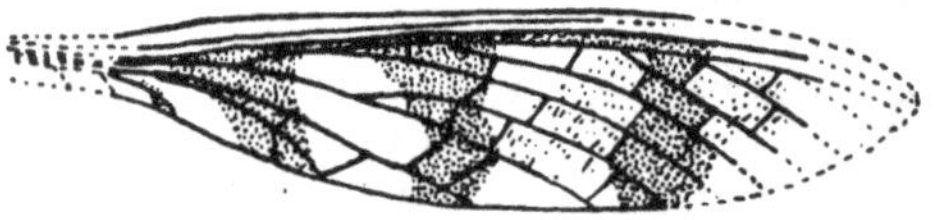

Abb. 44. + *Brodia priscotincta* Scudder (+ Brodiidae). Nach Handlirsch. Nat. Gr. etwa 5 cm.

+***Brodiidae*** Handlirsch 1908 (Abb. 44), ausgestorbene Fam der Ordn +*Megasecoptera* mit 4 mittel-obercarbonischen Arten.

Bromatien (gr. ὁ βρόμας Hafer), kugel- oder birnförmige eiweißreiche Anschwellungen an den Hyphenästen von Pilzen, welche die → Blattschneiderameisen in ihren Nestern züchten (→ Kohlrabihäufchen).

Brombeerspinner → *Macrothylacia rubi* Linné.

Brombeerstraucheule → *Euplexia lucipara* Linné.

Brotkäfer → *Stegobium* (*Sitodrepa*) *paniceum* Linné.

Bruchidae Leach → *Lariidae*.

Bruchlinie, präformierte. Bei Geschlechtstieren der Termiten findet sich an der Basis der Fl je eine ~, welche das Abwerfen der Fl nach dem → Brautflug erleichtert. (Vgl. auch → Häutungsnaht.)

Brüten, Bebrütung → Incubation.

brumata Linné, *Operophthera* (*Cheimatobia*), kleiner Frostspanner (*Lep Geometridae*), Raupen äußerst schädlich durch Blattfraß an Wald- und Obstbäumen, vornehmlich an Buche und Apfelbäumen, bei Massenvermehrung Kahlfraß verursachend. An Obstbäumen werden auch Blüten gefressen und Früchte benagt. Die brachypteren Weibchen werden durch Leimringe im Herbst abgefangen.

brunnea Linné, *Serica*, brauner Seidenkäfer (*Col Scarabaeidae*).

brunnescens Zetterstedt, *Hylemyia*, Nelkenfliege (*Dipt Muscidae*).

brunniventris Hartig, *Ardis*, abwärtssteigender Rosentriebbohrer oder Röhrenwurm (*Hym Tenthredinidae*).

Brust, vielfach für → Thorax gebraucht, bezeichnet eigentlich nur die Unterseite des letzteren, d. h. die Thorakalsternite.

Brustbeine → Thorakalbeine.

Brustgräte, Spatula, ein spatelförmiger, unpaariger Chitinsklerit in der Mittellinie der Mittelbrust bei Alt-Larven vieler *Cecidomyidae*, welche durch diese Vorrichtung zum → Springen befähigt sind. Zum Sprung wird der Hinterleib nach vorn gekrümmt, mit dem Ende gegen die ~ gestemmt, und die dorsalen Längsmuskeln werden gespannt. Durch Rückzug der ~ streckt sich plötzlich der gekrümmte Leib, schlägt auf die Unterlage und schleudert den Körper in die Höhe. Der ganze Vorgang spielt sich ähnlich ab wie ein mit dem Daumen und Zeigefinger ausgeführtes Schnippchen. (Taf. XX, Fig. 8.)

Brustkasten → Thorax.

Brut, Proles, Nachkommenschaft eines Elternpaares.

Brut, extrauterine, die sich in der Leibeshöhle der Mutter entwickelnde Nachkommenschaft. Bei Strepsipteren-Weibchen, welche keine normalen Gonaden und Gonoducte besitzen, schlüpfen die Eier in der Leibeshöhle, und die triungulinenähnlichen Larven verlassen den Mutterkörper durch die → Brutkanäle. Bei paedogenetischen *Miastor*-Weibchen, bei denen die Ovariolen in die Leibeshöhle abgestoßen werden, lebt die Brut extrauterin und ernährt sich endoparasitisch vom Mutterleibe. Die erwachsenen Larven sprengen die noch übrig gebliebene Mutterhaut und verlassen ihre Brutstätte.

Brutfürsorge wird jede Handlung der Elterntiere genannt, welche mittelbar den Eiern bzw. Larven zugute kommt und mit der Eiablage abgeschlossen ist. Die Methoden der → Eiablage an von Natur aus geschützten Stellen, oder an verschiedensten vom Weibchen selbst angefertigten Bohrgängen, Erdnestern, Blattüten, Erdlöchern, mit dem Legebohrer gemachten Einschnitten, Schutzhüllen aus Gespinst um das Gelege usw. haben den Zweck, die Eier vor artwidrigen Eingriffen der Umwelt zu schützen.

Dabei wird zugleich dafür Sorge getragen, daß die ausgeschlüpften Larven gleich in der nächsten Umgebung die ihnen zusagende Nahrung finden. Eine sehr wichtige und auch sehr verbreitete Handlung der ~ beruht auf dem Festkitten der frei auf die Unterlage gelegten Eier, damit die Larven auskriechen können. Bei lose gelegten Eiern werden die Chorione häufig von den Junglarven ganz oder wenigstens so weit aufgefressen, daß sie vom Larvenkörper bei deren Bewegung von selbst abfallen. Ein schwieriges Kapitel stellt die ~ für die Weibchen der parasitischen Insekten dar, denn die Eier müssen an lebendige Wirte gebracht und ihrem Körper an- oder eingepflanzt werden. Manche Weibchen haben in dieser Richtung eigenartige Anpassungsmerkmale herausgebracht, wie z. B. die scherenartigen Vordertarsen der *Anteoninae*. Vgl. auch → Brutpflege.

Brutgesellschaft, eine an zusagender Brutstätte erfolgte Verdichtung der Population (→ Populationsdichte) durch Zuzug mehrerer Elternpaare bzw. Weibchen. Eine Tierleiche, ein absterbender oder gefällter Fichtenstamm, eine Lehmwand usw. locken z. B. zahlreiche *Silphinae* und *Necrophorinae* bzw. Borkenkäfer und andere Holz- und Borkenbrüter, solitäre Bienen und Wespen zur Anlage ihrer Brutstätten bzw. zur Ablage der Eier.

Brutkammern sind in der Erde ausgegrabene (Grabnester) oder im Freien aus verschiedenen Stoffen angefertigte, frei aufgehängte oder versteckte (in Spalten, Stengeln u. dgl.) → Brutzellen solitärer Bienen. Auch bei anderen brutpflegenden Insekten, z. B. bei Scarabaeiden (*Col*), sind unterirdische, mit einer Mistkugel als Larvennahrung versehene ~ weit verbreitet.

Brutkanal, länglich ovaler, taschenförmiger, hinten geschlossener, vorn ventral am Cephalothorax mit hufeisenförmigem → Brutspalt nach außen mündender Raum auf der Ventralseite der *Strepsiptera*-Weibchen (*Stylopidae*). Der ~ liegt zwischen der imaginalen und der persistierenden (bei *Elenchinae* teilweise abgestreiften) Larven- und Puppenhaut. In den ~ münden die 2—5 → Genitalkanäle.

Brutparasiten, Brutschmarotzer sind Insekten, vornehmlich Larven, die sich von der Brut, d. h. von Eiern und Larven brutpflegender Insekten ernähren. Die brutfressenden Larven gelangen zu ihren Wirten entweder durch die → Brutfürsorge ihrer Mütter, welche die Eier an die fremde Brut ablegen (*Chrysididae, Mutillidae*) oder suchen die Wirtsbrut selbständig auf (*Meloidae, Rhipiphoridae*, → Triungulinen).

Brutpflege, Neomelie, werden alle Handlungen der Elterntiere, vornehmlich der Weibchen genannt, welche nach der Eiablage ausgeführt werden und den Larven unmittelbar zunutze kommen. Außer dem Schulbeispiel der Honigbiene und der Ameisen, deren Arbeiterinnen die Brut bis zum Schlüpfen der Imago mit Futter versorgen und pflegen, ist die ~ auch bei vielen anderen Insekten sehr verbreitet. Gewisse Cocciden-Weibchen tragen ihre Eier in → Brutsäcken (*Pseudococcus, Orthezia, Icerya*) oder eingestülpten → Bruttaschen herum. Die meisten Arten dieser Tiere bedecken die Eigelege mit ihrem eigenen Leib, welcher allmählich abstirbt und ein erhärtetes Schild um die Nachkommenschaft bildet (z. B. *Lecaniinae*).
Die Blattarien tragen ihre Eier bis zum Schlüpfen der Larven in → Eikapseln im Genitalraum. Die javanische Schabe *Phlebotomus pallens* (Weibchen) nimmt ihre frisch geschlüpften Jungen in einen Brutraum zwischen dem ausgehöhlten Hlbsrücken und den hochgewölbten Flügeln auf. Die Weibchen der → *Belostomatidae* kleben ihre Eier auf dem Rücken der Männchen fest, welche sie im Wasser mit herumtragen und sie nicht aussaugen können, was sie sonst gerne tun. Auf ähnliche Weise läßt das Weibchen der *Coreidae Phyllomorpha laciniata* das Männchen die Eier auf dem Rücken tragen.

Brutsack, aus Wachsplatten oder Wachswolle der abdominalen Wachsdrüsen angefertigter und hinten dem Hlb angehängter Sack der *Orthesia, Pseudococcus, Icerya* (*Coccidae*), in welchem die Weibchen dieser Tiere ihre Eigelege so lange mit herumtragen bis die Larven geschlüpft sind.

Brutspalte, eine hufeisenförmige Spalte auf der Ventralseite des Cephalothorax gewisser *Strepsiptera*-Weibchen, die Mündung des → Brutkanals.

Bruttasche, Marsupium, taschenförmige Einstülpung der Hlbssternite von *Icerya* (weit offen) und *Steatococcus* (mit kleiner Öffnung), welche zusammen mit dem angehängten → Brutsack (*Icerya*) oder allein (*Steatococcus*) die Eier aufnimmt (→ Brutpflege).

Brutzellen sind aus Wachs (Biene) oder papierähnlicher, aus zerkauten Pflanzenfasern und Speichel bestehender Masse angefertigte, zu → Waben vereinigte Zellen, in welchen die sozialen Bienen und Wespen ihre Eier einzeln ablegen und die Larven darin weiter züchten. Vgl. auch → Brutkammern.

Bucca (lat. bucca, -ae, f., vollgestopfte Backe) → Backe, → Vorderschlund.

Buccalganglion, ein dem → Tritocerebrum der Hemipteren angeschlossenes, mit dem Labralnervenpaar zusammenhängendes Ganglion.

Buccula (lat. buccula, -ae, f., dem. von bucca vgl. oben), der Seitenwulst der → Rüsselrinne bei *Heteroptera.*

bucephala Linné, *Phalera*, Mondfleck, Mondvogel, Lindenspinner (*Lep Notodontidae*), etwa 22 mm langer und an 5 cm spannweiter Schmetterling mit aschgrau und weißlich marmorierten, im Spitzenwinkel mit einem großen hellgelben, eiförmigen Mondfleck versehenen VFl und hellen HFl. Die schwarzbraune, grell gelb karierte Raupe frißt gesellig an Blättern von Laubbäumen, vornehmlich an Eiche, Linde und Weide. Gelegentlich auch an Obstbäumen schädlich.

Buchdrucker → *Ips typographus.*

Buchenschädlinge. An Blättern der Buche fressen u. a. die Raupen der Nonne (*Lymantria monacha* Linné, hier charakteristischer „Ankerfraß"), des Schwammspinners (*Lymantria dispar* Linné), des Buchenrotschwanzes (*Dasychira pudibunda* Linné) und des Buchenfrostspanners (*Operophthera boreata* Hübner). Von Blattläusen, die bei Massenvermehrung an jungen Buchen recht empfindlichen Schaden anrichten können, sind vor allem die Buchenblattbaumlaus (*Phyllaphis fagi* Linné) und die Buchenkrebsbaumlaus (*Schizodryobius pallipes* Hartig) zu nennen.

Die Buchenblattgallmücke (*Mikiola fagi* Hartig) bildet die bekannten spindelförmigen, bis etwa 1 cm langen Gallen auf der Blattoberseite.

Der Buchennutzholzborkenkäfer (*Trypodendron domesticum* Linné) bohrt tief ins Holz dringende Muttergänge, die den technischen Wert des Holzes mehr oder weniger stark beeinträchtigen. Von anderen Borkenkäfern ist besonders der kleine Buchenborkenkäfer (*Ernoporus fagi* Fabricius) zu nennen, welcher sehr häufig in Zweigen und Ästen seine flach unter der Rinde verlaufenden Muttergänge anlegt.

Stellenweise sehr häufig tritt der Buchenspringrüßler (*Rhynchaenus fagi* Linné) auf, welcher in die jungen Blätter, Blatt- und Blütenstiele kleine Löcher frißt, während seine Larve in Buchenblättern miniert.

Erwähnenswert ist auch noch der Buchenspinner (*Stauropus fagi* Linné), dessen Raupe sich durch auffallend lange Mittel- und Hinterbeine auszeichnet, die sie in → Schreckstellung emporstreckt. Sie frißt frei an Buchenblättern.

Bügel, Verschlußbügel, unbewegliche, sklerotisierte, aber elastische Lippe am → Stigmenverschlußapparat, eine Bildung der vorderen → Atriumwand. (Taf. XXXI, Fig. 4a.)

Bürste, → Fersenbürste, → Bauchbürste, sind dichte Ansammlungen kurzer steifer Borsten auf der Innenseite des hinteren Metatarsus bzw. auf den Hlbssterniten gewisser Bienen. Vgl. auch → Stachelscheide.

Büschelhornmücken, *Corethra* Meigen spp.

bulla, bulla seminalis (lat. bulla, -ae f., Blase, seminalis adj. von semen, -inis n., Same), bei einigen Schmetterlingen vorkommende blasenförmige Auftreibung des → Ductus bursae.

bulla stigmalis → Stigmenplatte.

bumeliae Schrank, *Pemphigus* (*Prociphilus*), Eschenzweigblattlaus (*Hom Aphididae*).

Buntkäfer → *Cleridae.*

buoliana Schiffermüller *Evetria*, Kiefernknopsentriebwickler (*Lep Tortricidae*), 18 bis 22 mm spannweiter Schmetterling mit ockergelben silbergezeichneten VFl. Die rotbraune Raupe bohrt in Knospen 6—12 jähriger Kiefern. Bei Befall der Spitzenknospe entwickelt sich eine der verschonten Seitenknospen zum Haupttrieb woraus sich die charakteristische → Posthornbildung ergibt. Bei Zerstörung aller Knospen eines Triebes entwickelt sich an seinem Ende ein buschiger Kopf oder Keule von dichtstehenden Nadeln und regenerierten Kurztrieben.

Buprestidae (Leach 1815) Stephens 1829 (*Buprestides* Leach), Prachtkäfer, Fam der *Col Sternoxia* mit etwa 12000 Arten, von welchen in Deutschland etwa 100 leben. Die Larven, welche hauptsächlich unter Rinde und im Holz ihre im Querschnitt ovalen Gänge bohren, sind ausgezeichnet durch den vergrößerten Prothorax und entsprechend verbreiterte 2—3 nachfolgende Segmente. Die Größe der ~ schwankt zwischen 5 mm (*Anthaxia quadripunctata* Linné, Deutschland) und 6 bis 7 cm (*Euchroma gigantea* Linné, Mexico). Fossil an 100 tertiäre und einige quartäre Arten bekannt.

buprestoides Linné, *Spondylis*, Waldbock. (*Col Cerambycidae.*)

Burmeister, H. C. C., teilte in seinem Handbuch der Entomologie (Berlin 1832 bis 1847, 5 Bde) die Insekten in 2 Gruppen, Ametabola und Metabola. Die ersteren teilte er in Haustellata mit einer Ordn *Rhynchota* (incl. *Anoplura*) und Mandibulata mit den Zünften *Physopoda, Mallophaga, Thysanura, Orthoptera, Dermatoptera, Corrodentia* (s. lato, incl. *Embiidae* und *Coniopterygidae*), *Subulicornia* (*Odonata* + *Ephemerida*), *Plecoptera, Trichoptera* und *Planipennia* (*Neuroptera, Megaloptera, Panorpatae*). Die Metabolen umfaßten die Gruppe Homoptera mit den Ordn *Diptera, Lepidoptera* (Tetraptera squamata) und *Hymenoptera* (Tetraptera nuda) und Heteroptera mit der einzigen Ordn *Coleoptera.*

bursa copulatrix (gr. ἡ βύρσα Fell, Haut) auch Beutel, lat. copulare verbinden, → Begattungstasche.

bursarius Linné, *Pemphigus*, Pappelblattgallenlaus, Salatwurzellaus (*Hom Aphididae*), eine zwischen Pappel (*Populus pyramidalis*, selten *nigra*) und Wurzeln verschiedener Kräuter (Salat, Löwenzahn, Cichorie, *Sonchus, Chenopodium* u. a.) migrierende Blattlaus, welche an Stielen von Pappelblättern die bauchigen Gallen verursacht.

Butalidae Heinemann u. Wocke → *Scythridae.*

Byrrhidae (Latreille 1806) Stephens 1829pp., Pillenkäfer (Abb. 45), Fam der *Col Brachymera* mit etwa 450 Arten, welche bei uns über 30 Vertreter haben. Halbkugelförmige, etwa 2—12 mm lange, meist kurz und dicht scheckig tomentierte Käfer. Fossil sind an 13 tertiäre Arten bekannt.

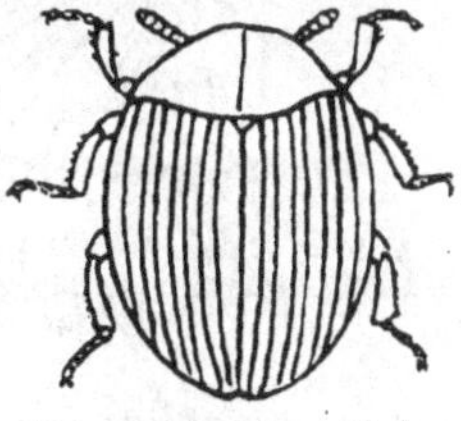

Abb. 45. *Byrrhus pilula* Linné (Byrrhidae). Nach Reitter aus Handlirsch. Nat. Gr. etwa 8 mm.

Byturidae Thompson 1859, Himbeerkäfer, Fam der *Col Clavicornia* mit an 20 Arten in Europa, Asien, Nord- und Südamerika. In Deutschland 2 Arten von *Byturus*, → Himbeerkäfer.

C

cacti Linné, *Coccus*, Cochenille, echte Kochenilleschildlaus (*Hom Coccidae, Dactylopiinae*), an *Opuntia*-Arten im tropischen und subtropischen Gürtel, auf Kanaren, Madeira, in Spanien, Südfrankreich und auf Malta lebende, zur Gewinnung ihres roten Farbstoffes gezüchtete, sonst aber an Opuntien schädliche Schildlaus.

+***Cacurgidae*** Handlirsch (Abb. 46), ausgestorbene Fam der +*Protorthoptera* mit 6 mitteloberearbonischen Arten Belgiens (1) und Nordamerikas (5). Die breiten Fl dieser Arten erinnern an +*Protoblattoidea*, denen die ~ auch von einigen Autoren zugeteilt werden (cf. Grassé 1949).

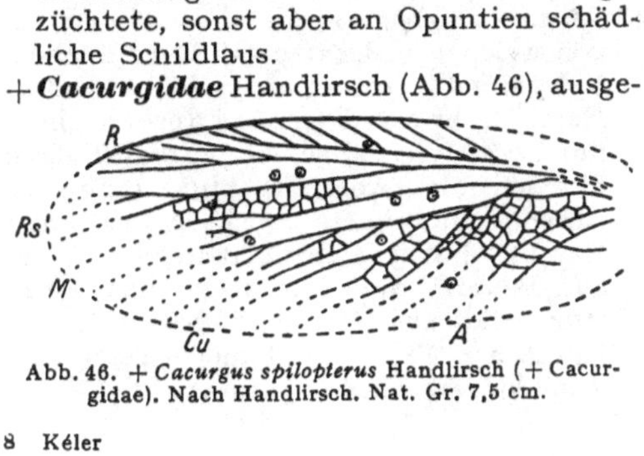

Abb. 46. +*Cacurgus spilopterus* Handlirsch (+Cacurgidae). Nach Handlirsch. Nat. Gr. 7,5 cm.

Caeciliidae Kolbe 1884 (Abb. 47), Fam der *Corrodentia*, ausgezeichnet durch 2glied-

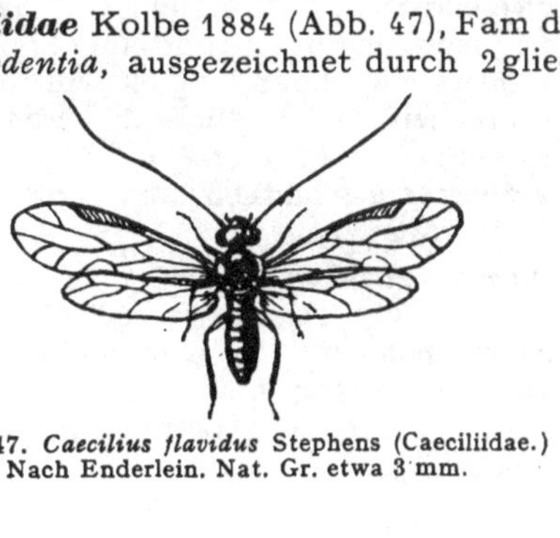

Abb. 47. *Caecilius flavidus* Stephens (Caeciliidae.) Nach Enderlein. Nat. Gr. etwa 3 mm.

rige Tarsen und freie, nicht mit der Media verbundene Areola postica (2. Cubitalader). In Deutschland etwa 20 Arten. Fossil sind 11 Arten aus dem baltischen Bernstein und eine aus dem Kopal Ostindiens beschrieben. (Gegenwärtig = *Polypsocidae* Roesler 1940).

Caecum (lat. caecum, -i, pl. -a, -orum, n., von caecus blind) → Darmdivertikel.

Caelifera Ander 1939 → *Acridioidea.*

Caenidae (Banks 1900) Klapalek 1909 (~ *ini* Banks) (Abb. 48), Fam der *Ephemeri-*

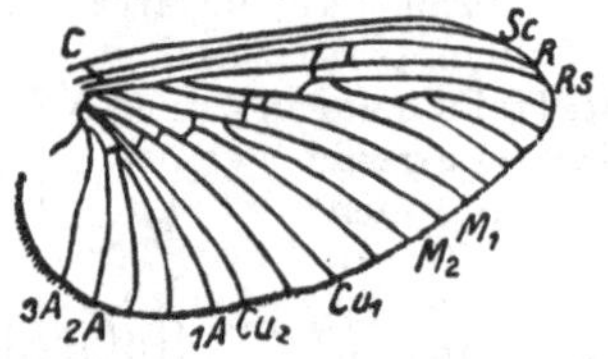

Abb. 48. *Caenis horaria* Linné (Caenidae), Vorderflügel. Nach Ulmer. Nat. Länge des Vorderflügels 4—5 mm (Hinterflügel fehlen).

da mit wenigen, in Deutschland 5 kleinen Arten, ausgezeichnet durch milchig getrübte VFl, fehlende HFl und 3 Schwanzborsten.

Caeno in Zusammensetzungen → Kaeno.

caeruleocephala Linné, *Diloba*, Blaukopf (*Lep Noctuidae*). Die bläulich- oder grünlichweiße, mit gelblichen Rücken- und Seitenlinien und schwarzen Warzen versehene Raupe, deren blaugrauer, mit zwei großen schwarzen Flecken gezeichneter Kopf dieser Art den deutschen Namen gebracht hatte, lebt polyphag an Laubbäumen und wird manchmal an Obstbäumen durch Blattfraß schädlich.

caespitum Linné, *Tetramorium*, Rasenameise (*Hym Formicidae*), braune bis schwarzbraune Ameise von 3,5 (Arbeiter) bis 8 mm (Geschlechtstiere) Länge, mit zweiknotigem Hlbsstiel (*Myrmicinae*), 12gliedrigen Fühlern und einer 3gliedrigen Fühlerkeule, die so lang ist wie die übrige Fühlergeißel. Schädlich an Tabak, Kartoffeln, Zuckerrüben, in Nordamerika verheerend schädlich an verschiedenen Kulturpflanzen.

Calamoceratidae Ulmer 1906, Fam der *Trichoptera*, mit etwa 50 vorwiegend asiatischen und amerikanischen Arten. In Deutschland nicht vertreten. Fossil 2 Arten aus dem baltischen Bernstein bekannt.

Calcar (lat. calcar, -is, pl. -ia, -um, nicht wie hfg geschrieben wird „calcariae") → Sporn.

calcaratus Fabricius, *Phyllobius*, Erdbeergrünrüßler (*Col Curculionidae*), grau, graugelb, seltener grün oder kupferig beschuppter Rüsselkäfer von 6—9 mm Länge, schädlich an Obstbäumen, Erlen usw. durch Blattfraß.

calcitrans Linné, *Stomoxys*, Wadenstecher, gemeine Stechfliege (*Dipt Muscidae, Stomoxydinae*).

Calix, auch calyx geschrieben (lat. calix, -icis, pl. -ices, -icum, n., von gr. ἡ κύλιξ Kelch, Becher) → Becher, → Eikelch.

Callidulidae Morre 1877, Fam der *Lepidoptera* (*Macrofrenatae*), mit etwa 40 indomalayischen Arten.

Calliphora spp., Schmeißfliegen (*Dipt Tachinidae Calliphorinae*).

Callosität (lat. callositas, -atis, f., Verhärtung, von callosus hart-, dickhäutig, schwielig), harte, gallenartige Gewebsanschwellungen, an Pflanzen vor allem die von der Reblaus am Weinstrauch verursachten, als → Nodositäten und → Tuberositäten unterschiedenen Wurzelanschwellungen.

Callus (lat. callus, -i, m., oder callum, -i, n., dicke Haut, Schwiele, pl. calli [meist gebraucht] oder calla), polsterförmige Anschwellungen oder Beulen des Integuments, bei Fliegen vor allem die → Postalarschwielen und → Humeralschwielen, bei Hymenopterendie → Schulterbeule. Bei *Coreidae* ein Paar glatte Beulen nahe am VRande des Hsch. Bei Larven → Stemmpolster.

Calobatidae Bigot → *Micropezidae.*

+***Caloneuridae*** Handlirsch 1908, foss. Fam der +*Protorthoptera* mit einer mitteloberdarbonischen Art aus Frankreich.

Calopterygidae (Selys 1840) Buchecker 1876 (*Normopteroides* Selys, *Agriidae* Tillyard p.p.), Seejungfern, Fam der *Odonata Zygoptera*, mit etwa 300 Arten, von welchen in Deutschland nur 2 leben, *Calopteryx virgo* Lin. und *splendens* Harr. Unter den *Zygoptera* ausgezeichnet durch das vielzellige, bis zum FlGelenk hinreichende Analfeld und zahlreiche Antenodalqueradern zwischen Costa und Radius. Fossil sind 7 deutsche Arten aus Bayern, aus dem baltischen Bernstein und aus Karlsbad bekannt. Die bayrischen Funde sind die ältesten und gehören dem oberen Jura an.

Calotermitidae (Froggatt 1896pp.) End. 1909 (*~inae* Frogg., *Protermitidae* Holmgr. 1911), Fam der *Isoptera* mit etwa 250 Arten der Tropen und Subtropen, bis in das Mittelmeergebiet (*Calotermes flavicollis* Fabr., Südeuropa), vordringend. Fossil sind 20 tertiäre und quartäre Arten bekannt, darunter 7 Arten aus dem baltischen Bernstein.

calyptodom (gr. καλυπτός verhüllt, ἡ καλύπτρα Hülle, ὁ δόμος Haus, Wohnung) werden Wespennester genannt, deren Waben von einer gemeinsamen äußeren Hülle umgeben sind. Innerhalb der Hülle können die Waben auf → phragmocyttare oder → stelocyttare Art aufgehängt sein. Es kommen auch ~ Nester vor, deren Waben teils phragmocyttar, teils stelocyttar gebaut sind, was auch bei ein und derselben Art wechseln kann.

Calyptra (gr. ἡ καλύπτρα Deckel, lat. calyptra, -ae, nicht „calyptera" oder wie amerik. Forscher schreiben „calypter", pl. -ae, -arum, f.) → Alula.

Calyptratae Macquart 1835 (*Schizometopa* Brauer 1880), FamGruppe der *Dipt Cyclorhapha* (*Muscaria*), ausgezeichnet durch die stets deutliche bogenförmige oder hufeisenförmige → Bogennaht (→ *Schizophora*), → schizometopen Kopf und gut entwickelte Calyptrae. Zu dieser Gruppe gehören u. a. die beiden großen Fam *Muscidae* und *Tachinidae*.

Calyx → Calix.

cambii Hendel, *Dendromyza*, Weidenkambiumminierfliege (*Dipt Agromyzidae*).

Campodea-Theorie, von BRAUER 1869 aufgestellter Lehrsatz, nach dem diejenigen Insekten, welche *Campodea*-ähnliche Larvenzustände durchlaufen und den kleinsten Unterschied zwischen Larve und Imago aufweisen, als die phylogenetisch ältesten anzusehen sind.

Campodeidae (Lubbock 1873) Handl. 1906 (*Campodeidae* Lubb., *Rhabdura* Cook 1896) (Abb. 49), Fam der *Apterygota Diplura*, zarte, meist wenig unter 1 cm lange, blasse, nackte oder beschuppte Tiere mit walzenförmigem Körper und homonom segmentiertem Thorax und Hlb (nur sind die Hlbssegmente kleiner als die des Thorax). Fühler und Cerci homonom gegliedert, unter Körperlänge. Das 1. Hlbssegment mit einem Paar 2gliedriger Beinrudimente, das 2.—7. mit je einem Paar → Styli und → Coxalbläschen dazwischen. Genitalanhänge atrophiert, beim Weibchen durch 3 Genitalpapillen am HRande des 8. Segments vertreten. Das 11. Segment reduziert. Tracheensystem hyperpneustisch mit 2 mesothorakalen und einem metathorakalen Stigmenpaar, ganz ohne abdominale Stigmen. Von dieser Fam sind etwa 200 Arten bekannt, einige auch in Deutschland. Fossil eine Art aus dem baltischen Bernstein beschrieben.

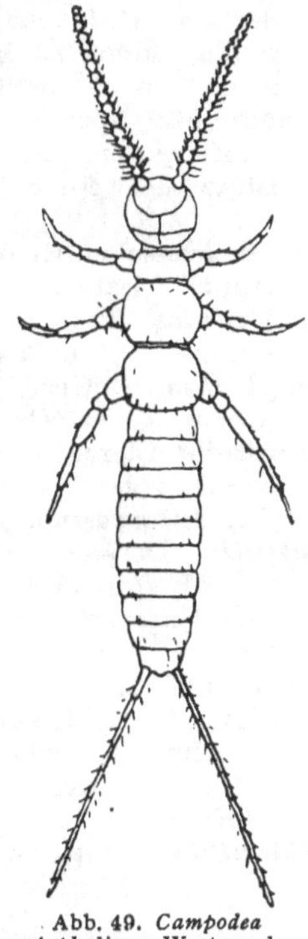

Abb. 49. *Campodea staphylinus* Westwood (Campodeidae). Nach Lubbock aus Handlirsch. Nat. Gr. (ohne Fühler und Cerci) etwa 2 mm.

+***Campterophlebiidae*** Handlirsch 1925, foss. Fam der *Odonata Anisozygoptera* mit 1 oberliassischen Art aus Braunschweig.

+***Campylopteridae*** Handlirsch 1908, foss. Fam der +*Megasecoptera* mit einer obercarbonischen Art aus Frankreich, die durch einen 6,5 cm langen Flügel vertreten ist.

candens Panzer, *Anthaxia*, Kirschenprachtkäfer (*Col Buprestidae*).

canicularis Linné, *Fannia*, kleine Stubenfliege (*Dipt Muscidae Anthomyinae*) hat die eigenartige Gewohnheit, unter der Deckenlampe im Zickzackflug herumzufliegen.

canis Curtis, *Ctenocephalus*, Hundefloh (*Siphonapt Pulicidae*).

canis DeGeer, *Trichodectes*, Hundehaarling (*Mall Trichodectidae*).

Cantharidae Thomson 1864 (*Telephoridae* Leach 1817, typ. Gatt. *Cantharis* Linné 1758, Syn. *Telephorus* Schäffer 1766), Schusterkäfer, Schneewürmer (Larven) (Abb. 50), Fam

Abb. 50. *Telephorus* sp. (Cantharidae). Schema nach Handlirsch. Nat. Gr. etwa 1 cm.

der *Col Malacodermata* mit etwa 6000 Arten, davon 80 in Deutschland. Fossil sind etwa 50 tertiäre Arten bekannt.

Cantharidin, spezifischer ätzender und blasenziehender Anhydrid ($C_{10}H_{12}O_4$) im Blute der *Meloidae* (*Lytta vesicatoria* u. a.).
Für Menschen ist das ~ bei 0,03 g Dosis tödlich. Bei verschiedenen Arten der *Meloidae* schwankt der Gehalt an ~ zwischen 2,6 und 4,8‰.

capitatus DeGeer, *Strophosomus* → *S. rufipes var. capitatus* DeG.

capitella Clerck, *Incurvaria*, Johannisbeermotte, Johannisbeerschabe (*Lep Incurvariidae*).

capitis DeGeer, *Pediculus*, Kopflaus (*Anopl Pediculidae*), wird vielfach für eine Unterart der Kleiderlaus, → *Ped. corporis*, angesehen.

Capitulum (lat. capitulum, -i, n., dem. von caput, Kopf), 1. keulenförmiges Ende der → Schwingkölbchen der Fliegen.
2. Im → condylen Gelenk der → Gelenkkopf.

Capniidae Klapalek 1905 (Abb. 51), Fam

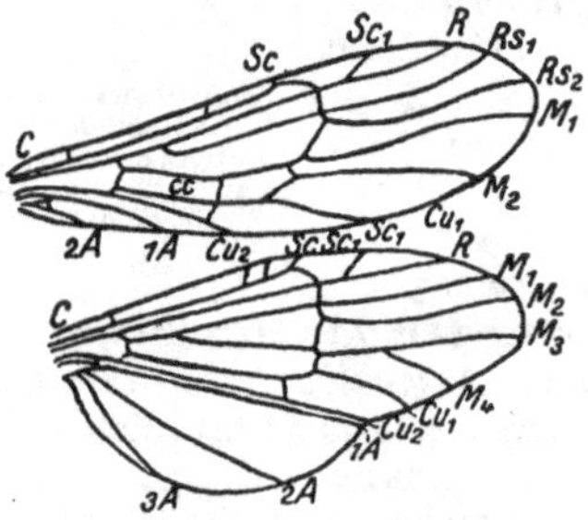

Abb. 51. *Capnia nigra* Pictet (Capniidae), rechter Vorder- und Hinterflügel. Nach Schoenemund. Nat. Länge des Vorderflügels 7—9 mm.

der *Perlaria*, mit 6 deutschen lokal auftretenden, aber stellenweise häufigen Arten.

Capnodis spp., → Obstbaumprachtkäfer.

capreae Linné, *Lochmaea*, gelber Weidenblattkäfer (*Col Chrysomelidae*).

capreae Linné, *Pontania*, Weidenblattgallwespe (*Hym Tenthredinidae*).

Caprifizierung (lat. caprificare durch den Stich der Gallwespe die Feigenblüte künstlich befruchten, caprificus, -i, f., wilde Feige), Bestäubung der weiblichen Blüten von Kulturfeigen (*Ficus*) aus männlichen Blüten wilder Feigen (*Capricus*) durch die Erzwespe *Blastophaga psenes* Linné.

Capsidae → *Miridae*.

Caput (lat. caput, -itis, pl. -ites, -itum, n.) → Kopf.

Caput fractum, Fracticiput, der durch die zwischen den Fühlergruben verlaufende → Scheitelquerfurche geteilte Kopfkapsel gewisser Flöhe.

Caput integrum, im Gegensatz zu caput fractum die Kopfkapsel derjenigen Flöhe, welche der → Scheitelquerfurche entbehren.

Carabidae (Ratzeburg 1837) Lameere 1900 (*Cursores* Ratz.), Laufkäfer, Fam der *Col Adephaga* (von Jeannel 1941—1949 in mehrere Fam aufgeteilt), mit etwa 20000 Arten vorwiegend in der paläarktischen Region. In Deutschland etwa 600 Arten. 2 mm (*Microlestes*) bis einige cm lange Käfer mit einfachen 11gliedigen Fühlern, 5gliedrigen Tarsen und typischen Laufbeinen, seltener mit Grabbeinen (*Scaritinae*). Metasternum mit Quernaht vor den HHüften, die 3 vordersten Sterna des Hlbs miteinander verschmolzen. HFl mit Mediocubitalzelle. Fossil sicher seit dem Eocän, wahrscheinlich aber schon im Mesozoicum entwickelt. Aus dem Tertiär sind fast 300 Arten bekannt.

Carbonische Insekten, Insekten der Kohlenzeit des → Paläozoicums. In vorwiegend marinen Ablagerungen des Unterkarbon sind noch keine sicheren Insektenreste gefunden worden. Aus dem unteren Oberkarbon sind 8 Arten der → +*Palaeodictyoptera* bekannt. Im mittleren Oberkarbon sind schon an 60 Arten der +*Palaeodictyoptera* und an 180 Arten aus 7 rein fossilen und einer rezenten Ordnung (*Blattaria*) gefunden worden. Im oberen Oberkarbon sind weitere 50 Arten der +*Palaeodictyoptera* und 460 Arten aus 6 fossilen Ordnungen und aus der rezenten Ordnung *Blattaria* gefunden worden. Rein carbonische Ordn sind +*Palaeodictyoptera*, → +*Mixotermitoidea*, → +*Reculoidea*, → +*Hadentomoidea*, → +*Hapalopteroidea*, → +*Protephemeroidea* und → +*Megasecoptera*. Carbonisch-permisch sind die Ordn → +*Protorthoptera*, → +*Protoblattoidea* und → +*Protodonata*. Die einzige rezent fortlebende carbonische Ordn sind die *Blattaria*.
Zu den carbonischen Insekten gehörten die größten Vertreter der Insekten überhaupt. Aus der Ordn +*Protodonata* sind Arten bis 40 cm Länge bekannt, welche

eine FlSpannung von 60—70 cm hatten. (→ Größe der Insekten.)

carcharias Linné, *Saperda*, großer Pappelbock (*Col Cerambycidae*).

Cardia (gr. ἡ καρδία der obere Magenmund), Mageneingang, der vorderste Teil des → Mitteldarms (→valvula cardiaca). (Taf. VI, Fig. 2.)

Cardioblasten, sg. Cardioblast (gr. ἡ καρδία das Herz, ἡ βλάστη Keim), die zu oberst gelegenen Zellen der Coelomsäcke, welche in zwei Längsreihen angeordnet jederseits ein Halbrohr bilden, die dann zu einem röhrenförmigen → Rückengefäß verschmelzen. Eine Spur der dorsalen und ventralen Verschmelzungslinie ist in der Wand des Rückengefäßes als eine dorsale und ventale Längsnaht nachweisbar. Die Grenzen der einzelnen ~ sind in der Wand des definitiven Rückengefäßes als Ringnähte erkennbar.

Cardo (lat. cardo, -inis, pl. -ines, -inum, m., Türzapfen zum Auf- und Zumachen der Türe, Wendepunkt), 1. → Angelstück. 2. Im Kopulationsapparat von *Bombus* ein paariges Basalstück, dem der sog. → Stipes aufsitzt.

cardui Linné, *Brachycaudus*, große Pflaumenblattlaus (*Hom Aphididae*).

cardui Meigen, *Hylemyia*, Nelkenfliege (*Dipt Muscidae*).

Carenz (lat. careo, -ere, etwas vermissen, entbehren), meist wird geschlechtliche ~ d. h. Leben in geschlechtlicher Abstinenz gemeint. Kommt bei Insekten nur selten als Folge krankhafter Erscheinungen, z. B. bei parasitischer → Kastration vor.

Carina (lat. carina, -ae, f., Kiel, Schiffskiel), erhöhte Rippe oder → Kiel des Integuments, insbes. ein Querkiel am Scheitelrande des Kopfes bei Capsiden u. a. Heteropteren. Längsrippen auf den Fld der Käfer kommen sehr häufig vor.

Carinae dorsales (lat. dorsalis, recte dorsualis, auf dem Rücken befindlich), Rückenkiele am → Postpetiolus vieler apocriten Hymenopteren, bes. bei Ichneumoniden taxonomisch wichtig.

cariosa Pallas, *Capnodis*, Obstbaumprachtkäfer (*Col Buprestidae*).

Carnidae (Newman 1834) Hendel 1922 (Abb. 52), Fam der acalypteren Fliegen mit wenigen, ektoparasitisch an Vögeln lebenden Arten (*Carnus hemapterus* Nitzsch).

Carniphaga, Carnivora (lat. caro, -nis, f., Fleisch, gr. φαγεῖν, lat. vorare essen, fressen), Insekten die sich von Fleisch ernähren, → Fleischfresser.

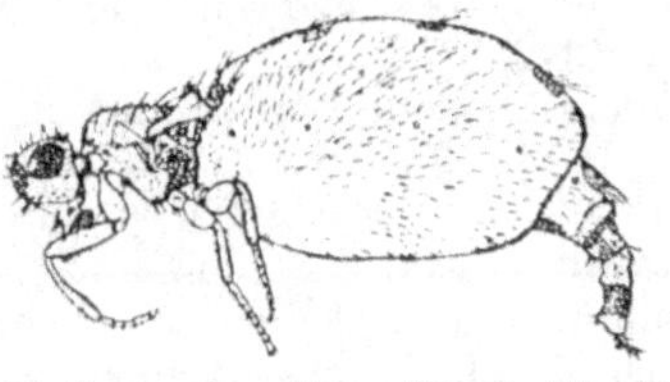

Abb. 52. *Carnus hemapterus* Nitzsch (Carnidae). Nach Lindner. Nat. Gr. etwa 7—8 mm.

carotae Koch, *Semiaphis* → *dauci* Fabricius.

Carotin (von *Daucus carota*, Mohrrübe), ein im Pflanzenreich häufiger Farbstoff der Fettreihe (→ Lipochrome), bei Insekten nicht seltenes → epidermales und → subepidermales Pigment bes. bei Raupen.

carotinoide Stoffe, dem → Carotin verwandte Farbstoffe der Fettreihe, im Pflanzenreich häufig und auch bei Insekten vorkommend.

carpini Ratzeburg, *Scolytus*, Weißbuchensplintkäfer, Hainbuchensplintkäfer (*Col Ipidae*).

Carponomium (gr. ὁ καρπός Frucht, nachkl. lat. carpus, -i, pl. -i, m., Frucht, gr. νόμιος zur Weide gehörig, ἡ νομή Weideplatz) → Fruchtmine.

carpophag (gr. ὁ καρπός Frucht, Getreide, φαγεῖν essen), frucht- und samenfressend.

Caryon (gr. τὸ κάρυον Nuß) → Kern.

casei Linné, *Piophila*, Käsefliege (*Dipt Piophilidae*).

castaneum Linné, *Tetropium*, Fichtenbockkäfer (*Col Cerambycidae*).

castaneum Herbst, *Tribolium*, rotbrauner Reismehlkäfer (*Col Tenebrionidae*).

castaneus Linné, *Corymbites*, gelbflügeliger Rindenschnellkäfer (*Col Elateridae*).

Castniidae Hampson 1898, Fam der Schmetterlinge mit etwa 160 neotropischen und australischen Arten.

Catopochrotidae Heyden, Reitter u. Weise 1891, kleine monotypische Fam der *Col Clavicornia* mit einer turkestanischen myrmecophilen Art der einzigen Gatt. *Catopochrotus* Reitter.

Cauda (lat. cauda, -ae, f., Schwanz) → Schwänzchen.

caudales sympathisches Nervensystem, nervus splanchnicus, entspringt aus dem → Endganglion und versorgt die Geschlechtsorgane und den Hinterdarm, einen bis zum hinteren Teil des Magens reichenden Nervenplexus bildend. Er entstammt vermutlich dem dem Endganglion zugehörigen Teil des → ventralen unpaaren Nerven. (Taf. XXVII, Fig. 1, CN.)

Cauliculus (lat. dem. von caulis, -is, kleiner Stengel, Sproß), Stiel am Balken der → Pedunculi der → Pilzkörper im Protocerebrum.

Caulonomium (gr. ὁ καυλός nachkl. lat. caulus, -i, pl. -i, m., Stengel, gr. νόμιος zur Weide gehörig, ἡ νομή Weideplatz) → Rindenmine.

cavicol, cavernicol, pholoeophil (lat. cavum, -i, n., caverna, -ae, f., Höhle, colere bewohnen, bebauen), höhlenbewohnend.

cavum oris (lat. os oris, n., der Mund) → Mundhöhle.

Cebrionidae (Latreille 1802) Leach 1817 (*Cebrionates* Latr.), Fam der *Col Sternoxia* mit etwa 250 tropischen und mediterranen Arten. Fossil unbekannt.

Cecidien, sg. Cecidium (gr. ἡ κηκίς Gallapfel) → Pflanzengallen.

cecidicol (gr. ἡ κηκίς, κηκῖδος Galle, lat. colere bewohnen), in den Gallen wohnend, ohne sie aber erzeugt zu haben, d. h. inquilin.

cecidogen (gr. ἡ κηκίς Galle, ἡ γενέα Erzeugung), Gallen erzeugend, sind von Insekten ausgeschiedene Stoffe, welche, in die Pflanzengewebe eingespritzt, diese zu lokal übernormalem Wachstum anregen. Bei Cynipiden sind es Exkrete bzw. Bestandteile der Exkrete von → Anhangsdrüsen, welche bei der Eiablage in die Pflanzengewebe eingeimpft werden. Bei Aphiden u. a. sind es Bestandteile des Speichels. In manchen Fällen scheinen die Exkrete der Larven cecidogene Wirkung zu haben, wie z. B. bei cecidogenen Käfern (*Ceutorrhynchus pleurostigma* Marsh., *Saperda populnea* Lin.). In gewissen Fällen wird auch eine cecidogene Wirkung den Eiern zugeschrieben.

Cecidomyiidae Schiner → *Itonididae.*

Cecidosidae Brèthes 1916, Fam der *Lep* (*Tineoidea*) mit wenigen südamerikanischen Arten.

celerio Linné, *Hippotion,* großer Weinschwärmer (*Lep Sphingidae*).

cembrae Heer, *Ips,* achtzähniger oder großer Lärchenborkenkäfer (*Col Ipidae*), vor allem in der Schweiz an Lärche, in höheren Lagen auch an Zirbelkiefer schädlich.

Cemiostomidae Spuler 1910, Glattkopf-Blattminiermotten, Fam der *Lep* (*Tineoidea* o. UFam der *Elachistidae*), mit wenigen, auch in Deutschland vertretenen Arten.

Cenchri (lat. cenchrus, -i, m., gr. ὁ κέγχρος Hirsekorn), Rückenkörnchen (Klug 1808 nach Mallach 1936), ein Paar blasiger Auftreibungen der Nahtmembran zwischen dem Scutum und Scutellum am Metathorax von *Hym Symphyta.* Die Oberfläche der ~ ist mit mikroskopisch feinen Plättchen von verschiedener Bildung besetzt und dadurch rauh. Auf dem Analfeld des Vorderflügels befindet sich unterseits ein → Dornenfeld, welches bei der Ruhelage der Flügel genau auf die ~ paßt und mit ihnen zusammen eine Verankerungsvorrichtung der Flügel auf dem Rücken des Tieres bildet.

centifoliella Zeller, *Nepticula,* Rosenblattminiermotte (*Lep Nepticulidae*).

centuncularis Linné, *Megachile,* Rosenblattschneiderbiene (*Hym Apidae*).

cepae Heer, *Dizygomyza,* Zwiebelminierfliege (*Dipt Agromyzidae*).

Cephalisation (gr. ἡ κεφαλή Kopf), Verschmelzen einiger vorderen Rumpfsegmente zu einem einheitlichen, sekundären Kopf. Der Vorgang der ~ hat sich in der frühen Phylogenese der Insekten bei deren annelidenähnlichen Vorfahren abgespielt und rekapituliert sich in der Embryogenese der Insekten auf der frühesten Stufe der Keimstreifenbildung.

Cephaloidae Leconte 1862, Fam der *Col Heteromera* mit etwa 15 nordamerikanischen und ostasiatischen Arten.

Cephalon (gr. ἡ κεφαλή Kopf) → Kopf. Eigentlich mit „caput" gleichbedeutend, wird jedoch ~ vornehmlich dann gebraucht, wenn es darauf ankommt, die Zusammengesetztheit des Kopfes aus einigen Körpersegmenten zu unterstreichen. In letzterer Bedeutung sind als Synonyme die latinisierten Ausdrücke „synciput" und „syncephalon" anstatt „caput" zu wählen. Ein ~, synciput oder syncephalon entspricht dem → Protocephalon + gnathale Segmente.

Cephalopharynxskelett, ein Chitingerüst um den Pharynx und die → Dorsaltasche der → acephalen Dipterenlarven. Das ~ besteht aus je zwei Seitenskleriten des Pharynx und der Dorsaltasche, welche miteinander durch enge Querbrücken verbunden sind, sowie aus einigen kleinen Skleriten am Dach und an den Seitenwänden des → Atriums, welche die Artikulation der im Atrium gelegenen → Mundhaken übernehmen. Die Muskulatur des ~ besteht aus zwei Paaren von Muskeln, welche von den pharyngealen Flügeln der → Vertikalplatten entspringen und am oberen (Extensorpaar der Mundhaken) bzw. am unteren Basalrande (Flexoren) der Mundhaken angreifen. Zwei weitere Muskelpaare entspringen von den Wänden des Protergums und greifen an den Muskelansatzleisten der → Dorsalflügel an. Es sind die Protractoren des ~. Ein aus dem ursprünglichen clypeo-pharyngealen Bündel der Dilatatoren pharyngis hervorgegangenes Muskelbündel zieht von dem eingestülpten Kopfdachrest bzw. dem Clypeus (Boden der Dorsaltasche) zur dorsalen Wand des Pharynx und behält die Funktion des Dilatator pharyngis. (Taf. XX, Fig. 9, 11, 13.)

cephalotes Linné, *Broscus*, Kopfkäfer (Col Carabidae) → Akinese.

Cephalothorax, Kopfbruststück, Kopf und Thorax zu einem Ganzen verschmolzen. Der typische ~, wie ihn die Crustaceen und Arachniden haben, kommt bei Insekten nicht vor. Analoge Bildungen dieser Art haben z. B. die Weibchen der *Strepsiptera*, gewisse *Coccidae*, sowie manche (→ cyclopoide) Larven und Puppen. Es handelt sich in diesen Fällen um sekundäre Anpassungen, die auf Entwicklungshemmungen zurückzuführen sind. S. auch → *Helotrephidae*.

Cephidae (Newman 1834) Hal. 1840, Halmwespen, Fam der *Hym Symphyta* mit etwa 8 Arten. Fossil sind 3 tertiäre Arten bekannt. Die → Getreidehalmwespe ist bei uns vielfach schädlich.

Cerago (lat. cerago, -inis, f., Bienenbrot), Bienenbrot, zusammengekneteter und mit Speichel verarbeiteter Blütenpollen, mit dem die Bienen ihre Brut füttern.

Cerambycidae (Latreille 1802) Leach 1817, Bockkäfer, Böcke (Abb. 53, 54), Fam der *Col Phytophaga* mit etwa 17000 Arten, von welchen etwa 230 in Deutschland vertreten sind. Fossil sind etwa 100 tertiäre Arten, darunter an 40 aus dem baltischen Bernstein beschrieben worden.

cerasi Fabricius, *Myzus*, schwarze Sauerkirschenblattlaus (*Hom Aphididae*): An Sauerkirsche (*Prunus cerasus*), auf

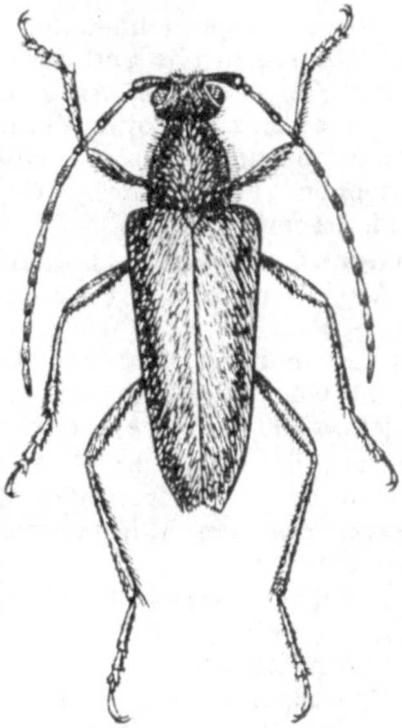

Abb. 53. *Leptura virens* Linné, Männchen (Cerambycidae) Nach Plavilstschikov. Nat. Gr. 14—22 mm.

Blattunterseite, ohne nennenswerte Mißbildung (Blattstauchung). Migriert an *Galium* und andere *Rubiaceae*.

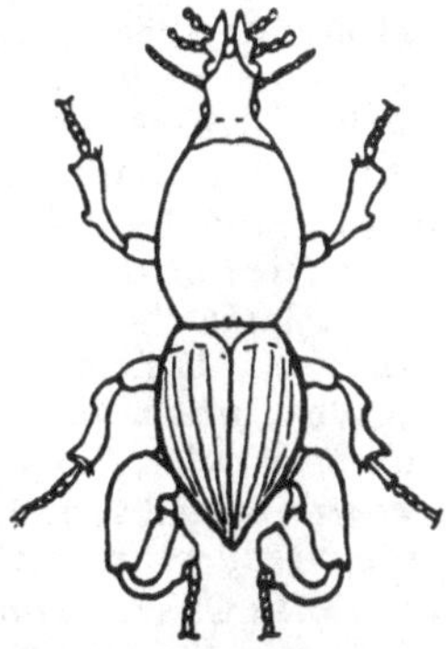

Abb. 54. *Hypocephalus armatus* Desmarest, Männchen (Cerambycidae). In Brasilien unter der Erde lebende Art. Nach Lameere aus Handlirsch. Nat. Gr. etwa 6,5 cm.

cerasi Linné, *Rhagoletis*, Kirschfruchtfliege, Kirschenfliege (*Dipt Trypetidae*). Larven in Kirschen, bes. Süßkirschen.

Ceratocombidae Fieber → *Cryptostemmatidae*.

Ceratophaga (gr. τὸ κέρας gen. κέρατος Horn als Organ und Stoff, φαγεῖν essen), Hornfresser, zoophage Insekten, die sich mit der Hornsubstanz der Epidermis, der Haare und der Federn der Säugetiere und Vögel nähren. Hierher gehören vor allem die → *Mallophaga*. Die Raupe der tropisch-afrikanischen Motte *Tinea vastella* Z. hat sich auf abgeworfene Antilopenhörner spezialisiert (Hesse-Doflein).

Ceratophyllidae (Baker 1905) Dampf 1910 (*Dolichopsyllinae* Baker), Fam der

Aphaniptera, ausgezeichnet durch Fehlen der Scheitelquerfurche und der Ctenidien des Hlbs. Bei *Ceratophyllinae* fehlen die Ctenidien auch am Kopf. Mehrere Gatt und Arten, darunter *Ceratophyllus columbae* Stephens (Taubenfloh), *C. gallinae* Schrank (Hühnerfloh).

Ceratopogonidae(Skuse 1889) Malloch 1917 (*Heleidae*), Gnitzen, Fam der *Dipt Nematocera Oligoneura*, winzige, bei Insekten, seltener bei Menschen (lokal sehr lästig) blutsaugende Mücken, mit mehreren (etwa 500) weit verbreiteten Arten.

Cercaldrüsen, ein Paar von → Abdominaldrüsen in den → Afterraifen der *Projapygidae*, mit den Mündungen an den Spitzen der Cerci.

Cerci (lat. nachkl. cercus, -i, pl. -i, -orum, m., Gr. ἡ κέρκος der Schwanz von Tieren) → Afterraife.

Cercopidae (Leach 1818) Atkinson 1885, Schaumzicaden, Schaumzirpen, Fam der *Hom Cicadina* mit etwa 2800 Arten (Metcalf 1951). Kleine bis mittelgroße, in allen gemäßigten und warmen Gebieten verbreitete, in den Tropen besonders formenreiche Gruppe. Fossil mit etwa 70 tertiären Arten.

cerdo Linné (*heros* Scopoli), *Cerambyx*, großer Eichenbock, großer Heldbock, 5 cm langer schwarzbrauner Bockkäfer. Larve in Eichen-, seltener Eschen- oder Nußbaumholz technisch schädlich. (*Col Cerambycidae*).

cereale Kaltenbach, *Macrosiphum* → *Sitobium granarium* Kirby.

cerealella Clerck, *Sitotroga*, französische Kornmotte, Getreidemotte, graue Reismotte. Etwa 6 mm lange, 17 mm spannweite gelbbraune Motte. Raupe im lagernden Getreide und Mais, nur je ein Korn ausfressend und sich darin verpuppend. (*Lep Gelechiidae*.)

cerealium Haliday, *Limothrips*, unbezahnter Getreideblasenfuß (*Thysan Thripidae*).

cerebral (lat. adj. cerebralis, -e) auf das Gehirn bezüglich.

Cerebrale, eine am Kopf der brachyceren Fliegen hinter der Ocellenplatte durch die Gabeln der Sagittalnaht begrenzte, rechteckige (*Tabanidae*) oder spitz (*Syrphidae*) zum Hinterhauptsloch gerichtete Platte.

Cerebralganglion, jedes der das → Gehirn bildenden Ganglien im Gegensatz zu Thorakal- und Abdominalganglien.

cerebrospinal (lat. cerebrum, -i, pl. -a, -orum, n., Gehirn, spina, -ae, f., Rückgrat), zum centralen Nervensystem gehörig.

Cerebrum → Gehirn.

Cerodecyten (lat. cera, -ae, f., gr. ὁ κήρος Wachs, κεροδέτας wachshaltig τὸ κύτος Urne), wachshaltige, von Oenocyten abstammende, sog. → Oenocytoide, Blutzellen gewisser *Coccidae*.

Cerophaga (gr. φαγεῖν essen), Wachsfresser, zoophage Insekten, die sich von Bienenwachs ernähren, wie die → Wachsmotte und → *Epipyropidae*.

Cerophytidae (Latreille 1834) Leconte 1862, Fam der *Col Sternoxia* (oder UFam der *Elateridae*), mit etwa 10 Arten, von denen eine, *Cerophytum elateroides* Latr. in Deutschland lebt. Das 6—7 mm lange pechbraune, unten hellere Tier, lebt im Holzmulm von Buchen und Pappeln.

certella Zeller, *Argyresthia*, Fichtenknospenmotte (*Lep Hyponomeutidae*).

Cerumen (lat. cerumen, -inis, f., Ohrenschmalz), ein Gemisch aus Wachs der Wachsdrüsen und aus verschiedenen anderen Stoffen (Harz, Gummi, Holzmehl, Mist, Lehm usw.), welches von den südamerikanischen *Meliponinae* (*Apidae*) für den Nestbau verwendet wird.

cervi Linné, *Lipoptena*, Hirschlaus (*Dipt Hippoboscidae*).

cervical (lat. cervicalis adj. von cervix, Hals), zum Hals gehörig, Hals-.

Cervicalia (lat. nachkl. cervicale, -is, pl. -ia, -orum, n., sc. scleritum) Cervicalsklerite, Halssklerite, Sklerite der Halshaut, die teils zur Versteifung der letzteren, teils als Ansatzstellen für Muskeln, oder (→ Kehlplatten) als Gelenkträger des Kopfes dienen. Am häufigsten kommen die seitlichen Kehlplatten (Laterocervicalia) vor, doch sind auch ventral (Cervicalia ventralia) und dorsal (C. dorsalia) gelegene Platten der Halshaut nicht selten. Ventrale Halsplatten kommen z. B. bei *Odonata, Blattaria, Dermaptera* und *Gryllidae* vor. Muskelansatzstellen bilden in der Regel nur die Laterocervicalia. (Taf. XXIX.) (→ Hals und → Microthorax.)

Cervix (lat. cervix, -cis, pl. -ices, -icum, f., Nacken, Genick, pl. Hals) → Hals.

cervus Linné, *Lucanus*, europäischer Hirschkäfer (*Col Lucanidae*), der größte mitteleuropäische Käfer und das größte mitteleuropäische Insekt, dessen Männchen ohne Mandibeln 20—60 mm lang sind. Die Form und Länge der zangenförmigen bis geweihartigen Mandibeln sehr veränderlich. Larven in morschen Eichenstöcken. Generation 5jährig.

ceylonische Subregion → orientalische Region.

Chaeta (lat. chaeta, -ae, f., gr. ἡ χαίτη dor. ἡ χαίτα das Haar, nämlich das fliegende Haupt- und Mähnenhaar) → Haar.

Chaeteessidae (Handl. 1925) Fam (oder UFam) der *Mantodea*, mit 3 südamerikanischen Arten der Gatt. *Chaeteessa*, eine primitive Gruppe, deren VBeine noch nicht als Fangbeine ausgebildet sind.

Chaetoide, pl. Chaetoiden (gr. ἡ χαίτη Haar, εἶδον ähnlich sehen, ἡ ἰδέα das Aussehen), unechte Haargebilde, exocuticulare, haarartige Emergenzen der Microsculptur, → Microtrichia, → Aculei.

Chaetosema (gr. ἡ χαίτη Haar, τὸ σῆμα Merkmal, Zeichen), Jordansches Organ, ein Paar warzenartiger oder (*Zygaena*) quer wulstförmiger Erhöhungen am Scheitel vieler Schmetterlinge, die mit strahlig angeordnetem Haarbüschel versehen sind, und ein Sinnesorgan unbekannter Funktion darstellen. Das ~ tritt bei allen Tagfaltern, Hesperiden, Sematuriden, Uraniiden, Epiplemiden, Geometriden, Zygaeniden, Tortriciden usw. auf.

Chaetotaxie (gr. ἡ τάξις Ordnung), ein von Osten-Sacken 1881 begründetes Kapitel der taxonomischen Morphologie, welches sich mit der Einordnung, Benennung und taxonomischer Verwertung der Haargebilde befaßt.

Chagaskrankheit, eine im Innern Brasiliens auftretende, unbehandelt vielfach tödlich ausgehende Erkrankung der Säugetiere und des Menschen, bes. der Kinder. Der Urheber ist die Flagellate *Schizotrypanum cruzi* Chagas, den die Wanze *Conorhinus megistus* Burm. überträgt.

Chagrinierung (türk. sagri Pferderücken, frz. chagrin, genarbtes Leder), lederartige Mikroskulptur der Cuticula, welche bei schwacher Vergrößerung als Mattigkeit der Oberfläche zum Ausdruck kommt.

Chalastogastra Konow → *Symphyta*.

Chalcididae (Spinola 1811) Westwood 1840, Erzwespen (Abb. 55), Fam der *Hym* (gegenw. ÜFam *Chalcidoidea* mit mehreren Fam) mit etwa 10000 bisher beschriebener Arten in allen Teilen der Welt. Die meisten Arten sind Entomoparasiten, wenige, z. B. die prächtigen, goldblauen oder -grünen *Toryminae* (*Syntomaspis*, *Megastigmus*), die schwarzen *Eurytominae* (*Isosoma*) und *Agaoninae* phytophag, z. T. cecidogen. FlGeäder stark reduziert, meist nur aus einer Längsader bestehend, die zunächst submarginal (→ Submarginalader) verläuft, dann aber mit dem V-Rande des Fl verеint als → Marginal- bzw. → Postmarginalader bezeichnet wird und auf die FlFläche einen kurzen geknöpften Ast, den sog. → Radius entsendet. Fossil sind etwa 20 tertiäre und 10 kopale (subfossile) Arten bekannt, die meisten der ersteren aus den miocänen Ablagerungen von Colorado.

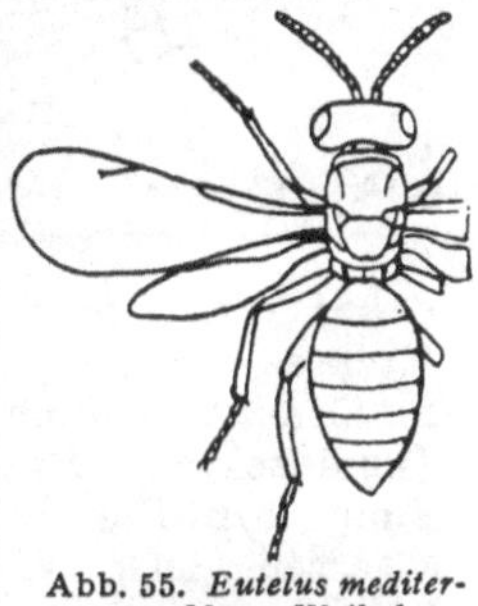

Abb. 55. *Eutelus mediterraneus* Mayr, Weibchen (Chalcididae). Nach Schmiedeknecht aus Handlirsch. Nat. Gr. etwa 4 mm.

Chalcidoidea Ashmead 1897, Familienreihe (o. Überfamilie) der *Hym Apocrita*, nach älterer Auffassung mit den Fam *Chalcididae* und *Mymaridae*. Die neueren Systematiker teilen die erstere in eine Reihe von Fam auf, die den ehemaligen Unterfamilien der *Chalcididae* gleichkommen. Nach neuesten Ansichten gehören die *Mymaridae* eher zu den *Proctotrupoidea*.

chalcographus Linné, *Pityogenes*, sechszähniger Fichtenborkenkäfer oder Kupferstecher (*Col Ipidae*).

Chamaemyidae (Zetterstedt 1842) Hendel 1922 (*Ochthiphilinae* Zett.) Blattlausfliegen, Fam der *Dipt Acalyptratae* mit etwa 50 Arten, die meisten in Europa und Nordamerika, deren nach Art der *Syrphidae* blutegelartig kriechende Larven Aphididen und Cocciden nachstellen.

Champagnerpfropforgane sind → Grubenkegel, welche im Längsschnitt einen hutpilzförmigen oder champagnerpfropfenartigen Umriß haben. Sie treten z. B. am Fühler der Wespen auf. (Taf. V, Fig. 4, 3.)

Chauliodidae Handlirsch → *Corydalidae*.

+***Chauliodititidae*** Handlirsch 1908 (Abb. 56), ausgestorbene Fam der *Megaloptera* mit 2 unter-triassischen Arten.

Chela (lat. chela, -ae, pl. -ae, -arum, f., gr. ἡ χηλή die gespaltene Klaue des Rindes,

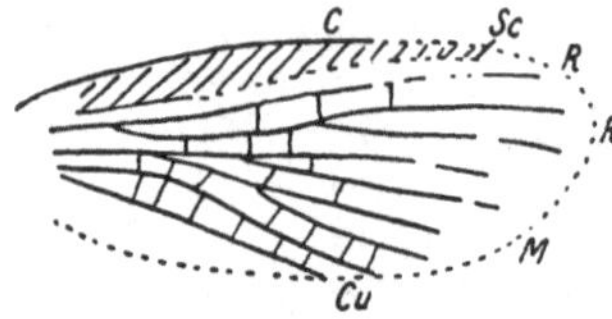

Abb. 56. +*Chauliodites picteti* Heer (+Chauliodítidae). Nach Handlirsch. Nat. Gr. etwa 12 mm.

daher alles zweispaltige, die Schere des Krebses, die Zange), zangen- oder scherenförmige Bildung der VBeine gewisser Jagdinsekten. Eine im mechanischen Sinne typische ~ findet sich an den VTarsen vieler Weibchen der *Dryinidae* (*Anteoninae*), bei welchen der eine Schenkel der ~ von der Kralle, der andere von einem langen Fortsatz des Tarsenendgliedes gebildet wird. Die Fangbeine der Mantiden stellen keine typische ~ dar. Vgl. auch *Carcinocoris* (Abb. 249). (Taf. III, Fig. 5.)

Cheleutoptera Crampton 1915 → *Phasmida.*

+***Cheliphlebiidae*** Handlirsch 1908, ausgestorbene Fam der +*Protoblattoidea* mit einer mittel-obercarbonischen Art aus Nordamerika, von der nur ein wenig deutlicher Abdruck der übereinandergelegten Flügel bekannt ist.

Chemoluminiscenz (gr. Χημία Ägypten, von äg. kemi schwarz, vom Nilschlamm), das an besondere → Leuchtorgane und in ihnen enthaltene → Luciferin gebundene → Leuchtvermögen gewisser Insekten.

Chemoreceptoren, Organe des chemischen Sinnes, → Geruchs- und → Geschmacksorgane.

Chemotaxis (gr. ἡ τάξις geordneter Zustand, Taktik), Fähigkeit der Insekten, auf chemische Reize anzusprechen. Die Reception der chemischen Reize erfolgt mit Hilfe von ~ Chemoreceptoren.

Chiasma (gr. τό χίασμα, eine dem gr. chi, χ, ähnliche Figur, χιάζω, etwas mit χ als ungewöhnlich bezeichnen), ~ nervorum opticorum, Nervenkreuzung, die kreuzweise Verbindung der drei im → Lobus opticus hintereinander agelegenen Nerveninseln, nämlich der →Lamina ganglionaris, der → Medulla externa und → Medulla interna. Zwischen den beiden ersteren liegende ~ wird als Chiasma externa, die die beiden letzteren verbindende als Chiasma interna bezeichnet. (Taf. XXVII, Fig. 2.)

chilenische Subregion der → Neotropischen Region umfaßt südliches Südamerika (Chile, Argentinien) und die Kordilleren bis zum Äquator.

Chironomidae (Macquart 1838) Haliday 1851 (*Chironomides* Macquart, *Tendipedidae* Grünb. 1910), Zuckmücken, Schwarmmücken (Abb. 57), Fam der

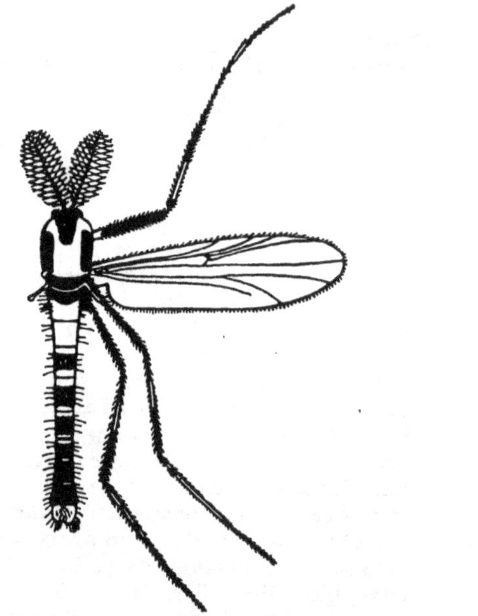

Abb. 57. *Trichocladius montivagus* Goetghebuer (= *Cricotopus pulchripes* Verrall) (Chironomidae). Nach Goetghebuer aus Lameere. Nat. Gr. 3—5 mm.

Dipt Nematocera mit etwa 3000 Arten in allen Regionen der Welt, auch weit in die Polargebiete eindringend. Mückenartige, 2—14 mm lange Fliegen mit verkümmerten Mundwerkzeugen. Larven aquatil im Süß- und Salzwasser oder im Dünger, Moder, Baumsaft, humusreicher feuchter Erde usw. lebend, eucephal, am Prothorax mit einem Paar von Beinstummeln, am Analsegment mit 1 Paar von Nachschiebern und davor oft mit Blutkiemenschläuchen. Fossil sind an 150 Arten vorwiegend aus dem baltischen Bernstein bekannt.

Chirothripoididae Bagnall, Fam der *Thysanoptera Tubulifera,* bisher nur mit wenigen Arten aus Trinidad.

Chirotypus (gr. ἡ χείρ die Hand, auch Handschrift), die Type zu einem → Manuskriptnamen.

Chitin (gr. ὁ χιτών Gewand, Kleid) an der Luft erhärtender, von den Zellen der Hypodermis ausgeschiedener Grundstoff der Insektencuticula. Das ~ ist ein stickstoffhaltiges Kohlehydrat der Polysaccharidenreihe (Polyacetylglukosamin). In der Literatur finden sich verschiedene Formeln für den molekularen Aufbau des Chitins, dessen molekularer Aufbau gegenwärtig durch die empirische Formel: $(C_8H_{13}O_5N)x$ symbolisiert wird. Chemisch reines Chitin ist farblos und hat nach GOMELL kristallinen Aufbau. Es ist äußerst widerstandsfähig gegen Chemikalien, löslich nur in conc. Mineralsäuren und in wasserfreier Ameisensäure.

Das ~ tritt in der Insektencuticula in der Regel mit mineralischen Inkrusten, vor allem mit kohlensaurem Kalk auf. Aus diesem Grunde spricht man richtiger von einer → Sklerotisierung und nicht von einer Chitinisierung (früher üblich) des Integuments.

Die Cuticula gewisser Schmetterlingsraupen zeigt nach P. SCHULZE keine Chitinreaktion, was seinen Grund darin haben soll, daß die Kristallite des Chitins hier ungeordnet, sehr klein und mit amorpher Substanz gemischt liegen.

Chitinbecher → Becher.

Chitinisierung, Vorgang der Ablagerung bzw. Ausscheidung des Chitins an der Oberfläche der Epidermis. (→ Chitin.)

Chitinschneide, ein Paar von Skleriten, die sich auf der USeite des → Mundkegels bei Apopluren befinden und den Mandibeln entsprechen sollen (SIKORA), von anderen Autoren aber (WEBER) für Maxillenreste gehalten werden.

Chlamydozoa, die von PROVAZEK zu Protozoen (Microsporidien) gestellten, die → Polyederkrankheit der Nonne verursachenden Mikroorganismen. Ihre Protozoennatur ist umstritten.

Chlidanotidae Meyrick 1906, Fam der *Lep Tineoidea,* mit wenigen ceylonischen Arten.

chlorana Linné, *Earias,* Grüneule, Weidentriebspinner, Weidenkahnspinner, Weidenkahneule (*Lep Noctuidae*), etwa 20 mm spannweiter Falter mit hellgrünen VFl. Raupe an Weiden durch Blatt-, Knospen- und Triebfraß schädlich.

chlorizans Germar, *Baris,* Rapsmauszahnrüßler (*Col Curculionidae*).

Chlorophyll (gr. χλωρός grün, τὸ φύλλον Blatt), Blattgrün, der grüne Farbstoff des Pflanzenreiches. Sein Vorkommen bei Insekten als → epidermales oder → subepidermales Pigment wird von verschiedenen Autoren teils behauptet, teils z. B. (P. F. MEYER) bestritten. Der bei Insekten häufig vorkommende grüne Farbstoff des Blutes wird von P. F. MEYER für ein Oxydationsprodukt des Albumins angesehen, während das pflanzliche ~ von den Mitteldarmzellen überhaupt nicht aufgenommen werden soll. Der mit ~ angefüllte Darm verleiht manchen durchsichtigen Insekten ihre grüne Farbe.

Chloropidae (Bigot 1852) Verrall 1901 (*Oscinidae* Big.), Halmfliegen (Abb. 58),

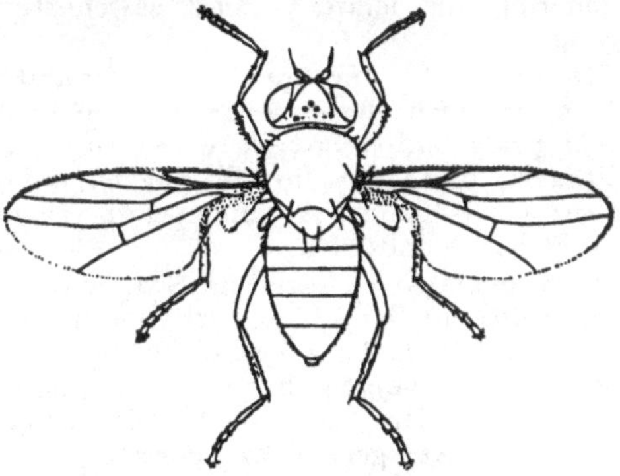

Abb. 58. *Oscinella frit* (Linné) (Chloropidae). Nach Duda. Nat. Gr. 3 mm.

Fam der *Dipt Acalyptrata* mit an 1000 vorwiegend paläarktischen Arten, darunter die wichtigen Getreideschädlinge, die → Fritfliege und → Weizenhalmfliege. Fossil sind 2 Arten der Gatt. *Chlorops* und *Oscinis* bekannt.

Chlorose, krankhafte Verbleichung der normalerweise grünen Pflanzengewebe, durch Insektenfraß bzw. durch die von Insekten eingeimpften Giftstoffe verursacht. Die ~ kann sonst auch durch physiologische Störungen oder durch pilzliche und bakterielle Krankheiten verursacht werden.

cholophag (gr. ὁ χόλος Galle, φαγεῖν essen) werden parasitische Insektenlarven genannt, welche auf bzw. in einem gelähmten Wirt leben, wie vor allem *Psammocharidae, Vespidae* und *Sphegidae.*

Chordotonalorgane (gr. ἡ χορδή Saite, ὁ τόνος Spannung), Saitenorgane, sind → Scoloparien, deren Scolopidienbündel nicht mit einem → Trommelfell in Verbindung stehen, sondern direkt bzw. durch Vermittlung von → Deckzellen mit dem Integument kommunizieren. Die Basis der Scolopidienzelle, d. h. der Körper deren Nervenzelle, kann mittels eines Ligaments mit einer anderen Stelle des Integuments verbunden sein, wodurch eine bipolare, saitenartige Anheftung der Scolopidie bzw. des ganzen Scolopariums zustande kommt.

Die ~, oder, wie sie auch genannt werden, atympanale Scoloparien, sind Organe des mechanischen Sinnes, und zwar → Propriorezeptoren oder → Erschütterungsorgane. Die ersteren sind monopolar mit dem Vorderende am Integument angeheftet, die letzteren sind saitenartig ausgespannt.

Die ~ sind bei Insekten weit verbreitet. Man unterscheidet truncale ~ in den Rumpfsegmenten, pterale ~ in den Flügeln, pedale ~ in den Beinen, antennale ~ in den Antennen und orale ~ in den Mundteilen.

Die antennalen ~ liegen im Scapus oder im Pedicellus der Fühler, seltener im → Anellus (*Forficula*) oder → Postanellus (*Dytiscus*-Larve). Sie haben → amphinematische Stifte und sind saitenartig zwischen zwei gegenüberliegenden Stellen des Integuments ausgespannt. Eine besondere Form der antennalen ~ wird als Johnstonsches Organ bezeichnet. Das antennale ~ des Scapus liegt häufig innerhalb des Johnstonschen Organs.

Die oralen ~ sind bisher nur von *Chironomus*- und *Dytisciden*-Larven bekannt.

Die pedalen ~ treten in drei verschiedenen Typen auf, als typische → Pedalorgane, → Subgenualorgane und → Distalorgane auf.

Die pteralen ~ liegen in den Wurzeln der Flügel und Halteren. Sie haben amphinematische Stifte und saitenartige, bipolare Spannung. Sie sind bei fast allen Fluginsekten vorhanden und finden sich im Lumen der basalen Erweiterung der Flügelwurzel bzw. der Dipteren-Halteren.

Die trunkalen ~ sind bei Larven weitverbreitet und finden sich nur selten bei Imagines. Sie haben amphinematische Stifte und saitenartige Spannung. Sie sind entweder beiderseits an sklerotisierte Integumentplatten angeheftet oder greifen mit einem Ende an einer Intersegmentalhaut an. Im letzteren Fall kommt ihnen vermutlich die Funktion eines inneren Sinnes zu. (Taf. XXVII, Fig. 4, 5, und Taf. XXVIII, Fig. 3, 4.)

Chorion (gr. τὸ χόριον die Haut um die Eingeweide), die äußere, von den Zellen des Follikelepithels gebildete Eischale, die nicht aus Chitin, sondern aus einer chitinähnlichen Substanz, dem → Chorionin besteht. Am ~ läßt sich eine äußere Schicht, das → Exochorion, und eine innere, das → Endochorion unterscheiden. Die letztere liegt direkt der ~ Dottermembran auf. Das ~ ist an der Oberfläche glatt oder skulptiert und am Vorderende mit Poren, den → Micropylen versehen. Auch am HEnde können Poren auftreten, die als → Eistigmen bezeichnet werden. Die Skulptur des ~ ist sehr formenreich und streng artgebunden, häufig im Wabenmuster gehalten, entsprechend den Zellgrenzen des Follikelepithels. In dunklen Verstecken abgelegte Eier haben farblose bzw. milchweiße, die der Endoparasiten meist durchsichtige Chorione, während im Freien abgelegte Eier vorwiegend gefärbte, harte Chorione besitzen. Bei viviparen Arten, deren Eier im Mutterleibe ausgebrütet werden, bleibt das ~ ganz aus. (Taf. IX, Fig. 3A.)

Chorionin, die von den Zellen des Follikelepithels ausgeschiedene Substanz des ~ Chorions. Sie ist verwandt mit Chitin, enthält aber dreimal soviel Stickstoff wie dieses und außerdem Schwefel. Im Gegensatz zu Chitin ist das ~ in Laugen löslich.

+***Chresmodidae*** Handlirsch 1908 (Abb. 59),

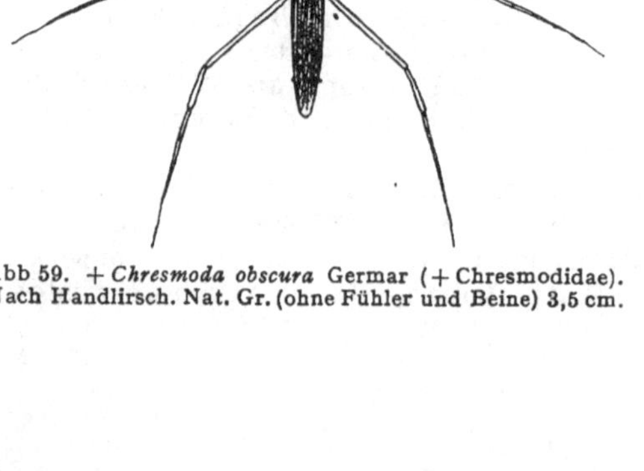

Abb 59. + *Chresmoda obscura* Germar (+ Chresmodidae). Nach Handlirsch. Nat. Gr. (ohne Fühler und Beine) 3,5 cm.

ausgestorbene Fam der *Phasmida* mit 2 jurassischen Arten aus Bayern und England, 3 tertiären Arten aus Deutschland (balt. Bernstein) und 1 miocänen Art aus Nordamerika. Die im lithopraphischen Schiefer Bayerns (Solnhofen und Eichstädt) häufige jurassische Art *Chresmodes obscura* Germar war 3—4 cm lang, stabförmig, mit langen spinnenartigen Beinen und schlanken, 4 cm langen VFl, kurzen ziemlich dicken Fühlern und Afterraifen. Hier schließen sich noch die 1928 von MARTYNOW aufgestellten +Fam *Necrophasmidae* und *Aeroplanidae* an, die zur +Ordn. *Cheleutoptera* Crampton zusammengefaßt werden (GRASSÉ 1949).

Chrysalis (gr. χρύσεος golden, ἡ ἄλυς Müßiggang) → Puppe.

Chrysididae (Latreille 1802) Bischoff 1910, Goldwespen (Abb. 60), Fam der *Hym*

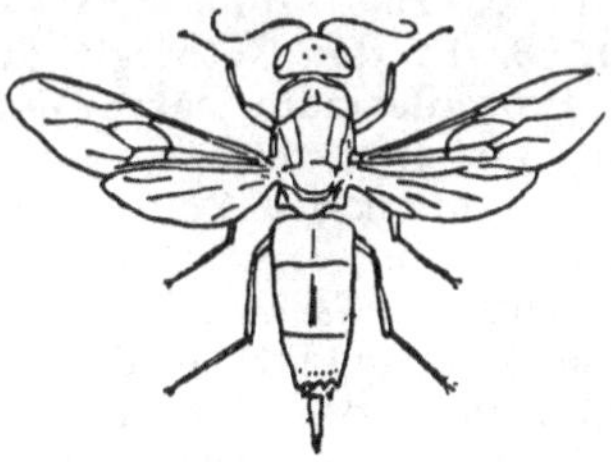

Abb. 60. *Chrysis ignita* Linné, Weibchen (Chrysididae). Nach Handlirsch. Nat. Gr. etwa 4—13 mm.

Apocrita mit etwa 1500 ziemlich gleichmäßig über alle Regionen verteilten Arten. Die in ihrer metallisch roten, blauen und grünen Farbenpracht glänzenden Tiere sind auf den ersten Blick durch die Bildung ihres an den Seiten scharfkantigen und eingefalzten Hinterleibes leicht zu erkennen. Ihre Larven leben parasitisch (brutparasitisch) in Nestern solitärer Bienen und Wespen. Die ~ werden vielfach zusammen mit der Fam *Cleptidae* zu einer Überfam *Tubulifera* (*Chrysidoidea*) zusammengefaßt. Fossil sind 3 oligocäne (darunter zwei aus dem balt. Bernstein), 6 miocäne und 5 kopale Arten bekannt.

chrysocephala Linné, *Psylliodes*, Rapserdfloh (*Col Chrysomelidae*). Etwa 4 mm langer, schwarzer, glänzender Erdfloh mit gelben Fühlerwurzeln, Schienen und Tarsen. Die HTarsen sind mit ihrem verlängerten Basalglied vor dem Schienenende eingelenkt. Die Larve miniert in Blattstielen und Stengeln sowie Wurzeln von Raps, Kohlrüben, Wasserrüben und anderer Cruciferen.

chrysocoma Borkhausen, *Polia* → *Polia spinarum* Vieweg.

chrysoderes Auct., *Agrilus* → *A. rubicola* Abeille.

Chrysomelidae (Latreille 1802) Leach 1819, Blattkäfer (Abb. 61, 62), Fam der

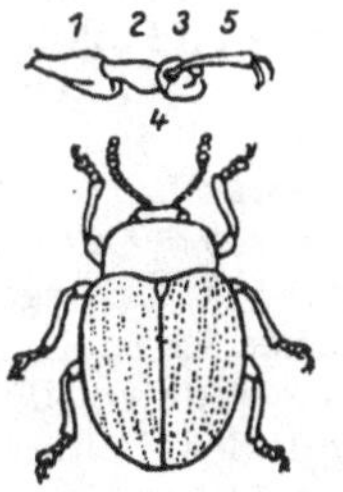

Abb. 61. *Leptinotarsa decemlineata* Say (Chrysomelidae), Käfer und sein pseudotetramerer Tarsus. Nach Sharp aus Handlirsch. Nat. Gr. 6—7 mm.

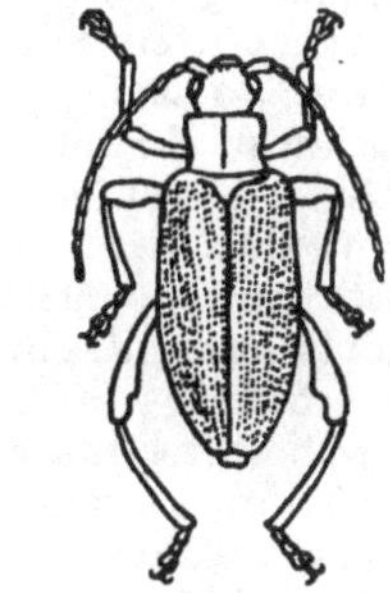

Abb. 62. *Donacia* sp. (Chrysomelidae). Nach Brauer aus Handlirsch.

Col Phytophaga mit etwa 24000 Arten, von welchen an 550 in Deutschland leben. Die meist ovalen, stark gewölbten, aber auch länglichen, parallelseitigen, walzenförmigen (*Crioceris, Lema, Donacia, Hispella*) oder schildförmigen (*Cassida*) Käfer von metallischer, grüner, blauer, aber auch gelber, roter und bunter Färbung sind wie ihre Larven freie Pflanzen-, insbesondere Blattfresser. Die Larven der *Donacia* leben unter Wasser an Pflanzenwurzeln. Fossil sind an 160 tertiäre Arten bekannt.

Chrysopeleidae Mosher 1916, Fam der Schmetterlinge (*Tineoidea*). Bei uns nicht vertreten.

Chrysopidae Hagen 1866, Blattlauslöwen, Florfliegen, Goldaugen, Fam der *Planipennia*, manchmal als UFam den → *Hemerobiidae* angeschlossen.

Chrysopolomidae Aurivillius 1895, Fam der Schmetterlinge (*Zygaeniformes* bzw. *Anthroceriformes*) mit etwa 20 afrikanischen Arten.

chrysorrhoea Auct., *Euproctis* → *Nygmia phaeorrhoea* Donovan.

chrysorrhoea Klug, *Hoplocampa*, Stachelbeersägewespe (*Hym Tenthredinidae*).

Chylus (gr. ὁ χυλός Saft), der Nahrungsbrei im Mitteldarm, das aufgenommene Futter vermischt mit Speichel und Verdauungsfermenten des Mitteldarms. Die aufgelösten Teile des Futters werden aus dem Nahrungsbrei von den Darmzellen aufgesaugt und an das Blut weitergegeben, während die unverdauten in den Hinterdarm weitergeleitet und als Kotklumpen entfernt werden.

Chylusdarm → Mitteldarm.

Chymus (gr. ἡ χυμός Saft) → Speisebrei.

Cibarium (lat. cibarium, -ii, pl. -ia, -iorum, n., als sg. grobes Gerstenmehl, als pl. Lebensmittel, Futter) → Mundhöhle.

Cicadariae Latreille →*Cicadina* Burmeister.

Cicadidae (Linné 1766) Westwood 1840 (*Manniferae* Lin., *Stridulantes* Latr. 1825) Singzikaden, Fam der *Hom Cidadina* mit etwa 4000 (METCALF 1951) vorwiegend tropischen und subtropischen Arten. Große bis sehr große, oft bunte Tiere, deren Männchen beiderseits am Grunde des Hleibes ein → Trommelorgan haben (schon Xenophon wußte, daß die Zikaden „stumme Weiber haben") und nicht selten außerdem noch mit einem → Stridulationsorgan an den Seiten des Mesonotums versehen sind. Beide Geschlechter haben ein Gehörorgan (→ Tympanalorgan) an den Seiten der Hinterleibsbasis, die Männchen dicht am Trommelorgan. Larven subterran, mit Grabbeinen versehen. In Europa nur wenige, auf den Süden des Kontinents beschränkte Arten, von denen nur eine, *Tibicen haematodes* Scop., unsere größte Homoptere, mit 26—38 mm Körperlänge nordwärts bis zum Neckar vordringt. Fossil sind an 16 Arten von der unteren Kreide an beschrieben worden.

Cicadina (Latreille 1802) Burmeister 1835 (*Cicadariae* Latr., *Auchenorhynchi* Dumeril 1806) Zikaden, UOrdn der *Homoptera*, mit etwa 28000 (METCALF 1951) rezenten und über 3000 fossilen, seit der unteren Juraperiode auftretenden Arten. Die ~ zeichnen sich unter den Homopteren durch die reduzierte, borstenförmige Fühlergeißel, 3gliedrige Mittel- und Hintertarsen und die meist gut entwickelten hinteren Sprungbeine aus. Einteilung (schwankend PESSON 1951 26 Fam, METCALF 1951 37 Fam) wie folgt: Fam Reihe *Fulgoroidea* (Latr.) Ashm., Fam *Tettigometridae* und *Fulgoridae*, FamReihe *Cicadoidea* (Latr.) Ashm., Fam + *Protocercopidae, Cercopidae, Cicadidae, Jassidae, Aethalionidae* und *Membracidae*.

Cicatrix (lat. cicatrix, -icis, pl. m, -ces, -cu f., Narbe) → Stigmennarbe.

Cicindelidae (Latreille 1802) Stephens 1827 (*Cicindeletae* Latr.), Sandlaufkäfer, mittelgroße und große, sehr bewegliche, flink laufende, meist geflügelte und dann trotz der Flügeldecken behend auffliegende, wärme- und sonnenliebende, schwarze oder bunt gefärbte Laufkäfer mit vorgequollenen Augen und langen Laufbeinen. Ihre Larven lauern, in selbstgegrabenen Erdlöchern mittels dorsaler → Stemmpolster festgeklemmt, auf Beute. Es sind etwa 1300 Arten aus allen Gebieten mit Ausnahme der kalten Zone beschrieben. Fossil sind nur zwei Arten aus dem baltischen Bernstein bekannt, von denen eine für die rezente amerikanische *Tetrache carolina* Lin. gehalten wird.

Ciidae → *Cisidae*.

cilicrura Rondani, *Hylemyia* → *H. platura* Meigen.

Cilien, sg. Cilie (lat. cilia, -iorum pl. tantum, n., Augenwimpern) 1. → Augenwimpern. 2. Haarsäume auf Segmenträndern. 3. In der Cytologie die haarfeinen Protoplasmafortsätze der Zelle, in Zellen des Insektenkörpers vor allem in den secernierenden Zellen des Darmepithels.

Cimices Linné → *Geocorisae*.

Cimicidae Westwood 1840, Bettwanzen (Abb. 63), Fam der *Het Geocorisae* mit etwa 20 Arten, die über alle gemäßigten und warmen Zonen der Erde verbreitet sind. Blutsauger. Hierher die Bettwanze (*Cimex lectularius* Linné), Taubenwanze (*C. columbarius* Jenyns) u. a. Einige Arten auf Fledermäusen, Schwalben, Mauerseglern und Sperlingen (*Oeciacus hirundinis* Jenyns). Fossil unbekannt.

Abb. 63. *Cimex lectularius* Linné (Cimicidae). Nach Jensen-Haarup aus Handlirsch. Nat. Gr. etwa 4 mm.

cinctipes Meigen, *Lasiosina*, Gerstenhalmfliege (*Dipt Chloropidae*).

cinctus Redtenbacher, *Anthonomus* → *A. pyri* Kollar.

cinctus Linné, *Emphytus*, weißgürtlige Rosensägewespe (*Hym Tenthredinidae*).

cinnamomeus Panzer, *Aradus*, Kiefernrindenwanze (*Het Aradidae*).

Circulation (lat. circulatio, -onis, f., Umlauf), Kreislauf, bes. → Blutkreislauf.

circumanal (lat. circum, ringsum, analis zum After gehörig), um den After herum gelegen.

Circumoesophagalkonektive, ein Paar von Konektiven, welche das → Tritocerebrum mit dem → Unterschlundganglion verbinden.

circumpolar, rund um den Pol auftretend, in der Entomogeographie wird damit die Verbreitung einer Art oder Gruppe im weiteren Umkreis des Nordpols, in den nördlichsten Teilen Europas, Asiens und Nordamerikas gemeint, wenn keine genaue Angabe der Region erwünscht ist.

Cisidae Leach 1819 (*Cioidae* Rosenhauer 1856. *Ciidae* Seidlitz 1887) (Abb. 64), Fam der Käfer mit etwa 350 Arten, von welchen bei uns etwa 40 leben. Kleine walzenförmige, braune oder schwarze, seltener rot und schwarz gezeichnete Tiere, deren Larven in Baumschwämmen und mulmigem Holz leben. Fossil sind 4 tertiäre Arten bekannt.

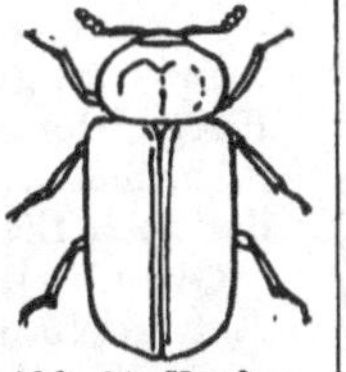

Abb. 64. *Hendecatomus reticulatus* Herbst (Cisidae). Nach Reitter aus Handlirsch. Nat. Gr. etwa 5 mm.

Cistelidae → *Alleculidae.*

Cladocera spp., → Pfeilgiftkäfer (bes. *C. simplex*).

Cladus, Cladom (gr. ὁ κλάδος Ast, Zweig), Hauptklasse, Stammast, von Ernst Haeckel eingeführte systematische Kategorie zwischen dem Subphylum und Classis.

Clambidae (Fischer v. Waldheim 1821) Thomson 1859 (*Monomera* Fisch. v. Waldh.), Punktkäfer, sehr kleine, 0,6—1 mm lange Käfer mit Kugelvermögen. Fld nicht verkürzt, den Hlb ganz bedeckend, HHüften mit → Schenkeldeckeln, Tarsen 4gliedrig. Detritusfresser. Von den etwa 40 Arten leben 8 in Deutschland. Fossil ist erst eine Art aus dem balt. Bernstein beschrieben worden.

Classis (lat. classis, -is, pl. -es, -ium, f., Abteilung, Klasse), Klasse, obligatorische systematische Kategorie zwischen Phylum bzw. Subphylum oder Cladus und Ordo bzw. Superordo der neueren Systematiker.

Claustrum (lat. claustrum, -i, pl. -a, n., Verschluß, Riegel, von claudere verschließen) → Flügelverschluß.

Clava (lat. clava, -ae, f., Keule) → Fühlerkeule.

Clavalsutur, Clavalnaht, sutura clavi lat. clavus, -i m., Steuerruder), 1. im VFl der Heteropteren die den → Clavus vom → Corium trennende, vielfach tief eingeritzte Naht.
2. Im Fl der *Diptera* die konkave Falte zwischen der Cubital- und der ersten Analader. Die ~ entspricht ihrer Lage nach der → Analfalte.

clavat (lat. clavatus gekeult), keulenförmig, bes. antennae clavatae, keulenförmige Fühler.

Clavicornia Ganglbauer 1899, eine sehr heteromorphe Gruppe der Käfer, mit kurzen, keulenförmigen Fühlern.

Clavigeridae (Leach 1815) Leconte 1862, Keulenkäfer, Fam der Käfer mit etwa 100 Arten, von denen in Deutschland nur 2 myrmecophile leben. Kleine, 2—3 mm lange, rote oder braune mit → Trichomen versehene Käfer mit kurzen, dicken Fühlern. Hlbstergite mit Ausnahme von zwei Endsegmenten verschmolzen.

Clavus (lat. clavus, -i, m., Steuerruder), 1. in VFl der *Heteroptera* das sklerotisierte, dreieckige oder viereckige, vom → Costalfelde (→ Corium) durch die → Clavalsutur scharnierartig abgegrenzte → Analfeld. Im VFl der *Homoptera* haben die Cicadaria einen gut ausgebildeten ~. (Taf. XI, Fig. 5.)
2. Im männlichen Begattungsglied der *Lepidoptera* ein behaarter, tasterartiger Fortsatz am Grunde der → Valven. (Taf. XVIII, Fig. 4, 5.)
3. Im FlGeäder der *Chalcididae* der → Radiusknopf. (Taf. XIII, Fig. 4.)

Cleptidae (Leach 1815) Dahlbom 1854, Fam der *Hym Apocrita* mit etwa 40 Arten in der paläarktischen, nearktischen und neotropischen Region. In Deutschland nur 2 Arten. Die Larven leben parasitisch in Blattwespenlarven. Fossil 2 oligocäne Arten der Gatt. *Cleptes* Latreille.

Cleptobiose (gr. κλέπτω stehle, ὁ βίος Leben). Ernährung einer Art aus Nahrungsvorräten oder Baumaterial einer anderen Art. Die Raupen von *Galleria melonella* ernähren sich von dem Wachs der Waben in Bienenstöcken. Gewisse aculeate Hymenopteren machen ihre Entwicklung in den Waben honigsammelnder Bienen durch und ernähren sich von dem für die Brut der letzteren bestimmten Honig. Vgl. auch → Diebstahl.

clerckella Linné, *Lyonetia,* Obstblattminiermotte, Obstbaumschlangenminiermotte, Obstbaumschwebmotte, Apfelminiermotte (*Lep Lyonetiidae*). Raupen an Obstbäumen,

Weißdorn, Birken usw. in langen, sich über die ganze Blattspreite schlängelnden Minen.

Cleridae (Latreille 1802) Kirby 1837 (*Clerii* Latr.) Buntkäfer (Abb. 65), Fam der Käfer mit etwa 2500 Arten, von welchen in Deutschland nur 13 leben. Mittelgroße, schlanke, zylindrische Käfer mit herzförmigem Hsch. und länglicher Fühlerkeule, an Fld häufig schwarz, weiß und rot quergebändert. Der herzförmige, von den breiten Fld gut abgesetzte Hsch in Verbindung mit der Färbung verleiht den Käfern ameisenähnlichen Anblick. Käfer und ihre Larven sind eifrige Jäger und stellen vor allem Borkenkäfern (*Thanasimus formicarius* Lin.) und Bienen (*Trichodes apiarius* Lin.) nach. Eine mediterrane Art von *Trichodes* frißt Acridiiden-Eier. Fossil sind etwa 20 tertiäre und 16 quartäre Arten beschrieben worden.

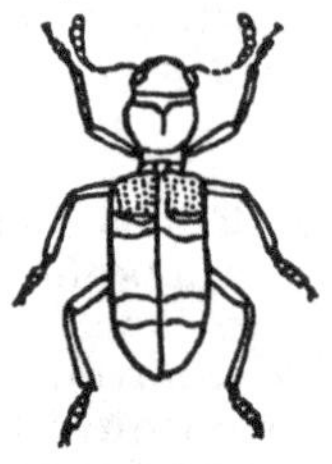

Abb. 65. *Thanasimus formicarius* Linné (Cleridae). Nach Reitter aus Handlirsch. Nat. Gr. etwa 8 mm.

Clipeolabralnaht → Labralnaht.

Clipeolabralnerven → Labralnerven.

Clipeolabrum, ein aus Verschmelzung des Labrums (Oberlippe) mit dem → Clipeus entstandener einheitlicher Komplex. Ein ~ Tritt bei Hemipteren, Thysanopteren und Dipteren (*Tipulidae*) auf.

Clipeolus → Anteclipeus.

Clipeus (lat. clipeus, -i, pl. -i, -orum, m., auch clypeus oder clupeus, Schild) → Kopfschild.

Clistogastra Konow 1904 (pp.) → *Apocrita.*

Clusiodidae (Löw 1862) Frey 1921 (*Heteroneuridae* Löw), Fam der brachyceren Fliegen mit etwa 100 paläarktischen und nearktischen Arten. Die Fliegen leben versteckt in Wäldern auf morschem Holz, Pilzen, Aas, ihre mit Sprungvermögen versehenen Larven leben in Bohrgängen von Käfern, unter Rinden usw.

Clypeastres Redtenbacher → *Orthoperidae.*

Clypeus, meist üblich für → Clipeus.

Clythidae → *Platypezidae.*

+***Cnemidolestidae*** Handlirsch 1908 (Abb. 66), ausgestorbene Fam der + *Protorthoptera* mit 3 mittel-obercarbonischen Arten aus Frankreich. Sie haben wie die amerikanischen +*Spanioderidae* verlängerten Prothorax, aber vergrößerte VBeine, welche vermutlich als Fangbeine dienten.

Abb. 66. +*Cnemidolestes woodwardi* Brogniart (+ Cnemidolestidae). Nach Handlirsch. Nat. Gr. 8 cm.

coarctata Fallen, *Hylemyia*, Getreideblumenfliege, Brachfliege (*Dipt Anthomyidae*), 6 bis 7 mm lange graue Fliege, deren Larve ähnlich wie die der Fritfliege am Grunde junger Getreidehalme lebt und das Herzblatt zerstört.

Coccidae (Fallen 1814) Stephens 1829 Schildläuse (Abb. 67), Fam der *Homoptera* mit etwa 3000, hauptsächlich in den Tropen reich vertretenen, bis 3 cm langen Arten, darunter mit vielen gefürchteten, wenn auch vorwiegend sekundären Pflanzenschädlingen.

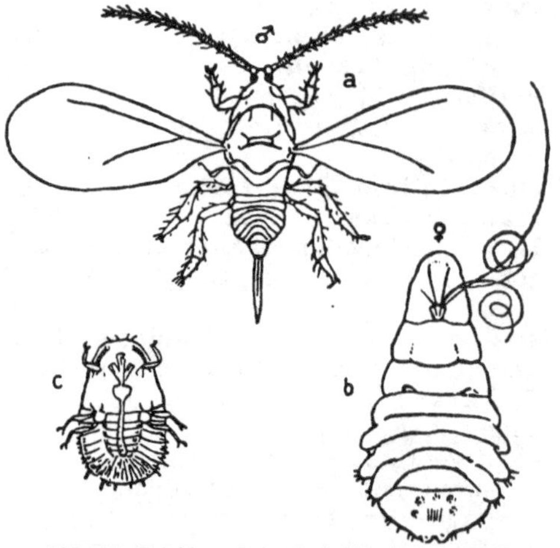

Abb. 67. *Lepidosaphes ulmi* Linné (Coccidae), a) Männchen, b) Weibchen, c) Larve. Nach Howard aus Handlirsch. Nat. Gr. 1—2 mm.

Die Weibchen der meisten Arten verbringen ihr ganzes Leben an der Stelle, wo sie sich als 2. Nymphe an der Pflanze festgesaugt haben. Ihre Beine sind mehr oder weniger stark rückgebildet. Sie sitzen entweder unter einem aus wachsartiger Ausscheidung gebildeten Schild, welcher auch die abgestreiften Häute (Exuvien) umgibt, oder ihr Körper ver-

wandelt sich selbst im Laufe der Eiablage in einen gewölbten, erhärteten Schild, welcher die Eier und jungen Nymphen schützt. Die Männchen sind geflügelt und sehen wie normale Insekten aus, während man an den reifen Weibchen äußerlich oft kaum noch ihre Insektennatur erkennen kann.
Die Familie wird von den neueren Systematikern gewöhnlich im Rang einer Überfamilie geführt, und die ehemaligen Unterfamilien werden folgerichtig zu Familien erhoben.
Fossil sind mehrere oligocäne und vier Arten aus der Kreide beschrieben worden. Es ist wohl phylogenetisch eine der jüngsten Insektengruppen, die sich anscheinend erst in der zweiten Hälfte des Mesozoicums, im Zusammenhang mit der Entfaltung der Blütenpflanzen, differenziert hat.

Coccinellidae (Latreille 1807) Leach 1815, Marienkäfer, Glückskäfer (Abb. 68), Fam der Käfer mit etwa 3000 Arten, von welchen etwa 80 in Deutschland leben. Die meist halbkugelig gewölbten, buntgefärbten, kurzbeinigen Käfer sind gleich ihren Larven Jäger, die vor allem Blattläusen nachstellen. Nur wenige (*Epilachninae*) sind pflanzenfressend und mitunter schädlich. Fossil sind etwa 50 tertiäre Arten bekannt neben einigen quartären.

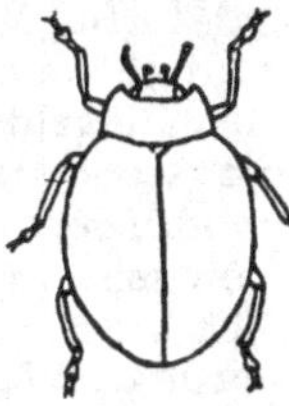
Abb. 68. *Coccinella* sp. (Coccinellidae). Nach Handlirsch. Nat.Gr.etwa 5 mm.

coccus Costa, *Dactylopius* → *Coccus cacti* Lin.

Cochenille (frz., aus gr. κόκκιδος lat. coccineus scharlachrot, von κόκκος die Scharlachbeere, auch der Kern des Granatapfels), → *Coccus sacti* Lin.

cochleariae Fabricius, *Phaedon*, Meerrettichblattkäfer (*Col Chrysomelidae*).

Cocon → Kokon.

Cocytiidae Rebel 1899, Fam der Schmetterlinge (*Noctuiformes*) mit einigen wenigen papuanischen Arten.

coeca Nitzsch, *Braula*, Bienenlaus (*Dipt Braulidae*).

Coeca, recte Caeca → Drüsendivertikel.

coeliacus (gr. ἡ κοιλία die Bauchhöhle), zur Bauchhöhle gehörig.

Coelom (gr. τὸ κοῖλον Vertiefung, Höhlung) → Leibeshöhle.

Coelomsäcke (gr. κοῖλος hohl, ἡ κοιλία Bauchhöhle), paarige hohle Bläschen, die in jedem Körpersegment durch Abschnürung aus den beiden → Mesodermstreifen des → Keimstreifens hervorgehen. Ihre innere, viscerale, dem Darm zugekehrte Wand wird als → Darmfaserblatt, die äußere parietale, der Haut zugekehrte als → Hautfaserblatt bezeichnet. (Taf. VIII, Fig. 12.)

Coelopidae (Löw 1862) Enderlein 1920 (*Phycodromidae* Löw), Fam der brachyceren Fliegen, Bewohner der Meeresküsten, wo ihre Larven in faulenden Algen und Tang leben. Etwa 20 Arten in Europa, Nordamerika, Afrika, Australien und Neuseeland.

Coenomyidae → *Xylophagidae* (*Coenomyinae*).

coerulea Olivier, *Temnochila*, blauer Getreidenager (*Col Ostomidae*).

coerulescens Geoffroy, *Arge*, schwarzblaue Rosenbürstenhornwespe (*Hym Tenthredinidae*).

coerulescens Scopoli, *Baris*, Mauszahnrüßler (*Col Curculionidae*).

coeruleus DeGeer, *Rhynchites*, Zweigabstecher (*Col Curculionidae*).

cognatellus Hübner, *Hyponomeuta*, Spindelbaumgespinstmotte (*Lep Hyponomeutidae*).

Cohors (lat. cohors, -tis, f., Gefolge, Kohorte, der zehnte Teil einer Legion im römischen Heere), Kohorte, fakultative systematische Kategorie, die ursprünglich (erste Ausgabe der internat. Nomenklaturregeln) zwischen die Untergattung und Art eingeschoben, später aber von verschiedenen Systematikern in verschiedenem Rang benutzt wurde.

Coitus (lat. coitus, -us, m., Begattung, Zusammentreffen, von coeo, coii, coitum) → Begattung.

Coleophoridae (Hübner 1816) Staint 1854, Sackmotten, Futteralmotten, Fam der Schmetterlinge, mit etwa 600 Arten, von welchen in Deutschland etwa 100 leben.

Coleoptera (Linné 1758) Latreille 1796, *Coleoptera* Linné p.p.), Käfer.
Sehr kleine bis sehr große, von 0,25 mm (*Nanosella fungi* Motschulsky, Nordamerika, *Ptiliidae*) bis etwa 16 cm lange (*Titanus giganteus* Milne Edwards, *Dynastes hercules* Linné), holometabole, selten hypermetabole Insekten, deren Vorderflügel zu kräftig sklerotisierten Flügel-

decken (Elytren) umgebildet sind, an denen keine oder nur Spuren von Adern zu erkennen sind.

Kopf pro- oder orthognath, mehr oder weniger tief in den Prothorax eingezogen, selten wie bei *Blattaria* hypognath, stets frei beweglich und mehr oder weniger vorstreckbar, meist mit gut entwickelten Komplexaugen, die selten reduziert sind oder ganz fehlen (cavernicole Arten). Ein oder zwei Ocellen kommen bei einigen *Staphylinidae, Silphidae* und *Dermestidae* vor. Fühler von sehr verschiedener Form, stets mit einem zumindest etwas größeren Scapus, welcher zu einem Fühlerschaft (z. B. bei geknieten Fühlern) verlängert sein kann, in der Regel elfgliedrig, seltener mit weniger oder mit mehr Gliedern, ausnahmsweise 1—2gliedrig oder bis 60gliedrig. Clypeus stets einfach, in der Regel nahtlos mit der Kopfkapsel verschmolzen, die Epistomalnaht obliteriert oder ganz fehlend. Mundteile kräftig, vom kauenden Typ, seltener leckend oder leckend-saugend (*Meloidae-Nemognathini*). Mandibeln kräftig, kürzer oder länger zangenförmig, bei *Meloidae-Nemognathini* mit einer angegliederten → Lacinia mobilis am Innenrande, bei allen anderen Käfern einfach, mit stark differenziertem Zahn- und Molarteil. Eine → Prostheca kommt z. B. bei *Curculionidae* oft vor. Maxillen typisch orthopteroid, aber der in der Regel 4-, selten 1- oder 2gliedrige Kiefertaster nicht direkt am Stipes eingelenkt, sondern einem, vom Stipes abgegliederten Palpifer (Squama palpigera) aufsitzend. Unterlippe orthopteroid, in der Regel mit 3gliedrigen, selten 1- bis 2gliedrigen Tastern, die aber nicht an den Seiten des Mentums inserieren, sondern stark der Mittellinie genähert auf besonderen, gliedartigen Palparien inserieren. Die Kopfkapsel ist zwischen dem Submentum und dem Occipitalloch stets durch eine mehr oder weniger gut entwickelte Gula geschlossen.

Thorax heteronom. Prothorax stets mehr oder weniger frei gegen die miteinander verschmolzenen Meso-Metathorax (Pterothorax) beweglich. Pronotum stets groß, schildförmig (Halsschild). Propleuren bei *Adephaga* gut entwickelt, bei *Polyphaga* reduziert und oft mit dem Prosternum zu einem einheitlichen Ring verschmolzen. Das Prosternum ist immer vorhanden, oft zwischen den Vorderhüften gebuckelt oder in einen Dorn (z. B. Prosternalfortsatz der *Elateridae*) ausgezogen. Mesothorax in der Regel kleiner als Metathorax, sein Notum bis auf das meist kräftige, zwischen den zusammengelegten Flügeldecken frei sichtbare Scutellum, reduziert. Mesopleuren meist klein, aber gut in Episternum und Epimerum differenziert, Mesosternum dagegen in der Regel klein, zwischen den Mittelhüften stark verengt, vorn manchmal gebuckelt, oder zur Aufnahme des Prosternalfortsatzes (*Elateridae, Buprestidae*) ausgehöhlt. Metathorax stets größer als Mesothorax, sein Notum groß, gut differenziert, Pleuren stets deutlich, wenn auch manchmal schmal, ihre Epimeren stets kleiner als Episternen, manchmal stark reduziert oder ganz fehlend. Metasternum in der Regel groß, gut entwickelt. Vorderflügel zu Flügeldecken umgebildet, oft mehr oder weniger stark verkürzt (*Staphylinidae, Silphidae* usw.). Hinterflügel membranös, in Ruhe längs- und ein oder zweimal quergefaltet, unter den Flügeldecken verborgen. Das Geäder ist stets stark reduziert und sekundär modifiziert. Beine homo- oder heteronom, von sehr verschiedener Bildung, gewöhnlich kurz und gedrungen, niemals stelzenförmig. Wenn sie auch (selten) stark verlängert sind, liegt ihre Arbeitsebene immer nahe der Ventralseite des Körpers. Lange Lauf- und kurze Gangbeine sind die verbreitetsten Beinformen. Es kommen auch Grab-, Kletter-, Haft- und Sprungbeine, niemals aber Raubbeine vor. Hüften meist klein, die vorderen und mittleren kugelig oder kegelförmig, in tiefen Hüftgruben rotierend, die hinteren nach außen verlängert, quer, in ihren Hüftgruben wenig oder gar nicht beweglich. Ein rudimentärer Trochantinus ist oft vorhanden. Trochanteren in der Regel klein, seltener mehr oder weniger, zuweilen bis zur halben Schenkellänge verlängert. Manchmal bilden die Hinterhüften plattenartige Fortsätze, die sog. Schenkeldecken. Seltener sind die Hüften (z. B. die Vorderhüften der *Staphylinidae*) sehr groß, „hängend". Der Abstand der Hüften eines Paares kann sehr verschieden sein, sie können weit auseinanderstehen oder in der Mittellinie fast zusammenstoßen. Schenkel und Schienen in ihren Proportionen und Differenzierungen außerordentlich verschieden, je nach der

Lebensweise der Arten und Gruppen. Die Tarsen sind meistens homo- oder heteromer 4—5-, seltener 3gliedrig (*Pselaphidae, Lathridiidae, Corylophidae*) oder 2gliedrig (manche *Aleocharinae*). Oft sind sie mit einer gut beborsteten Sohle versehen. Praetarsus in der Regel mit einem Paar kräftiger, gleichartiger, seltener ungleichartiger Krallen. Selten, z. B. bei *Pselaphidae*, ist nur eine Kralle entwickelt. Völliges Fehlen von Krallen kommt selten vor. Zwischen den beiden Krallen tritt oft ein unpaariges Onychium auf. Bei Larven ist das Thorakalbein 5- (Polyphaga) oder 6gliedrig (Adephaga). Ihr krallenförmiger Tarsus ist nicht den Imaginaltarsen homolog.

Hinterleib höchstens mit acht von außen sichtbaren Segmenten. Vom ersten Segment ist immer nur der Tergit erhalten, welcher, stets mehr oder weniger stark reduziert, sich eng dem Mesonotum anschließen kann. Der 1. Sternit ist höchstens in Rudimenten in den Hüftgruben des 3. Beinpaares erhalten. In diesem Fall (*Malacodermata*) sind acht Tergige und sieben Sternite äußerlich sichtbar. Auch das 2. Segment kann seinen Sternit einbüßen, dessen Reste in den Hüftgruben der Hinterbeine erhalten sein können, wie z. B. bei *Melolonthinae*, bei denen allerdings auch noch kleine Seitenteile des 2. Sternits außerhalb der Hüftgruben sichtbar sind. Die Segmente 3—7 sind in beiden Geschlechtern stets komplett.

Das 8. Segment bildet in der Regel den Abschluß des Hinterleibs. Sein Tergit stellt das stärker sklerotisierte Pygidium dar, welches zusammen mit einem Sternit zwei Klappen bildet, die den Genitalraum abschließen. Bei *Cupedidae* ist aber auch noch das 7. Segment in den Genitalraum (bzw. richtiger Genitoanalraum) eingezogen, so daß hier im ganzen nur vier vollständige Segmente äußerlich sichtbar sind. Vielfach ist der 8. Sternit reduziert und in den Genitoanalraum eingezogen, während sein Tergit das Pygidium bildet. Der Genitoanalraum wird in diesen Fällen (z. B. *Curculionidae*) ventral vom 7. Sternit abgeschlossen. Das 9. Segment ist bei *Staphylinidae* frei und vollständig, bei anderen Käfern ist es samt dem 10. Segment im Genitoanalraum verborgen. Die Geschlechtsöffnung liegt in beiden Geschlechtern zwischen dem 9. und 10. Sternit, mündet also in der Ruhelage nicht direkt nach außen, sondern in den Genitoanalraum. Das 9. Sternit ist oft bei Weibchen mit einem Paar Styli als Tastorganen versehen. Das 10. Segment läßt nur selten Rudimente seines Tergites oder Sternites erkennen. Es bildet (zusammen mit dem 11. Segment + Telson) die mehr oder weniger deutliche Perianalfalte des Analkonus. Das 9. Segment ist bei Weibchen ausstülpbar und trägt hinten, zwischen den beiden Hälften seines längsgeteilten, manchmal valven- oder legebohrerartigen (z. B. *Dytiscidae*) Sternits die Genitalöffnung. Gonopoden fehlen in beiden Geschlechtern. Der männliche Begattungsapparat besteht aus einem Aedoeagus, dem sich modifizierte Teile des 9. Segments (Spiculum gastrale) anschließen können. Das Spiculum gastrale bildet oft einen Ring um die Mündung der Penistasche in den Genitoanalraum und trägt häufig unten einen unpaarigen, stabartigen Fortsatz. Der Aedoeagus selbst steckt in einer Phallobase, die ihrerseits mit Sklerotisierungen (Tegmen) und Parameren versehen sein kann.

Darmkanal je nach der Art der Ernährung verschieden gebildet. Am Vorderdarm sind gewöhnlich der Pharynx, Oesophagus, Kropf als eine einfache Erweiterung des letzteren, und ein mehr oder weniger reich mit Chitinzähnen ausgekleideter Proventriculus differenziert. Mitteldarm kurz, in einen erweiterten vorderen, oft mit zahlreichen kleinen Caeca versehenen und einen schmalen hinteren Teil differenziert. In der Gegend der Cardia kommen auch manchmal zwei bis sechs große, sackartige Caeca vor. Hinterdarm dünn, bei phytophagen Käfern vielfach sehr lang, mit vier oder sechs Malpighi-Gefäßen und einem manchmal blindsackartig erweiterten Rectum, welches mit Rectalpapillen versehen ist. Ein Paar Analdrüsen (Pygidialdrüsen) münden oft hinter dem Rectum in den Anus.

Rückengefäß schlauchförmig. Das im Abdomen gelegene Herz mit acht Ostienpaaren. Die im Thorax der flugfähigen Käfer mit pulsierenden Ampullen versehene Aorta reicht bis in die Kopfkapsel hinein.

Tracheensystem in der Regel sehr gut entwickelt, die seitlichen dorsalen und ventralen Längsstämme sind miteinander durch Anastomosen verbunden. Bei guten Fliegern sind die Tracheen mit zahlreichen Luftsäcken versehen. Zwei thorakale und acht abdominale Stigmenpaare auf den Segmenten 1—8 kommen im Höchstfall vor, doch fallen öfters einige der vorderen und hinteren Stigmenpaare infolge der Segmentreduktion bzw. der Verlagerung der Segmente in den Genitoanalraum, der Rudimentation anheim.

Nervensystem in verschiedenem Grade konzentriert. Es sind höchstens drei thorakale und acht abdominale Ganglienpaare vorhanden. Die thorakalen bleiben stets frei, die abdominalen dagegen ziehen sich mehr oder weniger eng zusammen und bilden in extremen Fällen eine kompakte Ganglienmasse, die auch mit dem Metathorakalganglion verschmelzen kann. Häufig sind einige vordere Abdominalganglien mit dem Metathorakalganglion verschmolzen, während die hinteren frei bleiben. Es können sich aber auch einige der hintersten Ganglien zusammenziehen. Das sympathische System ist gut entwickelt.

Ovarien paarig. Die in sehr verschiedener Zahl auftretenden Ovariolen (beiderseits zwei, z. B. bei *Anthonomus pomorum*, bis zu etwa je 1000 beiderseits bei *Meloë*) gehören dem meroistischen Typ an und sind bei *Adephaga* polytroph und bei *Polyphaga* telotroph. Die Ovariolen sind kamm-, trauben- oder büschelartig auf den Oviducten angeordnet. Oviductus communis mündet in die gewöhnlich geräumige Vagina, welche mit der Genitaltasche des 9. Sternits vereinigt ist. Der Gonoporus liegt darum zwischen dem 9. und 10. Sternit. Ein manchmal sklerotisiertes (*Staphylinidae*) Receptaculum seminis mündet vorn in die Vagina. Die Bursa copulatrix mündet entweder in die Vagina oder dicht hinter dem Genitalporus in den Genitoanalraum (*Hydroporus*). Die Wand der Bursa kann (z. B. bei *Carabidae*) Sklerotisierungen aufweisen. Hoden entweder unifollikulär, aufgeknäuelt (*Adephaga*), oder polyfollikulär, mit ziemlich loser, traubenförmiger Anhäufung von Follikeln (z. B. bei *Lucanus*), die sich aber gewöhnlich zu kompakten, sehr verschieden gebildeten Massen vereinigen (*Polyphaga*). Je ein Nebenhoden ist oft vorhanden (z. B. bei *Dytiscus, Lucanus*), oder die Vasa deferentia sind zu Vesiculae seminales erweitert. Paarige Anhangsdrüsen münden gewöhnlich an der Vereinigungsstelle der Vasa deferentia in den Ductus ejaculatorius, welcher, wie bei Weibchen die Vagina, zwischen dem 9. und 10. Sternit in den Genitoanalraum mündet.

Die Käfer sind mit wenigen Ausnahmen (einige vivipare *Chrysomelidae*) eierlegend. Parthenogenese ist bei einigen *Chrysomelidae, Curculionidae, Tenebrionidae* und *Dermestidae* nachgewiesen worden. Neotenie kommt bei *Malacodermata* (*Micromaltidae, Drilidae*) vor. Gamogenese ist bei Käfern die vorherrschende Form der Fortpflanzung.

Normale Holometabolie mit drei Larven- und einem Puppenstadium ist die Regel. In manchen Gruppen wechselt aber die Zahl der Larvenstadien zwischen 4 und 15 oder sogar mehr. Alle Larvenstadien sind in der Regel einander ähnlich (echte Holometabolie, Euholometabolie). Mehr oder weniger weitgehende Differenzierungen einzelner Larvenstadien (z. B. → Triungulinus, → Scheinpuppe) kommen vor. Puppen meist frei, selten obtekt.

Die Käfer sind typische Landinsekten. Wenn auch manche von ihnen sehr ausdauernde Flieger sind, so ist ihr Flug doch wenig gewandt und läßt sich nicht mit dem der Hymenopteren, Dipteren oder Lepidopteren vergleichen. Einige Gruppen sind zum Leben im Wasser übergegangen und haben ihren Körperbau diesem Biotop angepaßt (z. B. *Dytiscidae, Gyrinidae, Hydrophilidae*). Die meisten Käfer sind Pflanzenfresser, daher die große Zahl der Pflanzenschädlinge unter ihnen. Sie ernähren sich aber vorwiegend von den freiliegenden Pflanzenteilen, die sie von außen benagen. Verhältnismäßig wenige Käfer sind Endoparasiten der Pflanzen (Minierer in Blättern, Stengeln, Rinde und Holz). Nur vereinzelte Arten sind zum Parasitismus an Tieren übergegangen, so die Biberlaus, *Platypsylus castoris* im Pelz des Bibers, *Leptinus testaceus* im Pelz der Mäuse und Maulwürfe, *Anthribidae*, deren Larven in Cocciden bzw. unter den Cocciden-Weibchen raubektoparasitisch von den Eiern leben, Larven der *Meloidae* und *Rhipiphoridae* als Brutparasiten der Bienen usw. Karnivore Räuber sind vor allem *Adephaga* (*Carabidae, Dytiscidae*) und unter den *Polyphaga* die *Staphylinidae*. *Silphidae* haben sich auf tierische Kadaver und

Scarabaeidae auch auf Exkremente von Säugetieren spezialisiert.
Fossile Käfer sind seit Perm bekannt.
Obwohl sich in der Systematik der Käfer neue Gesichtspunkte anzubahnen scheinen, ist die alte, eingebürgerte Einteilung der etwa 260000 Käferarten in die beiden UOrdn *Adephaga* und *Polyphaga* noch immer die übliche. In Deutschland leben etwa 7000 Arten.

Coleorrhyncha Myers und China 1929, UOrdn der *Homoptera* mit der einzigen Fam *Peloridiidae*.

colibri Christ (*spinarum* Fabricius), *Athalia*, Rapsblattwespe, Rübenblattwespe (*Hym Tenthredinidae*). 7—8 mm lange, gelbe Blattwespe mit schwarzem Kopf und schwarzer Zeichnung am Meso- und Metathorax. Fl klar mit gelber Wurzel und bis zum Pterostigma geschwärztem Costalraum. Larve graugrün mit hellen Seitenstreifen, an Kohl, Raps und anderen Kreuzblütlern oft Kahlraß verursachend.

Collare (lat. collaris, -e, zum Hals gehörig, subst. collaris, -is, n., Halsband für Hunde), der vordere Teil des Pronotums einiger *Hymenoptera*. Bei Schmetterlingen vielfach für den → Halskragen gebraucht. Vgl. auch → Halsring.

Collaterale, pl. Collateralia (lat. collaterale, -is, pl. -ia, n., Nebending, Nebenorgan), ein Nebenast des → Nervenfortsatzes.

Collembola (Latreille 1804) Lubbock 1862 (*Podurellae* Latreille, *Entognatha* Stummer p.p. 1891), Springschwänze.
Kleine, von 0,25 mm (*Neelidae*) bis etwa 10 mm lange, plumpe (*Symphyopleona*), oder gestreckte (*Arthropleona*), nackte, behaarte oder beschuppte, einfarbige (weiße, graue, grüne, violette usw.) oder bunt gezeichnete Apterygoten.
Kopf pantotrem, ortho- oder prognath. Augen und Postantennalorgan sowie Ocellen (frontale und laterale) vorhanden oder fehlend. Fühler vom Bau der → Gliederantenne, in der Regel viergliedrig, bei *Entomobryidae* manchmal fünf- (*Heteromurus*) oder sechsgliedrig (*Orchesella*), häufig mit Antennalorgan, zuweilen gekniet, oder mit 1—2 längeren, geringelten Endgliedern. Die Männchen der *Sminthuridae* mit bizarren Auswüchsen am 3. und 4. Fühlerglied, die als Halteorgane bei der Begattung dienen. Mundteile entotroph, vom kauenden Typ. Mandibeln nur mit einem, dem hinteren Gelenk, arbeiten schabend oder stechend. Maxillen mit kurzen eingliedrigen Tastern, Labium mit dreigliedrigen Tastern oder reduziert.
Thorax heteronom gegliedert, Prothorax häufig mehr oder weniger weitgehend reduziert, unter dem Mesonotum verborgen oder frei, von oben sichtbar. Beine gleichartig, mit Tibiotarsus, einem krallenartigen Empodium und einer Kralle.
Hinterleib mit sechs Segmenten, die teilweise oder sämtlich miteinander verschmelzen können. Das 4. Segment manchmal das längste von allen. Das 1. Segment mit Ventraltubus, das 3. mit Retinaculum, das 4. oder 5. (bei *Entomobryidae*) mit Furca versehen. Cerci fehlen.
Vorder- und Enddarm dünn und gerade, gegen den sackartig erweiterten Mitteldarm gut abgesetzt, mit Valvula cardiaca und pylorica. Mitteldarm vorn manchmal mit einem Paar langer Coeca. Malpighi-Gefäße fehlen, die Ablagerung der Exkrete erfolgt im Fettkörper.
Das Herz ist ein langer Schlauch mit 2—6 Ostienpaaren.
Tracheensystem nur bei *Symphyopleona* und *Actaletidae* vorhanden, mit einem Stigmenpaar im Halse.
Nervensystem stark konzentriert, mit drei Thorakalganglien. Die Abdominalganglien zu einem, dem Metathorakalganglion angeschlossenen Komplex verschmolzen. Das sympathische Nervensystem gut entwickelt.
Gonaden paarig, ohne Follikel oder Eiröhren. Die Vasa deferentia mit erweiterter Vesicula seminalis und einer Anhangsdrüse. Ductus ejaculatorius vor der Mündung erweitert. Gonoporus in beiden Geschlechtern ventral im 5. Segment gelegen. Äußere Begattungsorgane fehlen.
Die Springschwänze durchlaufen in ihrer postembryonalen Entwicklung fünf bis sieben Larvenstadien. Sie sind alle der Imago ähnlich. Die Fortpflanzung ist stets gamogenetisch. Die Weibchen legen ihre Eier in kleinen Gruppen lose oder in einer Kittmasse ab.
Die Springschwänze sind in der Regel feuchteliebende, vom pflanzlichen Detritus und zarten Pflanzenteilen lebende Insekten. Mehrere Arten sind als Pflanzenschädlinge von beschränkter Bedeutung bekannt.

Fossile Collembolen waren bis unlängst nur aus dem baltischen Bernstein bekannt. Die im Jahre 1925 von HIRST und MAULIK aus dem Mittel-Devon Schottlands beschriebene und von Scourfield (Proc. Linn. Soc. London, 152, 1940) näher beschriebene Collembole *Rhyniella praecursor* (→ +*Protentomobryidae*) zeugt vom hohen stammesgeschichtlichen Alter der Springschwänze. Die etwa 1500 bisher beschriebenen Arten der Springschwänze sind weltweit verbreitet, Polargegenden und alpine Gebiete nicht ausgenommen. In Deutschland leben etwa 200 Arten. Die Collembolen werden gegenwärtig in die UOrdn *Arthroplena* und *Symphyoleona* eingeteilt.

Collophor (gr. ὁ κόλλοψ Hebel, Kurbel, φορέω trage) → Ventraltubus.

Colobathristidae (Stål 1865) Horvath 1911, Fam der *Heteroptera Geocorisae* mit etwa 60 indomalayisch-papuanischen und neotropischen Arten. Schlanke mittelgroße Tiere mit grob skulptiertem Thorax und einem Höcker oder Spieß am Scutellum. Fossil nicht nachgewiesen.

columbatschense Latreille, *Simulium*, Kolombatscher-Fliege oder -Mücke (*Dipt Simuliidae*).

Colon (gr. τὸ κῶλον ein Glied des menschlichen Körpers, bes. Bein) → Dickdarm.

Colonici (lat. colonicus adj., zu einer Kolonie gehörig) → Exulans.

Collum (lat. collum, -i, n., Hals) → Hals.

columbae Stephens, *Ceratophyllus*, Taubenfloh (*Siphonapt. Ceratophyllidae*).

columbarius Jenyns, *Cimex*, Taubenwanze (*Het Cimicidae*).

Columna lumna (lat. columna, ae, f., Pfeiler) → Säule.

Colydiidae (Erichson 1845) Waterhouse 1882, Rindenkäfer (Abb. 69), Fam der Käfer, mit etwa 1400 Arten, von welchen an 40 in Deutschland leben. Es sind vorwiegend langgestreckte, walzenförmige, dunkle oder bunte Käfer, die sich unter Rinden und in anderen Verstecken aufhalten. Fossil sind 17 tertiäre Arten, vorwiegend aus dem baltischen Bernstein bekannt.

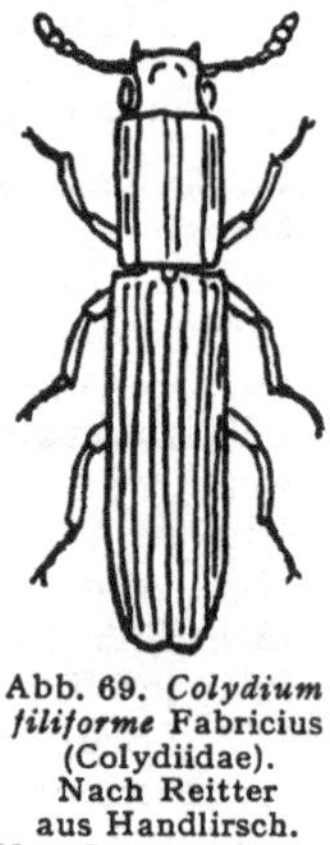

Abb. 69. *Colydium filiforme* Fabricius (Colydiidae). Nach Reitter aus Handlirsch. Nat. Gr. etwa 6 mm.

Coma (lat. coma, -ae, f., gr. ἡ κόμη Haar, Kopfhaar) → Haar.

Commensalismus (lat. cum mit, mensa, -ae, f. Tisch) → Tischgemeinschaft.

Commissura (lat. commissura, -ae, f., Verbindung, von committo, -ere) → Kommissur.

communis Mordwilko *Dysaphis* (= *radicicola* Mordw.), Wulstgallenapfellaus, Apfelfaltenlaus, mehlige (*Hom Aphididae*).

complanella Hübner, *Tischeria*, Eichenminiermotte (*Lep Tischeriidae*), Raupe in großen Blasenminen in Eichenblättern.

Complexaugen → Komplexaugen.

compressa Koch, *Colopha*, Ulmenhahnenkammblattlaus (*Hom Aphididae*).

Compressor (lat. comprimo, -ere, -essum zusammendrücken, pressen), Verenger, Compressoren sind in der Regel Ringmuskel, welche das Lumen eines hohlen Organs verengen. Sie kommen z. B. in der Muscularis des Vorder- und Hinterdarmes als Antagonisten der Dilatatoren vor.

compressus Fabricius, *Janus* (*Cephus*), Birntriebwespe (*Hym Cephidae*).

concinna Marsham, *Chaetocnema*, Rübenerdfloh (*Col Chrysomelidae*). Der 1,8 bis 2,6 mm lange, einfarbig metallisch grünliche oder bräunliche Käfer ist an Rüben, Rhabarber, Hopfen, Hafer u. a. Kulturpflanzen durch Löcherfraß, die Larve durch Minieren der Blätter schädlich.

Condylus → kondyles Gelenk.

Conectivum (lat. conecto, nicht „connecto", zusammenknüpfen) → Konektiv.

Conexivum (lat. conecto wie vor), Verbindungshaut, ein breiter, vorragender, sklerotisierter SRand des Hlbs gewisser Heteropteren, bes. z. B. bei Pentatomiden, Coreiden, Reduriiden, Capsiden usw. häufig stark entwickelt. Das ~ setzt sich aus Pleuriten der Hlbssegmente zusammen.

congenerisch, zu ein und derselben Gattung gehörend.

coniferana Ratzeburg, *Laspeyresia*, schwarzer Nadelholzwickler, Tannenkrebswickler (*Lep Tortricidae*).

Coniopterygidae Burmeister 1829, Staubhafte (Abb. 70), Fam der *Planipennia* mit etwa 100 Arten, von welchen in Deutschland 9 einheimisch sind. Fossil sind 2 Arten aus dem baltischen Bernstein und 3 kopale beschrieben worden.

conjugella Zeller, *Argyresthia*, Apfelmotte, Vogelbeermotte, Ebereschenmotte (*Lep Hyponomentidae*).

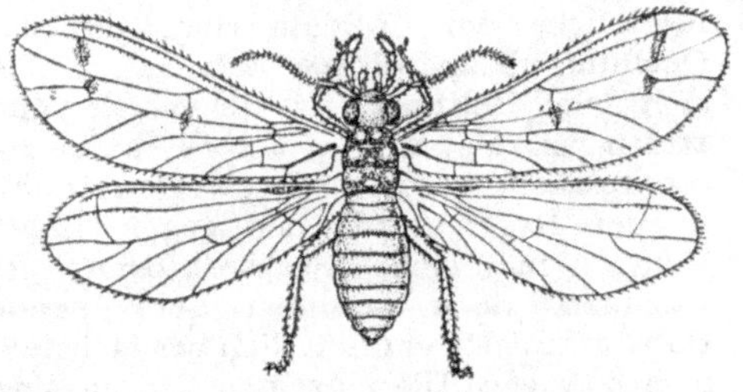

Abb. 70a. *Spiloconis sexguttata* Enderlein, Weibchen. Nach Enderlein aus Grassé. Nat. Gr. 2 mm.

Conjunctiva (lat. conjunctivus der Verbindende von conjugere verbinden) → Intersegmentalhaut.

Conopidae (Latreille 1802) Steph. 1829, Dickkopffliegen (Abb. 71), Fam der

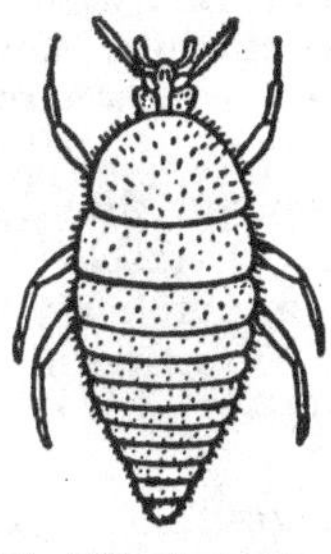

Abb. 70b. Coniopteryx sp., Larve (Coniopterygidae). Nach Stitz.

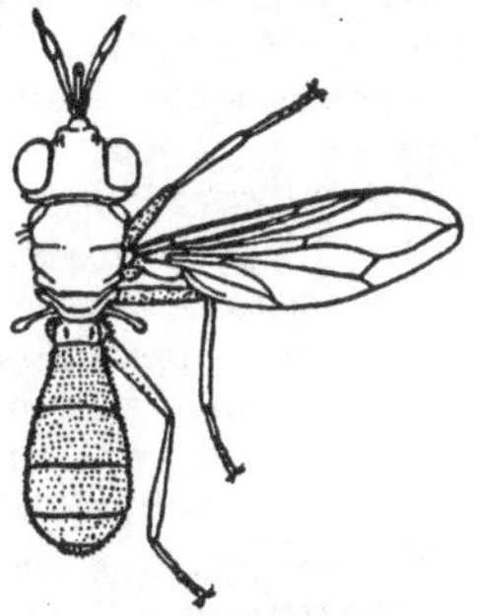

Abb. 71. *Conops flavipes* Linné (Conopidae). Nach Lameere. Nat. Gr. 9—13 mm.

brachyceren Fliegen mit etwa 500 Arten. Kleine bis mittelgroße Fliegen mit großem Kopf und langem Rüssel, häufig wespenähnlich. Die Weibchen sind vielfach mit einem unpaaren Organ zur Befestigung der Eier an den Wirtsinsekten ausgestattet (→ Theca). Die Fliegen sind Blumenbesucher, ihre Larven leben endoparasitisch in erwachsenen Hymenopteren und Orthopteren, in welchen sie sich auch verpuppen. Fossil sind 2 tertiäre Arten aus dem baltischen Bernstein und dem Oligocän von Nordamerika bekannt.

Conorrhinus spp. → Kegelnasenwanzen.

conspezifisch, zu ein und derselben Art gehörend.

conterminana Herrich-Schäffer *Semasia*, Salatsamenwickler (*Lep Tortricidae*).

Contiguität → Kontiguität.

contractus Marsham *Ceutorrhynchus* (*Col Curculionidae*), Larve in Wurzelgallen von *Brassica arvensis*. (→ *pleurostigma*).

convolutella Hübner, *Zophodia*, Stachelbeerzünsler (*Lep Pyralididae*).

Coparasitismus (lat. co = cum, mit, zusammen), zufälliges Zusammentreffen verschiedener Arten von Parasiten auf bzw. in ein und demselben Wirtsindividuum als Folge mehrfacher Parasitierung. Es liegt hier vermutlich ein Fall der Unzulänglichkeit der Sinnesempfindungen von Weibchen, welche normalerweise das Anstechen schon parasitierter Wirte vermeiden. Vgl. auch → Superparasitismus.

Copeognatha Enderlein → *Corrodentia*.

Copromorphidae Durrant 1918, Fam der Schmetterlinge (*Tineoidea*) mit wenigen Arten im australischen und neotropischen Gebiet.

Coprophaga (gr. ἡ oder ὁ κόπρος Mist, Dünger, Kot, φαγεῖν essen), Kot-, Mist- oder Dungfresser, Insekten, welche ihren Nahrungsbedarf durch Verzehren von Exkrementen anderer Tiere decken. Hierher gehören vor allem manche Käfer (*Coprophaginae*, gewisse *Staphylinidae*) und Fliegen (*Scatopsidae*, *Sphaeroceridae*, *Cordyluridae* u. a.) (→ stercoralis).

Coptopsyllidae Wagner, Fam der *Siphonaptera* mit wenigen Arten in Asien und Nordafrika.

Coptosomidae (Dallas 1851) Reuter 1912 *Plataspididae* Dallas). → *Pentatomidae*.

Copulation, Copula, Abk. Cop. (lat. copulare verbinden) → Begattung.

Corbicula (lat. corbicula, -ae, f. Körbchen, dem. von corbis, -is, Korb) → Körbchen.

Cordulegastridae (Hagen 1875) Banks 1892, Fam der *Odonata Anisoptera* mit etwa 30 Arten, von welchen in Deutschland nur 2 leben. Komplexaugen oben verengt und am Scheitel in einem Punkte zusammenstoßend. Seiten des Hinterleibs nicht gekantet. Fossil nicht bekannt.

Cordyluridae Macquart 1835 (*Scatophagidae* Brauer 1883), Kotfliegen, Fam der *Dipt Muscaria Calyptrata*, häufig als UFam der *Muscidae* aufgefaßt.

Coreidae (Burmeister 1835) Baerensprung 1860 (*Coreodes* Burm.), Randwanzen (Abb. 72, 73), Fam der *Het Geocorisae* mit etwa 2000 Arten, von welchen in Deutschland etwa 30 leben. Mittelgroße bis große Tiere von sehr verschiedener Gestalt. Phytophag, in wärmeren Gebieten oft an Kulturpflanzen schädlich (→ Gurkenwanze), mitunter auch entomophag. Fossil sind 30 tertiäre Arten beschrieben worden.

Corema (gr. τὸ κόρημα Kehricht, auch Besen), am HlbsEnde bei Männchen gewisser

Abb. 72. *Mesocerus marginatus* Linné (Coreidae). Nach Hedicke aus Brohmer. Nat. Gr. 1,2—1,5 cm.

Abb. 73. *Chorosoma schillingi* Schilling (Coreidae). Nach Hedicke aus Brohmer. Nat. Gr. 1,4—1,6 cm.

Schmetterlinge befindliche Taschen mit (Duft)haaren (Dufttaschen), welche bei geschlechtlicher Erregung ausgestülpt werden.

Corethra spp., Büschelhornmücken.

Corium (lat. corium, -ii, n., das Leder, von gr. τὸ χόριον die Haut um die Eingeweide), der proximale Teil des → Costalfeldes im VFl der *Heteroptera*. (Taf. XI, Fig. 5.)

Corixidae (Leach 1815) Kirby 1837 (*Corixida* Leach), Wasserzikaden, (Abb. 74), Fam der *Het Hydrocorisae* mit etwa 200 Arten, von welchen in Deutschland an 25 leben. Ausgezeichnet durch sehr kurzen, 1—2-gliedrigen Rüssel, in dessen Rinne die Oberlippe ganz eingeschlossen ist (→ Oberlippe). Algophagen und Jäger. V- und HBeine sind Schwimmbeine. Die Tiere schwimmen in normaler Stellung, nicht auf dem Rücken wie *Notonectidae*. Fossil sind 13 Arten beschrieben worden, darunter eine älteste aus Malm (Ober-Jura).

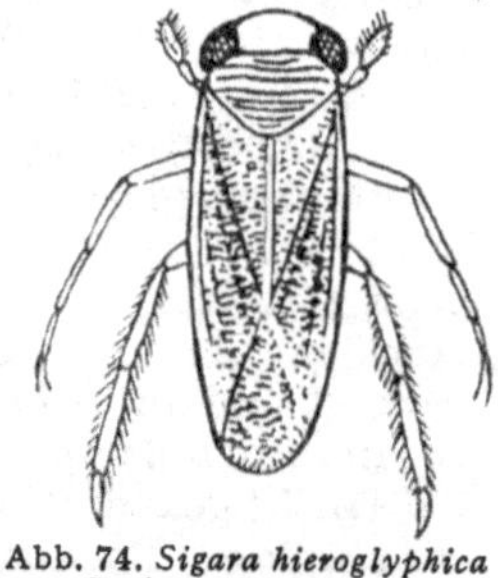

Abb. 74. *Sigara hieroglyphica* Dufour (Corixidae). Nach Hedicke. Nat. Gr. 5—6 mm.

Corneafacette (lat. corneus, -a -um, aus Horn gefertigt, hörnern ὁ φακόρ Linse), Cornealinse, Facette, plan- oder bikonvexe cuticulare Linse der → Stemmata, der → Ocellen und der → Ommatidien. In Ocellen hat die ~ manchmal keine Linsenform, sondern behält die Dicke der Cuticula rings um das Ocellum. Planconvexe Linsen finden sich viel seltener als biconvexe und treten z. B. bei *Tibicina* auf. Im Komplexauge sind die Cornealinsen in der Regel durch den gegenseitigen Druck in eine Sechseckform gezwungen, doch kommen auch runde Corneafacetten vor, nämlich bei facettenarmen Augen. Die einzelnen Linsen sind gegeneinander meist gut durch senkrechte cuticulare Wände (*Cicindela*) oder durch tiefe, fast die ganze Cuticula durchsetzende Einschnürungen (*Simulium*) abgesetzt. Selten (*Syrphidae*) sind die Linsen voneinander optisch durch Pigmentwände isoliert. Die Wölbung der Cornealinse ist meist stärker in Augen ohne Kristallkegel oder mit flüssigem → Pseudoconus als in → euconen sowie in → pseudoconen Augen mit starrem Kristallkegel.

Die Hypodermiszellen, welche die Corneasubstanz ausscheiden, unterscheiden sich nicht wesentlich von anderen Hypodermiszellen, solange ihre Funktion nicht beendet ist, und werden als → Corneagenzellen bezeichnet.

Alle ~ eines Komplexauges bilden zusammen seine Cornea. (Taf. XXVIII, Fig. 2.)

Corneagenzellen, Hypodermiszellen, welche die Substanz der → Cornea ausscheiden und die cuticulare Cornealinse bilden. Sie gleichen den übrigen Epidermiszellen, können aber auch kleiner oder größer werden als diese. Im fertigen Auge sind sie meist kleiner als die gewöhnlichen Epidermiszellen. Sie können nach Bildung der Cornea im → dioptrischen Apparat des Ommatidiums bleiben und die Funktion der → Kristallzellen sowie die der → Pigmentzellen übernehmen, womit ihre sekundäre Veränderung zusammenhängt. Reine ~ ohne nachträglichen Funktionswechsel haben nur Ocellen, bei welchen sie nach der Bildung der Cornea in einen Ruhezustand treten, in dem sie den gewöhnlichen Hypodermiszellen gleichen, selten höher sind als diese.

Cornealinse → Cornea.

corni Fabricius, *Anoecia* → *vagans.*

corni Bouché, *Eulecanium*, gemeine Schildlaus, Akazienschildlaus, halbkugelige, etwa 5 mm im Durchmesser, erbsengroße, kastanienbraune, äußerst polyphage, besonders häufig an *Robinia* auftretende Schildlaus.

Corniculi → Urogomphi. (Engl. ,,cornicles" sind → Siphunculi).

Cornu (lat. cornu, -us, pl. -ua, -uum, n., Horn, Geweih) → Horn.

Cornuti (lat. cornutus gehörnt), Chitindorne oder Zähne im → Präputialsack des → Begattungsapparates. Im ausgestülpten Zustand werden sie ausgestreckt und verankern sich in der Begattungstasche des Weibchens vielfach so stark, daß sie nach der Trennung der Kopulationspartner dort bleiben. Sie kommen bei primitiveren Mallophagen (*Liotheida*) regelmäßig vor, sind aber auch bei anderen Insektenordnungen (z. B. bei Schmetterlingen) nicht selten. (Taf. XVIII, Fig. 5b.)

Corona (lat. corona, -ae, f., Kranz), eine Reihe oder Gruppe von Dornen auf der Innenseite des als → Cucullus bezeichneten Spitzenteils der Valven männlicher Schmetterlinge. (Taf. XVIII, Fig. 4.)

Coronalnaht → Scheitelnaht.

coronatus Goeze, *Liparus*, Rübenbrillenrüßler, Möhrenrüßler (*Col Curculionidae*).

Corpora allata (lat. sg. corpus allatum, von afferro, attuli, allatum beitragen, beifügen), ein Paar früher für Ganglien (Eingeweideganglien) gehaltener rundlicher innersekretorischer Drüsen, welche hinter den Postcerebralganglien dem Oesophagus aufliegen und mit den ersteren in Verbindung stehen. (Taf. XXVII, Fig. 2.)

Corpora cardiaca (gr. ἡ καρδία der obere Magenmund), ein Paar den Corpora allata ähnlicher innersekretorischer Drüsen, welche vor den letzteren dem Oesophagus anliegen und gleichfalls für ein Paar von Ganglien gehalten wurden. Sie liegen unmittelbar vor der Mündung der Aorta. (Taf. XXVII, Fig. 2.)

Corpora pedunculata (lat. pedunculatus gestielt) → Pilzkörper.

Corpora ventralia → Ventralkörper.

corporis DeGeer, *Pediculus*, Kleiderlaus, Körperlaus (*Anopl Pediculidae*), 3 bis 4 mm lange Menschenlaus, die an dem gut entwickelten, großen → Tarsalanhang, vor der Spitze deutlich verengten Gonapophysen des Weibchens und an dem breiten Endsegment des Männchens von der → Kopflaus unterschieden werden kann.

Corpus adiposum (lat. adiposus fettig, von adeps, -ipis Fett) → Fettkörper.

Corpus bursae, Bursasack → Begattungstasche.

Corpus centrale → Zentralkörper.

Corpus luteum, der gelbe Körper, der fettig degenerierte → Epithelpfropf.

Corpus tentorii → Tentoriumbalken.

Corrodentia (Latreille 1810) Burmeister 1838 (*Psoquillae* Latreille, *Copeognatha* Enderlein 1903), Staubläuse, Rindenläuse, Flechtlinge (Abb. 47, 169, 282). Kleine, 1 mm bis 1 cm lange, meist geflügelte, spärlich behaarte oder (*Lepidopsocidae*, *Amphientomidae*) bunt beschuppte, habituell blattlausähnliche Pterygoten.

Kopf groß, orthognath, mit großen, oft stark vorgequollenen Komplexaugen und meist mit drei (bei *Amphientomidae* zwei) Ocellen, die aber bei ungeflügelten Arten und Formen fehlen. Fühler faden- oder borstenförmig, 13—50gliedrig, mit zwei größeren Grundgliedern (Scapus und Pedicellus). Clypeus geteilt, mit einem kleinen Ante- und großen, meist stark aufgetriebenen Postclypeus. Mundteile orthopteroid, beißend, kräftig. Oberlippe groß, schildförmig. Mandibeln kräftig, zangenförmig. Maxillen meist mit deutlicher Cardo, die am unteren Rande des offenen Hinterhauptloches (keine Gula) inseriert, mit selbständigem Stipes, viergliedrigen Tastern, teilweise sklerotisierten, keulenförmigen Galeae und stabförmigen, vorstreckbaren Laciniae. Labium klein, mit Glossae und Paraglossae und zweigliedrigen Tastern. Hals mit einem Paar Laterocervicalia.

Thorax heteronom gegliedert. Prothorax bei geflügelten Arten klein, mit reduziertem, von oben nicht sichtbarem Notum, bei ungeflügelten (*Trogiidae*) und bei *Lepidopsocidae* mit einem gut entwickelten, halsschildartigen Notum. Meso- und Metathorax eng zusammengeschlossen, aber bei geflügelten Arten gut differenziert, mit großen Pleuren und deutlichen Trochantinen. Beine homonom, nur in der Länge mäßig verschieden, die Vorderbeine oder die Mittelbeine am kürzesten, die Hinterbeine am längsten, die letzteren bei *Liposcelis* mit stark verdickten Schenkeln (Sprungbeine) versehen. Hüften groß, einander genähert, die Hinterhüften oft mit einem zweiteiligen Coxalorgan (Pearmansches Organ). Trochanteren ziemlich lang, walzenförmig, mit apikalem Femur. Tarsen bei Nymphen stets zweigliedrig, bei Imagines 2- bis 3gliedrig, immer mit einem Paar gleichartiger Krallen, mit oder ohne Pulvillen, ohne Empodium, oft mit Hafthaaren auf den Krallen. Flügel neigen zur Reduktion (brachyptere, mikroptere, aptere Arten und Formen). Bei Geflügelten sind stets zwei Flügelpaare vorhanden, welche in Ruhe dachförmig über dem Rücken (blattlausartig) zusammengelegt und am Pterostigmaschloß (Stigmapophyse) festgehalten werden. Im Fluge werden sie mit Hilfe des Nodulusverschlusses zusammengekoppelt. Adern wenig verzweigt, mit wenigen Queradern, nur bei *Calopsocidae* mit einem Adernetz in der apikalen Flügelhälfte. Costa marginal, Subcosta kurz, Radius mit gegabeltem Sektor. Zwischen Costa und Radius im Vorderflügel stets eine große Pterostigma. Media im Basalteil mit dem Cubitus verschmolzen, im weiteren Verlauf frei, in der Flügelmitte in einem Punkt oder entlang einer kurzen Strecke mit dem Stamm des Radialsektors verschmolzen, im Vorderflügel dreiästig, im Hinterflügel einfach. Cubitus gegabelt, bildet die im Vorderflügel meist vorhandene Areola postica. Analteil der Flügel klein.

Hinterleib mit neun Segmenten und einem aus einem Epiproct und zwei Periprocten bestehenden Analsegment, welches demnach das 11. Segment darstellt, während das 10. Segment nicht mehr nachweisbar ist. Die Paraprocte sind mit je einer rundlichen Trichobothrienplatte versehen. Cerci fehlen. Bei Weibchen bildet das 8. Sternit die Subgenitalplatte, bei Männchen dagegen das 9. (Hypandrium). Drei Paare von Gonapophysen bei Weibchen vorhanden, ein Paar am 8. Sternit (Ventralvalven) und zwei Paare am 9. Sternit (äußere Valven = Gonopoden, homolog den Ventralvalven), alle drei schwach entwickelt, vielfach rudimentär. Männchen mit einem Paar Styli (sog. Harpagonen) am Hypandrium und oft am Epiproct mit Haken, welche die Kopula unterstützen. Das 1. Hinterleibssegment ist meist mehr oder weniger reduziert.

Darmkanal gut differenziert, lang, mit geradem Vorder- und Enddarm und mit einem einmal gewundenen, erweiterten Mitteldarm. Vorderdarm mit einem langen, einfachen Oesophagus. Proventriculus und Kropf fehlen. Valvula cardiaca rudimentär. Mitteldarm ohne Coeca, fast stets mit Gregarinen im Epithel. Hinterdarm kurz, mit vier Malpighi-Gefäßen und einer erweiterten Rectalampulle sowie mit sechs Rectalpapillen. Je ein Paar langer, dorsaler und ventraler Speicheldrüsen münden mit einem kurzen, gemeinsamen Gang in den Speichelraum zwischen dem Hypopharynx und Labium.

Rückengefäß ein kurzer Schlauch in der vorderen Hälfte des Hinterleibs, ohne Flügelmuskeln. Das Vorhandensein oder Fehlen von Ostien konnte nicht nachgewiesen werden (Badonnel 1934, S. 202). Ein Dorsaldiaphragma fehlt. Aorta mit Dorsalampullen im Meso- und Metathorax, reicht bis in die Kopfkapsel hinein. Pulsierende Antennalgefäße in der Kopfkapsel vorhanden.

Tracheensystem mit zwei seitlichen Längsstämmen, in der Regel ohne Queranastomosen, bei *Liposcelis* mit einer cephalen und einer prothorakalen Anastomose. Zwei thorakale und höchstens acht abdominale Stigmenpaare auf den Segmenten 1—8.

Nervensystem stark konzentriert, mit drei thorakalen Ganglienmassen, ohne selbständige Abdominalganglien. Das sympathische System teilweise reduziert, der Ventralnerv kurz, gleich hinter dem Oesophagealganglion gegabelt.

Hoden mit drei birnförmigen, gehäuft dem Vas deferens aufsitzenden Testiculi. Die langen Vasa deferentia mit einer erweiterten Ampulle in ihrem Verlauf, und am Ende mit je einer mächtigen Vesicula seminalis. Ductus ejaculatorius kurz. Ovarien mit 3—5 büschelförmig den Oviducten aufsitzenden polytrophen Ovariolen, kurzen Eileitern und einem Oviductus communis, welcher hinter dem 8. Sternit (hinter dem 7. Sternit nach Autoren, die das rudimentäre erste Hinterleibssegment nicht mitzählen) nach außen mündet. Receptaculum seminis mündet auf dem 9. Sternit in die Genitalkammer oberhalb der Genitalöffnung.

Die Entwicklung der Staubläuse ist paurometabol, mit 5—6 imagoähnlichen

Nymphenstadien. Sichtbare Flügelanlagen erscheinen schon im zweiten Nymphenstadium.
Die Fortpflanzung ist gewöhnlich gamogenetisch, doch kommt obligate oder fakultative Parthenogenese nicht selten vor. Die Eier werden einzeln oder in kleinen Gruppen abgelegt und meist mit einem lockeren Gespinst überzogen. Manchmal werden sie mit einer Kittsubstanz umgeben.
Fossile Corrodentien gehen bis auf Perm zurück. Eine sehr gut erhaltene Art, +*Delopterum minutum*, fand TILLYARD im Perm von Kansas.
Die etwa 1000 gegenwärtig bekannten Arten der Staubläuse sind über die ganze Welt verbreitet. Sie werden (nach ROESSLER 1941) in einige UOrdn und etwa 30 Fam eingeteilt. Von den wichtigsten in Deutschland vertretenen Familien sind beispielsweise die *Psocidae*, *Caeciliidae* und *Liposcelidae* zu nennen. In Deutschland leben etwa 80 Arten der Staubläuse.

Corydalidae (Leach 1815) Burmeister 1839 (*Chauliodidae* Handlirsch 1906), Fam der *Megaloptera* mit etwa 80 rezenten und einer oligocänen Art aus dem baltischen Bernstein (*Chauliodes prisca* Pictet). In Deutschland nicht vertreten.

+***Corydaloididae*** Handl. 1908 (Abb. 75), ausgestorbene Fam der +*Megasecoptera*

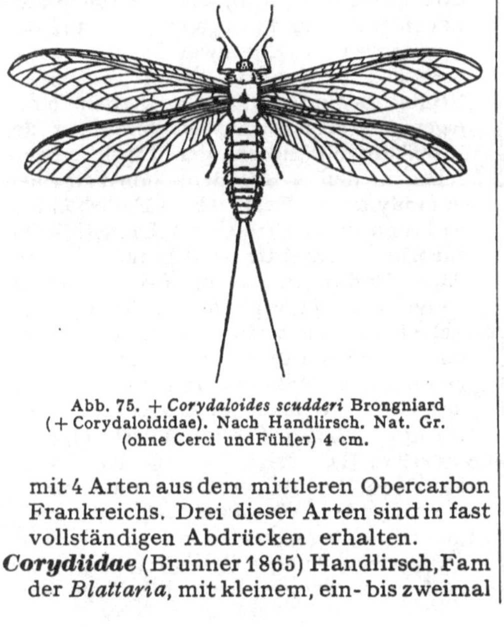

Abb. 75. + *Corydaloides scudderi* Brongniard (+ Corydaloididae). Nach Handlirsch. Nat. Gr. (ohne Cerci undFühler) 4 cm.

mit 4 Arten aus dem mittleren Obercarbon Frankreichs. Drei dieser Arten sind in fast vollständigen Abdrücken erhalten.

Corydiidae (Brunner 1865) Handlirsch, Fam der *Blattaria*, mit kleinem, ein- bis zweimal umgeschlagenen Analfeld der HFl. Rein tropische und mediterrane (*Polyphaginae*) Arten, darunter die kleinsten Blattarien aus Nordamerika, *Nothoblatta* Bolivar, *Atticola* Bolivar und *Myrmecoblatta* Mann, alle drei myrmecophil. Die ~ vermitteln den Übergang von Blattarien zu Termiten. Besondere Beachtung verdienen die Gatt. *Latindia* Stål, *Euthyrrhapha* Burmeister und *Hypercompsa* Saussure (*Diaphana* Brunner) wegen ihres primitiven bzw. reduzierten und modifizierten Geäders der HFl. Fossil sind einige tertiäre Arten bekannt, darunter die auch noch rezent lebende *Euthyrrhapha pacifica* Coquillet aus dem miocänen Bernstein von Stettin. Sie lebt heute auf den südlichen Kontinenten.

coryli Linné, *Apoderus*, Haselblattroller (*Col Curculionidae*). 6 mm langer Kurzrüßler der UFam *Rhynchitinae*, mit nach vorn konisch verengtem Hsch und stark halsartig abgesetztem Kopf. Schwarz, Hsch und Fld blutrot. Seine Blattrolle ist der von *Rhynchites betulae* Lin. angefertigten ähnlich, aber die Blattspreite wird nur einseitig und gerade, nicht S-förmig durchschnitten.

coryli Linné, *Physokermes*, kugelige Ahornschildlaus, Haselnußschildlaus, kugelige Schildlaus (*Hom Coccidae*), ähnlich wie *Eulecanium corni*, aber durchschnittlich größer und stärker gewölbt, häufig an Obstbäumen und anderen Holzgewächsen.

coryli Fabricius, *Strophosomus* → *S. melanogrammus* Foerst.

corylina Loew, *Contarinia*, Haselkätzchengallmücke (*Dipt Itonididae*).

Corylophidae Wollaston → *Orthoperidae*.

Corynetidae Thomson 1859, Fam der Käfer mit etwa 500 Arten, von welchen in Deutschland nur 9 leben. Zylindrische oder nach vorn stärker verengte borstige, detritophage Tiere.

cosmophorana Treitschke, *Laspeyresia*, Kiefernbeulenwickler (*Lep Tortricidae*).

Cossidae (Leach 1815) Walker 1855, Holzbohrer, Fam der Schmetterlinge mit etwa 550 Arten, von welchen in Deutschland nur 5 heimisch sind, darunter der → Weidenbohrer und das Blausieb → *Zeuzera pyrina*).

cossus Linné, *Cossus*, Weidenbohrer (*Lep Cossidae*). Graubrauner, weißgrau gemischter und schwärzlich gewellter, plumper, bis 9 cm spannweiter Schmetterling, dessen fleischrote, fingerdicke Raupe mit charakteristischem Holzessiggeruch polyphag im Holz gesunder Bäume, vornehmlich in Weiden und Pappeln, aber auch in Obstbäumen und in Nordafrika im Holz der Korkeiche ihre Gänge bohrt.

Cossyphodidae Wasmann 1899, Fam der Käfer mit etwa 20 myrmecophilen Arten in Afrika und Ostindien.

Costa Costalader, (vena) costalis, (lat. costa, -ae, f., Rippe), Randader, Vorderrandader, die erste Längsader im Flügel, gewöhnlich marginal, am VRande des Fl gelegen, seltener (z. B. *Stenobothrus*) durch eine praecostale Erweiterung der FlMembran vom VRande abgedrängt. Sie ist niemals verzweigt und geht basal von der → Humeralplatte aus. (Taf. X, XI und XIII.)

Costae → Rippen.

Costalfeld, Remigium, Spreite, Flügelspreite, derjenige Teil der Tragfläche des Fl, welcher zwischen dem Vorderrand und der → Analfalte liegt. Es ist ausgezeichnet durch Verdichtung der Längsadern und größeren Reichtum an Queradern im Vergleich mit dem Analfelde. Bei guten Fliegern bildet das ~ den Hauptteil der Flügeltragfläche, während es im HFl der Fallschirmflieger, wie z. B. bei Saltatorien, zugunsten des Analfeldes reduziert ist. (Taf. X, Fig. 2.)

Costalrand des Fl → Vorderrand.

Costalraum, der Raum zwischen Costa und → Subcosta, apikal durch die Mündung der Subcosta in den VRand des Flügels begrenzt. Die Queradern des ~ sind bei *Ephemerida, Odonata, Perlaria, Saltatoria, Megaloptera, Raphidides* und *Planipennia* zahlreich, seltener (*Odon Zygoptera, Planip Coniopterygidae*) bis auf eine reduziert oder fehlend, bei anderen Fluginsekten fehlen sie in der Regel ganz oder sind auf eine nahe der FlWurzel gelegene → Humeralquerader (*Panorpatae, Trichoptera,* die meisten *Diptera,* viele *Lepidoptera, Odon Zygoptera*) reduziert. Bei Panorpaten und Zygopteren tritt allerdings noch eine zweite Querader nahe der Mitte des ~ auf.

costana Fabricius, *Cacoecia*, geflammter Rebenwickler (*Lep Tortricidae*).

Costula (lat. dem. von costa vgl. oben), ein Paar querer Rippen am → Mediansegment vieler *Ichneumonoidea.* Sie gehen von der Seitenrippe der → Area superomedia ab und teilen das Seitenfeld des Mediansegments in eine vordere → Area externa und hintere → Area dentipara.

Cotyla oder cotyle (lat. cotyla, -ae, f., cotyle, -is, f., oder cotula, -ae, f., ein kleines Maßgefäß von einem halben Sextarius = ein viertel Quart) → Gelenkpfanne.

Cotypen, Syntypen (lat. co- in Zusammensetzungen = cum = gr. σύν mit), sämtliche Originalexemplare einer Art, welche bei der Beschreibung einer neuen Art benutzt worden sind, ohne daß eines dieser Exemplare als → Holotypus bezeichnet gewesen wäre. Durch Einführung der Holotypen-Pflicht (1931) sind die ~ hinfällig.

Man spricht auch von ~ der Gattung oder Genocotypen und versteht darunter alle einer neu aufgestellten Gattung zugeteilten Arten, wenn keine derselben als → Genotypus bezeichnet wird. (Vgl. Nomenklaturregeln, Art. 25, 3.)

Coxa (lat. coxa, -ae, f., Hüfte) → Hüfte.

Coxalbläschen, paarige, segmentale, durch Blutdruck ausstülpbare Bläschen an Hinterleibssterniten der *Thysanura* und *Diplura.* Sie sitzen den Sterniten (*Diplura*) oder ihren Anhängen, den → Coxiten (*Thysanura*), auf. Die Machiliden haben auf dem 1. Segment ein, auf den Segmenten 2—7 je zwei Paare von ~. Meistens werden sie außen von einem Stylus begleitet. Die ~ haben einen eigenen Retractormuskel. Anhänger der Zweiästigkeitstheorie der Insektenbeine sehen in den ~ die den Thorakalbeinen homodynamen Reste der → Endopoditen, während die Vertreter der Einästigkeitstheorie des Insektenbeins in ihnen sekundäre Bildungen sehen (→ Thorakalbeine). (Taf. II, Fig. 2A und Textfig. 175.)

Coxalcorium (lat. corium, -ii, n., das Leder, von gr. τὸ χόριον die Haut um die Eingeweide), Gelenkmembran an der Basis der Hüfte, welche die letztere mit dem Rumpf (Subcoxo-Sternum) verbindet.

Coxalcrista (lat. crista, -ae, f., Kamm am Kopf der Tiere), gratartig nach außen vorstehende → Coxalnaht.

Coxaldrüsen, segmentale Drüsen, welche bei *Peripatidae* und *Chelicerata* an den Hüften münden und auf die Nephridien der *Annelida* zurückgeführt werden. Sie entsprechen den → Parapodialdrüsen der *Polychaeta*. Unter Insekten sind sie vor allem bei den *Thysanura* gut ausgebildet, bei höheren Insekten können sie in verschiedentlich modifizierter Form auftreten.

Coxalgelenk → Hüftgelenk.

Coxalgrube → Hüftgrube.

Coxalleiste, die endoskeletale Leiste der → Coxalnaht.

Coxalnaht, Coxalsutur, Sutura coxalis, die auf der Außenseite der Hüfte vom Coxotrochanteralgelenk hinauf zur → Basicostalnaht verlaufende, endoskeletal häufig von einer → Coxalleiste begleitete Naht. Sie mündet in die Basicostalnaht in der Regel nach außen von dem → Pleuralgelenk der Hüfte, wird aber vielfach etwas mehr dorsalwärts verlegt und fällt dann in eine Flucht mit dem Pleuralgelenk und der Pleuralnaht, wie z. B. in der MHüfte der *Acridiidae*. Bei stark sklerotisierten Hüften kann sie von einer → Coxalcrista begleitet werden. Sie obliteriert häufig oder fehlt ganz, wie z. B. in der HHüfte der *Acridiidae*. (Taf. I, Fig. 2 D, E und Taf. II, Fig. 1 A-C.)

Coxite, flache, schildförmige Anhänge der Hinterleibssterna der *Thysanura* (*Machilidae* und *Lepismatidae*), auf welchen die → Styli und → Coxalbläschen sitzen. Die ~ sind Abkömmlinge der Hüften oder Coxo-Pleuren (Coxo-Subcoxen) der primären abdominalen Gliedmaßen und entsprechen den Basalstücken der → Tracheenkiemen vieler aquatiler Pterygotenlarven. (Taf. II, Fig. 2 A.)

Coxomarginale → Basicoxale.

Coxopleurit → Trochantinopleura.

Coxopodit, das zweite Glied des → Spaltfußes, häufig mit dem dritten, dem → Basipodit, zu einem einzigen Glied, dem → Protopoditen verwachsen. (Taf. I, Fig. 1 A, B.)

Coxosternite, Seitenteile der Sternite der Abdominalsegmente. Sie entsprechen morphologisch den verflachten, mit den abdominalen Sterniten verschmolzenen Hüften (Coxa, Coxalplatte der Apterygoten) und bilden mit ihnen zusammen die → Urosternite. Vgl. auch → Pleurosternit.

crabro Linné, *Vespa*, Hornisse (*Hym Vespidae*).

Crambus spp. Grasmotten, mehrere Arten, deren Raupen in einer aus Erdkörnern zusammengesponnenen, am Wurzelhals der Nährpflanze befestigten Röhre verborgen an Graswurzeln und Stengeln nagen.

Cranium (gr. τὸ κρανίον Scheitel des Kopfes, und Hirnschale, Schädel) → Kopfkapsel.

crataegi Linné, *Aporia*, Baum- oder Heckenweißling (*Lep Pieridae*). Etwa 6,5 cm spannweiter weißer Schmetterling mit schwarz gezeichneten FlAdern. Raupen überwintern in kleinen Gesellschaften (zu 5—6) in einem versponnenen Blatt, welches, am Zweig durch Gespinstfäden befestigt, im Herbst nicht herabfällt (sog. kleine → Raupennester). Gefürchteter Obstbaumschädling.

Cremaster (gr. κρεμαστός aufgehängt, von κρεμάννυμι aufhängen), ein mit Widerhaken, Dornen usw. versehener Vorsprung am HEnde der Schmetterlingspuppen, welcher bei freien Puppen in einem kleinen Gespinstflecken, bei Kokonpuppen in der Wand des Kokons verankert wird, um dem Schmetterling das Herauskriechen aus der Puppenhülle zu erleichtern. Der ~ ist ein Träger wichtiger taxonomischer Erkennungsmerkmale der Schmetterlingspuppen. (Taf. XX, Fig. 15.)

crenatus Fabricius, *Hylesinus*, großer schwarzer Eschenbastkäfer (*Col Ipidae*).

crepuscularia Hübner, *Boarmia*, kleiner Baumspanner (*Lep Geometridae*).

Cribellum (lat. cribellum, -i, n., dem. von cribrum, Sieb) → Drüsenplatte.

crinita Herbst, *Sitona*, behaarter Blattrandkäfer (*Col Curculionidae*).

Crista (lat. crista, -ae, f., Kamm am Kopfe des Hahns oder am Helm), jede grat- oder kielförmige Erhebung des Integuments im Außen- oder Innenskelett.

Crista acustica (gr. ἀκούω höre, ακουστός hörbar) → Hörleiste.

Cristallogenzellen → Kristallzellen.

Crista scutelli, je 2 Paare von strahlenartig aus dem Meso- und Metascutellum zur Wurzel der V- und HFl gerichteten Rippen am Thorax geflügelter *Corrodentia*.

Crista sterni → Sternalgrat (→ Grat).

crocata Linné, *Pales*, gelbbindige Riesenschnake (*Dipt Tipulidae*).

cruciferae Goeze, *Phyllotreta*, gewöhnlicher Kohlerdfloh (*Col Chrysomelidae*).

cruciferarum Zeller, *Plutella* → P. *maculipennis* Curt.

Crumena (lat. crumena, -ae, f., Geldbeutel) → Stechborstentasche.

cryptocer (gr. κρύπτειν verbergen, τὸ κέρας Horn, Geweih) → adelocer.

Cryptocerata → Hydrocorisae.

Cryptometabola (gr. κρύπτειν verbergen, verstecken, ἡ μεταβολή Verwandlung), Holometabola mit gänzlich unterdrückten präimaginalen Entwicklungsstadien. Zu ~ gehören nur die termitophilen *Phoridae*, bei welchen die ganze Larvenentwicklung im Ei verläuft, so daß aus dem Ei eine verpuppungsreife Larve schlüpft.

Cryptopentamera Gerstaecker 1863, ehemalige Gruppenbezeichnung der Käfer mit 5 gliedrigen Tarsen, deren 4. Glied klein und im Ausschnitt des 3. verborgen liegt. Die ~ umfaßten die heutige FamReihe *Phytophaga* (*Pseudotetramera* Westw.) und *Erotylidae*.

Cryptophagidae (Erichson 1846) Kiesenwetter 1863 (*Cryptophagides* Er.) Schimmelkäfer (Abb. 76), Fam der Käfer mit etwa 800 Arten, von welchen in Deutschland an 115 leben. Die ~ leben an Schwämmen, unter Laub, Rinden usw. Fossil sind 15 tertiäre und 1 quartäre Art bekannt.

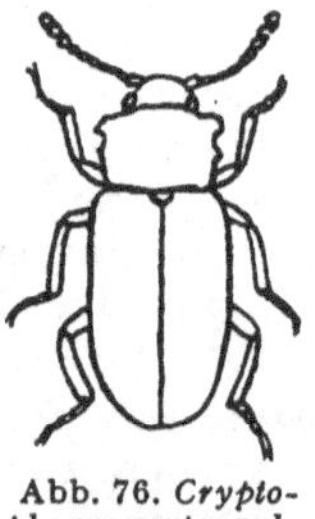

Abb. 76. *Cryptophagus acutangulus* Sturm (Cryptophagidae). Nach Reitter aus Handlirsch. Nat. Gr. etwa 3 mm.

Cryptophasidae Swainson 1840 (*Xyloryctidae* Meyrick 1890, *Stenomatidae* Walsingham 1907), Fam der Schmetterlinge (*Tineodea*) mit etwa 2000 australischen, südamerikanischen und ostasiatischen Arten.

cryptophylaktisch (gr. κρυπτός versteckt, ἡ φύλαξις Schutz) werden → Trachten genannt, welche das Tier in seiner natürlichen Umgebung unauffällig machen. Gegens. → sematophylaktisch.

Cryptopleurie, Verdrängung von Pleuren durch die herabgebogenen Seiten des Halsschildes. Die im Prothorax von *Saltatoria* und *Coleoptera* unterdrückten Pleuren werden von den letzteren überdeckt bzw. in den Prothorax eingedrückt und schließen sich den Profurcae an.

Cryptostemmatidae (Dohrn 1859) (→ *Dipsocoridae* Dohrn, *Ceratocombidae* Fieber 1861), Fam der *Het Geocorisae*, mit etwa 50 Arten vom Reliktencharakter. Die 1—3 mm langen Tiere mit gefiederten Fühlern und dimorphen Flügeln leben unter Moos, im Detritus und in Ameisennestern. Fossil nicht nachgewiesen.

Cryptosternie (gr. κρύπτειν verbergen, τὸ στέρνον die Brust), Versenkung des Thorakalsternums in die Leibeshöhle durch Einfaltung und Bildung eines → Sternalgrats. Dabei können auch die → Laterosternite mit hineingezogen werden. Die ~ ist naturgemäß mit einer Annäherung der Hüften verknüpft, was bei allen höheren Insekten in mehr oder weniger starkem Grade erfolgt ist, aber auch bei primitiveren Gruppen wie z. B. *Blattaria* nicht fehlt. Das Auftreten der ~ ist mit einer stärkeren Entwicklung der dorsoventralen Muskulatur verbunden, die als indirekte Flugmuskeln, (Heber) wirken und durch Bildung des Sternalgrats eine festere Ursprungsstelle am Sternum erhalten.

Cryptotetramera (Gerstaecker 1863), Käfer mit 4 gliedrigen Tarsen, deren 3. Glied klein und im Ausschnitt des 2. verborgen ist.

Ctenidium (gr. ὁ κτεύς, κτενός Kamm, κτενίζω kämme), pl. Ctenidien, Kamm, Stachelkamm, Reihen dicker Chitindorne am Kopf, Thorax und Hlbstergiten vieler *Aphaniptera* und *Polyctenidae*. (Taf. XXIII, Fig. 6.) Vgl. auch → Borstenkamm.

Ctenidobothrien (gr. ὁ βόθρος Loch, Grube), Gruben mit gezähntem Rande an der Innenseite der Tarsenglieder vieler *Corrodentia*.

Ctenopsyllidae Baker 1905, Fam der *Siphonaptera* (*Aphaniptera*), mit Scheitelquerfurche, mit oder ohne Kopfktenidien. Auf kleinen Säugern, Mäusen, Soriciden, Maulwürfen.

Cubitalader, Cubitus, (Vena) cubitalis (lat. cubitus, -i, m., Ellbogen), Submedianader, Abk. cu, die 5. Längsader eines voll geaderten Flügels. Sie gabelt sich unweit der FlWurzel oder vor der Mitte des Fl, nicht selten aber auch hinter der Mitte (*Corrodentia, Psyllidae, Cicadina*) in einen vorderen (cu_1) und einen hinteren (cu_2) Ast. Der vordere Ast cu_1 kann noch einen oder mehrere (*Perlaria*) Nebenäste zum FlRand entsenden. Bei Psociden bilden die beiden cu-Äste die → Areola postica, welche entweder frei oder mit der Media verbunden sein kann. Die ~ entspringt zusammen mit der

Media und der Postcubitalader aus dem → Mittelgelenkstück der Pteralia. Bei *Saltatoria* wird die ~ als → Ulna bezeichnet. (Taf. X, XI, XIII.)

Cubitalraum, der Raum zwischen der Cubitalader und Analader bzw. Postcubitalader vor der Gabelung des Cubitus. Bei Odonaten ist der kurze ~ distal durch den Arcus begrenzt. (Taf. X, XI, XIII.)

Cubitalzellen, die Zellen des Cubitalraumes und des Raumes zwischen cu_2 und der Postcubitalader, d. h. → Zellen, welche vorne durch die Cubitalader begrenzt sind. Diese Definition entspricht dem Grundsatz, daß Zellen des FlGeäders nach den vor ihnen liegenden Adern zu nennen sind. In der taxonomischen Terminologie herrscht in dieser Hinsicht eine recht große Verwirrung, indem als ~ entweder die Zellen zwischen Media und Cubitus (*Planipennia*) oder zwischen Radius und „Cubitus" (= Media) (*Hymenoptera*) bezeichnet werden (vgl. auch → Flügelgeäder). Bei letzteren taufte Handlirsch die ~ in → Radiocubitalzellen um. Die 2. ~ der Hymenopteren (*Ichneumonoidea*) wird als → Areola bezeichnet. (Taf. XIII, Fig. 2, 10.)

Cubitoanalqueradern, die Queradern zwischen Cubitusstamm bzw. dem cu_2 und der ersten Analader bzw. der Postcubitalader. (Taf. XIII, Fig. 5, 6, 9.)

Cubitus → Cubitalader.

Cucujidae (Latreille 1802) Stephens 1829, Plattkäfer (Abb. 77), Fam der *Col Clavicornia* mit über 1000 Arten, von welchen in Deutschland an 50 leben. Meist kleine, 1—2 mm, selten bis 20 mm lange, gestreckte, flache, gelbbraun, braun, blutrot (*Cucujus*) oder schwarz gefärbte Käfer, die unter Rinden, Fallaub, in Herbarien, Drogen, an schimmligen Wänden usw. auftreten. Fossil sind etwa 20 tertiäre und 2 quartäre Arten beschrieben.

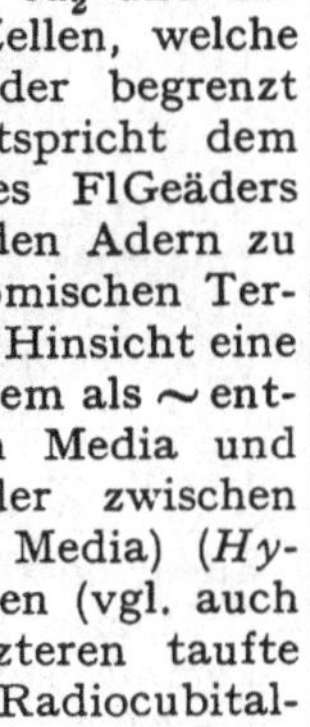

Abb. 77. *Cucujus* sp. (Cucujidae). Nach Handlirsch. Nat. Gr. 1—2 cm.

Cucujo → *Pyrophorus noctilucus* Linné und andere *Pyrophorus*-Arten.

Cucullus (lat. cucullus, -i, m., Hülle, Kapuze), im männlichen Begattungsapparat der Schmetterlinge der apicale, differenzierte Teil der → Valven, der häufig eine Corona trägt. (Taf. XVIII, Fig. 4, 5.)

Culicidae (Billberg 1820) Stephens 1829 (*Culicides* Billb.), Stechmücken, Fam der *Dipt Nematocera* mit etwa 2000 Arten. Ihre eucephalen Larven mit verbreiterten Thoraxsegmenten leben aquatil. Sie atmen atmosphärische Luft durch einen die Stigmenöffnung an der Spitze tragenden → Sipho am 8. Segment und außerdem durch Kiemenblättchen neben dem Hlbsende. Weibchen mit gut entwickeltem Rüssel, Männchen ohne Stechvermögen, mit rudimentären Stechborsten. *Anopheles, Culex, Aëdes, Theobaldia* u. a. Gattungen.

culiciformis DeGeer, *Ploiarola*, Mückenwanze (*Het Reduviidae*).

culiciformis Linné, *Synanthedon*, kleiner Birkenglasschwärmer (*Lep Aegeriidae*).

culinaris Germar, *Rhyncolus*, Grubenholzkäfer (*Col Curculionidae*).

Cuneocoridae Handlirsch 1925 (Abb. 78), ausgestorbene Fam der *Ordn Heteroptera* einer oberliassischen Art aus Mecklenburg.

Cuneus (lat. cuneus, -i, m., Keil), im VFl der *Heteroptera* ein zwischen das → Corium und die → Membran eingeschobenes dreieckiges Stück, welches mit dem ersteren durch eine verdünnte Stelle des FlVorderrandes gelenkig verbunden ist. (Taf. XI, Fig. 5.)

Abb. 78. + *Cuneocoris geinitzi* Handlirsch (+ Cuneocoridae). Nach Handlirsch. Nat. Gr. etwa 4 mm.

cunicularius Erichson, *Hylastes*, schwarzer Fichtenbastkäfer (*Col Ipidae*).

Cupedidae (Lacordaire 1857) Alluaud 1900, Fam der *Col Adephaga*, mit etwa 20 Arten in Asien, im indoaustralischen, afrikanischen, nearktischen und neotropischen Gebiet. Mittelgroße fein beschuppte Käfer mit langen gesägten Fühlern. Larven im Holz. Fossil sind 3 Arten aus dem baltischen Bernstein bekannt.

cuprea Fabricius, *Potosia*, ssp. **metallica** Hbst., gemeiner Rosenkäfer, Goldkäfer (*Col Scarabaeidae*).

cupreus Linné, *Rhynchites*, Pflaumenstecher, Pflaumenbohrer (*Col Curculionidae*).

Cupula (lat. cupula, -ae, f., dem. von cupa, -ae, die Kufe, Tonne), Behälter der → Speichelpumpe.

Curculionidae Stephens 1831, Rüsselkäfer, Rüßler (Abb. 79), Fam der *Col Phytophaga* mit etwa 40000 Arten, von welchen in Deutschland an 1000 leben. Larven und Käfer phytophag, erstere meist apod und endophytophag, seltener mit kurzen Thoracalbeinen versehen und exophyt lebend, wie z. B. Arten der Gatt *Phytonomus*. Fossil sind über 450 tertiäre und quartäre Arten bekannt.

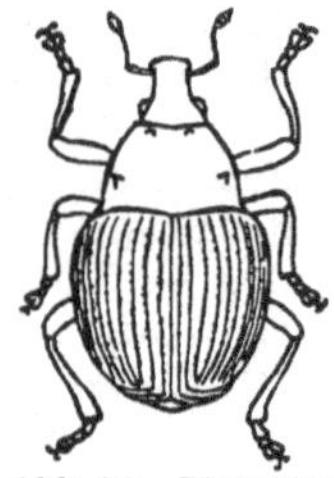

Abb. 79. *Phytobius* sp. (Curculionidae). Nach Brauer aus Handlirsch. Nat. Gr. 1,5—3 mm.

curtisellus Donovan, *Prays*, Eschenzwiesselmotte (*Lep Hyponomeutidae*).

curvidens Germar, *Pityokteines*, krummzähniger Tannenborkenkäfer (*Col Ipidae*).

Cuticula (lat. cuticula, -ae, f., dem. von cutis, -is, f., gr. τὸ κύτος Haut), die nicht zelluläre, die → Epidermis überziehende, von ihr ausgeschiedene, an der Luft erhärtete Schicht der → Haut der Insekten. Die ~ besteht in der Hauptsache aus → Chitin und tritt in dieser Form schon bei Würmern auf. Bei Arthropoden bildet sie eine mächtige, elastische (*Hexapoda*) oder infolge starker Durchsetzung mit Kalksalzen starre (*Crustacea, Progoneata*) → Körperdecke. Die ~ der Insekten enthält nicht selten mineralische Inkruste (Kalksalze, Kieselsalze) und regelmäßig organische Beimengungen (Kohlenwasserstoffe), welche an das Chitin locker chemisch gebunden sind. In der ~ lassen sich drei Schichten unterscheiden, eine mächtigere innere, direkt der Epidermis aufliegende Schicht, die → Endocuticula, eine der letzteren aufgelagerte, dünnere → Exocuticula, und die oberflächliche, sehr feine → Epicuticula. Über die Bildung der ~ gehen die Ansichten auseinander. Nach einer Ansicht (Reichelt 1925, Z. Morph. Ökol. Tiere) stellt die Cuticularsubstanz ein Sekret der Epidermiszellen, während andere Forscher (P. Schulze, 1924, Z. Morph. Ökol. Tiere) darin das umgewandelte Plasma der Epidermiszellen sehen. Nach den neuesten Ansichten kommen beide Bildungsarten der ~ vor. Die ~ bildet bei Insekten keinen einheitlichen Panzer um den Körper, sondern ist durch membranöse → Nähte in → Segmente und → Sklerite zerlegt, die gegeneinander mehr oder weniger beweglich sind. Funktionell und morphologisch bildet die ~ das → Außen- und → Innenskelett. (Taf. V, Fig. 1.)

cuticulare Skulptur → Macro- und Microsculptur.

Cuticularpigmente sind Farbstoffe, welche in der → Exocuticula oder in der oberen Zone der → Endocuticula in Körnchenform oder gleichmäßig gelöst verteilt sind und der Cuticula ihre Grundfärbung verleihen. Die ~ gehören zu → Melaninen und werden in der Cuticula nach jeder Häutung neu gebildet. Sie erscheinen bei frisch geschlüpften Imagines zuerst in den stärksten Stellen der Cuticula (endoskeletale Knoten) und werden in diesen Fällen als → Härtungspigmente bezeichnet. Die ~ verleihen der Cuticula ihre gelbe, braune oder schwarze Grundfärbung, welche allein oder im Zusammenspiel mit Weiß (Fehlen des Pigments) zur Geltung kommt, sofern keine anderen Pigmente (→ Epidermispigmente, → subepidermale Pigmente) oder → Strukturfarben hinzutreten.

Cuticulin, aus Lipoproteinen zusammengesetzte, kein Chitin enthaltende Substanz der untersten Schicht der → Epicuticula.

Cutis (lat. cutis, -is, f., gr. τὸ κύτος Haut) → Haut.

Cuvier, G. Ch., Leçons d'anatomie comparée. 5 Bde, 1799—1805, Paris, stellte ein Insektensystem mit 9 Ordnungen auf, welches im Vergleich mit Linné insofern als fortschrittlich zu bezeichnen ist, als es 5 im modernen Sinne reine Ordnungen enthält, nämlich außer den Linnéischen *Lep Hym* und *Dipt* noch die *Col* und *Orthoptera* sensu lato, welche bei Linné noch mit den *Coleoptera* vereinigt waren. Die Ordn *Hemiptera* und *Neuroptera* entsprechen noch ganz der Linnéischen Auffassung. Der erste Schritt zur Bereinigung der *Aptera* Linnés ist durch die Ausscheidung der *Apterygota* getan, welche aber zur Ordn der Gnatopteres zusammen mit Myriapoden, Arachniden u. a. gelangte und in Seticaudes umgetauft worden sind. (→ DeGeer.)

cyanea Fabricius, *Melanophila*, blauer Kiefernprachtkäfer (*Col Buprestidae*).

cyanella Linné, *Lema*, blaues Getreidehähnchen (*Col Chrysomelidae*), 4 mm langer, blauer, glänzender Käfer mit schwarzen Fühlern und Tarsen. Seine in einem klebrigen Mantel aus eigenen Exkrementen gehüllten Larven fressen schmale streifenförmige Fensterchen in Getreideblättern aus.

cyaneus Rossi, *Agrilus*, Eichenheisternprachtkäfer (*Col Buprestidae*).

Cyathoceridae Sharp 1882, Fam der Käfer (*Cucujoidea*) mit einer mittelamerikanischen Art.

Cychrisation (lat. *Cychrus*, wiss. Name einer Käfergattung der Fam. *Carabidae*), Verschmälerung des Vorderkörpers bei Käfern, die sich ähnlich wie *Cychrus* von Gehäuseschnecken ernähren. Besonders häufig ist diese Erscheinung bei verschiedenen *Carabus*-Rassen festgestellt und in Zusammenhang mit dem Übergang dieser Rassen zur Ernährung mit Gehäuseschnecken gebracht worden. Eine deutliche ~ weisen auch die beiden sich von Gehäuseschnecken ernährenden Arten *Ablattaria laevigata* Fabr. und *Phosphuga atrata* Lin. der Fam *Silphidae*.

Cyclopenbienen, monströse Formen der Arbeiterin der Honigbiene, welche einen verkleinerten Kopf und auf der Stirn verschmolzene Komplexaugen haben.

Cyclopoidlarven (gr. κύκλοψ rundäugig, rund) sind Junglarven gewisser *Platygasterinae* (*Proctotrupidae*), deren Kopf und Thorax einen im Verhältnis zu dem schmalen Hinterleib enorm vergrößerten, rundlichen Komplex (→ Cephalothorax) bilden. Solche Larven sind einem *Cyclops* oder einer Kaulquappe ähnlich. Bei der ~ ist die embryonale Segmentierung des Kopfes noch zum Teil deutlich erkennbar. Die Entwicklung der inneren Organe steht auf einem frühen embryonalen Stadium. Der Enddarm, das Rückengefäß und das Tracheensystem fehlen noch ganz, und das Nervensystem und die Keimdrüsen befinden sich noch in der Entwicklung. Mit der ersten Häutung verwandelt sich die ~ in eine madenförmige Larve.

Cyclorrhapha (Latreille 1817) Brauer 1863 (*Athericera* Latr.), Deckelschlüpfer, eine Abteilung der brachyceren Fliegen, ausgezeichnet durch den Bau der Fühler, welche aus zwei Grundgliedern und einer borstenartigen Geißel (→ Arista) bestehen, sowie durch die → Lunula und → Bogennaht der Stirn. Larven acephal, Verpuppung in der letzten Larvenhaut, welche zu einem Tönnchen erhärtet. Schlüpfen der Imago durch Absprengen eines runden Deckels vom Tönnchen (→ präformierte Bruchlinien), was durch den Druck der ausgestülpten → Stirnblase (*Schizophora*) oder durch einen T-förmigen Schlitz vorne am Tönnchen (*Aschiza*) bewerkstelligt wird. Die ~ umfassen etwa $^2/_3$ aller Fliegen, d. h. rund 30000 Arten, und werden in zwei ÜFam (FamReihen), → *Schizophora* und → *Aschiza* eingeteilt.

Cydnidae (Billberg 1820) Fieber 1861 (*Cydnides* Billb.), Erdwanzen (Abb. 80), Fam der *Het Geocorisae*, mit vielen, über alle Gebiete zerstreuten Arten. Kleine bis mittelgroße, schwarze, häufig auch hell gezeichnete Bodenbewohner, deren Beine häufig zu Grabbeinen ausgebildet sind. Fossil sind etwa 80 seit dem Eocän auftretende Arten beschrieben.

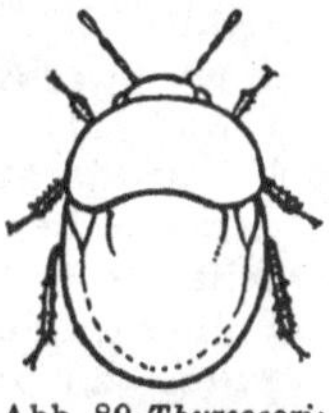

Abb. 80. *Thyreocoris scarabaeoides* Linné (Cydnidae). Nach Hedicke. Nat. Gr. 3—4 mm.

Cylindrachaetidae Giglio-Tos 1914 (Abb. 81), Fam der Ordn *Saltatoria* mit 3 Arten der Gatt *Cylindrachaeta* Kirby aus Patagonien und Australien. Langgestreckte flügellose Tiere mit kurzen 11gliedrigen Fühlern, reduzierten Augen, ohne Gehörorgan, mit kräftigen kurzen Grabbeinen und kurzen Afterraifen. Die Tiere sollen in Pflanzen eindringen. Fossil nicht nachgewiesen.

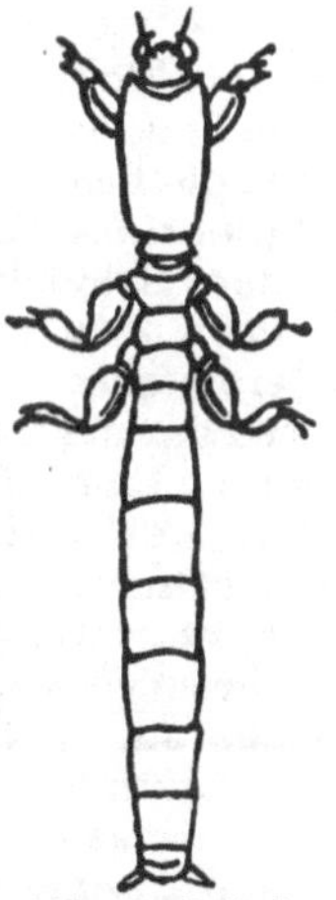

Abb. 81. *Cylindrachaeta spegazzinii* Giglio-Tos (Cylindrachaetidae). Nach Giglio-Tos aus Handlirsch. Nat. Gr. etwa 5 cm.

Cylindrotomidae (Schiner 1864) Kertesz 1902 (*Tipulidae cylindrotomaeformes* Schiner), mit Tipuliden und Limnobiiden nahe verwandte Fam der *Dipt Nematocera* mit den letzteren manchmal zu einer Fam zusammengezogen, aber durch 16gliedrige Fühler und nicht wesentlich verlängertes Endglied der Kiefertaster von diesen bzw. jenen unterschieden. Habitus der Tipuliden. Larven ausgezeichnet durch zahlreiche moosblattartige Auswüchse der Haut, leben in Moospolstern.

cylindrus Fabricius, *Platypus*, Eichenkernkäfer, Eichennutzholzkäfer, Kernkäfer (*Col Platypodidae*).

Cymatophoridae Herrich-Schäffer 1847, Eulenspinner, Fam der Schmetterlinge mit über 100 vorwiegend eurasiatischen Arten, von welchen einige Gatt und Arten in Deutschland leben. Fossil unbekannt.

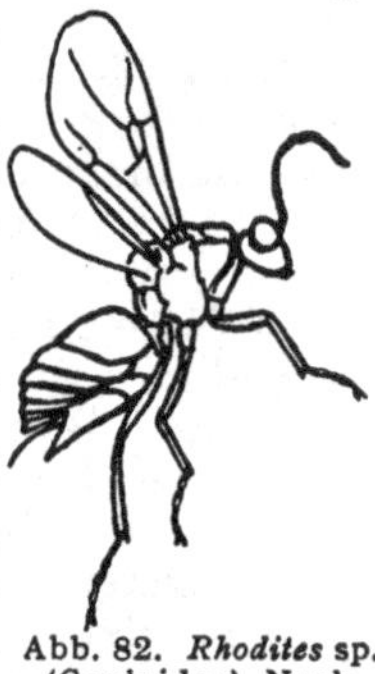

Abb. 82. *Rhodites* sp. (Cynipidae). Nach Sharp aus Handlirsch. Nat. Gr. unter 5 mm.

Cynipidae (Fallen 1813) Westwood 1840 (*Cynipseae* Fall.), Gallwespen (Abb. 82), Fam der *Hym Cynipoidea* mit etwa 1600 hauptsächlich paläarktischen und nearktischen Arten, die teils als Gallenerzeuger und → Inquilinen (*Cynipinae*) an verschiedenen Pflanzen, teils als Parasiten und Hyperparasiten (*Eucolinae, Figitinae, Charipinae*) sind 9 tertiäre Arten bekannt, darunter 5 aus dem baltischen Bernstein.

Cynipoidea Ashmead 1899, Gallwespen, FamReihe der *Hym Terebrantes*, mit der einzigen Fam *Cynipidae*, die von neueren Systematikern in mehrere Fam aufgeteilt wird.

cynthia Drury, *Philosamia*, japanischer Seidenspinner, Ailanthusspinner (*Lep Saturniidae*).

Cyphonidae Stephens → *Helodidae*.

Cypselidae Hendel → *Borboridae*.

Cystenzellen, Cystocyten, epithelartig angeordnete, wahrscheinlich von Keimzellen der Hodenfollikel abstammende Zellen, welche innerhalb des Hodenfollikels die heranreifenden Spermiocyten zu → Samenherden (Spermiocysten) verbinden. Nach einer anderen Ansicht sind die ~ Derivate des mesodermalen Follikelepithels.

D

Dalceridae Dyar 1898, Fam der Schmetterlinge (*Tineoidea*) mit etwa 60 südamerikanischen Arten.

Danaididae (Linné 1758) Reuter 1896, Fam der Schmetterlinge (*Rhopalocera*) mit etwa 1000 meist orientalischen und neotropischen Arten. Gegenwärtig meist UFam der *Nymphalidae*.

danica Linné, *Locusta*, europäische Wanderheuschrecke (*Salt Locustidae*).

Darmatmer, Larven der *Odonata Anisoptera*, deren → Rectum reich mit Tracheen versorgte Längsfalten bildet, welche als → Darmkiemen dienen. Durch Dilatation des Rectums wird frisches Atemwasser durch den After eingesaugt und anschließend durch Kontraktion das verbrauchte ausgestoßen. Das Ausstoßen des Wassers gibt zugleich Antrieb zur Fortbewegung der Larve (→ Bewegungsorgane). Im sauerstoffarmen Wasser wird atmosphärische Luft von der Wasseroberfläche in das Rectum aufgenommen.

Darmdivertikel, Divertikel, Blindschläuche, Caeca, 2 oder mehrere blinde Ausstülpungen des Mitteldarms, die in einem Kranz um das Vorder- oder Hinterende des Mitteldarms auftreten. Es sind gewöhnlich → Drüsendivertikel, seltener → Symbiontenkrypten. An ihrer kranzartigen Anordnung sind sie leicht von den an sich ähnlichen, aber zerstreut in mehr oder weniger dichtem Besatz auftretenden → Regenerationskrypten zu unterscheiden. Die ~ können auch ganze Darmabschnitte bedecken, sind aber auch dann in dicht hintereinander liegenden Quirlen angeordnet. (Taf. VI, Fig. 2.)

Darmdrüsen im eigentlichen Sinne fehlen den Insekten. Das Epithel des Mitteldarms, welches auch die → Drüsendivertikel auskleidet, ist zwar aus Drüsenzellen aufgebaut und stellt als Ganzes oder in gewissen Bezirken Drüsen dar, welche den Verdauungssaft sezernieren, aber auch gleichzeitig bzw. im rhythmischen Wechsel mit Sezernierungsphasen die Resorption des → Nahrungssaftes besorgen. Die in den Vorderdarm mündenden Drüsen sind sämtlich ektodermale Hautdrüsen. Die sog. → Rectaldrüsen (→ Rectalpapillen) sind noch hinsichtlich ihrer Funktion umstritten.

Darmepithel, das den Darm innen auskleidende Epithel. Im Vorder- und Hinterdarm ist es entsprechend der Herkunft dieser Darmteile ektodermal und der → Hypodermis homolog. Es ist hier auch mit einer chitinigen → Intima ausgekleidet. Das entodermale Epithel des Mitteldarms hat niemals eine Intima, und seine Zellen sind zugleich Sekretions- und Resorptionszellen. Im Vorder- und Hinterdarm können einzelne Zellen oder Zellenbezirke auch Drüsencharakter haben.

Darmfaserblatt, Splanchnopleura, Visceralblatt, die innere bzw. untere, dem Darm zugekehrte oder anliegende Wand der → Coelomsäcke. Gegens. → Hautfaserblatt. (Taf. IX, Fig. 6.)

Darmkanal, Verdauungskanal, Darm, Intestinum, das röhrenförmig den Körper von der → Schlundöffnung bis zum → After durchziehende Verdauungsorgan. In der Kopf- und Analgegend durch Muskeln, sonst nur durch Tracheen mit der Körperdecke verbunden, besteht der ~ aus drei Hauptabschnitten, dem → Vorderdarm, dem → Mitteldarm und dem → Hinterdarm. Die Hauptschicht seiner Wand bildet ein einschichtiges → Darmepithel. Außen, d. h. nach der Körperhöhle zu, ist das Epithel von einer → Tunica propria überzogen, auf welche eine → Muscularis und beim Mitteldarm außerdem noch eine → Peritonealhülle folgen. Die Innervierung des ~ besteht aus sensiblen und motorischen Nerven der Muscularis, rein sensiblen Nerven der Peritonealhülle, der Tunica propria und des Epithels und aus → freien Sinneszellen des Epithels. Die Innervierung des Darmes erfolgt teils aus dem → sympathischen Nervensystem, insbesondere seinem → Ganglion ventriculare, dem → caudalen sympathischen Nervensystem und dem abdominalen Endganglion des → Bauchmarks.

Die Länge des ~ ist sehr verschieden und steht in Korrelation mit der Art der Nahrung. Pflanzenfresser, Coprophagen und Saprophagen haben in der Regel längeren Darm als Fleischfresser. Sehr kurzen geraden Darm haben die *Apterygota, Perlaria, Phasmida,* Larven vieler *Holometabola* (Schmetterlingsraupen u. a.), während sonst bei Pterygoten-Imagines ein gewundener Hinter- und teilweise auch Mitteldarm die Regel sind, was mit einer mehr oder weniger starken Verlängerung des ~ verbunden ist. Der fleischfressende Gelbrand hat 2 mal, der pflanzenfressende Maikäfer 7 mal so langen Darm wie der Körper.

Die Schlingenbildung am verlängerten ~ ist meist lose, seltener (manche *Col* und *Dipt*) entstehen feste Darmschlingen in Form flacher Spiralen. Sie werden nur vom hinteren Abschnitt des Mitteldarms und von dem vorderen Abschnitt des Hinterdarms gebildet, während die übrigen Darmabschnitte stets gerade bleiben oder doch nur geringe Krümmungen bilden. Eine Besonderheit der Homopteren stellt die → Filterkammer dar.

Bei höheren *Coccidae,* Larven höherer *Hymenoptera* sowie bei Larven von *Chrysopa* und *Myrmeleon* endet der Mittel- und Hinterdarm blind. Bei den genannten Larven erfolgt die Entleerung der Exkremente auf normalem Wege durch die vor der Verpuppung erfolgende Vereinigung der beiden Lumina. Bei höheren *Coccidae* bleibt die Verbindung zeitlebens unterbrochen, und die Abfallstoffe werden als Exkrete durch die Malpighischen Gefäße entleert. (Taf. VI, Fig. 1—5.)

Darmkiemen → Rectalkiemen.

Darmmuskelschicht → Muscularis.

Darmschmarotzer der Insekten sind Bakterien und Protozoen, vor allem *Rhizopoda,* z. B. *Leptomonas muscae domesticae* Stein und *Sporozoa,* z. B. *Gregarina acridiorum* Leger. Insekten als ~ höherer Tiere sind die Larven der *Muscidae Gastrophilinae* (Magenbremse).

Dascillidae Guerin 1823, Fam. der Käfer mit etwa 400 Arten, von welchen in Deutschland nur 2 leben. Fossil etwa 10 tertiäre Arten beschrieben.

Dasselbeulen, die von den subcutan beim Rind lebenden Larven der Dasselfliegen verursachten Hautbeulen.

Dasselfliegen, *Dipt Tachinidae Hypodermінae*. Die Bezeichnung wird häufig auf die → Rachenbremsen (*Oestrinae*) übertragen.

Dasytidae Thomson 1859, Fam der *Col* (*Malacodermata*) mit etwa 1000 Arten, von welchen in Deutschland an 30 leben. Schwarze oder dunkel metallische, behaarte Malacodermen. Die Imagines sind meist Blütenbesucher. Fossil etwa 10 tertiäre Arten beschrieben.

dauci Fabricius, *Semiaphis* (*Anuraphis*), Möhrenblattlaus (*Hom Aphididae*).

Dauerkontraktion → Tetanus.

Daumen, Pollex. 1. Bei *Mallophaga* und *Anoplura* ein häutiger bespornter Fortsatz des inneren Endrandes der Schienen,

welcher zusammen mit der zurückschlagbaren Kralle einen einem Karabinerhaken ähnlichen Greifapparat bildet. (Taf. IV, Fig. 3.)
2. Am Kopulationsapparat der Schmetterlinge ein dem → Digitus ähnlicher Vorsprung am Apicalteil der → Valven.

DDT → Insektizide

decemlineata Say, *Leptinotarsa*, Kartoffelkäfer, Koloradokäfer (*Col Chrysomelidae*). Etwa 10 mm langer, breit elliptischer, hoch gewölbter, glänzender, grob punktierter Käfer. Oberseite gelb, Fld jederseits mit 5 schwarzen Längsstreifen, Kopf, Hsch und Beine schwarz gefleckt. Larve rot, Kopf, hintere Hälfte des Hsch und Beine sowie zwei Fleckenreihen an den Seiten des Körpers schwarz. Gefürchteter, aus den Vereinigten Staaten nach Europa verschleppter Kartoffelschädling. Käfer und Larve fressen Kartoffelblätter.

Decima, kurze Bezeichnung für die 10. Ausgabe von LINNÉ's Systema Naturae, 1758, welche den Ausgangspunkt für die zoologische → Nomenklatur bildet.

decipiens Gebler, *Lampra*, großer Ulmenprachtkäfer (*Col Buprestidae*).

Deckelschlüpfer → *Cyclorhapha.*

Deckelstigma, ein Luftloch, dessen → Band (→ Stigmenverschlußapparat) einen sich auf den → Bügel stützenden, beweglichen Deckel bildet. ~ finden sich z. B. bei *Siphonaptera*, im 1. Stigma der *Vellidae*, im 2. Stigma der *Psychodidae* usw.

Deckflügel → Flügeldecken, → Halbdecken.

Deckmembran, zarte chitinöse Membran, welche die → Crista acustica im Blutkanal der Vorderschienen bei Heuschrecken überzieht und gegen das Blut abschließt.

Deckschuppe 1. → Tegula. 2. Bei Schmetterlingen werden als ~ die oberflächlich liegenden Schuppen der Fl bezeichnet, welche die Hauptträger der Färbung und Zeichnung sind. Die unter ihnen liegenden Schuppen werden als → Tiefenschuppen bezeichnet.

Deckzellen sind in die Länge gewachsene Epidermiszellen, welche die von der Haut abgerückte Spitze des → Terminalschlauchs einer Scolopidienzelle umhüllen und mit dem Integument verbinden.

Defäkation (lat. faeces, -cum, f. pl., Kot), Kotentleerung, Koten, Excrementieren, Entleerung von Verdauungsresten aus dem Darm durch den After. Meistens werden die Exkremente fallen gelassen oder weggeschleudert bzw. ausgespritzt, um ein Beschmutzen des Nährbodens oder des eigenen Körpers zu vermeiden, seltener werden sie für anderweitige Verwertung behalten (→ Exkremente).

Definitions-Verfahren (lat. definitio, -onis, f., Begriffsbestimmung, von definio, -ire, begrenzen, festsetzen), ein zuerst von LINNÉ in der ersten Ausgabe der Fauna Svecica, 1746, konsequent durchgeführtes Verfahren, jedem Tiernamen eine kurze Definition (Beschreibung), oder → Diagnose, Zusammenstellung seiner wichtigsten Erkennungsmerkmale, beizugeben. Bis zum Jahr 1907 war die Definition und die Diagnose die letzte Urkunde für Identifizierung von Arten. Die Erkenntnis der Unzulänglichkeit dieses Verfahrens führte im Jahre 1907 zu dem Beschluß des 7. Internat. Zoologen-Kongresses in Boston, die dokumentarische Bedeutung vom Definitions-Verfahren auf das neu eingeführte → Typus-Verfahren zu übertragen.

defoliaria Clerck, *Erannis* (*Hibernia*), großer Frostspanner (*Lep Geometridae*).

Deformation (lat. deformatio, -onis f., Mißbildung), angeborene oder erworbene → Mißbildung des Körpers.

De Geer, C., Memoirs pour servir a l'histoire des insectes. Bd. 7, Stockholm 1778 (posthum). Die 7 Ordnungen LINNÉs verteilte DE GEER auf 12 „Classes", die in zwei „Classes generales", *Alata* und *Aptera* eingeteilt wurden. Außer den schon bei LINNÉ reinen Ordn *Lep*, *Hym* und *Dipt* bereinigte DE GEER die LINNÉsche Ordn *Coleoptera*, die er in die *Coleoptera* im heutigen Sinne und *Orthoptera* sensu lato einteilte. Aus der LINNÉschen Ordn *Hemiptera* hat er die *Homoptera* und *Thysanoptera* herausgenommen, die Cocciden und Heteropteren im heutigen Sinne getrennt aufgestellt, die übrigen Homopteren mit Thysanopteren vereinigt. Aus LINNÉs Ordnung *Aptera* machte er 4 Ordn, von welchen nur 2 Insekten enthalten, nämlich Flöhe in einer und *Apterygota*, *Corrodentia*, *Mallophaga* und *Anoplura* in einer anderen Ordnung. Auf diese Weise erhielten 7 Ordnungen modernen Inhalt.

Degeeriidae (Lubbock 1873) Tullberg 1876 → *Entomobryidae* Schött.

Dejectamenta (lat. von deiecto, -are, herabschleudern) → Exkremente.

demonomisch (gr. ὁ δῆμος Gemeinde, Staat, ὁ νόμος Ordnung, Brauch, Gesetz), auf die soziale Organisation bezüglich. Man spricht von ~ Funktionen eines Insektenstaates und versteht darunter die morphologische und funktionelle → Kastenbildung.

Dendrit (gr. τὸ δένδρον Baum) → Markfortsatz.

Dentes, sg. Dens (lat. dens, -tis, pl. dentes, -ium, m., Zahn), 1. ein Paar von Griffeln, die dem unpaarigen Basalstück, → Manubrium, der → Springgabel der *Collembola* aufsitzen und an der Spitze je ein krallenförmiges Spitzenstück, das → Mucro tragen. (Taf. I, Fig. 3, 4.)
2. Scharfe Zähne am Kaurande der Mandibel von Insekten. Man unterscheidet dentes canini, scharfe, hakenförmige, nach innen gekrümmte Spitzenzähne einer Jagdmandibel, praeapikale, gerade dentes incissivi der distalen Hälfte des Kaurandes und dentes molares, kurze, kerbartige Zähne der basalen Hälfte des Kaurandes.
3. Cuticulare Emergenzen an verschiedenen Körperteilen, vgl. z. B. → Area dentipara.

denticornis Haliday, *Limothrips*, bezahnter Getreideblasenfuß (*Thysanoptera Terebrantia, Thripidae*), 1,5 mm langer, schwarzer Blasenfuß, leicht kenntlich an dem zahnartig nach außen ausgebreiteten 3. Fühlerglied. Weibchen normal geflügelt, Männchen apter. Larven weiß bis blaßgelb. Ein Getreideschädling.

depressella Hübner, *Schistodepressaria*, Möhrenmotte (*Lep Gelechiidae*).

Depressor, musculus depressor → Senker.

deprimiert (lat. deprimo, -ere, pressi, niederdrücken), dorsoventral abgeflacht. Gegens. → komprimiert.

Derbrüßler → *Bothynoderus punctiventris* Germ.

Derivat (lat. derivo, -are, ableiten) → Abkömmling.

Derma (gr. τὸ δέρμα die Haut, das Leder) → Endocuticula, aber nicht selten auch in der Bedeutung → Haut gebraucht.

Dermaptera (De Geer 1773) Kirby 1815 (*Dermaptera* De Geer p.p., *Euplexoptera* Westwood 1839), Ohrwürmer.
Kleine bis große, von 0,5 cm (*Labia minor*, Europa) bis 5 cm (*Titanolabis colossea* Dohrn, Australien) lange, schlanke, etwas depresse Pterygoten mit kurzen, den größten Teil des Hinterleibs unbedeckt lassenden Flügeldecken und mit meist großen, zangenförmigen Cerci am Hinterleibsende.
Kopf prognath, etwas depreß, mit einem in gleiche Teile, den Ante- und Postclypeus geteilten Clypeus mit großem Labrum und beißenden, typisch orthopteroiden Mundteilen. Mandibeln kurz, zangenförmig, kräftig. Maxillen gut differenziert, Cardo und Stipes gut getrennt, Lacinia am Innenrande gezähnelt, an der Spitze mit zwei kleinen Zähnchen (Digiti) versehen, Galea einfach, Taster 5gliedrig. Unterlippe typisch, mit dreigliedrigen Tastern, Mentum und Submentum miteinander verschmolzen, Glossa beiderseits mit Paraglossa verschmolzen. Occipitalloch unten durch eine kurze Gula geschlossen. Komplexaugen bei *Forficulidae* gut entwickelt, bei *Arixeniidae* reduziert, klein, bei *Hemimeridae* fehlend. Ocellen fehlen. Bei *Forficulidae* finden sich oft an Stelle von Ocellen ocellenähnliche Fleckchen. Fühler fadenförmig, 10—15gliedrig, Scapus etwa so lang wie drei oder vier folgende Glieder zusammen. Hals mit zwei ventralen und beiderseits je zwei lateralen Cervicalia.
Thorax heteronom gegliedert. Prothorax mit einem schildförmigen Notum. Mesonotum kurz, vom Pronotum bedeckt, sein dreieckiges Scutellum zwischen den zusammengelegten Flügeldecken oft frei sichtbar. Metanotum länger, gut differenziert, sein Scutum in der Mitte mit zwei nach hinten konvergierenden, oft mit Häkchenreihen versehenen Leisten, die den basalen Hinterrand der Flügeldecken (Nahtrand) in Ruhelage festhalten. Zwei entsprechende Längsleisten finden sich unterseits im inneren Basalwinkel der Flügeldecken. Bei den flügellosen *Arixeniidae* und *Hemimeridae* sind Meso- und Metanotum frei, undifferenziert. Pleuren groß, gut differenziert, mit stark schräg posteroventral verlaufenden Pleuralleisten. Alle drei Thoraxsegmente (Pleuren) mit großen Trochantinen. Sternalplatten aller drei Segmente groß, gut sklerotisiert. Beine fast homonom, Mittelbeine bei *Forficulidae* etwas kürzer und

schwächer als Vorder- oder Hinterbeine. Hinterbeine länger und kräftiger als Vorderbeine, bei *Arixeniidae* alle drei sehr lang, untereinander gleich, bei *Hemimeridae* kurz, von vorn nach hinten etwas an Länge zunehmend. Hüften klein, weit auseinanderstehend, Trochanteren klein, Schenkel und Schienen von gleicher oder fast gleicher Länge, Tarsen stets dreigliedrig, bei *Forficulidae* das 1. und 3. Glied lang, das 2. kurz, bei *Arixeniidae* und *Hemimeridae* das 1. und 2. Glied kurz, das 3. lang. Ein Paar gleichlange Krallen und ein kleiner Pulvillus vorhanden. Sohlen bei *Forficulidae* mit Drüsenhaaren. Flügel nur bei *Forficulidae* vorhanden, heteronom, Vorderflügel verkürzt, bilden lederartig sklerotisierte Flügeldecken, Hinterflügel häutig, mit stark reduziertem Remigium und großem, fächerförmigem Analteil. In der Ruhelage werden die Hinterflügel fächerartig einmal längs und zweimal quer gefaltet, so daß der ganze Analteil unter dem Remigium zusammengefaltet liegt und bis auf einen kleinen, braunen Zipfel des Remigiums von den Flügeldecken bedeckt wird. Apterie kommt vor.

Hinterleib bei Männchen der *Forficulidae* und *Hemimeridae* 10gliedrig. Bei Weibchen sind das 8. und 9. Segment reduziert und im 7. Segment verborgen. Vom 1. Segment ist in beiden Geschlechtern nur das Tergit erhalten, und dieses ist bei geflügelten Formen dem Metanotum eng angeschlossen, während sein Sternit völlig fehlt. Bei Weibchen bildet das 7. (6. sichtbare) Sternit, bei Männchen das 9. (8. sichtbare) Sternit die Subgenitalplatte. Das 3. und 4. Tergit tragen fast immer je ein Paar erhöhte Längsleisten mit Mündungen von Stinkdrüsen. Bei Weibchen der *Arixeniidae* sind das 8. und 9. Segment kleiner als die anderen, aber frei sichtbar. Das 10. Segment ist besonders bei Männchen der *Forficulidae* vergrößert. Es trägt die bei allen drei Familien eingliedrigen, bei *Forficulidae* kräftigen, bei *Arixeniidae* schwachen, bei *Hemimeridae* geraden, stäbchenartigen Cerci. Nur bei Larven einiger primitiver *Pygidicranidae* sind die Cerci lang, vielgliedrig; ihr Basalglied verwandelt sich in die zangenförmigen, imaginalen Cerci, die übrigen Glieder werden bei der letzten Häutung abgeworfen. Das 11. Segment und das Telson stark reduziert, aber mehr oder weniger gut erkennbar. Styli fehlen. Gonopoden fehlen in beiden Geschlechtern bzw. sind bei Weibchen als Rudimente am 8. und 9. Sternit erhalten. Männchen mit einfachem oder, bei primitiveren Formen (*Anisolabis* u. a.), mit paarigem Penis. Bei *Hemimeridae* ist der Penis nur an der Spitze geteilt.

Darmkanal gut differenziert. Vorderdarm mit einem nach hinten allmählich in den Kropf erweiterten Oesophagus und einem kleinen, scharf abgegrenzten Proventriculus, welcher bei *Arixeniidae* und *Hemimeridae* mit sechs gezähnelten Längsleisten versehen ist. Mitteldarm bei *Forficulidae* gerade, bei *Arixeniidae* und *Hemimeridae* kreisförmig gewunden, ohne Caeca bzw. bei *Arixeniidae* vorn mit einer caecumartigen Erweiterung. Hinterdarm dünn und gerade, mit zahlreichen (bei *Forficulidae* 8—20, bei *Arixeniidae* 20—40) Malpighi-Gefäßen, welche in zwei dorsale und zwei ventrale Büschel aufgeteilt sind. Rectalampulle mit sechs Papillen.

Rückengefäß nicht näher bekannt.

Tracheensystem gut entwickelt und reich ansatomosiert, mit zwei thorakalen und acht abdominalen Stigmenpaaren.

Nervensystem mit drei thorakalen und sechs (*Forficulidae*, *Hemimeridae*) oder acht (*Arixeniidae*) abdominalen Ganglienpaaren.

Ovarien paarig, bei *Labidura riparia* beiderseits mit fünf polytrophen, kammförmig dem Oviduct aufsitzenden Ovariolen, welche bei *Forficula auricularia* sehr klein sind und in drei Reihen zu je etwa 25 Stück dem Oviduct aufsitzen. Die kurze Vagina ist paarig oder unpaarig, je nach dem Bau des Penis. Hoden paarig, Vesicula seminalis in der Regel unpaarig. Ductus ejaculatorius paarig oder im distalen Teil gegabelt oder aber einer der beiden Ducti (und Penes) rudimentiert.

Fortpflanzung gamogenetisch. Entwicklung paurometabol, mit vier (bei *Forficula auricularia*) Larvenstadien. Die Weibchen sind immer eierlegend.

Fossile Dermapteren (*Forficulidae*) sind erst aus dem unteren Miocän bekannt.

Die *Arixeniidae*, von denen bisher nur zwei Arten aus den Höhlen der Sundainseln (Java) bekannt sind, wurden auf dem Guano der Fledermäuse gefunden. Die bisher bekannt gewordenen acht Arten der *Hemimeridae* leben ektoparasitisch auf *Cricetomys* (*gambianus* u. a.) im tropischen Afrika. Von den Forficuliden sind bisher an 900 Arten beschrieben worden, die meisten aus den Tropen und Subtropen. In Deutschland leben nur sechs Arten. Es sind feuchteliebende, lichtscheue Tiere, die sich vorwiegend vom pflanzlichen Detritus und zarten Pflanzenteilen ernähren, ohne dabei die tierische Kost ganz abzulehnen. Einige Arten sind als Pflanzenschädlinge bekannt, u. a. auch der Ohrwurm, *Forficula auricularis*, in Deutschland.

Dermatophilidae → *Sarcopsyllidae*.

Dermestidae (Latreille 1807) Steph. 1829, Speckkäfer, Pelzkäfer, Anthrenen, eine Käferfamilie mit etwa 700 Arten, von welchen in Deutschland nur 7 leben. Die Käfer sind häufige Blumenbesucher, ihre zottig behaarte Larven sind am Hinterende vielfach mit einem Haarpinsel versehen, der bei Erregung fächerartig gespreizt wird. Larven in Museen, Lagern und Häusern, vornehmlich an fetthaltigen Stoffen schädlich. Fossil sind etwa 20 tertiäre Arten beschrieben.

Dermodermaptera Verhoeff → *Diploglossata*.

Derodontidae Leconte 1862, Käferfamilie mit 10 Arten in Europa und Nordamerika, von denen in Deutschland nur 2 leben.

Derrengadera, Murrina, eine in Mittelamerika verbreitete tödliche Krankheit der Pferde und Maultiere. Der Erreger ist die Flagellate *Trypanosoma venezuelense*. Die Übertragung erfolgt durch Fliegen von Druckwunde zu Druckwunde.

deserticol (lat. deserta, -orum, n., pl. tant., sg. desertitudo, -inis, f., Einöde, Wüstenei, colo, -ere, bewohnen) → wüstenbewohnend.

destructor Say, *Mayetiola*, Hessenfliege (*Dipt Itonididae*), bis 3,5 mm lange, graue, am Hlb rot quergebänderte Mücke, deren weiße acephale Larve am Grunde der Getreidehalme saugt. An der gebräunten und geschwächten Stelle brechen die Halme und lagern sich.

detrita Esper, *Ocneria*, kleiner Schwammspinner (*Lep Lymantriidae*).

Detritophaga, Detritivora (lat. detritus, -i, m., Abraum, Müll, von detero, detrivi, detritum, abnutzen, abreiben, gr. φαγεῖν, lat. voro, -are, essen, fressen), heterophage Insekten, deren Nahrung aus allerlei organischen, pflanzlichen und tierischen Abfallstoffen besteht.

Detritus, zerfallende und zerfallene organische Stoffe wie z. B. ein Komposthaufen oder die untere Lage der Waldstreu, Müllhaufen usw., welche für viele Insekten, sog. ~fresser, einen natürlichen Biotop darstellen.

Deuterocoel (gr. δεύτερος der zweite, nachstehende, ἡ κοιλία Bauchhöhle) → Leibeshöhle.

Deuterophlebiidae Edwards 1922 (Abb. 83, 84), Fam der *Dipt Nematocera* mit etwa 6 Arten aus Altai, Kaschmir, Japan und Nordamerika. Die Fliegen und ihre Larven sind den *Blepharoceridae* sehr ähnlich, aber ihre Larven, die gleichfalls in Gebirgsbächen leben, haben an Stelle der Bauchsaugnäpfe 7 Paare abdominaler Fußstummeln, die mit je einer Reihe von Krallen ausgestattet sind.

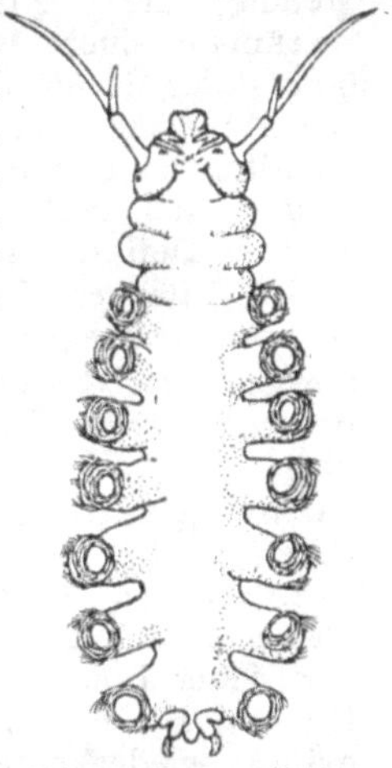

Abb. 84. *Deuterophlebia* sp. Larve, Ventralansicht (Deuterophlebiidae). Nach Pulikowsky aus Lameere.

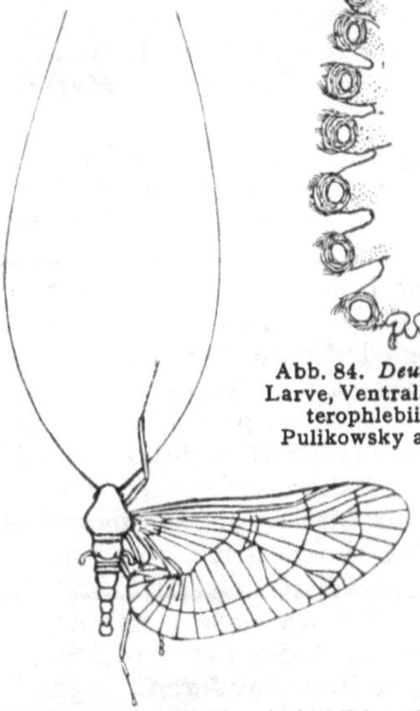

Abb. 83. *Deuterophlebia mirabilis* Edwards, Männchen (Deuterophlebiidae). Nach Edwards aus Lameere. Nat. Gr. 3,7 mm.

Deutocerebralkommissur, eine die Deutocerebralganglien verbindende Querbrücke, welche in der Hauptsache den dicht hinter dem pars intercerebralis des Protocerebrums liegenden lobus dorsalis bildet.

Deutocerebrum, das Ganglienpaar des Antennensegments. Die beiden Ganglien bilden die → Riechlappen, welche durch die lobus dorsalis (→ Deutocerebralkommissur) miteinander verbunden sind. (Taf. XXVII, Fig. 2.)

Deutoplasma → Nahrungsdotter.

Dextron (lat. dexter, -tra, -trum, der, die, das Rechtsseitige), die rechte Körperhälfte eines bilateral symmetrischen Körpers. (→ Symmetrieebene.)

Diagnose (gr. ἡ διάγνωσις Unterscheidung, Entscheid, Beschluß), 1. in der Systematik: Kennzeichnung, Zusammenstellung der wichtigsten Erkennungsmerkmale einer Art oder Gattung mit besonderer Berücksichtigung ihrer Unterscheidungsmerkmale von den nächst verwandten Einheiten (cf. Simpson, Bull. Amer. Mus. Nat. Hist. 85, 1945). Vgl. auch → Definitions-Verfahren.
2. Im Pflanzenschutz Erkennung einer Krankheitsursache.

diana Brauer *Atelecephala*, Rehwild-Hautbremse (*Dipt Tachinidae Hypodermినae*).

Diapause (gr. διαπαύω wechselweise ausruhen lassen, τὸ διάπαυμα, ἡ διάπαυσις Zwischenruhe), Latenz, ein Zustand des verborgenen Lebens mit Einstellung sämtlicher äußerer Lebenserscheinungen. Die ~ ist entweder erblicher, regelmäßig wiederkehrender obligater Zustand eines Entwicklungsstadiums (→ Puppe, → Scheinpuppe, → Nymphe und → Pronymphe der Remetabola und Parametabola, Dauer- oder → Wintereier, → Winterschlaf, → Sommerschlaf, → Überliegen) oder tritt fakultativ bei ungünstiger Witterung auf. So können z. B. die Raupen des Kiefernspinners 2—3 Jahre im Boden liegen bleiben, während sie in einer anderen Gegend die regelmäßige einjährige Generation einhalten. Bei *Deilephila euphorbiae* gibt es Puppen, welche überwintern, neben anderen, die bei geeignetem Wetter noch in demselben Jahre zu Schmetterlingen werden. Regelmäßig erscheinende Form des Generationszyklus sind die → Latenzlarven gewisser *Aphididae* (*Chaetorinella testudinata*).

+***Diaphanopteridae*** Handlirsch 1908, ausgestorbene Fam der +*Megasecoptera* mit 3 mittel-obercarbonischen Arten aus Frankreich.

Diaphragma (gr. τὸ διάφραγμα Scheidewand, Zwischenwand), dorsales → Pericardialsaeptum und ventrales → Perineuralsaeptum.

Diaphragmazellen sind Zellen des Pericardialgewebes, welche dorsal dem Pericardialsaeptum anliegen oder zwischen seinen Muskelfasern eingesprengt sind. Die dem Dorsalorgan am nächsten liegenden ~ werden als → Paracardialzellen bezeichnet. Bei manchen Insekten fehlen diese oder jene ~ (*Forcipomyia, Aleurodes*). (Taf. VI, Fig. 5.)

Diarthrose (gr. δύο zwei, τὸ ἄρθρον Gelenk) → Gelenk.

+***Diastatommidae*** Handlirsch 1908 → +*Archithemidae*.

Diastole (gr. ἡ διαστολή Trennung), Raumerweiterung des Rückengefäßes bzw. des Herzens und anderer pulsierender Organe (→ Aorta) zwecks Einsaugen des Blutes aus der Leibeshöhle. Die ~ erfolgt kraft eigener Elastizität der Wand des pulsierenden Organs und wird am Rückengefäß durch die → Flügelmuskeln unterstützt. Gegens. → Systole.

+**Diatillidae** Handlirsch 1925, ausgestorbene Fam der *Heteroptera* mit einer oberliassischen Art, *Diatillus debilis* Handl. aus Mecklenburg.

Dicellura Cook → *Japygidae*.

dichoptisch (gr. δίχα zweifach, geteilt, ὁ ὀπτίλος Auge, ἡ ὄψις das Sehen) werden Insekten mit voneinander getrennten Komplexaugen genannt. Dieses Merkmal wird naturgemäß nur da hervorgehoben, wo es eine Besonderheit darstellt, wie z. B. bei vielen orthorhaphen Fliegen, bei welchen die Weibchen ~ sind, während die Männchen am Scheitel zusammenstoßende, → holoptische Augen haben.

dichotom (gr. δίχα zweifach, geteilt, τέμνειν schneiden, ἡ τομή Schnitt) zweiteilig, jede Gabelung in zwei Äste ist ~. ~ sind auch → Bestimmungstabellen, welche streng die zweiteilige Methode der These und Antithese befolgen.

Dichromismus, (gr. δίς zweimal, τὸ χρῶμα Farbe), Auftreten von zwei verschieden gefärbten Formen innerhalb einer Art oder Unterart. Am häufigsten begegnet man einem Geschlechtsdichromismus der Männchen und Weibchen. Die Dichromismen treten meist mit → Dimorphismen zusammen. Vgl. auch → Polychromismus.

Dickdarm, Colon, der hintere, auf das → Ileum folgende Teil des mittleren Hinterdarmabschnittes. Seine Form widerspricht manchmal dem Namen, indem der ∼ den dünneren Teil des mittleren Hinterdarmabschnittes darstellen kann. (Taf. VI, Fig. 2.)

Dickköpfe, Dickkopffalter → *Hesperiidae*.

Dickkopffliegen → *Conopidae*.

Dickmaulrüßler → *Otiorrhynchus sulcatus, O. raucus, O. singularis*.

dicondyles Gelenk, ein Gelenk mit zwei →Gelenkköpfen, die in je eine Gelenkpfanne hineinpassen. Am typischsten tritt das ∼ Gelenk in der Mandibel auf. Die dicondylen Gelenke der Thorakalbeine sind mehr oder weniger modifiziert, häufig einander stark genähert oder zu einem einzigen Gelenk verschmolzen. Das primär dicondyle subcoxo-coxale Gelenk ist durch Reduktion des pleuralen Condylus zu einem monocondylen Gelenk geworden. (Taf. V, Fig. 2d.)

+***Dictyomylacridae*** Handlirsch, ausgestorbene Fam der Ordn *Blattaria* mit 3 +*Dictyomylacris*-Arten des mittleren Obercarbons Frankreichs (2) und Nordamerikas (1).

+***Dictyoneuridae*** Handlirsch 1908 → +*Stenodictyopteridae*.

Dictyoptera Leach 1818 → *Oothecaria*.

Dicyrtomidae (Lubbock 1869) Börn. 1944 (*Papiriidae* Lubb.), Spinnenspringer, Fam der *Collembola Symphyopleona* mit wenigen Arten, welche durch die zwischen dem 2. und 3. Glied geknieten Fühler und Fehlen der Kopftracheen ausgezeichnet sind. In Deutschland einige Arten. Fossil unbekannt.

Diebesvergesellschaftung → Diebstahl.

Diebkäfer → *Ptinidae*.

Diebstahl, Synclopie, Cleptobiose, Lestobiose, Aneignung des von fremden Arten gesammelten oder produzierten Nähr- oder Baumaterials ohne gewalttätiges Angreifen des Eigentümers. Meistens schleichen sich die Diebsarten (Diebsameise, *Solenopsis*) in Nester anderer Arten ein und holen sich das ihnen gerade nötige Material. Gewöhnlich nimmt der ∼ die Form einer Vergesellschaftung an, welche als Diebsvergesellschaftung (→ Cleptobiose) bezeichnet wird, indem die Diebsart das Material nicht wegnimmt, sondern an Ort und Stelle verzehrt, ohne daß der Gastgeber einen Nutzen von dem Eindringling hätte. Vgl. auch → Raumparasiten.

+***Diechoblattinidae*** Handlirsch, ausgestorbene Fam der *Blattaria* mit 2 unterpermischen Arten aus Nordamerika und 3 malmischen Arten aus England. Kleine Tiere mit 0,6—0,9 cm langen Flügeln.

dieroistisch (gr. διερός flüssig, schmelzend, τὸ ᾠόν das Ei) werden → Eierstöcke genannt, welche ungekammerte, mit Eiern in verschiedenen Entwicklungsstadien angefüllte Schläuche darstellen. Dieser Typ der Eierstöcke findet sich z. B. bei *Collembola* und *Braconidae*.

Differential-Diagnose, die Kennzeichnung einer Art oder Gruppe, welche sich nicht mit Angabe der wichtigsten Erkennungsmerkmale begnügt, sondern die Unterscheidungsmerkmale hervorhebt, welche die betreffende Art oder Gruppe von den verwandten unterscheiden läßt. Vgl. auch → Definitions-Verfahren.

Differenzierung (lat. differentia, -ae, f., Unterschied), Ungleichwerden ursprünglich gleichartiger Teilgebilde des Organismus bei gleichzeitiger Ausbildung einer Arbeitsteilung (Remane 1939). Die ∼ ist ein phylogenetischer Formbildungsprozeß von außerordentlich großer transmutativer Tragweite, welcher auf Herausbildung funktionell und morphologisch verschiedenartiger, analoger oder disanaloger Organe aus einem ursprünglichen Organ im Laufe von Generationen beruht. So sind z. B. die verschiedenen Formen der Mundwerkzeuge der Insekten einander analog (z. B. *Orthoptera* und *Coleoptera*) oder disanalog (z. B. *Orthoptera* und *Lepidoptera*), aber immer homolog, denn aus einem Urtypus segmentaler Extremitäten entstanden.

Differenzierungszentrum, eine hinten auf der Ventralseite des Eies liegende, aus dem → Bildungszentrum zur Keimbildung aktivierte Stelle des → Keimhautblastems.

diffus (lat. diffusus, adj. von diffundo, -ere, zerstreuen), zerstreut, bes. von Punktierung, welche in Reihen geordnet, in unregelmäßigen, diffusen Reihen oder ganz diffus sein kann.

Digenie (gr. διγενής zweigeschlechtig) → Amphigonie.

Digestion (lat. digero, -ere, zerteilen, verdauen) → Verdauung.

Digitus (lat. digitus, -i, pl. -i, -orum, m., Finger), 1. ein fingerartiger Fortsatz auf der apikalen Innenseite der → Valven am männlichen Begattungsapparat der Schmetterlinge.
2. Der apikale, bewegliche Zahn oder Dorn der maxillaren → Innenlade.

Dilatation (lat. dilato, -are, erweitern, ausdehnen), 1. → Erschlaffung. 2. Erweiterung eines Hohlraumes, z. B. desjenigen des Herzens bei der → Diastole, des Tracheenlumens bei der Einatmung, des Oesophagus beim Einsaugen der flüssigen Nahrung usw. Bei diesen Dilatationen sind entweder besondere, vom Integument entspringende Muskeln, Dilatatoren, tätig oder die ~ erfolgt durch eigene Elastizität der Gefäßwand, wie es z. B. bei Tracheen der Fall ist.

Dilatator (lat. dilato, -are, -atum erweitern, Erweiterer, Dilatatoren sind Muskeln, welche das Lumen eines hohlen Organs erweitern. Sie kommen z. B. am Pharynx (z. B. fronto-pharyngeale Dilatatoren) vor. Antagon ist → Compressor.

Dimegetismus (gr. τὸ μέγεθος, Größe) → Größenunterschied, meistens in Verbindung mit dem → Dimorphismus und häufig auch mit → Dichromismus.

dimer (gr. δύο zwei, δίς zweimal, τὸ μέρος Glied) mit zweigliedrigen Tarsen versehen.

Dimorphismus (gr. δίς zweimal, ἡ μορφή Gestalt, Form), Zweigestaltigkeit, Auftreten von zwei äußerlich verschiedenen Formen in der gleichen oder in aufeinanderfolgenden Generationen ein und derselben Art und Unterart, ist ein Sonderfall des → Polymorphismus. Besonders häufig ist der → Geschlechtsdimorphismus. Auch der → Saisonpolymorphismus ist häufig nur zweigestaltig, während der → Sozialpolymorphismus gewöhnlich mit mehreren Formen verbunden ist.
Der ~ kann auf ein Geschlecht beschränkt sein, wie z. B. bei Arten mit apteren und makropteren Weibchen.

diniana Guenée, *Semasia*, grauer Lärchenwickler (*Lep Tortricidae*).

Diopsidae (Billberg 1820) Bigot 1852 (Abb. 85), Fam der Fliegen (*Acalyptratae*) mit stielartig verlängerten Seiten des Kopfes, die Komplexaugen und Fühler auf die Kopfstiele gerückt. Lebensweise wenig bekannt. Etwa 150 paläarktische, nearktische und altweltlich tropische Arten.

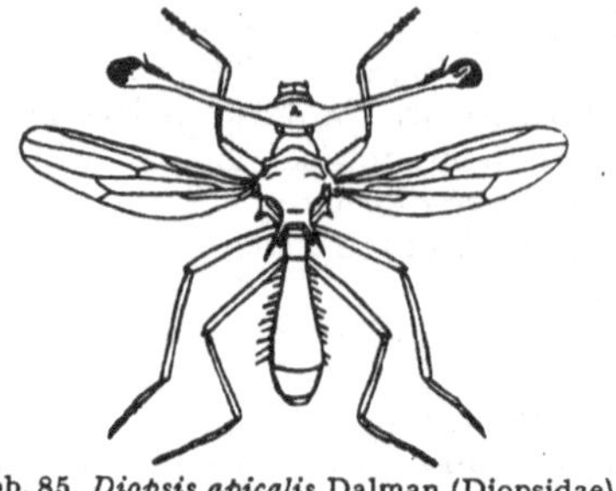

Abb. 85. *Diopsis apicalis* Dalman (Diopsidae). Nach Sharp aus Lameere. Nat. Gr. 6—7 mm.

Fossil sind 2 Arten aus dem baltischen Bernstein beschrieben worden.

Dioptidae (Butler 1877) Prout 1916, Fam der *Lep* (*Macrofrenatae*) mit etwa 400 kalifornischen und neotropischen Arten.

dioptrischer Apparat (gr. διοπτήρ Späher, Kundschafter, von διοράω hindurchsehen, durchschauen), cuticularer Hilfsapparat der Sehzelle (→ Lichtsinnesorgane), welcher die Lichtstrahlen sammelt und den Sehzellen (→ Rhabdomen) zuführt. Der ~ besteht aus einer cuticularen → Cornealinse, die von meist persistierenden → Corneagenzellen gebildet wird, aus → Kristallzellen, die unter der Cornea liegen und aus Pigmentzellen (→ Hauptpigmentzellen), welche um die letzteren einen hohlzylindrischen oder trichterförmigen Mantel bilden und diese gegen die benachbarten Ommatidien isolieren.

Diploglossata Saussure 1879 (*Dermodermaptera* Verhoeff 1902, *Hemimerina* Burr (1911), ehemals selbständige Ordn der Insekten, gegenwärtig UOrdn der *Dermaptera*, mit der einzigen Fam → *Hemimeridae*.

Diploptera Latreille 1817, ehemalige Gruppe der *Hymenoptera* (*Aculeata*), in der die Fam *Vespidae* und *Masaridae* zusammengefaßt wurden.

Diplopteridae (Saussure 1864) Walker 1868 → *Oxyhaloidae* Brunner.

Diplura (Westwood 1873) Börner 1904 (*Campodeidae* Westwood nec Lubbock 1873), Doppelschwänze.
Kleine bis mittelgroße, von 2 mm (z. B. unsere *Campodea staphylinus*) bis 4 cm lange (manche *Japygidae*), stets farblose, spärlich, kurz behaarte, langgestreckte Apterygoten.
Kopf pantotrem, prognath, stets ohne Augen und Ocellen, Fühler vom Bau der → Gliederantennen, vielgliedrig,

homonom, manchmal fast von Körperlänge. Mundteile entotroph. Mandibeln ähnlich wie bei Collembolen mit einem, dem hinteren Gelenk, schabend oder stechend, mit gezähnten Spitzen. Maxillen mit kurzen, ein- bis zweigliedrigen Tastern. Labialtaster eingliedrig.

Thorax fast homonom gegliedert. Pro-, Meso- und Metathorax nur in der Größe etwas verschieden, Prothorax gewöhnlich am kleinsten. Beine gleichartig, mit eingliedrigen Tarsen und je zwei Krallen.

Hinterleib mit elf stets gut voneinander getrennten Segmenten, die sieben vorderen mit je einem Paar Styli (bei *Campodeidae* das 1. Segment ohne solche) und Coxalbläschen, das 8. gewöhnlich mit einem Paar Gonopoden, zwischen denen sich bei Männchen und Weibchen der Gonoporus befindet. Das 9. Segment gewöhnlich kleiner als die anderen, ohne Anhänge, das 10. bei *Campodeidae* normal, bei *Japygidae* vergrößert und stärker sklerotisiert, mit kräftiger Muskulatur der zangenförmigen Cerci versehen. Cerci bei *Campodeidae* lang, bei *Projapygidae* kurz, vielgliedrig, bei *Japygidae* eingliedrig, zangenförmig, stark sklerotisiert. Kein Terminalfilum.

Vorder- und Hinterdarm gegen den erweiterten Mitteldarm gut abgesetzt, mit Valvula cardiaca und pylorica, ohne oder mit (bei *Anajapyx* sechs, bei *Campodea* sechzehn) warzenartigen Malpighi-Gefäßen an der Grenze zwischen dem Mittel- und Hinterdarm. Afteröffnung im 11. Segment.

Herz ein langer Schlauch mit 9 (*Campodea*) oder 10 (*Japyx*) Kammern und Ostienpaaren.

Tracheensystem mit zwei lateralen Längsstämmen, ohne oder mit nur wenigen Queranastomosen, bei *Campodea* in drei isolierte Astpaare aufgeteilt, deren jedes mit einem thorakalen Stigmenpaar nach außen mündet. *Japygidae* mit vier thorakalen (→ Hyperpneustie) und sieben abdominalen Stigmenpaaren in den Segmenten 1—7.

Nervensystem außer dem Gehirn und Suboesophagealganglion mit drei thorakalen und 7—8 abdominalen Ganglien. Das sympathische System gut entwickelt, das endokrine mit Corpora cardiaca und allata.

Gonaden paarig. Ovarien einfache Schläuche (*Campodea*) oder mit zwei (*Anajapyx*) bis sieben (*Japyx*) Ovariolen, die kammartig und segmental den Oviducten aufsitzen. Der sehr kurze Oviductus communis mündet im 8. Segment nach außen. Männchen mit ein oder zwei Paar Hoden. Vasa deferentia kurz vor dem Gonoporus im 8. Segment zu einem kurzen Ductus ejaculatorius verbunden. Ein Paar Gonopoden am 8. Sternit.

Die Doppelschwänze sind feuchteliebende, lichtscheue Tiere. Sie leben in feuchten, bodennahen Biotopen (unter Steinen, im Mulm morscher Bäume, in Ameisenbauten usw.) und ernähren sich vom pflanzlichen Detritus, Mycelien usw. (*Campodeidae*) oder von kleinen Insekten (*Japygidae*).

Gegenwärtig sind etwa 400 Arten von Dipluren bekannt, die meisten aus den warmen, tropischen und subtropischen Gebieten. In Deutschland nur zwei Arten der Gattung *Campodea*. Die Dipluren werden heute in drei Familien, *Projapygidae*, *Japygidae* und *Campodeidae* eingeteilt.

Dipsocoridae Dohrn → *Cryptostemmatidae*, aber ∼ gültig infolge Homonymie von *Cryptostemma*.

Diptera Linné 1758, Zweiflügler, Fliegen. Kleine bis mittelgroße, von etwa 1 mm bis 5,5 cm (*Mydaidae*) lange, mit einem, dem mesothorakalen Flügelpaar versehene, selten flügellose (*Braulidae*, *Nycteribiidae*, manche *Streblidae*, *Hippoboscidae*, myrmeco- und termitophile *Phoridae* usw.), holometabole Insekten mit leckend- oder stechend-saugenden Mundteilen.

Kopf orthognath, acrotrem, seltener prognath, bei primitiven Formen (die meisten *Nematocera*), aber auch z. B. bei Weibchen von *Tabanus*, mit offenem, sonst mit einem durch eine sklerotisierte Gula unten geschlossenen Occipitalloch. Komplexaugen in der Regel gut entwickelt, oft dorsal miteinander zusammenstoßend (holoptischer Kopf), seltener reduziert, oder ganz fehlend (z. B. *Nycteribiidae*, *Streblidae*). Meist sind drei Ocellen vorhanden. Fühler stets mit Scapus, Pedicellus und Flagellum, im einzelnen von sehr verschiedener Bildung, bei *Nematocera* lang, perlschnurförmig, 7—37gliedrig, bei *Brachycera* kurz, mit einem höchstens 11gliedrigen, fadenförmigen Flagellum, welches z. B. bei *Tabanidae* stark kolbenartig verdickt, bei *Muscidae* zu einer Fühlerborste (Arista) reduziert ist. Mundteile leckend- oder stechend-saugend. Mandibeln entweder zu Stechborsten umgewandelt oder ganz fehlend. Maxillen stets mehr oder weniger stark reduziert, in den stechend-saugenden Mundteilen der *Nematocera* und *Orthorhapha* mit stilettförmiger Galea (maxillares Stechborstenpaar). Kiefertaster in der Regel frei, 1—5gliedrig, selten verkümmert (manche *Stratiomyidae* usw.). Unterlippe stets gut entwickelt, entweder zu einer Scheide der Stechborsten oder zum vorstreckbaren Rüssel der leckenden bzw. sekundär stechenden Mundteile (*Stomoxis* u. a.) umgewandelt.

Thorax heteronom gegliedert. Prothorax stets klein, Meso- und Metathorax mächtig entwickelt, gut differenziert, miteinander unbeweglich verbunden. Beine in der Regel homonom, selten in Anpassung an besondere Lebensweise heteronom (Raubbeine bei *Ochthera*, Sprungbeine bei *Sphaerocera*, Tastbeine bei *Culicidae* usw.). Hüften gut entwickelt, manchmal verlängert, meist eng zusammengerückt, die Mittelhüften in Basicoxa und Meron differenziert, wobei das letztere entweder die Hinterwand der Hüfte bildet oder in engeren Zusammenhang mit dem Mesepimeron tritt. Tarsen gewöhnlich 5gliedrig, selten (*Miastor*) 4- oder (*Heteropeza*) 3gliedrig. Praetarsus in der Regel gut differenziert, mit einem Paar Krallen, meist großen, lappigen Pulvillen und einem unpaarigen Empodium. Flügel in der Regel oval, mit schwachem Analteil und meist lappig abgeschnürten Jugum (Alula), die Postalarmembran oft zu → Flügelschüppchen entwickelt. Selten sind die Flügel breit fächerförmig (Weibchen von *Rhamphomyia platyptera*, *Empididae*, weniger deutlich bei einigen *Simuliidae*). Das Geäder ist hoch spezialisiert, in der Regel mit einigen wenigen oder ganz ohne Queradern, mit deutlicher Neigung zur Reduktion der Längsadern. Hinterflügel zu winzigen Schwingkölbchen (Halteres) reduziert.

Hinterleib bei niederen Fliegen mit zehn, bei höheren mit neun nachweisbaren Segmenten, das 11. nur durch Cerci vertreten. Die hinteren Segmente (Postabdomen) oft so in den Hinterleib eingezogen, daß nur vier Segmente von außen sichtbar sind (z. B. bei *Tachinidae*). Das 1. Segment in der Regel reduziert oder fehlt ganz, sein Tergit, wenn erhalten, vielfach mit dem des 2. Segments verschmolzen. Bei Weibchen sind die Segmente 6—9 (*Calyptratae*) zu einem dünnen, teleskopartig einziehbaren Schlauch (Legeröhre) verengt, der mit rudimentären Skleriten versehen ist. Der weibliche Gonoporus liegt zwischen dem 8. und 9. Sternit, deren ersteres mit einem Paar Valvulae inferiores (Hypogynalvalven) versehen ist. Bei Männchen sind die Segmente 6—8 mehr der weniger reduziert, miteinander verschmolzen und bilden das sog. erste Genitalsegment. Das 9. Segment bildet das stark entwickelte Hypopyg, dessen Tergit (Epandrium) die Deckplatte des Kopulationsapparates darstellt und bei Fliegen mit Hypopygium inversum auf die Ventralseite verlagert ist. Das 9. Sternit ist reduziert, seine Styli sind zu Greifhaken (Forceps, Claspers) umgebildet. Der eigentliche Penis (Aedoeagus) liegt hinter dem 9. Sternit und kann mit paarigen Anhängen, den vorderen und hinteren Parameren (Hypophallus, Paraphallus) versehen sein. Bei *Cyclorhapha* ist das Hypopyg um 360° gedreht (Hypopygium circumversum), kehrt also wieder (sekundär) in seine ursprüngliche dorsale Lage zurück.

Darmkanal gut differenziert. Vorderdarm mit Pharynx (Fulcrum), dünnem Oesophagus und vielfach stielförmig abgegliedertem Kropf (Ingluvies). Ein echter, d. h. ektodermaler Proventriculus fehlt, doch wird oft eine Abgliederung der cardialen Gegend des Mitteldarmes mit diesem Namen belegt. Mitteldarm mehr oder weniger lang und erweitert, meist gewunden. Hinterdarm lang und dünn, meist mit vier, seltener mit 2—3 oder 55 Malpighi-Gefäßen, in einen vorderen Dünn- und hinteren Dickdarm (Colon) gegliedert. Rectum gewöhnlich mit vier, seltener mit zwei Rectalpapillen. Zwei oder vier Caeca kommen am Vorderende des Mitteldarmes vor.

Rückengefäß schlauchförmig, das Herz höchstens mit 7 Ostienpaaren, nach vorn in eine bis zum Pharynx reichende Aorta verlängert.

Tracheensystem gut entwickelt, mit zwei lateralen Längsstämmen, welche nur bei primitiveren Larven miteinander durch Queranastomosen verbunden sind. Tracheen bei Imagines vielfach mit Luftsäcken. Es sind höchstens zwei thorakale und acht abdominale Stigmenpaare vorhanden, die letzteren in den Segmenten 1—8.

Nervensystem in verschiedenem Grade, am stärksten bei *Muscidae, Oestridae* und *Pupipara* konzentriert, bei denen es nur eine kompakte thorakale Ganglienmasse gibt. Drei thorakale und 5—8 abdominale Ganglienpaare finden sich z. B. bei *Culicidae* und *Tipulidae*, sonst wechselt die Zahl der Abdominalganglien stark. Das sympathische System ist gut entwickelt.

Hoden paarig, unifollikulär. Vasa deferentia lang, mit einer Vesicula seminalis im distalen Teil. Ductus ejaculatorius am Grunde oft erweitert, muskulös, ziemlich lang. Ovarien paarig (bei *Termitoxeniidae* unpaarig), mit 1—50 polytrophen Ovariolen, die büschelartig (*Brachycera*) oder traubenartig (*Nematocera*) den Oviducten aufsitzen.

Die Fliegen sind in der Regel eierlegend, doch kommt bei ihnen auch Ovoviviparie, Larvaeparie und Pupiparie vor. Die Larven der eierlegenden Arten sind mit 3—8 Häutungen verpuppungsreif. Die Verpuppung erfolgt nach dem Abstreifen der letzten Larvenhaut (die meisten *Nematocera* und *Brachycera Orthorrhapha* mit freien Puppen) oder sie findet innerhalb der nicht abgestreiften, erhärteten letzten Larvenhaut (Tönnchen, Puparium) statt (Tönnchenpuppe der *Cyclorrhapha*). Die Lebensweise der Larven und Imagines ist meistens verschieden. Die aquatilen, planktonfressenden Larven der *Culicidae* verwandeln sich in blutsaugende Imagines, die parasitischen Larven der *Tachinidae* verwandeln sich in Blütennektar saugende Imagines usw. Die Imagines sind stets echte Land-, niemals Wasserinsekten.

Fossile Fliegen gehen bis in den unteren Jura zurück. Ältere Funde (Perm), welche als Fliegen gedeutet wurden, werden gegenwärtig stark angezweifelt.

Die etwa 80000 bisher beschriebenen Fliegenarten werden in zwei UOrdn, *Nematocera* und *Brachycera*, eingeteilt.

Dipterenblumen → Fliegenblumen.

Dipterocecidien, die durch Fliegen verursachten Pflanzengallen.

dis- in Zusammensetzungen (lat. Praepos.), auseinander, un-, zer-, ver-. Vor d, g, l, m, n, r, v fällt das End-s weg, z. B. in digestio. Vor f assimiliert sich das -s z. B. in differentia von dis-fero.

diskal (lat. discus, gr. ὁ δίσκος die Wurfscheibe), in oder nahe der Mitte eines Körperteils gelegen.

Diskalborsten, ein oder mehrere Borstenpaare nahe der Mitte der HlbsTergite bei vielen *Diptera*.

Diskalzelle, → Discoidalzelle.

Diskokubitalzelle, im VFl der *Ichneumonoidea* eine durch Ausfall der → Discoidalader entstandene große Zelle, welche die ganze Länge des Basalnerven ausfüllt. Sie entsteht durch Verschmelzung der 1. Cubital- mit der 1. Discoidalzelle (Medial-Zelle). Ein Rest der die beiden Zellen ursprünglich trennenden Discoidalader ist häufig als ein → Ramellus erhalten. (Taf. XIII, Fig. 2.)

Diskoidalader, Discoidalnerv, alte Bezeichnung für die → Media.

Diskoidalfeld, im Fl der *Odonata* der Raum zwischen m_4 und cu_1, bei *Anisoptera* in der Regel mit einer Schaltader versehen. Die Basis des ~ bildet der äußere Schenkel des → Triangels bzw. → Quadrangels. Im letzteren Fall, d. h. bei *Zygoptera*, ist das ~ meist nur eine Zellenreihe breit (→ Discoidalzellen). (Taf. X, Fig. 3.)

Diskoidalquernerven sind die Queradern zwischen der Media und dem Cubitus. Im Schmetterlingsflügel drei kurze mehr oder weniger in einer Flucht hintereinander liegende Queradern zwischen dem letzten Radialsektor (r_5) und m_1, zwischen m_1 und m_2 und zwischen m_2 und m_3, welche zusammen die Discoidalzelle nach außen hin begrenzen. Im VFl der *Hymenoptera Ichneumonoidea* werden die ~ als → Basalnerv und erster und zweiter → rücklaufender Nerv (recurrens primus und rec. secundus) bezeichnet. (Taf. XIII, Fig. 2, 7, 8 usw.)

Diskoidalzelle, Discalzelle, Abk. D, heißen die Zellen des Discoidalfeldes im Insektenflügel, d. h. die Zellen zwischen Media und Cubitus. Bei *Trichoptera* heißt die entsprechende Zelle → Thyridiumzelle, während als ~ eine Zelle am Grunde der zweiten rs-Gabel bezeichnet wird. Im Musciden-Fl ist es die große, außen von der hinteren Querader begrenzte Zelle. Bei Schmetterlingen liegt die ~ zwischen dem Radius und dem Cubitus und wird manchmal vom Media-Stamm längs halbiert, meistens aber fehlt dieser Teil der Media. Die ~ wird bei Schmetterlingen meist einfach als → Zelle bezeichnet. (Taf. XIII, Fig. 2, 3, 10.)

dispar Linné, *Lymantria*, gemeiner Schwammspinner (*Lep Lymantriidae*). Bis 7 cm spannweiter Falter. Weibchen weiß mit schwarzen Wellenquerbinden auf VFl, Männchen braungrau mit dunklerer Zeichnung, beträchtlich kleiner als das Weibchen. Raupen schwarzgrau mit je einem Paar von Warzen am Rücken der Rumpfsegmente, von denen die 5 vorderen Paare blau, die übrigen rot sind. Gefürchteter polyphager Schädling an Obst- und freistehenden Alleebäumen, bes. Weiden und Eichen.

dispar Fabricius, *Xyleborus*, ungleicher Holzbohrer oder u. Borkenkäfer (*Col Ipidae*).

Dispersionsperiode (lat. dispersio, -onis, f., von dispergo, -ere, zerstreuen), derjenige Abschnitt des Insektenlebens, in welchem die räumliche Zerstreuung der Individuen einer Population erfolgt.
Die ~ kann in verschiedenen Entwicklungsstadien des Insekts liegen. Vielfach werden schon die Eier von ein und demselben Weibchen an räumlich mehr oder weniger weit voneinander entfernten Stellen abgelegt. Die Larven ein und desselben Geleges zerstreuen sich meistens nur innerhalb eines beschränkten Raumes des nativen Biotops. Selten sind bei ihnen besondere Vorrichtungen vorhanden, welche die Überwindung größerer Entfernungen erleichtern (→ Ballonhaare). Bei Larven der *Meloidae* ist das erste Stadium (→ Triungulinus) zu einer phoresischen Dispersion im Raume besonders befähigt.
Die Hauptdispersionsperiode liegt aber in der Regel bei der Imago. Bei geflügelten Insekten ist naturgemäß der Dispersionsradius im allgemeinen viel größer als bei ungeflügelten. Doch können auch ungeflügelte Insekten u. U. einen recht großen Dispersionsradius teils durch natürliche Transportmittel (fließendes Wasser, → Phoresie), teils durch Fußwanderungen erreichen.
Die ~ ist das wirksamste Mittel gegen die genetisch meist störende → Inzucht.

distal (lat. distare auseinanderstehen), von einem Ausgangspunkte, der Mittellinie, der Medianebene oder der Wurzel eines Organs entfernt gelegen. Gegens. → proximal.

Distalorgan, → pedales Chordotonalorgan in Tibien der *Blattaria*, der *Acridiidae*, *Phasmidae* und *Mantidae*, welche noch kein pedales → Tympanalorgan entwickelt haben. Nach Friedrichs entsteht letzteres, wie es bei *Locustidae* und *Gryllidae* ausgebildet ist, aus dem ~.

Ditrocha Hartig 1837 pp., alte, auf das Vorhandensein von einem Trochanter und einem ihm folgenden, vom Schenkel abgeschnürten Schenkelring (sog. zweiten Trochanter) begründete, heute aufgegebene Gruppe der Hymenopteren, welche die meisten *Terebrantes* umfaßte.

Ditrysia von Börner 1938 als UOrdn aufgestellte Gruppe der Schmetterlinge ausgezeichnet durch doppelte weibliche Geschlechtsöffnung, indem bei ihnen die → Begattungstasche des 8. Segments gesondert nach außen mündet. Sie ist durch einen → Ductus bursae mit der im 9. Segment mündenden → Vagina verbunden. Die ~ umfassen die alte UOrdn *Frenatae* mit Ausnahme der *Tineida aculeata* (→ *Monotrysia*).

Diurna Linné 1758, Tagschmetterlinge, in der modernen Taxonomie aufgegebene, aber im biologischen Sinne häufig noch gebrauchte, die ÜFam *Rhopalocera* und *Hesperioidea* unfassende Gruppe.

Divergenz (lat. divergere auseinandergehen), 1. in der taxonomischen Morphologie Auseinandergehen von zwei Linien, z. B. divergierende Schläfen oder Seitenränder des Halsschildes, wobei auch immer die Richtung der ~ anzugeben ist.
2. In der phylogenetischen Systematik bedeutet die ~ das Auseinandergehen zweier werdender systematischer Einheiten, deren taxonomischer Abstand in der Zeitenfolge immer größer wird und in der jeweiligen taxonomischen ~ seinen Ausdruck findet. Man spricht auch häufig von ökologischer und biologischer ~. Vgl. auch → Konvergenz und → Parallelismus.

Divertikel (lat. diverticulum oder deverticulum, Seitenweg, Schlupfwinkel, von deverto, -ere, sich abwenden, abgehen, diversus nach mehreren Richtungen hingehend oder hinzielend), blinddarmartiger Anhang eines Organs, vgl. →Drüsendivertikel und → Symbiontenkrypten. Auch an → Malpighischen Gefäßen kann es zur Bildung von ~ kommen, z. B. bei *Melolontha*.

divinatorius Müller, *Liposcelis*, Bücherlaus (*Corrod. Liposcelidae*, Sammelart).

Dixidae Brauer 1880, Urstechmücken, nematocere Fliegen mit etwa 100 hauptsächlich holarktischen Arten, von welchen an 15 in Deutschland leben. Kleine, mit Culiciden nahe verwandte, den letzteren vielfach als UFam angeschlossene Mücken, deren walzenförmige, schlängelnd sich fortbewegende Larven an der Oberfläche von durch Wasser überspülten Gegenständen leben. Fossil sind 5 alttertiäre Arten beschrieben.

+***Dobbertinidae*** Handlirsch 1925 (Abb. 86),

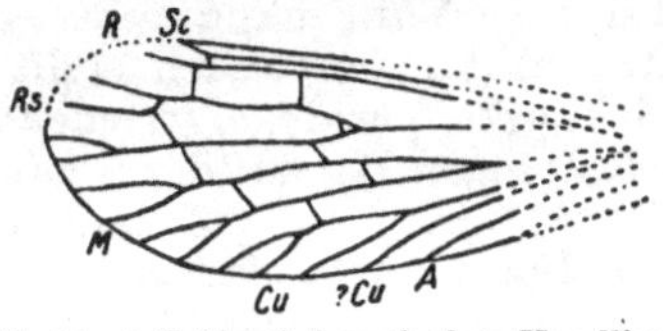

Abb. 86. + *Dobbertinia reticulata* Handlirsch (Dobbertiniidae). Nach Handlirsch. Nat. Gr. etwa 8 mm.

ausgestorbene Fam der *Panorpatae* mit einer oberliassischen Art aus Mecklenburg.

dodecella Linné, *Heringia* (*Gelechia*), Kiefernknospentriebmotte (*Lep Gelechiidae*).

Dörrobstmotte, kupferrote → *Plodia interpunctella* Hübner.

Dolchwespen → *Scoliidae*.

Dolichopodidae (Latreille 1809) Gerstaecker 1863, Langbeinfliegen (Abb. 87), Fam

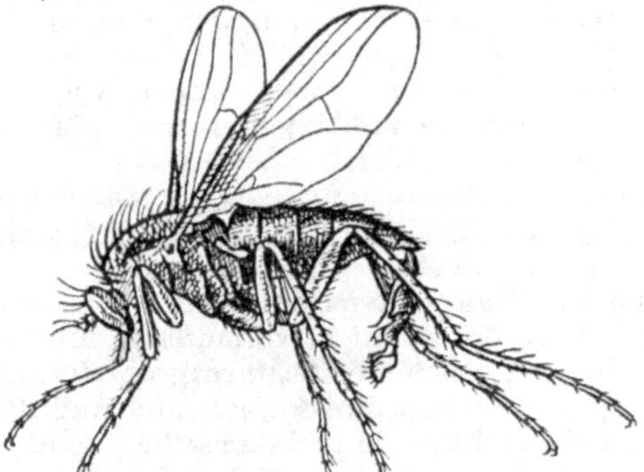

Abb. 87. *Dolichopus aeneus* De Geer (=*ungulatus* Linné) Männchen (Dolichopodidae). Nach Enderlein. Nat. Gr. 6—7 mm.

der *Dipt Brachycera* mit etwa 3600 Arten, mehrere auch in Deutschland. Kleine und mittelgroße, häufig metallisch grüne Fliegen leben von der Jagd nach anderen Insekten. Sie halten sich gern auf dem Wasser oder in der Nähe von Wasserbecken auf. Ihre Larven leben teils von der Jagd (*Medetera* in Gängen von Borkenkäfern) teils phytophag (*Thrypticus* in *Phragmites*-Stengeln). Fossil sind an 100 tertiäre Arten, vorwiegend aus dem Oligocän Europas und Nordamerikas beschrieben.

Dolichopsyllinae Baker → *Ceratophyllidae*.

dolobratus Linné, *Miris*, Graswanze (*Het Miridae*).

domestica Linné, *Musca*, gemeine Stubenfliege, Hausfliege (*Dipt Muscidae*).

domestica Packard, *Thermobia*, Ofenfischchen (*Apteryg. Lepismatidae*).

domesticum Linné, *Trypodendron*, Buchennutzholzborkenkäfer (*Col Ipidae*).

domesticus De Geer, *Glyciphagus*, Haus- o. Wohnungsmilbe (*Tyroglyphidae*) → Hausmilben.

domesticus Linné, *Gryllus*, Hausgrille, Heimchen (*Salt Gryllidae*).

dominulum Scopoli, *Eurydema*, rotschwarze Gemüsewanze (*Het Pentatomidae*).

Doppelaugen, geteilte Komplexaugen, deren dorsaler Teil in der Regel weitwinklig, mit großen Facetten, der ventrale spitzwinklig, mit kleinen Facetten versehen ist. ~ haben z. B. *Gyrinidae*, gewisse *Coprophaginae* (*Geotrupes*, *Odontaeus*, beide Augenhälften gleichartig facettiert) unter den Käfern, *Cloëon* unter den Ephemeriden usw. Bei *Cloëon*-Männchen sind beide Augenhälften kurz gestielt.

Doppelschwänze → *Diplura*.

Doppelsegmenthypothese, von Walton und Banks aufgestellter Lehrsatz, nach dem jedes Thorakalsegment der Insekten aus zwei ursprünglichen Körpersegmenten besteht. Diese Annahme hat sich nicht bestätigt.

Doppelstigma → Stigmenverschlußapparat, biforates → Stigma, →Hyperpneustia.

Dorn, Spina, dorn- oder hornartiger, unbeweglicher Auswuchs der Cuticula. Im Gegensatz zu → Schienenspornen treten Dorne auf verschiedenen Körperteilen, auch auf Schienen auf. Dorne verrichten nur mechanische Funktionen und sind nicht zu verwechseln mit hornartigen, unbeweglichen Auswüchsen, welche Scheiden zur Aufnahme innerer Organe darstellen, wie z. B. bei → *Platygasteridae*.

Dornspeckkäfer → *Dermestes vulpinus* Fabricius.

Dornwanze, zweizähnige → *Picromerus bidens* Linné.

dorsad (lat. dorsum der Rücken) nach der Dorsalseite hin.

dorsal, auf der Dorsalseite gelegen. Gegens. → ventral.

Dorsalampullen, bei vielen Fluginsekten (*Col., Lep., Odon.* u. a.) und Larven (*Cloëon*) auftretende, blasenförmige, hals- oder stielartig mit der → Aorta verbundene dorsale Erweiterungen derselben am oder nahe am Scutellum des Meso- und Metathorax. Sie stehen mit → Flügelvenen in Verbindung, von welchen sie Blut aufsaugen und in die Aorta einpumpen. (Taf. VI, Fig. 1,5.)

Dorsalapodeme, eine Skleritplatte in der dorsalen Außenwand der → Phallobasis.

Dorsalarme, ein Paar von dorsalen Fortsätzen der vorderen → Tentoriumarme, welche dorsofrontal von den letzteren abzweigend bis zur Kopfkapsel reichen und in der Nähe der Fühlerbasis mit dem Integument verschmelzen. Bei niederen Insekten (z. B. *Dermaptera*) gut ausgebildet, lassen die ~ auf der Stirne neben den Fühlerwurzeln von außen sichtbare Spuren (Fenestrae). Bei höheren Insekten sind sie meist fadendünn und erreichen oft nicht die Kopfkapsel.

Dorsalflügel, obere Flügel des → Cephalopharynxskelettes der acephalen Fliegenlarven, sklerotisierte → Dorsaltasche. (Taf. XX, Fig. 9.)

Dorsalgefäß → Rückengefäß.

Dorsalocellen, die Stirn-Scheitelocellen (→ Ocellen) der Imagines im Gegensatz zu den als Lateralocellen bezeichneten, an den Seiten des Kopfes stehenden → Stemmata der Larven.

Dorsalorgan, ein rinnen- oder röhrenförmiger, in den zentralen Dotter der embryonalen Leibeshöhle abgedrängter Rest der gesprengten → Embryonalhüllen.

Dorsalsinus → Pericardialsinus.

Dorsalsklerit, ein oder zwei Paare kleiner Sklerite am → Hypopharynx, z. B. bei *Gryllus.*

Dorsaltasche, die durch Versenkung des Kopfes in den Prothorax (Snodgrass, durch Einstülpung der dorsalen Kopfdecke, Weber u. a.) bei acephalen Fliegenlarven zustande gekommene flache Tasche. Ihre Dorsalwand ist die gedehnte dorsale Halshaut, die Ventralwand stellt die dorsale Kopfkapsel, in der Hauptsache das Clypeolabrum dar. Hinten mündet in die ~ ein Paar versenkter → Imaginalanlagen der Fühler und Augen, die Frontalsäcke. Zwischen den beiden Imaginalanlagen erstreckt sich nach vorn eine sekundäre Ausstülpung der ~ und teilt die clypeale Platte und damit die ganze ~ in zwei Lappen, die → Dorsalflügel des Cephalopharynxskeletts. Die clypealen Pharynxdilatatoren des ursprünglichen Kopfes behalten ihre Funktion und die Angriffsfläche an der clypealen Ventralwand der ~. Vorn mündet die ~ in das → Atrium. An den Seiten steht die ~ bzw. das aus ihr hervorgegangene Paar von doppelwandigen Dorsalflügeln mit den → Vertikalplatten im Zusammenhang. (Taf. II, Fig. 7 und Taf. XX, Fig. 9e.

Dorsalzahn, ein oder einige Zähnchen an der Dorsalseite der Krallen bei *Collembola.*

dorsana Fabricius, *Laspeyresia*, mondfleckiger Erbsenwickler (*Lep Tortricidae*). 6 mm langer, 16 mm spannweiter Wickler mit braunen VFl, die am VRande mit kurzen, abwechselnd schwarzen und weißen Schrägstrichen und in der Mitte des HRandes mit einem schwarzen Fleck (Mondfleck) gezeichnet sind. Raupe wie die der → *nigricana* in Erbsenschoten.

Dorsozentralborsten, die in zwei, meist über die → Quernaht hinweggehenden Längsreihen am Mesonotum der Fliegen angeordneten Borsten. Die beiden Reihen der ~ verlaufen nach außen von den → Acrostichalborstenreihen. (Taf. V, Fig. 6.)

Dorsoscutellarborsten, ein Paar Macrochaeten am Rücken des Scutellums vieler Fliegen. (Taf. V, Fig. 6.)

dorsoventrale Intersegmentalmuskeln sind schräg dorsoventral verlaufende Muskelbündel, welche die Segmentgrenze durchqueren, indem ihre Ansatz- und Angriffsstelle nicht in ein und demselben, sondern in je zwei aufeinanderfolgenden Segmenten gelegen sind. Sie haben sich entweder aus der primären Längsmuskelschicht herausdifferenziert oder sind auf die Muskulatur der → Dissepimente zurückzuführen. Am häufigsten kommen drei Paare der dorsoventralen Intersegmentalmuskeln vor, nämlich ein protergo-laterocervicales Paar der → Halsmuskulatur, ein mesotergo- bzw. mesopleuro-prosternales (profurcales) Paar und ein dem letzteren entsprechendes metatergo-mesosternales Paar.

Dorsoventralmuskeln sind stets in mehreren Paaren vorhanden. Sie sind mit Sicherheit auf den primären Ringmuskelschlauch der Anneliden zurückzuführen. Im Kopf sind sie nicht mehr vollzählig. Der Lage nach dürften ihnen die am Clypeus entspringenden fächerartigen dilatatores pharyngis clypeales, die vorderen und hinteren retractores labri frontales und die großen adductores mandibulae entsprechen. Im Hals ist es ein Muskelpaar, welches vom dorsolateralen Teil der Postoccipitalleiste zum ersten und zweiten Laterocervicale verläuft. Im Thorax sind es 6 Paare indirekter Flügelheber, welche alle am Scutum angreifen und von der → Praecoxa (zwei Paare), dem → Trochantinus (ein Paar), der Hüfte (zwei Paare) und dem Trochanter (ein Paar) entspringen. In den Hinterleibssegmenten sind es in der Regel laterale Muskelpaare, die tergosternalen Verlauf haben und bei den → Atembewegungen die Exspiration unterstützen.

Dorsulum (lat. dorsulum dem. von dorsum, -i, n., der Rücken), Mesopraescutum, der bei *Heteroptera* vom HRand des Pronotums überdachte, meist rechteckige, vor dem Scutellum liegende Teil des Mesonotums.

Dorsum, Oberseite, Rückseite des Körpers.

Dorylaidae Kertesz → *Pipunculidae.*

Dotter, Vitellus, Lecithus, Ovoplasma, Eidotter, der plasmatische Bestandteil der Zelle, vornehmlich der Eizelle. Man unterscheidet in der Eizelle den aktiven → Bildungsdotter und den passiven → Nahrungsdotter. Als ~ bezeichnet man meist schlechthin den Nahrungsdotter.

Dotterhaut, Dottermembran, Membrana vitellina, feine Membran, welche das Ei unter dem Chorion umhüllt. Sie wird von dem → Keimhautblastem, d. h. dem Zellplasma, ausgeschieden.

Dotterkerne sind bei der Furchung im Dotter gebliebene (primäre ~ der meisten Insekten) oder erst später aus dem Blastoderm wieder in den Dotter proliferierte (sekundäre ~ z. B. bei *Campodea, Gryllotalpa, Mantis*) Kerne mit plasmatischer Hülle, also eigentlich vollwertige Dotterzellen.

Dottermembran → Dotterhaut.

Dotterzellen → Dotterkerne.

Doyere'sche Hügel, Nervenendplatte, Anschwellungen der → Sarcoplasma der Muskelzellen in welche die Endbäumchen der motorischen Neurone treten.

dracaenae Heeger, *Parthenothrips,* weißbindiger Gewächshausblasenfuß (*Thysanoptera Thripidae*).

Drahtwürmer, Larven der *Col Elateridae,* ausgezeichnet durch starke Sklerotisierung der Haut und eigentümliche, arteigene Bildung des Endsegments. Viele unterirdisch lebende Arten sind an Kulturpflanzen durch Befressen unterirdischer Teile schädlich.

Drahtwürmer, weiße, Larven einiger Fliegen aus den *Fam Phryneidae* und *Trichoceridae* (ehem. *Rhyphidae*), bes. *Trichocera regelationis* Linné (Europa und Nordamerika) und *T. fuscata* Meigen (Irland), schädlich an Rübsen und Kartoffelknollen.

Drahtwurm, falscher → Mehlwurm.

Dreher → Rotator.

Drepanidae Comstock 1893, Sichelflügler Fam der Schmetterlinge (*Macrofrenatae*) mit etwa 250 meist indomalayischen Arten. In Deutschland 7 Arten heimisch.

Drilidae (Lacordaire 1857) Kiesenwetter 1863, Käferfamilie (*Malacodermata*) mit etwa 100 Arten. 2 Arten der Gatt *Drilus* Oliv. auch in Süddeutschland und 1 bei Berlin heimisch. Weibchen flügellos, Männchen geflügelt.

Drohne, das Männchen der Honigbiene, *Apis mellifica* Linné, größer (15—16 mm) und plumper als die Arbeitsbienen, ohne Körbchen und Fersenhenkel an HBeinen. Augen am Scheitel zusammenstoßend. Kein Giftstachel.

Drohnenbrütigkeit der Honigbiene, → Arrhenotokie der Bienenkönigin nach Erschöpfung ihres Spermavorrates oder der Arbeitsbienen nach Ablage von unbefruchteten Eiern in weisellosen Beuten (sog. Drohnenmütterchen).

Drohnenschlacht, Eigenart des Bienenvolkes, deren Arbeiterinnen die Drohnen nach dem Hochzeitsflug aushungern, aus dem Nest fortjagen oder töten.

Drosophilidae Löw 1862, Essigfliegen, Taufliegen (Abb. 88). Sehr artenreiche, über alle Gebiete verbreitete Fam. der

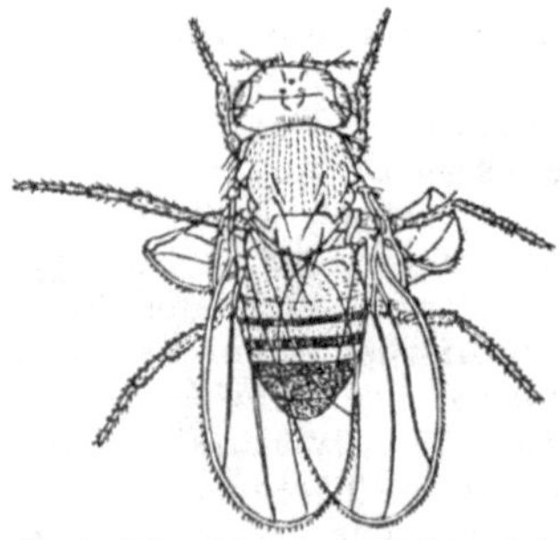

Abb. 88. *Drosophila melanogaster* Meigen, tetraptere Mutante (Drosophilidae). Nach Morgan aus Lameere. Nat. Gr. etwa 3 mm.

Fliegen. Larven vornehmlich in gärenden Pflanzenstoffen. Die Fliegen sind als Hefeüberträger von Bedeutung. *Drosophila melanogaster* Meigen wurde als Versuchsobjekt der Genetik berühmt.

Drüse, alkalische → Giftdrüse.

Drüsen, Glandulae, einzelne Zellen oder zusammenhängende Zellgruppen des Epithels, die in ihrem Plasmakörper Sekrete produzieren und zum Integument ausscheiden. Man unterscheidet einzellige und vielzellige ~. Im letzteren Fall sind die sezernierenden Teile des Epithels durch Vergrößerung oder Vermehrung ihrer Zellen in die Körperhöhle zusammen mit dem zugehörigen Teil der Cuticula eingefaltet und bilden die → Hohldrüsen. Aber auch einzellige Drüsen können aus dem Epithel heraustreten und werden dann als versenkte Drüsenzellen bezeichnet. Sämtliche ~ des Körpers bilden zusammen das → Drüsensystem. (Taf. VII, Fig. 1—5.)

Drüsenbläschen, Drüsenläppchen, Acini, einzelne Drüsen einer traubenartigen acinösen → Hohldrüse. Vgl. auch → Pseudacinus. (Taf. VII, Fig. 3.)

Drüsendivertikel sind Ausstülpungen des Mitteldarms (→ Darmdivertikel), deren Epithel auf Sekretion von Verdauungsfermenten beschränkt ist. Am häufigsten treten ~ am VEnde des Mitteldarms entweder in Zweizahl (*Mallophaga, Anoplura, Locustidae, Mantidae, Gryllidae*) oder in Mehrzahl (*Blattaria, Acridiidae, Lamellicornia, Perlaria*) auf. Im mittleren Teil des Mitteldarms kommen ~ bei manchen *Diptera-* und *Lamellicornia-*Larven und im hinteren Teil des Mitteldarms bei *Phasmida* vor. Bei der Larve von *Oryctes nasicornis* bilden die ~ je einen Kranz am VEnde, in der Mitte und am HEnde des Mitteldarms. Vgl. auch → Darmdrüsen.

Drüsenepithel, Drüsenfeld, Drüsenplatte, zusammenhängende sekretorische Teile der Hypodermis, die mit derselben in einer Flucht bleiben und sich auch sonst morphologisch kaum von den übrigen hypodermalen Zellen unterscheiden. Diese Form haben z. B. die Wachsdrüsen der Honigbiene. Als Drüsenepithelien werden auch vielfach sämtliche sezernierende Epithelien genannt ohne Rücksicht auf die morphologische Form der von ihnen gebildeten Drüse.

Drüsenhaare sind echte → Haargebilde, in deren Hohlraum einzellige Hautdrüsen münden. Es sind vor allem → Duftschuppen und → Brennhaare, vielleicht auch → Klebhaare. Eine Art für sich stellen Drüsenzellen dar, welche in chemorezeptorische Sensillen (→ Sinneshaare, → Sinneskegel) einmünden und ihren Hohlraum mit einer Flüssigkeit ausfüllen, welche die zarte Haut dieser Sensillen im turgeszenten Zustand erhält. (Taf. VII, Fig. 4A.)

Drüsenhaarfelder, Ansammlungen größerer Anzahl von Drüsenhaaren an einer Stelle des Integuments. Die ~ können sehr verschiedene Form haben. Brennhaare treten meist in sog. → Spiegeln auf, → Dufthaare und → Duftschuppen bilden häufig → Duftflecke, bes. an Flügeln (Schmetterlinge) oder Duftpinsel (an Beinen) oder Duftbüschel (→ Duftbeine).

Drüsen, innersekretorische oder → endocrinale, sind Drüsen ohne Ausführgänge, welche ihr Sekret in das Blut entleeren. Als innersekretorisch gelten bei Insekten vor allem die → Corpora allata, → Verson-Drüsen und → Oenocyten. Ihre Sekrete sind die → Hormone.

Drüsenläppchen → Drüsenbläschen.

Drüsengruben sind flache, teller- oder napfförmige Einbuchtungen des Integuments, welche die Drüsenmündungen enthalten. Durch Vertiefung der Einbuchtung und Verengung der Mündung gehen ~ in → Drüsentaschen über. Flache, unpaarige, typische ~ treten z. B. auf dem 7. Tergit vieler *Blattaria* auf und sind Träger wichtiger taxonomischer Merkmale.

Drüsenpakete sind unter das Integument versenkte Gruppen von Drüsenzellen. Die Sekretkanälchen der einzelnen Drüsenzellen münden entweder gesondert und bilden siebartig durchlöcherte Stellen des Integuments, sog. → Drüsenplatten, oder sie verschmelzen gruppenweise und bedingen durch ihre nach bestimmtem Muster angeordnete Mündungen die Entstehung sog. → Wachsformenplatten, wie z. B. bei den Fulgoriden. (Taf. VII, Fig. 5.)

Drüsenplatte, Porenplatte, Cribellum, scharf begrenzte, vielfach von einem dickeren Chitinrahmen eingefaßte, ebene, konvexe oder konkave Stellen des Integuments, deren Epithel aus Drüsenzellen, und zwar meist aus offenliegenden Drüsenzellen besteht, die von gewöhnlichen Epithelzellen durchschossen werden können. Im letzteren Fall, welcher besonders bei Wachsdrüsen häufig ist, sind die Mündungen der Drüsenzellen nach eigenartigem Muster verteilt und bilden sog. → Wachsformenplatten.

Drüsenreservoire → Sammelräume der → Hohldrüsen.

Drüsenschuppen, gewöhnlich → Duftschuppen, die in Verbindung mit Drüsen die Verdunstung der Duftstoffe beschleunigen.

Drüsensystem, Gesamtheit der Drüsen eines Körpers. Sie werden eingeteilt in → Hautdrüsen, → Tracheendrüsen, → Geschlechtsdrüsen und → endocrinale Drüsen. Das ∼ bildet einen lebenswichtigen Teil des gesamten Stoffwechselsystems.

Drüsenzellen sind entweder einzellige Drüsen oder einzelne Zellen eines vielzelligen Drüsenepithels. Vgl. auch → Verson-Drüse. (Taf. VII, Fig. 1.)

druparum Linné, *Anthonomus* → *Furcipes rectirostris* Linné.

Dryinidae (Haliday 1833) Kieffer 1907 (*Anteoninae* Kieffer 1914) (Abb. 89, 90), Fam der *Hym* mit etwa 400 vorwiegend aus der paläarktischen und nearktischen Region beschriebenen Arten. Larven ectoparasitisch an *Cicadina.* Kleine vielfach aptere Formen, deren Weibchen häufig an VTarsen eine eigenartige, aus einer Klaue und einem langen Fortsatz des 5. Tarsengliedes gebildete Greifzange tragen. Fossil eine kopale Art bekannt.

dryographus Ratzeburg, *Xyleborus,* gekörnter Nutzholzborkenkäfer (*Col Ipidae*).

Dryomyzidae (Schiner 1864) Becker 1905, Fam der Fliegen (*Acalyptrata*) mit etwa 10 paläarktischen und nearktischen Arten. Die etwa 1 cm langen Fliegen halten

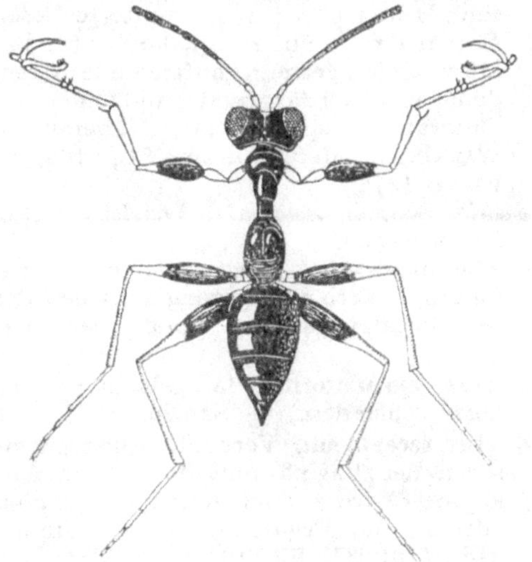

Abb. 89. *Platygonatopus buyssoni* Berland, Weibchen (Dryinidae). Nach Berland, apikale Fühlerhälfte nach der Originalbeschreibung ergänzt. Nat. Gr. 3,5 mm.

sich an feuchten, schattigen Biotopen, in Wäldern, an Bächen, Meeresufern, Pilzen, niederen Pflanzen, Exkrementen usw. auf. Die Larven leben im Tang und Ufersand. Biologisch noch sehr lückenhaft bekannt.

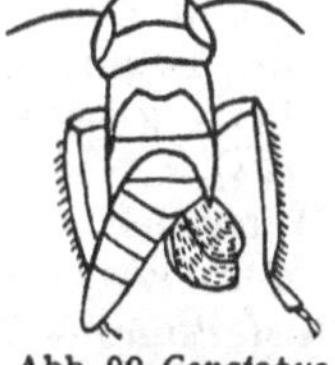

Abb. 90. *Gonatopus dubiosus* Perkins (Dryinidae), Larvenbläschen am Hinterleib einer Nymphe von *Deltocephalus* sp. Nach Kieffer. Nat. Gr. des *Deltocephalus* etwa 5 mm.

Dryopidae (Leach 1817) Stein-Weise 1877 (*Parnidea* Leach) (Abb. 91), Hakenkäfer, Klauenkäfer, Fam der *Col Polyphaga* mit etwa 500 Arten, von denen in Deutschland an 20 leben. Länglich ovale oder eiförmige, hell tomentierte oder nackte, am und im Wasser sich aufhaltende, aber schwimmunfähige, am Grunde herumlaufende Käfer. Fossil sind 3 miocäne und 1 pleistocäne Art beschrieben worden.

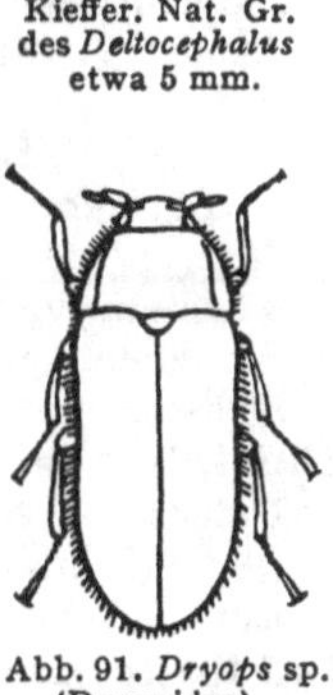

Abb. 91. *Dryops* sp. (Dryopidae). Nach Brauer aus Handlirsch. Nat. Gr. 4—5 mm.

Dualspecies, Doppel- oder Zwillingsarten, sibling species engl. Autoren. Nach Pryer (1886), von dem dieser Begriff stammt, sind es Paare nahestehender Arten, die ein gemeinsames Gebiet bewohnen und auf eine gemeinsame, ausgestorbene Art zurückzuführen sind. HEIDEMANN (1942) erweiterte diesen Begriff der ~ auf zwei nahe verwandte, aber zeitlich getrennt auftretende Arten, deren eine, tertiärrezente, die andere im Quartär abgespalten hat. (Näheres vgl. WARNECKE, Stett. Entom. Ztg. 105, S. 1—12, 1944.)

dubia Scopoli, *Anomala*, Julikäfer (*Col Scarabaeidae*).

Ductus bursae (lat. ductus, -i, m., Gang, Leitung), Verbindungsgang zwischen der → Begattungstasche und der Vagina.

Ductus ejaculatorius (lat. ejaculor, -ari, herausschleudern) → Samengang.

Ductus receptaculi, Verbindungsgang zwischen der Vagina und der → Samenkapsel, der aber auch hinter der Vagina oder in die Begattungstasche münden kann. (Taf. XV, Fig. 1.)

Ductus seminalis, ein Verbindungsgang zwischen der Vagina und der Samenkapsel bei Insekten, deren Ductus receptaculi nicht in die Vagina, sondern in die Begattungstasche mündet, wie z. B. bei gewissen *Coleoptera* (*Hydroporus*).

Düsterbock → *Asemum striatum* Linné (*Col Cerambycidae*).

Düsterkäfer → *Serropalpidae* (*Melandryidae*).

Dünndarm → Ileum.

Dufoursche Drüse, eine unpaarige Giftdrüse der Bienenarbeiterin. Sie gehört zu den → Anhangsdrüsen der weiblichen Geschlechtswege und wird auch als alkalische Giftdrüse bezeichnet. (Taf. XVI, Fig. 3.)

Duftbeine, VBeine der *Hepiolidae*-Männchen, deren Tarsen ganz fehlen und deren Schienen mit großen Duftschuppenbüscheln versehen sind. Die verdickten Schienen enthalten enorm vergrößerte Drüsenzellen.

Duftdrüsen sind thorakale oder abdominale Drüsen, deren Sekret ein abwehrender (→ Stinkdrüsen) oder anlockender (→ Lockdrüsen, → Reizdrüsen) Riechstoff ist.

Duftflecke sind Stellen des Integuments, die von Duftschuppen oder Dufthaaren dicht besetzt sind und sich irgendwie von der Umgebung abheben.

Dufthaare sind die mit Duftdrüsen in Verbindung stehenden Haargebilde. Sie treten meist geschlossen in Form von Duftflecken oder Duftpinseln auf (→ Drüsenhaarfelder).

Duftorgane werden Drüsen genannt, welche in Verbindung mit besonderen, zur Verdunstung der Sekrete dienenden Vorrichtungen stehen. Als Verdunstungsvorrichtungen sind vor allem verschiedenartige Gruppen von Haargebilden zu nennen (→ Duftbeine, → Duftflecke, → Duftpinsel, → Corema, → Faltentasche) und ausstülpbare Sammelräume der Sekrete wie die Coremen der Schmetterlingsmännchen oder ausstülpbare Duftdrüsen der Honigbiene (ein Orientierungsorgan der Arbeiterin). (→ Osmetherien.)

Duftpinsel, pinselartige Gruppen von Haaren, die mit einer Duftdrüse in Verbindung stehen und zur Beschleunigung der Sekretverdunstung dienen.

Duftschuppen, Androconien, eigenartig geformte, in der Regel in geschlossenen Gruppen (→ Duftflecke) auftretende Schuppen, bes. an Flügeln der Schmetterlinge. Stets in Verbindung mit Duftdrüsen.

Duftschuppenbüschel, ausstülpbares → Osmetherium, → Corema.

Dufttaschen → Osmetherium, → Corema, → Faltentasche.

Dulobium, Dulosis (gr. ὁ δοῦλος, ἡ δούλη Sklave, Sklavin, ὁ βίος Leben) → Sklavenstaat.

Dumeril, A. M. C., Zoologie analytique, ou methode naturelle de classification des animaux. Paris, 1806. Begründer der dichotomischen Bestimmungsmethode der Tiere.

Dungflieger → *Borboridae*.

Dungfressen → *Coprophaga*.

Dungkäfer, *Col Scarabaeidae*, UFam *Aphodiinae*.

Dungmücken → *Scatopsidae*.

Dunkelaugen → Superpositionsaugen.

duodecimpunctata Linné, *Crioceris*, schwarzpunktiertes Spargelhähnchen (*Col Chrysomelidae*).

duplana Hübner, *Evetria*, Kiefernquirlwickler, Kieferntriebwickler (*Lep Tortricidae*). Spannweite 15 mm, Kopf und Fühler braungrau, VFl schiefergrau mit 4 weißen, den Innenrand erreichenden Doppellinien in ziemlich gleichen Abständen. Spitze rötlich. Die rosafarbige Raupe höhlt die Maitriebe 2 bis 6jähriger Kiefern aus, deren nadellose, rote Endteile welk herabhängen und absterben.

duplicana Zetterstedt, *Laspeyresia* (*Grapholitha*), dunkelbrauner Fichtenrindenwickler (*Lep Tortricidae*).

duplicata Germar, *Magdalis*, Nadelholzröhrenrüßler (*Col Curculionidae*).

Durchlässigkeit, Permeabilität der Insektencuticula für Gase und Flüssigkeiten beruht auf ihrem ultramikroskopisch porösem Aufbau und kann durch → Pseudoporen der → Endocuticula vergrößert werden.

Dyar's Regel, die zuerst von DYAR (The number of molts in lepidopterous larvae, Psyche, Bd. 5, 1890) an 28 Arten von Schmetterlingsraupen festgestellte Regelmäßigkeit des in geometrischer Progression fortschreitenden Wachstums der Kopfkapselbreite bei aufeinanderfolgenden Stadien. Den Wachstumsindex erhält man empirisch durch Division der Kopfbreite eines jeden Stadiums durch die Kopfbreite des unmittelbar vorangehenden Stadiums. Die Wachstumsindices aller Stadien bilden eine Reihe, deren Glieder mehr oder weniger genau den Gliedern einer errechneten geometrischen Reihe ($a_1 q^{n-1}$) entsprechen. Daraus ergibt sich die praktisch wichtige Möglichkeit, für jede spätere Zucht der betreffenden Art rechnerisch festzustellen, ob keines der Häutungsstadien übersehen wurde.

Die Gültigkeit der ~ wurde später auch für Raupen der Blattwespen und für die *Collembola* nachgewiesen. Vgl. auch → Przibram's Faktor. (Vgl. auch Richards, Proceed. R. Ent. Soc. London 1949; Kéler, Beitr. z. Entom., Berlin, 1952.)

dystrop (gr. δυστρόπος verstockt, störrisch) werden solche Blumenbesucher unter den Insekten genannt, welche den Blumen durch ihren Besuch mehr Schaden als Nutzen bringen, daher für die Bestäubung der Blumen nicht oder kaum in Frage kommen. Es sind vor allem blumenbesuchende Käfer, wie *Cerambycidae*, *Scarabaeidae* (*Cetoniinae*, viele *Melolonthinae*), sowie manche Blattläuse, anthophile Thysanopteren, Ameisen, gewisse Larven usw.

Dytiscidae (Leach 1815) Horn 1881 (*Dyticides* Leach), echte Schwimmkäfer (Abb. 92), Fam der *Col Adephaga* mit etwa 2200 Arten, von welchen in Deutschland rund 150 leben. Es sind kleine (2 mm, *Bidessus*) bis große (5 cm, *Dytiscus*) Wasserkäfer von elliptischer, flach gewölbter Körperform, deren H-Schienen und H-Tarsen mit einer dichten Reihe von Schwimmhaaren versehen sind. Fühler fadenförmig, Galea 2gliedrig, Metasternum ohne Quernaht. Larven mit → Saugzangen, langen Schwimmbeinen und langen Cerci, carnivor. Fossil sind etwa 120 känozoische Arten bekannt, davon 40 tertiäre und die übrigen aus quartären Ablagerungen.

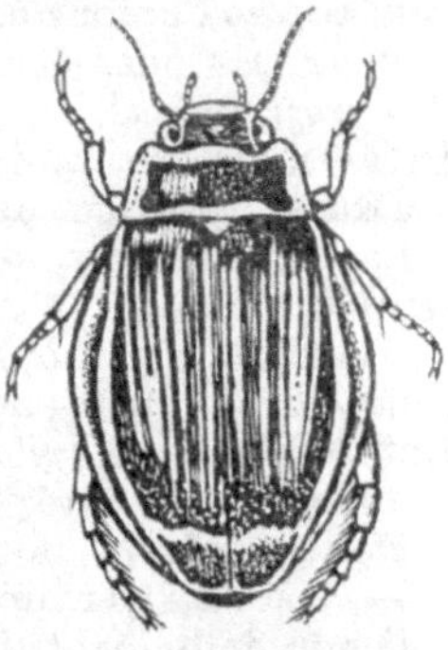

Abb. 92. *Dytiscus latissimus* Linné, Weibchen (Dytiscidae). Nach Brauer aus Handlirsch. Nat. Gr. 3,6—4,4 cm.

Dzierzon's Regel (JOH. DZIERZON, Pastor in Carlsmarkt, Schlesien, Über die Fortpflanzung der Bienen. Eichstädt. Bienenzeitung, Bd. 1, 1845) besagt, daß sich die Männchen der Honigbiene (Drohnen) aus unbefruchteten, die weiblichen Wesen aber (Königin und Arbeiterinnen) aus befruchteten Eiern entwickeln.

Nur der erste Teil dieser Regel steht bisher unerschüttert da, denn es ist bisher weder bei der Honigbiene noch bei anderen aculeaten Hymenopteren ein Fall der Entwicklung von Männchen aus befruchteten Eiern bekannt geworden. Der zweite Teil der ~ dagegen ist durch den Nachweis hinfällig geworden, „daß bei einer im Kapland gezüchteten Rasse der Honigbiene auch ohne Königinnen von unbefruchteten Arbeiterinnen weiblicher Nachwuchs produziert wird (BISCHOFF 1927). Vgl. auch → Arrhenotokie.

E

Ebereschenmotte → *Argyresthia conjugella* Zell.

Ecdyonuridae (Jacobson u. Bianchi 1905 pp.) Ulmer 1920 (*Ecdyurinae* Jac. u. B.), Fam der *Ephemerida*, in Deutschland mit 4 Gatt und etwa 20 Arten.

Ecdysis (gr. ἡ ἔκδυσις Ausgang, Herauskriechen) → Häutung.

Echinophthiriidae Enderlein 1904, Fam der *Anoplura*, blinde, grob beschuppte oder bedornte Läuse der Robben und Seehunde.

echinopus Fumouz u. Robin, *Rhizoglyphus*, Wurzel- oder Kartoffelmilbe (*Acari Tyroglyphidae*).

Ectadenien (gr. ἐκτός der äußere, ἡ αδήν Drüse), paarige oder vielfache → Anhangsdrüsen des → Ductus ejaculatorius.

ecto- (gr. ἐκτός, adv., außerhalb, von ἐκ, vor Vokalen ἐξ, praep.) in Zusammensetzungen das äußere bezeichnend. (→ exo-).

Ectobiidae → *Phyllodromiidae.*

Ectoderm (gr. ἐκτός der äußere, τὸ δέρμα Haut, Leder), die bei der Bildung der → Keimblätter immer zu äußerst bleibende Zellschicht des Keimstreifens. Aus dem ~ entsteht die Haut, das Tracheensystem, das Nervensystem, der Vorder- und Hinterdarm sowie die unpaarigen Gonoducte, die letzteren wenigstens zum größten Teil. (Taf. VIII, Fig. 8, 9.)

ectodermal → vom Ectoderm abstammend.

ectognath (gr. ἐκτός der äußere, ἡ γνάθος Gebiß), ectotroph, mit äußeren Mundteilen versehen. Gegens. → endognath.

Ectognatha Stummer 1891, Freikiefler, Apterygoten mit freiliegenden, nicht von Wangenfalten bedeckten (→ *Entognatha*), schabenden, d. h. in der Längsachse des Körpers bewegten Mundteilen, 3 → Schwanzborsten und meist freiliegenden äußeren Genitalanhängen. Einzige Ordn *Thysanura.*

Ectoparasiten → Außenparasiten.

ectophag (gr. ἐκτός der äußere, außen, φαγεῖν essen) sind Insekten, welche äußerlich an ihrem Nährsubstrat nagen, wie die meisten kauenden, freilebenden Larven der Käfer, Schmetterlinge, Blattwespen, leckend-saugende Fliegen, Hymenopteren usw. Gegens. → endophag.

Ectophallus, die äußere, gewöhnlich stark sklerotisierte Wand des → Phallus, d. h. der → Phallobasis und des → Aedoeagus. Der ~ ist nicht selten ungleichmäßig sklerotisiert und bildet dann gewöhnlich einen Chitinring um die Phallobasis oder noch einen anderen Ring um einen Teil des Aedoeagus.

Ectosymbiose (gr. ἐκτός der äußere, außen, ἡ συμβίωσις das Zusammenleben), Zusammenleben (→ Symbiose) der Insekten mit freilebenden Tieren oder Pflanzen. Die ~ zwischen Insekten und Pflanzen beruht auf Zucht oder Schutz einer nutzbringenden Pflanzenart. Die Borkenkäfer der UFam *Xyleborinae* legen an den Wänden ihrer Muttergänge und in den Einischen Kulturen von → Ambrosiapilzen an, deren Konidien sie im Darm aus ihren Brutgängen mitbringen. Die Larven ernähren sich von den Ambrosia-Rasen. Die Arten der Ambrosiapilze sind bei verschiedenen Borkenkäferarten verschieden. In größerem Maßstab sind die → Pilzgärten der Termiten und Ameisen angelegt. Zwischen Ameisen und Blütenpflanzen gibt es viele Fälle einer ~. So wird z. B. die südamerikanische Pflanze *Cecropia adenopus* von der Ameise *Azteca instabilis* gegen die Blattschneiderameisen der Gatt. *Atta* geschützt und bietet seinen Beschützern dafür Nahrung (→ Müllersche Körperchen) und Unterkunft. Die ~ der Insekten mit anderen Tieren gliedert sich je nach ihrer Form in → Phylacobie, → Trophobie und → Symphilie.

ectosomatische Organe sind O., welche in unmittelbarer Berührung mit der Umwelt stehen (Sewertzoff).

ectotroph (gr. ἐκτός außen, ἡ τροφή Ernährung) → ectognath.

Ectotropha Grassi 1890 (*Thysanura ectotrophica* Grassi 1888) → *Thysanura.*

edaphisch (gr. τό ἔδαφος Boden, Grund) werden die Umweltfaktoren des Bodens, die chemischen und physikalischen Eigenschaften, Struktur, auch geographische Konfiguration des Mineralbodens genannt.

Edaphon, die Organismenwelt des Mineralbodens, die Bodenfauna.

Edelfalter → *Papilionidae.*

Editum (lat. edo, edere, edidi, editum herausbringen, ausgeben; nicht edo, edere, esi, esum essen; editus, -us, pl. -us, -um, m., Auswurf, Kotabgang), im männlichen Kopulationsapparat der Schmetterlinge eine meist behaarte Vorragung an der Innenseite der Valven.

Effektoren, Erfolgsorgange, sind motorisch innervierte Organe, vor allem Muskeln und Drüsen, welche die Reaktion auf einen Reiz ausführen. Sie stehen am Ende des → Reflexbogens. Gegens. → Receptoren.

Eggression → Übervermehrung.

efferens (lat. effero, -ferre, extuli, elatum heraustragen), abführend, z. B. → Vas efferens. Gegens. → afferens.

Ei, Ovum, die zur Bildung eines neuen Einzelwesens bestimmte Zelle der mütterlichen Gonade. Das ~ entsteht in

der → Gonade aus → Urgeschlechtszellen, wird innerhalb der → Eiröhre mit → Nahrungsdotter und → Eihüllen versehen (→ Eibildung) und in der → Vagina beim Vorbeigleiten an der Mündung der → Spermatheca befruchtet oder ohne Befruchtung abgelegt.
Die Insekteneier sind in der Regel → centrolecithal und dotterreich, selten bei viviparen und endoparasitischen Arten dotterarm. Die Orientierung der Eier entspricht in der Regel der mütterlichen Längsachse, indem der Kopfpol nach vorne und die Ventralseite des Eies nach unten liegt. (Taf. VIII, IX.)

Eiablage. Die Eier werden in der Regel vor dem Beginn der Furchung abgelegt (→ Oviparie), selten in einem vorgeschrittenen Stadium der Embryonalentwicklung (→ Ovoviviparie), noch seltener nach Abschluß derselben, wobei die fertige Larve die Eihülle noch im mütterlichen Leibe oder unmittelbar nach der ~ verläßt (→ Viviparie). Die Eier werden entweder einzeln in kleineren oder größeren Zwischenräumen abgelegt, wenn sie in den Eierstöcken einzeln heranreifen, wie z. B. bei *Aleurodina*, *Psyllina* und manchen *Coccina*, oder gruppenweise, wenn die Eier aller Eierstöcke synchron heranreifen. Im letzteren Fall kann die Anzahl der in einem Gelege abgelegten Eier der Anzahl der Ovariolen entsprechen (*Corrodentia*) oder größer sein (*Pentatomidae*).
Die Eier werden im einfachsten Fall auf die Unterlage fallen gelassen (*Ephemerida*, *Perlaria*, *Phasmida*, *Chironomidae*, *Culicidae*, *Aegeria apiformis*, *Phylloscelis atra*) und dies entweder einzeln oder zu Gelegen (Eipaketen) zusammengekittet (*Ephemerida*).
Am meisten verbreitet ist die ~ mit frei an die Unterlage festgekitteten Eiern, die entweder einzeln oder zu mehreren in Gruppen (→ Eigelege) nebeneinander meist reihig angeordnet werden. Auch Epizoen kleben ihre Eier an die Unterlage, Haare oder Federn fest. Das Ankleben der Eier stellt die einfachste Art der → Brutfürsorge dar.
Viele Insekten legen ihre Eier in natürliche Verstecke, wie Boden- oder Rindenritzen, Blattachseln usw., andere wieder fertigen zu diesem Zweck Ritzen und Löcher mittels des Legebohrers (*Hym Symphyta*, *Thysanopt Terebrantia*, *Locustidae*, *Gryllidae*) oder des Hinterleibs (*Acridiidae*, gewisse Fliegen) in Pflanzen oder im Erdboden an.
Insekten, deren Larven endoparasitisch in anderen Insekten leben, haben meist einen dünnen, nadelscharfen Legebohrer entwickelt, mit dem sie die Wirtsinsekten ihrer Larven anstechen und zugleich durch den Legebohrer ein Ei in den Wirtskörper gleiten lassen. Gewisse Pflanzenparasiten können auch ohne Legebohrer ihre Eier im Innern der Pflanzen unterbringen, indem sie mittels ihrer Mandibeln Brutgänge nagen und innerhalb der letzteren ihre Eier ablegen (*Ipidae*, *Bostrychidae*). Viele Rüsselkäfer fressen nur ein tiefes Loch im Pflanzenkörper aus und legen in dieses, meist einzeln, ihre Eier ab.

Eibildung, Oogenese, Ovogenese. Aus → Urgeschlechtszellen entstehen durch rege Äquationsteilungen immer neue Generationen von → Oogonien (I. Phase). Durch fortgesetzte Äquationsteilungen der Oogonien werden diese zu → Oocyten und, in meroistischen Ovariolen, zu → Nährzellen (II. Phase). Es folgt nun eine Wachstumsperiode der Oocyten meist noch im Germarium, welche mit körniger Auflösung des Chromatins abschließt (III. Phase, I. Wachstumsperiode). Nun gelangen die Oocyten ins → Vitellarium und wachsen durch reichliche Ablagerung des → Nahrungsdotters im Zellkörper, dessen Plasma (Ooplasma, Bildungsdotter) auf eine dünne Oberflächenschicht, das → Keimhautblastem verdrängt wird. Auch der mitten im Dotter liegende Zellkern ist von einem dünnen Plasmahof umgeben, der mit dem Keimhautblastem mittels feiner Plasmastränge verbunden zu sein pflegt. Am Schluß dieser II. Wachstumsperiode werden die → Eihüllen gebildet, und damit ist die Oocyte befruchtungsbereit, aber noch nicht -reif. Die Oocyte tritt nun aus der Eiröhre in den Oviduct über und gleitet weiter in die Vagina hinein, wo sie beim Passieren der Mündung des Ductus receptaculi einige Spermien auf die → Micropyle bekommt. Nach Eindringen der Spermien ins Innere der Oocyte tritt sie in das letzte Stadium der ~, die → Eireifung über. (Vgl. auch → Gamete.)

Eichelrüßler, großer → *Curculio* (*Balaninus*) *glandium* Mrsh.

Eichelwickler, → *Laspeyresia splendana* Hbn.

Eichenäpfel, Eichenschwammgallen → Eichenschädlinge.

Eichenschädlinge. Von der großen Zahl der Insektenarten, welche auf der Eiche leben, können hier nur die wenigen genannt werden, denen eine mehr oder weniger große wirtschaftliche Bedeutung zukommt.
Der Eichenprozessionsspinner (*Thaumetopoea processionea* Linné), dessen Raupen schon manchen Eichenbestand kahlgefressen haben, gehört zu den wichtigsten Schädlingen der Eichenblätter.
An jungen Eichen kann stellenweise der Eichenblattroller (*Attelabus nitens* Scopoli) einen empfindlichen Schaden anrichten. Desgleichen gilt für die Eichenminiermotten (*Tischeria complanella* Hübner und *Lithocolletis hortella* Fabricius). Der Eichenerdfloh (*Haltica brevicollis* var. *quercetorum* Foudras) kann in Baumschulen an jungen Eichensämlingen recht unangenehm werden und beträchtlichen Ausfall an Pflanzen verursachen.
Der grüne Eichenwickler (*Tortrix viridana* Linné) tritt besonders in Eichenheistern oft massenhaft auf und frißt sie kahl.
Mehrere Arten von Schädlingen bohren ihre Gänge im Eichenholz, dessen technischer Wert dadurch herabgesetzt wird. Die Größe des Schadens richtet sich danach, ob die Gänge nur oberflächlich zwischen Rinde und Holz verlaufen oder mehr oder weniger tief ins Holz eindringen. Eichenprachtkäfer (*Chrysobothris affinis* Fabricius, *Agrilus biguttatus* Fabricius, *Coraebus undatus* Fabricius, *C. fasciatus* Villiers u. a.) und der Eichensplintkäfer (*Scolytus intricatus* Ratzeburg) bohren flach unter der Rinde, während der große Eichenbock (*Cerambyx cerdo* Linné), der Eichenkernkäfer (*Platypus cylindrus* Fabricius), Eichennutzholzborkenkäfer (*Trypodendron signatum* Fabricius), der Nutzholzborkenkäfer (*Xyleborus saxeseni* Ratzeburg) u. a. tief ins Holz gehende Gänge bohren.
Von den zahlreichen Arten der Gallwespen, die an verschiedenen Teilen der Eiche ihre Gallen bilden, seien nur als die häufigsten die gemeine Eichengallwespe (*Diplolepis quercus folii* Linné), die Eichenlinsengallwespe (*Neuroterus quercus-baccarum* Linné) und die Eichenschwammgallwespe (*Biorrhiza pallida* Olivier) erwähnt.

Eidonomie (gr. τὸ εἶδος Gestalt, Aussehen, ὁ νόμος Gesetz), äußere, insbes. taxonomische Morphologie.

Eiergang, Oviductus communis, der vorderste, vorn die beiden paarigen Oviducte aufnehmende, hinten in die → Vagina übergehende, ektodermale, aus der embryonalen → Genitaltasche des 7. Segments hervorgegangene Teil des weiblichen unpaarigen Geschlechtsweges. Ein ~ fehlt ganz bei *Ephemerida*, deren paarige Oviducte entsprechend dem paarigen Begattungsorgan der Männchen direkt und getrennt nach außen münden. (Taf. XV, Fig. 2.)

Eierstock, Ovarium, zwei symmetrisch im Hlb gelegene Gruppen von paarigen, segmentalen, miteinander jederseits durch einen → Oviduct verbundenen → Eiröhren. Selten kommen unpaarige, median gelegene, doppelt kammförmig mit Eiröhren besetzte (*Col Trichopteryx*) oder aus nur einer median gelegenen Eiröhre bestehende (amphigone Weibchen vieler *Aphidina*) Eierstöcke vor. Bei Brutfürsorge betreibenden *Scarabaeidae* (*Scarabaeus, Aphodius, Onthophagus*) fehlt der Eierstock der einen Körperseite ganz. Streng segmentale Anordnung behalten die Ovarien nur bei *Japyx* und (juvenal) bei *Lepisma*, sonst ist sie noch eben merklich erhalten am kammförmigen Typ der Ovarien, der bei Apterygoten und niederen Pterygoten (*Ephemerida*, viele *Orthopteroidea*) häufig ist. Meist ist aber auch in diesem Fall die segmentale Anordnung der Eiröhren durch Vergrößerung, seltener Verringerung (bei *Eosentomon* und *Campodea* jederseits nur noch eine Eiröhre) ihrer Anzahl verschleiert. Bei traubenförmigen Ovarien der *Coccidae, Culicidae, Perlaria* usw. sitzen die Eiröhren den paarigen Oviducten ringsherum an. Am häufigsten sind die büschelförmigen Ovarien der höheren Pterygoten, die aber auch schon bei *Blattaria* vorkommen und z. B. bei Termiten aus mehreren tausend Eiröhren bestehen. In diesem Typ sitzen die Eiröhren dem erweiterten Ende der beiden paarigen Oviducte (Eileiter) auf. Dieroistische, aus einem Paar von Eiröhrenmassen bestehende ~ haben die *Collembola* (ein Paar von Ovariolen) und gewisse *Braconidae* (zahlreiche verschmolzene Ovariolen). (Taf. XV, Fig. 1, 3.)

Eifach → Eikammer.

Eifurchung, Teilung der Eizelle bzw. des Zellkerns während der ganzen Zeit der Bildung des → Blastoderms (→ Blastula, Periblastula) bis zur Anlage des → Keimstreifens. Die Bezeichnung „Eifurchung" wurde geprägt für alecitale Eier, deren Furchungszellen auf der Eioberfläche vorgewölbt und voneinander durch tiefe Furchen getrennt sind. Derartige Furchung kommt bei Insekten nur selten vor. Die Blastula der Insekten ist an der Oberfläche in der Regel glatt. Es werden bei Insekten folgende Typen der ~ unterschieden:
I. Totale Eifurchung (holoblastische Eier, selten bei Insekten).
a) aequale Eifurchung (alecitale Eier),
b) inaequale ~ (telolecitale Eier).
II. Partielle ~ (meroblastische Eier, Regel bei Insekten)
a) discoidale ~ (telolecitale Eier),
b) superficielle ~ (centrolecitale Eier).
Totale ~ ist nur bei einigen Chalcididen (*Ageniaspis*, *Lithomastix*, *Copidosoma*) gefunden worden.
Zwischen den beiden Furchungstypen gibt es zahlreiche Übergänge, z. B. bei Collembolen, deren total gefurchte Blastula bzw. Morula durch Schwund der Scheidewände zwischen den Furchungszellen zu einer superficiellen Blastula umgebildet wird.

Eigelege, Gruppen von nebeneinander auf gemeinsamer Unterlage von ein und demselben Weibchen abgelegter Eier. Die Anzahl der Eier in einem ~ hängt mit der Anzahl der → Eiröhren und der Reihenfolge der Eibildung zusammen (→ Eiablage) und beträgt einige wenige bis einige hundert Eier. Das Gefüge eines ~ kann sehr verschieden sein. Die Eier können nur lose nebeneinander gereiht oder fest miteinander verkittet (Ringelspinner) stehen. Manchmal wird jedes Gelege mit einem Haarpolster (Schwammspinner) oder einer Schaumhülle (*Stilpnotia salicis*) bedeckt. Es können auch eigenartige Eierkokons zur Ausbildung kommen, wie z. B. bei *Hydrophilus*, oder → Eikapseln wie bei *Blattaria* und *Mantodea*.

Eihüllen, die → Dotterhaut und das → Chorion, welche das fertige Ei umgeben. Bei manchen viviparen Arten bleibt das Chorion aus. Das Chorion wird vielfach auch wegen seiner Härte als Eischale bezeichnet.

Eikammer, Eifach, Follikel, der vom Ei eingenommene Raum des → Vitellariums innerhalb der → Eiröhre. (Taf. XV, Fig. 1, 3.)

Eikapsel, Oothek, Ootheca, gekammerte Hülsen aus chitinähnlichem, an der Luft erhärtendem Sekret der → Anhangsdrüsen, in welche die Eier der *Blattaria* und *Mantodea* (*Oothecaria*) gelegt werden. Die vollen Eikapseln werden von den Weibchen meist so lange mit herumgetragen, bis die Larven alle geschlüpft sind.

Eikelch, Calyx, das die Ovariolenstiele aufnehmende, kurze trichterförmige (bei büschelförmigen Ovarien) oder gestreckte Ende der → Eileiter. (Taf. XV, Fig. 1.)

Eilarve, die aus dem Ei geschlüpfte Larve, das erste Larvenstadium bis zur ersten Häutung.

Eilatenz, → Latenz im Eistadium (→ Latenzei).

Eileiter, paarige Oviducte, die paarigen, mesodermalen, die → Eiröhren jeder Seite verbindenden, vordersten Teile der → Geschlechtswege der Weibchen. Sie verbinden sich hinten miteinander und münden in den unpaarigen, ektodermalen Oviductus communis oder → Eiergang. Der apikale Teil des ~, in welchen die Stiele der Eiröhren münden, wird als → Eikelch bezeichnet.

Einatmung, Inspiration, Einziehen der frischen Luft in die → Atmungsorgane. Die ~ erfolgt bei Insekten passiv, indem die Tracheen nach → Ausatmung durch eigene Elastizität ihrer Wandung zum normalen Querschnitt zurückgebracht, d. h. erweitert werden und Luft einsaugen.

Eindrücke → Engramme.

Einemsen (dtsch. Emse = Ameise), von Stresemann geprägte Bezeichnung für das öfters beobachtete Baden der Vögel in Ameisennestern, wodurch sie sich ihrer Außenparasiten (vor allem Mallophagen) zu entledigen versuchen.

Einfetten der Körperdecke kommt bei Wasserinsekten (*Notonecta* u. a.) vor, indem ein fettiges Sekret einzelliger Hautdrüsen mittels der Beine über die ganze Oberfläche des Körpers gleichmäßig verteilt wird.

Eingang → Introitus.

eingeschobene Zelle, eine durch Gabelung der Media innerhalb der → Discoidalzelle des Schmetterlingsflügels entstandene dreieckige kleine Zelle. Es finden sich z. B. bei *Cossidae* 1—2 eingeschobene Zellen im V- und HFl.

Eingeweide, Viscera, Splanchna, Gesamtheit der die Bauchhöhle (bei Wirbeltieren) bzw. den Hinterleib (bei Insekten) erfüllenden inneren Organe.

Eingeweideganglion → Postcerebralganglion. Bevor man die endocrinale Natur der → Corpora allata erkannt hatte, zählte man auch diese zu Eingeweideganglien.

Eingeweidenerven → stomatogastrisches Nervensystem.

Einischen, Grübchen in der Wand des → Mutterganges rindenbrütender Borkenkäfer. In die zweireihig angelegten ~ werden die Eier einzeln abgelegt und die ~ anschließend mit Bohrmehl verstopft.

Einkeilung, ein Kugelgelenk, das durch Verkürzung und Versteifung der Gelenkmembran festgemacht worden ist. Die ~ kommt bei → Schuppen häufig, sonst aber selten vor.

Einlagerungen, Incrusten, organische (Sklerotin) und anorganische (kohlensaurer Kalk) Beimengungen der → Exocuticula.

Einlenkung, Ansatzstelle eines beweglich auf der Unterlage befestigten Gliedes (→ Gelenk).

Einmieter, Inquilinen, Insekten, welche in Fraßräumen (Gallen, Minen, Bohrgängen) oder in Nestern anderer Insekten wohnen, ohne sie irgendwie zu benachteiligen. Obligate ~ sind z. B. zahlreiche *Cynipidae*, welche ihre Eier in Gallen fremder Cynipidenarten ablegen. Auch unter Eriophyiden gibt es eine Reihe von Arten, die regelmäßig, ohne selbst Gallen zu erzeugen, in Gallen anderer Eriophyiden-Arten anzutreffen sind.

Einpudern der Körperdecke mit staubfeinem Wachspuder ist von Aleurodinen bekannt, welche auf der Innenseite der HSchienen eine → Wachsbürste haben, mittels welcher sie das Sekret der → Wachsdrüsenplatten aufnehmen und auf den Costalrand der HFl abladen, wo es weiter verteilt wird.

Einstülpung, Invagination, Embolie, ein in der Embryonalentwicklung der Insekten sehr verbreiteter Vorgang der histologischen Differenzierung (Keimblätterbildung) bei bester Ausnutzung des zu Gebote stehenden Raumes im Ei. Einstülpung von Organanlagen ist auch in der postembryonalen Entwicklung bei Puppen bzw. Larven häufig. (→ Imaginalanlagen.)

Eintagsfliegen → *Ephemerida.*

Einzelaugen, Punktaugen, Stirnaugen, Scheitelaugen, Ocelli, Nebenaugen, sind → Lichtsinnesorgane ohne →Kristallkörper und mit einer für das ganze Sehzellenbündel gemeinsamen → Cornealinse bzw. einer linsenartigen Vorwölbung der durchsichtigen Cuticula. Ihre Sinneszellen bilden, im Gegensatz zu den → Stemmata, stets mehrere, getrennte → Rhabdome. (Taf. XXIX.) Die ~ kommen höchstens in Dreizahl vor und fehlen den meisten Larven, ausgenommen ältere Stadien der *Ephemerida, Odonata* und *Perlaria.* Auch bei Imagines sind sie nicht immer vorhanden. So fehlen alle drei ~ den *Het Hydrocorisae,* apteren Formen der *Aphididae,* den Weibchen der *Coccidae,* den *Rhopalocera,* meisten *Coleoptera,* vielen *Diptera,* flügellosen *Corrodentia* und *Thysanoptera.* Häufig fehlt der Stirnocellus z. B. bei *Blattaria,* einigen *Lepidoptera, Heteroptera,* geflügelten *Aphididae, Aleurodidae, Cicadina* (mit Ausnahme der *Cicadidae*), *Gryllotalpa,* oder er ist allein vorhanden, wie z. B. bei *Dermestidae.* Ein Pigmentmantel um die Sehzellen ist häufig entwickelt; wenn er fehlt, dann sind es die Sehzellen allein, welche das Pigment führen. Nicht selten kommt es in den ~ zur Bildung eines → Tapetum und einer → Retina. Bei *Osmylus* ist die Cornea der beiden Scheitelocellen fazettiert, so daß zu jeder Sehzelle eine Corneafazette gehört.

Eiproduktion, die Anzahl der von einem Weibchen im Lauf ihres ganzen Lebens abgelegten Eier. Die ~ schwankt zwischen einem einzigen Ei (*Pemphigus, Phylloxera*) und mehreren Hunderttausend oder gar Millionen (Termitenweibchen bei 10jährigem Leben). Im allgemeinen legen sociale Insekten viel mehr Eier ab als solitäre, besonders solche, die Brutpflege betreiben. Der mittlere Wert der ~ ist artspezifisch, hängt aber im Einzelfall von den Umweltfaktoren ab. Vgl. auch → Vermehrung.

Eiraupen werden Schmetterlingsraupen im ersten Stadium genannt.

Eireifung, Vorgänge, welche die Ovocyte befruchtungsreif machen. Sie bestehen in Reifungsteilungen des Eikerns, welche erst dann einsetzen, wenn die Spermien in das Eiplasma eingedrungen sind. Der Kern teilt sich mitotisch zweimal unmittelbar nacheinander, einmal äquativ und einmal reduktiv. Aus den beiden Teilungen entstehen 4 Kerne, 3 kleinere, sog. Richtungskörperchen, die resorbiert werden, und ein größeres, der weibliche Vorkern. Während der Kern der Ovocyte die Reifungsteilungen durchmacht, wirft die Spermie alle Anhängsel und sekundäre Organelle ab, und das Köpfchen verwandelt sich in den männlichen Vorkern, welcher mit dem weiblichen Vorkern verschmilzt.

Eiröhre, Ovariole, Ovarialschlauch, schlauchförmiges, segmental-paariges Fortpflanzungsorgan des Weibchens, in welchem die Eier gebildet werden und bis zu ihrer Geschlechtsreife verbleiben. Die Wandung der ~ besteht aus einer → Peritonealhülle, welche sich vielfach an der Spitze der ~ in einen → Endfaden verlängert. Eigenes Epithel fehlt, ausgenommen im → Germarium, welches ein mehr oder weniger stark erweitertes und mit → Urgeschlechtszellen angefülltes Ende der ~ darstellt. Der übrige Teil der ~ stellt das → Vitellarium dar, welches durch einen kurzen → Eiröhrenstiel in den → Eileiter mündet. Es werden vier Typen von ~ unterschieden, der → panoistische, → polytrophe, → telotrophe und → dieroistische. Die beiden vorletzten Typen sind besondere Formen der → meroistischen ~. (Taf. XV, Fig. 1, 3.)

Eiröhrenstiel, der meist kurze Verbindungsgang zwischen der Eiröhre und dem → Eileiter. Der ~ ist gegen das → Vitellarium durch den → Epithelpfropf abgeschlossen, bis ihn das erste legereife Ei durchstößt. (Taf. XV, Fig. 1.)

Eischale → Eihüllen.

Eisenmade → *Psila rosae* Fabr.

Eiserner Bestand → Normalbestand.

Eisprenger sind den → Eizähnen verwandte Chitinspitzen am Vorderende des fertigen Embryos, welche zum Absprengen des Eideckels dienen. Sie kommen z. B. bei *Pentatomidae* und *Culicidae* vor.

Eistigma, mikropyleähnliche Öffnungen am HEnde des Eies, z. B. bei *Mallophaga.* Sie werden für Ventilationsöffnungen gehalten, was aber nicht zutreffen kann, weil sie, wie das ganze HEnde eines Mallophagen-Eies, in dem Kitt versenkt sind, welcher das Ei an die Unterlage festklebt.

Eiwachstum, Größenzunahme der → Eizelle während der → Eibildung im Germarium (erste Wachstumsperiode) und anschließend im Vitellarium (zweite Wachstumsperiode). Vgl. auch → Ernährung.

Eizahl → Eiproduktion.

Eizahn, Eizähne, provisorische, embryonale Organe zum Sprengen der Eischale. Es sind entweder Bildungen der → Dotterhaut und werden mit ihr beim Schlüpfen der Larve abgestreift (embryonale ~) oder der larvalen Cuticula (persistente ~), mit der sie erst bei der ersten Häutung der Larve abgestreift werden. Es sind unpaare, paarige (z. B. thorakaler ~ der *Anomala aenea*) oder zahlreiche und gereihte Chitinzähne oder Chitinleisten, welche am Kopfe, an den Mundteilen, am Thorax oder Hinterleib auftreten können. Frontale embryonale ~ haben *Saltatoria, Dermaptera, Mantodea, Odonata, Corrodentia, Hemiptera, Anoplura, Megaloptera, Planipennia, Trichoptera, Silphidae* und frontale persistente ~ finden sich bei *Lepisma,* eucephalen Dipterenlarven, *Aphaniptera, Col Adephaga* und *Lampyrinae.* Bei *Cimex, Rhodnius, Aleurodidae* und *Coleoptera* sind sie paarig, bei den übrigen aufgezählten Gruppen unpaar. Persistente ~ haben die Eilarven der *Machilidae* an der Maxilla. Thorakale und abdominale bzw. thorako-abdominale ~ sind stets persistent und paarig. Sie finden sich an den drei Thoraxsegmenten und am ersten Hinterleibssegment bei Käfern der Fam *Coccinellidae, Chrysomelidae, Passalidae* und bei den *Lamellicornia.* Die ~ arbeiten entweder reißend oder drückend. Im letzteren Fall werden sie als → Eisprenger bezeichnet. Bei *Cimex* und *Anoplura* scheinen die ~ nur zum Aufreißen der Dotterhaut zu dienen, während der Choriondeckel durch Druck des Körpers auf denselben aufgeklappt wird. (Taf. IX, Fig. 3 F.)

Eizelle → Ovocyte.

Elachistidae Stainton 1854, Grasminiermotten, Fam der Schmetterlinge (*Tineoidea*) mit zahlreichen, auch in Deutschland gut vertretenen minierenden Arten. Sie werden vielfach mit den *Gelechiidae* zusammengezogen.

Elaiosome, sg. Elaiosom (gr. τὸ ἔλαιον Baumöl, Olivenöl, τὸ σῶμα Körper) sind ölhaltige Anhängsel der Samen myrmecochorer, d. h. durch Ameisen verbreiteter Pflanzen. Die → dienen den Ameisen zur Nahrung.

Elateridae Leach (1815) 1817, Schnellkäfer, Schmiede (Abb. 93), Fam der Käfer mit etwa 1100 Arten, von welchen in Deutschland an 60 vertreten sind. Die im Umriß spindelförmigen, flach gewölbten Käfer haben die Fähigkeit, sich aus der Rückenlage mit Hilfe des Prosternalfortsatzes hochzuschnellen, und da der Kraftanstoß vor der Körpermitte liegt, werfen sie sich im Sprung über und fallen auf die Beine. Die Larve, sog. → Drähtwürmer, sind z. T. gefährliche Pflanzenschädlinge. Fossil sind an 100 tertiäre und an 40 quartäre Arten bekannt. Auch einige liassische Arten sind zu Elateriden bestimmt worden.

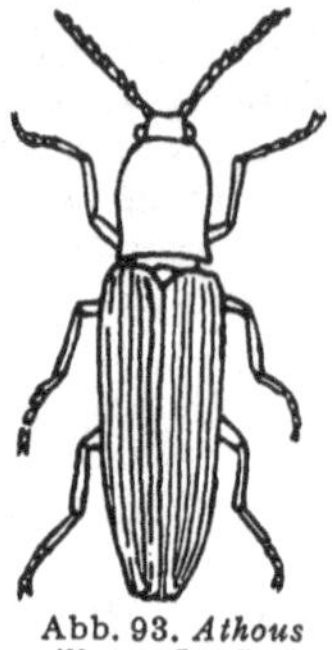

Abb. 93. *Athous villosus* Geoffroy (Elateridae). Nach Handlirsch. Nat. Gr. etwa 1,5 cm.

Elateroidea Leng → *Sternoxia*.

+***Elcanidae*** Handlirsch 1908 (Abb. 94), ausgestorbene Fam der *Saltatoria Locustoidea* mit etwa 90 mesozoischen Arten aus unter-jurassischen Ablagerungen von der Schweiz (7) und England (5), aus der oberen Lias von Deutschland (60) und England (3) und aus Malm von Deutschland (9) und England (5). Von den liassischen Arten sind nur Flügelfragmente bekannt, die Malm-Arten sind besser erhalten. Sie hatten lange fadenförmige Fühler, lange kräftige hintere Sprungbeine mit keulenartig verdickten Schenkeln und 3—4 blattartigen Anhängen am hinteren präapicalen Rande der Schienen. Ein Zirporgan ist nicht zu sehen. Die Weibchen hatten einen Legeapparat. Die Länge der VFl betrug 1—3 cm.

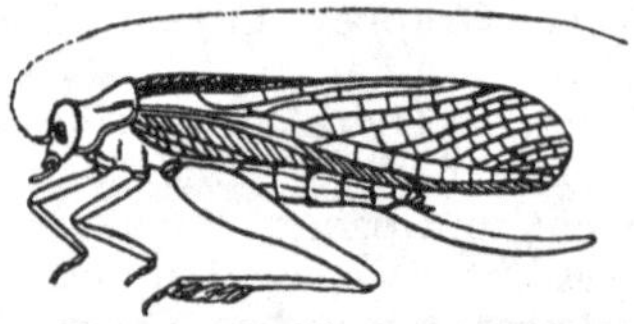

Abb. 94. + *Elcana* sp. (+ Elcanidae). Nach Handlirsch. Nat. Gr. etwa 5 cm.

Elchwildrachenbremse → *Cephenomyia ulrichi* Brau.

Elefantenlaus, *Haematomyzus elephantis* Piag. (*Mall Haematomyzidae*).

elegans Thunberg, *Zonocerus*, bunte Stinkschrecke (*Salt Locustidae*).

Elementarsehfeld, Sehfeld eines einzelnen Ommatidiums des Komplexauges. Am → Appositionsauge ist das ~ klein und überschneidet sich mit den benachbarten ~ nicht.

elongatus Marsham, *Agriotes*, behaarter Saatschnellkäfer (*Col Elateridae*).

elongatulus Klug, *Monophadnus*, aufwärtssteigender Rosentriebbohrer (*Hym Tenthredinidae*).

elongatus auct., *Agrilus* → *Agrilus cyaneus* Rossi.

elpenor Linné, *Pergesa*, mittlerer Weinschwärmer (*Lep Sphingidae*).

Elytra (gr. τὸ ἔλυτρον lat. elytra, -ae, f., Hülle, Futteral) → Flügeldecke.

Elytrophora Packard → *Coleopteroidea*.

Emailfarben, nicht irisierende Farben glänzender und hochglänzender Chitinteile, die öfters bes. bei *Coleoptera* und *Heteroptera* vorkommen. Der Emailglanz beruht nach MASON (→ Schuppen) auf Interferenzerscheinungen, die durch den Aufbau der Cuticula aus äußerst dünnen Blättchen hervorgerufen werden.

Embidina (Burmeister 1839) Hagen 1861 (*Embiidae* Burmeister, *Embiodea* Kusnezow 1903, *Aetioptera* Enderlein 1912), Embien.

Kleine, 1,5 mm bis 2 cm lange, hell- bis dunkelbraun gefärbte, schlanke, leicht depresse, nur im männlichen Geschlecht in der Regel geflügelte, paurometabole Pterygoten des warmen Gürtels der Erde.

Kopf prognath, oval, mit einem in gleiche Teile geteilten Clypeus (Ante- und Postclypeus), großem Labrum und beißenden, orthopteroiden Mundteilen. Mandibeln kurz zangenförmig, kräftig. Maxillen typisch differenziert, Cardo und Stipes voneinander gut getrennt, Lacinia am Innenrande gezähnelt, Galea einfach, Taster 5gliedrig. Unterlippe typisch, mit dreigliedrigem Taster. Occiput geschlossen, zwischen dem Unterrande des Foramen occipitale und dem Submentum sind die Postgenae durch eine sklerotisierte Gula miteinander verbunden. Fühler perlschnurförmig, nicht länger als Kopf und Thorax, 20—30gliedrig. Augen klein, besonders bei Weibchen schwach entwickelt. Ocellen fehlen.

Hals auffallend stark entwickelt, mit zahlreichen Cervikalskleriten (Cervicalia lateralia, C. dorsalia und C. ventralia). Thorax mehr oder weniger stark heteronom gegliedert. Pronotum besonders bei flügellosen Formen atypisch durch Querfurchen in Sklerite differenziert, größer oder kleiner als die anderen Segmente. Auch Meso- und Metanotum teilweise atypisch differenziert, das Mesonotum gewöhnlich größer als das Metanotum. Pleuren in Ana- und Trochantinopleura geteilt, beide in kleinere Sklerite differenziert, stets mit einem deutlichen Trochantinus. Sternite groß, deutlich differenziert. Zwei Paar Flügel nur bei Männchen vorhanden, die aber auch ungeflügelt sein können. Weibchen stets flügellos. Beide Flügelpaare gleichartig, häutig, die Vorderflügel gewöhnlich etwas länger als die Hinterflügel. Längsadern gut entwickelt oder teilweise, besonders im Mediocubitalraum, nur schwach angedeutet. Radius, Media und Cubitus gewöhnlich gegabelt. Beine heteronom, Vorder- und Hinterbeine kräftiger und länger als Mittelbeine. Hüften durch die großen Sterna weit getrennt, die Hinterhüften weniger weit auseinanderstehend als die der beiden anderen Beinpaare. Schienen etwa so lang wie die Schenkel. Tarsen aller Beine trimer, mit einem Krallenpaar, ohne Arolien. Basalglied der Vordertarsen in beiden Geschlechtern stark vergrößert, mit zahlreichen Spinndrüsen versehen, deren jede mit einem Sekretkanälchen in eine Spinnborste der Tarsensohle mündet. Mittel- und Hintertarsen mit Plantarbläschen am 1. und 2. Glied.

Hinterleib 10gliedrig, das 11. Segment reduziert, nur bei primitiven Formen mit einem Tergit, bei höherstehenden ganz fehlend. Das 8. Sternit bildet bei Weibchen die Subgenitalplatte. Die Geschlechtsöffnung liegt bei Weibchen in der Mitte des 8. Sternits. Ein Paar zweigliedriger Cerci in beiden Geschlechtern vorhanden, bei Männchen in der Regel asymmetrisch, wie das 10. Segment. Gonopoden fehlen bei Weibchen, während sie bei Männchen nach einigen Autoren vorhanden sein sollen. Die morphologischen Verhältnisse der männlichen Terminalia sind noch nicht eindeutig geklärt. Der Penis scheint zwischen dem 9. und 10. Sternit zu münden.

Darmkanal recht gut differenziert. Vorderdarm mit Oesophagus, Kropf und Proventriculus, Mitteldarm lang, ohne Caeca. Hinterdarm in drei Abschnitte geteilt, mit 20—30 Malpighi-Gefäßen und sechs Rectalampullen.

Rückengefäß nicht bekannt.

Tracheensystem gut entwickelt, die beiden lateralen Längsstämme mit Queranastomosen. Zwei thorakale und acht abdominale Stigmenpaare auf den Segmenten 1—8 vorhanden.

Nervensystem mit drei thorakalen und sieben abdominalen Ganglienpaaren. Das sympathische System gut entwickelt.

Ovarien paarig, mit je fünf kammförmig den Oviducten aufsitzenden, langen, panoistischen Ovariolen. Oviductus communis sehr kurz, mit einer großen Spermatheca. Hoden paarig, mit je fünf dicht hintereinander angeordneten Follikeln. Die kurzen Vasa deferentia münden in lange, erweiterte Vesiculae seminales. Ductus ejaculatorius sehr kurz, mit einem Paar langer und mehreren kurzen, schlauchförmigen Anhangsdrüsen. Penis ein einfacher röhrenförmiger oder höckerförmiger Aedoeagus.

Entwicklung paurometabol mit vier larvalen Häutungen. Die Weibchen bleiben zeitlebens in ihren Gespinströhren, welche unter Steinen, Rinde, liegenden Baumstämmen usw. angelegt werden. Manche Arten bauen sich ihre Wohnröhren auch in Gängen anderer Insekten oder in Termitennestern. Die Embien ernähren sich von vegetabilischer Kost und vom Detritus. Die geflügelten Männchen nehmen nach FRIEDERICHS überhaupt keine Nahrung zu sich, während sie nach anderen Autoren carnivor sein sollen. Die Larven bleiben nur bis zum 2. Stadium in der mütterlichen Wohnröhre und spinnen sich dann eigene Röhren.

Fossile Embien sind aus dem Miocän von Colorado und aus dem baltischen Bernstein beschrieben worden.

Die etwa 150 bisher beschriebenen Arten von Embien sind in den Tropen der Alten und Neuen Welt verbreitet und reichen nordwärts bis nach Südeuropa und Südrußland. Sie werden in einige Familien eingeteilt, von denen die *Embiidae* und *Oligotomidae* die meisten Arten enthalten.

Embiidae (Enderlein 1910) Krauss 1911, Fam der *Embiodea* (Abb. 95, 96).

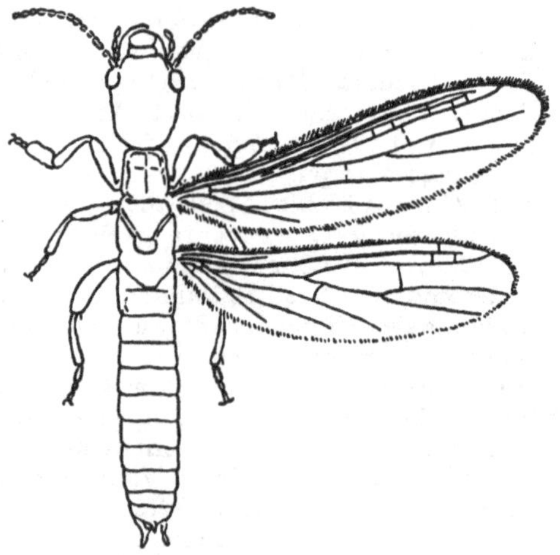

Abb. 95. *Embia sabulosa* Enderlein, Männchen (Embiidae). Nach Enderlein. Nat. Gr. etwa 7 mm.

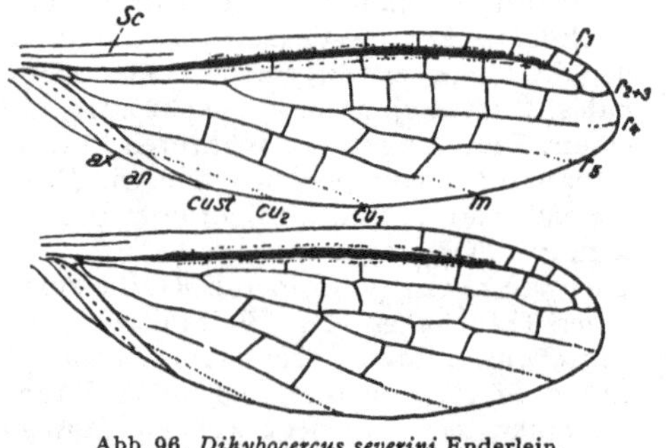

Abb. 96. *Dihybocercus severini* Enderlein, Flügel des Männchens (Embiidae). Nach Enderlein. Nat. Länge des VFl 9,7—11 mm.

Embolie (gr. ἡ ἐμβολή Einfall, Hineindringen) → Einstülpung.

Embolium, der praecostale, schmale Rand der Halbdecken der *Heteroptera.*

Embryo (gr. τὸ ἔμβρυον ungeborene Leibesfrucht), das auf den → Keimstreifen folgende Entwicklungsstadium der Insekten, vom → Rückenverschluß an bis zum Schlüpfen der → Eilarve. Die postembryonalen präimaginalen Stadien der Insekten können als Empryonen betrachtet werden, die vor dem Abschluß der Entwicklung selbständig geworden sind.

Embryonalcuticula, eine bei den meisten Heterometabolen und einigen Holometabolen (*Sialis, Chrysopa, Tenebrio*) nachgewiesene, bei höheren Holometabolen stets fehlende cuticulare Haut, die den Embryo mit allen seinen Anhängen überzieht und beim Auskriechen abgestreift wird. Die ~ ist im Grunde die erste Larvenhaut, und das Schlüpfen dieser Insekten aus dem Ei wird dadurch zugleich zur ersten larvalen Häutung. Die ~ wird in der Regel erst kurz nach dem Verlassen der Eischale abgestreift, häufig unter Dehnung und Streckung des Körpers, manchmal, wie z. B. bei den *Corrodentia,* durch → Luftschlucken unterstützt.

Embryonalhüllen, in typischen Fällen → Amnion und → Serosa, bei *Xiphidium* außerdem eine mehrschichtige, aber gleichfalls blastodermale Hülle, das → Indusium. Ganz atypisch ist das → Trophamnion der polyembryonalen *Chalcididae.* Von den beiden typischen ~ haben die aculeaten Hymenopteren nur die Serosa und die Strepsipteren nur das Amnion. Gewissen Ameisen (*Tetramorium, Leptothorax, Tapinoma*) sowie einigen *Apterygota* fehlen beide, bzw. ihre Anlagen werden bald wieder aufgelöst. (Taf. VIII, Fig. 8 und Taf. IX, Fig. 3.)

Embryonalorgane, nur beim Embryo auftretende, am Ende des Embryonallebens, spätestens beim Schlüpfen der Larve abgeworfenen Organe. Bei Insekten sind es die → Embryonalhüllen, das → Dorsalorgan und die → Eizähne.

emend., Abk. für emendavit (lat. emendo, -are verbessern), einem wissenschaftlichen lateinischen Tiernamen mit dem Namen des Autors der Verbesserung angehängt, bedeutet, daß der Betreffende die Rechtschreibung, den Inhalt oder den Umfang der Einheit (Taxon) gegenüber ihrer früheren Auffassung geändert hat.

Emergenzen (lat. emergo, -ere, auftauchen) Auswüchse der Cuticula, welche sich von → Ausstülpungen der Cuticula dadurch unterscheiden, daß sie auf der Innenseite keine Höhlung oder Naht als Spur einer vernarbten Höhlung aufweisen.

Empididae (Latreille 1804) Lameere 1906 (*Empides* Latr., *Empidae* Leach 1819) (Abb. 97), Tanzfliegen, Fam. der *Dipt Brachycera* mit etwa 2800 Arten. Die meist 1 bis 15 mm langen, schlanken Fliegen sind beachtenswert wegen des eigenartigen Benehmens der Männchen vor und nach der Copulation (→ Hochzeitsgeschenke, → Spinnbeine) sowie durch die geschlechtsdimorphen Merkmale der Weibchen. Die Fliegen sind Blumenbesucher und Insektenjäger, ihre kleinköpfigen zylindrischen Larven leben carnivor in der Erde, unter Rinden, Fallaub usw., seltener im

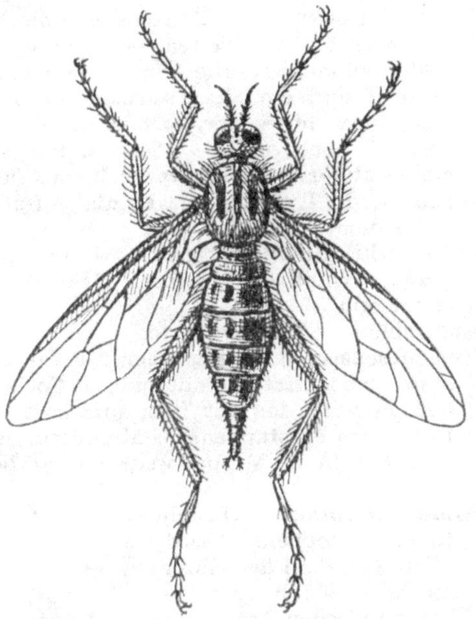

Abb. 97. *Empis tesselata* Fabricius (Empididae). Nach Enderlein. Nat. Gr. etwa 1 cm.

Wasser. Fossil sind etwa 120 tertiäre, vorwiegend oligocäne (häufig im Bernstein) und miocäne Arten bekannt.

empirisch (gr. ἡ ἐμπειρία Erfahrung), erfahrungsgemäß, durch Erfahrung ermittelt.

Empodialanhang, bei Collembolen, deren Praetarsus als Empodium bezeichnet zu werden pflegt, der unpaarige, dem Empodium anderer Insekten topographisch entsprechende, krallenförmige Anhang.

Empodium (gr. ἐμπόδιος vor den Füßen liegend), eine unpaarige, borsten- oder lappenförmige Verlängerung des → Unguitractors. Bei Collembolen wird als ~ der ganze → Praetarsus bezeichnet. (Taf. II, Fig. 4, 5, 7.)

Endbäumchen, Verästelung am Ende des Nervenfortsatzes motorischer Nerven, welche in den → Doyerschen Hügel eintritt. (Taf. II, Fig. 7.)

Enddarm → Hinterdarm.

Enddorne sind bewegliche oder unbewegliche Dorne (→ Sporn) an der Spitze der Schienen.

Endfaden, 1. Die fadenförmige Verlängerung der Peritonealhülle der → Eiröhren. Die ~ aller Eiröhren verbinden sich miteinander zu einem Ligament, welches entweder frei ausläuft oder die Eierstöcke an der Körperdecke, am dorsalen Diaphragma oder am Fettkörper befestigt. Bei Lepidopteren und erwachsenen Nematoceren fehlt der ~ ganz. (Taf. XV, Fig. 1, 3.)
2. Terminalfilum, Filum terminale. Die mittlere der drei → Schwanzborsten (→ Terminalfilum) wird vielfach auch als ~, filamentum terminale oder mittlerer Caudalanhang bezeichnet. (Taf. XV, Fig. 6, 7 und Taf. XIX, Fig. 3–5.)

Endgabeln, Gabeln, im Flügel der *Trichoptera* die in den Apicalrand der Fl mündenden Adergabeln der rs_{1-2}, rs_{3-4}, m_{1-2}, m_{3-4}, (im HFl fehlend) und cu_{1-2}. Die Gabeln werden meist in taxonomischen Werken fortlaufend mit arabischen Ziffern bezeichnet. (Taf. XIII, Fig. 9.)

Endganglion, ein aus einigen Paaren letzter Abdominalganglien zusammengeschmolzener Ganglienkomplex.

Endgriffel → Griffel.

Endit → Endopodit.

Endkammer → Germarium.

Endknöpfchen, präapicale Wandverdickung des → Scolops.

Endocardialzellen, einzelne im Lumen des Herzens verbleibende Zellen des → Pericardialgewebes, z. B. bei *Nepa*.

Endocardium (gr. ἔνδον innen, ἡ καρδία Herz), die Intima des Herzens, das oberflächlich erhärtete Sarcolemm der → Media.

Endocephalon (gr. ἔνδον innen, ἡ κεφαλή Kopf), das Innenskelett des Kopfes, welches in der Hauptsache aus dem → Tentorium besteht.

Endochorion, die innere Schicht des → Chorions.

endocrinale Drüsen (gr. ἔνδον innen, κρίνω ausscheiden, absondern), innersekretorische Drüsen, sekretorische Organe des Stoffwechselsystems, welche ihre Sekrete in die Blutbahnen absondern. Ihre Sekrete, die → Hormone, werden in winzigen Mengen ausgeschieden und steuern oder stimulieren anscheinend nur katalysatorisch die Abwicklung verschiedener Prozesse der Entwicklung. Bei Insekten und wirbellosen Tieren überhaupt sind sie noch verhältnismäßig mangelhaft bekannt. Als ~ fungieren bei Insekten vor allem die → Corpora allata und C. cardiaca des retrocerebralen, mit dem stomatogastrischen Nervensystem zusammenhängenden Drüsensystems. Auch ventrale Kopfdrüsen, Prothorakaldrüsen sowie neurosekretorische Zellengruppen des Protocerebrums gehören zum endokrinalen Drüsensystem. Wahrscheinlich haben auch andere Organe, wie → Oenocyten, → Versonsche Drüsen und → Gonaden eine innersekretorische Nebenfunktion.

Endocuticula, Derma, der Epidermis direkt aufliegende, aus fibrillärem Chitin-Eiweiß bestehende, die mächtigste, elastische, aus übereinandergeschichteten Lamellen oder aus mehreren, sich unter einem Winkel von etwa 60° kreuzenden Lagen von Balken (Fasern) zusammengesetzte Hauptschicht der → Cuticula. Zwischen den Balken jeder Lage bleiben schmale, mit faserigem Chitin ausgefüllte Zwischenräume, die an Kreuzungspunkten senkrechte → Pseudoporen von sternförmigem Querschnitt entstehen lassen. Die ~ wird vor jeder Häutung von unten her fortschreitend von der Exuvialflüssigkeit aufgelöst. (Taf. V, Fig. 1.)

Endoderm, Entoderm (gr. ἔνδον oder ἐντός drinnen, innen, τὸ δέρμα Haut, Leder), das untere, gewöhnlich durch → Umwachsung oder → Einstülpung, seltener durch Proliferation von Tochterzellen (Delamination) des mittleren Längsstreifens des Keimstreifenblastoderms (→ Keimectoderms) entstandene → Keimblatt. Man unterscheidet das primäre ~ (unteres Blatt), welches erst nach Abtrennung des → Mesoderms zum definitiven, sekundären ~ wird. Die Versenkung des primären ~ erfolgt entweder durch Einfaltung des Keimstreifens längs der Mittellinie, mit anschließendem Abreißen des eingefalteten Teils und Verwachsung der Seitenteile des Keimstreifens (topographisch unter) über dem versenkten primären ~, oder durch Überwachsung des mittleren Teils durch die Seitenteile des Keimstreifens. An der Bildung des ~ nehmen auch sog. polare Zellhaufen teil, die sich vorn und hinten an den Enden der → stomo- und → proctodealen Ektodermeinstülpungen gebildet haben. Ein Mittelstreifen des versenkten primären ~ wird zum definitiven ~ und bildet zusammen mit den erwähnten polaren Zellhaufen den Mitteldarm, während seine Seitenteile sich zum → Mesoderm differenzieren. Außer dem Mitteldarm bildet das definitive ~ nur noch die → Blutzellen. (Taf. VIII, Fig. 7.)

Endogaster (gr. ἔνδον innen, ἡ γαστήρ Bauch), Innenskelett des Hinterleibs, besteht in der Regel nur aus den innerlich verdickten → Antecostae, welche mitunter an den Seiten → Apophysen bilden können. Häufig kommen ein Paar vordere und ein Paar seitliche sternale Apophysen im ~ vor. Selten (*Cicadidae*) kommt noch ein → Sternalgrat im ersten abdominalen Sternum hinzu, welcher dem Trommelmuskel als Ansatzstelle dient.

endognathe Mundteile (gr. ἔνδον innen, ἡ γνάθος Kinnbacke, meton. Beißen) → endotroph.

Endolabium → Hypopharynx.

Endomesoderm (gr. ἔνδον innen), im Unterschied zum Ectomesoderm der Coelenteraten wird das aus dem primären → Endoderm entstandene → Mesoderm der Insekten (u. a. Wirbellosen) als ~ bezeichnet.

Endomychidae (Leach 1810) Stephens 1831 (Abb. 98), Fam der Käfer mit über 900 hauptsächlich tropischen Arten. In Deutschland etwa 11 Arten. Ovale, gewölbte, glänzende, meist nackte, 1 bis 6 mm lange, meist dunkel, schwarz und rot gezeichnete Käfer, die sich unter Rinden und an Schwämmen gern aufhalten. Fossil sind etwa 15 tertiäre und 2 quartäre Arten bekannt.

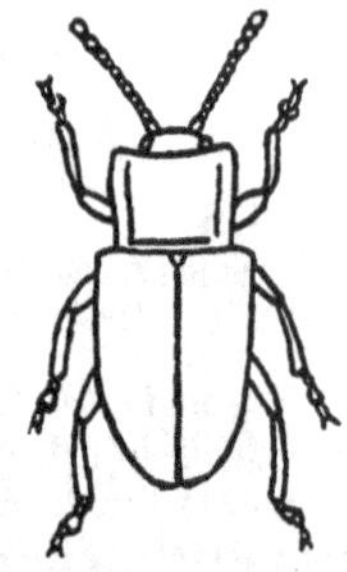

Abb. 98. *Lycoperdina succincta* Linné (Endomychidae). Nach Reitter aus Handlirsch. Nat. Gr. etwa 4 mm.

Endoparasiten, Innenparasiten, Binnenparasiten, Tiere, welche innerhalb des Körpers anderer Tiere (Zooëndozoën) oder Pflanzen (Phytoëndozoën) leben und sich von ihrer lebenden Körpersubstanz ernähren. Bei Insekten parasitieren vor allem Insekten selbst. Die meisten der endoparasitischen Insekten sind temporäre Endoparasiten, d. h. sie verbringen nur einen Teil ihres Lebens, meistens nur die Larvenstadien, endoparasitisch, während die Imagines frei leben. Das bezieht sich sowohl auf endozoë als auch auf endophyte Insekten. Stationäre Endoparasiten sind bei Insekten nur die Weibchen der *Strepsiptera* (*Stylopidae*). Die endoparasitische Lebensweise der Insekten scheint eine phylogenetisch verhältnismäßig junge Errungenschaft zu sein. Die endophytische Lebensweise beschränkt sich auf die höchststehenden Ordnungen der *Coleoptera*, *Hymenoptera*,

Diptera und *Lepidoptera*. Endozoën gibt es nur bei Hymenopteren und Dipteren (*Ichneumonoidea, Chalcidoidea, Proctotrypoidea,* z. T. *Cynipoidea, Tachinidae, Bombyliidae* u. a.).

endophag (gr. ἔνδον innen, φαγεῖν essen) wird die Lebens- und Ernährungsweise der → Endoparasiten genannt. (Gegens. → ectophag.)

Endophallus → Praeputialsack.

endophytisch (gr. ἔνδον innen, τὸ φυτόν Gewächs) wird die Lebensweise der → Endoparasiten der Pflanzen genannt. Viele Insekten legen nur ihre Eier ~ ab, die daraus geschlüpften Larven leben aber frei. Dies gilt z. B. für gewisse *Odonata*, zahlreiche *Heteroptera, Saltatoria, Coleoptera* usw. Gegens. epiphytisch.

Endopleurit, die pleuralen endoskeletalen Elemente, gleichbedeutend mit → Apodemen.

Endopodit (gr. ἔνδον innen, ὁ πούς Fuß), der innere Ast eines zweiästigen Crustaceenbeines oder → Spaltfußes. Die älteren Theorien der Insektenabstammung leiten aus dem ~ des Spaltfußes die Beine der Insekten ab. (Taf. I, Fig. 1A.)

Endopterale → Mittelgelenkstück.

endopterygot (gr. ἔνδον innen, τὸ πτερόν Flügel) werden Insekten genannt, bei welchen die Flügelanlagen unter der Larvenhaut angelegt (→ Imaginalscheiben) und erst am Ende der Larvenzeit nach außen zwischen die losgelöste larvale Cuticula und die Epidermis ausgestülpt werden. Endopterygot sind sämtliche Holometabola. Gegens. → exopterygot.

Endoskelett (gr. ἔνδον innen, τὸ σκέλος das Schienbein) → Innenskelett.

Endosternit, die sternalen endoskeletalen Elemente, in den Thorakalsegmenten die → Furca, → Sternocosta und → Sternalgrat, in den Abdominalsegmenten die → Antecosten und die vorderen und lateralen Sternalapophysen (→ Endogaster).

Endosymbiose (gr. ἔνδον innen, ἡ συμβίωσις das Zusammenleben), Zusammenleben von meist pflanzlichen Mikroorganismen, Bakterien oder Hefepilzen (Saccharomyceten), seltener Protozoën (Flagellaten) mit Insekten. Die Endosymbionten leben in bestimmten inneren Organen dieser Tiere, ohne denselben einen Schaden zuzufügen. In den meisten bekannten Fällen handelt es sich um Mikroorganismen, welche ihren Symbiosespendern durch Ausscheidung spezifischer Verdauungsfermente nützlich sind, indem sie gewisse Bestandteile der Insektennahrung in einfachere, verdauliche Bestandteile spalten. Die Endosymbionten leben entweder frei im Darmlumen oder in eigenartigen → Symbiontenkrypten. Gewisse symbiontisch in Termiten lebende Flagellaten leben im sackartig erweiterten Teil des Enddarms und verdauen die von den Termiten gefressenen Holzfasern, um nach dem Tode selber seitens des Symbiosespenders verdaut zu werden. Die Rolle der im Blut, in → Mycetomen und in gewissen anderen Organen vorgefundenen, offenbar symbiontischen Mikroorganismen harrt noch zum größten Teil der Aufklärung. Außer bei Isopteren (Termiten) sind Symbionten bei *Blattaria* (im Fettkörper), *Formicidae, Siricidae,* Larven verschiedener *Diptera* (*Tipulidae, Trypetidae, Glossina, Nycteribiidae, Hippoboscidae*), *Coleoptera* (Engerlinge, *Cerambycidae, Anobiidae, Curculionidae, Chrysomelidae, Lagriidae, Passalidae*), *Anoplura, Mallophaga, Heteroptera* und vielen *Homoptera* gefunden worden. (Näheres vgl. bes. die Arbeiten von P. Buchner, R. Ries und H. J. Stammer.)

Endotergit, -e, die endoskeletalen Elemente der Tergite.

Endotheca, die Innenwand der zur → Phallotheca verlängerten → Phallobasis.

Endothelium (gr. ἔνδον innen, ἡ θηλή Warze, Papille, vgl. → Epithelium), das Endothel, das innere, mesodermale Plattenepithel, welches die sekundäre → Leibeshöhle auskleidet. Das ~ ist ein Derivat der Wand der → Coelomsäcke. Es ist bei Insekten bis auf die → Peritonealhüllen geschwunden.

Endothorax, das Innenskelett des Thorax. Es besteht in jedem Thoraxsegment aus je einem Paar sternaler und pleuraler → Apophysen, einem → Sternalgrat, einem paarigen oder unpaaren → Phragma und vielfach auch einigen sekundären Leisten am Tergum.

endotok (gr. ἔνδον innen, ὁ τόκος Erzeugung, Geburt, Nachkommenschaft), innerlich im mütterlichen Körper ausgebrütet. Endotoke Entwicklung der Eier kommt bei Insekten selten vor (→ Viviparie). Endotok kann auch die Entwicklung der Larven und Puppen erfolgen. Gegens. → exotok.

Endotrachea → Tracheenintima.

endotroph (gr. ἔνδον innen, ἡ τροφή Ernährung, von τρέφω sich nähren), endognaht werden die in der Kopfkapsel versenkten, von außen (ausgenommen die Unterlippe) nicht sichtbaren Mundteile der *Apterygota*) mit Ausnahme der ectotrophen Thysanuren) genannt.

endozoisch (gr. ἔνδον innen, τὸ ζῷον Tier) wird das Leben und die Ernährungsweise der → Endoparasiten der Tiere (Endozoen) genannt. Gegens. → epizoisch.

Endplatte → Doyerscher Hügel.

Endromidae (Boisduval 1829) Meyrick 1895, Frühlingsspinner, Fam der Schmetterlinge (*Macrofrenatae*) mit der einzigen paläarktischen Art *Endromis versicolora* Lin. (Birkenspinner).

Endschlauch, Apicalschlauch, Terminalschlauch, einfacher, bis zur Cuticula reichender, mit Neurofibrillen versehener rezeptorischer Fortsatz der → Sinneszelle. Er berührt die cuticulare → Sensille nicht direkt, sondern durch Vermittlung eines seiner Spitze aufsitzenden → Sinneskörpers. Den ~ durchzieht vielfach ein seiner Natur nach noch nicht sicher bekannter (cuticularer oder fibrillärer?) → Achsenfaden, welcher vom Sinneskörper bis zum Körper der Sinneszelle verläuft.

Endsegment, 1. primär das → Telson des Hinterleibes, welches bei allen → *Holomerentoma* im Embryo deutlich, aber nur bei *Protura* im imaginalen Zustande als ein normales, mit Tergum und Sternum versehenes Segment ausgebildet ist. 2. Sekundär das letzte, die Analöffnung tragende Segment des Hinterleibs.

Endsporne → Apikalsporne.

Engerlinge, Tarmonen, weichhäutige, plumpe, bauchwärts gekrümmte, meist weiße, mit mehr oder weniger stark vergrößerten → Terminalia vom 9. Segment an, mit gut entwickelten Thorakalbeinen versehene Larven der *Col Lamellicornia*.

enodis Linné, *Arge*, dunkelblaue Rosenbürstenhornwespe (*Hym Tenthredinidae*).

Ensifera Chopard 1920 → *Tettigonioidea*.

ental (gr. ἐντος innen), einwärts.

entericus (gr. τὸ ἔντερον Eingeweide, Darm), die Eingeweide betreffend.

Entfernungsschätzung. Die Fähigkeit der ~ fehlt den Ommatidien und den Ocellen der Insektenaugen, weil ihnen die Fähigkeit der → Akkomodation abgeht. Eine früher angenommene ~ durch Zusammenarbeit der Ocellen mit den Komplexaugen wird gegenwärtig bestritten. Es bleibt nur die binokulare ~ der Komplexaugen, deren Gesichtsfelder sich nachweislich teilweise überschneiden. Im letzteren Fall beschränkt sich die ~ auf kurze Entfernungen des unmittelbaren, scharf übersehbaren Interessenbereichs der Insekten.

Entimus-Schuppen ein Bautypus der → Schuppen, welcher zuerst bei den Diamantkäfern (*Entimus, Cyphus*) nachgewiesen worden ist.

Entmannung → Kastration.

Ento- (gr. ἐντός innen) → Endo-.

Entognatha (Stummer 1891) Börner → *Entotropha*.

Entomobryidae (Tullberg 1872) Schött 1893 (*Templetoniinae* Tullbg., *Degeeriidae* Tullbg., *Entomobryomorpha* Börner), Laufspringer (Abb. 99), Fam der *Collembola*. Von den *Poduridae* unterschieden durch den reduzierten und vom Mesotergum überdeckten Prothorax. Springgabel meist vorhanden, Fühler 4—6gliedrig, oft verlängert, Augen vorhanden oder fehlend, Antennalorgan einfach, Postantennalorgan vorhanden oder fehlend. Haut ohne → Pseudocellen. Die Fam umfaßt etwa 700 Arten, davon etwa die Hälfte in der paläarktischen, an 100 in der nearktischen und der Rest über die warmen Gebiete zerstreut, aber auch in den Polargebieten vertreten. In Deutschland dürften etwa 100 Arten leben. Die ~ sind lebhafte, weiße, graue oder farbige, oft bunte, nackte, behaarte oder beschuppte, feuchteliebende Tiere. Die Fam gliedert sich in die UFam *Isotominae*, *Entomobryinae* und *Tomocerinae*, die öfters zum Rang der Familien erhoben werden. Die *Ento-*

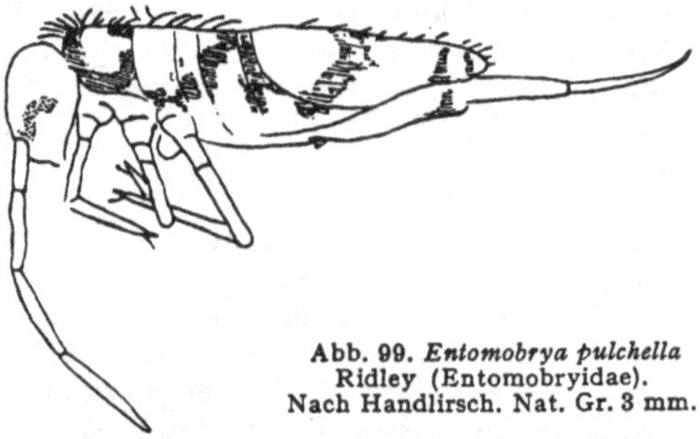

Abb. 99. *Entomobrya pulchella* Ridley (Entomobryidae). Nach Handlirsch. Nat. Gr. 3 mm.

mobryinae umfassen nach BÖRNER nur Arten mit dem → Trochanteralorgan der HBeine. Fossil sind über 20 Arten aus dem baltischen Bernstein und 4 aus dem Kopal beschrieben worden. Vgl. auch → +*Protentomobryidae*.

Entomochorie (gr. τὸ ἔντομον Insekt, ἡ χῶρα Raum) Verschleppen von Pflanzensamen durch Insekten.

Entomogeographie → Tiergeographie.

Entomologie (gr. τὸ ἔντομον Insekt, ἡ λογία Lehre), die Lehre von den Insekten, ein stark ausgebautes und selbständig gewordenes Kapitel der Zoologie. Die ~ gliedert sich in zwei große Arbeitsgebiete, die allgemeine ~ und die → angewandte ~.

entomophag (gr. φαγεῖν essen), insektenfressend. ~ sind vor allem Insekten selbst, insbesondere die Endoparasiten, Ectoparasiten und Jäger, welche anderen Insekten nachstellen (*Ichneumonoidea*, viele *Aculeata*, Käfer, Fliegen usw.). Unter anderen Tieren sind vor allem viele Fische, Amphibien, Reptilien, Vögel und Säugetiere, unter den letzteren vornehmlich die Fledermäuse und Spitzmäuse ~. Unter Pflanzen sind an erster Stelle entomophage Pilze zu nennen, wie die Fam *Entomophthoraceae* und *Laboulbeniaceae*, sowie viele *Pyrenomycetes*, die, abgesehen von zahlreichen Bakterien, endoparasitisch in Insekten leben. Unter höheren Pflanzen sind die Gattungen *Drosera*, *Dionaea*, *Nepenthes* u. a. als ~ bekannt.

entomophil (gr. φίλος lieb, befreundet) werden Insekten u. a. Tiere genannt, welche aus irgendwelchen Gründen die Nähe der Insekten und ihrer Bauten bevorzugen, ohne direkt entomophag zu sein. Meistens werden durch diesen Ausdruck symbiontische Verhältnisse verstanden.

Entomophthoraceae Familie insektenparasitischer Pilze.

Entotropha Grassi 1889 (*Entognatha* Stummer 1891), Sackkiefler, eine der beiden ÜOrdn der *Apterygota*, mit den drei sehr heterogenen Ordn. *Protura*, *Diplura* und *Collembola*, welche in den entotrophen, von außen nicht sichtbaren Mundteilen einen gemeinsamen Charakter haben. Von manchen Autoren werden die drei Ordn als selbständige UKlassen angesehen und die Gruppen *Entotropha* und *Apterygota* ganz fallen gelassen.

Entwesung, in der medizinischen und veterinärmedizinischen Entomologie übliche Bezeichnung für die Bekämpfung von Parasiten mit Hilfe abiotischer (d. h. chemischer oder physikalischer) Mittel.
Zur Entwesung einzelner Tiere mit Hilfe von Atemgiften dienen Entwesungskammern oder Entwesungskisten, die mit einer Öffnung für den Kopf des Tieres versehen sind. Die Öffnung ist mit einem Ärmel aus gasdichtem Stoff versehen, der um den Hals des in der Kammer befindlichen Tieres gebunden wird.
Zur Entwesung der Tiere mit Hilfe flüssiger Stoffe dienen Badetanks, enge wasserdichte Rinnen, welche die zu behandelnden Tiere einzeln passieren müssen.
Zur Entwesung von Kleidern (Entlausung) und Gebrauchsgegenständen mit Hilfe trockener Hitze oder heißer Dämpfe dienen besondere Entwesungs-(Entlausungs-)anlagen.

Entwicklungsnullpunkt ist derjenige Temperaturgrad, bei welchem die Entwicklung eines bestimmten Stadiums einer Art zum Stillstand kommt. Es ist in der Natur diejenige Temperatur, bei welcher ein Insekt die Winterruhe beginnt.
Der ~ läßt sich aus der Formel der → Wärmesummeregel nach der Gleichung

$$k = \frac{Tt - C}{t}$$ berechnen.

+***Eoblattidae*** Handlirsch 1908 (Abb. 100), ausgestorbene +*Protoblattoidea* mit einer mittel-obercarbonischen Art aus Frankreich. Pronotum doppelt so breit wie der Kopf, VFl 6 cm lang, gleichmäßig oval gerundet.

+***Eocimicidae*** Handlirsch 1908 (Abb. 101), ausgestorbene Fam der *Heteroptera* mit einer ober-liassischen Art, *Eocimex liasinus* Handlirsch aus Mecklenburg, mit 0,5 cm langen Halbdecken.

+***Eonabidae*** Handlirsch 1925 (Abb. 102), ausgestorbene Fam der *Heteroptera* mit

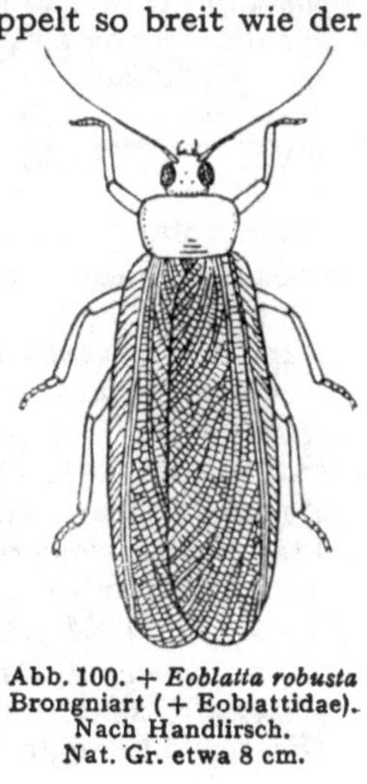

Abb. 100. + *Eoblatta robusta* Brongniart (+ Eoblattidae). Nach Handlirsch. Nat. Gr. etwa 8 cm.

einer oberliassischen Art aus Mecklenburg.

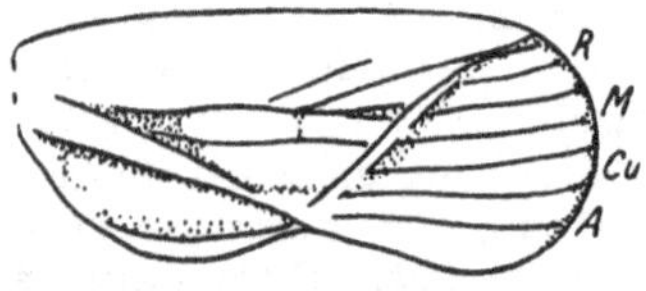

Abb. 101. + *Eocimex liasinus* Handlirsch (+Eocimicidae). Nach Handlirsch. Nat. Länge des Flügels etwa 5,5 mm.

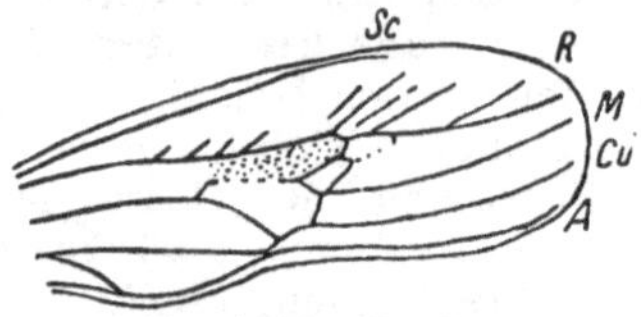

Abb. 102. + *Eonabis primitiva* Handlirsch (Eonabidae). Nach Handlirsch. Nat. Länge des Flügels etwa 4 mm.

+***Eoptychopteridae*** Handlirsch 1908, ausgestorbene Fam der *Dipt Nematocera* mit 6 oberliassischen Arten aus Mecklenburg. VFl 0,5—1 cm lang.

+***Eosagrionidae*** Handlirsch 1925, ausgestorbene Fam der *Odonata Zygoptera* mit einer oberliassischen Art, *Eosagrion risi* Handl. aus Mecklenburg (Flügelfragment).

Eosentomidae Berlese 1910 (Abb. 103), Fam der *Protura* mit 15 Arten in Mittel- und Südeuropa, in Nordamerika und im indoaustralischen Gebiet.

Epallagidae (Needham 1903) Handlirsch 1907, Fam der *Odonata Zygoptera* mit etwa 150 hauptsächlich indomalayischen Arten. Vielfach als UFam der *Calopterygidae* aufgefaßt. Fossil einige oberjurassische Arten aus Bayern beschrieben.

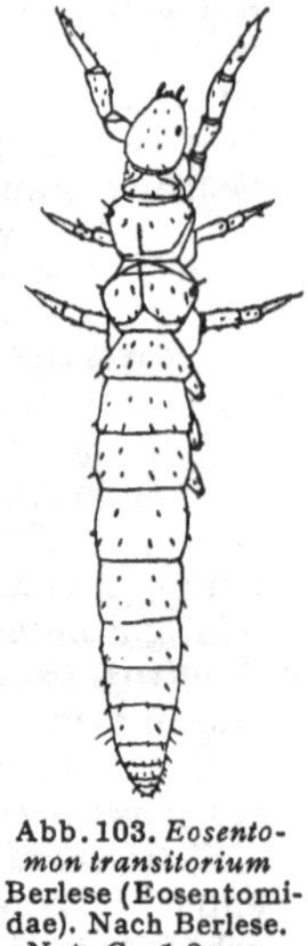

Abb. 103. *Eosentomon transitorium* Berlese (Eosentomidae). Nach Berlese. Nat. Gr. 1,3 mm.

Ephemerellidae (Banks 1900 pp.) Klapalek 1909, Fam der *Ephemerida*, in Deutschland mit 6 Arten.

Ephemerida (Latreille 1810) Leach 1817 (*Ephemerinae* Latreille, *Agnatha* Meinert 1883, *Plectoptera* Packard 1886, *Ephemeroptera* Haeckel 1896, *Ephemeroidea* Handlirsch 1908, *Archipterygota* Börner 1909), Eintagsfliegen, Hafte.

Zarte, 1—6 cm lange, im erwachsenen Zustande stets mit zwei Flügelpaaren (Hinterflügel manchmal reduziert) und am Hinterleibsende mit zwei langen, fadenförmigen Cerci und (oft) einem Terminalfilum versehene Pterygoten.

Kopf pantotrem, orthognath, wenig beweglich, mit großen Komplexaugen und drei Ocellen. Fühler bei Larven lang, vielgliedrig, bei Imagines kurz, mit zwei größeren Grundgliedern und einem ungegliederten Flagellum (sog. Fühlerborste). Mundteile bei Larven beißend, mit zangenförmigen Mandibeln, bei Imagines rudimentär, nur als kleine Lappen und Zäpfchen erhalten.

Thorax heteronom gegliedert. Prothorax klein, Mesothorax groß, Metathorax klein, einem Hinterleibssegment ähnlich. Beine meist heteronom, dünn, ihre Schenkel nicht wesentlich dicker als die Schienen. Vorderbeine, besonders bei Männchen, beträchtlich länger als die beiden anderen Paare, werden erhoben gehalten und dienen, ähnlich wie die der *Protura*, als Tastorgane. Bei Männchen dienen die Vorderbeine auch als Halte- und Greiforgane bei der Begattung. Bei gewissen tropischen Ephemeriden (*Campsurus*) sind die Mittel- und Hinterbeine zu kurzen Stummeln reduziert. Tarsen meist fünfgliedrig, selten zweigliedrig oder reduziert, oder (*Leptophlebiidae, Ephemerellidae, Baëtidae*) heteromer, 5-, 5-, 4gliedrig. Flügel membranös, sehr zart, transparent oder milchig getrübt, der Vorderrand der Vorderflügel manchmal mit einem schmalen, stärker sklerotisierten, bräunlichen Streifen. Hinterflügel stets kleiner als die Vorderflügel, manchmal nur als kleine Rudimente erhalten (*Baëtis, Centroptilum*) oder ganz fehlend (*Caenidae, Cloëon*). In Ruhe werden die Flügel stets senkrecht über dem Rücken, etwas nach hinten geneigt, ohne Faltung zusammengelegt. Die ersten drei Längsadern (Costa, Subcosta, Radius) kräftig, die anderen zart. Zwischen den Längsadern meist zahlreiche Queradern, die aber nur am Außenrande manchmal ein Netz (Archaedictyon) bilden. Bei einigen Familien sind die Queradern fast restlos verschwunden (*Caenidae, Baëtidae, Oligoneuridae*). Ein Pterostigma ist im Vorderflügel höchstens angedeutet (*Cloëon, Leptophlebia*).

Hinterleib mit elf Segmenten, das 11. allerdings stark reduziert, mit einem Paar langer, vielgliedriger Cerci (bei Larven und Imagines) und mit oder ohne (*Cloëon, Ecdyonurus*) Terminalfilum. Tergite längs der Mittellinie geteilt, paarig, Pleuren und Sternite gut gesondert. Geschlechtsöffnung bei Weibchen paarig zwischen dem 7. und 8. Sternit, ohne Anhänge, bei Männchen im 9. Sternit, welcher mit einem Paar meist 3—4-, seltener 6—7-gliedriger Gonopoden versehen ist. Penis paarig oder mehr oder weniger tief gespalten, mit oder ohne Titillatoren.

Darm einfach, mit dünnem Vorder- und Hinterdarm und erweitertem, aber sehr dünnwandigen, von Luft erfüllten Mitteldarm ohne Verdauungsfunktion. Malpighi-Gefäße in Zahl von 40 bis über 100 Röhrchen.

Rückengefäß ein Schlauch mit zehn pulsierenden Kammern und ebenso vielen Ostienpaaren, geht nach vorn (im Thorax) in eine Aorta über, die im Meso- und Metathorax mit je einer Dorsalampulle versehen ist.

Tracheensystem gut entwickelt, mit zwei thorakalen und acht abdominalen Stigmenpaaren in den Pleuriten des 1. bis 8. Segments. In der Kopfkapsel bilden die beiden Längsstämme je eine Schleife, die im Punkte ihrer Berührung hinter dem Gehirn das → Palmensche Organ tragen. Larven mit Tracheenkiemen.

Nervensystem sehr wenig konzentriert, mit bis elf postcephalen Ganglienpaaren. Das sympathische System gut entwickelt, aber ohne Hypocerebralganglion.

Genitalorgane mit paarigen Gonoducten (Oviducten bzw. Vasa deferentia), welche getrennt nach außen münden (vgl. oben), ohne ektodermale Anteile (→ Geschlechtswege). Ovarien mit zahlreichen, kammförmig dem Oviduct aufsitzenden panoistischen Ovariolen. Hoden ein Paar einfache Schläuche, die in die Vasa deferentia münden.

Entwicklung eine prometabole Hemimetabolie mit zahlreichen (20 bei *Cloëon dipterum*, 27 bei *Baëtis posticatus*) Häutungen, in deren Verlauf sich die Flügel allmählich entwickeln. Ein Ruhestadium fehlt, die Subimago ist voll geflügelt, aber noch nicht geschlechtsreif. Die Entwicklung dauert gewöhnlich ein Jahr, es gibt aber auch Arten mit 2—3jähriger Generation (*Ephemera, Palingenia*) und auch solche mit zwei Generationen im Jahr (*Baëtis, Cloëon*). Die aquatilen langlebigen Larven (Nymphen) sind phytophag oder carnivor, die kurzlebigen Imagines nehmen keine Nahrung zu sich.

Es sind recht viele (etwa 70) fossile Ephemeriden, die ältesten (+*Triplosobidae*) aus dem oberen Carbon, beschrieben worden. Eine Zahl permischer Arten vertreten einige ausgestorbene Familien (z. B. +*Protereismidae*). Von den rezenten Familien wurzeln *Palingeniidae* im Perm. Die etwa 1400 Arten, welche bisher beschrieben worden sind, sind über die ganze Welt mit Ausnahme einiger ozeanischer Inseln (Hawaii, St. Helena) verbreitet und reichen bis nach Norwegen hinauf. Sie werden in 14 Familien, *Siphlonuridae, Baëtidae, Oligoneuridae, Ecdyonuridae, Ametropidae, Leptophlebiidae, Potamanthidae, Ephemeridae, Polymitarcidae, Palingeniidae, Ephemerellidae, Caenidae, Prosopistomatidae* und *Baëtiscidae* eingeteilt. In Deutschland sind etwa 60 Arten heimisch.

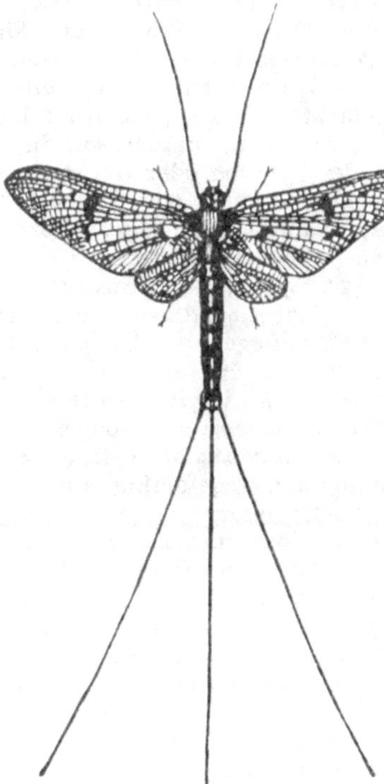

Abb. 104. *Ephemera vulgata* Linné (Ephemeridae). Nach Imms. Nat. Flügelspannung 4—5 cm.

Ephemeridae (Selys 1888) Klapalek 1909 (*Ephemerines* Selys) (Abb. 104, 105), Fam der *Ephemerida*, in Deutschland mit 4 Arten.

+***Ephialtitidae*** Handlirsch 1908, ausgestorbene Fam der *Hymenoptera Apocrita*, mit einer jurassischen Art (*Ephialtites jurassicus* Meunier) aus Spanien. Das 7 mm lange Weibchen zeigt einen über körperlangen Bohrer und dürfte nach HANDLIRSCH als Bindeglied zwischen *Symphyta* und *Apocrita* angesehen werden.

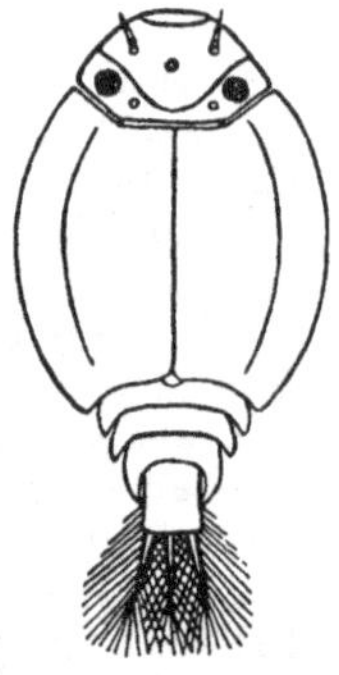

Abb. 105. *Prosopistoma foliaceum* Fourcroy, Larve (Ephemeridae). Nach Vayssière aus Lameere. Nat. Gr. 4—5 mm.

ephippella Fabricius, *Argyresthia*, Kirschblütenmotte (*Lep Hyponomeutidae*).

ephippiger Fieber, *Ephippigera*, Sattelschrecke (*Salt Ephippigeridae*).

Ephydridae (Fallen 1810) Loew 1862, (*Ochtidiae* Fallen), Fam der Fliegen (*Acalyptrata*) mit etwa 800 Arten. Die kleinen und kleinsten, meist braun oder grau gefärbten Fliegen, leben als Larven in Pflanzenminen, parasitisch in Eierkokons der Spinnen oder frei in flüssigen organischen Stoffen wie Jauche, Urin, Wasser, Salzwasser, sogar Petroleum (*Psilopa petrolei* Coquillett).

Epibolie (gr. ἡ ἐπιβολή Umwurf, Hülle, Auflage, von ἐπιβάλλειν sich darauf legen, sich auflegen) → Umwachsung.

Epicnemium (gr. ἐπί auf, bei, ἡ κνημίς Beinschiene, ἡ κνήμη Unterschenkel, Radspeiche, ἡ κνημία Radspeiche), pl. Epicnemia, verdeutscht Epicnemien, bei Ichneumoniden regelmäßig auftretende, hinten mehr oder weniger scharf begrenzte, vielfach zum Einlegen der Vorderhüften flach vertiefte vordere Teile der Mesoëpisternen. Die hintere Grenzlinie der ~ läuft gewöhnlich quer über das Mesosternum und trennt vom letzteren einen Streifen ab, welcher die beiden Epicnemien zu einem als → Praepectus bekannten Streifen der mesothorakalen Sternoplera verbindet.
Bei Chalcididen sind die Epicnemien durch eine Naht von den Episternen getrennt und bilden selbständige, zwischen den herabgebogenen Seitenlappen des Pronotum und den Mesoëpisternen liegenden Sklerite. Bei gewissen Chalcididen fehlt die sternale Verbindungsbrücke der beiden Epicnemien, nach SNODGRASS vielleicht eine sekundäre Reduktionserscheinung.
Bei vielen anderen Insekten, z. B. regelmäßig bei Käfern, kommen auf Mesoëpisternen Eindrücke zum Einlegen der Vorderhüften vor.
Vielfach wird Praepectus als Synonym zu Epicnemium gebraucht.
Ihrer Lage nach entsprechen die ~ den → Lateropleuriten. (Taf. XXX, Fig. 5.)

Epicranialnaht, Sutura epicranialis, Bezeichnung für die zusammenhängende → Coronal- und → Frontalnaht, eine verkehrt Y-förmige Naht, deren Stiel die Coronal- und deren beide Gabelzinken die Frontalnaht bilden. Bei Dipteren wird (Peterson, Hendel in Dahl) die → Sagittal- und → Präfrontalnaht zusammengenommen als ~ bezeichnet.

Epicranium (gr. ἐπί auf, τὸ κρανίον Schädel) → Hinterkopf.

Epicuticula, Grenzlamelle, die äußerste, meist sehr dünne (1-5 μ), sehr widerstandsfähige, nicht aus Chitin, sondern aus → Cuticulin (untere Schicht) und Wachs (obere Schicht) bestehende Lage der → Cuticula. Die ~ widersteht auch konzentrierten Säuren und verleiht dem Insektenkörper die geringe → Benetzbarkeit und Schutz gegen → Austrocknung. Die ~ überzieht sämtliche cuticularen Bildungen und bildet auch die feinsten epicuticularen Mikroskulpturelemente. Wo ihre Schicht dicker ist, kann sie sich auch an der Bildung von Elementen der Makroskulptur beteiligen. (Taf. V, Fig. 1.)

+***Epideigmatidae*** Handlirsch (Abb. 106), ausgestorbene Fam der +*Protoblattoidea* mit einer mitteloberkarbonischen Art aus Nordamerika.

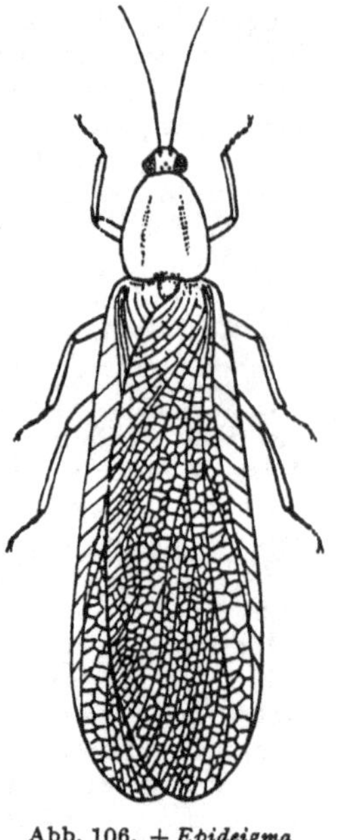

Abb. 106. + *Epideigma elegans* Handlirsch (+ Epideigmatidae). Nach Handlirsch. Nat. Gr. etwa 4 cm.

Epiderma → Exocuticula.

Epidermis (gr. ἐπί auf, τὸ δέρμα Haut), Hypodermis, Chitinogenschicht, Matrix der Cuticula, das ektodermale, einschichtige Epithel, die Oberhaut der Körperdecke der Insekten. Sie stellt die Mutterschicht (Matrix) der von ihr ausgeschiedenen → Cuticula dar und scheidet vor jeder Häutung die → Häutungsflüssigkeit aus, differenziert sich stellenweise zu → Hautdrüsen und → Sinneszellen und wird dadurch zu dem vielseitigsten Gewebe des Insektenkörpers. Während ihrer Bildungsphasen im Verlauf der Ontogenie und der Häutungen erscheint die ~ als ein → Zylinderepithel mit gut begrenzten hohen Zellen, während sie im Ruhezustand und bei alten Tieren zu einem flachen → Plattenepithel mit schwach angedeuteten oder ganz ohne Zellgrenzen schwindet. In jungen Epidermen kommt es vielfach (vor der Häutung) zur Bildung von Spalträumen zwischen ihren Zellen und der → Basalmembran, wie z. B. bei Käferpuppen und in den Flügelanlagen der Schmetterlinge. Die Spaltenbildung scheint übrigens auch mit dem Beginn der Degenerationsvorgänge in der ~ zusammenzuhängen. (Taf. V, Fig. 1 und Taf. VII, Fig. 1, 3.)

Epidermispigmente sind Farbstoffe, welche in den Epidermiszellen in gelöster Form und in Tröpfchen verteilt oder in Körnchenform (Granula) enthalten sind und die Grundfärbung des Insektenkörpers bedingen. Die ~ werden naturgemäß bei der Häutung nicht abgestreift, sondern bleiben bei dem frisch gehäuteten Insekt in ihrer ganzen Reinheit bestehen. Im Gegensatz zu den → Cuticularpigmenten verbleichen die auf ~ beruhenden Körperfarben der Insekten postmortal. Die ~ entstammen in der Hauptsache dem Pflanzenreich und bestehen aus → Chlorophyll, → Carotin, → Xantohphyll und verwandten Stoffen bzw. aus ihren Umwandlungsprodukten, den → Chlorophylloiden, → Carotinoiden usw. Die ~ sind meist gelb, grün, orange oder rot.

Epididymis (gr. ἡ ἐπιδιδυμίς die Haut, welche die Hoden, οἱ δίδυμοι umschließt) → Nebenhoden.

epilinana Zeller, *Conchylis*, Flachsknotenwickler (*Lep Tortricidae*).

Epilobus (gr. ἐπί auf, lat. lobus Lappen), Seitenlappen des Mentum bei *Carabidae*.

Epimentum (gr. ἐπί auf, lat. → Mentum) → Segelhalter.

Epimeralgelenkstück, (Pterale) Subalare, Postparapterum, Supraepimeron, ein unpaariges, häufig zweiteiliges, durch ziemlich breiten Membranstreifen vom Rand des Epimerums getrenntes Gelenkstück des Flügels. (Taf. II, Fig. 1, Taf. X, Fig. 2, Taf. XXVI, Fig. 1, Taf. XXIX und Taf. XXX, Fig. 2, 3.)

Epimeren (gr. ἐπί auf, über, τὸ μέρος Teil) sind dorsale Anhänge der → Phallobasis.

Epimerum, Epimerit, pl. Epimeren, Epimerite, (gr. ὁ μηρός Hüfte) Hüftblatt der hinter der → Pleuralnaht liegende Teil der Thorakalpleuren. (Taf. I, Fig. 2C, G, Taf. II, Fig. 1, Taf. XXIX und Taf. XXX, Fig. 2, 3, 9.)

Epimetabola (gr. ἐπί auf, über, außer, ἡ μεταβολή Umwandlung), Epimorpha, Insekten, deren Larven sehr wenig von den Imagines abweichen. Zu den ~ gehören nur die Apterygoten mit Imaginalhäutungen und zeitlebens unterdrückter Zahl der Hinterleibssegmente (*Collembola*), mit → Anamerie (*Protura*) und mit nur einer Häutung (*Diplura*).

Epimorpha (gr. ἐπί auf, über, außer, ἡ μορφή Gestalt) → Epimetabola.

Epineuralsinus, Perineuralsinus, paariger, über dem Neuralwulst des Embryo beiderseits der Mitteldarmanlage zwischen diese und die Coelomsäcke eingeschobener Hohlraum, der später mit den Coelomhöhlen zu einer definitiven → Leibeshöhle zusammenfließt.

Epineurium → Neurilemma.

Epinotum (gr. ἐπί auf, bei, τό νῶτον Rücken) → Mittelsegment.

Epiophlebiidae Muttkowski (Abb. 107).

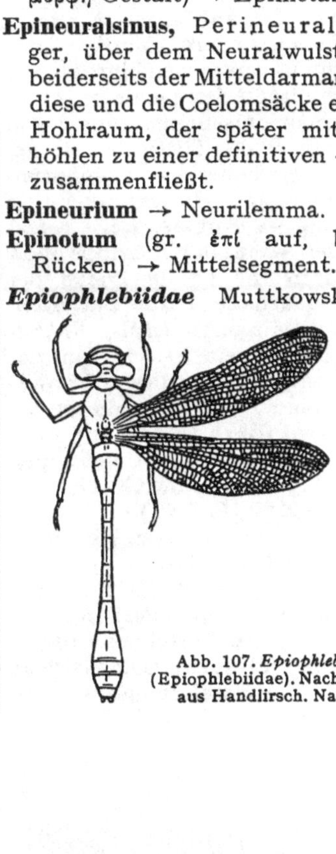

Abb. 107. *Epiophlebia superstes* Selys (Epiophlebiidae). Nach Selys und Needham aus Handlirsch. Nat. Gr. etwa 5 cm.

Fam der *Odonata Anisozygoptera* mit einer japanischen Art, *Epiophlebia superstes* Selys und einer nur im Larvenstadium aus dem Himalaya bekannten Art. Die Fam stellt den letzten Rest der im Mesozoicum artenreichen UOrdn der *Anisozygoptera.*

Epiopticon (gr. ἐπί auf, ὁ ὀπτίλος Auge, ἡ εἰκών Bild) → Medulla externa.

Epiphallus, Epipyg, Pseudosternit, dorsal an der Basis des reduzierten → Phallus innerhalb der Genitalkammer bei *Locustidae, Acridiidae* und *Gryllidae* liegendes, wahrscheinlich dem 10. Sternum entsprechendes Sklerit.

Epipharyngalganglion, Ganglion epipharyngale, ein Ganglion des stomatogastrischen Nervensystems, aus welchem das epipharyngale → Sinnesorgan (Ameisen) innerviert wird. Das ~ ist mittels eines Konektivpaars mit den beiden → Labralnerven verbunden.

Epipharyngalsklerit, eine vielfach nur unscharf begrenzte, schwache, nicht selten aber gut ausgebildete, Y-förmige Chitinleiste in der Mitte des → Epipharynx, die als Ansatzstelle für die Compressores labri dient. Das ~ tritt besonders bei orthopteroiden Insekten (*Blattaria, Saltatoria*) häufig auf. (Taf. XXV, Fig. 1.)

Epipharynx (gr. ἐπί auf, über, ἡ φάρυγξ Schlund, Kehle), innere, häutige, mit Mikroskulpturen versehene, hinten ohne scharfe Grenze in die Gaumenhaut (Palatum) des → Cibariums übergehende Wand der Oberlippe. In der Mitte hat sie gewöhnlich ein medianes → Epipharyngalsklerit und in den Hinterwinkeln ein Skleritpaar, die → Tormae. Bei *Lepidoptera* bildet der ~ eine die Oberlippe überragende und in die basale Lücke der Rollzunge eingedrückte Falte. Bei vielen aculeaten Hymenopteren (*Apis, Sphecidae*) bildet der ~ einen sich von der Basis der Oberlippe bis zu ihrem Vorderrande erstreckenden, ihr eng anliegenden Lappen, die sog. obere Innenlippe (im Gegensatz zur unteren → Innenlippe). (Taf. XXII, Fig. 3, 4, Taf. XXIII, Fig. 6, 7 und Taf. XXIV, Fig. 5f.)

Epiphyse (gr. ἡ ἐπίφυσις Ansatz, Zuwachs) → Schienenblättchen.

Epiplemidae Hampson 1892, Fam der Schmetterlinge (*Macrofrenatae*) mit an 600 Arten im warmen Gürtel der Erde.

Epipleuren, 1. die subalaren Gelenkstücke des Flügels, das → Basalare und → Subalare, welche die abgetrennten oberen Teile der Pleure darstellen.
2. Als ~ (falsche ~) oder Pseudopleuren werden die herabgebogenen Seitenstreifen der Flügeldecken und des Pronotums der Käfer bezeichnet.
3. Bei *Ichneumonidae* scharfe Seitenränder der vorderen 2—3 Hinterleibssegmente.

Epipodit (gr. ἐπί über, auf, ὁ πούς, ποδός Fuß, ein äußerer Anhang der Crustaceen-Hüfte (→ Spaltfuß). Die bei Thysanuren (*Machilis, Japyx*) der Hüfte des Thorakalbeines bzw. dem Coxopoditen der Hinterleibssterite außen aufsitzender Anhang (→ Hüftgriffel) wird von den Anhängern der Crustaceentheorie der Insektenabstammung für den Rest des ~ gehalten. (Taf. I, Fig. 1.)

Epiproct (gr. ἐπί auf, bei, nach, ὁ πρωκτός Steiß) → Afterklappen, bei vielen primitiven Insekten in eine → Schwanzborste verlängert. (Taf. XVII, Fig. 2.)

Epipyg (gr. ἡ πυγή Bürzel, Hinterbacken) → → Epiphallus.

Episiten (Lotka 1925) (gr. ὁ σῖτος Nahrung, σιτέω, σιτεύω füttere, beköstige, ἡ σιτεία das Mästen, Füttern, Beköstigung) sind Ektoparasiten, welche mehrere Exemplare des Wirtstieres bis zu ihrer vollen Entwicklung verzehren. Die ~ vermitteln den Übergang zwischen → Schmarotzern und → Räubern.

Episternalgelenkstück, Basalare, Praeparapterum, das vom oberen Rande des Episternums abgelöste Gelenkstück des Flügels. Das ~ ist meistens zweiteilig, entsprechend den beiden vertikalen Pleuralmuskeln, die am ~ angreifen. Es kommt aber vor, daß sich nur das hintere ~ vom Episternum loslöst, während das vordere noch mit dem letzteren zusammenhängt (*Perlaria, Hymenoptera*). Bei *Gryllidae* bleiben noch beide ~ in Verbindung mit dem Episternum. Die ~ liegen ventral in der Gelenkmembran des Fl in Verlängerung der Costa und Subcosta. (Taf. X, Fig. 2, Taf. XXVI, Fig. 1, Taf. XXIX und Taf. XXX, Fig. 2, 3.)

Episternopraecoxalnaht, Sutura episternopraecoxalis, eine manchmal (*Tipulidae, Tabanidae* u. a. *Diptera*) gut ausgeprägte Längsnaht zwischen der → Praecoxa und dem Episternum der Mittelbrust. Sie scheint bei Insekten weiter verbreitet zu sein und ist außer bei Dipteren von Weber im Mesothorax von *Sialis* und *Aphis fabae* nachgewiesen worden. Bei *Sialis* ist sie als ziemlich breite, deutlich membranisierte Naht entwickelt. Es handelt sich jedenfalls um eine sekundäre Naht, da die ursprüngliche → Subcoxa keine primäre Einteilung in einzelne Sklerite annehmen läßt.

Episternum, Episternit (gr. ἐπί auf, → Sternum), der vordere, vor der → Pleuralnaht liegende Teil der Pleure eines Thorakalsegmentes. (Taf. I, Fig. 2, Taf. II, Fig. 1, Taf. XXIX und Taf. XXX, Fig. 2, 3, 9.)

Epistoma (gr. ἐπί auf, über, τό στόμα Mund) der vorderste, der → Epistomalnaht anliegende Streifen der Stirne. Häufig wird als ~ der mit der Stirne nahtlos verschmolzene Clipeus bezeichnet. Fälschlich auch oft als Synonym zu Clipeus gebraucht. (Taf. V, Fig. 5.)

Epistomalleiste, eine die → Epistomalnaht begleitende endoskeletale Leiste, die sich an ihren Enden mit den Enden der vorderen Tentoriumarme verbindet und sich über dieselben hinaus als → Pleurostomalleiste weiter längs des Mundrandes fortziehen kann.

Epistomalnaht, Sutura epistomalis, S. frontoclypealis, eine sehr regelmäßig auftretende, die → Stirn von dem → Kopfschild (Clipeus) trennende Naht. Sie ist bei niederen Pterygoten in der Regel vorhanden und nimmt in der Nähe der Basalecken des Kopfschildes die Enden der vorderen Tentoriumarme auf. Die ~ verläuft in der Regel geradlinig, nicht selten aber bogenförmig oder rechteckig, z. B. bei vielen aculeaten Hymenopteren, oder, wie bei Raupen der Schmetterlinge, ist sie verkehrt V-förmig und legt sich innen dicht an die Frontalnaht. (Taf. XXI, Fig. 1.)

Epithel, Epithelium (gr. ἐπί auf, ἡ θηλή Warze, Papille, der Begriff wurde nämlich zuerst für die papillenreiche Oberhaut der Lippen beim Menschen gebildet), einschichtiges, zelliges Häutchen, welches den Körper (dermales ~ oder → Epidermis) und gewisse Organe außen bekleidet (→ Hodenepithel, → Follikelepithel). Die Epithelien, welche die Innenräume auskleiden, wie das Mitteldarmepithel und das ~ der Coelomsäcke, werden häufig als Endothelien bezeichnet.

Epithelpfropf, eine Ansammlung von Follikelepithelzellen, welche den Übergang vom → Vitellarium zum → Eiröhrenstiel eines unreifen Ovars verschließt und vom ersten legereifen Ei durchstoßen das → Corpus luteum bildet.

Epizoën, Epizoa, sg. Epizoon (gr. ἐπί auf, τό ζῷον das Tier) → Außenparasiten.

Epizootie, massenhaftes Auftreten von Außenparasiten der Tiere, vor allem der Haustiere, im weiteren Sinne überhaupt jeder Zustand der Verlausung, Besatz mit Flöhen, Acarinen (→ Acarinose) und anderen Außenparasiten.

Epoekie (gr. ἐπί auf, ὁ οἶκος Wohnung) → Paraphagie.

Epomia (gr. ἡ ἐπωμίς der obere Teil der Schulter, lat. epomia, -ae, pl. -ae, -arum, f.), eine Leiste, die sich auf den herabgebogenen Seiten des Pronotum gewisser *Ichneumonidae* (*Cryptinae*, *Tryphoninae*) hinaufzieht, die pronotale Querfurche durchquert und oben bis nahe an den Hinterrand des Pronotums reicht. Sie ist zuerst bei THOMSON, Op. Ent. Teil 5, 1873 erwähnt worden und hat taxonomische Bedeutung. (Taf. XXX, Fig. 5.)

equestris Wagner, *Clinodiplosis*, Sattelmücke (*Dipt Cecidomyidae*). Kirschrote, 3,5 mm lange Mücke, deren Larven meist zu mehreren an Getreidehalmen unter dem Scheideblatt saugen und ihrer Körperform entsprechende sattelförmige Vertiefungen mit verdickten Rändern verursachen.

equi Clark, *Gasterophilus* → *G. intestinalis* De Geer.

equina Linné., *Hippobosca*, Pferdelausfliege (*Dipt Hippoboscidae*).

Erbrechen, Herauswerfen des Verdauungssaftes durch → antiperistaltische Bewegung der Vorderdarmwand, kommt bei Insekten mit → extraintestinaler Verdauung vor. Bei diesen Insekten wird ~ der Verdauungssäfte auch als → Abwehrmittel angewendet.

Erbsenschädlinge. Zu den wichtigsten Feldschädlingen der Erbse gehören drei Erbsenwickler, der mondfleckige (*Laspeyresia dorsana* Fabricius), der olivenbraune (*Lasp. nigricana* Stephens) und der rehbraune (*Lasp. nebritana* Treitschke). Die Raupen dieser Wickler fressen die Körner in den jungen Schoten aus. Auch der gemeine Erbsenkäfer (*Bruchus pisorum* Linné) befällt die jungen Schoten auf dem Felde. Seine Larve dringt in die Körner ein und frißt sie aus, ohne die Schale zu verletzen, so daß der Schaden von außen gar nicht zu sehen ist. Die Käfer schlüpfen erst nach der Ernte im Speicher aus den Körnern heraus.

Von anderen Schädlingen der Erbse seien nur folgende kurz erwähnt: *Kakothrips robustus* Uzel, *Acyrtosiphon pisi* Kaltenbach, *Polia pisi* Linné, *Contarinia pisi* Winnertz, *Apion pisi* Fabricius und von den polyphagen Arten die Drahtwürmer, Engerlinge, Erdraupen, *Plusia gamma* Linné und die Blattrandkäfer der Gattung *Sitona*.

Erdbeerschädlinge. Die Erdbeere (Gartenerdbeere) hat manchmal sehr stark unter Insektenfraß zu leiden. Den meisten Ärger verursachen dem Gärtner und Kleingärtner die von dem Erdbeerlaufkäfer (*Pterostichus vulgaris* Linné) und dem Erdbeersamenkäfer (*Ophonus pubescens* Müller) angefressenen Beeren. Außerdem sind erwähnenswert der Erdbeerblattkäfer (*Galerucella tenella* Linné), Erdbeerblattstecher (*Coenorrhinus interpunctatus* Stephens), Erdbeerblütenstecher (*Anthonomus rubi* Herbst), Erdbeerfloh (*Bathophila rubi* Paykull), Erdbeergrünrüßler (*Phyllobius calcaratus* Fabricius), Erdbeerwurzelrüßler (*Otiorrhynchus ovatus* Linné), der graue Erdbeerrüßler (*Philopedon plagiatus* Schaller), die Erdbeerblattwespe (*Blennocampa geniculata* Stephens), die Erdbeerminiermotten (*Nepticula arcuatella* Herrich-Schäffer und *fragariella* Heydenreich), der Erdbeerwickler (*Cnephasia wahlbomiana* Linné) und die Erdbeermottenlaus (*Aleurodes fragariae* Walker).

Erdflöhe, Blattkäfer (*Chrysomelidae*) der Unterfamilie *Halticinae*, kleine, bis etwa 3 mm lange Käfer, deren Hinterbeine, zu Sprungbeinen entwickelt, mit stark verdickten Schenkeln versehen sind. Ihre Färbung ist sehr verschieden, metallisch schwarz, mit grünlichem oder bläulichem Schimmer, einfarbig oder längs gelb gestreift (*Phyllotreta nemorum* Linné, *undulata* Kutschera, *vittula* Redtenbacher) oder fast einfarbig gelb oder braun (viele *Longitarsus*-Arten).
Die Kohlerdflöhe gehören zu denjenigen Schädlingen, die dem Landwirt und Gärtner den meisten Ärger verursachen. Auch der Rübenerdfloh (*Chaetocnema concinna* Marsham) und der Rapserdfloh (*Psylliodes chrysocephala* Linné) können empfindlichen Schaden anrichten. Weniger Beachtung findet der Getreideerdfloh (*Phyllotreta vittula* Redtenbacher), weil der von ihm angerichtete Schaden, Fraß an Vegetationskegeln der jungen Halme, oft mit dem Fraß der Fritfliege verwechselt wird.

Erdfloh, gebändeter → *Phyllotreta vittata* Fabricius.

Erdraupen, Raupen der Schmetterlingsgattung *Agrotis* i. w. S. (Erdeulen), die sich tagsüber unter der Erde oder in anderen Verstecken aufhalten und erst bei Dunkelwerden auf Fraß herauskriechen.

Erdwanze, schwarzweiße → *Sehirus bicolor* Linné.

Erdwanzen → *Cydnidae*.

Erdwolf → *Gryllotalpa vulgaris* Linné.

eremisch (gr. ἤρεμος einsam), eremial, sind die Lebensräume der Steppen und Wüsten. Auch Tiere, welche derartige Lebensräume bewohnen, werden ~ genannt. Gegens. → arboreal. Vgl. auch → xerophil.

Erfolgsorgane → Effektoren.

ergatogyn (gr. ὁ ἐργάτης Arbeiter, ἡ γυνή Weib) sind flügellose, den Arbeiterinnen ähnliche Weibchen von Ameisen. Vgl. auch → ergatomorph.

ergatomorph (gr. ὁ ἐργάτης Arbeiter, ἡ μορφή Gestalt), ergatogyn oder ergatoid werden flügellose, den Arbeiterinnen ähnliche Imagines von Ameisen genannt, deren Geschlechtstiere normalerweise geflügelt sind.
Bei gewissen Termitenarten treten ausnahmsweise ~ Formen auf, die durch geeignete Ernährung aus Arbeiternymphen herangezüchtet werden, wenn auf → Ersatzgeschlechtstiere prädestinierte kleinköpfige Larven bzw. Nymphen in der Kolonie fehlen. Sie unterscheiden sich von den vollflügeligen Imagines und kurzflügeligen Ersatzgeschlechtstieren hauptsächlich durch den Besitz von nur winzig kleinen Flügelrudimenten.

Ergatoplasmafäden (gr. ἐργάτης arbeitsam, tätig, ὁ ἐργάτης Arbeiter, τὸ πλάσμα Bildung, Gestaltung), Fäden, sog. Basalfilamente im basalen (äußeren) Teil der Epithelzellen der → Malpighigefäße, deren fädige Struktur vermutlich mit der Aufnahme und der Umbildung der dem Blut entzogenen Abfallstoffe zusammenhängt.

erichsoni Hartig, *Nematus*, große Lärchenblattwespe (*Hym Tenthredinidae*).

Eri-Seide, die von der Raupe *Philosamia cynthia* Drury (japanischer Seidenspinner) gewonnene Seide.

Eriocraniidae Rebel 1901, Trugmotten, Fam der Schmetterlinge mit etwa 25 Arten in der Holarktis und in Neuseeland.

In Deutschland 5 Arten. Die Raupen sind Blattminierer mit reduzierten Beinen. Fossil unbekannt.

Erlenschädlinge. Auf Blättern der Erle fressen Larven des blauen und erzfarbenen Erlenblattkäfers (*Agelastica alni* Linné und *Melasoma aenea* Linné) sowie die Afterraupen der Erlenblattwespe (*Eriocampa ovata* var. *umbratica* Klug).
An jungen Erlentrieben saugt der Erlenblattfloh (*Psylla alni* Linné).
In Blättern miniert die Larve des Erlenspringrüßlers (*Rhynchaenus alni* Linné) und in den Knospen die Raupe der Erlenknospenmotte (*Coleophora fuscedinella* Zeller).
Unter der Rinde legt der Erlenbastkäfer (*Dryocoetes alni* Georg) seine flach ausgebreiteten Muttergänge an, und der Erlenrüßler (*Cryptorhynchus lapathi* Linné) bohrt tiefe Gänge ins Holz, besonders in den unteren Stammteilen und im Wurzelhals.

Erlenwürger → *Cryptorrhynchus lapathi* Linné.

Ernährungsfraß → Regenerationsfraß.

Erntemilben → *Trombicula autumnalis* Shaw.

Erotylidae Latreille 1802 (Abb. 108), Fam der Käfer mit über 2000 Arten in allen tiergeographischen Regionen, in der Hauptsache aber tropisch und subtropisch verbreitet. Körper 1—30 mm lang, sehr variabel im Habitus, langgestreckt bis kreisrund, meist oval. Ausgezeichnet durch charakteristische Warnfärbung, rote oder gelbe Zeichnung auf schwarzem Grunde, sowie scharf riechende Sekrete ihrer Wehrdrüsen.

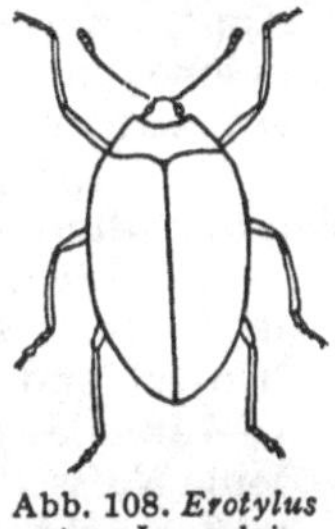

Abb. 108. *Erotylus ondaga* Lacordaire (Erotylidae). Nach Handlirsch Nat. Gr. 1,5 cm.

Sie werden von vielen Käfern, besonders Heteromeren, nachgeahmt (→ Mimese). Das Sekret soll auch auf die menschliche Haut ätzend wirken. Sowohl Larven wie Imagines ernähren sich vorzugsweise von Baumschwämmen, einige leben in Ameisen- und Termitennestern. In Deutschland leben nur etwa 20 Arten. Fossil sind 8 tertiäre und 1 quartäre Art beschrieben.

Ersatzgeschlechtstiere sind → neotenische Formen von Termiten, die sich von echten Geschlechtstieren hauptsächlich dadurch unterscheiden, daß sie keine vollentwickelten Flügel, sondern nur kurze Flügelrudimente besitzen. Im Gegensatz zu echten Geschlechtstieren haben ~ keine endobiontischen Protozoen im Darm.

Erschlaffung, Dilatation, Expansion eines Muskels, der meist mit Ermüdung zusammenhängende Ruhezustand des Muskels.

Erschütterungsorgane, Sinnesorgane, welche die Vibrationen des Mediums oder des eigenen Körpers registieren. Hierher gehören die → Trichobothrien, die → Chordotonalorgane und vermutlich auch die dickwandigen → Grubenkegel (sensilla coeloconica). Eine scharfe Grenze zwischen den ~ und den Gehörorganen läßt sich in sinnesphysiologischer Hinsicht nicht ziehen. Es ist wahrscheinlich, daß die höheren ~ (→ Johnstonsches Organ) auch akustische Wellen zu empfangen imstande sind.

Eruca (lat. eruca, -ae, f., Raupe) → Raupe.

erucae Olivier, *Haltica* → *H. brevicollis quercetorum* Foudras.

eruciform werden polypode, raupenähnliche Larven genannt, wie sie die *Mecoptera* haben. ~ sind auch die Larven der meisten *Tenthredinoidea*, welche die Bezeichnung → Afterraupen führen.

Erweiterer → Dilatator.

Erycinidae Hampson 1898 (*Lemoniidae, Nemeobiidae, Rhiodinidae*), Scheckenfalter, Fam der Schmetterlinge (*Rhopalocera*) mit etwa 1500 vorwiegend neotropischen Arten. In Deutschland nur eine Art, *Nemeobius lucina* Linné.

Erythrismus (gr. ἐρυθρός rot, ἐρυθριαώ ich erröte, ich werde rot), Rotfärbung durch Neuauftreten roter Farbstoffe (vgl. auch → Rufinismus).

erythrocephala Linné, *Acantholyda*, stahlblaue oder rotköpfige Kieferngespinstblattwespe (*Hym Pamphilidae*).

Erzglanzmotten → *Heliozelidae*.

Erzwespen → *Chalcididae*.

Eschengrind → Eschenrose.

Eschenrose, Eschengrind, struppige Wunden auf der Borke der Eschenstämme, welche durch wiederholt auf ein und derselben Stelle vom Eschenbastkäfer (*Hylesinus fraxini* Panzer) angelegte Winterquartiere entstanden sind.

Eschenschädlinge. Blätter der Esche fressen oft die grünen Käfer der sog. spanischen Fliege (*Lytta vesicatoria* Linné) kahl. Die

Käfer verbreiten einen aromatischen Cantharidin-Geruch, der dem Mäusegeruch sehr ähnlich ist. Auch die Afterraupen der schwarzen und der weißpunktierten Eschenblattwespen (*Selandria nigrita* Fabricius und *Macrophya punctum album* Linné) fressen manchmal Eschenblätter kahl.

Die Eschenblattgallenlaus (*Prociphilus fraxini* Hartig) bildet die jungen Triebe in Blattnestergallen um. Ähnliche, aber lockere Blattnestergallen bildet an den Triebspitzen die Eschenzweigblattlaus (*Prociphilus bumeliae* Schrank).

Minen, später Skelettierfraß und Löcherfraß in je zwei zusammengesponnenen Blättern stammt von der Raupe der Eschenzwieselmotte (*Prays curtisellus* Donovan), Fensterfraß an Knospen und Blättern stammt von Larven und Käfern des Eschenrüsselkäfers (*Cionus fraxini* De Geer).

Auf Stamm und Ästen sitzt oft massenhaft die Eschenwollschildlaus (*Fonscolombea fraxini* Kaltenbach) angesaugt.

Unter der Eschenrinde finden sich oft dichtgedrängt die flach ausgebreiteten Gänge des Eschenbastkäfers (*Hylesinus fraxini* Panzer, seltener *H. orni* Fuchs und *crenatus* Fabricius). Auf der Stammrinde bemerkt man oft zahlreiche etwa faustgroße, flach erhabene krebsartige Wucherungen, die sog. → Eschenrosen, Überwinterungsquartiere des *H. fraxini*.

Espenblattkäfer, roter → *Melasoma tremulae* Fabricius.

Essigfliegen → *Drosophilidae*.

+***Eubleptidae*** Handlirsch 1908 (Abb. 109),

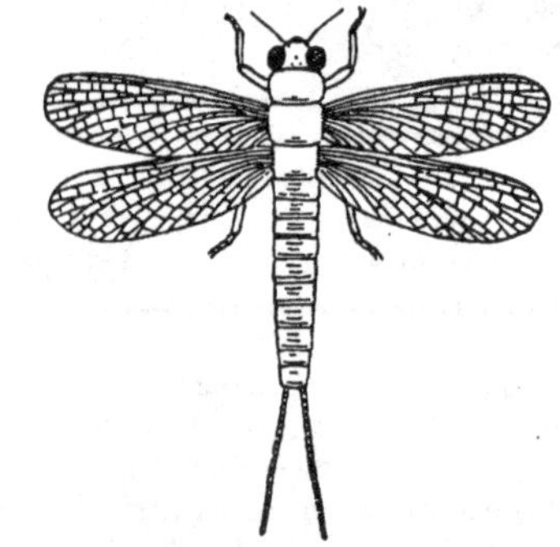

Abb. 109. +*Eubleptus danielsi* Handlirsch (+Eubleptidae). Nach Handlirsch. Nat. Gr. (ohne Cerci) etwa 2,5 cm.

ausgestorbene +*Palaeodictyoptera* mit einer tadellos erhaltenen Art, *Eubleptus danielsi* Handlirsch, aus dem mittleren Obercarbon Nordamerikas. Der 1,9 cm lange Körper mit 3 cm FlSpannung zeigt kugelrunde Augen, lange homonom gegliederte Cerci und entbehrt der Paranoten an allen Körpersegmenten.

+***Eucaenidae*** Handlirsch 1908 (Abb. 110),

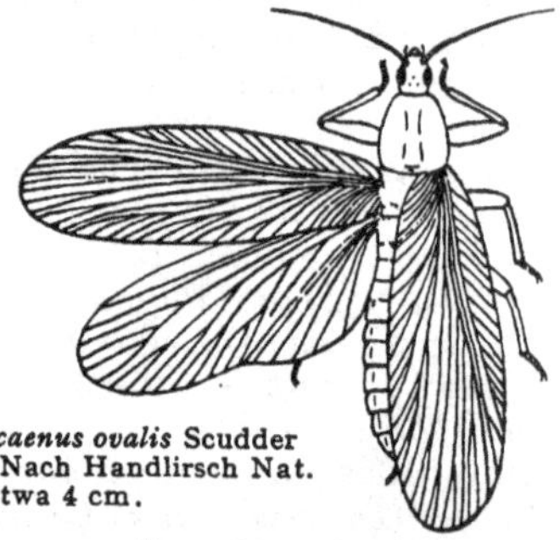

Abb. 110. +*Eucaenus ovalis* Scudder (+Eucaenidae). Nach Handlirsch Nat. Gr. etwa 4 cm.

ausgestorbene +*Protoblattoidea* mit 6 mittel-obercarbonischen Arten aus Nordamerika. Alle sind gut erhalten und zeigen ausgesprochen blattidenähnlichen Habitus. Bei *Eucaenus attenuatus* Melander ist der nach vorn verengte Prothorax etwas länger als hinten breit. Die VBeine waren länger als die M- und HBeine und nach Handlirsch zum Ergreifen der Beute geeignet.

eucephal (gr. εὖ gut, gehörig, ἡ κεφαλή Kopf) werden Fliegenlarven genannt, welche einen normal entwickelten und gut ausgebildeten Kopfkapsel besitzen. (Taf. XX, Fig. 10b.) Gegens. → acephal.

Eucinetidae (Lacordaire 1857) Kiesenwetter 1863, Fam der Käfer mit etwa 30 Arten, von welchen nur eine in Deutschland lebt. Eiförmige, schwarze, 3—4 mm lange, behaarte Käfer mit unter dem Halsschild verstecktem Kopf und großen Schenkeldeckeln an den HHüften. Fossil unbekannt.

Eucnemidae (Latreille 1834) Westwood 1839 (*Melasidae*), Fam der Käfer mit etwa 1600 Arten, von denen in Deutschland an 16 leben. Die Larven dieser schnellkäferähnlichen Tiere leben vornehmlich im Holzmulm. Fossil sind an 20 tertiäre Arten seit dem Oligocän gefunden worden.

eucone Augen (gr. εὖ gut, tüchtig, ὁ κῶνος Zapfen, Kegel) sind Komplexaugen, deren → dioptrischer Apparat mit gut ausgebildetem → Kristallkegel versehen ist. (Taf. XXVIII, Fig. 2b.)

+***Eugereonidae*** Handlirsch 1908 (Abb. 111), ausgestorbene +*Protohemiptera* mit einer Art, *Eugereon böckingi* Dohrn, aus

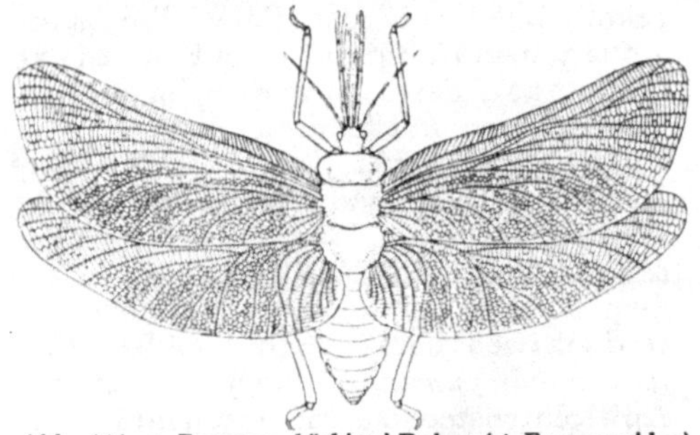

Abb. 111. +*Eugereon böckingi* Dohrn (+Eugereonidae). Nach Handlirsch. Nat. Gr. (Rumpflänge) etwa 7 cm.

dem unteren Perm Deutschlands. Das Tier, von dem ein ausgezeichneter Abdruck des Vorderkörpers mit gespreizten Teilen des Rüssels erhalten ist, war etwa 7,5 cm lang und hatte eine FlSpannung von etwa 16 cm. Nach LAMEERE gehört auch *Mecynostoma dohrni* Brongniart zu dieser Fam. Der Rüssel ist nach neueren Autoren eine konvergente Bildung und bedeutet keine Verwandtschaft der ~ mit den Hemipteren (→ *Protohemiptera*).

Euglenidae auct. → *Aderidae.*

Eulen → *Noctuidae.*

Eulenkamm, ein am Grunde der → Analader bei echten Noctuiden auftretender, mit winzigen Chitinstacheln besetzter, länglicher Fleck in der Gelenkmembran der VFl.

Eulenspinner → *Cymatophoridae.*

Eulenzeichnung, für die Eulen (*Noctuidae*) charakteristische Zeichnung der VFl. Sie besteht aus einer → Subbasallinie, einer inneren → Querlinie, einer → Ringmakel und → Zapfenmakel, einem → Mittelschatten, einer → Nierenmakel, einer äußeren → Querlinie, einer Wellenlinie mit → Pfeilflecken und aus → Saummonden am Marginalrande. Die innere und äußere Querlinie teilt den Flügel in ein → Wurzelfeld, → Mittelfeld und → Saumfeld.

euphag (gr. εὖ gut, echt, φαγεῖν essen) werden Insekten genannt, die sich nur von ihrer normalen Kost ernähren. Vgl. auch → Xenophagie.

euphorbiae Schrank, *Aphthona*, Flachserdfloh (*Col Chrysomelidae*).

Euplantula (gr. εὖ gut, tüchtig, lat. plantula, -ae, f., dem. von planta, Fußsohle), Haftkissen, Sohlenbläschen, tarsale Pulvillen, sind paarige, weichhäutige, elastische Schwielen oder Vorsprünge an den Sohlen der Tarsenglieder vieler Insekten, typisch z. B. bei *Saltatoria.*

+***Euplectoptera*** (Jeannel 1947), ausgestorbene mesozoische Ephemeriden, mit den Fam. +*Paedephemeridae* und +*Mesephemeridae.*

Euplexoptera Westwood 1839 → *Dermaptera.*

Eupterotidae Hampson 1892, Fam der Schmetterlinge (*Macrofrenatae*), mit an 300 äthiopischen, orientalischen und papuanischen Arten.

eurosibirische Subregion der → Paläarktis umfaßt nach HOLDHAUS Europa mit Ausnahme der Küsten südlich der Pyrenäen, Alpen und Dinariden sowie ganz Nordasien nördlich des 50. Breitengrades. (Taf. XXXIII.)

eury- (gr. εὐρύς weit, breit), als Präfix in Zusammensetzungen bezeichnet die einen weiten Spielraum ihrer Reaktionsbasis aufweisenden Tiere. Gegens. → steno-.

eurygam (gr. εὐρύς weit, ὁ γάμος Ehe) werden Insekten genannt, die sich in einem engen Raum (z. B. Zuchtbehälter) nicht begatten. Hierher gehören z. B. die Culiciden.

euryhygr (gr. ὑγρός naß, feucht) sind Insekten mit weitem Spielraum ihrer Anforderungen an die Feuchtigkeit des Lebensraumes, d. h. Insekten mit hoher hygrischer Valenz.

euryök (gr. ὁ οἶκος Wohnhaus, Lager, Nest) sind Insekten, welche hinsichtlich ihres Biotops wenig spezialisiert sind. (→ ökologische Valenz.)

euryphag (gr. φαγεῖν essen) sind Insekten, welche hinsichtlich ihrer Nahrung wenig spezialisiert und kaum wählerisch sind. Meist werden sie als → polyphag bezeichnet.

Eurystethidae → *Aegialitidae.*

eurytherm (gr. ὁ θέρμος oder ἡ θέρμη Wärme) sind Insekten, welche in verschiedenen Wärmelagen leben können.

eurytop (gr. ὁ τόπος Ort, Gegend, Land) sind euryöke Insekten mit weiter geographischer Verbreitung, wie z. B. sog. → Ubiquisten. Den höchsten Grad der Eurytopie finden wir bei kosmopolitischen Arten. (→ ökologische Valenz.)

Eusternum, das definitive → Sternum.

Euthynen (gr. εὐθύνειν gerade, εὐθύς machen, richten) → Richtachsen.

eutrope Insekten (gr. εὖ gut, tüchtig, ὁ τρόπος Benehmen) sind gute Blütenbestäuber mit langen leckend-saugenden Mundteilen, stark zottiger Körperbehaarung und strenger Spezialisierung auf Ernährung mit Blütennektar. Die meisten sind auch Pollensammler. Hierher gehören langrüsselige *Apidae* sowie *Sphin-*

gidae mit einem Rüssel von 25 (*Macroglossa stellatarum* Linné) bis 250 mm (*Macrosila cluentius* Cramer) Länge. Gegens. → allotrop.
Auch die auf diese Bestäuber angewiesenen Blüten werden als eutrope Blüten bezeichnet.

Evagination (lat. evaginatio, -onis, f.) → Ausstülpung.

Evaniidae (Cameron 1887) Handlirsch 1925, Hungerwespen (Abb. 112), Fam der *Hym Ichneumonoidea* mit etwa 350 Arten, von welchen in Deutschland 3 einheimisch sind. Die ~ leben parasitisch in Blattarien. Fossil sind 3 Arten aus dem baltischen Bernstein bekannt sowie 3 kopale.

Abb. 112. *Brachygaster* (gegenw. *Semaerdogaster*) *minuta* Olivier (Evaniidae). Nach Kieffer aus Lameere. Nat. Gr. 4—5,5 mm.

evonymellus Linné, *Hyponomeuta*, Traubenkirschengespinstmotte (*Lep Hyponomeutidae*).

evonymi Comstock, *Chionaspis*, Spindelbaumschildlaus, Evonymus-Schildlaus (*Hom Coccidae*).

evonymi Zeller, *Hyponomeuta* → *H. cognatellus* Hübner.

exclamationis Linné, *Euxoa*, Ausrufungszeichen, braungraue Graseule (*Lep Noctuidae*). Ähnelt der *segetum*, ausgezeichnet durch die schwarze → Zapfenmakel in Form eines Ausrufungszeichens. Raupe wie die der *E. segetum* als Erdraupe schädlich.

exigua Hübner, *Laphygma*, Zuckerrübeneule (*Lep Noctuidae*).

eximia Haworth, *Cosmopteryx*, Hopfenminiermotte (*Lep Momphidae*).

Exitus (lat. exitus, -us, pl. -us, -um, m., Ausgang) → Mündung.

Exkremente (lat. excrementum, -i, n., Auswurf oris oder narium), Faeces, Fäkalien, Dejectamenta, Kot, durch den → After aus dem Darmkanal entfernte, unverdauliche Reste der aufgenommenen Nahrung, gemischt mit Exkreten der Malpighischen Gefäße. Die Abgabe der ~ oder das → Koten richtet sich nach der Konsistenz derselben. Flüssige ~ werden in den → Rectalampullen gesammelt und ab und zu ausgespritzt oder (*Coccidae*, viele *Aphidae* usw.) werden seine Tropfen mit Wachssekret beschickt, der ihnen die ganze Adhäsionskraft nimmt, und rollen ab (Honigtau). Feste ~ werden im → Rectum geformt und herausgepreßt.
Vielfach verwerten die Insekten ihre eigenen ~ als Schutz gegen artwidrige Umweltfaktoren. Larven vieler *Criocerinae* tragen ihre gallertartigen ~ auf dem Rücken (*Lema*, *Crioceris*) oder verfertigen sich daraus Schutzhüllen (*Clythra quadripunctata* Linné). Larven des Apfelblütenstechers verwerten ihre ~ zur Ausbesserung ihrer Blütenkapsel oder bauen sich daraus eine vollständige innere Kapsel, indem sie die ~ mit dem Munde vom After nehmen und an den Schadstellen ausstreichen (vgl. auch → Malpighische Gefäße). Die Larven der Schaumzikaden (*Cercopidae*) verfertigen eine → Schaumhülle, welche durch Einpumpen von Luft in die mittels ihrer flüssigen ~ verseiften Wachsausscheidungen der terminalen Wachsdrüsen entsteht. Viele *Cetoniinae* (*Potosia* u. a.) verfertigen ihre Puppenhülle unter Anwendung von ~ als Kittsubstanz. Ausspitzen übelriechender ~ ist als Abwehrmittel bei verschiedenen Insekten (*Dytiscus*, *Silphidae*) bekannt. Gewisse *Corrodentia* sind mit abstehenden Drüsenhaaren ausgestattet, auf die sie Kot und Flechtenstücke auftragen und sich so der Umgebung angleichen. (→ Meconium, → Darmkanal.)

Exkrete (lat. excerno, -crevi, -cretum ausscheiden), Urate, Abfallprodukte des Stoffwechsels, welche von den → Malpighischen Gefäßen aus dem Blut aufgenommen und dem Enddarm zugeführt, mit dem Kot vermischt durch den After entleert werden. Zellen des Pericardialgewebes, vor allem → Nephrocyten und → Uratzellen spielen bei der Bildung der ~ insofern eine Rolle, als sie die direkten Abfallstoffe des cellulären Stoffwechsels dem Blut entnehmen, in unschädliche Form überführen und wieder an das Blut abgeben. In ihrer endgültigen Form innerhalb der Malpighischen Gefäße bestehen die ~ der Insekten in der Hauptsache aus Harnsäure und ihren Salzen sowie zum geringeren Teil aus Oxalaten und Carbonaten in flüssiger oder fester (Körnchen) Form. Über die biologische Verwertung der ~ → Exkremente. Außerdem können gewisse Teile der ~ in der Haut (Epidermis, Cuticula) deponiert werden und kommen hier als Pigmentfarben zum Ausdruck.

Exkretionsorgane sind Organe, welche die dem Kreislauf entzogenen Abfallstoffe des Stoffwechsels sammeln und in Form von → Exkreten aus dem Körper entfernen. ∼ der Insekten sind vor allem die → Malpighigefäße. ∼ mit biologischer Verwertung der → Exkrete sind viele → Hautdrüsen, wie → Wachsdrüsen, → Duftdrüsen, → Exuvialdrüsen und → Labialdrüse.

Exkretspeicherzellen → Uratzellen, → Speicherniere.

exo- (gr. ἔξω außer, draußen, heraus), Präposition, in Zusammensetzungen als Präfix, bezeichnet das außen, äußerlich, oberflächlich gelegene. Gleichbedeutend mit → ecto-.

Exocephalon (gr. ἡ κεφαλή Kopf) → Kopfkapsel.

Exochorion, äußere, glatte oder skulptierte, vielfach mit sehr zierlichen Strukturen versehene Schicht des → Chorions.

exocon (gr. ὁ κῶνος Kegel) werden → akone Augen genannt, bei welchen der zelluläre Kristallkegel durch einen cuticularen Kegel der Corneafazette ersetzt wird.

Exocorium (gr. ὁ κόρις, -ιος Wanze), der äußere schmale Randstreifen am VRande der Halbdecken der *Heteroptera*.

Exocuticula, Epiderma, Pigmentschicht, die härteste, aus → Chitin und polymeren Kohlehydraten in lockerer chemischer Bindung (→ Einlagerungen) bestehende sklerotisierte äußere, der → Endocuticula aufliegende und von der dünnen → Epicuticula überzogene Schicht der → Cuticula. Die ∼ läßt vielfach eine Differenzierung in einen äußeren, streifigen → Alveolarsaum und eine innere, basale → Lackschicht erkennen. Die basale Fläche der ∼ zeigt vielfach ein Sechseckmuster als Abdruck ihrer epidermalen Bildungszellen. (Taf. V, Fig. 1.)

exodont sind die nach außen gekehrten Mandibeln der Elefantenlaus und der *Vanhorniidae*.

Exopodit (gr. ὁ ποῦς Fuß), der äußere Ast des → Spaltfußes der *Crustacea*. (Taf. I, Fig. 1A.)

Exopterygot (gr. ἔξω außen, τὸ πτερόν Flügel) werden Insekten genannt, bei welchen die Flügelanlagen meist schon im 2. Larvenstadium als äußere, von der Cuticula überzogene, frei vom Körper abstehende Anhänge entstehen und schrittweise mit jeder Häutung größer werden. Die ∼ Flügelbildung ist für alle → Heterometabola charakteristisch. Gegens. → endopterygot.

Exopterygota Sharp 1899, UKlasse der *Hexapoda*, veraltet.

Exoskelett (gr. τό σκέλος Schienbein, Bein) → Außenskelett.

exotisch (gr. ἐξωτικός ausländisch, fremd), fremdartig, in dem in Rede stehenden Gebiet nicht einheimisch, oder aus Übersee eingeschleppt bzw. eingewandert. In der allgemeinen Faunistik besonders zur Bezeichnung der Faunenelemente der Tropen gebraucht. (→ apodemisch und → endemisch.)

exotok (gr. τοκάω gebären wollen, der Niederkunft nahe sein, ὁ τοκεύς Vater, pl. οἱ τοκῆες Eltern) werden die sich nach der Ablage entwickelnden Eier genannt. Die ∼ Entwicklung der Eier ist die Regel bei Insekten. Gegens. → endotok.

Exotrachea → Tracheenepithel.

Expansion → Erschlaffung.

exsiccator Altum, *Lachnus*, Buchenkrebsbaumlaus (*Hom Aphididae*).

Exspiration (lat. exspiro, -are, aushauchen, exspiratio, -onis, f., Ausdünstung) → Ausatmung.

Exsudation (lat. exsudo, -are ausschwitzen) → Reflexbluten.

Exsudationsorgane sind Poren im Integument, durch welche beim → Reflexbluten das Blut heraustritt. Sie werden auch als → Ostiolen bezeichnet.

Exsulans, pl. exsulantes (lat. exsulo, -are verbannt sein), Colonicus, pl. Colonici, dritte Generation im tetramorphen Generationszyclus der *Chermesinae*. Sie wird auf der Zwischenkonifere von der → Migrans alata (2. Generation) angelegt, überwintert an der Zwischenkonifere und legt hier Eier ab, aus welchen weitere Generation der Exsulantes oder die 4. Generation, → Sexupara, entsteht. Die überwinternden Exsulantes werden auch häufig als → Hiemales bezeichnet. Bei anderen diözische Aphiden treten häufig mehrere Generationen der ∼ auf.

Extensor (lat. extendo, -ere, -sum ausstrecken), Strecker, Streckmuskel, gewöhnlich gleichbedeutend mit → Levator an gelenkig miteinander verbundenen Teilen, wie z. B. am Kniegelenk, wo der Levator tibiae ja gleichzeitig ihr Strecker ist. Dagegen kann z. B. der Levator ani nicht als Extensor bezeichnet werden. Antagonist → Depressor.

Exteroception (lat. exterus, häufiger externus, -a, -um der äußere, capio, cepi, captum fangen) Empfang der Reize der Außenwelt im Gegensatz zur → Proprioception.

extimalis Scopoli, *Evergestis*, Rübsaatpfeifer, Rübsaatzünsler (*Lep Pyralididae*). Raupen an Schoten von Raps, Rübsen u. a. Kreuzblütler, diese zu mehreren locker verspinnend und von außen anfressend.

extracellulär werden Teile und Vorgänge genannt, welche sich außerhalb der Körperzellen befinden bzw. abspielen. ~ ist z. B. die Verdauung der Nahrungspartikel im Mitteldarm. Extracelluläre Symbiose beruht auf einem Zusammenleben von Metazoen mit Einzellern, wobei sich die letzteren in den Hohlräumen der Organe oder in Intercellularräumen aufhalten, ohne in die Zellen selbst einzudringen.

extraintestinal, sich außerhalb des Darmkanals abspielend, wie die ~ → Verdauung.

extrauterin wird die in der Leibeshöhle, außerhalb des Uterus stattfindende Entwicklung der Eier genannt. Diese Art der Eientwicklung ist von den *Strepsiptera* bekannt.

Extremität, pl. Extremitäten (lat. extremitas, -atis, f., das äußerste, insbes. ~ corporis, die Körperanhänge), sind gegliederte (→ Gliedmaßen) oder ungegliederte (→ Flügel und sekundär ungegliederte Gliedmaßen) Anhänge der Körpersegmente.

Extremitätendrüsen kommen vielfach vor, z. B. die tarsalen Spinndrüsen der *Embiidaria* (→ Tarsaldrüsen), Drüsen der → Hafthaare an den Tarsensohlen, → Duftschuppen auf Beinen und Flügeln vieler *Lepidoptera* usw.

Exudation → Exsudation.

Exuvialdrüsen → Häutungsdrüsen.

Exuvialflüssigkeit → Häutungsflüssigkeit.

Exuvialraum, ein Spaltraum zwischen der Cuticula und der Epidermis, welcher zu Beginn der Häutung entsteht. In ihn ergießen die Epidermiszellen ihr Sekret (Häutungsflüssigkeit), wodurch das Abstreifen der alten Haut ermöglicht wird. Bei Weibchen der *Strepsiptera* (*Stylopidae*) persistiert ein Teil des ~ auf der Ventralseite und wird zum → Brutkanal.

Exuvie, pl. Exuvien (lat, exuvium, -ii, pl. -ia, -arum, n., die abgezogene Haut der Tiere, vor allem die der Schlangen), die bei der → Häutung abgestreifte → Cuticula, vielfach fälschlich als „abgestreifte Haut" bezeichnet. Sie besteht lediglich aus der äußeren, sklerotisierten Exo- und aus der Epicuticula.

F

f., Abk. für → Forma.

fabae Scopoli, *Aphis* (*Doralis*) (*A. rumicis* auct., *papaveris* Fabr.), schwarze Bohnen- oder Rübenblattlaus (*Hom Aphididae*) → Rübenschädlinge.

faber Linné, *Ergates*, Mulmbock (*Col Cerambycidae*), unser größter Bockkäfer, 3—5 cm lang, nach dem → Hirschkäfer unser größter Käfer und eines der größten Insekten Deutschlands. Parallelseitig, pechbraun, mit grob gekörneltem, dunkleren, an den Seitenrändern gezähnelten Halsschild. Larve im Holzmulm alter Kiefernstöcke.

Fabricius, Johann Christian, Prof. in Kiel, geb. 1705, gest. 1808, teilte die Insekten 1775 (Systema entomologiae) in 8 Klassen, Eleutherata (= Col), Ulonata (= *Salt, Blatt, Derm*), Synistata (= *Apteryg, Ephem, Perl, Corr, Isopt, Hym, Panorp, Trich, Neur, Crustacea* pp.), Agonata (= Skorpione und *Crustacea* pp.), Ugonata (= *Odonata, Myriopoda, Arachnida* pp.), Glossata (= *Lep*), Ryngota (= *Hemiptera, Thysanoptera*, Flöhe) und Antliata (= *Dipt, Anoplura, Malloph, Arachnida* pp., *Crustacea* pp.). Verbesserte sein System 1792 (Entomologia systematica) durch Ausscheidung der Piezata (= *Hymenoptera*), Odonata und Mitosata (= *Myriopoda*) als eigene Klassen.

Facette (gr. ὁ φακός Linse) → Corneafacette.

Facettenaugen → Komplexaugen.

Facialia, sg. faciale → Gesichtsleisten.

Facies (lat. facies, -ei, pl. -es, -erum, f., Gesicht). 1. In der Morphologie → das Gesicht. 2. In der Tiergeographie bzw. Oekologie Zusammengehörigkeit einer durch die gleichen Umweltfaktoren bedingten → Lebensgemeinschaft, z. B. litorale ∼.

fadenförmig werden Fühler genannt, welche aus gleichartigen Gliedern bestehen, die aber im Gegensatz zu → borstenförmigen Fühlern bis zum Endglied annähernd die gleiche Breite behalten. (Taf. XIV, Fig. 2b.)

Fächerflügler → *Strepsiptera.*

Fäkalien (lat. faeces, -cum, f., pl. tant., Kot) → Exkremente.

Färbergallwespe → *Cynips tinctoria* Hartig.

Färbung der Insekten kommt in den allermeisten Fällen durch Zusammenspiel der Pigmente und der Skulptur der Cuticula zustande. Die Pigmente können in der Haut (Cuticula, Epidermis) oder in der Leibeshöhle (→ subepidermale Pigmente) ihren Sitz haben und verleihen dem Insekt die Grundfarbe des Körpers, während die Skulptur den Glanz und Mattigkeit der Farben (Metallglanz, Seifenglanz, Schillerfarben, Emaillefarben usw.) bedingt. Auch die Struktur der Cuticula, hauptsächlich der Epicuticula, und vor allem die Struktur der Schmetterlingsschuppen kann, ohne Beteiligung der Pigmente, Farben (→ Strukturfarben) zustande bringen. Durch flächenhafte Verteilung der verschiedenen Pigment-, Skulptur- und Strukturfarben, denen sich noch → Sekretfarben anschließen können, entsteht die → Zeichnung.

fagi Bärensprung, *Cryptococcus,* Buchenwollschildlaus (*Hom Coccidae*), an Buchen jeder Altersklasse oft massenhaft auftretende und dann die Rinde mit einem dichten weißen Wollüberzug bedeckende Schildlaus.

fagi Fabricius, *Ernoporus,* kleiner Buchenborkenkäfer (*Col Ipidae*).

fagi Hartig, *Mikiola,* Buchenblattgallmücke (*Dipt Itonididae*).

fagi Linné, *Phyllaphis,* Buchenblattbaumlaus (*Hom Aphididae*), etwa 2 mm lange, grüne, in weiße Wolle gehüllte → Baumlaus an der USeite junger Buchenblätter und Buchenkotyledonen.

fagi Linné, *Rhynchaenus,* Buchenspringrüßler (*Col Curculionidae*).

fagi Linné, *Stauropus,* Buchenspinner (*Lep Notodontidae*).

falsche Zotten, faltenartige Form der ausgewachsenen Epidermis häutungsreifer Larven, die dadurch zustande kommt, daß die Epidermiszellen ungleichmäßig zu Zylinderepithelzellen heranwachsen.

Faltenmine, Ptychonomium, eine eigenartige Form der → Platzmine, die dadurch zustande kommt, daß ihre Oberhaut innen übersponnen wird und sich zu einer Längsfalte zusammenzieht. Häufig bei *Gracilariidae.*

Faltenmücken → *Ptychopteridae.*

Faltentasche, Haartasche, eine Furche oder Falte im HFl der Trichopteren-Männchen der Fam *Limnophilidae, Sericostomatidae* und *Beraeidae,* die sich nicht selten über die ganze Flügellänge erstreckt (z. B. *Lepidostoma*). Die ∼ sind mit Haaren oder Schuppen ausgekleidet und werden z. T. als Duftorgane gedeutet.

Faltenteil des Flügels → Analfeld.

Faltenwespen → *Vespidae.*

Falzgelenke sind Verbindungen zweier gegeneinander gleitend beweglicher Teile der Mundwerkzeuge oder des Legeapparates nach dem Muster der Nut und Feder. (Taf. XVI, Fig. 1b, 2, 3d und Taf. XXIV, Fig. 5b.)

Familie, lat. Familia, obligatorische, von Latreille (1796) zwischen Gattung und Ordnung eingeschaltete Gruppe der taxonomischen Systematik.

Familiengänge sind die von Larven des Borkenkäfers *Xyleborus saxeseni* Ratzeburg gemeinsam im Holz ausgenagten Hohlräume am Ende des Mutterganges. Zwischen Rinde und Holz liegen die ∼ der *Dendroctonus*-Larven.

Familienname besteht aus dem Stamm des Gattungsnamens der typischen Gattung und der Endung *-idae.* Die Ableitung darf nicht von der Nominativform des Gattungsnamens ausgehen, sondern muß nach sprachlichen und nach Nomenklaturregeln aus seiner Genitivform erfolgen. Z. B. von der typischen Gattung *Aphis,* gen. *Aphid-is* lautet der ∼ nicht *Aphidae,* sondern *Aphididae.*

Fangbeine, meist das erste, verlängerte und zum Fangen der Beute umgebildete Beinpaar. Bei Fangschrecken, Fanghaften, Tanzfliegen und gewissen Jagdwanzen (*Phymatidae, Reduviidae, Nepidae*) ist es die Schiene, welche taschenmesserartig auf den Schenkel zurücklegbar mit dem letzteren zusammen die Fangvorrichtung bildet. Der Innenrand der Schiene oder des Schenkels, oder aber beide, können sägeartig gezähnt sein.

Bei *Bittacidae* werden die langen Hinterbeine als ~ benutzt, indem ihre verlängerten Tarsen die Beute lassoartig umschlingen, während das Tier mit seinen Vordertarsen auf einem Halm in Lauerstellung hängt. Die gleichfalls verlängerten Mittelbeine übernehmen die Beute und führen sie dem Munde zu. (Nicht veröffentlichte Beobachtung von M. Bischoff an *Bittacus hageni* Brauer.)

„Fangbeine" ist ein übergeordneter Begriff, der alle zum Fangen befähigten Beinformen umfaßt. Raubbeine (→) und Greifbeine (→) sind als besondere Formen von Fangbeinen aufzufassen. (Taf. III, Fig. 3, 4, 5 und Taf. IV, Fig. 4.)

Fanggeräte zum Sammeln von Insekten richten sich nach der Lebensweise der letzteren.

Zum Fang von einzelnen Fluginsekten (Schmetterlinge, Odonaten, viele Hymenopteren, Dipteren, Orthopteren) eignet sich am besten ein Fangnetz. Viele Fluginsekten sind träge Flieger (*Corrodentia, Perlaria*, manche Schmetterlinge, fast alle Hemipteren und Neuropteren i. w. S., Ephemeriden usw.), die sich mit der Pinzette anfassen oder in das untergehaltene Sammelglas hinabstoßen lassen. Die meisten Insekten halten sich tagsüber versteckt in der Pflanzendecke. Für ihren Fang eignet sich am besten ein Streifsack, der sich vom Fangnetz durch kräftigeren Bügel und stärkeren Stoff (am besten Müllergaze) unterscheidet. Ein Fangnetz ist außerdem gewöhnlich etwas tiefer als der höchstens etwa 60 cm tiefe Streifsack und ist nach unten stärker verengt als der breit abgerundete Streifsack. Mit Hilfe des Streifsackes werden die Pflanzen abgestreift und die Insekten nach jeden 10—20 Streifzügen herausgelesen. Um auch behende Flieger, die in den Streifsack geraten sind, nicht entwischen zu lassen, faßt man den Sack nach dem letzten Streifzug unterhalb des Bügels mit der linken Hand und schiebt langsam ein offenes Tötungsglas in den Hals zwischen dem Daumen und Zeigefinger. Man kann auch den mit der linken Hand geschlossen gehaltenen Sack mit Chloroform oder Äther bespritzen und für einige Minuten mit dem Hut bedecken.

Von Büschen, Zweigen und Ästen der Bäume klopft man die Insekten in einen Klopfschirm ab.

Zum Fang von Wasserinsekten dient ein Wasser- oder Wurfnetz.

Unter loser Rinde, in Pilzen, im Fallaub, Moos, Humus, herumliegendem Reisig usw. lebende Insekten bekommt man mit Hilfe eines Insektensiebes aus ihren Verstecken. Mittels eines Ausleseapparates werden die Kleininsekten aus dem Gesiebe zu Hause automatisch herausgelesen. Schneller erreicht man dasselbe mit Hilfe eines Exhaustors, der übrigens auch beim Herauslesen der Kleininsekten aus dem Streifsack im Gelände gute Dienste leistet.

Männchen vieler Insekten, vor allem die gewisser Schmetterlinge, bekommt man nur mit Hilfe eines Anflugapparates. Viele Nachtinsekten sind nur mit einem Lichtfangapparat oder einer Lichtköderlampe, andere wieder nur mit Hilfe besonderer Köder zu erbeuten.

Zum Fang vieler im Boden und in bodennahen Biotopen lebenden Insekten eignen sich außer dem Insektensieb vor allem Fanggräben und Fallen.

Viele endo- und ektoparasitisch in bzw. auf anderen Insekten parasitisch lebende Insekten (Schlupfwespen, Raupenfliegen usw.) sammelt man am besten durch Zucht ihrer Wirtstiere. Nur auf diese Weise lassen sich die Wirtsarten der Parasiten mit Sicherheit feststellen, vorausgesetzt natürlich, daß jede Wirtsart in einem besonderen Behälter untergebracht wird und die geschlüpften Parasiten nicht entweichen und in andere Behälter gelangen können. Auch Pflanzenparasiten, wie Gallwespen, Minierer, sammelt man besser durch Abpflücken der reifen Gallen bzw. Minen, die, jede Art gesondert in geschlossenen Behältern zum Schlüpfen gebracht werden.

Parasiten von Vögeln und Säugetieren (*Mallophaga, Anoplura, Suctoria, Diptera Pupipara*) sammelt man entweder von frisch geschossenen Tieren oder (*Mallophaga* und *Anoplura*) von deren Bälgen ab. In beiden Fällen ist sehr darauf zu achten, daß die Parasiten keine Möglichkeit haben, von einer Wirtsart auf die andere zu kriechen, bzw. muß man bei alten Bälgen schon damit rechnen, daß solches Überwechseln früher, sei es im Rucksack des Jägers, sei es auf

dem Tisch des Präparators, stattgefunden haben konnte.
Nestbewohner bekommt man aus den gesammelten Nestern mit Hilfe eines Ausleseapparates.
Näheres über die Fanggeräte findet sich in Katalogen der einschlägigen Geschäfte.

Fanghafte → *Mantispidae*.

Fangheuschrecken → *Mantodea*.

Fangmaske, die mit stark verlängerten, scharnierartig auf die Brust zwischen die Hüften zurücklegbaren Unterkinn und Kinn versehene, vorschnellbare Unterlippe der Odonaten-Larven. Eine im Grunde ähnliche, vorschnellbare Unterlippe haben auch die Käfer der Gattung *Stenus* (vgl. CASEY 1884). (Taf. XXII, Fig. 1, 6).

Fangmethoden im Pflanzenschutz haben den Zweck, den Schädling in Massen abzufangen. Sie können sowohl als → Bekämpfungs- wie auch als → Vorbeugungsmaßnahmen angewandt werden.
Fangbäume sind künstlich durch Ringelung der Rinde geschwächte Bäume, die erfahrungsgemäß vom Borkenkäfer besonders gern befallen werden. Sie werden in entsprechendem Zeitpunkt, vor dem Schlüpfen der Käfer gefällt, geschält, und die Rinde wird verbrannt oder die freigelegte Brut mit chemischen oder sonstigen Mitteln vernichtet.
Fangknüppel, Fangkloben, Fangrinde werden besonders gegen *Hylobius* und *Pissodes* frei oder teilweise in die Erde eingegraben ausgelegt und vor dem Schlüpfen der Käfer vernichtet.
Fanggräben, schmale Gräben mit senkrechten Wänden und mit in gewissen Abständen im Grunde eingegrabenen Blumentöpfen oder ausgehobenen Löchern (sog. „Brunnen") sind zum Abfangen wandernder Insekten, z. B. *Hylobius* im Walde oder Raupen der *Plusia gamma* im Felde, sehr geeignet.
Leimringe (vgl. auch dort) haben sich besonders zum Abfangen der im Frühjahr in die Kiefernkronen hinaufkletternden Raupen des Kiefernspinners sehr gut bewährt.
Fanggürtel, aus Wellpappe, Stroh u. dgl. um die Obstbäume angelegte Manschetten, werden gegen die Obstmade und den Apfelblütenstecher angewandt. Sie werden in geeignetem Zeitpunkt abgenommen und samt den dort versteckten Schädlingen verbrannt.
Fangfeuer und verschiedene Konstruktionen von Fanglampen wurden früher vielfach zum Abfangen schwärmender Nonnenfalter empfohlen.
Fangpflanzen werden zu einem für den Befall durch den Schädling besonders günstigen Zeitpunkt gesät und dann umgepflügt und vernichtet. Der auf den Fangpflanzen konzentrierte Schädling läßt dabei die zu einem anderen Zeitpunkt gesäte Hauptfrucht befallsfrei.

Fangschrecken → *Mantidae*.

Farbensinn, Fähigkeit der Augen, verschiedene Bereiche des Lichtspektrums als gesonderte Reize zu perzipieren. Für die Honigbiene ist ein Farbensehen zwischen 300 und 650 $\mu\mu$ der Wellenlänge in vier Abstufungen, Ultraviolett (300—400), Violett und Blau (400—480), Blaugrün (480—510) und Orangerot-Gelb-Grün (510—650), nachgewiesen.

Farbmuster → Zeichnung.

Farbstoff → Pigment.

Farbwechsel, Auftreten von Farbvarianten einer Insektenart im Zusammenhang mit der Farbe der jeweiligen Umwelt. Ein derartiger → Polychromismus ist bei Puppen der *Pieridae* und vieler Schmetterlingsraupen beobachtet worden. Anderen Charakter hat der chamäleonartige ~ des *Carausius*. Hier ändert ein und dasselbe Einzeltier seine Färbung je nach der Färbung der nächsten Umgebung. In diesem Fall spielt sich wahrscheinlich eine hormonal geregelte Pigmentwanderung ab.

farfarae Koch (*kochi* Schouteden, *pyri* Koch), *Anuraphis*, grüne Birnentaschenlaus, rötliche Apfelblattlaus (*Hom Aphididae*).

farinae De Geer, *Tyroglyphus*, Mehlmilbe (*Acari Tyroglyphidae*).

farinalis Linné, *Pyralis*, Mehlzünsler (*Lep Pyralididae*).

Farnmilbe → *Tarsonemus tepidariorum* Warburton.

fasciata Fabricius, *Stegomyia* (*Aedes aegypti* Linné), Gelbfiebermücke (*Dipt Culicidae*), im warmen Gürtel der Erde verbreitete Art, deren Weibchen (Moskiten) als Zwischenwirte der *Filaari repens* und *F. bancrofti* die Überträger des Gelbfiebers und des Denguerafiebers (7 tägigen Fiebers) sind.

fasciatus Forster, *Brachytarsus*, roter Schildlausrüßler (*Col Anthribidae*).

fasciatus Müller, *Chromoderus*, weißbindiger Rübenrüßler (*Col Curculionidae*).

fasciatus Villiers, *Coraebus* (*C. bifasciatus* Olivier), zweibindiger Eichenprachtkäfer, Eichenringelwurm, 11 bis 13 mm langer, schlanker Prachtkäfer von mattgrüner Färbung, mit 2 zackigen Querbinden auf den Fld. Larve bohrt in jungen Eichenstämmchen und Ästen älterer Eichen einen ringförmigen, tief in den Splint eindringenden Gang, welcher das Ende des im Mark verlaufenden, vom Maitriebe herabsteigenden Ganges darstellt und das schnelle Absterben des darüber liegenden Stammteiles herbeiführt.

fasciatus Bosc d'Antic, *Nosopsyllus*, europäischer Rattenfloh (*Siphonapt*).

fasciculatus De Geer, *Pogonochaerus*, Kiefernzweigbock (*Col Cerambycidae*).

Faserbündelstruktur weist die → Markschicht der Konektive und Kommissuren auf. (→ Glomerulistruktur). Auch → Chitin zeigt diese Struktur in der Cuticula.

Faserkegel, ein Kegel oder Zylinder von faseriger Struktur, welcher in Verlängerung der → Tonofibrillen die Endocuticula durchsetzt.

Faserschicht → Markschicht.

Faulbrut, bakterielle Erkrankung der Bienenlarven.

Fauna, pl. Faunen (lat. Fauna, Gemahlin des myth. Königs von Latium, Faunus, beide nach dem Tode als gute Geister der Wälder verehrt), die Tierwelt eines tiergeographischen Gebietes.

Faunengebiete, Superregionen sind die der Zoosphäre (→ Biosphäre) nächst untergeordneten tiergeographischen Gebiete. Gegenwärtig werden drei ~ angenommen, die → Arctogaea, → Notogaea und → Neogaea.

Federflügler → *Ptiliidae*.

Federlinge, die Mallophagen der Vögel.

Federmotten → *Pterophoridae*.

Feldgrille → *Liogryllus campestris* Linné.

Feldheuschrecken → *Acridioidea* und *Acridiidae*.

Feldmaikäfer → *Melolontha melolontha* Linné (*vulgaris* Fabricius).

felis Bouché, *Ctenocephalides*, Katzenfloh (*Siphonaptera*).

felis Linné, *Felicola*, Katzenhaarling (*Mall Trichodectidae*).

Felsenspringer → *Machilidae*.

Femella (lat. femella, -ae, f., dem. von → femina) → Weibchen.

Femina (lat. femina, -ae, f., das Weib) → Weibchen.

femoralis Linné, *Pedinus*, kleiner Stinkkäfer (*Col Tenebrionidae*).

Femur (lat. femur, -oris, pl. femora, n., Schenkel) → Schenkel.

Fenestra (lat. fenestra, -ae, f., Fensteröffnung), 1. punktförmiges Grübchen oder heller Fleck auf der Oberfläche der Cuticula als äußere Spur einer endoskeletalen → Apophyse. Am häufigsten sind die Fenestrae furcae am Pro-, Meso- und Metasternum (→ Gabel) und die Fenestrae tentorii, nämlich die vorderen F. t. der vorderen Tentoriumarme an den Seitenecken der Clypeusbasis und die hinteren F. t. der hinteren Tentoriumarme neben der Einlenkung der maxillaren Cardines. Seltener kommen die dorsalen F. t. auf der Stirne unweit der Fühlereinlenkung vor, weil die dorsalen Tentoriumarme die Cuticula meist nicht erreichen. (Taf. XXI, Fig. 1,9.) 2. Im Flügelgeäder verschiedener Insekten, vornehmlich bei *Ichneumonidae*, werden kleine Unterbrechungen in den Queradern, bes. in den rücklaufenden Nerven, als ~ bezeichnet. (Taf. XIII, Fig. 2, 3 und Taf. XXIV, Fig. 2.) (Vgl. auch → Thyridium.)

Fenster, membranöse, häutige Bezirke im Scutum zwischen den beiden → Tergalspalten zur Förderung der Biegsamkeit des Scutums. Vgl. auch → Fenestra.

Fensterflügler → *Thyrididae*.

Fensterfraß, eine Art des Insektenfraßes an Blättern, bei dem das Gewebe einseitig bis zur gegenüberliegenden Oberhaut ausgefressen wird. Die letztere, des Blattgrüns beraubt, sieht einer Fensterscheibe ähnlich.

Fenster, tentoriale → Fenestra.

ferrugana Treitschke, *Acalla*, Birkennestwickler (*Lep Tortricidae*).

ferrugineum auct., *Tribolium*, → *Tr. castaneum* Herbst.

ferrugineus Stephens, *Laemophloeus*, Leistenkopfplattkäfer (*Col Cucujidae*).

Ferse → Fersenglied.

Fersenbürste, die in Querreihen an der Innenseite des Basalgliedes der HTarsen der Bienenarbeiterin angeordnete kurze Beborstung. Die ~ dient zum Abstreifen der von den Wachsdrüsen der Hinterleibssternite ausgeschiedenen Wachsplättchen und zum Auskämmen des

Pollens aus der Körperbehaarung, der dann vom → Pecten abgestriegelt und vom Pollenschieber (→ Fersenhenkel) in das → Körbchen geschoben wird. (Taf. III, Fig. 6.)

Fersenglied, Ferse, das vergrößerte, flache Basalglied (Basitarsus) der Hintertarsen der Honigbiene (Arbeiterin), welches an der Innenseite eine → Fersenbürste und an der äußeren Basalecke einen → Fersenhenkel trägt. (Taf. III, Fig. 6.)

Fersenhenkel, Pollenschieber, die eckig vorstehende, am Außenrande kurz bewimperte, basale Außenecke des → Fersengliedes der Honigbienenarbeiterin. Bei Arbeiterinnen von *Bombus* ist der ~ pflockartig, stumpf und dichter behaart. (Taf. III, Fig. 6.)

fertil (lat. fertilis, -e, fruchtbar), fortpflanzungsfähig, fruchtbar. Gegens. → steril.

ferus Mulsant, *Criocephalus* → *C. tristis* Fabricius

festivum Linné, *Eurydema*, Schmuckwanze (*Het Pentatomidae*).

Fettkörper, Corpus adiposum, unregelmäßige, farblose, weiße, gelbe, orangefarbige oder grünliche Ansammlungen größerer und kleinerer Gruppen von → Fettzellen, die in zwei Schichten angeordnet zu sein pflegen, einer inneren visceralen um den Darm herum und einer äußeren parietalen unter dem Integument. Bei Imagines der Holometabola ist diese Schichtung meist undeutlich oder (*Aleurodina*) völlig verwischt. Die einzelnen Lappen des ~ können von einer Tunica propria umgeben sein (*Dytiscus*). Die Zellen des ~ sind meist gegeneinander gut abgegrenzt, seltener (*Collembola, Isoptera*) bilden die einzelnen Lappen des ~ → Syncytien.
Die Hauptaufgabe des ~ beruht auf der Speicherung der Reservestoffe während des Larvenlebens, die dann zur Zeit der Puppenruhe vom Blut aufgenommen und den in der Bildung stehenden Geweben zugeführt werden. Der größte Teil des ~ schwindet am Ende des Puppenstadiums. Die Imagines behalten nur soviel davon, wie zur Produktion der Geschlechtszellen nötig ist. Bei Heterometabolen, welche keine Puppenruhe (und keine Histolyse) durchmachen, ist der ~ auch viel schwächer als bei Holometabolen entwickelt.
Der ~ kann als → Speicherniere fungieren. Es sind entweder einzelne Fettzellen oder sog. → Uratzellen, welche diese Funktion innerhalb des ~ übernehmen. Ein Teil der Fettzellen kann sich auf Beherbergung von Symbionten (z. B. bei Cocciden) spezialisieren, dabei bilden diese Zellen nicht selten gesonderte Zellgruppen, sog. → Mycetome. Bei Larven der *Mycetophilidae* hat der ~ ein Leuchtvermögen entwickelt.

Fettsucht, Gelbsucht, Grasserie, eine Infektionskrankheit der Raupen aus der Gruppe der sog. → Polyederkrankheiten. Die glasig fettglänzenden Raupen werden gelblich bis bräunlich und sterben rasch ab.

Fettzellen, die Zellen des → Fettkörpers sowie zahlreiche im Blut frei flottierende, mit Fetttröpfchen beladene Zellen, die von den Oenocyten abstammen (→ Oenocytoide).

Feuerfalter → *Lycaenidae*.

Feuerkäfer → *Pyrochroidae*.

Feuerwanze → *Pyrrhocoris apterus* Linné.

Feuerwanzen → *Pyrrhocoridae*.

Fibrin (lat. fibra, -ae, f., Faser) → Blutfaserstoff.

Fibula (lat. fibula, -ae, pl. ae, f., Spange, Agraffe, eine durch die Vorhaut des männlichen Gliedes gezogene Heftnadel zur Verhütung der Begattung) → *Sacculus* und → Jugum.

Fichtenschädlinge. Der gefährlichste Schädling der Fichte, meist eine Folgeerscheinung der Kriege und Windbrüche, ist der achtzähnige große Fichtenborkenkäfer (*Ips typographus* Linné), auch Buchdrucker genannt. In seinem Gefolge tritt meistens eine Anzahl anderer Fichtenborkenkäfer auf, vor allem der sechszähnige (*Pityogenes chalcographus* Linné), der zottige (*Dryocoetes autographus* Ratzeburg), der kleine (*Pityophthorus micrographus* Linné), der winzige (*Crypturgus pusillus* Gyllenhal), der Riesenbastkäfer (*Dendroctonus micans* Kugelann), die Fichtenbastkäfer (*Polygraphus poligraphus* Linné, *Hylurgops glabratus* Zetterstedt, *Hylastes cunicularius* Erichson), der Fichtenstammbastkäfer (*Hylurgops palliatus* Gyllenhal) und andere. Die Nonne (*Lymantria monacha* Linné), ein sehr polyphager Schädling (vgl. z. B. → Buchenschädlinge) bevorzugt die Fichtennadeln zum Fraß und verursacht das Absterben der kahlgefressenen Bestände. An Fichtennadeln fressen außerdem die Afterraupen der Fichtenblattwespe (*Lygaeonematus abietinus* Christ), der

Fichtennadelgespinstblattwespe (*Cephaleia abietis* Linné), die Raupen des kleinen und kleinsten Fichtenmarkwicklers (*Asthenia pygmaeana* Hübner und *Semasia nanana* Treitschke), des großen Fichtennadelwicklers (*Argyroploce hercyniana* Treitschke), des Fichtennestwicklers (*Epiblema tedella* Clerck und *E. proximana* Herrich-Schäffer), des Fichtentriebwicklers (*Cacoecia histrionana* Frölich), des rostroten Fichtenwicklers (*Semasia ratzeburgiana* Saxesen) und vieler anderer Kleinschmetterlinge.

Die bekannten „Ananasgallen" an Fichtentrieben werden von zwei Arten von Blattläusen verursacht, der gelblichen und der grünen Fichtenwollaus (*Sacchiphantes abietis* Linné und *S. viridis* Ratzeburg). Ähnliche, aber glattere Galle bildet die Fichtengallenlaus (*Adelges laricis* Vallot).

An Knospen treten manchmal die Fichtenknospengallmücke (*Cecidomyia piceae* Henschel) und die Raupen der Fichtenknospenmotten (*Argyresthia glabratella* Zeller und *A. certella* Zeller) auf.

Rindenfraß mit Harzfluß verursachen oft die Raupen der dunkelbraunen und des olivbraunen Fichtenrindenwicklers (*Laspeyresia duplicana* Zetterstedt und *L. pactolana* Zeller).

An Fichtennadeln saugt die grüne Fichtenblattlaus (*Liosomaphis abietinum* Walker).

Der kleine Fichtenrüsselkäfer (*Pissodes scabricollis* Miller) und der Harzrüßler *Pissodes harcyniae* Herbst) fressen im Käferstadium kleine Löcher in die Rinde junger Triebe, während ihre Larven unter der Rinde lange, geschlängelte Gänge bohren, an deren Ende sie sich in einer mit Fraßspänen ausgepolsterten Puppenwiege verpuppen. Der grüne Fichtenrüsselkäfer (*Polydrosus impar* Gozis) frißt Fichtennadeln.

In Fichtentrieben bohrt die Larve des stahlblauen Fichtentriebstechers (*Magdalis violacea* Linné).

Der kleine schwarze Fichtenrüßler (*Otiorrhynchus ovatus* Linné) kann durch Käfer- und Larvenfraß den Fichtenschonungen arg zusetzen.

An Fichtenwurzeln saugt die Fichtenwurzellaus (*Pachypappa vesicalis* Koch).

In Fichtenzapfen und Fichtensamen leben u. a. die Fichtensamengallmücke (*Plemeliella abietina* Seitner), die Fichtensamenwespe (*Megastigmus abietis* Seitner), der Fichtenzapfenklopfkäfer (*Ernobius abietis* Fabricius), die Fichtenzapfenschuppengallmücke (*Perrisia strobi* Winnertz), der Fichtenzapfenwickler (*Laspeyresia strobilella* Linné) und der Fichtenzapfenzünsler (*Dioryctria abietella* Schiffermüller).

In den Achseln der Fichtentriebe finden sich nicht selten die erbsengroßen, braunen Weibchen der Fichtenquirlschildlaus (*Physokermes piceae* Schrank).

Tief ins Holz gehende Gänge bohren die blaue, gelbe und schwarze Fichtenholzwespen (*Paururus juvencus* var. *noctilio* Fabricius, *Sirex gigas* Linné und *Xeris spectrum* Linné). Flach unter der Stammrinde verlaufen die Larvengänge der Fichtenbockkäfer (*Tetropium castaneum* Linné und *fuscum* Fabricius), während die des Schneider- und Schusterbocks (*Monochamus sartor* Fabricius und *M. sutor* Linné) tief ins Holz dringen. Erwähnenswert ist schließlich auch noch die im Fichtenholz lebende Larve des Fichtenkurzdeckenbocks (*Molorchus minor* Linné).

Die Zahl der Fichtenschädlinge ist damit noch lange nicht erschöpft, nur die wichtigsten und häufigsten konnten genannt werden.

Fiebermücken → *Anopheles.*

filaginis Boyer de Fonscolombe, *Pemphigus*, Pappelblattrippen-Gallenlaus (*Hom Aphididae*), dunkelblaugrüne, zwischen Pappeln (*pyramidalis* und *nigra*) und Kräutern (*Gnaphalium, Filago*) migrierende Art. An Pappeln oberseitige, spindelförmige Blasengalle auf der Mittelrippe der Blätter.

Gegenwärtig heißt diese Art *P. populinigrae* (Schrank).

filiform (lat. filiformis fadenförmig, von filum, -i, pl. -a, -orum, n., Faden) → fadenförmig, bes. von Fühlern. Gegens. → setiform.

Filippi-Drüsen, ein Paar kleiner acinöser Anhangsdrüsen der Speicheldrüse, welche bei Schmetterlingsraupen in die Ausführgänge der Seidenpresse münden.

Filterkammer, Grenzabschnitt der Mittel- und Enddarmschlinge der *Homoptera* (außer *Aphidina*), welcher dem Vorderteil des Mitteldarms eng anliegt und mit ihm zusammen von einer Bindegewebshülle sackartig umschlossen wird. Die anliegenden Wände beider Darmteile sind verdünnt und für Flüssigkeiten durchlässig, so daß diese aus dem Vorderdarm direkt in den Enddarm gelangen können. Die ~ scheint nur den Zweck zu haben, den Mitteldarm vom überschüssigen Wasser der flüssigen Nahrung zu entlasten. (Taf. VI, Fig. 6.)

Filum terminale (lat. filum, -i, pl. -a, -orum, n., Faden, terminalis, -e, adj. endständig, End-) → Terminalfilum.

Filzkammer, das → Atrium der zu → Prothorakalhörnern verlängerten Prothorakalstigmen mancher wasserlebenden Fliegenlarven.

Filzlaus → *Phthirus pubis* Linné.

Finger → Digitus.

Fischchen → *Lepismatidae.*

Fixpunkt, punctum fixum → Ursprung eines Muskels.

Flacherie (lat. flaccus welk, schlaff, franz. flaccidité Schlaffheit) → Wipfelkrankheit.

Flachsblasenfuß → *Thrips linarius* Uzel.

Flachserdflöhe → *Longitarsus parvulus.* Paykull und *Aphthona euphorbiae* Schrank.

Flachsfliege → *Thrips linarius* Uzel.

Flachsknotenwickler → *Conchylis epilinana* Zeller.

Flachswickler → *Cnephasia wahlbomiana* Linné.

Flagellum (lat. flagellum, -i, pl. -a, -orum, n., Geißel, Peitsche, dem. von flagrum, -i, n.). 1. → Fühlergeißel.
2. Im männlichen Begattungsglied eine, auch als Sipho bezeichnete, unpaare oder paarige bzw. nur am Ende gegabelte (Pentatomide *Eusthenes, Col Halyzia 18guttata)* Ausstülpung am Boden des sekundären → Präputialsackes.

flammea Schiffermüller, *Panolis,* Forleule, Kieferneule (*Lep Noctuidae*). 3 bis 3,5 mm spannweiter Falter mit zimtroten,weiß und silbergrau gezeichneten VFl. Raupe grün mit weißen Längsstreifen und 5 Paar Bauchfüßen. Gefürchteter Kiefernschädling, der schon Tausende ha des Kiefernwaldes in Deutschland kahlgefressen hat.

Flankenhaut, membranöser Hautstreifen zwischen dem primären, sklerotisierten → Tergum und dem primären → Sternum.

flava Linné, *Hoplocampa,* gelbe Pflaumensägewespe (*Hym Tenthredinidae*).

flavago Schiffermüller, *Xanthoecia* (gegenw. = *Gortyna ochracea* Hübner), Markeule, Kartoffeltriebmotte (*Lep Noctuidae*).

flavescens Fabricius (gegenw. = *solani* Kaltenbach), *Chlorita,* hellgrüne Zwergzikade, Reben-, Tee- oder Kartoffelzikade (*Hom Jassidae*).

flavipes Fallen, *Amaurosoma,* Timotheefliege (*Dipt Scatomyzidae*).

flaviventris Retzius, *Neurotoma,* gesellige Birnblattwespe (*Hym Tenthredinidae*).

flavus (Fabricius), *Lasius,* bräunlichgelbe Wiesenameise (*Hym Formicidae*).

flavus Schrank, *Thrips,* falber oder heller Blasenfuß (*Thysan Thripidae*).

Flechtenspinner → *Lithosia* spp. und verwandte, auch *Oenistis quadra* Linné (*Lep Arctiidae, Lithosiinae*).

Flechtenfresser → Lichenophaga.

Fleckenfalter → *Nymphalidae.*

Fleckmine, Stigmatonomium, eine von der Eintrittsstelle gleichmäßig nach allen Seiten ins Blatt ausgenagte Mine. Auf diese Weise minieren bes. die Raupen der Sackträgermotten (*Coleophoridae*).

Fledermausläuse → *Streblidae* und → *Nycteribiidae.*

Fleischfresser, Sarcophaga, Carniphaga, Carnivora sind zoophage Insekten, die vom Körpergewebe ihrer Nahrungsspender, aber nicht von deren Erzeugnissen wie Horn, Wachs, Exkremente und Exkrete leben. Die ~ sind entweder Jäger (Venatoren, auch Räuber, Prädonen genannt), wenn sie die Beute selbst machen, oder → Zoonecrophagen, wenn sie sich von frischen vorgefundenen Leichen der Tiere ernähren.

Flexor (lat. flecto, -ere, -exi, -ectum, beugen, krümmen) → Beugemuskel.

Fliederblattrüßler → *Otiorrhynchus rotundatus* Siebold.

Fliedergallmilbe → *Eriophyes löwi* Nalepa.

Fliedermotte → *Gracilaria syringella* Fabricius.

Fliege, grüne → *Lygus pabulinus* Linné.

Fliege, schwarze → *Heliothrips harmorrhoidalis* Bouché.

Fliegen → *Diptera.*

Fliegenblumen, Dipterenblumen, Blumen, welche besonders gern von Fliegen besucht werden, sei es ihres Aasgeruchs (→ Aasfliegenblumen), sei es anderer → Lockstoffe wegen. Vielfach hängt der Besuch mit der Bestäubung der Blumen zusammen, welche, wie z. B. *Arum maculatum, Aristolochia clematitis, Pinguicula,* viele *Asclepiadaceae* usw., die Fliege einschließen und so lange gefangen halten, bis die Bestäubung erfolgt ist.

Fliegenböckchen → *Leptidea brevipennis* Mulsant.

Fliegen, spanische → *Meloidae*.

Flocculus (lat. dem. von floccus, -i, m., Flocke, Locke), lange Haarbüscheln an den Hüften und Trochanteren der Hinterbeine bei solitären, beinsammelnden Apiden. Sie dienen, wie die → Körbchen der Honigbiene, zum Transport des Pollens.

Flöhe → *Siphonaptera*.

Flohkrauteule → *Polia* (*Mamestra*) *persicariae* Linné.

floralis Fallen, *Hylemyia*, Rettichfliege, große Kohlfliege (*Dipt Muscidae*).

Florfliegen → *Chrysopidae*.

florum, Fabricius, *Opomyza*, Grasfliege (*Dipt Opomyzidae*), Larve an Getreide, schädlich durch Ausfressen des Herzblattes, vielfach zusammen mit der Fritfliege.

fluctuata Treitschke, *Larentia*, Meerrettichspanner (*Lep Geometridae*).

Flügel, Alae, → Extremitäten des aërischen → Ortswechsels der Insekten. Es sind Ausstülpungen der Flankenhaut zwischen dem SRande des Notums und dem Oberrande der Pleure des Meso- und Metathorax. Ihre Vorstufen sind nach herrschender Meinung die Meso- und Metathorakalen → Paranota, die sich durch Verschmälerung ihrer Wurzel vom Thorax abgeschnürt haben. Der Hohlraum der ~ kommuniziert mit der Leibeshöhle und empfängt von ihr aus Tracheen, Nerven und Blut. Bei Schmetterlingen verwachsen die beiden Lamellen der ~ frühzeitig durch Verschmelzung ihrer Hypodermisschichten, welcher ein Schwund der zuvor zu einer → Mittelmembran verschmolzenen Basalmembranen vorangeht. In diesem Fall werden die ~ frisch geschlüpfter Schmetterlinge durch Einpumpen des Blutes gestreckt, nicht aufgebläht, wie dies bei Fliegen und Käfern der Fall ist. Auch im ~ der *Blattaria* schwindet die Hypodermis.

Die Tragfläche der ~ wird durch Längs- und Quernerven verstärkt, die gleichzeitig tracheen-, nerven- und blutführende Bahnen darstellen.

Man unterscheidet am ~ die → Tragfläche und das → Axillarfeld. Die drei Ränder des ~ sind der → Vorderrand, der → Außenrand und der → Hinterrand. Die beiden mehr oder weniger abgerundeten Ecken sind die mehr spitzwinkelige → Flügelspitze und die weitwinkelige → Analecke. Der bei ausgespanntem ~ zwischen seinem Vorderrande und dem Thorax entstehende Winkel wird als → Achsel bezeichnet.

Bei primitiven Fliegern, welche ihre ~ in Ruhestellung nicht nach hinten zurücklegen (*Ephemerida*, *Odonata*), sitzen die ~ mit ihrer breiten Basis dem Thorax auf, während bei perfekten Fliegern die FlWurzel stark verengt ist (*Hymenoptera*, *Diptera* u. a.).

Bei *Saltatoria*, *Phasmida*, *Mantodea*, *Blattaria*, *Dermaptera*, *Coleoptera*, *Heteroptera* und *Cicadina* sind die VFl zu mehr oder weniger stark sklerotisierten, derben → Flügeldecken oder → Halbdecken verwandelt. Bei Männchen der *Strepsiptera* sind sie zu halterenartigen Stummeln verkümmert.

Die bei primitiven Insekten an Größe die VFl überragenden HFl neigen schon bei *Ephemerida* zur Reduktion und sind bei allen höheren Insekten mit Ausnahme der Käfer kleiner als die VFl. Bei *Diptera* sind sie zu stummelartigen → Halteren verkümmert. Auch bei Männchen der *Coccidae* sind sie rudimentär, lappenartig und mit den VFl mittels gekrümmter Häkchen verbunden.

Bei Vorhandensein zweier flugfähiger FlPaare werden die V- und HFl im Fluge entweder einfach aneinander gedrückt (*Odonata Anisoptera*, *Neuroptera*, *Planipennia*, *Ephemerida*), indem der HRand des VFl über den VRand des HFl zu liegen kommt, oder sie werden mittels eines → Flügelverschlusses zu einer gemeinsamen Tragfläche verkoppelt. Bei *Odonata Zygoptera* mit stielartigen FlWurzeln fällt jede Verbindung weg. In der Regel sind die VFl die aktiven und die HFl die passiven Flugorgane, indem die ersteren die Luft schneiden und Antrieb geben und die letzteren als Tragflächen im mechanischen Sinne wirken. Bei Insekten, deren VFl zu FlDecken oder Halbdecken umgewandelt sind (vgl. oben), kommt es in den HFl zu einer Differenzierung des aktiven Costal- und passiven Analfeldes. Bei gewissen *Saltatoria* mit rudimentären VFl ahmt das Costalfeld der HFl auch in der Sklerotisierung die fehlenden VFl nach.

Funktionell und morphologisch gleichwertige V- und HFl haben *Odonata Zygoptera, Thysanoptera, Isoptera, Embiodea, Zoraptera, Neuroptera* und *Panorpatae*, die sämtlich als schwache Flieger zu bezeichnen sind. Der Grad der Ausbildung beider FlPaare kann bei ein und derselben Art zwischen → Macropterie, → Brachypterie und → Apterie variieren. Abgesehen von den alaten und apteren Formen des Generationswechsels der *Aphidina*, kommt alternative und zu einem gewissen Grade fluktuierende Variabilität der FlAusbildung besonders häufig bei *Thysanoptera*, *Saltatoria* und *Heteroptera* vor.

Verkleinerung der Flügelmembran und Ersatz der Tragfläche durch Fransenbildung kennzeichnet viele von den kleinsten Fluginsekten, vor allem die *Thysanoptera, Mymaridae* und *Trichopterygidae*. Bei *Orneodidae* und *Pterophoridae* sind die Fl durch tiefe Einschnitte in 2—3 (*Pterophoridae*) oder 6 (*Orneodidae*) fingerartige Lappen geteilt. Fransenbildung ist sonst in schmalen HFl vieler Kleinschmetterlinge häufig. (Taf. X—XIII und Taf. XXIX.)

Flügeladern sind sklerotisierte Längs- und Querfalten der oberen, unteren oder beider Flügellamellen, welche zusammen ein mehr oder weniger dichtes Netzwerk des Flügels, das → Flügelgeäder bilden. Den röhren- bzw. halbröhrenförmigen Hohlraum der Längsadern durchzieht während der Entwicklung des Flügels eine Trachee und ein Nerv. Die ~ dienen einerseits zur Verfestigung der FlMembran, andrerseits schützen sie ihre Tracheen und Nerven, und ihr Hohlraum bildet zugleich die Blutbahn des Flügels (→ Flügelvenen). Die Enden der Längs- und viele Queradern sind solide Bildungen ohne Lumen. (Taf. X—XIII und Taf. XXIX.)

Flügeldecken, Deckflügel, Elytrae, Tegmina, das erste, sklerotisierte FlPaar, welches in der Ruhelage die auf dem Rücken zusammengefalteten membranösen HFl bedeckt. Sie sind bei Käfern mit Ausnahme eines kleinen → Schüppchens sklerotisiert und lassen kaum noch Spuren einer ursprünglichen Aderung erkennen. Bei Blattarien sind die Adern noch gut kenntlich. Bei den ersteren sind die ~ ganz flugunfähig und bleiben z. B. bei *Cetoniinae* auch während des Fluges auf dem Rücken liegen, indem sie durch Ausbuchtungen ihres Seitenrandes das Gelenk der HFl frei lassen. Die ~ der Käfer werden als Elytrae bezeichnet. Sie sind vielfach, besonders bei *Staphylinidae* mehr oder weniger stark verkürzt, wodurch eine dreifache Einfaltung der HFl erforderlich wird, um sie unter den Fld zu verbergen. Die ~ der Käfer bedecken auch den weichen Rücken des Hlbs und das Meso-Metanotum. Nicht selten verwachsen die ~ längs der → Flügeldeckennaht miteinander. Bei Dytisciden bildet der Hohlraum zwischen den ~ und dem Hlb einen Speicherraum für die Atemluft.

Bei *Saltatoria, Blattaria, Mantodea, Phasmida* und *Dermaptera* werden die schwach sklerotisierten ~ als Tegmina bezeichnet. Ihre Aderung ist entweder deutlich (*Saltatoria, Phasmida, Mantodea*) oder doch kenntlich (*Blattaria*) erhalten, und sie bilden bei den ersteren aktive Flugorgane. In den kurzen ~ der *Dermaptera* fehlt jede Spur von Adern. Auch bei vielen *Cicadina* sind die VFl stärker sklerotisiert als die HFl. Die nur teilweise stärker sklerotisierten ~ der *Heteroptera* werden als → Halbdecken bezeichnet.

Flügeldeckennaht, die bei zusammengelegten Fld der Käfer entstehende Berührungslinie ihrer Hinterränder, die miteinander auf Nut und Feder verfalzt oder bei flügellosen Arten verwachsen sein können.

Flügeldreieck, Triangulum, eine nahe der Flügelwurzel der *Odonata Anisoptera* in beiden FlPaaren auftretende dreieckige Zelle zwischen m_4 und cu_1. Durch einige Queradern ist das ~ in 3—4 kleinere Zellen geteilt. Im Gegensatz zum → Analdreieck der HFl richtet sich die Länge des ~ nach der FlSpitze. Bei fossilen Odonaten fehlt das ~ (+*Protodonata*) oder ist vom → Arculus weit abgerückt (+*Aeschnidiidae*) und entweder leer oder von einem Adernetz ausgefüllt. Das ~ bildet zusammen mit dem → Supratriangularraum die → Kardinalzelle. Bei *Odonata-Zygoptera* ist das ~ durch ein → Flügelviereck ersetzt. (Taf. X, Fig. 3.)

Flügelgeäder, Flügelnervatur, das aus → Längs- und → Queradern gebildete Gerüst der häutigen Tragfläche der Fl. Das ~ geht auf 8 Längsadern, nämlich auf die → Costa, → Subcosta, → Radius, → Media, → Cubitus, → Postcubitus, → Analis und → Jugalis zurück. Die ersteren 4 entspringen aus der vorderen, die übrigen aus der hinteren → Flügeltrachee. Die Längsadern können sich in ihrem distalen Verlauf gabeln, was besonders für den Radius, die Media und den Cubitus zutrifft. Die Äste des Radius werden als → Radialsektoren bezeichnet. Nicht selten verschmelzen die Stämme der benachbarten Längsadern miteinander, wie z. B. die Costa und Subcosta sowie Radius und Media im Fl der *Hym Apocrita*, Radius, Media und Cubitus im Fl der *Psyllina* und *Aphidina*, Media und Cubitus im Fl der *Corrodentia* oder Subcosta, Radius und Media im Fl der *Chalcididae*. Getrennt verlaufende, selbständige Längsadern können stellenweise miteinander verschmelzen (→ Anastomose). Nicht selten kommt auch eine Verschmelzung der Spitzen benachbarter Längsadern vor, wie z. B. die des Radius mit dem ersten Radialsektor bei vielen Bienen, der Analis und Axillaris im VFl gewisser *Corrodentia* (→ Nodulus), der ersten (nach anderen Aut. Cubitus) und zweiten Analis im VFl der *Hym Symphyta* (→ lanzettförmige Zelle) oder des 2. Cubitus mit der 1. Analis im Fl der *Stratiomyidae* usw. Durch knieförmige Brechung der Media zum Vorderrand im Fl der *Muscidae* entsteht die sog. → Spitzenquerader.

Bei Schmetterlingen fällt der Media-Stamm in beiden Fl aus oder ist ganz schwach innerhalb der → Zelle angedeutet, während seine Äste stets gut ausgebildet sind.

Eine eigenartige Bildung stellt die → Aderkreuzung im Odonatenflügel dar.

Durch Queradern, Anastomosen und Endverbindungen der Längsadern entstehen die → Zellen des ∼.

Im primitiven Fl, unter recenten Insekten bei Odonaten und Saltatorien, füllt den Raum zwischen den Längsadern ein unregelmäßiges → Zwischengeäder, aus dem sich die Queradern der fortgeschrittenen Fl herausdifferenzieren. Zahlreiche Queradern finden sich bei *Ephemerida*, *Perlaria*, *Megaloptera* und *Planipennia*. Bei perfekten Fliegern wie die Hymenopteren und Dipteren findet eine Reduktion der Anzahl der Queradern bis auf einige wenige statt. (Vgl. auch → Flügeladern.)

Die Adern werden gewöhnlich mit kleinen, die Zellen mit großen Anfangsbuchstaben ihrer Namen bezeichnet.

Eine Homologisierung der einzelnen Adern nach dem Comstock-Needhamschen Schema (American Naturalist, 32, 1898) ist noch nicht für alle Insektenordnungen durchführbar. Aus diesem Grunde sind gleichnamige Adern nicht immer einander homolog. (Taf. X—XIII und Taf. XXIX.)

Flügelgelenk, die Verbindung des Flügels mit dem Thorax findet im → Gelenkfeld des Fl statt und erfolgt durch einige → Flügelgelenkstücke sowie durch den → Flügelgelenkkopf der Pleuralleiste, die beiden → Tergalhebel und den hinteren → Gelenkfortsatz. (Taf. X, Fig. 2 und Taf. XXX, Fig. 8.)

Flügelgelenkkopf, ein knopfförmig endigender Fortsatz der Pleuralleiste, welcher in eine Grube des ventralen Sklerit des 2. Axillare (→ Pteralia) hineinpaßt und die Hauptstütze des Flügels bildet. Bei *Lepidoptera* fehlt der ∼ (→ Pleuralleiste). (Taf. XXX, Fig. 2.)

Flügelgelenkstücke, kleine Sklerite des → Gelenkfeldes der Fl, welche als Insertion für die Flugmuskeln dienen und die Bewegung der Fl ermöglichen. Sie bestehen aus einer → Humeralplatte, je 2 → Tergal- und → Pleuralgelenkstücken und gewöhnlich aus 3 → Pteralia.

Flügelhäkchen → Frenalhäkchen.

Flügelhaltung, die Art und Weise, wie die Flügel im Sitzen und Gehen gehalten werden, ist für die Insektenordnungen ziemlich konstant und läßt sich wie folgt übersichtlich darstellen:

I. Beide Flügelpaare ungefaltet, höchstens das kleine Analfeld einmal umgeschlagen.

1. Flügel senkrecht über dem Körper zusammengeklappt: *Ephemerida*, *Odonata*, *Rhopalocera*.

2. Flügel dachförmig nach hinten zurückgelegt: *Corrodentia*, *Aphididae*, *Psyllidae*, *Rhaphidides*, *Planipennia*, *Psychodidae*.

3. Flügel flach auf dem Rücken zurückgelegt: *Thysanoptera*, *Embiidaria*, *Zoraptera*, Männchen der *Coccidae*, *Hymenoptera Apocrita* mit Ausnahme der *Vespidae*, *Diptera*, *Panorpatae*, selten *Coleoptera* (z. B. *Ptiliidae*), bes. brachyptere Arten.

II. Hinterflügel mehrfach längsgefaltet, Vorderflügel meist mit nur einmal um-

geschlagenem Analfeld oder ganz glatt. 1. Flügel dachförmig nach hinten zurückgelegt: *Cicadina, Megaloptera, Trichoptera,* die meisten *Lepidoptera, Saltatoria.*
2. Flügel flach auf dem Rücken zurückgelegt: *Perlaria, Blattaria, Mantodea, Hymenoptera Symphyta, Vespidae* (Faltenwespen!), viele *Noctuidae,* selten *Coleoptera.*
III. Hinterflügel mehrfach längs- und 1—2mal quergefaltet, flach auf den Rücken zurückgelegt: *Dermaptera, Coleoptera* (mit wenigen Ausnahmen), *Heteroptera.*
Die Ruhelage der Fl hängt von der Ausbildung und Differenzierung der → Flügelgelenkstücke und ihrer Muskulatur ab. Die Längs- und Querfaltung erfolgt automatisch einerseits durch entsprechende Verbindung der Längsadern mit den Gelenkstücken, andrerseits durch Gelenkbildung im Verlauf der Längsadern und vorgebildete Längs- und Querfalten der FlMembran.

Flügelkoppelung → Flügelverschluß.

Flügellappen, Basallappen, Wurzellappen, ein vom → Analfelde des Fl durch mehr oder weniger tiefen Randeinschnitt abgegrenzter, lappen- oder zungenförmiger Teil der FlMembran. Einen ~ haben alle *Diptera,* die meisten *Hymenoptera, Coleoptera, Heteroptera.* Bei Hymenopteren wird er meist als Basallappen bezeichnet. Bei alten Autoren (Schiner) trägt der ~ die Bezeichnung Afterläppchen, während als „Flügellappen" das ganze → Analfeld des Flügels bezeichnet wird, welches vom Costalfelde auch meist durch eine seichte Einkerbung am Rande abgegrenzt wird.
Basalwärts folgt auf den ~ bei vielen Fliegen das → Flügelschüppchen. (Taf. XIII, Fig. 11.)

Flügelligament (lat. ligamentum, -i, pl. -a, -orum, n., Band, Binde), Frenulum squamulare, → Frenulum.

Flügellosigkeit → Apterie.

Flügelmal, Prerostigma, ein sklerotisiertes, meist dunkles, selten weißes (*Myrmeleon*) oder durchsichtiges Feld zwischen dem Endteil des Radius und der Costa. An der Basis meist von der Endgabel der Subcosta begrenzt und ein Scharniergelenk im Verlauf des Radius und Costa bildend, stellt das ~ ein wichtiges Element der Versteifung des Flügelvorderrandes bei gleichzeitiger Erhaltung der Biegsamkeit seines distalen Teiles während des Niederschlags der Flügel im Fluge. Das ~ ist klein und vielfach zweizellig bei Odonaten, groß oval oder halbrundlich bei Corrodentien, länglich breit bei Aphididen, sehr variabel bei Hymenopteren. Bei *Ephemerida, Orthoptera, Perlaria, Coleoptera, Diptera, Rhynchota* (ausgenommen *Aphidina*), *Neuroptera* (im weiten Sinne), *Trichoptera* und *Lepidoptera* fehlt ein ~ in der Regel. Von diesen Ordn haben ein ~ die *Tineidae, Hyponomeutidae, Bibionidae, Syrphidae, Tipulidae,* gewisse *Cicadina* und *Psyllina.* In beiden FlPaaren tritt ein ~ nur bei *Odonata,* bei der amerikanischen Blattide *Hypercompsa,* bei *Planipennia* (*Mantispa, Myrmeleon*), bei *Panorpatae* (exotische Arten) und *Rhaphidides* sowie bei gewissen *Braconidae.* (Taf. XI, Fig. 8 und Taf. XIII, Fig. 2, 3.)

Flügelmuskeln, segmental-paarig an der Wand des → Rückengefäßes angreifende fächer- oder wimpelförmige Muskelbänder. Sie treten in der Regel nur im Bereich des Hinterleibs auf, kommen aber nicht selten (z. B. *Blattaria*) auch innerhalb des Thorax vor. Die ~ sind in die bindegewebige Masse des → Pericardialsaeptums eingebettet und entspringen am Tergum des Integuments. Die ~ wirken als Antagonisten der ringförmigen Muscularis der Herzwand und bewirken die Diastole des Rückengefäßes. (Taf. VI, Fig. 5.)

Flügelschloß → Flügelverschluß.

Flügelschüppchen, Jugum, Antitegula, bei ausgespanntem Fl das äußere, in der Ruhelage das obere der beiden → Schüppchen des Dipterenflügels. Es liegt zwischen dem → Thorakalschüppchen und dem → Flügellappen. Im Gegensatz zum Thorakalschüppchen gehört es ganz zur Flügelmembran und wird im Fluge mit dem Flügel bewegt. (Taf. XIII, Fig. 11.)

Flügelschuppen → Tegula.

Flügelspannung, Flügelspannweite ist die Entfernung der FlSpitzen voneinander bei ausgespannten Flügeln. Die ~ wird in der Taxonomie der Schmetterlinge als Maß allein oder neben der Körperlänge angegeben. Neuerdings wird die ~ weniger gebraucht, weil sie zu sehr von der Art der Spannung der Schmetterlinge mit mehr oder weniger nach vorn gerückten Fl abhängig ist und infolgedessen kein zuverlässiges Maß darstellt.

Flügelsperrdorne, zwei Reihen nach innen gebogener, kräftiger Dorne auf dem Hinterleibsrücken der *Thysanoptera.* Sie bilden eine Art von Klammern zum Halten der Flügel in der Ruhelage. Durch schlängelnde Bewegung der Hinterleibsspitze nach oben werden die Fl aus den ~ befreit und in die Flugstellung gebracht.

Flügelspitze, Apex alae, der äußerste Vorderwinkel des Vorderflügels.

Flügelsprung, sprungartiges Überfliegen kurzer Entfernungen. Der ~ ist häufig nur ein mehr oder weniger verlängerter Startsprung. Im ~ bewegen sich viele schwache Flieger, wie gewisse Fliegen (Fritfliege u. a.), Blattläuse, Thysanopteren, Chalcididen, Proctotrupiden usw.

Flügeltrachee, vordere und hintere ~, trachea alaris anterior und posterior, zwei Äste der → Beintrachee, die am Grunde der Flügel weitere Zweige in die Längsadern abgeben. Sie sind den → Tracheae paranotales der Apterygota homolog. Bei *Odonata, Blattaria, Hemiptera* und *Diptera* verschmelzen häufig beide ~ zu einem bogenförmigen Tracheenstamm des Flügels, aus dem hintereinander die Längsaderäste abzweigen. Die Trennung in zwei Äste ist wahrscheinlich sekundär, wofür die ungleichmäßige Verteilung der Längsadern auf die beiden Äste der ~ spricht. So ist die vordere ~ bei *Ephemerida* costo-subcostal, bei *Saltatoria, Coleoptera, Hymenoptera* und *Rhaphidides* costoradial und bei *Periplaneta, Perlaria* u. a. costomedial. (Taf. X, Fig. 1.)

Flügelvenen, die in den Flügeln liegenden Blutadern, welche in die → Dorsalampullen münden und die Fl mit Blut versorgen. Bei *Nepa* und *Hippobosca* haben sie eigene Pulsierungsfähigkeit.

Flügelverschluß, Flügelschloß, Flügelkoppelung, Bindevorrichtungen der Flügel, Vorrichtungen zum Zusammenkoppeln der Vorder- und Hinterflügel beim Fluge. Bei *Lepidoptera* ist es das → Jugum oder → Frenulum und → Retinaculum, bei *Hymenoptera* und *Aphidina* die → Frenalhäkchen. Bei *Corrodentia* und *Heteroptera* befindet sich ein eigenartiger ~ am Nodulus bzw. an der hinteren Außenecke des Corium. Bei Corrodentia außerdem ein → Pterostigmaschloß.

Flügelviereck, Quadrangulum, eine viereckige Zelle am Grunde der Fl der *Odonata Zygoptera.* Sie liegt zwischen den Längsadern m_4 und cu_1 dicht hinter der stielartigen Flügelwurzel und entspricht dem Flügeldreieck und dem Supratriangularraum der *Anisoptera.* (Taf. X, Fig. 5.)

Flügelzellen, die von Längs- und Queradern umgrenzten Bezirke der Flügelmembran. Ihre Benennung richtet sich nach den sie vorne begrenzenden Längsadern.

Flug, Bewegung und → Ortswechsel in der Luft mittels der Flügel. Die Insekten sind die ältesten Flugtiere und haben den ~ zu einer von keiner anderen Tiergruppe erreichten Vollkommenheit entwickelt. Bei ursprünglichen Insekten (*Odonata*) ist die → Fluggewandtheit schon sehr hoch ausgebildet, und bei *Diptera* und *Hymenoptera* hat sie ihren gegenwärtigen Höchstpunkt erreicht. Die Odonaten sind, wie die Mauersegler, echte Flugtiere, die sich auf dem Erdboden nicht mehr behende fortzubewegen vermögen, während die Dipteren, Hymenopteren u. a. Fluginsekten auch gute Fußgänger sind. Die → Flugbereitschaft, → Fluggeschwindigkeit und → Fluggewandtheit sind bei verschiedenen Insektengruppen sehr verschieden, je nachdem, ob die Tiere durch ihre Lebensweise mehr auf den Gebrauch der Flügel oder den der Beine angewiesen sind. Damit hängt auch z. T. die Ausbildung gewisser → Flugtypen zusammen.

Flugausdauer, die Länge der ohne Ruhepausen zurücklegbaren Flugstrecke, ist bei Insekten noch wenig erforscht. Die Wanderheuschrecke vermag einige 100 km ohne Ruhepausen zu überfliegen.

Flugbereitschaft, die Schnelligkeit des Auffliegens (→ Abflug), ist bei Insekten im allgemeinen sehr groß, da sie meistens ohne → Startsprung erfolgt. Viele Käfer sind schwerfällige Starter, und es sind bei ihnen offensichtlich die schweren Panzer ihrer Flügeldecken, welche den Start erschweren. Viele Käfer können nur auffliegen, wenn sie sich frei herabfallen lassen (z. B. der Maikäfer).

Fluggeschwindigkeit. Die Stunden/km-Geschwindigkeit des Insektenfluges schwankt zwischen 2,16 km bei einem schlechten Flieger (*Chrysopa*) und 48 km bei einem guten Flieger (*Sphingidae*). Eine Libelle fliegt 14—36, ein *Bombus* 10—18, ein Maikäfer 8—11 und ein Kohlweißling 6,5—8 km die Stunde. Der Kurzstrecken-Zickzackflug gewisser Fliegen (*Syrphidae*) scheint eine Höchstleistung mit 50—60 St/km (etwa 15 sek/m) zu erreichen. Vgl. auch → Frequenz.

Fluggewandtheit, Vereinigung der Flugsteuerung mit der Geschwindigkeit des Fluges. Zu den gewandtesten Fliegern gehören die Dipteren und die Odonaten. Viele Fliegen sind Meister im Zickzackflug, wobei sie Wendungen von fast 360° leicht ausführen. Auch die Odonaten können plötzlich aus dem Vorwärtsflug in den Rückwärtsflug übergehen. Manche Hymenopteren, z. B. *Bombus*, sind Meister im → Pendelflug.

Fluginsekten → *Pterygota*.

Flugloch, eine Öffnung, durch welche die Imago ihre Brutstätte im Innern eines Pflanzenteils verläßt. Als ~ wird auch der Ausgang eines Baues sozialer und solitärer Bienen bezeichnet.

Flugmechanik, die Art und Weise der Flügelbewegung, hängt von der Ausbildung der → Flügelgelenkstücke und ihrer Muskulatur, von den tergalen und den pleuralen Gelenkfortsätzen, von den → Flugmuskeln und von der Ausbildung des Flügels samt seinem → Flügelgeäder ab. Die Bewegungen des Flügels gliedern sich in die Vorwärtsbewegung, d. h. in die → Abflugstellung, den Aufschlag und Niederschlag während des Fluges und die Rückwärtsbewegung beim Zurückschlagen der Flügel in die Ruhelage (→ Flügelhaltung). Die Vorwärtsbewegung und Spannung der Flügel erfolgt in der Hauptsache durch drei Muskelbündel, welche am Basalare (→ Episternalgelenkstück) angreifen und an der Pleure, am Sternum und am Basalrande der Hüfte hinter ihrem Pleuralgelenk entspringen. Das vor dem Pleuralgelenk des Flügels am Grunde der Costa und dicht hinter der → Humeralplatte liegende Basalare zieht den Costalrand auf Grund der Hebelwirkung nach vorn. Währenddem dreht sich die Flügelwurzel auf dem pleuralen → Flügelgelenkkopf. Den Aufschlag bewirken die → Dorsoventralmuskeln und der äußere dorsolaterale Längsmuskel als indirekte und der Epimerocoxalmuskel als direkter Flugmuskel. Letzterer greift an dem jenseits des pleuralen Flügelgelenkkopfes gelegenen → Subalare (Derivat des Epimeron) und zieht es nach unten. Die Rückwärtsbewegung des Flügels in die Ruhelage erfolgt zunächst automatisch nach Erschlaffung der Extensoren durch elastische Wirkung der Längsadern und der Längsfalten und wird durch den epimero-subalaren Flexor weitergeführt.

Flugmuskeln, Muskeln des Meso- und Metathorax, die direkt oder indirekt die Flügel bewegen. Direkte ~ sind die → Pleuralmuskeln des → Basalare (Senker) und → Subalare (Heber). Als indirekte ~ wirken die dorsalen Längsmuskel, nämlich der innere (dlm_1) als Senker und der äußere (dlm_2) zusammen mit den sechs Zügen der Dorsoventralmuskeln als Heber des Flügels, durch Wölbung bzw. Abflachung des Tergums. Der dlm_2 hat seine besondere Aufgabe im Aufrichten des Costalrandes durch Zurückziehen des Tergums, dem das vordere → Tergalgelenkstück folgt. Dorsale Längsmuskeln fehlen den *Odonata* (→ Längsmuskeln), bei welchen die Flügel nur von den direkten ~ bedient werden. Bei *Acridiidae, Megaloptera* und *Panorpatae* sind die dorsalen Längsmuskeln, vor allem aber der indirekte Senker dlm_2, verstärkt. Die Verstärkung des dlm_1 ist meist mit einer Abschwächung des dlm_2 und einer Verstärkung der dvm_{1-6} verbunden.

Flugsteuerung, mehr oder weniger plötzliche Änderung der Flugrichtung, erfolgt bei Insekten nur durch Änderung der Flügellage. Die Haltung des Hinterleibs und der Beine haben auf die ~ wahrscheinlich keinen Einfluß.

Flugton, das durch die Schwingungen der Flügel erzeugte Geräusch. Man unterscheidet den Hauptflugton, welcher direkt durch die Schwingungen der Fl erzeugt wird, und den Nebenflugton, welcher von den Schwingungen der Thoraxwände herkommt und auch bei amputierten Flügeln hörbar ist.

Flugtypen. Je nach der → Fluggewandtheit unterscheidet man verschiedene ~ bei Insekten, so den geraden Flug, den Zickzackflug vieler Fliegen, Schwirrflug der Sphingiden u. a., Schwebeflug der Schmetterlinge, die häufig auch einen Flatterflug fliegen, den Pendelflug der Hummeln, den Segelflug vieler Schmetterlinge, vor allem der *Rhopalocera* usw.

Foenidae Kirby → *Gasteruptionidae*.

folliculorum Simon, *Demodex*, Haarbalgmilbe (*Acari Demodicidae*).

Follikel (lat. folliculus, -i, m., Sack, Schlauch, Ballon) → Eikammer, auch → Hodenfollikel.

Follikelepithel, mesodermales, einschichtiges Zylinderepithel, welches um die jungen, in das → Vitellarium proliferierten → Ovocyten von Follikelzellen gebildet wird. Das ~ versorgt in panoistischen → Eiröhren die Eizelle mit Nahrungsdotter. Das ~ des letzten Follikels bildet die → Eischale (Chorion). (Taf. XV, Fig. 3.)

Fontanelle (lat. dem. von fontana, -ae, f., Quelle), ein heller, rundlicher, flach gewölbter Fleck aus verdünnter Cuticula inmitten der Stirn bei Soldaten gewisser Termitenarten. Bei Geschlechtstieren tritt die ~ als eine wie der Kopf gefärbte kleine Warze am Grunde einer flachen Vertiefung oder (*Spinitermes*) als ein länglicher Schlitz auf. Die ~ stellt die Mündung der unpaaren → Frontaldrüse vor.

Foramen magnum (lat. foramen, -inis, n., Öffnung), F. occipitale, → Hinterhauptsloch.

Forbicinida Leach 1815 (nach der Gatt. *Forbicina* Burmeister nec Geoffroy, = *Teutonia* Verhoeff) → *Machilidae* Grassi.

Forceps (lat. forceps, -cipis, pl. forcipes, -cipum, m., Zange), paarige, zangenartige Anhänge am → Begattungsglied, die meist → periphallischen, bei Dipteren aber segmentalen Ursprungs sind. Sie entstammen den Coxiten + Styli des 9. Segments. Diese Bezeichnung wird heute vermieden, weil sie auf verschiedene analoge Bildungen Bezug nimmt.

Forellsche Flasche → Sinnesflasche.

forficalis Linné, *Pionea*, Kohlzünsler (*Lep Pyralididae*). 26 mm spannweiter Schmetterling mit hell ockergelben Fl und 4 dunkleren Querbinden an VFl. Raupe in einem lockeren Gespinst unterseits der Kohlblätter, Lochfraß verursachend.

Forficulidae Stephens 1829, Ohrwürmer (Abb. 113), Fam der Ordn *Dermaptera* mit etwa 800 Arten in drei UFam *Labidurinae*, *Apachyinae* und *Forficulinae*, denen häufig Familienrang zugemessen wird. In Deutschland 6 Arten, die häufigste der gemeine Ohrwurm, *Forficula auricularia* Linné. Fossil sind etwa 30 tertiäre und quartäre Arten beschrieben.

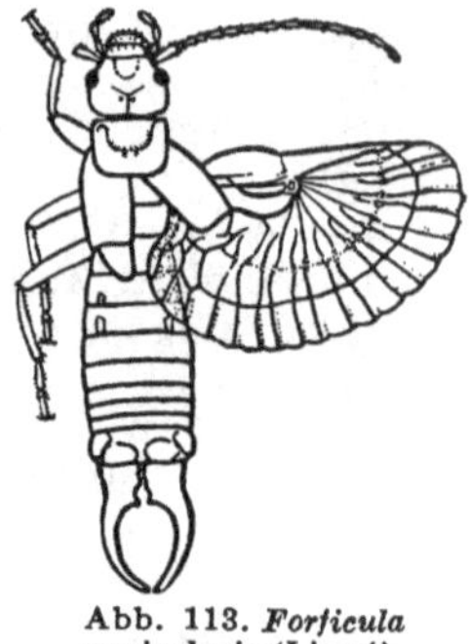

Abb. 113. *Forficula auricularia* (Linné), Männchen (Forficulidae). Nach Lameere. Nat. Gr. 10—14 mm.

+***Foririidae*** Handlirsch 1925, ausgestorbene Fam. der +Ordn *Megasecoptera* mit einer mittel-obercarbonischen Art aus Frankreich.

Forleule → *Panolis flammea* Schiffermüller.

Forma, Abk. f. (lat. forma, -ae, f., Gestalt, Gepräge, Charakter). 1. Jede taxonomisch erfaßbare Abweichung vom Typus der Art beim → Geschlechts- und → Generationsdimorphismus, wie *f. vernalis, f. aestivalis, f. hiemalis, f. hibernalis, f. macroptera, f. brachyptera, f. alata* usw., sowie jede sonstige Abweichung vom Typus der Art, welche lokal regelmäßig auftritt und nicht als Art oder Varietät klassifiziert werden kann. In den meisten Fällen handelt es sich um Färbungsvariationen, die mit bezeichnenden Namen belegt werden wie z. B. *f. nigra, f. variopicta* usw. Meist gleichbedeutend mit → Aberration.

2. In allgemeiner, nicht taxonomischer Ausdrucksweise spricht man häufig von Tierformen als abstrakten Sammelbegriffen beliebigen Typs, z. B. Steppenformen, Anpassungsformen, mimetischen Formen, Formen einer taxonomischen Gruppe usw.

formicaeforme Esper, *Synanthedon*, kleiner Weidenglasschwärmer (*Lep Aegeriidae*).

formicarius Linné, *Myrmeleo*, gemeiner Ameisenlöwe, Ameisenjungfer (*Planip Myrmeleonidae*), 6—7,5 cm spannweiter Netzflügler mit kurzen keulenförmigen Fühlern und glashellen, reich geaderten Fl, die V- und HFl mit milchig weißem Pterostigma. Larve aschgrau, plump, mit langen Saugmandibeln, lauert in selbstgegrabenen Sandtrichtern auf Insekten.

formicarius Linné, *Thanasimus*, gemeiner Ameisenbuntkäfer (*Col. Cleridae*). 7 bis 9 mm langer, roter Käfer mit schwarzem Kopf, VRand des Hsch und Fld, die letzteren mit einer roten und zwei weißen Querbinden. Sowohl der Käfer wie seine rosafarbige Larve leben von der Insektenjagd und stellen besonders Borkenkäfern und ihren Larven nach.

Formicidae (Latreille 1802) Stephens 1829, Ameisen (Abb. 114), Fam der *Hym*

Abb. 114. *Formica rufa* Linné (Formicidae), Männchen (links), Weibchen (Mitte) und Arbeiterin (rechts). Nach Enderlein. Nat. Gr. 4—9 mm.

Heterogyna mit etwa 4000 Arten, die meisten in den Tropen, in Deutschland nur mit etwa 40 Arten. Sozial lebende Insekten mit hoch entwickelter Brutpflege, welche von den zu Arbeitern gewordenen geschlechtlich unentwickelten Weibchen ausgeübt wird. Bei gewissen Arten treten außerdem sog. Soldaten, eine andere Form geschlechtlich unentwickelter Weibchen auf.
Fossil sind etwa 300 tertiäre und an 100 quartäre Arten seit Eocän beschrieben worden. Etwa ein Drittel der tertiären Arten gehört dem baltischen Bernstein an.

Formylsäure → Ameisensäure.

forskaleana Linné, *Tortrix*, Ahornwickler, Gartenrosenwickler (*Lep Tortricidae*).

Forstschnellkäfer, gestreifter → *Dolopius marginatus* Linné.

Fortbewegung, mit → Ortswechsel verbundene Bewegung des Körpers mittels der → Bewegungsorgane. Die ~ erfolgt in der Regel in der Richtung der Hauptachse des Körpers, kann aber vielfach nach seitwärts (viele *Mallophaga*) oder nach rückwärts (Raupen gewisser Kleinschmetterlinge, Rückwärtsflug der Odonaten usw.) gehen. (→ Flugart, → Gangart.)

Fortpflanzung, Erzeugung der Nachkommenschaft, im Sinne der Kontinuitätstheorie des Keimplasmas: Erzeugung der Erbträger elterlicher Merkmale. Die ~ erfolgt entweder ungeschlechtlich (elternlose Monogonie) durch Knospung oder Zerfall des geschlechtlich indifferenten Einzeltieres (nicht bei Insekten) oder geschlechtlich aus besonders für diesen Zweck gebildeten, frühzeitig von embryonalen Zellen des Muttertieres bzw. des Mutter- und Vatertieres abgesonderten → Geschlechtszellen, den → Eiern bzw. Eiern und → Spermien. Die geschlechtliche ~ ist die ausschließliche Art und Weise der ~ bei Insekten.
Als Beispiel einer ungeschlechtlichen ~ der Insekten wird vielfach die → Polyembryonie angeführt, es handelt sich aber dabei nicht um Fortpflanzung, sondern um eine durch sekundäre Teilung des normal geschlechtlich erzeugten Embryos erfolgende → Vermehrung.
Die geschlechtliche ~ erfolgt bei Insekten entweder parthenogenetisch, monogon, aus Eizellen des unbefruchteten Muttertieres, oder zweigeschlechtlich, amphigon, aus einer durch Vereinigung der mütterlichen → Eizelle mit der väterlichen → Spermie (weibliche und männliche Gamete) entstandenen befruchteten Eizelle oder Zygote. Bei zweigeschlechtlicher ~ können männliche und weibliche Geschlechtszellen in ein und demselben Tier (Zwitter, Hermaphodit) erzeugt werden, wobei im Insektenreich Selbstbefruchtung gar nicht, Kreuzung zweier zwittriger Einzeltiere sehr selten vorkommt, oder es kommt zu einer geschlechtlichen Spezialisation in Weibchen (♀), die nur Eizellen, und Männchen (♂), die nur Spermien erzeugen. Getrenntgeschlechtliche oder gonochore ~ ist die Regel bei Insekten, welche sich aber daneben entweder allein oder im → Generationswechsel mit Gonochorismus parthenogenetisch fortpflanzen können.
Je nachdem ob die Nachkommen den Mutterleib als Eier oder als selbständige Wesen verlassen, spricht man von → Oviparie und → Viviparie. Im letzteren Fall unterscheidet man noch zwischen → Ovo-viviparie, → Larviparie, → Pupiparie und → Imaginiparie. Die Insekten sind in der Regel ovipar. Eine Viviparie kann durch Ausbrütung der Eier in einem → Marsupium, außerhalb der weiblichen Geschlechtswege vorgetäuscht werden, und dann spricht man von → Pseudoviviparie.
Die ~ findet in der Regel erst bei der Imago statt. Selten werden die Geschlechtsorgane schon bei der Larve reif und bringen entwicklungsfähige Eier oder Junge zur Welt. Dieser Sonderfall der ~ wird als → Paedogenese bezeichnet.

Mit der getrenntgeschlechtlichen ~ ist der Vorgang des Zusammenkommens und der Verschmelzung der weiblichen und männlichen Geschlechtszelle eng verbunden. Die Übertragung des Spermas in die weiblichen Geschlechtswege oder die Begattung mit Hilfe eines → Begattungsgliedes oder sekundärer → Übertragungsorgane geht der → Befruchtung voraus. Mit der Reife der Geschlechtsorgane erscheint bei beiderlei Geschlechtstieren der → Geschlechtstrieb. Für das Männchen ist das Lebenswerk meist mit der Abgabe des gesamten Spermavorrates abgeschlossen, während das Weibchen nach der → Eiablage häufig noch → Brutfürsorge oder darüber hinaus auch die → Brutpflege auszuführen hat.

Fossa antennalis → Fühlerfurche.

fossil (lat. fodio, fodi, fossum, ausgraben), nur in Überresten aus vergangenen geologischen Perioden bekannt, ausgestorben. Gegens. → recent.

Fossipedes M. Reuter 1865, Gruppe der *Col Polyphaga* mit den Fam *Dascillidae*, *Helodidae* und *Eucinetidae*.

Fossores (Latreille 1817) Handlirsch 1925, Grabwespen, Gruppe der *Hym Aculeata*, mit den Fam *Psammocharidae* und *Sphegidae*.

+***Fouqueidae*** Handlirsch 1908, ausgestorbene Fam der +*Palaeodictyoptera* mit zwei Arten aus dem oberen Obercarbon von Frankreich.

Fovea antennalis (lat. fovea, -ae, f., Grube) → Fühlergrube.

Fracticiput → caput fractum.

fragariae Walker, *Aleurodes*, Erdbeermottenschildlaus (*Hom Aleurodidae*).

fragariella Heyden, *Nepticula*, Erdbeerminiermotte (*Lep Nepticulidae*).

frangulae Kaltenbach, *Doralis* (gegenw. = *Cerosipha gossypii* Glover), grüne Baumwoll-, Gurken- oder Melonenblattlaus (*Hom Aphididae*).

Fransen, Fransenhaare, Fransenborsten, am Rande der Flügel, in der gleichen Ebene mit der FlMembran dicht stehende Borsten oder Haare. Sie finden sich vor allem bei *Thysanoptera* („Fransenflügler"), kommen aber auch bei anderen Insekten, z. B. bei *Ptiliidae*, *Mymaridae* usw. am Rande der meist schmalen Flügel vor. Von weitverbreiteten Wimperhaaren (→ Wimpersaum) des FlRandes sind die ~ nur durch ihre beträchtliche Länge verschieden. (Taf. XII, Fig. 1.)

Fransenflügler → *Thysanoptera*.

Fransenmotten → *Momphidae*.

Franzosen → *Phyllodromia germanica* Linné.

Fraßbilder, Verletzungen des Pflanzengewebes, welche Insekten mit ihren Mundteilen erzeugen, um sich zu ernähren, Baumaterial zu gewinnen oder Bruträume zu nagen. Die Beschaffenheit des ~ hängt nicht nur vom Bau der Mundteile ab, sondern wird auch durch ihre Arbeitsweise und nicht zuletzt von der Beschaffenheit des Pflanzengewebes mit bestimmt. Die ~ sind vielfach so charakteristisch, daß sich auf Grund ihrer Merkmale die Art (z. B. bei Borkenkäfern) oder Gattung des Täters bestimmen läßt. Infolge der großen Bedeutung, welche den ~ in der Diagnostik der Pflanzenschädlinge zukommt, gibt es mehrere Bestimmungstabellen der Schadinsekten nach ihren Fraßbildern, z. B. Koch, Tabellen zur Bestimmung schädlicher Insekten nach den Fraßbeschädigungen, 1. Fichte und Tanne, 2. Kiefer und Lärche (Berlin, Paul Parey, 1910 und 1913). Vgl. weiter → Fraßspuren, → Fraßgänge und → Minen.

Fraßgänge sind im Innern von Pflanzenteilen durch Insekten ausgenagte Hohlräume. Im weiteren Sinne umfassen die ~ auch → Minen. Die Anzahl der Typen von ~ ist sehr groß. Man unterscheidet z. B. bei Borkenkäfern → Sterngänge, → Lotgänge, → Wagegänge, → Plätzgänge, → Leitergänge, → Familiengänge, → Gabelgänge, → Muttergänge, → Brutgänge usw.

Fraßgifte sind insektentötende chemische Stoffe, mit denen das Nährsubstrat des Schädlings, die von ihm befallenen Pflanzen, bespritzt oder bestäubt werden. Sie gelangen mit der Nahrung des Insekts in dessen Darmkanal (Magen, daher auch „Magengifte").
Vielfach werden auch Köderstoffe mit Fraßgiften präpariert (Giftköder).

Fraßmehl → Bohrmehl.

Fraßspuren sind oberflächlich am Pflanzenkörper angebrachte Wunden, wie z. B. → Stichwunden bzw. → Stichflecke, → Blattfraß, → Triebfraß, → Knospenfraß, → Blütenfraß, → Wurzelfraß usw.

fraxini De Geer (*Cionus*), Eschenrüsselkäfer (*Col Curculionidae*).

fraxini Kaltenbach, *Fonscolombea*, Eschenwollschildlaus (*Hom Coccidae*).

fraxini Panzer, *Hylesinus*, bunter Eschenbastkäfer (*Col Ipidae*).

fraxini Hartig, *Prociphilus* (*nidificus* Löw, *poschingeri* Holzner), Eschenblattgallenlaus, Tannenwurzellaus (*Hom. Aphididae*).

freie Puppe, gemeißelte Puppe, pupa libera, eine Puppenform, bei welcher die Extremitätenanlage in den Scheiden frei dem Körper anliegen und leicht abgehoben werden können. Eine ~ haben die meisten Holometabolen, vor allem Käfer und Hymenopteren. (Taf. XX, Fig. 15 links.) Vgl. auch → Mumienpuppe.

Freikiefler → *Thysanura.*

Frenalhäkchen (lat. frenum, -i, n., Zaun, Zügel, Gebiß), Flügelhäkchen, Hamulae, eine Reihe kurzer, gekrümmter Chitinhäkchen in der Mitte des Costalrandes der HFl bei *Hymenoptera* und *Aphidina.* Sie greifen in den aufgerollten HRand des VFlügels und verkoppeln die beiden Flügel während des Fluges (→ Flügelverschluß).

Frenatae Comstock 1892 (*Heteroneura* Tillyard 1918), durch Vorhandensein eines → Frenulums in den VFl ausgezeichnete Gruppe der Schmetterlinge. Die meisten Fam der Schmetterlinge gehören zu dieser Gruppe (UOrdn), welche nach Handlirsch in 7 Überfamilien, *Tineoidea, Castnioidea, Pyralidina, Zygaenina, Macrofrenatae, Hesperioidea* und *Rhopalocera* eingeteilt werden.
Börner hatte im J. 1938 auf Grund des Baues der weiblichen Geschlechtsöffnung einen Teil der *Tineoidea* von den Frenaten getrennt und mit den Jugaten zusammen zu einer UOrdn → *Monotrysia* zusammengefaßt und den Rest der Frenaten den letzteren als → *Ditrysia* gegenübergestellt.

Frenulum, Haftborste, eine steife Chitinborste in der Nähe der Wurzel, am V-Rande des HFl der *Lepidoptera Frenatae.* Das ~, welches bei Weibchen durch ein Bündel von mehreren Chitinborsten vertreten sein kann, greift in eine als → Retinaculum bezeichnete Falte des VFls und bildet den Flügelverschluß der genannten UOrdn der Schmetterlinge. Unter den Frenaten haben nur die Rhopalocera kein ~. Das ~ sitzt meist auf einer warzenartigen Erhöhung, dem → Basalsockel.

Frenulum squamulare, Flügelligament, ein dem → Thorakalschüppchen der calyptraten Fliegen homologes schmales Membranbändchen der *Nematocera* u. a. Insekten, welches sich als Verlängerung des Flügelhinterrandes bis zwischen das Scutellum und Postscutellum erstrecken kann.

Frenum, ein schmaler, vertiefter Saum am Mesonotum der *Heteroptera* längs der beiden Seiten des Scutellums, in welchen die Halbdecken in der Ruhelage mit ihrem → Margo scutellaris clavi einschnappen.

Frequenz, Häufigkeit der Wiederholung eines Ereignisses oder Auftretens einer Tatsache oder eines Merkmals. 1. In der Physiologie z. B. ~ des Flügelschlages beim Flug. Sie beträgt bei der Biene 180—203, bei der Hausfliege 115—197, bei *Typhlocyba* 123, bei einer *Tipulide* (nach Voss) 44—73, bei *Aeschna* 22 und bei *Colias edusa* 8 Schwingungen.
2. In der Variationsstatistik ist die ~ einer Klasse (Klassenfrequenz) oder einer Variante die Anzahl der in die betreffende Merkmalsklasse oder zur betreffenden Variante fallenden Exemplare einer Population.
3. In der quantitativen Populationsanalyse die Anzahl der Populationen einer Art innerhalb eines Areals. Vgl. auch → Abundanz.

Freßgesellschaft → Tischgesellschaft.

frit Linné, *Oscinella*, Fritfliege (*Dipt Chloropidae*), 3—4 mm lange, schwarze Fliege mit gelben Tarsen und spiegelglänzendem schwarzen Ocellendreieck. Die weiße Larve frißt an Getreide, vornehmlich an Hafer, die Herzblätter am Grunde aus (Frühjahrsgeneration). Bei Massenbefall und mangelhafter Bestockung tritt Ertragsminderung ein. Sommergeneration vor allem in Haferrispen.

Frons (lat. frons, -tis, f., Stirn) → Stirn.

Frontaldrüse → Stirndrüse.

Frontalebene, eine horizontale, bei prognathen Insekten annähernd parallel mit der Stirn verlaufende, senkrecht zur → Sagittalebene stehend gedachte Ebene, welche den Körper in eine ventrale und eine dorsale Hälfte teilt. (→ Richtachsen.)

Frontalganglion, ein vor dem Gehirn, über dem Schlund an der Vereinigungsstelle der beiden, den Tritocerebralloben entspringenden → Frontalkonektiven liegendes unpaares Ganglion. Dem ~ entspringt der unpaare → rücklaufende Nerv. Das ~ enthält motorische und sensible bi- und multipolare Neurone. In dasselbe treten auch sensible Nerven von der Peripherie ein und gelangen teilweise durch die Frontalkonektive bis in das → Tritocerebrum. Das ~ verbindet das Gehirn mit dem → stomatogastrischen Nervensystem und entsendet nach vorn vielfach einen → Frontalnerv. (Taf. VI, Fig. 1, Taf. XXV, Fig. 1 und Taf. XXVII, Fig. 2.)

Frontalkonektive, ein Paar von Konektiven, welche dem Tritocerebrum entspringen und nach vorn konvergierend im → Frontalganglion zusammentreten. (Taf. XXVII, Fig. 2.)

frontalis Gyllenhall, *Magdalis*, stahlblauer Kieferntriebstecher (*Col Curculionidae*).

Frontalnaht → Stirnnaht.

Frontalnerv, ein unpaarer, dem → Frontalganglion entspringender und nach vorn zur Muskulatur des Pharynx verlaufender Nerv.

Frontalocellus → Stirnocellus.

Frontalsäcke, ein Paar von → Imaginalscheiben des Dipteren-Kopfes, der die Imaginalanlagen für die Antennen und die Augen enthält. Vgl. auch → Dorsaltasche. (Taf. XX, Fig. 9, 11.)

Frontoclypeus, die durch Ausfall der → Epistomalnaht entstandene Vereinigung der Stirn mit dem Clypeus. Einen ~ haben die Schmetterlinge, *Trichoptera*, viele *Coleoptera* (z. B. *Curculionidae*), orthorhaphe Fliegen, viele *Hymenoptera*, *Aphaniptera* und gewisse *Heteroptera* (z. B. *Notonecta*). Es ist nicht immer ganz sicher, ob in allen diesen Fällen der ganze Kopfschild oder nur der Postclypeus an dieser Bildung teilnimmt.

Frontocoronalnaht → Epicranialnaht.

Frontorbitae, Parafrontalia, sklerotisierte Seitenteile des Gesichts der *Muscaria* zwischen der → Stirnstrieme und dem Innenrand der Komplexaugen. Bei *Calyptratae* bilden die ~ beiderseits eine einheitliche, häufig silbern oder goldig pubescente Chitinplatte, welche bis zum oberen Kopfrande ansteigt und hier ohne Naht in das absteigende Hinterhaupt übergeht. Bei *Acalyptratae* sind die ~ in eine obere → Scheitelplatte und eine untere → Wangenplatte geteilt. Die letztere obliteriert mitunter oder fehlt ganz. (Taf. V, Fig. 5.)

Frostformen → Kälteformen.

Frostspanner, großer → *Erannis defoliaria* Clerck.

Frostspanner, kleiner oder gemeiner → *Operophthera brumata* Linné.

Frostspanner, orangegelber → *Erannis aurantiaria* Esper.

Fruchtfliegen → *Trypetidae*.

Fruchtmine, Carponomium, Carponom, ein in einer Frucht angelegter Minengang.

Fruchtstecher → *Rhynchites auratus* Linné.

Frühlingsfliegen → *Trichoptera*.

Frühlingsspinner → *Endromididae*.

Fuchsschwanzgallmücke → *Oligotrophus alopecuri* E. Reuter.

Fühler, Antenna, Antenne, pl. Antennen oder Antennae, das erste, vorderste Paar der segmentalen und segmentierten Extremitäten der Insekten. Die ~ entspringen embryonal dem → Protocephalon, und zwar seinem zweiten Segment, dem → Antennensegment, und sind dem ersten, einfachen Fühlerpaar der Crustacea homolog (→ Intercalarsegment). Sie werden beim Embryo auf der Ventralseite des Protocephalon angelegt und gehen erst später auf seine Dorsalseite über.

Die ~ der Insekten sind nach zwei Typen gebaut. Die Gliederantennen der *Collembola* und *Diplura* (auch bei *Symphyla, Pauropoda, Diplopoda, Chilopoda*) sind in einem jeden Glied mit eigener Muskulatur versehen. Die Ringelantennen der ectotrophen Apterygoten und aller Pterygoten (auch die 1. Antenne der *Malacostraca*) sind nur im Scapus mit eigener Muskulatur versehen, während alle folgenden Glieder keine Muskeln besitzen.

Die ~ sind vor allem Träger der Sinnesorgane, werden aber häufig auch zu anderen Funktionen, vor allem als Klammerorgane bei der Kopulation herangezogen (*Mallophaga, Aphaniptera, Collembola, Meloë, Rheumatobates* [*Gerridae*] usw.). Bei der Junglarve von *Hydrophilus* dienen sie als Greiforgane. Sie sind vielfach stark geschlechtlich dimorph ausgebildet und sind dann in der Regel beim Weibchen einfach und bei Männchen entweder größer oder darüber hinaus von besonderer Form.

Der Formenreichtum der ~ ist fast unerschöpflich. Bei → homonomen ~ ist nur das Basalglied oder auch das zweite Glied größer als andere Glieder, die übrigen, eine → Fühlergeißel bildenden Glieder sind annähernd gleich. Die häufigsten Formen der homonomen ~ sind → fadenförmig, → borstenförmig, → perlschnurförmig, → gesägt und → gekämmt. Bei → heteronomen ~ ist entweder nur das Basalglied stark vergrößert und verlängert, wie z. B. bei → geknieten ~, oder es können auch die folgenden Glieder Differenzierungen aufweisen, wie z. B. → keulenförmige ~, → kolbenförmige, → klammerförmige ~ usw.

Die ~ fehlen ganz bei *Protura* und gewissen Cocciden-Weibchen und sind bei Larven höherer *Hymenoptera* bis auf kleine polsterartige Erhöhungen rückgebildet. Bei Larven aller Holometabola sind sie kurz, gewöhnlich nicht mehr als 3gliedrig. Bei einigen → Helodiden-Larven folgt auf zwei größere Grundglieder ein langes, borstenartiges, in 39—185 Glieder geteiltes Flagellum (Benick, 1924).

Die ~ stehen auf der Kopfkapsel stets außerhalb der Stirnnähte auf den Wangen und können innerhalb derjenigen vom Gesicht auf die Seiten oder auf die Unterseite des Kopfes wandern. (Taf. XIV.)

Fühlerborste, Arista, das rudimentäre, borstenförmige, meist ungegliederte oder undeutlich gegliederte Flagellum (→ Fühlergeißel). In typischer Form sitzt die ~ dem 3. Gliede der Fühler brachycerer Fliegen auf, umfaßt also nicht das ganze Flagellum, dessen drei Basalglieder groß sind und den Hauptteil des Fühlers bilden. Bei *Cicadina* sitzt die ~ dem zweiten Fühlergliede (Pedicellus) auf. (Taf. XIV, Fig. 11.)

Fühlerfurche, fossa antennalis, eine Rinne, die sich auf der Unterseite des Kopfes gewöhnlich von den → Fühlergruben an nach hinten zieht und zum Einlegen der Fühler in der Ruhelage dient. Manchmal, z. B. bei *Elateridae*, liegt sie auf der USeite des Prothorax. Sie kommt nur bei Insekten vor, deren Fühler vor oder unter den Augen eingelenkt sind, insbesondere bei Arten, welche → Akinese aufweisen. (Taf. XXX, Fig. 4a.)

Fühlergeißel, Flagellum, Funiculus, der Fühler vom 2. Gliede an, also der dem Schaft aufsitzende Teil. Das erste Glied der ~ (das 2. der Fühler) wird als → Pedicellus, das zweite (3. der Fühler) als → Anellus, das dritte (4. der Fühler) häufig noch als → Postanellus unterschieden. (Taf. XIV.)

Fühlergrube, Fühleröffnung, fovea antennalis, foramen antennalis, ein rundlicher Ausschnitt in der Cuticula der Kopfkapsel, welcher am Vorderrande gewöhnlich mit einem chitinigen Vorsprung, dem Gelenkfortsatz oder Fühlerträger, versehen ist. Der Rand der ~ ist mit dem Basalrande des → Fühlerschaftes mittels einer Membran (Scharniergelenk) verbunden. (Vgl. auch → Untergesicht.)

Fühlerkeule, Keule, Clava, keulen- oder knopfförmig verbreiterte 1—5 Endglieder der Fühler. Gekeulte Fühler sind für gewisse Insektengruppen charakteristisch, so für die Gattung *Gomphocerus* (*Acridiidae*), die Fam *Histeridae*, *Silphidae*, *Hydrophilidae*, *Curculionidae*, *Ipidae* und die Überfam *Clavicornia* der *Coleoptera*, die meisten Tagfalter, *Hesperidae*, *Cimbicinae*, *Myrmicinae*, *Mymaridae*, *Trichogrammidae* unter den Hymenopteren, *Myrmeleonidae*, *Ascalaphidae* unter den *Planipennia* usw. Meistens ist die ~ kein Geschlechtsmerkmal, da sie in der Regel bei beiden Geschlechtern gleich groß ist, bei *Mymaridae* aber geschlechtsgebundenes Weibchenmerkmal darstellt. (Taf. XIV, Fig. 18, 19.)

Fühlermuskeln, gewöhnlich ein Heber, ein Senker und ein Dreher, haben den Ursprung am dorsalen oder vorderen Tentoriumarm und die Insertion im Fühlerschaft. Außer diesen drei tentorio-antennalen Muskeln kommt bei Insekten ein Muskelpaar vor, welches im Fühlerschaft entspringt und am Basalrande des nächstfolgenden Gliedes (Pedicellus) inseriert. Es ist der scapo-pedicellare Heber und Senker der Fühlergeißel.

Die tentoriale Ursprungsstelle der ~ ist sekundär. Bei Larven, z. B. bei Schmetterlingsraupen mit ihren kurzen, wenig beweglichen Fühlern, entspringen die dort allein vorkommenden Heber und Senker nicht vom Tentorium, sondern direkt von der Kopfkapsel, wie bei Myriopoden. Ein Abwandern der ~ vom Tentorium auf die Kopfkapsel kommt übrigens bei Insekten öfters vor.

Fühlerpfanne, scrobis antennae, eine rundliche Vertiefung um die → Fühlergrube herum, zur Aufnahme des Gelenkkopfes des Fühlerschaftes. Am Grunde der → liegt die eigentliche Fühlereinlenkungsstelle, die → Fühlergrube.

Fühlerring, anulus antennalis, ein schmaler, bei primitiven Insekten häufig durch eine → Fühlerringnaht (*Blattariae*) von der Kopfkapsel abgegrenzter, am Innenrande mit einem Gelenkvorsprung (→ Fühlerträger) versehener Rand der → Fühlergrube.

Fühlerringnaht, Antennalnaht, eine kreisförmige, fein eingeritzte Linie um den → Fühlerring.

Fühlerrinne → Fühlerfurche.

Fühlerschaft, scapus, das 1. Glied des Fühlers. Es ist als Träger des ganzen Fühlers, seines Basalgelenks und seiner Muskulatur immer wenigstens etwas größer als die nachfolgenden Glieder. Die Verbindung des ~ mit der Kopfkapsel erfolgt mit Hilfe eines gewöhnlichen → Scharniergelenks oder unter Bildung eines → Kugelgelenks, wobei die Wurzel des Fühlerschaftes einen Gelenkkopf bildet, der in einer → Fühlerpfanne beweglich artikuliert. (Taf. XIV, Fig. 10.)

Fühlerträger, Antennifer, ein chitiniger Fortsatz des → Fühlerringes, welcher, durch die Gelenkmembran der → Fühlergrube eingefaßt, mit dem Basalrande des Fühlerschaftes artikuliert und den Fühler in der Lage hält.

Füße → Beine.

Fulcrum (lat. fulcrum, -i, pl. -a, -orum, n., Gestell), 1. ein Chitingerüst des Pharynx brachycerer Fliegen. Es besteht aus zwei steigbügelförmigen, an den Seiten parallel zur Längsachse des Körpers stehenden Chitinplatten und einem doppelwandigen Boden, in welchem der Pharynx liegt. Die elastische vordere Wand wird durch Muskel, Dilatatores pharyngis clypeales betätigt, welche die Erweiterung des Doppelbodens und damit des Pharynx bewirken. Der Vorderrand beider Seitenplatten legt sich an die Haut des → Mundkegels und bildet das äußerlich sichtbare, hufeisenförmige, als Clypeus zu deutende → Prälabrum. Diese Stelle bildet den festen Drehpunkt des ~ bei seiner Funktion als Hebel beim Zurückziehen des Rüssels. (Taf. XXIII, Fig. 1.)

2. Bei *Anoplura* wird als ~ der → Vorderpharynx bezeichnet.

3. Bei *Heteroptera* wird manchmal der Trochanter ~ genannt.

4. Von einigen Autoren (Handschin) wird als ~ das 1. Pterale des Flügelgelenks bezeichnet. (Vgl. auch → Praefulcrum.)

Fulgoridae (Latreille 1877) Handlirsch 1914, Leuchtzirpen (Abb. 115, 116), Fam der

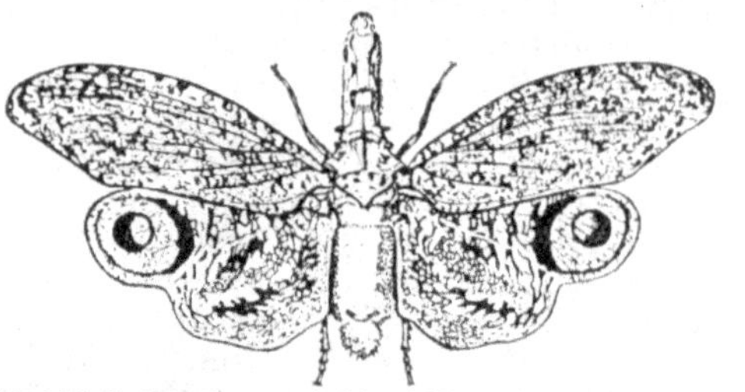

Abb. 115. *Fulgora laternaria* Linné (Fulgoridae, Niederländ. Indien). Nach Burmeister aus Beier. Nat. Gr. etwa 5 cm.

Homoptera Cicadina mit etwa 6500 Arten, die vorwiegend Tropen und Subtropen bewohnen. In Mitteleuropa zahlreiche Arten. Fossil sind etwa 150 Arten seit dem unteren Lias beschrieben worden.

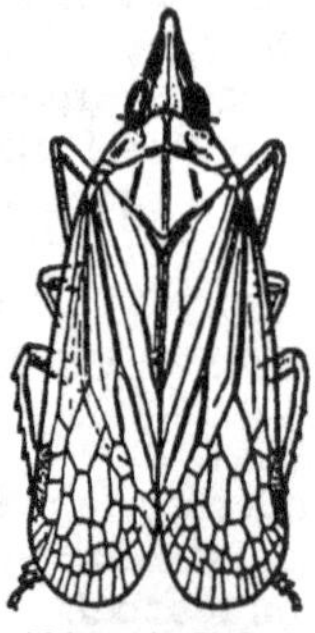

Abb. 116. *Fulgora europaea* Linné (Fulgoridae). Nach Haupt. Nat. Gr. 9—13 mm.

fuliginosus Marsham, *Stenocarus*, Mohnwurzelrüßler (*Col Curculionidae*).

fullo Linné, *Polyphylla*, Walker (*Col Scarabaeidae*).

Fultura (lat. fultura, -ae, f., Stütze) 1. → Zungenstäbchen. 2. Am Kopulationsapparat vieler Schmetterlingsmännchen die oft auch als → Anellus bezeichneten Stütz- bzw. Führungsstäbe am → Aedoeagus. (Taf. XVIII, Fig. 4.)

fulvicornis Klug, *Hoplocampa*, schwarze Pflaumensägewespe (*Hym Tenthredinidae*). Larve in Pflaumen und Zwetschken.

fulvomaculatus De Geer, *Calocoris*, Hopfenwanze (*Het Miridae*).

fumatus Fabricius, *Byturus*, Himbeerkäfer, Himbeermade (*Col Byturidae*).

Fundatrigenia (lat. fundatrix, -cis, f., Gründerin, gr. γίγνομαι geboren werden), Zeichen ♀, die von der → Fundatrix parthenogenetisch erzeugte weibliche Generation der Aphiden.

Fundatrix, Jungfer, Stammutter (♀) der Aphiden, die aus einem befruchteten Ei (meist dem Winterei) schlüpft und im Frühjahr den Jahreszyklus der Art beginnt.

fundella Fischer v. Röslerstamm, *Argyresthia*, Tannennadelmotte (*Lep Hyponomeutidae*).

funebrana Treitschke, *Laspeyresia*, Pflaumenwickler, Pflaumenmade (*Lep Tortricidae*).

funebris Howard, *Bruchophagus*, Kleesamenwespe (*Hym Chalcididae*).

funesta Kühn, *Hylemyia*, Lupinenfliege (*Dipt Anthomyidae*), gegenw. = *platura* Meigen.

funesta Poda, *Oxythyrea*, Trauerrosenkäfer (*Col Scarabaeidae*).

fungivor (lat. fungus, -i, m., Pilz, voro, -are fressen) → pilzfressend.

Fungivoridae (Zetterstedt 1840) Engel 1915 (*Mycetophilidae* Zett.), Pilzmücken (Abb. 117), Fam der *Dipt Nematocera* mit

Abb. 117. *Macrocera phalerata* Meigen, Weibchen (Fungivoridae). Nach Enderlein. Nat. Gr. 5 mm.

etwa 1500 Arten, vorwiegend in der palaearktischen Region. Die Fliegen lieben kühle und feuchte Standorte, wo ihre eucephale, peripneustische Larven in Pilzen, unter faulenden Pflanzenstoffen und Baumrinden leben. Die beinweißen, oft gezeichneten Larven spinnen oft Gänge oder legen Schleimbahnen, auf welchen sie sich bewegen. Fossil sind über 250 känozoische und 6 mesozoische Arten seit dem Oberlias bekannt.

Funiculus (lat. funiculus, -i, m., dünnes Seil, Strick) → Fühlergeißel.

fur Linné, *Ptinus*, gemeiner Diebkäfer, Kräuterdieb (*Col Ptinidae*).

Furca (lat. furca, -ae, f., zweizackige Gabel) 1. → Gabel und 2. → Springgabel. 3. Ein quer bandförmiger Sklerit am Grunde der Labellen bei Fliegen.

Furcasternit, Sternellum, der hinter der → Sternocosta oder der Verbindungslinie beider ventraler Angelpunkte des Subcoxalgelenks liegende Teil des primären und definitiven Sternums. (Taf. I, Fig. 2 B.)

Furcula (lat. dem. von furca, zweizinkige Gabel) → Springgabel.

fuscidenella Zeller, *Coleophora*, Erlenknospenmotte (*Lep Coleophoridae*).

fuscum Fabricius, *Tetropium*, Fichtenbockkäfer, Fichtensplintbock (*Col Cerambycidae*).

fuscus Geoffr., *Ptilinus*, Pochkäfer (*Col Ptinidae*).

fusiform (lat. fusus, -i, m., Spindel), → spindelförmig.

Fuß, Tarsus, das vorletzte Glied des Insektenbeines, welches aber in der taxonomischen Umgangssprache auch das letzte Glied, den → Praetarsus umfaßt.

Bei den *Collembola* und Larven der *Coleoptera-Polyphaga* ist der ~ mit der Schiene (Tibia) zu einem Glied, dem Tibiotarsus verschmolzen, auf den der stets eingliedrige Praetarsus folgt.

Bei allen anderen Insekten ist der ~ soweit bekannt auch bei Larven stets selbständig, bei Imagines 1—5 gliedrig. Die einzelnen Tarsenglieder sind miteinander gewöhnlich akondyl mit Hilfe einer Gelenkmembran verbunden, doch kommt es am Endglied oft zur Bildung eines → Kugelgelenks. Der → entbehrt stets eigener Muskulatur und wird lediglich von der vom Schenkel kommenden Sehne des praetarsalen Krallenretraktors durchzogen.

Die Zahl der Tarsenglieder ist bei verschiedenen Ordn sehr verschieden, bei *Diplura* und *Coccidae* 1gliedrig, bei *Zoraptera, Mallophaga, Anoplura, Thysanoptera, Psyllidae, Aleurodidae, Aphididae* 2gliedrig, bei *Thysanura, Odonata, Perlaria, Embiidae, Dermaptera, Cicadina* 3gliedrig, bei *Blattaria, Mantidae, Phasmidae, Neuroptera* (im alten Sinne), *Trichoptera, Lepidoptera, Diptera, Siphonaptera, Panorpatae* und den meisten *Hymenoptera* 5gliedrig, bei *Coleoptera* 2—5gliedrig, bei *Isoptera* und *Ephemerida* 4—5gliedrig, bei *Strepsiptera* 2- oder 5gliedrig, bei *Copeognatha* 2—3gliedrig, bei *Heteroptera* 1—3gliedrig.

Das Basalglied der Tarsen wird gewöhnlich, besonders wenn es sich von den distalen Gliedern morphologisch

unterscheidet, als → Metatarsus bezeichnet.
Die Ventralseite der Tarsen, die → Tarsensohle, ist gewöhnlich stärker als die Dorsalseite beborstet und oft mit Haftorganen (→ Euplantula) versehen.
Selten sind die Tarsen ganz rückgebildet, wie z. B. an den vorderen → Grabbeinen oder → Duftbeinen, oder enorm verlängert, wie z. B. die VTarsen mancher *Platypodidae*. In der Regel sind die Tarsen kürzer als die Schienen, und gewöhnlich sind die VTarsen kürzer als die M- und HTarsen, doch gibt es Ausnahmen, wie z. B. die UFam *Hoplophorinae* der *Membracidae*, bei der die HTarsen stark verkürzt, viel kürzer als die V- und MTarsen sind. (Taf. I, Fig. 1, 5, Taf. II, III, VI, Fig. 1, Taf. XXV, Fig. 3 und Taf. XXIX.)

Fußsohle → Planta.

Fußblase, Physe, das stark vergrößerte, blasenförmig aufgetriebene, durch die ursprüngliche Krallensehne ein- und durch Blutdruck ausstülpbare → Arolium. Vgl. → *Physopoda* = *Thysanoptera*. (Taf. III, Fig. 1.)

Futteralmotten → *Coleophora*-Arten.

Futtersaft, Sekret der → Pharyngealdrüse der Bienenarbeiterin. Der eiweißhaltige Saft wird allen Larven während der ersten 2 Tage und den Königinnenlarven dauernd verabreicht. Dauerfütterung der Arbeiterinnen-Larven mit dem ~ fördert die Entwicklung der Eierstöcke und führt zur Verwandlung der Arbeiterinnen-Larve in eine Königin.

Futterwanze, grüne → *Lygus pabulinus* Linné.

G

Gabel, Furca, 1. ein Paar von → Apophysen an der Grenze zwischen dem → Primärsternum und den → Laterosterniten an den Enden der → Sternocosta, welche äußerlich durch mehr oder weniger deutliche → Fenestrae furcae markiert. In diese Fenestrae münden auch meist die von hinten her kommenden Gabeln der Y-Naht, wenn solche vorhanden ist. Eine ~ fehlt den *Apterygota* ist aber bei den *Pterygota* in allen drei Thoraxsegmenten in der Regel vorhanden. Wo ein → Sternalgrat zur Ausbildung kommt, wird die ~ von ihm hochgehoben, und ihr folgt dann vielfach (*Hymenoptera*) auch die → Spina. Bei *Saltatoria* erfolgt eine gewisse Erhebung der ~ durch Einstülpung des Primärsternits. Die ~ bilden nicht selten sekundäre Fortsätze als Ursprungsstellen für die thorakalen Längs- und Beinmuskeln. Bei gewissen Hymenopteren (*Sirex*, *Vespa*, *Formica*) verwachsen die medialen Fortsätze der Mesofurca miteinander und bilden einen endoskeletalen geschlossenen Ring um das Bauchmark. Zur Festigung der Sternopleuralregion gewisser Insekten verwachsen die ~ mit den → Pleuralarmen ihres Segments z. B. im Prothorax der *Gryllidae* und *Mallophaga*, im Metathorax von Vespa, bzw. mit dem Epimerum im Metathorax der *Rhopalocera*. (Taf. I, Fig. 2C und Taf. XXVI, Fig. 1.)
2. Im Flügelgeäder bezeichnet man bei Trichopteren die → Endgabeln der Flügeladern einfach als ~.
3. Als ~, Furca cubiti wird bei Hymenopteren diejenige Stelle im Geäder des VFl bezeichnet, wo die dritte Längsader den → Basalnerv schräg nach vorn zur zweiten Längsader entsendet. (Taf. XIII, Fig. 2.)

Gabelgänge sind die sich geweihartig gabelnden Muttergänge gewisser holzbohrender Borkenkäfer (*Xyloterus*).

Gabelmücken → *Anopheles*-Arten.

Gabelnasuti sind → Nasuti mit an der Spitze gegabeltem Kopfhorn.

Gabelschwanz, großer → *Cerura* (*Dicranura*) *vinula* Linné.

Gabelung, Bifurcation, Zweiteilung einer Ader im Flügelgeäder.

gabrieli Weise, Tetropium, Lärchenbockkäfer (*Col Cerambycidae*).

Gärkammern sind → Symbiontenkrypten des Hinterdarmes holzfressender Larven der *Tipulidae*. Bei Termiten der erweiterte Vorderteil des Hinterdarms, in dem sich die Symbionten (→ Termitenflagellaten) aufhalten.

Galea (lat. galea, -ae, f., Lederhelm) → Außenlade.

Galgulides Billberg → *Gelastocoridae*.

gallarum De Geer, *Tetraneura* (*Byrsocrypta*) → *B. ulmi* Geoffroy.

Gallen → Pflanzengallen.

Gallenerzeuger sind Insekten, welche mittels ihres der Pflanze beim Saugen eingeimpften Speichels (*Aphidina*) oder mittels eines die Eiablage begleitenden Sekrets (*Cynipidae*) die Pflanzenzellen zu einem hypertrophischen Wachstum oder einer übermäßigen Zellteilung anregen und die Bildung verschiedenartiger Emergenzen verursachen, welche den ~ als Wohnraum und Nahrungsquelle dienen (→ Pflanzengallen).

gallicol (lat. gallus, -i, m., Gallapfel, colo, colui, cultum bewohnen), gallenbewohnend, werden sowohl → Gallenerzeuger als auch Gallengäste oder → Inquilinen im weiteren Sinne genannt. Man spricht auch von Gallicolen der Reblaus im Gegensatz zu → Radicicollen. Die ersteren, auch Blattrebläuse oder Gallenläuse genannt, erzeugen die bekannten Blattgallen der Rebe.

Gallicolae Meigen → *Itonididae*.

gallinae Westwood, *Ceratophyllus*, Hühnerfloh (*Aphaniptera*).

gallinae De Geer, *Dermanyssus*, Vogelmilbe (*Acari Dermanyssidae*).

gallinae Linné, *Menopon*, Hühnerlaus (*Mall Menoponidae*).

Gallwespen → *Cynipoidea* und *Cynipidae*.

gamma Linné, *Phytometra* (*Plusia*), Gammaeule (*Lep Noctuidae*).

Gamogenese, Gamogonie (gr. ὁ γάμος Ehe, ἡ γένεσις oder ἡ γονή Erzeugung), → Elternzeugung durch getrennt geschlechtliche Elternindividuen.

gamogen, gamogenetisch, gamogon, von einem getrennt geschlechtlichen Elternpaar erzeugt.

Gang, die Fortbewegung auf fester Unterlage mit Hilfe thorakaler oder abdominaler → Beine. Der ~ der Insekten erfolgt in der Regel in zwei Takten, indem jeweils zwei Beine der einen und eines der anderen Seite einen Schritt vorwärts machen (→ Kreuzschritt). Außer den Beinen können bei gewissen Insekten ausgebildete → Schreitborsten oder → Pygopodien zum Gehen benutzt werden. Der ~ mit → Kriechschwielen wird als → Kriechen bezeichnet.

Die thorakalen Gangbeine werden in der Regel so gehalten, daß die VBeine nach vorn, die Mittel- und Hinterbeine nach hinten gerichtet sind. Beim Gange arbeiten die ersteren mehr ziehend, die beiden letzteren mehr schiebend. Die Mittelbeine nehmen dabei insofern eine Sonderstellung ein, als sie meist mehr gespreizt, vielfach, z. B. bei Fliegen (Hausfliege) fast senkrecht zur Körperlängsachse stehen oder in Ruhestellung sich ähnlich wie die VBeine mehr nach vorn richten.

Die Insekten sind in der Regel Sohlengänger, d. h. sie treten mit der ganzen Länge ihrer Tarsensohle auf, doch gibt es auch Zehengänger, welche nur mit dem → Praetarsus auftreten. Beide Gangarten können bei ein und demselben Insekt wechseln, was man z. B. an der Hausfliege leicht beobachten kann.

Als besondere Gangarten sind der → Lauf, das → Kriechen, → Springen und → Klettern zu unterscheiden.

Der ~ auf der Oberfläche des Wassers beruht auf der Unbenetzbarkeit der Tarsensohlen, welche bei jedem Schritt das „Oberflächenhäutchen" entsprechend dem Körpergewicht mehr oder weniger tief eindrücken (*Hydrometra*). *Gerridae* und *Veliidae* bewegen sich mehr gleitend auf der Wasseroberfläche und bedienen sich dabei ihrer Mittelbeine als Oberflächenruder.

Gangbeine, pedes gradarii (sg. pes gradarius) sind thorakale und abdominale → Schreitbeine, die nur zum langsamen Gehen auf waagrechten oder rauhen geneigten Flächen befähigt sind. Sie sind entweder gar nicht, oder nur in beschränktem Maße zur beschleunigten Bewegung, dem Lauf, geeignet und sind in typischen Fällen auch nicht fähig, auf glatten, geneigten Flächen, wie z. B. Glas, emporzuklettern.

Die funktionelle Beschränkung der ~ auf ein langsames Schreiten findet in der morphologischen Gestaltung der ~ keine Parallele. Wenn auch die typischen ~ kurz und plantigrad sind, wie z. B. bei den stets gemächlich dahinschreitenden Chrysomeliden (abgesehen von Halticinen mit ihren hinteren Sprungbeinen) und Curculioniden, so gibt es auch andere Beinformen (z. B. → Stelzbeine), die nur zum Gehen im obigen Sinne befähigt sind.

Gangfaltenmine, Ophioptychonomium, eine als Gang angelegte Mine, die im späteren Verlauf zu einer → Faltenmine ausgebaut wird.

Ganglienkette → Bauchmark.

Ganglienzelle → Zellkörper einer → Nervenzelle.

Ganglienzellschicht, äußere Zone der zentralen Nervenmasse, welche aus einer Ansammlung von → Zellkörpern der Neurone besteht.

Ganglion (gr. τὸ γαγγλίον Knoten unter der Haut), paarweise segmental angeordnete Knoten im → Bauchmark der Insekten. Die Höchstzahl der Ganglienpaare beträgt beim Embryo 20, nämlich je 3 zusammengeschmolzene im → Ober- und → Unterschlundganglion, 3 im Thorax und 11 im Hinterleib. Bei Imagines sind zumindest die drei letzten abdominalen ~ zu einem Knoten verschmolzen (*Machilis*).
Im histologischen Bau der ~ läßt sich eine dorsale und eine ventrale Lage von längs verlaufenden Konektivfasern unterscheiden. Dazwischen liegt die Markschicht, die in der dorsalen Hälfte von motorischen, in der ventralen von sensiblen Nervenfortsätzen gebildet ist. Die Zellkörper der Neurone liegen peripher und bilden die äußere Ganglienschicht.

Ganglion gastricum → Ventricularganglion.

Ganglion hypocerebrale, Occipitalganglion, Oesophagalganglion, ein unpaariges, dem Oesophagus dorsal anliegendes Ganglion am Ende des → rücklaufenden Nerven. (Taf. XXVII, Fig. 2.)

Ganglion opticum, alte Bezeichnung für die → Seelappen.

Ganglion suboesophagale → Unterschlundganglion.

Ganglion supraoesophagale → Gehirn.

Ganglion ventriculare, ein unpaares oder paariges, dem Oesophagus dorsal anliegendes Ganglion am Ende des oder der vom Ganglion hypocerebrale nach rückwärts abgehenden Oesophagalnerven. (→ Ventricularganglion). (Taf. XXVII, Fig. 2.)

Gangmine, Ophionomium, Blattmine von schmaler, langsam an Breite zunehmender, meist mehr oder weniger geschlängelter oder gewundener Form.

Gangplatzmine, Ophiostigmatonomium, Verbindung einer Gang- mit einer → Platzmine, wobei zunächst ein Gang entsteht, welcher im späteren Verlauf sich zu einer Platzmine erweitert.

Gartenameise, braunschwarze → *Lasius niger* Fabricius.

Garteneule, graue → *Polia* (*Mamestra*) *glauca* Hübner.

Garteneule → *Polia* (*Mamestra*) *persicariae* Linné.

Gartenhaarmücke → *Bibio hortulanus* Linné.

Gartenlaubkäfer → *Phyllopertha horticola* Linné.

Gartenrosenwickler → *Tortrix forskaleana* Linné.

Gartenschnellkäfer → *Agriotes sputator* Linné.

Gaster (gr. ἡ γαστήρ Bauch), am gestielten Hinterleib der vom Stiel abgesetzte Teil des Hleibs, insbes. bei Ameisen.

Gasteruptionidae (Kirby 1837) Handlirsch 1925 (*Foenidae* Kby), Fam der *Hym Ichneumonoidea*, ausgezeichnet durch halsartig (wie bei *Stephanidae*) verlängerten Prothorax und hoch oben am Mediansegment eingelenkten Hinterleib. Die Fam enthält etwa 300 Arten, von denen in Deutschland an 15 leben. Es sind Parasiten von Bienen und Wespen. Fossil unbekannt.

Gastralrinne → Primitivrinne.

Gastrilegidae (Lepeletier 1841) Schmiedeknecht (*Gastrilegides* Lep.) → Bauchsammler.

Gastrocoel (gr. ἡ γαστήρ Bauch, ἡ κοιλία Bauchhöhle, κοῖλος hohl, vertieft), 1. Archenteron, der vom Darm, bei Insekten vom Mitteldarm umschlossene Teil der primären Leibeshöhle.
2. In der taxonomischen Morphologie ein Paar von Eindrücken an der Basis des 2. (3.) Hinterleibsnotums bei vielen Ichneumoniden. Sie sind vorn runzlig und matt, hinten glatt und teilweise durchschimmernd (→ Thyridien). (Taf. XXX, Fig. 5.)

Gattina → Pebrine.

Gattung, Genus, in der taxonomischen Systematik die der Art nächst übergeordnete obligatorische Kategorie. Falls keine → Untergattung eingeschaltet ist, umfaßt die → die nächst verwandten Arten. Als phylogenetisch jüngste Artengruppe kommt die ~ in einem oder mehreren jüngsten Merkmalen zum Ausdruck, die allen kongenerischen Arten gemeinsam sind. Die ältesten rezenten ~ gehen meist nicht über das untere Oligocän zurück.

Geäder → Flügelgeäder.

geblättert, blattförmig, werden Fühler genannt, deren Endglieder einseitig in je einen blattförmigen Fortsatz verlängert sind. Typisch bei → *Lamellicornia*.

gefensterte Membran, membrana fenestrata, die epidermale → Basalmembran im Bereich des → Komplexauges. Sie liegt am Grunde der Ommatidien und wird von den erregungsableitenden Nervenfasern der Sehzellen siebartig durchbrochen, daher ihr Name.

gefiedert, federförmig, plumat sind Fühler, deren Geißelglieder ringsherum quirlartig mit langen Borsten besetzt sind, wie z. B. bei Männchen von *Culex*. (Taf. XIV, Fig. 5.)

Gegentympanum, metathorakales → Tympanalorgan.

Gehbein → Gangbein.

Gehirn, Cerebrum, Supraösophagalganglion, Oberschlundganglion. Das ~ ist mit dem → Unterschlundganglion durch ein Paar von → Schlundkonektiven verbunden und besteht aus drei Ganglien bzw. Ganglienkomplexen, dem → Protocerebrum, → Deutocerebrum und → Tritocerebrum. Von ihren ursprünglichen Konektiven ist äußerlich nichts mehr zu sehen, und von den Komissuren ist nur die tritocerebrale, welche bogig unter dem Oesophagus verläuft, erhalten. Das ~ bildet so einen hufeisenförmigen Komplex, welcher dem Ösophagus aufsitzt und den großen Teil des dorsalen Hohlraumes der Kopfkapsel einnimmt. Die beiderseitigen Ganglienkomplexe des ~ sind miteinander durch eine dem Ösophagus dorsal anliegende bzw. fast anliegende Verbindungsbrücke verbunden, welche aus den histologisch reich differenzierten und miteinander verschmolzenen proto- und deutocerebralen Kommissuren hervorgegangen ist. Die deutocerebrale Kommissur ist meist von der protocerebralen, die als → Pars intercerebralis bezeichnet wird, durch eine mehr oder weniger deutliche Furche abgesetzt. (Taf. XXVII, Fig. 2.)

Gehör, Auditus, Fähigkeit, die Schallwellen reizphysiologisch zu fangen und dem Bewußtsein zuzuführen, kommt wohl den meisten Insekten zu, wenn auch die → Gehörorgane der meisten Insekten noch nicht bekannt sind.

Gehörknöchel sind chitinige Stäbchen, welche die Vibrationen des → Trommelfells auf die → Scolopidien übertragen. Bei *Acridiidae* haben sie die typische Form von Gehörknöcheln oder Gehörkörperchen, bei *Cicadidae* ist es eine lange Chitingräte, die als → Anheftungsspatel bezeichnet wird.

Gehörorgane, Organa auditus, cuticulare Rezeptoren der Schallwellen, die sie den Sinnesfortsätzen der Sinneszellen zuführen. Aus gewissen Versuchen (Minnich, Jl. Exp. Zool. 1925) scheint hervorzugehen, daß gewöhnliche Sinneshaare (Sensilla trichodea) imstande sind, Schallwellen aufzufangen. Auch Fühler scheinen vielfach als verfeinerte → Erschütterungsorgane (*Chironomus*) Schallwellen auffangen zu können. Dasselbe gilt auch für die bei Insekten weit verbreiteten → Chordotonalorgane. Spezialisierte ~ stellen die → Tympanalorgane dar. Alternierendes Zirpen der Saltatorien und Cicaden hängt mit gut ausgebildeten Tympanalorganen dieser Insekten zusammen und zeugt von ihrem guten Gehör. Durch Versuche wurde die wahrnehmbare Tonskala bei *Thamnotrizon* auf a_7 bis a_1 ermittelt.

+***Geinitziidae*** Handlirsch 1908, ausgestorbene orthopteroide Insekten mit 3 oberliassischen Arten aus Mecklenburg. Die Tiere hatten 1—2,5 cm lange VFl. Nach Chopard (in Grassé 1949) gehört die Fam ~ zu den Saltatorien.

Geißel → Fühlergeißel.

Geistchen → *Orneodidae*.

gekämmt → kammförmig.

gekeult → keulenförmig.

gekniet → knieförmig.

Gelastocoridae (Billberg 1820) Kirkaldy 1897 (*Galgulides* Billb., *Mononychidae* Horvath 1911) (Abb. 118), Fam der *Het Hydrocorisae* mit etwa 70 Arten in allen Faunengebieten außer Mitteleuropa. Die Tiere leben auf Sandbänken und besitzen ein Sprungvermögen.

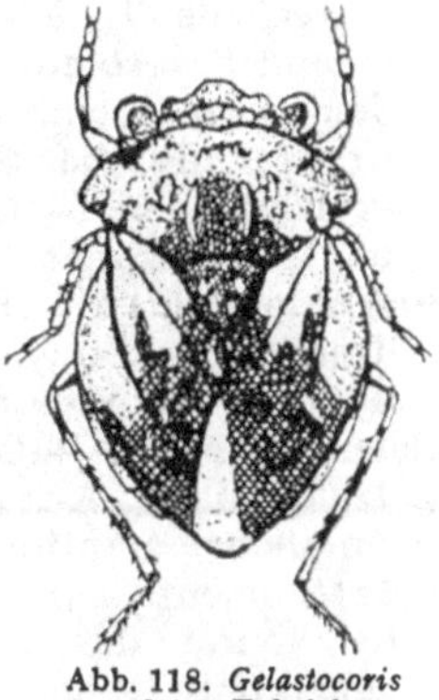

Abb. 118. *Gelastocoris oculatus* Fabricius (Gelastocoridae, Nordamerika). Nach Lugger aus Beier. Nat. Gr. 7,5—9 mm.

Gelbfiebermücke → *Aedes* (*Stegomyia*) *fasciatus* Fabricius.

Gelbsucht → Fettsucht.

Gelechiidae (Stainton 1854) Butler 1879 (*Gelechidae* Staint.), Palpenmotten, Fam der *Lep Tineoidea* mit etwa 4000 Arten. In Deutschland zahlreiche Arten, deren Raupen meist Blattminierer sind. Fossil sind 2 tertiäre Arten beschrieben worden.

Gelegenheitsparasiten, fakultative Parasiten sind Parasiten, die sich nur gelegentlich von lebender organischer Substanz ernähren, wie z. B. die Ohrwürmer, Schaben usw.

Gelenk, Einlenkung, Articulation, Diarthrose, dauernd bewegliche Verbindung zweier anstoßender Teile des Integuments. Es werden bei Insekten → condyle und → acondyle ~ unterschieden. Gegensatz → Synarthrose und → Kopplung. (Taf. V, Fig. 2.)

Gelenkfeld → Axillarfeld.

Gelenkfortsatz des Flügels, hinterer ~, ein spornartiger Fortsatz des Seitenrandes des → Scutums des Meso- bzw. Metathorax, welcher mit dem → Analgelenkstück des Flügels artikuliert (*Mecoptera, Lepidoptera,* viele *Coleoptera*). Es löst sich vielfach vom Rande des Scutums los und tritt dann als das selbständige 4. Pterale (hinteres → Tergalgelenkstück) auf. Der vordere ~ bleibt meist am Scutum und artikuliert mit dem 2. Pterale (→ Mittelgelenkstück). Es kann sich aber auch vom Scutum loslösen und wird dann als das 1. Pterale bezeichnet. (Taf. X, Fig. 2 und Taf. XXX, Fig. 2, 8.)

Gelenkhaut, Gelenkmembran, schmaler Streifen nicht sklerotisierter Cuticula, welcher zwei anstoßende, gegeneinander bewegliche Teile des Integuments miteinander verbindet. Im Unterschied zu den Gelenkmembranen der Gliedmaßen werden die die Segmente miteinander verbindenden ~ als → Intersegmentalhäute bezeichnet. (Taf. V, Fig. 2.)

Gelenkkopf, Capitulum, der kugelförmige Teil eines köndylen Gelenks (→ Condylus). (Taf. V, Fig. 2.)

Gelenkmembran → Gelenkhaut.

Gelenkpfanne, Acetabulum, Cotyla, rundliche, napfförmige Vertiefung des Integuments zur Aufnahme des → Gelenkkopfes des in ihr beweglich eingelenkten Gliedes. In typischer Ausbildung sind die Pfannen z. B. im vorderen und hinteren Mandibelgelenk dargestellt. Im vorderen Mandibelgelenk liegt die Pfanne an der Mandibel, im hinteren hingegen am peristomalen Rande der Kopfkapsel. (Taf. V, Fig. 2.)

Gelenkschmiere, Synovia, wird bei Insekten von → Schmierdrüsen abgesondert, die an den Gelenken münden.

Gemeinschaft, Lebensgemeinschaft, → Biocönose.

gemeißelte Puppe → freie Puppe.

Gemüseeule → *Polia* (*Mamestra*) *oleracea* Linné.

Gemüsewanze, rotschwarze → *Eurydema dominulum* Scopoli.

Gena (gr. ἡ γένειάς, -αδος Kinn, Kinnbacke, Wange, lat. gena, -ae, f.) → Wange.

Genalfortsatz → Wangenfortsatz.

+***Genaphidae*** Handlirsch 1908, ausgestorbene Fam der *Aphidina* mit einer fossilen Art aus dem Malm von England (*Genaphis waldensis* Brodie).

geneonomisch (gr. ἡ γένεσις, Erzeugung, ὁ νόμος das Zugeteilte, Zugehörige) wurden diejenigen soziologischen Funktionen eines Insektenstaates genannt, welche direkt mit der Fortpflanzung und Brutpflege zusammenhängen.

generalisiert → primitiv.

Generation, Gesamtheit aller, annähernd gleichalteriger Exemplare einer Art. Man spricht von einfacher oder einjähriger ~ bei Arten, die sich nur einmal im Laufe eines Kalenderjahres fortpflanzen und von doppelter ~, wenn dies zweimal, meist im Frühjahr (Frühjahrsgeneration) und im Spätsommer oder Herbst (Sommer- oder Herbstgeneration) erfolgt. Manchmal sind die aufeinanderfolgenden Generationen morphologisch oder biologisch unterschieden (→ Saisondimorphismus), oder es findet ein regelmäßiger zyklischer → Generationswechsel statt.

Generationsdimorphismus, meist mit → Saisondimorphismus gleichbedeutend. Es gibt aber auch Fälle eines synchronischen ~ (Blattläuse).

Generationswechsel (A. v. Chamisso 1819 bei Salpen), Wechsel verschiedener Fortpflanzungsmodi in aufeinanderfolgenden Generationen. Es wird dabei zwischen → Metagenese und → Heterogonie unterschieden.

Generotypus → Genotypus.

Genick → Nacken.

geniculata Stephens, *Blennocampa,* Erdbeerblattwespe. (*Hym Tenthredinidae.*)

Genitalapparat → Geschlechtsorgan.

Genitalanhänge, periphallische Anhänge, sind primäre, auf Gliedmaßen zurückgehende → Gonopoden oder sekundäre → Gonapophysen der → Terminalia, welche im Dienst der Begattung oder des Eierlegens als Hilfsorgane des → Begattungsgliedes bzw. des → Legeapparates fungieren. Bei Männchen sind es meist nur Gonopoden (Styli) des 9. Segments, bei *Thysanura* die Gonapophysen des 9. Segments, bei Weibchen hingegen die Gonopoden und Gonapophysen des 8. und 9. Segments. Auch → Cerci können zu Hilfsapparaten der Kopulation werden (*Dermaptera*, *Japygidae*). Bei *Perlaria*, die keinen Penis haben und durch einfaches Aneinanderpressen der Geschlechtsöffnungen kopulieren, sind gonapophysenähnliche Anhänge des 8. bis 11. Segments als Hilfsorgane der Begattung ausgebildet.

Periphallische ~ fehlen bei Männchen der *Blattaria*, *Saltatoria*, *Mallophaga*, *Anoplura*, *Corrodentia*, *Coleoptera*, Hymenoptera usw., d. h. überall da, wo Styli des 9. Segments entweder als solche entwickelt sind oder ganz fehlen. Bei *Ephemerida*, *Heteroptera*, *Homoptera*, *Lepidoptera*, *Mecoptera*, *Trichoptera* und *Diptera* sind die Styli in modifizierter Form zu Genitalanhängen geworden und werden als → Valven oder → Harpagonen bezeichnet. Vgl. auch → Paramere. (Taf. XVII, Fig. 2 und Taf. XVIII, Fig. 4—7.)

Die weiblichen Genitalanhänge → Legeapparat.

Genitalfüße → Gonopoden.

Genitalien → Geschlechtsorgane. In der taxonomischen Terminologie bezeichnet man gewöhnlich die äußeren, taxonomisch wichtigen Begattungsorgane und ihre Anhänge als ~.

Genitalkammer, eine sekundäre, durch Einstülpung der Haut um die Geschlechtsöffnung herum entstandene Tasche, in welcher die Begattungsorgane bzw. der Legeapparat in Ruhe verborgen liegen, während der Analkegel (→ Genitoanalkammer) darüber frei nach hinten steht. Typische ~ ist bei den Saltatorien, Blattarien, Mantiden, Isopteren und Männchen der Neuropteren entwickelt.

Genitalkanäle, röhrenförmige, am Ende trichterförmig erweiterte, unpaarige, segmental angeordnete, in der Mittellinie der Ventralseite in den → Brutkanal mündende Einstülpungen der Sterna der Strepsipteren-Weibchen. Die Anzahl der ~ schwankt zwischen 2 und 5. Es sind Wege, auf welchen die im mütterlichen Leibe geborenen Larven nach außen gelangen. (Textfig. 337.)

Genitalleiste, → Geschlechtsleisten.

Genitallobi → Samenüberträger.

Genitalorgane → Geschlechtsorgane.

Genitalporus → Geschlechtsöffnung.

Genitalraum, Vestibulum, ein bei Weibchen der Blattaria im 7. Segment entstandener Raum, in den das 8. Sternum samt der Genitalkammer versenkt ist.

Genitalsegmente → Terminalia.

Genitalstränge, ein Paar embryonaler Auswüchse der → Geschlechtsleisten, welche mit → Terminalampullen endigen und die Anlagen der mesodermalen Ausführungsgänge der Gonaden darstellen.

Genitaltasche (Zander 1900, Heberdey), der letzte, aus der Anlage des Ausführungsganges des 9. Segments entstandene Abschnitt der ektodermalen Geschlechtswege, der als solcher nur bei Larven erkennbar ist, bei Imagines vollständig mit der Vagina (bei Weibchen) bzw. mit dem Ductus ejaculatorius (bei Männchen) verschmilzt.

Bei den Panorpaten verschmilzt die ~ allerdings (nach Weber) nicht mit der Vagina, sondern mit dem Ductus receptaculi.

Innerhalb der Anlage der ~ entstehen die → Primitivzapfen.

Der von Heymons als ~ bezeichnete Hohlraum wird gegenwärtig → Genitalraum genannt.

Die der ~ homonomen ektodermalen Einstülpungen der weiblichen Ausführgänge des 7. und 8. Segments, die Heberdey als „Anlagen" bezeichnet, nennt Weber (→ Geschlechtswege) gleichfalls Genitaltaschen. Der Terminus „Anlagen" ist viel zu allgemein und müßte jeweils besonders umschrieben werden. Andererseits sind die besagten ektodermalen Einstülpungen des 7., 8. und 9. Sternits morphologisch und histologisch gleichwertig, so daß sie alle mit demselben Terminus bezeichnet werden können. Auch ihre weiteren ontogenetischen Schicksale sind insofern gleich, als jede Genitaltasche beim Weibchen zu einer → Geschlechtsöffnung werden kann. Nach dieser vereinheitlichten Terminologie persitiert bei Männchen nur die → des 9. Sternits als definitive Geschlechtsöffnung, während bei Weibchen in der Regel die des 8. Sternits zur Mündung der Vagina (primäre Geschlechtsöffnung, Oviporus, Ausgangspforte für die Eier) wird. Näheres vgl. → Geschlechtsöffnung und → Geschlechtswege. (Taf. XV, Fig. 4a.)

Genitoanalkammer → Hinterleib.

Genitoanalkomplex → Terminalia.

Genius loci → Ortsgeist.

Genotypus (gr. τὸ γένος Gattung, Stamm, ὁ τύπος das Geformte, das Gepräge, der Inhalt), 1. richtiger Generotypus, in der Systematik diejenige Art, welche für die Gattung als typisch festgesetzt worden ist. Der Begriff stammt von Ch. Schuchert (1897) und wurde vom Internat. Zool. Kongreß in Boston, 1907, mit der Annahme des → Typusverfahrens für die Nomenklatur geltend gemacht.
2. In der → Genetik bedeutet der Genotypus (JOHANNSEN) den erblichen, in den Genen fixierten Merkmalsanteil der Art bzw. Rasse im Gegensatz zu → Phaenotypus.

Genus (lat. genus, -eris, pl. genera, -orum, n., Geschlecht, Stamm) → Gattung.

Genus novum, Abk. gen. nov. oder nov. gen. wird bei der Aufstellung der neuen Gattung dem Namen angehängt, doch nur in der Originalarbeit, und wird in allen nachträglichen und künftigen Veröffentlichungen vom Autornamen ersetzt.

Geocorisae (Linné 1758) Latreille 1825 *Cimices* Lin., *Gymnocerata* Fieber 1861), Landwanzen, UOrdn der *Heteroptera*, mit über 20000 rezenten und an 450 fossilen Arten. Die letzteren sind sämtlich auf rezente Familien verteilt worden. Die fossilen ~ treten im Jura (Malm) auf. Die ~ zeichnen sich unter den Heteropteren durch lange, meist 4- bis 5gliedrige Fühler und gut ausgebildete Bucculae aus. VFl meist mit Cuneus, Praetarsus meist mit Pulvillen oder Arolien, Tarsen mindestens 2-, öfters 3gliedrig, Hlb auf der USeite oft mit Trichobothrien. Die ~ enthalten folgende Familien: FamR Reduvioidea *Saldidae, Leptopodidae, Leotichidae, Aepophilidae, Reduviidae, Phymatidae, Henicocephalidae, Nabidae.* FamR Cimicoidea: *Anthocoridae, Microphysidae, Cimicidae, Cryptostemmatidae, Velocipedidae, Polyctenidae, Miridae, Isometopidae.* FamR Gerroidea: *Gerridae, Veliidae, Hebridae, Mesoveliidae, Hydrometridae.* FamR Pentatomoidea: *Tingidae, Aradidae, Lygaeidae, Thaumastocoridae, Colobathristidae, Pyrrhocoridae, Coreidae, Piesmidae, Neididae, Joppeicidae, Pentatomidae, Cydnidae, Plataspididae, Termitaphididae.* Die Einteilung schwankt übrigens bei verschiedenen Systematikern.

Geodephaga (Dumeril 1806) McLeay 1825 (*Creophaga* Dum.), Gruppe der *Col Adephaga* mit drei Familien, *Cicindelidae, Carabidae* und *Paussidae.*

geographische Verbreitung → Tiergeographie.

geographische Rassen sind natürliche, nicht künstlich erzogene (→ Rasse), räumlich getrennte, sich aber nicht selten mit ihren Arealen überschneidende Abweichungen vom Typus der Art. Sie werden meist als Unterarten (subspecies) trinominal benannt.

Geometridae (Linné 1758) Stephens 1829, Spanner, Fam der *Lep* (*Macrofrenatae*) mit etwa 12000 Arten. In Deutschland eine der artenreichsten Schmetterlingsfamilien. Fossil sind 2 oligocäne, 2 miocäne und 2 kopale Arten beschrieben worden.

geopolitisch (gr. ἡ γῆ oder γαῖα Erde, ὁ πολίτης Bürger), fälschlich → „kosmopolitisch", worauf Hering aufmerksam macht, sind Arten oder Artengruppen, welche über alle tiergeographischen Gebiete der Erde verbreitet sind.

Georyssidae (Castelnau 1840) Gutfleisch 1859 (Abb. 119), Fam der *Col* (*Polyphaga*) mit 30 weit verbreiteten Arten, von welchen in Deutschland 4 einheimisch sind. Fossil nicht nachgewiesen.

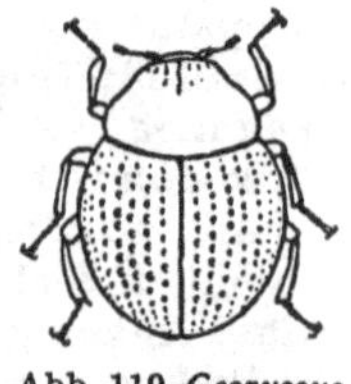

Abb. 119. *Georyssus crenulatus* Rossi (Georyssidae). Nach Brauer aus Handlirsch. Nat. Gr. etwa 2 mm.

Geotaxis (gr. ἡ γῆ Erde, Boden, ἡ τάξις geordneter Zustand, Taktik), Fähigkeit der Insekten, auf Schwerkraft anzusprechen. Die Wahrnehmung erfolgt mittels der → statischen Organe.

geotropisch oder kosmotropisch sind Arten, welche im ganzen Tropengürtel der Erde beheimatet sind. (In der Physiologie der Pflanzen hat ~ eine andere Bedeutung.)

Geradflügler → *Orthoptera.*

Geräusche, zufällige, sind akustische Begleiterscheinungen von Tätigkeiten, wie das Summen der rasch schwingenden Flügel oder Knarren der langsam schwingenden Flügel z. B. beim Flug einer Mücke oder einer Heuschrecke. Hierher gehört auch das knipsende Geräusch beim Einspringen des Brustdornes der Elateriden, Kratzen der Bohrwürmer in

Möbelstücken, Rascheln der Ameisen, die auf ihren Verkehrswegen hin und her laufen usw. (Vgl. auch → Flugtöne.)

+***Gerapompidae*** Handlirsch 1908, ausgestorbene Fam der +*Protoblattoidea* mit 3 mittel-obercarbonischen Arten aus Nordamerika.

+***Geraridae*** Handlirsch 1908 (Abb. 120), ausgestorbene Fam der + *Protorthoptera* mit 12 mittel-obercarbonischen Arten aus Nordamerika.

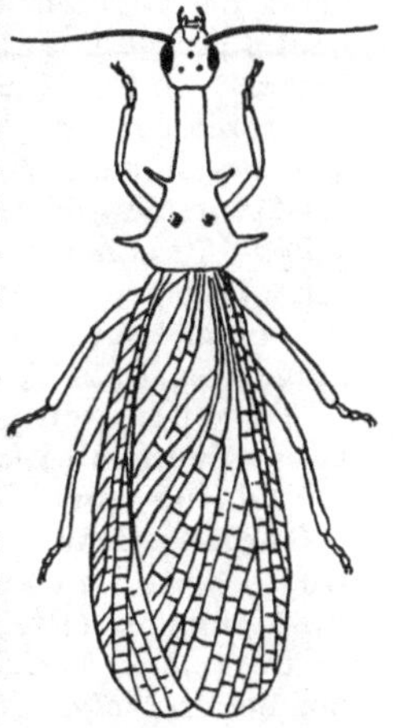

Abb. 120. +*Gerarus danielsi* Handlirsch (+Geraridae). Mittl. Oberkarbon v. Nordamerika. Nach Handlirsch. Nat. Gr. etwa 8 cm.

Gerinnung → Blutgerinnung.

germanica Linné, *Phyllodromia* (*Blattella*), deutsche Schabe (*Blattaria Phyllodromiidae*).

Germarium (lat. germen, -inis, n., Sproß) der apicale, vielfach mehr oder weniger aufgetriebene Endteil der → Eiröhre, welcher von → Urgeschlechtszellen, den *Uroogonien*, und ihren Abkömmlingen, den → Oogonien, erfüllt ist. Das ~ ist von einem mesodermalen Epithel ausgekleidet, welches das Zellmaterial für das → Follikelepithel liefert. Auch der apicale Teil der → Hodenfollikel wird vielfach als ~ bezeichnet, da es ja auch Urgeschlechtszellen, die Urspermiogonien, enthält. (Taf. XV, Fig. 3.)

germinationis Linné, *Opomyza*, Grasfliege (*Dipt. Opomyzidae*).

Gerridae (Leach 1815) Dohrn 1859) *Gerrida* Leach), Wasserschneider, Wasserläufer (Abb. 121), Fam der *Het Geocorisae* mit etwa 200 Arten, von denen in Deutschland 10 leben. Alle sind auf Wasseroberfläche laufende Jäger. Sie ähneln den Hydrometriden, haben aber kurze VBeine, nur Mittel- und HBeine sind lang, stelzenartig. Fossil sind an 8 Arten, tertiäre, beschrieben worden.

Abb. 121. *Gerris argentatus* Schummel (Gerridae). Nach Hedicke. Nat. Gr. 6,5—8 mm.

Gerstenhalmfliege → *Lasiosina cinctipes* Meigen.

Gerstenminierfliege → *Hydrellia griseola* Fallen.

Geruchsorgane treten bei Insekten meist in Form von einfachen Sensillen auf. Es sind dünnwandige → Sinneshaare, → Sinneskegel, → Sinnesplatten oder Sinnesflaschen. Sie sind besonders zahlreich auf den Antennen und verdichten sich in der Regel gegen die Fühlerspitze hin. Außerdem kommen sie auf Maxillar- und Labialpalpen vor oder (*Saltatoria*) auch auf den maxillaren und labialen Lobi. Manchmal treten die Geruchssensillen, besonders an der Spitze der Fühler und Taster, zu reinen oder gemischten → Sinnesfeldern zusammen. In letzteren Fällen bilden sie als Riechplatten, Riechhügel oder Riechgruben die einfachste Form der zusammengesetzten ~. Die → Sinnesplatten sind, wie aus Versuchen mit *Dytiscus* und *Geotrupes* hervorgeht, die höchstwertigsten Geruchsorgane. Die Riechschärfe ist aber außerdem von der Anzahl der Geruchssensillen abhängig. Die größeren Fühler der Männchen weisen z. B. bei Lasiocampiden 2—8 mal so viel Riechsensillen auf, als die der Weibchen.

Geruchssinn, Olfactus, Fähigkeit, flüchtige, in der Luft oder im Wasser gelöste Riechstoffe aufzufangen und zu erkennen. Die Insekten riechen annähernd dieselben Gerüche wie die Wirbeltiere. Es sind vor allem Nährstoff-, Art- und Geschlechtsgerüche. Die Insekten scheinen aber auf diese Gerüche enger spezialisiert zu sein und lassen sich durch fremdartige Gerüche nicht so leicht beirren. Die → Schwellenwerte scheinen bei ihnen nicht nennenswert anders als bei anderen Tieren zu liegen. Die Insekten scheinen ausgesprochene Geruchstiere zu sein.

Geruchsschwelle → Schwellenwert.

gesägt, serrat, werden Fühler genannt, deren Geißelglieder mit einseitigen, konischen Fortsätzen versehen sind.

Geschlecht, Sexus, ist der Dualismus der Geschlechtszellen, welcher im physiologischen, biologischen und morphologischen Dualismus der die Samenzellen (Männchen) und Eizellen (Weibchen) produzierenden Einzelwesen zum Ausdruck kommt. Der äußere Ausdruck des geschlechtlichen, zytologischen Dualismus, die Verschiedenheit der Männchen und Weibchen beschränkt sich entweder auf die Geschlechtsorgane und wird in diesem Fall als der primäre → Geschlechtsdimorphismus bezeichnet, oder erstreckt sich auch auf somatische Merkmale und verursacht dann den eigentlichen, sekundären → Geschlechtsdimorphismus.

Geschlechtsdichromismus, Verschiedenheit der Körperfärbung bei Männchen und Weibchen. (→ Geschlechtsdimorphismus, 6.)

Geschlechtsdimorphismus, Verschiedenartigkeit beider Geschlechter einer Art, Rasse und Generation in bezug auf ihre sekundären Geschlechtsmerkmale. Die sekundären Geschlechtsunterschiede betreffen meist folgende Merkmalsgruppen:

1. Körpergröße. Meist sind die Weibchen größer und plumper als die Männchen. Seltener sind die Männchen größer, wie z. B. bei *Lucanus cervus, Oryctes nasicornis* usw.

2. Aktivität. Meist sind die Männchen aktiver, die Weibchen mehr träge. Die Weibchen sind auch häufiger brachypter oder apter oder fliegen weniger, wenn sie auch vollwertige Flügel haben (*Lymantria dispar* usw.).

3. Ernährung. Die Männchen kommen häufiger ohne Nahrungsaufnahme aus als die Weibchen und haben auch häufiger verkümmerte Mundteile, wie z. B. die Männchen der *Coccidae* und *Strepsiptera*, oder begnügen sich mit Blütensaft, während ihre Weibchen Blut saugen, wie die Stechmücken.

4. Sinnesorgane sind in der Regel zahlreicher bei Männchen als bei Weibchen. Vor allem sind die Fühler häufig bei Männchen vergrößert, und damit ist ihre Sinnesfläche größer als bei Weibchen. Bei vielen Nematoceren sind auch die → Johnstonschen Organe bei Männchen stärker entwickelt als bei Weibchen.

5. „Ornamentale" Strukturen, deren biologische Bedeutung nicht immer klar ist, treten vielfach nur bei Männchen auf, z. B. geweihartige Mandibeln des Hirschkäfers, hornartige Auswüchse am Kopf und Halsschild bei *Copris, Oryctes, Dynastes, Goliathus, Sinoxylon, Plataspididae*, oder sind bei Männchen stärker ausgebildet als bei Weibchen, wie zahlreiche → Schmuckstrukturen der *Membracidae* und *Tetrigidae*.

6. Ornamentale Farben (→ Geschlechtsdichronismus) zeichnen häufig nur die Männchen aus, während die Weibchen schlichter gefärbt sind.

7. Somatische Hilfsorgane der Kopulation (sekundäre Geschlechtsmerkmale im engeren Sinne) können durch Umbildung der Fühler (*Mallophaga, Collembola*) oder Cerci (*Dermaptera*) zu Greiforganen entstehen. Saugnäpfe an den erweiterten Vordertarsen der *Dytiscus*-Männchen, Klammerbeine der *Blastophaga*-Männchen usw. gehören auch hierher. Dagegen sind die Weibchen der *Dryinidae* allein mit gewaltigen Greifzangen an ihren Vorderbeinen versehen.

8. Brutpflegeorgane der Weibchen, wie → Sammelbeine, → Wachsdrüsen der Honigbiene usw.

9. Lock- und Werbeorgane, wie Duftdrüsen und Lautapparate haben häufig nur Männchen (Rückendrüsen am Thorax bei *Oecanthus*, Duftbeine und Duftschuppen bei *Hepiolus, Argynnis* u. a.), Trommelorgane männlicher Singzikaden, Zirporgane vieler *Saltatoria* usw.). Nicht selten sind es aber Weibchen, welche mit Duftorganen ausgestattet die Männchen zur Kopulation anlocken, wie bei vielen Schmetterlingen.

10. → Samenüberträger zeichnen die Männchen der *Odonata* aus.

11. Metamorphose. Der imaginale Geschlechtsdimorphismus ist bei Cocciden schon im 2. Larvenstadium deutlich und im 3. gut ausgeprägt, indem dieses Stadium bei Männchen eine Pronymphe, bei Weibchen aber noch eine Larve ist.

12. Lebenslänge. Auch in dieser Hinsicht sind die Geschlechter meist verschieden, indem die Männchen kurzlebiger sind als die Weibchen.

Geschlechtsfüße → Gonopoden.

Geschlechtsleisten, paarige, mesodermale Auswüchse, welche von der dorsalen Wand der Coelomsäcke in die Coelomhöhle hineinwachsen und ventro-anal → Genitalstränge aussenden. Die letzteren stellen die Anlage der → Gonoducte dar, während die ~ sich zum → Germarium ausbilden.

Geschlechtsmerkmale, diejenigen Eigenschaften des Körpers und des biologischen Verhaltens der Insekten, welche die Männchen und Weibchen ein und derselben Art unterscheiden. Hierher gehören die inneren und äußeren Geschlechtsorgane (primäre ~) sowie die somatischen Unterscheidungsmerkmale. Die letzteren teilt man häufig noch in die sekundären und tertiären ~, indem man zu den ersteren die Hilfsorgane der Kopulation bzw. des Eierlegens und zu letzteren alle anderen, nicht mit dem Geschlechtsleben zusammenhängenden Unterscheidungsmerkmale rechnet. Gewöhnlich werden alle somatischen Geschlechtsmerkmale als sekundäre ~ bezeichnet.

Die primären ~ treten vielfach, z. B. bei Schmetterlingen, schon bei Puppen auf. Vgl. auch → Geschlechtsdimorphismus.

Geschlechtsöffnung, Genitalporus, Porus genitalis, allgemeine Bezeichnung für die Mündung der Geschlechtswege nach außen.

Die Geschlechtsöffnungen der Insekten sind nicht immer einander homolog. Bei Männchen spricht man trotzdem immer von einem Gonoporus, ganz gleich, ob er die unpaarige oder paarige Mündung des Ductus ejaculatorius oder aber die Mündungen der Vasa deferentia darstellt, wie es bei Ephemeriden der Fall ist. Bei Weibchen, bei denen diese Verhältnisse noch komplizierter liegen (→ Geschlechtswege), darf man nach SNODGRASS nur die Mündung des Eierganges in die Vagina als Gonoporus bezeichnen. Diejenige Geschlechtsöffnung, welche sowohl zur Begattung als auch zur Eiablage dient, d. h. die Mündung der Vagina, wird als Vulva bezeichnet, wenn die Bursa keine besondere Mündung hat. Bei Insekten, deren Bursa und Vagina gesondert nach außen münden, nennt SNODGRASS die Mündung der ersteren Vulva, die der letzteren dagegen Oviporus.

Bei Männchen ist die ~ in der Regel unpaarig, nur bei *Ephemerida, Protura* und *Dermaptera* paarig. Sie liegt in der Regel hinter oder im 9. Sternit (auch bei *Ephemerida*), nur bei *Protura* hinter dem 11. und bei *Collembola* im 5. Sternit.

Bei Weibchen mündet die Vagina in der Regel hinter dem 8., bei Käfern und Schmetterlingen hinter dem 9., bei Ephemeriden hinter dem 7., bei Collembolen im 5. und bei Proturen hinter dem 11. Sternit.

Geschlechtsorgane, Genitalien, sind paarige, im Hinterleib gelegene → Gonaden oder Geschlechtsdrüsen mit ihren anfangs paarigen, dann sich zu einem unpaarigen Ausführungsgang vereinigenden → Geschlechtswegen. Sie werden auch häufig als innere ~ den → Kopulationsorganen oder äußeren ~ gegenübergestellt.

Vollkommen atypisch sind die ~ der weiblichen *Strepsiptera* (*Stylopidae*). Gonaden fehlen bei ihnen vollkommen, und die Eizellen flottieren in der Leibeshöhle. Die Geschlechtswege bilden 2—5 unpaarige, mediane, röhrenförmige → Genitalkanäle, welche in einen → Brutkanal auf der Unterseite des Weibchens münden. Der Brutkanal mündet vorn auf der Unterseite des Kopfes nach außen.

Geschlechtspartnerprüfung, durch das Männchen ausgeführte Prüfung des Weibchens nach ihrer geschlechtlichen Brauchbarkeit, wohl auch nach ihrer Art- und Rassenzugehörigkeit, erfolgt durch die Nahsinnesorgane, vor allem Tast- und Geruchssinnesorgane der Fühler. Im allgemeinen werden artfremde bzw. rassenfremde, unreife oder abgebrütete Weibchen nicht angenommen. Ausnahmefälle können wohl durch geschlechtliche Übergereiztheit erklärt werden, ähnlich wie Kopulationsversuche der Männchen mit Männchen. Eine abstoßende Wirkung artfremder Reize ist wahrscheinlich das verbreitetste Vorbeugungsmittel gegen die Bastardisierung.

Geschlechtspartnersuche wird durch den erwachten → Geschlechtstrieb ausgelöst und in der Regel durch das Männchen als den aktiven Partner ausgeführt, während das Weibchen in passiver Erwartung, meist in einer exponierten Stellung (*Margarodes, Ipidae* usw.) verharrt oder Lockreize ausbreitet. Als Lockmittel kommen vor allem Duftreize in Frage, die vielfach, z. B. bei Schmetterlingen, auf größere Entfernungen wirksam sind. Bei *Saltatoria* locken die Männchen durch Zirpen, während die Weibchen suchende Partner sind. Bei Leuchtkäfern sind die Leuchtorgane zweifellos als Signalisierungsorgane bei der ~ wirksam. Versuche haben ergeben, daß die *Lampyrinae*-Weibchen bei Annäherung der Männchen heller aufleuchten. Die ballontragenden *Empididae* haben ein ganz eigenartiges Hilfsmittel der ~ herausgebracht (→ Ballonträger).

Vgl. auch → Geschlechtspartnerprüfung und → Werbung.

Geschlechtsreife, Pubertät, tritt mit der Reife der Geschlechtszellen ein, bei Männchen mit der Reife der Spermien, bei Weibchen mit der Befruchtungsreife der ersten Eier. Bei Männchen ist die ~ eine Voraussetzung der Begattungsreife, während letztere bei Weibchen vorausgehen kann, da die Spermien so lange im Receptaculum aufgehoben werden können, bis die ersten Eier gereift sind.

Geschlechtstrieb, libido sexualis, innerer, durch Außenfaktoren in positiver und negativer Richtung beeinflußbarer Drang nach Abgabe bzw. Empfang (bei Weibchen) des reifen Spermienvorrates. Die endogenen Faktoren, welche den ~ auslösen, sind noch nicht mit Sicherheit bekannt. Versuche scheinen auf ihre Unabhängigkeit von den Gonaden hinzuweisen, da kastrierte Pärchen ebensogut wie normale mit unreifen Gonaden zur Begattung schreiten können. Nach BLUNCK hängt der ~ bei *Dytiscus*-Männchen von der Füllung der Nebenhoden und Ectadenien ab. Der erwachte ~ spornt in der Regel das Männchen zur → Geschlechtspartnersuche an.

Geschlechtsumkehr, Verwandlung der Geschlechtsorgane eines Einzelwesens in die des anderen Geschlechts. In der Regel ist die innere Verwandlung der Gonaden mit der entsprechenden Änderung der äußeren, sekundären Geschlechtsmerkmale verbunden. Bei Insekten ist bisher nur ein Fall der ~ bei der Phoride *Termitoxenia* bekannt.

Geschlechtswege, Ausführgänge der fertigen Geschlechtszellen aus den Gonaden durch die → Geschlechtsöffnung nach außen.

Die Geschlechtswege entstehen aus zwei histologisch verschiedenen embryonalen Anteilen, den vorderen, mesodermalen → Genitalsträngen mit ihren → Terminalampullen und den hinteren, ektodermalen Einstülpungen, den → Genitaltaschen.

Im ausgebildeten Zustande bestehen die ~ aus einem Paar mesodermaler → Gonoducte (Oviducte, Vasa deferentia), die sich hinten zu dem meist unpaarigen, ektodermalen Ausführungsgang (Oviductus communis, Ductus ejaculatorius) vereinigen.

Die mesodermalen Teile weisen nur bei Männchen weitere Differenzierungen (→ Nebenhoden, → Mesadenien, → Vesiculae seminales) auf, während die ektodermalen in beiden Geschlechtern durch primäre oder sekundäre Bildungen recht kompliziert werden können.

Im Verlauf des Ductus ejaculatorius können → Ectadenien und eine → Samenpumpe auftreten. Der Endteil des Ductus ejaculatorius bildet einen durch sekundäre Bildungen mehr oder weniger komplizierten Penis (→ Begattungsglied), welcher bei Pterygoten niemals frei, sondern in Ruhe in einer → Peniskammer verborgen liegt.

Der unpaarige Ausführungsgang entsteht bei Weibchen aus 2 oder 3 ektodermalen Einstülpungen, den → Genitaltaschen des 8. und 9. bzw. des 7,. 8. und 9. Sternits, deren jede die definitive primäre Geschlechtsöffnung bilden kann, wenn sie die Verbindung mit der Haut aufrechterhält. Die Genitaltasche des 7. Sternits bildet stets den Eiergang (mit Ausnahme der Ephemeriden, denen er fehlt) und trennt sich in der Regel von der Haut mit Ausnahme der Ephemeriden und Rhaphididen, bei denen sie die hinter dem 7. Sternit liegende Geschlechtsöffnung bildet. Die Genitaltasche des 8. Sternits bildet die Vagina, an die sich vorne der Eiergang anschließt. Sie behält bei den meisten Insektenordnungen die Verbindung mit der Haut und bildet die hinter dem 8. Sternum liegende Geschlechtsöffnung. Bei Blattarien liegt diese Geschlechtsöffnung scheinbar hinter dem 7. Sternit, indem das 8. (und 9.) Sternit in den Hinterleib eingefaltet einen → Genitalraum bilden. Diese Geschlechtsöffnung bleibt bei *Rhaphididae* u. a. (z. B. *Anthocoridae*) als Oviporus neben der des 7. Sternits offen (zwei primäre Geschlechtsöffnungen). Die Genitaltasche des 9. Sternits bildet bei *Coleoptera* und *Lepidoptera* die definitive primäre, zwischen dem 9. und 10. Sternit liegende Geschlechtsöffnung (Oviporus) und verschmilzt im übrigen mit der Vagina, deren hinterer Abschnitt somit ein Derivat des 9. Sternits ist.

Die Genitaltasche des 8. Sternits bildet außerdem die bei den meisten Insekten entwickelten Receptaculum seminis und Bursa copulatrix. Bei den *Lepidoptera Ditrysia* mündet die letztere im 8. Sternit durch die sekundäre Geschlechtsöffnung nach außen, behält aber außer-

dem ihre Verbindung mit der Vagina durch den Ductus bursae.
In die Vagina oder außerhalb derselben, hinter der Geschlechtsöffnung, können Anhangsdrüsen münden, die den männlichen Ektadenien homolog sind und von der Genitaltasche des 9. Sternits gebildet werden.

Geschlechtszellen, die aus den → Urgeschlechtszellen durch Wachstums-, Teilungs- und Reifungsprozesse entstehenden → Spermien und → Eier oder männliche und weibliche Gameten.

Geschmackssinn, gustatus, Fähigkeit, gelöste Stoffe nach ihrer Genießbarkeit zu prüfen. Im Gegensatz zum → Geruch steht der ~ fast ausschließlich im Dienste der Ernährung, und die betreffenden Organe befinden sich in der Regel an den Mundteilen. Wahrscheinlich sind auch Organe des ~ an den Tarsensohlen weiter verbreitet, als man bisher annimmt. Es ist nicht näher bekannt, wie weit der ~ der Insekten differenziert ist. Fest steht nur, daß die Insekten ebenso wie Säugetiere die vier Geschmacksgruppen süß, sauer, salzig und bitter zu unterscheiden vermögen. (→ Schwellenwert.)

Geschmacksorgane, organa gustatus, sind erst sehr wenig bekannt, und man nimmt an, daß es die vertieft liegenden Sensillen, vor allem → Grubenhaare sind, welche die chemische Beschaffenheit gelöster Stoffe wahrnehmen können. Die ~ liegen vor allem im Bereich des Mundes, am Epipharynx (→ epipharyngeales Sinnesorgan der *Hemiptera* und *Anoplura*) oder Pharynx (*Lepidoptera*), ausnahmsweise auf den Tarsen (*Calliphora, Pyrameis*).

Geschmacksschwelle → Schwellenwert.

Geschwisterehe → Adelphogamie.

Gesellschaft, → Societät.

Gesicht, Facies, in der taxonomischen Terminologie häufig benutzte Bezeichnung für die vordere Wand der → Kopfkapsel zwischen den Komplexaugen, Fühlern und dem Mundrande, bes. bei Insekten mit → orthognathem Kopfe. Die Morphologen benutzen diese Bezeichnung entweder in demselben Sinne wie die Taxonomen (Weber) oder zählen auch die Komplexaugen selbst dazu (Handlirsch). Die Umgrenzung des ~ ist nicht ganz gleich bei verschiedenen Insektengruppen. So zählt man z. B. bei *Odonata* nur die Wangen, den Clypeus und die Mundteile zum ~, während dasselbe bei *Ephemeridae* die Stirn und Scheitel umfaßt. (Taf. V, Fig. 5.)

Gesicht, Visus, Sehvermögen, ist bei Insekten je nach dem Stand der Ausbildung ihrer → Augen sehr verschieden, vom einfachsten Hell-Dunkelsehen der Larven mit einfachsten pigment- und cornealosen Stemmata bis zum Form- und Farbensehen der Biene. Eine → Adaption an verschiedene Lichtintensität ist schon bei → Appositionsaugen zu einem gewissen Grade möglich, aber erst bei → Superpositionsaugen höher entwickelt. Die → Akkomodation an verschiedene Entfernungen scheint aber allen Insektenaugen zu fehlen. Die damit zusammenhängende → Entfernungsschätzung fehlt demnach. Vgl. auch → Lichtstärke, → Sehschärfe, → Gesichtsfeld, → Farbensinn.
Im allgemeinen sind die Insekten kurzsichtige Tiere und sind vor allem befähigt, bewegte Gegenstände wahrzunehmen, während unbewegte Formen, welche nur Lichtreize aussenden, meist keine Reaktion auslösen.

Gesichtsborsten, eine Borstenreihe beiderseits der Mittellinie des Gesichts, über den → Vibrissenecken bei vielen *Muscaria*, z. B. bei *Tachinidae*. (Taf. V, Fig. 5.)

Gesichtsfeld, die Größe des von beiden Komplexaugen, also binokular umfaßten Raumes, ist durch den sphärischen Winkel gegeben, welchen alle randständigen Ommata miteinander bilden. Je größer und gewölbter die Komplexaugen, desto größer ihr ~, welches bei stark vorgequollenen Augen der zygopteren Odonaten einen Gesichtswinkel von etwa 270° und in Stielaugen gewisser Fliegen (*Diopsidae*) bis 300° erreichen kann.

Gesichtsleiste, Faciale, bei höheren Fliegen (*Muscaria*) der kantig vorspringende, die Fühlerbasis von oben umfassende Rand der sog. Praefrons (→ Gesicht). Die beiden Enden der ~ stoßen beiderseits des Clypeus mit den → Backenleisten zusammen und bilden die → Vibrissenecken. (Taf. V, Fig. 5.)

Gespenster, Gespensterheuschrecken → *Phasmida*.

Gespinstblattwespen → *Pamphilidae*.

Gespinstkokon, eine aus dem Sekret der Spinndrüsen angefertigte Hülle um die

→ Eigelege oder um die sich zur Verpuppung anschickenden Larven (Puppenkokon).

Gespinstmotten → *Hyponomeutidae.*

Getreideschädlinge. Abgesehen von den polyphagen Schädlingen, wie die Drahtwürmer und Engerlinge, hat das Brotgetreide bei uns vor allem von der Fritfliege (*Oscinella frit*), der Weizenhalmfliege (*Oscinis pumilionis*) und der Hessenfliege (*Mayetiola destructor*) zu leiden. Von anderen Fliegen sind hier die Getreideblumenfliege (*Hylemyia coarctata*), die Grasfliege (*Opomyza germinationis* und *O. florum*), die Lupinenfliege (*Hylemyia platura*) und die Schnaken (*Tipulidae*) zu nennen.

Die Getreidehalmwespe (*Cephus pygmaeus*) und der Getreideerdfloh (*Phyllotreta vittula*) gehören neben den genannten Fliegen zu den wichtigsten Getreideschädlingen.

Recht stark können sich u. U. die Getreideblattläuse am Schaden beteiligen. Es sind vor allem die bleiche, die große und die kleine Getreideblattlaus (*Metopolophium dirhodum, Sitobium granarium* und *S. avenae*) sowie die Getreidewurzellaus (*Anoecia vagans*). Die Getreidespitzwanze (*Aelia acuminata*) und die gemeine europäische Getreidewanze (*Eriogaster maura*) treten manchmal sehr zahlreich oder sogar massenhaft auf und schädigen die jungen, noch milchigen Körner durch ihr Saugen.

Im Anschluß an diese saugenden Insekten müssen noch die Getreideblasenfüße, *Limothrips denticornis, L. cerealium* und *Haplothrips aculeatus* genannt werden, welche, obwohl winzig klein und schwer bemerkbar, doch in der Regel in Millionen auftreten und dem Getreide beachtlichen, wenn auch wenig beachteten Schaden zufügen. Wenn auch die sog. Weißährigkeit oder Flissigkeit der Getreideähren (an Roggen, Gerste, Hafer) heute nicht mehr den Blasenfüßen zugeschrieben wird, so ist der Schaden durch Aussaugen zarter, junger Teile der Getreidepflanzen besonders im Alter des Schossens nicht zu bestreiten.

Von anderen Insekten, die allein meist geringe Bedeutung haben, u. U. aber recht stark den Schaden durch andere Insekten vergrößern können, sind die Getreideeulen (*Euxoa tritici* und *Parastichtis secalis*), die Getreidewurzeleule (*Parastichtis monoglypha*), das blaue und rothalsige Getreidehähnchen (*Lema cyanella* und *L. melanopus*), der Getreidelaufkäfer (*Zabrus tenebrioides*) und die Getreidelaubkäfer (*Anisoplia lata* und *A. segetum*) zu nennen.

Das Getreidekorn wird auf dem Speicher oft genug vom Kornkäfer (*Calandra granaria*), von der Kornmotte (*Tinea granella*) und in wärmeren Ländern von der Getreidemotte (*Sitotroga cerealella*) heimgesucht. In Mehlvorräten treten vor allem die Mehlmotte (*Ephestia kühniella*) und der Mehlkäfer (*Tenebrio molitor*) schädlich auf.

getrenntgeschlechtlich, gonochoristisch, Gegens. → Zwittrig.

Gewächshausblasenfuß, schwarzer → *Heliothrips haemorrhoidalis* Bouché.

Gewächshausblasenfuß, weißbindiger → *Parthenothrips dracaenae* Heeger.

Gewächshausröhrenlaus → *Orthezia insignis* Douglas.

Gewächshausstabheuschrecke → *Carausius morosus* Brunner.

Gewebe, tela, ein zusammenhängender Komplex primär gleichartiger Zellen. Bei Insekten unterscheidet man nur 4 Arten von ~, nämlich → Epithelgewebe, → Stützgewebe, → Muskelgewebe und → Nervengewebe. Ein → Bindegewebe fehlt oder ist nur schwach entwickelt

gibbus Fabricius, *Zabrus* → *Z. tenebrioides* Goeze.

Giftblase, ein unpaariger, ovaler Behälter für das von der paarigen Giftdrüse der aculeaten Hymenopteren ausgeschiedene Gift. Die ~ mündet mit einem unpaarigen Gang in den → Giftstachel.

Giftdrüsen sind am häufigsten → Labial-, seltener → Mandibular- oder → Maxillardrüsen (*Myrmeleon*-Larve) der stechend-saugenden Insekten. Auch → Hautdrüsen mit freien Mündungen oder solchen, die ihre brennenden Sekrete in Gifthaare ausscheiden, werden zu ~ gestellt. Die ersteren sind z. B. bei Chrysomeliden, die letzteren bei Schmetterlingsraupen verbreitet.

Die ~ der aculeaten Hymenopteren sind → Abdominaldrüsen und bestehen aus einem Paar langer schlauchförmiger oder verästelter Drüsen, die ihr saures (bei

Ameisen Ameisensäure enthaltendes) Sekret in eine unpaarige → Giftblase ergießen. Die Bienen haben außerdem eine unpaarige alkalische ~ (sog. Dufoursche Drüse) welche hinter der Giftblase in den unpaarigen Blasengang mündet.

Gifthaare → Brennhaare.

Giftköder → Köder.

Giftstachel, Aculeus der aculeaten Hymenopteren (unter Ameisen nur bei *Myrmicinae* und *Ponerinae*) ist eine Umwandlung des → Legebohrers. Er besteht aus 2 Stechborsten (Gonapophysen des 8. Segments), die an der Spitze mit Widerhaken versehen sind und auf je einer Schiene der → Stachelrinne gleiten. Die letztere stellt die zu einem Rohr miteinander verwachsenen Gonapophysen des 9. Segments dar. Sie ist in der Ruhelage in einer paarigen Stachelscheide verborgen, die aus einer oblongen Basalplatte (Coxit des 9. Gonopoden) und einer mit ihr gelenkig verbundenen Stachelscheide, dem Stylus des 9. Segments, besteht. (Taf. XVI, Fig. 3.)

gigas Linné, *Sirex*, Riesenholzwespe, gelbe Fichtenholzwespe. (*Hym Siricidae.*)

Gilsonsche Drüsen, je eine unpaarige, medioventral in den drei Thoraxsegmenten der Trichopteren-Larven mündende Drüse mit ölartigem Sekret.

Ginglymus (gr. ὁ γίγγλυμος Scharnier) → Scharniergelenk.

Gitterwanzen → *Tingidae.*

glabratella Zeller, *Argyresthia*, Fichtenknospenmotte (*Lep Hyponomeutidae*).

glabratus Zetterstedt, *Hylurgops*, dunkelbrauner Fichtenbastkäfer (*Col Ipidae*).

glandium Marsham, *Curculio*, großer Eichelrüßler (*Col Curculionidae*).

Glandulae (lat. glandula, -ae, f., meist pl. tant., -ae, -arum, kleine Drüse, Mandeln, Drüsen im Halse, dem. von glans, -dis, f., jede Kernfrucht, bes. Eichel, Ecker) → Drüse.

Glandula receptaculi → Receptaculardrüse.

Glandulae sebaceae → Kittdrüsen.

Glanzfliegen → *Phormia*-Arten.

Glanzkäfer → *Nitidulidae.*

Glasflügler → *Aegeriidae.*

Glaskörper, zelluläre, epidermale Linse, welche bei gewissen einfachen Insektenaugen aus den → Corneagenzellen unter der Cornea gebildet wird.

Glattkopf-Blattminiermotten → *Cemiostomidae.*

glauca Hübner, *Polia*, graue Garteneule (*Lep Noctuidae*).

glaucus Fabricius, *Coniocleonus*, großer weißer Rüsselkäfer (*Col Curculionidae*).

Gleichgewichtsorgane → statische Organe.

Gleichringler → *Isotomidae.*

Glia → Neuroglia.

Glied, Artikel, articulus, membrum, Teil einer gegliederten Extremität.

Gliederfüßler → *Arthropoda.*

Gliedmaßen, gegliederte → Extremitäten. Die ~ der Insekten sind segmental paarige, segmental innervierte und mit segmentalen Muskeln versehene, primär und sekundär gegliederte Ausstülpungen der → Flankenhaut.

Die meisten ~ haben ihre primär ventrale Lage beibehalten mit Ausnahme der → Fühler und → Afterraife (Cerci), welche im Verlauf der Ontogenie auf die Dorsalseite übergehen.

Die ~, deren jedes Körpersegment ursprünglich (→ polypode Segmentierungsphase) ein Paar hatte, sind bei Insekten niemals vollzählig, indem wenigsten einige Segmente postembryonal völlig gliedmaßenfrei sind und z. T. auch embryonal keine Anlagen mehr für sie aufweisen. Dem Verlust der Abdominalbeine verdanken die Insekten in der Hauptsache ihrer Entstehung.

Die ~ der Kopfsegmente sind zu → Fühlern und → Mundwerkzeugen umgewandelt, die der drei Thoraxsegmente persistieren in ihrer ursprünglichen Funktion als → Thorakalbeine. Die ~ der Hinterleibssegmente bleiben teils als rudimentäre Beine (→ Afterfüße) erhalten, teils sind sie zu Hilfsorganen der Kopulation und des Eierlegens geworden (→ Gonopoden). Bei einem Teil der im Wasser lebenden Larven sind die segmentalen Gliedmaßen des Hinterleibs in → Tracheenkiemen verwandelt worden (*Ephemerida*, *Odonata*, *Perlaria*, einige *Planipennia* und *Megaloptera*). Gleichfalls im Dienste der Atmung scheint der → Ventraltubus der *Collembola* zu stehen, während ihr → Sprungapparat seine lokomotorische Funktion beibehalten hat, allerdings nachdem er eine eigenartige Verwandlung durchgemacht hat.

Die → Gliedmaßenrudimente der abdominalen ~ der *Protura* und *Thysa-*

nura, welche aus einem → Coxopoditen, einem oder zwei → Coxalbläschen und einem → Stylus bestehen, sind ihrer Funktion nach noch ungeklärt.

Die → Nachschieber gewisser Schmetterlingsraupen (*Stauropus*, *Dicranura*) sind in den Dienst der → Abwehr übergetreten und zu → Schreckanhängen umgewandelt worden.

Es unterliegt keinem Zweifel, daß die ~ der Insekten letzten Endes auf die → Parapodien der polychaeten Würmer zurückzuführen sind, ungelöst ist aber immer noch die Frage nach ihren phylogenetischen Zwischenstufen. Ihre Entwicklung konnte entweder über das einästige Bein der Myriopoden oder das zweiästige der Crustaceen erfolgt sein. Beide Entwicklungstheorien haben ihre Anhänger und Gegner. Die Zweiästigkeitstheorie hat ihre Stützen in der noch heute zweiästigen Ausbildung der Maxille und des Labiums sowie in den → Styli der rudimentären Abdominalgliedmaßen, während die Einästigkeitstheorie diese Anhänge für sekundäre Bildungen erklärt.

Gliedmaßenrudimente sind paarige, segmentale, selten infolge sekundärer Verwachsung unpaarige, mediane, in der Regel ventrale, selten dorsalwärts verlagerte, gegliederte oder ungegliederte Anhänge, deren embryonale Anlagen für ihre Abstammung von Beinen zeugen. Bei den Vorfahren der Insekten waren sie als vollwertige Beine entwickelt, sind dann als Beine funktionslos geworden und kamen in ihrer ontogenetischen Entwicklung nicht mehr zur vollen Ausbildung, sondern blieben auf einem Entwicklungsstadium stehen. Auf diesem rudimentären oder Anfangsstadium machten sie vielfach einen Funktionswechsel durch und haben dementsprechend auch ihren morphologischen Bau geändert. Als ~ sind → Afterfüße, → Tracheenkiemen, → Ventraltubus, → Springgabel, → Gonopoden, → Styli, → Cerci sowie → Coxite und → Coxalbläschen und vor allem Fühler und Mundwerkzeuge erkannt worden. Alle haben einen Funktions- und Formwechsel durchgemacht, am wenigsten wohl die Coxite und Coxalbläschen.

Außer den oben genannten ~ finden sich bei *Protura* 3 Paare von stummelartigen Anhängen in der Flankenhaut der drei ersten Hinterleibssegmente und bei *Campodeidae* und *Projapygidae* ein Paar zweigliedriger Anhänge am ersten Hinterleibssegment, die alle anscheinend funktionslose, im Verschwinden begriffene ~ darstellen.

Globulineurone (lat. dem. von globus, kugelrunder Körper), hauptsächlich im Gehirn auftretende, assoziative Neurone mit kleinem, plasmaarmen Zellkörper, chromatinreichen Zellkernen und ohne → Tigroidsubstanz. Sie haben kurze, reich verzweigte Ausläufer, welche zusammen zu einem dichten Geflecht versponnen die → Glomeruli bilden. Im Gehirn bilden die ~ vor allem das innere Gewebe der Becher der → pilzförmigen Körper.

Glochis (gr. ἡ γλωχίς Spitze), Vena apicalis, eine im HFl der *Heteroptera* auftretende, von der Vena connectens apikalwärts frei auslaufende Ader.

Glogersche Regel, ALLENsche Regel (amer.) besagt, daß bei Rassen ein und derselben Art, d. h. bei Rassen desselben Rassenkreises, die Melaninpigmente bei Vögeln und Säugetieren in feuchtwarmen Gegenden zu-, in trockenkühlen Gegenden hingegen abnehmen. Für Insekten, welche für Feuchtigkeitsunterschiede empfindlicher zu sein scheinen als für Temperaturschwankungen, gilt diese Regel mit der Änderung, daß die Zunahme der Melanine in feuchtkühlen, die Abnahme hingegen in trockenwarmen Gebieten erfolgt. So ist z. B. nordöstliches Sibirien und Japan das Zentrum der dunkelsten Rassen von Coccinelliden-Arten (DOBZHANSKY, Amer. Nat. 67, 1933).

glomeratus Reinhard, *Apanteles*, Kohlweißlings-Schlupfwespe (*Hym Braconidae*).

Glomeruli, sg. Glomerulus (lat. dem. von glomerus, Knäuel), kleine Inseln in der → Neurilemma der Ganglien, welche aus feinen, dicht miteinander versponnenen Verästelungen der Ausläufer der → Globulineurone gebildet sind.

Glossa (gr. ἡ γλῶσσα Zunge, lat. glossa, -ae, f.), Zunge, medianer, primär paariger, vielfach zu einem unpaarigen Stück verschmolzener, den maxillaren Innenladen homodynamer Anhang der Unterlippe. Im kauend-leckenden Typ der Mundwerkzeuge sind die ~ meist frei, als leckende Polster entwickelt. Im leckenden Maxillo-Labial-Komplex der *Hymenoptera* sind sie verlängert, im

Saugapparat der Bienen bilden sie den Saugrüssel (Saugzunge) und sind an der Spitze bei der Honigbiene mit einem Löffelchen versehen. Im leckend-saugenden Typ der Mundwerkzeuge fehlen die ~ bei *Trichoptera* und *Lepidoptera*. (Taf. XXI, Fig. 2, 8.)

Glossina spp., Tse-Tse-Fliegen.

Glucken → *Lasiocampidae*.

Glückskäfer → *Coccinellidae*.

Glühwürmchen → *Lampyridae*.

Glymmen (gr. τὸ γλύμμα das Geschnitzte, Eingeritzte), von Thomson geprägter Ausdruck für die an den Seiten des → Petiolus bei vielen apocriten Hymenopteren, bes. Ichneumoniden vorkommenden Längsgruben, welche von großer taxonomischer Bedeutung sind. (Taf. XXX, Fig. 5.)

Glyphipterygidae Spuler 1910, Rundstirnmotten, Fam der *Lep* (*Tineoidea*) mit an 900 Arten, deren Raupen in Stengeln, Blättern und Samen minieren. Von den deutschen Arten gehört zu dieser Fam z. B. die oft sehr schädliche *Simaethis pariana* Clerck, deren Raupe die Apfelblätter skelettiert. Fossil ist die Fam nicht bekannt.

gnathale Segmente sind diejenigen Segmente des Kopfes, deren Gliedmaßen zu Mundwerkzeugen geworden sind. Es ist das Mandibel-, Maxillen- und Labialsegment. Auch das → Maxillularsegment wird zu ~ Segmenten gerechnet, weil sein Gliedmaßenpaar wahrscheinlich im Hypopharynx enthalten ist.

Gnathocephalon (gr. ἡ γνάθος Kinnbacken, Gebiß, ἡ κεφαλή Kopf), der die Mundteile tragende, aus 3 (bzw. 4) embryonalen Segmenten bestehende, dem → Protocephalon folgende Abschnitt des Kopfes. Im embryonalen Zustande ist er vom verbreiterten Protocephalon deutlich abgesetzt, im definitiven Kopfe ist aber eine dieser Grenze entsprechende Naht nicht nachweisbar. Sie müßte hinter den Komplexaugen verlaufen und ventralwärts schräg über die Wange zum vorderen Mandibelgelenk herabsteigen.

Gnathopod (gr. ἡ γνάθος Kinnbacken, Gebiß, ὁ πούς der Fuß), pl. Gnathopoden, sind Gliedmaßen der → gnathalen Segmente, die durch Funktionswechsel aus ursprünglichen Beinen dieser Segmente, im Zusammenhang mit ihrer Cephalisation, d. h. ihrem Anschluß an das → Protocephalon, entstanden sind.

Gnathos (gr. ἡ γνάθος Kinnbacken, Gebiß, aber auch Schärfe, Schneide, Schlund, Engpaß), Socii, sg. Socius, ein paariger Anhang des männlichen Begattungsapparates der Schmetterlinge, welcher am caudalen Ende des → Tegumen zu beiden Seiten am → Uncus entspringt und den After umfaßt. Die beiden Gnathoi verschmelzen manchmal mit ihren Spitzen und bilden dann ein sog. → Scaphium oder → Subscaphium. Die getrennten Gnathoi werden als Socii bezeichnet. (Taf. XVIII, Fig. 4, 5.)

gnava Meigen, *Hylemyia*, Lattichfliege (Dipt Muscidae).

Gnitzen → *Ceratopogonidae*.

Gnostidae Sharp 1899, Fam der *Col Staphylinoidea* mit 2 brasilianischen, sehr kleinen, myrmecophilen Arten.

goedartella Linné, *Argyresthia*, Erlenblütenmotte (*Lep Hyponomeutidae*).

Goldafter, gemeiner oder braunschwänziger → *Nygmia phaerrhoea* Donovan (*Euproctis chrysorrhoea* auct).

Goldafter, heller oder gelbschwänziger → *Porthesia similis* Fuesslin.

Goldaugenbremsen, Goldaugenfliegen → *Chrysops*-Arten.

Goldfliegen → *Lucilia*-Arten.

Goldglanz. Die prächtigen, nach dem Tode des Tieres erlöschenden Goldstreifen einiger → *Cassida*-Arten werden nach Imms durch eine dünne, unter der → Epicuticula eingeschlossene Flüssigkeitsschicht erzeugt. Nach dem Aufweichen der trockenen Tiere treten sie vielfach wieder auf.
Der ~ vieler Schmetterlingszeichnungen, z. B. bei *Plusia*, beruht auf dem Zusammenspiel der Struktur (Interferenzerscheinung der → Schillerschuppen) mit dem pigmentführenden Hintergrund.

Goldkäfer → *Cetonia*-Arten, bes. *C. aurata* Linné und *C. cuprea* ssp. *metallica* Herbst.

Goldwespen → *Chrysididae*.

Gomphidae (Brauer 1856) Banks 1892 (*Gomphina* Brauer), Fam der *Odonata Anisoptera* mit etwa 350 Arten. Die Fam zeichnet sich aus durch die am Scheitel breit getrennten Augen und nicht gekantete Seitenränder des Hinterleibes. In Deutschland 7 Arten. Fossil etwa 25 Arten seit dem oberen Lias.

Gonade, pl. Gonaden (gr. ὁ γόνος Abkunft, Geburt, Sproß), Keimdrüsen,

Geschlechtsdrüsen, ein Paar mesodermaler Stücke, welche die → Urgeschlechtszellen und ihre Nachkommen, die Spermien bzw. Eier enthalten und nähren. Die weiblichen ~ sind die → Eiröhren, die männlichen die → Hoden. Die ~ sind mit der Geschlechtsöffnung mittels Ausführungsgängen verbunden.

Gonapophysen (gr. ἡ γονή Erzeugung, → Apophyse) sind äußere, segmentale Anhänge der → Terminalia, die nicht auf → Gonopoden zurückführbar sind, sondern sekundäre Bildungen der Terminalien-Sternite darstellen. Als ~ werden die medialen Paare der Anhänge des 8. und 9. Segments der *Machilidae* gedeutet, während die hier außerdem auftretenden lateralen Anhänge → Styli, d. h. echte Gonopoden darstellen. Die beiden Paare der Gonopophysen werden bei Machiliden-Männchen vielfach als → Parameren bezeichnet. Das vordere Paar fehlt schon bei gewissen Machiliden, regelmäßig aber bei allen Pterygoten. Bei Weibchen vieler *Pterygota* sind beide Gonapophysen-Paare zu einem → Legeapparat zusammengetreten. (Taf. XV, Fig. 7.)

Gonochorismus (gr. ἡ γονή Erzeugung, auch Geschlecht, χωρίς abgesondert, getrennt, davon ὁ χωρισμός Trennung), Getrenntgeschlechtlichkeit, getrennt geschlechtliche Elternzeugung, Verteilung der männlichen und weiblichen Gonaden auf zwei individuell selbständige, sich mindestens durch die Geschlechtsorgane (primäre Geschlechtsmerkmale) unterscheidende Tiere ein und derselben Art, die Männchen und Weibchen.

Gonochorist, pl. Gonochoristen, jedes der getrennt geschlechtlichen Einzelwesen einer Art.

Gonoduct, pl. Gonoducte (gr. ὁ γονός Geburt, Sproß, lat. ductus, -i, m., Gang), Ausführungsgänge der → Gonaden, → Geschlechtswege.

Gonopoden, sg. Gonopod (gr. ἡ γονή Erzeugung, ὁ πούς Fuß), Genitalfüße, abdominale Gliedmaßen der Terminalia, welche durch Rudimentation und Funktionswechsel zu Hilfsorganen der Begattung bzw. des Eierlegens geworden sind. Bei Männchen sind vielfach die ~ des 9. (Styli) und 11. (Cerci) Segments erhalten, während am 8. Segment nur noch (bei gewissen Apterygoten) ein Paar von → Gonapophysen erhalten geblieben ist. Bei Weibchen sind es die ~ des 9. Segments (*Machilidae, Saltatoria, Odonata, Hymenoptera, Hemiptera*), welche zusammen mit Gonapophysen den Legeapparat bilden. (Taf. XV, Fig. 6, 7.)

Gonoporus → Geschlechtsöffnung.

gossypii Glover, *Aphis* → *A. frangulae* Kaltenbach.

Gottesanbeterinnen → *Mantidae*.

Grabbeine, pedes fossori, sind kurze und kräftige VBeine (*Gryllotalpa, Cylindrachaeta*, viele Grabwespen, viele *Scarabaeidae*), deren Schienen zur Spitze verbreitert und mit gezacktem Außenrande versehen sind und deren Tarsen entweder reduziert oder in verschieden gebildete Furchen der Schiene einlegbar sind (→ Tarsenrinne). Bei *Tibicen* sind auch die Schenkel, welche zusammen mit der Schiene eine Zange zum Wegtragen der Erdklumpen bilden, mit hakenartigen Vorsprüngen versehen. Bei *Gryllotalpa* sind die VSchienen stark verbreitert und am Vorderrande mit kräftigen Zacken versehen, außerdem sind die beiden ersten Tarsenglieder zu dreieckigen Spateln vergrößert, und der Trochanter trägt einen pflugscharförmigen Vorsprung. Bei Insekten, deren VBeine zu ~ umgewandelt sind, dienen die Mittel- und Hinterbeine, oder nur die letzteren, gewöhnlich zum Scharren und sind dementsprechend mit bürstenartig starr beborsteten Schienen versehen, welche das von den VBeinen ausgegrabene Material weiter nach hinten befördern (→ Scharrbeine). (Taf. III, Fig. 7, 8, 10.)

Grabersches Organ (Imms) der Tabaniden-Larven liegt im Hinterleib und besteht aus bilateral-symmetrisch gebauten, hintereinander liegenden Kammern mit gestielten Chitinkugeln und reicher sensibler Innervierung. Näheres über dieses vermutliche statische Organ ist nicht bekannt.

Grabwespen → *Fossores*.

Gracilariidae Rebel 1901, Blattütenmotten (*Lithocolletidae*), Fam der *Lep* (*Tineoidea*) mit über 1000 Arten in allen Gebieten. In Deutschland zahlreiche Arten. Larven Blattminierer, später Sackträger. Fossil sind 3 kopale Arten beschrieben worden.

Gradation (lat. gradatio, -onis, f., Steigerung) → Massenvermehrung.

Gradologie (lat. gradus, die Stufe), Lehre vom → Massenwechsel der Insekten.

Gräte, spicula, pl. spiculae, das am Ende oder auf der ganzen Unterkante (*Symphyta*) gesägte Paar der inneren Legebohrerstacheln (→ Legeapparat). Vgl. auch → Brustgräte.

graminicola Fabricius, *Hoplia*, Graslaubkäfer (*Col Scarabaeidae*).

graminis Linné, *Cerapteryx* (*Charaeas*), Graseule (*Lep Noctuidae*).

graminum Reuter, *Pediculopsis*, Gras- oder Hafermilbe (*Acari Tarsonemidae*).

graminum Fallen, *Scaptomyza*, Zwiebeltaufliege (*Dipt Drosophilidae*).

graminum Uzel, *Stenothrips*, Haferblasenfuß (*Thysanoptera Thripidae*).

graminum Rondani, *Schizaphis* (*Toxoptera*), grüne Getreideblattlaus (*Hom Aphididae*). An Wildgräsern und Getreide in Europa, Afrika und Nordamerika, hauptsächlich an Weizen und Hafer schädlich. Migriert an andere Gräser.

granaria Linné, *Calandra*, gemeiner Kornkäfer, Kornkrebs (*Col Curculionidae*), 4—4,5 mm langer, parallelseitiger, flach gewölbter Käfer von schwarzbrauner Farbe. Halsschild regellos grob punktiert, Fld mit tiefen Längsfurchen. Flügel rudimentär. Gefürchteter Schädling an gespeichertem Korn, vor allem an Roggen und Weizen.

granarium Kirby, *Sitobium* (*Macrosiphum*), große Getreideblattlaus (*Hom Aphididae*). Große, 2,5—3 mm lange, hellgrüne Blattlaus mit langen schwarzen Siphonen und langen Beinen, die an den Enden der Schenkel und Schienen schwarz geringelt sind. Wintereier an Gräsern, Sommergenerationen an Getreide, vornehmlich an Ähren und Rispen.

grandiclava Thomson, *Polygraphus*, Kirschenborkenkäfer (*Col Ipidae*).

grandis Boheman, *Anthonomus*, mexikanischer Baumwollkapselkäfer (*Col Curculionidae*), gefährlichster Schädling der Baumwolle in Mexiko und den Vereinigten Staaten von Nordamerika. Nach Afrika eingeschleppt.

grandis Tullgren, *Pachypappa*, Zitterpappelbeutelgallenlaus (*Hom Aphididae*).

granella Linné, *Tinea*, Kornmotte, Kornwurm, weißer (*Lep Tineidae*). Silbergraue, auf VFl grau gesprenkelte Motte von 16 mm Flügelspannung. Raupe im lagernden Korn, vornehmlich Roggen und Weizen, die Körner fressend und zusammenspinnend.

+***Graphiptilidae*** Handlirsch 1908, ausgestorbene Fam der +*Palaeodictyoptera* mit 3 Arten aus dem oberen Obercarbon Frankreichs. Die erhaltenen Flügelfragmente lassen auf eine Körperlänge von 4—6 cm schließen.

Graseule → *Cerapteryx* (*Charaeas*) *graminis* Linné.

Graseule, braungraue → *Euxoa* (*Agrotis*) *exclamationis* Linné.

Grasfliegen → *Opomyza florum* Fabricius und *O. germinationis* Linné.

Graslaubkäfer → *Hoplia graminicola* Fabricius.

Grasmilbe → *Pediculopsis graminum* Reuter.

Grasminiermotten → *Elachistidae.*

Grasmotten → *Crambus* spp.

Grasserie (lat. grassor, -ari, wüten, umhertoben, herumstreichen), eine Raupenkrankheit aus der Gruppe der → Polyederkrankheiten, vornehmlich die Seidenraupenzuchten dezimierend.

Graswanze → *Miris dolobratus* Linné.

Graszünsler → *Anerastia lotella* Hübner.

Grat, eine in der → Sagittalebene stehende, aus überhöhter → Leiste hervorgegangene endoskeletale Wand (→ Sternalgrat).

Graurüßler → *Sitona* spp.

Gravidität → Trächtigkeit (lat. gravidus trächtig).

gregaria Forskål, *Schistocerca*, ägyptische Wanderheuschrecke. (*Salt Acrididae*.)

Greifantennen sind kurze, vielfach recht bizarr gebaute männliche Fühler, welche als Greifzangen zum Halten der Weibchen bei der Kopulation dienen. Die Weibchen der betreffenden Arten haben stets einfache Fühler. ~ sind z. B. bei symphyopleonen Collembolen und gewissen Mallophagen häufig. (Taf. XIV, Fig. 16, 17.) Vgl. auch → Klammerfühler.

Greifbeine, mit einer Greifzange versehene Vorderbeine einiger *Dryinidae.*

Grenzlamelle → Epicuticula.

Grenzmembran, feine, nicht chitinöse Membran, welche das → Rhabdorium des Mitteldarmepithels bedeckt und, bei jeder Sekretionsphase abgestoßen, die → peritrophische Membran bildet.

Als ~ wird auch die → Basalmembran an den Stellen bezeichnet, wo sie die Enden der an die Epidermis tretenden Muskelfasern von der letzteren abgrenzt.

gressorius Fabricius, *Sitona*, Lupinenblattrandkäfer (*Col Curculionidae*).

Griffel, Endgriffel, Stylus, der zu einem kompakten Ganzen verschmolzene, selten fehlende (*Erinna, Laphria*) Teil der Fühler brachycerer Fliegen vom 4. Gliede an. Bei cyclorrhaphen Fliegen tritt der ∼ in einigen Fällen an Stelle der → Fühlerborste auf, der er sonst morphologisch entspricht (*Conops, Ceria*).

Grillen → *Gryllidae*.

Gripopterygidae Enderlein 1909, Fam der *Perlaria* mit wenigen Arten auf den Südkontinenten. Die ursprünglichste Fam der Ordnung.

grisella Linné, *Achroea*, Kleine Wachsmotte (*Lep Pyralididae*).

griseola Fallen, *Hydrellia*, Gerstenminierfliege (*Dipt Ephydridae*). 2—3 mm, lange bronzefarbene Fliege mit grünen Augen. Larve miniert in Blättern von Gräsern, vornehmlich in Hafer und Gerste.

griseus Olivier, *Peritelus* → *P. sphaeroides* Germar.

griseus Fabricius, *Sitona*, Lupinenblattrandkäfer (*Col Curculionidae*).

Größe der Insekten. In Ermangelung der Vergleichszahlen für die Körpermasse wird hier die Körperlänge und oft die Flügelspannung benutzt um die Größe der Insekten zu charakterisieren.

Im allgemeinen zählen die Insekten zu kleinen Tierformen. Ihre Körperlänge schwankt zwischen der einer mittelgroßen Protozoë (z. B. *Paramecium*, 0,12 bis 0,33 mm Länge) und einer Bisamratte (29 cm Körperlänge ohne Schwanz). Zu den kleinsten bekannten Insekten gehören die Collembole *Megalothorax minimus* Willem (0,3 mm, *Neelidae*, Deutschland), der nordamerikanische Käfer *Nanosella fungi* Motschulski (0,25 mm, *Ptiliidae*) und einige Hymenopteren der Fam *Trichogrammatidae* (*Oligosita werneri* Kryger, ♂ 0,36, ♀ 0,6 mm) und *Mymaridae* (*Alaptus magnanimus* Annandale, 0,21 mm). Sehr kleine, unter 1 mm lange Arten kommen sonst noch bei *Protura Diptera, Mallophaga, Anoplura* und *Thysanoptera* vor.

Zu den größten (längsten) Insekten gehören die argentische Riesenschrecke, *Bacteria tuberculata*, mit 35 cm Körperlänge und die flügellosen Weibchen der indomalayischen Phasmiden, *Pharnacia serratipes* Gray und *Phoebaeticus kirbyi* Redtenbacher, beide mit bis 33 cm Körperlänge. Dieselbe maximale Körperlänge findet sich auch bei den bis jetzt bekannten fossilen Insekten, deren größter Vertreter ist die prachtvoll erhaltene obercarbonische Protodonate *Meganeura monyi* Brongniart mit 35 cm Körperlänge und 64 cm Flügelspannung.

Der größte Käfer ist die brasilianische Cerambycide *Titanus giganteus* Milne Edwards mit 13—16 cm Körperlänge und 5—8 cm Körperbreite. Der in Venezuela lebende *Dynastes hercules* Linné (*Scarabaeidae*) ist 15—15,5 cm lang. *Megasoma elephas* Fabricius (*Scarabaeidae*, Venezuela) mit 11,5—12,5 cm, *M. actaeon* Linné (Guiana, Peru) mit 10 cm und *Goliathus regius* Klug (*Scarabaeidae*, Guinea) mit 10—10,5 cm Körperlänge sind die nächstgrößten Käfer.

Die größte Hymenoptere ist die javanische Scoliide *Triscolia procera* Illiger mit 4—5 cm Körperlänge und 10 cm Flügelspannung.

Die größten Schmetterlinge sind der brasilianische *Erebus agrippina* Cramer (*Noctuidae*) mit 28 cm und der ostindische *Attacus atlas* Linné (*Saturniidae*) mit 25 cm Flügelspannung.

Die größte Fliege ist die neotropische Mydaide *Mydas heros* Perty mit 5,5 cm Länge und 10 cm Flügelspannung. Die gleichfalls neotropische Erinnide *Atopomyia rothschildi* Austen ist 4,5 cm lang und hat 8 cm Flügelspannung.

Die Heteropteren haben ihre größten Vertreter in der Fam *Belostomidae*, die eine Körperlänge von 11,5 cm erreichen, während die größten Homopteren zu den Fam *Fulgoridae* und *Cicadidae* gehören, deren einzelne Arten bis 8 cm Länge und 14 cm Flügelspannung erreichen.

Unter den Megalopteren, die bei uns nur durch einige wenige mittelgroße Arten vertreten sind, finden sich Riesenformen, wie z. B. die westchinesische *Acanthocorydalus kolbei* Wheele mit 11 cm Körperlänge und 16 cm Flügelspannung.

Unter den einheimischen mitteleuropäischen Insekten ist der Hirschkäfer das größte. Seine Körperlänge schwankt bei Männchen (ohne Mandibeln) zwischen 2 und 6 cm. *Ergates faber* Linné (*Cerambycidae*) steht ihm mit seinen 3—5 cm Länge nicht viel nach. *Anax imperator* Leach (*Odonata*) mit 4—5 cm, *Locusta migratoria* Linné (*Saltatoria*) mit bis 5 cm

und *Gryllotalpa vulgaris* Linné (*Saltatoria*) mit 4—4,5 cm Länge sind unsere nächstgrößten Insekten.
Die Größe der meisten Insekten schwankt aber in den recht engen Grenzen zwischen 1 und etwa 20 mm.

Größenunterschied, Dimegetismus der Männchen und Weibchen zählt zu den sekundären Geschlechtsmerkmalen. In der Regel sind die Weibchen größer als die Männchen, es kommt aber nicht selten, so bei Scarabaeiden und Lucaniden, das umgekehrte Größenverhältnis vor.

grossana Haworth, *Laspeyresia*, Buchenwickler (*Lep Tortricidae*).

Großschmetterlinge heute nur noch volkstümlich gebrauchte Bezeichnung für *Macrofrenatae* und verwandte Gruppen im Gegensatz zu den → Kleinschmetterlingen.

grossulariae Kaltenbach, *Aphidula* (*Aphis*), grüne Beerenblattlaus, g. Johannisbeerblattlaus (*Hom Aphididae*), verursacht an Johannisbeerblättern nestartige Auftreibung und Kräuselung der Endtriebe.

grossulariata Linné, *Abraxas*, Stachelbeerspanner, Harlekin (*Lep Geometridae*).

Grubenhalsböcke → *Criocephalus rusticus* Linné und *C. tristis* Fabricius.

Grubenholzkäfer → *Rhyncolus culinaris* Germar.

Grubenkegel, sensillum coeloconicum sind mikroskopisch kleine → Sinneskegel oder Sinneshaare, welche in napfartigen, eng- oder weithalsigen Vertiefungen der Cuticula stehen. Die dünnwandigen Grubenhaare mit zahlreichen Sinneszellen sind vermutlich Chemorezeptoren, die Funktion der dickwandigen ~ ist noch unklar. Eine besondere Form der ~ stellen die → Champagnerpfropforgane dar. (Taf. V, Fig. 4.)

Grüneule → *Earias chlorana* Linné.

Grünrüßler → *Phyllobius* spp.

Grundgelenk → Rumpfgelenk.

Grundglied → Basalglied.

Grundmembran, membrana basalis → Basalmembran.

Gryllacridae Stål 1874, Fam. der *Saltatoria* mit etwa 320 tropischen und ostpaläarktischen Arten. Geflügelte oder flügellose Tiere ohne Zirp- und Gehörorgan. Fossil 5 miocäne Arten aus Südeuropa und Colorado.

Gryllidae (Leach 1815) Saussure 1894 (*Achetidae* Leach), Grillen (Abb. 122,

Abb. 122. *Acheta domestica* Linné, Männchen (Gryllidae). Nach Sharp aus Handlirsch. Nat. Gr. etwa 2 cm.

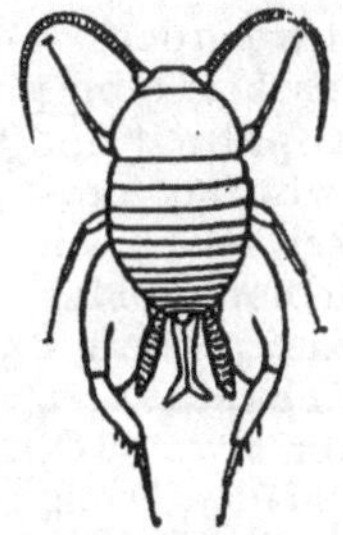

Abb. 123. *Myrmecophila acervorum* Panzer, Weibchen (Gryllidae). Nach Ramme. Nat. Gr. 2—3 mm.

123), Fam der *Saltatoria*. Phytophage, teils carnivore Bodentiere, die vielfach in selbst ausgegrabenen Erdröhren wohnen, aber auch auf und unter Wasser gehen. Die etwa 1150 Arten leben vorwiegend in warmen Zonen. In Deutschland nur 7 Arten, darunter als Vertreter der drei UFam das Weinhähnchen (*Oecanthus pellucens* Scopoli die Feldgrille (*Liogryllus campestris* Linné) und als kleinste Orthoptere von 2—3 mm Länge die Ameisengrille (*Myrmecophila acervorum* Panzer). Fossil sind etwa 45 Arten seit Lias beschrieben worden. Gegenwärtig in mehrere Fam aufgeteilt.

Grylloblattidae Walker 1914 (Abb. 124),

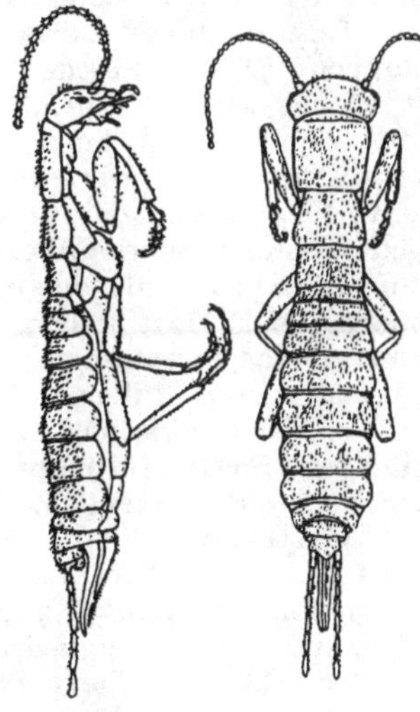

Abb. 124. *Grylloblatta campodeiformis* Walker (Grylloblattidae). Nach Walker aus Comstock. Nat. Gr. 3 cm.

einzige Fam der *Notoptera*, mit einigen wenigen (6) Arten aus Nordamerika, Japan und Ostasien.

Mittelgroße, 1—3 cm lange, flügellose Insekten von grillenartigem Habitus.
Kopf breit und flach, wie bei *Dermaptera* zwischen pro- und orthognather Lage frei beweglich, mit kauenden, typisch orthopteroiden Mundteilen, 5gliedrigen Kiefer- und 3gliedrigen Lippentastern. Komplexaugen vorhanden, aber klein, mit nur etwa 60 Ommen. Ocellen fehlen. Fühler fadenförmig, mit einem größeren Grundglied (Scapus) und 29—40gliedrigem Flagellum. Occipitalloch ventral offen. Hals mit zwei Paaren Laterocervicalia.
Thorax annähernd homonom gegliedert, seine drei Segmente fast gleichartig, nur in der Größe etwas verschieden, indem der Prothorax größer ist als Meso- oder Metathorax. Tergite aller drei Segmente undifferenziert, halsschildförmig. Propleuren mit der primitiven Teilung in Ana- und Coxopleura. Praecoxae und Trochantinus an allen Pleuren gut differenziert. Sternite ziemlich groß. Beine homonom, mit großen, breit getrennten Hüften. Schenkel und Schienen mäßig lang, schlank, die 5gliedrigen Tarsen kürzer als die Schienen, ohne Pulvilli, stets mit zwei Krallen. Flügel fehlen.
Hinterleib mit zehn sichtbaren Segmenten, das 11. mit dem 10. verschmolzen, trägt in beiden Geschlechtern ein Paar langer, 8gliedriger Cerci. Das 12. Segment (Telson) bildet drei kleine Perianallappen. Das 1. Segment etwas reduziert, kleiner als die folgenden, aber vollständig, sein Sternum mit einem ausstülpbaren Drüsensack versehen. Das 9. Segment bei Männchen groß, mit einem Paar asymmetrischer Coxopoditen, welche an der Spitze mit eingliedrigen Styli versehen sind. Das äußere Begattungsorgan besteht aus zwei asymmetrischen Lappen, deren linker mit einem ausstülpbaren Sack versehen ist. Weibchen mit drei Paaren Gonapophysen, die zusammen einen ziemlich langen, aber losen Ovipositor bilden. Das Gonapophysenpaar des 8. Sternits und das laterale Gonapophysenpaar (Gonopoden) des 9. Sternits sind zweigliedrig. Die weibliche Genitalöffnung liegt zwischen dem 8. und 9., die männliche zwischen dem 9. und 10. Sternit. Die Subgenitalsternite bilden keine ausgesprochenen Subgenitalplatten.
Über die inneren Organe der *Grylloblattidae* ist erst wenig bekannt. Der mit deutlich differenziertem Kropf und Proventriculus versehene Vorderdarm reicht bis zum 5. Hinterleibssegment. Die Tracheen sind sehr dünn und münden nach außen durch zwei thorakale und acht abdominale Stigmenpaare. Die letzteren liegen in den Segmenten 1—8. Das Nervensystem besteht aus drei thorakalen und sieben abdominalen Ganglienpaaren.
Die wenigen bisher beschriebenen Arten dieser Familie sind Bewohner der alpinen Region, wo sie sich unter Steinen und feuchtem Moos der Gebiete oberhalb der oberen Coniferengrenze aufhalten. Die Tiere scheinen Allesfresser zu sein.
Hinsichtlich der systematischen Stellung und der Verwandtschaft der *Grylloblattidae* sind die Ansichten noch geteilt. Es scheint, daß sie eher den echten Orthopteren als den Blattarien näher stehen.

Gryllotalpidae (Leach 1815) Brunner 1882 (*Gryllotalpida* Leach) Maulwurfsgrillen (Abb. 125), Fam der *Saltatoria*

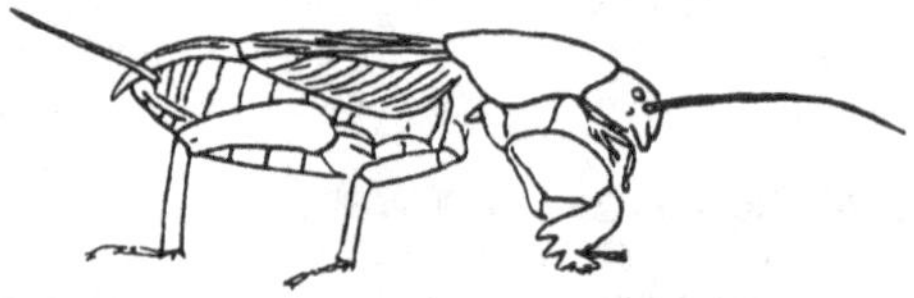

Abb. 125. *Gryllotalpa gryllotalpa* Linné (Gryllotalpidae) Nach Brunner aus Handlirsch. Nat. Gr. etwa 5 cm.

mit verdickten HSchenkeln ihrer kurzen Hbeine, die aber kein Sprungvermögen mehr haben. VBeine zu gewaltigen Grabbeinen mit stark verbreiterten Schienen umgewandelt, die am Vorderrande grob gezackt und mit einem schaufelartigen Vorsprung der Trochanteren versehen sind. Tarsen kurz, homomer dreigliedrig. Fld verkürzt, die zusammengefalteten HFl nicht ganz bedeckend. Gehör- und Zirporgan bei Männchen vorhanden. Cerci lang, Gonapophysen bei Weibchen verborgen. Etwa 40 Arten über die ganze Welt zerstreut, in Deutschland nur eine Art, *Gryllotalpa vulgaris* Linné, die Maulwurfsgrille. Fossil sind 3 unteroligocäne Arten aus Frankreich und England und eine miocäne aus Baden beschrieben worden.

gryphipennella Bouché, *Coleophora*, Rosenfutteralmotte, Rosenschabe (*Lep. Coleophoridae*).

Gültigkeit, Validität, das Recht eines → legitimen wissenschaftlichen Tiernamens, allein zur Bezeichnung einer Tierart (Unterart, Tiergruppe) geführt zu werden. Alle anderen → legitimen wissenschaftlichen Tiernamen werden als → Synonyme bezeichnet und nötigenfalls in Klammern dem gültigen Namen angehängt. Die ~ eines Tiernamens wird einerseits durch das Prinzip der nomenklatorischen → Priorität, andrerseits aber durch den jeweiligen Stand der wissenschaftlich-systematischen Forschung festgesetzt. So kann z. B. ein gültiger Artname zum Synonym werden, wenn die Art mit einer anderen, früher schon benannten Art für identisch erklärt wird. Und umgekehrt kann ein Synonym wieder Gültigkeit erlangen, wenn die Art in zwei Arten gespalten wird, d. h. wenn es sich etwa an Hand von Typenuntersuchung o. dgl. herausstellt, daß zwei Tierarten, die für identisch galten, doch spezifisch verschieden sind.

Gürtelpuppe, pupa cingulata, nackte, mit einigen Gespinstfäden um die Thoraxgegend an die Verpuppungsstelle befestigte, gewöhnlich kopfabwärts an steilen Wänden hängende, mit dem → Cremaster in einem Gespinstfleckchen verankerte Schmetterlingspuppen der Gattungen *Papilio, Pieris* u. a.

Gula lat. gula, -ae, f., Schlund, Kehle) → Kehle.

Gularnaht, Kehlnaht, sutura gularis, die unteren Enden der → Postoccipitalnaht, welche bei der Bildung der → Kehle auf der USeite des Kopfes nach vorn umbiegen und die Kehle an den Seiten begrenzen. Sie reichen bis zu den hinteren Fenestrae tentorii. Bei reduzierter Kehle rücken sie sehr nahe aneinander und können schließlich zu einer unpaaren medianen Naht verschmelzen.

Gummilackschildlaus → *Tachardia lacca* Kerr.

Gurkenblattlaus, grüne *Cerosipha* → (*Aphis, Doralis*) *frangulae* Koch.

Gurkenspringschwanz → *Bourletiella signata* (Nic.) Agren.

Gustatus (lat. gustatus, -us, m. Geschmack, Geschmackssinn, von gusto, -are, schmekken, kosten) → Geschmack.

Gustus (lat. gustus, -us, m., das Kosten, Schmecken), organa gustus) → Geschmacksorgane.

guttea Haworth, *Ornix*, Apfelblattrandmotte (*Lep Gracilariidae*).

Gymnocerata → *Geocorisae.*

gymnodom (gr. γύμνος nackt, ὁ δόμος Haus, Wohnung) werden Wespennester genannt, deren Waben einer äußeren Hülle entbehren. Diese Bauart kann nur → stelocyttar ausgeführt werden.

Gynandromorphie (gr. ἡ γυνή das Weib, ὁ ανήρ gen. ανδρός der Mann, ἡ μορφή Gestalt, Form), Zusammentreten der weiblichen und männlichen sekundären Geschlechtsmerkmale an ein und demselben Einzelwesen, welches hinsichtlich der Gonaden eingeschlechtlich oder zwittrig sein kann. Die weiblichen und männlichen Geschlechtsmerkmale sind gewöhnlich auf die beiden Körperseiten verteilt, so daß die eine Körperseite die männlichen, die andere die weiblichen Merkmale trägt, was durch verschiedenen Chromosomenbestand in den somatischen Zellen beider Körperseiten verursacht wird. Auch mosaikartige Verteilung der Merkmale kommt vor. Die ~ tritt als Anomalie bei verschiedenen sonst normal getrennt geschlechtlichen Arten auf.

gynaekogen (gr. ἡ γυνή Weib, ἡ γενεά Erzeugung), weibchenerzeugend, Gegens. → androgen.

gynaekoid (gr. ἡ γυνή Weib,) ἡ ἰδέα Aussehen, Gestalt) werden die bei Verlust der Königin zu Weibchen herangezüchteten Arbeiterinnen socialer Hymenopteren genannt.

Gynoparae (gr. ἡ γυνή Weib, lat. paro, peperi, partum gebären), zusammen mit Männchen von den → Virginogenien im Generationszyclus vieler Aphidina erzeugte parthenogenetische Weibchen, welche selbst mit den Männchen der gleichen Generation nicht kopulieren, sondern auf parthenogenetischem Wege erst sexuelle Weibchen erzeugen, welche von den Männchen der vorangehenden Generation, also den Brüdern der Gynoparae, befruchtet werden.

Gynospermien sind die in der Regel weibchenbestimmenden Spermien mit dem → Monosom (X-Chromosom).

Gyrinidae (Latreille 1810) Leach 1817 (*Gyrinites* Latr.), Taumelkäfer, Kreiselkäfer (Abb. 126), Fam der *Col Adephaga*. Kleine Wasserkäfer mit 11 gliedrigen Fühlern, deren Scapus groß kugelförmig,

Pedicellus ohrmuschelartig und Geißel kurz und dick, derb geringelt ist. Augen geteilt. VBeine lang, M- und HBeine kurz, zu Ruderbeinen umgewandelt. Die Käfer bewegen sich kreisend auf der Oberfläche des Wassers. Ihre Larven leben unter Wasser. Sie sind mit Saugmandibeln, langen zweikralligen Beinen und seitlichen segmentalen Kiemenanhängen an allen Segmenten versehen. Etwa 500 Arten in allen Faunengebieten, davon 11 Arten in Deutschland. Fossil sind 9 tertiäre (darunter 6 aus dem baltischen Bernstein) und 6 quartäre Arten beschrieben worden.

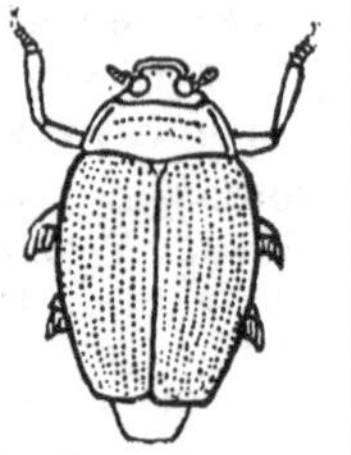

Abb. 126. *Gyrinus natator* Linné (Gyrinidae). Nach Brauer aus Handlirsch. Nat. Gr. etwa 3 mm.

Gyropidae Kellogg 1896 (Abb. 127), Fam der *Mallophaga* mit mehreren Arten in Südamerika, wo sie vor allem auf Nagetieren leben. Die Fam zeichnet sich u. a. durch starke Heteronomie der Beine, indem die VBeine annähernd normal, die M- und HBeine zu baumsteigeisenartigen Klammerorganen umgewandelt sind. In Deutschland nur die am Meeresschweinchen lebenden Arten.

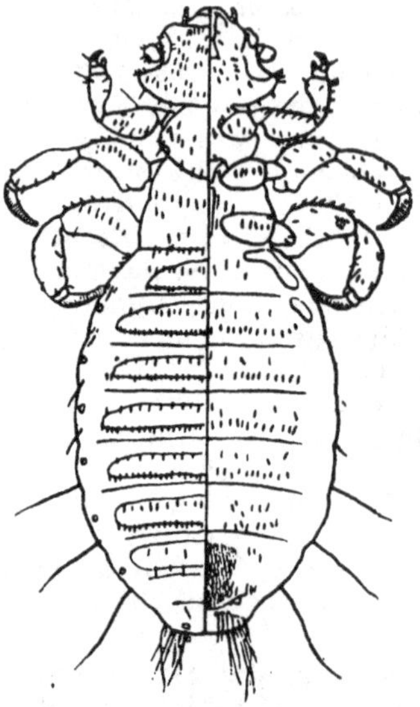

Abb. 127. *Gyropus ovalis* Nitzsch, Weibchen (Gyropidae) links die Dorsal-, rechts die Ventralseite. Nach Werneck. Nat. Gr. etwa 1 mm.

H

Haar, Coma, Pilus, Chaeta, jede haarartige, dünne und lange, sonst aber verschieden geformte, einfache, bedornte, verästelte, scharf zugespitzte, keulenförmige, trichterförmige usw. Bildung der Cuticula. Im engeren Sinne bezeichnet man als ~ nur die dünnen, biegsamen Haare, während steife, dickwandige Haare als → Borsten benannt werden. Man unterscheidet echte und unechte ~. Die ersteren sind mehr oder weniger selbständig gewordene, von der Cuticula deutlich abgesetzte, meist mit ihr gelenkig verbundene Haare von meist beträchtlicher Länge, während die letzteren einheitlich mit der Cuticula verbundene Emergenzen darstellen. Die echten Haare sind auch in ihrer Bildung selbständig insofern, als sie von eigenen Zellen der Epidermis, den sog. trichogenen Zellen gebildet werden. Die unechten Haare hingegen sind nur Auswüchse der Cuticula und verbleiben mit ihr in starrer Verbindung. Sie stellen nur Skulpturelemente vor, während echte Haare meist selbständige Organe, vornehmlich Reizempfänger und Reizverstärker sind oder zu verschiedenartigen mechanischen Funktionen umgebaut sein können. Je nach der Funktion der echten Haare unterscheidet man → Sinneshaare, → Drüsenhaare und → mechanische Haare. (Taf. V, Fig. 7 und Taf. VII, Fig. 4 A.)

Haarbalgmilbe → *Demodex folliculorum* Simon.

Haarbildungszellen → trichogene Zellen.

Haarflügler → *Ptiliidae.*

Haargebilde werden alle auf echte Haare zurückführbaren cuticularen Gebilde genannt, wie Schuppen, Schuppenhaare, Sporne, Saugnapfhaare usw.

Haarkleid, Gesamtheit der die Cuticula bedeckenden Haare und Haargebilde im Gegensatz zum → Schuppenkleid.

Haarlinge → *Mallophaga* der Säugetiere.

Haarmücken → *Bibionidae.*

Haarmuster, bestimmte, vielfach konstant arteigene Anordnung der Haare und Borsten auf der Cuticula. Das primäre ~ besteht aus → Haarringeln, ist aber in den meisten Fällen durch sekundäre Veränderungen der Haarstellung verwischt.

Haarringel, Anulus, kreisförmige, primäre Haargruppen.

Haarsensillen sind Hautsinnesorgane, deren receptorischer, cuticularer Reizfangapparat aus einem Haar oder einer Borste besteht. Zwischen den ~ und haarfreien Sensillen gibt es zahlreiche Übergangsformen, so daß eine scharfe Trennung zwischen den beiden Sensillenformen nicht möglich ist. Vgl. auch → Sensillen.

Haarstellung. Ursprünglich stehen die Haare in Ringeln angeordnet, welche z. B. bei Raupen und Afterraupen noch häufig gut zu erkennen sind. Die innervierten Haare, Sinneshaare, behalten meist mit großer Konstanz ihre Stellung und gegenseitige arteigene Anordnung, wodurch sie zu Trägern wichtiger taxonomischer Merkmale werden (→ Haarmuster, → Chaetotaxie).

Haartasche → Faltentasche, bei Schmetterlingen → Analbusch.

Habitat (lat. 3. Person sing. praes. von habito, -are, wohne, bewohne, bin heimisch). Als Zeitwort in der 3. Pers. Sing. Praes. von LINNÉ am Anfang jeder Fundortsangabe, z. B. „habitat in Europae terra sabulosa" eingeführt, wurde diese Form später substantiviert und wird auch heute noch vielfach in der Bedeutung von Fundort, Vaterland, Wohnort, Patria benutzt. Als etymologisches Curiosum ist es zu vermeiden, insbesondere da es uns an Synonymen nicht fehlt.

habituell, im Zusammenhang mit der äußeren Körperform stehend, auf den → Habitus bezüglich.

Habitus (lat. habitus, -us, m., das Äußere, Beschaffenheit, Aussehen, allgemeine Körperform), das Äußere, die äußere Erscheinung des Körpers, die Summe der äußeren Merkmale der Form und Haltung. Einen wichtigen Bestandteil des ~ stellt die → Umrißlinie dar. Für die meisten Arten ist ihr ~ so charakteristisch, daß er vielfach auch bei solchen Arten, welche sonst schwer auseinanderzuhalten sind, ein sicheres Erkennungsmerkmal ergibt.

+***Hadentomoidea*** Handlirsch 1908 (Abb. 128), ausgestorbene Pterygoten, welche ihrem Flügelgeäder nach eine Mittelstellung zwischen den +*Palaeodictyoptera* und *Embiodea* einnehmen. Die einzige mittelobercarbonische Art, *Hadentomum*

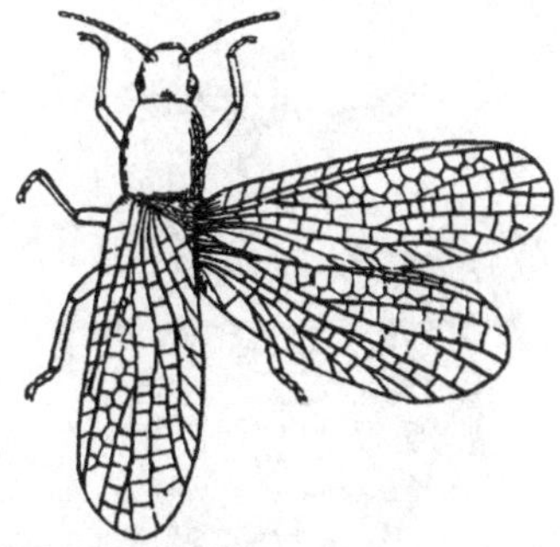

Abb. 128. + *Hadentomum americanum* Handlirsch (+ Hadentomidae). Nat. Gr. etwa 4 cm.

americanum Handlirsch, bildet eine eigene Fam +*Hadentomidae* Handlirsch 1908. Der gut erhaltene Abdruck des 3,4 cm langen Körpers mit nach hinten zurückgelegten, weit klaffenden Flügeln ohne Fühler und Beine hat allerdings wenig Ähnlichkeit mit den rezenten Embiiden. Nach JEANNEL (1949) gehören die ~ eher zu den Protorthopteren.

+***Hadrocoridae*** Handlirsch 1925, ausgestorbene Fam der *Heteroptera* mit einer oberliassischen Art aus Mecklenburg.

Haeckel, Ernst, stellte zwei grundverschiedene Systeme der Insekten auf. In seiner generellen Morphologie, 1866, teilt er die Insekten nach den Mundteilen in zwei UKlassen auf, die *Masticantia* und *Sugentia*, und leitet die Insekten von den Zoëpoden (*Crustacea*) durch Vermittlung der hypothetischen Protracheaten ab. Die Arachniden und Myriopoden sind als Seitenzweige am Grunde des Stammes gedacht. In der Systematischen Phylogenie (1896) teilt er die Insekten in 5 Legionen, *Apterygota*, *Mordentia*, *Lambentia*, *Pungentia* und *Sorbentia* auf, also immer noch in der Hauptsache nach den Mundteilen, leitet aber die Insekten von Myriopoden durch Vermittlung des hypothetischen → *Archentomon* ab. Die Apterygoten bilden darin einen Seitenzweig vom hypothetischen *Archentomon*-Stamm, während alle übrigen Insekten in den *Archiptera*, den direkten Vorfahren des *Neuroptera-Lepidoptera*-Stammes wurzeln.

Haematomyzidae Enderlein 1904 (Abb. 123), mit einer Art, der Elefantenlaus, *Haematomyzus elephantis* Piaget, die durch ihren langen, rüsselartig ausgezogenen Vorderkopf eine Sonderstellung unter den Mallophagen einnimmt und lange

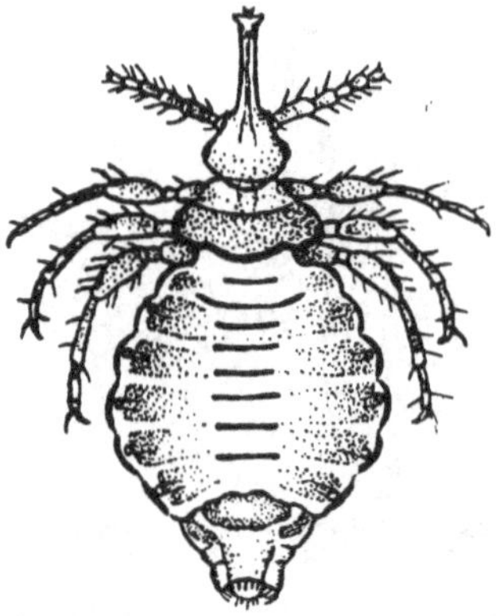

Abb. 129. *Haematomyzus elephantis* Piaget, Weibchen (Haematomyzidae). Nach Piaget. Nat. Gr. etwa 3 mm.

Zeit zu den echten Läusen (*Anoplura*) gezählt wurde.

Haematophaga (gr. τὸ αἷμα Blut, φαγεῖν essen) → Blutsauger.

Haematopinidae Enderlein 1904, Fam der *Anoplura*, mit zahlreichen blinden Arten, mehrere auch in Deutschland an verschiedenen Tieren. Der stattlichste Vertreter ist die bei uns häufige Schweinelaus, *Haematopinus suis* (Linné). Fossil nicht bekannt.

Haemocyten (gr. τὸ αἷμα Blut, τὸ κύτος Höhlung, Urne, Gefäß, hier Zelle) → Blutzellen.

Haemoglobin (gr. τὸ αἷμα Blut, lat. globus, -i, m., kugelrunder Körper), Farbstoff der roten Blutkörperchen der Wirbeltiere, kommt bei Insekten nur selten vor (→ Pigmentfarben). Im Blut der Larven von *Chironomus*, *Buenoa*, *Anisops*, in Tracheenendzellen der *Gastrophilus*-Larven (→ rotes Organ) und in den Speicheldrüsen einiger *Corixidae* ist ~ nachgewiesen worden, und es ist durch Untersuchungen an *Chironomus* wahrscheinlich gemacht worden, daß das ~ hier zur Versorgung der Tiere mit Sauerstoff beiträgt.

Haemolymphe (gr. τὸ αἷμα, Blut, lat. lympha, -ae, f., klares Fluß- oder Quellwasser, vom gr. ἡ νύμφη Quellnymphe, Göttin der Quellen) → Blutplasma.

haemorrhoidalis Fabricius, *Athous*, rotbauchiger Laubschnellkäfer (*Col Elateridae*).

haemorrhoidalis Bouché, *Heliothrips*, schwarzer Gewächshausblasenfuß, schwarze Fliege. (*Thysanoptera Thripidae*.)

Härtungspigmente werden solche Melanine genannt, die nach der Häutung als erste in den besonders stark sklerotisierten Stellen der Cuticula, vor allem in den dicken endoskeletalen Leisten abgelagert werden. (→ Cuticularpigmente.)

Häutung, Ecdysis, Abstreifen der ganzen Cuticula vom Körper des Insekts während der Metamorphose. Die ~ ist ein mit dem Wachstum zusammenhängender Vorgang. Die sklerotisierte Cuticula ist an sich sehr wenig dehnbar und muß daher periodisch abgestreift und durch neue ersetzt werden. Der ~ unterliegen nicht nur die Cuticula der Hautoberfläche, sondern auch die der ektodermalen, mit einer chitinigen Intima ausgekleideten inneren Organe, wie der Vorder- und Hinterdarm, die Tracheen, Tympanalorgane, Hohldrüsen usw. Die ~ wird eingeleitet durch Loslösung der alten Cuticula von der Epidermis, indem sich die letztere entweder in Falten legt oder sog. → falsche Zotten bildet. Gleichzeitig wird in die entstandenen Hohlräume zwischen die alte Cuticula und die Epidermis die → Exuvialflüssigkeit ausgeschieden, welche das Abstreifen der Cuticula erleichtern soll. Die Endocuticula wird zuvor aufgelöst, und die abgestreifte „Haut", Exuvie, besteht nur aus den beiden äußeren Schichten, der Exo- und Epicuticula. Die Exuvie wird an → präformierten Bruchstellen aufgerissen, selten in unregelmäßigen Lappen (manche Afterraupen der *Hym Symphyta*) abgestreift. Die Sprengung der alten Cuticula erfolgt durch Steigerung des Blutdruckes oder durch → Luftschlucken, Verlagerung des Darminhalts und Muskelkontraktionen.

Die neue Cuticula glättet sich nach der ~ schneller oder langsamer, je nachdem ob die Epidermis in Falten oder falschen Zoten lag. Im letzteren Fall dauert es länger, bis die Höhenunterschiede der Epidermiszellen ausgeglichen sind. Die Faltenbildung ist mehr auf die sklerotisierten Stellen beschränkt, während im Bereich der Membranen falsche Zotten gebildet werden.

Die Zahl der ~ ist sehr verschieden und kann auch bei ein und derselben Art variieren. *Japyx* und *Campodea* haben nur eine ~, die meisten Pterygoten 4—6, *Cloëon dipterum* 23, und bei *Tineola biselliella* schwankt ihre Zahl zwischen 4 und 40.

Häutungsdrüsen, Exuvialdrüsen sind diffus (*Heteroptera*) oder segmental paarig (*Lepidoptera,* → Versondrüsen) angeordnete Drüsen, welche die Häutungsflüssigkeit absondern.

Häutungsnaht, Sprengnaht, dünne, nahtförmige, die → Häutung erleichternde Stellen im Integument der Larven- und Puppen gewisser Insekten. Bei Libellenlarven verläuft die T-förmige ~ vom Scheitel bis zur Basis des Hlbs. Ähnlichen Verlauf hat die ~ bei allen Larven heterometaboler Insekten. Bei Schmetterlingsraupen platzt die Haut rings um den Hals und gewöhnlich noch längs der Fronto-Coronalnaht der Kopfkapsel. Bei Käferlarven liegt die ~ in der Fronto-Coronalnaht und verlängert sich auf die Mittellinie des Thorax. An den Tonnen der Puppen von *Dipt Cyclorrhapha* verläuft die ~ im halben Umkreis am VEnde und biegt dann beiderseits gerade zur Spitze aus. Beim Schlüpfen der Fliege wird ein entsprechend geformter Deckel abgehoben. Bei Schmetterlingspuppen besteht die ~ aus einer medianen Linie am Thoraxrücken und zwei ventralen Linien längs der VRänder der FlScheiden.

Haferblasenfuß → *Stenothrips graminum* Uzel und *Frankliniella tenuicornis* Uzel.

Haferblattlaus → *Rhopalosiphon* (*Aphis*) *padi* Linné.

Hafermilben → *Tarsonemus spirifex* Marchal und *Pediculopsis graminum* Reuter.

Haftbeine sind meistens normale Gang- oder (seltener) Laufbeine, die an der Tarsensohle mit → Haftvorrichtungen versehen sind, welche das Gehen auf glatten, stark geneigten Flächen erleichtern bzw. ermöglichen. Bei *Dytisciden*-Männchen sind die Vorderbeine zu ~ umgebildet, welche zum Halten des Weibchens bei der Begattung dienen (→ Saugnapfhaare). (Taf. III, Fig. 9.)

Haftborste → Frenulum.

Haftdrüsen, Adhäsionsdrüsen, sind Tarsaldrüsen, welche ihr klebriges Sekret an die Hafthaare und Haftanhänge der Tarsensohle ergießen. Bei Apterygoten treten sie auch an abdominalen Anhängen auf.

Hafte → *Ephemerida.*

Haftfeld, eine unbeschuppte, mit winzigen Stacheln bedeckte Fläche auf der Unterseite der VFl der meisten Schmetterlinge. Sie befindet sich in der Regel hinter der → Wurzelschlinge oder an der ihr entsprechenden Stelle und wirkt beim Zusammenhalten beider Flügel im Fluge mit, den → Flügelverschluß zu unterstützen.

Haftglied → Stammstück.

Hafthaare sind die meist am Ende verbreiterten Haare der Tarsensohle und der Tibienspitze vieler Insekten. Ähnliche, mit verbreiterter Spitze versehene Haare treten aber auch an anderen Körperstellen auf, z. B. bei Thysanopteren, bes. häufig an den Hinterecken des Prothorax und können funktionell andere Bedeutung haben. Die ~ sind vielfach (*Collembola*) taxonomisch wichtig. (Taf. V, Fig. 7 k-m.)

Haftkissen → *Euplantula.*

Haftlappen → Pulvillus. Als ~ werden auch die auf Euplantulae zurückführbare, mehr oder weniger stark verlängerten Haftkissen bezeichnet, die meist in einem Paar an der Basis des Metatarsus der Locustiden auftreten. (Taf. II, Fig. 4B, 5A.)

Haftvorrichtungen sind cuticulare Bildungen, vor allem Haare und Emergenzen, die an glatten Flächen mit Leichtigkeit haften und hier die Krallen ersetzen. Sie kommen vor allem am → Krallenglied zur Ausbildung, können aber auch an den Sohlen der übrigen Tarsenglieder auftreten (→ Euplantula, → Zapfen, → Saugnapfhaare). Am häufigsten sind es sehr dichte, kurz und glatt samtartig geschorene Sohlenbürsten, wie sie z. B. bei Chrysomeliden und Curculioniden typisch entwickelt sind. Komplizierte ~ sind bei manchen Insekten die → Pygopodien und die → Bauchsaugnäpfe.
Die ~ der Flügel → Flügelverschluß.

+***Haglidae*** Handlirsch 1908, ausgestorbene Fam der *Mantodea* mit 6 unterliassischen Arten (Jura) aus England. Alle sind durch Fragmente von 3—4 cm langen Flügeln vertreten.

Hainbuchensplintkäfer → *Scolytus carpini* Ratzeburg.

Hakenkäfer → *Dryopidae.*

Hakenkranz, 1. bei Anopluren ein Ring von Widerhaken am → Mundkegel mit dem er ein- und ausgestülpt wird, und im letzteren Zustand den Mundkegel in der Haut verankert.
2. Bei Kleinschmetterlingen der Ring von

Chitinhäkchen am Rande der → Kranzfüße.

Halbdecken, die zum Teil sklerotisierten Vorderflügel der *Heteroptera*, deren apikales Drittel oder Viertel als → Membran häutig bleibt. Den ∼ obliegt im Fluge die Hauptarbeit, während die HFl nur mehr passiv die Bewegungen der ∼ (VFl) mitmachen (WEBER). (Taf. XI, Fig. 4,5.)

Halbmotten → *Acrolepiidae*.

Halboliven → Labellen.

Halbparasiten → Hemiparasiten.

Haliplidae (Aubé 1836) Kirby 1837 (*Haliplides* Aubé), Fam der *Col Adephaga* mit etwa 120 Arten in der paläarktischen, nearktischen, neotropischen, aethiopischen und australischen Region. In Deutschland etwa 20 Arten. Kleine, 2—5 mm lange, breit spindelförmige Wasserkäfer, mit einfachen fadenförmigen Fühlern und dünnen Gangbeinen, deren hinterstes Paar an Schienen und Tarsen mit Schwimmborsten besetzt sind. An HHüften große Deckplatten für die HBeine. Larven mit → Saugmandibeln, einfachen einklauigen Beinen und dorsalen Kiemenanhängen an allen Segmenten, außerdem mit 8 abdominalen Stigmenpaaren. Fossil 1 Art *Haliplus* aus dem Obermiocän von Baden.

Halmerdfloh → *Chaetocnema aridula* Gyllenhal.

Halmeule → *Oria* (*Tapinostola*) *musculosa* Hübner.

Halmfliege, gelbe → *Chlorops pumilionis* Bjerkander (*taeniopus* Meigen).

Halmfliegen → *Chloropidae*.

Halmfliege, russische → *Meromyza saltatrix* Linné.

Halmwespen → *Cephidae*.

halobiont (gr. ὁ ἅλς, ἁλός Salz, βιόω leben) werden Insekten genannt, welche in salzhaltigen Biotopen leben. Einige Collembolen wie z. B. *Actaletes neptuni* Giard (Gezeitenzone der Nordseeküste), *Anurida maritima* Guerin, und Pterygoten wie z. B. *Cicindela maritima* Dejean, *Gyrinus marinus* Gyllenhal u. a., halten sich gern am Meeresstrande auf. Auch salzhaltige Böden im Binnenlande haben ihre halobionte Insektenfaunen.

halophil (gr. φιλεῖν lieben) werden im Gegensatz zu → halobiont Insekten genannt, die sich gern, aber nicht obligat, in salzhaltigen Biotopen aufhalten.

Hals, Collum, Cervix, ein häutiger kurzer Schlauch, welcher den Prothorax mit dem Rande des Occipitalloches verbindet und einen Verbindungskanal zwischen den Höhlen des Kopfes und des Thorax bildet. Bei primitiven Insekten, insbesondere bei solchen mit offenem Hinterhaupt, ist der ∼ breit und recht lang, und seine Wand wird durch einige Chitinsklerite, die sog. → Cervicalsklerite, verstärkt. Nach neueren Ansichten stammt die ganze Halshaut samt den Cervicalskleriten vom Labialsegment ab. (→ Unterschlundganglion.) Es ist aber wahrscheinlich gemacht worden, daß in ihr auch der Vorderteil des Prothorax enthalten ist und daß die primäre labio-prothoracale Naht mitten in der Halshaut liegt. (Taf. XXIX.)

Halsgrubenböcke → *Criocephalus rusticus* Linné und *C. tristis* Fabricius.

Halskragen → Patagium.

Halsmuskulatur umfaßt Muskeln, die im Halse ihren Angriffspunkt haben, sowie diejenigen, welche den Hals durchziehen, ohne in ihm anzugreifen. Zu den ersteren gehören: ein Paar episternaler Längsmuskeln, die oberhalb der Laterocervicalia angreifen, ein paariger Intersegmentalmuskel, vom Prothorax kommend und auf den Laterocervicalia angreifend, sowie ein paariger Transversalmuskel, welcher von der Furca des Prothorax kommt und sich kreuzend am Laterocervicale der gegenüberliegenden Seite angreift. Von den transitorischen Muskeln sind es die beiden Paare der dorsalen und ventralen Längsmuskeln, die zwischen dem Phragma bzw. der Antecosta des Mesothorax und der dorsalen Postoccipitalleiste des Kopfes oder zwischen den prosternalen Apophysen (Furca) und dem Tentorialbalken bzw. den unteren Enden der Postoccipitalleiste ausgespannt sind. Da die Postoccipitalleiste die ursprüngliche Grenznaht zwischen dem Maxillar- und Labialsegment darstellt, so muß daraus geschlossen werden, daß die beiden Muskelpaare zwei Segmente durchlaufen, nachdem sie ihre intersegmentalen (labio-prothorakalen) Stützpunkte aufgegeben hatten.

Halsring, Vorrücken, Collare, bei Hymenopteren das kurze, häufig nur schmal bandförmige, flache oder wulstförmig erhabene Pronotum, dessen Ausbildung bes. bei Chalcididen taxonomisch wichtig ist. So ist er z. B. bei *Eurytomidae* quadratisch oder rechteckig, bei *Cleonymidae* hingegen konisch nach vorn verengt.

Halsschild, Scutum, das meist kräftig und einheitlich sklerotisierte, an den Seiten vielfach dachtraufenförmig vorstehende oder herabhängende (→ *Cryptopleurie*) → Protergum der *Coleoptera, Heteroptera, Blattaria, Mallophaga, Saltatoria, Perlaria* und *Dermaptera* usw. (Taf. XXX, Fig. 3, T_1.)

Haltebeine → Kopulationsbeine.

Halteren (gr. οἱ ἁλτῆρες Hanteln, Sprunggewichte) → Schwingkölbchen.

Haltering, eine ringförmige Leiste am Rande oder in der Wand des Schuppengrübchens, welche den Schuppenstiel festklemmt. (Taf. V, Fig. 1.)

Hamuli (lat. hamulus -i, n., oder hamulum, -i, m., Häkchen) → Frenalhäkchen.

Hamulus, 1. → Retinaculum. 2. Im → Samenüberträger der *Odonata* das mittlere paarige, manchmal zweiästige Stück. (Taf. XVIII, Fig. 8,9.)

Hamus (lat. hamus, -i, m., der Haken), ein kurzer, frei auslaufender Aderrest in der Discalzelle der Hinterflügel vieler *Heteroptera*. (Taf. XI, Fig. 4.)

Handlirsch, Anton, Kustos am Wiener Hofmuseum, hervorragender Palaeontologe und Systematiker der Insekten. Sein 1908 (Fossile Insekten) begründetes und 1925 (Schröders Handbuch der Entomologie, Bd. 3) verbessertes System wird zwar im einzelnen angefochten, im allgemeinen aber anerkannt. Die Klasse *Insecta* teilt ~ (nach Brauer) in *Apterygogenea* und *Pterygogenea* ein. Die ersteren zerfallen in 4 Ordn, *Thysanura, Entotrophi, Protura* und *Collembola*, die letzteren werden zunächst in 11 Überordn, Ephemeroidea, Libelluloidea, Perlariae, Embiodea (jede mit einer Ordnung), Orthoptera (Ordn. *Saltatoria, Phasmida, Dermaptera, Diploglossata, Thysanoptera*), Blattaeformia (Ordn. *Blattariae, Mantodea, Isoptera, Zoraptera, Corrodentia, Mallophaga* und *Siphunculata*), Coleopteroidea (Ordn. *Coleoptera* und ? *Strepsiptera*), Hymenopteroidea (Ordn. *Hymenoptera*), Neuropteroidea (Ordn. *Megaloptera, Rhaphidides, Neuroptera planipennia*), Panorpoidea (Ordn. *Panorpatae, Trichoptera, Lepidoptera, Diptera, Aphaniptera*) und Hemipteroidea (Ordn. *Heteroptera, Homoptera*). Die jüngste Modifikation dieses Systems bei Weber, B1, 1954.

Hanferdfloh → *Psylliodes attenuata* Koch.

+***Hapalopteroidea*** Handlirsch 1908 (Abb. 130), ausgestorbene carbonische Insekten

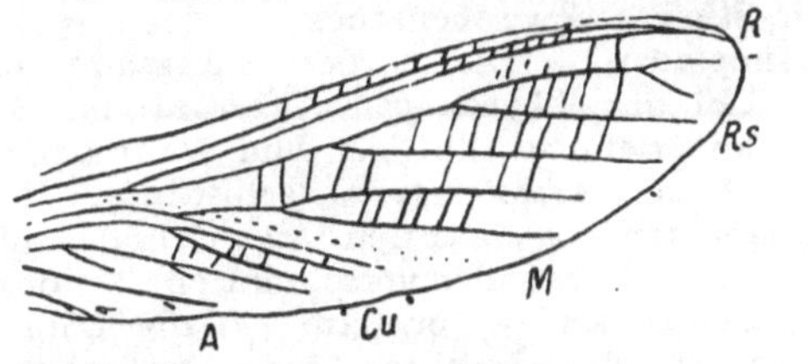

Abb. 130. + *Hapaloptera gracilis* Handlirsch + (Hapalopteridae). Nach Handlirsch. Nat. Gr. etwa 1,5 cm.

mit einer ? ober-obercarbonischen Art *Hapaloptera gracilis* Hdl. aus Nordamerika. Der einzige, sehr gut erhaltene Flügel ist 1,5 cm lang und läßt sich nach Handlirsch zwanglos vom Palaeodictyopteren-Flügel ableiten, gehört aber nach Jeannel (1948) eher zu den *Protorthoptera*.

harcyniae Herbst, *Pissodes*, Harzrüßler (*Col Curculionidae*).

Harlekin → *Abraxas grossulariata* Linné

Harnsäurepigmente. Weiße, gelbe und rötliche Pigmente in Pieriden-Schuppen und im Blut gewisser Insekten. Sie gehören wahrscheinlich zu der chemischen Gruppe der Harnsäuren. (Hopkins, Phil. Trans. R. Soc. 1896.)

Harpagonen (gr. ἡ ἁρπάγη die Harke, Haken zum Hochziehen des Brunneneimers, lat. harpago, -onis, m., Enterhaken, Hakenstange) → Valven.

Harpe (gr. ἡ ἅρπη Sichel, Stachel mit Widerhaken zum Lenken der Elephanten, lat. harpe, -es, f., Sichel, Hakenschwert) → Valven. Die Bezeichnung ~ wird häufig auch für → Sacculus gebraucht.

Harzbeulenzünsler → *Dioryctria splendidella* Herrich-Schäffer.

Harzdrüsen → Lackdrüsen.

Harzfresser, Insekten, die sich von Harz ernähren, wie z. B. der → Harzzünsler.

Harzrüßler → *Pissodes harcyniae* Herbst.

Harzzünsler → *Dioryctria splendidella* Herrich-Schäffer.

Haselblattroller → *Apoderus coryli* Linné.

Haselbock → *Oberea linearis* Linné.

Haselkätzchengallmilbe → *Contarinia corylina* Loew.

Haselnußbohrer → *Balaninus nucum* Linné.

Haselnußschildlaus → *Physokermes coryli* (Linné) Lindinger.

Haselnußwickler → *Epiblema penkleriana* Fischer von Rösslerstamm und *Laspeyresia amplana* Hübner.

Haselrüßler → *Strophosomus melanogrammus* Foerster (*coryli* Herbst).

H-Stück → Zwischenstück.

Hauptader, 1. Die vordere Längsader im VFl der *Thysanoptera Terebrantia.* Sie entspricht vermutlich dem Radius und ist bei *Aeolothripidae* selbständig, bei anderen Terebrantien am Grunde mit der → Nebenader verschmolzen. 2. Sonst werden als ~ (primäre ~) die Längsadern des Insektenflügels bezeichnet, welche direkt von den → Tracheae alares entspringen, nämlich die → Costa, → Subcosta, → Radius, → Media, → Cubitus, → Postcubitus und → Analis. (Taf. XII, Fig. 1.)

Hauptdrüse, der Hauptteil der → Labialdrüse, welche vielfach (Speicheldrüse bei *Naucoris cimicoides*) in mehrere Drüsenlappen geteilt ist.

Hauptpigmentzellen, die innere Schicht der → Irispigmentzellen.

Hausbock → *Hylotrupes bajulus* Linné.

Hausfliege → *Musca domestica* Linné.

Hausgrille → *Gryllus domesticus* Linné.

Haus- oder Wohnungsmilben sind winzige, mit bloßem Auge eben noch sichtbare, weißliche Milben, die in feuchten Räumen von Schimmelpilzen leben, bei Massenvermehrung aber auch die Menschen durch Herumkriechen auf der Haut belästigen können. In den meisten Fällen handelt es sich um *Glyciphagus* (*Oudemansium*) *domesticus* De Geer, die Hausmilbe, die im Heu, Stroh, Bienenstöcken, Polstermöbeln usw. lebt. Unter den Begriff der „Hausmilben" können aber auch andere Arten fallen, die in Wohnräume aus benachbarten Lager- oder Speicherräumen bei Massenvermehrung eingewandert sind.

Hausmütterchen → *Rhyacia (Agrotis) pronuba* Linné.

Hausschabe → *Phyllodromia germanica* Linné.

Haustellata, Insekten mit saugenden Mundwerkzeugen, → Agassiz, Burmeister.

Haustellum (lat. haustellum, -i, n., kleiner Schöpfer, von haurio, -ire, -si, -stum schöpfen, schlucken) → Leckrüssel. Auch der → Stechapparat der *Anoplura* wird als ~ benannt. Vgl. auch → Rostrum, → Proboscis, → Schnabel. Bei *Diptera* das Zwischenstück zwischen Rostrum und Labellen. (Taf. XXIII, Fig. 1.)

Haut, Körperdecke, Integument, Cutis, Derma. Die ~ der Insekten besteht aus einem einschichtigen, ektodermalen Epithel, der → Epidermis, einer die letztere innen auskleidenden → Basalmembran und einer von der Epidermis nach außen ausgeschiedenen, hornartigen → Cuticula.

Als schützende → Körperdecke (Außenskelett) umhüllt die Haut alle Weichteile des Körpers mit einem chitinösen, cuticularen Panzer und hält von ihnen sehr wirksam Verletzungen fern. Im allgemeinen ist der cuticulare Panzer desto dicker und fester, je mehr ein Insekt bzw. ein Körperteil Verletzungen durch Außenfaktoren ausgesetzt ist. Dabei spielt aber auch die Korrelation des Außenskeletts mit der Muskulatur bzw. direkt mit dem Innenskelett eine wichtige Rolle.

Als stützendes Gerüst für die Weichteile des Körpers, vor allem für die Muskulatur, hat die Haut ein → Innenskelett ausgebildet, welches der Muskulatur Anheftungspunkte bietet. Trotz der gewaltigen Entfaltung der Muskulatur der Insekten merkt man der Körperdecke keine Überlastung seitens dieser Funktion an, die sich in einer Plumpheit der Körperformen äußern würde. Das geringe spezifische Gewicht des Chitins in Verbindung mit seiner großen Widerstands- und Belastungsfähigkeit ermöglicht die Ausbildung leichter, schlanker Körperformen auch bei starker Ausbildung der Muskulatur.

Die mechanisch-lokomotorische Funktion der ~ kommt in der Bildung vieler Gelenke und Nähte zwischen den Gliedern der Gliedmaßen und den Segmenten des Rumpfes zum Ausdruck.

Die mechanisch-ernährende Funktion der ~ beruht auf der vielseitigen Differenzierung der Mundwerkzeuge.

Die mechanisch-sexuelle Funktion haben die ektodermalen Begattungs- und Eiablageorgane übernommen.

Als kleidende Trägerin der → Trachten entfaltet die Haut eine unerschöpfliche Mannigfaltigkeit in Ausbildung von Farben und Skulpturen.

Als Vermittlerin der Rezeption von Reizen der Außenwelt hat die ~ eine große Menge von Rezeptionsorganen der Cuticula ausgebildet.

In der → Tonerzeugung hat die Haut eine monopolistische Stellung eingenommen, mit Ausnahme der Acherontia und der Bienenkönigin.

Die Sekretion hat ihren Hauptsitz in den Hautdrüsen, deren Epidermis zum Drüsenepithel und deren Cuticula zu Hilfsapparaten der Sekretion umgebaut worden sind.

In der Ausübung der respiratorischen Funktion hat die Haut drei Wege eingeschlagen. Bei Hautatmern, z. B. vielen endoparasitischen Larven, bleibt die Cuticula dünn und luftdurchlässig. Bei Insekten, welche atmosphärische Luft atmen und einer dicken schützenden Körperdecke nicht entbehren können, hat sie durch segmental-paarige Einstülpungen membranöse, luftdurchlässige Rohre gebildet, die Tracheen. Bei aquatilen Insekten, welche die im Wasser gelöste Luft atmen, sind es im Gegenteil rohrartige, verästelte, membranöse, innen mit Blut durchspülte Ausstülpungen. (Taf. V, Fig. 1—4.)

Hautatmung, Respiratio cutanea, Atmung durch direkte Diffusion der Atemgase durch das Integument, ohne Vermittlung eines Tracheensystems. Zeitlebens atmen die atmosphärische Luft durch die Haut nur *Collembola* (→ Apneustia). Im Larvenstadium sind gewisse endoparasitische Hymenopteren Hautatmer (→ Hypopneustia). Einer diffusen ~ steht die auf bestimmte Hautbezirke beschränkte (→ Blutkiemen) gegenüber. Die ~ mit wassererfülltem oder reduziertem Tracheensystem beschränkt sich meistens nur auf das 1. Larvenstadium vieler aquatiler Insekten, erstreckt sich aber nicht selten auch auf folgende Larvenstadien, z. B. bei *Chironomus*, *Corethra*, *Simulium*, *Acentropus* u. a. Bei der Chalcidide *Polyneura* ist sogar die Imago Hautatmer.

Hautausstülpung, Evagination, ursprünglich stets hohle, sekundär vielfach cuticular ausgefüllte Auftreibungen der Haut von gestreckter (Dorne, Horne, Höcker, Sporne) oder flacher (Leisten, Falten, Rippen, Gräten usw.) Form. Außer den erwähnten sklerotisierten ~ kommen membranöse ~ vor, wie Kiemenanhänge, ausstülpbare Schreckanhänge, Drüsenreservoire usw.

Hautdrüsen, vergrößerte, aus dem Zusammenhang mit der → Epidermis mehr oder weniger stark herausgetretene Zellen, deren Haupt- oder Nebenfunktion die Bildung der → Sekrete ist.

Die Hautdrüsenzellen sind an ihrer Außenwand mit unverdünnter poröser oder verdünnter, diffundibler Cuticula überzogen. Die Cuticula kann in die Zellkörper schalenförmig (Wachsdrüsen der *Diaspidinae)* oder röhrenförmig (→ Sekretkanälchen) hineinwachsen und bildet so die einfachste Form der Ableitungswege der Sekrete. Der Zellkörper einer Drüsenzelle ist gewöhnlich in zwei Zonen geteilt, die der → Sekretbildung, welche stets den Zellkern enthält, und die perifer liegende, oft eine → Binnenkapsel um das → Sekretkanälchen bildende Zone der → Sekretaustreibung.

Einzellige ~ sind entweder offenliegend (Lackdrüsen von *Lecanium*, Wachsdrüsen der *Diaspidinae* und mancher *Cicadina*, → Exuvialdrüsen der *Heteroptera*, einzellige ~ der Tipuliden-Larven nach Keilin) oder versenkt. Die letzteren sind mit der Oberfläche der Haut mittels eines → Sekretkanälchens verbunden (→ Schmierdrüsen von *Dytiscus* und von anderen Käfern, Exuvialdrüsen der Käfer usw.). Einzellige Drüsen sind über den ganzen Körper einzeln zerstreut oder treten in geschlossenen Gruppen, oft in Verbindung mit echten oder unechten Haargebilden, als Hilfsapparate der Sekretausbreitung (büschelförmige → Trichome vieler myrmecophiler Käfer, wie *Lomechusa*, *Atemeles* u. a. → Drüsenhaare). Besonders komplizierte und zierliche cuticulare Hilfsapparate bilden die in Gruppen auftretenden Wachsdrüsenzellen, deren → Sekretraum von den cuticularen → Wachsdrüsenplatten überdacht wird.

Vielzellige ~ sind die → Drüsenhaarfelder, → Drüsenplatten, → Drüsenpakete und → Hohldrüsen.

Außer der obigen, morphologischen Einteilung der Drüsen in ein- und vielzellige ist die topographische nach den Körperteilen, auf welchen sie auftreten, üblich. So unterscheidet man → diffuse ~, → Kopfdrüsen, → Thorakaldrüsen, → Extremitätendrüsen, → Abdominaldrüsen usw.

Die ~ sind meistens keine Effektoren, sondern arbeiten ununterbrochen bis zu ihrer Erschöpfung, in abwechselnden → Sekretions- und → Regenerationsphasen. Als effektorisch arbeitende, mit motorischen Nerven versehene Hautdrüsen sind die Labialdrüsen zu nennen. Die ausstülpbaren Drüsen, Knalldrüsen, Giftdrüsen usw. sind mit eigener Muskulatur versehen, die sie zur Ausstülpung bringt bzw. ihre Sekretspeicher durch effektorisch erfolgenden Druck entleeren.

Nach der Funktion teilt man die in dieser Hinsicht bekannten Drüsen in → Speicheldrüsen, → Seidendrüsen, → Giftdrüsen, → Wachsdrüsen, → Lackdrüsen, → Öldrüsen, → Schmierdrüsen, → Haftdrüsen, → Lockdrüsen, → Duftdrüsen, → Exuvialdrüsen und → Knalldrüsen.

Manche ~ werden auf segmentale Nephridialorgane der Insektenvorfahren zurückgeführt und mit den → Malpighigefäßen verglichen, mit welchen sie gewisse Ähnlichkeit haben. Hierher gehören vor allem die → Seidendrüsen (Labialdrüsen) der Raupen und die → Labialnieren der *Thysanura*.

Der Kern der Hautdrüsenzellen ist in der Regel kugelförmig oder oval, in den Seidendrüsen, Mandibulardrüsen und Exuvialdrüsen gewisser Raupen und Afterraupen (Spinndrüsen der *Tenthredinoidea*) nimmt er aber oft auch lappenförmige oder verzweigte Formen an.

Hauteinstülpung, Invagination, ursprünglich hohle, sekundär in den meisten Fällen verschlossene und cuticular ausgefüllte Einfaltungen gewisser Hautbezirke. Ausgefüllte, stark cuticularisierte ~ bilden meistens → endoskeletale Stützpunkte der Muskeln und haben entweder lineare (sternale und pleurale Apodemen, Tentoriumarme) oder wandförmige Form (Diaphragmen, Crista sterni, endoskeletale Leisten). Selten sind die endoskeletalen ~ nach außen offen, wie z. B. die vorderen Tentoriumarme bei den meisten Braconiden. Dauernd offen bleiben auf ~ zurückführbare Taschen der Geschlechtsteile (Genitalkammer, Vagina) sowie die funktionsfähigen Stigmen.

Hautfaserblatt, Parietalblatt, parietales Mesoderm, Somatopleura, die äußere und obere, der Körperoberfläche zugekehrte Wand der Coelomsäcke, welche vor allem das Zellmaterial für die Muskulatur liefert. (Taf. IX, Fig. 6.) (Vgl. → Darmfaserblatt.)

Hautflügler → *Hymenoptera*.

Hautmuskelsystem, die → Muskulatur der Haut und ihrer Anhänge. Sie stellt die Hauptmasse des ganzen Muskelsystems der Insekten dar und besteht z. B. bei Schmetterlingsraupen aus nicht weniger als etwa 2000 Muskelbündeln. Das ganze ~ der Insekten läßt sich auf den doppelten, aus Längs- und Ringmuskeln bestehenden Hautmuskelschlauch der Anneliden zurückführen. Der Längsmuskelschlauch ist vor allem durch die zahlreichen und kräftig entwickelten dorsalen und ventralen Längsmuskelbänder vertreten, während die Ringmuskulatur der Anneliden in segmentalen und intersegmentalen dorsoventralen Muskelzügen des Rumpfes und der Gliedmaßen verkörpert ist.

Zwischen dem ~ und der Haut bestehen enge Beziehungen, die sich in verschiedenartigen korrelativen Bildungen in der Haut äußern, andererseits aber auch von der Haut ausgelöste Änderungen im Verlauf der einzelnen Muskelzüge verursachen.

Nach dem Verlauf der Muskelbündel teilt man sie in → Längsmuskeln, → Dorsoventralmuskeln, → Transversalmuskeln und → Intersegmentalmuskeln ein. Im Gegensatz zu den letzteren werden alle anderen Muskeln häufig als segmentale Muskeln zusammengefaßt.

Die Muskeln werden zwecks leichterer Identifizierung mit lateinischen Namen belegt, die ihre Funktion oder ihren Angriffs- und Insertionspunkt nennen.

Nach der Funktion werden die Muskeln folgendermaßen eingeteilt und benannt:

1. Promotor oder Productor (Vorbringer) und Protractor (Vorzieher).
2. Remotor oder Reductor (Rückbringer) und Retractor (Rückzieher) als → Antagonisten der vorigen Muskeln.
3. Adductor (Anzieher), Depressor (Senker) und Extensor (Strecker).
4. Abductor (Abzieher), Levator (Heber) und Flexor (Beuger) als Antagonisten der entsprechenden Muskeln der vorigen Gruppe.
5. Rotator (Dreher).
6. Dilatator (Dehner).
7. Compressor (Zusammenzieher) als Antagonist des vorigen.

Die in der Regel trinomiale Benennungsweise der Muskeln bringt im ersten Namen die funktionelle Gruppe, im nachfolgenden den Angriffspunkt und im dritten Namen die Insertionsstelle des betreffenden Muskels zum Ausdruck.

Z. B. Flexor laciniae stipitalis ist der Beuger, welcher an der Lacinia angreift und im Stipes inseriert. (→ Muskel.) Da die Funktion homologer Muskel vielfach wechselt, indem z. B. ein Adductor zu einem Retractor oder Flexor, ein Abductor zu einem Protractor usw. werden kann, und da außerdem bei der physiologischen Benennungsweise der Muskeln vielfach Zweifel über die Arbeitsrichtung des Effektors entstehen können, neigt man gegenwärtig zu rein morphologischer Benennung der → Muskel (und → Anhang).

Hautpigmente sind Farbstoffe, welche ihren Sitz in der Cuticula (→ Cuticularpigmente) oder Epidermis (Epidermispigmente) haben. Sie bilden entweder allein die Färbung des Insekteninteguments oder den Hintergrund für → Strukturfarben.

Hautporen → Pseudocellen.

Hauttracheenatmung, bei Larven gewisser Wasserinsekten und endoparasitischer Hymenopteren stattfindende Atmung mittels Tracheen, die aber nicht durch Stigmen die Atemluft schöpfen, sondern durch die Haut, welche zu diesem Zweck reichlich mit → Tracheolen versorgt ist. Bei endoparasitischen Larven sind die Stigmen bei den auf diese Weise atmenden Larven geschlossen. Bei Wasserlarven können sie auch offenbleiben, dienen aber nicht zum Gasaustausch, sondern zur Häutung der Tracheenintima. Bei endoparasitischen Larven ist die ~ in der Regel diffus, bei Wasserlarven hingegen kommt auch lokalisierte ~ vor, und zwar sind dann die tracheolenreichen Stellen der Haut ventro-lateral angeordnet. Die lokalisierte ~ kann als eine Vorstufe der Kiemenatmung angesehen werden. Werden nämlich diese tracheolenreichen Stellen der Haut ausgestülpt, dann liegen → Tracheenkiemen vor. Bei reiner → Hautatmung fehlt das Tracheensystem ganz, und seine Funktion des Transportes von Atemluft übernimmt das Blut.

Hawaiische Region, ein tiergeographisch selbständiges Gebiet, das nur die Inselgruppe der Hawaii umfaßt. Wird oft der → Australischen Region angeschlossen.

HCH → Insektizide.

Heautotype (gr. ἢ als wie, lat. quam, αὐτός selbst) ein vom Autor nach Veröffentlichung der Artbeschreibung abgebildetes Exemplar der Originalserie, aber nicht die Holo- oder Allotype.

Hebel, einfacher (Manubrium) oder paariger, sklerotisierter Fortsatz der Lippen des → Stigmenverschlußapparates, als Ansatzstelle für die Bänder des → Stigmenschließmuskels.

Heber, Musculus levator oder einfach → Levator, Bezeichnung eines Muskels gemäß seiner Funktion, eine Extremität zu heben, z. B. Flügelheber, Beinheber, Antennenheber.

Hebridae (Amyot et Serville 1843) Dohrn 1859, Fam der *Heteroptera Geocorisae* mit etwa 50 Arten aus allen Gebieten außer dem äthiopischen. Litoral lebende Tiere, die sich nur gelegentlich auf die Wasseroberfläche begeben. Fossil unbekannt.

Heckenweißling → *Aporia crataegi* Linné.

Heckenwickler → *Cacoecia rosana* Linné.

Hectopsyllidae Baker 1904, Fam der *Aphaniptera* mit wenigen südamerikanischen Arten, deren eine, *Hectopsylla psittaci* Frauenfeld, Überträgerin der Psittacosis (Papageienkrankheit), nach Europa eingeschleppt worden ist.

Heerwurm, Larve von *Sciara militaris* Novicki und *S. thomae* Linné (*Dipt. Sciaridae*).

Heidebiene → *Apis mellifica lehzeni* Buttel-Reepen.

Heidekrautspanner → *Hematurga atomaria* Linné.

Heidelbeerwickler → *Semasia vacciniana* Zeller.

Heiderüßler → *Cleonus piger* Scopoli.

Heimchen → *Gryllus* (*Acheta*) *domesticus* Linné.

Heldbock, großer → *Cerambyx cerdo* Linné.

Heldbock, kleiner → *Cerambyx scopolii* Fuesslin.

Heleidae → *Ceratopogonidae.*

helichrysi Kaltenbach (*insititiae* Koch), *Anuraphis*, kleine Pflaumenblattlaus (*Hom Aphididae*). Geopolitisch an *Prunus* schädliche Art, deren Blätter sie zu gekräuselten und eingerollten Formen verbildet. Migriert an Kräuter, vor allem *Compositae, Borraginaceae, Scrophulariaceae.*

Heliconomium, Heliconom (gr. ὁ oder ἡ ἕλιξ das Gewundene, die Windungen des Schneckengehäuses, ἡ νομή Weideplatz) spiralig gewundene → Blattmine.

Heliodinidae Heinemann und Wocke 1877, Sonnenmotten, Fam der *Lep* (*Tineoidea*) mit etwa 400 Arten, die über die ganze Welt zerstreut sind. In Deutschland 2 Arten. Fossil unbekannt.

heliophil (gr. ὁ ἥλιος Sonne, φιλεῖν lieben), sonnenliebend.

heliophob (gr. φοβέω scheuen, schrecken), sonnenscheu.

Heliozelidae Heinemann und Wocke 1877, Erzglanzmotten, Fam der *Lep* (*Tineoidea*).

Hellaugen → Appositionsaugen.

Helm → Außenlade.

Helodidae (Leach 1817) Leconte 1862 (*Scirtesidae* Leach, *Cyphonidae* Stephens 1830) (Abb. 131), Fam der *Col Polyphaga* mit an 700 Arten, davon 20 deutschen. 2—6 mm lange, ovale, stark gewölbte, kurz behaarte Käfer, deren HSchenkel manchmal verdickt sind (*Scirtes* Illiger). Fossil sind etwa 24 tertiäre Arten bekannt, die meisten aus rezenten Gattungen. Die Larven der ~ sind durch enorm verlängerte → Fühler ausgezeichnet.

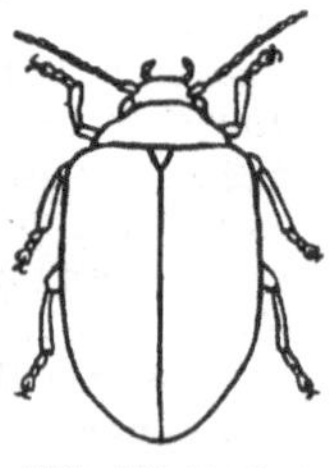

Abb. 131 *Cyphon* sp. *(Helodidae)*. Nach Brauer aus Handlirsch.

Helomyzidae Löw 1862, Scheufliegen Fam der *Dipt* (*Acalyptrata*), mit etwa 200 über die ganze Welt zerstreuten, vornehmlich paläarktischen Arten. Larven in Exkrementen, bes. Hühner- und Fledermausmist, in Pilzen.

Helopeltis spp. → Teewanzen.

Helotidae Gorham 1874, Fam der *Col* (*Clavicornia*) mit etwa 100 Arten in Japan und in indomalaiischer Region.

Helotrephidae Esaki & China 1927, Fam der *Heteroptera Hydrocorisae* mit etwa 16 Arten im Tropengürtel. Aquatile Tiere mit noch unerforschter Lebensweise, ausgezeichnet durch Verwachsung des Kopfes mit dem Prothorax, bei einem Teil der Arten mit erhaltener Trennungsnaht. Fossil unbekannt.

Hemerobiidae (Latreille 1802) Handlirsch 1925, Blattlauslöwen (Abb. 132), Fam der *Planipennia* mit etwa 700 Arten, von welchen in Deutschland an 50 vertreten sind. Die UFam *Osmylinae*, *Sisyrinae*, *Chrysopinae* der heimischen Fauna werden oft im Rang der Familien geführt. Fossil etwa 21 tertiäre Arten aus dem baltischen Bernstein und Miocän.

Abb. 132. *Hemerobius stigma* McLachlan (Hemerobiidae). Nach Stitz. Nat. Gr. etwa 5 mm.

hemerobiella Scopoli, *Coleophora*, Obstbaumsackmotte, Obstblattschabe (*Lep Coleophoridae*).

hemicephale Larven (gr. ἥμι halb, ἡ κεφαλή Kopf), Fliegenlarven, welche im Hinterteil ihres Kopfes Anfänge einer Reduktion aufweisen, indem dieser Teil in den Prothorax eingezogen wird. Im Zusammenhang damit steht bei diesen Larven eine gewisse Rudimentation der Mundteile und der Fühler. Sie haben noch echte, vertikal bewegliche Mandibeln. Hemicephale Larven finden sich sowohl bei nematoceren als auch bei brachyceren Fliegen.

Hemielytra (gr. ἥμι halb, τὸ ἔλυτρον lat. elytra, -ae, f., Hülle, Futteral), → Flügeldecke, → Halbdecke.

Hemimeridae (Saussure 1896) Krauss 1900 (*Hemimerides* Sauss.) (Abb. 133), einzige Fam der → *Diploglossata*, mit einer Gatt. *Hemimerus* Walker und einer Art *H. talpoides* Walker (? mit einigen Unterarten), die in Afrika im Pelze der afrikanischen Hamsterratte, *Cricetomys gambianus* Waterhouse ektoparasitisch lebt.

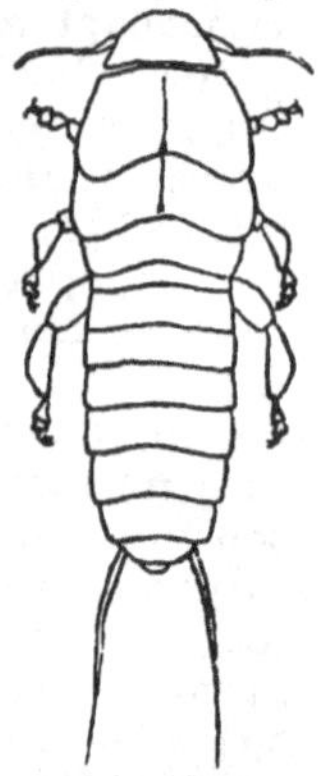

Abb. 133. *Hemimerus talpoides* Walker, Weibchen (Hemimeridae). Nach Hansen aus Handlirsch) Nat. Gr. etwa 12 mm.

Hemimetabolie, unvollkommene Verwandlung, Metamorphosis incompleta, wurden früher alle Verwandlungsformen bezeichnet, welche kein ruhendes Puppenstadium haben. Gegenwärtig werden alle diese unvollkommenen Verwandlungsformen als → Heterometabolie zusammengefaßt und die Bezeichnung ~ auf *Odonata* und *Perlaria* beschränkt, deren Entwicklung wie bei → Paurometabolen eine Reihe imagoähnlicher, imaginipetaler Larvenstadien durchläuft, die aber im Unterschied zu echten paurometabolen mit → caenogenetischen Organen in Anpassung an das Wasserleben (Tracheenkiemen) und an die jägerische Lebensweise (Fangmaske) ausgestattet sind. (→ Holometabolie.)

Hemiparasiten (gr. ἡμί halb), Halbparasiten, temporäre oder zeitweilige Parasiten sind Parasiten, die nur in gewissen Entwicklungsstadien parasitisch leben, wie z. B. die Ichneumoniden, welche im Larvenstadium auf oder in anderen Insekten parasitieren, während sie als Imagines meist Nektarsauger sind. Bei Flöhen ist es umgekehrt, die Imagines sind Parasiten (Blutsauger), während sie als Larven freilebende Detritusfresser sind. Gegens. vgl. → Holoparasiten.

Hemiphlebiidae Kennedy, Fam der *Odonata Zygoptera*, nur eine Art, in Australien.

Hemipneustia (gr. ἥμι halb, πνευστιάω schwer atmen, keuchen), Insekten, bei welchen ein Teil der Stigmen oder auch alle verschlossen sind. Hierher gehören die Jugendzustände der meisten Holometabola und der wasserlebenden Hemimetabola. Je nach der Verteilung der offenen Stigmen am Körper werden folgende Gruppen unterschieden: → Peripneustia, → Amphipneustia, → Propneustia, → Metapneustia, → Branchiopneustia und → Apneustia.

Hemiptera (Linné 1758) Geoffroy 1763 (Linné pp., *Rhyngota* pp. Fabricius, *Rhynchota* Burmeister 1835), Schnabelkerfe, ÜOrdn der *Pterygota*, ausgezeichnet durch den Bau ihrer stechend-saugenden Mundteile und das Fehlen der Cerci. Die Unterlippe bildet mit ihrem Tasterpaar einen 2—4gliedrigen Rüssel, in dessen dorsaler, am Grunde klaffender und von der keilförmigen Oberlippe bedeckter Rinne die 4 Stechborsten (Mandibeln und Innenladen der Maxille) liegen. Maxillartaster fehlt bzw. ist mit der Kopfkapsel verschmolzen (Galea oder Lora).
Die ~ umfassen zwei provisorische fossile und zwei rezente Ordn, nämlich +*Protohemiptera*, +*Palaeohemiptera*, *Heteroptera* und *Homoptera*.

Hemithripidae Bagnall, Fam der *Thysanoptera* mit weniger tropischen und subtropischen Arten. Sie ähneln im Habitus den *Aeolothripidae*, haben aber einen nach abwärts (wie *Thripidae*) gekrümmten Legebohrer.

hemitrop (gr. ἥμι halb, ὁ τρόπος Art und Weise, Benehmen) werden Insekten genannt, welche mit ihren leckenden oder leckend-saugenden Mundteilen und ihrem gut entwickelten Haarkleid zwar die Bedingungen guter Blütenbestäuber erfüllen, aber die Vollkommenheit der → eutropen Insekten noch nicht erreicht haben und den letzteren vor allem in der Länge der Mundteile nachstehen. Hierher gehören solitäre *Vespidae*, langrüßlige *Sphecidae* und *Chrysididae*, kurzrüßlige *Apidae*, *Bombyliidae*, *Nemestrinidae*, *Syrphidae*, *Conopidae*, die meisten Schmetterlinge und *Meloidae* mit leckend-saugenden Mundteilen (*Leptopalpus*, *Nemognatha*).

Hemmbeule, eine Vorragung an Gelenken, welche die Streckung des bewegten Teils nur bis zu einer bestimmten Lage gestatten. Am häufigsten treten ~ am Kniegelenk auf, sind aber auch an anderen Beingelenken, so am Tibiotarsalgelenk der Hinterbeine von *Notonecta* oder an der Hüfte des HBeins bei Corixa, nicht selten. (Taf. V, Fig. 2.)

Hemmungszentrum, eine bei Insekten nachweislich im Gehirn liegende, die Wirkung der Reize herabsetzende, physiologisch und vermutlich auch morphologisch differenzierte Stelle.

Henicocephalidae (Stål 1860) Berg 1879 (*Enicocephalida* Stål), Fam der *Heteroptera Geocorisae*, mit etwa 50 bei uns nicht vertretenen, sonst über alle Gebiete der Erde zerstreuten, frei lebenden, selten myrmecophilen Arten. Fossil wurde eine quartäre (Kopal-) Art beschrieben.

Hensensche Linie, eine schmale, helle, in der Aufsicht als Linie wirkende Teilungswand inmitten der dunklen → anisotropen Zone der → Myofibrille.

+***Heolidae*** Handlirsch 1908, ausgestorbene Fam der +*Palaeodictyoptera* mit einem guten Flügelabdruck (*Heolus providentiae* Handl.) aus dem oberen (?) Obercarbon Nordamerikas. Der ganze Fl kann etwa 5 cm lang gewesen sein.

Hepialidae (Latreille 1809) Stephens 1829 (*Hepialites* Latr., *Hepioli* Hübner 1816), Wurzelbohrer, Fam der *Lep* (*Jugatae*, *Monotrysia*), mit etwa 300 meist neotropischen und australischen Arten. In Deutschland 6 Arten der Gattung *Hepiolus*. Raupen in Wurzeln. Fossil nicht bekannt.

heraclei Linné, *Acidia*, Selleriefliege, Selleriebohrfliege (*Dipt Trypetidae*).

herbivor, herbiphag (lat. herba, -ae, f., Pflanze, vorare, gr. φαγεῖν essen) pflanzenfressend.

Herbstmilbe → *Trombicula autumnalis* Shaw.

herculeanus Linné, *Camponotus*, Riesenameise, 6,5—12 mm lange schwarze Ameise mit rotem Thorax, Beinen und Petiolusschuppe.

hercyniana Treitschke, *Argyroploce*, großer Fichtennadelwickler (*Lep Tortricidae*).

Hermaphroditismus (gr. ὁ Ἑρμαφρόδιτος Hermaphrodit, Sohn des Hermes und der Aphrodite) → Zwittertum.

Heroldsches Organ, grubenförmige, am Grunde mit zapfenartigen Vorsprüngen versehene, postembryonal bei Raupen auf der Unterseite des 9. Hlbsegments auftretende Anlage der äußeren Begattungsorgane.

Herz, der hintere, hinten in der Regel geschlossene, an den Seiten mit → Ostien versehene, vorn in die → Aorta übergehende Abschnitt des → Rückengefäßes.

Die Wand des ~ besteht aus drei Schichten, der äußeren → Adventitia, der mittleren → Media oder Muscularis und der inneren → Intima oder Endocardium.

Das Hinterende des Herzens kann auch offen sein, indem entweder das letzte Ostienpaar in die terminale Lage gerückt ist (*Agrion*, *Forcipomyia*, ? auch *Nepa*), oder das Herz läuft hinten in drei Rohre aus (*Ephemeridae*), welche in die → Schwanzborsten eindringen oder an ihrer Basis enden.

Gewöhnlich ist das ~ zwischen den Ostienpaaren mehr oder weniger deutlich eingeschnürt und auf diese Weise äußerlich in Kammern eingeteilt.

Das ~ liegt im Hinterleib, und nur selten reicht es bis in den Metathorax hinein, in dem das vorderste Ostienpaar liegt. Bei *Blattidae* rückt vielfach das vorderste Ostienpaar bis in den Mesothorax vor.

Gewöhnlich hat das ~ die Form eines durch Einschnürungen in Kammern eingeteilten langen Schlauches, es kommen aber auch kurzovale, sackförmige Herzen ohne Einteilung in Kammern vor, auch wenn sie mehr als ein Ostienpaar haben.

Durch → Diastole wird Blut ins Herz durch die Ostien eingesaugt, und die darauffolgende → Systole pumpt es nach vorn in die Aorta hinein. Das letzte Ostienpaar hat aber vielfach, besonders wenn es terminal liegt oder in terminale Rohre mündet, sich nach rückwärts öffnende Ventile, die das Blut bei der Systole aus dem Herzen austreten lassen. (Taf. VI, Fig. 5.)

herzförmiger Raum, spatium cordiforme, area cordata, area mediana segmenti medialis, vorn am Mediansegment bei Bienen und Wespen (Grabwespen) auftretender, annähernd herzförmiger Raum, dessen Begrenzung und Skulptur sowie nicht weniger die Form den Wert taxonomischer Merkmale haben. Entspricht etwa der Area basalis.

Herzmuskelschicht → Media.

Hesperiidae (Latreille 1809) Stephens 1829, Dickköpfe. Fam der Schmetterlinge mit etwa 3000 meist tropischen Arten. In Deutschland 7 Gatt. mit wenigen Arten.

Hessenfliege → *Mayetiola destructor* Say.

Heterobiontophaga, → heterophage Insekten, welche lebende organische, tierische und pflanzliche Nahrung zu sich nehmen. In den meisten Fällen sind es wasserlebende Planktonfresser (→ Microphaga), die keinen Unterschied machen zwischen lebender tierischer und pflanzlicher Kost. Selten tritt diese Ernährungsform bei anderen Insekten als normaler Ernährungsmodus auf.

Heteroceridae McLeay 1825 (Abb. 134), Fam der *Col Polyphaga* mit etwa 150 über die ganze Welt zerstreuten, aber vornehmlich paläarktischen Arten, von denen 15 in Deutschland leben. Die Käfer und ihre Larven leben in selbstgegrabenen Gängen im Uferschlamm von Gewässern. Die dicht und kurz anliegend und locker, aufstehend lang behaarten Käfer sind meist charakteristisch auf schwarzem Grunde braun oder gelb marmoriert. Fossil nicht bekannt.

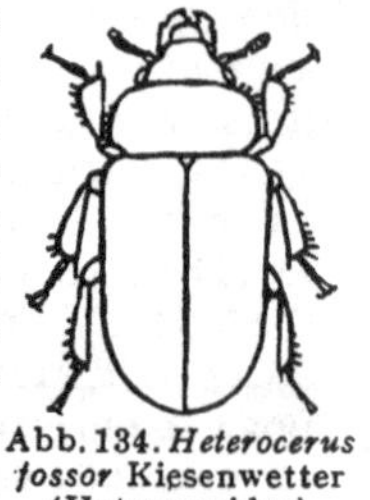

Abb. 134. *Heterocerus fossor* Kiesenwetter (Heteroceridae). Nach Brauer aus Handlirsch. Nat. Gr. etwa 5 mm.

Heterochromie (gr. ἕτερος verschieden, τὸ χρῶμα Hautfarbe), Auftreten von zwei oder mehreren konstanten Färbungsformen in einem Geschlecht ein und derselben Art. Die geschlechtliche ~ tritt z. B. bei Odonaten-Weibchen häufig auf. Diejenige Form, welche der männlichen Färbung am nächsten kommt oder ihr gleicht, wird als homoeochrom oder androchrom bezeichnet.

Heterochronie (gr. ἕτερος anders, ὁ χρόνος Zeit), verfrühtes oder verspätetes Erscheinen eines Organs im Verlauf der Ontogenie im Vergleich mit dem Zeitpunkt seiner phylogenetischen Entstehung. Im ersteren Fall spricht man von → Acceleration, im letzteren von → Retardation des Organs. Vgl. auch → Caenogenese und → Heterotopie.

Heterodactyla Brauer 1883, eine Gruppe der *Diptera Brachycera*.

Heterodynamie (gr. ἕτερος verschieden, δύναμαι gelten, bedeuten), verschiedene Abstammung der → Metamere und der metameren Körperteile ohne Rücksicht auf ihre morphologische oder bzw. und funktionelle Ähnlichkeit (→ Heteronomie). Heterodynam sind z. B. Gonopoden und Gonapophysen der aufeinanderfolgenden Segmente.

Heteroekie (gr. ἕτερος verschieden, ὁ οἶκος Wohnraum), „Heterözie", → Wirtswechsel.

Heterogenie (gr. ἕτερος verschieden, anders, ἡ γενεά Geburt, Herkunft), Ungleichartigkeit eines Organs oder einer Substanz. So sind z. B. die Vorder- und Hinterflügel der Insekten meistens heterogen, selten, z. B. bei zygopteren Odonaten, → homogen.

Heterogonie (gr. ἡ γονή Erzeugung), Alloiogenesis, zyklischer Wechsel → agamer (parthenogenetischer) und → gamogener (sexueller) Generationen im → Generationswechsel einer Art. Die heterogenen Generationen unterscheiden sich meistens in biologischen und morphologischen Merkmalen, der Unterschied beschränkt sich aber nicht selten auf biologisches Verhalten allein.

Einfache ~ mit einer agamen (nur Weibchen) und einer gamogenen (Männchen und Weibchen, die letzteren den agamen Weibchen gleich oder meist von ihnen verschieden) Generation zeigen gewisse Gallwespen *(Cynipinae)* und *Miastor* (*Cecidomyidae*), letztere mit dem Unterschied, daß bei ihnen die agame Generation eine paedogenetische Larve ist.

Weit komplizierter ist die ~ der Aphiden, bei welchen nach einer Reihe morphologisch und biologisch verschiedener agamer Generationen (→ Fundatrix, → Fundatrigenia, → Virginogenia, → Sexupara, → Virgo) eine amphigone Generation von Männchen und Weibchen folgt. Komplizierte Form der ~ weist auch der Käfer *Micromalthus debilis* auf.

Heterogyna Latreille 1817, ehemalige Gruppe der *Hym Aculeata* mit den Fam *Sapygidae, Rhopalosomidae, Anthoboscidae, Scoliidae, Typhiidae, Pterombridae, Thynnidae, Mutillidae, Bradinobaenidae* und *Formicidae*. Die ~ sind ausgezeichnet durch die Tendenz zur Abschnürung des 2. und vielfach auch des 3. (primäre Zählung) Hlbsegments sowie zur Apterie der Weibchen. Die Auffassung der ~ und die systematische Stellung der Fam schwanken übrigens bei verschiedenen Autoren. Nach Imms (1938) gehören nur *Formicidae* hierher.

Heterogynidae (Herrich-Schäffer 1845) Kirby 1892, Mottenspinner, Fam der *Lep* (*Zygaenina*) mit einigen mediterranen Arten.

heteromer (gr. ἕτερος verschieden, τὸ μέρος Stück, Teil) sind die mit ungleicher Anzahl von Gliedern versehenen Tarsen der Vorder-, Mittel- und Hinterbeine.

Heteromera Dumeril 1806, ehemalige ÜFam der *Col Polyphaga* mit den Fam *Oedemeridae, Pythidae, Pyrochroidae, Pedilidae, Aderidae, Anthicidae, Meloidae, Cephaloidae, Rhipiphoridae, Scraptiidae, Mordellidae, Serropalpidae, Nilionidae, Monomme, Oidathniidae, Aegialitidae, Petriidae, Lagriidae, Alleculidae, Tenebrionidae* und *Trictenotomidae*. Die ~ sind ausgezeichnet durch konstante Zahl von 5 Gliedern an Vorder- und Mitteltarsen und von 4 Gliedern an Hintertarsen.

Heterometabola (gr. ἕτερος verschieden, ἡ μεταβολή Verwandlung), Insekten mit im einzelnen verschiedener Metamorphose, die sich aber von den → Holometabola durch das Fehlen eines ruhenden Puppenstadiums unterscheiden, wenn auch bei ihnen (→ Neometabola) bewegliche oder unbewegliche puppenähnliche Stadien (Thysanoptera) auftreten können.

Heteromorphie, Heteromorphose (gr. ἕτερος verschieden, ἡ μορφή Gestalt, Form), 1. Auftreten mehrerer räumlich nicht getrennter Formen ein und derselben Art und Unterart. Am häufigsten ist die geschlechtliche ~ oder → Geschlechtsdimorphismus.

2. In der Entwicklungsmechanik wird als ~ (häufiger Heteromorphose) das

Auftreten eines Organs an einer ungewohnten Stelle bezeichnet, z. B. die Entwicklung eines Beins an Stelle des Fühlers. Heteromorphosen sind meist auf Verletzungen während der ontogenetischen Entwicklung zurückzuführen.

Heteronecrophaga sind → heterophage Insekten, die sich von toten tierischen und pflanzlichen Stoffen ernähren. Hierher gehören vor allem die → Detritiphaga.

Heteroneuridae Löw → *Clusiidae.*

Heteronomie (gr. ἕτερος verschieden, ὁ νόμος das Zugeteilte, der Teil), morphologische Verschiedenheit der → Metameren und der Glieder der → Antimeren. Gegens. → Homonomie. Die ~ ist nicht mit der → Heterodynamie zu verwechseln. Heteronom sind z. B. die drei Thoraxsegmente der meisten Insekten, während sie zugleich einander homodynam sind.

Heterophaga (gr. ἕτερος verschieden, φαγεῖν essen), Insekten, die sich sowohl von tierischen wie auch von pflanzlichen Substanzen nähren (→ Allesfresser). Sie können auf lebende Organismen (→ Heterobiophaga) oder auf leblose organische Substanz (→ Heteronecrophaga) spezialisiert sein.

+***Heterophlebiidae*** Handlirsch 1908, ausgestorbene Fam der *Odonata Anisozygoptera* mit 3 liassischen Arten aus England (2) und Mecklenburg (1). Es waren kleine Tiere mit etwa 3 cm langen Vorderflügeln. Eine Art, *Heterophlebia dislocata* Brodie & Westwood (England) ist mit fast ganzem Körper erhalten.

Heteroptera Latreille 1810, Wanzen. Kleine bis sehr große, von etwa 1 mm bis 10 cm lange, meist depresse, seltener stark gewölbte (z. B. *Plataspididae, Cydnidae*), meist gedrungene, seltener schlanke bis stabförmige, paurometabole Land- und Wasserinsekten mit stechend-saugenden Mundteilen und in der Regel mit zwei gut entwickelten Flügelpaaren, die in Ruhe flach auf dem Rücken zusammengelegt werden.

Kopf pro- oder orthognath, mit einem auf die Ventralseite zurücklegbaren Rüssel. Clypeus (Stirnkeil, Stirnschwiele, Tylus) gewöhnlich ein schmaler medianer Längswulst zwischen den ihn beiderseits begrenzenden Lorae (Laminae mandibulares) und Juga (Laminae maxillares), geht hinten ohne wahrnehmbare Grenze in die Stirn über (Epistomalnaht fehlt) und ist vorne durch eine häufige Naht von der langen, keilförmigen Oberlippe getrennt. Die Grenze zwischen dem Clypeus und der Stirne ist durch die oft äußerlich sichtbaren vorderen fenestrae tentorii markiert. Komplexaugen und zwei Ocellen in der Regel vorhanden. Selten (vor allem *Polyctenidae* und *Miridae*, die letzteren deshalb „Blindwanzen" genannt) fehlen die Ocellen. Fühler bei Landwanzen (*Geocorisae*) lang, faden- oder keulenförmig, 4—5gliedrig, selten geschlechtsdimorph und dann bei Männchen mit sekundären Fortsätzen (gewisse *Gerridae*) versehen. Bei Wasserwanzen (*Hydrocorisae* oder *Cryptocerata*) sind die Fühler kurz, 3—4gliedrig, in Fühlergruben verborgen, von außen wenig oder kaum sichtbar. Der 1—4gliedrige Rüssel (bei *Corixidae* 1—2gliedrig, sonst 3—4gliedrig) ist aus den miteinander verwachsenen und dorsal eine schmale Längsrinne bildenden Labialtastern entstanden. In der Rinne liegt das aus den haardünnen Mandibeln und maxillaren Lacinien zusammengesetzte Stechborstenbündel eingebettet. Die schmale, länglich dreieckige Oberlippe bedeckt die dorsal an der Basis klaffende Rüsselrinne.

Thorax heteronom gegliedert. Prothorax frei, mit einem großen, halsschildartigen Notum. Mesothorax gut differenziert, größer als Metathorax, mit einem mehr oder weniger großen, dreieckigen, zwischen den zusammengelegten Deckflügeln frei sichtbaren Scutellum. Pleuren aller drei Segmente groß, aber schwach differenziert, mit obliterierten Nähten. Sternite reduziert (Cryptosternie). Vorderflügel (Hemielytrae, Flügeldecken oder richtiger Halbdecken) zu etwa zwei Drittel ihrer Länge sklerotisiert, mit wenigen Längsadern, in ein Corium (Costalfeld), Clavus (Analfeld) und Membran (Endteil des Costalfeldes) differenziert. Zwischen Corium und Membran schiebt sich oft ein keilförmiges, sklerotisiertes Stück, der Cuneus hinein. Hinterflügel häutig, in der Regel gut entwickelt und größer als die Vorderflügel, manchmal zu flugunfähigen Stummeln reduziert oder ganz fehlend (z. B. bei der Bettwanze). Neigung zur Brachypterie ziemlich häufig. Hinterflügel mit wenigen Längsadern und mit einer großen Radiomedialzelle in der Basalhälfte, die häufig mit einem Aderrest (Hamus) versehen ist. Von der Spitze der Radiomedialzelle entspringt der einfache Radius und die Media, die letztere manchmal mit einem rücklaufenden Aderrest (Glochis) versehen. Annallappen mäßig groß. Die Beine sind gewöhnlich homonome Gang- oder Stelzenbeine. Seltener sind die Beine stark heteronom, indem die Vorderbeine zu Raubbeinen (z. B. *Phymatidae, Nepidae*), Zirpbeinen (*Corixidae*, → Pala), Kletterbeinen usw. oder die Hinterbeine zu Ruderbeinen (z. B. *Notonectidae*) oder zu Sprungbeinen mit verdickten Schenkeln (*Halticus, Gelastocoris*) umgewandelt sind. Nicht selten, besonders bei tropischen *Coreidae* sind die Hinterbeine bizarr gekrümmt oder mit blattartigen Auswüchsen versehen. Die Hüften sind gewöhnlich groß und in der Mittellinie eng zusammengerückt. Tarsen meist zwei- oder dreigliedrig, seltener eingliedrig (*Corixidae, Nepidae*) oder heteromer 1+2+2gliedrig (*Naucoridae*). Ein Paar gleichartiger, seltener ungleichartiger Krallen (*Polyctenidae*) sind vorhanden. Selten ist eine von den beiden Krallen rudimentiert.

Hinterleib mit zehn Segmenten, das 11. und Telson stark reduziert. Vom 1. Segment ist gewöhnlich nur ein reduzierter Tergit erhalten. Genitalsegmente 8 und 9 bei Männchen mehr oder weniger tief in das 7. Segment eingezogen, werden bei *Lygaeidae* zur Begattung um 180° nach rechts oder links gedreht. Ein Paar Styli des 9. Sternits (sog. Parameren, Zangen oder Harpagonen) soweit bekannt stets vorhanden. Auch das 8. Segment kann mit sekundären Kopulationsanhängen versehen sein. Am Penis ist die Phallobase meist gut entwickelt und mit einem Paar echter Parameren versehen. Sie bildet oft eine oder zwei sklerotisierte Basalplatten. Ductus ejaculatorius häufig über den Aedoeagus hinaus verlängert, ein sog. „Flagellum" bildend. Vesica gewöhnlich mit Chitinstrukturen. Weibchen gewöhnlich mit drei Paaren Gonapophysen, welche zusammen einen orthopteroiden Legesäbel bilden. Weibchen von *Cimex* zwischen dem 5. und 6. Sternit rechts mit einer unpaarigen Öffnung des → Ribagaschen Organs.

Darmkanal gut differenziert. Vorderdarm stets ohne Kropf und Proventriculus. Pharynx zu einer Saugpumpe mit Reusen (Saug-Reusen-Apparat der *Notonectidae*) oder zu einem Saug- und Kauapparat (*Corixidae*) spezialisiert. Oesophagus gewöhnlich dünn, schlauchförmig. Mitteldarm in zwei Abschnitte geteilt, einen sackartigen vorderen und einen schlauchförmigen hinteren. Der hintere Abschnitt kann bei phytophagen Formen weitere Differenzierungen aufweisen und mit blinddarmartigen Crypten versehen sein. Hinterdarm mit kugeligem Pylorus, in den gewöhnlich vier, selten zwei Malpighi-Gefäße münden. Rectum kurz, birnförmig, bei Wasserwanzen mit 1 bis 2 kontraktilen Blindsäcken, sog. Rectalampullen versehen. Selten (*Coptosoma scutellatum, Plataspididae, Ischnodesmus sabuleti, Lygaeidae*) ist der Darmkanal an einer oder an zwei Stellen unterbrochen, funktionslos.

Rückengefäß schlauchförmig, das eigentliche, im hinteren Teil des Abdomens gelegene Herz kurz, mit nur 3—4 Ostienpaaren.

Tracheensystem gut entwickelt, mit zwei seitlichen Längsstämmen, welche miteinander durch zahlreiche Queranastomosen verbunden sind. Zwei thorakale und im Höchstfall acht abdominale Stigmenpaare vorhanden.

Nervensystem stark konzentriert, gewöhnlich mit nur zwei Ganglienmassen im Thorax, wobei die erste das prothorakale Ganglienpaar und die zweite einen einheitlichen Komplex der meso- und metathorakalen und aller abdominalen Ganglien darstellt.

Ovarien paarig, mit mehr oder weniger zahlreichen, büschelförmig den Oviducten aufsitzenden, telotrophen Ovariolen. Receptaculum seminis und ein Paar Anhangsdrüsen vorhanden. Hoden mit wechselnder Zahl büschelförmig den Vasa deferentia aufsitzender Follikel. Vasa deferentia in ihrem Verlauf zu Vesiculae seminales erweitert. Anhangsdrüsen münden am Anfang des Ductus ejaculatorius. Oviparie ist die Regel, *Polyctenidae* sind vivipar.

Entwicklung paurometabol, gewöhnlich mit fünf Larvenstadien, die alle einander und der Imago ähnlich sind. Die äußeren Flügelanlagen erscheinen in der Regel nach der zweiten Häutung.

Eine Eigenart der *Heteroptera* stellen die Duftdrüsen (Stinkdrüsen) dar, welche bei Larven am Vorderrande des 4. bis 6.

Hinterleibstergites, bei Imagines dagegen auf den Metapleuren mit großen, schlitzartigen Mündungen versehen sind. Die meisten Wanzen sind pflanzensaugende Landinsekten. Ein kleinerer Teil von ihnen ist sekundär zum Leben im Wasser übergegangen. Es sind in der Regel Wärme und Sonnenschein liebende Tiere, die ihre größte Farbenpracht in den tropischen und warmen Zonen der Erde entfaltet haben.
Die ältesten fossilen Wanzen treten im Perm auf (EVANS 1950).
Es sind gegenwärtig etwa 25000 Arten der *Heteroptera* bekannt. Die alte Einteilung der Ordnung in die UOrdn *Geocorisae* und *Hydrocorisae*, hat sich bisher erhalten, wenn sie auch morphologisch wenig berechtigt ist.

Heterotecnomera Enderlein (1903) 1911 (*Trimera* End. 1903), ehemalige UOrdn der *Corrodentia* mit den Fam *Mesopsocidae, Myopsocidae, Amphientomidae* (FamR *Cryptoderata*), *Liposcelidae, Pachytroctidae, Psyllipsocidae, Empheriidae, Trogiidae, Lepidopsocidae, Lepidillidae* (FamR *Deloderata*). Die UOrdn ist ausgezeichnet durch ihre Tarsen, die bei Larven und Nymphen 2gliedrig, bei Imagines 3gliedrig sind.

Heterothripidae Bagnall 1912, Fam der *Thysanoptera Terebrantia* mit wenigen rein nearktischen Arten.

Heterotopie (gr. ἕτερος verschieden, ὁ τόπος Ort, Gegend), caenogenetische Verlagerung eines Organs.

heterotypisch (gr. ὁ τύπος Form, Gestalt), verschiedenartig. Gegens. → homotypisch.

Heuhüpfer, Heupferde, Sprengsel → *Stenobothrus* spp.

Heumotte → *Ephestia elutella* Hübner.

Heupferde → Heuhüpfer.

Heupferd, grünes → *Tettigonia* (*Locusta*) *viridissima* Linné.

Heuwurm → *Clysia ambiguella* Hübner.

Hexapoda Latreille 1796 → *Insecta* Linné.

Hibernaculum (lat. hibernaculum, -i, pl. -a, -orum, n., Winterlager) → Winterquartier.

Hicksche Porenplatte, mit eigenartigen Sinnespapillen, sog. Hickschen Papillen (→ Sinneskuppel) besetzte Sinnesfelder an der Basis der Halteren.

Hiemales (lat. hiemalis adj. winterlich), überwinternde Fundatrix-Generation der Blattläuse. Nur bei *Adelginae* (*Chermesinae*), deren Fundatrix als Junglarve überwintert und vielfach als ~ bezeichnet wird. Sonst überwintert die Fundatrix als Ei.

hieroglyphica Christ, *Acantholyda*, Kiefernkulturgespinstblattwespe, Kiefernkotsackblattwespe (*Hym Pamphilidae*).

Hilfsader, alte Bezeichnung für die → Subcosta (SCHINER).

Hilfsplatten, kleine Sklerite der Praetarsalmembran ventral an der Basis der Krallen oder Pulvillen. Die ~ sollen die Verbindung zwischen dem → Unguitractor und den Krallen bzw. Pulvillen herstellen.

Himbeerblattlaus, kleine → *Aphidula* (*Doralis*) *idaei* van der Goot.

Himbeereule → *Thyatira batis* Linné.

Himbeergallmücke → *Lasioptera rubi* Heeger.

Himbeerglasflügler → *Bembecia hylaeiformis* Laspeyres.

Himbeerkäfer → *Byturidae*.

Himbeerkäfer, Himbeermade → *Byturus fumatus* Fabricius und *B. tomentosus* Fabr.

Himbeerminierwespe → *Fenusa pumila* Klug.

Himbeermotte → *Incurvaria rubiella* Bjerkander.

Himbeerschabe → *Incurvaria rubiella* Bjerkander.

Himbeerspinnmilbe → *Neotetranychus rubi* Trägårdh.

Himbeerstecher → *Anthonomus rubi* Herbst.

Himbeertrieblaus → *Aphis* (*Doralis*) *idaei* van der Goot.

Hinterbrust → Metasternum, nicht selten aber für → Metathorax gebraucht.

Hinterdarm, Enddarm, Proctodaeum, der hintere, den → After mit dem Mitteldarm verbindende, ektodermale Abschnitt des → Darmkanals. Der ~ hat wie der Vorderdarm eine chitinöse kutikulare Auskleidung (Intima), aber im Gegensatz zum Vorderdarm eine doppelte Lage von Ringmuskeln, zwischen welchen die Längsmuskelschicht eingebettet liegt.
Die Grenze zwischen dem ~ und dem Mitteldarm ist äußerlich, d. h. anatomisch, bei Larven durch den → Imaginalring, bei Imagines gewöhnlich durch die Mündungen der Malpighischen Gefäße gekennzeichnet (→ Intestinum).
Der ~ besteht gewöhnlich aus 3 Abschnitten, dem → Pylorus, dem mittleren Abschnitt oder Dünndarm (→ Ileum und → Colon), der aber z. B. bei *Hetero-*

ptera Gymnocerata fehlt, und aus dem → Rectum. Bei *Coleoptera Adephaga* (mit wenigen Ausnahmen, z. B. bei *Passalus*), *Lepidoptera, Diptera, Homoptera, Heteroptera Cryptocerata, Saltatoria* und *Isoptera* ist der mittlere Abschnitt einheitlich, bei den übrigen Gruppen meist in zwei mehr oder weniger deutlich voneinander geschiedene Abschnitte, das → Ileum und → Colon getrennt.

Hinterflügel, Ala posterior, Unterflügel → Flügel.

Hinterhaupt, Occiput, der hinter der → Occipitalnaht liegende, hinten durch die Postoccipitalnaht begrenzte und von der Occipitalöffnung durch ihren mehr oder weniger breiten, meist nur schmal wulstförmig aufgeworfenen Saum, den Postocciput, getrennte Querstreifen der Kopfkapsel. Das ~ bildet meist die von vorn bzw. von oben nicht sichtbare hintere Wand der Kopfkapsel. Ihr oberer, hinter dem Vertex und den Schläfen liegender Teil wird als Hinterhaupt im engeren Sinne genannt und deren beide unteren Seitenteile, die bei geschlossenem ~ der prognathen Köpfe ventral mehr oder weniger weit nach vorn verlängert sein können, werden als → Postgenae bezeichnet.

Man nennt das ~ offen, wenn die ventralen Ränder der Postgenae (→ Hypostoma) voneinander durch die basalen Teile des Labiums und der Maxilla getrennt sind und die Cardines sowie die hinteren → Fenestrae tentorii dicht am Rande der Occipitalöffnung liegen. Sind die Fenestrae auf der Kopfunterseite nach vorn gerückt, zwischen sich einen sekundär sklerotisierten Teil der Halshaut als Gula (→ Kehle) mitführend, dann spricht man vom geschlossenen ~. Ein geschlossenes ~ liegt auch vor, wenn die Gula reduziert ist und die hinteren Fenestrae sowie die sie begleitenden Enden der Postoccipitalnaht in der Mittellinie zusammenrücken. Ein anderer Modus des geschlossenen ~ entsteht, wenn die Postgenae in der Mittellinie zusammenstoßen, ohne daß es zur Einschiebung einer Gula zwischen dieselben kommt, wie dies z. B. bei *Vespidae* der Fall ist. (Taf. XXIX.)

Hinterhauptsdreieck, Occipitaldreieck, ein in der Mittellinie des Kopfdaches keilförmig zwischen die zusammenstoßenden Augen der anisopteren Odonaten aufsteigender Teil des Hinterhauptes. Der Vertex mit den Ocellen liegt in diesen Fällen vor den Augen.

Hinterhauptsganglion, Occipitalganglion, ganglion hypocerebrale, das unpaarige Ganglion des sympathischen stomatogastrischen Nervensystems. Es liegt am Ende des → rücklaufenden Nerven, hinter dem Gehirn, in der Occipitalgegend der Kopfkapsel, auf der dorsalen Wand des → Hinterpharynx, und steht in Verbindung mit den beiden, zu seinen Seiten gelegenen → Postoccipitalganglien. Von ihm aus geht nach hinten längs der dorsalen Wand des Oesophagus der einfache oder paarige → Oesophagalnerv.

Das ~ ist paarig (Schmetterlingsraupen, *Noctuidae*) oder unpaarig (*Acridiidae*), sehr klein (*Blattaria*) oder fehlt ganz (*Dytiscus*). Bei Odonaten-Larven hat es kein → Neuropilem und bildet eine Gruppe von Ganglienzellen.

Das ~ enthält (*Oryctes*-Larve) zentral gelegene, bi- bis multipolare sensible Neurone, die sonst im Zentralnervensystem nur noch im Frontalganglion vorkommen, sowie motorische Neurone für die Muskulatur des Oesophagus. Periphere sensible Neurone treten in das ~ nicht ein, was seine associative Bedeutung ausschließt. (Taf. XXV, Fig. 1 und Taf. XXVIII, Fig. 2.)

Hinterhauptsgelenk, Occipitalgelenk, zweiteiliges, → acondyles Gelenk, dessen unbewegliche Teile die → Kehlsporne und dessen bewegliche die → Laterocervicalia bilden. Die in der Literatur übliche Bezeichnung dieses Gelenks ist nicht ganz richtig insofern, als die Kehlsporne postoccipitale Bildungen darstellen und nur infolge der oft eintretenden Verengung des Postoccipitalstreifens zu einem Randwall des Occipitalloches am Occiput zu entspringen scheinen. (Taf. XXIX.)

Hinterhauptsleiste, Occipitalleiste, eine endoskeletale, der → Hinterhauptsnaht folgende Leiste. Der Umstand, daß auf ihr keine Muskeln inserieren, spricht gegen die primäre Natur der Hinterhauptsnaht.

Hinterhauptsloch, Foramen magnum, F. occipitale, hintere Öffnung des Kopfes, durch welche die inneren Organe aus der Kopfkapsel in den Rumpf übergehen.

Hinterhauptsnaht, Occipitalnaht, Sutura occipitalis, eine quer über die Kopfkapsel hinter den Ocellen und Komplexaugen ziehende, zum hinteren Mandibelgelenk herabsteigende und sich hier mit der → Pleuralnaht verbindende, bei höheren Insekten aber meist fehlende Naht. Inwendig wird sie nicht selten von einer endoskeletalen Leiste (→ Occipitalleiste) begleitet. Die ~ wird als eine sekundäre Naht betrachtet, weil an ihrer Leiste keine Intersegmentalmuskeln ansetzen. Sie entspricht vermutlich der von CRAMPTON bei *Machilidae* gefundenen → Archicephalnaht.

Hinterhauptsverschluß, Bildung einer sklerotisierten → Kehle oder einer festen → Hypostomalbrücke im Boden der Kopfkapsel. Bei *Apterygota* und *Orthopteroidea* ist der → Hypostomalrand der Kopfkapsel hinten unterbrochen, seine beiden Teile laufen parallel von den hinteren Mandibelgelenken bis zu den ventralen Enden des hufeisenförmigen postoccipitalen Randwalls des Occipitalloches. Der Raum zwischen den beiden Teilen des Hypostomalrandes füllt die Unterlippe aus, deren Submentum zwischen den unteren Enden des postoccipitalen Randwalls des Occipitalloches unmittelbar an die Halshaut grenzt bzw. ohne scharfe Grenze in die letztere übergeht. Bei höheren Insekten verschließt die Kehle bzw. die Hypostomalbrücke den Occipitalring, indem sich diese Bildungen zwischen das Occipitalloch und den Hinterrand des Submentums einschieben. (→ Hinterhaupt, → Kehle.)

Hinterkopf, Epicranium, der hintere Teil der Kopfkapsel, ihr okularer Teil im Gegensatz zum oralen, vor den Komplexaugen gelegenen. Eine scharfe Begrenzung erfährt der ~ gegen den → Vorderkopf nur bei gewissen Flöhen durch die → Sutura fracta und bei gewissen Mallophagen durch eine analoge breite Quernaht. In allen übrigen Fällen gibt es keine scharfe Grenze zwischen den beiden Kopfteilen.

Hinterleib, Abdomen, der dritte Hauptabschnitt des Insektenkörpers, Träger der → Geschlechtsorgane und des → Afters. Der ~ besteht aus 6 (*Collembola*) bis 11 (*Protura*, viele *Pterygota*, bes. Larven) Segmenten (Uromeren) und einem terminalen → Telson, der nicht als vollwertiges Segment gilt. In der Regel wird die primäre Höchstzahl der Segmente (11 + 1) im embryonalen Leben erreicht und nachträglich reduziert. Im Gegensatz dazu erreichen die Proturen erst während des Larvenlebens die volle Segmentzahl (→ Anamerie), und bei Collembolen kommt sie nie zur Geltung. Jedes Hinterleibssegment besteht aus einem → Tergum und einem → Sternum. Die Abdominalsterna sind den Thorakalsterna insofern nicht homodynam, als in ihnen die reduzierten Beine sozusagen aufgelöst sind. Aus dem letzteren Grunde haben auch die Abdominalsegmente keine echten Pleuren, die ja Subcoxen der Beine darstellen. Die abdominalen Sterna und Terga sind miteinander mittels schmaler, nicht selten aber recht dehnbarer → Flankenhäute verbunden. Im definitiven Zustand besteht entweder primäres Gleichgewicht zwischen den Sterna und Terga des Hinterleibs (*Saltatoria, Thysanoptera, Embidaria, Perlaria, Mecoptera, Lepidoptera* u. a.) oder der eine Teil wird auf Kosten des anderen stärker entwickelt, wie z. B. die Sterna der *Coleoptera*, die Terga der *Heteroptera, Diptera, Hymenoptera, Odonata* usw.
In der Regel sind die Terga und Sterna ausgedehnt sklerotisiert, nicht selten tritt aber die Sklerotisierung mehr oder weniger stark zurück, und es bilden sich nur isolierte Platten, Sklerite, die verschiedene Lage haben können. So sind z. B. nicht selten die Tergite in der Mitte häutig, während ihre Seiten zu festen Chitinplatten sklerotisiert sind, die als → Paratergite bezeichnet werden. Sie haben nichts zu tun mit Pleuren, denen sie topographisch manchmal täuschend ähnlich sind.
Die ersten 7 Segmente des Hinterleibs unterscheiden sich gewöhnlich schon äußerlich von den im Dienste der Geschlechtsorgane und des Afters stehenden → Terminalia. Bei Käfern und Hymenopteren deren Terminalia eingestülpt eine → Genitoanalkammer bilden, ist das letzte praegenitale Segment in zwei Klappen umgebildet, das dorsale → Pygidium und die ventrale → Subgenitalplatte.
Die Reduktion der Hinterleibssegmente betrifft sowohl die letzten als auch die ersten Segmente. Sie beginnt mit dem 11. Segment, welches bei fast allen In-

sekten entweder fehlt oder stark reduziert ist. Die Reduktion schreitet nach vorn bis zum 7. Segment. Vorne beginnt sie mit dem Sternum des ersten Segments und schreitet nach hinten bis zum 3. Segment vor.

Der Form nach unterscheidet man sitzenden (abdomen sessile) und gestielten Hinterleib (abdomen petiolatum). Im letzteren Fall bildet das erste (*Aleurodina*) oder das zweite (*Hymenoptera apocrita*), seltener (*Formicidae*) auch das 3. Hinterleibssegment den Hinterleibsstiel (→ Petiolus, → Postpetiolus).

Die Anhänge des Hinterleibs sind segmental paarig angeordnete Beinstummel von verschiedener Bildung und Funktion (→ Uropodien) sowie → Gonapophysen. Als organoide Emergenzen tritt am Basalsegment bei gewissen Proctotrupiden eine dorsale oder ventrale warzen- bis lang hornartige, nach vorn über den Thorax gebogene Scheide auf, welche den übermäßig langen Legebohrer birgt. Hornartige, nach hinten gerichtete Emergenzen kommen z. B. bei gewissen Thysanopteren vor. Die Funktion der letzteren ist unbekannt. Auf Borsten zurückgehende cuticulare Bildungen des Hinterleibs sind sehr verschiedenartig und kommen besonders häufig bei Larven (z. B. *Cassida*) und Raupen als tarnende Bildungen vor. Besonderer Erwähnung wert sind die → Flügelsperrdorne gewisser Thysanopteren.

Die Muskulatur des Hinterleibs besteht aus segmentalen und intersegmentalen Muskeln, welche die Beweglichkeit der Hinterleibssegmente bewirken, sowie aus eigener Muskulatur der Hinterleibsanhänge, insbesondere der Geschlechtsanhänge, welche auf segmentale und intersegmentale Muskeln zurückgehen. Dorsale Längsmuskelbänder ziehen von Antecosta zu Antecosta, dorsolaterale von Antecosta zur Mitte des vorangehenden Tergums, ihre Antagonisten, ventrale Längsmuskelbänder, laufen von Antecosta zur Mitte des vorangehenden Sternums und ventrolaterale Längsmuskelbänder von Antecosta zu Antecosta bzw. von der Spitze der vorderen Lateralapophysen zur Antecosta des vorangehenden Sternums, am Grunde der vorderen Lateralapophyse. Die vorderen Sternite haben noch je ein Paar von Intersegmentalmuskeln, welche von der Metafurca kommen. Außerdem kommen noch laterale tergo-sternale Muskeln, welche die Terga mit den Sterna verbinden und diese zusammenziehen, sowie solche, die vom Rand der Terga zur Spitze der dorsalen Lateralapodeme ziehen und die Terga und Sterna auseinanderziehen. Nicht selten verbindet auch ein Transversalmuskel die beiden Seiten des Sternum, das letztere durch Kontraktion wölbend. (Taf. VI, Fig. 1 und Taf. XXIX.)

Hinterleibsstiel, Petiolus, das erste (*Aleurodidae*) oder zweite (*Hymenoptera apocrita*), stielartig verengte Segment des Hinterleibs. Meistens ist nur der vordere Teil des Basalsegments bei Hymenopteren stielartig verengt und bewirkt die Einlenkung des Hinterleibs am Mediansegment, d. h. am primären ersten Segment des Hinterleibs, während sein Hinterteil normale oder fast normale Segmentbreite hat. In diesen Fällen nennt man den hinteren Teil des ~ → Postpetiolus, während der vordere dünne als Petiolus im engeren Sinne oder Stielchen bezeichnet wird. Manchmal ist das Stielchen sehr kurz und dünn, plötzlich vom viel breiteren Postpetiolus abgesetzt. In diesem Fall spricht man vom anhängenden Hinterleib bzw. → Gaster im Gegensatz zum gestielten Hinterleib. (Taf. XXX, Fig. 5.)

Hinterpharynx → Hinterschlund.

Hinterrand, derjenige Rand eines Körperteils, welcher dem hinteren Körperende zugekehrt ist. An Flügeln und Beinen gleichbedeutend mit Innenrand oder → Nahtrand.

Hinterrücken, Mediotergit, Postnotum, bei Fliegen hinter und unter dem Schildchen gelegener, häufig vorgewölbter und mächtig entwickelter Teil des Mesonotums. Der ~ kann durch eine Querfurche in einen dorsalen und einen ventralen Teil geteilt werden, wobei der dorsale Teil häufig als Postscutellum bezeichnet wird. (Taf. XXX, Fig. 9.)

Hinterschlund, Hinterpharynx, bei zweiteiligem Schlund der hinter dem Gehirn gelegene, durch dorsale, vom Vertex entspringende Dilatator-Muskeln ausgezeichnete Teil. Er geht vorne in den vor dem Gehirn gelegenen → Vorderschlund und hinten in den → Oesophagus über. Manchmal wird fälschlich die vor der Schlundöffnung liegende → Mundhöhle

(Cibarium) als Vorderpharynx und der Vorder- und Hinterschlund zusammen als Hinterpharynx bezeichnet. Näheres darüber → Vorderschlund. (Taf. XXV, Fig. 1.)

Hinterwange, Postgena, ein Teil der hinteren Kopfkapsel zwischen der → Occipital- und → Postoccipitalnaht, ventral bis zu den hinteren Mandibelgelenken (Mündung der Occipitalnaht) und den hinteren Fenestrae tentorii (Mündung der Postoccipitalnaht), dorsal bis zur Linie der → Kehlsporne.
Bei einigen primitiven orthopteroiden Insekten (z. B. sehr deutlich bei *Gryllus*) ist ein schmaler, an den maxillo-labialen Komplex stoßender Randstreifen der ~ durch eine sich vom hinteren Mandibelgelenk zur hinteren Fenestra tentorii erstreckende → Hypostomalnaht als die → Hypostoma abgegrenzt. Bei Hymenopteren, Heteropteren, Dipteren und Larven der Schmetterlinge nähern sich die Hypostomalränder der ~ einander manchmal (bei Imagines der erwähnten Ordnungen) so weit, daß sie in der Mittellinie der Kopfunterseite zwischen dem Labium und dem Hinterhauptsloch zusammenstoßen und die den → Hinterhauptsverschluß herbeiführende → Hypostomalbrücke bilden. (Taf. XXIX.)

Hippoboscidae Leach 1815, Lausfliegen (Abb. 135), Fam der *Dipt Pupipara* mit

Abb. 135. *Crataerrhina pallida* Latreille (Hippoboscidae). Nach Lindner, ergänzt. Nat. Gr. ca. 6 mm.

etwa 100 Arten. Sie leben ektoparasitisch an Säugetieren und Vögeln, und zwar als obligate Ektoparasiten. Verpuppung in der Erde oder (permanente Parasiten) auf dem Wirt. Geflügelt, mit nach Auffinden des Wirtstieres leicht abfallenden Flügeln oder (*Melophagus*) ganz flügellos. Fossil unbekannt. In Deutschland nur wenige Arten.

hippocastani Fabricius, *Melolontha*, Roßkastanien- oder Waldmaikäfer (*Col Scarabaeidae Melolonthinae*), etwas kleiner als der Feldmaikäfer, Fld nach hinten deutlich verbreitert, Griffel des Pygidiums kurz, am Ende geknöpft.

Hirschkäfer → *Lucanidae*.

Hirschkäfer, europäischer → *Lucanus cervus* Linné.

Hirschlausfliege → *Lipoptena cervi* Linné.

Hirsezünsler → *Pyrausta nubilalis* Hübner.

hirta Poda, *Epicometis*, zottiger Blüten- oder Rosenkäfer (*Col Scarabaeidae, Cetoniinae*).

hirtaria Clerck, *Biston*, Kirschenspanner (*Lep Geometridae*).

hirundinis Jenyns, *Oeciacus*, Schwalbenwanze (*Het. Cimicidae*).

Histeridae (Gyllenhall 1808) Horn 1873 Histeroides Gyll., Stutzkäfer (Abb. 136), Fam der *Col. Polyphaga* mit etwa 2000 Arten, von welchen in Deutschland an 100 leben. Die flach gewölbten, zylindrischen, kurzbeinigen Käfer sind meist glänzend schwarz, häufig auf schwarzem Grunde rot gefleckt. Ihre Lebensweise ist sehr verschieden, sie leben in Kadavern, unter Rinden, in Exkrementen, vornehmlich in Kuhmist, manche sind myrmecophil, und ihre Körperform weicht stark vom allgemeinen Typus ab. Fossil sind über 20 tertiäre Arten beschrieben worden.

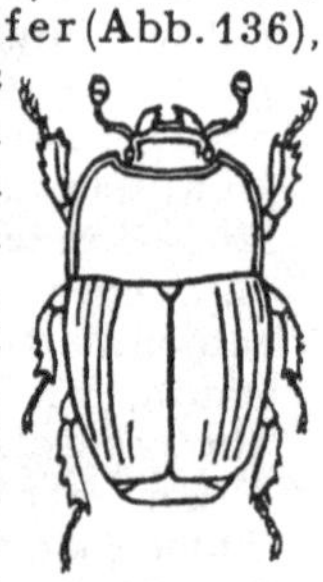

Abb. 136. *Platysoma compressum* Herbst (Histeridae). Nach Sharp aus Handlirsch. Nat. Gr. 3–3,5 mm.

Histoblasten (gr. ὁ ἱστός Gewebe, ἡ βλάστη Keim, Sproß) → Imaginalscheiben.

histoide, (oft irrt. histioide) Gallen, Pflanzengallen, welche nur aus bestimmten Geweben der Pflanze entstehen, wie z. B. die Galläpfel, welche einem sonst nicht veränderten Blatt aufsitzen. (Gegens. → organoide Gallen).

Histolyse (gr. ὁ ἱστός Gewebe, ἡ λύσις Auflösung), Gesamtheit derjenigen Prozesse der inneren Metamorphose, welche die Auflösung der larvalen Organe herbeiführen. Der Vorgang der ~ spielt sich bei verschiedenen Insekten verschieden ab. Bei Coleopteren, Hymenopteren und z. T. bei Dipteren ist es die → Phagocytose, welche die Auflösung der larvalen Organe bewirkt. Bei anderen Insekten, so z. B. bei nematoceren Dipteren, spielt sich die ~ autolytisch ab. Eine extracelluläre Phagocytose (Lyocytose) wird für einige Insektengruppen von ANGLAS (1900) angenommen, während nach BATAILLON (1893) die ~ überhaupt nicht phagocytär, sondern nur autolytisch verläuft. Verschiedene Organe werden von der ~ sehr ungleich betroffen. Einige Organe, so z. B. das Muskelsystem, werden sehr weitgehend aufgelöst, während andere, wie z. B. das Nervensystem, zum größten Teile intakt bleiben und von der Larve auf die Imago übergehen. Letzteres bezieht sich auch auf das Rückengefäß. Die Oenocyten unterliegen tiefgreifenden Umwandlungen (*Dytiscus*, *Apis*) oder werden ganz neu gebildet (*Ephestia*). Während der Puppenruhe flottieren sie frei im Blute. Der Fettkörper geht meist auch nur zum Teil von der Larve auf die Imago über.

histrionana Froelich, *Cacoecia*, Fichtentriebwickler (*Lep Tortricidae*).

Hochzeitsgeschenke, Brautgeschenke, die von den Empididen-Männchen herumgetragenen Ballons (→ Ballonträger) mit eingesponnenem Beuteinsekt, welches dem Weibchen nach der Begattung zum Aussaugen überlassen oder mitgenommen und weiter herumgetragen wird, um andere Weibchen damit anzulocken.

Hochzeitsflug, Ausflug der frisch geschlüpften Imagines von Sozialinsekten zwecks Begattung. Bei der Honigbiene fliegt eine Königin mit einem Drohnengefolge des Volkes aus und wird in der Luft begattet. Bei Ameisen fliegen Männchen und Weibchen massenhaft aus, und die Begattung erfolgt teilweise schon in der Luft, teilweise auf dem Boden nach dem Flug oder auch schon vor dem Auffliegen. Die Weibchen legen einzeln, nachdem sie die Flügel abgeworfen haben, neue Nester an. Bei Termiten findet der ~ noch vor der Erlangung der Geschlechtsreife statt und wird richtiger als → Brautflug bezeichnet.

Hoden, Testes, Testiculi, zwei meist symmetrisch im Hinterleib der Männchen gelegene Gruppen von paarigen, ursprünglich segmental angeordneten → Hodenfollikeln, die beiderseits meist mit kurzen Stielen einem → Vas deferens aufsitzen. Manchmal (*Perlaria*) verschmelzen die Vasa deferentia der beiden Körperseiten mit ihren Enden, wodurch ein hufeisenförmiger Hoden entsteht. Häufiger vereinigen sich die Follikeln jeder Körperseite zu einem vielfach von einer gemeinsamen Hülle, dem → Scrotum, umgebenen Ganzen (*Hymenoptera*, *Coleoptera*, *Lepidoptera*). Kammförmige Anordnung der Follikel zeigen die Hoden mancher *Apterygota* (*Lepisma*, *Machilis*) und der *Mallophaga*. Im sonstigen ist die Anordnung und Anzahl der Hodenfollikel bei Insekten sehr verschieden, meist trauben- oder büschelförmig. Einige Insekten haben unifollikulare ~ mit verschieden geformtem, kugeligem (*Diptera*, *Aleurodina*) oder langem gewundenem (*Campodea*, *Phasmida*, *Coccida*) oder aufgeknäueltem (*Carabidae*, *Dytiscidae*) Follikel. (Taf. XV, Fig. 2.)

Hodenfollikel, Follikel, rundliche oder gestreckte, mesodermale männliche Geschlechtsorgane, welche direkt oder durch Vermittlung eines Stielchens, des → Vas efferens, dem → Vas deferens aufsitzen.

Die Wand des ~ ist eine mesodermale, mehrschichtige, bindegewebige, oft lebhaft gefärbte Hülle, deren Pigment als ein Stoffwechselprodukt aufgefaßt wird. Das Lumen der ~ ist in Fächer, die → Samenherde geteilt, die meist dicht gedrängt, seltener (*Lepidoptera*) im basalen Teil der ~ lose liegen. Die Teilungswände der Fächer werden von epithelartig angeordneten, sog. → Zystenzellen gebildet.

Im apikalen Teil des ~, dem sog. → Germarium, liegen die männlichen → Urgeschlechtszellen, die → Urspermiogonien, meist mit somatischen mesodermalen Zellen vermischt (*Dytiscus*), oder in einer serösen Substanz eingebettet (*Lepidoptera*). (Taf. XV, Fig. 2.) (→ Samenbildung.)

Hodotermitidae Sjöstedt 1925, Fam der Termiten (*Isoptera*) mit wenigen Arten in Afrika und Südwestasien. Fossil seit dem Oligocän.

Höcker, Tuber, zylindrische oder stumpf konische → Hautausstülpungen vieler Insekten, vor allem häufig bei Käfern und *Cicadina*, bei welchen sie meistens am Kopf und Prothorax auftreten. Bei vielen Hymenopteren begegnet man ihnen am Schildchen und Hinterschildchen. Kleine halbkugelförmige, nicht höhere als breite Höcker werden als Warzen (verrucae) bezeichnet.

Höhlenheuschrecken → *Stenopelmatidae.*

Hörleiste, crista acustica, eine in gallertartige Hüllsubstanz eingebettete Längsreihe von → Scolopidien und ihrer Hüllzellen in Blutraum des → pedalen Tympanalorgans der *Locustidae* und *Gryllidae.*

Höschen → Körbchen.

Hohldrüsen oder versenkte Drüsen entstehen aus → Drüsenpaketen oder → Drüsenplatten durch Einstülpung des zugehörigen Teils des Integuments, wodurch ein Sammelraum für das Drüsensekret zustande kommt. Die punkt- oder spaltförmige Mündung des Sammelraumes nach außen und der distale Ausführungsgang sind meist von einfachen Epidermiszellen gebildet und mit eigenartigen Skulpturen oder Emergenzen versehen, welche den Staub von der Mündung fernhalten.

Die Form des Sammelraumes und die Form, welche die zusammengeschlossenen Drüsenzellen der ~ annehmen, sind sehr verschiedenartig und werden je nach der Analogie mit verschiedenen allgemein bekannten Formen benannt (acinöse, pseudacinöse, tubulöse Drüsen usw.).

Der Ausführungsgang der ~ kann zu einem → Sekretspeicher erweitert werden (Mandibulardrüse von *Chrysopa*, Duftdrüse von *Pyrrhocoris*). Die Mündung kann mit einem → Verschlußkegel versehen sein, oder es können besondere Muskeln am Sekretraum (Bettwanze) oder an besonderen Vorrichtungen zum Ausspritzen oder Formen des Sekrets (→ Speichelpumpe, → Seidenpresse) auftreten. Sonst haben die Drüsen keine Muskeln, und das Sekret tritt unter Sekretions- oder Blutdruck aus.

Ausstülpbare ~ vgl. → Osmetherien.

Hohlnadelwickler → *Epiblema tedella* Clerck und *E. proximana* Herrich-Schäffer.

Holarctis (gr. ὅλος ganz, ὁ ἄρκτος Norden), (Berg 1912), holarktische Region, ein durch Vereinigung der paläarktischen und nearktischen Region der → Arctogaea gebildetes tiergeographisches Untergebiet.

holoblastisch (gr. ὅλος ganz, ὁ βλαστός Keim) werden Eier genannt, welche gar keinen oder nur wenig Nährdotter haben und infolgedessen total furchen. Bei Insekten sind ~ Eier selten, → totale Furchung.

Holocoen, Gesamtheit aller belebten und unbelebten Bestandteile eines Standortes. (→ Biocoenose.)

holocrin (gr. ὅλος ganz, völlig, κρίνω scheiden, absondern) wird der Vorgang der → Sekretion bezeichnet, bei welcher der ganze Inhalt der Drüsenzelle in das Sekret umgewandelt wird.

Holomerentoma Prell 1912, eine Unterklasse der Insekten, welche sämtliche holomere (→ Holomerie) Insektenordnungen umfaßt und den → *Anamerentoma* (nur *Protura*) gegenüberstellt. Diese Einteilung der Insekten hat sich nicht durchgesetzt.

Holomerie (gr. ὅλος ganz, τὸ μέρον Teil, Segment), volle Segmentzahl des Körpers im Embryonalleben, die während der postembryonalen Entwicklung reduziert werden kann. Gegens. → Anamerie.

Holometabola (gr. ὅλος ganz, ἡ μεταβολή Umwandlung), Insekten mit völlig imagounähnlichen Larven und einer präimaginalen, den Larven unähnlichen, aber die imaginalen Merkmale schon deutlich zeigenden → Puppe.

Die ~ sind nach Ansicht der meisten Forscher polyphyletisch aus heterometabolen Formen entstanden, nach Handlirsch vermutlich im Perm, unter dem Einfluß der damaligen Eiszeit.

Holometabolie, vollkommene Verwandlung, Metamorphosis completa, Formen der postembryonalen Entwicklung mit einem zwischen das letzte Larvenstadium und die Imago eingeschalteten Puppenstadium (typische ~) oder darüber hinaus mit einer in die Larvenserie eingeschalteten ruhenden Larvenform (→ Hypermetabolie). Vgl. auch → Cryptometabolie.

holometop (gr. ὅλος ganz, ἡ μετόπη in der Baukunst der Raum zwischen den Zähnchen und Dreischlitzen) wird der Fliegenkopf genannt, bei dem keine → Wangenplatten differenziert sind und der ganze Raum zwischen den Innenrändern der Komplexaugen von der → Stirnstrieme ausgefüllt ist.

Holometopa Brauer → *Acalyptratae.*

Holometopie → holometop.

Holoparasiten (gr. ὅλος ganz), Vollparasiten, stationäre oder dauernde Parasiten sind Parasiten, welche in allen Entwicklungsstadien parasitisch leben, wie z. B. Blattläuse als ~ von Pflanzen oder Läuse als ~ von Tieren. Gegens. vgl. → Hemiparasiten. Vgl. auch → Gelegenheitsparasiten.

Holopneustia (gr. ὅλος ganz, πνευστιάω schwer atmen, keuchen), Insekten mit höchster Zahl funktionsfähiger Stigmen, d. h. mit 2 thorakalen und 8 abdominalen Stigmenpaaren auf den Segmenten 1—8. Hierher gehören *Lepisma, Odonata, Ephemerida*-Imagines, *Saltatoria, Perlaria, Phasmida, Blattaria, Isoptera,* die meisten *Heteroptera, Cicadina, Psyllina, Siricidae, Apidae, Vespidae* in allen Stadien, manche *Coleoptera* (*Dytiscus*), *Lepidoptera,* einige *Diptera* (*Eristalis*)-Imagines, *Bibionidae*-Larven.

holoptisch (gr. ὅλος ganz, ὁ ὀπτίλος das Auge, ὀπτικός das Sehen betreffend, zum Sehen gehörend) wurden von OSTEN-SACKEN Insekten genannt, deren Komplexaugen sehr groß sind und am Scheitel zusammenstoßen. ~ Augen kommen bei Männchen vieler Fliegen (*Orthorrhapha*) und Hymenopteren (Drohne u. a. *Apidae*) vor, während sie bei Odonaten (*Anisoptera*) in beiden Geschlechtern vorkommen können. Gegens. → dichoptisch.

holosericea Scopoli, *Maladera,* dunkler Seidenkäfer (*Col Scarabaeidae*).

Holotypus (gr. ὅλος ganz, ὁ τύπος das Geformte, Gestalt, Inhalt), das einzige Exemplar, welches bei der Beschreibung einer neuen Art aus dem vorliegenden → Originalmaterial als Grundlage der Beschreibung herausgewählt, und als Typus der Art (Specieholotypus) ausdrücklich auf dem Sammlungsetikett (meist auf rotem Zettel) vermerkt und in der Veröffentlichung genau gekennzeichnet wird. Die Bezeichnung im Material und im Druck muß natürlich derart sein, daß ein späterer Forscher das betreffende Exemplar aus der Originalserie ohne Zweifel herauserkennen kann. (Vgl. → Lectotypus, Neotypus, Protograph.)

holozyklisch (gr. ὅλος ganz, lat. cyclus, -i, pl. -i, -orum, m., aus gr. ὁ κύκλος Kreis, Zyklus, Zeitabschnitt, wiederkehrende Zeitperiode) werden Pflanzenläuse genannt, deren Generationswechsel agame und gamogene Formen umfaßt. Gegens. → anholozyklisch.

Holunderbär → *Spilosoma lubricipedum* Linné.

Holunderblattlaus → *Aphis sambuci* Linné.

Holzameise, mattschwarze → *Lasius niger* Fabricius, aber vgl. auch → Riesen-Holzameise.

Holzbienen → *Xylocopa* spp.

Holzbock → *Ixodes ricinus* Linné.

Holzbohrer → *Cossidae.*

Holzbohrer, gleicher → *Xyleborus saxeseni* Ratzeburg.

Holzbohrer, ungleicher → *Anisandrus dispar* Fabricius.

Holzfliegen → *Xylophagidae.*

Holzläuse → *Corrodentia.*

Holzwespen → *Siricidae.*

Holzwürmer → Larven der *Anobiidae.*

+***Homalophlebidae*** Handlirsch 1908, ausgestorbene Fam der +*Prothorthoptera* mit 5 mittel-obercarbonischen Arten Frankreichs.

Homochromie (gr. ὁμός gleich, τὸ χρῶμα Farbe), Anpassung der Körperfarbe an die unbelebte Umgebung (JEANNEL).

Homochronie (gr. ὁμός gleich, ὁ χρόνος Zeit), im Gegensatz zu → Heterochronie Auftreten eines Merkmals im Laufe der Ontogenie auf derjenigen Entwicklungsstufe des Embryos, welche der Chronologie der Anlage des Merkmals während der phylogenetischen Entwicklung der Art entspricht.

Homodynamie (gr. ὁμός gleich, gleichartig, δύναμαι gelten), nach GEGENBAURS Auffassung die → Homologie der Metameren und der metameralen Organe. R. HERTWIG gebrauchte diesen Begriff als Synonym zu → Homonomie. In der Entomologie hat sich die GEGENBAURsche Auffassung durchgesetzt, und man bezeichnet als homodynam homologe Teile verschiedener Segmente, z. B. Cerci und thorakale Beine. Gegens. → Heterodynamie.

homoeochrom (gr. ὁμοῖος gleich, ähnlich, τὸ χρῶμα Hautfarbe, Farbe) sind die in der Körperfarbe miteinander übereinstimmenden Pärchen einer in mehreren → heterochromen Formen auftretenden Art. Man vergleicht gewöhnlich die Weibchen mit den Männchen und nennt dann die ersteren auch → androchrom. Sekundär ~ sind Formen, welche (z. B. mehrere Odonaten-Weibchen) erst nach der Eiablage androchrom werden, nachdem ihre juvenale Wachsbereifung durch die Geschlechtsaktivität abgestreift wurde.

Homoeodactyla Brauer 1883, Gruppe der *Dipt Brachycera*, ausgezeichnet durch das kräftige, lappige Empodium, welches den paarigen Haftläppchen fast gleicht.

homoeotherm (gr. ὁμοῖος oder ὅμοιος gleich, gleichartig, ὁ θέρμος Wärme), mit gleichmäßiger Körperwärme ausgestattete Warmblüter (Vögel, Säugetiere) im Gegensatz zu → poikilothermen Insekten (und anderen Tieren).

Homoeotype (gr. ὁμοῖος gleich, einerlei, derselbe), ein durch Vergleich mit der → Holotype determiniertes Exemplar.

Homogametie (gr. ὁμός gleich, ὁ γαμέτης Ehegatte), Gleichartigkeit sämtlicher Geschlechtszellen bei einem Geschlecht ein und derselben Art, hinsichtlich ihrer Chromosomengarnitur. Die ~ ist mit dem Auftreten der → Diplosome verknüpft. Gegens. → Heterogametie.

Homogamie (gr. ὁμός gleich, ὁ γάμος Ehe), weitgehendes Gleichen kopulierender Tiere, Bevorzugung bestimmter, in Größe, Nahrungswahl o. dgl. angeglichener Kopulationspartner. Gegens. → Pangamie.

Homogenie (gr. ὁμός gleichartig, ἡ γενεά Abkunft), Gleichartigkeit und Gleichmäßigkeit einer Substanz, einer Masse, einer systematischen Gruppe, eines zusammengesetzten Organs (z. B. Fühler) oder eines mehrfach auftretenden Organs (z. B. Beine, Körpersegmente). Gegens. → Heterogenie.

homoiolog (gr. ὁμοῖος ähnlich, ὁ λόγος Wort, Rede) nennt Plate (1922) die durch Parallelentwicklung (→ Parallelismus) entstandenen Organe, d. h. gleichartige Organe polyphyletischen Ursprungs, wie z. B. die Flügeldecken der Käfer und Hemipteren (Halbdecken).

+***Homoiopteridae*** Handlirsch 1908 (Abb. 137), ausgestorbene Fam der +*Palaeodictyoptera* mit 4 Arten aus dem mittleren Obercarbon Westeuropas. Zwei von diesen Arten zeigen gut erhaltene prothorakale Paranota. Die Flügel sind bei einer Art 7,5, bei der anderen 19 cm lang.

Homologie (gr. ἡ ὁμολογία Übereinstimmung, Vergleich), Gleichheit der Abstammung von Körperteilen verschiedener Tiere ohne Rücksicht auf ihre funktionelle oder morphologische Ähnlichkeit oder Unähnlichkeit. Homolog

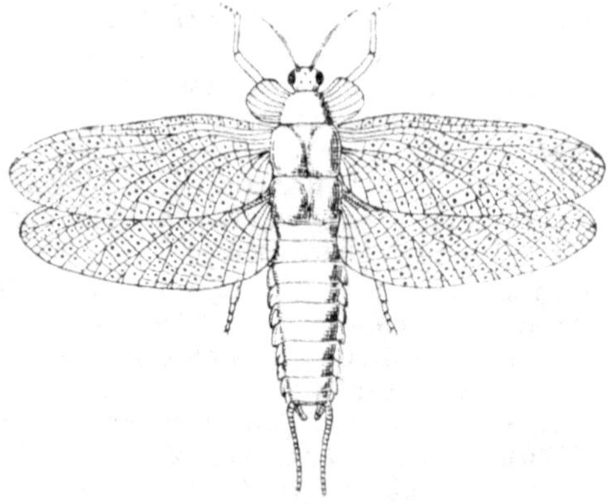

Abb. 137. + *Homoioptera woodwardi* Brongniart (+ Homoiopteridae). Nach Handlirsch. Nat. Gr. etwa 10 cm.

sind z. B. die Mandibeln der Käfer und Orthopteren. Gegens. → Analogie. Vgl. auch → Homodynamie, → Homonomie. (Näheres über ~ vgl. Remane, Die Grundlagen des natürlichen Systems, Leipzig 1952.)

Homometabola, neometabole Insekten, deren Flügelanlagen erst im letzten Stadium der Metamorphose (Nymphe) erscheinen. Hierher gehören nur geflügelte Weibchen der *Chermesinae* und *Phylloxerinae* (*Aphididae*).

Homonomie (gr. ὁμός gleich, ὁ νόμος Gesetz, Grundsatz), nach Auffassung von R. Hertwig morphologische Gleichheit, d. h. → Analogie der Metameren und der Glieder der Antimeren, nach Gegenbaur hingegen → Homologie im Bereich der Antimeren. In der Entomologie hat sich die Hertwigsche Auffassung durchgesetzt, und man spricht z. B. von homonom gegliederten Fühlern oder Afterraifen sowie von homonomer Segmentierung des Rumpfes bei Larven. (Vgl. auch → Homodynamie, Gegensatz → Heteronomie).

Homonymie (gr. ὁμός gleich, derselbe, τὸ ὄνυμα, oder ὄνομα Name, Benennung), Gleichnamigkeit zweier verschiedener Arten oder Gattungen. Sie entsteht durch eine Doppelbenennung, wenn einem jüngeren Autor die schon vor ihm erfolgte Aufstellung des Namens für eine andere Art oder Gattung im Tierreiche entgangen ist (objektive ~). Nach Art. 34 der Nomenklaturregeln muß die jüngere Aufstellung des schon einmal vergebenen Namens (nomen praeoccupatum) geändert werden. Es ist auch logisch, daß zwei verschiedene Tiere nicht denselben Namen führen dürfen. Die Gattung darf kein Homonym im Tierreiche, die Art innerhalb der Gattung haben. Treffen bei Vereinigung zweier Gattungen zwei homonyme Artnamen zusammen (subjektive ~), dann muß der jüngere Artname geändert werden.

Homoptera (Leach 1815) Westwood 1840 (*Omoptera* Leach), Gleichflügler, Pflanzensauger.

In den neueren Zeiten gewöhnlich als eine eigene Ordnung aufgefaßte Gruppe wanzenartiger Insekten (*Rhynchota*), welche mit den *Heteroptera* in der allgemeinen Organisation übereinstimmen. Es sind durchwegs pflanzensaugende Landinsekten.

Kopf im allgemeinen wie bei *Heteroptera*, aber der Rüssel so stark nach hinten verlegt, daß er vielfach auf der Vorderbrust zu entspringen scheint (*Sternorhyncha*). Fühler kurz, mit zwei bis drei größeren Grundgliedern und einem borstenartigen Flagellum (*Auchenorhyncha*), oder fadenförmig, 3—11gliedrig, zuweilen sehr schwach entwickelt, oder fehlend (*Sternorhyncha*). Rüssel höchstens dreigliedrig, vielfach stark verkürzt und ohne deutliche Gliederung. Komplexaugen in der Regel gut entwickelt, bei Aphiden und Männchen von Cocciden oft zu Gruppen von einigen wenigen Ommen reduziert, bei Cocciden-Weibchen meist ganz fehlend. In der Regel sind zwei oder drei Ocellen, bei *Aleurodidae* nur ein Scheitelocellus vorhanden.

Thorax mehr oder weniger stark heteronom gegliedert. Prothorax nur bei *Auchenorhyncha* und bei Männchen der *Coccidae* groß, bei ersteren mit halsschildartigem Pronotum, welches bei *Membracidae* mit verschiedenartigen, manchmal über körpergroßen Auswüchsen versehen ist. Bei allen anderen *Sternorhyncha* ist der Prothorax reduziert, kurz, höchstens mit einem schmalen, bandförmigen Notum versehen. Mesothorax stets größer als Metathorax, gut differenziert, bei *Auchenorhyncha* meist mit einem zwischen den zusammengelegten Flügeln deutlich sichtbaren Scutellum, bei *Fulgoridae* mit, sonst ohne Tegulae. Pleuren des Meso- und Metathorax sehr gut entwickelt, Sterna mehr oder weniger reduziert (*Cryptosternie*). Beine in der Regel homonom; Hinterbeine gewöhnlich am längsten, oft zu Sprungbeinen entwickelt (die meisten *Cicadina*, *Psyllina*, viele *Callaphididae*), aber ohne verdickte Schenkel (Hüftspringer). Tarsen bei *Auchenorhyncha* drei-, bei *Aphidina*, *Psyllina* und *Aleurodina* zwei-, bei *Coccina* eingliedrig. Flügel stets heteronom, in Ruhe dachartig (*Cicadina*, *Psyllina*, *Aphidina*) oder flach (*Aleurodina*, Männchen der *Coccina*) auf dem Rücken zusammengelegt. Hinterflügel stets kleiner als Vorderflügel, bei Männchen der *Coccina* zu Halteren reduziert. Aderung bei *Sternorhyncha* reduziert, oft nur in Spuren angedeutet, bei *Auchenorhyncha* gut entwickelt, mit vollzähligen Hauptlängsadern und wenigstens einigen Queradern, manchmal mit einem dichten Zellennetz im distalen Teil der Vorderflügel (viele *Flatidae*, *Ricaniidae*, bei manchen Arten der ganze Vorderflügel netzartig geadert). Im Fluge werden die Flügel miteinander mittels Häkchen (*Aphidina*, *Psyllina*) oder mit Hilfe von entgegengesetzt umgebogenen Rändern (*Cicadina*) verkoppelt.

Hinterleib mit zehn Segmenten, das 10. (+11.) bilden den Analkegel. Mit Ausnahme der *Aleurodina*, deren 1. Segment stark verkleinert ist, eine stielförmige Taille bildend, sitzt der Hinterleib dem Metathorax mit breiter Basis auf. Bei Weibchen der *Auchenorhyncha* und der *Psyllina* sind die drei Paare von Gonapophysen (ein Paar des 8. und zwei Paare des 9. Sternits) gut entwickelt und bilden einen deutlichen Legebohrer. Bei *Coccina* und *Aphidina* sind die Gonapophysen rudimentär oder fehlen ganz. Das 9. Sternit ist bei Männchen aller *Homoptera* in der Regel mit einem Paar Styli oder darauf zurückführbarer Anhänge versehen. Bei *Aphidina* findet sich auf dem 5. Tergit ein Paar Röhrchen (Siphonen, Siphunculi). Das männliche Begattungsorgan ist oft durch sekundäre Vorsprünge des 8., 9. oder 10. Segments recht stark kompliziert, abgesehen von den bereits erwähnten Styli, welche sehr verschiedene Formen annehmen können. Am Grunde des Aedoeagus ist in der Regel eine Phallobasis gut entwickelt und mit einem Paar Parameren ausgestattet. Bei Männchen der *Coccina* ist das 9. Sternit in einen Stiel verlängert, welcher die ausstülpbare Vesica enthält. Von einigen Autoren wird dieser Stiel als die verlängerte Phallobasis gedeutet. Bei *Aphidina* und *Coccina* finden sich keine periphallischen Kopulationsanhänge. Die *Aleurodina*, *Psyllina* und *Cicadina* besitzen außer dem meist äußerlich sichtbaren Penis mindestens ein Paar Styli des 9. Segments (sog. Parameren oder Harpagonen, Claspers usw.). Echte Parameren, d. h. paarige Anhänge der Phallobasis bzw. ihrer Basalplatte kommen auch vor.

Am Darmkanal ist vor allem die Bildung der Filterkammer für *Homoptera* charakteristisch. Sie fehlt nur bei den meisten *Aphidina*, die übrigens auch keine Malpighi-Gefäße besitzen. Bei allen anderen Homopteren sind in der Regel vier Malpighi-Gefäße vorhanden. Bei *Phylloxeridae* ist das Rectum rudimentär und der After geschlossen.

Rückengefäß ähnlich wie bei *Heteroptera*, mit wenigen, bei *Aleurodidae* mit nur einem Ostienpaar.

Nervensystem sehr stark konzentriert, am stärksten bei *Coccina*, deren sämtliche Ganglien mit dem Suboesophagalganglion verschmolzen sind. Das sympathische System ist gut entwickelt.

Tracheensystem vereinfacht, mit einigen wenigen oder ganz ohne Queranastomosen. Die beiden thorakalen Stigmenpaare sind in der Regel vorhanden, die abdominalen treten in wechselnder Zahl von 0 bis zu 8 Paaren auf.

Ovarien stets telotroph, von sehr verschiedener Bildung, vom unpaarigen, unifollikulären Ovarium vieler amphigoner *Aphidina* bis zu paarigen, traubenförmigen oder sogar verzweigten Ovarien der *Coccina*. Der kurze Eiergang am Ende mit akzessorischen Drüsen (Kittdrüsen) und bei gamogenetischen Formen mit Spermatheca. Hoden paarig. Vasa deferentia mit zwei getrennten oder einer unpaarigen Vesicula seminalis. Ein Paar großer Anhangsdrüsen mündet in den Ductus ejaculatorius, welcher bei *Psyllina* und *Aleurodina* mit einer muskulösen Erweiterung, der Samenpumpe, versehen ist.

Entwicklung bei *Auchenorhyncha*, *Psyllina* und den meisten *Aphidina* paurometabol, zeichnet sich bei anderen Gruppen durch die Erscheinung der Flügelanlagen erst bei der Nymphe (Alatae der *Chermesidae* und *Phylloxeridae*), bei der Pronymphe (Männchen der *Coccina*) oder beim vierten Larvenstadium (*Aleurodina*) aus. Ein ruhendes Puppenstadium haben die *Aleurodina* und Männchen der *Coccina*.

Die meisten Homopteren pflanzen sich gamogenetisch fort und legen Eier. Parthenogenese (bei *Aphidina* mit Heterogonie) ist bei *Sternorhyncha* sehr verbreitet. Zwittertum nur von *Iceria purchasi* Maskell (*Coccidae*) bekannt. Viviparie kommt nicht selten bei *Aphidina* vor.

Nach den gegenwärtigen Deutungen der Fossilien handelt es sich bei den Homopteren um eine alte, bereits im Perm gut differenzierte Gruppe (→ +*Stygnidae*).

Gegenwärtig sind rund 20000 Arten von Homopteren bekannt. Ihre morphologische und biologische Differenzierung läßt fünf sehr deutlich voneinander getrennte Gruppen, *Cicadina*, *Psyllina*, *Aphidina*, *Aleurodina* und *Coccina*, erkennen, die vielfach als gleichwertige UOrdn geführt werden. Viele Autoren ziehen aber die Einteilung dieser Gruppen in die UOrdn *Auchenorhyncha* (*Cicadina*) und *Sternorhyncha* (*Psyllina*, *Aphidina*, *Aleurodina* und *Coccina*) vor.

Homotypie (gr. ὁμός gleichartig, ὁ τύπος Form, Gestalt), Gleichförmigkeit. 1. Homotypisch sind z. B. einartige (monospezifische) → Gesellschaften. Gegens. → Heterotypie.
2. Homotype Varietäten sind ökologisch unabhängige Aberrationen (Großmutationen, Mutanten, Exotypus) und individuelle Varianten (Endotypus).

Honigbiene → *Apis mellifica* Linné.

Honigbiene, europäische oder **gemeine** → *Apis mellifica* Linné.

Honigbiene, italienische → *Apis mellifica ligustica* Spinola.

Honigbiene, syrische → *Apis mellifica syriaca* v. Buttel Reepen. Weitere deutsche Rassennamen der Honigbiene vgl. unter → *Apis mellifica*.

Honigbienenmilbe → *Acarapis woodi* Rennie.

Honigfresser → Melliphaga.

Honigröhren → Siphunculi.

Honigtau, flüssige Exkremente von Blattläusen.

Honigtöpfe. 1. Ausgewählte Arbeiterinnen verschiedener Ameisenarten in Wüsten- und Steppengebieten Australiens, Südafrikas, Mexikos und der Vereinigten Staaten Nordamerikas, deren im Vorder-

teil des Hinterleibs gelegener Kropf durch besondere, zuckerhaltige Fütterung sich so stark mit Reservenahrung füllt, daß der Hinterleib bis zur äußersten Spannung seiner dehnbaren Intersegmentalhäute vergrößert wird. Die dadurch unbeweglich gewordenen Tiere liegen auf dem Boden oder hängen an den Decken (*Myrmecocystus hortus-deorum* M. Cook, Nordamerika) besonderer unterirdischer Kammern und geben ihren Vorrat zur Zeit des Nahrungsmangels an die Volksgenossinen ab. (BISCHOFF 1927). Die ~ können als ein besonderer Fall der → Physogastrie betrachtet werden.
2. Aus Wachs hergestellte Behälter für Reservehonig in Nestern von Meliponen und Hummeln. Bei den letzteren werden auch leere Kokons als ~ verwendet.

Hopfenblattlaus → *Phorodon humuli* Schrank.

Hopfenerdfloh → *Psylliodes attenuata* Koch.

Hopfeneulen → *Hypena rostralis* Linné und *Hydroecia micacea* Esper.

Hopfenkäfer → *Neoplinthus porcatus* Panzer.

Hopfenminiermotte → *Cosmopteryx eximia* Haworth.

Hopfenrüßler → *Neoplinthus porcatus* Panzer.

Hopfenwanze → *Calocoris fulvomaculatus* De Geer.

Hopfenwurzelspinner → *Hepiolus humuli* Linné.

Hopkins' bioklimatische Regel → bioklimatische Regel.

Hopkins' Wirtswahlregel → Wirtswahlregel.

Hora-Dimorphismus (lat. hora, -ae, f., Zeit, Jahreszeit, Stunde) → Saisondimorphismus.

Hormone (gr. ἡ ὁρμή Antrieb, Anstoß), → Wirkstoffe.

Horn, Cornu, stumpfspitzige, hornartige → Hautausstülpung, die besonders häufig bei Käfern und Wanzen, seltener bei Hymenopteren (z. B. *Conoblasta, Diblastomorpha, Pimplinae*) am Kopf oder Pronotum auftritt. Selten kommen gehörnte *Odonata* (*Gomphus cornutus*) und andere Insekten vor.

Hornfleck, eine stärker sklerotisierte, mit verdickten Börstchen bedeckte kleine Stelle am Grunde der VFl mancher *Trichoptera*-Männchen (*Glossosoma boltoni, Beraea pullata* u. a.).

Hornfliegen → *Sciomyzidae.*

Hornfresser → Ceratophaga.

horniger Punkt, ein kleiner sklerotisierter Fleck in der Flügelmembran der V- und HFl der *Trichoptera,* am Grunde der 2. Gabel (z. B. Textfig. 240).

Hornisse → *Vespa crabro* Linné.

Hornissenglasflügler, Hornissenschwärmer → *Aegeria apiformis* Clerck.

horticola Linné, *Phyllopertha,* Gartenlaubkäfer, kleiner Rosenkäfer (*Col Scarabaeidae Melolonthinae*), 10 mm langer, breit ovaler Käfer mit gelbbraunen Fld, der übrige Körper metallisch blaugrün. Der Käfer fliegt im Juni und frißt mit Vorliebe Blätter der Rosen, Eichen und Obststräucher. Generationsverhältnisse nicht sicher bekannt, Engerlinge wie die des Maikäfers unterirdisch, aber wenig schädlich.

hortulanus Linné, *Bibio,* Gartenhaarmücke (*Dipt Bibionidae*). Männchen ganz glänzend schwarz, großköpfig, Weibchen kleinköpfig, Thoraxrücken und Hinterleib ziegelrot. Körperlänge etwa 8 mm. Die eucephalen mit schwarzem Kopf versehenen Larven leben in guter, humusreicher Gartenerde und werden an Wurzeln verschiedener Pflanzen oft sehr schädlich.

Hubflug, bei Insekten häufiger Flugtyp, fast ohne Drehung der Flügel in der Längsachse. Beim ~ wirkt der Flügelschlag in der Hauptsache tragend auf den Körper und der Rest der Energie wirkt fortbewegend. Beim → Schnellflug ist die Fortbewegung Hauptsache.

Hüftblatt → Epimerum.

Hüfte, Coxa, primär das zweite Glied des Insektenbeines (vgl. → Subcoxa), sekundär sein Basalglied. Die ~ artikuliert mit dem Rande der → Hüftgrube mittels einer ringförmigen → Scharniernaht. Eine Versteifung der ~ erfolgt häufig in einer gewöhnlich (primär) ventro-lateralen Achse durch ein mono- oder dicondyles Pleural-(Subcoxal-)Gelenk, dessen Pfannen am Basalrand der Hüfte und dessen Köpfe bzw. Gelenkfortsätze am Außen- und Innenrande der → Hüftgrube liegen. Am apikalen Rande der ~ befindet sich das → Hüftgelenk, welches die Verbindung mit dem → Trochanter bewerkstelligt.
Die Seitenwand der ~ durchzieht schräg vom dorsalen Pleuralgelenk zum vorderen Hüftgelenk die → Coxalnaht, welche von einer endoskeletalen → Coxalleiste begleitet wird und als eine

Verlängerung der → Pleuralnaht bzw. Pleuralleiste erscheint. Eine submarginale → Basicostalnaht teilt am Basalrande der ~ mancher Insekten einen mehr oder weniger breiten Streifen, das → Basicoxale ab, welches häufig durch Einfaltung des Pleuralgelenks der ~ in zwei Abschnitte geteilt wird, deren hinterer, vielfach stark auf Kosten der ~ verbreiterter Abschnitt als → Meron bezeichnet wird. Bei Termiten u. a. führt die Vergrößerung des Meron zur Entstehung sog. → Spalthüfte.

Die Seiten des Endrandes der ~ sind meist mehr oder weniger tief ausgebuchtet, und die Seiten- oder Hinterwand ist oft zur besseren Adduction des Trochanterofemur rinnenartig eingedrückt.

Die gegenseitige Entfernung der beiden Hüften eines Beinpaares hängt mit dem Grad der Ausbildung des Sternums und der sternocostalen Furca zusammen. Bei weitgehender → Cryptosternie können sich beide Hüften berühren. (Taf. I—IV, VI, Fig. 1, XXIX und XXX.)

Hüftgelenk, Coxalgelenk, Coxotrochanteralgelenk, das dritte primäre Beingelenk, welches die Hüfte mit dem Trochanterofemur verbindet. Das ~ ist meist dicondyl und hat am Hüftrande gewöhnlich zwei Köpfe oder für das eine, meist vordere Gelenk, ein Capitulum und für das andere eine Gelenkpfanne.

Die Achse des ~ liegt stets mehr oder weniger parallel zur Körperlängsachse, infolgedessen das Trochanterofemur in einer zur Körperlängsachse senkrechten Ebene auf und ab bewegt werden kann. (Taf. I, Fig. 2.)

Hüftgriffel, Stylus, Stilus, ein ungegliederter Anhang der Außenseite der Hüfte mehrerer *Apterygota* und einiger Larven der *Perlaria* (*Nephelopteryx*) und *Megaloptera* (*Corydalus*). Bei *Nephelopteryx* finden sich ~ an allen Thorakalbeinen (→ Tracheenkiemen), bei *Machilidae* nur an Mittel- und Hinterhüften. Bei *Machilidae* findet sich außerdem je ein Paar von ~ an den Coxiten der 7 ersten Hinterleibssegmente und bei *Thysanura* und *Diplura* an der Coxiten des 8. und 9. Segments.

Ob die ~ dem Exopodit des Crustaceenbeines homolog sind (Zweiästigkeitstheorie der Entstehung des Insektenbeins) oder sekundäre Bildungen darstellen (Einästigkeitstheorie des Insektenbeins) läßt sich gegenwärtig noch nicht entscheiden. Sie besitzen zwar wie die → Coxalbläschen einen eigenen Muskel, aber es ist noch nicht gelungen, seine Homologie einwandfrei festzustellen.

Bei vielen *Pterygota* sind die ~ eines Genitalsegmentes bei Männchen entweder als einfache Griffel (*Orthopteroidea, Coleoptera, Hymenoptera,* selten *Mallophaga*) oder als Klammerapparate (bei *Ephemerida* gegliedert) erhalten bzw. umgebildet. (Taf. II, Fig. 2.)

(Bei Symphylen und Phalangiden kommen auf der Innenseite der Hüfte den Styli analoge Anhänge vor, welche ihrer Lage nach für Endite des als Exopodit zu betrachtenden Beines angesehen werden können.)

Hüftgrube, Coxalgrube, fovea coxalis, die Öffnung, deren Rand mit dem Basalrande der Hüfte mittels einer Gelenkmembran (*corium coxae*) verbunden ist. Primär stellt die ~ den distalen Rand der → Subcoxa dar. Durch Auflösung der Subcoxa kam die primäre ~ zwischen die Pleure und das Sternum. (Taf. I, Fig. 2A, C und Taf. XXIX.)

Hüftpfanne, Coxalpfanne, scrobis coxalis, eine durch Versenkung der Hüfte gebildete Kapsel, in die der nicht selten kugelförmig differenzierte Basalteil der Hüfte hineinpaßt. Bei Käfern häufig auftretende Form.

Hüftsockel → Unterhüfte.

Hühnerfloh → *Ceratophyllus gallinae* Westwood.

Hüllzelle, die den → Scolopophor und den distalen Teil der → Scolopalzelle umhüllende Zelle. Der apikale Teil des Scolopophors ist in der Regel von der ~ frei und ragt in die → Kappenzelle hinein. Die ~ kann direkt oder mittels eines Ligaments mit dem Integument verbunden sein, oder die Verbindung beschränkt sich auf die der Kappenzelle mit der reizempfangenden Stelle des Integuments. Im ersteren Fall ist das Scolopidium saitenartig zwischen zwei Wänden ausgespannt. (Taf. XXVIII, Fig. 3.)

hüpfende Kokons → Kokons, hüpfende.

Humeralader, Humerus, Vena humeralis, eine der Analadern, bei symphyten Hymenopteren die an_2 (Axillaris), d. h. im VFl die letzte, das → Humeralfeld hinten begrenzende Ader. (Taf. XIII, Fig. 3.)

Humeralborsten, eine oder mehrere Borsten auf der Humeralschwiele vieler Fliegen. (Taf. V, Fig. 6.)

Humeralcallus → Humeralschwiele.

Humeralfeld → lanzettförmige Zelle.

Humeralis (lat. adj. humeralis, -e, an der Schulter gelegen, mit der Schulter zusammenhängend) → Humeralader.

Humerallobus → Basalsockel des Frenulums.

Humeralnaht → Schulternaht.

Humeralplatte, ein kleines Sklerit am Grunde der → Costalader im VFl gewisser Insekten (*Odonata*, *Diptera*, *Hymenoptera*). Die ~ gehört zu den → Flügelgelenkstücken. (Taf. XIII, Fig. 11.) (Vgl. auch → Achselblatt.)

Humeralquerader, Schulterquerader, vena transversalis humeralis, eine kurze Querader, welche unweit der Flügelwurzel die → Costa mit der → Subcosta verbindet. Sie kommt regelmäßig bei *Diptera* vor, ist aber auch bei *Mecoptera* und *Perlaria* nicht selten. Bei den letzteren können auch mehrere Queradern im Costalfeld vorhanden sein, dann wird aber die der Flügelwurzel am nächsten gelegene allein als ~ bezeichnet. Die ~ kommt auch bei Schmetterlingen und vielen anderen Insekten vor. (Taf. X, Fig. 2 und Taf. XIII, Fig. 11.)

Humeralschwiele, Schulterschwiele, Humeralbeule, Humeralcallus, callus humeralis, mehr oder weniger stark beulenartig gewölbte, polsterartige Vorderecken des Praescutums vieler Fliegen. (Taf. V, Fig. 6.)

Humeralwinkel, im Flügel der Winkel zwischen dem Vorderrand des Flügels und dem Thorax.

Humerus (lat. humerus, -i, richtiger umerus, -i, m., von gr. ὁ ὦμος die Schulter) → Schulterecken an Flügeldecken der Käfer, → Humeralschwiele bei Fliegen, oft auch für → Humeralader gebraucht.

Hummelblumen sind → Immenblumen mit sehr tief versteckten Naktarien, wie z. B. *Trifolium*.

Hummelfliegen → *Bombyliidae*.

Hummeln → *Bombus*-Arten.

humoral (lat. richtig umor, -is, m., nicht humor, Feuchtigkeit, Saft), mit dem Körpersaft zusammenhängend, auf die im Körpersaft (Blut) befindlichen bzw. von ihm transportierten physiologisch wirkenden Stoffe, z. B. → Wirkstoffe, bezugnehmend.

humuli Linné, *Hepialus*, Hopfenwurzelspinner (*Lep Hepialidae*).

humuli Schrank, *Phorodon*, Hopfenblattlaus (*Hom Aphididae*).

Humusschnellkäfer, düsterer → *Agriotes obscurus* Linné.

Humusschnellkäfer, gemeiner → *Agriotes lineatus* Linné.

Hundefloh → *Ctenocephalus canis* Curtis.

Hundehaarling → *Trichodectes canis* De Geer.

Hundelaus → *Linognathus setosus* (Olfers).

Hungerwespen → *Evaniidae*.

hyalin (gr. ὁ ὕαλος Glas), glasartig, durchscheinend.

Hydrocanthari Latreille 1802, Schwimmkäfer, ehemalige ÜFam der *Col Adephaga* mit 5 Fam, *Amphizoidae*, *Hygrobiidae*, *Haliplidae*, *Dytiscidae* und *Gyrinidae*.

Hydrocorisae Latreille 1802 (*Cryptocerata* Fieber 1851), Wasserwanzen, UOrdn der *Heteroptera* mit über 1000 Arten, die in folgende FamR und Fam eingeteilt zu werden pflegen: FamR *Corixoidea*, Fam *Corixidae*, *Helotrephidae*, FamR *Notonectoidea*, Fam *Pleidae*, *Notonectidae*, *Aphelochiridae*, *Naucoridae*, *Belostomatidae*, *Nepidae*, *Ochteridae* und *Gelastocoridae*.

Im Gegensatz zu → *Geocorisae* haben die aquatilen, tauchenden ~ kurze Fühler, flache Kehle ohne → Bucculae, VFl ohne Cuneus, Praetarsen ohne Pulvillen oder Arolien, keine Trichobothrien am Hinterleib. Ihre HBeine sind Schwimm- oder Schreitbeine.

Fossil sind an 50 Arten seit der oberen Jura (Malm) beschrieben. Alle fossilen Arten gliedern sich in die rezenten Familien ein.

Hydrometridae (Billberg 1820) Lethierry et Severin 1896 (Abb. 138), Fam der *Heteroptera Geocorisae* mit etwa 50, zum größten Teil südamerikanischen Arten. In Deutschland 2 Arten. Alle drei Beinpaare sind verlängerte Stelzbeine, die zum Laufen bzw. Gleiten auf der Wasseroberfläche dienen. Kopf lang und schmal. Sie ernähren sich von toten Insekten. Fossil ist eine obermiocäne Art bekannt.

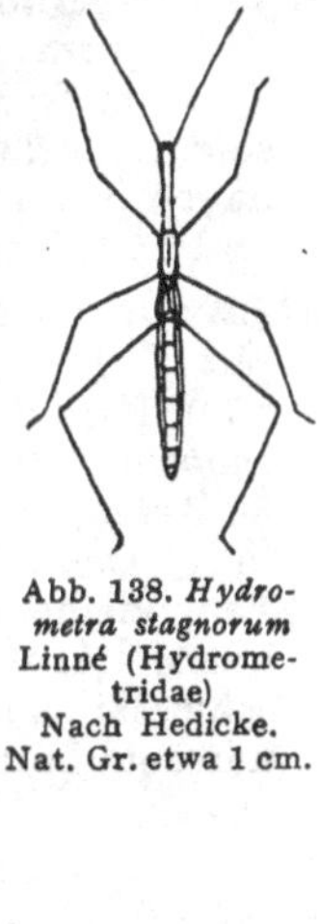

Abb. 138. *Hydrometra stagnorum* Linné (Hydrometridae) Nach Hedicke. Nat. Gr. etwa 1 cm.

hydrophil (gr. τὸ ὕδωρ Wasser, φίλος liebend) sind Insekten, welche sich gern im oder am Wasser aufhalten, amphibisches Leben führen. Gegens. → hydrophob (vgl. auch → hygrophil).

Hydrophilidae (Leach 1815) Leconte 1862 (*Hydrophilides* Leach), Kolbenwasserkäfer, Fam der *Coleoptera Polyphaga* (*Palpicornia*), mit etwa 1700 Arten, von welchen in Deutschland an 140 leben. Wasserkäfer oder hydrophile Landkäfer mit 6—9 gliedrigen, keulenförmigen Fühlern, verlängerten 4 gliedrigen Kiefertastern, mit abgeplatteten und bewimperten, zum Rudern geeigneten oder normalen, zum Laufen eingerichteten Hinterbeinen. HHüften ohne Schenkeldecken.

Fossil sind etwa 100 känozoische Arten seit dem Eocän beschrieben worden.

hydrophob (gr. τὸ ὕδωρ Wasser, φοβέω fliehe, scheue mich), wasserscheu, Insekten, welche die Nähe des Wassers vermeiden.

Hydropoduridae Börner (1906) 1944 (*Podurinae* Börn. 1906, *Poduridae* Börn. 1913), Wasserspringer, Fam der *Collembola Arthropleona*, kleine walzige Tierchen mit hypognathem Kopf, scheitelständigen Komplexaugen, langer Springgabel mit gekrümmten und geringelten Dentes. Manubrium mit einem medianen Tragstück der Dentes. Bei nach vorn gelegter Springgabel reichen die Dentes über den Ventraltubus hinaus. Keine Hautporen.

Die ~ leben an stehenden und langsam fließenden Gewässern, häufig an der Wasseroberfläche hüpfend.

Hydropsychidae Curtis 1835, Fam der *Trichoptera* mit etwa 250 Arten, von denen in Deutschland an 13 leben. Fossil sind etwa 23 tertiäre Arten beschrieben, davon 9 aus dem baltischen Bernstein und 14 miocäne aus Colorado.

Hydroptilidae Stephens 1836 (Abb. 139), Fam der *Trichoptera* mit etwa 80 Arten, davon 28 in Deutschland. Sehr kleine, häufig bunte Arten mit schmalen Flügeln. Fossil sind 5 Arten aus dem baltischen Bernstein bekannt.

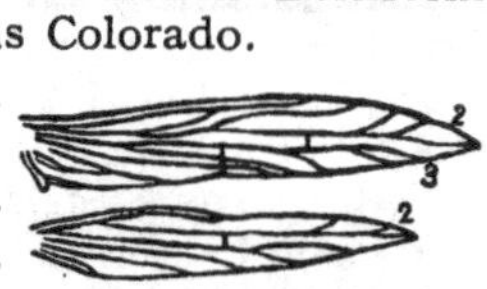

Abb. 139. *Hydroptila sparsa* Curtis, Flügel (*Hydroptilidae*). Nach Ulmer. Nat. Länge 2,5—3 mm.

Hydroscaphidae Leconte 1874, Fam der Käfer mit 5 mediterranen und nordamerikanischen Arten.

hydrostatische Organe (gr. τὸ ὕδωρ Wasser, στατός stehend, gestellt), bei vielen Wasserinsekten vorkommende wasserdicht abgeschlossene Räume, welche das spezifische Gewicht des Körpers mittelbar verändern und ihn sinken, schweben oder auftauchen lassen können. Manchmal sind es Teile des Darmkanals, welche mit Luft oder Wasser angefüllt werden können, je nachdem ob das Tier auftauchen oder sinken will.

Hygiene (gr. ἡ ὑγίεια oder, gemeine Form, ὑγεία Gesundheit, ὑγιεινός gesund, heilsam), im → Pflanzenschutz Maßnahmen zur Fernhaltung von Krankheitserregern und Schädlingen vom gesunden Tier- oder Pflanzenbestand (vgl. auch → Prophylaxe und → Therapie).

Hygrobiidae (Erichson 1838) Bedel 1881 (*Pelobiini* Erichs.), Wasserkäfer mit einfachen Fühlern, 2 gliedriger Außenlade, Metasternalnaht und Schwimmhaaren an Schienen und Tarsen. Larven mit langen Cerci, einem unpaarigen Terminalanhang und je einem Stigmenpaar an den ersten 7 Hinterleibssegmenten. Thorax und einige Hinterleibssegmente mit sternalen Tracheenkiemen.

5 Arten in Europa, China und Australien. Fossil eine oberoligocäne Art aus Rott. bekannt.

hygrophil (gr. ὑγρός naß, feucht, φίλος liebend), feuchteliebend, Insekten, die sich gern in feuchten Biotopen, in Kellern, unter faulendem Laub, unter Rinden und Steinen usw. aufhalten. Gegens. → hygrophob.

hygrophob (gr. ὑγρός naß, feucht, φοβέω fliehe, scheue mich), feuchtescheue Insekten, welche feuchte Biotope meiden.

hylaeiformis Laspeyres, *Bembecia*, Himbeerglasflügler (*Lep Aegeriidae*).

Hylophaga (gr. ἡ ὕλη oder ὕλα, Holz, Stoff, φαγεῖν fressen), Insekten, die von toter organischer Substanz leben, z. B. Speicherschädlinge. Gegens. → Biophaga. Vgl. auch → Saprophaga.

Hylophilidae auct. → *Aderidae.*

Hymenoptera Linné 1758, Hautflügler. Winzig kleine bis große, 0,2 mm bis 5 cm lange (→ Größe der Insekten), meist robuste, seltener schlanke (z. B. *Ephialtes*), holometabole Insekten mit beißenden oder leckenden Mundteilen und meist zwei gut entwickelten Flügelpaaren.

Kopf in der Regel orthognath, seltener prognath, acrotrem, durch einen engen Hals mit dem Prothorax verbunden, in der Regel sehr beweglich. Komplexaugen meist groß, selten, bei flügellosen Formen, fehlend. Drei Ocellen bei geflügelten Formen in der Regel vorhanden. Fühler immer gut entwickelt, bei *Symphyta* bis 30gliedrig, bei *Aculeata* meist 12- (Weibchen) oder 13gliedrig (Männchen), die Gliederzahl aber vielfach reduziert, in extremen Fällen (*Arginae*) sind die Fühler (durch sekundäre Verschmelzung) 3gliedrig. Scapus stets zumindest etwas größer als die folgenden Glieder, vielfach stark verlängert, einen Schaft bildend. Manchmal ist das 3. Glied stark verlängert (*Arginae*) oder das 3. und 4. Glied sind stark verkleinert (Wendeglieder vieler *Chalcidoidea*). Der Formenreichtum der Fühler ist nicht besonders groß, im Vergleich mit Käfern gering. Am häufigsten tritt der Faden- und knieförmige Typ auf, der letztere meist mit mehr oder weniger ausgesprochener Fühlerkeule. Gesägte und gekämmte Fühler kommen seltener, besonders aber bei Symphyten vor. Im Gegensatz zu der verhältnismäßigen Schlichtheit der Fühler steht ihr Reichtum an Sinnesorganen, welcher größer ist als bei anderen Insekten. Mundteile stets mit freier, großer Oberlippe und kräftigen, beißenden, zangenförmigen Mandibeln, die ausnahmsweise mit den Spitzen nach außen gekehrt sein können (*Braconidae-Alysiinae*). Maxillen stets typisch gegliedert mit 5—6gliedrigen Tastern, im leckenden Typ der Mundwerkzeuge verlängert und mehr oder weniger stark modifiziert, oft mit redutierten Tastern. Unterlippe entweder typisch orthopteroid, oder stark verlängert, im letzteren Fall ihre Lacinien zu einer beborsteten Zunge vereinigt. Hypopharynx oft stark entwickelt, manchmal mit → Innenlippe.

Thorax heteronom gegliedert. Prothorax stark reduziert, sein Notum meist unbeweglich mit dem Mesonotum verbunden, aber in der Regel vom letzteren deutlich, furchenartig abgegrenzt. Meso- und Metathorax miteinander unbeweglich verbunden, eine einheitliche, aber gut differenzierte Kapsel bildend. Propleuren mit Laterocervicalien verschmolzen, groß, frei beweglich, ohne deutliche Pleuralleiste. Prosternum stark reduziert (*Symphyta*), oder zwischen den Vorderhüften von außen nicht mehr wahrnehmbar (z. B. bei *Vespa*). Von den Mesopleuren ist nur das Episternum groß, mit dem zugehörigen Sternum mit oder ohne eine Nahtspur verschmolzen, das Epimerum stets viel kleiner. Vom Vorderteil des Episternums und Sternums ist oft ein schmaler Streifen, Epicnemium und Praepectus, durch eine mehr oder weniger scharfe Leiste abgegrenzt. Metathorax bei *Symphyta* frei und gut differenziert, bei *Apocrita* mit dem 1. Hinterleibssegment zu einem → Mediansegment verschmolzen. Sein Notum ist klein und bildet das sog. Postscutellum, welches von dem abdominalen Anteil des Mediansegments durch eine tiefe Furche getrennt ist. Die stark schräg posteroventral gerichteten Metapleuren sind bei Symphyta klein und frei, bei *Apocrita* groß und mit dem linken 1. Hinterleibssegment verschmolzen. Metasternum z. T. invaginiert. Flügel in der Regel heteronom, Vorderflügel größer als die oft stark reduzierten Hinterflügel. Selten (z. B. *Mymaridae*) sind beide Flügelpaare gleich oder fast gleich. Die Aderung ist sehr verschieden, bei *Symphyta* fast vollzählig und mit recht zahlreichen Queradern, bei *Apocrita* mit ausgesprochener Neigung zur Reduction der Längsadern, in extremen Fällen mit nur einer, oder ganz ohne Längsadern. Brachyptere und aptere Formen kommen besonders bei entomoparasitischen (*Ichneumonidae, Chalcididae* i. w. S.) und sozialen Hymenopteren, bei Cynipiden, Mutilliden usw., selten bei den *Symphyta* vor. Flügel in Ruhe stets flach auf dem Rücken zusammengelegt, werden im Fluge mittels einer Häkchenreihe des Vorderrandes der Hinterflügel (Retinaculum) miteinander verkoppelt. Beine in der Regel homonom, nur in der Größe verschieden, seltener heteronom, wobei entweder die Vorderbeine zu Fangbeinen (Weibchen der *Dryinidae*), Grabbeinen, Haltebeinen usw., oder die Hinterbeine zu Sammelbeinen umgebildet sind. Hüften mäßig groß, einander paarweise (meist) stark genähert, vielfach in der Mittellinie zusammenstoßend (bes. die Vorderhüften). Trochanteren stets klein. Bei *Ich-*

neumonidae ist vielfach ein trochanterähnliches Stück vom Basalende der Schenkel abgetrennt, einen zweiten Trochanter vortäuschend. Tarsen in der Regel 5-, selten 4gliedrig (*Mymaridae, Proctotrupidae, Eulophidae*), mit je einem Krallenpaar. Selten (*Dryinidae*) ist eine Kralle rudimentär. Ein Arolium ist in der Regel vorhanden.

Hinterleib entweder mit breiter Basis (*Symphyta*) oder stielartig (*Apocrita*) mit dem Thorax verbunden. Im ersteren Fall ist das 1. Hinterleibssegment selbständig, wenn auch oft, besonders in seinem Sternalteil, reduziert, im letzteren ist es mit dem Metathorax zu einem einheitlichen Ganzen, dem Mediansegment verschmolzen. Das 2. Segment ist bei *Apocrita* vorn mehr oder weniger stark halsartig verengt (Petiolus) und sitzt dem Mediansegment hinten und unten, seltener oben und vorn (z. B. *Evaniidae*), gelenkig auf. Dadurch kommt die sog. Wespentaille der *Apocrita* zustande. In der Regel sind zehn Hinterleibssegmente, das Mediansegment mitgerechnet, nachweisbar. Das 1. Sternit ist in der Regel (bei *Apocrita* immer) rudimentiert, das 2.—8. Segment sind in beiden Geschlechtern gewöhnlich normal, mit Notum und Sternum versehen. Das 8. Sternit bildet bei Weibchen die Subgenitalplatte und trägt ein Paar Gonapophysen (untere Blätter der Säge bzw. des Stachels). Zwischen dem 8. und 9. Sternit münden die weiblichen Geschlechtswege. Das 9. Segment ist bei Weibchen mehr oder weniger stark reduziert und vom 8. verdeckt. Sein Sternit trägt ein Paar Gonopoden, welche miteinander zu einer Gleitrinne der Sägeblätter bzw. der Stechborsten verschmolzen sind, und ein Paar Gonapophysen, welche die Scheide des Lege- bzw. Stachelapparates bildet. Das Tergum des 9. Segments stellt die sog. quadratische Platte dar, mit welcher die Scheide artikuliert, während das 9. Sternit reduziert ist. Vielfach, z. B. bei *Vespidae, Apidae,* sind alle Terminalia vom 8. Segment an in das 7. Segment eingezogen, was zur Bildung eines ähnlich wie bei Käfern von dem dreieckigen Tergit und Sternit des 7. Segments abgeschlossenen Genitalraumes führt. Bei *Symphyta* sind in der Regel alle Terminalia sowie die Anallappen (Epiprocte und Paraproct) mehr oder weniger gut frei sichtbar. Bei Männchen ist das 9. Segment etwas modifiziert, sein Sternit bildet die oft stark vergrößerte Subgenitalplatte, während das Tergit mehr oder weniger weitgehend reduziert ist. Das 10. Segment bildet die Basis des Analkonus und ist gleichfalls mehr oder weniger stark reduziert, trägt aber gewöhnlich ein Paar eingliedriger Anhänge, die sog. Socii, welche vielleicht mit den Cerci und wahrscheinlich mit den gleichnamigen Anhängen des 10. Segments der *Trichoptera* und *Lepidoptera* homolog sind. Penis in der Regel (immer ?) ohne periphallische Bildungen. Die Phallobase kann mit 1—2 ungleich großen Paaren von Anhängen (Parameren) versehen sein, von denen die größeren ventralen als Volsella, die kleineren dorsalen als Squama bezeichnet zu werden pflegen. Eine Basalplatte scheint zu fehlen oder ist durch den Basalring der Phallobase (sog. Cardo) vertreten.

Vorderdarm lang. Cibarium und Pharynx fungieren bei leckend-saugenden Formen als Saugpumpe. Ein erweiterter Kropf mit hineinragender, am Rande gezähnelter Valvula cardiaca (Proventriculus, Weber) ist in der Regel vorhanden. Mitteldarm kurz oder lang, sackartig. Hinterdarm bei primitiveren Formen mit etwa 20, bei höheren Formen mit bis über 100 Malpighi-Gefäßen. Rectum mit oder ohne Rectaldrüsen.

Rückengefäß schlauchförmig (nur bei höheren Formen untersucht), mit 4—5 Herzkammern und ebenso vielen Ostienpaaren, nach vorn in eine lange Kopfaorta verlängert. Bei gewissen *Aculeata* ist die dünne Aorta im Petiolus spiralig gewunden.

Nervensystem mehr oder weniger stark konzentriert. Das Prothorakalganglion stets getrennt, die meso- und metathorakalen Ganglien entweder getrennt oder zu einem Komplex verschmolzen, dem sich vielfach auch einige der vorderen Abdominalganglien anschließen können. Hinterleib mit 1—9 Ganglien bzw. Ganglienkomplexen. Bei Männchen ist die Konzentration der Ganglienkette weitgehender als bei Weibchen. Das sympathische System ist stets gut entwickelt.

Tracheensystem reich entfaltet, die lateralen Längsstämme miteinander ana-

stomosierend und mit großen Luftsäcken versehen. Zwei thorakale und höchstens acht abdominale Stigmenpaare (das des Mediansegments mitgerechnet) vorhanden. Das 2. thorakale Stigmenpaar bei *Apocrita* reduziert.
Hoden in der Regel paarig, seltener miteinander verwachsen, stets polyfollikulär, von einer gemeinsamen Peritonealhülle umgeben. Die Zahl der Follikeln schwankt sehr stark und kann bis 300 betragen. Paarige Samenblase (Vesicula seminalis) mündet am Ende der meist langen und gewundenen Vasa deferentia. Anhangsdrüsen münden in die Vasa deferentia oder in den Dructus ejaculatorius. Ovarien paarig, mit sehr wechselnder Zahl polytropher, büschelartig dem Oviduct aufsitzender Ovariolen, deren z. B. die *Ichneumonidae* vier bis 50 und *Apis mellifica* mehrere hundert besitzen. Bei manchen Schlupfwespen ist die Zahl der Ovariolen bis auf eine reduziert. Bei Arbeiterinnen sozialer Arten fehlen sie oft ganz. Receptaculum seminis mündet in den mit der Vagina zu einem einheitlichen Sack verschmolzenen Oviductus communis, in welchen auch die Eileiter münden. Anhangsdrüsen in der Regel vorhanden, münden hinter dem Genitalporus in den Genitoanalraum. Zwei Arten von Giftdrüsen, eine mit saurem, die andere mit alkalischem Sekret, sind bei *Aculeata* vorhanden.
Fortpflanzung in der Regel gamogenetisch, doch ist Parthenogenese sehr verbreitet, besonders bei Cynipiden, bei denen beide Fortpflanzungsformen oft zu einer regelmäßigen Heterogonie vereinigt sind. Alle Hymenopteren sind eierlegend, Viviparie kommt nicht vor.
Die Entwicklung ist eine typische Holometabolie mit einigen Larven- und einem ruhenden Puppenstadium. Die Larven der *Symphyta* sind mit wenigen Ausnahmen raupenähnlich (→ Afterraupen), die der *Apocrita* hingegen sind im allgemeinen madenförmig. Bei den ersteren sind alle Larvenstadien ein und derselben Art einander ähnlich, bei den letzteren treten häufig Spezialisierungen des ersten Stadiums auf, wie z. B. die Cyclopoidlarven. Die Puppe ist meistens frei (Pupa libera). In der Embryonalentwicklung ist für einige endoparasitische Formen → Polyembryonie charakteristisch. Das letzte Larvenstadium spinnt meistens einen Kokon, in welchem die Verpuppung erfolgt. Vielfach wird die sich in der letzten Larvenhaut formende Puppe als Praepupa bezeichnet.
Die Hymenopteren sind echte Landtiere. Nur wenige Arten, die sich endoparasitisch in Wasserinsekten entwickeln (Parasiten der Trichopteren) gehen zur Eiablage ins Wasser (z. B. *Prestwichia aquatica*, *Polynema natans*, *Agriotypus armatus*).
Die ältesten, sicher als Hymenopteren erkennbaren Fossilien gehören zu den *Symphyta* und sind aus dem unteren Jura beschrieben worden.
Von den rezenten Hymenopteren sind bisher über 100 000 Arten beschrieben worden. Die alte Einteilung in die UOrdn *Symphyta* und *Apocrita* hat sich bisher aufrechterhalten.

Hymenopterenblumen sind Blumen, die besonders gern von Hymenopteren besucht werden. Es sind vornehmlich rot, blau und violett gefärbte Blumen mit durch Einrichtung einer Sitzgelegenheit modifizierter Krone, versteckten Nektarien und Staubbeuteln. Unter den ~ werden noch besonders die → Immenblumen und → Wespenblumen hervorgehoben.

hyoscyami Panzer, *Pegomyia*, Rübenfliege, Runkelfliege. Etwa 6 mm lange, aschgraue Fliege mit längsgestreiftem Mesonotum, vom Habitus der kleinen Stubenfliege. Larve in Blattminen an Rüben, bes. an Zuckerrüben schädlich. Wild an Melde. (*Dipt Muscidae*).

Hypandrium (gr. ὑπό unterhalb, ὁ ἀνήρ Mann) → Subgenitalplatte.

+***Hypermegethidae*** Handlirsch 1908, ausgestorbene Fam der +*Palaeodictyoptera* mit einer Art aus dem mittleren Obercarbon Nordamerikas. Das Fossil besteht aus einem Basalteil des VFlügels, welcher auf eine totale Flügellänge von etwa 12 cm schließen läßt.

Hypermetabola (gr. ὑπέρ über, ἡ μεταβολή Verwandlung), Holometabola mit einem ruhenden Larvenstadium (→ Scheinpuppe), auf welches wieder eine bewegliche Larve folgt, die sich in die Puppe verwandelt. Nur bei *Meloidae*.

Hypermetamorphose, alle diejenigen Formen der holometabolen Metamorphose, bei welchen die Junglarve eine andere Form hat als die ihr folgenden Larvenstadien, wie z. B. Triungulinus der *Meloidae*, Planidium-Larve gewisser *Chalcididae*, cyclopoide Larve gewisser *Proctotrupidae* usw.

Hyperparasitismus, Überparasitismus, Parasitieren auf anderen Parasiten. Besonders bei parasitischen Hymenopteren häufige Erscheinung, die entweder als obligate Lebensart oder neben dem normalen Parasitismus auf dem primären Wirt vorkommt. Gewisse Arten sind in dieser Hinsicht weitgehend spezialisiert und haben es zum Hyperparasitismus zweiten Grades gebracht, d. h. sie parasitieren auf Hyperparasiten. Im letzteren Fall findet man gegebenenfalls drei Leichen aufeinandergelagert, die des Wirts, darauf die der primären Parasitenlarve, auf oder in der letzteren die Larve des Hyperparasiten und auf der Leiche der letzteren (oder in ihr) die lebensfrohe Larve des Hyperparasiten zweiten Grades. Der Hyperparasitismus zweiten Grades ist in den meisten Fällen fakultativ, vielleicht auch zufällig. (Vgl. auch → Superparasitismus.)

Hyperpneustia (gr. ὑπέρ darüber, πνευστιάω schwer atmen, keuchen), Insekten mit überzähligen Stigmen in ein und demselben Körpersegment. Bei *Japyx solifugus* und *Japyx gigas* finden sich je 2 Stigmenpaare am Meso- und Metathorax, bei *Campodea* am Mesothorax allein. Die Hyperpneustie ist vermutlich durch Spaltung primär einfacher Stigmen zustande gekommen.

hypertelisch (gr. ὑπερτελής über das Ziel gehend, übertreffend) wird ein Organ oder Merkmal genannt, dessen Ausbildung vom menschlichen Standpunkte aus über das Ziel geschossen, übertrieben ist. Die gewaltigen Hornbildungen vieler *Scarabeidae* (*Oryctes*, *Dynastes* u. a.) und *Membracidae* sind Beispiele solcher Bildungen. Früher hielt man auch die enorm langen Fühler gewisser höhlenbewohnender Orthopteren für ∼, bis sich ihre Zweckmäßigkeit erwiesen hat. Auch die enorm langen Fühler der *Adelidae* werden vielfach für ∼ gehalten.

Hypertrophie (gr. ὑπερτροφής übermäßig genährt, ἡ τροφή Nahrung) übermäßige Größenzunahme eines Organs, die in der Phylogenese zu Hypertelie führen kann. Enorme Vergrößerung der Ovariolenzahl bei gewissen sozialen Insekten kann als Beispiel ontogenetischer ∼ angeführt werden. Gegens. → Atrophie.

Hypocerebralganglion (gr. ὑπό unter) → Occipitalganglion.

+***Hypocimicidae*** Handlirsch, ausgestorbene Fam der Ordn *Heteroptera* mit einer oberliassischen Art aus Mecklenburg.

Hypodermis (gr. ὑπό unterhalb, τὸ δέρμα Haut), das unter der chitinösen → Cuticula liegende Muttergewebe derselben, die → Epidermis.

Hypogastruridae (Absolon 1900) Börner 1944 (*Anuridae* Absolon, *Hypogastrurinae* Börn. 1906), Kurzspringer (Abb. 140), artenreiche Fam der *Collembola* mit prognathem Kopf und vor der Kopfmitte gelegenen oder fehlenden Augen. Springgabel mäßig gut entwickelt oder fehlend, Dentes nicht geringelt, meist die HHüften nicht erreichend. Manubrium, wenn vorhanden, ohne medianes Basalstück der Dentes. Keine → Hautporen. Mehrere Arten und Gattungen in zwei UFam *Hypogastrurinae* und *Achorutinae*.

Abb. 140. *Hypogastrura viatica* Linné, Ventralansicht (Hypogastruridae). Nach Börner. Nat. Gr. etwa 1 mm.

hypognath (gr. ὑπό unterhalb, ὁ γνάθος Kinnbacken, meton. Beißen) ist eine Kopfstellung, bei welcher die Frontalebene des Kopfes in einem spitzen Winkel zu der des übrigen Leibes steht, so daß der Mund schräg nach unten und hinten zeigt. Diese Stellung zeigt in typischer Art z. B. der Kopf der Blattarien, der Thysanopteren und der Blattläuse.

Hypogynium → Subgenitalplatte.

Hypogynalvalven → Valvulae inferiores.

Hypomeren (gr. ὑπο unterhalb, τὸ μέρον Teilstück, Glied), ventrale Anhänge der → Phallobase am männlichen Begattungsglied.

Hyponomeutidae (Stephens 1829) Stainton 1854 (*Yponomeutidae* Steph.), Gespinstmotten, Fam der *Lep Tineoidea* mit etwa 800 Arten in allen Faunengebieten. Auch in Deutschland reich vertreten.

Hyponomien (gr. ὁ ὑπονόμος unterirdischer Gang, Mine, lat. hyponomium, -ii, n.), → Blattminen.

Hypopharynx (gr. ὑπό unterhalb, ἡ φάρυγξ Schlund), zungenartige Ausstülpung des → Mundfeldes, welche sackartig der Mundfeldmembran zwischen den Mandibeln,

Maxillen und dem Labium entspringt und dem Labium aufliegt oder mit ihm teilweise verwächst. Der ~ teilt die → Präoralhöhle in zwei Abteile, die dorsale, zwischen dem Clypeo-Labrum und der dorsalen (bzw. an orthognathen Köpfen der vorderen) Wand des ~ gelegene → Mundhöhle und die ventrale, zwischen dem Labium und der ventralen Wand des ~ gelegene → Speichelhöhle. Nach embryologischen Befunden (HEYMONS) entsteht der ~ aus dem Sternum des Mandibelsegments, es wird aber (seit RILEY) vielfach angenommen, daß sich an seinem Aufbau noch außerdem die Sterna des Maxillar- und Labialsegments beteiligen. Für diese Ansicht spricht der Umstand, daß die Adductores Stipitis und Cardinis sowie ein Paar dorsaler Dilatatores (Levatores) salivarii bei Apterygoten vom Hypopharynx entspringen, ähnlich wie die ventralen Adductores mandibulae bei *Nesomachilis*, während alle diese Muskeln bei Pterygoten meistens auf das Tentorium übergewandert sind.

Seitlich am ~ findet sich bei Apterygoten und gewissen primitiven Pterygoten (*Ephemerida*) ein Paar sackartige Ausstülpungen, die → Superlinguae, welche seinerzeit zur Aufstellung der → Maxillularhypothese des ~ Anlaß gegeben haben.

Bei Pterygoten finden sich in der dorsalen und den seitlichen Wänden des ~ mehrere Skleritpaare, die isoliert oder miteinander verschmolzen auftreten können. Die dorsal an der Basis des ~ gelegenen Skleritpaare bilden häufig zusammen ein Paar von Skleritplatten, die → Suspensoria, mit je einem oder zwei stäbchenartigen Anhängen, den → Zungenstäbchen oder Fulturae. Das seitliche Skleritpaar hat z. B. bei *Gryllus* die Form eines Stäbchens, welches sich entlang dem ~ bis zur Mündung der Speicheldrüse erstreckt und als → Salivia bezeichnet wird.

Bei Hymenopteren ist der ~ im Zusammenhang mit der Vorstülpung des Mundfeldes stark verkleinert und verflacht, so daß er sich kaum von der Unterlippe abhebt und mancherlei Differenzierungen unterworfen ist, von denen die häufigste die → Innenlippe ist.

Bei Trichopteren bildet der ~ eine im vorgestülpten und ein Haustellum bildenden Mundfelde eingeebnete Längsrinne, welche zusammen mit einer Längsrinne des labralen Epipharynx ein flaches Saugrohr bildet.

Bei Lepidopteren ist der ~ meistens undeutlich, mit Ausnahme der *Micropterygidae*, bei denen er taschenförmig ausgehöhlt ist.

Bei Hemipteren bildet der ~ einen an der Basis zwischen die beiden maxillaren Stechborsten eingeschobenen Keil, welcher vom Pumpenkanal der Speichelpumpe durchbohrt ist und die in den Nahrungsgang der maxillaren Stechborsten mündende Mundhöhle von unten abschließt. Ähnlich verhält sich der ~ bei Thysanopteren, doch ist er hier nicht vom Speichelkanal durchbohrt, sondern beteiligt sich zusammen mit der Unterlippe an seiner Bildung und bildet zugleich den Boden der Mundhöhle im basalen Teil des Mundkegels.

Bei Dipteren ist der ~ entweder mit der Vorderwand des Haustellums eingeebnet (*Tipulidae*, *Mycetophilidae*, Puppen der *Muscidae*) oder bildet einen selbständigen, den Speichelgang führenden Teil. Bei stechenden Dipteren liegt er zwischen den maxillaren Stechborsten und den Mandibeln (*Tabanus*) bzw. der zum Nahrungsgang eingerollten Oberlippe (*Culex*), bei leckend-saugenden (*Muscidae*) liegt er in einer Rinne des Haustellums, bildet zusammen mit der Oberlippe das Saugrohr und ist selbst, hier wie dort, vom Speichelgang durchzogen.

Bei Corrodentien und Mallophagen hat der ~ die typische orthopteroide Form und ist mit einem Paar Superlinguae versehen. Bei Läusen ist er wahrscheinlich in der stark entwickelten, morphologisch noch wenig geklärten Stachelscheide aufgegangen.

Bei Flöhen endlich dringt der kurze, vom Speichelgang durchbohrte ~ an der Basis des Rüssels zwischen die Mandibeln (die hier zu Stechborsten geworden sind) und die Oberlippe ein. (Taf. XXV, Fig. 1.)

Hypopharynxmuskulatur. Ein Paar Retractoren entspringt am Tentoriumquerbalken und greift am Vorderende der → Salivia an. Sie haben keine Antagonisten, die nachfolgende Protraction des Hypopharynx erfolgt nach Erschlaffung der Retractoren durch die Elastizität der Salivien. Da die Salivien vorn mit dem → Suspensorium artikulieren, werden die Bewegungen auch auf die Dorsalseite des Hypopharynx übergetragen.

Die hinteren Basalteile des Hypopharynx, welche an die Mundwinkel grenzen, werden von einem Muskelpaar hochgezogen, welches von der Stirne entspringt (retratores angulorum oris).

Außer diesen Muskeln der hypopharyngalen Eigenbewegungen entspringt am Hypopharynx ein Muskelpaar zum Salivarium (ein oder mehrere Paare dorsaler Dilatatoren salivarii am Suspensorium) und zur Mandibel (ein Paar von Adductoren-Bändern an der hypopharyngalen Apodeme, bes. bei Saltatorien gut entwickelt).

Hypopleura, bei höheren Dipteren (*Muscidae*) ein zusammengesetztes Pleuralstück, welches aus Verschmelzung des durch eine sekundäre Naht abgetrennten unteren Teils des Meso-Epimeron mit dem Meron der Mittelhüfte und dem Meta-Episternum entstanden ist und an dem die Mittel- und die Hinterhüfte artikulieren. Das Meron ist meist noch kenntlich durch eine vertiefte Furche vom Rest der ~ abgesetzt. (Taf. V, Fig. 6.)

Hypopleuralborsten, eine schräge Borstenreihe auf der Hypopleure höherer Dipteren (*Tachinidae*). (Taf. V, Fig. 6.)

Hypopneustia (gr. ὑπό unterhalb, πνευστιάω schwer atmen, keuchen), Insekten mit geringerer Anzahl von Stigmen als die der → Holopneustia, indem bei ihnen ein Teil der Stigmen entweder gar nicht angelegt wird (Heterometabola) oder erst im Lauf der Metamorphose unterdrückt wird (Holometabola), das Tracheensystem aber im Gegensatz zu den → Apneustia erhalten bleibt oder mehr oder weniger reduziert ist.

Bei *Sminthuridae*, Weibchen der *Strepsiptera*, und vielen *Trichodectidae* (*Mallophaga*) bleibt nur das mesothorakale, auf den Prothorax verlegte Stigmenpaar funktionsfähig und offen. Bei *Protura* und den meisten *Coccidae* ist das meso- und metathorakale Stigmenpaar offen, alle anderen sind verschwunden. Zwei thorakale sowie das 1. und 8. abdominale Stigmenpaar haben *Cynipidae* und *Pteromalidae*, während bei *Aleurodidae* außer den beiden thorakalen und dem 8. abdominalen das 2. abdominale erhalten ist.

Bei *Machilis* fehlt nur das 1. abdominale Stigma, alle anderen sind vollzählig. Bei *Coleoptera*, *Cimicidae*, *Aphididae* und *Coccidae* fehlt nur das 8. abdominale Stigmenpaar, während bei Mallophagen die beiden Basalsegmente des Hinterleibs (1. und 2.) stets ohne Stigmen sind und auch das metathorakale immer fehlt, während die abdominalen 3.—8. (meistens) oder 3.—7. (*Gliricola*), 3.—6., 3.—5. oder 3.—4. (verschiedene *Trichodectidae*) mit je einem offenen Stigmenpaar versehen sind.

Hypogygium (gr. ὑπό unterhalb, ἡ πυγή Bürzel, Steiß), die große → Subgenitalplatte der Dipteren-Männchen. Sie kann bei dauernder Torsion der → Terminalia dorsale Lage haben (Hypopygium inversum) oder durch eine Drehung um 360° (*Calliphora*) wieder in die ventrale Lage kommen (Hypopygium retroversum). Auch bei anderen Insekten wird die Subgenitalplatte häufig als ~ bezeichnet. (Taf. XVIII, Fig. 6, 7.)

Hyposmocomidae Durrant 1918 (*Diplosaridae* Durrant 1919), Fam der *Lep Tineoidea* mit 250 Arten auf Hawaii und einer in Neuseeland.

Hypostigmatale, die bei Schmetterlingsraupen häufig unterhalb den Stigmen verlaufende farbige Längslinie.

Hypostoma (gr. ὑπό unterhalb, τό στόμα Mund), auch Hypostom (das), der latero-ventrale Randstreifen der Kopfkapsel im Bereich der Postgena, d. h. zwischen dem hinteren Mandibelgelenk bzw. der hier endenden Occipitalnaht und den hinteren Fenestrae tentorii, an welchen die Postoccipitalnaht endet und das Cardo-Gelenk liegt. Die beiderseitigen Hypostomen vereinigen sich z. B. bei Hymenopteren (*Apocrita*) zu einer → Hypostomalbrücke. Bei Hemipteren der untere Teil des Gesichts. (Taf. XXI, Fig. 1 und Taf. XXIX.)

Bei Fliegen wird häufig als ~ der zwischen den Fühlern, Augen und dem Mundrande gelegene Teil des Kopfkapsels (Gesicht) bezeichnet.

Hypostomalbrücke, Verschmelzung der beiderseitigen → Hypostomen in der Mittellinie der Kopfunterseite zwischen dem Hinterhauptsloch und dem Submentum, wodurch das letztere von der Halshaut, mit der es bei offenem Hinterhaupt direkt zusammenhängt, abgetrennt wird. Die Verschmelzungslinie kann als eine mehr oder weniger deutliche mediane Längsnaht erhalten bleiben. Die Bildung der ~ stellt einen Modus des → Hinterhauptsverschlusses dar.

Hypostomalnaht, Sutura hypostomalis, eine sekundäre Naht, welche die Hypostoma von der Postgena trennt und einen Teil der → Peristomalnaht darstellt. Sie ist besonders bei orthopteroiden Insekten deutlich (z. B. bei *Saltatoria*, bes. bei *Gryllus*, bei *Blattaria*, *Dermaptera* usw.) und kommt bei Larven höherer Pterygoten häufig vor. Bei Bildung einer Gula verschmelzen die hypostomalen Randstreifen der Postgena mit dem Submentum, die Hypostomalnaht begrenzt es seitlich und mündet hinten wie immer in die hinteren Fenestrae tentorii. Bei Bildung einer Hypostomalbrücke verschmelzen die Postgenae miteinander bei gleichzeitigem Schwund der Hypostoma und der Hypostomalnähte, welche in der medianen Verschmelzungslinie der Postgenae verschwinden, sich aber hinten am Occipitalloch häufig wieder trennen und zu den beiderseits des letzteren liegenden Fenestrae laufen, wie dies z. B. bei *Vespidae* deutlich zu sehen ist. (Taf. XXI, Fig. 1 und Taf. XXIX.)

hypotrophica Hartig, *Lyda* → *Cephaleia abietis* Linné.

Hystricothripidae Karny 1913, indomalaysiche Fam der *Thysanoptera Tubulifera*.

hystrix (Bärensprung), *Phenacoccus*, Rebenschmierlaus (*Hom Coccidae*).

I

Ichneumonidae (Newman 1834) Leunis 1860, Schlupfwespen (Abb. 141, 142), Fam der *Hym Apocrita* mit etwa 30000 Arten in allen tiergeographischen Gebieten. Schlanke, behende, nicht selten aptere Hymenopteren, deren Larven vornehmlich in oder an Larven und Puppen

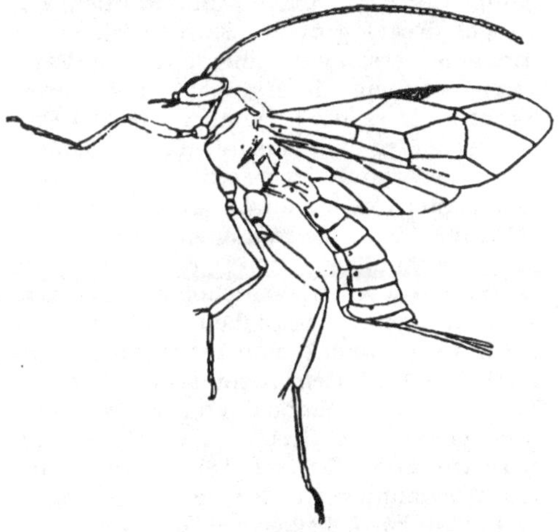

Abb. 141. *Pimpla instigator* Fabricius, Weibchen (Ichneumonidae). Nach Lameere. Nat. Gr. 7—20 mm.

anderer Insekten, seltener in oder auf den Imagines, auf Spinnen und in deren Eierkokons parasitisch leben. Die Fam ist ausgezeichnet durch Vereinigung der Discoidalzelle mit der ersten Cubitalzelle im Vorderflügel und durch den stets vor der Spitze auf der Unterseite des Hinterleibs entspringenden Legebohrer der Weibchen.

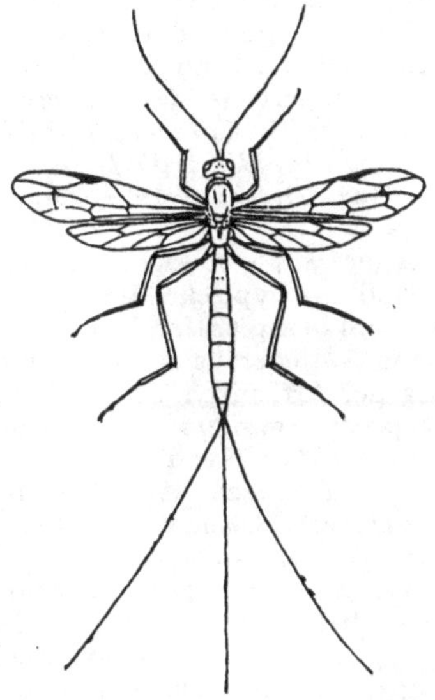

Abb. 142. *Rhyssa* sp. (Ichneumonidae). Nach Handlirsch. Nat. Gr. etwa 4 cm.

Es sind etwa 150 fossile Arten seit dem Eocän beschrieben worden, die sich alle in die recenten Familien eingliedern.

Ichneumonoidea (Konow 1897) Viereck 1916, Schlupfwespen im weiteren Sinne,

FamR der *Hym Terebrantes* mit den Fam *Aulacidae, Ichneumonidae, Ophionellidae, Agriotypidae, Lysiognathidae, Aphidiidae, Neorhacodidae, Stephanidae, Leptofoenidae, Megalyridae, Dinapsidae, Braconidae, Vanhorniidae, Pachylommatidae, Gasteruptionidae* und *Evaniidae.*

Icotypen (gr. τὸ εἰκός das Natürliche, Wahrscheinliche, Hoffentliche) → typische Exemplare.

-idae (pl. von -είδης, Endung griechischer Patronymica, aus ὁ εἶδος, Aussehen, Gestalt), Endung des Familiennamens, die an den Stamm des Namens der typischen Gattung angehängt wird (Art. 4 der Nomenklaturregeln). Nach sprachlichen und nomenklatorischen Regeln muß der Stamm der Genitivform verwendet werden, also z. B. von *Aphis,* Gen. *Aphid-is* lautet der Familienname nicht *Aph-idae,* sondern *Aphid-idae.*

idaei van der Goot, *Aphis,* kleine Himbeerblattlaus, Himbeertrieblaus (*Hom Aphididae*).

-idea (gr. Ableitung wie die der Endung → *-idae,* daher í stets lang und betont), Endung der durch Nomenklaturregeln nicht erfaßter Namen überfamiliärer Gruppen, nämlich der Überfamilie oder Familienreihe und der Überordnung. Die Endung wird an den Stamm der Genitivform mittels des Bindevokals *o* angehängt, z. B. *Carabus, Carab-o-idea, Aphis,* Gen. *Aphidis, Aphid-o-idea, Orthoptera,* Gen. *Orthopterorum, Orthopter-o-idea* usw.

Ideotypen (gr. ἡ ἰδέα Aussehen, Beschaffenheit) sind → typische Exemplare, die nicht vom Originalfundorte stammen und vom Autor erst nach der Veröffentlichung der Art durch Vergleich mit der Holotype determiniert worden sind.

+***Idiomylacridae*** Handlirsch, ausgestorbene Fam der rezenten *Blattoidea* mit einer obercarbonischen Art aus Nordamerika. (1,5 cm langer VFl.)

Idiovarietät (gr. ἴδιος eigen, eigentümlich), unterspezifische Einheit, welche mehrere → Biotypen einer Art zusammenfaßt.

Ileum (gr. ὁ εἰλεός Darmverschlingung, von εἰλέω sich herumwinden, herumschlängeln), Dünndarm, der zweite, auf den → Pylorus folgende Abschnitt des Hinterdarmes, welcher zusammen mit dem → Colon den mittleren Abschnitt des Hinterdarmes bildet. Das ~ ist meist dünner als das Colon (z. B. bei Engerlingen), kann aber auch dicker sein als dieses (z. B. bei *Phyllophaga gracilis, Col.*). (Taf. VI, Fig. 2.)

Ilex-Minierfliege → *Phytomyza aquifolii* Goureau.

illegitim → regelwidrig.

illuminatella Zeller, *Argyresthia,* Tannenknospenmotte (*Lep Hyponomeutidae*).

Imaginalanlagen, epidermale Ein- oder Ausfaltungen der sich unter der larvalen Cuticula aus den → Imaginalscheiben herausbildenden imaginalen Organe. Eingefaltete ~, die häufig in eigenartigen → Peripodialhöhlen entstehen, sind äußerlich unsichtbar bzw. scheinen nur durch (z. B. bei vielen ziemlich transparenten Praepuppen parasitischer Hymenopteren) und werden bei Holometabolen bei der Verpuppung ausgestülpt (versenkte ~). Bei Heterometabolen entstehen z. B. Flügel als freie ~ durch Ausfaltung der Cuticula und sind von Anfang an von außen her sichtbar (äußere ~).

Imaginalparasiten sind parasitische Insekten, die sich auf bzw. in den Imagines anderer Insekten entwickeln. Diese Form des Parasitismus ist verhältnismäßig selten, was wohl dadurch bedingt sein dürfte, daß der Körper der Imagines viel ärmer an Reservestoffen ist als derjenige der Eier, Larven und Puppen. Die in der Regel größere Beweglichkeit der Imagines erschwert einerseits den Parasitenweibchen die Eiablage und verursacht andrerseits, abgesehen von der Produktion der Geschlechtszellen, schnelleren Verbrauch der von der Puppe übernommenen oder durch imaginale Ernährung neu gewonnenen Assimilate. Eine Ausnahme unter den Imagines bilden die sessilen Weibchen der *Coccidae* und die wenig beweglichen Weibchen der *Aphididae,* welche eine recht große Anzahl von Parasiten, besonders unter den Hymenopteren, haben. Von Käfern sind nur vereinzelte Arten als Wirte von parasitischen Hymenopteren und Dipteren bekannt geworden, so z. B. *Pityophthorus henscheli, Ceutorrynchus quadridens, Timarcha,* einige Lamellicornier usw. Obligate ~ sind die Fächerflügler (*Strepsiptera*). Sie stellen zugleich die einzigen echten Parasiten unter den Insekten dar, da sie ihren Wirt nicht töten. Das bezieht sich allerdings nur auf die Fam *Stylopidae,* während die Mengeiden-Wirte bald nach dem Schlüpfen des Parasiten absterben.

Imaginalring, ein Ring junger, teilungsfähiger Epithelzellen am Übergang des Stomo- und Proctodeums zum Mitteldarm, von dem aus die beiden ersteren Darmabschnitte im Puppenstadium neu gebildet werden.

Imaginalscheiben, Histoblasten, scheibenförmige Verdickungen der larvalen Epidermis, welche zu → Imaginalanlagen auswachsen.

imaginifugal (lat. fugo, -are, fliehen) werden larvale Merkmale bezeichnet, welche bei der sich weiter entwickelnden Larve allmählich oder plötzlich verschwinden und bei der Imago nicht mehr auftreten. Es handelt sich dabei entweder um → caenogenetische, rein larvale Anpassungsmerkmale oder um → palingenetische ererbte Merkmale, die in Regression stehen und bei der Imago nicht mehr auftreten.

Imaginiparie (lat. pario, peperi, partum, gebären), ein bei Insekten seltener Sonderfall der → Viviparie.

imaginipetal (lat. peto, -ere, -ivi o. -ii, -itum, hinzielen, hinstreben, hinsteuern) werden Merkmale genannt, welche in voller Ausbildung erst bei der Imago erscheinen, aber bei der Larve schon sichtbar werden, wie z. B. die Flügelanlagen der → paurometabolen Insekten.

Imago (lat. imago, -inis, f., Bild, Erscheinung), das fertige, geschlechtsreife Insekt, Endstadium der Metamorphose, ausgenommen die wenigen Fälle der → Paedogenese mit unterdrücktem Imago-Stadium.

Immenblumen sind → Hymenopterenblumen mit tief versteckten Nektarien. Sie werden in zwei Gruppen geteilt, nämlich die Bienenblumen mit tief und die Hummelblumen mit sehr tief versteckten Nektarien. Zu den ~ zählen *Iris*, *Primula*, *Aconitum*, *Labiatae*, *Orchis*, *Papilionaceae*, *Symphytum* und andere *Borraginaceae*. Unter den *Papilionaceae* sind *Trifolium*-Arten typische Hummelblumen.

Immenkäfer → *Trichodes* spp.

Immenvögel → *Meropidae*.

Immobilisation (lat. immobilis, -e, unbeweglich) → Akinese.

Immunität (lat. immunitas, -atis, f., Freisein von etwas, immunis, -e, frei, unberührt), Unempfänglichkeit eines Organismus gegen Infektion seitens anderer parasitischer Organismen oder gegen chemische Fremdstoffe.

impar Gozis, *Polydrosus*, grüner Fichtenrüsselkäfer (*Col Curculionidae*).

***-inae*,** Endung lateinischer Unterfamiliennamen, unterliegt denselben Regeln wie die Familienendung → *-idae*.

incanus Linné, *Brachyderes*, Kieferngraurüßler (*Col Curculionidae*).

incertae sedis, Abk. inc. sed., oder auch kurz inc. (lat. incertus unsicher, sedes, sedis, Sitz, Aufenthalt) Bezeichnung für Arten oder Gruppen, deren systematische Stellung unsicher oder unbekannt ist.

incisivi dentes (lat. incido, -ere einschneiden, dens, -its, m., Zahn), Schneidezähne, in der Mitte des Kaurandes der Mandibel stehende → Dentes. An der Mandibel der Pflanzenfresser fehlen meist die apikalen dentes canini (Reißzähne), und die Incisivi können dann bis zur Spitze hinaufsteigen. (Taf. XXI, Fig. 3.)

Incisur (lat. incisura, -ae, f., Einschnitt, von incido vgl. oben), Einschnitt zwischen zwei Segmenten, vornehmlich zwischen den Hinterleibssegmenten, besonders bei gewissen Ichneumonidengruppen als taxonomisches Merkmal im Gebrauch, da die Tiefe dieser Intersegmentaleinschnitte vielfach konstant ist.

in collectione, Abk. in coll., in der Sammlung, in Verbindung mit dem Genitiv des Sammlungsinhabers, z. B. in coll. Musaei Berolinensis.

inconsequens Uzel, *Taeniothrips*, Birnblasenfuß (*Thysanoptera Thripidae*).

in copulatione, Abk. in cop., bei der Begattung, die am Sammlungsetikett anzubringende Bemerkung über ein bei Begattung eingesammeltes Pärchen.

incrassat (lat. incrasso, -are, dicker machen, verdicken, incrassatus verdickt), verdickt, z. B. Fühler gegen die Spitze (antennae incrassatae versus apicem).

Incrusten → Einlagerungen.

Incubation (lat. incubo, -are, brütend im Nest sitzen), Brüten, Bebrütung, bei Insekten meist nur im Sinne der Incubationszeit des Eies, d. h. der Dauer der Embryonalentwicklung vom Augenblick der Eiablage bis zum Schlüpfen der Larve. Die ~ der Insekten ist von sehr verschiedener Dauer und letztere ist im Grunde artspezifisch, variiert aber in ziemlich weiten Grenzen in Abhängigkeit von der Temperatur und Feuchtigkeit der Umwelt. (→ Viriparie.)

Incurvariidae Spuler 1910, Miniersackmotten, Fam der *Lep Tineoidea* mit etwa 70 Arten. Kleine bunte Motten, deren Raupen zuerst als Pflanzenminierer (Blattminierer, Trieb- und Stengelbohrer) und später frei in einem Sack leben. Mehrere Arten auch in Deutschland vertreten, einige schädlich, wie z. B. die → Himbeermotte und → Johannisbeermotte.

Index (lat. index, -icis, comm., Zeigefinger, Anzeiger, Register), in der Biometrik Verhältniszahl zweier korrelativer Merkmalswerte morphologischen oder biologischen Charakters. So drückt z. B. der Kopfindex die Kopfbreite in Prozenten der Kopflänge aus, nach der Formel: Kopfbreite × 100 : Kopflänge, oder der Mortalitätsindex der Eier eines Geleges: Zahl der abgestorbenen Eier × 100 : Gesamtzahl der Eier im untersuchten Gelege.

Indikation (lat. indico, -are, zeigen, hinweisen, davon index vgl. oben), in der Nomenklatur der bibliographische Hinweis (Zitat) auf eine früher schon, aber nomenklatorisch ungültig beschriebene Art, für die nun der neue Name eintreten soll. Die ∼ kann sich auf Beschreibung oder Abbildung oder beide zugleich beziehen. So sind viele vorlinneische Artbeschreibungen durch LINNÉS Akzeptierung mit Bezug (∼) auf die frühere Beschreibung gültig benannt worden.

indische Subregion → vorderindische Subregion.

indochinesische Subregion, Gebiet von Hinterindien und Südchina der → orientalischen tiergeographischen Region.

Indument (lat. indumentum, -i, n., Anzug, Kleidung, Hülle) → Vestitur.

Indusium (lat. indusium, -ii, n., Übertunika), bisher nur bei der Locustide *Xiphidium* gefundene dritte → Embryonalhülle. Sie entsteht aus einer dorsalen Verdickung des Blastoderms, welche unter der Serosa eine mehrschichtige Hülle um das Ei bildet.

Infektion (lat. infecto, -are, Intens. von inficio, -ere, vergiften), Befall eines Wirtsorganismus von Parasiten. Gewöhnlich wird dabei der Befall durch Mikroorganismen (Bakterien, Protozoen) gemeint, vielfach wird aber der Ausdruck ∼ auch auf Parasitierung durch Insekten angewandt.
Man spricht auch nicht selten von Infektionstypen als Methoden der Eiablage parasitischer Insekten auf, in oder in der Nähe ihrer Wirte.

Inflata Latreille → *Acroceridae.*

Infrabuccaltasche, Grenztasche (Kirmayer 1909), Leimhöhle (Brants 1842), Speichelreservoir (Will 1885), poche gnathale (Janet 1905). Eine Vertiefung in der Vorderwand des Hypopharynx vieler aculeater Hymenopteren, welche von der vorn herabhängenden → Innenlippe zugedeckt wird. Ihre Bedeutung scheint verschieden zu sein. Pilzzüchtende Blattschneiderameisen (*Attinae*) nehmen in dieser Tasche eine zur Koloniengründung nötige Pilzmasse auf den Hochzeitsflug mit. Bei *Vespa crabro* und *Sphegidae* wurde in der ∼ das jeweils für die Art charakteristische Nestbaumaterial nachgewiesen. Auch Schmutz von der Säuberung der Vorderbeine und Fühler findet sich häufig in der ∼. (Taf. XXII, Fig. 3.)

Ingestion (lat. ingestio, -onis, f., Einführen, Eingießen), Nahrungsaufnahme, im engeren Sinne das Verschlucken des Nahrungsbrockens.

Ingluvies (lat. ingluvies, -ei, m., Schlund) → Kropf.

-ini, Endung der Tribus-Namen. Es ist die regelmäßige Endung der 1. Pers. Pl. eines substantivischen Adjektivs, z. B. *Carabus,* adj. *carabinus* (caraben-artig), 1. Pers. Pl. masc. *carabini.*

Inkrete (lat. in in, hinein, cerno, -ere, crevi, cretum, von gr. κρίνω scheiden, sondern), Ausscheidungen der Organe innerer Sekretion, vor allem endokriner Drüsen. Im Gegensatz zu → Sekreten verbleiben die ∼ dauernd im Körper und regeln bzw. beeinflussen viele Lebensprozesse. Vgl. auch → Wirkstoffe.

in litt., Abk. für in litteris (lat.), in Briefen und Handschriften eines Forschers, nicht im Druck erschienene Feststellungen, welche, sofern sie sich auf die Nomenklatur beziehen und neue Tiernamen betreffen, keinen Rechtsstand haben.

Innenlade, Lacinia, Lobus internus maxillae, der innere, terminale Anhang des maxillaren Stipes.
An beißenden orthopteroiden Mundteilen bildet die ∼ eine Zange mit gezähnten

oder mit starren Borsten dicht besetztem Innenrande. Der apikale Zahn ist häufig stärker und länger und wird als → Digitus bezeichnet. Die ~ behält nicht immer ihre primäre terminale Lage am Stipes, sondern rückt häufig am Innenrande des Stipes etwas basalwärts, z. B. bei *Blattaria* und *Saltatoria*. Bei adephagen Coleopteren verschmilzt sie mit einem vom Stipes abgetrennten Teil, wodurch ein direktes Artikulieren der Lacinia am Cardo vorgetäuscht wird, besonders deutlich z. B. bei Cicindeliden.

Eine Sonderstellung nimmt die ~ in den beißenden Mundteilen der *Corrodentia* ein. Sie ist hier zu einem langen, schmalen, meißelartigen Chitinstab umgewandelt, welcher in einer häutigen Scheide der Außenlade vor- und zurückgezogen wird. Bei *Mallophaga* ist die ~ rudimentär.

An kauend-leckenden Mundteilen, vor allem bei *Hymenoptera*, ist die ~ entweder orthopteroid, zangenförmig (kauender Typ) oder im Gegensatz zur Außenlade verkleinert, weichhäutig, sackartig, behaart (leckender Typ), oder aber sie ist stark reduziert, wie z. B. bei *Apidae*. Auch bei gewissen Schmetterlingen mit kauenden Mundwerkzeugen (*Micropterygidae*) kann sie rudimentieren oder ganz ausfallen.

An leckend-saugenden Mundteilen fehlt die ~ sowohl bei *Trichoptera* als auch bei *Lepidoptera*.

An stechend-saugenden Mundteilen bildet die ~ bei *Hemiptera* und *Thysanoptera* die → Stechborsten. Bei den ersteren bilden die beiden Lacinien zusammengelegt zwei Rohre, nämlich einen Nährgang (vorn) und einen Speichelgang (dahinter). Bei Thysanopteren bilden sie ein einfaches Saugrohr.

Bei *Panorpatae* sind die ~ typisch am Stipes angebracht, sklerotisiert und mit starren Borsten besetzt. Bei *Diptera* fehlen sie vollständig, auch schon bei den primitiven Formen (*Ceratopogonidae*). Auch *Aphaniptera* entbehren vollständig der ~.

Die Muskulatur der ~ besteht aus einem vielfach zweiteiligen Flexor, welcher bei meißel- und stechborstenartiger ~ als Protractor arbeitet und im Stipes entspringt, und aus einem zweiten Flexorpaar, welches in den letzteren Fällen als Retractor arbeitet und von der Wand der Kopfkapsel entspringt. (Taf. XXI, Fig. 2, Taf. XXIII Fig. 6,7 und Taf. XXIV, Fig. 4, 5.)

Innenlippe, untere Innenlippe (W. Ulrich 1924), hintere Innenlippe (Kirmayer 1909), Schlundplättchen (Wolff 1875), Mesolabium, eine lippenartig von der Vorderwand des Hypopharynx aculeater Hymenopteren gegen die Basis der Lacinien herabhängende Falte. Sie legt sich entweder an die ebene Vorderwand des Hypopharynx (*Eucera*) oder bildet eine Klappe über der → Infrabuccaltasche. (Vgl. auch → Epipharynx.) (Taf. XXII, Fig. 4.)

Innenparasiten → Endoparasiten.

Innenrand eines Organs ist immer derjenige Rand, welcher der Symmetrieebene des Körpers am nächsten liegt oder zugewendet ist. Am Flügel ist es der → Hinterrand.

Innenrandsadern, im Schmetterlingsflügel die hinter der → Zelle frei aus der Flügelwurzel entspringenden Adern, Analis und Axillaris. (Taf. XIII, Fig. 7, 8.)

Innenskelett, Endoskelett, die Innenfläche der Cuticula mit ihren in die Körperhöhle vorspringenden Einstülpungen. Funktionell gehört natürlich die ganze Cuticula mit ihren Eigenschaften wie Elastizität, Festigkeit, Dicke, Wölbung usw. zum ~. Der funktionelle Bereich des Innen- und Außenskeletts ist nicht immer leicht auseinanderzuhalten.

Die Hauptaufgabe des ~ beruht auf der Bildung der Stützpunkte für die Muskulatur. Außer der glatten Innenfläche der Cuticula gibt es drei formative Grundelemente des ~, welche als Muskelansatzpunkte dienen, nämlich → Leisten, → Apophysen und → Phragmen.

Da sich die endoskeletalen Bildungen der drei Hauptabschnitte des Insektenkörpers in verschiedenen Richtungen ausgebildet und verschiedene, funktionell bedingte Formen angenommen haben, so spricht man häufig von drei Gruppen des ~, dem → Endocephalon, dem → Endothorax und dem → Endogaster.

Innenwinkel des Schmetterlingsflügels → Tornus.

innersekretorische Drüsen → endocrinale Drüsen.

Inquilinen (lat. inquilinus, -i, m., Mieter, Einwohner ohne Eigentumsrecht) → Einmieter.

inquisitor Linné, *Calosoma*, brauner Puppenräuber, kleiner Kletterlaufkäfer (*Col Carabidae*).

inquisitor Linné, *Rhagium*, Nadelholzzangenbock (*Col Cerambycidae*).

Insecta (Linné 1758) Latreille 1796 (*Insecta* Linné p.p., *Hexapoda* Latreille) Insekten, Kerbtiere, Kerfe. Klasse der *Eutracheta* (*Mandibulata*).

Winzige bis sehr große, 0,2 mm bis 33 cm (fossile Formen bis 35 cm) lange Arthropoden mit heteronom segmentiertem Körper, welcher bei geschlechtsreifen Tieren meist deutlich in Kopf, Thorax und Hinterleib geteilt ist, wobei der Kopf ein Paar Fühler und Mundteile sowie Augen und Ocellen, der Thorax drei Beinpaare und gewöhnlich zwei Flügelpaare trägt, der Hinterleib dagegen nur bei Jugendstadien mit Stummelfüßen versehen sein kann, die der Ortsbewegung dienen, während bei Imagines erhalten gebliebene Beinrudimente andere Funktionen übernommen haben.

Der Kopf besteht aus 6 (? 7) Segmenten, die aber zu einer einheitlichen Kopfkapsel miteinander verschmolzen sind. Die meisten ursprünglichen Intersegmentalnähte sind dabei spurlos verschwunden. Ein Paar große Netzaugen (Komplexaugen) und 1—3 einfache Ocellen sind gewöhnlich vorhanden. Ein Paar ein- oder vielgliedrige Fühler stehen gewöhnlich vor oder zwischen den Komplexaugen. Die Mundteile, nämlich ein unpaariges Labrum, ein Paar Mandibeln, ein Paar Maxillen und ein Paar stets wenigstens basal miteinander verschmolzener zweiter Maxillen (Labium) sind in der Regel vorhanden, vielfach mehr oder weniger stark modifiziert oder rudimentiert.

Die Kopfkapsel ist mit dem Thorax stets durch einen mehr oder weniger gut entwickelten und deutlichen, membranösen, mit einigen Skleriten versehenen Hals verbunden.

Der Thorax besteht aus drei Segmenten, dem Pro-, Meso- und Metathorax, welche zusammen ein, bei Imagines meist deutlich vom Kopf und Hinterleib abgegrenztes Ganzes bilden, miteinander aber eng verbunden sind, ohne jedoch ihre Selbständigkeit, welche besonders der Prothorax fast stets in höherem Grade beibehält, ganz zu verlieren. Jedes der drei Thoraxsegmente ist bei Imagines immer, bei Larven gewöhnlich mit je einem gegliederten Beinpaar versehen. Der Meso- und Metathorax sind außerdem bei Imagines meistens mit je einem Flügelpaar versehen, deren äußerlich sichtbare Anlagen bei Larven der hemimetabolen Insekten schon nach der ersten Häutung in Erscheinung treten können, bei holometabolen dagegen erst bei der Puppe deutlich werden. Rudimentation der Beine kommt bei Imagines selten, die der Flügel oft vor. Bei allen Fliegen und bei Männchen der *Coccidae* ist stets das metathorakale, bei Männchen der *Strepsiptera* das mesothorakale Flügelpaar rudimentiert.

Der Hinterleib besteht höchstens aus zwölf Segmenten, die aber nur selten in voller Zahl erhalten sind. Bei Imagines sind Reduktionen im Bereich des ersten bis dritten Segments und im Bereich der Endsegmente (Terminalia) vom 7. Segment an nicht selten. Die ersten neun Segmente des Hinterleibs können mit je einem Paar von → Afterfüßen (bei Raupen und Afterraupen) und einige von ihnen können mit je einem Paar von → Uropoden versehen sein. Ventral am 8. und 9. Segment kann außerdem zwischen den Uropoden (Gonopoden) bei Imagines je ein Paar von Gonapophysen auftreten. Das 10. Segment trägt niemals irgendwelche gegliederte oder auf gegliederte Beine zurückführbare Anhänge. Das 11. Segment ist bei vielen Insekten mit einem Paar ein- bis vielgliedriger Cerci und zuweilen mit einem unpaarigen → Terminalfilum versehen. Das 12. Segment (Telson) bildet entweder drei deutlich differenzierte → Afterklappen oder ist zu einer Hautfalte um die Analöffnung reduziert. Auch das 11. Segment kann stark rudimentiert sein, und seine Cerci, falls vorhanden und erhalten geblieben, scheinen dann auf dem 10. Segment zu stehen.

Das Integument oder die Haut der Insekten ist ein einschichtiges Epithel, welches von einer mehr oder weniger dicken, hauptsächlich chitinösen → Cuticula überzogen ist. Sie stellt das Skelett der Insekten dar.

Das Nervensystem besteht aus einem dorsal über dem Schlund gelegenen Gehirn und einer aus 16 Ganglienpaaren zusammengesetzten Bauchganglienkette. Die vordersten drei Ganglienpaare der Bauchganglienkette, nämlich die des

Mandibular-, Maxillar- und des Labialsegments der Kopfkapsel sind miteinander zu einem Unterschlundganglion verschmolzen. Von den übrigen 13 Ganglienpaaren entfallen drei auf die drei Thoraxsegmente und zehn auf die Hinterleibssegmente. Im Postembryonalleben weist der Hinterleib aber niemals mehr als acht Ganglienpaare auf. Die Bauchganglienkette liegt in der Regel in einem → Perineuralsinus. Ein sympathisches Nervensystem ist bei Insekten stets vorhanden und steht teilweise mit dem endokrinalen System in Verbindung.

Das Muskelsystem besteht fast ausschließlich aus quergestreiften Muskelfasern und ist im Grunde segmental gegliedert, ohne einen kontinuierlichen Muskelschlauch, wie er bei Würmern vorhanden ist, zu bilden.

Das Rückengefäß liegt dorsal in einem → Pericardialsinus und besteht aus einem Herzen und einer nach vorn von ihm ausgehenden Aorta. Beide sind gewöhnlich schlauchförmig und voneinander meist nicht scharf abgesetzt. Das Herz ist mit 1—13 Ostienpaaren versehen und vielfach mehr oder weniger deutlich in Kammern mit je einem Ostienpaar eingeteilt. Das Herz saugt das Blut aus der Leibeshöhle durch die Ostien ein und pumpt es nach vorn durch die Aorta in den Kopfkapsel hinein. Besondere Septen in der Kopfkapsel (sog. Antennenarterie) und in den Beinen (Beinarterien) sorgen dafür, daß das Blut auch in diese schwer zugänglichen Lakunen eindringt.

Das Tracheensystem besteht aus einem oder zwei Paaren lateraler Längsstämme, die oft miteinander durch Queranastomosen und mit den Stigmen durch kurze Stigmenäste verbunden sind. Es sind 1 (→ *Collembola*) bis höchstens 10 Stigmenpaare vorhanden, davon zwei (selten bei → Hyperpneustia vier) im Thorax (Meso- und Metathorax) und ein bis acht Paare in den Hinterleibssegmenten 1—8. Die Hinterleibssegmente vom 9. an tragen niemals Stigmen.

Darmkanal fast immer dreiteilig, besteht aus dem ektodermalen Vorder- und Hinterdarm und aus dem im Grunde entodermalen Mitteldarm.

Exkretionsorgane sind die 2—150 schlauchförmigen, manchmal etwas differenzierten Malpighi-Gefäße, welche in den Pylorus-Abschnitt des Hinterdarmes münden.

Die Geschlechtsorgane bestehen aus den in der Regel paarigen Gonaden (Ovarien bzw. Hoden) und den im Basalteil paarigen, im Distalteil unpaarigen (selten paarigen) Ausführungsgängen. Die Mündung der Ausführungsgänge liegt in der Regel bei Weibchen zwischen dem 8. und 9., bei Männchen zwischen dem 9. und 10. Sternit des Hinterleibs.

Die Entwicklung ist eine mehr oder weniger komplizierte Metamorphose mit Ei-, Larven-, Puppen- und Imago-Stadium.

Die Fortpflanzung der meisten Insekten ist gamogenetisch. Fakultative und obligate Parthenogenese kommen aber häufig, besonders bei bestimmten Gruppen (z. B. *Cynipidae*) vor.

Die meisten Insekten sind echte Landtiere. Nur verhältnismäßig wenige leben oder entwickeln sich im Süß- oder Brackwasser. Sie fehlen in offenen Meeren, in äußersten Polargebieten und in trockensten Wüstengebieten.

Die Abstammung der Insekten ist noch nicht eindeutig geklärt. Unter den möglichen Insektenahnen wurden am meisten die Trilobiten und Symphylen (*Scutigerella*) diskutiert. Die Trilobitentheorie von Handlirsch, welche die Insekten über die fossilen *Palaeodictyoptera* von den Trilobiten ableitete und sich hauptsächlich auf die, bei den beiden Gruppen gut entwickelten Paranoten stützte, wird heute nicht mehr in Betracht gezogen, nicht weil sie objektiv widerlegt worden wäre, sondern weil neuere Ansichten plausibler erscheinen. Die Symphylen-Theorie hat noch Verteidiger, aber keine größeren Chancen, sich durchzusetzen. TILLYARD (1930) versuchte die Schwierigkeiten durch seine *Protaptera*-Hypothese zu überbrücken, scheint aber auch nicht viel Anklang gefunden zu haben. Die Tatsache, daß das älteste, im Mittel-Devon gefundene Insekt, +*Rhyniella praecursor* (= +*Protentomobryidae*) zu Collembolen gehört, wirft neue Fragen auf, deren Lösung der Zukunft gehört.

Auch die Wege der phylogenetischen Entwicklung, der Aufspaltung des Insektenstammes und die Verwandtschaftsbeziehungen zwischen den rezenten Gruppen sind noch lange nicht genug geklärt. Die alte Einteilung der Insekten in die

UKl *Apterygota* und *Pterygota* ist schon seit längerer Zeit ins Schwanken gekommen. Die sich gegenwärtig anbahnenden Lösungen stehen unter Diskussion. Sie fanden einen allgemeinen Niederschlag in dem von GRASSÉ angenommenen System der Insekten (→ System).

Insectarium → Insektenhaus.

insectiphag, insectivor (gr. φαγεῖν, lat. voro, -are, fressen) → Insektenfresser.

Insekten → *Insecta.*

Insektenblütler, entomogame Pflanzen sind Pflanzen, die auf Bestäubung durch Insekten eingerichtet sind und besondere Blütenmerkmale aufweisen, die einerseits die Insekten zum Besuch verlocken, andrerseits aber diejenigen fernhalten sollen, welche die Bestäubung nicht durchführen können.

Insektenfresser, Insectiphaga, Insectivora, Tiere, die sich als Jäger, Parasiten oder Halbparasiten von Insekten ernähren. Hierher gehören die meisten *Myriopoda, Arachnoidea,* sehr viele Insekten, viele Fische, die meisten Amphibien, viele Reptilien, Vögel (insbesondere *Passeriformes*) und Säugetiere (vor allem die Ordn *Insectivora*). Unter den niederen Wirbellosen finden sich nur wenige Insektenfresser unter den Würmern (*Nematoda, Acanthocephala, Gordiidae*), unter den Coelenteraten (Süßwasserpolypen) und unter den Protozoen (*Rhizopoda, Flagellata, Sporozoa*).

Von insektenfressenden Pflanzen sind vor allem zahlreiche Bakterien (→ Faulbrut, → Schlaffsucht, → Heuschreckenpest), Pilze (→ Mycosen) und einige wenige höhere Pflanzen (z. B. *Drosera rotundifolia, D. longifolia, D. intermedia, Utricularia, Aldrovanda vesiculosa, Dionaea muscipula, Pinguicula alpina, P. vulgaris, Sarracenia, Nepenthes*) zu nennen. Auch unter Laubmoosen finden sich Anfänge von Insektenfangeinrichtungen bei einigen tropischen Arten der Gattungen *Pleurozia* und *Colurolejeunia.*

Insektenfresser sind auch bei Naturvölkern nicht selten, welche Termiten, Heuschrecken und fette Engerlinge mit Behagen verzehren. Näheres darüber findet sich bei F. S. BODENHEIMER, Insects as human food, W. Junk, 1951. Besonders bemerkenswert ist das Läusefressen, welches bei gewissen Völkern sogar zu einer gesellschaftlichen Höflichkeitsform erhoben worden ist und nach Rezepten der Volksmedizin auch in Deutschland als Mittel gegen die Gelbsucht gilt, wie mir ein Arzt aus eigener Erfahrung mitteilte.

Insektenhaus, Insectarium, im allgemeinen jeder Behälter zur Aufzucht von Insekten, besonders aber größere Lauben oder stabile Gebäude mit zweckmäßigen Einrichtungen für die Zucht von Insekten in möglichst natürlicher Umgebung.

Insektizide (lat. caedo, -ere, -cidi töten), insektentötende chemische Stoffe zur Schädlingsbekämpfung. Es sind entweder Gase (Vergasungsmittel, Atemgifte), Flüssigkeiten (Spritzmittel) oder Pulver (Stäubemittel).

Je nach dem Organsystem, welches vom ~ direkt angegriffen wird, unterscheidet man → Kontaktgifte, → Atemgifte und → Fraßgifte.

Kontaktgifte, oder richtiger Hautgifte, wirken tödlich durch die Haut des Insekts, indem sie entweder infolge ihrer Lipoidlöslichkeit in die Körperzellen eindringen oder auf nicht näher bekannte Art Lähmungen verursachen.

Atemgifte sind meist Gase, z. B. Cyanwasserstoff oder flüchtige Flüssigkeiten, wie z. B. Tetrachlorkohlenstoff, seltener feste Stoffe, z. B. Paradichlorbenzol.

Fraßgifte sind entweder Spritz- oder Stäubemittel, die auf die Nährpflanzen verspritzt oder verstäubt mit der Nahrung in den Darmkanal des Insekts gelangen und von hier aus die Körperzellen vergiften.

Gegenwärtig kommen immer mehr synthetische Kontaktgifte zur Anwendung, wie z. B. Dichlordiphenyltrichloräthan (DDT), Hexachlorcyclohexan (HCH), Phosphorsäureester usw.

inseriert (lat. insero, -ere, einsetzen), svw. eingelenkt, am häufigsten bei Fühlern gebraucht, deren Insertionsstelle am Kopfe stark wechselt und große taxonomische Bedeutung hat.

Insertion → Ansatzstelle, Einlenkungsstelle.

insignis Douglas, *Orthezia,* Gewächshausröhrenlaus (*Hom Aphididae*).

in situ (lat. situs, -us, Lage Stellung), in natürlicher, durch künstliche Eingriffe unbeeinflußter Lage.

Inspiration (lat. inspiratio, -onis, f., Einatmung, von inspiro, -are, einatmen) → Einatmung.

Integument (lat. integumentum, -i, n., Decke, Hülle, von tego, -ere, decken, bedecken) → Körperdecke.

Intercalaradern (lat. intercalo, -are, einschalten) → Zwischenraumadern.

Intercalarborsten, Schaltwimpern, eine kurze Reihe langer Fransenborsten am Hinterrande der Vorderflügel vieler *Thysanoptera Tubulifera,* die von den normalen Fransenborsten leicht an ihren kleineren Neigungswinkeln, den sie mit der Randlinie des Flügels bilden, zu unterscheiden sind. Sie stehen außerdem deutlich außerhalb der Reihe normaler Fransen. Über ihre funktionelle Bedeutung ist nichts bekannt. (Taf. XII, Fig. 2.)

Intercalarsegment, 1. Postantennalsegment, Prämandibularsegment, Tritocerebralsegment, das dritte (nach WIESMANN vierte) primäre Segment des → Protocephalon. Es liegt zwischen dem → Antennal- und → Mandibularsegment, trägt bei Insekten niemals Gliedmaßen und ist dem zweiten Antennensegment der Crustaceen und dem Cheliceren-segment der Cheliceraten homolog. Gliedmaßenanlagen sind am ~ beim Embryo von *Anurida maritima* (WHEELER, J. Morph. 1889, 1893) nachgewiesen worden. Als Reste seiner Gliedmaßen werden von gewissen Autoren die am Hypopharynx niederer Insekten auftretenden → Superlinguae oder Maxillulae angesehen. (Taf. IX, Fig. 2.)
2. VERHOEFF nahm im Thorax nicht weniger als 8 ~ an, deren 2 zwischen Kopf und Prothorax und je 3 zwischen dem Pro- und Mesothorax und zwischen dem Meso- und Metathorax in Rudimenten vorhanden sein sollten. Die modernen embryologischen Befunde haben die Hypothese der thoracalen ~ nicht bestätigt.

Intercerebralteil, pars intercerebralis, der äußere ganglionäre, aus großen Ganglienzellen gebildete Teil des Sattels zwischen den Protocerebrallappen. Aus ihm entspringen die Ocellennerven. (Taf. XXVII, Fig. 2.)

Intercervicale, pl. Intercervicalia, eine chitinige Querplatte auf der Unterseite des Halses, welche die → Laterocervicalia miteinander und mit dem Prothorax verbindet (*Trichoptera, Zygaenidae*) oder vom Prothorax losgelöst eine Querbrücke zwischen den Laterocervicalia bildet (*Papilio*). Bei *Mantidae* ist sie sowohl vom Prothorax als auch von den Laterocervicalia getrennt.

Interferenzfarben → Schillerfarben.

Interfrontalia, Interfrontalleisten, ein Paar länglicher Chitinplatten an den Stirnseiten gewisser *Muscaria.* Bei *Chloropidae* stoßen sie vorn in der Mittellinie zu einer scharfspitzigen Dreiecksplatte zusammen, welche hinten das Ocellendreieck umfaßt.

interocellar, zwischen den Ocellen liegend.

interocular, zwischen den Komplexaugen liegend.

interpunctatus Stephens, *Coenorrhinus* (*Rhynchites*), Blattrippenstecher, Erdbeerblattstecher (*Col Curculionidae*).

interpunctella Hübner, *Plodia,* kupferrote Dörrobstmotte (*Lep Pyralidae*).

Intersegmentalhaut, Intersegmentalmembran, Intersegmentalnaht, Sutura intersegmentalis, Bindehaut, Conjunctiva, Segmentnaht, ist der, die anstoßenden vorderen und hinteren Segmentränder beweglich miteinander verbindende Membranstreifen, zum Unterschied von den → Gelenkmembranen der Gliedmaßen. Die primäre ~ ist bei Imagines in den meisten Fällen einheitlich mit der nachfolgenden Sklerit-platte verschmolzen und bildet die → Antecosta, während die definitive ~ eine sekundäre Bildung darstellt (→ Segmentverschiebung), die nicht mehr intersegmental, sondern rein segmental gelegen ist.

Intersegmentalmuskel, paarige, dorsoventral verlaufende Muskeln, die am Tergum oder Pleuron entspringen und die Segmentgrenze nach vorn überschreitend an der → Furca inserieren. Sie kommen bei primitiveren Insekten und bei Larven häufig vor, bei Imagines meist nur zwischen dem Pro- und Mesothorax, seltener zwischen dem Meso- und Metathorax. Ein paariger ~ kommt auch zwischen dem Protergum und den Laterocervicalia des Halses vor. Zwischen dem Prothorax und dem Occipitalrande des Kopfes bzw. dem Tentorium sind dorsoventrale sowie dorsale und ventrale Längsmuskeln ausgespannt, welche offenbar das Labialsegment übersprungen haben. ~ kommen sonst auch noch im Hinterleib vor, vor allem zwischen den Lateralapodemen bzw. zwischen der Lateralapodeme des 1. Segments und der Metafurca.

Intersegmentalnaht → Intersegmentalhaut.

Intersexualität, Auftreten von Intersexen, d. h. Geschlechtszwischenformen, bei welchen ähnlich wie bei → Gynandromorphen und → Zwittern an ein und demselben Tier männliche und weibliche Merkmale nebeneinander auftreten. Während aber der Gynandromorphismus einen abnormen Dauerzustand des Individuums mit zweierlei normalen (♂,♀) Chromosomengarnituren darstellt, sind Intersexe labile Zwitter mit einerlei abnormer Chromosomengarnitur, die im Laufe der Entwicklung einen Geschlechtswechsel durchmachen und in einer Zwischenstufe dieses Wechsels („Drehpunkt") beiderlei Geschlechtsmerkmale aufweisen, bis das ursprüngliche Geschlecht völlig oder mehr oder weniger stark verdrängt wird.

Intersternit, mehr oder weniger stark sklerotisierte primäre → Intersegmentalhaut zwischen den Sterna. Bei gewissen Apterygoten sind zwischen den Thorax-Segmenten je 2 ~ eingeschaltet, die voneinander durch die primäre Intersegmentalnaht und von den thorakalen Sterna durch sekundäre Nähte geschieden sind (*Japyx*) und als → Poststernit und → Praesternit bezeichnet werden. Die beiden ~ entsprechen der → Antecosta. Bei Pterygoten sind die ~ zwischen dem Pro-, Meso- und Metathorax selten deutlich erhalten, meist sind sie mit dem vorangehenden oder nachfolgenden Sternum verschmolzen. Bei *Sialis*-Larve z. B. ist der kleine metathoracale Praesternit mit dem mesothoracalen Sternum (Furcasternit) unter Bewahrung einer Trennungsnaht verschmolzen. (Taf. I, Fig. 2B.) Vgl. auch → Spinasternum.

interstitial (lat. interstitium, -ii, n., Dazwischenstehendes, nachkl. von inter zwischen und sto, -stare, stehen, gebildet), zwischen zwei Teilen stehend. Man spricht bes. vom ~ Nervellus im Flügelgeäder der *Ichneumonoidea*.

Interstitium, pl. -ien, → Intervall.

Intertergit, dorsales Gegenstück des → Intersternits. Von Systematikern werden häufig irrtümlich Tergitrudimente (z. B. im Hinterleib von Mallophagen) als ~ bezeichnet.

Intervall (lat. intervallum, -i, n., Raum zwischen zwei Schanzpfählen, daher auch Zwischenraum, Pause, im Gegensatz zu Interstitium ein nicht ausgefüllter Zwischenraum), Interstitium, Zwischenraum zwischen zwei Punktstreifen, Kettenstreifen oder Rippen auf den Flügeldecken der Käfer. Vgl. auch → Limes.

intestinalis De Geer, *Gasterophilus*, Pferdemagenbremse (*Dipt Muscidae Gasterophilinae*).

Intestinum (lat. intestinum, -i, pl. -a, -orum, n., Darmkanal, Eingeweide, Gedärm) → Verdauungskanal. Als ~ wird nicht selten der Hinterdarm allein bezeichnet.

Intima (lat. intimus, der innerste, Superlat. von interior nachkl. substantivierte Kurzform für „intima tunica" oder „intima membrana"), die innerste membranöse, cuticulare Auskleidung der durch Einstülpung aus der → Haut hervorgegangenen Organe. Die Tracheenintima soll aber, trotzdem sie auch cuticularen Ursprungs ist, nicht chitinös sein, sondern aus einer eiweißartigen, kolloidalen Masse, dem → Trachein, bestehen.

Die ~ der Herzwand → Endocardium.

Intraalarborsten, je eine kurze, beiderseits am Mesonotum bei Fliegen auftretende Längsreihe von Macrochaeten. Die Reihe beschränkt sich auf das Mesoscutum oder überschreitet vorn die Quernaht und steht beiderseits zwischen der dorsocentralen und der supraalaren Reihe. (Taf. V, Fig. 6.)

intrauterin wird die Entwicklung der pupiparen Insekten (*Glossina, Dipt Pupipara*) bezeichnet, deren Larven ihre ganze Entwicklung in der zum Uterus gewordenen Vagina durchmachen, wobei sie sich von den Ausscheidungen der Anhangsdrüsen ernähren.

intricatus Ratzeburg, *Scolytus*, Eichensplintkäfer (*Col Ipidae*).

Introitus (lat. introitus, -i, pl. -i, -orum, m., Eintritt, Eingang, Anfang), Ostium, Eingang in den Hohlraum eines Organs, z. B. bursae oder Vaginae. Gegens. → Exitus.

Intumeszenz (lat. intumesco, -ere, anschwellen), Vergrößerung eines Organs durch krankhaftes Wachstum. Häufig an Pflanzen, verursacht durch Insekten.

Invagination (lat. invagino, -are, in eine Scheide stecken, z. B. ein Schwert) → Einstülpung.

Investiment (lat. investimentum, -i, n., Bekleidung) → Vestitur.

Involucrum (lat. involucrum, -i, n., Wickel, von involvo. -ere einwickeln), 1. → Trophamnion, 2. aus unregelmäßigen Wachslamellen aufgebaute Nesthülle der *Meliponinae* (*Apidae*), die ihre Zellen zu Waben vereinigen.

Ipidae (Latreille 1807) Ganglbauer 1903 (*Scolytarii* Latr., *Scolytidae* Kirby 1837), Borkenkäfer (Abb. 144), Fam der *Col*

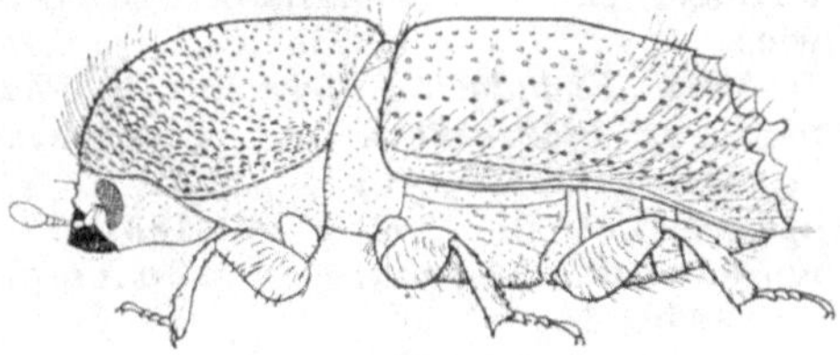

Abb. 143. *Ips typographus* Linné, Seitenansicht (Ipidae). (Orig.) Nat. Gr. etwa 5 mm.

Rhynchophora mit etwa 2000 Arten, von welchen an 150 in Deutschland leben. Kleine, selten über 5 mm lange, walzenförmige Holz- und Rindenbohrer, selten in krautartigen Pflanzen vorkommende (*Thamnurgus varipes* Eichhoff in *Euphorbia amygdaloides*, *Hylastinus trifolii* MÜLLER in Stengeln von Klee) Käfer. Larven apod, engerlingförmig, leben wie die Imagines in Holz oder Rinde. Gänge sehr charakteristisch, mit einem oder mehreren → Mutter- und zahlreichen → Larvengängen, die bei gewissen Arten zu einer gemeinsamen Larvenkammer zusammenfließen können. Der Muttergang wird bei gewissen Arten mit einer → Rammelkammer und einigen → Luftlöchern versehen. Jungkäfer verlassen ihre → Puppenwiegen bei Rindenbrütern durch eigene → Fluglöcher, bei Holzbrütern durch den Muttergang. Viele Forstschädlinge.

Fossil sind an 40 tertiäre und 20 quartäre Arten beschrieben worden.

Irishaut → Tympanum.

Irispigmentzellen, Zellen des Pigmentmantels um den distalen Teil des → dioptrischen Apparates. Sie sind zu einer inneren Schicht von Haupt- und einer äußeren Schicht von Nebenpigmentzellen angeordnet. Die ersteren liegen den → Kristallzellen bzw. dem Kristallkegel oder dem → Pseudoconus unmittelbar an, die letzteren bilden einen äußeren Mantel um den Kristallkegel und um den distalen Teil der Sehzelle und hängen oft mit dem auf der Basalmembran stehenden, den basalen Teil der Sehzelle umhüllenden Mantel aus → Retinapigmentzellen zusammen (z. B. bei *Notonecta*).

Normalerweise ist das Irispigment schwarz, lichtabsorbierend. Es kommen aber auch farbige Pigmente vor (→ Iristapetum), nicht selten in alternierenden Streifen mit schwarzem Pigment, wodurch die Komplexaugen von außen buntstreifig erscheinen (z. B. bei gewissen *Odonata*).

Iristapetum, lichtreflektierende Hülle um den dioptrischen Apparat der Ommata im → Hellauge, gebildet durch → Irispigmentzellen mit buntem Pigment. Besondere Tapetumzellen kommen nur in Ocellen gewisser Insekten vor (→ Komplexauge).

irritans Linné, *Lyperosia*, kleine Stechfliege (*Dipt Muscidae*).

irritans Linné, *Pulex*, Menschenfloh (*Aphaniptera Pulicidae*). 2,5—4 mm lang, pechbraun, ohne Stachelkamm am Kopf und Thorax, von dem ersteren nur der kleine vorderste Zahn vorhanden. In Deutschland selten. An Menschen und Hunden, seltener an Katzen.

Irrling (Vosseler), Irrläufer, Vagabund, ein in einen artfremden Biotop verirrtes Einzelexemplar eines Tieres, das sich an dem Zufluchtsort normalerweise weder ernährt noch darin brütet. Bei freilebenden Insekten ist das Herumirren eine Regel und wird wenig beachtet, bei Außenparasiten hingegen wie die Mallophagen und Läuse, die streng wirtsgebunden sind, ist die Feststellung dieser Vorkommnisse wichtig, sofern es sich nicht um Exemplare handelt, die im Jagdbeutel oder auf dem Präparationstisch übergekrochen sind. Natürliche ~ sind bei den beiden Parasitengruppen äußerst selten, haben aber auf den Prozeß ihrer phylogenetischen Differenzierung anscheinend starken Einfluß ausgeübt.

Isaria, eine Gattung insektenparasitischer Pilze.

Ischnocera (Nitzsch 1818) Kellogg 1896 (Familie A. Nitzsch), UOrdn der *Mallophaga*, mit etwa 2000 Arten, die ektoparasitisch auf Vögeln (meist) und Säugetieren leben.

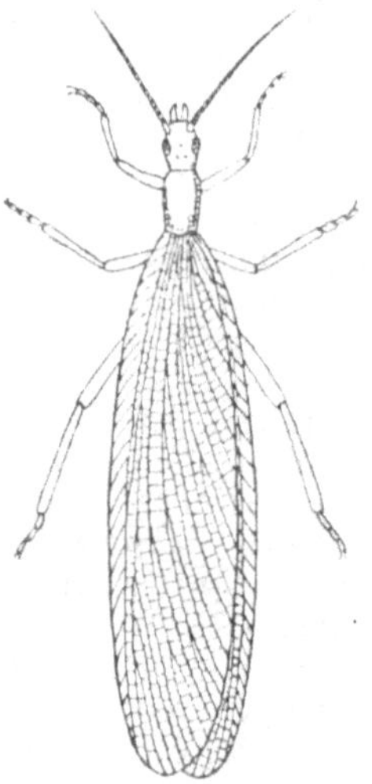

Abb. 144. + *Ischnoneura oustaleti* Brongniart (+ Ischnoneuridae). Nach Handlirsch. Nat. Gr 7,5 cm.

+*Ischnoneuridae* Handlirsch 1908 (Abb. 144), ausgestorbene Fam der +*Protorthoptera* mit einer mittelobercarbonischen Art aus Frankreich.

Ischnopsyllidae Dampf 1912, Fam der *Aphaniptera* mit mehreren auf Fledermäusen (auch in Mitteleuropa) lebenden Arten.

isogen (gr. ἴσος gleich, ἡ γενεά Abkunft), genotypisch gleich im Gegens. zu → isophaen.

isomer (gr. ἴσος gleich, τὸ μέρος Stück, Teil), mit gleicher Anzahl von Gliedern versehen, z. B. Tarsen der drei Beinpaare. Gegens. → heteromer.

Isometopidae Fieber 1860, Fam der *Heteroptera Geocorisae* mit wenigen (12) Arten, davon eine, *Isometopus intrusus* Herrich-Schäffer in Süddeutschland an Obstbäumen, sehr selten.

isomorph (gr. ἡ μορφή Gestalt, Form), von gleicher Körperform. Gegens. → heteromorph. ~ sind in der Regel die beiden Geschlechter ein und derselben Art.

Isomortale sind Linien gleicher Sterblichkeitszahl in → Mortalitätsdiagrammen.

isophaen (gr. φαίνω zeigen, erscheinen lassen), phänotypisch, d. h. in ihrer äußeren Erscheinung gleiche Einzelexemplare einer Art oder Rasse, deren genotypische Struktur entweder unbekannt oder verschiedenartig (rassisch unrein) ist. Gegens. → isogen.

Isophaene, fälschlich „Isophene", sind Linien gleichzeitigen Eintreffens eines biologischen Ereignisses im Verbreitungsgebiet einer Art. Vgl. auch → bioklimatische Regel.

+*Isophlebiidae* Handlirsch 1908, ausgestorbene Fam der *Odonata Anisozygoptera* mit 2 jurassischen Arten aus dem lithographischen Kalk von Bayern und einer Art aus dem Dogger von England. Die letztere Art hatte 13—14 cm lange VFl.

Isoporien (gr. ἴσος gleich, ἡ πορεία Gang, Reise) werden von HOFMANN (E., Isop. der europ. Tagfalter. Dissert., Jena 1873) Linien genannt, welche die geographischen Punkte mit gleicher Anzahl von Arten bestimmter Herkunft miteinander verbinden. Mittels der ~ versuchte HOFMANN zahlenmäßig die Richtung festzulegen, in welcher die Neubesiedlung Mitteleuropas mit Schmetterlingen aus eiszeitlichen Refugien erfolgte.

isopter (gr. τὸ πτερόν Flügel) werden Insekten genannt, deren Vorder- und Hinterflügel einander annähernd gleichen, wie z. B. die Flügel der *Odonata Zygoptera, Isoptera, Embidaria, Megaloptera, Rhaphidides, Planipennia* und *Panorpatae*. Gegens. → heteropter.

Isoptera (Latreille 1802) Brullé 1832 (*Termitina* Latr.), Termiten, weiße Ameisen (Abb. 145—148).

Abb. 145. *Archotermopsis wroughtoni* Desneux (Isoptera, Termopsidae). Nach Imms. Nat. Gr. etwa 1 cm.

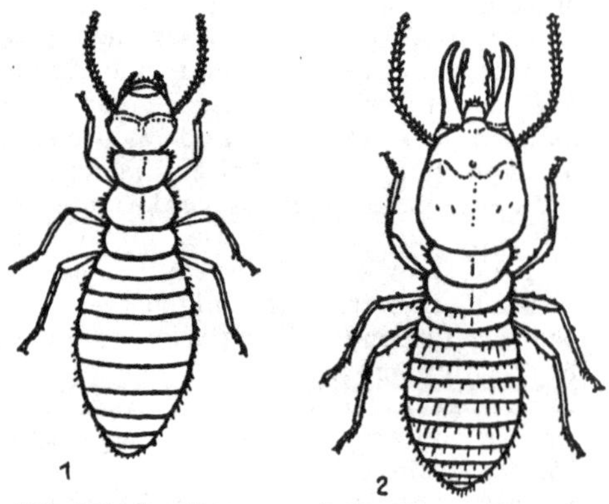

Abb. 146. *Prorhinotermes simplex* Hagen (Isoptera, Termitidae), Arbeiter (1) und Soldat (2). Nach Banks und Snyder aus Imms. Nat. Gr. etwa 4—5 mm.

Kleine, 2—20 mm lange, staatenbildende Insekten tropischer und warmer Gebiete der Erde. Die geschlechtsreifen, trächtigen Weibchen erreichen allerdings manchmal eine enorme Länge von 10 cm infolge der Dehnbarkeit ihres prall mit Eiern gefüllten Hinterleibs. In den Termitenstaaten treten außer den Geschlechtstieren mehrere Formen von Arbeitern und Soldaten auf. Manchmal finden sich darin auch abnorme Zwischenformen, sog. Interkasten, welche die Merkmale der Soldaten und Arbeiter in sich vereinigen. Die Erscheinung der Interkasten wird z. T. durch parasitäre Krankheiten verursacht.

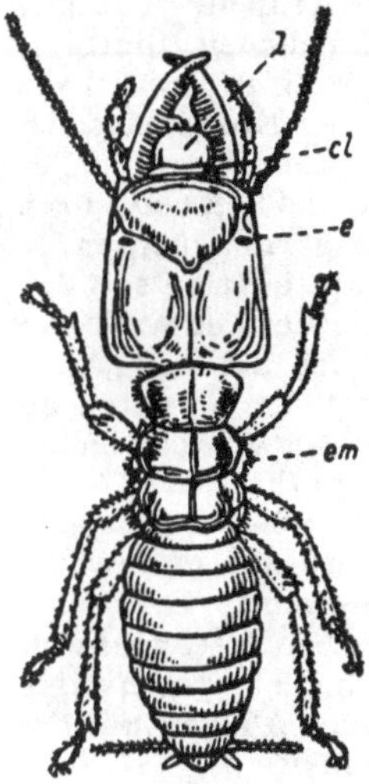

Abb. 147. *Archotermopsis* sp., männlicher Soldat (Isoptera, Calotermitidae). Nach Imms. Nat. Gr. 15 mm. *l* = Labrum, *cl* = Clypeus, *e* = Auge, *em* = Empimeron.

Die Termiten sind entweder fast farblos bzw. weiß oder chitinbraun (Sklerite) gefärbt. Kopf orthognath mit kleinen und wenig

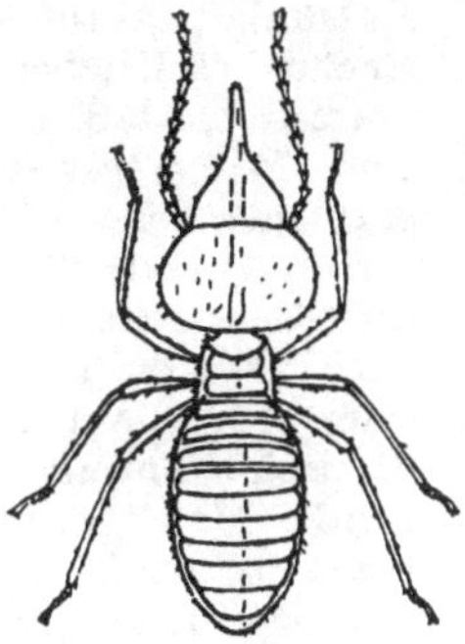

Abb. 148. *Eutermes costaricensis* Holmgren, Nasutus-Soldat. Nach Banks und Snyder aus Imms. Nat. Gr. 3,5 mm.

vorragenden Komplexaugen, die bei Arbeitern und Soldaten reduziert sein oder ganz fehlen können. Ein Paar Ocellen bei Geschlechtstieren fast immer vorhanden, fehlen bei Arbeitern und Soldaten. Clypeus in Ante- und Postclypeus geteilt. Fühler perlschnurförmig, homonom, mit 14—34 (Imago) oder 19—27 (Soldaten) Gliedern. Mundteile beißend, Mandibeln bei Imagines kurz, zangenförmig, bei Arbeitern und Soldaten oft übermäßig groß, weit vorstehend, von sehr verschiedener Bildung, vielfach asymmetrisch oder bizarr ausgebildet. Maxillen mit freien Kauladen und 5gliedrigen Tastern. Unterlippe mit freien Glossae und Paraglossae und mit 3gliedrigen Tastern. Hinterhaupt geschlossen, Mentum mit der Gula verwachsen. Mitten auf der Stirn oder auf der Spitze des Stirnfortsatzes (bei Nasuti-Soldaten) liegt innerhalb eines kleinen, hellen, rundlichen Fleckchens die Mündung (Fontanelle) der bei *Rhinotermitidae* und *Termitidae* stets vorhandenen, bei Soldaten am besten entwickelten Frontaldrüse, welche ein milchiges Sekret (Abwehrsekret, Hegh, Grassé u. a.) ausscheidet.

Hals ziemlich lang, mit rudimentären dorsalen, gut entwickelten, großen, lateralen und zu einer unpaarigen Querbrücke verschmolzenen, manchmal fehlenden, ventralen Cervicalskleriten.

Thorax bei Geschlechtstieren meist homonom, bei Arbeitern und Soldaten oft heteronom gegliedert, indem Meso- und Metathorax mehr oder weniger stark verkleinert sein können. Prothorax frei beweglich, mit einem schildförmigen, mehr oder weniger stark verbreiterten Notum. Pleuren gut differenziert, Trochantinus stets frei. Prosternum membranös mit rudimentären Skleriten, Meso- und Metasternum gut differenziert. Beine homonom, zum Laufen eingerichtet, Hüften groß, die vorderen mehr auseinanderstehend, die mittleren und hinteren mehr zusammengerückt, mit längs verlaufender Basicosta und vollständigem Meron. Schienen aller Beine mit einem Tympanalorgan. Tarsen homonom, bei den meisten Gruppen 4-, bei *Mastotermitidae* und *Termopsinae* 5gliedrig. Krallen gut entwickelt, paarig, Pulvillen vorhanden oder fehlend. Flügel bei jungen Geschlechtstieren vorhanden, brechen nach dem Hochzeitsflug längs einer basalen präformierten Bruchlinie ab. Beide Flügelpaare gleichartig oder fast gleichartig, die hinteren bei *Mastotermitidae* mit einem ziemlich großen Anallappen. Aderung sehr variabel, die Längsadern vollzählig oder z. T. nur durch blasse Aderspuren angedeutet. Netzartiges Zwischengeäder oft vorhanden.

Hinterleib mit zehn Segmenten. Das Sternit des 1. Segments ist entweder reduziert oder fehlt ganz. Die herabgebogenen Seitenteile des 1. Tergites beiderseits mit einer Vertiefung, welche wahrscheinlich ein Tympanalorgan darstellt. Bei Weibchen bildet das vergrößerte 7. Segment die Subgenitalplatte. Das 8. und 9. Sternit sind samt ihren Gonopoden bzw. Gonapophysen (ein Paar Gonopoden am 8. und je ein Paar Gonopoden und Gonapophysen am 9. Sternit) in der Genitalkammer verborgen. Tergite des 8. und 9. Segments normal. Die Vagina mündet zwischen dem 8. und 9. Sternit (nach einigen Autoren zwischen dem 7. und 8. Sternit) in die Genitalkammer. Bei Männchen bildet das 9. Sternit die dreieckige, mit einem Paar Styli versehene Subgenitalplatte. Bei *Termitidae* und einem Teil der *Rhinotermitidae* fehlen Styli. Begattungsorgan membranös, wenig bekannt, zwischen dem 9. und 10. Sternit. Das 10. Segment bildet in beiden Geschlechtern die Basis des Analkonus und trägt ein Paar 1—8gliedrige Cerci.

Vorderdarm mit erweitertem Kropf, welcher vor seiner Mündung in den Mitteldarm mit einem Ring von Chitinzähnen versehen ist. Mitteldarm lang, dünn, meist gewunden, vorn mit 4—5 Coeca. Der Hinterdarm stellt den am besten entwickelten und differenzierten Teil des Darmes vor. Er läßt gewöhnlich vier bis sechs äußerlich sichtbare Regionen symbiontischen Protozoen erfüllt. Bei primitiveren Termiten sind acht (nach Child bei *Zootermopsis nevadensis* zehn), bei höheren 2—4 Malpighi-Gefäße vorhanden.

Rückengefäß wenig bekannt. Es besteht aus 8—10 Kammern mit ebenso vielen Ostienpaaren.

Tracheensystem gut entwickelt, mit lateralen Längsstämmen und Queranastomosen. Zwei thorakale und acht abdominale Stigmenpaare auf den Segmenten 1—8 vorhanden.

Nervensystem mit drei thorakalen und sechs abdominalen Ganglienpaaren. Das sympathische System gut entwickelt.

Gonaden paarig. Die Hoden bestehen aus je einer Gruppe zahlreicher, am Vorderende der Vasa deferentia dicht gedrängt stehender Follikel. Vasa deferentia ziemlich lang, vor der Vereinigung zu einem kurzen und breiten Ductus ejaculatorius mit einem Paar oder mit zahlreichen schlauchförmigen Vesiculae seminales. Penis membranös oder fehlend. Ovarien mit zahlreichen panoistischen Ovariolen, die entweder büschelförmig oder kammförmig dicht gedrängt den Oviducten aufsitzen. Receptaculum seminis und ein Paar meist stark verästelter Anhangsdrüsen münden in die Vagina.

Entwicklung paurometabol, mit 4—10 Häutungen. Vom dritten Stadium an kann die Larve (Nymphe) die Entwicklung zum Soldaten, zum Geschlechtstier oder zu einer neotenischen Form einschlagen. Nur bei *Anoplotermes* fehlt die Soldatenkaste, und *Calotermitidae* besitzen keine Arbeiterformen. Neotenische Formen, die mit Ausnahme der *Hodotermitidae* bei allen Termiten vorkommen, sind flügellos oder kurzflügelig.

Die Termiten sind vorwiegend Holzfresser und sind aus diesem Grunde die gefürchtetsten Zerstörer des Nutz- und Bauholzes in den Tropen. Übrigens nehmen sie alle pflanzlichen Stoffe zu sich, und manche (z. B. *Mastotermes*) sind so gut wie Allesfresser. Nur die höchststehenden Termiten (*Macrotermitidae*) ernähren sich fast ausschließlich von Pilzen, die sie in ihren → Pilzgärten züchten.

Es sind etwa 100 fossile Arten seit dem Eocän beschrieben worden, es wird aber vermutet, daß sie viel höheren Alters sind. Martynow führt die Termiten auf eine mit den +*Protoblattoptera* gemeinsame Wurzel, die hypothetischen +*Archisoptera* zurück.

Von rezenten Termiten sind gegenwärtig etwa 1600 Arten bekannt. Die systematische Einteilung ist noch sehr schwankend. Man unterscheidet gegenwärtig meist sechs Familien, *Mastotermitidae, Calotermitidae, Termopsidae, Hodotermitidae, Rhinotermitidae* und *Termitidae* (Grassé). Die beiden europäischen Arten, *Calotermes flavicollis* Fabricius *(Calotermitidae)* und *Reticulitermes lucifugus* Rossi (*Rhinotermitidae*) bewohnen das europäische Mittelmeergebiet bis zum Kaukasus.

Isotecnomera Enderlein 1911, ehemalige UOrdn der *Corrodentia* mit den Fam *Psocidae, Caeciliidae* und *Thyrsophoridae*. Imagines gleich Larven und Nymphen mit 2gliedrigen Tarsen (→ *Heterotecnomera*).

Isotomidae (Carl 1899) Börner 1913pp., Gleichringler (Abb. 149), Fam der

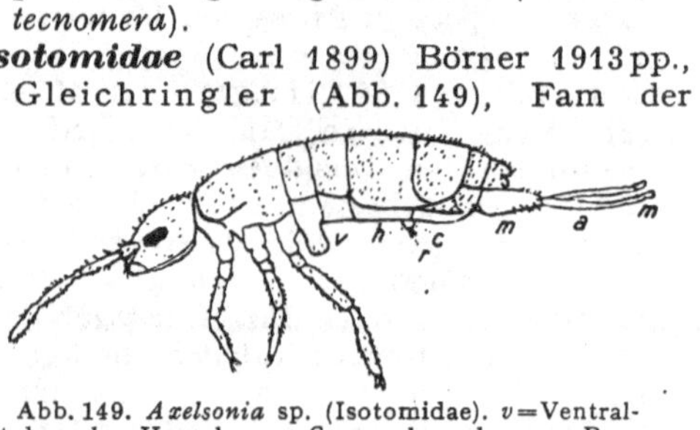

Abb. 149. *Axelsonia* sp. (Isotomidae). v = Ventraltubus, h = Hamula, c = Corpus hamulae, r = Ramus hamulae (paarig), m = Manubrium, d = Dentes, mc = Mucro. Nach Willem aus Imms.

Collembola Arthropleona bzw. UFam der → *Entomobryidae*, ausgezeichnet durch Fehlen des Trochanteralorgans, fast gleiche Länge des 3. und 4. Hinterleibssegmentes und fehlende Beschuppung. Die typische Gatt. *Isotoma* Nicolet auch fossil im baltischen Bernstein. Etwa 40 Arten in Deutschland.

isotrop (gr. ὁ τρόπος Richtung) werden Medien von gleichmäßiger Struktur genannt, die sich optisch in allen Teilen gleich verhalten. Die ~ Substanz der Muskelfaser → Myofibrillen.

italicus Linné, *Calliptamus*, italienische Wanderheuschrecke (*Salt Acridiidae*). In Deutschland an trockenen Stellen nicht selten.

Itonididae (Meigen 1818) Grünberg 1910 (*Gallicolae* Meigen, *Cecidomyidae* Schiner), Gallmücken (Abb. 150), Fam der *Dipt Nematocera* mit etwa 3000 Arten. Kleine bis sehr kleine, zarte, meist grau oder ziegelrot gefärbte Mücken mit mehr oder weniger reduzierten, nicht stechenden Mundteilen. Ihre acephalen peripneustischen Larven sind meistenteils gallenerzeugende Pflanzenparasiten, nur wenige leben phytosaprophag, coprophag oder carnivor als Jäger oder Parasiten. Fossil sind etwa 100 Arten seit dem unteren Oligocän beschrieben worden, davon über die Hälfte aus dem baltischen Bernstein.

Abb. 150. *Contarinia nasturtii* Kieffer, Weibchen (Itonididae). Nach Kieffer aus Lameere. Nat. Gr. etwa 2 mm.

J

Jagd, Nachstellung, von FRIEDERICHS vorgeschlagene Bezeichnungen für den „Raub" (→ Räuber), als Art und Weise des Nahrungserwerbs bei Insekten.

Jagdmandibel ist eine schlanke, lange, erst im vorderen Drittel oder Viertel sichelförmig nach innen gekrümmte, scharfspitzige Mandibel, wie sie für typische Jäger, z. B. *Cicindelidae* oder Larven einiger *Chrysopidae* charakteristisch sind. Die ~ der *Cicindelidae* und *Carabidae* dient nur zum Ergreifen und Halten der Beute, welche extraintestinal verdaut wird, während die ~ der Larven von *Chrysopidae, Lampyridae, Dytiscidae, Myrmeleonidae* usw. auch zum Aussaugen der Beute dient (→ Saugmandibel). (Taf. XXII, Fig. 5.)

Jagdektoparasitismus, Raubektoparasitismus liegt vor, wenn Ektoparasiten mehrere Exemplare ihrer Wirtstiere nacheinander auffressen. Bei dieser Ernährungsart fehlt eigentlich der Begriff der Jagd oder der des Raubes gänzlich. Echter ~ liegt bei *Scoliidae, Sphegidae, Psammocharidae* und solitären *Vespidae* vor, welche die Beutetiere für ihre ektoparasitisch sich ernährende Brut erjagen.

Jagdparasiten, Raubparasiten sind Insekten, welche im Lauf ihres parasitischen Lebens mehrere Exemplare ihrer Wirtsart verzehren. Echte ~ → Jagdektoparasitismus.

Japygidae Lubbock 1873 (*Dicellura* Cook 1895) (Abb. 151), Fam der *Apterygota Diplura* mit etwa 80 über die wärmeren Gebiete der Welt verbreiteten Arten, deren nördlichster Vertreter (*Japyx solifugus* Haliday) bei Wien vorkommt. Mittelgroße, meist unter 1 cm, selten bis 4 cm lange Dipluren mit walzenförmigem, homonom segmentiertem Körper, homonom gegliederten Fühlern und zangenförmigen, bei Larven anscheinend gegliederten Afterraifen. Hinterleibssegmente 1—7 mit Styli, 1—2 außerdem mit Coxalbläschen. Tracheensystem meist mit 2 thorakalen und 7 abdominalen Stigmen, doch kommt auch → Hyperpneustie vor. Detritiphag. Fossil unbekannt.

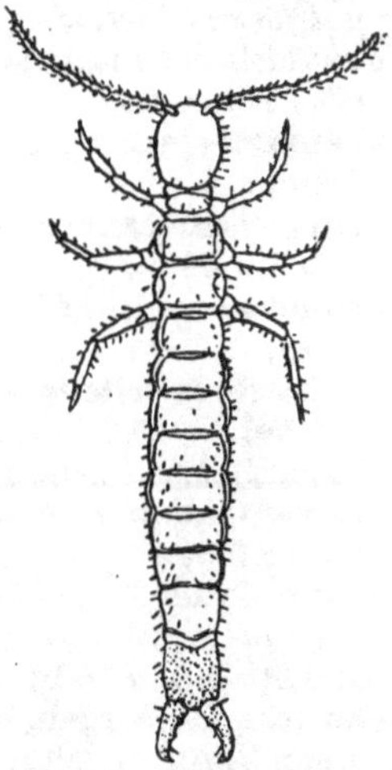

Abb. 151. *Japyx solifugus* Haliday (Japygidae). Nach Lubbock aus Handschin. Nat. Gr. etwa 7—10 mm.

Jassidae (Spinola 1850) Handlirsch 1914 (Abb. 152), Fam der *Homoptera Cicadina* mit etwa 5000 Arten. Kleine, zierliche, meist grünlich gefärbte Zikaden mit langen hinteren Sprungbeinen, die nach vorn gelegt bis an den Kopf reichen und bis zum Knie mit Dornen bewehrte Schienen haben. Phytophag, viele Schädlinge. Fossil sind etwa 60 Arten seit dem unteren Lias beschrieben worden.

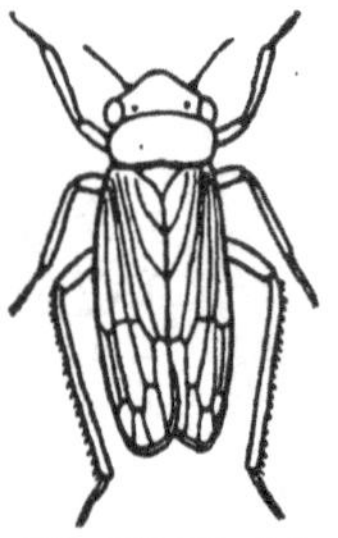

Abb. 152. *Cicadella viridis* Linné (Jassidae). Nach Lameere. Nat. Gr. 7—9 mm.

johannis Linné, *Bibio*, Johannisfliege (*Dipt Bibionidae*).

Johannisbeerbeulenlaus → *Cryptomyzus ribis* Linné.

Johannisbeerblattlaus, grüne → *Aphidula* (*Aphis, Doralis*) *grossulariae* Kaltenbach.

Johannisbeerblutlaus → *Schizoneura ulmi* Linné.

Johannisbeerbreitwickler → *Pandemis ribeana* Hübner.

Johannisbeergallmilbe → *Eriophyes ribis* Nalepa.

Johannisbeerglasflügler → *Synanthedon tipuliformis* Clerck.

Johannisbeerknospengallmilbe → *Eriophyes ribis* Nalepa.

Johannisbeerschabe → *Incurvaria capitella* Clerck.

Johannisbeerspanner → *Thamnonoma wauaria* Linné.

Johannisbeerwickler → *Cacoecia podana* Scopoli.

Johannisbeerwollaus → *Pulvinaria betulae* (Linné).

Johannisbeerwurzellaus → *Eriosoma* (*Schizoneura*) *ulmi* Linné.

Johannisfliege → *Bibio johannis* Linné.

Johanniskäfer → *Lampyridae*. Auch → *Anoxia*-Arten, bes. *A. villosa* Fabricius und *A. pilosa* Fabricius.

Johnstonsches Organ, ein scolopales Sinnesorgan im Pedicellus vieler Insekten. Es besteht im Prinzip aus einem aus Scolopidienbündeln zusammengesetzten Hohlzylinder (*Triphosa dubitata, Lep*) oder aus einer in der Achse des Gliedes zentrierten Platte (*Culex pipiens, Dipt*). Seine Scolopidien, die mehr oder weniger zahlreich auftreten können, inserieren mit dem stets amphinematischen Stiftchenende an der Gelenkmembran des Pedicellus und Anellus, welche zu diesem Zweck z. B. bei *Culex* mit sternförmig angeordneten Chitingräten versehen sind. Das andere Ende der Scolopidien ist mittels eines Ligaments oder plasmatischen Fadens an der Wand des Pedicellus befestigt. Das ~ tritt bei beiden Geschlechtern auf, ist aber vielfach (*Culex*) bei Männchen besser ausgebildet und höher differenziert als bei Weibchen. (Taf. XXVII, Fig. 5.)

Joppeicidae Reuter 1910, Fam der *Heteroptera Geocorisae* mit einer mediterranen Art, der sich vielleicht noch eine brasilianische anschließen dürfte.

Jordansches Organ → Chaetosema.

Juchtenkäfer → *Osmoderma.*

Jugaladern, erste ~ oder Vena arcuata und zweite ~ oder Vena cardinalis, Längsadern des Jugalfeldes. (Taf. X, Fig. 2.)

Jugalfalte, die Falte der Flügelmembran zwischen dem Anal- und Jugalfeld. (Taf. X, Fig. 2.)

Jugalfeld, Neala, der dritte, kleinste, vom Analfelde durch flachen, bei Dipteren tiefen, schlitzartigen Randeinschnitt und vielfach auch durch eine → Jugalfalte getrennter Lappen der Flügelmembran. Bei Dipteren wird er als → Flügellappen oder Alula bezeichnet. (Taf. X, Fig. 2.)

Jugallappen → Flügellappen.

Jugalwinkel, der winklige, mehr oder weniger tiefe Randeinschnitt zwischen dem Jugal- und Analfeld des Flügels. (Taf. X, Fig. 2.)

Jugatae Comstock 1892 (*Homoneura* Tillyard 1918), ÜOrdn der *Lep*, ausgezeichnet durch einfache weibliche Geschlechtsöffnung, die zwischen dem 9. und 10. Sternit gelegen ist; z. T. haben die Weibchen zwei Geschlechtsöffnungen, die aber nicht wie bei echten Ditrysia in verschiedenen Segmenten, sondern beide im 9. Sternit liegen. Ein → Jugum am Grunde des Hinterrandes der Vorderflügel sowie schwach entwickelter Saugrüssel und häufig noch gut erhaltene Mandibeln vorhanden. Fam. *Hepialidae, Micropterygidae* und *Eriocraniidae.*

jugater Flügelverschluß → Jugum.

Jugendstadien, Juvenales, die dem Imaginalstadium vorausgehenden Stadien der → Postembryogenese, Larve und Puppe. Vgl. aber auch → Juvenales.

juglandella Mann, *Gracilaria* → *G. roscipennella* Hübner.

juglandicola Kaltenbach. *Chromaphis*, kleine Nußblattlaus (*Hom Aphididae*).

juglandis Kaltenbach, *Callaphis* (*Callipterus*), große Nußblattlaus (*Hom Aphididae*).

jugofrenater Flügelverschluß → Jugum.

Jugulardrüse, eine ventral am Prothorax vieler Raupen der *Lepidoptera* (*Hyponomeuta*) und *Tenthredinoidea* unpaarig an der Spitze einer Warze mündende tubulöse Thoracaldrüse. (Taf. VII, Fig. 2.)

Jugum (lat. jugum, -i, pl. -a, -orum, n., Joch) 1. → Flügelschüppchen. 2. Bei jugaten Lepidopteren (*Hepialidae*, *Micropterygidae*) ein schmaler fingerförmiger Fortsatz des analen Randes der VFl, welcher in den Costalrand der HFl oder in das → Frenulum (*Micropterygidae*) eingreift und so die beiden Flügel miteinander verkoppelt. Im ersteren Fall spricht man vom jugaten, im letzteren vom jugofrenaten Flügelverschluß. In der Ruhelage der Flügel wird das ~ nach vorn auf die Unterseite des Vorderflügels umgeschlagen. 3. Bei *Heteroptera* die beiden Seitenteile des Vorderkopfes zwischen den → Lorae und dem Postclypeus (→ Tylus). Wird auch als Lamina mandibularis bezeichnet. (Taf. XXIV, Fig. 2.)

Julikäfer → *Anomala dubia* Scopoli und var. *aenea* De Geer.

Jungfernzeugung → Parthenogenese.

Jungkiefernbreitrüßler → *Strophosomus rufipes* var. *capitatus* De Geer.

Junglarve, I. Larve, erstes Larvenstadium der *Thysanoptera* (→ Remetabola).

Junikäfer → *Amphimallon solstitialis* Linné.

Juvenil o. Juvenal (lat. juvenale, -is, n. pl. -es, -ium, das Jugendliche), allgemeine Bezeichnung für die → Jugendstadien der Postembryogenese, wenn man kein bestimmtes Stadium nennen will. Als juvenil bezeichnet man aber oft noch nicht völlig ausgefärbte, frisch geschlüpfte, im Gegensatz zu völlig ausgefärbten Imagines.

juvencus Linné, var. *noctilio* Fabricius, *Paururus*, blaue Fichtenholzwespe (*Hym Siricidae*).

Juxta (lat. juxta adv. u. praep., dicht daneben, dabei, nächst, Subst. Neubildung), im Begattungsapparat von Schmetterlingen eine unter dem Aedoeagus zwischen den Wurzeln der Valven gelegene, mit dem → Anellus verbundene Chitinplatte.

K

Kabinett- oder Museums-Käfer → *Anthrenus museorum* Linné.

Käfer → *Coleoptera*.

kaehleri Linné, *Purpuricenus*, blutroter Pfirsichbock (*Col Cerambycidae*).

Kälteformen, Frostformen, aberrant gefärbte Formen von Insekten, welche durch Einwirkung niedriger Temperaturgrade auf die Puppe künstlich erzeugt worden sind. Man spricht von Kälteformen, wenn die Temperaturen zwischen 10 und 0° C und von Frostformén, wenn diese Temperaturen unter 0° C liegen. Vgl. auch → Wärmeformen.

Kältestarre, durch niedere Temperatur des umgebenden Mediums (Luft oder Wasser) verursachter Stillstand der Aktivität und weitgehende Verlangsamung des Stoffwechsels. Die ~ beginnt im allgemeinen um 0° C, kann aber auch schon bei + 8° C oder erst unter 0° einsetzen. Die ~ bewegt sich bei Insekten in ziemlich weiten Grenzen zwischen + 10° bei empfindlichen Arten und —10° C bei kältefesten Arten der nördlichen Klimazonen. Bei —10° C ist ungefähr die untere → Stoffwechselgrenze der Insekten erreicht.

Kältetod, Tod durch Zerstörung der Zellsubstanz als Folge des Gefrierens, und durch dieses verursachte Unterbrechung jeglichen, auch des geringsten Stoffwechsels, vor allem des Energiewechsels. Vgl. auch → Kältestarre.

kaenogenetisch (gr. καινός neu, überraschend, unerwartet, ἡ γένεσις Erzeugung, Entwicklung), caenogenetisch (latinisierte, häufiger gebrauchte Form), neu erworben, sekundär, nicht von Ahnen geerbt.

Die meisten Merkmale der rezenten Insekten sind kaenogenetische Neuerwerbungen des Anpassungsprozesses. Sie werden besonders deutlich bei Larven, die an besondere Umwelt angepaßt sind und dadurch vielfach ihren nächsten Verwandten, die an andere Umwelt angepaßt sind, recht unähnlich sehen.

So sind z. B. die Klammerfüße vieler

Mallophagen Neuerwerbungen, die in Anpassung an das ektoparasitische Leben im Wirtskleid entstanden sind und den Mallophagenahnen, den Corrodentien fehlten. Typisch ~ sind die adaptiven Neuerwerbungen bei Jugendformen, welche eine andere Lebensweise führen als die Imagines. Auch aufeinanderfolgende Jugendstadien können ~ bis zum völligen Unkenntlichwerden ihrer Konspezifität verändert werden (z. B. Triungulinus und Sekundärlarve der *Meloidae*). Gegensatz → palingenetisch.

Cn. laevis var. *gallinae*) verursachte Krankheit, bei der sich die Schuppen des Laufes abheben und von weißlichem mit Serum durchtränkten Pulver unterlagert sind.

Kalksucht → Muscardine.

Kalkwarzen, kalkhaltige → Incrusten in der Haut der Stratiomyiden-Larven.

+***Kalligrammidae*** Handlirsch 1908 (Abb. 153), ausgestorbene Fam der *Planipennia* mit zwei jurassischen Arten aus dem lithographischen Kalk (Malm) von Solnhofen in Bayern, eine riesengroße mit

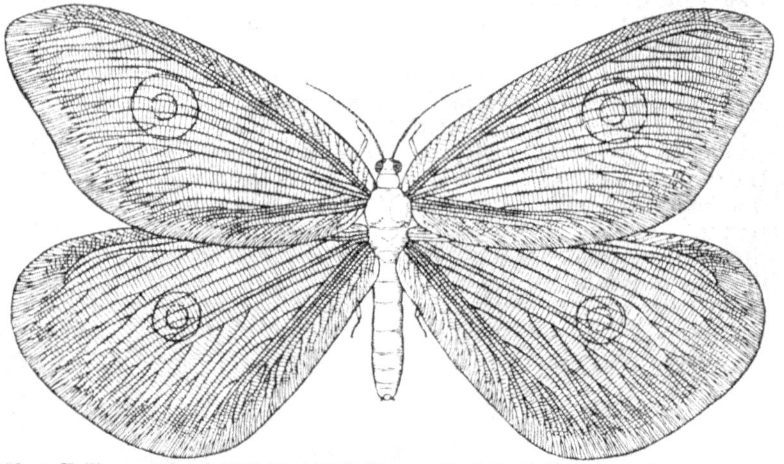

Abb. 153. + *Kalligramma haeckeli* Walther (+ Kalligrammidae). Nach Handlirsch. Oberjura von Bayern. Nat. Gr. etwa 3 cm.

kaenophylaktische Trachten (gr. καινός neu, überraschend, unerwartet, ἡ φυλακή oder ἡ φύλαξις Schutz) sind → Schrecktrachten, welche beim Feinde Schrecken oder Mißtrauen durch das Unerwartete, grell Hervorstechende des Trachtenträgers erwecken soll.

Käsefliege → *Piophila casei* Linné.

Käsemilbe → *Tyrolichus siro* Linné.

Kätscher → Streifsack.

Kahlfraß, höchster Grad des Fraßes bei einer Insektenkalamität, gekennzeichnet durch restloses Wegfressen der Blätter.

Kaiwurm → *Anthonomus pomorum* Linné.

Kakerlak → *Blatta orientalis* Linné.

Kakteenschildlaus → *Diaspis echinocacti* (Bouché).

Kalamität (lat. calamitas, -atis, Unglück, Katastrophe), wirtschaftlich schädliche Phase der Eruptionsperiode der → Massenvermehrung.

Kalkbeine, eine durch die Kalkbeinmilbe, → *Cnemidocoptes mutans* (und

12,5 cm langen VFl (*Kalligramma haeckeli* Walther) und eine kleine mit 3 cm langen VFl.

Kallima Westwood, Blattschmetterlinge, tropische Gatt. der *Lep Nymphalidae*, deren Arten (z. B. *K. inachus* Boisduval) als Schulbeispiele der → Phytomimese häufig angeführt werden.

kaltblütig → poikilotherm.

Kamelhalsfliegen → *Raphidia*-Arten.

Kamm, Pollenkamm, Pecten, ein kräftiger Dornenkamm am Endrande der Hinterschiene bei der Arbeiterin der Honigbiene. (Taf. III, Fig. 6.)

kammförmig, kammartig, gekämmt, pectinat werden Antennen genannt, deren Glieder ein- oder zweiseitig in lange kammzinkenartige Fortsätze verlängert sind. Häufige Fühlerform bei Männchen der Fam *Lymantriidae*, *Saturniidae* (*Lep*), *Buprestidae*, *Elateridae* (*Col*). usw. (Taf. XIV, Fig. 3, 4.)

Kammhornkäfer → *Ptilinus*-Arten.

kanadische Subregion der → Nearktis umfaßt das kanadische Nordamerika mit Alaska und Grönland. Die südliche Grenze der ∼ verläuft annähernd entlang der politischen Grenze von Kanada und USA.

Kanalzelle → Verson-Drüsen.

Kannibalismus, Adelphophagie, gewohnheitsmäßiges oder ausnahmsweises Verspeisen eigener Artgenossen gleichen oder verschiedenen Alters (Brut, Eier). ∼ im Geschlechtsleben → Begattung.

Kappenzelle, eine ektodermale, aus der Hypodermis herausdifferenzierte, in die Körperhöhle verlängerte Zelle, welche die Spitze des → Scolopophors einschließt und diesen mit dem Integument verbindet. Die ∼ kann die Verbindung mit dem Integument völlig aufgeben und bildet dann entweder eine freie runde Haube um die Scolopidiumspitze oder wird durch eine eingeschobene accessorische Zelle mit dem Integument sekundär wieder verbunden. Letzteres tritt z. B. im → Subgenualorgan von *Formica sanguinea* auf. (Taf. XXVII, Fig. 4.)

Kardinäle → *Pyrochroidae.*

Kardinalzelle, dreieckige Zelle am Grunde des Vorder- und Hinterflügels der *Odonata Anisoptera.* Sie ist durch die Ader m_4 ihrer Länge nach in den oberen → Supratriangularraum und das untere → Flügeldreieck halbiert. (Taf. X, Fig. 3.)

karente Tiere → Carenz.

Kartoffelblattläuse → *Macrosiphon solanifolii* Ashmead und *Myzus pseudosalani* (Theobald).

Kartoffelbohrer → *Hydroecia micacea* Esper.

Kartoffelerdfloh → *Psylliodes affinis* Paykull.

Kartoffelkäfer → *Leptinotarsa* (*Doryphora*) *decemlineata* Say.

Kartoffelmilbe → *Rhizoglyphus echinopus* Fumouz & Robin.

Kartoffelmotte → *Phthorimea operculella* Zeller.

Kartoffeltriebbohrer → *Xanthoecia flavago* Schiffermüller.

Kartoffelwanze → *Calocoris norvegicus* Geoffroy.

Kartoffelzikade → *Chlorita flavescens* Fabricius.

Kartonbauten, Kartonnester, bei Wespen und Ameisen verbreitete Bauart von Nestern aus zerkauter und mit Speichel zu einer papierähnlichen Masse verarbeiteter Zellulose.

Kaste, Gesamtheit aller Exemplare einer → Morphe sozialer Ameisen und Termiten: Soldatenkaste, Arbeiterkaste.

Kastration (lat. castro, -are, entmannen, kastrieren), Entmannung, Entfernung oder Abtötung der männlichen oder weiblichen Gonaden. Die ∼ kann künstlich durch Eingriff des Menschen oder als Folge einer Parasitierung (parasitische Kastration, z. B. bei Infektion der *Oscinella frit* Linné mit *Tylenchinema oscinellae* Goodey) entstehen.

Katalepsie (gr. ἡ κατάληψις Überfall, Besetzung) → Akinese.

Katapleura → Trochantinopleura.

Kategorien (gr. ἡ κατεγορία Aussage, Prädikatsbestimmung), in der → Taxonomie Gruppen, in welche die Tiere nach ihrem Verwandtschaftsgrad eingeteilt werden. Man unterscheidet obligatorische und fakultative Kategorien. Die fakultativen Kategorien führen dieselben Namen wie die ihnen übergeordneten obligatorischen, aber mit dem vorgestellten Präfix Sub- bzw. Unter-, z. B. Regnum (obligatorisch), Subregnum (fakultativ).
Die Benennungsweise der ∼ ist teils an den Namen der typischen Gattung gebunden, teils frei. Die aufsteigende Benennung erfolgt durch Anhängen einer kennzeichnenden Endung an den Stamm des Genitivs des Namens der typischen Gattung, z. B. *Carabus, Carabini* (Tribus), *Carabinae* (Unterfamilie), *Carabidae* (Familie), *Caraboidea* (Überfamilie). Weitere Kategorien über der Überfamilie werden frei benannt, so z. B. gehört die Überfamilie *Caraboidea* zur Unterordnung *Adephaga* und diese zur Ordnung *Coleoptera,* die weiterhin zur Unterklasse *Pterygota,* Klasse *Hexapoda* (*Insecta*), Kreis *Arthropoda* gehören.
Die Nomenklatur der Kategorien unterliegt den Internationalen Nomenklaturregeln nur bis zur Familie hinauf. (Vgl. auch → System).

katoptrischer Apparat (gr. τὸ κάτοπτρον Spiegel) → Pigmentmantel.

Katzenfloh → *Ctenocephalides felis* Bouché.

Katzenhaarling → *Felicola subrostrata* Nitzsch.

Kauen, Kaubewegungen, Mastication, Zerkleinerung des mittels der Mandibeln abgetrennten Bisses. Sie erfolgt durch die Bearbeitung des Bisses mittels der → Mola der Mandibel und mit den → Kauladen der Maxilla. Weiteres ∼ kann noch im → Schlund (Vorderschlund) oder im → Kaumagen erfolgen.

Kauladen → Außenlade und → Innenlade.

Kaumagen, mit kräftigen chitinigen Reibzähnen versehener → Vormagen.

Kaurand, der Innenrand der Mandibel und der maxillaren → Kauladen.

Kegelnase → *Conorhinus megistus* Burmeister.

Kegelnasen-Wanzen → *Conorhinus*-Arten.

Kehlausschnitt, Ausbuchtung des → Hypostomalrandes (oder Postmentums) der Kopfkapsel. Der ~ ist bei Käfern, für die dieser Ausdruck geprägt worden ist (Reitter u. a. Bestimmungsbücher), zum größten Teil vom Mentum ausgefüllt. In den zu beiden Seiten des Mentums befindlichen breiteren oder schmäleren Ausrandungen stehen die Maxillen und füllen mit ihren Cardines und Stipites auch diese Teile des ~ restlos aus.

Kehle, Gula, chitinige, fest mit der Kopfkapsel verwachsene Platte zwischen der Unterlippe (d. h. ihrem Submentum) und der Occipitalöffnung. Bei Insekten mit offenem Hinterhaupt (*Orthopteroidea*) bildet der Hinterrand des Submentums den ventralen Verschluß der Occipitalöffnung (offenes Hinterhaupt). Bei höheren Insekten schiebt sich zwischen die Occipitalöffnung und das Submentum die ~ ein. Sie kann auf zweierlei Weise entstehen. Bei vielen Coleopteren z.B. rückt das ganze Submentum samt den unteren Enden des postoccipitalen Randwalles des Foramen magnum nach vorn und zieht nach sich einen Teil der Halshaut, welcher sklerotisiert und verschmilzt mit den ihn nun an den Seiten begrenzenden unteren Enden des Postocciput (Snodgrass). Ähnlich ist es bei einem Teil von Mallophagen. Die Grenze der so entstandenen ~ gegen das Submentum obliteriert manchmal völlig (z. B. bei Mallophagen), ist aber immer durch die an den Enden der Postoccipitalnaht persistierenden oder wenigstens in Spuren nachweisbaren Mündungen der hinteren Tentoriumarme (hintere → Fenestrae Tentorii) markiert. Auf dieselbe Weise entsteht die ~ bei *Megaloptera*, *Planipennia* und Larven der *Trichoptera*.

Weber (1954) vertritt dagegen die Ansicht, daß sich die ~ bei Coleopteren u. a. durch Sklerotisierung des Submentums und dessen Verwachsung mit den benachbarten Rändern der Kopfkapsel entsteht.

Bei Hymenopteren, Dipteren, Heteropteren, einem Teil von Mallophagen und bei Schmetterlingsraupen entsteht eine der typischen ~ analoge aber nicht homologe, das Hinterhaupt ventral verschließende Bildung, durch Zusammenrücken der ventralen Ränder der Postgenae (Hypostoma) hinter den Cardo-Gelenken und dem Submentum und Verschmelzung derselben in der Mittellinie. Die auf diese Weise entstandene → Hypostomalbrücke trennt den Submentum-Cardo-Komplex von den an den Seiten des Foramen Magnum verbleibenden hinteren Fenestrae tentorii. Diese Hypostomalbrücke darf nun nicht, wie dies noch häufig geschieht, als ~ bezeichnet werden.

Die die echte ~ seitlich begrenzenden Enden der Postoccipitalnähte werden vielfach als ~ Gularnähte bezeichnet. Von der echten ~ wird häufig vorn ein Querstreifen abgegrenzt, der die Bezeichnung → Praegula führt. (Taf. XXI, Fig. 9.)

Kehlnaht → Gularnaht.

Kehlplatten → Laterocervicalia.

Kehlsporn, paariger Fortsatz des → Postocciput beiderseits des Foramen magnum, der, in die Halshaut eingebettet, mit den → Laterocervicalia artikuliert. (Taf. XXI, Fig. 1 und Taf. XXIX.)

Keimdrüsen → Gonaden.

Keimhautblastem (gr. τὸ βλάστημα oder ἡ βλάστη Keim, Sproß, Abkömmling), die äußere dünne Schicht des → Bildungsplasmas des Eies, welche die ihr zuwandernden Furchungskerne aufnimmt und zusammen mit ihnen das → Blastoderm bildet. Die Dicke des ~ ist bei verschiedenen Insekten verschieden, z. B. bei *Dytiscus* sehr gering, bei *Forficula* und *Musca* stark. Sie fehlt vollständig bei gewissen *Saltatoria*, *Blattaria*, *Odonata* und *Hymenoptera*. Im letzteren Fall bringen die Furchungskerne je einen Plasmahof (→ Kernhof) mit an die Eioberfläche. (Taf. VIII, Fig. 1—5.)

Keimstreifen, Anlage des Embryos an der Ventralseite des → Blastoderms. Es ist ein länglicher, bei großkeimigen Insekten (*Forficula*, *Gryllotalpa*, *Pyrrhocoris*, *Muscidae* u. a.) sich zu beiden Eipolen erstreckender, bei kleinkeimigen (*Gryllus*, *Mantis*, *Blattidae*, *Thysanoptera*, *Lepidoptera*, viele *Coleoptera*) auf den hinteren ventralen Teil des Eies beschränkter Streifen des Blastoderms, welcher sich durch hohe Zylinderzellen vom übrigen Teil des Blastoderms (der → Hüllenanlage) unterscheidet. (Taf. VIII, Fig. 6.)

Keimzellenbildung, zytologische Vorgänge bei der Umbildung der → Urgeschlechtszellen des → Germariums in reife, befruchtungsfähige Gameten, d. h. → Spermien und → Eizellen.

Kelch → Becher.

kelchförmiges Organ, besondere Form der → Sinnesplatte am Maxillar- und Labialtaster von *Dytiscus* (nach KOCHREUTER), welche mit umgebogenen Rändern tief im Porus der Cuticula befestigt ist.

Kellerassel → *Porcellio scaber* Latreille.

Kerbtiere, Kerfe → *Hexapoda.*

Kernkäfer → *Platypodidae,* insbes. *Platypus cylindrus* Fabricius.

Ketscher, auch Käscher, Kescher, oder Kätscher, ein Fangnetz zum Abstreifen der Pflanzen nach den auf ihnen befindlichen Insekten, daher auch Streifnetz oder → Streifsack genannt.

Das Wort samt seinen mundartlichen Formen leitet KLUGE (Etymol. Wört. d. dtsch. Sprache, 1924) vom mittelniederdeutschen „Kesser" (kleines Handnetz) ab. Die Quelle soll allerdings das engl. Subst. catcher zu catch (fangen) sein. (Vgl. auch HEIKERTINGER, Wiener Ent. Ztg., 36, 1917.)

Kettenstreifen sind die auf den Flügeldecken vieler *Carabus*-Arten zu Ketten, d. h. stellenweise unterbrochenen Rippen erhobenen → Zwischenräume der Punktstreifen.

Keule, Clava (nicht clavus!), → Fühlerkeule.

Keulenblattwespen, *Cimbex*-Arten.

keulenförmig, gekeult, clavat sind Fühler, deren Endglieder breiter sind als die übrigen und eine von der Fühlergeißel mehr oder weniger deutlich abgesetzte Keule bilden. (Taf. XIV, Fig. 10, 18, 19.)

Keulenkäfer → *Clavigeridae.*

Kiefer, bei Insekten → Oberkiefer und → Unterkiefer.

Kieferläuse → *Mallophaga.*

Kieferschädlinge. Die Forleule (*Panolis flammea*) steht an der Spitze aller Kieferschädlinge. Die enormen Kahlfraßgebiete, die sie besonders nach dem ersten Weltkriege verursacht hat und die zum größten Teil neu bepflanzt werden mußten, stehen noch heute in Erinnerung der Allgemeinheit.

Der gemeine Kiefernspanner (*Bupalus piniarius*) hat auch schon mancherorts Kahlfraß verursacht. Die Kiefernbuschhornblattwespen (*Diprion pallidum, D. pini, D. socius, D. virens* und *D. sertifer*), welche vielfach, wenn auch mehr lokal aufgetreten sind, gehören mit den vorigen zu den wirtschaftlich bedeutendsten Schädlingen der Kiefernbestände.

Die Kieferngespinstblattwespen, die große (*Acantholyda nemoralis*), die rotköpfige oder stahlblaue (*A. erythrocephala*) und die Kiefernkulturgespinstblattwespe (*A. hieroglyphica*), deren Larven gesellig in Gespinsten leben, treten meist nur lokal auf, die erstere im Hochwald, die beiden letzteren in Schonungen und Stangenhölzern.

Unter den Borkenkäfern der Kiefer kommt keine Art der Bedeutung des Buchdruckers (→ Fichtenschädlinge) nahe. Am verbreitetsten und auch wirtschaftlich recht beachtlich sind die beiden Kiefernmarkkäfer oder Waldgärtner (*Blastophagus minor* und *B. piniperda*). Von andern Borkenkäfern der Kiefer sind als die häufigsten die Kiefernbastkäfer (*Hylaster ater, attenuatus, angustatus, opacus, Hylurgus ligniperda*) und die Kiefernborkenkäfer (*Ips sexdentatus, amitinus, Pityogenes quadridens, bidentatus, Orthotomicus laricis, proximus, suturalis*) zu nennen. Der sog. kleinste Kiefernbastkäfer (*Carphoborus minimus*) befällt vorzugsweise die dünnen 1—2jährigen Zweige.

Der Kiefernaltholzrüßler oder Kiefernbestandrüßler (*Pissodes pini*), der Kieferkulturrüßler (*Pissodes notatus*), der Kiefernstangenrüßler (*Pissodes piniphilus*) und der große braune Rüsselkäfer (*Hylobius abietis*) gehören zu den schlimmsten Schädlingen der Schonungen und Stangenhölzer.

Von anderen Käfern, die im allgemeinen von geringer Bedeutung sind, lokal aber stärker in die Waagschale fallen können, sind der Kieferngraurüßler (*Brachyderes incanus*), der Kiefernknospenstecher (*Anthonomus varians*), der Kiefernscheidenrüßler (*Brachonyx pineti*) und der stahlblaue Kieferntriebstecher (*Magdalis frontalis*) zu nennen.

Außer den oben an erster Stelle erwähnten Schmetterlingen der Kiefer sind der

Kiefernspinner (*Dendrolimus pini*) und der Kiefernprozessionsspinner (*Thaumetopoea pinivora*) zu nennen, welche, besonders der erstere, lokal einen Kahlfraß verursachen können. Der stellenweise recht häufige oder sogar massenhaft auftretende Kiefernschwärmer (*Sphinx pinastri*), dessen Raupe nur im Spätsommer frißt, ist wirtschaftlich ohne Bedeutung.

Es bleibt noch einer Reihe von Kleinschmetterlingen zu gedenken, vor allem des Kiefernknospentriebwicklers (*Evetria buoliana*), des Kiefernharzgallenwicklers (*Evetria resinella*), der Kiefernknospenwickler (*Evetria turionana* und *E. pinivorana*) und des Kiefernquirlwicklers (*Evetria duplana*). Die lange Reihe der wirtschaftlich bedeutungslosen Arten, wie z. B. die Kiefernnadelmotte (*Ocnerstoma piniariella*), die Kiefernknospentriebmotte (*Heringia dodecella*), der Kiefernnadelwickler (*Cacoecia piceana*) kann hier nicht erschöpft werden. Lokal und je nach der Wirtschaftsstruktur kann diese oder jene Art größere Bedeutung erlangen, wie z. B. der Kiefernsämlingswickler (*Tortrix politana*), der Kiefernsamenzünsler (*Ephestia elutella*) oder der Kiefernzapfenzünsler (*Dioryctria splendidella*).

Von anderen Insekten der Kiefer, denen normalerweise keine wirtschaftliche Bedeutung zukommt und die nur unter besonderen Umständen eine Beachtung verdienen, sind z. B. die nadelknickende Kieferngallmücke (*Cecidomyia baeri*), die Kiefernnadelgallmücke (*Thecodiplosis brachyntera*), die Kiefernprachtkäfer (*Melanophila cyanea, Anthaxia quadripunctata, Chrysobothris solieri, Chalcophora mariana*), der Kiefernzweigbock (*Pogonochaerus fasciculatus*), der Zimmerbock (*Acanthocinus aedilis*), die Blattlaus *Schizolachnus pineti* usw. zu nennen.

Von den Wanzen verdient nur die sehr häufige und weit verbreitete Kiefernrindenwanze (*Aradus cinnamomeus*) besondere Beachtung. Sie lebt unter Borkenschuppen der Kiefernstangen und verurascht durch ihre Saugtätigkeit und Säfteentzug Herabsetzung des jährlichen Zuwachses.

In Pflanzgärten kann die Kiefernsaateule (*Rhyacia vestigialis*) bei Massenvermehrung beachtlichen Schaden anrichten.

Im Kiefernholz leben die Larven der Kiefernholzwespen (*Paururus juvencus* und *P. noctilio*) und setzen durch ihr Bohren den technischen Wert des Holzes herab. Unter der Rinde lebt eine ganze Menge von Insektenlarven, die alle hier aufzuführen der Raum nicht gestattet.

Es sei noch zum Schluß dieses Kapitels an einen kleinen Borkenkäfer, den linierten Kiefernnutzholzborkenkäfer (*Xyloterus lineatus*) erinnert, dessen etwa 1 mm breiten Gänge tief in das Splintholz dringen und sich hier hirschgeweihartig verzweigen.

Kiefertaster, Maxillartaster, Palpus maxillaris, ein 1—10gliedriger, außen dem → Stipes aufsitzender, dem Tibiotarsus des Thorakalbeins (Telopodit) homologer Teil der Unterkiefer. Er sitzt manchmal auf einem sockelartigen Vorsprung des Stipes, dem → Palpifer. Selten ist der ~ zu einem stummelartigen Anhang rückgebildet (*Apidae, Lepidoptera* außer *Micropterygidae*) oder fehlt ganz (*Mallophaga Ischnocera, Hemiptera* → Lamina maxillaris, *Anoplura*, die meisten *Entognatha*).

Die Zahl der Tasterglieder beträgt meistens 5, auch wenn die Taster übermäßig verlängert sind, wie bei *Scydmaenidae, Hydrophilidae* (*Palpicornia*), *Sphegidae* u. a. Mehr als 5gliedrig ist der ~ bei *Ectognatha* (*Thysanura*, 5—7gliedrig) und bei Larven der *Ephemeridae* (10gliedrig bei einer chilenischen Art, nach Eaton). Bei *Dipt Orthorrhapha* schwankt die Gliederzahl zwischen 1 und 5, bei *Cyclorrhapha* hingegen sind die ~ stets eingliedrig. Bei Aphanipteren ist der ~ stets frei, 4gliedrig. (Taf. I, Fig. 1, Taf. XXI, Fig. 1, 2, 7—9, Taf. XXII, Fig. 2, 5, 7, Taf. XXIII, Fig. 1, 2, 5—7, Taf. XXIV, Fig. 1, 3, 4, 5 und Taf. XXIX.)

Kiel, Carina, auch Rippe genannt, linienförmig erhöhte Stelle der Cuticula, als ekto- oder endoskeletale Bildung. Im letzteren Fall sind es meist Verstärkungsleisten der betreffenden Sklerite oder Muskelansatzstellen, im ersteren sind es vielfach → hypertelische Bildungen der Macrosculptur, besonders häufig am Pronotum der Saltatorien, Käfer, Hemipteren sowie an Flügeldecken der Käfer.

Kiemenatmung → Tracheenkiemen.

Kindspech → Meconium.

Kinn, Mentum, der mittlere Teil der Unterlippe, zwischen dem → Submentum (Unterkinn) und dem tastertragenden → Praementum oder Praelabium. Es ist besonders gut bei Käfern entwickelt (*Carabidae*, *Silphidae* u. a.) und hat hier meist die Form einer halbkreisförmigen, vorn für das Praementum tief ausgerandeten Chitinplatte, die gegen das Submentum scharnierartig beweglich ist. Es kann sich aber dem Submentum (z. B. Larven der *Silphidae*) oder dem Praementum (*Blattaria*) eng anschließen oder ganz damit verschmelzen, ist aber immer an den Insertionsstellen der Retractores labii mento-submentales kenntlich.

Bei Odonaten gut begrenzt und in der → Fangmaske ihrer Larven verlängert, bildet das ~ ihren distalen Teil. Gleichfalls gut begrenzt und mehr oder weniger verlängert, aber sonst typisch nach dem orthopteroiden Muster gebildet, ist das ~ am verlängerten Labium der apocriten und besonders der aculeaten Hymenopteren entwickelt. Im leckend-saugenden Typ der Mundteile bildet das ~ bei Trichopteren eine Stützplatte in der Hinterwand des → Haustellums und ist bei *Lepidoptera* mit der Kopfkapsel verschmolzen, zwischen den Wurzeln der Labialtaster den Boden der ersteren bildend.

Bei Thysanopteren findet sich das ~ auf der Hinterwand des → Mundkegels als eine vom Submentum meist gut abgegrenzte Platte.

Bei *Mecoptera* ist das ~ mit dem Submentum verschmolzen und bildet mit ihm zusammen die lange, ventrale Wand des → Schnabels.

Bei *Diptera* ist das ~ manchmal (*Ceratopogonidae*) in der Hinterwand des Rostrums als ein deutlicher Sklerit erhalten, während er bei höheren Dipteren nicht mehr als selbständiger Sklerit nachweisbar ist. Bei *Aphaniptera* ist das ~ im Basalstück der die Stechborstenscheide bildenden Labialtaster eingeschmolzen. (Taf. XXI, Fig. 2, 8, 9 und Taf. XXII, Taf. 1, 2.)

Kirschblattlaus, schwarze → Sauerkirschenblattlaus, schwarze.

Kirschblattwespe, schwarze → *Eriocampoides limacina* Retzius.

Kirschblattwespe, weißfüßige → *Priophorus padi* Linné.

Kirschblütenmotte → *Argyresthia ephippella* Fabricius.

Kirschenborkenkäfer → *Polygraphus grandiclava* Thomson.

Kirschenfliege → *Rhagoletis cerasi* Linné.

Kirschenprachtkäfer → *Anthaxia candens* Panzer.

Kirschenspanner → *Biston hirtaria* Clerck.

Kirschenspinner → *Eriogaster lanestris* Linné.

Kirschenstecher → *Coenorrhinus aequatus* Linné.

Kirschfruchtfliege → *Rhagoletis cerasi* Linné.

Kittdrüsen, Glandulae sebaceae, Anhangsdrüsen der ausführenden Geschlechtswege, welche eine an der Luft meist erhärtende Substanz ausscheiden, die bei Männchen die Hülle der → Spermatophore und die → Begattungszeichen, bei Weibchen den Kitt zum Ankleben der Eier an die Unterlage bildet. Die ~ sind bei Insekten sehr weit verbreitet, ja sie scheinen selten zu fehlen und sind sehr mannigfaltig entwickelt.

Kittharz → Propolis.

Klammerbeine, Pedes adhamantes, haben das Gehen oder Laufen auf freier Bahn mehr oder weniger aufgegeben und dienen hauptsächlich oder ausschließlich zum Umklammern stabartiger Gegenstände. Typische ~ sind die Beine vieler *Mallophaga* und der *Anoplura*. Bei *Gyropidae* sind die Mittel- und Hinterbeine zu gewaltigen Klammern umgebildet, deren Spitzen in eine Art Schnappverschluß (→ Tenaculum) am Trochanter einspringen. (Taf. IV, Fig. 2.) Vgl. auch → Kletterbeine.

Klammerfühler, Antennae adhamantes, kurze 3—5gliedrige Fühler der Männchen gewisser *Mallophaga* (*Trichodectidae* u. a.), welche sichelförmig dorsomedian getragen werden und zum Festhalten des Weibchens bei der (subfeminalen) Begattung dienen. Ihr Basalglied ist stets tonnenförmig verdickt und enthält gewaltige Muskulatur. Es kann auch mit medianen Vorsprüngen versehen sein, welche zusammen mit dem Endglied des Fühlers eine Art Zange bilden. ~ kommen auch bei Männchen gewisser *Collembola* vor. Vgl. auch → Greifantennen.

Klammerfüße, Pedes semicoronati, zeichnen die Raupen der sog. Großschmetterlinge aus. Es sind → Bauchfüße, die nur am Innenrande mit einer Reihe von Häkchen versehen sind, während die äußere Hälfte der Sohle als ein unbewehrtes, weiches Polster entwickelt ist.

Klappenventil → Ostien.

Klapperheuschrecke, Klapperschrecke, → *Psophus stridulus* Linné.

Klauen → Krallen.

Klauenkäfer → *Dryopidae.*

Klebhaare sind → Drüsenhaare, die an der Spitze einen Klebstoff austreten lassen. Sie kommen z. B. bei einigen Corrodentien (*Trichadenotecnum* Enderlein, *Neopsocus* Kolbe) vor. (Vgl. auch → Schutzhüllen.)

Kleeblasenfuß → *Haplothrips niger* Osborn (*statices* Auctorum).

Kleeblattlaus, schwarze → *Aphis medicaginis* Koch.

Kleeblattnager oder -rüßler → *Phytonomus nigrirostris* Fabricius.

Kleeblütennager → *Phytonomus meles* Linné.

Kleesamenwespe → *Bruchophagus funebris* Howard.

Kleesamengallmücke → *Perrisia leguminicola* Lintner.

Kleespitzmäuschen, dunkles → *Apion apricans* Herbst.

Kleespitzmäuschen, grünliches → *Apion virens* Herbst.

Kleewurzelkäfer → *Hylastinus obscurus* Marsham (*trifolii* Müller).

Kleiderlaus → *Pediculus corporis* De Geer.

Kleidermotte → *Tineola bisselliella* Hummel.

Kleinschmetterlinge → *Microlepidoptera.*

Kletterbeine, pedes scansorii, sind in der allgemeinen Bauart den → Gangbeinen ähnlich, weisen aber (nach Weber) größere Flexionsfähigkeit des Kniegelenks auf, indem die Gelenkhaut der Knie-Streckseite weit eingefaltet ist. Vgl. auch → Klettern.

Übrigens besitzen Gang- und Laufbeine der meisten Insekten Vorrichtungen am Praetarsus und auf der Tarsensohle, die ihnen das Klettern auf senkrechten Flächen ermöglichen. Fast alle Insekten sind fähig, rauhe senkrechte Gegenstände zu erklettern (z. B. → Kletterlaufkäfer), aber nur diejenigen von ihnen vermögen das auf glatten Gegenständen zu tun, deren Sohlen mit Haftvorrichtungen (→ Haftbeine) versehen sind. So können z. B. rindenbewohnende Copeognathen nicht auf Glas klettern, während die blattbewohnenden (z. B. *Caecilius* u. a.) das mit Leichtigkeit tun. Die Beine von Läusen und Mallophagen sind zugleich Kletter- und Klammerbeine.

Kletterlaufkäfer, kleiner → *Calosoma inquisitor* Linné.

Klettern, Fortbewegung auf steilen oder senkrechten Gegenständen wie Grashalme, Stengel, bei Ektoparasiten Haare, durch Umfassen derselben mit den Beinen ist bei Insekten ziemlich selten, da die meisten von ihnen an den Tarsensohlen mit ausreichend adhäsiven → Haftvorrichtungen ausgestattet sind, um auch senkrechte, glatte Flächen mit einfachem Gang zu ersteigen (→ Kletterbeine). Kolbe beobachtete bei *Bittacus apterus* ein geschicktes affenartiges Klettern von Halm zu Halm, wobei das Tier die ganzen Tarsen um den Halm legte (vgl. auch → Fangbeine). Echte Kletterer sind Läuse und die meisten Säugetiermallophagen.

Kloake (lat. cloaca, -ae, f., Abzugskanal, von cluo, -ere reinigen), durch Einstülpung der → Terminalia entstandener Hohlraum, welcher den After und den Geschlechtsporus enthält. Beim Sandfloh-Weibchen werden auch die hintersten Abdominalstigmen in die ~ hineingezogen, wodurch diese auch noch zu einer Art Atemhöhle wird. *Blattaria, Coleoptera* und höhere *Hymenoptera* (*Aculeata*) besitzen eine ~ (= Genitoanalkammer). (Taf. XVII, Fig. 6.)

Klopfgeräusche, Klopflaute entstehen durch Schlagen mit dem Kopf (*Termes*-Soldaten, *Anobiidae, Bostrychidae*) oder mit dem Hinterleibsende (*Meconema varium* zur Paarungszeit, *Troctes pulsatorius*) auf die Unterlage.

Die ~ werden gewöhnlich als Werbungslaute gedeutet. Sie haben den Zweck, Geschlechtspartnern gegenseitiges Auffinden zu erleichtern bzw. zu ermöglichen.

Termitensoldaten führen ~ zur Warnung der Kolonie bei Gefahr (Warnungslaute) aus.

Zu ~ können auch diejenigen Geräusche gezählt werden, welche gewisse Termitensoldaten durch heftiges Zusammenschlagen ihrer außerordentlich langen Mandibeln erzeugen. Auch hierbei handelt es sich wahrscheinlich um Warnungslaute.

Klopfkäfer → *Anobiidae.*

Klopfkäfer, bunter oder scheckiger → *Xestobium rufovillosum* De Geer.

Klopfkäfer, weichhaariger → *Ernobius mollis* Linné.

Knalldrüsen, ein Paar → Pygidialdrüsen der Carabidengattungen *Brachynus* und *Aptinus*, welche bei Beunruhigung das sich unter leichtem Knall verflüchtigende Sekret ausspritzen.

Knallgeräusch → Knalldrüsen (→ Abwehr).

Knebelbart, Mystax, charakteristische und taxonomisch wichtige Behaarung des → Untergesichts („Epistoma") gewisser Fliegen, z. B. der *Asilidae.*

Knebelborsten → Vibrissenborsten.

knieförmig, gekniet, geniculat sind Fühler, deren Geißel mit dem meist verlängertem Schaft einen Winkel bildet. Die ~ Fühler sind meist auch zugleich keulenförmig. (Taf. XIV, Fig. 8, 10, 12, 13, 19.)

Kniegelenk, das vierte primäre Gelenk des Insektenbeines, welches den Schenkel mit der Schiene verbindet. Das ~ ist primär dicondyl, kann aber durch mehr oder weniger weitgehendes Zusammenrücken der beiden Condyli auf der Rückseite die Monocondylie vortäuschen. Die Gelenkachse liegt immer horizontal. Der distale Rand des Schenkels ist dorsal mit einer → Hemmbeule versehen, welche den Streckungswinkel der Schiene meist bei 180° hält. (Taf. I, Fig. 5, Taf. II, Fig. 3 und Taf. V, Fig. 2d.)

Kniekehle, Schienenhals, Poples, der dicht unterhalb des Kniegelenks verengte Teil der Schiene. (Taf. II, Fig. 3.)

knollenförmige Organe, je ein Paar kleiner Leuchtflecke an den Seiten des 2.—6. Hinterleibssegments bei Weibchen der *Phausis splendidula.*

Knopperngallwespe → *Cynips quercus-calycis* Burgsdorf.

Knospenfraß, Phytophagie mit Spezialisierung auf junge meristematische Gewebe der Knospen. Eine derartige Spezialisierung zeigt z. B. *Anthonomus pyri* Kollar. Es gibt außerdem eine ganze Anzahl von Insekten, die sich mit Vorliebe von Knospengeweben ernähren.

Knospenrüßler, grauer → *Peritelus sphaeroides* Germar.

Knospenschabe → *Anarsia lineatella* Zeller.

Knospenwickler, grauer → *Argyroploce variegana* Hübner.

Knospenwickler, roter → *Tmetocera ocellana* Fabricius.

Knospenfresser siehe unter Erlen-, Fichten-, Kiefern-, Rosen-, Tannen- und Weidenschädlinge.

Knotenameisen → *Myrmica*-Arten.

Kochenillenschildläuse, die echte, ursprünglich tropisch amerikanische, auf Opuntien lebende Art, *Dactylopius coccus* Costa (*Coccus cacti* auct.) und die polnische, auf Wurzeln von *Scleranthus perennis* in Europa lebende Art *Margarodes polonicus* Linné. Beide früher wegen des aus ihnen gewonnenen roten Farbstoffes geschätzt.

***Köcher*,** Schutzhüllen der Köcherfliegen-Larven (→ *Trichoptera*).

Köcherfliegen → *Trichoptera.*

Köder, Ködermittel sind Stoffe, mit deren Hilfe Schädlinge an eine bestimmte, leicht zu kontrollierende Stelle angelockt und hier in Massen vernichtet werden können.

Man unterscheidet giftfreie Köder, z. B. halbierte Kartoffeln mit der Schnittfläche in die Erde eingedrückt (gegen Drahtwürmer), welche regelmäßig abgesucht oder samt den Schädlingen vernichtet und neu ausgelegt werden müssen, und Giftköder, z. B. Fliegenpapiere und Fliegenteller, vergiftete Zuckerlösung gegen Ameisen usw., die in größeren Zeitabständen erneut zu werden brauchen.

König, das Männchen eines Termitenstaates.

Königin, das Weibchen des Termiten- und Bienenstaates.

Körbchen, Corbicula, glatte, mehr oder weniger flach vertiefte, an den Rändern lang beborstete Außenfläche der Hinterschienen der Arbeiterin der Honigbiene. Die in den ~ angesammelten Pollenklumpen werden als → Höschen bezeichnet. (Taf. III, Fig. 6.)

Körperabschnitte, → Kopf, → Thorax und → Hinterleib.

Körperdecke, Integument, die → Haut als die den Körper gegen die Umwelteinflüsse schützende und abgrenzende Hülle.

Körperform, der äußere Ausdruck der ganzen Organisation eines Tieres, der Hauptbestandteil des → Habitus.

Körperhaltung, Zustand eines bestimmten Lageverhältnisses aller Körperteile zueinander in Ruhe und Bewegung. Die ~ hängt nicht nur von der korrelativen Organisation des Komplexes Muskulatur-Skelett, sondern auch vom Nervensystem, Blutkreislauf und Atmungsintensität sowie von den diese Organsysteme beeinflussenden exogenen Faktoren ab. In der ~ kommt somit nicht nur das Ererbte zum Ausdruck, sondern auch das Erworbene. Die ~ ist wie die Körperform ein wichtiger Bestandteil des → Habitus.

Körperregionen, vielfach im Sinne der → Körperabschnitte gebraucht, bezieht sich dieser Ausdruck auf kleinere Regionen der einzelnen Körperabschnitte, analog den → Kopfregionen. So unterscheidet man am Thorax die tergale, pleurale und sternale Region, am Hinterleib die tergale, sternale, anale, die Genitalregion, nicht selten eine Basalregion usw.

Körperring, Körpersegment → Segment.

Kohlschädlinge. Die jungen, kaum aus der Erde herausgeschossenen Sämlinge verschiedener Kohlarten werden vielfach von den Kohlerdflöhen (*Phyllotreta nemorum, Ph. nigripes, Ph. undulata, Ph. cruciferae, Ph. atra*) kahlgefressen oder stark beschädigt.

In haselnußgroßen Gallen an den Kohlwurzeln leben die Larven des Kohlgallenrüßlers (*Ceutorrhynchus pleurostigma*). Einige seiner nächsten Verwandten haben sich andere Teile der Kohlpflanze zur Brutstätte gewählt, so der Kohlschotenrüßler (*Ceutorrhynchus assimilis*) die Schoten, der gefleckte Kohltriebrüßler (*Ceutorrhynchus quadridens*) die Blattstiele. In Stengeln, abwärts bis in den Wurzelhals, bohren die Larven der → Mauszahnrüßler.

Wenn ganze Pflanzen welk werden, umfallen oder so locker in der Erde sitzen, daß man sie leicht herausheben kann, dann liegt Wurzelfraß vor, welcher von Engerlingen, Drahtwürmern oder Kohlfliegen (*Hylemyia brassicae* oder *H. floralis*) herrühren kann. Auch die Kohlschnakenlarve (*Tipula oleracea*) beteiligt sich oft am Wurzelfraß bei Kohl.

In den Schoten finden sich oft zahlreiche Larven der Kohlgallmücke (*Perrisia brassicae*), die von der dicken, gekrümmten Larve des oben erwähnten Kohlschotenrüßlers leicht zu unterscheiden sind.

Die Raupen der Kohlschabe (*Plutella maculipennis* oder *cruciferarum*) beschädigen die Blätter durch ihre Minen und später durch Fensterfraß.

In den Blattachseln der jungen Kohlpflanzen saugen die Larven der Kohldrehherzmücke (*Contarinia torquens*). Die Blattstiele schwellen dabei am Grunde stark an und drücken auf die Sproßspitze (das Herz), was zur Verkrüppelung und Verdrehung der emporwachsenden Teile führt.

Zur Verkrüppelung ganzer Pflanzen und zu deren Absterben führt der Massenbefall durch die Kohlwanze (*Eurydema oleraceum*).

Großen Schaden kann auch die Kohlblattlaus (*Brevicoryne brassicae*) anrichten, wenn sie massenhaft an den Pflanzen saugt.

Kohlmottenschildläuse (*Aleurodes brassicae* und *A. proletella*) können manchmal auch durch ihr Saugen einen beträchtlichen Schaden verursachen.

Wie die jungen Pflanzen von Erdflöhen, so haben die erwachsenen Pflanzen sehr stark von den Raupen der beiden Weißlinge, dem großen (*Pieris brassicae*) und dem kleinen (*Pieris rapae*) zu leiden, die wohl zu den bekanntesten Insekten überhaupt gehören. Weniger bekannt, weil versteckt zwischen den Kohlblättern lebend, ist die Raupe der Kohleule (*Barathra brassicae*), eine dicke erdfarbene Raupe, die die Kohlköpfe in allen Richtungen durchfrißt und mit ihren Exkrementen verunreinigt.

Kohofte, Cohors, systematische Kategorie, früher meist zwischen der Untergattung und Art, später und auch heute noch hier und da im überfamiliären Rang gebraucht.

Kokon (franz. coque, Eischale, Gehäuse), eine aus reinem oder mit verschiedenen Naturstoffen wie Sand, Holzmehl, eigene Exkremente usw. vermischtem Seidengespinst verfertigte Puppenhülle.

Kokonbohrer → Basaldorn.

Kokonöffner, meist dorn- oder messerartige spitzige Chitinvorsprünge am Vorderkörper der Puppe, welche zum Durchstoßen oder Durchschneiden des Kokons oder der die Puppe von der Außenwelt noch trennenden Wand der Puppenwiege im Pflanzenkörper (z. B. bei *Helicomyia saliciperda* Dufour) dienen. Es sind rein pupale Organe, die mit der Puppenhaut abgestreift werden.

Kokons, hüpfende, sind Puppen gewisser Zünsler- und Mottenraupen, die durch Vorschnellen des Körpers innerhalb des

Kokonlumens diesen auf fester Unterlage zum Abprallen bringen. Ähnliches Hüpfen findet statt bei Kokons gewisser Ichneumoniden, z. B. *Meteorus.*

Kolben, ein Teil des → Vorderschlundes oder der → Speichelpumpe.

Kolbenflügler → *Strepsiptera.*

Kolbenfühler, Fühler der brachyceren, vor allem aber die der cyclorhaphen Fliegen, deren 3. Glied sehr groß ist und einen aus den restlichen Gliedern des Flagellums gebildeten Griffel oder Borste (Arista) trägt. (Taf. XIV, Fig. 11.)

Kolbenwasserkäfer → *Hydrophilidae.*

Kolombatscher Fliege oder k. Mücke, auch Kolombacser geschrieben (ungarische Orthographie) → *Simulium colombatschense* Fabricius.

Kolonie (lat. colonia, -ae, f., Ansiedlung, colonus, -i, m., Bauer, Bebauer, von colo, -ere, -lui, cultum pflegen, bearbeiten), Staat, dauernde Vergesellschaftung mehrerer Individuen ein und derselben Art zur gemeinsamen Brutpflege (reine oder homotypische ~) oder Vergesellschaftung mehrerer sozialer Arten zwecks einer einseitigen oder beiderseitigen Ausnutzung des Zusammenseins für Ernährung oder Brutpflege (Mischkolonie, heterotypische Kolonie).
Staatenbildende Insekten sind nur die *Isoptera* und höhere aculeate *Hymenoptera,* nämlich *Formicidae* sowie teilweise *Apidae* und *Vespidae.*
Bei staatenbildenden Hymenopteren bildet die matriarchalische → Dauerfamilie den Grundstock der Kolonie, deren Oberhaupt die Königin und deren Kinder das Volk sind. Die Königin kann, wenn sie mit einem Teil ihres Volkes ausschwärmt oder stirbt, durch eine ihrer Schwestern, durch eine zur Königin erzogene Arbeiterin-Larve (→ Futtersaft) oder durch eine adoptierte fremde Königin ersetzt werden. In diesen Fällen wird das Volk zu einem Mischvolk von Cousinen oder Stiefgeschwistern. Die Männchen sind nur Sperma-Spender und werden nach erfolgter Befruchtung der Königin aus dem Nest vertrieben.
Bei Isopteren ist die ~ eine Elternfamilie. Der König und die Königin leben in dauernder Monogamie. Das Volk bilden ihre sterilen Kinder beiderlei Geschlechts. Das Königspaar kann auf ähnliche Weise wie die Bienenkönigin im Todesfall ersetzt werden. Auch hier kann eine „Volks-Larve" mit Hilfe besonderer Fütterung zu einem Geschlechtstier herangezogen werden.

Koloradokäfer → *Leptinotarsa decemlineata* Say.

Kommaschildlaus → *Lepidosaphes ulmi* Linné (*Mytilaspis pimorum* auct.).

Kommissur, Commissura, pl. Kommissuren, 1. Querbrücken, welche die beiden Ganglien ein und desselben Paares miteinander wie die Sprosse einer Leiter verbinden. Sie entstehen in der Hauptsache aus Zellen des unterhalb der → Neuralrinne gebildeten Mittelstrangs des embryonalen Ektoderms. Die ~ sind wie die Ganglienpaare ursprünglich streng segmental angeordnet, können aber sekundär infolge von Verschmelzungen mit vorderen und hinteren ~ intersegmentale Lage erhalten. Die ~ sind in der Regel so kurz, daß die beiden Ganglien eines Paares dicht beieinander liegen oder (bei höheren Insekten) miteinander äußerlich verschmelzen. An Schnitten sind sie stets an den sie durchziehenden Neuriten der Ganglienzellen zu erkennen. (Taf. XXVII, Fig. 1, 2.)
2. Als ~ werden auch die die Tracheenlängsstämme miteinander verbindenden Querstränge genannt. Sie entstehen durch Verschmelzung der primär freien, paarigen Seitenäste der beiden Tracheenlängsstämme. (Taf. XXXI, Fig 2.)

Kompaßbewegung, → Menotaxis.

Komplexaugen, Netzaugen, Facettenaugen, Seitenaugen, Oculi compositi, aus meist vielen, selten nur wenigen (*Lepisma, Mallophaga, Anoplura*) → Ommatidien bestehende Augen der Insekten-Imagines, vor allem die der Larven der Heterometabola und *Nematocera.* Die Gesamtheit der Ommata eines ~ wird in der Regel durch einen ins Innere der Kopfkapsel eingebogenen Kragen der Orbita, die → Augenkapsel, gestützt und von innen von der → Basalmembran, die hier als → Membrana fenestrata bezeichnet wird, überzogen.
Je nach dem Vorhandensein oder Fehlen und nach der Beschaffenheit der → Kristallkegel der Ommata lassen sich folgende Augentypen unterscheiden:
1. Acone Augen, ohne Kristallkörper, mit (*Bibionidae, Silphidae, Reduvius* usw.) oder ohne (*Nematocera, Brachycera, Coccinellidae, Curculionidae* usw.) → Vitrella in den Kristallzellen.

2. E u c o n e A u g e n mit einem vierteiligen Kristallkegel, welcher intrazellulär von den vier Kristallzellen gebildet wird. Eucone Augen haben *Ephemerida, Odonata, Phasmidae, Mantidae, Coleoptera, Hymenoptera, Neuroptera, Lepidoptera, Cicadina*.

3. P s e u d o c o n e A u g e n, mit einem außerhalb der Kristallzellen aus einem Sekret derselben gebildeten → Pseudoconus. Viele *Diptera, Coleoptera*.

Je nach der Verteilung des Pigments in den Zellen der Ommatidien unterscheidet man → Appositions- und → Superpositionsaugen.

Die → Cornea der ~ bildet eine mehr oder weniger stark gewölbte, am häufigsten regelmäßig gewölbte, seltener (z. B. *Strophosomus*) kegelförmige Kuppel, die mit breiter Basis der Kopfkapsel aufsitzt. Am häufigsten sind ovale oder nierenförmige, am Vorderrande gegen die Stirn ausgerandete ~. Die Ausrandung kann so tief sein, daß das ~ aus zwei nur durch eine schmale Brücke untereinander verbundenen Teilen besteht (z. B. häufig bei *Cecidomyidae*). Bei *Gyrinus* u. a. sind die ~ in einen oberen und unteren Teil durchgetrennt. Eine Sonderform stellen gestielte ~ vor, wie sie die *Diopsidae* und die afrikanische Psocide *Mesopsocus diopsis* Enderlein haben.

Die Anzahl der Facetten in einem ~ kann sehr verschieden sein. Auch an ein und demselben Auge können in dieser Hinsicht Unterschiede zwischen dem Ober- und Unterteil des Auges auftreten, wie z. B. bei gewissen Ephemeriden.

Sehr kleine und zahlreiche Facetten haben z. B. die ~ der *Buprestidae*, während *Cerambycidae* meist wenige und große Facetten haben. Auch die Wölbung der einzelnen Facetten kann sehr variieren. So haben z. B. *Cerambycidae* deutlich gekörnte ~ mit stark gewölbten Facetten, während bei *Necrophorus, Silpha* u. a. Lamellicorniern (*Lucanus, Melolontha, Osmoderma, Polyphylla*) sowie *Silpha* u. a. die Cornea mehr oder weniger geglättet ist.

Die Farbe der ~ ist ziemlich eintönig, meist schwarz oder schwarzbraun, seltener braunrot, grün oder metallisch goldgrün (*Chrysopa*), einfarbig, seltener streifig (*Odonata*) oder fleckig (*Saltatoria, Blattaria*) bunt (→ Irispigmentzellen, → Iristapetum). Auch *Tabanidae* haben häufig buntstreifige Augen, was hier aber nicht durch die Verteilung des Pigments zustande kommt, sondern als Effekt der Interferenz der von den Corneafacetten reflektierten Strahlen erscheint. (Taf. XXVIII, Fig. 1.)

komprimiert (lat. comprimo, -ere, -essi, zusammendrücken), seitlich zusammengedrückt, wie z. B. der Körper der Flöhe. Gegens. → deprimiert.

kondyles Gelenk, C o n d y l u s (gr. ὁ κόνδυλος Knochengelenk, latin. condylus, -i, m.), Kopf- oder besser Köpfchengelenk (um einer Verwechselung mit den Kopfgelenken [Gelenken der Kopfkapsel] und den → Kugelgelenken vorzubeugen), Verbindung zweier anstoßender Skeletteile durch ein in eine → Gelenkpfanne eingepaßtes → Gelenkköpfchen. Beide Teile des Condylus sind miteinander außerdem mit Hilfe einer Gelenkmembran verbunden.

Ein ~ kann → monokondyl oder ~ dikondyl ausgebildet sein. Im letzteren Fall entsteht manchmal ein mehr oder weniger kompliziertes → Sattelgelenk. Vielfach tritt noch eine ~ Hemmbeule hinzu, welche den Arbeitswinkel des Gelenks festhält.

Konektivalnerven, Nerven, die von den Konektiven zwischen den Ganglien ausgehen.

Konektive (lat. conecto, -ere, zusammenknüpfen, verbinden, aus con und necto), Längsbrücken zwischen den Ganglien des Bauchmarks. Sie entstehen aus den Ganglienanlagen (→ Neuralwülsten). (Taf. XXVII, Fig. 1, 2.)

Konnektive → Konektive.

Kontaktgeruchsorgane (lat. cum mit und tango, -ere, tetigi, tactum, berühren) sind vor allem bei Hymenopteren (Ameisen, Bienen, Entomoparasiten) auf den Fühlern zahlreich auftretende Sensillen von besonderer Form (Grubenkegel, Champagnerpfropf- und Flaschenorgane).

Kontaktgifte, K o n t a k t i n s e k t i z i d e, B e r ü h r u n g s g i f t e sind chemische Stoffe zur Bekämpfung von schädlichen Insekten, deren tödliche Wirkung durch Berührung (Kontakt) mit der Körperoberfläche des Schädlings erfolgt.

Es handelt sich dabei nicht immer um Gifte im strengen Sinne des Wortes, wie z. B. Ätzkalk (Kalziumoxyd), der durch Entzug des organischen Wassers wirkt, oder mineralischer Staub (Quarzstaub,

„Naaki" früher gegen Erdflöhe und Kornkäfer angewandt), dessen Wirkung wahrscheinlich auf mechanischer Störung der peripheren Nerven durch die in die Gelenkhäute eingedrungenen, scharfen, mikroskopisch kleinen Quarzsplitter erfolgt.
Eines der bekanntesten neuzeitlichen Kontaktgifte ist das Präparat DDT (Dichlordiphenyltrichloräthan), welches durch die Haut (Cuticula) in den Körper des Insekts eindringt und eine Schädigung des Nervensystems bewirkt. Das Mittel ist übrigens für den Menschen nicht so ganz unschädlich, wie früher angenommen wurde.

Kontinuität (lat. continuitas, -atis, f., besser continuatio, -onis, f., ununterbrochener Zusammenhang, von cum mit und teneo, -ere halte), Stetigkeit, ununterbrochene Fortdauer. In der Nomenklatur das Bestreben, Tiernamen vor Veränderungen möglichst zu bewahren.

Kontraktion (lat. contraho, -ere, zusammenziehen, aus con mit und traho ziehe), aktive Verkürzung der Muskelfaser, beruht auf der Grundeigenschaft des Plasmas, sich zu kontrahieren. Erfolgt in quergestreiften Muskeln unter Bildung charakteristischer → Kontraktionsstreifen. Gegens. → Expansion.

Kontraktionsstreifen, für den Kontraktionszustand eines quergestreiften Muskels charakteristische, vom Ruhezustand abweichende Querstreifung der Muskelfasern. (→ Myofibrillen.)

Konvergenz (lat. convergo, -ere, zusammenneigen), 1. in der Geometrie und Promorphologie Neigung zweier Linien, die sich in einem Punkt kreuzen oder imaginär verlängert kreuzen würden.
2. In der phylogenetischen Systematik Ähnlichkeit zweier unabhängig voneinander entstandener Formen, Organen oder Vorgängen, → Analogie miteinander nicht durch gemeinsame Ahnen verbundener Formen.
3. regionale ~ → Ortsgeist.

Koordination (lat. coordino, -are, beiordnen), endogen modifizierende Beeinflussung der über den → Reflexbogen geleiteten Reize.

Kopf, Caput, Cephalon, Syncephalon, Synciput. Der ~ der Insekten ist ein aus einem → Archicephalon und einigen darauf folgenden primären Körpersegmenten zusammengesetzter, vorderster, die → Mundteile, → Fühler und → Augen tragender Körperabschnitt, dessen Einheitlichkeit erwiesenermaßen sekundär ist. Beim Embryo sind die primären Segmente des Kopfes in frühen Stadien des Keimstreifens noch zum Teil gegeneinander gut abgegrenzt. Es ist immer ein gut abgesetztes, breites → Protocephalon vorhanden, welches außer dem Archicephalon (Akron) noch 3—4 Körpersegmente enthält. Dahinter sind weitere 3 Körpersegmente, das → Mandibular-, → Maxillar- und → Labialsegment (Deutocephalon) gelegen. Ein zur Erklärung der hypopharyngealen → Superlinguae (Maxillulae) von gewissen Autoren (Hansen 1930 und frühere Arbeiten) theoretisch zwischen dem Mandibular- und Maxillarsegment angenommenes Segment ist bisher durch die embryologische Forschung nicht bestätigt worden.
Der definitive ~ besteht aus einer mit dem Thorax durch ein halsartiges → Scharniergelenk (→ Hals) verbundenen → Kopfkapsel, einem membranösen, die sekundäre Mundöffnung ausfüllenden → Mundfeld und den aus segmentalen Gliedmaßen hervorgegangenen Anhängen, → Fühlern und → Mundteilen.
Das ganze System der endoskeletalen Vorsprünge der cephalen Cuticula wird als → Endocephalon bezeichnet.
Von inneren Organen hat das → Gehirn und das → Unterschlundganglion stets seinen Sitz im ~. Außerdem beginnt im ~ das sympathische und viscerale Nervensystem. Das Tracheensystem hat hier seine reichen Ausläufer, und die Aorta reicht meist bis in den Kopf hinein. Der Vorderdarm durchzieht das Lumen des Kopfes, und der Fettkörper füllt die Lücken zwischen der den meisten Raum einnehmenden Muskulatur. Die im Thorax gelegene → Speicheldrüse durchzieht den ~ und mündet in oder an der Unterlippe. Einige eigenartige → Kopforgane sind bei gewissen Insekten beschrieben worden. Sehr groß ist die Zahl und die Verschiedenheit der cephalen → Sinnesorgane. (Taf. V, Fig. 5, Taf. IX, Fig. 2, XXI, Fig. 1, XXII, Fig. 1, 5, XXIII, Fig. 2, 4—6, XXIV, Fig. 1—3, XXV, Fig. 1, 2 und XXIX.)

Kopfampullen, Antennalampullen, Nebenherzen, zwei am Grunde der Fühler durch Diaphragmen von der übrigen Kopfhöhle abgegrenzte Räume, die sich in je ein röhrenförmiges, in die Fühler eindringendes Antennalgefäß (Antennalvene, Antennalader) verlängern, welches die Aufgabe hat, das im Kopflumen frei flottierende, aus der Aorta ergossene Blut in die Antennen hineinzupumpen. Die beiden Diaphragmen sind durch ein queres Muskelband verbunden, durch dessen Kontraktion das Blut in die Ampullen eingesaugt wird. Durch die Elastizität der Diaphragmen wird nach Erschlaffung des Muskels das Blut in die Antennalgefäße getrieben.

~ sind bei *Blattaria* und *Lepidoptera* gefunden worden.

Kopfblase, Stirnblase, Ptilinum, ektodermale, ausstülpbare Blase im Kopf der jungen, aus der Puppenhaut schlüpfenden Imagines cyclorrhapher Fliegen. Sie wird von der schlüpfreifen Imago durch die → Bogennaht unter Blutdruck ausgestülpt, um den Tönnchendeckel zu sprengen. Bei *Cyclorrhapha Schizophora* ist die ~ stets gut entwickelt, bei *Aschiza* schwach oder undeutlich, mehr oder weniger rudimentär. (Taf. XX, Fig. 14.)

Kopfbruststück → Cephalothorax.

Kopfdecke, → Exocephalon → Kopfkapsel.

Kopfdrüsen, die in ihrer ganzen Ausdehnung im Hohlraum des Kopfes gelegen sind, kommen verhältnismäßig selten vor. Es sind die unpaare → Frontaldrüse der Termiten und die paarige → Antennaldrüse der Ameisen. Viel häufiger sind Drüsen, welche selbst im Thorax gelegen sind und an cephalen Organen münden. Am weitesten verbreitet ist die → Labial- oder Speicheldrüse. Auch die → Mandibulardrüse kommt häufig vor, während die → Maxillardrüse bisher nur bei gewissen Ordnungen nachgewiesen worden ist. Eine → Pharyngealdrüse im Hypopharynx hat die Raupe von *Hyponomeuta*. Vgl. auch → Kopfspeicheldrüse.

Die paarigen ~ werden vielfach für homolog mit den ursprünglichen → Coxaldrüsen der betreffenden Kopfsegmente gehalten.

Kopfganglien, die sechs vorderen Ganglien des Zentralnervensystems, deren drei vordere das Cerebralganglion oder Gehirn und deren drei folgende das Unterschlundganglion bilden.

Kopfgipfel → Scheitelhöcker.

Kopfhaltung → Kopfstellung.

Kopfindex → Index.

Kopfinnenskelett → Endocephalon.

Kopfkapsel, Cranium, der in der Grundform ovale, von der Cuticula der miteinander verschmolzenen → Kopfsegmente gebildete Kasten, welcher die Kopfganglien und andere innere Organe des Kopfes birgt, die Kopfgliedmaßen trägt und ihren Muskeln Ansatzflächen bietet.

Die Grenzen der primären Kopfsegmente verschwinden im Lauf des embryonalen Lebens zum größten Teil und sind schon am Kopf der jungen Eilarve nicht mehr nachweisbar. Die einzige Ausnahme bildet die bis zur Imago persistierende → Postoccipitalnaht. Infolgedessen ist die Regionalisierung der ~, wie sie in taxonomischen Arbeiten im Gebrauch ist, künstlich, die einzelnen Regionen und Bezirke nehmen keinen Bezug auf die primäre Segmentierung, sind vielfach nicht scharf gegeneinander abgegrenzt, und vor allem sind die gleichnamigen Teile in verschiedenen Ordnungen nicht immer einander homolog. Die in den letzten Dezennien angestrebte Homologisierung der Kopfregionen stützt sich in der Hauptsache auf gewisse konstant vorkommende und z. T. in allen Ordnungen homologe endocephale Bildungen, vor allem das → Tentorium und die Muskulatur, ist aber noch lange nicht abgeschlossen. Vgl. auch → acrotrem und → pantotrem.

Die cuticulare Wand der ~ wird als Kopfdecke (Exocephalon) bezeichnet im Gegensatz zu ihren inneren, endoskeletalen Bildungen, welche zusammen mit dem Tentorium ein Endocephalon bilden.

Die Regionalisierung des Exocephalon richtet sich in der Hauptsache nach dem Endocephalon und der Muskulatur und verwendet die vorhandenen Nähte, die meistens von endoskeletalen Leisten begleitet werden oder persistierende, präformierte Exuvialbruchlinien darstellen, zur Abgrenzung der einzelnen Bezirke.

Man spricht häufig vom → Vorderkopf und → Hinterkopf oder vom oralen und cranialen (Epicranium) Teil der ~. Beide haben in verschiedenen Ordnungen sehr verschiedenen morphologischen Wert und richten sich nach ihrer taxonomischen Bedeutung.

Bei primitiven Insektenordnungen ist die ~ unten hinter dem Mundfeld offen, d. h. der sklerotisierte Rand der Occi-

pitalöffnung ist an der Membran des Mundfeldes, am Grunde des Submentums unterbrochen. Bei vielen Insekten schiebt sich zwischen die Occipitalöffnung und das Submentum eine sklerotisierte, die beiden Unterränder der ~ hinter dem Submentum verbindende Brücke, die → Kehle bzw. die → Hypostomalbrücke ein. (Geschlossene ~, → Hinterhauptsverschluß.)
Rund um das Mundfeld wird häufig ein Streifen der ~, das → Peristom durch eine Naht, die → Peristomalnaht, abgegrenzt. Letztere verbindet die beiden Ansatzstellen der vorderen Tentoriumarme, indem sie hier als → Epistomalnaht den → Clypeus von der → Stirne trennt, und zieht sich weiter nach hinten an den Seiten der ~ bis zu den Ansatzstellen der hinteren Tentoriumarme, an denen sie sich mit den Enden der Postoccipitalnaht verbindet. Ihre vorderen Seitenteile von den vorderen Tentoriumarmen bis zum hinteren Mandibelgelenk werden als → Pleurostomalnähte unterschieden, während die hinteren zwischen dem hinteren Mandibelgelenk und den hinteren Tentoriumarmen als → Hypostomalnähte bezeichnet werden. Die ersteren trennen die → Pleurostoma von der → Wange (Gena), die letzteren die → Hypostoma von der → Hinterwange (Postgena).
Die Stirn wird seitlich durch die meist in die Spuren der vorderen Tentoriumarme mündende Gabel der → Stirnnaht begrenzt, während die Wange und Hinterwange voneinander durch die Occipitalnaht getrennt (die aber bei höheren Insekten meist fehlt) nach oben ohne scharfe Grenze in die Kopfkapsel (Schläfen) übergehen.
Zu beiden Seiten der Stirne, zwischen den Stirnnähten und den Innenrändern der Komplexaugen, liegt das → Gesicht, dem aber vielfach auch noch ein Teil der Wangen, die Stirne, nicht selten auch der Clypeus und Scheitel zugerechnet werden. Es ist die unbeständigste aller Kopfregionen.
Die Wange umfaßt von unten das Komplexauge und geht vorn in das Gesicht, hinten hinter den Augen in die → Schläfen über. Letztere fließen oben mit dem hinter der Stirn liegenden → Scheitel zusammen. Scheitel, Schläfen und Wangen sind hinten durch die meist gut erhaltene → Occipitalnaht vom → Occiput (hinter dem Scheitel und den Schläfen) und den Hinterwangen (hinter den Wangen) getrennt.
Bei gewissen Insekten, z. B. den *Ipidae* und vielen *Diptera*, wird ein Teil der an die Epistomalnaht grenzenden Stirn als die → Epistoma bezeichnet.
Der Scheitel ist häufig von einer medianen Längsnaht, der → Scheitelnaht, halbiert, welche bis an die Occipitalnaht reichen kann, diese aber bei Imagines niemals überschreitet.
Bei gewissen primitiven Insekten kommt noch eine → Postfrontalnaht hinter der Stirnnaht und außerdem manchmal eine → Subokular- und → Subantennalnaht vor.
Bei *Aphaniptera* und *Diptera pupipara* kommt noch eine sog. → Scheitelquerfurche vor, welche die beiderseitigen Fühlergruben miteinander verbindet und dem Vorderkopf gewisse Beweglichkeit verleiht. Eine ähnliche Querfurche kommt auch gewissen Mallophagen zu. (Aufgelöste ~, → Caput fractum.)
Hinter dem Occiput und den Hinterwangen, d. h. auch hinter der Postoccipitalnaht liegt das → Postocciput, das einen schmalen aufgeworfenen Randwall um die Occipitalöffnung (Foramen magnum) bildet. Der Occipitalring endet an offenen Kopfkapseln ventral dicht hinter den hinteren → Fenestrae tentorii an den Hinterecken des Submentum, an geschlossenen ~ hingegen werden seine ventralen Enden von der Kehle bzw. Hypostomalbrücke miteinander verbunden. (Taf. XXIX.)

Kopfkegel → Schnabel.

Kopflappen, 1. Prostomium, der unpaarige, präoral gelegene vorderste Körperabschnitt der Anneliden. Bei Insekten ist ein ~ auch embryonal nicht mehr nachweisbar, wird aber theoretisch angenommen, da ihm das vorderste Kopfganglion entsprechen muß. (→ Acron.) 2. Das → Protocephalon der Insektenembryonen.

Kopflaus → *Pediculus capitis* De Geer.

Kopfmuskulatur umfaßt die Eigenmuskulatur der Kopfkapsel, die Muskulatur der Kopfgliedmaßen, des → Salivariums und des → Proctodaeums. Die den Kopf als Ganzes bewegenden Muskeln kommen alle aus dem Thorax und dem → Halse und greifen am Postoccipitalring und am

Tentorium an. Es ist vor allem ein Dorsolateralmuskel mit der Insertion am Postocciput, der seinen Ursprung am pro-mesothorakalen Phragma hat, und ein ventraler Längsmuskel mit der Insertion am Tentorium und dem Ursprung an der Profurca. Beide sind paarig. Ein paariger Dorsoventralmuskel des Labialsegments entspringt an den → Laterocervicalia und inseriert am Postoccipitalring dicht unterhalb des Dorsolateralmuskels. Ein Intersegmentalmuskel schließlich kommt vom Pronotum und inseriert teils am → Kehlsporn, teils an den Laterocervicalia.

Kopforgane unbekannter Funktion sind das ~ der *Corethra*- und *Culex*-Larven, das paarige kugelförmige Organ am Grunde des Rüssels bei *Haematomyzus elephantis*, das → Postantennalorgan der *Collembola* und die → Pseudocellen der *Collembola* und *Protura*.

Kopfregionen → Kopfkapsel.

Kopfschild, Clypeus, der vordere, vor der → Epistomalnaht liegende unpaarige Teil der Kopfkapsel. Er gehört zum → Peristomalstreifen der Kopfkapsel und stellt seinen am stärksten entwickelten Teil dar. Bei orthopteroiden Insekten ist er stets sehr stark entwickelt und bedeckt schirmartig die Mundteile von oben bzw. von vorn. Vorn sitzt ihm die Oberlippe an, mit der er bei gewissen Insekten ein mehr oder weniger einheitliches → Clypeolabrum bildet. Bei *Gryllidae, Odonata, Corrodentia, Mallophaga, Thysanoptera* und *Homoptera* ist der ~ durch die sekundäre → Kopfschildnaht in einen vorderen → Anteclypeus und einen hinteren → Postclypeus geteilt. Typisch, d. h. an sich einheitlich und vom Labrum und der Stirn durch die genannten Nähte getrennt, tritt der ~ bei *Saltatoria, Dermaptera*, primitiven *Coleoptera* und *Hymenoptera* auf. Bei höheren Formen der beiden letzteren Ordnungen verschmilzt nicht selten der ~ mit der Stirn zu einem → Frontoclypeus. Seltener kommt es zu einer sekundären Trennung zwischen einem → Frontopostclypeus und einem → Anteclypeolabrum, wie z. B. bei *Mallophaga* und *Thysanoptera*. Bei den letzteren ist allerdings der ganze Anteclypeus membranös zwischen dem Labrum und dem Frontopostclypeus ausgespannt. Bei Musciden bildet der Clypeus eine einheitliche, membranös eingefaßte Chitinplatte in der Vorderwand des → Schnabels. Bei starker Entwicklung der Dilatatoren Cibarii ist der Clypeus stark, manchmal außergewöhnlich (*Cicadidae*) vorgewölbt. (Taf. XXIX.)

Kopfschildnaht, Clypeus-Naht, eine sekundäre Quernaht, welche den Kopfschild in einen vorderen → Anteclypeus und einen hinteren → Postclypeus trennt. Sie tritt bei *Gryllidae, Corrodentia, Mallophaga, Thysanoptera* und *Homoptera* mehr oder weniger deutlich auf.

Kopfsegmente, die zu definitivem → Kopf miteinander verschmolzenen vordersten 6—7 primären Körpersegmente. Die ersten 3—4 ~ sind schon auf frühen Embryonalstufen zu einem → Protocephalon miteinander verschmolzen. Ihnen schließen sich die drei folgenden, die Mundteile tragenden Segmente an, das Mandibular-, Maxillar- und Labialsegment.

Kopfspeicheldrüse, bei Anopluren zu beiden Seiten der Stachelscheide gelegene und seitlich in dieselbe einmündende Drüse. Sie hat bei anderen Insekten bisher kein Homologon. Bei Anopluren findet sich außer dieser Drüse noch die der → Labialdrüse anderer Insekten homologe, im Thorax gelegene und hinten in die Stachelscheide mündende Speicheldrüse sowie eine innerhalb der Stachelscheide gelegene, gleichfalls nur bei Anopluren auftretende → Stacheldrüse. Die ~ der Honigbiene → Futtersaft.

Kopfstellung, Kopfhaltung, die Lage der Kopfkapsel im Verhältnis zum Rumpfe, bestimmt durch den Winkel, welchen ihre vertiko-orale Achse mit der Körperlängsachse auf der → Sagittalfläche bildet. Beträgt der Kopfneigungswinkel annähernd 180°, so spricht man von einem prognathen Kopf, der mit den Mundteilen nach vorn gerichtet ist und dessen Stirn oben liegt. Typisch prognathen Kopf haben z. B. die *Dermaptera, Isoptera, Embiodea, Zoraptera*, holzbohrende und minierende Larven von Käfern, Hymenopteren und Schmetterlinge usw.

Bei einem Kopfneigungswinkel von annähernd 90° wird der Kopf als orthognath bezeichnet. Die Mundteile sind nach unten gerichtet und die Stirn liegt vorn. Typisch orthognathen Kopf haben die *Saltatoria, Odonata, Ephemerida, Corrodentia,* freilebende Raupen der Schmetterlinge, Afterraupen der symphyten Hymenopteren usw.

Bei einem noch kleineren Neigungswinkel, der im extremen Fall bei *Blattaria* bis etwa 30° herabgedrückt werden kann, sind die Mundteile nach hinten gerichtet und die Stirn liegt ventral. Außer den Blattarien zeichnen sich *Rhynchota* (z. T.) und *Thysanoptera* durch diese → hypognathe ~ aus, doch beträgt bei den beiden letzteren Ordnungen der Kopfneigungswinkel annähernd 45°. (Näheres über die ~ vgl. Walker, Can. Ent. 64, 1932.)

Kopfstiel, ein mehr oder weniger kragen- oder halsförmig verlängerter occipito-postgenaler Teil der acrotremen Kopfkapsel, kommt besonders häufig bei Käfern vor und erreicht insbes. bei *Brenthidae* und *Apoderinae* eine beträchtliche Länge. Auch *Rhaphidia* und gewisse Heteropteren haben einen kürzeren oder längeren ~ entwickelt. An der Bildung des ~ beteiligen sich vielfach auch andere postokulare Teile der Kopfkapsel. Bei manchen Insekten (*Phasmidae, Heteroptera, Planipennia*) ist der Prothorax halsartig lang und schmal, einen ~ vortäuschend (bes. z. B. bei Larven der *Nemopteridae*).

Kopfstück, Hauptteil der → Spermie.

Kopftracheen, zwei Paar von Tracheenästen, je ein dorsales und ventrales, welche beiderseits vom Stigmenstamm des Mesothorax nach vorn abzweigen und die Kopforgane versorgen. Das dorsale Paar versorgt die Oberlippe, Fühler, Augen, Gehirn und andere dorsofrontale Kopforgane, der ventrale Ast die Mundteile, Suboesophagalganglion und die übrigen ventro-posticalen Kopforgane. Vom Stamm des ventralen Paares der ~ entspringt beiderseits die vordere → Beintrachee, die zu den Vorderbeinen geht.

Kopfverschluß → Hinterhauptsverschluß.

Koppelung (lat. copulo, -are, verbinden), temporäre Verbindung zweier Teile des Integuments oder seiner Anhänge im Gegensatz zur dauernden Verbindung mittels eines → Gelenks. Eine ~ kommt am häufigsten bei Fluginsekten zwischen dem Vorder- und Hinterflügel vor (→ Flügelverschluß). Auch die Flügeldecken der Käfer werden in der Ruhelage miteinander verkoppelt. Die Verbindung der einzelnen Bestandteile des Legeapparates der *Saltatoria* und *Hymenoptera Symphyta* sind gleichfalls temporäre Koppelungen (→ Falzgelenk).

Kopulation (lat. copulatio, -onis, f., Verbindung, Verknüpfung) → Begattung.

Kopulationsapparat → Begattungsapparat.

Kopulationsbeine (richtiger Haft- oder Haltebeine) sind mehr oder weniger modifizierte, zum Festhalten der Weibchen während der Begattung dienende Vorderbeine der Männchen. Am häufigsten ist die Modifikation auf die Erweiterung der Vordertarsen beschränkt, z. B. bei Männchen von *Carabidae, Staphylinidae.* Bei *Dytiscidae* (*Dytiscus, Cybister, Acilius* u. a.) sind bei Männchen die Sohlenborsten der Vordertarsen zu Saugnäpfen umgebildet (Taf. II), während sie bei gewissen Hymenopteren (*Crabro,* Taf. II) mit Erweiterungen der Schienen oder Tarsen versehen sind. Auch Mittelbeine können zu ~ entwickelt werden.

Kopulationsstellungen → Begattung.

Korbweidenblattkäfer → *Phyllodecta vulgatissima* Linné, *Ph. vitellinae* Linné und *Ph. tibialis* Suffrian.

Kornkäfer, gemeiner → *Calandra granaria* Linné.

Kornkrebs → *Calandra granaria* Linné.

Kornmotte → *Tinea granella* Linné.

Kornmotte, französische → *Sitotroga cerealella* Clerck.

Kornwurm, weißer → *Tinea granella* Linné.

kosmopolitisch (gr. ὁ κοσμός Welt, ὁ πολίτης Einwohner, Bürger) → geopolitisch.

kosmotropisch → geotropisch.

Kotabgabe → Defäkation.

Kotbehälter, Vorrichtungen der Aftergegend des Hinterleibs, die im Gegensatz zu → Afterapparaten den Kot nicht entfernen, sondern ihn für weitere Verwendung (→ Exkremente) behalten. Besonders prägnant sind ~ in Form von Haarkränzen der perianalen Gegend bei myrmecophilen Blattläusen.

Koten → Defäkation.

Kotentleerung → Defäkation.

Kotfliegen → *Cordyluridae.*

Kotfresser → Coprophaga.

Kotkäfer, *Onthophaginae* und *Coprinae* (*Col Scarabaeidae*).

Kotsack, ein Becher aus dem vor der letzten Larvenhäutung abgegebenen Kot in den Kokons vieler *Ophioninae* (*Ichneumonidae*). In diesem, von einem gallertigen Überzug zusammengehaltenen Becher steckt die Puppe mit ihrem Hinterleib. Vgl. auch → Meconium.

Kotsackblattwespen → *Lydidae* (*Pamphilidae*).

Kotwanze → *Reduvius personatus* Linné.

Krätzemilbe → *Sarcoptes scabiei* Linné.

Kräuselgallmücke → *Contarinia nasturtii* Kieffer.

Kräuselmilben → *Phyllocoptes vitis* Nalepa, *Epitrimerus vitis* Nal. und *Phyllocoptes viticolus* Pantanelli.

Kralle, Klaue, Unguis, meist paarige, hohle, mehr oder weniger stark sklerotisierte, dorn-, messer- oder hakenförmige Ausstülpungen der Prätarsalmembran, die mit ihrem Basalrande am Ende des letzten Tarsengliedes oder am → Krallenträger (selten, z. B. bei *Gerridae*, subapical) artikulieren und ventral mit dem → Unguitractor verbunden sind.
Nach SNODGRASS sind die ~ sekundäre Bildungen der dorsalen Basis des → Praetarsus, während sie nach JEANNEL (bei Käfern) auf ein Paar epitarsaler Sporne zurückzuführen sind.
Collembolen und Proturen haben zeitlebens nur je eine ~ an den Tarsen, während die Thysanuren und Imagines der Pterygoten gewöhnlich mit je einem Paar derselben versehen sind. Eine der beiden Krallen kann sekundär an allen oder nur an gewissen Beinpaaren reduziert sein, wie z. B. bei *Bittacidae*, vielen *Pselaphidae*, manchen *Dytiscidae*, *Curculionidae* (*Mononychus*, *Anoplus*), *Rutelinae* (an allen Tarsen), bei Weibchen der *Dryinidae* (an Vordertarsen), bei *Gyropidae* (an Mittel- und Hintertarsen). Bei den ischnoceren Mallophagen und allen Läusen ist stets an allen Beinpaaren nur eine mächtig entwickelte Kralle vorhanden, während die amblyceren Mallophagen mit Ausnahme der *Gliricolidae*, die mit einer rudimentären, borstenartigen Kralle versehen sind, stets zwei Krallen tragen. (Taf. I, Fig. 5, Taf. II—IV, Taf. XXV, Fig. 3 und Taf. XXIX.)

Krallenbeuger, am → Unguitractor inserierender Musculus flexor praetarsi. (Taf. XXV, Fig. 3.)

Krallenglied, Krallensegment, Praetarsus, Transtarsus, terminaler Anhang des Tarsenendgliedes oder des Tibiotarsus, eine membranöse Blase, die mit Krallen und verschiedenartigen Hilfsanhängen, nämlich → Empodium → Arolium → Pulvillen als Haftorganen sowie → Hilfsplatten und → Unguitractor, die die Flexion der Krallen vermitteln, versehen sein kann.
Nach SNODGRASS, HANSEN u. a. entspricht das ~ dem Dactylopodit der *Crustacea*, während JEANNEL im → Empodium sein Rudiment sieht, die Krallen dagegen auf vergrößerte epitarsale Dorne zurückführt.
Im allgemeinen Brauch und in taxonomischen Arbeiten wird als ~ gewöhnlich das Endglied der Tarsen bezeichnet. (Taf. I, Fig. 1 und Taf. II, Fig. 4.)

Krallensehne → Unguitractor.

Krallenträger, Unguifer, Vorsprung des dorsalen Endrandes des Tarsenendgliedes, an dem die Krallen artikulieren. Er ist nur bei kräftigen, stark beweglichen Krallen gut entwickelt. (Taf. II, Fig. 4, 5.)

Krankheiten der Insekten werden durch Viren, Bakterien, Pilze, Protozoen, Würmer, Insekten und Acarinen verursacht.

Krankheitsüberträger sind diejenigen Insekten, welche die an Menschen, Tieren (bes. Haus- und Jagdtieren) und Pflanzen (Kulturpflanzen) pathogen auftretenden Mikroorganismen von kranken Individuen auf gesunde übertragen. In vielen Fällen sind die ~ zu obligatorischen → Zwischenwirten des pathogenen Organismus geworden.

Kranzfüße, Pedes coronati sind die → Afterfüße der Schmetterlingsraupen, welche am Rande einen geschlossenen Ring von Dornhäkchen, den sog. Hakenkranz tragen. Vgl. auch → Klammerfüße. (Taf. II, Fig. 9.)

Kranznaht → Scheitelnaht.

Krausesche Zwischenmembran, KRAUSEsche Zwischenscheibe, Telophragma, dünne Querscheiben, welche die → Myofibrille inmitten ihrer isotropen Glieder halbieren und die Muskelfaser in → Muskelkästchen aufteilen.

Kreis, Tierkreis, eine häufig zwischen den → Unterstamm und die → Klasse eingeschaltete systematische Kategorie, oft (aber nicht immer) gleichbedeutend mit dem → Cladus.

Kreiselkäfer → *Gyrinidae.*

Kreuzborsten, Interfrontal-, Frontocentralborsten, ein Paar nach innen oder nach außen gerichteter Borsten in der Mitte des Stirndreiecks zwischen den Ocellen bei einigen calyptraten und acalyptraten Fliegen. (Taf. V, Fig. 5.)

Kreuzschritt, für alle Insekten charakteristische Gangart durch abwechselndes Vorsetzen je eines Beines in diagonaler Ordnung. Vgl. → Gang.

Kribbelmücken, Kriebelmücken → *Simuliidae.*

Kriechen, Fortbewegung ohne oder mit kurzen, stummelartigen Beinen in geduckter Stellung. In allen Fällen berührt die Bauchseite (fast) den Boden. Bei Larven, die in engen Gängen leben, wie z. B. viele holzbohrende Larven (*Cerambycidae, Buprestidae* usw.) werden die Beine häufig durch → Kriechwülste ersetzt.

Kriechwülste, Kriechschwielen, meist dorsale, von den Tergiten gebildete fleischige Buckel oder Querwülste, die nicht selten dicht mit winzigen Chitindörnchen besetzt sind und im peristaltischen Rhythmus den Larvenkörper in engen Gängen (*Cerambycidae, Buprestidae* usw.) fortbewegen. Vielfach auch auf der Ventralseite vorhanden.

Kristallkegel, Kristallkörper, Linsenzylinder, ein stark lichtbrechender, flüssiger, zähflüssiger oder harter kegelförmiger Körper im → dioptrischen Apparat der → Stemmata und → Ommata, zwischen den Sehzellen und der Cornea.
Der ~ entsteht entweder extrazellulär aus einer cuticularen Ausscheidung der → Kristallzellen und bildet in diesem Fall einen einheitlichen Kegel, sog. → → Pseudoconus, oder wird von den Kristallzellen selbst gebildet und besteht dann aus vier Quadranten. Im ersteren Fall kann er mit der Cornea verschmelzen und wird dann als Processus corneae bezeichnet. (Taf. XXVIII, Fig. 1, 2.)

Kristallschicht → Uratschicht.

Kristallzellen, Kristallogenzellen, Sempersche Zellen sind unter die → Corneagenzellen gerückte Epidermiszellen, welche im → dioptrischen Apparat der Stemmata und Ommata einen Kristallkegel bilden. Ihr plasmatischer Inhalt verwandelt sich zum Teil oder gänzlich in eine glasartige Masse, sog. Vitrella, und wird entweder nach außen zur Bildung eines → Pseudoconus ausgeschieden oder bleibt intrazellulär. Im letzteren Fall bilden die ~ den echten Kristallkegel.

kritische Periode → sensible Periode.

kritische Stadien, Jugendstadien mit geringer ökologischer → Valenz.

kritische Zone, ein schmaler Bereich oberhalb und unterhalb der vitalen Faktorenzone an der Grenze der beiden mortalen Zonen. Innerhalb der ~ ist es noch dem Körper möglich ist, durch Selbstregulierung dem Tode zu entgehen.

Kropf, Ingluvies, hinterer, erweiterter Teil des Oesophagus (orthopteroide Insekten, *Coleoptera, Hymenoptera, Perlaria,* Larven der *Aphaniptera,* Schmetterlingsraupen usw.) oder ein mehr oder weniger lang gestielter, einfacher (gewisse *Mallophaga, Diptera, Lepidoptera*) oder paariger (*Anopheles,* Saug- oder Vorratsmagen) Anhang des letzteren. Er fehlt bei *Apterygota,* manchen Käfer-Larven (*Dytiscus, Oryctes, Lampyrinae*), Aphanipteren usw. Bei gewissen *Planipennia* (*Myrmeleon*) ist der ~ sehr stark aufgetrieben und mit Luft gefüllt. Sonst besteht seine Füllung in der Regel aus Nahrung, die er scheinbar nur zur Aufspeicherung und schluckartigen Beförderung in den → Proventriculus aufnimmt. Bei der Arbeiterin der Honigbiene wird der ~ als sozialer Magen bezeichnet, weil in ihm die aufgespeicherte Nahrung zu Honig verarbeitet und als Larvenfutter erbrochen wird. (Taf. VI, Fig. 1, 2, 4.)

kryptophylaktische Trachten (gr. κρυπτός verborgen, ἡ φυλακή Schutz) → Tarntrachten.

Ktenidien → Ctenidium.

Kuckucksbienen sind verschiedene Bienenarten (*Hym Apidae*), welche selbst keine → Brutpflege ausüben, sondern sich auf die → Brutfürsorge beschränken, indem sie ihre Eier in Brutnester anderer Bienen einschmuggeln und die Larven von ihnen großziehen lassen, ohne sich selbst um diese weiter zu kümmern.
In den meisten Fällen sind einzelne Arten der ~ an bestimmte Arten der Pflegebienen angepaßt. So entwickeln sich z. B. die Arten der Gatt. *Nomada* bei bestimmten Arten der Gatt. *Andrena, Sphecodes* bei *Halictus, Coelioxys* vorwiegend bei *Megachile, Psithyrus* bei *Bombus* usw.

Kuckucksspeichel, schaumartige, aus → Exkrementen und Wachssekret gebildete → Schaumhülle der *Cercopidae*-Larven.

Küchenschabe → *Blatta orientalis* Linné.

kühniella Zeller, *Ephestia*, Mehlmotte (*Lep Pyralididae*), ein 20—25 mm spannweiter Zünsler, mit grauen, zackig schwarz quergebänderten VFl und weißlichen HFl. Raupe in Mehl, Grieß, trockenen Pilzen, Früchten usw., in Spinnröhren, die mit Exkrementen und Futterresten gefüllt sind .

Kümmelmotte → *Schistodepressaria nervosa* Haworth.

Kümmelpfeifer → *Schistodepressaria nervosa* Haworth.

Küstenspringer → *Machilidae*.

Kugelfliegen → *Acroceridae*.

Kugelgelenk, ein besonders häufig in der Verbindung des → Scapus mit der Kopfkapsel vorkommendes Gelenk, welches durch kugelförmige Erweiterung der Scapus-Wurzel entsteht, die in eine entsprechende Aushöhlung der Kopfkapsel um die → Fühlergrube eingebettet ist. Das Gelenk ist sonst typisch → akondyl, und seine Gelenkkugel darf nicht mit dem → Gelenkkopf des typisch kondylen Gelenks verwechselt werden.
Diese Gelenkform kommt sonst sehr häufig z. B. am Endglied der Tarsen vor. Wird die Scharniermembran eines ~ zur → Syndese versteift, dann entsteht die als → Einkeilung bezeichnete Form des Gelenks. (Taf. V, Fig. 2c.)

Kugelrüßler, grauer → *Philopedon plagiatus* Schaller.

Kugelspringer, Kugelspringschwänze → *Sminthuridae*.

Kupferglucke → *Gastropacha quercifolia* Linné.

Kupferstecher → *Pityogenes chalcographus* Linné.

Kurzflügler → *Staphylinidae*.

Kurzspringer → *Hypogastruridae*.

„Kuß“ der Hausfliege, ein als Begattungsvorspiel (→ Balztänze) gedeuteter Griff des Männchens der Stubenfliege, welches in der Begattungsstellung auf dem Rücken des Weibchens sitzend, den → Schnabel ausstreckt und die → Labellen auf den Scheitel des Weibchens drückt. Es dürfte sich dabei um einen rein mechanischen Griff zum Festhalten am Körper des Weibchens mittels der adhäsiven Labellenfläche handeln.

Kutikula → Cuticula.

L

Labelle (lat. labellum, -i, n., dem. von labrum, Lippe), Lippe, Olive, Halbolive, Saugfläche, Labialpolster, Rüsselpolster, ein Paar polsterartiger Anhänge des Dipterenrüssels, die bes. bei *Muscidae* stark entwickelt sind. Nach Crampton (1925) sind sie aus den primär zweigliedrigen Labialtastern hervorgegangen. Sie wurden früher für Derivate der Paraglossae gehalten.
Die ~ sind an ihrer unteren Fläche mit querverlaufenden → Pseudotracheen versehen, welche die Verteilung des Speichels und das Aufsaugen der flüssigen bzw. im Speichel aufgelösten Nahrung besorgen, indem sie diese rein kapillar bis zu dem vorn (oben) zwischen den beiden Labellen mündenden Nahrungsgang steigen lassen. (Taf. XXIII, Fig. 1, 3.)

Labellensklerite, zwei stabförmige Skleritpaare am Grunde der Labellen, die als Insertionsstellen für die Retractores labelli dienen und zugleich die Rolle von Hebeln spielen. (Taf. XXIII, Fig. 1.)

Labia (lat. labia, -ae, f., pl. labiae, -arum Rand eines Gefäßes), die beiden Flächen die den Legeapparat der Schmetterlinge zusammensetzen, sofern sie nicht, wie bei *Dianthoecia*, miteinander zu einem sklerotisierten Rohr verschmolzen sind.

Labialdrüse, paarige, tubulöse, verzweigt tubulöse oder acinöse → Kopfdrüse mit (sekundär) unpaariger Mündung im Grunde der → Speichelhöhle zwischen dem Hypopharynx und der Unterlippe. Die Mündung der ~ kann aber auf die Spitze des Hypopharynx (*Hemiptera*) oder auf die Spitze des Labiums (Schmetterlingsraupen, Larven der Hymenopteren, Haustellum der Trichopteren usw.) vorrücken.
Die ~ liegt mit ihrem sezernierenden Teil im Thorax oder reicht sogar bis in den Hinterleib hinein, und ihre beiden Ausführungsgänge vereinigen sich meist erst in der Kopfkapsel, manchmal dicht vor der Mündung.

Eine ~ fehlt gänzlich bei Käfern mit extraintestinaler Verdauung und bei Engerlingen der *Lamellicornia.*
Bei den meisten Insekten arbeitet die ~ als Speicheldrüse, wird aber nicht selten, z. B. bei Schmetterlingsraupen und anderen spinnenden Larven, in eine → Seidendrüse verwandelt.
An die ~ schließen sich manchmal paarige → Nebendrüsen an, die entweder direkt in paarige Ausführgänge münden (*Hyponomeuta*) oder mit der Hauptdrüse mittels eines Verbindungsganges kommunizieren (*Naucoris, Cicada*).
Die ~ werden von vielen Autoren auf → Nephridien zurückgeführt.

Labialganglion, das hinterste Ganglion der → Unterschlundganglienmasse. Es entsendet ein Paar von → Labialnerven zur Unterlippe und außerdem dicht dahinter ein Paar von Jugularnerven zur Muskulatur des Hinterhaupts und des Halses sowie zum Salivarium.

Labialnaht, sutura labialis, eine der cardino-stipitalen Gelenkmembran homodyname Naht zwischen dem → Mentum und → Praementum. (Taf. XXI, Fig. 8, 9.)

Labialnieren, komplizierte, paarige Drüsen im Kopf der *Thysanura,* die der Lage nach den Labialdrüsen entsprechen, in ihrem Bau aber an Nephridialorgane erinnern. (BRUNTZ , Arch. zool. exp. 2, 1904.)

Labialpalpen → Lippentaster.

Labialpolster, Rüsselpolster → Labelle.

Labialsegment, das letzte kephalisierte (→ Cephalisation) Körpersegment der Insekten, dessen Gliedmaßenpaar zur → Unterlippe umgewandelt worden ist.
Das ~ ist wahrscheinlich in dem → Postocciput, einem meist schmalen Randstreifen des Foramen magnum, welches vorn von der → Postoccipitalnaht begrenzt wird, erhalten. Es wird vielfach angenommen, daß sein primäres Sternum in den → Hypopharynx umgewandelt worden ist und nicht dem → Submentum entspricht, was allerdings wenig einleuchtet.
Das ~ bildet außer dem Postocciput auch einen Teil der Halshaut und die Laterocervicalia sowohl wie die aus der Halshaut hervorgegangene → Kehle.

Labialtaster → Lippentaster.

Labialzapfen → Spinnwarze.

Labium (lat. labium, -i, n., Lippe, vorkl. und spätkl. für labrum) → Unterlippe.

***Laboulbeniaceae*,** Familie insektenparasitischer Pilze, die besonders häufig bei feuchteliebenden Käfern und Mallophagen anzutreffen sind. Ihre spindelförmigen Fruchtkörper bilden aus dem Körper nach außen ragende Büschel.

Labralleiste, basale, der Labralnaht folgende, endoskeletale Leiste, die dem Retractor labri anterior als Insertionsstelle dient.

Labralnaht, Clypeolabralnaht, membranöse Scharniernaht, welche die Oberlippe mit dem Clypeus beweglich verbindet. Sie kann mehr oder weniger stark sklerotisieren oder ganz verschwinden, was zu einer Verschmelzung der Oberlippe mit dem Clypeus zu einem einheitlichen Clypeolabrum führt. (Taf. XXI, Fig. 1.)

Labralnerv, Clypeolabralnerv, ein aus den → Frontalkonektiven entspringendes, die epipharyngealen Sinnesorgane versorgendes Nervenpaar des → stomatogastrischen Systems. Die ~ können auch am Tritocerebrum selbst entspringen. (Taf. XXV, Fig. 1 und Taf. XXVII, Fig. 2.)

Labralsegment, das von Wiesmann (1926, → Präantennalsegment) angenommene, sekundär in die topographisch präorale Lage gerückte (→ Protocephalon) vorderste kephalisierte Körpersegment. Nach WIESMANNS embryologischen Untersuchungen enthält es eine paarige Anlage der → Oberlippe sowie ein Paar rudimentärer Coelomsäcke, beides (im Grunde) prinzipielle Kriterien eines echten → Körpersegments.

Labrofrontalnerv, der gemeinsame Stamm der → Labralnerven und der Frontalkonektive am Tritocerebrum. (Taf. XXV, Fig. 1 und Taf. XXVI, Fig. 2.)

Labrum (lat. labrum, -i, n., Lippe, von lambo, -ere, -i, lecken) → Oberlippe.

lacca Kerr, *Tachardia,* asiatische Lackschildlaus, Gummilackschildlaus (*Hom Coccidae*). Die Weibchen dieser und verwandter Coccidenarten (UFam *Tachardiinae,* außer *lacca* auch z. B. *T. larreae* Comstock, nordamerikanische Lackschildlaus) scheiden aus ihren → Lackdrüsen reichlich ein Sekret aus, welches ihren Körper ganz umhüllt, nur kleine Öffnungen für den Rüssel, After und die beiden Wachsdrüsenplatten frei lassend. Diese Hüllen werden gewerblich als Rohstoff für die Gewinnung des Schellack verwertet.

Lacinia (lat. lacinia, -ae, f., Zipfel an einem Kleide, von lacero, -are, zerreißen, zerfetzen, zerfleischen). 1. → Innenlade. 2. ein paariger Anhang am Kopulationsapparat von *Bombus*.

Lacinia mobilis, ein beweglicher, zweigliedriger Anhang der molaren Kaukante der Mandibel gewisser *Meloidae* (*Leptopalpus*) und *Passalidae* (*Passalus*). Bei gewissen *Ephemerida* kommt ein ähnlicher Anhang zwischen der Mola und den Dentes canini vor. Bei *Apterygota* ein kleiner plattenartiger Anhang nahe der Mandibelspitze (*Campodea, Anajapyx*). (Taf. XXI, Fig. 5, 6.) (Vgl. auch → Prostheca.)

***Laciniata*,** eine Gruppe von Schmetterlingsfamilien (*Micropterygidae, Hepialidae*), die in ihren Maxillen noch deutlich die maxillaren Laden, vor allem die Lacinia erkennen lassen. In der modernen Systematik ist diese Gruppe mit der der → *Jugatae* zusammengezogen.

Lackdrüsen, Harzdrüsen, abdominale Drüsen gewisser *Coccidae* (*Lecaniinae, Tachardiinae*), welche ein den Körper des Weibchens samt ihrer Brut umhüllendes, an der Luft erhärtendes Sekret, die Lackschicht (→ Lackinsekten), ausscheiden.

Lackhülle, die von den → Lackdrüsen sezernierte Hülle um die Weibchen gewisser *Coccidae* samt ihrer Brut. Nicht zu verwechseln mit der → Lackschicht.

Lackinsekten sind die tropischen Vertreter der UFam *Monophlebiinae, Tachardiinae* und *Diaspidinae* (Fam *Coccidae*), deren Weibchen sich samt ihrer Brut mit einer → Lackhülle umgeben. Vgl. → *Tachardia lacca*.

Lackschicht, homogene glatte Chitinschicht im basalen Teil der Exocuticula vieler Käfer. Entspricht wohl der Cuticulinlage neuerer Autoren.

Lackschildlaus, nordamerikanische → *Tachardia larreae* Comstock.

Lackschildlaus, asiatische → *Tachardia lacca* Kerr.

lactis Linné, *Carpoglyphus*, Backobstmilbe (*Acari Tyroglyphidae*).

lactucae Schiffermüller, *Cuculia*, Salatmönchseule (*Lep Noctuidae*).

lacustrisch (lat. lacus, -us, m., der See), in Seen lebend.

Lade, Lobus, Mala, zwei meist ungegliederte, terminale Anhänge des maxillaren Stipes. Die → Außenladen werden als → Galeae, die → Innenladen als → Laciniae bezeichnet. Sie sind homodynam mit den äußeren → Paraglossae und den inneren → Glossae der → Unterlippe.

Längsadern → Hauptadern.

Längsmuskeln, dorsale und ventrale, parallel zur Körperlängsachse verlaufende Muskeln, die auf die kontinuierliche Längsmuskelschicht der *Annelida* zurückzuführen sind. Sie sind besonders deutlich im Hinterleib der Imagines, wo sie von Antecosta zu Antecosta verlaufen und die Längsbewegungen der Segmente bewirken. Im Thorax sind es 2 dorsale und 4 ventrale Paare von Muskellängsbändern. Die ersteren, im Meso- und Metathorax gelegenen, arbeiten als indirekte Flugmuskeln, die letzteren, im Prothorax gelegenen, arbeiten als Kopf- und Halsbeweger. Sie fehlen gänzlich im Meso- und Metathorax der *Odonata*, bei denen sie von direkten Flügelsenkern vertreten sind.

Lärchenblattwespe, große → *Nematus erichsoni* Hartig.

Lärchenblattwespe, kleine → *Lygaeonematus laricis* Hartig.

Lärchenbüschelwickler → *Tmetocera ocellana* ssp. *lariciana* Heinemann.

Lärchengallenwickler → *Laspeyresia zebeana* Ratzeburg.

Lärchenminiermotte → *Coleophora laricella* Hübner.

Lärchennadelwickler → *Tretocera ocellana* ssp. *lariciana* Heinemann.

Lärchenrindenwickler → *Laspeyresia zebeana* Ratzeburg.

Lärchenwickler, grauer → *Semasia* (*Enarmonia*) *diniana* Guenée.

Läuse → *Anoplura*.

laevigatus Fabricius, *Otiorrhynchus*, Pflaumendickmaulrüßler (*Col Curculionidae*).

Lagena (lat. lagena, -ae, f., recte lagoena, enghalsiger Krug mit zwei Henkeln) eine Erweiterung im Ausführungsgang der → Receptaculardrüse.

Lagesinn, einer der → proprioreceptorischen Sinne, dessen Receptoren so am Körper verteilt sind, daß sie die Lage einzelner Teile gegeneinander registrieren können. Die Receptoren sind in der Hauptsache Tastsensillen, vor allem Tastborsten und Tasthärchen, deren Länge sich nach dem zu beherrschenden Raum richtet. Zum ~

gehören auch die → statischen Organe, welche die Lage des Körpers als Ganzes registrieren.

Lagriidae (Latreille 1825) Westwood 1839, Wollkäfer (Abb. 154), mit etwa 650 Arten, von denen nur wenige in Deutschland leben. Weiche, meist schwarzgelbe, weich behaarte Käfer von 4—10 mm Länge, deren Larven phytosaprophag oder venatorisch leben. Die Käfer sind häufige Blütenbesucher und halten sich im Gebüsch auf. Fossil sind 3 tertiäre und 1 quartäre (Kopal) Art bekannt.

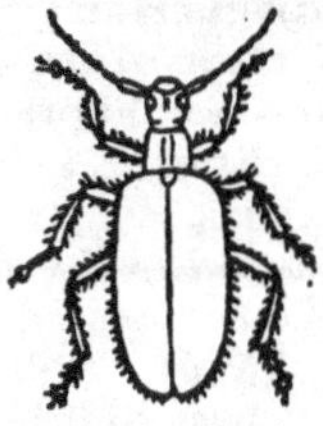

Abb. 154. *Lagria* sp. (Lagriidae). Nach Fowler aus Handlirsch.

Laich, Eigelege von Wasserinsekten, die von einem im Wasser aufquellenden Sekret der Anhangsdrüsen zusammengehalten, Laichschnüre oder Laichklumpen bilden.

Lamarck, Jean, Baptiste, Prof. der Zoologie, Paris, Descendenztheoretiker, Vorgänger Darwins. Insektensystem im Werke „Système des animaux sans vertèbrés", Paris, 1801, ein Rückschritt gegen Latreille 1796, indem drei von den Insektenordnungen; *Apterygota, Mallophaga* und *Anoplura* unter die *Arachnoidea* geraten sind. Von den 8 Insektenordnungen sind 5 rein im modernen Sinne (*Coleoptera, Hymenoptera, Lepidoptera, Diptera* und *Suctoria*), während die drei übrigen ein Konglomerat darstellen, Orthoptera zusammen mit *Blattaria* und *Dermaptera*, Neuroptera mit *Odonata, Isoptera, Corrodentia, Perlaria, Panorpatae, Trichoptera* und *Ephemerida*, Hemiptera mit *Thysanoptera*. Bei diesem System blieb Lamarck konsequent auch in seinen späteren Werken.

Lambentia (lat. lambo, -ere, labi, lecken, vgl. auch labrum), eine der 5 von Haeckel 1896 aufgestellten Legionen der Insekten. Die ~ umfaßten nur die gegenwärtige Ordnung *Hymenoptera*.

lamellat (lat. lamella, -ae, f., Blättchen, Plättchen, dem. von → lamina) lamellenartig, flächenhaft, blattartig entwickelt, z. B. die mit blattartiger Fühlerkeule versehenen Fühler der *Lamellicornia*.

Lamellen, cuticulare, horizontale, dünne Schichten in der Struktur der → Endocuticula.

Lamellicornia (Latreille 1817) Heer 1841, Blatthornkäfer, ÜFam der *Col Polyphaga*, ausgezeichnet durch gekniete Fühler, deren 3—7 Endglieder mehr oder weniger stark blattartig erweitert sind und eine fächerartige Keule bilden. Larven, sog. Engerlinge, leben meist unterirdisch oder im Holzmulme phytophag, saprophag oder coprophag. Drei Familien, *Scarabaeidae, Passalidae* und *Lucanidae*.

Lamina anterior, das vordere unpaarige Stück des → Samenüberträgers der *Odonata*. Es gehört morphologisch zum 2. Hinterleibssternit.

Lamina dentata (lat. lamina, -ae, f., Blatt, Platte, Lappen, dentatus, -a, -um, gezähnt) Signum, sklerotisierte, mit Zähnchen besetzte Platte der Innenwand der → Begattungstasche der Schmetterlingsweibchen, die wohl zum Aufreißen der Samenpakete (→ Spermatophoren) dient.

Lamina ganglionaris, Periopticon, die äußere Platte im → Sehlappen.

Lamina infraanalis, → Lamina subanalis.

Lamina mandibularis → Jugum.

Lamina maxillaris → Zügel.

Lamina mesostigmalis, häutige Verbindung zwischen dem Pro- und Mesothorax der Odonata, in welchem das mesothorakale Stigmenpaar liegt.

Lamina subanalis, Lamina infraanalis, zwei ventrale Lappen des → Telson, die bei primitiven Insekten als → Afterklappen persistieren. (Taf. XV, Fig. 6 und Taf. XVII, Fig. 2.)

Lamina supraanalis, eine unpaarige, nur bei primitiven Insekten, Apterygoten sowie Larven der anisopteren Odonaten persistierende, dorsal den After überdachende → Afterklappe des Telson. (Taf. XV, Fig. 6 und Taf. XVII, Fig. 2.)

+***Lamproptilidae*** (Brongniart) Handlirsch, ausgestorbene Fam der +*Palaeodictyoptera* mit zwei ober-obercarbonischen Arten aus Frankreich. Große Formen mit etwa 7 cm langen VFl.

Lampyridae Leach 1817, Leuchtkäfer, Glühwürmchen, Johanniskäferchen, Fam der Käfer mit etwa 2000 Arten. In Deutschland drei Arten, *Phausis splendidula* Linné, *Lampyris noctiluca* Linné und *Phosphaenus hemipterus* Goeze. Bei allen drei Arten sind die Weibchen flügellos, die Männchen der beiden ersteren voll geflügelt, flugfähig, die der letzteren brachypter. Leuchtorgane bei Larven und Imagines am Hinterleib.

Fossil sind etwa 10 tertiäre und 2 kopale Arten bekannt geworden.

Landwanzen → *Geocorisae.*

lanestris Linné, *Eriogaster*, Wollafter, Kirschenspinner, Birkennestspinner (*Lep Lasiocampidae*).

Langbeinfliegen → *Dolichopodidae.*

Langhornblattminiermotten → *Lyonetiidae.*

Langhornmotten → *Adelidae.*

Langkäfer → *Brenthidae.*

Langrüßler, Curculiones phanerognathi, ein Teil der Fam *Curculionidae.*

Langwanzen → *Lygaeidae.*

lanigerum Hausmann, *Eriosoma*, Blutlaus (*Hom Aphididae*), in weiße, flockige Wachswolle gehüllte rotbraune Blattläuse an Stämmen, Ästen und Wurzeln der Apfelbäume, sehr schädlich. Auch an Birnbäumen, Sämlingen von *Cotoneaster horizontalis* und *Crataegus*. In Europa nur Virginogenien.

lanuginosa Hartig, *Schizoneura* (*Eriosoma*), Birnenwurzellaus, Ulmenblattlaus, Birnwurzelblutlaus (*Hom Aphididae*), verursacht an Blättern von *Ulmus campestris* große, hohle, bis 5 cm lange Beutelgallen.

lanzettförmige Zelle, Humeralfeld, eine längliche Zelle am Hinterrande der Vorder- und Hinterflügel symphyter Hymenopteren, die durch Zusammenlaufen der → Brachial- und Humeralader entstanden ist. Ihre Form (gestielt oder sitzend, in der Mitte eingeschnürt oder mit einer schrägen Querader versehen) hat systematische Bedeutung. (Taf. XIII, Fig. 3.)

lapathi Linné, *Cryptorrhynchus*, Erlenwürger, Erlenrüßler (*Col Curculionidae*).

Lappenrüßler → Dickmaulrüßler.

Lappensack, ein Gehäuse gewisser Schmetterlingsraupen (vornehmlich *Coleophora*), welches aus querliegenden, abstehenden Blattstücken aufgebaut ist.

lardarius Linné, *Dermestes*, gemeiner Speckkäfer (*Col Dermestidae*).

laricella Hübner, *Coleophora*, Lärchenminiermotte (*Lep Coleophoridae*), 9 mm spannweite graue Motte, deren Raupen im Frühjahr in Lärchennadeln minieren.

lariciana Heinemann, *Tmetocera* → *T. ocellana* var. *lariciana* Heinemann.

laricis Vallot, *Adelges*, Fichtengallaus (*Cnaphalodes strobilobius* Kaltenbach), (*Hom Aphididae*), verursacht kleine Ananasgallen an Sproßspitzen von *Picea excelsa* und *P. alba*. Migriert im Juni an Lärchenblätter. Sehr häufig besonders an Fichten in Parkanlagen.

laricis Hartig, *Lygaeonematus*, kleine Lärchenblattwespe (*Hym Tenthredinidae*).

laricis Fabricius, *Orthotomicus*, vielzähniger Kiefernborkenkäfer (*Col Ipidae*).

Lariidae (Leach 1819) Bedel 1891 (*Bruchidae* Leach), Samenkäfer, Muffelkäfer (Abb. 155), Fam der Käfer, mit etwa 900 Arten, davon etwa 40 in Deutschland. Ihre beinlosen Larven leben in Samen, besonders an Leguminosen, einige Arten, wie z. B. der → Erbsenkäfer, sind sehr schädlich.

Fossil sind an 22 tertiäre Arten bekannt.

Abb. 155. *Bruchus scutellaris* Sharp (Lariidae). Nach Fowler aus Handlirsch. Nat. Gr. etwa 3 mm.

larreae Comstock, *Tachardia*, nordamerikanische Lackschildlaus (*Hom Coccidae*).

Larva coarctata (lat. coarctatus, adj. von coarceo, -ere, umschließen, zusammenhalten) → Scheinpuppe.

Larvaevoridae → *Tachinidae.*

larvale Organe sind caenogenetische Neuerwerbungen des Larvenstadiums, welche mit der letzten Larvenhaut abgestreift werden und bei der Imago nicht mehr in Erscheinung treten.

Larve, pl. Larven, lat. larva, pl. larvae, Jugendstadien der Insektenmetamorphose, die zur selbständigen Ernährung und Bewegung befähigt und zu diesem Zweck vielfach mit zahlreichen → larvalen Organen ausgestattet sind. Die ~ der Heterometabola sind ihren Imaginalstadien sehr ähnlich, d. h. haben wenige larvale Organe, während die der Holometabola ganz imagounähnlich mit zahlreichen → caenogenetischen Merkmalen ausgestattet sind. Als gemeinsames Merkmal aller Insektenlarven gilt nur das Fehlen funktionsfähiger, reifer Geschlechtsorgane (Ausnahme → Paedogenese).

Die Zahl der Larvenformen ist sehr groß, es lassen sich aber darunter einige besonders häufige Typen unterscheiden, wie → Raupen und ihnen sehr ähnliche → Afterraupen, → Engerlinge, → Maden, campodeoide Larven, → cyclopoide Larven usw. Nach der Ausbildung des Kopfes unterscheidet man →

eucephale, → hemicephale und → acephale Larven, nach der Zahl der Beine → apode, → oligopode, → polypode und → protopode Larven.

In der ganzen Organisation der Larven stehen Organe und Merkmale des Nahrungserwerbs im Vordergrunde. Die Larve wird aus der Eihülle mit den zum Nahrungserwerb notwendigen Organen „entlassen". Je weiter die Brutfürsorge oder Brutpflege der Eltern in das Leben der Larve eingreifen, d. h. je mehr Arbeit um den Nahrungserwerb ihr von den Eltern abgenommen wird, desto unentwickelter kann sie aus dem Ei entlassen werden. So kommen z. B. die endoparasitisch lebenden → Cyclopoidlarven der *Platygasterinae* (*Hym Proctotrupidae*) in einem derart unentwickelten Zustand zur Welt, daß sie eigentlich außer den Mandibeln, dem Vorder- und Mitteldarm und der Haut nichts mehr besitzen, dafür aber reichlich mit Reservenährstoffen gefüllt sind.

Das Larvenstadium der holometabolen Insekten ist ein zur selbständigen Ernährung befähigter Embryo, welcher die Eihülle nur verlassen hat, weil ihm die knapp bemessene Dottermenge nicht ausreichte, um die Entwicklung der Organe zu Ende zu führen. Man kann die Larve geradezu als einen selbständig gewordenen Embryo, oder, da wir gewohnt sind, den Embryo auf das Eistadium zu beschränken, als einen Postembryo bezeichnen. Fast alle Merkmale, welche die Larven der Holometabola besitzen, sind provisorisch und haben mit den imaginalen Merkmalen weder phylogenetisch noch ontogenetisch etwas zu tun. Es sind eben Organe und Merkmale, welche nur die Larve zum Nahrungserwerb benötigt und die dann abgelegt werden. In der Puppe wird die „embryonale" Entwicklung fortgesetzt und dabei die von der Larve aufgespeicherte Reservestoffmenge zum größten Teil verbraucht. Das Larvenstadium der Holometabola ist sozusagen eine Unterbrechung des embryonalen Stadiums, welches im Ei beginnt und in der Puppe zu Ende geführt wird. Die holometabole Larve ist ein Reservestoffspeicher, welcher die Vollendung der Metamorphose ermöglicht.

Die Larven der Heterometabola bekommen schon im Ei die Anlagen der imaginalen Organe und Merkmale, die sie im Laufe ihres Lebens langsam → imaginipetal weiter entwickeln. Sie sind von der Geburt an den Imagines ähnlich. Sie bleiben meist bis zur letzten Häutung aktiv nicht nur äußerlich, sondern auch innerlich, d. h. in bezug auf die histologische Entwicklung sämtlicher Organe ihres Körpers. Reservestoffe werden nicht oder nur wenig aufgespeichert, weil die Zufuhr dauernd verbraucht wird. Für Parasiten sind sie aus diesem Grunde auch weniger verlockend als die Larven der Holometabola. (Taf. XIX—XX.)

Larvengänge, bei Rinden- und Holzbrütern die von den Larven ausgenagten Fraßgänge zwischen Rinde und Holz oder im Holz. Bei Borkenkäfern sind die ~ meist sehr charakteristisch in ihrem ganzen Verlauf und fangen an den Einischen zu beiden Seiten des → Mutterganges an.

Larvenhaut → Exuvie.

Larviparie, Gebären von Larven, welche schon intrauterin die Eischale verlassen haben. Larviparie kommt in verschiedenen Insektenordnungen vor, am häufigsten wohl bei cyclorrhaphen Dipteren. Unter *Ephemerida* ist *Cloëon dipterum*, unter Käfern einige Arten der Gattungen *Chrysomela* und *Chrysochloa*, ferner *Stylopidae*, *Polyctenidae*, mehrere *Aphidae* und *Coccidae* larvipar.

Das Stadium, in welchem die Larven zur Welt gebracht werden, ist sehr verschieden und schwankt vielfach bei ein und derselben Art. In dieser Hinsicht scheint der individuell wechselnde Nahrungsvorrat (→ intrauterine Ernährung) von entscheidender Bedeutung zu sein.

Die Ausbrütung der Eier kann in der Vagina (→ Uterus), in den Oviducten (*Cloëon dipterum*), in den Ovariolen (*Chrysomelidae*, *Aphididae*, *Coccidae*, *Hemimerus*) oder frei in der Leibeshöhle (*Stylopidae*) stattfinden. Bei intrauteriner Ausbrütung werden die Larven entweder aus den sog. → Milchdrüsen ernährt (pupipare Lausfliegen und *Glossina*) oder kommen mit dem Eidottervorrat aus (vivipare *Cyclorrhapha*), werden aber im letzteren Fall gleich oder bald nach dem Schlüpfen aus dem Ei zur Welt gebracht. Die innerhalb der Oviducte aus dem Ei schlüpfenden Larven von *Cloëon* nutzen die Reste der zerfallenen Endkammern der Ovariolen zu ihrer Nahrung aus.

Die bei *Chrysomelidae*, *Coccidae* usw. innerhalb der Ovariolen schlüpfenden

Larven ernähren sich wie die Eier aus den Nährkammern durch Vermittlung der → Nährstränge oder schöpfen ihre Nahrung aus dem Follikelepithel. Die in den Ovariolen zur Ausbrütung kommenden Eier sind nämlich durch das Fehlen eines Chorions ausgezeichnet. Bei *Hemimerus* bildet das Follikelepithel, welches die Funktion der Ernährung der Larve übernommen hat, die sog. → Placenta. Die frei in der mütterlichen Leibeshöhle flottierenden Eier und Larven der *Strepsiptera* (*Stylopidae*) ernähren sich extrauterin aus der Leibeshöhle.

Lasiocampidae (Harris 1841) Waterhouse 1882, Glucken, Fam der *Lep* (*Macrofrenatae*) mit etwa 1000 Arten, von denen auch in Deutschland mehrere vertreten sind (*Malacosoma, Eriogaster, Dendrolimus, Cosmotriche* usw.).

+***Laspeyresiellidae*** Handlirsch 1908, zweifelhafte, ausgestorbene Fam der +*Protorthoptera* mit einer ober-obercarbonischen Art aus Sachsen, die gewisse Beziehungen zur Fam → +*Geraridae* aufweist.

lata Erichson, *Anisoplia*, breiter Getreidelaubkäfer (*Col Scarabaeidae*).

Latenz (lat. latens, -tis, adj. unsichtbar, verborgen). 1. In der Genetik Verborgenbleiben eines Merkmals, dessen chromosomale Anlage im Organismus vorhanden ist (Recession). 2. In der Ontogenie die Einstellung von Lebensäußerungen für eine gewisse Zeitdauer (→ Latenzstadium, → Diapause). 3. Im → Massenwechsel die zwischen zwei Gradationen liegende Periode niedriger, innerhalb der Grenzen des → Normalbestandes variabler Bevölkerungsdichte einer Art.

Latenzei, Eistadium mit → Diapause, z. B. das Ei von *Psylla mali.*

Latenzlarven, Larven, welche eine → Diapause durchmachen.

Latenzstadium, ein Entwicklungsstadium, welches die → Diapause durchmacht.

Latenzzeit, die Zeitdauer der → Diapause eines betreffenden Entwicklungsstadiums.

lateral (lat. latus, -eris, n., die Seite am menschlichen Körper), seitlich, an der Seite gelegen.

Lateralgräte, ein Paar schmaler dorsaler, mediofrontal gerichteter Fortsätze am → Zwischenstück des → Pharyngalapparates der Fliegenlarven.

Lateralia, Peristomalia, Backenleisten, Seitenrand der Kopfkapsel beiderseits am Grunde des → Rostrum bei Fliegen, von den → Vibrissenecken bis zur tiefsten Stelle der Backen. (Taf. V, Fig. 5.)

Lateralocellen → Stemmata.

Laternenträger, *Fulgoridae Laternariinae* (*Hom*).

Laterocervicalia, seitliche Halsplatten, vielfach auch als Kehlplatten bezeichnet, sind latero-ventral in der Halshaut liegende Sklerite, die vorn mit dem → Kehlsporn und hinten mit dem Prothorax gelenkig verbunden sind. Sie sind entweder einfach (*Papilio, Zygaena* usw.) oder bestehen aus zwei (*Blattaria*) oder mehreren Teilstücken. Sie sind am Prothorax in der Regel mit dem Episternum verbunden, doch kann der Anschluß auch auf das Prosternum (*Trichoptera, Zygaenidae*) verlagert werden. Bei Hymenopteren sind die ~ zu großen, mit den Propleuren verschmolzenen Platten entwickelt. Bei extrem hypognathen Formen, vor allem bei Psylliden und Aphididen, fehlen die ~ gänzlich und sind nach Muskulaturbefunden mit den Propleuren verschmolzen. (Taf. XXI, Fig. 1 und Taf. XXIX.)

Laterophragma, am meso-metathoracalen Phragma gewisser Insekten (z. B. Schmetterlingen) auftretende, an den → Lateropostnota entspringende und vom unpaarig bleibenden Hauptteil der Phragma losgetrennte, den Epimeren enger angeschlossene Phragmen. Am ~ inseriert der laterale Zug des dorsalen Längsmuskels.

Lateropleurit, Praeepisternum (Snodgrass), ein mehr oder weniger deutlich abgegrenzter vorderer Streifen des → Episternums. Bei vielen Hymenopteren ist er oft der Länge nach rinnenförmig ausgehöhlt und bildet eine Mulde zum Einlegen der Schenkel (→ Epicnemium). (Taf. II, Fig. 1.)

Lateropostnotum, Postalararm, seitliche Ausläufer des → Postnotums am Meso- oder am Meso- und Metanotum bei Fluginsekten. Die ~ sind mit dem HRande der zugehörigen Epimeren eng verbunden und grenzen das membranöse Gelenkfeld der Flügel von hinten ab. Bei Perlarien, Panorpaten u. a. an beiden beflügelten Segmenten deutlich, treten diese, vielfach auch als Postnotalfortsätze bezeichneten Teile sonst nur am Mesonotum oder (*Coleoptera*) nur am

Metanotum deutlich auf. Ihre Analoga in der Begrenzung der Flügelwurzelmembran von vorne sind die → Tergalarme. (Taf. XXX, Fig. 2.)

Laterosternit, Pleurosternit, Sternopleurit, der ventral vor der Hüfte liegende, seitlich an das primäre Sternum eng angeschlossene Teil der Subcoxa (→ Unterhüfte). Am definitiven Sternum ist das ~ mit dem primären Sternit ohne Naht verschmolzen und seine ursprüngliche Grenze gegen das letztere ist nur durch die Wurzel von Sternalapodemen (Furca) markiert. Einige Autoren (cf. Jeannel in Grassé) bezeichnen die → Praecoxa als ~. (Taf. II, Fig. 1.)

Laterotergit → Paratergit.

Lathridiidae (Redtenbacher 1485) Leconte 1859, Moderkäfer (Abb. 156), Fam der *Col* (*Clavicornia*) mit etwa 1000 Arten, von denen mehrere bei uns in Deutschland leben. Meist kleine Tiere von 1—2 mm Länge, die sich von Pilzsporen und Pilzrasen ernähren und an schimmelnden Gegenständen häufig in Massen anzutreffen sind.

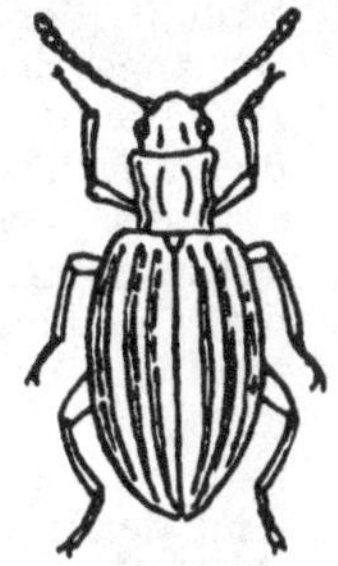

Abb. 156. *Lathridius angusticollis* Gyllenhal (Lathridiidae). Nach Reitter aus Handlirsch. Nat. Gr. etwa 2 mm.

Fossil sind 11 tertiäre Arten beschrieben worden.

Latreille, Pierre André, Entomologe am Pariser Museum. Sein 1796 aufgestelltes System der Insekten (Précis des caractères génériques des insectes) trennt die Insekten fast vollkommen von den Arachniden und anderen Nichtinsekten. Nur die *Nycteribiidae* ließ er noch zusammen mit Arachniden bei seiner Gruppe *Acephala* stehen. Die Hemipteren umfassen auch noch die Thysanopteren, die Neuropteren stellen, wie noch lange nach ihm, ein Gemisch heterogener Ordnungen (*Ephemerida, Odonata, Neuroptera, Corrodentia, Isoptera, Perlaria, Trichoptera, Panornatae*), und die *Mallophaga* und *Anoplura* sind zu einer Gruppe Parasita zusammengezogen. *Coleoptera, Hymenoptera, Lepidoptera, Diptera, Suctoria* und *Thysanura* (*Apterygota*) sind im modernen Sinne frei von fremdartigen Elementen.
Histoire naturelle, générale et particulière des Crustaces et des Insectes, 14 Bde, 1802—1805 ist grundlegend für Familienaufstellung.
Die Umgruppierung von 1831 (Cours d'Entomologie) brachte keine wesentliche Verbesserung des Systems, die Einteilung in Aptera und Alata ist künstlich. Erstmalig treten die Strepsipteren (*Rhiphiptera*) und Embiiden auf.

Latrinenfliege → *Fannia scalaris* Fabricius.

Lattichfliege → *Hylemyia* (*Chortophila*) *gnava* Meigen.

Laubheuschrecken → *Tettigoniidae.*

Laubholzprachtkäfer, grüner → *Agrilus viridis* Linné.

Laubholzrüßler → *Phyllobius*-Arten.

Laubholzrüßler, silbergrüner → *Phyllobius argentatus* Linné.

Laubholzzangenböcke → *Rhagium mordax* DeGeer und *Rh. sycophanta* Schrank.

Laubschnellkäfer, gelbbrauner → *Athous subfuscus* Müller.

Laubschnellkäfer, rotbauchiger → *Athous haemorrhoidalis* Fabricius.

Laubschnellkäfer, schwarzbauchiger → *Athous niger* Linné.

Lauchmotte → *Acrolepia assectella* Zeller.

Laufbein, Pes cursorius, pl. pedes cursorii, schlankes, aber nicht übermäßig langes Bein der Insekten, wie es z. B. *Cicindelidae, Carabidae, Staphylinidae,* alle Hymenopteren, die meisten Fliegen, Copeognathen usw. besitzen. Es ist ausgezeichnet durch annähernd gleiche Länge der Schenkel, Schiene und des Tarsus. (Taf. I, Fig. 5.)

Laufkäfer → *Carabidae.*

Laufspringer → *Entomobryidae.*

Lausfliegen → *Hippoboscidae.*

Lautapparate, Lautorgane → Zirporgane.

Lauterzeugung entsteht bei Insekten in der Hauptsache durch Reibung zweier Teile des Integuments aneinander. Die dabei entstehenden Laute sind somit Reiblaute (→ Zirpen, Zirplaute). Außer den Reib- oder Zirplauten kommen viel seltener → Klopfgeräusche, → Knallgeräusche, → Trommellaute und → echte Stimme vor.
Die biologische Bedeutung der ~ liegt z. T. im Bereich der → Geschlechtspartnersuche, z. T. in dem der → Selbsterhaltung, wie z. B. die Zirporgane der Larven.

Lauxaniidae Macquart 1835 (*Sapromyzidae* Löw 1862), Fam der brachyceren Fliegen, mit etwa 1500 Arten. Larven minieren in abgefallenen Blättern, manche leben unter morscher Rinde, wenige phytobiontophag. Fossil sind 3 oligocäne Arten bekannt.

Leach, William, Elford, Dr. med., Kustos am Britischen Museum, führte 1817 das Prinzip der Metamorphose in die Systematik der Insekten ein und teilte sie in zwei Unterklassen, Ametabolia, mit den Ordn *Thysanura* (*Apterygota*) und *Anoplura* (*Mallophaga* und *Siphunculata*) und Metabolia (der ganze Rest der Insekten). Bemerkenswert ist die Trennung der *Rhynchota* in *Hemiptera* und *Homoptera* und ihre Stellung gleich hinter den *Dictyoptera* (*Blattaria* und *Mantodea*).

lebendig gebärend → vivipar.

Lebensdauer, Longaevitas, in Tagen ausgedrückte Dauer des Imaginalstadiums vom Schlüpfen aus der Puppenhaut bis zum natürlichen Tode.

Lebensgemeinschaft → Biocönose.

Lebensraum → Biotop.

Leberschläuche → Mitteldarmdivertikel.

Lecithus (gr. ἡ λέκιθος Dotter) → Dotter.

Leckrüssel, Leckzunge, Haustellum, für die Trichopteren und Dipteren charakteristische Form der leckend-saugenden → Mundteile. Bei Trichopteren wird der ~ von dem sackartig vorgestülpten → Mundfeld (Mundfeldmembran) gebildet, dessen ventrale Wand mit dem Mentum und Submentum, die Lippentaster dagegen mit dem Spitzenteil des Sackes verschmolzen sind. Die Maxillen sind mit den Seitenwänden des ~ verwachsen, nur die Taster frei lassend. Der Hypopharynx, welcher in die dorsale Wand des ~ eingeschmolzen ist, bildet eine Längsrinne, die zusammen mit der Oberlippe ein Saugrohr bildet. Bei Dipteren (*Muscaria*) wird als Haustellum nur der Endteil des sog. Rüssels bezeichnet. Er besteht hier aus dem Praelabium mit den zu → Labellen umgewandelten Lippentastern und dem Hypopharynx, welcher ähnlich wie bei Trichopteren zusammen mit der Oberlippe ein Saugrohr bildet, das in der Längsrinne der dorsalen Wand des gleichfalls sackartig vorgestülpten Mundfeldes verborgen liegt. Maxillen und Submentum bleiben auf den basalen Teil des Rüssels (→ Rostrum) beschränkt und nehmen nicht an der Bildung des Haustellums teil. (Taf. XXIII, Fig. 1.)

Lectotype (gr. λέγω, lat. lego, -ere, -gi, -ctum, aussuchen, wählen), von einem späteren Forscher aus der veröffentlichten Originalserie der Art als Ersatz für die vom Autor nicht aufgestellte Holotype gewähltes einziges Exemplar.

lectularius Linné, *Cimex*, Bettwanze (*Hem Cimicidae*).

Lederwanzen → *Coreidae*.

Legeapparat, Ovipositor, Terebra, je nach der Form und Arbeitsweise auch als Legebohrer, Legeröhre, Legesäbel, Legesäge oder Legestachel bezeichnete Vorrichtung der → Terminalia zur versteckten Unterbringung der Eier.
In seiner typischen, orthopteroiden Form besteht der ~ aus 3 Paar sternaler Anhänge des 8. und 9. Segments des Hinterleibs der Weibchen. Ein Paar dieser Anhänge entspringt am 8. Sternit vor der Geschlechtsöffnung und zwei Paare entspringen am 9. Sternit, hinter der Geschlechtsöffnung, eins davon lateral und das andere medial. Bei Thysanuren sind an beiden Segmenten je zwei Paare von Anhängen vorhanden, von denen beide lateralen Paare aus einem Coxit und einem Stylus bestehen, also Merkmale echter Gonopoden aufweisen, während die beiden medialen Paare unvollkommen geringelt sind und den Parameren der männlichen Thysanuren homolog zu sein scheinen. Demnach werden die lateralen Anhänge des 9. Sternits bei Pterygoten als Gonopoden des 9. Segments, die medialen hingegen als Gonapophysen dieses Segments bezeichnet. Die Homologie der sternalen Anhänge des 8. Sternits der Pterygoten ist noch nicht endgültig entschieden. Nach den einen Autoren sind es Gonapophysen, also Homologa des medialen Paares der *Thysanura*, nach anderen hingegen sind es Abkömmlinge echter Gonopoden, Homologa der lateralen Anhänge der Thysanuren. Am typischen Legeapparat der *Tettigoniidae* (*Locustidae*) ist die vordere Gonapophyse jeder Seite mit der entsprechenden Gonopode des 9. Segments auf Nut und Feder beweglich verbunden. Zwischen der so gebildeten vierteiligen Scheide liegt das mediale Gonapophysenpaar des 9. Sternits verborgen, welches gleichfalls auf Nut und Feder mit dem Gonopodenpaar des 9. Segments artikuliert. Bei Acridiiden sind alle drei Paare frei und kurz,

keinen geschlossenen Legebohrer bildend. Bei Odonaten (*Aeschnidae* und *Zygoptera*) ist der ~ vierteilig und besteht aus den beiden Gonapophysenpaaren, die zusammen einen kurzen Legebohrer bilden, während die Gonopoden des 9. Sternits als freie Coxite mit kleinen apikalen Styli zu beiden Seiten des Legebohrers stehen. Bei Grylliden fehlt das Gonapophysenpaar des 9. Segments, welches schon bei Acridiiden stark reduziert ist, gänzlich, und der ~ besteht hier nur aus den Gonapophysen des 8. und den Gonopoden des 9. Segments. Bei Hymenopteren und Heteropteren sind in der Regel alle drei Paare am Legeapparat beteiligt, aber die Gonopoden, welche bei Aleurodiden vollständig fehlen, bilden eine → Stachelscheide um die beiden miteinander teils verschmolzenen, teils auf Nut und Feder zu einem Legestachel verbundenen Gonapophysen des 8. und 9. Segments. Bei *Thysanoptera terebrantia* besteht der ~ aus zwei Paar von Gonapophysen des 8. und 9. Sternits. Bei *Gomphidae, Libellulidae, Blattaria, Phasmida, Mantodea, Isoptera, Copeognatha, Mallophaga, Anoplura* und *Formicidae* treten in verschiedenem Grade der Rudimentation Reste der Gonapophysen oder Gonopoden auf, welche hier und da eine gewisse Rolle bei der Eiablage spielen können, aber zu keinem typischen Legeapparat zusammengetreten sind.

Ein typischer ~ fehlt vollständig bei *Ephemerida, Perlaria, Dermaptera, Coleoptera, Neuroptera, Panorpatae, Trichoptera, Lepidoptera* und *Diptera*. Bei Coleopteren, Lepidopteren und Dipteren kommt es vielfach zur Ausbildung eines atypischen Legeapparates in Form einer → Legeröhre. Bei *Perlaria* kommen als Hilfsapparate der Eiablage allerlei spezifische Modifikationen der Segm. 8—11 vor, die aber keine Gonopoden sind.

Die *Rhaphidides* haben einen aus unpaarigen Fortsätzen des 8. und 9. Sternits gebildeten atypischen Legeapparat. Bei *Serphinae* ist das Endsegment des Hinterleibs zu einem langen sklerotisierten Legerohr verlängert.

Eine eigenartige Modifikation des typischen orthopteroiden, sechsteiligen Legeapparates stellt der Giftstachel der aculeaten Hymenopteren dar.

Als eine Eigenart gewisser Weibchen der *Platygasteridae* erscheint eine als → Legebohrerscheide zu bezeichnende, hornartige, nach vorn gerichtete Ausstülpung des Tergits oder Sternits des 2. Hinterleibssegments. (Taf. XV, Fig. 9 und Taf. XVI, Fig. 1, 2, 4, 5.)

Legebereitschaft, ein Zustand des Weibchens, dessen erste Eier in den Eiröhren befruchtungsreif geworden sind. Nach außen hin bekunden legebereite Weibchen nicht selten gesteigerte Aufregung im Suchen nach geeigneten Eiablagestellen. Dies bezieht sich vor allem auf Weibchen, welche Brutfürsorge ausüben und ihre Eier an ganz bestimmten Stellen ablegen.

Legebohrer, → Legeapparat mit stark sklerotisierten, scharfspitzigen Gonapophysen, die zum Eindringen in Erde, Holz und andere Pflanzengewebe oder in den Körper anderer Insekten geeignet sind. Typische Legebohrer haben *Tettigoniidae, Siricidae* und *Hymenoptera Terebrantia.*

Legebohrerscheide, 1. hornartige, nach vorn geneigte Ausstülpung des Tergits oder Sternits des 2. Hinterleibssegments gewisser *Platygasteridae*, in welche der übermäßig lange Legebohrer in Ruhe eingezogen wird. Besonders häufig tritt diese eigenartige, der → Stechborstentasche mancher Heteropteren und Homopteren analoge Bildung bei *Inostemma* und verwandten Gattungen auf.
2. Vgl. → Stachelscheide.

Legeröhre, fernrohrartig ein- und ausziehbare Verlängerung der verschmälerten → Terminalia 7—9. Die Geschlechtsöffnung befindet sich dicht unter dem After am Ende des Rohres, welches in offene Ritzen und Spalten, unter lose anliegende Gegenstände usw. eingeschoben werden kann. Gonopoden und Gonapophysen fehlen bei diesem Typ des Legeapparates vollständig. Am Ende der ~ befindet sich bei Lepidopteren, Coleopteren und Dipteren ein Paar kurzer Cerci, die als Sinnesorgan zum Abtasten der Legestellen dienen. Ähnliche ~ findet sich auch bei Panorpaten und bei *Thysanoptera Tubulifera*. Bei den letzteren ist die ~ (Tubus) nicht einziehbar. (Taf. XVI, Fig. 5.)

Legesäbel, lange, säbelförmige, gerade oder nach Art eines Krummsäbels gebogene → Legeapparate, z. B. bei *Tettigoniidae.* (Taf. XV, Fig. 9 und Taf. XVI, Fig. 1, 2.)

Legesäge, typischer, orthopteroider Legeapparat mit sägeartig gezähnelter unterer Kante, die zum Anbohren schmaler

Schlitze und Taschen in Pflanzengeweben dient. Typische ~ haben *Hymenoptera Symphyta* und *Thysanoptera Terebrantia*.

Legestachel, Spicula der innere, aus beiden Gonapophysenpaaren des 8. und 9. Hinterleibssternits zusammengesetzte Teil des → Legebohrers. (Taf. XV, Fig. 9 und Taf. XVI, Fig. 1, 2.)

Legion, Legio, taxonomische Kategorie, die entweder zwischen Unterklasse und Ordnung (alte Auffassung, in der ersten Ausgabe der Nomenklaturregeln vertreten, später aufgegeben) oder zwischen Unterfamilie und Gattung (manchmal an Stelle der Tribus) eingeschaltet zu werden pflegt.

legitim → regelgemäß.

leguminicola Lintner, *Perrisia*, Kleesamengallmücke (*Dipt Cecidomyidae*).

Leibeshöhle, sekundäre Leibeshöhle, Deuterocoel, Mixocoel, Hohlraum des Insektenkörpers zwischen dem Darm und der Epidermis. Er entsteht nach Auflösung der Wände der → Coelomsäcke durch Verschmelzung ihrer Höhlen (Coelomhöhlen), mit dem zwischen ihnen und dem Dotter klaffenden → Spaltraum (Pseudocoel) und stellt schon bei Larven einen einheitlichen (nicht wie bei Anneliden durch senkrechte Septen in segmentale Räume [Coelome] geteilten), von inneren Organen ausgefüllten und vom Blut in teilweise offenem Kreislauf bespülten Raum, die sekundäre ~ (Deuterocoel, Mixocoel) dar.
Eine eigene epitheliale Auskleidung, welche für die echte Leibeshöhle (Coelom) charakteristisch ist, fehlt der ~ der Insekten, und ihre Reste sind in den → Peritonealhüllen einiger Organe erhalten. Bei *Saltatoria, Hymenoptera, Lepidoptera* u. a. Insekten ist die ~ durch zwei horizontale → Diaphragmen in drei Abteile geteilt, den dorsalen → Pericardial, den mittleren → Perivisceral- und den ventralen → Epineuralsinus. Alle drei kommunizieren miteinander durch segmentale Lücken in den sie trennenden Diaphragmen. Wo keine segmentale Lücken vorhanden sind (*Saltatoria*), treten die drei Räume durch die vorn und hinten offenen Diaphragmen miteinander in Verbindung.

Leibesring → Segment.

Leidigscher Nerv → unpaariger ventraler Nerv.

Leichenfresser → Sarcophaga.

Leimring, Vorrichtung zum Abfangen der auf Baumstämmen hinaufkletternden Raupen (vor allem *Dendrolimus pini*) und Weibchen des Frostspanners. Sie haben den Zweck, ersteren den Weg zur Fraßstelle, letzteren den zu Eiablagestellen in den Baumkronen zu verlegen.

Leiste, linienförmige Erhöhung der Cuticula nach außen (exoskeletal) oder nach innen (endoskeletal). Exoskeletale ~ sind meistens sekundäre Bildungen der Makroskulptur und treten besonders häufig an der Kopfkapsel und am Prothorax auf. Endoskeletale ~ entstehen in der Regel durch Sklerotisierung primärer Nähte. Exoskeletale ~ werden auch als → Rippen oder → Falten bezeichnet, endoskeletale können mit zunehmender Höhe zu Gräten (→ Grat) oder → Phragmen werden.

Leitergänge, Brutgänge der Borkenkäfergattung *Xyloterus*, ausgezeichnet durch ihre kurzen gleichbreiten Larvengänge, welche senkrecht nach oben und unten von den tief ins Holz eindringenden Muttergängen abgehen.

Leiterschuppen, eine Bauart der Schmetterlingsschuppen, die zwischen den Längsrippen in regelmäßigen Abständen mit Chitinquerbalken versehen sind.

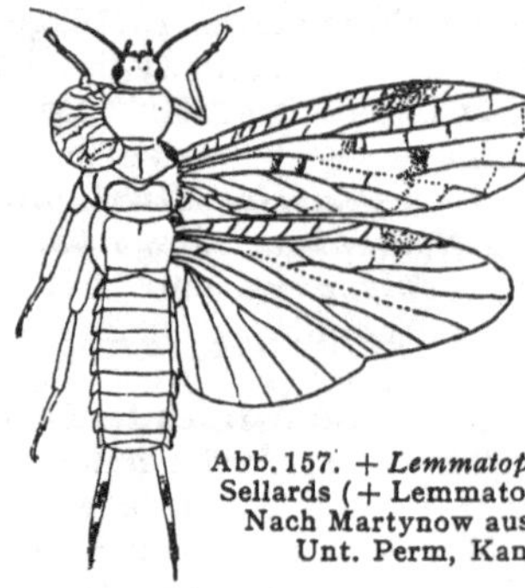
Abb. 157. + *Lemmatophora typica* Sellards (+ Lemmatophoridae). Nach Martynow aus Grasse. Unt. Perm, Kansas.

+***Lemmatophoridae*** Sellards 1906 (Abb. 157), ausgestorbene Fam der +*Protoperlaria* mit 20 Arten aus dem nordamerikanischen, deutschen und russischen Unter-Perm. Das Flügelgeäder von *Lemmatophora typica* Sellards erinnert an Perlarien.

Lemoniidae Hampson 1901, Fam der *Lep* (*Macrofrenatae*) mit 10 paläarktischen, in Deutschland 2 Arten.

lentis Froelich, *Bruchus*, Linsenkäfer (*Col Bruchidae*).

Lepidillidae Enderlein 1911, Fam der *Corrod*, ausgezeichnet durch stark reduzierte, beschuppte aderlose Flügel. Wenige Arten aus Kalifornien und Indien. Fossil unbekannt.

Lepidopsocidae (Kolbe 1884) Enderlein 1903 (*Perientomini* Kolbe) (Abb. 158), Fam der *Corrodentia* mit länglichen, zugespitzten Flügeln und in die Länge gezogene, dadurch primitiv erscheinende Aderung. In Deutschland nur eine Art mit reduzierten Vorder- und fehlenden Hinterflügeln. Fossil sind 4 Arten aus dem Kopal bekannt, darunter zwei auch rezent noch lebende.

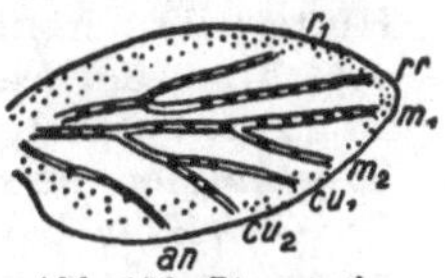

Abb. 158. *Pteroxanium squamosum* Enderlein. (Lepidopsocidae), Vorderflügel des Weibchens. Nach Enderlein. Nat. Gr. etwa 1 mm.

Lepidoptera Linné 1758, Schmetterlinge. Sehr kleine bis sehr große, von etwa 1 mm bis 6 cm lange (Flügelspannung von 3 mm bis etwa 30 cm), holometabole Insekten mit zwei, im Verhältnis zum Körper sehr großen, meist heteronomen, in der Regel dicht beschuppten Flügelpaaren, welche in Ruhe entweder dachförmig oder flach (z. B. viele *Noctuidae*) auf den Rücken gelegt, oder (Tagfalter) flach ausgebreitet und senkrecht über dem Rücken zusammengelegt werden. Im Fluge werden beide Flügel jeder Seite meist mittels eines → Jugum oder → Frenulum zusammengekoppelt.

Kopf acrotrem, mehr oder weniger beweglich, mit großen, meist die ganzen Kopfseiten einnehmenden Komplexaugen und oft mit zwei Ocellen. Fühler in der Regel lang, 9 bis etwa 100 gliedrig, mit einem fast stets größeren Scapus, welcher z. B. bei *Nepticula* zu beschuppten, plattenförmigen Augendeckeln erweitert sein kann. Die Fühler sind bei weitem nicht so formenreich wie z. B. bei Käfern. In den meisten Fällen sind sie faden- oder keulenförmig, bei Männchen oft gesägt oder gekämmt. Die Mundteile sind bei den meisten Schmetterlingen saugend, mit kleiner Oberlippe, meist ohne, selten mit funktionsfähigen, kauenden Mandibeln (*Micropterygidae*), mit mehr oder weniger stark reduzierten Maxillen und Labium. Von den Maxillen sind nur die Galeae stets gut entwickelt, bei den meisten Schmetterlingen zu einem langen, aus zwei Halbröhren zusammengesetzten Rüssel (Rollzunge) verlängert. Kiefertaster nur bei *Tischeriidae*, *Eriocraniidae* und *Micropterygidae* normal, 5gliedrig, bei allen anderen Gruppen zu einem 1—3gliedrigen Rudiment reduziert. Bei *Micropterygidae* sind übrigens die ganzen Maxillen sehr primitiv, orthopteroid, mit Cardo, Stipes und kleinen Laciniae und Galeae, die letzteren noch nicht zu einer Rollzunge umgebildet. Labium nur bei primitiveren Formen erhalten, bei allen anderen bis auf den oft großen, in der Regel dreigliedrigen (selten zweigliedrigen) Taster reduziert. Hals kurz, mit einem Paar Laterocervicalia.

Thorax heteronom gegliedert. Prothorax stets klein, mehr oder weniger weitgehend reduziert, Meso- und Metathorax miteinander unbeweglich verbunden, Mesothorax stets größer als Metathorax, aber beide gut differenziert. Pronotum mit → Patagien. Am Mesonotum befinden sich ein Paar schuppenartige Auswüchse, die → Tegulae. Propleuren klein, mit dem Prosternum verschmolzen. Meso- und Metapleuren groß, Sternite eingefaltet (Cryptosternie). Beine in der Regel homonom, selten Vorderbeine für besondere Funktionen rück- oder umgebildet. Hüften groß, in der Mittellinie fast zusammenstoßend, Trochanteren klein. Vorderschienen meist mit einem stark vergrößerten, oft lappig erweiterten, zwischen Basis und Mitte eingelenkten Putzdorn (Epiphyse). Tarsen in der Regel homomer, 5gliedrig, gewöhnlich mit zwei Krallen, zwei Pulvillen und einem Haftlappen. Selten sind die Vordertarsen oder die ganzen Vorderbeine verkümmert, oder die Hintertarsen rückgebildet. Flügel in der Regel gut entwickelt, selten verkürzt und funktionslos, oder (Weibchen einiger *Psychidae*) ganz fehlend. Längsadern gewöhnlich vollzählig, Radius, Media und Cubitus meist mit zwei oder mehreren Sektoren. Media meist in der Basalhälfte verkümmert, ihre Äste in der Flügelmitte durch Queradern verbunden, eine längliche Zelle, die → Mittelzelle (Diskoidalzelle) distal abschließend. Queradern in geringer Zahl vorhanden, selten ganz fehlend. In der Diskoidalzelle tritt häufig eine kleine, eingeschlossene Zelle (Anhangszelle, Areola) auf.

Hinterleib mit zehn nachweisbaren Segmenten. Das Sternum des 1. Segments rudimentär oder ganz fehlend. Das 9.

und 10. Sternum bilden bei Männchen den Begattungsapparat, dessen periphallischer Hauptteil, die sog. Valven, Derivate des 9. Segments sind. Der ganze Begattungsapparat ist mehr oder weniger tief in das 8. (das letzte sichtbare), Segment eingezogen und nur sein apikaler Teil ist von außen frei sichtbar. Der eigentliche Penis (Aedoeagus) tritt am Grunde der Valven, zwischen dem 8. und 9. Sternum nach außen. Cerci (Styli?) bei Weibchen (? bei Männchen) vorhanden. Weibchen ohne Gonapophysen, mit einer Geschlechtsöffnung zwischen dem 9. und 10. Sternit oder außerdem mit einer zweiten Geschlechtsöffnung zwischen dem 7. und 8. Sternit. Bei Vorhandensein von zwei Geschlechtsöffnungen (*Lep. Ditrysia*) stellt die vordere die Kopulations-, die hintere die Eilegeöffnung dar. Die Hinterleibssegmente vom 8. an sind bei Weibchen mehr oder weniger in das 7. Segment eingezogen und von außen nicht oder nur z. T. sichtbar. Zur Eiablage werden sie tubusartig ausgestreckt.

Darmkanal gut differenziert. Der muskulöse Pharynx geht nach hinten in den dünnen Oesophagus über, welcher sich bei primitiven Formen (*Micropterygidae, Hepialidae*) hinten zu einem einfachen Kropf erweitert. Bei höheren Formen mit gut ausgebildetem Rüssel ist der Kropf vom Oesophagus als ein seitlicher Sack abgegliedert. Ein Proventriculus (Kaumagen) fehlt. Mitteldarm einfach, stets ohne Coeca, bei primitiven Formen kurz, bei höheren verlängert. Hinterdarm in drei Abschnitte differenziert, bei primitiven Formen kurz, bei höheren verlängert, gewöhnlich mit sechs, selten mit zwei oder vier Malpighi-Gefäßen, die zu zwei oder drei mit je einem gemeinsamen Gang in den Pylorus münden. Rectum mit sechs bis 200 Papillen.

Rückengefäß lang, schlauchförmig, das ganze Abdomen durchziehend, mit sieben Ostienpaaren, geht vorn in eine dünne Aorta über, welche im Thorax eine senkrecht aufsteigende Schleife und eine Ampulle bildet. Die Aorta reicht bis in den Kopfkapsel hinein und erweitert sich hier zu einem Frontalsack, welcher ein Paar Antennalarterien in die Fühler entsendet.

Nervensystem schwach konzentriert, mit drei Thorakal- und meist vier Abdominalganglien. Nur bei primitiven Formen sind die Thorakalganglien gut voneinander getrennt, bei höheren sind die meso- und metathorakalen Ganglien miteinander und mit den beiden ersten Hinterleibsganglien zu einem Komplex verschmolzen. Das sympathische System ist gut entwickelt. Bei einigen Schmetterlingsfamilien, so z. B. bei *Noctuidae, Lymantriidae* usw. tritt ein metathorakales, bei *Geometridae* usw. ein abdominales Tympanalorgan auf.

Tracheensystem gut entwickelt, mit einem Paar lateraler Längsstämme, die im Thorax und im Hinterleibsende durch Queranastomosen verbunden sind. Bei *Sphingidae* und anderen guten Fliegern mit schwerem Körper sind zahlreiche Auftreibungen der Tracheen, die Luftsäcke, vorhanden. Sie fehlen bei sämtlichen Rhopaloceren. Es sind zwei thorakale und 6—8 abdominale Stigmenpaare vorhanden, die letzteren in den Segmenten 1—6 bzw. 1—7 oder 1—8.

Ovarien stets paarig, meist mit vier, seltener mit 6—20 polytrophen Ovariolen, welche büschelförmig dem Oviduct aufsitzen. Oviducte ziemlich kurz, vereinigen sich zu dem recht breiten Oviductus communis (+ Vagina), der mit Receptaculum seminis und mit einer meist paarigen Anhangsdrüse (Kittdrüse) versehen ist. Bei primitiven Formen (*Monotrysia*) mündet die Bursa copulatrix in den Oviductus communis, während sie bei höheren Formen (*Ditrysia*) mit einer besonderen Öffnung zwischen dem 7. und 8. Sternit (Ostium bursae) nach außen mündet. Ein Ductus seminalis verbindet oft außerdem die Bursa mit dem Oviductus communis. Die Hoden bestehen bei höheren Formen in der Regel aus je vier, bei primitiven aus zahlreichen Follikeln. Manchmal verschmelzen beide Hoden miteinander zu einem unpaarigen, sehr verschieden gebildeten Komplex. Vielfach bleiben die Hoden paarig, sind aber von einer gemeinsamen Hülle umgeben. Selten ist die Zahl der Hodenfollikel auf je zwei beiderseits reduziert (z. B. bei *Smerinthus*). Nebenhoden treten nie auf. Vasa deferentia mit Vesiculae seminales münden in die schlauchförmigen, stets paarigen Anhangsdrüsen und vereinigen sich im weiteren Verlauf zu einem unpaarigen Ductus ejaculatorius. Das distale Ende des Ductus ejaculatorius bildet den Aedoeagus (vgl. oben).

Entwicklung holometabol mit vier und mehr Larven- (Raupen-) stadien, wobei die Weibchen gewöhnlich eine Häutung mehr machen als die Männchen. Die Puppe ist meist eine Pupa obtecta, seltener (z. B. bei *Tineoidea*) Pupa libera mit unbedeckten Gliedmaßen. Die Puppe ist am Hinterende mit einem Cremaster versehen, mit dem sie im Kokon oder Gespinst verankert ist. Parthenogenese kommt nicht selten vor. Die Schmetterlinge sind eierlegend, viripare Arten kommen bei *Tineoidea* und *Pieridae* vor. Die ältesten fossilen Schmetterlinge sind aus dem Eozän bekannt.

Die systematische Einteilung der etwa 100 000 bisher beschriebenen Arten ist immer noch nicht abgeschlossen. Die ehemalige Einteilung in *Micro-* und *Macrolepidoptera* gehört heute zur Geschichte und wurde durch die Unterordnungen *Jugatae* und *Frenatae* abgelöst, welche auch heute noch meist beibehalten wird, obwohl es an Versuchen nicht fehlt, sie durch eine bessere, natürlichere Gruppierung zu ersetzen. So versuchte z. B. Börner die Schmetterlinge in die UOrdn *Monotrysia* und *Ditrysia* einzuteilen, ohne aber allgemeinen Anklang gefunden zu haben.

Lepidopterenblumen, Blumen mit tief versteckten Nektarien und freiliegenden Pollenbeuteln, mit oder ohne Sitzeinrichtung. Unter den ~ zeichnen sich die Tagfalterblumen (*Lilium bulbosum, Phlox, Dianthus carthusianorum, Gentiana verna* u. a.) durch grelle Färbung aus, während Nachtfalterblumen weiß oder hell gefärbt sind und erst nachts ihren Duft entfalten, wie z. B. *Lonicera* und *Saponaria*.

+***Lepiidae*** Sellards, ausgestorbene Fam der +*Protorthoptera* mit 4 unterpermischen Arten aus Nordamerika.

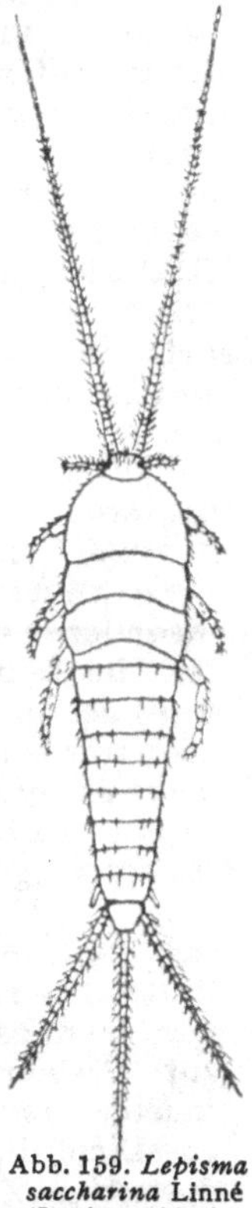

Abb. 159. *Lepisma saccharina* Linné (Lepismatidae). Nach Handlirsch. Nat. Gr. etwa 1 cm.

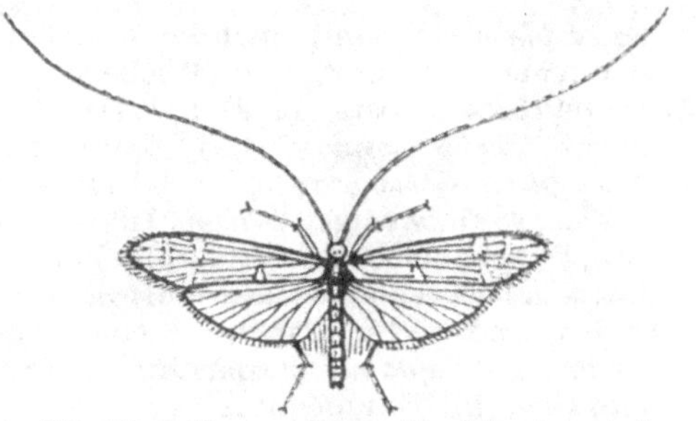

Abb. 160. *Leptocerus albifrons* Linné (Leptoceridae). Nach Ulmer. Nat. Gr. etwa 4 mm.

Lepismatidae (Leach 1815) Escherich 1905 (*Lepismida* Leach, *Lepismatoidea* auct., *Zygentoma* Börner 1904), Silberfischchen (Abb. 159). Kennzeichnung der ~ in der hier angenommenen weiteren Fassung von Handlirsch vgl. unter dem Stichwort → *Zygentoma*. Börnen faßte die ~ (*Zygentoma*) als eine Übergangsgruppe zwischen den echten Apterygoten und den Pterygoten auf, vor allem wegen ihrer dicondylen Mandibeln.

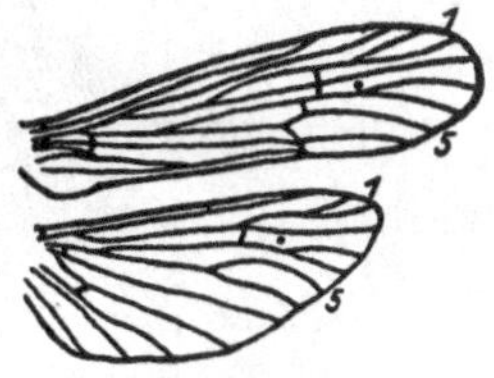

Abb. 161. *Leptocerus aterrimus* Stephens, Flügel des Männchens (Leptoceridae). Nach Ulmer. Nat. Gr. 8—10 mm.

Lepismenae Latreille 1804 → *Thysanura*.

Lepismida Leach → *Lepismatidae*.

Leptidae → *Rhagionidae*.

Leptinotarsa → *decemlineata* Say.

Leptoceridae Stephens 1836 (Abb. 160, 161), Fam der *Trichoptera* mit etwa 200 rezenten und 10 tertiären Arten (davon 8 aus dem baltischen Bernstein). Vorwiegend Bewohner der Holarktis, in Deutschland durch etwa 40 Arten vertreten.

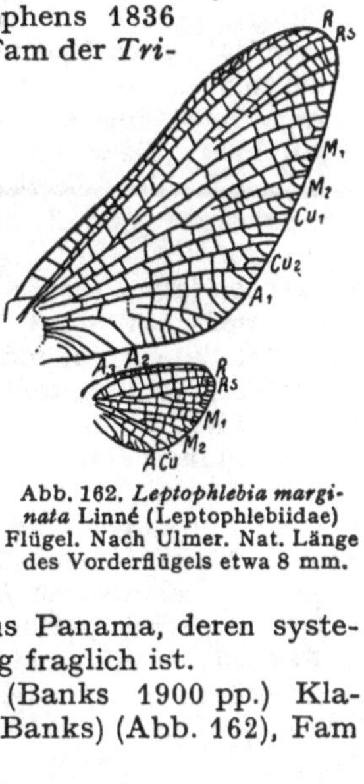

Abb. 162. *Leptophlebia marginata* Linné (Leptophlebiidae) Flügel. Nach Ulmer. Nat. Länge des Vorderflügels etwa 8 mm.

Leptofoenidae Handl. 1925, Fam der *Hym Ichneumonoidea* mit einer Art aus Panama, deren systematische Stellung fraglich ist.

Leptophlebiidae (Banks 1900 pp.) Klapalek 1909 (*-ini* Banks) (Abb. 162), Fam der *Ephemerida* mit mehreren Arten, von denen in Deutschland 10 leben.

Leptopodidae (Costa 1838) Lethierry et Severin 1896 (*-ini* Costa), Fam der *Heteroptera Geocorisae* (oder UFam der *Saldidae*) mit wenigen Arten. In Mitteleuropa nur eine, oberseits mit kurzen Stacheln bedeckte, flinke, auf Schutthalden und unter flachen Steinen lebende Art, *Leptopus marmoratus* Goeze, nordwärts bis Brandenburg.

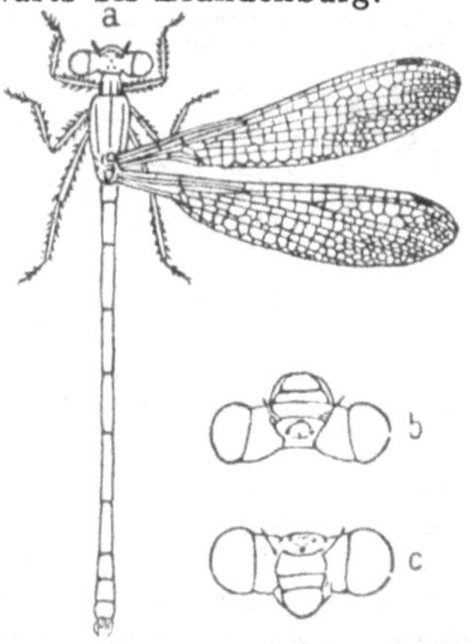

Abb. 163. *Lestes* sp. (Lestidae). Nach Handlirsch. *a* Männchen, nat. Gr. 3,5 cm. *b* Kopf von oben, *c* Kopf von vorn.

Lestidae (Calvert 1901) Tillyard 1917 (*-inae* Calvert) (Abb. 163), Fam der *Odon Zygoptera* mit etwa 110 rezenten und 10 tertiären Arten aus dem Oligocän und Miocän von Deutschland (8), Kroatien und Italien. In Deutschland 9 Arten, die meisten in der Gattung Lestes. Von Agrioniden unterscheidet sich diese Fam durch ein Paar von → Scheitelleisten jederseits der Ocellen und durch ein mindestens zwei Zellen langes Pterostigma.

Lestobiose (gr. ὁ ληστής Räuber) → Diebesvergesellschaftung.

letal (lat. letalis, -e, tödlich, von letum, -i der Tor), tödlich, tödlich wirkend.

Leuchtkäfer → *Lampyridae.*

Leuchtorgane, Teile des → parietalen → Fettkörpers, deren Hauptfunktion im Leuchtvermögen liegt. Sie treten bei den Käfern der Fam *Lampyridae,* gewissen exotischen *Elateridae* und *Buprestidae* sowie bei der Carabidengattung *Physodera* auf. Die ~ bestehen aus einer äußeren, großzelligen, reichlich mit Nerven und Tracheen versorgten → Leuchtschicht und aus der inneren, den weißen Hintergrund bildenden → Uratschicht.

Bei *Lampyris noctiluca* besitzt die Larve ein Paar von Leuchtflecken an den Seiten des 8. Hinterleibssegments. Das Weibchen hat außer diesen larvalen Leuchtflecken noch je einen unpaarigen Fleck am 6. und 7. Sternum, während bei Männchen der larvale Fleck durch Hautpigment verdeckt ist.

Bei *Phausis splendidula* leuchten beide Geschlechter. Hier hat das Männchen je ein unpaariges ~ am 6. und 7. Sternum und das Weibchen eins am 7. Sternum und außerdem zwei Paar kleiner Flecke am 6. und je ein Paar am 2., 4. und 5. Sternum.

Leuchtzirpen → *Fulgoridae.*

Leuchtschicht, Parenchymschicht, die äußere, aus großen, lose stehenden Zellen des Fettkörpers aufgebaute Schicht der → Leuchtorgane. Ihre großen durchsichtigen Zellen sind reich mit Tracheenkapillaren und Nerven versorgt und enthalten in ihrem Plasma das in feinster Körnchenform verteilte → Luciferin.

Leuchtsymbiose, eine von PIERANTONI 1914 zur Erklärung des Leuchtvermögens der Insekten angenommene Form intracellulärer Symbiose dieser Insekten mit Bakterien, die in den Zellen der Leuchtorgane leben sollen.

Leuchtvermögen, Fähigkeit mancher Insekten, sichtbares Licht auszustrahlen. Das ~ kann entweder pathologisch, durch Infektion mit pathogenen Leuchtbakterien (z. B. *Bacterium haemophosphoreum* bei der Raupe von *Mamestra oleracea*) verursacht werden, oder ist an besondere → Leuchtorgane gebunden. Im letzteren Fall handelt es sich entweder um eine → Chemoluminiscenz oder um eine → Leuchtsymbiose.

Leucismus (gr. λευκός hell, glänzend, weiß) → Scheinalbinismus.

Leucocyten (gr. λευκός weiß, leuchtend, τὸ κύτος Höhlung, Urne, Gefäß), kleine, sich mit Anilinfarben stark färbende Blutzellen mit großem rundlichem Zellkern und häufig vorhandener Fähigkeit zur Pseudopodienbildung. Man unterscheidet verschiedene Formen der ~ bei Insekten, die z. T. auf Funktionsstadien derselben Zellen zurückgehen dürften. Transportleucocyten sind mit Nährstoffen im Plasma, bes. in Form von

Fetttröpfchen beladen und sezernierende ~ enthalten eine asymmetrisch im Plasma gelegene Sekretmasse, die vermutlich histolytische und andere Fermente ins Blut abscheidet. Als eine besondere Form der ~ sind auch die → Phagocyten zu betrachten. Andrerseits werden → Macro- und → Micronucleocyten unterschieden.

Leuctridae Klapalek 1905 (Abb. 164), Fam der *Perlaria* mit etwa 12 lokal in

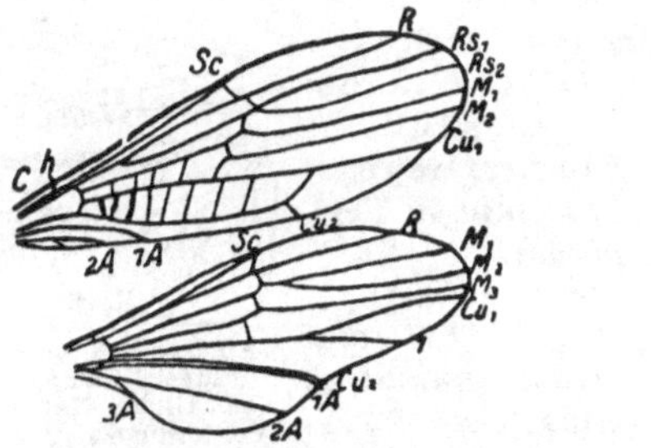

Abb. 164. *Leuctra prima* Kempny (Leuctridae). Nach Schoenemund. Nat. Länge des Vorderflügels 6—9 mm.

Deutschland auftretenden Arten der Gattung *Leuctra* Klap. Ausgezeichnet durch die in der Ruhelage an den Körperseiten zusammengerollten Flügel. Beide Geschlechter geflügelt. Cerci stets eingliedrig.

Levator (lat. levo, -are heben), Heber, ein Muskel, welcher ein Organ hebt, z. B. der dorsale Tibiotarsalmuskel, der den Tarsus hebt. Sein Antagonist ist im letzteren Beispiel der ventrale Tibiotarsalmuskel, welcher den Tarsus senkt.

Libellen (lat. dim. libellum, -i, n., Büchlein, von liber, -ri, Buch) → *Odonata.*

Libellulidae (Leach 1815) Burmeister 1839 (*Libellulida* Leach), Fam der *Odon Anisoptera* mit etwa 800 rezenten und 37 tertiären Arten. Ausgezeichnet durch die sich am Scheitel berührenden Komplexaugen und an den Seiten gekanteten Hinterleib. Flügeldreieck im VFl parallel, steht im HFl senkrecht zur Flügellänge. In Deutschland etwa 30 Arten in 9 Gattungen. Eine der häufigsten Arten ist wohl die manchmal in Massenwanderzügen auch in Städte eindringende *Libellula quadrimaculata* Lin.

Libido sexualis (lat. libido, -inis, f., Verlangen, Begierde) → Geschlechtstrieb.

Libytheidae Dyar 1902, Schnauzenfalter, Fam der *Lep* (*Rhopalocera*, oder UFam der *Nymphalidae*) mit wenigen, über alle tiergeographischen Gebiete zerstreuten Arten. In Deutschland (Südtirol) eine Art, *Libythea celtis* Laich.

Lichenophaga (gr. ὁ λειχήν die Flechte, φαγεῖν essen), Flechtenfresser, → phytobiontophage Insekten, die sich von Flechten (*Lichenes*) ernähren. Hierher gehören gewisse Corrodentien, Raupen der *Lithosiinae* (*Arctiidae*), manche *Coleoptera* usw.

Lichtsinnesorgane sind bei Insekten die ectodermalen Sehzellen, welche zusammen mit ihren cuticularen Hilfsapparaten → Stemmata, → Ocellen oder → Komplexaugen bilden. Eine allgemeine Lichtempfindlichkeit der Haut ist für *Collembola* nachgewiesen, aber wahrscheinlich weiter verbreitet.

Lichtstärke des Auges, oder Helligkeitsgrad des von ihm entworfenen Bildes, hängt von der Menge des zu den Rhabdomen durchgelassenen Lichtes ab. Da die Lichtsinnesorgane der Insekten einer Irisblende entbehren, hängt die Menge des zu den Rhabdomen durchgelassenen Lichtes nur von der Beschaffenheit der Cornea und des Kristallkegels und vom Verhältnis des Corneadurchmessers zu seiner Brennweite. Je größer die Cornea bei derselben Brennweite, desto größer ist ihre ~. Die Brennweite der Cornea ist wie bei allen Linsen desto kleiner, je größer ihre Wölbung. Modifizierend wirkt auf die ~ der Insektenaugen noch der Pigmentmantel um die → Ommen. Im → Superpositionsauge reicht der Pigmentmantel nicht bis zur Spitze der Kristallkegel und aus diesem Grunde werden die schräg auf die Cornea fallenden Lichtstrahlen, welche unter demselben Winkel aus dem Endteil des Kristallkegels wieder austreten, nicht absorbiert, sondern ins benachbarte Ommatidium durchgelassen, wo sie die Rhabdome treffen und als zusätzliches Licht die Bildhelligkeit vergrößern.

Liebesspiele → Balztänze und → Kuß.

Lidmücken → *Blepharoceridae.*

Ligament (lat. ligamentum, -i, n., das Band, die Binde), ein elastisches Band, durch das ein Organ an der Körperdecke befestigt wird. Bei Ovarien entsteht ein Ligament, Ovarialligament, durch Vereinigung der → Terminalfila sämtlicher Eiröhren beider Körperseiten, und stellt eine zelluläre Bildung ihrer Peritonealhüllen dar.

Ein wahrscheinlich aus Epidermiszellen hervorgegangenes ~ verbindet manchmal die Scolopidien mit der Cuticula. Ein gleichfalls epidermales ~ verbindet bei vielen Insekten die Spitze des → Unguitractor nahe der Insertion seiner Sehne, mit dem dorsalen (*Hemiptera*) oder ventralen (*Coleoptera*) Apikalrande des Tarsenendgliedes. Das ~ des Unguitractors arbeitet als Antagonist des Musc. Retractor praetarsi.

ligniperda Latreille, *Camponotus*, Riesenameise, Roßameise (*Hym Formicidae*).

ligniperda Fabricius, *Hylurgus*, rothaariger Kiefernbastkäfer (*Col Ipidae*).

Ligula (lat. dem. von lingua, Zunge), 1. → Zünglein. 2. Am → Samenüberträger der Odonatenmännchen das mittlere, unpaarige, vielfach auch als „Penis" bezeichnete, zwischen den → Hamuli herausragende Stück.
Nicht verwechseln mit → Lingula.

ligustica Spinola → *Apis mellifica ligustica* Spinola.

Lilienhähnchen → *Lilioceris merdigera* Linné und *L. lilii* Scopoli.

Lilienkäfer → *Lilioceris merdigera* Linné und *L. lilii* Scopoli.

lilii Scopoli, *Lilioceris* (*Crioceris*), Lilienhähnchen, Lilienkäfer (*Col Chrysomelidae*).

limacina Retzius, *Eriocampoides*, schwarze Kirschblattwespe (*Hym Tenthredinidae*).

Limacodidae Walker 1855 → *Cochliopodidae*.

Limes (lat. limes, -itis, m., Grenze, Rain), sog. tertiäre Zwischenräume zwischen den → Kettenstreifen und den → Rippen auf Fld gewisser *Carabus*-Arten (*Col Carabidae*).

Limnobiidae (Rond. 1856) Malloch 1917, (*Limoniidae*), Stelzmücken, Fam der *Dipt Nematocera*, mit über 1000 Arten, den → *Tipulidae* sehr nahestehend, aber ohne auffallend verlängertes Endglied der Maxillartaster. Fühler 14—15gliedrig. Die Larven der ~ sind feuchteliebende Bewohner der Waldstreu, der Moospolster und der Ufer von Gewässern.

Limnophilidae Kolenati 1859 (Abb. 165, 166), Fam der *Trichoptera* mit etwa 400 rezenten und 3 tertiären Arten. Fast ausschließlich holarktisch, in Deutschland mit etwa 120 Arten vertreten. Die artenreichste Familie der Ordnung.

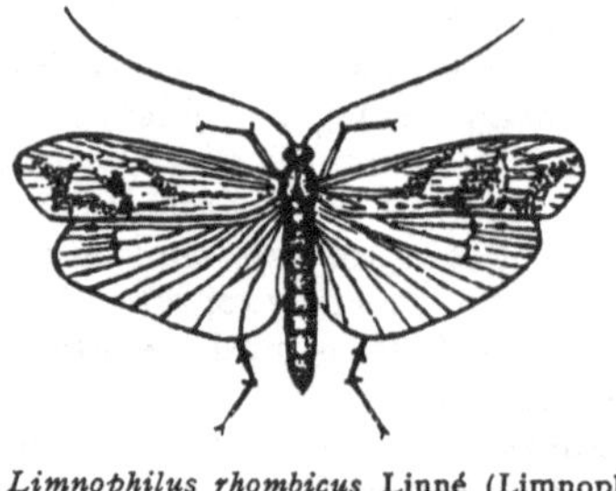

Abb. 165. *Limnophilus rhombicus* Linné (Limnophilidae). Nach Ulmer. Nat. Gr. etwa 15 mm.

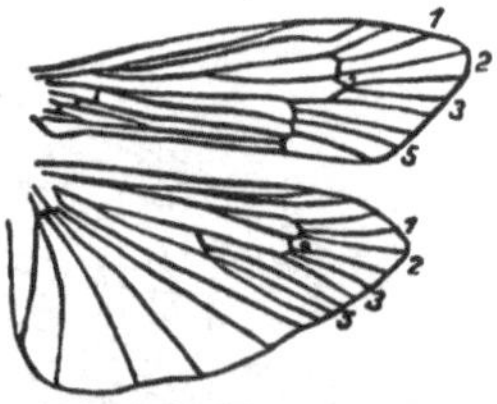

Abb. 166. *Limnophilus* sp., Flügel (Limnophilidae). Nach Ulmer. Nat. Länge des Vorderflügels etwa 15 mm.

linarius Uzel, *Thrips*, Flachsblasenfuß, Flachsfliege (*Thysanopt. Thripidae*).

Lindenblattwespe, kleine → *Eriocampoides annulipes* Klug.

Lindenborkenkäfer → *Ernoporus* (*Cryphalus*) *tiliae* Panzer.

Lindenprachtkäfer, großer → *Lampra* (*Poecilonota*) *rutilans* Linné.

Lindenprachtkäfer, kleiner → *Agrilus auricollis* Kiesenwetter.

Lindenschwärmer → *Mimas tiliae* Linné.

Lindenspinner → *Phalera bucephala* Linné.

Lindenspinnmilbe → *Tetranychus telarius* Linné.

Lindenzierlaus → *Eucallipterus tiliae* Linné.

linearis Goeze, *Lyctus*, Parkettkäfer, Splintholzkäfer (*Col Lyctidae*).

linearis Linné, *Oberea*, Haselbock (*Col Cerambycidae*).

lineata Linné, *Sitona*, gestreifter Blattrandkäfer (*Col Curculionidae*), 5 mm langer Kurzrüßler mit parallelen Fld-Seiten und abwechselnd hell- und dunkelgrau beschuppten Zwischenräumen der Punktstreifen auf den Fld. Die Käfer fressen am Blattrand verschiedener Hülsenfrüchte, in deren Wurzelknollen sich ihre Larven entwickeln.

lineatella Zeller, *Anarsia*, Pfirsichmotte, Knospenschabe (*Lep Gelechiidae*).

lineatum Villiers, *Hypoderma*, kleine Rinderdasselfliege (*Dipt Tachinidae*).

lineatum Olivier, *Trypodendron*, gemeiner Nutzholzborkenkäfer (*Col Ipidae*).

lineatus Linné, *Agriotes*, gemeiner Saatschnellkäfer, g. Humuschnellkäfer (*Col Elateridae*), 7—10 mm langer, länglich-elliptischer, schwarzer Käfer mit kurzer, dichter, graugelber Behaarung.

Fld in den Zwischenräumen der Punktstreifen abwechselnd heller und dunkler grau behaart. Larve (Drahtwurm) gelb mit konisch zugespitztem Endsegment (9. Segm. des Hlbs.), welches dorsal nahe den basalen Hinterecken mit 2 Gruben versehen ist. Larven, die sich in 5jähriger Generation entwickeln, sind arge Schädlinge der Kulturpflanzen, vornehmlich nach Klee und Brache.

Linea ventralis (Tullberg), eine schmale Rinne, die bei *Collembola* von der Unterseite des Kopfes bis zum Ventraltubus hinzieht. Bedeutung nicht mit Sicherheit bekannt.

lineola Fabricius, *Galerucella*, gelber Weidenblattkäfer (*Col Chrysomelidae*).

Lingua (lat. lingua, -ae, f., Zunge), manchmal für → Hypopharynx, manchmal für Ligula (→ Zünglein) gebrauchte Bezeichnung, ein überflüssiges und irreführendes Synonym.

Lingula (lat. dem. lingula, neben ligula, von lingua, Zunge), ventrale Lippe des → Afterapparates der Aleurodiden-Larven. Nicht verwechseln mit → Ligula!

Linné, Carl, schwedischer Naturforscher und Arzt, begründete 1758 (Systema Naturae per regna tria Naturae, ed. X) das System und die Nomenklatur der Tiere und Pflanzen. Er teilte die Insekten (Classis *Insecta*) in 7 Ordnungen, *Coleoptera, Hemiptera, Lepidoptera, Neuroptera, Hymenoptera, Diptera* und *Aptera*. Im modernen Sinne rein sind nur die Ordn *Lepidoptera, Hymenoptera* und *Diptera*, aber von letzteren stehen die Pupiparen unter *Aptera*, welche zugleich alle flügellosen Insekten, Arachniden, Crustaceen und Myriopoden enthalten. Unter Coleopteren, stehen auch Saltatarien, Blattarien und Dermapteren, unter Hemipteren auch die Thysanopteren, unter Neuropteren die Ephemeriden, Odonaten, Perlarien, Trichopteren, Panorpaten und die geflügelten Corrodentien.

In der 12. Ausgabe der Systema Naturae (1767) änderte Linné das obige System durch Ausscheidung der *Saltatoria* und *Blattaria* aus der Käfer-Ordnung, stellte sie aber zu den Hemipteren. Alle anderen Ordn wie in der Decima.

Linsenkäfer → *Bruchus lentis* Froelich.

Linsenkörper, einzelliger, aus → Corneagenzellen allein oder zusammen mit den distalen Enden der Sehzellen gebildeter, stärker lichtbrechender Körper unter der Cornea gewisser Ocellentypen. Er vertritt hier den in den Ommata der Komplexaugen ausgebildeten → Kristallkegel.

Linsenzylinder → Kristallkegel.

Liodidae (Leach 1817) Reitter 1906 (*Liodesidae* Leach), Schwammkugelkäfer (Abb. 167). Kleine, 2 bis 4 mm lange, starkgewölbte, oft fast halbkugelige, meist spiegelglänzende Käfer mit 11gliedrigen, keulenförmigen Fühlern. Die Fam umfaßt etwa 300 Arten in allen Regionen, davon 75 in Deutschland heimisch. Fossil sind 6 tertiäre Arten, darunter 3 aus dem balt. Bernstein beschrieben worden. Die Fam wird manchmal als UFam zu *Silphidae* eingereiht.

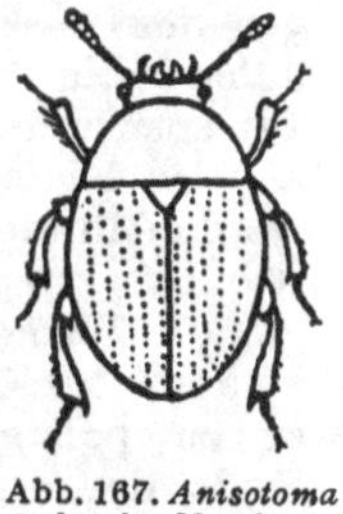

Abb. 167. *Anisotoma podagrica* Matthew (Liodidae). Nach Matthew aus Handlirsch. Nat. Gr. etwa 2 mm.

+***Liomopteridae*** Sellards, ausgestorbene Fam der +*Protorthoptera* mit 3 nordamerikanischen Arten aus dem unteren Perm. Ihr Flügelgeäder erinnert an dasjenige der *Perlaria*.

Lipacanthina (Börner 1920) Handlirsch Gruppe der Sammelfamilie *Lep Tineoidea* mit doppelter Geschlechtsöffnung der Weibchen wie bei *Acanthopleona*, aber ohne Stacheln auf der Flügelmembran unter der Beschuppung. Zu dieser Gruppe gehören die Fam *Hyponomeutidae, Scythridae, Gelechiidae, Momphidae, Coleophoridae, Lyonetiidae, Elachistidae* und *Cemiostomidae*.

Liparidae → *Lymantriidae*.

Lipochrome (gr. τὸ λιπὸς Fett, τὸ χρῶμα Farbe), Farbstoffe der Fettreihe, wie z. B. → Carotin und → Carotinoide.

Liposcelidae (Kolbe 1888) Enderlein 1911 (*Troctini* Kolbe), Bücherläuse (Abb 168), Fam der Ordn *Corrodentia*, ausgezeichnet durch verdickte Hinterschenkel und Verschmelzung des Meso- und Metathorax. Meist flügellose Arten. In Deutsch-

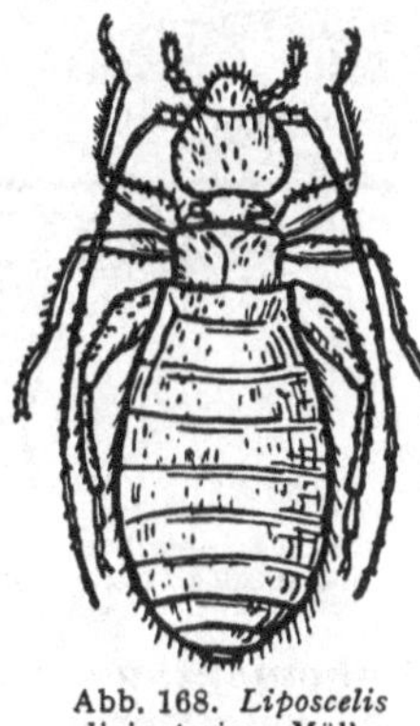

Abb. 168. *Liposcelis divinatorius* Müller (Liposcelidae). Nach Enderlein. Nat. Gr. ca. 1 mm.

land nur 8 Arten, darunter die Bücherlaus, *Liposcelis divinatorius* Müller (gegenwärtig in mehrere Arten aufgeteilt). Fossil eine Art aus dem baltischen Bernstein und eine kopale beschrieben.

Lippentaster, Palpus labialis, Labialtaster, meist 1—3, selten mehrgliedriger, dem → Kiefertaster und dem thorakalen Bein homodynamer Anhang des Praementums. Der ∼ fehlt viel seltener als der Kiefertaster, und zwar nur da, wo die Mundteile ganz rückgebildet sind, wie bei Imagines der *Ephemerida* und einiger *Trichoptera*. Nach Börner fehlt er auch bei Odonaten. Bei Dipteren ist er zu polsterartigen → Labellen am Ende des → Haustellums umgebildet. Bei Aphanipteren bilden die 4—5gliedrigen ∼ eine aus zwei getrennten Halbröhren zusammengelegte Scheide um das labro-mandibulare Stechborstenbündel. Bei Hemipteren scheinen die drei Endglieder der Stechborstenscheide aus sekundär verschmolzenen Labialtastern hervorgegangen zu sein. Bei Larven der *Coniopterygidae* ist das Endglied der ∼auffallend vergrößert. (Taf. XXI, Fig. 1, 2, 8, 9, Taf. XXII, Fig. 2, 5, 6, Taf. XXIII, Fig. 6, 7 und Taf. XXIV, Fig. 3, 5a.)

Lipurelles Nicolet 1841, absolutes Synonym zu *Onychiuridae*, von *Lipura* Burmeister = *Onychiurus* Gervais.

Lipurinae Tullberg → *Poduridae*.

Lithocolletidae → *Gracillariidae*.

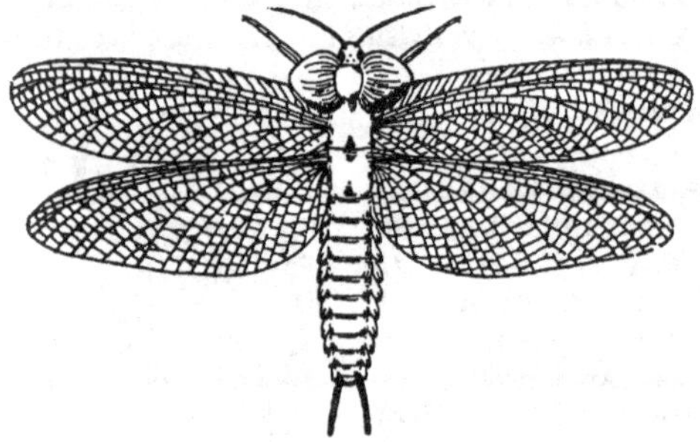

Abb. 169. +*Lithomantis carbonaria* Woodward (+Lithomantidae). Nach Handlirsch. Nat. Gr. etwa 8 cm.

+***Lithomantidae*** Handlirsch 1908 (Abb. 169), ausgestorbene Fam der +*Palaeodictyoptera* mit 8 Arten aus unter-obercarbonischen Schichten Nordamerikas (1) und mittel-obercarbonischen Nordamerikas (1) und Europas (7). Mit Ausnahme von *Lithomantis carbonaria* Woodward sind es nur Fragmente der 5—8 cm langen Flügel.

Lithosia spp., Flechtenspinner (*Lep Arctiidae*).

litoral, vielfach fälschlich „littoral" geschrieben (lat. litus, -oris, Ufer, Küste), an Ufern lebend.

Lobuli laterales (lat. dem. von lobus) → Pulvillus.

Lobus (lat. lobus, -i. m., gr. ὁ λοβός Ohrläppchen, Lederlappen) → Lade.

Lobus antennalis → Riechlappen.

Lobus dorsalis, der hauptsächlich von der Antennenkommissur gebildete Mittelteil des → Deutocerebrum.

Lobus externus labii → Paraglossa.

Lobus externus maxillae → Außenlade (Galea).

Lobus frontalis → Stirnlappen.

Lobus internus labii → Glossa.

Lobus internus maxillae → Innenlade (Lacinia).

Lobus olfactorius (lat. olfacto, -are und olfacio, -ere; riechen, von oleo, -ere duften und facio machen) → Riechlappen.

Lobus opticus → Sehlappen.

Lobus plantaris → Sohlenläppchen.

Lochreihenschuppen, Schmetterlingsschuppen, deren obere Wand zwischen den Längsrippen mit einer Reihe rundlicher Löcher versehen ist.

Lockdrüsen, bei myrmecophilen Insekten auftretende Drüsen, deren narkotische Ausscheidungen von Ameisen gierig abgeleckt werden.

Sexuelle ∼ oder Reizdrüsen sind meist abdominale → Duftdrüsen, deren Ausscheidungen durch besondere Duftschuppen zur schnelleren Verdunstung gelangen.

Lockreize → Geschlechtspartnersuche.

Locktrachten, Formen und Farben des Insektenkörpers, welche den von ihren Beutetieren gesuchten Gegenständen ähn-

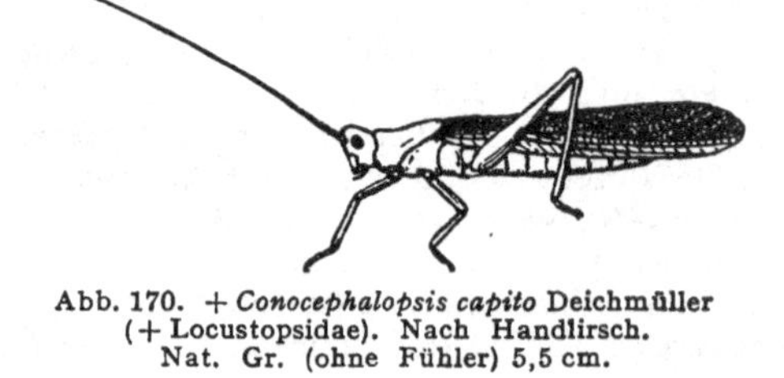

Abb. 170. +*Conocephalopsis capito* Deichmüller (+Locustopsidae). Nach Handlirsch. Nat. Gr. (ohne Fühler) 5,5 cm.

lich sehen, wie z. B. die blatt- und blütenähnlichen tropischen *Mantidae*.

Locustidae Burmeister → *Tettigoniidae.*

+***Locustopsidae*** Handlirsch 1908 (Abb. 170), ausgestorbene Fam der *Saltatoria* mit 12 jurassischen Arten aus Deutschland und Sibirien. Verhältnismäßig kleine Tiere, deren Flügel 2—4 cm lang waren. An den wenigen gut erhaltenen Fossilien sind die Hinterbeine als verdickte Sprungbeine erhalten, aber ihre Tibien tragen im Gegensatz zu +*Elcanidae* keine Tibienanhänge.

Locus typicus, Abk. loc. typ., der geographisch (Ortschaft) und ökologisch (Biotop) bestimmte Fundort des typischen Exemplares einer neu beschriebenen Art.

Löcherfraß, Art und Weise des Insektenfraßes an Pflanzen, vornehmlich an Blättern, in welchen von der Oberfläche her Löcher in die Blattspreite gefressen werden. Auf diese Weise fressen z. B. mit Vorliebe die Chrysomeliden, besonders Erdflöhe.

Löffelchen, Labellum, ein runder, konkaver Lappen am Ende der → Zunge der Honigbiene.

löwi Nalepa, *Eriophyes*, Fliedergallmilbe (*Acari Eriophyidae*).

Lokalformen, intraspezifische Einheiten, die sich in Anpassung an einen geographisch oder ökologisch isolierten Ort aus der Stammform der Art herausdifferenziert haben und nur an diesem Ort innerhalb des Verbreitungsgebietes der Art leben. Bei Relikten kann der Wohnort der ~ auch außerhalb des gegenwärtigen Verbreitungsareals der Art liegen.

Lokalitätsfärbung → Ortsgeist.

Lokomotion (lat. locus, -i, m., Ort, motus, -us, m., oder motio, -onis, f., Bewegung) → Fortbewegung.

Lonchaeidae (Rondani 1856) Löw 1862, Fam der *Dipt* (*Acalyptrata*) mit etwa 150 Arten. Kleine, meist metallisch gefärbte, schwarzblaue oder grüne, häufig auch hellgraue oder gelbliche Fliegen mit dunkel gezeichneten Flügeln. Larven zum Teil carnivor, z. T. phytophag (Gallbildner), saprophag (u. a. in Gängen holzbohrender Käfer) oder coprophag.

Lonchopteridae (Meigen 1824) Walker 1851, (*Musidoridae*), Fam der *Dipt* *Brachycera* mit etwa 20 rezenten, meistenteils holarktischen Arten. Fossil unbekannt. Die kleinen, 2—4 mm langen Fliegen sind gelb oder braun gefärbt und haben lanzettartig zugespitzte Flügel. Ihre asselförmigen Larven leben teils phytophag, teils saprophag oder carnivor als Jäger.

Longaevitus (lat. longus lang, aevum, -i, n., Lebensdauer, Lebensalter), die Lebenslänge, → Lebensdauer.

Lorbeerblattfloh, Lorbeerblattsauger → *Trioza alacris* Flor.

Lorbeerschildlaus → *Aonidia lauri* (Bouché).

Lorum (lat. lorum, -i, pl., -a, -orum, n., Riemen, meton. das daraus gefertigte, Zügel, Peitsche) → Zügel.

lotella Hübner, Anerastia, Graszünsler (*Lep Pyralididae*).

Lotgang, senkrecht am Stamme unter der Rinde verlaufender → Muttergang gewisser Borkenkäferarten. Man unterscheidet einarmige ~ monogamer Arten, z. B. bei *Myelophilus piniperda* und zweiarmige bigamer Arten, z. B. bei *Ips typographus*. Im letzteren Fall bohrt das eine Weibchen seinen Gang vom Eingang nach oben, das andere nach unten.

lubricipedum Linné, *Spilosoma*, Minzenbär, Holunderbär (*Lep Arctiidae*).

Lucanidae (Latreille 1806) Leach 1817, Hirschkäfer, Schröter (Abb. 171), Fam der *Col Lamellicornia* mit etwa 700 Arten, davon 6 in Deutschland. Fossil sind etwa 12 tertiäre und 2 quartäre Arten bekannt. Unter den tertiären Arten sind bereits mehrere aus den rezenten Gattungen *Lucanus*, *Dorcus* u. a. vertreten.

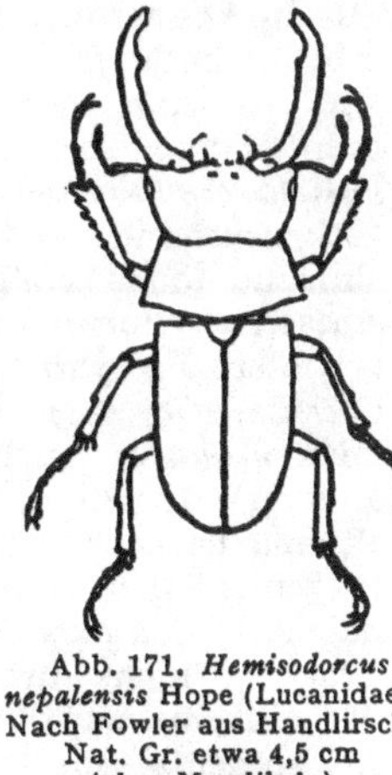

Abb. 171. *Hemisodorcus nepalensis* Hope (Lucanidae). Nach Fowler aus Handlirsch. Nat. Gr. etwa 4,5 cm (ohne Mandibeln).

Luciferin (lat. lux, -cis, f., Licht, fero, -rre, tragen, lucifer Lichtspender) Leuchtsubstanz der Leuchtorgane der *Lampyrinae* (*Cantharidae*). Es ist ein Produkt der eiweißartigen Reservestoffe, die in den Zellen der → Leuchtschicht in feinkörniger Form enthalten sind. Das ~ wird durch das spezifische Leuchtferment, die Luciferase, in Oxyluciferin oxydiert, wobei ein Teil der frei werdenden Energie in Form kalten, grünlichen Lichtes von 510 bis 760 μμ Wellenlänge sichtbar wird. Oxyluciferin regeneriert leicht zu Luciferin unter Abgabe von O_2.

Lucilia spp., Goldfliegen.

lucipara Linné, *Euplexia*, Brombeerstraucheule (*Lep Noctuidae*).

lucorum Linné, *Trichiosoma*, bepelzte Birkenknopfhornwespe (*Hym Tenthredinidae*).

Lüftung der Tracheen erfolgt entweder durch Diffusion zwischen der Außenluft der Umgebung und der Innenluft der Tracheen auf dem Wege über die Stigmen oder durch → Atembewegungen.

Luftfeuchtigkeit, relativ ausgedrückt in Prozenten der bei gegebener Temperatur möglichen Sättigung (relative ~) oder in tatsächlich vorhandenen Gewichtsteilen auf die Raumeinheit bezogen (absolute ~) ist für Insekten ein sehr wichtiger Umweltfaktor, stets in Verbindung mit der Temperatur. Für *Tenebrio molitor* wurde nachgewiesen, daß er mit Hilfe von Sinnesorganen am 4.—11. Fühlerglied verschiedene Luftfeuchtigkeitsgrade zu unterscheiden vermag (Pielov und Gunn 1940, Roth und Willis 1951).

Luftkammern → Luftsäcke.

Luftloch, Atemloch, Spiraculum, Stigma, Mündung des Tracheensystems. Die ~ sind segmental paarig angeordnet und bestehen im einfachsten Fall (*Sminthuridae*) aus einer Öffnung → (Stigmenmund) des Integuments. Diese einfache (oder vielleicht sekundär vereinfachte) Form haben auch Stigmen gewisser Pterygoten, wie z. B. vieler *Coccidae, Cryptocerata, Saltatoria,* Larven der *Coleoptera*. Auch bestimmte Stigmen anderer Insekten, z. B. das zweite Stigma bei *Apis* und anderen Hymenopteren, können diese vereinfachte Form haben. In den meisten Fällen münden die Tracheen nicht direkt nach außen, sondern in eine napfförmige Vertiefung des Integuments, das → Atrium, dessen im Intigument liegende Öffnung als → Trema bezeichnet wird. Der ganze zwischen dem Stigmenmund und der Trema liegende Apparat wird als ~ bezeichnet. An Kopf, Prothorax und den Terminalien vom 9. Segment an treten niemals Stigmen auf. Die größte Zahl der Stigmen beträgt daher (ausgenommen → Hyperpneustia) 10, davon je 1 Paar am Meso- und Metathorax und 8 Paar am 1.—8. Hinterleibssegment. Die ~ liegen ursprünglich in der Flankenhaut zwischen der Pleure und dem Tergum, werden aber häufig dorsalwärts auf die Tergalplatten selbst verlagert. Manchmal wandern sie nach vorn bis in die Intersegmentalhäute oder darüber weg in das vorangehende Segment. Letzteres gilt besonders für das erste, mesothorakale Stigmenpaar, welches nicht selten auf den Prothorax vorrückt.
Nach der Zahl und Anordnung der Stigmen werden die Insekten in → Holopneustia, → Hyperpneustia, → Hemipneustia, → Hypopneustia und → Apneustia eingeteilt. (Taf. XXIX und XXXI.)

Luftröhrensystem → Tracheensystem.

Luftsäcke, blasenförmige Erweiterungen der Tracheen, welche als Luftspeicher, → Schwimmblasen oder als Schallverstärker (→ Tympanalorgane, → Trommelorgane) arbeiten. Sie entbehren stets eines Spiralfadens (Taenidium), können aber feine Tracheenäste an die umgebenden Organe abgeben. Manchmal legen sich die ~ dicht an Muskelzüge oder Nerven und bilden dann um diese Organe Röhren, die gewöhnlichen Tracheen ähnlich sehen, aber im Gegensatz zu diesen die Matrix innen und die Cuticula außen haben und aus diesem Grunde auch als inverse Tracheen bezeichnet werden. Luftsäcke, welche ganz oder zum größten Teil dem Integument anliegen, werden als Luftkammern bezeichnet. Nach Brocher (→ Tracheenlungen) sind die ~ besonders dazu geeignet, den Gasaustausch zwischen Tracheen und der atmosphärischen Luft sowie zwischen Tracheen und Blut zu verrichten.

Luftschlucken wurde bei Insekten öfters beobachtet, zuerst wohl vom Halleschen Prof. Ch. L. Nitzsch an Mallophagen. *Gastrophilus*-Larven, die im Pharynx, Ösophagus und Magen der Einhufer leben, schlucken Luft mit der Nahrung. Es ist nicht bekannt, ob es sich in diesen Fällen um Luftaufnahme zu Respirationszwecken handelt. Junge Corrodentien und Anopluren schlucken Luft, um dadurch ihren Körper aufzublähen und die → Embryonalcuticula zu sprengen. Gleiches wurde bei *Blatta*, *Carausius*, *Liogryllus* und *Cimex* zwecks Sprengung der larvalen Exuvien beobachtet. Schmetterlinge schlucken Luft gleich nach dem Verlassen der Puppenhaut, um durch gesteigerten Binnendruck das Blut rascher in die Flügel und Beine strömen zu lassen.

Luftschwärme, Lufttänze, besonders bei Fliegen häufig beobachtetes Fliegen ganzer Schwärme dieser Insekten an einer Stelle. Männchen der *Chironomidae* sind am häufigsten in Luftschwärmen anzutreffen, während die kleine Stubenfliege, *Fannia canicularis* Lin., ihre Lufttänze am liebsten einzeln unter einer Deckenlampe auszuführen pflegt. Vgl. → *Petauristidae*. Nicht selten sind auch ~ von Männchen der *Blacinae* (*Braconidae*) anzutreffen.

Lumen (lat. lumen, -inis, pl. -ina, Licht, meton. jede Öffnung, durch welche Licht eindringen kann), Hohlraum, insbes. hohle Organe wie Darmkanal, Ausführungsgänge der Geschlechtswege, der Drüsen usw.

Lunula (lat. dem. von luna, -ae, f., halbmondförmiges Halsband) 1. → Mondschwiele. 2. Bei Hymenopteren heißen lunulae (FÖRSTER) oder variolae (THOMSON) runde glänzende Fleckchen hinter den Luftlöchern am 2. und an den folgenden Hinterleibssegmenten. Sie sind besonders für viele Ichneumoniden charakteristisch und taxonomisch wichtig.

lunulatus Meigen, *Eumerus* → *E. strigatus* Fallen.

Lupinen-Blattrandkäfer → *Sitona grisea* Fabricius und *S. gressoria* Fabr.

Lupinenfliege → *Hylemyia funesta* Kühn.

lupulinus Linné, *Hepialus*, Wurzelspinner (*Lep Hepialidae*).

lusitanisch werden Faunenelemente der südwestlichen Pyrenäenhalbinsel genannt.

luteola Müller, *Galerucella*, Ulmenblattkäfer (*Col Chrysomelidae*).

Luzernenblattnager → *Phytonomus variabilis* Herbst.

Luzernenblütengallmücke → *Contarinia medicaginis* Rübsaamen.

Luzernenmarienkäfer → *Subcoccinella vigintiquatuorpunctata* Linné.

Lycaenidae (Leach 1815) Gerstaecker 1863 Bläulinge, Feuerfalter, Fam der *Lep Rhopalocera* mit etwa 3000 rezenten und 3 känozoischen Arten. In Deutschland mehrere Arten. Raupen vieler Arten myrmecophil, andere Blattlausjäger, oder phytophag.

Lycidae (Lacordaire 1857) Gerstaecker 1863 (*Lycides* Lac.), Fam der *Col* (*Malacodermata*) (bei einigen Autoren UFam der *Cantharidae*) mit etwa 3000 Arten, davon 8 in Deutschland. Larven venatorisch unter Baumrinden u. dgl. oder xylophag, Imagines carnivor an Laub, Blüten. Fossil 4 Arten aus dem baltischen Bernstein und 1 im Kopal.

Lycopsyllidae Baker 1905, Fam der Flöhe (*Aphaniptera*), wenigen Arten in Australien.

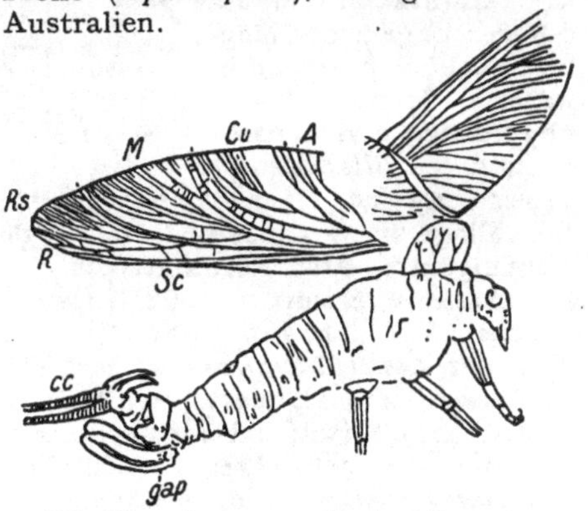

Abb. 172. + *Lycocercus goldenbergi* Brongniart (+ Lycocercidae). Nach Brongniart aus Handlirsch. Nat. Gr. etwa 9 cm.

+***Lycocercidae*** Handlirsch 1908 (Abb. 172), ausgestorbene Fam der +*Palaeodictyotera* mit 3 Arten aus dem mittleren Obercarbon Nordamerikas (*Platephemera antiqua* Scudder) und Frankreichs (*Lycocercus brongniardi* Handlirsch und *L. goldenbergi* Brongniart). Die letztgenannte Art ist in einem besonders guten Abdruck des ganzen Körpers erhalten und läßt deutlich prothorakale Paranota, ein Gonapophysenpaar des 8. Hinterleibssegments und ein Paar gegliederte Afterraifen erkennen. Das Tier ist 8 cm lang. Die beiden anderen Arten hatten 7 cm lange Flügel.

Lycoriidae → *Sciaridae*.

Lyctidae (Thomson 1859) Leconte 1862, Splintholzkäfer, Fam der *Col* (*Teredilia*) mit etwa 60 Arten, davon 6 in Deutschland, z. T. aus den Tropen eingeschleppt. Meist kleine, unter 1 cm lange, gestreckte, flache Käfer, deren engerlingartige, meist beinlose, von vorn nach hinten verengte Larven im Holz, Drogen

u. dgl. leben. *Lyctus linearis* Goeze ist im Eichensplintholz technisch schädlich. Fossil ist eine Art der Gatt. *Lyctus* aus dem baltischen Bernstein beschrieben worden.

Lydidae → *Pamphilidae.*

Lygaeidae (Schilling 1829) Handlirsch 1925 (*Lygaeides* Schill., *Myodochidae* Kirkaldy (1899), Langwanzen Abb. 173), Fam der *Het Geocorisae* mit etwa 2000 rezenten und an 100 tertiären Arten. Kleine bis mittelgroße, meist dunkel, schwarz und braun, seltener rot gefärbte, länglich ovale, vorwiegend in warmen Zonen lebende phytophage und venatorische Arten. *Blissus leucopterus* Say ist einer der schlimmsten Schädlinge am Getreide und Mais in den Vereinigten Staaten Nordamerikas.

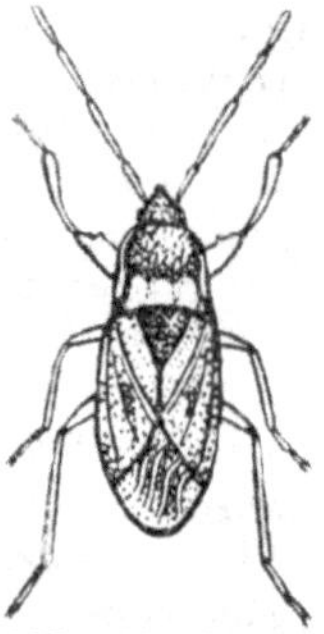
Abb. 173. *Eremocoris abietis* Linné (Lygaeidae). Nach Hedicke. Nat. Gr. etwa 7 mm.

Lymantriidae Hampson 1892 (*Liparidae* Walker 1855), Trägspinner, Nonnen, Fam der *Lep* (*Macrofrenatae*) mit etwa 1900 rezenten und 2 quartären (*Porthesia*) Arten. In Deutschland mehrere Arten, darunter die gefürchteten Schädlinge, *Lymantria monacha* Lin., *L. dispar* Lin., *Euproctis phaeorrhoea* Donovan, *Stilpnotia salicis* Linné u. a.

Lymexylonidae Leach 1817 Werftkäfer (Abb. 174), Fam der *Col* (*Malacodermata*, nach anderen Aut. *Teredilia*) mit etwa 40 Arten, von welchen nur 3 in Deutschland leben. Die mittelgroßen Käfer zeichnen sich durch die hinten klaffenden Fld und bei Männchen gefiederte, buschig an beiden Seiten des Kopfes herabhängende Kiefertaster. Die Larven von *Lymexylon navale* Linné bohren im Eichenholz dünne, schwarz anlaufende Gänge. Larven sehr charakteristisch, mit großem Kopf, stark bucklig vergrößertem Prothorax und einem in einen gegabelten oder kolbenförmigen Fortsatz verlängerten Endsegment des Hinterleibs. Fossil sind 13 tertiäre Arten beschrieben worden, eine davon, aus dem baltischen Bernstein, gehört zu der heute nur in den Tropen vertretenen Gatt. *Atractocerus* Palisot.

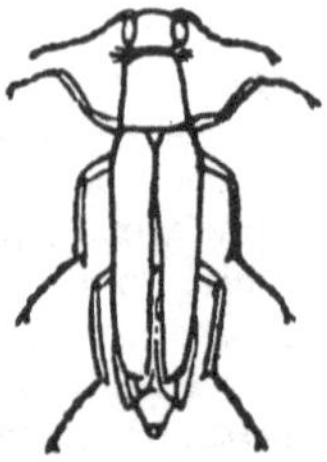
Abb. 174. *Lymexylon navale* Linné (Lymexylonidae). Nach Reitter aus Handlirsch. Nat. Gr. etwa 6 mm.

Lyonetiidae (Stainton 1854) Rebel 1901 (*Lyonetidae* Staint.), Langhorn-Blattminiermotten, Fam der *Lep Tineoidae* mit etwa 600 Arten, davon einigen in Deutschland.

Lyonetsche Drüse, eine Anhangsdrüse der Spinndrüse bei Schmetterlingsraupen.

Lypusidae (Herrich-Schäffer 1857) Wocke 1871, Fam der *Lep Tineoidea*, artenarm, in Deutschland durch wenige Arten vertreten. Nach einigen Aut. UFam der *Tineidae.*

Lysiognathidae (Ashmead 1895) Viereck 1916, Fam der *Hym Ichneumonoidea* mit einer nordamerikanischen Art, die, ähnlich wie die *Alysiinae* (*Braconidae*), durch nach außen gekehrte Mandibeln ausgezeichnet ist.

M

Machilidae (Leach 1815) Grassi 1888 (*Forbicinida* Leach, *Machiloidea* auct., *Archaeognatha* Börner 1904), Felsenspringer, Küstenspringer (Abb. 175). Kennzeichnung der ∼ in der hier angenommenen weiteren Fassung von HANDLIRSCH vgl. unter dem Stichwort → *Archaeognatha.*

Macrochaeta (gr. μακρὸς groß, ἡ χαίτη oder (dorisch) χαίτα, das zarte Haupt- oder Mähnenhaar), echtes, epidermales, hohles Haar oder Borste mit starker exocuticularer Wandung, meist beweglich im Integument eingelenkt.

Macrodactyli Latreille 1817, ehemalige Überfam der *Col Polyphaga* mit den Fam *Dryopidae*, *Cyathoceridae*, *Georrysidae* und *Heteroceridae.*

Macroergaten (gr. μακρός groß, ὁ ἐργάτης Arbeiter) sind vereinzelte größere Arbeiterinnen gewisser Ameisen, z. B. *Myrmica*-Arten.

Macrofrenatae (Heymons) Handlirsch 1925, Überfam der *Lep Frenatae* mit mehreren Familien, darunter *Endromididae*, *Lasiocampidae*, *Sphingidae*, *Bombycidae*, *Thaumetopoeidae*, *Eupterotidae*, *Lemoniidae*, *Brahmaeidae*, *Saturniidae*, *Notodontidae*,

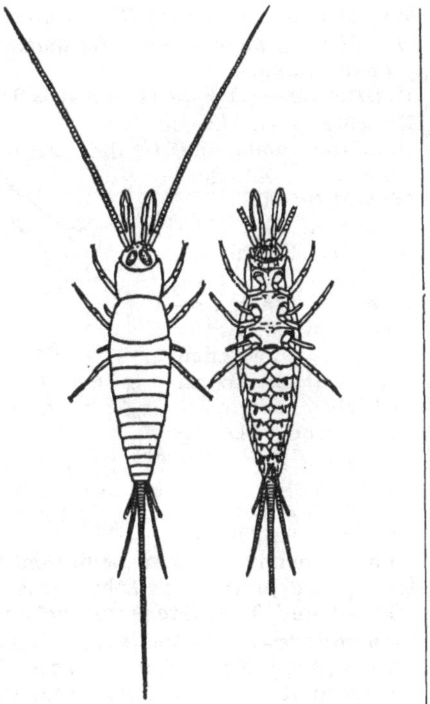

Abb. 175. *Machilis* sp. (Machilidae). Nach Handlirsch. Nat. Gr. etwa 1 cm.

Dioptidae, Noctuidae, Arctiidae, Syntomidae, Lymantriidae, Cocytiidae, Agaristidae, Callidulidae, Pterothysanidae, Cymatophoridae, Drepanidae, Geometridae, Uraniidae, Epiplemidae, Epicopeiidae und *Sematuridae*.

Macrogynen (gr. μακρός groß, ἡ γυνή Weib) sind normale Weibchen von Ameisen, bei welchen auch → microgyne Weibchen auftreten.

Macrolepidoptera Großschmetterlinge, gegenwärtig nur noch volkstümlich manchmal in Lehrbüchern gebrauchte Unterordnung der Schmetterlinge, welche vor allem die großen Arten wie Spanner, Eulen, Spinner, Schwärmer, Tagfalter usw. umfaßt.

Macrommatien (gr. μακρός groß, τὸ ὄμμα, pl. τὰ ὄμματα Auge), große Facetten am Komplexauge, wenn dieses in zwei Sphären mit ~ und → Micrommatien geteilt ist. Die ~ nehmen meist den oberen Teil des Auges ein, sind flacher gewölbt und dienen zum „Fernsehen".

Macropterie (gr. μακρός groß, τὸ πτερόν Flügel), Normalflügeligkeit im Gegensatz zu → Brachypterie und Apterie. ~ ist Vorbedingung für volle Flugfähigkeit, der Satz ist aber nicht umkehrbar, denn es gibt viele macroptere Insekten, die selten, schwerfällig oder nur auf kurze Strecken fliegen.

Macroscultur (gr. μακρός groß, lat. sculptura, -ae, f., Schnitzerei), grobe und gröbste, für das unbewaffnete Auge oder schwache Lupenvergrößerung einzeln erkennbare, nicht zu einem Gesamteffekt zusammenfließende → Emergenzen der Cuticula.

Macrosomite (gr. μακρός groß, τὸ σῶμα Körper, → somit), embryonale Körperbezirke, die mehrere, noch undifferenzierte definitive Segmente enthalten.

Macrotrichium (gr. μακρός groß, ἡ θρίξ, -χός (lästiges) Haar), jedes cuticulare, mit bloßem Auge sichtbare, mit der Cuticula gelenkig verbundene und mit der Hypodermis kommunizierende Haargebilde.

macula-alba Herbst, *Ceutorrhynchus*, weißgefleckter Mohnkapselrüßler (*Col Curculionidae*).

maculata Meigen, *Pales*, gefleckte Schnake (*Dipt Tipulidae*).

maculipennis Curtis, *Plutella*, Kohlschabe, Schleiermotte (*Lep Plutellidae*). 8 mm lange, 16 mm spannweite Motte mit braunen, am Hinterrande durch eine weiße Wellenlinie begrenzten Vorderflügeln und grauen Hinterflügeln. Raupen gelblich oder rötlich, später bleichgrün, zuerst Minen-, später Fensterfraß auf der Unterseite der Kohlblätter ausübend. Verpuppung an der Fraßstelle im spindelförmigen, weißen Netzkokon.

madagassische Region der → Arktogaea umfaßt Madagaskar und die kleinen Inseln und Inselgruppen um diese Insel, ausgenommen die Seychellen, die bereits zur → orientalischen Region gezählt werden.

Made der Rosen, rote → *Clinodiplosis oculiperda* Rübsaamen.

Maden, Schadonen sind → apode Larven, vor allem apode und acephale Dipteren-Larven, sonst aber auch alle weißen oder fleischfarbigen (*Carpocapsa*), „wurmartigen" Larven. Nur volkstümlich in Gebrauch. Die Bienenlarve wird lokal als Schadon bezeichnet.

Männchen, Mas, Symbol: ♂ (zodiakales Zeichen des Mars, alchemisches Zeichen des Eisens), diejenige Geschlechtsform

der Insekten, deren Geschlechtsorgane aus → Hoden bestehen, in welchen → Spermien gebildet werden. Die letzteren entwickeln sich niemals selbständig zu neuen Organismen, sondern nur in Verbindung mit einem → Ei. Im Gegensatz zu Weibchen sind die ~ unfähig allein eine neue Generation hervorzubringen. Im Gegensatz zu Weibchen, welche mehr oder weniger eng an die Erhaltung der Art spezialisiert sind, sind die ~ enger an die Umwelt gebunden, in die sie in der Regel viel tiefer eindringen als die immer mehr seßhaften Weibchen. Ihr Lebenszweck ist schließlich auch die Erhaltung der Art, aber sie haben, um diesen Zweck zu erfüllen, einen weiteren Kreis durch ihre Umwelt zu machen, als dies die Weibchen in der Regel tun. Damit hängt die bei allen Insektenordnungen deutliche Fortschrittlichkeit des Körperbaues, welche die ~ von den Weibchen unterscheidet. Die Ernährung ist für die ~ weniger wichtig als für die Weibchen, weil die geringe Masse der Spermien weniger Nährstoffe zu ihrer Bildung verbraucht, dagegen steht die Beweglichkeit der ~ im Vordergrunde ihres ganzen Lebens, und ihr Endzweck ist das Auffinden des Weibchens.
Bei Termiten (*Isoptera*) kommen auch Arbeiter und Soldaten vor, die aus geschlechtlich unentwickelten männlichen Larven entstehen, während diese Formen bei sozialen Hymenopteren nur aus weiblichen Larven entstehen können.

Märzfliege → *Bibio marci* Linné, Märzfliegen → *Bibionidae*.

Magdalis spp., Obstbaumsplintrüßler (*Col Curculionidae*).

Magen, Ventriculus, der vorderste Abschnitt des → Mitteldarms, wenn er vom Rest des letzteren abgesetzt ist. Häufig wird aber der ganze Mitteldarm als ~ bezeichnet. Bei der Bienenarbeiterin wird der Kropf, d. h. der hintere Teil des Vorderdarms als sozialer Magen bezeichnet.

Magenmund, der in den Kropf eingestülpte Vorderteil des → Proventriculus der Honigbiene u. a. höherer Hymenopteren. Er ist durch ineinandergreifende Lappen dicht verschließbar, kann aber dank seiner kräftigen Wandungsmuskulatur die flüssige Nahrung aus dem Kropf (dem sog. sozialen Magen) aufsaugen und in den Mitteldarm überführen.

Maikäfer, *Melolonthinae* (*Col Scarabaeidae*).

Maikäfer, gemeiner → *Melolontha melolontha* Linné.

Maiszünsler → *Pyrausta nubilalis* Hübner.

Maiwürmer → *Meloidae*.

Mala (lat. mala, -ae, f., die Backe) 1. → Backe, 2. → Lade.

Malachiidae Schaum 1862 (*Melyridae* Erichson), (Abb. 176), Fam der *Col Malacodermata* mit etwa 1100 Arten, von welchen in Deutschland an 46 leben. Die meist grünen oder blauen, häufig rot gezeichneten Tiere haben auf der Unterseite des Thorax und manchmal auch an Beingelenken ausstülpbare, grell rot gefärbte Drüsen. Fossil sind 9 tertiäre Arten bekannt.

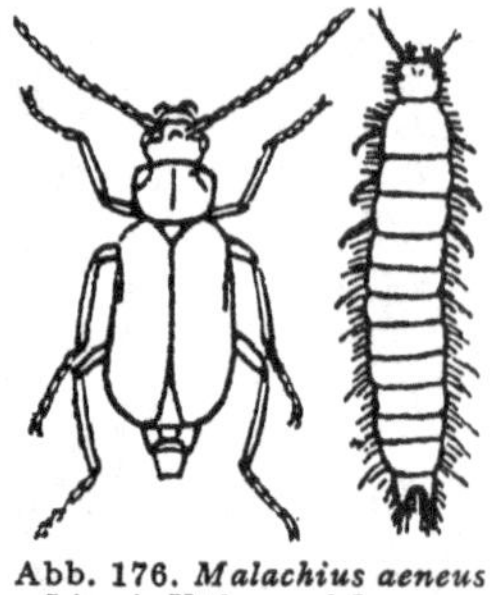

Abb. 176. *Malachius aeneus* Linné, Käfer und Larve (Malachiidae). Nach Sharp aus Handlirsch. Nat. Gr. 6—7 mm.

Malacodermata (Latreille 1802) Handlirsch 1908 (*Malacodermi* Latr.), Weichkäfer, Überfamilie der *Col Polyphaga*. Die Angehörigen dieser Überfam zeichnen sich durch das Flügelgeäder aus, indem die Adern cu_1 und cu_2 (nach anderen Autoren m_1 und m_2) apikal zu einem gemeinsamen Stiel verschmelzen, der den Flügelrand erreicht. Hierher gehören die Familien *Lycidae, Lampyridae, Telephoridae, Rhagophthalmidae, Drilidae, Malachiidae, Dasytidae, Cleridae, Corynetidae, Derodontidae, Rhadalidae, Lymexylonidae, Micromalthidae* und *Telegeusidae*. Die Einteilung der Familien schwankt übrigens bei verschiedenen Systematikern.

Malacopsyllidae Baker 1905, Fam der Flöhe, in beiden Amerikas vertreten.

Malariamücken → *Anopheles*-Arten.

malayische Subregion, tiergeographisches Untergebiet der → orientalischen Region.

mali Haliday, *Aphelinus*, Blutlauszehrwespe (*Hym Aphelinidae*), ein Endoparasit der Blutlaus.

mali Schmidberger, *Psyllia*, gemeiner Apfelblattsauger, Apfelblattfloh (*Hom Psyllidae*). Weit verbreiteter Schädling der Obstbäume, vor allem des Apfelbaumes. Flache, grünliche Larven saugen vor allem in der Nähe der Knospen.

mali Bechstein, *Scolytus*, großer Obstbaumsplintkäfer (*Col Ipidae*).

mali Ferrari, *Sappaphis*, mehlige Apfelblattlaus (*Hom Aphididae*). In der ganzen Holarktis an Apfeltrieben, verursacht das Einrollen der durch ungleichmäßiges Wachstum gekräuselten jungen Blätter. Migriert an Wegerich. Im Herbst Rückwanderung auf den Apfelbaum.

malinellus Zeller, *Hyponomeuta*, Apfelbaumgespinstmotte (*Lep Hyponomeutidae*). Schmetterling etwa 20 mm spannweit, 7 mm lang, Vorderflügel weiß, mit 3 Längsreihen schwarzer Punkte, Hinterflügel hellgrau. Raupen gesellig in Gespinsten an Apfelbäumen.

Malleus (lat. malleus, -i, m., Hammer, Klöppel), das 3. Pterale im Flügelgelenk der Fliegen. Distal steht er in Verbindung mit den Analadern und proximal (basal) mit dem 2. und 4. Pterale (→ Trulla).

Mallophaga (Leach 1815) Nitzsch 1818 (*Nirmidae* Leach), Federlinge und Haarlinge, Kieferläuse.

Kleine, 0,8 bis etwa 14 mm lange, mehr oder weniger stark depresse, stets flügellose, ektoparasitisch auf Vögeln und Säugetieren lebende hemimetabole Insekten.

Kopf orthognath, dorsoventral abgeflacht, mit der Mundöffnung in oder vor der Mitte der Kopfunterseite. Kopfkapsel acrotrem. Fühler bei *Ischnocera* 3—5gliedrig, stabförmig, vorstehend, häufig geschlechtsdimorph, bei *Amblycera* 4—5gliedrig, keulenförmig, in seitlichen Gruben der Kopfkapsel verborgen, von außen nicht oder wenig sichtbar, ohne Geschlechtsdimorphismus. Augen stark reduziert, bei *Amblycera* mit je zwei, bei *Ischnocera* mit je einer Linse beiderseits, vielfach ganz fehlend. Ocellen fehlen. Mundteile beißend, mit mehr oder weniger kräftigen, stets zangenförmigen Mandibeln. Maxillen reduziert, Cardo und Stipes mit der Kopfkapsel verschmolzen, Lacinia rudimentär, Galea frei, sichelförmig, mit beborstetem Innenrande, oder kolbenförmig, membranös, Kiefertaster bei *Amblycera* zwei- (*Gliricola*) bis viergliedrig, stehen dicht neben den Mandibeln auf dem Rande der Kopfkapsel. Bei *Ischnocera* fehlen die Kiefertaster ganz. Hypopharynx hinten (im Cibarium) meist mit sklerotisierter Höhlung (Cibarialsklerit) in welche ein Stäbchen des Palatum hineinpaßt. Unterlippe klein, aber stets deutlich, mit einem Paar kleiner, papillenartiger Lobi und eingliedrigen Tastern. Oberlippe vertikal am Kopfvorderrande herabhängend (*Trimenoponidae, Gyropoidea*), oder auf die Ventralseite gerückt, dicht vor den Mandibeln hängend. Vor der Oberlippe häufig eine große, blasenartige, manchmal paarige (*Physostomum*) Auftreibung der Clypeo-Labralnaht (Pulvinus). Clypeus mehr oder weniger deutlich, bei *Amblycera* einfach, bei *Ischnocera* stark ausgebildet und sekundär differenziert. Kopfkapsel bei primitiven *Amblycera* oft mit mehr oder weniger deutlicher Epistomalnaht und in der Regel bei Imagines, stets bei Larven mit deutlicher y-förmiger Epicranialnaht. Hals stets mit einem Paar länglicher Laterocervicalia und meist mit einem unpaarigen Cervicale dorsale. Occiput ventral durch Gula geschlossen.

Thorax heteronom. Prothorax stets gut entwickelt, selbständig, mit schildförmigem Notum. Mesothorax reduziert, höchstens als eine kurze Brücke zwischen dem Pro- und Metathorax erhalten, sein Notum stark reduziert, meist unter das Niveau des Pro- und Metanotums versenkt. Mesopleuren oft eng an die Propleuren geschlossen, das Sternum entweder als selbständiges Stück (Sklerit) erhalten, oder mit dem Metasternum verschmolzen. Metathorax stets gut entwickelt, vielfach einem Hinterleibssegment ähnlich, meist aber breiter als die Basis des Hinterleibs, nach hinten verbreitert, trapezförmig. Beine bei *Menoponoidea* fast homonom, zum Laufen eingerichtet, den typischen Insektenbeinen ähnlich, mit kurzen, zweigliedrigen Tarsen und stets zwei gleichartigen Krallen, bei *Gyropoidea* und allen *Ischnocera* mehr oder weniger stark modifiziert, nicht mehr zum Laufen auf glatten Flächen geeignet. Bei den letztgenannten Gruppen kommen mehrere Formen von Kletter- und Klammerbeinen vor. Ihre beiden Tarsenglieder sind stets miteinander verschmolzen und die Krallen entweder sehr ungleich lang und dick, oder eine der beiden Krallen fehlt ganz (*Trichodectoidea, Gyropoidea*). Bei *Gliricolidae* ist auch die einzige Kralle sehr stark rückgebildet, einer winzigen, am Ende hakenförmig gekrümmten Borste ähnlich.

Hinterleib mit zehn nachweisbaren Segmenten, das 1. Segment bei *Ischnocera* rudimentär oder ganz fehlend, bei *Amblycera* vorhanden (*Menoponoidea*) oder fehlend (*Gyropoidea*). Weibliche Geschlechtsöffnung ventral hinter dem 8. Sternit (Subgenitalplatte), männliche hinter dem 9. Sternit, meist dorsal, seltener ventral oder fast apikal gelegen. Die Rückenlage der männlichen Geschlechtsöffnung kommt durch die starke Vergrößerung der Subgenitalplatte zustande, welche hinten auf die Dorsalseite umgebogen wird. Weibchen der *Ischnocera* oft mit einem Paar rudimentärer Gonapophysen des 8. Sternits, Männchen selten mit einem Paar Styli des 9. Sternits. Begattungsorgan ohne periphallische Bildungen, ein mehr oder weniger komplizierter Penis mit einem Paramerenpaar an der Phallobase, die meist mit einer langen Basalplatte versehen ist, und mit einem Aedoeagus (sog. Endomeron), der fast stets mit einem ausstülpbaren Präputialsack versehen ist.

Darmkanal gut differenziert. Oesophagus dünn, hinten zu einem Kropf erweitert (*Amblycera*), oder (*Ischnocera*) mit einem sackartigen von Oesophagus stielartig abgegliederten Kropf. Mitteldarm erweitert, vorn mit zwei großen Coeca. Hinterdarm einfach, dünn, mit vier Malpighi-Gefäßen und sechs Rectalpapillen. Zwei Paar Speicheldrüsen münden mit einem kurzen, gemeinsamen Gang in den Speichelraum zwischen dem Hypopharynx und der Unterlippe. Ein Paar Vorderdarmdrüsen am Kropf.

Rückengefäß birnförmig, im 7. und 8. Hinterleibssegment gelegen, mit reduzierten Flügelmuskeln und zwei bis drei Paar Ostien. Aorta kurz vor dem Herzen zu einem Bulbus erweitert.

Tracheensystem mit zwei lateralen Längsstämmen, mit 1—2 Queranastomosen im Kopf und mit je einer in den drei Thoraxsegmenten. Ein thorakales und höchstens sechs abdominale Stigmenpaare auf den Segmenten 3—8 vorhanden. Manchmal fehlen sämtliche Abdominalstigmen oder es sind nur die drei, vier, oder fünf vorderen Paare erhalten.

Nervensystem stark konzentriert, mit drei thorakalen Ganglienmassen ohne selbständige Abdominalganglien. Sympathisches System gut entwickelt.

Gonaden stets paarig. Hoden mit je einem Paar birnförmiger, mit ihren breiten Enden zusammenstoßender (*Ischnocera*), oder mit je drei getrennt den Vasa deferentia aufsitzenden Testiculi. Vesicula seminalis groß, bei *Strigiphilus ceblebrachys* zweilappig, am Ursprung des Ductus ejaculatorius. Ovarien bei *Amblycera* mit je drei, bei *Ischnocera* mit je fünf panoistischen Ovariolen beiderseits. Receptaculum seminis vorhanden.

Entwicklung paurometabol mit drei imagoähnlichen Larven-(Nymphen-)Stadien. Die Mallophagen sind, sofern bekannt, immer eierlegend. Wenige Arten, deren Männchen sehr selten sind, scheinen sich fakultativ parthenogenetisch fortpflanzen zu können.

Die bald 3000 Arten der *Mallophaga*, welche bisher beschrieben worden sind, werden seit Nitzsch (1818) in zwei scharf voneinander getrennte Gruppen, *Amblycera* und *Ischnocera* geteilt.

Malpighigefäße, Malpighischläuche, vasa Malpighii, zwischen Mittel- und Hinterdarm gelegene, ektodermale Divertikel des Hinterdarmes, die auf sekundär dem Darm angeschlossene → Nephridien zurückgeführt werden. Meist sind es einfache, getrennt mündende Schläuche, die aber auch recht mannigfaltige Formen annehmen können. So sind sie z. B. bei *Phora pallipes* blasenförmig aufgetrieben, bei *Melolontha* in der distalen Hälfte mit kurzen Divertikeln dicht besetzt, bei *Myiatropa florea* verdickt und bei *Galleria* am Ende verzweigt. Nicht selten sind die ~ bei ein und derselben Art heteromorph, indem verschiedene Formen der einzelnen Schläuche nebeneinander vorkommen, wie z. B. zwei lange und ein kurzer bei *Forcipomyia bipunctata*, zwei distal verdickte neben zwei dünnen bei *Myiatropa florea*, weiße neben gelben bei vielen *Saltatoria* und *Coleoptera* usw. Die Schläuche können paarweise mit den Enden verschmelzen, kontinuierliche Schleifen bildend (*Cecidomyidae*). Manchmal verwachsen die freien Enden der ~ mit der Wand des Mittel- oder Hinterdarmes, und dann scheinen sie an zwei Stellen in den Darm zu münden. Die Mündungen der einzelnen Schläuche liegen meist in einem Umkreis angeordnet dicht vor oder im Bereich des → Pylorus (*Heteroptera*), können aber auch stark auseinanderrücken und kommen dann, wie bei *Psylla mali*, in weiten Abständen hintereinander zu liegen. Manchmal

(*Phora pallipes*) vereinigen sich die Schläuche jeder Seite zu einem gemeinsamen Ausführungsgang und bei *Gryllodea* und *Coccidae* sind alle Schläuche beider Körperseiten vor der Mündung miteinander verschmolzen (z. B. *Nemeobius silvestris*).
Im histologischen Bau sind die ~ nicht weniger reich differenziert als im anatomischen. Die Zellen ihres einschichtigen Epithels bilden meist ein Wabenmuster, können aber auch ringförmig angeordnet sein (*Odonata*). Ihre Zellgrenzen sind entweder deutlich oder erloschen. Zwischen den Zellen treten in der Regel kleine teilungsfähige → Regenerationszellen auf. Die Zellkerne der Hauptzellen sind normalerweise rundlich, verändern aber ihre Form parallel mit den Änderungen ihres physiologischen Zustandes. Besonders auffallend sind die lappig verzweigten Zellkerne der ~ am Ende der Larvenperiode bei *Planipennia*, bei denen die ~ zu dieser Zeit einen seidenartigen Spinnstoff ausscheiden, welcher mittels der → Afterröhre zu dem Puppenkokon versponnen wird.
Die freie Innenwand der Zellen, die in den Hohlraum der Schläuche warzenartig vorspringen können, ist von einem mehr oder weniger deutlichen → Stäbchensaum überzogen. In ihrem basalen (äußeren) Bezirk zeigt das Plasma der Malpighizellen längsstreifige Struktur durch Auftreten von dichtgedrängten Basalfilamenten (→ Ergatoplasmafäden), die sich gegen die Mitte der Zellen verlieren und durch Einschlüsse (→ Exkrete) ersetzt werden.
Die ~ haben außen eine → Tunica propria und darüber eine → Peritonealhülle. Beide sind mesodermalen Ursprungs und in der letzteren sind häufig Muskelfasern eingelagert (peristaltische Exkretbeförderung). Keine Cuticula.
Die Zahl der ~ schwankt zwischen 0 und etwa 150. Nach der Zahl der Schläuche teilt man die Insekten in → Oligonephria mit unter 8 und → Polynephria mit über 8 Schläuchen ein. Die Zahl der Schläuche ist in der Regel gerade, seltener kommen ungerade Zahlen vor, so z. B. bei *Culicidae* und *Psychodidae* 5, *Ceratopogonidae* 3 usw. Bei *Collembola*, *Japyx* und *Aphidina* fehlen die ~ gänzlich oder sind zu einem einfachen oder doppelten Kranz kurzer Papillen an der Grenze zwischen dem Mittel- und Hinterdarm reduziert (*Campodea*, *Protura*).
Die Hauptfunktion der ~ ist zweifellos exkretorisch. Sie nehmen Abfallstoffe der Assimilations- und Dissimilationsprozesse aus dem Blute auf und geben sie in flüssiger und in Körnchenform (vor allem Harnsäure und ihre Salze) an den Hinterdarm ab. In einigen Fällen haben ~ die Funktion der Spinndrüsen übernommen, so bei *Planipennia* (vgl. oben) und einigen *Coleoptera* (*Lebia scapularis*, *Niptus hololeucus*) oder scheiden eine Kittsubstanz aus, die von einigen Käferlarven zum Bau der Puppenhülle Verwendung findet. (Taf. VI, Fig. 1 und 2.) Cf. et. → Urethra.

malvella Hübner, *Gelechia*, Malvenmotte, Malvenschabe (*Lep Gelechiidae*).

Mandibel → Oberkiefer.

Mandibelkanal, die Stech- und Saugmandibel (→ stechend-saugende Mundwerkzeuge) durchziehender, geschlossener oder offener Kanal.
Bei Lampyriden-Larven liegt dieser Kanal innerhalb der cuticularen Wand der Mandibel und ist ganz geschlossen. Bei *Dytiscus*-Larve entsteht er durch Einstülpung der mandibularen Wandung längs ihres Innenrandes. Er bleibt durch einen schmalen Schlitz zeitlebens offen. Bei Planipennien bildet die Saugmandibel mit ihrer oberen Wand eine flache Rinne, die sich durch die hineinpassende Außenlade der Maxille zu einem flachen Kanal schließt. (Taf. XXII, Fig. 5.)

Mandibula (lat. mandibula, -ae, f., Kaulade, von mando, -ere, mansi kauen) → Oberkiefer.

Mandibulardrüse, ein bis zwei Paar von Kopfdrüsen, welche am Grunde der Oberkiefer münden. Sie kommen bei *Trichoptera*-Larven, *Collembola*, *Mantidae*, *Hymenoptera* (*Apis* u. a.) und *Neuroptera* vor. Es sind in der Regel tubulöse, manchmal mit einem Sekretspeicher versehene Drüsen. Die ~ sind funktionell entweder Speichel- oder Giftdrüsen.

Mandibulata, eine der von → Burmeister aufgestellten Ordnungen der Insekten, früher von Latreille für *Mallophaga* benutzt.

mandschurische Subregion, tiergeographisches Gebiet innerhalb der paläarktischen Region; umfaßt nördliches China, die Mandschurei und die japanischen Inseln außer Sachalin und den Kurillen.

Manna (hebr. mannah schenken, oder manhu? was ist das?) der erhärtete zuckerhaltige Saft verschiedener Bäume (Eschen, Eichen, Tamarisken, Ahorne), welcher tropfenweise aus Einschnitten oder aus Insektenstichen heraustritt. Von Insekten kommen vor allem *Cicada orni* und verschiedene Arten der *Coccidae* als Urheber des Mannaflusses in Frage.

Mannaschildlaus → *Eriococcus mannifer* (Hardwicke).

Mannazikade → *Tettigia orni* Linné.

mannifer (Hardwicke) *Eriococcus*, Mannaschildlaus (*Hom Coccidae*).

Manniferae Linné → *Cicadidae*.

Mantidae (Latreille 1802) Saussure 1869 (*Raptoriae* Latr.), Gottesanbeterinnen, Fangschrecken (Abb. 177), einzige Fam der *Mantodea*, mit den Merk-

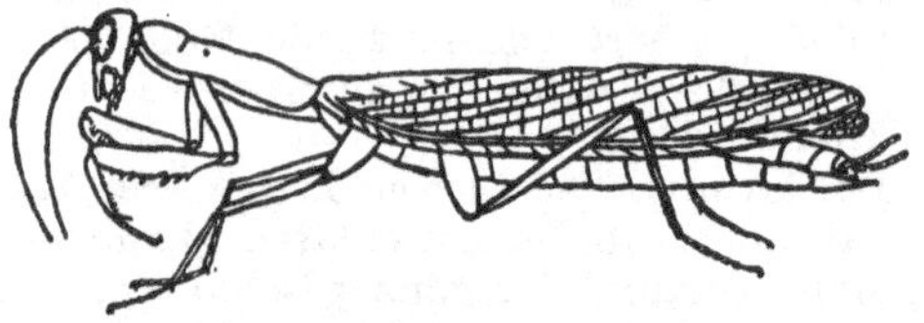

Abb. 177. *Mantis religiosa* Linné, Männchen (Mantidae). Nach Imms. Nat. Gr. etwa 6 cm.

malen der Ordn (→ *Mantodea*). Neuerdings wird die Gatt. *Chaeteessa* mit einigen amerikanischen Arten, welche gewisse ursprüngliche Merkmale in ihrem Körperbau zeigen, als eigene Fam → *Chaeteessidae* abgesondert.

Fossil sind 5 tertiäre und 3 quartäre (kopale) Arten der Fam ~ beschrieben worden.

Chopard (in Grassé 1949) teilt die ~ in 13 kleinere Fam ein, erkennt aber die *Chaeteessidae* nicht als selbständige Fam an.

Mantispidae (Leach 1815) Westwood 1840, Fanghafte (Abb. 178), Fam der *Planipennia* mit etwa 150 Arten, von welchen in Deutschland nur eine, *Mantispa pagana* Fabricius lebt (Dessau und Berlin, sonst im Süden). Fossil unbekannt.

Abb. 178. *Mantispa pagana* Fabricius (Mantispidae). Nach Stitz. Nat. Gr. etwa 2 cm.

Mantodea (Latreille 1802) Burmeister 1838 (*Raptoriae* Latreille, *Mantoidea* Handlirsch 1903), Gottesanbeterinnen, Fangschrecken, Fangheuschrecken. Gestreckte und gewöhnlich mehr oder weniger stark depresse, 1—16 cm lange, grüne oder braune, oft bunt, auch metallisch gefärbte Pterygoten mit zwei in Ruhe flach auf dem Rücken zusammengefalteten, selten reduzierten oder ganz fehlenden Flügelpaaren. Kopf verhältnismäßig klein, orthognath, acrotrem, abgerundet dreieckig, sehr beweglich, mit großen, meist kugelig vorgequollenen Komplexaugen, drei Ocellen und langen, oft über körperlangen, borstenförmigen, selten (*Empusidae*) kammförmigen, vielgliedrigen Fühlern. Clypeus nicht geteilt, Oberlippe gut entwickelt. Mundteile kräftig, beißend, mit kurzen, zangenförmigen Mandibeln. Maxillen gut differenziert, mit am Innenrande kräftig beborsteten, an der Spitze mit einem Paar Digiti versehenen Lacinien. Kiefertaster 5-, Lippentaster 3gliedrig.

Thorax heteronom gegliedert. Prothorax immer wenigstens etwas größer als Meso- und Metathorax, oft stark verlängert und seitlich flach ausgebreitet. Pronotum durch eine Querfurche in ein meist kleineres Praescutum und größeres Metascutum geteilt. Meso- und Metathorax einander sehr ähnlich, der erstere gewöhnlich etwas größer als der letztere, ihre Nota undeutlich differenziert. Pleuren klein, die des Prothorax sehr klein, aber deutlich in Episternum, Epimerum und Trochantinus differenziert. Sterna gut differenziert, Prosternum wegen der Kleinheit der Propleuren zum größten Teil direkt mit dem Pronotum in Verbindung, zwischen den Hüften mit einer geraden Querfurche. Beine gewöhnlich heteronom, Vorderbeine bei den meisten Arten zu Raubbeinen umgebildet, mit stark verlängerten, bis zum Hinterrande des Prothorax reichenden Hüften, verdickten oder verlängerten, am Innenrande sägeartig gezähnelten Schenkeln, kurzen, gleichfalls gezähnten, oder am Ende hakenförmigen Schienen und 5gliedrigen Tarsen, die stets länger sind als die Schienen. Mittel- und Hinterbeine gewöhnlich normal, schlank, gleichartig, die ersteren allerdings stets etwas kürzer als die letzteren. Alle Tarsen 5gliedrig mit verlängertem Basitarsus. Zwei fast immer symmetrische Krallen, ohne Arolien. Flügel heteronom, in

Ruhe flach auf dem Rücken zusammengelegt, die vorderen (Deckflügel) stets derber als die häutigen hinteren, aber durchsichtig und deutlich geadert. Costa marginal, Subcosta fast zur Flügelspitze reichend, Radius mit einfachem oder verzweigtem Sektor, Media schwach, Cubitus mehr oder weniger verzweigt, Postcubitus im Vorderflügel mit dem Cubitus-Stamm verschmolzen, im Hinterflügel selbständig, einfach. Analfeld im Vorderflügel schwach, im Hinterflügel stark entwickelt.

Hinterleib dorsal abgeflacht, ventral meist stark gewölbt, aus zehn Segmenten bestehend. Das 10. Tergit bildet die Supraanalplatte. Sternite wie bei *Blattaria*, neun bei Männchen, sieben bei Weibchen, das 9. (Subgenitalplatte) bei Männchen mit einem Paar Styli. Das 10. Tergit in beiden Geschlechtern mit einem Paar gegliederte Cerci. Subgenitalplatte des Weibchens (7. Sternit) schließt von unten die Genitalkammer ab, in der das 8. und 9. Segment mit ihren schwach entwickelten Gonapophysen verborgen sind. Das männliche Begattungsglied asymmetrisch, mit zwei Paar sehr verschieden gebildeter Parameren und einem kleinen, häutigen Penis.

Vorderdarm mit einem geräumigen Kropf und einem deutlichen Proventriculus. Mitteldarm kurz, mit neun Coeca. Hinterdarm mit zahlreichen, kurzen Malpighi-Gefäßen.

Rückengefäß ähnlich wie bei *Blattaria*, das cephale Lakunensystem wenig entwickelt.

Tracheensystem gut entwickelt, mit zwei lateralen Längsstämmen und mit Queranastomosen. Zwei thorakale und acht abdominale Stigmenpaare auf den Segmenten 1—8 vorhanden.

Nervensystem wenig konzentriert, mit drei thorakalen und sieben abdominalen Ganglienpaaren.

Hoden paarig, mit einer Tunica propria. Ovarien mit zahlreichen panoistischen Ovariolen. Vesiculae seminales und zahlreiche ovale und schlauchförmige Anhangsdrüsen vorhanden. Eine Drüse mündet außerdem im hinteren Teil des Ductus ejaculatorius. Eine ei- oder birnförmige Spermatheca mündet bei Weibchen durch den Ductus receptaculi zwischen dem 8. und 9. Sternit in das Vestibulum. Geschlechtsöffnung bei Männchen zwischen dem 9. und 10., bei Weibchen zwischen dem 8. und 9. Sternit, die, wie bei Blattarien im Vestibulum verborgen sind. Legeapparat schwächer als bei Blattarien entwickelt, im Vestibulum verborgen, besteht aus je einem Gonopodenpaar des 8. und 9. Sternits und aus einem Gonapophysenpaar des 9. Sternits.

Entwicklung paurometabol, imaginipetal, mit 5—9 larvalen Häutungen. Die Eier werden in schwammigen Kapseln bis zu 300 oder 400 Stück vereinigt abgelegt. Die sehr verschieden gebildeten Eikapseln werden an Pflanzen festgeklebt. Jedes Weibchen fertigt mehrere Eikapseln und legt insgesamt bis zu 1000 Eier ab.

Mantidae sind durchwegs Jäger. Es sind wärmeliebende Tagtiere der tropischen und warmen Gebiete der Erde. In Deutschland lebt im Freien nur eine Art, *Mantis religiosa* Linné (Süddeutschland, Schlesien).

Fossile Mantiden sind mit Sicherheit nur aus dem Bernstein bekannt. Die früher für direkte Vorfahren der *Mantodea* gehaltenen +*Palaeomantidae*, +*Haglidae* und +*Geinitziidae* haben nach neueren Ansichten nichts mit den *Mantodea* zu tun.

Es sind gegenwärtig etwa 2000 Arten der *Mantodea* bekannt. Die meisten von ihnen leben in tropischen und subtropischen Gebieten. Im paläarktischen Gebiet leben nur etwa 150 Arten. Einzige Fam *Mantidae* (von manchen Autoren in mehrere Fam zerlegt).

Manubrium (lat. manubrium, -ii, n., Handhabe, Griffel, Henkel), 1. Stammstück der → Springgabel der *Collembola*. (Taf. I, Fig. 3 und 4.)

2. Bei *Elateridae* das zwischen den Fühlerrinnen gelegene, nach hinten in eine scharfe Spitze (→ Mucro) verlängerte Prosternum. (Taf. XXX, Fig. 4.)

3. Der unpaarige Hebel am → Stigmenverschlußapparat.

Manuskriptname ist jeder neue Art-, Gattungs- oder Gruppenname, welcher in einem Manuskript oder auf einem Sammlungsetikett steht, aber nicht legitim veröffentlicht worden ist. Ein solcher Name existiert nomenklatorisch so lange nicht, bis er regelrecht und im Einklang mit den → Nomenklaturregeln veröffentlicht wird. (Vgl. auch → Papierkorbname.)

marci Linnè, *Bibio*, Märzfliege (*Dipt Bibionidae*).

marginal (lat. marginalis, -e, am Rande, margo, -inis, m. und f., liegend), zum Rande eines Organs gehörend, am Rande liegend.

Marginalader, Randast, Ramus marginalis, Ulna (Haliday), derjenige Teil der vorderen und meist einzigen Längsader im Vorderflügel der *Chalcididae*, welcher mit dem Vorderrande des Flügels vereinigt bis zum Ursprung des Radius verläuft. (Taf. XIII, Fig. 4.)

Marginalborsten sind die am oder nahe am Hinterende der Hinterleibssegmente bei Dipteren (und auch anderen Insekten) stehenden Borsten, zumeist Macrochaeten.

Marginalrand → Außenrand.

Marginalzelle → Radialzelle.

marginatus Linné, *Dolopius*, gestreifter Forstschnellkäfer (*Col Elateridae*).

marginatus Linné, *Mesocerus*, große braune Randwanze (*Het Coreidae*).

marginemtorquens Winnertz, *Perrisia*, Weidenblattrandgallmücke (*Dipt Cecidomyidae*).

Margo (lat. margo, -inis, pl. ines, m. und f., Rand, Schwelle, Grenze), Rand, bes. der → Außenrand des Schmetterlingsflügels.
Im männlichen Begattungsapparat der Schmetterlinge der Apikalrand der → Valven.

Margo scutellaris clavi, der an die Seiten des Scutellums anstoßende und in sein → Frenum einschnappende Rand des → Clavus an den Halbdecken der Heteroptera.

mariana Linné, *Chalcophora*, großer Kiefernprachtkäfer (*Col Buprestidae*).

Marienkäfer → *Coccinellidae*.

Markeulen → *Xanthoecia flavago* Schiffermüller (*Gortyna ochracea* Hübner) und *Hydroecia*-Arten.

Markfortsatz, Dendrit, baumartig verästelter Fortsatz der → Nervenzelle. Die ~ bilden in den → Ganglien die innere Zone oder → Markschicht, während ihre Mutterzellen, die Neurone, in der Rindenschicht der Ganglien liegen.

Markschicht, Neuropilem, Faserschicht, Punktsubstanz, die in der Hauptsache von den → Markfortsätzen (Dendriten) gebildete innere Schicht der Ganglien. In der ~ liegen auch die proximalen Teile der Nervenfortsätze (Neurite), die aber im Gegensatz zu Dendriten nicht auf die Markschicht beschränkt sind, sondern aus ihr austreten und als Nerven sich in das periphere Nervensystem fortsetzen.
Je nach dem Typus der zugehörigen Nervenzellen hat die ~ normale, → Faserbündel- oder → Glomerulistruktur, die im Gehirn alle drei nebeneinander vorkommen können.

Marsupium (lat. marsupium, -ii, n., Geldbeutel, von gr. ὁ μάρσιπος Beutel, Sack) → Bruttasche.

Mas (lat. mas, -ris, m., der Mann, das Männchen) → Männchen.

Masaridae (Latreille 1802) Leach 1817, Fam der *Hym Vespoidea* (*Diploptera*) mit etwa 70 Arten im warmen Erdgürtel. Eine Art, *Celonites abbreviatus* Villiers, in Süddeutschland, nördlich bis Thüringen vertreten.

Maske → Fangmaske.

Massenvermehrung, Übervermehrung, Gradation, im → Massenwechsel die zwischen zwei Latenzperioden (→ Latenz, 3) liegende Periode der den → Normalstand übersteigenden Bevölkerungsdichte einer Art.
Die ansteigende Hälfte der Gradationskurve (vgl. Taf. XXXII) wird als Progradation, die absteigende als Retrogradation bezeichnet. Die Progradation beginnt mit der innerhalb des Normalstandes ansteigenden Bevölkerungsdichte des Vorbereitungsjahres (Accreszenz), dem ein oder einige Jahre der bis zum Kulminationspunkt aufsteigenden Progessionsperiode folgen.
Die Retrogradation beginnt mit dem Sinken der Bevölkerungsdichte während der rapid oder schleppend verlaufenden Regressionsperiode, welche bis zur oberen Grenze des Normalbestandes dauert und über eine meist nur einjährige Dekreszenzperiode in die Latenz zurückkehrt. Der mittlere Teil der Gradationskurve beiderseits des Kulminationspunktes wird als Eruptionsperiode (Kalamität, Plage), der Zusammenbruch der Kalamität im zweiten Teil der Regressionsperiode als Krise bezeichnet.

Massenwechsel, Zu- und Abnahme, Schwankungen der Bevölkerungsdichte einer Art. Sie ist nicht allein von exogenen Umweltfaktoren abhängig, sondern wird auch durch endogene, konstitutionell bestimmte Momente (→ Reaktionsbasis) geregelt. Der aufsteigende ∼ führt bei Arten mit hohen Gradationsmaxima zu → Kalamitäten.

Mastdarm → Rectum.

Mastication (lat. mast ico, -are, kauen) → Kauen.

Mastotermitidae (Desneux 1904) Silvestri 1909, Fam der *Isoptera*, mit der einzigen Gattung *Mastotermes* Froggatt, welche eine rezente australische Art, *Mastotermes darwiniensis* Frogg., und 6 tertiäre Arten aus England, Schlesien und Kroatien umfaßt. Eine andere, rein fossile Gattung +*Miotermes* Rosen mit einer nordamerikanischen und 4 europäischen Arten gehört wahrscheinlich auch hierher. Der ursprüngliche Charakter der Familie liegt in der Heteronomie der Flügel, indem die Hinterflügel ein stark entwickeltes Analfeld zeigen. Auch das Fehlen der → Bruchlinien am Grunde der Flügel ist primär. Nach gewissen Autoren stellt diese Familie über die der *Corydiidae* eine Verbindung mit den *Blattaria* her.

Materialschädlinge sind Insekten (und andere Tiere), welche auf pflanzlichen und tierischen Materialien, verarbeiteten Fertigwaren, wie Kleider und Kleiderstoffe, Pelze, Möbel, Tischlerholz, Wolle, Horn usw. leben und diese Stoffe durch ihren Fraß beschädigen. Auch an Kabeln ist schon Insektenfraß vorgekommen.

Matrix (lat. matrix, -cis, f., der Mutterstamm vom dor. μάτηρ die Mutter) → Mutterschicht.

Matrixzellen sind Bildungszellen ihrer Derivate, ontogenetische Elternzellen der definitiven, spezialisierten Zellen und Zellkomplexe oder der am Körper persistierenden Ausscheidungen, wie z. B. die Zellen der Hypodermis im Vergleich mit der Cuticula oder Urspermiogonien im Vergleich mit fertigen Spermien.

Maulkäfer → *Anthribidae*.

Maulwurfsgrille → *Gryllotalpa vulgaris* Linné.

Maulwurfsgrillen → *Gryllotalpidae*.

maura Linné, *Eurygaster*, europäische oder gemeine Getreidewanze, Breitbauchwanze (*Het Pentatomidae*), 9 bis 10 mm lange Wanze mit enorm vergrößertem Scutellum, in Mitteleuropa an Getreide nicht selten, in Süd- und Südosteuropa schädlich.

Mauszahnrüßler → *Baris*-Arten, besonders *Baris coeruleus* Scopoli, *B. chlorizans* Germar und verwandte Arten.

Maxilla (lat. maxilla, -ae, f., Kinnbacken, Kinnlade, dem. von mala, -ae, zusammengezogen aus mandela, -ae, Kinnbacke, von mando, -ere, kauen; vgl. auch Mandibula), Maxilla prima → Unterkiefer und Maxilla secunda → Unterlippe.

Maxillarpalpen → Kiefertaster.

Maxillardrüse, ein am Grunde der Unterkiefer mündendes Paar von Kopfdrüsen der *Collembola*, *Trichoptera*-Larven, *Neuroptera*-Larven und *Ichneumonidae*. Vermutlich ist die → Kopfspeicheldrüse der *Anoplura* auch eine ∼. Die ∼ von *Myrmeleon*-Larven scheidet ein giftiges Sekret aus.

Maxillartentakel (lat. maxilla vgl. oben, tentaculum, -i, n., Fühler, von tempto, -are, betasten, befühlen), ein langer unvollkommen geringelter Auswuchs des maxillaren Palpifer der Yuccamotte (*Pronuba yuccasella*). Die ∼ dient dem Weibchen der Yuccamotte zum Sammeln und Auflegen von Pollen auf die Narben derjenigen Fruchtblätter, in welche sie zuvor ihre Eier abgelegt hatte. (Taf. XXII, Fig. 7.)

Maxille, erste Maxille → Unterkiefer, zweite Maxille → Unterlippe.

Maxillulae → Superlinguae.

Maxillularsegment, ein von Hansen für den Insektenkopf angenommenes primäres Segment, welches zwischen dem Mandibular- und dem Maxillarsegment liegen und den Hypopharynx gebildet haben soll. Die bei manchen primitiven Insekten als seitliche Anhänge des Hypopharynx ausgebildeten → Superlinguae sollen nach dieser Theorie den Maxillulae der Crustaceen homolog sein. (Vgl. dazu Denis, Arch. zool. exp. et gen., 68, 1, 1928 und Weber, Fortschr. d. Zool. 9, 1952.)

McLeay, W. Sh., versuchte 1821 (Horae entomologicae or essays on the annulose animals. London, Teil 2) an Stelle des damaligen linearen Systems ein zyklisches oder Quinarsystem einzuführen. Er teilte die Insekten Linnés in Aptera und Ptilota, die letzteren in *Mandibulata* und *Haustellata*. Die Mandibulaten erhielten die Ordnungen 1. *Trichoptera*, (*Trich.* + *Perlaria*), 2. *Hymenoptera*, 3. *Coleoptera*, 4. *Orthoptera* (*Salt.*, + *Blat-*

taria, + *Dermaptera*), 5. *Neuroptera* (*Neur.*, + *Odon.*, + *Panorp.*, + *Isopt.*, + *Corrod.*, + *Ephemerida*). Die Haustellaten umfaßten die Ordnungen 1. *Lepidoptera*, 2. *Diptera*, 3. *Suctoria*, 4. *Hemiptera* und 5. *Homoptera*. In beiden Gruppen sind die je 5 Ordnungen in zwei Kreisen geordnet zu denken, so daß die 5. immer an die 1. anschließt. Die mit gleichen Nummern bezeichneten Ordnungen haben gleiche Metamorphose.

Meatus oris (lat. meatus, -us, m., Gang, Weg, Bahn), Nahrungsgang, der vordere, sublabrale Teil der → Mundhöhle. Der Boden des meatus oris besteht bei orthopteroiden Insekten in der Hauptsache aus dem vorderen Teil des Hypopharynx, der Maxillen und des Labiums, falls letzteres über die Hypopharynxspitze vorn oder seitlich herausragt. Seitlich ist der ~ durch die vorderen Teile der Mandibeln, vornehmlich durch deren apikalen Kaurand begrenzt. Innerhalb des ~ befindlicher Nahrungsbrocken wird von dem zungenartigen Hypopharynx an den reibeisenartig mit Chitinzähnchen bekleideten labralen Epipharynx gedrückt und mit den Kaurändern der beiden Laciniae bearbeitet. (Taf. VI, Fig. 1.)

mechanische Haargebilde sind sämtliche Haar- und Borstenformen, welchen eine mechanische Funktion obliegt. Hierher gehören → Putzsporne, → Frenalhäkchen, → Frenulum, → Hafthaare, → Sperrdorne, → Springdorne, → Schildborsten, → Saugnapfhaare, → Reusenborsten usw.

Mechanohypnose, Totstellen als Reaktion auf Berührungsreize (→ Akinese). Im Gegensatz zu → Thanatose erfolgt die ~ nach Reizung ganz bestimmter Körperteile und wird durch erneuten gleichartigen Reiz nicht vertieft, wie dies bei Thanatose der Fall ist, sondern unterbrochen. Die ~ wurde bei verschiedenen Insekten nachgewiesen, vor allem bei *Carabus*, *Pterostichus*, *Belostoma* usw.

Mechanorezeptoren sind periphere Sinnesorgane, welche mechanische Reize der Umwelt auffangen und zentripetal weiterleiten. Hierher gehören → Tastorgane, → Erschütterungsorgane sowie → statische und → propriorezeptorische Organe. Die beiden letzteren werden allerdings nicht direkt von der Außenwelt erregt, sondern empfangen die Reize von Teilen des eigenen Körpers.

Meconium (gr. ἡ μήκων Mohnkopf, τὸ μηκώνιον Mohnsaft, auch Kindspech), Kindspech, die erste Entleerung des Darmes einer frisch aus der Puppe geschlüpften Imago holometaboler Insekten. Im Gegensatz zu Exkrementen enthält das ~ größere Mengen von Uraten, neben anderen Abfallprodukten des regen Stoffwechsels der Puppenruhe. Besonders reichlich geben das ~ die Schmetterlinge ab. Die blutrot gefärbten Meconien des Baumweißlings (*Aporia crataegi* Linné) sind zur Zeit des Massenauftretens dieses Schädlings manchmal in Obstgärten recht auffallend und gaben Anlaß zu volkstümlichen Vorstellungen über → „Blutregen".

Mecoptera Packard → *Panorpatae*.

+***Mecynopteridae*** Handlirsch 1908, fossile Fam der +*Palaeodictyoptera* mit einer mittel-obercarbonischen Art, *Mecynoptera splendida* Hdl. aus Belgien. Das Fossil besteht aus einem Stück des Vorderflügels, welches auf eine totale Länge des Flügels von über 8 cm schließen läßt.

Media (lat. medius, -a, -um, der, die, das Mittlere) oder Muscularis, die mittlere, zwischen → Adventitia und → Intima liegende Schicht der Wand des Herzens. Sie ist die mächtigste, von → Cardioblasten gebildete Schicht der Herzwand und enthält in ihren großen, den halben Umfang der Herzwand einnehmenden Zellen (Rückengefäß von *Aeschna*-Larve) quer zur Längsachse des Herzens im Sarcoplasma gelagerte, mehr oder weniger deutlich quergestreifte Muskelfibrillen. Bei *Aeschna*-Larve u. a. primitiven Insekten sind die einzelnen Media-Zellen deutlich voneinander abgegrenzt, während sie z. B. bei *Dytiscus*-Käfer zu queren, halbringförmigen Syncytien mit einer zentralen Zellkernreihe verschmolzen sind und bei Nepa auch longitudinale Muskelfibrillen enthalten sollen.

Media, Medialader, Discoidalader, Vena medialis, Abk. m, vierte Längsader des Insektenflügels. Sie entspringt von der vorderen Flügeltrachee als ihre letzte Längsader und artikuliert am definitiven Flügel mit dem → Vermittlungsstück des Flügelgelenks (→ Pteralia). Bei primitiven Insekten ist sie stets selbständig und gabelt bei *Palaeodictyoptera* mehrmals, bis 10 Media-Äste bildend. Bei rezenten Insekten weist sie schon bei *Ephemerida* Neigung zur basalen Verbindung mit dem Radiusstamm und ergibt nie mehr als 4 Äste, indem sie sich höchstens dreimal gabelt. Bei gewissen Hymenopteren (*Tremex*) fällt sie ganz aus, und ihr rudimentärer Stamm verschmilzt mit dem Radius-Stamm. Im Vorder- und Hinterflügel der *Lepidoptera* verläuft der Media-Stamm in Längsrichtung durch die ganze → Zelle und obliteriert oder verschwindet ganz, und seine Gabeläste entspringen dann selbständig vom Außenrand der Zelle. Bei Corrodentien verschmilzt der Media-Stamm in der Regel mit dem Cubitus-Stamm. Bei *Psyllina, Aleurodina* und *Aphidina* vereinigt sich der Media-Stamm mit den Stämmen des Radius und des Cubitus zu einem gemeinsamen Stamm des gesamten Flügelgeäders. Bei *Odonata* erfolgt eine → Aderkreuzung zwischen der Media und dem Radius. (Taf. X, XI, XIII.)

Media basalis, der innerhalb der Zelle im Schmetterlingsflügel liegende Stamm der Media. (Taf. XIII, Fig. 8.)

medial, medialis, Richtung nach der Medianebene zu, als Lagebezeichnung eines Körperteils.

Medialquerader (vena), transversalis media, Abk. tm, intermediale Querader (mm), bei Dipteren, Lepidopteren und Panorpaten auftretende, die Äste der Media miteinander verbindende Querader.

median, in oder dicht an der Medianebene des Körpers oder eines Organs gelegen, vgl. auch → medial.

Medianebene, Mesan, die einzige Symmetrieebene der bilateralsymmetrischen Körper, die sie in zwei spiegelbildliche, symmetrische Hälften teilt. Sie ist die wichtigste von allen → Sagittalebenen (→ Richtachsen).

Medianleiste, am Mesothorax der Odonata auftretende, hoch gekantete, freiliegende (*Zygoptera, Aeschna*) oder in einer Längsmulde versenkt liegende (*Sympetrum*) Leiste, die bei Zygopteren oben, bei Anisopteren hinten mit einem Zahnvorsprung versehen ist. Sie markiert die Grenze der beiden in der Mittellinie miteinander verschmolzenen Mesepisterna.

Mediannaht, eine kurze, bei vielen symphyten Hymenopteren bis zur Spitze des Praescutums durchlaufende, mediane, von einer endoskeletalen Leiste begleitete Naht zwischen den → Parapsidenfurchen. Sie kommt auch bei *Aculeata, Ichneumonidae, Chalcididae* usw. vor.

Mediannerv → unpaarer ventraler Nerv.

Medianraum, im Insektenflügel der Raum zwischen den Stämmen der Media und des Cubitus, vom Grunde an bis zur ersten Gabelung dieser Längsadern. Ein gut ausgeprägter, kurzer, distal vom → Arculus begrenzter ~ ist nur bei Odonaten deutlich und hat dort taxonomische Bedeutung.

Mediansegment → Mittelsegment.

Mediansporne, Mittelsporne, die um die Mitte der Schiene auftretenden Sporne, besonders an Mittel- und Hinterschienen der Schmetterlinge von taxonomischer Bedeutung. Sie kommen sonst auch bei anderen Insektenordnungen vor, wie bei Käfern, Hymenopteren, Dipteren, und haben auch bei ihnen nicht selten taxonomische Bedeutung. Vgl. auch → Epiphyse.

Medianzelle, eine Zelle im Grunde der ersten Media-Gabel, d. h. zwischen m_{1-2} und m_{3-4} im Vorder- und Hinterflügel der *Trichoptera*. (Textfig. 240.)

Mediastina, Mediastinalader, vena mediastina (lat. mediastinus, -i, m., der Hausknecht), alte Bezeichnung (SCHINER) für die → Subcosta im Flügel der *Diptera*, später aber auch bei Orthopteren in derselben Bedeutung gebraucht. Wird heute nur noch als Subcosta bezeichnet.

medicaginis Koch, *Pergandeida* (*Aphis*), schwarze Kleeblattlaus (*Hom Aphididae*).

medicaginis Rübsaamen, *Contarinia*, Luzernenblüten-Gallmücke (*Dipt Cecidomyidae*).

Mediocubitalquerader, meist eine (*Diptera, Homoptera, Corrodentia* mit gestielter Areola postica, *Trichoptera* usw.) selten mehrere (*Chrysopidae*) Queradern, welche die Media mit dem Cubitus verbinden. Vgl. auch → hintere Querader. (Taf. XI, Fig. 2, 6 und Taf. XIII, Fig. 5, 6, 9, 10.)

Mediotergit → Hinterrücken.

Mediterrane Subregion, Mediterrangebiet, Mediterranea, Mittelmeergebiet, tiergeographisches Gebiet der → Paläarktis. Es umfaßt das südeuropäische Küstengebiet des Mittelmeeres südlich der Pyrennäen, Alpen und Dinariden, Nordafrika und Arabien bis zum 20° n. Breite, Kleinasien und Vorderasien bis zum Kaukasus, Kaspisee, den turanischen Steppen und dem Indusgebiet im Osten. Die Kapverden, Kanaren und Azoren gehören auch dazu.

Medulla centralis (lat. medulla, -ae, das Mark) → Bauchmark.

Medulla externa, Epiopticon, die mittlere Platte im → Sehlappen.

Medulla interna, Opticon, die innerste Platte im → Sehlappen.

medullariae Hartig (*amerinae* Linné), *Euura*, Weidenrutenblattwespe, Weidenmarkblattwespe (*Hym Tenthredinidae*). (Vgl. auch *E. atra*.)

Meerinsekten, d. h. dauernd oder vorübergehend untergetaucht im Meereswasser lebende Insekten gibt es verhältnismäßig wenig. Auch diejenigen Insekten, welche sich an das Leben im Meerwasser angepaßt haben, halten sich im Gebiet der Küstenzone auf und gehen weder auf größere Tiefen noch ins offene Meer. *Aepus marinus* Stroem (*Col Carabidae Harpalinae*), Larven einiger *Trichoptera* und *Chironomidae* (z. B. *Chironomus marinus*, *Pontomyia*, *Clunio*, *Eretmoptera*) leben submarin (die erstere nach Kirby 1836). Larven und Imagines von *Halobates* (*Het Gerridae*) laufen auf der Oberfläche des Meerwassers.

In der Brandungszone des Ufers leben ziemlich viele Arten aus verschiedenen Insektenordnungen, so z. B. *Ochthebius marinus* Paykull (*Col Hydrophilidae*), *Ripersia maritima* (*Hom Coccidae*), *Anurida maritima* Guérin, *Actaletes neptini* Giard, (*Collembola*), *Machilis maritima* Gervais (*Machilidae*), gewisse *Dryopidae* (*Parnidae, Col.*) usw.

Meerrettichblattkäfer → *Phaedon cochleariae* Fabricius und *Ph. armoraciae* Linné.

Meerrettichblattfloh → *Phyllotreta armoraciae* Koch.

Meerrettichspanner → *Larentia fluctuata* Treitschke.

Megacephali Meigen → *Pipunculidae*.

Megachile Latreille, Blattschneiderbienen, Tapezierbienen (*Hym Apidae*).

Megaloptera Latreille 1802, Schlammfliegen.

Mittelgroße bis sehr große, 1 bis 13 cm lange, holometabole Insekten mit zwei fast gleichartigen Flügelpaaren, welche in Ruhe dachförmig oder flach über dem Rücken zusammengelegt werden.

Kopf orthognath, mit beißenden Mundteilen und einem geschlossenen Occipitalloch. Oberlippe groß, schildförmig. Mandibeln kräftig, zangenförmig, bei Männchen vieler *Corydalidae* enorm verlängert. Maxillen gut differenziert, orthopteroid, mit Cardo, Stipes, kurzen Galea und Lacinia sowie mit 5gliedrigen Tastern, deren Basalglied aber sehr klein bleibt. Unterlippe klein, ohne deutliche Lobi, mit 3gliedrigen Tastern. Fühler borsten- oder perlschnurförmig, bis 40gliedrig, bei Männchen oft gekämmt. Komplexaugen stets gur entwickelt, groß. *Sialidae* ohne, *Corydalidae* mit drei Ocellen.

Thorax heteronom gegliedert. Prothorax groß, frei, Meso- und Metathorax einander ähnlich, beide gut differenziert, aber miteinander ein unbewegliches Ganzes bildend. Meso- und Metathorax mit abgegrenzter, von Pleuralleiste durchzogener Trochantinopleura (Coxopleura) und mit deutlich abgegliedertem Trochantinus. Praecoxalstücke (Laterosternite) von Episternen getrennt. Meso- und Metasternum schmal, längs der Mittellinie tief eingedrückt. Drei Paar homonome Laufbeine mit großen, stark der Mittellinie genäherten Hüften, sind mit drei Gelenken (Pleural-, Trochantinal- und Sternalgelenk) versehen und weisen eine deutliche Teilung in Basicoxa und Meron (→ Spalthüfte) auf. Tarsen stets 5gliedrig, das 4. Glied bei *Sialidae* herzförmig verbreitert und trichterförmig ausgehöhlt, das Endglied in der Aushöhlung eingelenkt. Beide Flügelpaare fast gleichartig, die vorderen nicht viel größer als die hinteren, fast gleichartig geadert. Längsadern kräftig, miteinander durch mehrere Queradern verbunden. Pterostigma in beiden Flügelpaaren schwach entwickelt oder fehlend. Analfeld beider Flügelpaare mäßig groß, nicht lappig abgegrenzt, in den Hinterflügeln etwas größer als in den Vorderflügeln.

Hinterleib mit zehn Segmenten. Das 1. Segment vollständig, die Endsegmente vom 8. (bei Weibchen) bzw. vom 9. an (bei Männchen) mehr oder weniger stark modifiziert. Das 8. Tergit ist bei Weibchen etwas, das 8. Sternit stark verkleinert. Das 9. Sternit ist bei Weibchen längs der Mitte in zwei Lappen gespalten, zwischen denen die Genitalöffnung liegt. Gonopoden höchstens als kleine Rudimente erhalten. Bei Männchen trägt das 9. Sternit (Subgenitalplatte) ein Paar langer, 1—2gliedriger,

zangenförmiger Gonopoden. Cerci stets vorhanden, klein, eingliedrig, bei *Corydalidae* oft stark vergrößert, bilden ein Paar dorsaler Kopulationsanhänge (Appendices dorsales). Penis vorhanden, mit mehr oder weniger komplizierter chitinöser Armatur.
Darmkanal gut differenziert, gerade. Pharynx einfach, Oesophagus schmal, hinten zu einem geräumigen Kropf erweitert. Ein als Proventriculus zu bezeichnender Abschnitt kurz, undifferenziert. Mitteldarm breit, einfach, nur bei *Corydalidae* mit zahlreichen Caeca versehen. Hinterdarm gerade, mit sechs (*Sialidae*) oder acht (*Corydalidae*) Malpighi-Gefäßen am kurzen Pylorus. Ein kurzer Dünndarm geht in ein weites, muskulöses Rectum über. Analsphincter kurz und schmal.
Rückengefäß schlauchförmig, Herz mit Ostien.
Tracheensystem mit kleinen Luftsäcken. Zwei thorakale (nach GRANDI nur ein metathorakales) und acht (nach GRANDI 7—8) abdominale Stigmenpaare vorhanden. Nervensystem schwach konzentriert, mit drei thorakalen und sieben abdominalen Ganglienpaaren. Das sympathische System gut entwickelt. Von Sinnesorganen ist ein Paar Trichobothrienplatten bemerkenswert, die bei Weibchen auf dem Analsegment, bei Männchen auf den Gonopoden auftreten.
Hoden paarig, mit je sechs zusammengeballten Follikeln. Vasa deferentia lang. Ein Paar großer, mehrlappiger Vesiculae seminales am Ursprung des Ductus ejaculatorius von kompliziertem Bau. Eine schlauchförmige Anhangsdrüse mündet zwischen den Vesiculae seminales in den Ductus ejaculatorius. Ovarien paarig, vorn über dem Darm zu einem hufeisenförmigen Ganzen verbunden, mit je 150 panoistischen, telotrophen Ovariolen. Die Vagina mündet in einen Genitalraum, in den sich auch die Bursa copulatrix und das Receptaculum seminis, sowie eine große Kittdrüse öffnen.
Fortpflanzung stets gamogenetisch und ovipar. Die postembryonale Entwicklung verläuft mit bis zehn Larvenstadien und einem ruhenden Puppenstadium. Die Puppe ist stets frei (Pupa libera), ohne Kokon. Die Entwicklung einer Generation dauert gewöhnlich zwei bis drei Jahre. Alle Larvenstadien sind einander ähnlich, campodeiform; sie leben räuberisch im Süßwasser und sind mit Tracheenkiemen versehen. Zur Verpuppung geht die letzte Larve ans Land. Die Imagines sind wie die Larven Räuber, gehen aber nie ins Wasser. Die Eiablage erfolgt an Pflanzen, Pfählen, Steinen usw., die aus dem Wasser herausragen.
Nach den neuesten Funden fossiler Reste waren die Megalopteren bereits im Perm vertreten.
Die etwa 100 gegenwärtig bekannten Arten der *Megaloptera* verteilen sich auf zwei Familien, *Sialidae* (etwa 40 Arten) und *Corydalidae*. Manche Autoren stellen auch die *Raphididae* zu den *Megaloptera* (z. B. Grandi, 1951).

Megalopygidae (Herrich-Schäffer 1850) Berg 1882, Fam der *Lep Zygaenina* mit etwa 200 meistenteils neotropischen Arten.

Megalyridae Schletterer 1889, Fam der *Hym Ichneumonoidea* mit etwa 15 australischen und südamerikanischen Arten.

+***Meganeuridae*** Handlirsch 1908, ausgestorbene Fam der +*Protodonata* (*Meganisoptera* Martynow 1932) mit 4 mittel-obercarbonischen Arten aus Frankreich und einer unterpermischen aus Deutschland. Alle 5 sind große Formen, deren Vorderflügel bei den carbonischen Arten bis 30 und bei der permischen Art 14 cm lang waren. Die carbonischen Arten dieser Familie waren mit ihrem bis 36 cm langen Körper und an 70 cm Flügelspannung die größten bekannten Insekten.

+***Meganisoptera*** Martynow 1932, ausgestorbene permische Ordn der *Odonatoptera* Martynow (→ System).

+***Megaptilidae*** Handlirsch 1908, ausgestorbene Fam der +*Palaeodictyoptera* mit einer mittel-obercarbonischen Art, *Megaptilus blanchardi* Brongniart aus Frankreich. Das Fossil besteht aus einem basalen Fragment eines schätzungsweise an 15 cm langen Flügels.

+***Megasecoptera*** (Brongniart) Handlirch, fossile Ordn der *Pterygota* mit über 20 carbonischen Arten aus Europa und Nordamerika.
Die ~ sind den Palaeodictyopteren, bes. den Spilapteriden ähnlich, mit beißenden Mundteilen, aber mit kleinen, gezackten prothorakalen Paranota versehen. Dem

Bau ihrer Flügel nach waren es gewandte Flieger, etwa wie die rezenten Odonaten. Sie waren wahrscheinlich carnivor. HANDLIRSCH teilte die ~ in 8 Fam, +*Diaphanopteridae*, +*Corydaloididae*, +*Campylopteridae*, +*Mischopterygidae*, + *Rhaphidiopsidae*, +*Foriridae*, + *Brodiidae* und +*Prochoropteridae* ein. HANDLIRSCH hielt die ~ für Vorläufer der *Panorpatae*, sie werden aber gegenwärtig (= +*Eumegasecoptera* Jeannel 1947) zusammen mit den +*Protohymenoptera* als eine Ordn der Palaeodictyopteren geführt.

megistus Burmeister, *Lamus*, (*Conorhinus*), Kegelnase (*Het Reduviidae*), Überträger der → Chagaskrankheit.

Mehlkäfer, dunkler → *Tenebrio obscurus* Fabricius.

Mehlkäfer, gewöhnlicher → *Tenebrio molitor* Linné.

Mehlmilbe → *Tyroglyphus* (*Aleurobius*) *farinae* De Geer.

Mehlmotte → *Ephestia kühniella* Zeller.

Mehlwurm → *Tenebrio molitor* Linné.

Mehlzünsler → *Pyralis farinalis* Linné.

Meinertellidae Verhoeff 1910, Fam der *Thysanura*, → *Archaeognatha*.

Melandryadae Leach = *Melandryidae* Stephens → *Serropalpidae*.

Melanesische Subregion, tiergeographisches Gebiet der → Australischen Region, umfaßt die Nord- und Nordostküste von Australien, Neuguinea, Ostcelebes und die kleinen Inselgruppen zwischen Java, Celebes und Neuguinea sowie die Salomonen, Neu Hebriden, Fidschi, Samoa, Tonga, Neu Kaledonien, Norfolk und Lord Howe.

Melanin (gr. τὸ μέλανα das Schwarze, die Tinte, von μέλας, -νος schwarz). Im Tierreich weit verbreiteter, durch Oxydation aus dem an sich farblosen Chromogen entstehender Farbstoff. Die Oxydation des Chromogens zu Melanin erfolgt bei Luftzutritt unter Einwirkung sauerstoffreicher Fermente, der Oxydasen.

Durch Untersuchungen an *Perillus bioculatus* und *Pyrrhocoris apterus* ist es wahrscheinlich gemacht worden, daß die Melanine Abbauprodukte des Stoffwechsels darstellen, deren Ablagerung in der Cuticula ihrer Beseitigung aus dem Kreislauf gleichkommt.

melanisierende Regionen sind bestimmte geographische Gebiete, welche durch Anhäufung von melanistischen Formen einer oder mehrerer Insektenarten gekennzeichnet sind. So sind z. B. Großbritannien, südl. Skandinavien und Schleswig nach O. VOGT die ~ für die Gattung *Bombus*.

Melanismus, Verdunkelung der Körperfarbe eines Tieres durch Anreicherung des Melanins in der Cuticula. Die dunklere Färbung kann auf verschiedene Art und Weise zustande kommen. Es wird entweder die bei der Stammform helle Grundfarbe der Cuticula dunkler (Melanismus im engeren Sinne) oder es werden die schon vorhandenen dunklen oder schwarzen Flecke des Farbmusters vergrößert (Nigrismus) oder aber es kommen neue schwarze bzw. dunkle Musterelemente hinzu (Abundismus). Völlige Schwärzung wird als Skotasmus bezeichnet.

melanogaster Schiner, *Drosophila*, Essigfliege (*Dipt Drosophilidae*).

melanogrammus Foerster, *Strophosomus*, Fichtenkurzrüßler, Haselrüßler (*Col Curculionidae*).

melanopus Linné, *Lema*, rothalsiges Getreidehähnchen (*Col Chrysomelidae*), 4 mm langer glänzender Käfer mit rotem Halsschild, Beinen und Fühlern, schwarzem Kopf und blauen Fld. Fraß wie bei *Lema cyanella*.

meles Fabricius, *Phytonomus*, Kleeblütennager (*Col Curculionidae*), 4 mm langer, brauner oder schwärzlicher Langrüßler, dem *Phytonomus nigrirostris* ähnlich. Larven in Blütenköpfen des Klees.

Melittophilen (gr. ἡ μέλιττα att. Form für μέλισσα, die Biene, φίλος befreundet) → Bienengäste.

Mellifera Latreille → *Anthophila*.

mellifica Linné, *Apis*, europäische oder gemeine Honigbiene (*Hym Apidae*), unter allen anderen Bienenarten ausgezeichnet durch die Form der → Radialzelle, welche mit ihrer abgerundeten Spitze etwas vom Flügelrande absteht und mit einem kurzen Aderanhang versehen ist. Von den drei Cubitalzellen ist die zweite oben viel schmäler als unten. Radialzelle mindestens viermal so lang als breit. Hinterschienen ohne Sporen, bei der Arbeiterbiene mit → Körbchen an der Außenseite und einem → Pollenkamm am Endrande. Basitarsus der Mittel- und Hinterbeine bei der Arbeiterin und der Königin verlängert und verbreitert, bei der ersteren auf der Innenseite mit → Fersenbürste und einem → Fersenhenkel an der äußeren Basalecke.

Die etwa 15 mm lange Bienenarbeiterin ist die kleinste Bürgerin des Bienenstaates. Die Drohne ist etwa 17 mm lang und vor allem plumper, ohne verbreiterten Basitarsus und ohne Giftstachel. Die Bienenkönigin ist die größte Form, 20—23 mm lang, mit Giftstachel und mit vergrößerten Basitarsen der Mittel- und Hinterbeine.

Es werden folgende Formen oder Rassen der ~ unterschieden:

A. mellifica mellifica Linné, gewöhnliche Honigbiene, seltene Stammform mit schmalen, gelblichen Filzbinden an der Basis der Hinterleibssegmente. Sie scheuern leicht ab und sind bei abgeflogenen Exemplaren nicht immer deutlich.

A. m. ligustica Spinola, griechische H., Hinterleibsbasis auf Segmenten 1—3 ausgedehnt goldgelb. Das Schildchen bei deutschen Linien schwarz, bei anderen gelb. In Deutschland und England eingeführt und mit der Stammform gekreuzt.

A. m. lehzeni von Buttel-Reepen, nordwestdeutsche Heidebiene, Hinterleib schwarz, Thoraxbehaarung schwarz untermischt.

A. m. carnica Pollmann, krainer Biene, Hinterleib schwarz, Filzbinden der Hinterleibssegmente mehr hervorstechend, breit und weißlich, Thorax mehr gelblich behaart. In Krain und Kärnten.

A. m. syriaca von Buttel-Reepen, syrische Honigbiene, wie *ligustica*, aber Schildchen rotgelb, größer, Hinterleibsende mehr abgerundet. In Deutschland eingebürgert.

A. m. cypria Pollmann, Zyprische H., wie *syriaca*, aber kleiner und Hinterleibsende mehr zugespitzt. In Deutschland eingebürgert.

A. m. cecropia Kiesenwetter, Griechische H., wie *ligustica*, aber kleiner, dicht behaart, die Filzbinden der Hinterleibsbasis breiter, das 2. Segment an den Seiten gewöhnlich mit gelben Flecken.

A. m. fasciata Latreille, Ägyptische H., kleiner als die Stammart, Färbung wie bei *ligustica*, aber Schildchen stets gelb. Behaarung weißlich. In Deutschland mancherorts eingebürgert.

A. m. adansoni Latreille, Afrikanische H., wie *fasciata*, aber Behaarung graugelb, in Südafrika fast ganz schwarz. In Afrika mit Ausnahme des Nordens.

A. m. unicolor Latreille, Madagassische H., kleiner als Stammform, von dunkler Färbung und schwärzlich behaart. Auf Madagaskar, Mauritius.

Melliphaga (lat. mel, mellis, n., Honig, gr. φαγεῖν essen), Honigfresser, Insekten, die sich vom fertigen Bienenhonig ernähren, wie z. B. die Larve der → Bienenlaus.

mellonella Linné, *Galleria*, große Wachsmotte (*Lep Pyralididae*).

Meloë Linné, *Ölkäfer*, Maiwürmer (*Col Meloidae*).

Meloidae (Latreille 1802) Leconte 1862 (*Vesicantia*), Blasenkäfer, Pflasterkäfer, Ölkäfer, Maiwürmer, spanische Fliegen (Abb. 179), Fam der *Col Heteromera* mit etwa 2300 Arten, von denen in Deutschland an 30 leben. Es sind mittelgroße, selten unter 1 und über 2 cm lange Käfer von sehr verschiedenem Habitus, alle durch die → Hypermetamorphose ihrer Entwicklung ausgezeichnet. Die Junglarven, sog. → Triungulinen, lauern auf Blüten und lassen sich von Bienen in ihre Nester tragen, wo die weitere Verwandlung stattfindet. Die Käfer sind Pflanzenfresser, die spanische Fliege (*Lytta vesicatoria* Lin.) an Esche und Liguster stellenweise schädlich.

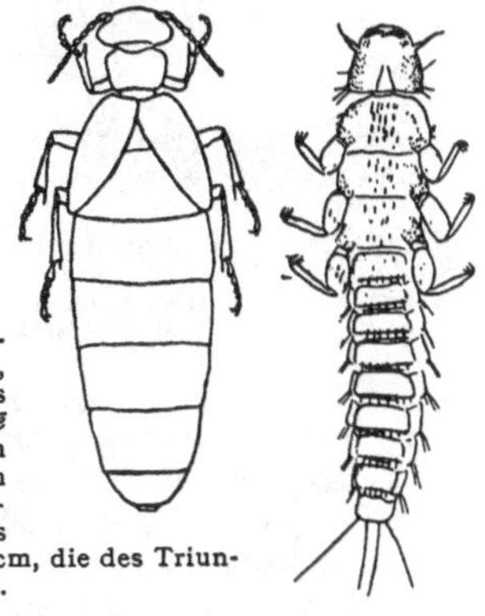

Abb. 179. *Meloë majalis* Linné (Käfer, nach Paulian aus Jeannel) und *Meloë variegatus* Donovan (Triungulinus, nach Óresi-Pal), (Meloidae). Nat. Gr. des Weibchens etwa 5 cm, die des Triungulinus etwa 3 mm.

Die Meloiden zeichnen sich durch → Reflexbluten aus. Bei *Lytta* enthält das Blut reichlich das auf die Menschenhaut blasenziehend wirkende Cantharidin.

Fossil sind etwa 20 tertiäre und einige quartäre Arten bekannt, alle aus rezenten Gattungen.

melolontha Linné, *Melolontha*, Feldmaikäfer, gemeiner Maikäfer (*Col Scarabaidae*).

Melonenblattlaus → *Aphis* (*Doralis*) *frangulae* Koch.

Melusinidae Engel → *Simuliidae*.

Melyridae Leach (1815) 1817, Fam der *Col* (*Malacodermata*) gegenwärtig mit *Malachiidae* vereinigt, mit wenigen Arten.

Membracidae (Germar 1821) Edwards 1894 (*Membracides* Germ.), Buckelzirpen Abb. 180), Fam der *Hom Cicadina* mit

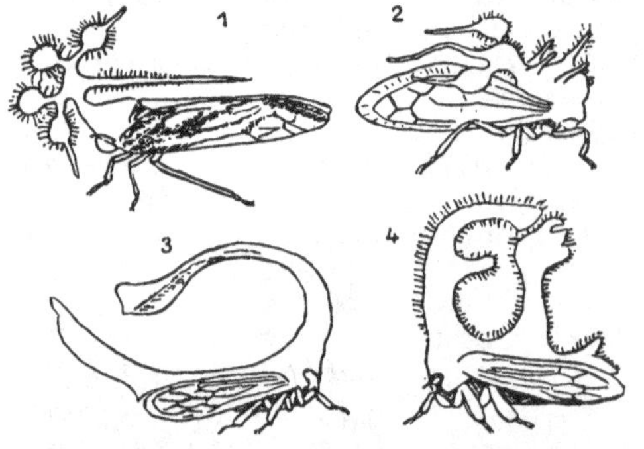

Abb. 180. *Bocydium globulare* Fabricius (1), *Cyphonia furcata* Burm. (2), *Spongophorus ballista* Germar (3) und *S. benneti* Kirby (4) (Membracidae). Nach Millot aus Lameere. Nat. Gr. (ohne Fortsätze) etwa 4—5 mm.

etwa 2500 über die ganze Welt zerstreuten Arten. Ausgezeichnet durch stark entwickelten Prothorax mit paarigen oder unpaarigen, den Körper an Größe nicht selten übertreffenden Fortsätzen. Fossil eine Art aus dem Kopal bekannt.

Membran (lat. membrana, -ae, f., Häutchen), ein aus dünner Endocuticula bestehender Teil der Haut ohne oder nur mit ganz dünnem, lamellenartigem, exocuticularem Überzug. Die Membranisierung der Cuticula durch Schwund der Exo- und Verdünnung der Endocuticula scheint bei Insekten weit verbreitet zu sein. Nach Janet kommt aber auch Membranisierung durch Änderung der endocuticularen Struktur vor.
Im Vorderflügel der Heteroptera wird der distale, schwach sklerotisierte und durchsichtige Teil als ~ bezeichnet.

Membrana basalis → Basalmembran.

Membrana fenestrata, die → Basalmembran im Bereich der Komplexaugen, wo sie durch die vielen aus den Ommata austretenden Nervenfortsätze durchlöchert ist.

Membrana propria → Tunica propria.

Membrana vitellina → Dotterhaut.

Membranzelle, membranogene Zelle, 1. epidermale Bildungszelle der Gelenkmembran am Grunde der → Alveolen (→ trichogene Zelle).
2. Im Vorderflügel der *Heteroptera (Capsidae)* zwei aus Aderschleifen der Media und des Cubitus entstandene Zellen, die vordere kleine ~ und die hintere große ~, die auch als kleine und große Areola bezeichnet werden. (Taf. XI, Fig. 5 Mitte).

Membrum (lat. membrum, -i, n., Glied) → Glied.

memnonia Gyllenhall, *Magdalis*, Nadelholzmarkröhrenrüßler (*Col Curculionidae*).

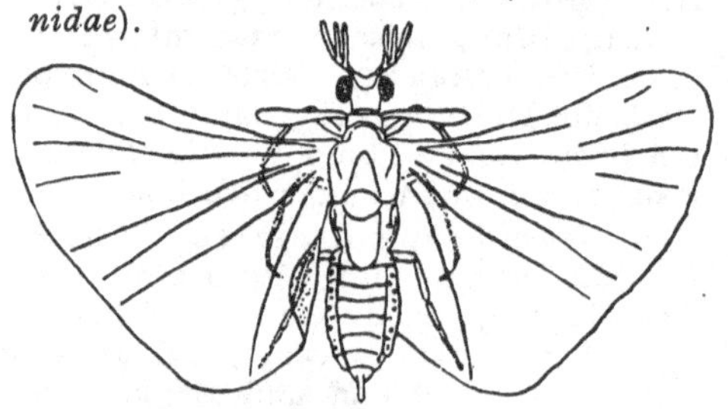

Abb. 181. *Eoxenos laboulbenei* De Peyerimhoff, Männchen (Mengeidae). Nach Parker und Smith aus Lameere. Nat. Gr. etwa 5 mm.

Mengeidae Pierce 1908 (Abb. 181, 182), Fam der Ordn *Strepsiptera* mit wenigen mediterranen, amerikanischen und australischen Arten, die sich durch 5gliedrige, mit je 2 Krallen versehene Tarsen auszeichnen. Männchen 2—5 mm lang, mit kammförmigen, 6—7 gliedrigen Fühlern. Entwicklung endoparasitisch in *Lepismatidae*. Männchen (geflügelt) und Weibchen (ungeflügelt) freilebend.

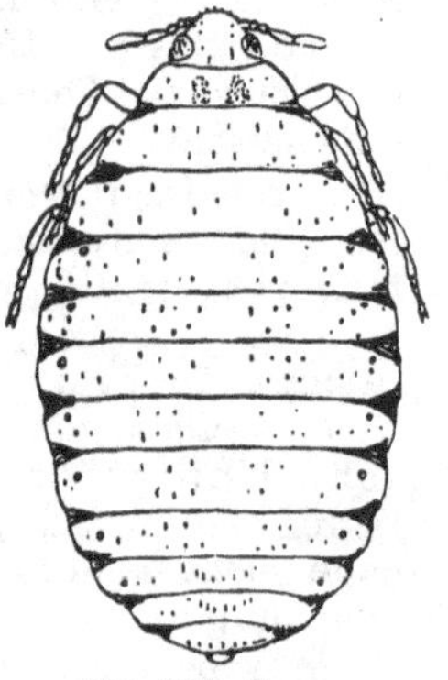

Abb. 182. *Eoxenos laboulbenei* De Peyerimhoff, Weibchen (Mengeidae). Nach Parker und Smith aus Lameere. Nat. Gr. 4,5 mm.

Menoponidae (Mjöberg 1910) (Abb. 183), Fam der *Mallophaga* (*Amblycera*) mit langen, 4gliedrigen Kiefertastern, kurzen, in Fühlergruben verborgenen, keulenförmigen Fühlern, normalen Laufbeinen mit 2gliedrigen Tarsen und je 2 gleichwertigen, gespreizten Krallen, so-

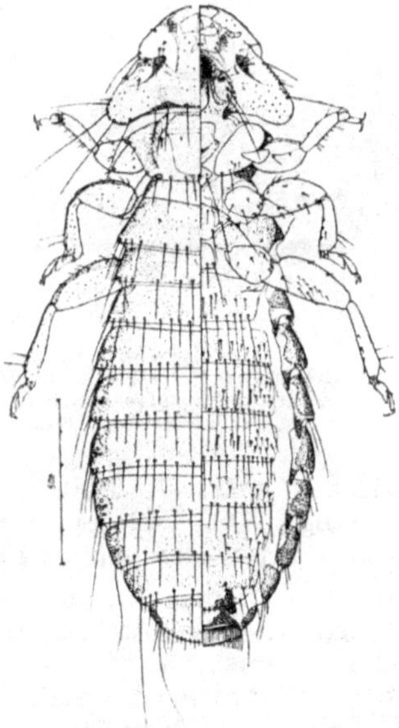

Abb. 183. *Pseudomenopon tridens* Nitzsch, Weibchen (Menoponidae). Nach Kéler. Nat. Gr. 1,5—2 mm.

wie vollwertigem ersten Hinterleibssegment. Etwa 1000 Arten bekannt, leben nur auf Vögeln.

Menotaxie (gr. μένειν bleiben, verharren, standhalten, ἡ τάξις Ordnung, Posten, Stellung), Kompaßbewegung, eigenartige Reaktion eines im Reizfelde stehenden Tieres, die darauf beruht, daß das Tier zwar optisch die Reizquelle festhält, sich aber nicht gerade darauf zu fortbewegt, sondern entsprechend der schrägen Einstellung der Körperachse und unter Behaltung des Einstellwinkels um das Ziel eine Spirale schlägt. Auf diese Weise wird von vielen Insekten eine Lichtquelle angeflogen, während andere sie → tropotaktisch anfliegen.

Menschenfloh → *Pulex irritans* Linné.

mental 1. zum → Kinn (mentum), 2. zum Geist (mens) gehörig.

Mentum (lat. mentum, -i, n., Kinn) → Kinn.

Meralnaht, der hintere Teil der → Basicostalnaht, wenn an der Hüfte ein → Meron differenziert ist.

merdigera Linné, *Lilioceris*, Lilienhähnchen (*Col Chrysomelidae*).

meroblastisch (gr. τὸ μέρος Teil eines Ganzen, ἡ βλάστη oder ὁ βλαστός Keim, Knospe) werden dotterreiche Eier genannt, welche nur partiell furchen, indem ihr Dottervorrat an der Furchung, d. h. Teilung der Zelle nicht oder nur verzögert teilnimmt. Je nachdem, ob der Dotter im Ei exzentrisch (am sog. vegetativen Pol, telolecitale Dotterlage) oder konzentrisch (meroblastische Eier mit centrolecitalem Dotter) liegt, ist die Furchung discoidal oder superfiziell. Letzteres ist die Regel bei den meistenteils centrolecitalen Eiern der Insekten.

Merocosta (gr. ὁ μηρός Hüfte, lat. costa, -ae, f., Rippe), die endoskeletale, die → Meralnaht begleitende Leiste.

merocrin (gr. τὸ μέρος Teil eines Ganzen, κρίνω ausscheiden, absondern) wird der Sekretionsmodus genannt, bei welchem nicht der ganze Inhalt der Drüsenzelle bei einmaliger Sekretbildung aufgebraucht wird (holocrine Sekretion), sondern nur ein Teil des Zellplasmas zum Sekret wird, während der Rest als solcher bestehen bleibt und zur Regeneration der Zelle für ihre folgende Sekretionsphase verbraucht wird.

meroistisch (gr. τὸ μέρος Teil, Stück, τὸ ὠόν Ei) werden Eiröhren genannt, deren Urgeschlechtszellen im Germarium nur zum Teil zu Eiern heranwachsen, während der Rest zu dotterreichen Nährzellen wird und entweder im Germarium verbleibt (→ telotrophe Eiröhren) oder in die einzelnen Vitellarien der Eiröhre übergeht (→ polytrophe Eiröhren).

Meron (gr. ὁ μηρός Hüfte), der hinter dem Pleuralgelenk der Hüfte gelegene Teil des → Basicoxale. Das Meron behält entweder dieselbe Breite wie das praecondyläre Basicoxale (*Perlaria, Cicadina*) oder verbreitert sich mehr oder weniger stark und verdrängt die → Meralnaht von der Basis der Hüfte abwärts, so daß sie nicht mehr als eine Verlängerung der Basicostalnaht erscheint, sondern in einem Winkel zu ihr steht. Ein verbreitertes Meron findet sich bei *Blattaria, Neuroptera, Panorpatae, Trichoptera* und *Lepidoptera* und geht bei *Isoptera* so weit, daß die Meralnaht in bezug auf ihre frühere Lage eine Wendung um 90° macht und nun in der Längsrichtung der Hüfte verläuft, ihr pleurales Gelenk mit dem trochanteralen verbindend. Im letzteren Fall spricht man von einer → Spalthüfte. (Taf. I, Fig. 2D—G.)

Meropidae Handlirsch 1906 (richtiger *Meropeidae*), Fam der *Panorpatae* mit einer nordamerikanischen Art der Gatt. *Merope* Newman. Fossil ist eine weitere Art aus dem Miocän von Colorado beschrieben worden.

Meropidae, Bienenfresser, Immenvögel, Fam der Vögel, mit einer südeuropäischen Art *Merops apiaster* Linné Bienenfresser.

Merothripidae Hood 1912, kleine nord- und mittelamerikanische Fam der *Thysanoptera Terebrantia* mit rudimentärer Legescheide und stumpf zugespitzten Flügeln.

Mesadenien (gr. τὸ μέσος das Mittlere, ἀδήν Drüse), mesodermale Anhangsdrüsen der Vasa deferentia.

Mesenchymzellen (gr. μέσος mitten, in der Mitte, ἐν in, ὁ χυμός Flüssigkeit, Saft), Ansammlungen von Zellen mesodermalen Ursprungs unter den → Imaginalanlagen bzw. → Imaginalscheiben, aus welchen die eigene Muskulatur der Extremitäten hervorgeht.

Mesenteron (gr. μέσος mitten, in der Mitte, τὸ μέσον das Mittlere, der Darm) → Mitteldarm.

+***Mesephemeridae*** Handlirsch 1908, ausgestorbene, jurassische Fam der *Ephemerida*.

Mesinfraepisternum → Infraepisternum des Mesothorax.

+***Mesoblattinidae*** Handlirsch, ausgestorbene Fam der *Blattaria* mit 10 paläozischen und an 100 mesozoischen Arten, vorwiegend aus Deutschland und Nordamerika. Die Länge der VFl schwankt bei diesen Arten zwischen 5 und 28 mm. Es ist bemerkenswert, daß die Flügel paläozoischer Arten verhältnismäßig kürzer und breiter, höchstens 2,75 mal so lang als breit sind, während die der mesozoischen Arten wesentlich schlanker sind und einen Index von 3—3,75 aufweisen. Bei der im lithographischen Schiefer von Eichstädt und Solnhofen in Bayern reichlich vertretenen Art *Lithoblatta lithophila* Germar (Malm) ist der Körper 18 mm lang, die Flügel sind 13—16 mm lang, 3 mal so lang wie breit. Der quer ovale Prothorax ist 1,4 so breit wie lang. Beine kurz, mit Dörnchen besetzt.

+***Mesochrysopidae*** Handlirsch 1908 (Abb. 184), ausgestorbene Fam der *Planipennia* mit zwei Arten aus dem lithographischen Kalk Bayerns (Malm), *Mesochrysopa zitteli* Meunier (VFl 36, HFl 32, Körper 30 mm lang) und *Mesotermes*

Abb. 184. + *Mesochrysopa zitteli* Meunier (+ Mesochrysopidae). Nach Handlirsch. Nat. Gr. etwa 1,6 cm.

heros Hagen (VFl 47, HFl 41, Körper 28 mm lang). Die letztere Art gehört nach Handlirsch nicht zu den Isopteren.

Mesoderm (gr. μέσος mitten, τὸ δέρμα Haut, Leder), das mittlere Blatt des → Keimstreifens. Es entsteht aus gedrängten Zellhaufen, die sich längs zu beiden Seiten des primären → Endoderms ansammeln und im Lauf der Entwicklung durch Einschnürungen zu segmental getrennten und mit eigenen Hohlräumen versehenen → Coelomsäcken werden. Aus dem ~ entstehen vor allem die ganze Muskulatur und außerdem das Rückengefäß, die Diaphragmen, die Peritonealhüllen, Fettkörper, Gonadenepithel und meist die ganzen paarigen Gonoducte.

Mesoepisternum, Episternum des Mesothorax. Bei Fluginsekten begrenzt es mit seinem oberen Rande den vorderen Teil der Flügelgelenkmembran von unten und gliedert das → Basalare ab. Es bildet vorn einen Vorsprung nach oben, der sich mit dem → Tergalarm verbindet, und beide zusammen schließen die basale Flügelmembran vorne ab. Die Verbindung mit dem Tergalarm kann fest (*Psyllina, Aleurodina, Trichoptera*) oder beweglich sein (*Perlaria, Aphidina*).
Bei Odonaten verwachsen die beiden ~, d. h. das der rechten und der linken Seite in der Mittellinie des Körpers, auf dem Rücken, vor der Basis der Vorderflügel miteinander und bilden an der Verwachsungsstelle die → Medianleiste. (Taf. XXIX und Taf. XXX, Fig. 3 und 9.)

Mesofurca, das Apodemenpaar (Furca) des Mesosternums, → Gabel.

Mesoleus (gr. μέσος, mitten, lat. ulcus oder hulcus, -eris, pl. -era, m., Geschwür, gr. ὁ ὁλκος Zug, Furche, Spur), die Mittelfurche der Mittelbrust vieler Hymenopteren. Die Furche stellt die Spur des längs invaginierten Mittelteils des Mesosternums dar, welches den → Sternalgrat bildet.

Meson (gr. μέσος mitten, in der Mitte, τὸ μέσον das Mittlere) → Medianebene.

Mesonotum (gr. μέσος mitten, in der Mitte, das Mittlere, τὸ νῶτον der Rücken) die Rückenplatte, das Tergum des Mesothorax, auch Mesotergum genannt. Die Differenzierung des ~ in → Praescutum, → Scutum und → Scutellum ist in der Regel deutlich, aber nur selten (z. B. *Perlaria, Coleoptera*) sind alle drei Teile annähernd gleichwertig hinsichtlich ihrer Größe. Meist ist das Praescutum vorn zu einer schmalen Querwand reduziert. (Taf. XXX, Fig. 8.)

Mesophragma (gr. μέσος wie vor, τὸ φράγμα Verschluß, Verhau), Deutophragma, → Mittelmembran.

Im → Endothorax das zweite, mesometathoracale, aus der metathoracalen Antecosta und dem mesothorakalen Acrotergit hervorgegangene → Phragma. Es ist meist stark entwickelt, paarig von der Antecosta ins Lumen des Thorax herabhängend, bei *Cicadina* mächtig entwickelt und fast bis zum Sternum herunter reichend. An der ~ greifen die dorsalen Längsmuskeln an, welche, als indirekte Flugmuskeln bei guten Fliegern mächtig entwickelt sind und eine entsprechend große Ansatzfläche beanspruchen.

Auch die → Mittelmembran trägt die lat. Bezeichnung ~.

Mesopleura, die → Pleure des Mesonotums.

Mesopleuralborsten sind die in einer vertikalen oder schräg vertikalen Reihe längs des Hinterrandes des Mesoepisternums bei Dipteren stehenden Borsten. (Fig.V, Fig. 6.)

Mesopraescutum → Dorsulum.

Mesopsocidae Enderlein 1903, Fam der *Corrodentia*, mit zahlreichen Arten aus allen Erdteilen. In Deutschland 9 Arten. Die Fam ist ausgezeichnet durch unverbundene → Areola postica. Fossil sind 3 Arten aus dem baltischen Bernstein bekannt, alle aus rezenten Gattungen.

Mesopterale, Mesopteron → Analgelenkstück.

Mesosom (gr. μέσος, mitten, τὸ σῶμα Körper), Mittelteil des → Aedoeagus.

Mesosternum (gr. το μέσον das Mittlere, τὸ στέρνον die Brust), Sternum des Mesothorax. Im allgemeinen weist das ~ denselben Bau auf wie das Prosternum, zeichnet sich aber bei Fluginsekten durch Vergrößerung seines → Basisternits aus, auf dem die Ursprungsstellen der dorsoventralen indirekten Flugmuskeln liegen. In der Regel schließt sich an ihn hinten das zweite → Spinasternum, welches bei niederen Pterygoten und bei Apterygoten gut gesondert ist. Die postcoxalen Teile des ~ (→ Furcasternit) können starker Reduktion unterliegen oder ganz schwinden, wenn die Hüften, durch Vergrößerung des Basisternits nach hinten verdrängt werden. Vgl. auch → Cryptosternie.

Mesotarsus → Tarsus des Mittelbeines.

Mesotergum (gr. τὸ μέσον das Mittlere, lat. tergum, -i, n., der Rücken), Tergum des Mesothorax, → Mesonotum.

Mesotermitidae → *Termitidae*.

Mesothorax, das zweite Segment des Thorax. Bei Fluginsekten das größte Segment des Thorax, sofern die Vorderflügel beim Fluge die Hauptrolle spielen, wie dies bei *Diptera, Hymenoptera, Lepidoptera,* Männchen der *Coccidae,* bei *Ephermerida, Odonata* (z. T.), *Trichoptera Corrodentia* und *Homoptera* der Fall ist. Bei flügellosen Insekten ist der ~ entweder gleichwertig mit den beiden übrigen Thoraxsegmenten (Flöhe) oder mehr oder weniger stark reduziert (*Mallophaga, Anoplura*). Letzteres ist auch der Fall bei Insekten, deren Vorderflügel nur eine untergeordnete Rolle spielen, wie bei *Dermaptera, Blattaria, Phasmida, Mantodea, Saltatoria* und Männchen der *Strepsiptera.* Das Notum und die Pleuren des ~ sind stets mehr oder weniger deutlich auch am reduzierten ~ erhalten, während das Sternum durch Invagination (→ Cryptosternie) als ein äußerer Sklerit vollständig verschwinden kann (*Hymenoptera*). (Taf. XXIX und Taf. XXX, Fig. 3, 5, 9.)

mesotrem (gr. μέσος mitten, mittelmäßig, τὸ τρῆμα Loch, Öffnung) wird die Kopfkapsel genannt deren Hinterhauptsloch durch ventralen Verschluß verengt und durch Erweiterung des Hinterhauptes verkleinert inmitten der hinteren Wand der Kopfkapsel liegt. Dies ist besonders bei Hymenopteren und Dipteren der Fall.

Mesoveliidae (Puton 1879) Handlirsch 1908 (Abb. 185), Fam der *Heteroptera Geocorisae* mit etwa 17 Arten, die über alle Regionen mit Ausnahme der australischen zerstreut sind. In Deutschland nur eine Art, *Mesovelia furcata* Mulsant. Mittel- und Hinterbeine nur wenig länger als Vorderbeine im Gegensatz zu *Gerridae*. Fossil nicht bekannt.

Abb. 185. *Mesovelia furcata* Mulsant (Mesoveliidae). Nach Hedicke. Nat. Gr. 3—3,5 mm.

Metabolie (gr. ἡ μεταβολή Umwandlung, Veränderung), → Metamorphose.

Metafurca → Gabel, paarige Sternalapodeme des Metathorax.

Metallfarben der Insektenhaut entstehen nach BIEDERMANNS Theorie (1904) durch Interferenz in der aus äußerst dünnen Blättchen aufgebauten Epicuticula. Diese Theorie fand Bestätigung in den Untersuchungen von MASON (1926/27) an → Schuppen.
Der Metallglanz der Schuppen vieler Käfer (*Hoplia, Phyllobius*) soll durch eine äußerst dünne Luftschicht verursacht werden, welche zwischen beiden Schuppenwänden eingeschlossen ist.

metallica Herbst, *Potosia* → *P. cuprea* ssp. *metallica* Hbst.

Metamere (gr. μετά nach, hinten, τὸ μέρος Glied, Stück, ein Teil des Ganzen) → Segment.

Metamorphose (gr. μεταμορφόω verwandeln, umformen), Metabolie, Verwandlung, Postembryogenese verbunden mit Veränderungen der äußeren Körperform (Metamorphose) und der inneren Organe (Metabolie).
Nach dem Verlauf der äußeren Veränderungen während der Metamorphose werden die Insekten in folgende Gruppen eingeteilt:

I. Heterometabola (Näheres vgl. unter den betreffenden Stichworten).
   1. Palaeometabola.
      a) Epimetabola (*Apterygota*).
      b) Prometabola (*Ephemerida*).
   2. Hemimetabola (*Odonata, Perlaria*).
   3. Paurometabola, (*Saltatoria, Phasmida, Dermaptera, Embiodea, Blattaria, Mantodea, Isoptera, Corrodentia, Mallophaga, Anoplura, Zoraptera, Heteroptera, Homoptera* pp).
   4. Neometabola.
      a) Homometabola (*Chermesinae, Phylloxerinae*).
      b) Remetabola (*Thysanoptera*).
      c) Parametabola (Männchen der *Coccidae*).
      d) Allometabola (*Aleurodina*)

II. Holometabola.
   1. Holometabola typica (*Coleoptera, Strepsiptera, Hymenoptera, Megaloptera, Rhaphidides, Planipennia, Panorpatae, Trichoptera, Lepidoptera, Diptera, Aphaniptera*).
   2. Hypermetabola (*Meloidae*).
   3. Cryptometabola (*Termitoxenia*).

Metamorphosis completa (lat. completus vollständig) → Holometabolie.

Metamorphosis regressiva, Rückbildung des Weibchens von *Ascodipteron (Streblidae)*, welches, nachdem es sich auf dem Wirt festgesetzt hat, seine Körperanhänge verliert und sich in ein sackartiges Gebilde verwandelt. (Abb. 335.)

Metanotum (gr. μετά hinten, τὸ νότον Rücken), → Metatergum.

Metaphragma (gr. μετά hinten, τὸ φράγμα Verschluß, Verhau), das dritte, zwischen dem Metathorax und dem ersten Hinterleibssegment in die Körperhöhle herabhängende, von der → Antecosta des 1. Hinterleibstergums und vom metathorakalen Postnotum (Acrotergit) gebildete Wand. Das ~ ist nur bei Insekten mit gut entwickeltem zweiten Flügelpaar ausgebildet.

Metapleure, Pleure des Metathorax.

Metapleuralborsten, Trichostichalborsten (LYNCH) sind bei Dipteren die Borsten auf den Seitenstücken des mesothorakalen Postnotums (Pleurotergit), bes. deutlich z. B. bei *Asilidae*. (Taf. V, Fig. 6.)

Metapneustia (gr. μετά nach, hinten, πνευστιάω schwer atmen, keuchen) sind → hemipneuste Insekten, bei welchen nur das letzte, 10. Stigmenpaar, d. h. dasjenige des 8. Hinterleibssegments funktionsfähig ist, während alle übrigen geschlossen bleiben. Hierher gehören wasserlebende Larven mancher *Coleoptera* (Junglarven von *Dytiscus, Hydrophilus*) und Diptera (*Culicidae, Ptychoptera, Eristalis*), welche mit dem Hinterende des Körpers die atmosphärische Luft von der Wasseroberfläche schöpfen. Auch die ersten Larvenstadien der *Diptera Cyclorhapha* gehören zu den ~.

Metasternalnaht, Sutura metasternalis, bei einigen *Col Adephaga* (*Carabidae, Hygrobiidae, Haliplidae*) am Metasternum vor den Hinterhüften auftretende Quernaht. Es ist die vernarbte und von einer endoskeletalen Leiste begleitete Naht zwischen der Praecoxa und dem Trochantinus.

Metasternum, das Sternum des Metathorax. Es ist nur bei primitiven Insekten (z. B. *Perlaria*) dem Mesosternum fast gleichwertig, sonst mehr oder weniger unterdrückt oder eingefaltet (→ Cryptosternie).

Metastigmalsaum, ein schmaler, verdickter Saum des Flügelrandes hinter dem Pterostigma bei *Corrodentia*.

Metastomium (gr. μετά hinter, τὸ στόμα Mund), das auf das → Prostomium folgende Mundsegment der Annelida.

Metatarsus, Tarsus der Hinterbeine. Als ~ wird häufig auch das Basalglied aller Tarsen bezeichnet (→ Basitarsus).

Metatelie (gr. μετά hinterher, hernach, τὸ τέλος Ziel, Ausgang, Vollendung), früher als → Prothetelie bezeichnetes verfrühtes Auftreten von Puppenmerkmalen bei larvalen Stadien.

Metatergum (gr. μετά hinten, lat. tergum, -i, n., der Rücken), die Rückenplatte des Metathorax. Bei Fluginsekten in der Regel schwächer entwickelt als das Mesotergum, dem es z. B. bei Hymenopteren als ein sog. → Postscutellum eng angeschlossen ist. Bei Männchen der *Strepsiptera* allerdings entsprechend dem Metathorax vergrößert, ist das ~ auch z. B. bei *Mallophaga* stets größer als das Mesotergum. Ein Praescutum ist nur selten (*Strepsiptera, Megaloptera, Perlaria*), das geteilte Scutum und Scutellum häufig (*Coleoptera, Trichoptera, Lepidoptera*) differenziert, das → Postnotum in der Regel und meist auch am rudimentären ~ (*Neuroptera, Diptera*) entwickelt oder wenigstens deutlich nachweisbar.

Metatermitidae → *Termitidae*.

Metathorax (gr. μετά hinter, ὁ θώραξ Brustharnisch, Panzer), das dritte, letzte Segment des Thorax. Der ~ ist nur bei primitiven, mit zwei Flügelpaaren versehenen Fluginsekten dem Mesothorax annähernd gleichwertig (*Perlaria, Isoptera, Embiodea, Megaloptera, Panorpatae, Thysanoptera*), sonst ist er stets schwächer, mit Ausnahme der *Strepsiptera*-Männchen, der *Mallophaga, Coleoptera, Dermaptera, Blattaria, Saltatoria, Phasmida* und *Mantodea*, bei welchen der Mesothorax reduziert und der ~ normal entwickelt ist. (Taf. XXIX und XXX, Fig. 3 und 9.)

Metatypen (gr. μετά hinterher, hernach, ὁ τυπός das Geformte, Gepräge, Inhalt), vom Originalfundorte stammende, aber erst nach der Veröffentlichung der Art vom Autor selbst determinierte Exemplare.

Metopidium (gr. ἡ μετόπη in der Baukunst der Raum zwischen den Zähnchen und Dreischlitzen, ὁ εἶδος Aussehen, Gestalt), der zum Kopf abfallende Vorderteil des Pronotums vor den Humeral- und Posthumeralauswüchsen bei *Membracidae*.

+***Metropatoridae*** Handlirsch 1908, ausgestorbene Fam der foss. Ordn *Palaeodictyoptera*, mit einer unter-obercarbonischen Art Nordamerikas, *Metropator pusillus* Handl., deren gut erhaltener Flügel an 9 mm lang gewesen sein konnte, das Tier war also mit wenig über 1 cm Körperlänge das kleinste bekannte Palaeodictyopteron.

mexikanische Subregion, tiergeographische Subregion der → Neogaea, umfaßt den mittelamerikanischen Isthmus von Panama, die mittelamerikanischen Staaten und den südlichen Teil von Mexico, mit Ausschluß der Stadt Mexico, die bereits zur sonorischen Region gehört.

micacea Esper, *Hydroecia*, Kartoffelbohrer, Hopfeneule (*Lep Noctuidae*), Raupe sehr polyphag in Stengeln von Tomaten, Rhabarber, Mais, Hopfen, vorzüglich aber in denen von Kartoffeln. Auch in Rübenwurzeln vorkommend.

micans Kugelann, *Dendroctonus*, Riesenbastkäfer (*Col Ipidae*), einzige europäische Art dieser in Nordamerika artenreichen Gattung, lebt in Familiengängen am Wurzelhals alter Fichten.

Microchaeta (gr. μικρός klein, ἡ χαίτη dor. -α das Haar, vornehmlich das weiche Haupt- und Mähnenhaar), dickwandige, gelenkig in der Borstenpore eingepflanzte, nur durch ihre winzige Größe von den → Macrochaeten unterschiedene Borsten. Sie stehen entweder zwischen den Macrochaeten zerstreut, oder bilden allein die Hautbekleidung (Flügelmembran).

micrographus Linné, *Pityophthorus*, kleiner oder nordischer Fichtenborkenkäfer (*Col Ipidae*).

Microgynen (gr. μικρός klein, ἡ γυνή Weib), kleinere Weibchenformen gewisser Ameisenarten (z. B. *Formica fusca, Myrmica*) mit dimorphen Weibchen. Die normale Weibchenform wird dann als die → Macrogyne oder als macrogynes Weibchen bezeichnet.

Microlepidoptera Kleinschmetterlinge, veraltete, gegenwärtig nur noch volkstümlich gebrauchte Unterordnung der *Lepidoptera*, welche die kleinen und kleinsten Formen, wie *Nepticulidae, Gracilariidae, Coleophoridae, Hyponomeutidae, Tortricidae* u. a. umfaßte.

Micromalthidae Barber 1913, Fam der *Col Malacodermata*, mit einer brachypteren Art aus Nordamerika, deren Larve im alten Holz lebt. Der Käfer hat eine komplizierte heterogene Entwicklung und paedogenetische, ovo- und vivipare Larven.

Micrommatien, die kleinen, meist den unteren Bezirk der Komplexaugen einnehmenden Ommatidien (Facetten). Vgl. auch → Macrommatien.

Micronucleocyten → Amöbocyten.

Micropezidae (Bigot 1853) Löw 1862 (*Calobatidae* Big., *Tylidae* Hendel 1910), Stelzfliegen, Fam der *Dipt Brachycera*, mit etwa 250 rezenten und 2 oligocänen Bernstein-Arten (*Calobata* 2 spp). Die großen, etwa 5—10 mm langen, schlanken, gravitätisch auf ihren langen Stelzenbeinen an schattigen Orten sich fortbewegenden Fliegen scheinen sich im Larvenzustande von verwesenden Pflanzenstoffen und Pilzen zu ernähren.

Microphaga (gr. μικρός klein, φαγεῖν essen), Planktonfresser, → heterophage Insekten, welche sich von den im Wasser schwebenden Mikroorganismen ernähren. Es sind durchweg Wasserinsekten, meist Larven, welche mit besonderen reusen- und siebartigen Fangvorrichtungen ausgerüstet sind.

Microphysidae Dohrn 1859 (Abb. 186), Fam der *Het Geocorisae* mit wenigen paläarktischen Arten, nahe verwandt mit Anthocoriden. Kleine, 1—1,5 mm lange, myrmecophile, geschlechtlich dimorphe Tiere, deren Weibchen zumeist brachypter sind.

Micropterie (gr. μικρός klein, τὸ πτερόν Flügel), vielfach gleichbedeutend mit → Brachypterie, bezieht sich aber ~ auf Formen mit ganz kurzen Flügelstummeln.

Abb. 186. *Microphysa elegantula* Baerensprung (Microphysidae). Nach Hedicke. Nat. Gr. 1,5 mm.

Micropterygoidea Börner 1938, Gruppe der *Lep Monotrysia*, mit den Fam *Micropterygidae, Eriocraniidae, Nepticulidae, Tischeriidae, Incurvariidae, Adelidae* und *Heliozelidae*. Die beiden ersten Fam sind jugat, die anderen frenat und gehören zu den *Tineidae aculeatae* (→ *Tineidae*) des Systems von Börner.

Micropterygidae Hampson 1898, Urmotten, Fam der *Lep Jugatae* (oder *Monotrysia*), mit etwa 35 Arten aus der Holarktis und Neuseeland. Einige Arten in Deutschland. Raupen mit Bauchfüßen an den 8 ersten Hinterleibssegmenten, freilebend. Fossil unbekannt. (Vgl. Taf. XXIV, Fig. 4.)

Micropyle (gr. μικρός klein, ἡ πύλη Tor, Pforte), mikroskopisch feine, röhren- oder trichterförmige Durchlaßpore im Chorion am Vorderende des Eies, durch welche die Spermien in die Eizelle dringen sollen. Es sind in der Regel mehrere ~ zu einem Micropylen-Feld vereinigt. Näheres cf. Hase, Z. f. Parasitenkunde, **16**, 145—190, 1954.

Microsculptur (gr. μικρός klein, lat. sculptura, -ae, f., Schnitzerei, Skulptur), feine und feinste Strichmuster, Unebenheiten und Emergenzen der Cuticula, welche in der Regel nur in der → Epicuticula liegen, seltener, bei stärker herausragenden Emergenzen auch die Exocuticula in Anspruch nehmen. Ihre Einzelelemente sind nur mikroskopisch erkennbar und wirken als Gesamtheit in der Tönung der Farbe, dem Glanz und Mattigkeit und dem Muster mit. Die verschiedenen Arten der Oberflächenbeschaffenheit, die in der Taxonomie als Spiegelglanz, Metallglanz, Seifenglanz, Mattigkeit in verschiedenen Abstufungen, Chagrinierung, Körnelung, Strichelung, Kritzelskulptur, Netzmaschenskulptur usw. bekannt sind, lassen sich auf die ~ bzw. ihr Fehlen (Hochglanz) zurückführen.

Microsomite, definitive Körpersegmente gewisser, bei verschiedenen Insekten zuerst in der Embryogenese zum Vorschein kommenden Segmentkomplexe, (→ Macrosomite).

Microthoraxhypothese, von VERHOEFF (1902) aufgestellter Satz, wonach der Hals der Insekten von einem besonderen Segment, dem Microthorax gebildet werden sollte. Gegenwärtig wird der Hals vom Labialsegment und dem Vorderteil des Prothorax abgeleitet. (→ Hals.)

Microtrichia, Mikrotrichien (gr. μικρός klein, ἡ θρίξ, τριχός das Haar), unechte Haargebilde, d. h. haarförmige → Emergenzen der Epicuticula. Sie unterscheiden sich von den → Macrochaeten und Macrotrichien nur durch das Fehlen eines, die ganze Cuticula durchsetzenden Nervenkanälchens. Sie können übrigens ebenso groß oder größer sein als manche echte Haare. (Taf. V, Fig. 1.)

Miesmuschelschildlaus → *Chionaspis salicis* (Linné).

Migrans, pl. Migrantes (lat. migrare wandern), eine von den Generationen im → Generationswechsel der Aphiden, gewöhnlich die → Fundatrigenia, welche von der Haupt- auf die Nebenwirtspflanze überfliegt. Die zurückwandernden → Sexuparae werden als Remigrantes bezeichnet.

Migration, bei vielen Aphiden beobachtete Überwanderung der aus dem Winterei auf einem Holzgewächs, der Winterwirtspflanze, geborenen Frühjahrsgeneration auf eine krautartige Pflanze. Die Migration wird durch den Umstand erklärt, daß die Holzpflanzen nur im Frühjahr, wenn die Säfte hochsteigen, genügend Nahrung bieten, während diese an krautartigen Pflanzen durch den ganzen Sommer reichlich den Pflanzenläusen zugänglich sind.

migratoria Linné, *Locusta,* europäische Wanderheuschrecke (*Salt Locustidae*).

Milben → *Acari.*

Milbenseuche, Acarinose, Acarose, massenhaftes Auftreten von parasitischen Milben an Tieren oder Pflanzen. Bei Insekten kommen mehrere Arten von Tarsonemiden ektoparasitisch vor, darunter vor allem die Bienenmilbe, → *Acarapis woodi,* während die oft massenhaft an Mistkäfern vorkommenden Gamasiden nicht zur ~ zu rechnen sind, weil ihr Aufenthalt an diesen und anderen Insekten → phoresisch ist.

Milchdrüsen sind → Anhangsdrüsen einiger viviparer Insekten (*Pupipara, Glossina*), welche eine Nährsubstanz für die sich intrauterin entwickelnden Larven ausscheiden.

Mimallonidae Burmeister → *Perophoridae.*

Mimese (gr. ἡ μίμησις Nachahmung), Nachahmung, richtiger täuschende Ähnlichkeit des Habitus oder der Färbung der Insekten mit indifferenten Einzelheiten der Umwelt. Als → Zoomimese wird die „Nachahmung" indifferenter Insekten (andere Tiere kommen für Insekten als → Modelle kaum in Frage), z. B. der Ameisen von Ameisengästen bezeichnet.

→ Phytomimese ist „Nachahmung" von Pflanzen und Pflanzenteilen und → Allomimese die der toten Naturobjekte durch Insekten. Vgl. auch → Mimikry.

Daß es sich bei der ~ und vielleicht auch im gleichen Maße bei der → Mimikry um reine Konvergenzerscheinungen ohne jeden richtunggebenden Einfluß der sog. Modelle handeln kann, beweisen die blattähnlichen Heuschrecken, die schon im Jura existierten, bevor es Blätter gab. Auch gibt es ameisenähnliche Formen bei Insekten die nur ausnahmsweise Ameisen begegnen. Die selektionistische Nutzwirkung dieser Ähnlichkeiten müßte erst mit ihrer vollen Entfaltung eingetreten sein. Über die Phylogenese und die genetischen Grundlagen der täuschenden Ähnlichkeiten ist uns so gut wie nichts bekannt.

mimetisch (gr. μιμεῖσται nachahmen), nachahmend, mit der → Mimese oder → Mimikry zusammenhängend.

Mimicry (gr. ὁ μίμος Schauspieler, Mime, μιμικός, lat. mimicus, komödiantenhaft, gr. κρύος schauerlich), täuschende Ähnlichkeit wehrloser Insekten mit wehrhaften, z. B. die der *Syrphidae, Aegeriidae, Cerambycidae* usw. (Nachahmer) mit Wespen (Modell). Es wird zwischen der → BATESschen und der → MÜLLERschen Mimicry unterschieden. Vgl. auch → Mimese.

Minen, Nomien, sind in lebenden Pflanzenteilen, vor allem in Blättern, durch Insekten ausgefressene Hohlräume. Man unterscheidet → Blattminen, → Stengelminen, → Fruchtminen und → Blütenminen. Die minierenden Insekten und ihre Stadien werden als → Minierer bezeichnet.

Minierer, Insekten welche in → Minen leben und sich von der ausgenagten Pflanzensubstanz ernähren. Es sind vor allem Larven vieler Fliegen (in erster Linie *Agromyzinae*) und Schmetterlingsraupen (in erster Linie *Nepticulidae*), seltener Käfer (z. B. *Orchestes*) und symphyte Hymenopteren (z. B. *Phyllotoma*). In der Regel leben die ~ in lebenden Pflanzenteilen, selten werden Minen in abgestorbenen Teilen, z. B. im Falllaub angelegt. *Coleophoridae* nagen ihre Minen von außen her aus.

Minierfliegen → *Agromyzidae.*

Miniersackmotten → *Incurvariidae.*

Minimum-Gesetz von J. v. LIEBIG, besagt in THIENEMANNS Fassung (Verh. D. Zool. Ges. 31, 1926), daß derjenige Umweltfaktor die Wohndichte einer Art bestimmt, welcher dem ökologisch am wenigsten valenten Stadium in der kleinsten Menge zur Verfügung steht.

minimus Fabricius, *Carphoborus*, kleinster Kiefernbastkäfer (*Vol Ipidae*).

minor Hartig, *Blastophagus*, kleiner Waldgärtner (*Col Ipidae*).

minor Linné, *Molorchus*, Fichtenkurzdeckenbock, Wespenbock (*Col Cerambycidae*).

minuta Fabricius, *Gracilia*, gemeines Weidenböckchen (*Col Cerambycidae*).

minuta Christ, *Hoplocampa* → *H. fulvicornis* Klug.

Miridae (Burmeister 1835) Kirkaldy 1894 (*Capsini* Burm., *Capsidae* Kirby 1837) Blindwanzen (Abb. 187), Fam der *Het Geocoridae* mit etwa 5000 Arten. Kleine bis mittelgroße, meist schlanke oder gestreckt ovale, weichhäutige, häufig weich behaarte Tiere mit ziemlich langen Beinen und in der Regel gut entwickelten beiden Flügelpaaren. Färbung grün, grau, weißlich, braunscheckig, nicht selten bunt. Teils phytophag teils Jäger. *Myrmecorini* ameisenähnlich, brachypter, seltener macropter. Fossil etwa 50 känozoische Arten seit Oligocän (vorwiegend im baltischen Bernstein) bekannt.

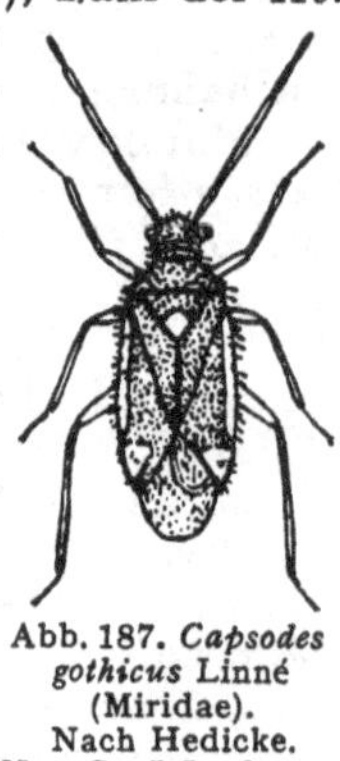

Abb. 187. *Capsodes gothicus* Linné (Miridae). Nach Hedicke. Nat. Gr. 5,5—6 mm.

Mischling → Bastard.

+***Mischopteridae*** Handlirsch 1908 (Abb. 188), ausgestorbene Fam der +*Megasecoptera* mit 12 mittel-obercarbonischen Arten aus Frankreich. Die meisten Arten sind bisher nur durch Flügelfragmente vertreten, nur vier sind in ganzen Körperabdrücken erhalten. Die über körperlangen Cerci, kurzen Fühler, kleiner Kopf mit vorgequollenen Augen und der schlanke Hinterleib ohne Paranoten kennzeichnen diese 4,5—8 cm lange Insekten. Bei zwei von den Arten sind die Seitenränder des Pronotums unregelmäßig gesägt.

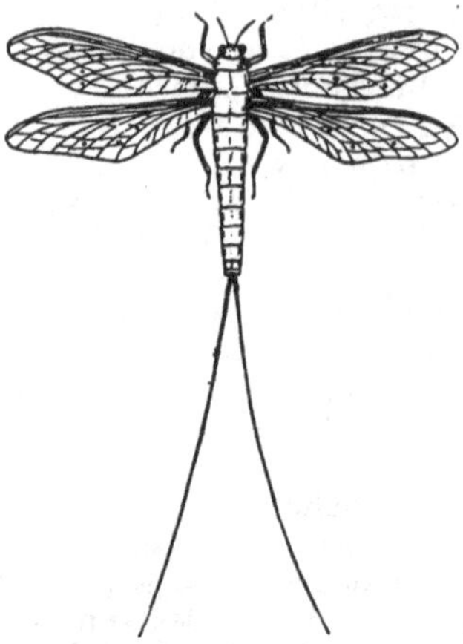

Abb. 188. +*Mischoptera woodwardi* Brongniart (+ Mischopteridae). Nach Handlirsch. Nat. Gr. (ohne Cerci) etwa 2 cm.

Mißbildungen sind durch abnorme oder gestörte Entwicklung verursachte Anomalien des Körperbaues (→ Teratologie). Es gibt aber auch, bisher allerdings nur in künstlichen Zuchten, ~, welche mutativ entstanden sind (*Drosophila*).

Mistfresser → *Coprophaga.*

Mistbienen, *Eristalinae*, Fliegen der Fam → *Syrphidae.*

Misthodotidae Tillyard 1932, ausgestorbene Fam der + *Permoplectoptera.*

Mistkäfer → *Scarabaeidae*, insbes. die Gatt. *Geotrupes.*

Mitose (gr. ὁ μίτος der Faden, die Kette des Aufzuges), Karyokinese, Zellteilung mit aufeinanderfolgenden, komplizierten Kernphasen, die in Prophase Knäuel, Leptotän-, Diplotän-, Pachytänstadium), Metaphase (Aster, Spindel), Anaphase (Diaster) und Telophase (Dispirem) eingeteilt zu werden pflegen.

Mittelbrust → *Mesosternum.*

Mitteldarm, Mesenteron, Chylusdarm, der mittlere, den → Vorderdarm mit dem → Hinterdarm verbindende endodermale Abschnitt des → Darmkanals. Eine → Intima fehlt im ~, sein Epithel ist innen selten glatt (*Homoptera*, Larven der Holometabola), meist in Falten gelegt oder in Zotten vorspringend. Seine Zellen sind Drüsenzellen, die entweder → holo- oder → merocrin arbeiten und in den Ruhepausen (Regenerationsphase) die → Resorption der verdauten Nährsubstanz besorgen. Selten (*Aphididae*) sind beide Funktionen des Mitteldarmepithels morphologisch und histologisch getrennt. Von außen ist das einschichtige Mitteldarmepithel von einer → Muscularis eingehüllt, deren Ringmuskeln im Gegensatz zum Vorderdarm unter der Längsmuskelschicht liegen.

Zwischen den sezernierenden Epithelzellen verteilt liegen die jungen, teilungsfähigen → Regenerationszellen, welche die nach einiger Arbeitszeit ausfallenden Epithelzellen durch neue ersetzen. (Vgl. auch → Regenerationskrypten.)

Der ~ ist morphologisch entweder einheitlich (*Anurida, Apis, Danaida, Forcipomyia*-Larve, *Myrmica*-Weibchen, *Malacosoma*-Raupe, *Oryctes*-Larve, *Passalus*), zweiteilig (*Calliphora, Dytiscus, Anopheles, Aphis, Nemobius, Picromerus*), oder dreiteilig (*Thyreocoris, Phosphuga, Nepa*). An seinem Hinterende bilden die vorspringenden Epithelzellen vielfach einen in den → *Pylorus* des Hinterdarms hineinragenden niedrigen Ringwulst, den Terminalwulst. Die morphologisch differenzierten Abschnitte des ~ haben bei verschiedenen Insekten verschiedenen morphologischen und funktionellen Wert und lassen sich nicht homologisieren. Der vorderste Teil des ~, welcher bei Dipteren häufig vom Rest des ~ abgeschnürt ist, wird oft als → Cardia bezeichnet. Bei vielen Insekten trägt er einen Kranz von sackartigen Ausstülpungen, die → Darmdivertikel. Ein, der Cardia folgender, erweiterter Vorderteil des Mitteldarms verschiedener Insekten (*Homoptera, Heteroptera, Diptera Cyclorrhapha, Coleoptera, Thysanoptera* usw.) wird nicht selten als → Magen (Ventriculus) bezeichnet. Andere Autoren bezeichnen den ganzen ~ als „Magen".

Außer der dauernden Regeneration der einzelnen verbrauchten Zellen des Mitteldarmepithels wird das ganze Epithel periodisch, meist während der Häutungen, besonders aber beim Übergang vom Larven- in das Puppenstadium, nach einigen Autoren auch beim Übergang vom Puppenstadium zur Imago und während des Imaginallebens (*Hydrophilus*, Renger 1898), abgestreift, von den Regenerationszellen renoviert und vom neuen Epithelium resorbiert. (Taf. VI, Fig. 1 und 2.)

Mitteldarmdivertikel, Leberschläuche → Darmdivertikel.

Mittelfeld, das mittlere, zwischen der inneren und äußeren Querlinie im Vorderflügelmuster der Eulen liegende Feld. Es ist in der Mitte meist durch den → Mittelschatten geteilt und trägt die → Ring-, die → Nieren- und die → Zapfenmakel.

Mittelgelenkstück, Endopterale, Endopteron, das 2. → Pterale, ein → Flügelgelenkstück, welches die ihm basal anliegenden Pteralia 1. (Tergalgelenkstück) und 3. (Analgelenkstück) mit dem distalen → Vermittlungsstück einerseits und der Radialader andrerseits verbindet. Auf seiner Ventralseite befindet sich die Pfanne, in die das Capitulum des pleuralen Flügelgelenkfortsatzes hineinpaßt. Die Verbindung mit dem pleuralen Flügelgelenk einerseits und die direkte (mit dem Radius) oder indirekte (mittels des Vermittlungsstückes und des Analgelenkstückes) mit der Media, dem Cubitus und der Analis macht das ~ zum wichtigsten aller Flügelgelenkstücke. Das ~ steht außerdem in sehnenartiger Verbindung mit dem → Subalare und vermittelt das Zurücklegen des Flügels in die Ruhelage. Bei Odonaten ist das ~ mit allen anderen Flügelgelenkstücken zu einem großen Axillargelenkstück verschmolzen, welches, wie die vergrößerte → Humeralplatte, eine Pfanne für den hier zweiteiligen Pleuralgelenkfortsatz trägt. (Taf. X, Fig. 2 und Taf. XXX, Fig. 8.)

Mittelkiel, die das Pronotum der Locustiden und Acridiiden längs der Mittellinie durchziehende, äußerlich meist scharfkantig vorspringende Leiste. Vgl. auch → Seitenkiel.

Als ~ wird auch oft das Sternalkiel (→ Sternalgrat) des Endoskeletts bezeichnet.

Mittellappen der Unterlippe, heißt bei Odonaten der distale Teil des Mentums, welcher dem → Praementum anderer Insekten entspricht, aber vielleicht auch noch die Glossae und Paraglossae eingeschmolzen enthält.

Mittelmeerfruchtfliege → *Ceratitis capitata* Wiedemann.

Mittelmembran, Mesophragma, eine dünne, dunkle Membran, welche die → Hensesche Linie der → Myofibrille halbiert.

Mittelschatten, eine, zwischen der Ring- und der Nierenmakel in der Zeichnung des Vorderflügels der Eulen auftretende, meist verwachsene Querbinde, welche vom Vorderrande bis zum Hinterrande des Flügels verläuft.

Mittelsegment, Mediansegment, Propodeum, Epinotum, das 1. Hinterleibssegment der apocriten Hymenopteren, welches nach Reduktion seines Sternums sich dem Metathorax so eng angeschlossen hat, daß es mit ihm ein organisches Ganzes bildet. Die Einlenkung des Hinterleibsstieles, d. h. des 2. Hinterleibssegments, liegt in der Regel am unteren Hinterrande des ~, bei einigen Fam der *Ichneumonidea* (*Aulacidae, Gasteruptionidae, Pachylommatidae, Evaniidae*, UFam *Cenocoeliinae* der *Braconidae*) rückt sie dorsalwärts bis auf den hinteren Dorsalrand des ~ hinauf. Auch bei *Phasmida* und *Dermaptera* sowie noch mehr bei einem Teil der *Mallophaga* erfolgt eine mehr oder weniger enge Verschmelzung des 1. Hinterleibssegments mit dem Metathorax. (Taf. XXX, Fig. 5 und 6.)

Mittelsporne → Mediansporne.

Mittelstrang, in der → Keimblätterbildung die erste Anlage des → Endoderms. In der Anlage des Bauchmarks der mittlere, den Boden der → Neuralrinne bildende Teil, aus dem in der Hauptsache die Querkommissuren hervorgehen.

Mittelwert, in der Variationsstatistik der mittlere Wert eines variablen Merkmals innerhalb der untersuchten → Population. Er wird nach der Formel Σ pv : n berechnet, wo v = Werte der Variantenklassen bzw. der Einzelvarianten, p = die jeweilige Anzahl der Varianten mit demselben Merkmalswert (Klassenfrequenz) und n = die Anzahl aller Exemplare in der Probe bedeutet.

Mittelzelle → Zelle.

Mixocoel (gr. ἡ μῖξις Vermischung, ἡ κοιλία Bauchhöhle), die Leibeshöhle der Insekten, welche zwar aus den Coelomsäcken entstanden ist und eine richtige sekundäre Leibeshöhle darstellt, sich aber im Lauf des embryonalen Lebens mit dem Spaltraum des Epineuralsinus vereinigt und sein → Pseudocoel in sich aufnimmt. Das ~ der Insekten entbehrt einer epithelialen Auskleidung und stimmt in dieser Hinsicht mit dem Pseudocoel überein.

+***Mixotermitoidea*** Handlirsch 1908 (Abb. 189), nach Handlirsch eigene Ord-

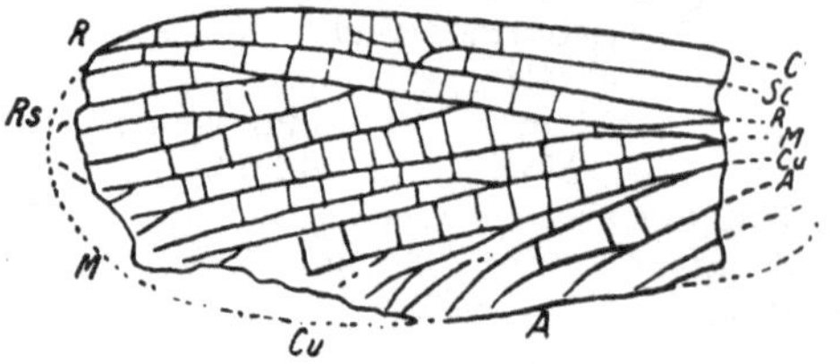

Abb. 189. + *Mixotermes luguanensis* Sterzel (+ Mixotermitidae). Nach Handlirsch. Nat. Gr. etwa 2 cm.

nung der *Orthopteroidea* mit der einzigen Fam +*Mixotermitidae* Handl. 1908 und 3 mittel-obercarbonischen Arten aus Nordamerika (*Geroneura wilsoni* Matthew 1889), Sachsen (*Mixotermes lugauensis* Sterzel 1881) und Frankreich. Beide genannten Arten sind durch je einen Vorderflügel repräsentiert. Von Palaeodictyopteren unterscheiden sie sich in der Hauptsache durch die kurze, nur die Mitte des Flügelvorderrandes erreichende Subcostalader. Es waren kleine Tiere, die erhaltenen Vorderflügel sind 24 bzw. 16 mm lang. Sie werden gegenwärtig den Protorthopteren angeschlossen (Jeannel 1949).

Modell, in der → Nachahmung das nachgeahmte Wesen oder Gegenstand.

Moderkäfer → *Lathridiidae*, insbes. *Enicmus minutus* Linné.

Modificationen (lat. modifico, -are, gehörig abmessen), Paravariationen Baur, Somationen Plate, Standorts-Modificationen, nicht erbliche, unter dem Einfluß der Umweltfaktoren induktiv entstandene Abänderungen des Phaenotypus. Sie werden in der Taxonomie meist als → Aberrationen oder in der neueren Zeit als Formen bezeichnet. Je nach der mutmaßlichen oder nachgewiesenen causa efficiens spricht man von Klimamodificationen, Nahrungsmodificationen usw. Häufig auftretende ~ sind z. B. die temperaturbedingten Farb- und Zeichnungsvariationen der Feuerwanze (*Pyrrhocoris apterus*).

Möhrenblattfloh → *Trioza viridula* Zetterstedt.

Möhrenblattlaus → *Anuraphis dauci* Fabricius.

Möhrenblattsauger → *Trioza viridula* Zetterstedt.

Möhrenfliege → *Psila rosae* Fabricius.

Möhrengallmücke → *Asphondylia umbellatarum* Kieffer.

Möhrenmotten → *Schistodepressaria depressella* Hübner und *Depressaria purpurea* Haworth.

Möhrenrüßler → *Liparus coronatus* Goeze.

Möhrenzünsler → *Phlyctaenodes palealis* Schiffermüller.

Mönchseule, graue → *Cucullia umbratica* Linnè.

Mohngallmücke → *Perrisia papaveris* Winnertz.

Mohnkapselrüßler, weißgefleckter → *Ceutorrhynchus macula-alba* Herbst.

Mohnwurzelrüßler → *Stenocarus* (*Coeliodes*) *fuliginosus* Marsham.

Mola, der basale Teil des Kaurandes der Mandibel, hinter den Dentes incisivi. Er ist entweder scharfkantig, mit mehreren kleineren Dentes molares versehen, oder mehr oder weniger flächenhaft entwickelt, dicht mit reibeisenartigen Zähnchen versehen. Zwischen ihm und der inneren Basalecke der Mandibel liegt häufig noch ein zahnloser Raum, die → Postmola. (Taf. XXI, Fig. 3—5.)

Molannidae Wallengren 1891 (Abb. 190), Fam der *Trichoptera* mit etwa 25 holarktischen Arten, von welchen 5 in Deutschland heimisch sind. Fossil sind 3 Arten aus dem baltischen Bernstein beschrieben worden.

Abb. 190. *Molanna angustata* Curtis (Molannidae.) Nach Ulmer. Nat. Länge des Vorderflügels 9—14 mm.

Molares dentes (lat. molo, -ere, -ui, mahlen, dens, -tis, m., Zahn), Mahlzähne des basalen Teils des Kaurandes einer Beißmandibel (→ Mola).

molitor Linné, *Tenebrio*, gewöhnlicher Mehlkäfer, Mehlwurm (*Col Tenebrionidae*), pechschwarzer, etwa 1,5 cm langer zylindrischer, etwa abgeflachter Käfer mit rotbrauner Unterseite, mit kurzen, leicht gekeulten Fühlern. Die drahtwurmartigen Larven (falsche Drahtwürmer) in Mehlvorräten schädlich.

mollis Linné, *Ernobius*, weichhaariger Klopfkäfer (*Col Anobiidae*).

mollis Germar, *Polydrosus* → *P. impar* Gozis.

Momphidae (Herrich-Schäffer 1857) Spuler 1910 (*Cosmopterygidae*), Fransenmotten, Fam der *Lep Tineoidea*. In Deutschland mit mehreren Arten vertreten. Nach Börner keine selbständige Familie, in *Gelechiidae* und *Scythridae* aufgeteilt.

monacha Linné, *Lymantria*, Nonne *Lymantriidae*), gefürchteter Schädling der Fichtenbestände, sonst polyphag an Laub und Nadelholz. Raupe erwachsen 5—6 cm lang, grau mit schwarzer Zeichnung und 6 Reihen schwarzer, je ein Borstenbüschel tragenden Warzen. In der Mitte des 9. und 10. Segments je ein unpaariges, rotes, vorstreckbares Wärzchen. Schmetterling weiß mit schwarzen Zickzacklinien auf Vorderflügeln.

Mondfleck → *Phalera bucephala* Linné.

Mondhornkäfer, Käfer der Gatt. *Copris* Geoffroy, insbes. *C. lunaris* Linné (*Col Scarabaeidae*).

Mondschwiele, Lunula, eine quer bogenförmige Falte zwischen der Fühlerwurzel und der darüber befindlichen → Bogennaht bei *Diptera Cyclorrhapha*. (Taf. V, Fig. 5.)

Mondvogel → *Phalera bucephala* Linné.

moniliform (lat. monile, -is, n., Halsband, Halsschmuck, pl. monilia, -ium, Kleinodien), perlschnurförmig, eine der zahlreichen Fühlerformen, nämlich diejenige, bei welcher die einzelnen Fühlerglieder annähernd kugelförmig sind und miteinander durch dünne, kürzere oder längere Stiele verbunden sind. Besonders bei Käfern und Cecidomyiden verbreitete Form der Fühler.

monocondyles Gelenk, Verbindung zweier gegeneinander beweglicher Teile mittels eines condylen Gelenkes, indem der eine Körperteil den Gelenkkopf (capitulum), der andere eine Pfanne (acetabulum) bildet. Monocondyl ist z. B. die Mandibel der Apterygoten mit der Kopfkapsel verbunden. Die Hüften sind primär stets dicondyl mit der Pleure verbunden, es kann aber der ventrale Condylus verschwinden, und dann bleibt nur der dorsale bestehen. (Taf. V, Fig. 2i.)

Monoedidae (Sharp 1894) Leng 1920 (*Adimeridae* Sharp), Fam der *Col* (*Clavicornia*) mit 6 mittel- und südamerikanischen Arten.

monözisch (gr. μόνος einer, ὁ οἶκος Nest, Lager, Wohnhaus), einhäusig, sind Pflanzen mit Staubblättern und Fruchtknoten in einer Blüte. Bei Blattläusen werden ~ Generationen genannt, welche auf eine Wirtspflanze beschränkt sind, wie z. B. Fundatrigenia monoeca von *Adelges laricis* auf Fichte, im Gegensatz zu Fundatrigenia dioeca, welche auf Fichte und Lärche lebt, bzw. von der einen auf die andere überwandert.

Monogamie (gr. μόνος einer, ὁ γάμος Hochzeit, Ehe), Einehe, Verbindung eines Männchens mit einem Weibchen auf die Dauer der Fortpflanzungsperiode. Die Weibchen der Insekten sind in der Regel monogam, indem sie mit einmaliger Begattung auskommen, um ihren ganzen Eivorrat zu besamen. Die Männchen hingegen sind in der Regel → polygam. Streng monogame Männchen sind auch bei monogamen Borkenkäferarten nicht mit Sicherheit nachgewiesen, indem ein Männchenwechsel in den monogamen Brutgängen (*Eccoptogasterinae, Hylesininae, Cryphalinae, Xyloterinae, Dryocoetinae, Crypturginae*) für möglich gehalten wird.

monoglypha Hufnagel, *Parastichtis*, Getreidewurzeleule (*Lep Noctuidae*).

Monogonie (gr. μόνος einer, einzig, allein, ἡ γονή Erzeugung), ungeschlechtliche, elternlose oder vegetative → Fortpflanzung.

monographus Fabricius *Xyleborus*, kleiner schwarzer Nutzholzborkenkäfer (*Col Ipidae*).

monogyn (gr. μόνος einer, ἡ γύνη das Weib) werden Kolonien sozialer Insekten genannt, in welchen das ganze Brutgeschäft von einem einzigen Weibchen, der Königin (Biene), erledigt wird.

Monomachidae (Szepligeti 1889) Schulz 1911, Fam der *Hym Terebrantes* mit etwa 10 tropisch amerikanischen und australischen Arten.

Monommidae Leconte 1862, Fam der *Col* (*Heteromera*) mit etwa 100 über alle Kontinente außer Europa verteilten Arten.

Monomera Fischer v. Waldheim → *Clambidae.*

mononematisch (gr. μόνος einer, τὸ νῆμα Garn) werden → Scolops genannt, deren Stiftende entweder durch einen einfachen Terminalfaden mit der Körperwand verbunden ist oder mit einer freien, mitunter auch bis zur Körperwand reichenden → Kappenzelle abschließt. Gegens. → amphinematisch.

Mononychidae Horvath → *Gelastocoridae.*

Monophaga (gr. μόνος einer, allein, nur, φαγεῖν essen), strenge Nahrungsspezialisten, die nur eine Art Nahrung zu sich nehmen (→ Nahrungswahl). Von monophagen Arten der Insekten kann man eigentlich nur bei Paurometabolen sprechen, deren Larven dieselbe Lebensweise führen wie ihre Imaginalstadien und beide auf ein und derselben Wirtsart leben, wie die meisten *Anoplura*, viele *Mallophaga*, manche *Coccidae, Aleurodidae, Psyllidae* usw. Man bezeichnet aber gewöhnlich auch dann Insekten als monophag, wenn die Imago eine andere Kost zu sich nimmt als die Larve, wie dies bei allen Schmetterlingen und Hymenopteren der Fall ist.

monophyletisch (gr. μόνος einer, ἡ φυλή Stamm), einstämmig, von gemeinsamem Ursprung, aus einem gemeinsamen Stamm der phylogenetischen Vergangenheit hervorgegangen, d. h. durch Spaltung einer einzigen ursprünglichen Ahnenart entstanden.

monotop (gr. μόνος einer, ὁ τόπος Ort, Gegend, Landstrich), an einem Orte entstanden, welcher als das einzige Entstehungszentrum gilt. Gegens. → polytop.

monotroch, mit einem → Trochanter versehen. Gegens. → ditroch. Die meisten Insekten sind monotroch.

Monotrysia Börner 1938, UOrdn der *Lep*, ausgezeichnet durch eine einzige weibliche Geschlechtsöffnung im 9. bzw. zwischen dem 9. und 10. Hinterleibssegment. Es ist die primäre Geschlechtsöffnung der Lepidopteren-Weibchen, welche durch die Verschmelzung der Vagina mit der → Genitaltasche zustande kommt. Die Monotrysien legen somit ihre Eier durch dieselbe Öffnung ab, durch welche auch die Begattung erfolgt. Die ~ umfassen die Familienreihen *Hepioloidea* und *Micropterygoidea*, die früheren UOrdn *Jugatae* und einige primitive Fam der *Frenatae*.

monotypische Gruppen (gr. μόνος einer, ὁ τύπος Gestalt, Form) sind taxonomische Gruppen verschiedenen Ranges, welche nur eine Art enthalten. Am häufigsten kommen monotypische Gattungen vor, doch auch ~ Fam sind in gewissen Ordnungen nicht selten.

Die Monotypie kann dreierlei Ursache haben. Es kann immer noch mit Gruppen gerechnet werden, die des Entdeckers harren. Die Entdeckung der ersten Art einer solchen Gruppe führt dann zur Aufstellung einer neuen monotypischen Gattung, der sich dann weitere Arten anschließen können. Diese Form der Monotypie haben wohl die meisten modernen taxonomischen Gruppen durchgemacht. Ein besonderes Glück hatte in dieser Hinsicht der italienische Entomologe Silvestri, welcher im Jahre 1907 die neue Ordnung *Protura* und 1913 die neue Ordnung *Zoraptera* monotypisch entdeckte. Von beiden sind gegenwärtig mehrere Arten bekannt. Es kann aber sein, daß der Entdecker der neuen, in keine der bekannten Gattungen passenden Art das Glück hatte, in ihr den ersten Seitensproß, eine Gattung oder Familie in statu nascendi angetroffen zu haben.

Es kann sich schließlich um eine reliktäre ~ handeln, wenn die neuentdeckte Art das letzte überlebende Mitglied einer ausgestorbenen Gattung, Familie oder Ordnung darstellt.

monströs (lat. monstruosus wunderbar, widernatürlich), mißgebildet, → Mißbildung.

Monstrum (lat. monstrum, -i, n., Wahrzeichen der Götter, von moneo, mahne, daher auch Ungewohntes, Naturwidriges), Mißgeburt, → Mißbildung.

mordax De Geer, *Rhagium*, Laubholzzangenbock (Col *Cerambycidae*).

Mordellidae (Latreille 1802) Stephens 1829, Stachelkäfer (Abb. 191), Fam der *Col.* (*Heteromera*) mit etwa 1100 Arten, von welchen in Deutschland etwa 50 Arten vorkommen. Alle Arten sind ausgesprochen termophil, auch die arktischen, wie *Anaspis arctica* Zetterstedt. Sie sind demgemäß in Deutschland am artenreichsten in Steppenheidegebieten und sind im übrigen in der Hauptmasse Bewohner der Tropen und Subtropen. Gestreckte, oft seitlich zusammengedrückte, in der Mehrzahl (deutsche) schwarze Arten, wovon mehrere mit meist weißlichen Haarmakeln oder -binden geschmückt sind. Bei allen Arten der Unterfam. *Mordellinae* ist das letzte Hinterleibssegment in eine lange oder kurze, scharfe oder abgestumpfte hornige Spitze ausgezogen. Diese Bildung zeigen die Vertreter der Unterfam. *Anaspidinae* nicht.

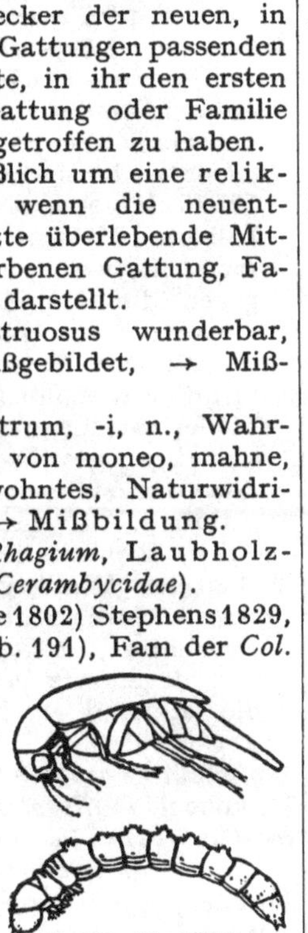

Abb. 191. *Mordellistena floridensis* Smith (Mordellidae) Käfer und Larve. Nach Riley aus Handlirsch. Nat. Gr. etwa 7 mm.

Die Käfer sind häufige Blütenbesucher, die bei Beunruhigung hastige, zappelnde, flohartige Fluchtbewegungen ausführen. Ihre Larven sind teils phytosaprophag, teils carnivor, in einigen Fällen parasitisch.

Fossil sind von dieser Fam 22 tertiäre Arten aus dem baltischen und sizilianischen Bernstein sowie aus dem Miocän von Colorado bekannt (K. Ermisch).

Mordentia (lat. mordeo, momorsi, morsum, kauen) eine der 5 von Haeckel 1896 aufgestellten Legionen der *Insecta*. Sie umfaßte die Ordnungen *Archiptera*, *Orthoptera*, *Neuroptera*, *Strepsiptera* und *Coleoptera*.

Mordraupen, Schmetterlingsraupen, welche in künstlichen Zuchten, insbes. in zu engen Behältern die Neigung zu → Kannibalismus offenbaren. Dies gilt vor allem von vielen Eulenraupen.

mori Linné, *Bombyx*, echter Seidenspinner (*Lep Bombycidae*).

morio Linné, *Hemipenthes* (*Anthrax*), Trauerschweber, (*Dipt Bombyliidae*).

morio Linné, *Hypogymna*, Trauerspinner, Wiesenspinner (*Lep Lymantriidae*). Fl bei Männchen schwärzlich, durchscheinend, bei Weibchen reduziert, gelb gefranst, Weibchen mit weißlicher Afterwolle. Die samtschwarze, mit gelben Ringen und Seitenstreifen sowie großen, sternhaarigen, rotgelben Knopfwarzen versehene Raupe ist in Südosteuropa und Kleinasien an Gräsern und Getreide schädlich. In Deutschland indifferent.

morosus Brunner von Wattenvyl, *Carausius*, Gewächshaus-Stabheuschrecke (*Phasm Bacteriidae*).

Morphallaxis (Morgan) (gr. ἡ μορφή Gestalt, ἡ ἄλλαξις Vertauschung), eine nach Verletzungen nicht selten eintretende Verheilung und Formregulierung durch

Umbildung der noch vorhandenen Teile, ohne Neubildungen und ohne ausgesprochene → Regeneration des fehlenden Teiles.

Morphe, pl. Morphen (gr. ἡ μορφή Form, Gestalt), die einzelnen Formen der di- bzw. polymorphen Arten.

Morphidae → *Nymphalidae*

Morpho-Schuppen, ein von SÜFFERT (→ Schuppen) unterschiedener Typus von → Schillerschuppen, deren obere Wandung aus einem Gitterwerk von Querbalken und glasigen Längsrippen besteht, welches auf senkrechten, sich von der Unterwand der Schuppe erhebenden → Trabekeln ruht. Das Schillern rufen vor allem die glasartigen, aus dünnen, unter einem bestimmten Winkel (*Apatura* 18°, *Chlorippe* 45° usw.) zur Schuppenwand geschichteten, durchsichtigen Lamellen bestehenden Längsrippen hervor.

Mortalität, Sterblichkeit einer Art innerhalb eines begrenzten Zeitraumes, etwa einer Generation, oder eines bestimmten Entwicklungsstadiums, wird durch das in % umgerechnete Verhältnis der abgestorbenen Einzeltiere einer Population (Probe) zur Gesamtheit der dem Versuch unterzogenen Menge ausgedrückt. Diese als Mortalitätsquote bezeichnete Zahl ist einer der wichtigsten Faktoren des → Massenwechsels.
Die ~ hängt von einer großen Zahl endo- und exogener Faktoren ab. Krankheiten und Parasiten, Witterung, Wirtspflanze mit ihrer ganzen physiologischen Konstitution, konstitutionelle, erbliche und erworbene Eigenschaften des Insektenkörpers und seiner Funktionen haben einen großen Einfluß auf die Mortalität. Bei sonst gleichen Versuchsbedingungen kann die Mortalitätsquote bei verschiedenen Nährpflanzen verschieden ausfallen, wie dies z. B. für *Trialeurodes* an *Calla* und an Tabak nachgewiesen worden ist, wobei die mit *Calla* gefütterten Tiere größere Mortalitätsquote zeigten als die Tabak-Tiere.

mosaikartiges Sehen → musivisches Sehen.

moschata Linné, *Aromia*, Moschusbock (*Col Cerambycidae*).

mosellana Géhin, *Clinodiplosis*, orangegelbe Weizengallmücke (*Dipt Cecidomyidae*).

Moskiten → Stechmücken (vgl. auch *Stegomyia fasciata*).

motorisch (lat. moveo-ere, -vi, -tum, bewegen), mit der Bewegung zusammenhängend. Als ~ werden z. B. die vom Zentralnervensystem zu den Muskeln verlaufende Nerven bezeichnet, welche direkt deren Arbeit (Kontraktion) beherrschen.

Motten → *Tineida* und → *Tineidae*.

Mottenartige → *Tineoidea*.

Mottenfliegen → *Psychodidae*.

Mottenschildläuse → *Aleurodidae*.

Mottenspinner → *Heterogynidae*.

Mückenhafte → *Bittacidae*.

Mückenwanze → *Ploiariola culiciformis* De Geer.

Mucro (lat. mucro, -onis, pl. -onen, m., Schwert, Dolch, Schwertspitze), pl. Mucronen. 1. je ein den → Dentes aufsitzendes apikales Stück der → Springgabel der *Collembola*. (Taf. I, Fig. 3, 4.)
2. Bei Elateriden der spitzige Dornfortsatz des Prosternums (→ Manubrium). (Taf. XXX, Fig. 4.)
3. Bei Tenebrioniden die verlängerten Spitzen der Flügeldecken am Nahtwinkel.

Müllersche Körperchen, kleine, eiförmige, weiße, eiweißreiche Körperchen, welche dauernd an der Basis der Blätter der südamerikanischen Ameisenpflanze *Cecropia adenopus* in einem samtartigen, braunen Filzfleck gebildet werden. Die ~ sind beliebte Nahrung der Ameise *Azteca instabilis*, welche ihretwegen die Pflanze gegen die Angriffe der Blattschneiderameisen (*Atta* spp.) schützt. Ähnliche eiweißreiche sog. BELTsche Körperchen werden auch an den Spitzen der Fiederblättchen von *Acacia sphaerocephala* ausgeschieden und dienen gleichfalls den sie besuchenden Ameisen als Nahrung. Ähnliche Bildungen bei Pilzen, vgl. → Kohlrabihäufchen.

Müllersche Mimikry, Auftreten gemeinsamer Warntrachten bei mehreren teils wehrhaften, teils wehrlosen Insekten, von denen die ersteren als → Modell, die letzteren als Nachahmer bezeichnet werden.

Muffelkäfer → *Lariidae*.

Mulmbock → *Ergates faber* Linné.

multistriatus Marsham, *Scolytus*, kleiner Ulmensplintkäfer (*Col Ipidae*).

Mumienpuppe, bedeckte Puppe, pupa obtecta, eine holometabole Puppenform, bei welcher die imaginalen Körperanhänge mittels der erhärteten Exuvialflüssigkeit mit dem Körper fest verkittet sind und sich nur als Erhöhung der Puppenhaut abzeichnen. Die ~ haben die meisten *Lepidoptera*, einige *Coleoptera* (*Coccinellidae*) und gewisse *Nematocera* (*Ptychopteridae*). (Taf. XX, Fig. 15, Mitte.)

Mund, Os, allgemeine Bezeichnung für den Raum, welcher von Mundwerkzeugen beherrscht wird. Er besteht aus dem äußeren Mundrand (→ Peristomalrand), dem → Mundfeld, der → Mund- und → der Speichelhöhle, der → Mundöffnung und den → Mundwerkzeugen. Der ~ umfaßt somit die sternalen und pleuralen Teile der gnathalen Kopfsegmente einschließlich ihrer Gliedmaßen, dem Labrum, den Mandibeln und den beiden Maxillenpaaren. (Taf. VI, Fig. 1 und Taf. XXV, Fig. 1.)

Mundfeld, die am Peristomalrand der Kopfkapsel ausgespannte, den Sterna und den Pleuren der gnathalen Segmente entsprechende Membran, die sich durch die → Schlundöffnung in den → → Pharynx fortsetzt. Sie geht vorn dorsal in den → Epipharynx und ventral in die Innenwand der → Unterlippe über. Zwischen der Schlundöffnung und der Basis der Unterlippe wölbt sie sich sackartig nach vorn vor und bildet den bei primitiven Insekten zungenartigen → Hypopharynx. Zu beiden Seiten des Hypopharynx sind in die Mundfeldmembran die Mandibeln eingelassen, deren Basalrand mit der Mundfeldmembran verwachsen ist. Zwischen den Mandibeln und der Unterlippe liegen die Maxillen, deren Cardines und Stipites mit der Mundfeldmembran verschmolzen sind und ihre Hohlräume, ähnlich wie die der Mandibeln, mit dem Hohlraum des Kopfes kommunizieren. (Taf. VI, Fig. 1 und Taf. XXV, Fig. 1.)

Mundhaken, zwei krallenartige Chitinstücke im → Atrium der → acephalen Fliegenlarven, welche mit dem → Cephalopharynxskelett mehr oder weniger eng zusammenhängen und mit ihm vor- und zurückgezogen werden. Ihre morphologische Deutung ist strittig. Während die einen Autoren (HENNIG, HOLMGREN) sie für umgestaltete Mandibeln halten, sehen andere (DE MEIJERE) in ihnen nur Maxillarladen. Andere wieder (SNODGRASS u. a.) bestreiten überhaupt die Möglichkeit ihrer Ableitung von Mundteilen und sehen in ihnen sekundäre cuticulare Bildungen. (Taf. XX, Fig. 9—12.)

Mundhöhle, Präoralhöhle, Cavumoris, der dorsale Teil des durch den zungenartigen → Hypopharynx horizontal geteilten → Mundes. Die ~ läßt wenigstens bei den meisten Insekten mit orthopteroiden Mundwerkzeugen eine Teilung in den vorderen → Meatus oris und das hintere → Cibarium erkennen. Das Cibarium, dessen Dach als Gaumen (palatum) bezeichnet werden kann und vorn in den Epipharynx übergeht, verjüngt sich nach hinten und endet an der → Mundöffnung.

Bei Insekten mit kauenden Mundwerkzeugen steht die ~ vorn offen und bietet den zangenartig arbeitenden Mandibeln genügend Spielraum. Bei Insekten mit saugenden und stechend-saugenden Mundwerkzeugen bildet die ~ einen, bei Lepidopteren mit dem → Vorderpharynx vereinigten Hohlraum, welcher als Saugpumpe dient. Bei Larven mit → Saugmandibeln wird der luftdichte Verschluß der ~ durch die vorderen lippenartig vorspringenden und miteinander verfalzten Ränder der ~ hergestellt. (Vgl. → Mundhöhlenverschluß.) (Taf. VI, Fig. 1, Taf. XXII, Fig. 5 und Taf. XXV, Fig. 1.)

Mundhöhlenverschluß, erfolgt in den einfachsten Fällen, bei Carabiden und Larven der *Hydrophilidae*, durch einfaches Anpressen des Mundrandes an das Beutetier.

Bei Insekten mit → Saugmandibeln kommt es vorn zur Bildung eines Falzverschlusses, der im Einelzfall verschieden gestaltet sein kann. Bei Larven der *Dytiscidae* erfolgt der ~ durch Einfalzung einer nach hinten eingebogenen Querleiste der Oberlippe in eine nach vorn gebogene Querleiste der Unterlippe. Bei *Lampyris*-Larven erfolgt der ~ durch einfaches Aneinanderpressen des Epipharynx an den Hypopharynx und das der mandibularen Molae aneinander. Bei *Myrmeleon*-Larven ist der ~ im Grunde ähnlich wie bei *Dytiscus*-Larven, wird aber hier noch dadurch vervollkommnet, daß das vor der Verschlußleiste liegende Labrum eine median vorspringende Beule bildet, welche in eine entsprechende Höhlung des unter dem Hypopharynxvorderrande vorspringenden Mentums hineinpaßt. (Taf. XXII, Fig. 5.)

Mundkegel, 1. die stechend-saugenden, einen konischen, zugespitzten (*Tubulifera*) oder abgestumpften (*Terebrantia*)

Rüssel bildenden Mundteile der *Thysanoptera*. Der ~ besteht aus einem dreieckigen, vorn zugespitzten Labrum, aus den die Seitenwände bildenden, miteinander verschmolzenen Stipites und Galeae mit freien 2—3gliedrigen Tastern sowie aus der die Hinterwand des Kegels bildenden Unterlippe. Die die Vorderwand des ~ bildende, an den Seiten eingerollte Oberlippe birgt die an ihrer Spitze austretende mandibulare Stechborste und die beiden zu einer Saugborste zusammengefügten maxillaren Laciniae. Zwischen der Ober- und Unterlippe und den beiden maxilaren Seitenwänden des ~ liegt der konische Hypopharynx, dessen ventrale Wand sich an die dorsale Wand der Unterlippe legt und beide zusammen den Speichelkanal bilden.

2. Bei Anopluren bezeichnet man als ~ den mit einem → Hakenkranz versehenen, einstülpbaren Vorsprung des Mundrandes. Auf seiner Ventralseite trägt er ein Paar beweglicher → Chitinschneiden.

Mundöffnung, Schlundöffnung, Rima oris, die primär zwischen dem → Prostomium und dem ersten Körpersegment ventral gelegene Eingangsspalte des → Stomodaeums. Bei Insekten erscheint sie in dieser Lage nur im Embryo und wird dann infolge taschenartiger Einstülpung der gnathalen Sterna in die Tiefe der → Mundhöhle versenkt. (Taf. VI, Fig. 1 und Taf. XXV, Fig. 1.)

Mundwerkzeuge, Mundteile, Organa cibaria, Instrumenta cibaria, Partes cibariae, Trophi. Die ~ der Insekten haben sich aus den Gliedmaßen der vordersten Rumpfsegmente im Laufe ihres → Cephalisationsprozesses herausdifferenziert. Es sind die Gliedmaßen der drei Segmente des → Gnathocephalon, die → Oberkiefer (Mandibeln), die → Unterkiefer (Maxillen) und die → Unterlippe (Labium). Zu den ~ wird außer diesen drei noch die → Oberlippe (Labrum) und der → Hypopharynx gerechnet, deren Extremitätennatur noch umstritten ist. (Vgl. auch → Praemandibel und → Maxillula.)

Die Mundwerkzeuge der Insekten haben zweierlei Aufgaben zu erfüllen. Zunächst machen sie die Nahrung dem Schlucken zugänglich, indem sie entweder einen Bissen abtrennen und zerkleinern (kauende ~) oder durch Anschneiden oder Anstechen des Nährsubstrats bis zu dem flüssigen Nährsaft vordringen (stechend-saugende ~). Danach folgt die Beförderung der Nahrung in den Pharynx, die bei kauenden Mundteilen durch Bewegung und Reibung der Maxillen, des Hypopharynx und des Epipharynx, bei leckend- und stechend-saugenden ~ durch das mit einer → Saugpumpe kommunizierende Saugrohr erfolgt. Nach diesen beiden Funktionen, welche im Bau der ~ ihren Ausdruck finden, unterscheidet man heute drei Haupttypen der ~, nämlich die kauend-leckenden, die leckend-saugenden und die stechend-saugenden. (Vgl. unten.)

Innerhalb einer jeden dieser drei Gruppen gibt es eine große Anzahl von Modifikationen, die vielfach auch über die Grenze der zugeordneten Gruppe hinausschießen, wie dies z. B. bei den im Grunde kauend-leckenden ~ der *Panorpatae* der Fall ist, deren Mandibeln und maxillaren Galeae teilweise (*Bittacidae*) zum Stechen übergegangen sind. Die im Prinzip kauend-leckenden ~ der Hymenopteren, vor allem die der Apiden, haben ihren funktionellen Schwerpunkt auf den leckend-schlürfenden maxillo-labialen Komplex verlegt und bedienen sich ihrer Mandibeln nur mehr als Werkzeuge beim Nestbau.

Bei Apterygoten sind die ~ entweder wie bei allen Pterygoten → ectotroph (→ Ectognatha) oder in den Kopfkapsel eingezogen, → entotroph (→ Entognatha). (Taf. I, Fig. 1, Taf. VI, Fig. 1, Taf. IX, Fig. 2, Taf. XXI—XXIV und Taf. XXIX.)

Mundwerkzeuge, kauend-leckende, bestehen aus einem Paar zangenartiger → Beißmandibeln, einem Paar freier oder bei höheren Formen teilweise mit der Unterlippe verwachsener → Maxillen und aus der stets unpaarigen, bei primitiveren Formen mit paarigen Laden versehenen → Unterlippe. Die → Oberlippe kann vorhanden sein oder fehlen (gewisse *Coleoptera*), der → Hypopharynx ist bei orthopteroiden Formen zungenartig, bei höheren (*Coleoptera, Hymenoptera* usw.) verflacht und der Innenwand der Unterlippe anliegend.

Kauend-leckende ~ haben viele *Collembola, Thysanura, Ephemerida* (bei Imagines reduziert), *Perlaria, Odonata, Saltatoria, Phasmida, Dermaptera, Mantodea, Blattaria, Isoptera, Zoraptera, Embiodea,*

Corrodentia, Mallophaga, Hymenoptera, Coleoptera, Strepsiptera (bei Männchen reduziert), *Megaloptera, Rhaphidides, Planipennia* (Larven mit Saugmandibeln), *Panorpatae,* Larven der *Trichoptera* (Mandibeln bei Imagines verkümmert oder fehlend), Larven der *Lepidoptera, Diptera* und *Aphaniptera.*

Bei den meisten Insekten mit kauend-leckenden Mundwerkzeugen liegt der Schwerpunkt bei den Mandibeln und den sklerotisierten, stets selbständigen, an der Innenkante mit Säge- oder Kammzähnchen bewehrten maxillaren Innenladen (Lacinia). Bei höheren Formen dieser Gruppe (*Hymenoptera, Trichoptera*) geht der Schwerpunkt auf den maxillo-labialen Komplex über. Hier sind die Mandibeln keine echten Freßwerkzeuge mehr, sondern mehr Bauwerkzeuge, die beim Fressen keine oder nur geringe Rolle spielen, und die maxillaren Innenladen sind mehr oder weniger stark rückgebildet. Der maxillo-labiale Komplex oder das Labium allein sind mehr oder weniger verlängert und bilden eine vorzüglich zum Lecken, mit Hilfe der verlängerten und zu einem Rohr zusammenlegbaren Galeae auch zum Saugen frei zugänglicher Säfte geeignete Vorrichtung.

Eine besondere Befähigung zum Saugen von Säften aus engen Behältern haben unter den typisch kauend-leckenden Coleopteren gewisse *Meloidae* entwickelt. Bei den letzteren sind entweder die Maxillartaster (*Leptopalpus*) oder die Galeae (*Nemognatha*) stark verlängert und bilden aneinandergelegt mit ihrem Borstenbesatz auf der Innenseite eine Rinne, die genügend Kapillarkraft besitzt, um die Säfte bis zum Munde steigen zu lassen.

Bei Hymenopteren finden sich alle Übergänge von typischen kauend-leckenden ~ der *Symphyta* bis zu leckenden bzw. leckend-schlürfenden ~ der *Apidae.* Bei den ersteren ist der ganze maxillolabiale Komplex dank der umfangreichen Haut des → Mundfeldsackes vorstreckbar. Das gleiche ist der Fall bei *Terebrantes,* deren maxillo-labialer Komplex aber schon öfters eine merkliche Verlängerung zeigt. Bei *Sphecidae* ist diese Verlängerung schon recht beträchtlich, erreicht aber ihren Höhepunkt erst bei Apiden, bei denen es schon zur Bildung eines → Saugrüssels kommt, wenn er auch noch lange nicht die Vollendung des Saugrüssels der Lepidopteren oder Dipteren erreicht hat und eigentlich diese Bezeichnung gar nicht verdient.

Eine andere Entwicklungsrichtung nahmen die ~ bei *Mallophagen* ein. Die Mandibeln sind bei ihnen mächtig entwickelt, das Labium stark reduziert und die maxillaren Cardines und Stipites mit der Kopfkapsel verschmolzen. Die Lacinia ist ganz verschwunden, bzw. als ein kleines Rudiment z. T. noch nachweisbar, die Taster sind bei *Liotheida* frei und gut entwickelt, bei *Philopterida* fehlen sie vollständig.

Bei Panorpaten sind die ~ im Grunde kauend, ihre sämtlichen terminalen Teile sind frei und funktionsfähig. Die Mandibeln haben entweder den alten orthopteroiden Typus beibehalten (*Panorpa*) oder sind zu dolchförmigen Stiletten umgewandelt worden (*Bittacus*).

Rein kauende Mundwerkzeuge, wie die hier in Rede stehende Gruppe manchmal genannt wird, gibt es nicht. Die nach dem kauenden Typus gebauten Mandibeln und Laciniae werden hier immer von einem leckenden oder schlürfenden maxillo-labialen Komplex begleitet. Der extremste kauende Typus ist bei den Mallophagen verkörpert, den extremsten leckenden haben die Hymenopteren. Primitiv ist derjenige Typus, bei welchem alle drei Paare annähernd gleich kräftig entwickelt und funktionell selbständig sind. Letzteres ist der Fall bei Saltatorien, Blattarien, Perlarien. (Taf. XXI, Fig. 2, 9 und Taf. XXII, Fig. 2.)

Mundwerkzeuge, leckend-saugende, haben nur die Imagines der *Lepidoptera, Trichoptera* und eines Teils der *Diptera.* Ihr gemeinsamer Zug liegt im Fehlen der Mandibeln, die nur bei primitiven Formen als mehr oder weniger deutliche Rudimente erhalten sein können. Die Larvenzustände dieser Insekten haben entweder normale kauend-leckende oder atypische (→ Cephalopharyngeal-Apparat) Mundwerkzeuge.

Bei Trichopteren bilden die ~ zusammen mit dem → Mundfeldsack ein → Haustellum. Bei gewissen Formen sind die Galeae stark verlängert, halbröhrenförmig und bilden zusammengelegt ein primitives, gerades Saugrohr, während die übrigen Mundteile mehr oder weniger reduziert sind (*Dipseudopsis africana*).

Bei Schmetterlingen ist der → Saugrüssel (→ Rollzunge) wie bei *Dipseudopsis* aus den verlängerten Galeae gebildet, die hier miteinander fest verfalzt sind und in Ruhe zusammengerollt werden können (allerdings nicht immer). Die übrigen Mundteile mit Ausnahme der Labialtaster sind rudimentär. Ein leckender Apparat, welcher bei Trichopteren und Dipteren dieser Gruppe gut ausgebildet ist, fehlt den Lepidopteren vollständig.

Die leckend-saugenden Mundwerkzeuge der cyclorrhaphen Dipteren bestehen aus einem basalen Sockel, dem → Rostrum, und dem darauffolgenden → Haustellum. Letzteres ist der Stechborstenscheide der Culiciden, nicht aber dem Haustellum der Trichopteren homolog. Den Abschluß des Haustellums bilden die beiden, zu einem Leckapparat ausgebildeten, primär zweigliedrigen Lippentaster (→ Labellum). Als Saugrohr dient die Oberlippe mit dem Hypopharynx, welche beide in einer Rinne der Vorderwand des Haustellums eingebettet liegen und bis in die Spalte zwischen den beiden Labellen reichen. Mandibeln fehlen vollständig und von den Maxillen ist nur der freie Maxillartaster und ein im Rostrum versunkenes Rudiment des Cardo-Stipes erhalten. Die maxillaren Galeae können als schwache Stechborsten erhalten sein und liegen dann in der Haustellumrinne zusammen mit der Oberlippe und dem Hypopharynx. Die Ceratopogoniden (*Dipt Nematocera*) bilden einen Übergang zu Dipteren mit stechend-saugenden Mundteilen, indem sie außer einem gut entwickelten leckenden Apparat mit zweigliedrigen Labellen auch gut entwickelte mandibulare und maxillare Stechborsten haben. (Taf. XXIII, Fig. 1 und Taf. XXIV, Fig. 3.)

Mundwerkzeuge, stechend-saugende, haben manche *Collembola*, alle *Protura*, *Anoplura*, *Thysanoptera*, *Heteroptera*, *Homoptera*, viele *Diptera*, alle *Aphaniptera*, einige *Mecoptera*, Larven der *Planipennia*, der *Dytiscidae*, *Haliplidae*, *Gyrinidae* und *Lampyridae*.

Die einfachste, unmittelbar an die kauend-leckenden Mundwerkzeuge anschließende Bauart der Mundteile zeigen die ihre Beute extraintestinal verdauenden Larven der erwähnten Käferfamilien und der *Planipennia*. Bei diesen Insekten besorgen die → Saugmandibeln den Stech- und Saugakt und auch die Verdauungsfermente werden durch den Mandibelkanal in die Stichwunde eingespritzt.

Bei allen anderen stechend-saugenden Insekten ist die Stech- und Saugfunktion auf verschiedene Mundteile verteilt.

Bei Hemipteren treten die beiden haardünnen Mandibeln als Stech- und die beiden gleichfalls haardünnen Laciniae als Saugborsten zu einem Stechborstenbündel zusammen. Die Unterlippe bildet eine dorsalwärts eingerollte, rohrartige Stechborstenscheide, in welcher das Stechborstenbündel eingebettet liegt. Die Stechborstenscheide klafft an der Basis und diese Lücke ist von der keilförmigen Oberlippe geschlossen. Jede der maxillaren Stechborsten hat zwei Längsrillen, die zusammengelegt zwei Kanäle bilden, einen Saugkanal (Nahrungsgang) und einen Speichelgang. Die Saugborsten liegen zwischen den beiden Stechborsten, welche den Stich ausführen und den Saugborsten den Weg zum Nährsafte bahnen.

Die Thysanopteren haben nur eine, die linke, mandibulare Stechborste und zwei zu einem Nährgang vereinigte Saugborsten. Der Speichelgang liegt gesondert zwischen dem keilförmigen Hypopharynx und der Unterlippe und der Speichel ergießt sich an der Spitze des Hypopharynx in die hier zu einem Nährgang zusammentretenden, basal durch den Hypopharynx getrennten maxillaren Saugborsten bzw. direkt in das Lumen der die Stech- und Saugborsten röhrenförmig umhüllenden Oberlippe. Die Saugborsten der *Thysanoptera* sind wie bei *Hemiptera* den Laciniae homolog.

Bei stechend-saugenden Fliegen (mit Ausnahme der *Stomoxidinae* und *Pupipara*, vgl. weiter unten) bilden die Mandibeln und die Galeae je ein Paar von Stechborsten, während die Laciniae fehlen. Die langgestreckte, scharfspitzige Oberlippe ist zu einem Saugrohr eingerollt und dringt mitsamt den Stechborsten in die Stichwunde ein. Alle fünf liegen zu einem dichten Bündel zusammengefügt in der dorsalen Rinne der Unterlippe. Die letztere ist ungegliedert

und am Ende mit zwei kleinen tasterförmigen (*Culicidae*) oder großen, sohlenförmigen (*Tabanidae*) Labellen versehen. Letztere entsprechen wahrscheinlich den Labialtastern, während die Stechborstenrinne in der Hauptsache vom Praementum gebildet wird. Die Mundteile der *Ceratopogonidae* und *Psychodidae* entsprechen vollkommen dem Culiciden-Typus, weisen aber primitive Merkmale auf in den zweigliedrigen Labellen und den stechenden, aber noch nicht zu typischen Stechborsten verlängerten Mandibeln und Galeae.
Die stechend-saugenden Mundwerkzeuge der *Stomoxidinae* schließen sich an die leckend-saugenden der *Muscinae* an. Es fehlen ihnen, wie den letzteren die Mandibeln und die beiden maxillaren Laden (Galea und Lacinia). Die Labellen sind klein, sklerotisiert und mit feinen Sägezähnchen versehen. Die scharf zugespitzte, stilettartige Oberlippe ist zusammen mit dem den Speichelgang führenden Hypopharynx in der Rinne des sklerotisierten Haustellums (Praementum) eingebettet. Sie schließt das Saugrohr ein. Die Wunde wird mit den Labellenzähnchen angeschnitten und der ganze Schnabel in diese eingeführt.
Die Mundteile der *Pupipara* entsprechen im Grunde denen der *Stomoxidinae* mit dem Unterschied, daß hier die Labellen zu einem stark gezähnelten Bohrapparat geworden sind. Auch hier dringt der ganze Schnabel in die Wunde ein. Die stechend-saugenden Mundwerkzeuge der *Stomoxidinae* und der *Pupipara* lassen sich zwanglos durch sekundäre Umbildung aus den leckend-saugenden Mundwerkzeugen der Muscinen ableiten.
Bei den *Aphaniptera* (*Suctoria*) liegen nach den neuesten Untersuchungen von SNODGRASS andere Verhältnisse vor. Die Oberlippe fehlt und was bisher als solche bezeichnet wurde ist der Epipharynx, welcher eine unpaarige, zwischen den beiden maxillaren Lacinien (die bisher für Mandibeln gehalten wurden) eingebettete Stechborste bildet. Mandibeln fehlen. Die drei Stechborsten, d. h. der Epipharynx und die beiden Lacinien liegen in einer von den beiden Labialpalpen gebildeten Scheide. Ein Paar dreieckig zugespitzter Stipites und 4 gliedriger Maxillartaster sind gut entwickelt.
Stark abgeleitet und in ihren Hoomlogien noch nicht endgültig geklärt sind die Mundwerkzeuge der *Anoplura*. Der → Stechapparat besteht aus einem ventralen und dorsalen Stilett, einem dazwischen verlaufenden Speichelgang und einer aus dem Mundhöhlenboden hervorgegangenen Saugröhre. Die beiden Stilette sind in eine Stachelscheide im Innern des Kopfes einziehbar. Letztere ist offenbar aus einer sackartigen Einstülpung des Mundfeldes unter Beteiligung des Hypopharynx und der Unterlippe hervorgegangen. Der den Mund an der Kopfspitze abschließende, mit einem Hakenkranz versehene, einstülpbare → Mundkegel entspricht dem ventral zusammengerollten Labrum. Mandibeln fehlen bzw. sind als ein Paar rudimentärer Chitinschneiden erhalten.
Die stechend-saugenden Mundwerkzeuge haben sich in voneinander unabhängigen Formenreihen entwickelt. Die älteren Formenreihen schließen sich direkt an die kauend-leckenden Mundwerkzeuge an und entwickelten die Mandibeln und Lacinien zu Stechborsten. Die anderen, jüngeren, entstanden erst nach der Rückbildung der Mandibeln und Lacinien, aus einem primitiven leckend-saugenden Typus. (Taf. XXII, Fig. 5, Taf. XXIII, Fig. 2—7 und Taf. XXIV, Fig. 2, 5 b, c, d, f.)

murinana Hübner, *Cacoecia*, ziegenmelkerfarbiger Tannentriebwickler, grüner Tannennadelnestwickler, schwarzköpfiger Tannenwickler, Weißtannentriebwickler (*Lep Tortricidae*).

murinus Linné, *Brachylacon*, mausgrauer Sandschnellkäfer (*Col Elateridae*).

murinus Linné, *Dermestes*, mausgrauer Speckkäfer (*Col Dermestidae*).

Muscardine (lat. muscus, -i, m., Moos), eine pilzliche Krankheit der Insekten, bes. häufig bei behaarten Schmetterlingsraupen. Erreger ist der Pilz *Botrytis bassiana* Bal., dessen durch die Haut austretende sporenbildende Hyphen der kranken Raupe ein weiß besprenkeltes Aussehen verleihen.

Muscaria Burmeister 1829, (*Muscoidea*) → *Schizophora*.

Muscidae auct., Vollfliegen, Fam der *Diptera Calyptrata*. Sehr artenreich (etwa 4000 Arten) über alle tiergeographischen Gebiete der Welt verstreut. Imagines mit hochspezialisierten leckend-saugenden Mundteilen die bei *Stomoxidinae*, sekundär zu stechend-saugenden umgebildet worden sind. Larven acephal, sapro- oder phytophag, die letzteren vielfach als Pflanzenschädlinge auftretend (vgl. z. B. → Rübenfliege, → Zwiebelfliege). Die *Stomoxidinae* (→ *Stomoxis*, → *Glossina*) sind Blutsauger.

Fossil sind an 100 känozoische Arten seit Oligocän beschrieben worden (cf. HANDLIRSCH in SCHRÖDER 1929).

Muscularis, die aus Ring- und Längsmuskeln bestehende mittlere Schicht der Darmwand. In der ~ des Vorderdarms liegen die Ringmuskeln außerhalb, in der des Mitteldarms innerhalb und in der des Hinterdarms außer- und innerhalb der Längsmuskelschicht.

Die ~ der Herzwand wird als → Media bezeichnet.

Eine ~ kann auch in der Wand der Samenkapsel (receptaculum seminis) auftreten (*Heteroptera*) und ist in der Regel auch in der Wand des Ductus ejaculatorius vorhanden.

musculosa Hübner, *Oria*, Wieseneule, Halmeule (*Lep Noctuidae*).

Musculus (lat. musculus, -i, m., dem. aus gr. ὁ μῦς die Maus, bukolisch auch Muskel) → Muskel.

museorum Linné, *Anthrenus*, Kabinettkäfer (*Col Dermestidae*).

musivisches Sehen (gr. μουσόω mit Hilfe der Musenkünste harmonisch durchbilden), mosaikartiges Sehen, nach Theorie von Joh. Müller (1826) das Sehen mittels der Komplexaugen, deren dioptrischer Apparat das Bild in Licht- und Dunkelpunkte zerlegt und in dieser Form den Rhabdomen zuführt, im Gegensatz zum Wirbeltierauge, welches ein einheitliches Bild auf der Retina entwirft, die es ihrerseits in Licht- und Dunkelpunkte aufgelöst weiterleitet.

Muskel, *Musculus* (Taf. XXV, XXVI, und vgl. Anhang). Die Muskeln (*musculi*) sind Bündel quergestreifter → Muskelfasern, die von einem bindegewebsartigen → Myolemm zusammengehalten werden. Die ~ der Insekten sind meistens parallelfaserig und verjüngen sich allmählich zu der am bewegten Teil befestigten Sehne. Der Querschnitt ist meist rund oder oval, doch gibt es auch flache, fächerförmige Muskeln.

Jeder ~ hat seinen → Ursprung (*origo*) am unbewegten Teil des Chitinskeletts (*punctum fixum*) und seinen → Angriffpunkt (*insertio*) am bewegten Organ (*punctum mobile*). Das am Ursprung befestigte Muskelende heißt Fuß oder Basis des Muskels, während das am bewegten Organ meist mittels einer Sehne befestigte Vorderende als Kopf (Kopfende) bezeichnet wird. Die ~ sind am Ursprung in der Regel mit der ganzen Breite des ungeschmälerten Querschnittes befestigt, indem sich die Muskelfasern in die → Tonofibrillen der Epidermis fortsetzen und als epitheliale Sehnenfäden oft die ganze Endocuticula durchziehen. Dagegen sind die am Kopfende der Muskeln auftretenden Sehnen, endocuticulare, in der Regel mit Epidermis überzogene endoskeletale Vorsprünge von stiel-, trichter- oder plattenartiger Form, die an der Insertionsstelle des Muskels entstanden sind.

Verbindung mehrerer Muskelbündel zu einem Muskel kommt sehr häufig vor. In den meisten Fällen bleiben dann die Ursprungsstellen der einzelnen Bündel getrennt, während die Köpfe an einer gemeinsamen Sehne inserieren. Solche Muskeln werden als zwei- oder mehrteilige (bi- oder polygaster) bezeichnet. So sind z. B. die Adductoren Mandibulae in der Regel mehrteilig. Viel seltener kommen zwei- und mehrköpfige (bi- und polycipites) Muskeln vor, d. h. Muskeln, deren Einzelbündel gemeinsam entspringen, aber mit getrennten Sehnen inserieren, wie z. B. gewisse pharyngale Dilatatoren.

Die ~ bilden eine wichtige Stütze für die Deutung der vom Chitinskelett im Laufe der Phylogenese durchgemachten Wandlungen, weil sie meist zähe an ihren Ursprungs- und Insertionsstellen verharren. Es gibt aber recht viele Beispiele von → Muskelwandlungen, die dabei in Betracht gezogen werden müssen, um Fehlschlüsse zu vermeiden.

Die Farbe der Insektenmuskeln ist in der Regel weißlich, gelblich oder rötlich (→ Myoplasma), selten bräunlich (→ Sarcosom).

Die Hauptmasse der Muskeln des Insektenkörpers entspringt vom und inseriert am Integument und bildet das → Hautmuskelsystem. Eine Anzahl von Muskeln des Vorder-, Mittel- und Hinterdarmes entspringt gleichfalls vom Integument.

Eine für alle Muskeln des Insektenkörpers einheitliche Terminologie gibt es bisher nicht. Dies hat seinen Grund in der weitgehenden Differenzierung der Muskulatur des Kopfes, des Thorax und des Hinterleibes, wodurch die homodyname Zusammengehörigkeit der sich segmental entsprechenden Muskeln mehr oder weniger verschleiert oder ganz verlorengegangen ist, was vor allem für die Muskulatur des Kopfes und der Kopulationsorgane gilt, die zum großen Teil nicht mehr mit der Muskulatur des Thorax verglichen werden kann.

Als erster begründete BURMEISTER (1832) sein System der funktionellen (physiologischen) Muskel-Terminologie, welches seiner Einfachheit halber auch heute noch vielfach im Gebrauch ist. Es eignet sich aber nicht für vergleichend-morphologische Zwecke, weil ein und derselbe Muskel bei verschiedenen Insekten vielfach verschiedene Funktionen hat. So ist, um ein Beispiel zu nennen, der Adductor mandibulae kauender Insekten zu einem Retractor mandibulae stechend-saugender Insekten geworden.

LUKS führte 1883 an Stelle des BURMEISTERschen funktionellen Systems die topographische Terminologie der Muskeln ein, welche später Voss (1905) für den Thorax weiter ausgebaut hatte. Voss teilte alle Muskeln in homologe Gruppen ein, welche WEBER in seinem Lehrbuch der Entomologie (1933) zu einem übersichtlichen homologen Muskelsystem gestaltete. Dieses Verfahren hat den Nachteil, daß viele Muskeln den gleichen Gruppennamen tragen und Voss hat sie mit laufenden Nummern bezeichnet. Daraus ergaben sich recht langatmige und vor allem die Muskeln nicht genügend charakterisierende Namen, wie z. B. Musculus lateralis quatuordecimus mesothoracis.

Einen anderen Weg versuchte BERLESE in seinem Werk Gli Insetti (1909) zu gehen. Er belegte die Muskeln mit je einem zweiteiligen Namen, dessen ersten Teil er vom Ursprung, den zweiten von der Insertion des betreffenden Muskels abgeleitet hat, z. B. muscolo epimerocoxale. Auf diese Weise benannte er aber nur die von ihm selbst entdeckten Muskeln, während er alle anderen bei ihren alten, meist Vossschen Namen belassen hatte.

Die morphologische Muskelnomenklatur BERLESES wurde später besonders von CARPENTIER (1923, 1930) in lateinischer Form benutzt, doch setzte er die Insertion an die erste und den Ursprung an die zweite Stelle bei der Namengebung. Ich finde es richtiger nach dem Vorbild der Medizin, dem auch BERLESE treu blieb, den Ursprung an die erste und die Insertion an die zweite Stelle des Muskelnamens zu setzen. Manchmal ergeben sich auch hier Schwierigkeiten, z. B. bei notocoxalen Muskeln, die im Fluge das Notum und im Gang das Bein bewegen. Ich halte mich in solchen Fällen an den als primär anzusehenden Zustand.

In den allermeisten Fällen kommt man bei der morphologischen Muskelnomenklatur mit einem zweiteiligen Namen aus. Nur selten haben zwei selbständige Muskeln denselben Ursprung und dieselbe Insertion, so daß sie durch einen adjektivischen Anhang wie superior und inferior, externus und internus od. dgl. unterschieden werden müssen.

Die Hauptgruppen des homologen Muskelsystems Voss' behalten ihre vergleichend anatomische Bedeutung. Sie bilden einen Stamm, auf welchen alle Muskeln durch künftige Homologisierung zurückgeführt werden können. Gegenwärtig erstreckt es sich in der Hauptsache auf die Muskeln des Thorax und zum Teil auf die des Hinterleibes. Nur wenige Muskeln des Kopfes konnten bisher auf die primären Muskelzüge der ursprünglichen Kopfsegmente zurückgeführt und in das homologe Muskelsystem eingereiht werden. Für den Hinterleib hatte SNODGRASS (1935) ein anderes System ausgearbeitet, auf welches hier nicht näher eingegangen werden kann.

Das thorakale homologe Muskelsystem stellt sich nach WEBER, mit Ergänzungen aus SNODGRASS, folgendermaßen dar.

A. **Längsmuskeln,** *musculi longitudinales* (vgl. auch → Längsmuskeln).

Dlm, dorsale Längsmuskeln, *musculi longitudinales noti.* Im Prothorax schwach, arbeiten sie als Beweger der Kopfkapsel. Im Meso- und Metathorax geflügelter Insekten, mit Ausnahme der *Odonata,* denen sie fehlen, sind sie zu indirekten Flügelmuskeln geworden. Die thorakalen *dlm* treten in der Regel in zwei Muskelpaaren auf, dem *dlm* (1) und *dlm* (2). Im Hinterleib sind es jeweils mehrere parallele Muskelzüge.

dlm (1), *Musculus (dl) noti medialis*, zieht primär in mehreren Bündeln von Antecosta zu Antecosta bzw. von Phragma zu Phragma oder vom Prophragma zum Rande des Occipitalloches. Im letzteren Fall handelt es sich wohl um Verschmelzung des *dlm* (1) des Prothorax mit dem des primären Labialsegments. Im geflügelten Segment ist der *dlm* (1) indirekter Flügelsenker, indem er das Notum wölbt. Er ist je nach der Funktion sehr veränderlich in seiner Stärke. Seine Insertion kann von Phragma auf das Notum übergehen.

dlm (2), *Musculus (dl) noti lateralis*, zieht von Antecosta bzw. Phragma zum Notum des zugehörigen Segments. Liegt stets lateral von *dlm* (1). Arbeitet als Antagonist des vorigen, indem er das Notum abflacht und damit die Flügel hebt. Wie der vorige sehr veränderlich in Stärke.

Vlm, ventrale Längsmuskeln, *musculi ventrales longitudinales, musculi longitudinales sterni*. Stets schwache Muskeln von untergeordneter Bedeutung. Längs und schräg verlaufende Muskelzüge, deren Hauptaufgabe in der gegenseitigen Bewegung der Sterna liegt. Einige prosternale Züge sind zu Bewegern des Kopfes geworden. Bei *vlm* (3) und (4) kann es sich vielleicht um primär transversale Muskeln handeln, welche im Zusammenhang mit der Umbildung der Subcoxa in die Pleure schräg longitudinale Richtung bekommen haben.

vlm (1), *Musculus (vl) spinaspinalis*, zieht intersegmental von Spina zu Spina, nicht selten zu einem unpaarigen medianen Zug reduziert, öfters ganz fehlend, z. B. im Mesothorax von *Gryllus*.

vlm (2), *Musculus furcafurcalis*, zieht intersegmental von Furca zu Furca. Ein sehr regelmäßig auftretendes Muskelpaar, welches häufig in mehrere Bündel gespalten ist. Er ist, wie der vorige, ein echter Längsmuskel, dessen U und I sekundär von der Gegend der Spina am Rande des Sternum auf die Furca verlegt worden ist.

vlm (3), *Musculus (vl) spinafurcalis*, zieht segmental von der Spina zur Furca desselben Segments. Homologie unsicher, wahrscheinlich entspricht dieser Muskel dem primären ventralen Remotor des Parapodiums der Polychaeten und Onychophoren. Da er aber bei diesen Tieren zwischen den beiden Zügen des *vlm* (1) entspringt und bei Insekten stets außerhalb derselben liegt, mußte er den *vlm* (1) überschritten haben. Viel leichter ist die Verlegung seiner I vom Rande der Subcoxa (Parapodiumbasis) auf die Spina erklärlich.

vlm (4), *Musculus (vl) furcaspinalis*, zieht intersegmental von Furca zu Spina des vorangehenden Segments. Homologie wie bei dem vorigen Muskel unsicher. Er dürfte unter denselben Voraussetzungen dem primären Promotor parapodii entsprechen.

B. **Transversalmuskeln,** *musculi transversales* (vgl. auch → Transversalmuskeln).

Dvm, Dorsoventralmuskeln, *musculi dorsoventrales*. Meist kräftige, im geflügelten Segment sehr kräftige Muskeln, welche vom Notum zu Sternum, Sternopleura, Coxa und Trochanter ziehen. Sie bilden beiderseits des Segments eine senkrechte Längsreihe von im Grunde 6 Muskelzügen. Die vorderen drei haben ihren fixen Punkt (U) am definitiven Sternum (praecoxal) bzw. am Trochantinus und sind im Grunde Beweger des Notums, d. h. vor allem i n d i r e k t e F l ü g e l h e b e r. Sie fehlen in der Regel im Prothorax. Die hinteren drei sind zugleich Beweger des Beins und indirekte Flügelmuskeln. Damit erklärt sich ihre große Veränderlichkeit im Zusammenhang mit dem Funktionswechsel bei verschiedenen Insekten. Es ist eine der interessantesten Muskelgruppen des Insektenkörpers.

dvm (1), *Musculus (dv) basisternonotalis*, fehlt im Pro- und manchmal im Metathorax, kräftig im geflügelten Segment. Er wird von dem primären Promotor des Parapodiums durch Abspaltung abgeleitet. Reiner Abflacher des Notums, im geflügelten Segment indirekter Flügelheber.

dvm (2), *Musculus (dv) laterosternonotalis*, fehlt wie der vorige im Prothorax, kräftig im geflügelten Segment. Verlegt seinen U öfters auf das Praecoxale, sich dadurch dem *dvm* (1) nähernd. Ableitung wie beim vorigen.

dvm (3), *Musculus (dv) trochantinonotalis*, oder (bes. im Prothorax) *nototrochan-*

tinalis. Teilt mit den beiden vorigen die Funktion des Notumsenkers, hat aber außerdem die Funktion des Rotators der Hüfte, im Prothorax allerdings nur die letztere. Auch dieses Muskelpaar läßt sich vom primären Promotor des Parapodiums ableiten.

dvm (4), *Musculus (dv) basicoxanotalis,* bzw. im Prothorax *notobasicoxalis* hat wie der vorige im geflügelten Segment doppelte Funktion als Notumsenker und Promotor der Hüfte, sofern die letztere mit dem Stamm beweglich artikuliert. Stammt wie die drei vorigen vom primären Promotor des Parapodiums ab.

dvm (5), *Musculus (dv) nototrochanteralis.* Der längste thorakale Muskel, inseriert mit langer Sehne am Basalrande des Trochanters, gemeinsam mit *sbm* (4) und *ebm* (2). Er ist in seiner Hauptfunktion immer Senker (Abductor) des Trochanterofemurs, im geflügelten Segment auch Senker des Notums wie die vier vorigen. Er fehlt nicht selten, z. B. bei apocriten Hymenopteren. Unter Arthropoden nur bei Insekten vorhanden, hat er kein Homologon in der Muskulatur des Rumpfes oder des Parapodiums der Polychaeten und Onychophoren.

dvm (6), *Musculus (dv) merocoxanotalis* bzw. im Prothorax *notomerocoxalis* ist der primäre Remotor des Parapodiums der Polychaeten und Onychophoren, dessen Funktion er beibehalten hat und ist im geflügelten Segment außerdem zum Senker des Notums geworden. Als Remotor coxae ist er Antagonist des *dvm* (4). Seine Verstärkung hat die Vergrößerung des Meron zur Folge und führt zur Entstehung der → Spalthüfte und im Mesothorax der Dipteren zu ihrer Abtrennung von der Coxa.

Npm, Notopleuralmuskeln, *musculi notopleurales,* (*musculi tergopleurales* Snodgrass). Sehr unregelmäßig auftretende, kurze, meist schwache Muskeln zwischen dem Seitenrande des Notums und dem Oberrande der Pleura bzw. zwischen den vom Notum und Pleura abgetrennten → Axillarskleriten. Im letzteren Fall werden diese Muskeln auch Axillarmuskeln genannt und sind direkte Flügelmuskeln.

npm (1), *Musculus (np) praealaroepisternalis* zieht vom Processus praealaris des Notums zum Episternum. Im geflügelten Segment selten.

npm (2), *Musculus (np) notobasalaris* zieht von der Basis des Processus praealaris des Notums zum Basalare. Es ist der einzige am Notum direkt entspringende Axillarmuskel. Snodgrass stellt ihn zu Tergopleuralmuskeln. Kommt nur im Mesothorax vor.

npm (3), *Musculus (np) praecondylopleuralis* zieht vom Seitenrande des Notums, meist vom vorderen → Tergalhebel, zum oberen Ende der Pleuralleiste unterhalb des Processus alaris. Kommt nur im Mesothorax vor. (Von Weber als *pm* (5) bezeichnet.)

npm (4), *Musculus (np) metacondylopleuralis* zieht vom hinteren → Gelenkfortsatz des postalaren Seitenrandes des Notums zum unteren Teil der Pleuralleiste. Gut entwickelt und häufig zweiteilig bei *Ephemerida, Perlaria, Sialidae, Panorpatae, Trichoptera* und *Aphididae.*

npm (5), *Musculus (np) pleuropropteralis.* Bisher nur bei Dipteren gefunden, zieht dieser Muskel von der Pleure zum 1. Pterale (Propterale, 1. Axillare).

npm (6), *Musculus (np) pleuroendopteralis,* ein häufiger Muskel des Meso- und Metathorax, zieht von der Pleure zum 2. Pterale (Endopterale).

npm (7), *Musculus (np) pleuromesopteralis,* tritt bei allen geflügelten Insekten auf, welche ihre Flügel in Ruhe nach hinten legen. Er entspringt in der Regel von der Pleuralleiste und inseriert auf dem 3. Pterale (Analgelenkstück, Malleus der Dipteren).

npm (8), *Musculus (np) endopterobasalaris.* Nur bei Dipteren im Mesothorax aufgefundener kurzer Muskel zwischen dem Basalare und dem 2. Pterale (Endopterale).

Plm, Pleuralmuskeln, *musculi pleurales.* Sehr variable, besonders im Meso- und Metathorax stark differenzierte und zahlreiche Muskeln, von welchen die meisten im Dienste der Flügel- und Beinbewegung stehen. Ihre Ursprungs- und Insertionsstellen bewegen sich im Bereich der Pleure (Subcoxa). Die Muskeln der Parapteren (Basalare und Subalare) inserieren bei Puppen am oberen Rand der Pleure, von der sich die Parapteren im Laufe der präimaginalen Entwicklung loslösen. Die basalaren Muskeln sind Senker, die subalaren Heber des Flügels im Fluge (direkte Flugmuskeln).

Die hier in Anlehnung an Weber und

Snodgrass zugrunde gelegte Einteilung der *Pm* soll in erster Linie die Übersicht der zahlreichen Muskeln dieser Gruppe erleichtern. Die Einteilung richtet sich nach topographischer Übereinstimmung der einzelnen Muskelzüge, was durchaus nicht ihre genetische Verwandtschaft voraussetzen muß. Es ist nicht erwiesen, wenn auch annehmbar, daß die *Pm* Derivate der eigenen lateralen Subcoxalmuskeln sind.

plm (1), *Musculus episternobasalaris*, zwischen dem oberen Teil des Episternum und dem Basalare. Tritt selten auf.

plm (2), *Musculi prae-basicoxaepisternales superiores*. Im Grunde drei Muskelzüge, welche von der Praecoxa, dem Trochantinus und der Basicoxa zum oberen Rande des Episternums bzw. zum Basalare ziehen. WEBER bezeichnet die zwei ersteren als *pm* (1) und *pm* (2).

plm (3), *Musculi prae-basicoxaepisternales inferiores*, gewöhnlich auch drei Muskelzüge von Praecoxa, Trochantinus und Basicoxa zum unteren Teil des Episternums. Im Gegensatz zur vorigen Gruppe haben diese Muskeln keine Beziehung zum Flügel. Der basicoxalis inferior führt bei WEBER die Bezeichnung *pm* (3).

plm (4), *Musculus (pl) pleurotrochanteralis*, ein kräftiger, einfacher Muskel, zieht vom oberen Rande des Episternums zum Trochanter. Kommt selten vor (*Gryllus, Cicada, Sphinx*). SNODGRASS bezeichnet ihn als extracoxalen depressor trochanteris. Es kann sich um einen stark differenzierten Zug der Gruppe *pm* (2) handeln und VOSS vermutet, daß er sich mit dem Flexor alae mesothoracis von LUKS vergleichen ließe.

plm (5), *Musculus (pl) post-merocoxaepimeralis*, gewöhnlich zwei Muskelzüge, welche zum oberen Rande des Epimerums bzw. zum Subalare ziehen. Der merocoxale Muskel führt bei WEBER die Bezeichnung *pm* (4).

plm (6), *Musculus (pl) epimerosubalaris*, zieht vom Epimerum zum Subalare.

Psm, Pleurosternalmuskeln, *musculi pleurosternales*.

psm (1), *Musculus (ps) apodemafurcalis* (Zwischenmuskel, *Zm* bei VOSS und WEBER), ein sehr regelmäßig zwischen der Furcagabel und der Pleuralapodeme auftretender Muskel. Schwindet mit der Annäherung der Furcagabeln an die Apodemen.

psm (2), *Musculus (ps) pleurofurcalis*. Ein (nach SNODGRASS) selten vorkommender Muskel. Er entspringt von der Pleuralleiste unterhalb der Apodeme und zieht zur Furca.

Lim, Laterale Intersegmentalmuskeln, *musculi intersegmentales laterales*. Ein zwischen Pro- und Mesothorax, seltener zwischen Meso- und Metathorax und zwischen Metathorax und dem 1. Hinterleibssegment auftretendes Muskelpaar. Zieht von der Furca zur folgenden Antecosta, von der er aber auf das Epimerum oder Notum (*Acridiidae*) übergehen kann. Besonders bei niederen Pterygoten und Larven. Die Herkunft dieses Muskels ist unsicher.

Spm, Sternale Pedalmuskeln, sternale Beinmuskeln, *musculi sternopedales* (*Bm* bei VOSS und WEBER).

spm (1), *Musculus (sp)furcabasicoxalis*, homolog dem primären Promotor parapodii.

spm (2), *Musculus (sp)furcacoxalis medius*, nach SNODGRASS nur bei Insekten ohne sternales Hüftgelenk.

spm (3), *Musculus (sp) furcamerocoxalis*, homolog dem primären remotor parapodii.

spm (4), *Musculus (sp) furcatrochanteralis*.

Ppm, Propriopedalmuskeln, eigene Beinmuskeln, *musculi pedum proprii*, Beweger der einzelnen Glieder der thorakalen Beine. Ihre Entstehung ist aus den ursprünglichen Ringmuskeln nach WEBER durch Einwanderung der einzelnen Muskelzüge in die Extremität und ihre sekundäre Teilung an den endoskeletalen Gelenkvorsprüngen zu denken (→ Muskelwandlung).

ppm (1), *Musculus (pp) coxatrochanteralis medialis (externus)* (Abductor trochanteris bzw. trochanterofemoris auct., Levator trochateris Snodgr.), einfacher oder zweiteiliger Muskel, bewegt das Bein nach außen und oben, d. h. hebt den Schenkel.

ppm (2), *Musculus (pp) coxatrochanteralis lateralis (internus)* (Abductor trochanteris bzw. trochanterofemoris auct., Depressor t. Snodgrass), Antagonist des vorigen, stets einfach, inseriert an einer gemeinsamen Sehne mit *sbm* (4) und *dvm* (5).

ppm (3), *Musculus (pp) trochanterofemoralis* (Remotor o. Reductor femoris) ein oder zwei (*Odonata*) Muskelzüge, welche diagonal durch den Trochanter ziehen, indem sie von der Medianwand des Trochanters entspringen und am basalen Hinter- bzw. Außenrand des Schenkels inserieren. Mit der Reduktion des Trochanters schwindet auch dieser Muskel (*Acridiidae* usw.). Hat keinen Antagonisten, dessen Funktion die Syndese des Trochanterofemurgelenks übernommen hat.

ppm (4), *Musculus* (*pp*) *femorotibialis dorsalis* (Extensor tibiae, Levator tibiae auct.), entspringt mit langem Fuß von der dorsalen Wand des Schenkels, kann sich aber auch auf die Seitenwände ausbreiten. Inseriert am dorsalen Rande des Kniegelenks.

ppm (5), *Musculus* (*pp*) *femorotibialis ventralis* (Flexor oder Depressor tibiae), Antagonist des vorigen, schwächer als der letztere, selten (Klammerbeine) kräftiger, entspringt von der ventralen Wand des Schenkels, inseriert am ventralen Rande des Kniegelenks.

ppm (6), *Musculus* (*pp*) *femoropraetarsalis* (Flexor oder Depressor praetarsi), ein oder zwei Muskelzüge, die an der langen Sehne des Praetarsus inserieren und im basalen und distalen Teil des Schenkels entspringen.

ppm (7), *Musculus* (*pp*) *tibiopraetarsalis* (Flexor oder Depressor praetarsi), ein oder zwei Muskelzüge, die innerhalb der Schiene an der langen Sehne des Praetarsus inserieren und im proximalen Teil der Schiene entspringen.

ppm (8), *Musculus* (*pp*) *tibiobasitarsalis dorsalis s. externus* (Extensor oder Levator tarsi), ein kleiner Muskel im Endteil der Schiene, inseriert am dorsalen Rande des Basalgelenks des ersten Tarsengliedes.

ppm (9), *Musculus* (*pp*) *tibiobasitarsalis ventralis s. internus* (Flexor oder Depressor tarsi), Antagonist des vorigen.

Ein Versuch einer einheitlichen, morphologischen Terminologie der wichtigsten Muskeln des Insektenkörpers findet sich am Schluß des vorliegenden Wörterbuches.

Muskelfasern sind Zellen oder Syncytien, aus welchen die Muskeln zusammengesetzt sind. Die natürliche Kontraktilität des Zellplasmas ist in den ~ zur Hauptfunktion geworden und zog die charakteristische morphologische Spezialisierung der Zellen nach sich. Die Spezialisierung der ~ ging in zwei Richtungen vor sich, Ausbildung von g l a t t e n und q u e r g e s t r e i f t e n ~. Eine scharfe Trennung zwischen den beiden Typen gibt es nicht, denn es kommen auch unvollkommen quergestreifte Muskelfasern vor.

Glatte ~ bestehen stets nur aus einer einzigen Zelle und enthalten nur wenige, glatte → Muskelfibrillen in ihrem Plasma. Sie bilden nie ausgesprochen bipolare Muskelbündel, wie sie im Hautmuskelsystem auftreten, sondern treten in flächenhaft entwickelten → Peritonealhüllen gewisser Organe, wie der Geschlechtsorgane, des Darms und des Rückengefäßes in Form von Muskelfasernetzen auf, deren einzelne ~ durch Ausläufer miteinander in Verbindung stehen.

Quergestreifte ~ bilden in der Regel vielkernige → Syncytien, welche mit einer gemeinsamen Hülle, dem → Myolemm, versehen, die zahlreichen, parallel verlaufenden → Myofibrillen, Zellkerne und → Myochondrien in ihrem → Myoplasma enthalten. Die Anordnung der Myofibrillen und Kerne pflegt gewissen konstanten Mustern zu folgen, von denen drei Haupttypen unterschieden werden können. So sind die Fibrillen und Kerne entweder über den ganzen Querschnitt der ~ zerstreut, oder die letzteren bilden eine periphere Lage um die zentral verlaufenden Fibrillen, oder aber die Kerne bilden einen zentralen Mark, um das die Fibrillen radial angeordnet sind.

Quergestreifte ~ bilden das Hauptelement der bipolaren Muskeln des Hautmuskelsystems, treten aber auch in flächenhafter Form, zu netzartigen Geweben verflochten, in der Wandmuskulatur des Darms auf.

In gewissen Flugmuskeln (z. B. bei *Hym Aculeata*) weichen die ~ sehr stark von dem gewohnten Typus der quergestreiften Fasern ab, was wohl mit der Sonderleistung der betreffenden Muskeln in Zusammenhang gebracht werden kann (→ Sarcostyle).

Muskelfibrillen (lat. dem. von fibra, -ae, f., Faser) → Myofibrillen.

Muskelgewebe, t e l a m u s c u l a r i s, zusammenhängender Komplex von → Muskelfasern. Das ~ hat entweder die Form von bipolaren → Muskeln oder die der flächenhaft entwickelten, multipolaren → Muscularis.

Muskelkästchen sind zwischen zwei → Telophragmen gelegene Sektoren der quergestreiften → Myofibrillen. Sie bestehen aus einem dunklen → anisotropen und zwei hellen → isotropen Gliedern.

Muskelsinn → Propriorezeptoren.

Muskelwandlung, Veränderung der Ansatzstelle, Teilung, Vergrößerung oder Verkleinerung und Schwund der Muskeln im Zusammenhang mit dem Funktionswechsel der von ihnen bewegten Organe.

Am häufigsten kommen Veränderungen in der Lage der Ursprungsstellen der Muskeln vor, weil diese für die Richtung der Zugkraft ausschlaggebend ist. So sind z. B. die Adductoren mandibulae bei Mallophagen vom Scheitel auf die Schläfen abgewandert, und bei gewissen Hemipteren haben diese zu Retractoren der mandibularen Stechborsten gewordenen Muskeln ihren Ursprung auf das Tentorium verlegt.

Sehr häufig kommt auch eine Spaltung eines ursprünglich einheitlichen Muskels in zwei getrennte Bündel und umgekehrt die Verschmelzung von zwei benachbarten Muskeln zu einem einzigen Bündel vor.

Ein Muskel kann gänzlich schwinden, wenn z. B. seine ursprüngliche Insertionsstelle unbeweglich geworden ist, wie dies im → Furcapodemalbogen des Prothorax der Fall ist.

Gewisse eigene Beinmuskeln (→ Muskel, *ppm*) sind offenbar durch Querteilung an einer vorspringenden Gelenkfalte zustande gekommen, während gewisse Längsmuskeln des Hinterleibs und im Prothorax, welche ein oder einige Segmente frei durchlaufen, auf Verschmelzung primär getrennt hintereinander liegender Muskeln zurückzuführen sind.

Muskulatur, Gesamtheit der Muskeln des Tierkörpers. Die ~ ist neben der → Haut das am mächtigsten entwickelte Organsystem der Insekten. Diese beiden Organsysteme treten zum größten Teil miteinander in direkte Verbindung und bilden den physiologischen (funktionellen) Komplex des → Hautmuskelsystems. Außerdem gibt es Muskelkomplexe, welche in keiner Verbindung mit der Haut stehen, so die → Muscularis des Darms, die → Media der Wand des Rückengefäßes und die Muskelschicht der → Peritonealhülle der Geschlechtsorgane. Auch die Ausführungsgänge der Geschlechtsorgane haben ihre eigene Wandmuskulatur.

Die Muskulatur der Insekten ist mesodermalen Ursprungs und entsteht aus den → Coelomsäcken, deren äußere, somatische Schicht die Hautmuskulatur und die innere, splanchnische die Darmmuskelschicht bildet.

mutans Rob., *Cnemidocoptes*, Kalkbeinmilbe (*Acari, Sarcoptidae*).

Mutillidae (Latreille 1802) Stephens 1829 (*Mutillariae* pp. Latr.), Bienenameisen. Fam der *Hym* mit etwa 2000 rezenten Arten, die meistenteils in den Tropen verbreitet sind. In Deutschland leben nur 7 Arten. Fossil sind 4 oligocäne (davon 3 aus dem baltischen Bernstein) und 2 kopale Arten bekannt. Meist mittelgroße, auffällig in Querbändern gefärbte und zottig behaarte Insekten. Weibchen flügellos. Die meisten sind Brutparasiten, welche ihre Eier in Brutzellen anderer Hymenopteren legen.

Muttergänge sind die vom Weibchen der Borkenkäfer in Rinde oder Holz ausgenagten Gänge, in deren Wand die Eier in kleinen nach der Eiablage mit Bohrmehl verstopften Einischen abgelegt werden. Bei polygamen Arten (*Polygraphinae, Carphoborinae, Ipinae, Pityophthorinae*) beteiligt sich an der Arbeit auch das Männchen, welches das Eingangsloch und die → Rammelkammer ausnagt. Bei → Rindenbrütern sind die ~ gewöhnlich mit einem oder mehreren → Luftlöchern versehen. Die Form des ~ ist für die meisten Arten charakteristisch.

Mutterschicht, matrix, in der Histologie jede Zellschicht oder Zellgruppe, welche im Lauf der Ontogenese ein definitives Organ herausbringt. So ist z. B. die Epidermis die ~ der Cuticula. Die ~ wird auch vielfach als Bildnerin der aus ihr hervorgegangenen Organe und definitiven Gewebe bezeichnet.

Mycetocyten (gr. ὁ μύκης der Pilz, τὸ κύτος Höhlung, Urne, Gefäß), Bacteriocyten, einzelne Zellen eines Gewebes, welche gewisse Bakterien als Symbionten beherbergen.

Mycetome (gr. ἡ τομή Schnitt, Abschnitt), mehrzellige Lappen des Fettkörpers, deren Zellen symbiontische Mikroorganismen beherbergen. (Hemiptera, vgl. MÜLLER, Biol. Zbl. 68, 1949.)

Mycetophaga (gr. φαγεῖν essen), Pilzfresser, → phytobiontophage Insekten.

die sich von Pilzen ernähren. Nur eine Ordnung der Insekten ist hauptsächlich auf Pilznahrung spezialisiert, nämlich die *Corrodentia*. Viele von ihnen nehmen zwar auch andere vegetabilische Nahrung zu sich (z. B. Algen), aber ihre Hauptkost bilden niedere Pilze. In anderen Insektenordnungen finden sich Pilzfresser unter Fliegen (*Fungivoridae*), Käfern (*Endomychidae, Colydiidae, Nitidulidae, Erotylidae* usw.), Schmetterlingen (einige *Tineidae*), Termiten (viele pilzzüchtende Arten), Thysanopteren und Hemipteren. Unter Hymenopteren sind wenige pilzfressende Arten bekannt, so z. B. die pilzzüchtenden Ameisen der Gattung *Atta*. Pilzzüchtende Arten sind auch in der Ordnung der Käfer vertreten (gewisse Borkenkäfer, *Ipidae*). In den meisten Fällen bilden aber Pilze nur eine Nebenkost der genannten Gruppen, und es sind meist nur einzelne Arten, die sich ausschließlich auf Pilznahrung spezialisiert haben. (→ Ectosymbiose.)

Mycetophagidae (Leach 1815 pp.) Seidlitz 1887 (Abb. 192), Fam der *Col* (*Clavicornia*) mit etwa 150 hauptsächlich holarktischen Arten, die in Deutschland mit etwa 15 Arten vertreten sind. Es sind kleine, einige mm lange, meist schwarz und rot gezeichnete, ovale Käfer, die sich unter Baumrinden und in Pilzen, bes. Hutpilzen aufhalten. Fossil sind von dieser Fam etwa 10 tertiäre Arten bekannt.

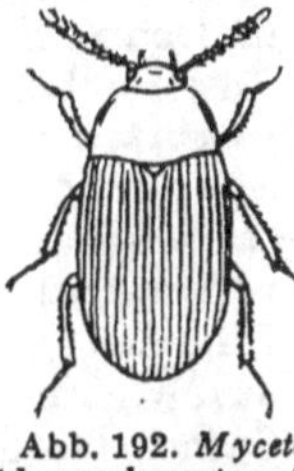

Abb. 192. ***Mycetophagus decempunctatus*** **Fabricius (Mycetophagidae). Nach Reitter aus Handlirsch. Nat. Gr. etwa 6 mm.**

Mycetophilidae → *Fungivoridae*.

Mycosen, Mykosen (gr. ὁ μύκης Pilz), die durch Pilze verursachten Krankheiten der Insekten und anderer Tiere. *Empusa muscae* der Hausfliege (*Entomophthoraceae*) *Cordiceps, Laboulbeniaceae* verschiedener Insekten sind die in diesem Zusammenhange zu nennenden Vertreter bzw. Gruppen der in Insekten schmarotzenden Pilze.

Mydaidae (Latreille 1809) Coquillet 1901 (*Mydasii* Latr.), Fam der *Diptera Brachycera* mit etwa 200 Arten des warmen Gürtels. In Deutschland nicht vertreten, dringen diese Fliegen nordwärts nur bis in das Mediterrangebiet hinein. Fossil ist eine miocäne Art aus Colorado beschrieben worden.

Myiologie (gr. ἡ μυῖα Fliege, auch μύα, lat. musca), Dipterologie, Fliegenkunde, das sich mit Fliegen o. Zweiflüglern (Ordn *Diptera*) befassende Teilgebiet der → Entomologie. (Nicht zu verwechseln mit → Myologie.)

+***Mylacridae*** (Scudder 1879) Handlirsch 1908 (Abb. 193, 194), ausgestorbene Fam

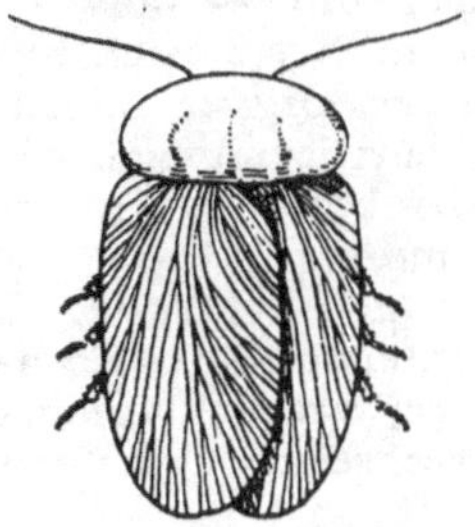

Abb. 193. + ***Paromylacris rotunda*** **Scudder (+ Mylacridae) Nach Handlirsch. Nat. Gr. etwa 1,5 cm.**

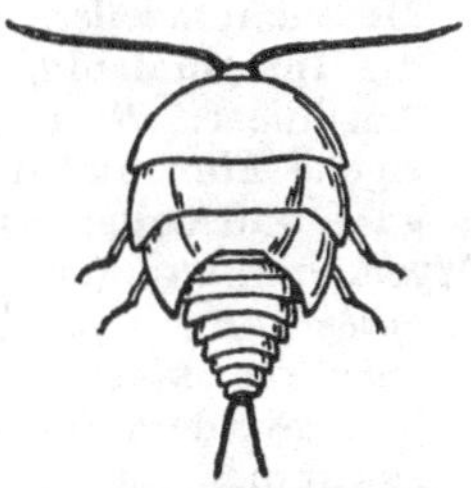

Abb. 194. + Mylacriden-Larve. Nach Handlirsch. Nat. Gr. etwa 3 cm.

der *Blattaria*, mit etwa 70 mittel- und oberobercarbonischen Arten aus Westeuropa (5 + 3) und Nordamerika (32 + 29). Es waren mittelgroße Tiere mit 2—3 cm langen Vorderflügeln. Nur bei einer Art waren die Vorderflügel 4 cm lang.

Mymaridae Haliday (1833) 1840 (*Mymares* Haliday 1833), Zwergwespen (Abb. 195), Fam der *Hymenoptera Chalcidoidea*

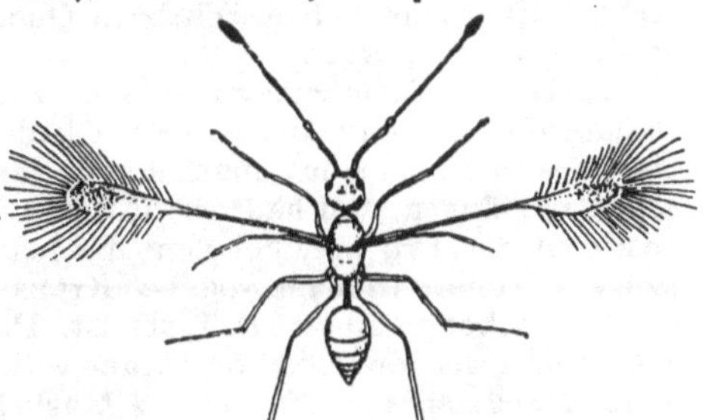

Abb. 195. ***Mymar regalis*** **Enoch (Mymaridae). Nach Bischoff aus Lameere. Nat. Gr. etwa 0,7 mm.**

mit etwa 100 weit verbreiteten Arten. Die Arten dieser Familie sind die kleinsten Hymenopteren und gehören zu den kleinsten Insekten überhaupt, indem sie eine minimale Größe von 0,2 mm Länge erreichen. Ihre schmalen, am Rande mit einem Haarfransensaum versehenen Flügel sind ganz aderlos. Ein kurzer, kurz vor der Hinterleibsspitze entspringender

Legebohrer zeichnet die Weibchen aus. Fossil sind etwa 12 Arten aus dem baltischen Bernstein und 7 aus Kopalen bekannt. Die meisten fossilen Arten konnten in rezente Gattungen eingegliedert werden.

Myoblast (gr. ὁ μυών, o. μῦς, gen. μυός Muskel, ἡ βλάστη o. ὁ βλάστος Keim, Ursprung), embryonale, mesodermale Mutterzelle der → Muskelfaser. Im Laufe der Histogenese entstehen die ∼ aus → Mesenchymzellen, deren Nester sich um die Imaginalanlagen der Organe bilden. Aus diesen Nestern entwickelt sich die eigene Muskulatur der betreffenden Organe und Organsysteme.

Myochondrien (gr. ὁ μυών Muskel, ὁ χονδρός Körnchen), interfibrilläre Körnchen der Muskelfasern, welche vermutlich mit dem Stoffwechsel der letzteren zusammenhängen.

Myodochidae Kirkaldy → *Lygaeidae*.

Myofibrillen (gr. ὁ μυών Muskel, lat. fibrilla, -ae, f., dem. von fibra, -ae, f., Faser), Myoneme, Muskelfibrillen, kontraktile intrazelluläre Elemente der → Muskelfaser. Die ∼ sind fadenförmig, durchziehen die ganze Muskelfaser und bestehen aus abwechselnd angeordneten Segmenten der → isotropen und → anisotropen Substanz. Durch Kongruenz der gleichen Segmente in allen ∼ sämtlicher Muskelfasern eines Muskels entsteht die auch im Leben sichtbare Querstreifung der Muskeln.

Je nach der Differenzierung und Verteilung der iso- und anisotropen Glieder einer ∼ unterscheidet man deren verschiedene Typen. Am häufigsten tritt bei Insekten ein Typ auf, bei dem die helle isotrope Zone durch die sog. → Krausesche Zwischenmembran halbiert ist. Die zwischen zwei Zwischenmembranen liegenden Segmente werden als → Muskelkästchen bezeichnet. Beim häufigsten Typ ist die mittlere dunkle (anisotrope) Zone durch eine schmale, helle sog. → HENSEsche Linie halbiert, welche selbst noch mitten von einer feinen dunklen → Mittelmembran durchzogen wird. Die beiden hellen Zonen des Muskelkästchens sind wiederum durch je eine granuläre → Nebenscheibe halbiert.

Eine besondere Form der ∼ stellen die → Sarcostylen dar.

Myolemm (gr. ὁ μυών Muskel, τὸ λῆμμα Stoff), Sarcolemm, Sarkolemm, äußere → myoplasmatische, fibrillenlose Hülle um die → Muskelfaser.

Myologie (gr. ὁ μυών Muskel, ἡ λογία die Wissenschaft, Lehre), die Lehre von Muskeln.

Myoneme (gr. ὁ μυών Muskel, τὸ νῆμα Garn) → Muskelfibrillen.

myopaeformis Borkhausen, *Synanthedon*, Apfelbaumglasflügler (*Lep Aegeriidae*).

Myoplasma (gr. ὁ μυών Muskel, τὸ πλάσμα Bildung), Sarkoplasma, Plasma der Muskelfaser, Zellplasma der Muskelzelle bzw. des Muskelsyncytiums. Sie hat bei Insekten blaß gelbliche oder rötliche Färbung und verleiht dieselbe Farbe den makroskopisch betrachteten Muskeln.

Außer den Myofibrillen finden sich im ∼ zerstreute → Myochondrien sowie normalerweise ein Kern der Muskelzelle. Auf seiner Oberfläche bildet das ∼ eine dünne, fibrillenlose Hülle, das → Myolemm.

Myopsocidae (Kolbe 1882) Enderlein 1901, Fam der *Corrodentia* mit mehreren, auf die warme Zone der Erde beschränkten, in Deutschland nicht vertretenen Arten. Fossil unbekannt.

Myrientomata Berlese 1909 → *Protura* Silvestri 1907.

myrmecochor (gr. ὁ μύρμηξ Ameise, χωρέω verbreiten), Myrmecochoren, werden Pflanzen genannt, die auf Verbreitung durch Ameisen angewiesen sind. Ihre Samen sind mit → Elaiosomen ausgestattet, welche den Ameisen als Nahrung dienen.

Myrmecophagidae Ameisenbären, Fam der Säugetiere. Sie sind in ihrer Ernährung auf Ameisen und Termiten spezialisiert, deren Bauten sie mit ihren kräftigen Grabfüßen aufwühlen, um die herumlaufenden Insekten mit ihrer klebrigen, langen Zunge aufzusammeln. Wenige südamerikanische Arten.

myrmecophil (gr. ὁ μύρμηξ Ameise, φίλος lieb, befreundet) werden Insekten genannt, welche in irgendeiner Beziehung zu Ameisen stehen (→ Myrmecophilie). Man spricht außerdem auch von myrmecophilen Organen, d. h. Körperteilen, welche funktionell mit der Myrmecophilie zusammenhängen, wie z. B. ausstülpbare Drüsen auf dem 10. Hinterleibstergit myrmecophiler Lycaeniden-Raupen.

Myrmecophilie, jede Art der Vergesellschaftung (→ Symphilie) zwischen Ameisen und anderen Insekten, welche als

Ameisenfreunde oder Ameisengäste bezeichnet zu werden pflegen. (→ Symphilie, → Synoekie, → Synechtrie und → Parasitismus).

Myrmecophyten → Ameisenpflanzen.

Myrmeleonidae (Latreille 1802) Schneider 1845, Ameisenlöwen, Ameisenjungfern, Fam der *Planipennia* mit etwa 1200 vornehmlich in den warmen Zonen der Erde heimischen Arten. In Deutschland leben 5 Arten, davon die häufigste und am weitesten verbreitete ist *Myrmeleon formicarius* Linné. Fossil sind 5 tertiäre Arten aus dem baltischen Bernstein und Miocän beschrieben worden. (Taf. XX, Fig. 16a.)

Myrmica Latreille, Knotenameise, typische Gatt. der *Formicidae Myrmicinae*.

Mystax (gr. ὁ μύσταξ, -ακος Schnurrbart) → Knebelbart.

N

Nabelpunkt, umbilicus, punctum umbilicatum, rundes Grübchen des Integuments, welches im Grunde eine mit einem → Basalring versehene → Alveole birgt. Nabelpunkte treten besonders häufig bei verschiedenen Carabiden (z. B. am Seitenrand des Halsschildes und am Scutellarstreif) auf und stellen ein wichtiges taxonomisches Merkmal dar.

Nabelstrang, funiculus umbilicalis, schmale Verbindung zwischen der peripheren, zwischen Serosa und Amnion liegenden und der intraembryonalen, die Leibeshöhle des Embryos ausfüllenden Dottermasse → immerser Embryonen. Der ~ liegt bei Insekten auf der Rückseite des Körpers und verschwindet mit dem → Rückenverschluß des Embryos.

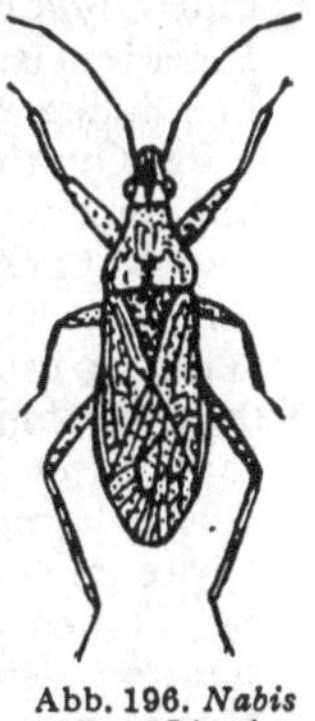

Abb. 196. *Nabis ferus* Linné (Nabidae). Nach Hedicke. Nat. Gr. 8–9 mm.

Nabidae (Costa 1852) Dohrn 1859 (*Nabini* Costa), Sichelwanzen (Abb. 196), Fam der *Heteroptera Geocorisae* mit etwa 300 rezenten und einigen tertiären Arten. Mittelgroße, venatorische, sehr lebhafte Tiere.

Nachahmer, in der BATESschen → Mimikry, die wehrlose Art, welche die wehrhafte (→ Modell) nachahmt.

Nachahmung → Mimese und → Mimikry.

Nachahmungstrachten sind alle Struktur- und Farbenmerkmale, welche das Insekt einem anderen Insekt oder einem Gegenstand der gewohnten Umwelt ähnlich machen. (→ Mimese und → Mimikry).

Nachbarschaftsregel → PEARSONS Nachbarschaftsregel.

Nachkommenschaft → Brut. In der Genetik und der Populationslehre sämtliche filiale (F_1, F_2, F_3 usw.) Generationen im Gegensatz zu dem bzw. den parentalen Ausgangsindividuen (P).

Nachschieber, Postpedes, das letzte, in der Regel auf dem 10. Hinterleibssegment befindliche → Bauchfußpaar. Es unterscheidet sich von den vorderen Bauchfüßen durch seine etwas schräg nach hinten gerichtete Stellung. Morphologisch unterscheiden sich die ~ wenig von den vorderen Bauchfüßen. Sie können aber auch mehr oder weniger stark im Zusammenhang mit einem Funktionswechsel verändert werden, und zwar werden sie bei vielen Raupen dem → Ortswechsel entzogen und in den Dienst der → Abwehr (→ Akinese) als Abwehrorgane gestellt. (Taf. XX, Fig. 1, 2.)

Nachtfalterblumen → Lepidopterenblumen.

Nacken, nucha, dorsaler Teil des → Halses der Insekten.

Nackengabel → Osmetherium.

Nackenschild, sklerotisiertes, öfters in mehrere Teilsklerite aufgelöstes → Protergum (Pronotum) vieler Larven. Bei Schmetterlingsraupen taxonomisch wichtig.

Nackensporn, ein paariger Vorsprung des postoccipitalen Randwulstes, welcher manchmal außer den → Kehlspornen und oberhalb derselben auftritt. Bes. deutlich z. B. bei *Gryllus*, dient der ~ als Insertionsstelle für die → Muskeln 55 und 57.

Nacktfliegen → *Psilidae*.

Nadelholzmarkröhrenrüßler → *Magdalis memnonia* Gyllenhall, *M. duplicata* Germar und *M. phlegmatica* Herbst.

Nadelholzwickler, schwarzer → *Laspeyresia coniferana* Ratzeburg.

Nadelholzzangenbock → *Rhagium inquisitor* Linné und *Rh. bifasciatum* Fabricius.

Nähfliege → *Arge rosae* Linné.

Nährfach, Nährkammer, in → telotrophen Ovarien mitten innerhalb des

→ Germariums, in → polytrophen zwischen je zwei → Eifächern gelegene plasmatische, kernlose Masse von → Urgeschlechtszellen, welche die heranwachsenden Eier ernähren. (Taf. XV, Fig. 3.)

Nährzellen, Trophocyten, ein Teil der weiblichen → Urgeschlechtszellen, welche sich nicht weiter zu → Ovocyten entwickeln, sondern zerfallen und zu Nahrungsdotter werden (→ Nährfach).

Naganakrankheit, die im äquatorialen Afrika seuchenartig auftretende Krankheit der Huftiere, verursacht durch die im Blute parasitierenden Flagellaten *Trypanosoma brucei* Plimm. u. Bradf. Die Überträger sind Tsetse-Fliegen der Gattung *Glossina*, vor allem *G. morsitans* Westwood.

Nahgeruchsorgane, Geruchsensillen, vor allem → Sinneskegel und → Sinnesflaschen, welche zu geruchlichem Abtasten der Gegenstände dienen und vornehmlich auf den Fühlern lokalisiert sind.

Nahrungsaufnahme, im engeren Sinne → Ingestion, im weiteren Sinne auch die Zubereitung des Nährsubstrats zum Verschlucken. Je nach der Art dieses Vorgangs kann man die Insekten in zwei Gruppen einteilen, die Kauer (Zerkleinerer, EIDMANN) und Sauger. Unter Kauer fallen auch Partikelfresser, welche ihre an sich schon fein verteilte Nahrung (Mikroorganismen, Pollen) zerreiben. Unter Sauger fallen auch Insekten, welche ihre Nahrung extraintestinal verdauen und in aufgelöster Form einsaugen.

Nahrungsbedarf. Die Insekten ernähren sich durchwegs mit organischen Stoffen, welche ihren Bedarf an Baustoffen (Eiweiß) und Betriebsstoffen (Kohlehydrate und Fette) decken und meist auch genügende Mengen von Wasser, Mineralsalzen und Vitaminen enthalten. Den vielfach größeren → Wasserbedarf decken viele Insekten durch Trinken. Die eiweißarme Kost der Holzbohrer und Termiten wird vielfach durch → Endosymbiose, Pilzzucht (→ Mycetophaga) oder (viele *Homoptera*) durch überreiche Aufnahme des Nährsaftes und Entleerung der in ihm enthaltenen überschüssigen Kohlehydrate ausgeglichen (→ Honigtau).
Entwicklungsformen mit herabgesetzter oder ohne Nahrungsaufnahme decken ihren ~ aus den in vorangehenden Stadien aufgespeicherten Reservestoffen des Körpers.
Mengenmäßig ist der ~ im allgemeinen bei Weibchen größer als bei Männchen. Damit hängt das häufigere Auftreten von verkümmerten Mundteilen bei Männchen als bei Weibchen zusammen. Bei Weibchen mit verkümmerten Mundteilen (*Ephemerida, Perlaria, Tibicen septendecim* und manche andere *Cicadidae*, amphigone Aphiden-Weibchen, *Dasychira pudibunda* usw.) bedarf entweder die Produktion der Eier keiner weiteren Nahrungszufuhr oder ihr ~ wird genügend gedeckt aus dem Rest der nicht zur Reife kommenden Eianlagen (*Lymantria monacha*) bzw. aus dem Fettkörper.

Nahrungsbrei → Chylus. Vgl. auch → Speisebrei.

Nahrungsdotter, Deutoplasma, plasmatische, eiweißreiche, zahlreiche Fettkugeln und Glykogen enthaltende Substanz des Insekteneis. Der ~ wird entweder durch die Zellen des Follikelepithels (panoistische Ovariolen) gebildet oder entsteht aus einem Teil der Urgeschlechtszellen (→ Nährzellen) und wird dem jungen, im Eifach ruhenden, noch nicht vom Chorion umhüllten Ei zugeführt.

Nahrungsgang, bei Hemipteren und Thysanopteren ein von den zusammengelegten maxillaren → Stechborsten, bei Dipteren vom Labrum und Hypopharynx, bei Flöhen vom Labrum und den mandibularen Stechborsten gebildeter enger Kanal zum Einsaugen flüssiger Nahrung aus angestochenem Nährsubstrat. Der ~ ist grundsätzlich vom Speichelgang getrennt, kann aber, z. B. bei Flöhen, auch als Speichelgang dienen.

Nahrungskonkurrenz, Wettbewerb um Nahrungsquellen zwischen Insekten mit gleicher → Nahrungsspezialisation, tritt am schärfsten zwischen Artgenossen zur Zeit hoher Populationsdichte auf. Die ~ ist einer der wichtigsten Faktoren, welcher den → Wandertrieb auslöst und nicht selten zum → Nahrungswechsel führt.

Nahrungsspezialisation, Stenophagie, Einschränkung der → Nahrungstafel auf eine oder einige wenige bestimmte Nahrungsquellen, z. B. an eine bestimmte Pflanzenart oder noch weiter, auf ganz bestimmte Organe einer Pflanzenart. Bei Larven und Imagines der Holometabola hat die ~ meist verschiedene Richtung. (Vgl. auch → Nahrungstafel.)

Nahrungstafel, die für eine Art, Rasse oder Artengruppe charakteristische, zur Nahrungswahl freistehende Zusammenstellung verschiedener Nahrungsquellen. So setzt sich z. B. die ~ der Nonnenraupe in der Hauptsache aus Blättern der Fichte, Kiefer und Buche zusammen.

Die Insekten als Klasse können wohl als → Allesfresser bezeichnet werden. Je weiter man aber die ~ der Insektengruppen bis zur Art verfolgt, desto mehr Raum gewinnt die Spezialisation auf bestimmte Nahrungsquellen. Sehr viele Arten sind streng → monophag, die überwiegende Mehrzahl ist → oligophag, viel seltener sind → polyphage und → heterophage Arten.

Nach der großen Zusammensetzung der ~ unterscheidet man folgende 3 biologische Gruppen von Insekten: 1. → Phytophaga, 2. Zoophaga, 3. → Heterophaga.

Nahrungswahl, art- und rassenspezifische Fähigkeit der Insekten, mittels ihrer Sinnesorgane die ihrem Körper zusagende, d. h. ihrer → Nahrungsspezialisation entsprechende Nahrungsquelle zu finden.

Nahrungswechsel. Im ontogenetischen Entwicklungsgange versteht man unter ~ den Übergang nachfolgender Stadien ein und derselben Art oder Rasse zu einer anderen Nahrungsquelle. So haben z. B. fast alle holometabolen Insekten im Imaginalstadium andere Nahrungsquellen als im Larvenstadium. So sind, um ein Beispiel zu nennen, Larven der *Ichneumonidae* zoophag (entomophag), während ihre Imagines von Pflanzensäften leben. Vielfach ist mit einem ~ ein Generationswechsel verbunden (*Aphidina*, gewisse *Cynipidae*). Seltener kommt ein ~ in aufeinanderfolgenden Larvenstadien vor, wie z. B. bei *Xanthia fulvago*, deren Jungraupen in den Kätzchen der Salweiden leben, während ältere Raupen auf Brombeere, Wegerich usw. übergehen.

Im phylogenetischen Entwicklungsgange versteht man unter ~ den Übergang einer sich bildenden Rasse oder Art zu einer anderen Nahrung als die ihrer stammesgeschichtlichen Vorfahren. Gewöhnlich hängt dieser ~ mit Erweiterung oder Schrumpfung des Verbreitungsgebietes zusammen, indem sich im ersteren Falle Auswanderer, im letzteren Reliktenpopulationen allmählich an eine andere Nahrung gewöhnen. (Vgl. → Wirtswahlregel.)

Naht, sutura, eine membranöse, gerade, geschwungene oder kreisförmige Grenze zwischen zwei anstoßenden Segmenten oder zwischen zwei anliegenden Skleriten eines Segments.

Eine primär membranöse Naht, deren Zweck es ist, zwei anstoßende Sklerite miteinander beweglich zu verbinden, kann sekundär durch Sklerotisierung versteift werden und mit den Skleriträndern verschmelzen. Im letzteren Fall bildet sie auf der Oberfläche des Integuments eine vertiefte Linie, welcher inwendig eine Rippe oder Falte folgen kann.

Auch vorgebildete → Häutungsbruchlinien (→ Häutungsnaht) werden als ~ bezeichnet, obgleich sie weder primären Segmentgrenzen folgen, noch sekundäre Sklerite abgrenzen müssen. Vgl. auch → Flügeldeckennaht.

Nahtecke, die hintere Spitze der Flügeldecke bei Käfern. Beide ~ sind vielfach Träger wichtiger taxonomischer Merkmale sowohl hinsichtlich ihrer Form als auch ihrer Skulptur. Vgl. auch → Mucro.

Nahtrand, margo suturalis, der dem → Hinterrand der Schmetterlingsflügel annähernd entsprechende, von der inneren Basalecke zur Nahtecke verlaufende Rand der Flügeldecken bei Käfern. Die beiden ~ sind gewöhnlich mit Nut und Feder versehen und werden in der Ruhelage miteinander verfalzt. Im Zustand dieser Verfalzung bilden sie die sog. → Flügeldeckennaht.

Nahtstreif, der nächst dem Nahtrand der Flügeldecken bei Käfern liegende punkt- oder linienförmige Streifen. Er beginnt gewöhnlich zu beiden Seiten des Scutellums und zieht sich bis in die → Nahtecke hin. Ist er stark verkürzt und endet unweit hinter der Scutellumspitze, dann wird er als → Scutellarstreifen bezeichnet. Er beginnt nicht selten (*Pterostichus*, *Amara* usw.) in einem borstentragenden → Nabelpunkt. Seine Beschaffenheit, Länge, Form am Anfang (mit oder ohne Nabelpunkt usw.) und am Ende (gerade oder wie z. B. bei Bembidionen häufig hakenförmig umgebogen) bilden wichtige taxonomische Merkmale.

Namen (Nomina) der Tiere sind die ihnen verliehenen kurzen Bezeichnungen, Symbole der bestimmten Verwandtschaftsgrade, welche eine eindeutige Verständigung erleichtern sollen. Sie ermöglichen das Auffinden von Beschreibungen der Tiere in der Fachliteratur.

Es werden volkstümliche (nationale) und wissenschaftliche (lateinische) ~ unterschieden. Mit den ersteren werden nur häufige oder wirtschaftlich wichtige Tierarten, wie Kohlweißling, Maikäfer, Zitronenfalter, mit letzteren alle Tierarten bezeichnet.

Die wissenschaftliche Benennung leitet sich von den lateinischen volkstümlichen Namen des Altertums und Mittelalters ab. Im Mittelalter war die Wissenschaft geheim und bediente sich allein der toten, von der Allgemeinheit nicht oder nur selten beherrschten lateinischen Sprache. Die Namen der Tiere bestanden damals nur aus einem einzigen Namen, dem ihres volkstümlichen Gattungsbegriffes, z. B. *Eintagsfliege*, lat. *Ephemera*. Naturforscher haben aber schon frühzeitig erkannt, daß die volkstümlich so genannte *Eintagsfliege* verschiedene Arten umfaßt, die der Forscher durch kurze Beschreibungen (Diagnosen) zu kennzeichnen versuchte, z. B. *Ephemera alis nebuloso-maculatis, E. alis reticulatis* usw. Erst durch diese Erkenntnis einer Vielheit von Formen innerhalb des volkstümlichen Gattungsbegriffes und durch Vervollständigung der Gattungsnamen durch kurze Artdiagnosen sind wissenschaftliche ~ entstanden, d. h. Namen, welche nicht die Allgemeinheit, wohl aber der Forscher nötig hatte.

Das ewige Anhängen von Artdiagnosen an Gattungsnamen der Tiere war umständlich, und so schlug der schwedische Naturforscher CAROLUS LINNÉ vor, anstatt einer ganzen Artdiagnose dem Gattungsnamen einen einzigen, möglichst charakteristischen Artnamen anzuhängen. Diesen Vorschlag setzte er konsequent für alle damals bekannten Pflanzen- und Tierarten in der 10. Ausgabe seines Werkes „Systema Naturae" (1758) in die Tat um. So hießen nun z. B. *Ephemera alis nebuloso-maculatis* kurz *E. bioculata*, *Apis atra ano fusco* kurz *A. subterranea* usw. Diese zweinamige, binäre Benennungsweise hat sich schnell eingebürgert und ist auch heute noch in Anwendung, wenn sie auch z. T. infolge der weiteren, modernen Aufteilung des Artbegriffes durch dreinamige, trinäre und vielfach auch schon viernamige, quaternäre Namen erweitert werden mußte, um den subspezifischen Begriffen der geographischen und ökologischen Formen gerecht zu werden.

Mit dem Fortschreiten unserer Kenntnis der die Erdoberfläche bewohnenden Tierarten häuften sich die Schwierigkeiten einer zweckmäßigen und eindeutigen Namengebung, und es ergab sich schließlich die Notwendigkeit, die Namengebung der Tiere auf der Basis einer internationalen Verständigung zu regeln. Ersten offiziellen Vorschlag dazu legte R. BLANCHARD dem 1. Internat. Zoologen-Kongreß in Paris 1889 vor. Auf dem III. Internationalen Zoologen-Kongreß in Leiden 1895 wurde auf Antrag von F. E. SCHULZE (Berlin) eine Nomenklatur-Kommission gewählt, die sich mit der Ausarbeitung der Internationalen Regeln für Zoologische → Nomenklatur befassen und diese dem nächsten Kongreß vorlegen sollte. Die erste Verfassung der „Regeln der Zoologischen Nomenklatur" wurde in den Verhandlungen des V. Internat. Zoologen-Kongresses in Berlin, 1901 (1902) in drei Sprachen veröffentlicht. Zweite verbesserte Ausgabe ist 1905 erschienen. Vgl. auch → Nomenklatur.

Namensänderung, Ersatz eines wissenschaftlichen (lateinischen) Tiernamens durch einen anderen, schon vorhandenen älteren oder jüngeren, oder aber durch einen neuen, noch nicht vorhandenen Namen. Im letzteren Fall spricht man besser von einer → Neubenennung.

Die Nomenklaturregeln verlangen eine ~ in folgenden Fällen:

1. Wenn objektive → Synonymie vorliegt.

2. Wenn der Name nicht im Einklang mit den Nomenklaturregeln aufgestellt worden ist und daher als → regelwidrig verworfen werden muß.

3. Wenn es sich herausstellt, daß der älteste, regelgemäße Name wegen → Homonymie verworfen werden muß.

Außer den nomenklatorischen, formellen Gründen können ~ aus Gründen einer wissenschaftlichen, subjektiven oder objektiven Überzeugung vorgenommen werden, wenn z. B. ein Autor zwei verschieden benannte Arten für konspezifisch (subjektive → Synonymie) oder zwei gleichnamige Arten aus verschiedenen Gattungen für kongenerisch hält (subjektive → Homonymie).

nanana Treitschke, *Semasia*, kleinster Fichtennadelmarkwickler (*Lep Tortricidae*).

nanella Hübner, *Recurvaria*, grauköpfige Obstbaummotte (*Lep Gelechiidae*).

Nantucket-Bernstein → Bernstein.

nanus Paykull, *Coenorhinus*, Weidentriebspitzenrüßler (*Col Curculionidae*).

Napfschildläuse, Schalenschildläuse, *Lecaniinae* (*Coccidae*).

napi Linné, *Pieris*, Rapsweißling (*Lep Pieridae*).

Narbenstränge → Stigmenstrang.

+***Narkemidae*** Handlirsch, ausgestorbene Fam der +*Protorthoptera* mit einer Art aus dem mittleren Obercarbon von Nordamerika. Ein breit-ovaler, schmal dunkel quergebänderter, 4,6 cm langer Flügel.

Naschfraß, der niedrigste Grad des durch einen Pflanzenschädling im Pflanzenbestand verursachten Fraßes. Gegens. → Kahlfraß.

Nasenbremse → *Oestrus ovis* Linné.

Nashornkäfer, *Dynastinae* → *Scarabaeidae*.

Nashornkäfer, europäischer → *Oryctes nasicornis* Linné.

nasicornis Linné, *Oryctes*, europäischer Nashornkäfer (*Col Scarabaeidae*).

nasturtii Kieffer, *Contarinia*, Kräuselgallmücke (*Dipt Cecidomyidae*). Etwa 1,5 mm lange gelbbraune Mücke, deren hellgelbe Larve gesellig an Blattstielen verschiedener Kohlarten saugt und dadurch einen Kräuselwuchs der Blätter verursacht.

Nasus (lat. nasus, -i, m., die Nase), Bezeichnung für den → Postclypeus der *Odonata*.

Nasuti (lat. adj. nasutus, mit einer Nase versehen), Soldatenform gewisser Termitenarten, welche mitten auf der Stirne einen hornartigen Auswuchs haben. Es gibt zwei Formen der ~, eine mit voll ausgebildeten und eine andere mit verkümmerten Mandibeln. Eine eigene Form der ~ stellen die → Gabelnasuti dar. Gewöhnliche Soldaten haben kein Stirnhorn. Bei ein und derselben Termitenart treten in der Regel entweder nur ~ oder nur gewöhnliche Soldaten auf, nur wenige Arten, z. B. die südamerikanische *Rhinotermes taurus* Desneux haben beide Soldatenformen entwickelt.

Natio (lat. natio, -onis, f., das Volk) → Population.

natürliches System, das erstrebte und erstrebenswerte System der Organismen, welches die Auffassung seines Autors über die verwandtschaftlichen Beziehungen der behandelten Organismengruppe zum Ausdruck bringt. Jedes ~ wird als künstlich erkannt, sobald es sich mit dem Fortschreiten der Wissenschaft ergibt, daß die frühere Auffassung der Verwandtschaftsverhältnisse unhaltbar ist.

Naucoridae Fieber 1851, Ruderwanzen, Schwimmwanzen (Abb. 197), Fam der *Heteroptera Hydrocorisae* mit etwa 150 rezenten und 6 tertiären Arten. Kleine bis mittelgroße, flache, breit ovale Tiere mit stark verdickten Vorderschekeln und sichelförmigen, zum Ergreifen der Jagdbeute geeigneten vorderen Tibiotarsen. In Deutschland nur durch eine Art, *Naucoris cimicoides* Linné, vertreten.

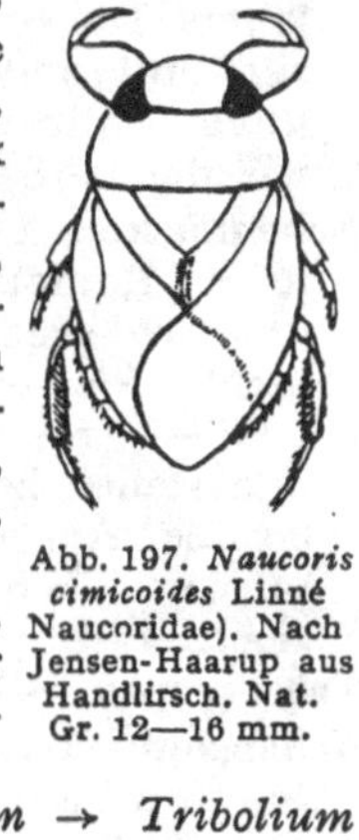

Abb. 197. *Naucoris cimicoides* Linné Naucoridae). Nach Jensen-Haarup aus Handlirsch. Nat. Gr. 12—16 mm.

navale Linné, *Lymexylon*, Schiffswerft- oder Werftkäfer (*Col Lymexylonidae*).

navale Fabricius, *Tribolium* → *Tribolium castaneum* Herbst.

Neala, → Jugalfeld.

nearktische Region, Nearktis (gr. νεός neu, ὁ ἄρκτος der Norden), eine der WALLACEschen tiergeographischen Regionen. Sie umfaßt ganz Nordamerika bis zum nördlichen Mexico, wo sie an die → Neotropische Region grenzt. Dieses Gebiet des nordamerikanischen Kontinents wird gewöhnlich in die → sonorische und → kanadische Subregion unterteilt. Mit der → Palaearktis zusammen bildet die ~ die → Holarktis.

Nebenader, die hintere, kürzere Längsader im Vorderflügel der *Thysanoptera Terebrantia*. Bei *Aeolothripidae* ist diese Ader bis zur Wurzel von der → Hauptader getrennt, selbständig, bei anderen Terebrantien hingegen sind beide zu einem

kurzen basalen Stamm verschmolzen. (Taf. XII, Fig. 1.)
Vgl. auch → Zwischenadern.

Nebenaugen → Einzelaugen.

Nebendrüse, ein vielfach den → Labialdrüsen anhängendes Paar von kleineren Drüsen, welche mit den → Hauptdrüsen direkt oder durch Vermittlung je eines → Verbindungsganges verbunden sind.

Nebenflugton, leise schwirrender Ton, welcher durch die Schwingungen der beweglichen Thoraxwände erzeugt, auch bei abgeschnittenen Flügeln wahrnehmbar ist.

Nebenherzen sind akzessorische pulsierende Organe des → Blutkreislaufes der Insekten. Hierher gehören → Kopfampulle, → Dorsalampullen und → Beindiaphragmen.

Nebenhoden, Epidydemis, zu einem Knäuel aufgewundener Teil des → Samenleiters. Die ∼ finden sich z. B. bei *Dytiscus* und anderen Coleopteren und erfüllen wahrscheinlich dieselbe Funktion wie die → Samenblasen.

Nebenhöcker, bei vielen *Aphidina* hinter jedem Komplexauge auftretende Gruppe von drei größeren → Ommen (Ommatidien). Sie entsprechen wahrscheinlich den → Prosommatidien der *Corrodentia* und stellen bei der Imago persistierende larvale Augen (→ Stemma) dar. Sie pflegen auch als Höckeraugen bezeichnet zu werden.

Nebenpalpen → Nebentaster.

Nebenpigmentzellen, Zellen des äußeren Pigmentmantels eines → Ommatidiums.

Nebenscheiben, aus Körnchen aufgebaute dünne Querscheiben, welche die → isotropen Zonen der → Muskelkästchen halbieren.

Nebentaster, Nebenpalpen, die bei primitiven Schmetterlingen (*Incurvariidae, Nepticulidae, Tineidae, Micropterygidae*) neben den Lippentastern erhaltenen → Kiefertaster.

Nebenzunge → Paraglossa.

nebulella Hübner, *Homoeosoma*, Sonnenblumenmotte (*Lep Pyralidae*).

nebulosa Linné, *Cassida*, nebliger Schildkäfer (*Col Chrysomelidae*). 5—7 mm langer, elliptischer, flach schildförmig gewölbter Käfer mit breit aufgeworfenem Rande des Halsschildes und der Flügeldecken. Färbung meist strohgelb oder rostbraun, schwarz gesprenkelt. Flügeldecken mit Längsstreifen aus groben und tiefen Punkten. Larve asselförmig, mit verzweigten Dornen am Rande des Körpers. Gefürchteter, in Deutschland nicht selten schädlich auftretender Rübenschädling.

nebulosus Forster, *Brachytarsus*, grauer Schildlausrüßler (*Col Anthribidae*).

nebritana Treitschke, *Laspeyresia*, rehbrauner Erbsenwickler (*Lep Tortricidae*). Schmetterling ähnlich wie *L. nigricana*, aber die Vorderflügel mit zwei weißen Mondflecken nahe dem Außenrande, die nebeneinander wie zwei runde Klammern „()" stehen. Raupe in Erbsenschoten schädlich.

Necroparasitismus, Raubentoparasitismusm, diejenigen Fälle des → Entoparasitismus, in welchen der Parasit (viele *Tachinidae, Ichneumonidae*) seinen Wirt noch vor Ablauf seiner parasitischen Periode tötet und sich weiterhin vom toten Körper, also necrophag ernährt. Der Ausdruck ∼ ist hier zum erstenmal für die bisher übliche Bezeichnung „Raubentoparasitismus" geprägt, weil die letztere sinnwidrig ist.

Necrophaga (gr. νεκρός tot, ὁ νεκρός Leiche, φαγεῖν essen), Insekten, welche tote tierische oder pflanzliche Stoffe zu sich nehmen. Die ersteren werden als → Zoonecrophaga, die letzteren als → Phytonecrophaga bezeichnet. Gegens. → Biontophaga (→ Zoobiontophaga und → Phytobiontophaga).

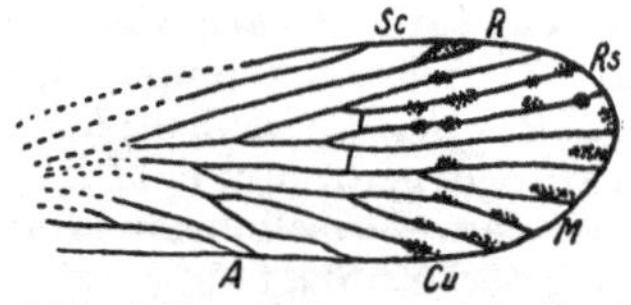

Abb. 198. +*Necrotaulius maculatus* Handlirsch +Necrotauliidae. Nach Handlirsch. Nat. Gr. etwa 0,6 cm.

+***Necrotaulidae*** Handlirsch 1908 (Abb. 198), ausgestorbene Fam der *Trichoptera* mit 39 jurassischen Arten. Es waren kleine Insekten mit 0,3—0,9 cm langen Vorderflügeln. Nur zwei Arten, *Necrotaulius furcatus* Giebel und *N. liasinus* Giebel aus der unteren Lias von England sind in ganzen Körperabdrücken erhalten.

Needhamsche Schrägader, eine schräggestellte Querader in den Flügeln der *Libellulinae*, zwischen M_1 und M_2. (Taf. X, Fig. 3.)

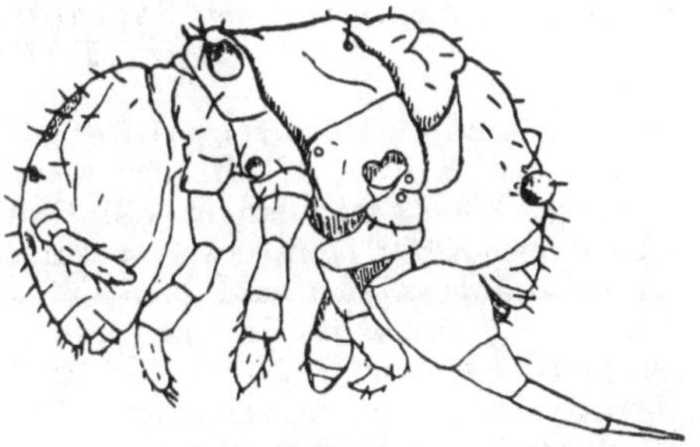

Abb. 199. *Megalothorax minimus* Willem (Neelidae). Nach Börner. Nat. Gr. etwa 0,3.

Neelidae Folsom 1874, Zwergspringer (Abb. 199), Fam der *Collembola* mit 4 Arten in zwei Gattungen, einer nordamerikanischen, *Neelus* Folsom, und einer europäischen, *Megalothorax* Willem. *M. minimus* Willem ist eine der kleinsten bekannten Insektenarten von 0,3 mm Körperlänge, ein winziges, weißliches oder bräunliches, in Blumentöpfen, unter Rinden und an anderen feuchten und schattigen Orten in Deutschland auftretendes Tierchen. Körper fast kugelig. Augen fehlen. Fossil unbekannt.

Neididae (Fieber 1851) Reuter 1910 (*Berytidea* Fieber 1851, *Berytidae* Fieber 1861), Stelzenwanzen (Abb. 200), Fam der *Heteroptera Geocorisae* mit etwa 100 rezenten und einer oligocänen Bernstein-Art. Bis 1 cm lange, schlanke oder stabförmige, lang- und dünnbeinige von der Jagd auf Insekten lebende Wanzen. Verbreitung vornehmlich holarktisch.

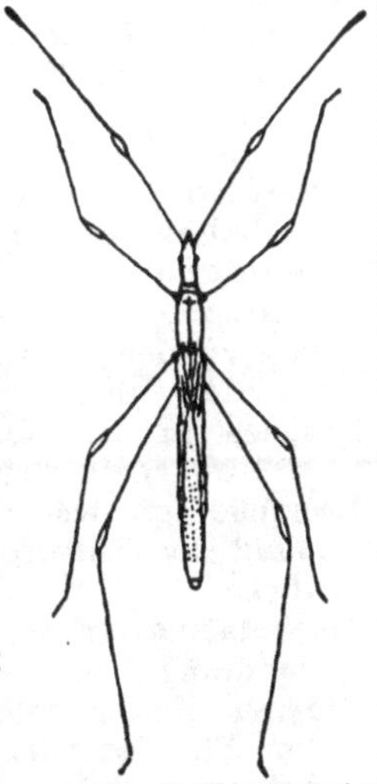

Abb. 200. *Neides tipularius* Linné (Neididae). Nach Jensen-Haarup aus Handlirsch. Nat. Gr. etwa 10 mm.

Nekrobiose (gr. νεκρός tot, ὁ βίος Leben), physiologisches (nicht parasitäres) Absterben einzelner Zellen eines gesunden Gewebes.

Nekrose, Gewebstod, Absterben einzelner Teile (Gewebe) des gesunden Organismus. Besonders häufig treten nekrotische, schwarz gefärbte Flecke auf der Haut parasitierter Raupen auf. Von Insekten herrührende Stichwunden an Pflanzengeweben, bes. auf Blättern, bekommen häufig auch einen nekrotischen, verfärbten Saum.

Nelkenfliege → *Hylemyia brunnescens* Zetterstedt, *H. cardui* Meigen.

Nelkenmarienkäfer → *Subcoccinella vigintiquatuorpunctata* Linné.

Nelkennager → *Phytonomus arator* Linné.

Nelkenwickler → *Tortrix pronubana* Hübner.

Nematocera (Latreille 1802) Brauer 1883 (*Tipulariae* Latr.), UOrdn der *Diptera*, ausgezeichnet durch fadenförmige 6- bis 41gliedrige Fühler, 4—5gliedrige Kiefertaster und weit offene Zelle Cu_2 zwischen den am Rande des Flügels getrennt mündenden Adern cu_2 und a_1. → Schüppchen fehlen, Beborstung des Körpers ohne Macrochaeten, haar- oder schuppenförmig. Larven → eucephal mit wohl entwickelten Mandibeln oder mit reduziertem Kopf und reduzierten, saugenden Mundteilen (*Cecidomyidae*), meta- oder amphipneustisch, bei Gallmücken peripneustisch, stets mit mehr als 3 Häutungen. Puppen meist frei, selten in der letzten Larvenhaut ruhend (→ falsche Tonnenpuppe), aus der sich die Puppe vor dem Schlüpfen der Imago teilweise herausarbeitet.

Mehrere Fam, darunter *Tipulidae, Fungivoridae, Cecidomyiidae, Bibionidae, Culicidae.*

Nematose, Parasitierung von Insekten durch Nematoden (Würmer).

Nemestrinidae Macquart 1834, Netzfliegen (Abb. 201), Fam der *Diptera Brachycera* mit etwa 250 rezenten und 10 fossilen Arten (eine jurassische 2 mm lange Art *Prohirmoneura jurassica* Handlirsch vom

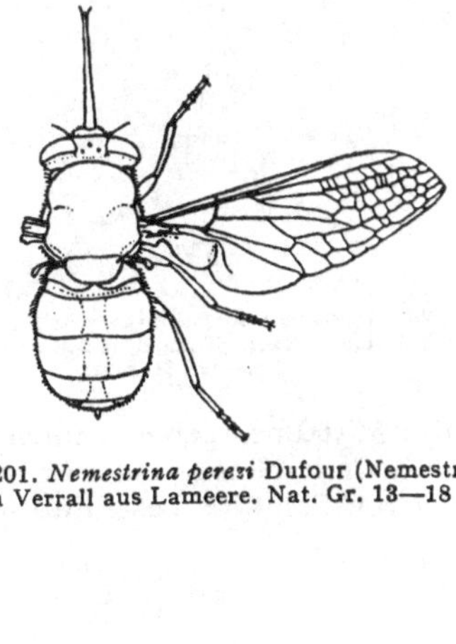

Abb. 201. *Nemestrina perezi* Dufour (Nemestrinidae). Nach Verrall aus Lameere. Nat. Gr. 13—18 mm.

lithographischen Kalk Bayerns und neun tertiäre Arten). Die ~ bewohnen vornehmlich das Mittelmeergebiet, Südafrika, Australien und Chile. Die Fliegen sind Blumenbesucher, ihre Larven leben parasitisch (z. B. *Hirmoneura obscura* Meigen in Puppen von *Amphimallus solstitialis* Lin.) oder halbparasitisch, oder aber stellen Larven anderer Insekten, z. B. in Gängen von Buprestiden nach.

Nemopteridae (Burmeister 1840) Hagen 1866 (*Nematopteridae* Burm.) (Abb. 202, 203), Fam der *Planipennia* mit etwa 50

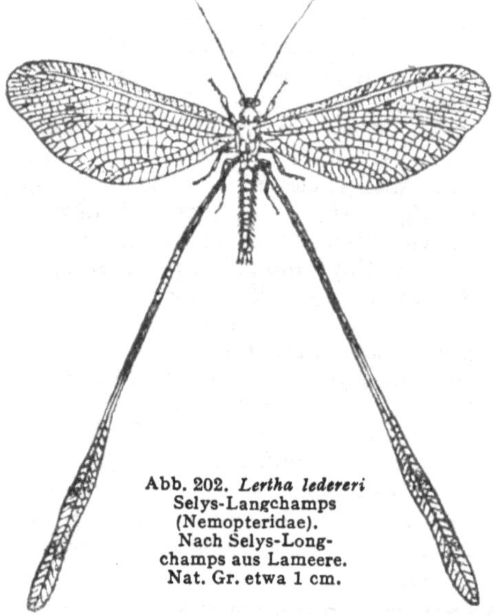

Abb. 202. *Lertha ledereri* Selys-Langchamps (Nemopteridae). Nach Selys-Longchamps aus Lameere. Nat. Gr. etwa 1 cm.

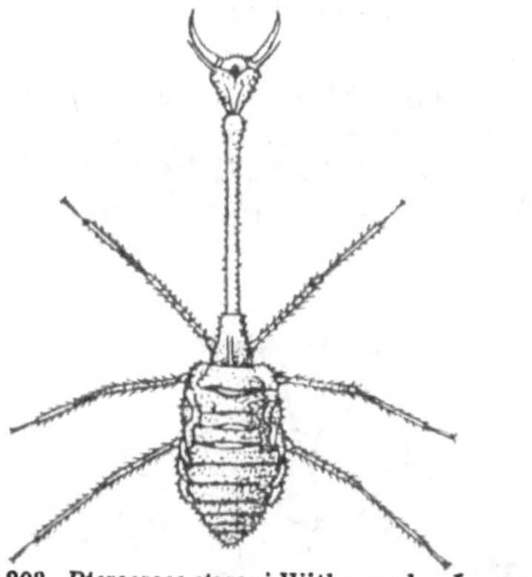

Abb. 203. *Pterocroce storeyi* Withycombe, Larve (Nemopteridae). Nach Eltringham aus Lameere. Nat. Gr. etwa 10 mm.

Arten im Mittelmeergebiet, Indien, Australien und Chile. Fossil eine Art aus dem Miocän von Colorado beschrieben.

nemoralis Linné, *Neurotoma*, Steinobstgespinstblattwespe (*Hym Tenthredinidae*).

nemorum Linné, *Phyllotreta*, großer gelbstreifiger Kohlerdfloh (*Col Chrysomelidae*). 2,5—3 mm langer elliptischer schwarzer Käfer mit zwei parallelen gelben Längsstreifen auf den Flügeldecken. Fühlerwurzel, Schienen und Tarsen gelb. Käfer an Blättern von Radieschen, Rettich, Kohl und verwandten Pflanzen durch Löcherfraß besonders im Frühjahr schädlich. Larven auf denselben Pflanzenarten in Blattminen.

Nemuridae Klapalek 1905 (Abb. 204),

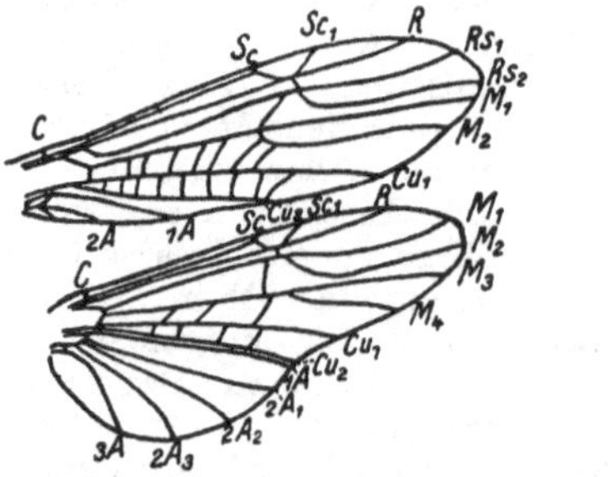

Abb. 204. *Nemura variegata* Olivier (Nemuridae). Nach Schoenemund. Nat. Gr. des Vorderflügels 6—12 mm.

Fam der *Perlaria*, in Deutschland mit 21 Arten der Gattung *Nemura* Latreille Cerci eingliedrig, Männchen stets vollflügelig. Von *Leuctridae* durch X förmige Verbindung der Adern an der Wurzel der Radialsektoren unterschieden.

+***Neodonata*** Martynow 1938, Gruppe (Infraordo) der *Odonata*, welche im Gegensatz zu den fossilen +*Permodonata* alle rezenten Odonaten umfaßt.

Neogaea (gr. νέος neu, ἡ γαῖα Erde, Land), → Neotropische Region.

Neomelie (gr. νεός neu, τὸ μέλεμα Gegenstand der Fürsorge, Pflegling) → Brutpflege.

Neometabola (gr. νεός neu, ἡ μεταβολή Umwandlung), → heterometabole Insekten, deren Metamorphose eine Verzögerung der Flügelentwicklung aufweist, deren Anlagen erst bei der hier als besonderes Stadium auftretenden präimaginalen → Nymphe auftreten, wodurch sie sich den → Holometabola nähern. Es werden 4 Typen der → unterschieden, nämlich → Homometabola, → Remetabola, → Parametabola und → Allometabola. Die beiden ersteren Gruppen weisen keine → caenogenetischen Merkmale auf und nähern sich mit ihrer durchaus progressiven Entwicklung mehr den → Paurometabolen.

+***Neomylacridae*** Handlirsch, ausgestorbene Fam der *Blattaria*, mit 3 Arten der Gattung +*Neomylacris* aus dem oberen Obercarbon von Nordamerika. Die Arten dieser Fam sind nur durch Reste der Vorderflügel vertreten, welche eine Länge von 1,6—2,2 cm haben.

Neorhacodidae (Hedicke 1923) Handlirsch

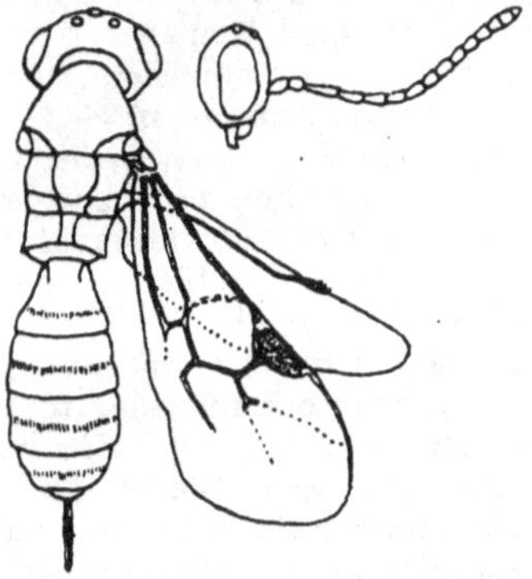

Abb. 205. *Neorhacodes enslini* Ruschka, Weibchen (Neorhacodidae). Nach Ruschka. Nat. Gr. 2,5 mm.

1925 (Abb. 205), Fam. der *Hym Ichneumanoidea* mit einer einzigen mitteleuropäischen Art, *Neorhacodes enslini* Ruschka, deren Larve bei Grabwespen (*Spilonema*) parasitiert. Nach Bischoff (1927) eng mit *Pimplinae* verwandt.

+***Neorthroblattinidae*** Handlirsch ausgestorbene Fam der *Blattaria* mit 18 Arten aus dem oberen Obercarbon Deutschlands und 1 Art aus dem unteren Perm von Nordamerika. Meist mittelgroße Formen mit 0,7—0,9 cm langen Vorderflügeln. Bei einer besonders kleinen Art, *Mylacridium berlichianum* Schlegel aus Sachsen sind die Vorderflügel nur 0,45 cm lang, scharf zugespitzt, während sie bei allen übrigen Arten an der Spitze abgerundet sind. Von *Mylacridium germari* Schlegel sind alle 4 Flügel bekannt.

+***Neorthophlebiidae*** Handlirsch (Abb. 206), ausgestorbene Fam der *Panorpatae*

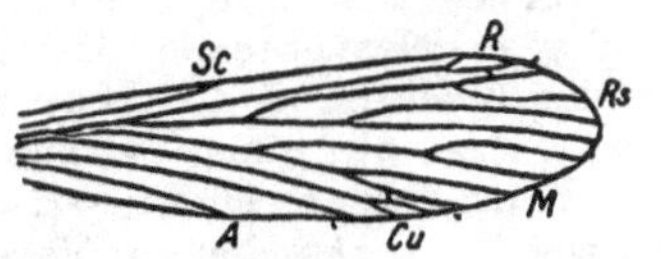

Abb. 206. +*Neorthophlebia pallida* Handlirsch (+ Neorthophlebiidae). Nach Handlirsch. Nat. Gr. 0,8 cm.

mit 10 Arten aus dem Oberlias von Mecklenburg.

Neotenie (gr. νέος neu, jung, τείνειν halten, erheben, aufstreben), geschlechtliche Frühreife, ursprünglich (Kollmann 1884) Stehenbleiben der Entwicklung auf einer ontogenetischen Jugendform (Larve oder Nymphe), ohne geschlechtliche Frühreife. Bei Insekten ist die ~ immer mit geschlechtlicher Frühreife verbunden und tritt vor allem bei Weibchen der *Coccidae* als regelmäßige Entwicklungsform auf. Diese machen bis zur Geschlechtsreife eine Häutung weniger als die Männchen, sind also ein Stadium früher als die Männchen geschlechtsreif. Bei Termiten können Nymphen geschlechtsreif gezüchtet werden, wenn das Königspaar zugrunde geht. Gemäß der in der Entomologie üblichen Auffassung der ~ ist die → Paedogenese nicht (wie urprünglich gemeint) eine fortschrittliche Form, sondern ein Sonderfall der Neotenie.

neotropische Region, Neogaea, tiergeographische Region, welche Süd- und Mittelamerika sowie Westindien umfaßt. Unterteilung in 4 Subregionen, die → Antillische, → Mexikanische, → Brasilianische und → Chilenische.

Neottiophilidae Hendel 1922, Fam der *Diptera* (*Acalyptrata*) mit 2 europäischen Arten, deren Larven ektoparasitisch, blutsaugend auf Nestjungen von Vögeln, bes. der Finkenartigen leben.

Neotypus (gr. νέος neu, frisch, ὁ τύπος das Geformte, Gestalt, Inhalt), ein vom Autor der Art oder von einem anderen Forscher an Stelle des verlorengegangenen → Holotypus aufgestelltes Dokumentar-Exemplar. Der Aufstellung eines ~ muß eine besonders sorgfältige Prüfung des neotypischen Exemplares auf seine spezifische und subspezifische Übereinstimmung mit der ursprünglichen Auffassung der betreffenden Art vorangehen. Man wähle den ~ möglichst unter den typischen Exemplaren des Originalmaterials heraus, oder, falls dieses nicht mehr existiert, stelle man als ~ ein Exemplar vom → Locus typicus (Neo-Topotypus) auf, um eine vielleicht noch verborgene Rassenverschiedenheit des neuen Dokumentar-Exemplars auszuschalten.

Nephridialorgane, Nephridien (gr. ὁ νεφρός die Niere), segmental-paarige Exkretionsorgane der Ringelwürmer (*Annelida*), welche von der Leibeshöhle (Coelom) nach außen führen und flüssige Abfallstoffe des Stoffwechsels aus dem Körper abführen. Bei Insekten kommen typische ~ nicht vor. Möglicherweise sind gewisse paarige Drüsen der Insekten (→ Frontaldrüse, → Antennaldrüse, → Mandibulardrüse, → Maxillardrüse, → Labialdrüse) auf ~ der Anneliden zurückzuführen.

Nephrocyten sind in der Hauptsache Zellen des → Pericardialgewebes, nämlich → Pericardialzellen, welche die Fähigkeit besitzen, Fremdstoffe aus dem Blute in ihre Zelleiber aufzunehmen und aufzuspeichern. Sie werden daher auch als → Speichernieren bezeichnet. Die ~ sind sehr häufig nahe an der Herzwand gelegen und bilden zwei, u. U. sehr deutlich sichtbare, meist weiße Längsreihen zu beiden Seiten des Rückengefäßes. Sie können aber auch im Hinterleib zerstreut liegen, wie es z. B. bei Anopluren der Fall ist. Im Thorax der letzteren sind sie zu zwei beiderseits des Oesophagus gelegenen, größeren, ovalen, kompakten Körpern versammelt (periösophagale ~). Auch an der ventralen Seite des Körpers können ~ (ventrale ~) auftreten. (Taf. VI, Fig. 5.)

Nepidae (Linné 1766) Stephens 1829, Wasserskorpione (Abb. 207, 208), Fam

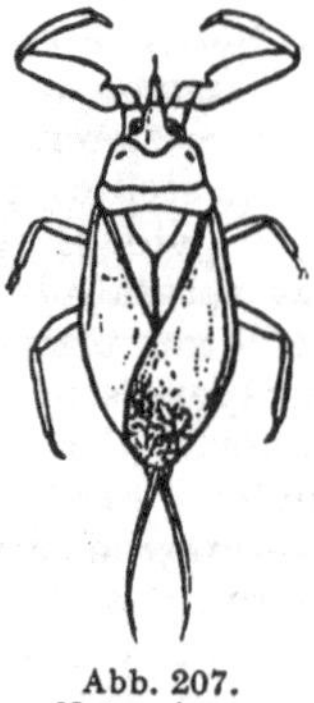

Abb. 207. *Nepa cinerea* Fabricius (Nepidae). Nach Stichel aus Beier. Nat. Gr. (ohne Atemrohre) 16—22 mm

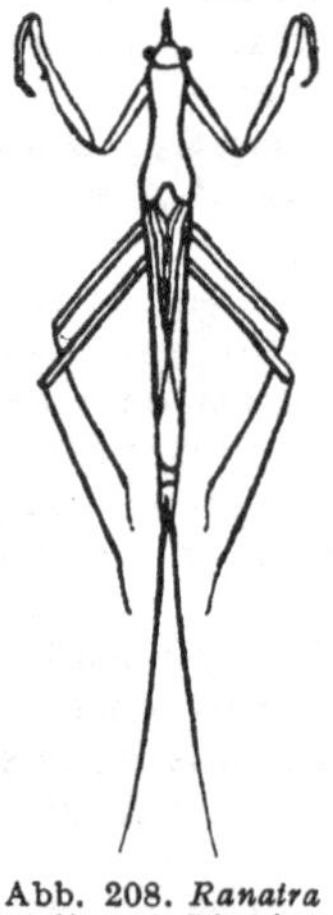

Abb. 208. *Ranatra linearis* Linné (Nepidae). Nach Stichel aus Beier. Nat. Gr. 4 cm

der *Heteroptera Hydrocorisae* mit etwa 150 rezenten und über 10 tertiären Arten. Mittelgroße bis große, plattgedrückte oder lange, stabförmige Tiere, deren Vorderbeine zu Greifbeinen umgebildet worden sind. Sie sind ausgezeichnet durch lange → Stigmenröhren des 8. Hinterleibssegments.

Nepticulidae Spuler 1910, Zwergmotten, Fam der *Lep Tineoidea*. Winzige, oft bunt gefärbte Motten, deren Raupen in Blättern minieren und sich in einem festen, nicht selten längs gerillten Kokon außerhalb der Mine, z. B. auf Baumrinden usw. verpuppen. Etwa 300 Arten.

Nerv, ein aus mehreren → Nervenfortsätzen der → Nervenzellen zusammengesetzter Strang. In einem ~ treten bei Insekten meistens zwei, beim Austritt aus dem → Ganglion zunächst getrennte Stränge von Nervenfortsätzen, ein motorischer und ein sensibler, zusammen.

Nervatur → Flügelgeäder.

Nervellus (lat. dem. von nervus), eine die dritte und vierte Längsader im Hinterflügel der *Hymenoptera Apocrita* verbindende Querader. Sie ist bei *Ichneumonidae* meist gebrochen und entsendet von der Knickungsstelle eine Ader (nervus spurius) zum Flügelrande. Die Lage, Neigung, Länge, sowie die Lage der Knickungsstelle des → haben große taxonomische Bedeutung. Die vom ~ nach außen hin abgegrenzte Zelle heißt → Praebrachialzelle. (Taf. XIII, Fig. 2.)

Nervenendplatte → Doyerscher Hügel.

Nervenfaser → Nervenfortsatz.

Nervenfibrille, Neurofibrille, intrazelluläre, mit den → Myofibrillen vergleichbare, im Plasma der Nervenzelle eingebettete und von einer → Perifibrillarsubstanz umgebene feinste Fibrillen, welche die → Reizleitung ausführen. Die ältere Theorie von der Kontinuität der ~ wird jetzt durch die neuere Ansicht vertreten, wonach die ~ nicht von einem Nervenfortsatz in den anderen übergehen, sondern miteinander in den sich berührenden Nervenendigungen in engen Kontakt treten (Kontiguität).

Nervenfortsatz, Neurit, Axon, Achsenzylinder, Nervenfaser, die leitenden, zu → Nerven zusammentretenden Fortsätze der → Nervenzellen. Die Nervenzellen der Insekten sind polarisiert, d. h. sie haben stets nur einen ~. Die ~ verästeln sich am Ende zu einem → Endbäumchen, welches entweder in Verbindung mit dem innervierten Organ tritt, oder mit einem → Dendrit einer anderen

Nervenzelle kontaktiert. Zuweilen bildet der ~ Seitenzweige (→ Collaterale), die sich am Ende gleichfalls in ein Endbäumchen verästeln. Die Collateralen treten vor allem in Nervenfortsätzen der → assoziativen und → motorischen → Neurone auf, wodurch die Überleitung der Reize von einem sensiblen Nervenfortsatz auf mehrere motorische ermöglicht wird.

Nervengewebe, tela nervosa, morphologisch und physiologisch zusammenhängende Ansammlung von Nervenzellen. Bei Insekten tritt das ~ in zwei Typen auf, nämlich als das bipolare zentrale und periphere Nervensystem, und der multipolare, flächenhaft entwickelte → Nervenplexus.

Nervenknoten → Ganglien.

Nervenplexus, ein flächenhaft entwickeltes Geflecht freier Sinneszellen auf der Außenseite des Darmes (intestinaler ~) und auf der Innenseite der Hypodermis (subepidermaler ~). Der intestinale ~ entsendet seine Nervenfortsätze an die Zellen des Darmepithels und an die Muskelfasern der Darmmuscularis. Letzteres ist der einzige Fall, wo Sinneszellen direkt an Muskelfasern treten. Ein subepidermaler ~ kommt vor allem unter der Haut verschiedener Larven (Fliegen, Käfer, Odonaten) vor. Über die physiologische Seite des ~ ist man noch nicht genügend unterrichtet. Gewisse Tatsachen scheinen für ihre → propriorezeptorische Funktion zu sprechen.

Nervensystem, Gesamtheit der → Nervenzellen des Tierkörpers. Das ~ der Insekten besteht aus einem zentralen ~ oder → Bauchmark, einem peripheren ~ und einem sympathischen ~. Das periphere ~ besteht aus Nerven, welche die Reize der Umwelt dem Bauchmark zuführen und Reaktionsimpulse des letzteren den ausführenden Organen (Effektoren) zuleiten. Jede Nervenbahn, ausgehend vom Reizempfänger (Rezeptor) über sensiblen Nerv, Bauchmark, motorischen Nerv zum ausführenden Organ (Muskel) wird als → Reflexbogen bezeichnet.

Das periphere ~ besteht aus Nervenfortsätzen der in den Ganglien des zentralen Nervensystems gelegenen → Nervenzellen, sowie aus → Sinneszellen.

Nervenzelle, Neuron, Ganglienzelle. Nervenzellen sind ektodermale (→ Neuroblasten), aus dem Verband der Epidermis herausgetretene, auf Reizempfang und Reizleitung spezialisierte Zellen. Sie bestehen aus einem Zellkörper mit reichlichem Plasma und dem meist zentral gelegenen Zellkern, sowie aus den → Nerven- und → Markfortsätzen. Der Zellkörper, die eigentliche Ganglien- bzw. Sinneszelle, hat die Funktion der Ernährung der leitenden Fortsätze übernommen, während die letzteren mittels der in ihrem Plasma eingebetteten → Nervenfibrillen die Reize überleiten.

Nach ihrer physiologischen Funktion lassen sich die ~ der Insekten in 4 Gruppen einteilen, nämlich die → Sinneszellen, die → sensiblen ~, die → assoziativen ~ und die → motorischen ~. Die Nerven- und Markfortsätze gehen in der Regel nicht direkt aus dem Zellkörper heraus, sondern sitzen einem gemeinsamen Zellstiel auf, der sie mit dem Zellkörper verbindet und, wie der letztere, zur Ernährung der Fortsätze dient.

Die sensiblen ~ leiten die von den Sinneszellen empfangenen Reize den im Zentralnervensystem lokalisierten assoziativen ~ zu. Letztere führen den Reiz auf die motorischen Zellen über, welche ihrerseits die empfangenen Reize den Muskeln (Effektoren) zuführen. Assoziative ~ bilden somit ein Bindeglied zwischen den sensiblen und den motorischen ~. (Taf. VI, Fig. 1 und Taf. XXVII, Fig. 1.)

nervosa Haworth, *Schistodepressaria*, Kümmelmotte, Kümmelpfeifer (*Lep Gelechiidae*).

Nervulus (lat. dem. von nervus), eine dem → Nervellus des Hinterflügels entsprechende Querader im Vorderflügel der *Hymenoptera Apocrita*, welche die dritte und vierte Längsader verbindet. Seine Lagebeziehung zum → Basalnerven hat besondere taxonomische Bedeutung und führt aus diesem Grunde besondere Bezeichnungen. Trifft der ~ auf den Basalnerv, so heißt er ~ interstitialis. Steht er auf der 3. Längsader vor dem Basalnerven, d. h. nach der Flügelbasis zu, dann heißt er ~ antefurcalis. Steht er hinter dem Basalnerven, d. h. nach der Flügelspitze zu, dann heißt er ~ postfurcalis. (Taf. XIII, Fig. 2.) (Vgl. auch → Gabel, furca cubiti.)

Nervus recurrens (lat. recurro, -ere, -si, rücklaufen) → rücklaufender Nerv.

Nervus splanchnicus (gr. τὸ σπλάγχνον Eingeweide) → caudales sympathisches Nervensystem.

Nervus spurius, pl. nervi spurii, heißen diejenigen Längsadern der Hymenopterenflügel (vielfach auch bei anderen Insektenordnungen), welche keine direkte Fortsetzung bis zur Flügelbasis besitzen, sondern aus Queradern entspringen und von da zum Flügelrande verlaufen, vielfach ohne denselben zu erreichen. (Taf. XIII, Fig. 2.) Vgl. auch → Vena spuria.

Nervus tegumentarius, N. tegumentalis, ein Nervenpaar, welches an den Seiten des → Tritocerebrum oberhalb der → Frontalkonnektive oder am Grunde mit ihnen vereint (z. B. bei *Lasius*) entspringt und dorsal zum Schädeldach verläuft.

Nest, Nidus, künstliches, aus vorgefundenem Naturmaterial oder bzw. und aus Ausscheidungen des eigenen Körpers aufgebautes Versteck. In den meisten Fällen handelt es sich um Brutnester der socialen und solitären, brutpflegenden Arten (höhere *Hymenoptera Aculeata, Isoptera*), worüber Näheres unter → Bauten zu vergleichen ist. Gewisse Raupen bauen sich ~ zur Überwinterung (→ Winterquartiere, → Raupennester, große und kleine).

Netzaugen → Komplexaugen.

Netzfliegen → *Nemestrinidae.*

Netzflügler → *Planipennia.*

Netzschuppen, eine der von Süffert (→ Schuppen) unterschiedenen Typen von Schmetterlingsschuppen, deren obere Wand ein Gitterwerk von Netzmaschen bildet.

Netzwanzen → *Tingitidae.*

Neubenennung, Ersatz eines schon vorhandenen Tiernamens durch einen neuen, noch nicht vorhandenen oder Wahl eines Namens für eine neu entdeckte Tierart oder Artengruppe. In letzteren Fällen spricht man in der Regel von einer → Neubeschreibung, womit auch stillschweigend die ~ der neuen Art oder Artgruppe gemeint ist. Vgl. auch → Namensänderung.

Eine ~ oder Namensersatz kann aus nomenklatorischen oder wissenschaftlichen Gründen erfolgen.

Aus nomenklatorischen Gründen muß eine ~ in folgenden Fällen erfolgen:

1. wenn objektive → Homonymie vorliegt,

2. wenn subjektive Homonymie vorliegt und

3. wenn sich ein Name als regelwidrig erweist und in allen diesen drei Fällen kein Synonym vorhanden ist, welches an Stelle des verworfenen Namen eintreten könnte.

Wissenschaftliche Gründe zu einer ~ liegen vor, wenn

1. Spaltung einer Art oder Gattung vorgenommen wird oder wenn

2. eine neue Art auf eine frühere Fehlbestimmung aufgestellt wird.

Die beiden letzteren Fälle gleichen praktisch einer Neubeschreibung, weil bei diesen Vorgängen die Anforderungen des Art. 25 befolgt werden müssen, d. h. es muß entweder eine (revidierte) Beschreibung oder Indikation angegeben und eine → Holotype bzw. im Fall einer Gattung eine Genotype bezeichnet werden.

Neubeschreibung, descriptio nova, Beschreibung einer neuen Art oder Artengruppe, eine Bereicherung der Naturwissenschaft um eine bis dahin unbekannte Form oder systematische Formengruppe. Die damit zusammenhängende Forschungsarbeit betrifft die Eruierung der morphologischen und womöglich auch biologischen Eigentümlichkeiten der neuen Form sowie deren Verwandtschaftsbeziehungen zu schon bekannten Formen. Aus diesem Studium ergeben sich Kennzeichen, welche diese Art unter anderen herauszuerkennen gestatten. Die → Neubenennung ist dabei eine seitens der Nomenklaturregeln geregelte formale Notwendigkeit, die leider allzu oft in den Vordergrund der ~ gestellt zu werden pflegt (mihi-Sucht).

Neuralrinne, eine von der → Stomodaeumbis zur → Proctodaeumöffnung des Keimstreifens verlaufende rinnenförmige Vertiefung auf der Ventralseite des Ektoderms. Sie wird nach der Differenzierung des primären Entoderms am segmentierten Keimstreifen zugleich mit der Entstehung der → Neuralwülste angelegt.

Neuralwülste, zwei durch Proliferation von → Neuroblasten aus dem Ektoderm des → Keimstreifens entstandene Längswülste zu beiden Seiten der → Neuralrinne. Sie bilden die embryonale Anlage des zentralen Nervensystems (→ Bauchmark).

Neurilemm (gr. τὸ νεῦρον Faser, Sehne, τὸ λῆμμα Stoff), Epineurium, mesodermale, feine, Zellkerne enthaltende Hülle um das zentrale und teilweise auch periphere Nervensystem.

Neurit → Nervenfortsatz.

Neuroblasten (gr. τὸ νεῦρον Faser, Sehne, ἡ βλάστη Keim, Sproß, übertr. auch Ursprung), Bildungszellen der → Nervenzellen. Die ~ entstehen aus dem Ectoderm des Keimstreifens durch Proliferation von Zellen längs zweier beiderseits der Mittelinie gelegener Linien, was zur Entstehung der beiden → Neuralwülste führt.

Neurofibrillen, intracelluläre, fadenförmige Organellen der Nervenzelle, die eigentlichen und alleinigen reizleitenden Elemente. Sie bilden in einer → Perifibrillärsubstanz eingebettete Bündel, welche die Mark- und Nervenfortsätze der Nervenzelle durchziehen.

Neuroglia (gr. τὸ νεῦρον Faser, Sehne, γλίχομαι kleben, γλίσχρος, lat. glis, klebrig, übertr. auch filzig), Hüll- und Stützgewebe des Zentralnervensystems der Insekten. Die Neurogliazellen bilden eine epitheliale Schicht um das Bauchmark und senden nach innen bis in die Markschicht (Neuropilem) ihre mehr oder weniger verästelten Fortsätze.

Neuron → Nervenzelle.

Neuropilem (gr. τὸ νεῦρον Faser, Sehne, ὁ πῖλος Filzdecke), die aus einem Geflecht von → Dendriten gebildete → Markschicht des Bauchmarks.

Neuroptera (Linné 1758) Handlirsch 1903 (*Neuroptera* Linné p. p., *Planipennia* Heymons 1915), echte Netzflügler. Kleine bis mittelgroße, 2 mm (einige *Coniopterygidae*) bis etwa 2 cm (einige *Ithonidae*) lange, meist dunkel, seltener bunt gefärbte, stets mit zwei Flügelpaaren versehene holometabole Insekten, die ihre Flügel in Ruhe meist dachförmig über dem Rücken zusammenlegen.

Kopf orthognath, mit großen, halbkugeligen Komplexaugen, meist ohne, selten mit (*Osmylidae*, *Dilaridae*) drei Ocellen. Fühler mäßig lang, vielgliedrig, borsten- oder fadenförmig, seltener keulenförmig, gekämmt oder gesägt, mit zwei größeren Grundgliedern. Das Basalglied (Scapus) selten modifiziert oder mit Fortsätzen versehen, geschlechtsdimorph (*Coniopterygidae*, *Dilaridae*). Mundteile beißend, Mandibeln meist kräftig, zangenförmig, stipzig, selten (*Nemopteridae*) dünn, blattförmig. Larven mit → Saugmandibeln von verschiedener Form. Maxillen typisch gegliedert, kurz, mit orthopteroider Lacinia und Galea (bei Larven ist die Lacinia lang und der Mandibelrinne angepaßt) und 5gliedrigen Tastern. Unterlippe gewöhnlich kurz, ohne deutliche Lobi, selten (*Nemopteridae*) auffallend verlängert. Das Occipitalloch ist durch eine gut ausgebildete Gula geschlossen, die maxillaren Cardines sind weit vor dem Occipitalloch am Seitenrande der Gula eingelenkt.

Thorax heteronom gegliedert. Prothorax stets vom Pterothorax gut gesondert, frei beweglich, zu einem schmalen Ring reduziert, oder mehr oder weniger stark verlängert, zylindrisch (bes. lang bei *Mantispidae*). Meso- und Metathorax annähernd gleich groß, voneinander durch eine tiefe, dorsale Querfurche abgegrenzt. Propleuren stark reduziert, Prosternum groß. Meso- und Metapleuren groß, durch eine Querfurche in Ana- und Trochantinopleura geteilt, mit schrägen Pleuralleisten. Meso- und Metasternum stark reduziert (Cryptosternie). Die beiden Flügelpaare sind gewöhnlich gleichartig, Vorderflügel oft etwas größer, selten (*Nemopteridae*) sind die Hinterflügel schmal bandförmig. Das Flügelgeäder ist sehr verschieden, mit wenigen Queradern, oder mit einem mehr oder weniger gut entwickelten System von Zellen im Diskalteil. Costalraum und mehr oder weniger breiter Randsaum mit zahlreichen, meist gegabelten Adern. Beine homo- oder heteronom, im letzteren Fall die Vorderbeine zu Fangbeinen umgebildet (*Mantispidae*). Vorderhüften stets länger als Mittel- und Hinterhüften, bei *Mantispidae* auffallend verlängert und mitunter durch eine sekundäre Quernaht geteilt. Mittel- und Hinterhüften sind typische → Spalthüften. Tarsen stets 5gliedrig mit zwei Krallen und einem Arolium.

Hinterleib mit zehn Segmenten. Das Sternum des 1. Segments stark reduziert. Das 9. und 10. Segment (seltener auch das 8.) sind mehr oder weniger stark modifiziert und stehen im Dienste der Begattung. Gonopoden vorhanden, bei Weibchen der *Mantispidae* und *Dilaridae* eine Legeröhre bildend. Penis von mannigfaltiger Bildung, im wesentlichen aus einem dorsalen und einem ventralen Chitinstück zusammengesetzt, zwischen denen der Aedoeagus liegt. Das ventrale Stück trägt paarige Anhänge von verschiedener Bildung.

Darmkanal gerade Vorderdarm mit einem muskulösen Pharynx und dünnem Oesophagus, der sich hinten in einen sackartigen, mit einer dorsalen Erweiterung versehenen Kropf erweitert. Der kurze Proventriculus einfach, ragt nicht trichterförmig in den Kropf hinein wie bei *Raphidides*. Mitteldarm zylindrisch. Hinterdarm mit 6—8 Malpighi-Gefäßen, das Rectum mit 4—6 großen Rectaldrüsen.

Rückengefäß schlauchförmig, mit mehreren Ostienpaaren.

Nervensystem wenig konzentriert, mit drei thorakalen und 7—8 abdominalen Ganglienpaaren, bei Larven mehr oder weniger stark konzentriert, im extremen Fall nur mit drei freien Ganglienmassen. Während der Puppenruhe findet eine Dezentralisierung der Abdominalganglien statt.

Tracheensystem gut entwickelt, mit zwei thorakalen und acht abdominalen Stigmenpaaren. Die wasserlebenden Larven der *Sisyridae* sind auf den ersten sieben Hinterleibssegmenten mit Kiemenanhängen versehen.

Hoden paarig, mit acht bis zwanzig dicht nebeneinander liegenden Follikeln. Die beiden Vesiculae seminales groß, lappig. Eine geräumige Anhangsdrüse ist vorhanden. Ductus ejaculatorius kurz, z. T. sklerotisiert. Ovarien paarig, mit 8—12, bei *Mantispidae* mit zahlreichen, kammförmigen polytrophen Ovariolen. Die Bursa copulatrix mit dem sehr großen Receptaculum seminis und die Kittdrüse münden in die Vagina. Bei *Mantispidae* münden beide getrennt vom Oviporus nach außen.

Die Fortpflanzung ist stets gamogenetisch und ovipar. Die postembryonale Entwicklung verläuft mit 2—5 Larven- und einem Puppenstadium. Die einzelnen Larvenstadien sind mit Ausnahme der *Mantispidae* einander sehr ähnlich. Die Verpuppung erfolgt stets in einem Kokon.

Sowohl die Larven als auch die Imagines sind Räuber und ernähren sich hauptsächlich von kleinen Insekten, welche die Larve mit Hilfe ihrer Saugmandibeln aussaugen.

Fossile Neuropteren sind seit dem Perm bekannt.

Die rezenten Neuropteren zählen gegenwärtig etwa 4500 Arten. Sie sind über die ganze Erde verbreitet, die meisten Arten aber leben in den Tropen und Subtropen. Manche Arten dringen recht weit in die Arktis ein. HANDLIRSCH (in KÜKENTHAL-KRUMBACH) teilt die Neuropteren in die Überfamilien *Ithonides* (wenige Arten in Australien, Himalaja und Californien), *Hemerobiides* (hierher die meisten Fam), *Nemopterides* (mit einer Fam und etwa 100 Arten in der Alten Welt, nordwärts bis zum Mittelmeergebiet, in Australien und Chile) und *Myrmeleontides* (etwa 1500 Arten).

Neuropteroidea (Linné 1758) Handlirsch 1903 (*Neuroptera* pp. Linné), Netzflüglerartige, Überordn. der *Pterygota* mit zwei in der Regel fast gleichen Flügelpaaren, welche in Ruhe dachartig auf dem Rücken zusammengelegt werden. Mundteile der Imagines und Larven kauend, bei letzteren nicht selten mit Saugmandibeln. Hinterleib mit 10 Segmenten, Cerci wenn vorhanden, 1gliedrig. Tarsen 5gliedrig.

Drei Ordnungen, *Megaloptera, Raphidides, Neuroptera (Planipennia)*.

neuseeländische Subregion der → Notogaea, umfaßt die beiden Inseln von Neuseeland, Kermadec, Chatham und Campbell.

neustria Linné, *Malacosoma*, Ringelspinner (*Lep Lasiocampidae*). 3,5—4 cm spannweiter ockergelber bis rotbrauner Schmetterling mit breiter dunkler Querbinde auf den Vorderflügeln. Raupe an den weißen median- und blauen Seitenlinien leicht kenntlich. Eier in Ringeln auf bleistiftdicken Zweigen, überwinternd. Gefürchteter Obstbaumschädling. Raupe frißt auch Eiche, Hainbuche, Pappel usw.

n. g., nov. gen. → novum genus.

Nidicolie (lat. nidus, -i, m., Nest, colere bewohnen), Leben von Insekten in Vogel- oder Säugetiernestern. Nidicole Arten finden sich vor allem unter Corrodentien, Flöhen und Käfern. Flöhe sind nur im Larvenstadium obligat nidicol. Nidicole Arten ernähren sich von Abfallstoffen, Teilen von Baumaterial oder Schimmelpilzen (Corrodentien), ohne den rechtmäßigen Nestinsassen einen leiblichen Schaden zuzufügen. Nidicolie stellt einen Teilbegriff der → Synoekie dar.

nidificus Loew, *Prociphilus* → *P. fraxini* Hartig.

Nierenmakel, eine am distalen Ende der → Zelle im Vorderflügel vieler Noctuidae auftretende nierenförmige oder ovale Makel (→ Eulenzeichnung).

niger Linné, *Athous*, schwarzbauchiger Laubschnellkäfer (*Col Elateridae*).

niger Osborn, *Haplothrips*, Kleeblasenfuß (*Thysanoptera Phloeothripidae*).

niger Fabricius, *Lasius*, braunschwarze Gartenameise, b. Wegameise, mattschwarze Holzameise (*Hym Formicidae*).

niger Linné, *Otiorrhynchus*, großer schwarzer Rüsselkäfer (*Col Curculionidae*).

nigricana Herrich-Schäffer, *Epiblema*, Tannenknospenwickler (*Lep Tortricidae*).

nigricana Stephens, *Laspeyresia*, olivenbrauner Erbsenwickler (*Lep Tortricidae*). Etwa 6 mm langer, 14 mm spannweiter Wickler. Vorderflügel graubraun mit kurzen schwarzen und weißen Schrägstrichen am Vorderrande und mit einem Fleck aus ebensolchen, von zwei veilchengrauen Mondflecken eingefaßten Strichen (Spiegel) nahe der Mitte des Außenrandes. Raupen in Erbsenschoten, an Samen fressend.

nigricella Stephens, *Coleophora*, Obstbaumsackmotte (*Lep Coleophoridae*).

nigrirostris Fabricius, *Phytonomus*, Kleeblattnager (*Col Curculionidae*). 3 bis 4 mm langer, grünlich behaarter Langrüßler mit zwei braunen Längsstreifen und einem hellen Mittelstreif auf dem Halsschilde. Larven durch Lochfraß an Blättern, jungen Knospen und Stengeln von Kleearten schädlich.

Nigrismus (lat. niger schwarz, dunkelfarbig) → Melanismus.

nigripes Fabricius, *Phyllotreta*, blauseidiger Kohlerdfloh (*Col Chrysomelidae*). Ähnelt sehr der *Ph. atra*, aber Fühler ganz schwarz.

nigrita Fabricius, *Tomostethus* (*Selandria*), schwarze Eschenblattwespe (*Hym Tenthredinidae*).

Nilionidae (Lacordaire 1859) Gemminger & Harold 1870, Fam der *Col Heteromera* mit etwa 30 mittel- und südamerikanischen, halbkugeligen, coccinellenähnlichen Arten.

Niponiidae Fowler 1912, Fam der *Col* (*Staphylinoidea*) mit wenigen asiatischen Arten der Gatt. *Niponius* Lewis. Von einigen Autoren werden diese Käfer als UFam den *Histeridae* angehängt.

Nisse, Eier der Läuse, vor allem der echten Läuse (*Anoplura*), aber auch die der *Mallophaga*.

Nissl-Substanz, Tigroid-Substanz, eine aus Nukleoproteiden bestehende, granuläre, im Zellkörper und im Stiel der → Nervenzellen im Ruhezustand auftretende Substanz. Sie schwindet im Arbeitszustande der Zellen und wird aus diesem Grunde in Zusammenhang mit dem Stoffwechsel der Nervenzelle gebracht.

Nitidulidae (Leach 1815) Seidlitz 1887, Glanzkäfer, Fam der *Col* (*Clavicornia*) mit etwa 2000 Arten, wovon in Deutschland an 135 leben. Die Arten dieser weltweit verbreiteten Familie sind obligate Pflanzenfresser und viele von ihnen sind regelmäßige Blütenbesucher, die sich von Pollen und z. T. Blumenblättern ernähren. Nicht wenige leben unter Rinden, manche sind → myrmecophil. Fossil sind 41 tertiäre und 3 quartäre Arten beschrieben worden, die zum größten Teil in rezente Gattungen eingegliedert werden konnten.

noctilio Fabricius, *Paururus*, stahlblaue Kiefernholzwespe (*Hym Siricidae*).

noctilucus Linné, *Pyrophorus*, Cucujo (*Col Elateridae*).

Noctuidae (Linné 1758) Stephens 1829 (*Noctuae* Linné), Eulen, Fam der *Lep* (*Macrofrenatae*) mit etwa 20000 rezenten, aber nur 7 tertiären und 1 quarteren Art. In Deutschland eine der artenreichsten Schmetterlingsfamilien. Ausgezeichnet durch stark entwickeltes Gehörorgan im Metathorax (metathorakales → Tympanalorgan), welches äußerlich durch große → Ohrläppchen des 1. Hinterleibssegments zugedeckt ist. Ein anderes Kennzeichen dieser Fam stellt der → Eulenkamm dar. Für die Bestimmung der Arten dieser Fam ist die charakteristische → Eulenzeichnung von großer Bedeutung. Die Raupen sind zum größten Teil Pflanzenfresser und viele von ihnen halten sich tagsüber versteckt in Erdröhren, unter Laub usw. (→ Erdraupen).

Nodositäten (lat. nodositas, -atis, f., Knotigkeit, von nodus, -i, m., Knoten), knotige, birn- oder bohnenförmige, massive Kambiumgallen, welche an jungen Wurzeln der Weinrebe durch die unterirdisch lebenden Generationen der → Reblaus verursacht werden. Diese Gallen sind es, welche die Reblaus zu einem berüchtigten Schädling der Weinrebe gemacht haben. Viel harmloser sind die durch dieselbe Art an Blättern der Weinrebe verursachten → Tuberositäten.

Nodulus (lat. dem. von nodus, -i., m., Knoten), diejenige Stelle am Hinterrande der Vorderflügel gewisser Corrodentien, wo die Analader mit der Axillarader zusammentrifft. (Taf. XI, Fig. 2.)

Nodus, im Vorder- und Hinterflügel der *Odonata* eine, das Ende der Subcosta mit der Costa und dem Radius verbindende, kräftige, kurze Querader. (Taf. X, Fig. 3.)

Nomen conservandum (lat. conservare, schützen), ein wissenschaftlicher Art- oder Gattungsname, welcher, obgleich nicht im Einklang mit denBestimmungen der → Nomenklaturregeln gebildet, doch als gültig erhalten werden soll. Es handelt sich dabei vor allem um alt eingebürgerte Namen praktisch wichtiger Insektenarten (Pflanzenschädlinge, Überträger von Tier- und Menschenkrankheiten), deren Änderung für die Praxis untragbar wäre. Der Schutz der Namen muß jeweils bei der Ständigen Internationalen Kommission für Zoologische Nomenklatur beantragt werden. Nach Akzeptierung durch die Kommission bzw. durch den internationalen Entomologen-Kongreß wird das ~ zu einem nomen conservatum, d. h. zu einem geschützten, den Nomenklaturregeln nicht mehr unterliegenden Namen.

Nomen inquirendum (lat. inquiro, -ere, -sivi, -situm, prüfen, untersuchen), ein wissenschaftlicher Tiername mit unklarem, nachzuprüfenden Inhalt.

Nomenklatur (lat. nomenclatio, -onis, f., Benennung, aus nomen, -inis, n., Name und calo, -are, gr. καλεώ ausrufen, beim Namen rufen), Namengebung, vielfach auch im Sinne von „Namenklärung" gebraucht (z. B. im Nomenclator coleopterologicus von SCHENKLING, 1922), ein Gebiet der wissenschaftlichen Methodik, welches sich mit den Regeln und Grundsätzen befaßt, die von den wissenschaftlichen Taxonomen und Systematikern befolgt werden sollen, um Mißverständnissen vorzubeugen. Seit dem Jahr 1905 ist die wissenschaftliche ~ international geregelt und die bei der Namengebung zu befolgenden Grundsätze sind in den Internationalen Regeln der Zoologischen Nomenklatur (letzter Wortlaut in: Einführung in die zoologische Nomenklatur durch Erläuterung der Internationalen Regeln, 2. Aufl., von RUDOLF RICHTER, Senckenbergische Naturforschende Gesellschaft, Frankfurt a. M., 1948) veröffentlicht. (Vgl. auch → Namen.)

Nom. nov., nomen novum (lat.), neuer Name, Abkürzung, welche einem neu eingeführten Tiernamen in der erstmaligen Abhandlung an Stelle des Autornamens angehängt wird. Dieser Brauch ist nicht in den Nomenklaturregeln vorgeschrieben, sondern ist als „Wunsch der Kommission" zu Artikel 2 zum Ausdruck gebracht worden.

Nomen nudum (lat. nudus nackt). Als ~ wird ein wissenschaftlicher Tiername bezeichnet, welcher ohne die im Art. 25 der Nomenklaturregeln geforderte Begleitung veröffentlicht worden ist.

Nomen praeoccupatum (lat. prae- vor, occupare belegen, besetzen), ein vorbelegter, vergebener Name, d. h. ein wissenschaftlicher Tiername, welcher bereits für eine andere Tierart oder Tiergattung aufgestellt worden ist, ganz gleich ob der frühere Name gültig oder synonym ist. Vgl. Art. 34 und 35 der Nomenklaturregeln.

Nomien, sg. nomus (gr. ὁ νομός Weide, Weideplatz) → Mine.

Nominatform, diejenige Form (meist Rasse) einer Art (eines Rassenkreises), auf welche die ursprüngliche, → legitime Artbeschreibung gegründet wurde und welcher der → Holotypus (Spezietypus) angehört. Innerhalb einer Art spricht man gewöhnlich von Nominat-Unterart und innerhalb einer Gattung von Nominat-Art. Die letztere muß den → Generotypus enthalten und, wenn die Gattung in Untergattungen zerlegt wird, muß sie den Gattungsnamen als Namen der Untergattung erhalten.
Der Begriff der ~ ist im Gegensatz zu → Stammform rein nomenklatorisch aufzufassen.

Nonne → *Lymantria monacha* Linné.

Nonnen → *Lymantriidae.*

Nonnentachine → *Parasetigena segregata* Rondani.

nordmannianae Eckstein, *Dreyfusia,* Tannentrieblaus, Weißtannenlaus (*Hom Adelgidae*). Verursacht große, ananasartige Gallen auf Seitenknospen von *Picea orientalis.* Virginogenien in weiße Wolle gehüllt, einzeln auf Nadeln von *Abies nordmanniana* und *A. pectinata.* Infolge der Saugtätigkeit der seßhaften Tiere krümmen sich die Nadeln der Tannen.

Normalbestand oder eiserner Bestand, im Pflanzenschutz die wirtschaftlich belanglose Zahl (Häufigkeit, Bevölkerungsdichte, Abundanz) eines Schädlings während der Periode der → Latenz, bzw. zwischen zwei Gradationen.

Normopteroides Selys → *Calopterygidae.*

norvegicus Geoffroy, *Calocoris,* zweipunktige Wiesenwanze, z. Kartoffelwanze (*Het Miridae*).

Nosema, Gattung insektenparasitischer Protozoen aus der Klasse der *Sporozoa,* Ordn *Microsporidia,* mit dem Erreger der → Pebrine, *Nosema bombycis* Naegeli und *N. apis,* dem Erreger der ansteckenden Ruhr der Bienenbrut.

Nosodendridae (Erichson 1846) Leconte & Horn 1883 (*-ini* Erichson), Fam der *Col* (*Brachymera*) mit etwa 40 rezenten und 4 tertiären Arten. Von den ersteren lebt nur 1 in Deutschland, die letzteren sind alle aus Nordamerika beschrieben.

notata Meigen, *Thaumatomyia,* gemeine Rasenhalmfliege (*Dipt Chloropidae*).

notatus Fabricius, *Pissodes,* Kiefernjungholzrüßler, Kiefernkulturrüßler (*Col Curculionidae*).

Notauli (gr. ὁ νῶτον oder τὸ νῶτον der Rücken, ἡ αὖλαξ, -ακος oder ὁ ἄλοξ, -οκος Furche, Ritze, Wunde) → Parapsidenfurchen.

Nothiothaumidae Esben Peters (1915) 1921, Fam der *Panorpatae* mit 1 chilenischen Art der Gattung *Nothiothauma* M. L.

Notodontidae Stephens 1829, Zahnspinner, Fam der *Lep* (*Macrofrenata*) mit etwa 2000 Arten, von welchen die Hälfte Südamerika bewohnt. In Deutschland etwa 35 Arten, davon einige mit auffälligen Raupenformen, z. B. *Stauropus fagi* Linné (Raupe mit langen Thorakalbeinen), *Cerura vinula* Linné (Raupe mit grell gefärbten, ausstülpbaren → Nachschiebern), *Phalera bucephala* Linné (Raupe grell schwarz und gelb kariert) u. a. Fossil unbekannt.

Notogaea (gr. ὁ νότος der Süden, ἡ γῆ oder γαῖα die Erde), → Australische Region

Notonecta → Rückenschwimmer, Wasserbiene.

Notonectidae (Fieber 1861) Douglas & Scott 1865 (*Notonectae* Fieber) (Abb. 209), Fam der *Het Hydrocorisae* mit etwa 150 rezenten und 10 tertiären Arten. In Deutschland nur durch 5 Arten vertreten, darunter die häufige *Notonecta glauca* Linné.

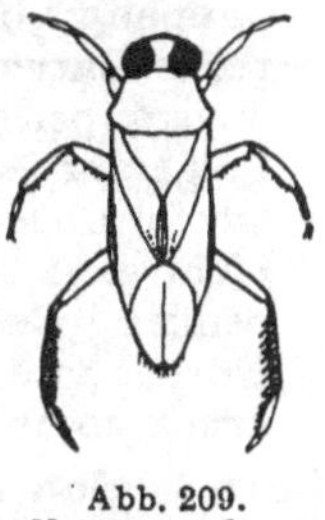

Abb. 209. *Notonecta glauca* Linné (Notonectidae). Nach Jensen-Haarup aus Handlirsch. Nat. Gr. etwa 1,5 cm.

Notopleuralborsten, für gewisse Fliegen charakteristische, gewöhnlich 2 in der → Notopleuraldepression stehende Borsten. (Taf. V, Fig. 6.)

Notopleuraldepression, Notopleurale, Praesuturaldepression, Suturaldepression, eine bei gewissen Fliegen (z. B. deutlich bei *Musca domestica* Linné) zwischen der → Humeralschwiele und der Flügelwurzel auftretende, dreieckige Vertiefung der Mesonotum-Seiten, in welche die → Quernaht mündet.

Notopleuralnaht (Osten-Sacken), seitliche, das Mesonotum von der Mesopleure vor der Flügelwurzel trennende, membranöse Naht am Thorax der Fliegen. Wo die → Notopleuraldepression auftritt, bildet die ~ ihre untere Begrenzung.

Notoptera Crampton 1915, Ordn der *Pterygota* (*Orthopteroidea*) mit der einzigen Fam *Grylloblattidae.*

Notoxidae Stephens → *Anthicidae.*

Notum (gr. τὸ νῶτον Rücken), der vordere, sklerotisierte Teil des → Tergum. In diesem Sinne (Weber) reicht das ~ von der → Antecosta nach hinten bis zur sekundären → Intersegmentalhaut, welche das ~ vom → Postnotum (Acrotergit) desselben primären Tergum trennt. Infolge der Sklerotisierung der primären Intersegmentalnaht und Bildung einer massiven Antecosta ist das primäre ~ mit dem Postnotum des vorangehenden Segments zu einer einheitlichen Platte, dem sekundären ~ verschmolzen. Vielfach (z. B. Snodgrass) wird das ~ als gleichbedeutend mit Tergum gebraucht, doch ist WEBERS Auffassung vorzuziehen. (Taf. XXIX und Taf. XXX, Fig. 1—3, 8, 9.)

Notverpuppung, vorzeitige, durch unzureichende Menge oder ungünstige Qualität der Nahrung hervorgerufene Verpuppung noch nicht ganz verpuppungsreifer Larven, vor allem bei Schmetterlingsraupen vielfach beobachtet. Die Folge der ~ ist in der Regel eine Kümmerform des Schmetterlings, die in den nicht ganz ausgebildeten oder steril bleibenden Geschlechtsorganen, kleinerem Körper und kürzeren Flügeln zum Ausdruck kommt.

Nova species, nov. sp., n. sp. oder sp. no neue Art, eine in der Originalarbeit, aber auch nur in dieser, an Stelle des Autornamens dem wissenschaftlichen Tiernamen anzuhängende Bezeichnung zur ausdrücklichen Bekanntgabe, daß es sich um eine in dieser Arbeit zuerst veröffentlichte neue Tierart handelt. Dieser Brauch ist zwar seitens der Nomenklaturregeln nicht vorgeschrieben, aber allgemein Usus geworden und seine Anwendung wird von der Nomenklaturkommission in einem Wunsch zu Art. 2 empfohlen (vgl. auch → nom. nov.).

Novum genus → genus novum.

Novum nomen → nomen novum.

nubilalis Hübner, *Pyrausta*, Maiszünsler, Hirsenzünsler (*Lep Pyralidae*), ein etwa 15 mm langer, 30—35 mm spannweiter Schmetterling, dessen Raupe in Stengeln von Mais, Hirse, Hanf, Hopfen und Brennesseln Gänge bohrt und die Exkremente samt Bohrmehl durch ein Bohrloch hinauswirft. An dem um den Wurzelhals der Pflanzen und in Blattachseln angesammelten Bohrmehl erkennt man die Anwesenheit des Schädlings.

Nucha (lat. nucha, -ae, f., pl. -ae, -arum, Nacken) → Nacken.

nucum Linné, *Curculio* (*Balaninus*), Haselnußbohrer, Nußrüßler (*Col Curculionidae*).

nüsslini Börner, *Dreyfusia* → *D. nordmannianae* Eckstein.

Nußblattlaus, große → *Callaphis* (*Callipterus*) *juglandis* Kaltenbach.

Nußblattlaus, kleine → *Chromaphis juglandicola* Kaltenbach.

Nußrüßler → *Curculio* (*Balaninus*) *nucum* Linné.

nutritiv (lat. nutrio, -ire, ernähren) mit der Ernährung zusammenhängend, ernährungsmäßig. Vgl. auch → trophisch.

Nutzholzborkenkäfer, gemeiner oder linierter → *Trypodendron* (*Xyloterus*) *lineatum* Olivier.

Nutzholzborkenkäfer, gekörnter → *Xyleborus dryographus* Ratzeburg.

Nutzholzborkenkäfer, kleiner → *Xyleborus monographus* Fabricius.

Nutzholzborkenkäfer, schwarzer → *Xyleborus monographus* Fabricius.

Nycteribiidae (Latreille 1807) Leach 1817

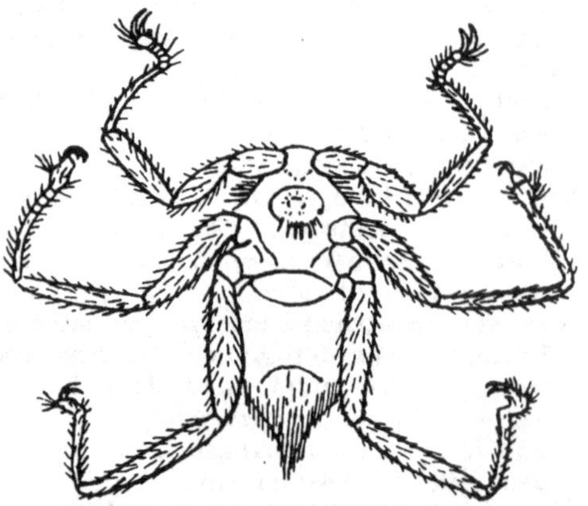

Abb. 210. ***Cyclopodia horsfieldi*** de Meijere (Nycteribiidae). Nach Martini aus Handlirsch. Nat. Gr. etwa 4 mm.

(*Phthiromyinae* Latr.), Fledermausfliegen (Abb. 210), Fam der *Dipt Pupipara* mit etwa 100 Arten, ausgezeichnet durch Flügellosigkeit, lange, spinnenartige Beine, platt gedrückten zottigen Körper und nach hinten in eine Vertiefung des Mesonotums zurücklegbaren Kopf. In Mitteleuropa etwa 5 Arten bekannt. Leben nur auf Fledermäusen.

Nymphalidae (Linné 1758) Comstock 1893 (*Nymphales phalerati* Lin.), Fleckenfalter, Fam der *Lep Rhopalocera* mit etwa 2000 rezenten, zum großen Teil tropischen Arten. In Deutschland etwa 40 Arten der Gattungen *Apatura*, *Vanessa*, *Pyrameis*, *Araschnia* usw. Hierher auch die vielfach als besondere Fam *Morphidae* betrachteten neotropischen Schmetterlinge der Gatt *Morpho*, *Faunis* u. a. Fossil sind 13 tertiäre (Unteroligocän von Frankreich 3, Untermiocän von Kroatien 1 und Miocän von Colorado 9) und 2 kopale Arten beschrieben worden.

Nymphen (gr. ἡ νύμφη Mädchen, Braut), das letzte, durch Auftreten von Flügelanlagen gekennzeichnete, nicht ruhende präimaginale Stadium der → Neometabola. Bei → Homometabola tritt nur eine Nymphe auf, bei Neometabolen sind es meist zwei ~, deren erste als → Pronymphe bezeichnet wird. Vielfach werden alle imagoähnlichen Larven der Hemimetabola im Unterschied zu den imagounähnlichen Larven der Holometas bola als Nymphen bezeichnet. Bei Hemipteren wird aber in der Regel nur das letzte Larvenstadium als Nymphe bezeichnet.

+***Nymphitidae*** Handlirsch 1908 (Abb. 211), ausgestorbene Fam der *Planipennia* mit 6 malmischen Arten aus dem lithographischen Kalk von Bayern (4) und England (2). Die meisten bekannten Arten waren mittelgroß, mit 2,2—3,2 cm langen Vorderflügeln, welche nur bei *Gigantotermes excelsus* Hagen eine Länge von 5,8 cm erreichten.

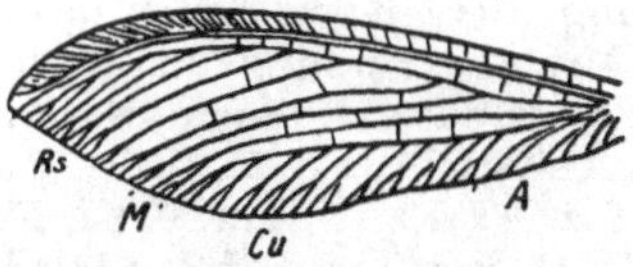

Abb. 211. +*Nymphites braueri* Haase (+Nymphitidae). Nach Handlirsch. Nat. Gr. 5 cm.

O

Oberflächenruder, diejenige Form der Beine, welche bei Fortbewegung auf der Wasseroberfläche nicht eintauchen, sondern infolge ihrer → Unbenetzbarkeit das Oberflächenhäutchen des Wassers nur eindrücken, und durch synchronen oder fast synchronen Ruderschlag den Körper fortbewegen. Diese Form haben die Mittelbeine der *Gerridae* und *Veliidae*, und sie allein sind bei diesen Insekten aktive Fortbewegungsorgane, während die Hinterbeine als Steuer dienen und die Vorderbeine Stütz- oder Greifwerkzeuge sind.

Oberkiefer, mandibula, Mandibel, das modifizierte zweite, bzw. dritte (→ Labralsegment) definitive Extremitätenpaar der kephalisierten Kopfsegmente, Die ~ ist bei allen Insekten stets ungegliedert und, nach der bei *Japygidae* noch erhaltenen Spur einer cardo-stipitalen Trennungsnaht zu schließen, entspricht sie der Mandibel der Myriopoden, d. h. dem verschmolzenen Cardo, Stipes und Lacinia.

Wie die ~ der Myriopoden, so hat auch diejenige der Apterygoten, mit Ausnahme der *Lepismatidae*, nur ein Gelenk, das primäre Cardo-Gelenk, welches sie mit dem Rande der Kopfkapsel beweglich verbindet. Bei *Lepismatidae* und allen *Pterygota* kommt noch ein zweites, sekundäres Gelenk hinzu, welches vor dem ersteren liegt und die ~ in der Nähe des Clypeo-Pleurostomalwinkels mit dem Rande der Kopfkapsel beweglich verbindet. Bei Ephemeriden-Larven hat der pleurostomale Basalrand der Mandibel eine nach vorn geneigte primäre Lage, weil das vordere Gelenk noch tiefer liegt (in der Seitenansicht) als das hintere, während bei der Beißmandibel aller anderen Pterygoten beide Gelenke auf gleicher Höhe liegen.

Jegliche primäre Anhänge fehlen der Insekten-Mandibel vollständig, es können aber sekundäre Anhänge auftreten, wie → Lacinia mobilis, → Prostheca oder die bei Curculioniden-Puppen vorhandenen, nach dem Schlüpfen der Imago abfallenden Anhänge der Außenwand der ~.

Die einfachste Form der ~ liegt in der typischen orthopteroiden → Beißmandibel vor. Sie ist normalerweise kneifzangenartig zur Mittellinie des Körpers gekrümmt und arbeitet in der Querebene des Kopfes von außen nach innen. Bei *Vanhorniidae*, *Alysiinae* (*Braconidae*), *Haematomyzidae* (*Mallophaga*) und bei der Larve von *Phyllotoma aceris* ist sie ausnahmsweise von der Mittellinie ab nach auswärts gekrümmt (exodonte Mandibel). Eine spezialisierte Form der Beißmandibel stellt die ihr sonst ähnliche → Saugmandibel dar.

In leckend-saugenden Mundteilen sind die ~ entweder stark reduziert, nur als funktionslose Stummeln erhalten (*Trichoptera*) oder fehlen ganz (die meisten *Lepidoptera*, *Diptera*).

In stechend-saugenden Mundteilen sind die ~ in der Regel zu → Stechborsten umgewandelt, welche im einzelnen recht verschieden gestaltet sein können.

Die Arbeitsweise der primären, monocondylen ~ ist schabend, d. h. sie arbeitet von vorn nach hinten in der

Richtung der Körperlängsachse (Börner). Mit der Bildung des zweiten Gelenks ging parallel auch die Änderung der Arbeitsrichtung in die Querebene über (Taf. VI, Fig. 1, Taf. XXI, Fig. 1—6, Taf. XXII, Fig. 1, 5, Taf. XXIII, Fig. 2, 5, Taf. XXIV, Fig. 5, Taf. XXV, Fig. 2 und Taf. XXIX.)

Vgl. auch → Muskeln der Oberkiefer.)

Oberlippe, labrum, der im definitiven Zustande stets unpaarige, schild-, schuppen- oder zungenförmige, manchmal ganz fehlende Anhang des → Kopfschildes. Sie ist mit dem letzteren entweder nahtlos verschmolzen und bildet dann ein einheitliches Clypeolabrum (viele Käfer und Hautflügler) oder ist mit ihm unbeweglich durch eine sklerotisierte oder aber beweglich durch eine häutige Naht, die → Labralnaht, verbunden.

Im taxonomischen Sinne versteht man unter ~ eigentlich nur ihre sklerotisierte, vielfach taxonomisch wichtige Merkmale tragende Außenwand, während ihre Innenwand, welche mehr den Morphologen interessiert, als → Epipharynx bezeichnet wird.

Die Funktion und morphologische Differenzierung der ~ ist recht verschiedenartig und richtet sich nach der Art und Weise der Nahrungsaufnahme.

In den meisten Fällen besteht ihre Hauptfunktion im Verschluß der zwischen den Mandibeln klaffenden → Präoralhöhle, wodurch ein Herausfallen des Nahrungsbrockens verhindert wird. Die nach hinten gerichtete Bekleidung des Epipharynx mit Dörnchen und Börstchen unterstützt diese Funktion und nimmt wahrscheinlich auch Teil an der in der Hauptsache dem → Hypopharynx obliegenden Funktion der Beförderung des Nahrungsbrockens in das → Cibarium bzw. den Schlund. Der Abschluß der Präoralhöhle durch die ~ wird besonders wichtig bei stechend-saugenden und leckend-saugenden Mundwerkzeugen, deren Saugwirkung sonst fehlschlagen müßte.

Bei Schmetterlingsraupen und anderen Insekten (Raupen der *Tenthredinidae*, verschiedene Käfer usw.) welche einen Blattrandfraß ausüben, ist die ~ in der Mitte ihres Vorderrandes mit einer mehr oder weniger tiefen Ausrandung versehen, welche den Blattrand erfaßt und sein Ausrutschen nach jedem von den Mandibeln abgebissenen Stück verhindert. (Vgl. auch → Asymmetrie.)

Bei Thysanopteren bildet die ~ die spitz endigende Vorderwand des → Mundkegels, welche mit ihren eingerollten Seitenrändern die 3 Stechborsten und den Hypopharynx umfaßt, eine führende Scheide des Stechborstenbündels bildend. Auch bei *Anoplura* scheint die ~ in der Bildung des Mundkegels aufgegangen zu sein (Sikora).

In leckend-saugenden Mundteilen der *Trichoptera* und *Diptera* bildet die ~ zusammen mit dem Hypopharynx ein Saugrohr, indem die mediane Längsrinne des Epipharynx mit einer ähnlichen Rinne des Hypopharynx ein ganzes Rohr bilden. Bei Culiciden ist die ~ zu einem Saugrohr eingerollt, welches in die rinnenförmige Unterlippe eingebettet, den maxillaren und mandibularen Stechborsten als Führungsrohr dient und mit ihnen zusammen in die Stichwunde eingeführt wird. Bei Ceratopogoniden, Psychodiden (*Nematocera*) und stechend-saugenden *Brachycera* ist die ~ gleichfalls zu einem Saugrohr eingerollt, das aber unten durch die flach stilettartigen mandibularen Stechborsten verschlossen ist. Auch hier wird die ~ mit in die Stichwunde eingeführt. Bei *Stomoxidinae* (*Muscidae*) und *Pupipara* bildet die ~ zusammen mit dem Hypopharynx ein in der Unterlippe eingebettetes Stech- und Saugrohr. Bei Aphanipteren ist die ~ im Gegensatz zu allen anderen Insekten differenziert, indem ihre Außenwand kurz und unter dem Clypeus verborgen ist, während der Epipharynx stark verlängert und längs seiner Dorsalseite eingerillt ist und, von den rinnenförmigen Mandibeln scheidenartig umfaßt, ein Saugrohr bildet. Auch hier wird die ~ in die Stichwunde eingeführt, aber sie beteiligt sich nicht direkt am Stich, weil sie innerhalb des mandibularen Stechrohres verborgen liegt.

Die Herkunft der ~ ist noch nicht endgültig entschieden. Ihre Abstammung von einem segmentalen Extremitätenpaar (→ Labralsegment) wird seit Wiesmann (1926) vielfach angenommen, harrt aber noch einer Bestätigung der embryonalen Befunde. (Taf. VI, Fig. 1, Taf. XXI, Fig. 1, Taf. XXII, Fig. 1, 3, 4, 6, Taf. XXIV, Fig. 1-3, 5, Taf. XXV, Fig. 1 und Taf. XXIX.) (Vgl. auch → Muskeln der Oberlippe.)

Oberschlundganglion → Gehirn.

obesus Marsham, *Strophosomus* → *Str. rufipes* var. *capitatus* DeGeer.

obliterieren (lat. oblitero, -are, ausstreichen, vergessen), schwinden, sich rückbilden, kleiner oder undeutlich werden von Merkmalen, Organen oder deren Hohlräumen.

obliquus (lat.) schräg, schief.

oblong (lat. oblongus), länglich.

oblonge Platte, das 9., durch mediane Membranisierung geteilte Sternit der aculeaten *Hymenoptera*. Es ist in den Hinterleib eingezogen, von außen unsichtbar und steht mit dem Giftstachel in Verbindung.

oblongus Linné, *Phyllobius*, brauner Schmalbauch (*Col Curculionidae*).

obscura Linné, *Silpha*, flachstreifiger Aaskäfer (*Col Silphidae*). Etwa 10 bis 12 mm langer, schildartig gewölbter, schwarzer Käfer mit breit aufgeworfenem Seitenrande des Halsschildes und der Flügeldecken. Der Käfer und seine Larve sind Aas- und Fleischfresser.

obscurus Linné, *Adoxus*, Rebenfallkäfer, Schreiber, Weinlaubblattkäfer (*Col Chrysomelidae*).

obscurus Linné, *Agriotes*, düsterer Saatschnellkäfer, d. Humusschnellkäfer (*Col Elateridae*). Ähnlich wie der gemeine → Saatschnellkäfer, aber gleichmäßig grau gefärbt.

obscurus Marsham, *Hylastinus*, Kleewurzelkäfer (*Col Ipidae*). Eine der wenigen in krautartigen Pflanzen lebenden → Borkenkäferarten.

obscurus Fabricius, *Tenebrio*, dunkler Mehlkäfer (*Col Tenebrionidae*). 1,5 cm langer, pechschwarzer Käfer mit rotbrauner Unterseite. Häufig in Mühlen und Mehllagern, da seine Larve (Mehlwurm, falscher → Drahtwurm) in Mehlvorräten lebt.

obsolet (lat. obsoletus, unscheinbar, abgenutzt), verschwunden, im Verschwinden oder in Rückbildung begriffen, undeutlich, nur in Spuren erhalten, wie z. B. die Schulterbeule vieler Arten der *Coccinellidae*, Parapsidenfurchen vieler *Ichneumonidae*, Nahtspuren bei verschiedenen Insekten usw.

obsoletus Say, *Acanthoscelides*, Speisebohnenkäfer (*Col Lariidae*).

Obstbaumfleckminenmotte → *Cemiostoma scitella* Zeller.

Obstbaummilbe, rote → *Bryobia praetiosa* Koch.

Obstbaummotte, grauköpfige → *Recurvaria nanella* Hübner.

Obstbaumrindenwickler → *Laspeyresia* (*Grapholitha*) *woeberiana* Schiffermüller.

Obstbaumsackmotten → *Coleophora hemerobiella* Scopoli und *C. nigricella* Stephens.

Obstbaumschildlaus, gelbe → *Aspidiotus piri* Lichtenstein.

Obstbaumschildlaus, grüne → *Aspidiotus ostraeiformis* Curtis.

Obstbaumschildlaus, rote → *Epidiaspis betulae* (Bärensprung).

Obstbaumschlangenminiermotte → *Lyonetia clerckella* Linné.

Obstbaumschwebmotte → *Lyonetia clerckella* Linné.

Obstbaumspinnmilbe → *Paratetranychus pilosus* Canestrini & Fanzago.

Obstbaumsplintkäfer, großer oder glänzender → *Scolytus mali* Bechstein.

Obstbaumsplintkäfer, runzliger oder kleiner → *Scolytus rugulosus* Ratzeburg.

Obstbaumsplintrüßler → *Magdalis* spp., besonders *ruficornis* Linné und *cerasi* Linné (*Col Curculionidae*).

Obstblattlaus → *Aphidula* (*Aphis, Doralis*) *pomi* Degeer.

Obstblattminiermotte → *Lyonetia clerckella* Linné.

Obstblattschaben, gemeine → *Coleophora hemerobiella* Scopoli und *C. nigricella* Stephens.

Obstmade → Apfelwickler (-raupe).

Obststecher, goldgrüner → *Rhynchites auratus* Linné.

Occipital- → Hinterhaupts-; occipital, mit dem Hinterhaupt zusammenhängend, am Hinterhaupt gelegen.

Occipitalbogen, der hintere Streifen der Kopfkapsel zwischen der Occipital- und Postoccipitalnaht, gleichbedeutend mit → Hinterhaupt.

Occipidalganglion → Hinterhauptsganglion.

Occipidalgelenk → Hinterhauptsgelenk.

Occipidalleiste → Hinterhauptsleiste.

Occipitalloch → Hinterhauptsloch.

Occipitalnaht → Hinterhauptsnaht.

Occipito-Orbitalborste, je eine Borste am Hinterrande der Komplexaugen bei *Ortalidae* (*Dipt*).

Occiput (lat. eigentlich occipitium, ii, n.) → Hinterhaupt.

Occlusor (lat. occludo, -ere, -sum schließen), Schließmuskel, zieht den Hebel am Verschlußapparat des Atemloches und schließt das Stigma. Antagonistisch wirkt eigene Elastizität des Verschlußringes.

ocellana Fabricius, *Tmetocera*, roter Knospenwickler (*Lep Tortricidae*).

ocellana ssp. ***lariciana*** Heinemann, *Tmetocera* Lärchennadelwickler, Lärchenbüschelwickler (*Lep Tortricidae*).

Ocellarborsten, zwei nach ihrer Länge und Lage (→ Kreuzborsten) taxonomisch wichtige Borsten zwischen den Ocellen bei vielen Fliegen und regelmäßig bei Thysanopteren. (Taf. V, Fig. 5.)

Ocellarganglion, 1—3 im → Protocerebrum (pars intercerebralis) versenkte (*Apterygota*) oder peripher in der Nähe der zugehörigen Ocellen liegende und mit dem Protocerebrum durch je einen → Ocellenstiel verbundene Ganglien. (Taf. XXVII, Fig. 2.)

Ocellarnerven, nur bei Apterygoten auftretende Nerven, welche die bei diesen Insekten im Protocerebrum versenkten → Ocellarganglien mit ihren Ocellen verbinden.

Ocellen (lat. ocellus, -i, m., dem. von oculus), → Einzelaugen.

Ocellenhöcker, ein mehr oder weniger erhöhter Sockel, welcher die Ocellen über die Oberfläche der Kopfkapsel erhebt. Er kommt nicht selten bei Fliegen (bes. bei holoptischen Arten) und Ichneumoniden vor.

Ocellenplatte, Interfrons, mehr oder weniger scharf von der Umgebung abgesetzte, dreieckige Chitinplatte, welche die → Ocellen trägt. Sie ist vor allem bei Fliegen sehr verbreitet und liefert wichtige taxonomische Merkmale. Morphologisch stellt sie eine sekundäre Bildung dar, indem sie den hintersten Teil der Stirn mit dem Frontalocellus und den vordersten Teil des Scheitels mit den beiden Scheitelocellen umfaßt.

Ocellenstiele, Verbindungen zwischen dem → Protocerebrum und den peripher (*Pterygota*) liegenden → Ocellarganglien. Sie werden manchmal auch einfach als Ocellarnerven bezeichnet. Der Stiel des mittleren Ocellarganglions entspringt mit doppelter Wurzel, was für die primär paarige Natur des → Frontalocellus spricht (Eidmann). Alle drei Stiele verschmelzen manchmal (z. B. bei *Cicada fraxini*) zu einem einzigen, der sich erst kurz vor den Ocellarganglien verteilt. Bei *Fulgora maculata* sind die ~ der Scheitelocellen sehr lang und sind an der Basis eine Strecke weit mit den Antennalnerven vereinigt.

ochracea Hübner, *Gortyna*, *Xanthoecia* → *X. flavago* Schiffermüller.

Ochsenheimeriidae (Herrich-Schäffer 1857) Spuler 1910, Bohrmotten, Fam der *Lep Tineoidea*. Die einzige Gattung *Ochsenheimeria* Hübner ist in Deutschland mit 4 Arten vertreten. Die Raupen leben in Grashalmen. Die ~ werden oft mit den *Glyphipterygidae* vereinigt.

Ochteridae (Leach 1815) Reuter 1910 (*Pelogonida* Leach, *-isae* Dohrn 1859), sehr langrüsselige *Geocorisae* mit etwa 20 Arten aus fast allen tiergeographischen Regionen. In Deutschland nicht vertreten.

Ochthiphilinae Zetterstedt → *Chamaemyidae*.

Ochtidiae Fallen → *Ephydridae*.

Ocularnaht, Sutura ocularis, die Ringnaht um das Komplexauge herum. Sie begrenzt die → Augenkapsel nach außen.

oculata Linné, *Oberea*, rothalsiger Weidenbock (*Col Cerambycidae*).

Oculi compositi (lat. oculus, -i, pl. -i, -orum, m., Auge, compositus zusammengesetzt, partic. von compono, -ere, zusammensetzen, zusammentragen) → Komplexaugen.

oculiperda Rübsaamen, *Thanasiniana* (*Clinodiplosis*), Okuliermücke, Okuliermade, rote Made der Rosen (*Dipt Cecidomyidae*).

Odonata Fabricius 1792, Libellen, Wasserjungfern, Schillerbolde, Augenstecher.

Schlanke, 2—13 cm lange, im Imaginalstadium stets mit zwei Flügelpaaren versehene, düster, lebhaft, oder bunt gefärbte Pterygoten, die ihre Flügel in Ruhe entweder flach ausgebreitet, oder in senkrechter Ebene über dem Rücken, stark nach hinten geneigt, zusammengelegt halten.

Kopf groß, acrotrem, schmalhalsig, stark beweglich, mit großen Komplexaugen und drei Ocellen. Fühler kurz, borstenförmig, mit zwei größeren Grundgliedern (Scapus und Pedicellus) und einem aus höchstens fünf Gliedern bestehenden Flagellum. Auch die Larven besitzen siebengliedrige, aber meist längere Fühler. Mandibeln kräftig, scharf gezähnt. Maxillen mit gut gesonderten Cardo und Stipes, kräftig gezähnten Innenladen (? Lacinia) und einem eingliedrigen äußeren Anhang, der für die reduzierten Kiefertaster gehalten wird. Labium bei Imagines kurz und breit, bildet bei der Larve eine stark verlängerte, vorschnellbare → Fangmaske.

Thorax heteronom gegliedert, mit mehr oder weniger weitgehend reduziertem Prothorax. Meso- und Metathorax miteinander verschmolzen. Die kräftig entwickelten Mesoepisternen stoßen dorsal vor dem kleinen Mesonotum in der Mittellinie zusammen, eine Carina dosarlis bildend. Bei *Anisoptera* ist auch das Pronotum reduziert, von außen nicht oder kaum sichtbar, bei *Zygoptera* als kleines, aber deutliches, selbständiges, halsschildförmiges Stück erhalten. Das Metanotum ist ebenso unansehnlich wie das Mesonotum, während seine Pleuren stark entwickelt sind. Die Metaepimeren greifen mehr oder weniger stark auf die Ventralseite über und stoßen manchmal (*Anisoptera*) hinter den Hinterhüften fast miteinander zusammen. Pro- und Mesosterum klein, zwischen den stark genäherten Hüften kaum sichtbar, Metasternum groß, in ein kleineres Sternum und größeres Sternellum geteilt. Beine homonom, alle nach vorn gerichtet, gut zum Greifen und Klettern, ungeeignet zum Laufen. Flügel durch die dorsal zusammenstoßenden Mesoepisternen stark nach hinten verlagert, während die Beine durch die starke ventrale Ausbreitung der Metaepimeren mehr nach vorn verschoben sind. Beide Flügelpaare bei *Zygoptera* fast gleichartig, zur Basis stark, stielartig verengt, bei *Anisoptera* und *Anisozygoptera* (einzige rezente Art *Epiophlebia superstes* Sélys, Japan) ungleichartig, indem die Hinterflügel vor allem stärker entwickelte Analteile besitzen. Costa als Randader bis zur Flügelspitze, Subcosta mit ihr in der Mitte des Vorderrandes verbunden (Nodus). Vor der Spitze findet sich in beiden Flügeln, zwischen Costa und Radius eine mehr oder weniger gut entwickelte Pterostigma. Zwischen den Längsadern stets ein mehr oder weniger reich entwickeltes System von Queradern (Archaedictyon). Die von Comstock und Needham früher angenommene Kreuzung des Radius mit der Media (→ Aderkreuzung) wird gegenwärtig von den meisten Autoren verworfen. Flügel in Ruhe entweder flach ausgebreitet (*Anisoptera*), oder über dem Rücken in der Sagittalebene schräg nach hinten geneigt, zusammengelegt. Im Fluge schwingen beide Flügelpaare alternierend.

Hinterleib mit zwölf nachweisbaren Segmenten, das 11. allerdings stark reduziert, das 12. nur aus drei Anallappen bestehend. Tergite stark verbreitert, an den Seiten abwärts gebogen, mit den kleinen Sterniten durch schmale Pleuralhäute verbunden. Genitalöffnung bei Weibchen zwischen dem 8. und 9. Sternit, von einem kurzen, aus drei Paaren von Gonapophysen des 8. und 9. Segments zusammengesetzten Legeapparat begleitet. Bei Männchen liegt die Geschlechtsöffnung im 9. Sternit, welches mit einem Paar kleiner Anhänge (? Gonopoden) versehen ist. Das 10. Segment bei Männchen mit einem Zangenpaar (? Cerci), mit deren Hilfe das Weibchen bei der Begattung am Halse (*Anisoptera*) oder zwischen dem Pro- und Mesothorax (*Zygoptera*) festgehalten wird. Außer diesen sog. Appendices superiores, die stets paarig sind, treten noch bei *Zygoptera* ein Paar Appendices inferiores und bei *Anisoptera* ein unpaariger Appendix inferior, die wahrscheinlich Derivate des 11. Segments (? Paracercus) darstellen. Sie helfen das Weibchen bei der Begattung festzuhalten, indem die paarigen App. inf. der *Zygoptera* gabelartig den Hals des Weibchens umfassen, während der unpaarige App. inf. der *Anisoptera* sich fingerartig auf den Kopf zwischen den Augen legt. Die Männchen besitzen am 2. und 3. Sternit sekundäre Anhänge von recht kompliziertem Bau (→ Samenüberträger,) mit deren Hilfe das Sperma der Genitalöffnung des 9. Segments entnommen und bei der Begattung in die weiblichen Genitalien übertragen wird.

Darm einfach, gerade, Vorderdarm mit Kropf und Kaumagen, Mitteldarm ohne Coeca, Hinterdarm kurz, Rectum mit sechs Rectalpapillen. Die Zahl der Malpighi-Gefäße, die in Gruppen zu fünf oder sechs vereinigt sind, ist großen Schwankungen unterworfen. Nach Chopard sind es deren 50—60, nach Lameere 50—70 und nach Weber 50—208.

Rückengefäß langgestreckt, mit acht Kammern und ebenso vielen Ostienpaaren, vorn in eine Aorta verlängert, welche bei der Larve von *Aeschna* nach

Zawarzin auch noch mit einem Ostienpaar versehen ist.

Tracheensystem gut entwickelt, mit zwei thorakalen und acht abdominalen Stigmenpaaren auf den Segmenten 1—8. Das 1. thorakale Stigmenpaar auf einer Stigmenplatte zwischen dem reduzierten Prothorax und dem Mesoepisternum verborgen.

Nervensystem schwach konzentriert, mit drei thorakalen und sieben abdominalen Ganglienpaaren, das erste abdominale Paar oft dem metathorakalen stark genähert. Das sympathische System sowie das endokrine System (Corpora cardiaca und allata) gut entwickelt.

Geschlechtsorgane von einfachem Bau. Ein Paar langer, schlauchförmiger Gonaden mit zahlreichen panoistischen Ovariolen bzw. rundlichen Hodenfollikeln (Lobulae). Vasa deferentia kurz, mit einer Vesicula seminalis an ihrer Verbindungsstelle mit dem kurzen Ductus ejaculatorius. Die ebenfalls kurzen Oviducte münden in eine Vagina, die mit kurzen Anhangsdrüsen versehen ist.

Entwicklung archimetabol, mit 10 bis 15 larvalen Häutungen, dauert in den meisten Fällen (*Zygoptera, Libellulidae, Anax*) ein Jahr, seltener erstreckt sie sich über 2—5 Jahre. Die Larven sind im Wasser noch gefräßigere Räuber als die Imagines auf dem Lande. Die Larven sind mit → Schwanzkiemen (*Zygoptera*), Darmkiemen (*Anisoptera*), oder mit paarigen Kiemenanhängen am 2.—7., oder 2.—8. Hinterleibssegment (*Epallagidae*) versehen.

Fossile Odonaten sind seit Obercarbon bekannt (→*Permodonata* Martynow).

Von Odonaten sind gegenwärtig etwa 3000 Arten bekannt, in Deutschland leben aber nur etwa 75 Arten. Sie werden in drei gut unterscheidbare UOrdn *Anisozygoptera, Zygoptera* und *Anisoptera* geteilt.

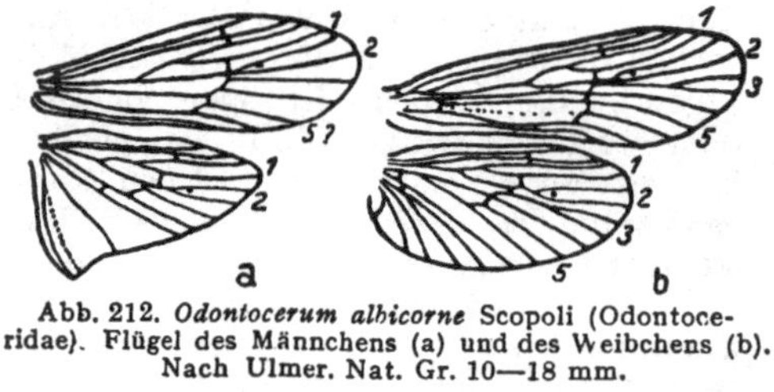

Abb. 212. *Odontocerum albicorne* Scopoli (Odontoceridae). Flügel des Männchens (a) und des Weibchens (b). Nach Ulmer. Nat. Gr. 10—18 mm.

Odontoceridae Wallengren 1891 (Abb. 212), Fam der *Trichoptera*, mit etwa 20 über die Hauptkontinente der Welt verteilten Arten. In Deutschland nur 1 Art, *Odontocerum albicorne* Scopoli. Fossil sind 5 Arten aus dem baltischen Bernstein und 1 Art aus dem Miocän von Colorado bekannt.

Oedeagus, fehlerhafte Schreibweise für → Aedoeagus.

Oedemeridae (Latreille 1810) Stephens 1829 (Abb. 213), Fam der *Col* (*Polyphaga*) mit etwa 600 rezenten und 3 tertiären Arten (balt. Bernstein). In Deutschland sind etwa 34 Arten aus dieser Familie heimisch. Es sind meist mittelgroße, einige mm bis 2 cm lange, schlanke Käfer mit cerambycidenähnlichem Habitus, langen Fühlern und hinten meist klaffenden, weichen Flügeldekken. Bei Männchen sind die Hinterschenkel häufig gekrümmt und verdickt. Die Käfer sind häufig Blütenbesucher, die Larven leben in morschem Holze, im Mark der Stengel und unter Baumrinden.

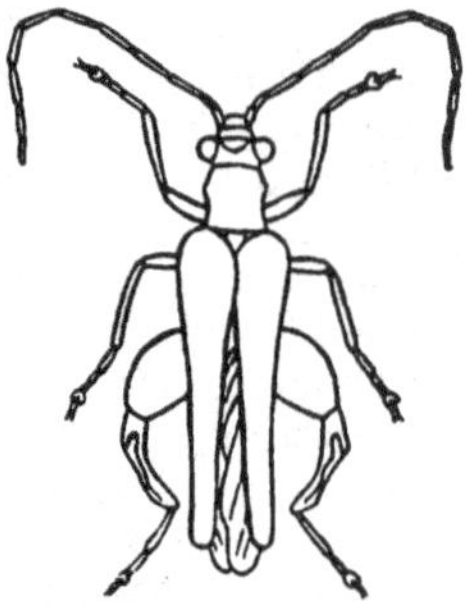

Abb. 213. *Oedemera nobilis* Scopoli, Männchen (Oedemeridae). Nach Lameere. Nat. Gr. 8—11 mm.

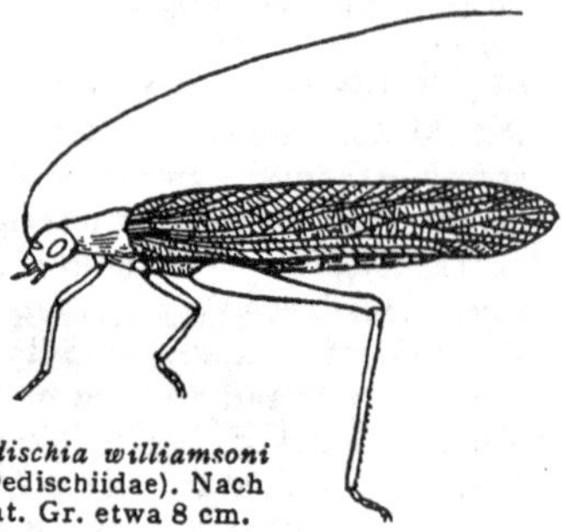

Abb. 214. +*Oedischia williamsoni* Brongniart (+ Oedischiidae). Nach Handlirsch. Nat. Gr. etwa 8 cm.

+***Oedischiidae*** Handlirsch 1908 (Abb. 214), ausgestorbene Fam der + *Prothorthoptera* mit 8 Arten aus dem mittleren Obercarbon Nordamerikas (2) und Frankreichs (2), aus dem oberen Obercarbon von Sachsen (3) und aus dem unteren Perm von Deutschland (1). Nur von einer Art ist außer dem Vorderflügel noch ein Teil des Thorax mit Hinterbeinen bekannt, deren Länge und verdickte Hinterschenkel auf Sprungbeine schließen lassen.

Öffnung, Apertur, Mündung eines Organhohlraumes.

Öhrchen, Genitallobus, Auriculus, eine lappenartige Erweiterung des 2. Tergites an den Seiten des → Samenüberträgers bei Männchen der *Odonata*, bei *Gomphidae* auch bei Weibchen angedeutet. Sie haben mit dem Samenüberträger entgegen der früheren Meinung nichts zu tun und dienen wahrscheinlich zum Anhaken der Hinterflügel (→ Analwinkel). (Taf. XVIII, Fig. 8b.)

ökologische Valenz, → Reaktionsbreite.

Ökotrophobiose (gr. ὁ ὂικος Wohnung, Lebensraum, ἡ τροφή Nahrung, ὁ βίος Leben) → Trophallaxis.

Ökotypen (gr. ὁ οἶκος Wohnhaus, ὁ τύπος Gepräge, Charakter) sind für bestimmte Standorte charakteristische → Biotypen, welche durch Ausmerzung lebensschwacher Mutanten aus den ursprünglichen Biotypengruppen herausselektioniert worden sind. Die ~ sind beginnende ökologische Rassen.

Ölbaumblattfloh → *Euphyllura olivina* Costa.

Ölbaumborkenkäfer, amerikanischer → *Leperisinus californicus* Swaine.

Ölbaumborkenkäfer, europäischer → *Phloeotribus scarabaeoides* Bernard (*oleae* Fabricius).

Öldrüsen, Schmierdrüsen, sind meistens → Drüsenpakete oder → Hohldrüsen, welche vor allem auf dem Rücken, an Gelenken, um die Stigmen und am Hinterleibsende bei Wasserwanzen und Wasserkäfern auftreten. Bei *Dytiscus* und Verwandten münden sie auch an der Basis der → Saugnapfhaare und bei Larven der *Blepharoceridae* um die → Bauchsaugnäpfe herum.

Ölkäfer → *Meloidae*, bes. *Meloë*-Arten.

Oenocyten (gr. ὁ οἶνος Wein, τὸ κύτος Höhlung, Urne, Gefäß), häufig weingelb gefärbte (daher der Name) ektodermale Zellen, deren Bildner (Matrixzellen) frühzeitig aus der Epidermis heraustreten und selbständig werden, oder aber im Gefüge der Epidermis verbleiben und durch ihre Größe Drüsenzellen vortäuschen. Im letzteren Fall sind sie streng segmental angeordnet (*Thysanoptera, Aleurodes, Notonecta, Dytiscus*), im ersteren können sie auch zerstreut liegen (*Gerridae, Hymenoptera*). Ihre meist kugelrunden, in der Regel einkernigen Zellen zeichnen sich durch granuläres, vielfach vakuolisiertes Plasma und Anwesenheit kleiner Nucleoli.
Ihre physiologische und z. T. auch morphologische Differenzierung läßt auf verschiedene Funktion schließen. Sie werden zum Teil für → Speichelnieren, zum Teil für → endocrinale Drüsen gehalten.

Oenocytoide sind von → Oenocyten abstammende, frei im Blut flottierende, mit Fetttröpfchen (→ Fettzellen) und Wachs (→ Cerodecyten) beladene Zellen.

oenophila v. Haimhoffen, *Perrisia*, Rebenblattgallmücke (*Dipt Cecidomyidae*).

Oenophilidae Spuler 1910, Weinkellermotten, Fam der *Lep Tineoidea* mit wenigen Arten, von welchen in Deutschland nur eine lebt, nämlich *Oenophila v-flavum* Haworth, deren Raupe in Weinkellern den Schimmelrasen von Flaschen und Korkstöpseln abweidet. Wird auch als Unterfam der *Tineidae* behandelt.

Oesophagalnerv, der unpaarige (*Dytiscus, Blattaria, Isoptera, Japygidae*) oder paarige (*Saltatoria, Chironomidae, Oryctes*-Larve, *Geotrupes*) aus dem → Occipitalganglion des → stomatogastrischen Nervensystems entspringende, mit einem unpaarigen oder paarigen → Ventricularganglion endigende, dem Oesophagus dorsal aufliegende Nerv.

Oesophagalsklerit → Schlundsklerit.

Oesophagus (gr. ὁ οἰσόφαγος Speiseröhre, von οἴσω ich werde befördern, Fut. von φέρειν, und φαγεῖν essen), Speiseröhre, der auf den Pharynx folgende, meist röhrenförmige Abschnitt des → Vorderdarmes. Im Gegensatz zu dem dorsoventral besonders nach vorn zur Schlundöffnung hin abgeflachten → Schlund ist der Querschnitt des ~ gewöhnlich kreisrund. Seine mit dünner, Cuticula (Intima) ausgekleidete Epidermis legt sich in mehr oder weniger weit in den Hohlraum des ~ hineinragende Falten. Eine Längsmuskel- und darüber eine Ringmuskelschicht bewirken die wellenartig von vorn nach hinten fortschreitenden → Schluckbewegungen der Wand. Außerdem können dorsale und ventrale Dilatatorenmuskeln vorkommen (→ Anhang, Muskeln des Oesophagus).
Die Speiseröhre beginnt in der Regel im hinteren Teil der Kopfkapsel, meist kurz vor dem Occipitalloch aber immer hinter dem Gehirn und hinter den letzten Dilatatoren des → Hinterpharynx. Seine Länge ist sehr verschieden. Er kann

schon im Prothorax in den → Kropf übergehen, wie z. B. bei Saltatorien, oder erstreckt sich bis in die Basis des Hinterleibs, wie z. B. bei *Dytiscus*, *Hymenoptera*, *Lepidoptera*. Sein Übergang in den Schlund und in den Kropf kann sanft abgestuft oder durch plötzliche Einschnürung abgegrenzt sein. (Taf. VI, Fig. 1, 2, 6, Taf. VII, Fig. 2, Taf. XX, Fig. 9 und Taf. XXVII, Fig. 2.)

Oestrum (gr. ὁ οἶστρος bacchische Aufregung, Wutanfall) Brunst.

Ofenfischchen → *Thermobia domestica* Packard.

offen, apert, heißt eine Zelle im Flügelgeäder, wenn ihr eine der sie begrenzenden Adern, gewöhnlich eine Querader, fehlt. So ist z. B. die → Areola im Vorderflügel vieler *Ichneumonidae* (*Pimplinae*) häufig offen, wenn der sog. 2. Cubitalquernerv fehlt. Auch die → Discoidalzelle pflegt außen nicht selten offen zu sein (*Diptera*, *Lepidoptera*).

Ohr der Schmetterlinge → Tympanalorgan.

Ohrläppchen, ein lappenartiger Vorsprung beiderseits des 1. Hinterleibssegments, welcher den Zugang zum → Tympanalorgan schützt, und z. B. bei *Noctuidae* gut entwickelt ist.

Ohrwürmer → *Forficulidae*, auch → *Dermaptera*.

Ohrwurm, gemeiner → *Forficula auricularia* Linné.

Okularnaht → Ocularnaht.

Okuliergallmücke, Okuliermade → *Clinodiplosis oculiperda* Rübsaamen.

oleracea Linné, *Polia*, Gemüseeule (*Lep Noctuidae*).

oleracea Linné, *Haltica*, falscher Kohlerdfloh (*Col Chrysomelidae*). Bis 4 mm langer, elliptischer, schwarz-grüner, glänzender Erdflohkäfer. Er wurde früher mit den einfarbigen *Phyllotreta*-Arten verwechselt, lebt aber nicht wie die letzteren an Cruciferen, sondern an *Oenothera*, *Epilobium*, *Polygonum* u. a. wildwachsenden Pflanzen.

oleracea Linné, *Tipula*, Kohlschnake (*Dipt Tipulidae*). Ähnelt der *T. paludosa Neigen*, aber die Flügel haben hinter dem dunklen Costalfeld einen weißen Wisch. Larven und Lebensweise wie bei *paludosa*.

oleraceum Linné, *Eurydema*, Kohlwanze (*Het Pentatomidae*). 6—7 mm lang, dunkelgrün oder stahlblau, metallglänzend, mit einigen weißen Strichen und Flecken auf dem Halsschild, dem Scutellum und den Halbdecken. Schädlich besonders an Kohl- und Rübenarten, deren Blätter sich infolge ihrer Stiche kräuseln.

Olfactus (lat. olfactus, -us, m., Geruch, Geruchssinn, von olfacio, -feci, riechen) → Geruch.

Oligomerie (gr. ὀλίγος wenig, τὸ μέρος Teil), Segmentarmut, Auftreten einer geringeren Anzahl von Körpersegmenten bei Insekten. Sie tritt regelmäßig bei *Collembola* (hier am weitesten vorgeschritten) und bei allen höheren *Pterygota* im Hinterleib auf. Bei *Collembola* sind nur 6 Hinterleibssegmente erhalten, während die Pterygoten deren mindestens 9 besitzen, selten geht die Reduktion der Endsegmente noch weiter nach vorn. Häufig ist die weit vorgeschrittene ~ scheinbar, so z. B. bei höheren Fliegen, die am Hinterleib nur 4 sichtbare Segmente aufweisen, indem die folgenden mit dem Begattungs- bzw. Eilegeapparat in den Hinterleib eingezogen sind.

Oligonephria (gr. ὀλίγος wenig, ὁ νεφρός Niere), Insekten, die weniger als 8 → Malpighiröhren besitzen. 2 Malpighiröhren haben *Coccidae* und *Aleurodidae*, 3 gewisse *Ceratopogoninae* (*Forcipomyia*), 4 die meisten *Diptera*, *Coleoptera*, *Thysanoptera*, *Heteroptera*, *Cicadinae* und *Psyllinae*, 5 haben *Culicidae* und *Psychodidae*, 6 *Lepidoptera* und viele *Coleoptera* sowie manche *Planipennia*, *Trichoptera* und *Panorpatae*, gewisse *Formicidae*. Die Zahl 7 ist nur bei einer Larve von *Chauliodes* angetroffen worden. 8 Malpighiröhren haben die meisten *Neuroptera* und gewisse *Planipennia*. Blattläuse haben keine Malpighiröhren.

Oligoneura Schiner 1863, ehemalige Familienreihe der *Dipt Nematocera*, ausgezeichnet durch fehlende, stark verkürzte oder sehr zarte → Axillarader. Zu dieser FamReihe gehörten die Fam *Ptychopteridae*, *Dixidae*, *Psychodidae*, *Culicidae*, *Simuliidae*, *Chironomidae* und *Ceratopogonidae*.

Oligoneuriidae Ulmer 1920 (Abb. 215), Fam der *Epmehridae*, ausgezeichnet durch sehr schwach entwickeltes Flügelgeäder, dessen 5 Längsadern im Vorder- und Hinterflügel nur durch wenige Queradern miteinander verbunden sind. In Deutschland lebt von dieser Fam nur eine Art, *Oligoneuria rhenana* Imhoff (Rheinland).

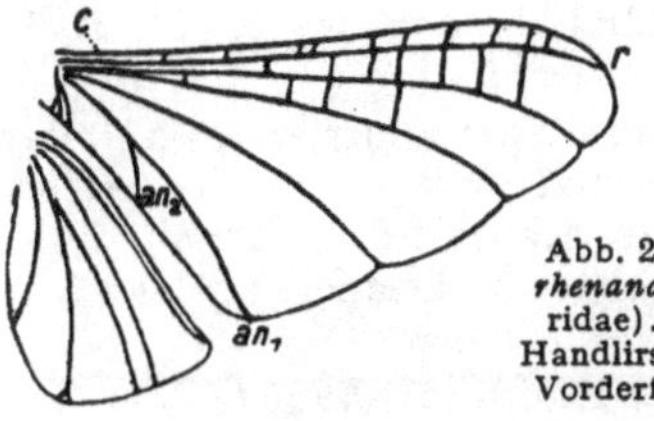

Abb. 215. *Oligoneuriella rhenana* Imhoff (Oligoneuridae). Nach Eaton aus Handlirsch. Nat. Länge des Vorderflügels 11—16 mm.

Oligophaga (gr. ὀλίγος wenig, φαγεῖν essen), Nahrungsspezialisten, die mehr oder weniger streng in der Wahl ihrer Nahrung auf nur wenige Quellen beschränkt sind. Eine scharfe Trennung zwischen den ~ und → Polyphaga läßt sich nicht durchführen.

oligopod (gr. ὀλίγος wenig, ὁ πούς Fuß) werden Entwicklungsstadien der Insekten genannt, welche im Vergleich mit vorhergehenden Stadien weniger Beinpaare besitzen. Im Embryo folgt die ~ Segmentierungsphase auf eine → polypode oder → protopode, indem die bei der polypoden Phase auftretenden Knospen der abdominalen Beine wieder verschwinden mit Ausnahme höchstens der Cerci-Knospen des 11. Segments. Wird die Polypode Phase im Embryo unterdrückt, dann folgt oligopode Phase direkt auf protopode, z. B. bei *Diptera*, *Apis*. Manche Insekten erreichen ihre ~ Phase erst im postembryonalen Leben und man spricht dann von oligopoden Larven, wie sie die *Coleoptera*, *Trichoptera* und *Planipennia* haben.

Oligotomidae Enderlein 1910 (Abb. 216),

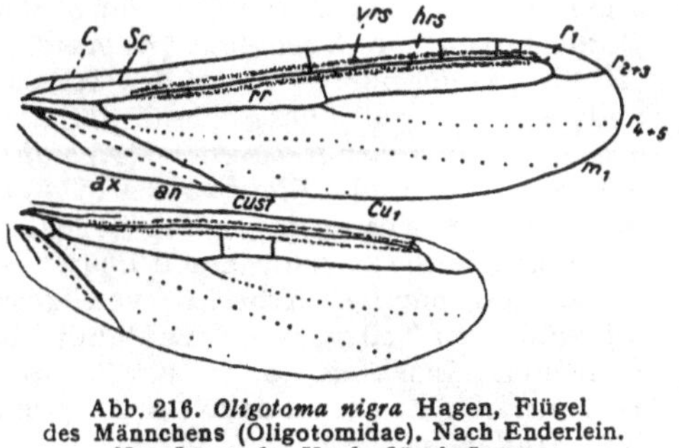

Abb. 216. *Oligotoma nigra* Hagen, Flügel des Männchens (Oligotomidae). Nach Enderlein. Nat. Länge des Vorderflügels 5 mm.

Fam der *Embiodea* mit wenigen Arten der Tropen und Subtropen.

Oligotropismus (gr. ὀλίγος wenig, ὁ τρόπος Wendung), Spezialisierung bestimmter Bienenarten auf bestimmte Arten von Blüten. So sind z. B. *Colletes succinctus* Linné und *Andrena fuscipes* Kirby typische Besucher der Heidekrautblüten, *Macropis labiata* Fabricius besucht fast ausschließlich *Lysimachia vulgaris* usw. Vgl. auch → Blütenstetigkeit.

Oliva (lat. oliva, -ae, f., Olive, Frucht des Ölbaumes) → Labella.

Olivier, Antoine, Guillaume, hielt noch 1789 (Encyclopédie méthodique. Dictionnaire des Insectes, Paris, Bd. 4) am Linnéischen System fest, in welchem er nur die *Coleoptera* bereinigte und von ihnen die *Orthoptera* (= *Saltatoria, Blattaria, Mantoidea*) als eine besondere Ordnung trennte. Unter *Coleoptera* ließ er noch die *Dermaptera* stehen.

+***Omalidae*** Handlirsch 1908, ausgestorbene Fam der +*Protorthoptera* mit einer mittelobercarbonischen Art aus Belgien, von welcher nur ein Fragment des etwa 7 cm langen Flügels bekannt ist.

Omium (gr. τὸ ὠμίον dem. von ὁ ὦμος Schulter), ein Paar von Leisten an den Seiten des Prosternums bei *Coreidae* und *Scutelleriidae* (*Het.*).

Omma, pl. ommata, verdeutscht die Ommen (gr. τὸ ὄμμα pl. τὰ ὄμματα Auge), Ommatidium, das optische Element eines → Komplexauges, bestehend aus einer → Retinula und einem → dioptrischen Apparat. (Taf. XXVIII, Fig. 1, 2.)

Ommatidium, pl. Ommatidia (latinisiert) oder Ommatidien (verdeutscht) (gr. dem. τὸ ὀμματίδιον kleines Auge, augenartiges Gebilde, aus τὸ ὄμμα Auge und ἡ ἰδέα oder τὸ εἶδος Aussehen, Gestalt, Ähnlichkeit) → Omma.

Omnivora (lat. omnis, omne, Alles, voro, -are gierig fressen) → Allesfresser.

Omoptera Leach → *Homoptera*.

Omphralidae → *Scenopinidae*.

onobrychis Boyer de Fonscolombe, *Acyrtosiphon* → *A. pisi* Kaltenbach.

Onychium, pl. Onychien (gr. τὸ ὀνύχιον dem. von ὄνυξ Klaue, Kralle), stark sklerotisiertes, krallenförmiges → Empodium vieler Käfer. Jeannel bezeichnet als ~ das Endglied der Tarsen.

Onychiuridae (Nicolet 1841) Börner 1913 (*Lipurelles* Nicolet), Blindspringer (Abb. 217), Fam der *Collembola*. Stets

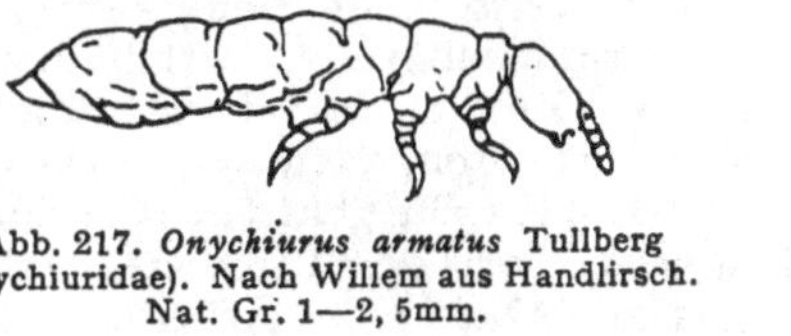

Abb. 217. *Onychiurus armatus* Tullberg (Onychiuridae). Nach Willem aus Handlirsch. Nat. Gr. 1—2, 5mm.

blinde, durch zerstreute Hautporen (→ Pseudocellen), ein eigenartiges → Antennalorgan und häufig auftretendes → Postantennalorgan ausgezeichnete, meist weiße, seltener rot oder violett gefärbte Collembolen mit oder ohne → Springgabel.

In Deutschland etwa 20 im Boden oder in bodennahen Biotopen lebende Arten darunter einige pflanzenschädlich.

Fossil sind einige Bernsteinarten beschrieben worden.

Onychophorentheorie der Insektenabstammung stützt sich auf die → Campodeatheorie BRAUERS und leitet die pterygoten Insekten über die Apterygoten, Myriopoden und Onychophoren von Anneliden ab. Dieser phyletische Weg schließt die zweiästige Extremität als primäre Bildung aus und aus diesem Grunde hängt die ~ mit der Einästigkeitstheorie der → Thorakalbeine und der Mundwerkzeuge zusammen.

Oocyte (gr. τὸ ᾠόν das Ei, ὁ κύτος Höhlung, Urne, Gefäß) → Ovocyte.

Oogenese (gr. das Ei wie vor, ἡ γένεσις Erzeugung), Ovogenese, → Eibildung.

Oogonie (gr. das Ei wie vor, ἡ γένεσις Erzeugung) → Ovogonie.

Ooplasma (gr. das Ei wie vor, τὸ πλάσμα Bildung, Gestaltung) → Bildungsdotter.

Oothecaria Verhoeff 1902, eine systematische Gruppe vom Rang der Überordnung, welche die Ordnungen *Blattaria* und *Mantodea* zusammenfaßt und u.a. auf die diesen beiden Ordnungen gemeinsame Eigenart der Eiablage in → Eikapseln begründet worden ist. Als selbständige Einheit von HANDLIRSCH und WEBER aufgegeben, kam sie in GRASSÉ 1949 als *Dictyoptera* Leach 1818 wieder zu ihren Rechten.

Oothek, Ootheca (gr. τὸ ᾠόν das Ei, ἡ θήκη Behälter, Kasten) → Eikapsel.

opaca Linné, *Aclypea*, brauner Rübenaaskäfer (*Col Silphidae*). 9—12 mm langer breit ovaler, flach gewölbter, schwarzer Käfer mit breit aufgeworfenem Seitenrande des Halsschildes und der Flügeldecken, die letzteren mit je drei hinten verkürzten Längsrippen. Larve schwarz, asselförmig, tritt häufig schädlich auf Runkel- und Zuckerrüben auf.

opacus Erichson, *Hylastes*, mattschwarzer Kiefernbastkäfer (*Col Ipidae*).

Operariae (lat. operaria, -ae, Arbeiterin, -ius, -ii, Abeiter) → Arbeiterkaste.

operculella Zeller, *Phthorimea*, Kartoffelmotte (*Lep Gelechiidae*).

Operculum (lat. operculum, -i, n., der Deckel) 1. dorsale Klappe des → Afterapparates von Aleurodiden-Larven, 2. → Tympanaldeckel, 3. Deckel der → Tracheenkiemen.

Ophionellidae Handlirsch 1925 (*Pharsalini* Schmiedeknecht 1908), Fam der *Ichneumonoidea* (*Hym*) mit wenigen amerikanischen Arten, die durch verschmolzene 1. Cubital- und 1. Discoidalzelle, sowie offene 2. Cubital- und 2. Discoidalzelle gekennzeichnet sind.

Ophionomium (gr. ὄφις, -εος Schlange, ὀφιόνεος schlangenartig, ὁ νόμος Weideplatz) → Gangmine.

Ophioptychonomium (gr. ἡ πτύξ, πτυχός Falte) → Gangfaltenmine.

Ophiostigmatonomium → Gangplatzmine.

ophthalmicus (gr. ὁ οφθαλμός Auge), zum Auge geörig.

opisthognath (gr. ὄπισθε hinten, ἡ γνάθος Kinnbacke, Gebiß) selten für → hypognath angewendet.

Opomyzidae Macquart 1835, Wiesenfliegen, kleine Fam der *Dipt* (*Acalyptrata* mit etwa 30 holarktischen Arten. *Opomyza florum* Fabricius in Deutschland stellenweise an Getreide schädlich.

opponieren (lat. oppono, -ero, entgegenstellen) heißt in der Morphologie Entgegenarbeiten zweier mit einem gemeinsamen Gelenk verbundener und in einer Ebene beweglicher Teile. Typisch opponierend arbeitet z. B. die Greifzange der Vordertarsen der *Anteoninae* (*Dryinidae*) (Kralle gegen einen Fortsatz des Tarsenendgliedes) oder das Greifbein der *Mantodea* sowie gewisser *Heteroptera* (*Nepidae, Phymatidae*) und *Planipennia* (*Mantispa*), deren Schiene gegen den Schenkel opponiert. Im weiteren Sinne bedeutet ~ jedes zangenartige Arbeiten von zwei selbständigen Teilen, wie z. B. Mandibeln beißender Insekten, oder Kralle und Daumenfortsatz der Schiene bei *Anoplura* und *Mallophaga* usw.

Opticon (gr. ὁ ὀφθαλμός früher ὀπθαλμός später ὁ οπτίλος das Auge, ἡ εἰκόν Bild, Abbild, Vergleich) → Medulla interna.

Optimum (lat. optimus, superlat. von bonus, gut), derjenige Zustand der oekologischen Lebensbedingungen eines Tieres oder einer Art, bei dem die meisten Faktoren den Anforderungen des Tieres am besten entsprechen. Gegensatz → Pessimum.

oral (lat. oralis, -e, adj. mit dem Mund, os, oris, zusammenhängend), mit dem Mund zusammenhängend, in der Richtung des oder am Munde gelegen (bei Lagebezeichnungen). Gegens. → aboral, → caudal.

Orbita (lat. orbita, -ae, das Wagengeleise, Bahn, nachkl. Umkreis der Himmelskörper), der Rand der → Augenhöhle oder der → Augenkapsel. Bei Fliegen die dem Innenrand der Augen anliegenden Teile der Stirn. Im letzteren Fall sind die ~ in der Mitte häufig durch eine → Stirnstrieme voneinander getrennt. Ihr unterer Teil wird als → Wangenplatten, der obere als → Scheitelplatten oder als → Schläfen bezeichnet. Von einigen Autoren (LINDNER) werden nur die Scheitelplatten als ~ bezeichnet, während Scheitel- und Wangenplatte zusammen die Bezeichnung → Periorbitae (Frontorbitae, Parafrontalia) tragen.

Orbitalborsten, für die höheren *Diptera* (*Muscaria*) taxonomisch wichtige Borsten der Wangen- (untere ~, orbitalia inferiores, Abk. ori) und der Scheitelplatten (obere ~, orbitalia superiores, Abk. ors) der → Orbita (2). (Taf. V, Fig. 5.)

Orchideenhähnchen, *Crioceris* sp. (? *subpolita* Motschulsky) (*Col Chrysomelidae*).

Ordnung, Ordo (lat. ordo, -inis, m., Reihe, Ordnung), obligatorische systematische bzw. taxonomische → Kategorie, welche zwei oder mehrere Familien oder Überfamilien mit gewissen gemeinsamen Ordnungsmerkmalen zusammenschließt. Die etwa 1000 Familien der Insekten sind in rund 30 Ordnungen eingeteilt.

oreophil (gr. τὸ ὄρος Berg, φιλεῖν lieben) werden Insekten genannt, die mit Vorliebe Gebirgs-Biotope bewohnen.

Organ (gr. τὸ ὄργανον Werkzeug, Gerät, lat. organum, -i, n.), ein physiologisch und morphologisch zur Verrichtung einer bestimmten Funktion oder einer Reihe bestimmter Funktionen spezialisierter Körperteil. Mehrere Organe einer bestimmten Funktionsreihe können zu funktionell und häufig auch morphologisch zusammenhängenden ~ und Organsystemen zusammentreten.

Organa auditus (lat. auditus, -us, m., Gehör, Gehörsinn) → Gehörorgane.

Organa circulationis (lat. circulatio, -onis, f., Umlauf, Kreislauf) → Kreislaufsystem.

Organa copulationis (lat. copulatio, -onis, f., Verbindung) → Begattungsorgane.

Organa digestionis (lat. digestio, -onis, f., Verdauung, Zerlegung) → Verdauungsorgane.

Organa excretionis (lat. excretio, -onis, f., Ausscheidung, von excerno, -ere, ausscheiden) → Exkretionsorgane.

Organa gustatus (lat. gustatus, -us, f., Geschmack, Geschmackssinn) → Geschmacksorgane.

Organa olfactus (lat. olfactus, -us, f., Geruch, Geruchssinn) → Geruchsorgane.

Organa ovipositionis (lat. ovipositio, -onis, f., das Eierlegen) → Legeapparat.

Organa reproductionis (lat. reproductio, -onis f., Wiederherstellung, Vermehrung), Vermehrungsorgane, → Geschlechtsorgane.

Organa respirationis (lat. respiratio, -onis, f., Atemholen, Aufatmen) → Atmungsorgane.

Organa sensus (lat. sensus, -us, f., Empfindung, Gefühl, Sinn) → Sinnesorgane.

Organa sexus (lat. sexus, -us, m., Geschlecht) → Geschlechtsorgane.

Organa stridoris, o. stridentia (lat. stridor, -oris, m., Zirpen, Schrillen, strideo oder strido, -ere, zirpen, schrillen) → Zirporgane.

Organa tactionis (lat. tactio, -onis, f., Gefühl, Gefühlssinn; nicht tactus, -us, m., Berührung) → Tastorgane.

Organa urinaria (lat. urina, -ae, f., Harn) → Exkretionsorgane.

Organa visus (lat. visus, -us, m., das Sehen, Sehvermögen) → Sehorgane.

Organbildung, Organogenese, Periode der ~ ist die der → Keimblätterbildung folgende Phase der Embryonalentwicklung, welche mit der Differenzierung der Mesoderms in die → Coelomsäcke, mit der Anlage des Nervensystems und des Mitteldarms beginnt und annähernd mit der Sprengung der Embryonalhüllen endet. Auf die Periode der ~ folgt die der histologischen Differenzierung aller Organanlagen.

Insekten durchlaufen außerdem noch eine postembryonale Periode der ~, während der, bei Holometalola auf das Puppenstadium beschränkt, die imaginalen Organe gebildet werden.

Organogenese → Organbildung.

organoide Gallen sind durch gallbildende Pflanzenfresser (Insekten, Nematoden, Acarina, Pilze, Bakterien, Protozoen) verursachte Mißbildungen ganzer Organe einer Pflanze, wie z. B. rosettenartig verwachsene Blatttriebe der Weide bei Befall durch *Rhabdophaga rosaria* Linné.

Organsystem, übersichtliche Gruppierung der → Organe eines Körpers nach der Rangordnung ihrer Korrelation. Bei Annahme von drei Korrelationsstufen lassen sich die Organe des Insektenkörpers in folgendes System bringen:

A. Animale Organgruppe.

I. Sinnesapparat (Sensorium).

1. Haut als Verbindungsorgan mit der Umwelt und Träger der Sinnesorgane.
2. Nervensystem.

II. Schutzapparat (Protectorium).

1. Haut als Trennungsorgan von der Umwelt und Träger der Schutz- und Trutzorgane und -merkmale.
2. Exocrines Drüsensystem.

III. Bewegungsapparat (Motorium).

1. Haut als Stütze des Muskelsystems und Bildnerin der Ortswechselorgane.
2. Muskelsystem.

B. Vegetative Organgruppe.

I. Ernährungsapparat (Nutritorium).

1. Mundteile.
2. Darmkanal.
3. Kreislaufsystem.
4. Exkretionssystem.
5. Atmungsorgane.

II. Fortpflanzungsapparat (Propagatorium).

1. Geschlechtsorgane.
2. Begattungsorgane.

orientalis Linné, *Blatta*, Küchenschabe, gemeine Küchenschabe, orientalische Schabe, Kakerlak (*Blattaria Blattidae*). 2—2,5 cm lange, schwarzbraune Art. Flügeldecken bei Männchen die Spitze des Hinterleibs nicht erreichend, bei Weibchen sehr kurz, schuppenförmig. Geopolit.

orientalische Region, eine der tiergeographischen Regionen der → Arctogaea. Sie umfaßt Vorder- und Hinterindien, Südchina, Malakka und die malayische Inselwelt. Einteilung in 4 Subregionen, die → vorderindische, → indochinesische, → ceylonische und → malayische. Die ~ zeichnet sich durch recht hohe Anzahl endemischer Gattungen aus (end.: apod. = 1 : 1.52).

Orientierung im Raum und in der Zeit, die beide für Insekten nachgewiesen sind, ist mnemotaktisches Festhalten bestimmter Einzelheiten der Umwelt und bestimmter Begleitfaktoren der Tageszeiten in Verbindung mit der erfahrungsgemäß richtigen Einstellung der Körperachsen in dem gegebenen Reizfeld und Ausführung der in Raum und Zeit entsprechend gerichteten Bewegungen.

Originalmaterial, Originalexemplare, sind sämtliche dem Autor einer neuen Art vorliegende und bei der Beschreibung benutzte Exemplare. Das ~ besteht aus einer einzigen → Holotype und aus mehreren → Paratypen. Wenn beide Geschlechter der neuen Art vorliegen, dann wird häufig das Gegenstück zur Holotype als → Allotype bezeichnet.

Origo (lat. origo, -inis, f., Ursprung) → Ursprung.

ornamental werden anthropomorphistisch Farb- und Formmerkmale der Insekten genannt, für deren Existenz wir keine andere Erklärung finden als die des Schmuckes (→ Ortsgeist).

ornatum Linné, *Eurydema,* (Kohl-), Schmuckwanze (*Het Pentatomidae*).

Orneodidae (Duponchel 1844) Meyrick 1895 (*Orneodites* Dup.), Geistchen, Fam der *Lep Tineoidea* mit etwa 100 Arten, davon 6 deutschen.

orni Fuchs, *Hylesinus*, ähnlicher oder bunter Eschenbastkäfer (*Col Ipidae*).

orni Linné, *Tettigia*, Mannazikade, Eschenzikade (*Hom Cicadidae*).

Orphnephilidae → *Thaumaleidae*.

+***Ortaidae*** Sellards, ausgestorbene Fam der +*Protorthoptera,* mit 4 Arten aus dem unteren Perm Nordamerikas. Kleine Formen mit etwa 1 cm langen Flügeln.

Ortalididae (Schiner 1864) Frey 1921 (*Otitidae* Westwood), Schmuckfliegen, Fam der *Dipt* (*Muscaria*) *Acalyptrata* mit etwa 400 rezenten und 2 tertiären Arten. Sie sind über die Holarctis verbreitet, nur wenige Arten sind aus Südamerika und Java bekannt geworden.

+***Orthocostidae*** Bolton, ausgestorbene Fam der +*Palaeodictyoptera* mit 1 Art aus dem mittleren Obercarbon Englands.

orthognath (gr. ὀρθός gerade, aufrecht, ὁ γνάθος Kinnbacken, Gebiß) ist diejenige Haltung des Insektenkopfes, bei welcher die Stirn und die Mundteile annähernd senkrecht nach unten gerichtet sind. Typisch ~ ist z. B. der Kopf der *Saltatoria*.

Orthoperidae (Redtenbacher 1845) Thomson 1863 (*Clypeastres* Redtb., *Corylophidae* Wollaston 1854), Fam der *Col* (*Staphylinoidea*) mit etwa 320 Arten, davon 18 deutschen. Die winzigen, um 1 mm langen, ovalen oder eiförmigen Käfer mit keulenförmigen Fühlern und ganzen Flügeldecken leben meist unter pflanzlichem Abfall in Gärten, Scheunen usw. Fossil ist eine Bernstein-Art beschrieben worden.

+ ***Orthophlebiidae*** Handlirsch (Abb. 218),

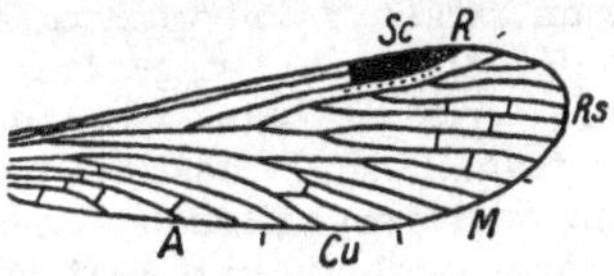

Abb. 218. + *Orthophlebia communis* Westwood (+ Orthophlebiidae). Nach Handlirsch. Nat. Gr. etwa 1,6 cm.

ausgestorbene Fam der *Panorpatae* mit über 30 mesozoischen Arten aus liassischen Ablagerungen von Deutschland und England.

Orthoptera (De Geer 1778) Auct. Im allgemeinen wird dieser Name heute im Sinne von *Orthopteroidea* angewandt, es kommt aber vor, daß hier und da noch die alte Gerstaeckersche oder Brauersche Auffassung auftaucht, welche außer den heutigen *Orthopteroidea* auch noch die Termiten, Corrodentien, ja sogar Odonaten zu den ~ zählte (Tümpel, Lameere 1935).

Orthopteroidea (Fabricius 1775) Handlirsch 1908 (*Ulonata* Fabr., *Orthoptera* Auct.), Geradflügler, Überordn. der *Pterygota*. Mittelgroße bis große (darunter auch größte Formen, vgl. → Größe der Insekten) Tiere mit kauenden Mundwerkzeugen, zwei reich geäderten Flügelpaaren, deren erstes in der Regel härter ist als das zweite (→ Tegmen) welches stets ein vergrößertes Analfeld aufweist. Es sind typisch terrestrische, meist sogar aridophile Tiere, die aber die Nähe des Wassers durchaus nicht immer meiden. Metamorphose → paurometabol. Es sind an 13000 Arten der Geradflügler beschrieben worden, deren Hauptmasse über den warmen Gürtel verbreitet ist. In Deutschland leben nur etwa 90 Arten der Geradflügler. Fossil sind an 450 Arten bekannt, die z. T. in eine fossile Ordnung → + *Protorthoptera*, z. T. in die rezenten Ordnungen eingeteilt worden sind.

Die ~ werden in 4 Ordnungen eingeteilt, nämlich → *Saltatoria*, → *Phasmida*, → *Dermaptera* und → *Diploglossata* (Weber 1949, 1954).

Orthorrhapha (Brauer 1863), Spaltschlüpfer, umstrittene, heterogene Gruppe der *Diptera Brachycera*, ausgezeichnet durch Fehlen einer → Bogennaht und einer → Lunula, sowie durch die Form der Fühler, welche aus 2 größeren Basalgliedern und einer meist mehrgliedrigen Geißel bestehen. Die Larven sind acephal oder eucephal und verpuppen sich entweder in einer → Mumienpuppe oder → Scheinpuppe, welche mittels eines dorsalen T-förmigen Spalts gesprengt wird.

Orthoteliidae Heinemann & Wocke 1877, Schilfwickler, Fam der *Lep Tineida* mit wenigen Arten, von denen in Deutschland nur 1 lebt, nämlich *Orthotelia sparganiella* Thunberg, deren Raupe in Wasserpflanzen lebt. Wird oft als UFam zu den *Tineidae* gestellt.

Ortsbewegungsreaktion → Taxis.

Ortsgeist, Genius loci, Lokalitätsfärbung, regionale Konvergenz (O. Vogt), regionale Uniform (G. Heinrich), Auftreten ähnlicher Farbkombinationen bei Insekten bestimmter geographischer Gebiete. So ist z. B. schwarz-gelbe Färbung sehr häufig bei Schmetterlingen gewisser südamerikanischer Gebiete, während australische Schmetterlinge mehr zu rotbraun-apfelgrünen Kombinationen neigen. Orientalische *Ichneumoninae* sind sehr häufig gelb auf schwarzem Grunde gezeichnet, während madagassische Arten durch ziegelrot-schwarz-weiße oder metallische Färbung ausgezeichnet zu sein pflegen.

Ortswechsel, jede Änderung der Körperlage im Raum. Der ~ kann aktiv durch → Fortbewegung, → Rückbewegung oder → Seitenbewegung sowie Fallen (→ Akinese) und Steigen (im Fluge) erfolgen oder wird passiv durch Luft- und Wasserströmungen sowie durch andere Tiere vermittelt (passiver ~, → Phoresie). Normalerweise beschränken sich die Insekten in ihrem ~ auf die Grenzen ihres angeborenen Biotops, seltener verlassen sie diesen und suchen andere gleichartige oder ähnliche Biotope innerhalb des Verbreitungsareals ihrer Art oder Unter-

art auf. Noch seltener reicht der ~ über die Grenzen des Artareals hinaus.
Der aktive ~ ist in allen Fällen ein Ergebnis der → Ortsbewegungsreaktionen.

Orussidae (Newman 1834) Haliday 1840 (typ. Gatt. *Orussus* Latreille 1796, *Oryssus* Fabricius 1798), (Abb. 219), Fam der *Hym*

Abb. 219. *Orussus sayi* Westwood (Orussidae). Nach Sharp aus Lameere. Nat. Gr. 8—12 mm.

Symphyta mit etwa 25 rezenten und 3 fossilen Arten. Zur deutschen Fauna gehören nur 2 Arten. Die Orussiden zeichnen sich unter den symphyten Hymenopteren durch Besitz von nur zwei Cubitalzellen im Vorderflügel. Auch ist die Stellung der tief unten am Mundrande eingelenkten Fühler typisch. Entwicklung parasitisch bei holzbewohnenden Käferlarven. Weibchen mit stark verlängerten, nur aus 2 Gonapophysenpaaren bestehenden, in der Ruhelage in mehreren Schleifen im Hinterleib verborgenen Legebohrer.

+ ***Oryctoblattinidae*** Handlirsch 1908, ausgestorbene Fam der + *Protoblattoidea* mit 11 westeuropäischen und 8 nordamerikanischen Arten aus der geologischen Periode vom mittleren Obercarbon bis zum unteren Perm. Von allen Arten sind nur Flügelfragmente bekannt, die früher für Fulgoriden-Flügel gehalten wurden. Zu dieser Fam gehört die kleinste (*Microblattina perdita* Scudder, Flügellänge 0,8 cm) und die größte Protoblattoide (*Rhiphidioptera elegans* Brongniart, Flügellänge etwa 16 cm).

Oryssidae → *Orussidae*.

oryzae Linné, *Calandra*, Reiskäfer (*Col Curculionidae*). 2,5—3,5 mm langer Rüsselkäfer, dem → Kornkäfer sehr ähnlich, von ihm vor allem durch Anwesenheit von Flügeln leicht zu unterscheiden. In Reis- und Getreidevorräten über die ganze Welt verbreitet, in Mitteleuropa allerdings viel seltener als der Kornkäfer.

Os (lat. os, oris, n., Mund, Maul) → Mund.

Oscinidae Bigot → *Chloropidae*.

Osmaetherium (gr. ἡ ὀσμή Geruch, Duft, ἡ αἰθήρ Äther, reine Luft), pl. Osmaetherien, ausstülpbare → Hohldrüsen, welche eine sehr schnelle Verdunstung größerer Mengen des Sekrets ermöglichen. Ihre Sammelräume werden durch Bltudruck ausgestülpt und mittels besonderer Muskeln wieder in die Ruhelage eingezogen. Osmaetherien finden sich z. B. am Pro- und Metathorax von *Malachius*. Auch → Duftschuppenbüschel am Hinterleibsende von *Gonopteryx rhamni*-Weibchen, → Nackengabel der Raupe von *Papilio machaon*, → Pygidialdrüsen der *Staphylinidae* und anderer Coleopteren, → Stinkdrüsen der *Blattaria* usw. gehören hierher.

Osmophore (gr. ἡ ὀσμή Geruch, Duft, φορέω trage) sind bestimmte Atomgruppen der organischen Riechstoffe, deren Anwesenheit und Art der Verbindung mit dem Kern des Moleküls über die Qualität des Geruchs entscheidet. Es sind z. B. Äther-, Methyl-, Amyl-, Aldehyd- u. a. chemische Gruppen.

Osmylidae (Leach 1815) Brauer 1868, Bachhafte (Abb. 220), Fam der *Plani-*

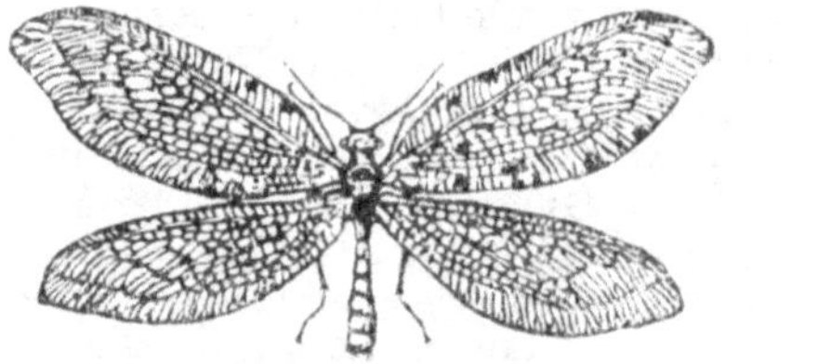

Abb. 220. *Osmylus chrysops* Linné (Osmylidae). Nach Stitz. Nat. Gr. etwa 15 mm.

pennia, mit etwa 50 Arten, von welchen in Deutschland nur 1 lebt.

Ostafrikanische Subregion → Aethiopische Region.

Ostien (lat. ostium, -ii, n., Mündung), Öffnungspaare, die in segmentaler Anordnung von einem Paar je Segment die Herzwand durchbohren und als Einlaßöffnungen für das Blut fungieren. Ihre in den Hohlraum des Herzens hineinragenden Ränder bilden Klappen oder Lippen, welche bei der → Systole die Ostien schließen und bei der → Diastole frei machen.
Die Anzahl der Ostien ist bei Insekten sehr verschieden. Die höchste Zahl beträgt 13 Paare und ist bei Blattiden gefunden worden. Ihre beiden vordersten Paare liegen im Thorax und sind blind. Bei *Cloëon*-Larve sind 11 Ostien nach-

gewiesen worden, davon sind aber nur die drei vorletzten Paare funktionsfähig, die anderen sind blind. 8 offene Ostienpaare hat die *Dytiscus*-Imago, 7 offene und ein, das hinterste, geschlossenes finden sich bei der Larve von *Agrion*. *Nepa* hat 4, *Haematopinus* 3, *Forcipomyia*, *Ptychoptera* und *Aleurodes* je ein offenes Ostien-Paar.
Durch die segmentale Anordnung und das Vorspringen der Ostien (meist auch der geschlossenen) ins Lumen des Herzens wird seine Einteilung in Kammern vorgetäuscht bzw. äußerlich markiert. In der Regel liegen die Ostien nur in dem abdominalen Abschnitt des Rückengefäßes, bei *Blattaria*, *Japyx* und Larven der *Ephemeridae* sind sie auch im thorakalen Teil des Herzens, bei den beiden ersteren im Meso- und Metathorax, bei den letzteren im Metathorax nachgewiesen. (Taf. VI, Fig. 1, 5.)

Ostiolen (lat. ostiolum, -i, n., dem. von ostium, kleine Mündung), Poren in der Haut, welche bei → Reflexbluten das Blut austreten lassen. Sie befinden sich in der Gelenkhaut der Knie (*Meloidae*, *Coccinellidae*, *Chrysomelidae*), in der Haut der Hüften (*Eugaster guyoni*, nordafrik. Locustide), auf dem Pronotum und der Hinterleibsspitze (*Coccidae*, *Pseudococcus brumeliae*) oder am Rücken des 5. oder 6. Hinterleibssegments (*Aphidina*) wo sie meist auf die Spitze der → Siphonen hinaufgerückt sind.

Ostium (lat. ostium, -ii, n., Mündung, auch Eingang, Tür) → Introitus.

Ostium bursae, Mündung der → Begattungstasche in die → Vagina bzw. getrennt von der letzteren, direkt nach außen. Im ersteren Fall liegt das ~ in der dorsalen oder ventralen Wand der Vagina, im letzteren hinter (*Coleoptera* mit doppelter Geschlechtsöffnung, *Phasmida*) oder vor deren Mündung (im 8. Sternum, *Lepidoptera Ditrysia*), die sekundäre Geschlechtsöffnung (Kopulationsöffnung) bildend.

Ostiumorgane sind Zellengruppen des → Pericardialgewebes, die sich bei *Aeschna*-Larven neben den geschlossenen Ostien finden und von den Bindegewebsfasern der → Adventitia zusammengehalten werden.

Ostomatidae → *Temnochilidae*.

ostreiformis Curtis, *Aspidiotus*, grüne Austernschildlaus, g. Obstbaumschildlaus (*Hom Coccidae*).

Othniidae Leconte 1861, Fam der *Col Heteromera* mit etwa 40 amerikanischen und ostasiatisch-indomalayischen Arten. Kleine buprestidenähnliche Tiere.

Ovarialligament → Ligament.

Ovarialschlauch, nicht selten für → Eiröhre gebraucht.

Ovarialträchtigkeit, Ovariolenträchtigkeit, Austragen der Eier in der Eiröhre bis zum Ende der Embryonalentwicklung. Das Follikelepithel bildet dabei kein Chorion und dient nur zur Ernährung des Eies. Es kommen fertige Junglarven zur Welt. Diese Form der Viviparie findet sich bei *Hemimerus*, viviparen *Chrysomelidae*, *Aphididae*, *Coccidae*.

Ovarium (lat. ovarium, -ii, n., Eierstock) → Eierstock.

Ovariole (lat. ovariolum, -i, n., dem. von ovarium) → Eiröhre.

ovata Linné var. *umbratica* Klug, *Eriocampa*, Erlenblattwespe (*Hym Tenthredinidae*).

ovatus Linné, *Otiorrhynchus*, Erdbeerwurzelrüßler, kleiner schwarzer Fichtenrüßler (*Col Curculionidae*).

Oviduct (lat. ovum, -i, n., Ei, ductus, -us, m., Leitung, Gang) → Eileiter.

Oviducträchtigkeit, Austragen der Eier im Eileiter bis zum Ende ihrer Embryonalentwicklung. Jede Eiröhre bildet nur ein Ei und diese versammeln sich im Eileiter, was seine starke Ausdehnung verursacht. Die ~ findet statt bei der Ephemeride *Cloëon dipterum* Linné. Hier bildet jede Eiröhre nur ein einziges Ei, und der Rest der Eiröhre samt ihrer Endkammer zerfällt zu Deutoplasma und wird für die Ernährung der Eier verbraucht. Die Eier werden ins Wasser gelegt, aber die Junglarven schlüpfen sofort aus ihnen.

Oviductus communis → Eiergang.

Oviductus laterales, die paarigen Oviducte, → Eileiter.

ovinus Linné, *Melophagus*, Schaflausfliege (*Dipt Hippoboscidae*).

Ovipari (lat. ovum, -i, n., Ei, pario, peperi, partum, gebären), Eierlegen unmittelbar nach der Befruchtung vor dem Beginn der Embryonalentwicklung oder in einem sehr frühen Stadium derselben, so daß die Eier eine Zeitlang nach der Eiablage ihre Entwicklung außerhalb des mütterlichen Körpers durchmachen.

Oviporus, primäre Geschlechtsöffnung, Mündung der Vagina bzw. der Genitaltasche nach außen (→ Geschlechtsöffnung), besonders wenn zwei Geschlechtsöffnungen vorhanden sind, deren eine zur Begattung und die andere zur Ablage der Eier dient (→ Ostium bursae).

Ovipositor (lat. ovum, -i, n., das Ei, pono, ponere, posui, positum, legen) → Legeapparat.

ovis Linné, *Oestrus*, Schaf-Rachenbremse, Nasenbremse (*Dipt Tachinidae*).

Ovocyte, Oocyte, (lat. ovum, -i, n., gr. τὸ ὠόν Ei, ὁ κύτος Höhlung, Urne, Gefäß), Eizelle, Phase der sich zum Ei ausbildenden → Ovogonie. Im Verlauf der → Ovogenese werden zwei Stadien der ~ unterschieden, nämlich die ~ erster Ordnung, vor der Bildung des ersten → Richtungkörperchens, d. h. vor der ersten Reifungsteilung und die ~ zweiter Ordnung vor der Bildung des zweiten Richtungskörperchens, d. h. vor der zweiten Reifungsteilung.

Ovogenese, Oogenese (Etym. ovum wie vor, ἡ γένεσις Erzeugung) → Eibildung.

Ovogonien, Oogonien (Etym. ovum wie vor, ἡ γονή Erzeugung), Primordialeier, Tochterzellen der → Urgeschlechtszellen, aus welchen sie innerhalb des → Germariums durch gewöhnliche → Aequationsteilung entstehen, und in das → Vitellarium vorgeschoben werden. Mit der Bildung der ~ schließt die erste Phase der → Eibildung ab.

ovoid (lat. ovum wie vor, gr. ἡ ἰδέα Aussehen, Gestalt, Beschaffenheit), von eiförmiger Gestalt, → oval.

Ovoviviparie (lat. ovum wie vor, vivum, -i, n., Lebewesen, das Lebendige, pario, peperi, partum gebären), Zwischenstufe zwischen → Oviparie und → Viviparie, wobei die Eier in einem mehr oder weniger vorgeschrittenen Stadium, aber vor dem Abschluß der Embryonalentwicklung abgelegt werden. So legt z. B. die Bettwanze, *Cimex lectularius* ihre Eier vor dem Stadium der → Blastokinese ab. *Cloëon dipterum*, Schmeißfliege u. a. sind ovovivipar. Sie legen Eier ab, aber die Larven schlüpfen aus ihnen sehr bald oder unmittelbar, nach dem die Eier den Mutterleib verlassen haben.

Ovum (lat. ocum, -i, n., das Ei) → Ei.

Oxyhaloidae Brunner 1893 (*Diplopteridae* Saussure 1864), über die Tropen der ganzen Welt verbreitete Fam der *Blattaria*.

Oxyuri (Leach 1812) Latreille 1817, Fam-Reihe der *Hym Terebrantes*, ausgezeichnet vor allem durch den am Ende des Hinterleibs stehenden Legebohrer, welcher bei *Chalcidoidea* und anderen *Terebrantes* weiter von vorn der Bauchseite entspringt.
Zu ~ gehören die drei Fam *Serphidae* (*Proctotrupidae*), *Monomachidae* und *Sclerogibbidae*.

P

Paarung, Vergesellschaftung der Geschlechtspartner → amphigon sich fortpflanzender Tiere zum Zweck der → Fortpflanzung. Bei Insekten ist die ~ meist gleichbedeutend mit → Begattung, weil sich die gepaarten Tiere sofort begatten und nach der Begattung in der Regel gleich trennen. Seltener, z. B. bei Termiten erfolgt die ~ längere Zeit vor der Begattung und hält nach erfolgter Begattung an.

pabulinus Linné, *Lygus*, grüne Futterwanze, grüne Fliege (*Het Miridae*).

Pachylommatidae (Förster 1862) Handlirsch 1925, Fam der *Hym Ichneumonoidea* mit wenigen europäischen und nordamerikanischen, bei Ameisen schmarotzenden Arten. In Deutschland 2 Arten.

+**Pachymeridiidae** Handlirsch 1908, ausgestorbene Fam der Ordn *Heteroptera* mit 1 ober-liassischen Art, *Pachymeridium dubium* Geinitz aus Mecklenburg. Vorderflügel 6 mm lang.

Pachytroctidae (Enderlein 1903) (Abb. 221), Fam der *Corrodentia* mit 17 Arten in

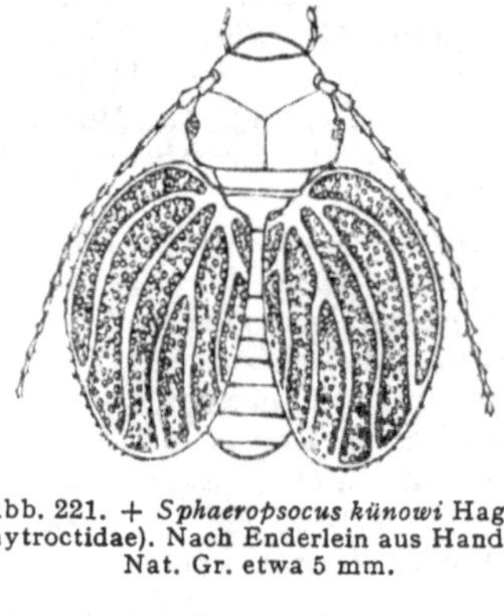

Abb. 221. + *Sphaeropsocus künowi* Hagen (Pachytroctidae). Nach Enderlein aus Handlirsch. Nat. Gr. etwa 5 mm.

allen Faunengebieten. Fossil sind zwei Arten dieser Fam aus dem baltischen Bernstein bekannt, ein +*Sphaeropsocus* und ein +*Palaeopsocus*.

+***Pachytylopsidae*** Handlirsch 1908, ausgestorbene Fam der +*Protorthoptera* mit 4 Arten aus dem mittleren Obercarbon von Belgien und Saarbrücken. Alle nur aus Flügelfragmenten bekannt.

pactolana Zeller, *Laspeyresia* olivbrauner Fichtenrindenwickler (*Lep Tortricidae*).

padana Scopoli, *Cacoecia*, Eschenzwieselwickler (*Lep Tortricidae*).

padi Linné, *Rhopalosiphon* (*Aphis*), Haferblattlaus, Traubenkirschenblattlaus (*Hom Aphididae*).

padi Linné, *Priophorus*, weißfüßige Kirschblattwespe (*Hym Tenthredinidae*).

padi Zeller, *Hyponomeuta* → *H. evonymella* Linné.

+***Paedephemeridae*** Handlirsch 1908, ausgestorbene, jurassische Fam der *Ephemerida*.

Paedogenese (gr. ὁ oder ἡ παῖς, παιδός oder auch τὸ παιδίον das Kind, ἡ γένεσις Erzeugung, Geburt), Fortpflanzung neotenischer (→ Neotenie) Jugendstadien (Larven oder Puppen), Geschlechtsreife der Jugendstadien bei Ausfall der Imago. Die ~ ist stets parthenogenetisch und zwar → thelytok. Paedogenetische Insekten sind ovipar (*Tanytarsus boiemicus* und *connectens*, *Dipt. Cecidomyidae*) oder vivipar (*Miastor*, *Cecidom.*), oder aber es treten nebeneinander ovo- und vivipare Formen auf, wie z. B. bei *Micromaltus debilis* (*Col.*). Für *Miastor* ist außerdem die → extrauterine Trächtigkeit charakteristisch. Die Brut lebt im Leibe der larvalen Mutter nach Art der Endoparasiten, solange bis der ganze Körperinhalt aufgebraucht ist und von dem Mutterleibe nur eine dünne tote Haut übriggeblieben ist.

pagana Panzer, *Arge*, blauschwarze Rosenbürstenhornwespe (*Hym Tenthredinidae*).

pagiopod (gr. πάγιος derb, fest, ὁ πούς Bein, Fuß), werden Hüften genannt, welche nur in einer Ebene beweglich eingelenkt sind, d. h. nicht imstande sind, rotierende Bewegungen auszuführen. Pagiopod sind z. B. die Hinterhüften der *Heteroptera*. Gegens. → trochalopod.

Pala (lat. pala, -ae, f., Spaten, Schaufel, auch Schulterblatt), eingliedrige, spatelförmige Vordertarsen der *Corixidae*-Männchen, welche auf der Innenseite mit einer Längsreihe von Dornen und Borsten besetzt sind, welche vermutlich den aktiven Teil eines → Zirpapparates darstellen. (Taf. III, Fig. 12.)

paläarktische Region (gr. παλαιός altertümlich, ὁ ἄρκτος Norden), eine der von Wallace (1876) begründeten tiergeographischen Regionen der Erde, welche ganz Europa, Afrika nördlich der Sahara und Asien nördlich des Himalaya umfaßt. Sie wird in 4 Subregionen eingeteilt, die → europäische, → mediterrane, → zentralasiatische und → mandschurische. Verhältnis endemischer: apodemischen Insektengattungen 1 : 1,67.

+***Palaeodictyoptera*** Goldenberg, ausgestorbene, → carbonische *Pterygota* mit 29 (Handlirsch) Familien, von welchen 4 schon im unteren Obercarbon auftauchen, während andere im mittleren (12) und im oberen Obercarbon (6) erscheinen. Am artenreichsten sind die mittel- und ober-obercarbonischen + *Dictyoneuridae* mit 34, die ober-obercarbonischen +*Spilapteridae* mit 17 und die vom unteren bis zum oberen Obercarbon lebenden +*Lithomantidae* mit 8 Arten.

Die ~ waren meist 5—10 cm lange Insekten mit 2 Paar nahezu gleicher, nicht faltbarer und nicht zurücklegbarer Flügel. Die Flügel waren primitiv geadert, mit oft bis zur Spitze reichender Subcosta und einem netzartigen oder geraden Zwischengeäder zwischen den Längsadern. Die Beine waren homonome Schreitbeine. Hinterleib 11 gliedrig mit homonom gegliederten → Afterraifen und einem Gonapophysenpaar am 8. (?) Segment. Fühler mäßig lang, homonom gegliedert. Mundteile kauend. Komplexaugen mäßig groß.

Einzelne Arten erreichten eine Riesengröße von 25 cm Körperlänge und 44 cm Flügelspannung (*Homoeophlebia gigantea* Agnus, *Titanophasma fayoli* Brongniart), während die kleinste, nach dem 9 mm langen Flügel zu schätzen, etwa 12 mm lang sein konnte.

Von den ~ sind gegenwärtig etwa 150 Arten bekannt, welche, mit Ausnahme von etwa 30 incertae sedis in folgende Familien eingegliedert worden sind: *Stenodictyopteridae* (*Dictyoneuridae*), *Peroma-*

pteridae, Cockerelliellidae, Orthocostidae, Archaemegaptilidae, Pteronidiidae, Megaptilidae (nach CARPENTER zu *Protohemiptera*), *Hypermegethidae, Mecynopteridae, Syntonopteridae, Lithomantidae* (nach CARPENTER zu *Protohemiptera*), *Lycocercidae* (nach CARPENTER zu *Protohemiptera*), *Rhabdoptilidae, Cryptoveniidae, Homoiopteridae* (nach CARPENTER zu *Protohemiptera*), *Homothetidae, Heolidae, Breyeriidae, Anaxiidae, Fouqueidae, Graphiptilidae, Spilapteridae, Lamproptilidae, Polycreagridae Eubleptidae, Doteridae* (nach CARPENTER zu *Perlaria*), *Metropatoridae, Paoliidae* und *Stygnidae*.

JEANNEL erhob die ~ zur Überordnung mit 3 Ordn, +*Eupalaeodictyoptera* Jeannel 1945 (= +*Palaeodictyoptera* Handl.), → +*Protohemiptera* Handl. und → +*Megasecoptera* Handl.

+***Palaeohemiptera*** Handlirsch 1908, ausgestorbene Gruppe der Homoptera mit einigen Familien (u. a. +*Prosbolidae* und +*Scytinopteridae*) aus dem Perm von Rußland.

+***Palaeomantidae*** Handlirsch 1911 (Abb. 222), ausgestorbene Fam die ursprünglich zu den *Mantoidea* gestellt wurde, mit 2 Arten aus dem oberen Perm von Rußland. Von beiden Arten sind nur Flügel (5,5 und 7 mm lang) bekannt. Gegenwärtig hält man diese Reste für Perlarien.

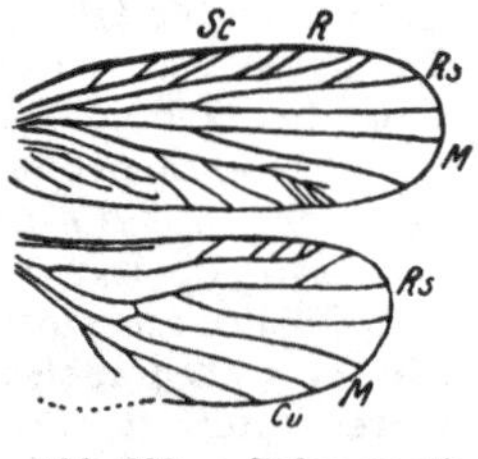

Abb. 222. + *Palaeomantis schmidti* Handlirsch (+ Palaeomantidae). Nach Handlirsch. Nat. Gr. etwa 0,6 mm.

Palaeometabola (gr. παλαιός alt, ἡ μεταβολή Umwandlung), eine Unterabteilung der → Heterometabola, Insekten mit dem primitivsten Typ der Metamorphose. Larven → imaginipetal, mit palingenetischen Merkmalsunterschieden, Häutungen noch bei Imagines vorkommend. Hierher gehören → Epimetabola (nur *Apterygota*) und → Prometabola (nur *Ephemerida*).

+***Palaeontinidae*** Handlirsch 1908 (Abb. 223), ausgestorbene Fam der Insekten mit 12 jurassischen Arten aus dem Dogger Ostsibiriens (*Phragmatoecites damesi* Oppenheimer und *Palaeocossus jurassicus* Oppenh.) und Englands (*Palaeontina oolitica* Butler) sowie aus dem Malm Deutschlands (8 Arten) und Spaniens (1 Art). Es

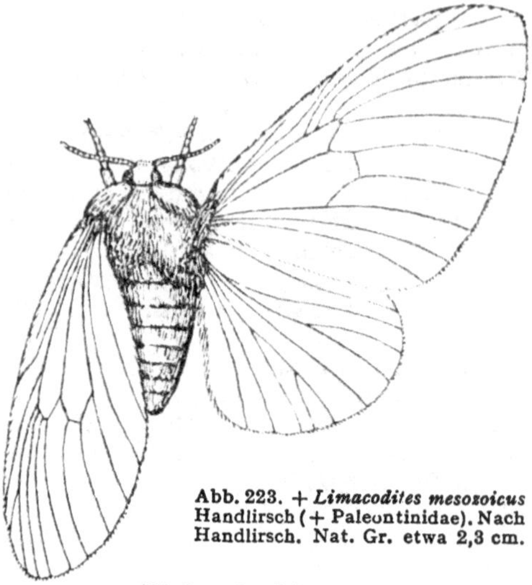
Abb. 223. + *Limacodites mesozoicus* Handlirsch (+ Paleontinidae). Nach Handlirsch. Nat. Gr. etwa 2,3 cm.

waren mittelgroße bis große Arten mit 3—7,5 cm langen Flügeln, die viel länger waren als der Körper. Die ~ stellen nach HANDLIRSCH einen liassischen Seitenzweig der Urschmetterlinge dar, werden aber heute für Homopteren gehalten (GRASSÉ 1949, CARPENTER 1954).

+***Palaeorhyncha*** Carpenter 1933, eine Gruppe fossiler Homopteren, zu der mehrere (etwa 50) Abdrücke der Vorderflügel aus dem Perm von Kansas, Rußland und Australien sowie ein ziemlich gut erhaltener Körper aus Perm von Kansas (*Archescytina permiana* Carpenter) gezählt werden. Die 25gliedrigen Fühler und andere Merkmale verleihen der Gruppe nach CARPENTER eine besondere Stellung außerhalb der *Homoptera*. MARTYNOW (1935) hält sie aber für primitive *Sternorhyncha*. JEANNEL stellt zu den ~ auch die *Palaeohemiptera* Handl., *Procercopidae* Handl. usw.

Palatum, Dach der → Mundhöhle, vgl. → Cibarium.

palealis Schiffermüller, *Phlyctaenodes*, Möhrenzünsler *(Lep Pyralididae)*.

paleana Hübner, *Tortrix* Timotheewickler *(Lep Tortricidae)*.

palingenetisch (gr. ἡ παλιγγενεσία Erneuerung, Wiedergeburt), von Ahnen ererbt, archaistisch, phylogenetisch alt. Gegens. → caenogenetisch.

Palingeniidae (Selys 1888 pp.) Ulmer 1920 (*Palingenines* Selys pp.) (Taf. X, Fig. 6), Fam der *Ephemerida*, in Deutschland mit der einzigen Art *Palingenia longicauda* Olivier, einer großen (5—7 cm

Flügelspannung) an größeren Flüssen Europas von Juni bis August fliegenden Art. Die Fam ist ausgezeichnet durch die nur an der Basis deutliche, im weiteren Verlauf in einer Falte der Flügelmembran unter dem Radius verborgene Subcosta, matte Flügel und Fehlen des → Terminalfilums.

Palisadenzellen, Palisadenepithel, eine Epithelform, deren Zellen höher als lang und breit sind. Bei Pflanzen sehr häufig, tritt das Palisadenepithel selten im Tierreich vor. Bei Insekten tritt ein Palisadenepithel z. B. rings um die → Achsenzylinderzelle der → Saugnapfhaare bei *Dytiscus* auf.

palliatus Gyllenhal, *Hylurgops*, Fichtenstamm-Bastkäfer (*Col Ipidae*).

palliatus Fabricius, *Tanymecus*, osteuropäischer Zuckerrübenrüßler, spitzsteißiger Rübenrüßler (*Col Curculionidae*). 8—12 mm langer, gestreckter, kurz grau behaarter Kurzrüßler mit hellerer, fast weißer Unterseite. Gefürchteter Rübenschädling im Südosten Europas. In Deutschland nur einmal im Jahre 1891 an junger Zichorie, Futterpflanzen und Hülsenfrüchten schädlich aufgetreten.

pallida Olivier, *Biorrhiza*, Eichenschwammgalle (*Hym Cynipidae*).

pallida Haliday, *Kaltenbachiella* (*Pemphigus*), haarige Ulmenblattgallenlaus (*Hom Aphididae*).

pallidum Klug, *Diprion*, blasse Kiefernbuschhornblattwespe (*Hym Tenthredidae*).

pallipes Lepeletier, *Pteronidea*, schwarze Stachelbeerblattwespe (*Hym Tenthredinidae*).

Pallium (lat. pallium, -ii, n., pl. -ia, Hülle, Oberkleid). 1. Bei sacktragenden Larven der *Coleophoridae* ein an der Spitze des → Pisotlensackes befindliches seitliches Plättchen. 2. Bei Männchen vieler *Acridiidae* die hinter dem Hinterrande der Subgenitalplatte (9. Sternit) eingestülpte und den Boden der Peniskammer bildende Intersegmentalmembran. Sie füllt häufig eine äußerlich sichtbare auch ~ genannte Ausrandung der Subgenitalplatte aus.

Palmensches Organ, ein im Kopfe der Ephemeriden-Larven und Imagines befindliches statisches Organ. Es besteht aus einem kugelförmigen chitinigen Körper, welcher an vier blinden, in ihn eindringenden Tracheenästen frei aufgehängt ist. Seine Funktion ist für Larven geklärt, es ist aber fraglich, ob es auch bei Imagines noch als statisches Organ funktionsfähig ist oder ein funktionsloses Überbleibsel aus dem Larvenleben darstellt.

Palparium → Palpifer.

Palpatores Latreille → *Scydmaenidae*.

Palpenbasalfleck, ein mit besonderen Sinnesorganen besetztes Feld an der oberen Innenseite nahe der Basis des 1. Gliedes der Lippentaster bei *Lepidoptera* (z. B. *Araschnia*).

Palpenendorgan, tiefe Einstülpung an oder vor dem Ende des Endgliedes der Lippentaster bei *Lepidoptera*, mit Sinnesorganen am Grunde.

Palpenkäfer → *Pselaphidae*.

Palpenmotten → *Gelechiidae*.

Palpicornia (Latreille 1804, 1817) Burmeister 1829 (*Sphaeridiota* Latr. 1804, *Palpicornes* Latr. 1817, *Hydrophilides* Leach 1815), Hydrophiliden, Wasserkäfer, mit der einzigen Fam *Hydrophilidae*.

Palpifer (lat. palpus, -i, m., das Streichelnde, von palpo, -are, streicheln, fero, ferre tragen), Palparium, Squama palpigera, Tasterträger, das unbeweglich mit dem Stipes verschmolzene Basalglied des Kiefertasters (Palpifer palpalis) oder ein vom Stipes abgegliederter, den Kiefertaster und die beiden Laden (*Melolontha*) oder den Kiefertaster und die Galea tragender Teil (Palpifer stipitalis). Bei Weibchen der Yuccamotte (*Pronuba yuccasella* Riley) ist der ~ zu einer → Maxillartentakel stark verlängert und trägt am Grunde den Kiefertaster. (Vgl. auch → Palpiger.) (Taf. XXI, Fig. 2.)

Palpiger (lat. palpus, -i, m., wie vor, gero gessi, gestum führen), Palparium, Squama palpigera. Tasterträger des Lippentasters, der aber oft auch als → Palpifer des Lippentasters bezeichnet wird. Hier handelt es sich scheinbar immer um einen sockelartig abgegrenzten Teil (*Saltatoria*) oder ein Sklerit (*Blatta*) an den Seiten des → Praementums. Bei Carabiden ist das ganze Praementum zu einem Paar von palpigerartigen Gliedern reduziert, die miteinander durch den medianen, häutigen Rest des Praementums verbunden sind. (Taf. XXI, Fig. 2.)

Palpus (lat. palpus, -i, m., das Streichelnde, von palpo, -are streicheln) → Taster.

Palpus labialis → Lippentaster.

Palpus maxillaris → Kiefertaster.

paludosa Meigen, *Tipula*, Wiesenschnake (*Dipt Tipulidae*).

Pamphilidae (Newman 1834 pp.) Enslin 1902 (*Lydites* Newm., *Lydidae* Konow 1905 pp., Schmiedeknecht 1905), Fam der *Hymenoptera Symphyta* (*Tenthredinoidea*), mit etwa 200 Arten, von welchen in Deutschland an 50 leben. Einige Arten an Kulturpflanzen, bes. Nadel- und Laubbäumen schädlich (*Acantholyda, Cephaleia, Neurotoma* u. a.). Wird manchmal auch als UFam der *Tenthredinidae* aufgefaßt.
Fossil sind 7 Arten aus tertiären Schichten beschrieben, die fast alle zu rezenten Gattungen gestellt werden konnten.

Panaschierung, Buntblättrigkeit der Pflanzen, kann u. a. auch durch Stiche blattsaugender Insekten hervorgerufen werden.

Pangamie (gr. πᾶν jedes, ὁ γάμος Ehe), wahlloses Kopulieren zwischen einander nicht irgendwie angeglichener Partner. Gegens. → Homogamie.

paniceum Linné, *Stegobium*, Brotkäfer (*Col Anobiidae*).

panoistisch (gr. πᾶσ, πᾶσα, πᾶν gen. παντός, πάσης, παντός jeder, ganz, τὸ ᾠόν das Ei) werden → Eiröhren genannt, deren sämtliche → Urgeschlechtszellen sich zu Eiern entwickeln und keine Nährzellen bilden. Die Ernährung der Ovogonien erfolgt allein durch das → Follikelepithel. Es ist der primitivste Typ der Eiröhren, der aber bei gewissen Insekten auch sekundär aus dem meroistischen entstanden sein konnte. Panoistische Eiröhren finden sich bei *Machilis, Japyx, Ephemerida, Odonata, Blattaria, Saltatoria, Phasmida, Perlaria, Thysanoptera* usw. (Taf. XV, Fig. 3a.)

Panorpatae (Latreille 1802) Leach 1815 (*Panorpatae* Latreille p. p., *Panorpida* Leach, *Mecaptera* Packard 1886, *Mecoptera* Comstock 1895), Schnabelfliegen.
Kleine bis mittelgroße, 1—3 cm lange, holometabole Landinsekten, die mit zwei gleichartigen, in Ruhe meist flach auf dem Rücken zusammengelegten Flügelpaaren versehen sind. Durch ihren rüsselartig verlängerten, orthognathen Kopf, langen Beine und Flügel, die allerdings manchmal fehlen können, fallen sie unter den Insekten ziemlich stark auf.
Kopf orthognath, mit Ausnahme der *Meropidae* und *Nannochoristidae* mit stark halbröhrenförmig verlängertem Clypeus, welcher zusammen mit den verlängerten Basalteilen der Maxillen (Stipes, Submentum) und des Labiums einen Rüssel bildet, an dessen Spitze sich das Labrum, die Mandibeln und die distalen Teile der Maxillen und des Labiums befinden. Occipitalloch unten durch eine kurze (unechte) Gula geschlossen und von den recht großen, selbständigen Cardines getrennt. Mandibeln lang, zangenförmig, am Innenrande scharf gezähnt, in Ruhe gekreuzt, bei *Nannochoristidae* reduziert. Lacinia und Galea verlängert, mit scharfen Dörnchen versehen, Maxillartaster 5gliedrig. Unterlippe mit 2gliedrigen Tastern, ohne deutlich getrennte Lobi. Fühler borstenförmig, 16- bis 60gliedrig, mit einem größeren Scapus. Komplexaugen gut entwickelt, drei Ocellen in der Regel vorhanden, bei *Boreidae* rudimentär.
Thorax mit dem Kopf durch einen häutigen Hals verbunden, welcher mit einem Paar kleiner dorsaler und einem Paar langer lateraler Cervicalia versehen ist. Prothorax klein, frei, mit kurzem, bandförmigen Notum, rudimentären Pleuren und rudimentärem, bzw. eingefalteten Sternum (Cryptosternie). Die Epimeren sind (z. T.) invaginiert. Meso- und Metathorax gut differenziert, beide von annähernd gleicher Größe, dorsal voneinander durch eine tiefe Querfurche getrennt, mit großen, gut differenzierten Nota und Pleuren, aber mit rudimentären, bzw. zum größten Teil invaginierten Sterna (Cryptosternie). Flügel gleichartig, durchsichtig oder getrübt, manchmal mit Querbändern und Flecken gezeichnet. Längsadern vollzählig, Radius, Media und Cubitus stets mehrfach gegabelt, Analfeld klein, mit wenigen Adern. Ein sehr kleines, lappenförmiges Jugalfeld im Vorderflügel vorhanden. Queradern mehr oder weniger, besonders bei *Choristidae* zahlreich. Auch Analadern miteinander durch mehrere Queradern verbunden. Ein Pterostigma ist in beiden Flügelpaaren vorhanden. Hinterflügel am Humerallappen mit einigen starren, geraden Frenalborsten, die sich mit einigen gegenüberstehenden Jugal-

borsten des Vorderflügels kreuzen, ohne aber eine feste Verkoppelung der Flügel im Fluge zu gewährleisten. In Ruhe werden die Flügel flach oder leicht dachförmig auf dem Rücken zusammengelegt. Bei Weibchen der *Boreidae* sind die Flügel rudimentär, bei Männchen zu sklerotisierten Haken umgebildet. Beine schlank, homonom. Alle Hüften zylindrisch, „hängend", Vorderhüften kleiner als die großen Mittel- und Hinterhüften, welche typische → Spalthüften darstellen. Schenkel und Schienen annähernd gleich lang, die 5gliedrigen Tarsen so lang oder länger als die Schienen, mit zwei, bei *Bittacidae* mit nur einer Kralle. Bei *Bittacidae* kann das 4. und 5. Tarsenglied gegen das 3. zurückgeschlagen werden, eine fingerartige Greifvorrichtung bildend. Bei *Boreidae* ist das hintere Beinpaar länger als die beiden anderen und zum Springen befähigt. Praetarsus bei zweikralligen Formen mit Arolium.

Hinterleib mit zehn Segmenten. Das 1. Segment reduziert, sein Notum teilweise mit dem Metanotum verschmolzen, sein Sternum rudimentär. Das 10. und 11. Segment (Analkonus) klein, mit einem Paar 2—3gliedriger Cerci. Bei Weibchen bildet das große 9. Sternit die Subgenitalplatte. Die Intersegmentalmembran zwischen dem 9. und 10. Sternit ist invaginiert und bildet eine Genitalkammer. Bei *Boreidae* setzt sich das 9. Sternit in eine ziemlich lange Legeröhre fort. Bei *Panorpidae* befindet sich innerhalb der Genitalkammer ein von Ductus receptaculi durchbohrtes Chitinröhrchen. Bei Männchen der *Panorpidae* ist das 9. Segment stark vergrößert und vom 8. Segment halsartig abgeschnürt. Es ist mit einem Paar großer, zangenförmiger, zweigliedriger Gonopoden versehen. Bei anderen Panorpaten ist das 9. Segment normal, oder kleiner als die anderen und vom 8. nicht abgeschnürt. Penis von kompliziertem Bau, mit drei Paaren von Anhängen.

Darmkanal gut differenziert, mit einer Hinterdarmschlinge. Pharynx bei *Panorpa* lang, mit stark sklerotisierter Ventral- und häutiger Dorsalwand, mit kräftigen Dilatatoren versehen, hinten in einen bulbösen Proventriculus erweitert. Mitteldarm sehr lang (*Bittacus*), oder kurz (*Boreus, Merope, Panorpa*). Hinterdarm manchmal mit einem bulbösen Pylorus, welcher die sechs schlauchförmigen Malpighi-Gefäße aufnimmt. Rectum erweitert, mit sechs Papillen.

Rückengefäß schlauchförmig, nicht näher bekannt.

Tracheensystem gut entwickelt, mit zwei thorakalen und 7—8 abdominalen Stigmenpaaren.

Nervensystem mit drei thorakalen und 6—7 (Weibchen) oder 7—8 (Männchen) Abdominalganglien.

Hoden groß, paarig, mit je drei (*Panorpa*) Follikeln. Vasa deferentia mit einem Nebenhoden (Epididymis), welcher zusammen mit den Follikeln von einer gemeinsamen Tunica propria umgeben ist. Ein Paar großer Vesiculae seminales im Distalteil der Vasa deferentia tragen vorn je eine kleine Anhangsdrüse. Ductus ejaculatorius entspringt paarig den Vesiculae seminales. Sein hinterer, unpaariger Teil erweitert sich im 9. Segment zu einer umfangreichen Ampulle (Peniskapsel, Vestibulum). Ovarien paarig, mit 10—25 polytrophen, kammartig (*Panorpa*), oder traubenartig (*Boreus*) den Oviducten aufsitzenden Ovariolen. Oviductus communis mündet in die Genitalkammer, welche auch die getrennten Mündungen der Bursa copulatrix, des Receptaculum seminis und der Anhangsdrüse aufnimmt. Bei *Merope* sind zwei Paare von Anhangsdrüsen vorhanden.

Die Fortpflanzung ist stets gamogenetisch und ovipar.

Postembryonale Entwicklung soweit bekannt mit 4—7 raupenähnlichen Larvenstadien und einem Puppenstadium (Pupa libera). Die Larven leben im Boden, oder in bodennahen Biotopen und ernähren sich vom tierischen und pflanzlichen Detritus. Auch die Imagines sind, mit Ausnahme der *Boreidae*, in der Hauptsache detritiphag und ernähren sich von tierischen und pflanzlichen Leichen, insbesondere von solchen, die durch Verwesung bereits verflüssigt sind. Die scharfen Mundteile scheinen sie aber auch dazu zu befähigen, selbst dem Nährsubstrat Wunden beizubringen. Die *Boreidae* sind Jäger. Sie fangen lebende Insekten mit Hilfe ihrer langen Tarsen (vgl. oben).

Fossile *Panorpatae* sind seit Perm bekannt.

Von den rezenten Panorpaten sind bisher etwa 300 Arten beschrieben worden.

Mit Ausnahme der extremen arktischen Gebiete und Hawaii sind sie über die ganze Welt verbreitet. Sie werden gegenwärtig in sieben Familien, *Meropidae, Notiothaumidae, Choristidae, Nannochoristidae, Panorpidae, Bittacidae* und *Boreidae* eingeteilt.

Panorpidae (McLeay 1821) Stephens 1835, Skorpionfliegen (Abb. 224, 225, 226),

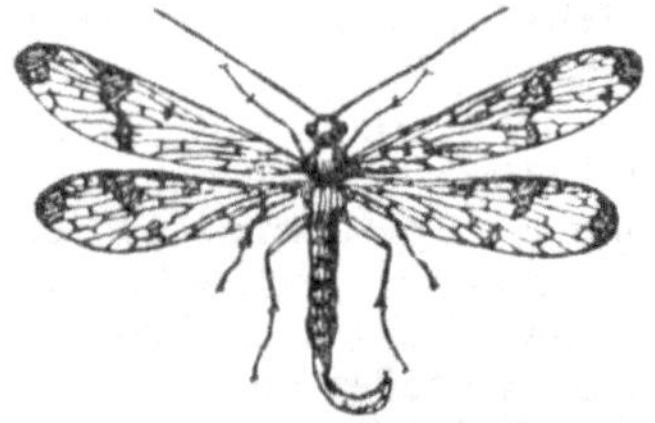

Abb. 224. *Panorpa communis* Linné, Männchen (Panorpidae). Nach Stitz. Nat. Gr. etwa 1,5 cm.

Abb. 225. *Panorpa communis* Linné, Weibchen (Panorpidae). Nach Stitz. Nat. Gr. etwa 1,5 cm.

Fam der *Panorpatae* mit etwa 110 Arten aus allen Regionen mit Ausnahme von Südamerika. In Deutschland nur 5 Arten der Gattung *Panorpa* Linné.
Fossil eine Art aus dem baltischen Bernstein und 3 aus dem Miocän von Colorado.

Abb. 226. *Panorpa* sp. Larve (Panorpidae). Nach Stitz. Nat. Gr. etwa 2 cm.

Panorpoidea Handlirsch 1903, Überordn der *Pterygota*, mit den Ordn *Panorpatae, Trichoptera, Lepidoptera, Diptera* und *Siphonaptera* (vgl. → System).

Pantonomium, Pantonom (gr. πᾶσ, πᾶσα, πᾶν gen. παντός, πάσης, παντός jeder, alle, ganz, ὁ νομός Weideplatz), → Blattminen, welche die ganze Breite eines Blattes ausfüllen. Bes. an Gräsern.

Pantophaga (gr. πᾶσ wie vor, φαγεῖν essen) → Allesfresser.

pantotrem (gr. πᾶσ wie vor, τὸ τρῆμα Öffnung, Loch) werden Kopfkapseln genannt, deren → Hinterhauptsloch (Foramen magnum) die ganze Breite und Höhe der Kopfkapsel einnimmt. Diese primitive Form der Kopfkapsel ist bei Larven der Holometabola (Schmetterlingsraupen, Käfer- und Hymenopterenlarven) weit verbreitet. Bei Imagines kommen nur → acro- und → mesotreme Formen der Kopfkapsel vor.

+***Paoliidae*** Handlirsch 1908, ausgestorbene Fam der + *Palaeodictyoptera*, mit 2 Arten aus dem unteren Obercarbon Nordamerikas. Von beiden ist nur je ein Flügel von 3,6 und 9 cm Länge bekannt.

papatasii Scopoli, *Phlebotomus*, Pappataci-Mücke (*Dipt Psychodidae*).

papaveris Winnertz, *Perrisia*, Mohngallmücke (*Dipt Cecidomyidae*).

Papierkorbnamen sind Art- oder Gattungsnamen der vom Autor verworfenen Konzepte, die von ihm selbst oder von einem anderen Autor nachträglich, d. h. nach regelgemäßer Veröffentlichung der endgültig akzeptierten Namen veröffentlicht wurden. So hatte z. B. GIEBEL 1855 aus dem Nachlasse von NITZSCH die Namen *Haemabarus* und *Diplocerus* veröffentlicht, welche NITZSCH selbst verworfen hatte und 1818 die betreffende Gattung *Gyropus* nannte.

papilionaria Linné, *Geometra*, großer, grüner Birkenspanner (*Lep Geometridae*).

Papilionidae Doubldav 1846, Edelfalter, Ritter, Fam der *Lep Rhopalocera* mit etwa 600 Arten, die meisten aus der neotropischen, aethiopischen und orientalischen Region. In Deutschland mehrere Arten (*Papilio* Linné, *Thais* Fabricius, *Parnassius* Latreille). Fossil sind 4 tertiäre Arten aus dem baltischen Bernstein, aus dem Oligocän von Aix (Frankreich) und dem Miocän von Kroatien und Italien beschrieben worden.

Papille (lat. papilla, -ae, pl. -ae, f., Warze, Brustwarze), eine warzenartige Erhebung der Haut, besonders bei Larven häufig vorkommend, z. B. bei Schmetterlingsraupen in regelmäßiger Verteilung, meist borstentragend.

Papillonitis, durch → Brennhaare von Schmetterlingen verursachte Hautreizung.

Papiriidae Lubbock 1869 → *Dicyrtomidae* (*Papirius* Lubb. 1869 = *Dicyrtoma* Bourlet 1842).

Pappataci-Mücke → *Phlebotomus papatasii* Scopoli, Hauptüberträger des in den Mittelmeerländern, Süd- und Ostasien, beiden Amerikas verbreiteten Pappataci- oder Dreitagefiebers des Menschen.

Pappelschädlinge. Besonders häufig und auffallend sind die Gallen, welche die Pappelblattläuse verursachen. Die Pappelblattgallenlaus (*Pemphigus bursarius* Linné) bildet auf den Blattstielen unregelmäßig spindelförmige bis etwa 1 cm lange Gallen, während die späte Pappelblattstieldrehlaus (*Pemphigus spirothecae* Passerini) eine Anschwellung und spiralige Drehung des Blattstiels verursacht. Ähnliche Spiralgallen an Blattstielen bildet auch die frühe Pappelblattstieldrehlaus (*Pemphigus protospirae* Lichtenstein). Die Gallen der letzteren Art reifen im Frühjahr, während die der ersteren erst im Sommer reif werden. Die Pappelblattrippengallenlaus *Pemphigus populi nigrae* Schrank) bildet eine kahnförmige Anschwellung der Mittelrippe. Große blasen- oder beutelförmige Gallen am Grunde der Blattspreite stammen von *Pemphigus populi* Courchet.

An Blättern fressen der rote Pappelblattkäfer (*Melasoma populi* Linné), die Afterraupen der gelben Pappelblattwespe (*Trichiocampus viminalis* Fallen), die Raupen des Pappelspinners (*Stilpnotia salicis* Linné) und der Pappelspringrüßler (*Rhynchaenus populi* Linné).

Der kleine Pappelbock (*Saperda populnea* Linné) entwickelt sich in auffallenden, spindelförmigen Anschwellungen junger Zweige, während die Larve des großen Pappelbocks (*Saperda carcharias* Linné) im Holz der Pappelstämme ihre Gänge bohrt. Im Stamm und Ästen bohrt auch die Larve des Aspenprachtkäfers (*Poecilonota variolosa* Paykull).

Charakteristische Blattrollen schneidet aus der Blattspreite und rollt zusammen der Pappelblattroller (*Byctiscus populi* Linné), am häufigsten an *Populus tremula*. Vgl. auch → Aspenschädlinge.

Parabiose (gr. παρά neben, ὁ βίος Leben) (Forel), friedliches Zusammenleben zweier oder mehrerer Arten in einem gemeinsamen, von einem der Mitbewohner aufgebauten Raum. Ein typisches Beispiel der ~ liefert die einheimische Gastameise *Formicoxenus nitidulus* Nylander in Nestern von *Formica rufa* Linné und *F. pratensis* Retzius (Bischoff, Biol. d. Hymenopteren 1927, S. 465). Die Arten der Borkenkäfergattung *Crypturgus* benutzen die Muttergänge anderer Borkenkäferarten und bohren von hier aus ihre eigenen Brutgänge. Sie ersparen sich dadurch einen Teil der Bohrarbeit, ohne den „Hausbesitzer" in seinen Rechten zu beeinträchtigen. Diese Form der ~ ist bei rindenbohrenden Käfern recht weit verbreitet. Es kommt auch häufig vor, daß sich selbständig angelegte Gänge verschiedener Arten miteinander in demselben Raum verschlängeln oder kreuzen. Daraus entsteht ein Gewirr verschiedenartiger Gänge, der z. B. an der Innenseite der Rinde toter Kiefernstämme häufig zu beobachten ist. Dabei ist aber zu beachten, daß in diesen Fällen vielfach kein echtes Zusammenleben besteht, denn es werden oft verlassene Bohrgänge benutzt. Desgleichen finden sich oft in verlassenen Gallen verschiedene Insekten, die dort nur Schutz vor Wetterunbilden, Winterquartiere usw. aufsuchen.

Zwischen der ~ und → Synoekie sowie mehreren anderen Formen des Sozialparasitismus läßt sich keine scharfe Grenze ziehen, insbesondere da vielfach die Biologie der → Raumparasiten nicht näher bekannt ist (z. B. die Inquilinen unter den *Eriophyidae*).

Paracardialzellen (gr. παρά neben, ἡ καρδία Herz) sind die der Herzwand am nächsten liegenden Zellen des → Pericardialgewebes.

Paracercus → Terminalfilum.

parafeminal werden bei Insekten Begattungsstellungen genannt, bei welchen die beiden Partner nicht aufeinander, sondern nebeneinander auf der Unterlage sitzen. Die Körperachsen beider Partner können in diesem Fall entweder einen spitzen Winkel bilden (viele *Mallophaga, Heteroptera, Homoptera*) oder sind in entgegengesetzte Richtungen gekehrt (viele *Heteroptera*).

Parafrontalia → Frontorbitae.

Paraglossa, pl. Paraglossae (gr. παρά neben, ἡ γλῶσσα Zunge), Nebenzunge, die paarige → Außenlade der → Unterlippe, die beiderseits der → Glossae terminal dem → Praementum aufsitzt.

Die ~ sind den maxillaren → Galeae homodynam und sind wie diese in der Regel eingliedrig, selten (*Gryllus*) weisen sie eine wenig deutliche Trennung in zwei

Glieder auf. Die ~ sind nur in kauend-leckenden Mundteilen selbständig, aber auch hier vielfach schon entweder mit den Glossae zu einer → Ligula verschmolzen, oder reduziert, seltener (*Sphegidae*, einige *Apidae* wie z. B. *Eucera, Melecta*) verlängert. An stechend-saugenden Mundteilen sind sie entweder gut erhalten (*Thysanoptera*), mit den Glossae zu einer Ligula oder einem zwischen den → Labellen liegenden Sklerit (*Diptera*) verschmolzen, oder fehlen gänzlich (*Hemiptera, Trichoptera, Lepidoptera, Aphaniptera* usw.).

Bei vielen Larven der Holometabola (*Lepidoptera, Hymenoptera*) sind die ~ und Glossae zusammen mit dem Hypopharynx zu einer Warze verschmolzen auf deren Spitze die Speicheldrüse (Spinndrüse) mündet. (Taf. XXI, Fig. 2, 8.)

Paragnatha (gr. παρά neben, ἡ γνάθος Kinnbacke, Gebiß → Superlinguae.

Parallelismen, homoiologe Bildungen (Plate), sind unabhängig voneinander an homologen Organen entstandene ähnliche Einrichtungen oder Merkmale, wie z. B. Fangbeine der *Mantidae* und gewisser *Heteroptera*, Flügeldecken der Käfer, Blattarien, Dermapteren und Heteropteren, stabförmige Gestalten des Körpers bei Orthopteren (*Dixippus*) und Heteropteren (*Gerridae*), verlängerte Fühler und Beine bei Höhlenbewohnern verschiedener Insektenordnungen usw.

Von neueren Autoren wird der Begriff der ~ auf ähnliche Bildungen bei nahe verwandten Formen beschränkt und der Wirkung natürlicher Auslese auf gleiche oder ähnliche Erbanlagen zugeschrieben, während ~ fernstehender Gruppen als → Konvergenzen bezeichnet werden, wobei es sich sowohl um ähnliche Bildungen an homologen als auch an analogen Organen (Homomorphie) handeln kann.

Die überraschende Häufigkeit verschiedener ~ hat in den letzten Jahren mehrere Forscher zu näheren Untersuchungen angeregt (Beurlen 1937, Dacqué 1935, Novikoff 1929, 1930, 1938 u. a.).

+***Paralogidae*** Handlirsch 1908, ausgestorbene Fam der +*Protodonata* mit 2 obercarbonischen Arten aus Nordamerika.

Paramere (gr. παρά neben, τὸ μέρος Teilstück, Glied), ein Paar von phallischen Anhängen der → Phallobasis, mit welcher sie in die Peniskammer eingezogen werden. Sie können gelenkig mit der → Basalplatte verbunden werden, wo diese sich in der Wand der Phallobase differenziert hat. Die ~ ähneln morphologisch und funktionell manchmal den → Valven, mit denen sie auch vielfach verwechselt werden, letztere sitzen aber auf einem Coxopoditen oder auf dem zugehörigen 9. Sternit und stellen umgewandelte Styli dar. (Taf. XVII, Fig. 2, 3, 5.)

Parametabola (gr. παρά neben, ἡ μεταβολή Umwandlung) sind nur Männchen der *Coccidae*, deren 1. Larve beweglich, 2. Larve, Pronymphe und Nymphe hingegen unbeweglich sind. Nur bei primitiven Arten, wie z. B. *Pseudococcus* sind alle Jugendstadien beweglich. Die unbeweglichen Nymphen zeigen schon große Ähnlichkeit mit Puppen der Holometabola. Bei ~ macht sich schon im 2. Larvenstadium ein Geschlechtsdimorphismus bemerkbar.

Paranotaltrachea, Trachea paranotalis anterior und posterior, zwei Äste, die sich vom Stamm der → Beintrachee abzweigen und bei Apterygoten in die → Paranota eindringen. Bei Pterygoten entsprechen ihnen die → Tracheae alares.

Paranotum, Paranotallappen, pl. Paranota, Paranoten (gr. παρά neben, ὁ νῶτος oder τὸ νῶτον Rücken), eine Hautduplikatur des Notums an den Seiten der Rumpfsegmente. Die ~ sind am Prothorax und an den Hinterleibssegmenten bei Insekten nicht selten (*Thysanura, Blattaria*, Larven der *Silphidae* usw.). Nach herrschender Ansicht haben sich die Insektenflügel aus ~ des Meso- und Metathorax herausgebildet. Besonders starke Entwicklung prothorakaler ~ mit Andeutung einer basalen Abschnürung zeigen die fossilen *Dictyoneuridae*.

Paranucleus → Trophamnionkern.

Paraphagium, Paraphagie (gr. παρά neben, φαγεῖν essen), diejenige Form des → Parasitismus, bei welcher der Parasit seinem Wirte keinerlei Schaden zufügt und sich lediglich von Abfallstoffen seines Körpers ernährt. Hierher gehören z. B. die auf dem Faultier lebenden Raupen der Gatt. *Bradypodicola*, die Käfer *Platypsyllus castoris* Ritsema (auf Biber), *Edrabius philippianus* Fauvel (auf *Ctenomys*), *Amblyopinus* spp. (8 Arten auf *Didelphidae, Muridae* und *Caviidae* in

Südamerika), die Dermapteren (*Hemimerus talpoides* auf Hamsterratte, Afrika, u. a. Arten) sowie die *Mallophaga*. Die letzteren sind allerdings, wenn auch selten, befähigt, die Haut mit ihren Mandibeln zu verwunden und Blut zu saugen.
Bei Massenvermehrung kann ein paraphager Parasit den Gesundheitszustand des Wirtstieres beträchtlich herabsetzen und in extremen Fällen sogar seinen Tod (meist durch nervösen Reiz und Erschöpfung) herbeiführen. Bei Haustieren kann ihr Nutzungswert, bei Pelztieren ihr Pelzwert stark herabgesetzt werden.
Die ~ nimmt eine Mittelstellung zwischen → Epökie und echtem → Parasitismus ein.

Parapodialdrüsen sind segmental paarige, an den → Parapodien der *Polychaeta* nach außen mündende, wahrscheinlich gleich den → Coxaldrüsen auf → Nephridien der *Annelida* zurückzuführende Drüsen.

Parapodien, sg. Parapodium (gr. παρά neben, ὁ πούς Fuß) sind ungegliederte, segmentale, im Grunde zweiästige, mit eigener Muskulatur versehene Extremitäten der *Polychaeta*.

Paraproct, pl. Paraprocten (gr. παρά neben, ὁ πρωκτός Steiß), ein Paar seitlich-ventraler → Analzipfel des → Endsegments, vielfach, z. B. bei *Odonata* in je einen kurzen warzen- oder lappenförmigen Fortsatz, den P a r a p r o c t l a p p e n verlängert, der bei *Odonata Zygoptera* (Larven) blattförmig ist und als Tracheenkieme dient. Auch bei *Orthoptera* sind die ~ gut entwickelt, aber kurz, konisch, manchmal mit einem kurzen stylusartigen Fortsatz versehen.
Die ~ sind Anhänge des 11. Segments. Zwischen jedem ~ und dem → Epiproct entspringen die → Afterraife (Cerci). (Taf. XVII, Fig. 2.)

Parapsiden (gr. παρά neben, ψάω reiben, wischen, dav. ψεδνός oder ψιδών abgerieben), S c a p u l a e, bei *Hymenoptera* die beiden durch die → Parapsidenfurchen des Mesonotums abgegrenzten Seitenteile. (Taf. XXX, Fig. 8.)

Parapsidenfurchen, N o t a u l i, zwei von vorn nach hinten konvergierende, aber nur selten zusammentreffende, meist in die Scutellarfurche mündende, häufig aber noch vor dieser erlöschende („verkürzte") Furchen des Mesoscutum.
Die Länge, Form, Tiefe, Neigungswinkel u. a. Merkmale der ~ sind bei vielen Hymenopteren-Familien wichtige taxonomische Merkmale.
Morphologisch sind es Einfaltungen des Notums, die endoskeletal als Leisten vorspringen und seine Elastizität verstärken sollen, welche antagonistisch zu den dorsalen Längsmuskeln, die das Notum wölben, arbeitet. Der zwischen den ~ eingeschlossene Teil des Mesoscutum (Snodgrass) wird von WEBER zu → Praescutum gerechnet. (Taf. XXX, Fig. 8.)

Parapsidenfurchen, sekundäre, sind zwei seitlich von den Parapsidenfurchen verlaufende, meist schwächere und kürzere Furchen, die besonders bei *Hym Aculeata* (*Vespidae, Chrysididae*) häufig auftreten. Auch sie haben taxonomische Bedeutung.

Paraptera (lat. parapterum, von gr. παρά neben, τὸ πτερόν Flügel) → Pleuralgelenkstücke, auch → Epipleurite genannt, das → Basalare und → Subalare.

Parasiten (gr. ὁ παράσιτος Schmarotzer, Mitesser, aus παρά neben und ὁ σῖτος Kost, Nahrung; σιτεύω füttern, Pass. σιτέομαι gefüttert werden, essen), S c h m a r o t z e r, biophage Insekten (und andere Tiere, sowie Pflanzen bes. Pilze und Bakterien) welche i n (→ Endoparasiten) oder a u f (→ Ektoparasiten) lebenden Tieren oder Pflanzen leben und sich von ihrer Körpersubstanz ernähren.
Die meisten parasitischen Insekten sind p e r i o d i s c h e s t a t i o n ä r e Parasiten, d. h. nur bestimmte Entwicklungsstadien von ihnen leben parasitisch. So sind z. B. die *Ichneumonidae* und *Tachinidae* im Larvenstadium Ekto- oder Endoparasiten, während die Imagines frei leben und meistens Nektarsauger sind. Hierher gehören auch die *Strepsiptera*, bei welchen die Männchen und das erste Larvenstadium, bei *Mengeidae* auch die Weibchen immer frei, die anderen Entwicklungsstadien dagegen immer endoparasitisch leben.
P e r m a n e n t s t a t i o n ä r e oder echte Parasiten sind bei Insekten viel seltener. Es sind diejenigen Insekten, die sich vom Ei bis zum Tode der Imago auf ihrem Wirt aufhalten und nicht fähig sind sich außerhalb des Wirtskörpers am Leben zu erhalten. Hierher gehören alle *Mallo-*

phaga und *Siphunculata, Arixeniidae,* Lausfliegen, *Hemimerus, Braula, Platypsyllus.*
Temporäre Parasiten halten sich auf dem Wirt nur zur Zeit der Nahrungsaufnahme, wie die Mücken, Stechfliegen, Bettwanzen auf. Es sind durchweg Blutsauger. Vgl. auch → Paraphagium.

Parasitenfolge, Parasitenreihe bilden alle auf verschiedenen Altersstufen einer Wirtsart lebenden und sich meist in mehr oder weniger regelmäßiger Reihenfolge ablösenden Arten von Parasiten. Im allgemeinen lassen sich drei Stufen der ∼ unterscheiden, nämlich die Eiparasiten, die Larvenparasiten und die Puppenparasiten.

Parasitismus, Schmarotzertum, ist diejenige Form der ernährungsbiologischen Beziehungen zwischen den lebenden Organismen, bei welcher der eine Partner, der → Parasit sich zur Nahrungsaufnahme auf oder in dem lebenden Körper seines → Wirtes aufhält und sich von seiner Substanz ernährt ohne ihn vorerst getötet zu haben.
Der Aufenthalt des Parasiten auf oder in dem Körper des Wirtes zwecks Nahrungsaufnahme ist kennzeichnend und unterscheidet die Parasiten von den Räubern (Jägern) und Fahrgästen (→ Phoresie) sowie von verschiedenen Formen der Vergesellschaftung mit einseitiger Ausbeutung. Eine scharfe Grenze zwischen parasitischer und räuberischer Lebensform läßt sich allerdings nicht ziehen und der Begriff des ∼ ist mehr konventionell als objektiv. So werden z. B. blattfressende Raupen und Afterraupen von Schmetterlingen und Blattwespen nicht zu Parasiten, sondern zu freilebenden Insekten gerechnet, obwohl sie sich genau wie z. B. ektoparasitische Ichneumonidenlarven auf dem Wirtskörper zwecks Nahrungsaufnahme aufhalten und ihren Wirt nicht gleich töten. Andererseits werden freilebende Insekten, wie z. B. Stechmücken, Bettwanzen usw. zu Parasiten gerechnet, weil sie Blutsauger sind und sich zur Nahrungsaufnahme auf ihrem Wirt aufhalten.
Der ∼ hat sich bei verschiedenen Insektenordnungen polyphyletisch entwickelt, worauf schon die verschiedenen, wenn auch vielfach parallelen oder richtiger konvergenten Anpassungen hinweisen. Vor allem lassen sich die Pflanzen- und Tierparasiten als besondere biologische Gruppen betrachten. In beiden Gruppen werden Außen- und Innenparasiten (Ecto- und Endoparasiten) unterschieden. Typische Ectoparasiten der Pflanzen, wie *Coccina* (Weibchen und Larven) und *Psyllina* (Larven) haben mit Ectoparasiten der Tiere (*Anoplura, Braula, Diptera Pupipara*) depressen Körper und stechend-saugende Mundteile gemeinsam. Endoparasiten der Tiere und Pflanzen haben walzen- oder spindelförmige Körperform und beißende Mundteile entwickelt, wie z. B. Larven der *Cecidomyidae* einerseits und die der *Ichneumonidae* andrerseits.
Zahlreiche Formen sind innerhalb des ∼ bei Insekten unterschieden worden. Es werden vor allem drei Hauptformen der Vergesellschaftung von Parasiten unterschieden, nämlich → Superparasitismus, → Coparasitismus und → Hyperparasitismus. Außerdem spricht man häufig von → Raubectoparasiten und → Raubentoparasiten.
Echte Parasiten sind stets monohospital, d. h. ein parasitisches Einzelwesen kommt für seine ganze parasitische Entwicklungszeit mit einem Wirtskörper aus. Polyhospitale Parasiten finden sich hauptsächlich unter solchen Insekten bzw. Insektenstadien, welche genügend aktive Bewegungsfreiheit erhalten haben, um einen zweiten Wirtskörper selbständig aufzusuchen, sobald der erste aufgebraucht oder nicht mehr zusagend ist. Der polyhospitale ∼ stellt einen Grenzfall zwischen dem freien Jagdleben und dem echten ∼ dar. Vgl. auch → parasitoid.

parasitoid (gr. ὁ παράσιτος Schmarotzer, Mitesser, ἡ ἰδέα Aussehen, Beschaffenheit, Gestalt) werden temporäre Parasiten genannt, d. h. solche parasitische Insekten, welche nur bestimmte Entwicklungsstadien als Parasiten durchlaufen und sonst frei leben, wie z. B. *Ichneumonidae, Cynipidae* usw.
Die meisten parasitischen Insekten sind keine Parasiten, sondern Parasitoide, deren Imagines (parasitische *Hymenoptera* und *Diptera*, Männchen der *Stylopidae*, Männchen und Weibchen der *Mengeidae*) oder Larven (Flöhe, Junglarven der *Meloidae* und der *Strepsiptera*) frei, die übrigen Entwicklungsstadien parasitisch leben.

Die parasitischen Stadien der Parasitoiden sind entweder → bio-, → necro- oder → cholophag.
HERMS bezeichnet als ~ diejenigen Parasiten, welche ihren Wirt langsam töten.

Parasitose, durch → Parasiten verursachte Krankheit oder abnormer Zustand.

Parasolameisen → *Atta*-Arten.

Parastigma, Sclerotisierung des Costalfeldes vor der → Pterostigma.

Paratergit (gr. παρά neben, bei, τὸ τέρφος Rückenhaut der Tiere), Laterotergit, paarige Seitenplatten der Hinterleibstergite, die durch mehr oder weniger breite Membranisierung des mittleren Tergitteils voneinander getrennt die Seiten der Tergite einnehmen.

Parathyridae (Walsh 1913) Durrant 1918, artenarme Fam der *Lep Tineoidea.*

Paratypen (gr. παρά neben) sind alle der Neubeschreibung einer Art zugrunde liegenden Exemplare außer der → Holotype.
Eine der Paratypen wird häufig als → Allotype bezeichnet. Da es aber bei allen Paratypen vorkommen kann, daß sie von der Holotype spezifisch verschieden sind, so hat Aufstellung von Allotypen oder sonstiger paratypoider Exemplare keine nomenklatorische Geltung.

Parazyklie, Auftreten von Parazyklen (Nebenzyklen), d. h. Zweiggenerationen eines Hauptzyklus im → Generationswechsel gewisser *Aphidina.*

Parenchymschicht der Insekten → Leuchtschicht.

pariana Linné, *Simaethis,* Apfelblattmotte (*Lep Tortricidae*).

parietal (lat. parietalis, adj., wandständig, von paries, -tis, m., Wand, Mauer, gr. ἡ παρειά Wange, Backe), wandständig, der Wand zugekehrt, z. B. das äußere Blatt des → Coelomsackes, das → Hautfaserblatt, parietales Mesoderm.

Parietalia, sg. das Parietale, die Seitenteile der Kopfkapsel zwischen der → Frontocoronal, der → Occipital- und der → Pleurostomalnaht. Den oberen Teil der ~ nehmen der → Scheitel, den hinteren, hinter den Komplexaugen liegenden die → Schläfen und den unteren, unter den letzteren liegenden die → Wangen ein.

Parkettkäfer → *Lyctus linearis* Goeze.

Parnidae Leach → *Dryopidae.*

Paronychium (gr. παρά neben, ὁ ὄνυξ, ὄνυχος Klaue, Kralle), ein paariger, kurz behaarter, häutiger Anhang des → Praetarsus unter den Klauen bei gewissen Schmetterlingen.

Pars intercerebralis → Intercerebralteil.

Pars stridens, der aktive, bewegte Teil des → Zirpapparates. Gegens. → Plectrum.

Parthenoblasten (gr. ἡ παρθένος die Jungfrau, ἡ βλάστη Keim, Sproß) sind parthenogenetisch, d. h. aus unbefruchteten Eiern erzeugte Tiere.
Die ~ ein und desselben Geleges können entweder alle Männchen (→ Arrhenotokie) oder Weibchen (→ Thelytokie) sein.

Parthenogamie (gr. ἡ παρθένος die Jungfrau, ὁ γάμος Hochzeit), Verschmelzung des reifen, auf die haploide Chromosomenzahl reduzierten parthenogenetischen Eikerns mit dem zweiten → Richtungskörperchen (fakultativ arrhenotoke Rasse von *Lecanium hesperidum, Solenobia pineti*) oder der beiden ersten Furchungskerne (engl. Rasse von *Trialeurodes vaporariorum*), wodurch in beiden Fällen die diploide, somatische Chromosomenzahl hergestellt wird. Bei tetraploider Chromosomengarnitur (*Solenobia triquetrella*) verzögert sich die Verschmelzung der Furchungskerne bis nach der zweiten Furchungsteilung, und die vier Furchungskerne bilden nach Verschmelzung einen neuen, tetraploiden Kern.

Parthenogenese (gr. ἡ παρθένος die Jungfrau, ἡ γένεσις Erzeugung, Geburt), Jungfernzeugung, Agamie, Agamogenese, Fähigkeit der Eier gewisser Insekten, ohne Befruchtung, d. h. ohne Beteiligung des männlichen → Vorkerns → Reifeteilungen durchzumachen, normal zu furchen und sich weiterhin normal zu entwickeln.
Die ~ tritt als konstante, artspezifische Fortpflanzungsart in verschiedenen Insektenordnungen zerstreut auf. In dieser Form ist sie bekannt bei den Phasmiden *Dixippus morosus* und *Bacillus rossi,* bei der Locustide *Saga serrata,* bei gewissen Thysanopteren (*Heliothrips haemorrhoidalis*), Corrodentien (*Psocus bipunctatus, Peripsocus parvulus, Bertkauia lucifuga* u. a.), bei Lepidopteren (viele *Psychidae*), Coleopteren (*Micromaltidae*), Hymenopteren (gewisse Blattwespen, *Ichneumonidae, Chalcididae, Cynipidae, Proctotrupidae*), Homopteren (engl. Rasse von *Icerya purchasi, Trialeurodes vaporariorum, Aleurotulus nephrolepitis,* verschiedene Arten von *Aphididae* usw.).

Konstante ~ kann natürlich nur → thelytok sein.
Eine andere Form liegt in der zyklischen ~ vor, bei welcher nach einer Reihe parthenogenetischer Generationen männliche und weibliche Parthenoblasten erscheinen (→ Heterogonie).
Bei verschiedenen Insekten kommt ~ fakultativ, d. h. bei ein und derselben Art oder sogar bei ein und demselben Weibchen, neben → Amphigonie vor. Dabei ist sie entweder arrhenotok (Honigbiene drohnenbrütig nach Erschöpfung des Spermavorrates) oder thelythok (z. B. Früjahrsgeneration der Gallwespe *Neuroterus lenticularis*).
Schließlich kommen auch Fälle gelegentlicher ~ vor. So kommt es bei gewissen *Sphingidae* und *Phasmidae* vor, daß sich unbefruchtete Eier, die normalerweise zugrunde gehen, normal weiter entwickeln.
Hinsichtlich des Geschlechtes der Parthenoblasten unterscheidet man drei Formen der ~, nämlich → Arrhenotokie, → Thelytokie und → Amphitokie.
Nach der Zusammensetzung der Chromosomengarnitur der Parthenoblasten unterscheidet man eine → haploide oder generative ~ und eine → polyploide oder somatische (diploide, triploide, tetraploide usw.) ~.

Partikelfresser sind Insekten deren Nahrung aus Mikroorganismen oder feinsten Detritus-Partikelchen besteht. Diese Nahrungsspezialisation haben vor allem gewisse Wasserinsekten (Larven) entwickelt.

Partnerprüfung → Geschlechtspartnerprüfung.

Partnersuche → Geschlechtspartnersuche.

Partus (lat. partus, -us, m., Gebären, Laichzeit), Geburt, bei Insekten das → Eierlegen. Post partum, nach der Geburt, nach der Eiablage.

parvulus Paykull, *Longitarsus*, Flachserdfloh (*Col Chrysomelidae*).

Passallidae (Leach 1815) McLeay 1819, Zuckerkäfer (Abb. 227), Fam der *Col Lamellicornia* mit etwa 500 außereuropäischen Arten. Die in Holz und Moder lebenden Larven der ~ sind durch Umbildung des 3. Beinpaares zu einem Streichorgan des Zirpapparates ausgezeichnet. Die handartigen Hinterbeine streichen nämlich über eine gerillte Stelle der Mittelhüften.

Abb. 227. *Aceraius* sp. (Passalidae). Nach Handlirsch. Nat. Gr. etwa 5 cm.

passularum Hering, *Carpoglyphus* → *C. lactis* Linné.

Patagium (lat. patagium, -ii, n., Bord, Borte am Kleid), Halskragen, Schulterklappen, ein Paar schuppenartiger Hautduplikaturen an den Seiten des reduzierten Pronotums vieler Schmetterlinge, welche reichlich mit langen Schuppen und Schuppenhaaren besetzt, hinter dem Kopf den z. B. bei *Noctuidae* gut entwickelten Halskragen bilden. Vgl. auch → Collare.

Patella, ein bei Cheliceraten (Spinnen und Verwandte) zwischen den Schenkel und die Schiene eingeschaltetes Beingelenk. Bei Insekten kommt eine ~ niemals vor. Die selten vorkommende (gewisse *Mallophaga*, *Heteroptera* z. B. *Ploiaria*) durch einen mehr oder weniger weitgehend membranisierten Querstreifen zweigeteilte Tibia bei Insekten hat mit einer Patella-Bildung nichts zu tun.

Pathobionten (gr. ἡ πάθη oder τὸ πάθος Krankheit, ὁ βίος Leben; Bion, Bionten, nannte E. Haeckel das physiologische Individuum als selbständiges Lebewesen), Organismen, welche bei anderen Organismen Krankheiten oder Verletzungen der lebenden Substanz verursachen. Vgl. auch → Pathozoen.

pathogen (gr. ἡ πάθη oder τὸ πάθος Krankheit, Leiden, ἡ γενεά Erzeugung), krankheitserregend.

Pathologie (gr. wie vor und ὁ λόγος Lehre), die Lehre von den Krankheiten der Lebewesen. Man unterscheidet ~ der Pflanzen oder → Phytopathologie und ~ der Tiere, → Veterinärmedizin bzw. des Menschen, die Medizin.

pathologisch, krankhaft, durch Krankheit verändert; auch auf Pathologie bezüglich.

Pathozoën (gr. ἡ πάθη oder τὸ πάθος Krankheit, τὸ ζῷον Tier) sind Tiere, welche bei anderen Organismen Krankheiten oder Verletzungen verursachen. Vgl. auch → Pathiobionten.

Patria (lat. patria, -ae, f., Vaterland), Fundort eines Sammlungsexemplares. Patria ignota, Abk. Patr. ign., Fundort unbekannt.

patronymische Artnamen, Patronymika (gr. ὁ πατήρ, Gen. πατρός Vater, τὸ ὄνομα Name) → Widmungsnamen.

Paurometabola (gr. παῦρος wenig, ἡ μεταβολή Umwandlung), Insekten mit unvollkommener Verwandlung (→ Heterometabola) deren Larven vom ersten Stadium an imagoähnlich sind und entweder keine oder nur wenige sekundäre Larvenmerkmale (→ caenogenetische Merkmale) aufweisen, wie z. B. Grabbeine bei gewissen Cicadidenlarven, flacher Körper der Psyllidenlarven usw. Im allgemeinen beruhen die Unterschiede zwischen Larven und Imagines nur auf Körperproportionen, geringerer Anzahl der Fühlerglieder, der Tarsenglieder sowie auf dem Fehlen der Flügel, die sich schrittweise ausbilden, und der Kopulationsorgane. Die sekundären imaginalen Merkmale treten erst mit der letzten Häutung auf.
Zu ~ gehören *Saltatoria, Phasmida, Dermaptera, Embidaria, Blattaria, Mantodea, Isoptera, Corrodentia, Mallophaga, Anoplura, Zoraptera, Heteroptera* und z. T. *Homoptera* (*Cicadina*, Teil der *Aphidina, Psyllina*). Ein vorübergehendes Ruhestadium tritt nur bei *Cicadina* und *Isoptera* auf.

Paussidae (Latreille 1807) Westwood 1833 (*Paussili* Latr.) Fühlerkäfer (Abb. 228), Fam der *Col Adephaga* mit etwa 350 Arten in warmen Gebieten der Erde, in Europa nur 10 mediterrane Arten. Kleine bis mittelgroße Käfer mit schlanken Laufbeinen und großen keulenförmigen Fühlern, deren Geißel einschließlich Pedicellus eine mächtige Keule bildet, deren Glieder nicht selten nahtlos verschmolzen sind.

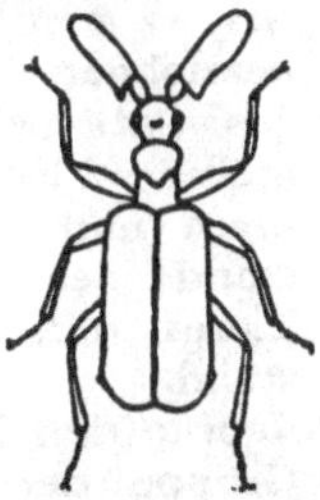

Abb. 228. *Paussus woerdeni* Ritsema (Paussidae). Nach Desnaux aus Handlirsch. Nat. Gr. etwa 7 mm.

Myrmecophile, von Ameisenbrut sich ernährende Tiere, die den Ameisen ein an behaarten Stellen der Thorax in bestimmte Gruben des Integuments ausgeschiedenes Sekret bieten. Zur Abwehr schießen die Käfer aus dem After ein jodhaltiges Sekret ab.
Es sind 11 fossile Arten beschrieben worden, davon 8 aus dem baltischen Bernstein, 2 aus dem Miocän von Florida und 1 aus dem Kopal.

Pearson's Nachbarschaftsregel besagt, daß benachbarte Körperteile im allgemeinen engere Korrelationen zeigen als fernerliegende. So sind z. B. die Korrelationskoeffizienten zwischen 2 anstoßenden Fühlergliedern von *Pyrrhocoris apterus* größer als diejenigen zwischen einem basalen und einem distalen Glied. Andererseits sind diese Koeffizienten auch größer zwischen proximalen anstoßenden Gliedern als zwischen anstoßenden distalen Gliedern, was dafür spricht, daß die Korrelation distalwärts abnimmt. Auch von vorn nach hinten nimmt die Korrelation ab.

Pebrine, eine durch die Sporozoë → *Nosema bombycis* Naegeli verursachte Krankheit der Seidenraupe.

Pecten (lat. pectes, -inis, m., Kamm) → Kamm, → Dornensaum.

pectinicornis Fourcroy, *Cladius*, ungleiche Rosenblattwespe (*Hym Tenthredinidae*).

pectinocornis Linné, *Ptilinus*, Kammhornkäfer (*Col Ptinidae*).

Pedale, f., die bei Raupen über den Füßen sich hinziehende Seitenlinie.

Pedalorgane sind polytope → Chordotonalorgane, die sich in aufeinanderfolgenden Beingliedern in gleicher Weise wiederholen. Sie sind saitenartig zwischen Gelenkhaut und festem Integument ausgespannt und treten z. B. am Femur bei *Pediculus, Carausius*, Lepidopterenraupen, an Tibia und Tarsus bei Trichopterenlarven, am Tarsus bei Coleopterenlarven usw.

Pedes (lat. pes, pedis, pl. pedes, Bein) → Beine.

Pedes adhamantes, sg. pes adhamans, (lat. adhamo, -ere, sich anhaken, anklammern) → Klammerbeine.

Pedes ambulatorii, sg. pes ambulatorius (lat. ambulo, -are, wandeln, sich ergehen) → Wandelbeine.

Pedes copulatorii, sg. pes copulatorius (lat. copulo, -are, binden, kopulieren) → Kopulationsbeine.

Pedes coronati, sg. pes coronatus (lat. coronatus bekränzt, mit einem Kranz versehen) → Kranzfüße.

Pedes cursorii, sg. pes cursorius (lat. curro, -ere, cucurri, cursum Laufen) → Laufbeine.

Pedes fossorii, sg. pes fossorius (lat. fodio, -ire, fodi, fossum graben) → Grabbeine.

Pedes gradarii, sg. pes gradarius (lat. gradior, -ire, gressus schreiten) → Gangbeine.

Pedes gressorii, sg. pes gressorius (lat. gressus, -us, m., Schritt, von gredior schreiten) → Schreitbeine.

Pedes natatorii, sg. pes natatorius (lat. nato, -are schwimmen) → Schwimmbeine.

Pedes raptorii, sg. pes raptorius (lat. raptorius räuberisch) → Raubbeine.

Pedes saltatorii, sg. pes saltatorius (lat. salto, -are springen) → Sprungbeine.

Pedes scansorii, sg. pes scansorius (lat. scando, -ere klettern, steigen) → Kletterbeine.

Pedes semicoronati, sg. pes semicoronatus (lat. semi halb, coronatus bekränzt), → Kranzfüße.

Pedes spurii, sg. pes spurius (lat. spurius adj. unecht, scheinbar) → Afterbeine, Stummelfüße.

Pedes stridulatorii, sg. pes stridulatorius (lat. strido o. strideo, -ere, zirpen) → Zirpbeine.

Pedes tactorii, sg. pes tactorius (lat. tango, tetigi, tactum berühren, tasten) → Tastbeine.

Pedicellus (lat. pedicellus, -i, m., Füßchen, dem. von pes, pedis, Fuß). 1. das erste Glied der → Fühlergeißel, wenn es vom 2. abweicht. 2. der → Hinterleibsstiel der *Hymenoptera Apocrita*. 3. → Eiröhrenstiel. 4. die vom Protocerebrum entspringenden → Ocellenstiele. (Taf. XIV, Fig. 1, 5, 8, 10.) Vgl. auch → Torus.

Pediculidae Leach 1817 (Abb. 229), Fam der *Anoplura* mit wenigen auf Menschen und Affen parasitierenden Arten. Auf Menschen mit 3 Arten, *Pediculus capitis* DeGeer, *P. corporis* DeGeer und *Phthirus pubis* Linné.

Pedilidae Fischer 1822, Fam der Käfer mit einigen wenigen tropischen Arten.

Pedunculus (lat. pedunculus, -i, m., Füßchen, dem. von pes Fuß), der Stiel des → Pilzkörpers. Die beiderseitigen Pedunculi laufen bogenförmig medioventral den → Protocerebrallobi folgend und nähern sich einander in der Mittellinie ohne zu verschmelzen. In ihrem proximalen Teil werden sie als → Balken bezeichnet. Es sind beiderseits zwei miteinander verschmolzene Pedunculi, die vom Balken jederseits noch einen → Cauliculus oder Radix aussenden können. (Taf. XXVII, Fig. 2.)

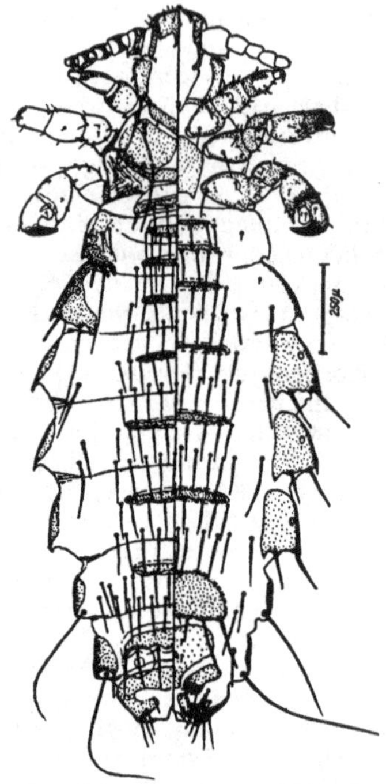

Abb. 229. *Neohaematopinus sciuri* Jancke, Weibchen (Pediculidae). Nach Kéler. Nat. Gr. etwa 1,5 mm.

Als ~ wird auch der → Eiröhrenstiel bezeichnet.

Pejus (lat. pejus schlechter, comp. von malus schlecht), der zwischen → Optimum und → Pessimum gelegene Zustand der Umweltbedingungen eines Tieres, d. h. deren verschlechterter Zustand.

Pelecinoidea Handlirsch 1925 (Abb. 230), Gruppe der *Hym. Apocrita* mit Übergangsmerkmalen zwischen → *Terebrantes* und → *Aculeata*. Mit den letzteren teilen sie den verborgenen aus miteinander verschmolzenen Apophysen gebildeten Giftstachel, mit den ersteren haben sie die allgemeine Körperform und parasitäre Lebensweise gemeinsam. Einzige Fam *Pelecinidae* (Haliday 1840)

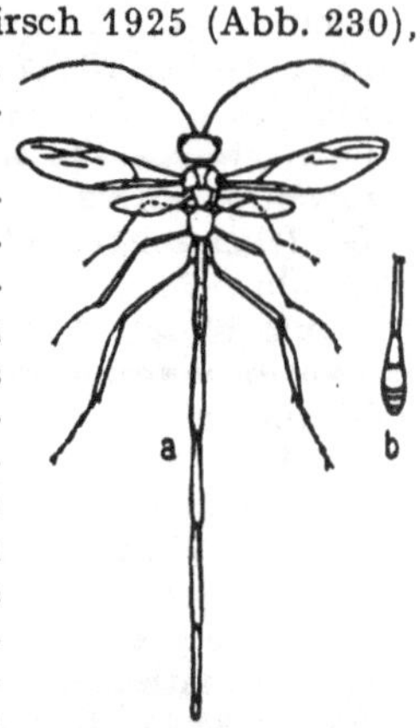

Abb. 230. *Pelecinus* sp. (Pelecinidae), Weibchen (a) und Hinterleib des Männchens (b). Nach Handlirsch. Nat. Gr. etwa 6 cm.

Dalla Torre 1888, mit wenigen in Coleopteren (*Lachnosterna*) parasitierenden amerikanischen Arten.

pellio Linné, *Attagenus*, gemeiner Pelzkäfer (*Col Dermestidae*).

pellucens Scopoli, *Oecanthus*, Weinhähnchen (*Salt Gryllidae*).

Pelobiini Erichson → *Hygrobiidae*.

Pelogonidae → *Ochteridae*.

Peloridiidae Breddin 1897, kleine Fam der *Hemiptera* mit wenigen Arten in Feuerland, Australien, Tasmanien und Neuseeland, deren Larven durch prothorakale Paranota ausgezeichnet sind. Man hat für sie früher eine besondere Unterordnung, *Coleorrhyncha* Myers und China 1929 bei den *Homoptera* errichtet, spätere Autoren stellen sie aber entweder zu *Heteroptera* und halten sie für näher verwandt mit *Saldidae* (LAMEERE 1935) oder zu *Homoptera Auchenorrhyncha* (MÜLLER 1951).

Pelotten (franz. pelotte Ballen) → Pulvillus.

Peltides Latreille → *Temnochilidae*.

Pelzfresser → *Mallophaga*.

Pelzkäfer → *Dermestidae*.

Pelzkäfer, dunkler → *Attagenus piceus* Olivier.

Pelzkäfer, gemeiner oder gefleckter → *Attagenus pellio* Linné.

Pelzmotte → *Tinea pellionella* Linné.

Penicillus (lat. penicillus, -i, m., oder -um, -i, n., Pinsel) ein dichter Haarpinsel am Ende des hinteren Metatarsus bei *Anthophora* (*Apidae*).

Peniculum (lat. peniculum, -i, n., oder peniculus, -i, m., Pinsel, dem. von penis Schwanz), im männlichen Begattungsapparat gewisser Schmetterlinge ein Paar behaarter Anhänge des → Tegumen dorsal von den → Valven.

Penis (lat. penis, -is, m., pl. penes, -um, das männliche Glied, auch Schwanz) 1. → Begattungsapparat. 2. Als „Penis" oder „Ligula" wird auch das unpaarige Stück des → Samenüberträgers der *Odonata* bezeichnet, welches zwischen den → Hamulus-Haken herausragt. Es handelt sich im letzteren Fall um eine sekundäre Bildung, welche mit dem Penis des Begattungsapparates nichts zu tun hat und im 2. Hinterleibssegment liegt.

Peniskammer, Atrium, durch Einstülpung der Intersegmentalhaut zwischen dem 9. und 10. Sternit oder des ganzen 9. Sternits (z. B. *Col Phytophaga*) entstandene Tasche, in welcher das männliche Begattungsglied in Ruhe eingezogen liegt. Das 9. Sternit bildet in diesen Fällen häufig nur eine Y-, V-förmige oder ringförmige schmale Spange (z. B. bei *Ipidae*), welche die Mündung der ~ versteift und den Begattungsapparat austreten hilft. Vgl. auch → Epiphallus und → Pallium.

Penislappen, Penisloben, die beiden Penes der *Ephemerida*, *Dremaptera*.

penkleriana Fischer von Rösslerstamm, *Epiblema*, Haselnußwickler (*Lep Tortricidae*).

Pentamera (gr. πέντε fünf, τὸ μέρος Teil), Insekten mit 5gliedrigen Tarsen. Ehemalige, später aufgeteilte Überfamilie der *Coleoptera*.

Pentatomidae Stephens 1829, Schildwanzen (Abb. 231, 232), Fam der *Het Geocorisae* mit etwa 6000 rezenten und

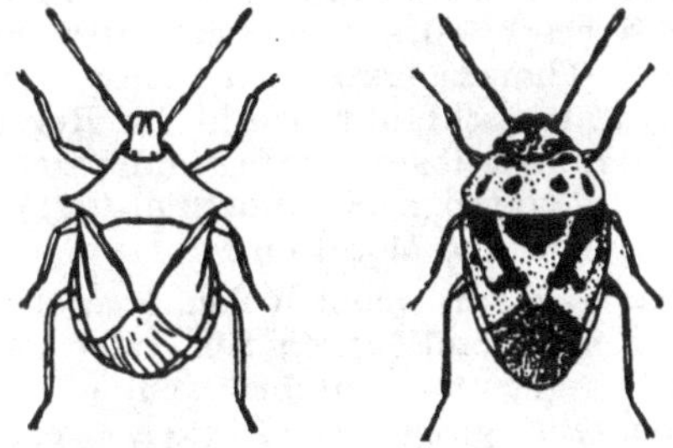

Abb. 231. ***Picromerus bidens*** Linné (Pentatomidae). Nach Hedicke. Nat. Gr. etwa 1 cm.

Abb. 232. ***Eurydema ornatum*** Linné (Pentatomidae). Nach Hedicke. Nat. Gr. 6—8 mm.

an 150 känozoischen, seit dem Eocän auftretenden Arten. Mittelgroße oder große, phytophage oder karnivore Wanzen von kräftigem Bau und sehr verschiedenem Habitus.

perforans Schrank, *Sinoxylon*, Rebendreher (*Col Bostrychidae*).

perianal, um den After herum.

Periblastula, atypische, mit → Deutoplasma angefüllte Blastula der Insektenembryonen.

Pericardialgewebe, mehr oder weniger zusammenhängende, zerstreute oder segmental angeordnete Zellgruppen innerhalb des → Pericardialsinus oder außerhalb desselben am → Pericardialseptum gelegen. Topographisch wird das ~ in → Diaphragmazellen, → Paracardialzellen, → Pericardialzellen, → Ostiumorgane und → Endocardialzellen geteilt. Die Zellen des ~ sind meist rundlich, 2- bis mehrkernig und enthalten im Gegensatz zu Fettkörperzellen, mit denen sie gemeinsam aus den Resten der → Coelomsäcke abstammen, keine Reservestoffe, sondern ein gleichmäßig feinkörniges Plasma. Sie vereinigen sich häufig zu länglichen, den Muskelfasern der Diaphragma folgenden Strängen. Ihrer Funktion nach teilt man sie in → Nephrocyten und → Phagocytärorgane ein.

Pericardialsaeptum (wie oben und lat. pl. tant. saepta, -orum, n., Einzäunung, Gehege, von saepio, -ire, saepi umzäunen, nicht von sepio!), dorsales → Diaphragma, bindegewebige, homogene oder faserige Doppelwand mit eingelagerten dorsalen Transversalmuskeln des Hinterleibs. Das ~ grenzt den → Pericardialsinus vom → Perivisceralsinus ab. Das ~ ist im allgemeinen auf den Hinterleib beschränkt, kann sich aber bis in den Thorax erstrecken. Ihre Muskelschicht beschränkt sich in der Regel auf die Hinterleibssegmente, findet sich aber bei *Blattidae* (nach Brocher, 1922) auch im Meso- und Metathorax.

Das ~ ist entweder lückenlos und endet nur vorn und hinten frei, oder ist mit intersegmental zwischen den → Flügelmuskeln gelegenen Lücken versehen. Manchmal ist die Membran des ~ auf ein netzartiges Gewebe reduziert oder fehlt ganz.

Das ~ führt von vorn nach hinten verlaufende wellenartige Bewegungen aus, welche die saugende Wirkung des Herzens unterstützen und Blut aus dem Perivisceralsinus in den Pericardialsinus pumpen.

Pericardialsinus (gr. wie oben, lat. sinus, -us, m., Beutel, Bucht), der dorsale, durch das → Pericardialsaeptum von der allgemeinen → Leibeshöhle abgegrenzte, vom Rückengefäß eingenommene Teil der Leibeshöhle. (Taf. VI, Fig. 5.)

Pericardialzellen, Zellen des → Pericardialgewebes, welche der Wand des Rückengefäßes dicht anliegen.

Perifibrillärsubstanz, Zellplasma der → Nervenfortsätze und → Dendrite eines → Neuron, in die die → Neurofibrillen eingebettet sind.

Perimysium (gr. ὁ μῦς gen. μυός und ὁ μυών Muskel), bindegewebige Muskelhülle. Bei Insekten fehlt ein typisches ~ weil sie kein typisches Bindegewebe entwickelt haben. Atypisches, bindegewebeartiges ~ hält z. B. bei *Dytiscus* Bündel von Muskelfasern zusammen.

Perineuralsaeptum (gr. περί um, herum, τὸ νεῦρον Faser, Sehne, lat. saepta, saeptorum, pl. tant., n., Einzäunung, Gehege), ventrales → Diaphragma, eine bindegewebige, homogene oder faserige Wand, welche den → Perineuralsinus vom → Perivisceralsinus abgrenzt. Sie tritt mit geringerer Regelmäßigkeit auf als das → Pericardialsaeptum, ist aber z. B. bei *Acridiidae* und *Hymenoptera* gut entwickelt. Die äußerst zarte Membran des ~ erstreckt sich vom Kopf bis zum 7. Hinterleibssegment (*Dissosteira*). Im Metathorax und Hinterleib schließen sich der Membran des ~ ventrale Transversalmuskeln an, welche von den Seiten der Sternite bzw. von den Sternalapodemen entspringen und an den Segmentgrenzen Lücken für den Durchtritt des Blutes frei lassen. Die wellenförmig von vorn nach hinten fortschreitende Arbeit der Muskeln bewirkt das Ansaugen des Blutes durch die intersegmentalen Lücken aus dem Perivisceral- in den Perineuralsinus. Aus dem hinten offen stehenden Perineuralsinus wird das angesaugte Blut in den Perivisceralsinus ausgestoßen.

Das ~ fehlt bei nicht wenigen Insekten, so bei *Ephemerida, Corrodentia, Mallophaga, Hemiptera,* vielen *Coleoptera* z. B. *Dytiscus*), Larven der *Tipulidae* usw.

Perineuralsinus (wie vor und lat. sinus, -us, m., Bucht, Beutel) der ventrale, durch das → Perineuralsaeptum von der allgemeinen → Leibeshöhle abgegrenzte Teil der letzteren. Im ~ liegt das → Bauchmark. (Taf. VI, Fig. 1.)

Periopticon (gr. περί um, herum, ὁ ὀπτίλος Auge, ἡ εἰκόν Bild) → Lamina ganglionaris.

perioral (wie oben und lat. os, oris, n. n, Mund), um den Mund herum gelegen.

Periorbita, pl. Periorbitae, dtsch. Periorbiten → Frontorbidae.

periphallisch (gr. wie oben und vgl. → Phallus), um den → Phallus herum gelegen. Periphallische Anhänge des männlichen → Begattungsapparates sind → Gonopoden, d. h. auf Gliedmaßen der → Terminalia zurückgehende, nicht vom Phallus selbst gebildete Teile. Vgl. auch → Genitalanhänge.

Peripneustia (gr. περί um, herum, πνευστιάω schwer atmen, keuchen) sind → hemipneuste Insekten, deren metathorakale

(Larven vieler Insekten, z. B. der Lepidopteren, Mecopteren, Planipennien) oder auch einige basale und terminale Abdominalstigmen verschlossen sind, wie z. B. bei verschiedenen Käferlaven.

Peripodialhöhle (gr. wie vor und ὁ πούς Fuß), sack- oder taschenförmige Einstülpung der Epidermis unter der larvalen Cuticula zur Bildung der imaginalen Extremitäten, deren Anlagen (→ Imaginalanlage) aus dem Boden der Tasche in die ~ hineinwachsen. Auf diese Weise wird unter der larvalen Cuticula Raum für die imaginale Extremitätenanlage erreicht.

Periproct (gr. wie vor und ὁ πρωκτός Steiß) → Afterfeld.

Perigygium (gr. wie vor und ἡ πυγή Bürzel, Hinterbacken) → Afterfeld.

Peristaltik (gr. περιστέλλω unterstützen, wahren, aufrecht erhalten, στέλλω u. a. auch ziehen, sich in Bewegung setzen), peristaltische Bewegungen, Pulsation, wellenartig in einer Richtung verlaufende Bewegungen von Wänden bestimmter Organe. Peristaltische Bewegungen führen vor allem Wände des Rückengefäßes und der akzessorischen pulsierenden Organe zur Unterhaltung des Blutkreislaufes. Auch der Vorderdarm weist eine ~ auf, welche die vom Mund aufgenommene Nahrung in den Mitteldarm befördert. Vgl. auch → Antiperistaltik.
Man spricht auch vom peristaltischen → Kriechen.

Peristoma (latin. peristoma, -ae, f., aus gr. περί um, herum, τὸ στόμα Mund), Randsaum der Kopfkapsel um die sekundäre Mundöffnung herum (→ Mundfeld), der bei primitiveren Insekten mit kauenden Mundteilen, z. B. Orthopteroiden, häufig von der Kopfkapsel durch die → Peristomalnaht abgegrenzt ist. Das ~ wird unterteilt in ein unpaariges → Epistoma, ein paariges → Pleurostoma und ein primär paariges, sekundär zusammengeschmolzenes (→ Hypostomalbrücke) → Hypostoma. (Taf. XXI, Fig. 1.)

peristomal gleichbedeutend mit → periolar.

Peristomalia, dtsch. Peristomalien, sg. Peristomalium → Lateralia.

Peristomalleiste, endoskeletale, der → Peristomalnaht folgende und gleich ihr untergeteilte Leiste.

Peristomalnaht, die Naht, welche das → Peristoma von der übrigen Kopfkapsel abgrenzt. Sie besteht aus einer → Epistomalnaht, zwei → Pleurostomal- und zwei, manchmal sekundär vereinigten → Hypostomalnähten. Sie kommt nur bei primitiveren Insekten mit kauenden Mundteilen vor und ist auch da nicht immer in der ganzen Ausdehnung erhalten. (Taf. XXI, Fig. 1.).

Peristomalrand, Rand der Kopfkapsel um das → Mundfeld, Rand der → Peristoma, wo diese differenziert ist.

Peritonealhülle, Peritoneum (gr. περί um, herum, ὁ τόνος von τείνω an-, ausspannen, ausbreiten) die zu äußerst, d. h. über der → Muskularis gelegene bindegewebige Membran der Mitteldarmwand. Auch die Malpighigefäße haben eine ~, die gewöhnlich die → Tunica propria überzieht und mit Muskelfasern (*Blattaria, Saltatoria, Dytiscus, Hydrophilus, Chrysomelidae*) oder daneben auch mit elastischen Fasern (Engerling, *Cerambyx*) versehen ist. Die ~ der Eiröhren enthält vielfach auch Muskelfasern, und zwar unvollkommen quergestreifte, verzweigte Muskelfasern, die zu einem → Plexus verflochten sind.
Eine epithelartige ~ legt sich auch um die sich → polyembryonal entwickelnden Eier gewisser *Chalcididae* (*Encyrtus*) und *Proctotrupidae* (*Platygaster, Synopeas*). Sie übernimmt hier die Rolle der Überführung der Nährstoffe aus dem Wirtskörper an das Ei bzw. den Embryo und wird als → Trophamnion bezeichnet. Sie entsteht hier entweder aus den ersten Furchungszellen oder (*Encyrtus*) aus den enorm vergrößerten → Richtungskörperchen.

Peritrema (gr. περί um, herum, τὸ τρῆμα Öffnung, latin. peritrema, ae, f.), kleines Sklerit, in welchem die Stigmenöffnung liegt. Das ~ ist häufig zu einem schmalen Chitinring am Rande der Stigmenöffnung reduziert.

peritrophische Membran (gr. wie vor und ἡ τροφή Kost, Nahrung), die aus → Grenzmembranen zerstörter → Rhabdorien (→ Sekretaustreibung) gebildete proteinartige kolloidale Hülle um den Kotballen herum. Sie wird immer wieder im Vorderteil des Mitteldarmes neu gebildet.

Perivisceralsinus gr. wie vor und lat. viscus, -eris, n., (klass. nur pvisceral. Eingeweide, sinus, -us, m., Bucht, Beutel) der mittlere, zwischen → Pericardial- und → Perineuralsaeptum gelegene Teil der Leibeshöhle der Insekten gebildet. In ihm liegender Darmkanal, Geschlechtsorgane, Hauptstämme des Tracheensystems und Fettkörper. (Taf. VI, Fig. 1.)

Perlariae Latreille 1802 (*Plecoptera* Burmeister 1838), Uferfliegen, Uferbolde, Steinfliegen.

Kleine bis mittelgroße, 5—30 mm lange, schlanke, etwas depresse, düster gefärbte, meist geflügelte, hemimetabole Insekten, die ihre Flügel in Ruhe auf dem Rücken zusammengefaltet tragen. Larven im Wasser.

Kopf ortho- oder prognath, mit großem, offenem Hinterhauptsloch. Komplexaugen mäßig groß. Drei Ocellen gewöhnlich vorhanden, der unpaarige Stirnocellus manchmal reduziert. Fühler borstenförmig, mit zwei größeren Grundgliedern und vielgliedrigem Flagellum, gewöhnlich so lang wie der Körper. Mundteile typisch kauend, schwach, zur Reduktion neigend. Mandibeln teils normal, zangenförmig, kräftig, teils reduziert, weich, funktionslos. Maxillae mit zweiteiliger Cardo. Stipes frei, mit Lacinia und Galea, Taster stets 5gliedrig. Unterlippe klein, mit kleinen Glossae und Paraglossae und 3gliedrigen Tastern.

Thorax mit drei fast gleich großen, voneinander gut abgesetzten Segmenten, gut differenziert. Pronotum flach, halsschildartig. Propleuren klein, mit primitiver Querteilung in Ana- und Trochantinopleura, die des Meso- und Metathorax groß, durch kräftige Pleuralleiste in Epimeren und Episternen geteilt, mit deutlichen Praecoxa und Trochantinus. Sterna gut differenziert. Hüften weit auseinander stehend. Beine homonom, schlank, die vordersten am kürzesten, die hintersten am längsten. Tarsen stets 3gliedrig mit je zwei Krallen und einem Empodium. Flügel häutig, die vorderen etwas kräftiger sklerotisiert, mit einem kleinen, die hinteren zart, mit einem großen, faltbaren Analfächer. In Ruhe werden die Flügel flach auf dem Rücken zusammengefaltet, oder (*Leuctridae, Taeniopterygidae*) halbröhrenförmig um den Körper gelegt. Aderung sehr verschiedenartig, bei primitiven Formen mit reich entwickeltem Adernetz (Archaedictyon), welches bei höheren Formen auf bestimmte Teile der Flügelfläche beschränkt sein oder auch ganz fehlen kann (vgl. Abb. 51, 204, 233—236). Costa marginal, Subcosta reicht mindestens bis zur Mitte des Vorderrandes, Radius und Media mit gemeinsamer Wurzel oder ganz getrennt, beide mit wenigen Sektoren. Cubitus frei, mit 2—3 Sektoren. Am Grunde der Vorderflügel kommt es häufig zur Bildung einer schlanken Zelle (Arculus) zwischen den Wurzeln des Radius + Media und des Cubitus. In oder hinter der Mitte der Flügel gewöhnlich eine mehr oder weniger regelmäßige Reihe von Queradern zwischen Costa, Radius, Media und Cubitus, die sog. Anastomose. Im Mediocubitalraum gewöhnlich eine oder zwei Reihen von Zellen.

Hinterleib mit zehn Segmenten. Das Sternum des 1. Segments reduziert. Das 11. Segment reduziert, bildet wahrscheinlich zusammen mit dem 12. (Telson) zusammen die Anallappen und trägt die langen, fadenförmigen, vielgliedrigen Cerci, die auch manchmal asymmetrisch oder reduziert sein können. Gonapophysen fehlen. Beim Weibchen bildet das 8., beim Männchen das 9. Sternit eine mehr oder weniger stark modifizierte Subgenitalplatte. Bei Männchen können mehrere Sternite sekundäre, paarige Bildungen aufweisen. Der Penis besteht aus der Phallobasis und dem Aedoeagus mit Titillator. Als Hilfsapparate der Begattung treten zu Haken und Fortsätzen modifizierte Teile des 10. und 11. Segments auf.

Darmkanal relativ einfach, gerade. Vorderdarm ohne Proventriculus und Kropf. Oesophagus nach hinten allmählich erweitert, ohne deutliche Differenzierungen. Der sehr kurze Mitteldarm vorn mit acht, selten weniger (z. B. bei *Isopteryx* nur zwei) Coeca versehen, die aber auch ganz fehlen können (z. B. bei *Nemura*). Hinterdarm kurz, gerade, mit zahlreichen (gewöhnlich 50—80, bei *Isopteryx* 20) Malpighi-Gefäßen. Je ein Paar Speicheldrüsen im Prothorax und Mesothorax münden mit einem gemeinsamen Gang in den Speichelraum.

Rückengefäß (bei *Nemura*) mit neun Kammern, nach vorn in eine Aorta verlängert, die in der Kopfkapsel endet.

Tracheensystem gut entwickelt, mit zwei thorakalen und acht abdominalen Stigmenpaaren. Die beiden Seitenstämme sind miteinander in der Kopfkapsel sowie in den Thorax- und Hinterleibssegmenten durch Queranastomosen verbunden. Rudimentäre Tracheenkiemen am Hals und Submentum oder an Körpersegmenten kommen bei Imagines vor.

Nervensystem schwach konzentriert, mit drei thorakalen und 5—6 abdominalen Ganglienpaaren. Das Endganglion im 4. oder 8. Segment gelegen.

Gonaden in beiden Geschlechtern paarig, vorn miteinander verwachsen, dicht mit Ovariolen bzw. Testikeln besetzt, oder getrennt (*Leuctra*). Ovariolen panoistisch. Die ziemlich langen Oviducte münden in eine kurze, mit Receptaculum seminis und Anhangsdrüsen versehene Vagina. Vasa deferentia mehr oder weniger lang, Ductus ejaculatorius am Grunde mit einer Vesicula seminalis. Begattungsorgan vgl. oben.

Entwicklung hemimetabol (archimetabol), mit etwa 20 imagoähnlichen Larvenstadien, die mit Tracheenkiemen versehen sind. Die ganze Entwicklung dauert ein bis mehrere Jahre. Die Imagines leben nicht länger als einige Stunden bis einige Wochen.

Fossile *Perlariae* sind seit Perm bekannt (+*Lemmatophoridae* u. a.).

Die etwa 1600 bisher beschriebenen Arten der *Perlariae* leben vorwiegend in der holarktischen Region und sind in den warmen Gebieten der Erde viel spärlicher vertreten. Die primitiven, mit kräftigen Mandibeln und stark entwickeltem Adernetz der Flügel versehenen *Gripopterygidae* sind im australischen Gebiet, nordwärts bis nach Japan und ostwärts bis nach Südamerika verbreitet.

Die Perlarien werden gegenwärtig in fünf oder sechs Familien, *Gripopterygidae, Nemuridae, Capniidae, Pteronarcidae, Perlidae* (und *Perlodidae*) eingeteilt. Die drei ersteren sind mit kräftigen Mandibeln versehen und werden als primitivere Gruppen gewöhnlich in einer UOrdn *Holognatha* zusammengefaßt, während die übrigen die fortschrittlichere UOrdn *Systellognatha* bilden.

Perlidae Klapalek 1909 (Abb. 233, 234), Fam der *Perlariae* mit langen borstenartigen Cerci. In Deutschland etwa 22 Arten in 3 Gattungen.

Perlodidae Klapalek 1909 (Abb. 235, 236), Fam der *Perlariae* mit kurzen Cerci und ungleich langen Tarsengliedern. In Deutschland 12 Arten.

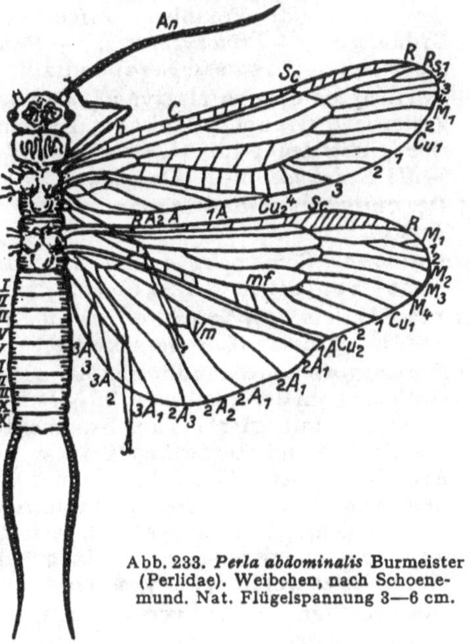

Abb. 233. ***Perla abdominalis*** Burmeister (Perlidae). Weibchen, nach Schoenemund. Nat. Flügelspannung 3—6 cm.

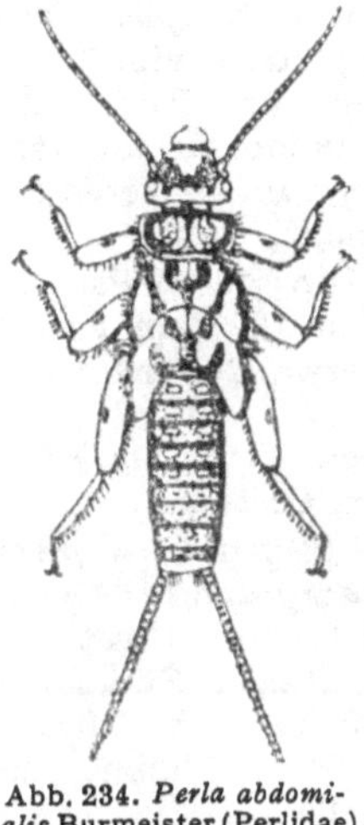

Abb. 234. *Perla abdominalis* Burmeister (Perlidae). Nymphe, nach Schoenemund. Nat. Gr. etwa 3 cm.

+***Permanisoptera*** Martynow 1938 → *Permodonata*.

+***Permodonata*** Martynow 1938, ausgestorbene Odonaten, die außer der permoliassischen → +*Archizygoptera* noch andere seit

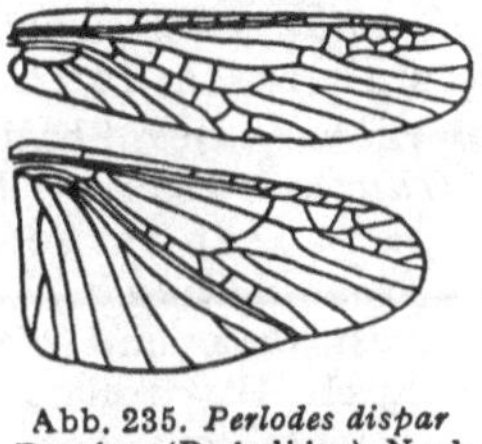

Abb. 235. *Perlodes dispar* Rambur (Perlodidae). Nach Schoenemund. Nat. Flügellänge 12—14 mm.

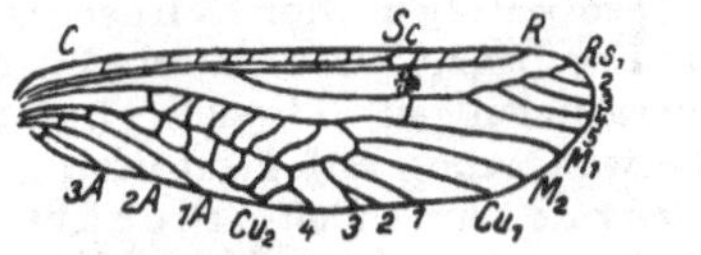

Abb. 236. *Isogenus nubecula* Newman (Perlodidae). Nach Schoenemund. Nat. Länge des Vorderflügels 14—18 mm.

1925 von Tillyard, Martynow und Carpenter an Hand neu entdeckter permo-triassischer (Nordamerika, Australien, Rußland) Fossilien aufgestellter Ordnungen (+*Protozygoptera*, +*Protanisoptera*, +*Permanisoptera*) umfaßt.

+***Permoplectoptera*** (Martynow 1938), ausgestorbene Gruppe permischer Ephemeriden, mit den Fam +*Protereismatidae*, +*Misthodotidae* und +*Doteridae*.

+***Permotermopsidae*** Martynow 1937 → *Protoblattoidae*.

perniciosus Comstock, *Aspidictus*, San-José-Schildlaus (*Hom Coccidae*).

pernyi Guérin, *Antheraea*, chinesischer Seidenspinner (*Lep Saturniidae*).

+***Peromapteridae*** Handlirsch 1908, ausgestorbene Fam der fossilen Ordn +*Palaeodictyoptera* mit einer nur aus Fragmenten des Vorder- und Hinterflügels bekannten Art *Peromaptera filholi* Brongniart aus dem mittleren Obercarbon von Frankreich (Stephanien). Der ganze Vorderflügel war schätzungsweise 6 cm lang, die Hinterflügel waren etwa $^2/_3$ so lang.

Peroneurie (gr. περός verstümmelt, τὸ νεῦρον Faser), Adernschwund, im Flügelgeäder bes. bei *Lepidoptera* auftretende Erscheinung, daß eine Ader entweder basal oder am Ende eine Rückbildung erfährt, indem sie im ersteren Fall ihren Ursprung, im letzteren den Flügelrand nicht erreicht.

Perophoridae (Burmeister 1878) Packard 1895 (*Mimallonidae* Burm.), Fam der *Lep* (*Macrofrenatae*) mit etwa 200 neotropischen Arten.

persicae (Fabricius) Loew, *Lecanium*, Pfirsichschildlaus (*Hom Coccidae*).

persicae-nger Shmit (gegenw. = *persicaecola* Boisduval) *Brachycaudus* (*Anuraphis*), schwarze Pfirsichblattlaus (*Hom Aphididae*), in Italien, Südafrika, Australien und Kalifornien an Pfirsich durch Blattroll und Beschädigung der Früchte schädliche Art.

persicae Sulzer, *Myzodes*, grüne Pfirsichblattlaus (*Hom Aphididae*), Hauptüberträger der Viruskrankheiten der Kartoffel. Winterei und Frühjahrgenerationen an Pfirsich, im Sommer Überwanderung auf Kartoffel.

persicariae Linné, *Polia*, Flohkraut- oder Garteneule (*Lep Noctuidae*). Durch einen queren Buckel am Rücken des Endsegments ausgezeichnete und mit hellen und dunklen Winkelflecken auf dem Rücken und Schrägstrichen an den Seiten der Segmente verzierte Raupe ist durch Blattfraß an Schoten, Hanf, Tabak und Obstbäumen schädlich. Der Schmetterling ist an violettschwarzen, mit einem grell weißen Mondfleck versehenen Vorderflügeln kenntlich.

persicella Fabricius, *Cerostoma*, Pfirsichblattmotte (*Lep Plutellidae*).

personatus Linné, *Reduvius*, Kotwanze (*Het Reduviidae*).

pertinax Linné, *Anobium*, Trotzkopf (*Col Anobiidae*).

Perversium (lat. perverto, -ere, umkehren, umdrehen, verdrehen), bei Lepidopteren mehrfach beobachtete Vergesellschaftung mehrerer Exemplare einer (P. simplex) oder mehrerer Arten (P. confusum) zu einer → Ehegemeinschaft.

Pes (lat. pes, pedis, pl. pedes, -dum, m., Fuß, Hufe, Kralle aus gr. ὁ πούς Fuß, Kralle, Bein, auch Tischbein) → Bein.

Pessimum (lat. pessimus, -a, -um, adj., am schlechtesten, superl. von malus, schlecht), in der Ökologie der für ein Tier ungünstigste Zustand der Umweltfaktoren.

petaloid (gr. τὸ πέταλον Blatt, ἡ ἰδέα Gestalt), blattartig.

Petaluridae Needham 1903, Fam der *Odonata Anisoptera* mit wenigen (9) Arten in Nord- und Südamerika, Japan und Australien.
Fossil sind 2 Arten, wahrscheinlich zur Gatt. *Petalura* Leach gehörend, aus dem mittleren Oligocän von Bayern beschrieben worden.

Petauristidae (Edwards 1928) Lindner 1930 (→ *Trichoceridae* Edw.), Wintermücken, Fam der *Dipt Nematocera* mit etwa 60 Arten in der Paläarktis, Nearktis und Neuseeland. Die langbeinigen, schnakenähnlichen Fliegen leben als Larven von faulenden Pflanzenstoffen, eine (*Petaurista fuscata* Meigen) soll aber auch an Kartoffeln in Europa schädlich auftreten. Die Männchen führen an heiteren Herbst- und Wintertagen Lufttänze (→ Luftschwärme) aus.
Fossil aus dem Tertiär nachgewiesen (*Trichocera* Meigen).

Petiolus (lat. petiolus, -i, m., Stiel, Griff, von peto, -ere, nach etwas langen) → Hinterleibsstiel. Vgl. auch → Pedicellus.

Petriidae Semenow 1893, eine Käferfamilie mit wenigen transkapsischen Arten der Gatt. *Petria* Sem.

Pfanne → Gelenkpfanne.

Pfeilflecke sind kurze, dunkle, dreieckige Flecke hinten an der Wellenlinie der → Eulenzeichnung, nach außen zur äußeren Querlinie gerichtet.

Pfeilgiftkäfer *Cladotelia* (*Diamphidia*) spp., bes. *C. simplex* Péringuey. Vgl. Kolbe, Stett. Ent. Ztg., 1894.

Pfeilnaht → Scheitelnaht.

Pferdebohnenkäfer → *Bruchus rufimanus* Bohemann.

Pferdelausfliege → *Hippobosca equina* Linné.

Pferdemagenbremsen *Gasterophilus* spp. bes. *G. intestinalis* De Geer (*equi* Clark) und *G. haemorrhoidalis* Liné.

Pferderachenbremse → *Rhinoestrus purpureus* Brauer.

Pfirsichblattlaus, grüne → *Myzodes* (*Phorodon*) *persicae* Sulzer.

Pfirsichblattlaus, schwarze → *Brachycaudus* (*Anuraphis*) *persicae-niger* Smith.

Pfirsichblattlaus, schwarzgefleckte → *Appelia schwartzi* Börner.

Pfirsichblattmotte → *Cerostoma persicella* Fabricius.

Pfirsichbock, blutroter → *Purpuricenus kaehleri* Linné.

Pfirsichmotte → *Anarsia lineatella* Zeller.

Pfirsichschildlaus → *Lecanium persicae* (Fabricius).

Pflanzenfresser → *Phytophaga*.

Pflanzengallen, Cecidien sind durch Pflanzenparasiten, seltener durch rein physiologische Störungen verursachte Wachstumsanomalien der Pflanzen, die meistens an bestimmten Organen lokalisiert auftreten und entweder nur bestimmte Gewebe (histoide Gallen) oder ganze Organe (organoide Gallen) in Mitleidenschaft ziehen. Die durch tierische Parasiten (Protozoen, Nematoden, *Acarina*, vor allem aber Insekten) verursachten Gallen werden als → Zoocecidien den Phytocecidien gegenübergestellt.

Pflanzenkäfer → *Alleculidae*.

Pflanzenläuse → *Phytophtires*

Pflanzensauger → *Homoptera*.

Pflanzenschädlinge sind phytobiontophage, zum Teil auch phytonecrophage Tiere, welche durch ihre Ernährungsweise den Gesundheitszustand der Kulturpflanzen oder den Nutzwert ihrer Teile beeinträchtigen. Phytobiontophage ~ gehen im allgemeinen an ganz gesunde, voll turgeszente, lebensfrohe Pflanzen und werden als primäre Schädlinge bezeichnet. Viele phytonecrophage Schädlinge gehen auch gesunde Pflanzen an, die aber einen physiologisch geschwächten Zustand aufweisen, meistens aber stellen sie sich nach Schadwirkungen primärer Schädlinge ein. Sie werden als sekundäre ~ bezeichnet. Schädlinge toter pflanzlicher Produkte (Holz, Fasern, Harz, Dörrobst, lagerndes Getreide, Mehlvorräte usw.) werden nicht zu ~ gezählt. Vgl. auch → Speicherschädlinge, → Materialschädlinge.

Pflaumenschädlinge. An erster Stelle wollen wir den Pflaumenwickler (*Laspeyresia funebrana* Treitschke) nennen, dessen Raupe, die Pflaumenmade, in reifen, mit den Exkrementen gefüllten Pflaumen allzuoft vorkommt. Es ist die Raupe der 2. Generation des Wicklers, die der 1. Generation entwickelt sich in jungen Pflaumen, welche unreif abfallen.
In ähnlicher Weise werden die jungen Pflaumen von zwei Pflaumensägewespen befallen, der gelben (*Hoplocampa flava* Linné) und der schwarzen (*H. fulvicornis* Klug). Die von den Afterraupen dieser Wespen angebohrten und ausgefressenen jungen Pflaumen fallen vor der Reife ab.
Auch die Larve des Pflaumenbohrers (*Rhynchites cuperus* Linné) entwickelt sich in jungen Früchten, welche sehr bald nach der Ablage des Eies unter die Fruchthaut abfallen, weil das Weibchen des Käfers jeweils den Stiel so durchbeißt, daß die Pflaume nur noch an einer feinen Faser hängt.
Die Knospen werden oft von den Raupen eines anderen Pflaumenwicklers (*Argyroploce pruniana* Hübner) ausgefressen. Knospen und junge Triebe werden auch manchmal von dem Pflaumendickmaulrüßler (*Otiorrhynchus laevigatus* Fabricius) benagt.
Das Laub fällt oft zum Opfer der Pflaumengespinstmotten-Raupen (*Hyponomeuta padellus* Linné und *H. irrorellus* Hübner), welche gesellig in Gespinsten leben und fressen.
Die große und die kleine Pflaumenblattlaus (*Brachycaudus cardui* Linné und *B. helichrysi* Kaltenbach) verursachen durch ihr Saugen krauses Zusammenrollen der Blätter, während sich die von der mehligen Pflaumenblattlaus (*Hyalopterus pruni* Geoffroy) befallenen Blätter nur schwach wölben. Die letztere Art ist leicht an der weißen, von den Blattläusen erzeugten Wachswolle kenntlich,

welche die Blätter überzieht. Eine vierte Art, die dunkle Pflaumenblattlaus (*Appelia prunicola* Kaltenbach) rollt die Blätter krausig zusammen und verzögert das Wachstum der Triebe, so daß die Blätter ziemlich eng zusammenbleiben. Empfindlichen Schaden kann auch der Pflaumenblattsauger (*Psyllia pruni* Scopoli) verursachen.

Pförtner, 1. → Valvula pylorica, 2. → Wachbiene.

Pfriemenmücken, → *Phryneidae*.

Phaenocephalidae Matthews 1899, Fam der Käfer mit einer kleinen japanischen Art.

phaeorrhoea Donovan, *Nygmia* (*Euproctis chrysorrhoea* Auctorum), gemeiner Goldafter (*Lep Lymantriidae*).

Phagocytärorgane sind in der Nähe des Rückengefäßes gelegene, zu Strängen oder anders geformten Gruppen vereinigte Zellen des → Pericardialgewebes. Sie haben gleich den Phagocyten des Blutes die Fähigkeit, feste Fremdkörper in ihren Zellen zu speichern. Infolgedessen färben sie sich nach Injektion von chinesischer Tusche schwarz, reagieren aber nicht auf karminsaures Ammoniak. Typische ~ haben *Lepisma*, *Acridiidae*, *Gryllodea*, *Dermaptera*, sie fehlen z. B. bei *Dytiscus* und *Hydrophilus* und sind bei vielen Insekten auf einzelne unter Nephrocyten verteilte Zellen reduziert. Es ist nicht entschieden, ob die ~ Aggregate junger Phagocyten oder spezialisierte Pericardialzellen darstellen.

Phagocyten (gr. φαγεῖν essen, τὸ κύτος Höhlung, Urne, Gefäß) sind chromophile → Leucocyten des Blutes, die sich von anderen Leucocytenformen durch die Fähigkeit auszeichnen, Körnchen von festen Fremdstoffen aus dem Blute aufzunehmen und in ihrem Zellplasma aufzuspeichern, zu verdauen (z. B. Reste abgebauter Körperzellen) oder an bestimmten Stellen, z. B. in der Cuticula abzulagern. Bei größerer Inanspruchnahme können sich die ~ zu größeren Syncytien vereinigen, welche die zu beseitigenden Fremdkörper umhüllen. Die ~ spielen besonders während der → Histolyse eine wichtige Rolle. Sie werden manchmal auch als Freßzellen bezeichnet.

Phagocytose, die mit der Tätigkeit der → Phagocyten verknüpften Prozesse der Beseitigung von Fremdkörpern und Zellresten aus dem Organismus.

Phalacridae (Leach 1815) Thomson 1859 (Abb. 237), Fam der *Col* (*Clavicornia*) mit etwa 300 Arten, von denen in Deutschland an 22 heimisch sind. Es sind kleine 2—3 mm lange, ovale, gewölbte, glänzende Käfer. Viele von ihnen sind häufige Blütenbesucher, bes. in Compositen.
Fossil sind 4 oligocäne Arten beschrieben worden.

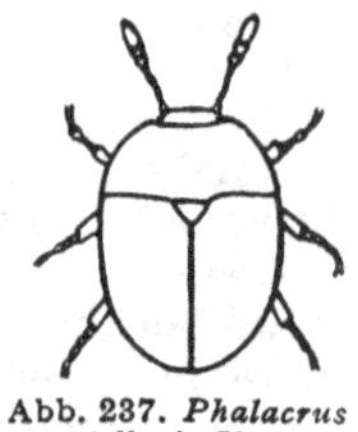

Abb. 237. *Phalacrus scutellaris* Sharp (Phalacridae). Nach Sharp aus Handlirsch. Nat. Gr. etwa 3 mm.

phallisch nennt man Anhänge des Aedoeagus. Gegens. → periphallisch.

Phallobasis (gr. ὁ φαλλός Pfahl, Holzstück, welches mit einem angehängten Penis-Bilde zum Dionysos-Feste in Prozession herumgetragen wurde), Tegmen, Basalsockel des → Begattungsapparates (Penis) der Männchen, dem der → Aedoeagus aufsitzt oder in ihm eingestülpt liegt. Im letzteren Fall wird die ~ als Phallotheca bezeichnet. In der ventralen Wand der ~ kommt es nicht selten zur Bildung einer chitinösen → Basalplatte, während ihre dorsale Innenwand eine → Basalapodeme und die Außenwand eine → Dorsalapodeme bilden kann. (Taf. XX, Fig. XX.)

Phallokrypt, Phallocrypt (gr. wie vor und κρυπτός verborgen), taschenförmige Falte in der Haut der Phallobasis oder der Genitalkammer rund um die Basis des → Aedoeagus.

Phallomeren (gr. wie vor und τὸ μέρος Teil des Ganzen, Glied), meist auf der → Phallobasis stehende Anhänge des Phallus (Penis) im männlichen → Begattungsglied der Insekten. Sie können paarig oder unpaarig sein. Oberhalb der Geschlechtsöffnung stehen z. B. bei *Mantidae* paarige → Epimeren. Die unterhalb der Geschlechtsöffnung auftretenden ~ (bei *Mantidae* ein unpaariger Lappen) werden → Hypomeren genannt. Am häufigsten treten seitliche ~ auf, die als → Parameren bekannt sind. Obgleich die ~ mit eigenen, an ihrer Basis entspringenden Muskeln versehen sein können, haben sie mit Gonopoden nichts zu tun.
Die ~ entstehen in der Ontogenie als Lappen zu beiden Seiten des Go-

noporus (→ Primitivzapfen ZANDER), die in der späteren Entwicklung zu einem medianen Phallus (Penis) verschmelzen. Bei *Mantidae* und *Blattidae* entwickeln sie sich zu komplizierten periphalischen Organen (Snodgrass 1935).

Phallus (gr. wie vor) → Begattungsglied.

Phallus impudicus → Aasfliegenpilz.

phanerognath (gr. φανερός offenbar, deutlich, ἡ γνάθος Kinnbacken), mit äußerlich sichtbaren, nicht verborgenen Mundteilen, wie z. B. die langrüsseligen *Curculionidae*, die als *Curculiones phanerognathi* bezeichnet werden. Gegens. → adelognath.

Pharsalini Schmiedeknecht→*Ophionellidae*.

Pharyngaldrüsen sind paarige oder unpaarige, ventral oder lateral in den Pharynx (Schlund) einmündende Speicheldrüsen, welche bei Lepidopterenraupen (unpaarig) und Hymenopteren nachgewiesen worden sind. Es sind typische → Hautdrüsen mit → Sekretkanälchen. Vgl. auch → Futtersaft.

Pharyngalganglion → Postcerebralganglion.

Pharyngalsklerit → Schlundsklerit.

Pharynx (latin. pharynx, -gis, f., aus gr. ἡ φάρυνξ Schlund) → Schlund.

Pharynxdilatatoren (lat. dilato, -are, erweitern) sind paarige, von der Kopfkapsel entspringende Muskeln, welche den Schlund beim → Schlucken bzw. Saugen der Nahrung erweitern. Vgl. → Muskeln des Vorderpharynx, → Muskeln des Hinterpharynx.

Phasmida Leach 1815 (*Cheleutoptera* Crampton 1915), Gespenstheuschrecken.

Mittelgroße, bis sehr große, von etwa 5 bis 35 cm lange, hemimetabole Insekten mit schlankem, stengelartigem oder flachem, blattartigem Körper und brauner, grüner oder bunter Färbung.

Kopf verhältnismäßig klein, pro- oder fast orthognath, mit kleinen Komplexaugen, 2—3 Ocellen, mehr oder weniger langen, etwa 8—100gliedrigen, fadenförmigen, selten gekämmten Fühlern und typisch orthopteroiden, beißenden Mundteilen. Maxillartaster 5gliedrig, Labialtaster 3gliedrig.

Thorax heteronom gegliedert. Prothorax kurz, fast stets kleiner als Mesothorax, frei beweglich. Mesothorax in der Regel stark verlängert, mit dem viel kürzeren Metathorax verwachsen. Propleuren klein, mit kleinem Trochantinus. Am Meso- und Metathorax sind die Episternen stark verlängert, so lang wie das ganze Segment, die Epimeren dagegen bleiben klein. Sternite groß und kräftig sklerotisiert, recht gut differenziert. Beine homonom, gewöhnlich lang und schlank, unbewehrt, manchmal mehr oder weniger heteronom, verdickt und bedornt, oder mit blattartigen Differenzierungen versehen. Mittelbeine in der Regel am kürzesten. Hüften weit getrennt, klein. Tarsen stets 5gliedrig, mit zwei Krallen und einem Arolium. Selten sind die Vorderbeine stark verlängert oder die Hinterbeine stark verdickt, im letzteren Fall aber ohne Sprungvermögen. Flügel immer heteronom, die Vorderflügel meist viel kleiner als die Hinterflügel. Hinterflügel mit einem schmalen, etwas kräftiger sklerotisierten Remigium, welches in Ruhelage die Rolle der Flügeldecken übernimmt. Analfächer groß, häutig. Remigium und Analfächer gewöhnlich von verschiedener Färbung. Die Längsadern beider Flügelpaare gerade, Radius und Media gewöhnlich nur einmal gegabelt. Analfächer in der Randpartie mit Interkalarsektoren zwischen den Längsadern. Flügellosigkeit kommt häufig vor.

Hinterleib mit zehn Segmenten, das 1. eng dem Metathorax angeschlossen, das 11. völlig geschwunden, das 12. (Analsegment) sehr klein. Tergite stark gewölbt, Sternite flach. Ein Paar eingliedriger Cerci in beiden Geschlechtern vorhanden. Styli fehlen. Weibchen mit drei Paar Gonapophysen bzw. Gonopoden des 8. (ein Paar) und des 9. (zwei Paare) Segments, die zusammen einen kurzen Legeapparat bilden. Geschlechtsöffnung bei Weibchen hinter dem 8., bei Männchen hinter dem 9. Sternit.

Darmkanal einfach, gerade, wenig differenziert. Vorderdarm ein gerader, nach hinten erweiterter Schlauch ohne Kaumagen, ohne scharfe Grenze zwischen dem Oesophagus und Kropf. Mitteldarm ohne Coeca, gerade, in der vorderen Hälfte mit kräftiger Ringmuskulatur, in der hinteren mit zahlreichen Drüsenpapillen, deren jede in einen langen Faden verlängert ist. Hinterdarm dünn oder so dick wie der Mitteldarm, gerade, mit zahlreichen kurzen Malpighi-Gefäßen und sechs Rectalpapillen.

Rückengefäß lang, mit Flügelmuskeln und Ostien.

Tracheensystem gut entwickelt, mit zwei thorakalen und acht abdominalen Stigmenpaaren in den Episternen des Meso- und Metathorax und in den Hinterleibssegmenten 1—8.

Nervensystem mit drei thorakalen und 5—7 abdominalen Ganglienpaaren. Das viscerale sympathische System gut entwickelt.

Ovarien paarig, mit zahlreichen, panoistischen, kammförmig den Oviducten aufsitzenden Ovariolen. Die beiden Oviducte münden in eine kurze Vagina, welche dorsal mit einer Bursa copulatrix und zwei Samenkapseln versehen ist. Ein Paar Anhangsdrüsen münden mit einem gemeinsamen Ausführungsgang in die kurze Genitalkammer. Hoden lang, schlauchförmig, unifollikulär. Die mäßig langen Vasa deferentia münden in den Ductus ejaculatorius, und sind am Ende mit je einer langen Vesicula seminalis versehen. Mehrere schlauchförmige Anhangsdrüsen münden in den Ductus ejaculatorius. Ein erektiler Penis fehlt. Ductus ejaculatorius mündet in einen häutigen oder schwach sklerotisierten Sack der Intersegmentalmembran zwischen dem 9. und 10. Sternit.

Entwicklung paurometabol, imaginipetal, mit 5—8 larvalen Häutungen. Thelytoke Parthenogenese tritt obligatorisch oder fakultativ neben der Gamogenese auf. Autotomie und Regeneration sind bei Phasmiden, wie bei keiner anderen Insektengruppe, häufig. Die Eier werden einzeln abgelegt.

Die ältesten fossilen *Phasmida* sind aus der Trias (+*Chresmodidae*) beschrieben worden, doch werden auch eine Anzahl karbonische Formen von manchen Autoren für *Phasmida* gehalten bzw. in nähere systematische Beziehungen zu den rezenten Phasmiden gebracht.

Die Phasmiden sind durchwegs Pflanzenfresser und führen ein verstecktes, größtenteils nächtliches Leben. Einige Arten haben in den Tropen gewisse Bedeutung als Pflanzenschädlinge erlangt. Die Phasmiden sind wärmeliebende Insekten, welche nur in den warmen Gebieten der Erde heimisch sind. Sie gehen nordwärts bis höchstens in die südliche Paläarktis. Die meisten, etwa 1200 Arten, sind aus dem indomalayisch-papuanischen Gebiet beschrieben worden. In Mittel- und Südamerika leben etwa 600, in Afrika 200 und in Australien etwa 100 Arten. Insgesamt kennen wir heute etwa 2000 Arten der Phasmiden.

Die systematische Einteilung der rezenten Phasmiden schwankt bei verschiedenen Autoren sehr stark. Während einige Systematiker nur zwei Familien, *Phasmidae* und *Phyllidae*, anerkennen, unterscheiden andere deren drei, *Phasmidae*, *Phyllidae*, *Bacteriidae*, oder noch mehr.

Phasmidae, Fam der *Phasmida* mit etwa 230 Arten, in Südeuropa durch *Bacillus rossii* Fabricius (*Bacillidae* Auct.) vertreten. Schlanke oder stabförmige Arten mit verkürzten Flügeln, seltener ganz ohne solche. Fossil sind 3 Arten aus dem baltischen Bernstein und 1 aus Miocän von Colorado beschrieben.

Phasmodidae (Caudell 1911) Handlirsch 1925 (Abb. 238), Fam der *Saltatoria* mit einer australischen Art *Phasmodes ranatriformis* Westwood. Flügellos, stabförmig.

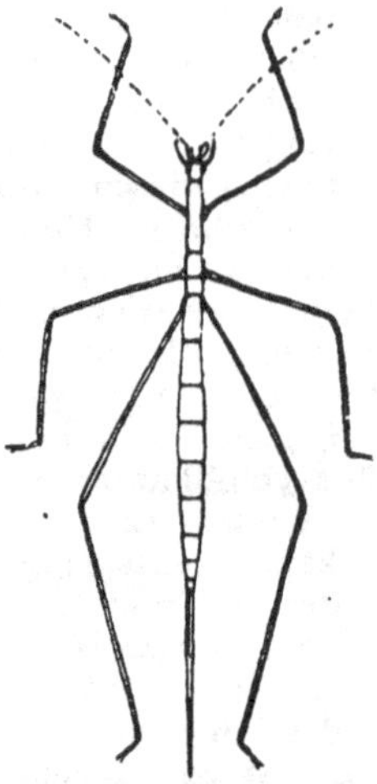

Abb. 238. *Phasmodes ranatriformis* Westwood (Phasmodidae). Nach Caudell aus Handlirsch. Nat. Gr. (ohne Legescheide) 6 cm.

Phil-, -phil, in Zusammensetzungen als Präfix oder Suffix (gr. φιλέω lieben) be-

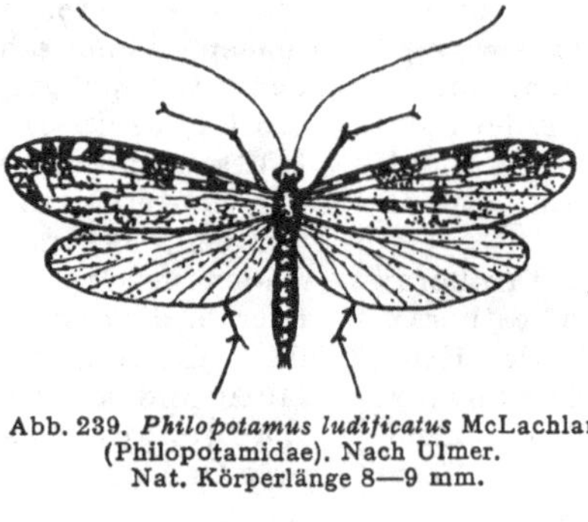

Abb. 239. *Philopotamus ludificatus* McLachlan (Philopotamidae). Nach Ulmer. Nat. Körperlänge 8—9 mm.

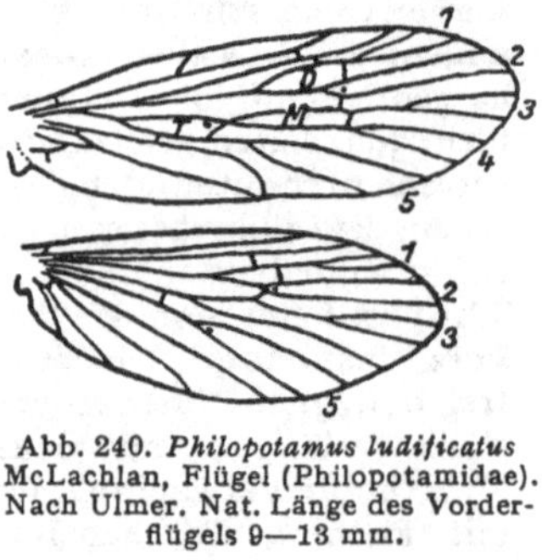

Abb. 240. *Philopotamus ludificatus* McLachlan, Flügel (Philopotamidae). Nach Ulmer. Nat. Länge des Vorderflügels 9—13 mm.

deutet positive Beziehung zu dem im anderen Teil des Wortes enthaltenen Umweltfaktor.

Philopotamidae (Stephens 1836) Wallengren 1891 (Abb. 239, 240), Fam der *Trichoptera* mit etwa 60 Arten, von denen 9 in Deutschland leben. Fossil sind 9 Arten aus dem baltischen Bernstein beschrieben.

Philopteridae Burmeister 1838 (Abb. 241), Fam der *Mallophaga* (*Ischnocera*),

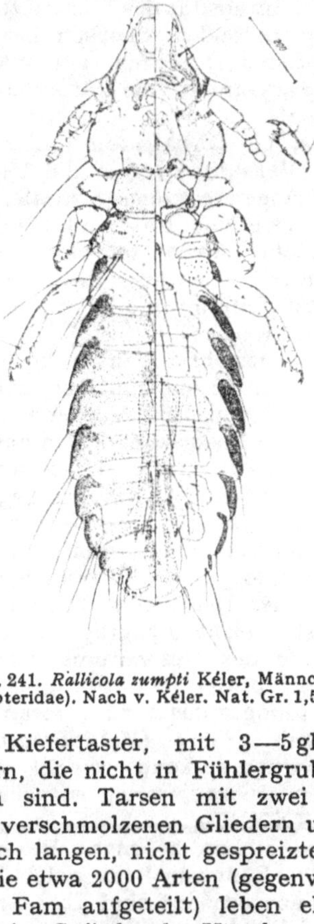

Abb. 241. *Rallicola zumpti* Kéler, Männchen (Philopteridae). Nach v. Kéler. Nat. Gr. 1,5 mm.

ohne Kiefertaster, mit 3—5gliedrigen Fühlern, die nicht in Fühlergruben verborgen sind. Tarsen mit zwei miteinander verschmolzenen Gliedern und zwei ungleich langen, nicht gespreizten Krallen. Die etwa 2000 Arten (gegenwärtig in einige Fam aufgeteilt) leben ektoparasitisch im Gefieder der Vögel.

phlegmatica Herbst, *Magdalis*, Nadelholzmarkröhrenrüßler (*Col Curculionidae*).

Phloeophaga (gr. ὁ φλοιός Baumrinde, Borke, φαγεῖν essen) → Borkenfresser.

Phloeothripidae Uzel 1895 (Abb. 242 und Taf. XII, Fig. 2), Fam der *Thysanoptera Tubulifera* mit mehreren auch in Deutschland zahlreich vertretenen Arten. Fossil 1 ober-oligocäne Art beschrieben.

phobisch (gr. ὁ φόβος Furcht, Flucht) sind negativ taktische (→ Taxien) Einstel-

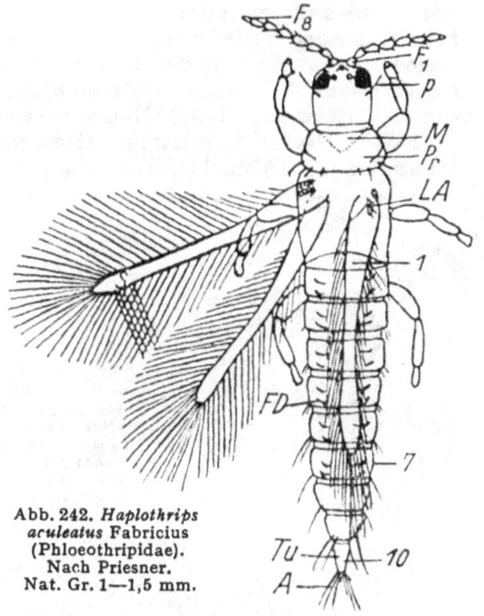

Abb. 242. *Haplothrips aculeatus* Fabricius (Phloeothripidae). Nach Priesner. Nat. Gr. 1—1,5 mm.

lungen und Reaktionen. In Zusammensetzungen -phob- als Präfix oder Suffix. Gegensatz → topisch, in Zusammensetzungen -phil-.

Phobotaxis, Phobotaxie, pl. Phobotaxien (gr. φοβέω Besorgnis erregen, ἡ τάξις geordneter Zustand, Taktik), auf Empfindlichkeit gegenüber verschiedenen Intensitäten eines Reizes beruhende Reaktion des Tieres, sich in eine Zone der optimalen Intensität des Reizes zurückzuziehen. Experimentell am leichtesten nachzuweisen ist die Thermophobotaxis. In einer → Temperaturorgel sammeln sich die Versuchstiere in der Zone ihrer optimalen Temperatur.

pholoeophil (gr. ὁ φωλεός die Höhle, φίλος befreundet, lieb) → cavicol.

Phonoreceptoren (gr. ἡ φωνή Stimme), Schallempfänger, Sinnesorgane, welche Schallwellen empfangen, → Gehörorgane.

Phonotaxis, Phonotaxie, pl. Phonotaxien, Fähigkeit der Tiere, auf akustische Reize zu reagieren und zu diesen Reizen bestimmte Stellung einzunehmen.

Phoresie, Lesue, Bull. Soc. Ent. Fr. 1896, 162 (gr. φέρω und φορέω tragen), vorübergehendes Verweilen gewisser Insekten auf anderen Tieren als Fahrgäste, mit anderen Worten Ortswechsel von Insekten mit Hilfe anderer Tiere. So sind z. B. häufig Bienen von → Triungulinen besiedelt, die sich in die Bienenstöcke tragen lassen. Vgl. auch → *Tachinidae*.

Phoridae (Newman 1834) Haliday 1851 (*Phorites* Newm.), Buckelfliegen, Rennfliegen (Abb. 243, 244), Fam der

Abb. 243. *Aphiochaeta* (*Megaselia*) *rufipes* Meigen (Phoridae). Nach Brues aus Lameere. Nat. Gr. 2—3 mm

Abb. 244. *Termitoxenia heimi* Wasmann (Phoridae). Nach Wasmann aus Handlirsch. Nat. Gr. etwa 2 mm.

brachcyeren Fliegen mit etwa 800 Arten. Kleine, dunkle oder gelbe Fliegen, die durch ihr schnelles, ruckartiges Rennen oder Kurzstreckenflug im Zickzack auffallen. Die Fliegen und meistenteils auch ihre Larven ernähren sich von faulenden tierischen und pflanzlichen Stoffen, andere leben parasitisch oder halbparasitisch bei Bienen, Ameisen und Termiten (gewisse *Phorinae*, *Thaumatoxeniinae*, *Termitoxeniinae*). Vgl. auch → Hermaphroditismus.

Phormia spp. → Glanzfliegen.

Photopathie (gr. τὸ φῶς, φωτός Licht, ἡ πάθη oder τὸ πάθος Leidenschaft), spezifische Reaktion der Tiere auf Lichtreize durch Einstellen im Hellen (positive ~) oder im Dunklen (negative ~), ohne aber zum Lichte zu streben (→ Phototaxie) oder vom Lichte weg zu laufen (→ Photophobie).

Photophobie (gr. φοβεῖν fürchten), Lichtscheu, Fliehen aus dem Bereich der Lichtquelle. Photophobe Tiere werden unruhig bei Helligkeit und kommen erst an dunklen Stellen zur Ruhe.

Photoreceptoren → Lichtsinnesorgane.

Phototaxis, Phototaxie, pl. Phototaxien (gr. τὸ φῶς Licht, ἡ τάξις geordneter Zustand, Taktik), durch spezifische Einstellung der Körperachse zur Lichtquelle gekennzeichnete Reaktionen der Tiere auf Lichtreize. Die ~ ist am häufigsten → tropo- oder → menotaktisch

Phototonus, Abhängigkeit des Muskeltonus von der Intensität des Lichtreizes. Der ~ kommt besonders deutlich bei einseitig geblendeten Insekten zum Ausdruck, welche asymmetrische Körperhaltung einnehmen.

Phragma, pl. Phragmen (gr. τὸ φράγμα Zaun, Verhau), quer in die Leibeshöhle herabhängende intersegmentale, chitinöse Wand zwischen Pro- und Meso-, Meso- und Meta- sowie Metatotum und dem 1. Hinterleibsnotum, die entsprechend als Pro-, Meso- und Metaphragma bezeichnet werden.

Das ~ entsteht aus inwendig vergrößerter → Antecosta und ist daher stets doppelwandig. Ihre Vorderwand gehört somit zum Postnotum des vorangehenden Segments und ihre Hinterwand zum → Praescutum des folgenden Segments.

Die sekundäre Intersegmentalnaht liegt entweder vor dem ~ und dieses schließt sich dem folgenden Notum enger an, wie dies in der Regel beim Prophragma der Fall ist, welche topographisch zum Vorderrande des Mesonotums gehört, oder sie liegt hinter dem Phragma, welches dann topographisch zum vorangehenden Segment gehört (Metaphragma). Das Mesophragma kann sowohl prae- als auch postphragmatisch entwickelt sein. (Taf. XXX, Fig. 2.)

Die ~ stehen in enger Beziehung zu dorsalen Längsmuskeln, welche zwischen ihnen ausgespannt sind. Ihre Größe richtet sich dementsprechend nach der Stärke, d. h. nach dem Querschnitt derselben. Bei beträchtlicher Größe sind die ~ stets paarig, d. h. in der Mittellinie für den Durchtritt des Rückengefäßes tief ausgebuchtet. Dies scheint der primäre Zustand zu sein, denn es ist z. B. für das unpaarige Praephragma der *Hymenoptera, Diptera, Trichoptera* und *Lepidoptera* nachgewiesen, daß es paarig angelegt wird. Bei diesen Ordnungen sind die dorsalen Längsmuskeln vom Praephragma auf das Mesoscutum übergewandert.

phragmocyttar (gr. τὸ φράγμα Einschluß, Zaun, das Verzäunte, Geschützte, ὁ κύτταρος oder κύταρος Hohlraum, Bienenzellen) werden Wespennester genannt, deren einzelne, übereinanderliegende Waben nur mit der Hülle verbunden sind und keine Stützpfeiler (→ stelocyttar) besitzen. Die einzelnen Stockwerke enthalten zentral oder exzentrisch gelegene Durchgangsöffnungen, die den Wespen den Zutritt bis zur obersten Wabe gewähren. Dieser, bei tropischen Wespen weit verbreitete Typ der Nester ist natürlich nur mit einer Hülle, d. h. nur → calyptodom möglich (Abb. 328).

Phragmose, eine bei Ameisen und Termiten, aber auch bei anderen in Hohlräumen mit einem engen Eingang lebenden Insekten (Borkenkäfer, *Buprestidae*, solitäre Bienen, Larven der *Cicindelidae* usw.) beobachtete Erscheinung, daß die Kopfkapsel genau in die Mündung des Ganges paßt und vom Einwohner zum Verrammen derselben gegen Eindringlinge in dieser gehalten wird.

Phryganeidae Burm. 1839 (Abb. 245, 246, 247), Fam der *Trichoptera* mit etwa

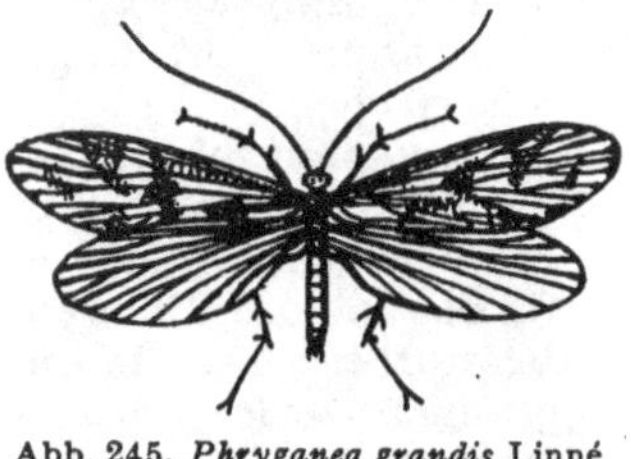

Abb. 245. *Phryganea grandis* Linné (Phryganeidae). Nach Ulmer. Nat. Gr. etwa 2 cm.

Abb. 246 (rechts). *Phryganea grandis* Linné, Larvengehäuse (Phryganeidae). Nach Ulmer. Nat. Gr. 3—4 cm.

60 vorwiegend holarktischen Arten, von welchen 11 in Deutschland leben. Fossil sind 18 tertiäre Arten aus dem Eocän (1), Oligocän (9) und Miocän (8) beschrieben worden.

Abb. 247. *Phryganea grandis* Linné, Flügel des Männchens (Phryganeidae). Nach Ulmer. Nat. Länge 2—3 cm.

Phryneidae →*Rhyphidae*.

Phthiriasis (gr. ὁ φθείρ Laus), „Läusesucht", aus dem Mittelalter übernommene Bezeichnung für die von der Milbe *Harpyrrhynchus tabescentium* Berthold verursachte Hautkrankheit des Menschen, für die man früher Läuse verantwortlich machte.
Die echte, bei Menschen und Tieren durch Läuse verursachte Läusesucht wird heute gewöhnlich als Pediculose bezeichnet. Für den Befall der Tiere durch Mallophagen schlug NEUVE-LEMAIRE (1938) die Bezeichnung Mallophagose vor.

Phthiromyinae Latreille → *Nycteribiidae*.

Phthirus Leach, frühere Schreibart „*Phthirius*" irrtümlich), Gattung der *Pediculidae*, mit der einzigen Art *Ph. pubis* Linné, Filz- o. Schamlaus.

Phycodromidae Löw → *Coelopidae*.

Phylacobium, Phylacobie (gr. ἡ φυλακή Bewachung, Schutz), eine Art Ektosymbiose, bei welcher ein Insekt einem anderen Unterkunft bietet und dafür Schutz gegen Feinde genießt. Ein ~ besteht z. B. zwischen gewissen Arten von Termiten und Ameisen sowie zwischen gewissen Pflanzen und Ameisen (→ Ectosymbiose).

phylaktische Trachten → Schutztrachten.

Phylliidae Brunner 1893, wandelnde Blätter (Abb. 248), Fam der *Phasmida* mit etwa 20 aus den Tropen und Subtropen der alten Welt beschriebenen Arten.
Fossil unbekannt.

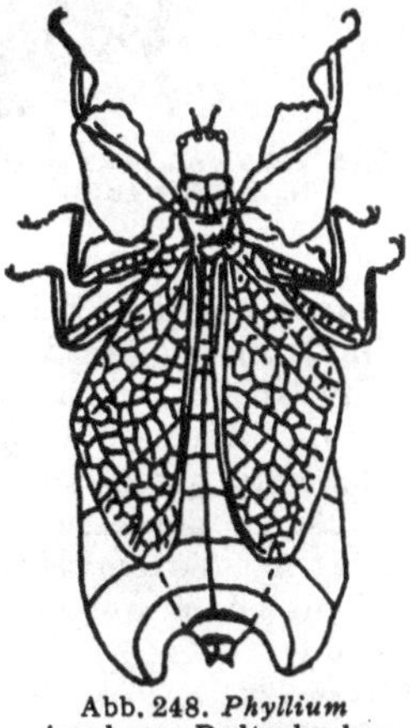

Abb. 248. *Phyllium frondosum* Redtenbacher (Phyllidae). Nach Redtenbacher aus Handlirsch. Nat. Gr. etwa 6,5 cm.

Phyllobius Schönherr, Grünrüßler, Laubholzrüßler (*Col Curculionidae*).

Phylloceridae Reitter 1905, Fam der *Col* (*Sternoxia*) mit wenigen amerikanischen Arten. Wird manchmal auch als UFam der *Elateridae* aufgefaßt.

Phyllocnistidae (Herrich-Schäffer 1857), Spuler 1910, Saftschlürfermotten, Fam der *Lep Tineoidea* mit an 50 Arten der Gatt. *Phyllocnistis* Zeller, die bei uns mit 3 Arten vertreten ist. Die beinlosen Raupen erzeugen Schneckenminen auf Pappel- und Weidenblättern.

Phyllodromiidae Brunner 1865 *Ectobiidae, Blattellidae*), weltweit verbreitete, Fam der *Blattaria* oder UFam der →. *Blattidae*, in Deutschland mit 8 Arten Abb. → *Blattidae*.

Fossil sind einige tertiäre Arten der rezenten Gattungen beschrieben worden.

Phyllonomium (gr. τὸ φύλλον Blatt, ὁ νομός Weideplatz) → Blattmine.

phyllophag, blattfressend.

Phylum, pl. die Phyla oder die Phylen → Stamm.

Phymatidae (Laporte de Castelnau 1833) Costa 1852 (*Phymatites* Lap.) (Abb. 249,

Abb. 249. *Carcinocoris binghami* Sharp (Phymatidae). Nach Sharp aus Lameere. Nat. Gr. 6,5 mm.

250), Fam der *Het. Geocorisae* mit etwa 150 rezenten und 1 unter-oligocänen Art. In Mitteleuropa nur durch 2 im Süden Deutschlands lebende Arten vertreten. Träge, depresse Jäger, deren Vorderbeine zu Fangbeinen umgewandelt sind.

Abb. 250. *Phymata crassipes* Fabricius (Phymatidae). Nach Hedicke. Nat. Gr. 7—9 mm.

Physe (gr. ἡ φῦδα Blase) → Fußblase.

physiologische Arten oder Rassen sind Populationen, welche sich von der Stammform nur durch physiologische Merkmale, z. B. Nahrungsspezialisation unterscheiden.

Physogastrie (gr. ἡ φύσις u. a. auch Wuchs, schöne Körperbildung, Statur, ἡ γαστήρ Bauch), übermäßige Entwicklung des Hinterleibs gewisser myrmecophiler Insekten, welche mit besonders gut entwickelten abdominalen aromatischen Drüsen versehen sind (→ Symphilie).

Physonomium (gr. ἡ φῦσα, Blasebalg, Hauch, ἡ φυσαλίς oder φυσαλλίς Blase, Wasserblase, ὁ γομός Weideplatz) → Blasenmine.

Physopoda Burmeister → *Thysanoptera.*

Physoptilidae Meyrick 1914, Fam der *Lep Tineoidea,* mit zwei Arten in Indien und Java.

Phytobiontophaga sind → phytophage Insekten, welche nur lebende Substanz von Pflanzen zur Nahrung haben. Hierher gehören → Pflanzenschmarotzer und → Pflanzenschädlinge.

Phytoektozoën, tierische Ektoparasiten von Pflanzen.

Phytoendozoën, tierische Endoparasiten von Pflanzen.

Phytomimese (→ Mimese) ist die häufig beobachtete habituelle Ähnlichkeit der Insekten mit Pflanzen oder Pflanzenteilen der von ihnen bewohnten Biotope. Als Schulbeispiel der ~ ist die Nymphalide *Kallima inachus* Boisduval zu erwähnen, welche mit zusammengeklappten Flügeln auf einem Zweig sitzend einem Blatt täuschend ähnlich sieht. Viele Stabheuschrecken sind dürren oder frischen Zweigen oder Trieben ähnlich, viele Raupen der *Geometridae* ähneln vertrockneten Zweigstummeln, die Mantiden *Idolium diabolicum* Saussur (Teufelsblume, DOAfr.) und *Empusa egena* Charpentier (SAfr.) ahmen prächtige, bunte Blumenkelche nach.

Phytonecrophaga sind → phytophage Insekten, deren Nahrung aus toten, aber nicht zersetzten pflanzlichen Stoffen besteht, ganz gleich ob es tote Pflanzen sind oder tote, abgestorbene Teile lebender Pflanzen. Vgl. auch → Phytosarcophaga und → Phytosaprophaga.

Phytonomus Schönherr, Blattnager (*Col Curculionidae*).

Phytoparasiten → Pflanzenschmarotzer.

Phytopathologie, Pflanzenkrankheiten, die durch tierische und pflanzliche Mikroorganismen sowie durch Stoffwechselstörungen und ungünstige Einwirkungen der anorganischen Umweltfaktoren verursachten Krankheiten der Pflanzen.

Phytophaga (gr. τὸ φυτόν Gewächs, Pflanze, φαγεῖν essen), Pflanzenfresser, Insekten (und andere Tiere), welche sich von lebenden (→ Phytobiontophaga) oder toten (→ Phytonecrophaga) pflanzlichen Stoffen nähren.

Phytophaga Latreille → *Symphyta.*

Phytophaga (Westwood 1839) Auct. (*Pseudotetramera* Westw.), Abteilung der Käfer mit den Fam *Cerambycidae, Chrysomelidae, Lariidae, Anthribidae, Curculionidae,*

Brenthidae und *Ipidae*. Die vier letzteren Fam werden häufig in einer besonderen ÜFam → *Rhynchophora* vereinigt.

Phytophthires Burmeister 1835, Pflanzenläuse, ehemalige, den *Cicadina* gegenüberstehende UOrdn der *Homoptera*, welche gegenwärtig in 4 UOrdn, *Psyllina*, *Aleurodina*, *Aphidina* und *Coccina* aufgeteilt ist.

Phytosaprophaga (gr. τὸ φυτόν Gewächs, Pflanze, σαπρός faul, verwest, φάγεῖν essen), Tiere, welche tote, verweste, faule oder morsche pflanzliche Substanz zur Nahrung haben.

Phytosarcophaga (gr. wie vor und ἡ σάρξ, σαρκός Fleisch, Leib, Körper) sind Tiere, deren Nahrung aus abgestorbener, aber nicht verwester pflanzlicher Substanz besteht, wie Borke, Kork, Mark, Holz, Exsudate, Nektar usw. Hierher gehören vor allem → Phloeophaga und → Xylophaga.

piceae Henschel, *Dasyneura* (*Cecidomyia*), Fichtenknospengallmücke (*Dipt Cecidomyidae*).

piceae Ratzeburg, *Dreyfusia*, Tannenstammlaus (*Hom Adelgidae*).

piceae Hartig, *Pachypappella*, wollige Fichtenwurzellaus (*Hom Eriosomatidae*).

piceae (Schrank) Fern., *Physokermes*, Fichtenquirlschildlaus (*Hom Coccidae*).

piceae Illiger, *Pissodes*, Weißtannenrüßler, Tannenrüßler (*Col Curculionidae*).

piceae Seitner, *Resseliella*, Tannensamengallmücke (*Dipt Cecidomyidae*).

piceana Linné, *Cacoecia*, Kiefernnadelwickler (*Lep Tortricidae*).

piceus Olivier, *Attagenus*, dunkler Pelzkäfer (*Col Dermestidae*).

picta Meigen, *Pharyngomyia*, graubunte Rotwildrachenbremse (*Dipt Tachinidae*).

Pieridae Duponchel 1894, Weißlinge, Fam der *Lep* (*Rhopalocera*) mit etwa 1500 rezenten und 3 tertiären Arten, die ersteren vornehmlich neotropisch, indisch und äthiopisch. In Deutschland 12 Arten, darunter der Kohlweißling, Zitronenfalter u. a. Von den drei fossilen Arten stammt eine aus Frankreich (Unter-Oligocän), eine aus Kroatien (Unter-Miocän) und eine aus Colorado (Miocän).

pierrei Kieffer, *Rhabdophaga*, Weidenrindengallmücke (*Dipt Cecidomyidae*.)

Piesmidae (Amyot et Serville 1843) Walker 1873, Rübenwanzen (Abb. 251), Fam der *Het Geocorisae* mit etwa 30 meist paläarktischen Arten. In Deutschland 4 Arten der Gatt *Piesma*, darunter die sehr schädliche Rübenwanze, *Piesma quadrata* Fieber. Fossil ist eine Art aus dem Miocän von Colorado beschrieben worden.

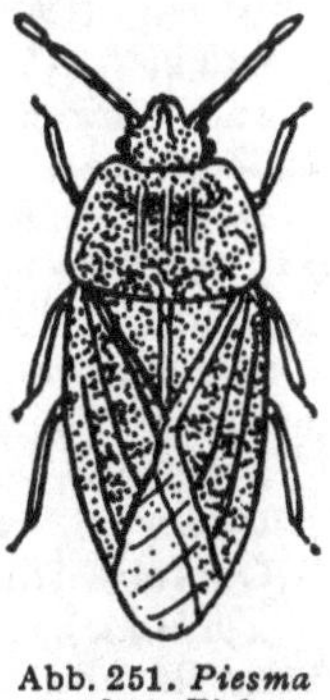

Abb. 251. *Piesma quadrata* Fieber (Piesmidae). Nach Jensen-Haarup aus Handlirsch. Nat. Gr. 2,5—3 mm.

piger Scopoli, *Cleonus*, Distelrüßler, Heiderüßler, Rübenrüßler (*Col Curculionidae*).

Pigmente (lat. pigmentum, -i, n., Farbe, von pingo, -ere, malen), Farbstoffe, in Form feinster Körnchen, welche entweder intrazellulär (→ Pigmentzellen) oder als extrazelluläre Ablagerungen bzw. Suspensionen im Integument oder im Blut verteilt sind und dem Körper bzw. seinen bestimmten Organen äußerlich sichtbare Farbe verleihen.

Pigmentfarben sind Farben, welche auf Vorhandensein von → Pigmenten als Farbträger beruhen. Von ~ kommen bei Insekten das → Chlorophyll und seine Derivate → Chlorophylloide, → Xanthophyll, → Carotin und → Carotinoide sowie → Harnsäurederivate häufiger vor, dagegen ist → Haemoglobin nur bei Chironomiden-Larven und gewissen Wasserwanzen nachgewiesen worden.

Pigmentmantel, eine Hülle aus → Pigmentzellen um jedes → Omma eines Komplexauges.

Pigmentwanderung, in den → Pigmentzellen der Komplexaugen stattfindende Verschiebungen der Pigmentmasse als → Adaptation an die Lichtintensität. Das motorische Zentrum der ~ liegt nach Kenyon (Jl. Comp. Neurol., 4. 1896) bei *Apis* im Protocerebrum. Vgl. auch → Farbwechsel.

Pigmentzellen sind epidermale unter die Cornea und Corneagenzellen gerückte Zellen, welche meistens zu einem → Pigmentmantel um den → dioptrischen Apparat eines → Ommatidiums zusammentreten und dem Auge eine gewisse → Adaptation ermöglichen. Man unterscheidet → Iris- und → Retinapigmentzellen.

Pilifer (lat. pilus, pili, m., Haar, fero, tuli, latum tragen), zapfenartiger, nach vorn gerichteter Vorsprung an den Seiten der Oberlippe bei gewissen Schmetterlingen, bes. kräftig z. B. bei *Herse convolvuli*. Wird manchmal mit Mandibe.-rudimenten verwechselt.

Pillendreher, *Scarabaeus*-Arten, bes. *Scl sacer* Linné.

Pillenkäfer → *Byrrhidae*.

pilosa Fabricius, *Anoxia*, Johanniskäfer (*Col Scarabaeidae*).

pilosus Panzer, *Agriotes* → *A. elongatus* Marsham.

pilosus C. et Fabr., *Paratetranychus*, Obstbaumspinnmilbe (*Acari Tetranychidae*).

Pilus (lat. pilus, -i, m., das einzelne Haar des Menschen und der Tiere) → Haar.

pilzförmige Körper → Pilzkörper.

Pilzfresser, Fungivora, Insekten, die sich von Pilzen ernähren, → Mycetophaga.

Pilzgärten, Pilzkammern, sind besondere Räume in den Bauten von Termiten und gewissen exotischen Ameisen, in welchen auf besonderen Nährböden bestimmte Arten von Pilzen gezüchtet werden, die den Insekten als Nahrung dienen. Die Bezeichnung Pilzgarten wird vielfach auf die Pilzkultur allein bezogen, während der Raum, in dem sie angelegt wird, als Pilzkammer bezeichnet wird. Vgl. auch → Atta.

Pilzkörper, Corpus pedunculatum, pl. Corpora pedunculata, Marksubstanz des → Protocerebrums, welche auf Querschnitten jederseits die Form eines oder zweier Hutpilze hat, die mit ihren Hüten (Calix) in den äußerlich vorragenden Lobi frontales liegen. Von jedem → Calix geht ein → Pedunculus ab, welcher fast bis zur Mittellinie reicht, aber mit dem bzw. den Pedunculi der anderen Körperseite nicht in Berührung kommt. Jederseits verschmelzen die beiden Pedunculi zu einem gemeinsamen Stiel, welcher noch einen Zweig, den → Radix, entsenden kann.

Die ~ treten beiderseits in Einzahl (*Saltatoria*, Larven der *Coleoptera*) oder in Zweizahl (*Periplaneta, Hymenoptera*) auf. Der ~ gilt für das wichtigste → Associationszentrum der Insekten. (Taf. XXVII, Fig. 2.)

Pilzkrankheiten → Mycosen.

Pilzmücken → *Fungivoridae* (*Mycetophilidae*).

Pilzorgane → Mycetome.

Pilzzucht → Ectosymbiose.

Pinaculum (lat. dem. von pinax, -cis, m., Bild, gr. ὁ πίναξ, -ακος, Brett, Schreibtafel, Gemälde) eine Chitinverdickung um die borstentragende Papille bei Schmetterlingsraupen.

pinastri Gyllenhal, *Hylobius*, kleiner brauner Rüsselkäfer (*Col Curculionidae*).

pinastri Linné, *Sphinx*, Kiefernschwärmer, Tannenpfeil (*Lep Sphingidae*).

pineti Paykull, *Brachonyx*, Kiefernscheidenrüßler (*Col Curculionidae*).

pini Linné, *Dendrolimus*, Kiefernspinner (*Lep Lasiocampidae*).

pini Linné, *Lophyrus* (*Diprion*), gemeine Kiefernbuschhornblattwespe (*Hym Tenthredinidae*).

pini Linné, *Pissodes*, Kiefernaltholzrüßler, Kiefernbestandsrüßler (*Col Curculionidae*).

piniariella Zeller, *Ocnerostoma*, Kiefernnadelmotte, Kiefernknospenmotte (*Lep Hyponomeutidae*).

piniarius Linné, *Bupalus*, gemeiner Kiefernspanner (*Lep Geometridae*). Gefürchteter Schädling von Kiefernwäldern, in Deutschland mehrfach massenhaft aufgetreten.

Pinienprozessionsspinner → *Thaumetopoea pityocampa* Schiffermüller.

piniperda Linné, *Blastophagus*, großer Waldgärtner (*Col Ipidae*).

piniphilus Herbst, *Pissodes*, Kiefernstangenrüßler (*Col Curculionidae*).

pinivora Enslin, *Acantholyda*, (gegenw. = *A. nemoralis* Thomson, *stellata* Christ, *pratensis* Fabricius), große Kieferngespinstblattwespe (*Hym Lydidae*).

pinivora Treitschke *Thaumetopoea*, Kiefernprozessionsspinner (*Lep Thaumetopoeidae*).

pinivorana Zeller, *Evetria*, Kiefernknospenwickler (*Lep Tortricidae*).

Pinsel, pinselartige Gruppen von dicht nebeneinander entspringender Haare bei vielen Schmetterlingsraupen.

Piophilidae Macquart 1835 (Abb. 252), Fam der brachyceren Fliegen mit etwa 70 hauptsächlich paläarktischen und nearktischen Arten. Die bis 5 mm langen Fliegen sind an den Brutstätten ihrer Larven häufig, welche vornehmlich in Exkrementen, Jauche, an Kadavern und in faulendem Laub leben. Die Larven sind im 3. Stadium mit Sprungvermögen

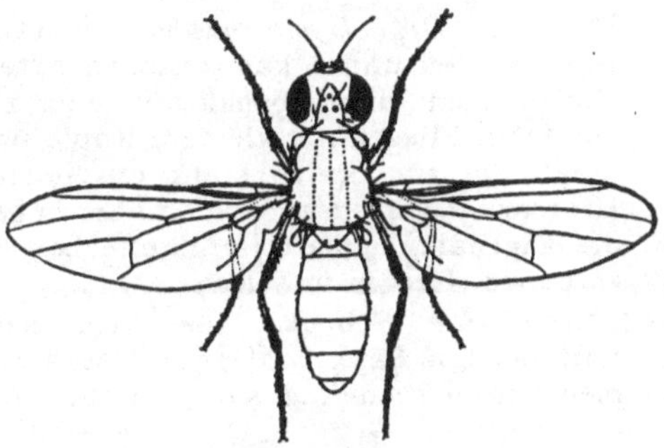

Abb. 252. *Piophila casei* Linné (Piophilidae). Nach Lindner. Nat. Gr. 4—5 mm.

ausgestattet. Die auffallende Widerstandsfähigkeit der Larven von *Piophila casei* gegen Chemikalien verdient wenigstens erwähnt zu werden. Die Imagines haben die Eigenart, ihre Flügel in Ruhe auf und ab zu bewegen.

pipiens Linné, *Culex*, gemeine Stechmücke (*Dipt Culicidae*).

Pipunculidae Curtis 1851 (*Megacephali* Meigen 1824, *Dorylaidae* Kertesz 1910)

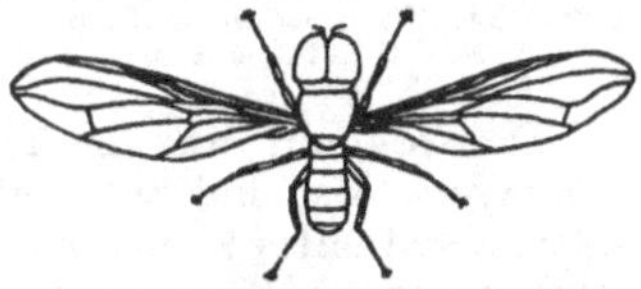

Abb. 253. *Pipunculus* sp. (Pipunculidae). Nach Handlirsch. Nat. Gr. etwa 3 mm

(Abb. 253), Fam der *Dipt Cyclorrhapha Aschiza* mit etwa 300 vorwiegend holarktischen, australischen und indomalayischen Arten. Kleine, dunkle, weißlich oder bläulich bestäubte Fliegen mit auffallend großem Kopf, der fast ganz von den großen Augen eingenommen ist. Larven parasitisch in Cicadiden. Fossil sind 3 Arten aus dem baltischen Bernstein beschrieben.

piri vgl. auch → *pyri*.

piri Lichtenstein, *Aspidiotus*, gelbe Obstbaumschildlaus, gegenwärtig Synonym zu *Diaspidiotus spurcatus* Signoret (*Hom Coccidae*).

piri Bois de Fonscolombe, *Yezabura*(gegenw. = *Sappaphis mala* Nevsky), mehlige Birnenblattlaus (*Hm Aphididae*).

pisi Kaltenbach, *Acyrtosiphon* (*A. onobrychis* Bois de Fonscolombe), grüne Erbsenblattlaus (*Hom Aphididae*).

pisi Fabricius, *Apion*, Erbsenrüßler, Erbsenspitzmäuschen (*Col Curculionidae*).

pisi Winnertz, *Contarinia*, Erbsengallmücke (*Dipt Cecidomyidae*).

pisi Linné, *Polia*, Erbseneule (*Lep Noctuidae*).

pisorum Linné, *Bruchus*, gemeiner Erbsenkäfer (*Col Lariidae*).

Pistill (lat. pistillum, -i, n., Stampfer, Mörserkeule), Kolben der → Speichelpumpe der *Heteroptera*. Bei *Mallophaga* und *Corrodentia* ein Chitinstab in der dorsalen Wand des → Cibariums, welcher in die muldenartige Vertiefung im Hypopharynxsklerit(Boden des Cibariums) hineinpaßt.

Pistolensack, pistolenartig gekrümmter Raupensack vieler *Coleophoridae*, dessen Ende nach unten gekrümmt und verdickt ist und vielfach noch seitliche Blättchenauflagerungen einer Schaumsubstanz, das → Pallium, trägt.

pityocampa Schiffermüller, *Thaumetopoea*, Pinienprozessionsspinner (*Lep Thaumetopoeidae*).

Placenta (lat. placenta, -ae, f., Kuchen), Follicularplacenta, Follikelepithel des larviparen *Hemimerus talpoides* Walker, welches an beiden Enden des Embryos zu großen Zellmassen anschwillt. Diese Zellmassen zerfallen und bilden die Nährsubstanz des Embryos bzw. der Larve.

Plätzgang, ein in oder unter der Rinde von gewissen Borkenkäfern (*Ipidae Cryphalinae*) unregelmäßig flach ausgenagter Hohlraum, in welchen die Eier abgelegt werden. Der ~ ist dem Muttergang anderer Borkenkäfer homolog, weil sich die Larven von ihm aus ihre selbständigen → Larvengänge nagen.

plagiatus Schaller, *Philopedon*, grauer Kugelrüßler, grauer Erdbeerrüßler, Sandgraurüßler (*Col Curculionidae*).

plana Hartig, *Ardis*, Rosenknospenbohrer, Rosenblütenknospenblattwespe (*Hym Tenthredinidae*).

Planipennia (Hagen 1861) Heymons 1915, → *Neuroptera* Linné pp. 1758.

Planktonfresser (gr. πλαγκτὸς irrend, umherschweifend) → Microphaga.

Planta (lat. planta, -ae, f., Sohle, Fußsohle), 1. retraktiler Lappen am Ende der → Bauchfüße der Schmetterlingsraupen, der mit einem Hakenkranz versehen ist, 2. Unterseite der Tarsenglieder, besonders wenn diese erweitert sind, 3. das erste vergrößerte Glied der Hintertarsen der Arbeiterbienen (→ Ferse), 4. ein distaler, vom → Unguitractor abgesonderter Sklerit im → Praetarsus der Acridiidae.

Plantarbläschen, vergrößerte → Euplantulae, z. B. bei Embidina.

plantigrad (lat. wie vor und gradior, -iri schreiten), mit der ganzen Sohle auftretend, → Sohlengänger.

plantisug (lat. planta, -ae, f., Pflanze, sugo, -ere, saugen), pflanzensaugend, werden Insekten genannt, die sich durch Saugen von Pflanzensäften ernähren. Hierher gehören vor allem Pflanzenfresser mit stechend-saugenden Mundteilen, wie Blattläuse usw. sowie Schmetterlinge, die mit ihrer → Rollzunge an das Nektarsaugen angepaßt sind. Auch aculeate Hymenopteren sind typisch ~. Auch viele Fliegen und Käfer (*Cerambycidae* u. a.) saugen gern ausfließende Pflanzensäfte.

platanoides Schrank, *Drepanosiphum*, langröhrige Ahornlaus (*Hom Aphididae*).

Plataspididae (Dallas 1851) Horvath 1911 (*Coptosomatidae* Reuter 1912) (Abb. 254), Fam der *Het Geocorisae* mit etwa 400 vorwiegend tropischen Arten. In Deutschland nur eine Art.

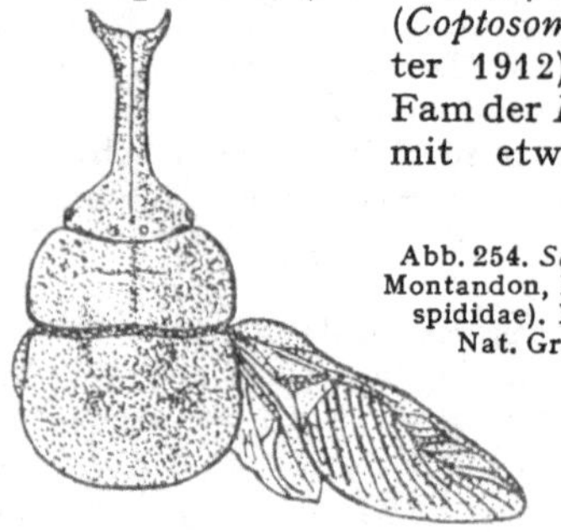

Abb. 254. *Severiniella haasi* Montandon, Männchen (Plataspididae). Nach Lameere. Nat. Gr. 1—1,3 cm.

platura Meigen (*funesta* Kühn, *cilicrura* Rondani), *Hylemyia*, Schalottenfliege, Lupinenfliege (*Dipt Muscidae*).

Platypezidae (Fallen 1817) Walker 1851 (*-inae* Fall., *Clythiidae* Kertesz 1910), Tummel- oder Rollfliegen (Abb. 255), Fam der *Dipt Cyclorrhapha* mit etwa 100 rezenten und 5 känozoischen Arten. Die kleinen dünn behaarten und beborsteten Fliegen mit kleinem Kopfe sind durch die zur Spitze stark erweiterten Hinterschienen ausgezeichnet. Sie haben die Eigenart, lebhaft im Kreise herumzurennen. Larven in Pilzen.

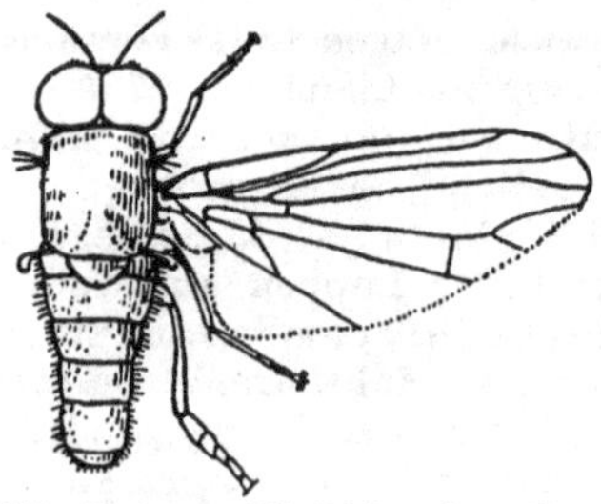

Abb. 255. *Platypeza (Clythia) modesta* Zetterstedt (Platypezidae). Nach Verrall aus Lameere. Nat. Gr. 4—4,5 mm.

Platypodidae Schuck 1408 (Abb. 256), Fam der *Col Rhynchophora* mit etwa 360 meist tropischen und subtropischen Arten. In Deutschland nur 2 Arten der Gatt *Platypus*. Es sind walzenförmige, gestreckte, meist unter 1 cm lange, braune oder schwarzbraune Käfer, die, wie auch ihre Larven, Gänge im Holz bohren. Als Kompensation der eiweißarmen Holznahrung legen sie auf den Wänden ihrer Gänge Pilzkulturen an.

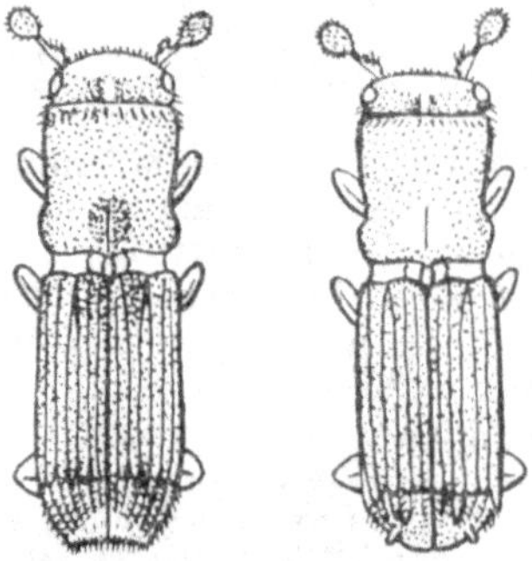

Abb. 256. *Platypus cylindrus* Fabricius, links Männchen, rechts Weibchen (Platypodidae). Nach Chapuis. Nat. Gr. etwa 4 mm.

Fossil sind 8 Arten aus dem baltischen Bernstein und 4 aus dem Kpal beschrieben worden.

Platypsyllidae (Westwood 1869) Ritsema 1869 (*Achreioptera* Westw.) (Abb. 257), monotypische Fam der Käfer, mit der

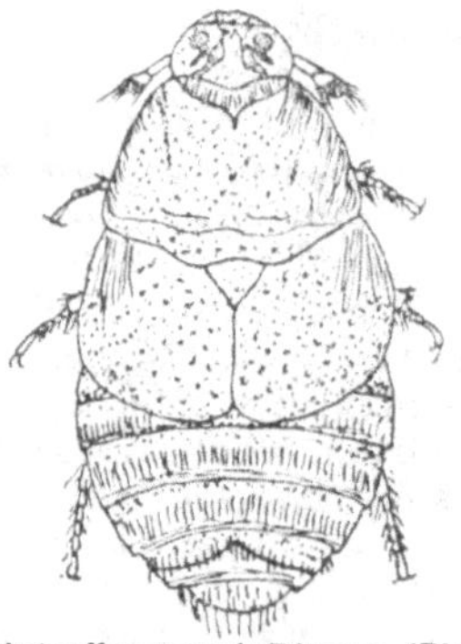

Abb. 257. *Platypsyllus castoris* Ritsema (Platypsyllidae). Nach Brauer aus Handlirsch. Nat. Gr. 2,5 mm.

einzigen, im Pelz des Bibers parasitisch lebenden Art, *Platypsyllus castoris* Ritsema, welche ehemals für Vertreterin einer besonderen Ordnung (*Achreioptera* Westwood) gehalten wurde. Gegenwärtig mit *Liodidae* vereinigt.

Platystomidae (Schiner 1864) Frey 1921, Fam der *Dipt Brachycera*, ausgezeichnet durch ihre unübertroffene Farbenpracht. Hauptsächlich Tropen der Alten Welt. Etwa 500 meist indoaustralische und äthiopische Arten. Metamorphose wenig bekannt.

Platzmine, Stigmatonomium, Blattminen von flächenhafter Form, die häufig als → Gangminen beginnen.

Plecoptera Burmeister → *Perlariae*.

Plectoptera Packard → *Ephemerida*.

Plectrum (gr. τὸ πλῆκτρον lat. plectrum, -i, n., das Stäbchen, womit der Zitherspieler die Saiten anschlägt), 1. bei Fliegen eine kräftige Borste am Vorderrande der Flügel im Verlauf der Costa, 2. der passive Teil eines Stridulationsapparates. Gegens. Pars stridens.

Pleidae (Fieber 1861) Douglas & Scott 1865 (Abb. 258), Fam der *Het Hydrocorisae* mit etwa 30 Arten im Tropengürtel. Es sind litorale und sublitorale Tiere.

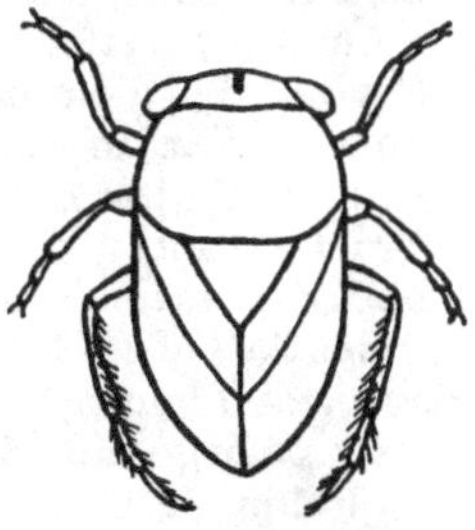

Abb. 258. *Plea minutissima* Fabricius (Pleidae). Nach Handlirsch und Snellen van Vollenhoven. Nat. Gr. 2,5 mm.

Pleometrose (gr. πλείων mehr, comp. zu πολύς viel, ἡ μήτρα Gebärmutter) → Polygynie.

Pleophagie → Polyphagie.

Pleopodium, pl. Pleopodien o. Pleopodia (gr. πλέω schwimme, ὁ πούς Fuß), Abdominalfüße der Crustaceen, welche zu Schwimmfüßen umgebildet sind. Von einigen Autoren auch für die rudimentären abdominalen Gliedmaßen der *Apterygota* gebraucht.

Plesiotypen (gr. πλησίος nahe, angrenzend, benachbart, ὁ πλησίος der Nachbar, der Nächste) sind → supplementäre Typen von beliebigem Fundorte, welche einer supplementären Beschreibung oder Abbildung der Art von ihrem Autor zugrunde gelegt worden sind.

Plethoneurie (gr. τὸ πλῆθος Fülle, Menge, πλήθω voll werden), Auftreten von überzähligen Adern im Flügel der Insekten.

Plethosphragis, überzähliges → Begattungszeichen.

Pleura, Pleure, pl. Pleurae o. Pleuren (gr. ἡ πλευρά die Körperseite), paarige Chitinplatten an den Seiten der Körpersegmente, welche die Terga (Nota) mit den Sterna verbinden.

Nach der heute herrschenden Ansicht entstand die ~ aus der verflachten → Unterhüfte (Subcoxa), welche die Stelle der ursprünglichen → Flankenhaut eingenommen hatte. Die definitive ~ der Insekten entspricht allerdings nicht ganz der primitiven Unterhüfte, denn der ventrale Teil der letzteren hat sich abgetrennt und verschmolz mit dem primären Sternum (→ Laterosternit). Gut differenzierte ~ sind nur in den drei Thoraxsegmenten entwickelt, während sie in allen Hinterleibssegmenten mit den Sterna verschmolzen sind (Ausnahme Larven der *Ephemeridae*, *Sialis*).

Ursprünglich war die ~ in einen oberen (→ Anapleura) und einen unteren (→ Trochantinopleura) Teil differenziert. Diese Teilung tritt noch bei vielen Apterygoten, Perlarien, Termiten, Embien und Phasmiden (bes. im Prothorax) auf. Sie ist bei höheren Pterygoten durch Verschmelzung der beiden Teile aufgehoben und durch Auftreten einer senkrecht zur ursprünglichen Teilung verlaufenden → Pleuralleiste (bes. im Meso- und Metathorax) in ein vorderes → Episternum und ein hinteres → Epimerum ersetzt.

Eine weitgehende Reduktion der ~ führt manchmal zu → Cryptopleurie. (Taf. I, Fig. 2, Taf. II, Fig. 1, Taf. V, Fig. 6, Taf. XXVI, Taf. XXIX, Taf. XXX, Fig. 1—7 und 9.)

Pleuralapophyse, Pleuralarm, endoskeletaler, zapfenartiger Fortsatz der Pleure, welcher entweder von der Anapleure (z. B. im Prothorax der *Perlaria*, *Phasmida* usw.) oder (höhere Pterygoten) von der Pleuralleiste entspringt. (Taf. XXVI, Fig. 1.)

Pleuralgelenk → Unterhüftgelenk.

Pleuralgelenkstücke, Paraptera sind unterhalb der Flügelwurzel auftretende → Flügelgelenkstücke (Pteralia), welche den pleuralen Flügelmuskeln als Insertionspunkte dienen und ihre Zugkraft auf die Flügelbasis durch Vermittlung der → Tergalgelenkstücke übertragen. In der Regel treten 2 ~ auf, nämlich das → Episternalgelenkstück oder Basalare, welches vom Oberrande des Episternum, und das → Epimeralgelenkstück oder Subalare, welches vom Oberrande des Epimerums sich losgetrennt hat. Beide ~ können in je zwei, selten mehrere Platten zerfallen. Bei *Gryllidae* bleiben beide ~ in dauernder Verbindung mit dem Oberrande der Pleure. (Taf. II, Fig. 1, Taf. XXVI, Fig. 1, Taf. XXIX, Taf. XXX, Fig. 2, 3, 9.)

Pleuralleiste, endoskeletale Leiste, welche die → Pleuralnaht begleitet. Ihre Bedeutung beruht auf der Festigung der Pleure in der bei Pterygoten stärksten Inanspruchnahme in dorsoventraler Richtung. Mit ihren beiden Enden nimmt die ~ auch Teil an der Festigung des → Flügelgelenkkopfes und des dorsalen → Unterhüftgelenkkopfes. Bei Lepidopteren weicht die ~ dem Flügelgelenkkopf nach vorn aus und ersetzt den hier fehlenden → Tergalarm.

Pleuralmuskeln → Muskeln des Thorax.

Pleuralnaht, sutura pleuralis, eine im Meso- und Metathorax der *Pterygota* vom Flügelgelenk bis zum dorsalen Subcoxalgelenk schräg von vorn oben nach hinten und unten verlaufende, innen durch eine endoskeletale Leiste (→ Pleuralleiste) begleitete Naht. Sie teilt die definitive Pleure (supracoxaler Teil der primären Pleure) in einen vorderen (→ Episternum) und einen hinteren (→ Epimerum) Teil. Im Prothorax der Pterygoten teilweise fehlend, durchzieht sie bei *Plecoptera* nur die → Trochantinopleure. Bei Lepidopteren weicht sie dem pleuralen Flügelgelenkkopf nach vorn unter dem → Tergalhebel aus, ersetzt hier den fehlenden → Tergalarm und bildet einen Gelenkkopf für die → Tegula. (Taf. I, Fig. 2, Taf. II, Fig. 1, Taf. XXIX, Taf. XXX, Fig. 2, 3, 9.)

Pleurit, jedes aus der Teilung der → Pleure hervorgegangene Sklerit.

Pleurocoxalmuskeln → Muskeln des Thorax.

Pleuropodien, erstes abdominales Beinpaar, welches in der oligopoden Phase manchmal persistiert und beim Embryo, selten auch postembryonal, mit veränderter Funktion (Drüsenorgan) erhalten bleibt.

Pleurosternalmuskeln → Muskeln des Thorax.

Pleurosternit, 1. am Thorax → Laterosternit. 2. Am Hinterleib → Coxosternit. Snodgrass setzt ~ für die beiden Begriffe als Synonym. Weber (Lehrbuch S. 203) weist aber richtig darauf hin, daß „die abdominalen Sterna der entwickelten Tiere ... nicht ganz den thorakalen Sterna" entsprächen, wenn auch „der Unterschied nicht sehr bedeutend" sei, „da auch an der Bildung der thorakalen Sterna die Beinbasis (Subcoxa) sich beteiligt."
Es ist aber m. E. besser, die thorakalen ~ schärfer von den abdominalen zu trennen und die ersteren als Laterosternite, die letzteren als Coxosternite zu bezeichnen, weil sie keinesfalls als homologe Gebilde betrachtet werden dürfen. Im Laterosternit ist ja nur der ventrale Teil der Subcoxa enthalten, während das Coxosternit die Coxa (Hüfte, Coxalplatte) und potentiell alle übrigen Teile des Abdominalbeins repräsentiert.

pleurostigma Marsham, *Ceutorrhynchus*, Kohlgallenrüßler, Wurzelrüßler (*Col Curculionidae*).

Pleurostoma (gr. ἡ πλευρά Körperseite, Flanke, τὸ στόμα Mund) derjenige Teil der → Subgena, welcher zwischen den beiden Mandibelgelenken liegt. Der schmale Streifen der ~ ist z. B. bei *Gryllus* deutlich sichtbar und geht vorn unmittelbar in den Clypeus über. Von einigen Autoren wird die ~ für den Trochantinus der Mandibel gehalten und dementsprechend benannt (cf. Corrodentia). (Taf. XXI, Fig. 1.)

Pleurostomalnaht, Sutura pleurostomalis, paarige an den Seiten der Kopfkapsel in Verlängerung der → Epistomalnaht bis in die Gegend der hinteren Mandibelgelenke verlaufende und hier mit den Enden der → Occipitalnaht (z. B. bei *Gryllus*) zusammentreffende Naht. Sie bildet den vorderen Teil der → Subgenalnaht und damit der → Peristomalnaht und begrenzt die → Pleurostoma gegen die Wange. Die ~ kommt nur bei niederen Pterygoten vor. (Taf. XXI, Fig. 1.)

Pleurotergite sind die beiden Seitenteile des Postscutellum der Fliegen. Sie können durch eine sekundäre Quernaht in einen dorsalen und ventralen bzw. vorderen und hinteren Abschnitt geteilt sein.

Plexus (gr. πλέκω flechten, dav. πλεκτός geflochten, ἡ πλέξις das Geflecht, auch Flechten) → Nervenplexus.

Plica analis (lat. plica, -ae, f., Falte) → Analfalte.

Plica basalis → Basalfalte.

Plica jugalis → Jugalfalte.

Plica vannalis → Analfalte.

Plica ventralis → Bauchfalte.

Plumariidae Bischoff 1920 (Abb. 259), Familie der *Hym Aculeata* aus der Verwandtschaft der *Mutillidae*, mit wenigen

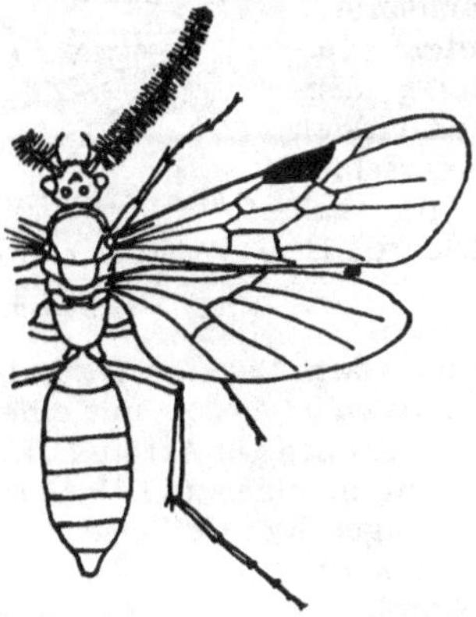

Abb. 259. *Plumarius* sp. Männchen (Plumariidae) Nach Handlirsch. Nat. Gr. etwa 12 mm.

südamerikanischen und südafrikanischen Arten, von welchen nur Männchen bekannt sind.

plumat, plumös (lat. pluma, -ae, f., Flaumfeder, plumatus befiedert), allseitig gefiedert, federbuschig, wie z. B. die Fühler vieler *Culicidae*, *Chironomidae*, *Cecidomyidae* bei Männchen.

plumbellus Schiffermüller, *Hyponomeuta*, Traubenkirschengespinstmotte *Lep Hyponom eutidae*).

plurimodal (lat. plus mehr, modus, -i, m., Art, Weise) werden Sinnesorgane genannt, welche im Gegensatz zu → unimodalen auf mehrere Reizqualitäten ansprechen. Ihr Vorkommen bei Insekten ist noch unsicher. Sie werden auch als Wechselsinnesorgane bezeichnet.

plurivoltin (lat. plus mehr, volvere rollen, drehen) werden Insekten genannt, deren zeitlicher Ablauf der Metamorphose und die Generationenzahl nicht artgebunden sind, sondern von den Witterungsfaktoren bestimmt werden, so daß eine Art innerhalb ihres Verbreitungsgebietes zu ein und derselben Zeit in allen Entwicklungsstadien anzutreffen ist. Der ~ Modus ist besonders in den Tropen häufig.

pluvialis Linné, *Chrysozona*, Regenbremse (*Dipt Tabanidae*).

Pneumoridae Stål 1873 (Abb. 260), Fam der *Saltatoria Acridioidea* mit etwa 20 südafrikanischen, oft auffallend grün oder bunt gezeichneten Arten. Es sind

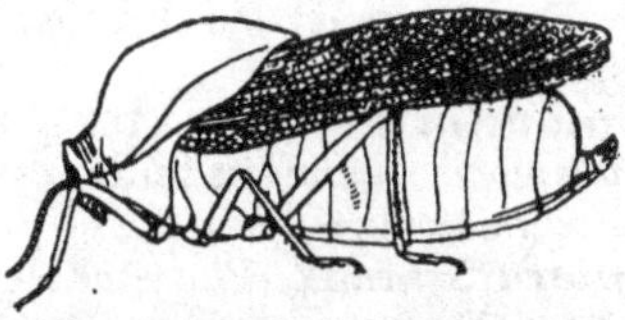

Abb. 260. *Bulla longicornis* Stal, Männchen (Pneumoridae). Nach Handlirsch. Nat. Gr. 6 cm.

plumpe Tiere mit dünnen Beinen, deren Hinterschenkel nicht verdickt sind. Das mächtig entwickelte Pronotum und abdomino-metafemorales Zirporgan, dessen passive Leiste (Schrilleiste) auf dem 3. Hinterleibssegment liegt, sind für diese Fam charakteristisch.

podana Scopoli *Cacoecia*, Johannisbeerwickler, Eschenzwieselwickler (*Lep Tortricidae*).

Podilegidae → Beinsammler, eine von Schmiedeknecht 1882 aufgestellte Gruppe innerhalb der Fam *Apidae*.

Podurellae Latreille → *Collembola*.

Poduridae (Tullberg 1872) Börner 1906 (*Lipurinae* Tullbg., *Poduromorpha* Börn. 1913) (Abb. 261), Fam der *Collembola* mit etwa 500 Arten, von welchen etwa 300 in der paläarktischen und über 50 in der nearktischen Region leben, während der Rest über andere Gebiete der Erde, auch das arktische und antarktische verbreitet sind. In Deutschland etwa 50 Arten. Es sind kleine, weichhäutige, einfarbig weiße bis schwarze, behaarte Tiere mit freiem Pronotum, kurzen Fühlern und ohne Schuppen in der Hautbekleidung. Die im allgemeinen trägen Tiere, welche das Sprungvermögen z. T. verloren haben, halten sich an feuchten, bodennahen Stellen.

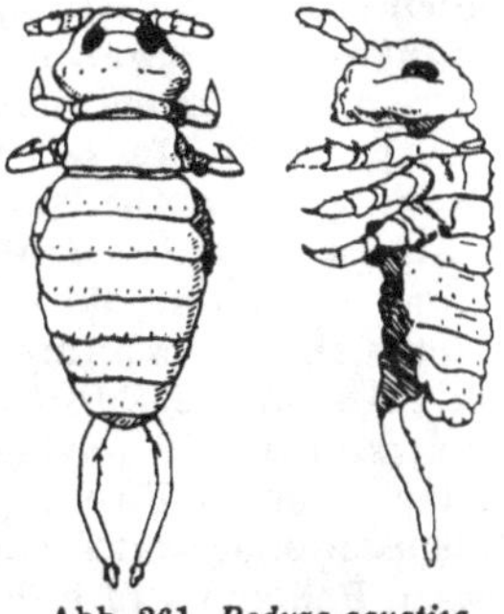

Abb. 261. *Podura aquatica* Linné (Poduridae), rechts im Profil, links vom Rücken gesehen. Nach Willem aus Handschin. Nat. Gr. etwa 4 mm.

Fossil sind mehrere Arten aus dem baltischen Bernstein beschrieben worden, die z. T. in die rezenten Gatt. eingereiht werden konnten.

Aus nomenklatorischen Gründen wurde in den letzten Jahren der Familienname ~ auf *Tomoceridae* übertragen, und die erstere Fam erhielt den Namen *Hydropoduridae*.

Poduromorpha Börner 1913, Abteilung der *Collembola*, gleichbedeutend mit der Fam *Poduridae* i. w. S.

poeciloptera Schrank, *Platyparaea*, Spargelfliege (*Dipt Trypetidae*).

poikilotherm, poecilotherm (gr. ποικίλος mannigfach, verschiedenartig, Wärme) sind wechselwarme Tiere, sog. Kaltblüter, zu denen alle wirbellosen Tiere gehören.

Polarisierung der Nervenzellen. Im morphologischen Sinne sind die Nervenzellen polarisiert, wenn sie nur mit einem Nervenfortsatz versehen, d. h. unipolar sind. Im physiologischen Sinne bedeutet ~ Einbahnleitung der Reize, die stets vom → Dendriten zum → Nervenfortsatz und nicht umgekehrt erfolgt.

poligraphus Linné, *Polygraphus*, doppeläugiger Fichtenbastkäfer (*Col Ipidae*).

politana Haworth, *Tortrix*, Kiefernsämlingswickler (*Lep Tortricidae*).

Pollenfresser sind Insekten, die sich von Blütenstaub ernähren. Außer vielen Käfern und Hymenopteren, Stratiomyiden, Syrphiden, Männchen der *Tabanidae* usw., gehören auch zahlreiche Schmetterlinge zu dieser Ernährungsgruppe, und zwar nicht nur die primitiven mit funktionsfähigen Mandibeln, sondern auch z. B. die Yucca-Motte, welche den Pollen extraintestinal verflüssigt und einsaugt.

Pollenkamm → Kamm.

Pollensammler sind Bienen (*Apidae*), welche den Pollen in ihre Nester als Nahrung für die Brut und z. B. als Baumaterial eintragen.

Pollenschieber → Fersenglied.

Pollex (lat. pollex, -icis, pl. -ices, m., Daumen, große Fußzehe) → Daumen.

polonicus Linné, *Margarodes*, polnische Koschenilleschildlaus (*Hom Coccidae*).

Polyandrie (gr. πολύς viel, ὁ ἀνήρ, ἀνδρός Mann), Vielmännerei, Geschlechtsverkehr eines Weibchens mit mehreren Männchen.

Polycentropidae (Wallengren 1891) Ulmer 1906 (Abb. 262), Fam der *Trichoptera* mit etwa 100 meist paläarktischen Arten, von denen in Deutschland 13 leben.
Fossil sind fast 70 Arten aus dem baltischen Bernstein und 2 aus dem Miocän von Colorado beschrieben worden. Die meisten davon konnten in rezente Gatt eingereiht werden.

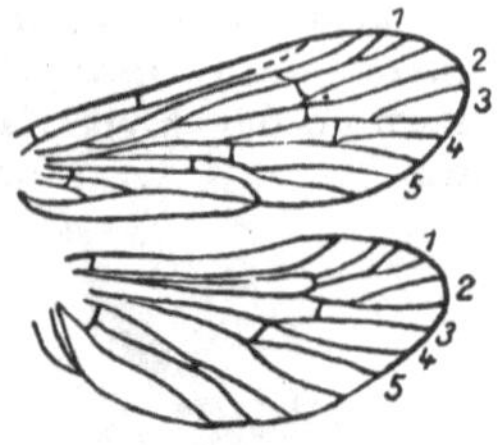

Abb. 262. *Polycentropus flavomaculatus* Pictet (Polycentropidae), Flügel, nach Ulmer). Nat. Länge 5—10 mm.

Polychromismus, Auftreten verschieden gefärbter Individuen bei derselben Art. Vgl. auch → Dichromismus.

+***Polycreagridae*** Handlirsch 1908, ausgestorbene Fam der +*Palaeodictyoptera* mit einer mitteloberсarbonischen (?) Art aus Nordamerika, die durch einen tadellos erhaltenen, 7,5 cm langen Vorderflügel vertreten ist (+*Polycreagra elegans* Handl.).

Polyctenidae Westw. 1873 (Abb. 263), Fam der *Het Geocorisae* mit etwa 15 Arten aus Indien, Afrika und Amerika. Kleine blinde Tiere mit depressem Körper, verkürzten Fühlern und Flügeln, die parasitisch auf Fledermäusen leben. Fortpflanzung vivipar. Fossil unbekannt.

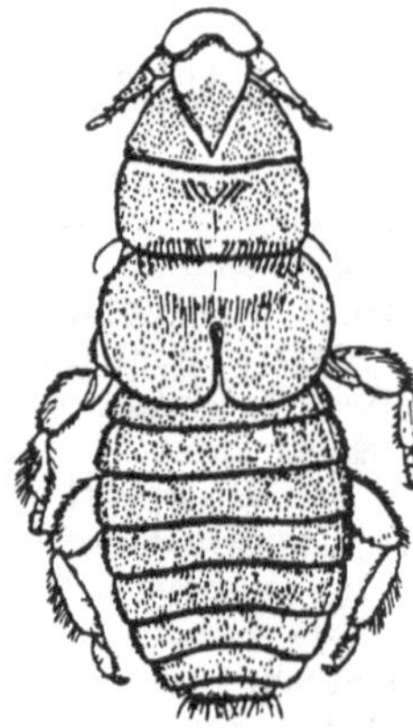

Abb. 263. *Androctenes horvathi* Jordan (Polyctenidae). Weibchen, nach Jordan aus Beier. Nat. Gr. etwa 2 mm.

Polydrosus spp., Schuppenrüßler (*Col Curculionidae*).

Polyederkrankheit, Polyedrose → Wipfelkrankheit.

Polyembryonie, Zerfall des Embryos auf einem frühen Stadium in mehrere Teile, die sich selbständig weiter entwickeln, so daß aus einem Ei mehrere Larven schlüpfen. Die ~ wurde zuerst von Marchal für die Chalcididen *Encyrtus* und *Lithomastix* sowie die Proctotrupiden *Platygaster* und *Synopaeas* nachgewiesen. In Zusammenhang mit der ~ steht die Ausbildung eines → Trophamnion, welches die Nährstoffzufuhr aus dem Wirtskörper zum Ei besorgt und eine intensive Ernährung der zahlreichen Embryonen ermöglicht. Die ~ ist kein Sonderfall der ungeschlechtlichen → Fortpflanzung. Sie ist mit eineiigen Zwillingen vergleichbar.

Polygamie (gr. πολύς viel, ὁ γαμός Hochzeit, Ehe), Vielehe, geschlechtliches Zusammenleben eines Individuums mit mehreren Individuen des anderen Geschlechts. Gegens. → Polyandrie.

Polygryphismus, Auftreten von verschiedenen Zeichnungsmustern bei ein und derselben Art.

Polygynie (gr. πολύς viel, ἡ γυνή Weib), Pleometrose, Vielweibigkeit, Auftreten mehrerer Weibchen in einem gemeinsamen Nest bei socialen Hymenopteren. Die ~ tritt entweder als regelmäßige oder als abnorme Erscheinung bei normal monogynen Wespen auf. Bei polygynen Wespen legen mehrere Weibchen ein gemeinsames Nest an. In der Regel sind sociale Hymenopteren → monogyn.

Polymetameriehypothesen sind die zu verschiedenen Zeiten und von verschiedenen Autoren vertretenen Ansichten über den Aufbau des Thorax der Insekten aus mehr als drei primären Segmenten. So hatte Kolbe die → Vorsegmenthypothese aufgestellt, Verhoeff die → Interkalarsegmenthypothese, Walton-Banks die → Doppelsegmenthypothese, Feuerborn die → Schaltsegmenthypothese, Verhoeff später noch die → Mikrothoraxhypothese usw.

Polymitarcidae (Banks 1900) Klapalek 1909 (*-ini* Banks), Fam der *Ephemerida* mit wenigen Arten, von denen in Deutschland nur eine, *Polymitarcis virgo* Eaton lebt.

Polymorphismus (gr. πολύς viel, ἡ μορφή Gestalt), Vielgestaltigkeit der Individuen ein und derselben Art, z. B. der Männchen und Weibchen (→ Geschlechtsdimorphismus) oder der Exemplare verschiedener zeitlich getrennter Generationen (→ Saisondimorphismus und Saisonpolymorphismus). Bei socialen Insekten tritt der soziale ~ mit mehreren Formen auf, z. B. mit Arbeitern und Soldaten neben den Männchen und Weibchen. Vgl. auch → Polygryphismus, Dimorphismus.

Polynephria (gr. πολύς viel, ὁ νεφρός Niere) sind Insekten mit über 8 Malpighigefäßen, welche zu einigen Bündelpaaren vereinigt sein können. So haben z. B. *Odonata* 20 Malpighigefäße in 4, *Blattaria* 90—120 in 6 Bündeln. Die höchste Zahl der Malpighischläuche findet sich bei Hymenopteren, besonders bei Apiden (bis 150).

polynesische Subregion des australisch-polynesischen Faunengebietes umfaßt das Inselgebiet des mittleren Stillen Ozeans von Palau und den Marianen im Westen bis zu Oster-Inseln im Osten.

Polyneura Schiner 1863 (*Tipuloidea*), Abteilung der *Dipt Nematocera*, ausgezeichnet durch die immer deutliche Axillarader, welche meist den Hinterrand des Flügels erreicht. Ihre Larven sind acephal oder (*Petauristidae*) eucephal. Zu den ~ werden die Fam +*Architipulidae, Petauristidae, Tipulidae, Limnobiidae, Cylindrotomidae* und *Phryneidae* gestellt.

polyokulares Sehen findet bei Insekten statt, die außer dem Paar von Komplexaugen (binokulares Sehen) auch mit 1—3 Ocellen ausgestattet sind.

Polyphaga (McLeay 1825) Emery 1885 (*Rhypophaga* McLeay), Unterordn der *Col*, die Hauptmasse aller Käfer umfassend. Von → *Adephaga* vor allem durch Fehlen von Queradern zwischen Radius und Media bzw. Cubitus und nicht miteinander verwachsene basale Abdominalsterna unterschieden. Das erste sichtbare Abdominalsternum ist nicht ganz von den Hüften durchtrennt, deren Höhlen den Hinterrand dieses Sternums nicht erreichen.

Die ~ werden in 13 Überfam eingeteilt, nämlich *Palpicornia, Staphylinoidea, Malacodermata, Sternoxia, Fossipedes, Macrodactylia, Brachymera, Clavicornia, Teredilia, Heteromera, Lamellicornia, Phytophaga* und *Rhynchophora*. Die Überfam *Malacodermata* bis *Teredilia* werden auch vielfach als Familienreihen oder Familiengruppen einer Überfam *Diversicornia* zusammengefaßt. Die Einteilung schwankt übrigens bei neueren Systematikern.

Polyphaga (gr. πολύς viel, φαγεῖν essen) sind Insekten, die im Rahmen einer der Hauptnahrungsquellen (→ Nahrungswahl) wenig wählerisch sind und verschiedenartige Kost zu sich nehmen. So ernährt sich z. B. die Raupe von *Lymantria dispar* polyphag von der Blattsubstanz verschiedener Laubbäume, notfalls auch von der der Kiefer u. a. Pflanzen.

polypode Larven sind Larven, die außer den Thorakalbeinen auch noch mehrere Abdominalbeine besitzen. Hierher gehören Schmetterlingsraupen, Blattwespenlarven und z. T. Larven der Panorpaten.

polypode Segmentierungsphase des Embryos zeichnet sich durch Extremitätenanlagen am Kopf, Thorax und Hinterleib aus. Sie folgt in der ontogenetischen Entwicklung unmittelbar nach der → protopoden Phase, kann aber auch, z. B. bei vielen Holometabola (*Diptera*, manche *Coleoptera*, *Apis* usw.) auch ausbleiben, oder es erscheint nur ein vorübergehendes Paar von Extremitätenanlagen auf dem ersten Hinterleibssegment, welches z. B. bei *Dytiscus*, *Meloë*, *Mantis* zu einem embryonalen Drüsenpaar von unbekannter Funktion umgewandelt worden ist.

Bei vielen Insekten persistiert die ~ über das ganze Larvenstadium, z. B. bei Schmetterlingen, Blattwespen u. a., deren Larven mit → Bauchfüßen versehen sind. Dasselbe gilt für alle diejenigen Insekten, welche mit auf Extremitäten zurückführbare abdominale Anhänge wie Tracheenkiemen, Styli usw. im Larvenstadium oder lebenslang versehen sind.

polytop (gr. πολύς viel, zahlreich, ὁ τόπος Ort, Gegend, Land) wird die gleichzeitige Entstehung einer Form an zwei oder mehreren getrennten Stellen des Verbreitungsareals der Ausgangform bezeichnet. Polytope Entstehung wird manchmal zur Erklärung disjunkter Verbreitung herangezogen.

polytroph (gr. πολύς viel, ἡ τροφή Ernährung) werden → Eiröhren genannt, welche zwischen je zwei Eikammern stets eine Nährkammer besitzen, indem einem jeden aus dem Germarium in das Vitellarium vorrückenden Ei eine Gruppe von Nährzellen nachgeschoben wird.

Polytrophe Eiröhren haben *Campodea*, *Dermaptera*, *Corrodentia*, *Mallophaga*, *Anoplura*, *Neuroptera*, *Panorpatae*, *Trichoptera*, *Lepidoptera*, *Diptera*, *Hymenoptera* und *Col Polyphaga*.

Polyzyklie, eine Form des → Generationswechsels, bei der zwei oder mehrere Entwicklungsformen ein und derselben Art nebeneinanderlaufen. Am auffälligsten tritt die ~ bei der Unterfamilie *Adelginae* der Fam *Aphididae* z. B. bei *Cnaphalodes*, *Dreyfusia* usw.

Polzellen → Richtungskörperchen.

pomi De Geer, *Aphidula* (*Doralis*), grüne Apfelblattlaus, Obstblattlaus (*Hom Aphididae*).

pomonella Linné, *Laspeyresia*, Apfelwickler, Obstmade (*Lep Tortricidae*).

pomorum Linné, *Anthonomus*, Apfelblütenstecher (*Col Curculionidae*).

pomorum auct., *Mytilaspis* → *Lepidosaphes ulmi* Fabricius.

Pompilidae → *Psammocharidae*.

Pons cerebralis → Protocerebralbrücke.

Pontania spp., Weidenblattgallwespen (*Hym Tenthredinidae*).

pontisch (gr. ὁ πόντος das Meer, Πόντος Εὔξεινος das Schwarze Meer) werden Faunenelemente des Gebiets um das Schwarze Meer herum genannt. Zu ~ Gebieten gehört vor allem die Formation der Schwarzmeersteppe, welche den größten Teil der südlichen Ukraine umfaßt. Trockenwarme Hügellandschaft mit Steppenflora ist für das ~ Gebiet und ~ → Refugien (z. B. sog. pontische Hügel) außerhalb des Mutterlandes charakteristisch.

ponto-mediterran werden Faunenelemente und ökologische Gebiete genannt, welche sowohl im Gebiet des Schwarzen Meeres als auch im Gebiet des Mittelmeeres vorkommen.

Poples (lat. poples, -itis, m., Kniekehle) → Kniekehle.

Population (lat. populus, -i, m., Volk) die in einem einheitlichen Biotop wohnende Gesamtheit der Exemplare einer Art oder Unterart. Eine ~ ist im Grunde → phaenotypisch einheitlich, d. h. ihre Mitglieder sehen äußerlich vollkommen gleich aus, obwohl sie → genotypisch in mehr oder weniger hohem Maße → heterozygot sein können. Gruppen genotypisch identischer Exemplare einer ~ nannte JOHANNSEN → Biotypen.

Populationsdichte, Bevölkerungsdichte, Anzahl der Exemplare einer Population auf eine Flächen- oder Raumeinheit berechnet.

Populationsdruck, Anzahl tatsächlich vorhandener Exemplare einer Population im Vergleich mit derjenigen Anzahl, welche der betreffende Biotop fassen kann.

Populationsdynamik → Massenwechsel.

Populationslehre, Bevölkerungslehre, Gradologie, Lehre von der Population als einer Ganzheit, ihrem inneren und äußeren Verhalten, ihren Veränderungen usw. In bezug auf Schadinsekten gehört die ~ zu → Epidemiologie.

populi Linné, *Byctiscus*, Aspen- oder Zitterpappelblattroller (*Col Curculionidae*).

populi Nalepa, *Eriophyes*, Pappelgallmilbe (*Acari Eriophyidae*).

populi Linné, *Melasoma*, roter Pappelblattkäfer (*Col Chrysomelidae*).

populi Linné, *Rhynchaenus*, Pappelspringrüßler, Weidenspringrüßler (*Col Curculionidae*).

populi-nigrae Schrank, *Pemphigus* → *P. filaginis*.

populnea Linné, *Saperda*, Aspenbock, kleiner Pappelbock (*Col Cerambycidae*).

porcatus Panzer, *Neoplinthus*, Hopfenkäfer (*Col Curculionidae*).

porcellus Linné, *Pergesa*, kleiner Weinschwärmer (*Lep Sphingidae*).

porculus Bedel, *Helophorus*, Stoppelrübenkäfer (*Col Hydrophilidae*).

Poren (gr. ὁ πόρος Durchgang), feine, die Dicke der Cuticula oder des Chorion durchsetzende Kanälchen. Ihre Bedeutung ist verschieden. Die meisten ~ der Cuticula sind Durchlaßkanälchen für Nervenendigungen zu den oberflächlich sitzenden Sinnesorganen. Einzeln und meist auf gewisse Körperteile beschränkt treten ~ auf, welche Ausführgänge einfacher Drüsen darstellen oder zu → Reflexbluten dienen. Im Chorion auftretende ~ werden als → Mikropylen bezeichnet. Sie treten am Vorderende des Eies auf und geben Spermien Zutritt zum Ei. Vgl. auch → Eistigma.

Porenplatte → Sinnesplatte. Dieselbe Bezeichnung wird manchmal auch für → Drüsenplatte angewandt.

+***Poroblattinidae*** Handlirsch, ausgestorbene Fam der *Blattaria* mit 32 paläozoischen (oberer Obercarbon Nordamerikas 4, Deutschlands 25, Unter-Perm Nordamerikas 2) und 3 mesozoischen (Trias von Tonkin 1, Dogger von Sibirien 2) Arten. Alle bekannten Arten waren mittelgroß, bis etwa 2 cm Körperlänge. Eine der beiden jurassischen Arten ist als Puppe erhalten, andere sind nur aus Flügelfragmenten bekannt.

Porta atrii (lat. porta, -ae, f., Pforte, Türe), schlitzartiger oder punktförmiger Eingang in das → Atrium, dessen ursprüngliche volle Öffnung durch die → Stigmenplatte eingeengt worden ist.

Porus genitalis → Geschlechtsöffnung.

poschingeri Holzner, *Prociphilus* → *fraxini* Hartig (*Hom Aphididae*).

Postabdomen, die hinteren Genitalsegmente (→ Terminalia) des Hinterleibs, besonders wenn sie vom → Präabdomen mehr oder weniger scharf abgesetzt sind, wie es z. B. bei vielen Schmetterlingen, Fliegen und Käfern der Fall ist, wo sie bei Weibchen zu einer Art → Legeapparat verschmälert sind.

Postala, schuppenartige Erweiterung über dem Tympanalorgan bei Noctuiden, welche als Erweiterung der Hinterflügelwurzel angesehen wird.

Postalararm → Lateropostnotum.

Postalarborsten, eine Borstenreihe auf den → Postalarschwielen bei Fliegen. (Taf. V, Fig. 6.)

Postalarbrücke, Postalare → Lateropostnotum.

Postalarschwiele, Postalarcallus, Parascutellum, buckliger, zwischen der Flügelwurzel und der Scutellumbasis jederseits liegender Randteil des Mesonotums, welcher vom übrigen Mesonotum meist nur durch eine flache Mulde abgegrenzt ist. Die ~ selbst und die auf ihr stehende Reihe der → Postalarborsten sind taxonomisch wichtige Merkmalsträger. (Taf. V, Fig. 6.)

Postanellus, das zweite, auf den → Anellus folgende Glied (Ringelglied) der Fühlergeißel z. B. bei *Chalcididae*. (Taf. XIV, Fig. 8.)

Postantennalorgan, am Kopf der *Collembola* dorsal hinter den Fühlern befindliches Ringel kleiner dünnhäutiger Wärzchen. Taxonomisch sehr wichtig, funktionell unbekannt. (Taf. XXVII, Fig. 3.)

Postcerebralganglion, Pharyngalganglion, ein hinter dem Gehirn dem Oesophagus bzw. Pharynx anliegendes Ganglienpaar des → stomatogastrischen Nervensystems. Es steht mit dem Gehirn, dem → Occipitalganglion und den → Corpora allata in Verbindung. Die Funktion des ~ ist noch nicht endgültig geklärt.

Postclypeus, der hintere, zwischen der → Kopfschildnaht und der → Epistomalnaht gelegene Teil des → Kopfschildes (Clypeus). Er wird bei *Zyg. Odonata* als → Nasus bezeichnet.

Postcosta → Subcosta.

postcostal, subcostal, mit der Subcosta zusammenhängend. Auch der hinter der → Antecosta liegende Teil des Notums wird als postcostales Notum bezeichnet im Gegensatz zum praecostalen → Acrotergit.

Postcoxalbrücke, Postcoxale, ein mehr oder weniger breiter Chitinstreifen hinter der Hüfte, welcher das → Epimerum mit dem Sternum verbindet. (Taf. I, Fig. 2 C, Taf. XXX, Fig. 2.)

Postcubitalader, Postcubitus, von einigen Autoren für selbständig gehaltene Längsader zwischen Cubitus und Analis. Sie hängt im definitiven Zustand mit der Wurzel des Cubitus zusammen und wird gewöhnlich als sein hinterer Ast bezeichnet. Bei Nymphen niederer Pterygoten entspringt die Trachee des Postcubitus aber selbständig aus dem Bogen der Trachea alaris, getrennt von der Trachee des Cubitus. (Taf. X, Fig. 1, 2, Taf. XI, Fig. 1.)

Postdorsum, ein Paar keilförmiger Sklerite des Meso- und Metanotum der Corrodentia.

Postembryogenese, die Entwicklungsperiode vom Schlüpfen der Larve aus dem Ei bis zum Schlüpfen der Imago aus der Puppenhaut. Diese Periode der ontogenetischen Entwicklung der Insekten ist von dem sich selbständig ernährenden und sich frei in der Umwelt (außerhalb der Eischale) bewegenden Stadium der Larve beherrscht, deren einzige Aufgabe darin besteht, Reservestoffe für die Fortsetzung der noch nicht abgeschlossenen Organbildung aufzuspeichern. Die Kleinheit der Insekteneier schließt größere Menge des Eidotters aus, und die meist große Anzahl von Eiern, die ein Weibchen produziert, ist für die Kleinheit der Eier verantwortlich. Die große Sterbeziffer der Insekten, welche normalerweise 98% beträgt, bedingt ihrerseits die große → Eierproduktion. Insekten, welche wenig artwidrige Umweltfaktoren haben, wie z. B. Läuse, Mallophagen, Pupiparen usw. produzieren nur wenige große Eier und hier gibt es Fälle des teilweisen oder gänzlichen Fortfalls der Postembryogenese, indem die Weibchen entweder fertige Puppen (→ Pupipara) oder sogar fertige Imagines (→ Imaginipara) zur Welt setzen (→ Viviparie).

Der sich selbständig ernährende Embryo, d. h. die Larve, ist sozusagen mit vereinfachter Ausgabe aller Organe versehen, die ihr zur selbständigen Ernährung unbedingt notwendig sind. Sie ernährt sich sehr intensiv und wächst schnell, durch mehrere aufeinander folgende Häutungen ihre Körpermasse stark vergrößernd. Die Larve wird verpuppungsreif, sobald die entsprechende Menge von Reservestoffen in ihrem Körper aufgespeichert ist. Sie übergeht nun in das zweite Stadium der ~, die ruhende Puppe. In diesem Stadium werden fast alle larvalen Organe abgebaut (→ Histolyse) und die imaginalen Organe neu angelegt.

Dieser Wechsel von zwei oder mehreren Stadien der ~ wird als → Metamorphose bezeichnet. Vielfach fehlt das ruhende Puppenstadium, und die postembryonale Entwicklung geht schrittweise durch alle frei beweglichen Larvenstadien parallel mit ihrer Ernährung, so daß die Larven langsam den Imagines immer ähnlicher werden.

Haeckel unterschied drei postembyronale Entwicklungsperioden, die er als → Anaplasis, → Metaplasis und → Cataplasis bezeichnete. Erstere umfaßt die ~, während die beiden letzteren auf das Imaginalleben der Insekten entfallen.

Postfrontalnaht, Sutura postfrontalis, sekundäre Stirnnaht, Sutura secundaria, Sut. furcata. Bei *Dermaptera* und *Perlaria* mehr oder weniger deutliche, bei Larven meist gut ausgeprägte Gabelnaht, welche von der → Coronalnaht hinter den paarigen Scheitelocellen abzweigt und zwischen den Komplexaugen und Fühlern auf dem Gesicht außerhalb der Stirnnaht herabsteigt. Sie endet entweder am Innenrande der Komplexaugen, oder, manchmal eine Strecke mit deren unterem Innenrande verschmolzen, läuft sie auf der Wange zwischen dem unteren Augenrande und dem vorderen Mandibelgelenk frei aus. Sie kommt schwach angedeutet auch bei *Mantidae* und *Phasmidae* vor. Es ist nicht ausgeschlossen, daß die → Subantennalnaht vieler *Blattaria* die persistierenden Enden der ~ darstellt, während sie im übrigen Verlauf verschwunden ist.

Die bei *Nematocera* als ~ bezeichnete Kopfnaht ist sicher mit der gleichnamigen Naht der niederen Pterygoten nicht homolog, weil sie sich von der Coronalnaht hinauf, zum oberen Rande der Komplexaugen hinzieht.

Postfurca, die → Gabel (Furca) des Metasternums.

postfurcal, hinter der → Gabel (Furca cubiti) gelegen, vgl. → Nervulus und → Nervellus.

Postgena (lat. gena, -ae, f., Wange) → Hinterwange.

Postgenitalsegmente sind alle → Terminalia, welche hinter dem die Genitalöffnung tragenden Segment liegen. Sie bilden oft einen → Analkonus.

Posthornbildung, eine bei Kiefer (*Pinus*) häufig beobachtete Folgeerscheinung des Knospenfraßes durch *Evetria buoliana* (meistens), indem eine End- oder Quirlknospe eines Seitentriebes die Stelle der vernichteten Terminalknospe des Stammes übernimmt.

Posthumeralborste, eine einzelne Borste oder eine kurze Borstenreihe dicht hinter der → Humeralschwiele bei vielen Fliegen. (Taf. V, Fig. 6.)

Postlabium → Postmentum.

Postmarginalader, im Vorderflügel der *Chalcididae* die über den Ursprung des → Radius hinaus verlängerte → Marginalader. (Vgl. Taf. XIII, Fig. 4.)

Postmentum, Postlabium, der basale Teil der → Unterlippe, welcher den miteinander verschmolzenen → Cardo-Stücken des Labialsegments entspricht, aber nach den Verhältnissen bei Machiliden, sowie nach dem Ursprung der Musc. flexores praementi (→ Muskeln der Unterlippe, M. submento-praementalis) zu schließen auch einen Teil des ursprünglichen Sternums des Labialsegments einschließen dürfte.
Das ~ ist häufig sekundär in ein vorderes → Mentum und ein hinteres → Submentum geteilt. (Taf. XXI, Fig. 2, 8, 9, Taf. XXII, Fig. 1, 2.)

Postmetabolie, Vorgänge der ontogenetischen Entwicklung vom Schlüpfen der Imago aus der Puppenhaut bis zu ihrem natürlichen Tode. Es werden drei aufeinander folgende Perioden der ~ unterschieden, nämlich die Periode der → Reifung, die des → Alterns und die des → Absterbens.

Postmola, der basale Abschnitt des Kaurandes der Mandibel, welcher in den inneren Basalwinkel der Mandibel übergeht. Er ist bei gewissen Typen der → Beißmandibel mit Zahntuberkeln versehen, welche als Postmolarzähne (dentes postmolares) bezeichnet werden. An die ~ schließt sich bei gewissen Insekten die sog. → Prostheca an.

postmortal (lat. mors, -tis, f., Tod), nach dem Tode eintretend, z. B. Änderungen der Körperfarbe, krampfhafte Stellung der Gliedmaßen usw.

Postnodalqueradern sind im Flügel der *Odonata* die zwischen dem → Nodus und der → Pterostigma liegenden, die Costa mit dem Radius verbindende Queradern. (Taf. X, Fig. 3.)

Postnotum, Acrotergit des Meso- und Metanotums, ein schmaler Streifen, welcher hinten vom Meso- und Metanotum durch eine sekundäre Quernaht abgetrennt und infolge Sklerotisierung der primären Intersegmentalnaht mit dem folgenden Notum verschmilzt. Durch die → Lateropostnota hängt das ~ mit dem primär zugehörigen → Epimerum zusammen. (Taf. XXX, Fig. 2, 3, 8, 9.)

Postoccipitalleiste, endoskeletale, der Postoccipitalnaht folgende Chitinleiste. Letztere läuft dem Rande des → Hinterhauptloches parallel und grenzt einen Randstreifen der Kopfkapsel, das → Postocciput ab. Sie mündet ventral zu beiden Seiten des Submentums oder der → Kehle in die hinteren → Fenestrae tentorii.
Die Postoccipitalnaht ist die einzige regelmäßig auftretende primäre Intersegmentalnaht der Kopfkapsel und bietet Ansatzstellen für die die Kopfkapsel bewegenden dorsalen Längsmuskeln. Entsprechend der topographischen Lage der Postoccipitalnaht entspricht sie der primären Grenznaht zwischen dem Maxillar- und dem Labialsegment, was durch embryologische Befunde bestätigt worden ist.

Postocciput, ein schmaler Streifen am Rande des Occipitalloches, von der übrigen Kopfkapsel durch die Postoccipitalnaht abgegrenzt. In offenen, → pantotremen Kopfkapseln endet dieser Streifen unten an den Hinterecken des Submentums frei, in geschlossenen Kopfkapseln erfolgt der Verschluß des ~ zu einem Vollring durch die Bildung der → Kehle. In → acrotremer Kopfkapsel vieler Insekten bildet das ~ einen mehr oder weniger verlängerten halsartigen Stiel, welcher meistens als „Hals" bezeichnet wird und die Beweglichkeit des Kopfes vergrößert. (Taf. XXI, Fig. 1, Taf. XXIX.)

postoral (lat. os, oris, n., Mund), hinter dem Mund gelegen. Gegens. → praeoral.

Postorbitalborsten, Postokularcilien, Occipitalcilien, eine bei gewissen Fliegen (z. B. *Dolichopodidae*, *Scatophagidae*, *Muscidae* usw.) regelmäßig auftretende, dicht am Hinterrande der Komplexaugen stehende oder parallel mit ihm verlaufende Querreihe von Borsten. (Taf. V, Fig. 5.)

Postparapterum → Epimeralgelenkstück.

Postpedes → Nachschieber.

Postpetiolus, bei *Hym Apocrita* mit nach vorn stielartig verengtem → Petiolus dessen hinterer, verbreiterter Teil. Bei Formiciden mit 2gliedrigem Hinterleibsstiel (*Myrmicinae*) das 2. Glied desselben. (Taf. XXX, Fig. 5.)

Postphragma, ein sich dem vorangehenden Notum enger anschließendes → Phragma. So ist das Phragma zwischen dem Metathorax und dem 1. Hinterleibssegment stets als ~ entwickelt, während dasjenige zwischen dem Meso- und Metathorax als ~ oder → Praephragma oder aber als → Mesophragma entwickelt werden kann.

Postscutellum, bei *Hymenoptera* das reduzierte, hinter dem → Scutellum quer wallartig mehr oder weniger deutlich hervortretende Metanotum. Bei *Diptera* der hinterste, unter dem Scutellum wallartig hervortretende Teil des Mesonotums, der dem Postnotum (Mesopostnotum) entspricht.

Poststernit, Poststernellum, vordere, furcasternale Hälfte des → Intersternites der *Apterygota*. Bei *Pterygota* der vor der → Spina gelegene Teil des Furcasternites, der aber nur zum Teil dem ~ der *Apterygota* entspricht. (Taf. I, Fig. 2 B, C.)

Postthoraxhypothese → Schaltsegmenthypothesen.

Postvaginalplatte, eine hinter der Begattungsöffnung der Schmetterlingsweibchen liegende, sklerotisierte Sternalplatte, welche, wie die → Antevaginalplatte wichtige taxonomische Merkmale trägt.

Postverticalborsten, ein bei Fliegen hinter dem → Ocellendreieck häufig vorkommendes, divergierendes oder konvergierendes Borstenpaar.

Potamanthidae (Selys 1888 pp.) Klapalek 1909 (*-ines* Selys), Fam der *Ephemerida*, in Deutschland nur durch eine Art, *Potamanthus luteus* Linné vertreten.

Prachtkäfer → *Buprestidae*.

Praeabdomen, die vorderen, meist stigmentragenden Segmente des Hinterleibs, vor den im Dienst der Fortpflanzungsfunktionen stehenden und mehr oder weniger umgewandelten → Terminalia. Das ~ umfaßt die ersten 1—6 bis 1—8 Hinterleibssegmente.

Praealararm, Praealare → Tergalarm.

Praeantennalsegment, das erste (Heymons) bzw. zweite (Wiesmann, → Labralsegment) der kephalisierten Körpersegmente der Insekten. Für dieses hypothetische Segment hatte Wiesmann (1926) ein Paar von Coelomsäcken und ein rudimentäres Paar embryonaler Extremitätenanlagen bei *Dixippus morosus* nachgewiesen. Äußerlich ist ein ~ bei Insekten nicht nachweisbar, weil auf dem frühesten embryonalen Stadium ein einheitliches → Protocephalon erscheint, welches die Antennenanlagen trägt, also außer dem → Acron und dem ~ auch noch mindestens das Antennalsegment einschließt.

Praeapicalsporn, ein vor der Schienespitze bei vielen Insekten befindlicher chitiniger → Sporn. Vgl. auch → Subapikalsporn.

praebinär sind laut Art. 20 der → Nomenklaturregeln alle wissenschaftlichen (lateinischen) Tiernamen, welche vor dem 1. Januar 1758 veröffentlicht worden sind. Als ~ im Sinne der Regel sind auch → binäre Tiernamen zu betrachten, welche vor dem erwähnten Datum vorkommen können. Vgl. auch → praelinnaeisch.

Praecosta, Praecostalader, eine kurze, nach Comstock bei gewissen fossilen Insekten vorkommende Längsader, die an der Wurzel des Flügelvorderrandes vor der Costa entspringt und sich nach kurzem Verlauf mit der letzteren verbindet.

Bei Schmetterlingen wird als Praecostalader oder Praecostalsporn eine kurze Ader bezeichnet, die besonders im Hinterflügel, z. B. bei *Vanessa antiopa* vorkommt und vom Grunde der Subcosta entspringend gegen den Rand des Flügels gerichtet ist. Sie vertritt die → Haftborsten da, wo sie fehlen (*Rhopalocera, Hesperiidae, Lasiocampidae, Saturniidae*), und hilft dem → Jugum sich am Vorderrande des Hinterflügels zu verankern.

Praecostalzelle → Wurzelzelle.

Praecoxabasisternalnaht, Sutura praecoxabasisternalis, der vordere, praecoxale Teil der primären Sternopleuralnaht (Sternosubcoxalnaht). Sie ist z. B. bei *Perlaria* im Meso- und Metathorax noch gut erhalten und verläuft median von den sekundären → Praecoxaepisternalnähten, in den Innenrand der Hüftpfanne mündend.

Praecoxalbrücke, Praecoxale, der vor der Hüfte liegende Teil der primären Subcoxa (Pleure), welcher das → Episternum mit dem Sternum verbindet. (Taf. I, Fig. 2 C, Taf. XXX, Fig. 2.)

Praedonen (lat. praedo, -onis, pl. -nes, -num, Beutemacher, Räuber) → Räuber.

Praefemur, ein basales, trochanterähnliches Stück, welches von dem Schenkel durch eine tertiäre Naht oder ein Scharniergelenk abgegrenzt ist und einen zweiten Trochanter vortäuscht. Ein ~ tritt z. B. bei *Ichneumonidae* und *Braconidae* regelmäßig auf. Vom echten Trochanter ist das ~ einerseits an dem Fehlen einer Sehne des Musc. nototrochanteralis (dvm_5, → Muskel), andrerseits an dem Ursprung eines Teils des Musc. femorotibialis sicher zu erkennen. (Taf. I, Fig. 1B, C.)

praeformierte Bruchlinie → Häutungsnaht.

Praefrons, bei Fliegen (nach HENDEL) derjenige Teil der Stirne, welcher von der hufeisenförmigen → Stirnspalte (Praefrontalnaht) eingefaßt ist und oben die Fühler trägt.

Praefrontalnaht, bei *Dipt Orthorrhapha* eine vor den Fühlerwurzeln quer verlaufende, die beiden vorderen Tentorialfenestrae verbindende Quernaht, sehr deutlich z. B. bei *Tipulidae, Cylindrotomidae* usw. Sie ist der → Epistomalnaht anderer Insekten homolog.

Als ~ bezeichnet HENDEL auch die → Bogennaht der *Dipt Cyclorrhapha,* obgleich sie mit der gleichnamigen Naht der orthorrhaphen Fliegen nicht homolog ist.

Praegenitalsegmente, Visceralsegmente, die Segmente des → Praeabdomen vor der Geschlechtsöffnung.

Praegula, der bei gewissen Coleopteren, z. B. *Meloidae* unterschiedene Teil der ventralen Kopfkapsel, welcher zwischen der → Kehle und dem Submentum liegt. Er scheint einer zwischen Kehle und Submentum eingeschobenen → Hypostomalbrücke zu entsprechen.

praeimaginal werden die letzten Stadien der → Postembryogenese genannt, auf welche das Schlüpfen der Imago folgt.

Praelabium, Praementum, der distale Teil der Unterlippe, welcher vom → Postlabium durch die → Labialnaht abgesetzt ist und alle drei Paare der labialen Anhänge, die Lippentaster, Glossae und Paraglossae trägt.

Praelabrum, bogenförmiger Sklerit am Grunde der Vorderwand des → Proboscis bei *Dipt Cyclorrhapha* (bes. *Muscidae*) oberhalb der Kiefertaster, zwischen und etwas unterhalb der → Vibrissenecken. Das ~ ist dem Clypeus anderer Insekten homolog.

praelinnéisch werden vielfach nomenklatorisch ungültige, → praebinäre Tiernamen genannt, weil sie vor LINNÉ's zehnter Ausgabe der Systema Naturae (1758) veröffentlicht worden sind. Auch frühere Ausgaben dieses Werkes von LINNÉ enthalten im Sinne der Nomenklaturregeln praelinneische Namen.

Praeludien (lat. praeludium, -ii, n., Vorspiel, von ludus, -i, m., Spiel) → Balztänze.

Praemachilidae Carpenter 1916, Fam der *Thysanura,* → *Archaognatha.*

Praemandibel, ein vielfach für Collembolen-Embryonen angenommenes, viel umstrittenes Paar von Extremitätenanlagen des → Intercalarsegments.

Als Extremitätenrudimente des Intercalarsegments werden auch von verschiedenen Autoren ein Paar von Chitinverdickungen in der Gegend des Labrums bei Chironomiden-Larven angesprochen und als ~ bezeichnet. Es handelt sich aber im letzteren Fall eher um sekundäre Differenzierung des Labrums.

Praemandibularsegment → Interkalarsegment.

Praemaxillare, eigenartiger, bei verschiedenen Arten verschieden gestalteter Zahn am Innenrande der → Lacinia hinter dem Endzahn (Digitus) derselben, z. B. bei *Blatta* gut entwickelt.

Praementum → Vorkinn.

praeoccupiert ist im Sinne der Nomenklaturregeln ein Tiername, welcher schon früher für eine andere Art oder Gattung vergeben worden ist. Ein ~ Name oder Nomen praeoccupatum, Homonym, ist unanwendbar, weil zwei verschiedene Tiere nicht denselben Namen tragen können, und muß, falls veröffentlicht, durch einen neuen Namen ersetzt werden.

praeoral, vor dem Munde gelegen.

Praeoralhöhle, Praeoralraum, der zwischen den Mundteilen liegende, hinten durch die Membran des → Mundfeldes begrenzte Raum, welcher vielfach einfach als Mund bezeichnet wird. Der bei niederen Pterygoten mitten in der ~ gelegene zungenförmige → Hypopharynx teilt die ~ in eine dorsale → Mund- und eine ventrale → Speichelhöhle. (Taf. VI, Fig. 1, Taf. XXV, Fig. 1.)

Praeparapterum → Episternalgelenkstück (Etym. → Parapterum).

Präparation der Insekten ist die Vorbereitung zu deren Bestimmung bzw. Beschreibung. Von Schönheits-Präparationen, wie sie in Liebhaber-Sammlungen oder in Schausammlungen der Museen üblich sind, wird hier abgesehen. Die ~ muß so sein, daß der Untersuchende die trockenen Tiere nicht erst aufzuweichen braucht, um zu den taxonomisch wichtigen Teilen mit den optischen Hilfsmitteln gelangen zu können. Die Grundsätze der ~ können in folgenden Punkten kurz zusammengefaßt werden.

1. Bei Insekten mit undurchsichtigen oder in Ruhelage stark zusammengefalteten Flügeln, deren Zeichnung oder Aderung bei der Bestimmung berücksichtigt sein müssen (*Lepidoptera, Trichoptera, Saltatoria, Mantodea, Phasmida, Perlaria*), bei *Odonata*, deren Flügel in Ruhelage ausgebreitet sind und bei *Ephemerida*, deren senkrecht nach oben zusammengelegte Flügel bei Anfassen des Nadelkopfes beschädigt werden könnten, werden die Flügel waagrecht gespannt. Bei Orthopteren (i. w. S.) wird gewöhnlich nur das rechte Flügelpaar gespannt.

2. Bei allen anderen Insekten, deren Flügel entweder durchsichtig (*Hymenoptera, Neuroptera* i. w. S., *Homoptera*) oder für die Bestimmung unwesentlich sind (*Coleoptera, Heteroptera*), oder die nur ein Flügelpaar besitzen (*Diptera*) beläßt man die Flügel in der Ruhelage.

3. Fühler und Beine müssen so gerichtet werden, daß sie vom Körper abstehen, um keine systematisch wichtigen Teile zu verdecken, andrerseits aber nicht so weit abstehen, daß sie bei Umstecken abgebrochen werden könnten. Lange Fühler legt man am besten zu beiden Seiten der Nadel am Rücken lang, bzw. bei gespannten Flügeln längs des Flügelvorderrandes, durch den sie geschützt sind.

4. Insekten von ungefähr 1 cm Körperlänge aufwärts werden auf Insektennadeln gespießt, und zwar so, daß der Rücken des Insekts 1 cm unter dem Nadelkopf liegt. Dieser Teil der Nadel dient zum Anfassen des Insekts mit den Fingern oder mit Hilfe der Steckpinzette. Die Nadel wird bei Käfern so in die rechte Flügeldecke eingestochen, daß sie senkrecht zur Frontalebene geführt auf der rechten Seite des Metasternums zwischen der Mittel- und Hinterhüfte herauskommt. Die Heteropteren werden ähnlich wie die Käfer oder am Scutellum genadelt. Alle anderen Insekten werden in der Mitte des Mesonotums oder etwas abseits rechts von der Mittellinie genadelt.

5. Insekten unterhalb 1 cm Körperlänge werden entweder auf Aufklebeplättchen geleimt oder auf Minutienstifte gespießt. Näheres darüber siehe Spezialwerke.

6. Blattläuse, Weibchen der *Coccidae, Mallophaga, Anoplura, Suctoria, Thysanoptera*, alle *Apterygota*, kleinste *Hymenoptera* (*Mymaridae, Trichogrammatidae*) werden auf mikroskopische Präparate gebracht, weil sie nur im durchfallenden Licht des Mikroskopes bestimmt und weiter untersucht werden können. Über die Anfertigung von mikroskopischen Präparaten geben Lehrbücher der mikroskopischen Technik ausführlich Auskunft.

7. Jahrelanges Aufbewahren von Insekten in Konservierungsflüssigkeiten wie Alkohol, Formalin usw. eignet sich nur selten für systematische Zwecke. Manche Insekten (z. B. Käfer, Heteropteren, Thysanopteren) behalten in hochprozentigem Alkohol, im Dunkeln, jahrzehntelang ihre natürliche Färbung, andere aber (*Corrodentia*, Blattläuse, *Apterygota*) verblassen nach wenigen Jahren und sind für die Bestimmung vielfach unbrauchbar. Die Corrodentien können nach einigen Tagen aus dem Alkohol des Sammlungsglases herausgenommen und auf Minutiennadeln gespießt werden. Sie sind dann so weit gehärtet, daß sie nicht oder nur wenig schrumpfen.

8. Präparierte Insekten sofort in gut verschließbare Insektenkästen stecken, oder in Pappkästen in einem dauernd mit Globol beschickten Schrank aufbewahren. Das Herumstehenlassen von Insekten auf offenen Torfplatten führt fast sicher zu deren Vernichtung.

Praepectus (lat. pectus, -us, m., Brust), durch bogenförmige Querleiste abgegrenzter Vorderteil der Mittelbrust und der Mesoepisternen bei *Ichneumonidae, Tenthredinidae* u. a. Hymenopteren. Vgl. auch → Epicnemium.

Praephragma, ein sich dem folgenden Notum enger anschließendes → Phragma. Praephragmatisch ist das vorderste, zwischen Pro- und Mesonotum liegende Phragma (Prophragma) ausgebildet, welches vom Pronotum durch sekundäre Scharniernaht getrennt, mit dem Mesonotum verschmolzen ist. Auch das meso-metathorakale Phragma (Mesophragma) kann praephragmatisch ausgebildet sein.

Praepupa, Vorpuppe, letztes Larvenstadium gewisser Insekten, z. B. *Lebia scapularis,* bei dem bereits die imaginalen Flügelanlagen sichtbar werden. Ist nicht mit → Semipupa der Hymenopteren zu verwechseln, was sehr häufig der Fall ist.

Praeputialdrüsen sind meist einzellige → Hautdrüsen, die in der Umgebung der männnlichen Geschlechtsöffnung liegen.

Praeputialsack (lat. praeputium, -ii, n., die Vorhaut des Penis, von puto, putare, beschneiden), Endophallus, Vesica, Rutenblase, ein- und ausstülpbarer membranöser Sack am Ende des Phallus, in welchem die Mündung des → Ductus ejaculatorius liegt. Die Außenwand (im ausgestülpten Zustande) des ~ ist meist rauh skulptiert oder mit verschiedenartigen chitinösen Emergenzen, wie Zähnen, Haken usw. versehen, die häufig als → Cornuti bezeichnet werden. (Taf. XVII, Fig. 5, Taf. XVIII, Fig. 4.) Ein sekundärer ~ wurde an der Spitze der → Pseudovirga bei *Coccinellidae* unterschieden.

Praescutellarborsten, eine Borstenquerreihe vor der → Scutellarnaht bei Fliegen. Sie besteht aus den hintersten Borsten der → akrostichalen und dorsocentralen Borstenlängsreihen, die besonders dann als eine Querreihe zum Ausdruck kommen, wenn alle übrigen Borsten der betreffenden Längsreihen fehlen. (Taf. V, Fig. 6.)

Praescutalnaht, Sutura praescutalis, hinterer Rand des → Praescutum gegen das → Scutum, die hintere Randlinie des ersteren, die an den Seiten in den Hinterrand der → Tergalarme übergeht (vgl. auch → Parasidenfurchen).

Praescutum, Antedorsum, der vordere, schmale oder in der Mitte mehr oder weniger weit nach hinten ausladende (→ Parapsidenfurchen) Teil des Meso- und Metanotums. Seinen Vorderrand bildet die → Antecosta, seinen Hinterrand die → Transversalnaht, die Seitenecken springen als → Tergalarme vor. Bei vielen Hymenopteren wird das ~ vorn von einer → Mediannaht durchzogen.

Praesternalnaht, Sutura praesternalis, eine selten vorkommende (z. B. im Metasternum von *Sialis*-Larven, im Mesosternum der *Plecoptera,* im Meso- und Metasternum der *Japygidae*), das → Praesternit vom → Basisternum abgrenzende sekundäre Naht.

Praesternit, ein vorderer, vom → Basisternit mehr oder weniger deutlich durch die → Praesternalnaht abgegrenzter Vorderrandstreifen des Sternums. Bei Japygiden bildet es zusammen mit den → Poststerniten die sog. → Intersternite. Es schließt sich manchmal (*Perla*) dem vorangehenden → Furcasternit enger an.

Praestoma, „Praestomum", Spalte zwischen den Labellen des Dipterenrüssels, vor der Mündung des Nahrungsrohres.

Praesuturalborsten, auf dem Mesonotum vieler *Diptera,* unmittelbar vor den → Notopleuraldepressionen beiderseits der → Quernaht stehende Borsten, die auch als letzte Borsten der → Posthumeralborstenreihe bezeichnet werden können. (Taf. V, Fig. 6.)

Praetarsalgelenk, das dritte sekundäre Gelenk des Insektenbeines (→ Thorakalbein). Es ist vor allen anderen (tertiären) Gelenken des Tarsus entstanden und gliedert den → Praetarsus vom übrigen Tarsus bzw. von seinem definitiven Endglied ab.

Praetarsus → Krallenglied.

praetiosa Koch, *Bryobia,* rote Obstbaummilbe, rote Stachelbeermilbe (*Acari Tetranychidae*).

praeusta Linné, *Tetrops,* Pflaumenböckchen (*Col Cerambycidae*).

pratensis Fabricius, *Acantholyda* → *A. pinivora* Enslin.

pratensis Linné, *Lygus,* gemeine Wiesenwanze, Selleriewanze (Het Miridae). Sehr ähnlich der grünen → Futterwanze. Der Stich dieser Art verursacht auf angestochenen Pflanzenteilen keine Mißbildungen.

pratensis Linné, *Pales*, Wiesenschnake (*Dipt Tipulidae*).

Primärborsten sind die das erste Larvenstadium, die Eilarve oder Eiraupe auszeichnenden Borsten, deren Anzahl und Anordnung gewöhnlich (z. B. bei Schmetterlingsraupen) anders ist als bei folgenden Larvenstadien.

Primärinsekten, primäre Schädlinge, sind diejenigen biophytophagen Insekten, welche ganz gesunde, lebensfrohe, in vollem Turgor stehende Pflanzen bevorzugen.

Primärsternum, im definitiven Zustand bei Insekten nicht vorkommendes, undifferenziertes → Sternum.

primitiv (lat. primitivus, adj. zu primitiae, -arum, erste Anfänge, Erstlinge der Früchte), ursprünglich.

Primitivkanälchen → Genitaltasche.

Primitivzapfen (LAUDER 1900), ein Paar von Anlagen des → Penis und der → Parameren innerhalb der → Genitaltasche (→ Begattungsglied). (Taf. XV, Fig. 5.)

Prioritätsgesetz (lat. prioritas, -atis, f., Vorrang, Vorrecht, prior, prius, der erste, der vordere von Zweien), richtiger Prioritätsregel (Gesetze sind ausnahmslos, Regeln lassen Ausnahmen zu), eine der wichtigsten Bestimmungen der internationalen → Nomenklaturregeln (Art. 25—27), welche besagt, daß von mehreren Namen einer Art oder Gattung (Synonyme) nur derjenige gültig anzuwenden ist, welcher chronologisch zuerst im Einklang mit allen Nomenklaturregeln veröffentlicht worden ist. (Vgl. auch → Kontinuitätsprinzip).

Proamnion, eigenartige Form des → Amnion → immerser Embryonen, z. B. bei *Machilis*, bei der sich die kleinkernige Randzone, um den hinteren Teil des Embryos angelegt, über den ganzen hinteren Teil des Eies ausdehnt und die großkernige → Proserosa auf die vordere Eihälfte verdrängt.

Proapidae → Urbienen.

+***Probascanionidae*** Handlirsch 1925, ausgestorbene Fam der *Heteroptera* mit einer oberliassischen Art, *Probascanion megacephalum* Handlirsch aus Mecklenburg.

Probesuchen, im Pflanzenschutz übliche Methode zur Feststellung der → Abundanz eines Schädlings im gefährdeten Standort, z. B. Feststellung der Zahl von Raupen je Stamm im Walde, Zahl der Kartoffelkäfer je Flächeneinheit usw. In der forstlichen Praxis werden besonders in den durch die Forleule und den Kiefernspanner gefährdeten Gebieten seit mehreren Jahrzehnten (seit etwa 1880) besondere Register über das im Spätherbst regelmäßig stattfindende ~ geführt. Diese Register haben sich als außerordentlich aufschlußreiche Quelle historischer Daten des → Massenwechsels erwiesen. Sie haben es ermöglicht, den Massenwechsel einiger Arten während mehrerer vergangener Jahrzehnte graphisch darzustellen (vgl. Taf. XXXII).

+***Probnisidae*** Sellards (Abb. 264), aus-

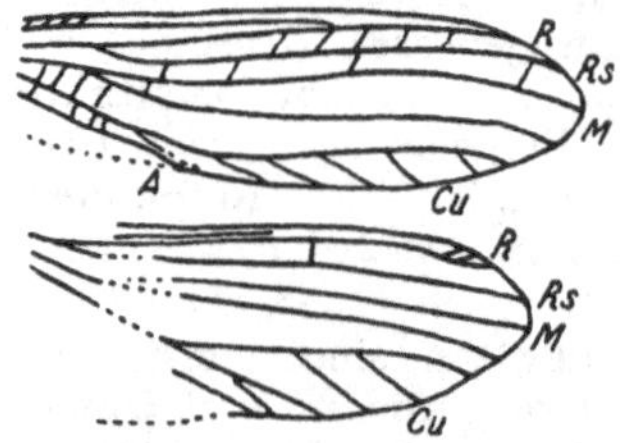

Abb. 264. + *Probnis speciosa* Sellards (+ Probnisidae). Nach Sellards aus Handlirsch. Nat. Länge etwa 1,3 cm.

gestorbene Fam der +*Protorthoptera* mit 9 unter-permischen Arten aus Nordamerika. Ihr Geäder erinnert an *Perlaria*. (Vgl. auch →*Embiodea* und →*Liomopteridae*.)

Proboscis (gr. ἡ προβοσκίς der Elephantenrüssel, latin. proboscis, -idis, f., Rüssel) → Rüssel.

Procephalon → Protocephalon.

Processus corneae → Kristallkegel.

+***Procercopidae*** Handlirsch 1908, ausgestorbene Fam der *Hom Cicadina* mit 10 oberliassischen Arten aus Mecklenburg, die als Vorläufer der rezenten *Cercopidae* angesehen werden.

processionea Linné, *Thaumetopoea*, Eichenprozessionsspinner (*Lep Thaumetopoeidae*).

Processus corneae → Pseudoconus, Kristallkegel.

+***Prochoropteridae*** Handlirsch, ausgestorbene Fam der +*Megasecoptera* mit einer mittel-obercarbonischen Art aus Nordamerika.

Proctiger (Proktiger) → Telson.

Proctodaeum (gr. ὁ πρωκτός Steiß, δαίζειν verteilen, zerlegen), mediane Ectodermeinstülpung am Hinterende des → Keimstreifens von Insekten, welche den →

Hinterdarm und die Analöffnung bildet. Am definitiven Darmkanal der → Hinterdarm.

Proctotrupidae → *Serphidae.*

Prodoxidae (Handlirsch 1925) Yuccamotten, Fam der *Lep Tineoidea*, mit wenigen Arten (Gatt. *Prodoxus* und *Pronuba*), deren Weibchen sich durch Besitz einer, aus Verlängerung des maxillaren → Palpiger entstandenen sog. → Maxillartentakel auszeichnen. Häufig mit *Adelidae* vereinigt (z. B. Lameere 1938).

Profurca, die → Gabel (Furca) des Prosternums.

prognath (gr. πρό vorn, vorn, ἡ γνάθος Kinnbacken, meton. auch Beißen), wird diejenige Haltung des Insektenkopfes bezeichnet, bei welcher die Mundteile nach vorn, also in der Richtung der Hauptachse des Körpers zeigen.

Prognose (gr. ἡ πρόγνωσις Vorherwissen), Vorhersage, in der Schädlingsforschung Voraussage einer bevorstehenden → Gradation.

+***Progonocimicidae*** Handlirsch 1908, ausgestorbene Fam der *Heteroptera* mit einer ober-liassischen Art, *Progonocimex jurassicus* Handlirsch aus Mecklenburg. Diese Art war 0,7 cm lang.

Progradation, Ansteigen der Populationsdichte eines Schädlings bis zum Kulminationspunkt seiner → Gradation.

Progression (lat. progredior, -edi, fortschreiten), Fortschreiten verschiedener biologischer Vorgänge. 1. In der Schädlingsforschung der Abschnitt der → Progradation von der oberen Grenze der normalen Populationsdichte bis zum Kulminationspunkte der Gradation. 2. In der Entwicklung Fortschreiten zu einem vollendeten Stadium. Vgl. auch → Wachstum.

+***Prohemerobiidae*** Handlirsch 1908 (Abb. 265), ausgestorbene Fam der *Planipennia* mit 21 ober-liassischen und 9 malmischen Arten. Die ersteren hatten Vorderflügel von 0,4—2,5, die letzteren 1,2—7,4 cm lang.

Abb. 265. +*Archegetes neuropterorum* Handlirsch (+ Prohemerobiidae). Nach Handlirsch. Nat. Gr. (ohne Flügel) 4,5 cm.

Projapygidae Cook 1896 (Abb. 266), artenarme Fam der *Diplura* mit 5 Arten aus dem Mittelmeergebiet, Mexico, Afrika und Südamerika. Die Arten der beiden Gatt *Projapyx* und *Anajapyx* sind den *Japygidae* täuschend ähnlich, aber viel kleiner, und haben kurze, dicke, gegliederte Cerci mit einer an ihrer Spitze mündenden → Cercaldrüse. Das 1. Hinterleibssegment mit einem Paar von Beinrudimenten, das 2.—7. mit → Styli und → Coxalbläschen.

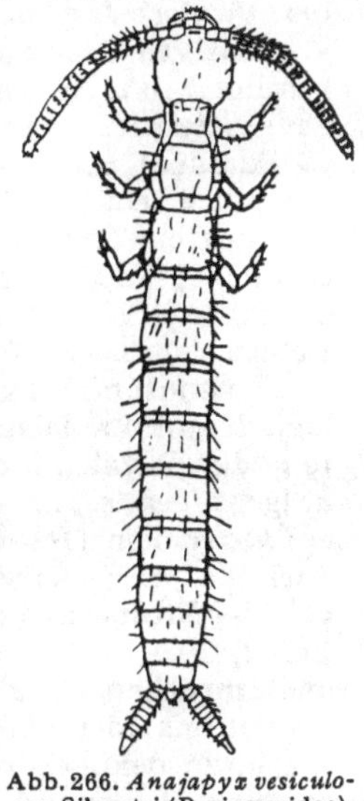

Abb. 266. *Anajapyx vesiculosus* Silvestri (Projapygidae). Nach Silvestri aus Handlirsch. Nat. Gr. etwa 2 mm.

Proles (lat. proles, -is, f., Kind, Sprößling) → Nachkommenschaft.

proletella Linné, *Aleurodes*, Kohlmottenschildlaus (*Hom Aleurodidae*).

Proleucocyten, Mutterzellen der → Leucocyten.

Proliferation (lat. proles, -is, f., Brut, Nachkommenschaft, fero, ferre, tuli, latum bringen, tragen), Erzeugung von Nachkommen, in der Embryologie Produktion von freien Tochterzellen aus sich rege teilenden Primärzellen.

Prometabola (gr. πρό vor, ἡ μεταβολή Umwandlung), Insekten, deren → Metamorphose eine Prometabolie ist, ausgezeichnet durch Auftreten einer geflügelten, sich noch einmal häutenden → Subimago. Larven mit zu Kiemen umgewandelten abdominalen Extremitäten. Zu ~ gehören nur die *Ephemerida*.

Promotor (gr. πρό vor, lat. moveo, -ere bewegen), Vorbeweger, Promotoren sind Muskeln, welche ein gelenkig fixiertes Organ nach vorwärts bewegen, wie z. B. die Promotoren der Hüfte. Antagonist → Remotor. Vgl. auch → Protractor.

Pronotum, Protergum, das → Notum (Tergum) des Prothorax, unter den drei

thorakalen Nota ausgezeichnet durch seine selbständige Entwicklungsrichtung, welche einerseits durch die Funktion der Vorderbeine, andererseits durch die korrelativen Beziehungen zur Kopfkapsel bestimmt ist. Wenn auch bei verschiedenen fossilen und rezenten Insekten → Paranota zur Ausbildung kommen, so hat doch echte Flügelbildung nie die Entwicklung des ~ darüber hinaus beeinflußt (→ Prothorax).
Charakteristisch für das ~ ist das Fehlen eines → Acrotergits und eines → Postnotums. Das erstere, morphologisch zum Labialsegment gehörig, dürfte in der dorsalen Membran der Halshaut aufgegangen sein, während das letztere entweder dem Mesonotum angeschlossen oder gar nicht ausgebildet ist. Näheres vgl. → Prothorax. (Taf. XXIX, XXX, Fig. 3, 9.)

Pronotumrücken, der mittlere Teil des Pronotums der *Saltatoria* im Unterschied zu den → Pronotumseitenlappen.

Pronotumseitenlappen, die bei *Saltatoria* herabgebogenen Seitenteile des Pronotums, die vielfach vom Pronotumrücken durch Längskanten abgegrenzt sind. (Vgl. auch → Cryptopleurie.)

pronubana Hübner, *Tortrix*, Nelkenwickler(*Lep Tortricidae*).

Pronymphe (gr. πρό vor, ἡ νύμφη Mädchen, Braut), drittes Larvenstadium der *Thysanoptera*, bei dem die Flügelanlagen erscheinen.

Propagation (lat. propagatio, -onis, f., aus gr. πρό und lat. pagere o. pangere pflanzen) → Fortpflanzung.

Propagatorium → Fortpflanzungssystem, Fortpflanzungsapparat.

Propagationszellen → Geschlechtszellen.

Propedes, sg. Propes, → Bauchfüße.

Prophylaxe (gr. πρό vor, ἡ φυλακή oder ἡ φύλαξις Schutz), → Vorbeugung.

Propleura, Propleure, die aus der Subcoxa des Prothorax hervorgegangene Seitenplatte, → Pleura des Prothorax. Die ~ hat im ungeflügelten Prothorax bei weitem nicht diejenige Bedeutung, welche ihr im geflügelten Meso- und Metathorax zukommt, und erliegt vielfach einer starken Reduktion, die mit → Cryptopleurie verbunden werden kann. Vor allem entbehrt sie stets einer freien Beweglichkeit und ist entweder mit dem Pronotum oder mit dem Prosternum oder mit beiden zugleich fest verschmolzen, wie dies bei *Coleoptera*, vielen *Hymenoptera* usw. der Fall ist. Nicht selten kommt auch eine Verwachsung der ~ mit den → Laterocervicalia vor (*Hymenoptera*).

Propleuralborsten, eine oder mehrere Borsten am unteren Teil der Propleura zwischen der Vorderhüfte und dem ersten Stigma bei Dipteren. (Taf. V, Fig. 6.)

Propneustia (gr. πρό vor, voran, πνευστιάω schwer atmen, keuchen) sind hemipneuste Insekten, bei welchen nur das erste mesothorakale Stigmenpaar, welches gewöhnlich auf den Prothorax verlegt ist, funktionsfähig bleibt, während die übrigen geschlossen bleiben. Hierher gehören Puppen mancher wasserlebender *Diptera*.

Propodeum (gr. πρό vor, ὁ πούς oder ὁ ποδέων Bein, προποδίζω vorwärts schreiten) → Mittelsegment.

Propolis (gr. ἡ πρόπολις lat. propolis, -is oder -eos, acc. -im oder -in, abl. -i, f., Bienenharz, Vorbau des Bienenstockes) Kittharz, aus eingesammelten Baumharzen bestehende Kittsubstanz, welche die Arbeiterbienen zur Ausbesserung des Bienenstocks benutzen.

Proprioception, Proprioreception, Empfang der Reize seines eigenen Organismus. Gegens. → Exteroception.

Proprioreceptoren, proprioreceptive Sinnesorgane, sind Sinnesorgane, welche auf Reizempfang des eigenen Körpers spezialisiert sind. Bei Insekten hatte man bisher Organe des → Lagesinnes, des → Bewegungssinnes, des → Muskelsinnes, des → Schmerzsinnes und des → dynamischen Sinnes unterschieden.

Propupa → Vorpuppe.

prosapiaria Linné, *Ellopia* → *E. fasciaria* Linné.

+***Prosbolidae*** Handlirsch 1908 (Abb. 267),

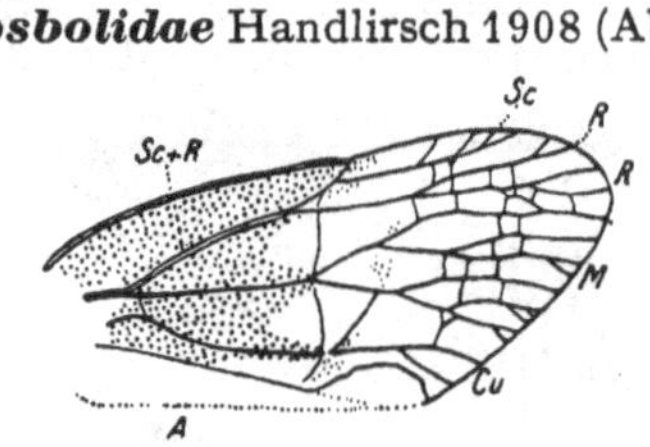

Abb. 267. + *Prosbole hirsuta* Handlirsch(+ Prosbolidae). Nach Handlirsch. Nat. Gr. 3 cm.

ausgestorbene Fam der fossilen Ordn + *Palaeohemiptera* mit 1 Art aus dem oberen Perm Rußlands. Die tadellos erhaltene

Halbdecke der *Prosbole hirsuta* Handlirsch ist 3 cm lang.

Proscopiidae (Serville 1839) Scudder 1868 (*Proscopides* Serv.) (Abb. 268), Fam der *Saltatoria Acridioidea*, ausgezeichnet durch stabförmige Körperform, Flügellosigkeit, dünne lange Beine mit langen hinteren Sprungbeinen, kurze Fühler, vorgequollene Augen und verlängerten Kopf und Prothorax.
Die Fam umfaßt etwa 75 südamerikanische Arten der Grassteppen.
Fossil nicht bekannt.

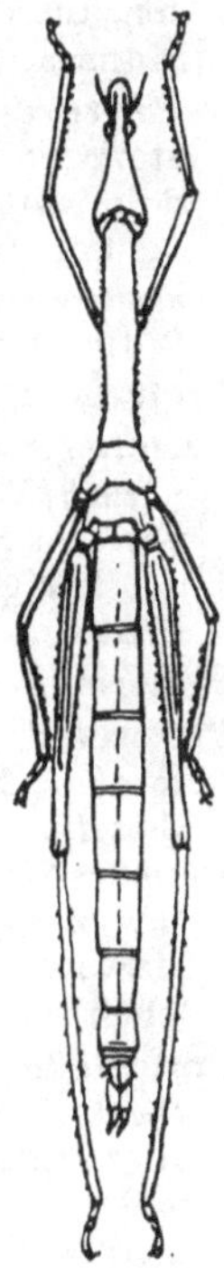

Abb. 268. *Proscopia latirostris* Brunner, Weibchen (Proscopiidae). Nach Brunner aus Handlirsch. Nat. Gr. 4 cm.

+***Prosepididontidae*** Handlirsch 1925 (Abb. 269), ausgestorbene Fam der *Trichoptera* mit einer oberliassischen Art aus Mecklenburg.

Proserosa, eigenartige Form der → Serosa immerser Embryonen, z. B. bei *Machilis*, wo sie im Gegensatz zu → Proamnion den vorderen Teil des Embryos umhüllt.

Prosommatidien (gr. πρός dazu, darüber, überdies, τὸ ὄμμα Auge, τὸ εἶδος Aussehen, Gestalt), die hintersten zwei → Ommatidien der Netzaugen vieler *Corrodentia*, die sich durch ihre Größe von anderen Ommatidien unterscheiden. Sie erscheinen schon bei Larven.

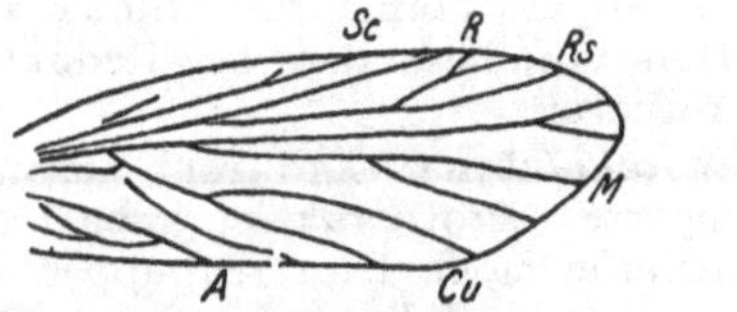

Abb. 269. + *Prosepididontus calopteryx* Handlirsch (+ Prosepididontidae). Nach Handlirsch. Nat. Länge etwa 1 cm.

Prosopistomatidae Lestage, Fam der *Ephemerida*, in Deutschland mit der einzigen Art *Prosopistoma foliaceum* Fourcroy, von der bisher nur die 4—5 mm lange cyclopoide Larve bekannt ist.

Prosternalnähte, bes. bei Käfern vielfach stark ausgebildete Nähte zwischen den Proepisternen und dem Prosternum. Sie sind meistens einfach, bei einem Teil der *Elateridae* verdoppelt, bilden sie einen ziemlich breiten, glatten, vorn zur Aufnahme der Fühler rinnenförmig vertieften Streifen.
Die Bezeichnung ist morphologisch insofern nicht ganz richtig, als die ~, welche hinten außerhalb der Vorderhüften liegen, die Episternen von der Praecoxa und vielleicht auch vom Trochantinus trennen, somit also wenigstens hinten einen intrasubcoxalen Verlauf haben.

Prosternum, Prostethium, Vorderbrust, Sternum des Prothorax.

Prostethium (gr. πρό vor, τὸ στηθίον dem. von τὸ στῆθος Brust) → Prosternum.

Prostheca (gr. ἡ προσθήκη Anhang, Zusatz), 1. von Spence (in Kirby und Spence, Introduction to Entomology, London, Bd. 3, 1826, S. 356 und 438, Taf. 13, Fig. 7c) geprägter Ausdruck für den beweglichen, sklerotisierten, beborsteten Anhang des mandibularen Kaurandes einiger Staphyliniden, wie *Ocypus similis*, *Creophilus maxillosus* u. a.
Die ~ im obigen ursprünglichen Sinne entspricht dem später von Needham eingeführten Begriff der → Lacinia mobilis.
2. Von neueren Autoren wird als ~ ein häutiger, fein behaarter (*Apion*) oder gezähnter (*Fungivoridae*) Anhang des Mundfeldes bezeichnet, welcher in den Mundwinkeln zwischen den Molarecken der Mandibeln und der Basis des Hypopharynx liegt. Bei *Leptopalpus rostratus* (*Meloidae*) hat er die Form eines kleinen, weichen, beborsteten Lappens, welcher dicht neben dem Insertionspunkte des Adductor mandibulae entspringt. Bei *Apion* und *Pissodes* ist es ein langer, kurz behaarter Schlauch, welcher durch die Mundöffnung in die Buccalhöhle hineinragt. Bei *Tomoceridae* ist er ähnlich gebildet, entspringt aber weiter ventral vom Mundfelde, in der Nähe der Maxillenwurzel. Nach Meixner soll er bei Käfern dazu dienen, die zerriebene oder zerquetschte Nahrung weiter zu schieben.
3. Ein präapikaler Haken am Innenrande der Lacinia von Thysanuren. (Taf. XXI, Fig. 4, 7.)

Prostomium (gr. πρό vor, vorn, τὸ στόμιον dem. von τὸ στόμα, Mund) der präorale → Kopflappen der Annelida.

+***Protagrionidae*** Handlirsch 1908, ausgestorbene Fam der + *Protodonata* mit einer mittel-obercarbonischen Art, deren Vorderflügel etwa 9 cm lang waren.

Protandrie → Proterandrie.

Protanisoptera Carpenter 1931 → *Permodonata.* Neuerdings (CARPENTER) fossile UOrdn der *Odcnata.*

Protaptera Tillyard, hypothetische, vermutlich silurische Ausgangsgruppe der *Insecta* und *Myriopoda.*

Protarsus, der → Tarsus des Vorderbeins.

+***Protentomobryidae*** Folsom, ausgestorbene Fam der → *Collembola,* mit einer kretazischen Art, *Protentomobrya walkeri* Folsom aus Kanada. Auch das älteste fossile Insekt, die devonische Collembole *Rhyniella praecursor* Hirst und Maulik (Abb. 270) gehört wahrscheinlich hierher.

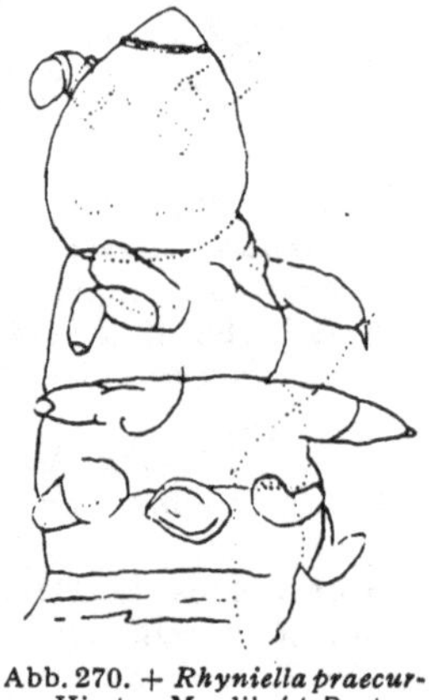

Abb. 270. + *Rhyniella praecursor* Hirst u. Maulik (+ Protentomobryidae). Nach Scourfield aus Grasse.Nat.Gr. etwa 1 mm.

+***Protentomon*** von PAUL MAYER (Ontogenie und Phylogenie der Insekten, 1876) aufgestellte hypothetische Urform der Insekten. (Vgl. auch → Archentomon.)

+***Protephemerida*** Handlirsch 1908 (*Protephemeroidea*), ausgestorbene Ordnung der *Pterygota,* mit einer Fam +*Triplosobidae.* Die ∼ werden gegenwärtig nicht für direkte Vorfahren der rezenten Ephemeriden, sondern für einen spezialisierten Seitenast des karbonischen Ephemeridenstammes gehalten. Nach CARPENTER (1954) ein Bindeglied zwischen +*Palaeodictyoptera* und *Ephemerida.*

Proterandrie, Protandrie (gr. πρότερος der vordere, frühere, ὁ ἀνήρ, ἀνδρός Mann). Erscheinen der Männchen vor den Weibchen, z. B. bei Schlüpfen der Imagines aus den Puppen.

+***Protereismidae*** Handlirsch 1925 (*Protereismephemeridae* Sellards) (Abb. 271), ausgestorbene Fam der *Ephemerida* (*Permoplectoptera* Martynov 1938) mit 16 Arten aus dem Perm von Rußland (4) und Kansas (12).

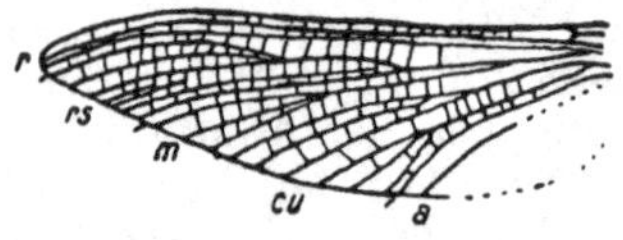

Abb. 271. + *Protechma acuminatum* Sellards (+ Protereismidae). Nach Sellards aus Handlirsch. Nat. Länge etwa 1,8 cm.

+***Proteremidae*** Handlirsch 1908, ausgestorbene Fam der *Blattaria* mit 1 Art aus dem unteren Perm von Böhmen. Die 1,5 cm langen Hinterflügel dieser Art konnten vermutlich schon doppelt gefaltet werden.

Protergum → Pronotum.

Proterogynie (gr. προτερός der frühere, ἡ γυνή Weib), Erscheinen der Weibchen vor den Männchen, z. B. beim Schlüpfen der Imagines aus der Puppe. Gegens. → Proterandrie.

Proterotypen → Ptototypen.

Proterotelie KOLBE (gr. πρότερος voraus, τὸ τέλος Ziel o. τελέω geschehen) = Prothetelie.

Proterrhinidae Sharp 1899, Fam der *Col* (*Rhynchophora*) mit etwa 140 Arten auf Hawaii-, Phönix- und Samoa-Inseln. Sie leben im toten Holz. Fossil unbekannt.

Prothetelie (gr. προθέω vorauseilen, τό τέλος Ziel, Ausgang), Proterotelie, vorzeitiges Erscheinen von Puppenmerkmalen bei Larven, nicht selten bei holometabolen Insekten wie Käfern, Lepidopteren. Neuere Forscher neigen zur Auffassung der ∼ als Verzögerung der Puppenentwicklung (→ Metatelie).

Prothorakalflügel → Paranota.

Prothorakalganglion, das vorderste der 3 Thorakalganglien. Es liegt in der Regel im Prothorax und versorgt dieses Segment mit Nerven. Lageveränderungen des ∼ im Raume des Thorax kommen öfters vor, besonders bei Reduktion des Prothorax.

Prothorakalhörner sind röhrenförmig verlängerte Prothorakalstigmen gewisser wasserlebender Dipterenpuppen (*Culicidae, Psychodidae, Dixidae*). Ihr mit Haaren versehener Hohlraum (→ Atrium, hier sog. Filzkammer) bleibt entweder offen oder ist durch eine faltige Membran, sog. Knospe verschlossen. Im letzteren Fall spricht man öfters von → Röhrenkiemen anstatt von Prothorakalhörnern, weil die wassergelöste Luft durch die Membran der Knospe diffundieren muß. Als ∼ werden auch solide chitinöse Emergenzen genannt, welche bei Puppen von Schmetterlingen und anderer Insekten öfters vorkommen und zum Herausarbeiten der Puppe aus dem

Gespinst oder aus der Erde vor dem Schlüpfen der Imago dienen.

Prothorakalröhren prothorakale → Atemröhren.

Prothorax (gr. πρό vor, vorn, ὁ θώραξ Brustharnisch, Panzer), das erste, vorderste Segment des Thorax. Es ist stets primär flügellos und trägt das vorderste Beinpaar. Die recht verschiedenartige Funktion der Vorderbeine und der direkte Anschluß an die Kopfkapsel (→ Pearson's Nachbarschaftsregel), sind die hauptsächlichsten Momente, welche die Entwicklungsrichtung des ~ bestimmen. Unverkennbar ist aber auch der Einfluß der beiden übrigen Thoraxsegmente, des sog. Pterothorax, dessen starke Entwicklung vielfach zur Verdrängung des ~ und seiner mehr oder weniger weitgehenden Reduktion führt, wie dies besonders bei guten Fliegern, wie *Hymenoptera* und *Diptera*, bei welchen die Vorderbeine keinen besonders hohen Ansprüchen zu genügen haben, der Fall ist. Bei Insekten, welche ihre Vorderbeine stark beanspruchen, wie Käfer, Orthopteren, *Mallophaga*, *Thysanoptera* usw. ist der ~ stets gut entwickelt und selbständig, meist mit einem kräftigen, schildförmigen → Pronotum, dem → Halsschild versehen, von dem die Beinmuskulatur entspringt.

Vielfach ist der Kopf so tief in den entsprechend ausgehöhlten ~ eingezogen, daß er von außen gar nicht zu sehen ist. Sehr häufig trägt der ~ dorsale oder laterale, vielfach höchst bizarre (*Membracidae*, *Tettigidae*) Emergenzen von mimetischer oder phylaktischer Bedeutung. Vielfach scheint es sich bei diesen Emergenzen um Schutz der Kopfkapsel zu handeln.

Bei gut entwickeltem ~ ist das → Pronotum gewöhnlich sein am besten entwickelter Teil, während die Propleuren und das Prosternum mehr oder weniger stark zurücktreten. Es kommt dann vielfach zu einer ausgesprochenen → Cryptopleurie, wobei die Pleuren verdrängt und von den herabgebogenen Seitenteilen des Pronotum überdeckt werden.

Starke Reduktion des ganzen ~ findet bei *Odonata*, Männchen der *Strepsiptera*, *Ephemerida*, *Trichoptera*, *Lepidoptera*, *Hymenoptera*, *Diptera*, *Homoptera* (mit Ausschluß der *Cicadina*), sowie den meisten *Corrodentia* statt. In allen diesen Fällen handelt es sich um gute Flieger mit stark entwickelter Flugmuskulatur.

Recht auffällig ist das Fehlen primär prothorakaler Stigmen, obgleich mesothorakale Stigmen öfter auf den ~ verlegt sein können. (Taf. XXIX.)

+***Protoblattoidea*** Handlirsch 1908, fossile *Pterygota* mit etwa 60 Arten, die am Ende des mittleren Obercarbon Nordamerikas auftauchen und über Obercarbon bis zum unteren Perm durch Fossilien aus Westeuropa und Nordamerika vertreten sind. Für die 60 Arten sind 12 Fam aufgestellt worden, nämlich *Stenoneuridae* (3) *Protophasmidae* (1), *Eoblattidae* (2), *Oryctoblattinidae* (21), *Aetophlebidae* (1), *Asyncritidae* (1), *Fayoliellidae* (1), *Roomeriidae* (1), *Epideigmatidae* (1), *Cheliphlebidae* (3), *Eucaenidae* (6), *Gerapompidae* (3), *Adiphlebidae* (2), *Anthracothremmidae* (4) und eine Anzahl Arten bleibt ohne Familienzuteilung (inc. sedis).

Nach den Flügeln zu schließen, welche 1—7 cm, bei einer Oryctoblattinide sogar 16 cm lang waren, waren es mittelgroße bis große Formen, deren Hinterflügel mit einem faltbaren Analfeld versehen waren. Ein von Martynow (1937) als *Permotermopsis roseni* (+ *Permotermopsidae*) aus dem Perm von Kasan beschriebener Vorderflügel gehört nach Jeannel auch hierher.

Protocephalon (gr. πρός dor. προτί vor, ἡ κεφαλή Kopf), Kopflappen, der vorderste, verbreiterte Abschnitt des → Keimstreifens der Insekten. Es enthält außer dem → Acron (→ Archicephalon) noch drei Rumpfsegmente, nämlich das → Praeantennalsegment, das → Antennalsegment und das → Intercalarsegment, nach Wiesmann auch noch als viertes, bzw. erstes das → Labralsegment.

Die segmentale Zusammensetzung des ~ ist immer noch sehr strittig, obgleich es an Versuchen nicht fehlt, diese Frage zu klären. Es fehlt nicht an Ansichten, die nur 1 protocephales Segment außer dem Acron (Antennalsegment) anerkennen, oder deren 2 annehmen. Auch die Existenz eines Acron wird nicht immer anerkannt. Der Grund dieser Auffassungsverschiedenheiten liegt darin, daß die Segmentierung des ~ weder äußerlich noch innerlich im Embryo angedeutet ist, weil Segmentgrenzen fehlen und die zugehörigen Coelomsäcke sind auch nicht immer gut gegeneinander abgegrenzt, das einzige sichere Kriterium hingegen, die Innervierung kommt auf dem Stadium des gut abgesetzten ~ noch nicht in Frage. (Taf. IX, Fig. 2.)

Protocerebralbrücke, Pons cerebralis, der mittlere, die beiden Lobi verbindende Teil des → Protocerebrum.

Protocerebrallappen, Lobus protocerebralis, das vorderste, in der Mittellinie durch die → Protocerebralbrücke zusammenhängende Ganglienpaar des Gehirns. Von den ~ entspringt beiderseits ein → Lobus opticus. Seine dorsalen Anschwellungen, deren Marksubstanz die → Calyces der → Pilzkörper bildet, werden als → Lobi frontales bezeichnet.

Protocerebrum (gr. πρός dor. προτί vor, voran, lat. cerebrum, -i, n., Gehirn), der vordere, größte Teil des Gehirns, vom nachfolgenden → Deutocerebrum durch eine flach eingedrückte Trennungslinie abgesetzt oder mit ihm ohne äußerlich sichtbare Grenze verschmolzen. Es enthält das → Archicerebrum und das Ganglienpaar des praeantennalen Körpersegments, dem die Komplexaugen angehören. (Taf. IX, Fig. 2, Taf. XXVII, Fig. 2.)
Das ~ zeichnet sich durch Fehlen motorischer und starke Entwicklung assoziativer Elemente aus.

+***Protocimicidae*** Handlirsch (Abb. 272), ausgestorbene Fam der *Heteroptera.*

Abb. 272. + *Protocimex jurassicus* Handlirsch (+ Protocimicidae). Nach Handlirsch. Nat. Gr. etwa 7 mm.

+***Protocoridae*** Handlirsch 1908, ausgestorbene Fam der *Heteroptera* mit 2 unterliassischen Arten aus Aargau, *Protocoris insignis* Heer, Körper 1 cm lang, und *P. planus* Heer, Vorderflügel 0,75 cm lang.

+***Protodonata*** (Brongniart 1893) Handlirsch 1908, fossile *Pterygota* (? +*Palaeodictyoptera*) mit einigen Arten in den Fam +*Protagrionidae*, +*Meganeuridae* und +*Paralogidae* aus Obercarbon und Trias von Nordamerika und Frankreich (Commentry). Die beiden letzteren Fam gehören nach MARTYNOW 1932 zu → +*Meganisoptera.* Zu ~ stellt MARTYNOW einige neue Fossilien (Fam +*Calvertiellidae*, Perm von Kansas, +*Tillyardiellidae*, Perm von Rußland).

Protograph (gr. πρῶτος der Frühere, Erste, γράφω schreibe, zeichne), die Abbildung der → Holotype.

Protogynie → Proterogynie.

+***Protohemiptera*** Handlirsch 1908, fossile Ordn der Überordn *Hemiptera* mit einer monotypischen Fam *Eugereonidae* aus unterem Perm.

Protohymenoptera Tillyard 1924 (Abb. 273), Abteilung der → +*Megasecoptera*

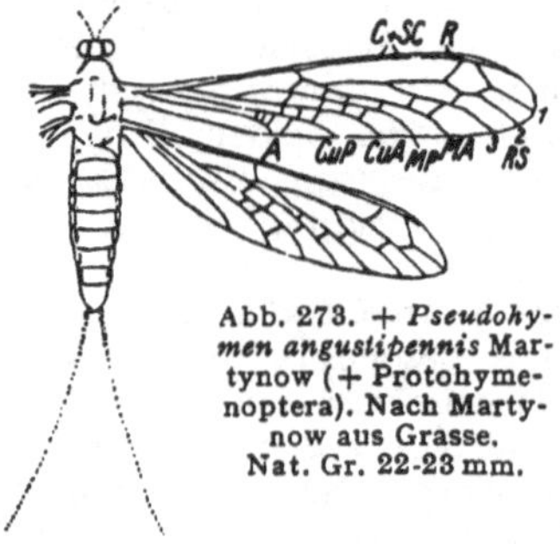

Abb. 273. + *Pseudohymen angustipennis* Martynow (+ Protohymenoptera). Nach Martynow aus Grasse. Nat. Gr. 22-23 mm.

mit mehreren Fam (+*Protohymenidae* Till. 1924, +*Asthenohymenidae* Till. 1924 usw.) aus dem Perm von Nordamerika und Rußland.

+***Protokollariidae*** Handlirsch 1908, ausgestorbene Fam der +*Protorthoptera* mit einer mittel-obercarbonischen Art aus Frankreich, von der nur ein Vorderflügel bekannt ist.

+***Protomyrmeleonidae*** Handlirsch 1908 (Abb. 274), ausgestorbene Fam der *Odonata Archizygoptera* mit 1 ober-liassischen Art, *Protomyrmeleon brunonis* Geinitz aus Mecklenburg. Diese winzig kleine Art hat 1,7 cm lange Flügel, welche das Pterostigma des Odonatenflügels deutlich erkennen lassen, aber keinen → Nodus und keinen → Arculus haben.

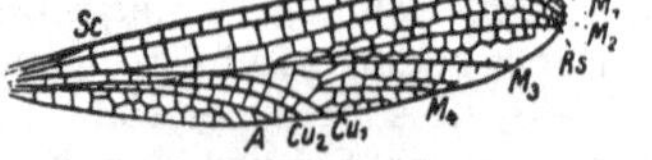

Abb. 274. + *Protomyrmeleon brunonis* Geinitz (+ Protomyrmeleonidae). Nach Handlirsch. Nat. Länge etwa 1,7 cm.

+***Prophasmidae*** (Brongniart) Handl. 1908 (Abb. 275), ausgestorbene Fam der +*Protoblattoidea* mit einer mittel-obercarbonischen Art aus Frankreich, von welcher außer den Flügeln auch der Vorderkörper und alle Beine erhalten sind. Die

Hinterflügel waren 7 cm lang mit einem gut abgegrenzten und erweiterten Analfeld. Prothorax quer oval, schildförmig, Beine lang, von vorn nach hinten zunehmend länger.

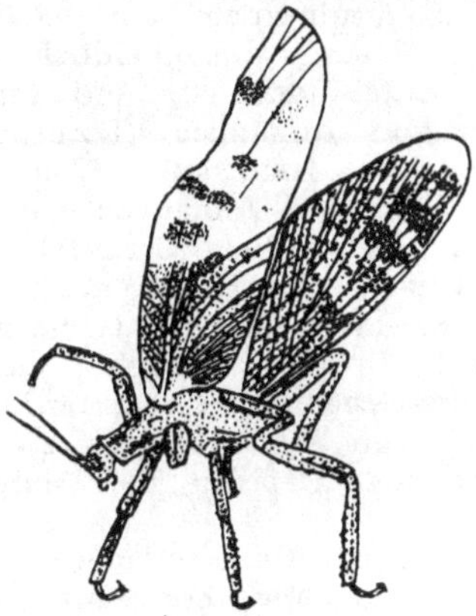

Abb. 275. + *Protophasma dumasi* Brongniart (+ Protophasmidae). Nach Brongmiart aus Lameere. Nat. Körperlänge etwa 8cm.

Protophthalmia Enderlein 1912, Urmücken, ehemalige Familienreihe der *Dipt Nematocera*, ausgezeichnet durch Fehlen einer → Axillaris und einer geschlossenen → Discalzelle zwischen den Ästen der Media und durch die bei Männchen mit ihrer ganzen Breite (nicht schmal jochartig) auf dem Scheitel zusammenstoßenden Komplexaugen. Im Gegensatz zu den → *Oligoneura* haben die ~ 2—3 Ocellen. Die ~ umfaßten folgende Fam: *Rhyphidae*, *Blepharoceridae*, *Deuterophlebiidae*, *Bibionidae* und *Mycetophilidae*, sowie eine fossile Fam + *Protorhyphidae*.

protopode Larven, sind Larven, welche auf der protopoden Segmentierungsphase des Embryos verharren (vgl. unten). (Vgl. auch → cyclopoide Larven.)

protopode Segmentierungsphase, erste Phase der embryonalen Segmentierung vom Augenblick der Erscheinung von Anhängen des Kopfes bis zur Knospung der Thorakalbeine. Der Hinterleib bleibt während dieser Phase noch unsegmentiert und zeigt auch keine Extremitätenanlagen.

Viele endoparasitische Larven der *Proctotrupidae* (*Platygaster*, *Inostemma*, *Synopeas*) verharren in dieser Phase bis zum Schluß ihres ersten Stadiums.

Protopodit, Sympodit, der dreigliedrige basale Teil der Arthropoden-Extremität, welcher aus einem → Pleuropodit (= Subcoxa, Pleuron), einem → Coxopoditen (= Coxa) und einem → Basipoditen (= Trochanter) besteht. Der Basipodit hat zwei Anhänge, einen → Exo- und einen → Endopoditen. Jedes der drei Glieder des ~ kann noch innen einen als → Endit bezeichneten Anhang tragen und die beiden Grundglieder haben noch manchmal je einen ungegliederten, äußeren → Epipoditen. (Taf. I, Fig. 1.)

+***Protorhyphidae*** Handlirsch 1908 (Abb. 276), ausgestorbene Fam der *Diptera*

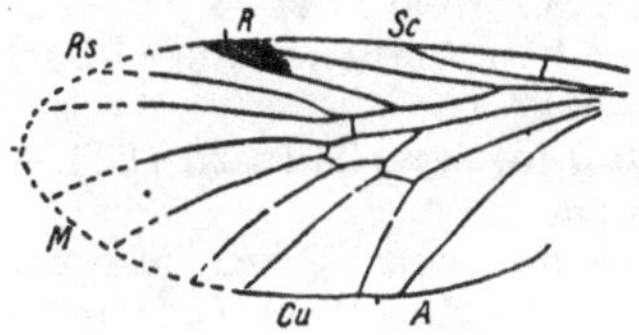

Abb. 276. + *Protorhyphus stigmaticus* Handlirsch (+ Protorphyphidae). Nach Handlirsch. Nat. Gr. etwa 4 mm.

Nematocera mit 3 Arten aus dem Oberlias von Mecklenburg.

+***Protorthoptera*** Handlirsch 1908, fossile *Pterygota* mit etwa 110 Arten, die im mittleren Obercarbon auftauchen und im unteren Perm versiegen. Es waren 4 bis 10 cm lange Tiere mit 2,5—7 cm langen auf den Rücken zurücklegbaren Flügeln, kauenden Mundteilen und langen dünnen Fühlern. Die Beine waren homonom oder die Hinterbeine waren zu Sprungbeinen entwickelt. Sie hatten noch keine Stridulationsorgane. Nach Ansicht von Handlirsch vermittelt diese Ordnung den Übergang von + *Palaeodictyoptera* zu *Orthoptera*. Es gehören aber auch Formen dazu, deren Flügelgeäder stark an *Perlaria* erinnert (cf. *Liomopteridae*, *Probnisidae*, *Lemmatophoridae*).

Das fossile Material dieser Ordn teilte Handlirsch ursprünglich in folgende Fam ein: + *Spanioderidae* (18), + *Ischnoneuridae* (1), + *Cnemidolestidae* (3), + *Prototettigidae* (1), + *Homalophlebidae* (5), + *Protokollariidae* (1), + *Schuchertiellidae* (1), + *Pachytylopsidae* (4), + *Laspeyresiellidae* (1), + *Caloneuridae* (1), + *Sthenaropodidae* (1), + *Oedischiidae* (8), + *Omalidae* (1), + *Geraridae* (12), + *Sthenaroceridae* (2), + *Apithanidae* (1), + *Cacurgidae* (6), + *Narkemidae* (1), + *Lepiidae* (4), + *Liomopteridae* (3), + *Probnisidae* (9), + *Lemmatophoridae* (19), + *Ortaidae* (4) und + *Delopteridae* (4). Alle diese Fam bilden eine recht heterogene Gruppe um die typischen ~, die *Spanioderidae* herum.

protospirae Lichtenstein, *Pemphigus*, frühe Pappelblattstieldrehlaus (*Hom Aphididae*).

+***Prototettigidae*** Handlirsch 1908, ausgestorbene Fam der +*Protorthoptera* mit einer mittel-obercarbonischen Art aus Saarbrücken, von der nur ein Teil des Flügels bekannt ist.

Prototypen (gr. πρῶτος der früheste, erste), Proterotypen, primäre Typen sind Originalexemplare des → Typenmaterials zu einer beschriebenen oder abgebildeten neuen Art.

+***Protozygoptera*** Tillyard 1925 → +*Permodonata.*

Protracheas von Paul Mayer aufgestellte hypothetische Urform der Insekten, Ahnform des →, *Protentomon.*

Protractor (gr. πρό vor, lat. traho, -ere ziehen), Vorzieher, Protractoren sind Muskeln, welche ein nicht gelenkig fixiertes, manchmal in einem Falzgelenk gleitendes Organ vorziehen oder vorstrecken. Protractoren kommen z. B. an den Basalstücken der Stechborsten vor. Antagonist → Retractor. Vgl. auch → Promotor.

Protura Silvestri 1907 (*Myrientomata* Berlese 1909, *Anamerentoma* Prell 1912), Proturen.

Kleine, 0,5—2 mm lange, annähernd homonom gegliederte, spärlich behaarte, blasse oder gelblich gefärbte, schlanke Apterygoten.

Kopf pantotrem, prognath, vorn zugespitzt. Augen fehlen, ein Paar seitliche Erhebungen der Kopfkapsel werden als Pseudoculi bezeichnet. Mundteile entotroph, vorschnellbar. Mandibeln stilettartig, mit einem, dem hinteren Gelenk. Maxillen mit 4gliedrigen Tastern, Lippentaster 2gliedrig.

Thorax schwach heteronom gegliedert. Prothorax stets kleiner als Meso- oder Metathorax, mit abweichender Skleritbildung. Beine heteronom, Vorderbeine länger als Mittel- oder Hinterbeine, gewöhnlich tasterartig vorgestreckt. Vordertarsen 2gliedrig, Mittel- und Hintertarsen mit den Tibien zu einem Tibiotarsus verschmolzen. Alle Beine mit nur je einer Kralle.

Hinterleib mit zwölf Segmenten. Die drei Basalsegmente sind ventral mit je einem Paar zweigliedriger Beinrudimente in der Flankenhaut versehen. Das 9. bis 11. Segment mit kleinen Pleuralplatten. Die Terminalia 9—12 sind in das 8. Segment einziehbar. Das 11. Segment bei Männchen mit einem paarigen Penis, der nach Weber wahrscheinlich aus den Cerci entstanden ist, und mit einem Paar von Anhängen (Forceps Prell, Periphallus Berlese). Weibchen mit zwei Paar von Anhängen, den inneren und äußeren Valven. Cerci fehlen.

Vorder- und Hinterdarm dünn, gerade, von dem erweiterten Mitteldarm gut abgesetzt. In der schwach angedeuteten Pylorus-Gegend des Hinterdarms ein Kranz von sechs aus je zwei Zellen bestehenden Papillen, den Malpighi-Gefäßen.

Rückengefäß ein einfaches Rohr, welches sich vom Mesothorax bis zum 7. Hinterleibssegment erstreckt und mit je einer kontraktilen Kammer und einem Ostienpaar in einem jeden der sieben Hinterleibssegmente versehen ist.

Tracheensystem bei *Eosentomidae* mit zwei thorakalen Stigmenpaaren im Meso- und Metathorax, von welchen Tracheenäste nach vorn bis in den Kopfkapsel und nach hinten bis zur Hinterleibsspitze gehen, ohne miteinander zu anastomosieren. Keine Hinterleibsstigmen. Bei *Acerentomidae* fehlt das Tracheensystem ganz.

Im Nervensystem ist das Prothorakalganglion mit dem Suboesophagalganglion verschmolzen. Die Nervenkette im Hinterleib ohne Kommissuren, endet im 6. Segment und weist nur zwei Ganglienmassen im ersten und im sechsten Hinterleibssegment auf.

Gonaden in beiden Geschlechtern paarig. Ovarien panoistisch, Oviducte sehr breit, münden im 8. Segment in eine weite Vagina, welche mit einem schmäleren Gang im 11. Segment nach außen mündet. Hoden lang, schlauchförmig, vorne miteinander verbunden. Vasa deferentia dünn, lang und geknäuelt, münden getrennt in die beiden Penes des 11. Segments. Ein Ductus ejaculatorius fehlt.

Die Entwicklung ist eine anamere Epimetabolie. Larven mit neun Hinterleibssegmenten. Die volle Segmentzahl des Hinterleibs wird erst im letzten präimaginalen Stadium (sog. maturus junior) erreicht, auf das dann die geschlechtsreife Form (Imago) folgt.

Die Proturen sind im fossilen Zustande bisher nicht bekannt.

Die Proturen leben in feuchten Bodenbiotopen, im Moos, feuchter Erde, unter Steinen, Rinden usw. Sie nehmen nur flüssige Nahrung zu sich (Mitteldarm ohne Muskularis und ohne peritrophische Membran), die wohl hauptsächlich vom pflanzlichen Detritus, Mycelien usw. stammt.

Gegenwärtig sind etwa 70 Arten der *Protura* bekannt. Sie werden in zwei Familien, *Eosentomidae* und *Acerentomidae* eingeteilt. Sie sind über alle Kontinente, nordwärts bis nach Island, verbreitet. Mehrere Arten leben auch in Deutschland.

Provenienz (lat. provenio, ire, herkommen), Herkunft, Ursprungsland, Fundort eines Sammlungsexemplares.

Proventriculus (lat. pro vor, ventriculus, -i, m., dem. von venter, -tris, m., Unterleib, Bauch) → Vormagen.

provisorische Organe sind embryonale oder larvale Organe, welche mit dem Übergang zur Imago abgeworfen werden. Die Insekten haben eine große Anzahl ~ Organe, von welchen nur beispielsweise die → Embryonalhüllen, → Eizähne und → Afterfüße genannt werden mögen.

proximal (lat. prope, comp. propior, superl. proximus nahe, näher am nächsten der Mittellinie des Körpers oder dem Ursprung eines Organs genähert. Gegens. → distal.

proximana Herrich-Schäffer, *Epiblema*, Fichtennestwickler (*Lep Tortricidae*).

Prozessionsraupen, Raupen der → Prozessionsspinner, die die Gewohnheit heben, in langen, 1—3 Raupen breiten Kolonnen zu wandern (→ Wanderungstrieb).

Prozessionsspinner → *Thaumetopoeidae*. Vgl. auch Eichen-, Kiefern- und Pinienprozessionsspinner.

prunata Linné, *Lygris*, Pflaumenspanner, Zwetschkenspanner (*Lep Geometridae*).

pruni Koch (gegenw. = *Brachycaudus cardui* Linné, *Anuraphis*, große grüne Pflaumenblattlaus (*Hom Aphididae*).

pruni Geoffroy, *Hyalopterus*, mehlige Pflaumenblattlaus (*Hom Aphididae*).

pruniana Hübner, *Argyroploce*, Schlehenwickler, Pflaumenwickler (*Lep Tortricidae*).

prunicola Kaltenbach, *Appelia* (*Anuraphis*), dunkle Pflaumenblattlaus (*Hom Aphididae*).

Przibram's Faktor, $\sqrt[3]{2} = 1{,}26$, Größe, um welche die Körperlänge eines jeden nachfolgenden Stadiums eines Insekts steigen soll. Vgl. auch → Dyar's Regel.

Psammocharidae Rohwer 1910 (*Pompilidae* Leach 1815, 1819), Wegwespen (Abb. 277), Fam der *Hym Aculeata* (*Fossores*) mit etwa 3000 über den warmen und gemäßigten Gürtel ziemlich gleichmäßig verteilten Arten, von welchen in Deutschland an 100 leben. Die meist empfindlich stechenden Wespen versorgen ihre Larven mit gelähmten Spinnen. Fossil sind 13 tertiäre Arten bekannt, darunter 2 aus dem baltischen Bernstein.

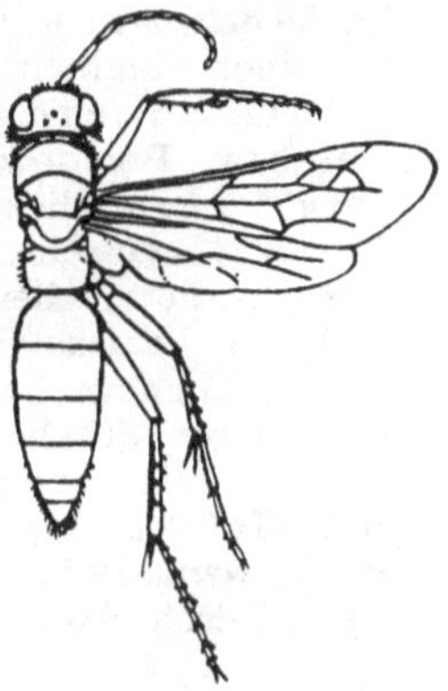

Abb. 277. *Anoplius fuscus* Linné (*viaticus* auct. nec Lin.) (Psammocharidae). Nach Lameere. Nat. Gr. 7—15 mm.

psammophil (gr. ἡ ψάμμος Sand und alles Sandartige, lockere Erde, Staub, Pulver, φιλέω liebe), sandliebend, in sandigen Biotopen lebend.

Psammophor (gr. ἡ ψάμμος Sand, φορέω tragen), Sandträger, bei Wüstenameisen ein Haarbesatz auf den Mandibeln und der Kopfunterseite. Er dient zum Transport des Sandes für den Nestbau.

Pselaphidae (Latreille) 1802, (Leconte & Horn 1883) (*Pselaphi* Latr.), Palpenkäfer (Abb. 278), Fam der *Col Polyphaga* (*Staphylinoidea*) mit fast 4000 Arten. Kleine, meist 1—3 mm lange Käfer mit abgestutzten Flügeldekken, meist stark verlängerten Kiefertastern und dreigliedrigen, meist einkralligen Tarsen. Halsschild von den Flügeldecken tief abgeschnürt. In Deutschland etwa 90

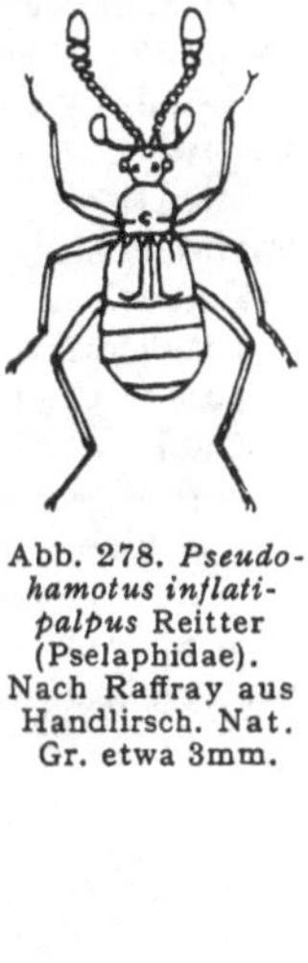

Abb. 278. *Pseudohamotus inflatipalpus* Reitter (Pselaphidae). Nach Raffray aus Handlirsch. Nat. Gr. etwa 3mm.

Arten. Fossil sind 46 Arten aus dem baltischen Bernstein beschrieben.

pseudazinös (gr. ψευδώς lügenhaft, täuschend, falsch, lat. acinus, -i kleine runde Beere), beerenförmig. ~ → Hohldrüsen sind → acinösen Drüsen ähnlich, aber ihre → Pseudacini haben keinen Sammelraum, sondern ein Bündel von → Sekretkanälchen, welche das Sekret in den allgemeinen Sammelraum abführen.

Pseudacinus, Pseudoacinus, pl. Pseudacini bzw. Pseudoacini sind → Drüsenpakete von rundlicher, → Drüsenbläschen (Acini) vortäuschender Form. Von den letzteren unterscheiden sie sich dadurch, daß sie keinen eigenen Sammelraum haben, sondern jede Pseudacinus-Zelle ihr Sekret durch ein Sekretkanälchen in den allgemeinen Sammelraum abgibt. (Taf. VII, Fig. 3.)

pseudoaposematische Tracht (gr. ψευδώς erlogen, falsch, ἀποτεύω fortjagen) → Mimikry.

Pseudobranchien → Tracheenkiemen.

Pseudocellen, Hautporen, sind rundliche Stellen mit verdünnter Cuticula, die über den Körper der *Onychiuridae* zerstreut auftreten. Es sind präformierte Bruchstellen des → Reflexblutens. Ihre Membran zeigt gewöhnlich eine sternförmige oder parallele Streifung.

Pseudocephalon (gr. ψεύδω täuschen, lügen, τὸ ψεῦδος Täuschung, Lüge, ἡ κεφαλή Kopf), das vorderste, konische Körpersegment der acephalen Dipterenlarven, welches die → Mundhaken umgibt. (Taf. XX, Fig. 9—12.)

Pseudocerci (gr. ψεύδω täuschen, trügen, ὁ κέρκος Schwanz der Tiere), paarige, ungegliederte, gegliederte oder geringelte Anhänge des 9. Hinterleibssegments vieler Käferlarven.

Pseudochrysalis (gr. ψεύδω täuschen, trügen, → chrysalis) → Scheinpuppe.

Pseudococcus spp., Schmierläuse, Wolläuse (*Hom Coccidae*).

Pseudocoel, der auf Reste der primären Leibeshöhle zurückgehende Raum des Insektenkörpers zwischen den embryonalen Coelomsäcken und dem Dotter. Nach der Auflösung der Coelomsäcke vereinigen sich ihre Hohlräume (sog. sekundäre Leibeshöhle) mit dem ~ zu einem einzigen Hohlraum, dem sog. Mixocoel.

pseudocone Augen (gr. τὸ ψεῦδος Täuschung, ὁ κῶνοσ Zapfen, Kegel) sind → Komplexaugen, deren → Ommatidien im → dioptrischen Apparat mit einem → Pseudoconus versehen sind.

Pseudoconus, ein homogener, zähflüssiger (*Dipt Cyclorrhapha*) oder erhärtender (*Elateridae, Dermestidae, Malacodermata, Simulium*) lichtbrechender Kegel zwischen der Cornea und den Sehzellen der Ommatidien von Komplexaugen. Der ~ liegt mit seiner breiten Basis der Innenwand der Cornea an. Er ist im Gegensatz zum echten Kristallkegel nicht vierteilig, sondern völlig einheitlich und entsteht aus einem hyalinen Sekret der Kristallzellen. Nach Bildung des ~ bleiben die Reste der Kristallzellen in der an die Sehzellen stoßenden Spitze des ~ bestehen. Der ~ kann, wie z. B. bei *Simulium*, völlig mit der Cornea-Facette verschmelzen und wird dann als → Processus corneae bezeichnet (vgl. Taf. XXVIII).

+***Pseudomylacridae*** Handlirsch 1908, ausgestorbene Fam der *Blattaria* mit einer ober-obercarbonischen Art aus Sachsen. Diese (*Pseudomylacris wettinense* Schlechtendahl i. litt.) ist aus einem Vorderflügel von 0,65 cm Länge bekannt, welcher 1,6 so lang als breit ist und daher einer brachypteren Form anzugehören scheint.

Pseudoparasiten werden von einigen Autoren → Epizoen genannt, welche dem Körper ihrer Wirte keine lebendige und lebenswichtige Substanz entziehen, sondern sich von abgestorbenen Geweben oder toten Gewebsprodukten ernähren.

Pseudopleure → falsche Epipleuren.

+***Pseudopolycentropidae*** Handlirsch 1925 (Abb. 279), ausgestorbene Fam der

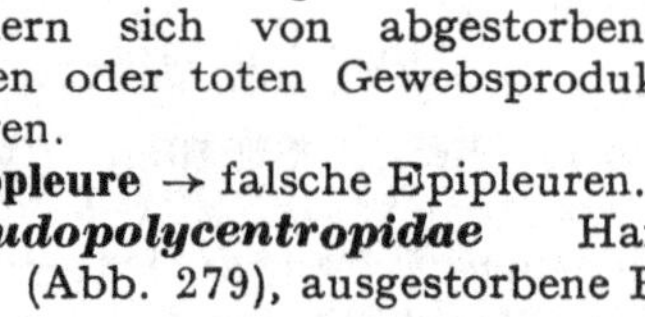

Abb. 279. + *Pseudopolycentropus triangularis* Handlirsch (+ Pseudopolycentropidae). Nach Handlirsch. Nat. Länge etwa 7 mm.

Panorpatae mit 2 oberliassischen Arten aus Mecklenburg.

Pseudoporen, senkrecht zusammenhängende, von faserigem Chitin ausgefüllte Spalträume zwischen den gekreuzt übereinanderliegenden Balkenlagen der → Endocuticula. Sie können übrigens auch in der lamellösen Endocuticula auftreten.

+***Pseudosiricidae*** Handlirsch 1908 (Abb. 280) ausgestorbene Fam der *Hymenoptera*

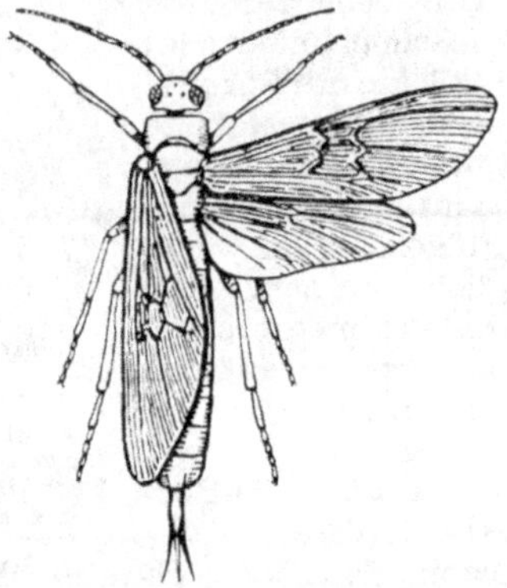

Abb. 280. + *Pseudosirex* sp. (+ Pseudosiricidae). Nach Handlirsch. Nat. Gr. etwa 4 cm.

Symphyta mit 15 jurassischen Arten der Gatt. +*Pseudosirex*. Es sind große Tiere von 2,5 bis fast 9 cm Körperlänge, deren Weibchen mit einer kurzen Legescheide versehen sind. Das Flügelgeäder dieser Arten ist schon ziemlich vorgeschritten, mit wenigen kräftigen Längsadern und Zellen.

pseudasolani (Theobald), *Myzus*, Kartoffelblattlaus, gefleckte (*Hom Aphididae*).

Pseudotetramera Westwood → *Phytophaga*. Käfer mit scheinbar 4 gliedrigen Tarsen, deren 4. Glied sehr klein, an der Wurzel des 5. Gliedes zuweilen kaum erkennbar → (Arthrium) und häufig in einem tiefen Ausschnitt des 3. Gliedes verborgen liegt.

Pseudotracheen sind die auf der Sohle der → Labella quer verlaufenden, aufgeschlitzten tracheenartigen Rohre mit den ihre Wände versteifenden Chitinringen. Sie dienen einerseits dazu, den aus dem Nahrungsrohr zufließenden Speichel mit dem löslichen Nährsubstrat in Berührung zu bringen, andrerseits machen sie die Sohle der Labella rauh genug, um die Oberfläche des Nahrungsbrockens anzukratzen. (Taf. XXIII, Fig. 1.)

Pseudovirga (gr. ψευδώς erlogen, falsch, lat. virga, -ae, f., Rute), sekundäre, sklerotisierte, vielfach (→ Begattungsglied) weit aus dem → Praeputialsack hinausragende, den sekundären Penis bildende Ausstülpung des Praeputialsackbodens.

Pseudoviviparie werden diejenigen Sonderfälle der → Brutpflege genannt, bei welchen die Eier zwar nicht wie bei der echten → Viviparie innerhalb der weiblichen Geschlechtswege, sondern in besonderen äußerlichen Bruttaschen (→ Marsupium) bis zum Schlüpfen der Larve getragen werden.

Psilidae Löw 1862, Nacktfliegen, Fam der brachyceren Fliegen mit etwa 120 vorwiegend holarktischen Arten. Larven meist phytophag in Pflanzenwurzeln, einige schädlich (→ *Psila rosae*). Fossil sind 2 miocäne Arten beschrieben worden, die aber, wie mir freundlich Herr Prof. Hennig mitteilte, keine Psiliden sind.

Psocidae (Leach 1815) Enderlein 1903 (Abb. 281), Fam der *Corrodentia* mit etwa 200

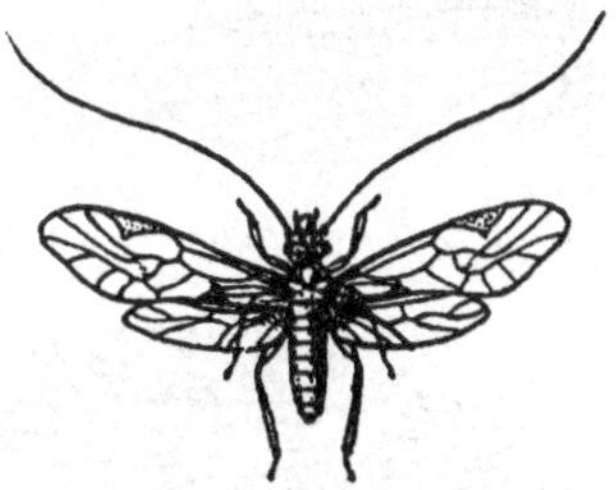

Abb. 281. *Psocus gibbosus* Sulzer, Männchen (Psocidae). Nach Enderlein. Nat. Gr. etwa 4 mm.

Arten, in allen Gebieten der Erde. In Deutschland 18 Arten.
Fossil sind 5 Arten aus dem baltischen Bernstein beschrieben worden, alle aus rezenten Gattungen.

Psocoidea Weber 1939, Überordn der *Pterygota* mit den Ordn *Corrodentia, Mallophaga* und *Anoplura*.

Psoquillae Latreille → *Corrodentia*.

Psychidae Boisduval 1829, Sackträgermotten, Fam der *Lep Tineoidea* mit etwa 400 Arten hauptsächlich in der palaearktischen und indoaustralischen Region. In Deutschland mehrere Arten. Fossil 7 Arten aus dem baltischen Bernstein und 1 aus dem Miocän von Oeningen. Von allen sind nur Säcke bekannt.

Psychodidae (Macquart 1826) Bigot 1854 (*Tipulariae phalaenoidae* Macquart), Schmetterlingsmücken, Fam der Dipt Nematocera mit etwa 450 in allen Regionen, vorwiegend aber in der paläarktischen und nearktischen Region verbreitet. Kleine, 1—3 mm lange, behaarte Fliegen, die ihre Flügel in Ruhe entweder dachförmig auf dem Rücken zusammengelegt oder (*Phlebotominae*) gespreizt halten. Rüssel meist kurz, bei *Phlebotominae* zum Stechen geeignet. Larven in Dünger, flüssigem oder feuchtem Detritus usw., eucephal. Imagines häufig in Aborten, die der Phlebotominae sind in beiden Geschlechtern lästige Blutsauger und im Mittelmeergebiet Überträger des 3-Tage-Fiebers.

Fossil sind etwa 30 Arten, die meisten aus dem baltischen Bernstein, wenige aus der oberen Kreide (Malm, Dogger) beschrieben worden.

Psychomyidae Kolenati 1859 (Abb. 282, 283), Fam der *Trichoptera* mit etwa

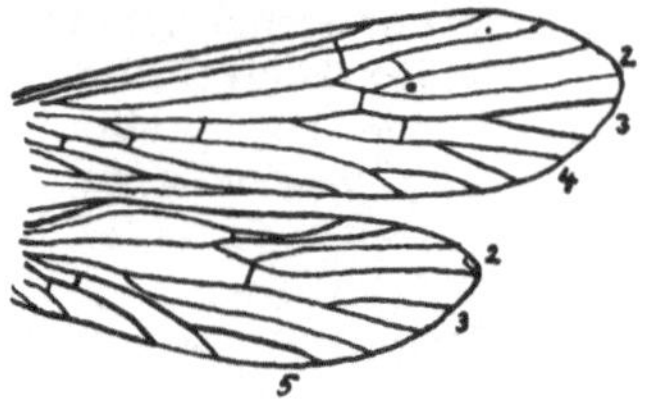

Abb. 282. *Lype phaeopa* Stephens, Flügel (Psychomyidae). Nach Ulmer. Nat. Länge 4—6 mm.

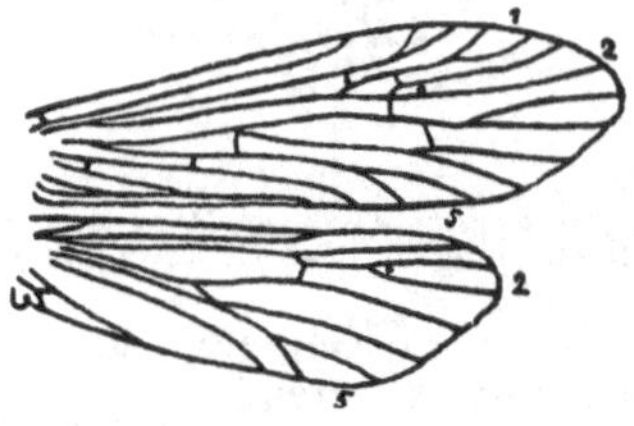

Abb. 283. *Ecnomus tenellus* Rambur (Psychomyidae). Nach Ulmer. Nat. Länge 4—6 mm.

40 Arten, von welchen in Deutschland an 20 leben. Kleine Tiere mit 1—2 cm Flügelspannung.

Fossil 16 Arten aus dem baltischen Bernstein und 1 aus dem Miocän von Colorado.

+***Psychrocoridae*** Handlirsch 1925, ausgestorbene Fam der *Heteroptera* mit einer oberliassischen Art (*Psychrocoris cuneifera* Handl.) aus Mecklenburg.

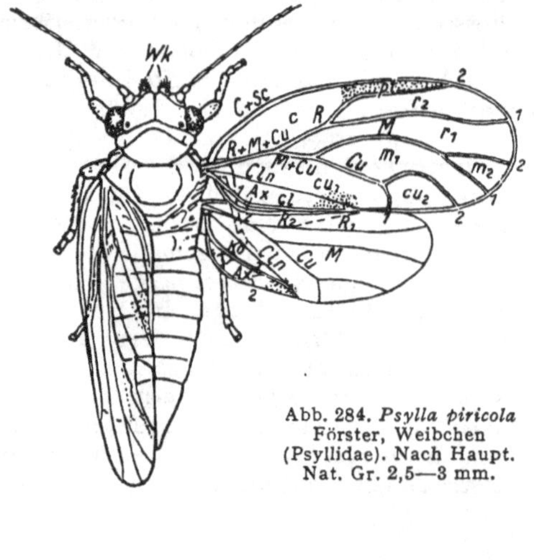

Abb. 284. *Psylla piricola* Förster, Weibchen (Psyllidae). Nach Haupt. Nat. Gr. 2,5—3 mm.

Psyllidae Latreille 1807, e c h t e B l a t t f l ö h e (Abb. 284, 285), Fam der *Hom Psyllina* mit etwa 1000 rezenten und 2 fossilen (miocänen) Arten. Kleine mit Sprungvermögen ausgestattete Homopteren, mit zwei Paar häutiger, durchsichtiger Flügel. Larven wenig beweglich, flach. In Deutschland mehrere Arten, darunter der gefürchtete Schädling → Apfelblattsauger.

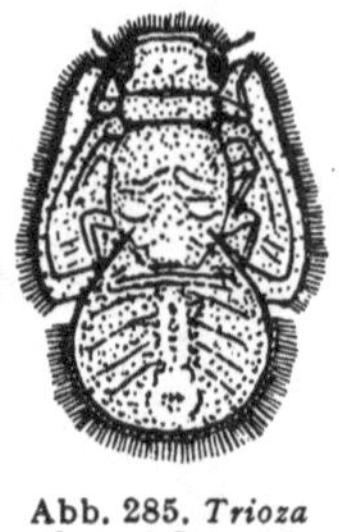

Abb. 285. *Trioza rhamni* Schrank, Larve (*Psyllidae*). Nach Haupt. Nat. Gr. etwa 2 mm.

Psyllina (Leach 1815) Börner, B l a t t f l ö h e (*Psyllides* Leach, *Psylloidea* Handlirsch 1903), Überordn der *Homoptera* mit der einzigen rezenten Fam *Psyllidae* und einer fossilen Fam +*Archipsyllidae*, die letztere gegenwärtig für Corrodentien gehalten.

Psyllipsocidae (Kolbe 1884) Enderlein 1911 (Abb. 286, 287), Fam der *Corrodentia* mit wenigen (in Deutschland 3) Arten.

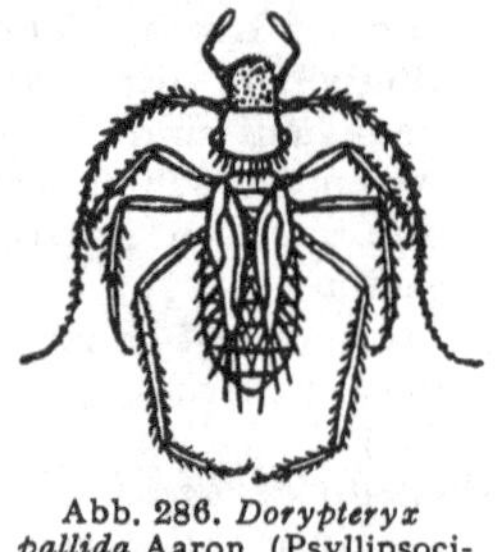

Abb. 286. *Dorypteryx pallida* Aaron (Psyllipsocidae) Nach Enderlein. Nat. Gr. 1,2 mm.

Pterale (gr. τὸ πτερόν Flügel, latin, pterale, -is, pl. -ia, -ium, n., das zum Flügel gehörige),

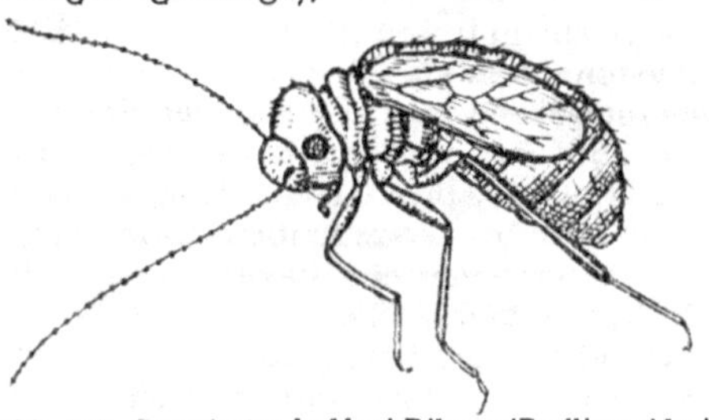

Abb. 287. *Psocatropos lachlani* Ribaga (Psyllipsocidae). Nach Enderlein. Nat. Gr. etwa 1,5 mm.

A x i l l a r e, F l ü g e l g e l e n k s t ü c k. Es werden in der Regel 3 ∼ unterschieden, die aber manchmal in mehrere gespalten werden können, das → M i t t e l g e l e n k s t ü c k (2. Pterale, Endopteron, Endopterale), das → V e r m i t t l u n g s s t ü c k und das → A n a l g e l e n k s t ü c k (3. Pterale, Mesopteron, Mesopterale).

Die Pteralia sind im Gegensatz zu → Tergal- und → Pleuralgelenkstücken doppelwandig und stellen abgetrennte Basalteile von Adern dar, nämlich der Radialader, der Media und des Analisstammes. In hochentwickelten Flügeln der *Lepidoptera, Hymenoptera, Diptera* und *Hemiptera* rücken die ~ vielfach eng zusammen oder verschmelzen (viele *Hymenoptera*) zu einem einzigen Sklerit, welcher durch Vermittlung des 1. Pterale (→ Tergalgelenkstück) mit dem → Tergalhebel artikuliert. (Taf. X, Fig. 2, Taf. XXX, Fig. 8.)

+***Pteridomylacridae*** Handlirsch, ausgestorbene Fam der *Blattaria* mit 1 oberobercarbonischen Art aus Nordamerika.

Pterocallidae (Löw 1873) Frey 1921 (Abb. 288), Fam der brachyceren Fliegen mit 100 vorwiegend neotropischen und nearktischen Arten.

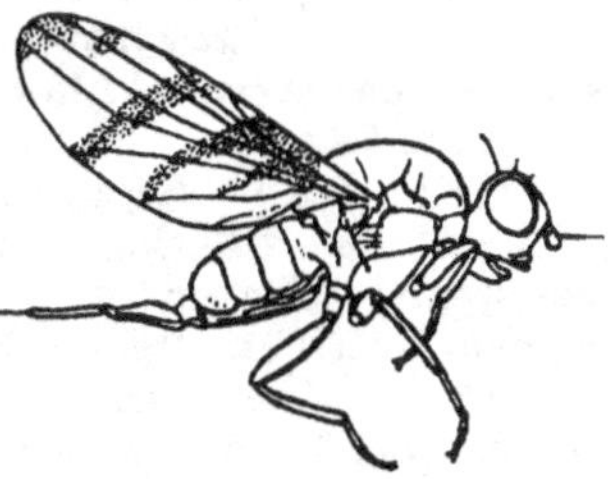

Abb. 288. *Myennis octopunctata* Coquebert, Weibchen (Pterocallidae). Nach Seguy aus Lameere. Nat. Gr. 3—5 mm.

Pterolonchidae Meyrick 1920, Fam. der *Lep Tineoidea*, vermutlich mit *Gelechiidae* näher verwandt. Bei uns nicht vertreten.

Pteromalidae → *Chalcididae*.

Pterombridae Handlirsch 1925, Fam der *Hym Heterogyna* mit etwa 10 neotropischen Arten.

Pteronarcidae (Jacobson u. Bianchi 1905) Enderlein 1909 (*-ini* J. u. B.), nur in Amerika vertretene Fam der *Perlaria*.

+***Pteronidiidae*** Bolton (emend. Handlirsch), ausgestorbene Fam der +*Palaeodictyoptera* mit 1 Art aus dem mittleren Obercarbon von England.

Pterophora Clairville → *Pterygota*.

Pterophoridae (Latreille 1802) Zeller 1841 (*Pterophori* Latr.), Federmotten, Fam der *Lep Pyralidina* mit etwa 600 weltweit verbreiteten Arten, von welchen in Deutschland an 60 heimisch sind. Vorderflügel meist mit 1—5 tiefen Einschnitten, die vom Außenrand zwischen die Längsadern eindringen und die Vorderflügel in 2—6 fingerartige schmale Lappen zerteilen. Hinterflügel mit ebensolchen Einschnitten.
Fossil nicht bekannt.

Pteropleure (gr. τὸ πτερόν Flügel, ἡ πλευρά Körperseite), der obere, der Flügelwurzel nächstliegende Teil der → Epimere bei Dipteren. Vgl. auch → Hypopleura.

Pteropleuralborsten, eine kurze Borstenreihe auf der Pteropleure vieler *Diptera*. Zuweilen ist es nur eine einzelne Borste. (Taf. V, Fig. 6.)

Pterostigma (gr. τὸ στίγμα Malzeichen, Brandmarke) → Flügelmal.

Pterostigmaschloß, Stigmapophyse, ein stumpfer Chitinvorsprung der Radialader an der Basis der Pterostigma im Vorderflügel der Corrodentia. In der Ruhelage der dachförmig über dem Rücken zusammengelegten Flügel hält der Vorsprung die Hinterflügel in der richtigen Lage, indem er in ihren Vorderrand einhakt.

Pterostigmaschrägader, eine schräg gestellte kurze Querader zwischen der proximalen Ecke des Pterostigmas und der Ader m_1 im Flügel vieler *Odonata* (*Zygoptera, Gomphinae, Aeschninae*). Sie liegt gewöhnlich in der Verlängerung der schräg abgestutzten Basis der Pterostigma.

Pterothorax (gr. τὸ πτερόν Flügel, ὁ θώραξ Brustschild), Alitruncus zusammenfassende Bezeichnung für geflügelten Meso- und Metathorax. Auch bei ungeflügelten Insekten (z. B. Mallophagen) werden häufig diese beiden Segmente als ~ bezeichnet (amerikanische Autoren).

Pterothysanidae Hampson 1892, Fam der *Lep Macrofrenatae* mit etwa 15 indischen und afrikanischen Arten.

Pterygien (gr. τὸ πτερύγιον kleiner Flügel, Fischflosse) lappenartig erweiterte Außenwände der Fühlergruben, die z. B. bei *Curculionidae* (*Otiorrhynchinae*) gut entwickelt sind und ohrmuschelartig an den Seiten der Rüsselspitze vorstehen.

Pterygogenea Brauer → *Pterygota*.

Pterygo-Polymorphismus, Polymorphismus der Flügel, Auftreten von Formen mit entweder geschlechtlich oder individuell verschiedener Ausbildung von Flügeln. Am häufigsten treten → macro-, → micro- und → brachyptere Formen nebeneinander auf. Nicht selten sind auch → aptere Formen. Viel seltener sind → stenoptere Formen.

Pterygota (Clairville 1798) Lang 1888 (*Pterophora* Clairville, *Pterygogenea* Brauer 1885), Fluginsekten.

Kleine bis sehr große, 0,2 mm bis 35 cm lange, ursprünglich geflügelte, sekundär oft flügellose (*Mallophaga*, *Anoplura*, *Suctoria*, Weibchen der *Coccidae* und der *Strepsiptera*, Arbeiter der Ameisen und Termiten, Soldaten der Termiten, einzelne Arten und Formen sonst normalerweise geflügelter Gruppen) Insekten, deren Imagines höchstens am 8. bis 11. Hinterleibssegment mit Gonopoden (Genitalanhänge, Styli, Cerci) versehen sein können.

Kopf acrotrem (*Odonata*, *Hymenoptera*, *Diptera*, *Lepidoptera*, viele *Coleoptera* usw.), oder mesotrem (z. B. *Saltatoria*, *Blattariae*, *Dermaptera*), mehr oder weniger beweglich, pro-, ortho- oder hypognath, meist mit gut entwickelten Komplexaugen und oft mit 1—3 Ocellen. Fühler immer vom Bau der → Geißelantenne, im übrigen außerordentlich formenreich, stets aber mit einem größeren Scapus (vgl. auch → Torus) und einem wenig- bis vielgliedrigen Flagellum. Mundteile immer ectotroph, von außen sichtbar, weisen vier Hauptrichtungen der Differenzierung in kauend-leckende, leckend-saugende, saugende und stechend-saugende Formen auf. Mandibeln immer dicondyl, beißend, stechend oder reduziert.

Thorax in der Regel heteronom, selten, im Zusammenhang mit der Flügellosigkeit, homonom gegliedert. Thorakalbeine gewöhnlich homonom oder fast homonom, seltener heteronom, mit 1—5 gliedrigen Tarsen, meist mit einem Paar gleichartiger Krallen, seltener mit ungleichen Krallen, mit einer unpaarigen Kralle, oder ganz ohne solche. In der Regel sind die Tarsen von den Schienen gut getrennt, nur bei Larven und in hochspezialisierten Beinen der Imagines gewisser Arten kommt ein Tibiotarsus vor. Styli treten an Thorakalbeinen niemals als solche auf (→ Tracheenkiemen). Die meisten Pterygoten sind geflügelt, viele sind kurzflügelig oder ganz flügellos. Die geflügelten Formen besitzen meistens zwei Flügelpaare, das eine am Meso-, das andere am Metathorax. Das zweite Flügelpaar ist bei allen *Diptera* und Männchen der *Coccidae* zu kleinen Halteren reduziert. Bei Männchen der *Strepsiptera* ist das erste Flügelpaar zu halterenartigen Stummeln reduziert. Bei Pterygoten mit zwei Flügelpaaren neigt öfters das erste Flügelpaar zur Reduktion und ist dann gewöhnlich zu kräftiger sklerotisierten, sich am Fluge nicht oder nur wenig beteiligenden Flügeldecken (Deckflügeln) umgebildet. Nicht selten kommt aber die Reduktion des zweiten Flügelpaares vor, wie z. B. bei vielen Ephemeriden, flügellosen Käfern, deren Vorderflügel (Flügeldecken) dabei oft zu einem einheitlichen Panzer verwachsen sein können usw.

Hinterleib mindestens mit acht nachweisbaren Segmenten. Segmentreduktionen kommen in den Basal- und Terminalsegmenten häufig vor, aber das 4. bis 7. Segment bleiben immer vollwertig. Auf Uropoden zurückführbare Anhänge treten, abgesehen von rudimentären Tracheenkiemen, nur auf dem 8., 9. und 11. Segment vor. Bei völliger Rudimentation des 11. Segments können die Cerci auf das 10. Segment rücken, bzw. sie stehen dann auf dem, mit dem 10. Segment verschmolzenen Rudiment des 11. Segments. Die Geschlechtsöffnung befindet sich bei Weibchen zwischen dem 7. und 8., oder zwischen dem 8. und 9. Sternit, selten zwischen dem 9. und 10. Sternit, bei Männchen immer zwischen dem 9. und 10. Sternit. Es kommt allerdings vor, daß das 9. oder auch 8. Sternit reduziert, oder zu Genitalanhängen modifiziert ist, so daß der Gonoporus dann scheinbar zwischen dem 7. und 8. Sternit zu liegen scheint. Äußere Kopulationsorgane in der Regel unpaarig, selten paarig, oder ganz fehlend, bestehen aus einem Aedoeagus mit mehr oder weniger deutlicher und verschiedenartig differenzierter Phallobase und mit oder ohne phallische oder periphallische (segmentale) Bildungen. Zur Unterstützung der Begattung können außer den Abdominalsegmenten 8 und 9, seltener 10, auch noch Fühler und Beine modifiziert sein. Weibchen mit oder ohne Legeapparat, welcher im Höchstfall aus je einem Gonapophysenpaar des 8. und 9. Sternits und einem Gonopodenpaar des 9. Sternits bestehen kann. Anus mit oder ohne Analklappen (→ Telson).

Darmkanal sehr verschiedenartig, je nach der Art und Weise der Ernährung. Am Vorderdarm ist gewöhnlich mindestens ein

Pharynx und Oesophagus differenziert, oft außerdem noch ein Kropf und Proventriculus mehr oder weniger gut ausgebildet. Mitteldarm mehr einförmig, sackartig, vorn mit oder ohne Caeca. Hinterdarm in der Regel dünn, schlauchförmig, mindestens mit einem deutlichen, erweiterten Rectum, oft auch noch mit einem deutlichen Pylorus- und Dünndarmabschnitt. Malpighi-Gefäße sehr variabel an Zahl, meist schlauchförmig, münden in den Pylorus.

Rückengefäß gewöhnlich mit einem schlauchförmigen, langen, selten (*Mallophaga, Anoplura*) mit einem ovalen, oder sackartigen Herzen, welches nach vorn in eine lange, gewöhnlich bis in die Kopfkasel reichende Aorta verlängert ist. Pulsierende Antennal- und Beinarterien kommen zur Unterstützung des Blutkreislaufes vor.

Tracheensystem in der Regel gut entwickelt, gewöhnlich mit einem Paar kräftiger seitlicher Längsstämme und mit oder ohne Längs- und Queranastomosen, stets mit einfachen Stigmenästen und reich verzweigten dorsalen, ventralen und visceralen Tracheenästen in den meisten Körpersegmenten. Es kommuniziert mit der umgebenden Atmosphäre durch je ein Stigmenpaar im Meso- und Metathorax und in den Hinterleibssegmenten 1—8. Prothorax, sowie die Hinterleibssegmente 9—12 besitzen niemals Stigmen. Die mesothorakalen Stigmen rücken oft so weit nach vorn, daß sie zum Prothorax zu gehören scheinen. Überzählige Stigmen kommen bei Pterygoten nicht vor (→ Hyperpneustia). Bei guten Fliegern mit schwerem Körper (z. B. *Sphingidae, Melolonthinae*) sind die Tracheen oft zu Luftsäcken erweitert. Bei Parasiten kann das Tracheensystem mehr oder weniger weitgehend rückgebildet sein, oder ganz schwinden. Bei Larven, die im Wasser leben, sind Tracheenkiemen sehr verbreitet.

Das Nervensystem, soweit bekannt, immer gut entwickelt, mit mehr oder weniger weitgehender Konzentration der Ganglienkette. Es sind höchstens drei thorokale und acht abdominale Ganglienpaare bzw. Ganglienmassen vorhanden. Das sympathische System, soweit bekannt, gut entwickelt. Sinnesorgane, vor allem die über die ganze Haut zerstreuten, aber besonders dicht auf den Fühlern konzentrierten Haarsensillen und die morphologisch von ihnen nicht trennbaren haarlosen, vertieften Sensillen, sind außerordentlich reich differenziert. Es sind wohl vor allem Organe der chemischen und der Erschütterungssinne. Besondere Gesichtsorgane sind in der Regel (Augen und Ocellen), Gehörorgane häufig entwickelt.

Gonaden von sehr verschiedener Bildung, gewöhnlich paarig, münden in der Regel mit einem unpaarigen Ausführungsgang (Ductus ejaculatorius, Oviductus communis + Vagina) nach außen. Ovariolen panoistisch oder meroistisch.

Fortpflanzung in der Regel gamo-, oft aber obligat oder fakultativ parthenogenetisch. Zwitertum kommt selten vor, Genochorismus ist die allgemeine Regel. Die meisten Pterygoten sind eierlegend, Viviparie und Ovoviviparie kommen selten, besonders aber bei Dipteren vor.

Die Entwicklung ist eine mehr oder weniger komplizierte Metamorphose.

Die ältesten fossilen Reste der Pterygota stammen aus dem unteren Obercarbon (+*Stygne roemeri, Stygnidae*). Da es sich bei diesem Fossil um einen bereits verhältnismäßig hoch spezialisierten Flügel handelt, ist die Annahme eines viel höheren Alters der Pterygoten durchaus berechtigt.

Die Hauptmasse der bisher beschriebenen etwa 750000 Insektenarten gehören zu den Pterygoten. Sie beherrschen sämtliche Lebensräume der Erde, mit Ausnahme des salzigen Weltmeeres und der Eiskappen der Polargebiete.

Die systematische Einteilung der *Pterygota* → System.

Ptiliidae (Heer 1844) Marseil 1889 (*Ptilina* Heer, *Trichopterygidae* Marseil 1863), Haarflügler, Federflügler (Abb. 289). Winzig kleine, ovale, gewölbte Käferchen von 0,5—1 mm Länge mit fadenförmigen oft wirtelartig behaarten Fühlern und häufig etwas verkürzten Flügeldecken. Hinterflügel sehr schmal, bandförmig, ringsherum mit einem langen Haarfransensaum, häufig auch in Ruhe unter den Flügel-

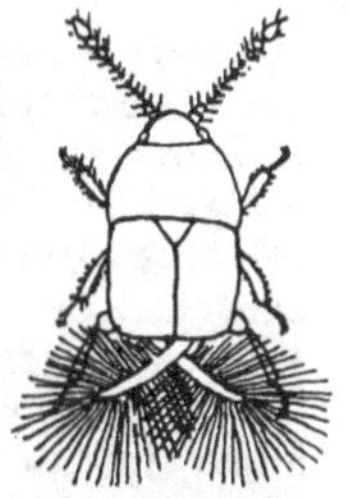

Abb. 289. *Acrotrichis atomaria* DeGeer (Ptiliidae). Nach Reitter. Nat. Gr. 0,8 mm

decken hervorstehend. Die Käfer leben in feuchten bodennahen Biotopen. Sie fliegen oft im Sommer, besonders vor Sonnenuntergang in großen Mengen an Waldrändern zusammen mit vielen Micro-Staphyliniden.
Fossil sind 5 Arten aus der rezenten Gattung *Ptenidium* Erichson im baltischen Bernstein gefunden worden.

Ptilinalnaht, Sutura ptilini → Bogennaht.

Ptilinum (lat. ptilinum, -i, n., gr. τὸ πτίλον Flughaut), häufig irrtümlich „Ptilinium" geschrieben, → Kopfblase.

Ptilinus Geoffroy, Kammhorn-Bohrkäfer, → *fuscus* Geoffroy und *pectinicornis* Linné (*Col Anobiidae*).

Ptinidae (Redtenbacher 1845) Leng 1920, Diebskäfer (Abb. 290), Fam der *Col* (*Teredilia*), kleine bis etwa 5 mm lange Käfer, deren Männchen und Weibchen häufig habituell sehr verschieden sind (→ Geschlechtsdimorphismus), indem die ersteren gestreckt walzenförmig, die letzteren mit schmalem Vorderkörper und kugligen oder breit ovalen Flügeldecken kleinen Spinnen ähnlich sind. Ihre weißen, engerlingsartigen Larven leben im Holzmulm, Drogen, Herbarien usw. Käfer besonders an schimmelnden Gegenständen sowie in Biotopen ihrer Larven, aber auch in Blumen. Es sind etwa 500 Arten dieser Fam bekannt, wovon an 30 in Deutschland leben.

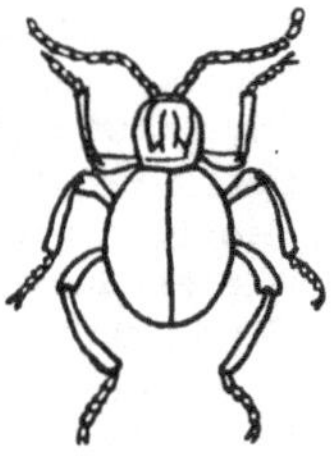
Abb. 290. *Mezium affine Boieldieu* (Ptinidae). Nach Reitter aus Handlirsch. Nat. Gr. 2—3 mm.

Fossil sind 11 tertiäre Arten beschrieben worden.

Ptychonomium (gr. ἡ πτύξ, πτυχός Falte, ὁ νομός Weideplatz) → Faltenmine.

Ptychopteridae (Schiner 1864) Brauer 1880 (*-inae* Schiner) (*Liriopeidae* Grünberg 1910), Faltenmücken, Fam der *Dipt Nematocera* mit etwa 40 rezenten und 5 tertiären Arten. Schnakenförmige mittelgroße Mücken mit → Sutura spuria zwischen dem Radius und der Media. Die Fliegen halten sich gern auf Pflanzen in der Nähe des Wassers auf. Ihre Larven leben im Schlamm. Sie atmen durch ein langes Atemrohr und ein Paar Kiemen am Körperende. Puppen mit zu 2 langen Atemröhren verlängerten Prothorakalstigmen.

pubescens Müller, *Pseudophonus*, behaarter Samenlaufkäfer, Erdbeersamenkäfer (*Col Carabidae*).

Pubescenz (lat. pubesco, -ere, zum Manne heranwachsen, männliche Behaarung bekommen, pubes, -is, f., Mannbarkeit; Barthaare), kurze weiche Behaarung der Cuticula. Vgl. auch → Toment.

pubis Linné, *Phthirus*, Filzlaus, Schamlaus (*Anopl Pediculidae*).

pudibunda Linné, *Dasychira*, Rotschwanz, Buchenrotschwanz, Streckfuß (*Lep Lymantriidae*).

Pulicidae Baker 1905 (Abb. 291), Fam der *Aphaniptera* mit mehreren Arten auf Säugetieren und Menschen (*Pulex irritans* Lin.).
Zwei fossile unteroligocäne Arten, davon eine aus dem baltischen Bernstein bekannt.

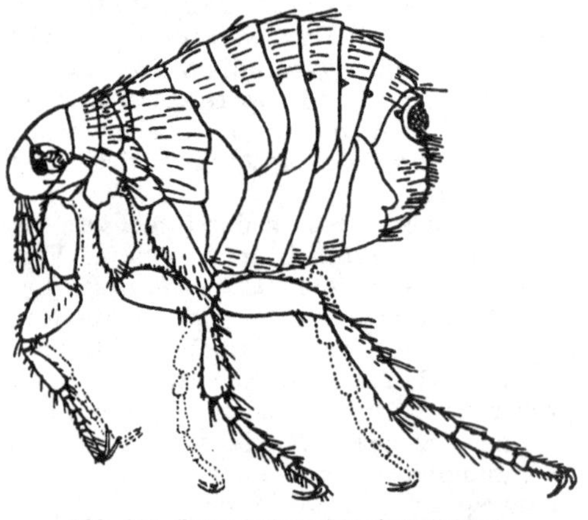
Abb. 291. *Pulex irritans* Linné (Pulicidae). Nach Martini aus Handlirsch. Nat. Gr. 2—3 mm.

pullata Zaddach, *Arge*, blauschwarze Birkenblattwespe (*Hym Tenthredinidae*).

Pulsation (lat. pello, -ere, pepelli, pulsum treiben, jagen), rhythmische Dehnung und Schrumpfung eines Organs, bei Insekten die des → Rückengefäßes, der → Diaphragma, der → Dorsalampullen, der → Kopfampullen und der → Beindiaphragmen.

pulsieren, sich rhythmisch dehnen und schrumpfen.

pulsatorium Linné, *Trogium*, Staublaus (*Corrod. Trogiidae*).

Pulvillus (lat. pulvillus, -i, m., dem. von pulvinus, -i, m., Kissen), Haftlappen, Seitenläppchen, Lobuli laterales, Pelotten, ein Paar häutiger Lappen oder

Polster unten am Grunde der Klauen, mit ihnen manchmal teilweise verwachsen. Sie scheinen vielfach durch Zweiteilung des → Aroliums zu entstehen (*Hymenoptera*, *Psyllinae*). Es gibt aber auch Fälle, welche für die Entstehung der ~ aus Seitenteilen des Aroliums oder selbst aus den Krallenbasen sprechen. Sie stehen manchmal auf kleinen chitinigen Basalplatten, den sog. → Auxilien. (Taf. II, Fig. 4, 5.)

pumila Klug, *Fenusa*, Himbeerminierwespe (*Hym Tenthredinidae*).

pumilionis Bjerkander, *Chlorops*, gelbe Halmfliege, Weizenhalmfliege (*Dipt Chlopidae*).

Pumpenkanal, bei Hemipteren ein den → Hypopharynx von der → Speichelpumpe bis zur Spitze durchziehendes Rohr. Es mündet vorn in den → Speichelgang.

Pumpmagen, Bezeichnung für den → Vormagen, wenn sich seine Funktion auf das Einpressen der zerkleinerten Nahrung in den Mitteldarm beschränkt.

punctatum De Geer, *Anobium*, Totenuhr (*Col Anobiidae*).

punctiventris Germar, *Bothynoderes*, Rübenrüsselkäfer, Derbrüßler (*Col Curculionidae*).

punctum-album Herbst, *Mononychus*, Schwertlilienrüßler (*Col Curculionidae*).

punctum fixum (lat. fixus, fest, unabänderlich) → Ursprung.

Punctum umbilicatum, Umbilicus → Nabelpunkt.

Pungentia Haeckel 1896 (lat. pungo, -ere, stechen), eine der 5 von Haeckel aufgestellten Legionen der Klasse *Insecta*, mit den Ordn *Hemiptera*, *Thysanoptera*, *Anoplura*, *Diptera* und *Aphaniptera*. Heute aufgegeben.

Punktaugen → Ocellen.

Punktstreifen, eingedrückte Längslinien mit feiner oder gröber eingestochenen Punkten im Grunde, sehr häufig auf den Flügeldecken der Käfer. Stehen die Punkte isoliert, d. h. ohne eingedrückte Längslinie, dann werden sie meistens als Punktreihen bezeichnet. Sehr wichtiges taxonomischese Merkmal.

Punktsubstanz → Markschicht.

Pupa (lat. pupa, -ae, f., Mädchen) → Puppe.

Pupa cingulata (lat. cingulum, -i, n., Gürtel, cingulatus umgürtelt) → Gürtelpuppe.

Pupa coarctata (lat. coarceo, -ere umschließen, zusammenhalten, coarctatus umschlossen) → Tönnchenpuppe.

Pupa libera (lat. libero, -are, befreien, liberus frei) → freie Puppe.

Pupa obtecta (lat. obtego, -ere, -tegi, -tectum bedecken, verhüllen, obtectus bedeckt) → Mumienpuppe.

Pupa suspensa (lat. suspendo, -ere, -pensi, -pensum, aufhängen, suspensus aufgehängt) → Stürzpuppe.

pupale Organe, caenogenetische, provisorische, nur bei der Puppe auftretende Organe, wie → Cremaster, → Stemmzapfen, → Coconöffner.

Puparium, erhärtete Haut der letzten Larve der → Allometabola und *Diptera Cyclorrhapha*, innerhalb welcher sich die Larve zu einer Pupa libera verwandelt. Gleichbedeutend mit → Tönnchen der Tönnchenpuppe, aber vielfach nur für die letzte Larvenhaut, die Puppenhülle der *Aleurodina* (Allometabola) gebraucht. (Taf. XX, Fig. 15.)

pupicol (lat. colo, -ere, colui, cultum bewohnen) sind diejenigen Insekten, welche als Imagines in der Puppenhülle verbleiben, wie die Weibchen der *Strepsiptera* und *Psychidae*.

Pupipara Latreille 1825, Gruppe der Fliegen mit den Fam *Hippoboscidae* und *Nycteribiidae*.

Pupiparie (lat. paro, peperi partum, gebären) diejenige Form der → Viviparie bei welcher die Nachkommenschaft im Stadium so weit vorgeschrittener Larven zur Welt kommen, daß sie sich kurz nach der Geburt verpuppen. Pupipar sind außer den → *Pupipara* auch *Glossina*-Arten.

Puppe, Pupa, Chrysalis, vielfach auch → Nymphe bezeichnet, ein mit Anlagen der imaginalen Organe versehenes präimaginales Stadium der → Holometabola und gewisser → Neometabola. Je nach der äußeren Form lassen sich 4 Typen von ~ unterscheiden, nämlich die → freie ~, die → Mumienpuppe, die → Scheinpuppe und die → Tönnchenpuppe. (Taf. XX, Fig: 15.)

Puppenhülle → Kokon.

Puppenhülse, die abgestreifte Cuticula der Puppe nach dem Schlüpfen der Imago.

Puppenräuber, brauner → *Calosoma inquisitor* Linné.

Puppenräuber, grüner → *Calosoma sycophanta* Linné.

Puppenwiege, in Erde oder Holz angefertigte Höhlung, ausgekleidet mit zusammengeklebten, aber nicht versponnenen Sandkörnern bzw. Bohrmehl, die sich die verpuppungsreife Larve anfertigt, um sich darin zu verpuppen. Typisch z. B. bei *Cerambycidae, Ipidae.*

purpurea Haworth, *Depressaria*, Möhrenmotte (*Lep Gelechiidae*).

purpureus Brauer, *Rhinoestrus*, Pferderachenbremse (*Dipt Tachinidae*).

pusilla Klug, *Blennocampa*, kleinste Rosenblattwespe (*Hym Tenthredinidae*).

pusilla Meigen, *Oscinella*, kleine Fritfliege (*Dipt Chloropidae*), kommt zusammen mit *O. frit* Linné vor und ist wohl nur eine Varietät der letzteren, von der sie sich nur durch mehr oder weniger ausgedehnt gelbe Schienen unterscheidet.

putripennella Zeller, *Blastodacna*, Apfelmarkschabe (*Lep Gelechiidae*).

Putzapparate (Taf. III, Fig. 15, 16, Taf. IV, Fig. 1), Vorrichtungen zur Säuberung der Körperoberfläche. Außer den Tarsen aller Beinpaare, deren Sohlenbürsten z. B. von Fliegen häufig zu dieser Nebenfunktion verwendet werden, und den Mundwerkzeugen, die bes. von Hymenopteren zur Säuberung der Fühler und Vorderbeine herangezogen werden, haben viele Insekten eigenartige, nur zu diesem Zweck dienende Organe. Der häufigste Typ eines ~ besteht aus einer → Putzscharte am Grunde des Basalgliedes der Vordertarsen und einem ihr gegenüberstehenden → Putzsporn des medianen Spitzenrandes der Schiene. Dieser Typ ist besonders bei Hymenopteren weit verbreitet und formenreich. Bei Käfern ist es meistens ein Ausschnitt (Putzscharte) des apikalen Innenrandes der Schiene und ein am proximalen Ende der Scharte stehender Putzsporn, sehr verbreitet bei kleinen Carabiden, z. B. bei Harpalinen. Ein anderer, tibiofemoraler Typ besteht entweder aus Putzkämmen oder behaarten Putzscharten am basalen Innenrande der Schiene und am apikalen Innenrande des Schenkels, ersteres z. B. bei der Staphylinide *Lathrobium*, letzteres bei *Notonecta*. Schließlich können noch am Ende der Schiene quer stehende → Putzkämme auftreten, wie z. B. bei *Nabis* und *Cimex*. Bei manchen Lepidopteren sind die Vorderbeine zu → Putzbeinen umgewandelt. Larven von *Lampyris* benutzen als ~ einen Analpinsel, der ihnen als → Nachschieber dient (Berlese). Vgl. auch → Pygopodien, Putzsporne.

Putzbeine, Putzpfoten, Putzfüße sind die mit verschmolzenen Tarsengliedern und reduzierten Klauen versehenen, besonders am Tarsus lang zottig behaarten Vorderbeine vieler *Rhopalocera*. Sie finden sich bei *Nymphalidae* in beiden Geschlechtern und bei *Lycaenidae* nur bei Männchen. Bei *Pieridae* und *Papilionidae* zeigen die Vorderbeine diese Umwandlung nicht. Ihr Auftreten in nur einem Geschlecht der *Lycaenidae* scheint dafür zu sprechen, daß sie nicht nur als Putzwerkzeuge dienen. (Taf. III, Fig. 16.)

Putzbiene → Arbeitsteilung.

Putzscharte, ein rundlicher, am Rande behaarter oder mit einem kurzen Haar-, Borsten- oder Dornenkamm versehener Ausschnitt am Innenrande der Vorderschienen oder des Basalgliedes der Vordertarsen, seltener am Innenrande der Vorderschenkel. Vgl. → Putzapparate. (Taf. III, Fig. 15.)

Putzsporne sind verschieden gebildete Chitindorne, die apikal oder subapikal am Innenrande der Vorderschienen zu stehen pflegen und meist in Zusammenhang mit einer tibialen oder tarsalen → Putzscharte zum Putzen der Fühler, Taster und Mundwerkzeuge dienen. Es sind meistens breite, stilettartige Dorne, die an dem der Putzscharte zugewendeten Rande mit einer weichen Hautlamelle oder einem kammartigen Borstensaum versehen sind. Einen kammförmigen ~ hat z. B. *Myrmica laevinodis*, einen lamellentragenden die Honigbiene, *Sphecodes* u. a. aculeate Hymenopteren. Vgl. auch → Schienenblättchen. (Taf. III, Fig. 15.)

Pygidialdrüsen sind paarige → Abdominaldrüsen verschiedener Funktion, welche am → Pygidium münden. Sie treten besonders bei Käfern (*Adephaga*, *Silphidae*) und Hymenopteren häufiger auf. Bei Bombardierkäfern (*Brachyninae*) haben sie die besondere Funktion von → Knalldrüsen übernommen. Die in der nächsten Nähe des Afters mündenden ~ werden häufig als Anal- oder → Afterdrüsen unterschieden. Vgl. auch → Terminaldrüsen.

Pygidialfeld, ein scharf umrandetes Feld auf dem → Pygidium vieler aculeater

Hymenopteren. Das ~ ist vielfach grubenartig ausgehöhlt und dient zum Auskehren von Sand aus den Neströhren (Bischoff mündlich). Auf die interessante Analogie des ~ mit dem ausgehöhlten Absturz der Flügeldecken vieler Borkenkäfer sei nur kurz verwiesen.

Pygidium (gr. ἡ πυγή der Bürzel, die Hinterbacken) → Analschild.

pygmaeana Hübner, *Asthemia*, kleiner Fichtennadelmarkwickler (*Lep Tortricidae*).

pygmaeella Hübner, *Argyresthia*, Weidenknospenmotte (*Lep Hyponomeutidae*).

pygmaeus Linné, *Cephus*, Getreidehalmwespe (*Hym Cephidae*). 6—10 mm lange schwarze Halmwespe mit zwei gelben Querbinden am Hinterleib und einigen gelben Flecken auf dem Thorax. Larve in Getreidehalmen, steigt vom obersten bis zum untersten Internodium, indem sie die Knoten durchnagt.

Pygopodien (gr. ἡ πυγή Bürzel, ὁ πούς Fuß) sind den → Nachschiebern homologe, auf Extremitäten des 10. Hinterleibssegments zurückführbare larvale Anhänge vieler Insekten, die durch Blutdruck straff gemacht oder durch eigene Muskeln eingezogen werden können. Sie sind entweder paarig und weisen mehr oder weniger deutliche Teilung in einen Coxopoditen (Subcoxa) und eine → Planta, welche mit einigen Krallen bewaffnet sein kann (*Megaloptera, Trichoptera*), oder sind zu einem unpaarigen Tubus verschmolzen, welcher am Ende die Afteröffnung trägt (Larven der *Elateridae, Carabidae, Chrysomelidae, Lampyridae*). Im letzteren Fall ist die Extremitätennatur des Pygopodiums nur noch an den Muskeln zu erkennen, welche vom Motum des 10. Segments bis zur Spitze des Pygopodiums (Planta) verlaufen. Bei *Galerucella viburni* (Larve) ist das ~ am Ende in mehrere Lappen geteilt, die mit eigenen notoplantaren Muskelfasern versehen sind. Die pygopodialen Coxopoditen der Megalopterenlarven sind mit je einem Stylus versehen. Im unpaarigen ~ der Coleopterenlarven ist wohl auch das 11. Segment eingeschmolzen zu denken. Das ~ der Lampyridenlarven ist in ein Büschel dünner Schläuche geteilt, welches auch als → Putzorgan benutzt wird. (Taf. III, Fig. 13.)

Pygothripidae Hood, Fam der *Thysanoptera Tubulifera*, nur im indoaustralischen Gebiet vertreten.

Pylorus (gr. ὁ oder ἡ πυλωρός der Torwart, Wächter), der erste, vorderste Abschnitt des Hinterdarmes, in welchen meistens die → Malpighi-Gefäße einmünden. Er ist äußerlich gegen den folgenden Abschnitt des Hinterdarmes unmerklich (z. B. bei *Myrmica rubra*) oder deutlich abgeschnürt. Sein → Epithel ist in Falten gelegt, welche in sein Lumen vorspringen und die → Valvula pylorica bilden. Man bezeichnet vielfach den ganzen ~ als Pförtner. Der ~ wirkt vielfach als → Sphincter und ist dann mit verstärkter Ringmuskulatur versehen, die ihn stärker beulig vortreten läßt. (Taf. VI, Fig. 2, 3.)

Pyralididae (Linné 1758) Lederer 1863 (*Pyralides* Linné), Zünsler, Fam der *Lep* (*Pyralidina*) mit etwa 10000 Arten, deren Hauptmenge im indoaustralischen und neotropischen Gebiet verbreitet ist. In Deutschland eine der artenreichsten Schmetterlingsfamilien, die viele Pflanzen- und Vorratsschädlinge enthält (Maiszünsler, Mehlmotte, Mehlzünsler usw.). Gewisse Arten (*Sthenauge*) leben als Raupen parasitisch auf Raupen der *Saturniidae*. Fossil sind 4 tertiäre Arten aus Frankreich (1) und Colorado (3) beschrieben worden.

pyraria (Passerini), *Geoktapia* (*Aphis pyrastri* Theobald, *streili* Börner), braune Birnblattlaus (*Hom Aphididae*).

pyrastri Theobald, *Piraphis* → *Geoktapia pyraria* (Passerini).

Pyrgotidae (Löw 1873) Frey 1921 (Abb. 292), Fam der *Dipt Brachycera* mit etwa 50 über die ganze Welt zerstreuten Arten. Ausgezeichnet durch eigenartigen →

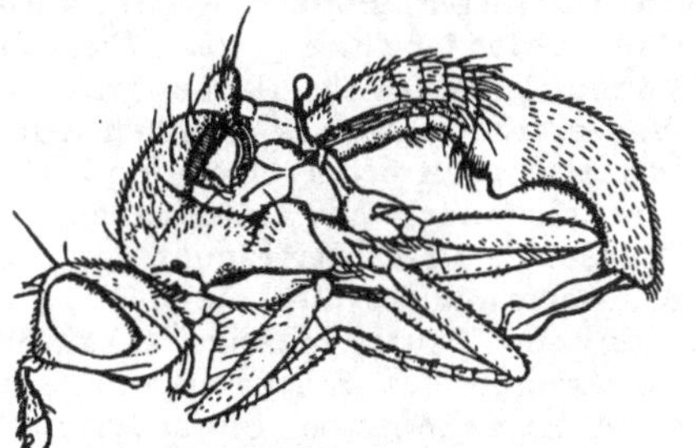

Abb. 292. *Adapsila coarctata* Waga, Weibchen (Pyrgotidae). Nach Lindner, die Flügel weggelassen. Nat. Gr. 8—9 mm.

Legeapparat an stark verlängerten → Terminalia des Hinterleibs.

pyri vgl. auch → *piri*.

pyri Kollar, *Anthonomus*, Birnknospenstecher (*Col Curculionidae*).

pyri Nalepa, *Epitrimerus*, Birnenblattrandgallmilbe (*Acari Eriophyidae*).

pyri Bouché, *Perrisia*, Birnblattrollmücke, Birnblattgallmücke (*Dipt Cecidomyidae*).

pyri Linné, *Psylla*, braunfleckiger Birnsauger (*Hom Psyllidae*).

pyricola Förster, *Psylla*, gelber Birnsauger, gelber Birnblattsauger, gelber Birnblattfloh (*Hom Psyllidae*). In Europa (vornehmlich im Osten) und Mittelasien sowie in Nordamerika an Birnen, seltener an Quitten durch Aussaugen zarter Blütenteile kümmerlichen Wuchs und vorzeitiges Abfallen der Früchte verursachend.

pyrina Linné, *Zeuzera*, Blausieb, Roßkastanienbohrer (*Lep Cossidae*).

pyrisuga Förster, *Psylla*, großer Birnsauger (*Hom Psyllidae*). In Europa auf Birnen durch Blattroll schädlich.

pyrivora Riley, *Contarinia*, Birngallmücke (*Dipt Cecidomyidae*). Hell orangegelbe Larven oft massenhaft in geschwärzten, hohlen, vertrockneten jungen Birnen.

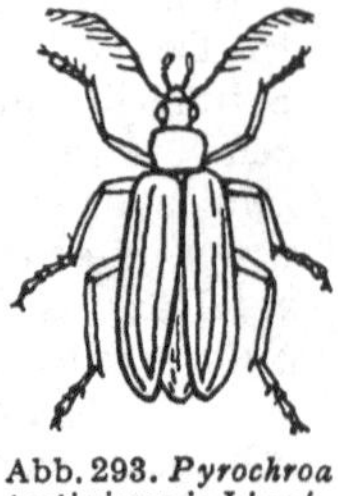

Abb. 293. *Pyrochroa pectinicornis* Linné (Pyrochroidae). Nach Reitter aus Handlirsch. Nat. Gr. etwa 7 mm.

Pyrochroidae (Latreille 1807) Leach 1817, Feuerkäfer (Abb. 293), Fam der *Col* (*Heteromera*) mit etwa 150 Arten, von welchen 3 in Deutschland leben. Ihre Larven leben von Jagd auf andere Insekten und Milben unter Rinden alter Baumstämme. Die schwarz oder schwarz und rot gezeichneten Käfer von mittlerer Größe (1—2 cm) halten sich gern im Waldrandgebüsch auf und gehen gern auf Blütenbesuch.

Fossil sind 2 tertiäre Arten der Gatt. *Pyrochroa* Geoffroy beschrieben worden.

Pyrrhocoridae (Amyot et Serville 1843) Fieber 1861 (*Coecigenae* A. et S.), Feuerwanzen (Abb. 294), Fam der *Het Geocorisae* mit etwa 400 Arten in allen Gebieten, hauptsächlich aber in den Tropen verbreitet. In Deutschland nur 2 Arten. Die meist schwarz und rot oder schwarz und gelb gezeichneten Tiere sind phytophag.

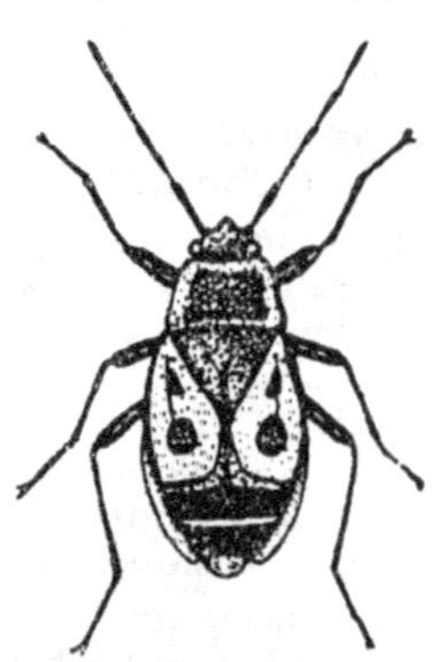

Abb. 294. *Pyrrhocoris apterus* Linné (Pyrrhocoridae). Nach Hedicke. Nat. Gr. etwa 1 cm.

Pythidae (Leach 1815) Leconte 1862 (*Salpingides* Leach), Scheinrüßler, Fam der *Col* (*Heteromera*) mit etwa 300 Arten, die durch ihren schnauzenartig verlängerten Vorderkopf auffallen. In Mitteleuropa 20 Arten.

Fossil sind 8 tertiäre und 1 kopale Art beschrieben.

Q

Quadrangulum (lat. quadrangulum, -i, n., dem. von quadrum, -i Viereck) → Flügelviereck.

quadrata Fieber, *Piesma*, Rübenwanze, Rübenblattwanze (*Het Piesmidae*). 3,5 mm lange, ovale, flache, graubraune Wanze mit schwarzen Flecken auf der netzartig gegitterten Ober- und Unterseite. Schädlich an Zuckerrüben durch Blattsaugen und Übertragung der virosen Kräuselkrankheit.

quadratische Platte, paarige Chitinplatte am Grunde des Stachelapparates aculeater Hymenopteren. Sie stellt die Seitenteile des längs der Mittellinie membranisierten 9. Tergits dar. (Taf. XVI, Fig. 3.)

quadridens Panzer, *Ceutorrhynchus*, gefleckter Kohltriebrüßler (*Col Curculionidae*). 2,5—5 mm langer schwarzer, am ganzen Körper dicht mit weißgrauen Schuppenhaaren bedeckter Langrüßler. Larven minieren Gänge in Blattstielen und Mittelrippen von Kohlarten.

quadridens Herbst., *Pityogenes*, vierzähniger Kiefernborkenkäfer (*Col Ipidae*).

quadrifine Eulen (lat. quadruus vierfach, finis, -is, m., Ende), Unterfamiliengruppe der Fam *Noctuidae* (*Quadrifina*, *Quadrifidae* Guénée 1852) mit erhaltener Ader m_2 im Hinterflügel, so daß aus der Hinterecke der → Zelle im Hinterflügel 4 Längsadern entspringen. Hierher gehören u. a. die *Plusiinae*. Gegens. → trifine Eulen.

quadripunctata Linné, *Anthaxia*, schwarzer Kiefernprachtkäfer (*Col Buprestidae*).

quadripunctata Schreber, *Xylodrepa*, gefleckter Aaskäfer (*Col Silphidae*).

Queckeneule → *Parastichtis* (*Hadena*) *basilinea* Fabricius.

Queradern des Insektenflügels verbinden die Längsadern miteinander. Sie unterscheiden sich von den Längsadern durch Fehlen eines Hohlraumes (enthalten also keine Tracheen und keine Nerven) und durch das Fehlen von echten Haaren. Sie entstehen (nach NEEDHAM) aus dem primitiven → Archaedictyon durch Schwund aller zerstreut gerichteter Adern und durch Erhaltung aller derjenigen Seiten der Netzmaschen, welche annähernd senkrecht zu Längsadern stehen.

Mit der fortschreitenden phylogenetischen Entwicklung des Insektenflügels verringert sich die Zahl der ~. Bei höheren Pterygoten (*Coleoptera, Hymenoptera, Diptera, Lepidoptera, Heteroptera*, die meisten *Homoptera*) ist die Zahl der ~ auf einige ziemlich konstante ~ reduziert, von welchen die → Humeral-, → Radial-, → Sector-, → Radiomedial-, → Medial- und → Mediocubitalquerader in verschiedenen Ordn taxonomische Bedeutung haben.

Querader, hintere, Vena transversalis posterior des Dipterenflügels (*Muscaria*) ist eine → Medialquerader, welche die Längsadern m_3 und cu_1 verbindet. (Taf. XIII, Fig. 10, 11.)

Querader, vordere, Vena transversalis anterior, → Radiomedialquerader des Dipterenflügels, eine in der Nähe der Flügelmitte gelegene kurze, aber meist kräftige Querader. (Taf. XIII, Fig. 10, 11.)

Queradern, falsche, sind Längsadern, die infolge ihres sehr schrägen Verlaufes mit der nächstliegenden Längsader verschmelzen und dadurch eine Querader vortäuschen, aber an ihrem Hohlraum (→ Queradern) und an den vielfach vorhandenen echten Haaren als Längsadern zu erkennen sind. So ist z. B. die → Brachialader des Vorderflügels der Hymenopteren eine ~ ~.

quercetorum Foudras, *Haltica* → *H. brevicollis* ssp. *quercetorum* Foud.

quercicola Signoret, *Asterolecanium* → *A. variolosum* (Ratzeburg).

quercus (Linné), *Kermes*, Eichenschildlaus (*Hom Coccidae*).

quercus Linné, *Lasiocampa*, Eichenspinner (*Lep Lasiocampidae*).

quercus Boyer de Fonscolombe, *Phylloxera*, Eichenkolbenlaus (*Hom Aphisidae*).

quercus Linné, *Rhynchaenus*, Eichenspringrüßler (*Col Curculionidae*).

quercus Linné, *Stomaphis*, Eichenrindenbaumlaus (*Hom Aphididae*).

quercus-calycis Burgsdorff, *Cynips*, Knopperngallwespe (*Hym Cynipidae*).

quercus-folii Linné, *Diplolepis*, gemeine Eichengallwespe (*Hym Cynipidae*).

Querebene, Transversalebene, jede senkrecht zur Längsachse des Körpers oder eines Organs gedachte, imaginäre Ebene. Vgl. → Richtachsen.

Querfurche, jede eingedrückte, nicht membranisierte Querlinie auf dem Integument eines Segments. Sie haben oft besondere taxonomische Bedeutung, wie z. B. die 1—3 Querfurchen am Pronotum vieler *Acridiidae*, auf den Hinterleibstergiten gewisser *Staphylinidae, Ichneumonidae* usw.

Querlinie, äußere, eine zackige und meist bogig zwischen dem Vorder- und Hinterrand des Vorderflügels verlaufende charakteristisch gefärbte Linie im Vorderflügel der *Noctuidae*. Sie trennt das → Mittelfeld vom → Außenfeld der → Eulenzeichnung.

Querlinie, innere, eine meist nur leicht gewellte, zwischen dem Vorder- und Hinterrande des Vorderflügels verlaufende charakteristisch gefärbte Linie im Vorderflügel der *Noctuidae*, welche das → Wurzelfeld von dem → Mittelfeld der → Eulenzeichnung abgrenzt.

Quernaht, im allgemeinen jede → Naht oder sklerotisierte Nahtspur zwischen zwei hintereinander liegenden Segmenten oder Skleriten eines Segments. Bei Dipteren wird als ~ oder Sutur die → Scutalnaht bezeichnet.

Querscheitelfurche, Scheitelfurche → Caput fractum.

Quinarsystem, ein von → MCLEAY 1821 an Stelle des linearen System ausgearbeitetes cyklisches System der Insekten, welches aus 2 Kreisen mit je 5 Ordnungen bestand. Nur noch historisch interessant.

R

Rachen → Cibarium.

Rachenbremsen → Rotwild-, → Rehwild-, → Elchwildrachenbremse.

Radialader → Radius.

Radialquerader, eine kurze Querader zwischen dem Radius und seinem ersten Sektor (rs) kommt im Vorderflügel verschiedener Insektenordnungen vor, nämlich bei gewissen *Perlaria, Corrodentia, Trichoptera,* hat aber besondere taxonomische Bedeutung bei *Hym Symphyta,* wo sie bei den meisten *Tenthredinidae* vorhanden ist. Eine ~ zwischen den Sektoren rs_4 und rs_5 tritt auch bei Fliegen auf, z. B. bei *Bombyliidae, Tabanidae.* (Taf. X, Fig. 2, Taf. XI, Taf. XIII.)

Radialsektor, Sector radii, Radialramus, Abk. rs, sr oder rr, ein Nebenast der → Radialader, der bis 10 weitere Abzweigungen bilden kann. Sie verlaufen alle in der Richtung des Flügelaußenrandes, den sie aber nicht immer erreichen. Als Radialramus wird manchmal der gemeinsame Stiel der Radialsektoren bezeichnet. (Taf. X, Fig. 2, Taf. XI, Taf. XIII.)

Radialzelle, Marginalzelle, eine bei Hymenopteren regelmäßig auftretende Zelle zwischen dem Pterostigma und der Flügelspitze, welche durch die Einmündung der vom Pterostigma entspringenden Radialader in den Vorderrand des Flügels kurz vor der Spitze gebildet wird. Die Gestalt der ~, welche durch eine → Radialquerader geteilt oder ungeteilt sein kann, wird durch die Gestalt der sie begrenzenden Radialader bestimmt. (Taf. XI, Fig. 2.)

radicicol (lat. radix, -cis, f., Wurzel, colo, colere, colui, cultum bewohnen) wurzelbewohnend, Insekten, die in Pflanzenwurzeln (gewisse Borkenkäfer, Rüsselkäfer usw.) oder äußerlich auf diesen (gewisse Generationen verschiedener Blattläuse, z. B. der Reblaus) leben.

· ***radicum*** Linné, *Hylemyia,* Wurzelfliege (*Dipt Muscidae*).

Radiocubitalraum, eine längliche Zelle am Grunde der Vorder- und Hinterflügel der *Odonata,* nach außen hin vom → Arculus begrenzt. Sie liegt zwischen den Wurzeln des Radius und des Cubitus. (Taf. X, Fig. 3, 5.)

Radiocubitalzellen, Abk. Rcu, früher als → sog. Cubitalzellen bezeichnete Zellen im Vorderflügel vieler *Hymenoptera* zwischen dem den Hinterrand der → Radialzelle bildenden Radius und dem „Cubitus". Es sind deren 1—3 Zellen von verschiedener Gestalt und sowohl ihre Anzahl als auch Gestalt haben sehr große taxonomische Bedeutung. (Taf. XI, Fig. 2.)

Radiomedialquerader, eine kurze Querader zwischen dem Radius bzw. seinem hintersten Sektor (gewöhnlich) und der Media. Sie kommt bei verschiedenen Insektenordnungen in Vorder- und Hinterflügeln vor und hat besonders bei *Corrodentia* und *Diptera* (bei letzteren als vordere oder kleine Querader bezeichnet) große taxonomische Bedeutung. (Taf. X, Fig. 2.)

Radius (lat. radius, -ii, m., Speiche, Strahl), Radialader, Abk. r, dritte Längsader des Insektenflügels. Sie entspringt ursprünglich getrennt hinter der Subcosta und mündet in den Vorderrand des Flügels vor seinem → Apex. Sie gibt nach hinten und außen einen Radialramus, der sich gewöhnlich in mehrere Radialsektoren gabelt. Im Vorderflügel der *Chalcididae* ist der ~ zu einem kurzen, am Ende geknöpften → Ramus stigmaticus reduziert. (Taf. X, Fig. 2.)

Radiusknopf, Clavus, rundliche Verbreitung am Ende des Radius (Ramus stigmaticus) im Vorderflügel vieler *Chalcididae.* (Taf. XIII, Fig. 4.)

Radix (lat. radix, -cis, f., Wurzel), rückläufiger Stiel, ein jederseits vom Stiel der → Pilzkörper im Gehirn vieler Insekten nach oben zur Oberfläche der Protocerebrallobi verlaufender Fortsatz.

Räuber, Prädonen sind zoobiophage Insekten, die sich ihre aus anderen Tieren bestehende Nahrung aktiv erbeuten. Sie wären daher passender als → Jäger zu bezeichnen.

Raifen → Afterraifen (Cerci).

Rainfarnblattkäfer → *Galeruca tanaceti* Leach.

Ramellus (lat. dem. von ramus, -i, kleiner Ast, Zweig), ein kleiner stummelartiger Rest desjenigen Abschnittes der Cubitalader im Flügel der *Ichneumonidae,* welcher bei *Braconidae* und anderen Hymenopteren die 1. Cubitalzelle von der Discoidalzelle trennt. Bei *Ichneumonidae* sind diese beiden Zellen durch Schwund des sie trennenden Cubitus-Abschnittes verschmolzen und sein mehr oder weniger langer Rest, der ~, ragt von der → Discocubitalader in die Discocubitalzelle hinein. (Taf. XIII, Fig. 2.)

Rammelkammer, erweiterter Anfangsteil des → Mutterganges vieler Borkenkäfer, in welchem die Kopulation der Pärchen stattfindet.

Ramus (lat. ramus, -i, m., Ast), pl. Rami.
1. Seitliche Fortsätze am Hinterrande des 8. Hinterleibssegments bei Männchen gewisser Schmetterlinge, namentlich bei *Nymphalidae*.
2. Ein Paar von Anhängen am → Retinaculum der *Collembola*. (Taf. I, Fig. 3.)

Ramus stigmaticus, zu einem geknöpften Stiel reduzierte Radialader im Vorderflügel der *Chalcididae*. Das Pterostigma, von der der ~ entspringt (daher der Name stigmaticus), ist gleichfalls stark reduziert, vielfach von der → Marginalader gar nicht abgesetzt. (Taf. XIII, Fig. 4.)

Randader → Costa. Vgl. auch → Ringader.

Randmal → Flügelmal (Pterostigma).

Randwanze, große braune → *Mesocerus* (*Syromastes*) *marginatus* Linné.

Randwanzen → *Coreidae*.

rapae Linné, *Pieris*, kleiner Kohlweißling, Rübenweißling (*Lep Pieridae*). Ähnlich dem großen Kohlweißling, aber kleiner und außer den schwarzen Flügelspitzen bei Männchen mit einem, bei Weibchen mit zwei schwarzen Punkten auf den Vorderflügeln. Die mattgrüne Raupe frißt besonders gern im Herzen von Kohlpflanzen, wodurch sie noch empfindlicheren Schaden anrichtet als der große Kohlweißling.

Raphe, richtig Rhaphe (gr. ἡ ῥαφή die Naht), Längsleiste am Dach des → Salivariums, die als Insertionsstelle für die dorsalen Dilatatoren des Salivariums (Musculus hypopharyngosalivaris) dient. Sie ist bes. kräftig bei Schmetterlingsraupen, deren Salivarium zu einer → Seidenpresse entwickelt ist.

Raphidides (Latreille 1810) Leach 1815 (*Raphidinae* Latreille, *Rhaphidina* Newmann 1835), Kamelhalsfliegen. Die von Newman eingeführte Emendierung des lateinischen Gruppennamens ist orthographisch richtig (gr. ἡ ῥαφή die Naht), die Schreibung des Gruppennamens muß sich aber nach der der typischen Gattung richten, die bei Linné *Raphidia* heißt.

Mittelgroße, 1—2 cm lange, holometabole Insekten mit zwei gleichartigen Flügelpaaren, die in Ruhe dachartig über dem Rücken zusammengelegt werden. Der lange, dünne Prothorax und der nach hinten halsartig verengte Kopf haben diesen Insekten ihren deutschen Namen gebracht.

Kopf prognath, rautenförmig oder abgerundet rechteckig, nach hinten, zum Prothorax halsartig verengt, acrotrem, sehr beweglich. Komplexaugen groß, rund. Drei Ocellen, mit Ausnahme der *Inocelliinae*, vorhanden. Fühler mäßig lang, borstenförmig, mit 38—75 Gliedern. Clypeus und Labrum gut differenziert, der erstere einfach, nicht geteilt. Mundteile gut entwickelt, beißend, mit kräftigen, zangenförmigen Mandibeln, die am Ende scharf zugespitzt und am Innenrande mit spitzigen Zähnen bewaffnet sind. Maxillen gut differenziert, mit kurzen Galea und Lacinia, sowie 4gliedrigen Tastern. Unterlippentaster 3gliedrig. Occipitalloch unten durch Gula geschlossen.

Thorax heteronom gegliedert. Prothorax lang, zylindrisch. Pronotum beiderseits auf die Pleuren herabgebogen. Meso- und Metanotum kurz und breit, miteinander unbeweglich verbunden, gut differenziert. Der Prothorax ist sehr beweglich und wird meist etwas erhoben getragen, was den Tieren ein kamelartiges oder schlangenartiges Aussehen (cf. *Raphidia* „*ophiopsis*") verleiht. Die Propleuren und das Prosternum sind reduziert und durch die herabgebogenen Seitenlappen der Pronotums verdeckt (Cryptopleurie). Meso- und Metapleuren gut differenziert, Sterna längs der Mittellinie gefurcht (schwache Cryptosternie), klein. Beine homonom, schlank, Hüften in der Mittellinie stark genähert, Tarsen 5gliedrig, ihr 3. Glied herzförmig verbreitert, das 4. kleine im Ausschnitt des dritten verborgen. Das Endglied mit einem Paar gleichartiger Krallen. Flügel homonom, im Fluge miteinander mittels eines Jugal- und eines Humerallappens verbunden, in Ruhe dachförmig über dem Rücken zusammengelegt. Der Humerallappen kann mit einer kräftigen Frenalborste versehen sein. Beide Flügelpaare mit einem kräftigen Pterostigma. Längsadern im Diskalteil des Flügels durch

Queradern verbunden, mehrere Zellen bildend. Randsaum mit zahlreichen Gabeln der Radial-, Medial- und Cubitaläste. Costalraum breit, mit zahlreichen Schrägadern. Analfeld in beiden Flügelpaaren klein, nicht faltbar.

Hinterleib mit zehn Segmenten. Das 1. Segment vollständig. Das Tergit des 9. Segments bei Männchen vergrößert, auf die Ventralseite umgeschlagen, das kleine Sternit zwischen dem großen Gonopodenpaar mit einem dorsalwärts gekrümmten Haken (Retinacula magna) versehen. Bei Weibchen ist das 9. Tergit gleichfalls seitlich verbreitert und bis auf die Ventralseite umgebogen. Das kleine 9. Sternit trägt zwei Paare von Anhängen (Gonapophysen und Gonopoden), die zu einer langen Legeröhre verbunden sind. Cerci fehlen in beiden Geschlechtern. Das Analsegment ist in beiden Geschlechtern mit einem Paar von Trichobothrienfeldern versehen. Penis von einfachem Bau, mit einem Mesosom (Aedoeagus) und zwei Anhängen (Parameren).

Darmkanal mit muskulösem Pharynx und dünnem Oesophagus, der hinten einen geräumigen, mit einer dorsalen Aussackung versehenen Kropf bildet. Proventriculus kurz, schlauchförmig, ragt kegelförmig in den Kropf hinein. Mitteldarm kurz, sackartig. Hinterdarm mit sechs Malpighi-Gefäßen. Rectum erweitert, mit großen Rectaldrüsen. Enddarm kurz.

Rückengefäß schlauchförmig.

Tracheensystem mit zwei thorakalen und acht abdominalen Stigmenpaaren.

Nervensystem mit drei thorakalen und sieben abdominalen Ganglienpaaren.

Hoden paarig, jederseits mit 12 schlauchförmigen, dicht nebeneinanderliegenden Follikeln. Vesicula seminalis paarig, groß, ähnlich wie bei Megalopteren mehrlappig. Eine unpaarige, sackartige Anhangsdrüse mündet zwischen den Vesiculae seminales in den Ductus ejaculatorius. Ovarien paarig, mit sehr großer Zahl telotropher, meroistischer Ovariolen. Oviducte kurz. Bursa copulatrix und Receptaculum seminis münden getrennt in den Genitalraum.

Die Fortpflanzung ist immer gamogenetisch und ovipar. Postembryonale Entwicklung mit 3—4 Larven- und zwei Puppenstadien, deren erstes unbeweglich, zweites beweglich ist.

Die Kamelhalsfliegen sind sowohl im Larven- wie im Imaginalstadium Räuber, und ernähren sich von kleinen Insekten. Ihre gestreckten, wendigen Larven dringen gern in Bohrgänge holz- und rindenbohrender Insekten und unter lose Rinde, wo sie ihrer Beute nachstellen.

Fossile Kamelhalsfliegen sind seit dem Jura bekannt.

Gegenwärtig sind etwa 100 Arten der *Raphidides* bekannt, die meisten aus der holarktischen Region, einige wenige aus Nordafrika, Chile und Nordamerika. Einzige Familie *Raphididae.*

Raphidiidae (Latreille 1810) Stephens 1836 (*Raphidinae* Latr., *Rhaphidiinae* Swainson 1840, Heymons 1915) Kamelhalsfliegen (Abb. 295, 296), einzige Fam der *Raphidides* Leach, mit etwa 80 holarktischen Arten, von welchen in Deutschland 12 leben.

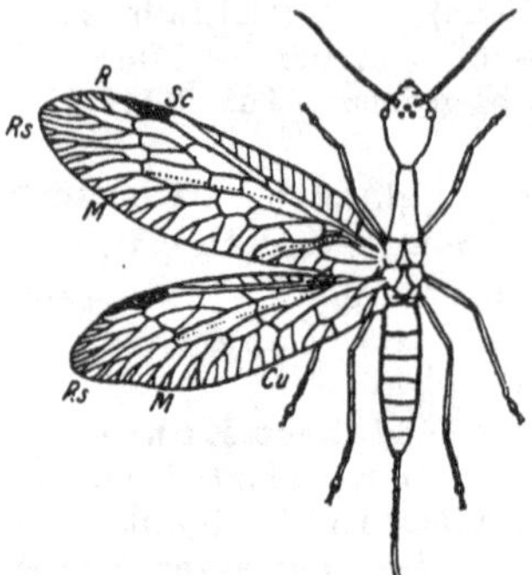

Abb. 295. *Raphidia notata* Fabricius, Weibchen (Raphidiidae). Nach Handlirsch. Nat. Gr. etwa 1,2 cm.

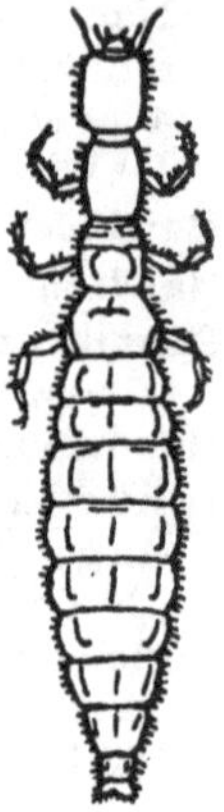

Abb. 296 (rechts). *Raphidia* sp., Larve (Raphidiidae). Nach Handlirsch. Nat. Gr. etwa 1,5 cm.

Rapsblattwespe → *Athalia colibri* Christ (*spinarum* Fabricius).

Rapserdfloh → *Psylliodes chrysocephala* Linné.

Rapsglanzkäfer → *Meligethes aeneus* Fabricius.

Rapsmauszahnrüßler → *Baris chlorizans* Germar.

Rapsrüßler → *Ceutorrhynchus assimilis* Paykull.

Rapsweißling → *Pieris napi* Linné.

Raptoriae Latreille → *Mantodea.*

Rasenameise → *Tetramorium caespitum* Linné.

Rasenhalmfliege, gemeine → *Thaumatomyia notata* Meigen.

Rastrum laciniae (lat. rastrum, -i, n., pl. -a oder raster, -tri, m., pl. -i, mehrzinkige Hacke, Harke, Karst, von rado, -ere, -si, scharren, schaben, kratzen), der rauhe Borstenbesatz des Innenrandes der maxillaren Lacinia.

Rattenfloh, europäischer → *Nosopsyllus fasciatus* Bosc.

Rattenschwanzlarven, walzenförmige, mit einem langen Atemrohr (Sipho) am Körperende versehene, im Schlamm und Aborten lebende Larven der *Eristalis*-Arten (*Dipt Syrphidae*).

ratzeburgi Janson, *Scolytus*, großer Birkensplintkäfer (*Col Ipidae*).

ratzeburgiana Saxesen, *Semasia*, rostroter Fichtenwickler (*Lep Tortricidae*).

Raubbeine, Raubfüße, Pedes raptorii, taschenmesserartig zusammenlegbare, mit Dornen und Stacheln bewehrte, mehr oder weniger verlängerte Vorderbeine gewisser *Heteroptera* (*Nepa, Ranatra*), *Mantodea* und *Planipennia* (*Mantispa*). Vgl. auch Fangbeine. (Taf. III, Fig. 3, 4.)

Raubectoparasitismus, diejenigen Fälle des Ectoparasitismus, bei welchen der Ectoparasit mit einem Wirtskörper nicht auskommt, sondern nacheinander mehrere derselben verzehrt. Da die zoophagen Ectoparasiten in der Regel unfähig sind, im Freien selbständig seine Opfer zu suchen und zu befallen, so beschränkt sich der ~ auf → Superparasiten desselben Wirtes und auf Larven gewisser aculeater Hymenopteren (*Pompilidae, Sphecidae,* solitäre *Vespidae*), die im Nest vom Muttertier mit gelähmten Spinnen, Raupen usw. versorgt werden und leicht von einem Wirtskörper auf den anderen überkriechen können.

Raubentoparasitismus → Necroparasitismus.

Raubfliegen → *Asilidae.*

Raubgastgesellschaft, Synechthrie, Syllestium, kommt bei Ameisen vor, indem eine Art ihre Gänge innerhalb des Nestes einer anderen Art anlegt um nicht nur von den Vorräten der letzteren zu zehren, sondern auch ihre Brut zu rauben, so den Diebstahl mit dem Sklavenraub verbindend. Es gibt übrigens auch Käfer, z. B. gewisse *Staphylinidae,* welche als Einwohner eines Ameisennestes die Brut des Gastgebers verzehren und als Räuber von den rechtmäßigen Insassen verfolgt werden.

Raubkäfer → *Staphylinidae.*

Raubwanzen → *Reduviidae.*

raucus Fabricius, *Otiorrhynchus*, rauher Dickmaulrüßler (*Col Curculionidae*).

Raumparasiten sind Insekten, welche in Bauten anderer Tiere (auch Insekten) leben ohne den letzteren selbst direkten Schaden zuzufügen. Typische ~ sind die nidicolen Insekten (→ Nidicolie) und die → Einmieter.

Der Begriff ~ wird vielfach in Anlehnung an die Botanik auf die → Epizoën erweitert (SCHWERDTFEGER 1944), obwohl in diesem Fall keine Gemeinsamkeit des Wohnraumes, sondern echter Parasitismus vorliegt.

Die Gemeinsamkeit des Wohnraumes veranlaßt häufig die ~ sich auch an die Gastgeber selbst oder an ihre Vorräte heranzumachen. Daraus ergeben sich engere Beziehungen zwischen dem ~ und dem Gastgeber, wie → Diebstahl, → Brutparasitismus, → Raubgastgesellschaft, → Tischgemeinschaft usw. Ein völlig friedliches Nebeneinanderleben zweier Arten wird als → Parabiose bezeichnet.

Raupe, Eruca, mit Brustbeinen und Afterfüßen versehene Jugendstadien der *Lepidoptera, Panorpatae* und der *Hymenoptera Phytophaga.* Die letzteren werden meist als → Afterraupen bezeichnet. (Taf. XX, Fig. 1, 2.)

Raupenfliegen → *Tachinidae* (*Larvaevoridae*).

Raupennester, große, von Raupen des → Ringelspinners aus mehreren zusammengesponnenen Blättern angefertigte, in den Baumkronen hängenbleibende Überwinterungsnester. Die ~ beherbergen bis 300 Raupen.

Raupennester, kleine, meist aus einem oder zwei zusammengesponnenen Blättern bestehende Winternester der Raupen des → Baumweißlings, darin sich im Gegensatz zu den vorigen stets nur wenige, bis etwa 15 Raupen befinden.

Raupenspiegel, kleine Gruppen eng nebeneinander sitzender Raupen. ~ bilden z. B. die → Eiraupen von *Lymantria monacha.*

Raupen-Urticaria, durch → Brennhaare von Raupen verursachte Hautreizung.

Reaktionsbasis, arteigene, aber individuell in gewissen Grenzen variable, konstitutionell bedingte, regulative Grundlage der Reizreaktionen eines Insekts. Sie bestimmt die arteigene Modalität der Beziehungen zur Umwelt, und in diesem aprioristisch gegebenen Rahmen bewegt sich die in der → Reaktionsnorm zusammengefaßte effektive Seite der Reizbiologie des Einzelwesens.

Reaktionsbreite, ökologische Valenz (HESSE 1924), ist der für eine Art tragbare und im Bereich seiner Reaktionsfähigkeit liegende Spielraum der Schwankungen eines Umweltfaktors. Tiere, welche nur geringe Schwankungen vertragen, heißen → stenök, diejenigen mit einer großen ~ werden als → euryök bezeichnet. Die Reaktionsbreiten verschiedener Arten oder verschiedener Stadien ein und derselben Art sind nicht nur in den Weiten ihrer Amplituden unterschiedlich, sondern sie zeigen auch meist eine andere Lage der Schwellenwerte der Umweltfaktoren. So ist, in einem extremen Beispiel, die Lage der termischen ~ eines Tropeninsekts ganz anders als die eines Tundrabewohners, aber die Amplituden können in beiden Fällen gleiche Weite aufweisen. In beiden Lagen gibt es stenöke und euryöke Tiere, die ersteren mit geringen, die letzteren mit großen Amplituden ihrer Reaktionsbreiten.

Die ~ ist eines der wichtigsten Momente, welches die Ausbreitungsfähigkeit der Insekten und damit die Größe ihrer Verbreitungsarreale bestimmt.

Reaktionsnorm, die Art und Weise, wie ein Tier auf Umweltfaktoren sowohl unmittelbar, reizphysiologisch, wie auch mittelbar, durch Ausbildung bestimmter Merkmale reagiert. Den Begriff führte zuerst WOLTERECK in die Vererbungslehre ein, zur Bezeichnung der Fähigkeit der Tiere auf äußere Reize mit qualitativen oder quantitativen Merkmalsänderungen zu reagieren, die zwar an sich nicht erblich sind, deren Größe aber von der erblichen Veranlagung abhängt.

Die ~ kommt im → Reaktionstyp und in der → Reaktionsbreite zum Ausdruck.

Reaktionsschwelle → Schwellenwert.

Reaktionstyp, diejenige Form der → Reaktionsnorm, welche im allgemeinen Typ der Metamorphose ausgedrückt ist. Es werden zwei ~ unterschieden, der fixierte, mit → Latenzstadien und der nicht fixierte ohne Latenzstadien.

Rebenblattgallmücke → *Perrisia* (*Dichelomyia*) *oenophila* v. Haimhoffen.

Rebenblütengallmücke → *Contarinia viticola* Rübsaamen.

Rebendreher → *Sinoxylon perforans* Schrank.

Rebenerdfloh → *Haltica ampelophaga* Guérin.

Rebenfallkäfer → *Adoxus* (*Bromius*) *obscurus* Linné.

Rebenfilzgallmilbe → *Eriophyes vitis* Nalepa.

Rebenschildlaus, wollige → *Pulvinaria betulae* (Linné) (*vitis* auct.).

Rebenschmierlaus → *Phenacoccus aceris* (Signoret) (*Dactylopius vitis* auct.) und *Phenacoccus hystrix* (Bärensprung).

Rebenstecher → *Byctiscus betulae* Linné (*betuleti* Fabricius).

Rebenwickler, geflammter → *Cacoecia costana* Fabricius.

Rebenzikade → *Chlorita flavescens* Fabricius.

Reblaus → *Dactylosphaera* (gegenw. *Viteus*) *vitifolii* Shimer (*Phylloxera vastatrix* Planchon).

Rebstecher → Rebenstecher.

Rebstichler → Rebenstecher.

recent (lat. recens adj., neu, frisch, jung) unlängst, neulich, in der Palaeontologie: gegenwärtig, in der alluvialen Jetztzeit lebend, im Gegensatz zu → fossil.

Receptaculardrüse, eine in die → Samenkapsel (*Trichoptera, Lepidoptera, Hymenoptera*) oder in den → Ductus receptaculi (*Coleoptera*) einmündende, häufig an der Mündung mit einer Erweiterung (→ Lagena) versehene Drüse, deren Sekret zur Lebenderhaltung der Spermien dient. (Taf. XV, Fig. 1.)

Receptaculum seminis (lat. receptaculum, -i, n., Behälter, semen, -inis, n., Same) → Samenkapsel.

Receptionsorgane, Receptionssystem → Sinnesorgane.

Receptoren (lat. recipio, -ere, -cepi, ceptum, empfangen, entgegennehmen) → Sinnesorgane. Gegens. → Effektoren, Erfolgsorgane.

receptorischer Fortsatz der Sinneszelle → → Endschlauch.

Rectalampulle, Rectalsack, ein unpaariger Blindsack des → Rectum. Die ~ dient 1. zum Sammeln, Formen oder Auspritzen bzw. Auspressen der Exkremente (z. B. *Sphingidae, Lasiocampidae*), 2. als Gleichgewichtsorgan bei wasserlebenden Insekten, indem sie sich mit flüssigen

Exkrementen (*Dytiscus*) oder Luft (*Nepa*) anfüllt, 3. als Hilfsorgan der Häutung, indem sie durch Wasseraufnahme den Binnendruck des Körpers steigert (*Dytiscus*-Larve), 4. als Gärkammer, in welcher unter Mitwirkung symbiontischer Mikroorganismen die verholzten, zellulosehaltigen Bestandteile der Nahrung aufgeschlossen werden (Larven der Blatthornkäfer, nach EIDMANN). 5. Bei *Coccidae* ist die ~ mit einer Mitteldarmschleife zu einer → Filterkammer verbunden.

Rectalblase, erweiterter Abschnitt des Rectums, in dem die Nahrungsreste zu Kotballen formiert werden (EIDMANN).

Rectaldrüse → Rectalpapillen.

Rectalfalte, Valvula rectalis, eine Ringfalte, welche ins Darmlumen vorspringt und das Rectum vom übrigen Hinterdarm abgrenzt.

Rectalkiemen, Darmkiemen, bei *Odonata Anisoptera* auftretende Längsfalten des Rectums, welche in das Lumen des Organs hineinragen. Sie sind reichlich mit Tracheenendigungen versorgt und nehmen Atemluft aus dem in das Rectum periodisch aufgenommenen Frischwasser.

Rectalpapillen, Rectaldrüsen, mehr oder weniger zahlreiche, aus vergrößerten Epithelzellen bestehende, nach innen oder auch nach außen vorragende, polster- oder papillenartige Anschwellungen der Rectumwand. Sie wurden früher für Drüsen gehalten und als „Rectaldrüsen" bezeichnet. Sie sind bei Insekten sehr verbreitet, aber fehlen nach bisherigen Beobachtungen bei den meisten Hemipteren, Coleopteren (vorhanden bei *Silphidae*) und Larven der Holometabola.
Es werden im Grunde drei Typen der ~ unterschieden. Einwandige polsterartige, nach innen oder beiderseits vorspringende ~, bei *Siphidae* sehr klein, warzenartig, sehr zahlreich, bei *Odonata* 3—6, bei *Perlaria, Saltatoria* und *Corrodentia* 6. Einwandige zottenartige, mit gezähnelter oder rauher Intima versehene, ins Lumen eingestülpte Papillen, in der Zahl von 4—6 bei *Aphaniptera* und *Diptera*, bei den letzteren besonders groß. Doppelwandige, aus zwei an den Rändern ineinander übergehenden Schichten vergrößerter Epithelzellen, die entweder einander eng anliegen (kompakte Papillen) oder einen Hohlraum einschließen (Hohlpapillen). Die ersteren kommen bei *Thysanoptera* in 4-Zahl, bei *Anoplura* und vielen *Hymenoptera* (*Cimbex, Vespa, Ichneumonidae*) in 6-Zahl, bei *Panorpatae* und *Lepidoptera* in Mehrzahl vor, die letzteren in 6-Zahl bei *Planipennia* und manchen *Hymenoptera* (*Apis, Formicidae*).
Die Funktion der ~ ist noch nicht endgültig geklärt. Es steht nur fest, daß es keine Drüsen sind.

Rectalsack → Rectalampulle.

rectirostris Linné, *Furcipes*, Steinfruchtstecher (*Col Curculionidae*).

Rectum, Mastdarm, der Endabschnitt des → Hinterdarmes, ein einfacher, etwas erweiterter Schlauch, nicht selten mit einer unpaarigen Tasche, der → Rectalampulle versehen. Seine Wand bildet vielfach nach innen oder auch nach außen vorspringende Verdickungen, die → Rectalpapillen. Dem Epithel liegt eine meist kräftige Muscularis an, die aus Ring- und zu äußerst aus einer Längsmuskelschicht besteht. Die Muscularis des ~ ist meist kräftiger entwickelt als die des mittleren Hinterdarmabschnittes, von dem das ~ durch die → Rectalfalte abgegrenzt zu sein pflegt.
Die physiologische Bedeutung des ~ beschränkt sich durchaus nicht auf die Formung und das Auspressen der Exkremente, sondern hat vielfach auch Funktionen übernommen, welche primär mit dem Darmkanal nichts zu tun haben, wie die Atmung (→ Rectalkiemen) oder Fortbewegung (→ Bewegungsorgane). (Taf. VI, Fig. 1, 2.)

+***Reculoidea*** Handlirsch 1908 (Abb. 297),

Abb. 297. + *Recula parva* Schlechtendahl (+ Reculidae). Nach Handlirsch. Nat. Länge etwa 15 mm.

ausgestorbene Ordn der *Pterygota* mit einer monotypischen Fam +*Reculidae* Handlirsch 1908 deren einzige, durch basale Hälfte seines Vorderflügels aus dem oberen Obercarbon von Sachsen repräsentierte Art, *Recula parva* Schlechtendahl, an +*Mixotermitoidea* erinnert, aber ein erweitertes Costalfeld mit schrägen Queradern hat. Gegenwärtig werden die ~ zu den *Protorthoptera* gestellt (GRASSÉ 1949), nach Meinung anderer Autoren aber ist eine nähere Verwandtschaft mit Homopteren möglich.

Recurrens, *Nervus recurrens* → rücklaufender Nerv.

Reduktionsteilung, eine der beiden → Reifungsteilungen, gewöhnlich die erste, deren Ergebnis zwei haploide Tochterzellen, d. h. zwei → Praespermiden bzw. eine Eizelle und ein Richtungskörperchen sind. Bei vielen Hemipteren folgt die ~ der → Aequationsteilung nach, sonst geht die erstere voran.

Reduviidae (Latreille 1825) Saunders 1875 (*Reduvini* pp. Latr.), Raubwanzen (Abb. 298), Fam der *Heteroptera Geocorisae* mit etwa 3000 rezenten und 20 tertiären Arten vom unteren Oligocän an. Große Wanzen mit langen fadenförmigen, geknieteten Fühlern, häufig mückenartigem Habitus und langen, dünnen Beinen. Vorwiegend tropisch. In Deutschland 5 Arten, darunter die große Schnabelwanze, *Reduvius personatus* Linné.

Abb. 298. *Rhinocoris iracundus* Poda (Reduviidae). Nach Hedicke. Nat. Gr. 1,4—1,7 cm.

Reflexbluten, Exsudation, Autohaemorhoë, Austreten des mit spezifischen Abwehrstoffen beladenen Blutes durch eigens dazu bestimmte Poren des Integuments, die → Ostiolen und → Pseudocellen. Bei *Meloidae* bildet → Cantharidin den Abwehrstoff des Blutes. Bei *Aphididae* sind es Wachszellen des Blutes, welche aus den → Siphunculi austreten und geeignet sind, dem Angreifer Mundteile oder Körperanhänge zu verschmieren.

regelgemäß, legitim, ist jeder wissenschaftliche Tiername, welcher im Einklang mit den internationalen → Nomenklaturregeln gebildet und veröffentlicht worden ist. Er ist nomenklatorisch berechtigt, oder mit anderen Worten hat den nomenklatorischen Rechtsstand.

Gültigkeit erlangt ein ~ Name 1. durch → Priorität, 2. durch → Suspension der Nomenklaturregeln.

Ungültig wird ein ~ Name 1. unwiderruflich, wenn er schon für eine andere Art oder Gattung vergeben, d. h. ein → Homonym ist und 2. auf Widerruf, solange er als Synonym eines anderen Tiernamens gilt.

Vgl. auch → regelwidrig.

regelwidrig, illegitim, ist jeder wissenschaftliche Tiername, welcher im Widerspruch mit einer oder mehreren Nomenklaturregeln steht.

Ein ~ Name ist grundsätzlich immer ungültig, weil er keinen nomenklatorischen Rechtsstand hat. Das gilt vor allem für → vorlinneische nicht binäre Namen, die keine Verwendung in der einheitlichen, binären Nomenklatur finden können. Ein binärer, linneischer bzw. nachlinneischer Name, welcher gegen sonstige Nomenklaturregeln verstößt (→ Nomen nudum, fehlende Angabe der Geno- bzw. Specietype, vgl. Nomenklaturregeln Art. 25a und c) kann durch Aufhebung der Nomenklaturregeln (→ Suspension) auf Beschluß der Nomenklaturkommission Gültigkeit erhalten (→ Nomen conservandum).

Regenbremse → *Chrysozona* (*Haematopota*) *pluvialis* Linné.

Regenerationsfraß, Ernährungsfraß, Nahrungsaufnahme von abgebrüteten Insekten, vor allem Weibchen, deren Geschlechtsorgane fähig sind, erneut in die Bildungsphase von Geschlechtszellen zu treten, wenn durch reichliche Ernährung genügend Baumaterial zugeführt wird. ~ und zweite Brut kommt z. B. bei verschiedenen Borkenkäfern obligat oder gelegentlich vor.

Regenerationskrypten → Regenerationszellen.

Regenerationsnester, Regenerationsherde, Gruppen von → Regenerationszellen des Mitteldarms, aus welchen verbrauchte Epithelzellen ständig neu gebildet werden. Vgl. auch → Regenerationszellen.

Regenerationsstadium einer Drüsenzelle, Ruhestadium einer Drüsenzelle zwischen zwei Perioden der → Sekretbildung.

Regenerationszellen, junge, teilungsfähige, im Mitteldarmepithel einzeln oder in Gruppen (Regenerationsnester) eingesprengte Zellen, aus welchen die erschöpften und abgestoßenen Epithelzellen erneuert werden. Zur Vergrößerung der Regenerationsnester werden vielfach die sie enthaltenden Bezirke des Epithels sackartig durch die Muscularis hindurch ausgestülpt und bilden sog. Regenerationskrypten, die äußerlich als → Darmzotten hervortreten und den → Darmdivertikeln und → Symbiontenkrypten ähnlich sehen können. ~ finden sich auch, zwischen erwachsenen Zellen eingesprengt, im Epithel der Malpighigefäße.

Rehwild-Dasselfliege → *Atelecephala diana* Brauer.

Rehwild-Hautbremse → *Atelecephala diana* Brauer.

Rehwild-Rachenbremse → *Cephenomyia stimulator* Clark.

Reifungsfraß, Reifefraß, Ernährungsperiode der Imagines, welche den Zweck hat, ihre jugendlichen Gonaden zur Vollreife und zur Produktion von Geschlechtszellen zu bringen.

Reinigung der Körperdecke und der Körperanhänge, vor allem die der Fühler, Mundteile und Beine ist bei Insekten weit verbreitet und steht vielfach in Verbindung mit besonders zu diesem Zweck ausgebildeten → Putzapparaten. Die ~ hat anscheinend nur den Zweck, die feinen Sinnesorgane der Cuticula von anhaftenden und die Rezeption der Reize störenden Staubpartikeln u. dgl. zu befreien. Die meisten Käfer beschränken sich auf die Reinigung ihrer Fühler und Mundteile, während die Fliegen vor allem ihre Tarsen öfters reinigen, wobei sie entweder die Tarsen eines Beinpaares gegeneinander reiben oder diese (Hintertarsen) an den Flügeln abstreifen. Im letzteren Fall kann es sich allerdings auch um Reinigung der Flügel handeln.

Reiskäfer → *Calandra oryzae* Linné.

Reismehlkäfer, rotbrauner → *Tribolium castaneum* Herbst (*navale* Fabricius, *ferrugineum* auct.).

Reismotte, graue → *Sitotroga cerealella* Clerck.

Reizdrüsen → Lockdrüsen.

Reizschwelle → Schwellenwert.

relativ (lat. referro, -ferre, -tuli, -latum, zurückführen, -tragen), bezüglich, beziehungsweise, von anderen Umständen abhängig. Gegens. → absolut.

Relation (lat. relatio, -onis, pl. -ones, f., Beziehung, Verhältnis, auch Zurücktragen, Bericht) Beziehung zwischen zwei Tatsachen. Wechselseitige Beziehungen → Korrelationen.

Remetabola (lat. re- zurück, gr. ἡ μεταβολή Umwandlung), Insekten, deren Metamorphose zwei Larvenstadien (1. Larve oder Junglarve und 2. Larve oder Altlarve) und 1 oder 2 bewegliche Nymphenstadien (Pronymphe und Nymphe) durchläuft. Diesen Typ der Metamorphose besitzen nur *Thysanoptera*, wobei *Terebrantia* nur ein und *Tubulifera* zwei Nymphenstadien durchlaufen.

Remigium (lat. remigium, -ii, n., Ruder, remex, -igis, m., Ruderer) → Costalfeld.

Remigration (lat. remigro, -are, aus der Fremde zurückkehren, heimkehren), Rückwanderung, ortswechselaktiver, aber nicht periodisch im Leben des Rückwanderers wiederkehrender Einzug in das schon früher einmal vom Rückwanderer oder seinen Ahnen besiedelte Gebiet.

In diesem zoogeographischen Sinne ist die ~ der Gegensatz der Emigration. Die ~ ist an sich gleichbedeutend mit der → Immigration. Der Begriff der ~ setzt die Kenntnis der vergangenen Zustände voraus und bedeutet eine Immigration in ein nachweislich von der betreffenden Form oder Formengruppe schon früher bewohntes Gebiet. So hat sich z. B. eine Rückwanderung ganzer Faunen aus dem Süden Europas nach Mitteleuropa vollzogen, nachdem die diluviale Eisscholle dieses Gebiet, aus dem sie die wärmeliebenden Tiere vertrieben hatte, verließ und das Klima wieder wärmer wurde. Diese Rückwanderung ist bis heute noch nicht beendet.

Im biologischen Sinne ist die ~ ein Zurückfliegen bestimmter Generationen im Generationswechsel (→ Heterogonie) gewisser Blattläuse von der Neben- auf die Hauptwirtspflanze. Diese ~ erfolgt periodisch in einem jeden Generationszyklus der betreffenden Arten. (Vgl. → Migrans.)

Rennfliegen → *Phoridae*.

Repellente → Abschreckmittel.

Repräsentativformen → Vicarianten.

Reservoir → Sekretspeicher.

resinella Linné, *Evetria*, Kiefernharzgallenwickler (*Lep Tortricidae*). 16 bis 22 mm spannweiter Schmetterling mit schwarzbraunen, silbern gezeichneten Vorderflügeln und grauen Hinterflügeln. Die gelbbraune Raupe bohrt im Grunde der jungen Kieferntriebe und verursacht einen knollenartigen Harzerguß.

Resorption (lat. resorbeo, -ere, in sich zurückschlucken, schlürfen), Absorption, Aufsaugen von Flüssigkeiten oder Gasen durch Körperzellen im Prozeß des → Stoffwechsels. Sämtliche Zellen des Körpers verfügen über die Fähigkeit einer ~ der dem Wahlvermögen des Plasmas adäquaten Stoffe entweder direkt aus der Umwelt (Atemluft, z. T. auch Wasser) oder aus dem eigenen Körper (~ von Nährsäften durch die Epithelzellen des Mitteldarms, ~ von Abfallstoffen des Stoffwechsels durch die Zellen der → Malpighigefäße, → Oenocyten usw.).

Respiration (lat. respiratio, -onis, f., Ausdünstung; Atemholen) → Atmung.

Retardation (lat. retardo, -are, verzögern, aufhalten), im Vergleich mit früherem, phylogenetischem Zustand verspätete Erscheinung gewisser Merkmale und Eigenschaften im Verlauf der Ontogenese. Es kann dabei vorkommen, daß eine Eigenschaft, die in der Phylogenese vor einer anderen herausgebildet wurde, durch ~ in der Ontogenese erst nach ihr zur Ausbildung kommt. So erscheint z. B. der normale wurmartige Larventyp bei Meloiden erst nach dem sekundären, fortschrittlichen → Triungulinus. Gegens. → Acceleration.

Retina (lat. dem. von rete, -is, n., Netz), Netzhaut, eine Schicht gleichmäßig in einer Fläche angeordneter Sehzellen in Nebenaugen gewisser Insekten (z. B. im Seitenocellus von *Fulgora maculata*) und in den Komplexaugen. Es kommt auch bei Insekten nicht selten zur Ausbildung von zweischichtigen Retinae, wenn kürzere und längere Sehzellen nebeneinander liegen und ihre → Rhabdome dementsprechend in zwei Lagen angeordnet sind. Zweischichtige ~ haben z. B. Frontalocellen von *Vespa* und *Helophilus* sowie von vielen Libellen. Diese Einrichtung dient vermutlich zum gleichzeitigen Sehen in verschiedenen Entfernungen, d. h. zur Vergrößerung der Tiefenschärfe des Auges und ist wohl mit der achtzehnschichtigen Anordnung der ~ der Wirbeltiere und Cephalopoden vergleichbar.

Retinaculum (lat. retineo, -ere, festhalten, retinaculum, -i, n., Halter, Band). 1. vorspringende Chitinfalte oder Chitinlappen (oft bei Männchen) oder eine Reihe von Schuppen oder Borsten bei (Weibchen) auf Subcosta, Radius oder Cubitus der Vorderflügelunterseite bei *Lep Frenata*. Das ~ dient zum Festhalten des → Frenulums beim → Flügelverschluß.
2. Bei Hymenopteren eine Reihe von Häkchen (→ Hamuli) am Vorderrande der Hinterflügel, die in eine Falte des Hinterrandes des Vorderflügels eingreift und so den Flügelverschluß herstellt.
3. Bei *Collembola* eine auch als Tenaculum oder Hamulus bezeichnete kleine Zange am 3. Hinterleibssternit, welche als Sperrhebel für die → Springgabel dient. Das ~ ist in diesem Fall ein umgebildetes abdominales Beinpaar (Taf. I, Fig. 3). — Bei Männchen der Käfergatt. *Ptiliolum* beschrieb Szehessy 1938 (Biol. Cbl.) eine ähnliche (? Sprung-) Vorrichtung am 4. Hlbssternit.

Retinapigmentzellen sind pigmentreiche Zellen, welche die Sehzelle eines jeden → Ommatidiums umhüllen und diese von den benachbarten Sehzellen optisch isolieren. Der Retinapigmentmantel besteht aus einer Zellschicht, welche auf der → Basalmembran direkt stehen. Sie reichen nie weiter als zur Spitze der Sehzelle, wo sie nicht selten mit den → Nebenpigmentzellen des → Irispigmentzellenmantels zusammenhängen und mit ihnen zusammen eine einheitliche Hülle um das ganze Ommatidium bilden.

Retinula (lat. dem. von → retina), alle Sehzellen eines Ommatidiums, die zusammen ein → Rhabdom bilden. Sämtliche Retinulae eines Komplex- oder Nebenauges bilden die → Retina. Die ~ wird gewöhnlich aus 8 Sehzellen gebildet (bei *Lycaeninae* mehrere), deren Verband einen rosettenartigen Querschnitt ergibt. Die seitenständigen → Stiftchensäume aller Sehzellen einer ~ treten in der Achse des Verbandes zu einem länglichen → Rhabdom zusammen.

Retractor, Musculus retractor, pl. Retractoren (lat. retraho, -ere, zurückziehen), Rückzieher, Zurückzieher, Muskeln, welche protrahierte oder ausgestülpte Organe (Penis, Stechborsten, Stachel, Planten der Afterfüße, Pygopodien usw.) wieder zurückziehen, Antagonisten der → Protractoren.

Retrogradation (lat. retro, adv., zurück, rückwärts, gradatio, -onis, f., Steigerung), Absteigen der Populationsdichte bei der

→ Gradation eines Schädlings, der absteigende Teil der die Gradation darstellenden Kurve.

Rettichblattkäfer → *Gastroidea viridula* De Geer.

Rettichfliege → *Hylemyia* (*Chortophila*) *floralis* Fallen.

Rettichgallenrüßler → *Ceutorrhynchus assimilis* Paykull.

Reuse, Reusenapparat, 1. Im → Kaumagen der *Ipidae* median in das Lumen gerichtete, auf Längsfalten der Wand stehende Chitinborsten, welche die groben Holzpartikel vom Übergang in den Mitteldarm zurückhalten, bis sie richtig vorverdaut sind.
2. Im Tracheensystem die → Stigmenreuse.
3. Auch → Schlammsinnesorgane sind häufig mit Reusen versehen.

Rhabarberspanner → *Timandra amata* Linné.

Rhabdom (gr. ἡ ῥάβδος Stab, Stock), das lichtempfindliche Organell der → Retinula, aus zusammengelegten → Stiftchensäumen der → Rhabdomere (Sehzellen) eines Ommatidiums gebildet. Das ~ hat in der Regel gerade, in der Achse der Retinula liegende Stäbchenform, doch kommen auch Rhabdome mit baumförmigem Längsschnitt (z. B. im Stemma einer *Tanypus*-Larve), wenn die die Stiftchensäume tragenden Seitenwände der Sehzellen einander nicht eng anliegen, sondern einen Hohlraum umschließen. (Taf. XXVIII, Fig. 1, 2.)

Rhabdomer, Rhabdomere, pl. Rhabdomeren (gr. τὸ μέροσ Teilstück) → Sehzelle.

+***Rhabdoptilidae*** ausgestorbene Fam der +*Palaeodictyoptera* mit einer untercarbonischen Art.

Rhabdorium (gr. ἡ ῥάβδος Stab, Stock, Rute), ein Stäbchensaum auf der das Lumen des Mitteldarms auskleidenden Wand des Epithels. Die plasmatischen Stäbchen stecken mit ihren Basalkörnchen in der peripheren Plasmaschicht. Eine nicht chitinöse Grenzmembran, welche die Zellen nach dem Lumen hin bekleiden kann, wird von den Stäbchen durchbohrt, die dann frei in das Lumen hineinragen.

Rhabdura Cook → *Campodeidae*.

Rhadalidae (Lang 1920) Fam der *Col* (*Malacodermata*) mit 4 nordamerikanischen Arten.

Rhagionidae (Latreille 1802) Leach 1819 (*Leptidae* Meigen 1820), Schnepfenfliegen (Abb. 299), Fam der *Diptera*

Abb. 299. *Vermileo vermileo* De Geer (*V. degeeri* Macquart), Larve (Rhagionidae). Nach Brauer aus Lameere. Nat. Gr. 9—10 mm.

Brachycera mit etwa 400 Arten. Die meist dunkel, grau, braun oder braun und gelb gezeichneten mittelgroßen Fliegen sind räuberisch. Man trifft sie oft auch Baumstämmen und Blättern auf Insekten lauern. Einige Arten sind (nach Austen) lästige, aber nicht obligate Blutsauger. Ihre oft mit paarigen Bauchfüßen nach Art der Schmetterlingsraupen versehenen Larven leben räuberisch unter Laub, Rinde, in der Erde oder im Wasser. Die Larven der UFam *Vermilioninae* bauen sich in trockener Erde ähnliche Fangtrichter wie die Larven der Ameisenlöwen. (Taf. XX, Fig. 16.)
Fossil sind etwa 30 Arten seit dem Alt-Tertiär beschrieben worden.

Rhagophthalmidae E. Olivier 1910, Fam der *Col* (*Malacodermata*) mit einem Dutzend tropisch-asiatischen Arten.

Rhaphe (gr. ἡ ῥαφή die Naht), richtige Schreibart für → Raphe.

+***Rhaphidiopsidae*** Handlirsch 1908, ausgestorbene Fam der +*Megasecoptera* mit 1 Art aus dem mittleren Obercarbon von Nordamerika, die nur nach Fragmenten der etwa 1,8 cm langen Flügel bekannt ist.

rheophil (gr. ῥέειν fließen, strömen, φίλος liebend) werden wasserlebende Insekten genannt, welche rasch fließende Gewässer bewohnen. Gegens. → limnophil.

Rheotaxis (gr. τὸ ῥέος Strom, Fluß), ἡ τάξις geordneter Zustand, Taktik), Fähigkeit der Insekten, auf die Schnelligkeit und Richtung der Wasserströmungen zu reagieren.

Rhinarium, pl. Rhinaria, dtsch. Rhinarien (gr. ἡ ῥινός oder τὸ ῥινόν Haut, Fell) 1. → Sinnesplatten von besonderem Bau auf den Fühlern der *Aphididae* und gewisser Hymenopteren. Bei Aphididen kommen sie in zwei Typen vor, als große, rundliche Haupt- und schmale, quer ringförmige Nebenrhinarien. Bei Hymenopteren sind es nur schmale, schlitzartige, längsgerichtete Sinnesplatten.
2. Bei *Odonata* wird vielfach der → Anteclypeus als ~ bezeichnet.

Rhinotermitidae Light 1921 (*Mesotermitidae* Holmgren), Fam der Termiten (*Isoptera*) mit mehreren Arten in den Tropen der ganzen Welt und in Südeuropa (*Reticulitermes*). Fossil seit dem Oligocän.

Rhipiceridae (Latreille 1834), Leconte 1862 (*Rhipicerides* Latr., *Sandalidae* Jacobson 1913), Fam der *Col* (*Sternoxia*) mit etwa 200 Arten in Amerika und Australien.

Rhyacophilidae Stephens 1836 (Abb. 300, 301, 302), Fam der *Trichoptera* mit etwa 130 Arten, von welchen in Deutschland 40 leben. Fossil sind 10 Arten aus dem baltischen Bernstein und 3 aus dem Miocän von Colorado beschrieben.

Rhynchophora Ganglbauer 1903, Gruppe der *Col Polyphaga* mit den Fam *Anthribidae, Aglyciderida,e Proterrhinidae, Brenthidae, Curculionidae, Platypodidae* und *Ipidae*.

Abb. 300. *Rhyacophila septentrionalis* MacLachlan (Rhyacophilidae). Nach Ulmer. Nat. Gr. etwa 7 mm.

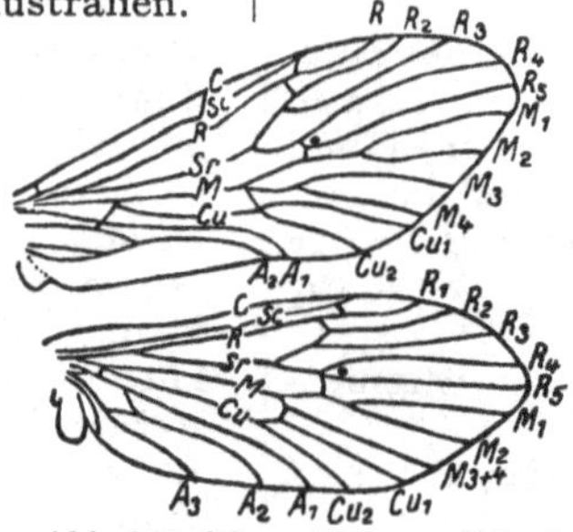

Abb. 301. *Rhyacophila* sp., Flügel (Rhyacophilidae). Nach Ulmer. Nat. Gr. etwa 1 cm.

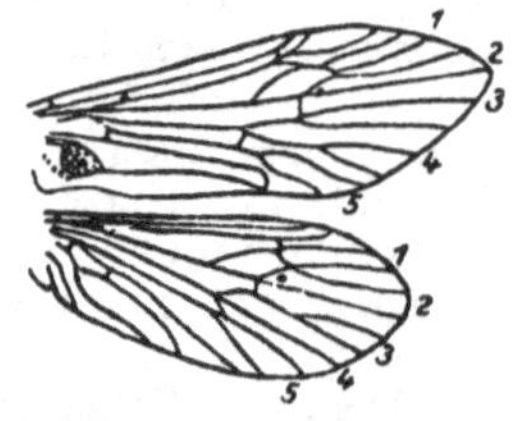
Abb. 302. *Glossosoma boltoni* Curtis, Flügel (Rhyacophilidae). Nach Ulmer. Nat. Länge etwa 8 mm (→ Hornfleck).

Rhipiphoridae (C. G. Thomson 1859) Fächerkäfer, Fam der *Col* (*Heteromera*) mit etwa 230 Arten, von denen 5 in Deutschland leben. Es sind kleine bis mittelgroße Käfer mit weichen, schmalen, hinten klaffenden oder verkürzten Flügeldecken und unter ihnen herausragenden Hinterflügeln. Weibchen häufig larvenartig. Die Larven der ~ sind Nestschmarotzer, z. T. echte Endoparasiten bei Bienen, Wespen und *Blattaria*. Die Weibchen der bei den letzteren parasitierenden Art *Rhipidius pectinicornis* Thunberg verbleiben nach Art der *Strepsiptera* zeitlebens im Körper ihres Wirtes.

Fossil sind 6 tertiäre und 2 kopale Arten bekannt.

Rhizophagidae (Redtenbacher 1845) Crotch 1873, Fam der *Col* (*Clavicornia*) mit 45 Arten, davon 14 in Deutschland. Längliche, schmale, unter Rinden lebende Käfer.

Fossil sind 2 Arten im baltischen Bernstein gefunden worden.

Rhopalocera (Linné 1758) Spuler, Tagfalter, Ableitung der *Lep Frenata* mit den Familien *Pieridae, Papilionidae, Lycaenidae, Libytheidae, Erycinidae, Nymphalidae, Satyridae, Acraeidae* und *Danaididae*.

Rhopalosomidae Ashmead 1896, Fam der *Hym* mit wenigen Arten auf Antillen, in Ost- und Südwestafrika, Madagaskar, Vorderindien und Südamerika.

Rhynchota Burmeister → *Hemiptera*.

Rhyphidae Macquart (1826) 1838 (*Tipulariae xylophagiformes* Macq. 1826, *Phryneidae, Anisopidae* Knab 1912, *Anisopodidae* auct.), Pfriemenmücken (Abb. 303), Fam der *Dipt Nematocera* mit etwa

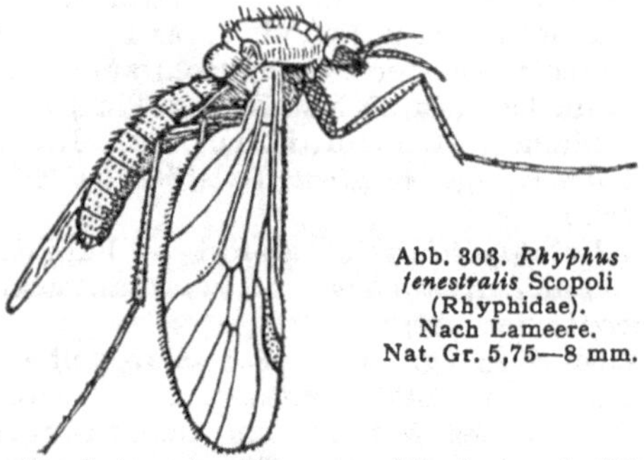
Abb. 303. *Rhyphus fenestralis* Scopoli (Rhyphidae). Nach Lameere. Nat. Gr. 5,75—8 mm.

70 Arten in Europa, Nord- und Südamerika, Australien, Neuseeland, Westafrika, Ostindien, Java und Neuguinea. Mittelgroße Mücken mit langen, 16gliedrigen Fühlern, kurzem Rüssel und einer Discoidalzelle im Flügel. Larven eucephal, aalartig, dünn, weich, in faulenden Pflanzen und unter Baumrinden. Puppen frei mit verlängerten Vorderstigmen.

Fossil sind etwa 12 Arten seit Oberlias bekannt, davon 5 aus dem baltischen Bernstein. Vgl. auch → *Protorhyphidae*.

Rhypophaga McLeay → *Polyphaga.*

Rhysodidae (Erichson 1845) Schaum 1859, Fam der *Col* (*Adephaga*) mit etwa 110 Arten in allen Regionen, davon 2 in Deutschland. Die etwa 5—10 mm langen, schlanken und flachen Käfer haben perlschnurartige Fühler, ein großes, die übrigen Mundteile bedeckendes Mentum, ungegliederte Maxillarladen und normale Laufbeine. Metasternalnaht fehlt. Larven raupenähnlich, ohne Augen, ohne Cerci, mit 5gliedrigen Fühlern. Sowohl Käfer wie Larven leben im modrigen Holz oder unter Rinden. Die meisten Arten leben in der indomalayischen (45) und neotropischen (24) Region.

Ribagasches Organ, Berleses Organ, eine bei *Cimex*-Weibchen seitlich zwischen dem 4. und 5. Sternit mündende Tasche, welche bei der Begattung mit Sperma angefüllt wird. Von hier aus gelangt das Sperma durch die Leibeshöhle in das Receptaculum. Das ~ kann auch dorsal gelegen sein. (Vgl. Carayon 1952, 1953, Hase 1918.)

ribeana Hübner, *Pandemis,* Johannisbeer-Breitwickler (*Lep Tortriocidae*).

ribesiae Signoret, *Pulvinaria* → *P. betulae* Linné.

ribesii Scopoli, *Pteronus,* gelbe Stachelbeerblattwespe (*Hym Tenthredinidae*).

ribis Thomas, *Bryobia* → *B. praetiosa* Koch.

ribis Linné, *Cryptomyzus,* Johannisbeer-Beulenlaus, Blasenlaus (*Hom Aphididae.*

ribis Kieffer, *Contarinia,* Stachelbeerblütengallmücke (*Dipt Cecidomyidae*).

ribis Nalepa, *Eriophyes,* Johannisbeergallmilbe, Johannisbeerknospengallmilbe (*Acari Eriophyidae*).

Richtachsen, Euthynen, promorphologische (Promorphologie, Haeckel 1866) Achsen und Ebenen, Richtebenen des Körpers. Bilateralsymmetrische Tiere haben eine Hauptachse (Längsachse) und theoretisch unendlich viele Querachsen und Dorsoventralachsen, welche zueinander und zur Hauptachse senkrecht stehen. Alle Querachsen zusammen bilden die Frontalebene, welche den Körper in eine dorsale und ventrale Hälfte teilt. Sämtliche auf der Hauptachse errichteten Dorsoventralachsen bilden zusammen die einzige Symmetrieebene (Medianebene, Sagittalebene).
Die Hauptachse hat ein → orales und ein → anales Ende und diese geben gleichzeitig Anhaltspunkte für die Lage- und Richtungsangaben: oral, oralwärts (rostral, rostralwärts), anal, analwärts (caudal, caudalwärts), retro-.
Die Querachsen haben ein linkes und ein rechtes Ende, die keine besonderen Bezeichnungen führen, weil die Körperhälften symmetrisch sind. Jede Lage am rechten oder linken Ende der Querachse heißt lateral und jede Richtung von der Medianebene nach dem Ende einer Querachse heißt lateralwärts, oder entsprechend deutsch seitlich und seitwärts.
Die Dorsoventralachsen haben ein dorsales und ein ventrales Ende. Die Lagen an den Enden dieser Achsen heißen entsprechend dorsal und ventral und die Richtungen von der Hauptachse nach den Enden der Dorsoventralachsen heißen dorsalwärts und ventralwärts.
Lagen in oder nahe an der Symmetrieebene heißen median.
Dieselben Richtachsen und Richtebenen gelten auch für bilateralsymmetrische Organe, wie Beine, die meisten männlichen Begattungsorgane, Legeapparate usw. Längsachsen der Extremitäten haben ein basales und ein apicales Ende und danach werden auch Lagen und Richtungen als basal, basalwärts, apical und apicalwärts bezeichnet. Lagen an der äußersten Spitze eines Organs werden mit terminal bezeichnet. Anstatt basal und apical werden häufig die Bezeichnungen proximal und distal gebraucht.

Ridiaschidae Brèthes 1916, Fam der *Lep Tineoidea* mit wenigen südamerikanischen Arten, deren Raupen gallenerzeugend sind.

Riechgruben → Geruchsorgane.

Riechhaare, dünnwandige Härchen der → Sensilla trichodea, welche nachweislich innen mit einem → Riechstäbchen versehen sind.

Riechhügel → Geruchsorgane.

Riechlappen, Lobus olfactorius, Lobus antennalis, die beiden Lappen des → Deutocerebrum, welche je einen Antennalnerv entsenden. Die → Marksubstanz der ~ weist eine periphere → Glomeruli-Schicht auf, deren Entwicklung sich nach dem Ausbildungsgrad der Antennen richtet und bei stark reduzierten Fühlern (*Ephemerida, Odonata*) ganz fehlen kann.

Riechplatten → Geruchsorgane.

Riechschärfe → Geruchsorgane.

Riechstäbchen, haarförmig dünn auslaufende Verlängerung des receptorischen Fortsatzes der Sinneszelle in den dünnwandigen → Sensilla trichodea, basiconica, ampullacea und placodea.

Riesenameisen, Riesenholzameisen → *Camponotus ligniperda* Latreille und *C. herculeanus* Linné.

Riesenfichtenbastkäfer → *Dendroctonus micans* Kugelann.

Riesenholzwespe → *Sirex gigas* Linné.

Riesenschnake, gelbbindige → *Pales* (*Pachyrrhina*) *crocata* Linné.

Rima oris (lat. rima, -ae, f., Ritze, Spalte, os, oris, n., Mund) → Mundöffnung.

Rindenfresser sind Insekten, die im Unterschied zu → Borkenfressern junge, noch nicht borkige Rinde zur Nahrung haben, wie z. B. *Hylobius abietis* (Käfer), verschiedene Cimbicinen-Larven usw.

Rindenkäfer → *Colydiidae.*

Rindenläuse → *Corrodentia.*

Rindenmine, Caulonomium, in der grünen Rinde des Stengels verlaufende Mine.

Rindenschnellkäfer, gelbflügeliger → *Corymbites castaneus* Linné.

Rindenschnellkäfer, roter → *Corymbites purpureus* Poda.

Rindenschnellkäfer, scheckiger → *Corymbites sjaelandicus* Müller.

Rindenwanzen → *Aradidae.*

Rindenwickler → *Laspeyresia* (*Grapholitha*) *woeberiana* Schiffermüller.

Rinderbremse → *Tabanus bovinus* Linné.

Rinderdasselfliege, große → *Hypoderma bovis* De Geer.

Rinderdasselfliege, kleine → *Hypoderma lineatum* Villiers.

Ringader → Randader.

Ringelglied → Anellus.

Ringelhörnler → *Tomoceridae.*

Ringelspinner → *Malacosoma neustria* Linné.

Ringelwürmer → *Agrilus*-Larven (aber auch Annelida, Klasse der Würmer).

Ringmakel, eine annähernd ringförmige, dunkle, hell umrandete Makel im → Mittelfeld des Vorderflügels, nahe an der inneren → Querlinie bei *Noctuidae* (→ Eulenzeichnung).

Rippen, Costae, Längsrippen auf Flügeldecken vieler Käfer (*Carabus, Silpha*). Stellenweise unterbrochene ~ werden als → Kettenstreifen bezeichnet.
Auch kräftige Längsadern im Flügelgeäder z. B. bei Orthopteren werden häufig als ~ bezeichnet.
Mikroskopische Längsrippen finden sich nicht selten auf den Schuppen verschiedener Schmetterlinge und Käfer.
Vgl. auch → Leisten.

Ritter → *Papilionidae.*

roborana Treitschke, *Notocelia,* weißbindiger Rosenwickler (*Lep Tortricidae*).

robustus Uzel, *Kakohrips,* Erbsenblasenfuß (*Thysanoptera Thripidae*).

Röhrenwürmer → Rosentriebbohrer (→ Rosenschädlinge).

roesella Linné, *Heliodines,* Spinatmotte (*Lep Heliodinidae*).

Röhrenatmer → *Eutracheata.*

Röhrenkiemen sind → Prothorakalhörner, deren Mündung durch eine gaspermeable Membran, sog. → Knospe verschlossen ist. Die ~ können sehr lang, einfach (z. B. bei *Ptychoptera paludosa*) oder büschelartig verzweigt sein (*Simulium*).

Röhrenschildläuse, *Ortheziinae* (*Hom Coccidae*).

Röntgenstrahlen, sowie andere kurzwellige Strahlen, wie z. B. ultraviolettes Licht, sind als Mittel zur Bekämpfung von Schädlingen in hochwertigen Produkten, z. B. in Zigarrenfabriken gegen Tabakschädlinge geeignet. Die ersteren sind schon seit einigen Jahrzehnten in Amerika mit gutem Erfolg in Anwendung. Die fertigen Zigarrenschachteln passieren auf laufendem Band einen Röntgenapparat und werden eine bestimmte Zeit der tödlichen Wirkung der Röntgenstrahlen ausgesetzt.

Roggeneule → *Parastichtis* (*Hadena*) *secalis* Linné.

Rollzunge, → Saugrüssel der Schmetterlinge. Die ~ besteht aus den stark verlängerten, auf der medianen Fläche rinnenförmig ausgehöhlten und zusammen zu einem vollen Rohr, dem Saugrohr, verfalzten maxillaren → Außenladen (Galeae). Jede Außenlade hat einen eigenen, blinden Hohlraum, der mit Muskeln, Tracheen und Nerven versehen ist.
Die → Exocuticula der Rollzungenwand ist zu Ringwindungen differenziert, wodurch das Zusammenrollen der Rollzunge ermöglicht ist.
Die Länge der ~ ist sehr verschieden, die längsten ~ haben *Sphingidae.* Bei primitiven Schmetterlingen (*Mteryicrop-*

gidae, Tineidae) ist die ~ gewöhnlich sehr kurz, zusammenrollbar (*Mnemonica*) oder gerade (*Pronuba*), oder aber die Galeae sind gar nicht verlängert, vom Typ der kauenden Mundteile (*Micropteryx, Sabatinca*).
Die Spitze der ~ ist außen und innen mit zahlreichen Sensillen versehen. (Taf. XXIV, Fig. 3.)

Rollfliegen → *Platypezidae*.

rorellus Hübner, *Hyponomeuta*, Weidengespinstmotte (*Lep Hyponomeutidae*).

rosae Linné, *Arge*, gelbe oder gemeine Rosenbürstenhornwespe, Nähfliege (*Hym Tenthredinidae)*.

rosae Bouché, *Aulacaspis*, kleine oder weiße Rosenschildlaus (*Hom Coccidae*).

rosae Linné, *Macrosiphum*, große Rosenblattlaus (*Hom Aphididae*).

rosae Fabricius, *Psila*, Möhrenfliege, Eisenmade (*Dipt Psilidae*).

rosae Giraud, *Rhodites*, gemeine Rosengallwespe, Rosenblattgallwespe (*Hym Cynipidae*). Die Galle wird als Schlafapfel bezeichnet.

rosae Linné, *Typhlocyba*, Rosenzikade (*Hom Jassidae*).

rosana Linné, *Cacoecia*, Heckenwickler, brauner Rosenwickler (*Lep Tortricidae*).

rosaria Loew, *Rhabdophaga*, Weidenrosengallmücke (*Dipt Cecidomyidae*).

rosarum Hardy, *Perrisia*, Rosenblattgallmücke (*Dipt Cecidomyidae*).

roscipennella Hübner, *Gracilaria*, Walnußschlankmotte (*Lep Gracilariidae*).

Rosenschädlinge. Zu den auffallendsten Mißbildungen der Rosen gehören die von den beiden Rosenblattgallwespen (*Rhodites rosae* Giraud und *Rh. mayri* Schlechtendal) verursachten Gallen, die dicht mit fadenförmigen, verzweigten Auswüchsen besetzten Bedeguare oder Schlafäpfel der ersteren und die bis etwa haselnußgroßen, spärlich bedornten Gallen der letzteren Art. Erbsengroße, glatte, kugelrunde Gallen an Blättern und Stielen macht *Rhodites eglanteriae* Hartig und rundliche oder ovale, glatte oder mit wenigen Stacheln besetzte Gallen stammen von *Rh. spinosissimae* Giraud. *Rh. rosarum* Giraud macht erbsengroße, mit wenigen aber starken Stacheln besetzte Blattgallen. Während die Gallen meistens nur einen Schönheitsfehler darstellen, zählen die beiden Rosentriebbohrer, der abwärtssteigende (*Ardis brunniventris* Hartig) und der aufwärtssteigende (*Monophadnus elongatulus* Klug) zu den schlimmsten Rosenschädlingen. Die von ihnen befallenen Triebe welken und fallen um.
Einen im Erfolg ähnlichen Schaden an Rosentrieben verursachen die Rosenbürstenhornwespen, nämlich die gelbe (*Arge rosae* Linné), die dunkelblaue (*Arge enodis* Linné) und die blauschwarze (*Arge pagana* Panzer). Der Schaden entsteht hier nicht durch Larvenfraß, sondern durch die vom Weibchen mit dem Legebohrer (Säge in die Triebe gemachten tiefen Einschnitte, in welche es seine Eier einschiebt. Die Larven fressen an Blättern und verursachen gewöhnlich geringeren Schaden. Die schwarzblaue Rosenbürstenhornwespe (*Arge coerulescens* Geoffroy) legt ihre Eier in ähnliche Einschnitte im Blattrand.
Die Afterraupe der Rosenblütenknospenblattwespe (*Ardis plana* Hartig) frißt äußerlich an Knospen und Trieben. Drei Arten von Rosenblattwespen, die schwarze (*Eriocampoides aethiops* Fabricius), die ungleiche (*Cladius pectinicornis* Fourcroy) und die kleinste (*Blennocampa pusilla* Klug) beteiligen sich im Larvenstadium am Blattfraß. Die beiden ersteren fressen frei an Blättern, die letztere lebt in einem zusammengerollten Blatt. Die weißgürtelige Rosensägewespe (*Emphytus cinctus* Linné) frißt im Larvenstadium Löcher in die Rosenblätter. Blätter und Knospen werden von drei Rosenwickler-Arten, dem weißbindigen (*Notocelia roborana* Treitschke), dem goldgelben *Tortrix bergmanniana* Linné) und dem braunen (*Cacoecia rosana* Linné) mit Gespinst überzogen und von den darin gesellig lebenden Raupen gefressen. Eine verwandte Art, der dreipunktige Rosenickler (*Epiblema tripunctana* Linné) frißt die Knospen einzeln aus.
Eine nicht weniger auffallende Erscheinung als die oben erwähnten Gallen, stellen die kreisrunden, wie mit einem Zirkel in die Blätter geschnittenen Löcher. Sie sind das Werk der Rosenblattschneiderbiene (*Megachile centuncularis* Linné), welche diese kreisrunden Blattstücke für den Nestbau benutzt.
Die Rosengallmücke (*Perrisia rosarum* Hardy) entwickelt sich in engen

Blattrollen, in denen die Larven gesellig saugen.
Meist nur geringfügig ist der Schaden durch die Rosenschabe oder Rosenfutteralmotte (*Coleophora gryphipennella* Bouché). Die in einem aus Blattstückchen selbst angefertigten Futteral versteckte Raupe miniert in Laub- und Kelchblättern.
Gesellig in Blütenknospen leben die orangeroten Larven der Rosenblütenknospengallmücke (*Clinodiplosis rosiperda* Rübsaamen), während eine ihr nahe verwandte Art, die Okuliermade (*Cl. oculiperda* Rübsaamen) gesellig in offenen Wund- und nicht genug abgedichteten Veredelungsstellen lebt.
Die Rosenzikade (*Typhlocyba rosae* Linné) erscheint manchmal massenhaft und verursacht durch ihr Saugen das Absterben der Blätter.
Die kleine oder weiße Rosenschildlaus (*Aulacaspis rosae* Bouché) bedeckt oft dicht die Rosenstämme mit ihren rundlichen, weißen Schildern.
Zum Schluß seien die Rosenkäfer erwähnt, der gemeine (*Cetonia aurata* Linné), der kleine (*Phyllopertha horticola* Linné) und der zottige (*Epicometis hirta* Poda), welche die Laub- und Blütenblätter sowie die Befruchtungsorgane (Staubblätter und Stempel) fressen.

rosiperda Rübsamen, *Clinodiplosis*, Rosenknospengallmücke, Rosenblütenknospengallmücke (*Dipt Cecidomyidae*).

Roßkäfer, *Geotrupes* spp. (*Col Scarabaeidae*).

Roßkastanienbohrer → *Zeuzera pyrina* Linné.

Roßkastanienmaikäfer → *Melolontha hippocastani* Fabricius.

Roßameisen → *Camponotus ligniperda* Linné. und *C. herculeanus* Linné.

rostral, rostralwärts svw. → oral, oralwärts.

rostralis Linné, *Hypena*, Hopfeneule (*Lep Noctuidae*).

Rostratae Meigen → *Tipulidae*.

Rostrum (lat. rostrum, -i, n., pl. rostra, Rüssel, Schnabel, von rodo, -ere, -si, benagen, kauen) → Schnabel.

Rotator (lat. roto, -are, -atum drehen), Dreher, Muskel, der ein Organ in seinem Kugelgelenk um die Achse dreht, wie z. B. die sterno-coxalen Muskeln der Hüfte. Ihre Antagonisten sind gleichfalls Rotatoren aber mit entgegengesetzter Zugrichtung. In der Hüfte z. B. arbeiten die vorderen und hinteren Rotatoren antagonistisch.

rote Made, an Rosen, → Okuliermade.

rotes Organ, paarige, in der Leibeshöhle der *Gastrophilus*-Larven gelegene Massen großer, rotgefärbter Zellen, an welche je ein Tracheenast herangeht und in ihre Plasmakörper dicht gedrängte Tracheolen hineinsendet. Die Zellen des ~ enthalten Haemoglobin. Sie ähneln in gewissen Hinsichten → Fettzellen, scheinen aber mit der Respiration zusammenzuhängen.

rote Spinne → *Tetranychus* sp. und verwandte Gattungen.

Rothalsbock → *Leptura rubra* Linné.

Rotschwanz → *Dasychira pudibunda* Linné.

rotundatus Siebold, *Otiorrhynchus*, Fliederblattrüßler (*Col Curculionidae*).

Rotwanzen → *Dysdercus*-Arten.

Rotwilddasselfliege → *Hypoderma actaeon* Brauer.

Rotwildhautbremse → *Hypoderma actaeon* Brauer.

Rotwildrachenbremse, graubunte → *Pharyngomyia picta* Meigen.

Rotwildrachenbremse, haarige → *Cephenomyia auribarbis* Meigen.

rubi Herbst, *Anthonomus*, Erdbeerblütenstecher, Himbeerstecher (*Col Curculionidae*).

rubi Paykull, *Batophila*, Erdbeererdfloh (*Col Chrysomelidae*).

rubi Bouché, *Diastrophus*, Brombeergallwespe (*Hym Cynipidae*).

rubi Heeger, *Lasioptera*, Himbeergallmücke (*Dipt Cecidomyidae*).

rubi Linné, *Macrothylacia*, Brombeerspinner (*Lep Lasiocampidae*).

rubi Trägårdh, *Neotetranychus*, Himbeerspinnmilbe (*Acari Tetranychidae*).

rubicola Abeille, *Agrilus*, Rosenprachtkäfer (*Col Buprestidae*).

rubiella Bjerkander, *Incurvaria*, Himbeermotte, Himbeerschabe (*Lep Incurvariidae*).

ruborum Börner, *Aphis* (*Doralis*), kleine Brombeerblattlaus (*Hom Aphididae*).

rubra Linné, *Leptura*, Rothalsbock (*Col Cerambycidae*).

rubrocinctus Giard, *Selenothrips*, Kakaoblasenfuß (*Thysanoptera Thripidae*).

Ruderbeine, Schwimmbeine, Pedes natatorii, Ruderfüße, die zum Schwimmen unter der Wasseroberfläche dienenden, durch Ruderschläge den Körper fortbewegenden Beine der Insekten. Die

~ sind nach zwei verschiedenen Typen gebaut.

1. Die Beine sind an sich normale oder fast normale, schlanke Laufbeine mit meist verlängerten komprimierten Tarsen, die aber ein- oder zweiseitig mit einem Saum kräftiger Borsten besetzt sind, welche so eingelenkt sind, daß sie sich bei Vorbringen der Beine nach hinten legen und beim Ruderschlag sich aufrichten und eine zusammenhängende Ruderfläche bilden. Solche Beine haben z. B. *Notonecta, Corixa, Haliplidae, Hydrophilidae, Dytiscidae.*

2. Die Beine sind kurz, flach und breit und tragen außerdem noch einen Saum von Ruderborsten. Nach diesem Typ sind die Mittel- und Hinterbeine der *Gyrinidae* gebaut. Sie werden auch als Flossenbeine bezeichnet.

Die Muskulatur der ~ ist für den Ruderschlag gut entwickelt, während die Vorbringer (Promotoren) schwach entwickelt sind, entsprechend ihrem viel schwächeren Arbeitsgang.

Meistens ist nur das hinterste Beinpaar zu ~ umgebildet (*Dytiscidae, Hydrophilidae*), seltener sind es die Hinter- und Mittelbeine (*Gyrinidae*) oder alle drei Beinpaare (*Haliplidae*). Bei *Trichoptera* sind die Mittelbeine der Weibchen häufig zu ~ erweitert.

Die Bewegung der ~ erfolgt in der Regel synchron, doch kommen auch abwechselnde Bewegungen vor, bes. beim Steuern (*Haliplus*). (Taf. III, Fig. 17.)

Ruderwanzen → *Naucoridae.*

Rudiment (lat. rudimentum, -i pl. -a, n., erster Anfang), ein rückgebildetes Organ ohne oder nur noch mit geringer funktioneller Bedeutung. Rudimentäre Organe sind gewöhnlich mehr oder weniger stark verkleinert, indem sie auf einer embryonalen oder juvenalen Entwicklungsstufe stehen bleiben und sich nicht mehr voll entwickeln, wie z. B. flugunfähige, verkürzte oder stummelartige Flügel vieler → brachypterer Insekten, → Halteren usw. Sie können aber auch ihre ehemalige Größe behalten, wenn sie einen Funktionswechsel durchmachten, welcher ihre volle Größe beansprucht, wie dies z. B. in den Flügeldecken der Käfer der Fall ist. Solche Organe werden aber üblicherweise nicht als ~ bezeichnet, obgleich ihre ehemalige Funktion rudimentär ist.

Rübenschädlinge. Zu den schlimmsten blattfressenden Schädlingen der Rübe, insbesondere der Zuckerrübe gehören die Larven der beiden Rübenaaskäfer, nämlich des braunen (*Aclypea opaca* Linné) und des schwarzen (*Aclypea undata* Müller), die Afterraupen der Rübenblattwespe (*Athalia colibri* Christ) und der Rübenfliege (*Pegomyia hyoscyami* Panzer). Die drei ersteren fressen frei an Blättern, die Larve der letzteren frißt in großen, blasigen Minen, welche vielfach das ganze Blatt einnehmen. Die Raupe des Rübenzünslers (*Phlyctaenodes sticticalis* Linné) frißt auch frei auf Blättern der Rübe, kommt aber bei uns nicht so massenhaft vor wie in Südosteuropa und in der Tschechoslowakei. Die Rübenblattwanze (*Piesma quadrata* Fieber) saugt an Blättern der Zucker- und Futterrübe. Die Blätter werden weißfleckig, kräuseln sich und verkümmern. Die Rübenblattwanze ist schon öfters in Ost- und Mitteldeutschland massenhaft aufgetreten.

Die Rübenblattlaus (*Doralis fabae* Scopoli), auch als Bohnenblattlaus bekannt, weil sie, übrigens sehr polyphag, vielfach auch auf Saubohnen massenhaft erscheint, ist ein gefürchteter Schädling der Zuckerrübenplantagen.

Von anderen schädlichen Insekten sind noch zu nennen die Rübenrüßler (*Cleonus piger* Scopoli und *punctiventris* Germar, *Tanymecus palliatus* Fabricius, *Chromoderus fasciatus* Müller), der Rübenweißling (*Pieris rapae* Linné) und der Rübenerdfloh (*Chaetocnema concinna* Marsham).

Die sehr polyphage Raupe der Gammaeule (*Plusia gamma* Linné) frißt bei Massenauftreten auch Rüben kahl.

Rückbewegung ist bei vielen Insekten, z. B. Raupen gewisser Kleinschmetterlinge, die gewohnheitsmäßige Fluchtbewegung.

Auch *Myrmeleon*-Larve schreitet gern nach rückwärts. Rückflug ist von Sphingiden, einigen exotischen *Odonata*, die sich Spinnen von ihren Netzen holen, Schwirrfliegen usw. bekannt.

Rücken, → Tergum im Sinne des Segmentrückens oder → Dorsum im Sinne der ganzen Rückseite (Oberseite, Dorsalseite) des Körpers.

Rückengefäß, Dorsalgefäß, aus → Cardioblasten aufgebautes, pulsierendes, im → Pericardialsinus gelegenes Rohr, welches auf elastischen Fasern zwischen dem Integument und dem dorsalen → Diaphragma frei aufgehängt oder in das Diaphragma selbst eingebettet ist. Es ist das Hauptorgan des Blutkreislaufes der Insekten.

Das ~ besteht aus einem hinteren, pulsierenden, mit → Ostien versehenen → Herzen, welches nach vorn in ein langes, vorn offenes Rohr, die → Aorta übergeht. Das Herz ist von der Aorta nur selten scharf abgesetzt (*Haematopinus*), beide Teile unterscheiden sich meist lediglich dadurch, daß der Aorta Ostien und Flügelmuskeln fehlen. (Taf. VI, Fig. 1, 5.)

Bei gewissen *Coccidae* soll das ~ ganz fehlen.

Rückenkörnchen → Cenchri.

Rückenplatte → Tergit.

Rückenschwimmer, „Wasserbienen" → *Notonecta*-Arten, auch → *Notonectidae*.

Rückenverschluß des Embryos, die Umwachsung des Eidotters durch das Ectoderm des → Keimstreifens. Dabei werden die → Embryonalhüllen entweder umschlossen und im Innern des Embryos resorbiert, oder sie degenerieren außerhalb des Embryos.

rücklaufender Nerv, Nervus recurrens. 1. Der unpaarige, vom → Frontalganglion nach hinten zwischen dem Gehirn und Pharynx verlaufende Nerv des → stomatogastrischen Systems. Er schließt sich hinten an das unmittelbar hinter dem Gehirn und dem Pharynx bzw. Oesophagus dorsal anliegende → Occipitalganglion (Ganglion hypocerebrale). (Taf. XXVII, Fig. 2.)

2. Im Vorderflügel der *Hymenoptera*, bei der dort noch gebräuchlichen Terminologie, zwei einander und dem → Basalnerv annähernd parallele Queradern (Recurrens primus und R. secundus), welche die beiden Discoidalzellen nach außen begrenzen und vielfach auch als → Discoidalquernerven bezeichnet werden. Der 1. Recurrens trifft vorn in der Regel auf die 1., der 2. Recurrens auf die 3. → Cubitalzelle. Vielfach fehlt der 2. Recurrens (*Braconidae*). (Taf. XIII, Fig. 2.)

Rüssel, allgemeine Bezeichnung für rüsselförmige Verlängerung des Vorderkopfes (*Curculionidae*, *Haematomyzus*), der Mundteile (→ Saugrüssel, → Rollzunge, → Leckrüssel, → Zunge der *Hymenoptera* und einiger *Meloidae*) oder beider zugleich (cephalotrophischer ~, → Proboscis der *Diptera*).

Im engeren Sinne bedeutet ~, Proboscis, rein cephale Verlängerung des Vorderkopfes, wie sie die *Curculionidae* sowie im schwächeren Grade viele andere Käfer (z. B. bes. *Pythidae*) und die Mallophage *Haematomyzus* haben.

Rüsselkäfer → *Curculionidae*.

Rüsselkäfer, blaugrauer → *Polydrosus* (*Metallites*) *atomarius* Olivier.

Rüsselkäfer, großer brauner → *Hylobius abietis* Linné.

Rüsselkäfer, kleiner brauner → *Hylobius pniastri* Gyllenhal.

Rüsselkäfer, großer schwarzer → *Otiorrhynchus niger* Linné.

Rüsselkäfer, großer weißer → *Coniocleonus glaucus* Fabricius und var. *turbatus* Fåhraeus.

Rüßler → *Curculionidae*.

Rüsselrinne, bei *Heteroptera* eine von der Basis des → Labiums über die Kehle nach hinten ziehende mediane Furche, welche an den Seiten vorn oft durch hohe Randleisten (→ Bucculae) eingefaßt ist und zum Einlegen des Rüssels dient.

Rüsselscheide, 1. bei Puppen gewisser Schmetterlinge (*Sphingidae*) vom Puppenkörper abstehende Scheide des imaginalen Rüssels.

2. Lippentaster der Schmetterlinge, welche zu beiden Seiten des eingerollten Rüssels dicht beschuppte Klappen bilden.

rufa Linné, *Formica*, rote Waldameise (*Hym Formicidae*). Verbreitet über ganz Europa, Nordasien und Nordamerika, überall nützlich, was sich schon öfters bei Forleulenkalamitäten erwiesen hat.

rufimanus Boheman, *Bruchus* (*Laria*), Pferdebohnenkäfer (*Col Lariidae*).

rufimitrana Herrich-Schäffer, *Semasia*, rotköpfiger Tannenwickler (*Lep Tortricidae*).

Rufinismus (lat. rufus rot, fuchsrot, Rufinus, der Rote, röm. Beiname, gr. 'Ρουφῖνος) eine intraspezifische Farbabänderung (Rufino), die darauf beruht, daß der normalerweise schwarze Farbstoff nicht voll zur Entfaltung kommt, sondern auf einer roten Vorstufe verbleibt. Vgl. auch → Erythrismus.

rufipennella Zeller, *Gracilaria*, Ahornmotte (*Lep Gracilariidae*).

rufipes Linné, *Pentatoma*, rotbeinige Baumwanze, rotbeinige Schildwanze (*Het Pentatomidae*).

rufipes Meigen, *Phytomyza* (*Dipt Argromyzidae*).

rufipes Olivier, *Ptinus*, rotbeiniger Diebkäfer (*Col Ptinidae*).

rufipes Stephens und var. ***capitatus*** De Geer, *Strophosomus*, Kiefernkurzrüßler (*Col Curculionidae*).

rufipes Brahm, *Thanasimus*, kleiner Borkenkäferwolf, kleiner Ameisenbuntkäfer (*Col Cleridae*).

rugicollis Fallen, *Plesiocoris*, nordische oder grüne Apfelwanze (*Het Miridae*).

rugulosus Ratzeburg, *Scolytus*, runzliger Obstbaumsplintkäfer (*Col Ipidae*).

rumicis auct., non Linné, *Aphis* → *A. fabae*. *Aphis rumicis* Linné lebt nur auf *Rumex*.)

rumicis Linné, *Chamaepora*, Ampfereule (*Lep Noctuidae*).

Rumpf, Stamm, Truncus, der Hauptteil des Insektenkörpers, ohne Kopf, Hals und Gliedmaßen, → Thorax.

Rumpfgelenk, Basalgelenk, Grundgelenk, das erste primäre Beingelenk, welches das Bein, d. h. sein Basalglied, die Unterhüfte (Subcoxa) mit dem Rumpf beweglich verband. Die Unterhüfte scheint nur ein dorsales ~ gehabt zu haben (Taf. I, Fig. 2A-C, Taf. II, Fig. 1), welches nach seiner Umbildung zur Pleure am Meso- und Metathorax geflügelter Insekten zum → Flügelgelenk wurde.
Nach gewissen Autoren (SNODGRASS) bildete die Unterhüfte überhaupt kein primäres Gelenk, und ihre Verbindung mit dem Rumpf erfolgte nur mittels der → Flankenhaut.

Rundstirnmotten → *Glyphipterygidae*.

Runkelfliege → *Pegomyia hyoscyami* Panzer (*betae* Curtis).

rusticus Linné, *Criocephalus*, Grubenhalsbock, Halsgrubenbock (*Col Cerambycidae*).

Rute → Begattungsglied.

Rutenblase → Praeputialsack.

rutilans Linné, *Lampra*, großer Lindenprachtkäfer (*Col Buprestidae*).

S

Saateule → *Euxoa* (*Agrotis*) *segetum* Schiffermüller.

Saatschnellkäfer, behaarter → *Agriotes elongatus* Marsham (*pilosus* Panzer).

Saatschnellkäfer, düsterer, *Agriotes obscurus* Linné.

Saatschnellkäfer, gemeiner → *Agriotes lineatus* Linné.

sabulosum Linné, *Opatrum*, gemeiner Staubkäfer (*Col Tenebrionidae*).

saccharina Linné, *Lepisma*, Silberfischchen, Zuckergast (*Thysanura Lepismatidae*).

Sacculus (lat. dem. von saccus, -ci, m., gr. ὁ σάκκος Sack) der verdickte, mehr oder weniger aufgeblähte und aufgeworfene basale Teil des Vorderrandes der → Valven bei Schmetterlingen. (Taf. XVIII, Fig. 4, 5.)

Saccus, mediane Verlängerung des → Vinculum (9. Sternits) nach vorn, in das Lumen des 8. Hinterleibssegments im männnlichen Begattungsorgan der Schmetterlinge. (Taf. XVIII, Fig. 4.)

Sackmotten, *Lep Coleophoridae*

Sackträger → *Psychidae*. Auch allgemeine Bezeichnung für Schmetterlinge, deren Raupen in einem Gehäuse leben, *Psychidae, Coleophoridae, Tineidae*.

Säge → Legeapparat.

Sägewespen, Arten der Gatt *Hoplocampa* Hartig, veraltet auch als deutscher Name für die ganze Unterordn der *Hym Symphyta*.

Saeta (lat. saeta, -ae, f., oder seta, -ae, Borste) → Borste.

Säule, Columna, Verbindungspfeiler zwischen zwei Chitinwänden, z. B. in Flügeldecken der Käfer, auch als endoskeletale Elemente des Rumpfes nicht selten, z. B. im Pronotum und an den Rändern der Hinterleibssegmente bei Käfern, im Schildchen der *Pentatomidae* usw.

Saftbohrer wurden die an der Rüsselspitze der Schmetterlinge befindlichen Geschmackszäpfchen genannt, weil man glaubte, daß mit ihrer Hilfe Pflanzenteile angebohrt werden können (HERING).

Saftkäfer, Arten der Gatt *Carpophilus* Leach (*Col Nitidulidae*).

Saftschlürfer nennt man Raupen, die als Minierer nur im Innern der Blattepidermis leben und allein den Zellsaft der Epidermiszellen als Nahrung verwenden, alle festen Bestandteile aber zurücklassen, wie *Phyllocnistis*-Raupen (HERING).

Saftschlürfermotten → *Phyllocnistidae*.

Sagitta (lat. sagitta, -ae, f., Pfeil, Bogenpfeil), ein paariger Anhang im Kopulationsapparat von *Bombus*.

Sagittalebene, die Symmetrieebene des Körpers und alle ihr parallel verlaufenden idellen Richtebenen (→ Richtachsen). Der Name stammt von der Pfeilnaht im Schädel des Menschen.

Sagittalnaht, die → Scheitelnaht bei Dipteren.

Sagittalschnitt, jeder parallel zur → Symmetrieebene verlaufende Längsschnitt durch den Körper, wie man sie besonders beim Serienschneiden in der Mikrotomtechnik verwendet.

Sahlbergella**-Arten,** Kakaorindenwanzen (*Het Miridae*).

Saison-Dimorphismus, Saison-Polymorphismus, Hora-Di- und -Polymorphismus, Temporalvariation, von WALLACE eingeführte Bezeichnung für das Auftreten zweier oder mehrerer intraspezifischer Formen in verschiedenen Generationen im Zusammenhang mit der Jahreszeit. Ein Schulbeispiel des ~ stellt die Nymphalide *Arachnia levana* Linné dar, deren Frühjahrsgeneration (*levana*) gelbbraun und schwarz und deren Sommergeneration (*prorsa* Linné) schwarz und weiß gezeichnet ist.

Saitenorgane → Chordotonalorgane.

Saitenwürmer, *Gordiidae*, Fam der Fadenwürmer (*Nematodes*), die nicht selten bei Insekten parasitieren. Es sind fadendünne, runde, bis 80 cm lange wasserlebende Würmer. Als ~ werden aber auch die mit den *Gordiidae* nahe verwandten, bis 10 cm langen, bodenbewohnenden Würmer der Fam *Mermitidae* bezeichnet, die auch bei Insekten parasitieren.

Salaterdläuse → *Trama troglodytes* Heyden und *Geoica* (*Tychea*) *setariae* Passerini.

Salateule → *Polia* (*Mamestra*) *spinaciae* Vieweg (*chrysozoma* Borkhausen).

Salat-Mönchseule → *Cuculia lactucae* Schiffermüller.

Salatsamenwickler → *Semasia conterminana* Herrich-Schäffer.

Salatschnellkäfer → *Agriotes sputator* Linné.

Salatwurzellaus → *Pemphigus bursarius* Linné.

Saldidae (Fieber 1861) Lethiery u. Severin 1896 (*Acanthidea* Fieber, *Acanthiidae* Kirkaldy 1908) Uferwanzen (Abb. 304), Fam der *Het Geocorisae* mit etwa 150 Arten, mehrere in Deutschland vertreten. Litorale, behend auffliegende, räuberische Wanzen. Die Weibchen versenken ihre Eier mittels eines primitiven

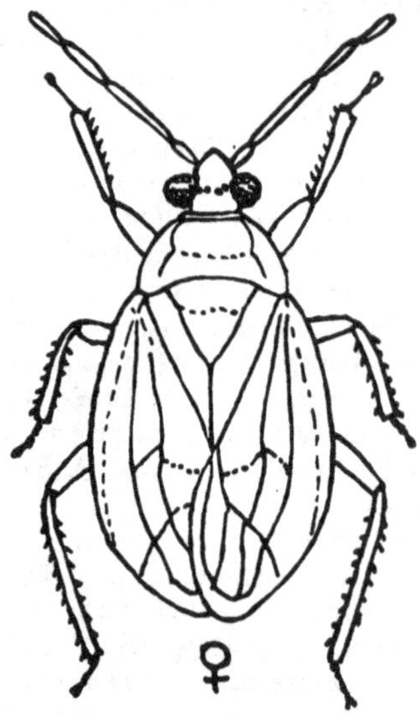

Abb. 304. *Salda littoralis* Linné, Weibchen (Saldidae). Nach Jensen-Haarup aus Handlirsch. Nat. Gr. 6—7 mm.

Legeapparates in Pflanzenteile. Die Fam ist weltweit verbreitet.

Fossil sind 2 Arten aus dem baltischen Bernstein bekannt.

saliceti Kaltenbach, *Aphidula* (*Aphis*), langröhrige Weidenblattlaus (*Hom Aphididae*).

saliceti Fallen, *Euura*, Weidenknospenblattwespe (*Hym Tenthredinidae*).

saliceti Weise, *Melasoma*, roter Weidenblattkäfer (*Col Chrysomelidae*).

salicina Goeze, *Aphrophora*, Weidenschaumzikade (*Hom Cercopidae*).

salicinus Nalepa, *Eriophyes*, Weidengallmilbe (*Acari Eriophyidae*).

saliciperda Dufour, *Helicomyia*, Weidenholzgallmücke (*Dipt Cecidomyidae*).

salicis DeGeer, *Aphrophora* → *A. salicina* Goeze.

salicis Linné, *Chionaspis*, Weidenschildlaus, Miesmuschelschildlaus (*Hom Coccidae*).

salicis Linné, *Pterocomma*, Weidenstammblattlaus (*Hom Aphididae*).

salicis Linné, *Pteromidea* (*Pteronus*), Weidenblattwespe (*Hym Tenthredinidae*).

salicis Schrank, *Rhabdophaga*, Weidenrutengallmücke (*Dipt Cecidomyidae*).

salicis Linné, *Stilpnotia*, Weidenspinner, Pappelspinner (*Lep Lymantriidae*).

salicobius Nalepa, *Phyllocoptes*, Weidenwirrzopfmilbe (*Acari Eriophyidae*).

Salivarium → Speichelhöhle.

Salivium, pl. Salivia, Salivien (lat. salivium, -ii, n., Speichellatz, von saliva, -ae, f., Speichel), ein Skleritpaar an den Seiten des Hypopharynx, das vorderste von den hypopharyngealen Skleritpaaren (→ Superlingua, → Suspensorium). Es erstreckt sich vielfach nach hinten bis zur Basis des Hypopharynx und zur Mündung der Speicheldrüsen und dient als Ansatz für den Muskel tentoriohypopharyngealis.

Salpingides Leach → *Pythidae*.

saltator Geoffroy, *Halticus*, rotköpfige Springwanze (*Het Miridae*).

saltatrix Linné, *Meromyza*, russische Halmfliege (*Dipt Chloropidae*).

saltuarius Weise, *Cryphalus*, gekörnter Fichtenborkenkäfer (*Col Ipidae*).

Saltatoria Latreille (1796) 1817, Schrekken, Heuschrecken.

Kleine bis sehr große, von 2 mm bis 25 cm lange, meist schlanke und etwas kompresse, paurometabole Insekten mit zwei Flügelpaaren und langen, mit verdickten Schenkeln versehenen Hinterbeinen (Sprungbeinen). Meist nur Kurzstreckenflieger, die sich mehr auf dem Boden aufhalten, an den sie auch in ihrer Färbung angepaßt sind.

Kopf orthognath, mit verhältnismäßig kleinen Komplexaugen und in der Regel mit drei, selten mit zwei (viele *Tettigoniidae*) Ocellen. Fühler meist vielgliedrig, bei *Ensifera* borstenförmig, meist mindestens körperlang, bei *Caelifera* faden- oder keulenförmig, stets kürzer als der Körper. Mundteile typisch beißend, mit großer Oberlippe, kräftigen, zangenförmigen Mandibeln, 5gliedrigen Maxillar- und 3gliedrigen Labialtastern. Bei *Cylindrachaetidae* sind die Fühler sehr kurz, 7—8gliedrig und die Augen reduziert.

Thorax heteronom, Prothorax mit großem, an den Seiten herabgebogenen und hinten oft auf das Mesonotum übergreifenden Pronotum, welches oft (*Acridiidae*) mit Querfurchen versehen ist. Meso- und Metathorax miteinander unbeweglich verbunden, der erstere gewöhnlich kleiner als der letztere, beide mit gut differenzierten, großen Pleuren im Gegensatz zu den reduzierten, prothorakalen Pleuren (Cryptopleurie des Prothorax). Beine fast stets heteronom, die beiden vorderen Paare einander ähnlich, das hintere Paar verlängert, zu Sprungbeinen mit verdickten Schenkeln vergrößert, selten (*Grylloblattidae, Cylindrachaetidae*) sind Vorderbeine zu kräftigen Grabbeinen umgewandelt, die Mittel- und Hinterbeine einander ähnlich, mehr oder weniger normale Gangbeine darstellend. Vorderschienen mit einem tympanalen Gehörorgan unterhalb der Knie, dessen Membranen entweder frei liegen (z. B. *Meconema*), oder von Cuticularfalten bedeckt sind, die meistens nur zwei schmale längliche Schlitze frei lassen. Tarsen 1—2 (*Tridactylidae* heteromer 2+2+1, *Cylindrachaetidae* 1+2+1), 3- (*Acridiidae* 3- oder 2+2+3, *Gryllidae* 3- oder 3+3+4) oder 4gliedrig (*Gryllacrididae, Tettigoniidae*). Praetarsus in der Regel mit Krallen und Arolien, bei *Cylindrachaetidae* die Hintertarsen ohne Krallen. Flügel stark heteronom, Vorderflügel stets viel schmäler und stärker sklerotisiert als Hinterflügel. Die letzteren sind mit einem etwas stärker sklerotisierten Remigium und einem großen, häutigen Analfeld versehen. Im Fluge schwingen beide Flügelpaare gleichzeitig. Geäder recht verschieden ausgebildet, meist mit einem gut entwickelten Archaedictyon. Brachypterie und Rudimentation der Vorderflügel kommen häufig vor. Ein Schrillorgan befindet sich entweder am Grunde der Deckflügel (*Locustoidea*), oder auf der Innenseite der Hinterschenkel und auf dem Deckflügel (gekörnte Medianader der *Acridioidea*). Die ersteren besitzen ein tympanales Gehörorgan in den Vorderschienen, die letzteren an den Seiten des 1. Hinterleibssegments.

Hinterleib mit 10 Segmenten und mit Afterklappen des Telson. Das 10. Segment ist mit dem 11. verschmolzen bzw. reduziert. Es trägt die ein- bis vielgliedrigen, kurzen oder langen Cerci. Auch das 1. Sternit ist mehr oder weniger weitgehend reduziert. Bei Weibchen bildet das 8., beim Männchen das 9. Sternit die Subgenitalplatte, welche bei Männchen der *Locustoidea* mit einem Paar eingliedriger Styli versehen ist. Weibchen in der Regel mit drei Paar Gonapophysen bzw. Gonopoden, die bei den *Locustoidea* einen langen Legebohrer bilden (bei *Gryllotalpidae* stark reduziert), bei *Acridioidea* zu kurzen Valven verkleinert sind.

Penis oft mit komplizierten phallischen Bildungen versehen, wird nicht in die weiblichen Geschlechtswege eingeführt, sondern besorgt die Übertragung des vor der Begattung gebildeten, kompakten Spermatophors.
Darmkanal gut differenziert, Vorderdarm gewöhnlich mit Kropf und Proventriculus, letzterer mit Chitinzähnen. Mitteldarm vorn mit zwei (*Locustoidea*), oder sechs (*Acridioidea*) Caeca. Hinterdarm schwach differenziert, Rectum mit sechs Rectalpapillen Malpighi-Gefäße sehr zahlreich (bis etwa 300) und vielfach zu Gruppen vereinigt, bei *Gryllidae* alle mit einem gemeinsamen Ausführungsgang, der sog. Urethra.
Rückengefäß bildet einen langen Schlauch, welcher mit zahlreichen Ostienpaaren versehen ist und sich nach vorn in eine kurze Aorta verlängert. Kopfkapsel mit Antennalarterien.
Tracheensystem mit einem dorsalen und einem ventralen Paar lateraler Längsstämme, welche segmental miteinander anastomosieren. Zahlreiche Luftsäcke vorhanden. Zwei thorakale und acht abdominale Stigmenpaare.
Nervensystem mehr oder weniger stark konzentriert, mit drei thorakalen und 5—6 abdominalen Ganglienpaaren bzw. Ganglienmassen. Das sympathische System gut entwickelt.
Ovarien paarig, mit zahlreichen büschel- oder kammförmig angeordneten panoistischen Ovariolen. Receptaculum seminis und Anhangsdrüsen vorhanden. Mündung der Vagina zwischen dem 7. und 8. Sternit. Hoden paarig mit zwei traubenförmigen Anhäufungen von Testikeln, oder von einer gemeinsamen Tunica propria (Scrotum) zu einer unpaarigen Masse vereinigt (*Acridiidae, Gryllacrididae*). Vasa deferentia oft sehr lang, bei *Acridioidea* meist mit einer Epididymis. Paarige Vesiculae seminales und gut entwickelte Anhangsdrüsen (Mesadienien und Ectadenien) vorhanden.
Entwicklung paurometabol mit 5—6 (*Acridioidea*) oder 6—9 (*Locustoidea*), seltener mit 10 larvalen Häutungen. Alle Larvenstadien sowohl morphologisch als auch biologisch imagoähnlich. Bei *Acridioidea*, die ihre Eier in Paketen in der Erde ablegen, und die Junglarven sich an die Erdoberfläche herausarbeiten müssen, sind die Hinterbeine noch nicht zu Sprungbeinen entwickelt. Die Flügelanlagen sind bei Junglarven invertiert (→ Anastrephopterie), d. h. ihre Vorderflügel sind unter den Hinterflügeln verborgen, erst nach der 3. oder 4. Häutung wird ihre normale Lage hergestellt. Die Imagines der *Acridioidea* durchlaufen nach der letzten Häutung eine längere Diapause, während der ihre Gonaden heranreifen. Parthenogenese kommt selten vor (z. B. bei *Myrmecophila acervorum*) und ist geographisch beschränkt, indem die Männchen in den nördlichen Teilen des Verbreitungsgebietes selten, in den südlichen dagegen häufig auftreten.
Die meisten Saltatorien sind Pflanzenfresser. Das gilt vor allem für die *Acridioidea*, während die *Locustoidea* auch gern animalischen Detritus zu sich nehmen und einige (*Sagidae, Conocephalidae*) sogar ausschließlich Insektenfresser sind. Die meisten *Saltatoria* sind freilebende, termophile Tiere und bevorzugen steppenartige, aride Gebiete. *Gryllidae, Gryllotalpidae* und *Cylindrachaetidae* leben in selbstgegrabenen unterirdischen Gängen.
Fossile Reste der *Saltatoria* sind recht zahlreich und gehen bis zum Obercarbon (z. B. + *Prothorthoptera*) zurück.
Die Saltatorien, von denen gegenwärtig etwa 20000 Arten bekannt sind, werden in zwei gut voneinander getrennte UOrdn, *Acridioidea* (*Caelifera*) und *Locustoidea* (*Ensifera*) eingeteilt.

Salzwasserinsekten → Meerinsekten.

sambuci Linné, *Aphis*, Holunderblattlaus (*Hom Aphididae*).

Samen → Sperma.

Samenblase, Vesicula seminalis, blasen- oder schlauchförmige Erweiterung der → Vasa deferentia, welche zur Bereithaltung übertragungsreifer Spermaportionen dienen. Die ~ kann paarig sein (*Pyrrhocoris, Hylobius, Vespa*) oder unpaarig, wenn sie in der Vereinigungsstelle der Vasa deferentia kurz vor dem Eintritt derselben in den Ductus ejaculatorius liegt (*Tetrophthalmus, Psyllia, Psychodidae, Phlebotomus*). (Taf. XV, Fig. 2.)

Samengang, Ductus ejaculatorius, unpaariger ectodermaler Schlauch, welcher die beiden → Vasa deferentia aufnimmt und in der Geschlechtsöffnung, welche meist auf der Spitze des → Aedoeagus liegt, nach außen mündet. Entsprechend seiner ektodermalen Herkunft ist er mit einer chitinösen → Intima ausgekleidet und mit starker → Muscularis zum Ausspritzen des Spermas bzw. Auspressen der Spermatophoren versehen. Bei *Psyllina* und *Aleurodina* ist ein Teil des ~ zu einer erweiterten, muskulösen → Samenpumpe erweitert. (Taf. XV, Fig. 2, 4, Taf. XVII, Fig. 1—3, 6, Taf. XVIII, Fig. 3, 4.)

Samengraseule → *Luperina* (*Apamaea*) *testacea* Hübner.

Samenherde, Spermiocysten, mesodermale, aus Zellen der Follikelwand (Cystenzellen) gebildete Hüllen um jede sich zu teilen beginnende → Urspermiogonie. Die ~ sind anfangs kugelrund, wachsen während des Vorrückens gegen die Mündung des Follikels im Zusammenhang mit der Vermehrung der in ihnen eingeschlossenen Spermiogonien und nehmen infolge gegenseitigen Druckes polyedrische Formen an.

Samenkäfer, gemeiner → *Laria* (*Bruchus*) *atomaria* Linné.

Samenkäfer → *Lariidae* (*Bruchidae*).

Samenkapsel, Spermatheca, Receptaculum seminis, unpaarige, paarige (manche *Phasmida, Mallophaga*), dreifache (meiste *Diptera*) oder vierfache (*Helomyza* u. a.) Ausstülpung der ektodermalen weiblichen Gonoducte, welche durch einen unpaarigen → Ductus receptaculi in die Vagina (*Odonata, Orthoptera, Blattaria, Hymenoptera, Diptera,* die meisten *Coleoptera*), → Bursa (*Hydroporus, Rhaphidides*) oder (*Panorpatae, Phasmida,* z. T. *Acridiidae*) dicht hinter der Vagina-Mündung direkt nach außen mündet. Eine ~ fehlt den meisten *Apterygota* und agamen Weibchen der *Aphidina.* Die Wand der ~ ist von einem einschichtigen Epithel gebildet, welches von einer chitinösen → Intima ausgekleidet ist und vielfach (*Heteroptera* u. a.) mit einer Muscularis ausgestattet ist. In Verbindung mit der ~ (*Trichoptera, Lepidoptera, Hymenoptera*) oder dem Ductus receptaculi (*Blattaria, Coleoptera, Aphaniptera*) stehen vielfach besondere → Receptaculardrüsen. Bei *Hydroporus* mit gesondert nach außen mündender Bursa hat die ~ zwei Ausführungsgänge, einen Ductus receptaculi, der sie mit der Bursa, und einen Ductus seminalis, der sie mit der Vagina verbindet. (Taf. XV, Fig. 1.)

Als ~ wird vielfach auch die Hülle der → Spermatophore bezeichnet.

Samenlaufkäfer, behaarter → *Pseudophonus pubescens* Müller.

Samenleiter, Vasa deferentia, sg. Vas deferens, ein Paar mesodermaler Schläuche, welche beiderseits die Hoden aufnehmen und gemeinsam oder getrennt in den Ductus ejaculatorius münden. Bei Insekten mit paariger → Geschlechtsöffnung münden beide ~ getrennt und direkt nach außen. Bei manchen Käfern (z. B. *Dytiscus*) sind sie in ihrem Verlaufe zu Knäueln aufgewunden, die als → Nebenhoden bezeichnet werden.

An verschiedenen Stellen der ~ kommen Erweiterungen, sog. → Samenblasen vor. (Taf. XV, Fig. 2.)

Samenmutterzellen → Spermatogonien.

Samenpakete → Spermatophoren.

Samenpatronen → Spermatophoren.

Samenpumpe, ein mit Ventilvorrichtungen und kräftiger Wandmuskulatur versehener erweiterter Abschnitt des → Samenganges (Ductus ejaculatorius), welcher den Samen aus den Vasa deferentia ansaugt und ausspritzt. Sie findet sich bei vielen *Diptera, Psyllina* und *Aleurodina.* (Manchmal auch für den muskulösen → Ductus receptaculi gebraucht.)

Samensack ist ein → Raupensack aus zusammengesponnenen Fruchtkapseln.

Samenüberträger, ein am 2. und 3. Hinterleibssegment bei Odonaten-Männchen befindlicher, sekundärer Begattungsapparat. Der ~ besteht aus einem als → Lamina anterior bezeichneten, mehr oder weniger abgeänderten vorderen Teil des 2. Hinterleibssternits, einem oder zwei Paaren von → Hamuli und einem aus dem hinteren Teil des 2. Sternits entspringenden, manchmal recht kompliziert gebauten sog. Penis oder Ligula. Vorn am 3. Sternit befindet sich die Vesicula oder sog. „Spermatheca", die mit dem „Penis" in Verbindung steht. An den untergebogenen Rändern des 2. Tergits befindet sich hinten oft noch ein Paar von sog. Genitalloben.

Den eigentlichen ~ stellt der „Penis" dar, welcher allein während der Kopulation in die Vagina des Weibchens eindringt und das Sperma aus der Vesicula in die letztere überträgt. Alle anderen Anhänge dienen nur zum Festhalten des weiblichen Hinterleibsendes während der Samenübertragung.

Die primäre Geschlechtsöffnung befindet sich bei Odonaten-Männchen wie bei den meisten anderen Insekten am 9. Sternit. (Taf. XVIII, Fig. 8, 9.)

Samenzelle, Spermie, Spermatozoe, männliche reife haploide Geschechtszelle. Sie besteht aus einem spindelförmigen, runden oder abgeplatteten → Kopfstück, welches als Chromatinträger stark mit basischen Farben färbbar ist, einem, diesem gewöhnlich aufsitzenden, verschieden gebauten → Spitzenstück, einem kleinen → Mittelstück am hinteren Ende des Köpfchens und einer langen, auf das Mittelstück folgenden → Schwanzgeißel, welche vorn gewöhnlich mit einem → → Flimmersaum versehen ist.

Fertige ~ liegen in den → Spermiocysten meist in unipolaren, selten (*Tenebrionidae*) in bipolaren Bündeln, deren Köpfe in zwei entgegengesetzten Richtungen zeigen. Sie werden zur Befruchtung entweder frei in einer zähflüssigen Zwischenmasse ausgespritzt, oder sie gelangen in die weiblichen Geschlechtswege in geschlossenen Bündeln, den → Spermiodesmen oder → Spermatophoren.

Sammelbeine, Hinterbeine brutpflegender Bienen, welche zum Sammeln von Pollen mit besonderen Vorrichtungen, den → Schienenkörbchen, → Schenkelbürste oder → Schienenbürste ausgestattet sind. (Taf. III, Fig. 6.)

Sammeln, Kollektionieren, Zusammensuchen des für museologische Sammlungszwecke oder für besondere Forschungsaufgaben notwendigen Materials in der freien Natur. Sammelgeräte und Sammelmethoden richten sich jeweils nach den Lebensgewohnheiten der zu sammelnden Tiere und nach den mit Hilfe dieses Materials zu lösenden Fragen.

Sammelraum → Sekretraum.

Samtmilben → *Trombidiidae*.

sandbewohnend, → arenicol.

Sandflöhe → *Sarcopsyllidae*.

Sand-Graurüßler → *Philopedon* (*Cneorrhinus*) *plagiatus* Schaller.

Sandlaufkäfer → *Cicindelidae*.

Sandschnellkäfer, mausgrauer → *Brachylacon murinus* Linné.

sanguineum Linné, *Pyrrhidium*, roter Scheibenbock (*Col Cerambycidae*).

Sanguis (lat. sanguis, -inis, m., Blut) → Blut.

San-José-Schildlaus → *Aspidiotus perniciasus* Comstock.

Sapromyzidae → *Lauxaniidae*.

Saprophaga (gr. σαπρός faulend, faul, verwest, ἡ σαπρότης Fäulnis, φαγεῖν essen) Insekten (und andere Tiere), welche verweste tierische oder pflanzliche Stoffe zur Nahrung haben. Hierin unterscheidet man entsprechend → Zoo- und → Phytosaprophaga.

Saprophyta (gr. σαπρός verwest, τὸ φυτόν Gewächs) sind auf faulenden organischen Stoffen gedeihende Pflanzen, besonders Pilze. Nicht zu verwechseln mit → Phytosaprophaga.

Sapygidae (Latreille 1810) Leach 1819, Fam der *Hym* (*Scolioidea*) mit etwa 60 vorwiegend paläarktischen und nearktischen Arten. In Deutschland nur 4 Arten heimisch.

Fossil 1 Art der rezenten Gatt *Sapyga* Latreille aus dem baltischen Bernstein beschrieben.

Sarcolemm (gr. ἡ σάρξ, σαρκός Fleisch, τὸ λῆμμα Stoff) → Myolemm.

Sarcophaga (gr. ἡ σάρξ, σαρκός Fleisch, Leib, Körper, φαγεῖν essen) Fleischfresser, Insekten, die sich von frischen, nicht verwesten Leichen und von abgestorbenen Teilen lebender Tiere und Pflanzen ernähren. Man unterscheidet entsprechend → Zoo- und → Phytosarcophaga.

Sarcophaginae Unterfam der → *Tachinidae*.

Sarcoplasma (gr. ἡ σάρξ, σαρκός Fleisch, τὸ πλάσμα Bildung, Gestaltung) → Myoplasma.

Sarcopsyllidae Taschenberg 1880 (*Dermatophilidae* [Oudemans 1906] Heymons 1915), Sandflöhe, Fam der *Aphaniptera* mit wenigen Arten in Südamerika und im warmen Gürtel der Alten Welt. Die Weibchen dieser Flöhe bohren sich tief in die Haut ein (z. B. *Tunga penetrans* Linné). Auf Menschen, Ratten, Haustieren, Hausgeflügel usw.).

Sarcosom (gr. ἡ σάρξ, σαρκός Fleisch, τὸ σῶμα Körper), winzige, interfibrillär in Muskelfasern auftretende Körperchen (Myochondrien), die vermutlich mit dem Stoffwechsel der Muskelzellen in Verbindung stehen.

Sarcostyle (gr. ἡ σάρξ, σαρκός Fleisch, ὁ στῦλος Säule, Pfeiler), vermutlich den → Myofibrillen entsprechende, dicke, mit einer Hülle versehene Elemente der dicken Muskelfasern in hochentwickelten indirekten Flugmuskeln, z. B. der Hym Aculeata.

sartor Fabricius, *Monochamus*, Schneiderbock (*Col Cerambycidae*).

Sattelgelenk, ein sattelförmiges Gelenk, wie es bei Insekten z. B. an der → Çardo oder am Kniegelenk der Tibia öfters vorkommt und dem gleichnamigen Gelenk vieler Wirbeltiere ähnelt.

Sattelmücke → *Clinodiplosis equestris* Wagner (verursacht sattelförmige Gallen an Weizenhalmen).

Sattelschrecke → *Ephippigera ephippiger* Fieber (*vitium* Serville).

saturalis Fabricius, *Urodon*, Resedasamenkäfer (*Col Lariidiae*).

Saturniidae Grote (1868) 1895 (*Attaci* Linné, *Attacinae* Grote 1868), Augenspinner, Fam der *Lep Macrofrenatae* mit etwa 1000 vornehmlich neotropischen und aethiopischen Arten. In Deutschland 5 Arten in 3 Gattungen, z. B. *Aglia tau* Linné (Nagelfleck), *Saturnia pavonia* Linné (kleines Nachtpfauenauge). Fossil unbekannt.

Satyridae Swainson 1840, Augenfalter, Fam der *Lep Rhopalocera* (oder UFam der *Nymphalidae*) mit etwa 1500 über alle Gebiete zerstreuten Arten, deren mehrere auch in Deutschland vertreten sind. Fossil unbekannt.

Saubohnenkäfer → *Laria* (*Bruchus*) *atomaria* Linné.

Sauerkirschenblattlaus, schwarze → *Myzus cerasi* Fabricius.

Sauerkirschenwidderbock → *Xylotrechus arvicola* Olivier.

Sauerwurm → *Clysia ambiguella* Hübner.

Saugborsten sind die zu einem Saugrohr vereinigten Mundteile des → Stechborstenbündels. Sie sind in dem durch die → Stechborsten gebildeten äußeren Rohr versteckt und nehmen selbst in der Regel keinen Anteil an dem Stechakt der letzteren.

Bei Hemipteren sind die ~ maxillare Lacinien, die zusammen auf Nut und Feder verfalzt sind und zwei gegeneinander abgeschlossene Kanäle, den → Nahrungsgang und den → Speichelgang bilden. Sie sind am Ende stumpf zugespitzt und glatt im Gegensatz zu der nadelscharfen und mit Einkerbungen versehenen Spitze der Stechborsten.

Bei Thysanopteren sind es ähnlich wie bei Hemipteren die maxillaren Lacinien, welche das Saugrohr bilden, während die Mandibel als Stechborste wirkt und den ~ den Weg zur Saftquelle bahnt. Bei gewissen Thysanopteren sind die ~ an der Spitze löffelartig oder mit Fortsätzen versehen, welche zum Zusammenfegen von Pilzsporen bei pilzfressenden Arten dienen sollen (Reijne, 1926). (Taf. XXIII, Fig. 2—7.)

Sauger, Insekten die sich von organischen Säften ernähren und vielfach als besondere biologische Gruppe aufgefaßt werden. Hierher gehören nicht nur Insekten mit saugenden (Schmetterlinge, Fliegen) und stechend-saugenden Mundteilen (*Hemiptera, Thysanoptera*, Fliegen z. T., Flöhe, Läuse), sondern auch viele Insekten mit kauendem Typ der Mundteile, wie z. B. Käfer mit extraintestinaler Verdauung, Larven mit Saugmandibeln, die meisten parasitischen Hymenopterenlarven, deren Mandibeln nur zum Zerschneiden der auszusaugenden Gewebsteile dienen usw.

Saugmagen, erweiterter und blindsackartig verlängerter → Kropf (Ingluvies) vieler Schmetterlinge, welcher dorsal dem Mitteldarm aufliegt und früher für eine Saugpumpe gehalten wurde.

Saugmandibel, Saugzange, scharfspitzige, von einem Kanal durchbohrte oder mit der Maxille zu einem Saugrohr vereinigte Mandibeln von typischer Zangenform. Näheres vgl. → stechend-saugende Mundwerkzeuge. (Taf. XXII, Fig. 5.)

Saugnäpfe, Vorrichtungen zum Festsaugen des Körpers an die Unterlage, sind bei Insekten in verschiedener Ausführung vertreten. Es sind entweder → Saugnapfhaare, → Pygopodien oder → Bauchsaugnäpfe.

Saugnapfhaare sind die weinglasförmig erweiterten Borsten an den Sohlen der Vordertarsen bei *Dytiscus*-Männchen, die zum Festhalten der Weibchen bei der Begattung dienen und zur besseren Haftung von Öldrüsen geschmiert werden. Ihr Haften beruht aber, wie Versuche unter Luftpumpe gezeigt haben, nicht auf Saugwirkung, sondern auf einfacher Adhäsion. (Taf. III, Fig. 9.)

Saugpreßpumpe, der → Schlund (Pharynx) kauender Insekten mit extraintestinaler Verdauung, der sich durch verstärkte Wandmuskulatur und kräftigere Radialdilatatoren vom gewöhnlichen Schlund (Schluckapparat) unterscheidet. Eine ~

haben Larven der *Dytiscidae* und anderer *Adephaga,* sowie *Lampyridae.*

Saugpumpe, der → Schlund (Pharynx) saugender und stechend-saugender Insekten. Sein elastisches Dach ist mit einer Reihe kräftiger Radialdilatatoren versehen und stülpt sich in der Ruhelage in den kräftig sklerotisierten Unterteil ein. Durch Zug der Radialdilatatoren wird der Oberteil angehoben und dadurch entsteht im Lumen des Schlundes ein Unterdruck.
Bei stechend-saugenden Insekten ist der Schlund in zwei Abteile geteilt, den → Vorderschlund und den Hinterschlund, wobei entweder nur der Vorderschlund oder beide als ~ wirken.

Saugrüssel, allgemeine Bezeichnung für die verlängerten, saugenden Mundteile verschiedener Insekten. Am typischsten ist der ~ der Lepidopteren, der die Form einer → Rollzunge hat. Einen ~ bilden bei aculeaten Hymenopteren die verlängerten, am Ende mit einem → Löffelchen versehenen, zottig behaarten Glossae und Labialpalpen. Bei gewissen *Meloidae* besteht der ~ aus verlängerten und zusammengelegten Kiefertastern.

Saugscheiben, große, zu Saugnäpfen erweiterte Borsten an den Sohlen der Vordertarsen bei *Acilius*- und *Dytiscus*-Männchen. Bei einigen Histeriden auf der Spitze der maxillaren → Außenlade gefunden. (Taf. III, Fig. 9.) Vgl. auch → Saugnapfhaare.

Saugzange → Saugmandibel.

Saum, bei Schmetterlingen Außenrand des Flügels, der gewöhnlich mit Fransenschuppen versehen ist und bei Noctuiden von → Saummonden farbig hervorgehoben zu sein pflegt.

Saumfeld, Endteil des Vorderflügels der Schmetterlinge, bes. Eulen, zwischen dem → Außenrand und der äußeren → Querlinie. Vgl. → Eulenzeichnung.

Saummonde, schmale mondförmige Flecke längs des Außenrandes der Vorderflügel vieler *Noctuidae.*

saxeseni Ratzeburg, *Xyleborus,* gleicher Holzbohrer (*Col Ipidae*).

sc Abk. für Subcosta, Subcostalader des Flügels.

scabiei Linné, *Sarcoptes,* Krätzemilbe (*Acari Sarcoptidae*).

scabricollis Miller, *Pissodes,* kleiner Fichtenrüsselkäfer (*Col Curculionidae*).

scalaris Fabricius, *Fannia,* Latrinenfliege (*Dipt Anthomyidae*).

Scaphidiidae MacLeay 1825, Kahnkäfer (Abb. 305) Fam der *Col Staphylinoidea* mit etwa 550 Arten der Weltfauna, davon 7 in der deutschen Fauna. Kleine, spindelförmige, meist ziemlich stark gewölbte Käfer mit abgestutzten, das Hinterleibsende frei lassenden Flügeldecken und langen, 11gliedrigen keulenförmigen Fühlern.
Fossil sind 4 tertiäre und 1 quartäre Art bekannt.

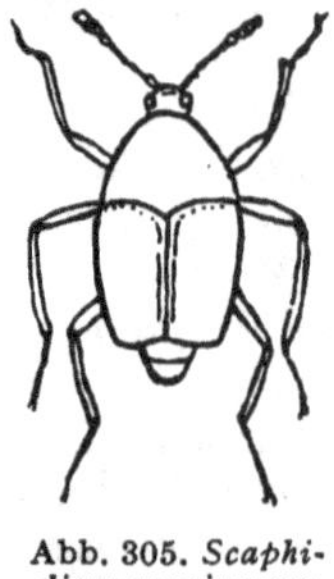

Abb. 305. *Scaphidium mexicanum* Castelnau (Scaphidiidae). Nach Mathew aus Handlirsch. Nat. Gr. etwa 6 mm.

Scaphium (gr. ἡ σκάφη jeder ausgehöhlte Körper, Gefäß, τὸ σκάφιον kleine Wanne, Näpfchen) → Gnathos.

Scapulae (lat. scapula, -ae, pl. -ae, f., Schulterblatt, Schulter, dem. von scapus, Stiel, Schaft), durch eine sekundäre Quernaht (→ Transscutalnaht) vom Scutum des Mesonotums bei *Chalcididae,* gewissen *Ichneumonidae* u. a. Hymenopteren abgegrenzte Hinterecken, die infolge einer mehr oder weniger starken Verwischung der Scutoscutellarnaht sich mehr dem Scutellum anschließen. Als taxonomisches Merkmal sind die ~ besonders bei Chalcididen wichtig.
Bei Schmetterlingen → Tegulae.

Scapus (lat. scapus, -i, m., Schaft, aus gr. σκήπτω schlagen, schleudern, τὸ σκῆπτρον Stab, Szepter) → Fühlerschaft, auch Schaft der → Schwingkölbchen.

Scarabaeidae (Burmeister 1829) Auctores (Abb. 306), Fam der *Col Lamellicornia* mit etwa 20000 Arten in allen Gebieten, Deutschland mit etwa 200 Arten. Sehr heteromorphe, pentamere Käfer mit fächerartiger, aus 3—7 Blättern bestehender Fühlerkeule und nicht auffallend verlängertem Scapus. Von den verschiedensten Typen dieser Fam sind zu nennen der Pillendreher, *Scara-*

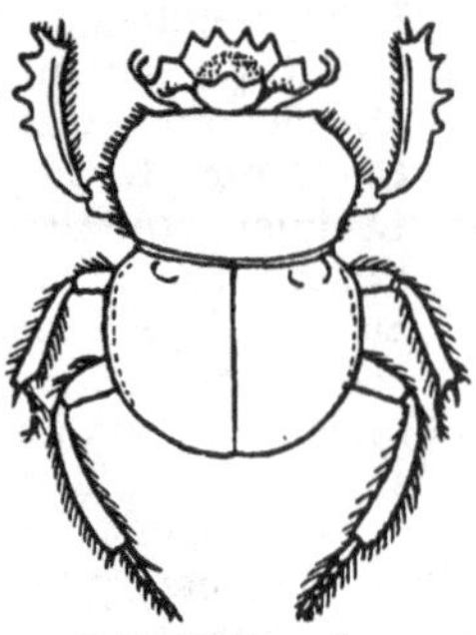

Abb. 306. *Scarabaeus rotundipennis* Holdhaus (Scarabaeidae). Nach Holdhaus aus Handlirsch. Nat. Gr. etwa 2 cm.

baeus sacer Linné, *Sisyphus, Gymnopleurus*; Mist- oder Roßkäfer, *Geotrupes*; Maikäfer, *Melolontha*; Gold- oder Rosenkäfer, *Cetonia* und *Potosia*: Nashornkäfer, *Oryctes nasicornis* Linné; Mondhornkäfer, *Copris lunaris* Linné; Rebenschneider, *Lethrus apterus* Laxmann.

Fossil sind etwa 100 Arten aus dem Tertiär und Quartär beschrieben worden.

***Scarabaeus*-Arten**, Pillendreher (*Col Scarabaeidae*).

scatophag (gr. τὸ σκατός Kot, Exkremente, φαγεῖν essen), Insekten die sich von tierischen Exkrementen ernähren.

Scatophagidae Brauer 1883 → *Cordyluridae* Macquart 1835.

Scatopsidae (Newman 1834) Malloch 1917 (*Scatopsites* Newman), Dungmücken (Abb. 307), Fam der *Dipt Nematocera* mit etwa 100 paläarktischen und nearktischen Arten. Die kleinen Fliegen sind häufig Blütenbesucher, ihre eucephalen Larven leben in faulenden Vegetabilien, Fäkalien usw.

Fossil sind 4 Arten aus unteroligocänen Schichten, darunter 3 aus dem baltischen Bernstein beschrieben worden.

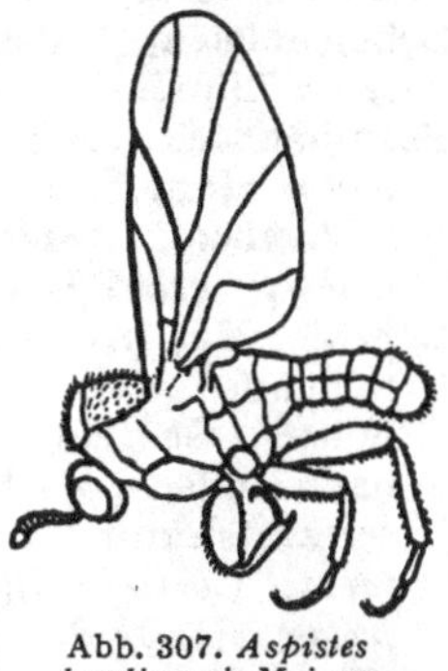

Abb. 307. *Aspistes berolinensis* Meigen (Scatopsidae). Nach Curran aus Lameere. Nat. Gr. 1,5—2,8 mm.

Scenopinidae (Fallen 1815) Westwood 1840 (*Omphralidae* Kertesz 1909), Fam der *Dipt Brachycera Heterodactyla* mit etwa 50 Arten im paläarktischen, nearktischen, neotropischen und orientalischen Gebiet. Kleine bis 4 mm lange Fliegen, deren 3gliedrige Fühler keinen Endgriffel und keine Arista tragen. Die Lebensweise dieser schwarzen, metallisch glänzenden, nicht selten am Hinterleib mit weißen Querbinden gezeichneten Fliegen ist wenig bekannt. Ihre eucephalen Larven mit stark sklerotisiertem Kopf leben räuberisch im Freien und in Häusern, wo sie Mottenraupen nachstellen sollen.

Schabe, amerikanische → *Periplaneta americana* Linné.

Schabe, deutsche → *Phyllodromia germanica* Linné.

Schabe, indische, indoaustralische oder australische → *Periplaneta australasiae* Linné.

Schabe, orientalische → *Blatta orientalis* Linné.

Schabe, surinamische → *Pycnoscelus* (*Leucophaea*) *surinamensis* Linné.

Schabefraß, einseitiges Befressen der Blattfläche, besonders bei Chrysomeliden häufige Fraßart.

Schaben → *Blattaria*.

Schadonen (gr. τὸ σχαδών Bienenlarven → Maden.

Schädlingsbekämpfung. Maßnahmen zur Herabsetzung einer übermäßigen Zahl von Einzelindividuen einer Schädlingsart. Die Maßnahmen der ~, oder Bekämpfungsmethoden gliedern sich nach den angewandten Mitteln in mechanische (z. B. Zerdrücken von Raupen mit der Hand), technische (z. B. Anlegen von Leimringen, Fanggürteln), chemische (Spritz- und Stäubemittel, Giftköder) und biologische (Vogelschutz, Zucht und Aussetzen von natürlichen Parasiten).

Vgl. auch → Vorbeugung.

Schaf-Lausfliege → *Melophagus ovinus* Linné.

Schaf-Rachenbremse → *Oestrus ovis* Linné.

Schalenschildläuse → Napfschildläuse.

Schallmembran, Spiegel, rundliche oder ovale, etwas gewölbte, große Zelle im Analfeld beider Deckflügel männlicher *Locustidae* und *Gryllidae*. Sie dient als Resonanzplatte zur Verstärkung der Zirplaute.

Schallplatte, gewölbte, steife Chitinplatte im → Trommelorgan der Singzikaden, die durch einen Muskel eingebeult und wieder in die frühere Lage zurückgeschnellt den Ton hervorbringt.

Schallplattendeckel, ohrlappenförmiger Fortsatz, der vom Hinterrande der Tympanalhöhle in diese hineinragt und vielfach bis zur Berührung mit der Schallplatte verlängert ihren Ton modifiziert. Nicht zu verwechseln mit der → Tympanaldeckel, welche morphologisch und funktionell nichts mit dem ~ zu tun hat.

Schallplattenmuskel, ein Paar kräftiger Dorsoventralmuskeln des 1. Hinterleibssegments. Es entspringt von einer kräftigen medianen Apophyse des 1. Hinterleibssternums und inseriert mit einer kurzen Sehne auf der Innenseite der Schallplatte, die es in Bewegung setzt.

Schalottenfliege → *Hylemyia platura* Meigen (*cilicrura* Rondani).

Schaltadern, Supplementärsektoren, sind die in der Randpartie der Flügel bes. bei *Odonata* und *Ephemerida* zwischen den Hauptlängsadern auftretenden Scheinlängsadern. Sie entstehen aus dem → Archaedictyon durch Schwund der Queradern und Erhaltenbleiben der parallel zu Hauptlängsadern stehenden Längsseiten seiner Maschen. Häufig bleiben noch hier und da einige Queradern erhalten, welche die ~ mit den benachbarten Längsadern verbinden, nicht selten sind aber die ~ ganz frei, gerade ausgestreckt und lassen keine Spur ihrer Zusammensetzung aus kurzen, ursprünglich eine Zickzacklinie bildenden Seiten der Archaedictyon-Maschen erkennen. (Taf. X, Fig. 3, 6.)

Schaltsegmenthypothesen, von FEUERBORN (Zool. Jhrb. Anat., 1921) aufgestellte Hypothesen des Aufbaus des Insektenthorax aus 4 Segmenten, indem nach seiner ursprünglichen Annahme ein Schaltsegment hinter dem Metathorax (Postthoraxhypothese), nach einer späteren ein solches zwischen Pro- und Mesothorax (Sphenothoraxhypothese) liegen soll.

Schaltwimpern → Intercalarborsten.

Schaltzelle, eine zwischen der Kanalzelle und der Drüsenzelle der → Versondrüse gelegene Zelle. Vgl. auch associative → Neurone.

Schaltzone, basaler Teil des die → Rhabdome der Sehzellen bildenden → Stiftchensaumes.

Schamlaus → *Phthirus pubis* Linné.

Scharniergelenk, Winkelgelenk, Ginglymus, acondyle, membranöse Verbindung zweier Sklerite, Segmente oder Glieder (z. B. Fühlerglieder). Scharniergelenke sind immer da vorhanden, wo die gegenseitige Beweglichkeit der anstoßenden Teile entweder nicht auf eine Fläche beschränkt ist (Fühler, Tarsen), oder wo die betreffenden Teile eine Dehnung und Zusammenziehung zulassen müssen (Hinterleib). (Taf. V, Fig. 2e—i.)

Scharrbeine sind kurze kräftige Beine, deren Schienen mit kurzen, starren Borsten bürstenartig besetzt sind. Typische ~ haben z. B. die meisten Borkenkäfer, die sie dazu benutzen, das Bohrmehl aus den Gängen hinauszuscharren. (Taf. III, Fig. 10.)

Schartenfraß, Blattfraß vom Rande aus, besonders häufig bei Raupen und Afterraupen beobachtete Fraßart. Unter Käfern selten, aber typisch z. B. bei *Otiorrhynchus rotundatus* an Flieder.

Schaumhülle, die aus verseiftem Wachssekret durch Einpumpen von Luft entstehende Hülle um die Larven der *Cercopidae*. Die Verseifung des Wachssekrets erfolgt durch die flüssigen → Exkremente der Larve, welche mittels der aus ihrer → Atemhöhle eingepumpten Luft die so entstandene Lösung zu Schaum macht.

Schaumzikade, gemeine → *Philaenus spumarius* Linné.

Schaumzikaden, Schaumzirpen → *Cercopidae*.

Scheckenfalter → *Erycinidae*.

Scheibenbock, blauer → *Callidium violaceum* Linné.

Scheibenbock, roter → *Pyrrhidium sanguineum* Linné.

Scheibenbock, veränderlicher → *Phymatodes testaceus* Linné.

Scheide, Vagina, der auf den → Eiergang folgende Abschnitt des unpaarigen weiblichen Geschlechtsweges. Sie mündet nach außen zwischen dem 8. und 9. Hinterleibssternit (*Odonata, Orthoptera, Blattaria, Corrodentia, Mallophaga, Panorpatae, Rhaphidides, Heteroptera, Diptera, Thysanura*), oder verbindet sich mit der → Genitaltasche, welche zwischen dem 9. und 10. Sternit nach außen mündet (*Coleoptera, Lepidoptera*). Bei *Blattaria, Mallophaga, Corrodentia* mündet die Vagina nicht direkt nach außen, sondern in den → Genitalraum, welcher durch totale oder teilweise Einstülpung des 8. und 9. Sternits entsteht.
Die Mündung der ~ zwischen dem 8. und 9. Sternit ist die primäre Geschlechtsöffnung der 2. embryonalen Anlage des unpaarigen Geschlechtsweges, die im 8. Segment entsteht. (Taf. XV, Fig. 1, 4.)

Scheinalbinismus, Leucismus, Pigmentmangel sonst dunkel gefärbter Arten, bei Vorhandensein von Farbstoffträgern, im Gegensatz zu → Albinismus, bei dem auch Farbstoffträger fehlen.

Scheinpuppe, Pseudochrysalis, Larva coarctata, ruhende Larvenform, welche innerhalb der erhärteten Haut des vorangehenden Larvenstadiums liegt. Die ~

tritt bei *Meloidae* und *Mayetiola* auf. Bei den ersteren folgt auf die ~ noch ein bewegliches Larvenstadium, während sich *Mayetiola* anschließend in derselben Haut verpuppt.

Scheinrüßler → *Pythidae*.

Scheinwarntracht → Mimikry.

Scheitel, Vertex, Dach der Kopfkapsel zwischen den Netzaugen. Der ~ ist nur hinten durch die oft deutliche → Occipitalnaht scharf begrenzt. An den Seiten hinter den Netzaugen geht der ~ stets ohne Abgrenzung in die → Schläfen über. Nach vorn geht der ~ gleichfalls ohne scharfe Grenze in das → Gesicht über, welches beiderseits der → Frontalnaht zwischen dieser und den Komplexaugen liegt. Da die hinteren paarigen Ocellen (Scheitelocellen) noch zum Scheitel gehören, so ist die vordere Grenze des ~ durch eine Linie markiert, die man sich waagrecht zwischen dem Stirnocellus und den Scheitelocellen denken muß. (Taf. XXIX.)

Scheitelaugen → Scheitelocellen.

Scheitelborsten, Saetae (Setae) oder Chaetae verticales, sg. Saeta, Chaeta verticalis, auch kurz Verticalia, zwei Borstenpaare auf dem Scheitel vieler Fliegen, ein inneres (innere ~, Verticalia interna) und ein äußeres (äußere ~, Verticalia externa). Sie stehen entweder gerade aufgerichtet, oder das innere Paar konvergent, das äußere divergent, ungefähr an der hinteren Augenlinie. (Taf. V, Fig. 5.)

Scheiteldreieck, der dreieckige Raum zwischen den am Scheitel zusammenstoßenden oder einander stark genäherten Netzaugen → holoptischer Insekten, bes. bei vielen Fliegenmännchen und manchen Odonaten. Er trägt die → Ocellenplatte mit allen drei Ocellen, umfaßt also morphologisch nicht allein den Scheitel, sondern auch einen Teil der Stirne. (Taf. V, Fig. 5.)

Scheitelgrübchen, Stirngrübchen, zwei vorn fast zusammenstoßende, nach hinten divergierende längliche Grübchen am Vorderrande des Scheitels vieler *Acridiidae*. Ein wichtiges taxonomisches Merkmal (→ Scheitelhöcker).

Scheitelhöcker, Kopfgipfel, Stirngipfel, der bei *Saltatoria* zwischen dem Oberteil der Netzaugen stumpfwinklig vorspringende, mit der senkrecht abfallenden Stirn zusammenstoßende Teil des Scheitels. An seinem Rande liegen die → Scheitelgrübchen und unterhalb dieser die Scheitelocellen.

Scheitelleiste, Kranzleiste, Coronalleiste, endoskeletale, die → Scheitelnaht begleitende Leiste, welche die Ursprungsstellen der großen Adductores mandibulae trennt.

Bei *Lestidae* (*Odonata*) ein Paar von Querleisten beiderseits des Ocellendreiecks hinter der Fühlerbasis.

Scheitelnaht, Kranznaht, Coronalnaht, Sutura coronaria, S. metopica, die den Scheitel längs halbierende, an der → Occipitalnaht beginnende, vorn hinter dem → Frontalocellus (Stirnocellus) in die Gabel der → Stirnnaht übergehende, mehr oder weniger scharf eingeritzte, bei höheren Insekten aber in der Regel fehlende Linie. Sie stellt die äußere Spur der Einfaltung dar, welche endoskeletal als → Scheitelleiste vorspringt.

Die ~ dient vielfach zusammen mit der Stirnnaht als präformierte → Häutungsnaht der Larven, die sich oft bis zur Basis des Hinterleibs erstreckt. Bei *Nematocera* (*Dipt*) ist sie über den Stirnocellus hinweg nach vorn bis zur Epistomalnaht verlängert und wird als → Sagittalnaht bezeichnet.

Scheitelocellen, Scheitelaugen, Vertex-Ocellen, die hinteren, paarigen Ocellen des Ocellendreiecks. (Taf. V, Fig. 5.)

Scheitelplatten, zwei skleritartig differenzierte, meist stumpf dreieckige Platten zu beiden Seiten der Ocellenplatte am Scheitel gewisser Fliegen (z. B. *Trypetidae* u. a. acalyptratae Fliegen.) Bei calyptraten Fliegen (z. B. *Tachinidae*) sind die ~ mit den → Wangenplatten vereinigt.

Scheitelquerfurche, eine zwischen den Fühlergruben bei Flöhen häufig auftretende Querfurche des → Caput fractum.

Schenkel, Oberschenkel, Femur, das dritte (primär vierte) Glied des Insektenbeins, in der Regel das stärkste, weil es die kräftige Muskulatur der Schiene und außerdem den femoropraetarsalen Muskel enthält. Der ~ bildet mit der Schiene das → Kniegelenk und ist distal auf der Unterseite unterhalb des Kniegelenks mit einer Vertiefung versehen, die sich manchmal weiter basalwärts erstreckt und die → Schienenrinne bildet. Die Verbindung des ~ mit dem → Trochanter ist beweglich oder unbeweglich. An der Basis des ~ ist bei gewissen Hymenopteren ein kleines Stück, der sog. zweite Trochanter (→ Praefemur), abgegliedert. (Taf. I, Fig. 1, 5, Taf. III, IV, XXIX.)

Schenkelbürste, eine Haarlocke an der Basis der Hinterschenkel bei *Andrena* und anderen → Schenkelsammlern. Die ~ greift aber häufig auch auf den Trochanter oder die Hüfte über.

Schenkeldecke, plattenförmig nach hinten verbreiterte ventrale, d. h. äußere Wand der Hinterhüfte, welche die Schenkel teilweise oder ganz bedeckt, wenn sie in Ruhelage an die Hüfte gezogen werden. Die ~ sind besonders bei *Haliplidae* sehr groß.

Schenkelring, Trochanter, das 2. (primär 3.) Glied des thorakalen Insektenbeines. Es ist ein kleines, zwischen Hüfte und Schenkel eingeschaltetes Glied, welches mit der Hüfte mittels eines primären, condylen Gelenks (Hüftgelenks) und mit dem Schenkel mittels eines sekundären → Scharniergelenks, welches aber auch ganz erstarren kann, verbunden ist. Bei *Odonata* und Larven der *Trichoptera* ist der ~ zweigliedrig. Bei gewissen Hymenopteren (*Ichneumonidae, Braconidae*) spricht man in den Bestimmungswerken meist auch von zweigliedrigen ~, was aber morphologisch unrichtig ist, weil der sog. zweite Trochanter ein sekundär vom Schenkel abgegliedertes Stück, das → Praefemur darstellt. Der echte ~ ist stets an dem Ursprung des Musculus trochanterofemoralis vom Praefemur zu unterscheiden.
An den Vorderbeinen von *Gryllotalpa* ist der ~ sehr groß und mit einem schaufelartigen Anhang versehen. (Taf. I, Fig. 1, 5, Taf. II, Fig. 2B, Taf. III, Fig. 2—4, 6, 10, Taf. IV, Fig. 2, Taf. VI, Fig. 1, Taf. XXIX.)

Schenkelsammler sind Bienen (*Apidae*) der Unterfam *Andreninae* und *Panurginae*, welche außer der → Schienenbürste mit Bürsten oder Haarflocken an Hinterschenkeln, Hinterhüften, hinteren Trochantern und gelegentlich auch seitlich am Mittelsegment ausgestattet sind.

Scheufliegen → *Helomyzidae*.

Schiene, Schienbein, Tibia, das 4. Glied des thorakalen Insektenbeins, zwischen dem Schenkel und dem Tarsus. Im Gegensatz zum Schenkel ist die ~ stets dünn oder wenigstens schlank, meist kantig, mit Dornen, Borsten oder Spornen versehen, seltener mit rundlichem oder ovalen Querschnitt. Ihr Lumen ist stets eng, weil in ihm nur wenige, schwache Muskeln, die beiden kleinen Beweger des Tarsenbasalgliedes und die ebenfalls kleinen tibiopraetarsalen Beweger der Krallen entspringen. Am proximalen Ende bildet die ~ das meist sattelförmige Capitulum des Kniegelenks und am distalen Ende die Pfanne des tibiotarsalen Gelenkes.
Die ~ ist zweifellos das formenreichste Beinglied der Insekten und in dieser Hinsicht steht sie vielleicht den Tarsen noch voran. Aus diesem Grunde sind die ~ sehr wichtige Träger von taxonomischen Merkmalen. Sie ist niemals gegliedert, und eine scharnierartige Abgrenzung ihres distalen Teils durch einen leicht membranisierten praeapikalen Ring kommt sehr selten (z. B. *Dennyus, Mallophaga*) vor. (Taf. I, Fig. 1, 5, Taf. III, Fig. 2—8, 10, 12, 15—17, Taf. IV, Taf. VI, Fig. 1, Taf. XXIX.)

Schienenblättchen, Schienenblatt, Epiphyse, ein behaarter Sporn in der Mitte des Innenrandes der Vorderschienen vieler Schmetterlinge, der zusammen mit dem anliegenden, gleichfalls kurz behaarten Teil der Schiene eine Putzvorrichtung für die Fühler bildet, die zwischen dem ~ und der Schiene hindurchgezogen werden. (Taf. IV, Fig. 1.)

Schienenbürste, Scopa, ein langer, lockenartiger Haarbusch auf der Außenseite der Hinterschienen bei Bienengattungen, die als Schienenbürstensammler bezeichnet werden, wie *Anthophora, Xylocopa, Eucera.*

Schienenfalz, ein häufig vorkommender temporärer Verschluß zweier angrenzender Teile des Insektenkörpers, z. B. der Bestandteile des Legebohrers. Der ~ beruht auf einem Ineinandergreifen der in entgegengesetzten Richtungen rinnenförmig eingerollten Ränder der verkoppelten Teile. In den orthopteroiden Legebohrern ist der ~ stets noch durch anderweitige Verbindungen auf Nut und Feder verstärkt bzw. gesichert.

Schienenkörbchen → Körbchen.

Schienenkörbchensammler sind Bienen (*Apis, Bombus, Meliponinae*) die den Pollen mit Hilfe der Schienenkörbchen sammeln.

Schienenrinne, eine Längsrinne auf der Unterseite der Schenkel, die zum Einlegen der Schienen dient.

Schienensammler sind Bienen, die an den Schienen mit Vorrichtungen zum

Einsammeln von Pollen ansgestattet sind. Man unterscheidet unter ihnen → Schienenbürstensammler und → Schienenkörbchensammler.

Schienensporne, Tibiensporne, dornartige, meist beweglich eingelenkte, aus stark verdickten Borsten entstandene, vielfach gegabelte, verzweigte, behaarte oder mit Lappen versehene Anhänge der Schienen, die am Ende (Endsporne), vor dem Ende (Prae- oder Subapikalsporne) oder in der Nähe der Mitte (Mediansporne) am Innenrande, seltener am Außenrande der Schienen stehen. Ihre Stellung und Gestalt ergeben wichtige taxonomische Merkmale. (Taf. I, Fig. 5, Taf. III, Fig. 2, 5, 15, 16.)

Schiengelenk, Tibiotarsalgelenk, dasjenige Gelenk, welches den Tarsus mit der Schiene beweglich verbindet. Bei Imagines ist es meistens dicondyl, horizontal, bei Larven der Holometabola monocondyl, sonst nicht selten acondyl, als Scharniergelenk entwickelt. Die Adduction des Tarsus an die Hinterwand der Schiene wird häufig durch einen, vielfach in einer → Tarsenrinne verlängerten Ausschnitt am hinteren Apikalrande der Schiene erleichtert.

Schiffswerftkäfer → *Lymexylon navale* Linné.

Schild, der langsam über den Eiern zu einer schützenden Hülle absterbende Körper eines Cocciden-Weibchens (*Lecaniidae*) oder der aus Larven-Exuvien und erhärtetem Sekret über dem Körper des Weibchens und ihres Geleges (*Diaspididae*) gebildete Schutzschild.

Schildborsten, hutpilzförmige Borsten im statischen Organ von *Nepa cinerea*.

Schildchen → Scutellum.

Schildkäfer, glanzstreifiger → *Cassida vittata* Villers.

Schildkäfer, grüner → *Cassida viridis* Linné.

Schildkäfer, nebliger → *Cassida nebulosa* Linné.

Schildläuse → *Coccidae* und *Coccina*.

Schildlaus, gemeine → *Eulecanium* (*Lecanium*) *corni* Bouché.

Schildlaus, kugelige → *Physokermes coryli* Linné

Schildlaus, zweihöckerige → *Lecanium bituberculatum* Targioni.

Schildlausrüßler, grauer → *Brachytarsus* (*Anthribus*) *nebulosus* Forster.

Schildlausrüßler, roter → *Brachytarsus* (*Anthribus*) *fasciatus* Forster.

Schildwanze, rotbeinige → *Pentatoma rufipes* Linné.

Schildwanzen → *Pentatomidae*.

Schildzirpen → *Cercopidae*.

Schilfwickler → *Orthoteliidae*.

Schillerbolde → *Odonata*.

Schillerfarben beruhen auf Interferenz von Lichtstrahlen in den aus dünnen Lamellen aufgebauten → Schillerschuppen.

Schillerschuppen, Schuppen vieler Schmetterlinge, die ihnen irisierende, d. h. sich je nach dem Einfallswinkel des Lichtes veränderliche Färbung verleihen, wie dies z. B. beim Schillerfalter (*Apatura iris* Linné) oder bei Bläulingen (*Lycaenidae*) der Fall ist. Die ~ sind aus äußerst dünnen, übereinandergelagerten, durchsichtigen Lamellen aufgebaut, die voneinander durch äußerst dünne Luftschichten getrennt sind. Man unterscheidet übrigens zwei Bautypen dieser Schuppen, nämlich den → Morpho- und → Urania-typ.

Schimmelkäfer → *Cryptophagidae*.

Schinkenkäfer → *Necrobia violacea* Linné.

Schizometopa → *Calyptrata*.

Schizometopie (gr. σχίζω spalten, trennen, ἡ μετόπη Zwischenraum), Auftreten der → Stirnstrieme bei Fliegen (*Dipt Schizophora*).

Schizophora Beck 1882 (*Muscoidea Auct.*) Blasenträger, FamReihe der *Dipt Cyclorrhapha*, ausgezeichnet durch deutliche, hufeisenförmige → Bogennaht in Zusammenhang mit der stets gut entwickelten → Stirnblase. Einteilung in *Acalyptratae* und *Calyptratae*.

schizopus Zacher, *Schizotetranychus*, Weidenspinnmilbe (*Acari Tetranychidae*).

Schläfe, Tempus, der hinter den Komplexaugen, zwischen diesen und der → Occipitalnaht gelegene, oben in den → Scheitel, unten etwa auf der Höhe des → Kehlsporns in die Wange übergehende Teil der Kopfkapsel. (Taf. XXIX.)

Schlafäpfel, Bedeguare, Gallen von *Rhodites rosae* Giraud an Rosen.

Schlaffkrankheit → Wipfelkrankheit.

Schlafgesellschaften sind homo oder heterotypische Ansammlungen von Insekten an Orten, die ihnen als Ruhestätte zusagen, meist an schattigen, windfreien Stellen.

Schlafkrankheit, eine im tropischen Afrika unter Negern weit verbreitete, aber auch weiße Menschenrasse nicht verschonende, unbehandelt fast immer tödlich ausgehende Krankheit, in deren Endstadium der total abgemagerte Kranke in einen dauernden Schlafzustand verfällt. Der Krankheitserreger ist die Flagellate *Trypanosoma gambiense* und *T. ugandense*, die von der Fliege *Glossina palpalis* Robineau-Desvoidy und *G. morsitans* Westwood übertragen wird.

Schlammfliegen → *Megaloptera* und *Eristalinae* (*Syrphidae*).

Schlammsinnesorgane, pelotaktische Organe, statopelotaktische Organe. Ein Paar von Vertiefungen des Integuments am Endsegment wasserlebender Larven von *Limnobiidae*. Sie sind entweder mit verengter Mündung versehen, flaschenförmig (z. B. bei *Limnophila fuscipennis*) oder weit offen und am Rande mit Reusenborsten verschlossen (z. B. *Limnophila tenuipes*, *Ephelia*). In der Grube, deren Wände mit Sinneshärchen ausgestattet sind, flottieren in dem sie ausfüllenden Wasser einige Sandkörnchen, deren Bewegungen, die je nach der Konsistenz des Wassers schneller oder langsamer sind, sich auf die Sinneshärchen übertragen.

Der Wasserwechsel in den Gruben erfolgt durch einen Muskel, welcher die elastische Grube seitwärts legt und durch Verkleinerung des Hohlraums Wasser ausstößt, während die Erschlaffung des Muskels das Wiederaufrichten der Grube, Vergrößerung des Hohlraumes und Einsaugen des Wassers zur Folge hat.

Nach PLATE (1924) haben diese Organe auch eine statische Funktion, die ihnen STUDNITZ (Zool. Jhrb., Allg. Zool., 50, 1932) ausschließlich zuschreibt.

Schlehenspinner → *Orgyia antiqua* Linné.

Schlehenwickler → *Argyroploce* (*Olethreutes*) *pruniana* Hübner.

Schleiermotte → *Plutella maculipennis* Curtis (*cruciferarum* Zeller).

Schließer → Occlusor.

Schlittengelenk, ein acondyles → Scharniergelenk , welches zwei aufeinander treffende Sklerite verbindet, deren Ränder sich gegenseitig übergreifen. Der untergeschobene Rand bildet eine kragenartig vom Rest abgesetzte, glatte Gleitfläche. ∼ sind bei Insekten sehr verbreitet und kommen vor allem in den Fühlern und zwischen Hinterleibssegmenten vor.

Schluckapparat, der → Schlund kauender Insekten mit vorwiegend fester Nahrung. Im einfachsten Fall ist es ein etwas deprimiertes, im Querschnitt querovales Rohr mit vollständiger Wandmuskulatur und meist vollständigem Satz von Radialdilatatoren, welche die peristaltischen Schluckbewegungen ausführen. Der an den Mundspalt grenzende, vordere Teil des ∼, die Buccalhöhle (→ Vorderschlund), kann Differenzierungen aufweisen, die im einfachsten Fall aus einer Chitinspange im Boden der Bucca bestehen, auf der ein ventrales Paar von Dilatatoren inseriert.

Schlüpfen, Vorgang des Verlassens der Eischale durch die → Eilarve und der Puppenhaut durch die Imago.

Schlund, Pharynx, der vorderste Abschnitt des Vorderdarms, zwischen dem Mundspalt (→ Schlundöffnung) und dem → Oesophagus. Er unterscheidet sich vom Oesophagus durch reiche Ausstattung mit → Radialdilatatoren und übergeht in den letzteren entweder ganz unmerklich (*Apterygota*, *Dytiscus*, *Hymenoptera Symphyta*) oder ist von ihm durch plötzliche Verengung (*Lepidoptera*) oder Erweiterung (*Acridiidae*) deutlich abgesetzt. Ein für alle Insekten gültiges, sicheres Kriterium für die Abgrenzung des ∼ vom Oesophagus gibt es nicht. Der ∼ ist entweder einheitlich als → Schluckapparat, → Saugpreßpumpe oder → Saugpumpe entwickelt oder in einen → Vorderschlund und → Hinterschlund mehr oder weniger deutlich differenziert. Eine Eigentümlichkeit der acephalen Dipterenlarven stellt das → Cephalopharynxskelett dar. (Taf. XXV, Fig. 1.)

Schlundgerüst → Cephalopharynxskelett.

Schlundöffnung, ein der primären → Mundöffnung entsprechender Spalt zwischen der → Mundhöhle und dem Schlund. Sie liegt zwischen den inneren Basalwinkeln der Mandibeln am oberen Basalrande des Hypopharynx und ist mit kräftigen Ringmuskeln sowie einem Paar des Musc. frontohypopharyngalis (Dilatator angulorum oris) ausgestattet. (Taf. XXV, Fig. 1.)

Schlundring, ein aus dem Gehirn, dem Unterschlundganglion und den sie an den Seiten verbindenden Konektiven gebildeter Ring um den Schlund. Je nach der Länge der Konektive kann er recht umfangreich, oder auf einen engen Durchlaß für den Schlnud beschränkt sein, wie z. B. bei *Hymenoptera* und *Hemiptera*.

Schlundsklerit, Pharyngalsklerit, Oesophagalsklerit → Vorderpharynx.

Schlupfwespen → *Ichneumonidae* und *Braconidae*. Die letzteren werden aber im Unterschied zu den ersteren vielfach als Brackwespen bezeichnet.

Schmalbauch, brauner → *Phyllobius oblongus* Linné.

Schmarotzer → Parasiten.

Schmarotzerfliegen → *Tachinidae*.

Schmeißfliegen, *Calliphora*-Arten, bes. *C. vomitoria* Linné und *C. erythrocephala* Meigen.

Schmerzsinn → Propriorezeptoren.

Schmetterlinge → *Lepidoptera*.

Schmetterlingshafte → *Ascalaphidae*.

Schmetterlingsmücken → *Psychodidae*.

Schmiede → *Elateridae*.

Schmierdrüsen → Öldrüsen.

Schmierlaus, gemeine, *Phenacoccus aceris* Signoret (*Hom Coccidae*).

Schmuckfliegen → *Ortalidae*.

Schmuckbildungen, ornamentale Bildungen sind plastische, meist excessive Emergenzen des Integuments oder Farbzeichnungen, welche nur einem Geschlecht zukommen (→ Geschlechtsdimorphismus) und nach anthropomorphistisch-teleologischer Auffassung der geschlechtlichen Zuchtwahl förderlich sein sollen. Sie kommen bei Insekten vor allem auf dem Kopfe und dem Prothorax bes. häufig bei Käfern der Fam *Scarabaeidae* vor und sind bei Männchen stark excessiv entwickelt, während sie bei Weibchen ganz fehlen oder nur schwach angedeutet sind.
Die sog. ~ sind wohl richtiger auf die allgemein für die Männchen geltende größere Fortschrittlichkeit und die damit zusammenhängende Neigung zu excessiver Entwicklung gewisser Eigenschaften zurückzuführen. Experimentell wurde nachgewiesen, daß Schmetterlingsweibchen keinen Unterschied machen zwischen wohlerhaltenen und häßlichen, abgeflogenen, verstümmelten oder künstlich gefärbten Männchen. Daß den Weibchen ihre schlichtere Form und Färbung als Schutzmerkmal mit positivem Selektionswert zugute kommen kann, ist sehr gut möglich.

Schmuckwanzen → *Eurydema ornatum* Linné und *E. festivum* Linné.

Schnabel (Rostrum), Verlängerung des Vorderkopfes, die vielfach auch basale Teile der Maxille und der Unterlippe einbeziehen kann. Bei Hemipteren ist der ~ eine clypeo-gena-maxillare, bei Dipteren (Rostrum, Kopfkegel) und Panorpaten clypeo-maxillo-labiale Bildung.
Bei *Hemiptera* werden die genalen Anteile des ~ als → Lamina mandibularis, die maxillaren als → Lamina maxillaris bezeichnet.
Bei *Panorpatae* beteiligen sich vielfach auch noch die Wangen an der Bildung des ~, was auch bei Tipuliden der Fall zu sein scheint.
Vgl. auch → Rüssel.

Schnabelfliegen, Schnabelhafte → *Panorpatae*.

Schnabelkerfe → *Hemiptera*.

Schnake, gefleckte → *Pales* (*Pachyrrhina*) *maculata* Meigen.

Schnaken → *Tipulidae*.

Schnauze, Rostrum, die verlängerte, eine gegliederte Scheide für die Stechborsten bildende Unterlippe der *Hemiptera*. Auch der → Mundkegel der Thysanoptera wird vielfach als ~ bezeichnet. Rein cephale Verlängerungen des Kopfes, die gewöhnlich auch als Rostrum bezeichnet werden, vgl. unter → Rüssel.

Schnauzenfalter → *Libytheidae*.

Schneckenjäger → *Phosphuga atrata* Linné.

Schnee-Insekten, wie z. B. *Boreus, Chionea, Isotoma*, die sich an sonnigen Wintertagen gern auf der Oberfläche der Schneedecke aufhalten.

Schneewürmer, Larven der Gatt. *Cantharis* Linné (*Col Cantharidae*) z. B. *C. obscura* Linné und verwandte Arten, die manchmal im Winter auf dem Schnee erscheinen.

Schneide → Lacinia.

Schneiderbock → *Monochamus sartor* Fabricius.

Schnellen, Emporschnellen, Hochwerfen des Körpers mittels besonderer Vorrichtungen ausschließlich der Beine (→ Sprung). Am leichtesten ist das ~ der Schnellkäfer zu beobachten, die auf den Rücken gelegt den Körper emporschnellen und auf die Beine fallen. Der Käfer hebt in der Rückenlage den Vorderkörper, wodurch zwischen ihm und der Unterlage eine Lücke entsteht, stemmt den Prosternaldorn auf den Vorderrand einer Mesosternalgrube und führt durch plötzliches Einschnappen des Dornes in die Grube einen Schlag mit dem Rücken auf die Unterlage.

Larven der *Cecidomyidae* haben auf dem Mesosternum eine → Spatula, gegen die das Hinterleibsende des bogenförmig gekrümmten Körpers gestemmt und durch plötzliches Loslassen 8—10 cm weit geschleudert wird.

Larven der *Piophila casei* schnellen den Körper, indem sie ihn kreisförmig biegen, sich mit den Mundhacken am Hinterleibsende verankern, dann plötzlich loslassen und den Körper ruckartig strecken.

Vgl. auch → Kokons, hüpfende.

Schnellflug, meist geradliniger Flug mit schwach nach unten geneigtem Costalrand bei fortbewegendem Niederschlag und stark nach oben geneigtem Costalrand bei Aufwärtsbewegung der Flügel. Dabei wird der Körper des Insekts meist waagrecht ausgestreckt und die Beine (meist, aber nicht immer) angezogen.

Schnellkäfer → *Elateridae.*

Schnellkäfer, erzfarbiger → *Corymbites* (*Selatosomus*) *aeneus* Linné.

Schnepfenfliegen → *Rhagionidae.*

Schopfstirnmotten → *Tischeriidae.*

Schreckanhänge sind Organe, deren Haupt- oder Nebenfunktion im Abschrecken (→ Abschreckmittel) der Feinde beruht. Sie wirken entweder als solche abschreckend oder sind mit → Abschreckmitteln ausgestattet. Zu ersteren gehören grell gefärbte Warzen oder Segmentteile, pinsel- oder bürstenartige Borstenbüschel vieler Raupen usw., zu letzteren die → Nackengabel der Raupe von *Papilio machaon* Linné, grell gefärbte, ausstülpbare → Nachschieber der *Notodontidae*-Raupen, grell gefärbte ausstülpbare Drüsen von *Malachius* usw. (Taf. XX, Fig. 1.)

Schrecken → *Saltatoria.*

Schrecklähmung → Akinese.

Schreckstellung, Körperstellung, bei welcher entweder eigenartige → Schreckanhänge oder Schreckfarben zum besseren Ausdruck kommen. Besonders bemerkenswert ist die ~ der Raupe von *Stauropus fagi* Linné, welche erregt den Vorderkörper mit ihren langen Thorakalbeinen hochhebt, und die der Raupen von *Nematus septentrionalis* Linné, welche den grell gelb gefärbten Hinterkörper s-förmig hochhebt.

Schreckstoffe sind flüssige, flüchtige oder adhäsive Drüsensekrete, deren Haupt- (→ Wehrdrüsen) oder Nebenzweck (→ Erbrechen) in der den Feind abstoßenden oder abschreckenden Wirkung liegt. Sie können auch dem Blute beigemischt werden (→ Exsudation).

Schrecktrachten sind → Schutztrachten, welche den Feind entweder → kaenophylaktisch oder → mimetisch vom Angriff abhalten sollen.

Schreiber → *Adoxus* (*Bromius*) *obscurus* Linné.

Schreitbeine, Pedes gressorii, sind alle Formen der → Thorakal- und → Abdominalbeine, die zur Fortbewegung auf festem Boden dienen. Je nach der Art dieser Fortbewegung werden → Gangbeine, → Laufbeine, → Stelzenbeine, → Haftbeine und → Kletterbeine unterschieden. Auch → Grabbeine können hierher gerechnet werden, denn sie dienen auch schließlich zur Fortbewegung, wenn auch nicht auf, so doch im festen Boden. Ihre Arbeitsweise ähnelt allerdings mehr der der → Schwimmbeine.

An den ~ der Insekten ist das vorderste Paar der Thorakalbeine gewöhnlich als → Zugbeine, das hinterste als → Schubbeine differenziert. Das erstere ist stets nach vorn, das letztere meistens nach hinten gerichtet.

Schreitbewegung, Bewegung auf festem Boden durch schrittweises Vorbringen der Einzelbeine. In der Regel wird die ~ so ausgeführt, daß jeweils drei Beine, das Vorder- und Hinterbein der einen und das Mittelbein der anderen Körperseite synchronisch einen Schritt ausführen, während die anderen drei Beine den Körper stützen. Das Vorbringen der drei Beine zu einem Schritt ist aber nicht immer ganz gleichmäßig, abgesehen davon, daß das Vorderbein bei Vorwärtsbringen den Körper zieht, das Hinterbein aber schiebt. Gewöhnlich ist die Arbeitsweise der drei synchronisch bewegten Beine so, daß das Vorder- und Hinterbein der einen Körperseite einen größeren Schritt machen, während das Mittelbein der anderen Körperseite einen Drehpunkt bildet oder nur ganz wenig ausschreitet. Im letzteren Fall führt der Körper bei jedem Schritt eine deutliche Schwenkung nach der Seite des Mittelbeins und die Ganglinie bildet eine Zickzacklinie. Schreiten alle drei Beine annähernd gleichmäßig aus, dann bildet die Ganglinie eine Gerade. Ersteres ist z. B. bei *Carabus*, letzteres bei der Hausfliege der Fall.

Schreitborsten, zwei ventrale Reihen von langen segmental-paarigen Borsten bei der Larve von *Leucospis* (*Chalcididae*). Sie stehen auf kleinen Hautwarzen und dienen der völlig apoden Larve zum Kriechen. (Taf. XX, Fig. 3.)

Schrifttum, Bibliographie, Zusammenstellung der gedruckten Beiträge über ein bestimmtes Gebiet der Wissenschaft. Das entomologische ~ vom Altertum bis zum Jahr 1863 ist durch W. HORN und S. SCHENKLING im „Index Literaturae Entomologicae", Serie I, 4 Bde, 1928 bis 1929 zusammengestellt worden. Das Werk enthält 25229 Titel. Die entomologische Literatur von 1864 an ist entweder nur für Teilgebiete zusammengestellt oder in jährlichen Berichten (Bibliographia Zoologica, Zoological Record u. a. referierende Zeitschriften) laufend veröffentlicht.

Schrillader, Vena stridens, bei tegmino-tegminalen → Zirporganen der *Gryllidae* und *Locustidae* eine Ader (Cubitus) an der Basis des linken Vorderflügels, welche unterseits mit Schrillzäpfchen versehen ist und von einer Kante des rechten Vorderflügels gestrichen wird.

Schrillapparate → Zirporgane.

Schrillfeld, eine glashelle Zelle an der Basis der Vorderflügel bei *Gryllidae* und *Locustidae*, welche als Resonanzkasten beim Zirpen wirkt.

Schrillfläche, eine ovale, runde oder längliche, mikroskopisch fein geriffelte Stelle des Integuments, die durch Reibung an einer Kante den Zirpton erzeugt. Die ~ bildet gewöhnlich den passiven, unbewegten Teil des Zirporgans, doch ist dies nicht immer der Fall.

Schrillkante, eine meist messerscharfe, glatte Chitinkante, welche über die Schrillleiste oder Schrillfläche hinweggezogen den Zirpton erzeugt.

Schrilleiste, eine fein gekerbte oder geriffelte, mit Schrillzäpfchen versehene Rippe des Integuments, die durch Reibung an einer Schrillkante den Zirpton erzeugt. Ähnlich wie die Schrillfläche bildet sie gewöhnlich den passiven Teil eines Zirporgans.

Schrillorgan → Zirporgan.

Schröter → *Lucanidae*.

Schubbeine sind die nach hinten gerichteten → Schreitbeine, gewöhnlich nur die Hinterbeine der Insekten im Gegensatz zu Vorderbeinen, die als → Zugbeine arbeiten. Die Mittelbeine sind meist auch ~. Selten sind alle 3 Beinpaare (→ Rückbewegung der *Myrmeleon*-Larve) ~.

+***Schuchertiellidae*** Handlirsch 1910, ausgestorbene Fam der fossilen +*Protorthoptera* mit einer mittel-obercarbonischen Art aus Nordamerika.

Schüppchen, Alula, Calyptrae, Squamae, Squamulae, Tegulae, zwei basale Lappen am Hinterrande der Dipterenflügel, deren proximales als → Thorakalschüppchen und distales als → Flügelschüppchen bezeichnet wird. Sie sind z. B. bei *Muscidae* (*Calyptrata*), *Syrphidae* usw. gut entwickelt, während sie den *Muscidae Acalyptratae* (z. B. *Agromyzidae, Chloropidae* usw.) fehlen. Wo sie gut entwickelt sind, liegen sie bei zurückgelegten Flügeln flach übereinander, das Flügelschüppchen stets über dem Thorakalschüppchen, dicht über den Halteren. (Taf. XVII, Fig. 11.) Ein membranöses ~ findet sich oft auch an der Basis des Innenrandes der Fld bei Käfern.

Schüppchenwinkel, Winkel, Angulus heißt in der Terminologie der Dipterenflügel der Winkel zwischen dem Flügel- und dem Thorakalschüppchen.

Schulterbeulen, Callus humeralis, bei vielen *Hymenoptera* die häufig bucklig gewölbten Hinterecken des Pronotums, welche bis oder fast bis zu den → Tegulae reichen und das erste in der pro-mesothorakalen Naht versenkte, häufig noch durch einen hellbraunen Stigmendeckel geschütztes Stigma überdecken. Bei Diptera → Humeralschwielen. Bei Coleoptera → Schulterecken.

Schulterblatt → Tegula.

Schulterecken, Schultern, Humerus, bei Käfern die basalen Vorderecken der Flügeldecken in zusammengelegtem Zustande. Sie sind in der Regel gut ausgebildet und stehen oft beulig vor (Schulterbeulen) bei gut entwickelten Hinterflügeln, während sie bei flügellosen Arten mehr oder weniger verflacht (flache Schultern) oder in der Rundung der Flügeldecken völlig aufgelöst sind.

Schulterklappen → Patagium.

Schulternaht, Humeralnaht, bei *Odonata* die beiderseits des Mittelkiels (→ Medianleiste) parallel verlaufenden Furchen zwischen dem Episternum und Epimerum des Mesothorax. Sie entspringen unterhalb der Basis der Vorderflügel und erstrecken sich bis zu den dreieckigen → Infraepisternen über den Hüften.

Schulterquerader → Humeralquerader.

Schulterschwiele → Humeralschwiele.

Schuppe, ein den → Schüppchen der Dipteren ähnlicher Lappen am basalen Hinterrande der Vorderflügel bei *Thysanoptera.* Er ist von der übrigen Flügelfläche durch eine ziemlich breite helle Linie abgegrenzt und entspricht vermutlich dem → Analfeld. (Taf. XII, Fig. 1.)

Schuppen, Squamae, kurze, mehr oder weniger stark abgeplattete, lanzettförmige, rundliche usw. mit einem Stiel in der → Schuppentasche steckende Haargebilde, die besonders für Schmetterlinge als farbtragende Bekleidung der Flügel charakteristisch sind. Außer bei Schmetterlingen kommt die Schuppenbekleidung auch bei vielen *Diptera* (z. B. *Culex*), *Coleoptera* (*Phytonomus*), *Apterygota* (*Lepisma, Collembola*), *Trichoptera* (an Maxillartastern, sonst meist nur Haarschüppchen an Flügeln), *Corrodentia* (*Lepidillidae*), *Anoplura* (*Lepidophthirus*), *Hymenoptera* (z. B. *Coelioxys*) usw. vor.

Über den Bau der → Schmetterlingsschuppen sind wir bes. durch die Arbeiten von Mason (Jl. Phys. Chem. 1926/27) und Süffert (Z. Morph. Oek. d. Tiere, 1924) unterrichtet. An ihrem Stiel haben sie meist einen → Haltering, der sie in der Schuppentasche festklemmt. Die obere und untere Wand der Schuppe ist mittels Chitinstäbchen, den → Trabekeln, verbunden. Die obere Wand bildet ein Gitterwerk von Längsrippen und Querbalken, deren Zwischenräume mehr oder weniger reduziert sind und offene Fensterchen von rundlicher, ovaler oder viereckiger Form bilden. Je nach der Form dieser Gittermaschen und des ganzen Gitterwerks werden verschiedene Bautypen der ~ unterschieden wie → Lochreihen-, → Gitter-, → Leiterschuppen usw. Vgl. auch → Schillerschuppen, → Uraniaschuppen, → Morphoschuppen, → Entinusschuppen.

Zwischen den luftgefüllten gewöhnlichen Schuppen stehen oft → Drüsenschuppen eingesprengt, die mit dem Sekret der Drüsenzellen gefüllt sind und diesen durch äußerst feine Poren in der Schuppenwand austreten bzw. verdunsten lassen. (Taf. V, Fig. I.)

Schuppenrüßler, *Polydrosus*-Arten (*Col Curculionidae*).

Schuppentasche, Schuppenbalg, Vertiefung in der Cuticula, in welcher der Schuppenstiel steckt. Näheres → Alveolen. (Taf. V, Fig. 1.)

Schusterbock → *Monochamus sutor* Linné.

Schusterkäfer → *Telephoridae.*

Schutzfärbung, sympathische Färbung ist diejenige Körperfärbung der Insekten, welche mit der der gewohnten Umwelt harmonisiert und das auf der gewohnten Unterlage sitzende Tier schwer sichtbar macht. Die Färbung der meisten Insekten ist eine ~, die grüne der Laubheuschrecke, die graubraune des Kiefernspinners, die schwarzbraun scheckige verschiedener holzbohrender Käfer, die sich gern auf Rinden setzen, kastanienbraune der Borkenkäfer, die graue, schwarzgrau und schwarzbraun scheckige zahlreicher Bodeninsekten (*Cicindela hybrida*, viele Heuschrecken, Erdraupen, Grillen usw.) und viele andere.

Nicht selten wechselt die Farbe ein und derselben Art je nach dem Substrat, was besonders bei veränderlich gefärbten Raupen und Puppen vieler Schmetterlinge und Blattwespen deutlich hervortritt (→ Farbwechsel).

Die Entstehung der ~ ist bisher noch nicht geklärt. Wir wissen zu wenig über die Strahlungen verschiedener lebender und toter Gegenstände, welche die Umwelt unserer selbst und die der Tiere bilden und noch weniger über ihre Wirkung auf die lebenden Tiere. Aus dieser Unkenntnis wird allzuoft der Schluß gezogen, daß die Umwelt überhaupt keine Wirkung auf die in ihr lebenden Tiere ausübt und die sog. Schutzfärbungen allein durch endogene, ungerichtete Zufallsmutationen und gerichtete selektive Umwelteinwirkungen zustande kommen. Der genetische Unterbau läßt sich natürlich bei der Entstehung der ~ wie bei allen sonstigen Entwicklungsvorgängen keinesfalls ausschalten, aber sein endogener Charakter kann nicht dem Zufall preisgegeben werden; denn es gibt genug Umwelteinflüsse, die auf bisher ungeklärte Art und Weise auf das Tier, vor allem auf seine genetische Konstitution wirken müssen.

Schutzhüllen, verschiedenartige aus eigenen Körperstoffen (Drüsensekrete, Exkremente), Fremdkörpern (Sandkörner, Pflanzenteilchen) oder aus beiden angefertigte Hüllen um den eines künstlichen Schutzes bedürftigen, empfindlichen Körper vieler Insekten, besonders deren Larven. Am besten bekannt sind die ~ der Trichopterenlarven (Köcherlarven, Hülsenwürmer) und der → Sackträger.

Daß die ~ dem Gesetz der Schutztrachten folgen, erklärt sich daraus, daß die zusammengeklebten Partikeln der unmittelbaren, also gewohnten Umwelt entstammen.

Die Corrodentien *Trichadenotecnum* (in Deutschland 2 Arten) und *Neopsocus* (in Deutschland 1 Art) kleben auf ihre Drüsenhaare Kotkrümel und Flechtenstücke, die zwar keine mechanisch schützende, feste Hülle, oft aber einen dichten Schmutzüberzug bilden, welcher wohl in die Gruppe der → Tarntrachten zu rechnen ist.

Schutztrachten, phylaktische Trachten sind Eigenschaften der Form und Färbung, die dem menschlichen Urteil nach geeignet erscheinen (Weber), das Tier in seiner gewohnten Umgebung der Sicht zu entziehen (→ Tarntrachten) oder Räubern eine unbeachtete Annäherung an ihre Beute zu ermöglichen (Deckungstrachten, aggressive phylaktische Trachten). Die ~ werden in → Umgebungstrachten, → Mimese (→ Tarntrachten), → Locktrachten, → Schrecktrachten und → Warntrachten eingeteilt.

Schwächeparasiten oder Sekundärparasiten sind Parasiten, die nur vorhergehend durch andere Einflüsse geschwächte Wirte befallen, wie z. B. Borkenkäfer nach Raupenfraß, Windbruch, Wildschäden, Standortskrankheiten usw. Typische ~ sind z. B. Schildläuse, welche vornehmlich an standortsgeschwächten Allee- und Straßenbäumen oder an dürftig gepflegten Obstbäumen massenhaft auftreten.

Schwänzchen, Cauda, obere → Afterklappe der *Aphidina*.

Schwärmen, Ausfliegen der neuen Generation von Geschlechtstieren der Ameisen und Termiten zur Begattung und Anlage neuer Nester.

Bei Bienen ist es die alte Bienenkönigin, welche kurz vor dem Schlüpfen der neuen Königin mit einem Teil der Arbeiterbienen zur Gründung eines neuen Staates ausfliegt. Diesem, von den Imkern so genannter Vorschwarm können ein oder einige Nachschwärme folgen, bei welchen einer jungen Königin stets ein Teil des Bienenvolkes folgt.

Geselliges ~ an bestimmten Stellen des Luftraumes, z. B. häufig beobachtetes ~ der *Chironomidae* und *Dixidae* an Waldrändern über einem Busch oder der *Limnobiidae* über einem Gewässer steht auch im Dienste der Fortpflanzung. An diesen → Lufttänzen beteiligen sich nämlich Männchen, von welchen auf sonst nicht näher bekannte Weise die Weibchen angelockt werden.

Gesellige Schwarmzüge der Wanderheuschrecke und des Vierflecks *Libellula quadrimaculata* Linné) haben dagegen mit dem Geschlechtsleben unmittelbar nichts zu tun und sind die Folge einer lokalen Massenvermehrung. Durch plötzliche Übervölkerung entstandene Nahrungsknappheit treibt die Tiere auf die Nahrungssuche hinaus.

Schwärmer → *Sphingidae*.

Schwärmermotten → *Atychidae*.

Schwalbenschwanz → *Papilio machaon* Linné.

Schwalbenwanze → *Oeciacus hirundinis* Jenyns.

Schwammkugelkäfer → *Liodidae*.

Schwammspinner, gemeiner → *Lymantria dispar* Linné.

Schwammspinner, kleiner → *Ocneria detrita* Esper.

Schwan → *Porthesia similis* Fuesslin.

Schwangerschaft → Trächtigkeit.

Schwanzanhänge → Schwanzborsten.

Schwanzblase, der sackartig ausgestülpte, mit Blut gefüllte Hinterdarm der Larve von *Apanteles glomeratus* Reinhard, welcher den Austausch der Atemgase zwischen dem eigenen und dem Wirtsblute vermittelt.

Schwanzborsten, Schwanzanhänge, Schwanzfäden, die → Afterraife und das → Terminalfilum.

Schwanzgeißel → Samenzelle.

Schwanzkiemen, blattförmig entwickelte und reichlich mit Tracheen bzw. Tracheolen versorgte → Schwanzborsten der Larven von *Odonata Zygoptera*.

Schwarmmücken → *Chironomidae*.

Schwarze Fliege → *Heliothrips haemorrhoidalis* Bouché.

schwartzi Börner, *Appelia* (*Aphis persicae* Blanchard), schwarzgefleckte Pfirsichblattlaus (*Hom Aphididae*).

Schwarzkäfer → *Tenebrionidae.*

Schwebehaare (SCHWERDTFEGER) → Blasenhaare.

Schwebfliegen → *Syrphidae.*

Schweinelaus → *Haematopinus suis* Linné.

Schwellblase, unpaarige, in den Ductus ejaculatorius einmündende Blase einiger *Heteroptera*, welche ihren flüssigen Inhalt in das Penislumen preßt und den letzteren dadurch in die Kopulationsstellung bringt (erigiert).

Schwellblasen zur Absprengung des Eideckels kommen bei *Phasmida* (Kopf und Prothorax) und zusammen mit → Eizähnen bei *Gryllus, Saltatoria* und *Odonata* vor.

Vgl. auch → Kopfblase.

Schwellenwert, Reizschwelle, Reaktionsschwelle eines nervösen Reizes ist die kleinste Reizintensität (kleinste Konzentration des Reizstoffes), welche gerade noch eine Reaktion bewirkt. So liegt z. B. die Riechschwelle für Indol bei *Geotrupes vernalis* und *silvaticus* bei 0,003 mg, bei *G. stercorarius* bei 0,15 mg auf einen Liter Luft. Die Geschmacksschwelle für Rohrzucker liegt bei Admiralfalter bei 1/12800 bis 1/1600 mol Lösung. Vergleichsweise liegt die Geschmacksschwelle für Rohrzucker beim Menschen bei 1/16 mol.

Der Ernährungszustand hat auf die Lage der ∼ starken Einfluß. Stark ausgehungerte *Calliphora* reagieren noch auf 1/25000 mol Rohrzucker positiv, während sonst die Schwelle bei 1/3200 liegt.

Häufige Wiederholung eines Reizes setzt den ∼ herab. Das gilt vor allem für gewohnte, zufällige Reize der Umwelt, z. B. Berührungsreize der vom Windhauch bewegten Teile der Nährpflanze, während selten oder erstmalig auftretende Reize einen hohen ∼ aufweisen.

Schwerkraftorgane → Statische Organe.

Schwertlilienrüßler → *Mononychus punctum-album* Herbst.

Schwimmblasen sind → Luftsäcke, welche bei wasserlebenden Larven (z. B. *Corethra*) das Schweben, Steigen und Sinken des Körpers im Wasser regeln.

Schwimmbeine → Ruderbeine.

Schwimmen, Fortbewegung auf oder im Wasser mit Hilfe von Ruderorganen. Beim ∼ auf der Wasseroberfläche (*Gyrinidae*) ruht der unbenetzbare Körper auf dem Wasser, während die → Ruderbeine (das mittlere und hintere Beinpaar bei *Gyrinidae*) eintauchen und die Ruderschläge ausführen. Im Gegensatz dazu sind die → Oberflächenruder der auf der Wasseroberfläche laufenden *Gerridae* und *Veliidae* nicht eintauchbar.

Das ∼ unter der Wasseroberfläche erfolgt in der Regel mittels der Ruderbeine. Viele wasserlebenden Larven der *Diptera, Ephemerida* und *Odonata* (*Zygoptera*) schwimmen durch Ruderschläge des Hinterleibs, dessen Ende vielfach mit besonderen Borstenfächern oder verbreiteten Anhängen (→ Schwanzkiemen der *Odon Zygoptera*) versehen ist.

Larven der *Odonata Anisoptera* schwimmen durch Ausstoßen des Wassers aus dem Darm (→ Darmatmer).

Eine besondere Art des ∼ stellt das Schwebschwimmen der Trichopteren-Larven dar, deren senkrecht im Wasser schwebende Körper mittels stark verlängerter und bewimperter Hinterbeine fortbewegt wird.

Schwimmkäfer → *Hydrocanthari.* Echte ∼ → *Dytiscidae.*

Schwimmwanzen → *Naucoridae.*

Schwinger → Schwingkölbchen.

Schwingerknopf, Capitulum, das keulenförmig aufgetriebene Ende der → Schwingkölbchen der *Diptera.*

Schwingkölbchen, Halteren, Schwinger, rückgebildete Vorder- (Männchen der *Strepsiptera*) oder Hinterflügel (*Diptera*), welche im Fluge mittels eigener Muskulatur in rapide Schwingungen gebracht werden. Sie bestehen aus einer breiten Basis, einem dünnen Stiel (→ Scapus) und einem rundlichen Endkölbchen, dem → Schwingerknopf. Das ∼ ist ein mit Blut gefülltes Hohlgebilde, welches im Basalteil mit Gruppen von → Scolopidien und campaniformen Sensillen und am Endknöpfchen mit Stellungshaaren (Sensilla trichodea) versehen ist. Auch die mesothorakalen ∼ der Strepsipteren-Männchen enthalten in ihrem basalen Teil charakteristische Sinnesorgane.

Experimentell wurde nachgewiesen, daß Fliegen mit einseitig oder doppelseitig amputierten ∼ nicht mehr voll flugfähig sind. Ihre Rolle beim Fluge wird teils als die der Gleichgewichtsorgane (etwa wie die Hände beim Menschen, der mit angebundenen Armen auch nicht gut laufen kann) oder als → Stimulationsorgane beurteilt.

Sciaridae (Meigen 1818) Bigot 1852 (*Lugubri* Meigen, *Lycoriidae* Engel 1915), Trauermücken, Fam der *Dipt Nematocera* mit etwa 500 Arten aus allen Gebieten, vorwiegend in der holarktischen Region. Kleine, schlanke, schwarze oder schwärzliche Mücken, deren eucephale peripneustische Larven von modernden Pflanzenstoffen und Pilzmycelien leben und nicht selten unter Waldstreu anzutreffen sind. Der → Heerwurm gehört hierher.
Fossil sind etwa 70 tertiäre und 10 quartäre Arten seit dem Eocän beschrieben worden.

Sciomyzidae (Fallen 1820) Macquart 1835 (*Tetanoceridae*), Hornfliegen (Abb. 308),

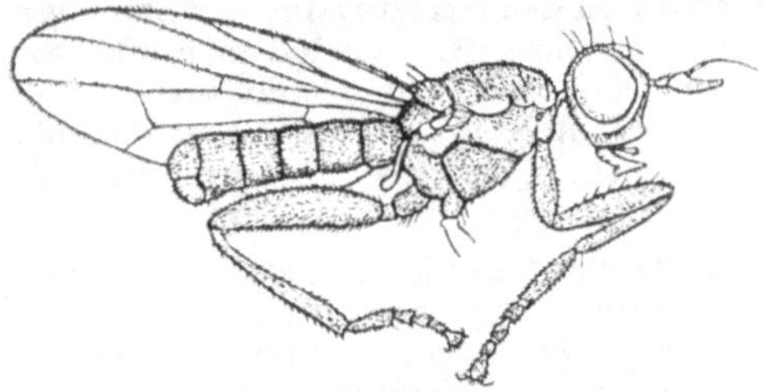

Abb. 308. *Ectinocera borealis* Zetterstedt, Männchen (Sciomyzidae). Nach Lindner. Nat. Gr. 4—5 mm.

Fam der *Dipt Brachycera* mit etwa 200 Arten. Mehrere Gatt und Arten in Deutschland. Die Fliegen halten sich an Ufern von Gewässern und an Wasserpflanzen. Ihre Larven leben saprophytisch oder parasitisch in Schnecken. Fossil 6 tertiäre Arten aus Nordamerika (Oligocän) und Elsaß (2, Oligocän).

Sclerogibbidae (Ashmead 1902) Handlirsch 1925 (Abb. 309), Fam der *Hym Apocrita* mit etwa 10 Arten in paläarktischen, nearktischen, äthiopischen und orientalischen Region.

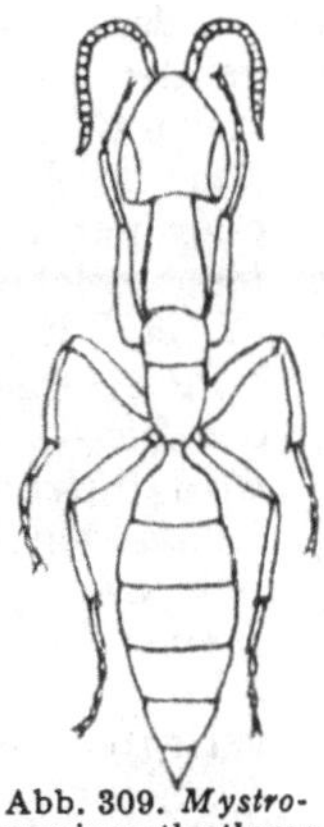

Abb. 309. *Mystrocnemis erythrothorax* Kieffer, Weibchen (Sclerogibbidae). Nach Kieffer aus Handlirsch. Nat. Gr. etwa 3mm.

Scoliidae (Leach 1815), Dolchwespen (Abb. 310), Fam der *Hym* (*Aculeata*) mit etwa 1000 Arten, von welchen 2 in Deutschland leben. Larven parasitisch

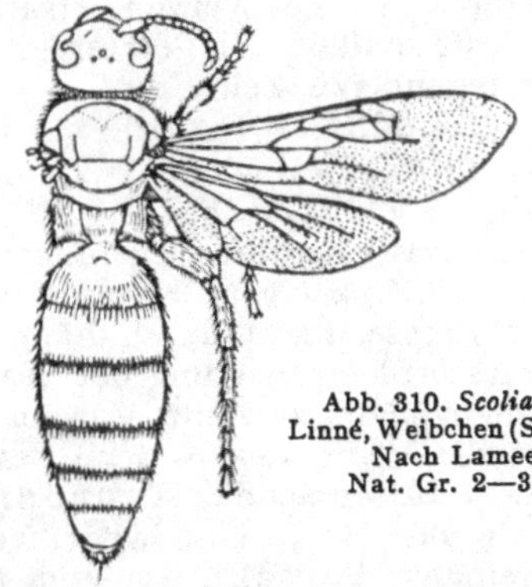

Abb. 310. *Scolia bidens* Linné, Weibchen (Scoliidae). Nach Lameere. Nat. Gr. 2—3,5 cm.

an gelähmten Larven von Scarabaeiden. Fossil 5 tertiäre Arten aus dem baltischen Bernstein (4) und Miocän.

Scolopalorgane → Scoloparien.

Scolopalzellen (Plate) → Scolopidien.

Scoloparien, sg. Scoloparium, Scolopalorgane (Etym. → Scolopophor) sind aus → Scolopidien zusammengesetzte Sinnesorgane. Nach Eggers (Zool. Bausteine II. 1, 1928) teilt man sie in tympanale ∼ oder → Tympanalorgane und atympanale ∼ oder → Chordotonalorgane ein.

Scolopidien, sg. Scolopidium, Scolopalzellen, stiftführende Sensillen sind periphere Sinneszellen, deren zur Körperwand gerichteter Sinnesfortsatz der → Scolopophor, mit einem komplizierten Stift, dem → Scolops, endigt, welcher aber das Integument nicht erreicht. Die Nervenzelle ist mittels eines Ligaments (Faserzellen, wahrscheinlich epidermaler Herkunft) mit der Cuticula verbunden, während ihr Fortsatz, der Scolopophor, entweder frei unter der Cuticula endigt oder mit ihr mittels eines Terminalfadens verbunden ist.
Die ∼ werden von campaniformen, in die Tiefe versenkten und von der Körperwand losgelösten Sensillen (Berlese) abgeleitet, oder als eigene Bildungen der Sinneszellen aufgefaßt (Eggers), deren Ausgangsform etwa die des Johnstonschen Organs der *Odonata* darstellen soll. (Taf. XXVII, Fig. 4.)

Scolopophor (gr. ὁ σκόλοψ Spitzpfahl, φορέω trage), rezeptorischer Nervenfortsatz eines → Scolopidiums. Der ~ endigt mit einem Stift, dem → Scolops, und ist von einer → Hüllzelle umgeben, die sich auch auf die Sinneszelle ausbreiten kann, aber die Spitze des Nervenfortsatzes mit dem Stift freiläßt. Die letztere steckt in einer besonderen Zelle, der → Kappenzelle. (Taf. XXVII, Fig. 4.)

Scolops, Stift eines → Scolopidiums, ein hohler, stark lichtbrechender, mit Flüssigkeit (Zellsaft) gefüllter, meist spitzendigender, stiftförmiger Körper, welcher eine chitinöse, meist durch Längsleisten verstärkte Sklerotisierung der Wand des → Scolopophors darstellt. Vor der Spitze bildet die Wand des ~ eine besonders starke Verdickung, das Endköpfchen, und an der Basis eine ampullenartige Auftreibung, die Vakuole. Vom Körper der Sinneszelle ausgehend, durchzieht den ganzen Hohlraum des ~ bis zu seiner Spitze ein → Achsenfaden, der sich bei → amphinematischen Scolopidien über die Spitze hinaus als → Terminalstrang bis zur Cuticula erstreckt. Die Spitze des ~ ist von einer → Kappenzelle umhüllt, die entweder bis zur Cuticula reichen kann oder eine freie Kappe um die Spitze des ~ bildet. (Taf. XXVII, Fig. 4.)

Scolytidae Kirby → *Ipidae*.

scolytus Fabricius, *Scolytus*, großer Ulmensplintkäfer (*Col Ipidae*).

Scopa (lat. scopa, -ae, f., meist als pl. tantum scopae, -arum, Besen) → Schienenbürste, → Bauchbürste.

scopolii Fuesslin, *Cerambyx*, kleiner Heldbock (*Col Cerambycidae*).

Scraptiidae (Mulsant 1856) Fowler 1891, Fam der *Col* (*Heteromera*) mit etwa 125 Arten, in Deutschland 2 Arten der Gatt., *Scraptia*.
Fossil 4 Arten aus dem baltischen und 1 aus dem sizilianischen Bernstein beschrieben.

Scrobis antennarum (lat. scrobis, -is, pl. -es, m. und f., Grube) → Fühlerpfanne.

Scrobis basalis → Basalgrube.

scrophulariae Linné, *Anthrenus*, gemeiner Teppichkäfer (*Col Dermestidae*).

Scrotum (lat. scrotum, -i, n., Hodensack) mehrschichtige, bindegewebige Hülle (Peritonealhülle) um die Hodenfollikel gewisser Insekten, z. B. *Vespa*, *Smerinthus*. Das ~ kann die Follikeln der beiden Körperseiten miteinander zu einem äußerlich scheinbar unpaarigen Hoden verbinden (*Smerinthus populi*).

Scutalnaht, Quernaht, Sutur, gerade oder v-förmige Quernaht des Mesoscutum der *Diptera*.

Scutellarborsten, Scutellumborsten, 2—4 kräftige Borsten am Hinterrande des Schildchens bei vielen Dipteren. Das innere Paar derselben konvergiert meist nach hinten oder ist gekreuzt. Es ist meist schwächer und kürzer als das äußere Paar und wird manchmal auch als Apicalborsten bezeichnet. Hendel (1928) nennt alle Borsten des Dipterenscutellums Scutellumborsten und unterscheidet ein Paar von Praebasalborsten in den Vorderecken, ein Paar Basalborsten dahinter am Rande, ein Paar Lateralborsten hinter den letzteren, randständig, ein Paar Subapicalborsten (äußere ~ im obigen Sinne), ein Paar Apicalborsten, ein Paar Discalborsten in der Mitte des Scutellums und ein Paar Praeapicalborsten zwischen den letzteren und der Scutellumspitze. Diese Borsten haben große taxonomische Bedeutung und treten nicht immer alle zugleich auf. Am vollständigsten sind sie bei höheren Musciden (*Tachinidae*) vertreten. (Taf. V, Fig. 6.)

Scutellarstreif, ein kurzer, meist schräg eingeritzter Strich zwischen dem → Nahtstreifen und dem zweiten Streifen der Flügeldecken beiderseits des Scutellums vieler *Pterostichinae* (*Col Carabidae*). Der ~ mündet gewöhnlich in einen dicht an der Basallinie der Flügeldecken liegenden → Nabelpunkt. Er endet hinten frei auf dem 2. Zwischenraum (zwischen den beiden genannten Punktstreifen) oder verbindet sich mit dem Nahtstreifen, welcher in diesem Fall zu beiden Seiten des Scutellums eine Gabel zu bilden scheint. Manchmal schwindet der basale Teil des Nahtstreifens und wird durch den ~ ersetzt, der dann zu fehlen scheint, oder der erstere trennt sich vom Rest des Nahtstreifens an der Stelle seiner Verbindung mit dem ~ und täuscht einen auf den 1. Zwischenraum verlegten ~ vor, wie dies z. B. bei *Platynus*, *Pterostichus* u. a. der Fall ist.

Scutellum (lat. scutellum, -i, n., dem. von scutum, -i, Schild, kleiner Schild) Schildchen, der hintere, zwischen Scutum und → Postnotum bzw. → Postscutellum gelegene, meist dreieckige Teil des Mesonotums. Das ~ ist besonders bei Coleopteren und Heteropteren äußerlich als ein zwischen die Flügeldecken eingeschobener Keil gut sichtbar und hat bei diesen Insekten (bes. z. B. bei *Apioninae*) große taxonomische Bedeutung. Bei *Scutelleridae* (Het) ist es stark vergrößert und bedeckt fast den ganzen Hinterleib. Auch bei vielen Hymenopteren, wo es stets frei sichtbar ist, trägt es zahlreiche wichtige taxonomische Merkmale.

Das ~ des Mesothorax oder Mesoscutellum ist vorn vom Mesoscutum durch eine verkehrt v-förmige oder (*Coleoptera, Hymenoptera, Heteroptera* usw.) gerade Naht, die sog. v-Naht abgegrenzt und hinten durch eine tiefe Querfurche vom → Postnotum, bzw. wo letzteres unterdrückt (*Apidae*) oder unter das Scutellum tief versenkt ist, vom Metascutum getrennt.

Das ~ des Metathorax (*Metascutellum*) ist stets schwach entwickelt oder fehlt ganz bzw. ist vom übrigen Metanotum nicht scharf abgesetzt (z. B. *Coleoptera*) und hat keine taxonomische Bedeutung. Das Mesoscutellum stellt nicht immer ein morphologisch einheitliches Gebilde dar. Bei Vespiden z. B. wird durch die hier auftretende → Transversalnaht beiderseits vom Scutum ein Teil abgegrenzt, der sich infolge des teilweisen Schwundes der V-Naht dem Scutellum anschließt (→ Scapulae). (Taf. XXX, Fig. 2.)

Scutoscutellarnaht → V-Naht.

Scutum (lat. scutum, -i, n., Schild). 1. Halsschild, das schildförmige Pronotum der *Coleoptera, Dermaptera, Blattaria, Saltatoria, Heteroptera* usw.

2. Der mittlere, vorn vom → Praescutum durch die → Transversalnaht, hinten vom Scutellum durch die → V-Naht abgegrenzte, größte Teil des Meso- und Metanotums. Taxonomisch hat nur das Mesoscutum größere Bedeutung bei Dipteren und Hymenopteren, wärend das Metascutum entweder verdeckt (*Coleoptera, Heteroptera, Lepidoptera*) oder im reduzierten Metanotum aufgelöst ist (*Diptera, Hymenoptera*, bei den letzteren das ganze Metanotum vielfach noch veraltet in taxonomischen Werken als → Postscutellum bezeichnet).

Bei Hymenopteren wird das ~ vielfach durch die → Parapsidenfurchen in das mittlere Feld, das ~ im engeren Sinne, und zwei Seitenfelder, die → Parapsiden, geteilt. Das mittlere Feld des ~ kann durch eine → Mediannaht längs in zwei Hälften geteilt sein (*Tenthredinidae, Hepialidae*).

Bei verschiedenen Insekten kann das ~ noch durch weitere intrascutale Nähte in Bezirke eingeteilt werden. Unter diesen Nähten ist die → Scutalnaht der Dipteren besonders gut ausgeprägt und taxonomisch wichtig. Vgl. auch → Tergalnaht und → Scapulae.

Die Seitenränder des ~ gehen in die Gelenkmembran der Flügel über und bilden vorn zwei kurze Fortsätze, den vorderen und hinteren → Tergalhebel, an die sich das 1. → Pterale anschließt, und hinten einen hinteren → Gelenkfortsatz, der sich als das 4. Pterale vom Notum ablösen kann. (Taf. XXX, Fig. 2.)

Scydmaenidae (Latreille 1802) Leach 1819 (*Palpatores* Latr.) (Abb. 311), Fam der *Col Polyphaga* (*Staphylinoidea*) mit etwa 1300 Arten, von welchen in Deutschland nur etwa 60 leben. Es sind kleine *Staphylinoidea* mit keulenförmigen Fühlern und ovalen, stark gewölbten, vom Halsschild meist tief abgeschnürten Flügeldecken, die an der Basis häufig mit großen Grübchen versehen sind. Ähnliche Grübchen können auch hinten am Halsschild auftreten. Sie leben unter Falllaub, Moos, im Mulm, andere sind nidicol oder myrmecophil, letztere vielfach mit Ameisen-Habitus. Fossil sind 21 Arten aus dem baltischen Bernstein beschrieben.

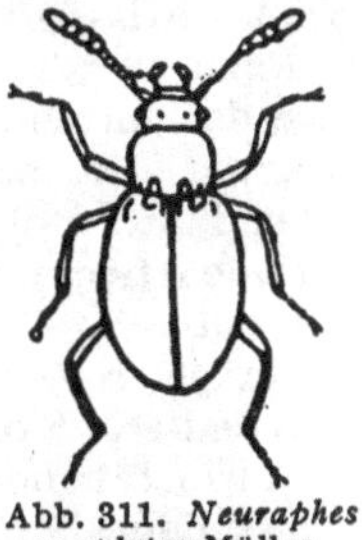

Abb. 311. *Neuraphes angulatus* Müller u. Kunze (Scydmaenidae). Nach Reitter aus Handlirsch. Nat. Gr. 1,8 mm.

Scythridae (Heinemann und Wocke 1877) Spuler 1910 (*Butalidae* Hein.-Wocke), Ziermotten, Fam der *Lep Tineoidea* mit etwa 300, auch in Deutschland gut vertretenen Arten.

+***Scytinopteridae*** Handlirsch 1908 (Abb. 312), ausgestorbene Fam der +*Palaeohemiptera* mit einer Art (eine 0,9 cm lange, vollständige Halbdecke), *Scytinoptera kokeni* Handl. aus dem oberen Perm Rußlands.

secalis Linné, *Parastichtis*, Roggeneule, Getreideeule, Getreidesaateule (*Lep Noctuidae*).

secernieren (lat. secerno, —ere, -crevi, -cretum, absondern, ausscheiden), Aussondern von → Sekreten.

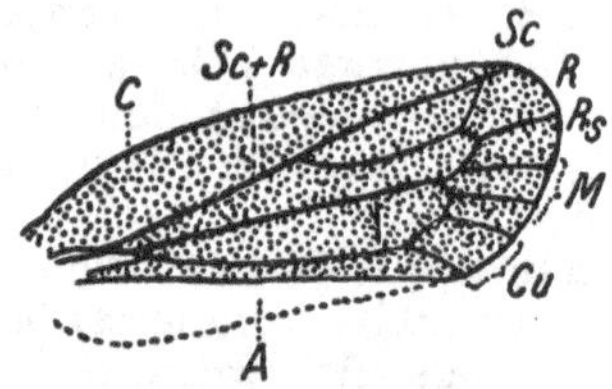

Abb. 312. + *Scytinoptera kokeni* Handlirsch (+ Scytinopteridae). Nach Handlirsch. Nat. Gr. des Flügelfossils 0,8 cm.

Secrete, Secretion → Sekrete, Sekretion.

Sectio (lat. sectio, -onis, f., Schnitt, Abschnitt), nicht obligatorische taxonomische Gruppenbezeichnung, die vielfach zwischen Gattung und Art eingeschaltet zu werden pflegt.

Sector radii, Abk. Sr, → Radialsektor.

Sectorqueradern, kurze Queradern, welche bei gewissen Insekten (z. B. *Planipennia, Panorpatae*) die Radialsektoren miteinander verbinden.

sedentär (lat. sedentarius im Sitzen arbeitend, sitzend), seßhaft, am Ursprungsort (Geburtsort) verbleibend. (Vgl. auch → sessil).

Seejungfern → *Calopterygidae*.

Segelhalter, Epimentum, ein Paar von Chitinstäbchen oder Chitinfäden, welches auf dem Mundfelde der *Vespidae* u. a. aculeaten Hymenopteren zu beiden Seiten der hypopharyngealen → Innenlippe liegen und den Vorderrand des Mundfeldes stützen.

segetum Herbst, *Anisoplia*, gemeiner Getreidelaubkäfer (*Col Scarabaeidae*).

segetum Schiffermüller, *Euxoa*, Wintersaateule, Saateule (*Lep Noctuidae*).

Segment (lat. segmentum, -i, pl. -a, -orum, n., Abschnitt, von seco, -are schneiden) Metamer, Somit, Leibesring, Körpersegment, Körperring, jeder ringförmige, vom vorangehenden und folgenden Segment durch eine schmale Einfaltung der Haut abgegrenzte, aus einem eigenen Ganglienpaar innervierte und embryonal mit einem Paar von → Coelomsäcken ausgestattete Abschnitt des Körperstammes.

Bei Imagines der Insekten, vielfach aber auch bei Larven sind die ~ mehr oder weniger kräftig sklerotisiert. Die sie abgrenzenden Hauteinfaltungen bleiben dann in der Regel membranös und werden als → Intersegmentalhäute bezeichnet. Im einfachsten Fall besteht ein jedes ~ aus zwei Halbringen, dem dorsalen → Tergum und dem ventralen → Sternum, die miteinander mittels der membranösen → Flankenhaut verbunden sind.

Die ~ des Insektenkörpers sind niemals homonom, da zumindest die vordersten 6 Körpersegmente schon bei Larve zu einem Kopf zusammengeschmolzen (kephalysiert) und einige Endsegmente sind entsprechend ihrer Funktion mehr oder weniger verändert. In der Regel sind auch die Thorakal- und Abdominalsegmente verschieden gebaut, heteronom. Vgl. auch → Segmentverschiebung. (Taf. VIII, Fig. 12, Taf. IX, Fig. 2, Taf. XXIX.) (Entstehung der Metamerie vgl. REMANE, Verh. dtsch. Zool. Ges. Mainz, 1949.)

segmental, zu einem Segment gehörig, z. B. segmentale Gliedmaßen.

segmentale Muskeln sind Muskeln, die innerhalb ein und desselben Segments entspringen und inserieren. Gegens. intersegmentale Muskeln.

segmentiert, in Segmente geteilt.

Segmentierung, Aufteilung des Körperstammes in → Segmente durch Einfaltung der → Intersegmentalhäute.

Die äußere ~ geht beim Embryo der inneren ~ voran und beginnt etwa gleichzeitig mit der Bildung der Keimblätter. Sie schreitet am Ektoderm des Embryos von vorn nach hinten fort und durchläuft in Verbindung mit der Bildung von Extremitätenanlagen eine → protopode, → polypode und → oligopode Segmentierungsphase.

Etwas später folgt die innere ~ mit der Bildung der mesodermalen → Coelomsäcke und des Nervensystems mit den segmental angeordneten Ganglienpaaren. Die ~ endet mit dem ~ Rückenverschluß des Embryos.

Die primäre äußere Segmentierung kann durch Auftreten sekundärer Nähte oder durch Segmentverschmelzungen (z. B. *Braconidae Cryptogastres*) verwischt werden.

Segmentrücken → Tergum.

Segmentverschiebung, Verlegung der primären, embryonalen und (meist auch) larvalen Segmentgrenzen nach vorn, auf die Segmente selbst. Die primären Intersegmentalhäute unterliegen dabei einer Sklerotisierung und bilden eine endoskeletale → Antecosta, auf welcher die intersegmentalen Längsmuskeln ansetzen. Gewöhnlich schließt sich vorn an die Antecosta noch ein schmaler Streifen des vorangehenden Segments als → Acrotergit (Postnotum) bzw. → Acrosternit (Spinasternum). Vor den letzteren membranisiert ein schmaler Querstreifen des Segments, welcher die sekundäre Intersegmentalhaut darstellt, morphologisch aber streng segmental ist.

Die ~ läßt sich ohne weiteres auf die Wirkung der Längsmuskulatur zurückführen, deren kräftige Entwicklung auch eine feste Stütze voraussetzen mußte und eine Sklerotisierung der primären Intersegmentalhäute zur Folge hatte. Um die Beweglichkeit des Chitinpanzers trotzdem aufrecht zu erhalten, mußten die besagten Segmentpartien sekundär membranisiert werden. Im Einklang mit der Tatsache, daß die dorsale Längsmuskulatur besser und kräftiger entwickelt ist als die ventrale, ist auch die ~ deutlicher auf den Tergiten als auf den Sterniten ausgeprägt.

segregata Rondani, *Parasetigena*, Nonnentachine (*Dipt Tachinidae*).

Sehlappen, Augenlappen, Lobus opticus, ein Paar keulenförmiger, durch je einen langen und dünnen (z. B. *Cicadina*) oder kurzen und dicken (z. B. *Hymenoptera, Diptera, Coleoptera, Saltatoria*) Sehstiel mit dem → Protocerebrum verbundener ganglionärer Sehzentren. Es sind Massen von Ganglienzellen (Nervenzellen), die ihre Nervenfortsätze von verschiedener Länge teils durch den Sehstiel in das Protocerebrum teils in die drei hintereinander im ~ eingebetteten synaptischen Platten, die → Lamina ganglionaris, → Medulla externa und → Medulla interna entsenden. Die drei synaptischen Platten sind miteinander durch zwei Massen von gekreuzten Nervenfortsätzen, das innere und äußere → Chiasma verbunden. Die Nervenfortsätze der → Sehzellen treten nur bis in die Lamina ganglionaris hinein. Die Weiterleitung der Lichtreize übernehmen die Nervenfortsätze der assoziativen Nervenzellen der ~ selbst. (Brettschneider, Jen. Z. Naturw. 1921, Cajal u. Sanchez, Trab. Lab. Invest. Biol. Univ. Madrid 1915, Zawarzin, Z. wiss. Zool. 1914.) (Taf. XXVII, Fig. 2.)

Sehne, Tendo, cuticulare, mehr oder weniger weit in die Leibeshöhle vorspringende Verbindungen zwischen dem Integument und dem Muskel. Sie entstehen entweder aus → Tonofibrillen der Epidermiszellen, welche einerseits die Endocuticula durchsetzen, andrerseits mit den Myofibrillen des Muskels in Verbindung treten, oder durch Einstülpung der Epidermiszellen, die mit endocuticularer Substanz ausgefüllt werden. Sehnen, die ohne Beteiligung der Tonofibrillen zustande gekommen sind, ähneln vielfach endoskeletalen Bildungen.

Sehorgane → Lichtsinnesorgane.

Sehschärfe, Abgrenzung des perzipierten Lichtbildes gegen die lichtfreie Umgebung. Sie hängt einerseits von der genauen Einstellung des Linsenbrennpunktes auf die Lichtrezeptoren (Rhabdome), andrerseits vom Grad der Ausschaltung aller nicht genau fokusierten Nebenstrahlen. Da die starren Linsen der Insektenaugen eine Akkomodation, d. h. Scharfeinstellung auf verschieden entfernte Gegenstände nicht gestatten, so ist die Sehschärfe der Insektenaugen nur auf bestimmte Entfernungen eingestellt. Im → Appositionsauge ist die ~ besser als im → Superpositionsauge, den die Ommen des ersteren sind besser gegen die schräg einfallenden, die ~ beeinträchtigenden Lichtstrahlen abgedichtet.

Sehstäbchen → Rhabdome.

Sehzellen, lichtempfindliche Nervenzellen des Insektenauges. Ihr Zellkörper liegt peripher im Auge am Grunde eines jeden Ommatidiums und entsendet einen Nervenfortsatz bis in die → Lamina ganglionaris des → Sehlappens. Einen rezeptorischen Fortsatz wie andere Sinneszellen haben die ~ nicht. Die Lichtrezeption erfolgt mittels des im Zellkörper der ~ selbst gebildeten → Stiftchensaumes.

In einem jeden Ommatidium tritt eine Gruppe von ~ so zu einem Bündel zusammen, daß ihre auf die Medianseite gerückten Stiftchensäume einander anliegen und ein zentral gelegenes → Rhabdom bilden. Die ~ einer jeden solchen Gruppe werden als → Rhabdomere bezeichnet.

Seide, bei Luftzutritt erhärtendes Sekret der Seidendrüsen verschiedener Insekten. Den Hauptbestandteil der ~ bilden Albuminoide, im übrigen ist die Zusammensetzung der ~ bei verschiedenen

Insekten sehr verschieden. (→ Tussah-Seide.)

Seidendrüsen, Spinndrüse, Sericterium, Labialdrüse bei *Corrodentia,* bei Raupen der *Lepidoptera, Hymenoptera, Trichoptera,* mancher *Coleoptera,* Tarsaldrüsen der *Embidaria,* Abdominaldrüsen der *Coccidae* (*Diaspidinae*), deren erhärtendes Sekret, die ~ Seide, zum Aufbau von Schutzhüllen, Wohnröhren und Cocons dient.

Seidenfaden, elastischer Faden, welcher aus dem beim Austritt aus der Spinndrüsenmündung an der Luft erhärtenden Sekret (Seide) gebildet wird. Bei Schmetterlingsraupen besteht der ~ aus einer Markschicht von Fibroin und einem Mantelcylinder von Sericin.

Seidenglanz wird dem Integument vielfach von einem hauchdünnen Wachsüberzug verliehen (→ Sekretfarben).

Seidenkäfer, brauner → *Serica brunnea* Linné.

Seidenkäfer, dunkler → *Maladera holosericea* Scopoli.

Seidenpresse, die → Speichelhöhle (Salivarium) der Schmetterlingsraupen, welche für das Formen des Seidenfadens besonders eingerichtet ist.

Seidenspinner → *Bombycidae.*

Seidenspinner, echter → *Bombyx mori* Linné.

Seidenspinner, japanischer → *Philosamia* (*Attacus*) *cynthia* Drury.

Seifenglanz wird der Cuticula (Epicuticula) vieler Insekten vielfach durch einen hauchdünnen Sekretüberzug verliehen. Er unterscheidet sich vom Seidenglanz durch sein mattes Schillern.

Seitenaugen → Komplexaugen.

Seitenbewegung kommt im Fluge z. B. bei vielen Hymenopteren häufig vor, bes. wenn sie, wie z. B. *Bombus,* beim Abflug vom Nest, pendelnde Orientierungsflüge ausführen. Seitwärts schreitende Bewegungen sind für viele Mallophagen charakteristisch.

Seitenkiele treten am Pronotum vieler Saltatoria, je ein zu beiden Seiten des → Mittelkiels auf, als durchgehende, von 1—3 feinen Querfurchen durchbrochene Längsleisten. Sie sind entweder parallel oder x-förmig und haben für die Taxonomie der Saltatorien (bes. *Acridiidae*) beträchtliche Bedeutung.

Seitenklappen → Subanalklappen.

Seitenläppchen, Lobuli laterales (DE MEIJERE) → Pulvilli.

Seitenlappen, Basalglied der „Klaue", beiderseits an der Spitze der → Fangmaske bei Odonatenlarven. Er verlängert sich median in eine genau auf den → Mittellappen angepaßte Platte. Bei Imagines der Odonata ist der ~ sehr groß und trägt außer einer scharfen Klaue noch einen eingliedrigen tasterförmigen Anhang. Die Homologie dieser Teile der Unterlippe ist noch strittig. Von den meisten Autoren (SNODGRASS, TILLYARD, HANDLIRSCH) werden sie für Labialpalpen gehalten, während BÖRNER sie für Ladenteile hält. (Taf. XXII, Fig. 1.)

Seitennaht, Metapleuralnaht der Odonata, die sich zu beiden Seiten des Körpers seitlich von der → Schulternaht vom Flügelgelenk der Hinterflügel bis zum → Infraepisternum des Metathorax erstreckt und das Metaepisternum vom Metaepimerum abgrenzt.

Seitenplatte → Pleurit.

Seitenpriorität, Vorrecht desjenigen Namens auf Gültigkeit in der Nomenklatur, welcher bei sonst gleichen Umständen um einige Druckseiten oder Druckzeilen früher als der andere veröffentlicht worden ist.
Dieser früher oft angewandte Grundsatz gilt nach den gegenwärtigen Nomenklaturregeln nicht mehr. Alle Seiten ein und derselben Veröffentlichung gelten als gleichzeitig. (RICHTER, Einf. in die zool. Nomenkl., 1943.)

Seitenzahn, ein oder einige Zähne auf den Seitenkanten der Kralle bei *Collembola.*

Sekretaustreibungszone, derjenige Bezirk des Plasmas im Körper der Drüsenzelle, welcher der ausscheidenden Wand der Zelle, bzw. der → Binnenkapsel unmittelbar anliegt. Sie zeichnet sich in der Regel durch eine senkrecht auf der Cuticula stehende streifige Struktur aus, die unmerklich in das alveolare Plasma der → Sekretbildungszone übergeht. (Taf. VII, Fig. 1.)

Sekretbildungszone, im Plasma der Drüsenzellen der Hauptteil des Zellkörpers mit dem Zellkern. Das Plasma der ~ zeichnet sich durch alveolare Struktur mit zerstreuten äußerst feinen Körnchen in den Maschen des Alveolennetzes. Die Körnchen bilden den Ausgangspunkt der Sekretbildung, schwellen an und verwandeln sich zu Sekrettröpfchen, die langsam der → Sekretaustreibungszone zustreben.

In gewissen Drüsen (Spinndrüsen von *Embia,* Mitteldarmdrüsen) erfolgt die Sekretbildung durch periodischen Zerfall und Verflüssigung der peripheren Plasmabezirke (→ Sekretion). (Taf. VII, Fig. 1.)

Sekrete (lat. secretum, -i, pl. -a, -orum, n., Ausscheidung, ausgeschiedener Stoff, aus se, weg, beiseite und cerno, -ere scheiden), Ausscheidungen sind Produkte von Drüsenzellen, die dem Organismus im Gegensatz zu → Exkreten nützlich sind und nach außen (im Gegensatz zu → Inkreten) ausgeschieden werden.

Sekretfarben sind diejenigen Farben des Integuments, welche an den Sekretüberzug gebunden sind, wie z. B. weiße Farbe der wachsbepuderten *Aleurodidae.* Hauchdünne Wachsüberzüge verleihen den Grundfarben des Integuments vielfach besonderen Glanz (→ Seidenglanz, → Seifenglanz) oder Mattigkeit.

Sekrethöhle, ein Hohlraum innerhalb gewisser Hautdrüsenzellen, welcher intracellulär an Stelle der Sekretaustreibungszone z. B. in Wachsdrüsen der *Diaspidinae* (*Coccidae*) entsteht und als Sammelraum für das fertige Sekret dient. (Taf. VII, Fig. 1.)

Sekretion, Absonderung, Ausscheidung von Drüsenprodukten, → Sekreten an der Körperoberfläche oder in die Organhohlräume (Darm, Geschlechtswege). Die ~ geht entweder → holocrin oder → merocrin vor sich. Im letzteren Fall folgt auf die Sekretionsphase eine → Regenerationsphase der Drüsenzelle. Der Vorgang spielt sich entweder kontinuierlich ab, wenn immer nur ein Teil aller Drüsenzellen sezerniert, oder rhythmisch, wenn alle Zellen gleichzeitig sezernieren und alle zugleich in Regenerationsphase eintreten.

Die ~ erfolgt in den meisten Drüsen ohne nervöse Reize, es gibt aber auch Drüsen, die effektorisch arbeiten, indem entweder ihre innervierten Zellen auf bestimmte Reize hin die ~ aufnehmen, wie z. B. die Speicheldrüsen, oder indem die Muskulatur der Drüsenreservoire als Effektoren das Sekret auspreßt bzw. ausspritzt. Auch ausstülpbare Hautdrüsen arbeiten effektorisch.

Sekretkanälchen, röhrenförmige Einstülpung der cuticularen Zellwand der Drüsenzelle in den Zelleib. Das ~ hat gewöhnlich am Ende, d. h. innerhalb des Zellplasmas eine oder zwei blasenförmige Auftreibungen, die vom Plasma der → Sekretaustreibungszone, der sog. → Binnenkapsel, umgeben ist. (Taf. VII, Fig. 1, 3.)

An der Bildung der distalen, ausführenden Teile des ~ können sich eine oder mehrere Epidermiszellen beteiligen, die diese Teile des ~ mantelartig umhüllen und als Matrixzellen des ~ bezeichnet werden.

Sekretkapillaren (lat. capillus, -i, m., Haar, capillaris haarförmig), baumartig verästelte, intrazellulare Kanälchen im Plasmakörper der Labialdrüsenzellen vieler *Tenthredinidae.* Ähnliche ~ sind auch in den → Oenocyten der *Dytiscus*-Larve gefunden worden.

Sekretraum, bei einzelligen Hautdrüsen eine dem → Sekretkanälchen homologe, aber nicht röhrenförmige, sondern schüssel-, becher- oder trichterförmige Einstülpung der sezernierenden Zellwand. Der ~ ist meist von einem cuticularen Plättchen oder, z. B. bei einzelligen Wachsdrüsen der *Diaspidinae* (*Coccidae*) von einer perforierten → Wachsformplatte bedeckt.

Bei vielzelligen → Hohldrüsen wird als ~ die cuticulare Einstülpung des Integuments, der Sammelraum, bezeichnet. (Taf. VII, Fig. 1.)

Sekretspeicher, Drüsenreservoir, in manchen Hohldrüsen vorkommender distaler Hohlraum im Ausführungsgang. Die gewöhnlich taschenförmige Einstülpung der Cuticula ist von gewöhnlichen Epidermiszellen ausgekleidet und nimmt die Mündungen der Sammelräume (Sekreträume) auf.

Sekundärborsten, das Borstenkleid der Larven und Raupen vom 2. Stadium an, d. h. nach dem Abstreifen der 1. Larvenhaut mit ihren → Primärborsten.

sekundäre Segmentierung → Segmentverschiebung.

Selbstbefruchtung → Autogamie.

Selbstschutz, alle diejenigen Lebensäußerungen, welche auf die Sicherung des eigenen Körpers gegen Ungunst der Umweltfaktoren hinzielen. Im Gegensatz zu Lebensäußerungen der Ernährungsbiologie (→ Ernährungstrieb) ist die physiologische Antriebsfeder des ~ unbekannt, sie liegt aber vermutlich wie der Hunger in allen Körperzellen. Die Äußerungen des ~ erfolgen auf reizphysiologischem Wege durch bestimmte Reaktionen auf feindlich empfundene Reize der Umwelt. → Flucht, → Verstecken, → Akinese, → Abschreckwaffen und → Schutztrachten sind die wichtigsten Gruppen von Selbstschutzäußerungen.

Selbstverstümmelung → Autotomie.

Selleriebohrfliege → *Acidia heraclei* Linné.

Selleriewanze, gemeine → *Cygus pratemis* Linné.

sematophylaktisch (gr. τὸ σῆμα Kennzeichen, Merkmal, φύλαξις Beschützung) werden Trachten genannt, welche entweder die Beutetiere des Trachtenträgers anlocken (→ Locktrachten) oder seine Feinde warnen, abschrecken oder stutzig machen sollen (→ kaenophylaktische Trachten, → Warntrachten, → Mimese, → Mimikry). Vgl. auch → Trutzfärbung.

Sematuridae Hampson 1918, Fam der *Lep* (*Macrofrenata*) mit einigen wenigen madagassischen Arten.

Semen (lat. semen, -inis, n., Samen) → Sperma.

Semipupa (lat. semi halb), das Endstadium der letzten Larve, bei dem unter der larvalen Cuticula schon die Puppenanlage durchschimmert. Eine ~ ist für viele *Hymenoptera Apocrita* charakteristisch, wo sie allerdings meist irrtümlich als → Praepupa bezeichnet zu werden pflegt.

Sempersche Zellen → Kristallzellen.

Senfweißling → *Leptidia sinapis* Linné.

Senker, Musculus depressor, jeder Muskel, welcher eine Extremität senkt, z. B. vordere Antennenmuskeln, gewisse Coxalmuskeln usw.

Sensillen (lat. sensilium, -i, pl. -a, n., von sensus, -us, m., Sinn, klass. nur -ia, -ium, sinnliche Dinge) richtiger Sensilien, cuticulare Hilfsorgane, welche die Umweltreize empfangen und dem receptorischen Fortsatz der Sinneszelle vermitteln, welcher gewöhnlich mit seinem → Sinneskörper in die ~ hineinragt oder sie berührt.

Die ~ werden in Haarsensillen, → Scolopidien (stiftführende ~) und optische ~ (→ Omma, Ommatidium) eingeteilt.

Sensillum ampullaceum (lat. ampulla, -ae, f., bauchige Flasche) → Sinnesflasche.

Sensillum basiconicum (gr. ἡ βᾶσις latin. basis, -eos, f., Grund, Sockel, lat. conicus konisch, kegelförmig) → Sinneskegel.

Sensillum campaniforme (lat. campana, -ae, f., Glocke) → Sinneskuppel.

Sensillum chaeticum (gr. ἡ χαίτη dor. χαίτα das Haar) → Sinnesborste.

Sensillum coeloconicum (gr. κοῖλος hohl, vertieft, τὸ κοίλωμα Vertiefung, lat. conicus konisch, kegelförmig) → Grubenkegel.

Sensillum opticum (gr. ὁ ὀπτίλος das Auge, latin. opticus zum Auge gehörend) → Omma.

Sensillum placodeum (gr. ἡ πλάξ -ακός Platte, Tafel, lat. plaga, -ae) → Sinnesplatte.

Sensillum scolopophorum (gr. ὁ σκόλοψ Spitzpfahl, φορέω trage) → Scolopidien.

Sensillum squamiforme (lat. squama, -ae, f., Schuppe) → Sinnesschuppe.

Sensillum styloconicum (lat. stilus, -i, m., Schreibstift, Griffel) von einigen Autoren unterschiedene Form der Sensillen mit einem → Riechstäbchen.

Sensillum trichodeum (gr. τό τρίχωμα Behaarung) → Sinneshaar.

Sensorium → Sinnesapparat.

Sensu vor einem Autornamen z. B. „*Agenus bespecies* Braun sensu Müller" bedeutet, daß nicht die ursprüngliche Auffassung der Art von Braun, sondern ihre spätere Deutung (supplementäre Beschreibung) von Müller gemeint ist.

Sensu lato, Abk. s. l., im weiten Sinne, eig. sensu latiore → im weiteren Sinne. (lat. latus weit, breit).

Sensu stricto (lat. strictus gedrängt, zusammengedrückt), Abk. s. str., → im engen Sinne, S. strictiore im engeren Sinne.

Sepsidae (Walker 1853) Verrall 1901, Fam der brachyceren Fliegen, mit etwa 150 über alle Regionen der Erde zerstreuten Arten. Es sind kleine, 1—10 mm lange, ameisenähnliche Fliegen, die sich häufig massenhaft an Exkrementen, schlammigen Gräbern, Ufern von Gewässern usw. zusammenfinden, wo sie sich als Larven entwickelt haben.

septempunctata Linné, *Coccinella*, Siebenpunkt, Siebenpunktmarienkäfer (*Col Coccinellidae*).

septentrionalis Linné, *Croesus*, breitfüßige Birkenblattwespe (*Hym Tenthredidae*).

Sericin, der Stoff, aus dem die äußere Schicht des Seidenfadens besteht.

sericopeza Zeller, *Nepticula*, Ahornminiermotte (*Lep Nepticulidae*).

Sericostomidae (Stephens 1836) Mc Lachlan 1876 (Abb. 313), Fam der *Trichoptera* mit etwa 170 Arten, von welchen an 36 in Deutschland leben. Fossil sind 28 Arten aus dem baltischen Bernstein und 1 Art aus dem Miocän von Colorado beschrieben worden.

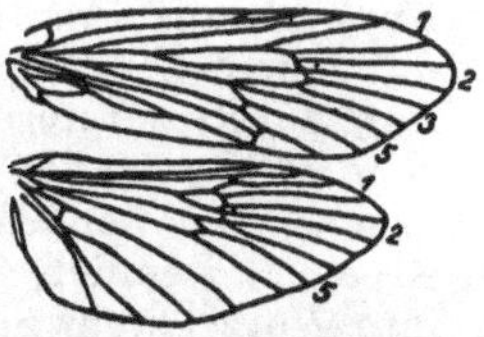

Abb. 313. *Sericostoma personatum* Spence, rechte Flügel des Männchens (Sericostomatidae). Nach Ulmer. Nat. Länge des Vorderflügels 8—15 mm.

Sericterium (lat. sericterium, -ii, pl. -ia, n., Seidenspinnwerkstatt; sericum, -i, pl. -a, n., Seide, von Seres, -um, die Serer, Volk im östl. Asien, im Altertum durch Seidenproduktion berühmt) → Seidendrüse der Schmetterlingsraupen.

serös (lat. adj. serosus molkenartig, von serum, -i, n., Molke), dickflüssig, dem Blutserum ähnlich.

Serosa (lat. serus, adj., verspätet), der großkernige, vom → Keimstreif durch das kleinkernige → Amnion geschiedene Bezirk des → Blastoderms, die → Embryonalhülle. (Taf. VIII, Fig. 9, Taf. IX, Fig. 5.)

Serphidae (Latreille 1802) Handlirsch 1925 (*Proctotrupii* Latr.) Zehrwespen (Abb. 314, 315), Fam der *Hym* (*Oxyuri*) mit etwa

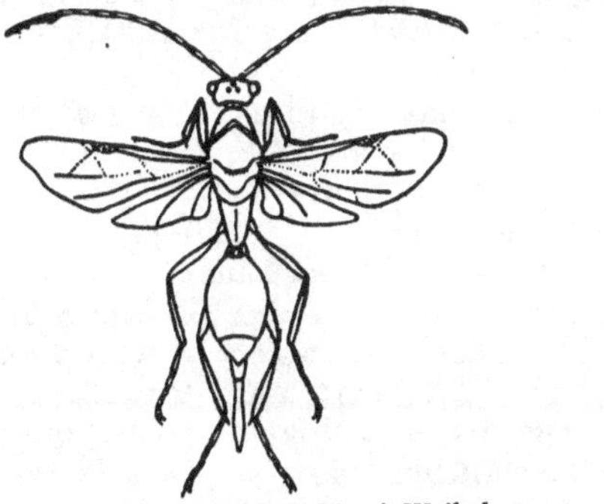

Abb. 314. *Serphus gravidator* Linné, Weibchen (Serphidae). Nach Kieffer aus Lameere. Nat. Gr. 5—9 mm.

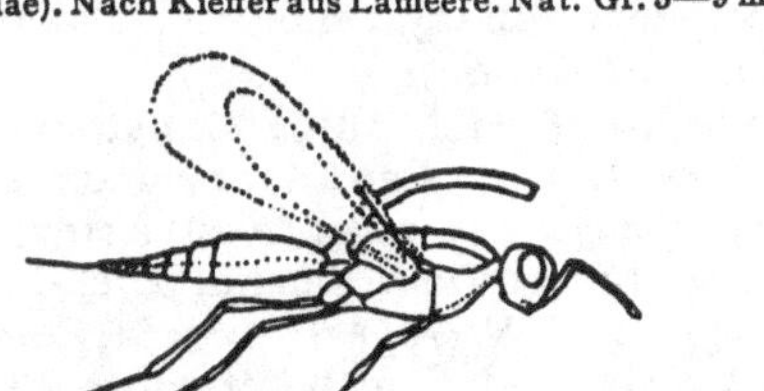

Abb. 315. *Inostemma piricola* Kieffer, Weibchen (Serphidae). Nach Lameere. Nat. Gr. 2—2,3 mm.

2500 Arten vorwiegend in der holarktischen Region. Meist kleine und sehr kleine Insekten mit verborgenem oder nur wenig vorstehendem Legebohrer. Durchwegs Parasiten, hauptsächlich Insektenparasiten. (Gegenw. in mehrere Fam aufgeteilt.)
Fossil sind 11 oligocäne und miocäne sowie 15 kopale Arten bekannt.

Serrat (lat. serratus gesägt) → gesägt.

Serropalpidae (Leach 1815) Latreille 1829 pp. (*Melandryadae* Leach, *Melandryidae* Stephens 1829), Düsterkäfer, Fam der *Col* (*Heteromera*) mit etwa 430 Arten, von welchen in Deutschland an 40 leben. Die heimischen Arten sind 2—9, selten bis 20 mm lang. Ihre Larven leben in Schwämmen und in verpilzten Hölzern. Viele Arten erinnern habituell an *Buprestidae* oder *Elateridae*.
Fossil sind 26 tertiäre Arten bekannt, die meisten (24) aus dem baltischen Bernstein.

sertifer Geoffroy, *Diprion*, rotgelbe Kiefernbuschhornblattwespe (*Hym Tenthredinidae*).

Serum (lat. serum, -i, n., Molke) → Blutserum.

Sesiidae Stephens 1828 → *Aegeriidae*.

sessil (lat. sessilis, -e, adj., zum Sitzen geeignet), sitzend, mit breiter Basis angeheftet, z. B. der Hinterleib der *Hym Symphyta* (Sessiliventres) im Gegensatz zum gestielten Hinterleib der *Hym Apocrita*.

Seta → Saeta.

setariae Passerini, *Geoica*, Salaterdlaus (*Hom Aphididae*).

setosus Olfers, *Linognathus*, Hundelaus (*Anoplura Haematopinidae*).

sexdentatus Boerner, *Ips*, großer oder zwölfzähniger Kiefernborkenkäfer (*Col Ipidae*).

sexguttatus Herbst, *Agrilus*, Pappelprachtkäfer (*Col Buprestidae*).

sexnotata Fallen, *Cicadula* (*Jassus*), gemeine Zwergzikade, gegenwärtig = *Macrostelis laevis* Ribaut und *M. cristatus* Ribaut (*Hom Jassidae*).

sexual, sexuell (lat. sexus, -us, m., Geschlecht) geschlechtlich.

Sexuales, amphigon sich fortpflanzende, Männchen und Weibchen enthaltende Generation des Aphiden-Zyklus.

Sexualmerkmale → Geschlechtsmerkmale.

Sexuparae (lat. sexus, -us, m., Geschlecht, pario, peperi, partum gebären), Gynoparae (♀) jungfräulich geborene Generation der Blattläuse, aus deren agamen Eiern die amphigone Generation (→ Sexuales) entsteht.

Sexus (lat. sexus, -us, m., Geschlecht, das männliche oder weibliche) → Geschlecht.

Sg., sg., Abk. f. Subgenus, Untergattung. Pl. Sgg. bzw. sgg. Wird besser mit Subg. abgekürzt, weil Sg. (sg.) auch Abk. für Singularis (Einzahl) ist.

Sialidae (Leach 1815) Newman. 1853, Wasserflorfliegen (Abb. 316, 317). Fam der *Megaloptera* mit etwa 20 Arten, davon 2 deutschen. Ihre Larven haben auf den ersten 7 Hinterleibssegmenten je 1 Paar gegliederter Kiemenfäden und am Ende einen unpaarigen, langen, gegliederten Endfaden. Fossil sind 2 Arten aus dem baltischen Bernstein beschrieben worden.

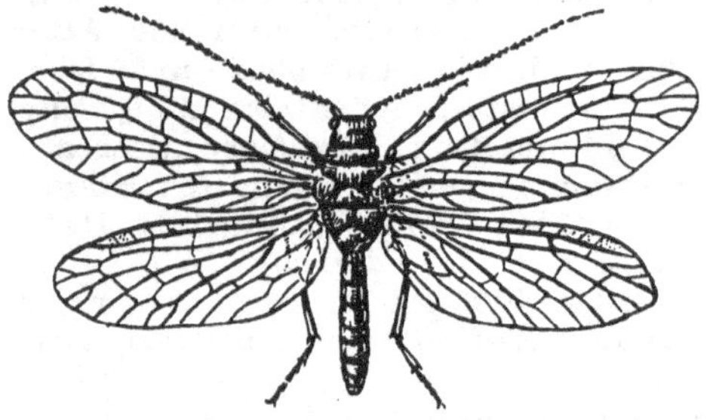

Abb. 316. *Sialis fuliginosa* Pictet (Sialidae). Nach Stitz. Nat. Körperlänge etwa 1,5 cm.

Abb. 317. *Sialis flavilatera* Linné (*lutaria* Fabricius), Larve (Sialidae). Nach Lestage aus Lameere. Nat. Gr. etwa 1 cm.

Sichelflügler → *Drepanidae.*

Sichelwanzen → *Nabidae.*

Siebenpunkt, Siebenpunktmarienkäfer → *Coccinella septempunctata* Linné.

siebförmige „Stigmen“, drei Paar statischer Organe auf der Ventralseite des Hinterleibs bei *Nepidae*-Imagines. Sie bestehen aus je einer großen → Sinnesplatte mit zahlreichen → Schildborsten, die mit ihren großen Hüten einen Raum abschließen, der aus dem darunter mündenden Stigma mit Luft versorgt wird. Am untergetauchten Tier drückt die unter dem Schildborstendach befindliche Luft auf die letzteren stärker oder schwächer je nach der Größe des Wasserdrucks. Die Schildborsten sind in ihren Alveolen ziemlich lose eingepflanzt und ihre Wurzel steht mit dem rezeptorischen Fortsatz einer Sinneszelle in Verbindung, welche die Druckreize der Luftblase perzipiert.

sieboldi Hartig, *Andricus* (*A. testaceipes* Htg.), Eichenwurzelknotengallwespe (*Hym Cynipidae*).

+***Sieblosiidae*** Handlirsch 1908 (Abb. 318), ausgestorbene Fam der *Odonata Anisozygoptera* mit 1 mitteloligocänen Art aus Sieblos (Bayern), *Sieblosia jucunda* Hagen von 8 cm Körperlänge.

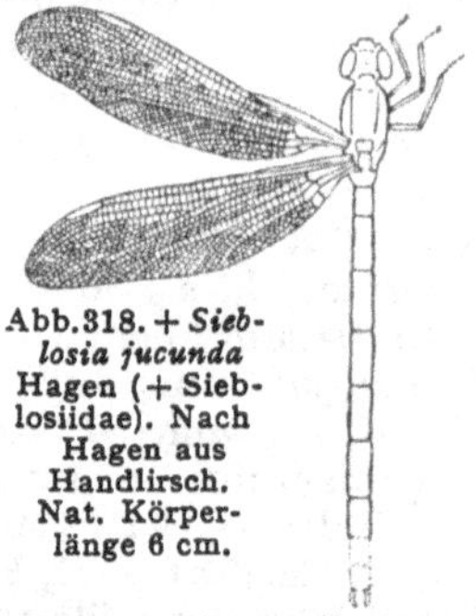

Abb. 318. + *Sieblosia jucunda* Hagen (+ Sieblosiidae). Nach Hagen aus Handlirsch. Nat. Körperlänge 6 cm.

Siebplatte, eine poröse → Stigmenplatte.

signata Nicolet *Bourletiella,* Gurkenspringschwanz (*Collembola Isotomidae*).

signatum Fabricius, *Trypodendron,* Eichennutzholzborkenkäfer (*Col Ipidae*).

Signum (lat. signum, -i, pl. -a, n., gr. τὸ σῆμα Zeichen, Kennzeichen, Merkmal) → Lamina dentata.

Silberfischchen → *Lepismatidae* und *Lepisma saccharina* Linné.

Silberglanz, Silberfarbe, wie z. B. in den Flügeldeckenstreifen gewissen *Cassida*-Arten, scheint auf demselben Prinzip wie der → Goldglanz zu beruhen.

Silber-Mönchseule → *Cuculia artemisiae* Hufnagel.

Silberpappel-Blattgallenlaus → *Pachypappa vesicalis* Koch.

Silphidae (Leach 1815) Ganglbauer 1899 *phida* Leach) Aaskäfer, Fam der *Col Polyphaga* mit etwa 2000 Arten, davon etwa 100 in Deutschland. Die Unterfam *Silphinae, Necrophorinae, Liodinae* und *Cholevinae* stellen habituell abgeschlossene Gruppen dar, deren gemeinsame Gruppenmerkmale in den schwach abgekürzten Flügeldecken, 2—5gliedriger Fühlerkeule, 5gliedrigen Tarsen und (äußerlich) 6gliedrigem Hinterleib bestehen. Die meisten sind sowohl als Imagines wie auch als Larven Aasfresser, einzelne Arten der Siphinae sind Pflanzenfresser und treten manchmal schädlich auf. Fossil sind 25 tertiäre und 8 quartäre Arten aus den Unterfam *Silphinae*, *Liodinae* und *Cholevinae* bekannt, die meisten tertiär aus dem baltischen Bernstein (11). Das Fehlen der fossilen *Necrophorinae* ist bemerkenswert.

silvestris (lat. silva, -ae, pl. -ae, f., Wald, nicht „sylva"), zum Walde gehörig, im Walde wohnend.

similis Nalepa, *Eriophyes*, Beutelgallmilbe (*Acari Eriophyidae*).

similis Fuesslin, *Porthesia*, Schwan, heller Goldafter (*Lep Lymantriidae*).

simplex Péringuey, *Cladocera*, Pfeilgiftkäfer (*Col Chrysomelidae*).

Simuliidae (Meigen 1818) Will. 1908 (*Latipennes* Meigen, *Melusinidae* Engel 1915) Kriebelmücken (Abb. 319), Fam der

Abb. 319. *Simulium* sp. (Simuliidae). Nach Martini aus Handlirsch. Nat. Gr. etwa 3—4 mm.

Dipt Nematocera mit etwa 500 Arten, davon mehrere in Deutschland, z. B. → Kolumbatscher Mücke. Kleine, 3—6 mm lange Fliegen mit kurzen dicken Beinen, gedrungenem Körper und breiten kurzen Flügeln. Mundteile stechend mit stark sklerotisierten Labellen. Larven wasserlebend mit zu einem Paar von Strudelfächern umgebildeten Maxillen und einem Saugnapf am Hinterende des Körpers, halten sich an Steinen und Wasserpflanzen in rasch fließenden Gewässern. Puppen mit einem Paar baumartig verzweigter thorakaler → Atemröhren, in einem Kokon.
Fossil sind 16 känozoische Arten bekannt.

sinapis Linné, *Leptidia*, Senfweißling (*Lep Pieridae*).

singularis Linné, *Otiorrhynchus*, scheckiger Dickmaulrüßler (*Col Curculionidae*).

Singzikaden → *Cicadidae*.

Sinistron (lat. sinister, der linke, links gelegene), die linke Körperhälfte bilateral-symmetrischer Tiere (→ Symmetrieebene.)

Sinnesborste, Sensillum chaeticum, dickwandige oder solide Chitinborsten von verschiedener Länge, welche beweglich im Borstengrübchen (→ Alveola) eingelenkt sind. Ihren Basalrand berührt der → Sinneskörper des Sinnesfortsatzes der dazu gehörigen Sinneszelle, welche entweder intraepidermal oder subepidermal gelegen ist.
Die ~ sind stets echte Haargebilde (→ Haar), die mit ihrem Borstengrübchen die ganze Dicke der Cuticula durchsetzen, um dem Sinnesfortsatz Zutritt zur Basis der Borste zu gewähren. Bei dicker Cuticula verlängert sich das pfann- oder becherförmige Borstengrübchen in ein mehr oder weniger langes → Borstenkanälchen.
Die ~ sind Organe des Tastsinnes und sind in gewisser, meist art- oder gattungskonstanter Anordnung über den ganzen Körper verteilt (→ Chaetotaxie).
Die ~ haben gewöhnlich die Form einer festen, steifen, spitz auslaufenden Borste, doch kommen auch spatelförmige (z. B. am Fühler von *Notonecta*, Körperborsten vieler Thysanoptera), hutpilzförmige (statisches Organ, sog. → siebförmige Stigmen der *Nepidae*) oder → Schildborsten, stumpfspitzige dorn- oder schuppenförmige Borsten (Borstenschuppen) vielfach (z. B. bei gewissen *Mallophaga*, *Anoplura* usw.) vor. (Taf. V, Fig. 1.)

Sinnesfelder sind begrenzte Stellen der Cuticula mit zahlreichen Sensillen derselben oder verschiedener Art. Am häufigsten tritt ein ~ an der Spitze des Tasterendgliedes (Kiefer- und Lippentaster), seltener an der Spitze des Fühlerendgliedes (Schmetterlingsraupen, *Mallophaga*, *Anoplura*) auf. Bei Schmetterlingen ist auch die Spitze der → Rollzunge mit einem ~ versehen und am → Achselblatt findet sich vielfach ein als → Achselkamm bezeichnetes ~. Bei *Corrodentia* (z. B. *Ectopsocus*), *Planipennia* (z. B. *Megalomus*) finden sich ~ von → Trichobothrien auf den Seiten des letzten Hinterleibssegments. Auch die → Faltentaschen der Trichopterenflügel sind Sinnesfelder.

Die ~ bilden sicherlich die Vorstufe vieler zusammengesetzter Sinnesorgane (→ Geruchsorgane), die durch Einstülpung eines ~ entstanden zu denken sind.

Sinnesflasche, Sensillum ampullaceum, winzige, dünnwandige Sensille vom Typus der → Sinneskegel, welche tief in das innerhalb der Cuticula meist zu einem rundlichen Näpfchen erweiterte → Borstenkanälchen versenkt ist, so daß ihre Spitze nicht herausragt. Die ~ ähneln vielfach → Grubenkegeln, haben aber im Gegensatz zu diesen stets nur eine Sinneszelle. Sie bilden zum Teil die äußerlich als Grübchen ohne Sinneshärchen sichtbare, häufig in Sinnesfeldern eingestreute Sensillen. Auf den Fühlern von Ameisen treten sie in Form von sog. FORELschen Flaschen auf, deren Sinneshärchen (Sinneskegel) in einer endständigen Auftreibung der röhrenförmigen cuticularen Einstülpung des Grübchens liegt, welche weit unter das Integument reicht. (Taf. V, Fig. 4.)

Sinnesgrübchen → Sinnesporen.

Sinneshaar, Sensillum trichodeum, dick- oder dünnwandige, mit einem Hohlraum versehene oder solide, dünne, biegsame Haare und Härchen, welche beweglich oder unbeweglich in einem → Borstengrübchen eingepflanzt sind. Sie bilden die Grundbehaarung des Insektenkörpers und ersetzen die dem sklerotisierten Integument fehlende Oberflächenempfindlichkeit. Sie sind wie die → Sinnesborsten stets nur mit einer Sinneszelle versehen, deren rezeptorischer Fortsatz bis an den Basalrand des Haares reicht und vielfach auch mit einem → Sinneskörper versehen sein kann. Zu unbeweglich eingepflanzten ~ gehören z. B. die häufig sehr langen → Trichobothrien, welche durch ihre dünne Wandung und Biegsamkeit auffallen (z. B. regelmäßig bei vielen *Mallophaga* in den Hinterecken des Metathorax und des 8. Hinterleibssegments). Sehr kurze, dünnwandige, meist hyaline Sinneshärchen, welche unbeweglich in einem Haargrübchen eingepflanzt sind und einen Übergang zu → Sinneskegeln vermitteln, sind meist bis zur Spitze von einem → Terminalstrang bzw. von einem Bündel von Terminalsträngen der dazugehörigen Sinneszellen durchsetzt und sind wahrscheinlich Organe des chemischen Sinnes. Die langen, hyalinen, dünnwandigen ~ treten z. B. vielfach auf den Fühlern der *Thysanoptera* in Form von Sinneszapfen auf und sind bei *Diplosis*-Männchen (*Cecidomyiidae*) paarweise zu bogenförmigen, rings um die Fühlerglieder zu Girlanden vereinigten Gebilden verwachsen (Taf. V, Fig. 4.)

Sinneskegel, Sinneswarze, Sinnespapille, Sensillum basiconicum, kurze, spitzige oder stumpfe Kegel, Warzen oder Härchen, die als dickwandige oder solide, mit einer Sinneszelle versehene Tastorgane oder als dünnwandige, bis zur Spitze von einem Bündel der Terminalstränge der zugehörigen Sinneszellen durchzogene Chemorezeptoren besonders auf Fühlern zahlreich auftreten. Sie sind in der Regel nur ein wenig mit ihrer Basis in das Borstengrübchen versenkt oder stehen auf gleicher Höhe mit der Oberfläche des Integuments. Auf → Sinnesfeldern der Taster- und Fühlerspitzen sind die dünnwandigen ~ meist die am zahlreichsten vertretenen Sensillen. (Taf. V, Fig. 4.)

Sinneskörper, Sinneskörperchen, cuticularer, glocken- oder spitz-haubenförmiger Aufsatz (Spitzenstück) am Ende des rezeptorischen Fortsatzes der Sinneszelle, welcher den Kontakt des Fortsatzes mit dem rezeptorischen, cuticularen Hilfsorgan, der Sensille, vermittelt. Vielfach verlängert sich der ~ in einen → Terminalstrang, der den ganzen Hohlraum der Sensille bis zu ihrer Spitze durchsetzt und basalwärts als → Achsenfaden den rezeptorischen Fortsatz bis zur Nervenzelle durchziehen kann.

Sinneskuppel, (HICKsche Papillen, Sensillum campaniforme, ein flaches oder gewölbtes cuticulares Plättchen, welches leicht vorragend oder mehr oder weniger tief in das Sinneskanälchen versenkt liegt. Die ~ entspricht den Sinneshärchen oder Sinneskegeln und steht inwendig mit dem Nervenfortsatz der stets einzigen Sinneszelle in Verbindung. Die Kontaktvermittlung besorgt wie bei haarförmigen Sensillen ein → Sinneskörper.

Die ~ kann recht stark sklerotisiert oder membranös sein, was offenbar mit ihrer noch nicht ganz aufgeklärten Funktion zusammenhängt. Nach DEMOLL (Sinnesorgane der Arthropoden, 1917) sind es propriorezeptorische Organe, wel-

che den Grad der Durchbiegung der Cuticula registrieren.
Die ~ treten häufig auf basalen Beingliedern, vor allem auf Trochanteren, auf Basalgliedern der Kopfanhänge, auf Flügeln, Halteren, Cercis, auf dem Giftstachel bei *Apis*, auf dem Legebohrer usw. Äußerlich haben sie oft die Form von hellen, runden, borstenlosen Pünktchen, doch ist diese Form von → Sinnespunkten nicht allein ihnen eigen. (Taf. V, Fig. 4.)

Sinnesorgane, Receptoren, Receptionsorgane sind Sinneszellen, welche mit oder ohne Vermittlung von cuticularen Hilfsapparaten (Sensillen) Reize der Umwelt oder des eigenen Körpers empfangen und centripetal weiter leiten.
Es lassen sich → freie Sinneszellen, einfache ~ (Sensillen i. w. S.) und zusammengesetzte ~ unterscheiden.
Nach der Funktion werden die ~ wie folgt eingeteilt:
I. → Chemoreceptoren, Organe des chemischen Sinnes: 1. → Geruchs- und 2. → Geschmacksorgane.
II. → Mechanoreceptoren, Organe des mechanischen Sinnes: 1. → Tastorgane, 2. → statische Organe, 3. → Gehörorgane, 4. → Erschütterungsorgane, 5. → proprioreceptorische Organe.
III. → Photoreceptoren o. → Lichtsinnesorgane: 1. → Augen, 2. → Ocellen, 3. → Stemmata.
IV. → Termorezeptoren, Organe des Temperatursinnes.
V. Sinnesorgane unbekannter Funktion: 1. → Antennalorgan, 2. → Postantennalorgan, 3. → Chaetosema, 4. → Webersches Organ, 5. → Kopforgan der *Corethra*-Larven, 6. → Palmensches Organ, 7. → Grabersches Organ, 8. → Hicksche Papillen.

Sinnesorgan, epipharyngales, ein flaches oder versenktes → Sinnesfeld auf dem Epipharynx bei Hemipteren, Anopluren, Hymenopteren (z. B. *Lasius*), welches entweder von einem → Buccalganglion (*Hemiptera*) oder von einem → Epipharyngealganglion (*Hymenoptera, Anoplura*) innerviert wird. Es ist offenbar ein Geschmacksorgan, welches bei den meisten Insekten in Form von einzelnen Geschmackssensillen regelmäßig auf dem Epipharynx auftritt.

Sinnespapille → Sinneskegel.

Sinnesplatte, Sensillum placodeum, Porenplatte (Leydig), runde oder ovale, oft mit besonderen Verdünnungszonen versehene, in die äußere Mündung des Sinneskanals (→ Sinnespunkt) eingelassene sklerotisierte oder membranöse Platte, die entweder flach oder gewölbt mit der Oberfläche der Cuticula eingeebnet sein oder warzenartig vorstehen kann. Sie stehen immer mit einer Gruppe von Sinneszellen in Verbindung, deren → Terminalstränge bis an die Platte heranreichen.
Die ~ treten sehr zahlreich auf Fühlern vieler *Hymenoptera* und *Homoptera* (→ Rhinarien), auf Fühlern und Tastern der *Coleoptera* usw. und stellen Chemorezeptoren (Riechplatten) dar. (Taf. V, Fig. 4.)

Sinnesporen, Sinnespunkte, Sinneskanälchen sind die die ganze Dicke der Cuticula durchsetzenden Kanälchen, welche oberflächlich als Punkte wahrnehmbar sind und den Nervenfortsätzen der Sinneszellen Zutritt zu ihren Sensillen gewährleisten. Es sind entweder enge Kanälchen mit glatten Wänden, die außen zu einem Grübchen (→ Borstengrübchen) erweitert sind, vielfach aber recht weite Durchlässe, die unterhalb der Sensille mit verschiedenen Wandverdickungen und Leisten versehen sein können.

Sinnesschuppe, Sensillum squamiforme, Schuppen oder schuppenförmige Haargebilde, die mit einer Sinneszelle in Verbindung stehen. Bei Schmetterlingen treten sie zwischen der Beschuppung auf und unterscheiden sich von den gewöhnlichen Schuppen durch ihr zugespitztes Ende.

Sinnesstift → Scolops.

Sinneswarze → Sinneskegel.

Sinneszellen, Aesthocyten, sind entweder sensible Neurone mit epidermal oder subepidermal gelegenem Zellkörper, dessen receptorischer Fortsatz sich direkt dem cuticularen Hilfsapparat, der Sensille, anschließt (primäre Sinneszelle mit Sensille oder Sinnesnervenzelle) oder differenzierte (wenigstens physiologisch) Epidermiszellen, an welche das sensible Neuron mit den Verzweigungen seines peripheren Endbäumchens herantritt (sekundäre Sinneszellen).
Sinnesnervenzellen sind der häufigste Typ der ~ bei Insekten, doch sind auch

bei weichhäutigen Larven (*Cerambycidae, Melolontha, Musca*) und in weichen Gelenkhäuten sklerotisierter Larven (*Aeschna*) nachgewiesen. In allen Fällen aber liegt der Zellkörper des sensiblen Neurons epidermal oder subepidermal und nicht wie bei Wirbeltieren zentral im zugehörigen Ganglion.
Über die Funktionen der primären ~ vgl. unter → Sensillen. Die Funktion der epidermalen, sekundären ~ ist noch unsicher. Sie sind wahrscheinlich Organe des Temperatur- und Schmerzsinnes, ihr Auftreten in den Gelenkhäuten weist aber auf proprioreceptive Funktion hin.

Siphlonuridae (Jacobson u. Bianchi 1905) Ulmer 1920 (*Siphlurinae* Jac. u. Bianchi), Fam der *Ephemerida*, mit wenigen Arten, von denen 6 in Deutschland heimisch sind.

Siphlurini Banks → *Ephemerellidae*.

Sipho (gr. ὁ σίφων Weinschlauch, lat. sipho, -onis, m., Röhre, Schlauch, Feuerspritze). 1. Im männlichen Begattungsglied → Flagellum. 2. → Atemröhren. 3. Meist pl. Siphonen oder → Siphunculi.

Siphonaptera (Latreille 1825) Kirby 1826 → *Suctoria*.

Siphunculata Latreille → Anoplura.

Siphunculi, Sg. Siphunculus (lat. demin. von → Sipho), Siphonen, Rückenröhren, fälschlich auch vielfach → Honigröhren von engl. Autoren „cornicles" genannt, ein Paar von Öffnungen oder Röhren auf dem Rücken des 5. oder 6. Hinterleibssegments der *Hom Aphidina*, aus deren Mündungen, den → Ostiolen, bei Beunruhigung der Tiere wachshaltige Blutzellen austreten, die geeignet erscheinen, den Feinden die Mundteile zu verschmieren. (Abb. 17). Ihr Sekret hat nichts zu tun mit dem → Honigtau.

Siricidae (Billberg 1820) Konow 1905, Holzwespen, Fam der *Hym Symphyta* mit etwa 100 Arten, von denen in Deutschland an 10 leben. Die großen, bis etwa 4 cm langen, walzenförmigen, schwarzgelben oder violettblauen Tiere leben als Larven in Laub- und Nadelhölzern und zählen zu den schlimmsten technischen Schädlingen des Nutzholzes.
Fossil sind 5 tertiäre Arten aus dem baltischen Bernstein (2) und Miocän (3) beschrieben worden.

siro Linné, (*casei* Oudemans) *Tyrolichus*, Käsemilbe (*Acari Tyroglyphidae*).

Sisyridae Handlirsch 1906, Schwammfliegen (Abb. 320, 321), Fam der *Planipennia*, mit zahlreichen Arten (in Deutschland nur 3 Arten der Gatt *Sisyra* Burmeister,), deren wasserlebende, mit abdominalen, gegliederten Tracheenkiemen und langen Saugmandibeln ausgestattete Larven hauptsächlich von Schwämmen und Bryozoen leben.

Abb. 320. *Sisyra (Lomamyia) flavicornis* Walker (Sisyridae), rechte Flügel. Nach Comstock aus Lameere. Nat. Flügellänge etwa 6 mm.

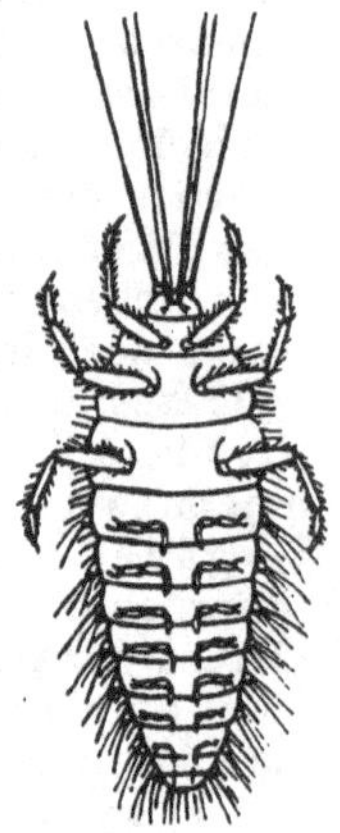

Abb. 321 (rechts). *Sisyra fuscata* Fabricius, Larve (Sisyridae). Nach Westwood aus Lameere. Nat. Gr. etwa 5 mm.

+***Sisyrocoridae*** Handlirsch 1925, ausgestorbene Fam der *Heteroptera* mit einer oberliassischen Art, *Sisyrocoris rudis* Handl. aus Mecklenburg. 5 cm langer Vorderflügel.

Sitona spp., Blattrandkäfer, Graurüßler (*Col Curculionidae*).

Sitophor (gr. ὁ σῖτος Nahrung, φορέω trage) hypopharyngaler Sklerit bei *Corrodentia* und *Mallophaga*.

Sizilianischer Bernstein → Bernstein.

sjaelandicus Müller, *Corymbites*, scheckiger Rindenschnellkäfer (*Col Elateridae*).

skatophag (gr. σκατοφάγος Kot fressend, von τὸ σκατός oder τὸ σκῶρ Kot) kotfressend, → stercoralis.

Skelett (gr. τὸ σκελετόν Gerippe, eingetrockneter Körper, Mumie, von σκέλλειν austrocknen), das aus harten, sklerotisierten Geweben aufgebaute, die Weichteile stützende und schützende Gerüst. Das ~ der Insekten besteht aus der sklerotisierten, chitinigen → Cuticula, welche von Epidermiszellen ausgeschieden an der Luft erhärtet. Dieses Außenskelett bietet Ursprungs- und Insertionspunkte für die Muskulatur und einen sehr wirksamen Schutz für alle Weichteile des Körpers.

Das Außen- oder Cuticularskelett ist bei Insekten Träger der äußeren Körperform, des Habitus, und ist dadurch zum Realisator der Formbildung und des ganzen Formenreichtums der Insekten geworden, wenn auch die auslösenden Formbildungspotenzen nicht in ihm ihren Sitz haben.

Um die Beweglichkeit des Körpers und seiner Teile zu ermöglichen, ist das ~ der Insekten nicht einheitlich, sondern in einzelne Bezirke, → Segmente und → Sklerite geteilt, die untereinander durch die weiche, biegsame → Endocuticula und → Epidermis mehr oder weniger frei beweglich verbunden sind.

Skelettierfraß, Blattfraß, bei dem die Blattsubstanz zwischen den Rippen ausgenagt wird, die Rippen aber intakt gelassen werden. Viele Chrysomeliden und ihre Larven sowie Raupen und Afterraupen fressen auf diese Weise.

Skelettmuskelsystem → Hautmuskelsystem.

skiophil (gr. ἡ σκία Schatten, φιλός liebend), schattenliebend, an schattigen Orten vorkommend.

Sklavenraub, Dulosis, von gewissen Ameisen entwickelte Methode, sich Pflegerinnen der eigenen Brut aus fremden Ameisennestern gewaltsam oder hinterlistig zu besorgen. So verfahren z. B. die Weibchen der amerikanischen Ameise *Formica rubicunda,* welche Puppen von *Formica sericea* rauben. Auch Arbeiter der *F. rubicunda* veranstalten ab und zu Raubzüge und holen sich weitere Kontingente von Puppen der *F. sericea.* Der so entstandene Mischstaat wird als Sklavenstaat oder Dulobium bezeichnet.

Sklerit (gr. σκληρός hart, spröde), jeder ringsherum von den benachbarten Skleriten durch eine membranöse oder sekundär erhärtete Naht abgegrenzter Bezirk sklerotisierter Cuticula.

Skleritdegeneration, Skleritrückgang, teilweise oder gänzliche Membranisierung eines Sklerits. Sie ist in der Regel Folge der Muskelreduktion nach Reduktion der Flügel (z. B. bei Mallophagen die Pleuralsklerite) oder der Beine.

Sklerotin, mit Chinonen gegerbte und braun gefärbte Albumine in den sklerotisierten Teilen der Cuticula.

Sklerotisierung, Erhärtung der Cuticula, vor allem der Exocuticula durch Oxydation und Ablagerung von → Inkrusten.

Skorpionfliegen → *Panorpatae.*

Skorpionwanzen → *Nepidae.*

Skotasmus (gr. ὁ σκοτασμός Verdunkelung), gesteigerter → Melanismus, bei dem anstatt einer Graufärbung des Tieres eine völlige Schwärzung eintritt.

skotophil (gr. ὁ σκότος Finsternis, Dunkelheit, Nacht), lichtscheu, dunkelliebend.

Skulptur (lat. sculptura, -ae, f., Schnitzerei, Bildhauerei, Skulptur), Gestaltung der Oberfläche des → Integuments durch Auftreten von Unebenheiten der Cuticula, d. h. von Vorsprüngen (→ Emergenzen) und Vertiefungen.

Die verschiedenartigsten Skulpturelemente der Cuticula werden meist in → Macroskulpturen und → Microskulpturen eingeteilt, je nachdem ob sie mit bloßem Auge bzw. bei schwacher Lupenvergrößerung oder erst bei Anwendung starker Vergrößerungen (Mikroskop) zu erkennen sind. Diese rein empirische Einteilung entspricht nur annähernd der morphologisch begründeten Einteilung in → epicuticulare und → exocuticulare bzw. cuticulare Skulpturen, indem die ersteren meist mikroskopisch fein, die beiden letzteren in der Regel gröber oder grob sind.

Außer soliden Emergenzen treten auch Ausstülpungen der Cuticula auf, die gleichfalls zu Oberflächenskulpturen (Macrosculpturen) gerechnet werden können, wie z. B. verschiedenartige hohle Horn- und Stachelbildungen bei Wanzen, Käfern, Orthopteren usw.

Skulpturfarben sind die durch die Mikroskulptur bedingten Farbtöne bzw. Glanz und Mattigkeit der Grundfarben, Hochglanz, Seidenglanz, Opalisieren usw.

s. lat., s. l., → sensu lato bzw. sensu latiore.

Sminthuridae (Nicolet 1841) Tullberg 1876 (*Smynthurelles* Nicol.), Kugelspringer (Abb. 322), Fam der *Collembola,* birnförmige oder kugelrunde Tiere mit langen 4gliedrigen Fühlern, deren Endglied geringelt und knieförmig vom 3. abgebogen ist. Springgabel und Ventraltubus mit

Abb. 322. *Sminthurides aquaticus* Bourlet (Sminthuridae). Nach Willem aus Handlirsch. Nat. Gr. etwa 1 mm.

zwei gut entwickelten ausstülpbaren Bauchschläuchen vorhanden.

Die Fam enthält etwa 250 Arten, davon die Hälfte in der paläarktischen Region, die übrigen über die ganze Welt, Polargebiete nicht ausgenommen, zerstreut. In Deutschland etwa 30 Arten.

Fossil sind 11 Arten aus dem baltischen Bernstein bekannt, die z. T. in die rezente Gatt. *Sminthurus* Latreille eingegliedert werden konnten.

sociale Insekten sind diejenigen Arten und Artengruppen, bei welchen alle Einzeltiere einer jeden Geschwistergeneration zusammenhalten und ein gemeinsames Nest anlegen, in dem die folgenden Bruten gepflegt werden. Der größte Teil einer jeden Brut bleibt steril und übernimmt die Arbeiten am Nest und bei der Brutpflege, während die wenigen Geschlechtstiere die Fortpflanzung besorgen. Bei socialen Hymenopteren werden nur Weibchen zu sterilen Arbeiterinnen, während bei Termiten beide Geschlechter die sterilen Kasten der Arbeiter und Soldaten ergeben können.

Socialparasitismus, Leben einer socialen Art auf Kosten einer anderen socialen Art, der die Nahrungsvorräte gestohlen oder geraubt werden (Diebesvergesellschaftung o. Lestobiose), oder deren Arbeiter die Brut der fremden Eindringlingsart betreuen. Auch Myrmecophilie, Melittophilie und Termitophilie von Einzeltieren aus verschiedenen Insektengruppen bei socialen Insekten werden häufig zu ~ gerechnet (vgl. → Synechthrie, → Synoekie, → Symphilie, → Brutparasitismus).

Socialpolymorphismus, Vielförmigkeit einer socialen Art, ist in der Regel mit der Arbeitsteilung verbunden. Im Bienen- und Ameisenstaat treten außer den Männchen und Weibchen noch Arbeiterinnen und im Termitenstaat Arbeiter und Soldaten auf.

Societät, Gesellschaft, für alle Mitglieder nutzbringender, dauernder Zusammenschluß von Individuen einer (homotypische ~) oder mehrerer (heterotypische ~) Arten. Gegens. → Association. Vgl. auch → Kolonie.

Socius (lat. socius, -i, m., Gesellschafter, Kamerad), paarige Chitinspange im männlichen Begattungsapparat der Schmetterlinge, an der Spitze des → Tegumen unterhalb des → Uncus. Die beiden Socii können miteinander verschmelzen und bilden dann den → Gnathos. (Taf. XVIII, Fig. 4, 5.)

socius Klug, *Diprion*, gesellige Kiefernbuschhornblattwespe (*Hym Tenthredinidae*).

Sohle, Fußsohle, → Planta.

Sohlenbläschen → Euplantula.

Sohlengänger, plantigrade Tiere, Tiere, auch Insekten, welche mit der ganzen Fußsohle auftreten (→ Gang).

Sohlenlappen, ein Paar von abstehenden Anhängen am Grunde des Basalgliedes der Hintertarsen bei *Locustidae*. Sie sind wahrscheinlich aus den → Euplantulae des ursprünglichen, später mit dem 2. Tarsengliede verschmolzenen Basalgliedes der Hintertarsen entstanden. (Taf. IV, Fig. 5.)

Sohlenläppchen, Lobus plantaris (DE MEIJERE), ein lappen- oder borstenförmiger Vorsprung der → Praetarsalsohle vieler *Diptera*. Es entspringt dicht vor der Spitze des → Unguitractor unterhalb der zwischen den Krallen liegenden → Arolien. An Stelle der ~ tritt manchmal nur eine kleine Hautfalte, die → Strecksohle auf.

solanifolii Ashmead, *Macrosiphum*, Kartoffelblattlaus (*Hom Aphididae*).

solanina Passerini, *Aphis*, Kartoffelblattlaus (*Hom Aphididae*).

Soldaten (♃), geschlechtlich degenerierte Weibchen gewisser Ameisen oder geschlechtlich degenerierte Exemplare beiderlei Geschlechts bei Termiten. Bei Ameisen werden als ~ große Arbeiterformen bezeichnet. Bei Termiten treten vielfach zwei verschiedene Soldatenformen auf, die → Nasuti und die gewöhnlichen Soldaten, außerdem die Arbeiter als eine besondere Kaste.

+***Solenoptilidae*** Handlirsch 1908, ausgestorbene Fam der *Planipennia* mit 1 oberliassischen Art, *Solenoptilon kochi* Geinitz aus Mecklenburg. Das Tier hatte etwa 4 cm lange Vorderflügel.

solieri Castelnau & Gory, *Chrysobothris*, breiter Kiefernprachtkäfer, goldpunktiger Kiefernprachtkäfer (*Col Buprestidae*).

solitär (lat. solitarius, adj., alleinstehend), einzeln lebend, nicht social.

solstitialis Linné, *Amphimallon*, Brachkäfer, Junikäfer (*Col Scarabaeidae*).

Somatopleura (gr. τὸ σῶμα Körper, ἡ πλευρά die Körperseite), → Hautfaserblatt.

Somit → Segment.

Sommereier, Subitaneier, sind die im Sommer abgelegten, nicht überwinternden Eier der Blattläuse, die sich vielfach von → Wintereiern durch kleineren Dottervorrat und folglich auch kleinere Dimensionen sowie durch dünneres → Chorion unterscheiden.

Sonnenblumenmotte → *Homoeosoma nebulella* Hübner.

Sonnenmotten → *Heliodinidae.*

Sonorische Subregion, der südliche Teil der → Nearktischen Region, welcher die Vereinigten Staaten von Nordamerika umfaßt. Innerhalb dieser Subregion werden noch weitere Teilgebiete unterschieden, nämlich das alleghanische, das Rocky-Mountain und das kalifornische Areal.

Sorbentia (lat. sorbeo, -ere, -ui, schlürfen), eine der 5 HAECKELschen (1896) Legionen der Insekten, die Ordnungen *Trichoptera* und *Lepidoptera* umfassend. In der heutigen Systematik aufgegeben.

sp. Abk. für species, → Art, pl. spp.

sp. ind., Abk. für species indeterminata, unbestimmte Art.

sp. inq., Abk. für species inquirenda, zweifelhafte Art.

sp. n., sp. nov., Abk. für species nova, vgl. → nova species, n. sp., nov. sp.

Spaltfüße, zweiästige Extremitäten der Crustaceen und Trilobiten von der zweiten Antenne an. Der ~ besteht aus 8 Gliedern, einem Grundglied, dem → Pleuropodit, einem → Coxopodit, einem Basipodit, Ischiopodit, Meropodit, Carpopodit, Propodit und Dactylopodit. Bei Trilobiten werden die 6 distalen Glieder zusammen als → Telopodit, bei Crustaceen die 5 distalen als → Endopodit bezeichnet. Am Coxopodit der Trilobiten und am Basipodit der Crustaceen befindet sich ein äußerer, gegliederter oder ungegliederter Anhang, der → Exopodit, welcher die Zweiästigkeit des ~ bedingt. Außer diesen Anhängen können auf denselben oder auf anderen Beingliedern ungegliederte innere und äußere Lappen, die Endite und Exite auftreten. (Taf. I, Fig. 1.)

Spalthüfte, Hüfte von Insekten, deren → Meron so stark vergrößert ist, daß es die ganze oder fast die ganze Hinterwand der Hüfte bildet. Dabei wird die untere Grenze des ursprünglichen Meron, die Meralnaht, mit ihrer Merocosta um etwa einen rechten Winkel von der ursprünglichen, dem Basalrand der Hüfte parallelen Lage abgelenkt, verdrängt die → Coxalnaht und verbindet nun an ihrer Stelle das Subcoxalgelenk (untere Pleuralgelenk) mit dem Hüftgelenk (Coxotrochanteralgelenk).
Die ~ behält stets die Insertionen der charakteristischen Pleural- und Dorsoventralmuskeln, die auf der Merocosta oder auf dem Meron selbst liegen, und diese ergeben sichere Kriterien zur Unterscheidung der Merocosta von der Coxalleiste, da letztere niemals Muskelinsertionen hat.
Die ~ ist bei *Blattaria, Neuroptera, Panorpatae, Trichoptera, Lepidoptera, Diptera, Isoptera, Cicadina* und *Aleurodina* entwickelt. Bei den ersteren fünf Ordnungen ist die Coxalleiste nur in ihrem dorsalen Teil, bei den drei letzteren vollständig von der Merocosta verdrängt. Bei den Dipteren löste sich das Meron der Mittelbeine von der Hüfte los und schloß sich enger an die Pleure.
Die Entstehung der ~ steht im engen Zusammenhang mit dem Funktionswechsel der tergocoxalen Muskeln, welche mit der Steigerung der Flugfähigkeit als reine Flugmuskeln in Anspruch genommen wurden. Ihre Vergrößerung hat die Vergrößerung des Meron und seine Fixierung am Pleuron zur Folge. (Taf. I, Fig. 2.)

Spaltschlüpfer → *Orthorhapha.*

Spanandrie (gr. ἡ σπάνις Mangel, ὁ ανήρ Mann), Fehlen von Männchen einer Art in bestimmten geographischen oder ökologischen Gebieten, gleichbedeutend mit lokaler Parthenogenese, wie sie z. B. öfters bei Copeognathen auftritt.

Spange, eine chitinige Querleiste, welche bei Schmetterlingen aus dem Vorderrand des reduzierten Pronotums hervorgegangen an den Seiten mit den → Patagien und Propleuren artikuliert und mit dem tergalen Mittelstück, welches nach Abtrennung der Patagien vom Pronotum übriggeblieben ist, in fester Verbindung steht.

+***Spanioderidae*** Handlirsch 1908 (Abb. 323), ausgestorbene Fam der +*Protorthoptera* mit 18 mittel- und einer ober-obercarbonischen Art aus Nordamerika. Die Tiere zeichnen sich durch verlängerten Prothorax und stark gebogenen Cubitus aus. Die Hinterbeine waren noch keine Sprungbeine. Es waren 3—5 cm lange

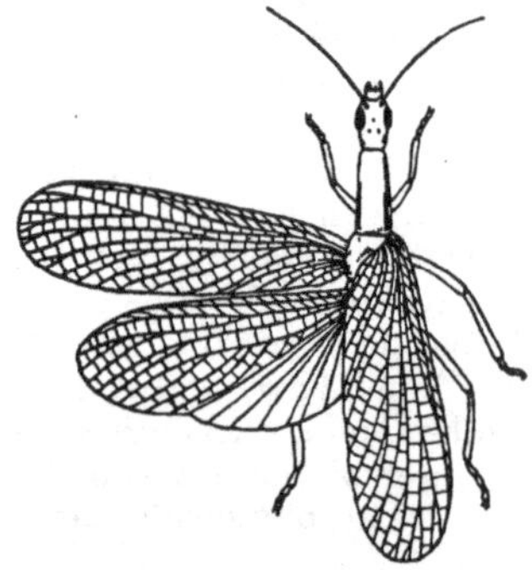

Abb. 323. + *Spaniodera ambulans* Handlirsch (Spanioderidae). Nach Handlirsch. Nat. Körperlänge etwa 5 cm.

Tiere. Typische Vertreter der *Protorthoptera* (GRASSÉ 1949).

Spanische Fliege → *Lytta vesicatoria* Linné.

Spanner → *Geometridae*.

Spanner (Muskel) → Tensor.

Spannweite → Flügelspannung.

Spargelfliege → *Platyparaea poeciloptera* Schrank.

Spargelhähnchen, buntes → *Crioceris asparagi* Linné.

Spargelhähnchen, schwarzpunktiertes → *Crioceris duodecimpunctata* Linné.

Spargelkäfer → *Crioceris asparagi* Linné.

Spatha (lat. spatha, -ae, f., gr. ἡ σπάθη breites Schwert), ein unpaariges Mittelstück im Begattungsapparat von *Bombus*.

Spatium cordiforme → herzförmiger Raum.

Spatula (lat. dem. von → spatha) → Brustgräte.

Species (lat. species, -ei, pl. species, -erum, f., eine konkrete Art, Idee, ein konkreter Begriff der allgemeinen, abstrakten Gattung) → Art.

specifisch, auf eine Art bezüglich, die Art kennzeichnend, z. B. → Merkmal.

Speckkäfer → *Dermestidae*.

Speckkäfer, gemeiner → *Dermestes lardarius* Linné.

Speckkäfer, mausgrauer → *Dermestes murinus* Linné.

Speckkäfer, peruvianischer → *Dermestes peruvianus* Laporte de Castelnau.

Speckkäfer, zweifarbiger → *Dermestes bicolor* Fabricius.

spectrum Linné, *Xeris*, schwarze Fichtenholzwespe, Tannenholzwespe (*Hym Siricidae*).

Speculum (lat. speculum, -i, pl. -a, -orum, n., Spiegel, von specio, ich sehe), der polierte, erhabene Raum im oberen Winkel der Mesopleure unterhalb der Flügel bei vielen Ichneumoniden.

Speichel, Saliva, Sekret der → Labial-, seltener der → Mandibulardrüse, dessen Hauptaufgabe in der Befeuchtung des Bissens und seiner Vorverdauung beruht. Der ~ kann aber auch Giftstoffe, welche das Beutetier zu lähmen oder zu töten vermögen, oder Antikoagulin bzw. Reizstoffe enthalten, welche in die Wunde (Stichwunde) eingespritzt das Blut am Koagulieren verhindern oder das Gewebe reizen (Wanzenstiche).

Bei pflanzensaugenden Hemipteren, vor allem Aphiden und Psylliden, kommt es vielfach zur Bildung sog. Speichelscheiden, d. h. aus erhärtetem Speichel gebildeten, stark lichtbrechenden Auskleidungen der Stechborstengänge, welche das Herausziehen der vielfach sehr tief und gewunden in das Pflanzengewebe eingetriebenen Stechborsten ermöglichen.

Speicheldrüse, Glandula salivaris, eine paarige, meist mit einer unpaarigen Mündung versehene → Labialdrüse, seltener (bei Raupen) → Mandibulardrüse.

Speichelgang, bei Hemipteren der hintere von den beiden durch die beiden zusammengelegten maxillaren Stechborsten gebildete Kanal, in welchen die Hypopharynxspitze mit der Mündung des → Pumpenkanals einmündet. Der vordere Kanal ist der → Nahrungsgang. (Taf. XXIV, Fig. 5.)

Speichelhöhle, Salivarium, der untere Teil der → Praeoralhöhle, eine flache Tasche zwischen dem Hypopharynx und der Unterlippe, in welche hinten die Speicheldrüse (Labialdrüse) mündet. Bei niederen Insekten ist die ~ meist breit offen, an den Seiten nur durch die an das Labium und Hypopharynx angedrückten Maxillen abgedichtet, bei höheren Insekten wird sie durch seitliche Verschmelzung des Hypopharynx mit dem Labium zu einem geschlossenen Raum, der → Speichelpumpe oder → Seidenpresse, die mit einem Schlitz oder griffelartigen Vorsprung, der → Spindel, nach außen mündet, bzw. sich in den → Speichelgang öffnet. (Taf. VI, Fig. 1.)

Speichelkanal, bei Thysanopteren ein kurzer Kanal zwischen der Spitze des Hypopharynx und dem Labium, welcher die → Speichelpumpe mit der Mundhöhle verbindet und dem distalen Teil der → Speichelhöhle entspricht.

Speichelpumpe, Syringa salivaris, der hintere, elastische, durch Dilatatorenmuskel erweiterungsfähige Raum der → Speichelhöhle, deren vorderer Teil bis auf einen Mündungsspalt (Meatus salivaris) geschlossen ist. Diese einfache Form der ~ findet sich z. B. bei Hymenopteren, Thysanopteren, Dipteren.
Bei Hemipteren ist die Differenzierung der Speichelhöhle viel weiter vorgeschritten, indem der hintere Teil, die ~, einen dorsalwärts ausgestülpten Raum, die → Cupula, bildet und der vordere zum Pumpgang eingeengt ist. Die Cupula stellt einen Kolbenzylinder dar, dessen dorsale, elastische Wand mit einer Hautverdickung, dem Kolben (Pistill), versehen ist, welcher durch kräftige Dilatatorenmuskel herausgezogen und durch eigene Elastizität der Wand nach Erschlaffung des Muskels wieder in den Kolbenzylinder hineingeschnellt werden kann. Durch diese Bewegungen wird der Speichel angesaugt bzw. ausgestoßen. Der in die Cupula mündende Ausführungsgang der Speicheldrüse ist mit einem Lappen versehen, der bei Innendruck an die Mündung gedrückt wird und als Klappenventil wirkt.

Speichelscheiden → Speichel.

Speichelnieren, Ansammlungen von → Nephrocyten oder auch einzelne Nephrocyten, die die Fähigkeit haben, Fremdstoffe und Fremdkörper in ihre Zellen aufzunehmen und vom Blutkreislauf auszuschalten. Übrigens haben auch → Phagocyten, → Oenocyten und → Fettkörper diese Fähigkeit entwickelt.

Speicherschädlinge → Vorratsschädlinge.

Speisebrei, Chymus, Chylus, die im Mitteldarm durch Einwirkung der Verdauungssäfte zu einem Brei zerlassene Nahrung.

Speiseröhre, Oesophagus, der zweite, zwischen → Schlund (Pharynx) und → Kropf (Ingluvies) gelegene Abschnitt des → Vorderdarmes. Es ist gewöhnlich ein gleichweites gerades Rohr, welches bis an die Hinterleibsbasis reichen kann, um sich dort in den Kropf zu erweitern (*Dytiscus, Apis*) oder direkt in den Mitteldarm überzugehen (*Lepidoptera*, deren Kropf blindsackartig ausgestülpt ist). Bei Schmetterlingsraupen ist der ~ sehr kurz und geht schon im vorderen Teil des Prothorax in den langen und weiten Kropf über. Bei Acridiiden ist die ~ überhaupt nicht vom Kropf zu unterscheiden. Im Gegensatz zu dem meist dorsoventral abgeplatteten Pharynx hat die ~ kreisrunden Querschnitt und in Längsfalten gelegte Cuticula. Sie entbehrt meistens der radialen Dilatatorenmuskel und ist bloß mit Längs- und Ringmuskeln ausgestattet, welche die peristaltischen Bewegungen der ~ ausführen und den Nährbrocken nach hinten befördern. Bei Schmetterlingsraupen ist die ~ allerdings mit ventralen und dorsalen Dilatatoren versehen. (Taf. VI, Fig. 1.)

Sperma (gr. τὸ σπέρμα der Same), Samen, Semen, das befruchtungsreife Produkt der männlichen Geschlechtsorgane. Es besteht aus → Spermien, die in einer zähflüssigen, von den → Anhangsdrüsen gelieferten Substanz suspendiert sind. Die Spermien vereinigen sich vielfach zu verschieden gestalteten Gruppen, den → Spermiozeugmen, die aus je 2 (z. B. bei Dytisciden) oder mehreren bis sehr vielen (viele *Coleoptera*, z. B. *Loricera, Saltatoria, Hymenoptera, Odonata, Coccidae* usw.) Spermien bestehen können. Bei vielen Insekten erfolgt die Übertragung der Spermien auf das Weibchen nicht im Zustand des freien Spermas, sondern in Form von → Spermatophoren.

Spermatheca (gr. τὸ σπέρμα der Same, ἡ θήκη Behälter, Kasten) → Samenkapsel.

Spermatide → Spermide.

Spermatocyte → Spermiocyte.

Spermatogenese, Samenbildung.

Spermatogonie → Spermiogonie.

Spermatophore (gr. τὸ σπέρμα der Same, φέρω oder φορέω trage), Samenpaket, Samenpatrone sind Kapseln aus erhärtetem Sekret der Anhangsdrüsen männlicher Geschlechtsorgane, welche lose → Spermien oder → Spermiozeugmen enthalten und während der Begattung in die weiblichen Geschlechtswege eingeschoben werden. Die Spermatophorenhülle erhärtet entweder gleich nach ihrer Bildung (*Gryllodea*) oder erst nach der Übertragung der ~, in der Vagina (*Dytiscus*). Die Bildung von ~ ist bei *Locustoidea, Grylloidea*, vielen *Coleoptera*, manchen *Planipennia* und *Lepidoptera* bekannt und ist überall da zu vermuten, wo bei Weibchen eine → Bursa copulatrix entwickelt ist.

Die ~ wird vielfach auch als → „Samenkapsel" bezeichnet.

Spermatophragma (gr. τὸ φράγμα Einschluß, Zaun, Bedeckung), bei Schmetterlingen die vom Männchen nach Ablagerung der Spermatophore in die Bursa eingebrachte kugelige Masse, die in einen fadenartigen, aus der Bursa herausragenden Fortsatz verlängert ist. Sie bewirkt einen Verschluß der Bursa gegen Ausfließen des Samens und verhindert gleichzeitig eine nochmalige Begattung. (Wurde einmal auch zur Bezeichnung der → Sphragis gebraucht) (Hering 1940). Vgl. auch → Begattungszeichen.

Spermatozoe, Spermatozoon (gr. τὸ ζῷον lebendes Wesen, Tier) → Samenzelle.

Spermide, pl. Spermiden, vier Tochterzellen einer → Spermiocyte, Produkt der beiden → Reifungsteilungen der letzteren.

Spermie → Samenzelle.

Spermienbildung, Samenbildung.

Spermiocysten → Samenherde.

Spermiocyten sind die ersten 6—8 Generationen von Zellen, die aus den mitotischen Teilungen der → Spermiogonien hervorgehen und im Hodenfolikel in einer Cyste vereinigt, einen → Samenherd bilden. Sie bilden das dritte Entwicklungsstadium der Samenbildung und machen nach einer Wachstumsperiode die beiden Reifungsteilungen durch, die sie zu → Spermiden verwandeln.

Spermiocytogenese, erste Phase der Samenbildung, die durch mitotische Teilungen der → Urspermiogonien eine Anzahl von → Spermiogonien liefert, deren 6-8 gleichfalls mitotische Teilungsgenerationen die → Spermiocyten sind. Mit der Bildung der → Spermiden aus den letzteren ist die ~ abgeschlossen, und nun beginnt die zweite Phase der Samenbildung, die → Spermiohistogenese. Die Anzahl der Spermien ist mit dem Abschluß der ~ festgelegt.

Spermiodesmen (gr. τὸ σπέρμα der Same, ὁ δεσμός Knoten) → Spermiozeugmen.

Spermiogenese, Samenbildung.

Spermiogonien → Urspermiogonien.

Spermiohistogenese (gr. ὁ ἱστός Gewebe, ἡ γένεσις Erzeugung), zweite Phase der Samenbildung. Sie verläuft ohne weitere Zellteilungen und beruht auf Wachstums- und Umwandlungsprozessen der Spermiden, deren runde Zellen sich in die verschiedensten, für die Art charakteristischen Formen der fertigen → Samenzellen differenzieren.

Spermiozeugmen (gr. τὸ σπέρμα der Same, τὸ ζεῦγμα Bund, Bündel), Spermiodesmen, größere oder kleinere, 2 (*Dytiscidae*) bis mehrere Tausend fertige → Samenzellen enthaltende Bündel von sehr verschiedener Gestalt. In dieser Form gelangen die Samenzellen entweder als freier → Samen oder in → Spermatophoren geschlossen, zur Übertragung in die weiblichen Geschlechtswege.

spezialisiert (lat. specialis, -e, adj., eigentümlich, eigenartig) werden Arten (Formen) genannt, welche durch Ausbildung gewisser fortschrittlicher („sekundärer") Eigenschaften, die meist als Folge der Anpassung an geänderte Lebensbedingungen zustande gekommen sind, die alten, von den Vorfahren ererbten Eigenschaften in den Hintergrund gedrängt oder völlig unterdrückt haben, so daß es manchmal (oder meist) nicht leicht ist, ihre alten, primären Merkmale zu finden und von den sekundären, d. h. später erworbenen Eigenschaften zu unterscheiden. So ist z. B. *Platypsyllus castoris* Ritsema ein durch ectoparasitisches Leben stark specialisierter Käfer. Mehr oder weniger weitgehende Specialisierungen sind übrigens häufiger als alte, phylogenetisch primäre Merkmale, was aus der nie ruhenden Evolution ohne weiteres erklärlich ist. Vgl. auch → abgeleitet.

Sphaeridiota Latreille → *Palpicornia.*

Sphaeriidae (Erichson 1948) Thomson 1859, Fam der *Col* (*Staphylinoidea*), mit 6 Arten in Europa, Nord- und Mittelamerika, von welchen nur 1 in Deutschland lebt. Kleine, etwa 1 mm lange, ovale, stark gewölbte Käferchen.

Sphaeritidae (Heer 1841) Shuckard 1839, Fam der *Col* (*Clavicornia*) mit 1 in Europa und Nordamerika heimischen Art, *Sphaerites glabratus* Fabricius 5—7 mm langer rundlicher Käfer mit verflachten Seitenrändern des Halsschildes, schwarz, mit grünlichem Metallschein. Unter Rinden und auf Schwämmen stellenweise nicht selten.

Sphaeroceridae → *Borboridae.*

sphaeroides Germar, *Peritelus,* grauer Knospenrüßler (*Col Curculionidae*).

spheciformis Germar, *Synanthedon,* Erlenglasschwärmer (*Lep Aegeriidae*).

Sphegidae Westwood 1840 (*Sphecidae*, auct.), Grabwespen, Sandwespen, Fam der *Hym Aculeata Fossores* mit etwa 5000 Arten, von welchen in Deutschland an 200 leben. Mittelgroße schlanke Wespen, die ihre Brut mit gelähmten Beutetieren versorgen.
Fossil sind an 50 tertiäre und quartäre Arten bekannt, darunter 12 aus dem baltischen Bernstein.

Sphekoidie (gr. ὁ σφήξ Wespe, τὸ εἶδος Gestalt, Idee, Aussehen), Ähnlichkeit mancher Käfer, Fliegen und Schmetterlinge mit aculeaten Hymenopteren (nicht nur mit Sphegiden). Unter Käfern sind z. B. *Clytus*-Arten (*Cerambycidae*), unter Fliegen *Asilidae* und *Bombyliidae* (Hummelfliegen) und unter Schmetterlingen die *Aegeriidae*, welche aculeate Hymenopteren „nachahmen".

Sphenothoraxhypothese (gr. ὁ σφήν Keil) → Schaltsegmenthypothesen.

Sphincter (lat. spinter, -eris, n., Armband, aus dem gr. σφιγκτήρ von σφίγγω zusammenschnüren, umschließen), Ringmuskel des → Proventriculus oder der → Valvula cardiaca, welcher den Übergang vom Vorderdarm zu Mitteldarm willkürlich verschließen kann, z. B. bei *Dytiscus*, Thysanopteren, Larven verschiedener *Diptera* usw.
Auch der → Pylorus kann einen Verschlußapparat zwischen dem Mittel- und Hinterdarm bilden und ist dann mit einem kräftigen Ringmuskel, dem ~ versehen.

Sphindidae Schaum 1862, Fam der *Col* (*Clavicornia*) mit etwa 20 Arten, von welchen in Deutschland 1 (*Sphindus dubius* Gyllenhal) lebt.

Sphingidae (Latreille 1802) Leach 1819, Schwärmer, Fam der *Lep* (*Macrofrenatae*) mit etwa 1000 Arten, zahlreiche davon in Deutschland (*Sphinx* Linné, *Hyloicus* Hübner, *Smerinthus* Latreille, *Acherontia* Laspeyrese usw.).
Fossil durch 2 tertiäre Arten (balt. Bernstein und Miocän) vertreten.

Sphragis (gr. ἡ σφραγίς -ῖδος das Siegel, das mit einem Siegel oder Marke bezeichnete), → Begattungszeichen gewisser Schmetterlinge, welche den Abdruck des 8. Tergites und des Begattungsapparates des Männchens darstellen (HERING). Nach TILLYARD → Valven, welche bei der Begattung gewisser Schmetterlinge vom männlichen Begattungsapparat abgetrennt und an der weiblichen Begattungsöffnung haften bleiben.

Spicula (lat. dem. von spica, -ae, Spitze, Ähre) → Legestachel (→ Gräte).

Spiegel, 1. → Schallmembran, 2. → Tornalfleck, 3. Ansammlung von Eiraupen am Geburtsort (z. B. Nonne) oder älterer Raupen zum Zweck der Häutung. (z. B. Ringelspinner, Häutungsspiegel), 4 Gruppen von Haaren, z. B. Brennhaaren beim Processionsspinner auf dem Rücken der 8 letzten Hinterleibssegmente, blaue Haarpolster auf dem Rücken des 2. und 3. Segments bei Raupen des Kiefernspinners usw., die bei Beunruhigung entfaltet bzw. ausgebreitet werden.

+***Spilapteridae*** (Brongniart) Handlirsch 1908 (Abb. 324), ausgestorbene Fam der +*Palaeodictyoptera* mit 18 Arten aus dem mittleren Obercarbon von Frankreich. Mittelgroße Formen mit 4—9 cm Flügellänge.

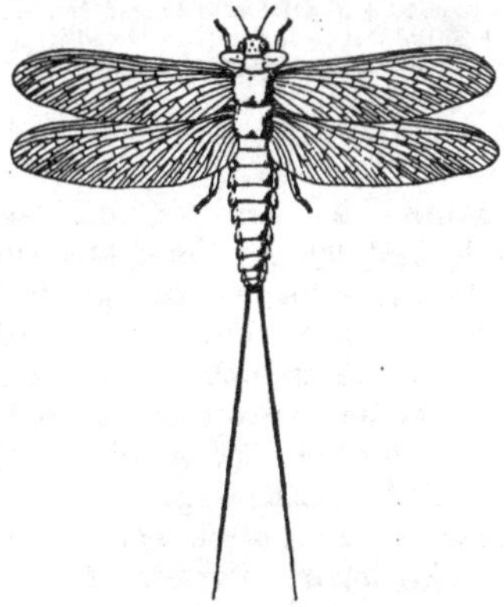

Abb. 324 +*Homaloneurina bonnieri* Brongniart (+Spilapteridae). Nach Handlirsch. Nat. Körperlänge etwa 4,5 cm.

+***Spiloblattinidae*** Handlirsch 1908 (Abb. 325), ausgestorbene Fam der *Blattaria* mit über 100 aus dem oberen Obercarbon (an 50 nordamerikanische und 40 deutsche) und dem unteren Perm (21 nordamerikanische und 6 deutsche) beschriebene Arten. Meist nur Reste der Vorderflügel, die 2—3 cm lang waren.

Spina (lat. spina, -ae, f., Dorn), hinten in der Mittellinie des Pro- und Mesosternums vieler Pterygoten auftretender endoskeletaler, unpaariger Vorsprung, welcher als Ansatz für mehrere sternale Muskeln dient. (→ Spinasterum.) (Taf. I, Fig. 2C.)

spinaciae Vieweg, *Polia*, Salateule (*Lep Noctuidae*).

spinaciae Holmgren, *Pegomyia*, Spinatfliege (*Dipt Muscidae*).

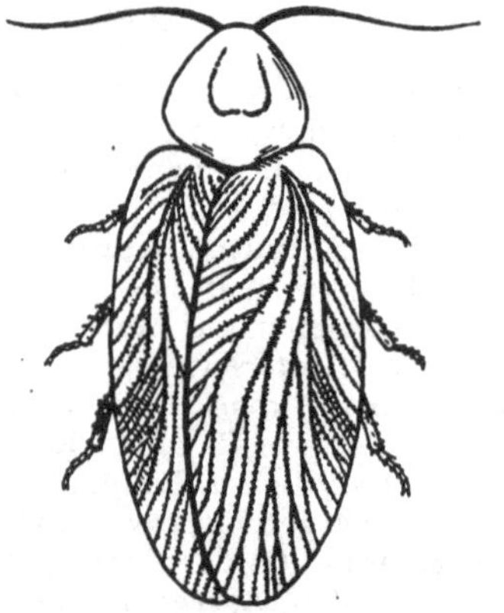

Abb. 325. + *Syscioblatta dohrni* Scudder (+ Spiloblattinidae). Nach Handlirsch. Nat. Körperlänge etwa 2 cm.

spinarum Fabricius., *Athalia* → *A. colibri* Christ.

Spinasternum, der hintere, die → Spina tragende Teil des Pro- und Mesosternums vieler Pterygoten. Es ist das reduzierte und meist mit dem vorangehenden Sternum ohne sichtbare Grenzen verschmolzene → Intersternit, dessen → Antecosta die → Spina bildet. (Taf. I, Fig. 2C, Taf. XXX, Fig. 2.)

Spinatfliege → *Pegomyia spinaciae* Holmgren (= *hyoscyami* Panzer?).

Spinatmotte → *Heliodines roesella* Linné.

Spindel, Spindelfinger, Spindelröhre, Spinnwarze, Syringa salivaris, stielartiger Fortsatz an der Spitze des mit dem Labium verschmolzenen Hypopharynx bei spinnenden Schmetterlingsraupen. An seiner Spitze mündet die → Speichelhöhle. Damit heften die Raupen den Spinnfaden an die Unterlage und ziehen ihn an die nächste Anheftungsstelle.

Spindelbaum-Gespinstmotte → *Hyponomeuta cognatellus* Hübner.

Spindelbaum-Schildlaus → *Chionaspis evonymi* Comstock.

spindelförmig nennt man eine gleichmäßig nach vorn und hinten verengte Habitus form.

Spinnbeine sind die im Basalglied der Vordertarsen mit Spinndrüsen versehenen Vorderbeine der *Embiodea* und der Männchen der → *Empididae*.

Spinndrüsen, meist → Labial-, selten → Tarsaldrüsen (*Embidaria*), welche aus dem an der Luft erhärtenden Seidensekret (→ Seidendrüse) einen Gespinstfaden ziehen, sei es zur Einhüllung des eigenen Körpers (Coconbau), sei es zum Schutz der Eigelege (*Corrodentia*) oder zum Bau von Wohnröhren (*Embidaria*).

Spinne, rote → *Tetranychus*-Arten u. Verwandte.

Spinnenameisen → *Mutillidae*.

Spinnenfliegen → *Acroceridae*.

Spinnenspringer → *Dicyrtomidae*.

Spinnfinger → Spindel.

Spinnfüßler → *Embiodea* (*Embidaria*).

Spinnmilben → *Tetranychidae* (*Acari*).

Spinnwarze → Spindel.

Spiraculum (lat. spiraculum, -i, pl. -a, -orum, n., Luftloch) → Luftloch.

spiraeae Zaddach, *Pteronus*, Spiräenblattwespe (*Hym Tenthredinidae*).

Spiralfaden, Taenidium, exocuticulare Spiralleiste, welche die Wandung der → Tracheen inwendig verstärkt. Der ∼ durchzieht die Tracheen meist nicht mit einem einheitlichen Gewinde, sondern besteht aus einzelnen Abschnitten, die entweder einfach verlaufen (meistens) oder kurze Zwischenfäden (*Dytiscus*), netzartige Abzweigungen (*Anthophora* und andere Hymenopteren, viele *Coleoptera*, gewisse Lepidoptera), Querfäden (*Buprestis*-Larve), oder stachelartige Fortsätze bilden (*Cerambycidae*, *Chrysomelidae*).

Spiralmine, Heliconomium, eine → Gangmine mit spiralig gelegten Gangwindungen.

Spirem (gr. ἡ σπεῖρα Gewinde, alles Gewundene), Knäuel eines → Mitosestadiums des sich teilenden Zellkerns.

spirifex Marchal, *Tarsonemus*, Hafermilbe (*Acari Tarsonemidae*).

spirothecae Passerini., *Pemphigus* später Pappelblattstieldrehlaus (*Hom Aphididae*).

Spitzenquerader, bei *Muscinae* meist winklig nach oben abgebogener und den Vorderrand des Flügels kurz vor dem Apex, dicht hinter dem letzten Radialsektor erreichender Endteil der Media.

Spitzenstück, Acrosom, ein am Vorderende der Samenzelle häufig auftretendes, vorstehendes, bei *Locustidae* mit zwei widerhakenartigen Anhängen versehenes Organell.

Spitzkopfzikade, gestreifte → *Deltocephalus striatus* Linné.

Spitzmausrüßler, *Apioninae* (*Col Curculionidae*).

Splanchna (pl.) (gr. τὸ σπλάνχνον Eingeweide) → Eingeweide.

Splanchnopleura (gr. ἡ πλευρά die Körperseite) → Darmfaserblatt.

splendana Hübner, *Laspeyresia* (*Carpocapsa*), Eichelwickler (*Lep Tortricidae*). Raupe in Eicheln und Edelkastanien (*Castanea vesca*) bohrend.

splendidella Herrich- Schäffer, *Dioryctria*, Harzzünsler, Harzbeulenzünsler, Kiefernzapfenzünsler (*Lep Pyralididae*).

Splintholzkäfer → *Lyctus linearis* Goeze (und *Lyctidae*).

spontan (lat. spons, -tis, f., der freie Wille, nur im Abl. gebräuchlich, z. B. sua sponte aus eigenem Antrieb, spontaneus, adj. willkürlich), willkürlich, unvermittelt, ohne sichtbare äußere Veranlassung.

Sporn, Schiensporn, Calcar, dicke, starre, beweglich eingelenkte Borsten am Ende (Apicalsporne), vor dem Ende (Subapicalsporne) oder in der Mitte (Mediansporne) der Schienen. Ihre funktionelle Bedeutung ist nicht immer ganz klar. Die Endsporne sollen zum Abstemmen vom Boden dienen, bei gewissen Chalcididen sogar das Springen unterstützen. An Vorderschienen, manchmal aber auch an Hinterschienen (*Sphegidae*) sind die ~ zu → Putzspornen besonders umgebildet. Vgl. auch → Epiphyse.

Spreite, Spreitenteil des Flügels → Costalfeld.

Sprengnaht → präformierte Bruchlinie.

Sprengsel → Heuhüpfer.

Springen, → Fortbewegung durch rapides Abprallen des Körpers von der Unterlage, ist bei Insekten verhältnismäßig wenig verbreitet. Nur bei *Saltatoria*, *Aphaniptera*, *Cicadina*, *Psyllina* und *Halticinae* ist das ~ neben dem → Gang und → Flug zu einer regelmäßigen Ortswechselbewegung entwickelt. Bei anderen Insekten kommen zwar auch Formen mit Sprungvermögen vor (*Rhynchaenus* unter Curculioniden, viele *Chalcididae*, gewisse Fliegen und Fliegenlarven, Junglarve der *Strepsiptera* usw.), doch beschränkt sich bei ihnen das ~ gewöhnlich auf Fluchtversuche bei Beunruhigung, oder auf Befreiung aus einer unbequemen Lage (*Elateridae*).
Die verschiedenartigsten → Sprungapparate zeugen von der polyphyletischen Entwicklung des Springvermögens. Am meisten verbreitet ist das ~ mittels der → Sprungbeine, die sich bei verschiedenen Gruppen unabhängig aus normalen Gangbeinen entwickelt haben. Vgl. auch → Startsprung.

Springgabel, Furca, Furcula, eine auf Extremitäten zurückgehende Springvorrichtung am 4. oder 5. Hinterleibssternit der *Collembola*. Sie besteht aus einem unpaarigen Stammstück, dem → Manubrium und einem Paar dem Manubrium aufsitzender Griffel, → Dentes, die mit je einem Spitzenstück, → Mucro endigen. Die ~ wird am → Retinaculum des 3. Hinterleibssternits festgeklemmt und schlägt, plötzlich losgelassen, auf die Unterlage, wodurch der Körper hochgeschnellt wird.

Springschwänze → *Collembola*.

Springwanze, rotköpfige → *Halticus saltator* Geoffroy.

Springwurmwickler → *Sparganothis pilleriana* Schiffermüller.

Spritzmittel sind in Wasser gelöste, suspendierte oder emulgierte Insektizide, die mit Hilfe von Spritzapparaten auf die Schädlinge bzw. ihre Wirtspflanzen in einem feinen Nebel gespritzt werden. Es handelt sich dabei stets entweder um Kontakt- oder um Fraßgifte. Vgl. auch → Stäubemittel.

Sprungapparate, Sprungvorrichtungen, meist auf Beine zurückführbare Vorrichtungen zum Emporschnellen des Körpers. Bei *Collembola* → Springgabel und → Retinaculum, bei *Machilidae* → Terminalfilum, bei Dipterenlarven Mundhaken und Hinterleibsende oder Hinterleibsende und → Spatula, bei Elateriden der Prosternaldorn (→ Mucro) und Mesosternalgrübchen, bei *Mordellidae* das verlängerte Hinterleibsende, bei Strepsipteren-Larven Schwanzborsten, bei den meisten springenden Insekten aber → Sprungbeine. (Vgl. auch → Schnellen.)

Sprungbeine, Pedes saltatorii, sind sofern mit Sicherheit bekannt stets nur die Hinterbeine. Es werden zwei Typen der ~ unterschieden, nämlich die tibialen und die coxalen ~. Bei ersteren (*Saltatoria*, *Halticinae*, *Rhynchaenus*) sind die stark verdickten Hinterschenkel mit einem kräftigen Extensor tibiae versehen und der Sprung erfolgt durch plötzliches Strecken der Hinterschiene im Kniegelenk. Bei coxalen ~ erfolgt die Streckung der Hinterschenkel im Hüftgelenk durch den kräftigen nototrochanteralen Muskel des Metathorax (Dvm_5) (*Cicadina*) oder durch sternale und coxale Muskeln des Metathorax, die an der Trochantersehne inserieren (*Psyllina*). Der Sprungmechanismus der Flöhe ist noch nicht mit Sicherheit bekannt, die Hauptrolle spielen dabei jedenfalls die Hinterbeine (Schenkelflexion), die Mittelbeine helfen wohl auch dabei mit (Snodgrass 1946). (Taf. XXV, Fig. 3.)

Sprungdorne, Sprungsporne, die meist paarigen, langen und kräftigen Enddorne der Hinterschienen bei *Saltatoria* und gewissen *Chalcididae*, welche das Springen unterstützen bzw. bewerkstelligen sollen.

spumarius Linné, *Philaenus*, gemeine Schaumzikade (*Hom Cercopidae*).

spurius Modeer, *Eriococcus*, Ulmenwollschildlaus (*Hom Coccidae*).

Spurnaht, Sulcus, äußere Spur einer endoskeletalen Leiste.

sputator Linné, *Agriotes*, Salatschnellkäfer, Gartenschnellkäfer (*Col Elateridae*).

Squama (lat. squama, -ae, pl. -ae, -arum, f., Schuppe) 1. → Schüppchen, 2. → Schuppenhaare, 3. ein paariger, dem → Stipes aufsitzender und mit arteigenen Fortsätzen versehener Teil des Begattungsapparates von *Bombus*.

Squama palpigera → Palpifer.

Squamula (lat. dem. von squama), das → Thorakalschüppchen (Squamula thoracalis) und das → Flügelschüppchen (Squamula alaris) des Dipterenflügels.

Ssp., Subsp., vielfach S. sp., Abk. für Subspecies, Unterart.

S. str., s. s., sensu str., Abk. für sensu stricto bzw. sensu strictiore, im engen bzw. engeren Sinne.

Staaten der Insekten sind Nachkommen eines Elternpaares, die nach der Geburt sich nicht in alle Windrichtungen zerstreuen, wie dies bei den meisten Tieren der Fall ist, sondern zusammenbleiben und ein gemeinsames Nest bauen, in dem die jüngeren Geschwistergenerationen gepflegt und hochgezogen werden. Staaten bilden unter Insekten nur *Isoptera* und die Familien *Apidae*, *Vespidae* und *Formicidae* der *Hymenoptera*. Vgl. auch → Organisation.

Stabheuschrecken → *Bacillidae* und *Bacteriidae*.

stabulans Fallen, *Muscina*, Stallfliege (*Dipt Muscidae Anthomyinae*).

Stachel → Giftstachel.

Stachelameisen, *Ponera* spp. (*Hym Formicidae*).

Stachelbeerblattwespe, gelbe → *Pteronus ribesii* Scopoli.

Stachelbeerblattwespe, schwarze → *Pteronidea pallipes* Lepeletier.

Stachelbeerblütengallmücke → *Contarinia ribis* Kieffer.

Stachelbeermilbe, rote → *Bryobia praetiosa* Koch (*ribis* Thomas).

Stachelbeersägewespe → *Hoplocampa chrysorrhoea* Klug.

Stachelbeerspanner → *Abraxas grossulariata* Linné.

Stachelbeerzünsler → *Zophodia convolutella* Hübner.

Stacheldrüse, eine unpaarige Drüse am Grunde der → Stachelscheide bei *Anoplura*. Sie ist bisher nur von den Anopluren bekannt und steht mit den ventralen Stiletts der Mundwerkzeuge in Verbindung.
Dieselbe Bezeichnung wird vielfach auch für die → Giftdrüse der aculeaten Hymenopteren angewandt.

Stachelkäfer → *Mordellidae*.

Stachelkamm → Ctenidium.

Stachelrinne, das mediale, bei Hymenopteren zu einer Rinne (z. B. *Sirex*) oder zu einem geschlossenen Rohr (z. B. Giftstachel der aculeaten Hymenopteren) verschmolzene Gonapophysenpaar des 9. Segments im Legeapparat der Weibchen. Die ~ gleitet in einem Schienenfalz (bzw. in zwei Falzen) der Gonapophysen des 8. Segments (→ Stechborsten) und bildet mit ihnen zusammen den Hauptteil des Legeapparates bzw. des Giftstachels.

Stachelscheide, 1. ein häutiger Sack im Kopfe der *Anoplura*, welcher die Stechborsten (→ Stechapparat) enthält. Der zwischen zwei parallelen Chitinlängsstäben ausgespannte Boden der ~ wird als Bürste (Sikora) bezeichnet. Zum Saugen wird die ~ zum Teil ausgestülpt und die Stiletts nach vorn getrieben. Der elastische Boden der ~ (Bürste) hilft nach Erschlaffung der ventral an der ~ inserierenden Protractormuskeln die ~ wieder in die Ruhelage zu bringen. 2. Die äußeren Gonopoden (Styli) des 9. Hinterleibssegments der Weibchen, die eine ~ des Legeapparates bilden. (Taf. XV, Fig. 9, Taf. XVI, Fig. 1, 2, 3.)

Stachelventil → Ventilplättchen.

Stadium (gr. τὸ στάδιον eine bestimmte Strecke, Spanne), jeder durch eine bestimmte Form charakterisierte Abschnitt der → Metamorphose; meist ist damit eben nur die bestimmte Körperform eines Metamorphoseabschnittes gemeint, z. B. Larve, Puppe usw.

Stäbchen → Rhabdom.

Stäbchensaum 1. → Stiftchensaum, 2. → Rhabdorium, 3. ~ der Epithelzellen der → Malpighigefäße.

Stäubemittel sind reine oder mit einem indifferenten Pulver verdünnte staubförmige Insektizide, die mit Hilfe von Stäubeapparaten, den Verstäubern, auf die Schädlinge bzw. ihre Wirtspflanzen (Wirtstiere) verstäubt werden. Sie haben vor den → Spritzmitteln den Vorzug des geringen Gewichtes und der Unabhängigkeit von der Wasserquelle, wodurch sie zu beliebten Mitteln auf großen und von den Kulturzentren entfernten Gebieten sowie für die Bekämpfung der Schädlinge vom Flugzeug aus geworden sind.

Stallfliegen → *Musca corvina* Fabricius und *Muscina stabulans* Fallen.

Stamm, Tierstamm, Phylum, Typus, die oberste systematische Kategorie des Tierreiches (Regnum animalium).

Stammbaum der Insekten, graphische Darstellung des Insektensystems, aus welchem die Abstammung aller Gruppen von älteren Stammformen ersichtlich ist bzw. sein soll. Gegenwärtig gilt im allgemeinen der von HANDLIRSCH 1908 nach jahrelanger verdienstvoller Arbeit an fossilem Material begründete und in der Folgezeit ausgebaute (1925) Stammbaum, in dem alle Insektengruppen auf die → *Palaeodictyoptera* und diese auf *Trilobita* zurückgeführt werden.

TILLYARD (1930) führt die Insekten und Myriopoden auf eine hypothetische, vermutlich silurische Ahnengruppe → *Protaptera* zurück.

Stammesgeschichte, Phylogenie. Die Wissenschaft von den Formveränderungen, welche die Organismenwelt während der ganzen Zeit ihrer Existenz durchlaufen hat (HAECKEL 1866).

Die Formveränderungen (Phylogenese) werden teils direkt aus Fossilien, teils indirekt aus den Ergebnissen der vergleichenden Morphologie und Biologie (im weitesten Sinne) erschlossen bzw. rekonstruiert.

Naturgemäß sind diese Rekonstruktionen labil und stellen einen Querschnitt durch den jeweiligen Stand des biologischen Wissens dar.

Die jeweiligen stammesgeschichtlichen Ansichten finden ihren kurzgefaßten, anschaulichen Niederschlag in den natürlichen → Systemen und → Stammbäumen.

Stammstück, Haftglied, Stipes, 1. das zweite, der Hüfte der thorakalen Beine homodyname Stück des → Unterkiefers (Maxilla). Es sitzt dem → Angelstück (Cardo) auf, mit dem es im kauenden Typ der Mundwerkzeuge meist einen annähernd rechten Winkel bildet und ist meist mit seinen beiden medialen Rändern eine Strecke weit distalwärts mit der Mundfeldmembran verwachsen, so daß nach seinem Herausoperieren zwischen der Mandibel, dem Labium und dem Hypopharynx ein Loch in der Mundfeldmembran entsteht.

Etwa in der Mitte seines freien Außenrandes entspringt der → Kiefertaster, der manchmal einem sockelartigen Vorsprung des ~, dem → Palpifer stipitalis aufsitzt. Vor dem Kiefertaster, am äußeren Spitzenrande oder außen vor der Spitze des ~ sitzt die → Außenlade, die gleichfalls einem sockelartigen Vorsprung des Stipes, der → Subgalea aufsitzen kann (z. B. bei *Carabidae*). Apikal oder subapikal am freien Medialrande des ~ sitzt die → Innenlade.

In kauenden Mundwerkzeugen ist das ~ gewöhnlich fast bis zur Basis, d. h. bis zum Cardinostipitalgelenk frei und nur mit einem halbrundlichen basalen Ausschnitt seiner Medialwand dem Mundfelde zwischen dem Hypopharynx (innen), der Mandibel und dem Labium (außen) angewachsen. Es legt sich hier eng an die seitlich offene → Speichelhöhle zwischen dem Hypopharynx und dem Labium.

In kauend-leckenden Mundteilen ist das ~ in weiterer Ausdehnung mit dem mehr oder weniger stark vorgestülpten Mundfeldsack verwachsen, in dem die Verwachsung hier vielfach (*Hymenoptera aculeata*) bis zur Spitze der Medianränder des ~ reicht. Durch den vorgestülpten Mundfeldsack ist nun auch die Verbindung zwischen dem ~ und dem Labium weiter nach vorn gerückt.

In leckend-saugenden Mundwerkzeugen ist das ~ bei *Trichoptera* rudimentär und mit den Seiten des → Haustellums verschmolzen oder fehlt ganz. Bei *Lepidoptera* ist es auf der Kopfunterseite vor der Basis der Labialtaster als ein ziemlich langes Sklerit kenntlich.

In stechend-saugenden Mundteilen ist das ~ bei *Hemiptera* in der beiderseitigen → Lamina maxillaris aufgelöst und bei *Thysanoptera* bildet es die vorderen, dreieckigen, die kurzen Kiefertaster tragenden, zwischen die Oberlippe und die Unterlippe eingeschobenen Seitenwände des → Mundkegels.

Bei *Panorpatae* sind die ~ lang und schmal, die ventralen, mit dem Mentum und Submentum verschmolzenen Streifen der ventralen Rüsselwand bildend.

Bei *Diptera* ist das ~ beiderseits zusammen mit dem Angelstück (Cardo) in die ventrale Wand der Kopfkapsel (*Ceratopogonidae, Tabanidae*) beiderseits des Submentums bzw. Mentums eingeschmolzen oder als ein rudimentärer Basalsklerit der Kiefertaster in der Vorderwand des → Rostrums (*Muscidae*) erhalten.

Bei *Aphaniptera* ist das Cardo-Stipes-Stück frei, blattförmig, ziemlich lang und spitz oder keulenförmig bis quadratisch (*Ischnopsyllidae*), kürzer als der Stechborstenkomplex, dem es beiderseits vorn anliegt. (Taf. I, Fig. 1, Taf. XXI, Fig. 2, 9, Taf. XXII, Fig. 2, Taf. XXIII, Fig. 1, Taf. XXIV, Fig. 4.)

2. Das Grundstück der → Valven im männlichen Begattungsorgan der *Tenthredinidae* (Zander 1900).

Stampfer → Pistill.

Staphylinidae (Latreille 1802) Leach 1817 (*Staphyliniae* Latr.), Kurzflügler, Kurzflügelkäfer (Abb. 326), Fam der *Col Polyphaga Staphylinoidea* mit etwa 20000 Arten, von welchen in Deutschland etwa 1300 leben. Ausgezeichnet durch die stark verkürzten Flügeldecken, welche den größten Teil des Hinterleibes unbedeckt lassen. Sowohl die Käfer als auch ihre Larven sind vorwiegend Jäger, die in bodennahen feucht-dunklen Biotopen (unter Steinen, Rinden usw.) anderen Insekten, Würmern usw. nachstellen. Nicht selten sind es aber auch Blütenbesucher, die sich von Pollen ernähren (*Anthobium* Stephens, *Anthophagus* Gray), Pilzfresser (*Bolitobius* Stephens), Paraphagen (→ Paraphagium), Myrmecophile und Entomoparasiten.

Fossil sind an 200 Arten seit dem Eocän beschrieben worden.

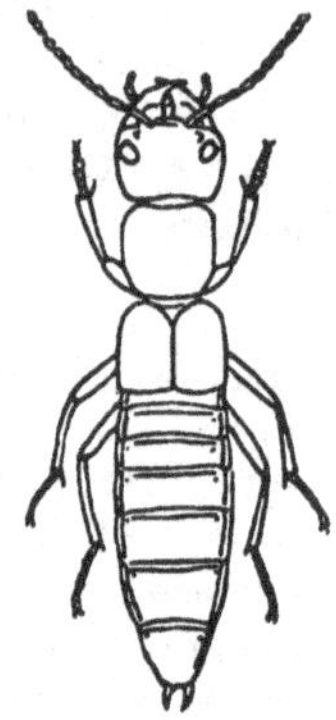

Abb. 326. *Staphylinus* sp. (Staphylinidae). Schema, nach Handlirsch.

Staphylinoidea Ganglbauer 1895, Abteilung der *Col Polyphaga* mit den Familien *Silphidae, Liodidae, Clambidae, Scydmaenidae, Orthoperidae, Phaenocephalidae, Discolomidae, Sphaeriidae, Hydroscaphidae, Ptiliidae, Scaphidiidae, Staphylinidae, Pselaphidae, Clavigeridae, Gnostidae, Niponiidae* und *Histeridae*. Von vielen anderen Familien, die vielfach als Unterfamilien geführt werden, sind bes. noch die *Platypsyllidae* hervorzuheben, die heute mit den *Leptinidae* vereinigt zu werden pflegen.

Starrsucht → Akinese.

Startsprung, bei guten Fliegern, vor allem bei Fliegen häufig beobachtetes Aufspringen zwecks Gewinnung größerer Menge Tragluft unter den ersten Flügelschlag. Zum ~ duckt sich das Insekt ähnlich wie es die vom Boden auffliegenden Singvögel tun und springt mit allen 6 Beinen hoch. Auch bei springenden Fluginsekten (*Saltatoria, Cicadina, Psyllina*) kann der Sprung als ~ zum Auffliegen benutzt werden.

stationär (lat. statio, -onis, f., Standort, Aufenthalt), ständig, dauernd. Gegens. → temporär. Stationär sind z. B. Läuse als Parasiten (→ Holoparasiten).

statische Organe sind Sinnesorgane, die ihrem Bau zufolge die Gravitationskraft in Nervenerregung zu verwandeln geeignet sind. (Koehler, Verh. D. Z. Ges. 1924). Im Grunde beruht die Funktion der ~ auf dem Zusammenwirken tangorezeptorischer Haargebilde mit einem der Schwerkraft frei unterworfenen Reizkörper, einem festen, freibeweglichen → Statolithen oder einer Luftblase.

Je nach dem Bau sind ~ mit verschiedenen Bezeichnungen belegt worden, wie → siebförmige Stigmen der *Nepidae*, das → Palmensche Organ der Ephemeriden-Larven, die → Statocyste der Larve von *Ptychoptera contaminata*, das → Schlammsinnesorgan der Limnobiiden-Larven und das → Grabersche Organ der Tabaniden-Larven.

Bei *Notonecta* und *Belostoma* sind es die Fühler, welche mit eigenartigen Sinnesborsten (spatelförmige Sinnesborsten) beim Untertauchen eine Luftblase einfangen. Je nach der Tiefenlage des Tieres drückt die Luftblase stärker oder schwächer auf die Sinnesborsten, die diesen Druck auf die Sinnesfortsätze der zugehörigen Sinneszelle übertragen. Dieselbe Rolle erfüllen bei *Lethocerus* (*Belostomatidae*) Sinnesborsten, die am Rande der vertieft im Integument liegenden Hinterleibsstigmen stehen.

Statocyste (GROBBEN, S.-B. Ak. Wiss. Wien 1875) (gr. στατός stehend, ἡ κύστις Blase), ein von GROBBEN am 10. und 11. Hinterleibssegment der Larve von *Ptychoptera contaminata* gefundenes → statisches Organ. Es sind warzenartige Vorwölbungen der Cuticula, deren Hohlraum innen von einer dehnbaren Membran abgeschlossen ist. An der Membran inseriert ein Muskel, dessen Kontraktion die in Ruhe schlaffe Membran dehnt und den Hohlraum der ~ vergrößert. An diese Membran tritt auch ein Fortsatz der Sinneszelle heran. Der Hohlraum der ~ ist mit einer Flüssigkeit erfüllt in welcher einige glänzende Kügelchen von knorpeliger Konsistenz schweben, die als → Statolithen dienen.

Statolith (gr. στατός stehend, ὁ λίθος Stein), kleine Kügelchen organischer Herkunft oder Sandkörnchen, welche in Hohlräumen der statischen Organe frei beweglich sind und die Schwerkraft auf die Sinnesborsten übertragen.

Staubhafte → *Coniopterygidae*.

Staubkäfer, gemeiner → *Opatrum sabulosum* Linné.

Staubläuse → *Corrodentia*.

Staublaus → *Trogium pulsatorium* Linné.

Stechapparat, Haustellum der *Anoplura*, besteht aus zwei dorsalen und zwei ventralen Halbröhren, die in einer → Stachelscheide verborgen liegen und durch Umstülpung der letzteren vorgestoßen werden können. Die dorsalen Stilette bilden zusammengelegt ein Rohr, welches vorn den gleichfalls röhrenförmigen Mundhöhlenboden umschließt. Die ventralen Stilette hingegen bilden eine doppelwandige Rinne, in welcher das aus den dorsalen Stiletten gebildete Rohr ruht. Zwischen der ventralen Rinne und dem dorsalen Rohr verläuft der Speichelgang. Die ventrale Rinne endet mit 4 fein gezähnelten Fortsätzen und stellt den eigentlichen ~ dar, während das dorsale Rohr am Ende schräg abgestutzt ist und als Saugrohr dient. Das dorsale Rohr ist mit der ventralen Rinne beiderseits durch feine Membranen verbunden, so daß der ganze Apparat fest zusammenhängt. Der eingesaugte Nährsaft steigt zuerst im dorsalen Rohr hinauf und geht in den Mundhöhlenboden über, der ihn in den Pharynx weiterleitet.

Stechborsten, 1. die zu langen borstenförmigen, nadelscharfen Chitinrinnen umgewandelten Mandibeln (mandibulare ~) oder Maxillen (maxillare ~) der stechend-saugenden Insekten. Bei Hemipteren, Thysanopteren und Aphanipteren sind es die Mandibeln allein, welche den Stich ausführen und den zwischen ihnen eingeschlossenen, stumpf endigenden maxillaren → Saugborsten den Weg in die Stichwunde hinein bahnen. Bei stechend-saugenden Dipteren (ausgenommen *Stomoxidinae* und *Pupipara*, die den Einstich mit den → Labellen ausführen), ist das ganze ~ Stechborstenbündel am Stich beteiligt und außer den beiden Mandibeln und Maxillen hat auch noch die Oberlippe und der Hypopharynx die Form einer ~ angenommen. (Taf. XXIII, Fig. 2, 5—7.)

2. Die Gonapophysen des 8. Segments im → Legeapparat der Weibchen. (Taf. XV, Fig. 9, Taf. XVI, Fig. 1—3.)

Stechborstenbündel bilden diejenigen borstenförmig verlängerten Mundteile der stechend-saugenden Insekten, welche zusammengefalzt in die Stichwunde eindringen, ohne die → Stechborstenscheide mit hineinzuziehen. Bei Hemipteren bilden nur die beiden → Stechborsten (Mandibeln) und die zwischen ihnen verborgenen → Saugborsten (Maxillen bzw. Lacinien) das ~, bei Thysanopteren ist es nur eine Mandibel (Stechborste) und beide Lacinien, bei Aphanipteren hingegen die beiden Maxillen und der Hypopharynx. Bei stechend-saugenden Dipteren ist das ~ sechsteilig (→ Stechborsten).

Bei *Corixidae* bilden die Stech- und Saugborsten kein zusammenhängendes ~, sondern arbeiten gesondert, jede für sich, als ,,Besteck" bei der Aufnahme der Mikroorganismen des Detritus und als Meißel beim Anstechen von Algenfäden.

Stechborstenrinne, bei Hemipteren, Culiciden und Tabaniden eine rinnenförmige Vertiefung längs der Dorsalseite der Unterlippe (→ Stechborstenscheide), in welcher das → Stechborstenbündel verborgen liegt.

Stechborstenscheide, bei Hemipteren und stechend-saugenden Dipteren die dorsal mit einer → Stechborstenrinne versehene, verlängerte Unterlippe, bei Aphanipteren die verlängerten Lippentaster, welche als zwei flache Rinnen das Stechborstenbündel seitlich zusammenhalten, ohne miteinander verfalzt zu sein.

Stechborstentasche, Crumena, eine bei Hemipteren mit übermäßig langen Stechborsten auftretende beutelförmige Ausstülpung der ventralen Wand des Basalgliedes der Stechborstenscheide (gewisse *Plataspididae*) oder eine weit in den Kopf oder bis in den Thorax hinein reichende Einstülpung des basalen Teils der Stechborstenrinne (d. h. der dorsalen Wand des Basalgliedes der Stechborstenscheide bei *Psyllidae, Coccidae, Aleurodidae*). In das Lumen dieser Taschen wird das Stechborstenbündel in Ruhe eingezogen und in eine Schleife gelegt.

Eine besondere morphologische und funktionelle Differenzierung der Crumena stellt der → Vorschnellstab des Aleurodidenrüssels dar.

Funktionell der Crumena analoge Bildung findet sich bei *Aradidae* in dem stark erweiterten Clypeolabrum, welches in seinen Hohlraum das in zahlreiche Windungen gelegte Stechborstenbündel aufnimmt.

Stechfliege, gemeine → *Stomoxys calcitrans* Linné.

Stechfliege, kleine → *Lyperosia irritans* Linné.

Stechmücke, gemeine → *Culex pipiens* Linné.

Stechmücke, geringelte → *Culex annulatus* Fabricius (*Theobaldia annulata* Fabricius).

Stechmücken, Fliegen der Fam. *Culicidae* (UFam *Culicinae*), im Auslande meistens als Moskiten (Mosquitos) bezeichnet, mit vielen, medizinisch wichtigen Arten der Gattungen *Culex, Anopheles, Aëdes, Mansonia, Theobaldia* usw., um nur die in Deutschland vertretenen zu nennen. Es sind zusammen bei uns etwa ein Dutzend Arten, die alle mehr oder weniger lästige Blutsauger sind. Nur Weibchen der ~ sind Blutsauger, Männchen nehmen entweder keine Nahrung zu sich oder saugen Blütennektar u. dgl.

Stechrüssel, allgemeine Bezeichnung für alle einen verlängerten Komplex bildenden stechend-saugenden Mundwerkzeuge der Insekten ohne Rücksicht auf deren morphologischen Bau und Zusammensetzung, die sehr verschieden sind (stechend-saugende → Mundwerkzeuge, → Stechborsten, → Stechborstenbündel).

Stechzange, Saugmandibel, vgl. stechend-saugende → Mundwerkzeuge.

Steinfliegen → *Perlariae.*

Steinfruchtstecher → *Furcipes rectirostris* Linné (*Anthonomus druparum* Linné).

Steinobstgespinstblattwespe → *Neurotoma nemoralis* Linné.

+***Steleopteridae*** Handlirsch 1908 (Abb. 327), ausgestorbene Fam der *Odonata* mit

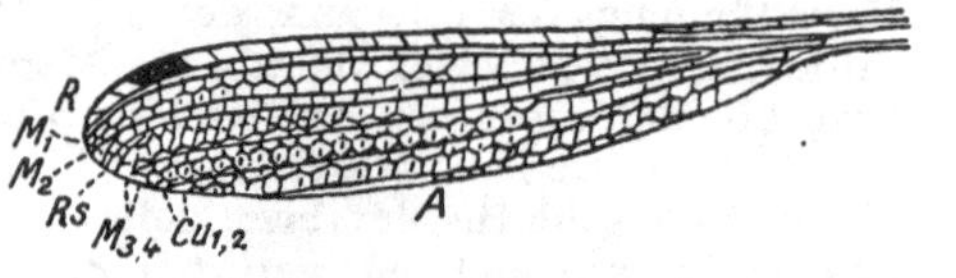

Abb. 327 +*Steleopteron deichmülleri* Handlirsch (+Steleopteridae). Nach Handlirsch. Nat. Länge des Flügels etwa 4 cm.

1 Art, *Steleopteron deichmülleri* Handlirsch aus dem lithographischen Kalk von Bayern. Flügellänge 3,9 cm.

stellata Christ, *Acantholyda* → *A. pinivora* Enslin.

Stellungsborsten sind diejenigen Körperborsten, welche die Lage der gegeneinander beweglichen Körperteile, z. B. die Annäherung der Schenkel an die Pleuren registrieren.

stelocyttar (gr. ἡ στήλη Säule, Pfeiler, ὁ κύτταρος oder κύταρος Hohlraum, Bienenzellen) werden Wespennester (Abb. 328) genannt, deren einzelne, übereinanderliegende Waben miteinander durch Stützpfeiler verbunden sind, mit der Hülle aber, soweit sie vorhanden ist (→ calyptodome Nester), entweder gar nicht in Berührung kommen oder mit ihr nur stellenweise verschmelzen. Der Zugang zu den einzelnen Waben bzw. ihren Zwischenräumen steht an den Seiten entweder ganz frei, wenn die Hülle fehlt (→ gymnodome Nester), oder ist durch den freien Abstand zwischen den

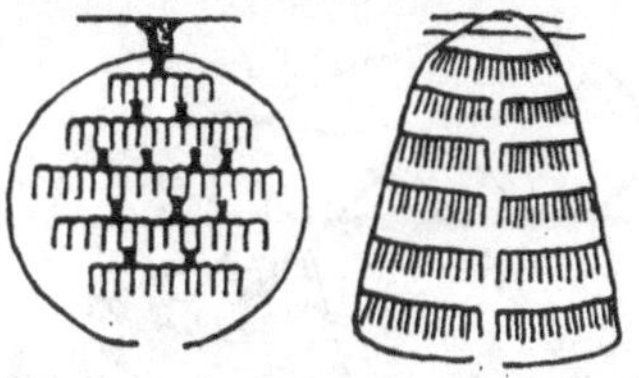

Abb. 328 Schema eines stelocyttaren (links) und phragmocyttaren (rechts) Wespennestes. Nach Bischoff.

Wabenrändern und der äußeren Hülle (calyptodome Nester) gegeben.
Die ~ Nester bilden in calyptodomer und gymnodomer Ausführung die bei den einheimischen Wespen verbreitetsten Bautypen.

Stelzenbeine sind enorm verlängerte, dünne → Schreitbeine, wie sie z. B. die Schnaken (*Tipulidae*) besitzen. Auch in anderen Insektenordnungen, z. B. Wanzen (*Neididae*), Phasmiden (Stabheuschrecken) und Käfern (bes. Höhlenbewohner) kommt dieser Typ der Beine vor.

Stelzenwanzen → *Niedidae.*

Stelzfliegen → *Micropezidae.*

Stelzmücken → *Limnobiidae.*

Stemma (gr. τὸ στέμμα Kopfbinde, Kranz, Augenbinde der Opfertiere), pl. Stemmen, Stemmata, Lateralocellen, sind laterale Einzelaugen der Holometabolenlarven. Sie werden vielfach auch als ,,Ocellen'' bezeichnet. Sie unterscheiden sich von → Ocellen vor allem dadurch, daß ihre mehr oder weniger zahlreichen Sinneszellen fast immer ein einziges, gemeinsames, gerades oder verästeltes → Rhabdom bilden. Übrigens werden mehrere Typen von Stemmen unterschieden, nämlich 1. pigmentfreie → (Nebenstemma der Larve von *Chironomus*, Larve von *Dytiscus*), 2. pigmenthaltige ~ ohne Cornea und Kristallzellen (*Culex, Aedes, Simulium, Dixa*), 3. desgleichen ohne Cornea, aber mit Kristallzellen (Hauptstemma der Larve von *Chironomus, Ceratopogon, Bezzia, Corethra*), 4. desgleichen mit Cornea, aber ohne Kristallzellen (Larven der *Coleoptera, Odontomyia, Tipula*) und 5. desgleichen mit Cornea und Kristallzellen (Schmetterlingsraupen, Larven der *Trichoptera, Sialis, Myrmeleon*).
Die Anzahl der ~ beträgt 1—7 beiderseits. Die Afterraupen der Tenthredinidae haben beiderseits des Kopfes stets nur je ein ~, während Schmetterlingsraupen deren mehrere tragen. *Dytiscus*-Larve hat beiderseits je 4, *Myrmeleon*-Larve je 6 ~.
Pigment ist in der Regel nur in den Sehzellen selbst vorhanden, seltener kommen besondere epidermale → Pigmentzellen vor, die einen als Blende wirkenden Ring unter der Cornea bilden (Larve von *Cicindela, Dytiscus*).
Unter Heterometabolen treten ~ nur bei Larven der *Aphididae* auf und persistieren bei Imagines (wie dies auch öfters bei Imagines der Holometabola der Fall ist) am Hinterrande der Komplexaugen, wo sie häufig vom Komplexauge getrennt auf einem → Nebenhöcker stehen.

Stemmaticum → Ocellendreieck.

Stemmpolster, dorsale Querwülste auf den Hinterleibssegmenten bei *Cicindela*-Larven, denen sie zum Halten in ihren lotrechten Sandgängen, in welchen sie auf Beute lauern, dienen. (Vgl. auch → Stemmzapfen).

Stemmzapfen, Stemmborsten, Stemmpolster sind warzen- oder polsterartige Hautbildungen oder auch Borsten, welche vielen in Cocons eingehüllten Puppen die Erhaltung einer bestimmten Lage innerhalb des Cocons ermöglichen. Die Puppe von *Onthophagus nuchicornis* hat eine Stemmwarze am Thoraxrücken, eine zweiteilige am Hinterleibsende und je vier an den Seiten der Basalsegmente des Hinterleibs.
Bei Trichopterenlarven auf dem Rücken des 1. Hinterleibssegments auftretender ~ dient zum Festhalten im → Köcher.

Stengelbohrer, Insekten, die in Pflanzenstengeln Fraßgänge bohren, wie z. B. die Markeule (*Xanthoecia flavago* Schiffermüller) in dickstengeligen Kräutern, Maiszünsler (*Pyrausta nubilalis* Hübner) in Hirse, Mais, Hopfen sowie viele andere Raupen und Larven.

Stenobothrus Fischer, Heuhüpfer, Heupferde, Sprengsel, unsere artenreichste Gattung der Ordn *Saltatoria* Fam *Acridiidae.*

+***Stenodictyopteridae*** Brongniart 1893 (+*Dictyoneuridae* Handlirsch 1908), ausgestorbene Fam der +*Palaeodictyoptera* mit an 50 obercarbonischen Arten aus Nordamerika und Europa.

Diese artenreichste Fam der +*Palaeodictyoptera* zeichnet sich durch sehr unregelmäßiges, netzartiges Zwischengeäder und durch das Fehlen regelmäßiger, straffer Queradern. Der *rs*, die *m* und der *cu* geben nicht mehr als je 4—6 Äste ab. Nur von einer Art, *Stenodictya lobata* Brongniart aus Frankreich ist der ganze Körper erhalten. Am Prothorax und allen Hinterleibssegmenten sind gut ausgebildete Paranota vorhanden und das Hinterleibsende trägt ein Paar lange → Afterraife. Die Arten dieser Fam waren 4—7 cm lang.

stenoek (gr. στενός eng, ὁ οἶκος Wohnsitz, Nest, Heimatsort) werden Tiere genannt, welche keine großen Schwankungen der Umweltfaktoren vertragen, sondern im Gegensatz zu → euryoeken Arten an ganz bestimmte Quantitäten von Temperatur, Luftfeuchtigkeit, Licht, Gehalt an Schlamm und gelösten Stoffen im Wasser, sowie Qualitäten der Bodenstruktur, der Pflanzenbiotope usw. angepaßt sind und nur in bestimmten Biotopen vorkommen.

Stenomatidae Walsingham 1907, → *Cryptophasidae*.

+***Stenoneuridae*** Handlirsch 1908 (Abb. 329), ausgestorbene Fam der +*Protoblattoidea* mit 2 Arten aus dem mittleren Obercarbon von Frankreich. Von der einen Art ist der ganze 5,5 cm lange Körper erhalten, dessen Schlankheit und besonders der nicht erweiterte Halsschild wenig blattidenförmig anmutet.

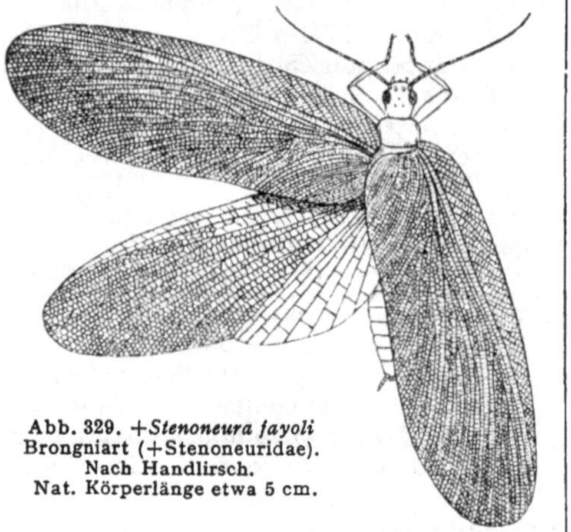

Abb. 329. +*Stenoneura fayoli* Brongniart (+Stenoneuridae). Nach Handlirsch. Nat. Körperlänge etwa 5 cm.

Stenopelmatidae Burmeister 1838, Höhlenheuschrecken (Abb. 330), Fam der *Saltatoria*, meist flügellose, kleine (1 bis 2 cm) Tiere mit langen Sprungbeinen, sehr langen Fühlern und meist ohne tibiale Gehörorgane. Von dieser Fam sind etwa 300 in Höhlen des Tropengürtels (nur 20 Paläarkten) lebende Arten bekannt.
Fossil nicht nachgewiesen.

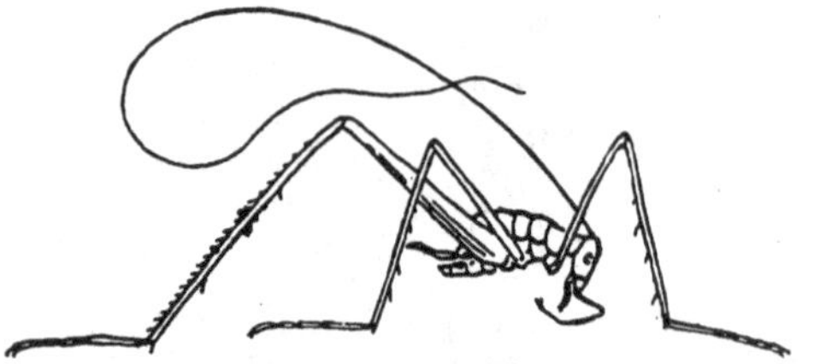

Abb. 330. *Dolichopoda palpata* Sulzer, Männchen (Stenopelmatidae). Nach Brunner aus Handlirsch. Nat. Körperlänge etwa 1,5 cm.

stenophag (gr. στενός eng, φαγεῖν essen) sind Tiere, die nur an eine bestimmte Qualität der Nahrung angepaßt sind. Gegens. → euryphag.

Stenophagie → Nahrungsspezialisation.

+***Stenophlebiidae*** Handlirsch 1908, ausgestorbene Fam der *Odonata Anisozygoptera* mit 3 Arten aus dem Malm von Bayern, darunter die schön erhaltene *Stenophlebia latreillei* Germar mit 5,4 bis 6 cm langen Vorderflügeln.

Stenopterie (gr. στενός eng, schmal, τὸ πτερόν Flügel), Schmalflügeligkeit, Reduktion der Flügelbreite bei nicht oder nur wenig veränderter Länge, wie dies z. B. bei Thysanopteren, Mymariden, Ptiliiden und vielen Mikrolepidopteren (*Tinea, Bucculatrix, Coleophora* usw.) der Fall ist. Die ~ kann auch in Verbindung mit → Brachypterie auftreten, wie z. B. bei vielen brachypteren Thysanopteren, Corrodentien usw.

stenotherm (gr. ὁ θερμός Wärme) werden Insekten genannt, welche im Gegensatz zu → eurythermen Arten an bestimmte Quantitäten der Wärme gebunden sind und keine größeren Temperaturschwankungen vertragen.

stenotop (gr. ὁ τόπος Ort, Land, Gegend) sind ortsgebundene Tierarten mit engem Verbreitungsbereich. Gegens. → eurytop.

stenozon (gr. ἡ ζώνη Gürtel) sind Insekten, die in ihrem Vorkommen an eine bestimmte Höhenlage im Gebirge gebunden sind. Gegens. → euryzon.

Stephanidae (Leach 1815) Haliday 1840 (Abb. 331), Fam der *Hym* (*Ichneumonoidea*) mit etwa 150 Arten, von welchen in Deutschland nur 1 (*Stephanus serrator* Fabricius, Parasit holzbohrender Insekten) lebt.
Fossil sind 2 Arten aus dem Miocän von Nordamerika beschrieben worden.

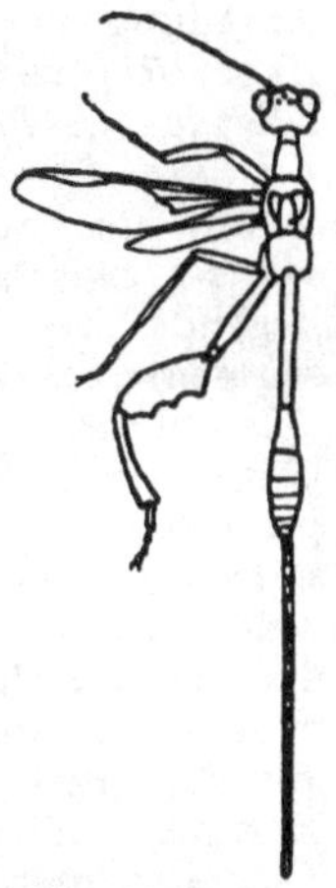
Abb. 331. *Foenatopus rugiceps* Elliott (Stephanidae). Nach Elliott aus Handlirsch. Nat. Gr. ohne Legebohrer etwa 1,3 cm.

Stephanocircidae Wagner, Fam der *Aphaniptera* mit wenigen Arten in Australien und Südamerika.

Steppen-Relikte sind Arten, die einmal eng an das Steppenleben angepaßt (→ stenoek) nach Verdrängung der Steppe durch Wald oder Kulturland sich auf kleine Reste der Steppe (sog. Steppeninseln) zurückgezogen haben.

Steppenschnellkäfer, erzfarbiger → *Corymbites aeneus* Linné.

Sterblichkeit → Mortalität.

stercoralis (lat. stercus, -oris, n., Kot), auf Kot bezüglich, in Kot lebend, vgl. auch → skatophag, → coprophag.

Stereotaxis (gr. τὸ στερέωμα Stütze, fester Boden), Fähigkeit mancher Insekten, auf die vom Fußboden ausgehenden Berührungsreize mittels der Sinnesorgane der Tarsensohlen zu reagieren.

Sterigma (gr. τὸ στήριγμα Stütze, auch das Gestützte), zusammenfassende Bezeichnung für die → Ante- und → Postvaginalplatte bei Schmetterlingen.

steril (gr. στερέω berauben und beraubt werden, verlieren, dav. lat. adj. sterilis) unfruchtbar, mit funktionslosen Gonaden, im Gegensatz zu → abgebrütet, d.h. mit abgenutzten Gonaden.

Sternalgrat, Crista sterni, endoskeletale Längsleiste oder Längswand, die durch Einfaltung des → Primärsternums längs der Mittellinie entstanden ist. Die Einfaltung kann sich auch auf → Laterosternite ausdehnen. Die Hüften rücken dann so eng an die Mittellinie, daß sie sich berühren und vom Sternum bleibt äußerlich nichts mehr übrig (→ Cryptosternie). Ein ~ tritt meist nur im Meso- und Metathorax auf, so z. B. bei *Neuroptera* und *Lepidoptera* in beiden, bei *Aphididae, Hymenoptera* und *Diptera* nur im Meso-, bei *Coleoptera* im Metathorax.
Die Bildung eines ~ steht im Zusammenhang mit der Entwicklung der indirekten Flügelmuskulatur (Tergosternalmuskeln) und fehlt bei schwachen Fliegern wie z. B. bei *Saltatoria.*
Im 1. Hinterleibssegment tritt ein ~ als Ansatzstelle des Trommelmuskels bei *Cicadidae* auf.

Sternauli (gr. τὸ στέρνον Brust, ἡ αὔλαξ -ακος oder ἡ ἄλοξ, -οκος Furche), richtiger im sg. Sternaulax, im pl. Sternaulices, bei gewissen Hymenopteren (*Tenthredinidae*) und Dipteren (*Tipulidae* z.B. *Holorusia, Tabanidae*) an den Seiten des Mesothorax auftretende schräge Längsnaht, welche das Praecoxale vom Episternum trennt. Im Meso- und Metathorax der *Sialidae* sind diese Nähte schlitzartig membranös, von vorn nach hinten verengt. Auch bei *Perlaria* sind diese Nähte im Meso- und Metathorax deutlich, aber wie bei Hymenopteren und Dipteren geschlossen, nicht membranös. Die ~ können die Pleuralnaht erreichen oder unweit des pleuralen Coxalgelenkkopfes in den Rand der Hüftpfanne münden.
Die ~ werden vielfach irrtümlich für Grenznähte zwischen dem Sternum und den Pleuren gehalten, während sie wirklich sekundäre intrapleurale Nähte darstellen, da das Praecoxale ja zur Pleure (Subcoxa) gehört. Die ~ sind Praecoxaepisternalnähte. (→ Praecoxasternalnaht).
Es ist fraglich ob die für *Cryptinae* (*Ichneumonidae*) charakteristischen Längsfurchen an den Seiten der Mittelbrust, die gewöhnlich auch als Grenzfurchen zwischen dem Mesosternum und der Mesopleure bezeichnet werden, den ~ homolog sind oder Bildungen sui generis darstellen.

Sternellum (lat. dem. von sternum, Brust) → Furcasternit.

Sterngänge, für gewisse Borkenkäfer charakteristische Bauart der Brutgänge, deren mehrere von einer in der Mitte gelegenen → Rammelkammer nach allen Richtungen verlaufen. Typische ~ nagen z. B. *Pityogenes bidentatus* Herbst, *P. quadridens* Hartig, *P. chalcographus* Linné u. a.

Sternit, jeder innerhalb des primären → Sternums sekundär abgegrenzte Sklerit.

Sternmine, Asteronomium, eine Minenform (→ Blattmine), bei welcher die Raupe von einem Mittelpunkte aus Minengänge in verschiedenen Richtungen nagt.

Sternocosta (lat. sternum, -i, n., Brust, costa, -ae, f., Rippe), eine endoskeletale Querleiste im thorakalen Primärsternum, welche die ventralen Angelpunkte der → Subcoxa miteinander verbindet und das Sternum versteift. Im definitiven Sternum verbindet die ~ die beiden Ursprungsstellen der Sternalapodemen (→ Furca), welche an der Grenze zwischen dem Primärsternum und den mit ihm verschmolzenen, von der Subcoxa abgetrennten → Laterosterniten liegt. Die ~ ist bei Apterygoten und vielen Pterygoten (z. B. *Aphididae*, Larven der *Sialidae* usw.) deutlich, und ist äußerlich durch die Sternocostalnaht markiert. Sie teilt das Sternum in das vordere → Basisternit und das hintere → Furcasternit.

Sternocoxale, ein kleines abgegliedertes Sklerit an der Basis der medianen, weichhäutigen Wand der Mittel- und Hinterhüften der Trichoptera und Lepidoptera (bes. *Rhopalocera*), welches die Verbindung der Hüften mit dem eingefalteten (→ Sternalgrat) Sternum vermittelt. (Vgl. auch → Cryptosternie).

Sternopleuralborsten, gewöhnlich drei in einem Dreieck auf dem ventralen Episternit des Mesothorax von Dipteren (bes. *Muscaria*) stehende kräftige Borsten. (Taf. V, Fig. 6.)

Sternopleuralkomplex, diejenige Gegend der definitiven Thoraxsegmente, welche aus der Verschmelzung des primären Sternums mit anliegenden Teilen der Subcoxa (→ Praecoxa, → Laterosternit, → Postcoxa) hervorgegangen ist.

Sternopleurit → Laterosternit.

Sternorhyncha Amyot & Serville 1843, eine Gegengruppe der *Auchenorhyncha* innerhalb der *Homoptera*, von der sie sich in der Hauptsache durch 1—2gliedrige Tarsen und Verlagerung des Rüssels zwischen die Vorderhüften unterscheidet. Zu den *Stenorhyncha* gehören die Psylliden, Aleurodiden, Cocciden und Aphiden.

Sternoxia (Latreille 1802) Dumeril 1806 (*Sternoxi* Latr., *Elateridae* Leng 1920), Abteilung der *Col Polyphaga* mit den Fam *Rhipiceridae*, *Cebrionidae*, *Phylloceridae*, *Elateridae*, *Cerophytidae*, *Eucnemidae*, *Throscidae* und *Buprestidae*.

Sternum (gr. τὸ στέρνον die Brust), der ventral zwischen den beiden → Pleuren liegende Teil eines primären Körpersegments.
Das definitive ~ oder Eusternum enthält in den Thorakalsegmenten außer dem primären Sternum noch die ihm beiderseits anliegenden Teile der → Subcoxa, welche nach Umbildung der letzteren in die Pleure sich von ihr loslösen und mit dem Primärsternum verschmelzen. Das gilt vor allem für die beiden → Laterosternite, d. h. die medianen ventralen Teile der ursprünglichen Subcoxa, während die ventral-vorderen → Praecoxae und ventral-hinteren → Postcoxae, auch wenn sie mit dem Primärsternum ohne Grenznaht verschmolzen sind, behalten durch ihre prae- bzw. postcoxale Lage topographisch selbständige Stellung oder treten in nähere Verbindung mit der Coxa.
Die definitiven Sterna der Hinterleibssegmente sind denen der Thorakalsegmente nicht homodynam und werden richtig (Snodgrass) als → Pleurosternite bezeichnet.
Das thorakale Eusternum wird vielfach von einer → Sternocostalnaht in ein vorderes → Basisternit und ein hinteres → Furcasternit, dem sich hinten noch ein → Spinasternit anschließen kann, geteilt. (Taf. I, Fig. 2, Taf. XXX, Fig. 2.)

Steuerung der Insekten im Fluge erfolgt ausschließlich durch verschiedene Einstellung der Flügel, was durch Verschiebung der → Flügelgelenkstücke mit Hilfe ihrer Pleuralmuskeln ermöglicht wird.

+***Sthenaroceridae*** Handlirsch 1908 (Abb. 332), ausgestorbene Fam der +*Protorthoptera* mit 2 mittel-obercarbonischen Arten aus Frankreich.

+***Sthenaropodidae*** Handlirsch 1908 (Abb. 333), ausgestorbene Fam der +*Protorthoptera* mit 1 mittel-obercarbonischen Art aus Frankreich.

sticticalis Linné, *Phlyctaenodes*, Rübenzünsler, Wiesenzünsler (*Lep Pyralididae*).

Stielchen, Petiolus i. e. S., der vordere, verengte Teil des → Hinterleibsstiels vieler *Hymenoptera Apocrita*.

Stift → Scolops.

Stiftchensaum, ein Bezirk am rezeptorischen Pol der → Sehzelle, in welchem die den Zellkörper durchziehenden Neurofibrillen verdickt und an der Basis mit je einem Basalknöpfchen versehen sind. Das Zellplasma ist im Bereich des ~ im Gegensatz zum körnigen Plasma des übrigen Zellkörpers hyalin. Das hyaline Plasma erstreckt sich noch auf einen schmalen Saum unter den Basalknöpfchen, wo sie die sog. → Schaltzone bildet. Im Bereich der letzteren sind die Neurofibrillen nicht verdickt.
Die ~ bleiben selten am rezeptorischen Pol der Sehzelle (z. B. in den Ocellen von *Orchesella*), sondern werden meist auf die Seite der Sehzelle verlegt und bilden durch Kontakt mit den Stäbchensäumen anliegender Zellen das → Rhabdorium.

Stiftkörper, 1. → Scolops, 2. → Sinneskörper.

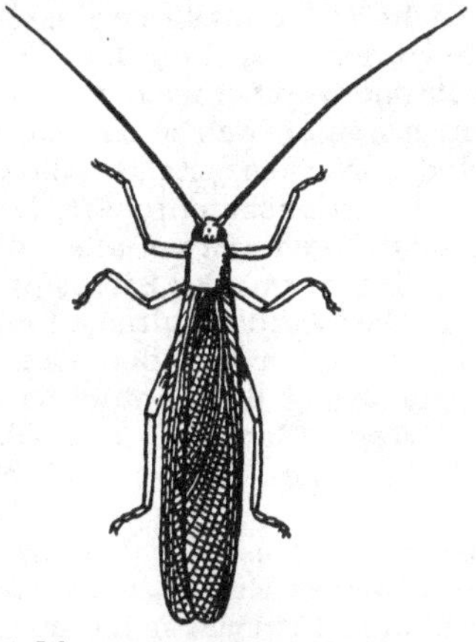

Abb. 332. + *Sthenarocera pachytyloides* Brongniart (+ Sthenaroceridae). Nach Handlirsch. Nat. Gr. etwa 2,5 cm.

Abb. 333. + *Sthenaropoda fischeri* Brongniart (+ Sthenaropodidae). Nach Handlirsch. Nat. Körperlänge etwa 7 cm.

Stigma (gr. τὸ στίγμα Malzeichen, Brandmarke, latin. stigma, -ae, f.), 1. → Luftloch, 2. Pterostigma.

Stigmapophyse → Pterostigmaschloß.

Stigmatale, bei Schmetterlingsraupen die über den Stigmen verlaufende farbige Seitenlinie.

Stigmatonomium, Stigmatonom, (gr. ὁ νομός Weideplatz) → Platzmine.

Stigmenkammer, seitliche Erweiterung des → Atriumhohlraumes eines → Luftloches. Die Erweiterung kann so weit gehen, daß sie viel größer wird als das ursprüngliche Atrium, mit welchem sie dann durch einen mehr oder weniger breiten Engpaß verbunden ist. Den Deckel der ~ bildet die entsprechend große → Stigmenplatte, welche exzentrisch das rudimentäre Trema (→ Porta atrii) trägt. Ein Ersatz des verengten oder verschlossenen Trema wird vielfach dadurch erreicht, daß die Stigmenplatte in zwei (biforates Stigma der Elateridenlarven) oder drei (triforates Stigma der Cyclorrhaphen-Larven) schmalen Streifen membranisiert und luftdurchlässig wird. Die ~ kann durch senkrechte Wände in einige, den membranisierten Streifen entsprechende Kammern (sekundäre Vorhofspforten) geteilt werden. (Taf. XXXI, Fig. 6.)

Stigmennarbe, Cicatrix, äußerliche Spur eines rudimentären, verschlossenen → Luftloches.

Stigmenöffnung, Trema, volle, nicht durch eine → Stigmenplatte eingeengte Mündung des → Luftloches. Die → kann in einem besonderen kleinen Sklerit, dem → Peritrema, liegen. Die ~ ist gewöhnlich kreisrund, seltener oval oder schlitzförmig. Wird die primäre Ausdehnung der ~ durch die erweiterte Stigmenplatte verengt, dann wird sie als → Porta atrii (Vorhofspforte) bezeichnet.

Stigmenplatte, 1. Bulla stigmalis, doppelwandige, cuticulare Randfalte, welche vom Rande der primären Stigmenöffnung gebildet, dieselbe verengt oder gänzlich abschließt. Sie umgibt entweder gleichmäßig den ganzen Rand der Stigmenöffnung und trägt dann in der Mitte die Porta atrii, oder sie bildet gleiche oder ungleiche lippenartige Deckel, zwischen welchen der gerade oder bogenförmige Spalt der Porta atrii liegt. Über einer → Stigmenkammer können

in der ~ 2—3 membranöse sekundäre Vorhofspforten gebildet werden.
2. Bei apocriten Hymenopteren das 8., ins Körperinnere eingezogene, mit einem Paar großer Stigmen (dem letzten abdominalen Stigmenpaar) versehene und mit dem Legeapparat bzw. dem Giftstachel (deren quadratische Platte) in Verbindung stehende Tergit.

Stigmenreuse, ein Kranz verästelter Haare in der Stigmenöffnung oder im Atrium, welcher bei Landinsekten den Staub und bei Wasserinsekten das Wasser beim Einatmen fernhält.

Stigmenstrang, Narbenstrang, die rudimentäre Stigmentrachee, welche bei geschlossenen, rückgebildeten Stigmen vielfach erhalten bleibt und den Haupttracheenstamm mit der → Stigmennarbe verbindet.

Stigmenverschlußapparat, eine Vorrichtung zum Schließen des Tracheeneingangs unterhalb des Atriums. Sie besteht gewöhnlich aus zwei elastischen Lippen des → Stigmenmundes, deren eine, der Bügel, unbeweglich und die andere, das → Band, an einem oder an beiden Enden mit einem Vorsprung, dem → Hebel, versehen ist. Ein zwischen dem Hebel und Bügel oder zwischen beiden Hebeln ausgespannter Schließmuskel biegt bei Kontraktion das Band und dieses legt sich eng an den Bügel und verschließt den Atriummund. Die Öffnung des Stigmenmundes erfolgt entweder durch eigene Elastizität des Bandes nach Erschlaffung des Schließmuskels oder mit Hilfe eines besonderen Öffnermuskels, welcher an einem Hebel des Bandes inseriert und vom umgebenden Integument entspringt. Durch den Zug an dem einen Hebel erfolgt, nach Erschlaffung des Schließmuskels, die Streckung des Bandes und Öffnung des Stigmenmundes.
Im ersten Thorakalstigma der *Saltatoria* geht quer durch den Stigmenmund ein besonderer Öffnungshebel. An seinem Ende inseriert ein kurzer, vom umgebenden Integument entspringender Öffnungsmuskel.
Im einzelnen gibt es eine große Verschiedenheit im Bau der Stigmenverschlußapparate.

Stilettfliegen → *Thereviidae.*

Stilus (lat. stilus, -i, m., Schreibstift, Griffel) → Hüftgriffel.

Stimme. Echte ~ entsteht bei Insekten wie bei Wirbeltieren durch einen Luftstrom, welcher eine elastische Membran in Schwingungen versetzt. Beim Totenkopffalter (*Acherontia atropos* Linné) entsteht ein quietschender oder pfeifender Ton durch Auspusten der Luft aus einem Blindsack des Vorderdarmes vorbei an einer Hautfalte der Mundhöhle.
Das zweite Insekt, dem die echte ~ zugeschrieben wird, ist die Bienenkönigin. Die erstgeborene Königin rennt mit lautem „Tüten" auf den Waben umher und ihre noch in den Zellen eingeschlossenen Schwestern, die die Erstgeborene sogleich nacheinander absticht, antworten ihr mit dumpfem „Quaken". Die Königin „tütet" oder „singt", wie die Imker sagen, auch vor dem Schwärmen. Diese Stimmen der Bienenkönigin sollen durch Ausstoßen der Luft aus den Tracheen zustande kommen. Nach einer anderen Ansicht (Bischoff) sind es Schwirrtöne der vibrierenden Flügel.

Stimulationsorgane, nach v. Buddenbrock Sinnesorgane, welche den Erregungsspiegel des Nervensystems erhöhen und so die Reaktionsbereitschaft heraufsetzen. Zu den ~ gehören vor allem die Halteren der Fliegen und der Strepsipteren-Männchen, deren Ausschaltung Flugstörungen verursacht, sowie die Ocellen, deren Ausschaltung die Phototaxis herabsetzt.

stimulator Clark, *Cephenomyia*, Rehwild-Rachenbremse (*Dipt Tabanidae*).

Stinkdrüsen, Drüsen, welche nach unserem menschlichen Ermessen übelriechende Sekrete ausscheiden. Sie liegen meist paarig am Thorax und Hinterleib. Hierher gehören die prothorakalen Drüsen von *Chrysopa,* die metathorakalen vieler *Heteroptera,* die → Pygidialdrüsen der *Coleoptera* (*Adephaga, Silphidae*), die abdominalen → Dorsaldrüsen der *Blattaria* und *Dermaptera.*

Stinkkäfer, kleiner → *Pedinus femoralis* Linné.

Stinkwanze, grüne → *Palomena prasina* Linné und *P. viridissima* Poda.

Stipes (lat. stipes, -itis, m., Baumstamm, Klotz), 1. → Stammstück, 2. ein Paar von Anhängen im Begattungsorgan von *Bombus,* welche die → Squama und → Lacinia stützen.

Stirn, Frons, der vordere (bei orthognathem Kopf) bzw. obere (bei prognathem Kopf), zwischen den Komplexaugen gelegene Teil der Kopfkapsel. Bei niederen Pterygoten ist die ~ in der Regel allseits gut begrenzt, nämlich vorn gegen den Clypeus durch die → Epistomalnaht und gegen das übrige → Gesicht (Facies) durch die meist gut entwickelte gabelförmige → Frontalnaht, welche mit ihren beiden Schenkeln in die Enden der Epistomalnaht (und die in derselben liegenden vorderen Fenestrae tentorii) mündet. In diesen typischen Fällen hat die ~ die Form eines gleichschenkeligen Dreiecks, dessen Basis die Epistomalnaht und dessen Scheitel der Winkel zwischen den beiden Schenkeln der Frontalnaht bildet.

Bei höheren Insekten ist es nicht immer leicht, die ~ zu lokalisieren, weil hier die Frontalnaht meistens fehlt und die Epistomalnaht vielfach äußerlich nicht zu erkennen ist. Fehlt der Frontalocellus, welcher stets auf der Stirn, primär im äußersten Winkel der Frontalnaht-Schenkel liegt, dann kann die Stirn nach äußeren Merkmalen überhaupt nicht lokalisiert werden. Die Stellung der Fühler, welche immer außerhalb der Frontalnaht-Schenkel, also außerhalb der Stirn im Bereich der extrafrontalen Gesichtsteile liegen, ist nur für ganz allgemeine Lokalisierung der ~ verwertbar in dem Sinne, daß man z. B. bei stark an die Mittellinie gerückten Fühlern mit Recht auf eine starke Reduktion der ~ schließt. In diesen Fällen sind die endoskeletale Epistomalleiste, bei ihrem Fehlen die Ansätze der vorderen Tentoriumarme und die Ursprungspunkte der Muskeln: Frontolabralis, Frontoepipharyngealis, Frontohypopharyngealis, Frontopharyngealis und Postfrontopharyngealis festzustellen.

Bei Schmetterlingsraupen ist die ~ so in die Kopfkapsel invaginiert, daß sie äußerlich nur noch als ein schmaler, medianer, vorn gegabelter und mit seinen beiden Schenkeln der hier winkligen Epistomalnaht folgender Streifen erhalten ist. Die beiden seitlichen Stirnreste werden übrigens bei Schmetterlingsraupen als → Adfrontalia bezeichnet. (Vgl. auch → Stirnblase.) (Taf. XXI, Fig. 1, Taf. XXV, Fig. 1, Taf. XXIX.)

Stirnauge, Stirnocellus, Frontalocellus, der unpaarige, vordere Ocellus, der primär immer im Winkel der beiden Schenkel der Frontalnaht steht, im Gegensatz zu den paarigen → Scheitelocellen. Fälschlich werden vielfach auch alle drei Ocellen als ~ bezeichnet.

Stirnborsten, Frontalborsten, zwei Längsreihen von Borsten entlang den Rändern der → Stirnstrieme z. B. bei *Tachinidae* (*Sarcophaga* usw.), welche beiderseits der Fühlerbasis mehr oder weniger weit auf die Wangenplatten herabsteigen. (Taf. V, Fig. 6.)

Stirnborstenschwiele → Scheitelplatten (bei *Diptera*).

Stirndreieck, der dreieckige Teil des Gesichts → holoptischer Fliegen zwischen den Fühlern und den oben am Scheitel zusammenstoßenden Komplexaugen. Morphologisch umfaßt das ~ nur einen kleinen Teil der ursprünglichen Stirn.

Stirndrüse, Frontaldrüse, unpaarige Drüse im Kopfe der Soldaten gewisser Termitenarten. Die ~ mündet mit einer mitten auf der Stirn gelegenen Öffnung, der → Fontanelle und scheidet eine milchige Flüssigkeit von vermutlich wehrhafter Bedeutung aus. (Vgl. auch → Stirnfortsatz.)

Stirnfeld, ein dreieckiges, meist gut begrenztes, spiegelglattes oder skulptiertes Feld zwischen den Fühlergruben und dem Hinterrand des Clypeus bei *Formicidae*.

Stirnfortsatz, ein hornartiger Fortsatz bzw. Vorsprung der Stirn gewisser Termiten-Soldaten (sog. → Nasuti). Auf die Spitze des ~ ist bei Nasuti die Mündung der Stirndrüse hinaufgerückt.

Stirngipfel → Scheitelhöcker.

Stirngruben → Scheitelgruben.

Stirnhöcker, ein Vorsprung der Kopfkapselwand, auf dessen Spitze der Fühler eingelenkt ist. Besonders bei *Aphididae*, z. B. *Myzus* stark entwickelt.

Stirnlappen, Lobus frontalis, zwei rundliche Buckel auf der Dorsalseite des → Protocerebrums. Die ~ sind manchmal kaum angedeutet (*Cimex*, *Diptera*, *Cicadina*). Unter der Vorwölbung der ~ liegt der Hut des sog. → Pilzkörpers.

Stirnleiste, Frontalleiste, endoskeletale, der → Stirnnaht entsprechende Leiste, die sich vorn mit der Epistomalleiste und mit den Enden der vorderen Tentoriumarme verbindet. Wie die Stirnnaht fehlt sie den höheren Pterygoten meist vollständig.

Bei *Formicidae* sind es exoskeletale, das → Stirnfeld vorn an den Seiten begrenzende Leisten.

Stirnnaht, Frontalnaht, Sutura frontalis, die vorderen, miteinander einen Winkel bildenden Schenkel der → Epicranialnaht. Sie begrenzen seitlich die → Stirn, verlaufen immer zwischen den Fühlerwurzeln nach vorn in der Richtung der vorderen Mandibelgelenke und münden, wenn sie nicht verkürzt oder seitwärts zu den Orbitae abgelenkt sind, in die vorderen → Fenestrae tentorii innerhalb der → Epistomalnaht.

Die ~ wurde früher (Riley u. a.) für die primäre Naht des Acron gehalten, was jedoch durch embryologische Befunde widerlegt worden ist, nachdem es sich erwiesen hatte, daß das Acron schon im frühen embryonalen Zustand nahtlos mit dem → Protocephalon verschmolzen ist.

Stirnnaht, sekundäre → Postfrontalnaht.

Stirnocellus, → Stirnauge.

Stirnspalte → Bogennaht.

Stirnstrieme, Frontale, Vitta frontalis, Mesofrontale, Interorbita, ein medianer, weichhäutiger, bei juvenalen Exemplaren runzliger Medianstreifen der Stirn bei *Diptera Schizophora*, der sich von der → Bogennaht hinauf bis zum Ocellendreieck erstreckt.

Stockbienen sind Arbeitsbienen in den ersten drei Wochen ihres Lebens, die sie im Nest verbringen und hier je nach ihrem Alter verschiedene Funktionen haben wie Brutpflege, Nestbau, Bewachung usw.

stomatogastrisches Nervensystem (gr. τὸ στόμα Mund, ἡ γαστήρ Magen), der vom → Tritocerebrum entspringende, den Vorderdarm versorgende Nervenstrang, ein Teil des → sympathischen Nervensystems.

Das ~ entspringt vom Tritocerebrum mit zwei nach vorn konvergierenden und im → Frontalganglion sich vereinigenden → Frontalkonnektiven. Vom Frontalganglion zieht nach rückwärts, dem Vorderdarm dorsal anliegend, ein unpaariger → rücklaufender Nerv, welcher hinter dem Gehirn ein → Occipitalganglion bildet. Aus dem letzteren entspringt ein oder zwei → Oesophagalnerven, die in je einem → Ventricularganglion enden. Das letztere kann auch fehlen (*Oryctes*-Larve). Das Occipitalganglion steht mit den beiden seitlich von ihm der Darmwand anliegenden → Postcerebralganglien in Verbindung, die ihrerseits mit den dahinterliegenden → Corpora allata durch einen kurzen Nervenstrang verbundensind. Nach vorn entsendet das Frontalganglion einen unpaarigen → Frontalnerv und von jedem Frontalkonnektiv zweigt ein im Tritocerebrum wurzelnder → Labralnerv ab. (Taf. XXV, Fig. 1, Taf. XXVII, Fig. 2.)

Stomodaeum (gr. τὸ στόμα Mund, δαίω sich ausbreiten), unpaarige, mediane Ectodermeinstülpung am Kopfende des → Keimstreifens, welche die Anlage des → Vorderdarms darstellt. Am definitiven Darmkanal der → Vorderdarm.

Strahlenmücken, *Dilophus*-Arten, bes. *D. vulgaris* Meigen (*Dipt Bibionidae*).

Stratiomyiidae (Latreille 1802) Handlirsch 1907 (*Stratiomydae* Latr., *Stratiomyiidae* Kertesz 1908), Waffenfliegen (Abb. 334), Fam der *Dipt Brachycera* mit etwa 1500 Arten. In Deutschland mehrere Gatt und Arten. Meist große, etwa 1 cm lange, meist schwarz und gelb oder grün gezeichnete, auch blaue Fliegen, deren eucephale Larven im Wasser, Schlamm, Baumsaft, unter Rinden, Moos, Erde, in Nestern von Hymenopteren und Nagern usw. ein saprophytisches oder carnivores Leben führen. Die aquatilen Larven sind am Hinterende mit einem kurzen Atemrohr versehen.

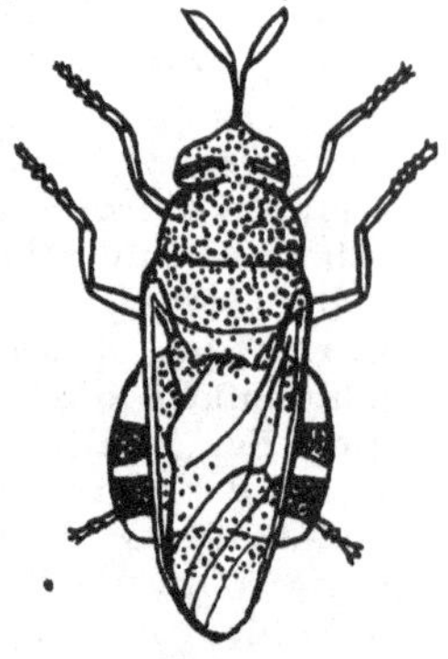

Abb. 334. *Stratiomys chamaeleon* Linné (Stratiomyidae). Nach Brauer aus Handlirsch. Nat. Gr. etwa 1 cm.

Fossil sind an 20 kaenozoische Arten seit dem Alttertiär beschrieben.

Streblidae Kolenati 1863, Fledermausläuse (Abb. 335), Fam der *Dipt Pupipara*, mit wenigen (etwa 40) vorwiegend tropischen und subtropischen, an Fledermäusen ektoparasitisch le-

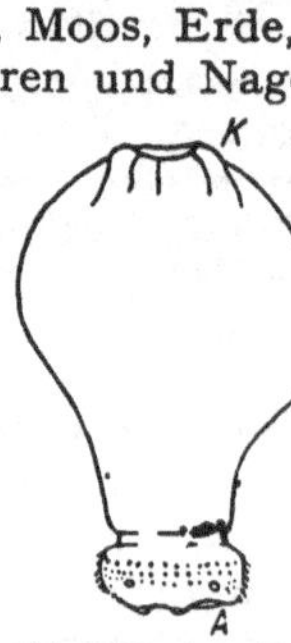

Abb. 335. *Ascodipteron phyllorhinae* Adensamer, Weibchen (Streblidae), durch Schmarotzerleben reduzierte Form. *K* Kopfgegend, *A* Analgegend. Nach Adensamer aus Handlirsch. Nat. Gr. 4,5 mm.

benden Fliegen, die sich manchmal tief in die Haut der Fledermäuse einbohren (z. B. Weibchen von *Ascodipteron phyllorhinae* Adensamer). Im paläarktischen Gebiet nur eine südeuropäische Art *Nycteribosca kollari* Frauenfeld.

Fossil nicht nachgewiesen.

Strecker → Extensor.

Streckfuß → *Dasychira pudibunda* Linné.

Streckplatte (Dahl, Arch. Natg. 1884) → Unguitractor.

Strecksohle (Ockler, Arch. Natg. 1890), Ventralseite des membranösen Praetarsus, mehr oder weniger stark entwickelte Hautfalte, welche das Biegen und Strekken der Krallen gestattet. Stark entwickelt z. B. bei Läusen, deren Kralle einen Bewegungswinkel von beinahe 180° aufweist.

Strepsiptera Kirby 1813, Fächerflügler, Kolbenflügler.

Kleine, meist 1—5 mm, selten 2—3 cm lange, periodische (alle Männchen, Weibchen der *Mengeidae*), oder permanente (Weibchen der *Stylopidae*) Endoparasiten von Insekten (*Thysanura, Orthoptera, Hemiptera, Hymenoptera*). Männchen stets geflügelt, freilebend, Weibchen teils stark zurückgebildet, bleiben zeitlebens im Wirtskörper (*Stylopidae*), oder madenförmig, freilebend (*Mengeidae*).

Männchen und Weibchen haben so wenig Gemeinsames in ihrem Körperbau, daß sie gesondert behandelt werden müssen.

Männchen. Kopf orthognath, mit großen, mehr oder weniger stark vorgequollenen, grob und lose fazettierten Komplexaugen, ohne Ocellen. Fühler 4—7 gliedrig (bei *Stylopidae* 4—6-, bei *Mengeidae* 6—7 gliedrig) vom 3. Gliede an lang gekämmt. Mundteile stark reduziert. Mandibeln bei *Mengeidae* ziemlich normal, bei *Stylopidae* zu zwei weichen Lappen reduziert. Maxillen nur als 2—3 gliedrige Lappen erhalten. Labium nur bei *Mengeidae* vorhanden, bei *Stylopidae* zu einer häutigen Falte verkümmert.

Thorax stark heteronom. Pro- und Mesothorax klein, ringförmig, beide undifferenziert, Metathorax stark entwickelt, so lang wie der halbe Körper, gut in Sklerite geteilt. Beine schwach heteronom, die vorderen zwei Paare mit stark verlängerten Hüften und kleinen, reduzierten Trochanteren. Hinterhüften klein, konisch, ihre Trochanteren vergrößert, nach hinten trichterförmig erweitert, die schmale Basis der Schenkel umfassend. Schenkel und Schienen sowie Tarsen aller Beine gleichartig, die Tarsen der *Mengeidae* 5 gliedrig mit je zwei Krallen, die der *Stylopidae* 2—4 gliedrig, mit lappig erweiterten Basalgliedern, ohne Krallen. Empodien nur bei *Mengeidae* vorhanden. Vorderflügel zu ansehnlichen, schmalen, kolbenförmigen Halteren umgewandelt, die mit chordotonalen Sinnesorganen versehen sind. Hinterflügel groß, fächerförmig, mit angedeuteten Längsadern und großen Anallappen.

Hinterleib mit zehn Segmenten, das 1. Segment reduziert und dem Metathorax eng angeschlossen, das 8. mit einer bei *Stylopidae* nach hinten verlängerten, bei *Mengeidae* einfachen Subgenitalplatte. Vom 9. Segment ist bei *Stylopidae* nur das Sternum gut entwickelt, halbröhrenförmig, dorsal von einer Apophyse des 9. Segments (? Tergit) bedeckt, trägt am Ende den in Ruhe nach vorn umgelegten Penis. Bei *Mengeidae* ist auch ein deutlicher 9. Tergit vorhanden. Das 10. Segment bildet einen kompakten, länglichen, hornartig gekrümmten Analkonus.

Darmkanal rudimentär, hinten geschlossen, ohne Malpighi-Gefäße, die nur noch bei Larven vorhanden sind.

Rückengefäß vorhanden, nicht näher bekannt.

Tracheensystem bei *Mengeidae* ohne thorakale, nur mit sieben abdominalen Stigmenpaaren auf den Segmenten 1—7, bei *Stylopidae* mit einem mesothorakalen und zwei abdominalen Stigmenpaaren auf den Segmenten 1—2.

Nervensystem stark konzentriert, mit einer thorakalen und einer abdominalen Ganglienmasse.

Hoden paarig, birnförmig, dicht nebeneinander der geräumigen Vesicula seminalis aufsitzend, aus welcher hinten ein kurzer Ductus ejaculatorius entspringt. Gesonderte Vasa deferentia fehlen.

Weibchen. Die Weibchen der *Mengeidae* sind freilebende, bräunliche, flügellosen Blattläusen nicht unähnliche Insekten.

Kopf frei, mit 4—5 gliedrigen, keulenförmigen Fühlern, ohne Ocellen, aber mit Komplexaugen, die denen der Männchen ähnlich, aber nicht vorgequollen sind. Mundteile rudimentär.

Thorax homonom gegliedert seine Segmente denen des Hinterleibs ähnlich, nur am Pronotum mit einem Paar kleiner Sklerite versehen, im übrigen undifferenziert. Beine ähnlich wie bei Männchen, die hinteren Trochanteren trichterförmig erweitert, die Basis der Schenkel umfassend. Tarsen 3—4gliedrig, mit zwei Krallen. Flügel fehlen.

Hinterleib oval, mit zehn Segmenten, das Endsegment klein, papillenartig. Genitalöffnung zwischen dem 7. und 8. Sternit. Gonapophysen fehlen.

Darmkanal einfach, gerade, mit etwas erweitertem Mitteldarm und dünnem Vorder- und Hinterdarm. Anus blind.

Tracheensystem mit siebenabdominalen Stigmenpaaren auf den Segmenten 1—7.

Nervensystem nicht näher bekannt.

Rückengefäß nur bei Weibchen der *Stylopidae* bekannt (vgl. unten).

Geschlechtsorgane nicht näher bekannt.

Die Entwicklung ist eine polymetabole Holometabolie mit drei Larvenformen und einem ruhenden Puppenstadium. Die Primärlarve ist triungulinoid, die zweite und dritte Larve sind madenförmig. Die Weibchen der *Mengeidae* leben frei in bodennahen Biotopen, unter Steinen usw. Die Familie ist bisher aus Mittelamerika, Südeuropa und Australien bekannt.

Die Weibchen der *Stylopidae* verlassen zeitlebens ihren Wirt nicht. Sie leben nur im Stadium der Primärlarve frei. Sie stecken, in einen Sack aus nicht abgestreiften Larvenhäuten gehüllt, im Wirtskörper, aus dem nur ihr Cephalothorax herausragt. Der Sack steht an der Bauchseite des Weibchens etwas ab, und bildet hier den sog. Brutraum, in welchen die Brutkanäle (vgl. unten) münden. Der Brutraum mündet vorn, unterhalb des Cephalothorax, mit einem Spalt, dem sog. Brutspalt, nach außen. Durch den Brutspalt erfolgt sowohl die Begattung als auch die Entlassung der neugeborenen Primärlarven.

Cephalothorax stark sklerotisiert, mit Mundöffnung, aber ohne funktionsfähige Mundteile, Augen und Fühler. Flügel und Beine fehlen.

Hinterleib mit neun Segmenten, das 2. bis 6. (*Xenos*), oder 2. bis 7. (*Stylops*) ventral mit je einer unpaarigen „Geschlechtsöffnung", den Mündungen der Brutkanäle in den Brutraum. Bei *Stichotrema* sind es 12—14 „Geschlechtsöffnungen" auf dem 3.—5. Segment.

Darmkanal rudimentär, ein einfacher dünner Schlauch, der sich vom Munde bis zur Hinterleibsspitze erstreckt, vor dem After aber blind endet. Malpighi-Gefäße fehlen.

Rückengefäß bei Weibchen von *Xenos* und *Stylops* mit neun Paaren abdominaler Ostien und einer, den Cephalothorax durchziehenden Aorta. Bei reifen Weibchen ist es völlig degeneriert und nicht mehr nachweisbar.

Tracheensystem reduziert, mit einem Stigmenpaar im Cephalothorax.

Nervensystem stark konzentriert, mit einer thorakalen und einer abdominalen Ganglienmasse.

Ovarien bei Larven angelegt, lösen sich bei Weibchen völlig auf. Die Ovocyten und Eier flottieren in der Leibeshöhle.

Embryonalentwicklung (Polyembryonie) innerhalb der Leibeshöhle des Weibchens, welche von den ventralen, trichterförmigen Hauteinstülpungen, den Brutkanälen, durchsetzt ist. Die in der Leibeshöhle geschlüpften Primärlarven wandern durch die Brutkanäle in den Brutraum und durch den Brutspalt ins Freie.

Die meisten von den bis jetzt bekannten etwa 250 Arten der *Strepsiptera* gehören zu der Fam *Stylopidae*. Sie leben parasitisch in Hymenopteren, nämlich in Vespiden, Apiden, Sphegiden, Pompiliiden und Eumeniden (*Stylopinae*), seltener in Wanzen der Fam *Pentatomidae* (*Scutellerinae*) und *Fulgoridae*, sowie in Orthopteren. Eine sehr große, 2—3 cm lange Stylopide, *Stichotrema dallatorreanum* lebt in einer Locustide auf den Admiralitätsinseln.

Die Primärlarven aller *Strepsiptera* sind aktiv, mit gut entwickelten Thorakalbeinen versehen. Die der *Stylopidae* sind sogar befähigt, mit Hilfe eines Paares kräftiger Borsten des 10. Sternites kleine Sprünge auszuführen, indem sie den Sternit mit den Borsten nach vorn an den Bauch legen und sich damit plötzlich vom Boden abstoßen. Die Primärlarve sucht sich einen neuen Wirt, in den sie sich einbohrt.

Bei *Mengeidae* verläßt die dritte Larve den Wirt, verpuppt sich draußen und verwandelt sich in das freilebende Weibchen oder Männchen. Bei *Stylopidae* verläuft die ganze Metamorphose innerhalb des Wirtskörpers. Die dritte Larve bohrt ein Loch in der Intersegmentalhaut des Hinterleibs ihres Wirtes und steckt den Cephalothorax heraus. Sie verpuppt sich in dieser Lage. Das Männchen sprengt das Puparium und fliegt ins Freie, während das Weibchen, wie oben beschrieben, im Wirtskörper stecken bleibt.

Die von den Stylopiden parasitierten Insekten werden als „stylopisiert" bezeichnet.

Systematisch wurden die Strepsipteren in mehrere Familien und drei Überfamilien eingeteilt, die aber gegenwärtig von Jeannel (1951) in drei Familien, *Mengeidae*, *Stylopidae* und *Stichotremmatidae* zusammengezogen worden sind. Eine fossile Strepsiptere, *Mengea tertiaria* Menge ist aus dem baltischen Bernstein beschrieben worden. Die rezenten *Mengeidae* sind auf Mittelamerika, Südeuropa und Australien beschränkt.

Stria suturalis → Nahtstreif.

striatum Olivier, *Anobium* → *A. punctatum* DeGeer.

striatum Linné, *Asemum*, Düsterbock (*Col Cerambycidae*).

striatus Linné, *Deltocephalus*, gestreifte Spitzkopfzikade (*Hom Cicadellidae*).

Stridulantes Latreille. → *Cicadidae*.

Stridulation, Stridulationsorgane (lat. strido, -ere oder strideo, -ere, zirpen, knarren, schwirren, knistern) → Zirpen, Zirplaute, Zirporgane.

stridulus Linné, *Psophus*, Klapperheuschrecke, Klapperschrecke, Schnarrenschrecke (*Saltat Acridiidae*).

Striga (lat. striga, -ae, f., Streifen) Querstreifen.

strobi Winnertz, *Kaltenbachia* (*Perrisia*), Fichtenzapfenschuppengallmücke (*Dipt Cecidomyidae*).

strobilata Hübner, *Eupithecia*, Zapfenspanner (*Lep Geometridae*).

strobilella Linné, *Laspeyresia*, Fichtenzapfenwickler (*Lep Tortricidae*).

strobilobius Kaltenbach, *Cnaphalodes* → *Adelges laricis* Vallot.

strobus Hartig, *Pineus*, Weymouthskiefernwollaus (*Hom Aphididae*).

Struktur (lat. structura, -ae, f., Aufbau, Mauerwerk, von struo, -ere aufbauen, ordentlich zusammenfügen), innerer Aufbau, Gefüge im Gegensatz zu Oberflächengestaltung oder → Skulptur.

Strukturfarben sind diejenigen Farben des Insektenkörpers, welche durch den inneren Aufbau (Struktur) der Cuticula und deren Bekleidung (Schuppen) sowie durch die Skulptur der Oberfläche hervorgerufen werden. Sie können auch mit → Pigmentfarben kombiniert auftreten.

Stubenfliege, gemeine → *Musca domestica* Linné.

Stubenfliege, kleine → *Fannia canicularis* Linné.

Stürzpuppe, Pupa suspensa, Schmetterlingspuppe, die an einem → Cremaster auf der Unterlage befestigt kopfabwärts frei herabhängt (*Vanessa*, *Morpho*).

Stützgewebe → Neuroglia.

Stummelbeine, Stummelfüße, Pedes, spurii, zu stummelartigen Organen reduzierte Beine, z. B. → Afterfüße der Raupen und Afterraupen.

Stutzkäfer → *Histeridae*.

+***Stygnidae*** Handlirsch 1908, ausgestorbene Fam der + *Palaeodictyoptera* (+*Eupalaeodictyoptera* Jeannel mit einer unterobercarbonischen Art *Stygne roemeri* Handlirsch aus Oberschlesien. Beschrieben nach einem Abdruck des 2,8 cm langen Flügels. Neben der gleichfalls unterobercarbonischen Palaeodictyoptere inc. sedis *Bathytaptus falcipennis* Handlirsch aus Nordamerika war es (bis zur Entdeckung der devonischen Collembole) das älteste Insektenfossil. Nach Haupt handelt es sich bei *Stygne roemeri* um eine Homoptere.

Stylopidae (Kirby 1813) Ulrich 1930, (Abb. 336, 337), Fam der *Strepsiptera* mit etwa 200 Arten, davon nur wenige in Deutschland vertreten. 1—5 mm große Tiere, deren Weibchen zeitlebens als

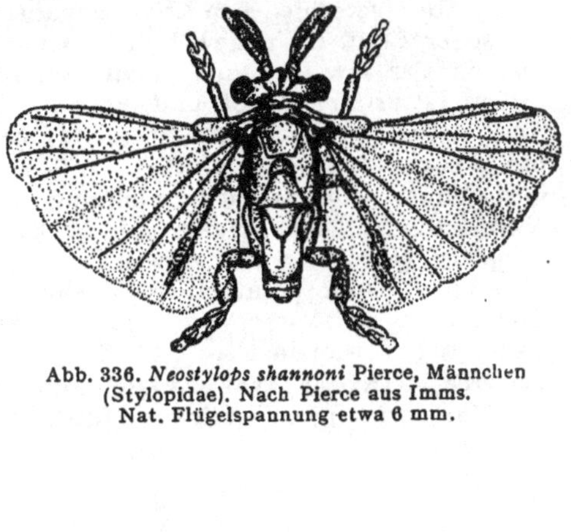

Abb. 336. *Neostylops shannoni* Pierce, Männchen (Stylopidae). Nach Pierce aus Imms. Nat. Flügelspannung etwa 6 mm.

Endoparasiten in ihren Wirten, vornehmlich Bienen, Wespen und Zikaden (aber vgl. auch *Strepsiptera*) verbleiben, während die Männchen frei herumfliegen. Fossil unbekannt.

stylopisiert nennt man von Strepsipteren (nicht nur Stylopiden) parasitierte Insekten, vor allem Bienen und Wespen.

Stylus (gr. ὁ στῦλος Säule, Pfeiler, lat. richtig → Stilus, nicht Stylus), 1. → Hüftgriffel, 2. das dünne 7. bzw. 7. und 8. oder 9. Glied der 8—9gliedrigen Fühler der *Thysanoptera Terebrantia*. 3. → Griffel.

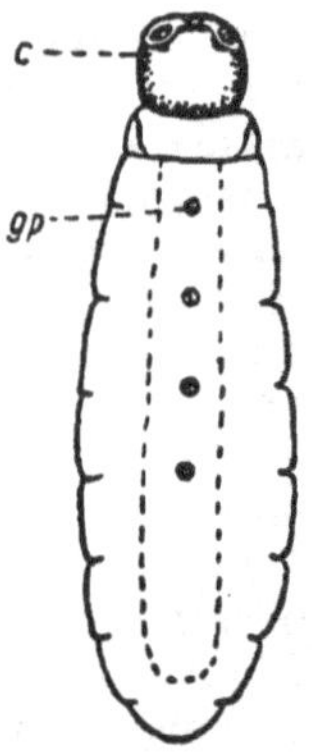

Abb. 337. *Xenos vesparum* Rossi, Weibchen (Stylopidae). *c* Cephalothorax, *gp* Mündungen der Genitalkanäle. Nach Imms. Nat. Gr. 3—4 mm.

Subalare (sc. Pterale subalare) → Epimeralgelenkstück.

Subanalklappen, Seitenklappen, Laminae subanales, die paarigen, ventralen Lappen (→ Afterklappen) des Telson.

Subanallobus, pl. Subanallobi → Subanalklappen.

Subantennalleiste, bei gewissen Acridiiden unterhalb der Fühlerbasis auftretendes Paar kurzer Querleisten, deren Innenfläche den beiden paarigen Frontolabralmuskeln als Ursprungstelle dient.

Subantennalnaht, Sutura subantennalis, eine bei *Blatta* deutlich ausgeprägte sekundäre Naht, welche von der Antennalringnaht ausgeht und in die Pleurostomalnaht mündet.

Subapicalsporn, ein vor der Schienenspitze stehender Sporn. (Vgl. auch → Praeapicalsporn).

Subapicalzahn, ein vor der Spitze der Kralle bei verschiedenen Insekten auftretender Zahn. Er ist gewöhnlich kleiner als die vor ihm liegende Krallenspitze selbst. Ist er gleich groß und mehr nach vorn gerichtet, dann spricht man meistens von gespaltener Klaue.

Subbasallinie, in der → Eulenzeichnung der Vorderflügel die der Flügelwurzel nächstliegende, gerade, gewellte oder zackige Querlinie. Sie beginnt am Costalrand, endet aber meist kurz vor dem Hinterrande des Vorderflügels.

Subclassis, Unterklasse, systematische → Kategorie (nicht obligate Hilfskategorie) zwischen Classis und Ordo (bzw. Legio).

subcortical (lat. cortex, -icis, m., Rinde), unter Rinden (lebend).

Subcosta, Subcostalader, Vena subcostalis, Mediastinalader, Intercostalader, zweite Längsader im → Flügelgeäder, stets einfach, unverzweigt, nicht selten mehr oder weniger stark verkürzt, fehlend oder mit der Costa verschmolzen. Oft bei primitiven Pterygoten durch mehrere kurze Queradern mit der Costa verbunden (*Ephemerida, Odonata, Perlaria, Saltatoria, Megaloptera Planipennia*). Im Hinterflügel der Schmetterlinge ist sie mit dem Radius verschmolzen. (Taf. X, XI, XIII.)

Subcostalraum, im Insektenflügel der Raum zwischen Subcosta und Radius. (Taf. X, XI, XIII.)

Subcoxa → Unterhüfte.

Subcoxalgelenk → Unterhüftgelenk.

Subcoxaltheorie, die heute allgemein angenommene Deutung der → Pleure der Thorakalsegmente als Umwandlung der ursprünglichen Subcoxa.

subdepressus Wollaston, *Palorus*, kleinäugiger Reismehlkäfer (*Col Tenebrionidae*).

subepidermale Pigmente sind Pigmente der inneren Organe, vor allem die des Blutes und des Fettkörpers. Bei durchscheinender Cuticula können die ~ in der Färbung des Insekts zum Ausdruck kommen. Am häufigsten ist ein grünes Pigment des Blutes, vermutlich ein Derivat des → Chlorophils. Auch → Carotin kommt als → bei Insekten vor.

Subfamilia, Unterfamilie, systematische Hilfsgruppe zwischen Familie und Gattung. Die Endung der Unterfamiliennamen ist *-inae*, an den Stamm der Genitiv-Form des typischen Gattungsnamens angehängt.

subfeminal (lat. sub unter, femina, -ae, f., Weib, Weibchen) werden Kopulationsstellungen bezeichnet, bei welchen das Männchen unter dem Weibchen sitzt. Subfeminal kopulieren z. B. *Mallophaga, Anoplura, Gryllotalpa*, Flöhe.

subfuscus Müller, *Athous*, gelbbrauner Laubschnellkäfer (*Col Elateridae*).

Subgalea, ein vom → Stipes abgesondertes, als Grundglied der → Galea erscheinendes Stück.

Subgena → Pleurostoma.

Subgenalnaht, seitliche Verlängerung der → Epistomalnaht bis zu den hinteren fenestrae Tentorii. Sie setzt sich aus der →Pleurostomal- und → Hypostomalnaht zusammen.

Subgenitalplatte, das prägenitale Sternum, bei Weibchen gewöhnlich das des 8., bei Männchen gewöhnlich das des 9. Hinterleibssegments. In der taxonomischen Praxis ist es aber üblich, nicht das ganze prägenitale Sternum, sondern nur seinen mehr oder weniger abgeänderten Sternit als ~ zu bezeichnen, weil dieser Sternit vielfach eine besonders große taxonomische Bedeutung hat.
Bei *Diptera* ist das 9. Sternum mehr oder weniger stark reduziert und der Rest des Genitalsegments bildet das sog. Hypopygium (Hypandrium). Näheres vgl. → *Diptera*.

Subgenualorgane (lat. genu- -us, n., Knie), unter dem Kniegelenk in der Tibia der *Orthoptera, Perlaria, Blattaria, Hymenoptera* gelegene → pedale Chordotonalorgane ohne Ligament, deren scolopales Ende mittels akzessorischer Zelle an die Schienenwand angeheftet ist. Sie werden teils von einem Ast des → Tympanalnerven, teils vom eigenen, vom Beinnerv abgezweigten Subgenualnerv innerviert.

Subgenus, Untergattung, systematische Hilfsgruppe zwischen Gattung und Art.

Subimago, präimaginales, flugfähiges, sich aber zur Imago noch einmal häutendes Stadium der *Ephemerida* (→ Prometabolie). Die ~ unterscheidet sich von der Imago durch mattere Körperfärbung, trübe, fast undurchsichtige, am Hinterrande bewimperte Flügel und kürzere Schwanzborsten.

Subitaneier (lat. subitaneus adj., plötzlich, geschwind, auch subitus und subitarius, adv. subito), → Sommereier. Sie entwickeln sich schneller als die Wintereier, daher ihr Name.

Submarginalader, im Vorderflügel der *Chalcididae* die einzige, nahe am Vorderrande verlaufende, ziemlich kräftige Längsader, die sich in oder hinter der Mitte mit dem Vorderrande vereinigt und hier als → Marginal- und → Postmarginalader bezeichnet wird. Sie entspricht sicherlich dem Radius-Stamm, enthält aber wohl auch noch die Media und vielleicht auch die Subcosta und den Cubitus.

Submarginalstreif, auf den Flügeldecken der Käfer der vorletzte seitliche Längsstreifen, der dem Seitenrande der Flügeldecken parallel läuft.

Submentum → Unterkinn.

subnodale Schrägader, Vena obliqua, im Vorderflügel der *Odonata Anisoptera* eine kurze Schrägader, welche den → Subnodus über die M_2 hinaus bis Rs, d. h. über ein Zwischenfeld verlängert. Im Bereich der → Aderkreuzung liegend, wird diese kurze Schrägader als ein Teil des Radialsektor selbst betrachtet. (Taf. X, Fig. 3.)

Subnodus, im Vorderflügel der *Odonata Anisoptera* der hintere, zwischen Radius und $Media_2$ liegende Abschnitt des → Nodus. Es ist der die → Aderkreuzung bewirkende Abschnitt des Radius selbst. Seine Verlängerung über die M_2 bis Rs ist die → subnodale Schrägader. Taf. X, Fig. 3.)

Subocularnaht, Sutura subocularis, eine kurze Naht zwischen dem unteren Augenrande bzw. der → Augenringnaht und der → Pleurostomalnaht. Sie mündet in die letztere gerade über dem vorderen Mandibelgelenk. Am besten bei *Gryllus* zu sehen.

Subösophagalganglion → Unterschlundganglion.

Subordo, Unterordnung, systematische Hilfskategorie zwischen Ordnung und Familie. Die Namen der ~ haben keine festgesetzte Form oder Endung.

subpolita Motschulski, *Crioceris*, Orchideenhähnchen (*Col Chrysomelidae*).

Subquadrangulum, bei *Odonata Zygoptera* der Raum zwischen Cubitus und Analis unterhalb des → Flügelvierecks (Quadrangulum). Es ist proximal von der Cubitoanalquerader, distal von der Verlängerung des Quadrangulums, d. h. dem basalen Teil des Cu_2 begrenzt. (Taf. X, Fig. 5.)

Subregion, tiergeographischer Bezirk, Unterabteilung der → Region.

Subregnum, Unterreich, systematische Hilfskategorie zwischen Regnum und Phylum. Im System von CLAUS wird das Tierreich in zwei Subregna, die *Protozoa* und *Metazoa* eingeteilt. In der neuesten Systematik aufgegeben.

Subsegment, sekundäre Unterteilung eines Segments, wie sie z. B. bei Raupen vorkommt.

subsequana Haworth *Semasia*, Tannennadelwickler (*Lep Tortricidae*).

Subspecies, Ssp., Unterart, systematische, der → Art untergeordnete Kategorie. Die ~ umfaßt alle Individuen, welche von anderen Unterarten derselben Art durch konstante Merkmale unterschieden, innerhalb des Verbreitungsareals der Art (des → Rassenkreises) geographisch (geographische ~), biologisch (biologische ~) oder physiologisch (physiologische ~) isoliert sind. Da sich die ~ in den Begattungsorganen nicht oder nur unwesentlich unterscheiden, so ist in den Grenzgebieten ihre Kreuzung und Auftreten von Zwischenformen vielfach möglich.

Substrat (lat. stratum, -i, n., Lage, Schicht), in der Oekologie jede feste oder flüssige Unterlage, die als Nährboden, Ruheplatz, Ort der Eiablage usw. dient.

subterranea Walker, *Anuraphis*, braune Birnentaschenlaus (*Hom Aphididae*).

Succession (lat. succedo, -ere, nachfolgen), von HANDSCHIN (Festschrift f. Zschokke, Basel 1922) geprägte Bezeichnung für zeitlich aufeinanderfolgende Ablösung von Lebensgemeinschaften eines bestimmten Standortes. Je nach den Ursachen der biozönotischen Veränderungen und deren Verlauf werden mehrere Successions-Formen unterschieden. Näheres vgl. FRIEDERICHS 1930.

Suctoria Latreille 1769 (*Siphonaptera* Latreille 1825, *Aphaniptera* Kirby 1826, *Pulicina* Burmeister 1829), Flöhe.

Kleine, von etwa 1—7 mm lange, kompresse, flügellose, einfarbig braune, braunschwarze oder gelbe, holometabole Insekten, welche im Imaginalstadium auf den Säugetieren und Vögeln parasitieren und sich von ihrem Blut ernähren.

Kopf orthognath, wie der ganze Körper kompreß, dem Thorax eng angeschlossen, wenig beweglich, oft durch Quernähte in zwei oder drei Teile zerlegt (caput fractum). Gewöhnlich ist nur eine Quernaht, die Antennalfurche vorhanden, bei gewissen australischen und südamerikanischen Formen tritt vor dieser noch eine zweite Querfurche, die sog. Helmnaht, auf. Am Mundrand, am vorderen Kopfrand und längs der Fühlerfurche sind oft → Ctenidien vorhanden. Komplexaugen fehlen, oder durch zwei meist vor den Fühlern gelegene Ocellen ersetzt. Fühler kurz, in seitliche Fühlergruben einlegbar, keulenförmig, mit zwei größeren Grundgliedern und einem ovalen, 9—10gliedrigen Flagellum (Fühlerkeule). Mundteile stechend-saugend, mit stilettartigen Lacinien, welche zusammen mit dem langen Epipharynx ein Stechborstenbündel bilden. Die 4—14gliedrigen Labialtaster bilden zusammen eine rinnenförmige Scheide für das Stechborstenbündel. Maxillen ziemlich lang, lanzettförmig, spitzig, beteiligen sich aber nicht am Stechakt. Maxillartaster 4gliedrig, frei. Mandibeln fehlen.

Thorax annähernd homonom gegliedert, seine Tergite dachziegelartig übereinandergreifend, undifferenziert, am Hinterrande des Pronotums in der Regel mit einem Ctenidium versehen. Sternite reduziert und eingefaltet (Cryptosternie), bzw. nach anderen Ansichten mit den Pleuren (Episternen) verschmolzen. Pleuren gut entwickelt, die des Prothorax klein, die meso- und metathorakalen groß, mit kräftigen Pleuralleisten. Metaepimeren stark vergrößert. Beine kräftig, schwach heteronom, die Hinterbeine verlängert. Hüften lang, paarweise eng zusammengerückt, durch äußere und innere Längsleisten verstärkt, wodurch ein Meron vorgetäuscht wird. Schenkel und Schienen kurz und dick, an Vorder- und Mittelbeinen annähernd gleich lang, an Hinterbeinen die Schienen länger als die Schenkel. Tarsen aller Beine, besonders die der Hinterbeine länger als die Schienen, stets 5gliedrig, mit je einem Paar kräftiger, hakenförmig gebogener Krallen. Sonstige Anhänge des Praetarsus fehlen. Die Krallen sind meist am Grunde mit einem kräftigen Zahn versehen

Hinterleib mit zehn sichtbaren Segmenten, das 1. ohne Sternum, das 9. komplett aber klein, sein Tergit mit einem Paar runder Sinnesplatten (Pygidialplatten mit Trichobothrien). Das 10. Segment sehr klein, bei Weibchen mit einem Paar eingliedriger Cerci. Der 9. Sternit bei Männchen mit drei Paaren von Gonapophysen, die zusammen den Haftapparat (Claspers) bilden. Weibchen ohne Gonapophysen. Der Gonoporus liegt bei Weibchen hinter dem 8., bei Männchen hinter dem 9. Sternit.

Darmkanal gut differenziert. Vorderdarm gerade, Oesophagus im Thorax zu einer muskulösen Saugpumpe erweitert. Proventriculus erweitert und mit Dörnchen und Stacheln versehen. Mitteldarm ein breiter Sack ohne Coeca. Hinterdarm in drei Abschnitte, einen erweiterten vorderen (Pylorus), einen dünnen mittleren (Ileum) und einen verdickten hinteren Abschnitt (Rectum) differenziert. Vier Malpighi-Gefäße vorhanden. Rectum mit sechs Papillen.

Rückengefäß ein langer Schlauch, welcher nahezu den ganzen Körper durchzieht. Das Herz ist mit einigen Ostienpaaren versehen und geht vorn in die Kopfaorta über.

Tracheensystem gut entwickelt, mit zwei thorakalen und acht abdominalen Stigmenpaaren, die letzteren auf den Segmenten 1—8. Das Stigmenpaar des 8. Segments ist am besten entwickelt, groß.

Nervensystem bei Imagines mit drei thorakalen und sieben (Weibchen) oder acht (Männchen) abdominalen Ganglienpaaren.

Hoden paarig, rundlich oder oval, unifollikulär. Vasa deferentia gleich hinter den Testes zu je einem Nebenhoden verkäuelt, in der hinteren Hälfte miteinander zu einem unpaarigen Gang verschmolzen, dessen Übergangsstelle in den gleichfalls unpaarigen Ductus ejaculatorius durch die Mündungen der beiden Paare schlauchförmiger Anhangsdrüsen markiert ist. Ovarien paarig, mit je 4—6 kammförmig den Oviducten aufsitzenden telotrophen Ovariolen. Oviductus communis kurz, Vagina kurz und breit, mit Bursa copulatrix. In die letztere münden ein, seltener zwei Receptacula seminis (Spermatheca) und gewöhnlich eine kleine Anhangsdrüse. Die weibliche Geschlechtsöffnung liegt zwischen dem 8. und 9. Sternit.

Entwicklung holometabol, mit drei Larvenstadien und einem ruhenden Puppenstadium. Die Verwandlung in die Puppe erfolgt in einem Gespinstkokon. Die Larven leben frei und ernähren sich von organischem Detritus des Aufenthaltsortes ihres imaginalen Wirtes (Nester, Wohnungen, Bauten). Die Imagines sind temporäre, nicht selten auch stationäre Ektoparasiten der Säugetiere und Vögel. Sie ernähren sich vom Blut ihrer Wirte. Manche stationäre Flöhe, welche ihr ganzes imaginales Leben lang den Wirt nicht verlassen, besitzen die Fähigkeit, sich mittels ihrer Stechborsten fest in der Haut des Wirtes zu verankern, was wohl, abgesehen von Ctenidien und Krallen als die einzige wirksame Vorkehrung gegen das Abgeschütteltwerden vom Wirte angesehen werden kann. Die meisten Arten sind aber nicht so eng an einen Wirt gebunden, sondern sind befähigt im Laufe ihres Imaginallebens oft mehrfach den Wirt zu wechseln, und dabei auch auf andere Wirtsarten zu gelangen.

Fossile Flöhe sind bisher erst aus dem baltischen Bernstein bekannt, obwohl angenommen wird, daß sie älteren Ursprungs sind. Viel älter als spät mesozoisch sind sie aber sicher nicht.

Gegenwärtig sind etwa 1000 Arten der Flöhe bekannt. Sie werden von den jüngsten Systematikern in zwei UOrdn, *Pulicoidea* (mit zwei Fam) und *Ceratophylloidea* (mit 15 Fam) eingeteilt.

Südafrikanische Subregion → Aethiopische Region.

suis Linné, *Haematopinus*, Schweinelaus (*Anoplura, Haematopinidae*).

sulcatus Fabricius, *Otiorrhynchus*, gefurchter Dickmaulrüßler (*Col Curculionidae*).

sulcirostris Linné, *Cleonus* → *C. piger* Scopoli.

Sulcus (lat. sulcus, -i, m., Rinne, Furche) → Furche.

Supercilia (lat. supercilia, -um, pl. n.) → Augenbrauen.

Superlingua, pl. Superlinguae, ein Paar seitlich am → Hypopharynx bei *Apterygota*, Larven der *Ephemerida*, bei *Corrodentia*, *Mallophaga* und *Micropterygida* sitzender Anhänge. Sie wurden früher für Homologa der ersten Maxille der *Crustacea* (→ Maxillulae, Paragnatha) gehalten und gaben Anlaß zur Annahme eines → Maxillularsegments, bis der embryologische Nachweis ihrer Entstehung aus dem Mandibularsegment (Silvestri 1933) die Theorie hinfällig machte. (Näheres vgl. Denis, Arch. de Zool., 68, 1928 und Tuxen, Ztschr. f. Morph. u. Ök. d. Tiere, 22, 1931.)

Kleine, konische → finden sich nach Snodgrass (1935, Fig. 60B) bei *Dissosteira* (*Acridiidae*) in den Winkeln des → Suspensoriums am Grunde des Hypopharynx.

Mit derselben Bezeichnung werden auch die mittleren, paarigen Sklerite des Hypopharynx belegt, ohne daß damit immer eine Homologie der beiden gleichnamigen Bildungen gemeint zu sein braucht.

Superordo, Überordnung, systematische Hilfskategorie zwischen Unterklasse und Ordnung.

Superparasitismus, überzähliger Parasitismus, zufälliges Zusammentreffen mehrerer Parasitenexemplare derselben Art auf bzw. in ein und demselben Wirt als Folge mehrfacher Eiablage durch einige Weibchen. Die jüngeren oder kleineren Parasitenlarven werden dann meist von der älteren bzw. größeren aufgefressen.

Superpositionsauge (EXNER 1891) (lat. superpono, -ere, darüber, darauf setzen) ist ein Komplexauge, dessen Ommen nur distal mit einem Mantel aus → Irispigmentzellen versehen sind, während die basalen → Retinapigmentzellen vollständig fehlen.
Das ∼ ist für das Dunkelsehen eingerichtet, indem es auch schräg einfallenden Lichtstrahlen Zugang zur Retina ermöglicht.

Supplementärsektoren → Schaltadern.

Supraalarborsten, 1—3 Borsten am Mesonotum vieler Fliegen dicht über der Flügelwurzel. (Taf. V, Fig. 6.)

Supraanallappen, Supraanallobus, pl. Supraanallobi, Epiproct, → Afterklappen.

Supraepimeron → Epimeralgelenkstück.

suprafeminal werden Kopulationsstellungen bezeichnet, bei welchen das Männchen auf dem Rücken des Weibchens sitzt. Es ist die am weitesten unter den Insekten verbreitete Kopulationsstellung. Käfer, Fliegen, Hymenopteren kopulieren stets suprafeminal.

Supraösophagalganglion → Gehirn.

Supratriangularraum, der obere, über dem → Flügeldreieck bei *Odonata Anisoptera* liegende Raum der → Kardinalzelle.

Surra, eine von Madagaskar und Ägypten bis nach Südosteuropa und ostwärts über ganz Südasien bis zum Stillen Ozean verbreitete tödliche Krankheit der Pferde, Dromedare, Kamele, Rinder und Hunde. Der Erreger, die Flagellate *Trypanosoma evansi,* wird nicht wie bei anderen → Trypanosomiasen durch die Tsetse-Fliegen, sondern durch Bremsen (*Tabanus, Chrysops, Haematopota*) und andere Stechfliegen (*Stomoxys, Anopheles*) übertragen.

Suspension der Nomenklaturregeln → Nomen conservandum, N. conservatum.

Suspensorium (lat. suspendo, -ere, hoch halten, schweben lassen), das hinterste, dicht vor der Schlundöffnung liegende Paar von Skleriten des → Hypopharynx. Die ∼ verlängern sich vielfach in je eine Apophyse, das → Zungenstäbchen. Sie finden sich am Hypopharynx bei *Machilidae, Locustidae, Thysanoptera,* Larven der *Ephemerida* usw. Vgl. auch → Tentorium.

sutor Linné, *Monochamus,* Schusterbock (*Col Cerambycidae*).

Sutura (lat. sutura, -ae, f., die Naht, von suo, -ere, sui, sutum nähen, subst. sutor, -is, m., Schuster) → Naht.

Sutura antecostalis → Antecostalnaht.

Sutura antennalis → Fühlerringnaht.

Sutura basicostalis → Basicostalnaht.

Sutura clavi → Clavalsutur.

Sutura clypealis → Kopfschildnaht.

Sutura coronaria (lat. corona. -ae, f., Kranz) → Kranznaht.

Sutura coxalis → Coxalnaht.

Sutura epistomalis → Epistomalnaht.

Sutura epicranialis → Epicranialnaht.

Sutura episternopraecoxalis → Episternopraecoxalnaht.

Sutura frontalis → Stirnnaht.

Sutura frontoclypealis → Epistomalnaht.

Sutura furcata (lat. furcatus, adj. gabelig, zweizackig, von furca, -ae, f., Gabel) → Postfrontalnaht.

Sutura gularis → Gularnaht.

Sutura hypostomalis → Hypostomalnaht.

Sutura intersegmentalis → Intersegmentalnaht.

Sutura labialis → Labialnaht.

Sutura mediana, eine konkave Falte im Flügel der Fliegen zwischen der Media und dem Cubitus.

Sutura menti, die das Mentum vom Submentum trennende, öfters verloschene Quernaht der → Unterlippe.

Sutura metasternalis → Metasternalnaht.

Sutura metopica (gr. τὸ μέτωπον Stirn) → Stirnnaht.

Sutura occipitalis → Occipitalnaht.

Sutura ocularis → Ocularnaht.

Sutura pleuralis → Pleuralnaht.

Sutura pleurostomalis → Pleurostomalnaht.

Sutura postfrontalis → Postfrontalnaht.

Sutura postoccipitalis → Postoccipitalnaht.

Sutura praecoxabasisternalis → Praecoxabasisternalnaht.

Sutura praecoxaepisternalis → Sternauli.
Sutura praescutalis → Praescutalnaht.
Sutura praesternalis → Praesternalnaht.
Sutura ptilini → Bogennaht.
Sutura sagittalis (lat. sagitta, -ae, f., Pfeil) → Scheitelnaht.
Sutura scutoscutellaris → V-Naht.
Sutura sternocostalis, Sternocostalnaht → Sternocosta.
Sutura secundaria → Postfrontalnaht.
Sutura spuria → Vena spuria.
Sutura subantennalis → Subantennalnaht.
Sutura subgenalis → Subgenalnaht.
Sutura submenti, die sekundäre, das Unterkinn vom Kinn trennende, öfters verloschene Naht der → Unterlippe.
Sutura subocularis → Subocularnaht.
Sutura tergalis → Tergalnaht.
Sutura transscutalis → Transscutalnaht.
Sutura transscutellaris → Transscutellarnaht.
Sutura ulnae → Ulnarsutur.
suturalis Gyllenhal, *Orthotomicus*, Kiefernstangenholz-Borkenkäfer (*Col Ipidae*).
Suturaldepression → Notopleuraldepression.
sycophanta Schrank, *Rhagium*, Laubholzzangenbock (*Col Cerambycidae*).
sycophanta Linné, *Calosoma*, grüner Puppenräuber (*Col Carabidae*).
Syllestium (gr. σύν mit, ἡ ληστεία Räuberei) → Raubgastgesellschaft.
Symbiontenkrypten, Mitteldarmdivertikel, deren Lumen bzw. Epithelzellen von symbiontischen Mikroorganismen besetzt sind. Sie treten besonders häufig bei phytophagen *Heteroptera* auf, während sie den blutsaugenden Vertretern dieser Ordnung fehlen. Auch phytophage Larven der *Coleoptera* (*Curculionidae, Cerambycidae, Ptinidae*) sind häufig mit ~ versehen.
Im mittleren Abschnitt des Hinterdarmes sind bei *Passalus* einige Längsreihen von ~ nachgewiesen. Auch die warzenartig ins Lumen vorspringenden Papillen des → Ileum von *Phyllophaga gracilis* (*Col Scarabaeidae*) sind nach FLETCHER ~.
Die ~ des Hinterdarms holzfressender Tipuliden-Larven werden als → Gärkammern bezeichnet.
Symbiose (gr. ἡ συμβίωσις Zusammenleben), Mutualismus, Zusammenleben von Individuen verschiedener Arten, von welchem jede Partei ihren Nutzen hat. Man unterscheidet → Ectosymbiose und → Endosymbiose. (Vgl. auch → Organisation).
Symmetrieebene (gr. σύμμετρος abgemessen, passend, ἡ συμμετρία Ebenmaß), Meson, diejenige ideale Ebene, welche einen bilateralsymmetrischen Körper in zwei spiegelbildlich gleiche Hälften, das → Dextron und → Sinistron zerlegt. Es ist die mediane → Sagittalebene, die auch als Haupt- oder Medianebene bezeichnet zu werden pflegt. Vgl. auch → Richtachsen.
sympathische Färbung, „Schutzfärbung", richtiger Umgebungsfärbung ist diejenige Färbung der Insekten, welche sie der herrschenden Färbung ihrer gewohnten Umwelt angleicht, so daß sie darin schwer zu sehen sind, wie z. B. grüne Insekten im Laubwerk, braungraue Bodenbewohner usw.
sympathisches Nervensystem (gr. συμπαθέω mitfühlen), diejenigen Teile des Nervensystems der Insekten, welche die inneren Organe innervieren. Es besteht aus drei voneinander unabhängigen Teilen, dem → stomatogastrischen System, dem → caudalen sympathischen Nerv und dem → unpaaren ventralen Nerv.
sympatrisch (gr. σύν mit, ἡ πάτρα Vaterland, Heimat), auf derselben Wirtsart, oder in ein und demselben geographischen Gebiete lebend. Gegens. → allopatrisch.
Symphilie, Symphilium (gr. συμφιλέω die Liebe zu jdm. teilen), diejenige Form der → Ectosymbiose, bei welcher ein Symbiont dem anderen Nahrung und Domicil sowie Schutz bietet und von ihm dafür narkotische Drüsensekrete bekommt (Gäste bei Ameisen und Termiten). Die Entwicklung der betreffenden Hautdrüsen geht vielfach bei dem Schützling so weit, daß er → physogastren Habitus bekommt.
Symphyopleona Börner 1901 (nicht „*Symphypleona*" wie vielfach irrtümlich geschrieben wird, gr. συμφύω zusammenwachsen, πλεόνος zu sehr, stark), UOrdn der Collembola, ausgezeichnet durch plumpen Körper und undeutliche oder unvollständige Segmentierung des Hinterleibs. Hierher die Fam *Neelidae, Sminthuridae* und *Dicyrtomidae*.
Symphyta (Latreille 1802) Gerstaecker 1867 (*Ventro-sessiles* Latr., *Phytophaga* Latr. 1807, *Chalastogastra* Konow 1897, *Tenthredinoidea* McGillivray 1906), UOrdn der *Hymenoptera*, ausgezeichnet durch die

fehlende → Wespentaille, stets vorhandene → Humeralader im Vorderflügel, vorhandene → Cenchri und gut ausgebildeten, aus drei Paaren (nur bei *Orussidae* aus 2 Paaren) von Anhängen des 8. und 9. Hinterleibssegments gebildeten Legebohrer der Weibchen. Flügelgeäder primitiv, vollständig, Radius, Media und Cubitus an der Basis verschmolzen. Larven (Afterraupen) mit Thorakal- und meist auch Abdominalbeinen, mit oder ohne Cerci, phytophag (Ausnahme → *Orussidae*). Imagines leben von Pflanzensäften und Blütenstaub.

5 Fam, *Pamphilidae*, *Tenthredinidae*, *Cephidae*, *Siricidae* und *Orussidae*.

+***Synarmogoidea*** Handlirsch 1925 (Abb. 338), fossile Ordn der *Pterygota* mit der ein-

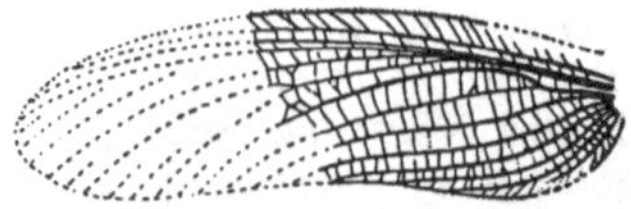

Abb. 338. +*Synarmoge ferrarii* Handlirsch (+Synarmogidae). Nach Handlirsch. Nat. Gr. des rekonstruierten Flügels etwa 11 cm.

zigen ausgestorbenen Fam +*Synarmogidae* Handlirsch und einer Art, *Synarmoge ferrarii* Handlirsch (ein Flügel) aus dem mittleren Obercarbon Westfalens. Es kann sich nach Handlirsch um ein sehr primitives +*Protorthopteron* handeln, dessen Ableitung von +*Palaeodictyopteren* gesichert erscheint.

Synarthrose (gr. σύν mit, τὸ ἄρθρον, Gelenk, Glied), unbewegliches Gelenk.

Syncephalon → Cephalon (gr. σύν oder ξύν mit).

Synciput (gr. wie vor, lat. caput, -itis, m., Kopf) → Cephalon.

Synclopie, Synclopium (gr. σύν mit, ἡ κλοπή Diebstahl) → Diebstahl.

Syncytium (gr. σύν mit, zusammen, τὸ κύτοσ Höhlung, Gefäß, Urne), Verbindung mehrerer Zellen zu einem plasmatischen Ganzen unter Schwund der Zellmembranen.

Syndese (gr. ὁ σύνδεσμος das Band, von συνδέω zusammenbinden), 1. straffe, verkürzte Gelenkmembran. Die ~ können sowohl in kondylen wie in akondylen Gelenken auftreten und haben die Aufgabe, das Ausschwenken des bewegten Teils über die Streckungsachse hinaus zu verhindern.

2. Konjugation der Chromosomen bei Karyokinese.

syndetisches Gelenk, ein Gelenk, dessen Gelenkmembran ganz oder zum Teil eine → Syndese darstellt, welche die gegenseitige Beweglichkeit beider Teile einschränkt. (Taf. V, Fig. 2.)

Synechthrie (gr. (σύν mit, ὁ ἐχθρός Feind) → Raubgastgesellschaft.

Synoekie (gr. σύν mit, ὁ οἶκος Wohnsitz, Nest, Heimat), Zusammenwohnen von zwei oder mehreren Insektenarten, ohne daß der Wirt davon einen Nutzen zöge. Die Untermieter bringen ihrem Wirt auch keinen Schaden, da sie sich von Abfallstoffen oder vom Baumaterial ernähren. Hierher gehören → nidicole Insekten. Auch → Inquilinen können hierher gezogen werden. Vgl. auch → Parabiose.

Synökologie (gr. σύν mit, ὁ οἶκος Wohnraum), Lehre von den Einflüssen der Umwelt auf Lebensgemeinschaften (Chapman). Gegens. → Autökologie.

Synonym (gr. συνώνυμος gleichnamig), ein anderer Name für dieselbe Tierart oder Tiergruppe. Man unterscheidet zwischen objektiven und subjektiven ~. Ein objektives ~ liegt vor, wenn ein Name für einen Typus (Genotypus, Specietypus) aufgestellt worden ist, der schon früher einen anderen Namen erhalten hat. Ein subjektives ~ liegt vor, wenn ein Autor zwei verschieden benannte Typen (Genotypen, Specietypen) für ein und dieselbe Art (Gruppe) hält. Bei objektiver Synonymie bleibt das jüngere ~ ein für allemal ungültig, während die subjektiven ~ je nach der Ansicht der Systematiker auseinandergenommen oder zusammengezogen werden dürfen.

Synteliidae Lewis 1882, Fam der *Col* (*Clavicornia*) mit wenigen in Mexiko, Japan und Indien lebenden Arten der einzigen Gatt *Syntelia* Westwood.

Syntomidae Snellen 1867, Widderbären, Fam der *Lep* (*Macrofrenatae*) mit etwa 2000 vorwiegend neotropischen Arten. In Deutschland nur durch 2 Arten vertreten.

Fossil sind 3 kopale Arten der Gatt *Syntomis* beschrieben.

+***Syntonopteridae*** Handlirsch, ausgestorbene Fam der +*Palaeodictyoptera* mit 1 mittel-obercarbonischen Art, *Syntonoptera schucherti* Handlirsch, von der ein etwa 10 cm langer Flügel erhalten ist.

Syntype → Cotype.

+***Sypharopteroidea*** Handlirsch 1910 (Abb. 339), fossile Ordn der *Pterygota* mit

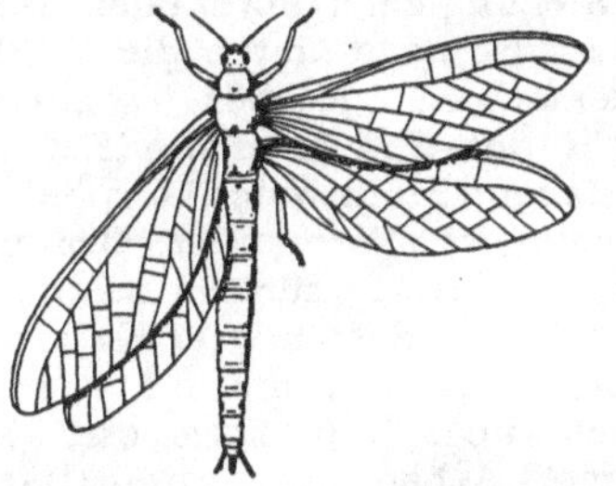

Abb. 339. + *Sypharoptera pneuma* Handlirsch (+ Sypharopteridae). Nach Handlirsch. Nat. Körperlänge etwa 1,5 cm.

1 mittel-obercarbonischen Art, *Sypharoptera pneuma* Handlirsch aus Nordamerika (Fam +*Sypharopteridae* Handlirsch). Ein Seitenzweig der +*Palaeodictyoptera*, von HANDLIRSCH neben *Embiodea* gestellt.

Syringa salivaris (gr. ἡ σῦριγξ, -ιγγος Röhre, Mundstück der Flöte, latin. syringa, -ae, f., ein Rohr zu mediz. Einspritzungen und syrinx, -gis, f., Rohr) → Spindel.

syringella Fabricius, *Gracilaria*, Fliedermotte (*Lep Gracilariidae*).

Syrphidae (Latreille 1802) Leach 1819, Schwebfliegen (Abb. 340), Fam der *Dipt Brachycera* mit etwa 3000 Arten. Kleine bis große, häufig schwarz und gelb gezeichnete, wespenähnliche Fliegen, die die Eigenart haben, im Fluge längere Zeit an einem Punkte zu schweben. Ihre Larven sind Blattlausfresser (blutegelartig fortschreitende *Syrphinae*), Bewohner von Ameisennestern (*Microdontinae*), von Bienennestern (*Volucellinae*), oder sie leben im faulen Holz, Baumsaft (*Milesiinae*), Schlamm, Aborten (*Eristalinae*, → Rattenschwanzlarven) usw. Wenige Arten sind Pflanzenfresser (z. B. Zwiebelmondfliege, Narzissenfliege u. a.). Fossil sind an 60 tertiäre Arten (haupts. balt. Bernstein) beschrieben worden.

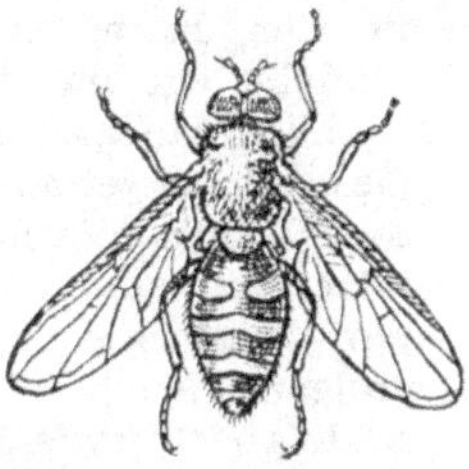

Abb. 340. *Syrphus ribesii* Linné (Syrphidae). Nach Enderlein. Nat. Gr. 11—12 mm.

System (lat. systema, -ae, f., gr. τὸ σύστημα Zusammenstellung, Vereinigung, Gruppe, von συνίστηι zusammenstellen, organisieren), übersichtliche Ordnung einer zuvor chaotischen Vielheit von Einzeltatsachen oder Gegenständen.

Das entomologische System hat die Aufgabe, die beinahe eine Million bisher beschriebener Insektenarten übersichtlich zu ordnen.

Die Insektenfauna der Welt stellt zwar in der freien Natur keinen chaotischen Haufen dar, aber ihre natürliche, ökologische Ordnung eignet sich nicht als Grundlage für ein einfaches, leicht übersichtliches System. Die Museologie, welche sich mit der systematischen Ordnung der Tiere befaßt, kann nur ein System gebrauchen, in dem eine jede Art nur einmal vertreten ist und nur einen bestimmten Platz darin hat, weil man ja sonst mit der Registrierung der Arten nie fertig würde. Ein solches System ist nach dem gegenwärtigen Stand unserer Kenntnis nur dasjenige der phylogenetischen (stammesgeschichtlichen) Verwandtschaft. Das phylogenetische Geschehen liegt aber in der Vergangenheit und wird nie für direkte Beobachtung zugänglich sein. Wir können also auf die phylogenetische Verwandtschaft nur aus dem gegenseitigen Verhalten der Endprodukte des phylogenetischen Geschehens, d. h. aus dem gegenseitigen Verhalten der rezenten Formen schließen. Diese Schlüsse auf die Verwandtschaft der vorliegenden Insekten stützen sich in erster Linie auf Ähnlichkeiten und Unähnlichkeiten im Bau und Verhalten der rezenten Tiere. Womöglich werden natürlich auch fossile Arten herangezogen, die allein als direkte Zeugen der vor unseren Augen verborgenen Vergangenheit gelten können, die aber leider in viel zu geringer Zahl vorliegen, um die feineren verwandtschaftlichen Beziehungen, d. h. die der niederen systematischen Einheiten, klären zu können.

Es dauerte ziemlich lange, bis die Systematiker die Erfahrung gemacht haben, daß Ähnlichkeit kein sicheres Kriterium für die Verwandtschaft darstellt, wie es ältere Autoren bis etwa zur Mitte des vorigen Jahrhunderts glaubten. Ähnliches hielt man früher für verwandt und stellte es nebeneinander, Unähnliches wurde mehr oder weniger weit voneinander im System getrennt. So hielt z. B. Linné alle ungeflügelten Insekten für verwandt und stellte sie in seiner Ordnung → *Aptera* zusammen. Heute ist es allgemein bekannt, daß die auf Flügellosigkeit beruhende Ähnlichkeit vieler Insekten teils primitiv, teils abgeleitet ist und oft bei Gruppen entstanden ist, die miteinander nicht näher verwandt sind. Solche Einheiten wie die LINNÉschen *Aptera* nennt man deswegen künstliche systematische Einheiten.

Die moderne Systematik ist bestrebt künstliche systematische Gruppen aufzulösen und durch „natürliche" zu ersetzen. Daher die ewigen Veränderungen des Systems, die, solange die Arbeit nicht abgeschlossen ist, geduldet werden müssen. In einigen Insektenordnungen herrscht schon eine ganz befriedigende „Ruhe", während andere noch mehr oder weniger labil sind.

Der Nachweis einer natürlichen Verwandtschaft von Gruppen oder Formen kann nur durch genaues und vielseitiges Studium dieser Formen erreicht werden. Wie gesagt, sind einfache Analogien (Ähnlichkeiten) nicht zuverlässig, weil sie ebensogut bei divergenter Entwicklung ursprünglich verwandter (monophyletischer) Formen als primitives Merkmal erhalten geblieben, wie bei konvergenter Entwicklung nicht miteinander verwandter Formen unabhängig voneinander entstanden sein konnten. Es muß jeweils nachgewiesen werden, daß die Analogie des untersuchten morphologischen oder biologischen Merkmals in der Tat auf ursprünglicher Verwandtschaft, d. h. auf monophyletischer Abstammung der Formen beruht, oder kurz, daß die analogen Merkmale einander homolog sind. Der zu diesem Homologie-Nachweis führende Weg ist zu kompliziert für eine nähere Darstellung in diesem Rahmen. Es mag nur hinzugefügt werden, daß nicht nur Ähnlichkeiten, sondern auch Unähnlichkeiten homolog sein können und daß der Systematiker jeweils nicht mit einem, sondern mit einer ganzen Anzahl verschiedener Merkmale zugleich arbeiten muß, deren verschiedener Wert auch gebührend berücksichtigt werden muß.

Wir sind heute noch weit davon entfernt in allen Einzelheiten des Insekten-Systems nachweisen zu können, daß seine Analogien tatsächlich Homologien sind, oder mit anderen Worten, daß die als verwandt angesehenen Formen tatsächlich verwandt und dementsprechend richtig im System untergebracht sind.

Die Stellung einer Form oder Gruppe im System ist nicht durch die Willkür des Systematikers gegeben, sondern entspricht den Ergebnissen vieler und oft jahrelanger Studien der Morphologie und Biologie der Form oder Gruppe. Von diesen Studien ist für den Laien in einem kurzgefaßten System oder Katalog nichts zu sehen und darum ist sein Achselzucken über die „geistlose, katalogmäßige" Arbeit des Systematikers verzeihlich. Ein gebildeter Zoologe hingegen weiß, daß ein System, meist in typographischer Form eines Kataloges verfaßt, einen Querschnitt durch den jeweiligen Stand der Kenntnis der Morphologie und Biologie der Gruppe, ein stichwortartiges Ergebnis jahrzehntelanger Arbeit vieler Systematiker, Morphologen, Biologen, Paleontologen usw. darstellt.

Wir haben schon oben eine, die katalogartige Form der typographischen Darstellung des Systems erwähnt. Das System der rezenten Formen besteht aber aus den Spitzen eines, die stammesgeschichtlichen Entwicklungslinien darstellenden Stammbaumes, welches nur in der Form eines dreidimensionalen Modells ein naturgetreues Bild der jeweiligen Auffassung des phylogenetischen Geschehens ergeben kann. Im drucktechnischen Verfahren muß man sich aber mit einem „herbarmäßig gepreßten", zweidimensionalen Stammbaum begnügen. Auch dieser Darstellungsform sind aber gewisse Grenzen durch das übliche Format der Bücher gesetzt. Technisch unbeschränkt anwendbar ist nur die lineare, katalogartige Darstellung des Systems, dessen Stammbaumlinien dabei leider stark verschleiert und oft ohne Zuhilfenahme eines schematischen Diagramms für nicht geübte Systematiker unverständlich bleiben. Die alten Versuche die verwandtschaftlichen Beziehungen der Gruppen in zweidimensionalen geometrischen Formen (zyklische, quadratische, polygonale System-Diagramme des vorigen Jahrhunderts) haben sämtlich fehlgeschlagen und gehören heute zur Geschichte.

Das lineare System beruht in der Hauptsache auf einer Aufzählung der Gruppen in derjenigen Reihenfolge, welche sich aus den Spitzen des zweidimensionalen Stammbaumes ergibt, in dem gewöhnlich links die ursprünglichsten und rechts die am meisten abgeänderten (abgeleiteten) Gruppen als Äste stehen. Sehr naturgetreu ist diese Darstellung natürlich nicht, denn, wenn die verwandtschaftlichen Beziehungen schon in Form eines „gepreßten" Baumes dargestellt werden sollen, dann müßte das Ursprünglichere stets der Stammachse des Baumes näher als das Abgeleitete liegen. Auch die letztere Form eines auf die lineare Darstellungsart transponierten konsequenten Stammbaumes ist (z. B. bei IMMS 1938) versucht worden, ohne viel Nachahmer gefunden zu haben.

Die Wandlungen, welche das Insektensystem im Lauf der letzten zwei Jahrhunderte (seit LINNÉ 1758) durchgemacht hat, und deren Ursachen aus der obigen kurzen Darstellung verständlich sein dürften, haben sich erst durch die Arbeiten von ANTON HANDLIRSCH soweit gelegt, daß wir seit der ersten Aufstellung seines Systems im Jahre 1908 (Die fossilen Insekten und die Phylogenie der rezenten Formen) von einem in allgemeinen Grundzügen gefestigten System sprechen können. HANDLIRSCH ging vom System FR. BRAUER's (1885) aus, welches er an Hand seiner grundlegenden paläontologischen Studien umgebaut hat. Das genannte System von HANDLIRSCH hat naturgemäß eine große Zahl von Kritikern zu vertieften Studien angeregt und hat in den vergangenen 50 Jahren eine Reihe von Korrekturen erlebt. Die Diskussion ist bis heute noch nicht abgeschlossen.

Im folgenden stelle ich das System von HANDLIRSCH in seiner letzten Fassung (in KÜKENTHAL-KRUMBACH 1926—1938), WEBER (Grundriß d. Entom. 1949) und GRASSÉ (Traité de Zoologie 1949) übersichtlich nebeneinander.

Übersicht der wichtigsten Insektensysteme

(In Klammern sind die Nummern der Ordnungen des Handlirsch-Systems angegeben)

HANDLIRSCH 1938	WEBER 1949	GRASSÉ 1949
Ukl. ***Apterygogenea***	Ukl. ***Collembola***	Ukl. ***Apterygota***
1. O. *Thysanura*	1. O. *Collembola* (= 4)	Üo. **Entotropha**
2. O. *Entotrophi*	Ukl. ***Protura***	1. O. *Collembola* (= 4)
3. O. *Protura*	2. O. *Protura* (= 3)	2. O. *Protura* (= 3)
4. O. *Collembola*	Ukl. ***Diplura*** (= 2)	3. O. *Diplura* (= 2)
	(3. O. *Diplura*)	
	Ukl. ***Thysanura*** (= 1)	Üo. **Ectotropha**
	(4. O. *Thysanura*)	4. O. *Thysanura* (= 1)
Ukl. ***Pterygogenea***	Ukl. ***Pterygota***	Ukl. ***Pterygota***
+O. *Palaeodictyoptera*		Sectio Palaeoptera
+O. *Protephemeroidea*		Üo. **Palaeodictyoptera**
		+O. *Eupalaeodictyoptera*
		+O. *Protohemiptera*
		+O. *Megasecoptera*
Üo. **Ephemeroidea**	Üo. **Ephemeroidea**	Üo. **Ephemeroptera**
5. O. *Ephemerida*	5. O. *Ephemerida* (= 5)	+O. *Protephemeroidea*
		5. O. *Plectoptera* (=5)
Üo. **Libelluloidea**	Üo. **Perloidea**	Üo. **Odonatoptera**
+O. *Protodonata*	6. O. *Plecoptera* (= 7)	+O. *Meganisoptera*
6. O. *Odonata*		6. O. *Odonata*

Handlirsch 1938	Weber 1949	Grassé 1949
Üo. **Perlariae**	Üo. **Libelluloidea**	
+O. *Hapalopteroidea*	7. O. *Odonata* (= 6)	
7. O. *Perlariae*		
Üo. **Embiodea**	Üo. **Embioidea**	Sectio Polyneoptera
+O. *Sypharopteroidea*		Üo. **Blattopteroidea**
+O. *Hadentomoidea*		7. O. *Dictyoptera*
8. O. *Embiodea*	8. O. *Embiodea* (= 8)	(= 14 + 15)
		+O. *Protoblattoidea*
		8. O. *Isoptera* (= 16)
		9. O. *Zoraptera* (= 17)
Üo. **Orthoptera**	Üo. **Orthopteroidea**	Üo. **Orthopteroidea**
+O. *Reculoidea*		+O. *Protorthoptera*
+O. *Mixotermitoidea*		10. O. *Plecoptera* (= 7)
+O. *Synarmogoidea*		11. O. *Notoptera* (= 9 pp.)
+O. *Protorthoptera*		12. O. *Cheleutoptera* (= 10)
9. O. *Saltatoria*	9. O. *Saltatoria* (= 9)	13. O. *Orthoptera* (= 9 pp.)
10. O. *Phasmida*	10. O. *Phasmida* (= 10)	14. O. *Embidina* (= 8)
11. O. *Dermaptera*	11. O. *Dermaptera* (= 11)	Üo. **Dermapteroidea**
12. O. *Diploglossata*	12. O. *Diploglossata* (= 12)	+O. *Protelytroptera*
13. O. *Thysanoptera*		+O. *Protocoleoptera*
		15. O. *Dermaptera*
		(= 11 + 12)
Üo. **Blattaeformia**	Üo. **Blattoidea**	
+O. *Protoblattoidea*	13. O. *Mantodea* (= 15)	
14. O. *Blattariae*	14. O. *Blattaria* (= 14)	
15. O. *Mantodea*	15. O. *Isoptera* (= 16)	
16. O. *Isoptera*	16. O. *Zoraptera* (= 17)	
17. O. *Zoraptera*	Üo. **Psocoidea**	
18. O. *Corrodentia*	17. O. *Psocoptera* (= 18)	
19. O. *Mallophaga*	18. O. *Phthiraptera*	
20. O. *Siphunculata*	(= 19 + 20)	
Üo. **Coleopteroidea**	Üo. **Thysanopteroidea**	Sectio Oligoneoptera
21. O. *Coleoptera*	19. O. *Thysanoptera*	Üo. **Coleopteroidea**
22. O. *Strepsiptera*	(= 13)	16. O. *Coleoptera* (= 21)
Üo. **Hymenopteroidea**	Üo. **Hemipteroidea**	Üo. **Neuropteroidea**
23. O. *Hymenoptera*	20. O. *Heteroptera* (= 32)	17. O. *Megaloptera* (= 24)
	21. O. *Homoptera* (= 33)	18. O. *Raphidides* (= 25)
		19. O. *Planipennia* (= 26)
Üo. **Neuropteroidea**	Üo. **Hymenopteroidea**	Üo. **Mecopteroidea**
+O. *Megasecoptera*	22. O. *Hymenoptera* (= 23)	20. O. *Mecoptera* (= 27)
24. O. *Megaloptera*		21. O. *Trichoptera* (= 28)
25. O. *Raphidides*		22. O. *Lepidoptera* (= 29)
26. O. *Neuroptera*		23. O. *Diptera* (= 30)
Üo. **Panorpoidea**	Üo. **Coleopteroidea**	Üo. **Siphonapteroidea**
27. O. *Panorpatae*	23. O. *Coleoptera* (= 21)	24. O. *Siphonaptera* (= 31)
28. O. *Trichoptera*	24. O. *Strepsiptera* (= 22)	
29. O. *Lepidoptera*		
30. O. *Diptera*		
31. O. *Suctoria*		

HANDLIRSCH 1938

Üo. **Hemiptera**
+O. *Protohemiptera*
+O. *Palaeohemiptera*
32. O. *Heteroptera*
33. O. *Homoptera*

WEBER 1949

Üo. **Neuropteroidea**
25. O. *Megaloptera* (= 24)
26. O. *Raphidides* (= 25)
27. O. *Planipennia* (= 26)
28. O. *Mecoptera* (= 27)
29. O. *Trichoptera* (= 28)
30. O. *Lepidoptera* (= 29)
31. O. *Diptera* (= 30)
32. O. *Aphaniptera* (= 31)

GRASSÉ 1949

Üo. **Hymenopteroidea**
25. O. *Hymenoptera* (= 23)
26. O. *Strepsiptera* (= 22)

Sectio Paraneoptera
Üo. **Psocopteroidea**
27. O. *Psocoptera* (= 18)
28. O. *Mallophaga* (= 19)
29. O. *Anoplura* (= 20)
Üo. **Thysanopteroidea**
30. O. *Thysanoptera* (= 13)
Üo. **Hemipteroidea**
31. O. *Homoptera* (= 32)
32. O. *Heteroptera* (= 33)

Systematik, entomologische Systematik ist dasjenige Teilgebiet der Entomologie, welches die Beschreibung der die Erde bevölkernden Insekten und deren Ordnen in ein übersichtliches → System zum Ziele hat.

Der Weg zur Beschreibung, Benennung (→ Nomenklatur) und Ordnung der beschriebenen Formen nach dem Prinzip der stammesgeschichtlichen Verwandtschaft (→ Taxonomie, → System) führt über sämtliche Gebiete der Entomologie. Jede Beschreibung ist ein Ergebnis vergleichend-morphologischer Untersuchungen einer Anzahl von Merkmalen, die auf ihre stammesgeschichtliche Qualität (Analogie, Homologie) und auf ihren kategoriellen Wert (sub- und supraspezifische Merkmalswerte) geprüft werden müssen. Der Zweck der Beschreibung ist ja mit der späteren Wiedererkennung (Bestimmung) des Tieres (der Art) nicht erschöpft, die Beschreibung muß auch der Einordnung nach dem Prinzip der natürlichen Verwandtschaft Rechnung tragen. Daß dabei außer den vergleichend-morphologischen auch vergleichend-biologische (zoogeographische, ökologische, parasitologische, endosymbiontische usw.) Tatsachen berücksichtigt werden müssen, um Klarheit über die systematische Stellung einer Form zu bringen, braucht nur erwähnt zu werden. Die moderne Systematik unterscheidet sich von der alten, LINNÉschen eben dadurch, daß sie sich nicht mit der Registrierung der Erkennungsmerkmale der Form begnügt, sondern bestrebt ist ihre sämtlichen Bezugssysteme zu ergründen, die geeignet sind Aufschluß über ihre natürliche Verwandtschaft zu geben.

In weit ausgedehnterem Maße als die Artsystematik, bedient sich die Gruppensystematik der ontogenetischen (embryologischen, postembryologischen) und paläontologischen Studien, die parallel mit rezent-anatomischen Untersuchungen geführt, Aufschluß über den stammesgeschichtlichen Weg der Gruppen geben können.

Systematische Einheiten oder Kategorien sind Stufen des Systems, welche für bestimmte Verwandtschaftsbereiche der Tierformen gewählt worden sind.

Alle Kategorien kann man sich bildlich als Schachteln verschiedener Größe vorstellen, die ineinander passend, den Raum jeweils nächst größerer Schachteln genau ausfüllen. Die Kategorien sind leere Schachteln, die zur Aufnahme der ihnen von Systematikern zugeordneten Gruppen von Insekten, der systematischen Gruppen, bereit stehen. Die gegenwärtig üblichen systematischen Kategorien stellt in absteigender Ordnung die folgende Übersicht dar. In dieser Übersicht sind die obligatorischen Kategorien in Fettdruck gesetzt, die übrigen sind fakultativ.

Regnum (Linné), Reich — Subregnum, Unterreich.
Phylum o. Typus, Stamm — Subphylum (Subtypus), Unterstamm.
Divisio, Abteilung — Subdivisio, Unterabteilung.
Cladus, Zweig — Subcladus, Unterzweig.
Classis (Linné), Klasse — Subclassis, Unterklasse.
Legio, Legion — Sublegio, Unterlegion.
Superordo, Überordnung.
Ordo (Linné), Ordnung — Subordo, Unterordnung.
Cohors, Kohorte — Subcohors, Unterkohorte.
Phalanx, Phalange — Subphalanx, Unterphalange.
Superfamilia, Überfamilie.
Familia (Latreille), Familie — Subfamilia, Unterfamilie.
Tribus, Sippe — Subtribus, Untersippe.
Genus (Linné), Gattung — Subgenus, Untergattung.
Series, Serie — Subseries, Unterserie.
Sectio, Sektion — Subsectio, Untersektion
Species (Linné). Art — Subspecies, Unterart.

Die den einzelnen Kategorien zugeordneten Insektengruppen bekommen entsprechende lateinische Namen, z. B. Classis *Insecta*, Subclassis *Pterygota*, Ordo *Odonata*, Subordo *Anisoptera*, Familia *Libellulidae*, Subfamilia *Libellulinae*, Genus *Libellula*, Species *depressa*.

Systole (gr. ἡ συστολή Einschränkung, Schrumpfung), Kontraktion eines pulsierenden Organs (Herz, Dorsalampullen usw.). Gegens. → Diastole.

T

tabaci Lindemann, *Thrips*, Tabakblasenfuß, Zwiebelblasenfuß (*Thysanopt. Thripidae*).

Tabanidae Leach 1819, Bremsen (Abb. 341), Fam der *Dipt Brachycera* mit etwa 2500 Arten, davon mehrere in Deutschland, bes. erwähnenswert die empfindlich stechende und häufige graue *Chrysozona* (*Haematopota*) *pluvialis* Linné, und die bunte *Chrysops coecutiens* Linné und verwandte Arten. Die stechenden Tabaniden sind ausschließlich Weibchen, die Männchen haben reduzierte Stechborsten und sind Blumenbesucher. Die Weibchen haben als Krankheitsüberträger große veterinär-medizinische Bedeutung. Die spindelförmigen, derben, grob segmentierten Larven sind acephal. Sie leben entweder im Schlamm von Gewässern oder terrestrisch, teils saprophag, teils jagdlich.

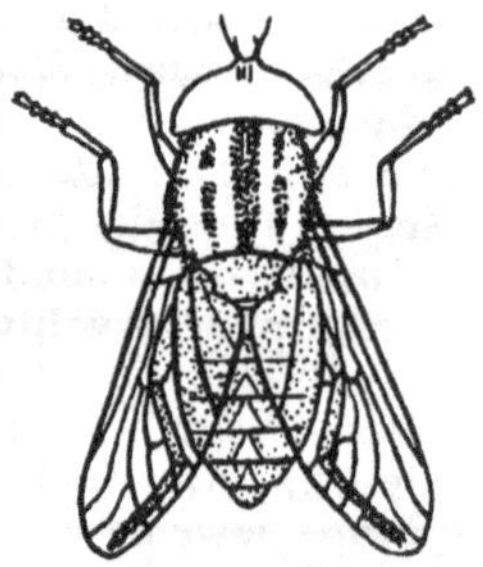

Abb. 341. *Tabanus autumnalis* Linné, Weibchen (Tabanidae). Nach Brauer aus Handlirsch. Nat. Gr. etwa 2 cm.

Fossil sind 15 känozoische Arten, darunter 3 aus dem baltischen Bernstein beschrieben.

Tachinidae Meigen 1803 (*Zoobiae* Robineau-Desvoidy 1830, *Larvaevoridae* Meigen 1800), Raupenfliegen, Schmarotzerfliegen, Aasfliegen (jeder dieser deutschen Namen paßt nur auf eine bestimmte Unterfamilie), Fam der *Dipt Brachycera* mit etwa 5000 Arten in weltweiter Verbreitung, in Deutschland reichlich vertreten. Ausgezeichnet durch stets gut entwickelte → Hypopleuralborsten und einen Aderanhang am Knie der → Spitzenquerader. Die meisten ~ leben als Larven parasitisch in Insekten (*Phasiinae* in Käfern und Heteropteren, *Dexiinae* und *Tachininae* vornehmlich in Raupen und Puppen von Schmetterlingen) und in Säugetieren (*Oestrinae* im Magen und in Nasenhöhlen, *Hypoderminae* unter der Haut). Andere (*Sarcophaginae*, *Calliphorinae*) leben saprophag oder sarcophag. Die Fliegen sind Blumenbesucher, vor allem auf Schirmblütlern, oft in Mengen.

Die *Cuterebrini*, nach Lameere Tribus der *Oestrinae*, nach anderen Autoren eine eigene Familie, sind auf Amerika beschränkte Fliegen, deren Larven subkutan an Säugetieren und Menschen parasitieren. Die Fliegen sind wegen der Eigenart der Eiablage besonders bemerkenswert. Sie fangen nämlich blutsaugende Fliegen (*Stomoxys*, Mücken) und legen ihnen die Eier auf den Rücken ab, um sie auf diese typisch foresische Art auf das Wirtstier bringen zu lassen. Die in Mittel- und Südamerika lebende *Dermatobia hominis* Linné möge als Beispiel der *Cuterebrini* hier erwähnt sein. Fossil sind etwa 12 tertiäre Tachiniden-Arten aus Europa (6 aus dem baltischen Bernstein und einige aus miocänen Straten) und Nordamerika beschrieben.

tachiniert werden von Tachinenlarven besetzte, d. h. parasitierte Insekten genannt.

Tachygenese (gr. ταχύς schnell, eilig, ἡ γένεσις Erzeugung), beschleunigte ontogenetische Entwicklung, z. B. durch Ausfall eines Larvenstadiums, häufig bei Schmetterlingsraupen mit variabler Anzahl von Häutungen. Vgl. auch → Acceleration und → Heterochromie.

Tactio (lat. tactio, -onis, f., Tastsinn, Gefühlssinn, von tango, -ere, tetigi, tactum, tasten, berühren) oder Tactus (lat. tactus, -us, f., Berührung) → Tastsinn.

Taenidium (gr. ἡ ταινία Band, Binde) → Spiralfaden.

Taeniopterygidae Klapalek 1905 (Abb. 342), Fam der *Perlaria* mit zahlreichen

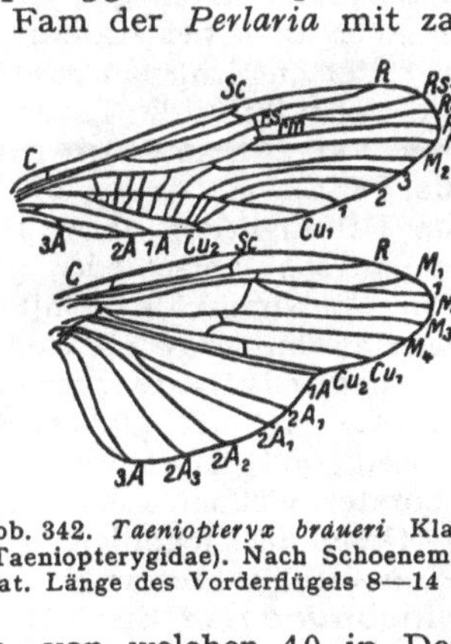

Abb. 342. *Taeniopteryx bräueri* Klapalek (Taeniopterygidae). Nach Schoenemund. Nat. Länge des Vorderflügels 8—14 mm.

Arten, von welchen 10 in Deutschland vertreten sind.

taeniopus Meigen, *Chlorops* → *Ch. pumilionis* Bjerkander.

Tänze, in einem bestimmten Rhythmus und in einer bestimmten Form auf den Waben ausgeführte Bewegungen der mit Tracht in die Beute zurückkehrenden Arbeitsbienen, als Mittel zur → Verständigung der Volksgenossen über die Lage und Reichhaltigkeit der Tracht. Näheres über dieses höchst interessante Gebiet der Insekten-Psychologie vgl. in den Arbeiten von von Frisch, 1946 und früher. Die Hauptformen der Bienentänze sind der Kreislauf und der Achterlauf, auf die hier nicht näher eingegangen werden kann.

Tagfalter → *Rhopalocera*.

Tagfalterblumen → Lepidopterenblumen.

Taillengelenk, Gelenk der → Wespentaille, zwischen dem → Mediansegment und dem → Petiolus. Morphologisch ist es das Gelenk zwischen dem 1. und 2. Hinterleibssegment, welches gewöhnlich außer der Gelenkmembran noch seitliche, endoskeletale, übereinander greifende Verstärkungen aufweist, die im ~ in den Vordergrund treten und nach Abtrennung des Petiolus an den zugehörigen Rändern äußerlich gut zu sehen sind.

Talus (lat. talus, -i, m., Sprungbein, Ferse, auch Knöchel), Endfläche der Schiene, in welcher der Tarsus eingelenkt ist.

tanaceti Leach, *Galeruca*, Rainfarnblattkäfer (*Col Chrysomelidae*).

Tangorezeptoren (lat. tango, -ere, tetigi, tactum berühren) → Tastorgane.

Tannenschädlinge. Einen Großschädling im Sinne der Kiefern-(Forl-)eule hat die Tanne bei uns nicht. Mehrere Wicklerraupen, wie der rot- und schwarzköpfige Tannenwickler (*Semasia rufimitrana* Herrich-Schäffer und *Cacoecia murinana* Hübner), der Tannenknospenwickler (*Epiblema nigricana* Herrich-Schäffer), der Tannennadelwickler (*Semasia subsequana* Haworth) und die Tannenknospenmotte (*Argyresthia illuminatella* Zeller) fressen an Nadeln und Knospen und können stellenweise einigen Schaden anrichten.

Der Tannenkrebswickler (*Laspeyresia coniferana* Ratzeburg) frißt in der Rinde der Tannenäste und verursacht krebsartige Wucherungen mit Harzfluß. Sehr auffallend sind die manchmal massenhaft auf Tannenstämmen sitzenden, mit weißer Wachswolle bedeckten Tan-

nenläuse, nämlich die Tannenstammlaus (*Dreyfusia piceae* Ratzeburg). Eine verwandte Art, die Tannentrieblaus *Dreyfusia nordmannianae* Eckstein) sitzt in ähnlichen weißen Flocken auf den Trieben.
Die Tannennadeln saugt die Weißtannentrieblaus (*Mindarus abietinus* Koch) aus und verursacht deren Knickung.
Auf Tannenwurzeln saugt die Virginogenien-Generation der Eschenblattgallenlaus (*Prociphilus fraxini* Hartig), welche als die Tannenwurzellaus bezeichnet zu werden pflegt.
Unter der Rinde der Tannenstämme bohrt die Larve des Tannenrüßlers (*Pissodes piceae* Illiger). Von den Borkenkäfern, die unter der Tannenrinde ihre Muttergänge anlegen, ist der krummzähnige Tannenborkenkäfer *Pityocteines curvidens* Germar) zu nennen.
Im Tannenholz bohrt ihre etwa 5 mm breiten, im Querschnitt runden Gänge die Larve der Tannenholzwespe (*Sirex spectrum* Linné).
Als Schädlinge der Samen sind zwei Arten zu nennen, nämlich die Tannensamenwespe (*Megastigmus piceae* Seitner) und die Tannensamengallmücke (*Reseliella piceae* Seitner).

Tanyderidae (Osten-Sacken 1879) Alexander 1920, Fam der nematoceren Fliegen mit etwa 30 über die ganze Welt (mit Ausnahme der orientalischen Region) zerstreuten Arten.

Tanypezidae (Rondani 1856) Williston 1908, Fam der brachyceren Fliegen (*Calyptratae*) mit der einzigen in Europa lebenden Art *Tanypeza longimana* Fallen.

Tanzfliegen → *Empididae*.

Tapetenmotte, gemeine → *Trichophaga tapezella* Linné.

Tapetum (gr. ὁ τάπης Teppich, Decke), eine Schicht von Zellen, welche zwischen den Sehzellen von Ocellen unterhalb der → Rhabdome gelagert, mit ihrem stark lichtreflektierenden Inhalt einen lichtundurchlässigen Hintergrund bilden. Sie sollen entweder die optische Isolierung oder die Lichtstärke der Ocellen verbessern. Im Komplexauge kommt ähnliche Einrichtung in Form von → Iristapetum oder → Tracheentapetum vor.

tapetzella Linné, *Trichophaga*, gemeine Tapetenmotte (*Lep Tineidae*).

Tapezierbienen, *Megachile*-Arten (*Hym Apidae*).

Tarmonen (lat. tarmes, -itis, m., Holzwurm) → Engerlinge.

Tarntrachten, Verbergtrachten, kryptophylaktische Trachten, Unauffälligkeitstrachten sind Struktur- oder Farbmerkmale des Insektenkörpers, welche das Tier in seiner gewohnten Umgebung, seinem natürlichen Biotop, unauffällig oder schwer sichtbar machen. Es kann sich entweder um allgemeine → Umgebungstrachten handeln oder um → Nachahmungstrachten (Mimese), die das Tier bestimmten Einzelheiten seiner Umgebung ähnlich machen. (Vgl. auch → Schutzfärbung.) Außer Körpermerkmalen können hierher künstliche → Schutzhüllen gerechnet werden (Tarnung).

Tarsalanhang, einer → Euplantula entsprechender (vielfach aber mit → Onychium verglichener) Anhang auf der Ventralseite (Sohle) der Tarsenglieder bei *Mallophaga* und *Anoplura*. (Taf. IV, Fig. 2, 3.)

Tarsaldrüsen sind die am Grunde der Sohlenborsten und → Saugnäpfe bei *Dytiscus* mündenden → Öldrüsen sowie die im vergrößerten Basalglied der Vordertarsen befindlichen → Spinndrüsen der *Embiidae*.

Tarsenrinne, meist flach rinnenförmige, manchmal aber tief schlitzartige Vertiefung in der hinteren bzw. äußeren Fläche der Schiene, die zum Einlegen der Tarsen dient. Die ~ sind bes. bei Käfern sehr verbreitet und sind vor allem bei sich totstellenden Arten gut entwickelt, kommen aber auch bei Käfern vor, die ihre verbreiterten Schienen zum Graben benutzen, wobei ihnen die Tarsen hinderlich wären. Vgl. z. B. *Byrrhus (Col.)*.

Tarsensohle, Planta tarsi, die Unterseite der Tarsenglieder, ihrer Funktion entsprechend sehr verschieden gestaltet, bei vielen Schwimmkäfern mit seitlich zu Rudern zusammengedrückten Tarsen zu einer scharfen Kante reduziert, bei Insekten, die viel auf glatten Flächen laufen, breit und meist kurz bürstenartig beborstet, vielfach auch mit Sinneshaaren (Geschmackspapillen z. B. bei *Musca domestica*) ausgestattet.

+***Tarsophlebiidae*** Handlirsch 1908 (Abb. 343), ausgestorbene Fam der *Odonata Anisozygoptera* mit 1 liassischen Art aus England (Vorderflügel 6 cm) und 3 malmischen Arten aus dem lithographischen

Kalk von Bayern (Vorderflügel 3—4 cm). Eine von den letzteren Arten, *Tarsophlebia eximia* Hagen (Körperlänge 5,9 cm) ist in mehreren z. T. sehr vollständigen Körperabdrücken erhalten.

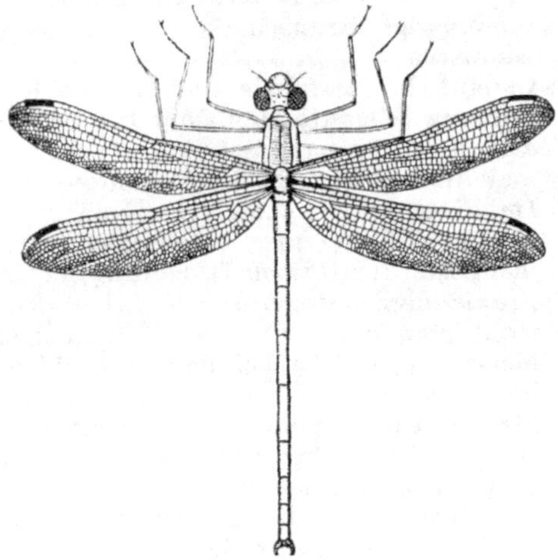

Abb. 343. + *Tarsophlebia eximia* Hagen (+ Tarsophlebiidae). Nach Handlirsch. Nat. Körperlänge etwa 6 cm.

Tarsus (gr. ὁ ταρσός Fuß, Fußblatt, der unterste Teil des Beins vom Knöchel an) → Fuß.

Tascinidae Hampson (1895) 1918, Fam der *Lep Castnioidea* (oder UFam der *Castniidae*) mit einigen wenigen Arten in Indien.

Tastbeine, Pedes tactorii, verlängerte Vorderbeine z. B. bei gewissen Fliegen, bei denen sie z. T. die Fühler vertreten (*Chironomidae* u. a.). Bei *Protura* vgl. Textabb. 1.

Taster, Palpus → Kiefertaster und → Lippentaster.

Tasterträger → Palpifer und → Palpiger.

Tasthaare sind die meisten von den langen Haaren des Insektenkörpers, bei Fliegen z. B. die Macrochaeten und die meisten Microchaeten. Sie bilden um den Körper eine unter ständiger Kontrolle des Nervensystems stehende Tastzone.

Tastorgane, Tangorezeptoren sind Sinneszellen mit ihren cuticularen Empfängern, den Tasthaaren. Es kommen aber auch für Tastempfindung Sinneszellen mit freien Endigungen vor, z. B. bei weichhäutigen Larven. Die ∼ sind meist über den ganzen Körper verstreut, stehen aber besonders dicht an Organen, die den Berührungsreizen in stärkerem Maße ausgesetzt sind, wie z. B. an Fühlern oder Tastern.
Der rezeptorische Fortsatz der Sinneszelle ist meist an der Spitze mit einem → Sinneskörper versehen, welcher den Basalrand der Tastborste berührt.

Taubenfloh → *Ceratophyllus columbae* Stephens.

Taubenwanze → *Cimex columbarius* Jenyns.

Taubenzecke → *Argas reflexus* Fabricius.

Taufliegen → *Drosophilidae*.

Taumelkäfer → *Gyrinidae*.

Tauspinner → *Aglia tau* Linné.

Tautonymie o. Tautonomie (gr. ταὐτόν selber, ὁ ὄνυμα o. ὄνομα Name), Gleichartigkeit des Art- und Gattungsnamens, z. B. *Melolontha melolontha* Linné, oder des Gattungsnamens und der typischen Untergattung. Im ersteren Fall ist die ∼ zugelassen, im letzteren obligatorisch.

Taxis, pl. Taxien (gr. ἡ τάξις geordneter Zustand, Taktik), Topotaxis, Fähigkeit der Insekten auf Umweltreize durch bestimmte Einstellung des Körpers zur Reizquelle zu reagieren, d. h. aus der taxienfreien → Suchbewegung in die → Richtungsbewegung überzugehen. Vgl. auch → Tropismen.
Es sind bisher bei Insekten folgende ∼ näher bekannt geworden: → Stereo- oder Thigmotaxis, → Rheotaxis, → Anemotaxis, → Geotaxis, → Phonotaxis, → Thermotaxis, → Phototaxis, → Chemotaxis. Die vorgenannten Taxien, welche die Empfindlichkeit allein, nicht aber die Mechanik der Reizbeantwortung bezeichnen, werden mit den folgenden fünf auf die Mechanik der Taxienauslösung bezogenen Begriffe der → Phobotaxis, → Tropotaxis, → Menotaxis, → Telotaxis und Mnemotaxis kombiniert.

Taxon, taxonomische Einheit.

Taxonomie (gr. ἡ τάξις Ordnung, Einrichtung, ὁ νόμος Gesetz, Grundsatz), von Aug. P. de Candolle (1813, Théorie élémentaire de la Botanique, VIII u. 500 u. 27 S., Paris) für die Theorie der Klassifikation der Pflanzen geprägter Ausdruck, der sich später auch in der Zoologie eingebürgert hat.
Vielfach wird der Ausdruck „Taxonomie" ohne klare Begriffsbestimmung gebraucht, was wohl in erster Linie darauf zurückzuführen ist, daß verschiedene führende Systematiker die Taxonomie verschieden auffassen, die einen (z. B. amerikanische Autoren) als Synonym

zu → Systematik, die anderen wieder (zuletzt W. HENNIG 1950) als ein Teilgebiet der letzteren, gleichbedeutend mit der phylogenetischen Systematik.
Die Auffassung W. HENNIGS ist wohl die einzig richtige, weil sie sich mit der ursprünglichen Definition von DE CANDOLLE deckt. Danach ist die Taxonomie derjenige Teil der Systematik, welcher sich mit den phylogenetischen Prinzipien der Klassifikation der Insekten (und überhaupt der Tiere und Pflanzen) befaßt. Eine Erweiterung der DE CANDOLLschen Auffassung liegt darin, daß die moderne Taxonomie nicht nur die theoretischen Grundlagen, sondern auch die praktischen Aufgaben der Klassifikation umfaßt. Dabei ist zu betonen, daß unter Klassifikation gegenwärtig nur die auf phylogenetischen, d. h. verwandtschaftlichen Beziehungen beruhende Ordnung der Insekten gemeint wird.
Sehr glücklich ist der Terminus „Taxonomie" allerdings nicht gewählt, denn er täuscht die Sinnverwandtschaft mit Taxe, Taxation, Taximeter usw. vor, ohne etwas über seinen wahren Inhalt auszusagen. Darin liegt wohl auch z. T. die Ursache der häufigen Mißdeutung des Begriffes „Taxonomie". Verschiedene Zoologen haben auch tatsächlich die „Taxonomie" als die taxierende, katalogisierende oder inventarisierende Hilfsdisziplin der Zoologie hingestellt (Näheres vgl. HENNIG, 1950, S. 10ff.), ein Mißverständnis, welches endlich aus der Gedankenwelt der Zoologen verschwinden sollte. Die Katalogisierung ist eine sehr wichtige Tätigkeit, die aber nicht zur wissenschaftlichen Systematik, sondern zur Nomenklatur gehört. Daran ändert nichts die Tatsache, daß Katalogwerke auf Ergebnissen der phylogenetischen Systematik beruhen und auch selbst in dieser Hinsicht wichtige Beiträge enthalten können.
Zur Klärung des Begriffsbereiches des Terminus „Taxonomie" wäre noch folgendes zu bemerken. Taxonomie als „Theorie der Klassifikation" ist gleichbedeutend mit Phylogenetik, wobei der letztere Terminus vorzuziehen ist. Taxonomie als „phylogenetische Systematik" (= spezielle Phylogenetik, W. HENNIG l. c.) ist die praktische Konsequenz der Phylogenetik, indem sie sich mit der praktischen Anwendung der phylogenetischen Grundsätze bei der Klassifikation der realen systematischen Gruppen befaßt. In dieser letzteren Bedeutung wäre die Taxonomie besser als phylogenetische Systematik, oder kurz als Phylosystematik zu bezeichnen.

taxonomische Gruppen → systematische Einheiten.

taxonomische Merkmale sind für die Einordnung (Klassifikation) der Insekten in ein System maßgebende Körpermerkmale und biologische Eigenschaften.
Im Grunde genommen hat ein jedes morphologische oder biologische Merkmal klassifikatorische Bedeutung, in der Praxis der systematischen Arbeit versteht man aber unter ~ ~ diejenigen Merkmale, welche bei dem augenblicklichen Stand der Untersuchungstechnik für die Unterscheidung und Klassifikation der Tiere ohne zeitraubende Operationen zugänglich sind.
Bei Insekten sind die taxonomischen Merkmale vorwiegend die äußeren Eigenschaften des Integuments (der Cuticula), seltener die der inneren Kutikularbildungen, wie z. B. pharyngale und Kropfarmaturen, Begattungsorgan, Spermatheca usw.
Man spricht oft von guten und schlechten taxonomischen Merkmalen und versteht darunter die Prägnanz oder (bzw. und) die technische Zugänglichkeit eines Merkmals als Erkennungsmal einer Art, Gattung, Familie usw. Es kann damit aber auch die Bedeutung eines Merkmals als Legitimation der phylogenetischen Verwandtschaft gemeint sein. Im letzteren Fall spricht man besser von phylogenetischen Merkmalen.

tedella Clerck, *Epiblema*, Fichtennestwickler, Hohlnadelwickler (*Lep Tortricidae*).

Tegmen (lat. tegmen, -inis, auch tegimen oder tegumen, -inis, n., Decke, Hülle von tego, -ere, -xi, bedecken) pl. Tegmina, 1. → Flügeldecke, 2. → Phallobasis.

Tegula (lat. tegula, -ae, f., Dachziegel, Deckplatte), Schulterklappe, Schulterblatt, eine Chitinschuppe des Humeralwinkels der Vorderflügel bei *Hymenoptera*, *Lepidoptera*, *Diptera* und *Homoptera* (*Fulgoridae*), welche die Flügelgelenkmembran von oben bedeckt und wahrscheinlich die Aufgabe hat, diese vor Verunreinigung und Verletzung zu schützen.

Die morphologische Deutung der ~ ist noch nicht endgültig geklärt. Es handelt sich aber wahrscheinlich um eine der → Humeralplatte analoge sekundäre Bildung der Flügelmembran, eine lokale sackartige Ausstülpung, welche nachträglich sklerotisierte und sich flach auf die Flügelwurzel legte. Nach BERLESE (preclavicola) ist die ~ eine Bildung des → Acrotergits.

Die ~ dürfen nicht mit den ihnen ähnlichen → Patagia verwechselt werden. (Taf. XXX, Fig. 8.)

Tegumen (lat. tegumen, tegimen, tegmen, -inis, n., oder tegumentum, tegimentum, tegmentum, -i, n., Decke, Bedeckung), ringförmiges, in den männlichen Begattungsapparat der Schmetterlinge eingegliedertes, modifiziertes 9. Tergum, an dem die Valven (Coxopodite des 9. Sternums) und sekundäre Anhänge (Uncus, Gnathos) befestigt sind. Sein Gegenstück, das Sternum des 9. Segments, ist das → Vinculum. (Taf. XVIII, Fig. 4, 5.)

Tela conectiva (lat. tela, -ae, f., Gewebe, conecto, -ere verbinden) → Bindegewebe.

Tela muscularis → Muskelgewebe.

Tela nervea → Nervengewebe.

telarius Linné, *Tetranychus*, Lindenspinnmilbe (*Acari Tetranychidae*).

Telegeusidae Leng 1920, Fam der *Col* (*Malacodermata*) (nach HANDLIRSCH eher *Teredilia*) mit einer nordamerikanischen Art. Weibchen 5 mm lang, brachypter, weichhäutig.

Telophragma (gr. τὸ τέλος Ende, Ziel, τὸ φράγμα das Eingeschlossene, Verzäunte, meton. auch Zaun, Bedeckung) → Krausesche Zwischenmembran.

Telopodit (gr. τὸ τέλος Ende, ὁ πούς Fuß), das gegliederte, dem → Coxopoditen aufsitzende Bein der *Crustacea*. Gewöhnlich 6gliedrig, wird der ~ in ein basales Glied, den → Basipodit und 5 distale Glieder (→ Spaltfuß) umfassenden → Endopodit eingeteilt.

Die besondere Bezeichnung der 6 distalen Beinglieder der *Crustacea* als ~ geht auf die Annahme zurück, daß das ursprüngliche Bein nur aus zwei Gliedern bestand, einem Coxopoditen und einem eingliedrigen Telopoditen, welches sekundär weitere Gliederung erfahren hatte. (Taf. I, Fig. 1.)

Telotaxis (gr. τὸ τέλος Ziel, Ende, ἡ τάξις geordneter Zustand, Taktik), Zielbewegung, Fixierbewegung, bei Insekten nur für → Phototaxien nachgewiesene Einstellung des Körpers auf eine von mehreren vorhandenen Reizquellen, die im Gegensatz zu → Tropotaxis auch bei einseitig geblendeten Tieren eingehalten wird.

telotroph (gr. τὸ τέλος Ende, ἡ τροφή Ernährung) oder acrotroph werden Eiröhren bezeichnet, die nur eine innerhalb des → Germariums, also am Ende der Eiröhre befindliche → Nährkammer besitzen. Telotrophe Eiröhren finden sich z. B. bei *Hemiptera*, *Megaloptera*, *Aphaniptera* und *Coleoptera Adephaga*.

Telson (gr. τὸ τέλσον Grenze), Aftersegment, Pygidium, Periproct, Proctiger, der letzte, den → After enthaltende Abschnitt des Insektenkörpers. Er gilt nicht als vollwertiges Segment, weil ihm u. a. die → Coelomsäcke fehlen. Außer in den Embryonen ist ein deutliches ~ nur bei *Protura* typisch erhalten, bei allen anderen Insekten reduziert oder nur in Form von 3 kleinen → Afterklappen um den Anus herum erhalten (z. B. *Corrodentia*), die auch dann persistieren können, wenn das 11. und 10. Hinterleibssegment verschwunden sind.

Die membranöse Umrandung des Afterspalts kann in allen Fällen als ein Rest des ~ angesehen werden. (Taf. XV, Fig. 7.)

Temnochilidae (Latreille 1807) Leveille 1889 (*Peltides* Latr., *Trogositidae* Kirby 1837, *Ostomatidae* Ganglbauer 1899), Fam der Col (Clavicornia) mit etwa 600 Arten, davon nur 8 in Deutschland.

Fossil sind 16 tertiäre und 1 quartäre Art beschrieben.

Temperatur, vor allem Lufttemperatur als Klima- und Witterungsfaktor ist für Insekten als wechselwarme Tiere von ausschlaggebender Bedeutung, wenn ihnen die Fähigkeit einer physikalischen und chemischen → Wärmeregulation des Körpers auch nicht ganz abgeht.

Aus der → Kältestarre erwachen die Insekten allmählich mit steigender Temperatur der Umgebung und erreichen das normale Stoffwechseltempo und die normale Aktivität bei einer der klimatischen Lage ihres gewohnten Biotops entsprechenden ~, welche bei uns zwischen 20 und 25° C liegt. Bei weiterem Ansteigen der ~ wächst das Stoffwechseltempo rasch an und damit steigt die Aktivität der Tiere bis zur Unruhe, die Bewegungen werden ungeordnet, lassen allmählich nach und die Tiere verfallen in eine → Wärmestarre, die sehr bald vom Wärmetod abgelöst wird, falls nicht rechtzeitig eine Temperatursenkung erfolgt. Charakteristisch für den Einfluß der ~ auf den Stoffwechsel der Insekten ist langsameres Zunehmen der Intensität aller Lebensvorgänge und ihr schnelleres Abnehmen jenseits des → Optimum-Gipfels.

Die Wirkung der ~ wird durch den Stand der → Feuchtigkeit beträchtlich modifiziert. Diese beiden Umweltfaktoren treten sowohl in der Natur als auch im Experiment (abgesehen von zielbewußten Ausschaltungen für besondere Fragestellungen) stets eng zusammen verkoppelt auf.

Insekten, welche an ganz bestimmten Temperaturbereich angepaßt sind, werden als → stenotherm bezeichnet, im Gegensatz zu → eurythermen, welche in dieser Hinsicht weniger empfindlich sind und größere Temperaturschwankungen ohne Schaden vertragen.

Es gibt nur wenige Insekten (z. B. → Schneewürmer, gewisse Apterygoten usw.), welche auch in der kalten Jahreszeit der gemäßigten Klimazone bis zu einem gewissen Grade aktiv sein können.

Temperaturformen → Kälteformen und → Wärmeformen.

Temperaturorgel, Apparat zu Temperaturversuchen an Insekten, ein länglicher Kasten, der an einem Ende geheizt und am anderen nötigenfalls mit einer Kühlanlage versehen ist, wodurch sein Innenraum verschiedene Temperaturen in einer auf- bzw. absteigenden Skala aufweist. Sollen besondere Feuchtigkeitsgrade berücksichtigt werden, dann wird die ~ mit abgeschlossenen Einzelkammern versehen, in denen Dosen mit entsprechenden Chemikalien zur Regulierung der Luftfeuchtigkeit aufgestellt werden.

Temperatursinnesorgane in Form von besonderen → Sensillen sind bei Insekten bisher nicht nachgewiesen worden. Es scheint bei Insekten nur eine allgemeine Wärmerezeption vorhanden zu sein. Ein Unterscheidungsvermögen für bestimmte Temperaturgrade ist z. B. bei der Honigbiene bekannt.

Templetoniinae Tullberg 1872 → *Entomobryidae* Schött.

temporär (lat. temporarius, adj., sich nach Zeit richtend), zeitweilig, zeitbedingt. Gegens. → stationär. Temporär sind z. B. Flöhe als Parasiten. Vgl. → Hemiparasiten.

Tempus (lat. tempus, -oris, n., Schläfe; auch Zeit) → Schläfe.

Tenaculum (lat. tenaculum, -i, n., Haltevorrichtung, von teneo, -ere halten), 1. eine quergeriffelte Furche am Trochanter der *Gyropidae* (*Mallophaga*), in welche der klauenartige, gleichfalls quergeriffelte Tarsus eingehakt wird, nachdem das Bein ein Haar des Wirtes umarmte. (Taf. IV, Fig. 2.)
2. → Retinaculum.

Tendo (lat. tendo, -inis, pl. tendines, f., häufiger als demin. tendicula, -ae, f., das ausgespannte Seil als Werkzeug der Walker, auch Fallstrick, Schlinge, von tendo, -ere, gr. τείνω spannen) → Sehne.

tenebrioides Goeze, *Zabrus*, Getreidelaufkäfer (*Col Carabidae*).

Tenebrionidae (Latreille 1802) Leach 1817, Schwarzkäfer (Abb. 344), Fam der *Col* (*Heteromera*) mit etwa 14000 Arten, von welchen in Deutschland nur etwa 70 heimisch sind. Sehr formenreiche, aber in der Färbung eintönige Familie mit meist schwarzen, seltener schwarz und rot oder gelb gezeichneten Arten. Es sind sehr kleine (1,5 mm) bis große (3 cm, Exoten noch größer) Käfer mit kurzen fadenförmigen oder zu einer losen Keule verdickten Fühlern und lappenartig über den Fühlergruben erweiterten Stirnseiten.

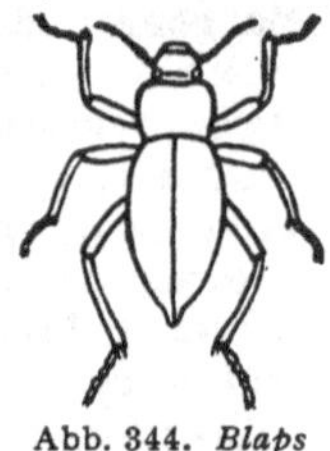

Abb. 344. *Blaps lusitanica* Herbst (Tenebrionidae). (Nach Jacquelin aus Handlirsch.) Nat. Gr. etwa 3,5 cm.

Die meisten ~ sind phytosaprophage Nachttiere, einige (*Tenebrio molitor, Melanimon tibiale, Opatrum sabulosum* u. a.) sind vorrats- bzw. pflanzenschädlich. Die Larven werden als „falsche Drahtwürmer" bezeichnet.

Fossil sind an 40 tertiäre Arten bekannt.

tenella Linné, *Galerucella*, Erdbeerblattkäfer (*Col Chrysomelidae*).

Tensor (lat. tendo, -ere, -sum spannen), Spanner, ein Muskel, der eine Membran (z. B. die Tympanalmembran im Gehörorgan der *Saltatoria*) spannt. Hat keinen Antagonisten. Bei seinem Nachlassen erschlafft die Membran infolge eigener Elastizität.

Tenthredinidae (Newman 1834) Konow 1897, Blattwespen, Fam der Ordn *Hym Symphyta* mit etwa 3500 Arten, davon an 600 in Deutschland. Ausgezeichnet durch gut entwickeltes Flügelgeäder, sessilen Hinterleib, dessen erstes Segment noch nicht mit dem Matethorax zu einem → Mediansegment verschmolzen ist, sowie durch kurzen, säbelförmigen Legeapparat der Weibchen. Die Larven leben meist frei phytophag (phyllophag) (→ Afterraupen) oder endophyt in Stengeln, Minen, Rinde usw. Viele sind pflanzenschädlich (→ Kiefernbuschhornblattwespen, Gespinstblattwespen, Rübenblattwespe, zahlreiche Rosenblatt- und Rosenbürstenhornwespen usw.).

Fossil sind an 50 tertiäre Arten beschrieben.

Tenthredinoidea McGillivray → *Symphyta*.

Tentorium (lat. tentorium, -i, n., das Zelt), ein endoskeletales, chitinöses Gerüst innerhalb der Kopfkapsel. Es besteht aus einem Querbalken, welcher zwischen den → Postgenae ausgespannt, kurz vor dem Occipitalloch liegt und mit seinen beiden Enden, die als hintere Tentoriumarme bezeichnet werden, stets in die Enden der Occipitalnaht mündet. Diese Mündungen sind meist äußerlich als schlitzartige Vertiefungen, die hinteren Fenestrae tentorii, sichtbar. Der Querbalken wird als Tentoriumbrücke (corpus tentorii) bezeichnet. Von ihm geht nach vorn ein Paar vorderer Tentoriumarme, die meist unter trichterförmiger Erweiterung in die beiden Enden der → Epistomalnaht münden, die vorderen Fenestrae tentorii bildend. Manchmal geht von jedem VTA noch je ein dünner dorsaler Tentoriumarm, der sich mit der Kopfkapsel in der Nähe der Fühlerbasis verbindet, meist aber entweder die Kopfkapsel nicht erreicht oder ganz fehlt.

Das ~ entsteht aus zwei Paar embryonaler Einstülpungen, einem vor den Mandibeln und einem anderen zwischen Maxilla und Labium. Bei höheren Pterygoten mit verschlossenem → Hinterkopf rückte die Querbrücke weiter nach vorn und die verkürzten und verbreiteten Arme schlossen sich dem → Corpus tentorii enger an, während bei niederen Pterygoten diese Teile weiter auseinander liegen und aus diesem Grunde sich einzeln besser herausheben. Dorsale TA kommen, sofern bekannt, nur bei niederen Pterygoten (*Saltatoria, Dermaptera, Blattariae*) vor. Die bei höheren Pterygoten herrschende X-Form des mehr zusammengezogenen Tentoriums läßt sich ohne weiteres aus der gedehnten π-Form der niederen Pterygoten ableiten.

Die vorderen TA sind bei Thysanuren noch frei (Tentorium anterior), nicht mit dem Querbalken verbunden. Bei *Diplura* fehlt nach Hansen ein ~ ganz. Bei *Protura* und *Collembola* sind das Tentorium anterior und posterior miteinander verbunden und oft recht kompliziert durch Aufteilung in Platten und Balken, die oft mit hypopharyngalen Skleriten in Verbindung zu stehen scheinen (Snodgrass).

Bei *Ephemerida* und *Odonata* (Larven) sind die VTA weiter seitwärts an die Subgenalnähte geheftet, die beiderseits der Kopfkapsel eine Verlängerung der Epistomalnaht darstellen. Bei allen anderen Pterygoten sind die VTA mit den Enden der Epistomalnaht, d. h. den basalen Seitenwinkeln des Clypeus, verbunden, da sie sich aber trichterförmig erweitern, so greifen sie vielfach auch noch auf Teile der Subgenalnähte über.

Der Sitz der HTA an den Enden der Occipitalnaht zwischen den Wurzeln der Maxillen und des Labiums, sowie die Tatsache, daß auf ihnen bzw. auf dem Corpus tentorii die ventralen Längsmuskeln des Prothorax sowie tentoriohypopharyngale Muskeln inserieren bzw. entspringen, spricht auch dafür, daß es sich bei den HTA um Derivate der ursprünglichen Furca des Labialsegment handeln dürfte. (Taf. I, Fig. 1, Taf. XX, Fig. 11, 12, Taf. XXI, Fig. 1, 8, Taf. XXV, Fig. 1, 2.)

Tentoriumbrücke, Tentoriumquerbalken besteht aus einem mittleren Teil zwischen den Ansatzpunkten der vorderen Tentoriumarme (→ Tentorium) und aus dessen zwei kurzen Verlängerungen, den hinteren Tentoriumarmen, welche in die Enden der Postoccipitalnaht, zwischen der Cardo und dem Submentum münden und als äußere Spur die hinteren Fenestrae Tentorii bilden.

Die ~ bildet ein meist abgeplattetes Rohr, dessen Lumen meist wenigstens zum Teil erhalten bleibt und nicht selten einen durchgehenden Kanal bildet, so daß ein entsprechend feines Härchen von einer Fenestra zur anderen durchgesteckt werden kann.

Tentoriumfenster, Fenestrae tentorii äußere Spuren der mit der Kopfkapsel verschmolzenen vorderen und hinteren Tentoriumarme (vordere und hintere ~, fenestrae tentorii anteriores et posteriores). Die vorderen ~ bilden bei vielen Insekten offene Grübchen an den Basalecken des Clypeus (so z. B. bei vielen Braconiden u. a. Hymenopteren), ein wichtiges Kriterium für die Feststellung der vielfach obliterierten Epistomalnaht.

tenuicornis Uzel, *Frankliniella*, Haferblasenfuß (*Thysanopt. Thripidae*).

tenuis Ratzeburg, *Agrilus* → *A. cyaneus* Rossi.

Tephritidae Macquart → *Trypetidae*.

Teppichkäfer, gemeiner → *Anthrenus scrophulariae* Linné.

Teppichkäfer, veränderlicher ~ *Anthrenus verbasci* Linné.

Teratembiidae Krauß 1911, Fam der *Embiodea*, mit 1 Art in Argentina.

Teratologie (gr. τὸ τέρας, τέρατος Ungeheuer, ὁ λόγος Lehre), die Lehre von den → Mißbildungen der Organismen.

Terebra (lat. terebra, -ae, f., Bohrer, von terp-ere, trivi, -itum bohren, drechseln) → Legeapparat.

Terebrantes (Newman 1834) auct. (*Ditrocha* Hartig 1837pp.), Gruppe der *Hym Apocrita* mit freiem oder verborgenem, aus 3 Paaren von Gonapophysen zusammengesetzten Legebohrer und mit gestieltem Hinterleib, dessen 1. Segment mit dem Metathorax zu einem → Mediansegment verschmolzen ist und das 2. Segment den Hinterleibsstiel bildet. Beine in der Regel mit 2 → Schenkelringen (Schenkelring und Praefemur).

Die ~ umfassen etwa 24 Fam, welche in 5 FamReihen bzw. Überfam, *Diplomorpha*, *Ichneumonoidea*, *Cynipoidea*, *Chalcidoidea* und *Oxyuri* eingeteilt werden.

Terebrantia Haliday 1836, UOrdn der *Thysanoptera*, ausgezeichnet durch den messerartigen, gelenkig am 9. Segment des Hinterleibs angebrachten und nach unten abklappbaren Legebohrer der Weibchen. Die Hinterleibsspitze ist bei Weibchen kegelförmig zugespitzt, bei Männchen abgerundet. Die Vorderflügel sind den Hinterflügeln annähernd gleich, meist nur wenig länger und breiter, mit einer oder zwei Längsadern (Haupt- und Nebenader) und einer Randader versehen. Beide Flügelpaare können verkürzt sein oder ganz fehlen. Die schmalen Flügel sind am Rande mit Fransenborsten versehen.

Die ~ werden in 5 Fam eingeteilt, nämlich *Aeolothripidae*, *Mesothripidae*, *Heterothripidae*, *Hemithripidae* und *Thripidae*. In Deutschland nur die erste und letzte der genannten Fam vertreten.

Von fossilen ~ sind etwa 20 Arten bekannt geworden, die bis auf Jura zurückgehen.

Teredilia (Dumeril 1806) Handlirsch 1908, Gruppe der *Col* (*Polyphaga*) mit den Fam *Lyctidae*, *Bostrychidae*, *Anobiidae*, *Ptinidae* und *Ectrephidae*.

Tergalarm, Praealare, Praealararm, ein Paar seitlicher Ausläufer des Praescutum, welche die Flügelbasis von vorn begrenzen und sich vor dem ~ Basalare dem Episternum anschließen, eine praealare Stütze für das Notum bildend. Im Metathorax fehlen die ~ meistens, da sich hier das Metanotum eng an das Mesonotum legt und in seinem ~ Lateropostnotum genügende Stütze findet. Im Mesonotum fehlen die ~ bei höheren Insekten (*Hymenoptera*, *Diptera*) oder sind stark rückgebildet (*Lepidoptera*). Ihre stützende Wirkung wird in diesen Fällen entweder durch nach hinten zwischen Mesoscutum und Episternum eindringende Seitenteile des Pronotum übernommen (viele *Hymenoptera*) oder es kommt zu einer Verlängerung der Pleuralleiste, die sich vor der Flügelbasis unter den Seitenrand des Scutums stemmt, dasselbe und zugleich die Tegula stützend (*Lepidoptera*).

Tergalgelenkstücke sind 2 Paare von Gelenkstücken des Flügelgelenks, die im Gegensatz zu den ~ Pteralia abgetrennte Teile des Notumrandes darstellen. Das vordere artikuliert scharnierartig einerseits mit den beiden → Tergalhebeln des Notum, andrerseits mit dem 2. Pterale und der Subcosta. Es wird als das 1. Pterale bezeichnet. Das hintere ~ bleibt bei *Panorpatae*, *Lepidoptera* und vielen *Coleoptera* ein massiver Fortsatz des Notums, welcher mit dem 3. Pterale (dem Analgelenkstück) artikuliert und als hinterer Gelenkfortsatz bezeichnet wird. Bei *Saltatoria*, *Hymenoptera* und im Metathorax der *Hepialidae* wird dieser Fortsatz vom

Notum abgegliedert und bildet das hintere ~ oder das 4. Pterale.

Bei *Ephemerida* und *Odonata* ist das vordere ~ vom Notum abgegliedert und bildet das einzige typische Gelenkstück des Flügels.

Das vordere ~ überträgt die Bewegungen des Scutums und folglich die Zugkraft der indirekten Flugmuskeln auf das Costalfeld des Flügels, während das hintere ~ die Lage des Analfeldes regelt.

Tergalhebel, beiderseits am Rande des Mesonotums über dem Flügelgelenk gelegenes Paar von Vorsprüngen, die, voneinander durch einen Schlitz oder eine Ausrandung (Tergalspalt) getrennt, mit dem vorderen Tergalgelenkstück artikulieren. Sie sind vielfach nichts weiter als durch die Ausbuchtung des Randes entstandene Winkel. Man bezeichnet sie als den vorderen (processus praecondylaris, procondilo Berlese) und den hinteren ~ (processus mesocondylaris, mesocondilo Berlese, im Unterschied zu metacondylo Berlese = hinterer → Tergalgelenkfortsatz).

Tergalnaht, Sutura tergalis, die Y-förmige dorsale Naht auf dem Kopfe vieler Insektenlarven (Torre-Bueno).

Tergalspalt, der Ein- bzw. Ausschnitt zwischen den beiden → Tergalhebeln am Seitenrande des Scutums über dem Flügelgelenk. Bei vielen Coleopteren, Lepidopteren, Aphiden und Hymenopteren (bes. *Siricidae*) hat der ~ eine mehr oder weniger ausgesprochene Neigung zur schlitzartigen Vertiefung. Bei gewissen Hymenopteren verlängert es sich in eine nahtartige Furche, die → Transscutalnaht, die sich mit der ~ Scutoscutellarnaht verbindet und die hinteren Seitenteile des Scutum so abgrenzt, daß sie sich entweder ganz dem Scutellum anschließen, wenn die Seitenteile der Scutoscutellarnaht wie bei Vespidae schwinden, oder, wenn die letztere erhalten bleibt, zu beiden Seiten des Scutellums liegende, polsterartige → Scapulae bilden.

Tergit (gr. τὸ τέρφος Rückenhaut der Tiere, latin. tergum, -i, n., Rücken), sekundär vom → Tergum abgegrenzter Bezirk, z. B. Praescutum, Scutum, Scutellum, Scapulae, Acrotergit usw. Man gebraucht aber häufig das Wort ~ zur Bezeichnung des ganzen Tergum.

Tergum → Notum.

Terminalampullen, paarige, mesodermale Bläschen, die beim Embryo aus den ventralen Teilen der → Coelomsäcke des 7. und 10. Hinterleibssegments entstehen.

Die ~ des 7. Segments schwinden bei Männchen aller Insekten und aus denen des 10. Segments, die sekundär in das 9. Segment verlagert werden, entstehen die hinteren Teile der Vasa deferentia.

Bei Weibchen (mit Ausnahme der Dermapteren) bilden die ~ des 7. Segments die hinteren Teile der Oviducte. Die ~ des 10. Segments schwinden bei den Weibchen aller Insekten (mit Ausnahme der Dermapteren).

Die ~ stehen nach vorn durch → Genitalstränge mit den Anlagen der Gonaden, den → Geschlechtsleisten in Verbindung. Nach hinten verbinden sie sich mit der entsprechenden Anlage der ektodermalen Geschlechtswege, d. h. bei Männchen mit der ektodermalen Anlage des Ductus ejaculatorius (im Bereich des 9. Segments) und bei Weibchen mit der ektodermalen Anlage des Eiergangs (im Bereich des 7. Segments).

Nur bei Dermapteren liegen die definitiven ~ sekundär sowohl bei Männchen wie bei Weibchen im Bereich des 9. Segments und verbinden sich in beiden Geschlechtern mit den im Bereich desselben Segments entstandenen Anlagen der ektodermalen Ausführungsgänge.

Terminaldrüsen sind Drüsen, die an den Endsegmenten des Hinterleibs (Terminalia) münden. Es sind dies die terminalen Wachsdrüsen der *Coccidae* und *Psyllidae* sowie die → Pygidialdrüsen.

Terminalfilum, Terminalfaden, Terminalfilament, Filum terminale, Paracercus, ein gegliederter, unpaariger Anhang des 11. Hinterleibstergits, d. h. des → Epiprocts bei *Machilidae*, *Lepismatidae* und *Ephemerida* (Larven und Imagines). Unter den letzteren fehlt ein ~ bei *Palingeniidae* und ist winzig klein bei Männchen der *Polymitarcidae*.

Ein ~ findet sich auch nicht selten bei Käferlarven, z. B. bei *Hygrobiidae*. Bei Larven der *Odonata Zygoptera* ist das ~ gleich den → Afterraifen zu einer blattförmigen, eingliedrigen → Tracheenkieme umgewandelt. (Taf. XV, Fig. 6, 7.) ~ im Scolops vgl. Taf. XXVII, Fig. 4.

Terminalia (lat. terminale, -is, pl. -ia, -ium, n., Endigung, Abschluß, terminus, -i, m., Ende, Schluß, Grenzstein, Grenzmark, gr. τὸ τέρμα, -ατος und ὁ τέρμων, -ονος Ende), Endsegmente des Hinterleibs, welche im Dienst der Geschlechts- und Exkretionsfunktion mehr oder weniger abgeändert sind. In der Regel sind es die Segmente vom 9. an, die stets durch das Fehlen von Stigmen gekennzeichnet sind. Es können aber auch schon die Segmente vom 6. (Weibchen der *Muscidae*) oder 8. an (Weibchen vieler Käfer z. B. *Cerambycidae*) eine Differenzierung aufweisen, die sie zu ~ stempelt.
Vielfach werden die differenzierten Endsegmente des Hinterleibs auch als Genitoanalkomplex bezeichnet.
Eine Differenzierung der ~ in die Genital- und die Analsegmente (→ Analkegel) ist in der Regel mehr oder weniger deutlich.

terminalis Loew, *Rhabdophaga*, Weidentriebspitzengallmücke (*Dipt Cecidomyidae*).

Terminalschlauch → Endschlauch.

Terminalsporne → Apicalsporne.

Terminalstrang, ein cuticularer Faden, welcher vielfach den Kontakt des → Sinneskörpers mit der → Sensille vermittelt.

Terminalwulst, eine Ringfalte von Mitteldarmepithelzellen am Übergang zum Hinterdarm. Er bildet ein Rücklaufventil und ähnelt funktionell der → Valvula pylorica, die aber aus Zellen des Hinterdarmepithels hervorgeht.

Termitaphididae (Silvestri 1911) Handlirsch 1925 (*Termitocoridae* Silv.) (Abb. 345), Fam der *Het Geocorisae* mit einigen

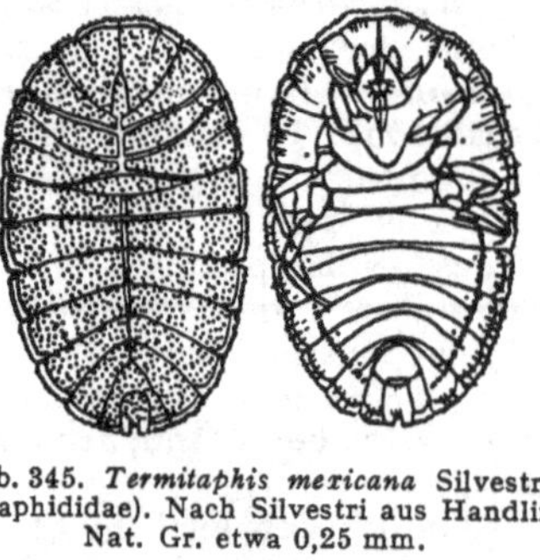

Abb. 345. *Termitaphis mexicana* Silvestri (Termitaphididae). Nach Silvestri aus Handlirsch. Nat. Gr. etwa 0,25 mm.

wenigen tropisch-amerikanischen, bei Termiten lebenden Arten.

Termiten → *Isoptera*.

Termitenflagellaten, hochspezialisierte Protozoen aus der Klasse *Mastigophora* (*Flagellata*), hauptsächlich aus den beiden Fam der *Hypermastigidae* und *Polymastigidae*, welche in der → Gärkammer des Hinterdarms der Termiten als → Endosymbionten leben. Sie verdauen die Holzsubstanz der Nahrung holzfressender Termiten und liefern ihrem Wirt hochwertige Eiweißnahrung aus ihren eigenen nach und nach verdauten Leibern. Künstlich von den Symbionten befreite Termiten sterben bei ihrer normalen Holznahrung binnen kurzem ab, weil sie selbst die Holzsubstanz nicht imstande sind zu verwerten.

Termitengäste → Termitophilen.

Termitidae (Froggatt 1896) Silvestri 1909 (*Termitinae* Frogg.) (Abb. vgl. → *Isoptera*), Fam der *Isoptera* mit etwa 1000 Arten im ganzen Tropengürtel der Erde, viele auch in die Subtropen und einige ins Mediterrangebiet vordringend.
Fossil sind etwa 50 Arten seit dem unteren Oligocän beschrieben worden.

Termitina Latreille → *Isoptera*.

Termitophilen, Termitengäste, Insekten welche temporär oder dauernd in Termitennestern leben und sich von den Wirten selbst, von ihren Produkten, Vorräten, Baustoffen oder Brut ernähren. Die Anhänglichkeit zu den Termiten ist ebenso wie diejenige der → Myrmecophilen kein Ausdruck der Freundlichkeit (gr. φιλεῖν lieben), sondern der Nutzbarmachung des Termitenstaates als eines Biotops.

Termitoxenie (gr. ἡ ξενία Gastfreundschaft), → Xenobiose einer Insektenart mit Termiten.

Termitoxeniidae → *Phoridae*.

Termopsidae Grassé 1949, Fam der Termiten (*Isoptera*) mit wenigen Arten in Amerika, Südafrika und Australien. Fossil seit dem Eocän.

ternär (lat. ter dreimal) → trinär.

tesselatus Fabricius, *Corymbites* → *C. sjaelandicus* Müller.

testacea Hübner, *Luperina*, Samengraseule, gelbliche Wieseneule (*Lep Noctuidae*).

testaceus Linné, *Phymatodes*, veränderlicher Scheibenbock (*Col Cerambycidae*).

testaceus Olivier, *Ptinus*, gelbbrauner Diebkäfer (*Col Ptinidae*).

Testes (lat. testis, -is, pl. -es, m., Hoden) → Hoden.

testudinea Klug, *Hoplocampa*, Apfelsägewespe (*Hym Tenthredinidae*).

Tetanus, tetanische Kontraktion (gr. τείνω spanne), Dauerkontraktion eines Muskels als Folge einer rasch aufeinander folgenden Serie eines Reizes. Bei Insekten liegt die tetanische Reizfrequenz annähernd zwischen 30 und 100 Reizen/Sek. Im Tetanus zeigt der Muskel steigenden Sauerstoff-Verbrauch und unterliegt der Ermüdung. Der ~ kann auch durch pathologische Zustände, vor allem durch Parasiten (Bakterien) hervorgerufen werden.

Tethinidae Hendel 1917 Fam der *Dipt Acalyptratae* mit etwa 40 weltweit zerstreuten Arten, die wegen ihrer → halophilen Lebensweise bemerkenswert sind.

Tetrade (gr. ἡ τετράς, τετράδος die Vier), Vierergruppe von Chromosomen, welche durch Längsspaltung einer → Dyade in einem sich teilenden (→ Mitose) Kern entsteht. Die Tetradenbildung ist vor allem eine Vorbereitung für die beiden, schnell aufeinanderfolgenden Reifungsteilungen der Geschlechtszellen.

Tetrameren, Pseudotetrameren, Cryptopentameren sind Käfer mit 4 oder scheinbar 4 Tarsengliedern.

Tetranychus und verwandte Gatt., rote Spinne, Spinnmilbe (*Acari Tetranychidae*).

tetraquetrana Haworth, *Epiblema*, Birkengallenwickler (*Lep Tortricidae*).

Tetrigidae Uwarow 1940 → *Acridiidae*.

Tetropium spp., Fichtensplintböcke (*Col Cerambycidae*).

Tettigometridae (Germar 1833) Dohrn 1859, Fam der *Hom Cicadina* mit etwa 70 vorwiegend palaearktischen Arten. Meist kleine, flache, häufig myrmecophile Tiere. Fossil unbekannt.

Tettigoniidae (Burmeister 1838) Handlirsch 1925 (*Locustidae* Burm., *Tettigoniidae* pp. Karny 1903), Laubheuschrecken, Fam der *Saltatoria* mit etwa 3500 Arten, von welchen in Deutschland etwa 35 leben, darunter das bekannte Heupferd, *Tettigonia* (*Locusta*) *viridissima* Linné. Die Fam ist ausgezeichnet durch ihre mindestens körperlangen Fühler, 4gliedrige Tarsen und einen langen säbelartigen, 6teiligen Legebohrer der Weibchen.
Fossil sind etwa 30 Arten seit Lias beschrieben worden. Schon die liassischen Formen hatten ein tibiales Gehörorgan und die Männchen (z. B. + *Cyrtophylites rogeri*) das Stridulationsorgan im Cubitalraume des Vorderflügels.

Tettigonioidea (Swains 1840) Karny 1903 (*Locustinae* Sw., *Ensifera* Chopard 1920), Gruppe der *Saltatoria* ausgezeichnet durch die Lage des Stridulationsorgans in der Cubito-Analgegend der Vorderflügel und durch die tibialen Gehörorgane. Die über 5000 Arten verteilen sich auf die Fam *Tettigoniidae*, *Phasmodidae*, *Stenopelmatidae*, *Gryllacridae*, *Schizodactylidae* (Überfam *Tettigoniida* Karny), *Grylloblattidae* (eigene Überfam), *Tridactylidae* (eigene Überfam), *Gryllidae*, *Gryllotalpidae* und *Cylindrachetidae* (Überfam *Gryllodea*).
Fossil sind etwa 200 Arten seit Lias in den Fam +*Locustopsidae*, +*Elcanidae*, *Tettigoniidae*, *Gryllacridae*, *Tridactylidae*, *Gryllidae* und *Gryllotalpidae* beschrieben worden.

Teufelsnadeln → *Aeschnidae*.

Teutoniidae Verhoeff 1910, syn. zu *Praemachilidae*, → *Archaeognatha*.

textor Linné, *Lamia*, Weberbock (*Col Cerambycidae*).

Thanatose (gr. ὁ θάνατος Tod), Totstellung (→ Akinese) der Insekten in der freien Natur im Gegensatz zur experimentellen → Mechanohypnose. Die ~ kann durch verschiedene Reize ausgelöst werden, z. B. durch Erschütterungsreize, Lichtreize bei Nachttieren, Schattenreize bei Tagtieren usw. Sie beruht entweder auf plötzlicher Erstarrung bei beliebiger Körper- und Extremitätenhaltung (*Broscus*, *Ranatra*) oder auf Einnahme einer für die Art charakteristischen Stellung, wie Einrollung (*Blattaria*, *Chrysididae*), Anlegen der Beine an den Körper (viele Käfer, wie bes. *Elateridae*, *Coccinellidae*), Aufrichten des einen oder beider Körperenden (viele Raupen der Schmetterlinge und der Blattwespen) usw. Durch wiederholte Reize wird die ~ vertieft, während die Mechanohypnose hierdurch unterbrochen wird.

Thaumaleidae (Rondani 1856) de Meijere 1917 (*Orphnephilidae* Rond.), Fam der *Dipt Nematocera* mit etwa 40 vorwiegend paläarktischen und einigen nordamerikanischen Arten. Ihre chironomidenähnlichen, eucephalen, amphipneustischen Larven sind am Hinterende mit zwei Paaren von Blutkiemen versehen. Sie leben in Gebirgsbächen.

Thaumastocoridae (Kirkaldy 1908, *Thaumastotheridae* Handlirsch 1925), Reuter 1912, Fam der *Heteroptera Geocorisae* mit wenigen australischen und nearktischen Arten. Die Tiere sind bemerkenswert wegen ihres häufig ausgebildeten, hinfälligen, membranösen Anhangs der Schienenspitzen, der so lang ist wie die kurzen 2gliedrigen Tarsen.

Thaumetopoeidae (Aurivillius 1891) Rebel 1901, Processionsspinner, Fam der *Lep* (*Macrofrenatae*) mit etwa 80 Arten, davon 3 in Deutschland heimisch.
Fossil unbekannt.

theae Watt, *Eriophyes*, rosafarbene Teemilbe (*Acari Eriophyidae*).

Theca (gr. ἡ θήκη Behälter, Kasten), 1. die äußere Wand der zu einer → Phallotheca verlängerten → Phallobasis.
2. Ein unpaares, bei manchen *Conopidae* neben dem Legerohr befindliches Organ, welches zur Befestigung der Eier am Wirtsinsekt dient.
3. Im männlichen Begattungsorgan der Fliegen der Basalteil des Aedoeagus, der der → Phallobasis entspricht.

Thelytokie (gr. θηλυτοκός, ,weibliche Junge gebärend, aus ἡ θήλη Mutterbrust, θῆλυς weiblich, ὁ τοκος Erzeugung, Gebären), parthenogenetische Erzeugung von Nachkommen weiblichen Geschlechts. Die ~ tritt vor allem bei Insektenarten auf, bei denen die Männchen ganz fehlen oder sehr selten sind, wie bei vielen Cynipiden, Chalcididen u. a. Hymenopteren, Lepidopteren (*Psychidae*), seltener bei Coleopteren, Thysanopteren, Corrodentien und Phasmiden. Fakultative ~ ist von einigen Acridiiden und Phasmiden bekannt, deren befruchtete Eier Männchen oder Weibchen, unbefruchtete dagegen nur Weibchen ergeben.

Therapie (gr. ἡ θεραπεία Wartung, Pflege), Heilverfahren am kranken Organismus ohne chirurgische Eingriffe. Bei Pflanzenkrankheiten ist die Chemotherapie (innere Therapie der Pflanzen) in den letzten Jahrzehnten mehrfach versucht worden.

Therevidae (Meigen 1820) Westwood 1840 (*Xylotomae* Meig.), Stilettfliegen (Abb. 346), Fam der *Dipt Brachycera* mit etwa 450 Arten, mehrere auch in Deutschland. Die mittelgroßen schlanken Fliegen von Asiliden-Habitus sind häufig an sonnigen Stellen ruhend oder schwärmend anzutreffen. Larven acephal, in der Erde, im Moder, einige jagdlich, andere halbparasitisch in Schmetterlingspuppen.

Thermorezeptoren → Temperatursinnesorgane.

Thermotaxis (gr. ἡ τάξις geregelter Zustand, Taktik), Fähigkeit der Insekten, auf Wärmereize anzusprechen, indem sie sich der Wärmequelle zu oder von ihr ab bewegen und einem arteigenen Optimum der Temperatur zustreben.

Thigmotaxis (gr. τό θίγμα Berührung), Fähigkeit der Insekten, auf Berührungsreize mit entsprechenden Bewegungen oder Einstellung des Körpers zu reagieren.

Thorakalbeine, Pedes thoracales, segmentale und meist segmentierte, segmental innervierte und mit segmentalen Muskeln versehene, paarige Anhänge der drei Thoraxsegmente. Sie entspringen von der → Flankenhaut zwischen dem Tergum und Sternum eines jeden Thorakalsegments, die des Meso- und Metathorax geflügelter Insekten unterhalb der Flügelwurzel.
Das ~ besteht aus einer → Hüfte (Coxa), einem → Schenkelring (Trochanter), einem → Schenkel (Femur), von dem vorne ein trochanterähnliches Stück, der → Praefemur abgegliedert werden kann, einer → Schiene (Tibia) und einem 1—5gliedrigen → Fuß (Tarsus), dessen Endglied mit einem → Praetarsus und 1—2 Krallen versehen ist.
Die Hüfte artikuliert nicht direkt in der Flankenhaut, sondern in der aus der ursprünglichen → Unterhüfte (Subcoxa) hervorgegangenen → Pleure.
Subcoxa, zwei Trochanteren, Praefemur, 5 Tarsenglieder und Praetarsus mitgezählt,

Abb. 346. *Thereva nobilitata* Fabricius (Thereviidae). Nach Lameere. Nat. Gr. 9,5—13,5 mm.

besteht das Insektenbein im Höchstfall aus 13 Gliedern, die durch ebensoviele Gelenke miteinander beweglich verbunden sind. Von diesen Gelenken werden vier, nämlich das → Rumpfgelenk, das → Subcoxalgelenk, das → Hüftgelenk und das → Kniegelenk als primäre, drei, nämlich das → Trochantergelenk, das → Tibiotarsalgelenk und das → Praetarsalgelenk als sekundäre und die übrigen sechs, nämlich das sekundäre Trochantergelenk, das Praefemoralgelenk und die vier Tarsalgelenke als tertiäre Beingelenke unterschieden.

Bei Larven der Holometabola sind die ~ kurz und dick, von der Basis zur Spitze mehr weniger gleichmäßig konisch verengt, die einzelnen Glieder sind noch wenig differenziert, meist gleich lang, die Tarsen stets eingliedrig, die tertiären Gelenke fehlen noch.

Bei Imagines zeigen die ~ eine ihrer Funktion entsprechende Differenzierung der Glieder und außerdem sind die drei Beinpaare nie ganz gleich, sondern jedes hat eine morphologische Eigenart. So sind die Vorderbeine in der Regel nach vorn, die Mittel- und Hinterbeine nach hinten gerichtet. Dabei nehmen die Mittelbeine bis zum Kniegelenk meistens eine mehr oder weniger senkrechte Stellung zur Körperachse ein, während die Hinterbeine von der Coxa an schräg nach hinten gerichtet sind. Diese Verschiedenheit in der Stellung der drei Beinpaare wirkt sich naturgemäß im Bau der Hüfte aus, welche in enger Korrelation mit der unterschiedlichen Arbeitsweise der das Bein als Ganzes bewegenden Muskeln (Coxal- und Trochanteralmuskeln) steht. Man spricht zwar häufig vom homonomen Bau der ~ bei Insektenimagines, doch streng genommen sind die drei Paare der ~ nie oder nur selten ganz homonom, weil sie mindestens die oben angedeuteten Unterschiede im Bau aufweisen.

Abgesehen von diesen fast nie fehlenden (wenigstens bei Imagines), mit ihrer Stellung verbundenen Differenzierungen der ~ kommen besonders bei Vorder- und Hinterbeinen mit ihrem Funktionswechsel verbundene mehr oder weniger weitgehende Abänderungen des Baus vor. Die verschiedensten Bautypen der ~ lassen sich übersichtlich in zwei Gruppen einteilen, nämlich 1. ~ als → Fortbewegungsorgane und 2. ~ als → Werkzeuge sonstiger Arbeitsleistungen.

1. Als Fortbewegungsorgane arbeiten → Schreitbeine, → Sprungbeine, → Grabbeine (zugleich als Werkzeuge), → Ruderbeine und → Klammerbeine.
2. Als Werkzeuge arbeiten → Raubbeine, → Fangbeine, → Kopulationsbeine, → Stridulationsbeine, → Spinnbeine, → Duftbeine, → Grabbeine, → Scharrbeine und → Putzbeine.

Die Reduktion der ~ ist bei Larven der Holometabola weit verbreitet. Sie sind entweder zu warzenartigen Polstern (viele endophytisch lebende Käferlarven) reduziert oder fehlen gänzlich (Larven der *Diptera*, viele endophytische Käferlarven, endophytische und endoparasitische Hymenopteren- und Lepidopterenlarven usw.). Viel seltener kommt die Reduktion der ~ bei Imagines vor. So sind die Mittelbeine der *Blastophaga*-Männchen und des afrikanischen Scarabaeiden *Mnematium cancer* Arrow sehr schwach und dünn, Mittel- und Hinterbeine der brasilianischen Ephemeride *Campsurus* (*Polymitarcinae*) stummelartig, Vorderbeine der *Satyridae* in beiden Geschlechtern und der *Nymphalidae* bei Männchen (→ Putzbeine) mehr oder weniger verkürzt, Hinterbeine der Hepialiden-Männchen (→ Duftbeine) verkürzt, mit fehlendem Tarsus und erweiterter Schiene. Alle drei Paare der ~ sind bei sessilen Weibchen der *Coccidae*, *Strepsiptera*, *Streblidae Ascodipteron*) und bei gehäusetragenden Weibchen der *Psychidae* stummelartig oder ganz geschwunden. (Taf. I—IV, XXIX.)

Thorakaldrüsen sind → Hautdrüsen, welche in den Thorakelsegmenten liegen und nach außen münden. Sie treten entweder diffus oder lokalisiert auf. Diffuse ~ mit tergalen oder tergopleuralen Mündungen treten bei vielen Larven der *Coleoptera* (*Melasoma populi* tergal, *Ocypus olens* tergopleural) und *Tenthredinoidea* auf. Bei Männchen der *Gryllidae* und *Locustidae* treten dorsale ~ auf, deren Sekret als Geschlechtsreiz von den Weibchen aufgeleckt wird (→ Werbung). Dorsale Prothorakaldrüsen hat die Raupe von *Papilio machaon* im → Osmetherium. Zu paarigen ~ gehören außer der Osmetherien die → Gilsonsche Drüse, die → Jugulardrüse der *Hyponomeuta*-Larve, die metathorakalen →

Stinkdrüsen der *Heteroptera* und die prothorakalen von *Chrysopa*.

Thorakalschüppchen, das proximale der beiden → Schüppchen des Dipterenflügels. Es ist bei *Muscaria Calypterata, Syrphidae, Acroceridae* und anderen brachyceren Fliegen gut entwickelt, meist größer als das bei ausgestrecktem Flügel vor, bei zurückgelegtem flach über ihm liegende → Flügelschüppchen. Das ~ gehört zum größten Teil dem Mesothorax an und entspringt von dem Flügelligament (→ Frenulum squamulare), welches sich vom Hinterrande des Flügels zum Scutellum bzw. zur Scutello-Postnotalnaht des Mesothorax erstreckt. Bei niederen Fliegen (*Nematocera*) ist das ~ nur durch dieses Ligament repräsentiert. Die Vermutung gewisser Forscher (z. B. C. H. CURRAN, Bull. Amer. Mus. Nat. Hist. 1942), daß das ~ und nicht die Halteren die Rudimente der Hinterflügel darstellen dürften, entbehrt einer morphologischen Begründung. Das ~ kommt nur bei Fliegen und zwar nur bei höheren Fliegen vor. (Taf. XIII, Fig. 11.)

Thorakalwulst → Tympanaldeckel.

Thorax (gr. ὁ θώραξ Brustharnisch, Panzer, latin. thorax, -cis, pl. -ces, -um, m.), Rumpf, Brustkasten, der zweite, auf den Kopf folgende, aus 3 primären Rumpfsegmenten bestehende, meist mit Gliedmaßen des Ortswechsels (→ Thorakalbeine, → Flügel) ausgestattete Abschnitt des Insektenkörpers. Die 3 Thoraxsegmente sind der → Prothorax, → Mesothorax und → Metathorax. Hypothesen über den Aufbau des ~ aus mehr als 3 Segmenten (→ Polymetameriehypothesen) fanden keine Bestätigung.

Nach der Ausbildung der drei Thoraxsegmente lassen sich die Insekten in folgende Gruppen einteilen:

1. Alle drei Thoraxsegmente von annähernd gleicher Größe, homonom, abgesehen von geringen Unterschieden im Bau. Zu dieser Gruppe gehören Larven aller Holometabola sowie Imagines der *Collembola Arthropleona, Protura, Thysanura ectotrophica* und *Aphaniptera*. Die Homonomie der Thorakalsegmente ist bei den letzteren sicherlich sekundär. Von Fluginsekten gehören zu dieser Gruppe *Perlaria, Embiida, Isoptera, Megaloptera, Planipennia, Rhaphidides, Panorpatae, Thysanoptera* und *Zoraptera*, alles schwache Flieger mit autonomen Vorder- und Hinterflügeln.
2. Prothorax reduziert, deutlich kleiner als die beiden anderen annähernd gleich großen Segmente: *Odonata*.
3. Mesothorax reduziert, viel kleiner als Pro- und Metathorax. *Saltatoria, Blattaria, Phasmida, Mantodea, Dermaptera, Coleoptera, Mallophaga*. Abgesehen von den völlig flügellosen *Mallophaga* sind es Insekten, deren Vorderflügel Funktionsschwund aufweisen. Prothorax kräftig, meist halsschildartig.
4. Metathorax reduziert, Pro- und Mesothorax normal. *Heteroptera* und *Cicadina*.
5. Pro- und Mesothorax reduziert: Männchen der *Strepsiptera*.
6. Pro- und Metathorax reduziert: *Ephemerida, Neuroptera* z. T. (z. B. *Nemoptera*), *Trichoptera, Corrodentia, Homoptera* (m. Ausn. der *Cicadina*), *Hymenoptera, Lepidoptera, Diptera*, alles Insekten deren Vorderflügel im Fluge die Hauptrolle spielen.
7. Meso- und Metathorax reduziert: *Diploglossata*.

Bei allen Insekten bildet der ~ einen zusammenhängenden Kasten mit sehr beschränkter oder fast fehlender Beweglichkeit der drei Segmente. Bei den meisten Insekten erfolgt die Verbindung des Metathorax mit dem ersten Hinterleibssegment ohne Einschnürung, indem der Metathorax hinten ebenso weit ist wie vorn. Nur bei *Diptera* kommt es vielfach zu einer starken Verengung des Metathorax nach hinten und das erste Hinterleibssegment sitzt ihm stielartig auf. Bei *Hymenoptera Apocrita* kam es zu einer Verwachsung des 1. Hinterleibssegments mit dem Metathorax (→ Mediansegment) und einer starken Verengung des ersteren nach hinten zum stielartigen Ansatz des 2. Hinterleibssegments (→ Wespentaille). (Taf. I, Fig. 2, Taf. V, Fig. 6, Taf. X, Fig 2, Taf. XXVI, Fig. 1, Taf. XXIX, Taf. XXX.)

Thorictidae Wollaston 1854, Fam der *Col* (*Clavicornia*) mit etwa 80 myrmecophilen Arten in der mediterranen Subregion.

Thripse → *Thysanoptera*.

Thripidae (Haliday 1836) Uzel 1895 (Abb. 347 und Taf. XII, Fig. 1), Fam der *Thysanoptera Terebrantia* mit etwa 1000 Arten, die Hauptmasse aller Thysanopteren umfassend. In Deutschland leben etwa 100 Arten. Meist phytophage, vielfach pflanzenschädliche Insekten. Fossil sind einige Arten der Gatt. *Trips* Linné beschrieben.

Thrombin (gr. ὁ θρόμβος geronnene Blutmasse), Gewinnungsferment des Blutserums, welches die Ausscheidung des die → Blutgerinnung bewirkenden Fibrins einleitet.

Throscidae (Laporte 1840) Rosenhauer 1856 (*Trixagidae*), Fam der *Col* (*Sternoxia*) mit etwa 200, in Deutschland mit 8 Arten. 4 fossile Arten aus dem baltischen Bernstein und eine aus dem Kopal.

Thynnidae Erichson 1842, Fam der *Hym* (*Heterogyna* oder UFam der *Mutillidae*) mit etwa 500 vorwiegend neotropischen und australischen Arten.

Fossil 3 miocäne Arten aus Colorado beschrieben.

Thyrididae Herrich-Schäfer (1847) 1856 (*Thyridides* H.-S. 1856), Fensterflügler, Fam der *Lep* (*Pyralidina*) mit etwa 600 meistenteils exotischen Arten. In Deutschland nur 1 Art, *Thyris fenestrella* Scopoli, deren Raupe (mit Wanzengeruch) auf Waldrebe lebt.

Thyridium (gr. τὸ θύριον oder ἡ θυρίς, -ίδος kleine Türe), 1. bei Hymenopteren (*Ichneumonidae*) glatte, etwas durchschimmernde Stelle der Cuticula im hinteren Teil der → Gastrocoelen.

2. Im Vorderflügel der *Trichoptera* ein durchsichtiger Fensterfleck im Media-Stamm nahe an der Media-Gabel. Auch die letztere wird vielfach als ~ bezeichnet, ungeachtet des Vorhandenseins oder Fehlens des Fensterflecks. (Taf. XXX, Fig. 5.)

3. Ein Paar glatter Flecke auf der Stirne, zwischen den Ocellen und Fühlern bei *Pompilidae*.

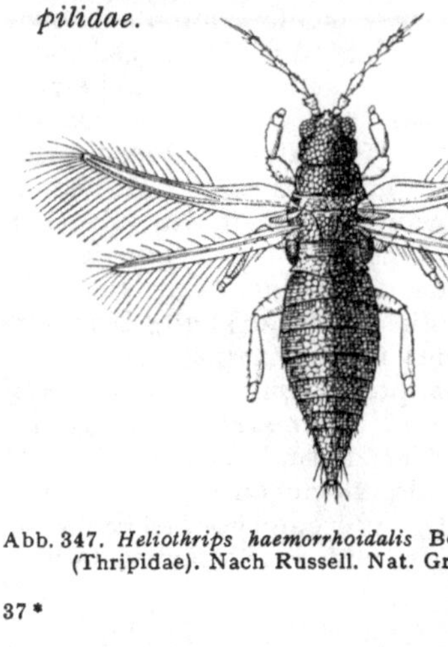

Abb. 347. *Heliothrips haemorrhoidalis* Bouché, Weibchen (Thripidae). Nach Russell. Nat. Gr. 1,25 mm.

Thyridiumzelle, im Vorderflügel der *Trichoptera* eine längliche Zelle etwa in der Mitte des Flügels, zwischen den Stämmen der Media und des Cubitus.

Thyrsophoridae (Kolbe 1882) Enderlein 1903 (*-inae* Kolbe), Fam der *Corrodentia*. Große, bis 2,5 cm Flügelspannung messende tropisch amerikanische Tiere.

Thysanoptera (Dumeril 1806) Haliday 1836 (*Vesitarses*, *Physapodes* Dumeril), Blasenfüße, Fransenflügler, Thysanopteren, Thripse.

Sehr kleine, von 0,5—2 mm, selten bis 5 mm lange, nur bei tropischen Arten manchmal eine Länge von 14 mm erreichende, meist schlanke, gewöhnlich depresse, braun oder schwarz, gelb oder grau gefärbte, selten gezeichnete, geflügelte oder flügellose hemimetabole Insekten mit stechend-saugenden Mundteilen und einer retraktilen Haftblase am Praetarsus.

Kopf hypognath, mit einem kurzen, nach hinten gerichteten Mundkegel, stechend-saugenden, asymmetrischen Mundteilen, 4—9gliedrigen Fühlern, mehr oder weniger gut entwickelten Komplexaugen und drei, nur bei flügellosen Formen stets fehlenden Ocellen. Die dreieckige, lang zugespitzte Oberlippe ist oft (*Terebrantia*) stark asymmetrisch. Der Stechapparat besteht aus drei Stechborsten, von denen die eine, unpaarige, teils für die linke Mandibel, teils für ein Derivat des Epipharynx gehalten wird. Die paarigen Stechborsten werden von den einen Autoren für die Mandibeln, von anderen wieder für die Innenladen der Maxillen gehalten. Kiefertaster klein, 2—3gliedrig, Lippentaster stets kleiner als die Kiefertaster, 2—5gliedrig.

Thorax heteronom, Prothorax stets frei, mit halsschildartigem Notum. Meso- und Methathorax miteinander zu einem Komplex verschmolzen (Pterothorax). Das Metanotum stark entwickelt, nach vorn bis vor die Mittelhüften reichend (bei Durchlicht!), das Mesonotum kurz. Propleuren mit dem Pronotum verschmolzen, nur durch die kurze, kräftige Pleuralleiste markiert. Mesopleuren kleiner als Metapleuren, beide mit stark schräg verlaufenden Pleuralleisten. Prosternum häutig, klein, Meso- und Metasternum groß und breit. Beine fast homonom oder mehr oder weniger heteronom, wobei die Vorderbeine kürzer und oft mit verdickten Schenkeln versehen sind. Auf den Vorderschienen oder Vordertarsen treten auch manchmal Haken oder Zähne auf. Die Vorderhüften sind stets deutlich größer als die Mittel- oder Hinterhüften. Vorder- und Hinterhüften weit, Mittelhüften in der Regel am weitesten auseinanderstehend (bei *Urothripidae*) sind es aber die Hinterhüften). Tarsen bei Imagines stets zweigliedrig, ohne Krallen, mit einer praetarsalen Fußblase. Nur gewisse Larven (z. B. *Megathrips*) besitzen noch normale Krallen. Flügel stets schmal bandförmig, beide Paare am Hinterrande mit einer marginalen Reihe langer Haare (Fransen) versehen. Adern stark reduziert. Es sind höchstens zwei Längsadern vorhanden, eine vordere Haupt- (? Radius) und eine hintere Nebenader (? Cubitus). Eine Ring- oder Randader ist bei *Terebrantia* im Vorderflügel in der Regel vorhanden. Bei *Tubulifera* sind alle Adern zu einem kurzen Längsaderrest verkümmert. Beide Flügelpaare im analen Winkel mit einer sog. Schuppe, welche durch eine schwache Naht vom übrigen Flügel getrennt und meistens von einer kräftigen, kurzen Längsader durchzogen ist. Vorderflügel oft (*Terebrantia*) etwas kräftiger sklerotisiert als die stets häutigen Hinterflügel, die auch bei *Terebrantia* höchstens mit einer schwachen Längsader versehen sind. Hinterleib mit elf Segmenten, das 11. allerdings sehr klein, rudimentär. Das Sternit des 1. Segments ist stets rudimentär, höchstens als eine schmale Querspange erhalten. Auch die, in anderen Segmenten zweiteilige Pleuralplatte ist am 1. Segment klein, undeutlich geteilt. Vom 8. Segment an ist der Hinterleib konisch verengt, bei Männchen der *Terebrantia* am Ende abgerundet, bei Weibchen der letzteren mit je einem Paar Gonapophysen des 8. und 9. Sternits versehen, welche zusammen einen sägeartig gezähnelten Legebohrer bilden. Bei *Tubulifera* fehlt ein Legebohrer. Das 10. Segment ist hier in beiden Geschlechtern in eine mehr oder weniger lange Röhre, den sog. Tubus verlängert, an dessen Ende das rudimentäre 11. Segment sitzt. Die weibliche Geschlechtsöffnung liegt bei *Terebrantia* zwischen dem 8. und 9., bei *Tubulifera* zwischen dem 9. Sternit und dem Tubus. Die männliche Geschlechtsöffnung befindet sich bei allen Thysanopteren zwischen dem 9. und 10. Sternit.

Darmkanal gut differenziert. Vorderdarm mit einem Pharynx, welcher den Nahrungssaft einsaugt und zu diesem Zweck mit kräftigen Dilatatoren versehen ist. Der auf den Pharynx folgende Oesophagus ist einfach, hinten wenig erweitert. Ein Kropf und Proventriculus fehlen. Der Mitteldarm ist der längste Abschnitt, und bildet eine Schlinge. Der Hinterdarm ist in drei Abschnitte aufgeteilt. Vier lange, perlschnurförmige, auch an Totalpräparaten oft auffallend deutlich sichtbare Malpighi-Gefäße sind bei allen Thysanopteren vorhanden. Rectum mit vier Rectalpapillen.

Rückengefäß besteht aus einem beutelförmigen, im 7. und 8. Segment des Hinterleibs gelegenen Herzen und einer bis in den Thorax reichenden Aorta. Das Herz ist mit zwei Paar Ostien versehen.

Nervensystem ziemlich stark konzentriert, besteht aus drei gesonderten thorakalen Ganglien und einer abdominalen Ganglienmasse. Über das sympathische System ist nichts Näheres bekannt.

Tracheensystem mit zwei Haupt- und zwei Nebenlängsstämmen, die miteinander durch Queranastomosen verbunden sind. Meso- und Metathorax, sowie das 1. und 8. Hinterleibssegment mit je einem Stigmenpaar, die oft (z. B. bei *Megathrips*) mit sehr großen, polygonal gefelderten Platten versehen sind.

Hoden paarig, einfach, Vasa deferentia mit lokalen Erweiterungen. Ductus ejaculatorius vorn an der Mündungsstelle der Vasa deferentia mit einer kleinen Auftreibung (? Vesicula seminalis), sowie mit zwei Paaren von Anhangsdrüsen. Penis gut entwickelt, stets mit einem Paramerenpaar und einem Aedoeagus, dessen Vesica (Präputialsack) mit mehr oder weniger komplizierten Chitinemergenzen (Cornuti, Titillatoren) versehen sein kann. Ovarien paarig, mit je vier panoistischen Ovariolen. Ein Receptaculum seminis und eine kleine Schmierdrüse münden in die Vagina.

Die Thysanopteren sind in der Regel eierlegend und vermehren sich gamogenetisch. Nur ausnahmsweise kommt fakultative Parthenogenese und Viviparie vor. Die postembryonale Entwicklung verläuft mit zwei Larvenstadien, einem Vorpuppenstadium und 1—2 Puppenstadien (1 bei *Terebrantia*, meistens 2 bei *Tubulifera*). Die Larven sind wie bei allen hemimetabolen Insekten imagoähnlich, die Puppen sind mit äußeren Flügelscheiden versehen und nehmen keine Nahrung zu sich. Sie stellen kein Ruhestadium dar, bewegen sich aber nur träge. Diese besondere, zwischen Holo- und Hemimetabolie stehende Form der Metamorphose wird als Remetabolie bezeichnet.

Fossile Thysanopteren stammen vorwiegend aus dem Tertiär. Eine, wenn auch recht mangelhaft erhaltene Thysanoptere aus dem Jura von Turkestan weist aber darauf hin, daß diese Ordnung schon Mitte Mesozoikums vertreten war. Die Thysanopteren sind vorwiegend Pflanzensauger. Unter den *Terebrantia* kommen auch räuberische Arten vor (*Aeolothripidae*).

Die systematische Einteilung der gegenwärtig fast 2000 Arten von Thysanopteren in zwei scharf voneinander getrennte UOrdn *Terebrantia* und *Tubulifera* ist morphologisch gut begründet. Die Frage, ob die beiden Gruppen als UOrdn oder, wie HANDLIRSCH meint, als Fam (*Thripidae* und *Phloeothripidae*) aufzufassen sind, ist von untergeordneter Bedeutung.

Thysanura (Latreille 1804) Lubbock 1869 (*Lepismenae* Latreille, *Ectotrophi* Grassi [1888] 1890, *Ectognatha* Stummer 1891), Borstenschwänze, Zottenschwänze, Freikiefler.

Kleine, 1—2 cm lange, spindelförmige, weichhäutige, mehr oder weniger stark gewölbte, nackte oder beschuppte Apterygoten mit langen Cerci und Terminalfilum.

Kopf pantotrem, orthognath. Komplexaugen und Ocellen vorhanden oder fehlend. Fühler vielgliedrig, lang, borstenförmig, vom Bau der → Geißelantennen. Mundteile ectotroph, von außen frei sichtbar, mit schabenden Mandibeln, welche bei *Archaeognatha*, wie bei anderen Apterygoten monocondyl, bei *Zygentoma* (*Lepismatoidea*) dagegen wie bei den Pterygoten dicondyl sind. Maxillen mit langen, 5—7gliedrigen, Unterlippe mit 3—4gliedrigen Tastern.

Thorax homonom oder heteronom gegliedert, alle drei Segmente mit gut entwickelten Paranota. Thorakalbeine homonom, mit (*Archaeognatha*), oder ohne (*Zygentoma*) Styli an den Mittel- und Hinterhüften. Tarsen 2—3gliedrig mit zwei (*Archaeognatha*), oder drei (*Zygentoma*) Krallen.

Hinterleib mit elf Segmenten, deren Tergite mit an den Seiten nach unten herabgebogenen Paranoten versehen sind. Sternite (Coxosternite) des 1.—7. Segments mit 1—2 Paar Coxalbläschen, die des 2.—9. Segments mit je einem Paar Styli, deren Zahl bei verschiedenen Gattungen wechselt und auch von Entwicklungsstadien abhängig ist. Das 11. Segment mit einem Paar langer, vielgliedriger Cerci und einem unpaarigen, vielgliedrigen Terminalfilum, welches bei *Archaeognatha* zusammen mit den Cerci als Sprungapparat dienen. Das 8. und 9. Segment ventral in beiden Geschlechtern mit je einem Paar Gonopoden (Coxopodit + Stylus) und dazwischen mit je einem Paar Gonapophysen. Die Gonapophysen des 9. Sternits der Männchen werden als Parameren bezeichnet. Bei Männchen der *Zygentoma* fehlen die Gonapophysen des 8. Segments.

Darm deutlich dreiteilig, Mitteldarm stark erweitert, mit einer Längs- und einer Ringmuskelschicht versehen, vorn mit einem Kranz von sechs Caeca. Valvula cardiaca und pylorica vorhanden. Vorderdarm bei *Zygentoma* mit deutlich abgegliedertem Proventriculus. Sechs bis acht lange Malpighi-Gefäße vorhanden.

Rückengefäß bei *Archaeognatha* mit elf dorsalen und im 7. und 8. Hinterleibssegment mit zwei ventralen Ostienpaaren, nach vorn in eine Aorta und nach hinten in eine Arteria caudalis verlängert.

Tracheensystem bei *Archaeognatha* segmental geteilt mit zwei thorakalen und sieben abdominalen Stigmenpaaren in den Segmenten 2—8. Bei *Zygentoma* (*Lepisma*) ist das Tracheensystem nicht segmental · geteilt, sondern bildet ein zusammenhängendes Ganzes, mit dorsalen Längs- und ventralen Queranastomosen. Es öffnet sich nach außen mit zwei thorakalen und acht abdominalen Stigmenpaaren in den Segmenten 1—8.

Nervensystem mit drei thorakalen und acht (*Zygentoma*) oder zehn (*Archaeognatha*) abdominalen Ganglienpaaren. Das sympathische System gut entwickelt, das stomatogastrische Systemder unpaarige (Leydigsche) Nerv und das caudale System sind vorhanden.

Gonaden kammförmig, bei *Archaeognatha* mit drei Paar Testikeln und sieben Paar Ovariolen, bei *Zygentoma* mit zwei bis sieben Testikel- und fünf Ovariolenpaaren. Eine Vagina fehlt bei *Archaeognatha*, vorhanden, wenn auch kurz, bei *Zygentoma*. Ductus ejaculatorius stets vorhanden. Gonoporus in beiden Geschlechtern zwischen dem 8. und 9. Sternit. Ein unpaariger Penis zwischen den Gonapophysen des 9. Sternits (Parameren) vorhanden.

Die Thysanuren sind scheinbar ausschließlich Pflanzenfresser. Sie leben in feuchten, bodennahen Biotopen, im Humus, unter Steinen usw. und ernähren sich vom pflanzlichen Detritus, Algen, Flechten, Pilzen usw. Das Silberfischchen (*Lepisma saccharina*) und das Ofenfischchen (*Thermobia domestica*), die in feuchten Wohnungen und Räumen oft massenhaft vorkommen, fressen gern Papier und Textilien.

Die etwa 350 Arten der bisher beschriebenen *Thysanura* sind über die ganze Erde mit Ausnahme der Polargebiete verbreitet.

Fossile *Thysanura* (*Machilidae*) sind bisher nur aus dem Bernstein und aus dem unteren Miocän von Colorado bekannt.

Börner (1904) teilte die *Thysanura* in zwei UOrdn, *Archaeognatha* und *Zygentoma* ein. Diese Einteilung wird auch heute noch von den meisten Autoren beibehalten, obwohl es nicht an Versuchen fehlt, andere Ansichten im System zum Ausdruck zu bringen. Manche Autoren sind z. B. der Meinung, daß die unter den Apterygoten allein mit dicondylen Mandibeln versehenen *Lepismatidae* hier herausgenommen und den Pterygoten näher angeschlossen werden müßten.

Tibia (lat. tibia, -ae, f., Schiene) → Schiene.

tibialis Suffrian, *Phyllodecta*, blauer Weidenblattkäfer, Korbweidenblattkäfer (*Col Chrysomelidae*).

Tibienzahn, ein hakenförmig gekrümmter Zahn an der Spitze der Vorderschienen bei *Odontothrips* (*Thysanoptera Thripidae*). Ein ähnlicher, als Hornhaken bezeichneter ~ kommt übrigens auch bei gewissen Käfern (*Curculionidae* z. B. *Calandra, Dorytomus, Magdalis, Hylobius, Attelabus* usw.) an Vorder- oder an allen Schienen vor.

Tibiotarsalgelenk → Schiengelenk.

Tibiotarsus, die mit dem Tarsus verschmolzene Schiene, das vorletzte Glied des Thorakalbeins der *Collembola*, proximal vom Schenkel durch das Kniegelenk und distal vom Praetarsus durch das Praetarsalgelenk abgegrenzt. Ein ~ ist sonst nirgends bei Insekten mit Sicherheit realisiert. (Taf. II, Fig. 7.)

Tiefenschuppen, die unter den → Deckschuppen liegenden Schuppen der Schmetterlinge.

Tierfresser → Zoophaga.

Tiergeographie, Zoogeographie, die Lehre von der Verbreitung der Arten und Artgruppen der Tiere auf der Erdkugel (→ Biosphäre) und von den Gesetzmäßigkeiten, welche die gegebene Verbreitung zustande gebracht haben und begleiten (→ Chorologie).

Die ~ arbeitet mit zwei entgegengesetzten Fragestellungen, die aber, wie zwei Seiten ein und desselben Dinges, aufs engste miteinander verbunden sind. Die älteste und am meisten verbreitete Fragestellung ist diejenige nach der Zusammensetzung der Faunen bestimmter geographischer Gebiete. Dieses Teilgebiet der ~ wird als zoologische Geographie oder häufiger als Faunistik bezeichnet. Die andere Fragestellung befaßt sich mit der Größe und den Eigenschaften der von verschiedenen Arten und Artgruppen eingenommenen geographischen Gebiete und nach den Veränderungen derselben. Im ersteren Fall steht das geographische Gebiet im Vordergrund und sein faunistischer Inhalt wird inventarmäßig erfaßt. Im letzteren Fall steht das Tier (die Art oder Artgruppe) im Vordergrund und es wird nach den Ursachen und Wegen gefragt, auf welchen die Art aus ihrem Entstehungszentrum das gegenwärtige Verbreitungsareal erreicht hatte (geographische Zoologie, dynamische ~). Aus der letzteren Fragestellung hat sich schon frühzeitig eines der wichtigsten Forschungsgebiete der ~ herausdifferenziert, nämlich die → Oekologie der Tiere.

Die faunistische Erforschung der Erde ergab die zuerst von Wallace (The geographical distribution of animals. 2 Bde., London 1876) durchgeführte Einteilung der Erdoberfläche in Faunengebiete, Regionen und Unterregionen (vgl. Taf.

XXXIII). Dieser Einteilung legte WALLACE zwar die Verbreitung von Charaktergruppen der Wirbeltiere, vornehmlich der Säugetiere und Vögel zugrunde, sie hat sich aber auch für andere Tiere als durchwegs brauchbar erwiesen und gilt mit gewissen Veränderungen auch für die Verbreitung der Insekten.

Gegenwärtig teilt man die ganze Biosphäre in drei große Faunengebiete, nämlich die → Arctogaea, die → Neogaea und die → Notogaea.

Wenigstens andeutungsweise sei die historische ~ erwähnt, die sich mit der Erforschung der Faunenentwicklung befaßt. Vgl. auch die tiergeographischen Regionen und Subregionen an verschiedenen Stellen des Wörterbuches.

Tigroidsubstanz → Nissl-Substanz.

tiliae Panzer, *Ernoporus*, Lindenborkenkäfer (*Col Ipidae*).

tiliae Linné, *Mimas*, Lindenschwärmer (*Lep Sphingidae*).

Timotheefliege → *Amaurosoma flavipes* Fallen und *A. armillatum* Zetterstedt.

Timotheewickler → *Tortrix paleana* Hübner.

Tinaegeriidae Spuler 910, Fam der *Lep Tineoidea* .In Deutschland nicht vertreten.

tinctoria Hartig, *Cynips*, Färbergallwespe (*Hym Cynipidae*), Erzeuger der → Aleppo-Gallen.

Tineida (Linné 1758) Leach 1815 (*Tineae* Lin.), Motten, ehemalige Familiengruppe der *Lep* mit etwa 12000 Arten in allen Regionen. Sie wurden früher in zwei große Familiengruppen, *Tineidae aculeatae* Spuler und *Acanthopleona* Börner eingeteilt. Vgl. auch → *Tineoidea*.

Tineidae (Wocke 1861) auct. (*Tineinae* Handlirsch 1925), Fam der *Lep Tineoidea* mit etwa 1500 Arten in der gemäßigten und warmen Zone.

Fossil sind 7 tertiäre und 4 kopale Arten beschrieben worden. Von den tertiären Arten gehören 6 dem baltischen Bernstein an.

Tineidae aculeatae Spuler 1910, ehemalige Familiengruppe der *Lep Tineida*, primitive Motten mit einfachen Genitalöffnungen bei Weibchen und mit feinen Stachelbörstchen (Aculei) unter der Beschuppung der Flügel. Zu dieser Gruppe gehören die von verschiedenen Autoren als Familien, Unterfamilien oder Tribus aufgefaßten Gruppen *Nepticulidae*, *Tischeriidae*, *Heliozelidae*, *Incurvariidae*, *Adelidae* und *Prodoxidae*.

Die ~ bilden zusammen mit der alten UOrdn ~ *Jugatae* die BÖRNERsche UOrdn → *Monotrysia*.

Tineoidea Handlirsch 1925, Mottenartige Gruppe der *Lep Frenatae* mit der Familiengruppe *Tineida* und den Fam *Tortricidae*, *Psychidae*, *Cossidae*, *Arbelidae*, *Sesiidae* (*Aegeriidae*), *Tinaegeriidae*, *Limacodidae*, *Dalceridae*, *Epipyropidae*, *Chrysopolomidae* und *Perophoridae* (*Mimallonidae*). Gegenwärtig in mehrere Überfam (*Tineoidea*, *Tortricoidea*, *Cossoidea* a. a.) aufgeteilt.

Tingitidae (Amyot et Serville 1843) Horvath 1911 (*-ides* A. & S.), Gitterwanzen (Abb. 348), Fam der *Het Geocorisae* mit etwa 700 Arten in allen Regionen, hauptsächlich aber in der mediterranen Subregion gut vertreten. In Deutschland etwa 40 Arten. Kleine bis mittelgroße flache Wanzen, die sich durch blattartig erweiterte Ränder des Halsschildes und der Flügeldecken sowie durch grob netzmaschige Skulptur der Körperoberfläche und der Flügeldecken auszeichnen. Die meisten Arten sind Pflanzensauger, wenige Jäger. Die Birnblattwanze Süddeutschlands (*Stephanitis piri* Fabricius) verursacht mit ihren Stichen das Entstehen kleiner Gallen auf der Unterseite der Blätter von Birnbäumen.

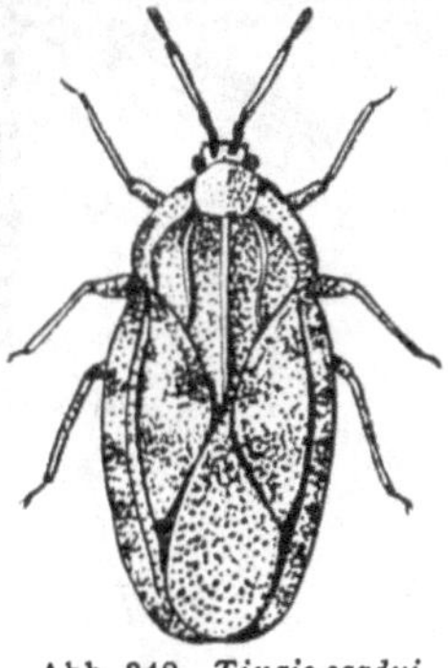

Abb. 348. *Tingis cardui* Linné (Tingitidae). Nach Hedicke. Nat. Gr. 3—5 mm.

Tiphiidae Leach 1815, Fam der *Hym* (*Heterogyna* oder UFam der *Mutillidae*) mit zahlreichen Arten, von welchen in Deutschland nur 6 auftreten. Ektoparasiten von Lamellicornier-Larven.

Tipulariae Latreille → *Nematocera*.

Tipulidae (Meigen 1818) Leach 1819 (*Rostratae* Meig.), Schnaken, Wiesenschnaken, Fam der *Dipt Nematocera* mit etwa 1400 Arten in allen Gebieten der Erde. Die Fliegen fallen durch ihre Größe und mückenartigen Habitus auf. Die langen, dünnen, im coxo-trochanteralen Gelenk leicht abfallenden Beine, peitschenartig lange Kiefertaster mit verlängertem Endglied sowie der schnanzenartig verlängerte Vorderkopf kennzeichnen diese charakteristischen Fliegen. Ihre acephalen Larven sind am hinteren Körperende schräg abgestutzt

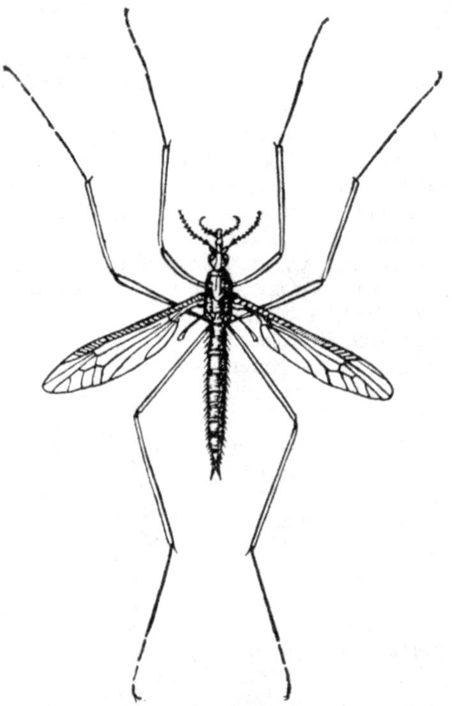

Abb. 349. *Tipula oleracea* Linné (Tipulidae). Nach Enderlein. Nat. Körperlänge etwa 2 cm.

und am Rande des das hintere Stigmenpaar tragenden Absturzes mit charakteristischen Hautzapfen versehen. Die Larven leben meist saprophyt, einige wenige (→ Wiesenschnake) sind lästige Schädlinge in Gemüsegärten, Baum- und Forstschulen usw.

Fossil sind etwa 100 Arten seit dem Eocän bekannt.

tipuliformis Clerck, *Synanthedon*, Johannisbeer-Glasschwärmer (*Lep Sesiidae*).

Tischeriidae Spuler 1910, Schopfstirnmotten, Fam der *Lep Tineoidea* (oder UFam der *Nepticulidae*). In Deutschland nur 7 Arten der Gatt. *Tischeria* Zeller.

Tischgemeinschaft, Tischgesellschaft, Commensalismus, Zusammentreffen zweier oder mehrerer Arten von Insekten auf ein und demselben Nährsubstrat, ohne sich obligat gegenseitig zu beeinflussen. Eine ~ bilden z. B. Arten, die beim Blütenbesuch auf einer Blüte (etwa Schirmblütenstand) zusammentreffen, mehrere Arten von Parasiten, die auf einem Wirte leben usw. Die verschiedenen Arten der Blütenbesucher nehmen im allgemeinen keinerlei Notiz voneinander, ebenso wie verschiedene Parasiten eines und desselben Wirtes friedlich nebeneinander leben können. Solange die Nahrung reichlich vorhanden ist, ist die Konkurrenz gleich Null, sie kann aber bei Eintreten der Nahrungsknappheit durch Populationssteigerung einer Art scharfe Formen annehmen und in Verdrängung oder Auffressen der schwächeren Commensalen (z. B. vielfach bei Endoparasiten) resultieren.

Titillator (lat. titillator, -ris, m., Kitzler, von titillo, -are kitzeln), ein Paar von Anhängen im männlichen Begattungsapparat vieler Insekten (z. B. *Ephemerida, Trichoptera, Homoptera*). Es sind kleine Haken, Dorne oder Skleritplatten am Ende des → Aedoeagus. (Taf. XVII, Fig. 2.)

Tönnchen, Puparium, die zu einer Puppenhülle erhärtete Larvenhaut der *Diptera Cyclorrhapha*. Das ~ besteht aus der äußeren, stark erhärteten vorletzten (3.) Larvenhaut und einer feineren, inneren Exuvie des letzten (4.) Larvenstadiums.

Tönnchenpuppe, Pupa coarctata, freie Puppe der *Diptera Cyclorrhapha*, welche in einem → Tönnchen verborgen liegt.

Toment (lat. tomentum, -i, pl. -a, -orum, n., Stopfwerk, Polsterung), dichte, samtartige oder wollige, kurze, mikroskopisch feine, oft fleckenartig verteilte (z. B. bei *Byrrhus*) Behaarung des Integuments. Vgl. auch → Pubescenz.

tomentosus Fabricius, *Byturus*, Himbeerkäfer (*Col Byturidae*).

tomentosus Gyllenhal, *Coenorrhinus* (*Rhynchites*), Weidenrutenstecher (*Col Curculionidae*).

Tomoceridae (Schäffer 1896) Börner 1913, Ringelhörnler (Abb. 350), Fam der *Collembola*, vielfach auch als UFam der *Entomobryidae* aufgefaßt. Ausgezeichnet durch verlängertes und geringeltes 3. und 4. (das letzte und vorletzte) Fühlerglied, Fehlen des → Trochanteralorgans und gleiche oder nur wenig verschiedene Länge des 3. und 4. Hinterleibssegments. Meist mit schillernden Schuppen bedeckte Tiere.

Aus nomenklatorischen Gründen wurden sie unlängst zu → *Poduridae* umgetauft.

Tonerzeugung entsteht bei Insekten entweder durch zufällige → Geräusche oder als willkürliche → Lautäußerungen.

tonische Kontraktion → Tonus.

Tonnenpuppe, falsche nennt BRAUER (1863) die in der letzten Larvenhaut verbleibenden Puppen vieler Nematoceren Fliegen, wie z. B. Gallmücken (Hessenfliege usw.). Vgl. auch → Tönnchen.

Tonofibrillen (gr. ὁ τόνος Spannung, lat. fibrilla, -ae, f., dem. von fibra, -ae, Faser), vermutlich (JANET) chitinöse Fasern, die sich aus dem Plasma der die Muskelansatzstelle bildenden Epidermiszellen herausdifferenzieren. Sie verbinden sich einerseits mit den → Myofibrillen des Muskels, andererseits können sie sich in der Cuticula bis an die Exocuticula fortsetzen, einen endocuticularen → Faserkegel bildend.

Tonus, tonische Kontraktion (gr. ὁ τόνος Spannung, Nachdruck), Dauerkontraktion eines Muskels ohne O_2-Verbrauch und ohne Eintreten von Ermüdungserscheinungen.
Besondere Tonus-Muskeln wie die Muscheln haben die Insekten nicht. Bei ihnen kann ein und derselbe Muskel einmal als Bewegungs-, ein andermal als Tonusmuskel arbeiten (→ Akinese).

topisch (gr. ὁ τόπος Ort, Stelle, Stand, Lebensstellung) nennt man die positivtaktische (→ Taxis) Einstellung der Tiere zu einem Reiz. Gegens. → phobisch.

topographisch (gr. ὁ τόπος Ort, Gegend, γραφεῖν schreiben), die Lage beschreibend, auf Ort- und Lageverhältnisse bezüglich.

Topotaxis → Taxis.

Topotypen sind Belegexemplare einer Art, welche vom Originalfundorte stammen. Sie gehören zu → typischen Exemplaren, aber nicht zum → Typenmaterial.

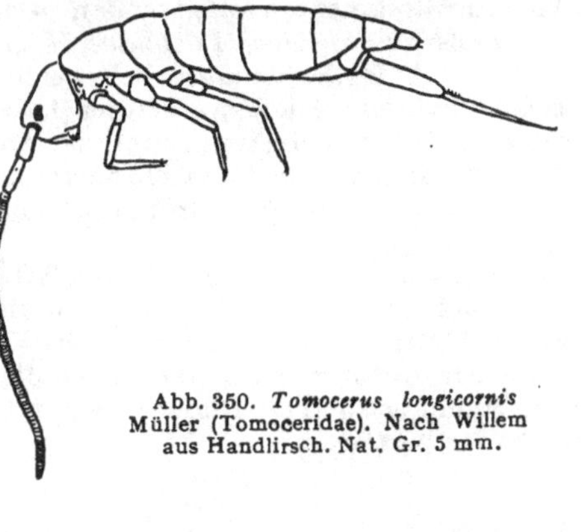

Abb. 350. *Tomocerus longicornis* Müller (Tomoceridae). Nach Willem aus Handlirsch. Nat. Gr. 5 mm.

Torma (gr. ἡ τόρμα oder ὁ τόρμος, latin. torma, -ae, pl. -ae, f., jedes Loch, worin ein Zapfen gesteckt wird, z. B. Türangel, Buchse im Rad), schmale, paarige Sklerite im Clypeo-Labralwinkel des Epipharynx.

Tornalfleck, eine abweichende Zeichnung über dem → Tornus der Vorderflügel bei gewissen Kleinschmetterlingen (*Lyonetiidae, Cemiostomidae, Tortricidae* usw.), gewöhnlich mit metallischen Stellen durchsetzt.

Tornus (gr. ὁ τόρνος Kreisstift, Zirkel), im Vorderflügel der Schmetterlinge der Winkel zwischen dem Außen- und Innenrand.

torquens de Meijere, *Contarinia*, Kohlherzdrehmücke (*Dipt Cecidomyidae*).

Torsion (lat. torsio, -onis, von torqueo, -si, -sum, winden, drehen), Drehung, bes. die Drehung des männlichen Begattungsapparates um einen Winkelbetrag bei der Begattung (z. B. bei vielen parafeminal kopulierenden Heteropteren). Die ~ geht bei gewissen Dipteren so weit, daß sie zum → Hypopygium inversum (Drehung um 180°) oder gar zum H. circumversum (Drehung um 360°) führt.

Tortricidae (Linné 1758) Stephens 1829 (*Tortrices* Lin.), Wickler, Fam der *Lep Frenatae* mit etwa 4500 vorwiegend holarktischen Arten. Gegenwärtig (DIAKONOFF 1950—1952) ÜFam *Tortricoidea* mit fünf Fam.
Fossil sind 8 Arten aus dem baltischen Bernstein, 1 aus dem Miocän von Colorado und 1 aus dem Kopal beschrieben.

Torus (lat. torus, -i, m., jeder runde Gegenstand), Pedicellus der *Culicidae*, bei denen er größer ist als der verborgene, kleine Scapus.

Totengräber, *Necrophorinae* (*Col Silphidae*).

Totenkäfer, Arten der Gatt *Blaps* (*Col Tenebrionidae*).

Totenkopf *Acherontia atropos* Linné.

Totenuhr → *Anobium punctatum* De Geer.

Totstellen → Akinese.

Trabecula (lat. trabecula, -ae, f., dem. von trabs, -bis, f., Balken, bes. Bindebalken die auf den Säulen liegen), Trabekel, Balken, 1. senkrechte Stützbalken der Schmetterlingsschuppen, die auf der unteren Wand der Schuppe ruhend, das Gerüst der oberen Wand tragen. 2. Bei gewissen Mallophagen ein konischer, z. T. sklerotisierter, beweglicher Vorsprung vor den Fühlerwurzeln. 3. Im Protocerebrum die in der Mittellinie fast zusammenstoßenden basalen Teile der Stiele der → Corpora pedunculata. (Taf. XXVII, Fig. 2.)

Trachea alaris (lat. alaris von ala, -ae, Flügel, zum Flügel gehörig) → Flügeltrachee.

Trachea paranotalis → Paranotaltrachee.

Tracheata → *Eutracheata.*

Tracheen (gr. τραχέως rauh, uneben, holprig, hart, latin. trachea, -ae, f., Luftröhre), Luftröhren, Hauptbestandteil des → Tracheensystems, ektodermale, röhrenförmige, verzweigte Hauteinstülpungen, deren Wandung derjenigen des Integuments entsprechend aus einer → Basalmembran (zu äußerst), einer einschichtigen Epidermis (→ Hypodermis, Tracheen-Matrix) und (zu innerst) einer Tracheen-Intima besteht. Die letztere entspricht der → Cuticula, deren Fortsetzung sie bildet. Die → Exocuticula der Tracheenintima ist nicht gleichmäßig dick wie die des Integuments, sondern weist spiralig verlaufende dünnere und dickere Stellen, wobei die dickeren den → Spiralfaden bilden. Die ~ bilden vielfach in ihrem Verlauf → Luftsäcke und → Luftkammern. (Taf. XXXI.)

Tracheen, inverse → Luftsäcke.

Tracheendrüsen sind segmentale, aus den Tracheenmatrixzellen entstandene → Exuvialdrüsen. Sie sind in den 10 ersten Rumpfsegmenten der Trichopterenlarven (Martynow 1901) sowie bei Lepidopteren und Hymenopteren (Sakurai 1928) nachgewiesen worden.

Tracheenendzelle, eine dendritisch verästelte Zelle, die vermutlich als spezialisierte Tracheenmatrixzelle zu betrachten ist. Die Endverästelungen der Tracheolen an den sauerstoffverzehrenden Organen dringen den Plasmaleib der ~ durch und folgen ihren Verästelungen. Es ist aber nicht erwiesen, ob die ~ die Sauerstoffabgabe vermitteln. Die ~ wurden von Holmgren in der Spinndrüse von *Phalera bucephala* entdeckt.

Tracheenintima, Endotrachea, die cuticulare Auskleidung der Tracheen. Sie ist die Trägerin des → Spiralfadens oder sonstiger Wandverstärkungen der Tracheen (Chitinringe, Netzmaschen usw.).

Tracheenkapillaren → Tracheolen.

Tracheenkiemen, Pseudobranchien, sehr verschiedenartige, blatt-, finger-, büschel-, pinsel- oder fiederförmige Anhänge des Körpers wasserlebender Insektenlarven, welche reich mit Tracheen versorgt, den Gasaustausch zwischen den letzteren und der im Wasser gelösten Luft durch ihre dünne, gasdiffundible Cuticula vermitteln. Sie treten auf verschiedenen Körperteilen auf.

Maxillare büschelartige ~ sind z. B. von den Ephemeriden *Isonychia* und *Oligoneurella* bekannt.

Auf den Thoraxsegmenten treten ~ bei *Perlaria, Ephemerida* und *Hygrobiidae* auf. Sie finden sich hier an den Seiten aller drei Segmente (*Perla*), am Prosternum vor den Vorderhüften (*Protonemura, Amphinemura*), am Pro- und Mesosternum (*Pteronarcys*). Bei *Nephelopteryx* (*Perlaria*) treten die fingerartigen, fernrohrartig einziehbaren ~ auf den Hüften auf.

Am meisten verbreitet sind die abdominalen ~. Larven der *Ephemerida* haben deren 5 (*Ephemerellidae*) bis 7 Paare auf den ersten 5—7 Hinterleibssegmenten. Bei *Ephemerellidae* sind die beiden ersten Hinterleibssegmente kiemenfrei. Bei *Caenidae* und *Baëtidae* ist das erste Kiemenpaar in der Regel zu einem kurzen Stummelpaar rückgebildet. *Sialis* (*Megaloptera*) und *Sisyridae* (*Planipennia*) haben 7 Paare abdominaler gegliederter, langer (*Sialis*) oder kurzer ~ auf den ersten 7 Segmenten. Auch bei *Trichoptera* tragen nur die 7 ersten Hinterleibssegmente je ein Paar finger- oder büschelförmiger ~. Die abdominalen ~ der *Ephemerida* und *Sialidae* sitzen einem Basalsockel (→ Coxit) gelenkig auf und sind vielfach mit eigenen Muskeln versehen, was für ihre Homologie mit abdominalen Extremitäten spricht. Die ihnen vielfach ähnlichen, aber tergal den Abdominalsegmenten aufsitzenden ~ der *Trichoptera, Gyrinidae, Haliplidae, Hygrobiidae* und *Hydrophilidae,* bei welchen außerdem offene Stigmen auftreten, haben sicher nichts mit Extremitäten zu tun. Auch bei aquatilen Schmetterlingsraupen (*Nymphula, Acentropus*) treten abdominale ~ auf.

Bei *Odonata Zygoptera* sind die → Afterraife und das → Terminalfilum zu drei weidenblattartigen ~ umgewandelt. Von manchen Autoren wird allerdings diese Funktion der auch als Ruder arbeitenden Anhänge bestritten.

~ in Gestalt von analen Lappen sind auch bei der *Agromyzinae Cryptochaetum iceryae* nachgewiesen worden.

Rectale ~ haben *Odonata Anisoptera*. Es sind septenartige Längsfalten der Rectalintima (→ Rectalkiemen).

Tracheenlungen, Teile von Tracheen, welche zahlreiche Tracheolenbüschel an die hinteren Ostiolen des Herzens entsenden und das in dieselben eintretende Blut mit Sauerstoff versorgen. ~ von dieser Bildung wurden bei Raupen der *Sphingidae* und bei Larven verschiedener *Diptera* (*Culex, Dixa, Bibio, Psychoda, Ctenophora* u. a.) gefunden.
Eine andere Bauart der ~ findet sich im Thorax von Nepiden. Hier treten besondere Organe auf, die aus rudimentären Flugmuskeln hervorgegangen sein sollen (BROCHER 1916—1923), reichlich mit Tracheen versorgt sind und in Verbindung mit → Luftsäcken stehen.

Tracheenmatrix, Exotrachea, die ursprüngliche → Epidermis (Hypodermis) des Integuments, welche sich als die äußere Wandschicht auf die Tracheen fortsetzt und die Mutterschicht ihrer Cuticula (→ Tracheenintima) darstellt. Sie ist zu äußerst von der Basalmembran überzogen, die genau der integumentalen Basalmembran entspricht und ihre direkte Fortsetzung bildet.

Tracheensystem, Tractus respiratorius, Luftröhrensystem, die Atmungsorgane der Insekten. Das ~ besteht aus segmental paarig angeordneten, röhrenförmigen Einstülpungen des Integuments, die innen miteinander durch Längs- und Queranastomosen in Verbindung treten und so ein zusammenhängendes, im Prinzip leiterförmiges System von Röhren bilden. Die segmental-paarigen Mündungen des ~, die → Stigmen, regeln den Luftaustausch zwischen dem Hohlraum des ~ und der Atmosphäre. Die Verbindung der Tracheen mit den sauerstoffverbrauchenden Geweben besorgen die → Tracheolen.
Bei Apterygoten bleiben die segmentalen Stigmenäste des ~ unverbunden und jede bildet für sich ein geschlossenes System von Verzweigungen, welche sich über mehrere stigmenlose Segmente (z. B. Abdominalsegmente bei Japyx, die alle von dem metathorakalen Paar der Stigmenäste versorgt sind) erstrecken können. Bei Pterygoten herrscht ein zusammenhängendes ~ vor, indem die segmentalen Stigmenäste durch Längsstämme miteinander verbunden sind. Die Längsstämme können dorsal, lateral oder ventral zu beiden Seiten des Körpers verlaufen und vielfach treten sie bei ein und demselben Insekt kombiniert auf. So hat z. B. die Larve von *Philaenus* nur dorsale, die Termiten dorsale und laterale, *Blatta* alle drei Längsverbindungen. Am meisten verbreitet sind jedoch die lateralen Längsstämme, deren doppelte Ausführung zur Entstehung sog. → Arkaden führen kann.
Die verschiedene Lage der Längsstämme steht mit der Ausbildung von je 3 primären Zweigen der segmentalen Stigmenäste im Zusammenhang, indem jeder Stigmenast einen dorsalen Ast zum Rückengefäß, einen visceralen Ast zum Darm und einen ventralen Ast zum Nervenstrang entsendet. Die Längsverbindungen können entweder zwischen den dorsalen, zwischen den visceralen (lateralen) oder zwischen den ventralen Ästen verlaufen.
Der thorakale Abschnitt des ~ erfährt dadurch eine weitere Komplikation, daß seine beiden meso- und metathorakalen Stigmenäste doppelte Ventraläste haben, deren ein Zweig zum Nervensystem und der andere als → Beintrachee in das Bein eindringt. Jede Beintrachee gibt noch dorsalwärts an die Flügel je zwei ~ Flügeltracheen ab. Von mesothorakalen Stigmenästen entspringt außerdem je ein Längszweig, welcher nach vorn bis in den Kopf eindringend unterwegs Seitenzweige an die Vorderbeine und die Kopfgliedmaßen sowie die inneren Kopforgane abgibt.
Auf allen Tracheenstämmen können kurze, blind endende Tracheen sitzen, welche am Ende mit einem Büschel langer Tracheolen versehen sind und kleinen lang- und vielarmigen Polypen ähneln (KÉLER 1928).
Besondere, gewissen Insekten zukommende Eigentümlichkeiten im Bau des ~ stellen die → Tracheenlungen und → Luftsäcke dar. Bei wasserlebenden Insektenlarven kommt es vielfach zur Ausbildung von → Tracheenkiemen. Aquatile Larven, welche atmosphärische Luft atmen, sowie nicht selten auch dieselbe Lebensweise führenden Imagines haben

→ Siphonen, → Prothorakalhörner, → Atemröhren, → Atemhöhlen und → Luftschichten ausgebildet die ihnen das Atmen ohne Auftauchen ermöglichen. Auch Endoparasiten haben manche Eigentümlichkeiten im Bau des ~ entwickelt, die ihnen den Gasaustausch mit den Körpersäften des Wirtes oder mit der Atmosphäre ermöglichen. Abgesehen von der diffusen → Hautatmung, Atmung mittels einer → Schwanzblase oder mittels der → Blutkiemen, bei denen das ~ keinen Anteil hat, kommt es vielfach zur Ausbildung einer → Hauttracheenatmung. Nicht wenige Endoparasiten sind Stigmenatmer geblieben, deren hinterstes Stigmenpaar zu → Atemröhren verlängert, mit der Außenluft in ständiger Verbindung bleibt (Larven versch. Tachinen, Oestrinen, Ichneumoniden, Weibchen von *Sarcopsylla* usw.) oder sie stecken, wie die Weibchen der *Strepsiptera*, ihren Vorderkörper mit dem thorakalen Stigmenpaar dauernd aus dem Wirtskörper heraus.

Die Kapazität des ~ ist durchaus nicht so gering, wie sie angesichts des geringen Diameters der Tracheen erscheint. Sie beträgt z. B. bei *Melolontha* 630 Kubikmillimeter, was annähernd $^1/_{10}$ des Körpervolumens entspricht. (Taf. XXXI.)

Tracheentapetum, eine aus einem Tracheengeflecht (Tracheenplexus) gebildete stark lichtreflektierende Hülle um jede → Retinula eines Komplexauges. Das ~ kommt typisch in → Dunkelaugen (→ Superpositionsaugen) vor und trägt zur Ausnutzung der Strahlen bei, welche die Retinula schon passiert haben und nun vom → reflektiert, einen erneuten Lichtreiz ausüben können. Das ~ ist bes. bei Nachtfaltern, vielen Dipteren und Ordonaten gut entwickelt.

Trachein, eine eiweißartige, kolloidale Substanz, welche das Chitin der Intima feiner Tracheenverzweigungen und der Luftsäcke vertritt.

Tracheolen, Tracheenkapillaren sind einfache, fadenförmige oder verästelte Verbindungen zwischen den Tracheen und den sauerstoffverbrauchenden Organen. Sie haben keinen Spiralfaden in ihrer dünnen, membranösen Wand und sind von Flüssigkeit erfüllt, deren Aufsaugen durch die luftbedürftigen Gewebszellen den für das Eindringen der Luft in die etwa 1 Mikron breiten ~ nötigen Unterdruck erzeugt. Die ~ verlaufen vielfach intrazellulär innerhalb der → Tracheenendzellen. Sie endigen stets blind. Die ~ können entweder dem abgerundeten Ende einer Trachee büschelartig aufsitzen oder sie bilden eine verästelte, glattwandige Verlängerung der Trachee.

Tracht, die äußere Erscheinung der Insekten in ihrer Beziehung zur Umwelt. Sie besteht aus drei morphologischen Elementen, dem → Habitus, der → Skulptur und der → Färbung. In der Entwicklung der ~ kann eines der drei Elemente im Vordergrund stehen (wie z. B. die Färbung bei Schmetterlingen, der Habitus bei Stabheuschrecken oder die Skulptur bei erdklumpenähnlichen *Opatrum, Melanimon* usw.) oder sie können im quantitativ verschiedenen Verhältnis am Zustandekommen der ~ mitwirken (z. B. Farbe und Form bei *Kallima, Phyllium* usw.).

Trachtbiene, die Arbeiterin der Honigbiene vom 20. Tage ihres Imaginallebens an, wenn sie ihre Pflichten als → Stockbiene beendet hat und nun täglich ausfliegt, um Honig und Pollen zu sammeln.

Tractus digestivus → Darmkanal.

Tractus intestinalis → Darmkanal.

Tractus respiratorius → Tracheensystem.

Traductor (lat. traductor, -oris, m., Überführer, Übersetzer, von traducere übersetzen) → Wachszange.

Trächtigkeit, Schwangerschaft, Gravidität, Zustand des Weibchens, deren Ovarien legereife Eier enthalten. Normalerweise erstreckt sich der Zustand der ~ auf die Zeit vom Erscheinen des ersten legereifen Eies im Follikel bis zur Ablage des letzten Eies. Bei viviparen Weibchen verlängert sich dieser Zustand auf die Ausbrütungsperiode der Eier im weiblichen Körper bis zur Geburt der letzten Larve. Je nach dem Organ in dem die Ausbrütung erfolgt, spricht man von Ovarial-, Oviduct-, Vaginal- oder Extravaginal- ~.

Trägspinner → *Lymantriidae.*

Tragfläche, der im Flug die Körperlast tragende Hauptteil des Flügels im Unterschied zu seiner → Axillar- oder Gelenkfläche. Die ~ des Flügels wird in das → Costalfeld, → Analfeld und → Jugalfeld geteilt.

Transpiration (lat. trans durch und spiro, are atmen, hauchen), Verdunstung des Wassers durch die Haut und beim Ausatmen.

Transscutalnaht, eine sekundäre Quernaht des Mesonotums, welche beiderseits vom → Tergalschlitz ausgehend medialwärts oder retromedialwärts verläuft und in die → Scutoscutellarnaht mündet. Sie trennt die hinteren Seitenteile des Mesonotums vom Scutum ab und läßt sie als Seitenteile des Scutellums, sog. → Scapulae, erscheinen. Die ~ tritt besonders häufig als wichtiges taxonomisches (und morphologisches) Merkmal bei *Hymenoptera Apocrita* auf.

Transscutellarnaht, Sutura transscutellaris, eine Quernaht im vorderen Teil des Scutellums (Mesoscutellums) gewisser höherer Dipteren (Snodgrass).

Transtarsus → Krallenglied.

Transtilla (lat. transtillum, -i, pl. -a, n., kleiner Querbalken, dem. von transtrum, -i, Querbalken, auch Ruderbank), ein Paar vielfach miteinander zu einer Schleife verschmolzener Auswüchse am → Tegumen des männlichen Begattungsapparates der Schmetterlinge. Sie dienen anscheinend zur Führung des Aedoeagus dem sie dorsal anliegen. (Taf. XVIII, Fig. 4, 5.)

Transversalebene (lat. trans quer, durch, versus particip. von verto, -ere, wenden) → Querebene.

Transversalmuskeln, Musculi transversales, alle Muskeln des Insektenkörpers, welche quer zur Körperlängsachse verlaufen (→ Muskeln). Im engeren Sinne bezeichnet man vielfach als ~ nur die Muskeln des dorsalen und ventralen → Diaphragmas. Einige Autoren bezeichnen das sich kreuzende Muskelpaar des Halses (M. profurcacervicalis cruciatus) und den → Zwischenmuskel (M. furcapleuralis) als ~.

Transversalnaht, Praescutalnaht, hinter der → Antecostalnaht, mehr weniger parallel mit ihr verlaufende Quernaht des Meso- und Metanotums, welche das → Praescutum vom → Scutum trennt. Sie ragt gewöhnlich endoskeletal als eine Querleiste, die Praescutalleiste vor.

trapezina Linné, *Calymnia*, Ulmeneule (*Lep Noctuidae*).

Traubenkirschen- o. **Haferblattlaus,** Mehlige → *Rhopalosiphon* (*Aphis*) *padi* Linné.

Traubenkirschengespinstmotte → *Hyponos meuta plumbellus* Schiffermüller.

Traubenwickler, bekreuzter → *Polychrosis botrana* Schiffermüller.

Traubenwickler, einbindiger → *Clysia* (*Conchylis*) *ambiguella* Hübner.

Trauermücken → *Sciaridae*.

Trauer-Rosenkäfer → *Oxythyrea funesta* Poda.

Trauerschweber → *Hemipenthes* (*Anthrax*) *morio* Linné und *H. maurus* Linné.

traumatisch (gr. τὸ τραῦμα Wunde, Verletzung), mit Wunden oder Verletzungen zusammenhängend, wundbedingt. Gegens. → pathologisch.

Trema (gr. τὸ τρῆμα Loch, Öffnung) → Stigmenöffnung, Luftloch.

tremulae DeGeer, *Asiphum*, Aspenblattnest-Blattlaus (*Hom Aphididae*).

tremulae Fabricius, *Melasoma*, roter Espenblattkäfer (*Col Chrysomelidae*).

Triangulum (lat. triangulum, -i, n., Dreieck) → Flügeldreieck.

Triangulum anale → Analdreieck.

triangulum Fabricius, *Philanthus*, europäischer Bienenwolf (*Hym Sphegidae*).

Tribus (lat. tribus, -us, pl. -us, -uum, f., Einteilungseinheit der Bürger des klasschen Roms), in der Systematik eine Gruppe, die vielfach zwischen die Gattung und Familie bzw. Unterfamilie eingeschaltet wird. Die Namen der Tribus werden aus dem Stamm des typischen Gattungsnamens mit der Endung *-ini* gebildet.

Trichobothrium (gr. τὸ θρίξ, -χος Haar, pl. τρίχες, -αί, ὁ βόθρος Loch, Grube), außerordentlich feine, manchmal grasblatt- oder bandförmig erscheinende Haare, welche in einer unverhältnismäßig großen, häufig gitterartig skulptierten Grube unbeweglich eingepflanzt sind. Sie treten bei *Hemerobiidae, Saltatoria, Aphaniptera, Corrodentia* und *Mallophaga* auf den Cercis, an den Seiten der letzten Hinterleibssegmente (eine Gruppe am 10. Segment bei *Corrodentia*, je eines am 8. Segment und auf den Seiten des Metathorax (bei gewissen *Mallophaga*) auf. Bei *Gerris* wurden sie auf Trochanteren und Schenkeln gefunden. Die ~ werden als Erschütterungsorgane gedeutet. Bei Flöhen sind zahlreiche ~ auf den sog. Pygidialplatten versammelt.

Trichoceridae Edwards → *Petauristidae*, aber gegenwärtig ist der Name *Trichoceridae* gültig.

Trichoctenidium, pl. Trichoctenidia, Trichoctenidien (gr. τὸ θρίξ, -χος Haar, ὁ κτείς, κτενός Kamm), → Borstenkamm.

Trichodectidae (Kellogg 1896) Auct., Haarlinge (Abb. 351), Fam der *Mallophaga Philopterida* mit gegenwärtig noch wenigen (etwa 200) Arten, deren Anzahl ständig wächst. Kleine, höchstens bis etwa 4 mm lange Außenparasiten der Säugetiere mit kurzen, dicken, drei- (bei Weibchen oft fünf-)gliedrigen Fühlern, kurzen einkralligen Beinen und eigenartigen blattförmigen Gonapophysen zu beiden Seiten der weiblichen Hinterleibsspitze. In Deutschland nur je eine Art auf Hund, Wolf (beide mit derselben Art), Fuchs, Katze, Wildkatze, Pferd, Rind, Dachs, Fischotter, Mardern, Gemse, Schaf, Ziege, Edelhirsch, Damhirsch und Reh.

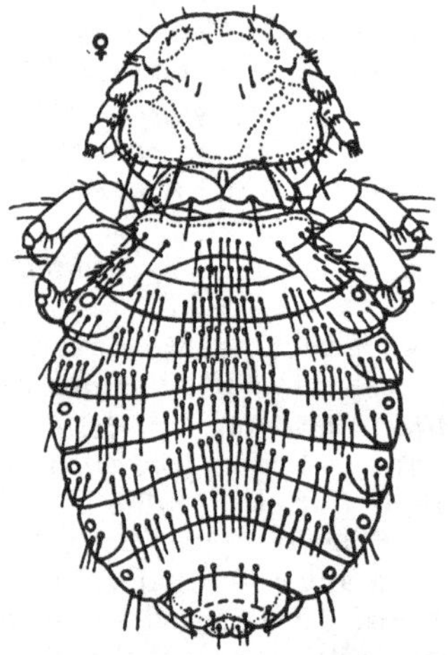

Abb. 351. *Trichodectes canis* De Geer, Weibchen (Trichodectidae). Nach Kéler. Nat. Gr. 1,5—2 mm.

Trichodes Herbst, Immenkäfer (*Col Cleridae*).

trichogene Zelle, Haarbildungszelle, eine oder mehrere vergrößerte Epidermiszellen, welche das Haar und (nach Snodgrass) die Gelenkmembran (→ Membranzelle) und den → Basalring (→ Basalringzelle) bilden. Vgl. auch → Achsenzylinderzelle und → Palisadenzelle. (Taf. V, Fig. 1.)
In → Sinneskegeln und → Sinnesplatten bilden die ∼ eine Hülle um die receptorischen Fortsätze ihrer Sinneszellen und werden hier als → Hüllzellen bezeichnet.

trichoid (gr. τὸ θρίξ, -χος Haar, ἡ ἰδέα Gestalt, Form, Aussehen) haarförmig, haarartig.

Trichom (gr. τὸ τρίχωμα Behaarung), pl. Trichome, Büschel von Drüsenhaaren, Haarbüschel, bes. bei myrmecophilen Käfern, z. B. bei *Claviger* in den Hinterwinkeln der Fld und an den Seiten des ersten freien Hinterleibssegments.

Trichoptera (Latreille 1810) Kirby 1813 (*Phryganites* Latreille), Frühlingsfliegen, Köcherfliegen (Abb. 247, 352).

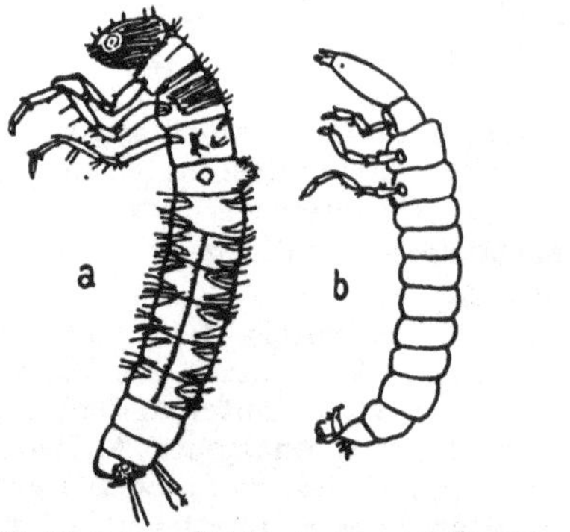

Abb.352. Larven von Trichopteren, *a* eruciformer, *b* campodeoider Typ. Nach Ulmer. Vergr. etwa 3×.

Kleine bis mittelgroße, 5 mm bis 3 cm lange, holometabole Insekten, deren Larven im Wasser, in selbstgebauten, aus Sandkörnchen, Steinchen, Muschelchen, Pflanzenteilchen usw. zusammengesponnenen Röhren (sog. Köchern) leben.
Kopf orthognath mit großen Komplexaugen, ohne, oder mit 2—3 Ocellen und mit meist langen, vielgliedrigen, borsten- oder fadenförmigen, seltener gesägten, gekämmten oder keulenförmigen Fühlern. Scapus stets etwas größer als die anderen Glieder, bei Männchen zuweilen stark verlängert und mit Fortsätzen versehen. Mundteile vom beißenden Typ, aber mit rudimentären Mandibeln, funktionell leckend. Oberlippe gewöhnlich normal oder schwach, selten abnorm stark rüsselförmig verlängert (australische *Sericostomatidae*). Maxillen mit kleinen, aber gut gesonderten Cardo und Stipes und mit normalen, lappenartigen Galeae, welche bei *Dipseudopsis* (*Polycentropidae*) stark verlängert, median rinnenförmig ausgehöhlt und zu einem rohrartigen Rüssel zusammengelegt sind. Laciniae fehlen. Kiefertaster gewöhn-

lich fünfgliedrig, seltener bei Weibchen drei- und bei Männchen zwei- bis drei- (*Limnophilidae*, *Sericostomatidae*), oder viergliedrig (*Phryganeidae*). Selten (einige Gatt der *Hydropsychidae*) fehlen die Kiefertaster ganz. Die Unterlippe bildet mit ihren miteinander verwachsenen und dehnbaren Lobi das charakteristische Haustellum. Sein basaler, dorsaler Teil ist vom flach ausgehöhlten Hypopharynx ausgekleidet, in welchen die verlängerte Oberlippe hineinpaßt. Die Oberlippe bildet mit dem Hypopharynx ein flaches, kurzes Saugrohr, mit dessen Hilfe der vom Haustellum aufgeleckte Saft eingesaugt wird. Die Labialtaster sind gewöhnlich dreigliedrig, oder fehlen (einige Gatt der *Hydropsychidae*).

Thorax heteronom gegliedert, mit dem Kopf durch einen kurzen, häutigen, mit einem Paar Laterocervicalia versehenen Hals verbunden. Prothorax reduziert aber frei, mit kleinem Notum und Pleuren. Sein Sternum ist reduziert bzw. eingefaltet (Cryptosternie). Meso- und Metathorax einander ähnlich, beide gut differenziert, mit großen Pleuren und eingefalteten Sterna (Cryptosternie). Flügel gewöhnlich heteronom, mehr oder weniger dicht behaart oder beschuppt, die Hinterflügel gewöhnlich größer als die Vorderflügel, mit einem mehr oder weniger gut entwickelten Analfeld versehen. Vorderflügel häufig mit einem dunkler gefärbten Pterostigma. Längsadern komplett, Queradern wenig zahlreich, oft eine zackige Querlinie im Mittelteil des Flügels bildend. Media-Stamm vor der Gabel mit einem → Thyridium. Hinter dem Thyridium und in der hinteren Gabel des Radialsektors je ein → Hornpunkt. Beine in der Regel schlank, homonom, mit großen → Spalthüften, seltener die Mittel- oder Hinterhüften bei Weibchen (manchmal auch bei Männchen) zu Schwimmbeinen ausgebildet. Tarsen immer fünfgliedrig mit einem Krallenpaar, einem Pulvillenpaar und einem Arolium.

Hinterleib mit zehn Segmenten, das 1. Sternit reduziert. Das 9. Segment bei Männchen ein geschlossener Ring mit einem Paar ein- bis zweigliedriger Gonopoden, zwischen denen der im Grunde röhrenförmige, häutige, im einzelnen sehr formenreiche, in der Penistasche verborgene Aedoeagus liegt. Bei Weibchen ist das 8. Segment verschiedentlich modifiziert, manchmal röhrenartig verlängert, eine Legeröhre vortäuschend. Ein Paar Cerci bei Weibchen oft vorhanden.

Darmkanal von einfachem Bau. Oesophagus hinten zu einem Kropf erweitert. Der sackartige Mitteldarm ohne Caeca. Hinterdarm s-förmig gekrümmt, mit sechs Malpighi-Gefäßen und einem erweiterten, mit mehreren (6—20) Papillen versehenem Rectum.

Rückengefäß schlauchförmig, mit mehreren Ostienpaaren.

Tracheensystem gut entwickelt, mit zwei thorakalen und acht abdominalen Stigmenpaaren. Mit Ausnahme der *Odontoceridae* haben alle *Trichoptera*-Imagine. rudimentäre abdominale Kiemenanhänges Die Larven sind immer mit gut entwickelten Tracheenkiemen ausgestattet.

Nervensystem wenig konzentriert, mit drei thorakalen und höchstens acht abdominalen Ganglien.

Hoden paarig, oder miteinander durch eine gemeinsame Peritonealhülle zu einem scheinbar unpaarigen Hoden verbunden, beiderseits mit 4—20 Follikeln. Vasa deferentia stets paarig, lang und gewunden, hinten mit je einer großen Vesicula seminalis. Ductus ejaculatorius kurz. Ovarien paarig, mit zahlreichen meroistischen, polytrophen Eiröhren, welche dem Oviduct unilateral, kammförmig aufsitzen. Oviductus communis mündet in den Genitalraum, in den auch, getrennt voneinander, das Receptaculum seminis, Bursa copulatrix und die Laichdrüse (Kittdrüse) münden.

Fortpflanzung gamogenetisch, ovipar. Die Eier werden im Wasser in gallertartigen Massen oder an verschiedenen aus dem Wasser herausragenden Gegenständen in einem zementartigen Kitt abgelegt. Postembryonale Entwicklung verläuft mit 5—6 Larven- und einem Puppenstadium. Die meisten Larven (eruciforme Larven) bauen ein Gehäuse (Köcher, vgl. oben), in dem sie die ganze Entwicklung durchmachen und sich auch darin verpuppen. Die köcherlosen (campodeoiden) Larven verfertigen zwecks Verpuppung ein Puppengehäuse. Die Bauart der Gehäuse und Köcher ist im allgemeinen artkonstant, doch kommt bei vielen Arten eine mehr oder weniger große Variabilität der Bauart vor. Die gehäuselosen Larven bauen unter Wasser

Wohn- und Fangnetze von sehr verschiedener Form und Ausdehnung.
Die Imagines sind durchwegs auf flüssige Nahrung angewiesen und nehmen vor allem Pflanzensäfte zu sich. Die Larven sind teils Pflanzen-, teils Fleischfresser, teils nehmen sie gemischte Kost zu sich. Die Fleischfresser sind meist Räuber, die anderen Kleintieren des Wassers nachstellen.
Fossile *Trichoptera* sind seit Lias bekannt.
Die rezenten etwa 3000 bisher beschriebenen Arten der *Trichoptera* werden in eine mehr oder weniger große Zahl von Familien eingeteilt, von welchen die artenreichsten, *Rhyacophilidae, Hydropsychidae* und *Leptoceridae* erwähnt werden mögen.

Trichopterygidae → *Ptiliidae.*

trichotomisch (gr. τρίχα dreifach, ἡ τομή Schnitt), dreiteilig. Gegens. → dichotomisch. So werden z. B. manchmal die Gabeln in den Bestimmungstabellen nicht dichotomisch (mit einem Paar von Gegensätzen), sondern ∼ aufgestellt.

Trichterwarzen, zwei ausstülpbare, grell gefärbte Warzen in der Mitte des 9. und 10. Hinterleibstergits der Raupen von *Lymantriidae.*

Trichterwickler → Birkenschädlinge.

Trictenotomidae Thomson 1860, Fam der *Col* (*Heteromera*) mit etwa 15 tropisch-asiatischen Arten. Große, cerambyciden-ähnliche Tiere mit großen Mandibeln. Larven im Holze.

Tridactylidae (Fieber 1853) Brunner 1882 (*Xyodea* Fieber) (Abb. 353), Fam der *Saltatoria* meist kleine, 4—10 mm lange Tiere mit kurzen 12gliedrigen Fühlern, vorderen Grab- und hinteren Sprungbeinen. Vorderflügel verkürzt, ohne Zirporgan, Hinterflügel fächerartig, mit stark entwickeltem Analfeld. Vorder- und Mitteltarsen dreigliedrig, Hintertarsen eingliedrig. Hinterschienen am Ende mit einer Reihe beweglicher schlanker Lappen wie bei den fossilen +*Elcanidae.*

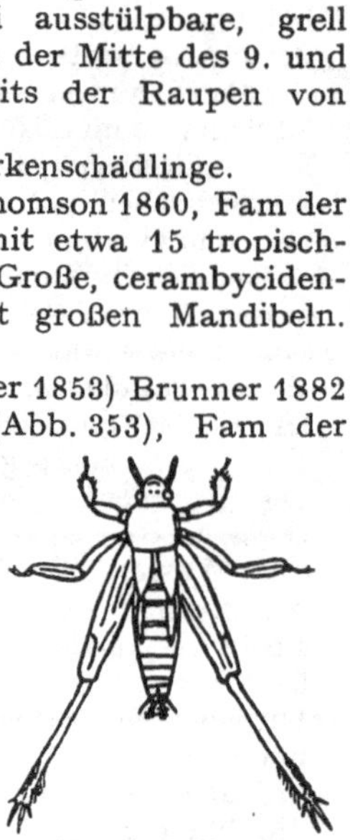

Abb. 353. *Tridactylus variegatus* Latreille (Tridactylidae). Nach Sharp aus Handlirsch. Nat. Gr. etwa 6 mm.

Die etwa 55 Arten leben in warmen Gebieten, davon sind 4 mediterran. Die Tiere gehen gern aufs Wasser.
Fossil ist nur 1 Art (*Xya* Latreille) aus dem Unteroligocän von Frankreich (Aix) bekannt.

Triebfraß, Insektenfraß der sich auf die jungen Pflanzentriebe beschränkt, wie z. B. der Fraß der 2. Generation von *Myelophilus piniperda* und *minor* oder der der beiden → Rosentriebbohrer.

trifin (lat. tres drei, finis Ende) werden Eulen (*Noctuidae*) genannt, deren → Zelle im Hinterflügel 3 Längsadern entsendet. Zu den ∼ Eulen gehören die Unterfam *Agrotinae* und *Acronyctinae.*

Trigonaloidae (Cresson 1867) Schulz 1906, Fam der *Hym Terebrantes* mit etwa 70 Arten, von denen in Deutschland nur eine, *Pseudogonalos hahni* Spinola, ein Parasit von *Ophion,* heimisch ist. Mittelgroße, bunte Parasiten und Hyperparasiten von Insekten, mit schlupfwespenartigem Habitus. Der Hinterleibsstiel entspringt am Mittelsegment weit unten am Rande des Sternum. Fossil unbekannt.

Trimera End. (gr. τρεῖς drei, ὁ μηρός Teil) → *Heterotecnomera.*

Trimera (Geoffroy 1762), *Pseudotrimera Cryptotetramera,* alte Gruppenbezeichnung für Käfer mit scheinbar nur 3 Tarsengliedern, weil das 3. Glied (→ Arthrium) sehr klein und im herzförmigen Ausschnitt des 2. Gliedes verborgen ist. Diesen Tarsenbau haben die *Coccinellidae* und *Endomychidae.*

trinär (lat. trinarius dreifältig, der Dreifache, von trini, -ae, -a je drei) dreifältig ist in der systematischen Nomenklatur ebensowenig gleichbedeutend mit → trinominal oder → trinomial wie → binär mit binominal oder binomial.

trinomial (lat. trinomius oder trinominus dreinamig), dreinamig, gleichbedeutend mit → trinominal.

trinominal (lat. tres, tria, trium, gr. τρεῖς, τρία, τρίσι drei, gr. τρίς dreimal, lat. nomen, -inis, pl. -ina, n., Name) dreinamig, trinomisch, aus drei Namen bestehend, in der systematischen Nomenklatur der Tiere und Pflanzen die Namen der Unterarten. Sie bestehen aus einem Gattungs-, einem Art- und einem Unterartnamen, indem jeder dieser Namen für sich einnamig, → uninominal ist. Vgl. auch → binominal.

+***Triplosobidae*** Handlirsch 1908 (Abb. 354), ausgestorbene Fam der +*Protephemeroidea* mit einer obercarbonischen Art aus Frankreich.

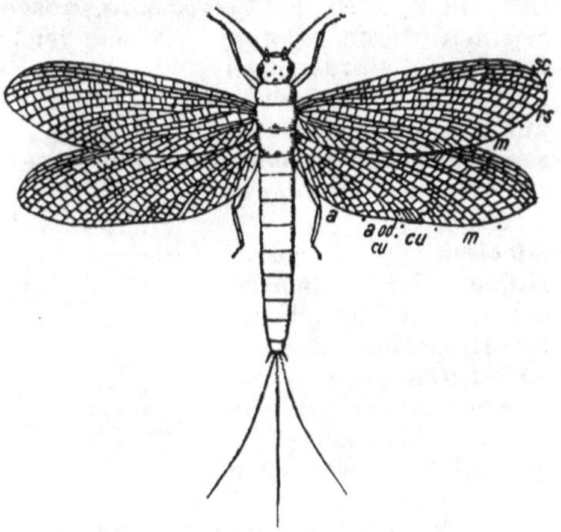

Abb. 354. + *Triplosoba pulchella* Brongniart (+ Triplosobidae). Nach Handlirsch. Nat. Körperlänge etwa 4 cm.

tripunctana Linné, *Epiblema*, dreipunktiger Rosenwickler (*Lep Tortricidae*).

tristis Fabricius, *Criocephalus*, Grubenhalsbock (*Col Cerambycidae*).

tristriatus Nalepa, *Eriophyes*, Walnußfilzgallmilbe (*Acari Eriophyidae*).

tritici Linné, *Euxoa*, Getreide- oder Weizeneule (*Lep Noctuidae*).

tritici Kirby, *Contarinia*, gemeine Weizengallmücke (*Dipt Cecidomyidae*).

tritici Kurdjumow, *Haplothrips*, roter europäischer Weizenblasenfuß (*Thysanoptera Phloeothripidae*).

Tritocerebralsegment → Intercalarsegment.

Tritocerebrum (gr. τρίς, -τος der Dritte, lat. cerebrum das Gehirn), der hinterste Teil des → Gehirns, das Ganglienpaar des → Intercalarsegments. Seine sog. 3. Kommissur ist frei und läuft unter dem Oesophagus durch. Am ~ entspringt das → stomatogastrische Nervensystem, der → Nervus tegumentarius und der → Labralnerv.

Das kleine, vielfach unansehnliche ~ besteht aus gewöhnlicher Markschicht und höchstens einem kleinen dorsalen → Glomerulus.

Im Anschluß an das ~ liegt ventral bei Heteropteren ein mit dem Labralnervenpaar zusammenhängendes → Buccalganglion. (Taf. XXVII, Fig. 2.)

Triungulinoide sind die der → Triungulinen ähnlichen Junglarven der *Strepsiptera*, deren Beine aber an Stelle von Krallen mit Haftblasen versehen sind und daran von echten Triungulinen sicher zu unterscheiden sind.

Triungulinus, (von Dufour 1828 als neue Gattung der Ordn *Parasita* beschrieben), Junglarve (1. Larvenstadium) der *Meloidae*, ausgezeichnet durch die kräftigen 3 Klauen an ihren Tarsen. Die ~ sind auf Blüten häufig, wo sie den Bienen auflauern, um sich von ihnen nach dem Nest tragen zu lassen (→ Phoresie) wo die weitere Entwicklung der Meloiden erfolgt.

Ähnliche Larvenformen finden sich außer bei Strepsipteren (→ Triungulinoide) auch bei der verwandten Käferfamilie *Rhipiphoridae*. Auch bei *Bombyliidae* sind die Junglarven vielfach triungulinoid im Habitus und Verhalten. (Taf. II, Fig. 8.)

trochalopod (gr. τροχαλός leicht beweglich, flink, ὁ πούς Bein) werden bei Insekten mono- und acondyle Hüften genannt, welche in allen Richtungen beweglich sind. Es sind meist rundliche, in einem Acetabulum versenkte Hüften. Gegens. → pagiopod.

Trochantellus (latin. dem. von → trochanter), nicht selten gebrauchte Bezeichnung für den zweiten → Schenkelring, ohne Rücksicht darauf ob es sich um den hinteren Teil des echten Schenkelrings oder um einen → Praefemur handelt. (Taf. I, Fig. 1.)

Trochanter (gr. ὁ τροχός Töpferscheibe, ἀντήρης entgegengerichtet) → Schenkelring.

Trochanteralorgan, eine Gruppe mikroskopisch feiner, spitzer Börstchen auf der Innenseite des Schenkelrings der Hinterbeine der *Entomobryidae*.

Trochanteralanhang, bei *Gryllotalpidae* ein nicht abgegliederter, länglich schaufelförmiger Fortsatz des Trochanters der Vorderbeine. (Taf. III, Fig. 10.)

Trochantergelenk, meist ein syndetisches Scharniergelenk, selten ein vertikales bicondyles Gelenk, welches den Schenkelring mit dem Schenkel verbindet.

Trochanterofemur → Schenkelring-Schenkel.

Trochantersehne, die im Schenkelring befestigte gemeinsame Sehne des Musc. nototrochantralis, M. pleurotrochanteralis, M. furcatrochanteralis und M. coxatrochanteralis.

Trochantinopleura, Coxopleurit, der untere adcoxale Teil der definitiven zweiteiligen Pleure der Apterygoten. Bei Pterygoten wird die ~ zum → Trochantinus umgewandelt. (Taf. I, Fig. 2 und Taf. XXIX.) Vgl. auch → Anapleure.

Trochantinus (gr. ὁ τροχός Töpferscheibe, auch Wagenrad von τρέχω laufen, entgegengesetzt), der untere, von außen an die Hüfte grenzende Teil der Pleure, bei Apterygoten oft von der → Anapleure getrennt, bei Pterygoten mit ihr verschmolzen und meist zu einem Anhang der Pleure reduziert, welcher in das Coxalfeld mehr oder weniger weit nach vorn hineinragend, mit seinem Vorderende das Capitulum des Trochantinalgelenks der Hüfte bildet. Bei *Perlaria, Isoptera, Homoptera, Megaloptera* usw. ist der ~ als freier, das Trochantinalgelenk der Hüfte bildender Fortsatz deutlich, während er bei anderen Pterygoten nur als ein kleiner Rest im Außenwinkel der Coxalhöhle erhalten zu sein pflegt (viele Coleopteren). Bei den meisten Pterygoten ist der ~ nicht als selbständiger Teil erhalten, sondern ist im Coxalrande der Pleure bzw. der Praecoxa (des Praecoxale) eingeschmolzen zu denken. Als sein letzter Rest bleibt dann vielfach ein kleiner Vorsprung des Praecoxalrandes erhalten, welcher mit einem ähnlichen zahnartigen Vorsprung des medialen bzw. anteromedialen Basalrandes der Hüfte artikuliert und das Capitulum des Trochantinalgelenks der Hüfte darstellt. Letzteres ist z. B. bei Mallophagen der Fall.

Das Trochantinalgelenk der Hüfte steht dem Pleuralgelenk der Hüfte als der zweite Condylus gegenüber und befindet sich meist anteromedian oder median am Rande der Hüfthöhle. Es vertritt das ventrale Subcoxalgelenk der Hüfte, nachdem die Subcoxa zur Pleure geworden ist und ihre ventralen Teile mit dem Sternum verschmolzen sind.

Vielfach werden, bes. von amerikanischen Entomologen, das → Meron und die → Pleurostoma (letztere bei vielen Orthopteren als ein zwischen Mandibel und Gena eingeschaltetes Stück erscheinend) mit dem Namen ~ belegt. (Taf. I, Fig. 2, 5, Taf. II, Fig. 1, Taf. XXV, Fig. 3, Taf. XXIX, Taf. XXX, Fig. 2.)

trockenliebend → xerophil.

Trogiidae Enderlein (*Atropidaei* Kolbe) (Abb. 355), Fam der *Corrodentia*, ausgezeichnet durch schuppenförmige, leicht abfallende Vorderflügel und einen Sinneskolben auf der Innenseite des 2. Maxillartastergliedes. In Deutschland nur 3 Arten.

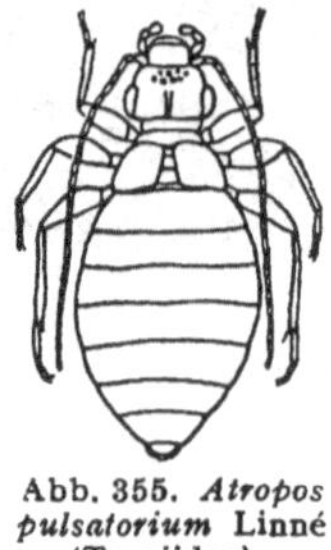

Abb. 355. *Atropos pulsatorium* Linné (Trogiidae). Nach Handlirsch. Nat. Gr. 2 mm.

troglobiont, (gr. ἡ τρώγλη Höhle, Loch, βιοτεύω leben), in Höhlen lebend, höhlenbewohnend.

troglodytes Heyden, *Trama*, Salaterdlaus (*Hom Aphididae*).

troglophil (gr. wie oben und φιλέω lieben) sind Insekten, die gern in Höhlen leben, oft aber auch außerhalb der Höhlen vorkommen.

Trogositidae → *Temnochilidae.*

Trombidium Gatt. der *Acari Trombidiidae*, Scharlachmilben, z. B. *T.* (*Trombicula*) *autumnalis* Shaw, deren Larven als Ernte- oder Herbstmilben (→ *autumnalis*) bezeichnet werden.

Trommelfell → Tympanum.

Trommelfellkörperchen, vier kleine Sklerite vorn in der Mitte des Tympanum im abdominalen → Tympanalorgan der *Acridiidae*, welche die Schwingungen des Trommelfells auf das → Scoloparium übertragen.

Trommellaute entstehen bei Insekten durch Ein- und Ausstülpen einer gewölbten elastischen Schallplatte des → Trommelorgans.

Trommelorgane, Organe der Tonerzeugung bei männlichen Singzikaden (*Cicadidae*). Sie bestehen aus einem Paar von Schallplatten (Tympanum), die, von Seitenteilen des 1. abdominalen Notums gebildet, nach außen gewölbt und durch Chitinrippen verstärkt, von einem kräftigen → Schallplattenmuskel rasch hintereinander eingebeult und durch eigene Elastizität wieder in die Ruhelage zurückgeschnellt, den Trommellaut erzeugen.

Unter der Schallplatte befindet sich im 2. Hinterleibssegment beiderseits die → Tympanalhöhle des Gehörorgans der *Cicadidae*, mit einer senkrecht stehenden Tympanalmembran und einem → Luftsack als Schallverstärker dahinter.

Trophallaxis (Wheeler) (gr. ἡ τροφή Nahrung, ἡ ἄλλαξις Tausch), Ökotrophobiose (ROUBAUD), Nahrungsaustausch zwischen Larven und Mutter- bzw. Pflegetieren bei brutpflegenden Hymenopteren. Die Larven scheiden Stoffe aus (Sekret der Speicheldrüse oder, z. B. bei *Pseudomyrma*, besonderer Drüsen), welche von den sie fütternden Arbeiterinnen gierig aufgesaugt werden. Man nimmt an, das die ~ den Ausgangspunkt für die Staatenbildung bei Hymenopteren bildete, indem die Weibchen durch genannte Ausscheidungen der Larven zum Bleiben in ihrer Nähe und später zum Füttern angeregt wurden.

Trophamnion (gr. ὁ τροφός Ernährer, τὸ αμνίον Opferschale, mit der das Blut des Opfertieres aufgefangen wurde), eine, aus einem der drei Richtungskörperchen hervorgegangene, plasmatische, mit riesigen Paranuclei versehene Hülle um die Embryonen der polyembryonalen Eier gewisser *Chalcididae* (→ Polyembryonie). Das ~ vermittelt die Zufuhr von Nährstoffen aus dem Wirtskörper zu den Embryonen.

Trophi (gr. ὁ τροφός Nährer, Pfleger, ἡ τροφός Pflegerin, τὸ τροφόν das Nährende) → Mundwerkzeuge.

trophisch (gr. ἡ τροφή Nahrung), auf die Nahrung oder Ernährung bezüglich, nutritiv.

Trophobie, Trophobium, Trophobiose (gr. ὅ oder ἡ τροφός Nährer, -in, ὁ βίος Leben), diejenige Form der → Ectosymbiose, bei welcher ein Insekt dem anderen Exkremente oder Ausscheidungen des eigenen Körpers als Nahrung bietet und dafür Schutz vor den Feinden genießt. Als Schulbeispiel der ~ sind die Blattläuse und Ameisen zu nennen. Auch gewisse Raupen der *Lycaenidae*, manche *Coccidae* und *Membracidae* leben in ~ mit Ameisen.
Auch zwischen Pflanzen und Insekten kann man von einer ~ sprechen, wenn gewisse Pflanzen bestimmte Nährstoffe (→ Müllersche Körperchen) den sie schützenden Ameisen bieten. Vgl. auch → Ameisenpflanzen.

Trophothylax (WHEELER) (gr. ἡ τροφή Nahrung, ὁ θῦλαξ oder ὁ θύλακος Sack, Beutel), eine Vertiefung im ersten Hinterleibssternit bei Ameisenlarven der tropischen Unterfamilie *Pseudomyrminae*. Der bei diesen Larven stark ventral gelegene, vom Thorax haubenartig überwölbte Kopf reicht mit den Mundteilen bis in diese Vertiefung und die Larve schlürft den hier von ihren Pflegerinnen abgelagerten Inhalt ihrer → Infrabuccaltasche.
GRANDI (1945) überträgt diese Bezeichnung auf die zapfenförmigen Anhänge des 1. Hinterleibssegments dieser Larven, welche als Exsudationsorgane dienen und von den Arbeiterinnen gern abgeleckt werden.

Tropismen (gr. ὁ τρόπος Wendung), Stellungsänderungen als Reaktionen auf bestimmte Reize, z. B. auf Sonnenlicht, dem sich heliotrope Pflanzen zuwenden. Bei Tieren spricht man in diesen Fällen von → Tropotaxien.

Tropotaxie, Tropotaxis (gr. ἡ τάξις geordneter Zustand, Taktik), erregungssymmetrische Einstellung des Tieres im Reizfelde. Auf die meisten Reize sprechen die Insekten tropotaktisch an, d. h. sie stellen ihre Hauptachse so ein, daß im Körper ein Erregungsgleichgewicht zustande kommt. (Vgl. → Menotaxie).

Trotzkopf → *Anobium pertinax* Linné.

Trugmotten → *Eriocraniidae.*

Trulla (lat. trulla, -ae, f., Schöpfkelle, Maurerkelle), ein chitiniges → Flügelgelenkstück am Grunde des → Flügelschüppchens bei Dipteren. Es entspricht dem 4. → Pterale oder → Analgelenkstück anderer Insekten. Die ~ artikuliert mit dem distal von ihr gelegenen → Malleus.

Truncus (lat. truncus, -i, m., Stamm eines Baumes, abgehauenes Stück), gleichbedeutend mit → Thorax, aber nur in Verbindung → Alitruncus gebraucht.

Trutzfärbung, grelle, weiße, rote, gelbe usw. Farben und Farbmuster, die von der allgemeinen Farbe der gewohnten Umgebung abstechen und etwaige Insektenjäger stutzig machen sollen (→ sematophylaktische Tracht).

Trypanosomiase, pl. -en, sind in den Tropen verbreitete tödliche Krankheiten der Menschen und Haustiere. Ihre Erreger, die Flagellaten der Gattung *Trypanosoma* werden von Tsetse- und anderen Fliegen übertragen. Die wichtigsten Trypanosomiasen sind die → Schlafkrankheit, → Nagana, → Surra und → Derrengadera.

Trypetidae (Macquart 1835) Löw 1862 (*Tephritidae* Macq.), Fruchtfliegen, Bohrfliegen, Fam der *Dipt Brachycera* mit etwa 1500 Arten in allen Regionen. Kleine, etwa $^1/_2$ cm lange Fliegen mit quergebänderten oder getüpfelten Flügeln und einer langen Legeröhre bei Weibchen. Larven phytophag, vor allem in Blütenköpfen der *Compositae*, in Früchten (*Ceratitis capitata* Wiedemann, *Rhagoletis cerasi* Linné, *Dacus oleae* Gmelin u. a.) Pflanzenstengeln (→ Selleriefliege) oder Gallen.

Fossil sind 2 känozoische Arten aus dem Miocän von Kroatien (+*Tephritis antiqua* Heer) und aus dem Quartär von Italien beschrieben.

Tse-tse-Fliegen, Arten der Gatt *Glossina* (*Dipt Muscidae*), Überträger der Trypanosomen, vor allem der *Trypanosoma gambiense* (Erreger der Schlafkrankheit, hauptsächliche Überträger *G. morsitans* Westwood, *G. palpalis* Robineau-Desvoidy und *G. brevipalpis* Newstead) und *Trypanosoma brucei* (Erreger der Nagana, Überträger *G. morsitans* und *tachinoides* Westwood).

Tuber (lat. tuber, -is, pl. -a, n., Buckel, Höcker, Beule) → Höcker.

Tubercula antennifera (lat. tuberculum, -i, pl. -a, n., dem. von tuber, Höcker, fero, ferre, tuli, latum tragen) → Stirnhöcker.

Tuberositäten (lat. tuberosus, adj., höckerig, voller Unebenheiten, warzig), warzenartige oder knollige Anschwellungen auf alten Rebenwurzeln, verursacht durch Stiche der subterranen Generation der → Reblaus. (Vgl. auch → Nodositäten.)

Tubuli (lat. tubulus, -i, m., dem. von tubus, Röhre), 1. schlauchförmige, blinde Ausstülpungen der Ventralseite des vorletzten Segments von Chironomiden-Larven. Man hielt sie gleich den → Analschläuchen für → Blutkiemen, was aber von Fox in Frage gestellt wurde.
2. röhrenförmige → Hohldrüsen.

Tubulifera (Leach 1815) Lepeletier 1827 (*Chrysidides* Leach), FamReihe der *Hym Aculeata* mit den beiden Fam *Cleptidae* und *Chrysididae*. Die Weibchen sind ausgezeichnet durch eine aus röhrenartig verengten → Terminalia hervorgegangenen → Legeröhre, welche in Ruhe in den Hinterleib eingezogen wird und vollkommen der der Fliegen usw. entspricht. Bei *Cleptidae* sind die Segmente vom 6. an, bei *Chrysididae* die vom 5. an zu einer Legeröhre verengt.

Tubulifera Haliday 1836 (Taf. XII, Fig. 2), UOrdn der *Thysanoptera*, ausgezeichnet durch die Bildung der → Terminalia, welche in beiden Geschlechtern vom 10. Segment an in eine Röhre (Tubus) ausgezogen sind. Weibchen ohne Legeapparat. Flügel schmal, in der Mitte meist mehr oder weniger stark biskuitartig verengt, mit einem Längsadernrest an der Basis und langen → Fransenwimpern am Rande. Am äußeren Hinterrande der beiden Flügelpaare stehen meist noch mehrere sog. → Schaltwimpern zwischen den normalen Fransen.

Von den zahlreichen meist kleinen Fam, die in der UOrdn aufgestellt worden sind, sind *Pygothripidae*, *Phloeothripidae*, *Hystricothripidae*, *Chirothripoididae* und *Urothripidae* einigermaßen stabilisiert.

Fossil sind 7 tertiäre und 6 quartäre (kopale) Arten bekannt geworden, davon eine oberoligocäne aus Rott im Siebengebirge zur recenten Gatt. *Phloeothrips* gehörend.

tubulös, röhrenförmig.

Tubulus → Tubuli.

Tubus (lat. tubus, -i, m., Röhre, Rohr), 1. bei *Thysanoptera Tubulifera* die röhrenförmig verlängerten 10. und 11. Hinterleibssegmente.
2. Bei Collembolen Hauptteil des → Ventraltubus.

Tummelfliegen → *Platypezidae.*

Tunica propria, Membrana propria (lat. tunica, -ae, f., Unterkleid, proprius, -a, -um, adj., eigen), 1. die → Basalmembran des ektodermalen Epithels des Vorder- und Hinterdarms, 2. die mesodermale, bindegewebige, äußere Hülle des Mitteldarms, der Malpighischläuche, der mesodermalen Oviducte, sowie die der ektodermalen Teile der Geschlechtswege.

turbatus Fåhraeus, *Coniocleonus* (*C. glaucus* var. *turbatus*), großer weißer Rüsselkäfer (*Col Curculionidae*).

Turgescenz (lat. turgesco, -ere anschwellen), Zustand der Körperzellen mit vollem Innendruck (Turgor), ein Zeichen der Gesundheit und voller Lebenskraft der Zellen.

turionana Hübner, *Evetria*, Kiefernknospenwickler (*Lep Tortricidae*).

turkmenische Subregion → zentralasiatische Subregion.

Tussah-Seide, Handels-Name für alle sog. wilde Seiden, d. h. die von anderen Seidenspinnerraupen als der echten (*Bombyx mori*) stammenden Seidenarten. Die Bezeichnung stammt vom Tussahspinner Indiens, *Antheraea mylitta* Drury oder *A. paphia* Linné.

Tylidae Hendel → *Micropezidae*.

Tyloiden (gr. ἡ τύλη oder ὁ τύλος Wulst, Schwiele), bei Männchen vieler Hymenopteren auf den Fühlern auftretende Längsschwiele, die sich durch mehrere Glieder erstreckt.

Tylus (gr. ὁ τύλος Wulst, Schwiele), distaler Teil des Anteclypeus der *Heteroptera*, der durch tiefe Längsfurchen von den ihn seitlich begleitenden → Juga der Kopfkapsel gesondert ist. Vielfach auf den ganzen Clypeus bezogen.

Tympanaldeckel (gr. τὸ τύμπανον Handtrommel, Tamburin), zwei scheuklappenartig den Eingang zur Tympanalhöhle schützende Platten bei Noctuiden, eine vordere thorakale und eine hintere abdominale.

Tympanalnerv, bei Saltatorien ein aus dem Prothorakalganglion entspringender Nerv, der sich im weiteren Verlaufe in drei Äste teilt, einen an das Subgenualorgan, einen an das Zwischenorgan und einen an die Hörleiste des pedalen Tympanalorgans abgebend.

Tympanalorgane sind Gehörorgane mit → Scoloparien, deren eine Anheftungsstelle am Integument zu einer elastischen, cuticularen Membran, dem Tympanum, verdünnt worden ist. Schallverstärkende Gegentympana (Gegentrommelfelle) sowie Gehörknöchelchen als Überträger der Schwingungen des Trommelfells auf die Scoloparien, wenn sie abseits von dem Tympanum angeheftet sind, kommen öfters vor.

Bisher sind bei Insekten ~ im Mesothorax, Metathorax, im 1. oder 2. Hinterleibssegment in den Vorderschienen und in den Vorderflügeln nachgewiesen worden. Sie treten stets paarig, symmetrisch auf.

Die mesothorakalen ~ treten bei Wasserwanzen auf. Sie bestehen aus je 1—2 Scolopidien mit amphinematischen Stiften und sind bei *Plea* und *Corixa* näher untersucht worden.

Metathorakale ~ treten bei einigen Fam der *Lepidoptera* auf, z. B. bei *Noctuidae*, *Arctiidae*, *Lymantriidae* und *Notodontidae*. Sie liegen beiderseits zwischen dem Metathorax und dem 1. Hinterleibssegment und sind aus zwei tiefen Einstülpungen der thorako-abdominalen Intersegmentalhaut hervorgegangen, welche zusammen mit Tracheenblasen je 3 Hohlräume bilden, eine äußere, nach außen zwischen den → Tympanaldeckeln mündende Tympanalgrube, deren Innenwand das Gegentympanum bildet, eine allseits geschlossene Tympanalblase und eine in die Tympanalgrube mündende Gegentympanalgrube. Das eigentliche Tympanum, welches an die jederseits befindlichen 2 Scolopidien Anschluß hat, liegt in der Tiefe der Tympanalblase, zwischen ihr und der Gegentympanalgrube. Über dem Eingangsschlitz zur Tympanalgrube befindet sich vielfach noch eine als ~ Postala bezeichnete, horizontale Erweiterung des basalen Hinterrandes des Hinterflügels.

Abdominale ~ treten bei *Acridiidae*, *Pyralididae*, *Cymatophoridae*, *Geometridae* und *Drepanididae* im ersten, bei *Cicadidae* im zweiten Hinterleibssegment auf. Bei Acridiiden ist die im Grunde der flachen Tympanalgrube von außen sichtbare Tympanalmembran mit 4 Trommelfellkörperchen versehen, welche mit dem Scoloparium in Verbindung stehen. Das letztere besteht aus zahlreichen Scolopidien mit mononematischen Stiften und ohne Ligament, so daß sie nur an ihrem Nerv hängen. Die Tympanalmembran ist hier eine laterotergale Bildung. Bei Schmetterlingen bestehen die Scoloparien aus je 4 Scolopidien. Die Tympanalmembran ist wie bei Acridiiden laterotergal. Bei Cicadiden ist das Sternum des 2. Hinterleibssegments der Bildner der Tympanalmembran. Das aus zahlreichen Scolopidien bestehende Scoloparium liegt in einer besonderen Gehörkapsel und steht mit dem Tympanum mittels einer Chitingräte in Verbindung. Bei Männchen befindet sich darüber das Trommelfell des Lautorgans.

Pedales ~ haben *Gryllidae* und *Locustidae* in den Vorderschienen, unweit des Kniegelenks. Es besteht in jeder Tibia aus einem (*Gryllotalpa* und einige andere *Gryllidae*) oder (meist) zwei Tympanalmembranen, die entweder offen oder durch Hautduplikaturen verdeckt in je einer

Tasche, der Tympanaltasche, liegen, die durch mehr oder weniger weiten Schlitz nach außen mündet. Im Achsenteil der Schiene, zwischen den beiden Tympanalmmebranen dicht an die letzteren gepreßt und so an deren Bildung mit der verdünnten Cuticula teilnehmend, liegen zwei Tracheenblasen. Ihre Vorderwand trägt die → Crista acustica mit dem Scoloparium sowie das → Zwischenorgan und das → Subgenualorgan.

Pterale ~ liegen im Grunde der Flügel (bei Käfern nur in den Hinterflügeln) und sind fast bei allen Insekten nachgewiesen worden. Auch in den Halteren der *Diptera* (und *Strepsiptera*) sind sie in der basalen Erweiterung vorhanden. (Taf. XXVII, Fig. 6, 7.)

Tympanum (gr. τὸ τύμπανον Handtrommel, Tamburin), Irishaut, die Schallplatte des → Trommelorgans der Singzikaden und das → Trommelfell der → Tympanalorgane. In beiden Fällen ist das ~ eine cuticulare Bildung, der sich die Wand einer Tracheenblase von innen anschließen kann.

Typenmaterial, sämtliche Exemplare einer Art, welche einer Originaldiagnose zugrunde liegen (→ Prototypen) oder zu ergänzenden Beschreibungen und Abbildungen (→ supplementäre Typen) benutzt werden.

Typen, primäre → Prototypen (lat. primarius der erste, vorderste).

Typen, supplementäre (lat. supplementum, -i, n., Ergänzung, suppleo nachfüllen) Originalexemplare, welche einer die Originaldiagnose ergänzenden Beschreibung zugrunde liegen. Man unterscheidet hier mehrere Fälle, von denen die wichtigsten die → Plesiotypen, → Neotypen und → Heautotypen sind. (Weitere Typen-Begriffe vgl. Frizzell, Terminology of types. Amer. Midl. Natural., 14, S. 637 bis 668, 1933 und Fernald, Am. Ent. Soc. 32, 689—702, 1939).

Typhusfliege, von L. O. Howard vorgeschlagener Volksname für die Hausfliege (typhoid fly anstatt house fly), um ihre Bedeutung als Krankheits- bes. Typhusüberträger hervorzuheben.

typifizieren (lat. facio mache), zum Typus machen, z. B. eine Art zur Genotype.

typische Exemplare, Icotypen, sind Exemplare des Originalmaterials einer Art, oder Exemplare vom originalen Fundorte derselben, die aber der Originaldiagnose nicht zugrunde gelegen haben und daher nicht zum → Typenmaterial gehören. Man unterscheidet hier noch zwischen → Topotypen, → Metatypen, → Homoeotypen und → Ideotypen.

typisieren, durch Typus beurkunden, z. B. eine Gattung durch eine Genotype.

typographus Linné, *Ips*, achtzähniger großer Buchdrucker, Fichtenborkenkäfer (*Col Ipidae*).

Typus, Type (gr. ὁ τύπος Gepräge, Charakter, Vorbild, latin. typus, -i, pl. -i, -orum, m.). 1. veraltete Bezeichnung für das → Phylum (→ systematische Gruppen), die auf Cuviers Typen (embranchements, Cuviers Typentheorie, 1812), d. h. große Tiergruppen, die unabhängig voneinander nach jeder periodisch eintretenden katastrophalen Vernichtung (Cuviers Kataklysmentheorie) neu geschaffen worden sein sollten.

2. Ein einziges Exemplar einer Art (→ Holotypus), als reale Unterlage der Artdiagnose.

3. Eine Art als maßgebende Unterlage für die Gattungsdiagnose (→ Genotypus). Jede weitere höhere Gruppe wird durch eine Einheit nächst niedrigerer Kategorie, so z. B. die Familie durch eine typische Gattung, die Ordnung durch eine typische Familie usw. nomenklatorisch typisiert. Vgl. → Typusverfahren.

4. Taxonomischer (morphologischer) ~ ist derjenige Ausschnitt einer Gruppe (eine Gattung in der Familie, eine Art in der Gattung usw.), die dem Mittelwert der Gruppe am besten entspricht oder, falls statistische Ermittlungen vorliegen, den konkreten Mittelwert der Gruppe enthält. Der morphologische Typus braucht mit dem nomenklatorischen Typus nicht übereinzustimmen.

Typusverfahren, im J. 1907 in die → Nomenklaturregeln eingeführte Bestimmungen über die pflichtmäßige Festlegung des nomenklatorischen Gruppenbegriffs durch gültige Wahl einer nomenklatorischen Type. Durch dieses Verfahren sollte der durch die Definitionen und Diagnosen allein (Definitionsverfahren) nicht eindeutig festzulegende Gruppenbegriff vor Schwankungen und willkürlichen Begriffsänderungen bewahrt werden.

U

Ubiquisten (lat. ubique überall) sind Tiere, die in ihrem Vorkommen an keine bestimmten Biotope gebunden sind, sondern überall vorkommen. Der Begriff ist aber vorsichtig zu gebrauchen, denn ~ im strengen Sinne gibt es kaum, da auch die weiteste → Eurytopie ihre Grenzen hat. So ist die öfters als ~ bezeichnete Hausfliege zwar sehr eurytop, meidet aber z. B. ausgesprochen trockene Gebiete.

Überfamilie, Superfamilia, eine zwischen Unterordnung und Familie öfters eingeschaltete Familiengruppe. (Vgl. → systematische Kategorien.)

Überliegen, Verlängerung der → Diapause über die normale Zeitdauer hinaus, besonders bei Schmetterlingspuppen öfters, seltener bei Raupen (z. B. bei *Dendrolomus pini*) beobachtet. Die Ursachen des ~ sind noch nicht geklärt, es scheint sich aber in den meisten Fällen um Einwirkung abnormer Umweltfaktoren zu handeln.

Überordnung, Superordo, eine zwischen Unterklasse und Ordnung eingeschaltete Gruppe von Ordnungen. (Vgl. → systematische Kategorien.)

Übervermehrung, Egression, zeitlich und örtlich begrenzte Steigerung des → Vermehrungskoeffizienten einer Art.

Übervölkerung, Vergrößerung der Populationsdichte einer Art in einem Biotop über die Grenzen seiner Versorgungsfähigkeit mit Nahrung. Die Folge der ~ innerhalb eines Biotops ist entweder der Untergang eines Teils der Population oder deren Auswanderung, meist aber beides zugleich. Es können sich auch Epidemien einstellen, welche die Populationsdichte stark herabdrücken, ehe es zu einer Auswanderung kommt.

Uferbolde, Uferfliegen → *Perlariae*.

Uferwanzen → *Saldidae*.

Ulidiidae (Macquart 1835) Bigot 1852, Fam der *Dipt Brachycera* mit etwa 200 vorwiegend tropischen (neotropischen und aethiopischen) Arten. Im paläarktischen Gebiet etwa 50, in Deutschland nur einige wenige Arten. Die Fliegen fallen durch ihre lebhaft wippenden Bewegungen der Flügel in der Ruhelage auf. Larven soweit bekannt in verwesenden Pflanzenstoffen, im Pferdemist usw. Fossil nicht nachgewiesen.

Ulmenschädlinge. Einer der gefährlichsten Schädlinge der Ulme ist die Ulmenwollschildlaus (*Eriococcus spurius* Modeer), welche insbesondere auf Alleenulmen häufig anzutreffen ist und bei Massenbefall die Bäume sehr schnell zum Absterben bringen kann.

Sehr auffällig sind die oft zahlreich auf Ulmenblättern vorkommenden vielgestaltigen Blattgallen. Die Ulmenblattrollenlaus (*Schizoneura ulmi* Linné) rollt die eine Hälfte der Blattspreite zu einer gekräuselten Blattrolle zusammen. Die Ulmenblattlaus (*Schizoneura lanuginosa* Hartig) bildet die Ulmenblätter in große, unregelmäßige Blasengallen um, welche im Herbst nicht abfallen, sondern am Baum bleiben und auf winterkahlen Kronen besonders stark auffallen. Die Ulmenblasenlaus (*Byrsocrypta ulmi* Geoffroy) bildet auf der Oberseite der Blätter länglich keulenförmige, kurz gestielte, etwa 1 cm lange Gallen. Ähnliche, aber flach zusammengedrückte und oben hahnenkammartig gezähnte, meist am Grunde der Blattspreite stehende Gallen bildet die Ulmenhahnkammblattlaus (*Colopha compressa* Koch). Die haarige Ulmenblattgallenlaus (*Kaltenbachiella pallida* Haliday) bildet am Grunde der Blattspreite geschlossene, beiderseits vorstehende, kurz behaarte Gallen.

Unter der Ulmenrinde legen ihre Muttergänge einige Arten von Borkenkäfern an, von denen der große und der kleine Ulmensplintkäfer (*Scolytus scolytus* Fabricius und *Sc. multistriatus* Marsham) bei uns ziemlich häufig sind.

Auf die zahlreichen Kleinschmetterlinge und Miniermotten sei nur kurz hingewiesen. Sie erleichtern die Infektion der Bäume mit den das sog. Ulmensterben verursachenden Pilzen (z. B. *Graphium ulmi*).

ulmi Signoret, *Gossyparia* → *Eriococcus spurius* Modeer.

ulmi Geoffroy, *Byrsocrypta*, Ulmenblasenlaus (*Hom Aphidae*).

ulmi Linné, *Schizoneura* (*Eriosoma*), Johannisbeerwurzellaus, Johannisbeerblutlaus, Ulmenblattrollenlaus (*Hom Aphididae*).

ulmi Linné, *Lepidosaphes*, Kommaschildlaus (*Hom Coccidae*).

Ulna, Ulnarader (lat. ulna, -ae, f., Ellbogen), alte Bezeichnung für die Cubitalader, bei Saltatorien noch heute vielfach im Gebrauch.

Bei *Chalcididae* wird manchmal die → Marginalader als ~ bezeichnet.

Ulnarsutur, Sutura ulnae, eine konkave Falte im Flügel gewisser Fliegen zwischen Subcosta und Radius.

Ulonata Fabricius, → *Orthopteroidea.*

umbellatarum Kieffer, *Asphondylia,* Möhrengallmücke (*Dipt Cecidomyidae*).

Umbilicus (lat. umbilicus, -i, pl. -i, m., Nabel) → Nabelpunkt.

umbratica Linné, *Cucullia,* graue Mönchseule (*Lep Noctuidae*).

Umgebungstrachten, sympathische Trachten sind Farb- und Strukturmerkmale, welche das Tier in der gewohnten Umgebung verschwinden lassen oder es wenigstens unauffällig machen, wie z. B. grüne Farbe der Laubheuschrecke oder schwarze Farbe und rauhe Körnelung der Körperdecke bei *Melanimon, Opatrum* usw. Die ~ sind mit → Mimese nahe verwandt und lassen sich nicht immer von der letzteren scharf trennen.

Auch Erscheinungen, die als → Ortsgeist bezeichnet werden, stehen den ~ nahe.

Umrißlinie, die horizontale Schattenprojektion des Körpers, der wichtigste Bestandteil des → Habitus. Die Grundformen der ~ sind bei Insekten rechteckig, elliptisch, oval, spindelförmig und kreisrund.

Umwachsung, Epibolie, in der Embryologie Vorgang der Faltenbildung, wodurch der zwischen den Falten befindliche Teil umwachsen wird. So werden z. B. die Embryonalhüllen bei gewissen Insekten nicht durch Eintauchen des Keimstreifens in die Dottermasse, sondern durch ~ des superficiell bleibenden Embryos gebildet, wodurch aber im Grunde in beiden Fällen dasselbe erreicht wird.

Unbenetzbarkeit, die Eigenschaft der → Epicuticula, Wasser auf ihrer Oberfläche nicht oder nur schwach haften zu lassen. Die geringe Adhäsionsfähigkeit der Epicuticula für Wasser beruht wahrscheinlich auf ihrem Gehalt an Lipoiden. Bei Wasserinsekten wird die ~ der Cuticula noch wesentlich durch einen Ölüberzug (→ Öldrüsen) gesteigert.

Uncus (gr. ὁ ὄγκος Haken, Widerhaken).

1. ein unpaariger Fortsatz des → Tegumen im männlichen Begattungsapparat der Schmetterlinge, vermutlich ein Derivat des 10. Hinterleibssegments. Bei manchen Lepidopteren (z. B. *Coleophora*) ist der ~ paarig, aber an der Spitze verwachsen, einen Uncuskopf bildend. (Taf. XVIII, Fig. 4, 5.)

2. Bei Dipteren-Männchen ein unpaariger Haken der letzten Tergalplatte, welcher als Stütze des Penis dient.

undata Müller, *Aclypea,* schwarzer Rübenaaskäfer (*Col Silphidae*).

undatus Fabricius, *Coraebus,* wellenbindiger Eichenprachtkäfer (*Col Buprestidae*).

undulata Kutschera, *Phyllotreta,* gewelltstreifiger Kohlerdfloh (*Col Chrysomelidae*).

unechte Haare, Chaetoidae, → Mikrotrichia.

ungültig ist ein wissenschaftlicher Tiername, dessen Gebrauch auf Grund von → Nomenklaturregeln abgelehnt wird. Die Namen können aus zweierlei Gründen ~ werden. Absolut ~ wird ein Name, welcher im Widerspruch mit den Bestimmungen der Namenaufstellung (Art. 2, 3, 8, 14, 19, 20, 25, 27, 31—36 der → Nomenklaturregeln) gebildet oder aufgestellt worden ist und daher als regelwidrig (illegitim) betrachtet wird. Allerdings haben die Nomenklaturregeln auch für regelwidrige Namen eine Pforte zur Gültigkeit offen gelassen, nämlich durch Aufhebung der Regeln (Art. 36) in bestimmten Fällen. (Vgl. → Homonym.) Bedingt ~ kann jeder regelgemäße (legitime) Namen zeitweise oder auf die Dauer aus sachlichen, wissenschaftlichen Gründen werden. Hierher gehören vor allem → Synonyme und Fehlbestimmungen.

Unguifer (lat. unguis, -is, m., Klaue, fero, ferre, tuli, latum tragen) → Krallenträger.

Unguiflexor (lat. flecto, -ere, -exi, -ectum biegen), Musculus flexor unguium, Musculus tibiopraetarsalis (→ Muskeln).

Unguis → Kralle.

Unguitractor (at. traho, -ere, -xi, -ctum, ziehen), Streckplatte, eine manchmal zweiteilige Chitinplatte der ventralen Praetarsalmembran, an welcher der → Unguiflexor mit einer langen Sehne inseriert. (Taf. II, Fig. 4, 5, Taf. IV, Fig. 3.)

unguligrad (lat. ungulus, -i, m., Nagel an der Zehe, diminut. von unguis, Kralle, gradior, gradi schreiten), auf Krallen schreitend, wie viele *Thysanura* und Larven der *Holometabola*, welche beim Schreiten den Boden nur mit der Krallenspitze berühren.

unimodal (lat. modus, -i, m., Art und Weise) werden Sinnesorgane genannt, die nur auf eine Reizmodalität ansprechen. Gegens. → plurimodal.

uninominal (lat. unus, -a, -um, ein, eine, ein, nomen, -inis, pl. -ina, n., Name) einnamig, aus einem Namen bestehend, sind im Gegensatz zu vorlinnéischer Nomenklatur alle Namen der LINNÉschen systematischen Kategorien, z. B. Klasse *Insecta*, Ordnung *Hymenoptera*, Unterordnung *Apocrita*, Familie *Apidae*, Gattung *Apis*, Art *mellifica*, Unterart *lehzeni*. Selten kommen in den höheren Kategorien zweiteilige Namen wie z. B. *Thysanura ectotrophica* und *Thysanura entotrophica*. Vgl. auch → binominal.

unipolar (lat. unus ein, polus, -i, m., Pol, Himmelsachse, gr. ὁ πόλος Achse), werden → Neurone genannt, deren → Dendrit und → Axon mit einem gemeinsamen Stiel, dem Zellstiel, von der Nervenzelle entspringen. Bei Insekten wie bei allen höheren Tieren kommen nur ~ Neurone vor. Multipolare Neurone, welche nach allen Seiten mehrere Nervenfortsätze sternartig entsenden, haben Spongien und Coelenteraten.

univoltin (lat. unus ein, volvere rollen, drehen) werden Insekten genannt die im Laufe des Jahres nur eine Generation herausbringen. Gegens. → plurivoltin, bivoltin.

unpaarer ventraler Nerv, Mediannerv, LEIDIGscher Nerv, ein median zwischen den beiden Nervensträngen des Bauchmarks verlaufender, die Tracheen und Stigmen versorgender, in mehrere, miteinander nicht zusammenhängende Glieder aufgeteilter Nerv. In der Regel scheint je ein ~ vom Unterschlundganglion und von den drei Thorakalganglien zu entspringen, während die Abdominalsegmente einen alle Ganglienpaare durchlaufenden ~ besitzen. Die selbständigen vorderen Glieder des ~ spalten sich zwischen je zwei aufeinanderfolgenden Ganglienpaaren in zwei sensiblo-motorische Äste und sind daher dreiarmig, während die abdominalen durchgehenden kreuzartig sind.

Unterast → Subspecies.

unteres Blatt → Endoderm.

Unterfamilie → Subfamilia.

Unterflügel → Hinterflügel.

Untergattung → Subgenus.

Untergesicht, bei Fliegen der untere Teil des Gesichts zwischen den Wangen und dem oberen Mundrande, auf dem die Fühler stehen. Bei *Diptera Cyclorrhapha* ist das ~ oben durch die oberhalb der Fühler gelegene → Bogennaht begrenzt. Bei *Schizophora* ist das ~ meist muldenartig ausgehöhlt und wird von manchen Autoren als „Fühlergrube" bezeichnet. Auch die Bezeichnungen „Epistoma" und „Peristoma" der Fliegenwerke beziehen sich vielfach auf das Untergesicht. Beide Bezeichnungen sind morphologisch irrtümlich. Ein Epistoma kann höchstens als ein undifferenzierter Querstreifen am Vorderrand des ~ gedacht werden. Auch die für das ~ eingeführte Bezeichnung „Praefrons" ist irreführend, weil die Einlenkungsstellen der Fühler morphologisch außerhalb der Stirnnähte, also außerhalb der Stirne stehen. Ihre Annäherung an die Mittellinie des Gesichts weist auf Verdrängung der Stirn hin.

Unterhüfte, Hüftsockel, Subcoxa, das sekundär zur → Pleure umgebildete ursprüngliche Basalsegment des Insektenbeins. Nach Verlust der Eigenbeweglichkeit und unter Verflachung der ~ erfolgte die Verschmelzung ihres ventralen Teils mit dem Primärsternum, wobei das ventrale Rumpfgelenk verlorenging, während der dorsale, nach außen von der Hüfte gelegene Teil der ~ zur Pleure umgebildet wurde. Das dorsale Rumpfgelenk blieb in geflügelten Thorakalsegmenten als der Flügelgelenkkopf erhalten. Außer der Pleure sind von der ~ in den Thorakalsegmenten noch zwei Teile erhalten, nämlich das → Praecoxale und das → Postcoxale, welche die Pleure mit dem Sekundärsternum vor und hinter der Hüfte verbinden.
In den Abdominalsegmenten sind alle Spuren einer ~ verschwunden. Sie ist in den Afterfüßen vieler Larven, sowie in den → Coxiten vieler Apterygoten, sowie in den Basalstücken der Tracheenkiemen der Ephemeridenlarven wohl als eingeschmolzen zu denken, aber nie als sichtbares Stück erhalten. Bei Imagines ist die ~ samt den Beinresten in den

Abdominalsterniten (Urosterniten) eingeschmolzen. (Taf. I, Fig. 1, 2, Taf. II, Fig. 1, Taf. XXX, Fig. 1.)

Unterhüftgelenk, Subcoxalgelenk, Pleuralgelenk, das zweite primäre Beingelenk der Insekten, welches die Hüfte mit der Unterhüfte verbindet und nach Schwund des → Rumpfgelenkes zum sekundären Basalgelenk des Beins geworden ist. Von den beiden ~ bleibt in der Regel nur das pleurale erhalten, während das sternale verschwindet und entweder nicht mehr erscheint (*Aphididae* u. a.) oder durch einen trochantinalen Angelpunkt der → *Trochantinopleura* (→ *Trochantinus*) ersetzt wird. Letzteres ist der Fall bei den meisten Apterygoten und Pterygoten. (Taf. I, Fig. 1, 2, Taf. II, Fig. 1, Taf. XXX, Fig. 1—3.)

Unterkiefer, (erste) Maxille, Maxilla (prima), das zweite Paar der Mundwerkzeuge der Insekten. Bei primitivem, kauendem Typ ist der ~ das reichhaltigst gegliederte und sekundär am wenigsten veränderte Mundgliedmassenpaar.

Das Basalglied des ~, das → Angelstück (Cardo), entspricht der → Unterhüfte (Subcoxa) und artikuliert mit einem basalen einfachen oder Sattelgelenk am ventralen Rande der Kopfkapsel, dem → Hypostoma, dicht vor den hinteren Tentorialfenstern, beiderseits des Submentums.

Das folgende Glied ist das → Stammstück (Stipes), welches der Hüfte entspricht. Es ist mit der Cardo mittels eines Scharniergelenks verbunden, von seinen primärencon dylen Subcoxalgelenken ist keine Spur erhalten.

Die beiden terminal auf dem Stipes sitzenden Laden, die → Innenlade und die → Außenlade, werden von den meisten Morphologen für sekundäre Ausstülpungen der Hüfte (Endite) gehalten, während HANDLIRSCH und seine Anhänger die Außenlade für den Endopoditen der zweiästigen Crustaceenextremität und die Innenlade allein für einen Enditen der Hüfte halten.

Seitlich auf dem Stipes sitzt der 1—10-, meist aber 5gliedrige → Kiefertaster, welcher teils für den Exopoditen (HANDLIRSCH), teils für den Endopoditen (BÖRNER und SNODGRASS), im letzteren Fall mit dem Thorakalbein homodynam, gehalten wird.

Der ~ der kauend-leckenden Mundteile ist, wie oben beschrieben, gegliedert, meist gut entwickelt, frei, seltener reduziert (*Ephemerida, Micropterygidae, Strepsiptera*) oder zum Teil mit der Kopfkapsel verschmolzen (z. B. *Mallophaga*). Bei aculeaten Hymenopteren, deren maxillo-labialer Komplex zu einem Leck-Saug-Apparat verlängert ist, sind die beiden ~ verlängert und ihre Innenladen (Laciniae) bilden eine Scheide (→ Zungenscheide) für den labialen Leckapparat. Eine chitinöse Querspange (→ Zügel) verbindet die beiden Stipites miteinander und mit dem kleinen Submentum. Bei *Tomocerus* (*Poduridae*) befindet sich an der Basis der ~ je ein bis in den Pharynx hineinreichender Anhang (ziegenbärtiger Basalanhang, BÖRNER, → Prostheca).

Bei stechend-saugenden Mundteilen sind die ~ zu → Saugborsten bzw. Stech- und Saugborsten umgewandelt. Bei Hemipteren spielen die zu Saugborsten umgewandelten Innenladen die Hauptrolle, während alle anderen Teile der ~ klein oder verkümmert, bzw. in den → Laminae maxillares aufgegangen sind. Auch bei Thysanopteren sind die Innenladen zu Saugborsten umgewandelt, während der Rest der ~ in die Seitenwände des Mundkegels eingeschmolzen ist. Bei Panorpaten sind die ~ fast wie im kauend-leckenden Typ gebaut, aber gestreckt, und ihre beiden Innenladen sind messerartig, am Innenrande mit Zähnchen oder Häkchen versehen. Bei Dipteren endlich sind von den ~ nur die Taster frei, bei Nematoceren die Außenladen zu Stechborsten umgewandelt. Bei höheren Dipteren sind alle Teile des ~ außer dem Taster verkümmert und als rudimentäre Stäbchen ins Innere des Rostrums versenkt.

Bei saugenden Mundteilen der *Lepidoptera* sind in der Regel nur die Außenladen gut entwickelt und zu einer → Rollzunge umgewandelt, während alle anderen Teile der ~ samt den Tastern rückgebildet sind. Nur bei den primitiven *Micropterygidae* sind die Kiefertaster gut entwickelt, 5gliedrig, bei Weibchen der → Yuccamotte mit einem → Maxillartentakel versehen und die Galeae sind entweder ganz kurz, wie bei kauendem Typ (hier auch Laciniae als kurze Zapfen erhalten) oder bilden eine kurze unvollständige Rollzunge.

Alle diese oben nur flüchtig skizzierten Umwandlungen der ~ lassen eine allen

Typen gemeinsame funktionelle Entwicklungsrichtung erkennen, die auf der Zuführung der Nahrung zum Pharynx beruht. Im kauenden Typ ist es der borstige Innenrand der Lacinia, welcher den durch die Mandibeln zerkleinerten Bissen in die Schlundöffnung befördert, bei stechend-saugenden Mundteilen ist es auch die Lacinia, welche den Nährsaft dem Munde zuführt, und bei saugenden Mundteilen der *Lepidoptera* ist es die Galea, welche die Rollzunge bildet. Nur bei Dipteren fand in dieser Hinsicht ein Funktionswechsel statt, indem hier die Zuführung des Nährsaftes der Oberlippe allein (*Culicidae*), der Oberlippe mit den Mandibeln (*Ceratopogonidae, Tabanidae*) oder der Oberlippe mit dem Hypopharynx (höhere Dipteren, *Muscidae* u. a.) obliegt, während die Maxillen entweder als Stechborsten gleich den Mandibeln fungieren, oder rückgebildet sind. (Taf. I, Fig. 1D, Taf. XXI, Fig. 1, 2, 7, 9, Taf. XXII, Fig. 2, 7, Taf. XXIII, Fig. 1—3, 5—7, Taf. XXIV, Fig. 1—5, Taf. XXIX.)

Unterkiefertaster → Kiefertaster.

Unterkinn, Submentum, Basalstück der → Unterlippe, stets unpaarige Chitinplatte, welche bei primitiver Kopfkapsel mit offenem → Hinterhaupt die fehlende hypostomale Brücke ersetzt. Das ~ artikuliert mit seinem ganzen Hinterrande an der Halsmembran und ist mit seinen Hinterecken am ventralen Rande des Postocciput dicht hinter den hinteren Tentorialfenestrae beweglich eingelenkt.

Nach dem Verschluß des Hinterhaupts (→ Hinterhauptsverschluß) verliert das ~ seine volle Bedeutung und verschmilzt entweder mit der neugebildeten Gula (z. B. bei *Coleoptera*) oder erliegt einer mehr oder weniger starken Rückbildung (z. B. *Hymenoptera*). Es wird dabei stets von der Gula nach vorn verdrängt, verliert seine selbständige Beweglichkeit und bildet mit seinem Vorderrande eine feste, mit der Kopfkapsel verschmolzene Stütze für das labiale Mentum.

An leckend-saugenden Mundteilen der *Trichoptera* und *Lepidoptera* ist von einem selbständigen ~ nichts mehr zu sehen. Bei *Panorpatae* ist das ~ mit dem Kinn verschmolzen. Auch bei *Diptera, Aphaniptera, Hemiptera* und *Mallophaga* ist das ~ nicht mehr als selbständiges Stück erhalten.

Bei Thysanopteren dagegen bildet das ~ die basale Hälfte der Hinterwand des Mundkegels und ist vom Mentum durch eine deutliche Naht getrennt. (Taf. XXI, Fig. 2, 8, 9, Taf. XXII, Fig. 1, 2.)

Unterklasse → Subclassis.

Unterlippe, Labium, zweite Maxille, Maxilla secunda, das dritte Paar der Mundgliedmaßen der Insekten. Im Gegensatz zu Mandibeln und Maxillen ist das Labium immer wenigstens in seinem basalen Teil zu einer unpaarigen Platte verschmolzen, welche entweder allein oder im Anschluß an die Gula den Boden der Kopfkapsel bildet. Der Vorderteil der ~ ragt meist frei vor und bildet den ventralen Abschluß des → Praeoralraumes. Der basale, stets unpaarige Teil der ~ wird als → Postmentum bezeichnet. Er ist den maxillaren Cardines homodynam, enthält aber auch noch den im basomedianen Teil eingeschmolzenen Rest des Sternums des primären Labialsegments.

Der distale Teil der ~, das Praementum, ist meist unpaarig, aber gewöhnlich in der Mitte mehr oder weniger tief ausgeschnitten. Es ist vom Postmentum durch die → Labialnaht abgesondert und entspricht den maxillaren Stipites. Auf dem Praementum sitzen vorne zwei Paare von Anhängen, deren medianes, die → Glossae, den maxillaren Laciniae und deren laterales, die → Paraglossae, den maxillaren Galeae entsprechen. Glossae und Paraglosae werden zusammen, bes. wenn sie miteinander zu einem unpaarigen Stück (wie z. B. bei Käfern) verschmolzen sind, als → Zünglein (Ligula bezeichnet, während die verschmolzenen Innenladen allein eine Glossa bilden. Manchmal, z. B. bei *Dermaptera, Mallophaga,* sitzt dem Praementum nur ein Paar von Anhängen auf, welches entweder den beiderseits verschmolzenen Glossae und Paraglossae entspricht, oder eines der beiden Ladenpaare darstellt (meistens wohl Glossae), während das andere rückgebildet ist. An den Seiten des Praementums sitzen die Lippentaster.

Im kauenden Typ der Mundteile liegt die ~ meist frei unter dem → Hypopharynx und der zwischen diesen beiden Teilen gebildete flache, taschenförmige Raum stellt die → Speichelhöhle dar.

Bei Larven der *Odonata* und Käfern der Gatt. *Stenus* ist die ~ zu einer stark verlängerten → Fangmaske umgewandelt.

Im kauend-leckenden Typ der Mundwerkzeuge (*Orthoptera, Coleoptera, Hymenoptera*) behält die ~ stets ihre selbständige, aktive Stellung als Leckapparat neben ihrer primären Funktion als Stütze und sinnensphysiologischer Prüfer des von den Mandibeln bearbeiteten Bissens. Bei einem Teil der Hymenopteren entwickelte sie sich einseitig zu einem ausgesprochenen Leckapparat, der → Leckzunge, unter teilweisem Verlust ihrer stützenden Funktion, welche, da die Mandibeln keine Kauwerkzeuge mehr darstellen, nicht mehr so wichtig ist wie z. B. bei Käfern oder Orthopteren.
Im leckend-saugenden Typ der Mundwerkzeuge, bei welchen die Maxillen langsam die Oberhand gewinnen, spielt die ~ eine untergeordnete Rolle. Bei Trichopteren nimmt sie noch Teil an der Bildung des Haustellums, bei Lepidopteren aber bildet sie zusammen mit den Maxillen einen festen ventralen Verschluß der Kopfkapsel. Nur die Labialtaster sind stets frei, normal entwickelt. Bei leckend-saugenden Dipteren bildet die ~ eine stützende Chitinplatte auf der Rückseite des sog. Haustellums und ihre Taster sind zu → Labellen umgewandelt.
Bei stechend-saugenden Mundteilen ist die ~ entweder wie bei Thysanopteren zur Hinterwand des Mundkegels geworden oder sie bildet eine rinnenförmige Scheide für die Stechwerkzeuge (stechend-saugende *Diptera* und *Hemiptera*) oder aber sie ist zu einer Grundplatte der Labialtaster reduziert (*Aphaniptera*). Bei Culiciden und Hemipteren bleibt sie eine passive, sich am Stech- und Saugakt nicht beteiligende Scheide, während sie bei Stomoxidinen mit Hilfe ihrer harten und scharf gezähnelten Labellen aktiv die Stichwunde anbringt und mit ihrer rinnenförmigen, vom Hypopharynx und der Oberlippe bedeckten Aushöhlung ein Saugrohr bildet.
Im allgemeinen bleibt also die ~ bei allen Typen der Mundwerkzeuge bei der ihrer Lage am Abschluß des Mundes entsprechenden stützenden Funktion und behält in den meisten Fällen auch ihre Tätigkeit als sinnesphysiologischer Prüfer. Nur bei Stomoxidinen wird sie an Stelle der hier fehlenden mandibularen und maxillaren Stechborsten zum aktiven Stechorgan. (Taf. I, Fig. 1E, Taf. XXI, Fig. 2, 8, 9, Taf. XXII, Fig. 1—3, 6, Taf. XXIII, Fig. 1—6, Taf. XXIV, Fig. 1—3, 5, Taf. XXV, Fig. 1, Taf. XXIX.)

Unterordnung → Subordo.

Unterreich → Subregnum.

Unterschlundganglion, Subösophagalganglion, die unter dem Oesophagus bzw. Pharynx innerhalb der Kopfkapsel gelegene, mit dem Tritocerebrum durch ein Konnektivpaar verbundene Gruppe von drei eng miteinander verschmolzenen Ganglienpaaren des Mandibular-, Maxillar- und Labialsegments. Jedes dieser drei Ganglienpaare entsendet je ein Nervenpaar zu dem entsprechenden Paar der Mundwerkzeuge. Das Labialganglion innerviert außerdem noch mit einem oder mehreren Nervenpaaren den Hals und die Speicheldrüsen (*Dytiscus*).
Die Konektive sind manchmal (z. B. *Saltatoria, Hemiptera*) so kurz, daß das ~ mit dem Gehirn einen dicken, zusammenhängenden Schlundring bildet.
Der histologische Bau des ~ ist noch sehr fragmentarisch bekannt, scheint aber von dem der Thorakalganglien nicht wesentlich abzuweichen. (Taf. VI, Fig. 1, Taf. IX, Fig. 2, Taf. XXV, Fig. 1, Taf. XXIII, Fig. 1, 2.)

Urania-Schuppen, ein Typ von schillernden Schmetterlingsschuppen, deren Schillern auf dem Aufbau der verdickten oberen oder unteren Wand der Schuppe aus äußerst dünnen Lamellen beruht. Die Schuppen dieses Typs sind im Gegensatz zu → Morpho-Schuppen viel solider gebaut und stellen manchmal ganz einheitliche, solide Platten dar (z. B. *Urania croesus*).

Uraniidae Gerstaecker 1863 Fam der *Lep* (*Macrofrenatae*) mit etwa 100 Arten im tropischen Asien und Amerika.

Urate (gr. τὸ οὖρον Urin, Harn) → Exkrete.

Uratschicht, Kristallschicht, in → Leuchtorganen der *Lampyrinae* die unter der Leuchtschicht liegende, lichtreflektierende Zellschicht, deren Zellen durch Einlagerung von Natrium- und Ammoniumuratkristallen weißlich opak erscheinen.

Uratzellen, Exkretspeicherzellen, spezialisierte Zellen des → Fettkörpers, welche zwischen die normalen Fettzellen eingesprengt nur die Speicherung der Urate (Exkrete) besorgen. Die besonders während der Entwicklung sich reich ansammelnden Exkrete werden nach Abschluß der Histogenese aus dem

Fettkörper über die Malpighigefäße in den Darm befördert und mit dem → Meconium entleert.

Urbienen, *Proapidae,* Bienen der UFam *Prosopinae* und *Colletinae.* Es sind solitäre Sammelbienen mit sehr spärlicher oder ohne (*Prosopinae*) → Schienenbürste.

Urethra, Vereinigung mehrerer Malpighi-Gefäße (cf. *Saltatoria*).

Urgeschlechtszellen, Keimbahnzellen, eine Gruppe von → Furchungskernen, die sich nicht an der Bildung des Blastoderms beteiligen, sondern am hinteren Eipol verharren (Polkörperchen). Sie werden von dem sich bildenden Embryo in seine Körperhöhle eingeschlossen und dringen nach Ausbildung der mesodermalen → Geschlechtsleisten vorne in dieselben ein. Sie werden hier in dem am Vorderende der Gonaden angelegten → Germarium bei Männchen zu → Urspermiogonien, bei Weibchen zu → Uroogonien.

Die frühzeitige Erscheinung der ~ während der Furchungsperiode ist bei Dipteren, Coleopteren, Hymenopteren und Trichopteren nachgewiesen. Bei Lepidopteren, Aphididen, *Forficula* usw. erscheinen sie erst nach der Ausbildung des Blastoderms und bei *Blatta* und *Phyllodromia* sogar erst nach Ausbildung der → Coelomsäcke, d. h. während der Periode der Segmentierung des Keimstreifens. Bei *Hydrophilus* und *Doryphora* bilden sich die ~ erst aus den Wänden der Coelomsäcke selbst, durch Proliferation der Zellen in die Coelomhöhle, sind also mesodermalen Ursprungs.

Urinsekt → *Protentomon.*

Urinsekten → *Apterygota.*

Urit (Lacaze-Duthiers 1853) → Abdominalsegment (gr. ἡ οὐρά Schwanz, Hinterteil.

Urmotten → *Micropterygidae.*

Urmücken → *Protophthalmia.*

Urogomphi (gr. ἡ οὐρά Schwanz, Hinterteil, ὁ γόμφος keilförmiger starrer Nagel), Pseudocerci, Corniculi, ein Paar von Anhängen auf der Dorsalseite des 9. Segments vieler Käferlarven (z. B. *Nebria*).

Uromeren (gr. τὸ μέρος ein Teil) → Hinterleibssegmente.

Uroogonien, Weibliche → Urgeschlechtszellen.

Uropoden, Abdominalanhänge verschiedener Bildung und Funktion, welche aus ursprünglichen Gliedmaßen der Hinterleibssegmente entstanden sind. Es sind → Bauchfüße, → Tracheenkiemen, → Afterraife, → Pygopodien, → Ventraltubus, → Retinaculum, → Furca, → Gonopoden, → rudimentäre Extremitäten der *Protura* und *Diplura.*

Urosternite, Sternite der Hinterleibssegmente.

Urotergite → Tergite der Hinterleibssegmente.

Urothripidae Bagnall 1909, Fam der *Thysanoptera Tubulifera* mit wenigen subtropischen Arten.

Urspermiogonien, männliche → Urgeschlechtszellen.

ursprünglich oder primitiv, auch primär, generalisiert oder archaistisch nennt man Merkmale, welche bei einzelnen Arten einer sonst hinsichtlich dieser Merkmale fortgeschrittenen Gruppe in einfacher, von ausgestorbenen Ahnen übernommener Form auftreten. Die Ursprünglichkeit eines Merkmals oder Organs ergibt sich in der Regel aus dem anatomischen Vergleich dieses Organs bei recenten Formen. Selten liegt die Möglichkeit vor, die Ursprünglichkeit eines recenten Organs durch direkten anatomischen Vergleich mit fossilen Ahnenformen zu beweisen. Letzteres ist fast nur beim Studium des Flügelgeäders möglich. Der indirekte vergleichend-anatomische Beweis der Ursprünglichkeit eines Organs oder Merkmals hat zuerst immer nur hypothetischen Charakter, wenn auch Gegenindizien fehlen sollten. So sind z. B. die Mandibeln der Micropterygidae, die bei anderen Lepidopteren völlig rückgebildet sind, bestimmt ein primitives Organ, obgleich es bisher nicht gelang, bei fossilen Schmetterlingen Mandibeln nachzuweisen.

Erhaltung eines Organs ist immer ursprünglich im Vergleich mit seiner Reduktion, weil umgekehrt ein reduziertes Organ nie wieder in einer phylogenetisch zusammenhängenden Formenreihe zur vollen Entfaltung kommen kann (DOLLO's Gesetz der Unumkehrbarkeit der Evolution).

Gegensatz zu ~: abgeleitet.

Ursprung, Origo, Fixpunkt, Punctum fixum eines Muskels ist diejenige Stelle des Integuments, welche bei der Kontraktion des Muskels unbeweglich bleibt.

Das am ~ befestigte Ende des Muskels heißt Fuß oder Basis. Es gibt zwar Muskeln deren ~ beweglich ist, wie z. B. gewisse pleurocoxale Muskeln die sekundär zu Flugmuskeln geworden sind, aber dann weist der ~ (die Coxa) deutliche Tendenz auf, unbeweglich zu werden. Vgl. → Muskeln der Thorakalbeine, → Meron. Gegens. → Insertion.

Urstechmücken → *Dixidae*.

Urticaria → Raupen-Urticaria.

Uterus (lat. uterus, -i, m., Mutterleib, Gebärmutter), die → Vagina viviparer Insekten, welche ihre Eier in der letzteren ausbrüten. In diesen Fällen ist die Vagina stark dehnbar, und ihre Anhangsdrüsen sind zu → Milchdrüsen umgewandelt (*Glossina, Pupipara*), oder wenn sie fehlen, dann sind die Eier mit genügender Menge von Nährdotter ausgestattet, die eine zusätzliche Ernährung überflüssig macht (bes. ovo-vivipare Dipteren usw.).

V

V., v., Var., var. → Varietas.

vacciniana Zeller, *Semasia*, Heidelbeerwickler (*Lep Tortricidae*).

Vacuole (lat. vacuola, -ae, f., dem. von vacua, -ae, f., o. vacuum, -i, n., leere Hülle, leerer Raum) 1. ein Tropfen des Zellsaftes im Zellplasma, 2. eine basale Auftreibung am → Scolops.

Vagabundieren (lat. vagabundus, -a, -um, umherschweifend, unstet, von vagor, -ari umherschweifen, umherwandern), scheinbar zielloses Umherkriechen, Umherfliegen oder Umherschwimmen der Insekten, vielfach durch Wasser- oder Luftströmungen unterstützt.

Das ~ beruht auf → Suchbewegungen und wird durch Fehlen von Reizen ausgelöst. Die Suchbewegungen sind beim ~ solange richtungslos, bis das Tier auf einen adäquaten Reiz gestoßen ist, dem es dann bis zur Reizquelle folgt. Die wichtigsten Reize, deren Fehlen das ~ auslöst, sind die Ernährungs- und Geschlechtsreize. Vgl. auch → Vagilität, → amphidrom, Irrling.

vagans Koch, *Anoecia* (*A. corni* Koch), Getreidewurzellaus (*Hom Aphididae*). Fundatrix, Fundatrigenia und Sexuales an Blättern von *Cornus sanguinea*, Virginogenien an Gras- und Getreidewurzeln schädlich.

Vagilität, aktive Ausbreitungsfähigkeit, Fähigkeit der Insekten, durch aktiven Ortswechsel, eines der wichtigsten Momente der geographischen Ausbreitung der Arten, Befriedigung eines erwachten physiologischen Bedürfnisses anzustreben. Es ist zunächst meist ein → Vagabundieren nach adäquaten Ernährungs- oder Geschlechtsreizen, seltener Flucht aus Biotopen, deren sonstige Umweltfaktoren die ökologische Valenz überschritten bzw. unterschritten haben und nicht mehr tragbar sind, oder → Wandertrieb. Es ist noch unklar, welches physiologische Bedürfnis auf Lichtreize hin die ~ auslöst.

Vagina (lat. vagina, -ae, f., Schwertscheide) → Scheide.

Vaginalträchtigkeit, Ausbrütung der Eier in der Vagina. Die ~ kommt bei viviparen und ovoviviparen Insekten (vor allem viele *Tachinidae* und einige *Muscidae*) vor, welche Junglarven höchstens bis zum 2. Stadium gebären. Bei der ~ erfolgt keine Ernährung der Brut aus Anhangsdrüsen der Vagina (→ Milchdrüsen) und die Brut muß mit dem Deutoplasma des Eies bis zur Geburt auskommen. Manchmal wird in der Vagina jedesmal nur ein in diesen Fällen sehr großes Ei ausgebrütet und dann kann die Geburt bis zum 2. Larvenstadium hinausgeschoben werden (*Hylemyia strigosa, Musca larvipara* u. a.). Vgl. auch → Uterus.

Valenz (lat. valeo, -ere, werten, Wert haben) → ökologische Valenz.

validirostris Gyllenhal, *Pissodes*, Kiefernzapfenrüßler (*Col Curculionidae*).

Validität, → Gültigkeit.

Valven (lat. valvae, -arum, f., Türflügel), die zu → Genitalanhängen umgewandelten → Gonopoden des 9. Hinterleibssegments vieler Insekten.

Bei Weibchen bilden sie die äußere zweiteilige Scheide des → Legeapparates, die in typischer Ausbildung bei Hymenopteren (bes. *Ichneumonoidea, Siricidae*) aus einem großen Coxit und der eigentlichen, meist behaarten Scheide (Stylus) besteht.

Bei Männchen bilden sie die auch als Harpagonen oder Harpen (claspers engl. Aut.) bezeichneten Anhänge des → Begattungsapparates, deren Formenreichtum und arteigene Konstanz sie zu wichtigen Trägern der taxonomischen Merkmale machten. Die ~ treten im männlichen Begattungsapparat der *Ephemerida, Heteroptera, Homoptera, Panorpatae, Trichoptera, Neuroptera, Lepidoptera* und *Diptera* auf. Sie sind gewöhnlich seitwärts abklappbar und dienen zur Umfassung der weiblichen Hinterleibsspitze von den Seiten. Manchmal fehlen sie ganz und können dann durch → Parameren ersetzt werden, auf die auch vielfach die Bezeichnung „Valven" oder „Harpagonen" übertragen wird. Von den echten Parameren sind die Valven stets daran zu unterscheiden, daß sie entweder einem deutlichen Coxopoditen (*Panorpatae, Trichoptera,* viele *Diptera* z. B. *Tipulidae*) oder einem aus der Vereinigung des Coxopoditen mit dem 9. Sternit hervorgegangenen, bei *Lepidoptera* als → Tegumen bezeichneten Stück aufsitzen, während echte Parameren entweder mit der → Phallobase oder mit ihrer → Basalplatte beweglich oder unbeweglich verbunden sind.

Valvifer, Coxit der Gonapophyse eines Legeapparates. Je ein Paar der Valviferen befindet sich am 8. und 9. Sternit. Das des 8. Sternits trägt bei Pterygoten stets nur ein, das des 9. zwei Paare von Gonapophysen, von denen das äußere Paar (die echten Gonopoden) die → Valven bildet.

Valvula, 1. bei Lepidopteren ein Gebilde, am Unterrand der männlichen → Valven. 2. Valvulae, drei Paare von → Gonapophysen des Legeapparates ohne Coxiten, also nur die Bestandteile des Legebohrers selbst. Morphologisch sind die Valvulae nicht homogen, denn nur die Valvulae des 8. und die medianen des 9. Segments sind gleichwertig, indem sie die medianen Anhänge (? Endite) der betreffenden Coxopodite darstellen, während das 3. Paar der Valvulae den Styli des 9. Segments entsprechen.

Valvula cardiaca (lat. valvae, -arum, f., Türflügel, gr. ἡ καρδία der obere Magenmund [auch Herz]), fahrradventilartig in das Vorderende des Mitteldarms hineinragendes Ende des Vorderdarms, welche als Sperrventil das Zurückströmen des Nahrungsbreis aus dem Mitteldarm in den Vorderdarm verhindert. Das Epithel der ~ ist vom Mitteldarmepithel wenigstens bei Larven durch einen Ring von Zellen, den sog. → Imaginalring abgegrenzt. Die ~ ist in der Regel nur mit einer Ringmuskelschicht versehen. Bei Käfern mit extraintestinaler Verdauung kommt noch eine Längsmuskelschicht hinzu, die antagonistisch zu den Ringmuskeln arbeitet und das Mitteldarmsekret in den Vorderdarm durchfließen läßt. (Taf. VI, Fig. 2, 4.)

Valvulae inferiores, Hypogynalvalven, bei Fliegenweibchen ein Paar kurzer eingliedriger Anhänge am Hinterrande der Subgenitalplatte (Hypogynium, das 8. Sternit).

Valvula pylorica, klappenartig ins Lumen vorspringende Epithelfalten des ersten Hinterdarmabschnittes (Pylorus), die ein Sperrventil bilden und das Zurücktreten des Nahrungsbreis aus dem Hinterdarm in den Mitteldarm verhindern. (Taf. VI, Fig. 2, 3.) Vgl. auch → Terminalwulst.

Valvula rectalis, eine in das Lumen eingestülpte Ringfalte des Hinterdarmepithels an der Grenze zwischen dem Mittelabschnitt und dem Rectum. Die Falte enthält auch Ringmuskeln und wirkt als ein Sperrventil gegen das Zurücktreten der Exkremente aus dem Rectum in den mittleren Abschnitt des Hinterdarms.

Valvulae superiores, bei Fliegenweibchen ein Paar eingliedriger Anhänge am Hinterrande des letzten Hinterleibstergits, oberhalb der Analöffnung, die erhalten gebliebenen Cerci.

Valvulatrichter (Weber), rein cuticulare Verlängerung der Valvula cardiaca ins Lumen des Mitteldarms, welche die Sperrwirkung der Valvula steigern soll.

Valvula ventralis, das 6., meist stärker entwickelte, bei gewissen Ichneumoniden pflugscharartig vorstehende Sternit des weiblichen Hinterleibs, welches die Basis des Legebohrers bedeckt.

Vanhorniidae Crawford 1909 (Abb. 356),

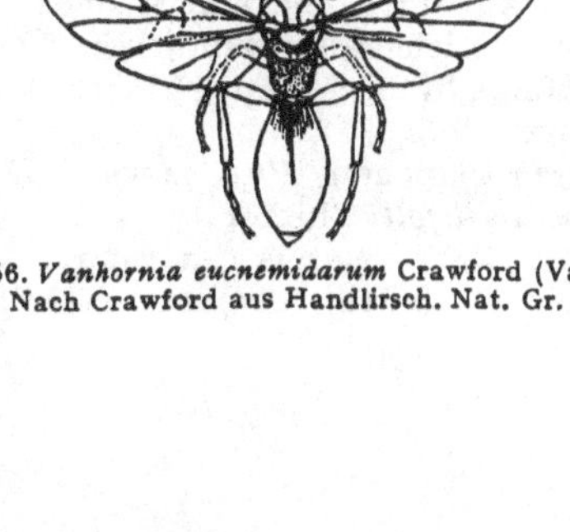

Abb. 356. *Vanhornia eucnemidarum* Crawford (Vanhorniidae). Nach Crawford aus Handlirsch. Nat. Gr. 6 mm.

Fam der *Hym* (*Ichuenmnoidea*) mit einer nordamerikanischen Art, die sich ähnlich wie die *Alyssinae* (*Braconidae*) durch nach außen gekehrte (exodonte) Mandibeln auszeichnet.

Vannus (lat. vannus, -i, f., Getreideschwinge, von vanno, -ere schwingen, worfeln) → Analfeld.

variabilis Herbst, *Phytonomus*, Luzerneblattnager (*Col Curculionidae*).

variabilis Zeller, *Hyponomeuta*, Pflaumengespinstmotte (*Lep Hyponomeutidae*).

varians Paykull, *Antonomus*, Kiefernblütenstecher, Kiefernknospenstecher (*Col Curculionidae*).

variegana Hübner, *Argyroploce*, grauer Knospenwickler (*Lep Tortricidae*).

Varietas, Varietät, jede Abweichung von einem angenommenen Typ der Stammart. Remane teilt die ~ in a) heterotope und b) homotope Varietäten ein. Die ersteren zerfallen in 1. geographische Rasse (Subspezies, Lokalrasse, Geotypus) und 2. ökologische Rasse (Oekotypus). Die homotopen Varietäten teilt Remane in 1. Aberrationen (Groß- und Kleinmutationen, Exotypus) und 2. individuelle Varianten mit quantitativ ausgeprägten erblichen Merkmalen (Endotypus). (Remane, Art und Rasse, 1927.)

varikös (lat. varix, -cis, m. und f., Krampfader), knotig, knorrig.

Variola (lat. dem. von varia, -ae, f., eine Elsterart, auch Panter, von varius, -a, -um, bunt, wechselnd, unbeständig), Thomsons Bezeichnung für die → lunula der *Ichneumonidae*.

variolosa Paykull, *Poecilonota*, Aspenprachtkäfer (*Col Buprestidae*).

variolosum Ratzeburg, *Asterolecanium*, Eichenpockenschildlaus (*Hom Coccidae*).

Vasa deferentia (lat. vas, -is, n., Gefäß, deferro, -ferre, -tuli, -latum abtragen, wegtragen), sg. vas deferens → Samenleiter.

Vasa efferentia (lat. efferro, -ferre, extuli, elatum hinausführen) kurze Stiele, mit welchen die Hodenfollikel dem Vas deferens aufsitzen. Sie entsprechen den → Eiröhrenstielen der weiblichen Gonaden.

Vasa Malpighi o. Malpighiana → Malpighigefäße.

vastatrix Planchon, *Phylloxera* → *Dactylosphaera vitifolii* Shimer.

vegetativ (lat. vegetus, -a, -um, körperlich und geistig bewegt, rührig, von vegeo, -ere stark bewegen) werden bei Tieren alle diejenigen Organsysteme genannt, welche funktionelle Analoga bei Pflanzen haben, nämlich das Ernährungs- und das Fortpflanzungssystem, während das Muskelsystem, die Begattungsorgane und das Nervensystem als animal bezeichnet zu werden pflegen.
Bei Eiern mit ungleichmäßiger Verteilung des Deutoplasmas wird der deutoplasmatische Pol als vegetativ, der bildungsplasmatische als animal bezeichnet.
Man spricht auch manchmal von vegetativen Hinterleibssegmenten im Gegensatz zu dem die Kopulationsorgane tragenden reproduktiven Apex.

Veliidae (Amyot et Serville 1843) Douglas Scott 1865 (*Velides* A. et S.), Wasserläufer (Abb. 357), Fam der *Het Geocorisae* mit etwa 100 Arten, von denen 4 in Deutschland leben. Kleine bis mittelgroße Wanzen, die sich auf ihren verlängerten Mittel- und Hinterbeinen auf der Wasseroberfläche ähnlich wie andere *Gerroidea* bewegen. Fossil ist 1 miocäne Art beschrieben.

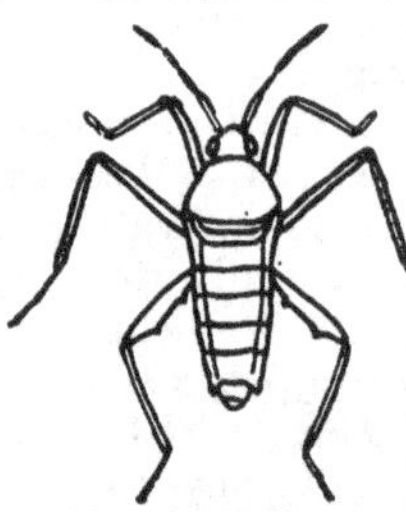

Abb. 357. *Velia currens* Fabricius (Veliidae). Nach Hedicke. Nat. Gr. 6—7 mm.

Velocipedidae (Bergroth 1891) Lethierry et Severin 1896 (*-inae* Bergr.), Fam der *Het Geocorisae* mit 2 orientalischen Arten.

Vena apicalis → Glochis.

Vena arcuata → erste Jugalader.

Vena cardinalis (lat. cardinalis, -e, adj., übtr. vorzüglich, Haupt-, von cardo, -inis, Türangel, übtr. Haupt-, Wendepunkt) → zweite Jugalader.

Vena connectens (lat. connecto, -ere, verbinden), eine schräge Querader zwischen Radius und Media im Hinterflügel der *Heteroptera*, welche die Discoidalzelle abschließt.

Vena dividens (lat. divido, -ere, teilen), eine sekundäre Längsader in der Analfalte gewisser Orthopteren, z. B. Blattarien.

Vena mediastina → Costa (lat. mediastinus, -i, m., Hausknecht).

Vena obliqua, → subnodale Schrägader.

Vena recurrens → Nervus recurrens, rücklaufender Nerv.

Vena spuria (lat. spurius, -a, -um, unecht, scheinbar), eine längsaderähnliche Falte im Flügel der *Syrphidae, Ptychopteridae* u. a. *Diptera* die scheinbar vom Radius abzweigend zwischen Radius und Media verläuft, die vordere Querader kreuzt und in der Zelle R_5 frei endigt. Vgl. auch → Nervus spurius.

Vena stridens (lat. strideo, -ere, schrillen) → Schrillader.

Venator, pl. Venatoren, (lat. venator, -is, m., Jäger), Jäger, Insekten, die sich ihre aus anderen lebenden Tieren bestehende Nahrung erbeuten. Vgl. auch → Prädonen. Diese Bezeichnung soll die „Räuber" ersetzen.

venatorisch, von Jagd lebend, jagdlich.

Ventilation (lat. ventilo, -are, lüften, ventulus, -i, m., leichter Wind), Erneuerung der Luft im Tracheensystem durch aktive Bewegungen, die → Inspiration und → Exspiration, welche hauptsächlich vom Hinterleib ausgeführt werden. Krogh (1920) konnte bei verschiedenen Insekten Ventilationstracheen (Respirationstracheen) und Diffusionstracheen unterscheiden, die ersteren dank ihrem ovalen Querschnitt leicht zusammenpreßbar, die letzteren mit rundem Querschnitt und starrer Wandung.

Ventilfalten, Falten der Herzwand, welche vor den Ostien angelegt als Rücklaufventile wirken. Sie sind z. B. bei Tipuliden- und Chironomidenlarven gefunden worden.

Ventilplättchen, Hemmplättchen, Stachelventil, ein Paar schaufelartiger Klappen auf den Stechborsten des → Giftstachels, welche beim Vorstoßen der Stechborsten den Querschnitt des Stachelkanals ausfüllen und eine Portion des Giftes austreiben und sich bei Rückbewegung der Stechborsten nach vorn legen.

Ventiltrichter, Ventilkopf, Proventriculus der Honigbiene, welcher trichterförmig in den Kropf (Honigmagen) eingestülpt ist.

ventrad (lat. venter, -ris, m., Bauch, Unterleib), nach der Bauchseite hin. Gegens. → dorsad.

ventral, auf der Bauchseite gelegen. Gegens. → dorsal.

Ventraldiaphragma → Perineuralseptum.

Ventralkörper, Corpora ventralia (sg. Corpus ventrale), ein Paar rundlicher ganglionärer Massen zwischen dem Proto- und Deutocerebrum, die mit den meisten Teilen des Gehirns durch Nervenfasern und miteinander durch eine Kommissur verbunden sind und für ein Assoziationszentrum gehalten werden.

Ventralrinne, eine Längsfurche am Ventraltubus der *Collembola.*

Ventralsinus → Perineuralsinus.

Ventraltubus, Collophor, ein unpaariger Bauchsack am 1. Hinterleibssegment der *Collembola,* welcher mit einer durch Blutdruck ausstülpbaren, zweilappigen Blase oder (*Sminthuridae*) mit zwei ausstülpbaren Schläuchen versehen ist. Die distal paarige Bildung und Vorhandensein eigener Muskulatur weisen auf den paarigen Ursprung der ~ hin, welcher für ein verschmolzenes Paar von Coxiten + Coxalbläschen gehalten wird.

Der ~ hat vorn eine mediane Längsrinne, die sich in die thorakale, nach vorn bis zur Unterlippe verlaufende Ventralrinne (linea ventralis von Tullberg 1872) fortsetzt.

Die Funktion des ~ ist noch nicht geklärt. Er wird teils für ein aus den Kopfdrüsen über die Ventralrinne mit Leim versorgtes Adhäsionsorgan (Collophor = Leimträger), welches den Tieren das Klettern auf glatten senkrechten Flächen ermöglichen soll, teils für ein akzessorisches Atmungsorgan gehalten.

Ventralzahn, ein oder einige Zähnchen auf dem ventralen Rande der Kralle bei Collembolen.

Ventricularganglion, Ganglion ventriculare, ein unpaariges oder paariges Ganglion am Ende des → Oesophagalnerven. Die paarigen ~ werden auch als Ganglia gastrica bezeichnet. Das ~ bzw. die Ganglia gastrica können nach Orlov (1924) durch vier Klumpen markschichtloser Ganglienzellen (z. B. bei Larve von *Oryctes*) ersetzt werden.

Ventriculus → Magen.

verbasci Linné, *Anthrenus,* Wollkrautblütenkäfer, veränderlicher Teppichkäfer (*Col Dermestidae*).

verbasci Meyer-Dür, *Campylomma,* braune Apfelwanze (*Het Miridae*).

Verbergtrachten → Tarntrachten.

Verbindungsstiele, kurze halsartige Brücken aus Follikelepithelzellen, die vielfach zwischen den Eikammern der polytrophen Ovariolen auftreten.

Verbindungszellen → assoziative Nervenzellen.

Verbreitung, geographische ~, Verbreitungsareal, Verbreitungsgebiet ist der durch → Ausbreitung einer Art, Form oder Artengruppe erreichte Umfang des Wohnraumes. Der Form des Verbreitungsareals nach unterscheidet man vertikale und horizontale, kontinuierliche und diskontinuierliche oder inselartige ~.

Verdauung, Digestion, Spaltung der Nahrung in einfachere, lösliche und für die Körperzellen resorbierbare chemische Bestandteile. Die ~ geht in der Regel in zwei Stufen vor. Die Vorverdauung erfolgt durch die im → Speichel enthaltenen → Carbohydrasen in der Präoralhöhle bzw. im Vorderdarm. Die endgültige ~ findet gewöhnlich im Mitteldarm statt unter der Wirkung der im Mitteldarmsaft enthaltenden spaltenden Fermente, der → Proteasen, → Lipasen und → Carbohydrasen.

Die intestinale ~ im Mitteldarm ist die Regel bei Insekten. Seltener findet extraintestinale ~ statt (*Carabidae, Dytiscidae, Silphidae, Lampyridae, Staphylinidae*, Larven der *Hydrophilidae*, Larve der Yucca-Motte, *Panorpatae*), bei der der Mitteldarmsaft auf die mit den Mandibeln festgehaltene Nahrung erbrochen und mit dem aufgelösten Nährsaft eingesaugt wird. Die Larven der *Hydrophilidae* stecken dabei den Kopf mit der festgehaltenen Beute aus dem Wasser heraus. Die pollenfressenden Yucca-Motten-Larven verflüssigen den Pollen extraintestinal und saugen den Saft mit ihrem kurzen Rüssel ein.

Verdauungskanal → Darmkanal.

Verenger → Compressor.

Verfalzung, eine für Insekten charakteristische temporäre Verbindung zweier anstoßender Skeletteile, die entweder gegeneinander in der Längsrichtung verschoben werden (→ Schienenfalz) oder mit → Verschlußfalz schließen.

vergebener Name → praeoccupiert.

Vergesellschaftung jede Form eines Zusammentreffens mehrerer Exemplare einer oder verschiedener Arten an einem Ort. Es werden zwei Formen der ~ unterschieden, nämlich die zeitlich beschränkte, sog. zufällige → Association und die einen gemeinsamen Nutzen bringende, meist länger währende → Societät. Eine scharfe Grenze läßt sich zwischen den beiden Formen nicht ziehen.

Verhalten, Gesamtheit der durch die Umwelt ausgelösten Reizreaktionen in ihrer qualitativen und quantitativen Erscheinungsform. Das ~ umfaßt dieselben Formen der Lebenserscheinungen wie die → Aktivität, hebt aber die Umweltbedingtheit der letzteren hervor. Man könnte das ~ als kinetischen Habitus bezeichnen, weil es mit dem → Habitus der Form („statischen Habitus") manches Gemeinsame hat. Wie im Habitus der Form die gesamten Körpermerkmale zum Ausdruck kommen, so summieren sich im ~ sämtliche Qualitäten der einzelnen Reizreaktionen. Das Verhalten einer Odonate ist so grundverschieden von dem eines Falters, daß man beide auf große Entfernung unterscheiden kann, ohne ihre Ordnungsmerkmale prüfen zu müssen. Während aber der Habitus der Form meist arteigen ist, ist das ~ erst für höhere Gruppen, seltener für die Art charakteristisch. Man erkennt einen vorbeifliegenden *Geotrupes* nach der Art des Fluges und wird ihn kaum für eine *Melolontha* halten, auch wenn man nichts vom Habitus der Form erbaschen konnte, aber man wird nach dem Verhalten allein nicht sagen können, ob es *stercorarius* oder *mutator* war.

Verkümmerung → Rückbildung.

Verletzungen, Traumen, Beschädigungen des Integuments, der Körperanhänge, seltener der Innenorgane kommen in der freien Natur bei Insekten verhältnismäßig selten vor. Am häufigsten sind mechanische ~ der Flügel bei Schmetterlingen, Hymenopteren, Dipteren u. a. Fluginsekten. Sie sind bes. bei alten, abgeflogenen Exemplaren häufig und dürften durch Aufschlagen der Flügel an Pflanzenteile usw. entstanden sein. Bei Schmetterlingen werden recht häufig ~ der Flügel angetroffen, welche deutlich auf einen Vogelschnabel hinweisen.

Verlust von Fühlerteilen kommt in der freien Natur manchmal bei langfühlerigen Insekten, wie *Cerambycidae, Locustidae, Adelidae* vor. An Beinen sind ~ der Tarsen öfters anzutreffen, seltener die anderer Beinteile oder Verlust ganzer Beine. Letzteres ist bei Tipuliden und anderen lang- und dünnbeinigen Insekten, sowie bei Saltatorien öfters der Fall. Die Ursachen dieser Verletzungen sind meistens unbekannt.

Männchen des Hirschkäfers tragen öfters im Integument Löcher, die ihrer Form nach von Mandibelzähnen eines anderen Männchens stammen können.
Vernarbte oder verwachsene ~ der Imagines ähneln vielfach → teratologischen Verunstaltungen und können auf ~ im Puppenstadium zurückgeführt werden.
Auf der Haut der Raupen und Larven finden sich vielfach ~, die ziemlich sicher auf den Stich mit dem Legebohrer eines Endoparasiten-Weibchens oder auf das Einbohrloch einer Endoparasiten-Larve (bes. Tachinen) zurückzuführen sind. Auch Fehlstiche des Legebohrers ohne Eiablage sind meist an der Schwärzung der Wundumgebung leicht erkennbar.
Verletzungen der inneren Organe kommen meist nur von Endoparasiten her. Quetschungen, welche das Integument und innere Organe, bes. Muskulatur in Mitleidenschaft ziehen, trifft man bes. bei Holzinsekten nicht selten.
Gegen organische ~ sind die Insekten erstaunlich widerstandsfähig. Eine Hausfliege z. B. kann ziemlich stark gequetscht werden und nach kurzer Zeit gleichen sich die eingedrückten Stellen des Integuments wieder aus, ohne die Aktivität des Tieres sichtbar zu beeinflussen.
Letale Wirkung scheinen nur ~ herbeizuführen, welche das zentrale Nervensystem beschädigen oder es dem Tier unmöglich machen sich zu ernähren. Allerdings sterben auch dekapitierte Insekten nicht sofort nach der Verwundung.

Vermehrung, zahlenmäßige Zunahme der Nachkommen einer Art im Vergleich zur Individuenzahl der Vorfahren. Vermehrung tritt erst ein, wenn die Zahl der die Fortpflanzung antretenden Nachkommen eines Weibchens 2 oder der eines Elternpaares 3 weibliche Exemplare beträgt.
Bei Insekten erfolgt die ~ in der Regel auf dem Wege der geschlechtlichen → Fortpflanzung, seltener ungeschlechtlich durch Zerfall des Embryos in Teilstücke, deren jedes sich zu einem vollwertigen Insekt entwickelt (→ Polyembryonie).
Die Anzahl der abgelegten, entwicklungsfähigen Eier (Zeugungsenergie) ist bei Insekten in der Regel viel größer als die tatsächliche ~, weil gewöhnlich von einem Elternpaar nicht mehr als zwei Weibchen die Fortpflanzungsperiode erleben. Es kommen zwar bei Insekten Perioden deutlicher oder rapider ~ vor, welche die Population enorm steigern können, aber stets nach wenigen Generationen von einem ebenso rapiden wie tiefen Fall der Vermehrungsziffer abgelöst werden, welcher den Populationsstand auf die Ausgangszahl oder noch darunter zurückbringt. Vgl. auch → Vernichtungsquotient.

Vermehrungskoefficient, Verhältniszahl von Populationsdichten zweier aufeinanderfolgenden Generationen. Der ~ liegt bei Insekten gewöhnlich nahe 1,0. Nach zahlenmäßiger Erfassung der Gradationsschwankungen der Forleule erreicht der ~ im ersten Progressionsjahre den höchsten Wert, um in den beiden Regressionsjahren bis 0,0 zu sinken und anschließend wieder bis 1,0 zu steigen.
BREMER (Z. angew. Ent. 1929) bezeichnete das Produkt aus dem Sexualindex × Zahl der im Durchschnitt gelegten Eier als das theoretische ~ einer Generation. Hat ein Insekt n-Generationen im Jahre, dann ist der theoretische ~ für das ganze Jahr $Vj = Vg^n$. Letztere Zahl wird von EIDMANN als Vermehrungspotential bezeichnet.

Vermipsyllidae Wagner 1889, Fam der *Aphaniptera* mit wenigen Arten u. a. auf dem Fuchs, Dachs, Bär und Iltis.

Vermittlungsstück, das am Grunde der Media gelegene, mit dem 2. Pterale artikulierende → Flügelgelenkstück.

Vernichtungsquotient, in Prozenten aller Individuen einer Geschwisterpopulation (Kinder eines Elternpaares oder eines parthenogenetischen Weibchens) ausgedrückte Zahl von Individuen, welche vor der Fortpflanzungszeit zugrunde gehen. Der ~ ist der rechnerische Ausdruck der → Mortalität. Er errechnet sich (nach BREMER) aus der Formel

$$v_q = 100 \cdot \frac{V_g - 1}{V_g}$$

(V_g = Vermehrungskoefficient einer Generation) und beträgt normalerweise für gamogenetische Insekten 98%. Es genügt, wenn der ~ durch günstige Umweltfaktoren um 2% auf 96% sinkt, um die zur Fortpflanzung schreitende Individuenzahl zu verdoppeln, d. h. von 2 je 100 auf 4 je Hundert zu bringen.

Verpuppung, Übergang der Larve in das Puppen- bzw. Nymphenstadium, äußerlich durch das Abstreifen der letzten Larvenhaut gekennzeichnet. Die Vorgänge der ~, d. h. die Umbildung der larvalen in die imaginalen Organe beginnen in der Regel schon am Ende des letzten Larvenstadiums, welches durch diese Vorgänge auch äußerlich sichtbare Veränderungen zeigen kann, die ihm den Namen → Praepupa (z. B. bei Hymenopteren) gebracht haben.

Verpuppungshormone, endokrine Stoffe von spezifischer Wirkung, welche die Verpuppung auslösen. Bei Schmetterlingsraupen liegt ihr Sekretionsort im Kopf, wahrscheinlich im Gehirn, aber nicht in den Corpora allata. Vgl. auch → Häutungshormone.

Verruca (lat. verruca, -ae, f., Warze) → Warze.

verrucivorus Linné, *Decticus*, Warzenbeißer (*Salt Acridiidae*).

Verschleppung, passiver Ortswechsel der Tiere in fremde Biotope innerhalb oder auch außerhalb des Verbreitungsareals. Luft- und Wasserströmungen, andere Tiere sowie menschliche Verkehrsmittel sind die wichtigsten Verschleppungsfaktoren.

Verschlußapparate vgl. → Stigmenverschlußapparat, → Flügelverschluß. Auch Drüsen sind vielfach an der Mündung mit ~ versehen, die durch eigene Muskeln betätigt werden und die Abgabe der Sekrete regulieren. Vgl. auch → Verschlußkegel.

Verschlußband → Stigmenverschlußapparat.

Verschlußbügel → Stigmenverschlußapparat.

Verschlußfalz, Vorrichtung für das temporäre, aber feste Zusammenhalten zweier Chitinorgane, die mit langen Seiten zusammenstoßen. Am häufigsten tritt Nut und Feder als ~ auf, nämlich am Nahtrande der Flügeldecken bei Käfern, an Seitenrändern des Scutellums und den mit ihnen zusammenstoßenden Rändern der Halbdecken (Clavus) der Heteropteren, sowie an den Rändern der Legebohrerscheiden bei Ichneumoniden. Bei Wasserkäfern tritt ein ~ auch zwischen den Seitenrändern der Flügeldecken und denen des Thorax und des Hinterleibs auf, wodurch ein luftdichter Verschluß des unter den Flügeldecken eingerichteten Reservoirs für Atemluft ermöglicht wird.

Verschlußhebel → Stigmenverschlußapparat.

Verschlußkegel, ein chitiniger, konischer Vorsprung an der Mündung der metathorakalen Duftdrüse von *Pyrrhocoris apterus* in den Sammelraum, welcher, ähnlich wie der → Verschlußhebel des Stigmenverschlußapparates, als Insertionspunkt für den Schließmuskel der Drüsenmündung dient. (→ Hohldrüsen.)

Versetzung einer Art in eine andere Gattung kann erfolgen, wenn die ursprüngliche Gattung in mehrere neue Gattungen geteilt wird oder wenn eine Art aus ihrer bisherigen Gattung herausgenommen und in eine andere Gattung gestellt wird. Um diese Versetzung am Artnamen kenntlich zu machen, stellt man den Autornamen der Art in runde Klammern und, falls nötig, hängt man den Namen des Versetzungsvollziehers ohne Klammern an, z. B. *Chionaspis salicis* (Linné) oder *Chionaspis salicis* (Linné) Signoret.
Bei Versetzungen von Arten aus einer Gattung in eine andere ist stets die Möglichkeit der Entstehung einer subjektiven → Homonymie zu beachten. Findet sich in der neuen Gattung bereits eine Art mit dem gleichen Namen wie die neu hineingestellte, dann muß die jüngere von den beiden umgetauft werden.

Verson-Drüsen, segmental angeordnete, subdermale Drüsen vieler Schmetterlingsraupen, welche von verschiedenen Autoren teils für Exuvial- teils für Endokrinaldrüsen gehalten werden. Die erstere Deutung schreibt ihnen die Ausscheidung der Exuvialflüssigkeit zu, während die andere in ihnen hormonale Regler bzw. Auslöser der Häutung erblicken. Nach HANSTRÖM bilden sie eine Vereinigung von Häutungs- und Hormonaldrüsen. Sie bestehen aus 3 großen Drüsenzellen, nämlich einer tief gelegenen Zelle ohne Ausführungsgang (? endokrinale Drüsenzelle), einer ihr distalwärts anliegenden Schaltzelle und einer subdermal gelegenen Kanalzelle, welche den Ausführungsgang der Schaltzelle bildet.

Verson-Zelle, Versonsche Zelle → Apicalzelle.

Verständigung der Insekten, Übertragung eigener Empfindungen und Erfahrungen auf Artgenossen, steht in direkter oder indirekter Beziehung zum Geschlechtstrieb. Solitäre Insekten verständigen sich wohl nur zur Zeit der → Brunst, bei der

→ Geschlechtspartnersuche und der → Geschlechtspartnerprüfung. Dabei kommen sowohl akustische (→ Lautäußerungen) als auch optische (→ Leuchtorgane), chemische (Geruch, Geschmack), taktile (Berührungsreize) und allgemeine Erschütterungsreize (→ Balztänze) zur Sprache. Sociale Insekten verständigen sich über Ereignisse ihrer Brutpflegearbeiten durch gegenseitiges Betrillern mit den Fühlern (bes. Ameisen) oder durch → Tänze. Die letzteren sind besonders bei der Honigbiene eingehend untersucht worden.

Verstecken, Aufsuchen einer Deckung vor Feindsicht, tritt bei Insekten sehr häufig auf und scheint mit der von Natur aus geringen oder durch Witterung herabgesetzten Flüchtigkeit zusammenzuhängen. Bei kühler Luft sind auch flüchtige Insekten oft „faul" und verkriechen sich bei Beunruhigung z. B. auf die Blattunterseite anstatt behende zu entfliehen. Als → Abwehrmittel ist das ~ wohl sicher für fortschrittlich im Vergleich mit der primitiven → Flucht zu betrachten. Es braucht darin keine Überlegung, keine Vernunfthandlung tätig zu sein, denn auch ein von plötzlicher Gefahr bedrohter Mensch sucht volle Deckung völlig instinktiv, ohne jede Überlegung. Auch bei ihm ist diese Handlung eine Folge seiner geringen Flüchtigkeit. Viele Insekten verkriechen sich gemächlich auf die Blattunterseite, wenn sie vor der Wahrnehmung der nahenden Gefahr auf der Blattoberseite beschäftigt waren, andere lassen sich in → Akinese vom Blatt herunterfallen. Auf gutem Deckungsgelände, wie z. B. auf borkiger Rinde oder auf der Erde genügen wenige Schritte, um ein Insekt in einer Ritze oder unter einem Steinchen verschwinden zu lassen. Meistens verhalten sich verkrochene Insekten auch ohne in Akinese zu verfallen eine Weile ganz ruhig, bis ihnen die Gefahr vorüber zu sein scheint.

Verteidigung, aktive Abwehr einer drohenden Lebensgefahr ist bei Insekten nicht weniger als bei anderen Tieren und Menschen verbreitet. Als primitivste Abwehrwaffen sind wohl die Mandibeln anzusehen, die ursprünglich für andere Funktion bestimmt sind, sekundär aber auch zur aktiven Abwehr gebraucht werden können. Fast jedes beißende Insekt, vor allem Saltatorien und Käfer, sperren die Mandibeln weit auf und greifen, was sie gerade treffen, während die Ameisen mit weit aufgesperrten Mandibeln und aufgerichteten Vorderkörper den Feind erwarten.
Fortschrittlichere Verteidigungswaffen sind → Abwehrdrüsen, Wachsausscheidungen der → Siphunculi, → Reflexbluten, → Erbrechen des Mitteldarmsaftes (→ extraintestinale Verdauung), → Giftstachel.

Vertex (lat. vertex, -icis, n., Scheitel) → Scheitel.

vertical, 1. senkrecht, lotrecht, 2. am Scheitel gelegen, mit dem Scheitel zusammenhängend.

Verticalocellen → Scheitelocellen.

Verticalplatten, zwei seitliche, senkrechtstehende Chitinplatten im → Cephalopharynxgerüst acephaler Dipterenlarven. Sie sind aus den Seitenwänden des Pharynx in Verbindung mit denen der → Dorsaltasche hervorgegangen und sind dementsprechend durch einen von hinten weit nach vorn gehenden Einschnitt in einen oberen und einen unteren Flügel geteilt. Die oberen und vielfach auch die unteren Flügel der ~ sind mittels einer chitinigen Querspange überbrückt. An den Seiten des → Atriums artikulieren die ~ durch Vermittlung von → Zwischenstücken mit den → Mundhaken. Sowohl am pharyngealen Flügel als auch auf dem der Dorsaltasche liegen Insertionsstellen der Cephalopharynxmuskulatur. (Taf. XX, Fig. 9.)

Verwandlung → Metamorphose.

Verwandlungshäutung ist im Unterschied zu → Wachstumshäutung nur diejenige Häutung, welche zwei verschiedene Stadien der Metamorphose voneinander abgrenzt. Als solche sind das Abstreifen der Eihaut durch die Eiraupe, das Abstreifen der letzten Larvenhaut durch die Puppe und das Verlassen der Puppenhaut durch die Imago zu bezeichnen. Auch der Übergang von Subimago zu Imago (*Ephemerida*), von Pronymphe zu Nymphe (*Thysanoptera*), von Triungulinus zur 2. Larve, von dieser zu Scheinpuppe, von der Scheinpuppe zur 4. Larve und von der letzteren zur Puppe (*Meloidae*) usw. sind Verwandlungshäutungen, wenn auch die Formverschiedenheit der Stadien manchmal nur gering ist.

Verwerfung eines wissenschaftlichen Tiernamens erfolgt, wenn der Name gegen die → Nomenklaturregeln verstößt. Hier können folgende Fälle unterschieden werden: 1. Ein Name, der ohne jede Beschreibung oder Kennzeichnung durch Wort oder Bild veröffentlicht worden ist (Nomen nudum) Art. 25 a, c1, c2). 2. Ein Name, welcher dem Grundsatz der binären Nomenklatur widerspricht (Art. 2 und 25b). 3. Ein Gattungsname, welcher nach dem 31. Dezember 1930 ohne Bezeichnung des Genotypus veröffentlicht worden ist (Art. 25 c3). 4. Ein Name, welcher eine unlateinische oder unlatinisierte Form hat, z. B. mit englischer Endung „rufous", französischer „algérien" usw. versehen ist. 5. Ein mit einem anderen Gattungsnamen gleichlautender Gattungs- und ein mit einem anderen Namen innerhalb derselben Gattung gleichlautender Artname (→ Homonymie). 6. Ein Artname, dessen Träger mit einem anderen Tier für identisch erklärt oder angesehen wird und ein Gattungsname, dessen Inhalt mit dem eines anderen Gattungsnamens völlig übereinstimmt (→ Synonymie).

In allen diesen Fällen kann der Ersatz des verworfenen Namens entweder durch ein jüngeres Synonym, falls ein solches vorhanden ist, oder durch Wahl eines neuen Namens erfolgen. Nomina nuda, welche keine nachträgliche Beschreibung oder Kennzeichnung erfahren haben und die keine urkundlichen Unterlagen (Typen, Manuskripte) mehr haben, welche ihre einwandfreie Deutung ermöglichten, sind ohne Ersatz zu verwerfen.

Vesica (lat. vesica, -ae, f., Blase), 1. → Praeputialsack. 2. Im → Samenüberträger der *Odonata* ein Samenbehälter auf der Ventralseite des 2. Abdominalsegments. (Taf. XVIII, Fig. 8,9.)

Vesica germinativa (lat. germinare hervorsprossen) → Keimbläschen.

vesicalis Koch, *Pachypappa*, Fichtenwurzellaus, Silberpappelblattgallenlaus (*Hom Aphididae*).

vesicatoria Linné, *Lytta*, Spanische Fliege, Pflasterkäfer (*Col Meloidae*).

Vesicula seminalis (lat. vesicula dem. von vesica vgl. oben, seminalis adj. von semen, -inis, n., Same) → Samenblase.

Vespidae (Latreille 1802), Faltenwespen (Abb. 358), Fam der *Hym* (*Aculeata*) mit etwa 3000 Arten, von welchen in Deutschland an 60 leben. Ausgezeichnet durch die in Ruhe längsgefalteten Flügel, was sonst nur noch bei Chalcididen (*Leuocspidinae*) der Fall ist.

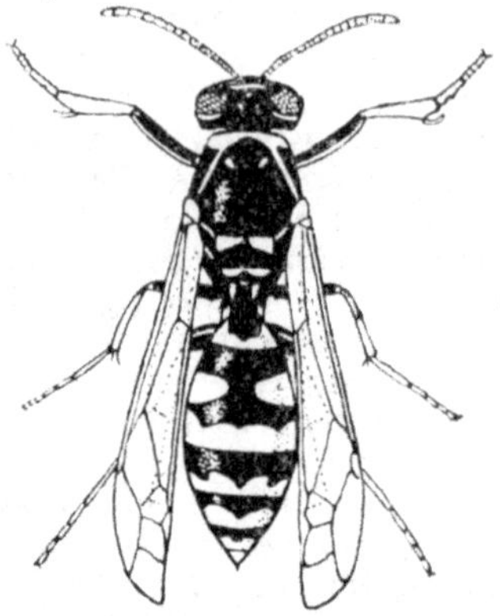

Abb. 358. *Polistes gallicus* Linné, Weibchen (Vespidae). Nach Berland aus Lameere. Nat. Gr. 14—16 mm.

Solitäre (z. B. *Eumenes*) oder soziale (*Vespa*, *Polistes* u. a.) Wespen, die ihre Brut hauptsächlich mit Beutetieren füttern. Die sozialen Wespen bauen Wabennester meist aus zerkautem Pflanzenmaterial, welches mit Speichel verarbeitet eine papierähnliche Masse ergibt. Ihre Larven werden laufend mit einem Brei aus zerkauten Beutetieren, meist Insekten, gefüttert. Selten wird auch etwas Honig in den Waben aufgespeichert (*Polistes*).

Im Gegensatz zu sozialen Bienen sind in Nestern sozialer Wespen stets mehrere Weibchen vorhanden. Die Kolonien sind einjährig, teils polygyn, teils monogyn (*Vespa*) und werden von überwinterten befruchteten Weibchen gegründet.

Fossil sind etwa 25 tertiäre Arten vom Unteroligocän an bis Miocän beschrieben worden. Von 8 unteroligocänen Arten gehören 5 dem baltischen Bernstein an. Die miocänen Arten (15) sind aus Deutschland und Co lorado beschrieben worden.

vespiformis Linné, *Synanthedon*, Eichenglasflügler (*Lep Aegeriidae*).

Vestibulum (lat. vestibulum, -i, n., Flur, Vorhalle), bei Schmetterlingsweibchen mit doppelter → Geschlechtsöffnung (→ *Ditrysia*) der erweiterte vordere Teil der → Vagina, in welchen vorn der Oviductus communis, dorsal der Ductus receptaculi und ventral der Ductus bursae münden. SNODGRASS (1936) bezeichnet auch den → Genitalraum als ∼.

Vestibulum oris (lat. os, oris, n., Mund) → Präoralhöhle.

vestigialis Rottenburg, *Rhyacia*, Kiefernsaateule (*Lep Noctuidae*).

Vestitur (lat. vestitura, -ae, f., Bekleidung, Verzierung), Investitur, Indument, Investiment, → Haar- und → Schuppenkleid der Insekten.

vestitus Boheman, *Adoretus*, Rosenlaubkäfer (*Col Scarabaeidae*).

v-flavum Haworth, *Oenophila*, Weinmotte, Korkmotte (*Lep Oenophilidae*).

Vibrisse, pl. Vibrissen (lat. vibro, -are zittern, vibrissae, -arum, f., die Haare in den Nüstern), Vibrissenborste, Knebelborste, je eine lange und kräftige, meist nach vorn unten gerichtete Borste in den → Vibrissenecken höherer Fliegen, bes. bei *Muscidae* und *Tachinidae* meist gut entwickelt. Dicht neben der ~ beginnt die Reihe der → Peristomalborsten. (Taf. V, Fig. 5.)

Vibrissenecke, eine durch Zusammentreten der → Gesichtsleisten mit den → Peristomalleisten (→ Lateralia) bei cyclorrhaphen Fliegen entstandene, beiderseits und oberhalb des Clypeus medianwärts einspringende Ecke. (Taf. V, Fig. 5.)

Vielehe → Polygamie.

Vierergruppe → Tetrade.

vigintipunctata Scopoli, *Melasoma*, gefleckter Weidenblattkäfer (*Col Chrysomelidae*).

vigintiquatuorpunctata Linné (*24-punctata* Lin.), *Subcocinella*, Lucernenmarienkäfer, Nelkenmarienkäfer (*Col Coccinellidae*).

villosa Fabricius, *Anoxia*, Johanniskäfer (*Col Scarabaeidae*).

villosus Fabricius, *Dryocoetes*, Eichenstockholz-Borkenkäfer (*Col Ipidae*).

viminalis Linné, *Pontania*, Weidenblattgallwespe (*Hym Tenthredinidae*).

viminalis Fallen, *Trichiocampus*, gelbe Pappelblattwespe (*Hym Tenthredinidae*).

Vinculum (lat. vinculum, -i, n., Band, Schlinge, Strick, von vincio, -ire, vixi, vinctum, binden). 1. Im männlichen Begattungsapparat der Schmetterlinge eine aus dem 9. Sternit hervorgegangene V-förmige Chitinspange, deren nach vorn divergierenden Arme mit dem → Tegumen und den → Valven artikulieren.
2. Bei gewissen Flöhen ein fingerförmiger Anhang der Thorakalpleuren und des ersten Hinterleibssternits.

violacea Linné, *Magdalis*, stahlblauer Fichtentriebstecher (*Col Curculionidae*).

violaceum Linné, *Callidium*, blauer Scheibenbock (*Col Cerambycidae*).

virens Herbst, *Apion*, grünliches Kleespitzmäuschen (*Col Curculionidae*).

virens Klug, *Diprion*, grüngelbe Kiefernbuschhornblattwespe (*Hym Tenthredinidae*).

Virga (lat. virga, -ae, f., Rute), ein terminaler, gewöhnlich vom → Endophallus entspringender Dorn des → Phallus (Snodgrass).

Virgines (lat. virgo, -inis, f., Jungfrau), sg. Virgo, Symbol ♀, agam geborene und sich agam fortpflanzende Exemplare bestimmter Generationen im Generationszyclus der *Aphididae*, Nachkommen der Fundatrix.

Virginogenien (gr. γίγνομαι geboren werden), Symbol ♀, sg. Virginogenie o. Virginogenia, auch Exulantes (sg. Exulans) genannt, sind agam geborene und sich agam fortpflanzende Virgines-Generationen der *Aphididae*, welche an den Zwischenwirt gebunden sind und deren letzte Generation (vielfach als Sexuparae bezeichnet) die Geschlechtstiere erzeugt. Virgines der Hauptwirtspflanzen werden als Fundatrigenien bezeichnet.

Virgo → Virgines.

viridana Linné *Tortrix*, grüner Eichenwickler (*Lep Tortricidae*).

viridis Linné, *Agrilus*, Buchenprachtkäfer, Laubholzprachtkäfer (*Col Buprestidae*).

viridis Linné, *Cassida*, grüner Schildkäfer (*Col Chrysomelidae*).

viridis Linné, *Cicadella*, grüne Zwergzikade (*Hom Jassidae*).

viridis Ratzeburg, *Sacchiphantes*, grüne Fichtenwollaus (*Hom Aphididae*).

viridissima Poda, *Palomena*, grüne Stinkwanze (*Het Pentatomidae*).

viridissima Linné, *Tettigonia* (*Locusta*), grünes Heupferd (*Salt Tettigoniidae*).

viridula De Geer, *Gastroidea*, Rettichblattkäfer (*Col Chrysomelidae*).

viridula Zetterstedt, *Trioza*, Möhrenblattsauger, Möhrenblattfloh (*Hom Psyllidae*).

Virus, pl. Viren (lat. virus, -i, m., Gift, Schlangengift), bis unlängst nicht näher bekannte Stoffe, welche bestimmte übertragbare Krankheiten der Insekten (auch der höheren Tiere und Menschen) erzeugen können. Es sind Mikroorganismen von ultramikroskopischer Größe. Eine der wichtigsten und am besten bekannten Viruskrankheiten (Virosen) der Insekten ist die → Polyederkrankheit (Polyedrose) der Nonne, des Schwammspinners, Goldafters, Forleule u. a. Schmetterlingsraupen (auch bei Larven von *Diprion sertifer*).

Viscera (lat. viscera, -um, pl. tantum), Eingeweide.

visceral, dem Darm zugekehrt oder naheliegend, z. B. das innere, viscerale Blatt der → Coelomsäcke.

viscerales Nervensystem → stomatogastrisches Nervensystem.

Visceralsegmente des Hinterleibs sind alle Hinterleibssegmente außer den → Terminalia (Genitoanalsegmente).

Visceralskelett des Kopfes, Viscerocranium, der orale Teil der Kopfkapsel, vor allem Clypeus, Peristoma und Gula sowie Tentorium umfassend.

Visceronom, Visceronomium (lat. viscera, -um, Eingeweide, gr. ὁ νόμος Weide), eine → Gangmine, deren einzelne Windungen sehr dicht „darmartig" aneinander liegen.

Visus (lat. visus, -us, m., Sehvermögen, von video, -ere, sehen) → Gesicht.

Vitaformeln, Biologieformeln, abgek. Biolformeln, Insektenzeitschlüssel (BÖRNER 1922), schematisch in Symbolen oder Zahlen dargestellter Ablauf der Metamorphose von Insekten, die besonders von Forstentomologen für didaktische Zwecke entwickelt worden sind. Die einfachste Darstellung des Lebensablaufs geben die von JUDEICH und NITSCHE im Lehrbuch der mitteleuropäischen Forstinsektenkunde (1885 bis 1895) eingeführten Kalenderschlüssel, in deren Monats-Diagramm die einzelnen Entwicklungsstadien mittels Symbolen (· = Ei, — = Larve, ⊖ = ruhende, eingesponnene Larve, ● Puppe, + Imago, wobei schädliche, d. h. fressende Stadien fett unterstrichen werden) eingetragen wurden. Wo genauere Zeitangaben notwendig sind, wird der Monat in 3 Dekaden eingeteilt. Für *Lophyrus pini* ergibt sich folgendes Schema:

	I	II	III	IV	V	VI	VII	VIII	IX	X	XI	XII
1948				+̣ +̣	$\underline{- - -}$	$\underline{- - -}$	● ● +̣	+̣ $\underline{- -}$	$\underline{- - -}$	$\underline{-}$ ⊖ ⊖	⊖	⊖
1949	⊖	⊖	⊖ ⊖ ●	● +̣ +̣								

RHUMBLER schlug 1918 (Z. ang. Ent), die arithmetrische Schreibart der ~ vor, welche später bes. von PRELL 1921 (lc.), WOLFF u. KRAUSE 1922 (lc.) und BÖRNER 1922 (Arb. Biol. RAnst.) weiter ausgearbeitet wurden. Für den Eichenprozessionsspinner ergeben sich daraus folgende Formeln:

Nach RHUMBLER $\frac{8,4 - 57^2}{7^3\,8^2 + 89}$, nach WOLFF u. KRAUSE $\frac{8//4}{7\,p/8\,a} \Big| \frac{5/7\,m}{8\,m - 9\,a}$ und nach PRELL $\frac{E\,8/4,\ L\,5 - 7\,m}{P\,7\,p - 8\,a,\ I\,8\,m - 9\,a}$. Für die doppelte Generation des *Lophyrus pini* nimmt die RHUMBLERsche Darstellungsweise recht komplizierte Form an:

$$\frac{4 - 56(7)}{7 + 7^{p}8^{a}\left[\frac{7^{p}8^{a} - 8{,}10^{a}(10^{m},3)}{3^{p}4^{a} + 4}\right]}.$$

BÖRNER zieht einzeilige Schreibart der Formeln aus praktischen Gründen vor, z. B. für *Lophyrus pini*: ·4—5,6 ○ 7 + 7^{p}, $8^{a}7^{p}$, 8^{a}—8 (10^{m}/3) ○ $3^{p}4^{a}$ + 4 oder + ○ 4 —5, 6 ○ 7 + · $7^{p}8^{a}$—8 (10^{m}/3) ○ 3^{p}, 4^{a}.
In allen diesen Formeln bedeutet **a** den Anfang, **m** die Mitte und **p** das Ende des Monats, + oder I die Imago, — oder L die Larve, ⊖ oder P die Puppe, und oder E das Ei. Die Überwinterung bezeichnet WOLFF u. KRAUSE mit //, PRELL mit / (bei WOLFF und KRAUSE Zeichen der Verpuppung), RHUMBLER durch ein Komma, während bei BÖRNER das Komma „bis" bedeutet. Die Periode der unverpuppten Kokonlarve ist durch runde Klammern (), eine weitere Generation im Jahre durch eckige Klammern [] hervorgehoben.
Eine andere Form der ~ stellen die Kreisschlüssel dar, welche für die Darstellung des Generationszyklus mit Generationenwechsel bei den Blattläusen Verwendung finden.

DINGLER (Forstwiss. Zbl. 1926, S.572 und HESS-BECK, 1927) führte für die Darstellung des Generations- und Wirtswechsels der Blattläuse senkrechte „Schienenformeln" ein, die sich besonders für Schulzwecke gut eignen sollten.

vitale Zone ist diejenige Amplitude der veränderlichen Umweltfaktoren, innerhalb welcher Lebensvorgänge überhaupt möglich sind. Die ~ ist von der unteren und oberen Stoffwechselgrenze, von den Zonen des → Kälte- bzw. → Wärmetodes abgegrenzt. Für die Eiraupe von *Lymantria monacha* erstreckt sie sich von —10,5° C bis + 45,5° C. Bei der tropischen Blattschneiderameise *Atta sexdens* Linné liegt die ~ zwischen +8° C und +47° C. Für Sommerstadien verschiedener Insekten verschiebt sich die ~ in die Plus-, für Winterstadien in die Minusrichtung. So liegt z. B. die untere Grenze der ~ für die Eier von *Lymantria monacha* etwa bei —40° C. Die obere Grenze ihrer ~ liegt aber auch enorm hoch, nämlich bei 53° C. Jugendstadien einer javanischen Mücke leben nach HEYMONS in heißen Quellen von +51° C. Die obere Grenze der ~ schwankt bei Insekten nach bisherigen Ermittlungen zwischen 40 und 50° C (HERTER 1953).
Innerhalb der ~ liegt die → aktive Zone, deren aproximativer Mittelpunkt (für die Eiraupe der Nonne etwa 20° C) die Zone des vitalen Optimums bildet.

Vitalität, Grad der Zähigkeit eines Tieres, oder einer Population, im Ertragen von Schwankungen der Umweltfaktoren, genau ausgedrückt durch Bestimmung der unteren und oberen Grenze der → vitalen Zone für die einzelnen Faktoren.

Vitellarium (lat. vitellus, -i, m., Eidotter), der von heranwachsenden Eiern eingenommene, in → Eifächer geteilte Teil der → Ovariolen, zwischen dem → Germarium und dem → Eiröhrenstiel.

vitellinae Schrank, *Pseudomicrella* (*Chaitophorus*), kurzröhrige Weidenblattlaus (*Hom Aphididae*).

vitellinae Linné, *Phyllodecta*, blauer Weidenblattkäfer (*Col Chrysomelidae*).

Vitellus → Dotter.

Vitellus formativus (lat. formo, -are, bilden, gestalten) → Bildungsdotter.

Vitellus nutritivus (lat. nutrio, -ire ernähren, füttern) → Nahrungsdotter.

viticola Rübsaamen, *Contarinia*, Rebenblütengallmücke (*Dipt Cecidomyidae*).

viticolus Pantanelli, *Phyllocoptes*, Kräuselmilbe des Weinstocks (*Acari Eriophyidae*).

vitifolii Shimer, *Dactylosphaera*, Reblaus (*Hom Aphididae*), zwischen Blattgallen und Wurzelgallen (→ Nodositäten und → Tuberositäten) der Weinrebe migrierende, aus Nordamerika nach Europa verschleppte Blattlaus. Aus befruchteten Wintereiern kommt im Frühjahr die Fundatrix-Generation heraus, welche durch Blattsaugen die ersten Blattgallen erzeugt. Im Laufe des Sommers, bis zum Herbst entstehen in unserem Klima bis 4 weitere Generationen von Gallenläusen. Die zuletzt abgelegten Eier der Fundatrix und der vier weiteren Generationen der Gallenläuse ergeben Wurzelläuse, welche unter die Erde kriechen und auf Rebenwurzeln kolonienweise Wurzelgallen erzeugen. Die Wurzelläuse bilden einen geschlossenen Nebencyclus virginogener Generationen und erzeugen außerdem im Sommer geflügelte Sexuparae, welche die Erde verlassen und auf oberirdischen Pflanzenteilen Eier ablegen, aus welchen im Herbst Männchen und Weibchen auskriechen. Die befruchteten Eier überwintern und schließen mit dem Schlüpfen der Fundatrix-Generation im Frühjahr den Hauptzyclus.

vitis auct., *Dactylopius* → *Phenacoccus aceris* Signoret

vitis Nalepa, *Epitrimerus*, Kräuselmilbe des Weinstocks (*Acari Eriophyidae*).

vitis Nalepa, *Eriophyes*, Rebenfilzgallmilbe, Weinblattgallmilbe, Weinblattfilzmilbe, Blattgallfilzmilbe (*Acari Eriophyidae*).

vitis Nalepa, *Phyllocoptes*, Kräuselmilbe des Weinstocks (*Acari Eriophyidae*).

vitis auct., *Pulvinaria* → *P. betulae* Linné.

vitium Serville, *Ephippigera* → *E. ephippiger* Fieber.

Vitrella (lat. dem. von vitrum, -i, n., Glas), intrazelluläre Sekretmasse der → Kristallzellen.

Vitta frontalis (lat. vitta, -ae, f., Band, Streifen) → Stirnstrieme.

vittata Villers, *Cassida*, glanzstreifiger Schildkäfer (*Col Chrysomelidae*).

vittata Fabricius, *Phyllotreta*, gebänderter Erdfloh (*Col Chrysomdidae*).

vittatus Fabricius, *Pteleobius*, bunter Ulmenbastkäfer (*Col Ipidae*).

vittula Redtenbacher, *Phyllotreta*, Getreideerdfloh (*Col Chrysomelidae*), 1,8 bis 2,3 mm langer schwarzer Käfer mit zwei parallelen gelben Längsstreifen auf den Flügeldecken. Fühlerbasis und Tarsen gelb. Der Käfer macht harmlosen längsstreifigen Fensterfraß auf Getreideblättern, seine Larve ist manchmal lästig durch innerlichen Fraß am Grunde junger Halme.

Viviparie, Gebären von Larven oder vorgeschritteneren Stadien, welche innerhalb der Vagina aus den Eiern geschlüpft sind und vielfach auch die erste Larvennahrung intravaginal aus den Anhangsdrüsen (→ Milchdrüsen) erhalten haben. Vivipare Insekten sind in der Regel → larvipar, doch kommen auch Fälle der → Pupiparie vor. Ein einziger Fall des Gebärens fertiger Imagines liegt bei der Phoride *Termitomyia* vor. (→ Cryptometabola.)

V-Leiste, endoskeletale, der → V-Naht folgende Leiste.

V-Naht, Scutoscutellarnaht, verkehrt V-förmige, nach hinten weit divergierende oder bogenförmige Naht, welche am Meso- und Metanotum das → Scutum vom → Scutellum abgrenzt. Sie ist meistens nur am Mesonotum deutlich und scharf ausgeprägt. Die ihr folgende endoskeletale V-Leiste gibt einerseits Insertionsstellen für die lateralen Züge der dorsalen Längsmuskeln und andrerseits dient sie zur Verfestigung des hinteren Notumteils, ähnlich der Funktion der → Parapsidenfurchen im vorderen Teil des Mesonotums.

Vogelbeermotte → *Argyresthia conjugella* Zeller.

Vogelmilbe → *Dermanyssus gallinae* De Geer.

Vollfliegen → *Muscidae.*

Vollparasiten → Holoparasiten

Volsella (lat. volsella, -ae, pl. ae, f., oder vulsella, kleine Zange, von vello, -ere, vulsi (volsi), vulsum (volsum), rupfen, zupfen), die → Parameren des männlichen Begattungsapparates bei Hymenopteren.

vimitoria Linné, *Calliphora*, Schmeißfliege (*Dipt Tachinidae*).

Vorbeweger → Promotor.

Vorbeugung, Prophylaxe einer drohenden Insektenkalamität beruht auf Maßnahmen, die geeignet sind, dem Schädling die Möglichkeit zu einer Massenvermehrung zu nehmen. Hierher gehören vor allem zahlreiche Kulturmaßnahmen, wie z. B. Bevorzugung von Mischbeständen an Stelle von reinen Kiefernwäldern in Forleulengebieten, mineralische Düngung statt Stalldünger gegen Erdraupen, Drahtwürmer usw., Trockenlegung von Tümpeln und Morasten gegen die Mückenplage, Einhalten bestimmter Saatzeiten (→ Aussaat), Unkrautbekämpfung usw.

Vorderbrust → Prosternum.

Vorderdarm, Stomodaeum, der vordere, ektodermale Abschnitt des → Darmkanals, welcher die → Schlundöffnung mit dem Mitteldarm verbindet. Vom Mitteldarm immer gut abgesetzt, gliedert sich der ~ in → Pharynx, → Oesophagus, → Ingluvies, → Proventriculus und → Valvula cardiaca, die aber selten alle zugleich auftreten und nicht immer deutlich voneinander geschieden sind. Die Abschnitte des ~ sind rein adaptiv und haben nichts mit primärer Segmentierung zu tun, wie Janet annahm. Sie können auch gänzlich fehlen und dann stellt der ~ ein annähernd gleich weites Rohr dar (*Heteroptera, Aphididae, Diaspidinae, Anoplura, Thysanoptera*).
Der ~ ist innen stets mit einer cuticularen Intima ausgekleidet, welche die Fortsetzung der integumentalen Cuticula darstellt. Die Muscularis besteht aus einer inneren Schicht von Längs- und einer äußeren Schicht von Ringmuskeln, die mit ihren peristaltischen Bewegungen die Nahrung von vorn nach hinten schieben. Radiale Dilatatoren-Muskeln hat nur der Pharynx, seltener auch noch der Vorderteil des Oesophagus. (Taf. VI, Fig. 1, 2.)

Vorderflügel, Ala anterior, das mesothorakale Flügelpaar (→ Flügel).

vorderindische Subregion, indische Subregion, tiergeographisches Teilgebiet der → orientalischen Region, welches die vorderindische Halbinsel nördlich bis zum Fuß der Himalaja, östlich bis zum Ganges und westlich (ohne sichere Grenze) bis etwa zum Indus umfaßt, aber mit Ausschluß des Regenwaldstreifens im Südwesten der Halbinselspitze, welcher zur → ceylonischen Subregion gehört.

Vorderkopf, der vordere, orale, annähernd dem → Viscerocranium entsprechende Teil der Kopfkapsel, vor den Komplexaugen. Der ~ ist schon bei kauenden

Insekten nach vorn zu den Mundteilen gewöhnlich etwas verengt und zeigt in verschiedenen Insektengruppen mehr oder weniger weitgehend realisierte Neigung zur rüsselartigen Verlängerung. Letzteres ist in vollem Masse bei langrüsseligen Curculioniden, bei der Elephantenlaus (*Haematomyzus elephantis* Piaget) und bei Panorpaten erreicht, bei Tipuliden recht vorgeschritten.

Bei Hemipteren ist der ~ auch merklich verlängert und bildet den sog. Schnabel, an dessen Bildung sich aber die mit dem ~ verschmolzenen → Laminae maxillares und → Laminae mandibulares beteiligen.

Vorderpharynx → Vorderschlund.

Vorderrand, Costalrand des Flügels ist der Rand vom → Humeralwinkel bis zur Flügelspitze (→ Apex), wo er mit dem → Außenrand zusammenstößt.

Vorderrandader → Costa.

Vorderschlund, Bucca, Vorderpharynx, der vordere, orale Abschnitt des → Schlundes. Er ist nicht immer deutlich vom → Hinterschlund abgesetzt, läßt sich aber gewöhnlich an den meist kräftig entwickelten clypeo- und frontobuccalen Dilatatoren-Muskeln einwandfrei lokalisieren. Auf seiner Ventralwand inseriert, oft auf einer chitinigen Querspange (*Dytiscus*) der tentorio-buccale Dilatator-Muskel. Bei *Hemiptera, Muscinae, Hippoboscidae* und *Aphaniptera* bildet der ~ allein eine → Saugpumpe, während letztere bei *Thysanoptera, Anoplura* und *Diptera* mit Ausnahme der *Muscinae* und *Hippoboscidae* vom ~ und Hinterschlund zusammen gebildet wird. Bei *Diptera Cyclorrhapha* und *Anoplura* wird der ~ als → Fulcrum bezeichnet. Die Homologie dieser beiden gleichnamigen Teile ist allerdings noch nachzuprüfen. (Taf. XXV, Fig. 1.)

Vorhof → Atrium.

Vorhofspforte → Porta atrii.

Vorkerne, der männliche und weibliche, sind die haploiden Kerne der → Spermio- und → Ovocyte, welche nach erfolgten Reifungsteilungen nur zur Verschmelzung (Befruchtung) treten (→ Eireifung).

Vorkinn, Praementum, Praelabium, der distale, die Labialtaster, Glossae und Paraglossae tragende, durch die → Labialnaht vom → Hinterkinn gesonderte Teil der → Unterlippe. Das ~ ist dem maxillaren Stipes mit seinen Anhängen homolog, zeigt aber nur noch bei primitiven kauenden Insekten Spuren des paarigen Aufbaues. Bei *Planipennia* ist das ~ in zwei hintereinander liegende Chitinplatten differenziert (*Myrmeleonidae*-Imagines, *Chrysopa*-Larven), deren hintere die Insertion des Musc. submentopraementalis und die vordere die Insertionen der beiden Musc. tentoriopraementales inferiores tragen.

Bei kauenden Insekten ist das ~ meist eine annähernd rechteckige, an der labialen Scharniernaht etwas in der Medianebene bewegliche Chitinplatte, deren mit Borsten besetzte Innenwand am Freßakt teilnimmt. Bei Hymenopteren neigen die Glossae und Paraglossae zur Verlängerung und das ~ tritt mehr und mehr zurück, bis es bei Bienen zu einem kleinen Basalsockel der genannten Anhänge reduziert erscheint.

Bei Schmetterlingen ist das ganze Labium samt dem ~ im Boden der Kopfkapsel eingeschmolzen, nur die Labialtaster bleiben frei.

Bei stechend-saugenden Insekten ist ein ~ nicht mehr als solches kenntlich. Es ist bei Hemipteren im Endteil der meist vierteiligen Stechborstenscheide enthalten, bei *Diptera* in den Interlabellarskleriten oder an der Basis der Ligula (*Culicidae*) zwischen den Labellen zu suchen.

Vormagen, Proventriculus, der dritte und vorletzte Abschnitt des Vorderdarmes, zwischen Oesophagus und Valvula cardiaca. Er fehlt bei *Corrodentia, Mallophaga* und allen saugenden Insekten mit Ausnahme der *Aphaniptera*. Bei aculeaten Hymenopteren ist er in den Kropf eingestülpt, von außen nicht sichtbar und bildet eine Ventilvorrichtung, welche den Weg der Nahrung aus dem Kropf (sozialen Magen) in den Mitteldarm versperrt oder freigibt.

Die kräftige Längsmuskulatur der Vormagenwand der kauenden Insekten liegt in nach innen vorspringenden, mit cuticularen Dornen, Borsten und Haken versehenen Falten, welche im hinteren Teil des ~ (bei *Dytiscus* auch äußerlich sichtbar, gegen den Vorderteil abgesetzt) einen Verschlußapparat (Sphincter) bilden. Bei holzfressenden Insekten, vor allem bei den Borkenkäfern bilden die cuticularen Emergenzen einen Reusenapparat, dem vielfach auch die Funktion der Nahrungszerkleinerung zugeschrieben wird (→ Kaumagen).

Vorpuppe → Praepupa.

Vorratsschädlinge, Speicherschädlinge, Insekten (und andere Tiere), welche auf pflanzlichen oder tierischen Produkten in Lagern, Speichern, Silos, Vorratskammern usw. leben und diese Produkte durch ihren Fraß beschädigen oder durch ihre Exkremente und Leichen beschmutzen und dadurch ihren Gebrauchswert herabsetzen. Vgl. auch → Materialschädlinge.

Vorrücken → Halsring.

Vorschieber → Promotor.

Vorschnellstab, ein aus der Hinterwand der → Crumena bei *Aleurodidae* herausdifferenzierter Chitinstab, welcher bis an das Ende der sich beim Saugen zusammenziehenden Stechborstenscheide hineindringt. Sein, durch einen eigenen Muskel bewirktes, Vorschnellen hat plötzliches Ausstrecken der Stechborstenscheide und damit Herausreißen der Stechborsten aus dem Nährsubstrat zur Folge. Die ganze Vorrichtung steigert in hohem Maße die Flüchtigkeit der Tiere.

Vorsegmenthypothese, von KOLBE 1893 aufgestellte Hypothese des Vorhandenseins je eines Ursegments vor dem Pro-, Meso- und Metathorax. Vgl. → Polymetameriehypothesen des Thorax.

Vorspiele → Balztänze.

Vorzieher → Protractor.

vulgaris Linné, *Gryllotalpa*, Maulwurfsgrille, Werre, Erdwolf (*Salt Gryllotalpidae*).

vulgaris Fabricius, *Melolontha* → *M. melolontha* Linné.

vulgaris Linné, *Pterostichus*, Erdbeerlaufkäfer (*Col Carabidae*).

vulgatissima Linné, *Phyllodecta*, blauer Weidenblattkäfer (*Col Chrysomelidae*).

vulpinus Fabricius, *Dermestes*, Dornspeckkäfer (*Col Dermestidae*).

Vulva (lat. volva oder vulva, -ae, f., vulgär bulba, Gebärmutter, Tasche, Hülle) äußere Öffnung. Vagina (→ Geschlechtsöffnung).

W

Waben, die aus Wachs (*Apidae*) oder papierähnlicher Masse (*Vespidae*) hergestellten, im Querschnitt sechseckigen Zellen in Nestern sozialer Bienen und Wespen, die teils zur Unterbringung der Brut (Brutzellen), teils zum Speichern der Reservenahrung für den Winter (Bienen) dienen.

Wachbiene, Pförtnerbiene, Pförtner, die Bienenarbeiterin in ihrem 17. bis 21. Lebenstage. Die ~ machen kurze Orientierungsflüge, während der sie stets mit dem Kopf zum Flugloch gewandt sind und sich immer wieder der Beute nähern, dabei die Flugkreise immer größer ziehend. Zu ihren Pflichten gehört auch die Bewachung des Flugloches. Die ~ stellt das letzte Stadium der → Stockbiene dar. Nachdem sie sich den Anflug gehörig eingeprägt haben, werden sie zu → Trachtbienen.

Wachs, Cera, Sekret der → Wachsdrüsen verschiedener Insekten, vor allem der Bienen, Larven vieler *Coleoptera*, *Hym Symphyta*, *Lepidoptera* sowie Larven und Imagines vieler *Homoptera*. Die chemische Konstitution des ~ ist bei verschiedenen Insekten recht verschieden, im allgemeinen sind es Ester einwertiger Alkohole (z. B. Bienenwachs Palmitinsäure-Melissylester) mit Ceratinsäure. Sie stellen für den Körper der Insekten biologisch verwertete Abfallprodukte des Kohlehydratsstoffwechsels dar. Die Ausscheidung des ~ erfolgt in Täfelchen (Honigbiene), Fäden (viele Blattläuse, *Coccidae*), Stäbchen (*Orthezia urticae*) oder in Pulverform (*Aleurodidae*).
Die biologische Bedeutung der Wachsausscheidungen ist einerseits die des Baumaterials (Bienen), andrerseits die des Körperschutzes gegen Befeuchtung mit Wasser. Diesen Schutz haben auch besonders säftesaugende Insekten *Aphidina*, *Coccina*, *Aleurodina* und *Psyllina* entwickelt, die auch anderweitige Einrichtungen zur beschleunigten Abgabe des überschüssigen, mit der Nahrung aufgenommenen Wassers entwickelt haben (→ Filterkammer). Vgl. auch → Siphunculi.

Wachsbürste, eine Haarbürste auf der Innenseite der Hinterschienen bei *Aleurodina*, die zur gleichmäßigen Verteilung des Wachspuders auf Flügeln und Körperoberfläche dient.

Wachsdrüsen, Drüsen, welche → Wachs oder wachshaltige Sekrete ausscheiden. Ihre Lage auf dem Körper ist bei verschiedenen Insekten verschieden. Bei *Bombus* und Larven der *Aleurodidae* liegen sie auf dem Rücken des Hinterleibs, bei *Apis* und Imagines der *Aleurodidae* auf seiner Ventralseite, bei *Psyllidae* in der Gegend des Afters. In allen diesen Fällen handelt es sich um zusammengesetzte Drüsen. Einzellige Wachsdrüsen können diffus über den ganzen Körper verteilt sein (*Aphidina*). Bei *Aleurodina*-Larven liegen sie ringsherum am Rande des Körpers und bilden aus ihren Ausscheidungen die charakteristischen Wachspalisaden.

Wachsdrüsenplatten sind Felder von einzelligen Wachsdrüsen, welche zwischen gewöhnlichen Epidermiszellen zerstreut liegen, z. B. bei *Cicadina*, oder zusammenhängende Bündel bilden.

Wachsformen sind cuticulare, sehr verschiedenartige, vielfach sehr zierliche Bildungen an der Mündung der → Wachsdrüsenplatten.

Wachsfresser → Cerophaga.

Wachshüllen um die Eierhaufen, bilden verschiedene Arten der Cocciden-Weibchen. Das Wachs wird in Flocken- oder Plattenform um die Eigelege gelegt.

Wachsmotte, große → *Galleria mellonella* Fabricius.

Wachsmotte, kleine → *Achroea grisella* Fabricius.

Wachsreif → Sekretfarben.

Wachsspiegel, glatte Stellen über den Wachsdrüsen auf den Sterniten bei der Honigbiene.

Wachstum, Crescenz, Zunahme der Körpergröße, erfolgt bei Insekten diskontinuierlich, sprungweise, hauptsächlich unmittelbar nach jeder Häutung, um nach der Erhärtung der Cuticula nachzulassen oder, bei starker Sklerotisierung, z. B. bei Drahtwürmern, völlig aufzuhören. Letzteres trifft auch für die Kopfkapsel der meisten Larven zu, welche nur mit jeder Häutung seine Ausmaße zu vergrößern vermag. Unter Zugrundelegung der Kopfbreite als dem Index seiner Größenzunahme stellten Dyar für gewisse Schmetterlingsraupen fest, daß die Kopfareite mit jeder Häutung um das 1,44fache der jeweils vorangehenden Breite zunimmt und in geometrischer Progression wächst. Vgl. auch → Allometrie.

Wachstumshäutungen werden im Gegensatz zu → Verwandlungshäutungen diejenigen Larvenhäutungen genannt, welche nur Wachstumsstadien, aber keine Verwandlungsstadien voneinander trennen.

Wachszange, Traductor, Pollenschieber, eine Klemme am Sammelbein der Honigbiene, die zwischen dem Endrande der Hinterschiene und dem Basalrande des ersten Tarsengliedes (Ferse) entsteht. Der zu einem → Fersenhenkel verlängerte basale Hinterwinkel der Ferse preßt den mit Hilfe des → Pollenkamms von der Körperbehaarung ausgekämmten Pollen in das auf der Außenseite der Schiene liegende Körbchen in sog. → Höschen zusammen. Der Name ∼ ist irreführend, die Einrichtung hat nichts mit Wachs zu tun.

Wadenstecher → *Stomoxys calcitrans* Linné.

Wärmeformen, Hitzeformen, aberrant gefärbte Formen von Insekten, welche während bestimmter Entwicklungsstadien (Puppen in sog. sensibler oder kritischer Periode) künstlicher Einwirkung bestimmter Temperaturgrade ausgesetzt worden sind. Man spricht von Wärmeformen, wenn die induzierten Temperaturen zwischen 30 und 40° C und von Hitzeformen, wenn diese Temp. über 40° C liegen (zwischen 45 und 46° C endet der Stoffwechsel und erfolgt bald der Hitzetod). Die Änderung der Farbe, die sowohl eine Aufhellung als auch eine Verdunkelung sein kann, geht meist parallel mit Entwicklungshemmungen und konstitutionellen Schwächen des fertigen Insekts. Vgl. auch → Kälteformen.

Wärmeregulation, Erhaltung der Körpertemperatur auf einer bestimmten, für die physiologischen Vorgänge notwendigen Höhe ist bei Insekten nur im beschränkten Maße möglich. Physikalische ∼ erfolgt artspezifisch durch helle, wärmeabstoßende und dunkle, wärmespeichernde Färbung (→ Wärmeschutztracht, → Glogersche Regel), oder durch zweckmäßige Einstellung des Körpers zu Sonnenstrahlen (Fliegen an Sonnenplätzen, Schmetterlinge, die ihre Flügel ausbreiten oder zusammenlegen, Ameisen, die ihre Puppen auf die Sonne hinaustragen usw.). Chemische ∼ wird den

Schwirrbewegungen der Flügel bei Sphingiden und den Pumpbewegungen des Hinterleibs bei vielen Käfern zugeschrieben, indem diese Bewegungen die Körpertemperatur auf eine für die Muskelarbeit (→ Abflug) günstige Höhe bringen sollen. Die Fähigkeit der Bienen, die Innentemperatur des Bienenstockes zu regeln, ist bekannt. Im Sommer sorgen die Arbeiterinnen durch schwirrende Bewegung der Flügel für eine konstante Bruttemperatur. Im Winter werden die Bienen unruhig, sobald die Innentemperatur auf etwa +13° C gesunken ist. Sie nehmen dann Nahrung zu sich und bewegen sich so lange lebhaft, bis die Temperatur wieder auf etwa 25° C gestiegen ist. Diese Regulation erfolgt im Bienenstock zur Winterzeit gewöhnlich einmal täglich.

Die Körpertemperatur der Insekten ist nur im Bereich der mittleren Wärmegrade (z. B. bei *Periplaneta* zwischen 10 und 22° C, bei *Anomala* zwischen 15 und 30° C, bei *Orthetrum* zwischen 12 und 23° C) der Außentemperatur gleich. Unterhalb und oberhalb dieser Grenzen tritt die ~ ein, indem bei niedrigen Außentemperaturen die Körpertemperatur steigt (z. B. bei *Apis* 4,7° C Körper-T bei 5,5° C Außen-T), bei höheren dagegen sinkt (z. B. bei *Prodenia*-Raupe Körper-T 21,5° C bei Außen-T 23° C, bei *Adesmia* (Käfer) entsprechend 36,0° C bei 38° C und 39,5° C bei 44,0° C) (Wigglesworth 1950).

Wärmeschutztracht, Vorwiegen heller oder reflektierender Färbungen bei Insekten warmer Gebiete (→ Glogersche Regel).

Wärmestarre, Stillstand der → Aktivität bei Erreichung der oberen Temperaturschwelle mit Aufrechterhaltung einer leichten, die Körperzellen am Leben erhaltenden Atmung. Die ~ erfolgt bei den meisten Insekten zwischen +43 und +44° C, kann aber auch höher oder tiefer liegen, scheint aber nicht über 47° C zu kommen.

Wärmesummeregel, ursprünglich aus der van 't Hoffschen R-G-T-Regel der chemischen Reaktionen abgeleitete Regel von der Korrelation zwischen der Temperatur und der Reaktionsgeschwindigkeit. Sie besagt in der auf die Entwicklungsphysiologie übertragenen Fassung von Sanderson (1908), daß die Thermalkonstante (C) die Summe der täglichen Temperaturmittel über dem → Entwicklungsnullpunkt der Art ist: C = t (T—k), wobei t = Zeit, T = Temperatur, k = Entwicklungsnullpunkt. Dieser Satz gilt aber nur für die nahe dem Optimum liegenden und nicht zu stark schwankenden Temperaturen. Bei zu sehr vom Optimum abweichenden Temperaturen haben die extremen Grade andere Entwicklungswerte als die suboptimalen und können nicht ohne weiteres als Summanden in Rechnung gezogen werden.

Die untere Entwicklungsgrenze (k) läßt sich aus der obigen Formel berechnen (→ Entwicklungsnullpunkt), nicht aber die obere Grenze.

Wärmetod, Tod des Organismus durch Überhitzung. Er tritt bei Insekten meist um +45° C, d. h. bei Überschreitung der oberen → Stoffwechselgrenze.

Waffenfliegen → *Stratiomyidae.*

Wagegänge sind Brutgänge gewisser Borkenkäfer, deren → Muttergänge quer zur Längsachse des Baumstammes verlaufen. Solche Gänge machen z. B. *Scolytus intricatus* Ratzeburg auf Eiche (einarmig), *Myelophilus minor* Hartig an Kiefer (zweiarmig), *Hylesinus crenatus* Fabricius und *fraxini* Panzer an Esche (zweiarmig), *Ips curvidens* Germar an Tanne (3—4 armige, doppelte Wagegänge) usw.

wahlbomiana Linné, *Cnephasia*, Erdbeer- oder Flachswickler (*Lep Tortricidae*).

Waldameise → *Formica rufa* Linné.

Waldbock → *Spondylis buprestoides* Linné.

Waldgärtner, großer → *Blastophagus* (*Myelophilus*) *piniperda* Linné.

Waldgärtner, kleiner → *Blastophagus* (*Myelophilus*) *minor* Hartig.

Waldhumusschnellkäfer → *Agriotes aterrimus* Linné.

Waldmaikäfer → *Melolontha hippocastani* Fabricius.

Walker → *Polyphylla fullo* Linné.

Walnußfilzgallmücke → *Eriophyes tristriatus* Hübner.

Walnußschlankmotte → *Gracilaria roscipennella* Hübner (*juglandella* Mn.).

Wandelbeine, Pedes ambulatorii sind lange, aber nicht enorm verlängerte (→ Stelzenbeine) → Schreit- oder Gehbeine, die nur zum langsamen, wandelartigen Schreiten geeignet sind. Die ~ sind besonders bei Phasmiden häufig, kommen aber auch bei Heteropteren, Dipteren, selten bei Käfern u. a. freilebenden Insekten vor.

wandelnde Blätter → *Phyllidae.*

Wandergesellschaften, größere oder kleinere Gruppen von Einzelwesen einer oder überwiegend einer Art, welche aus ihrem Geburtsbiotop durch Nahrungsmangel (infolge Massenvermehrung), ungünstige Änderung eines anderen Umweltfaktors oder Elementarkatastrophen (Brand, Überschwemmung) vertrieben und durch gemeinsamen Zweck vereinigt, anderen Biotopen zustreben.

Wandergesellschaften sind außer von der Wanderheuschrecke auch von anderen Insekten, z. B. Odonaten, Tagfaltern, Raupen der Processionsspinner, des Heerwurms usw. bekannt (→ Wanderungen).

Wanderheuschrecke, ägyptische → *Schistocerca gregaria* Forskal.

Wanderheuschrecke, afrikanische oder tropische → *Locusta migratoria migratorioides* Reiche u. Fairmaire.

Wanderheuschrecke, europäische → *Locusta migratoria* Linné und *L. danica* Linné.

Wanderheuschrecke, italienische → *Calliptamus italicus* Linné.

Wanderung, Migration, Umzug eines Tieres aus seinem Geburtsbiotop in einen anderen Ort von gleichem oder ähnlichem Charakter, im Gegensatz zur → Verschleppung.

Die Ursachen der ~ können zweierlei Natur sein. Entweder werden die Tiere durch endogen ausgelösten Suchtrieb nach Nahrung (für sich oder ihre Brut, d. h., im letzteren Fall, nach geeigneten Eiablagestellen) oder nach Geschlechtspartnern auf die Wanderschaft getrieben, oder sie werden exogen zum Verlassen des Geburtsbiotops durch untragbare Änderungen verschiedener Umweltfaktoren gezwungen. Eine scharfe Grenze zwischen beiden Ursachen der ~ gibt es nicht, denn schon der normale Suchtrieb setzt spärliche Anzahl geeigneter Substrate voraus, und letztere kann durch Ungunst der Umwelt herbeigeführt worden sein.

Normale Suchwanderungen der Einzeltiere sind bei frei beweglichen Insekten die Regel. Sowohl Jagd- als auch phytophage Insekten fliegen und kriechen fast beständig herum. Am häufigsten beschränken sich diese Wanderungen auf die Grenzen des nativen Biotops (*Cicindela hybrida* auf Sandwegen des nativen Kiefernwaldes, Odonaten am Ufer des nativen Sees usw.), aber auch ein Überwandern auf benachbarte oder entferntere, vom nativen Biotop entfernte oder auch isolierte neue Biotope ist durchaus häufig. So werden z. B. in gewissen Sommermonaten einzelne Exemplare von *Hylobius abietistis, Dytiscus marginalis* und anderen Wasserkäfern sowie fliegende Wasserwanzen mitten in den Städten beobachtet, wo sie durch Flugstörungen oder infolge Ermattung zu Boden fallen.

Daß die Einzelwanderungen als regelmäßige, alltägliche Erscheinung des Insektenlebens einen durchaus wichtigen Faktor im Zustandekommen des → Verbreitungsareals darstellen, liegt auf der Hand. Reinig (1938) macht sogar Einzelwanderungen zum Grundfaktor seiner Eliminationstheorie.

Bei Massenwanderungen spielen dieselben Faktoren die Rolle des spiritus movens. Nur tritt hier die Neigung zur Vergesellschaftung hinzu, welche den meisten Insekten fehlt und nur bei gewissen Arten, welche übrigens kein soziales Leben führen müssen, zur Entstehung von → Wandergesellschaften führt. Massenwanderungen sind keine alltägliche, sondern periodische, meist mit Massenvermehrungen zusammenhängende Erscheinung. Wenn sie auch sicherlich zur Erweiterung der Verbreitungsareale und Entstehung neuer Formen beitragen können, so kommt ihnen doch nicht jene Bedeutung zu, welche Einzelwanderungen beizumessen ist.

Wange, Gena, Seitenteile der Kopfkapsel hinter und unter den Komplexaugen. In dieser Auffassung nimmt die ~ den unteren Teil der → Parietalia ein, wird aber bei verschiedenen Insektenordnungen recht verschieden weit aufgefaßt. Als ~ wird immer der untere Teil der Kopfkapsel zwischen dem unteren Rande der Komplexaugen und dem oralen Seitenrande der Kopfkapsel (→ Pleurostoma) bezeichnet. Der hintere, unter und hinter den Komplexaugen bis zur → Occipitalnaht reichende Teil der Wange wird vielfach (bes. bei Dipteren) als → Backe unterschieden. Bei Dipteren werden auch die unteren Teile des zwischen den medianen Rändern der Komplexaugen liegenden → Gesichts beiderseits der → Stirnstrieme als ~ bezeichnet (→ Wangenplatten). Hinter den Komplexaugen geht die ~ dorsalwärts stets ohne Naht in die → Schläfe über.

Bei Hymenopteren entspricht die Bezeichnung ~ mehr der Backe der Fliegen, während der oft nur schmale Raum der Kopfkapsel zwischen dem unteren Augenrande und der Mandibelbasis als Wangenanhang bezeichnet wird.

Wangenborsten sind bei schizometopen Fliegen die auf den → Wangenplatten neben dem inneren Augenrande stehenden, öfters als untere Frontorbitalborsten bezeichnete, taxonomisch wichtige Borsten. (Taf. V, Fig. 5.)

Wangenfortsatz, Genalfortsatz, ein konischer Fortsatz am Mundrande vieler Schmetterlinge, der als Mandibelrest gedeutet wird.

Wangenplatten, ein Paar von Chitinskleriten nahe am oberen Innenrande der Komplexaugen bei höheren Fliegen. Sie sind von den → Scheitelplatten getrennt (meiste *Muscidae acalyptratae*) oder mit ihnen verschmolzen (*Muscidae calyptratae*) und sind Träger der inneren → Orbitalborsten. (Taf. V, Fig. 5.)

Wanzen → *Heteroptera.*

Warntrachten, aposematische Trachten sind Merkmale der Form und Färbung, welche einem Insektenfresser den Träger der Tracht als ungenießbar kenntlich machen. Parallelismen in den ~, d. h. zwei oder mehreren Arten gemeinsame ~ werden als synaposematische Trachten bezeichnet. Warntrachten wehrloser, genießbarer Arten vgl. → Scheinwarntracht (Mimikry).

Warze, Verruca, warzenartige Unebenheit des Integuments.

Warzenbeißer → *Decticus verrucivorus* Linné.

Wasser als Lebensraum der Insekten kommt nur in Frage, solange es einen bestimmten Gehalt an gelösten Salzen nicht überschritten hat. Die Insekten sind ausgeprochene Landtiere und haben sich in Binnengewässern, die wir als süß bezeichnen, reichlich entfaltet, fehlen aber vollständig im Meerwasser mit hohem Salzgehalt. Auch im Brackwasser ist die ständige Insektenfauna verhältnismäßig sehr artenarm. Einzelne Arten konnten sich allerdings an ziemlich hohen Salzgehalt des Meereswassers anpassen und leben in der Gezeitenzone (*Actaletes neptuni* Giard, *Collembola,* Nordseeküste von Belgien, und einige andere Arten).
Gegen andere im Süßwasser gelöste oder suspendierte chemische Stoffe, wie z. B. Abwässer aus Fabriken u. dgl., zeigen viele Insekten erstaunliche Widerstandskraft.
Vgl. auch → halobiont, → halophil.

Wasserbedarf der Insekten scheint in sehr weiten Grenzen zu schwanken. Kleidermotten, Wachsmotten und Mallophagen nehmen so gut wie kein Wasser mit der Nahrung zu sich, während andere Insekten mit dem meist reichen Wassergehalt ihrer Nahrung auskommen. Viele Insekten, z. B. Hymenopteren, Schmetterlinge, Fliegen, trinken gern Wasser, andere wieder (*Aphididae*) haben besondere Vorrichtungen im Darmkanal (→ Filterkammer), welche für die schnelle Abfuhr des überschüssigen, mit der Nahrung aufgenommenen Wassers sorgen.

Wasserbienen, Arten der Gatt. *Notonecta* (*Het Notonectidae*).

Wasserflorfliegen → *Sialidae.*

Wasserjungfern → *Odonata.*

Wasserläufer → *Veliidae.*

Wasserschneider → *Gerridae.*

Wasserskorpione → *Nepidae.*

Wasserspringbock, *Prosminthurus aquaticus* Bourlet (*Collembola Sminthuridae*).

Wasserspringer → *Hydropoduridae.*

Wasserspringschwanz, *Hydropodura aquatica* Linné (*Collembola Hydropoduridae*).

Wassertreter → *Haliplidae.*

Wasserwanzen → *Cryptocerata.*

Wasserzikaden → *Corixidae.*

wauaria Linné, *Thamnonoma,* Johannisbeerspanner (*Lep Geometridae*).

Weberbock → *Lamia textor* Linné.

Wechselsinnesorgane → plurimodale Sinnesorgane.

wechselwarm → poikilotherm.

Wegameise, braunschwarze → *Lasius niger* Fabricius.

Wegameisen, Arten der Gatt. *Lasius* und verwandte (*Hym Formicidae*), bes. *Lasius niger* Linné und *L. brunneus* Latreille.

Wegwespen → *Psammocharidae.*

Wehrdrüsen sind Drüsen mit abstoßend riechenden, ätzenden oder unter Knall verdunstenden Sekreten. Auch → Giftdrüsen gehören hierher.

Weibchen, Femina, Femella, Symbol ♀ (zodiakales Zeichen der Venus, bei Alchemisten Zeichen des Kupfers), diejenige Geschlechtsform der Insekten, deren Geschlechtsorgane nur aus → Eierstöcken bestehen, in welchen → Eier gebildet werden. Die letzteren entwickeln sich innerhalb oder außerhalb des Mutterkörpers mit oder ohne → Befruchtung zu einer neuen Generation derselben Art, der das ~ gehörte.

Das ~ ist häufig allein, ohne Beteiligung des Männchens befähigt, entwicklungsfähige Eier zu legen (→ Parthenogenese), bei den meisten Arten ist aber → Gamogenese die Regel.

Die ~ unterscheiden sich von den → Männchen immer durch die Geschlechtsorgane (primäre Geschlechtsmerkmale). In den übrigen Körpermerkmalen können die ~ den Männchen vollkommen gleichen, so daß beide Geschlechter äußerlich voneinander nicht zu unterscheiden sind, oder sie weisen im Bau verschiedener Körperteile Merkmale auf, die den Männchen fehlen (sekundäre Geschlechtsmerkmale). Im letzteren Fall spricht man vom → Geschlechtsdimorphismus der betreffenden Art.

Im allgemeinen sind die ~ weniger aktiv als die Männchen, sie neigen mehr als die letzteren zur → Brachy- oder → Apterie. Die geringere → Aktivität der ~, welche bei *Coccidae* und *Stylopidae* (abgesehen von vereinzelten Formen bei anderen Insektenordnungen) bis zur vollkommenen Seßhaftigkeit gesteigert ist, ist offenbar durch die große Masse der Eier bedingt, welche einerseits die Assimilate des Körpers in starkem Maße verbrauchen, andrerseits aber den Körper auch mechanisch belasten. Bei Weibchen der *Lecaniinae (Coccidae)* werden allmählich alle Organe des Körpers aufgelöst und für die Eibildung verbraucht, so daß der Körper des Weibchens am Schluß einen trockenen Schutzschild um den Eihaufen darstellt. Die ~ sind in der Regel entweder absolut oder wenigstens durchschnittlich größer als die Männchen und ihre Trägheit kommt meist nicht nur in Bewegungen, sondern auch im Körperhabitus mehr oder weniger stark zum Ausdruck.

Bei geschlechtsdimorphen Arten ist das ~ in der Regel die morphologisch rückständige, das Männchen die fortschrittliche Form, doch gibt es auch entgegengesetzte Fälle, bei welchen allerdings die Fortschrittlichkeit des Weibchens meist nicht durch Ausbildung neuer Merkmale, sondern durch Reduktionen erreicht wird (*Coccidae, Stylopidae, Psychidae* usw.).

Bei sozialen Insekten (höhere *Hymenoptera Aculeata, Isoptera*) entwickelt sich ein Teil der weiblichen Larven nicht zu geschlechtlich vollwertigen ~, sondern ergibt → Arbeiterinnen und → Soldaten mit sterilen, unentwickelten Eierstöcken. Vgl. auch → Honigtöpfe, → Ergatogyne, → Macrogyne.

Es ist bei Insekten nur ein Fall der → Geschlechtsumkehr bekannt, in dem sich im Laufe eines Individuallebens die funktionsfähigen männlichen Gonaden in ebensolche weibliche verwandeln (→ Hermaphroditismus). Vgl. auch → Gynandromorphismus und → Intersexualität.

Weichkäfer → *Cantharididae* und → *Malacodermata.*

Weichwanzen → *Miridae* (*Capsidae*).

Weidenschädlinge. Die Weiden wetteifern mit der Eiche um die Zahl der von ihnen ernährten Insekten, deren Liste sehr lang und an Formen reichhaltig ist. Nur die wichtigsten und auffallendsten von ihnen können hier genannt werden. In Korbweidenplantagen können einige von ihnen größeren Schaden anrichten.

Der Weidenspinner (*Stilpnotia salicis* Linné), der Schwammspinner (*Lymantria dispar* Linné), die Weidenblattwespe (*Pteronidea salicis* Linné), der Weidentriebspinner (*Earias chlorana* Linné) und die Weidenblattkäfer (*Phyllodecta vulgatissima* Linné, *Ph. vitellinae,* Linné, *Ph. tibialis* Suffrian, *Melasoma saliceti* Weise, *M. vigintipunctata* Scopoli, *Lochmaea caprae* Linné, *Galerucella lineola* Fabricius können bei Massenbefall die Weiden kahlfressen. Auch die Weidengespinstmotte (*Hyponomeuta rorellus* Hübner), die gelbe Pappelblattwespe (*Trichiocampus viminalis* Fallen), die Weidenknopfhornwespe (*Pseudoclavellaria amerinae* Linné) und der Weidenspringrüßler (*Rhynchaenus populi* Linné) gehören zu den Blattfressern.

In Kätzchen und Knospen der Weiden lebt die Raupe der Weidenknospenmotte (*Argyresthia pygmeaella* Hübner). Auch die Afterraupe der Weidenknospenblattwespe (*Euura saliceti* Fallen) lebt in den Knospen, während ihre Verwandten, die Weidenmarkblattwespen (*Euura atra* Jurine und *E. medullaria* Hartig) im Mark der jungen Triebe bohren. Im Mark der Triebe bohren auch u. a. die Larven des rothalsigen Weidenbocks (*Oberea oculata* Linné).

In dürren, ungeschälten Weidenruten bohrt die Larve des gemeinen Weidenböckchens (*Gracilia minuta* Fabricius). Das kleine Weidenböckchen (*Leptidea brevipennis* Mulsant) ist eine mediterrane, in Süddeutschland auftretende Art.
Der kleine Pappelbock (*Saperda populnea* Linné, → Pappelschädlinge) tritt auch manchmal auf Weiden auf.
Auf Weidenruten, meist in Blattwinkeln, saugen in einem weißen Schaumklumpen verborgen die Larven der Weidenschaumzikade (*Aphrophora salicina* Goeze). Die bekannten bohnenförmigen, geröteten Blattgallen stammen von der darin lebenden Afterraupe der Weidengallblattwespe (*Pontania capreae* Linné). Ähnliche Gallen verursachen zahlreiche andere Arten der Gattung *Pontania*.
Die Weidenblattrandgallmücke (*Dasyneura marginemtorquens* Winnertz) lebt in einer schmalen Randeinrollung der Weidenblätter.
Die Weidenrosengallmücke (*Rhabdophaga rosaria* Loew) verzögert das Wachstum der Endtriebe und verursacht rosettenartige Anhäufung der grün bleibenden Blätter. Die Weidenrutengallmücke (*Rhabdophaga salicis* Schrank) entwickelt sich in rundlichen oder eiförmigen, bis 2 cm langen und 1 cm dicken Anschwellungen der einjährigen Ruten. Sehr häufig sind manchmal auch die von den Weidengallmilben *Eriophyes salicinus* Nalepa und *E. triradiatus* Nalepa, *Anthocoptes salicis* Nalepa, *Phyllocoptes phyllocoptoides* Nalepa, *Epitrimerus salicobius* Nalepa) erzeugten sog. Wirrzöpfe aus mißgebildeten Blütenständen und Sproßspitzen, in deren Anschwellungen die oben erwähnten Arten oft nebeneinander leben. Sie verdienen daher alle den meist nur auf *Epitrimerus salicobius* bezogenen Namen „Weidenwirrzopfmilbe". *Eriophyes salicinus* und *triradiatus* erzeugen übrigens auch an Blättern kleine rundliche Gallen.
Der Weidenrutenstecher (*Rhynchites tomentosus* Gyllenhal) und der Weidentriebspitzenrüßler (*Coenorrhinus nanus* Paykull) mögen wenigstens kurz genannt werden. Die Weidenschildlaus (*Chionaspis salicis* Linné), eine sehr polyphage Art, bedeckt manchmal dicht die Stämme und Äste der Weiden mit ihren winzigen weißen, schinken- oder kommaförmigen Schildern, die übrigens u. a. auch auf Apfel- und Birnbäumen oft massenhaft auftreten.
Im Holz der Weidenstämme bohrt die dicke, oben rot gefärbte, stark nach Moschus riechende Raupe des Weidenbohrers (*Cossus cossus* Linné). Im Holz bzw. in der Rinde, mehr oder weniger tief ins Holz reichend, leben der kleine Weidenglasschwärmer (*Synanthedon formicaeformis* Esper), die Weidenholzgallmücke (*Rhabdophaga saliciperda* Dufour), die Weidenkambiumminierfliege (*Dendromyza cambii* Hendel) und die Weidenrindengallmücke (*Rhabdophaga pierrei* Kieffer).
Von Blattläusen sind zu nennen die kurzröhrige Weidenblattlaus (*Pseudomicrella vitellinae* Schrank), die langröhrige Weidenblattlaus (*Aphidula farinosa* Gmelin) und die Weidenstammblattlaus (*Pterocomma salicis* Linné).

Weinblattfilzmilbe → *Eriophyes vitis* Pagenstecher.

Weinblattgallmilbe → *Eriophyes vitis* Nalepa.

Weinhähnchen → *Oecanthus pellucens* Scopoli.

Weinkellermotten → *Oenophilidae.*

Weinlaubblattkäfer → *Adoxus* (*Bromius*) *obscurus* Linné.

Weinmotte → *Oenophila v-flavum* Haworth.

Weinschwärmer, großer → *Hippotion celerio* Linné.

Weinschwärmer, kleiner → *Pergesa porcellus* Linné.

Weinschwärmer, mittlerer → *Pergesa elpenor* Linné.

Weinwidderchen → *Procris ampelophaga* Bayle.

Weisel, Bienenkönigin der Imkersprache.

Weismannscher Ring → Ringdrüse.

Weißbuchensplintkäfer → *Scolytus carpini* Ratzeburg.

weiße Ameisen → *Isoptera.*

weiße Fliegen → *Aleurodidae.*

Weißlinge → *Pieridae.*

Weißtannendüsterkäfer → *Serropalpus barbatus* Schaller.

Weißtannenlaus → *Dreyfusia nordmannianae* Eckstein (*nüßlini* Börner).

Weißtannenrüßler → *Pissodes piceae* Illiger.

Weißtannentrieblaus → *Mindarus abietinus* Koch.

Weißtannentriebwickler → *Cacoecia murinana* Hübner.

Weizenblasenfuß, roter europäischer → *Haplothrips tritici* Kurdjumow.

Weizeneule → *Euxoa tritici* Linné.

Weizengallmücke, gemeine → *Contarinia tritici* Kirby.

Weizengallmücke, orangegelbe → *Clinodiplosis mosellana* Géhin.

Weizenhalmfliege → *Chlorops pumilionis* Bjerkander.

Wellenlinie, in der → Eulenzeichnung eine zackige oder wellenförmige, farbige Querlinie oder ein Querband, welche parallel mit dem Außenrande und unweit von ihm vom Vorderrande bis zum Hinterrande des Vorderflügels durchlaufen. Mit der ~ sind häufig hinten einige wurzelwärts gerichtete, dunkle → Pfeilflecke verbunden.

Wendigkeit der Fortbewegung, Fähigkeit, mehr oder weniger unvermittelt aus einer Fortbewegungsrichtung in eine andere überzugehen. Die ~ der Insekten ist einerseits von der Bildung der Ortsbewegungsorgane und ihrer Muskulatur, andrerseits von der Biegsamkeit des Rumpfes abhängig. Bei Schwimm- und Fluginsekten spielt die letztere kaum eine Rolle, desto wichtiger ist bei ihnen die Ausbildung der → Schwimmbeine bzw. der Flügel und die Ausbildung der → Steuerungsfähigkeit. Der Rumpf ist bei allen Schwimm- und Fluginsekten kompakt, der Prothorax ist entweder stark reduziert (*Hymenoptera, Diptera, Lepidoptera* usw.) und eng an den Mesothorax angeschlossen, oder wenn er groß und gut entwickelt ist, dann schließt er sich eng an den Mesothorax (Schwimmkäfer, Schwimmwanzen). Der kompakte Bau des Thorax ist bei den beiden obigen Bewegungsarten für die Steuerung belanglos, desto wichtiger aber für die Entwicklung der Muskulatur der Schwimmbeine und Flügel, welche nicht nur die Fortbewegung in gerader Linie, sondern auch die Steuerung beherrschen.

Bei flugunfähigen oder wenig fliegenden Landinsekten hingegen ist die Gelenkigkeit des Rumpfes desto wichtiger, je schneller die betreffenden Tiere laufen und je wendiger sie im Lauf sind. Bei Laufkäfern, Staphyliniden, Cerambyciden, Ameisen, Termiten u. a. Landinsekten sind der Kopf und Prothorax stets beweglich, meist vom Mesothorax mehr oder weniger tief abgeschnürt und zwar desto tiefer abgeschnürt, je wendiger die Tiere im Laufen sind.

In der ~ im Fluge wetteifern Odonaten mit Fliegen. Beide haben diese Kunst in der vollendetsten Form entwickelt, die von keiner anderen Insektenordnung erreicht worden ist, wenn es auch z. B. bei Hymenopteren an guten und recht wendigen Fliegern nicht fehlt.

Bei Larven und Raupen ist die ~ hauptsächlich von dem Grad der Sklerotisierung des Integuments abhängig. Drahtwürmer z. B. sind echte „Landpanzer", während Larven der *Carabidae, Staphylinidae* usw. mit ihren getrennten segmentalen Panzerplatten recht behende und wendige Läufer sind. Raupen sind langsame, aber sehr wendige Kriecher, die auf der Stelle kehrt machen können.

Werbung, Entfaltung von Geschlechtsreizen, die den Partner zur Begattung geneigt machen sollen. Ob diese auf höhere Tiere zugeschnittene Definition auch in vollem Maße für alle Insekten gilt, mag dahingestellt bleiben.

→ Balztänze, → Lufttänze, → Tonerzeugung und → Hochzeitsgeschenke sind die bei Insekten beobachteten und mit der ~ in Zusammenhang gebrachten Zeichen der inneren Erregung, welche besonders zur Brunstzeit entfaltet werden.

Werftkäfer → *Lymexylonidae.*

Werftkäfer → *Lymexylon navale* Linné.

Werkzeuge sind Gegenstände der Umwelt, welche zur leichteren Ausführung einer Arbeit benutzt werden. Bei Insekten ist der Gebrauch von ~ nur selten beobachtet worden. Die Weberameise (*Oecophylla smaragdina* Fabricius) der äthiopischen und orientalischen Region spinnt ganzeBlätterbüschel zusammen, sich dabei ihrer Larven bedienend, die sie mit den Mandibeln hält und als Weberschiffchen benutzt. Die Sandwespe *Ammophila urnaria* Cresson ebnet den Eingang zu ihrem irdischen Brutnest, indem sie den Eingangshügel mittels eines mit Mandibeln festgehaltenen Steinchens feststampft. Ähnliches ist von *Ammophila yarrowi* Cress. bekannt.

Werre → *Gryllotalpa vulgaris* Latreille.

Wespen → *Vespidae.*

Wespenblumen sind → Hymenopterenblumen mit nicht allzu tief versenkten Nektarien, wie z. B. *Epipactis, Scrophularia.*

Wespentaille, die Einschnürung zwischen dem Thorax und dem Hinterleib. Bei apocriten Hymenopteren fällt die ~ zwischen das 1. und 2. Hinterleibssegment, weil das 1. Segment mit dem Thorax zu einem → Mediansegment verschmolzen ist. Bei Fliegen mit ~ liegt diese zwischen dem Metathorax und dem 1. Hinterleibssegment.

Westafrikanische Subregion → Aethiopische Region.

Weymuthskiefernwollaus → *Pineus strobus* Hartig.

Wickler → *Tortricidae.*

Widderbären → *Syntomidae.*

Widderböcke, *Cerambycidae Clytini.*

Widderchen → *Anthroceridae.*

Wiedererzeugung → Regeneration.

Widmungsnamen, patronymische Namen, Patronymika, sind Art- oder Gattungsnamen von Tieren, welche zu Ehren eines Menschen aus dessen Namen gebildet werden, z. B. *Nitzschia, Giebelia, Taschenbergius, Dahlemhornia* als Gattungs- und *nitzschi, giebeli, taschenbergi* als Artnamen. Artnamen dürfen in diesen Fällen auch mit großem Anfangsbuchstaben geschrieben werden. (Art. 13 der Nom. Reg.)

Wiederkäuer gibt es auch bei Insekten, bei welchen die Nahrung im → Proventriculus vom Übertritt in den Mitteldarm abgehalten, durch die Zahnbekleidung seiner Intima zerrieben in den → Kropf zurückkommt und nach erneuter Behandlung mit dem Speichel noch einmal den Kropf passiert und in den Mitteldarm durchgelassen wird. Das Wiederkauen der Nahrung ist z. B. für *Blatta* festgestellt worden.

Wiesenameise, bräunlichgelbe → *Lasius flavus* Fabricius.

Wieseneule → *Oria musculosa* Hübner.

Wieseneule, gelbliche → *Luperina testacea* Hübner.

Wiesengrasmilbe → *Tarsonemus culmicolus* Reuter.

Wiesenschnaken → *Tipula paludosa* Meigen und *Pales pratensis* Linné, auch → *Tipulidae.*

Wiesenspinner → *Hypogymna morio* Linné.

Wiesenwanze, gemeine oder graugrüne → *Lygus pratensis* Linné.

Wiesenwanze, zweipunktige → *Calocoris norvegicus* Geoffroy.

Wiesenzünsler → *Phlyctaenodes* (*Loxostege*) *sticticalis* Linné.

Wimpern → Cilien.

Wimpersaum → Fransen.

Winkelgelenk → Scharniergelenk.

Wintereier, Dauereier, Latenzeier sind dotterreiche, große, mit dickerem Chorion ausgestattete Eier, welche von vielen Insekten mit mindestens doppelter Generation vor dem Eintritt des Winters abgelegt werden und das Überwinterungsstadium darstellen. Winter- und → Sommereier sind vor allem bei *Aphididae* sehr verbreitet.

Winterhafte → *Boreidae.*

Wintermücken → *Petauristidae.*

Winterquartier, Hibernaculum ist im Grunde jedes Versteck, in welchem die Insekten überwintern. Im einfachsten Fall sind es allerlei Ritzen, Spalten und Hohlräume in der natürlichen Umwelt im Pflanzen- und Bodenreich. Viele Insekten verfertigen künstliche Winternester (Baumweißling, Goldafter) oder Bohrgänge (→ Eschenrosen), in welchen sie vor übermäßigen Temperaturschwankungen geschützt den Winter überdauern.

Wintersaateule → *Euxoa segetum* Schiffermüller

Wipfelkrankheit, Polyederkrankheit, Polyedrose, Schlaffkrankheit, Schlaffsucht, eine bei Schmetterlingsraupen häufige Erkrankung, bei welcher die Raupen vielfach, wahrscheinlich infolge abnorm gesteigerter positiver Phototaxie die Zweigspitzen ihrer Nährpflanzen erklettern und dort schlaff herabhängend absterben, wodurch sich auf den Zweigspitzen charakteristische oft dicke Klumpen toter Raupen bilden. In der Leibeshöhle kranker Raupen finden sich massenhaft glasklare tetraedrische stumpfkantige Körperchen (→ Polyeder) mit einem winzigen (etwa 1 Mikron) Körnchen in der Mitte, welches für den eigentlichen Erregerorganismus (→ Chlamydozoa, → Virus) gehalten wird.

Wirkstoffe, Hormone sind Drüsensekrete, welche nicht nach außen vom Körper, sondern nach innen (endocrin) in die Blutbahnen ausgeschieden, bestimmte physiologische und evolutive Vorgänge auslösen bzw. regeln. Sie werden in winzigen Mengen produziert und wirken katalytisch, d. h. ohne selbst am Vorgang, den sie regeln, teilzunehmen. Vgl. auch innersekretorische → Drüsen. (HANSTRÖM, B., Inkretorische Organe und

Hormonfunktionen bei den Wirbellosen. Ergebn. d. Biol., Bd. 14, 1937.)

Wirt, Wirtstier, Wirtspflanze ist ein lebender organischer Körper, Tier der Pflanze, welcher einem anderen Organismus als Nahrungssubstrat und dauernder oder temporärer Aufenthaltsort dient.

Wirtstreue, Autoekie, ist der Lebenswandel der Insekten ohne → Wirtswechsel im Verlauf der ontogenetischen Generationen.
Die ~ ist nicht gleichbedeutend mit → Monophagie, obwohl sie vielfach in diesem Sinne gebraucht wird. Auch polyphage Arten sind wirtstreu, wenn sie keinen Wirtswechsel üben.

Wirtswahlregel (host selection principle), von dem Forstentomologen der V. S. von Nordamerika, A. D. Hopkins 1916 aufgestellte Regel, daß „Insekten, welche auf zwei oder mehreren Wirten leben, denjenigen Wirt vorziehen, an den sie angepaßt sind." (A. D. Hopkins, Economic investigations of the scolytid bark and timber beetles of North America. U. S. Dept. Agric. Programm Work 1917, S. 353, 1916).
Mit anderen Worten besagt diese Regel, daß polyphage Arten mit Vorliebe diejenige Wirtsart befallen, auf der sie selbst groß geworden sind, d. h. als Larven gelebt haben.
Craighead (Hopkins' host selection principle as related to certain cerambycid beetles, Jl. Agric. Res., Bd. 22, Nr. 4, Ser. K, Nr. 102, S. 189—220, 1922 und The host selection principle as advanced by Walsh, The Canad. Entomol., Bd. 55, S. 76—79, 1923) und nach ihm andere Autoren haben diese Regel auf Erscheinungen der Umpassung von Insekten an neue Wirte übertragen.
In der ursprünglichen Fassung stimmt die ~ im allgemeinen für den Normalbestand der Insektenpopulationen, wird aber im Gradationszustand von den meisten Schädlingen durchbrochen, worauf schon Friederichs (1927) hingewiesen hat. Ob ein anderer als der gewohnte Wirt angegriffen wird oder nicht, hängt von einer ganzen Reihe von Faktoren ab, deren einige Craighead experimentell beleuchtet hat. Der Grad der arteigenen Aggressivität gegenüber dem Haupt- und Nebenwirt, der Grad der Polyphagie, Nahrungskonkurrenz, Eignungszustand des alten und neuen Wirtes für den Befall usw. spielen vielfach ausschlaggebende Rolle.
In der erweiterten Fassung der ~ von Craighead liegt ihre große praktische Bedeutung in der mehr oder weniger stark ausgebildeten, vielfach wohl mutativ bedingten Fähigkeit der Insekten, sich an neue Wirte an- bzw. umzupassen. Die Züchtung resistenter Rassen von Kulturpflanzen kennt mehrere Beispiele tatsächlich stattgefundener Umpassung eines Schädlings an die anfangs resistente Rasse.

Wirtswechsel, Heterökie, Heterözie, im Laufe der Postembryogenese erfolgender, meist mit einem Formwechsel der Metamorphose oder einem Phasenwechsel der Heterogenese verbundener Übergang einer Insektenart von einem Wirt auf einen anderen in periodischer Konstanz. Am häufigsten tritt der ~ bei *Aphididae* auf.

woeberiana Schiffermüller, *Laspeyresia*, Obstbaumrindenwickler (*Lep Tortricidae*).

Wohnungsmilbe → *Glyciphagus domesticus* DeGeer.

Wollafter → *Eriogaster lanestris* Linné.

Wollkäfer → *Lagriidae.*

Wollkrautblütenkäfer → *Anthrenus verbasci* Linné.

Woll-Läuse, Arten der Gatt. *Pseudococcus* (*Hom Coccidae*).

Wollschweber → *Bombyliidae.*

woodi Rennie, *Acarapis*, Bienenmilbe, Honigbienenmilbe (*Acari Tarsonemidae*).

Würfelflechtenspinner, *Oenistis quadra* Linné.

wüstenbewohnend, deserticol sind die wenigen trocken- und wärmeliebenden Insekten, welche Wüstengebiete bewohnen. In der Sandwüste sind es vor allem *Acridiidae, Mantidae, Tenebrionidae, Cicindelidae, Ateuchus* usw.

Wulstgallenapfelläuse → *Dysaphis communis* Mordwilko und *D. anthrisci* C. Börner.

Wurzelbohrer → *Hepialidae.*

Wurzelfeld, im Vorderflügel der Schmetterlinge, bes. bei Eulen (→ Eulenzeichnung) am Grunde des Flügels liegendes Feld, welches außen durch die anders gefärbte → innere Querlinie begrenzt ist. Innerhalb des ~ verläuft vielfach die sog. → Subbasallinie.

Wurzelfliege → *Hylemyia radicum* Linné.

Wurzelfraß, Insektenfraß an Pflanzenwurzeln, meist beschränkt auf Insekten mit kauenden Mundteilen, z. B. Borkenkäfer, *Hylobius, Pissodes* usw.

Wurzelglied → Basalglied.

Wurzellappen → Flügellappen.

Wurzelmilbe → *Rhizoglyphus echinopus* Fumouz & Robin.

Wurzelrüßler → *Ceutorrhynchus pleurostigma* Marsham.

Wurzelschlinge, Axillaris-Schlinge, eine durch teilweise Verschmelzung beider Axillaradern im Vorderflügel gewisser Schmetterlinge (*Tineidae, Tortricidae* u. a.) entstandene lanzettförmige Zelle am Grunde des Analfeldes.

Wurzelspinner → *Hepialus lupulinus* Linné.

Wurzelzelle, Praecostalzelle, im Hinterflügel gewisser Schmetterlinge zwischen der Subcosta und dem Vorderrand der Mittelzelle (d. h. dem Radiusstamm) gelegene, distal von einer Querader begrenzte Zelle.

X

Xanthophyll (gr. ξανθός goldgelb, τὸ φύλλον Blatt), Carotin-Dioxyd, gelber Farbstoff der Pflanzen, Begleitstoff des → Chlorophylls, tritt auch im Blut der Insekten auf.

X-Chromosom, Monosom, ein in diploiden Zellen vielfach in Einzahl, ohne Partner auftretendes Chromosom der Geschlechtsbestimmung. Bei Insekten sind vorwiegend die Männchen mit einem Monosom ausgestattet und sind daher heterogametisch, während die Weibchen meist 2 X-Chromosome besitzen, also → homogametisch sind. Nur bei gewissen Lepidopteren (*Psychidae Talaeporia tubulosa, Fumea casta*) und Trichopteren sind die Männchen homogametisch (2 X-Chromosome) und die Weibchen heterogametisch (Monosom).

Bei den meisten Käfern, Dipteren und Heteropteren haben die Männchen ein Monosom, das aber nicht ganz ohne Partner ist, sondern mit einem anders gebildeten oder sich anders verhaltenden sog. → Y-Chromosom gepaart auftritt. Im Gegensatz zur Heterogametie mit einem X-Chromosom (Monosom, XO-Typus) wird der letztere Typus der Heterogametie als XY-Typus bezeichnet. Die Weibchen haben auch in diesem Fall 2 X-Chromosome. Das XY-Paar von Chromosomen wird als Idiochromosomen (Diplosomen) bezeichnet.

Xenobiose (gr. ξένος fremd, ὁ ξένος Fremdling, ὁ βίος Leben), Zusammenleben von zwei Ameisenarten, deren eine, die Gastameise, Unterkunft und Schutz seitens der Gastgeberin genießt, ohne sie zu belästigen und ohne von ihr beachtet zu werden. So lebt z. B. unsere kleine Gastameise *Formicoxenus nitidulus* Nylander bei der roten Waldameise.

xenophag (gr. ξένος, fremd, φαγεῖν essen) werden Insekten genannt, die außer ihrer normalen Kost auch andere Nahrung zu sich nehmen können. Vgl. auch → euphag.

xerophil (gr. ξερός oder ξηρός trocken, φιλεῖν lieben), trockenliebend, an trockenen Orten vorkommend. Vgl. auch aridophil und → eremisch.

xerotherm (gr. ξερός oder ξηρός trocken, dürr, ἡ θέρμη Wärme, Hitze), trockenwarm sind Steppen- und Wüstenbiotope mit xerophiler Fauna und Flora.

Xylocopa spp., Holzbienen (*Hym Apidae*).

Xylophaga (gr. τὸ ξύλον Holz, φαγεῖν essen) Holzfresser, Insekten, vor allem Käfer (*Ipidae, Cerambycidae, Buprestidae* usw.) und Hymenopteren (*Siricidae*), deren Larven im Holz Gänge bohren und sich größtenteils von der Holzmasse ernähren.

Xylophagidae (Fallen 1810) Stephens 1829 (*Erinnidae*), Holzfliegen, Fam der *Dipt Brachycera* mit etwa 130 Arten in fast allen Faunengebieten. Neulich wird diese Fam als Unterfamilie *Erinninae* (*Erinna* Meigen = *Xylophagus* Meigen) zur Fam *Rhagionidae* gestellt.

Fossil sind etwa 15 Arten seit Lias entdeckt worden.

Xylophilidae Shuk → *Aderidae*.

Xyloryctidae Meyrick 1890, → *Cryptophasidae*.

Xylotomae Meigen → *Thereviidae*.

Xyodea Fieber → *Tridactylidae*.

Xyphus (gr. τὸ ξύφος oder ὁ ξίφος Schwert, Degen), zwischen den Mittelhüften nach hinten vorragender Teil des Mesosternums bei Heteropteren. Seine Form hat bei verschiedenen Gruppen (z. B. *Anthocoridae*) taxonomische Bedeutung.

Y

Y-Chromosom, der ungleiche Partner eines → X-Chromosoms.

Y-förmige Leiste, Y-Leiste, eine endoskeletale Verstärkungsleiste der thorakalen Sterna. Im typischen Fall (drei thorakale Sterna der Apterygoten, Mesosternum der *Perlaria*, Pro- und Mesosternum der *Sialis*-Larve usw.) zwei am Fuß der Sternalapodemen (Furca) beginnende, nach hinten konvergierende und den Hinterrand des Sternums erreichende Leisten, die äußerlich meist als eingeritzte Furchen sichtbar sind. Im Metathorax der *Sialis*-Larve besteht die ~ aus zwei getrennten, parallel nach hinten laufenden Leisten. Bei Pterygoten läuft das unpaarige Hinterende der ~ in die → Spina aus.

Yucca-Motten → *Prodoxidae*.

Yponomeutidae → *Hyponomeutidae*.

Z

Zahnspinner → *Notodontidae*.

Zangenapparat des Stechborstenbündels, eine bei Hemipteren mit sehr langem Stechborstenbündel im Endteil der Stechborstenscheide auftretende, durch eigene Muskeln betätigte Klemme, welche das Stechborstenbündel in Lage hält, während die Retraktoren die in der → Crumena bzw. anderen Hohlräumen untergebrachte Schleife des Stechborstenbündels abrollen. Beim Öffnen der Klemme treiben die Retraktoren das Stechborstenbündel um das abgerollte Stück weiter in den Nährboden hinein.

Zapfen, kegelförmige oder anders gestaltete Chitinwarzen am Sohlenrande der Tarsenglieder, z. B. bei *Psylla*, bei der sie apikal zu beiden Seiten der → Euplantula stehen.

Zapfenmakel, in der → Eulenzeichnung ein farbiger länglicher, in der Längsrichtung des Vorderflügels stehender Fleck zwischen dem Hinterrande der → Zelle (Cubitalader) und der Analader. Er steht meist auf der → inneren Querlinie und endet um die Mitte des Mittelfeldes.

Zapfenspanner → *Eupithecia abietaria* Goeze und *E. strobilata* Hübner.

zebeana Ratzeburg, *Laspeyresia*, Lärchengallenwickler, Lärchenrindenwickler (*Lep Tortricidae*).

Zecke, gemeine → *Ixodes ricinus* Linné.

Zehengänger sind Insekten, die beim Gehen oder Laufen (→ Gangart) nur mit den Tarsenendgliedern den Boden berühren.

Zehrwespen → *Chalcidoidea* und *Chalcididae*.

Zeichnung, Farbmuster, Zeichnungsmuster, Verteilung der Farbelemente in Linien und Punkten (Bändern und Flecken) auf dem Integument.

Zeitsinn, Zeitgedächtnis, Fähigkeit gewisser Insekten (Honigbiene), eine bestimmte Zeit (Futterzeit) auch unabhängig von tagesperiodischen Außenfaktoren einzuhalten.

Zelle, Mittelzelle, Discoidalzelle, im Vorder- und Hinterflügel der Schmetterlinge ein großer, median im Basalteil der Flügel gelegener Raum zwischen den Stämmen des Radius und des Cubitus, welcher nach außen durch eine radiomediale (rm), zwei mediomediale (mm, Discoidalqueradern) und eine mediocubitale (mcu), in einer Flucht liegende Queradern begrenzt ist. Der Stamm der Media (Media basalis), welcher primär die ~ längs durchläuft, ist nur bei primitiven Schmetterlingen (*Hepiolidae*, *Adelidae*, *Cossidae*, *Anthroceridae* u. a.) erhalten, bei den übrigen fehlt sie ganz oder ist nur als eine Aderspur (→ Zellfalte) erhalten. Von der durch die genannten Queradern gebildeten Außenwand der ~ (welche selten, z. B. bei *Vanessa*, fehlt und die ~ dann als offen bezeichnet wird) entspringen alle Sektoren des Radius, der Media und des Cubitus, zusammen 6—10 Längsadern. (Taf. XIII, Fig. 7, 8.)

Zellen des Flügelgeäders sind durch → Queradern abgeschlossene Teile der Zwischenräume zwischen den → Längsadern. Sie werden entweder nach Längsadern bezeichnet, welche sie vorn begrenzen (Radialzelle hinter dem Radius, Medialzelle hinter der Media, Cubitalzelle hinter dem Cubitus usw.) oder sie führen eigene Bezeichnungen

(→ Areola, → Discoidalzelle, → Triangulum, → Quadrangulum usw.).

zelleri Ragonot, *Acrobasis*, Eichentriebzünsler (*Lep Pyralididae*).

Zellfalte, rudimentärer Stamm der → Media in der → Zelle des Schmetterlingsflügels.

zentralasiatische Subregion des paläarktischen Faunengebietes (turkmenische Subregion) umfaßt das mittelasiatische Gebirge, die Steppen und Wüsten zwischen dem Kaspisee, dem Himalaya und den Quellengebieten der chinesischen und sibirischen Flüsse.

Zentralkörper, Corpus centrale, mittlerer, durch → Glomeruli-Markschicht ausgezeichneter Teil des → Protocerebrums. Er steht mit allen Teilen des Gehirns durch Faserzüge in Verbindung und gilt als wichtiges Associationszentrum.

Ziermotten → *Scythridae*.

Zigarrenwickler →*Byctiscus betulae* Linné.

Zikaden → *Cicadina*.

Zimmerbock → *Acanthocinus aedilis* Linné.

Zirpbeine, Stridulationsbeine, Beine, welche wenig (*Geotrupes*-Larven) oder gar nicht (*Passalus*-Larven) als Ortswechselorgane, sondern hauptsächlich oder nur noch als aktive Zirporgane gebraucht werden. Bei den beispielsweise angeführten Larven sind es die Vorderbeine, bei der südafrikanischen Heuschrecke *Methone andersoni* die Hinterbeine, welche nicht mehr zum Springen befähigt sind, obgleich sie die Form der Sprungbeine beibehalten haben. (Taf. III, Fig. 14.)

Zirpen → Lautäußerung.

Zirplaute, Stridulationslaute, nur von Männchen (die meisten Saltatorien) oder von beiden Geschlechtern (Käfer usw.) mit Hilfe von → Zirporganen ausgeführte, in der Tonskala hochgelegene Laute, welche die → Geschlechtspartnersuche erleichtern sollen.

Zirporgane, Schrillorgane, Stridulationsorgane, Organa stridentia (sg. Organum stridens) eigenartig differenzierte Bezirke zusammenstoßender Teile des → Integuments, welche durch Reibung Laute (→ Zirplaute) erzeugen.

Jedes ~ besteht immer aus zwei Teilen, einem passiven Teil, welcher gestrichen wird, und einem aktiven Teil, welcher am ersteren streicht. Von diesen beiden Teilen ist der eine eine mikroskopisch fein quergerillte Schrillfläche, Schrillleiste oder Schrillader (pars stridens), der andere eine scharfe Randkante, Rippe, Ader oder Kiel, die Schrillkante (plectrum). Gewöhnlich ist der erstere Teil aktiv, der letztere passiv.

Die ~ können an verschiedensten Körperteilen zur Ausbildung kommen. In der folgenden Übersicht geht in der Benennung dieser Organe stets der passive Teil dem aktiven voran.

Mandibulo-maxillare ~ finden sich bei Larven von *Melolontha* (Engerling) *Phyllopertha, Oryctes* und anderer Lamellicornier sowie bei *Cylindrachaetidae*.

Prosterno-labiale ~ haben die räuberischen Wanzen der Fam *Reduviidae* und *Phymatidae*. Hier wird eine in der Mittelrinne des Prosternums befindliche Schrillfläche mit den an der Spitze der Stechborstenscheide befindlichen Schrillzähnchen gestrichen. Sie sind sowohl bei beiden Geschlechtstieren wie auch bei Larven vorhanden.

Prosterno-gulare ~ haben unter den Käfern z. B. gewisse *Ipidae*. Die Schrillfläche der Gula bildet hier den aktiven, bewegten Teil, welcher an der scharfen Kante des Prosternums gestrichen wird.

Pronoto-verticale ~ haben gewisse Käfer (*Curculionidae*, z. B. *Otiorrhynchus*) und Schmetterlingsraupen. Auch hier ist der aktive Teil eine Schrillfläche, die sich am Scheitel befindet und am scharfen Vorderrande des Pronotums gestrichen wird.

Mesoscuto-pronotale ~ mit der Schrillfläche auf dem Mesoscutum (dicht vor dem Schildchen) und einer Schrillkante unter dem Hinterrande des Pronotums haben viele *Cerambycidae, Chrysomelidae* (*Crioceris*), *Copris* usw.

Cephalo-femorale ~ finden sich bei *Corixidae* (*Heteroptera*), deren Kopf (bzw. Clypeus oder nach anderen Autoren Epistoma) auf der Außenseite mit einer scharfen Kante versehen ist, über die mit einer Schrillfläche der Innenseite der vorderen Femora, die mit feinen Börstchen dicht besetzt, gestrichen wird (Mitis, 1935). (Vgl. auch → Striegel.)

Mesocoxo-metatrochanterale ~ haben die Larven des Hirschkäfers (*Lucanus*).

Mesotrochantero-metafemorale ~ haben Larven von *Geotrupes*, deren Hinterbeine, die sich an der Fortbewegung wenig beteiligen (→ Zirpbeine), auf den Schenkeln mit einer Längsreihe von Zähnchen versehen sind. Auf den Trochanteren der Mittelbeine befinden sich die Schrillkanten.

Mesocoxo-metapodiale ~ haben Larven von *Passalus*-Arten, deren Hinterbeine zu stummelartigen → Zirpbeinen geworden sind.

Tegmino-tegminale ~ haben *Locustidae* und *Gryllidae* unter den Saltatorien. Eine Flügeldecke, gewöhnlich die rechte, hat nahe der Basis auf der Innenfläche eine quere Schrilleiste, die andere auf der entsprechenden Stelle der Rückenfläche eine Schrillkante, die beide bei etwas gehobenen Flügeldecken übereinander gleiten. Mit Ausnahme von *Gryllotalpa* zirpen nur Männchen. Eine als → Spiegel bezeichnete Stelle der Flügeldecken wirkt als Schallverstärker.

Tegmino-pterale ~ haben gewisse *Erotylidae*, *Endomychidae* und *Dytiscidae*. Auf der Außenseite der Flügel, gewöhnlich im Bereich der Mediagabel und auf der entsprechenden Stelle der Innenfläche der Flügeldecken befindet sich die Schrillfläche bzw. die Schrillkante. Gewisse *Erotylidae* und *Endomychidae* haben außerdem auch noch ein pronotoverticales Zirporgan und können somit zwei verschiedene Zirplaute erzeugen, wie es wahrscheinlich auch *Corixidae* tun.

Tegmino-metafemorale ~ haben unter *Saltatoria* die *Acridiidae*, deren Hinterschenkel mit einer fein gezähnelten Schrilleiste an der scharfkantig vorstehenden Subcosta der Deckflügel gleiten (*Stenobothrus* u. a. Heuhüpfer) oder umgekehrt (*Psophus*, *Mecosthetus*) die glatte Schrillkante der Hinterschenkel an einer Zähnchenreihe der Subcosta streicht.

Abdomino-pterale ~ finden sich bei *Mantidae*.

Elytro-abdominale ~ scheinen bei Käfern neben pronoto-vertikalen ~ die häufigste Form zu sein. Hier befindet sich gewöhnlich die Schrillkante (passiver Teil) hinten auf der Innenseite der Flügeldecken und die quergerillte Schrillfläche auf einem der Hinterleibstergite (*Necrophorus*, viele *Curculionidae*, *Ipidae* z. B. *Myelophilus*).

Abdomino-abdominale ~ finden sich bei Ameisen mit der Schrillfläche auf dem Tergit des 4. Hinterleibssegment und einer Schrillkante auf dem Hinterrande des Postpetiolus (3. Hinterleibssegment). Auch Mutillen haben ein ~ zwischen zwei Tergiten

Ptero-tarsale ~ finden sich bei Schmetterlingen, gewöhnlich mit einer Schrillkante auf der Ventralseite des Cubitus der Vorderflügel (*Pemphigostola synemonistis* Strand, *Agaristidae*) oder des Radius der Hinterflügel (*Thecophora fovea* Treitschke, *Noctuidae*). Die Schrilleiste befindet sich auf der Rückenseite der Mittel- bzw. Hintertarsen. (Hannemann in litt.)

Abdomino-metatibiale ~ haben gewisse *Pentatomidae* (*Pachycoris torridus*) mit zwei Schrillflächen auf Hinterleibssterniten und einer Längsreihe von Zähnchen auf den Hintertibien. Bei *Nabidae* befinden sich dorsal auf der Hinterleibsspitze zwei schräge Reihen feiner Dörnchen, die mit den Enden der Hinterschienen gestrichen werden. Bei den letzteren zirpen nur Männchen und ihr Zirpgeräusch ist für das menschliche Ohr nicht hörbar.

Abdomino-metafemorale ~ sind bei *Pneumoridae* gefunden worden.

Ptero-pterale ~, deren beide Teile auf Vorder- und Hinterflügel verteilt sind, haben gewisse Schmetterlinge, z. B. *Thecophora fovea*.

Zitterpappelbeutelgallenlaus → *Pachypappa grandis* Tullgren.

Zitterpappelblattroller → *Byctiscus populi* Linné.

Zoobiontophaga sind → zoophage Insekten, welche nur lebende Tiere beim lebendigen Leibe oder frisch getötet zur Nahrung haben. Hierher gehören → Parasiten und → Jäger. Vgl. auch → Biontophaga.

Zoocecidien (gr. ὁ κηκίς, alles Hervorquellende, z. B. κηκίς πορφύρας, Purpursaft) → Pflanzengallen, welche durch Tiere, vor allem Insekten verursacht werden. Die von Acarinen erzeugten Gallen werden besonders als Acarocecidien bezeichnet.

Zooendozoen → Endoparasiten.

Zooepizoen → Außenparasiten.

Zoogeographie → Tiergeographie.

Zoomimese (→ Mimese), → Verbergtracht durch Nachahmung eines Tiermodells (→ Modell) aus der nächsten Umwelt des Nachahmers. Fälle der ~ kommen besonders häufig bei Myrmecophilen vor, welche, ganz gleich welcher Ordnung sie angehören (besonders häufig sind myrmecophile Käfer und Heteropteren), Körperformen der gastgebenden Ameise annehmen.

Zoonecrophaga sind → zoophage Insekten, deren Nahrung aus tierischen Leichen und abgestorbenen Teilen oder Produkten lebender Tiere besteht. Es werden unter ~ zwei Gruppen unterschieden, nämlich → Zoosarcophaga und → Zoosaprophaga.

Zooparasita → Parasiten, welche Tiere zu Wirten haben. Es können Pflanzen (pflanzliche ~) oder Tiere (tierische ~) sein.

Zoophaga (gr. τό ζώον Tier, φαγεῖν essen), Tierfresser, Insekten (und andere Tiere), deren Nahrung aus lebenden (→ Zoobiontophaga) oder toten (→ Zoonecrophaga) organischen Stoffen besteht.

Eine andere Einteilung der ~ bringt den Unterschied zum Ausdruck zwischen Insekten, welche Körpergewebe fressen (→ Carniphaga), und solchen, die sich auf tote Produkte des tierischen Körpers spezialisiert haben, wie → Coprophaga, → Cerophaga, → Ceratophaga, → Melliphaga usw. (Vgl. auch → Nahrungswahl).

Zoosaprophaga (→ Saprophaga) → Aasfresser.

Zoosarcophaga (→ Sarcophaga) sind Insekten (und andere Tiere), die sich von frischen, nicht verwesten oder angefaulten Tierleichen und von toten Produkten lebender Tiere ernähren. Zum Unterschied von → Jägern (Räubern) machen die Zoosarcophagen selbst keine Beute, sondern begnügen sich mit vorgefundenen Leichen. Eine scharfe Grenze zwischen ~ und Jägern läßt sich allerdings nicht ziehen. Über Fresser toter Produkte lebender Tiere vgl. → Zoophaga.

Zoraptera Silvestri 1913, Bodenläuse (Karny). Kleine, im Durchschnitt 2 mm lange, tropische, feuchteliebende, hemimetabole Insekten, die in bodennahen Standorten ihre kleinen Kolonien anlegen.

Kopf frei, ortho- oder leicht hypognath, mit faden- oder perlschnurförmigen, bei Imagines 9gliedrigen Fühlern. Scapus größer (länger), das zweite und häufig auch das dritte Fühlerglied kleiner als die anderen Augen und Ocellen bei geflügelten Imagines vorhanden, bei apteren fehlen, bzw. sind mehr oder weniger stark reduziert. Mundteile beißend, orthopteroid, mit kräftigen, gezähnten Mandibeln. Maxillen mit zweigliedriger Cardo, zwei einfachen Lobi und 5gliedrigen Tastern. Labium von einfachem Bau, mit 3gliedrigen Tastern. Kopfkapsel offen, ohne Gula. Die Kopfkapsel ist mit dem Thorax durch einen geräumigen, häutigen Hals verbunden, welcher mit drei Paaren Laterocervicalia und einem großen Dorsocervicale (Cervicale dorsale) versehen ist.

Thorax mehr oder weniger stark heteronom gegliedert. Prothorax frei, etwas größer als Mesothorax. Metathorax kleiner, einem Hinterleibssegment ähnlich. Tergite bei flügellosen Arten undifferenziert, bei geflügelten Meso- und Metanotum gut differenziert, mit Praescutum, Scutum, Scutellum und Postscutellum. Pleuralsklerite in den häutigen Pleuren gut voneinander getrennt, bei geflügelten Arten mit senkrechten, bei flügellosen mit schräg nach hinten gerichteten meso- und metathorakalen Pleuralleisten. Trochantinus stets deutlich, Praecoxa bei geflügelten Formen von Lateropleurit und von Sternit gesondert, bei ungeflügelten mit beiden verwachsen. Sternite stark reduziert. Furca in allen drei Segmenten vorhanden. Beine homonom, mit großen, weit auseinander stehenden Hüften. Hinterschenkel verdickt. Tarsen zweigliedrig mit je einem Paar gleichartiger Krallen. Flügel heteronom, die Hinterflügel kleiner und nur mit einer gegabelten Längsader (R+M) versehen. Vorderflügel mit einem großen Pterostigma und zwei Längsadern, der Subcosta + Radius und Media + Cubitus, beide in den distalen Teilen schwach verzweigt. Analadern fehlen.

Hinterleib mit zehn Segmenten, das 10. scheint aber zweiwertig zu sein. Das erste Segment sitzt dem Metathorax breit auf. Bei Männchen bildet das 8., bei Weibchen das 9. Sternit die Subgenitalplatte. Eingliedrige Cerci in beiden Geschlechtern vorhanden. Penis mit oder ohne Basalplatte, mit einem mehr oder weniger komplizierten, oft asymmetrischen Aedoeagus. Weibchen ohne Legeapparat.

Vorderdarm sehr lang, reicht bis zur Mitte des Hinterleibs. Erweiterter Kropf und reduzierter Kaumagen (Proventriculus) vorhanden. Mitteldarm kurz, oval, ohne Caeca. Hinterdarm leicht gewunden,

schwach differenziert, mit sechs ziemlich langen Malpighi-Gefäßen und sechs Rectaldrüsen.
Rückengefäß nicht näher bekannt.
Tracheensystem nicht näher bekannt, mit zwei thorakalen und 7—8 abdominalen Stigmenpaaren in den Segmenten 1—7 bzw. 1—8.
Nervensystem stark konzentriert, mit drei thorakalen und zwei abdominalen Ganglienmassen, die letzteren eng dem metathorakalen Ganglienpaar angeschlossen.
Ein Paar eiförmige Testes münden beiderseits in ein Vas deferens. Vesicula seminalis sehr groß, an der Vereinigungsstelle der Vasa deferentia zu dem Ductus ejaculatorius gelegen. Anhangsdrüsen vorhanden. Die Ovarien bestehen bei *Zorotypus hubbardi* aus je 4—6 Ovariolen. Oviductus communis kurz, mit Receptaculum seminis, dessen langer Ductus receptaculi unweit des Gonoporus in die Vagina mündet.
Über die Entwicklung und die Lebensweise der *Zoraptera* ist erst wenig bekannt. Sie legen ihre individuenarmen Kolonien in bodennahen, feuchten und dunklen Biotopen der tropischen Gebiete, sowie in Termitennestern. Eiablage wurde auf Holzstücken beobachtet. Eine ausgesprochene Brutpflege scheint nicht entwickelt zu sein. Keine Kastenbildung. Imaginaler Polymorphismus beschränkt auf drei Geschlechtsformen, nämlich eine dunkle, geflügelte, mit Augen und Ocellen versehene, und zwei ungeflügelte, blinde, die eine dunkel, die andere farblos.
Fossile Zorapteren sind bisher nicht bekannt.
Es sind 18 Arten der *Zoraptera* beschrieben worden. Einzige Fam *Zorotypidae*.

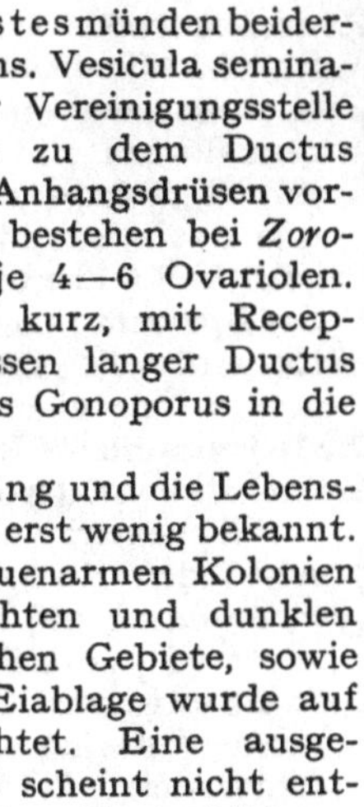

Abb. 359. *Zorotypus guineensis* Silvestri (Zorotypidae). Nach Silvestri aus Imms. Nat. Gr. etwa 2,5 mm.

Zorotypidae Silvestri 1913 (Abb. 359, 360), einzige Fam der Ordn *Zoraptera*, mit 19 Arten im Tropengürtel der ganzen Erde. Es sind 2—3 mm lange Tiere mit beißenden Mundteilen, 9gliedrigen Fühlern, offener Kopfkapsel, freiem großen Prothorax, homonomen Gangbeinen und 2gliedrigen Tarsen. Hinterleib 10gliedrig mit einem Paar eingliedriger Cerci.
Die ~ leben in kleinen, individuenarmen Kolonien in der Erde, in morschen Baumstämmen usw. Die Imagines treten in zwei Formen, der dunkel gefärbten, geflügelten, mit Komplexaugen und Ocellen versehenen und der blassen, blinden und flügellosen Form auf.

Zottenschwänze → *Thysanura*.

Zuckergast → *Lepisma saccharina* Linné.

Zuckerkäfer → *Passalidae*.

Zuckerrübeneule → *Laphygma exigua* Hübner.

Zuckerrübenrüßler, osteuropäischer → *Tanymecus palliatus* Fabricius.

Zuckmücken → *Chironomidae*.

Zügel, Lorum, 1. Bei aculeaten Hymenopteren ein unpaariger, querer Chitinbalken, welcher im Maxillo-Labialkomplex die beiden Cardines miteinander und mit dem Submentum verbindet. 2. Bei Heteropteren Seitenteile des Vorderkopfes zwischen → Jugum und → Buccula. Sie werden auch als Laminae maxillares bezeichnet, weil sie aus Verschmelzung der Wange mit Teilen der Maxilla hervorggangen sind. (Taf. XXII, Fig. 2.)

Zünglein, Ligula, ein aus verschmolzenen Glossae und Paraglossae gebildeter unpaariger, zungenförmiger Anhang des Praementums, besonders häufig beim

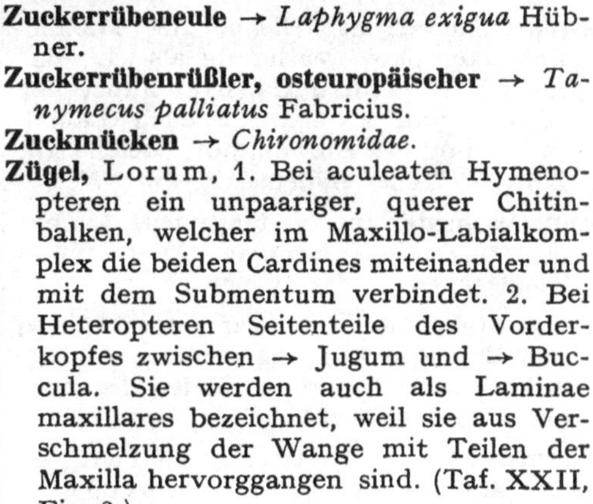

Abb. 360. *Zorotypus brasiliensis* Silvestri, geflügeltes Weibchen (Zorotypidae). Nach Silvestri aus Denis. Nat. Gr. etwa 2 mm.

kauenden Typ der Mundwerkzeuge (*Coleoptera* u. a.).
Ob das bei Culiciden zwischen den Labellen liegende ~ mit dem obigen homolog ist, steht nicht fest. Bei Tipuliden scheint der Culiciden-Ligula ein zwischen den Labellen befindliches dorsales Sklerit zu entsprechen.

Zünsler → *Pyralididae*.

Zürgelbaumfalter → *Libythea celtis* Laicharting.

Zugang → Aditus.

Zugbeine, die Vorderbeine der normalen → Schreitbeine.

Zunge → Glossa.

Zungenapparat, bei Bienen der Maxillo-Labialkomplex, der häufig als „Ligula" bezeichnet wird, obgleich er außer den Glossae und Paraglossae auch Labialtaster und Galeae umfaßt, welche die Zungenscheide bilden.

Zungenscheide, die verlängerten, flachen oder flach rinnenförmigen Galeae im → Zungenapparat der Bienen.

Zungenstab, eine rinnenförmig ausgehöhlte, mit Borstenreihen abgedichtete Einlage aus weichem Chitin im Boden der Zungenrinne der Bienen.

Zungenstäbchen, Fulturae, ein Paar von Apophysen am → Suspensorium des → Hypopharynx, welche den Hypopharynx mit dem Pharynxapparat verbinden. Bei Japygiden (*Heterojapyx*), Collembolen und Proturen sind die ~ nach SNODGRASS sehr lang, bis hinter das Cardo-Gelenk reichend und bei Machiliden sind sie samt dem Suspensorium an die Seitenkante des Clypeus verlagert.

Zweiflügler → *Diptera*.

Zweigabstecher → *Rhynchites coeruleus* DeGeer.

zweigeschlechtlich → amphigon.

Zweipunkt, *Adalia bipunctata* Linné.

Zwergeichenspinner, *Cochlidion limacodes* Hufnagel.

Zwergmotten → *Nepticulidae*.

Zwergspringer → *Neelidae*.

Zwergzikade, gemeine → *Janus sexnotatus*.

Zwergzikade, grüne → *Cicadella viridis*.

Zwergzikade, hellgrüne → *Chlorita flavescens* Fabricius.

Zwetschkenspanner, *Lygris prunata* Linné.

Zwiebel, basale Auftreibung des Haustellums bei Stechfliegen, z. B. *Glossina*. (Taf. XXIII, Fig. 2).

Zwiebelblasenfuß → *Thrips tabaci* Lindemann.

Zwiebelfliege → *Hylemyia antiqua* Meigen.

Zwiebelminierfliege → *Dizygomyza cepae* Heer.

Zwiebelmondfliege → *Eumerus strigatus* Fallen.

Zwiebeltaufliege → *Scaptomyza graminum* Fallen.

Zwischengeäder → Archaedictyon.

Zwischenmuskel → Musculus apodemafurcalis (Pleurosternalmuskeln, psm).

Zwischenorgan, ein zwischen das → Subgenualorgan und die Hörleiste des pedalen → Tympanalorgans der *Locustidae* und *Gryllidae* eingeschobenes, aus wenigen Scolopidien zusammengesetztes → Scoloparium von unbekannter Funktion. Es wird von einem Ast des Tympanalnerven innerviert.

Zwischenraum → Intervall.

Zwischenraumadern, Intercalaradern, bei Ephemeriden am Flügelrande zwischen den Enden der Hauptlängsadern (r, rs, m, cu, an) liegende, kurze, mit den letzteren verbundene oder unverbundene, aus Queradern des rudimentären Archaedictyon entspringende Längsadern. Bei Saltatorien treten ähnliche Adern im Discoidalfeld auf und werden als → Nebenadern bezeichnet.

Zwischenstücke, zwei Sklerite an den Seiten des → Atriums acephaler, mit einem → → Cephalopharynxskelett ausgestatteter Dipterenlarven. Die ~ vermitteln die Artikulation zwischen den → Mundhaken und den → Verticalplatten und stehen miteinander in Verbindung durch eine oder mehrere Querspangen, welche am Dach des Atriums liegen. Das ~ wird vielfach auch zusammen mit den Querspangen als das H-Stück bezeichnet.

Zwittertum, Hermaphroditismus, Autogamie, Auftreten von weiblichen und männlichen Gonaden in ein und demselben Einzelwesen. Vollwertige, d. h. zur doppelten Kopulation befähigte Zwitter gibt es bei Insekten nicht.
Die Phoride *Termitoxenia* stellt den einzigartigen Fall eines zeitlich getrennten ~ bei Insekten dar. Die zuerst normalen Männchen verwandeln sich unter äußeren Formveränderungen in Weibchen.

Echter, aber nicht vollwertiger Zwitter, ist die Schildlaus *Icerya purchasi*, welche in einem Individuum männliche und weibliche funktionsfähige Gonaden vereinigt. Die Eier werden entweder selbstbefruchtet oder unbefruchtet abgelegt. Im ersteren Fall ergeben sie normale Männchen, im letzteren Zwitter. Den Zwitterindividuen fehlen männliche Kopulationsorgane, eine Kreuzbefruchtung ist daher unmöglich.

Perla marginata hat normale Weibchen und zwittrige Männchen mit rudimentären, funktionsunfähigen Ovarien. Sie können somit als rudimentäre Zwitter bezeichnet werden.

Vgl. auch → Gynandromorphie und → Intersexualität.

Zygaenidae Leach 1819 → *Anthroceridae*.

Zygaenina Comstock 1893 Überfam der *Lep Frenata* mit den Fam *Megalopyridae*, *Zygaenidae* (*Anthroceridae*) und *Heterogynidae*.

Zygentoma Börner 1904 (*Lepismatoidea* auct.), UOrdn der *Thysanura*, die von zusammenfassenden Autoren (z. B. HANDLIRSCH) nur im Rang einer Fam anerkannt wird und dann den Namen → *Lepismatidae* trägt. DENIS (in GRASSE 1949) führt sie als UOrdn mit der einzigen Fam *Lepismatidae*.

Zygoma, Zygum, (gr. τὸ ζύγωμα Querbalken, med. Schlüsselbein). 1. gemeinsame Sehne des Musculus zygomaticus mandibulae (M. 14). 2. transversale Chitinspange, welche im männlichen Begattungsorgan der *Acridiidae* (z. B. *Dissosteira*) die Aedoeagus-Apodemen hinten verbindet.

Zygoptera Selys 1854, Unterordn der *Odonata* mit etwa 1200 Arten. Vorder- und Hinterflügel im Umriß nahezu gleich, mit reduziertem Analfeld, am Grunde häufig fast stielartig verengt. Augen am Scheitel weit getrennt, stark vorgequollen. Zu dieser Unterordn gehören die Fam +*Eosagrionidae*, +*Steleopteridae*, *Calopterygidae*, *Epallagidae*, *Agrionidae*, *Lestidae* und *Hemiphlebiidae*. Fossil sind etwa 44 Arten aus Malm, Oligocän und Miocän beschrieben worden.

Zygote (gr. ξυγγενής oder σύγγονος mitgeboren, subst. τὸ ξυγγενής oder σύγγονος das Verwandte, pl. die Verwandten), die befruchtete, mit einer Spermie verschmolzene Eizelle, die Mutterzelle (Elternzelle) eines jeden amphigon erzeugten Tieres.

zyklopoide Larve, bei gewissen endoparasitischen Proctotrupiden vorkommende eigenartige Larvenform mit stark vergrößerten Cephalothorax, enorm großen Mandibeln und einem gabelförmigen Fortsatz am Hinterende. Diese Larvenform haben die sich polyembryonal vermehrenden *Platygasterinae Synopeas* und *Platygaster* sowie *Inostemma*. (Taf. XX, Fig. 4.)

Zystenzellen, Zellen der bindegewebigen Hülle der Hodenfollikel, welche zu einem epithelartigen Ganzen zusammengefügt sind und die Hüllen der → Samenherde im Lumen der Hodenfollikel bilden.

ANHANG

Versuch einer einheitlichen morphologischen Terminologie der wichtigsten Muskeln des Insektenkörpers

Die Kenntnis der Muskulatur der Insekten ist bereits so weit gediehen und ist ein so wichtiger Bestandteil morphologischer Untersuchungen geworden, daß es mir zweckmäßig erscheint, im vorliegenden Wörterbuch eine einheitliche Terminologie der Muskeln anzubahnen.

Aus den verschiedenen, oft sehr langatmigen Namen, die von verschiedenen, besonders älteren Autoren gebraucht werden, ist es oft schwer zu ersehen, um welchen Muskel es sich handelt. Solange die Terminologie der Muskeln noch nicht vollkommen eindeutig ist, läßt sich auch die jeweilige Beschreibung des Muskels nicht vermeiden. So habe ich auch im vorliegenden Anhang stets genau angegeben, welchen Muskel ich meine. Ich bin mir vollkommen bewußt, daß die Synonymisierung der Muskelnamen, die ja auf deren Homologisierung beruhen muß, in vielen Fällen kritisiert werden wird. Im gegenwärtigen Zustand der Muskel-Terminologie ist es auch nicht anders zu erwarten und der vorliegende Anhang erfüllt seinen Zweck, wenn er andere Forscher dazu anregt sich der Muskel-Terminologie anzunehmen und zu ihrer weiteren Vereinheitlichung und Klärung beizutragen.

Im folgenden habe ich zwecks leichteren Auffindens die Muskeln nach ihren Differenzierungsbezirken in Muskeln des Kopfes, des Thorax, der thorakalen Beine, des Hinterleibs, der abdominalen Extremitäten, der Begattungsorgane und der Stigmen eingeteilt. Es konnten natürlich nicht alle beschriebenen und benannten Muskeln berücksichtigt werden. Ich halte mich vor allem an Voss, Bauer und Snodgrass. Eine Anzahl von Muskelzügen, die mit einem anderen Muskel gleiche Insertion und gleichen Ursprung haben, habe ich dem homologen Muskelsystem entsprechend zusammengezogen. Andere, deren Homologie ungeklärt oder deren Verlauf fraglich erscheint (wie z. B. Berleses Muscolo dorsoventrale del labro inferiore 149 der Dipteren) habe ich nicht berücksichtigt.

Folgende häufig sich wiederholende termini technici habe ich stets abgekürzt: U = Ursprung, I = Insertion, F = Funktion, D = Herkunft (Derivation), CT = Corpus tentorii, LTA = Längsarme des Tentoriums, VTA = vordere, HTA = hintere, DTA = dorsale Tentoriumarme.

Muskeln des Kopfes, *musculi capitis.* Die meisten Kopfmuskeln stehen im Dienste der cephalen Extremitäten (Fühler, Mundteile) und lassen nur in seltenen Fällen ihre Abstammung von den primären Muskeln des betreffenden Segments erkennen. Ihre Insertionsstellen haben sich gar nicht oder nur wenig geändert, die Ursprungsstellen hingegen wechseln vielfach sehr bedeutend im Zusammenhang mit der Intensivierung, Extensivierung oder dem Wechsel der Funktion. Eine Überwanderung des U von der Kopfkapsel auf das Tentorium oder umgekehrt ist nicht selten. So ist z. B. M. tentorioscapalis anterior der Weibchen gewisser Mallophagenarten mit stark dimorphen Fühlern bei Männchen zu einem M. cranioscapalis geworden. Aus diesem Grunde sind auch die hier konsequent durchgesetzten morphologischen Muskelnamen (vgl. oben S. 366) mit Vorsicht zu behandeln, indem der U eines Muskels nicht selten bei verschiedenen Insekten anders sein kann als dies aus dem ersten Teil des Muskelnamens erscheint. (Vgl. → Muskelwandlung.)

Muskeln der Fühler, *musculi antennarum*, ursprünglich 4 Muskeln, welche am Basalrande des Scapus inserieren und sich diagonal als Antagonisten gegenüberstehen. Bei Myriopoden (*Scutigera* u. a.) treten noch alle vier zugleich auf und entspringen von der Kopfkapsel. Bei Insekten sind von diesen Muskeln in der Regel nur 3 erhalten und ihre U liegen meist auf den VTA.

Je nach der Einlenkungsstelle des Fühlers am Kopfe kann die Arbeitsweise eines Muskels recht verschieden sein.

Außer den Bewegern des ganzen Fühlers finden sich bei Insekten nur noch zwei antagonistische Muskeln im Scapus, die am Grunde des Pedicellus inserieren und die Fühlergeißel bewegen. Bei niederen Apterygoten fand allerdings SILVESTRI eigene Beweger auch in folgenden Flagellumgliedern.

1. Musculus tentorioscapalis anterior (*M. depressor antennae* Bauer, *Muscolo adduttore delle antenne intersegmentale* /193/ und *segmentale* /194/), ein langer und schlanker oder kurzer und fächerförmiger Muskel mit Sehne, oder (*Lepidoptera*) ohne Sehne, mit breitem Kopf und noch breiterem Fuß. Bei orthopteroiden Insekten oft zweiteilig.
   U an VTA (*Tryxalis, Mantis, Dytiscus*-Larve), LTA (*Lepidoptera*, die halbe Länge der LTA einnehmend, *Diptera*, schlank, kurz hinter den Wurzeln der DTA), HTA (*Dytiscus*-Imago) oder zweiteilig auf VTA (beide Füße, *Blatta*), VTA und DTA (*Acridiidae*) oder VTA und CT (*Gryllotalpa*). Kann auf die Kopfkapsel überwandern.
   I stets am vorderen (unteren) Basalrande des Scapus mit schlanker Sehne, bei Lepidopteren nach BERLESE (*Sphinx convolvuli*) breitköpfig, ohne Sehne.
   F Depressor, Fühlersenker, bei frontaler Einlenkung der Fühler diese in der Sagittalebene nach vorn bzw. vorn und unten bewegend.
   D ungeklärt, entspricht vielleicht einem sternocoxalen Muskel. Sein bei *Bombyx mori* (nach BLANC 1890) am Scheitel liegender U ist wahrscheinlich sekundär und kann schwerlich als ein Beweis seiner Abstammung von einem *dvm* gedeutet werden.

2. Musculus tentorioscapalis posterior (*M. flexor ant.* Burmeister, *M. abduct. ant.* Berlese), stets schlank, mit langer Sehne, die nicht selten mit derselben des M. ts. medialis vereinigt ist.
   U an VTA (*Tryxalis, Gryllotalpa, Blatta, Mantis*), zwischen VTA und DTA (*Phryganistria*) oder an HTA (*Dytiscus*). Bei *Liogryllus* und *Decticus* zweiteilig (vgl. oben 1) an VTA und DTA, bei der letzteren Gattung allerdings nur mit wenigen Fasern an den stark reduzierten DTA. Bei Dipteren und Lepidopteren an LTA hinter M. ts. anterior.
   I stets am hinteren (oberen) Basalrande des Scapus, in diesem Bereich aber veränderlich und oft etwas median verlegt, nicht selten (vgl. U) die Sehne mit dem M. ts. medialis verschmolzen.
   F Levator, Fühlerheber, bei frontal eingelenkten Fühlern bewegt er sie in der Sagitalebene nach hinten und oben. Wirkt bei median verlegter Sehne auch zugleich als Rotator, die Fühler nach innen drehend (*Orthoptera* u. a. Insekten, die ihre frontal eingelenkten Fühler gern spreizen).
   D dürfte dem notomerocoxalis (*dvm* 6) des primären Antennensegments entsprechen.

3. Musculus tentorioscapalis lateralis, bei Imagines in der Regel fehlend kommt bei Larven vor. Bei primitiven Pterygoten manchmal erhalten, aber dann an einer mit M. ts. anterior gemeinsamen Sehne. Bei Noctuiden-Raupen entspringt er von der Kopfkapsel.
   U an DTA (*Acridiidae*), oder CT (*Gryllotalpa*).
   I ursprünglich am seitlichen Basalrande des Scapus, sonst in ventrolateraler Lage mit der Sehne des M. ts. anterior verschmolzen.
   F verstärkt den M. ts. anterior als Depressor und Rotator.

4. Musculus tentorioscapalis medialis (*Extensor ant.* Burm., *Abd. secundus* Berlese), stets schlank, mit langer Sehne, diese oft mit dem M. ts. post. (2) teilend.

U an DTA nahe der Kopfkapsel (*Acridium*) oder HTA (*Dytiscus*), bei Lepidopteren hinten an LTA hinter M. ts. posterior.

I an langer Sehne ursprünglich am medialen Basalrande des Scapus, definitiv bei Imagines entweder etwas ventralwärts verlegt (und dann meist selbständig) oder dorsalwärts verschoben und dann gewöhnlich mit dem M. ts. dorsalis verschmolzen.

F Abductor, Anzieher der durch M. ts. anterior gespreizten Fühler, meist aber reduziert, unterstützt er den M. ts. posterior (2).

5. Musculus scapopedicellaris lateralis (*M. abductor art. sec. ant.* Bauer), nur bei Imagines und Larven mit mehrgliedrigem Flagellum.

U an der dorsalen oder dorsolateralen Wand des Scapus in deren Basalhälfte, bei *Dytiscus* zweiteilig, mit einem kleineren, fächerartigen Teil im basalen Kugelgelenk des Scapus.

I am lateralen oder dorsolateralen Basalrande des Pedicellus.

F Extensor, Strecker des Flagellums, bei mehr lateraler I auch Rotator des Flagellums nach außen.

6. Musculus scapopedicellaris medialis (*M. abductor art. sec. ant.* Bauer), wie der vorige nur am mehrgliedrigen Flagellum.

U an der medianen oder dorsomedianen Wand des Scapus, schräg gegenüber und meist etwas vor dem vorigen, nicht selten mehr oder weniger stark auf die Ventralwand des Scapus verlegt.

I am medialen, anteromedialen oder vorderen Basalrande des Pedicellus.

F Flexor, Beuger des Flagellums, bei mehr medialer I auch Rotator des Flagellums nach innen.

Muskeln der Oberlippe, *musculi labri.*

7. Musculus labroepipharyngalis (*M. compressor labri*). Ein (nach Berlese bei Orthopteren zwei) oder mehrere (Labrum der *Diptera* nach Snodgrass) hintereinanderliegende kurze, die außen- und Innenwand (Epipharynx) des Labrums nahe der Mittellinie miteinander verbindende, sehnenfreie Muskelpaare.

U inmitten der labralen Außenwand, bei vielen Orthopteren an einer endoskeletalen Querleiste, gewöhnlich dicht nebeneinander, von da zur I divergierend.

I bei Orthopteren inmitten des Epipharynx, auf seiner medianen chitinigen Längsleiste (Y-Leiste), meist weiter auseinander als die U.

F Levator Epipharyngis, Heber des Epipharynx, hat wohl beim Schlucken bzw. bei der Beförderung des Bissens in das Cibarium eine Bedeutung. Bei Dipteren sind diese Muskeln (mehrere bei *Calliphora*) wohl als Dilatatoren des Saugrohres wirksam.

8. Musculus frontolabralis (*Levator labri* Bauer, *Adductor secund. labri* Berlese), stets paariger, schlanker Muskel mit langer Sehne, fehlt bei Insekten mit unbeweglichem oder fehlendem Labrum (viele *Col, Lep, Dipt.*).

U mitten auf der Stirne beiderseits der Mittellinie vor dem Frontalocellus (*Liogryllus*), mehr oder weniger stark nach vorn und auseinandergerückt, bei *Acrididae* an den Subantennalleisten.

I mit langer Sehne am Basalrande der labralen Außenwand, meist in deren Hinterwinkeln, vielfach aber nach der Mittellinie zu verlegt (*Orth.*), bei *Dytiscus* (der einzige Labralmuskel) an besonderen Chitinfortsätzen der Hinterwinkel der Oberlippe.

F Levator, Heber des Labrums, hebt das Labrum von den Mundteilen ab.

9. Musculus frontoepipharyngalis (*Depressor labri* auct., *Adductor primus labri* Berlese), stets paariger, schlanker Muskel mit langer Sehne, fehlt bei *Dytiscus.*

U auf der Stirne, hinter (*Tryxalis, Blatta*), vor (*Liogryllus, Gryllotalpa*) oder seitwärts (*Anacrydium, Decticus, Phryganistria, Mantis*) von 8., bei *Anacrydium* u. a. an den Subantennalleisten zusammen mit 8. Bei allen Dipteren (auch *Ceratopogonidae*) U am Clypeus (Frontoclypeus). Bei *Liogryllus* und *Gryllotalpa* zweiteilig (bigaster) mit einem U gerade vor 8. und mit dem anderen weiter seitwärts auf der Stirn.

I mit langer Sehne an den → Tormae der Basalwinkel des Epipharynx.

F Depressor, Senker der Oberlippe, drückt das Labrum an die Mundteile.

10. Musculus epistomalabralis, tritt nach Berlese (*Adductor tertius labri*) bei Orthopteren, Dipteren (*Tabanidae*) und als ganz kleiner Zug auch bei Lepidopteren auf. Entspringt von der Epistomalleiste und inseriert am Basalrande der labralen Außenwand median von den Außenwinkeln.

Muskeln der Oberkiefer, *musculi mandibulae.* Ursprünglich (primitive Apterygoten) zwei dorsale und zwei ventrale Muskelpaare, die ersteren von der dorsalen Kopfkapsel, die letzteren von sternalen Apophysen des Hypopharynx (aber vgl. → Tentorium, Absatz über *Collembola)* und (das vordere ventrale Muskelpaar) von einem medianen gemeinsamen Ligament entspringend. Bei Lepismatiden und Pterygoten schwinden die beiden ventralen Muskelpaare und sind nur bei einigen primitiven Formen als Rudimente erhalten, während die beiden dorsalen Paare allein als Beweger der Mandibel erhalten bleiben.

11. Musculus craniomandibularis internus (*M. flexor mand.* Burm., *M. adductor mand.* auct.), bei kauenden Insekten der gewaltigste aller Kopfmuskeln, meist zweiteilig (bigaster), bei stechend-saugenden Insekten in zwei selbständige Paare geteilt (*Hemiptera*), von welchen eines schwinden kann (*Heteroptera, Diptera, Thysanoptera*). Schwindet mit dem Schwund der Mandibeln und fehlt gänzlich da, wo diese fehlen (*Lepidoptera*, höhere *Diptera*). Sein medialer Teil (pars verticalis) übertrifft bei kauenden Insekten den lateralen Teil (pars genalis) stark an Größe, selten ist es umgekehrt (*Dytiscus*). Bei Homopteren ist in der Regel pars geniale kräftiger als die schlanke pars verticalis. Der Muskel ist sehr veränderlich und noch lange nicht genug erforscht.

U der pars verticalis prinzipiell am Scheitel, in dessen Mittellinie zusammenstoßend, kann sich aber auch auf die Schläfen, Occiput und Postocciput erstrecken, je nach der Größe seines Fußes. U der pars genalis wechselt sehr stark. Sie entspringt bei kauenden Insekten von der Gena und Postgena, kann sich aber nach vorn bis unter die Komplexaugen (gewisse *Orthoptera, Coleoptera,* bes. Larven, *Odonata*) und nach hinten bis in den Vorderteil des Halses (*Dytiscus*) erstrecken. Einige Fasern des genalen Teiles entspringen häufig (*Orthoptera*) von den HTA. Bei Hemipteren ist die pars genalis auf die VTA übergegangen und nimmt ihre ganze Unterseite in Anspruch.

I der beiden Teile an einer gemeinsamen, großen, flügelartigen Sehne unterhalb der postmolaren Ecke des Basalrandes der Mandibel, dicht neben den basalen Seitenwinkeln des Hypopharynx, bei *Dissosteira* mit Anschluß an das Ende der ventralen Gabel der Suspensorien. Bei Hemipteren, Thysanopteren und Aphanipteren inserieren beide Teile (soweit vorhanden) getrennt an der Basis der mandibularen Stechborste. Bei Tabaniden I des allein vorhandenen vertikalen Teils an einer langen Sehne des medianen Basalvorsprungs der mandibularen Stechborste. Bei Apterygoten mit monocondylären Mandibeln I hinter dem Mandibelgelenk.

F Adductor, Anzieher der Beißmandibel der Pterygoten und Lepismatiden, Rotator posterior der monocondylen Mandibel der Apterygoten, Retractor, Zurückzieher der mandibularen Stechborsten der stechend-saugenden Insekten. Bei der Adduction wird die Zugkraft auch den Basalwinkeln des Hypopharynx mitgeteilt und diese (vermittels der Suspensorien) in die Tiefe gezogen.

D Der Muskel ist dem hinteren dorsalen postcondylären Rotator der Mandibel der Chilopoden und Crustaceen homolog und ist in dieser Form auch bei Apterygoten (außer *Lepismatidae*) erhalten. In bezug auf die primäre segmentale Muskulatur entspricht er dem hinteren dorsoventralen Parapodialmuskel (Remotor) der Onychophoren und der Polychaeten und ist demzufolge homodynam mit dem M. notomerocoxalis (*dvm* 6) des Thorakalbeins der Insekten.

12. Musculus craniomandibularis externus (*M. extensor mand.* Burm., *M. abductor mand.* auct.) ist bei kauenden Insekten stets viel schwächer als sein Antagonist, der craniomandibularis internus (11), bei stechend-saugenden mit aktivem Einstich (*Hemiptera*) ist er oft stärker als der vorige. Er ist oft zweiteilig, bei Hemipteren und nach Börner bei Ephemeriden-Larven sogar zweipaarig, seine beiden Teile sind aber bei weitem nicht so stark differenziert wie bei dem cm. internus. Fehlt bei Thysanopteren.

U bei Orthopteren und anderen kauenden Insekten am unteren, hintersten Teil der Gena und auf der Postgena, bei Hemipteren an den Laminae mandibulares (→ Jugum), d. h. auf dem vordersten Teil der Gena, bei Tabaniden mitten auf der Gena unter dem Komplexauge. Beide Teile entspringen stets nebeneinander.

I mit kurzer oder langer, stets einfacher Sehne am äußeren Basalrande der Beißmandibel zwischen den beiden Gelenken, meist aber dem hinteren Gelenk näher als dem vorderen. Bei Hemipteren liegt die I entweder an der erweiterten Basis der Mandibularborste selbst, oder an ihren Artikulationshebel (Verbindungsstück mit Jugum), oder aber an beiden zugleich. Bei Tabaniden inseriert dieser (einfache) Muskel an einem Fortsatz des äußeren Basalrandes der mandibularen Stechborste. Bei Apterygoten mit monocondylärer Mandibel liegt die I vor dem Gelenk.

F Abductor, Abzieher der Beißmandibel der Pterygoten und Lepmatidenis, Rotator anterior der monocondylären Mandibel der Apterygoten, Protractor, Vorzieher der mandibularen Stechborsten der stechend-saugenden Insekten. Arbeitet stets als Antagonist des M. craniomandibularis internus (11).

D Homolog dem vorderen dorsalen präcondylären Rotator der mandibel der Chilopoden und Crustaceen und dem craniostipitalen Adductor der Mandibel der Diplopoden, entspricht dieser Muskel den praecoxalen Dorsoventralmuskeln (*dvm* 1—4) des thorakalen Insektenbeins, welche aus dem vorderen Parapodialmuskel der Onychophoren und Polychaeten abgeleitet werden.

13. Musculus hypopharyngo-mandibularis, Zungenmuskel (Börner 1909), das hintere ventrale Adductorenpaar der Diplopoden (zur mandibularen Cardo), Chilopoden, Crustaceen und Apterygoten (außer *Lepismatidae*), findet sich unter Pterygoten bei Larven der *Ephemerida*, bei *Odonata, Isoptera, Blattaria, Saltatoria* (außer *Acridiidae*), *Mantodea, Phasmodea, Perlaria, Corrodentia*, bei letzteren von Börner (1929) und von Badonnel (1934) gefunden, es werden aber auch die bei Hemipteren vom Tentorium ausgehenden Mandibelretractoren mit diesem Muskel homologisiert (Weber).

U bei Crustaceen (*Anaspides*) von einem medianen Ligament des Kopfkapselbodens, bei Myriopoden und Apterygoten von einem Paar ventraler Apophysen des Hypopharynx (aber vgl. oben, Muskel der Oberkiefer), bei Pterygoten (vgl. oben) an den VTA.

I bei Diplopoden am mandibularen Angelstück (Cardo), bei anderen auf der basalen Außenwand der Mandibel, präcondylär (monocondyläre Mandibel der Crustaceen, Chilopoden, Apterygoten) oder intercondylär (bicondyläre Mandibel der Apterygoten und Pterygoten).

F Adductor, Anzieher der Mandibel. Wird auch als Depressor bezeichnet.

D Homolog dem hinteren ventralen Paar der Adductoren Mandibulae bei Crustaceen und Myriopoden und dem sternalen Remotor der Parapodien von Onychophoren und Polychaeten, dem der sternale M. furcamerocoxalis (*spm* 3) des thorakalen Insektenbeins entspricht.

14. Musculus zygomaticus mandibulae, das vordere ventrale Adductorenpaar der Diplopoden (zum mandibularen Stipes), Chilopoden, Crustaceen und Apterygoten (außer *Lepismatidae*). Bei Pterygoten nur bei Larven der *Ephemerida, Blattaria* und bei *Locusta* vorhanden.

U bei Crustaceen (*Anaspides*) an einem medianen freien gemeinsamen Ligament Zygoma). Gleiches ist der Fall bei Myriopoden und Apterygoten, während bei den genannten Pterygoten der U auf die VTA verlegt worden ist.

I bei Diplopoden auf dem mandibularen Stipes, bei anderen auf der basalen Außenwand der Mandibel unterhalb des primären Gelenks bzw. zwischen den beiden Gelenken.

F Adductor, Anzieher der Mandibel. Wird auch als Depressor bezeichnet.

D Homolog dem vorderen ventralen Paar der Adductoren mandibulae bei Crustaceen und Myriopoden und dem sternalen Promotor der Parapodien von Onychophoren und Polychaeten, dem der sternale M. furcabasicoxalis (*spm* 1) des thorakalen Insektenbeins entspricht.

Muskeln der Unterkiefer, *musculi maxillae.* Die Muskulatur des Unterkiefers besteht aus äußeren, von der Kopfkapsel entspringenden Muskeln, welche in der Cardo und dem Stipes inserieren und die Maxille als ganzes bewegen, und aus inneren, in der Maxille selbst entspringenden Muskeln, welche die terminalen Anhänge des Stipes bewegen. Die basalen Muskeln sind denen der Mandibel homolog.

15. Musculus craniocardinalis externus (*Extensor max.* Burm., *Promotor* oder *Rotator anterior cardinis* Snodgr.), ein schlanker, bei Orthopteren einfacher (*Mantis, Phryganistria*) oder zweiteiliger (*Liogryllus, Gryllotalpa, Blatta, Decticus, Anacrydium, Tryxalis*) Muskel.

U bei Apterygoten am Kopfdach, bei Pterygoten öfters an den Seiten des Epicraniums zu beiden Seiten des Occipitalloches im Bereich der Postgena und Gena. Bei Tabaniden entspringt er nach Berlese ganz vorn von den Wangen zu beiden Seiten des Clypeus.

I am äußeren Hantelkopf des basalen Sattelgelenks der Cardo, oder (*Dytiscus, Pterostichus* u. a. *Adephaga*) auf einem hebelartigen Fortsatz desselben. Der bei Thysanopteren von den Schläfen kommende, zweipaarige, auf der Cardo inserierende Muskel ist nach Weber dem M. craniolacinialis der Hemiptered homolog.

F Promotor, Vorzieher der ganzen Maxille, indem er die Cardo adduziert und dadurch den mit ihm winklig verbundenen Stipes vorzieht.

D Homolog dem craniomandibularis externus und damit auch dem vorderen dorsalen Adductorpaar der monocondylen Apterygotenmandibel, entspricht dieser Muskel den präcoxalen Dorsoventralmuskeln (*dvml* 4) des definitiven Thorakalbeines.

16. Musculus craniocardinalis internus (*Remotor* oder*Rotator posterior cardinis* Snodgr.) fehlt den Pterygoten, entspringt bei Apterygoten vom Kopfdach und inseriert am Hinterrande der Cardo, entsprechend dem hinteren Rotator mandibulae, mit dem er homodynam ist.

17. Musculus tentoriocardinalis (*Flexor max.* Burm., *Flexor max. posterior* Bauer, *Adductor ventralis max.* Snodgr.), bei Apterygoten zwei getrennte Muskelpaare, die bei Pterygoten einköpfig werden oder zu einem einzigen Muskel verschmelzen. Meist mit kurzer, seltener langer Sehne am Kopfende.

U bei Apterygoten an den hypopharyngealen Apodemen, bei Pterygoten an den VTA und CT. Bei *Dytiscus* rückte sein U von dem CT auf die Kehle.

I vorn an der Cardo nahe an der cardinostipitalen Naht, bei Orthopteren an einer parallel mit dieser Naht laufenden endoskeletalen Leiste. Bei *Dytiscus* rückte die I auf den medialen Fortsatz des Gelenksattels der Cardo. Bei Apterygoten inserieren beide Teile getrennt vorn an der Cardo.

F Promotor, Vorzieher der ganzen Maxille, unterstützt den M. craniocardinalis externus (15) indem er die Cardo nach innen zieht (adduziert) und dadurch den mit ihm winklig verbundenen Stipes nach vorn bewegt.

D Dieser Muskel ist den hinteren ventralen Adductoren der Apterygotenmandibel homodynam.

18. Musculus tentoriostipitalis (*Flexor max. anterior* Bauer, *Adductor ventralis max.* Snodgr.), ursprünglich aus mehreren Bündeln bestehender kurzer Muskel, der breitköpfig am Stipes inseriert, bei Pterygoten ein- oder zweiteilig, meist ohne

oder mit kurzer Sehne am Kopfende. Bei Dipteren (*Tabanidae*) beschrieb BERLESE einen tentoriolacinialen Muskel, welcher auch hierher (oder zu 19.) gehören dürfte.

U bei Apterygoten von den hypopharyngealen Apodemen, (aber vgl. oben, Muskeln der Oberkiefer), bei Ortopteren einteilig von den Basalteilen der VTA (*Liogryllus, Phryganistria*) oder dem CT (*Blatta, Grylltoalpa*), oder aber zweiteilig von VTA und CT (*Anacrydium, Decticus, Tryxalis*). Bei Dytiscus rückte auch dieser Muskel von dem CT auf die Kehle. Dasselbe ist der Fall bei den Mallophagen. Bei Lepidopteren nimmt dieser Muskel die ganze Länge der LTA und den CT in Anspruch.

Bei Sphingiden finden sich außerdem zwei Muskelpaare, welche mit breiten Köpfen auf den Stipites inserieren. Eines davon ist einfach und entspringt vom vorderen Teil der LTA, das andere ist in zwei Paare getrennt, die hintereinander an den Stipites inserieren und hintereinander auf dem vorderen Teil der Augenkapsel (endoskeletaler Orbitalring) ihren Ursprung haben. Da es primär nur e i n e n tentoriostipitalen, aus mehreren Bündeln bestehenden Muskel gibt und ein craniostipitaler primär nicht vorkommt, müssen diese drei Muskelpaare der Sphingiden als Derivate eines primären tentoriostipitalen Muskels angesehen werden, deren ein Teil von den LTA auf die Kopfkapsel (Augenkapsel) seinen Ursprung verlegt hatte.

I bei Apterygoten und Orthopteren, Coleopteren usw. am medialen Rande des Stipes.

F Adductor, Anzieher des Stipes, drückt den Stipes an die Seite des Hypopharynx und zieht ihn gleichzeitig etwas nach hinten.

Bei Lepidopteren arbeitet dieser Muskel als Beweger der ganzen Rollzunge und ist wohl auch fähig durch Anziehen des Stipes an den LTA (*Sphingidae*, vgl. oben) die Galeae einzeln eine kleine Strecke vorzustoßen.

D Dieser Muskel ist den vorderen ventralen Adductoren der Apterygotenmandibel vergleichbar, entstand aber nach SNODGRASS, nach Schwund dieses Muskels bei Lepismatiden und Pterygoten, aus der sekundären Teilung des M. tentoriocardinalis mit dem er, wie der hintere, ventrale Adductor der Apterygoten und Myriopoden, homodynam ist.

19. M u s c u l u s c r a n i o l a c i n i a l i s (*Flexor laciniae* auct., *Flexor laciniae superior* Bauer), gewöhnlich der längste Muskel des orthopteroiden Kopfes, meist schlank und mit langer Sehne versehen, stets einfach.

U auf der hinteren ventralen Wand der Kopfkapsel, am hintersten Teil der Gena oder Postgena, bei Hemipteren und Thysanopteren mehr dorsal auf den Schläfen hinter den Komplexaugen.

I bei kauenden Insekten mit langer Sehne an der inneren Basalecke der Lacinia, bei Hemipteren auf der erweiterten Basis der zu einer Stechborste umgewandelten Lacinia, bei Thysanopteren auf der Cardo (vgl. 15).

F Adductor der Lacinia, bewegt sie bei kauenden Insekten zangenartig nach der Mittellinie zu. Bei Hemipteren und Thysanopteren Retractor der maxillaren Stechborste. Ist die Lacinia mit dem Stipes unbeweglich verwachsen (*Dytiscus*) dann arbeitet dieser Muskel als Adductor des ganzen Stipes oder schwindet.

D Homodynam mit dem mandibularen Flexor laciniae cranialis der Myriapoden, entspricht er dem dorsoventralen Trochantermuskel (*dvm* 5) des thorakalen Beines der Insekten.

20. M u s c u l u s s t i p i t o l a c i n i a l i s (*Flexor lobi externi* Bauer, *Flexor stipitalis laciniae* Snodgr.), ein kurzer, einfacher oder zweiteiliger Muskel gewöhnlich ohne Sehne am Kopfende. Fehlt häufig ganz. B a u e r bezeichnete diesen, bei *Dytiscus* sehr kleinen rudimentären Muskel, irrtümlich als Flexor lobi externi, d. h. galeae und betrachtete ihn als Antagonisten des folgenden Muskels. Die Galea hat aber nie zwei Muskeln.

U auf der Wand des Stipes hinter dem Maxillartaster, bei Hemipteren auf den Laminae maxillares, bei Thysanopteren seitlich am Mundkegel.

I am Basalrande der Lacinia dicht neben dem craniolacinialis, mit dem er bei *Blatta* eine gemeinsame Sehne hat. Bei Hemipteren und Thysanopteren inseriert dieser in zwei Paare aufgeteilte Muskel auf dem Artikularionshebel (Cardo) und (*Hemiptera*) auf der erweiterten Basis der maxillaren Stechborste (Lacinia). Daß es sich bei Hemipteren und Thysanopteren um eine sekundäre Insertion dieses Muskels auf den Cardines handelt, erhellt aus der Tatsache, daß primär cardinostipitale Muskeln nie vorkommen.

F Adductor Laciniae, wie der craniolaciniale Muskel, bei Hemipteren und Thysanopteren Protractor der maxillaren Stechborsten. Primär hat dieser Muskel keinen Antagonisten, da er mit dem craniolacinialen Muskel parallel arbeitet, bei Hemipteren und Thysanopteren aber ist er sekundär zum Antagonisten des als Retractor wirkenden M. craniolacinialis geworden.

D Der stipitolaciniale Muskel entspricht dem Flexor laciniae stipitalis (Snodgr.) der Myriopoden. An der Muskulatur der thorakalen Beine hat er entweder kein Homologon oder entspricht einem der coxatrochanteralen Muskeln.

21. Musculus stipitogalealis (*Extensor lobi externi* Bauer, *Flexor galeae* Snodgr.), der einzige Muskel der maxillaren Außenlade, meist einfach, selten aus zwei nebeneinanderliegenden Bändern zusammengesetzt. Häufig rudimentär oder ganz fehlend, wenn die Galea reduziert oder mit dem Stipes unbeweglich verbunden ist. Es ist durchaus nicht ausgeschlossen, daß der in kurzen, schrägen Zügen innerhalb der Rollzungen der Lepidopteren (galea) auftretende Muskel aus der Aufteilung des M. stipitogalealis hervorgegangen ist.

U innerhalb des Stipes, auf seiner Außenwand, hinter dem Maxillartaster, neben oder hinter dem stipitolacinialis.

I am Basalrande der Galea, meist innerhalb derselben im Basalteil ihrer Außenwand.

F Der Lage seiner Insertion nach, Abductor, selten Flexor, wenn die Insertion mehr median am Basalrande der Galea verschoben ist.

D Homologie ungeklärt.

22. Musculus stipitopalpalis externus (*Levator palpi maxillaris*) stets einfacher, kurzer aber oft, bei gut entwickeltem, beweglichem Maxillartaster (*Orthopteroidea, Coleoptera, Hymenoptera,* Flöhe usw.) robuster Muskel. Fehlt öfters (*Adephaga, Dytiscus,* → Palpifer palpalis).

U auf der Außenwand des Stipes hinter der Einlenkungsstelle des Tasters.

I am äußeren Basalrande des Tastergrundgliedes.

F Abductor des ganzen Maxillartasters.

D Homologie ungeklärt. Im Sinne der Einästigkeits-Hypothese der Insektenextremität dürfte er dem M. coxatrochanteralis lateralis entsprechen.

23. Musculus stipitopalpalis internus (*Depressor palpi maxillaris*), ähnelt dem vorigen.

U auf der Außenwand des Stipes vor der Einlenkungsstelle des Maxillartasters.

I am inneren (medialen) Basalrande des Tastergrundgliedes.

F Adductor des ganzen Maxillartasters.

D Wie vor. Dürfte dem M. coxatrochanteralis medialis des thorakalen Insektenbeins entsprechen.

24. Musculus palpopalpalis maxillae primus (*Extensor palpi maxillaris* Bauer) der einzige Beweger des 2. Tastergliedes, stets ohne Antagonisten (Snodgrass u. a. im Gegensatz zu Berlese). Bauer bezeichnete diesen Muskel irrtümlich als Extensor palpi maxillaris, indem er das erste, unbeweglich mit dem Stipes verwachsene Tastglieder für einen Teil des Stipes hielt und folglich das zweite Glied für das erste zählte.

U am äußeren Basalrande des 1. Tastergliedes.

I am äußeren Basalrande des 2. Tastergliedes.

F Arbeitet im Gegensatz zu den Bewegern der nachfolgenden Tasterglieder stets als Extensor (Strecker) des zweiten Tastergliedes.

D Entspricht wahrscheinlich dem trochanterofemoralen Beinmuskel (*ppm* 3).

25. Musculus palpopalpalis secundus (*Flexor secundi articuli palpi maxillaris* Bauer), wie der vorige stets ohne Antagonisten. Fehlt manchmal ganz (*Dytiscus, Periplaneta*).
    U auf der medialen Wand des 2. Tastergliedes nahe am Basalrande.
    I am medialen Basalrande des 3. Tastergliedes.
    F Arbeitet stets als Flexor (Beuger) des 3. Tastergliedes.
    D Dürfte dem femorotibialis inferior des thorakalen Beins entsprechen.

26. Musculus palpopalpalis tertius (*Flexor tertii articuli palpi maxillaris* Bauer), wie der vorige stets ohne Antagonisten. Zur Bezeichnung Bauers vgl. oben unter 24.
    U im basalen Teil des 3. Tastergliedes. Bei *Periplaneta* entspringt dieser Muskel im Basalgliede (1. Gl.) des Tasters gegenüber dem palpopalpalis primus und durchzieht frei das 2. und 3. Tasterglied, in denen keine Muskeln entspringen.
    I am medialen Basalrande des 4. Tastergliedes.
    F Arbeitet stets als Flexor (Beuger) des 4. Tastergliedes.
    D unklar, kann vielleicht dem tibiopraetarsalen Muskel (*ppm* 7) des ursprünglichen Maxillarsegments und des thorakalen Beins entsprechen.

27. Musculus palpopalpalis quartus (*Musculus flexor quarti articuli palpi maxillaris* Bauer), wie die vorigen stets ohne Antagonisten. Fällt häufig ganz aus.
    U auf der medialen Wand des 4. Tastergliedes.
    I am medialen Basalrande des 5. Tastergliedes (Endgliedes).
    F Arbeitet wie die vorigen beiden (25, 26) stets als Flexor (Beuger) des Endgliedes des Kiefertasters.
    D unklar, dürfte dem tibiobasitarsalen Muskel der ursprünglichen Extremität entsprechen.

Muskeln der Unterlippe, *musculi labii.* Die Muskulatur der Unterlippe besteht wie bei dem Unterkifer aus äußeren, von der Kopfkapsel entspringenden Muskeln und aus inneren, in der Unterlippe selbst entspringenden, die apicalen Anhänge (Glossa, Paraglossa, Palpus) bewegenden Muskeln. Mit der Verschmelzung der einzelnen Teile des Labiums miteinander schreitet auch die Reduktion der überflüssig gewordenen Muskelpaare fort, die manchmal alle bis auf ein einziges Paar (tentoriopraementalis inferior bei Larven vieler *Staphylinidae, Histeridae, Nitidulidae*) ausfallen können. Angesichts der häufig sehr weitgehenden Änderungen der Ursprungsstellen einiger Labialmuskeln ist die Feststellung ihrer Homologien erschwert. Aus diesem Grunde beschränkt sich die folgende Zusammenstellung der Labialmuskeln auf die bei typisch kauenden Insekten (Orthopteren, Coleopteren) vorgefundenen Verhältnisse und berücksichtigt höhere Insekten nur insofern als die betreffenden Homologien unzweifelhaft erscheinen. Mehrere, von verschiedenen Autoren beschriebene atypische Muskeln höherer Insekten wurden nicht berücksichtigt.

28. Musculus submentopraementalis (*Levator labii* Bauer, *Flexor praementi, Retractor menti sternalis* auct.), mehr oder weniger weit auseinanderstehendes (*Apterygota, Orthoptera, Isoptera,* Larven und Imagines der meisten Käfer usw.) oder in der Mittellinie dicht anliegendes (*Hydrophilidae*) oder verschmolzenes Muskelpaar (*Chrysopa, Myrmeleon, Dytiscus,* Tenebrionidengattung *Merinus* usw.). Bei vielen Käfern und höheren Insekten fehlt es gänzlich. Dieser Muskel hat kein Homologon in der Maxille.
    U am häufigsten nahe an der Mittellinie im hinteren Teil des Submentums (*Orthoptera,* viele *Coleoptera*), kann seitwärts bis in die Hinterwinkel des Submentums rücken (Larve von *Tritoma, Prionocyphon, Eumolpidae* sp. usw.). Bei *Dytiscus* rückte der U dieses Muskels nach Bauer bis an den Hinterrand der Gula, d. h. auf den ventralen Rand des Foramen magnum. Bei *Phyllophaga* (*Scarabaeidae*) entspringt dieser Muskel fächerartig paarig von der unter den Vorderrand der Gula eingesenkten und nach vorn umgebogenen hinteren Hälfte des Submentums. Bei Käferlarven liegt der U dieses Muskels zuweilen (*Galerucella, Eumolpidae* sp., *Spermophagus, Cryptocephalinae*) am Tentoriumquerbalken. Dasselbe ist der

Fall bei *Periplaneta*. Bei *Harpalus* (Imago) entspringt dieser Muskel zu beiden Seiten einer kurzen, endoskeletalen Längsleiste des Submentums zwischen den sog. Gularnähten.

I viel regelmäßiger, meist in der Nähe der Mittellinie am Hinterrande des Praementums, d. h. auf der Falte der Labialnaht, seltener in den Hinterecken des Praementums (*Mycetophagus, Lagriidae* sp.), oder nach vorn bis hinter die Glossae verlegt (gewisse *Orthoptera*). Die Insertionssehnen dieses Muskels sind nicht selten in der Mittellinie miteinander verschmolzen.

F Retractor (Zurückzieher) des Praementum, welches durch diesen Muskel in die Faltentasche der Labialnaht eingezogen wird.

D noch nicht endgültig geklärt. Nach den bei *Machilis* vorliegenden Verhältnissen entspricht der basale mediane Teil des Submentums dem zwischen die Cardines eingeschobenen labialen Sternum und, da das Praementum den Stipites und diese den Coxae homolog sind, so muß der Musc. submentopraementalis einem sternocoxalen Muskel des primären Labialsegments entsprechen.

29. Musculus tentoriopraementalis inferior (*Retractor* oder *Adductor menti proximalis* Snodgrass, *Depressor labii* Bauer (*Dytiscus*-Larve), *Levator glossae internus* Bauer (*Dytiscus*-Imago).

U in der Regel auf den HTA, bei höheren Hymenopteren (*Apidae*) am Cranium, bei Chrysopiden und vielen Käferlarven am Übergang von den HTA zum Cranium, am Rande der hinteren Fenestrae. Bei *Dytiscus*-Imago entspringt kein Labialmuskel vom Tentorium. Der larvale Depressor labii, welcher am CT seinen U hat, scheint dem Levator glossae internus Bauers der Imago zu entsprechen, der aber diskal von der Gula entspringt.

I am häufigsten in oder in der Nähe der Hinterwinkel des Praementums, bei *Blatta* median am Hinterrande des Praementums, bei anderen Orthopteren (*Phryganistria*) in der Nähe der Labialtaster, oder mehr diskal.

F Der Lage der I nach, müßte dieses Muskelpaar bei orthopteroidem Labium als Adductor arbeiten, indem es das Labium an die Mandibeln bzw. den Hypopharynx andrückt.

D Homolog dem M. tentoriostipitalis (18).

30. Musculus tentoriopraementalis superior (*Retractor* oder *Adductor menti distalis* Snodgrass, *Levator labii* Bauer, ? *Levator glossae externus* Bauer). Wie schon oben bei den maxillaren Laden bemerkt wurde, haben die Laden des Labium (Glossae, Paraglossae) stets nur je einen Beweger, ohne Antagonisten. Die als solche benannten Levatoren glossae Bauers sind bestimmt zwei verschiedene Muskeln.

U auf den HTA, meist median vom M. tentoriopraementalis inferior, rückt bei gewissen Orthopteren (*Phryganistria*) von den HTA auf die Postoccipitalleiste hinauf. Bei höheren Hymenopteren (*Apidae*) auf das Cranium verlegt. U auch bei *Dytiscus* auf den HTA (Anderson 1936).

I vorn an der Innenwand des Praementums zwischen den Paraglossae und den Labialtastern, mehr den ersteren (*Gryllus, Decticus, Mantis, Gryllotalpa, Anacrydium*) oder den letzteren (*Blatta, Phryganistria*) genähert, bei *Decticus* und *Phryganistria* an einer endoskeletalen Querleiste. Bei Käferlarven inseriert er (soweit vorhanden) stets in der Nähe der Paraglossen-Wurzeln, bei *Dytiscus* auf der Außenwand.

F Wie der vorige, scheint aber außer der Adduction noch andere Bewegungen des Praementums auszuführen (Snodgrass).

D Wie der vorige homolog mit dem M. tentoriostipitalis (18).

31. Musculus praementoparaglossalis (*Flexor paraglossae* Snodgrass, ? *Depressor glossae* Bauer), ein kurzer, stets paariger Muskel.

U diskal oder median dicht vor dem Hinterrande des Praementums, bei *Liogryllus* auf einer endoskeletalen Querleiste. Bei *Dytiscus* entspringt dieser (?) als Depressor glossae bezeichnete Muskel von der Kehle.

I in der Regel innen in den Paraglossae, auf deren Außenseite.

F Flexor (Beuger) der Außenlade (Paraglossa). Stets ohne Antagonisten.

32. Musculus praementoglossalis (*Flexor glossae* Snodgrass), ein kurzes, zwischen dem vorigen gelegenes und mit ihm meist parallel verlaufendes Muskelpaar.
U in der Regel diskal auf dem Praementum.
I innen in der Glossa, auf deren Medialseite.
F Flexor (Beuger) der Innenlade (Glossa). Stets ohne Antagonisten.

33. Musculus praementopalpalis internus (*Depressor palpi labialis* Snodgr.). Kurzes, meist diskal vom Praementum, nicht selten (*Carabidae*) von einer kurzen medianen Längsleiste entspringendes Muskelpaar, welches stets am vorderen Basalrande des ersten Labialtastergliedes inseriert. Fehlt häufig (*Gyrinidae, Cantharidae*).
U diskal am Praementum, manchmal an den Seitenwänden eines medianen Einschnittes des Praementums (Käferlarven).
I stets typisch (vgl. oben).
F Adductor des ganzen Labialtasters bewegt die beiden Taster zueinander.
D homolog dem M. stipitopalpalis internus, wie dieser wahrscheinlich vom M. coxotrochanteralis medialis abstammend.

34. Musculus praementopalpalis externus (*Levator palpi labialis* Snodgrass *Extensor palpi labii* Bauer). Antagonist des vorigen.
U in den Hinterwinkeln des Praementums oder mehr diskal gegen die Mittellinie zu, bei *Dytiscus* angeblich auf der Gula (Bauer, nach Anderson typisch).
I stets am hinteren Basalrande des ersten Labialtastergliedes.
F Abductor des ganzen Labialtasters.
D Homolog dem M. stipitopalpalis externus und wie dieser wahrscheinlich vom M. coxotrochanteralis lateralis abstammend.

35. Musculus palpopalpalis labii primus. Ohne Antagonisten.
U auf der medialen Wand des ersten Tastergliedes.
I am medialen Basalrande des 2. Tastergliedes.

36. Musculus palpopalpalis labii secundus. Ohne Antagonisten.
U auf der Außenwand des 2. Tastergliedes meist in der Nähe der Basis.
I am medialen Basalrande des 3. Tastergliedes.

Muskeln des Salivariums, *musculi salivarii*. Drei Muskelpaare, ein dorsales und zwei ventrale, von denen die letzteren bei höheren Insekten in der Regel fehlen.

37. Musculus hypopharyngosalivaris, ein kurzes, bei Hemipteren gewaltig entwickeltes Muskelpaar, welches an der Seidenpresse der Schmetterlingsraupe in zwei bis drei Paare aufgeteilt erscheint.
U in der Regel auf den hinteren hypopharyngalen Skleriten (Suspensorium), bei Hamipteren infolge der mächtigen Entwicklung vielfach auf das Tentorium (*Psyllidae, Aradidae, Gerridae*) oder auf die Kehle (*Graphosoma*) verlegt. Bei Hymenopteren entspringt dieser Muskel entweder typisch vom Hypopharynx (*Apinae*) oder (nach Snodgrass) ist auf das Praementum an Stelle des fehlenden praementosalivaris posterior verlegt. Bei Dipteren liegt der U dieses Muskels typisch am Grunde des Hypopharynx.
I in allen Fällen auf einer medianen Längsfalte oder einer medianen chitinigen Längsleiste (Raphe) der dorsalen Wand des Salivariums bzw. der Seidenpresse (Schmetterlingsraupen), welche bei Hemipteren zum Kolben (Pistill) der Speichelpumpe) umgewandelt ist.
F Dilatator (Dehner) des Salivariums.

38. Musculus praementosalivaris anterior, stets nur ein Paar, fehlt bei Hemipteren und Dipteren, sowie bei manchen Käfern (*Dytiscus*), Schmetterlingen.
U in typischen Fällen vorn auf der Außenwand des Praementums dicht hinter der Basis der Labialtaster, bei Hymenopteren (*Xylocopa*) am Hinterrande des Praementums.
I stets vorn an den Seiten des Salivariums.
F Dilatator (Dehner) des Salivariums, seiner Lage und der Zugrichtung nach, kann er aber auch als Protractor arbeiten.

39. Musculus praementosalivaris posterior, wie der vorige stets einpaarig, fehlt bei Hemipteren und Dipteren sowie bei gewissen Hymenopteren (*Xylocopa*) und Coleopteren (*Dytiscus*).
   U in der Regel in den Hinterwinkeln des Praementums hinter den Labialtastern.
   I stets hinter dem vorigen an den Seiten des Salivariums.
   F Dilatator des Salivariums, wie die beiden vorigen.
40. Musculus anularis salivarii, ein kleiner Ringmuskel an der Mündung des Speichelganges in das Salivarium (Speichelpumpe) der Thysanopteren. Sicherlich häufig bei Insekten.

Muskeln des Hypopharynx, *musculi hypopharyngis,* zwei Paar langer und meist schlanker Muskeln, welche den Hypopharynx bewegen, zugleich aber auch Lageveränderungen am Mundspalt und an der Seidenpresse verursachen können.

41. Musculus frontohypopharyngalis (*Retractor angulorum oris* Snodgrass, *Dilatator pharyngis secundus* Rungius), ein langes, schlankes Muskelpaar mit Sehne am Kopfende.
   U stets auf der Stirne in der Nähe der frontalen Beweger des Labrums (8, 9), median (*Blatta*), seitwärts (*Gryllus*) oder vor ihnen.
   I bei Orthopteren mit langer Sehne an den dorsalen Fortsätzen der hypopharyngalen Suspensorien oder den ihnen entsprechenden basalen Skleriten des Hypopharynx (*Gryllus*), zu beiden Seiten der Mundspalte, d. h. in den Mundwinkeln des Cibariums. Bei *Dytiscus*-Imago liegt die I dorsal auf dem Wulst der hier sehr breiten Mundspalte, dicht vor dem ersten Ring des M. anularis stomodaei.
   F Heber (Levator) der Hypopharynxbasis und zugleich der Mundwinkel.
42. Musculus tentoriohypopharyngalis (*Retractor hypopharyngis*).
   U stets am Tentoriumkörper (CT).
   I auf den vorderen hypopharyngalen Skleriten (Salivia).
   F Retractor des Hypopharynx, zieht ihn retro-ventral. Er arbeitet als Antagonist des vorigen Muskels. Durch die Retraction des Hypopharynx wird der Nahrungsbrocken nach hinten in das Cibarium und in den Mundspalt befördert. Gleichzeitige Kontraktion beider Muskelpaare öffnet den Mundspalt. Antagonistisch zu den beiden Muskelpaaren arbeiten die Ringmuskeln, welche den Mundspalt schließen.

Muskeln des Cibarium, *musculi cibarii.* Ein einziges, häufig mächtig entwickeltes, mehrteiliges, flügelartiges Muskelpaar.

43. Musculus clypeopalatalis (*Dilatator cibarii* Snodgrass, *Dilatator pharyngis primus* Rungius, *Dilatator pharygis secundus* Bauer). Meist selbständiges Muskelpaar, welches ein wichtiges Kriterium für die Abgrenzung des Clypeus bildet. Bei den meisten Insekten ist es mächtig entwickelt, vor allem bei *Mallophaga, Corrodentia, Hemiptera, Thysanoptera, Diptera,* Käfern, Schmetterlingsraupen usw. Bei *Hymenoptera* und *Lepidoptera,* deren Cibarium mit der Buccalhöhle zu einer gemeinsamen Saugpumpe vereinigt ist, ist dieses Muskelpaar schwächer als die hinteren pharyngalen Dilatatoren.
   U immer am Clypeus, aber mit verschiedener Verteilung. Die beiden Flügel dieses Muskels können am Vorderrande des Clypeus ihren Ansatz haben, oder schließen sich dem folgenden (44) enger an.
   I am Dach der Cibariums (Palatum) hinter den epipharyngalen Tormae, bei Mallophagen und Corrodentien auf einem länglichen Chitinstäbchen (Pistill) des Palatum.
   F Dilatator des Cibariums in antagonistischer Zusammenarbeit mit dem tentoriophyopharyngalen Retractor (42).

Muskeln des Vorderpharynx, *musculi cavi buccalis.* Eine Doppelreihe dorsaler und ventraler Muskeln, welche von der Kopfkapsel zum Vorderpharynx ziehen. Ihre Bündel sind meistens in deutliche Gruppen eingeteilt, die als geschlossene Muskeln zu erkennen sind, doch ist ihre Abgrenzung nicht in allen Fällen ohne weiters möglich.

Die Dilatatoren des Vorderpharynx (alle cranialen Muskeln des Vph sind Dilatatoren) liegen stets antecerebral und sind daran leicht von den Dilatatoren des Hinterpharynx zu erkennen.

44. Musculus clypeobuccalis (*Dilatator cavi buccalis* Snodgrass, *Dilatator pharyngis tertius* Rungius, *Dilatator pharyngis quartus* Bauer).
   U stets am Clypeus, hinter dem M. clypeopalatalis. Auch sein U stellt ein wichtiges Kriterium für die Abgrenzung des Clypeus, wo keine deutliche Epistomalnaht erhalten ist.
   I stets dorsal am Dach der Bucca (Palatum buccale, Dorsalwand des Vorderschlundes), dicht hinter der Mundspalte und vor dem Ganglion frontale.
   F Dilatator der Buccalhöhle in antagonistischer Zusammenarbeit mit dem entsprechenden, vordersten ventralen Dilatator (47).

45. Musculus frontobuccalis anterior (*Dilatator pharyngis quartus* Rungius, *Dilatator pharyngis quintus* Bauer, *Dilatator pharyngis frontalis* Snodgrass), ein oder mehrere mehr oder weniger dicht hintereinanderliegende, dorsalwärts divergierende Paare von Muskelbändern, die entweder eine für sich ziemlich abgeschlossene, oder von dem nächstfolgenden Muskel nicht scharf zu trennende Gruppe bilden.
   U stets vorne auf der Stirn (Vorderstirn), unmittelbar hinter der Epistomalnaht oder etwas weiter hinten und seitlich.
   I dorsal auf dem Palatum buccale dicht hinter dem Ganglion frontale.
   F Dilatator des Vorderpharynx (bucca) in antagonistischer Zusammenarbeit mit dem entsprechenden (vorderen) Dilatator ventralis.

46. Musculus frontobuccalis posterior (*Dilatator pharyngis postfrontalis* Snodgrass, *Dilatator pharyngis quartus* Rungius partim, *Dilatator pharyngis sextus* und *septimus* Bauer), ein oder mehrere reihig hintereinanderliegende Muskelpaare. Meist räumlich von dem M. frontobuccalis deutlich oder merklich getrennt, liegt dieser Muskel unmittelbar vor dem Gehirn.
   U stets auf dem hinteren Teil der Stirne (Postfrons), vor der Frontalnaht. Bei Fehlen der Frontalnaht stellt die Feststellung des Ursprungs dieses Muskels ein wichtiges Kriterium für die Abgrenzung der Stirn gegen den Vertex.
   I am Palatum buccale unmittelbar vor dem Gehirn.
   F Dilatator des Vorderpharynx (Bucca) in antagonistischer Zusammenarbeit mit dem entsprechenden ventralen Dilatator (48).

47. Musculus frontobuccalis lateralis (*Dilatator pharyngis lateralis primus* Snodgrass), ein Paar von Muskelbündeln, welches sich bei Orthopteren wahrscheinlich von M. frontobuccalis anterior (45) abgegliedert hat, indem es mehr seitlich von der Stirne entspringt und seitlich an der Wand des Vorderpharynx inseriert.

48. Musculus tentoriobuccalis anterior (*Dilatator pharyngis* oder *cavi buccalis ventralis* Snodgrass, *Dilatator tentorio-pharyngealis anterior* Bauer), ein oder zwei Paare von Muskelbündeln, Antagonisten der dorsalen frontopharyngalen Dilatatoren. Dieses Muskelpaar zieht von U zu I zwischen der tritocerebralen Kommissur und dem Unterschlundganglion hindurch.
   U auf dem CT oder den HTA.
   I vorn auf der ventralen Wand der Bucca unmittelbar hinter dem Mundspalt und unterhalb des Ganglion frontale, bei *Dytiscus* auf einer chitinigen Querspange (Schlundbügel) des Bucca-Bodens.
   F Dilatator des Vorderpharynx in antagonistischer Zusammenarbeit mit dem dorsalen (und lateralen) frontopharyngalen Dilatator.

49. Musculus tentoriobuccalis lateralis (*Dilatator pharyngis lateralis secundus* Snodgrass), ein Paar von Muskelbündeln, welches sich bei Orthopteren wahrscheinlich von dem vorigen abgesondert hatte. Es entspringt von den dorsalen Tentoriumarmen. Da die DTA sekundäre Abzweigungen der VTA darstellen und oft keine feste Verbindung mit der Stirn haben, konnte dieses Muskelpaar auf

dieselben von den HTA übergewandert sein. Es inseriert seitlich auf der Wand der Bucca.

50. Musculus tentoriobuccalis posterior (*Dilatator pharyngis* oder *cavi buccalis ventralis secundus* Snodgrass).
U auf den HTA.
I auf der Ventralseite des Vorderpharynx unterhalb der Insertionsstelle des M. frontobuccalis post. vor dem Gehirn.
F Dilatator des Vorderpharynx (Bucca) in antagonistischer Zusammenarbeit mit dem postfrontopharyngealen Dilatator (46).

Muskeln des Hinterpharynx, *musculi pharyngis* (*postpharyngis, pharyngis posterioris*). Mehr oder weniger zahlreiche Muskelbänder, welche in einer dorsalen und einer ventralen Doppelreihe hinter dem Gehirn am Pharynx inserieren und in Zweifelsfällen durch diese postcerebrale Lage von den Dilatatoren des Vorderpharynx immer einwandfrei zu trennen sind.

51. Musculus verticopharyngalis (*Dilatator postpharyngealis* Snodgrass, *Dilatator pharyngis quintus* Rungius, *Dilatator pharyngis octavus* Bauer). Ein oder mehrere hintereinander reihig angeordnete Paare schlanker Muskelbänder, die öfters fehlen können.
U am Vertex (*Orthoptera*) oder am Occiput hinter dem großen Adductor mandibulae (*Dytiscus*).
I am Dach des Hinterpharynx hinter dem Gehirn.
F Dilatator des Hinterpharynx in antagonistischer Zusammenarbeit mit dem folgenden Muskel (52).

52. Musculus tentoriopharyngalis (*Dilatator pharyngis ventralis tertius*, Snodgrass, *Dilatator tentorio-pharyngealis posterior* Bauer), einige dünne Muskelbänder, die öfters ganz zu fehlen scheinen.
U auf den HTA, oder auf den hinteren Fortsätzen des CT (*Dytiscus*-Larve).
I ventral am Hinterpharynx unterhalb der Insertion des vorigen Muskels.
F Dilatator des Hinterpharynx in antagonistischer Zusammenarbeit mit dem vorigen Muskel.

Muskeln des Oesophagus, *musculi oesophagi*. Je eine dorsale und ventrale Gruppe paariger Muskelbündel der Speiseröhre entspringen von der Kopfkapsel.

53. Musculus postoccipitooesophagalis (*Musculus oesophagi dorsalis* auct.), meist mehrere dünne Muskelbänder, die dorsal am Oesophagus inserieren und vom Postocciput entspringen. Sie sind vorhanden z. B. bei *Periplaneta*, fehlen z. B. bei *Dytiscus*.

54. Musculustentoriooesophagalis (*Musculus oesophagi ventralis* auct.), ähnlich dem vorigen, meist aus mehreren dünnen Bündeln bestehend, entspringt dieser Muskel von den HTA (*Orthoptera*) oder vom unteren Rande des Occipitalloches (Flohlarve) und inseriert ventral am Oesophagus.

Muskeln der Kopfkapsel, *musculi cranii*. Die Beweger des Kopfes inserieren zum Teil am Rande der Occipitalöffnung, d. h. am Postoccipitalwulst und zum Teil auf den Skleriten des Halses (Cervicalskleriten) und entspringen alle vom Thorax. Da die Cervicalsklerite (wenigstens die lateralen, welche allein Muskelinsertionen tragen) Derivate des Labialsegments darstellen, gehören alle Beweger der Kopfkapsel funktionell zur Muskulatur des Kopfes.

55. Musculus praephragmapostoccipitalis medialis (*Elevator capitis internus* Burmeister, *Levator capitis horizontalis* Bauer, *Elevator capitis* Luks). Zwei unter dem Pronotum, beiderseits der Medianlinie verlaufende, leicht divergierende, schlanke Muskelzüge, welche den Hals frei durchziehen und am Postocciput inserieren.
U am Praephragma beiderseits der Mittellinie.
I auf den Nackenspornen der Postoccipitalleiste oder dorsal davon auf dieser Leiste selbst.

F Levator capitis, Heber des Kopfes, bringt den Kopf in prognathoide Stellung.

D Es ist der dorsale Längsmuskel (mediodorsaler Zug) des Prothorax und des Labialsegments.

56. Musculus praephragmapostoccipitalis lateralis (*Depressor capitis obliquus* Bauer), ein dünnes langes Muskelpaar, welches bei *Dytiscus*-Imago von den Seitenteilen des Praephragma entspringt und ventral beiderseits des Occipitalloches am Postoccipitalwulst inseriert. Es ist wahrscheinlich ein abgetrennter Muskelzug des dorsalen Längsmuskels, dessen Insertion ventralwärts verlegt wurde. Ein ihm topographisch entsprechender Muskel findet sich bei *Gryllus* (nach Voss) nicht.

57. Musculus pronotopostoccipitalis medialis (*Levator capitis externus* Burmeister, *Rotator capitis superior* Bauer). Zwei bis mehrteiliger Muskel.

U diskal am Pronotum, bei *Acridiidae* aus der vorderen pronotalen Querleiste, bei *Dytiscus* und *Gryllus* diskal beiderseits der Mittellinie.

I am Nackensporn der Postoccipitalleiste.

F Beide Partner zugleich arbeiten als Depressoren des Kopfes indem sie ihn in hypognathoide Lage bringen. Jeder Partner für sich arbeitet hingegen als Rotator, Wender des Kopfes nach rechts und links.

D Ein differenzierter Zug des mediodorsalen Längsmuskelpaares.

58. Musculus profurcatentorialis (*Retractor jugularis* Burm., *Depressor capitis horizontalis* Bauer, *Depressor capitis* Luks, *Musculus microsterni quartus* und *quintus* Voss) ein zweiteiliger oder zweipaariger schlanker Muskel.

U auf den Profurca-Gabeln.

I auf den HTA und dem CT (*Gryllus*), bei *Dytiscus*-Imago am unteren Rande des Occipitalloches zu beiden Seiten der Kehle.

F Depressor capitis.

D Medioventraler Längsmuskel (*vlm*$_2$) des Prothorax und des Labialsegments.

59. Musculus profurcacervicalis cruciatus (*Rotator capitis inferior* Bauer, *Musculus microsterni secundus* Voss), ein langes und schlankes Muskelpaar, welches dadurch auffällt, daß sich seine beiden Partner miteinander kreuzen.

U auf den Gabeln der Profurca (*Dissosteira, Dytiscus*), bei *Gryllus* nach Voss am vorderen Basalrande der Vorderhüfte.

I auf den Laterocervicalia der dem Ursprung jedes Partners gegenüberliegenden Körperseite.

F Nach Voss arbeitet dieser schwache Muskel wahrscheinlich als Häutungsunterstützer, indem er die Enthäutung des Beines erleichtern soll. Das trifft allerdings für diejenigen Fälle nicht zu, wo er nicht von der Hüfte, sondern von der Profurca entspringt. In den letzteren Fällen ist er wohl als Rotator bei einzelner Kontraktion, aber als Depressor der Kopfkapsel bei gleichzeitiger Kontraktion beider Partner zu deuten.

60. Musculus pronotocervicalis (*Depressor*) *capitis cervicalis* Bauer, *Musc. intersegmentalis microthoracis primus* und *secundus* Voss, *Rotator capitis internus* Luks, zweiteiliger oder (*Gryllus*) zweipaariger Muskel.

U am Pronotum, des einen Zuges anteromedial, des anderen anterodiskal auf jeder Hälfte des Pronotums (*Gryllus*).

I getrennt am Außen- und Innenrande des Cervicale laterale.

F Bei gleichzeitiger Kontraktion beider Partner Depressor, bei getrennter Arbeit Rotator capitis.

D Intersegmentalmuskel des Prothorax und des Labialsegments.

61. Musculus cervicopostoccipitalis (*Levator capitis verticalis* Bauer, *Musculus dorsoventralis microthoracis secundus, tertius* und *quartus* Voss), häufig zweiteiliger (*Orthoptera, Aphididae*) oder zweipaariger, bei *Gryllus* dreipaariger Muskel, dessen einzelne Züge aber bestimmt zusammengehören, weil sie stets nebeneinander entspringen und inserieren. Bei *Dytiscus* ist dieser Muskel einfach.

U auf dem bzw. den Laterocervicalia, bei *Gryllus* U des einen Zuges auf dem vorderen kleinen, der beiden anderen auf dem großen hinteren Laterocervicale, getrennt hintereinander.

I aller Züge auf der postoccipitalen Randwulst des Occipitalloches in der Nähe des Nackenspornes.

F Bei gleichzeitiger Kontraktion Levator, bei getrennter Arbeit Rotator des Kopfes.

D Dorsoventraler Muskel des Labialsegments.

62. Musculus propleuropostoccipitalis inferior (*Musculus microsterni quintus* Voss), lateroventraler Längsmuskel, entspringt vorn am Grunde der propleuralen Apodeme und zieht nach vorn zu seiner Insertion am Grunde des Kehlsporns. Seiner extrem lateralen Lage nach ist es ein lateroventraler Längsmuskelzug (*Gryllus*).

63. Musculus propleuropostoccipitalis superior (*Musculus rotator capitis externus secundus* Voss), entspringt vorn am Grunde der propleuralen Apodeme neben dem vorigen und inseriert ganz oben am dorsalen Rande des Occipitalloches unmittelbar beiderseits der Mittellinie, als der höchstgelegene Muskel unter den Kopfbewegern. (*Gryllus* nach Voss, *Locusta* nach Luks).

64. Musculus propleuracervicalis (*Musculus rotator capitis externus primus* Voss), entspringt von der Basis der propleuralen Apophyse dicht neben 62 und 63 und inseriert auf einem kleinen Sklerit oberhalb des Laterocervicale. Ein sehr schwacher, schwer nachweisbarer Muskel, der mit Unrecht die Bezeichnung Rotator capitis trägt. Ist wohl wie die anderen cervicalen Muskeln ein Regler der Halsfaltung (*Gryllus*).

65. Musculus cervicocervicalis lateralis (*Musculus dorsoventralis primus microthoracis* Voss), ein zweiteiliger Muskel, der vom Vorderende des Laterocervicale entspringt, sich in seinem Verlauf senkrecht nach oben gabelt und an zwei kleinen hintereinander gelegenen Skleriten der Halshaut (der hintere Zug mit dem Mus. 64 gemeinsam) inseriert (*Gryllus*).

66. Musculus profurcacervicalis (*Musculus microsterni tertius* Voss), schwacher und dünner Muskel, entspringt von der Profurca und inseriert auf einem kleinen Sklerit unterhalb des Laterocervicale (*Gryllus*).

Muskeln des Stomodaeums, eigene, *musculi proprii stomodaei*, eigene Längs- und Ringmuskeln des Vorderarmes, die keine Verbindung mit dem Integument haben.

67. Musculus transversalis buccae, einige parallele Muskelzüge, die quer über die Dorsalwand des Vorderpharynx (bucca) ziehen. Der vorderste Zug dieses Muskels liegt dicht hinter dem Mundspalt und kann als Schließer, M. anularis (Sphincter) oris bezeichnet werden.

68. Musculus anularis stomodaei, ein mehr oder weniger zusammenhängender Ringmuskelmantel des Stomodaeums, welcher dicht hinter dem Musc. transversalis buccae beginnt und bekleidet den ganzen Vorderarm (Pharynx, Oesophagus) bis zur Valvula cardiaca am Übergang zum Mitteldarm.
Diese Muskelschicht bewirkt in abwechselnder Kontraktion mit den Längsmuskeln (69) die peristaltischen Bewegungen des Vorderdarmes. Am Pharynx und manchmal auch noch am Oesophagus stellt die Ringmuskelschicht einen antagonistischen Komplex zu cranialen Dilatatoren vor.

69. Musculus longitudinalis stomodaei, ein zusammenhängender Längsmuskelmantel des Vorderdarmes, welcher unter der Ringmuskelschicht liegt. Die Längsmuskelschicht beginnt unmittelbar hinter dem Mundspalt und zieht in schmalen Strängen nach hinten unter den M. transversales buccae und annulares stomodaei gewöhnlich bis zu den Valvula cardiaca am Übergang zum Mitteldarm.

Muskeln des Thorax, *musculi thoracis*. Die Muskeln der drei Thoraxsegmente stehen zum größten Teil im Dienste der Ortsbewegung. Sie sind entweder Beweger der Beine oder der Flügel. Nur wenige der thorakalen Muskeln dienen ausschließlich zur

Eigenbewegung der einzelnen Thoraxsegmente und des Kopfes (vgl. oben). An den Muskeln des Thorax läßt sich ihre Abstammung von einer der zwei primären Lagen des → Hautmuskelsystem der Anneliden viel leichter erkennen als dies bei der Kopfmuskulatur der Fall ist. Die homologen Muskeln haben in allen drei Thoraxsegmenten in den meisten Fällen einen analogen Bau und Verlauf, wenn auch in Einzelfällen weitgehende Spezialisierungen öfters vorkommen können. Diese Analogie der segmentalen Muskeln der Thoraxsegmente findet ihre natürliche Erklärung in der Analogie der segmentalen Ortsbewegungsorgane, d. h. der Beine und Flügel und steht im schroffen Gegensatz zu der im Einklang mit der starken Differenzierung der cephalen Extremitäten weitgehend veränderten Muskulatur der einzelnen cephalisierten Körpersegmente. Dementsprechend wird hier der Einteilung der thorakalen Muskeln nicht wie bei Muskeln des Kopfes die Zugehörigkeit zu den bewegten Extremitäten und Organen zugrunde gelegt (Muskeln der Mandibeln, Maxillen usw.), sondern sie werden in homologe Gruppen eingeteilt. Diese von Voss eingeführte und von WEBER zu einem modernisierten und klaren System ausgebaute Einteilung findet sich unter dem Stichwort → Muskel. Auf diese Einteilung wird bei der Beschreibung der einzelnen Muskeln (unter D) Bezug genommen.

Muskeln des Prothorax, *musculi prothoracis*. Ein Teil der prothorakalen Muskeln ist zu den Bewegern des Kopfes und des Halses geworden. Es sind dies die Muskeln 55—60, 62—64 und 66, die hier nicht mehr wiederholt werden. Als weiteres Kennzeichen der prothorakalen Muskulatur ist das Fehlen der Dorsoventralmuskeln hervorzuheben, Folge unbeweglicher Verbindung des Pronotum mit den Pleuren.

70. Musculus conjunctiva-antecostalis (*Musculus pronoti primus a segmentalis* Voss), nur bei *Gryllus domesticus*, findet sich nach BERLESE bei keinem anderen Insekt, auch nicht bei *Gryllus campestris*.
U dicht beiderseits der Medianlinie auf der promesonotalen Conjunctiva (Intersegmentalhaut).
I dicht beiderseits der Mittellinie auf der unter den Vorderrand des Pronotums eingeschlagenen antecostalen Verbindungshaut mit dem Hals.
F Regulierung der Intersegmentalfalten (Voss).
D Ist offenbar ein abgetrennter Zug des medialen dorsalen Längsmuskels, dlm_1.

71. Musculus prophragmapronotalis medius (*Musculus pronoti tertius* Voss, *Musculus rotator prothoracis* Bauer, Burm., Luks). Zweiteilig (*Gryllus*).
U median am Prophragma.
I median beiderseits der Mittellinie, bei *Gryllus domesticus* zwischen den beiden Partnern des M. 70, bei Cicadiden und Acridiiden (nach BERLESE) auf der ersten Querleiste, bei Orthopteren ohne prothorakale Querleisten sowie bei Coleopteren diskal oder lateral.
F Retractor prothoracis (Voss), kann bei lateraler Insertion und Kontraktion nur eines Partners als Rotator arbeiten.
D Wie der vorige, ein medialer Zug des dorsalen Längsmuskels, worauf der stets medial am Praephragma gelegene U hinweist (dlm_1).

72. Musculus praephragmapronotalis lateralis (*Musculus depressor prothoracis* Bauer, *Retractor prothoracis* Burm., Luks). Bei *Dytiscus*.
U lateral am Praephragma.
I an den Seiten des Pronotums etwa in der halben Länge.
F Depressor (Senker) und Retractor (Zurückzieher) des Pronotums.
D Lateraler Zug des dorsalen Längsmuskels (dlm_2).

73. Musculus mesospinaprospinalis (*Musculus prosterni primus* Voss). Bei *Periplaneta* und *Gryllus* der einzige unpaarige Muskel, bei Acridiiden (Berlese) paarig. Fehlt bei höheren Insekten meistens.
U auf der mesosternalen Spina.
I auf der prosternalen Spina.
F Depressor des Prothorax.
D Medialer Zug des ventralen Längsmuskels (vlm_1).

74. Musculus mesofurcaprofurcalis (*Musculus retractor prothoracis* Bauer, Burm., Luks, *Musculus prosterni quartus* und *quintus* Voss), einfacher oder zweiteiliger (*Gryllus*), schlanker Muskel.
U auf der Mesofurca, auf der Vorderseite der beiden Gabeln.
I auf der Hinterseite der beiden Profurca-Gabeln.
F Die Retraction der Profurca ist offenbar die unmittelbare Aufgabe dieses Muskels, dessen Zugkraft sich aber nicht nur auf die Zurückziehung des Prosternums (also Senkung, Depression des Prothorax) beschränkt, sondern auch eine Lageveränderung der Profurca bedingt und infolgedessen Spannungsänderungen innerhalb des gesamten Muskelgarniturs der Profurca bewirkt.
D Lateraler von Furca zu Furca verlaufender Zug des ventralen Längsmuskels, vlm_2.

75. Musculus prospinaprofurcalis (*Musculus prosterni septimus* Voss).
U auf der prothorakalen (unpaar median am Hinterrande des Prosternums sitzenden) Spina.
I auf den Gabeln der prosternalen Furca.
F unbekannt.
D Spinafurcaler Zug des ventralen Längsmuskels, vlm_3. Bei Grylliden, Blattenid, Locustiden und Lepidopteren nachgewiesen.

76. Musculus mesospinaprofurcalis (*Musculus prosterni sextus* Voss). Nur bei *Gryllus* und *Periplaneta* nachgewiesen.
U auf der mesothorakalen Spina.
I auf den Gabeln der Profurca.
F Unterstützt den M. mesofurcaprofurcalis (74) als Retractor Profurcae.
D Ein selten vorkommender Zug des ventralen Längsmuskels.

77. Musculus mesofurcaprospinalis (*Musculus prosterni tertius* Voss, *Retractor prothoracis* Luks), bei *Gryllus, Periplaneta, Acridiidae, Cicada,* der einzige sternale Muskel bei Libelluliden, fehlt anderen Insekten.
U auf den Gabeln der Mesofurca.
I auf der prosternalen Spina.
F Retractor prosterni.
D Furcaspinaler Zug des ventralen Längsmuskels, vlm_4.

78. Musculus pronototrochantinalis (*Musculus dorsoventralis primus prothoracis* Voss), fehlt bei Lepidopteren, *Vespa*, Dipteren (Berlese), *Dytiscus* (Bauer.) vorhanden bei *Gryllus* und wahrscheinlich auch bei anderen Orthopteren (*Locusta*).
U am Pronotum, bei *Gryllus domesticus* auf dem dunkelbraunen halbmondförmigen Fleck im vorderen Drittel jeder Halsschildhälfte.
I am Trochantinus des Vorderbeins.
F Rotator (Levator nach Voss) der Vorderhüfte.
D Dritter Dorsoventralmuskel (dvm_3), stammt vom primären Promotor coxae, homolog dem M. craniomandibularis externus (Abductor mandibulae, 12).

79. Musculus pronotobasicoxalis (*Musculus lateralis quartus prothoracis* Voss, *Extensor coxae prothoracis* Bauer), sehr kräftiger Muskel mit starker Sehne, bei *Dytiscus* in drei selbständige, aber dicht nebeneinander entspringende und inserierende Muskelpaare geteilt.
U am Pronotum, bei *Gryllus* auf dem braunen halbmondförmigen Fleck im vorderen Drittel jeder Halsschildhälfte.
I am Basicoxale der Vorderhüfte, vor dem pleuralen Gelenk.
F Promotor der Hüfte.
D Wie der vorige Muskel, ein Derivat des primären Promotor coxae, wird mit dvm_4 bezeichnet.

80. Musculus pronototrochanteralis (*Musculus lateralis sextus a prothoracis trochanteris* Voss, *Musculus lateralis quartus a prothoracis* Voss, *Musculus dorsoventralis quintus prothoracis* Voss, *Musculus dorsoventralis octavus prothoracis* Voss, *Musculus extensor trochanteris prothoracis* Bauer), ein sehr starker, bei *Dytiscus*

einfacher, fächerartiger, bei *Gryllus* vierteiliger Muskel. Der stärkste Muskel des Prothorax, fehlt nicht selten, z. B. bei *Hym. Apocrita.*

U auf den beiden Hälften des Pronotums, bei *Gryllus* mit drei gesonderten Ansatzflächen innerhalb des braunen Flecks (vgl. oben M. 78) und einer davor.

I am vorderen Basalrande des Trochanters des Vorderbeins.

F Wird als Abductor oder Extensor (Levator) Trochanterofemoris bezeichnet.

D Kommt nur bei Insekten vor, wird als dvm_5 bezeichnet.

81. Musculus pronotomerocoxalis (*Musculus dorsoventralis secundus prothoracis* Voss, *M. dorsoventralis septimus prothoracis* Voss, *M. lateralis sextus prothoracis* Voss, *M. flexor coxae prothoracis a* Bauer). Die von Voss gesondert angeführten drei Muskeln sind offenbar Züge des einzigen bei *Gryllus* dreiteiligen bzw. in drei Muskelpaare aufgelösten Pronotomerocoxalmuskels (dvm_6). Es ist allerdings möglich, daß der M. lateralis sextus Voss' dem M. merocoxasubalaris (pm_6) des Meso- und Metathorax homolog ist, er entspringt aber im Prothorax vom Notum und dieser U muß für ihn als der primäre betrachtet werden. Er ist für sich zweiteilig.

U auf dem Pronotum, bei *Gryllus* mit zwei Teilen innerhalb des oben (M. 78) erwähnten braunen Flecks und einem Teil (lateralis sextus prothoracis Voss!) dahinter, an zwei gesonderten Stellen.

I am Rande der Merocoxa hinter dem pleuralen Gelenk der Hüfte. Bei *Gryllus* inserieren alle drei Teilmuskeln hintereinander auf der Merocoxa.

F Wird als Remotor, Flexor oder Depressor coxae bezeichnet. Die einzig richtige, der Homologie dieses Muskels entsprechende funktionelle Bezeichnung ist die des Remotors.

D Homolog dem primären Remotor coxae tergalis (bzw. subcoxae tergalis) der Arthropoden und dem Remotor parapodii tergalis der Polychaeten. Homodynam dem M. craniomandibularis internus (11). Im homologen Muskelsystem von Weber führt er die Signatur dvm_6.

82. Musculus proepisternocoxalis superior (*Muscolo episternocoxale primo* Berlese). Bei Hymenopteren, Lepidopteren, Dipteren.

U am Episternum, zweiteilig.

I auf dem vorderen Basalrande der Vorderhüfte (Basicoxa).

F Promotor coxae prothoracis.

D Pleuralmuskel, entspricht wahrscheinlich bei einem Teil der genannten Insekten den vereinigten pleuralis superior und inferior plm_2 und plm_3.

83. Musculus proepisternobasicoxalis inferior (*Muscolo episternocoxale terzo* Berlese), nur bei Dipteren gefunden, kleiner, kurzer Muskel.

U am Episternum des Prothorax, tiefer als der vorangehende.

I auf dem vorderen Basalrande der Vorderhüfte (Basicoxa).

F Promotor coxae prothoracis.

D Pleuralmuskel, entspricht wahrscheinlich dem inferior pleuralis plm_3.

84. Musculus proepimeromerocoxalis (*Muscolo episternocoxale secondo* Berlese) bei Lepidopteren und Hymenopteren.

U am Epimerum des Prothorax.

I am hinteren Basalrande der Vorderhüfte (Merocoxa).

F Remotor coxae prothoracis.

D Pleuralmuskel, homodynam dem coxosubalaren Muskel des geflügelten Segments plm_5.

85. Musculus pronotopropleuralis (*Musculus lateralis nonus, undecimus* und *duodecimus* Voss), bei *Gryllus* drei gesonderte, rudimentäre, kurze Muskelgruppen. Sie entspringen alle nebeneinander innerhalb des braunen Flecks (cf. M. 78) des Pronotums und inserieren am oberen Ende der Propleuralleiste. Sie entsprechen dem npm_2 des homologen Muskelsystems.

86. Musculus propleurotrochantinalis (*Musculus lateralis quintus prothoracis* Voss). Bisher nur bei *Gryllus.*

U inmitten der prothorakalen Pleuralleiste.

I auf dem Trochantinus des Vorderbeins.
F Levator coxae (Voss).
D Nach Voss ist es ein Pleuralmuskel, während ihn BERLESE für einen selbständig gewordenen Zug des M. nototrochantinalis (78) hält.

87. Musculus praephragmaprofurcalis (*Musculus intersegmentalis prothoracis* Voss, *M. levator prothoracis* Bauer), bei *Gryllus, Cicada,* Lepidopteren, *Dytiscus.* Fehlt bei *Hydrophilus,* Dipteren und anderen Insekten mit unbeweglichem Prothorax.
U am Praephragma.
I an Gabeln der prothoracalen Furca.
F Retractor (nach Voss Rotator) prothoracis.
D Intersegmentaler Dorsoventral- oder dorsaler Längsmuskel. Im ersteren Fall müßte eine Wanderung des U und der I, im letzteren die des Insertionspunktes allein angenommen werden.

88. Musculus profurcapropleurapodemalis (*Musculus furcae lateralis prothoracis* Voss). Bei *Gryllus* schließen sich die Enden der Profurca eng an die Propleuralleiste und es sind nach Voss auch histologisch kaum Spuren eines Zwischenmuskels nachzuweisen. Mit Sicherheit scheint dieser Muskel im Prothorax der Insekten nicht gefunden zu sein. Er könnte nur in den nach SNODGRASS seltenen Fällen vorkommen, wo die Furca im Prothorax von den Pleuralleisten weit getrennt ist.
U auf den Furca-Ästen.
I auf der prothoracalen Pleuralleiste, bzw. der Propleuralapodeme.
F Wahrscheinlich nur Atemmuskel, der durch Einziehen der Pleuren den Raum des Prothorax verkleinert.
D Homologie ungeklärt, jedenfalls ein differenzierter Transversalmuskel. Möglicherweise homodynam dem M. expirator metathoracis von *Dytiscus, Melolontha* u. a. (*psm*).

89. Musculus profurcabasicoxalis (*Musculus pedalis primus prothoracis* Voss.
U auf den Profurcaästen.
I auf dem vorderen Basalrande der Vorderhüfte (Basicoxa).
F Promotor der Vorderhüfte (und damit des ganzen Beines) bei dicondylen Hüften, d. h. wenn das pleurale und sternale Gelenk vorhanden sind, bei höheren Insekten, die mit einem Scharniergelenk zwischen dem Rumpf (Subcoxa) und der Hüfte (die dann ganz zu einer Gelenkkugel → Kugelgelenk) versehen sind, arbeitet dieser Muskel als Rotator.
D Homolog dem primären sternalen Promotor des Parapodiums der Polychaeten und Onychophoren, spm_1, des homologen Muskelsystems.

90. Musculus profurcacoxalis medianus (*Musculus pedalis tertius prothoracis* Voss).
U auf den Profurcaästen, gewöhnlich tiefer als 89 und 91.
I auf dem inneren Basalrande der Vorderhüfte.
F Ein schwacher Antagonist der episterno- und epimerocoxalen Muskel (82—84), bewegt das Bein von außen nach innen, nach der Mittellinie zu, ist also Adductor, wird aber von Voss als Depressor (Flexor) bezeichnet.
D Ein sekundär vom furcabasicoxalis oder furcamerocoxalis abgetrennter Muskelzug, spm_2.

91. Musculus profurcamerocoxalis (*Musculus pedalis secundus prothoracis* Voss, *Musculus flexor coxae prothoracis b* Bauer).
U auf den Profurcaästen.
I auf dem hinteren Basalrande der Vorderhüfte (Merocoxa).
F Remotor der Vorderhüfte, Antagonist des furcabasicoxalis (89) und mit ihm alternativ als Rotator der Vorderhüfte bei höheren Insekten tätig.
D Homolog dem primären sternalen Remotor des Parapodiums der Polychaeten und Onychophoren, spm_3 des homologen Muskelsystems.

92. Musculus profurcatrochanteralis (*Musculus pedalis quartus prothoracis* Voss), unterstützt den M. pronototrochanteralis (80) oder vertritt ihn, wenn dieser fehlt. Bei *Gryllus* und *Vespa,* fehlt bei Dipteren.

U auf den Gabeln der Furca.
I auf dem vorderen Basalrande des Trochanters.
F Levator (Extensor) trochanteris prothoracis (Voss).
D Im homologen Muskelsystem mit *spm*$_4$ bezeichnet, stammt dieser Muskel wie der furcacoxalis medianus entweder vom primären Promotor (furcabasicoxalis, 89) oder Remotor (furcamerocoxalis, 91 des Vorderbeins).

93. Musculus prospinamerocoxalis (*Musculus pedalis septimus prothoracis* Voss). Nur bei *Gryllus* nachgewiesen.
U an den Seiten der prosternalen Spina.
I am hinteren Basalrande der Vorderhüfte (Merocoxa).
F Arbeitet wie der vorige als Levator trochanteris prothoracis.
D Ein selbständig gewordener Zug des M. furcamerocoxalis (91), d. h. des primären Remotors coxae, *spm*$_3$.

94. Musculus pronotointestinalis (*Musculus protractor intestinalis* Voss), ein dünnes parallelenfaseriges Muskelpaar, entspringt bei *Gryllus domesticus* am Vorderrande des Halsschildes unweit der Mittellinie, nach außen vom anteromedialen Zuge des M. pronotocervicalis (60), inseriert zwei- oder mehrköpfig an den Seitenwänden des im Metathorax beginnenden Ingluvies.

Muskeln des Mesothorax, *musculi mesothoracis.* Die Muskeln des Mesothorax weisen weitgehende Differenzierungen auf, welche in Korrelation mit der Entwicklung bzw. Reduktion der Vorderflügel und der damit zusammenhängenden beweglichen oder unbeweglichen Verbindung der Hüfte mit dem Mesothorax entstanden sind. Im geflügelten Mesothorax sind vor allem die *dlm* und *dvm* als indirekte Flügelmuskeln sehr stark entwickelt und die notocoxalen sowie pleurocoxalen Muskeln werden bei unbewegter Hüfte zu coxonotalen bzw. coxopleuralen entsprechend der Änderung ihres punctum fixum (Ursprung). Außerdem kommen im Mesothorax Muskeln der Axillen (Axillarmuskeln) hinzu, welche im Prothorax vollständig fehlen, sowie Muskeln der Stigmen, wenn diese auch topographisch auf die Propleuren verlegt sein können. Die Mittelbeine sind in der Regel bei Insekten am schwächsten entwickelt und im Zusammenhang damit ist die Entwicklung der Vorderflügel entscheidend für gute Entwicklung oder Reduktion des Mesothorax und seiner Muskulatur.

95. Musculus mesophragmapraephragmalis (*Musculus mesonoti primus et secundus* Voss, *Musculus mesonoti inferior* Bauer, *Muscolo protergale* Berlese), bei allen Fluginsekten ein kräftiger, meist aus mehreren eng zusammengeschlossenen Bündeln bestehender Muskel. Besonders stark entwickelt bei Insekten, deren Vorderflügel im Fluge die Hauptarbeit leisten (*Hymenoptera, Diptera, Homoptera, Lepidoptera*). Bei Odonaten rudimentär und der einzige Muskel aus der Gruppe *dlm.*
U am Mesophragma, bei Odonaten am Postnotum des Mesothorax (protergite del metanoto Berlese), infolge Rudimentation des Mesophragmas.
I am Praephragma, bei sehr starker Entwicklung dieses Muskels auf das Praescutum des Mesonotums übergreifend (*Hymenoptera* mit Ausnahme der *Siricidae, Diptera, Homoptera, Trichoptera, Lepidoptera*).
F Indirekter Flügelsenkel, bei *Coleoptera* Auslöser des Flügeldeckenverschlusses, indem er die Scutellumspitze hebt.
D Homodynam mit M. prophragmapostoccipitalis (55), *dlm* (1).

96. Musculus mesophragmamesonotalis (*Musculus mesonoti tertius* und *quartus* Voss, *Musc. mesonoti superior* Bauer), gewöhnlich ein mittelstarker, nicht selten zweiteiliger oder in zwei Paare aufgeteilter (*Gryllus, Lepidoptera*) Muskel. Bei *Homoptera* (*Cicadina, Psyllina, Aleurodina*) mächtig entwickelt.
U am Mesophragma, welches bei *Homoptera* fast bis zum Sternum verlängert ist, um den U des mächtigen Muskels zu fassen.
I am Mesonotum, gewöhnlich auf der V-Leiste zwischen Scutum und Scutellum, kann aber auch auf die Fläche dieser beiden Sklerite übergreifen. Bei Homopteren nimmt die I des mächtigen Muskels den größten Teil des Mesoscutums ein.

F Indirekter Flügelsenker und damit Antagonist des vorigen Muskels. Seine Funktion übernehmen meist die *dvm* und dadurch verliert er an Bedeutung im Gegensatz zu Homopteren, wo er die Hauptrolle spielt.
D Entspricht dem lateralen Zug des dorsalen Längsmuskels, *dlm* (2).

97. Musculus mesospinametaspinalis (*Muscolo interforcellare* Berlese), bisher nur bei *Periplaneta* gefunden.
U auf der Mesospina.
I auf der Metaspina.
F Depressor des Mesothorax.
D Homodynam mit dem M. mesospinaprospinalis des Prothorax, medialer Zug des ventralen Längsmuskels, *vlm* (1).

98. Musculus mesofurcametafurcalis (*Musculus mesosterni quartus* und *quintus* Voss, *Retractor mesothoracis* Bauer), ein allgemein verbreiteter, schwacher, manchmal fehlender (*Acridiidae*) Muskel. Bei *Hymenoptera Aculeata* (*Apis, Vespa*), deren Metafurca weit vorgerückt und der Mesofurca genähert oder mit ihr verschmolzen ist, ist dieser Muskel sehr kurz oder schwindet ganz.
U auf den Gabeln der Metafurca.
I Auf den Gabeln der Mesofurca, bei *Gryllus* auf ihrem Grunde.
F Depressor des Mesothorax, zieht das Meso- an das Metasternum. Übrigens vgl. M. 74.
D Lateraler Zug des ventralen Längsmuskels, *vlm* (2).

99. Musculus mesospinametafurcalis (*Musculus mesosterni tertius* Voss), nur bei *Gryllus* und *Periplaneta*, bei *Acridiidae* in ein sehniges Ligament verwandelt.
I auf der Mesospina.
U auf den Gabeln der Metafurca, bei *Gryllus* dicht neben dem vorigen.
F Wie die beiden vorigen, Depressor des Mesothorax.
D Furcaspinaler Zug des ventralen Längsmuskels, *vlm* (4) des homologen Muskelsystems, homodynam mit Muskel 77.

100. Musculus basisterno mesonotalis, der erste Dorsoventralmuskel, *dvm* (1) tritt in der Regel in enger Verbindung mit dem folgenden oder beiden folgenden, mit welchen er die Funktion des Abflachers des Notums und damit die der Flügelhebung teilt.

101. Musculus laterosternomesonotalis (*Musculus dorsoventralis septimus* Voss) meist mit dem vorangehenden und dem folgenden eng verbunden, bildet dieser Muskel bei allen Fluginsekten mit aktiven Vorderflügeln ein kräftiges Muskelbündel. Fehlt bei Käfern, Acridiiden.
U primär am Laterosternit, von dem er recht frühzeitig in der phylogenetischen Entwicklung der Insekten auf das Praecoxale überwanderte, wo sich ihm der Ursprung des vorigen Muskels angeschlossen hat.
I auf den Seitenteilen des mesonotalen Praescutums.
F Levator (Heber) der Vorderflügel.
D *Dvm* (2) des homologen Muskelsystems.

102. Musculus trochantinomesonotalis, der dritte Dorsoventralmuskel, *dvm* (3) ist im Mesothorax in der Regel mit den beiden vorangehenden zu einem funktionell einheitlichen Depressor mesonoti (Levator der Vorderflügel) verbunden. Bei *Gryllus* scheint er allerdings ganz zu fehlen. Fehlt auch bei *Megaloptera*. Homodynam mit M. 78 des Prothorax.
Die obigen drei Muskelzüge treten in der Regel nicht mehr als selbständige Muskelpaare, sondern als ein einziger, zwei- (*Lepidoptera*) oder dreiteiliger Muskel auf.

103. Musculus basicoxamesonotalis (*Musculus dorsoventralis primus mesothoracis* Voss, *Musculus dorsoventralis sextus mesothoracis* Voss, *Musculi flexores coxae mesothoracis a* Bauer), eine kräftige, zweiteilige (*Gryllus*) Muskelgruppe mit doppelter Funktion und allgemeiner Verbreitung bei Insekten. Fehlt bei *Megaloptera*.
U auf dem mesonotalen Praescutum.
I mit mehr oder weniger gut entwickelter Sehne am vorderen Basalrande der Hüfte (Basicoxa).

F Bei freibeweglicher Hüfte Promotor coxae, bei festgewachsener indirekter Heber der Vorderflügel.

D *Dvm* (4) des homologen Muskelsystems.

104. Musculus mesonototrochanteralis (*Musculus dorsoventralis quintus mesothoracis* Voss, *Musculi extensores trochanteris mesothoracis b* und *c* Bauer), der einzige Muskel der Dorsoventralreihe, der immer bei seiner Funktion als Trochantermuskel bleibt. Ein kräftiger, oft mehrteiliger Muskel. Fehlt bei *Acridiidae*.

U auf dem mesonotalen Praescutum.

I mit kräftiger und gewöhnlich recht langer Sehne am vorderen Basalrande des Trochanters.

F Depressor (Senker) des Trochanterofemurs.

D *Dvm* (5) des homologen Muskelsystems.

105. Musculus merocoxamesonotalis (*Musculus dorsoventralis secundus mesothoracis* Voss, *Musculi extensores coxae mesothoracis a, c* und *d* Bauer), wie 103 mit doppelter Funktion, bei festgewachsener Hüfte nur indirekter Flügelheber, bei freier Hüfte und zusammengelegten Flügeln Beweger der Coxa.

U auf dem hinteren Basalrande der Hüfte (Merocoxa), bei *Diptera* auf dem vergrößerten und (bei höheren Dipteren) von der Hüfte abgetrennten → Meron. Bei niederen Insekten (*Perlaria, Orthopteroidea*) ist die Mittelhüfte beweglich, bei *Neuropteroidea* (*Neuroptera* s. lat., *Trichoptera, Lepidoptera*) ist sie mit dem Stamm verschmolzen, und der Muskel ist hier reiner indirekter Flügelheber.

I am Notum.

F Indirekter Flügelheber, bei *Coleoptera* Heber der Flügeldecken, bei niederen Pterygoten zugleich Remotor Mesocoxae.

D Stammt vom primären Remotor coxae bzw. Parapodii, *dvm* (6).

106. Musculus praealaromesepisternalis (*Musculus lateralis decimus* und *undecimus* Voss), bei *Gryllus* zwei Muskelzüge, die zwar nicht typisch vom Praealare, sondern weiter median von der Praephragma entspringen und der eine vorn am oberen Rande des Episternums, der andere hinten unter dem pleuralen Flügelgelenkkopf inserieren. Bei *Sphinx* liegt sein U am Ende des (acrotergalen) Postalare (preclavicola Berlese). Fehlt nach Berlese allen anderen Insekten, er scheint aber mit dem folgenden Muskel, welchen Snodgrass gesondert aufführt, genetisch zusammenzuhängen. Seine Funktion beruht auf dem Heranziehen des oberen Randes des Episternums an den Seitenrand des Notums und auf Beeinflussung der Flugmechanik. Er entspricht dem *npm* (1) des homologen Muskelsystems.

107. Musculus mesonotobasalaris (*Muscolo laterale decimoquinto* Berlese XCI), fehlt bei *Gryllus, Coleoptera*. Bei *Diptera* ein kräftiger Muskel, zieht von einer praecondylären Apodeme des Notums zum Basalare, bei *Sphinx* und *Cicada* vom *Notum* zum oberen Rande des Episternums. Im homologen Muskelsystem mit *npm* (2) bezeichnet.

108. Musculus praecondylomesopleuralis (*Muscolo laterale nono* 86 Berlese), entspringt bei *Cicada* vom vorderen Tergalhebel neben dem ersten Pterale und inseriert auf der Pleuralapodeme. Berlese hatte diesen Muskel mit dem folgenden zusammengezogen, ich folge Snodgrass und führe sie gesondert auf. *Npm* (3) des homologen Muskelsystems, bei Weber mit *pm* (5) bezeichnet.

109. Musculus metacondylomesopleuralis (*Musculus lateralis nonus mesothoracis* Voss) bei *Gryllus* vom hinteren Gelenkfortsatz des postalaren Seitenrandes des Notums neben dem Analgelenkstück des Flügels zum oberen Teil der Pleuralleiste. Beide letzteren Muskeln sind Heranzieher des oberen Pleurenrandes an den Seitenrand des Notums und regeln damit die Funktion des ganzen Flügelgelenks. Diese Funktion teilen sie mit M. 106. Es ist der *npm* (4) des homologen Muskelsystems.

110. Musculus mesopleuropropteralis (*Muscolo laterale decimosesto* XCII und *decimosettimo* XCIII Berlese), bei *Cicada* vom Episternum zum 1. Pterale (Propterale), beide Muskeln fehlen nach Berlese bei anderen Insekten. XCII der Lepidopteren gehört seiner Insertion nach zum folgenden Muskel. (*Npm* 5.)

111. Musculus mesopleuroendopteralis (*Musculus lateralis tertius decimus mesothoracis* Voss, *Muscolo laterale decimonono* XCV, *vigesimo* XCVI und *vigesimoprimo* XCVII Berlese), einfacher (*Gryllus*) oder mehrteiliger (*Diptera, Hymenoptera*) Muskel. Auch Berleses Muskel XCII (vgl. 110) der Lepidopteren gehört hierher, weil er im Gegensatz zu *Cicada* am 2. Pterale inseriert. Nach Snodgrass nur bei Dipteren vorhanden.
U auf dem oberen Teil der Pleure bzw. der Pleuralleiste.
I am 2. Pterale (Endopterale).
F Rotator des 2. Pterale um seinen pleuralen Flügelgelenkkopf.
D *Npm* (6) des homologen Muskelsystems.

112. Musculus mesopleuromesopteralis (*Musculus lateralis duodecimus mesothoracis* Voss, *Muscolo laterale decimosesto* XCII part. und *vigesimoquinto* CI Berlese). Bei Lepidopteren und Dipteren ein mehrteiliger Muskel, welcher vom oberen Teil der Pleure bzw. der Pleuralleiste (*Dissosteira, Gryllus*) zum 3. Pterale (Mesopterale Berleses, Analgelenkstück) zieht. Bei *Gryllus* bewirkt er die Zirpbewegungen der gehobenen Deckflügel, bei anderen Insekten hilft er die Flügel in die Ruhestellung nach hinten zu ziehen.
Im homologen Muskelsystem mit *npm* (7) bezeichnet.

113. Musculus endopterobasalaris mesothoracis (*Muscolo laterale vigesimosettimo* CIII Berlese), nur bei Dipteren, ein kurzer Muskel zwischen dem Basalare und dem 2. Pterale (Endopteron). Vermittelt die Zugwirkung der pleuralen Basalarmuskeln (*plm* 1—2) auf das 2. Pterale. *Npm* (8) des homologen Muskelsystems.

114. Musculus mesepisternobasalaris (*Muscolo laterale vigesimosesto* CII Berlese), nur bei Dipteren, einige kurze und kräftige Muskeln, die vom oberen Teil des Episternums entspringen und am Basalare inserieren. Direkter Flügelsenker, *plm* (1).

115. Musculus praecoxabasalaris mesothoracis (*Musculus lateralis quatuor, decimus mesothoracis* Voss), bei *Gryllus, Acridiidae, Locustidae, Cicada* und *Sphinx*-
U am Praecoxalsternum.
I am oberen Rande des Episternums oder am Basalare.
F Direkter Flügelsenker (wenn I am Basalare) oder Heranzieher des oberen Randes des Episternums an den Seitenrand des Notums zur Regelung der Flügelbewegung.
D *Plm* (2) des homologen Muskelsystems.

116. Musculus trochantinobasalaris mesothoracis oder trochantinoepisternalis superior (*Musculus lateralis primus* und *secundus mesothoracis* Voss). Ein oder zwei (*Gryllus*) Muskelzüge vom gleichen Verlauf.
U am oberen Rande des Episternums (*Gryllus, Locusta, Cicada*) oder am Basalare (*Coleoptera*).
I am Trochantinus.
F Flügelsenker bzw. Levator trochantinalis coxae.
D *Plm* (2) des homologen Muskelsystems.

117. Musculus mesepisternobasicoxalis superior (*Musculus lateralis quartus mesothoracis* Voss) bei *Gryllus, Cicada* und *Sphinx* entspringt dieser Muskel vom oberen Rande des Episternums und inseriert am vorderen Basalrande der Mittelhüfte (Basicoxa). Reiner Beinmuskel, Heber (Levator) der Mittelhüfte. Es ist der dritte Muskel der vermutlich genetisch einheitlichen Gruppe *plm* (2).

118. Musculus mesepisternopraecoxalis inferior (*Musculus lateralis quintus d* und *e mesothoracis* Voss), nur bei *Gryllus*, zwei schwache, parallele Muskelzüge vom unteren Teil des Episternums zum Praecoxalsternum. Diese beiden schwachen Muskelzüge gehören zur Gruppe der unteren pleuralen Coxalmuskeln (*plm* 3) und scheinen rudimentäre Züge ohne nennenswerte Funktion darzustellen.

119. Musculus mesepisternotrochantinalis inferior (*Musculus lateralis quintus b* und *c mesothoracis* Voss), nur bei *Gryllus*, zwei parallele mittelstarke Muskelzüge vom unteren Teil des Episternums zum Trochantinus. Sie sind kräftiger als die vorigen (118) und arbeiten als Heber der Hüfte (Levator trochantinalis coxae). Gehören wie der vorige Muskel zur Gruppe *plm* (3) des homologen Muskelsystems.

120. Musculus mesepisternobasicoxalis inferior (*Musculus lateralis quintus a mesothoracis* Voss) bei *Gryllus* und *Sphinx*, entspringt vom unteren Teil des Episternums, bei *Gryllus* neben den beiden vorigen und inseriert am vorderen Basalrande der Mittelhüfte, neben M. 117, dem er in Funktion gleicht. Wie die beiden vorigen Muskeln gehört er zur Gruppe *plm* (3).

121. Musculus mesopleurotrochanteralis (*Musculus lateralis tertius mesothoracis* Voss). Bei *Gryllus, Cicada, Sphinx*, entspringt vom oberen Rande des Episternums und inseriert an einer mit M. 104 (mesonototrochanteralis (*dvm* 5), gemeinsamen Sehne am Basalrande der Trochanters. Es ist ein kräftiger, langer Muskel der Gruppe *pm* (4).

122. Musculus merocoxamesepimeralis (*Musculus lateralis sextus mesothoracis* Voss, *Muscolo epimerocoxale* LXXXVI Berlese).

U entweder tief in der unteren Hälfte des Epimeron (*Diptera*, *Vespa*) oder am Subalare (*Gryllus*). Bei *Sphinx* und *Cicada* entspringt dieser Muskel nach Berlese vom 2. Tergalgelenkstück (Endopterale), bzw. vom 4. Pterale [?] (Metapteron).

I am hinteren Basalrande der Mittelcoxa (Merocoxa), bei *Cicada* nach Berlese am medialen Basalrande der Hüfte.

F Flügelheber und Remotor coxae.

D Wahrscheinlich entstammen alle merocoxaepimeralen Muskelzüge von primären hinteren Subcoxalmuskeln, ausgenommen diejenigen, welche vom Endopteron entspringen sollen und aus diesem Grunde eher auf notomerocoxale (*dvm* 6) zurückgeführt werden müßten. Die typisch pleuralen Merocoxaepimeralmuskeln entsprechen dem *pm* (5) des homologen Muskelsystems. Sie fehlen z. B. bei Coleopteren.

123. Musculus mesepimerosubalaris (*Musculus lateralis septimus mesothoracis* Voss, *Muscolo pleurometapterale primo* und *secondo*, LXXXVII und LXXXVIII Berlese).

U bei *Gryllus* an einem vom Subalare differenzierten kleinen Sklerit (das hintere epimerale Gelenkstück, ,,p 2'' Voss), bei Lepidopteren am gemeinsamen Wurzelstück der Analadern, bei Dipteren an einem am Grunde der Flügelschuppe (Thorakalschüppchen) befindlichen Sklerit und am Metapteron.

I auf dem oberen Teil des Epimeron.

F Direkte Flügelbeweger mit verschiedener Funktion, je nach der wechselnden Insertion.

D Ob die von Berlese beschriebenen Muskeln tatsächlich hierher gehören ist fraglich. Für diesen Fall gilt das oben, unter M. 122 Gesagte. Lateralis septimus Voss' hat sicher epimerosubalaren Verlauf und stimmt mit dem von Snodgrass so bezeichneten Muskel (1E'') überein. Die typisch verlaufenden Muskelzüge gehören zur Gruppe *pm* (6) des homologen Muskelsystems.

124. Musculus mesapodemafurcalis (*Musculus furcae lateralis mesothoracis, Zwischenmuskel* Voss), fehlt nach Berlese bei *Odonata, Coleoptera* und *Vespa*, vorhanden bei *Orthoptera, Cicada, Diptera*, bei letzteren kurz, aber kräftig.

U auf den Gabeln der Mesofurca.

I auf der mesopleuralen Apodeme, auf dem Epimeron (*Sphinx*).

F zieht die Pleure medianwärts.

D *Psm* (1) des homologen Muskelsystems. Der epimerale Muskel von *Sphinx* entspricht vielleicht eher dem *psm* (2).

125. Musculus (intersegmentalis) mesophragmamesofurcalis (*Musculus intersegmentalis mesothoracis* Voss, *Muscolo intersegmentale secondo del mesothorace*, LXXVII Berlese). Bei *Gryllus, Vespa, Cicada*, bei der letzteren Gattung kurz und dick infolge der Verlängerung der Phragma, welche fast bis an das Sternum reicht, und bei *Diptera*. Berlese fand ihn sonst nur noch bei Larven der *Lepidoptera* und *Lamellicornia*, sowie mit atypischem Verlauf bei *Sphinx*-Imago. Der Muskel ist sehr veränderlich sowohl in U wie auch in I.

U in typischen Fällen auf der Hinterwand des Mesophragma, d. h. auf ihrer metathorakalen Wand. Bei *Sphinx* nach Berlese am Basalare (prefulcro) des Hinterflügels. Bei *Acridiidae* nach SNODGRASS auf Metanotum oder Metapleure. Bei *Diptera* am Mesonotum.

I in der Regel auf der Mesofurca, bei *Diptera* am Metasternum, bei *Sphinx* am Postcoxalsternum.

F Rotator des Meso- und Metathorax.

D Lim des homologen Muskelsystems.

126. Musculus mesofurcabasicoxalis (*Musculus pedalis primus mesothoracis* Voss, *Musculus flexor coxae c mesothoracis* Bauer, *Muscolo sternellopedale* CV Berlese). Einfacher oder mehrteiliger Muskel mit wechselndem U und ziemlich konstanter I. Fehlt nach BERLESE bei *Gryllus campestris, Periplaneta, Acridiidae, Coleoptera, Cicada.*

U auf der Mesofurca (*Dytiscus*), Sternellum (*Gryllus domesticus*, dreiteilig b. *Acridiidae*) oder am Sternalgrat (*Vespa, Diptera*).

I auf dem vorderen (meist anteromedialen) Basalrande der Mittelhüfte (Basicoxale).

F Promotor mesocoxae.

D *Spm* (1) des homologen Muskelsystems.

127. Musculus mesofurcacoxalis medius (*Musculus pedalis sextus mesothoracis* Voss) nur bei *Gryllus* und *Diptera* gefunden.

U auf der Mesofurca.

I auf medialem Basalrande der Mittelhüfte (Basicoxale).

F Adductor coxae.

D *Spm* (2) des homologen Muskelsystems.

128. Musculus mesofurcamerocoxalis (*Musculus extensor coxae c* und *e mesothoracis* Bauer, *Musculus pedalis secundus, tertius* und *quintus mesothoracis* Voss), bei *Gryllus* drei selbständige Muskelzüge, von welchen bei anderen Insekten meist nur zwei oder einer auftritt.

U des dreiteiligen Muskels am Grunde, in der Mitte und am Ende der Furca-Gabeln, stets auf deren Hinterfläche.

I auf dem hinteren Basalrande der Mittelhüfte (Merocoxale).

F Remotor Mesocoxae.

D *Spm* (3) des homologen Muskelsystems.

129. Musculus mesofurcatrochanteralis (*Musculus pedalis quartus mesothoracis* Voss, *Musculus extensor trochanteris a mesothoracis* Bauer). Bei *Gryllus, Vespa, Coleoptera* und *Diptera*.

U auf der Vorderfläche der Furcagabel.

I auf dem Basalrande des Trochanters auf einer mit *dvm* (5) gemeinsamen Sehne.

F Levator (Extensor) trochanteris mesothoracis (Voss).

D *Spm* (4) des homologen Muskelsystems.

130. Musculus mesospinamerocoxalis (*Musculus pedalis septimus mesothoracis* Voss). Bei *Gryllus* und *Acridiidae* kräftiger, bei *Periplaneta* dünner Muskel. Fehlt bei *Cicada* und *Coleoptera*.

U auf der Mesospina. Ein Muskel von fraglicher Homologie (BERLESE), entspringt bei *Vespa* von Crista sterni.

I auf dem hinteren Basalrande der Mittelhüfte (Merocoxa).

D *Spm* (3), homodynam mit M. 91, ein differenzierter Zug des Furcamerocoxalis mesothoracis.

Muskeln des Metathorax, *musculi metathoracis*. Die Muskulatur des Metathorax stimmt im großen und ganzen mit derjenigen des Mesothorax überein. Gewisse Besonderheiten ergeben sich hier vor allem aus dem Anschluß der Längsmuskulatur an den Hinterleib, andererseits aber auch aus der unterschiedlichen Rolle der Hinterflügel im Vergleich mit den Vorderflügeln. Die Muskulatur der Beine verhält sich, von wenigen Ausnahmen abgesehen, ähnlich wie im Mesothorax. Nur da, wo an die Hinterbeine besondere Anforderungen gestellt werden, wie an die Schwimmbeine der Wasserkäfer, Sprungbeine der *Psyllidae* und *Aleurodidae* usw. sind die segmentalen Beinbeweger stärker entwickelt und vielfach differenziert.

131. Musculus metaphragmamesophragmalis (*Musculus metanoti primus* Voss, *Musculus metathoracis medianus* Bauer), bei Insekten mit geflügeltem Metathorax mit Ausnahme der *Odonata* und *Diptera*. Bei *Coleoptera* viel kräftiger und länger als sein mesothorakaler Homodyn.
U auf der Vorderwand des Metaphragma nahe der Mittellinie.
I auf der Hinterwand des Mesophragma nahe der Mittellinie, kann aber bei starker Entwicklung teilweise auf das Notum übergreifen.
F Bei den meisten Insekten mit geflügeltem Metathorax ein schwacher indirekter Flügelsenker (*Orthopteroidea, Isoptera, Corrodentia*). Bei *Coleoptera* sehr starker Flügelsenker und einer der (indirekten) Hauptflugmuskeln.
D Medianer dorsaler Längsmuskel, *dlm* (1).

132. Musculus metaphragmametanotalis (*Musculus metanoti secundus, tertius* und *quartus* Voss, *Musculus lateralis metathoracis posterior* Bauer). Bei *Gryllus domesticus, Coleoptera, Cicada.*
U auf der Vorderwand des Metaphragma, seitlich vom vorigen.
I auf dem Metanotum, gewöhnlich auf der V-Leiste zwischen dem Scutum und Scutellum.
F Indirekter Flügelheber, Antagonist des vorigen, bei *Cicada* fast senkrecht verlaufend infolge starker Verlängerung des Metaphragma.
D Es ist der laterale Zug des dorsalen Längsmuskels, *dlm* (2).

133. Musculus metaspinaurosternalis (*Musculus metasterni primus* Voss), nur bei *Gryllus* gefunden.
U auf der Metaspina.
I mehrteilig in den Vorderecken des 2., 3., 4. und 5. Hinterleibssternit (Urosternits).
F Zieht die vorderen Hinterleibssternite an das Metasternum, bewirkt also, zusammen mit anderen Muskeln, die Depression des Hinterleibs.
D Über die Feststellung hinaus, daß es sich um einen ventralen segmentalen Längsmuskel handelt, läßt sich seine genaue Homologisierung nicht durchführen, weil die in dieser Hinsicht ausschlaggebenden endoskeletalen Elemente im Hinterleib fehlen.

134. Musculus metafurcaurosternalis (*Musculus metasterni secundus, tertius, quartus* und *quintus* Voss, *Muscolo sternotritosternale* Berlese). Bei *Gryllus* sind es zwei doppelte Muskelpaare, die etwas entfernt voneinander, aber von denselben Skelettteilen entspringen und inserieren und höchstwahrscheinlich ziemlich junge Ableitungen eines Muskels darstellen.
U bei *Gryllus* und *Diptera Cyclorhapha* auf der Metafurca, bei *Acridiidae* auf der Metaspina.
I bei *Gryllus* auf dem 2. Laterosternit, bei *Sphinx* und *Cicada* (bei beiden im Gegensatz zu *Gryllus* einfach) in der Mitte des Vorderrandes des 2. Sternits, also spinal.
F Wie beim vorigen Muskel.
D Wie beim vorigen Muskel, entspricht aber in einigen Fällen (*Lep., Cicada*) dem furcaspinalen, *vlm* (4).

135. Musculus basisternometanotalis (*Muscolo tergosternale primo*, XXXVI Berlese, *Musculus lateralis metathoracis anterior* Bauer, partim), als selbständiger Muskel ziemlich selten (*Sialis, Cicada, Lepidoptera*), häufiger mit dem nachfolgenden (*Acridiidae*) oder beiden folgenden (*Coleoptera*) zu einem sehr kräftigen Muskelbündel vereinigt. Fehlt bei *Gryllidae, Blattaria, Locustidae, Vespa* und *Diptera*.
U auf dem Basisternum, bei *Odonata* nach Berlese auf den Gabeln der Metafurca.
I vorn auf den Seiten des Metanotums.
F Flügelheber und Antagonist der *dlm*.
D *Dvm* (1) des homologen Muskelsystems.

136. Musculus laterosternometanotalis scheint im Metathorax in der Regel zu fehlen oder ist mit dem vorigen (*Acridiidae*) oder mit dem vorigen und dem nachfolgenden (*Coleoptera*) zu einem kräftigen Muskelbündel vereinigt. Es ist möglich

daß der unter 135 erwähnte M. metafurcametanotalis der *Odonata* seinem primären U nach laterosternometanotal ist. Dieser Muskel entspricht dem *dvm* (2).

137. Musculus trochantinometanotalis (*Muscolo dorsoventrale primo* Berlese) fehlt öfters, z. B. bei *Megaloptera, Odonata, Vespa, Diptera.* Auch bei *Gryllus* nicht vorhanden, bzw. hatte er (nach Berlese) seinen U vom Trochantinus auf die Basicoxa verlegt (vgl. 138). Bei *Coleoptera* mit den beiden vorigen und dem nachfolgenden zu einem mächtigen Muskelbündel vereinigt.
U auf dem Trochantinus, typisch z. B. bei *Cicada.*
I auf dem Metanotum, anterolateral.
F Flügelheber und Antagonist der *dlm.*
D *Dvm* (3) des homologen Muskelsystems.

138. Musculus basicoxametanotalis (*Musculus dorsoventralis primus* und *sextus metathoracis* Voss, *Muscolo notocoxale primo* XLI Berlese), kommt als selbständiger Muskel selten vor (*Odonata, Lepidoptera*), fehlt häufig oder ist mit den drei vorangehenden zu einem mächtigen Muskelbündel vereinigt (*Coleoptera*). Bei *Gryllus* zwei selbständige Muskelzüge, welche dicht nebeneinander entspringen und inserieren. Nach Berlese ist einer davon der primäre trochantinometanotale Muskel, der seinen U vom Trochantinus auf die Basicoxa verlegt hatte.
U auf der Basicoxa des Hinterbeins.
I auf dem Metanotum (Metascutum).
F Promotor metacoxae bei *Gryllus, Dissosteira, Odonata, Lepidoptera,* bei *Coleoptera* mit den drei vorigen zu einem mächtigen Heber der Hinterflügel geworden.
D *Dvm* (4) des homologen Muskelsystems.

139. Musculus metanototrochanteralis (*Musculus dorsoventralis quintus metathoracis* Voss, *Muscolo dorsoventrale settimo* XLV Berlese), fehlt häufig (*Coleoptera, Vespa, Odonata, Diptera*), bei *Gryllus, Acridiidae* (bei denen er im Mesothorax fehlt), *Cicada* und *Lepidoptera* sowie *Megaloptera* ein mehr oder weniger starker, einfacher Muskel mit typischem Verlauf.
U auf dem Metanotum (Metascutum).
I mit mehr oder weniger langer Sehne am Basalrande des Trochanters des Hinterbeins, zusammen mit den pleuro- und furcatrochanteralen Muskeln.
F Depressor des Trochanterofemurs, kann sich auch als bifunktionaler Muskel an der Flügelhebung beteiligen.

140. Musculus merocoxametanotalis (*Musculus dorsoventralis secundus, tertius* und *quartus* Voss), fehlt bei *Vespa, Odonata,* sonst gewöhnlich zwei- (*Gryllus campestris, Acridiidae, Locustidae, Megaloptera, Homoptera*) oder dreifach (*Gryllus domesticus*), bei *Coleoptera* (*Hydrophilus*), *Lepidoptera* und *Diptera* einfach, mit schlanker, brauner Sehne.
U auf den Seiten des Metascutums, bei *Gryllus dom.* der eine Zug hinter und die beiend anderen vor der Flügelbasis.
I auf dem Basalrande der Merocoxa des Hinterbeins.
F Bei freier Hinterhüfte Remotor metacoxae bzw. bifunktional und zugleich Flügelheber, sonst nur Flügelheber.
D *Dvm* (6) des homologen Muskelsystems.

141. Musculus postcoxametanotalis (*Muscolo tergosternale secondo,* XXXVII Berlese). Berlese beschrieb bei *Cicada* einen Muskel mit diesem Verlauf. Sein U auf dem Postcoxalsternum ist wohl kaum als primär zu betrachten. Es handelt sich wahrscheinlich um einen merocoxametanotalen Muskel, dessen U auf das Postcoxalsternum verlegt worden ist. Da der vorige Muskel bei Homopteren gut entwickelt ist, ist seine Teilung und Abtrennung eines Teils durchaus denkbar. Der postcoxametanotale Muskel inseriert am Seitenrande des Scutums etwas vor dem U des vorigen Muskels.

142. Musculus praealarometepisternalis (*Musculus lateralis octavus decimus* und *undecimus metathoracis* Voss, *Muscolo notopleurale posteriore* LVI, Berlese), gleicht bei *Gryllus* vollkommen dem entsprechenden mesothorakalen Muskel (106), nach Berlese auch bei anderen Orthopteren sowie bei Coleopteren vorhanden. Bei

Coleopteren bildet die Praeala (clavicola BERLESE) eine charakteristische sehnenartige, becherförmige Apodeme, welche das Kopfende des Muskels umfaßt. Er entspringt bei *Coleoptera* dicht am Processus alaris der Pleuralleiste und ist somit dem undecimus von Voss homolog.

Es ist der *npm* (1) des homologen Muskelsystems.

143. Musculus metacondylometapleuralis (*Musculus lateralis nonus metathoracis* Voss). Entspringt bei *Gryllus* vom Metacondylus (hinterer Gelenkfortsatz des Notum-Seitenrandes) und inseriert unter dem pleuralen Flügelgelenkkopf. Bei *Cicada* ist sein U nach BERLESE vom Rande des Notums auf die Membran dicht neben dem Mesocondylus abgerückt, bei Coleopteren liegt er am Notumrande hinter dem Procondylus. Einige andere von BERLESE mit dem lateralis nonus Voss' homologisierte Muskeln sind hier gesondert angeführt (144, 146). Funktion wie bei M. 109. Homologie: *npm* (4).

144. Musculus metapleuropropteralis (*Muscolo laterale nono* 56 Berlese partim), bei Orthopteren und Lepidopteren, entspringt bei ersteren am pleuralen Flügelgelenkkopf, bei letzteren weiter unten von der Pleuralleiste und zieht bei beiden Insektengruppen zum Propterale (1. Tergalgelenkstück des Flügels). BEERLES vereinigt diesen Muskel mit dem vorangehenden (*Npm* 5).

145. Musculus metapleuroendopteralis (*Muscolo pleuroradiale* LV, *muscolo fulcroendopterale* LIX und *episternoendopterale* LX Berlese), bei *Locustidae* vom pleuralen Flügelgelenkkopf, bei *Hymenoptera* vom Episternum, bei *Odonata* vom unteren Teil des Epimerums zum 2. Pterale (Endopterale). Fehlt bei *Gryllus* und anderen Insekten (*Npm* 6).

146. Musculus metapleuromesopteralis (*Musculus lateralis duodecimus metathoracis* Voss), bei *Gryllidae*, *Locustidae* und anderen *Orthoptera*, sowie bei *Coleoptera*, von der Pleuralleiste, bei *Coleoptera* von ihrer Mitte, bei *Gryllus* oben unter dem pleuralen Flügelgelenkkopf, zum Analgelenkstück (3. Pterale, Mesopterale). Auch bei *Lepidoptera* vorhanden, von BERLESE mit lateralis nonus Voss (443) homologisiert (*Npm* 7).

147. Musculus metanotopleuralis (*Muscolo notopleurale posteriore*, LVI Berlese), bei *Coleoptera* (*Hydrophilus*) von BERLESE beschrieben, zieht vom vorderen Tergalhebel (procondylus) zum Analgelenkstück (3. Pterale, Mesopterale), wo er auf der Außenfläche der chitinigen Sehnenkappe dieses Sklerits inseriert. Dieser sicherlich notopleurale Muskel ist nicht näher homologisierbar. Vgl. auch M. 142.

148. Musculus metatrochantinobasalraris (*Musculus lateralis primus* und *secundus metathoracis* Voss), nur bei *Gryllus* (zweipaarig).
U auf dem oberen Rande des Episternums (facultatives Basalare).
I auf dem Trochantinus.
F Levator coxae und zugleich direkter Flügelsenker.
D *Plm* (2) des homologen Muskelsystems.

149. Musculus metaepisternotrochantinalis (*Musculus lateralis quintus b metathoracis* Voss, *Muscolo laterale trocantinoepisternale*, XLVIII Berlese), bei *Gryllus* und *Cicada*, entspringt vom unteren Teil des Episternums und inseriert auf dem Trochantinus dicht neben dem vorigen Muskel. BERLESE zieht diesen Muskel bei *Cicada* mit dem vorigen (Voss' lateralis primus und secundus) zusammen, er gehört aber seinem tiefen U nach sicherlich nicht zu dem trochantinobasalaren Komplex. Entspricht dem trochantinalen Zug des *Plm* (3).

150. Musculus metaepisternobasicoxalis inferior (*Musculus lateralis quintus a metathoracis* Voss), nur bei *Gryllus*, vom unteren Drittel des Episternums zum Basicoxa. Ein kräftiger Muskel der Gruppe *plm* (3).

151. Musculus metaepisternobasicoxalis superior (*Musculus lateralis quartus metathoracis* Voss, *Muscolo lungo laterale pleuropedale del metathorace*, XLVII Berlese), bei *Gryllus*, *Coleoptera* und *Lepidoptera*, fehlt bei anderen Insekten.
U im oberen Drittel des Episternums, zwischen Mitte und dem oberen Rande desselben.
I am vorderen Basalrande (Basicoxa) der Hinterhüfte.

F Promotor Metacoxae.

D Der basicoxale Zug des *plm* (2).

152. Musculus metapleurotrochanteralis (*Musculus lateralis tertius metathoracis* Voss), nur bei *Gryllus*, vom oberen Rande des Episternums zum Basalrande des Trochanters, auf dem er mittels einer mit dem trochanteralen *Dvm* (139) und dem furcatrochanteralen *Spm* (160) gemeinsamen Sehne inseriert. Depressor des Trochanterofemurs, *Plm* (4) des homologen Muskelsystems.

153. Musculus merocoxametepimeralis (*Musculus lateralis sextus metathoracis* Voss, *Muscolo laterale endopterocoxale del metatorace*, XLIX, *M. epimerocoxale primo, secondo* und *terzo del metatorace*, L, LI, LII Berlese). Sehr kräftiger, oft mehrteiliger mono- oder bifunktionaler Muskel, der zusammen mit *dvm* (6) die Differenzierung des Meron in der → Spalthüfte bedingt und seine vergrößerte Fläche ausnutzt.

U stets auf dem hinteren Basalrande der Hinterhüfte (Merocoxa) bzw. auf dem Meron, mit breitem Ansatz, bei *Gryllus dom.* nach Voss allerdings auf den untersten Rand des Epimeron, der der Coxa dicht anliegt, abgerückt. Ein Abrücken dieses Muskels von der Merocoxa ist hier im Gegensatz zu Basicoxalen Muskeln eine Ausnahme.

I am Subalare bzw. (primär) am oberen Rande des Epimerum (*Vespa* nach Berlese). Nach Berlese inseriert dieser Muskel sonst nicht am Subalare, sondern am Endopteron (2. Pterale).

F Remotor Metacoxae und direkter Flügelheber.

D Merocoxaler Zug des *Plm* (5).

154. Musculus metepimerosubalaris (*Musculus lateralis septimus metathoracis* Voss, *Muscolo pleurometapterale*, LIV Berlese). Bei *Odonata* sind es nach Berlese zwei Muskeln, der eine mit Voss' lateralis septimus homolog, der andere als „pleurometapterale" benannt, beide zusammen mit Kappensehnen am Metapterale (zweite Epimeralgelenkplatte Voss', wohl ein Derivat des Subalare) inserierend. Nach Snodgrass (1 E'') auch bei *Trichoptera* und *Lepidoptera*.

U bei *Gryllus* und *Locustidae* im oberen Drittel, bei *Odonata* im unteren Teil des Epimerums.

I am hinteren Teilstück des Subalare (Metapterale Berlese).

F Bei Insekten mit zurücklegbaren Flügeln der hauptsächliche Flexor alae, bei *Odonata* wie der vorige, direkter Flügelheber. Diese unterschiedliche Funktion ist durch höheren und tieferen U dieses Muskels am Epimerum bedingt.

D *Plm* (6) des homologen Muskelsystems.

155. Musculus metapodemafurcalis (*Musculus furcae lateralis metathoracis* Voss). Außer bei *Vespa* und *Odonata* ist er bei allen untersuchten Insekten gefunden worden. Bei *Orthoptera* sehr kurz, bei *Coleoptera* einer der längsten, mit einer schwarzen, feinen Sehne versehener Muskel. Zieht von der Gabel der Metafurca zur Metapleuralapodeme als Zwischenmuskel (*Psm* 1).

156. Musculus intersegmentalis metafurcaurotergalis (*Musculus intersegmentalis metathoracis* Voss, *Muscolo intersegmentale secondo* und *quarto del metatorace*, XXXIII und XXXV Berlese). Im Gegensatz zu seinem mesothorakalen Homodyn (M. 125) ein recht konstant verlaufender Muskel. Fehlt bei *Acridiidae, Locustidae, Cicada, Vespa, Diptera*, gut entwickelt bei *Gryllus, Lepidoptera, Coleoptera* und *Odonata*, bei beiden letzteren zweipaarig. Bei *Coleoptera* sehr kurz (lange Furca).

U auf den Gabeln der Metafurca.

I auf den Seitenteilen des 1. Hinterleibssegments. Das Schwinden dieses Muskels steht im engen Zusammenhang mit der Reduktion des 1. Hinterleibssegments.

F Ursprünglich wohl Rotator des Hinterleibs.

D Lim des homologen Muskelsystems.

157. Musculus metafurcabasicoxalis (*Musculus pedalis primus metathoracis* Voss). Bei *Gryllus dom.* (fehlt bei *G. campestris*), *Acridiidae, Coleoptera* (fehlt bei *Dytiscus* und wohl allen Käfern mit festgewachsener Hinterhüfte), *Vespa, Cicada* und *Diptera* (wohl nur bei Arten mit freibeweglicher Hinterhüfte).

U primär auf der Metafurca, von da auf das Metasternalgrat bzw. das Sternum abgerückt.
I am vordern Basalrande der Hinterhüfte (Basicoxa).
F Promotor metacoxae.
D *Spm* (1) des homologen Muskelsystems.

158. Musculus metafurcacoxalis medius (*Muscolo sternopedale primo* (?) *secondo*, und *terzo*, LXVII, LXVIII und LXIX Berlese). Nur bei *Odonata*, entspringt vom Sternellum bzw. von der carina metasternalis und zieht zum medialen (LXVII) bzw. zum lateralen (LXVIII und LXIX) Basalrand der Hinterhüfte. Die I der beiden letzteren Muskeln am basalen Außenrande der Hüfte ist wohl durch Abwanderung vom Medialrande derselben zu erklären.

159. Musculus metafurcamerocoxalis (*Musculus pedalis secundus*, *tertius* und *quintus metathoracis* Voss). Drei Muskelpaare, die alle von der Furcagabel entspringen und mehr oder weniger weit getrennt voneinander am hinteren Basalrande der Hinterhüfte (Merocoxa) inserieren. Voss' *pedalis secundus* und *quintus* inserieren am Außenrande der Merocoxa, aber weiter hinten als seine mesothorakalen Homodyne (M. 128) und *tertius* auf ihrem Innenrande, weiter nach vorn, bei *Gryllus* in der Mitte des Innenrandes, genau an der Stelle, wo der hier fehlende mesothorakale *furcacoxalis medius* (M. 127) inseriert, den er im Metathorax zu ersetzen scheint.
Angesichts der weit auseinanderliegenden Instertionsstellen der drei Muskelbündel scheint ihre primäre Remotor-Funktion eine Differenzierung in Adduction (*pedalis tertius*) und Abduction (*secundus* und *quintus*) durchgemacht zu haben, wobei der *secundus* seiner hinter dem *quintus* gelegenen I nach noch den meisten Teil seiner primären Funktion als Remotor coxae beibehalten hat. In Wechselwirkung sind sie sicherlich auch als Rotatoren tätig.

160. Musculus metafurcatrochanteralis (*Musculus pedalis quartus metathoracis* Voss). Bei *Orthoptera* und *Diptera*, bei letzteren zweiteilig, mit gemeinsamer Kopfsehne.
U auf der Furcagabel.
I auf dem Basalrande des Trochanters, auf gemeinsamer Sehne mit den trochanteralen *dvm* und *plm* (104 und 121).
F Depressor des Trochanterofemurs.
D *Spm* (4) des homologen Muskelsystems.

Muskel der thorakalen Beine, Thorakale Propriopedalmuskeln, *musculi proprii pedum thoracalium*. Die Eigenmuskulatur der Thorakalbeine beginnt in der Hüfte im Gegensatz zur äußeren, segmentalen Beinmuskulatur, welche am Basalrande des Trochanters endet. Im Grunde genommen verhält sich die Eigenmuskulatur aller drei Beinpaare gleichartig. Die einzelnen Differenzierungs- und Reduktionserscheinungen, welche sicherlich im Zusammenhang mit dem häufig vorkommenden Funktionswechsel vor allem der Vorder- und Hinterbeine stattgefunden haben mußten, sind noch zu wenig bekannt, um hier berücksichtigt zu werden. Die Eigenmuskulatur des Insektenbeins entspricht vollkommen derjenigen des Telopoditen anderer Arthropoden, was Verhoeff in seinem Muskelbeharrungsgesetz („Musculorum pedum nihil novi inter Insecta", 1903) zum Ausdruck gebracht hat.
Die Entstehung der Eigenmuskulatur der Thorakalbeine kann man sich mit Weber durch Konzentration der Ringmuskulatur nach den Flanken hin, durch teilweise Loslösung von der Körperwand und durch Einwandern in das Lumen der Extremität denken.
In der folgenden Aufzählung sind sämtliche Eigenmuskeln der Thorakalbeine berücksichtigt.

161. Musculus coxatrochanteralis lateralis (*Musculus flexor trochanteris major* und *minor* Bauer, *Levator trochanteris* Snodgrass et auct.), zwei kurze und meist kräftige, manchmal fächerförmige Muskeln. Sie entspringen mit breiten Füßen auf der dorsalen (Schreitbeine), dorsomedialen oder dorsolateralen (beiderseits) Fläche der

Hüfte (horizontal bewegte Schwimmbeine) und können den ganzen Raum der Hüfte ausfüllen. Sie inserieren mit gemeinsamer kurzer Sehne auf dem dorsalen (Schreitbeine) bzw. lateralen (Schwimmbeine) Basalrande des Trochanters, auf einem kurzen knopfartigen Vorsprung. Sie heben das Schreitbein und ziehen das Schwimmbein vor, bringen also beide in die Arbeitsstellung. Dieser Muskel ist ein Antagonist des folgenden und der mit ihm verbundenen segmentalen Trochantermuskeln (*dvm* 5, *plm* 4 und *spm* 4).

162. Musculus coxatrochanteralis medialis (*Musculus extensor trochanteris minor* Bauer, *Depressor trochanteris* Snodgrass et auct.). Wie der vorige Muskel, so besteht auch dieser in der Regel aus zwei Muskelfächern, welche mit breiten Füßen auf der ventralen Wand der Hüfte stehen und gemeinsam mit den drei thorakalen Trochanterdepressoren auf einer, am Vorsprung des ventralen (vorderen) Basalrandes des Trochanters inserieren. Dieser Muskel ist gewöhnlich schwächer als der vorige und häufig (*Dytiscus, Gyrinus*) nur mit einem Zug vertreten (*Ppm* 1).

163. Musculus trochanterofemoralis (*Musculus rotator femoris* Bauer, *Reductor femoris* Snodgrass, *Remotor femoris* Weber et auct.). Bei *Acridiidae* nur im Vorder- und Mittelbein vorhanden, ein starker, fächerförmiger Muskel bei *Hymenoptera, Coleoptera* und anderen Insekten mit gut entwickeltem Trochanter. Bei *Odonata* in zwei Züge aufgeteilt. Inseriert ohne Sehne unten bzw. außen am Basalrand des Femurs, bei *Hymenoptera Apocrita* am Basalrande des Praefemurs (sog. 2. Trochanter).
U auf der Ventralseite des Trochanters, kann sich aber fast über den ganzen Trochanter erstrecken.
I wie oben, recht veränderlich innerhalb der unteren Hälfte des Basalrandes des Femurs.
F Seine Funktion wird sehr verschieden aufgefaßt, wie aus seinen synonymischen funktionellen Namen (vgl. oben) ersichtlich ist. Sicherlich ist seine Bedeutung nur gering.

164. Musculus femorotibialis dorsalis (*Musculus extensor tibiae* Bauer, Weber, *Levator tibiae* Snodgrass). Zwei- bis mehrteiliger (*Anoplura, Mallophaga*) Muskel, im Hinterschenkel springender Orthopteren mit seinen zwei dicken, fischgratförmigen Bäuchen fast den ganzen Raum des verdickten Schenkels ausfüllend.
U normalerweise auf der dorsalen (schmalen) Wand des Schenkels, je nach der Form des Schenkels wechselnd, in breiten Schenkeln (*Mallophaga, Anoplura*) fingerförmig (mehrteilig) auf der dorsalen Wand verteilt, oder schmal, der dorsalen Kante des Schenkels folgend, sich von der Basis bis zur Mitte oder darüber hinaus erstreckend.
I stets auf dem dorsalen Vorsprung des tibialen Kniegelenks.
F Strecker (Extensor) der Schiene. Im Sprungbein der *Orthoptera* und *Coleoptera* zu gewaltigem Sprungmuskel entwickelt.
D *Ppm* (4).

165. Musculus femorotibialis ventralis (*Musculus flexor tibiae* Bauer, Weber, *Depressor tibiae* Snodgrass). Antagonist des vorigen Muskels, wie dieser ein- oder mehrteilig, in der Regel schwächer als dieser. Entspringt in der Regel im basalen Teil der Ventralwand des Schenkels und inseriert am ventralen Vorsprung des tibialen Kniegelenks. Beuger (Flexor) der Schiene. Auch im Sprungbein der *Orthoptera* und *Coleoptera* viel schwächer als sein Antagonist, gleichstark oder stärker als dieser im Klammerbein der *Anoplura* und *Mallophaga*. *Ppm* (5) des homologen Muskelsystems.

166. Musculus femoropraetarsalis (*Musculus flexor unguium* Bauer, *Flexor praetarsi superior* Weber, *Depressor pretarsi* Snodgrass). Ein oder zwei getrennte Muskelzüge des *ppm* (6), deren einer (bei *Dissosteira* und *Dytiscus* der einzige) im basalen, der andere im distalen Teil des Schenkels entspringt und innerhalb des Schenkels in eine, die ganze Tibia und den Tarsus durchziehende Sehne ausläuft. Arbeitet wie der folgende als Krallenbeuger. Fehlt z. B. bei *Gyrinus, Corixa*.

167. Musculus tibiopraetarsalis (*Musculus flexor unguium* Bauer part., *Flexor praetarsi inferior* Weber, *Depressor praetarsi* Snodgrass, part.). Ein (*Dytiscus Gyrinus, Anoplura, Mallophaga*) oder zwei (*Saltatoria*) getrennte Muskeln, die in der basalen Hälfte der Schiene entspringen und auf der vom vorigen Muskel kommenden Krallensehne innerhalb der Schiene inserieren. Bei *Dytiscus* umschließt der einzige auf der Hinterseite der Tibia entspringende Muskel röhrenförmig die Sehne. Bei Reduktion der Krallen kann auch dieser Muskel fehlen, wie z. B. bei gewissen *Mallophaga*, ist aber gut erhalten bei *Thysanoptera*, deren Krallen zwar reduziert, aber nicht funktionslos geworden sind, sondern als Stützen der Arolium-Blase dienen *Ppm* (7).

168. Musculus tibiobasitarsalis dorsalis (*Musculus extensor tarsi* Weber, *Musculus levator tarsi* Snodgrass). Fehlt bei *Dytiscus* und sicherlich bei vielen anderen Insekten. Auch bei *Orthoptera* schwächer als sein Antagonist. Er ist ein kurzer, konischer oder fächerförmiger Muskel, welcher am Ende der Schiene, von deren Hinterwand entspringt und am dorsalen Basalrande des ersten Tarsengliedes (Basitarsus) inseriert. Eine starke Entwicklung dieses Muskels ist nur bei Insekten anzunehmen, welche ihre Tarsen an die Schiene zurückzulegen pflegen, wie dies bei *Byrrhidae, Coccinellidae,* manchen *Halticinae* (vor allem *Longitarsus*) u. a. (besonders bei Akinese) der Fall ist. *Ppm* (8).

169. Musculus tibiobasitarsalis ventralis (*Musculus flexor tarsalis* Bauer, *Musculus fexor tarsi* Weber, *Musculus depressor tarsi* Snodgrass). Bei *Dytiscus* ein sehr kräftiger, großer Muskel, welcher die Tibia gut ausfüllt und zwei Drittel ihrer basalen Außenwand mit ihrem U in Anspruch nimmt. Bei Orthopteren (*Dissosteira*) beschränkt er sich auf das Ende der Schiene und entspringt mit breitem Fuß vom Endteil ihrer Innenwand. Er inseriert stets auf dem ventralen Basalrande des ersten Tarsengliedes (Basitarsus). Er ist normalerweise etwas kräftiger als der vorige, so z. B. im Hinterbein der *Saltatoria* und wahrscheinlich im gewöhnlichen Schreitbein überhaupt. *Ppm* (9).

Muskeln des Hinterleibs, *Musculi abdominis.* Die Muskulatur des Hinterleibs läßt im allgemeinen die im Thorax unterschiedenen Hauptmuskelgruppen wieder erkennen. Das gilt aber nur für die Praegenitalsegmente 1—7, deren Muskulatur im Vergleich mit der thorakalen viel weniger differenziert ist, was sich durch Fehlen von voll funktionsfähigen Extremitäten ohne weiteres erklärt.

In den ersten 1—3 Hinterleibssegmenten ist die Muskulatur bei den Imagines stets mehr oder weniger stark rückgebildet, parallel mit der Rückbildung oder Anschluß dieser Segmente an den Metathorax. Auch das Auftreten von Tympanalorganen, z. B. bei Acridiiden, kann zur Reduktion bestimmter Muskelbezirke führen. Abgesehen von diesen Reduktionserscheinungen lassen sich die Muskeln der 7 Praegenitalsegmente in ein einheitliches, miteinander und mit der Thoraxmuskulatur ohne größere Schwierigkeiten vergleichbares System bringen. Die morphologische Gleichförmigkeit der praegenitalen Muskulatur ist Folge ihrer funktionellen Einseitigkeit, denn alle Muskeln der praegenitalen Segmente dienen hauptsächlich zu deren Auseinander- und Zusammenziehen. Diese beiden antagonistischen Bewegungen, welche vor allem im Dienste der → Respiration und des Blutkreislaufes stehen, sind auf diesen Hinterleibsbezirk beschränkt, weil andere Bezirke des Insektenkörpers im Zusammenhang mit anderen Funktionen zu einem nicht oder nur wenig dehnbaren Kasten versteift sind. Es ist klar, daß dieser zentrale Motor der Lageveränderungen innerhalb der gesamten Leibeshöhle, welcher in dauernder pulsierender Bewegung erhalten werden muß, keinen Teil seiner Muskulatur an andere Funktionen abtreten konnte. Mit Ausnahme der *Collembola* finden sich bei Insektenimagines keine funktionsfähigen, muskulösen Extremitäten im Bereich der Praegenitalsegmente des Hinterleibs.

Die Genitoanalsegmente 8—12 des Hinterleibs stehen in einem schroffen Gegensatz zu den Praegenitalsegmenten und weisen in ihrer Muskulatur Differenzierungen auf, welche in den meisten Fällen einen Vergleich der einzelnen Muskelzüge der beiden Hinterleibsregionen wesentlich erschweren. Im 8. Segment ist die

Muskulatur noch ziemlich vollständig und der des 7. Segments ähnlich. Nur wenige Muskelzüge fehlen und nur bei Weibchen sind einige zu Bewegern des Legeapparates differenziert. Im 9. Segment sind viele oder fast alle Muskeln zu Bewegern des Begattungsapparates bzw. des Legeapparates geworden, nur wenige Muskelzüge sind bei ihrer primären Funktion der Segmentbeweglichkeit geblieben. Die Muskulatur des 10. Segments ist bei Männchen zum Teil (ventrale Muskelzüge) in den Begattungsapparat übergetreten, zum Teil bedient sie in beiden Geschlechtern das Rectum, die Cerci und die Anallappen. Die wenigen Muskelzüge des 11. Segments bedienen die Anallappen und die Cerci.

Zwischen dem Praegenital- und dem Genitoanalbezirk des Hinterleibs besteht eine Zusammenarbeit, die auf der Gemeinschaftlichkeit der Leibeshöhle beruht. Bei verschiedenen Insekten wird nämlich der männliche Begattungsapparat oder die weibliche → Legeröhre nur oder hauptsächlich durch Blutdruck in die Arbeitsstellung gebracht. Dabei erzeugen die Praegenitalsegmente den nötigen Blutüberdruck, und die Genitoanalsegmente, deren Muskulatur auf Retraktoren beschränkt sein kann, ziehen die betreffenden Organe in die Ruhestellung zurück.

In der Darstellung der Muskulatur des Hinterleibes halte ich mich in der Hauptsache an die Arbeiten von Snodgrass.

Muskeln des Praeabdomen. Die Muskeln der Hinterleibssegmente 1—7 oder 8 sind mit Ausnahme der 1—2 basalen Segmente, die häufig weitgehende Reduktion, seltener auch Differenzierungen (z. B. im Zusammenhang mit Lautapparaten) aufweisen, einförmig und gleichen sich in den einzelnen Segmenten dieses Hinterleibsbezirkes fast vollkommen. Am stärksten sind unter ihnen die dorsalen und ventralen Längsmuskelzüge ausgebildet, welche antecosta-antecostal bzw. noto- und sternoantecostal verlaufen und das Zusammenziehen und die Bewegungen des Hinterleibs in der Sagittalebene bewerkstelligen.

170. Musculus antecostaantecostalis uronotum medialis (*M. dorsalis primus abdominis* Voss, *M. dorsalis abdominis* (part.) Bauer, *M. conjungens metaphragmo-abdominis* Bauer, *Median internal dorsal muscles* Snodgrass). Gewöhnlich 4—5 parallele oder nach hinten divergierende Muskelpaare, die bei allen Insekten bis zum 10. Segment (Antecosta) regelmäßig vorhanden sind. Ihr intersegmentaler Verlauf ist sekundär durch die → Segmentverschiebung bedingt. Intrapericardial (vgl. 171).

U im Basalsegment des Hinterleibs (*Dytiscus*) auf der hinteren Wand der Metaphragma (deshalb von Bauer zum Unterschied von seinen hinteren Homodynen als M. conjungens bezeichnet), sonst auf der Antecosta. Bei *Dissosteira* tritt der U dieses Muskels auf die Fläche der Tergite zurück und setzt sich auf einer parallel zum Vorderrande derselben verlaufenden Querleiste fest.

I stets auf der Antecosta des nächstfolgenden Notums.

F Diese Muskeln ziehen die Terga des Hinterleibs zusammen und sind besonders stark entwickelt bei Insekten mit kräftiger Beweglichkeit des Hinterleibs nach oben (*Thysanoptera*, *Mallophaga*-Männchen, *Anoplura*-Männchen, *Dermaptera*, *Staphylinidae* usw.). Bei gleichzeitiger Kontraktion der ventralen Längsmuskeln wird das Zusammenziehen des ganzen Hinterleibs bei Atembewegungen bewirkt.

D Medianer dorsaler Längsmuskel, *dlm* (1).

171. Musculus antecostaantecostalis uronotum lateralis (*M. dorsalis secundus abdominis* Voss, *M. dorsalis abdominis* (part.) und *M. conjungens metaphragmo-abdominis* (part.) Bauer, *Lateral internal dorsal muscle* Snodgrass). Gewöhnlich 1 kräftiges Muskelpaar, welches sich seitlich dem 170 anschließt, aber von ihm durch die U der Flügelmuskeln der dorsalen Diaphragma getrennt, also extrapericardial gelegen ist. Das letzte Paar dieses M. geht von Antecosta des 8. zur Antecosta des 9. Tergums. Zwischen dem 9. und 10. Tergum scheint er immer zu fehlen.

U wie 170 aber öfters von der Antecosta auf die Fläche der Terga abgerückt, in der Regel etwas weiter hinten als die jeweiligen M. 170. Wenn mehrere Züge vorhanden sind, dann bilden ihre U vielfach eine schräge, von der Antecosta (Metaphragma) auf die Fläche des Tergums übergreifende Linie, wodurch die Muskelzüge von innen nach außen an Länge abnehmen.

I stets auf der Antecosta des nächstfolgenden Notums.

F wie bei 170, mit der Zugwirkung auf die Seitenteile der Terga.

D Lateraler dorsaler Längsmuskel, *dlm* (2).

172. Musculus uronotoantecostalis obliquomedialis (*External dorsal muscles* Snodgrass 152, 170, 185, 200, 215, 230 und 245 der Segmente 2 bis 8, ? *lateral oblique dorsal muscle* Snodgrass 142 a des 1. Segments). Ein kleines, schräg oder fast quer verlaufendes Muskelpaar in der hinteren Segmentfalte.

U weit hinten auf dem Uronotum der Segmente 2—8, kann bis auf den Hinterrand der Uronota (*Dissosteira*) zurückverlegt werden.

I auf der Antecosta des nächstfolgenden Segments, im 8. Segment der *Dissosteira*-Weibchen auf einer, beiderseits der Mittelinie nach vorn auslaufenden Apodeme des Vorderrandes dieses Segments.

F Bei weit ineinandergeschobenen Segmenten und weit nach hinten verlegtem U dieser Muskeln liegt ihr U hinter der I und ihre Kontraktion bewirkt das Auseinanderziehen der hineingeschobenen Segmentränder. Dadurch werden diese Muskeln zu Antagonisten von 170 und 171 indem sie den Hinterleib ausdehnen. Liegt der U vor der I dann bewirkt die Kontraktion dieser Muskeln bei ihrer sehr schrägen oder queren Lage gegenseitige Rotation der Tergite.

D Offenbar handelt es sich hier um ein stark verlagertes Muskelpaar her *dlm* (1).

173. Musculus uronotoantecostalis obliquolateralis (*External dorsal muscles* Snodgrass 153, 171, 186, 201, 216, 231 und 246 der Segmente 2—8, ? *lateral oblique dorsal muscle* Snodgrass 142 b des 1. Segments). Ähnlich wie 172 aber in entgegengesetzter schräger Richtung verlaufendes Muskelpaar. Die beiden Muskelpaare 172 und 173 werden nach hinten fortschreitend immer länger, indem der U des 172 immer weiter ventral, der des 173 immer weiter dorsal vorrückt, bis sich die beiden Muskelzüge miteinander kreuzen.

U wie 172, auf den vorderen Segmenten lateral (ventral), auf den hinteren medial (dorsal) vom U des 172.

I wie 172 auf der Antecosta des nächstfolgenden Segments. Im 8. Segment des Weibchens von Dissosteira fehlt dieses Muskelpaar.

F wie 172.

D wie 172.

174. Musculus uronotoantecostalis paradorsalis (*Paradorsal muscle* Snodgrass), bei *Dissosteira* in den Segmenten 2—8 (im 8. Segm. bei Weibchen fehlend) vorhanden, auch bei einigen anderen Insekten nachgewiesen. Er entspringt am Tergum als der lateralste Längsmuskel und inseriert am Seitenende der Antecosta, d. h. in den Vorderecken des nächstfolgenden Uronotums. Seine Derivation ist fraglicb, weil er jenseits von der U der dorsoventralen 179 und 180 liegt, die ihn von der Muskelserie 170 und 171 trennen. Funktionell ist dieser Muskel den beiden letzteren gleichzusetzen.

175. Musculus antecostaantecostalis urosterni medialis (*M. ventralis primus abdominis* Voss, *M. ventralis abdominis internus* Bauer, *Median internal ventral muscle* Snodgrass). Beiderseits der Mittellinie gelegene Muskelbündel der Segmente 1—8.

U gewöhnlich (*Dissosteira, Dytiscus*) auf dem Vorderrande der Sterna, von dem er mehr oder weniger weit nach hinten auf die Fläche derselben (*Gryllus*) zurücktreten kann.

I Stets auf der Antecosta (Vorderrand) des nächstfolgenden Sternums. Letzte I auf der Antecosta des 9. Sternums (beide Geschl.).

F Zusammenziehen der Sterna, bei gleichzeitiger Kontraktion der dorsalen Längsmuskeln (170, 171) Zusammenziehen des ganzen Hinterleibs bei Atembewegungen und Blutdrucksteigerung.

D Entspricht dem thorakalen M. spinaspinalis, *vlm* (1).

176. Musculus urosternoantecostalis internus (*Musculi ventralès abdominis medii* Bauer). Bei *Dytiscus* eine Reihe sehr kurzer Muskeln seitlich von 175. Sie entspringen weit hinten auf der Fläche der Sterna und inserieren auf der Antecosta der jeweils nächstfolgenden Sterna. Sie unterstützen den M. 175 in seiner Retraktionsarbeit. Es handelt sich offenbar um veränderte äußere Muskelzüge des ursprünglichen *vlm* (1). Bei *Dissosteira* fehlen die Urosternoantecostales.

177. Musculus antecostaantecostalis urosterni lateralis (*Musculus ventralis secundus abdominis* Voss, *Lateral internal ventral muscle* Snodgrass).
U im 1. und 2. Segment von *Gryllus* auf den Parasternalplatten, vom 3. Segment an auf der Antecosta. Bei *Dissosteira* vom 1. bis zum 8. Segment kurz hinter der Antecosta an der sternalen Querleiste. Bei *Dytiscus* entspricht diesem Muskel wahrscheinlich der nur im Basalsegment auftretende M. ventralis abdominis lateralis Voss', welcher ,,von der hinteren Coxalwand" entspringt und seitlich auf der Antecosta des 2. Sternums (das 1. Sternum fehlt bei *Dytiscus* bzw. ist umgebildet) inseriert.
I auf der Antecosta des dem U nächstfolgenden Sternums (*Gryllus*) oder (*Dissosteira*) auf der Spitze der seitlichen sternalen Apophyse, die sich in das vorangehende Segment hineinschiebt.
F Wie 176, Retraktor der Sterna.
D unsicher, vielleicht dem *vlm* (2) homodynam.

178. Musculus urosternoantecostalis externus (*M. ventralis abdominis externus* Bauer, *lateral external ventral muscle* Snodgrass). Bei *Dytiscus* nur in 3 Segmenten, bei *Dissosteira* in den ersten 7 (Weibchen) bzw. 8 (Männchen) Segmenten.
U bei *Dytiscus* am Seitenrande des 3., 4. und 5. Sternits, bei *Dissosteira* in den Hinterwinkeln des 1. bis 7. (Weibchen) bzw. 1. bis 8. (Männchen) Sternites.
I bei *Dytiscus* lateral auf der Antecosta des 4., 5. und 6. Sternits, bei *Dissosteira* auf der Unterseite der vorderen Apodemen des 2. bis 8. (Weibchen) bzw. 9. (Männchen) Sternits.
F Bei Dytiscus Retractor, bei *Dissosteira* Extensor der Sternite, da hier die apodemal gelegene I vor dem U liegt.
D unsicher, vielleicht dem *vlm* (3) homodynam.

179. Musculus urotergosternalis internus primus (*First internal lateral muscle* Snodgrass, ? *M. intersegmentalis abdominis* Voss). Wohl irrtümlich von Voss als intersegmental bezeichnet, weil das Parasternum, wie aus dem Schema und Text bei Voss hervorgeht ganz dem 2. Segment angehört, tritt dieser M. bei *Gryllus* nur im 2. Segment auf und erstreckt sich von der Vorderecke seines Tergits bis zum Parasternum. Bei *Dissosteira* ist er in den Segmenten 2 bis 7 in beiden Geschlechtern gut entwickelt und zieht vom vorderen Seitenteil der Tergite zum Grunde der lateralen, dosalwärts gerichteten Apodemen (in den Segm. 3—7) bzw. zur Spitze der vorderen Sternalapodeme (im 2. Segment, dem die laterale Sternalapodeme fehlt).
Die von Snodgrass als ,,first internal lateral m." bezeichneten Muskelpaare bilden offenbar keine homologe Serie. Meiner Ansicht nach hat der first internal lateral des 2. Segments keine Homologa in den folgenden Segmenten und was Snodgrass dort als ,,first internal lateral" (seine Nr. 175 im 2. Segm. usw.) bezeichnet, ist als homolog zum ,,second int. lat." zu setzen. Entsprechend verhält es sich auch mit seinem ,,second int. lat." des 3.—7. Segments, welcher dem third int. lat. des 2. Segments entspricht.

180. Musculus urotergosternalis internus secundus (*Second internal lateral muscle* Snodgrass), ? *M dorsoventralis abdominis* Voss). Bei *Gryllus* vom Hinterwinkel des 1. Tergits zum Vorderrande der Parasternalplatte des 2. Segments, also intersegmental verlaufendes Muskelpaar. In den folgenden Segmenten zieht dieses Muskelpaar vom Hinterwinkel (2. Segm.) oder von der Mitte des Seitenrandes der Tergite zu den Hinterwinkeln der Sternite. In den Segmenten 3.—7. von *Dissosteira* entspricht diesem Muskelpaar das oben (M. 179) von Snodgrass als ,,first

int. lat." bezeichnete Muskelpaar. Im 8. Segment fehlt dieses Muskelpaar in beiden Geschlechtern, doch vgl. auch M. 181. Fehlt bei *Dytiscus*.

181. Musculus urotergosternalis internus tertius (*Third internal lateral muscle* Snodgrass). SNODGRASS bezeichnet als „first int. lat." nur ein Muskelpaar im 2. Segment von *Dissosteira*, welches zwischen den dorsalen Längsmuskeln (M. 150 und 151) entspringt und etwa in der Mitte des Seitenrandes des 2. Sternits inseriert. Die ihm der Lage nach entsprechenden Muskelpaare des 3. bis 8. Segments bezeichnet er durchgehend als „second int. lat." (Vgl. oben, M. 180.) Im 8. Segment des Männchens ist dieses Muskelpaar nicht stärker entwickelt als in den vorderen Segmenten, bei Weibchen ist es mächtig entwickelt und nimmt mit seiner Insertion den ganzen Seitenrand des Sternits vom Grunde der vorderen Sternalapodeme bis zum Hinterrande des Sternits ein.

182. Musculus urotergosternalis externus primus (*First external lateral, anterior outer tergosternal muscle* Snodgrass). SNODGRASS fand bei *Dissosteira* im 2. Segment 2, im 3. bis 8. und bei Männchen auch im 9. Segm. je 3 Paare von Tergosternalmuskeln, die er als äußere tergosternale M. bezeichnet, weil sie nach außen von den 170—181 liegen. Der erste äußere urotergosternale Muskel hat folgende Merkmale:
U in den Vorderecken der Tergite,
I im 2. und 9. Segment seitlich auf der Spitze der vorderen Apophyse, in den Segmenten 3—8 auf der Spitze der lateralen, dorsalwärts gerichteten Apophysen der entsprechenden Sternite.
F Die Kontraktion dieser Muskeln bewirkt das Auseinanderziehen der Segmente, die Erweiterung des Hinterleibslumens und folglich die Inspirationsbewegung.
D Die Herkunft dieser Muskeln ist nicht ganz sicher. Es kann sich um echte Dorsoventralien oder um Tergopleuralien handeln.

183. Musculus urotergosternalis externus secundus (*Second external lateral muscle* Snodgrass). Im 3.—8. Segment verläuft dieser Muskel vom Vorderteil des Seitenrandes der Sternite, wo er am Grunde der lateralen Sternalapophyse entspringt, und zieht sich schräg nach hinten zum hinteren Teil des Seitenrandes der Tergite unterhalb der Stigmen. Er kreuzt sich in den Segmenten 3—8 mit dem folgenden Muskel (184). Im 2. Segment von *Dissosteira* scheint er zu fehlen. Übrigens vgl. M. 184.

184. Musculus urotergosternalis externus tertius (*Third external lateral muscle*, im 2. Segm. *posterior outer tergosternal muscle*, Snodgrass). Dieser Muskel kreuzt sich im 3.—8. Segment mit dem vorigen, indem er vom Vorderteil des Seitenrandes der Tergite zum Hinterteil des Seitenrandes der Sternite verläuft. Im 2. Segment entspricht ihm der Lage nach ein gerade tergosternal verlaufender Muskel, den SNODGRASS als posterior outer tergosternal muscle bezeichnete. Seine Homologie mit dem M. 184 der Segmente 3—8 ist nicht gesichert. Diese sich kreuzenden Muskelpaare treten auch bei *Dytiscus* auf. Im 8. Segment des Weibchens von *Dissosteira* fehlt dieser Muskel.

185. Musculus tergopleuralis anterior (*Anterior tergopleural muscle* Snodgrass), nur im 2. Segment bei *Dissosteira*, vom vorderen Seitenteil des Notum, schräg nach hinten zu einem schmalen Sklerit der Flankenhaut.

186. Musculus tergopleuralis posterior (*Posterior tergopleural muscle* Snodgrass), nur im 2. Segment bei *Dissosteira*, vom hinteren Seitenteil des Notum schräg nach vorn zum obigen schmalen Sklerit der Flankenhaut.
Bei *Gryllus* findet sich ein Paar tergopleuraler Muskeln im Hinterteil der Segmente (mit Ausnahme der 1.) und haben hier parallelen Verlauf. Ihre Homologie ist unklar.

187. Musculus sternopleuralis (*Sternopleural muscle* Snodgrass), bei *Dissosteira* nur im 2. Segment ein kurzes Muskelband zwischen dem Seitenrand des 2. Sternums und dem schmalen Flankensklerit. Die 3 letztgenannten Muskeln bilden zusammen ein Y. Bei *Gryllus* finden sich 4 Paare von sternopleuralen Muskeln, zwei im Vorderwinkel und zwei in der Mitte des Seitenrandes der Sternite.

188. Musculus dorsalis transversalis (*Dorsal transverse muscles* Snodgrass). Je ein (manchmal aufgeteiltes) flaches, flügelartiges Muskelpaar (sog. Flügelmuskeln), die meist nur in den Hinterleibssegmenten vorkommen, selten (*Blattidae*, nach Brocher, Ann. Soc. Ent. Fr. 1922) auch im Meso- und Metathorax auftreten. Die Muskelfasern entspringen von den Seitenteilen der Tergite und heften sich an die ventrale Wand des Herzens, oder aber bilden eine kontinuierliche „Hängematte" unter dem Rückengefäß. Sie sind gewöhnlich zwischen die beiden Membranen des → Pericardialsaeptums eingelagert. Gewöhnlich haben die Muskelfasern eines jeden Paares einen von der Insertion (Herzwand) zum Ursprung (Körperwand) konvergenten Verlauf (daher die Bezeichnung Flügelmuskeln) es kommen aber auch parallelfaserige „Flügelmuskeln" vor. Die Verteilung des transversalis dorsalis in den Hinterleibssegmenten ist recht verschieden und richtet sich nach der Verteilung der Herzkammern (→ Herz).

189. Musculus transversalis ventralis (*Ventral transverse muscle* Snodgrass), gut entwickelt bei *Acridiidae* und *Hymenoptera*, fehlt häufig bei anderen Insekten. Er entspringt in den Hinterleibssegmenten von den Seitenteilen der Sternite, im Thorax von den Spitzen der Sternalapophysen und ist wie Transversalis dorsalis in die Membran des → Perineuralsaeptums eingelagert. Wo letzteres fehlt, bilden sie selbständige, segmental angeordnete Muskelbündel. Ihre Funktion besteht wie beim vorigen Muskel in der Unterstützung des Blutkreislaufes durch wellenartig von vorn nach hinten fortschreitende Bewegung.

Muskeln des Postabdomen (*musculi postabdominis*), umfassen die Muskulatur der hinteren Hinterleibssegmente vom 8. an, die vielfach auch als → Terminalia bezeichnet zu werden pflegen. Im Gegensatz zur Muskulatur des Praeabdomens sind diese Muskeln stark differenziert und lassen sich in vier funktionelle Bezirke einteilen. Sie bewirken 1. die Beweglichkeit der Segmente, 2. die der Begattungs- und Legeorgane, 3. die des Rectum, des Anus und der Analorgane und 4. die Beweglichkeit der Cerci, Styli und anderer Gonopoden.

Die Muskeln der ersten Gruppe lassen sich fast restlos mit den entsprechenden Muskeln der Praegenitalsegmente homologisieren. Sie sind im 8. Segment noch verhältnismäßig zahlreich, treten aber in den folgenden Segmenten sehr stark zurück. Von den Muskeln der Segmentbewegung treten z. B. bei *Dissosteira* folgende postabdominale Homologa der praeabdominalen Muskeln auf:

M. 170. Beim Weibchen 5 Muskelpaare, welche von den Seitenteilen des 8. Tergits entspringen und am Vorderrande und den vorderen Apophysen des 9. Sternums inserieren. Sie sind bei Männchen zu einem Paar von breiten Muskelbändern reduziert. Nur im 8. und 9. Segment vertreten.

M. 171. In beiden Geschlechtern ungefähr gleich ausgebildetes Muskelpaar. Nur im 8. Segment.

M. 172. Wie vor. Nur im 8. Segment.

M. 173. Nur bei Männchen entwickelt, im 8. Segment.

M. 174. Nur bei Männchen entwickelt, im 8. Segment.

M. 180. Im 8. Segment in beiden Geschlechtern fehlend (vgl. oben 180, 181). Im 9. Segment nur bei Männchen als Segmentbeweger, bei Weibchen vielleicht unter den Bewegern des Legeapparates zu suchen.

M. 181. Im 9. Segment bei Männchen, bei Weibchen vielleicht unter den Bewegern des Legeapparates zu suchen. Im 8. Segm. vgl. oben.

M. 182. Im 8. Segment in beiden Geschlechtern, im 9. nur bei Männchen, bei Weibchen vielleicht unter den Bewegern des Legeapparates zu suchen.

M. 183. Bei beiden Geschlechtern nur im 8. Segment.

M. 184. Nur im 8. Segment bei Männchen.

Tergopleurale Muskeln fehlen im Postabdomen wohl in der Regel bei allen Pterygoten-Imagines.

Die Muskeln des männlichen Begattungsapparates sind teils segmentale, vom Integument entspringende Muskeln, welche den Begattungsapparat in die Geschlechtsöffnung vorstoßen und ihn nach vollzogener Begattung in die Ruhe-

stellung zurückziehen, teils eigene, vom Integument unabhängige Muskeln, welche den Blutdruck innerhalb des eregierten Penis während der Copula aufrechterhalten, das Sperma ausstoßen und nach der Copula den Penis so weit in die Geschlechtsöffnung zurückziehen, daß er von den segmentalen Muskeln in die Ruhestellung gebracht werden kann.
Von diesen Funktionen kann bei verschiedenen Insekten diese oder jene ausfallen und dann fehlen auch die betreffenden Muskeln.
Aus der Lage der männlichen Geschlechtsöffnung zwischen dem 9. und 10. Hinterleibssternum (mit Ausnahme der *Protura*, deren Geschlechtsöffnung zwischen dem 11. und 12. sowie der *Collembola* deren Geschlechtsöffnung auf dem 5. Hinterleibssternit liegt) folgt, daß die Muskulatur des männlichen Begattungsapparates aus der segmentalen Muskulatur des 9. Hinterleibssegments hervorgegangen ist. Vielfach beteiligt sich auch noch die Muskulatur des 8. Segments teilweise an der Bewegung des Begattungsorgans. Eine eigene Ringmuskulatur weist in der Regel auch der Ductus ejaculatorius auf.
Ein für alle Insekten gültiges Schema der Muskulatur des Begattungsapparates läßt sich zur Zeit noch nicht aufstellen und es erscheint überhaupt fraglich ob es einmal möglich sein wird, eine exakte Homologisierung der einzelnen Teile des Begattungsapparates und ihrer Muskulatur für alle Insekten durchzuführen. Die embryologischen Befunde versagen hier in den meisten Fällen und der rein morphologische Vergleich läßt nur Analogie-Schlüsse zu.
Die Zahl der Muskeln des männlichen Begattungsapparates ist verhältnismäßig gering. So fand SNODGRASS bei *Dissosteira* deren 11 mit einer Ausnahme paarige, HARNISCH bei *Lina populi* 7, BOULANGÉ bei *Sirex juvencus* 7, bei *Tenthredella mesomelas* 4 und bei *Dolerus gonager* 3 Muskeln.
Bei *Dissosteira* hat der männliche Begattungsapparat folgende Muskelgarnitur:

190. Musculus tergophallicus (*Retractor of the phallus* Snodgrass), entspringt laterodorsal vom 9. Tergit, inseriert beiderseits auf der Wand der Genitalkammer, welche aus dem 10. Sternit hervorgegangen ist. Dieses Muskelpaar bringt das Begattungsorgan aus der Ruhelage und schiebt es in die Öffnung der Genitalkammer vor. In der Funktion entspricht dieser Muskel zum Teil dem Ductor penis HARNISCHS von *Lina populi*.

191. Musculus sternophallicus externus (*Retractor of the aedeagus* Snodgrass), ein kräftiges Muskelpaar, welches von den Seiten des 9. Sternums entspringt und beiderseits der Phallobasis auf der Wand der Genitalkammer inseriert. Sein Verlauf ist somit sternosternal. Dieses Muskelpaar arbeitet als Antagonist des vorigen, indem er den Phallus in die Ruhelage bringt.

192. Musculus sternophallicus internus (*Protractor of the aedeagus* Snodgrass), entspringt von einer medianen Längsleiste des 9. Sternits und inseriert beiderseits des Epiphallus auf der Wand der Peniskammer. Sein Verlauf ist somit sternosternal. Durch den Zug bewirkt er die Senkung des Vorderteils des Bodens der Peniskammer und Hebung der Penisspitze, die am anderen Ende des Hebelarms liegt. Wahrscheinlich unterstützt er oder ergänzt den M. 190 über seine Reichweite hinaus.

193. Musculus epiphallozygomaticus (*Epiphallic muscle of the aedeagus* Snodgrass), entspringt beiderseits des Epiphallus und zieht nach hinten zur zygomatischen Querspange (→ Zygoma) der Aedoeagus-Apodemen. Verlauf somit sterno-sternal. Funktion unbekannt, vermutlich retraktorisch.

194. M. phallobasicus lateroventralis (*Lateral muscle of the aedeagus* Snodgrass), ein kurzes, flaches Muskelpaar, welches lateroventral in der Phallobasis entspringt und dorsalateral auf der Seitenplatte des Aedeagus inseriert.

195. M. phallobasicus ventralis (*Muscle of the ventral lobe of the aedeagus* Snodgrass), ein sich mit dem vorigen beiderseits kreuzendes Muskelpaar, entspringt von der Basis der Phallobase und inseriert an deren ventralem Hinterrande.

196. M. endophallicus lateralis (*Lateral dilator of the endophallus* Snodgrass), ein Paar breiter Muskelbänder welche hinten dorsal an der Basis der Aedoeagalapodemen entspringen und anteroventral verlaufend auf den vorderen Apodemen der Endophallusplatten inserieren.

197. M. endophallicus dorsalis (*Dorsal dilator of the endophallus* Snodgrass), ein breites flügelartiges Muskelpaar, entspringt von den Innenrändern der Aedoeagalapodemen und inseriert mit breitem Kopf längs der Mittellinie der Dorsalwand des Endophallus.

198. M. interapodemalis dorsalis (*Compressor of the endophallus* Snodgrass), ein transversales, breites Muskelband, welches vorn die Apodemen des Endophallus verbindet.

199. M. ductoendophalliscus (*Compressor of the ejaculatory duct* Snodgrass), ein breites Muskelpaar, welches beiderseits von den Seitenplatten des Endophallus entspringt und nach unten zur Mittellinie konvergierend an den Seitenwänden der Ductus-Erweiterung inseriert.

200. M. anularis ducti (*Muscles of the ejaculatory duct* Snodgrass), eine starke Schicht von Ringmuskeln, welche die Wand des Ductus ejaculatorius zwischen der Mündung der Anhangsdrüsen und dem erweiterten Ductus-Sack bekleidet.

Die Muskulatur des weiblichen Geschlechtsapparates unterliegt großen Schwankungen, je nachdem ob und wie der Legeapparat ausgebildet ist. Bei orthopteroiden Insekten mit gut ausgebildetem, aus beweglichen Apophysen bestehendem Legebohrer, ist seine Muskulatur vielfach komplizierter als die der artgleichen Männchen. So fand z. B. SNODGRASS bei Weibchen von *Dissosteira carolina* 16 Muskelpaare des Legeaparpates und der distalen Geschlechtswege. Von diesen Muskeln gehören 7 zum 8. und 9 zum 9. Hinterleibssegment.

Außer den drei schon oben erwähnten Muskeln, von welchen 175. auf einem medianen Fortsatz der vorderen Intervalvula, 177. und 178. am Grunde der vorderen Valvulae des Legeapparates inserieren, fand SNODGRASS bei Weibchen von *Dissosteira* folgende Muskeln im Genitalappat:

201. M. tergovalvalis anterior (*Short protactor of the ovipositor* Snodgrass), entspringt von den Seiten des 8. Tergits, inseriert auf dem Vorderende der Apodeme des Legebohrers. Ein *dvm.*

202. M. tergovalvalis posterior (*Long protractor of the ovipositor* Snodgrass), entspringt von den Seiten des 9. Tergits, inseriert auf dem Vorderende der Apodeme des Legebohrers. Ein *dvm.*

203. M. tergovalvalis antecostalis (*Retractor of the ovipositor* Snodgrass), entspringt von der Antecosta des 9. Tergits, inseriert am Grunde des 3. Valvenpaares des Legeapparates. Ein *dvm.*

204. M. sternalis oviducti anterior (*Anterior muscle of the median oviduct* Snodgrass), ein langes schlankes Muskelpaar, entspringt von der Spitze der vorderen seitlichen Apodemen des 8. Sternits und inseriert vorn am Oviductus communis.

205. M. sternalis oviducti posterior (*Posterior muscle of the median oviduct* Snodgrass), wie der vorige, entspringt gemeinsam mit ihm, inseriert am Hinterende des Oviductus communis.

206. M. anularis ducti (*The muscular sheath of the oviduct* p. p. Snodgrass), bildet die innere Lage der Muskularis. Er ist auf den Oviductus communis beschränkt.

207. M. longitudinalis ducti (*The muscular sheath of the oviduct* p. p. Snodgrass) bildet die äußere Lage der Muskularis und verlängert sich auf die Eileiter.

208. M. apodemovalvalis dorsalis (*Levator of the dorsal valvula* Snodgrass) entspringt von der Apodeme des Legebohrers und inseriert am Grunde des 3. Valvenpaares.

209. M. apodemovalvalis ventralis (*Depressor of the ventral valvula* Snodgrass) entspringt von der Apodeme des Legebohrers und inseriert auf der Basalplatte des 1. Valvenpaares.

210. M. apodemointervalvalis anterior (*Adductors of the ventral valvulae* Snodgrass) entspringt auf den Apodemen des Legebohrers und inseriert auf der vorderen Intervalvula hinter dem Muskelpaar 175.

211. M. intervalvointervalvalis (*Muscle of the second valvula* Snodgrass) entspringt von der vorderen Intervalvula und inseriert, nach hinten konvergierend, auf der hinteren Intervalvula.

213. M. basivalvalis spermathecae (*Dilator of the spermathecal aperture* Snodgrass) entspringt von den Basalplatten der 1. Valvulae und inseriert auf der Wand der Genitalkammer zu beiden Seiten der Spermatheca-Mündung.

214. M. longitudinalis spermaducti (*Muscles of the spermathecal duct* p. p. Snodgrass), bildet die äußere Lage der Muskularis ducti spermathecae.
Die Muskeln 205—215 gehören alle zum 9. Hinterleibssegment.

Muskeln des Analkonus. Die Muskeln des → Analkonus bedienen das Rectum, den Anus, die Anallappen und die Cerci. Bei *Dissosteira* sind es 11 Muskeln, von welchen 7 dem 10. Segment (216, 217, 220, 221, 222, 224 und 226) und 4 dem 11. Segment (218, 219, 223 und 225) angehören.

216. M. tergorectalis dorsalis (*Dorsal dilator of the rectum* Snodgrass) entspringt vom 10. Tergit beiderseits der Mittellinie und inseriert laterodorsal auf dem hinteren Teil des Rectum.

217. M. tergorectalis lateralis (*Lateral dilator of the rectum* Snodgrass) entspringt von den Seiten des 10. Tergits, inseriert seitlich auf der Wand des Rectum.

218. M. epiproctoanalis (*Dorsal dilator of the anus* Snodgrass), ein unpaariger Muskel, der mitten auf der Epiproctwand seinen U hat und nach hinten dreieckig erweitert mit breitem Kopf auf der dorsalen Circumanalmembran inseriert.

219. M. paraproctoanalis (*Lateral dilator of the anus* Snodgrass) entspringt paarig von den basalen Seitenwänden der Periprocte und inseriert lateroventral in der Circumanalmembran.

220. M. tergocercalis posteromedialis (*Depressor of the cercus* Snodgrass) entspringt seitwärts von 216 auf dem 10. Tergit und inseriert auf dem posteromedianen Rande des Cercus.

221. M. tergocercalis anteromedialis (*Median levator of the cercus* Snodgrass) entspringt seitwärts vom vorigen und inseriert auf dem anteromedianen Rande des Cercus.

222. M. tergocercalis lateralis (*Lateral levator of the cercus* Snodgrass) entspringt vom 10. Tergit lateral vom vorigen Muskel und inseriert am Außenrande des Cercus.

223. M. epiproctocercalis (*Adductor of the cercus* Snodgrass) entspringt vom 11. Tergit (Epiproct) beiderseits der Mittellinie und inseriert auf dem medianen Basalrande des Cercus zwischen 220 und 221.

224. M. tergoparaproctalis (*Ventral muscle of the paraproct* Snodgrass) entspringt von den Seiten der Antecosta des 10. Tergits und inseriert ventral nahe der Basis des Paraprocts.

225. M. epiproctoparaproctalis (*Adductor of the paraproct* Snodgrass) entspringt vom 11. Tergit (Epiproct) beiderseits der Mittellinie dicht hinter 223 und inseriert auf der dorsalen Wand der Paraprocts hinter dem Cercus.

226. M. transversalis coni analis (*Transverse muscle* Snodgrass) ein unpaariges, nur bei Weibchen von *Dissosteira* festgestelltes Muskelband, welches die Vorderwinkel des 10. Tergits miteinander verbindet.

Muskeln des Proctodaeums, *musculi proctodaei* bilden die zweischichtige Muskularis.

227. M. longitudinalis proctodaei bildet 6 Längsstränge, welche das ganze Proctodaeum vom Pylorus bis zum Anus durchziehen. Wie im Mitteldarm liegen die Längsstränge auch hier über der Ringmuskelschicht.

228. M. anularis proctodaei bildet eine kontinuierliche Ringmuskelschicht des Proctodaeums vom Pylorus bis zum Anus.

Muskeln der Spirakeln. Die Spirakeln (Atemöffnungen) der Insekten sind gewöhnlich mit 1 oder 2 Muskeln versehen, die sich aus dem Hautmuskelschlauch herausdifferenziert haben.

229. M. occlusor spiraculi. In der Regel vorhanden. Ein kurzer Muskel welcher die Hebel des → Stigmenverschlußapparates verbindet. Bei Stigmen mit nur einem Hebel entspringt er vom Tergum in der Nähe des Luftloches.

230. M. apertor spiraculi. Oft vorhanden, Antagonist des vorigen entspringt vom Tergit (z. B. in Abdominalstigmen der *Blattidae*) oder vom Sternit (z. B. in Abdominalstigmen der *Acridiidae*) und inseriert auf dem Hebel des Stigmenverschlußapparates gegenüber dem Occlusor. Manchmal (z. B. bei Schmetterlingsraupen) treten zwei Öffnermuskeln auf, der eine ventral, der andere dorsal vom Schließer.

TAFEL I—XXXIII

Figurenerklärung zu Tafel I

Beinformen

Fig. 1. Endglieder einer hypothetischen Formenreihe des Thorakalbeines und der Maxille eines Insekts. A und B zweiästige Crustaceenbeine, C Thorakalbein, D Maxille, E Labium eines Insekts. A, C, D und E Schemata, B viertes rechtes Pereiopod von *Anaspides tasmaniae*. Nach SNODGRASS, D und E nach WEBER.

Fig. 2. Veränderungen der Unterhüfte (Subcoxa, A—C) und der Hüfte (Coxa, D—G), Entstehung der Pleure und Spalthüfte. Nach SNODGRASS (D und F) und WEBER.

Fig. 3. *Tomocerus minor* Lubbock (*Collembola*), Seitenansicht des ganzen Tieres und Teilbilder der modifizierten Abdominalbeine. Nach HANDSCHIN.

Fig. 4. Springgabel von *Hydroisostoma schäfferi* Krausbauer (*Collembola*). Nach STACH.

Fig. 5. Rechtes Mittelbein (Laufbein) von *Trechus bordei* Peyerimhof (*Carabidae*). Nach JEANNEL.

A_1 erstes Hinterleibssegment; *AB* ausstülpbare Blase des Ventraltubus; *An* Anus; *Apl* Anapleure; *bcs* Basicostalnaht; *Bcx* Basicoxale; *Bp* Basipodit; *bs* Basisternit; *Btar* Basitarsus; *c* Pfanne des dorsalen Pleurocoxalgelenks; *Ca* Cardo; *Cx* Hüfte; *CxG* Coxotrochanteralgelenk; *Cxp* Coxopodit; *cxs* Coxalnaht; *d* dorsaler Vorsprung der Subcoxa im Pleurocoxalgelenk; *D* Dentes; *Endp* Endopodit; *Epm* Epimerum; *Epp* Epipodit; *Eps* Episternum; *Exp* Exopodit; *f* vorderer Vorsprung der Coxa im Coxotrochanteralgelenk; *Fe* Femur; *fs* Sternellum (Furcasternit); *Fu* Furca; *g* hinterer Vorsprung der Coxa im Coxotrochanteralgelenk; *Ga* Galea; *Gl* Glossa; *Go* Geschlechtsöffnung; *Hg* Hüftgrube; *is* Intersternit; *Kg* Kniegelenk; *Kr* Kralle; *Krg* Krallenglied; *Lc* Lacinia; *ls* Laterosternit; *Ma* Manubrium; *Mc* Merocosta; *Mer* Meron; *Mn* Meralnaht; *Mu* Mucro; *ParN* Paranotum; *pcx* Postcoxa; *Pgl* Paraglossa; *Pl* Lippentaster; *PlA* Pleuralapodeme; *PlL* Pleuralleiste; *PlN* Pleuralnaht; *Pm* Kiefertaster; *prcx* Praecoxa; *Prmt* Praementum; *prs* Praesternit; *ps* Poststernit; *Pst* Primärsternum; *Ptar* Praetarsus; *Ra* Rami; *Ret* Retinaculum; *SchG* Schienengelenk; *Scx* Subcoxa; *Sp* Spina; *Spr* Schienensporne; *St* Stipes; *Stc* Sternocosta; *Tar* Tarsus; *Tent* Tentoriumquerbalken; *Ti* Schiene; *Tlp* Telopodit; *Tn*, *tt* Trochantinus; *Tr* und Tr_1 Trochanter; Tr_2 Trochantellus; *TrG* Trochanterofemurgelenk; *tt* Trochantinus; *Ttpl* Trochantinopleura; *Tu* Tubus; *v* ventraler Vorsprung der Subcoxa im Pleurocoxalgelenk; *VR* Ventralrinne am Tubus; *VT* Ventralaltubus (Tubus); *Y-L* Y-Leiste.

In Fig. 1 sind die Muskeln mit Nummern bezeichnet (s. Anhang).
In Fig. 3 sind die Abdominalsegmente 1—6 mit Nummern bezeichnet.

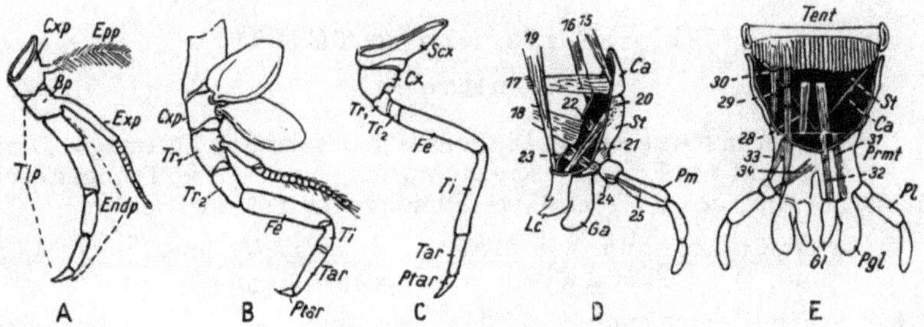

Fig. 1.

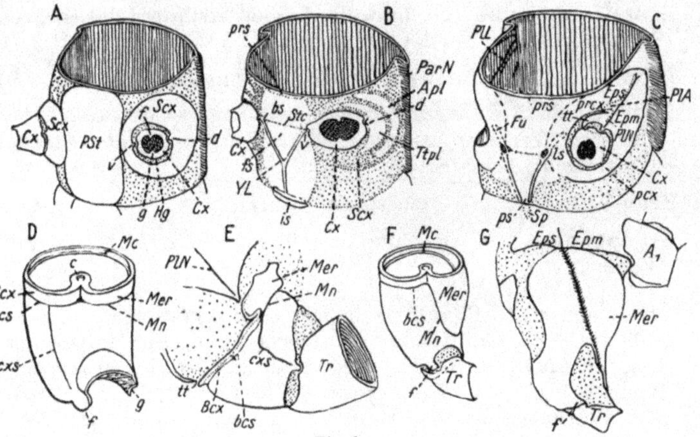

Fig. 2.

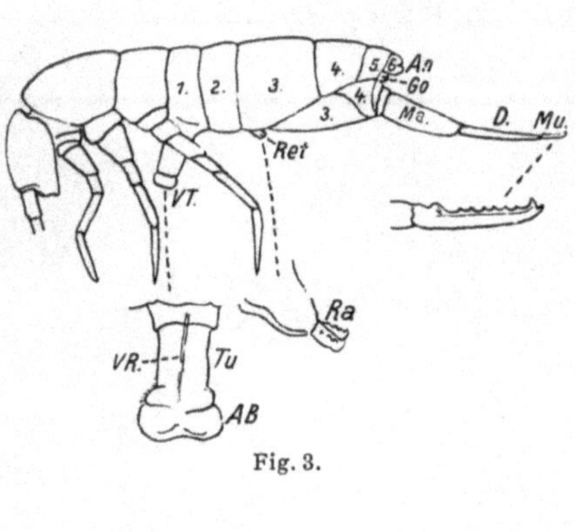

Fig. 3.

Fig. 4.

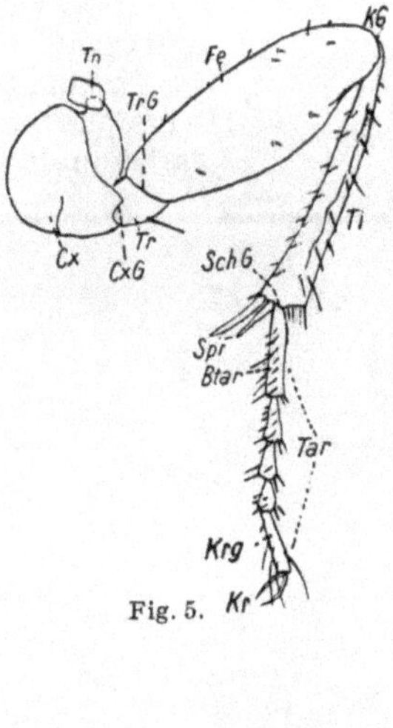

Fig. 5.

Figurenerklärung zu Tafel II

Beinformen

Fig. 1. Gliederung der Pleure (Subcoxa) bei Termiten (A Imago, B Soldat) und bei Bodenläusen (*Zoraptera*, C geflügelte, D ungeflügelte Form). Nach C. DELAMAIRE-DEBOUTTERVILLE aus Denis.

Fig. 2. A ein Coxosternum von *Machilis tirolensis* Verhoeff, nach HANDSCHIN, B ein Thorakalbein von *Machilis* sp., nach BÖRNER.

Fig. 3. Schema eines monokondylen (A) und eines dicondylen Kniegelenks (B von hinten, C von der Seite). Nach SNODGRASS.

Fig. 4. Ende des Krallengliedes mit dem Praetarsus und seinen Anhängen. Schema nach WEBER.

Fig. 5. Ende des Krallengliedes mit dem Praetarsus von *Periplaneta americana* Linné (B) und von einer Asilide (*Diptera*, A). Nach SNODGRASS.

Fig. 6. Tarsus und Praetarsus von *Chaetonymphon spinosum* (*Pycnogonidae*). Nach SNODGRASS.

Fig. 7. Hinterer Tibiotarsus von *Mesira squamornata* Stscherbakov (*Collembola*). Nach STACH.

Fig. 8. Krallenglied und Krallen eines Triungulinus (*Meloidae*). ORIG.

Fig. 9. Abdominalbeine von Schmetterlingsraupen. Nach LAMBERT aus Weber.

Ar Arolium; *Bl* Coxalbläschen; *c* Gelenkvorsprung; *Cx*, *cx* Coxa; *d* Dorsalseite der Kralle; *Dz* Dorsalzahn; *Ea* Empodialanhang; *Emp* Empodium; Epimeralgelenkstück, vgl. Subalare; *ep. m.* Epimerum; *ep. s.* Episternum; *Fe* Femur; *fl.st.* Flexor styli; *Kgl* Krallenglied; *Kh* Keulenhaar; *Kk* Kniekehle; *Kr* Kralle; *KrS* Krallensehne; *l* Hilfsplatte; *l. pl.* Lateropleurit; *l. st.* Laterosternit; *n. B.* nackte Borste; *p. T.* Paratergit; *Ptar* Praetarsus; *Pv* Pulvillus; *retr. Bl.* Retractor des Coxalbläschens; *Ss* Strecksohle; *st* Sternit; *Styl* Stylus; *sub* Subalare; *Sz* Seitenzahn; *Ti* Tibia; *TiTa* Tibiotarsus; *Tr* Trochanter; *tr* Trochantinus; *Tar* Tarsus; *Uf* Unguifer; *Un* Kralle; *Utr* Unguitractor; *v* Ventralseite der Kralle; *Vz* Ventralzahn. *1*, *2* erstes und zweites Tarsenglied.

Tafel II

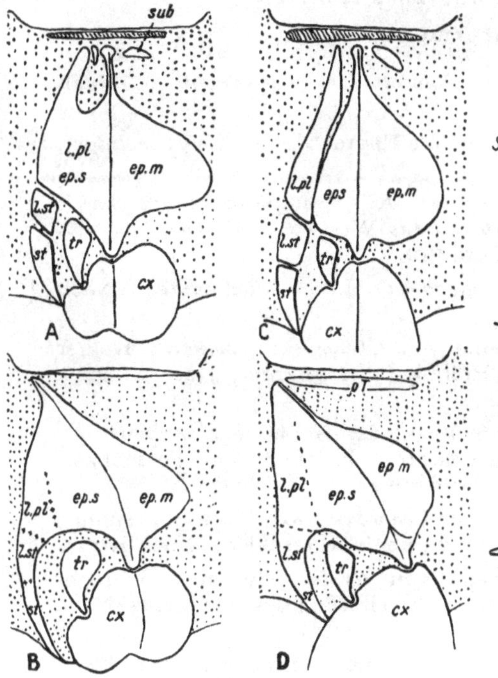

Fig. 1.

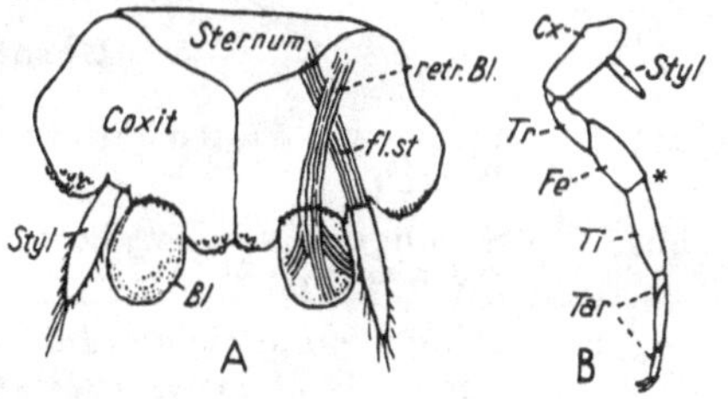

Fig. 2.

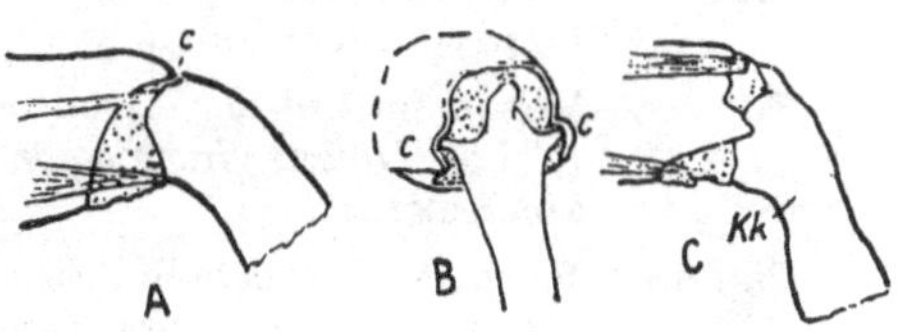

Fig. 3.

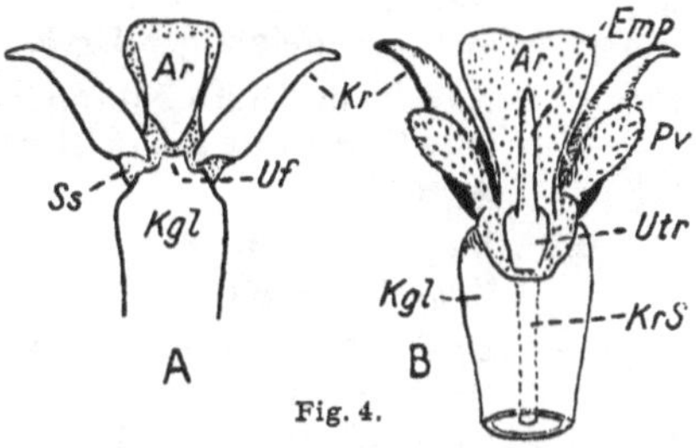

Fig. 4.

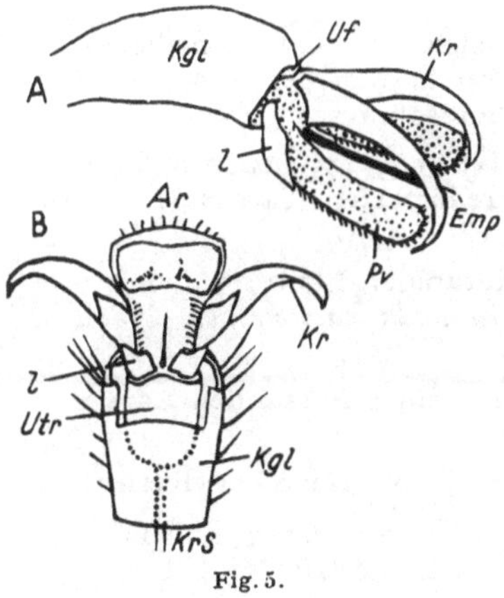

Fig. 5.

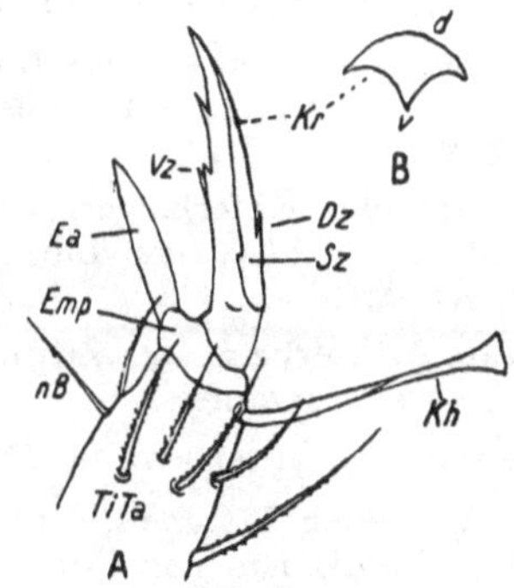

Fig. 7.

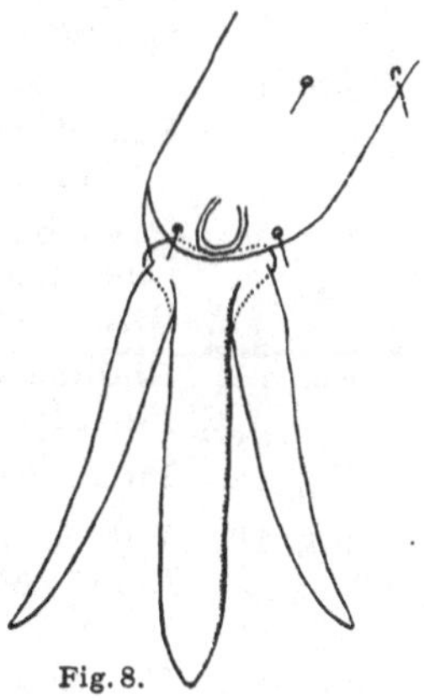
Fig. 8.

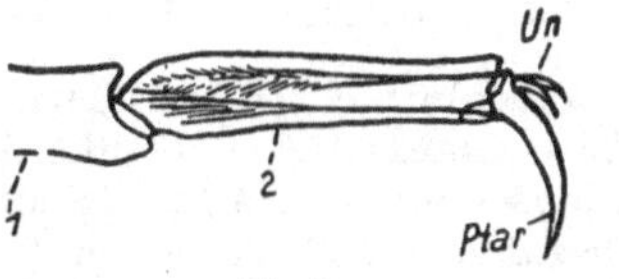

Fig. 6.

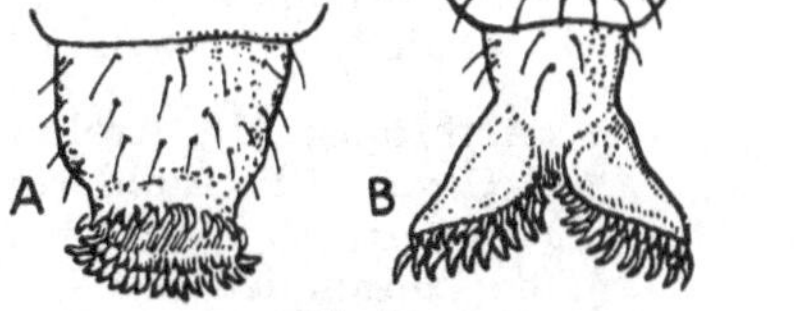

Fig. 9.

Figurenerklärung zu Tafel III

Beinformen

Fig. 1. Ende des Haftbeins von *Phloeothrips* (*Thysanoptera*). Nach WEBER.

Fig. 2. Sprungbein von *Phyllotreta vittula* Redtenbacher (*Chrysomelidae*). Nach HANDSCHIN.

Fig. 3. Fangbeine einiger *Mantispidae*. A *Eremiaphila rotundipennis* Kirby, B *Metallypticus splendidus* Westwood, C *Amorphoscelis annulipes* Karsch. Nach CHOPARD.

Fig. 4. Fangbein von *Ploiariola vagabunda* Linné (*Reduviidae*). Nach HANDSCHIN.

Fig. 5. Vordertarsen der Greifbeine von *Chelogynus carinatus* Kieffer (a) und *Dicondylus bicolor* Haliday (b) (*Dryinidae*). Nach KIEFFER aus Bischoff.

Fig. 6. Rechtes Hinterbein (Sammelbein) der Honigbiene (Arbeiterin). a das ganze Bein von innen (hinten), b Schiene und Fersenbasis von außen (vorne). Nach HANDSCHIN.

Fig. 7. Haltebein eines Männchens von *Crabro cribrarius* Linné (*Vespidae*) mit schaufelartiger Erweiterung der Vorderschiene. Nach KOHL.

Fig. 8. Haltebein eines Männchens von *Crabro clypeatus* Schreber (*Vespidae*) mit schaufelartiger Erweiterung des Basitarsus. Nach KOHL.

Fig. 9. Haftbein von *Acilius sulcatus* Linné (Männchen, *Dytiscidae*). Nach HANDSCHIN.

Fig. 10. Grabbein (Vorderbein) von *Gryllotalpa gryllotalpa* Linné. Nach BERLESE.

Fig. 11. Rechter Hinterschenkel einer Heuschrecke, mit Schrilleiste (Zirp- und Sprungbein). Darunter drei Zapfen der Schrilleiste stärker vergrößert. Nach IMMS aus Handschin.

Fig. 12. Vorderbein eines Männchens *von Corixa geoffroyi* Leach mit der Schrilleiste auf der Innenseite des reduzierten Tarsus (Pala). Nach HANDSCHIN.

Fig. 13. Pygopodien einiger Käferlarven: a Carabiden-Larve, b Lampyriden-Larve, c Drahtwurm von *Melanotus castaneipes*. Nach BRASS aus Weber.

Fig. 14. Rudimentäre Hinterbeine als Zirpbeine einer Passaliden-Larve. Nach PAULIAN aus Jeannel.

Fig. 15. Putzapparat vom Vorderbein der Honigbiene. Nach HANDSCHIN.

Fig. 16. Putzdorn (Schienenblättchen, Epiphyse) von *Herse convolvuli* Linné (A) und Putzbein von *Vanessa io* Linné (B). Nach HANDSCHIN.

Fig. 17. Hinteres Ruderbein von *Gyrinus natator* Linné (*Gyrinidae*). Nach BOTT aus Weber.

Fig. 18. Zweites bis fünftes Tarsenglied des Klammerbeins der Bienenlaus (*Braulidae*) mit kammförmigen Krallen. Nach HANDSCHIN.

a Arthrium; *Ar* Arolium; *Br* Fersenbürste; *Cb* Körbchen; *Cx* Coxa; *ED* Enddarm; *ES* Endsegment; *F* Fersenhenkel; *Fe* Femur; *Kr* Kralle; *KrS* Krallensehne; *P* Kamm (Pecten, bildet zusammen mit F die Wachszange); *PD* Putzdorn (Epiphyse); *Ps* Putzscharte; *Psp* Putzsporn; *Pyg* Pygopodium; *retr. pyg.* Retractor pygopodii; *Sch. l.* Schrilleiste; *Sh* Saughaare; *Sp* pflugscharförmiger Vorsprung am Trochanter; *Spr* Schienensporn; *Ssch* Saugscheiben; *Ti* Tibia; *Tr* Trochanter; *Tar* Tarsus; *Utr* Unguitractor. *VII, VIII, IX* das 7. bis 9. Hinterleibssegment.

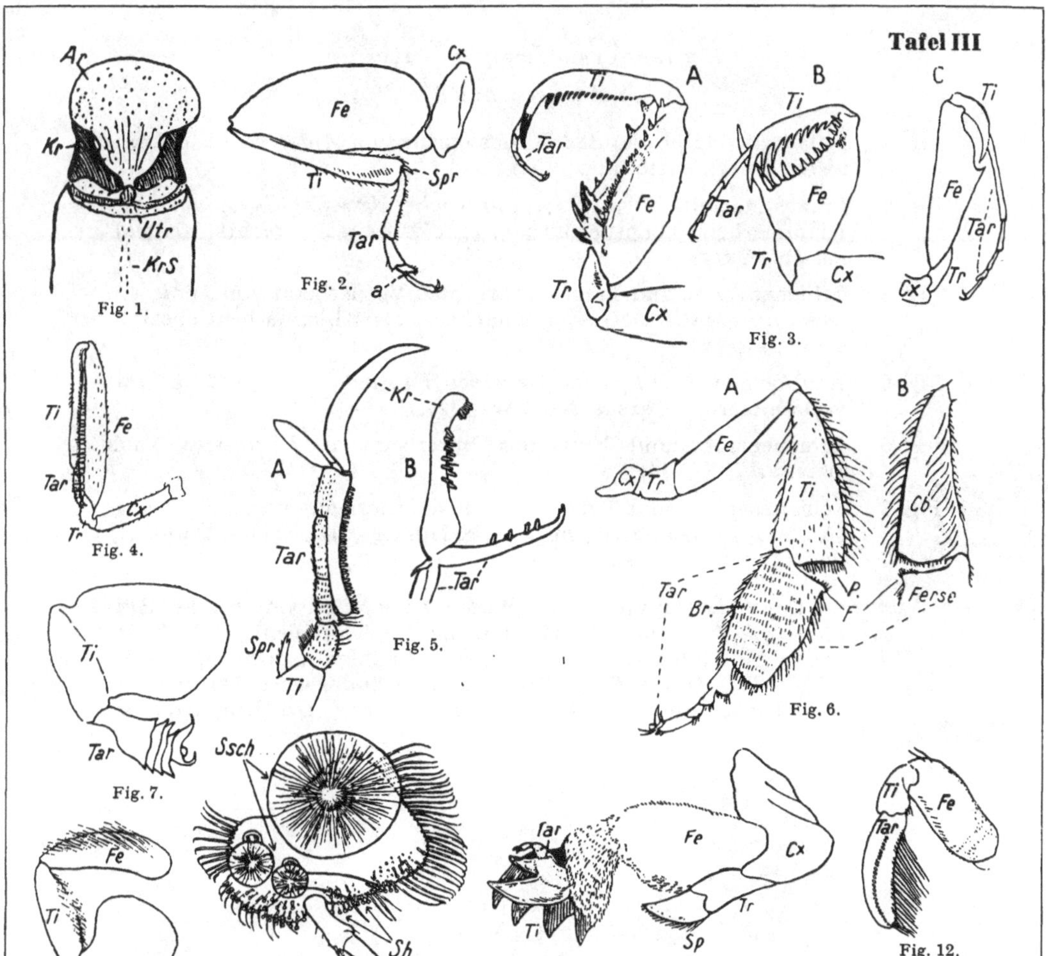

Tafel III
Ar
Kr
Utr
KrS
Fig. 1.
Cx
Fe
Ti
Spr
Tar
a
Fig. 2.
A
B
C
Ti
Tar
Fe
Tr
Cx
Fig. 3.
Ti
Fe
Tar
Cx
Tr
Fig. 4.
Kr
A
B
Tar
Spr
Ti
Fig. 5.
A
B
Fe
Cx
Tr
Ti
Cb.
Tar
Br.
P.
F
Ferse
Fig. 6.
Ti
Tar
Fig. 7.
Fe
Ti
Tar
Fig. 8.
Ssch
Sh
Fig. 9.
Tar
Fe
Cx
Tr
Ti
Sp
Fig. 10.
Ti
Fe
Tar
Fig. 12.
Sch. l.
Fig. 11.
Ti
Psp
Ps
Ta
Fig. 15.
Cx
Tr
Fe
Ti
Tar
Fig. 14.
A
Pyg
B
VII
VIII
IX
ES
Pyg
C
retr Pyg
ED
Pyg
Fig. 13.
Fig. 18.
Tr
Fe
Ti
Ta
Fig. 17.
A
B
PD
Ti
Ta
Ti
Fe
Fig. 16.

Figurenerklärung zu Tafel IV

Beinformen

Fig. 1. Putzdorn (Epiphyse) der Vorderschiene von *Anthrocera carniolica verina* Burg., entschuppt. ORIG.

Fig. 2. Linkes Mittelbein von *Gyropus ovalis* Nitzsch (*Gyropidae*), als Klammerbein hochspezialisiert. Links Dorsal-, rechts Ventralansicht. ORIG.

Fig. 3. Schienenspitze und Tarsus des rechten Vorderbeins von *Pediculus humanus capitis* DeGeer (Männchen), als Klammerbein spezialisiert. ORIG.

Fig. 4. Raubbein von *Phymata crassipes* Fabricius (*Phymatidae*) mit verkümmertem Tarsus. Nach WEBER.

Fig. 5. Schienenspitze und Tarsus des Hinterbeins von *Locusta* sp. Nach WEBER.

Fig. 6. Schienenspitze und Tarsenbasis des Hinterbeins von *Gampsocleis* (A) und *Tettigonia* (B) mit Sohlenlappen (Sl). Nach TARBINSKIJ und PLAWILSTSCHIKOFF.

Cx Coxa; *D* Daumen; *d* Dorsalseite; *Emp* Empodium; *Ep* Epiphyse; *Epl* Euplantula; *Fe* Femur; *Kg* Kniegelenk; *KK* Kniekehle; *Kr* Krallen; *Sl* Sohlenlappen; *Sp* Schienensporn; *Ss* Strecksohle; *Tal* Talus; Tar_1, Tar_2 das erste und zweite Tarsenglied; *Ten* Tenaculum; *Ti* Tibia; *Tr* Trochanter; *Utr* Unguitractor; *v* Ventralseite.

Tafel IV

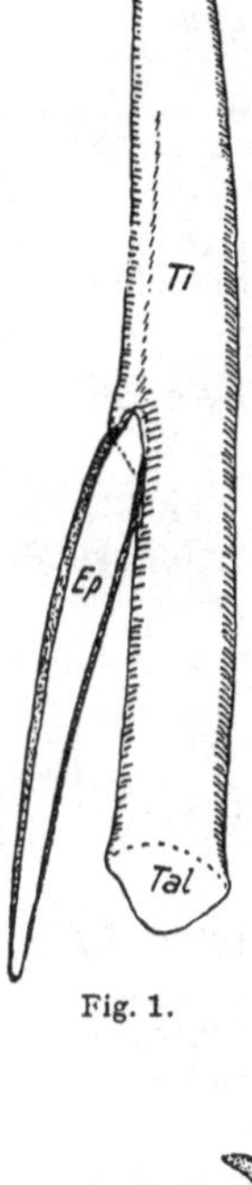

Fig. 1.

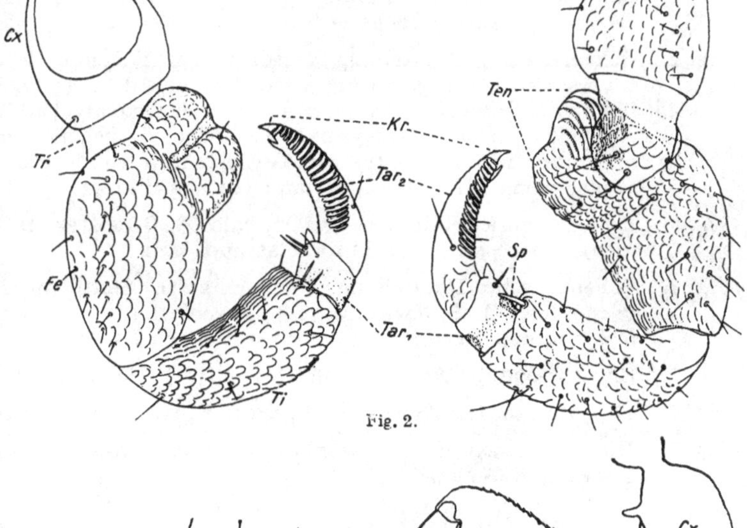

Fig. 2.

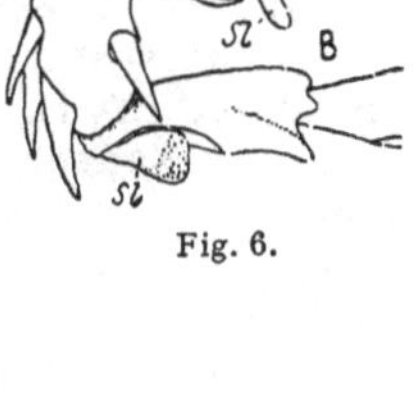

Fig. 6.

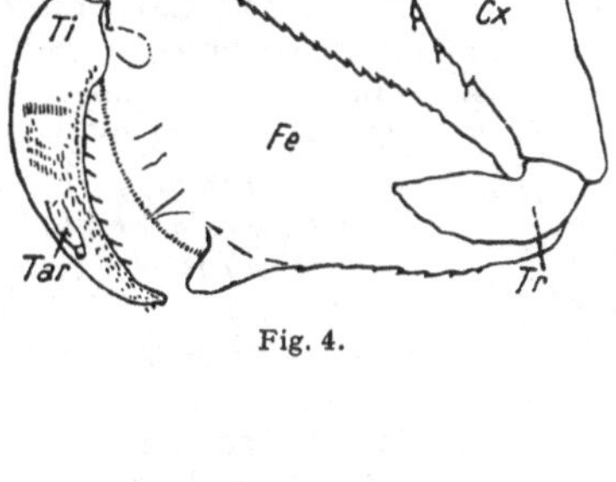

Fig. 4.

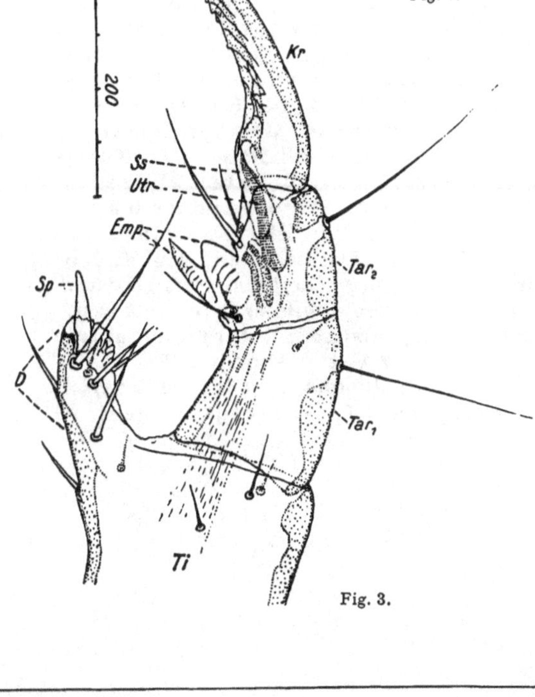

Fig. 3.

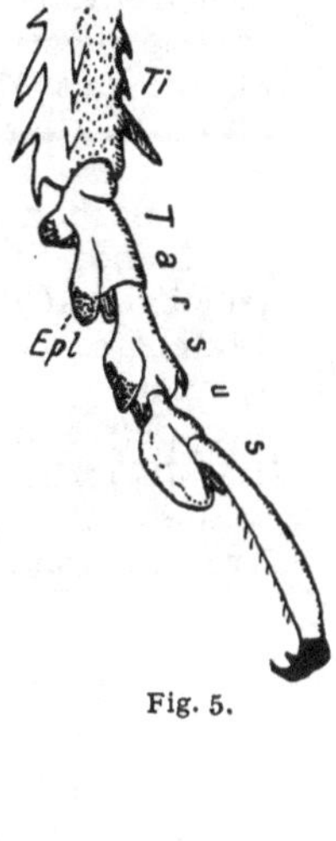

Fig. 5.

Figurenerklärung zu Tafel V

Cuticula und Cuticularbildungen

Fig. 1. Schematischer Querschnitt durch die Haut eines Insekts mit den häufigsten Cuticularbildungen. In Anlehnung an WEBER und SNODGRASS zusammengestellt.

Fig. 2. Schematische Darstellung verschiedener Gelenke, a einfaches, b versenktes, c kugelförmiges Membrangelenk (a und b besonders häufig an Fühlern, c häufig z. B. im Pleurocoxalgelenk), d dicondyles Kopfgelenk (Kniegelenk) e, i Scharniergelenke mit (f, h, i) oder ohne Einfaltung (e), mit Gleitfläche (h) und monocondylem Kugelgelenk (i). a ORIG., die anderen aus WEBER.

Fig. 3. Endoskeletale Bildungen der Cuticula. A, C Leisten, B, D Apodemen, E Sehnen. Nach SNODGRASS und JANET.

Fig. 4. Schematische Darstellung der häufigsten Sensillen. 1 Sensilla trichoidea, 2 S. basiconica, 3 S. coeloconica, 4 S. placoidea, 5 S. ampullacea, 6 S. campaniformis. Nach HANDSCHIN.

Fig. 5. Chaetotaxie des Fliegenkopfes (*Muscidae*). Nach SEGUY.

Fig. 6. Chaetotaxie des Thorax bei Fliegen. Schema nach LINDNER.

Fig. 7. Einige Formen von Insektenborsten. Nach EIDMANN, HANDSCHIN, SMART und WEBER.

a Akrostichalborsten; *Ac* Aculeus; *Al* Alveole; *B* Borste; *Bf* Stirnstrieme; *Bgm* Borstengelenkmembran; *Bk* Borstenkanälchen; *Bm* Basalmembran; *Bp* Borstenpore; *Br* Basalring; *Brz* Basalringzelle; *C* Clypeus; *Cb* Rüsselbasis; *Cf* Frontalleiste; *Cu* Cuticula; *dc* Dorsocentralborsten; *dsc* Dorsoscutellarborsten; *E* Epistoma; *End* Endocuticula; *Ep* Epicuticula; *Epid* Epidermis; *Ex* Exocuticula; *Gen* Gena (Wange); *Ges* Gesicht; *H* Gelenkmembran; *hm* Humeralborsten; *hpl* Hypopleuralborsten; *Hr* Haltering; *Hs* Syndese; *ia* Intraalarborsten; *K* Gelenkkopf; *L* Lunula; *Lb* Labelle; *Mch* Mikrochaete; *mpl* Mesopleuralborsten; *Mt* Microtrichien; *mtpl* Metapleuralborsten; *Mz* Membranzelle; *npl* Notopleuralborsten; *O* Ocellendreieck mit einem Paar von Ocellarborsten (ohne Nummer); *Or* Orbita (bei Fliegen auch als Schläfe bezeichnet); *pa* Postalarborsten; *Pe* Peristoma; *Pf* Pfanne des Kugelgelenks; *ph* Posthumeralborste; *Pm* Kiefertaster; *pr* Praesuturalborsten; *prpl* Propleuralborsten; *Ps* Pseudoporen; *psc* Praescutellarborsten; *ptpl* Pteropleuralborsten; *sa* Supraalarborsten; *sc* Scutellarborsten; *Sch* Schuppe; *Scht* Schuppentasche; *Sf* Stirnnaht; *stpl* Sternopleuralborsten; *Trgz* trichogene Zelle; *1* Postverticalborste (hintere Scheitelborste); *2* Postorbitalborsten; *3* obere Schläfenborsten (äußere Orbitalborsten); *4* innere Orbitalborsten; *5* Wangenborsten (obere und untere Gruppe); *6* große Vibrissenborste; *7* Gesichtsborsten (Parafacialia); *8* Vibrissenborsten; *9* Peristomalborsten; *10* äußere Scheitelborsten; *11* innere Scheitelborsten; *12* Postocellarborsten; *13* Kreuzborsten.

Tafel V

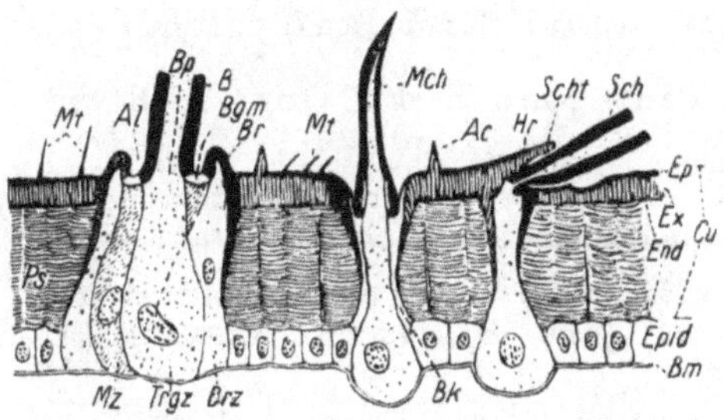

Fig. 1.

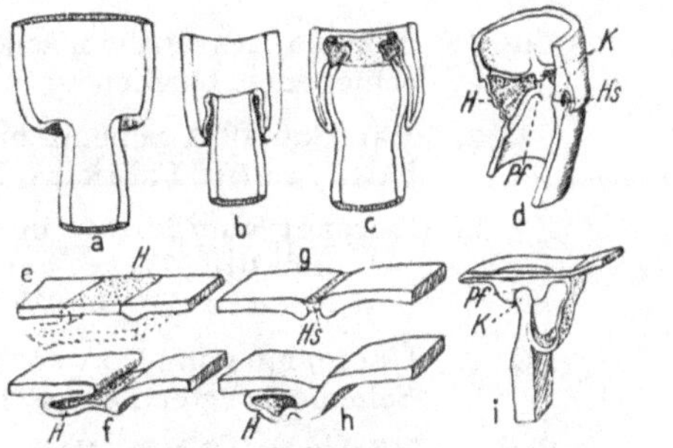

Fig. 2.

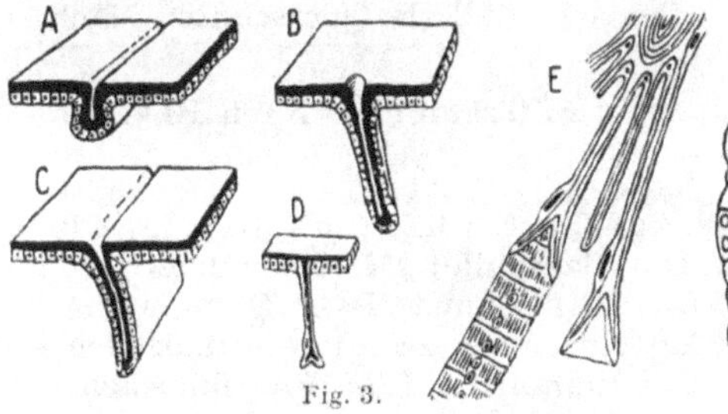

Fig. 3.

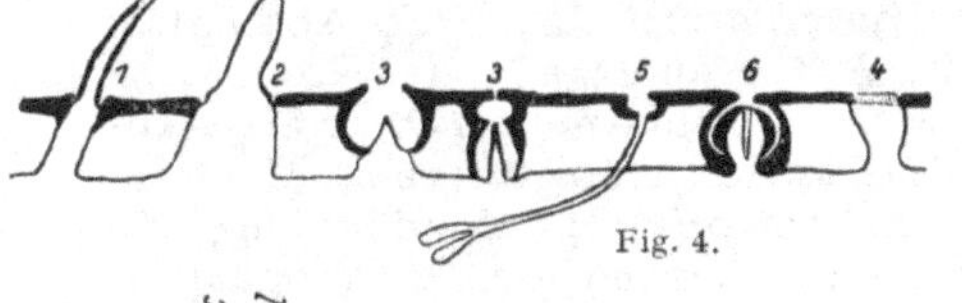

Fig. 4.

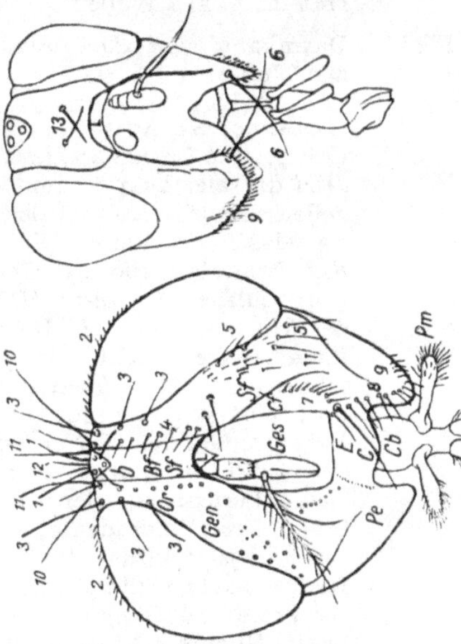

Fig. 5.

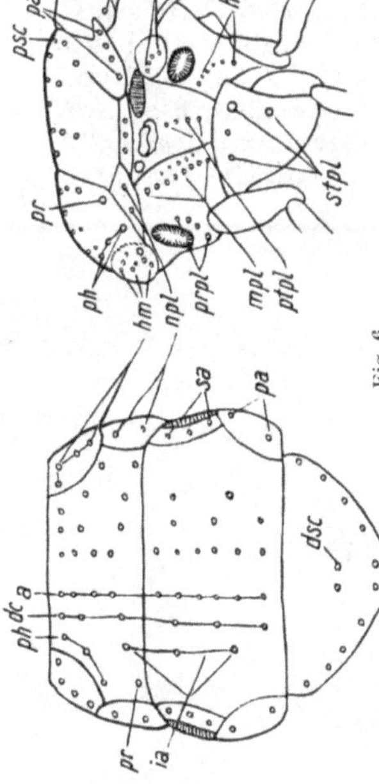

Fig. 6.

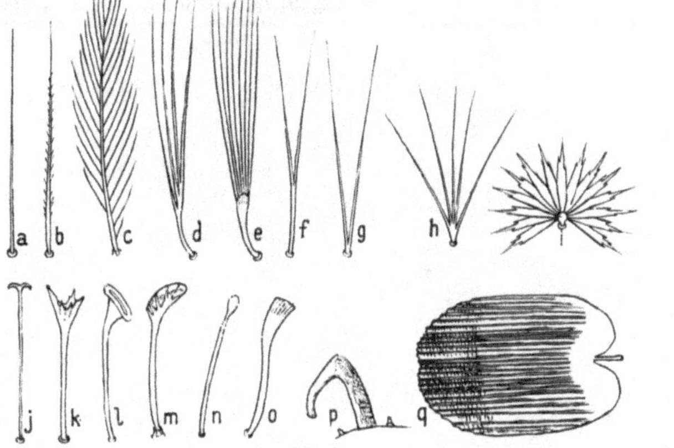

Fig. 7.

Figurenerklärung zu Tafel VI

Allgemeine Anatomie, Darmkanal, Kreislaufsystem

Fig. 1. Schema des anatomischen Baues eines Insekts. Orig., nach verschiedenen Quellen zusammengestellt.

Fig. 2. Darmkanal. A Schema nach SNODGRASS, B Darmkanal von *Nemobius silvestris* Fabricius. Nach BORDAS aus Weber.

Fig. 3. Übergang vom Mittel- in den Hinterdarm bei der Bienenarbeiterin (A) und bei *Thrips physapus* Linné (B). Nach TRAPPMANN (A) und KLOCKE (B) aus Weber.

Fig. 4. Übergang vom Vorder- zu Mitteldarm bei der Bienenarbeiterin. Schematisierter Längsschnitt, nach TRAPPMANN aus Weber.

Fig. 5. Rückengefäß von *Nepa*. A Übersichtsbild, B Querschnitt. Nach HAMILTON aus Weber.

Fig. 6. Darmkanal von *Pseudococcus* mit Filterkammer. Nach BERLESE aus Weber.

An Anus; *Ao* Aorta; *Bu* Bucca; *Car* Cardia; *Cib* Cibarium; *Cln* Colon; *Cut* Cuticula; *DAm* Dorsalampulle; *DD* Darmdivertikel; *DDi* dorsales Diaphragma; *Dia* Diaphragma; *DiaZ* Diaphragmazellen; *EpMD* Epithel des Mitteldarmes; *EZ* Endocardialzellen; *Fa* elastische Faser; *FK* Filterkammer; *FlM* Flügelmuskeln; *Frg* Frontalganglion; *G* Gehirn; *Gp* Gonapophysen; *Gv* Ganglion ventriculare; *H* Herz; *HD* Hinterdarm; HD_1, HD_2 Abschnitte des Hinterdarmes; *Il* Ileum; *KM* Kaumagen; *Kr* Kropf, *LM* Längsmuskelschicht; *Md*, *MD* Mitteldarm; MD_1, MD_2 Abschnitte des Mitteldarmes; *MDZ* Mitteldarmzotte; *Ment* Mesenteron; *MM* Magenmund; *M. o.* Meatus oris; *Mö* Mundöffnung; *Mp* Malpighi-Gefäße; *N* Nervenstrang; *O* Ostien; *Oe*, *Ös* Oesophagus; *Ov* Ovarium; *ParaZ* Paracardialzellen; *PcS* Pericardialsinus; *PeriZ* Pericardialzellen; *Ph* Pharynx; *PM* peritrophische Membran; *Proc* Proctodeum; *Prov* Proventriculus; *PvS* Perivisceralsinus, *Py* Pylorus; *R*, *Rect* Rectum; *RA* Rectalampulle; *RM* Ringmuskeln (Sphincter); *RP* Rectalpapillen; *S* Ganglion hypocerebrale; *So* Ganglion subösophagale; *Sp* Speicheldrüse; *SpH* Speichelhöhle; *Stom* Stomodeum; *Tr* Valvulartrichter; *TW* Terminalwulst; *Valv* Valvula cardiaca; *VDi* ventrales Diaphragma; *V. p.* Valvula pylorica; *V. r.* Valvula rectalis.

Tafel VI

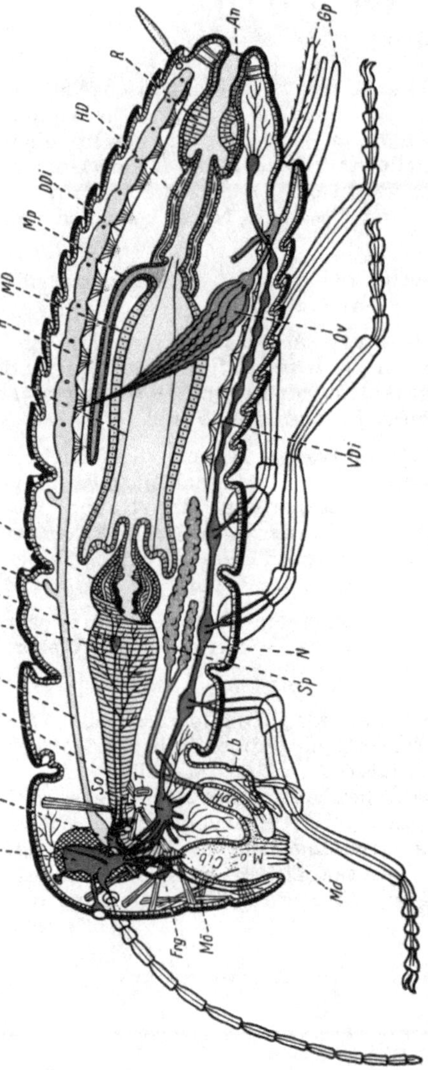

Fig. 1.

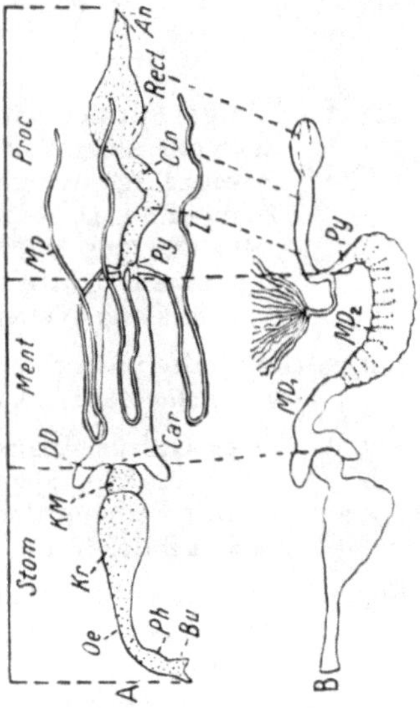

Fig. 2.

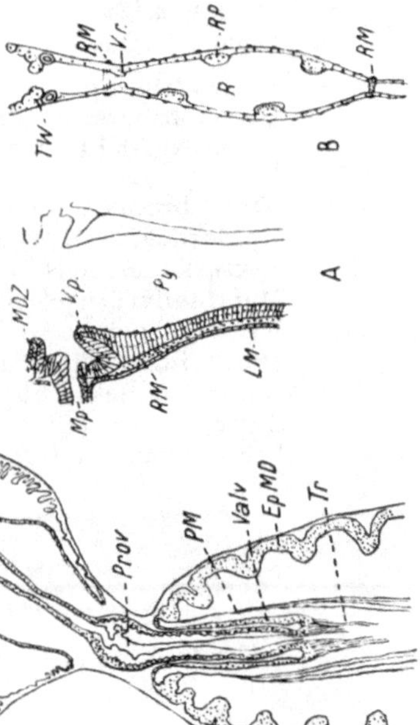

Fig. 3.

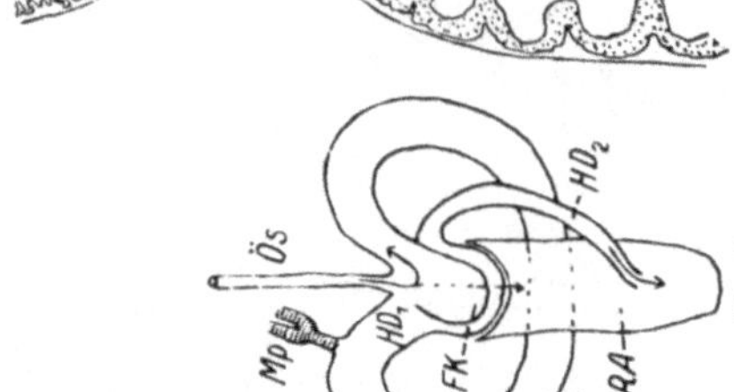

Fig. 4.

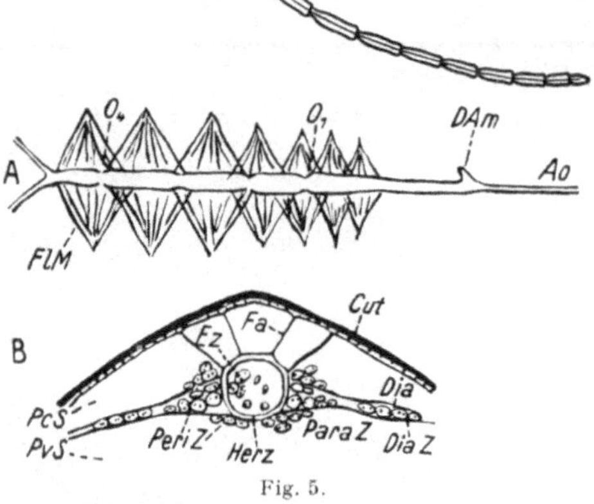

Fig. 5.

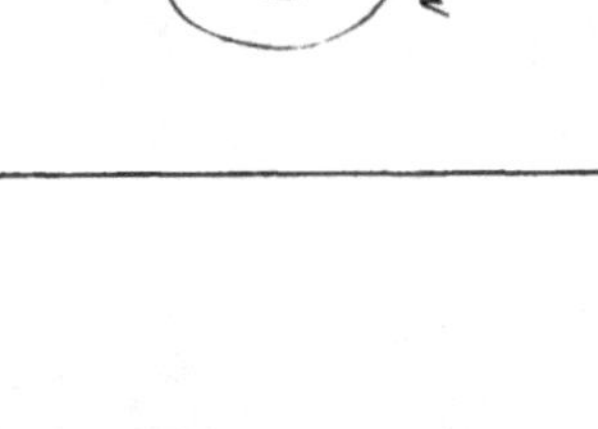

Fig. 6.

Figurenerklärung zu Tafel VII

Drüsen

Fig. 1. Einige Formen einzelliger Hautdrüsen: A eine Drüsenzelle aus der ventralen Wachsdrüsenplatte von *Aleurodes brassicae* Walker, B einzellige Wachsdrüse von *Flata marginella*, C dieselbe einer Diaspidine, D Seidendrüsenzelle einer Diaspidine, E eine Drüsenzelle aus der Stinkdrüse der Bettwanze, F einzellige Hautdrüse aus einem Hinterleibstergit von *Dytiscus*. Nach verschiedenen Autoren aus Weber.

Fig. 2. Cephale und thorakale Drüsen der Raupe von *Hyponomeuta malinella* Zeller. Nach BERLESE aus Weber.

Fig. 3. Zwei Öldrüsenpakete von *Dytiscus marginalis* Linné (a), drei Acini aus der Speicheldrüse von *Mantis relidiosa* Linné (b) und Pseudacini aus der mesothorakalen Öldrüse von *Dytiscus marginalis* Linné. Nach verschiedenen Autoren aus WEBER.

Fig. 4. Brennhaar der Raupe von *Lithosia caniola* Hübner (A), Duftbein (Hinterbein) von *Hepialus hecta* Linné (Männchen) mit Duftschuppen (B), Nackengabel (Osmetherium) der Raupe von *Papilio machaon* Linné (C) und Vorderkörper von *Palomena* (*Pentatomidae*) mit der Mündung der linken metathorakalen Stinkdrüse (D). Nach verschiedenen Autoren aus WEBER.

Fig. 5. Wachsdrüsenplatte, sog. Spiegel, von einem Hinterleibssternit der Bienenarbeiterin. Oben Längsschnitt nach SNODGRASS aus Weber, unten Aufsicht nach HANDSCHIN.

Chr Chromatinschollen; *Cut* Cuticula; *DrZ* Drüsenzelle; *Ep* Epidermis; *Fz* Fettzellen; *GM*, *GrM* Grundmembran; *H* Hof des Sekretkanälchens; *LDr* Labialdrüse; *DM* Mandibel; *MD r* Mandibulardrüse; *MZ* Matrixzellen des Sekretkanälchens; *NG* Nackengabel; *Oes* Oesophagus; *PhDr* Pharyngaldrüse; *PthDr* Prothorakaldrüse; *Sa* Sekretaustreibungszone; *Sb* Sekretbildungszone; *S.H.* Sekrethöhle; *S.K.* Sekretkanälchen; *Sp* Spiegel (Wachsdrüsenplatte); *S. R.* Sekretraum; *St* Sternit; *StDr* Mündung der Stinkdrüse.

Tafel VII

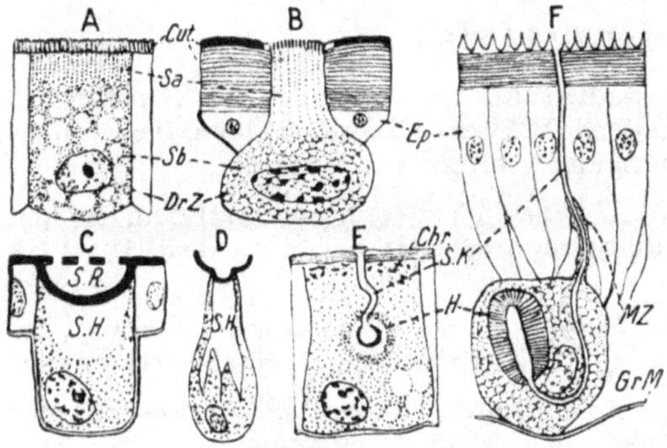

Fig. 1.

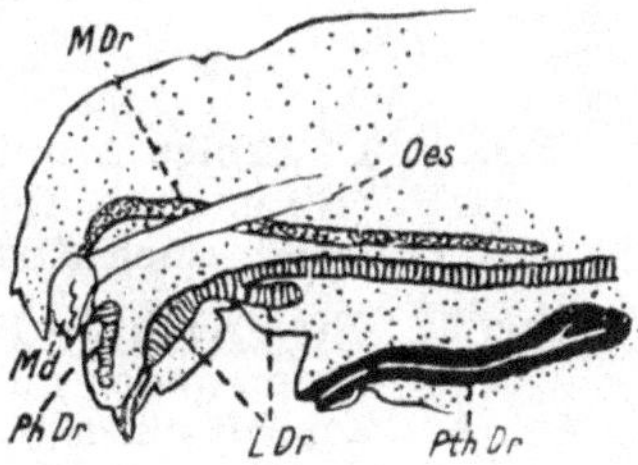

Fig. 2.

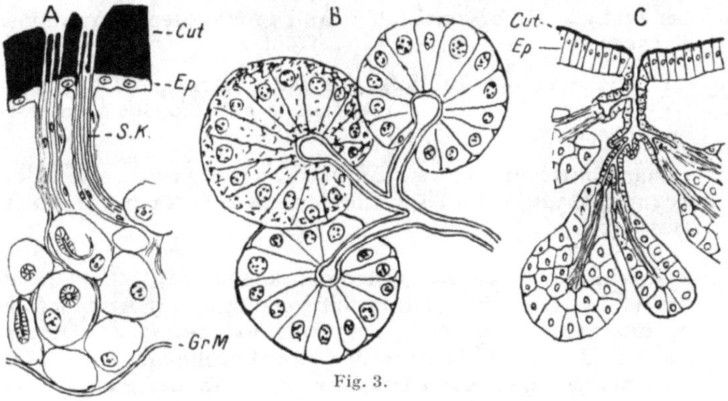

Fig. 3.

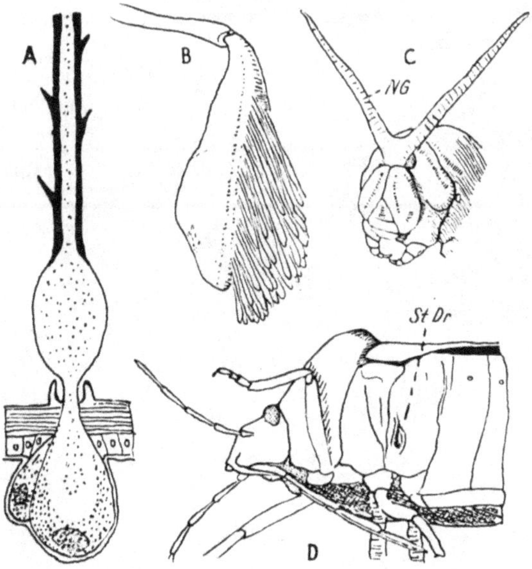

Fig. 4.

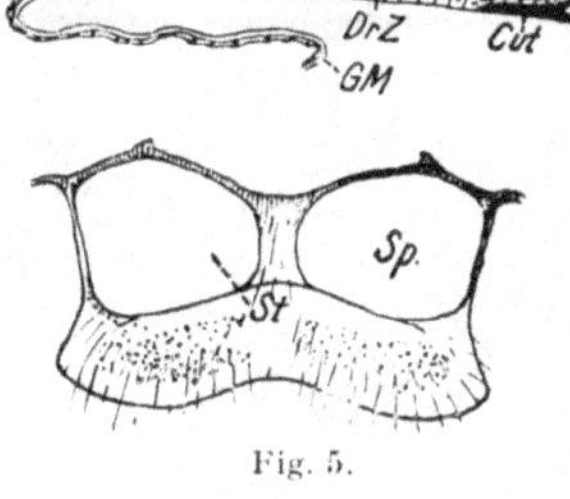

Fig. 5.

Figurenerklärung zu Tafel VIII

Embryonalentwicklung

Fig. 1—5. Einige Furchungsstadien bis zur Bildung des Blastoderms (Bl) und des Keimstreifens (KA) bei *Campodea staphylinus* Westwood. Nach KORSCHELT und HEIDER aus Hirschler.

Fig. 6. Hinterende des Eies von *Gryllus* in Ventralansicht mit dem fertigen Keimstreifen im Stadium von zwei Keimblättern. Nach HEYMONS aus Hirschler.

Fig. 7. Querschnitt durch den Keimstreifen von *Donacia* im Stadium der Bildung des unteren Blattes (Entoderms). Nach HIRSCHLER.

Fig. 8. Querschnitt durch den Keimstreifen von *Donacia* im Stadium der Bildung von Embryonalhüllen. Nach HIRSCHLER.

Fig. 9. Querschnitt durch den Keimstreifen von *Donacia* im Stadium der fertigen Embryonalhüllen und geschlossenen Amnions. Nach HIRSCHLER.

Fig. 10—11. Schema der Bildung des Mitteldarms aus einer vorderen (v) und einer hinteren (h) Anlage. Nach KORSCHET und HEIDER aus Hirschler.

Fig. 12. Längsschnitt durch den Embryo von *Locusta* im Stadium der Segmentierung (75—80 Stunden altes Ei). Nach JOHANNSEN und BUTT.

a antennales Paar von Coelomsäckchen; ab_{1-11} Coelomsäckchen des ersten bis elften Hinterleibssegments; *Af* Amnionfalte; *AH* Amnionhöhle; *Am* Amnion; *Bl* Blastoderm; *dz* Dotterzellen; *Ek* Ectoderm. *En* Endoderm; *FuZ* Furchungszellen; *G* Gehirn; *KA* Keimanlage; *Km* Keimstreifen; *lb* labiales Paar von Coelomsäckchen; *md* mandibulares Paar von Coelomsäckchen; *mx* maxillares Paar von Coelomsäckchen; *Pr* Proctodaeum; *R* Gastralrinne; *Sch* Scheitellappen; *Ser* Serosa; *St* Stomodaeum; t_1 Coelomsäckchenpaar des Prothorax.

Tafel VIII

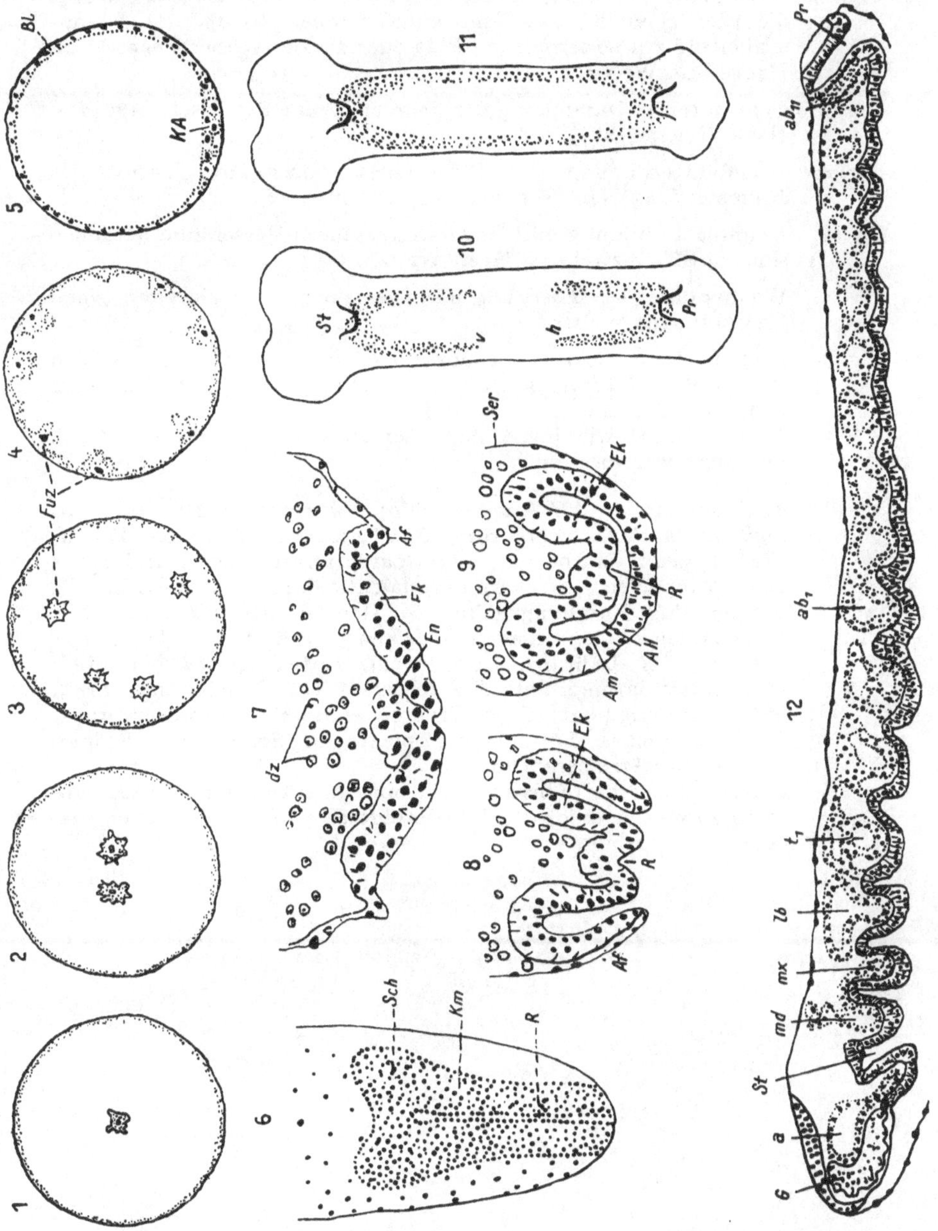
1
2
3
4
5
BL
KA
Fuz
6
Sch
Km
R
7
dz
Af
Fk
En
8
Ek
R
Af
9
Ser
Ek
R
AH
Am
10
St
v
h
Pr
11
12
Pr
ab11
ab1
t1
lb
mx
md
St
a

Figurenerklärung zu Tafel IX

Embryonalentwicklung

Fig. 1. Atypischer Furchungsmodus bei *Tomocerus* (*Collembola*), wobei die Eier zunächst total und äqual furchen (C) und (D, E) anschließend zur superficiellen Blastodermbildung übergehen. Nach UZELE aus Weber.

Fig. 2. Schematische Darstellung der Segmentierung des Insektenkopfes. Nach WEBER (1954).

Fig. 3. Keimblätterbildung und Blastokinese durch Invagination des Keimstreifens. Nach WEBER.

Fig. 4. Keimblätterbildung und Blastokinese durch Versenkung (Immersion) des Keimstreifens. Nach WEBER.

Fig. 5. Blastokinese bei *Forficula* mit serosalem Dorsalorgan. Nach HEYMONS aus Weber.

Fig. 6. 1. Querschnitt durch den dorsalen Teil eines Drohneneis von *Apis mellifica* Linné kurz vor der Bildung des Herzens. Nach PETRUNKEWITSCH.
2. Querschnitt wie Fig. 1 nach der Bildung des Herzens. Nach PETRUNKEWITSCH.

Af Amnionfalte; *AH* Amnionhöhle; *Am* Amnion; *Ant* Antennalsegment; *Arch* Archicerebrum; *Bl* Blastoderm; *Cb* Cardioblasten; *Clyp* Clypeus; *Ch* Chorion; *Deut* Deutocerebrum; *DO* Dorsalorgan; *Dz* Dotterzellen; *ECu* Embryonalcuticula; *Ek* Ektoderm; *Ez* Eizahn; *FH* Furchungshöhle; *Gz* Genitalzellen; *H* Herz; *HA* Hüllenanlage; *Int* Interkalarsegment; *KA* Keimanlage; *Lab* Labium; *Lbr* Labrum; *LCu* larvale Cuticula; *Md* Mandibel; *MdE* Mitteldarmepithel; *Mx* Maxille; *NSt* Nabelstrang; *Prant* Präantennalsegment; *Proct* Proctodaeum; *Pros* Prosocerebrum; *So* Somatopleura; *Spl* Splanchnopleura; *Ser* Serosa; *Stom* Stomodaeum; *Trit* Tritocerebrum.
IV, V, VI das vierte bis sechste Kopfsegment (= Gnathalsegmente); *1* Frontalganglion; *2* Hypocerebralganglion; *3* Corpus cardiacum; *4* Corpus allatum.

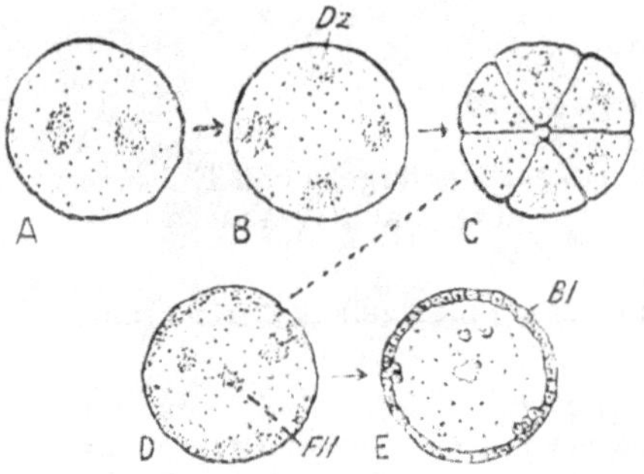

Fig. 1.

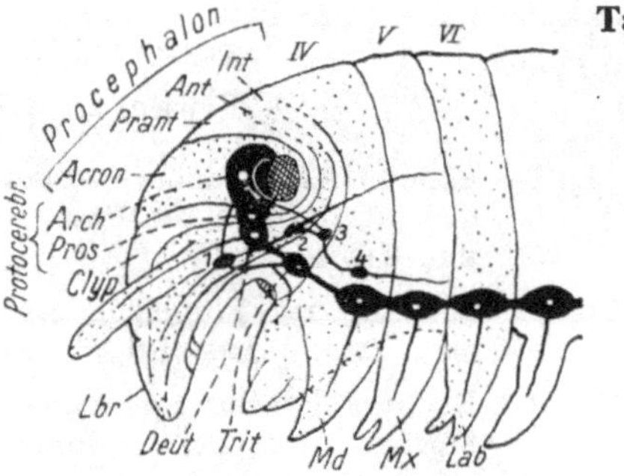

Fig. 2.

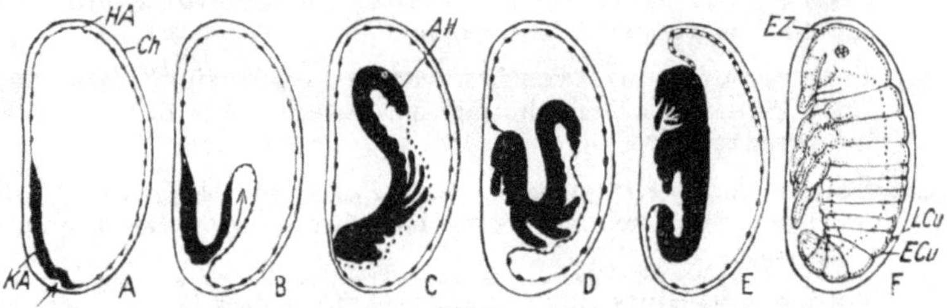

Fig. 3.

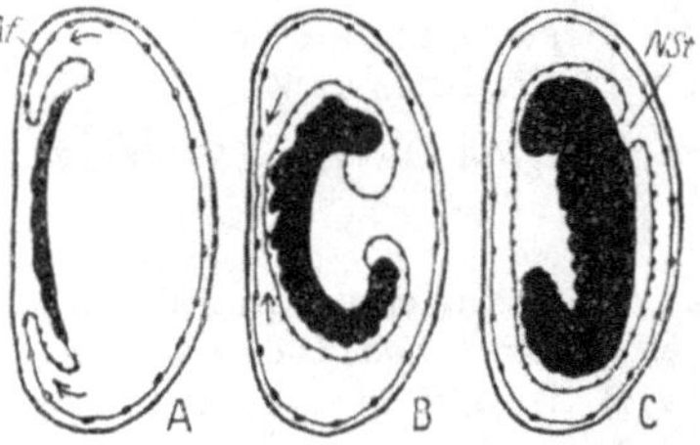

Fig. 4.

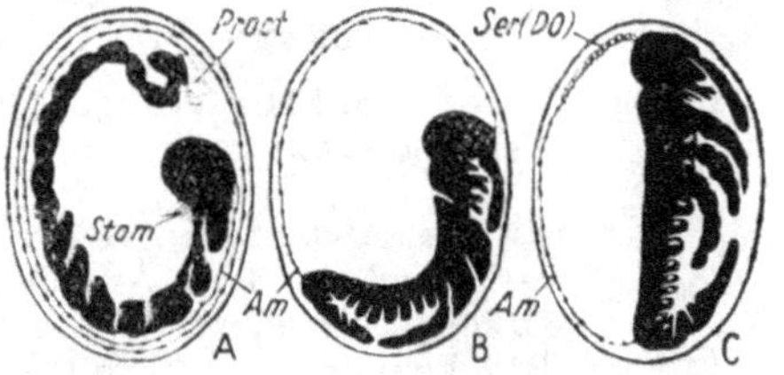

Fig. 5.

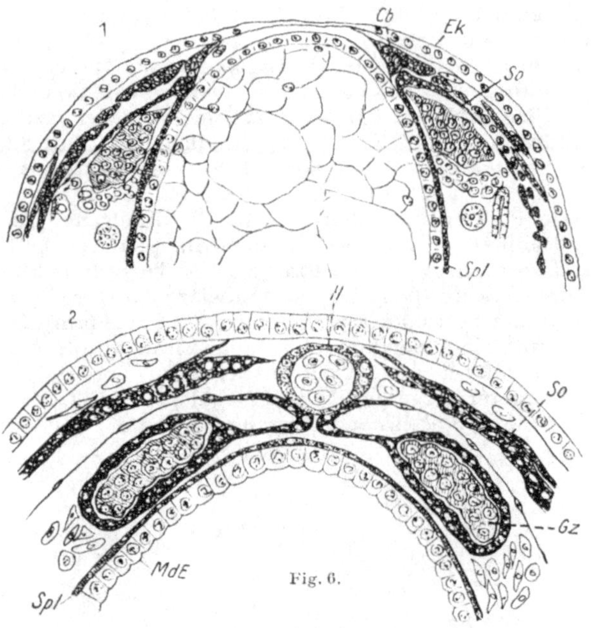

Fig. 6.

Figurenerklärung zu Tafel X

Flügel und Flügelgeäder

Fig. 1. Schema des Tracheenverlaufs in Nymphenflügeln von Ephemeriden (a) und anderen Pterygoten (b und c). Nach WEBER (a und b) und EIDMANN (c).

Fig. 2. Schema des Flügelgeäders und des Flügelgelenks. Kombiniert nach SNODGRASS und WEBER.

Fig. 3. Rechter Hinterflügel einer anisopteren Odonate. Schema nach SCHMIDT. Aderbezeichnung nach der Theorie der → Aderkreuzung.

Fig. 4. Tracheenverlauf im Vorder- und Hinterflügel der Nymphe von *Gomphus descriptus*. Nach NEEDHAM aus Comstock, grundlegend für die Theorie der Aderkreuzung.

Fig. 5. Rechter Vorderflügel von *Lestes barbarus* Fabricius (*Odon Lestidae*). Nach SCHMIDT. Bezeichnung der Adern nach der Theorie der Aderkreuzung.

Fig. 6. Vorder- und Hinterflügel von *Palingenia longicauda* Olivier (*Ephemerida*). Nach EATON aus Handlirsch. Aderbezeichnung nach COMSTOCK.

Fig. 7. Vorder- und Hinterflügel von *Perla vitripennis* Burmeister (*Perlaria*). Nach DESPAX.

Fig. 8. Vorder- und Hinterflügel von *Perlodes dispar* Rambur (*Perlaria*). Nach SCHOENEMUND. Aderbezeichnung nach COMSTOCK.

Fig. 9. Vorder- und Hinterflügel von *Nemura variegata* Olivier (*Perlaria*). Nach SCHOENEMUND.

An, an Analadern; *AnF* Analfalte; *anq* Antenodalqueradern; *arc* Arculus; *Arch* Archaedictyon; *b* Brücke; *bas* Basalare; *bq* Brückenquerader; *bqs* supplementare Brückenqueradern; *br* Brückenader; *BTrh* hintere Beintrachee; *BTrv* vordere Beintrachee; *C, c* Costa; *Cu, cu* Cubitus; *cua* Cubitoanalquerader; *D* Diskoidalfeld; *FlTr* Flügeltrachee; *h* Humeralquerader; *hFlTr* hintere Flügeltrachee; *ju* Jugalader; *JuF* Jugalfalte; *Lig* Flügelligament; *M* Media; m_1, m_2, m_3, m_4 Media-Sektoren; *Mb* Membran; *mcu* *M*ediocubitalquerader; *mm* Mediomedialquerader; *MPl* Medianplatte; *Mr* Medianraum; *mspl* der mediane Supplementärsektor; *nod* Nodus; *nq* Needhamsche Querader (Schrägader); *o* subnodale Schrägader; *Pcu, pcu* Postcubitus; *Phr* Phragma; *Plb* Plica basalis (Basalfalte); *PN* Postnotum; *pnq* Postnodalqueradern; *Pt* Pterostigma; *Q* Quadrangulum (Viereck); *R, r* Radius; *r—m, rm* Radiomedialquerader; *r* 1—5, *Rs, rs* Radialsectoren; *r. s.* Anastomose; *rspl* der radiale Supplementärsector; *s* Sectorquerader; *sa* Subalare; *Sc, sc* Subcosta; Sc_{1-2} Gabeln der Subcosta; *Sch* Schleife; *Scl* Scutellum; *Sn* Subnodus; *Spt* Supratriangularraum; *Sq* Subquadrangulum; *T* Triangulum; *TA* Tergalarm; *Ta* Analdreieck; *THa* vorderer Tergalhebel; *THb* hinterer Tergalhebel; *Tsp* Tergalspalt; *vFlTr* vordere Flügeltrachee. *1, 2, 3, 4* das erste bis vierte Pterale.

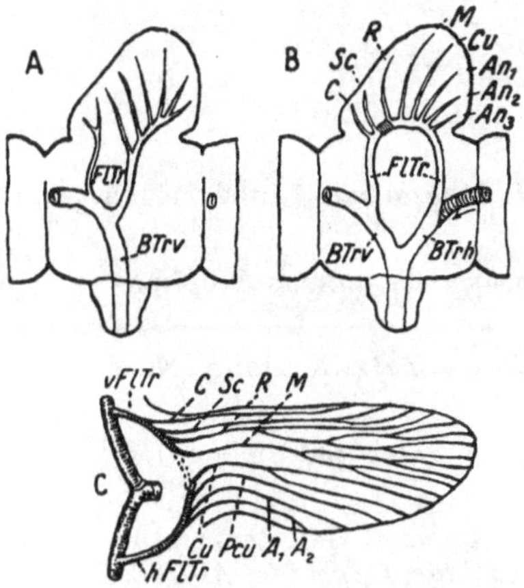

Fig. 1.

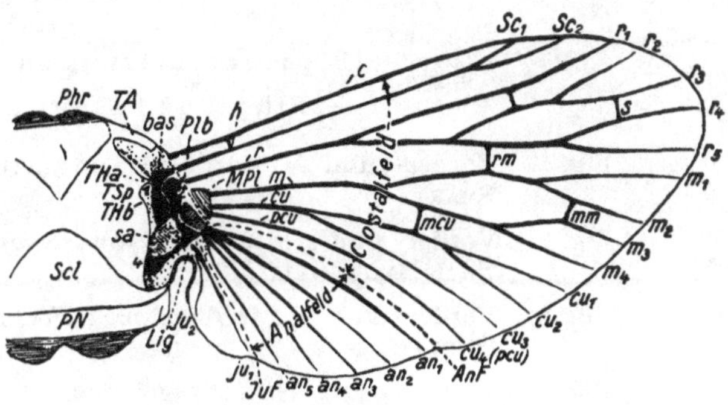

Fig. 2.

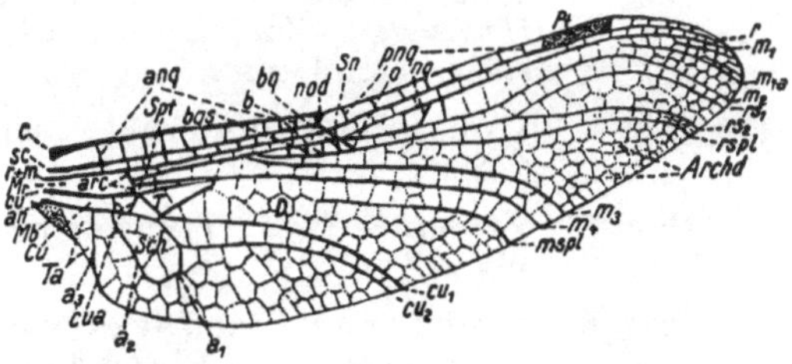

Fig. 3.

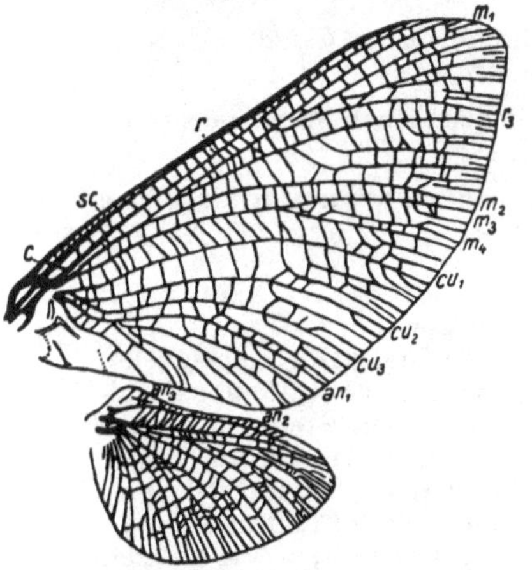

Fig. 6.

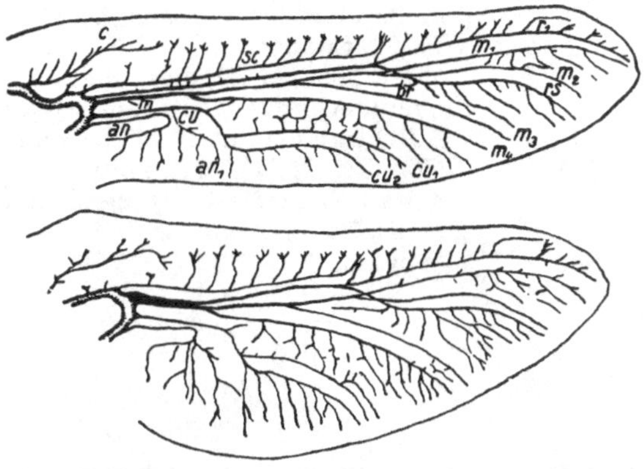

Fig. 4.

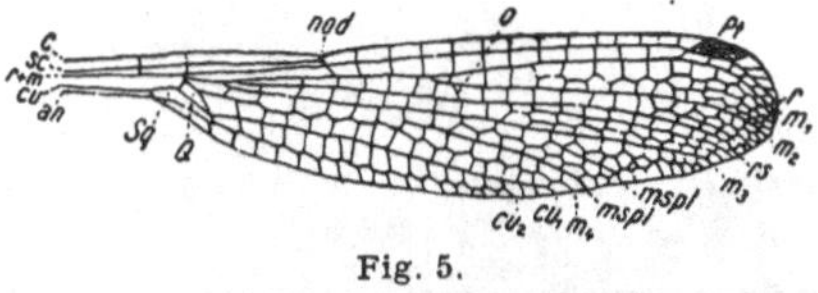

Fig. 5.

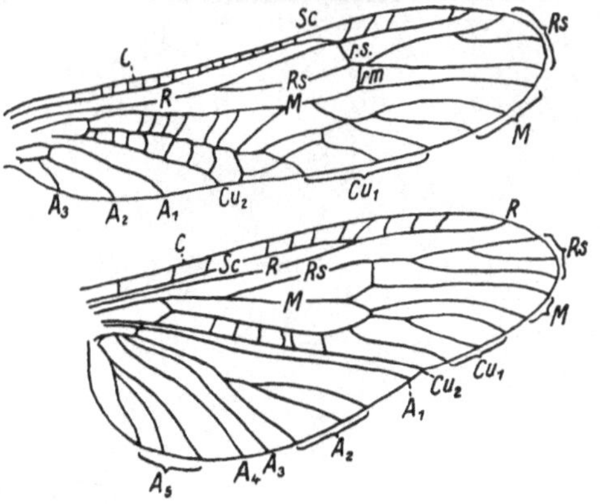

Fig. 7.

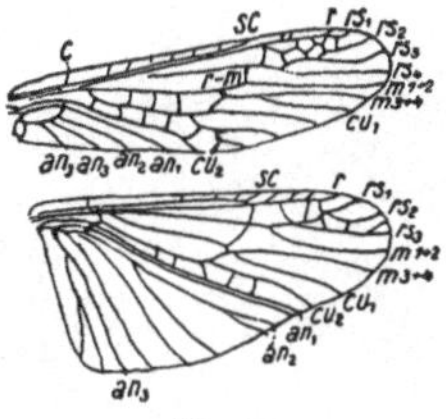

Fig. 8.

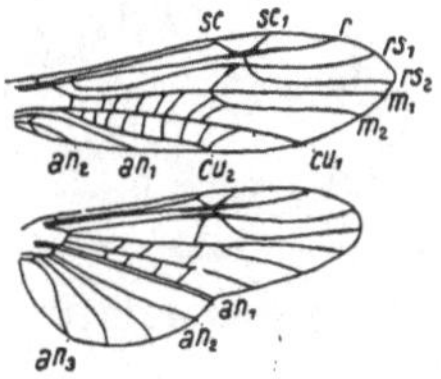

Fig. 9.

Figurenerklärung zu Tafel XI

Flügel und Flügelgeäder

Fig. 1. Vorder- und Hinterflügel von *Locusta migratoria* Linné. Nach SMART.

Fig. 2. Vorder- und Hinterflügel von *Stenopsocus immaculatus* Stephens. Nach BADONNEL.

Fig. 3. Vorder- und Hinterflügel von *Forficula auricularia* Linné. Nach HANDSCHIN.

Fig. 4. Vorder- und Hinterflügel von *Verlusia rhombea* Fieber (*Het Coreidae*). Nach IMMS.

Fig. 5. Schematische Darstellung der Gliederung von Halbdecken der *Heteroptera*. Von oben nach unten: *Lygaeidae, Capsidae, Anthocoridae*. Nach IMMS.

Fig. 6. Vorder- und Hinterflügel einer Zikade (*Hom Cicadina*). Nach COMSTOCK.

Fig. 7. Vorderflügel von *Pseudococcus*-Männchen. Nach PATCH aus Comstock.

Fig. 8. Vorder- und Hinterflügel von *Eriosoma americana* Riley (*Hom Aphididae*). Nach PATCH aus Comstock.

An Analzelle; *an* Analader; *A. p.* Areola postica; *Ax* Axillarzelle; *ax* Axillarader; *c* Costa; *CL* Clavus; *Cor* Corium; *Cu* Cubitalzelle; *cu* Cibitalader; *CUN* Cuneus; *EMB* Embolium; *Fld* Flügeldecke; *h* Hamus; *M* Medianzelle; *m* Medianader; *m-cu* Mediocubitalquerader; *MB* Membran; *n* Querader zwischen Pterostigma und Radialramus; *n'* Mediocubitalquerader (bei *Corrodentia*); *Nod* Nodulus; *pcu* Postcubitus; *PS* Pterostima; *R* Radialzellen; *r* Radialader; *r-m* Radiomedialquerader; *rr* Radialramus; r_{1-5}, *rs* Radialsektoren; *sc* Subcosta; *st* Stigmaschloß; *v* Vannalader (Analader).

Tafel XI

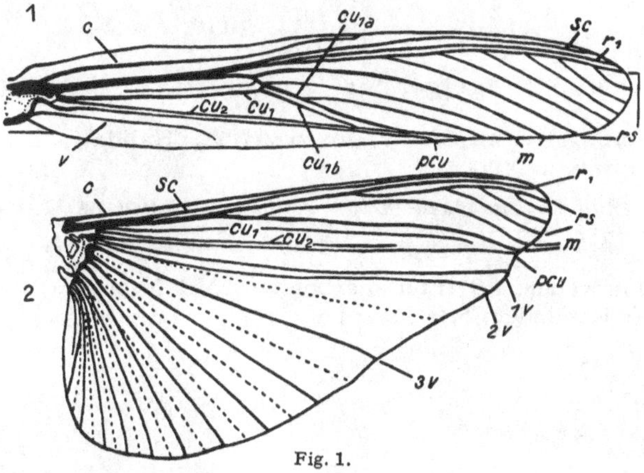

Fig. 1.

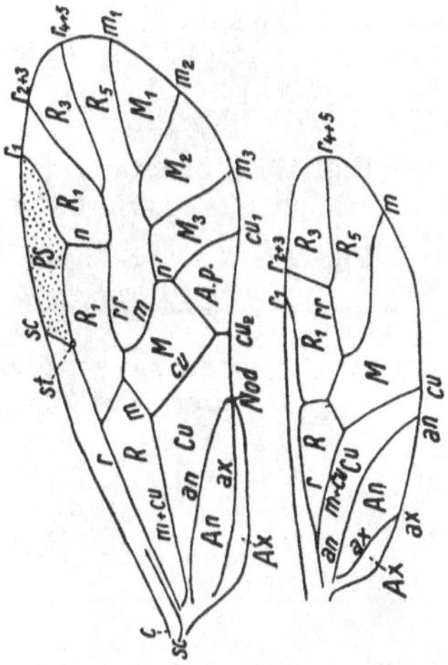

Fig. 2.

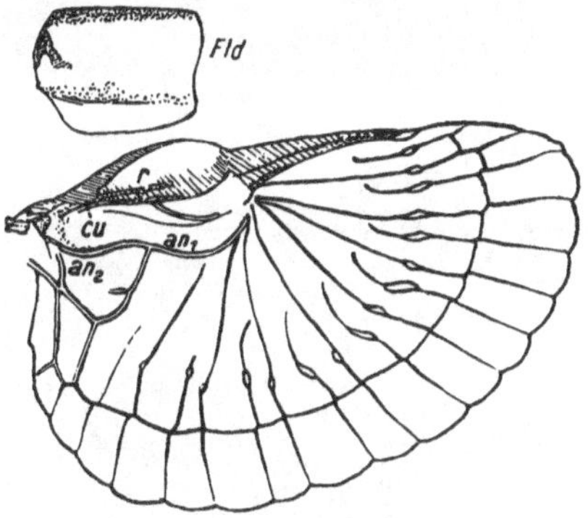

Fig. 3.

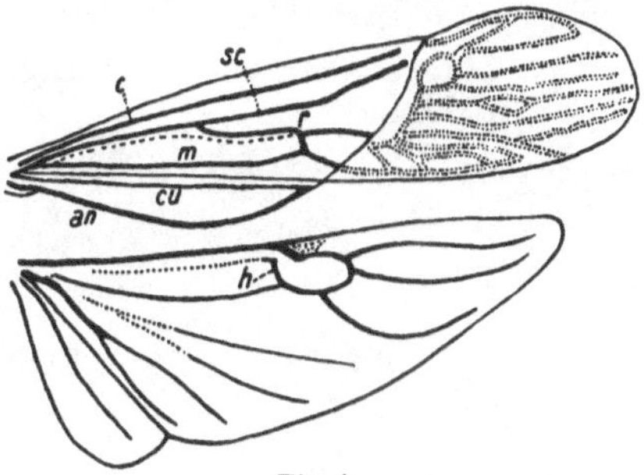

Fig. 4.

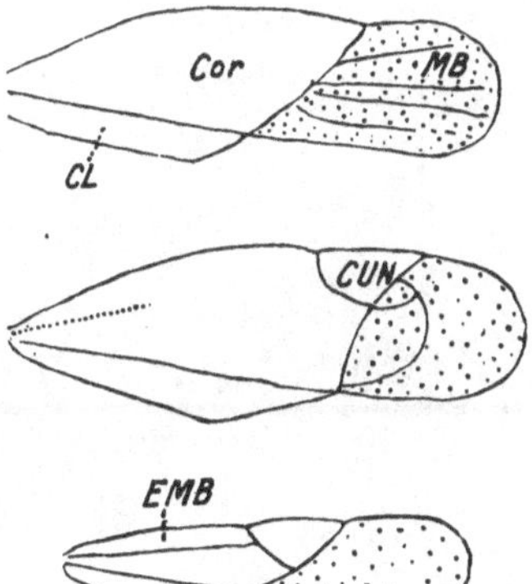

Fig. 5.

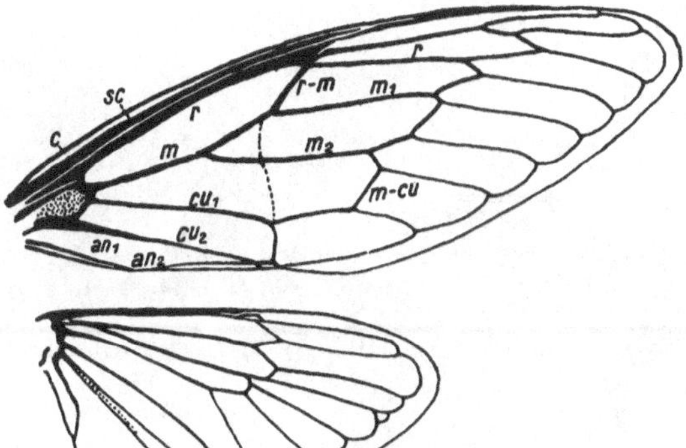

Fig. 6.

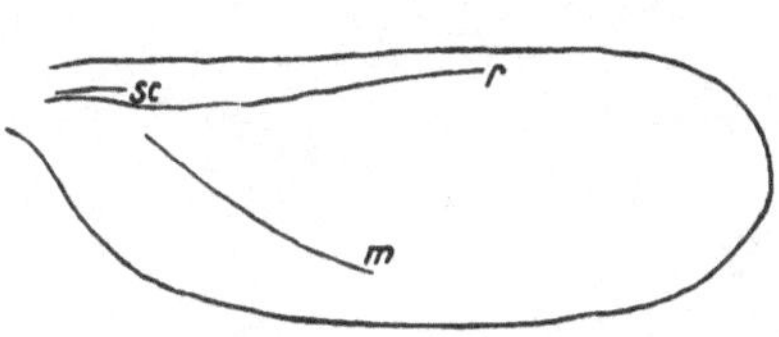

Fig. 7.

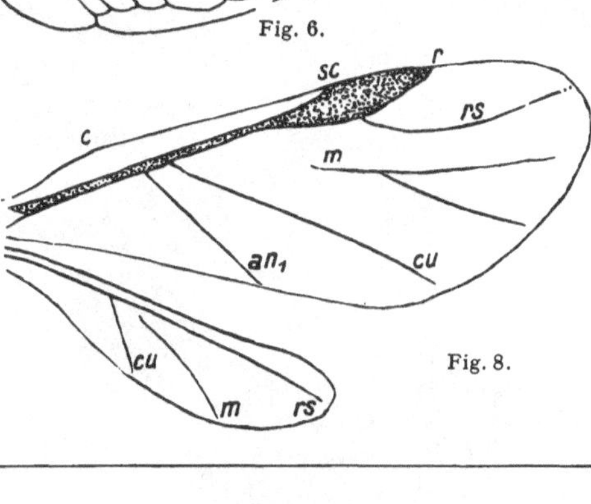

Fig. 8.

Figurenerklärung zu Tafel XII

Flügel und Flügelgeäder

Fig. 1. Vorder- und Hinterflügel von *Limothrips cerealium* Haliday (*Thysanoptera Terebrantia*). ORIG.

Fig. 2. Vorder- und Hinterflügel von *Haplothrips aculeatus* Fabricius (*Thysanoptera Tubulifera*). ORIG.

Fr Fransen; *HA* Hauptader; *IB* Interkalarborsten; *NA* Nebenader; *RA* Ring- oder Randader; *Sch* Schuppe.

Tafel XII

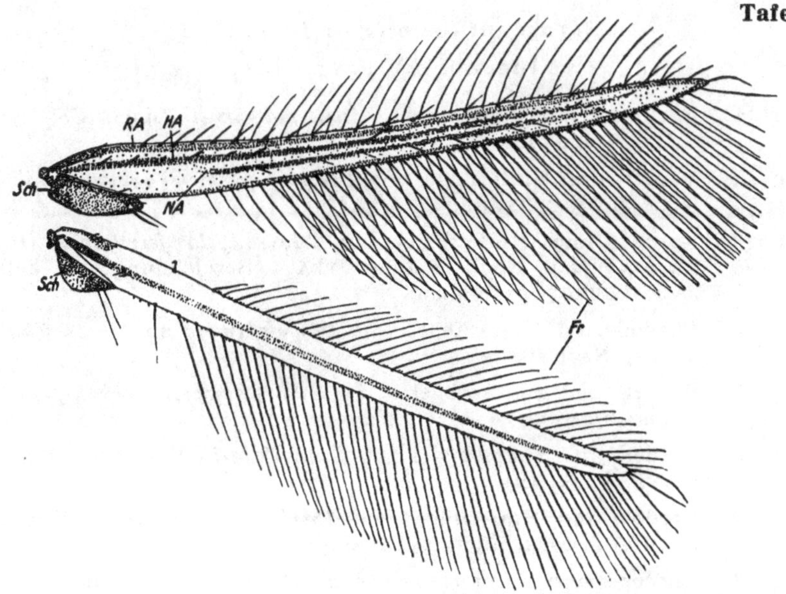

Fig. 1.

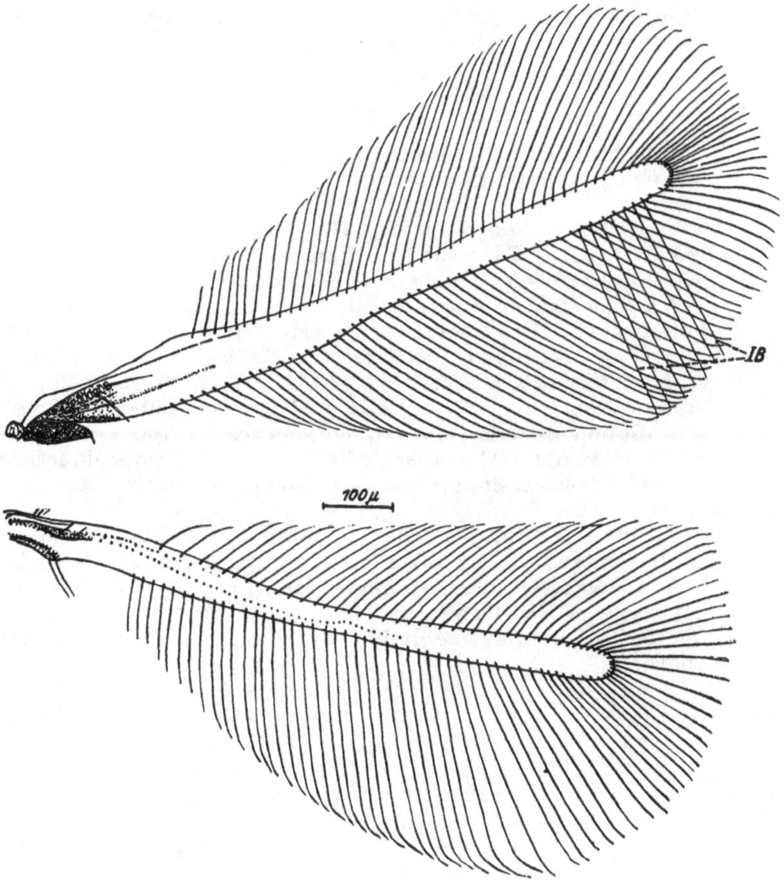

Fig. 2.

Figurenerklärung zu Tafel XIII

Flügel und Flügelgeäder

Fig. 1. Rechter Hinterflügel von *Dytiscus marginalis* Linné (*Col Dytiscidae*). Nach MEIXNER.

Fig. 2. Vorder- und Hinterflügel von *Pimpla* sp. (*Hym Ichneumonidae*). Nach SCHMIEDEKNECHT.

Fig. 3. Vorder- und Hinterflügel von *Macroxyela ferruginea* (*Hym Pamphilidae*). Nach MACGILLIVRAY. Bezeichnung der Zellen nach BISCHOFF (mündlich).

Fig. 4. Vorder- und Hinterflügel von *Trichogramma* sp. (*Hym Chalcidiidae*). Nach BISCHOFF.

Fig. 5. Vorder- und Hinterflügel von *Sisyra flavicornis* (*Planipennia*). Nach COMSTOCK.

Fig. 6. Vorder- und Hinterflügel von *Sialis lutaria* Fabricius (*Megaloptera*). Nach IMMS.

Fig. 7. Vorder- und Hinterflügel von *Pieris protodice* (*Lep Pieridae*). Nach Comstock. Aderbezeichnung nach IMMS.

Fig. 8. Vorder- und Hinterflügel von *Prionoxystus robiniae* (*Lep Cossidae*). Nach Comstock. Aderbezeichnung nach IMMS.

Fig. 9. Vorder- und Hinterflügel von *Mnemonica* sp. (*Lep Eriocraniidae*). Nach Comstock. Aderbezeichnung nach IMMS.

Fig. 10. Vorderflügel von *Tabanus* sp. (*Dipt Tabanidae*). Nach HENDEL.

Fig. 11. Vorderflügel der Hausfliege (*Musca domestica*). Nach SNODGRASS.

Fig. 12. Vorderflügel von *Colomyia* sp. (*Dipt Cecidomyidae*). Nach RÜBSAAMEN und HEDICKE.

A Analzellen; *an* Analader; *Ax* Axillarstücke (Pteralia); *ax* Axillarader; *B* Basalzelle; *Br* Brachialzelle; *c* Costa; *cu* Cubitus; *Cu* Cubitalzellen; *Cu-An* Cubitoanalzelle; *D* Diskoidalzellen; *f, fen* Fenestra; *fc* Furca cubiti; *Fll* Flügellappen; *Flsch* Flügelschüppchen; *Fr* Frenulum; *Hp* Humeralplatte; *hrm* Hinterrandsmal; *Jg* Jugum; *m* Media; *M* Medianzelle; *M-Cu* Medio-Cubitalzelle; *Pt* Pterostigma; *r* Radius; *R* Radialzelle; *RM* Radiomedialzelle; *rs* Radialsektor; *Sb* Subbasalzelle; *sc* Subcosta; *SM* Submedianzelle; *Sm* Submarginalzellen; *SpQ* Spitzenquerader; *ta* vordere Querader; *Teg* Tegula; *th* Humeralquerader; *Thsch* Thorakalschüppchen; *tm* Medianquerader; *tp* hintere Querader.
1 Costa; *2* Radius + Media; *3* Cubitus; *4* Analis (Brachium); *5* Basalnerv; *6* Nervulus bzw. im Hinterflügel Nervellus; *7* Abscissa bzw. im Hinterflügel Abscissula; *8′ + 8″* bzw. *8* im Hinterflügel Discocubitalnerv (recurrens primus); *9* Aderrest; *10* Nervus recurrens secundus; *11* Nervus parallelus; *12* Nervi spurii.

Tafel XIII

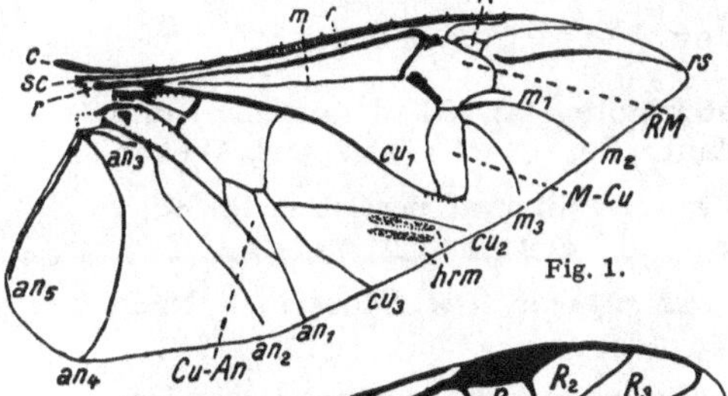

Fig. 1.

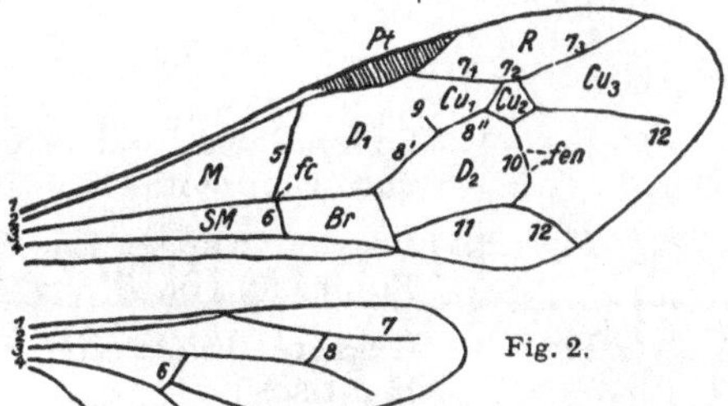

Fig. 2.

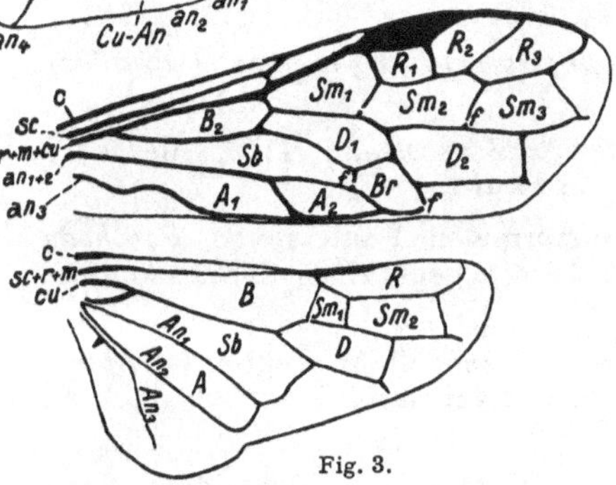

Fig. 3.

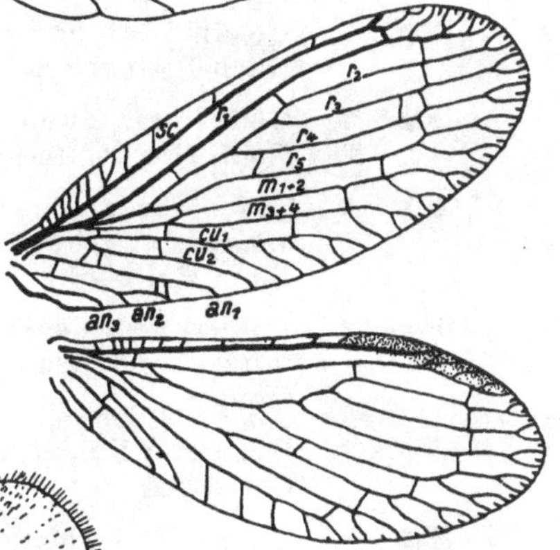

Fig. 5.

Fig. 6. ↓

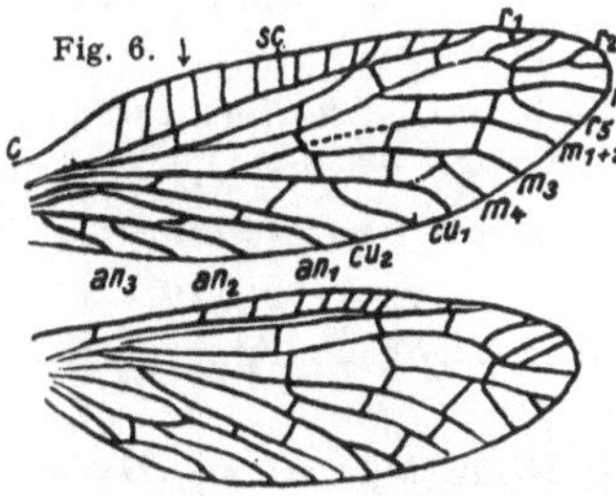

Fig. 4. →

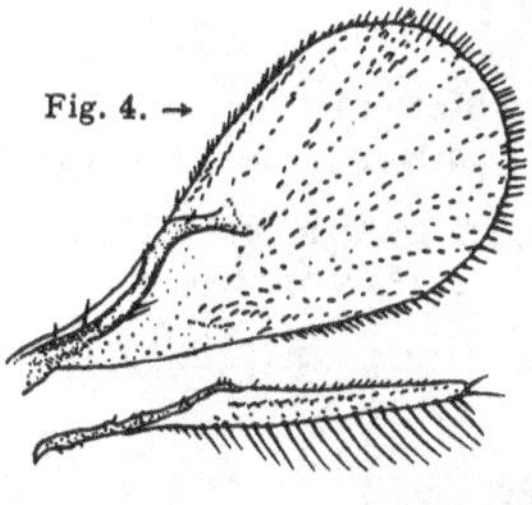

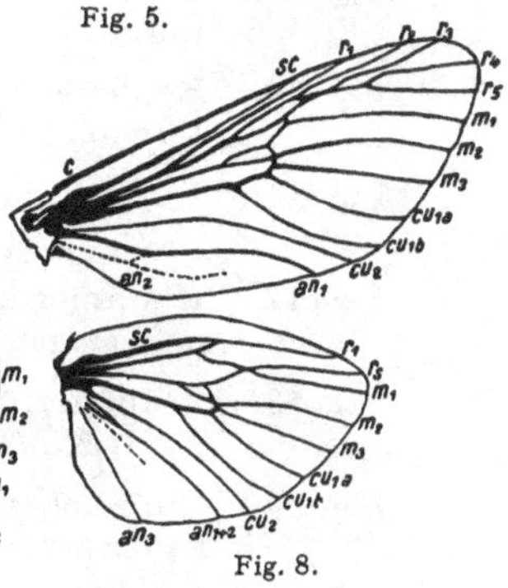

Fig. 8.

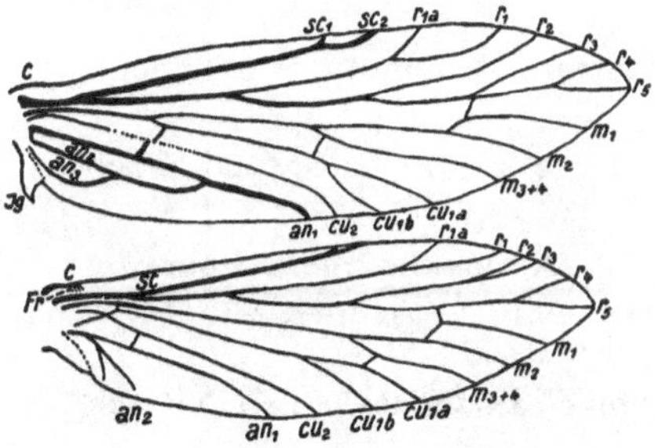

Fig. 9.

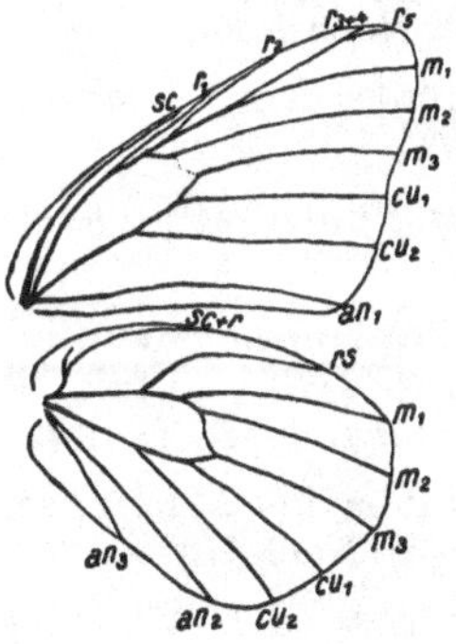

← Fig. 7.

Fig. 12. →

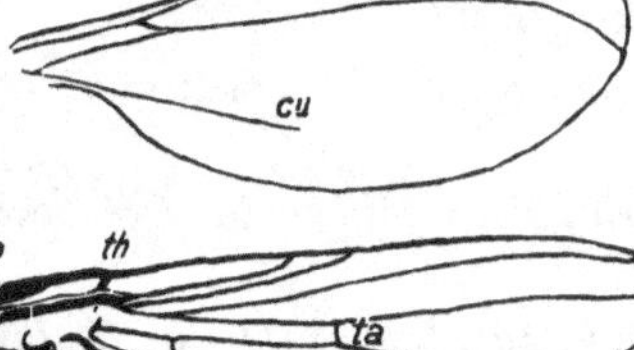

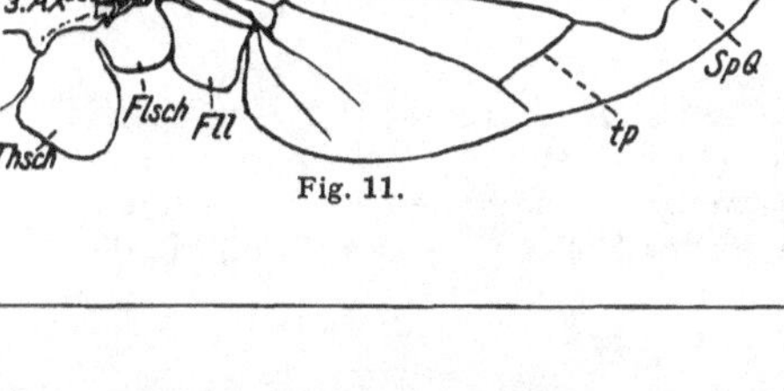

Fig. 11.

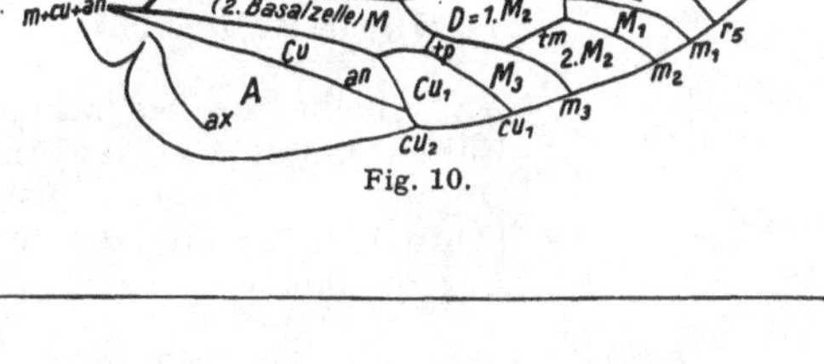

Fig. 10.

Figurenerklärung zu Tafel XIV

Fühler

Fig. 1. Schema des Fühlers von Apterygoten (a) (Gliederantenne) und von Pterygoten (b) (Geißelantenne). Nach IMMS aus Weber.

Fig. 2. Borstenförmiger (a), fadenförmiger (b) und perlschnurförmiger Fühler (c) von *Blatta*, *Carabus* und *Calotermes*. Nach IMMS.

Fig. 3. Gesägte Fühler von *Corymbites cupreus* (*Col Elateridae*). Nach HANDSCHIN.

Fig. 4. Gekämmter Fühler von *Lophyrus* sp. (*Hym Tenthredinidae*). Nach ENSLIN aus Bischoff.

Fig. 5. Gefiederter Fühler von *Culex pipiens* Linné (*Dipt Culicidae*). Nach HANDSCHIN, ergänzt nach SMART.

Fig. 6. Zwei Glieder eines perlschnurförmigen Fühlers von *Psychoda albipennis* (*Dipt Psychodidae*) mit gegabelten Sinnesborsten. Nach HANDSCHIN.

Fig. 7. Fühler von *Cephalothrips monilicornis* O. M. Reuter fa. *aptera* (links) und von *Odontothrips meridionalis* Priesner (rechts). ORIG.

Fig. 8. Geknieter Fühler mit zwei Ringelgliedern einer Chalcidide. Nach COMSTOCK.

Fig. 9. Geknieter Fühler mit geblätterter Keule von *Lucanus cervus* Linné (*Col Lucanidae*). Nach MEIXNER.

Fig. 10. Keulenförmiger geknieter Fühler von *Necrophorus vespillo* (*Col Silphidae*). Nach HANDSCHIN.

Fig. 11. Kolbenfühler von *Calliphora vomitoria* (*Dipt Calliphoridae*). Nach HANDSCHIN.

Fig. 12. Klammerfühler von *Crabro massiliensis* Kohl (Männchen) (*Hym Sphecidae*). Nach KOHL.

Fig. 13. Klammerfühler von *Crabro crassicornis* Spinola (Männchen). Nach KOHL.

Fig. 14. Männlicher Fühler von *Thaumatosoma* sp. (*Hym Apidae*). Nach BISCHOFF.

Fig. 15. Fühler von *Gyrinus natator* Linné (a), *Dryops auriculatus* Fourcroy (b) und *Platypsyllus castoris* Ritsema (c) (*Col Gyrinidae, Dryopidae* und *Leptinidae*). Nach JEANNEL.

Fig. 16. Klammerfühler des Männchens von *Goniodes chelicornis* Nitzsch (*Mallophaga*). Nach KÉLER.

Fig. 17. Klammerfühler des Männchens von *Smithuroides cruciatus* Axels (*Collembola*). Nach STACH.

Fig. 18. Keulenförmiger Fühler von *Cimbex connata* Schrank (*Hym Tenthredinidae*). Nach EIDMANN.

Fig. 19. Keulenförmiger Fühler von *Myelophilus piniperda* (*Col Ipidae*). Nach EIDMANN.

Fig. 20. Gegabelter Fühler von *Schizocera furcata* Villiers (*Hym Tenthredinidea*). Nach EIDMANN.

An Anellus (erstes Ringelglied); *Ar* Areola; *Cl* Clava; *FB* Fühlerborste; *Fl* Flagellum (Fühlergeißel); *Jo* Johnstonsches Organ; *PAn* Postanellus (zweites Ringelglied); *Pe* Pedicellus (Torus); *Sc* Scapus; die Zahlen der Fig. 1 weisen auf den Muskel-Anhang hin.

Tafel XIV

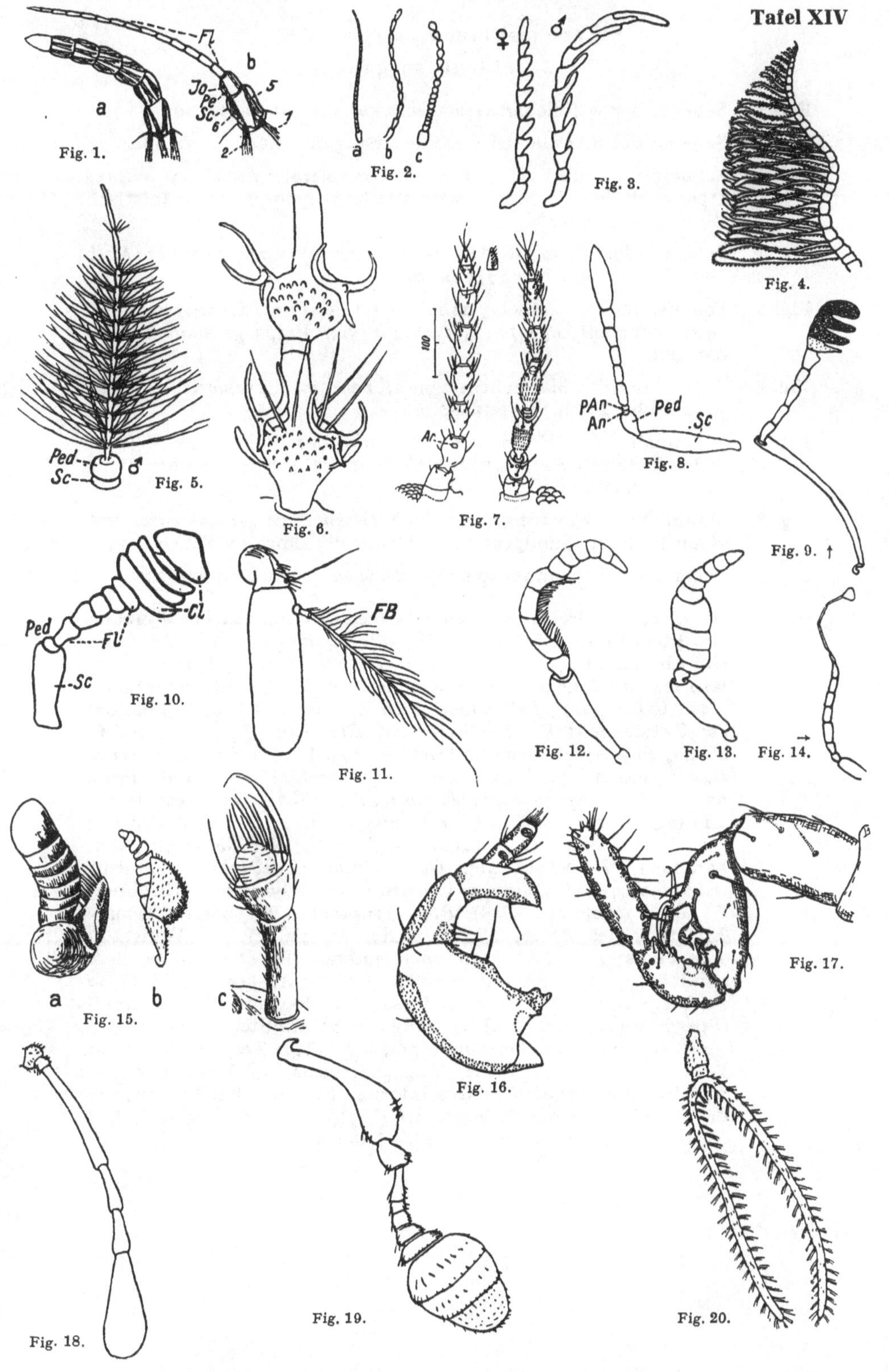

Fig. 1. Fig. 2. Fig. 3. Fig. 4. Fig. 5. Fig. 6. Fig. 7. Fig. 8. Fig. 9. ↑ Fig. 10. Fig. 11. Fig. 12. Fig. 13. Fig. 14. → Fig. 15. Fig. 16. Fig. 17. Fig. 18. Fig. 19. Fig. 20.

Figurenerklärung zu Tafel XV

Geschlechtsorgane

Fig. 1. Schema der weiblichen Geschlechtsorgane. Nach SNODGRASS.

Fig. 2. Schema der männlichen Geschlechtsorgane. Nach SNODGRASS.

Fig. 3. Schema der drei Haupttypen von Eiröhren. Nach WEBER. a panoistische Eiröhre, b meroistische polytrophe, c meroistische telotrophe Eiröhre.

Fig. 4. Schema der Anlagen der weiblichen (a) und männlichen (b) Geschlechtswege. Nach HEBERDEY.

Fig. 5. Schema der Anlagen der männlichen (a—c) und der weiblichen (d) Geschlechtsanhänge bei der Puppe von *Vespa germanica*. Nach ZANDER.

Fig. 6. Terminalia des Männchens von *Hexagenia* (*Ephemerida*) in Ventralansicht. Nach SNODGRASS.

Fig. 7. Terminalia des Männchens (A) und des Weibchens (B) von *Machilis*. Nach HANDLIRSCH (A), WALKER und HANDSCHIN (kombiniert) aus Weber.

Fig. 8. Männliches Begattungsorgan von *Eosentomon germanicum* Prell. Nach Prell aus Snodgrass. (Erklärung der Einzelteile nach PRELL.)

Fig. 9. Schema des Legeapparates der *Pterygota*. Nach SNODGRASS.

a_7, a_8, a_9 die drei möglichen Geschlechtsöffnungen bei Weibchen der Pterygota; *An* Anus; *ADr, adr* Anhangsdrüsen; *Cer* Cerci; *CH* Chorion; *Cxpd* Coxopodit; *Cxt* Coxit; *Dej, dej* Ductus ejaculatorius; *dNZ* degenerierte Nährzellen; *DR* Ductus receptaculi; *EiG, eig* Eiergang; *Eik* Eikelch; *Eil* Eileiter; *EK* Eifach (Follikel); *ekt* Ektadenien; *Est* Eiröhrenstiel; *Ept, Eppt* Epiproct; *EZ* Eizellen; *Fap* Apodemen des Forceps; *Fpa* Parameren des Forceps; *Fps* Endborste der Parameren; *F. t.* Terminalfilum (Filum terminale); *Gp* Gonapophysen; *Ge* Germarium; *Gpr, Gprs* Geschlechtsöffnung (Gonoporus); *Gt, gt* Genitaltasche; *H* Hoden (Testes); *HF* Hodenfollikel; Legestachel — $V_1 + V_2$; *NK* Nährfach (Nährkammer); *NS* Nährstrang; *Odc* Oviduct (Eileiter); *Ov* Ovarium (Eierstock); *ovd* Ovidukt (Eileiter); *Ovl* Ovariolen (Eiröhren); P_8, P_9 Parameren; *Papt, Ppt* Paraproct; *Pas* borstenförmiges Endstück des Penis; *Pba* unpaares Basalstück des Penis; *Pe, Pen* Penis; *PH, PM* Peritonealmembran (Peritonealhülle, Scrotum); *Pmg* paariges Mittelstück des Penis; *prz, Pz* Primitivzapfen; *RDr* Receptaculardrüse; *rs* Receptaculum seminis (Spermatheca, *Spt*); *SBl* Samenblase; *St, Stn* Sternit; *Sty* Stylus; *Tels* Telson; *Tf* Terminalfilum, *T, Tg* Tergit; *Vag, vag* Vagina (Scheide); *Vd, vdef* Vasa deferentia; *Ve* Vasa efferentia; *Vex* Valva externa; *Vi* Valva interna; Vl_{1-3} die drei Valvenpaare des 8. (Vl_1) und des 9. Segments (Vl_{2-3}); *Vlf* Valvifer; *XI, XII, XIII* die Hinterleibssegmente 8—(10 + 11 + 12).

Tafel XV

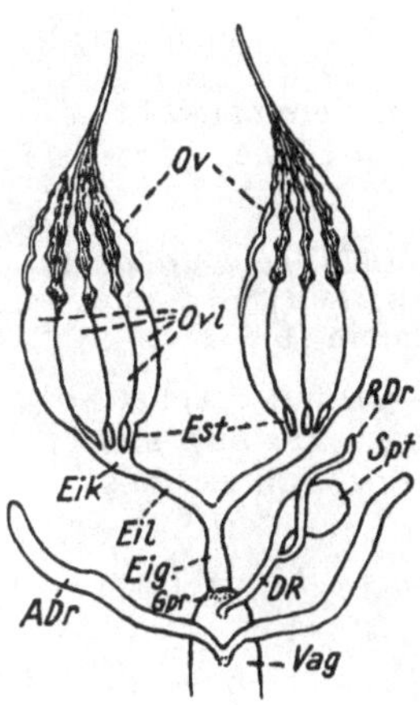

Fig. 1.

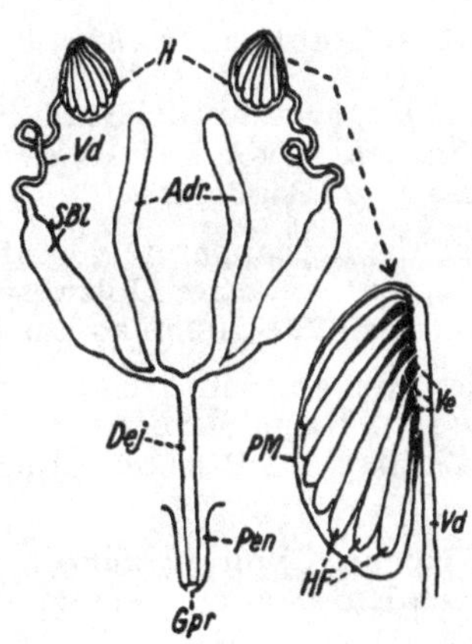

Fig. 2.

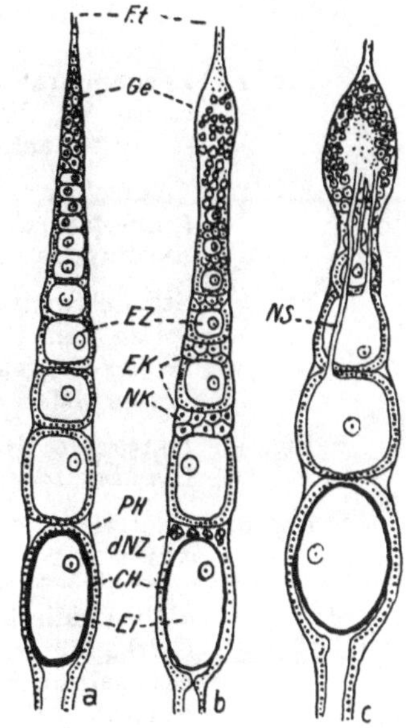

Fig. 3.

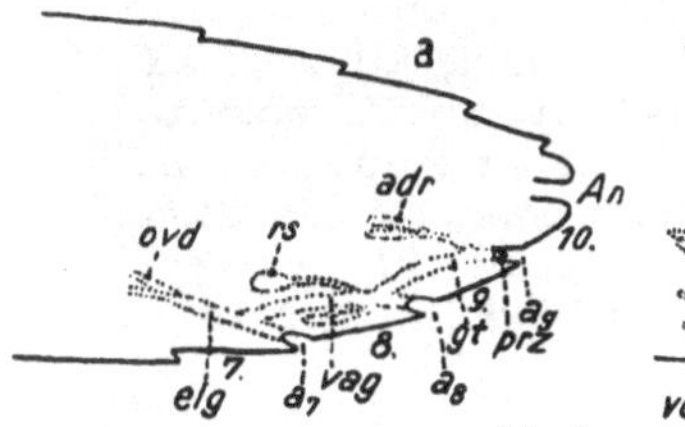

Fig. 4.

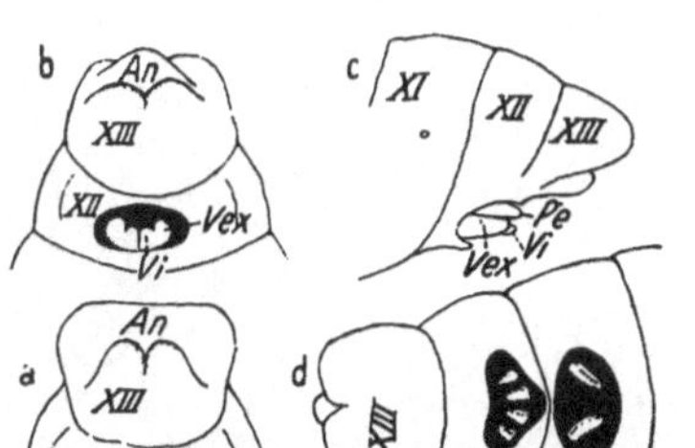

Fig. 5.

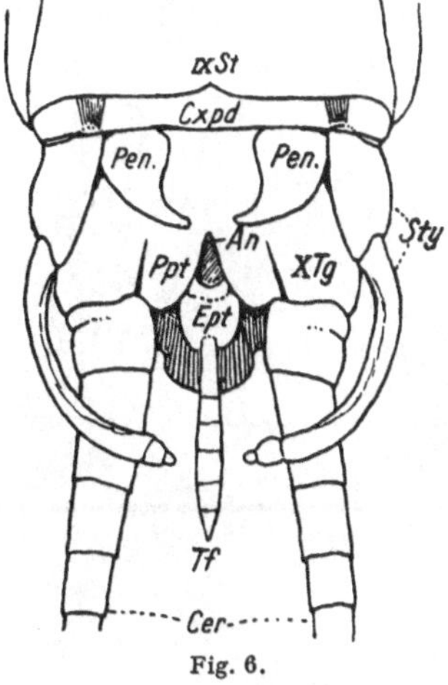

Fig. 6.

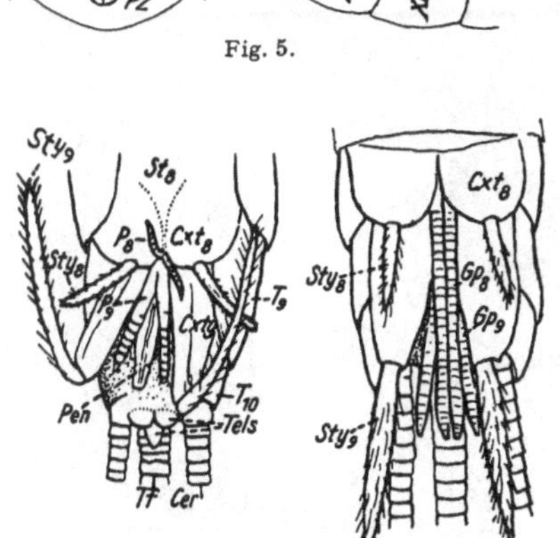

a Fig. 7. b

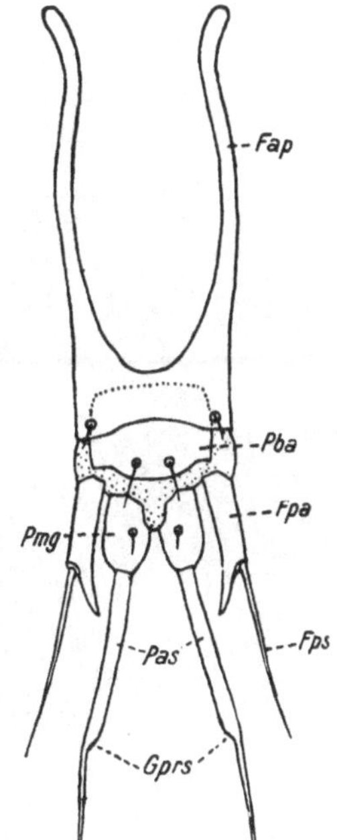

Fig. 8.

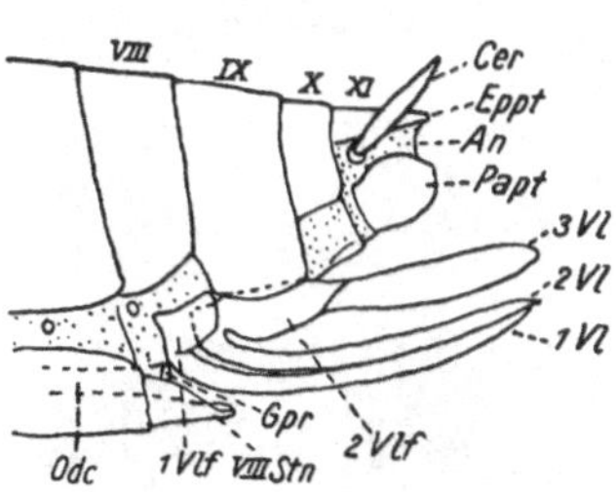

Fig. 9.

Figurenerklärung zu Tafel XVI

Geschlechtsorgane

Fig. 1. Legeapparat der *Orthoptera:* a von *Scudderia*, in Seitenansicht, rechte Vl_3 abgeschnitten; b von *Locusta viridissima* Linné, Querschnitt. Nach WEBER aus Snodgrass.

Fig. 2. Querschnitte durch die Legeapparate von *Megacicada septendecim* Linné (*Cicadidae*, a) und von einer Holzwespe (*Siricidae*, b). Nach SNODGRASS (a) und nach TASCHENBERG aus Eidmann (b).

Fig. 3. Stachelapparat der Honigbienen-Arbeiterin (A—C) und Stachelspitze von *Vespa* (D). Nach SNODGRASS (A), nach ZANDER aus Weber (B), nach ZANDER aus Bischoff (C) und nach WEINERT aus Weber (D).

Fig. 4. Hinterleib des Weibchens von *Lymantria monacha* Linné (*Lep Lymantriidae*). Nach EIDMANN aus Snodgrass.

Fig. 5. Hinterleib des Weibchens von *Panorpa consuetudinis*. Nach SNODGRASS.

alDr alkalische (DUFOURsche) Drüse; *An* Anus; *ap* Apodeme; *GK* Giftkanal; *GR* Giftdrüsenbehälter; *Hp* Hemmplättchen; *K* Stachelrinnenkolben; *ob* Ostium bursae; *op* Oviporus; *OP* oblonge Platte; *QP* quadratische Platte; R_1 Stechborstenbogen; R_2 Stachelrinnenbogen; *St* Stachel; *StB* Stachelborste; *StgPl* Stigmenplatte; *StR* Stachelrinne; *StSch* Stachelscheide; $Vl_{1/3}$ Valven; Vlf_1 Valvifer der Stechborsten; *Vul* Vulva; *IXS* 9. Sternit.

Tafel XVI

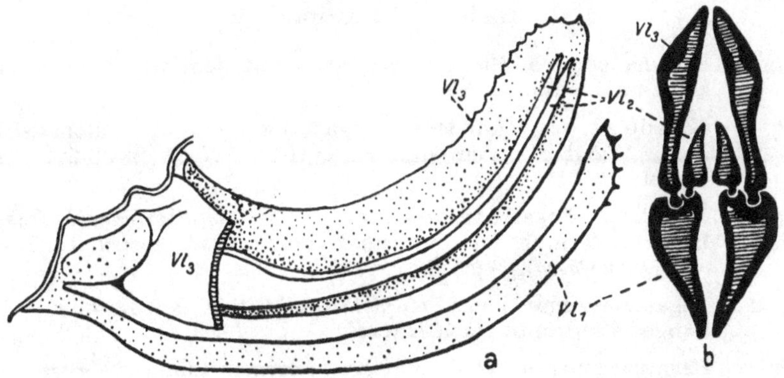

Fig. 1.

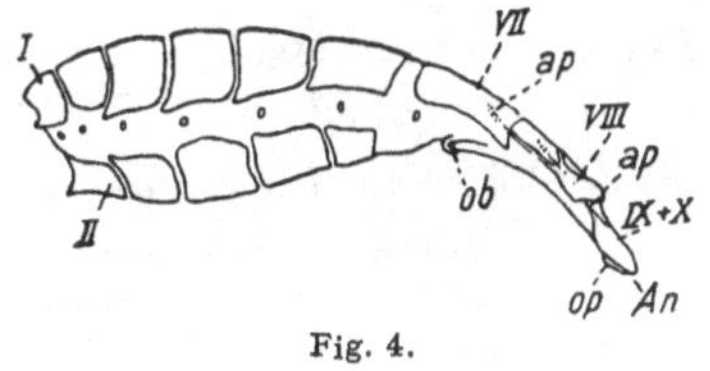

Fig. 4.

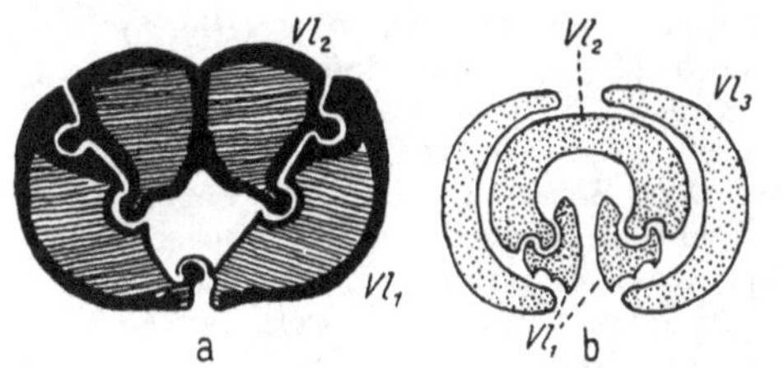

Fig. 2.

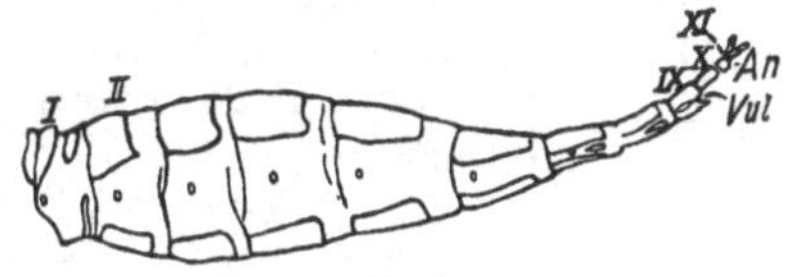

Fig. 5.

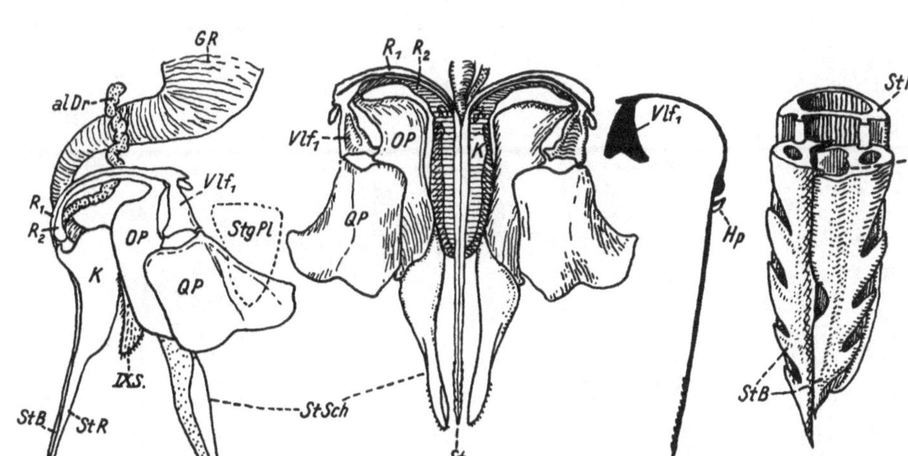

Fig. 3.

Figurenerklärung zu Tafel XVII

Geschlechtsorgane

Fig. 1. Schema der männlichen Terminalia mit dem Begattungsorgan. Nach SHARP und MUIR.

Fig. 2. Grundplan des männlichen Begattungsorgans in Seitenansicht. Linke Wand der Peniskammer entfernt. Nach SNODGRASS aus Weber.

Fig. 3. Männliches Begattungsorgan von *Anisolabis maritima* (A Imago, B letztes Nymphenstadium) und von *Forficula auricularia* Linné (C) (*Dermaptera*). Nach SNODGRASS.

Fig. 4. Begattungsorgan von *Haplothrips tritici* Kurdjumow. Nat. Länge ca. 0,1 mm. Nach KÉLER.

Fig. 5. Begattungsorgan von *Goniodes pavonis* Linné (*Mallophaga*). A Ventralansicht mit eingestülptem, B Seitenansicht mit ausgestülptem Praeputialsack. Nach KÉLER.

Fig. 6. Hinterleib (A) und Begattungsorgan (B) des Männchens von *Phyllophaga chiriquiana* (*Chrysomelidae*). Nach SNODGRASS.

a (Fig. 1) Hoden; *a* (Fig. 3) Distalorgan des Penis; *a* (Fig. 6) Kloake (Genitoanalöffnung); *a—b* (Fig. 1) Vas deferens; *Aed* Aedoeagus; *Ak* Analkonus; *An* Anus; *Ap* Apodeme (auf Fig. 3 = Basalplatte); *b* (Fig. 3) „Paramere"; *b—c* (Fig. 1) Ductus ejaculatorius; *b* (Fig. 6) Samenblase; *Bp* Basalplatte; *c—d* (Fig. 1) Präputialsack; *Cerc* Cerci; *Dej* Ductus ejaculatorius; *Dp* Dorsalplatte; *Ept* Epiproct; *GK, GC* Genitalkammer; *Harp* Harpe- (Harpagonen, Valven); *Par, Pr* Parameren; *Pen* Penis; *Phb* Phallobasis; *Pp* Paraproct; *Rect, rt* Rectum; *S, s* Sternit; *Spl* Subgenitalplatte; *T, t* Tergit; T_8 Tergit des 8. Segments (Pygis dium); *Tel* Telomer; *Tit* Titillator; *Vd* Vas deferens. Fig. 1 außerdem: *2—3* Tegmen; *4—5* Medianlappen.

Tafel XVII

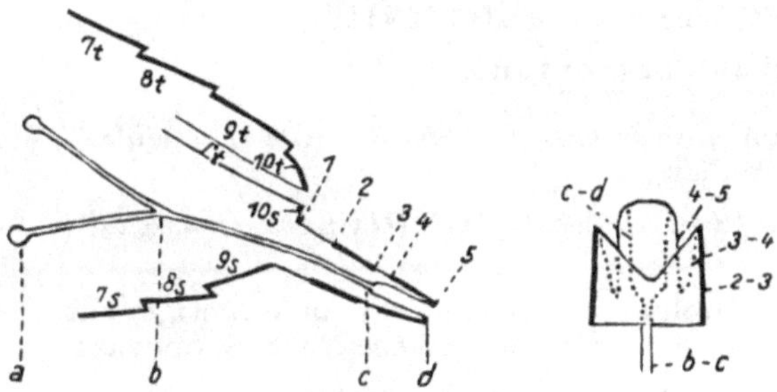

Fig. 1.

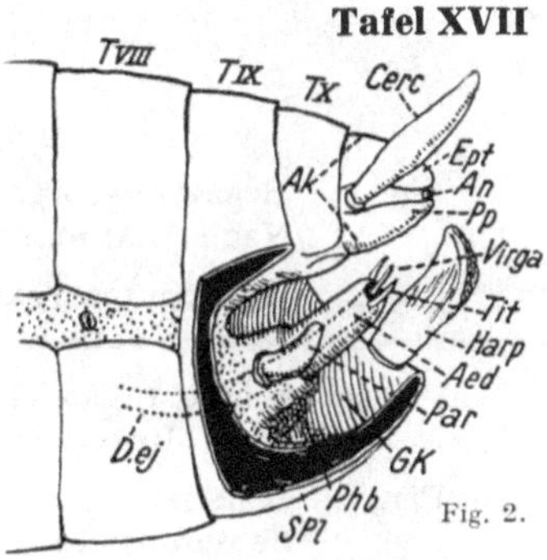

Fig. 2.

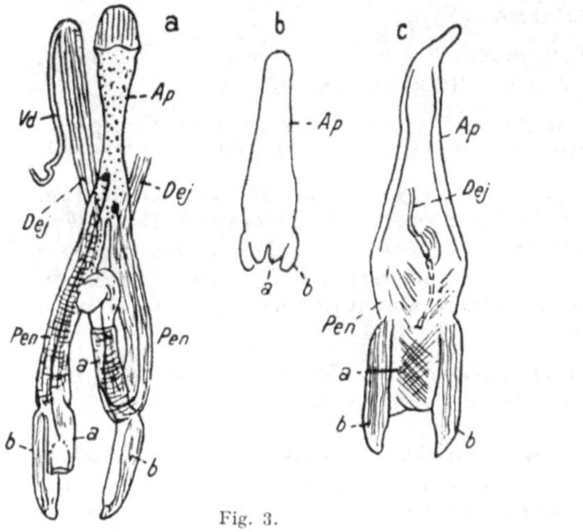

Fig. 3.

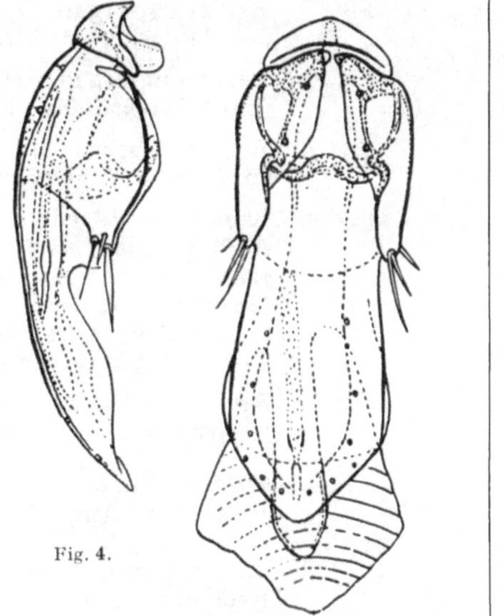

Fig. 4.

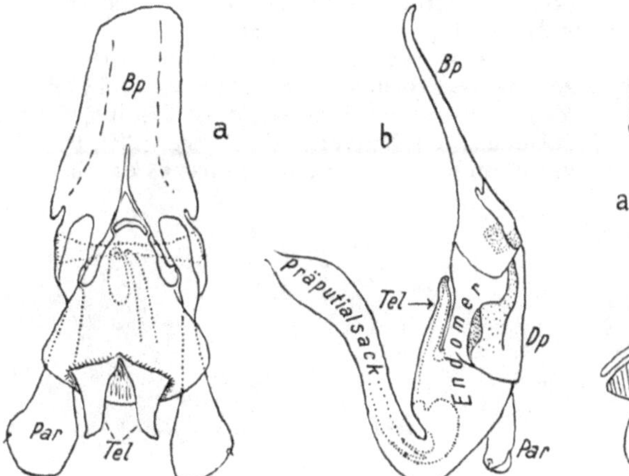

Fig. 5.

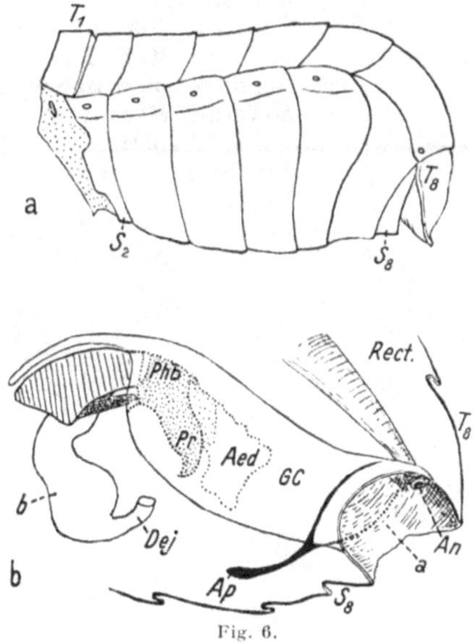

Fig. 6.

Figurenerklärung zu Tafel XVIII

Geschlechtsorgane

Fig. 1. Begattungsorgan von *Linodesmus stuhlmanni* (*Col Erotylidae*). Nach JEANNEL aus Paulian.

Fig. 2. Begattungsorgan von *Pimpla trilobata* Kéler (*Hym Ichneumonidae*). Nach KÉLER.

Fig. 3. Begattungsorgan der Drohne in Seitenansicht, in Ruhelage, aus dem Hinterleib herausgeschnitten zu denken. Nach SNODGRASS.

Fig. 4. Schema des männlichen Begattungsorgans der Schmetterlinge in Seitenansicht. Nach TORRE-BUENO.

Fig. 5. Begattungsorgan von *Depressaria douglasella* Stainton (*Lep Gelechiidae*). Nach HANNEMANN.

Fig. 6. Begattungsorgan (Hypopygium inversum) von *Psychoda* sp. (*Dipt Psychodidae*). Nach LINDNER aus Hendel.

Fig. 7. Begattungsorgan (Hypopygium circumversum) von *Calliphora* sp. (*Dipt Calliphoridae*). Nach LINDNER aus Hendel.

Fig. 8. Samenüberträger (A—C) und Legeapparat (D) von Odonaten. A *Platycnemis pennipes* Pallas (*Zygoptera, Agrionidae*), B *Aeschna juncea* Linné (*Anisoptera, Aeschnidae*), C *Pyrrhosma minium* (*Zygoptera Agrionidae*), D *Synlestes weyersi* (*Zygoptera Lestidae*). A und B nach CHOPARD, C nach BACKOFF aus Chopard, D nach TILLYARD aus Chopard.

Fig. 9. Samenüberträger von *Aeschna cyanea* Müller in Ventral- und (rechts) in Seitenansicht. Nach HANDSCHIN.

an Anus; *a. b.* Basalapophysen des Medianlappens; *aed* Aedoeagus; *Amp* Ampulla; *Anel, anel* Anellus; *ap* Apodeme; *au* Öhrchen (auriculi); *Ca, ca* Costa der Valve; *Cl, cl* Clavus; *cls* Clasper; *Co, crn* Cornuti; *cor* Corona; *Cuc, cuc* Cucullus; *Dej, d. ej.* Ductus ejaculatorius; *Gn, gn* Gnathos; *gp* 8. Sternit; *H* Hamuli; *H. a.* innerer Ast der Hamuli; *H. p.* äußerer Ast der Hamuli; *j* Juxta; *L. a.* Lamina anterior; *m* Medianlappen; *p, Pe* Penis; *pl* Seitenplatte; *s* Styli; *Sac, sls* Sacculus; *sc* Saccus, *s. l.* Seitenlappen des Tegmen; *sm* Samenspritze; *Soc, soc* Socius; *S, St* Sternit; *T, Tg, tg* Tergit; *t* Tegmen; *teg, Teg* Tegumen; *tp* Tragplatte (9. Sternit); *Tt, tr* Transtilla; *u, Unc* Uncus; *Va* Valven; *Ves* Vesica; *Vi, v* Vinculum; *vi* innere Valve; *vl* äußere Valve; *vm* Cercus; *vs* obere Valve.

Tafel XVIII

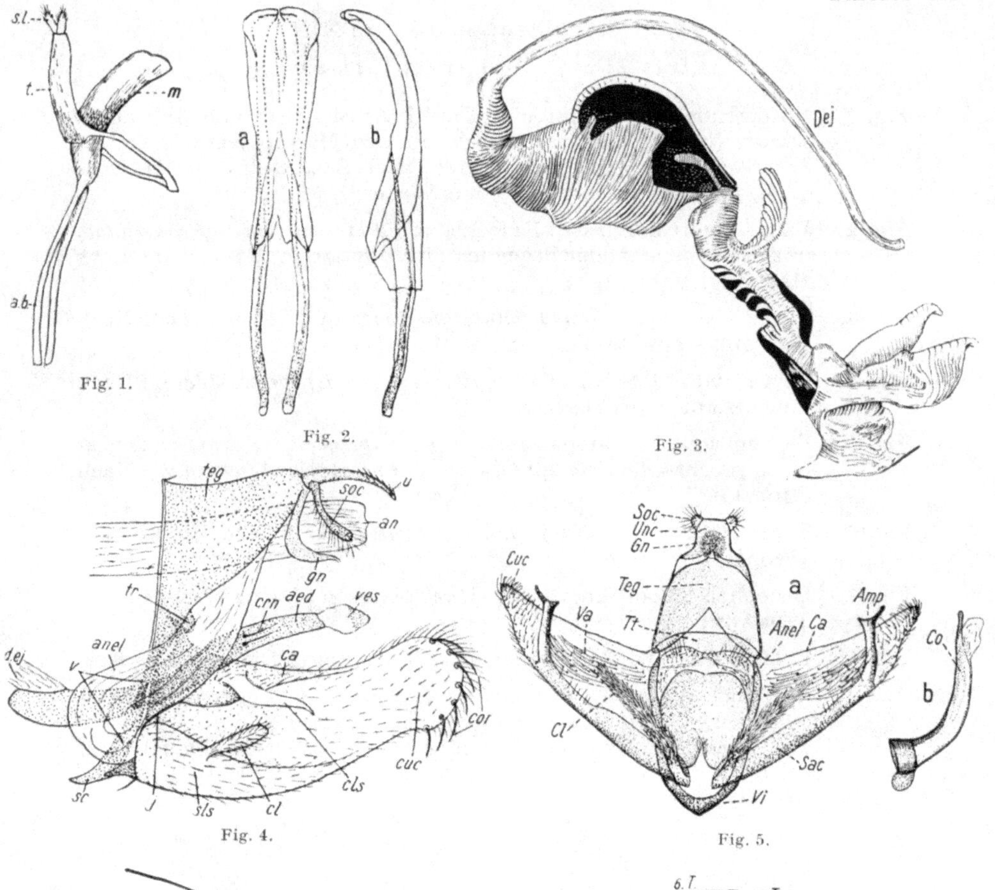

Fig. 1.

Fig. 2.

Fig. 3.

Fig. 4.

Fig. 5.

Fig. 6.

Fig. 7.

Fig. 8.

Fig. 9.

Figurenerklärung zu Tafel XIX

Das Ei und die Larvenformen

Fig. 1. Vorderende eines Sphingiden-Eies in Aufsicht (a) und im Längsschnitt (b) und Längsschnitt durch den Mikropylenfortsatz des Eies von *Drosophila* melanogaster. Nach KORSCHELT und HEIDER (a, b) und nach NONIDÉZ (c) aus Weber.

Fig. 2. Längsschnitt durch den Eideckel von *Phthirus pubis* (*Pediculidae*) mit vier übereinander liegenden Mikropylatrien. Nach KÉLER aus Hase.

Fig. 3. Larve von *Prosopistoma foliaceum* Fourcroy (*Ephemeridae*). Nach VAYSSIÉRE aus Despax.

Fig. 4. Larve von *Ephemerella ignita* Poda (*Ephemerellidae*). Nach SCHÖNEMUND aus Despax.

Fig. 5. Larven von Odonaten. Links *Agrion splendens* (*Zygoptera Agrionidae*), rechts *Aeschna* sp. (*Aeshna*) (*Anisoptera Aeschnidae*). Nach CHOPARD.

Fig. 6. Engerling von *Popilia japonica* (*Scarabaeidae*). Nach BÖVING aus Jeannel.

Fig. 7. Eucephale apode Larve von *Myelophilus piniperda* (*Ipidae*). Aus EIDMANN.

Fig. 8. Drahtwurm von *Lacon murinus*. Nach SCHIÖDTE aus Lameere.

MA Mikropylatrien; Mi_{1-4} äußere Mikropylen, Öffnungen des Mikropylatrien; Mi_5 innere Mikropyle, ein Kanälchen im Boden des vierten Mikropylatriums; *Mik* Mikropyle; *Mkk* Mikropylenkranz.

Tafel XIX

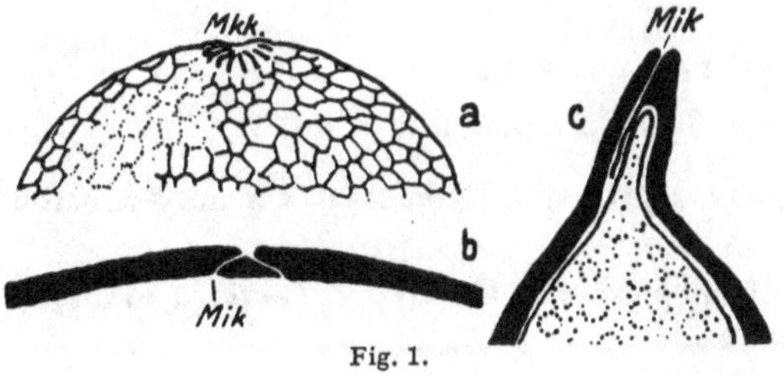

Fig. 1.

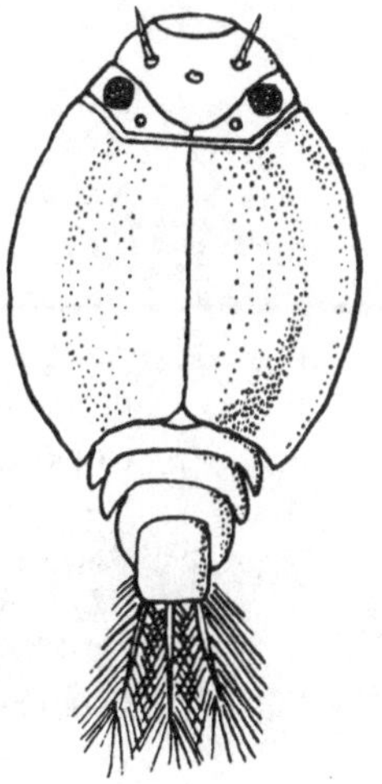
Fig. 3.

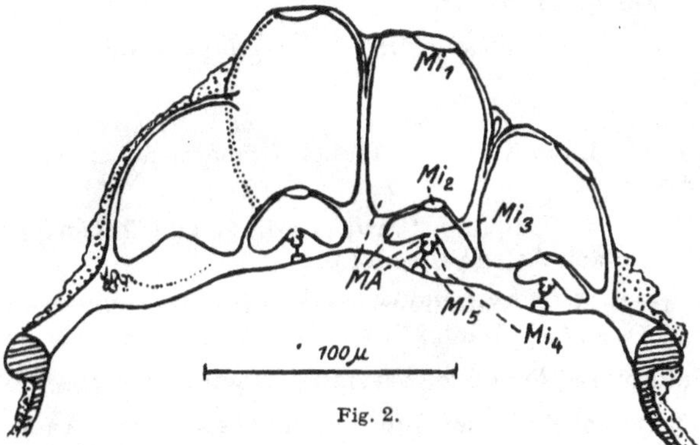

Fig. 2.

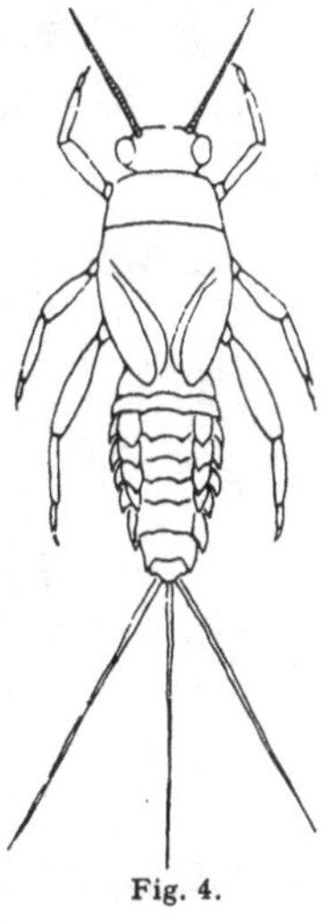
Fig. 4.

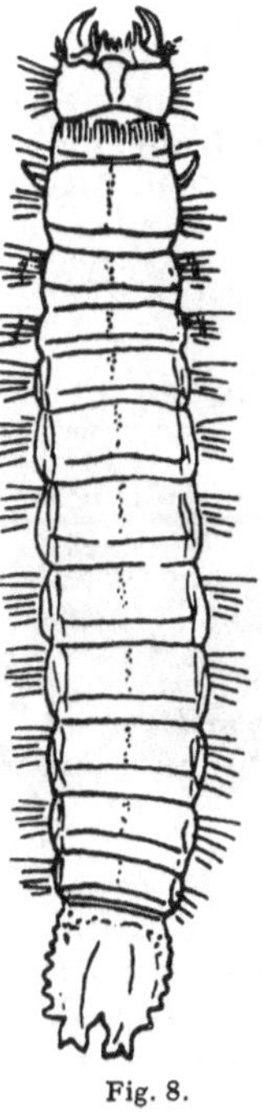
Fig. 8.

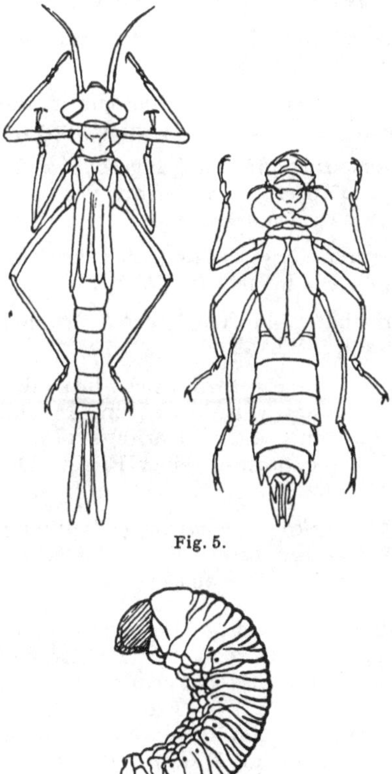
Fig. 5.

Fig. 6.

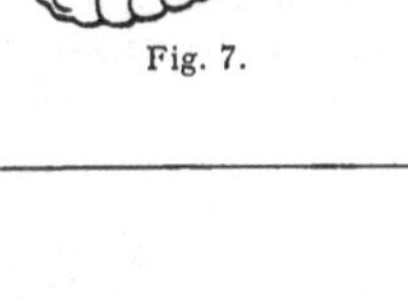
Fig. 7.

Figurenerklärung zu Tafel XX
Larven- und Puppenformen

Fig. 1. Raupe von *Stauropus fagi* (*Lep Notodentidae*) in Warnstellung. Nach WEBER.

Fig. 2. Afterraupe von *Monophadnus rubi* (*Hym Tenthredinidae*). Nach YUASA aus Lameere.

Fig. 3. Junglarve von *Leucospis* (*Chalcididae Leucospidinae*) mit Schreitborsten. Nach FABRE aus Weber.

Fig. 4. Cyclopoide Larve von *Trichacis* (*Hym Serphidae*). Nach MARSHALL aus Imms.

Fig. 5. Planidium-Larve (erstes Larvenstadium) von *Perilampus* sp. (*Hym Chalcididae*), links Ventral-, rechts Dorsalansicht. Nach SMITH aus Imms.

Fig. 6. Das erste und zweite cyclopoide Larvenstadium von *Teleas* sp. (*Hym Serphidae*). Nach AYERS aus Berlese.

Fig. 7. Trophidium (erstes Larvenstadium) von *Pachysina latifrons* Emery (*Hym Formicidae*). Nach WHEELER aus Bischoff.

Fig. 8. Larve einer Gallmücke (*Dipt Cecidomyidae*). Nach HENNIG.

Fig. 9. Das Cephalopharynxskelett einer Fliegenmade (A—C) und Änderungen im Kopfbau einer eucephalen (D) und einer acephalen (E) Fliegenmade. Nach SNODGRASS aus Weber.

Fig. 10. Acephale Made einer Muscide (A) und eucephale Made einer Chironomide (B). Nach WEBER.

Fig. 11. Schematischer parasagittaler Längsschnitt durch den Kopf einer brachyceren Dipteren-Larve. Nach HENNIG.

Fig. 12. Schematischer parasagittaler Längsschnitt durch den Kopf einer cyclorrhaphen Dipteren-Larve mit der morphologischen Deutung von HENNIG. Nach HENNIG.

Fig. 13. Hinterende einer *Chironomus*-Larve mit Analschläuchen (AS) und Tubuli (T). Nach LENZ aus Weber.

Fig. 14. Kopf einer frischgeschlüpften Fliege (*Muscidae*) mit ausgestülpter Kopfblase. Nach BERLESE.

Fig. 15. Die drei wichtigsten Puppenformen: links die freie Puppe (Pupa libera) eines Käfers (*Silphidae*), in der Mitte Mumienpuppe (Pupa obtecta) eines Schmetterlings (*Pieridae*), rechts Tönnchenpuppe (Pupa coarctata) einer Fliege (*Rhagoletis* sp., *Trypetidae*). Nach WEBER.

Fig. 16. Larve von *Myrmeleo formicarius* (*Planipennia Myrmeleonidae*, a) und von *Vermileo vermileo* (*Dipt Rhagionidae*, b) und ihre Fangtrichter. Nach SMITH aus Imms.

AS Analschläuche; *Au* Augenanlage im Frontalsack; *Bg* Brustgräte; *Cl* Clypeus; *Cr* Cremaster; *DF* Dorsalflügel der Verticalplatte; *DT* Dorsaltasche; *F* larvaler, *F'* Anlage des imaginalen Fühlers; *Fr* Stirn; *FS*, *Frs* Frontalsäcke; *G* Gehirn; *HSt* H-Stück; *K* Kopf; *Kb* Kopfblase; *Kr* Rudiment der Kopfkapsel; *Lb* Labium; *Lbr* Labrum; *MH* Mundhaken; *Mtc* Metacephalstab; *NS* Nachschieber; *Oe* Oesophagus; *Ph* Pharynx; *Pth* Prothorax; *Qsp* Querspange; *SG* Schlundgerüst; *StF* Stummelfüße; *T* Trophothylax; *Tent* Tentorium; *VF* Ventralflügel der Verticalplatte; *Zw* Zwischenstück.

Tafel XX

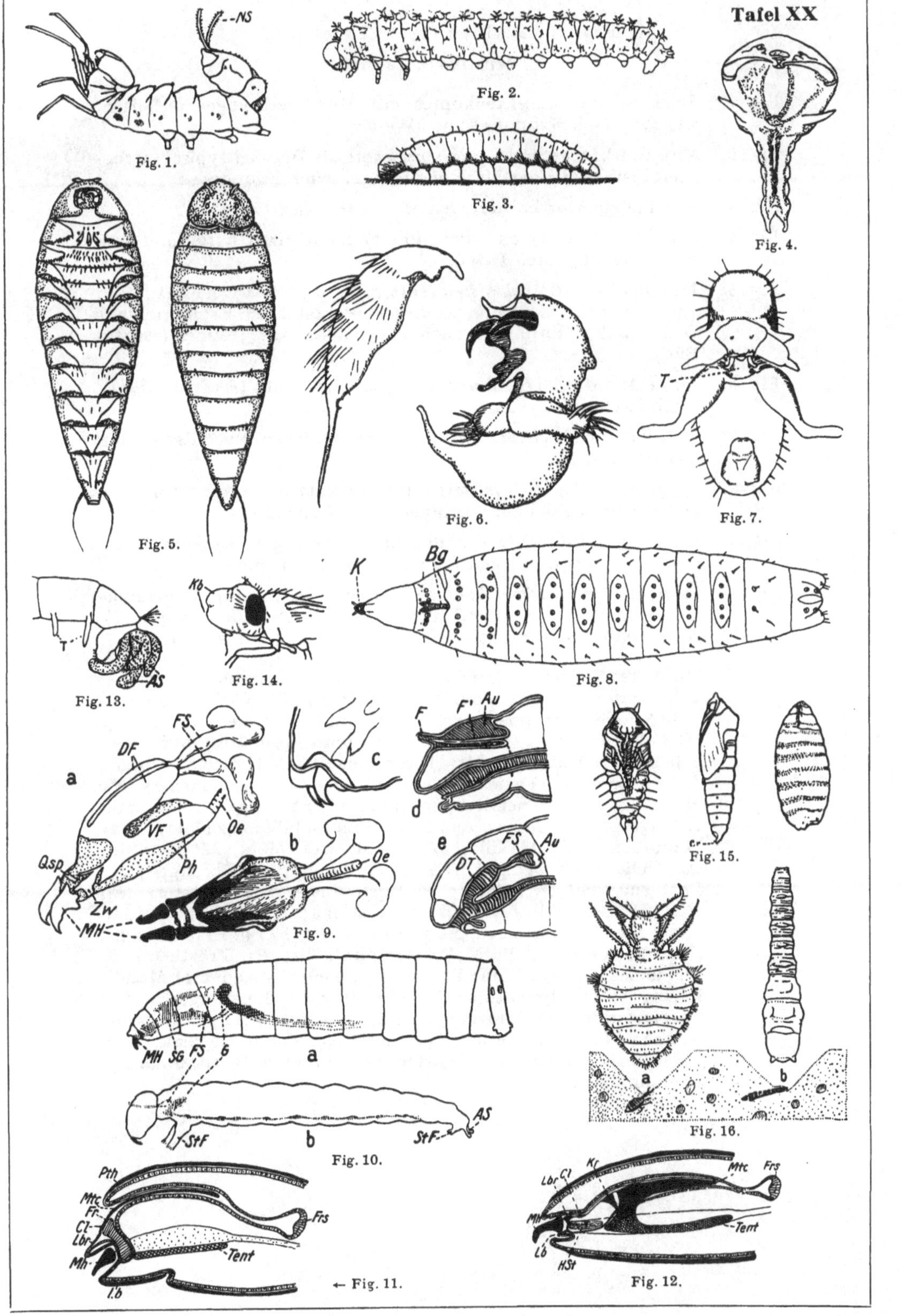

Fig. 1. Fig. 2. Fig. 3. Fig. 4. Fig. 5. Fig. 6. Fig. 7. Fig. 8. Fig. 9. Fig. 10. ← Fig. 11. Fig. 12. Fig. 13. Fig. 14. Fig. 15. Fig. 16.

Figurenerklärung zu Tafel XXI

Mundwerkzeuge

Fig. 1. Schema eines Insektenkopfes mit Mundwerkzeugen in Seitenansicht. Nach SNODGRASS aus Weber.

Fig. 2. Mundwerkzeuge von *Gryllus neglectus* als Beispiel typisch orthopteroider, beißender Mundwerkzeuge. Nach SNODGRASS.

Fig. 3. Schema einer orthopteroiden Mandibel. Nach WEBER.

Fig. 4. Mandibel von *Apion ulicis* (links) nach HANDSCHIN und von *Blatta* (rechts) nach IMMS.

Fig. 5. Mandibel von *Ctenolepisma longicauda* (*Lepismatidae*, links) und von *Leptopalpus rostralis* (*Meloidae*, rechts). Nach ESCHERICH aus Denis (linkes Bild) und nach HANDSCHIN aus Jeannel (rechtes Bild).

Fig. 6. Linke Mandibel von *Berosus pugnax* Le Conte (*Hydrophilidae*). Nach SNODGRASS 1950.

Fig. 7. Maxilla von *Nicoletia neotropica* (*Lepismatidae*). Nach ESCHERICH aus Denis.

Fig. 8. Schema der Unterlippe mit ihrer Muskulatur. Nach ANDERSON. Die Zahlen bezeichnen die Muskeln, s. Anhang.

Fig. 9. Unterlippe und rechte Maxille einer Larve von *Embaphion* (*Tenebrionidae*), Ventralansicht. Nach BOVING aus Imms.

Fig. 10. Hypopharynx einer Ephemeridenlarve (a), einer Collembole (*Anurida maritima*, b) und einer Locustide (*Orchelium vulgare*, c). Nach SNODGRASS (a), IMMS (b) und YUASA (c) aus Weber.

Au Auge; *Ca* Cardo; *Cerv* Cervicale (Laterocervicale); *Cl* Clypeus; *CT* Tentoriumquerbalken (Corpus tentorii); *EpN* Epistomalnaht; *Fr* Stirn (Frons); *FrN* Frontalnaht; *Ga* Galea; *Gen* Wange (Gena); *Gl* Glossa; *Gu* Gula; *h* hinteres (primäres) Mandibelgelenk; *HH* Halshaut; *Hst* Hypostoma; *HstN* Hypostomalnaht; *HTA* Gruben (Fenster) der hinteren Tentoriumarme; *Hy* Hypopharynx; *I* Incissivi; *Lb* Labium (Unterlippe); *Lc* Lacinia; *Lg* Ligula; *Lin* Lingua; *Lm, lm* Lacinia mobilis; *Ma* Mala; *Mand* Mandibel; *Max* Maxille; *Mo, mo* Molares, Mola; *Mt* Mentum; *Oc* Ocellen; *Occ* Occiput; *OcN* Occipitalnaht; *Ol* Oberlippe; *PG* Postgena; *Pgl* Paraglossa; *Pl* Lippentaster (Labialtaster); *Plf* Palpifer; *Plg* Palpiger; *Plst* Pleurostoma; *PlstN* Pleurostomalnaht; *Pm* Maxillartaster; *pm* Postmola; *PM, Prmt* Praementum; *Pocc* Postocciput; *PocN* Postoccipitalnaht; *Pst* Prostheca; S_1 Sehne des Abductor Mandibulae; S_2 Sehne des Adductor Mandibulae; *Smt* Submentum; *St* Stipes; *Sup* Superlinguae; *Sus* Suspensorium; *Tf* Gruben (Fenster) der hinteren Tentoriumarme (s. auch HTA); *v* vorderes (sekundäres) Mandibelgelenk; *Vert* Scheitel; *VTA* Gruben (Fenster) der vorderen Tentoriumarme; *Zt* Mandibelzähne.

Tafel XXI

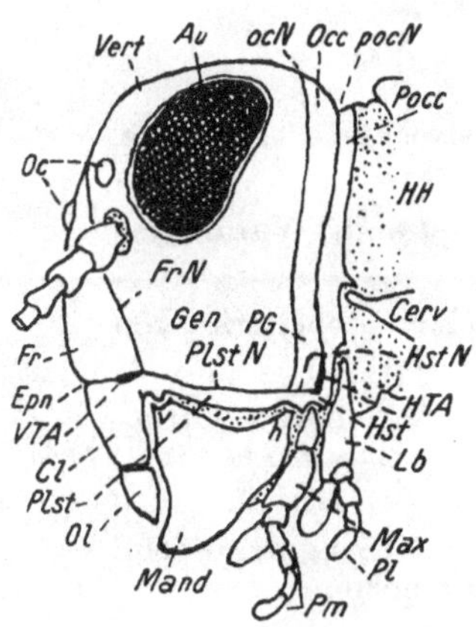

Fig. 1.

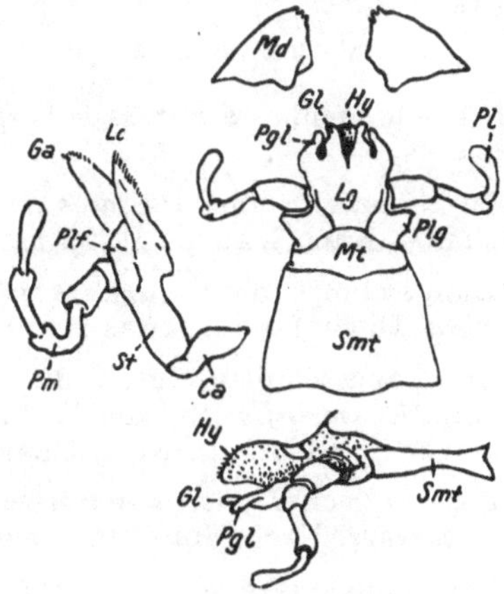

Fig. 2.

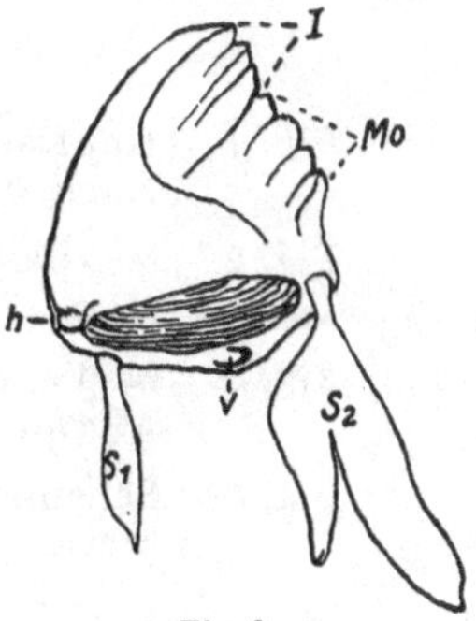

Fig. 3.

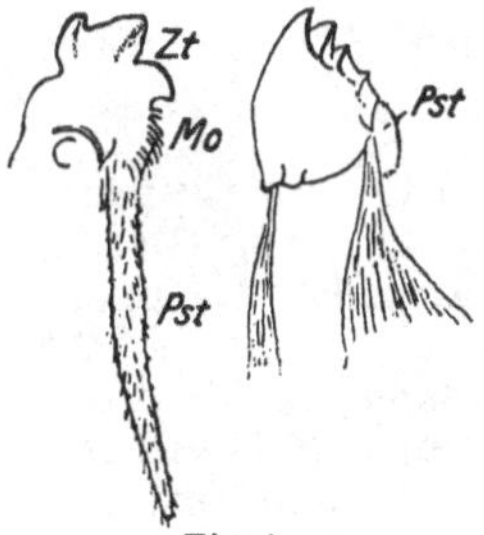

Fig. 4.

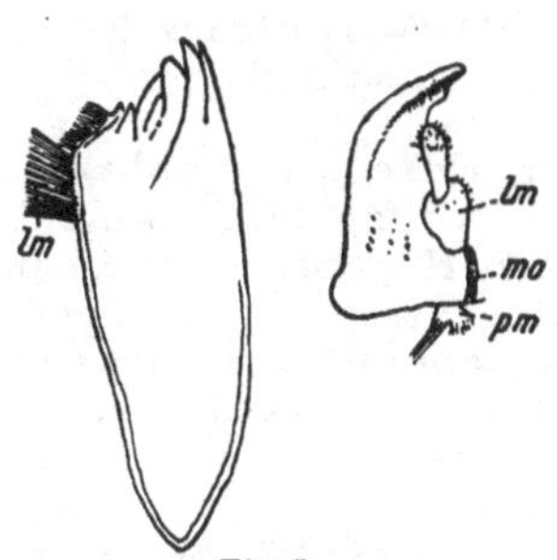

Fig. 5.

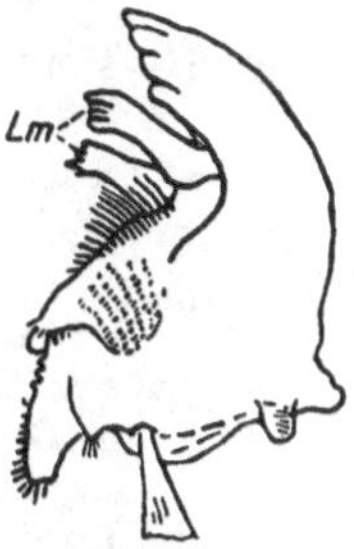

Fig. 6.

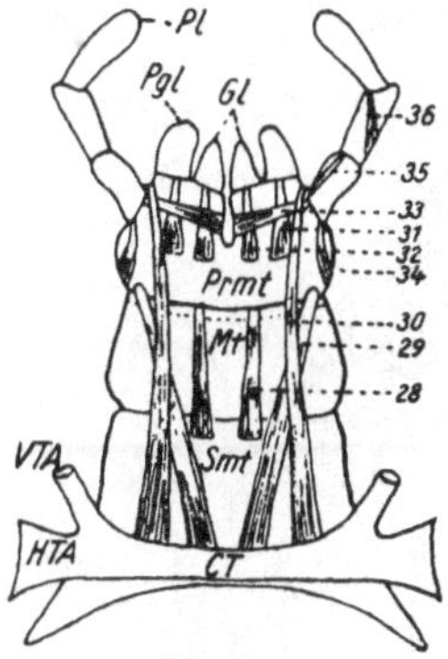

Fig. 8.

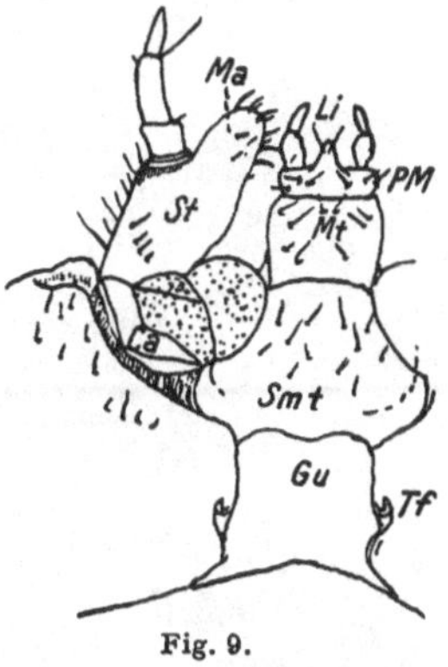

Fig. 9.

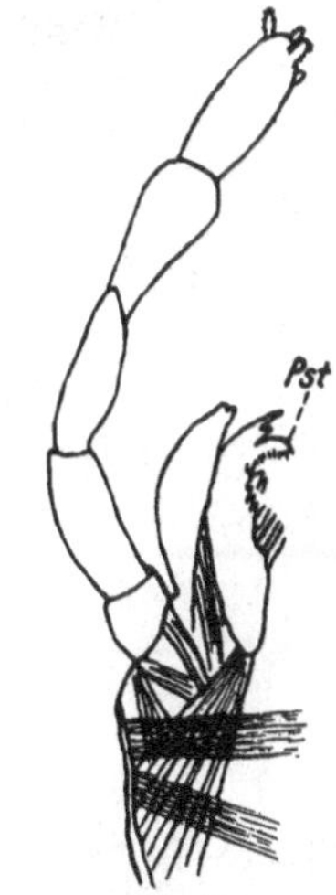

Fig. 7.

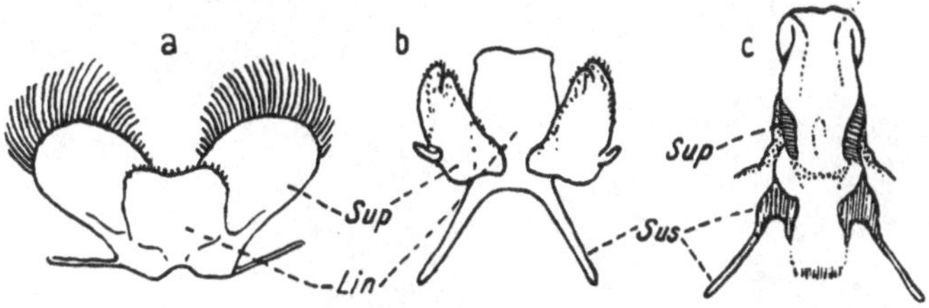

Fig. 10.

Figurenerklärung zu Tafel XXII

Mundwerkzeuge

Fig. 1. Kopf einer Aeschninenlarve mit halb vorgestreckter Fangmaske. Nach WEBER.

Fig. 2. Maxillolabial-Komplex von *Passaloecus shuckardi* Yasumatsu (*Hym Sphecidae*). Nach KEIZÔ YASUMATSU.

Fig. 3. Medianer Längsschnitt durch den Kopf einer Arbeiterin von *Myrmica rubra*. Nach JANET, etwas vereinfacht.

Fig. 4. Schematische Längsschnitte durch die Oralregion von Orthopteren (a), von *Alpis mellifica* (b), von *Tachytes saundersi* (*Sphecidae*, (c und von einer Sphecide (d). Nach ULRICH.

Fig. 5. Kopf einer Larve von *Dytiscus marginalis* mit Saugmandibeln. Saugkanäle schwarz. Nach KORSCHELT aus Lameere.

Fig. 6. Vorschnellbare Fangmaske von *Stenus*. A Seitenansicht in Ruhelage, B Ansicht von oben. ORIG.

Fig. 7. Kopf von *Tegeticula synthetica* Riley, Weibchen (*Incurvariidae*). Nach SHARP aus Handlirsch.

a beweglicher Haken; *b* Endhaken; *Ca* Cardo; *Cl* Clypeus; *e* seitliche Erweiterung des Mentum; *Eph* Epipharynx; *g* Glossa; *G* Gehirn; *Hyp* Hypopharynx; *IB* Infrabuccaltasche; *Il* Innenlippe; *il* innere Lamelle des Stipes; *l* Lacinia; *la* Ligula; *Lb* Labium; *Lbr* Labrum; *lo* Lorum; *lp* Labialtaster; *m* Mentum; *Mand* Mandibel; *Max* Maxille; *MH* Mundhöhle; *MK* Mandibelkanal; *Mö* Mundöffnung; *mp* Maxillartaster; *Mt* Mentum; *Mtt* Maxillartentakel; *Ol* Oberlippe; *pa* Paraglossa; *Ph* Pharynx; *r* Rollzunge; *s* Stipes; *SL* Seitenlappen; *SM*, *sm* Submentum; t_1 Maxillartaster; t_2 Labialtaster; *UG* Unterschlundganglion; *Ul* Unterlippe.

Tafel XXII

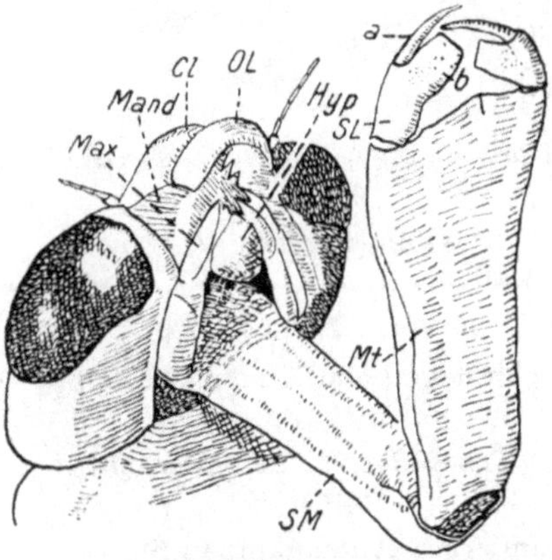

Fig. 1.

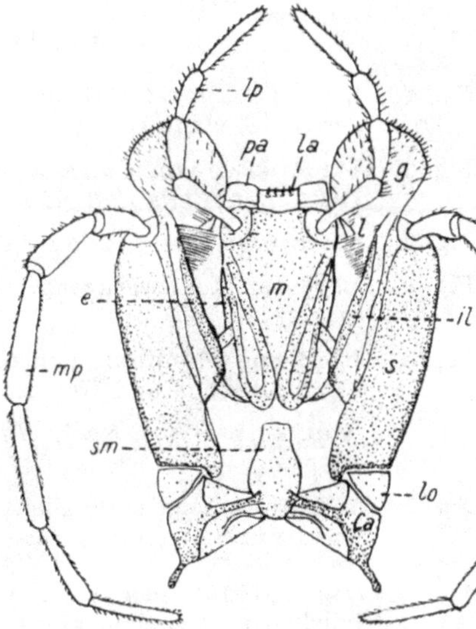

Fig. 2.

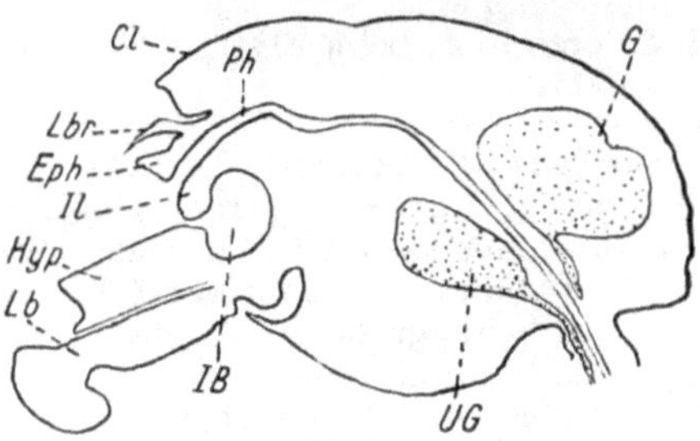

Fig. 3.

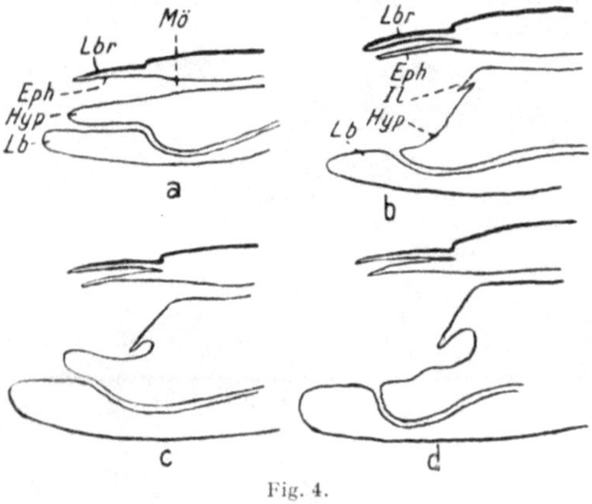

Fig. 4.

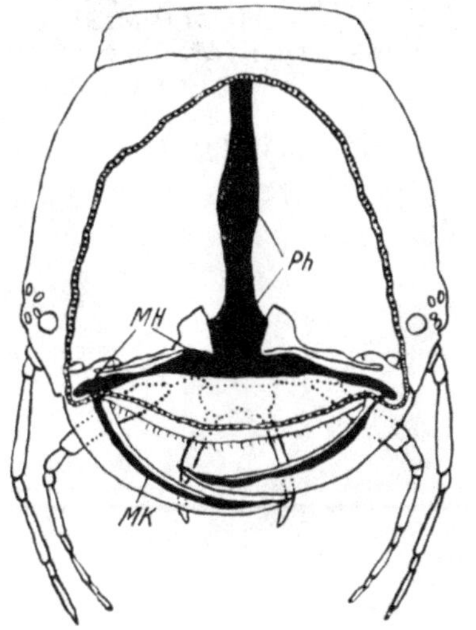

Fig. 5.

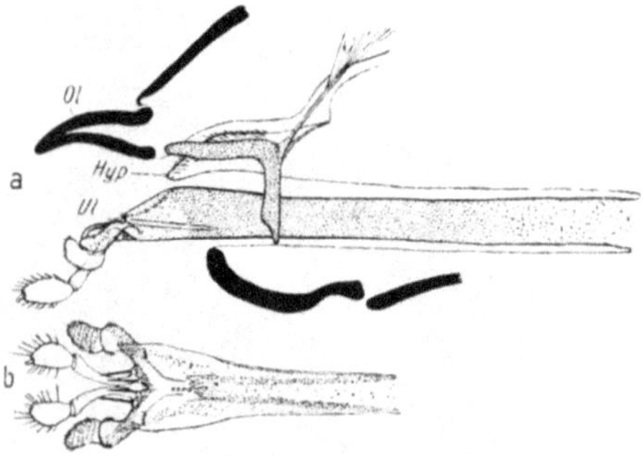

Fig. 6.

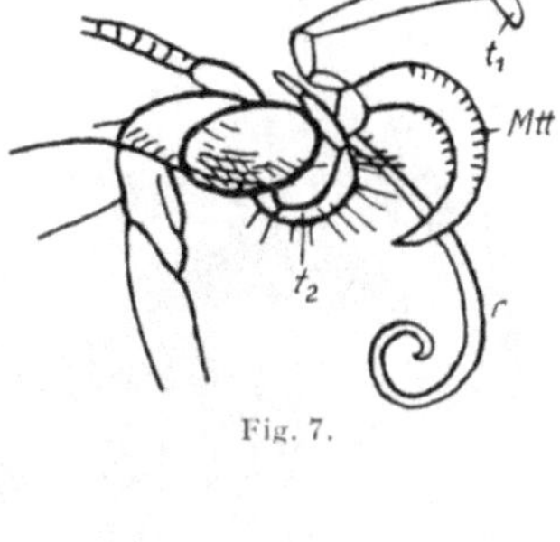

Fig. 7.

Figurenerklärung zu Tafel XXIII

Mundwerkzeuge

Fig. 1. Leckrüssel von *Calliphora* sp. (*Calliphoridae*), A von vorn, B von der Seite. Nach Imms.

Fig. 2. Stechrüssel von *Culex* (1) und von *Glossina palpalis* (2). Nach Imms, Stephens und Newstead aus Imms.

Fig. 3. Stechrüssel von *Stomoxys calcitrans*, von vorn. Nach Weber.

Fig. 4. Lage der Mundwerkzeuge einer Stechmücke beim Einstich. Nach Weber.

Fig. 5. Kopf und Mundteile von *Chrysops* (*Tabanidae*) in Seitenansicht. Nach Surcouf und Goncalez-Rincones aus Imms.

Fig. 6. Kopf eines Flohs. Nach Weber, geändert in Anlehnung an Snodgrass.

Fig. 7. Mundwerkzeuge eines Flohs (A) und deren Lage beim Einstich (B) und beim Saugen (C). Nach Peus aus Martini.

Ant Antenne; *Au* Auge; *Cl* Clypeus; *Cten* Ctenidium; *DS* Diskalsklerit (Labellensklerit); *Eph* Epipharynx; *Fca* Furca; *Fu* Fulcrum; *H*, *Hyp* Hypopharynx; *Haust* Haustellum; *HY* hyoides Sklerit; *Lab* Labella; *Lac* Lacinia; *Lb* Labium; *Lbr* Labrum; *LE* Labrum + Epipharynx; *M* Mündung des Saugrohres; *Md* Mandibel; *MP* Maxillartaster; *Mx* Maxilla; *OG* Saugrinne; *Ph* Pharynx; *Pl* Lippentaster; *Pm* Maxillartaster; *PS* Pseudotracheen; *Pt* Peristomialzähne; *Ros* Rüssel; *SD* Speichelgang; *St* Stipes; *Stb* Stechborstenbündel; *Th* Theca; *Zw* Zwiebel des Haustellums (mit dem Muskel des Speichelventils).

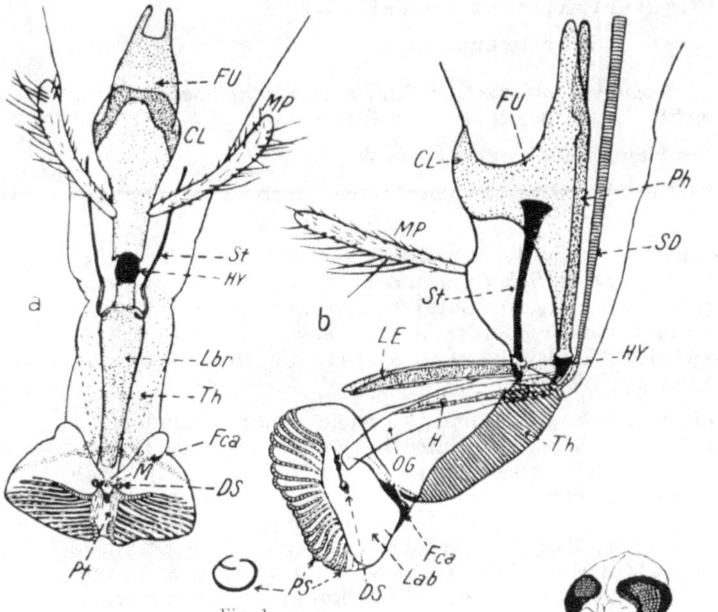

Fig. 1.

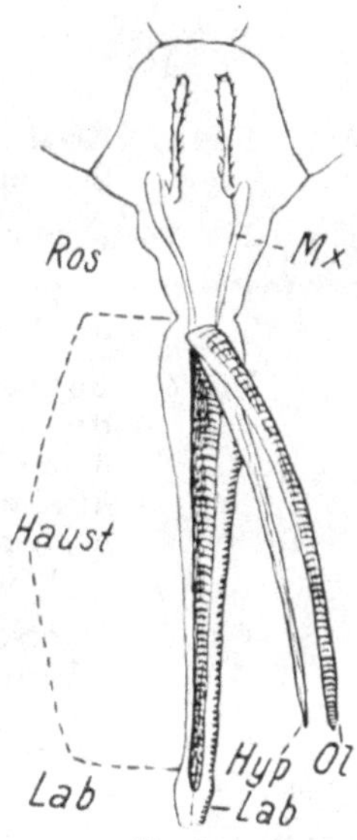

Fig. 3.

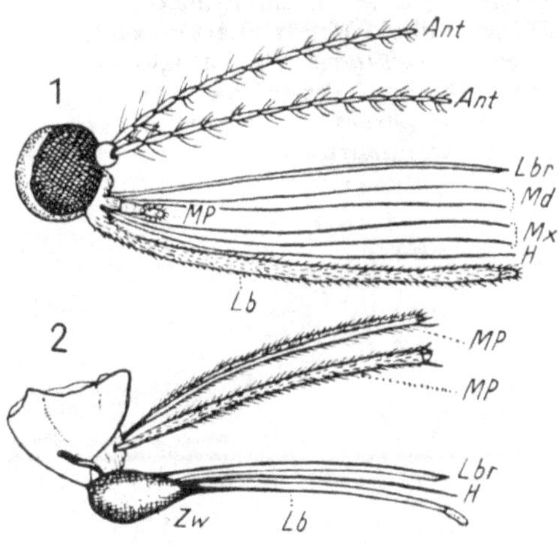

Fig. 2.

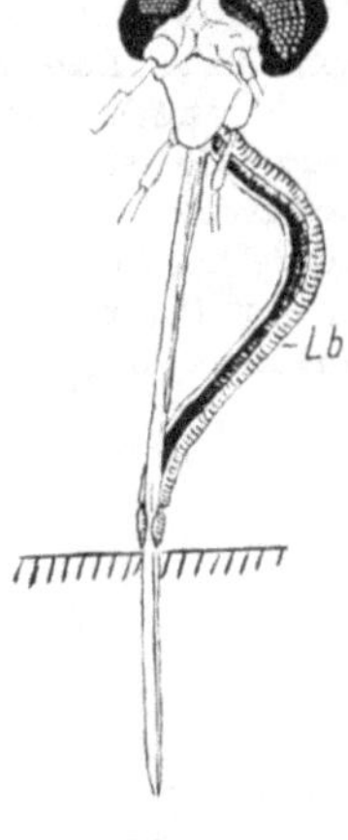

Fig. 4.

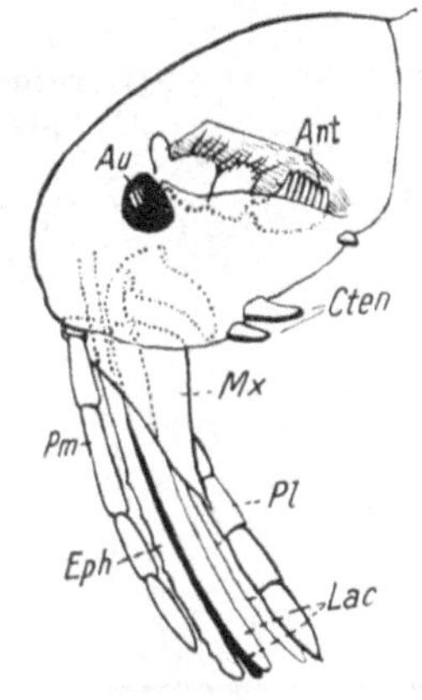

Fig. 6.

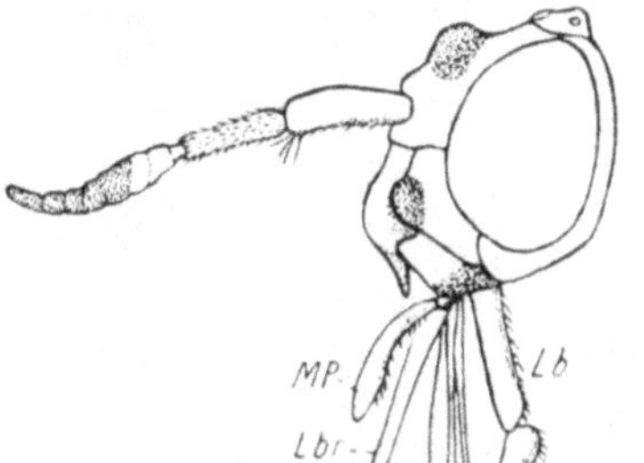

Fig. 5.

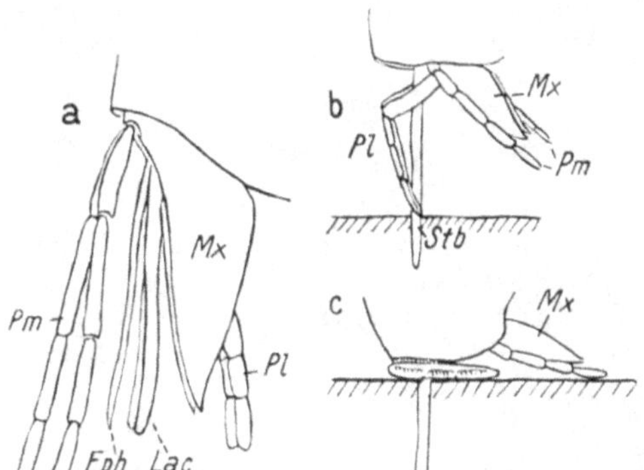

Fig. 7.

Figurenerklärung zu Tafel XXIV

Mundwerkzeuge

Fig. 1. Kopf von *Pezomyia cinerascens* Rübsaamen (*Cecidomyidae*) in Seitenansicht. Nach RÜBSAAMEN und HEDICKE.

Fig. 2. Schema des Hemipterenkopfes. Nach WEBER.

Fig. 3. Kopf von *Pieris brassicae* von vorn unten. Nach PFURTSCHELLER aus Weber.

Fig. 4. Formenreihe des Schmetterlingsrüssels von der primitiven Galea der *Micropterygidae* (a *Sabatinca aurella*, b *Micropteryx calthella*) über die schwach verlängerte Galea der *Micropterygidae* (c *Mnemonica auricyana*) und *Prodoxidae* (d, e *Pronuba yuccasella*) bis zur hochentwickelten Rollzunge von *Sphinx* (f). Nach PHILPOTT und BERLESE aus Weber.

Fig. 5. Querschnitte durch die Mundwerkzeuge einer Honigbienenarbeiterin (a), einer Wanze (b), einer Stechmücke (c), eines Blasenfußes (d), einer Stubenfliege (e) und eines Hundeflohs (f). Nach EIDMANN und MARTINI.

Abr Augenbrücke; *ACl* Anteclypeus; *Ca* Cardo; *Cerv* Cervicale (c. laterale); *Cl* Clypeus; *Eph* Epipharynx; *Ga* Galea; *Gen* Wange; *Gl* Glossa; *HTA* Gruben (Fenestrae) der hinteren Tentoriumarme; *Hyp* Hypopharynx; *Lab, Lb* Labium; *Lbr* Labrum; *Lc* Lacinia; *L. md.* Lamina mandibularis (Jugum); *L. mx* Lamina maxillaris (Lorum); *Max, Mx* Maxilla; *Md* Mandibel; *Mt* Maxillartentakel; *Mxt* Maxillartaster; *Oc* Ocellen; *PCl* Postclypeus; *Pgl* Paraglossa; *Pl* Labialtaster; *Plm, Pm* Maxillartaster; *Prmt* Praementum; *Sp* Speichelrohr (Speichelgang); *Sr* *Saugrohr*; *St* Stipes; *VTA* Gruben (Fenestrae) der vorderen Tentoriumarme.

Tafel XXIV

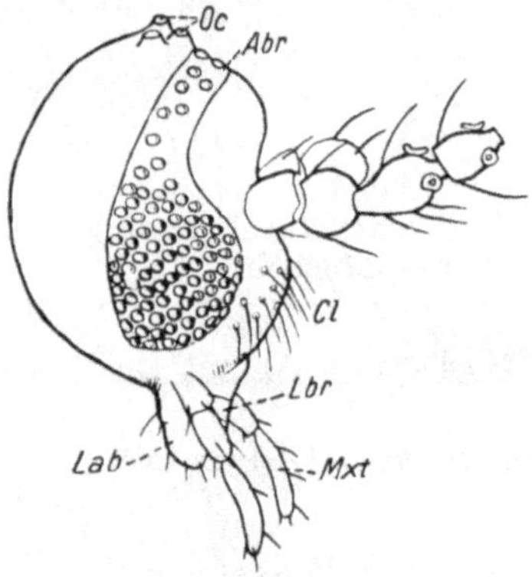

Fig. 1.

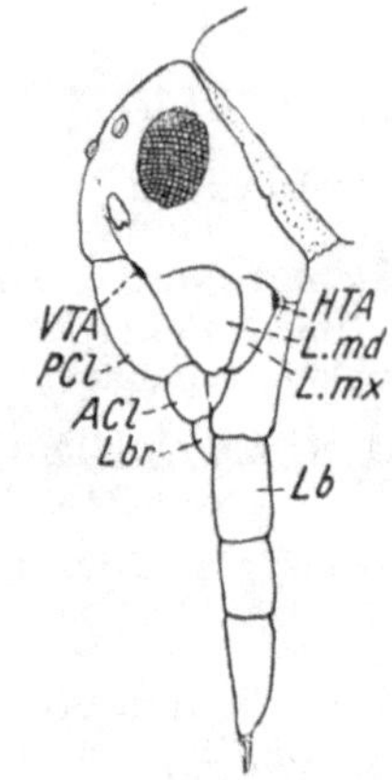

Fig. 2.

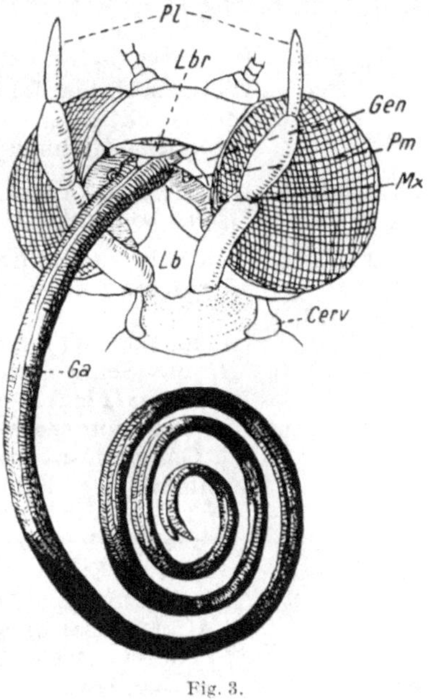

Fig. 3.

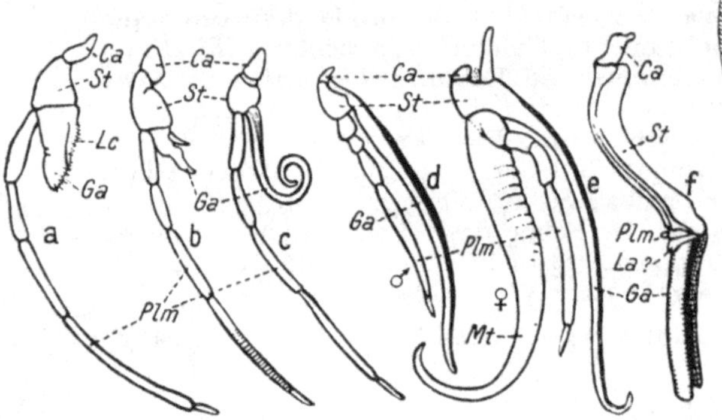

Fig. 4.

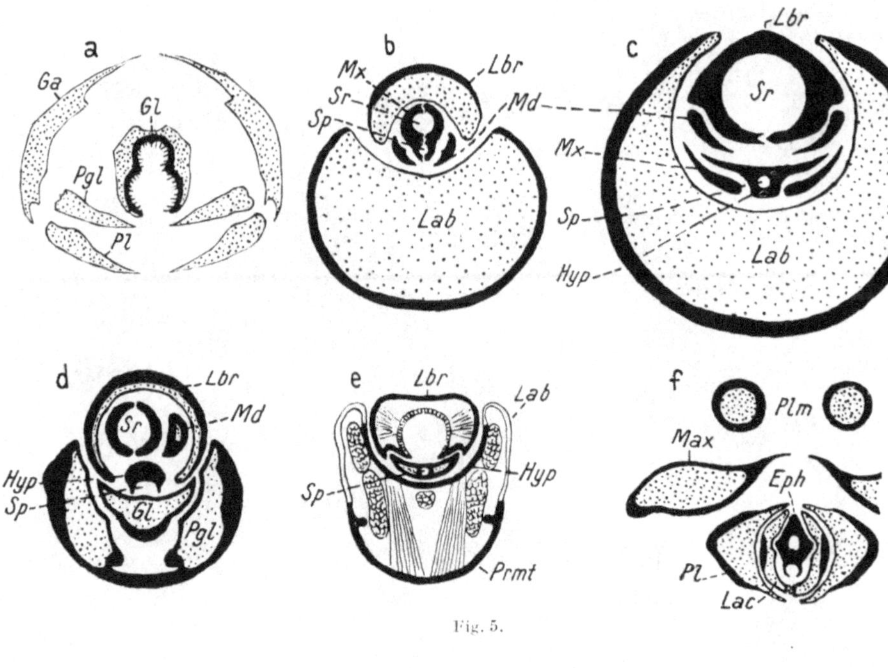

Fig. 5.

Figurenerklärung zu Tafel XXV

Muskeln

Fig. 1. Schematischer Längsschnitt durch den Kopf eines Insekts mit den wichtigsten, in diesen Plan projizierbaren Muskeln. Nach SONDGRASS, einige Muskeln ergänzt.

Fig. 2. Muskeln der Mandibel bei *Leptophlebia* (*Ephemeridae*, A) und bei *Blatta orientalis* (B). Nach SNODGRASS 1950.

Fig. 3. Muskeln des Hinterbeins von *Dissosteira carolina* (*Acridiidae*). Frei nach SNODGRASS.

A der dorsale, cranio-mandibulare Abductor (12 im Muskelverz.); *At* die Sehne von A; *Cl* Clypeus; Epipharyngalsklerit — der schwarze Fleck am Fuß des Muskels Nr. 7; *Fr* Stirn; *G* Gehirn; *Gf* Ganglion frontale; *Gocc* Ganglion occipitale (hypocerebrale); *Gs* Ganglion subösophagale; *Gv* Ganglion ventriculare; *HS* Hinterschlund; *Hy* Hypopharynx; *Lb* Labium; *Lbr* Labrum; *P* der dorsale cranio-mandibulare Adductor (11 im Muskelverz.); *Pt* Sehne des P; *Pmt* Postmentum; *Prmt* Praementum; *S* Krallensehne; *Sö* Schlundöffnung; *Sus* Suspensorium; *Tn* Trochantinus; *Tnt* Tentorium; *Tr* Trochanter; *VS* Vorderschlund; *x* Vorsprung des Suspensoriums mit der Sehne des 1 V; *ZS* Zungenstäbchen. *1 V* der ventrale, hypopharyngo-mandibulare Adductor; *2 V* der ventrale, tentorio-mandibulare Adductor.

Die mit arabischen Zahlen bezeichneten Muskeln, siehe Anhang.

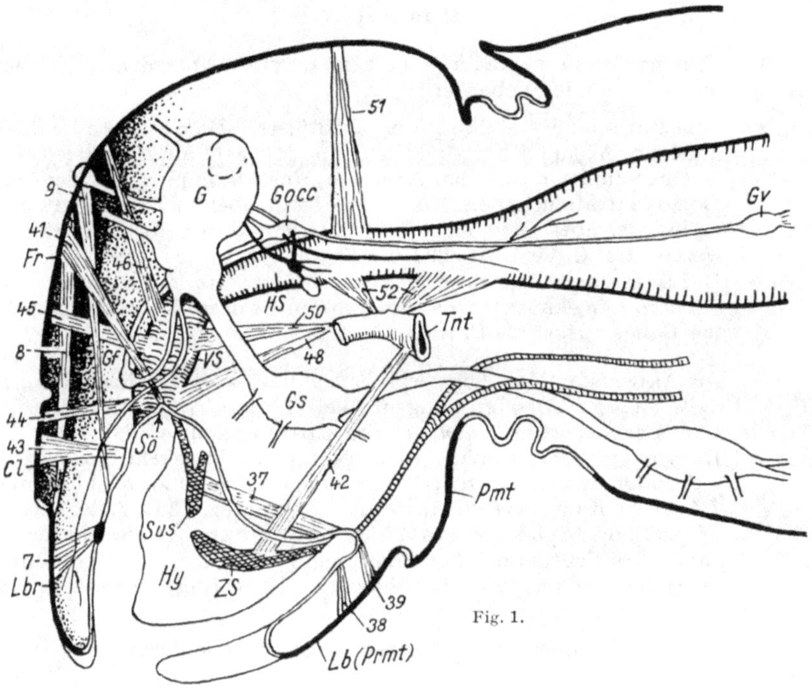

Fig. 1.

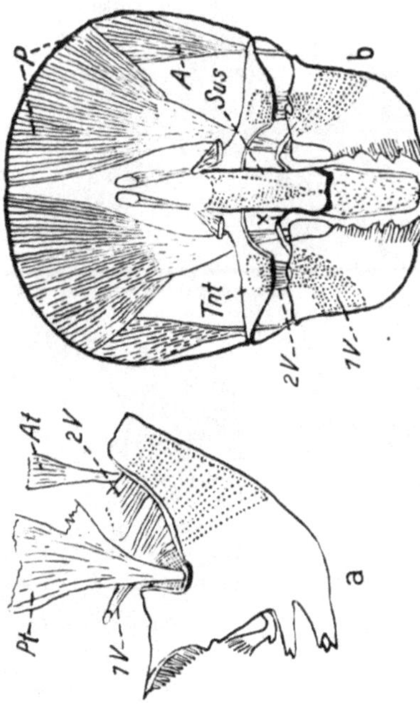

Fig. 2.

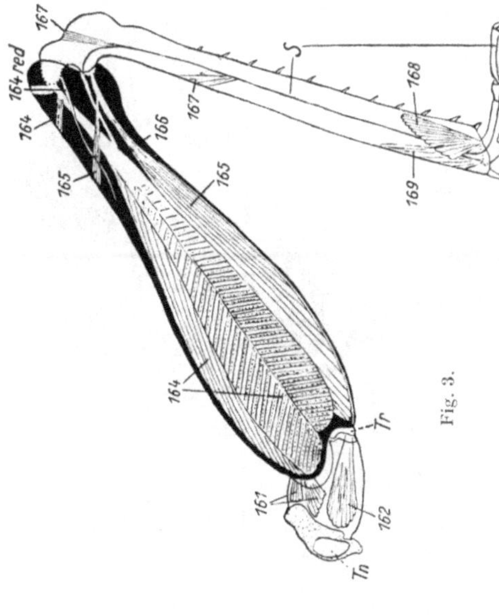

Fig. 3.

Figurenerklärung zu Tafel XXVI

Muskeln

Fig. 1. Schema der Muskulatur eines geflügelten Thoraxsegments. Nach SNODGRASS und Weber, ergänzt.

Fig. 2. Schematische Darstellung der wichtigsten Züge der Abdominalmuskeln. A Querschnitt mit lateralen Muskeln als Kompressoren; B Querschnitt durch den lateralen Muskelkomplex, bei dem der Dorsoventralmuskel ein Kompressor geblieben ist, der Pleurosternalmuskel aber zu einem Dilatator der Hinterleibssegmente geworden ist; C die Muskeln einer Segmentseite von innen gesehen; D Längsschnitt durch drei Hinterleibstergite mit inneren und äußeren Längsmuskeln als Retraktoren; E dasselbe mit dem äußeren Längsmuskel als Protraktor. Nach SNODGRASS.

Ac Antecosta; *Atg* Acrotergit; *Bas* Basalare; *Bs* Basisternum; *dlme* äußerer dorsaler Längsmuskel (171); *dlmi* innerer dorsaler Längsmuskel (170); *dvm* Dorsoventralmuskeln (179, 180); *ES* Eusternum; *Fa* Furca; *npm* Notopleuralmuskeln (185, 186); *p* Paradorsallängsmuskel (174); *Pa* Pleuralapodeme; *Ph* Phragma; *PN* Postnotum; *psm* Pleurosternalmuskel (182, 183); *Sa* Subalare; *sA* seitliche Apodeme des Hinterleibssternits; *Sc* Sternocostalnaht; *Scl* Scutellum; *Sct* Scutum; *Sg* Stigma; *Sl* Sternellum; *Ss* Spinasternum; *TL* Tergalleiste; *vA* vordere Apodeme des Hinterleibssternits.

Die mit Nummern bezeichneten Muskeln siehe Anhang.

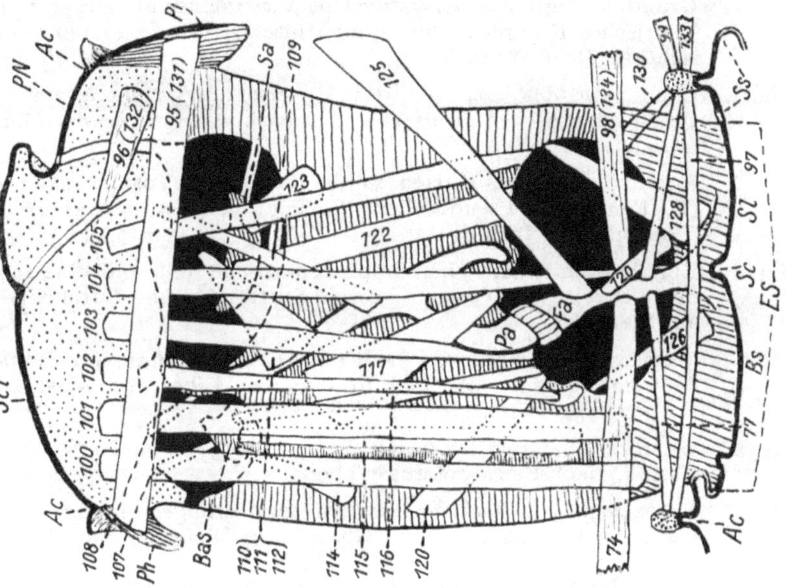
PN
Ac
Pl
Sa
109
125
96 (132)
95 (131)
Scl
123
122
105
104
103
102
101
100
117
Sct
Ac
108
107
Ph
Bas
110
111
112
114
115
116
120
74
98 (134)
130
97
133
Ss
97
128
Sl
Sc
ES
120
Fa
Pa
126
Bs
77
Ac

Fig. 1.

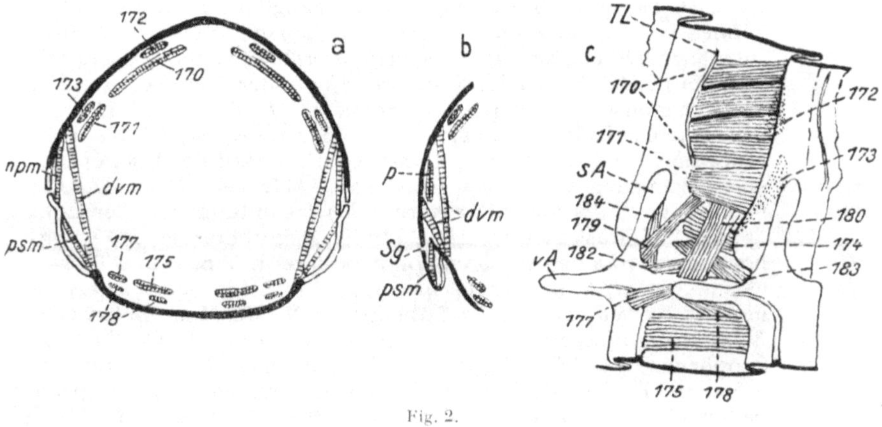
a
b
c
172
170
173
171
npm
dvm
psm
177
175
178
p
dvm
Sg
psm
TL
170
171
sA
184
179
182
vA
177
172
173
180
174
183
175
178

Fig. 2.

Figurenerklärung zu Tafel XXVII

Nervensystem

Fig. 1. Grundplan des Nervensystems in Ventralansicht. Der stomatogastrische Komplex des sympathischen Nervensystems nicht sichtbar. Nach WEBER.

Fig. 2. Grundplan des Gehirns, des Unterschlundganglions und des stomatogastrischen Teils des sympathischen Systems. Dorsalansicht. Nach WEBER.

Fig. 3. Antennalorgan des dritten Fühlergliedes (A), Postantennalorgan (B, Pant) und Pseudocellen (B, Poc) von *Onychiurus armatus* (Collembola). Nach STACH.

Fig. 4. Ein Tasthaar (A), eine amphinematische (B) und eine mononematische Scolopidie (C). Nach SIHLER (A) und EGGERS (B, C) aus Weber.

Fig. 5. Johnstonsches Organ im Pedicellus einer Antenne von *Triphosa dubitata* (*Lepidoptera*). Nach EGGERS aus Weber. (Die Muskeln im Scapus weggelassen.)

Fig. 6. Querschnitt durch das tibiale Tympanalorgan von *Decticus verrucivorus*. Nach SCHWABE aus Weber.

Fig. 7. Kniegelenk von *Locusta* mit den spaltförmigen Ausmündungen der Tympanaltaschen. Nach GRABER aus Weber.

A_{1-8} Abdominalganglien; *ä* äußere Wand der Tympanaltasche; *AF* Achsenfaden; *Ao* Aorta; *Au* Auge; *Ba* Balken; *BK* Blutkanal; *BltK* Blutkörperchen; *Ca* Calyx (Becher); *C. all.* Corpora allata; *C. car.* Corpora cardiaca; $Ch_{1,2}$ äußere und innere Chiasma der Lobi optici; *CN* Kaudalnerv; *CösK* Circumösophagalkonnektive; *Deut, Dt* Deutocerebrum; *FrG* Frontalganglion; *FrKon* Frontalkonnektiv; *Fz* Fettzellen; *G. vent* Ganglion ventriculare; *H* Hüllsubstanz; *HFl* Hinterflügel; *Hyp* Hypocerebralganglion (Occipitalganglion); *HZ* Hüllzelle; *i* innere Wand der Tympanaltasche; *Jo* Johnstonsches Organ; *K* Kommissur (*1. K*, *2. K*, *3. K* erste bis dritte Gehirnkommissur); *KN* Konnektivnerven; *KZ* Kappenzelle; *Lb* Labialganglion; *Lg* Lamina ganglionaris der Lobi optici; *Lig* Ligament; *Lo* Lobus opticus; *M* Muskel; *Md* Ganglion mandibulare; *Me* Medulla externa; *Mi* medulla interna der Lobi optici; *MK* Muskelkanal; *Ms* Ganglion mesothoracale; *Mt* Ganglion metathorakale; *Mx* Ganglion maxillare; *N* Tibial- und Tarsalnerv; *N. Ant, Nant* Nervus antennalis (*s* seine sensorische, *m* motorische Wurzel); *N. Lb* Labialnerv; *N. Md* Mandibularnerv; *N. Mx* Maxillarnerv; *N. rec* Nervus recurrens; *Oc* Ocellus; *Ös* Ösophagus; *OLN* Oberlippennerv (Labralnerv); *Pant* Postantennalorgan; *Pe* Pedunculus; *Ped* Pedicellus; *PK* Pilzkörper (Corpus pedunculatum); *Poc* Pseudocellen; *PrB* Protocerebralbrücke; *PrL* Protocerebrallappen; *Prt* Protocerebrum; *Pt* Ganglion prothoracale; *S* Muskelsehne; *Scap* Scapus; *SK* Sehkommissur; *St* Steg; *Sti* Sinnesstift; *Sub* Unterschlundganglion (Ganglion subösophagale; *SZ* Sinneszelle; *T* Tympanum (*v* vorderes, *h* hinteres); *TF* Terminalfilum; *Tr* Trachee (*v* vordere, *h* hintere); *Trit, Tt* Tritocerebrum; *trZ* trichogene Zelle; *uN* unpaarer Nerv (Leydigscher Nerv); *VFl* Vorderflügel; *VK* Ventralkörper; *ZK* Zentralkörper.

Tafel XXVII

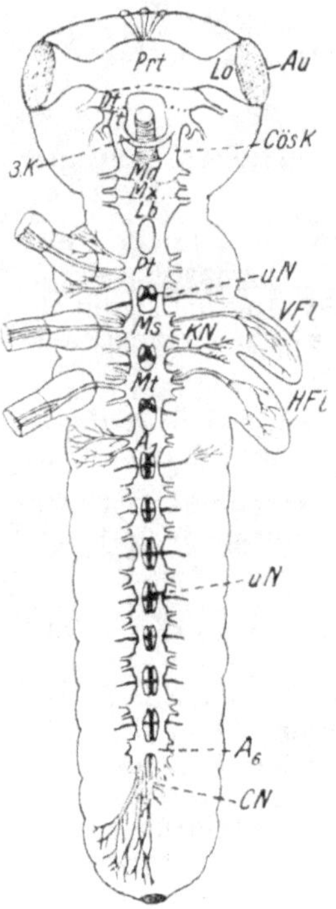

Fig. 1.

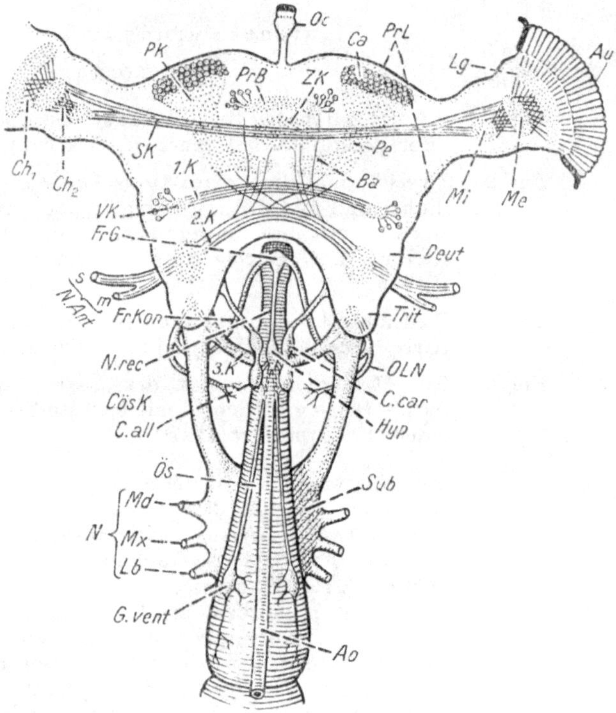

Fig. 2.

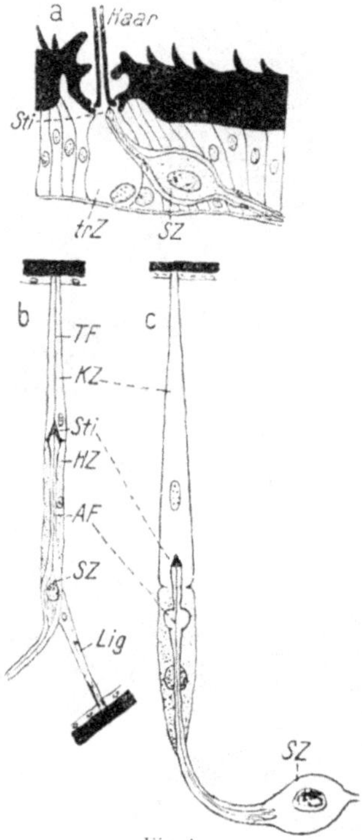

Fig. 4.

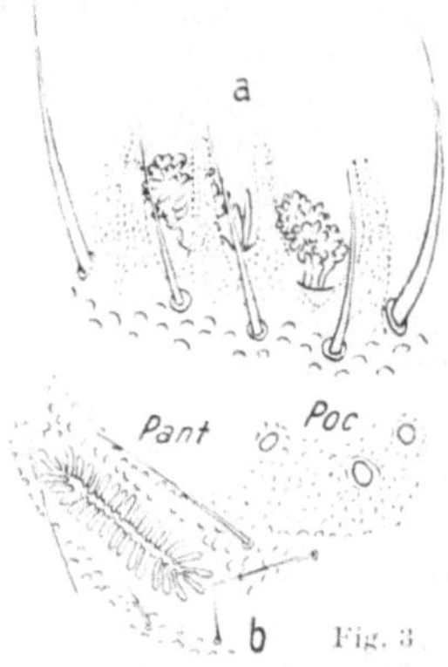

Fig. 3

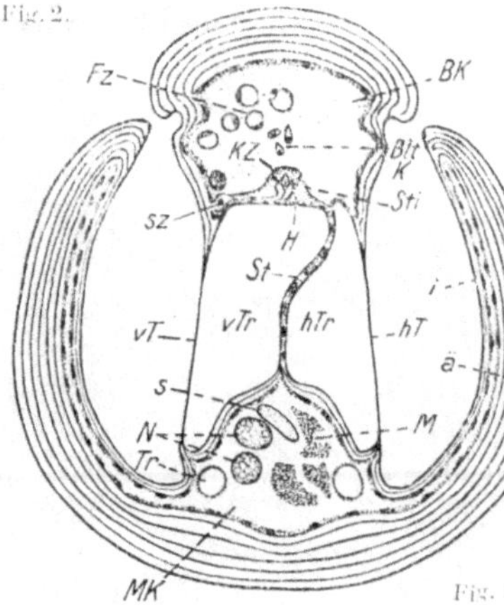

Fig. 6.

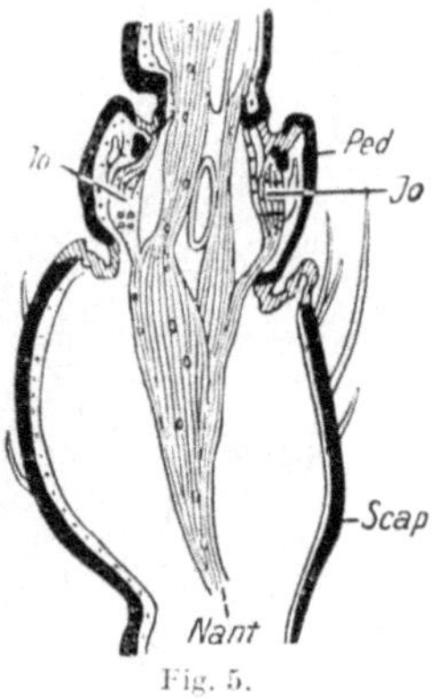

Fig. 5.

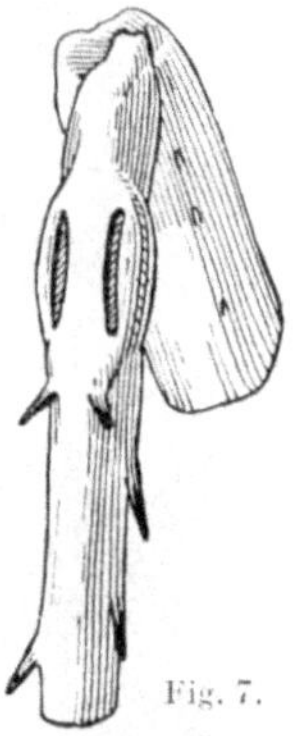

Fig. 7.

Figurenerklärung zu Tafel XXVIII

Sinnesorgane

Fig. 1. Schnitt durch das Komplexauge von *Dytiscus marginalis* (eucones Superpositionsauge). Nach *K.* GÜNTHER aus Weber.

Fig. 2. Zwei Ommatidien eines typischen Appositionsauges (a) in Hell- (links) und in Dunkelstellung (rechts) und ein schematisches Bild eines typischen Superpositionsommatidiums (b) in Dunkelstellung. a *Notonecta glauca,* b eine Noctuide. Nach BEDAU aus Weber.

Fig. 3. Pleurales Chordotonalorgan einer Larve von *Monochamus confusor* Kirby (*Cerambycidae*). Schematisierter Längsschnitt. Nach HESS.

Fig. 4. Ein Hinterleibssegment der Larve von *Monochamus confusor* Kirby (A), eine Pleuralplatte desselben von außen (B) und von innen (C). Frei nach HESS.

AA vordere Anheftungsstelle des Chordotonalligaments; *BM* Basalmembran; *BZ* Basalzellen; *Cf* Corneafazette; *Chl* Chordotonalligament; *ChN* Chordotonalnerv; *Cinv* Invagination der pleuralen Cuticula; *G* Ganglion des zugehörigen Abdominalsegments; *HPZ* Hauptpigmentzelle; *HZ* Hüllzelle; *KK* Kristallkegel; *KZ* Kristallzellen; *L. opt.* Sehlappen (Lobus opticus); *N* Nerv; *NPZ* Nebenpigmentzellen; *PA* hintere Anheftungsstelle des Chordotonalligaments; *PlTu* Pleuralplatte (pleural tubercle); *Rh* Rhabdom; *Rpz* Retinapigmentzellen; *SN* Sehnerv; *Ste* rudimentäres Stemma; *Sti* Sinnesstift des Chordotonalorgans; *SZ* Sehzellen (Retinulae); *SZk* Sehzellenkerne.

Tafel XXVIII

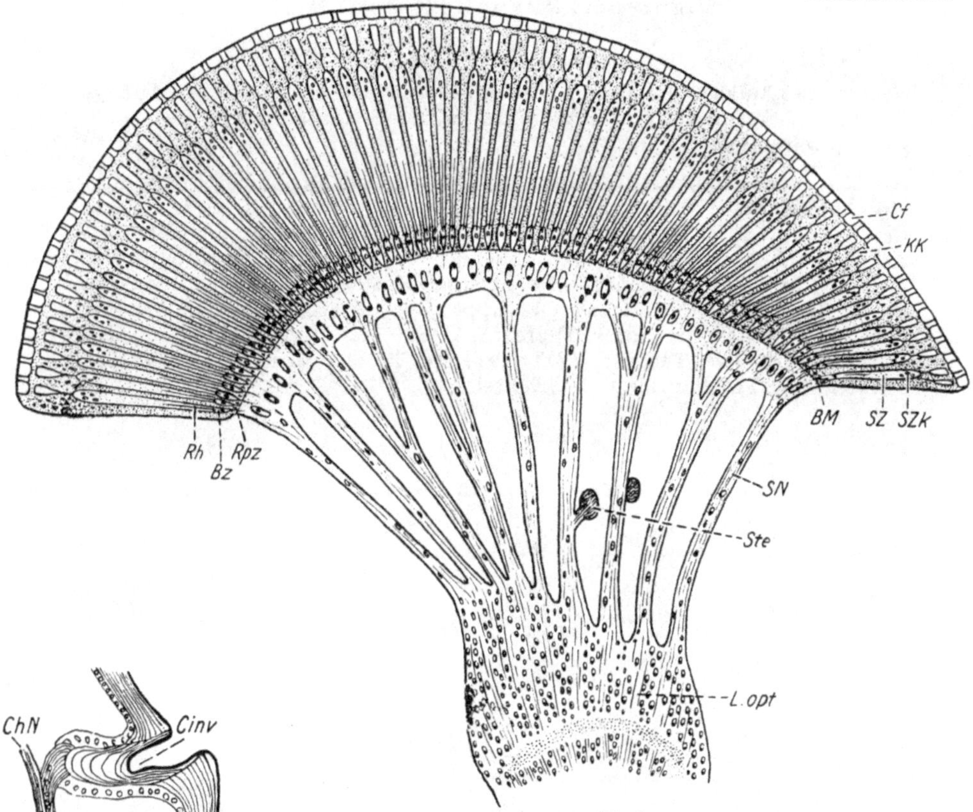

Fig. 1

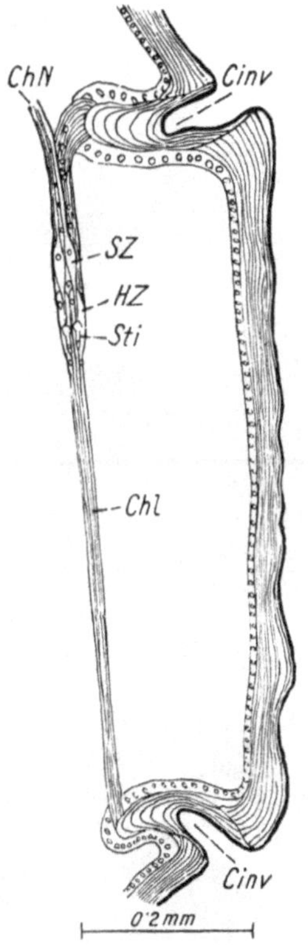

Fig. 3.

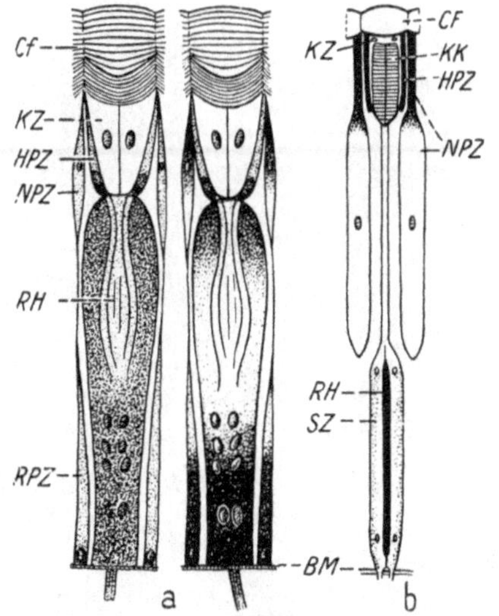

Fig. 2.

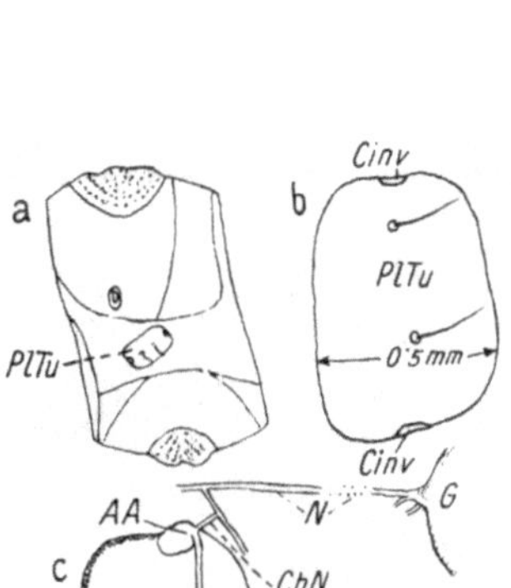

Fig. 4.

Figurenerklärung zu Tafel XXIX

Skelett

Schema des äußeren Baues eines Fluginsekts. Nach verschiedenen Autoren kombiniert. Reproduktion einer Tafel in der Schausammlung des Zoologischen Museums, Berlin.

An After; *Ant* Fühler; *Apl* Anapleura (oberhalb der Tpl, ohne Bezeichnung); *Au* Auge; *Bas* Basalare; *Cerv* Cervicalia (Laterocervicalia); *Ci* Cerci; *Cl* Clipeus; *Cx* Hüfte; *Epm* Epimerum; *Eps* Episternum; *Fe* Schenkel; *Fr* Stirn; *FrN* Stirnnaht; *Ge* Gena; *Kr* Kralle; *LAp* Legeapparat; *Lb* Labium; *Md* Mandibel; *Msn* Mesonotum; *Mtn* Metanotum; *Mx* Maxille; *Oc* Ocellus; *Occ* Occiput; *Ol* Oberlippe; *Pge* Postgena; *Pocc* Postocciput; *Pn* Pronotum; *Sa* Subalare; *Schl* Schläfe; *Sgp* Subgenitalplatte; *Sg* Stigmen; *Tar* Tarsus; *Ti* Tibia; *Tpl* Trochantinopleura; *Trt* Trochanter; *Trt* Trochantinus; *V* Scheitel.

Tafel XXIX

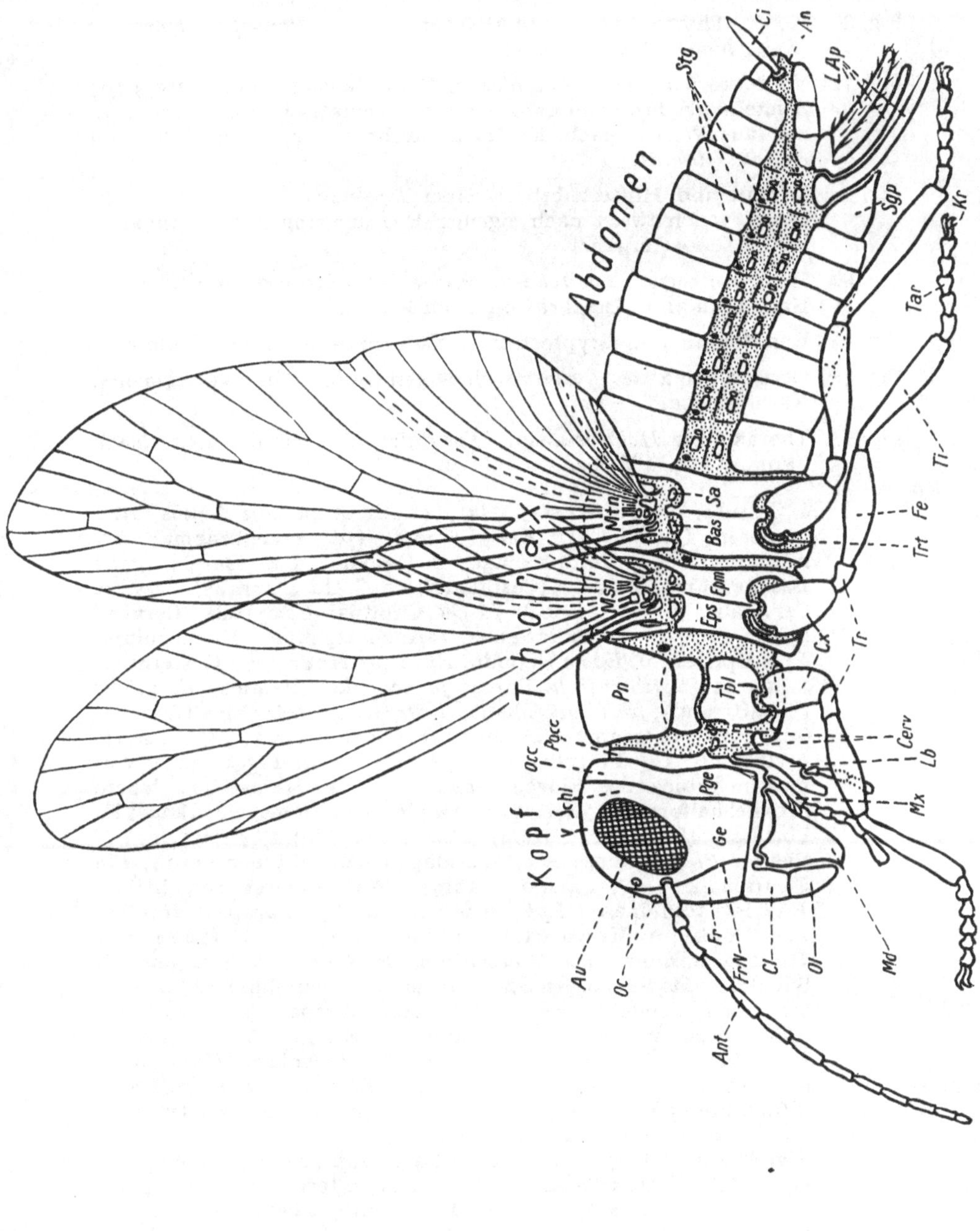
Kopf
Thorax
Abdomen
Stg
Ci
An
LAp
Sgp
Kr
Tar
Ti
Fe
Trt
Tr
Cx
Cerv
Lb
Mx
Md
Ol
Cl
FrN
Fr
Oc
Au
Ant
Occ
Pocc
V
Schl
Pge
Ge
Pn
Tpl
Eps
Epm
Msn
Bas
Sa
Mtn

Figurenerklärung zu Tafel XXX

Skelett

Fig. 1. Grundschema eines Thorakalsegments. Nach EIDMANN·

Fig. 2. Schema eines geflügelten Thorakalsegments von der Seite. Flügel an der Basis (Fl) abgeschnitten. Nach SNODGRASS.

Fig. 3. Kopf, Thorax und Hinterleibsbasis von *Panorpa communis* (*Panorpidae*). Nach SNODGRASS.

Fig. 4. Vorderkörper einer *Elateridae* in Ventralansicht und (unten) die Schnellvorrichtung im Längsschnitt, schematisch. A nach LENGERKEN aus Weber, nach der Natur leicht korrigiert, B ORIG. von *Agriotes lineatus*.

Fig. 5. Thorax und Hinterleibsbasis einer *Ichneumonidae*. Nach SNODGRASS, schematisch nach eigenen Beobachtungen und Angaben von BISCHOFF ergänzt.

Fig. 6. Mediansegment einer *Ichneumonidae* mit vollständiger Felderung. Nach HEINRICH, Beschriftung nach PFANKUCH.

Fig. 7. Endothorax und Cryptosternie. Nach SNODGRASS und Eidmann.

Fig. 8. Grundschema des Tergums eines geflügelten Thorakalsegments. Nach WEBER.

Fig. 9. Thorax von *Holorusia* sp. (*Tipulidae*) in Seitenansicht. Nach SNODGRASS aus Weber.

a Costula; *acs* Antecosta; *Aln, AN* Alinotum; *An* Analis; *Anp* vorderer Tergalhebel; *Ant* Fühler; *Aph* Praephragma; *Atg* Acrotergit; *Au* Komplexauge; *b* Costella; *Bas* Basalare; *Bs* Basisternum; *C* Costa (Costalader); *c* Costa pleuralis; *Cerv, cv* Cervicalia (Laterocervicalia); *Cu* Cubitus; *Cvx* Hals (Cervix); *Cx, cx* Coxa; *d* Costa lateralis; *e* Angulus; *Epicn* Epicnemium; *Epm* Epimerum, *Epom* Epomia; *Eps* Episternum; *ES* Eusternum; *f* Stigma (Luftloch); *fa* Furca; *fe* Schenkel (Femur); *Fl* Flügel (Schnittrand); *flh* Flankenhaut; *Gastr* Gastrocoel; *Glym* Glymme; *Gr* Mesosternalgrube; *hGF* hinterer Gelenkfortsatz; *lPN* Lateropostnotum; *Lig* Flügelligament; *M* Media, in Fig. 8 auch Vermittlungsstück des Flügelgelenks; M_2, *Mer* Meron; *Mu* Mucro (Prosternalfortsatz); *N* Notum; *Pa* pleuraler Flügelgelenkkopf; *Pa* Postalare (Lateropostnotum); *Pcx* Postcoxale; *Phr* Phragma; *pl* Pleura; Pl_1 Propleura; *pla* Pleuralapodeme; *pll* Pleuralleiste; *Pln* Pleuralnaht; *PN, Pn* Postnotum; *PNP* hinterer Tergalhebel; *PNt* Prosternalnaht; *Pph* Postphragma; *Pps* Parapsidenfurche; *Pra* Praealare (Tergalarm); *pr* Praetarsus; *Prcx* Praecoxale; *Prs* Praesternum; *Psc* Praescutum; *R* Radius; *S* Sternum; *Sa* Subalare; *Sc* Subcosta; *Sct* Scutum; *Scl* Scutellum; *SCx* Subcoxa; *Sd* Schenkeldecken; *SK* Stemmkerbe; *sl* Sternellum; *Spec* Speculum; *Ss* Spinasternum; *st* Sternit; T_1 Pronotum; *IT, IIT, IIIT* Hinterleibstergite; *TA* Tergalarm (Praealare); *tar* Tarsus; *Tg* Tegula; *tg* Tergit; *THa* vorderer Tergalhebel; *THb* hinterer Tergalhebel, *Thyr* Thyridium; *ti* Tibia; *Tn* Trochantinus; *Var* Variola; *VL* v-Leiste.

Fig. 6: *1* Area basalis; *2* Area media (A. superomedia); *3* A. petiolaris; *4* A. interna; *5* A. angularis; *6* A. externa; *7* A. dentipara; *8* A. spiracularis; *9* A. pleuralis (Metapleure). Fig. 8: *1—4* Pteralia. Fig. 9: *3* Episternum des Metathorax; *3'* Epimerum des Metathorax.

Tafel XXX

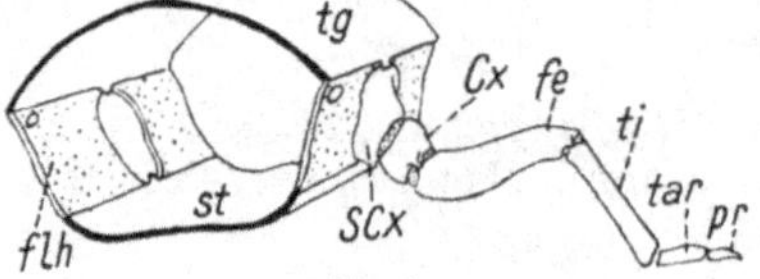

Fig. 1.

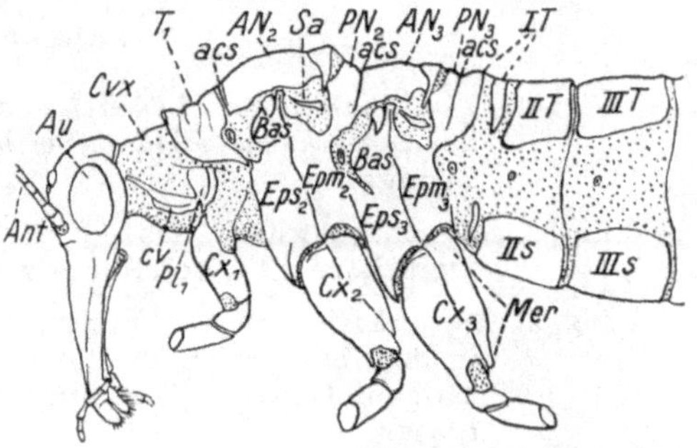

Fig. 3.

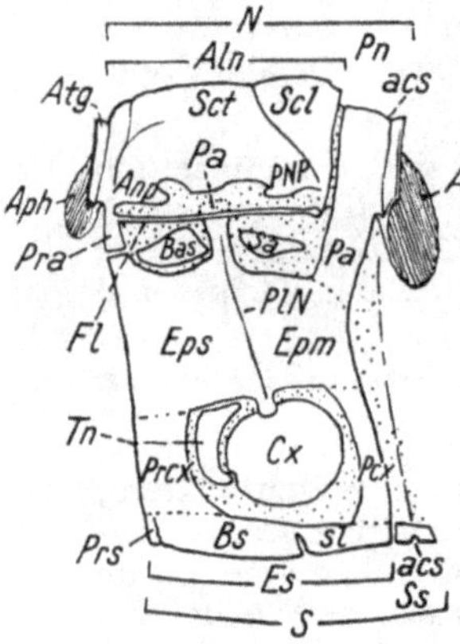

Fig. 2.

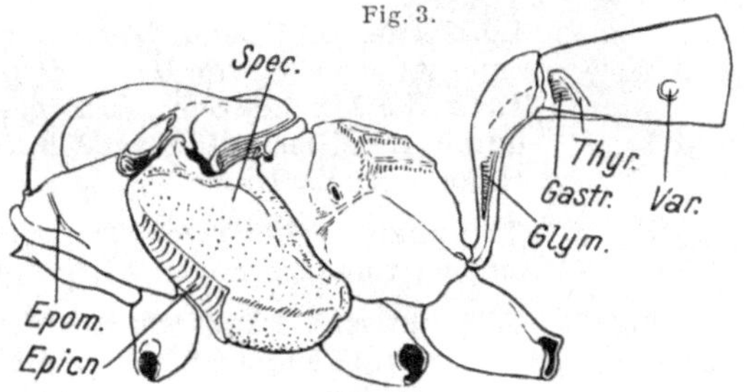

Fig. 5.

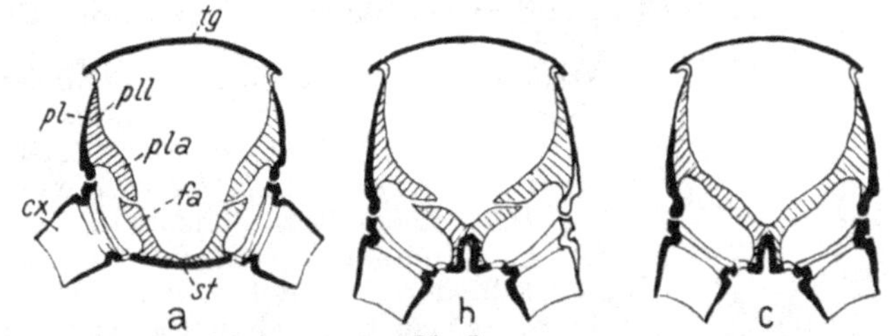

Fig. 7.

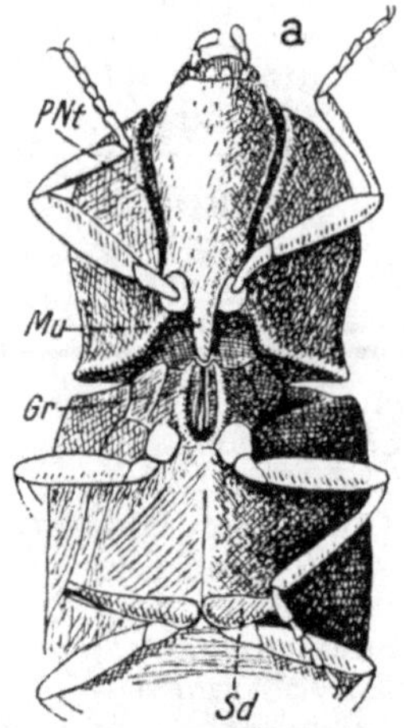

Fig. 4.

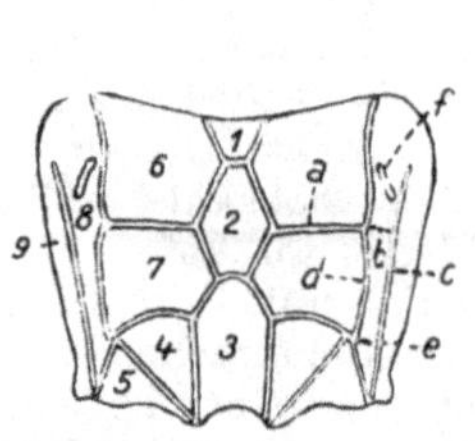

Fig. 6.

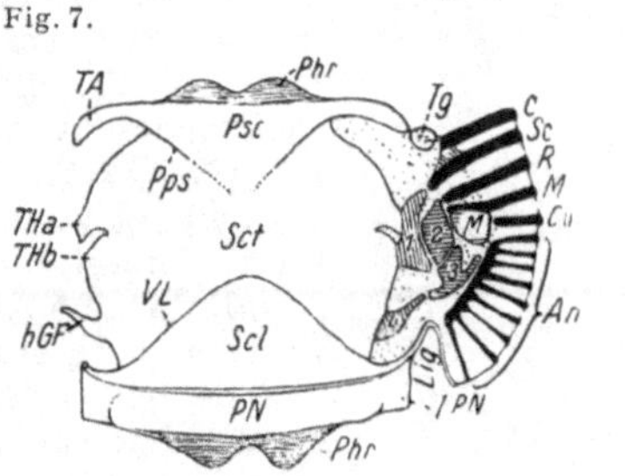

Fig. 8.

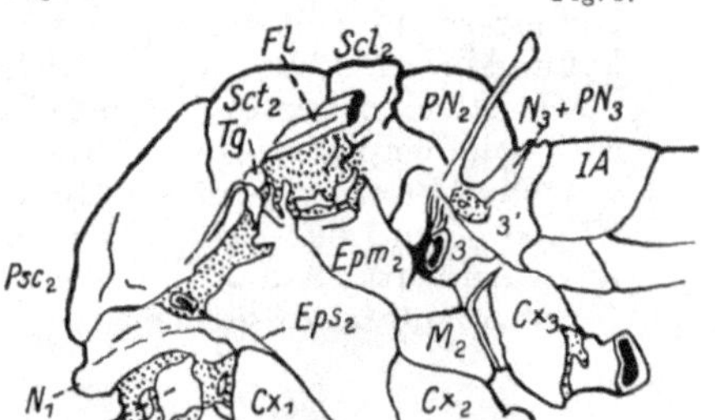

Fig. 9.

Figurenerklärung zu Tafel XXXI

Tracheensystem

Fig. 1. Thorakalstigmen bei *Heterojapyx gallardi* (*Japygidae*), oben und bei *Sminthurus viridis* (*Sminthuridae*, unten). Nach DAVIES aus Snodgrass.

Fig. 2. Tracheensystem des Vorderkörpers einer Noctuiden-Raupe in Dorsalansicht. Nach SNODGRASS.

Fig. 3. Schematische Darstellung der Bewegung von Flüssigkeit und Luft in den Tracheolen. A Luftstand bei ruhendem, B Luftstand bei tätigem Gewebe (Muskelfaser). Nach WIGGLESWORTH aus Snodgrass.

Fig. 4. Luftlöcher und deren Verschlüsse, A und B aus dem Hinterleib einer Ameise, C von *Trichodectes longicornis* (*Mallophaga*). In A steht die Trachee offen, in B geschlossen. In C erfolgt die Öffnung durch die Elastizität der Chitinspange (ch). Nach JANET und HARRISON aus Imms.

Fig. 5. Thorakales Stigma von *Trimenopon hispidum* Nitzsch mit einem langen, rinnenförmigen Atrium. ORIG.

Fig. 6. Schematische Längsschnitte dreier Stigmenformen von Käfern, a mit weit offenem Atrium, b mit zentraler Porta atrii und Stigmenkammer (Stk), c mit exzentrischer Porta atrii, Stigmenplatte (StP) und Stigmenkammer (Stk). Nach STEINKE aus Weber.

a. c. Atrium; *b* Schließkammer; *Bd* Band des Tracheenverschlusses; *Bü* Bügel des Tracheenverschlusses; *D Com* dorsale Kopfkommissur mit Tracheen zu den dorsalen Pharyngalmuskeln (*Ph*) und zum Labrum (*Lbr*); *F* Schließmuskel; *f* dorsale Kopftrachee mit einem Tracheenast zu den medianen Teilen des Adductor mandibulae (*MdM*); *Fl* mit Flüssigkeit gefüllte, distale Teile der Tracheolen; *g* mediane Kopftrachee mit zwei Tracheenästen zu dem Abductor mandibulae; *h* ventrale Kopftrachee mit Tracheenästen zum ventralen Teil der Kopfkapsel, Labium, Maxille, Oesophagus, Pharynx, Gehirn und ventralen Teilen des Adductor mandibulae; *H* Hebel des Tracheenverschlusses; *i* laterale Beintrachee des Prothorax, abgezweigt von V Com_1; *j* mediane Beintrachee, abgezweigt vom Stigmenast; *k* und *l* meso- und metathorakale pedale Tracheenschleife; L_{1-3} Coxalforamina der drei thorakalen Beinpaare; *LTra* seitlicher Tracheenlängsstamm; *Lt* mit Luft erfüllte, proximale Teile der Tracheolen; *m* laterale Beintrachee des Meso- und Metathorax; *Mf* Muskelfaser; *n* mediane Beintrachee des Meso- und Metathorax; *o* vordere Flügeltrachee; *ö* Stigmenöffnung; *Ou* Öffnungsmuskel; *p* hintere Flügeltrachee; *q* x-förmige prothorakale Tracheenkommissur; *R* Reuse; Sp_{2-3} Luftlöcher des Meso- und Metathorax; Sp_1 Luftloch des ersten Hinterleibssegments; *Stk* Stigmenkammer; *StP* Stigmenplatte; *Tr*, *tr* Trachee; *Trl* Tracheole; *Tz* Tracheenendzelle; $VCom_{1-3}$ ventrale Kommissuren der Thorakalsegmente; $VCom_I$ ventrale Kommissur des ersten Hinterleibssegments; W_{2-3} Andeutung der Flügelwurzeln; *1, 2, 3* Thorakalsegmente; *I* erstes Hinterleibssegment.

Tafel XXXI

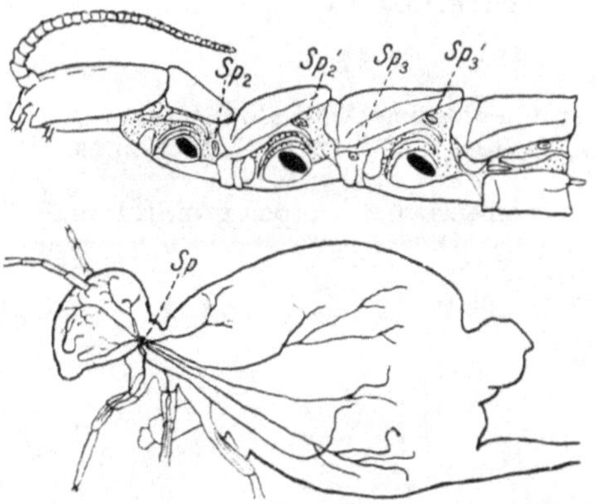

Fig. 1.

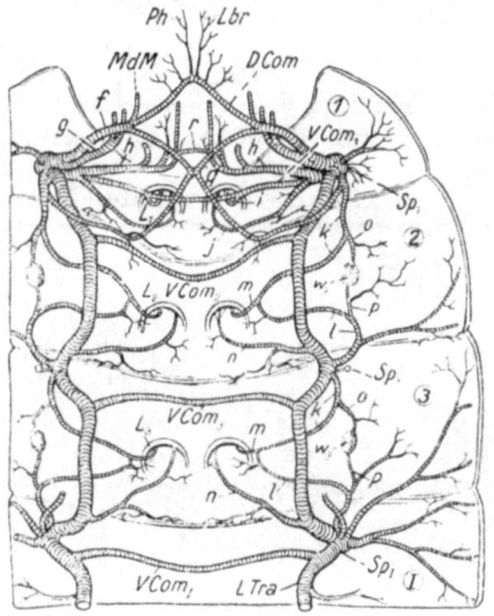

Fig. 2.

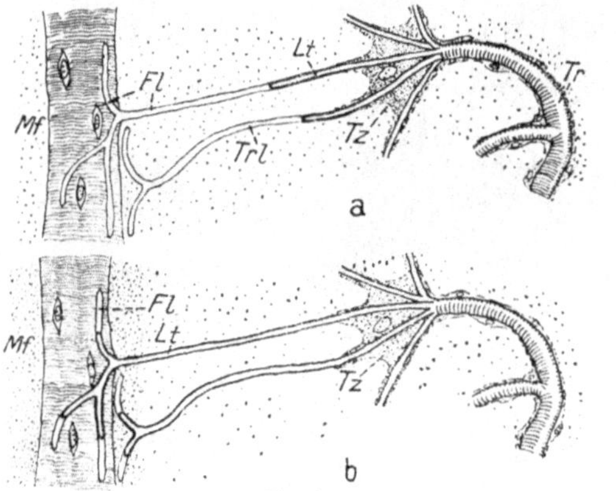

Fig. 3.

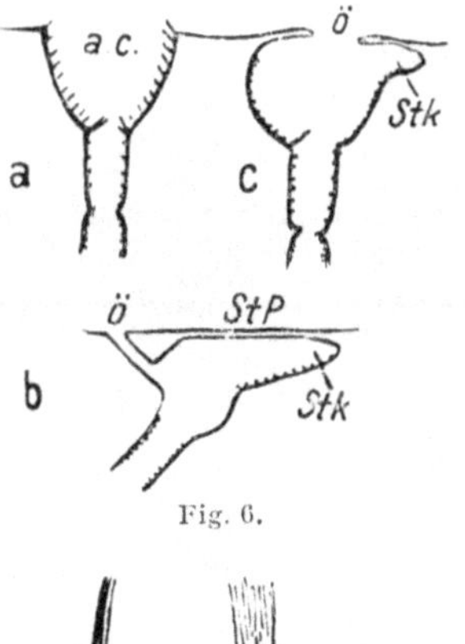

Fig. 6.

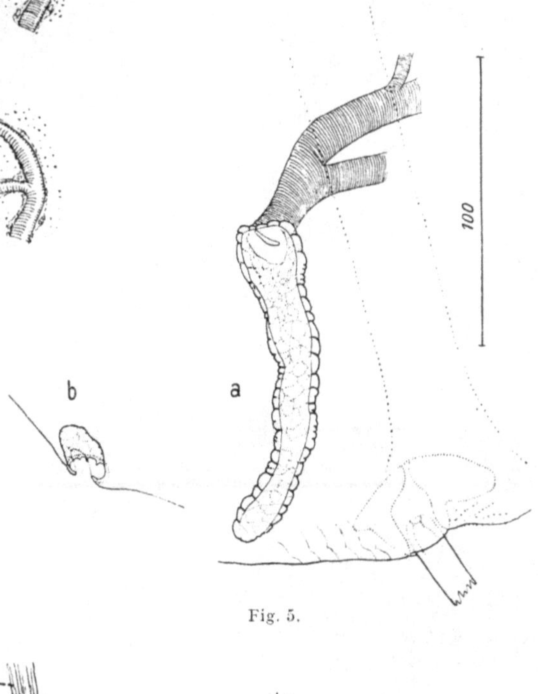

Fig. 5.

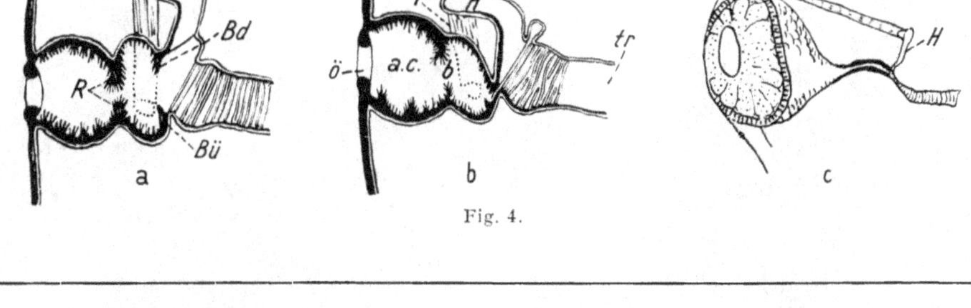

Fig. 4.

Figurenerklärung zu Tafel XXXII

Massenwechsel

Kurve des Massenwechsels der Kiefernspinnerraupe (*Dendrolimus pini*) in einem Kiefernbestand bei Thorn in den Jahren 1887—1920. Nach KÉLER.

N Linie des errechneten Normalbestandes von etwa 0,3 Raupen pro Stamm.

Tafel XXXII

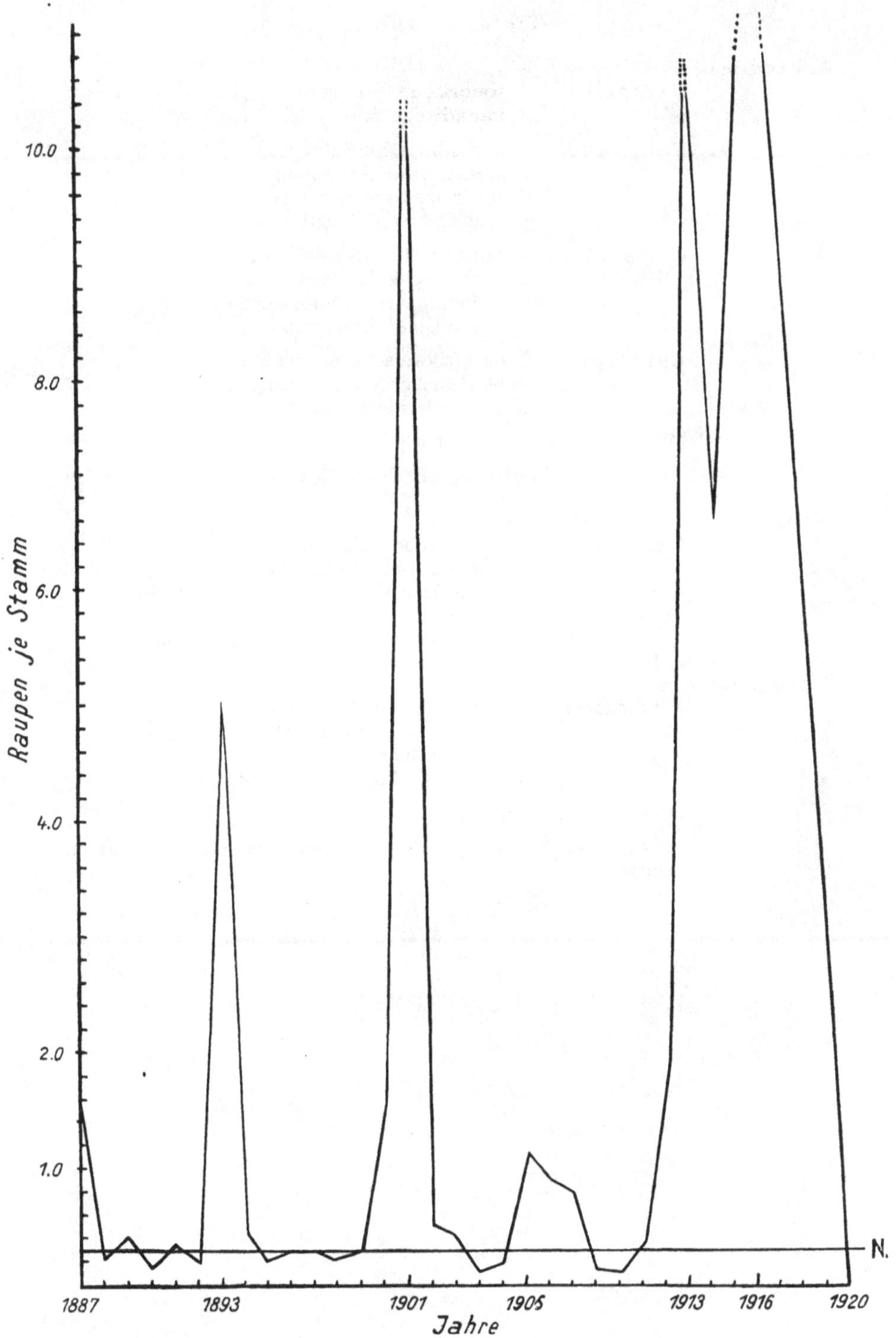
10.0
8.0
6.0
4.0
2.0
1.0
Raupen je Stamm
N.
1887
1893
1901
1905
1913
1916
1920
Jahre

Kartenerklärung zu Tafel XXXIII

Tiergeographie

Arktogaea:

Nearctis:
1 sonorische Subregion
2 kanadische Subregion

Palaearctis:
1 eurosibirische Subregion
2 mediterrane Subregion
3 zentralasiatische Subregion
4 mandschurische Subregion

Orientalis:
1 vorderindische Subregion
2 ceylonische Subregion
3 indochinesische Subregion
4 malayische Subregion

Aethiopis:
1 ostafrikanische Subregion
2 westafrikanische Subregion
3 südafrikanische Subregion

Madagassische Region

Arktische Region (außerhalb des oberen Kartenrandes)

Neogaea:

Neotropis:
1 chilenische Subregion
2 brasilianische Subregion
3 mittelamerikanische (mexikanische) Subregion
4 antillische (westindische) Subregion

Notogaea:

Australis:
1 melanesische Subregion
2 austrotasmanische Subregion
3 polynesische Subregion
4 neuseeländische Subregion

Hawaiische Region

Antarktische Region (außerhalb des unteren Kartenrandes)

Tafel XXXIII

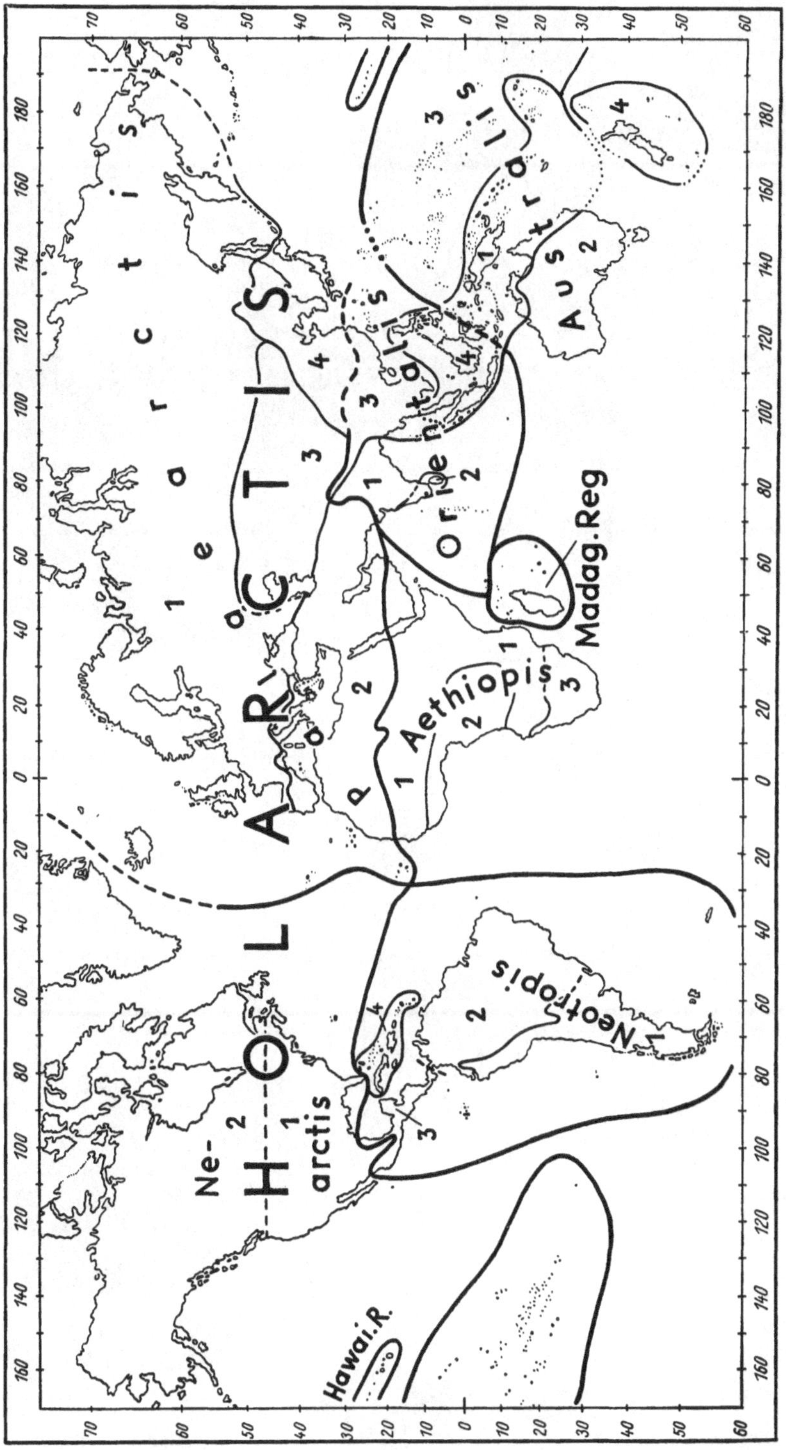

FSC
www.fsc.org
MIX
Papier | Fördert gute Waldnutzung
FSC® C083411

Kolibri 360 GmbH
Ferdinand-Jühlke-Straße 7
99095 Erfurt, Deutschland
produktsicherheit@kolibri360.de